DICTIONNAIRE PRATIQUE
D'HORTICULTURE
ET
DE JARDINAGE

ÉVREUX, IMPRIMERIE DE CHARLES HÉRISSEY

DICTIONNAIRE PRATIQUE

D'HORTICULTURE

ET

DE JARDINAGE

Illustré de plus de 4,000 Figures dans le texte

ET DE 80 PLANCHES CHROMOLITHOGRAPHIÉES HORS TEXTE

COMPRENANT :

La description succincte des plantes connues et cultivées dans les jardins de l'Europe ;
La culture potagère, l'arboriculture, la description et la culture de toutes les Orchidées,
Broméliacées, Palmiers, Fougères,
Plantes de serre, plantes annuelles, vivaces, etc. ;
Le tracé des jardins ; le choix et l'emploi des espèces propres à la décoration des parcs et jardins ;
L'Entomologie, la Cryptogamie, la Chimie horticole ;
Des éléments d'Anatomie et de Physiologie végétale ; la Glossologie botanique et horticole ;
La description des outils, serres et accessoires employés en horticulture ; etc., etc.

PAR

G. NICHOLSON

Curateur des Jardins royaux de Kew à Londres.

TRADUIT, MIS A JOUR ET ADAPTÉ A NOTRE CLIMAT, A NOS USAGES, ETC., ETC.

PAR

S. MOTTET

Membre de la Société Nationale d'Horticulture de France.

AVEC LA COLLABORATION DE MM.

VILMORIN-ANDRIEUX et Cie

G. ALLUARD, E. ANDRÉ, G. BELLAR, G. LEGROS, ETC.

TOME PREMIER. — A — COMPOSÉ

PARIS

OCTAVE DOIN	LIBRAIRIE AGRICOLE	VILMORIN-ANDRIEUX ET Cie
ÉDITEUR	DE LA MAISON RUSTIQUE	MARCHANDS-GRAINIERS
8, place de l'Odéon, 8	26, rue Jacob, 26	4, Quai de la Mégisserie, 4

—

1892-1893

A MESSIEURS

VILMORIN-ANDRIEUX ET CIE

JE DÉDIE

L'ÉDITION FRANÇAISE

DU

DICTIONNAIRE PRATIQUE D'HORTICULTURE ET DE JARDINAGE

En témoignage de reconnaissance pour toute la sollicitude dont ils n'ont cessé de m'entourer.

S. MOTTET.

PRÉFACE DE L'AUTEUR

En publiant le DICTIONARY OF GARDENING, mon but a été de produire le meilleur ouvrage de jardinage et de descriptions de plantes horticoles, en même temps que le plus complet qui ait paru jusqu'à ce jour. Mais, le côté utile n'a pas été seul pris en considération, et l'éditeur, amateur passionné d'horticulture, n'a de son côté épargné aucun sacrifice pour que l'illustration et l'exécution typographique en soient des plus parfaites.

Les grands efforts qui ont été faits, soit pour la compilation des meilleurs auteurs, soit pour des recherches originales, nous font espérer d'avoir atteint la plus grande exactitude, et les soins particuliers apportés à sa rédaction atténueront l'aridité de l'ordre sous lequel il se présente au lecteur.

Mais, s'il n'a pas été possible d'accorder plus de place aux descriptions spécifiques, le grand nombre de figures que contient le DICTIONARY OF GARDENING, ainsi que les citations des divers ouvrages dans lesquels on trouvera de plus amples informations, compenseront quelque peu cet inconvénient et augmenteront de beaucoup son intérêt et sa valeur.

J'ai pris beaucoup de peine pour reviser la synonymie embrouillée de bien des genres et pour éclaircir de mon mieux la confusion qui existe dans l'histoire horticole d'un grand nombre de plantes populaires et autres. En ce qui concerne les noms génériques, le *Genera plantarum*, de Bentham et Hooker, a été adopté sauf quelques exceptions; cet ouvrage étant celui qui restera longtemps le recueil le plus important pour tout ce qui a trait à la délimitation des genres. Quant à la nomenclature des espèces, je me suis appliqué à consulter les Monographies et les Flores les plus récentes, les plus estimées, et je me suis servi des noms qu'elles admettent. De temps à autres, certaines plantes sont décrites sous leur nom horticole; mais, dans ces cas, on les trouvera aussi mentionnées dans le genre auquel elles appartiennent en réalité. Je citerai le cas suivant : l'*Anœctochilus Lowii* est décrit dans le genre *Anœctochilus*, mais il doit maintenant porter le nom de *Dossinia;* la référence donnée dans ce genre explique assez clairement ces changements, autant que l'état actuel des connaissances le permet[1].

Je suis redevable au professeur J. H. W. TRAIL de ses excellents articles sur les Insectes, les Champignons et les Maladies des plantes, branches de la science auxquelles il s'est spécialement attaché depuis longtemps et pour lesquelles son nom fait certainement autorité.

M. J. GARRETT, des jardins royaux de Kew, autrefois aux jardins de la Société royale d'Horticulture, s'est chargé des articles concernant l'arboriculture fruitière, la culture potagère et de la plupart de

[1] Les plantes auxquelles l'auteur fait allusion ont été placées dans leur propre genre dans l'édition française.

ce qui concerne les plantes des fleuristes et les travaux généraux du jardin. Je dois aussi des renseignements sur bien des sujets spéciaux, les *Begonia* par exemple, à M. W. WATSON, également des jardins royaux de Kew ; l'article relatif à ce genre a, en effet, été entièrement rédigé par lui. M. W. B. HEMSLEY m'a aidé et conseillé pendant toute la durée du travail ; et j'ai encore à reconnaître l'assistance continuelle de plusieurs autres de mes collègues.

Le Rev. PERCY W. MYLES s'est donné beaucoup de peine pour trouver la dérivation correcte d'un grand nombre de noms génériques, mais le manque de temps m'a malheureusement empêché de bénéficier de ses connaissances dans un certain nombre de cas. Je lui présente mes sentiments de gratitude pour l'aide qu'il m'a donnée ; cette étude est une de celles auxquelles M. MYLES s'est le plus appliqué.

GEORGE NICHOLSON,
Curateur des Jardins royaux de Kew.
1884

PRÉFACE DU TRADUCTEUR

L'ouvrage que j'ai l'honneur de présenter au public sous sa forme française n'est pas simplement une traduction littérale comme le sont certains ouvrages scientifiques ou littéraires. Déjà excellent et le plus complet de tous les ouvrages d'Horticulture, le DICTIONARY OF GARDENING, de M. G. Nicholson, n'aurait que partiellement comblé la lacune depuis longtemps sentie par tous ceux qui de loin ou de près s'occupent des choses du jardin. Je dirai même, qu'en tenant compte des différences de climat, de cultures, d'usages, etc., certains articles devenaient inutiles et se trouvaient même parfois en opposition avec nos besoins, et que, sans la latitude de modifier en ce sens le texte que m'a spécialement confié l'auteur, ce dont je lui suis tout particulièrement reconnaissant, il m'eût été impossible de mener la traduction de son ouvrage à bien.

Pour rendre le DICTIONNAIRE D'HORTICULTURE aussi pratique et aussi complet qu'il nous a été possible de le faire, mes collaborateurs et moi n'avons pas craint d'y faire toutes les retouches et additions qui nous ont paru nécessaires ; mais, pour ne pas l'encombrer inutilement de renvois et de guillemets, nous avons dû fondre nos modifications dans le texte original. Toutefois, nous avons signé d'initiales les articles entièrement remaniés et ceux que nous avons cru devoir ajouter à l'ouvrage. Ces modifications, qui passeront certainement inaperçues pour le lecteur, ont constitué pour nous un travail pénible, et ceux qui compareront notre traduction à l'original se rendront compte de leur importance.

J'ai ajouté, partout où je l'ai pu, les noms d'auteurs des genres et des espèces, mais, par suite du manque d'ouvrages modernes pour ces derniers, et malgré l'assistance de l'auteur et de quelques autres personnes, il m'a été impossible de les indiquer tous. Beaucoup de descriptions génériques ainsi que celles des familles ont été amplifiées, et pour toutes les plantes qui m'étaient connues, j'ai complété les descriptions lorsqu'il y avait lieu de le faire, mis les citations bibliographiques à jour, ajouté les noms français de plantes, etc. Les plantes nouvelles dont les descriptions ont paru depuis la publication de l'ouvrage original ont été ajoutées jusqu'au moment de la composition des manuscrits. J'ai également considérablement augmenté la définition des termes botaniques et horticoles, dont la liste diffère notablement des équivalents anglais.

On ne publie point un livre de l'importance de celui-ci sans mettre à contribution les travaux de ses prédécesseurs, et, comme il est juste que je fasse au moins connaître la source d'une partie de mes renseignements, je donnerai plus loin la liste des ouvrages qui ne figurent pas dans celle des publications citées en référence, mais que j'ai également consultés.

Je dois les plus grandes obligations à la Maison Vilmorin-Andrieux et Cie qui, en m'accordant son patronage, a mis à ma disposition la source inépuisable de renseignements pratiques et techniques qu'elle possède, et a spécialement chargé M. G. Alluard de la refonte complète des articles concernant la culture potagère et le choix des légumes. Je leur dois encore le prêt gracieux d'un très grand nombre des jolies figures qui illustrent le texte, et dont plus de 1,800 entreront dans la composition totale de l'ouvrage. Je me plais à reconnaître que le bon accueil fait au DICTIONNAIRE D'HORTICULTURE leur revient en grande partie ; qu'ils veuillent bien accepter ici l'expression de ma plus vive gratitude.

L'Arboriculture fruitière demandait aussi une refonte non moins complète ; ce soin, je l'ai confié à M. G. Bellair, jardinier en chef du parc de Versailles, que les remarquables travaux sur ce sujet ont déjà placé aux premiers rangs des arboriculteurs français.

M. Ed. André, rédacteur en chef de la *Revue horticole*, le botaniste explorateur de l'Amérique du Sud, dont la compétence est si justement appréciée, me rend un éminent service en m'accordant sa collaboration pour ce qui concerne la nomenclature scientifique des plantes, notamment des Broméliacées, des Orchidées, etc.

M. G. Legros est un de mes collaborateurs les plus précieux, car il a bien voulu se charger de la lourde tâche de vérifier non seulement mes manuscrits, mais encore de revoir les épreuves d'impression; ceux qui ont eu de semblables travaux à faire savent combien ces lectures répétées sont ingrates et pénibles. Je lui dois aussi quelques bons articles originaux.

Je n'oublierai pas non plus de présenter mes sincères remerciements à deux collaborateurs qui ont désiré conserver l'anonyme :

M. X... qui a bien voulu se charger de la délicate question de la *Chimie horticole;* je lui dois plusieurs articles nouveaux et la refonte de la plupart des autres, notamment celle de l'important article *Engrais*.

M. X... a opéré de même pour beaucoup d'articles non moins délicats concernant la *Cryptogamie* et l'*Entomologie horticoles*. Toutefois, les plus importants de ces articles ne paraîtront, d'après leur ordre alphabétique, que dans les volumes suivants.

M. H. Dard m'a aussi donné une précieuse assistance par ses nombreuses traductions.

Les lecteurs ne seront pas sans remarquer parmi les plus belles figures, un certain nombre dont la perfection eût à elle seule pu nous dispenser d'indiquer qu'elles étaient tirées de la *Revue horticole*. C'est grâce à la complaisance de son sympathique administrateur, M. Bourguignon, que j'ai pu les intercaler dans le texte.

Je dois encore à M. Gariel le prêt gracieux d'un certain nombre de figures d'outils, d'instruments et autres accessoires horticoles.

Pour sa part, M. Doin a largement contribué à la beauté de l'ouvrage en s'imposant de lourdes charges par l'acquisition de clichés de l'édition anglaise et l'exécution d'un certain nombre de nouvelles figures, ainsi que par l'exécution typographique de l'ouvrage qu'il offre au public à un prix inférieur à celui des publications éditées avec le même luxe.

S. MOTTET.

Paris, 15 juillet 1893.

ADDITIONS ET CORRECTIONS

Page	Colonne	
2	1	*Pour* : F. M. (deuxième); *lisez* : F. P.
2	2	*Après* : N. S. *ajoutez* : O.' **L'Orchidophile,** dirigé par Godefroy-Lebeuf, Argenteuil, 1881, etc., in-8°.
12	1	— *Picea,* Link; *Ajoutez* : *Pseudolarix,* Gord.; *Pseudotsuga,* Carr.
13	2	— **A. sibirica**; *ajoutez* : Syn. *A. pichta,* Forbes.
30	1	*Pour* : **A. tartaricum**; *lisez* : **A. tataricum.**
47	1	— *Euriocalia; lisez* : *Eriocalia.*
47	2	— Gâles; *lisez* : Galles.
48	2	— Condori crête de paon; *lisez* : Condori, Crête de paon.
63	1	— *Billbergia fasciata,* Lem; *lisez* : Lindl.
63	1	— *B. rodocyanea,* Lindl; *lisez* : Lem.
63	1	— **Æ. Legrelliana**; *lisez* : **Æ. Legrelleana.**
64	2	— **ÆRANTHUS**; *lisez* : **AERANTHUS.**
64	2	— **Æ. grandiflora**; *lisez* : **A. grandiflorus.**
66	2	— **A. Dominiana**; *lisez* : **A. Dominyanus.**
68	1	— **A. q. Schadenbergia**; *lisez* : **A. q. Schadenbergiana.**
68	2	— **A. tesselatum**; *lisez* : **A. tessellatum.**
71	2	— **Æ. coridifolium,** DC. est le nom correct de *l'Iberis jucunda.*
72	1	— **Æ. saxatilis**; *lisez* : **Æ. saxatile.**
74	2	— Fig. 72, AGARICUS EXCELSA; *lisez* : AGARICUS EXCELSUS.
77	1	— Fig. 76, AGATÆA CŒLESTIS; *lisez* : AGATHÆA CŒLESTIS.
82	2	— **A. Galleottei**; *lisez* : **A. Galleoti.**
82	2	*Ajoutez* : **A. geminiflora.** (nom correct.) V. *Littæa geminiflora.*
87	2	*Pour* : *A. xylacantha, lisez* : *A. xylonacantha.*
97	1	— **A. lophanta**; *lisez* : **A. lophantha.**
97	2	*Après* : *Perisperme*; *ajoutez* : et *Endosperme.*
98	1	*Au lieu de* : fort solubles; *lisez* : fort peu solubles.
99	2	*Après* : **ALGA**; *ajoutez* : Lamk.
99	2	*Pour* : **Zoostera**; *lisez* : **Zostera,** Linn.
108	1	*Après* : **Aune**; *ajoutez* : et **Aulne.**
108	2	— Greffe en fente; *ajoutez* : V. aussi **Aulne** (GALÉRUQUE DE).
115	1	*Pour* : **A. Schimperi,** Toddao; *lisez* : Todaro.
117	1	Fig. 124 et 125, *pour* ALONZOA; *lisez* : ALONSOA.
117	2	*Pour* : *Hebertia cærulea; lisez* : *Hebertia cœrulea.*
118	2	— **Globa nutans**; *lisez* : **Globba nutans.**
119	1	*Ajoutez* : **ALSINE striata,** Gren. V. **Arenaria laricifolia,** Vill.
129	2	Fig. 137, *pour* MELANCHOLICHUS; *lisez* : MELANCHOLICUS.
132	1	**(AMATEUR)**; *Pour* : pécunier; *lisez* : pécuniaire.
136	1	*Pour* : **A. fructicosa**; *lisez* : **A. fruticosa.**
144	2	— **A. bracamorensis,** Hort. Lind. *lisez* : Ed. André.
144	2	— Colombie; *lisez* : Pérou.
157	1	Fig. 170, *pour* ANEMONE CORONARIA; *lisez* : A. HEPATICA.
171	2	*Pour* : **L'A. Dawsonianus**; **Hæmaria discolor Dawsonianus,** est son nom correct.
171	2	— **A. Dominianus**; *lisez* : **A. Dominyanus.**
219	1	*Après* : *Gouffeia,* Rob. et Cast.; *ajoutez* : *Honckenya,* Ehrh.
233	2	Fig. 271, ARDROCHE, *lisez* : ARROCHE.
242	2	*Ajoutez* : **A. Fortunei,** Riv. (nom correct.). V. *Bambusa Fortunei.*
252	2	*Pour* : (S.M.) (Premier); *lisez* : (G.A.).
255	2	Fig. 305, *lisez* : On voit à la base, des fleurs et des fruits.....
255	2	*Ajoutez* : **ASSONIA populnea,** Cav. V. *Brachychiton populneum.*
275	1	*Après* : **A. linearis** et **A. triflorus,** *ajoutez* : R. Br.
275	1	*Pour* : **ASTER,** Tourn.; *lisez* : Linn.
276	1	*Après* : *Bellidiastrum Michelli,* Cass. (nom correct); *ajoutez* : (V. aussi ce nom).
286	2	**A. bengalensis,** est maintenant le nom correct du *Thyrsacanthus indicus.*
288	1	Fig. 343, *pour* ATHROTAXIS SELAGINOIDES; *lisez* : A. LAXIFOLIA.
288	2	Fig. 344, *pour* ATHROTAXIS LAXIFOLIA; *lisez* : A. SELAGINOIDES.
308	2	*Pour* : **B. Gasepaes**; *lisez* : **B. Gasipaes.**
366	2	Fig. 436, renversée.
367	1	*Pour* : **B, ilimbi**; *lisez* : **Bilimbi.**
410	2	Fig. 489, *pour* : ACENPALA; *lisez* : ACEPHALA.
440	1	**(CACTÉES)**; *Pour* : Dicotilédone; *lisez* : Dicotylédone.
453	1	*Au* : **C. veratrifolia,** pour épis; *lisez* : hampes.
453	2	— **C. tubispatha**; *ajoutez* : *Fl.* jaunes.
454	2	*Pour* : *Maranta leuconerva; lisez* : *M. leuconeura.*
472	1	— **CALYCANTHÉES**; *lisez* : **CALYCANTHACÉES.**
472	1	— **CALYCANTUS**; *lisez* : **CALYCANTHUS.**
473	1	— **CALYPTRANTES**; *lisez* : **CALYPTRANTHES.**
559	1	— *C. atropurpurea,* Hort.; *lisez* : Waldst. et Kit.
568	2	Fig. 709, *pour* : CERASTUM; *lisez* : CERASTIUM.
583	2	— 728 et 729, *après* : CEREUS; *ajoutez* : (*Echinopsis*).
638	2	Fig. 808, *pour* CHENOPODIUM ATTRIPLICIS; *lisez* : ATRIPLICIS.
646	2	*Pour* : **CHINODOXA**; *lisez* : **CHIONODOXA.**
684	2	*Ligne* 1 : (fig. 902; *lisez* : (fig. 903).
684	2	— 5 : (fig. 904); *lisez* : (fig. 905).
684	2	— 10 : (fig. 905); *lisez* : (fig. 904).
699	2	Fig. 929, *pour* CLARKA; *lisez* : CLARKIA.
710		Fig. 944. *Pour* CLEMATIS VITICELLA; *lisez* : C. FLORIDA VENOSA.
728	2	*Pour* : **Lodoicea seychellarum**; *lisez* : **L. sechellarum.**

LISTE DES PRINCIPAUX OUVRAGES CONSULTÉS

NE FIGURANT PAS DANS CELLE QUI SUIT

ANDRÉ, Ed. — *Plantes de terre de bruyère*, 1 vol. in-12, 1864.

BAILLON, M.H. — *Dictionnaire de botanique*, 4 vol. in-4°, 1876-1892.

BAKER, J. G. — *Handbook of Amaryllideæ*, 1 vol. in-8°, 1888.

— *Handbook of Irideæ*, 1 vol. in-8°, 1892.

— *Handbook of Bromeliaceæ*, 1 vol. in-8°, 1889.

— *Synopsis of all known Ferns*, 2e édit., 1 vol. in-8°, 1874.

BALTET, Ch. — *Traité de la culture fruitière, commerciale et bourgeoise*, 2e édit., 1 vol. in-8°, 1889.

— *L'Horticulture, ses progrès et ses conquêtes depuis 1789*, brochure in-8°, 1889.

— *L'art de greffer*, 4e édit., 1 vol. in-8°, 1888.

BELLAIR, G. — *Traité d'horticulture pratique*, 1 vol. in-18, 1892.

BERGMAN, E. — *Les Orchidées de semis*, brochure in-8°, 1892.

BONNET, Ed. — *Petite flore parisienne*, 1 vol. in-18, 1883.

BOISDUVAL. — *Essai sur l'Entomologie horticole*, 1 vol. in-8°, 1867.

CARRIÈRE, E.-A. — *Encyclopédie horticole*, 1 vol. in-12.

— *Guide pratique du Jardinier-multiplicateur*, 2e édit., 1 vol. in-8°.

— *Traité général des Conifères*, 2e édit., 1 vol. in-8°, 1867.

DECAISNE, J. et NAUDIN, Ch. — *Manuel de l'amateur des jardins*, 3 vol. in-8°.

DUBREUIL. — *Culture des arbres et arbrisseaux à fruits de table*, 1 vol. in-12, 1876.

— *Culture des arbres et arbrisseaux d'ornement*, 2e édit., 1 vol. in-12, 1878.

DUCHESNE, E.A. — *Répertoire des plantes utiles et des plantes vénéneuses du globe*, 1 vol. in-8°, 1836.

DUJARDIN-BEAUMETZ et EGASSE, E. — *Les plantes médicinales indigènes et exotiques*, 1 vol. gr. in-8°, 1889.

DURAND, Th. — *Index Generum Phanerogamorum in Benthami et Hookeri Genera plantarum fundatus*, 1 vol. in-8°, 1888.

GRENIER et GODRON. — *Flore Française*, 3 vol. in-8°, 1845-1856.

JACQUES, HÉRINCQ et DUCHARTRE. — *Manuel général des plantes*, 4 vol. in-8°, — à 1857.

LAVALLÉE, A. — *Arboretum Segrezianum*, 1 vol. in-8°, 1877.

LECOQ, H. et JUILLET, J. — *Dictionnaire raisonné des termes de botanique*, 1 vol. in-8°, 1831.

LEROY, A. — *Dictionnaire de Pomologie*, 5 vol. gr. in-8°, 1867-1877.

MASTERS, Maxwell, T. — *List of Conifers and Taxads in cultivation in the open air, in great Britain and Ireland*, brochure in-8°, 1892.

MONTILLOT, L. — *Les insectes nuisibles*, 1 vol. in-8°, 1891.

NAUDIN, Ch. — *Manuel de l'Acclimateur*, 1 vol. in-8°, 1887.

— *Mémoires sur les Eucalyptus*, 2 broch. in-8°, 1883 et 1891.

PRITZEL, G.-A. — *Iconum botanicarum Index locupletissimus*, 2e édit., 1 vol. in-4°, 1861; suppl. 1866.

PUCCI, Angiolo. — *Les Cypripedium et genres affines*, 1 vol., petit in-8°, 1891.

STEUDEL, E. T. — *Nomenclator botanicus, seu Synonymiæ plantarum universalis*, 2e édit., 1 vol. in-8°; 1841.

VILMORIN-ANDRIEUX et Cie. — *Les Plantes potagères*, 2e édit., 1 vol. in-8°, 1891.

— *Les Fleurs de pleine terre*, 5e édit., 1 vol. in-8°, 1893.

— *Les Plantes de grande culture*, 1 vol. in-8°, 1892.

VESQUE et ARBOIS DE JUBAINVILLE. — *Les maladies des plantes cultivées*, 1 vol. in-8°, 1878.

..... *Le bon Jardinier*, 1 vol. in-18, périodique depuis 1755.

..... *Le nouveau Jardinier*, 1 vol. in-18, périodique depuis 1865.

..... *Kew Bulletin of miscellaneous informations*, 1 vol. in-8°, périodique depuis 1887.

RÉFÉRENCES AUX PUBLICATIONS

CONTENANT DES ILLUSTRATIONS DE PLANTES AUTRES QUE CELLES EXISTANT DANS LE PRÉSENT OUVRAGE

On est souvent obligé de recourir à de bonnes illustrations pour déterminer les plantes avec certitude ; ces figures sont d'autant plus utiles qu'elles sont généralement accompagnées d'un article explicatif. Pour faciliter ces recherches, les références des principales illustrations ont été données à la suite des descriptions.

La liste ci-dessous comprend les ouvrages ou périodiques horticoles et botaniques dont les planches coloriées ou, à défaut, les figures noires ont été citées dans le texte. Par économie d'espace, ces références ont été abrégées comme suit :

A. B. R. — Andrews (H. C.), **Botanist's Repository**. London, 1799-1811, 10 vol. in-4°.

A. E. — Andrews (H. C.), **Coloured Engravings of Heaths** (*Planches coloriées de Bruyères*). London, 1802-1830, 4 vol. in-4°.

A. F. B. — Loudon (J. C.), **Arboretum et Fruticetum britannicum**. London, 1838, 8 vol. in-8°.

A. F. P. — Allioni (C.), **Flora pedemontana**. Aug. Taur., 1785, 3 vol. in-fol.

A. G. — Aublet (J. B. C. F.), **Histoire des plantes de la Guyane française**. Londres, 1775, 4 vol. in-4°.

A. H. — Andrews (H. C.), **The Heathery** (*Bruyères*). London, 1804-1812, 4 vol. in-4°.

A. S. N. — * **Annales des Sciences naturelles**. Connu aussi sous le nom de **Bulletin de la Société nationale d'acclimatation**, Paris, 1854, etc., in-8°.

A. V. — * Vilmorin-Andrieux et Cie, **Album Vilmorin**. Illustrations des principales espèces ou variétés de légumes, de plantes bulbeuses et de fleurs annuelles ou vivaces. Ensemble 116 planches coloriées (43 × 60) représentant environ 800 plantes. Paris, 1850, etc.

— B. — Plantes bulbeuses.

— F. — Plantes annuelles ou vivaces.

— P. — Plantes potagères.

B. — Maund (B.), **The Botanist**. London, 1839, 8 vol. in-4°.

B. A. — André (E.), **Bromeliaceæ Andreanæ**. Description et histoire des Broméliacées récoltées dans la Colombie, l'Ecuador et le Vénézuéla. Paris, 1891, 1 vol. in-4°.

B. F. F. — Brandis (B.), **Forest Flora of India**. London, 1876, in-8°. Atlas in-4°.

B. F. S — Beddome (R. H.), **Flora sylvatica**. Madras, 1869-1873, 2 vol. in-4°.

B. H. — **La Belgique Horticole**. Gand, 1850-1885, in-8°.

B. M. — * **Botanical Magazine**. London, 1787, etc., in-8°.

B. M. PL. — Bentley (R.) and Trimen (H.), **Medicinal Plants**. London, 1875-1880, in-8°.

B. O. — Bateman (J.), **A Monograph of Odontoglossum**. London, 1874, in-fol.

B. R. — **Botanical Register**. London, 1815-1847, 33 vol. in-8°.

B. S. B. — * **Bulletin de la Société Botanique de France**, Paris, 1854-1878. Série II, 1879, etc., in-8°.

* **Bulletin de la Société nationale d'acclimatation**. Voy. A. S. N.

* **Bulletin de la Société nationale d'Horticulture de France**. Voy. J. S. N. H.

B. Z. — * **Botanische Zeitung** (Journal de botanique). Berlin, vol. I-XIII (1843-1855), in-8°. Leipzig, vol. XIV (1856), etc.

C. H. P. — Cathcart's, **Illustrations of Himalayan Plants**. London, 1855, in-fol.

C. M. O. — * **Le Moniteur d'horticulture**, dirigé par L. Chauré. Paris, 1877, etc., in-8°.

D. J. F. M. — Decaisne (J.), **Le jardin fruitier du Muséum**. — Iconographie de toutes les espèces et variétés d'arbres fruitiers cultivés dans cet établissement avec leur description, etc. Paris, 1871, 7 vol. in-fol.

E. L. — Elwes (H. J.), **Monograph of the genus Lilium**. London, 1880, in-fol.

Enc. T. et S. — Loudon (J. C.), **Encyclopedia of Trees and Shrubs** (Encyclopédie des arbres et arbustes). London, 1842, in-8°.

E. T. S. M. — Voy. T. S. M.

F. A. O. — Fitzgerald (R. D.), **Australian Orchids**. Sydney, 1876, in-fol.

F. D. — **Flora Danica**. Ordinairement cité comme titre des **Icones Plantarum**... Daniæ et Norvegiæ. Havniæ, 1761-1883. in-fol.

F. D. S. — **Flore des Serres et des Jardins de l'Europe.** Gand, 1845-1883, 23 vol. in-8°.

Fl. Ment. — Moggridge (J. T.), **Contributions to the Flora of Mentone.** London, 1864-1868.

Flora. — * **Flora, oder allgemeine botanische Zeitung** (*Flora, ou journal de Botanique générale*). 1818-1842, 25 vol. in-8°. Nouvelles séries, 1843, etc.

F. M. — **Floral Magazine.** London, 1861-1871, in-8°. Séries II, 1872-1881, in-4°.

F. M. — **Florist and Pomologist.** London, 1868-1884, in-8°

G. C. — **The Gardeners' Chronicle and Agricultural Gazette.** London, 1841-1865.

G. C. N. S. — * **The Gardeners' Chronicle.** New Series, London, 1866-1886, in-4°. Series III, 1887, etc.

G. G. — Gray (A.), **Genera Floræ Americæ.** Boston, 1848-1849, 2 vol. in-8°.

G. M. — * **The Gardeners' Magazine,** dirigé par Shirley Hibberd. London.

G. M. B. — **The Gardeners' Magazine of Botany.** London, 1850-1851, 3 vol. in-8°.

Gn. — * **The Garden,** dirigé par Robinson. London, 1871, etc., in-4°.

G. W. F. A. — Goodale (G. L.), **Wild Flowers of America** (*Fleurs sauvages de l'Amérique*). Boston, 1888, in-4°.

G. et F. — * **Garden and Forest,** dirigé par Sargent. New-York, 1888, etc., in-4°.

H. B. F. — Hooker (W. J.), **The British Ferns** (*Les Fougères de l'Angleterre*). London, 1861, in-8°.

H. E. F. — Hooker (W. J.), **Exotic Flora.** London, 1833-1840, 2 vol. in-4°.

H. F. B. A — Hooker (W. J.), **Flora boreali-americana.** London, 1833-1840, 2 vol. in-4°.

H. F. T — Hooker (J. D.), **Flora Tasmaniæ.** London, 1860, 2 vol. in-4°. C'est la partie III de « The Botany of the Antartic voyage of H. M. Discovery Ships *Erebus* et *Terror*, in the years 1839-1843 » (*Botanique du voyage de découvertes dans les régions antarctiques sur les navires de Sa Majesté*, etc.).

H. G. F. — Hooker (W. J.), **Garden Ferns.** (*Fougères des jardins*). London, 1862, in-8°.

H. S. F. — Hooker (W. J.), **Species Filicum.** London, 1846-1864, 5 vol. in-8°.

I. H. — * **L'Illustration Horticole.** Séries I à IV, Gand, 1850-1886. 33 vol. in-8°. Séries V, 1887, etc., in-4°.

I. H. Pl. — Voy. C. H. P.

J. — * **Le Jardin,** dirigé par Godefroy-Lebeuf. Paris, 1887, etc., in-4°.

J. B — * **Journal of Botany.** London, 1863, etc. in-8°.

J. F. A. — Jacquin (N. J.), **Floræ austriacæ... Icones** Viennæ, 1773-1778, 5 vol. in-fol.

J. H. — * **Journal of Horticulture and Cottage Gardener,** dirigé par le Dr. Robert Hogg. London, 1849, etc., in-4°.

J. H. S. — * **Journal of the Horticultural Society.** London, 1846, etc., in-8°.

J. S. N. H. — * **Journal de la Société nationale d'Horticulture de France.** Paris, 1827, etc.; 1re série, 1855, etc.; 2e série, 1867, etc.; 3e série, 1879, etc., in-8°.

K. E. E. — Kotschy (Theodor), **Die Eichen Europa's und des Orient's** (*Les chênes de l'Europe et de l'Orient*). Wien, Olmüz, 1858-1862, in-fol.

L. — * Linden (L.), et Rodigas (E.), **Lindenia.** Iconographie des Orchidées. Gand, 1885, etc., in-fol.

L. G. — Lavallée (A.), **Les Clématites à grandes fleurs.** Description et iconographie des espèces cultivées dans l'Arboretum de Segrez. Paris, 1884, 1 vol. in-12.

L. B. C. — Loddiges (C.), **Botanical Cabinet.** London, 1812-1833, 23 vol. in-4°.

L. C. B — Lindley (J.), **Collectanea botanica.** London, 1821, in-fol.

L. E. M. — Lamark (J. B. de), **Encyclopédie méthodique de botanique.** Paris, 1783-1817, 13 vol. in-4°.

L. J. F. — Lemaire (C.), **Le Jardin fleuriste.** Gand, 1851-1854, 4 vol. in-8°.

L. R. — Lindley, (J.), **Rosarum Monographia.** London, 1820, in-8°.

L. S. O. — Lindley (J.), **Sertum Orchidaceum.** London, 1738, in-fol.

L. et P. F. G. — Lindley (J.) and Paxton (J.), **Flower Garden.** London, 1851-1853, 3 vol. in-4°.

M. A. S. — Salm-Dyck, **Monographia Generum Aloes et Mesembryanthemi.** Bonnæ, 1836-1863, in-4°.

M. C. — Maw (George), **A Monograph of the Genus Crocus.** London, 1886, in-4°.

M. O. — * Veitch (James) and Sons, **Manual of Orchidaceous Plants.** London, 1887, etc., in-8°.

N. — Burbidge (F. W.), **The Narcissus : Its History and Culture.** With a Scientific Rewiew of the Genus by J. G. Baker, F. L. S. London, 1875, in-8°.

N. S. — Nutall (T.), **North American Sylva.** Philadelphia, 1865, 3 vol. in-8°.

P. F. G. — Voy. L. et P. F. G.

P. M. B. — Paxton (J.), **Magazine of botany.** London, 1834-1849, 16 vol. in-8°.

R. — * Sander (Fred.), **Reichenbachia** (*Illustration d'Orchidées*). London, 1886, etc., in-fol.

Ref. B. — Saunders (W. W.), **Refugium botanicum.** London, 1869-1872, in-8°.

R. G. — * **Gartenflora,** fondé par E. Regel. Erlangen et Berlin, 1852, etc., in-8°.

R. H. — * **Revue Horticole,** dirigée par E. A. Carrière et E. André. Paris, 1828, etc., in-8°.

R. H. B. — * **Revue de l'Horticulture belge et étrangère**, Gand, 1875, etc., in-8°.

R. L. — Redouté, **Les Liliacées**. Paris, 1802-1816, 8 vol. in-fol.

R. S. H. — Hooker (J. D.), **The Rhododendrons of Sikkim-Himalaya**. London, 1849-1851, in-fol.

R. X. O. — * Reichenbach fils (H. G.), **Xenia Orchidacea**. Leipzig, 1858, etc., in-4°.

S. B. F. G. — Sweet (R.), **British Flower Garden**. London, 1823-1829. 3 vol. in-8°. Series II, London, 1831-1838, 4 vol. in-8°.

S. C. — Sweet (R.), **Cistinæ** (*Les Cistinées*). London, 1825-1830, in-8°.

S. E. B. — Smith (J. E.), **Exotic Botany**. London, 1804-1805, 2 vol. in-8°.

S. F. A. — Sweet (R.), **Flora australasica**. London, 1827-1828, in-8°.

S. F. D J. — Siebold (P. F. de) et Vriese (W. H. de.), **Flore des Jardins du Royaume des Pays-Bas**. Leide, 1858-1862, 5 vol. in-8°.

S. F. G. — Sibthorp (John), **Flora græca**. London, 1806-1840, 10 vol. in-fol.

S. H. Ivy. — Hibberd (Shirley), **The Ivy**: a monograph. (*Les Lierres*). London, 1872, in-8°.

S. Ger. — Sweet (Robert). **Geraniaceæ** (*Les Géraniacées*). London, 1828-1830, in-8°.

Sy. En. B. — Syme (J. É. B.), maintenant Boswell, **English Botany**. Ed. 3, London, 1863-1885, 12 vol. in-8°.

S. Z. F. J. — Siebold (P. F. von) et Zuccarini (J. G.), **Flora Japonica**. Lugd. Bat., 1835-1844, in-fol.

T. H. S. — **Transactions of the Horticural Society**. London, 1805-1829, 7 vol. in-4°.

T. L. S. — * **Transactions of the Linnean Society**. London, 1791, etc., in-4°.

T. S. M. — Emerson (G. B.), **Trees and Shrubs of Massachusetts** (*Arbres et arbustes du Massachusetts*). Boston, Ed. 2, 1875, 2 vol. in-8°.

W. D. B. — Watson (P. W.), **Dendrologia britannica**. London, 1825, 2 vol. in-8°.

W. F. A. — Voy. G. W. F. A.

W. G. Z. — * **Garten Zeitung** (*Journal d'Horticulture*), dirigé par le Dr L. Wittmack. Berlin, 1882, etc., in-8°.

W. O. A. — * Warner (R.) and Williams (B. S.), **The Orchid Album**. London, 1882, etc., in-4°.

W. S. O. — Warner (R.), **Select Orchidaceous Plants**. London, Serie I, 1862-1865; Serie II, 1866-1875, in-fol.

*W. et F. — **Woods and Forests** (*Bois et forêts*). London, 1883-1884, 1 vol. in-4°.

L'astérisque (*) indique les ouvrages encore en cours de publication.

ABRÉVIATION DU NOM

DES

PRINCIPAUX COLLABORATEURS ET TRADUCTEURS

DE L'ÉDITION FRANÇAISE

G. A. — G. ALLUARD.

E. A. — ED. ANDRÉ.

G. B. — G. BELLAIR.

H. D. — H. DARD.

G. L. — G. LEGROS

S. M. — S. MOTTET.

V. A. C. — VILMORIN ANDRIEUX ET CIE

DICTIONNAIRE PRATIQUE

D'HORTICULTURE ET DE JARDINAGE

ABRÉVIATIONS. — *Angl.* Anglais ; — *cent.* centimètres ; — *deg.* degrés centigrades ; — *ex.* exemple ; — *Fam.* Famille ; — *Fl.* Fleurs ; — *Flles* Feuilles ; — *Fr.* Fruits ; — *Haut.* hauteur ; — *long.* longueur ; — *m.* mètre ; — *mm.* millimètres ; — *Rhiz.* rhizome ; — *Syn.* Synonyme ; — *Tub.* Tubercule ; — *V.* Voyez.
L'astérisque (*) indique les plantes les plus méritantes ou les plus distinctes.

A

A ou An. — Dans les mots composés de grec, l'*a* ou l'*an* initial a généralement un sens privatif ; ex. *aphyllus*, sans feuilles ; *acaulis*, sans tige ; *anandra*, sans étamines.

ABAMA, Adans. — V. **Narthecium**, Huds.

ABEILLES, ANGL. Bees. — Elles constituent un nombreux groupe d'insectes, ayant beaucoup de similitude dans leurs formes. Toutes construisent des cellules pour la protection de leurs œufs et de leurs larves. Les abeilles solitaires font leurs cellules dans des galeries qu'elles creusent elles-mêmes, dans des trous, ou dans des nids qu'elles confectionnent avec de la boue ou d'autres matériaux. Les bourdons et les abeilles mellifères construisent leurs cellules avec de la cire sécrétée par leurs corps. Elles récoltent le pollen et le miel ou nectar des fleurs et nourrissent leurs larves d'un mélange de ces substances ; elles sont par cela obligées à butiner continuellement. Le miel est aussi mis en réserve dans des cellules, pour leur propre nourriture pendant l'hiver. On ne peut distinguer chez les abeilles solitaires que les mâles et les femelles ; ces dernières se chargent entièrement du soin et de la nourriture des larves.

Comme les *guêpes* avec lesquelles elles ont de nombreuses affinités, les *abeilles mellifères*, ANGL. Honey Bees (*Apis mellifica*) se composent de mâles ou faux-bourdons, de femelles parfaites ou reines (généralement une dans chaque colonie), et de femelles imparfaites appelées neutres ou ouvrières. A l'état sauvage, elles construisent leurs nids dans des trous. A l'état domestique, elles vivent dans des ruches ; mais assez fréquemment un essaim, en abandonnant la ruche mère, se loge dans un trou qu'il est souvent difficile de lui faire quitter.

Les abeilles construisent leur nid d'une façon différente de celle des guêpes. La femelle ou reine ne travaille pas à la formation du nid, elle ne soigne ni ne nourrit non plus les jeunes larves, comme le font les guêpes femelles au printemps. Le seul ouvrage de la reine est de pondre les œufs qui sont aussitôt soignés par les ouvrières ; ces dernières seules nourrissent les larves et prennent soin des chrysalides. La reine quitte le nid pour l'accouplement, elle y retourne

Fig. 1. — Larve et nymphe d'abeilles dans leurs cellules.

ensuite bientôt et ne quitte plus la ruche, excepté pour essaimer ; une reine accompagne alors chaque nouvelle troupe. Dans tous les autres cas, elle reste toujours à l'intérieur de la ruche, entourée d'un grand nombre d'ouvrières, qui la suivent à mesure qu'elle dépose ses œufs dans des cellules fraîchement nettoyées pour cet usage. Chaque nouveau nid d'abeilles n'est pas en conséquence l'ouvrage de la femelle, mais il est formé par une colonie ou essaim provenant d'un nid plus ancien, dans lequel les abeilles sont devenues trop nombreuses pour rester dans la même demeure avec avantage pour le bien-être de la communauté.

Chaque essaim se compose d'une reine, d'un certain nombre d'ouvrières et de mâles.

Chez les guêpes, il y a relativement peu de différence entre les ouvrières, les femelles ou les mâles ; mais chez les abeilles, les différences sont évidentes.

Les figures ci-contre nous montrent la forme et a

taille relative des trois sortes d'individus. Les yeux du mâle sont si grands, qu'ils se rejoignent sur le dessus de la tête; chez la femelle et chez les neutres, les yeux sont entièrement latéraux. Les ailes de la reine ne couvrent que les deux tiers de l'abdomen ; le dos du corselet (thorax) est presque nu et est entouré d'une bordure circulaire de poils.

Fig. 2.
Abeille neutre ou ouvrière.

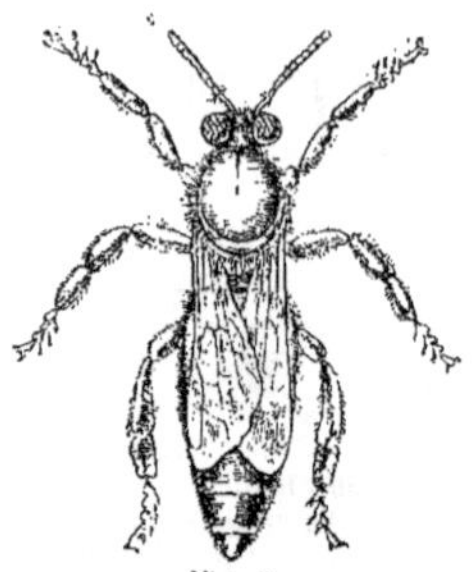

Fig. 3.
Abeille femelle ou reine.

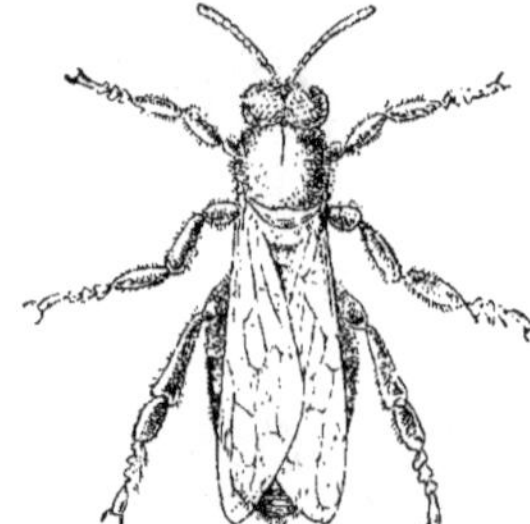

Fig. 4.
Abeille mâle ou faux-bourdon.

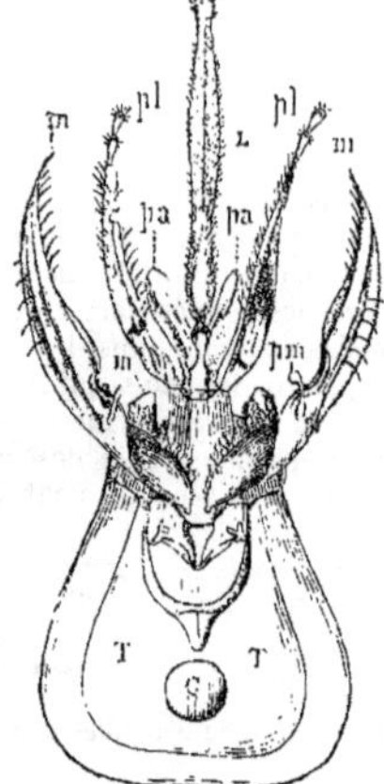

Fig. 5. — Tête de l'abeille ouvrière vue par derrière.
T, partie postérieure; C, cou; *m*, mandibules dont on ne voit que la pointe; *m'*, mâchoires; *pm*, palpes maxillaires; *pl*, palpes labiaux; *pa*, paraglosse; L, languette (d'après Lanessan).

Les mâles ne font aucun travail dans la ruche. Ils sont produits par des œufs pondus généralement en avril ou mai. Ils s'envolent pendant la partie la plus chaude de la journée et s'accouplent en volant avec les jeunes reines.

Si la fécondation d'une reine est retardée jusqu'au vingt-huitième jour après son éclosion, elle ne pond que des œufs mâles. On a remarqué que, dans les ruches où la reine pond des œufs qui ne produisent que des ouvrières (ex. lorsque la fécondation a lieu après qu'elle a atteint son entier développement), elles attaquent les mâles à la fin de l'automne et les tuent en les piquant [1].

[1] A ce sujet, voyez plus loin l'opinion de M. Weber.

Lorsqu'une reine ne peut pondre que des œufs mâles, ainsi que lorsqu'elle meurt ou est enlevée de la ruche, les mâles ne sont mis à mort que lorsque la colonie est en possession d'une autre reine. Il n'y en a qu'une dans chaque ruche, mais lorsqu'elle est perdue, les ouvrières en créent d'autres avec des larves d'ouvrières,

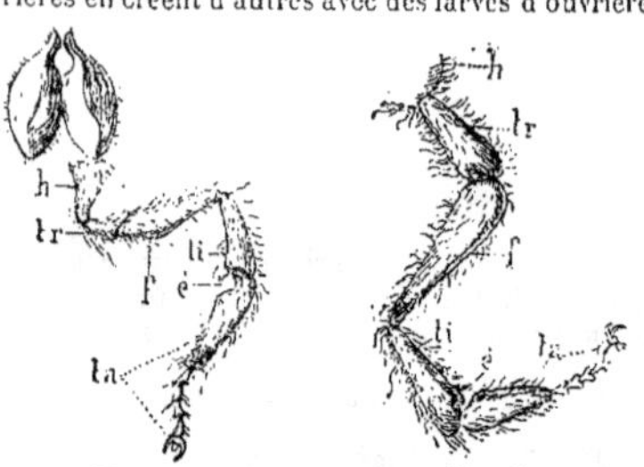

Fig. 6
Patte antérieur gauche.

Fig. 7
Patte intermédiaire.

(Légende de la figure 8.)

en agrandissant leurs cellules et en leur fournissant

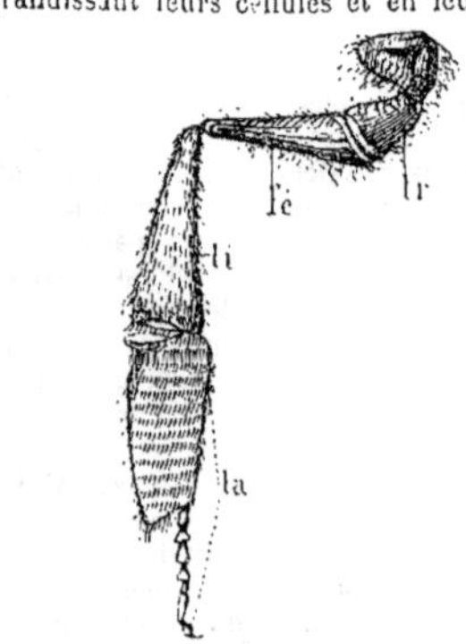

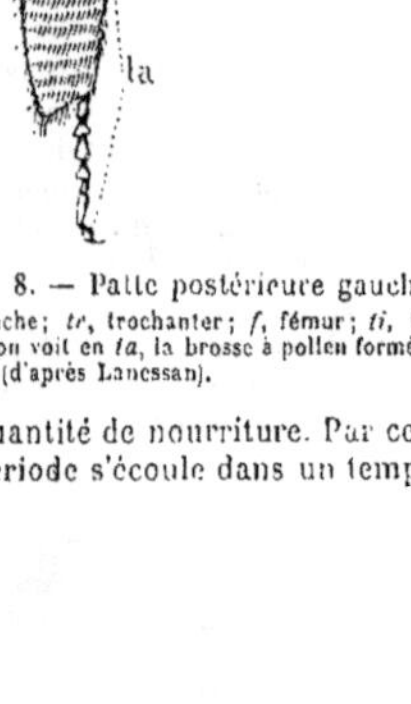

Fig. 8. — Patte postérieure gauche.
c, collier; *h*, hanche; *tr*, trochanter; *f*, fémur; *ti*, tibia; *ta*, tarse. Dans la figure 8, on voit en *ta*, la brosse à pollen formée par le premier article du tarse (d'après Lanessan).

une grande quantité de nourriture. Par ce traitement, la première période s'écoule dans un temps plus court et produit aussi une modification sensible dans la structure du corps. Les abeilles ainsi produites sont de vrais femelles possédant toutes les particularités physiques qui les distinguent des ouvrières. Lorsqu'il devient nécessaire de remplacer une reine, il y en a généralement de douze à vingt d'élevées pour cet usage.

Fig. 9. — Appareil digestif de l'abeille ouvrière.

gs, glandes salivaires ; *œ*, œsophage ; *j*, jabot ; *e*, estomac ; *tm*, canaux de Malpighi ; *l*, intestin grêle ; *i*, gros intestin ; *r*, rectum (d'après Lanessan).

Dès que la reine qui atteint la première l'état parfait le peut, elle va de cellule en cellule contenant des nymphes et fait un trou dans chaque cellule. Si la cellule contient une reine prête à en sortir, cette dernière est piquée par sa rivale plus ancienne. Les ouvrières extraient ensuite les nymphes ou femelles

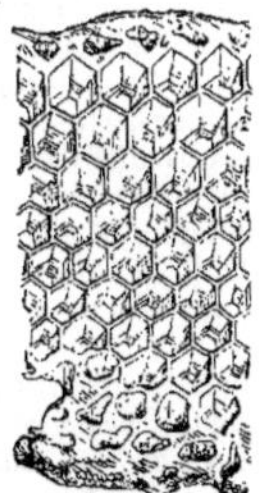

Fig. 10. — Fragment de gateau de cire.

mortes des cellules et s'en débarrassent. Si deux reines sortent en même temps, on a observé que l'une tue l'autre. De même, lorsqu'une reine étrangère s'introduit dans une ruche, elle se bat avec la reine établie, jusqu'à ce que l'une des deux soit tuée par l'autre. A l'époque de l'essaimage, les ouvrières sauvent du massacre autant de reines qu'il en faut pour le nid et pour les essaims.

Les ouvrières diffèrent des reines comme suit : elles sont plus petites, les mâchoires extérieures ou mandibules sont plus proéminentes, les mâchoires intérieures ou maxilla et la langue sont plus longues, et la lèvre supérieure et les antennes sont noires (chez la reine, la lèvre supérieure est fauve, et les antennes sont brun noir); les pattes sont noires, avec les tarses brunâtres ; les segments de la base des tarses et les tibias des pattes postérieures sont plus larges et concaves extérieurement et sont pourvus de poils raides sur les côtés et en travers, disposés de façon à former un réceptacle dans lequel elles transportent le pollen qu'elles récoltent sur les fleurs pour la nourriture des abeilles et des larves; l'abdomen est plus large et moins pointu, et les trois segments du milieu portent une petite poche cérifère de chaque côté, près de la base.

Ces différences sont très considérables; cependant, le fait que les larves d'ouvrières peuvent, par un traitement spécial, produire des reines et que les ouvrières possèdent des rudiments d'ovaires (sans fonctions), nous montre que ce sont de vraies femelles, chez lesquelles les organes de la reproduction sont restés rudimentaires, et qui sont adaptées à de certains travaux pour le bien de la communauté. Les ouvrières font tout le travail de la ruche ; elles construisent les cellules, récoltent le miel, le pollen et la substance résineuse connue sous le nom de « propolis », nourrissent et soignent les jeunes. Ces travaux sont si variés, qu'elles sont divisées en deux (ou plusieurs. — *Weber*) classes d'ouvrières : les unes préparent la cire, et les autres en construisent les cellules, récoltent la nourriture et élèvent les petits.

Les cirières consomment beaucoup de miel, — car il faut de 10 à 12 grammes de miel pour produire 1 gramme de cire ; — elles se réunissent ensuite en pelotes ou festons et restent ainsi immobiles pendant vingt-quatre heures.

Pendant ce temps, la cire se forme en plaques minces, une dans chacune des petites poches des trois segments du milieu de l'abdomen. Lorsque la cire est formée,

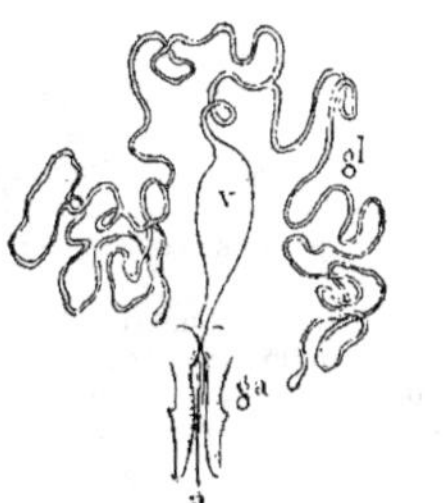

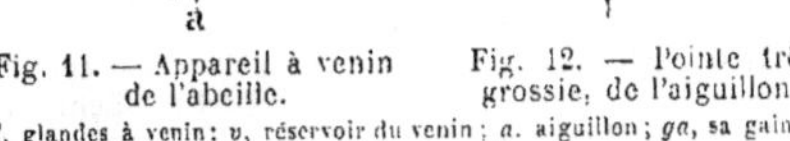

Fig. 11. — Appareil à venin de l'abeille. Fig. 12. — Pointe très grossie, de l'aiguillon.

gl, glandes à venin; *v*, réservoir du venin ; *a*, aiguillon ; *ga*, sa gaine. (d'après Lanessan).

l'abeille détache les plaques, la mâche pour la mêler avec un liquide spécial de sa bouche et en forme des bandes, qu'elle dépose à l'endroit où l'on doit en former des cellules. Lorsque les cirières ont déposé la matière, d'autres ouvrières en forment des cellules de différentes grandeurs, selon l'usage auquel elles sont destinées, soit pour y élever des femelles, des mâles ou des ouvrières. Le bord des cellules est terminé avec une sorte de vernis adhésif rouge, qui fond moins facilement que la cire.

C'est la « propolis » que les abeilles récoltent sur les écailles qui enveloppent les boutons des marronniers, des peupliers et d'autres arbres possédant des boutons à écailles gluantes.

Les zoologistes et les mathématiciens ont souvent

signalé la forme et la grandeur des cellules, ainsi que leur disposition particulière qui leur permet de circonscrire le plus grand volume avec la plus petite quantité de cire possible. Une partie des cellules sont occupées par le couvain (œufs, larves et nymphes) ; les autres servent à emmagasiner le miel, et les cellules desquelles les jeunes abeilles sont sorties sont souvent nettoyées et remplies de miel.

Les visites que font les abeilles aux fleurs, et par lesquelles elles sont si utiles pour la fécondation de beaucoup de plantes, ont pour but de récolter le nectar et le pollen. (V. **Nectar, Nectaire, Fécondation** et **Orchidées** (FÉCONDATION DES.) Les abeilles butinent de fleur en fleur et avalent le nectar jusqu'à ce que l'estomac ou poche au miel soit pleine de ce doux suc. Elles récoltent ensuite le pollen, forment des petites masses avec les grains qui se sont attachés à leurs corps et les placent dans la poche à pollen disposé sur le côté creux et poilu de leurs pattes postérieures. Elles se chargent ainsi de nourriture qu'elles transportent ensuite à la ruche.

Le nectar subit dans l'estomac une modification par laquelle il est transformé en miel et est de suite distribué comme nourriture aux ouvrières travaillant dans la ruche ou versé dans les cellules. Celles contenant du miel devant être consommé à bref délai ne sont pas fermées ; mais celles réservées pour la nourriture d'hiver sont recouvertes de cire dès que le miel qu'elles contiennent est suffisamment consistant. Le pollen est de même consommé de suite par les récolteurs, par les ouvrières de la ruche, donné aux larves, ou emmaganisé dans des cellules pour un usage ultérieur. C'est sur ces provisions que les abeilles vivent pendant l'hiver ; en conséquence, la vie n'est pas suspendue à l'approche des froids. Pouvant nourrir les larves d'automne, les abeilles ne les détruisent pas, chose que font les guêpes. Lorsqu'on châtre une ruche, il est nécessaire de fournir aux abeilles de l'eau et du sucre, ou autres matières sucrées avec lesquelles elles préparent du miel (qu'elles peuvent consommer en place de miel. *Weber*).

Il existe plusieurs races d'abeilles domestiques dont l'*A. mellifica* est la plus commune et a été prise comme type pour l'histoire ci-dessus ; les autres n'en diffèrent du reste que par des détails d'importance secondaire.

Retournant maintenant à la relation des abeilles avec les fleurs, nous trouvons qu'elles sont spécialement constituées pour extraire le miel des fleurs chez lesquelles il se trouve situé au fond d'un tube de plus de 7 mm. de longueur. La langue de l'ouvrière est composée de cinq pièces, desquelles la partie centrale (ligule) est pourvue de poils près du sommet et sert à lécher le nectar. Les fleurs, dont le miel se trouve à l'extrémité d'un tube étroit, sont particulièrement attrayantes pour les abeilles, car il est ainsi hors de portée de la plupart des autres insectes et leur fournit par conséquent une ample récolte. Il en est de même du pollen. Les fleurs dont la disposition des organes nécessitent pour la fécondation l'intervention des abeilles, ex. : les *Antirrhinum*, ont les étamines et le stigmate placés de telle façon qu'en visitant la fleur, l'insecte se couvre de pollen et le transporte sur la fleur suivante, de la même espèce qu'elle visite. Elles effectuent ainsi la fécondation croisée, phénomène dont l'importance pour la production des graines fertiles a été prouvée par de nombreuses expériences. (V. Darwin, *Cross and self-fertilisation in the vegetable kingdom* [1].) Les abeilles ne percent que rarement le tube, ainsi que le font les faux-bourdons, et cela au détriment de la fleur. En comparant les différentes espèces d'abeilles, on trouve que l'abeille mellifère est la plus parfaitement adaptée pour effectuer la fécondation croisée des fleurs qu'elle visite afin d'en récolter le nectar et le pollen. L'abeille mellifère ne visite qu'environ un ou deux genres de fleurs chaque jour. (En réalité, elle continue à exploiter les mêmes plantes tant qu'elles donnent du nectar, et elle n'en change que lorsque le nectar y est épuisé ou est insuffisant pour l'occuper d'une façon continue. — *Weber*.)

Les ouvrages anglais contenant beaucoup de renseignements sur les abeilles sont entre autres : Huber, *New observations on the Natural History of Bees;* Kirby and Spence, *Introduction to Entomology;* Bevan, *The Honey Bee;* Suckard, *Bristish Bees;* et Cheshire, *Bees and Bee-keeping scientific and practical.* — Voir plus loin les ouvrages français les plus recommandables.

« [2] Les *mères* sont des femelles arrivées à leur complet développement, grâce aux spacieuses cellules dans lesquelles elles sont élevées, et aussi à la nourriture fortifiante (chyle pur) qui leur est distribuée. Peu de temps après son éclosion, au premier beau jour, aux heures les plus chaudes, la jeune mère sort de la ruche et, après avoir marqué l'emplacement de sa demeure, elle prend son vol vers les régions élevées de l'air, suivie de nombreux faux-bourdons (mâles) luttant de vitesse pour obtenir la faveur que l'élu devra pourtant payer de la vie. La mère n'est fécondée qu'une seule fois, et cela pour toute son existence. Elle peut pondre jusqu'à 3,000 œufs et même plus par jour, c'est-à-dire jusqu'à deux fois son propre poids d'œufs en vingt-quatre heures. Pendant la ponte, elle est gorgée de nourriture partiellement digérée (chyle), de sorte qu'elle n'est réellement plus qu'une machine destinée à transformer rapidement la nourriture en œufs. C'est d'ailleurs tout son rôle dans la ruche, aussi le nom de mère lui convient-il beaucoup mieux que celui de reine ; en réalité, elle est l'humble servante de la communauté et pond des œufs en raison de la quantité de nourriture qu'on lui administre.

Les œufs en quittant les ovaires passent devant la réserve séminale provenant de l'accouplement et y sont d'habitude fécondés ; ces œufs fécondés ne produisent que des femelles ; ceux qui ne sont pas fécondés dans ce trajet ne produisent que des mâles.

Une mère peut vivre jusqu'à quatre ans, mais sa fécondité diminuant dès la seconde année, elle est le plus souvent tuée et remplacée par ses propres enfants dès la troisième année, dans l'intérêt de la communauté.

C'est la vieille mère qui accompagne le premier essaim ; ce sont ses filles qui accompagnent ceux qui suivent. Celles-ci sont tenues confinées dans leur cel-

[1] « Des effets de la fécondation croisée et directe dans le règne végétal », traduit de l'anglais par le Dr Ed. Heckel.

[2] Nous devons à l'obligeance de M. J. Weber les précieux renseignements complémentaires qui suivent ; bien que plusieurs passages soient d'accord avec le texte anglais, nous avons préféré les insérer intacts, afin de permettre aux amateurs d'opter selon leur gré pour l'une des deux opinions.

(S. M.)

lule par les abeilles jusqu'au moment où l'essaim va sortir. Lorsque le dernier essaim est parti, l'aînée des jeunes mères qui restent, aussitôt éclose, procède à la destruction de ses sœurs cadettes, puis entreprend son voyage de noces et s'apprête enfin à prendre complètement la place laissée vacante par la mère émigrée.

Un essaim n'est pas seulement composé de la mère et des ouvrières, il comprend aussi un nombre plus ou moins grand de mâles; ceux-ci sont quelquefois très nombreux et diminuent d'autant la valeur intrinsèque de l'essaim.

Chaque essaim affaiblit considérablement la souche, en lui enlevant une grande partie de sa population valide, au point que, si le premier essaim, généralement le meilleur, sort au commencement de la récolte du miel, c'est habituellement cet essaim qui produit notablement plus que la souche elle-même. Il découle de là qu'une ruche qui n'essaime pas et garde par conséquent toutes ses butineuses, donnera un meilleur produit que si elle essaimait; aussi doit-on s'efforcer d'empêcher l'essaimage en augmentant judicieusement et progressivement au printemps l'espace dont la mère a besoin pour sa ponte, et celui que réclament les ouvrières pour emmagasiner leur récolte. En procédant ainsi et en assurant une bonne ventilation dans le bas de la ruche, sans courant d'air, on restreint efficacement l'habitude d'essaimer. D'un autre côté, en ne laissant multiplier que les souches peu disposées à essaimer, on arrive aisément à maintenir l'essaimage dans des limites raisonnables. D'ailleurs, il est toujours facile d'augmenter le nombre des colonies au moyen des essaims artificiels qu'on a au moins l'avantage de pouvoir faire à son heure et en nombre voulu.

Les *ouvrières* sont des femelles incomplètes dont le développement a été arrêté par les dimensions exiguës de la cellule qui a été leur berceau. Au lieu de recevoir d'une façon continue du chyle pour nourriture, la larve d'ouvrière ne reçoit plus dès le 3e jour après sa naissance (le 7e jour après la ponte) qu'un mélange de chyle, de miel et de pollen ; cette nourriture est beaucoup moins facile à assimiler que celle que reçoit la larve de mère et contribue à ralentir le développement des organes. La larve provenant d'un œuf fécondé pondu dans une cellule d'ouvrière, peut être employée pendant un nombre restreint de jours à produire une mère ; il suffit pour cela qu'une nourriture appropriée lui soit donnée et que sa cellule soit agrandie en temps utile pour contribuer à son entier développement. Cependant, comme les abeilles commencent à mitiger la nourriture des larves dès le 3e jour après leur naissance, dans le but précisément de restreindre leur développement, il est facile à comprendre que les larves dont le sort aura été fixé dès le 2e ou 3e jour de leur état de larve seront celles qui produiront les mères les plus parfaites, les plus vigoureuses et les plus fécondes, puisqu'elles n'auront pas cessé un seul instant de recevoir du chyle pur sans aucune addition ralentissante. Il est encore à remarquer que si les abeilles possèdent ainsi le moyen de produire une mère pendant toute la belle saison, encore faut-il que cette mère puisse se faire féconder ; la présence de faux-bourdons dans les environs et la possibilité pour la mère de les rencontrer dans son vol, sont donc les conditions nécessaires pour arriver à un résultat vraiment pratique. Ces conditions indispensables limitent comme on le voit, dans une assez grande mesure, l'époque où il est possible d'élever utilement les mères, à moins qu'on ait soin de provoquer quelque temps à l'avance l'élevage de mâles dans une autre bonne ruche voisine.

Lorsqu'une jeune mère n'a pu être fécondée dans les 25 à 28 jours après son éclosion, elle sera ensuite incapable de l'être efficacement et ne pondra que des œufs de mâles. De même, dans une ruche orpheline, il arrive quelquefois que des ouvrières ordinaires, dont les ovaires ont sans doute reçu un commencement de développement, stimulées par le pressant besoin de pourvoir au remplacement de la mère morte ou perdue, se mettent à pondre; mais les œufs qu'elles pondent n'étant pas fécondés ne peuvent non plus produire que des mâles.

Les *mâles* ou faux-bourdons n'ont pas d'autre utilité que de servir à la fécondation des jeunes mères; ils ne produisent aucun travail et ne récoltent rien ; ils sont même incapables de se nourrir d'une façon indépendante car s'ils consomment beaucoup de miel, dans la ruche, leur bouche n'est pas faite pour manger le pollen riche en azote, ce complément indispensable de toute nourriture animale. Ils reçoivent cet élément sous forme de chyle, de leurs sœurs les ouvrières qui sont donc véritablement leurs nourrices et dont ils ne sauraient se passer. On a cru longtemps que les abeilles tuaient les mâles une fois l'époque de la fécondation des mères passée, mais il n'en est rien. Les ouvrières leur refusent tout simplement le chyle sans lequel ils ne peuvent vivre. Cette privation les affaiblit rapidement et ils finissent par être impitoyablement chassés, traînés hors la ruche, où ils meurent misérablement de froid et de faim.

L'opinion malheureusement trop répandue que l'abeille attaque les fruits et porte ainsi préjudice aux récoltes, ne repose sur aucun fondement. Il est aujourd'hui prouvé que les organes de sa bouche sont trop obtus pour lui permettre de percer la peau d'un raisin, d'une pêche ou même d'une prune. Ce sont les colimaçons, les perce-oreille, les oiseaux et surtout les guêpes qui entament les fruits et les vouent à une perte certaine. L'abeille ne vient qu'après pour récolter les jus qui autrement seraient perdus. Que ceux qui ont besoin de s'en convaincre, ceux qui prétendent que l'abeille détruit leurs fruits, fassent donc la guerre aux insectes nommés plus haut et surtout aux guêpes et ils constateront sans peine que, lorsque leurs fruits ne seront plus entamés, l'abeille ne s'y arrêtera même pas. En réalité, l'abeille ne joue qu'un rôle bienfaisant dans son commerce avec le règne végétal, rôle prévu, attendu par la nature, et ce rôle est celui d'assurer la fécondation des fleurs.

L'apiculture, par le service qu'elle rend à l'horticulture et à l'agriculture au point de vue de la fécondation des fleurs, peut, à juste titre, être considérée comme une branche non sans importance de l'une et de l'autre. Elle demande une mise de fonds relativement faible et la conduite de six à dix ruches n'offre guère de difficultés, même pour les intelligences médiocres, pourvu qu'on soit un peu soigneux et qu'on puisse pour le reste consulter l'un ou l'autre des excellents traités spéciaux qui existent maintenant. On a dit avec raison que la ruche ne fait pas le miel, mais il n'en est pas moins vrai qu'une bonne ruche à cadres mobiles, ouverte par le haut, à hausses superposées, facilite aux abeilles le magasinage de la récolte et à l'apiculteur la conduite des colonies. La figure ci-contre, que nous devons à l'obligeance de M. R. Gariel (2*ter*, quai de la Mégisserie, Paris), représente un excellent modèle de ruche perfectionnée remplissant toutes les conditions essentielles requises, tout en restant simple de construction et facile à manœuvrer. Le soin des abeilles est au surplus une grande distraction et aussi une excellente occasion pour les observateurs, de faire de charmantes et attrayantes études, deux choses qui ne sont guère à dédaigner à la campagne. Si l'on a soin de s'arranger de façon à avoir de fortes populations pour l'époque de la miellée principale de l'endroit, ce qui est facile, on est sûr, le beau temps aidant,

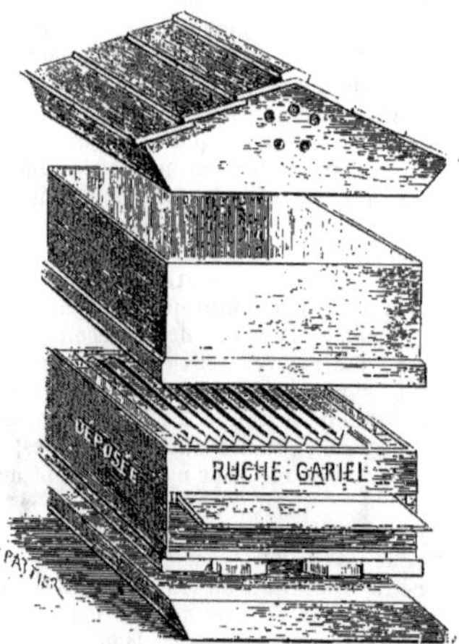

Fig. 13. — Ruche à cadres mobiles.

d'avoir de bonnes récoltes de miel. Les usages du miel sont fort nombreux, mais loin d'être aussi connus qu'ils le méritent ; le miel n'est pas seulement un dessert, il constitue aussi une nourriture saine, légère, fortifiante ; c'est un sucre qui peut se passer de digestion pour ainsi dire, il est beaucoup plus assimilable que n'importe quel autre aliment ; aussi convient-il aussi bien au vieillard qu'à l'enfant. On l'emploie de cent façons et on en fait même d'excellent vin de Madère !

On ne saurait donc trop encourager toute personne s'occupant d'horticulture à élever également des abeilles, non seulement parce qu'on obtiendra par là une fécondation plus complète, plus générale des fleurs, mais encore parce que le rendement de quelques ruches bien soignées est de beaucoup supérieur, eu égard à la mise de fonds, au rapport qu'on obtient d'habitude dans les autres branches d'exploitation rurale.

Ouvrages principaux en langue française :

Huber, *Observations sur les abeilles* ; Bertrand, *Conduite du rucher;* J. Weber, *Manuel pratique d'apiculture;* Langstroth, *L'abeille et la ruche* (traduit par Dadant) ; Cowan, *Guide de l'apiculteur* (traduit par Bertrand).

Plantes mellifères. — Parmi les plantes les plus intéressantes au point de vue de la production du miel pour notre climat, on peut citer les suivantes :

Les trèfles, luzernes, melilots, sainfoins, le sarrasin, le colza, la navette, la moutarde, la bruyère, le fenouil, le pissenlit, le plantain, la bourrache, les sauges, l'hysope, la mélisse, les menthes, la scrofulaire, la matricaire, la verge d'or, l'aunée, les chardons, le fraisier, le réséda, les giroflées, les asters vivaces, la dracocéphale, etc., etc.

L'acacia, le tilleul, le pommier, le poirier, le prunier, le cerisier, l'abricotier, le pêcher, les saules, le marronnier, le châtaignier, les érables, le gleditschia, le groseiller épineux, le framboisier, la glycine, le sureau, etc., etc.

Plantes a pollen. — Parmi les plantes fournissant du pollen aux abeilles, on peut citer : les crocus printaniers, le noisetier, les saules, les concombres, les courges, le pissenlit, le lierre, etc. Depuis que l'on sait que le pollen peut très bien être remplacé par de la farine, les plantes à pollen n'ont plus guère qu'une importance secondaire pour l'apiculteur entendu. »

(J. Weber.)

ABEILLES PERCE-BOIS, Angl. Wood boring Bees. — Ces insectes ne sont pas rares dans les endroits où il y a des bois en corruption dans lesquels ils peuvent creuser leurs galeries. Contrairement aux *abeilles mellifères* et aux *bourdons*, qui vivent en société et travaillent pour le bien de la communauté, le Xylocope (*Xylocopa violacea*) est solitaire ; chaque femelle travaille indépendante des autres. Elle se creuse une galerie, y forme une ou plusieurs cellules, les remplit de pollen ou d'autre aliment approprié à la nourriture de ses larves. Elle pond un œuf dans la matière de chaque cellule, en ferme l'orifice et laisse la larve éclore et vivre des matériaux récoltés pour elle. Puis, la jeune abeille sort de sa cellule et de la galerie lorsqu'elle est complètement développée, et recommence les mêmes opérations pour le bien de sa progéniture. Il existe plusieurs espèces d'abeilles perce-bois, appartenant à plusieurs genres. Elles ont beaucoup de ressemblance avec l'abeille mellifère, ce qui peut les faire confondre par les personnes inexpérimentées. Quelques-unes ne vivent pas seulement dans le bois en décomposition, mais aussi dans les vieux murs, dans la terre et même dans la pierre tendre.

Les espèces de *Mégachile* coupent des morceaux de feuilles de rosier et autres plantes et les emploient pour former les cellules devant contenir la nourriture des larves dans les galeries. L'extrémité de chaque cellule est fermée par une série de morceaux de feuilles circulaires.

Les mœurs d'une autre abeille, l'*Anthidium manicatum*, ont été décrites par le R. Gilbert White de Selborne. Elle scie les poils de différentes plantes, comme le dit White, « avec toute l'habileté d'un bûcheron », et les emporte entre le menton et les pattes de devant, en botte quelquefois aussi grosse qu'elle. La femelle forme des cellules avec les poils qu'elle récolte de cette manière, en les agglutinant au moyen d'une sorte de matière gluante, en une substance semblable au feutre.

ABELIA, R. Br. (En l'honneur du Dr Clarke Abel, médecin de lord Amherst, ambassadeur en Chine, en 1817, et auteur de : *Narrative of a Journey to China*, 1818 ; mourut en 1826.) Fam. *Caprifoliacées*. — Ce genre comprend environ une demi-douzaine d'espèces d'arbustes très ornementaux, originaires de l'ouest de l'Himalaya, de la Chine, du Japon et du Mexique. Corolle tubuleuse, infundibuliforme, à cinq lobes. Feuilles pétiolées, dentées-crénelées. Ils sont très convenables pour la garniture des serres froides soit sur treillage, soit en pots, très florifères et de culture facile. Dans les pays chauds, on peut les considérer comme rustiques; ils supportent cependant le plein air pendant l'été, dans les localités moins favorisées. Ils se plaisent dans un compost de terre de bruyère et terre franche en parties égales, auquel on peut ajouter un peu de sable. Multiplication par boutures en été et par marcottes au printemps, sous châssis. Les espèces les plus cultivées sont l'*A. floribunda* et l'*A rupestris*.

A. chinensis, R. Br.* *Fl.* petites, roses, parfumées, disposées par deux au sommet des rameaux; sépales foliacés, teintés de rouge. Septembre. *Flles* petites, oblongues, *Haut.* 1m.50. Chine, 1844. Arbuste rameux, velu, à feuilles caduques. Syn. *A. rupestris*, Lindl. (B. R. 32, 8.)

A. c. grandiflora, — *Fl.* blanc rosé, plus grandes que celles du type. La plante entière est plus vigoureuse. C'est un semis d'origine italienne.

A. floribunda, Dcne.* *Fl.* pourpre rosé, d'environ 5 cent. de longueur, en bouquets axillaires. Mars. *Flles* oblongues opposées. *Haut.* 1 m. Mexique, 1842. La meilleure et la plus florifère des espèces à feuillage persistant. (B. R. 33, 35; B. M. 4316; F. d. S. 2, 4.)

A. rupestris, Lindl. Syn. de *A. chinensis*, R. Br.

A. serrata, Sieb. et Zucc. Syn. de *A. uniflora*, R. Br.

A. spathulata, Sieb. *Fl.* sessiles, disposées par deux sur des pédoncules courts et déliés; corolle blanche tachée de jaune à la gorge, d'environ 2 cent. 1/2 de long. Avril. *Flles* elliptiques, lancéolées, obtusément acuminées, sinuées, dentées, glabres en dessus, pubescentes en dessous, bordées de pourpre. Japon, 1883. Arbuste très rameux à feuilles persistantes, très florifère. (B. M. 6601.)

A. triflora, R. Br.* *Fl.* petites, jaune pâle, teintées de rose, disposées par trois au sommet des rameaux; sépales longs et linéaires couverts de longs poils. Septembre. *Flles* petites, lancéolées. *Haut.* 1 m. 50. Hindoustan, 1847. Petit arbuste rameux, toujours vert. (L. J. F. 3, 319.)

Fig. 11. — Abeille perce-bois (Xylocope).

A. uniflora, R. Br. *Fl.* jolies, rouge pâle, parfumées, très grandes, solitaires sur un pédoncule terminal; sépales foliacés. Mars. *Haut.* 1 m. Chine 1844. Belle espèce à feuillage persistant. Syn. *A. serrata*, Sieb. et Zucc.

ABENA, Neck. — V. **Stachytarpheta**, Vahl.

ABERRATION. — Déviation de la voie habituelle. En histoire naturelle, ce terme s'applique aux espèces ou genres qui ne présentent plus les caractères usuels de leurs parents.

ABIES, Juss. (du celtique *abetoa*, d'où le nom italien *abete*, en espagnol *abeto*; ou, selon quelques personnes, de *apios*, poirier, par allusion à la forme du fruit). **Sapin**, Angl. Spruce Fir. Syn. *Picea*, Don. Fam. *Conifères*. — Genre comprenant environ vingt espèces originaires des régions tempérées de l'hémisphère boréal. Ce sont de beaux arbres verts, remarquables par leur taille et par leur port dressé, majestueux; tous sont précieux pour l'ornement des parcs et jardins. On donne vulgairement le nom de Sapin à un grand nombre de conifères qui n'appartiennent même pas à ce groupe. La synonymie scientifique n'est guère plus claire; des arbres de genres bien différents ont été fréquemment rapportés aux *Abies*. Actuellement, on s'accorde à admettre la division de ce genre en quelques groupes distincts qui sont ainsi considérés comme des genres; en voici les noms : *Abies*, Juss.; *Keteleeria*, Carr. *Picea*, Link.; *Tsuga*, Carr.; c'est ainsi qu'ils sont répartis dans cet ouvrage. On distingue les vrais *Abies* par les caractères suivants : feuilles distiques ou éparses, très courtement pétiolées; chatons femelles solitaires; cônes cylindriques ou légèrement coniques, *dressés*, à écailles caduques, se détachant de l'axe qui persiste sur l'arbre. Graines ailées, bractées saillantes ou incluses. Maturation annuelle. Toutes les espèces fructifient relativement jeunes; la plupart sont rustiques. Pour leur culture, V. **Pinus**.

A. Alcoquiana, Hort. — V. *Picea ajanensis*.

A. amabilis, Forbes. Rameaux rigides, canaliculés couverts de nombreux petits poils roux. *Flles* éparses, de 3 à 5 cent. de long; linéaires, obtuses, vert foncé en dessus, argentées en dessous. Les cônes ont été décrits comme étant cylindriques et d'environ 15 cent. de long. *Haut.* 50 m. Californie 1831. Magnifique conifère d'apparence massive.

A. baborensis, Coss.* *Flles* linéaires, vert foncé, argentées en dessous, très nombreuses, celles des branches adultes courtement acuminées et celles des jeunes rameaux plus obtuses et sans pointe, de 1 à 2 cent. 1/2 de long. *Cônes* dressés, cylindriques, généralement groupés par 4 ou 5 ensemble, de 12 à 20 cent. de long et environ 5 cent. de diamètre; écailles réniformes brun grisâtre, enveloppant une bractée mince scarieuse et ridée. *Haut.* 12 à 15 m. Alger, 1864. C'est un bel arbre de taille moyenne. Syn. *A. numidica*, de Lannoy.

A. balsamea, Miller.-Baumier de Gilead, Sapin Baumier; Angl. Balm of Gilead, Balsam Fir. — *Flles* argentées en dessous, entières ou émarginées au sommet, légèrement récurvées et étalées, de 2 cent. de long. *Cônes* cylindriques, violets, dressés, de 10 à 12 cent. de long et 2 cent. de diamètre; écailles aussi longues que larges. *Haut.* 12 à 15 m. Etats-Unis, Canada, etc., 1696. Arbre svelte, de taille moyenne. Il en existe plusieurs variétés.

A. bifida, Sieb. et Zucc. Identique avec l'*A. firma*.

A. brachyphylla, Max.* *Flles* linéaires, compactes, à insertion en spirale autour des jeunes rameaux, mais disposées en deux rangées, de 2 à 4 cent. de long; les plus anciennes sont les plus longues, obtusément aiguës ou émarginées, vert gai en dessus, et à deux lignes argentées en dessous. *Cônes* pourpres, de 8 à 10 cent. de longueur, obtus aux deux extrémités, bractées ovales plus courtes que les écailles, celles-ci oblongues, denticulées. *Haut.* 15 à 18 m. Japon, 1866. Magnifique Sapin récemment introduit; tronc droit, à branches horizontales, régulièrement verticillées, et à écorce rude. (B. M. 114.)

A. bracteata, Hook. et Arntt.* *Flles* linéaires, planes, rigides, de 5 à 8 cent. de long, vert clair en dessus, glauques en dessous. *Cônes* d'environ 10 cent. de long, à bractées développées en longues épines foliacées, linéaires et rigides, de 5 cent. de longueur et légèrement courbées en dedans. *Haut.* 8 m. Sud de la Californie, 1853. Bien bel arbre dégagé, à végétation précoce, mais dont les jeunes pousses sont souvent endommagées par les gelées printanières. (G. C. 1889, I, p. 241.)

A. Brunoniana, Lindl. — V. *Tsuga Brunoniana*, Carr.

A. canadensi Michx. — V. *Tsuga canadensis*, Carr.

A. cephalonica, Link. *Flles* subulées, planes, vert foncé en dessus et argentées en dessous. *Cônes* dressés, cylindriques, verts lorsqu'ils sont jeunes, plus tard rougeâtres, et bruns à la maturité, de 12 à 15 cent. de long et d'environ 4 cent. de diamètre; écailles larges, minces, arrondies, plus courtes que les bractées. *Haut.* 15 à 20 m. Montagnes de la Grèce, 1824. Arbre méritant, convenable pour les endroits exposés aux intempéries. Il en existe plusieurs variétés.

A. cilicica, Carr. *Flles* linéaires, droites ou légèrement courbées, de 2 à 4 cent. de longueur, vert foncé en dessus, glauques en dessous, groupées en deux rangées. *Cônes* cylindriques, de 15 à 20 cent. de long; écailles larges, minces et coriaces. *Haut.* 12 à 15 m. Mont Taurus en Asie Mineure, 1854. Cette espèce a le défaut de pousser de très bonne heure, et ses pousses se trouvent quelquefois gelées. Quant à sa rusticité, l'hiver de 1879-80 a permis de constater que c'était un de nos conifères les plus rustiques pour les environs de Paris. (R. H. 1856, 81.)

A. concolor, Lindl.* *Flles* linéaires, planes, obtuses, vert glauque, disposées en double rangée distique, celles de la rangée inférieure ont de 5 à 8 cent. de longueur, les supérieures plus courtes, canaliculées en dessus. *Cônes* cylindriques, obtus aux deux extrémites, de 8 à 12 cent. de longueur et 7 cent. de diamètre; écailles nombreuses, imbriquées, plus longues que les bractées. *Haut.* 25 à 45 m. Californie, etc., 1831. Très belle espèce à écorce des jeunes branches jaune. (G. C. 1890, 114-749.) Syn. *A. lasiocarpa*, Lindl. et Gord. et *A. Parsonii*.

A. Douglasii, Lindl. — V. *Pseudotsuga Douglasii*, Carr.

A. dumosa, Lamb. — V. *Tsuga Brunoniana*, Carr.

A. Eichleri, Lauche. Syn. de *A. Veichii*, Carr.

A. excelsa, DC. — V. *Picea excelsa*, Link.

A. firma, Sieb. et Zucc. *Flles* raides, coriaces, disposées en spirale autour des rameaux, mais dirigées sur deux rangées latérales, de 2 1/2 à 4 cent. de longueur, très variables, sur les jeunes et les vieux arbres. *Cônes* cylindriques, obtus aux deux extrémités, de 7 à 10 cent. de long; écailles imbriquées, portant des bractées carénées, proéminentes. *Haut.* 30 m. Japon, 1861. Arbre dressé, d'une grande beauté.

A. Fortunei, A. Murr. — V. *Keteleeria Fortunei*, Carr.

A. Fraseri, Lindl.* *Flles* linéaires, émarginées, argentées en dessous. *Cônes* dressés, sessiles, oblongs, raboteux, de 4 à 8 cent. de long, écailles onguiculées, sub-orbiculaires; bractées foliacées, obcordées, mucronées, semi-exertes, réfléchies. *Haut.* 10 à 12 m. Nord de la Caroline 1811. (G. C. 1890, 2, p. 685, f. 132.) Cette espèce ressemble beaucoup à l'*A. balsamea*, dont elle diffère par ses feuilles plus courtes, plus dressées et par ses cônes plus petits.

A. Gordoniana, Carr. Syn. de *A. grandis*, Lindl.

A. grandis, Lindl.* *Flles* en double rangée de chaque côté des rameaux, planes, obtuses, émarginées, pectinées, argentées en dessous, de 2 à 3 cent. de long. *Cônes* latéraux, solitaires, cylindriques, obtus aux deux extrémités, de 10 à 12 cent. de long et 5 cent. de diamètre; bractées très courtes, ovales, acuminées, irrégulièrement dentées. *Haut.* 30 m. Californie, 1831. Bel arbre, symétrique et à végétation rapide. *Abies Gordoniana*, Carr.

A. Kempferi, Lindl. — V. *Pseudolarix Kempferi*, Gord.

A. lasiocarpa, Lindl. et Gord. Syn. de *A. concolor*, Lindl.

A. magnifica, Murr.* *Flles* groupées en deux rangées compactes, de 3 à presque 5 cent. de long, vert olive, très glauques en dessus lorsqu'elles sont jeunes, devenant ensuite plus foncées, marquées de deux lignes argentées en dessous. *Cônes* de 15 à 20 cent. de long et de 6 à 8 cent. de diamètre ; écailles à bord extérieur incurvé. *Haut.* 60 m. Nord de la Californie, 1851. Grand arbre, majestueux, à branches horizontales, verticillées.

A. Mariesii, Mast. *Flles* dressées, régulièrement disposées autour des rameaux, linéaires-oblongues, obtuses, échancrées au sommet, de 2 cent. de long; bractées ovales, oblongues, rétuses. *Cônes* dressés, cylindriques, de 8 à 10 cent. de long et 4 à 5 cent. de diamètre, rétrécis à la base et au sommet, pourpre noirâtre, écailles entières, de presque 2 cent. 1/2 de large et un peu moins longues. Japon, 1879. Arbre élevé, pyramidal.

A. Mertensiana, Lindl. et Gord. — V. *Tsuga Mertensiana*, Carr.

A. miniata, — V. *Picea cremita*.

A. Morinda, J. E. Nelson. — V. *Picea Morinda*, Link.

A. nobilis, Lindl.* *Flles* linéaires, presque toutes sur un des côtés des rameaux, falciformes, aiguës, argentées en dessous, de 4 cent. 1/2 de long. *Cônes* brunâtres, cylindriques, dressés, sessiles, 15 cent. de long et 7 cent. de diamètre; écailles triangulaires sans bractées, de 3 cent. de long et environ de même diamètre ; bractéoles spatulées, imbriquées, de 1 cent. 1/2 de long. *Haut.* 60 à 90 m. Californie, 1831. Arbre majestueux.

A. Nordmanniana, Spach.* *Flles* des rameaux stériles, disposées sur deux rangs, ou plus ou moins éparses, linéaires, planes, bifides au sommet, vertes en dessus, marquées de deux lignes blanches en dessous; celles des branches fertiles, dressées, tordues à la base, de 2 cent. 1/2 de long. *Cônes* sessiles, dressés, oblongs ou cylindriques, de 10 à 15 cent. de long et 6 à 7 cent. de large; écailles réniformes, courtement cunéiformes à la base; bractées cuspidées exertes, réfléchies. Branches verticillées, horizontales, les inférieures penchées. Asie Mineure, 1848. Grand arbre pyramidal, très décoratif, dont il existe de nombreuses variétés. (B. M. 6992.)

A. N. horizontalis, Hort. Forme naine, compacte, à branches étalées, horizontales; son port particulier est dû à l'impossibilité de lui faire développer une tige centrale élancée. C'est un semis trouvé par hasard dans une pépinière des Vosges.

A. N. pendula, Hort. Variété à branches verticillées, pendantes, surtout les inférieures; tige très droite. *Flles* denses sur le dessus des rameaux, obtuses. Trouvé dans un semis fait à Clamart en 1869 par M. Courtois. Multiplication par greffe. (R. H. 1890, p. 440.)

A. numidica, de Lannoy. Syn. de *A. baborensis*. Coss.

A. obovata, Loud. — V. *Picea obovata*, Ledeb.

A. orientalis, Poir. — V. *Picea orientalis*, Carr.

A. Parsoniana, — Syn. de *A. concolor*, Lindl.

A. pectinata, DC. Sapin argenté, S. commun, S. de Normandie, etc. — *Flles* linéaires, solitaires, planes, obtuses, raides, contournées au sommet, disposées sur deux rangs, de 1 1/2 à 2 cent. de long., vert brillant en dessus, marquées de 2 lignes argentées en dessous, de chaque côté de la nervure médiane. *Cônes* axillaires, dressés, cylindriques, de 15 à 20 cent. de long et 4 à 5 cent. de large, bruns à la maturité; écailles pourvues d'une longue bractée dorsale, de 3 à 4 cent. de long. et 3 cent. de large. *Haut.* 25 à 30 m. Bel arbre, dont la végétation n'est lente que lorsqu'il est jeune. Europe centrale, 1603. Il existe plusieurs variétés sans importance.

A. Pindrow, Spach. Dans l'Himalaya, son pays d'origine, c'est un bien bel arbre, atteignant 40 à 50 m. de haut. ; mais il ne résiste pas, dans le nord de la France, aux froids tardifs qui détruisent généralement ses jeunes pousses. Il est très voisin de l'*A. Webbiana*, duquel on le distingue facilement par ses feuilles plus longues, à deux dents plus aiguës et par ses cônes plus petits.

A. Pinsapo, Boiss.* Pinsapo, Angl. Spanish Silver Fir. — *Flles* linéaires éparses autour des branches, presque rondes, entières au sommet, d'environ 1 cent. 1/2 de long, vert gai, marquées de deux petites lignes argentées en dessous. *Cônes* sessiles, ovales ou oblongs, de 10 à 12 cent. de long et environ 5 cent. de diamètre; bractées courtes, cachées par les écailles, qui sont larges et arrondies. *Haut.* 20 à 25 m. Sud de l'Espagne, 1839. Magnifique espèce dont le port est symétrique et très régulier. Il existe une ou deux variétés sans mérite. (F. d. S. 14, 1437-38.)

A. polita, Sieb et Zucc. — V. *Picea polita*, Carr.

A. religiosa, Lindl. *Flles* linéaires, aiguës, très entières, de 4 cent. de long. *Cônes* ovales, arrondis, de 7 cent. de long et 6 cent. de large; écailles cordées, trapézoïdes; bractées spatulées, oblongues. *Haut.* 30 à 45 m. Mexique, 1839. Bel arbre, mais peu rustique.

A. sachalinensis, Mast. *Flles* disposées sur plusieurs rangs, de 2 1/2 à 3 cent. de long et 2 mm. de large, tournées sur le côté, raides, linéaires, obtuses. *Cônes* sessiles, dressés, cylindriques, arrondis au sommet, de 7 cent. de long et 2 cent. 1/2 de diamètre ; écailles oblongues transversalement réniformes, denticulées, infléchies sur le bord ; bractées de 1 cent. 1/2 de diamètre et 5 cent. de long, obovales, serrulées, terminées par une pointe anguleuse, réfléchie, dépassant les écailles. Japon, 1879. Espèce élevée, pyramidale et robuste.

A Schrenkiana, Lindl. et Gord. — V. *Picea Schrenkiana*, Fisch. et Mey.

A. sibirica. Ledeb. Cette espèce n'est pas recommandable, car sa végétation est très lente, même dans les conditions les plus favorables. Sibérie.

A. Smithiana, Forbes. — V. *Picea Morinda*, Link.

A. subalpina. Engelm. Sur les hautes montagnes du Colorado, etc., cet arbre atteint de 20 à 30 m. de haut. Il n'y a pas assez longtemps qu'il est introduit pour que l'on puisse avoir une opinion certaine sur son mérite comme arbre d'ornement.

A. Tsuga, Sieb. et Zucc. — V. *Tsuga Sieboldi*, Carr.

A. Veitchii, Carr.* *Flles* serrées les unes contre les autres, les latérales étalées, distiques, celles du dessus beaucoup plus courtes et dirigées en avant, de 1 1/2 à 2 1/2 cent. de long, linéaires, planes, glauques en dessus, argentées en dessous, émarginées sur les branches stériles, entières sur les branches fertiles. *Cônes* dressés, sub-cylindriques, brun pourpre, de 5 à 6 cent. de long et presque 2 cent. 1/2 de diamètre; écailles horizontales, compactes, réniformes, renfermant chacune une bractée courte, cunéiforme, aussi longue qu'elle. *Haut.* 35 à 40 m. Japon, 1860, et de nouveau en 1879. On le donne comme un bel arbre, intéressant et parfaitement rustique; il doit être planté sur les parties élevées, regardant le sud ou le sud-ouest. Syn. *A. Eichleri*, Lauche. (W. G. Z. 1882, n° 2.)

A. Webbiana, Lindl. *Flles* disposées sur deux rangs, linéaires, planes, obtuses, émarginées, argentées en dessous, de 4 à 6 cent. de long. *Cônes* cylindriques, de 15 à 18 cent. de long et 5 cent. ou plus de large, pourpre foncé ; écailles réniformes, arrondies, comprimées, imbriquées, d'environ 2 cent. 1/2 de long et 3 cent. de large; bractées oblongues, apiculées. *Haut.* 20 à 25 m. Himalaya, 1822. Grand et bel arbre pyramidal, à branches nombreuses horizontales, très ramifiées, et garnies d'un feuillage compact.

A. Williamsoni, Newberry. — V. *Tsuga Pattoniana*.

ABOBRA, Ndn. (son nom brésilien) Fam. *Cucurbitacées*. — Genre ne comprenant que deux ou trois espèces originaires de l'Asie tropicale et de l'Australie. Ce sont des plantes de serre chaude ou tempérée, à fleurs axillaires, dioïques et à feuilles finement découpées. La seule espèce cultivée, est une jolie plante grimpante, vivace, demi-rustique, pourvue de racines charnues, pivotantes, blanchâtres, s'enfonçant à plus de 30 cent. de profondeur. Elle se plaît dans un endroit chaud et ensoleillé et dans une terre légère. Les graines peuvent être semées en pots ou terrines vers la mi-juin. Les racines tuberculeuses peuvent être hivernées dans une serre froide ou sous châssis. V. aussi **Courge.**

Fig. 15 — ABOBRA VIRIDIFLORA.

A. viridiflora, Ndn. *Fl.* vert pâle, odorantes; aux fleurs femelles, succèdent de petits fruits ovales, écarlates, environ de la grosseur d'une noisette. *Flles* vert foncé, brillantes, divisées en segments étroits. Amérique du Sud. Plante à végétation rapide et vigoureuse, très convenable pour garnir les berceaux et les treillages. C'est un joli petit genre de courge ornementale. (R. H. 1862, 111.)

ABRAXAS Grossulariata. — V. **Groseiller** (PHALÈNE DU).

ABRICOTIER, ANGL. Apricot, anciennement Abricock. (*Armeniaca vulgaris*, Lamk.) — Originaire de l'Arménie (?), cet arbre fut importé à Rome au temps de

Fig. 16. — ABRICOTIER. Rameau fleuri.

Pline, et ne paraît avoir été introduit en France que vers le XVIe siècle. L'Abricotier est un arbre dont la floraison est la plus précoce. Cette particularité est un grand désavantage pour sa culture, car il est souvent difficile de protéger les fleurs des vents et gelées printanières.

Le fruit contient moins d'acide que les autres fruits à noyau, et il est probablement le plus beau de tous il s'en exporte annuellement de grandes quantités en Angleterre et ailleurs.

Fig. 17. — ABRICOTIER. Branche fructifère.

MULTIPLICATION. — Elle se fait par le semis ou par la greffe. Dès la récolte, on choisit les noyaux des meilleures variétés; on les stratifie de suite, ou on les sème en terre riche et légère en les recouvrant d'environ 5 cent. de terre.

L'année suivante, on arrache le plant, on raccourcit légèrement le pivot si les arbres sont destinés aux espaliers, aux cordons, ou à être mis en pots pour forçage. On les plante ensuite en pépinière, en lignes espacées d'environ 1 m. et de 50 cent. sur les rangs.

GREFFE. — Celle en écusson est la plus usitée; elle se fait en juin-juillet, sur abricotier franc dans la Provence, etc., sur amandier dans l'Ain, le Lyonnais, etc., pour les terrains frais, mais sur ce sujet, la greffe est sujette à se décoller sous l'action des vents, enfin le plus fréquemment, sur Saint-Julien (*Prunus domestica*) ou Myrobolan, ce dernier pour les terrains secs (Baltet).

Pour les basses tiges, le sujet doit être greffé à environ 30 cent. du sol. Dans tout le nord, c'est la forme la plus avantageuse. Les demi-tiges peuvent avoir de 75 cent. à 1 m. et les pleins vents de 1 m. 50 à 2 m. On emploie aussi quelquefois la greffe anglaise; mais, pour de nombreuses raisons, elle ne vaut pas celle en écusson.

PLANTATION. — Dans le midi, le centre et même les environs de Paris, l'Abricotier se cultive en pleins champs, mais dans le nord, l'arbre a besoin de protection ; ce sont les parties les plus abritées du jardin qu'il faut lui réserver, les cours spacieuses ainsi que les murs du côté ouest et sud-ouest, le long desquels on le dresse en espalier ou cordon.

Il lui faut une terre profonde ; mais, pourvu qu'il soit sur un sous-sol sec, c'est là le plus important. Les terres lourdes peuvent être appropriées à sa culture par l'addition de terre franche et plâtras en proportion égale.

Les arbres à haute tige se plantent à environ 8 m. de distance, ceux à basse tige ainsi que les espaliers à 4 ou 6 m. et les cordons de 60 cent. à 1 mètre.

Les racines doivent être soigneusement disposées et

garnies de terre fine et recouvertes de 8 à 12 centimètres de terre.

Non seulement les racines doivent avoir une couche de terre convenable, mais il faut en ajouter une deuxième de paillis ou autre, pour les protéger de la chaleur pendant l'été et du froid pendant l'hiver. Il ne faut jamais laisser sécher la terre des arbres nouvellement plantés. Un arrosage à fond avec de l'eau de pluie ou additionnée d'engrais sauvera souvent la récolte ou restaurera un arbre, lorsque les autres remèdes superficiels auront échoué. Des seringages dans les après-midi chaudes sont bienfaisants et contribuent à maintenir le feuillage propre et en bon état.

Après la récolte des fruits, il faut s'occuper de la maturité du bois. Toutes les parties superflues doivent être supprimées, et on doit faire le possible pour aider le bois à bien s'aoûter, plutôt que de forcer l'arbre à en produire de nouveau. A moins que le temps ne soit très sec, il ne faut plus arroser après cette période.

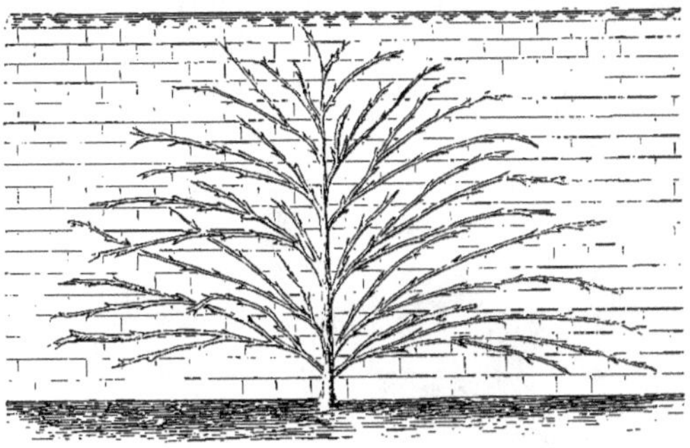

Taille. — Dans les grandes cultures, les pleins vents et demi-tiges sont, à part les soins de dressement et d'élagage, le plus souvent livrés à eux-mêmes, bien que le raccourcissement annuel des branches fruitières empêche la charpente de se dégarnir aussi rapidement.

Fig. 18. — Abricotier en espalier.

Dans les jardins, et principalement pour les espaliers et cordons, la taille doit porter principalement sur la formation de la charpente. Comme pour tous les arbres à noyau, les boutons à fruit se développent sur le nouveau bois, lequel ne fructifie qu'une fois; il faut donc sans cesse veiller à sa production et à sa mise à fruit que l'on obtient par des pincements et cassements; la taille doit porter sur le remplacement et le raccourcissement des rameaux à fruits dont on évite ainsi l'allongement.

Restauration. — Tous les Abricotiers, même les mieux traités, finissent par se dégarnir; après dix ou quinze ans, ils deviennent languissants et improductifs. Il faut alors les rajeunir. Pour cela, on coupe chez les arbres en gobelet, plein vent, etc., les branches de charpente vers la moitié de leur longueur; elles se couvrent alors pendant l'été d'une quantité de rameaux adventifs parmi lesquels, à l'automne suivant, on choisit ceux nécessaires à la formation de la nouvelle charpente. Quant aux espaliers, on préserve pendant l'été un des gourmands qui se développent fréquemment à la base des branches de charpente; puis, au moment de la taille, on supprime celle-ci immédiatement au-dessus du rameau choisi qui servira à former la nouvelle charpente. Ce rapprochement peut se faire sans crainte, chaque fois que le besoin s'en fait sentir.

Protection. — Si dans le midi et le centre les fleurs nouent assez régulièrement, dans le nord il est hasardeux de compter sur une bonne récolte, si l'on ne protège pas la floraison des gelées printanières, au moyen de paillassons, toiles, ou autres. Des auvents temporaires de 30 à 60 cent. de large et reposant sur des potences en fer sont indispensables pour garantir les espaliers des pluies d'orage, pour supporter et pour tenir les abris à distance. Ces abris ne doivent être mis qu'au moment où les fleurs commencent à s'épanouir, et peuvent être enlevés avec sécurité à la fin mai. Des filets à poissons ou autres, tendus sur les arbres, opposent une résistance considérable à la radiation de la chaleur. Les paillassons ou autres couvertures épaisses que l'on emploie quelquefois doivent être enlevés pendant le jour. Les filets mentionnés sont généralement sans emploi à cette époque et peuvent par conséquent rester en permanence sur les arbres.

Les auvents en verre sont préférables, mais leur prix de revient empêche la plupart des cultivateurs de les employer. On les a cependant appliqués avec succès à des arbres qui étaient jusque-là demeurés stériles.

Récolte, etc. — L'éclaircissement des fruits demande à être fait de bonne heure et avec soin; il faut les laisser à environ 10 cent. de distance les uns des autres. Lorsque la maturité approche, il faut enlever les feuilles ou ramilles de façon à exposer le fruit en pleine lumière pour qu'il se colore. La récolte des abricots pour conserve doit se faire lorsqu'ils sont bien secs et pendant que le soleil brille. Les fruits pour la table peuvent se récolter dans la matinée; on les porte ensuite avec soin dans une pièce saine, en attendant la consommation.

Emballage. — Les abricots destinés aux grosses provisions du marché ou pour les confitures sont expédiés en pleins paniers, carrés, ovales ou à dos de tortue; un lit de paille de seigle garnit le fond et les côtés. Les fruits de choix s'expédient en caissettes de bois blanc garnies de papier, le bord de l'ouverture en papier brodé, les vides se remplissent avec du papier Joseph, des rognures de papier ou de la ouate (Baltet).

Culture sous verre. — L'Abricotier supporte difficilement le forçage; la chaleur l'affecte plus qu'aucun des autres arbres fruitiers du même genre. Dans la pratique, il est prouvé qu'une atmosphère confinée ou le moindre excès de chaleur dans le moment des giboulées, fait couler ses fleurs, et cette aptitude enlève conséquemment toute chance de succès. Cependant, dans les pays froids et dans la région septentrionale, la culture sous verre est le seul moyen de cultiver cet arbre.

Si la *Grise* apparaît, c'est une preuve que l'atmosphère ou la terre, et probablement les deux, ont été trop sèches; plus d'humidité et des seringages sur les feuilles sont les remèdes les plus sûrs. La plate-bande doit avoir environ 75 cent. de profondeur et être riche en humus. Les arbres nouvellement plantés doivent être fréquemment seringués en dessus avant et après la floraison ; lorsqu'ils sont complètement repris, les seringages deviennent moins nécessaires.

Au commencement de la végétation et jusqu'à ce que le noyau soit formé, il ne faut pas dépasser 7 deg. centigrades ; après cette période, le fruit pourra supporter 10 à 12 deg. centigrades. Il est hasardeux de dépasser cette température, et à moins que l'on ne donne beaucoup d'air, 12 deg. centigrades peuvent faire tomber le fruit, même lorsqu'il est avancé. On peut, pendant la période de végétation, donner un arrosage à fond tous les quinze jours, et si l'arbre était chargé de fruits, on pourrait lui administrer des engrais liquides une fois sur deux, lorsqu'on arrose. C'est aussi une bonne habitude que de recouvrir la terre des arbres fortement chargés de fruits, d'une couche de 8 à 10 cent. de fumier. Ceux-ci doivent cependant être éclaircis sans crainte, jusqu'à 10 ou 12 cent. les uns des autres. Il y a trois méthodes de culture sous verre ; les arbres peuvent être dressés en espalier, en treillage ou le long des murs, sur hautes ou basses tiges et en buisson ; soit plantés en pleine terre ou en pot.

Variétés. — A l'inverse de la plupart des autres arbres fruitiers, les variétés d'Abricotier, ne sont pas nombreuses ; les suivantes sont les plus distinctes et les meilleures :

— **Alberge.** Fruit moyen, peu coloré, chair de très bonne qualité, parfumée et acidulée. Mûrit fin juillet. Arbre très fertile, se reproduisant facilement par le semis, ce qui a donné lieu à l'obtention de plusieurs formes locales.

— **Blanc commun** (Angl. Blanche or white masculine). Fruit petit, blanc jaunâtre, teinté de rouge brun du côté du soleil, couvert d'un duvet fin, blanchâtre. Chair fine, sucrée. Variété délicate, peu cultivée en France.

— **Commun.*** Fruit presque rond, jaune teinté de rouge, couvert de taches brunes, rugueuses. Chair jaune, parfumée. Mûrit fin juillet. Arbre vigoureux et fertile, cultivé dans le sud-ouest et principalement en Auvergne pour la confection des « Pâtes de Clermont ». On le cultive également aux environs de Lyon ainsi que quelques formes locales, telles que Précoce de Montplaisir, d'Oullins, etc.

— **Gros de la Saint-Jean.** Fruit gros, oblong, jaune tacheté de rouge. Chair mielleuse, peu juteuse, parfumée. Mûrit commencement juillet. Arbre vigoureux.

— **Pêche.*** Grosse pêche ou de Nancy. Fruit très gros, d'un beau jaune orangé, piqueté de rouge foncé. Chair jaune, ferme, juteuse et très parfumée. Arbre très fertile et très vigoureux. Mûrit en août. Une des meilleures variétés.

— **Rouge hâtif** ou **Abricotin.*** Fruit petit, arrondi, jaune, teinté de rouge vif du côté du soleil, chair jaune, juteuse, un peu musquée. Mûrit au commencement de juillet. Arbre fertile, cultivé en Provence.

— **Royal** ou **Orange**.* Fruit gros, ovale, comprimé, jaune orangé, taché et piqueté de rouge foncé. Chair fondante, juteuse et parfumée. Mûrit fin juillet-août. Arbre fertile et vigoureux, cultivé en grand dans la Bourgogne et à Bennecourt (Seine-et-Oise). Obtenu au Luxembourg à Paris, vers 1815.

Variétés anglaises et américaines : *Blenheim or Shipley's*, *Breda*, *Kaisha*, *Large red*, *Moorpark*, *Turkey*, etc.

On trouvera aussi des renseignements complets aux articles : **Dressement, Taille, Greffe, Maladies, Insectes,** etc. (S. M.)

ABRICOTIER d'Amérique, des Antilles, de Saint-Domingue. — V. Mammea americana, Linn.

ABRIS, Angl. Shelter. — Les abris sont indispensables pour la culture des plantes délicates, pour les arbres et arbustes, pour les arbres fruitiers, les légumes, les fleurs, etc. Une exposition naturellement abritée est toujours préférable, mais, comme il n'est pas toujours possible de se la procurer, il faut avoir recours aux protections artificielles. Les abris sont particulièrement utiles pour se garantir des vents froids, de ceux venant de la mer et des sels dont ils sont chargés. Dans les pépinières, on protège les jeunes arbres et arbustes au moyen de haies vives, plantées en lignes parallèles ou à angle droit, de façon à former des carrés. Elles peuvent être formées de troëne, charmille, aubépine, houx, etc., mais principalement d'ifs, thuya ou cyprès, que l'on taille en alignement et que l'on maintient à la hauteur désirée. On confectionne aussi d'utiles abris ou haies mortes, avec des chaumes de sorgho et de roseau à balais (*Phragmites communis*) qui ont l'avantage de ne pas occuper de place et de ne pas épuiser la terre ; de plus, leur construction facile et peu coûteuse permet de les établir où elles sont nécessaires et de les enlever lorsqu'elles sont devenues inutiles. Ce procédé est beaucoup employé dans le midi pour la culture des primeurs. On se sert de cloches pour protéger les plantes alpines ou vivaces qui ne sont pas tout à fait rustiques ; on peut aussi les couvrir de litière sèche ou de fougère pendant les grands froids. Des claies en paille ou roseau sont aussi utiles pour protéger des plantes plus volumineuses ainsi que les arbustes délicats et les arbres palissés le long des murs. (V. aussi **Serre-abri.**) Les tissus de laines et autres sont aussi de bons protecteurs pour les châssis. Les toiles abris, les nattes ou même des paillassons sont presque indispensables pour les espaliers en fleurs dont la récolte serait sans cela souvent perdue. On peut aussi se servir de branches de sapin pour protéger les arbustes délicats, les rosiers thé plantés en massif ou le long des murs, etc.

Pour préserver des plantes de choix, de beaux spécimens d'arbustes, des palmiers en pleine terre, etc., on peut confectionner, au moyen de tuteurs, une sorte de cône que l'on garnit de paillassons. Si la plante est volumineuse, on construit une sorte de guérite au moyen de pieux et de paillassons ; ou mieux encore, on fabrique un coffre, dont on couvre le sommet avec un châssis. Ces abris doivent pouvoir s'enlever entièrement ou au moins s'ouvrir au midi, pour donner de l'air et de la lumière, lorsque le temps le permet. A l'aide de ces engins, on parvient à hiverner en pleine terre, dans le nord de la France, au moins dans les hivers ordinaires, des plantes que l'on considère habituellement comme étant de serre, tels que certains palmiers et autres. Il est aussi question d'abris aux articles **Auvent, Jardin, Mer** (bords de la) et aux autres endroits où les plantes décrites ont besoin de protection ou d'une exposition spéciale.

ABRIS RUSTIQUES. — Ce sont des constructions généralement élevées dans les parcs et jardins paysagistes, sur les points les plus propices, souvent à distance et en vue de la maison principale, autant pour ornement que pour servir de lieu de repos ou d'isolement, ainsi que pour abriter les promeneurs en cas d'orage ou contre les ardeurs du soleil.

Ils sont construits avec différents matériaux, soit avec des troncs ou branches d'arbres bruts, et couverture en chaume, tuiles, ardoises, etc., ou mieux encore tout en ciment avec lequel on imite aujourd'hui à merveille le bois brut, la terre, les rochers et même les planches et le chaume. Le matériel se compose le plus souvent d'un banc rustique, d'une toiture volante soutenue par deux ou plusieurs piliers et quelquefois d'une petite table. V. aussi **Kiosques**. (S. M.)

ABROMA, Jacq. (de *a*, privatif, et *broma*, aliment; allusion à leurs propriétés malfaisantes). Fam. *Sterculiacées*. — Ce genre comprend deux ou trois(?) espèces originaires de l'Afrique et de l'Australie tropicale. Ce sont de beaux arbustes toujours verts, très florifères, à feuilles lobées, velues, et à pédoncules pauciflores, extra-axillaires ou terminaux. Leur culture est facile en serre chaude, dans un mélange de terre franche et terre de bruyère. Leur multiplication a lieu par graines ou par boutures; les premières se sèment en mars, les dernières se font en avril avec du bois à moitié mûr et sous cloches.

A. augusta, Linn. f. *Fl.* pendantes, pourpre terne. Août. *Flles* inférieures cordiformes, à trois, cinq lobes; les supérieures ovales, lancéolées, entières. *Haut.* 3 m. Indes Orientales, 1770. (B. R. 6, 518; L. E. M. 636-37.)

A. fastuosa, Gærtn. *Fl.* pourpre foncé. Juin. *Flles* inférieures cordiformes, à cinq lobes aigus; les supérieures ovales, entières. *Haut.* 3 m. Nouvelle-Hollande, 1800.

A. sinuosa, — *Flles* largement ovales, pédalées, pennatifides, à pétioles grêles. Madagascar, 1881. Espèce intéressante, légère.

ABRONIA, Juss. (de *abros*, délicat, par allusion à l'involucre). Angl. Sand Verbena. Syn. *Tricratus*, L'Hér. Fam. *Nyctaginées*. — Petit genre comprenant sept espèces, la plupart originaires de Californie, dont quatre seulement sont généralement cultivées. Ce sont des plantes naines, traînantes, produisant des fleurs très ornementales, disposées comme celles des verveines. Les *Abronia* se plaisent en terre légère, sableuse, à une exposition ensoleillée; les rocailles, lorsqu'elles sont bien drainées, sont leur meilleure place. Leur multiplication a lieu par graines dont il faut enlever l'enveloppe extérieure avant de les semer. Le semis doit se faire à l'automne, en pots et en terre sableuse; on tient les plants sous châssis jusqu'au printemps suivant, époque à laquelle on les plante dans l'endroit où ils doivent fleurir. On peut aussi les propager par boutures que l'on fait au printemps, également en terre sableuse.

A. arenaria, Hook. *Fl.* jaune citron, de 1 cent. 1/2 de long, en ombelles compactes, à odeur mielleuse. Juillet. *Flles* largement ovales ou réniformes, à pétioles courts et épais. *Haut.* 25 à 45 cent. Californie, 1865. Plante vivace, demi-rustique. Syn. *A. latifolia*. (H. E. F. 193.)

A. fragrans, — *Fl.* blanc pur, en ombelles axillaires et terminales, délicatement parfumées, s'ouvrant le soir. Mai. Plante vivace plus ou moins dressée, formant de larges touffes rameuses de 30 à 60 cent. de haut. 1865. Seules, les graines importées germent.

A. latifolia, — Syn. de *A. arenaria*, Hook.

A. pulchella, — *Fl.* roses. Juillet. *Haut.* 15 cent. 1848.

A. rosea, — *Fl.* roses. Juin. *Haut.* 15 cent. 1847. Espèce sans importance.

A. umbellata, Lamk. *Fl.* rose lilacé, en ombelles compactes, terminales, légèrement parfumées. Avril. *Flles* ovales ou oblongues. *Haut.* 15 à 50 cent. Californie, 1823. Plante très élégante, couchée, demi-rustique, annuelle, mais vivace en serre. Syn. *Tricratus admirabilis*, L'Hér. (L. E. M. 785; H. E. F. 194; F. d. S. 11, 1095.)

Fig. 19. — Abronia umbellata.

ABRUPT. — Brièvement terminé, comme abruptipenné; lorsque les feuilles pennées ne possèdent pas de foliole terminale; dans ce cas, paripenné est synonyme et plus généralement employé. (S. M.)

ABRUS, Linn. (de *abros*, doux, par allusion à la finesse des feuilles; ou de *abrios*, gai, agréable, allusion à la couleur des graines). Fam. *Légumineuses*. — Genre renfermant six espèces répandues dans les régions tropicales et subtropicales des deux hémisphères. Ce sont des plantes grimpantes de serre chaude, très ornementales et délicates; rameuses et à feuilles caduques, dont les racines ont les propriétés de celles de la réglisse. Feuilles paripennées, à folioles nombreuses. Il leur faut une forte chaleur pour les maintenir en végétation continuelle et pour les faire fleurir. La terre franche sableuse est celle qui leur convient le mieux. Leur multiplication a lieu par boutures, sous cloche, dans du sable; ou par semis, à chaud.

A. precatorius, Linn. Arbre à chapelets, Liane à réglisse. — *Fl.* pourpre pâle, papilionacées, disposées en bouquets axillaires. On rencontre de temps en temps des variétés à fleurs roses ou blanches. Mars à mai. *Flles* pennées, à folioles oblongues, à pétioles et pétiolules articulés. Graines ovoïdes, lisses, rouge écarlate vif, à large tache noire entourant l'ombilic. Indes orientales, 1860. (L. E. M. 608.)

Connues dans les Indes sous le nom de *rati*, les graines sont employées par les Bouddhistes pour confectionner des rosaires, ce qui leur a valu leur nom spécifique. Elles ont approximativement le poids d'un carat et sont employées par les indigènes pour peser l'or et les pierres précieuses. Le fameux diamant Kohinoor a, dit-on, été pesé avec ses graines et de là est probablement venu le nom de *carat* (*Kérat*, Arabe).

On a beaucoup parlé récemment des propriétés météorologiques de cette plante. M. Nowack, de Prague, l'a préconisée dans une brochure publiée en 1888 comme un baromètre parfait. A l'aide d'un appareil de son invention servant à mesurer avec précision les mouvements des feuilles, il prédit quarante-huit heures à l'avance les changements de temps, les tremblements de terre, les coups de grisous, les tempêtes, etc. Ces assertions ont fait l'objet d'une étude approfondie de la question, par le Dr Oliver, qui l'a publiée tout au long dans le « Kew Bulletin, janv. 1890 ». Comme plusieurs autres légumineuses dont les pétioles sont articulés, les feuilles de l'Abrus sont douées de deux mouvements bien distincts, celui des folioles et celui de la feuille tout entière. Le premier indique, selon M. Nowack, les changements de temps; le deuxième avertit, quelquefois longtemps à l'avance, des tremblements de terre, etc. Des essais comparatifs faits à Kew en 1889 se trouvent consignés dans le bulletin mentionné ci-dessus, auquel nous renvoyons le lecteur pour de plus amples renseignements.

ABSINTHE (*Artemisia Absinthium*, Linn.). **Aluine, Alvine,** Angl. Wormwood. — Plante vivace, rustique, cultivée dans les jardins pour les propriétés médicales de ses feuilles et sommités feuillues, qui sont excessivement amères. Elles entrent pour une grande

Fig. 20. — Absinthe.

proportion dans la fabrication de la liqueur portant son nom, et font pour cet usage l'objet de cultures importantes. La plante préfère une exposition abritée, presque sèche. Pour les usages médicinaux, une ou quelques plantes sont plus que suffisantes; multiplication au printemps, par graines, boutures ou division des touffes.

ABSINTHE romaine. — V. **Artemisia pontica,** Linn.

ABSINTHIUM, Gært. — Réuni au genre **Artemisia,** Linn.

ABUMON, Adans. — V. **Agapanthus,** L'Hér.

ABSORPTION. — Action par laquelle les liquides et les gaz s'incorporent aux différents corps, par attraction moléculaire ou autre moyen invisible. Toutes les parties d'une plante contribuent à cette fonction, mais plus particulièrement les racines et les feuilles. (S. M.)

ABUTA, Aubl. (son nom dans son pays d'origine). Fam. *Menispermacées.* — Genre renfermant six espèces, originaires de l'Amérique tropicale. Ce sont des plantes ornementales, vigoureuses, grimpantes, à feuillage persistant, de serre chaude. L'*A. rufescens*, Aubl. est médicinal à Cayenne. Fleurs dioïques, fasciculées; les mâles en panicules rameuses; les femelles en grappes. Ils poussent bien dans un mélange de terre franche et de terre de bruyère. Les boutures s'enracinent facilement lorsqu'elles sont plantées en pot, dans du sable, sous cloche et avec chaleur de fond.

A. rufescens, Aubl. *Fl.* gris velouté à l'extérieur, pourpre foncé à l'intérieur. Mars. *Flles* ovales, brunes en dessous. *Haut.* 3 m. Cayenne, 1820. (A. G. 250.)

ABUTILON, Gærtn. (nom arabe d'une plante analogue aux *Althea*). Fam. *Malvacées.* — Genre comprenant environ vingt espèces, réparties dans les régions chaudes du globe. Ce sont des arbustes très décoratifs et florifères, convenables pour les garnitures des serres et de plein air. Calice nu, à cinq dents, généralement anguleuses; style multifide au sommet. Les nombreux hybrides répandus dans les cultures surpassent beaucoup en beauté les véritables espèces.

Culture. — Peu de plantes sont plus faciles à cultiver et demandent moins de soins que les *Abutilon.* La terre qui leur convient le mieux est un mélange en parties égales, de terre de gazon fibreuse, terre de bruyère, terreau de feuilles et un peu de sable graveleux. On peut les cultiver en pots ou en pleine terre, mais dans tous les cas, un drainage parfait est indispensable, car ils sont avides d'eau et il faut éviter qu'elle ne séjourne autour des racines. Leur plantation en pleine terre peut avoir lieu à la fin de mai; ils fleuriront abondamment pendant tout l'été. Dans leur période de végétation, les engrais liquides leur sont profitables. De la fin de l'automne au commencement du printemps, on peut sans inconvénient les tenir presque secs; bien que placés dans une serre tempérée; les boutures récemment enracinées fleuriront pendant une grande partie de l'hiver. On peut aussi préparer des plantes spécialement en vue de la floraison hivernale. Ils sont admirablement constitués pour former des arbustes sur tiges pouvant varier de 1 à 2 m. Quelques-unes des variétés les plus sarmenteuses sont utiles pour faire filer le long de la charpente des serres. On peut aussi les faire monter le long des piliers, en laissant les branches latérales s'allonger et retomber gracieusement.

Multiplication. — Les boutures de bois jeune s'enracinent facilement pendant presque toute l'année; cependant, la meilleure saison est le commencement du printemps et le mois de septembre. On repique les boutures en godets, dans un compost de terre de bruyère, terreau de feuille, terre franche et sable en parties égales; placées dans une température de 18 à 20 degrés centigrades, elles s'enracinent rapidement et forment bientôt de bonnes plantes. Les graines se sèment en terrines, dans le même mélange de terre que pour les boutures et dans la même température. Les espèces et variétés marquées d'une croix (†) sont les plus convenables pour garnir les piliers et la charpente des serres.

A. Bedfordianum, — *Fl.* jaunes et rouges. Novembre. *Flles* profondément lobées. *Haut.* 5 m. Brésil, 1838.

A. Darwini, —' † *Fl.* orange vif, veinées foncé, en forme de coupe. Avril. *Flles* grandes, larges. *Haut.* 1 m. 30. Brésil, 1871. Belle espèce, se tenant bien, également convenable pour serre chaude ou tempérée pendant l'hiver et pour la pleine terre pendant l'été. Il existe un grand nombre d'hybrides horticoles de cette espèce.

A. globiferum, — *Fl.* solitaires, grandes, globuleuses, blanc crème. Novembre. *Flles* longuement pédonculées, cordiformes, dentées. *Haut.* 1 m. 30 à 1 m. 60. Ile Maurice, 1825.

A. igneum, — Syn. de *A. insigne*, Planch.

A. insigne, Planch.' *Fl.* grandes, carmin pourpré;

veinées de noir, en grappes pendantes; pétales courts, très étalés. Hiver. *Flles* grandes, cordiformes, épaisses, rugueuses. Tiges vert foncé, pourvues de poils bruns, courts. *Haut.* 2 m. Nouvelle-Grenade, 1851. Syn. *A. igneum.* (B. M. 4840; F. d. S. 6,551.)

A. megapotamicum, A. St-Hil.* † *Fl.* petites, en cloche, pendantes, très belles; sépales rouge foncé; pétales jaune pâle; étamines brun foncé. Automne et hiver. *Flles* petites, aiguës. *Haut.* 1 m. Rio-Grande, 1864. Espèce très florifère, gracieusement retombante. Syn. *A. vexillarium.* Ed. Morren. (F. d. S. 2,25; Gn. 1890, 745.)

A. pæoniæflorum, Ch. Lem. *Fl.* roses, plus petites que celles de l'*A. insigne*, mais très distinctes. Janvier. *Flles* grandes, ovales. *Haut.* 2 m. Brésil, 1845. (F. d. S. 2,170.)

A. pulchellum, — † *Fl.* blanches, en grappes axillaires, pauciflores. Juillet. *Flles* cordiformes, inégalement crénelées, pubescentes en dessous. *Haut.* 2 m. 50. Espèce très rameuse. Nouvelle-Hollande, 1824.

A. striatum, Dicks. *Fl.* jaune orangé, fortement veinées de rouge sang, sur de longs pédoncules récurvés. *Flles* grandes, lobées, à pétiole grêle et allongé. Brésil, 1837. Espèce très vigoureuse, presque toujours fleurie et excellente pour les serres froides. Dans les endroits abrités, elle est presque rustique en pleine terre. Il faut la pincer fréquemment. (P. M. B. 7,53; B. 3,144.)

A. Thompsoni, — *Fl.* grandes, jaunes, striées. Été. *Flles* petites, à cinq lobes, vert foncé, richement marbrées de jaune. *Haut.* 1 m. à 1 m. 30. Port dressé.

A. T. flore-pleno, Hort. Variété hybride à fleurs doubles (R. H, 1885, p. 324; R.H. B. 1885, p. 1.)

A. venosum, Ch. Lem. *Fl.* orangées, veinées de rouge, très grandes en cloche, 10 cent. de long, pédicelles de près de 30 cent. de long. Juillet. *Flles* grandes, profondément palmées. *Haut.* 3 m. Cette espèce splendide, se distingue par ses fleurs extraordinairement grandes. (F. d. S. 2,25.)

A. vexillarium, Ed. Morren. Syn. de *A. megapotamicum*, A. St-Hill.

A. vitifolium, DC. *Fl.* bleu porcelaine, grandes, en coupe. Mai. *Flles* cordiformes à cinq ou sept lobes, prenant à l'automne une belle teinte jaune doré. *Haut.* 9 m. Chili, 1837. Ce bel arbuste est presque rustique, mais il lui faut une protection contre les fortes gelées. Son développement n'est pas rapide. (B. R. 30, 57.)

Les groupes suivants comprennent les meilleures variétés; bien que ne renfermant pas toutes les plus nouvelles sortes, ils se composent cependant de variétés de premier choix. Elles sont classées par couleurs. Celles marquées d'une croix (†) sont les plus convenables pour garnir les piliers et la charpente des serres.

Blanc. — *Boule de neige* † * *fl.* blanc pur, le meilleur de ce groupe; *Purity*, très florifère, bonne tenue et *fl.* blanc pur; *Séraph*, * nain et très florifère.

Rouge et carmin. — *brillant*, * fleurs étoffées et de belle orme, rouge brillant à l'intérieur, presque pâles à l'extérieur, variété naine et très florifère; *Crimson Banner*, * carmin vif, nain et très florifère; *Fire King*, * rouge vif, teinté orange, veiné carmin; *Lustrous*, * *fl.* rouge carmin brillant, excessivement abondantes; *Nec plus ultra*, * carmin intense, forme parfaite; *Scarlet Gem*, *fl.* moyennes, écarlate brillant, plante naine, florifère.

Pourpre. — *Empereur*, * *fl.* grandes, pourpre magenta, nuancées, plante vigoureuse; *Louis Van Houtte*, pourpre rosé, très florifère; *Purpurea*, * pourpre foncé, nuancé rouge brun, très beau; *Souvenir de Saint-Maurice*, *fl.* moyennes, très abondantes; *Violet Queen*, * violet pourpre, vif, bien distinct et florifère.

Rose. — *Admiration*, rose clair nuancé saumon, fleur bien faite; *Anna Crozy*, * rose foncé nuancé lilas, veiné de blanc, très décoratif; *Clochette*, * rose foncé veiné carmin, très nain et florifère; *Delicatum*, rose saumoné pâle, à veines plus foncées, *fl.* très grandes; *Roi des roses*, * beau rose foncé, *fl.* de bonne grandeur et étoffées, plante naine et très florifère; *La Dame du Lac*, * *fl.* moyennes, d'un beau rose; *Louis Marignac*, rose pâle veiné de blanc, bonne tenue, charmante variété; *Madame John Laing*, rose, très grande fleur; *Princesse Marie* † * *fl.* d'un beau brun rosé, très abondantes, de bonne forme; *Rosæflorum* †, saumon rosé pâle, veiné de carmin.

Orange. — *Aureum globosum*, * *fl.* orange foncé, fortement teintées de rouge, de taille moyenne, de bonne forme et étoffées; *Darwini majus*, * orange vif, veiné foncé, extrêmement florifère, de bonne taille et belle forme; *Fleur d'Or*, † orange clair veiné rouge pâle, nain et très florifère; *Grandiflorum*, * orange foncé, teinté de rouge, veiné de rouge, variété robuste à grandes fleurs; *Léo*, *fl.* pâles à l'intérieur, foncées en dessus, veinées de rouge, de taille moyenne; *Prince d'Orange* †, * variété vigoureuse, très florifère.

Jaune. — *Canary Bird* †, * semblable par son port à Boule de Neige, *fl.* jaune primevère, délicates; *Chrysostephanum compactum*, jaune chrôme, bonne variété pour massifs; *Couronne d'Or*, * jaune vif, forme et consistance parfaites, feuillage très ample; *Golden Gem*, beau jaune canari, extrêmement florifère, plante naine; *Lemoinei* †, très beau jaune pâle, taille moyenne; *M. H. Cannell*, très florifère, hybride de *A. megapotamicum*.

Feuillage ornemental. — *Darwini tessellatum* †, * feuillage marbré de jaune, précieux pour garnitures tropicales; (R. H. B. 1877, p. 97.) *Sellowianum marmoratum*, * *flles* très amples, de la forme de celles des érables, fortement marbrées de jaune vif, variété des plus décoratives; *Thompsoni*, *flles* tachées de jaune; *Vexillarium igneum*, † * très florifère, bonne tenue, *flles* agréablement tachetées. Toutes ces variétés à feuillage ornemental sont des plus précieuses pour la garniture des massifs.

ACACIA, Willd. (de *acc* (celtique), pointe; ou de *akazo*, aiguiser; plusieurs espèces sont pourvues d'épines). **Mimosa**. Comprend le genre *Farnesia*, Gasp. (V. aussi *Albizzia*, Duraz.) Fam. *Légumineuses*. — Grand genre renfermant environ cinq cents espèces, originaires de l'Amérique, de l'Afrique, de l'Asie et la plupart de l'Australie. Ce sont des arbres ou arbustes dont le port et les feuilles sont très variables. Fleurs jaunes, blanches ou rarement rouges, disposées en épis ou en glomérules sphériques, compacts, à dix étamines ou plus. Feuilles bipennées, à folioles souvent petites et multijuguées, ou réduites au pétiole, qui est alors plus ou moins élargi (phyllode). Ce genre est très polymorphe, et des nombreuses espèces qu'il renferme, il n'en existe dans le nord de la France qu'un certain nombre dans les jardins botaniques. Cependant, sur certains points les plus tempérés du littoral méditerranéen les *Acacia* sont cultivés avec succès en pleine terre. De ces localités, on expédie en quantité vers les grands centres, plusieurs espèces dès les mois de février-mars. Il s'en fait à Paris une très grande consommation sous le nom général de *Mimosa*. Les espèces que l'on y rencontre le plus fréquemment sont : *A. cultriformis*, *A. cyanophylla*, *A. dealbata* (vulg. *Mimosa*), *A. longifolia* et ses variétés (vulg. *Chenille*), *A. melanoxylon*, *A. pycnantha* et *A. retinodes* (vulg. *Acacia* ou *Mimosa floribunda*). Dans notre énumération, nous n'avons décrit que les espèces existant dans les collections du nord de la France. A cet effet, nous nous sommes bornés aux espèces annoncées dans les catalogues horticoles. Pour ce qui concerne la nomenclature, ces catalogues ne sont pas toujours corrects au point de vue scientifique.

Les espèces les plus méritantes pour la culture sont presque toutes originaires de l'Australie et de la Nouvelle-Galles du Sud. Toutes sont des plantes de serre froide, faciles à cultiver et pouvant se contenter pendant l'hiver d'une température de quelques degrés seulement au-dessus de zéro. Elles sont très florifères.

Culture. — Quelques espèces ont une tendance à développer de longs rameaux dressés ; il faut employer de préférence celles montrant cette aptitude, pour garnir les piliers ou la charpente des serres, autour desquelles elles forment au printemps des ornements splendides. Les plantes buissonnantes sont au contraire préférables pour la culture en pots, pour former des arbustes. Les racines et les tiges poussent avec une grande rapidité ; il leur faut donc continuellement beaucoup d'eau. Aussitôt que la floraison est terminée (généralement à la fin de mai), il convient de tailler les *Acacia;* on peut ensuite les placer en plein air et en pleine lumière. Ils poussent et mûrissent bien mieux leur bois en plein air que sous verre ; ils ne demandent que des arrosages copieux. Il faut avoir soin de ne jamais les laisser souffrir de la soif et les tenir désherbés. Dans les premiers jours d'octobre, on rentre les plantes et on les tient à une température de 5 à 10 deg. centigrades. Ils se plaisent dans un compost riche et léger de terre franche fibreuse et de terreau de feuilles ou terre de bruyère, convenablement additionné de sable.

Multiplication. — Les boutures de bois à moitié mûr, coupées avec talon, s'enracinent facilement sous cloche pendant l'été ; elles ne supportent pas bien la chaleur; il ne leur en faut même pas. La terre doit être un mélange en parties égales de terre de bruyère et de sable, recouvert d'une couche de sable pur, le tout convenablement foulé. Planter les boutures dès qu'elles sont faites; les arroser et les laisser à l'air jusqu'à ce qu'elles soient ressuyées. Puis, les couvrir avec des cloches, les ombrer et les arroser pour éviter qu'elles ne fanent. Les empoter séparément dès qu'elles sont enracinées, les tenir dans une serre ou dans un châssis fermé jusqu'à ce qu'elles soient entièrement reprises. Les graines doivent être semées, si possible, dès leur maturité, dans de la terre de bruyère sableuse, à environ 6 mm. de profondeur ou un peu plus pour les grosses graines. On les tient à une température de 10 à 15 deg. centigrades. On empote les plants lorsqu'ils sont suffisamment forts pour permettre de les manipuler, puis on les place dans une serre ou dans un châssis fermé jusqu'à ce qu'ils soient complètement repris.

La culture et la multiplication des espèces de serre chaude sont les mêmes que celles des A. de serre froide, mais elles demandent naturellement plus de chaleur. Elles sont moins florifères que leurs congénères et sont pour cette raison moins cultivées.

A. affinis, — *Fl.* jaunes. Mai. *Haut.* 1 m. 50. Nouvelle-Hollande, 1832. Serre froide.

A. albicans, Humb. et Bonpl. *Fl.* blanches, en glomérules réunis par quatre ou cinq, disposés en grappes sortant de l'aisselle des feuilles. *Flles* composées de huit ou neuf paires de pinnules, dont chacune porte de dix-huit à vingt-deux paires de folioles oblongues ou linéaires. *Haut.* 1 m. 50. Swan-River, Australie.

A. amœna, Wendl. Cette espèce ressemble beaucoup à l'*A. heterophylla*, Willd.

A. angustifolia, Lodd. *Fl.* jaunes, en épis axillaires. *Flles* (phyllodes) linéaires, ou linéaires-lancéolées, rétrécies ou aiguës au sommet, de 8 à 12 cent. de long. Australie, Victoria. C'est une des nombreuses variétés de l'*A. longifolia*, Willd. Syn. *A. floribunda*, Willd. non Hort. (B. M. 3203 sous le nom d'*A. intermedia*, A. Cunn.)

A. arabica, Willd. *Fl.* blanches; glomérules axillaires pédonculés, généralement groupés par trois. *Flles* à quatre ou six paires de pinnules, portant chacune de dix à vingt paires de folioles oblongues, linéaires. *Haut.* 6 m. Arabie, Indes Orientales, etc., 1820. Serre froide. Fournit la plus grande partie de la gomme d'Arabie.

Fig. 21. — Acacia arabica. Rameau florifère et fructifère.

A. argyrophylla, Hook. Syn. de *A. brachybotrya*, Benth.

A. armata, R. Br.* *Fl.* jaunes en glomérules solitaires. Avril. *Flles* (phyllodes) obliquement ovales oblongues, très entières, uninervées. *Haut.* 1 m. 50 à 3 m. Australie, 1803. (B. M. 1653.)

A. Benthami, Meissn. Syn. de *A. cochlearis*, Wendl.

A. brachybotrya, Benth. *Fl.* jaunes, en glomérules axillaires, pédonculés. Avril. *Flles* (phyllodes) soyeuses, argentées, obliquement ovales ou oblongues. *Haut.* 2 m. 50. Swan-River. Syn. *A. argyrophylla*, Hook. (B. M. 4384.)

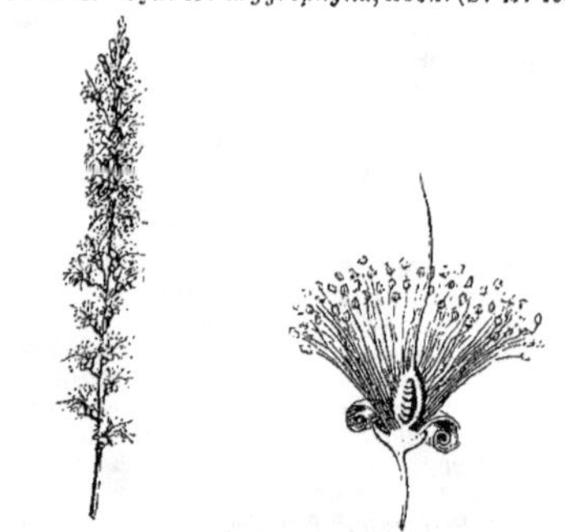

Fig. 22. — Acacia catechu. Inflorescence et fleur détachée, grossie.

A. Catechu, Willd. *Fl.* jaunes, en épis cylindriques axillaires, solitaires, géminés ou ternés. Mars. *Flles* à dix paires de pinnules, portant chacune quarante à cinquante paires de folioles linéaires, pubescentes. *Haut.* 6 à 12 m. Indes Orientales, 1790. Fournit le Cachou.

A. cavenia, Bert. *Fl.* jaunes, en glomérules sphériques, pédoncules axillaires, soudés. *Flles* d'environ cinq paires de pinnules, portant chacune neuf à dix paires de folioles linéaires, oblongues, couvertes d'une pubescence scabre. *Haut.* 6 m. Chili. Serre froide.

A. cochlearis, Wendl. *Fl.* jaunes, en glomérules solitaires. *Flles* (phyllodes) linéaires, lancéolées, plurinervées à la base, entières, mucronées. *Haut.* 1 m. 30. Australie Occidentale, 1818. Syn. *A. Benthami*, Meissn.

A. cultriformis, A. Cunn.' *Fl.* jaunes, en glomérules compacts, disposés en grappes axillaires ou terminales. Avril. *Flles* (phyllodes) de 2 à 2 cent. 1/2 de long et 1 cent. de large, cultriformes, terminées par une pointe crochue, tournée sur un côté. *Haut.* 1 m. 30. Nouvelle-Galles du Sud, 1820. (Hook. Ic. pl., 170.)

A. cuneata, Benth. *Fl.* jaunes. Avril. Swan-River, 1837. Serre froide.

A. cyanophylla, Lindl. *Fl.* jaunes, en glomérules sphériques, disposés en épis axillaires. Mars. *Flles* (phyllodes) lancéolées, atteignant souvent 30 cent. de long, vert glauque, presque bleues ; branches pendantes. *Haut.* 6 m. Swan-River, 1838. Arborescent. (B. R. 1835.)

Fig. 23. — ACACIA DEALBATA.

A. dealbata. Link,' Mimosa, ANGL. Silver Wattle. — *Fl.* jaunes, en glomérules pédicellés, disposés en grappes le long des rameaux axillaires. Mars. *Flles* composées de dix à vingt paires de pinnules, portant chacune de trente à quarante paires de folioles linéaires, très serrées, pubescentes, glauques. *Haut.* 3 à 6 m. Australie et Tasmanie, 1820. Serre froide. (H. F. T. 1, 111.)

A. diffusa, Lindl. *Fl.* jaunes en glomérules sphériques, ordinairement géminés. Mai. *Flles* (phyllodes) linéaires, uninervées, terminées par une pointe oblique. Branches anguleuses, retombantes. *Haut.* 60 cent. Australie et Tasmanie, 1820. (B. R. 634 ; B. M. 2417 ; H. F. T. 1, 105.)

A. Drummondi, Lindl.' *Fl.* jaune citron pâle, en épis simples, axillaires, pendants. Avril. *Flles* à deux paires de pinnules portant chacune trois à quatre paires de folioles linéaires, obtuses. Plante inerme, soyeuse. *Haut.* 3 m. Swan River, Australie. Belle espèce, se cultivant bien et formant une sorte de buisson nain. (L. J. F. 4378 ; B. M. 5191.)

A. Farnesiana, Willd. Cassie. — *Fl.* jaunes, parfumées, en glomérules axillaires, géminés, inégalement pédonculés. Novembre à mai. *Flles* à cinq ou six paires de pinnules, portant chacune de quinze à vingt paires de folioles linéaires, glabres. *Haut.* 2 à 3 m. Indes, Saint-Domingue, 1656. Serre froide.

A. floribunda, Willd. Syn. de *A. angustifolia*, Lodd.

A. ou **Mimosa floribunda**, Hort. *A. retinodes*, Schlecht.

A. glauca, Willd. *Fl.* blanches ; en épis globuleux, pédonculés, axillaires, généralement géminés. Avril. *Flles* à quatre ou six paires de pinnules, portant chacune de quinze à vingt paires de folioles linéaires, aiguës, espacées, glauques en dessous. *Haut.* 1 m. 50 à 3 m. Amérique du Sud, 1690.

A. glaucescens, Willd. *Fl.* jaunes, en épis géminés, mais solitaires sur les pédoncules axillaires. Avril. *Flles* (phyllodes) linéaires, lancéolées, atténuées aux deux extrémités, falciformes, trinervées. *Haut.* 2 m. à 2 m. 50. Queensland, 1822. Syn. *A. homomalla*, Wendl.

A. grandis, Henfr. *Fl.* jaunes ; glomérules sphériques ; pédoncules solitaires ou géminés, ne portant qu'un glomérule. Février à avril. *Flles* à une paire de pinnules, portant chacune de huit à dix paires de folioles linéaires lancéolées ; branches velues. *Haut.* 2 m. Australie Occidentale, 1850. Variété de l'*A. pulchella*, R. Br. (L. J. F. 154.)

Fig. 24. — ACACIA HETEROPHYLLA. Rameau avec feuilles composées et phyllodes.

A. heterophylla, Willd. *Fl.* jaunes, en glomérules disposés en une sorte de panicule. Mars. *Flles* (phyllodes) linéaires, atténuées aux deux extrémités, plurinervées. *Haut.* 1 m. Ile Bourbon, 1824. *L'A. amœna*, Wendl. lui ressemble beaucoup.

A. hispidissima, DC.* *Fl.* blanches, en glomérules solitaires, à pédoncules glabres. Avril. *Flles* à une paire de pinnules, portant chacune de cinq à sept paires de folioles oblongues, obtuses. *Haut.* 1 à 2 m. Australie Occidentale, 1800. Serre froide. (L. J. F. 160 ; B. M. 4588.) Variété de l'*A. pulchella*, R. Br.

A. holosericea, G. Don. *Fl.* jaunes, en épis axillaires, généralement géminés. Mai. *Flles* (phyllodes) de 15 cent. de long, oblongues, lancéolées, trinervées, se terminant au sommet en une sorte de pointe molle. *Haut.* 3 à 6 m. Nord de l'Australie, 1818. Ce bel arbre est entièrement soyeux. Syn. *A. leucophylla*.

A. homomalla, Wendl. Syn. de *A. glaucescens*, Willd.

A. Hugelii, Benth. *Fl.* jaune pâle. Février. Australie Occidentale, 1846. Serre froide.

A. ixiophylla, Benth. *Fl.* jaunes ; glomérules contenant environ vingt fleurs ; pédoncules pubescents, pauciflores ou solitaires. Mars. *Flles* (phyllodes) étroites, oblongues lancéolées, sub-falciformes, obtuses, obliquement mucronées. Plante très rameuse. *Haut.* 60 cent. Nouvelle-Galles du Sud 1844.

A. Julibrissin, Willd. — V. *Albizzia Julibrissin*, Duraz.

A. Juniperina, Willd. *Fl.* jaunes, en glomérules sphériques, solitaires. Mai. *Flles* (phyllodes) linéaires, subulées, terminées par une pointe piquante ; branches arrondies, pubescentes. *Haut.* 2 m. Australie et Tasmanie, 1790. Serre froide.

A. Lebbeck, Willd. — V. *Albizzia Lebbeck*, Benth.

A. leprosa, Sieb. *Fl.* nombreuses, en glomérules sphériques, la plupart à cinq divisions, pétales jaunes soudés dans leur moitié inférieure. Mars. *Flles* (phyllodes) linéaires, étroites, lancéolées, aiguës ou obtuses, avec une petite pointe, rétrécies à la base, de 4 à 8 cent. de long. Rameaux pendants, plus ou moins glutineux. Australie, 1817. Grand arbuste ou petit arbre. (B. R. 1441.)

A. leucophylla, — Syn. *A. holosericea*, G. Don.

A. linearis, Sims.* *Fl.* jaunes, en épis nombreux, axillaires, généralement rameux. Mars. *Flles* (phyllodes) étroites, linéaires, très longues, uninervées et très entières. *Haut.* 1 à 2 m. Nouvelle-Galles du Sud et Tasmanie, 1819. (B. M. 2156.)

A. l. longissima, — Syn. de *A. longissima*, Wendl.

A. lineata, A. Cunn. *Fl.* en glomérules sphériques, de dix à quinze fleurs ou plus, la plupart à cinq divisions ; pétales jaunes, lisses. Avril. *Flles* (phyllodes) étroites, linéaires, lancéolées, généralement de 1 1/2 à 2 cent. de long, à petite pointe crochue. Branches pubescentes ou velues, quelquefois légèrement résineuses. *Haut.* 2 m. Australie, 1824. (B. M. 3346.)

A. longifolia, Willd. *Fl.* jaunes en épis lâches, cylindriques, axillaires. Mars. *Flles* (phyllodes) oblongues, lancéolées, rétrécies aux deux extrémités, trinervées, striées. *Haut.* 3 m. Australie, 1792. (B. M. 1827 ; B. R. 362 ; B. 2, 77.) Belle espèce de serre froide ; port dressé, très variable, dont les *A. angustifolia*, Lodd. et *A. sophoræ* R. Br. sont des variétés les plus distinctes.

A. longissima, Wendl. *Fl.* jaunes, en épis nombreux, axillaires, généralement rameux. Mars. *Flles* (phyllodes) très longues, filiformes, uninervées, étalées. *Haut.* 1 m. 30. Nouvelle-Galles du Sud, 1819. Espèce de serre chaude. Syn. *A. linearis longissima* (B. R. 8, 680).

A. lophantha, Willd. — V. *Albizzia lophantha*, Benth.

A. lunata, Sieb. *Fl.* jaunes, glomérules disposés en grappes plus longues que les phyllodes. Avril. *Flles* (phyllodes) obliquement oblongues, presque falciformes, rétrécies à la base, terminées par un mucron oblique, calleux. *Haut.* 60 cent. à 1 m. 30. Australie, 1810. Serre froide. (B. R. 1352 ; S. F. A. 42.) Syn. *A. oleæfolia*, A. Cunn.

A. melanoxylon, R. Br. *Fl.* jaunes, en glomérules pauciflores, disposés en panicule. Avril. *Flles* (phyllodes) lancéolées, oblongues, presque falciformes, obtuses, très entières, plurinervées. *Haut.* 2 à 3 m. Australie, 1810. Serre froide, (B. M. 1659.)

A. mollissima, Willd. *Fl.* jaunes, en glomérules pédicellés, disposés en grappes, le long des rameaux axillaires. Mars. *Flles* de huit à seize paires de pinnules, portant chacune trente à quarante paires de folioles linéaires, denses, pubescentes, couvertes d'une pruine glauque lorsqu'elles sont jeunes ; rameaux et pétioles anguleux. *Haut.* 3 à 6 m. Terre de Van Diemen, 1810. (B. R. 371, sous le nom de *A. decurrens*, Willd. var. *mollis*, Lindl. ; H. F. T. i. 117 ; S. F. A., 12.) Plante très voisine de l'*A. dealbata*, Link.

A. Nemu, Willd. — V. *Albizzia Julibrissin*, Duraz.

A. obliqua, A. Cunn. Syn. de *A. rotundifolia*, Hook.

A. oleæfolia, A. Cunn. Syn. de *A. lunata*, Sieb.

A. oxycedrus, Sieb. *Fl.* jaunes, épis axillaires, solitaires, allongés. Avril. *Flles* (phyllodes), éparses ou sub-verticillées, lancéolées, linéaires, terminées en pointe piquante, trinervées. *Haut.* 2 à 3 m. Nouvelle-Galles du Sud, 1823. Serre froide. (B. M. 2928 ; S. F. A. 6.)

A. paradoxa, DC. *Fl.* jaunes, en glomérules solitaires. Mars. *Flles* (phyllodes) obliquement oblongues, lancéolées, entières, ondulées, uninervées, branches glabres, visqueuses. *Haut.* 2 m. Nouvelle-Hollande. Serre froide. Espèce voisine de l'*A. armata* R. Br. (B. R. 753.)

A. penninervis, Sieb. *Fl.* jaunes, en glomérules à peu près de la grosseur d'un pois, disposés en grappes. Avril. *Flles* (phyllodes) oblongues, acuminées aux deux extrémités, droites, de 5 à 8 cent. de long. et 1 cent. 1/2 de large, penni-nervées. *Haut.* 1 m. 30 à 2 m. Nouvelle-Hollande, 1824. (B. M. 2754.)

A. petiolaris, Lehm. Syn. de *A. pycnantha*, Benth.

A. platyptera, Lindl.* *Fl.* jaunes, glomérules solitaires, sur des pédoncules courts. Mars. *Flles* (phyllodes) courtes, bifères, décurrentes, obliquement tronquées, mucronées ; branches largement ailées. *Haut.* 1 m. Swan-River (Australie), 1840. Serre froide. (B. M. 3933.)

A. pubescens, R. Br. *Fl.* jaunes ; glomérules petits, globuleux, pédicellés, disposés en grappes axillaires, le long des rameaux. Mars. *Flles* de trois à dix paires de pinnules, chaque pinnule portant de six à dix-huit paires de follioles linéaires, glabres. *Haut.* 2 à 3 m. Branches arrondies, velues. Nouvelle-Hollande, 1790. (B. M. 1263, B. 1, 48.)

A. pulchella, R. Br. * *Fl.* jaunes, glomérules solitaires. Avril. *Flles* à une paire de pinnules, portant chacune de cinq à sept paires de folioles ovales, oblongues, obtuses. *Haut.* 60 cent. à 1 m. Nouvelle-Hollande, 1803. Serre froide. (P. M. B. iv. 198.) La variété *hispidissima* est à fleurs blanches. (B. M. 4588.)

A. pycnantha, Benth. *Fl.* jaunes pentamères, en glomérules sphériques, denses, disposés en grappe courte, à rachis et pédicelles rigides. *Flles* (phyllodes) lancéolées, falciformes, presque aiguës, très rétrécies à la base, plurinervées, de 15 cent. de long et 2 1/2 cent. de large. *Gousses* longues, droites ou légèrement courbées. Petit arbre très glabre. Syn. *A. petiolaris*, Lehm. Sud de l'Australie.

A. retinodes, Schlecht.* Acacia ou Mimosa floribunda, Hort. — *Fl.* jaunes, en glomérules sphériques, pédicellés, disposées en panicules rameuses, à l'aisselle des feuilles du sommet des rameaux et plus courtes qu'elles. Mars. *Flles* (phyllodes) de 10 à 15 cent. de long, droites ou légèrement arquées, obtuses au sommet, atténuées à la base, uninervées. *Gousses* dressées, droites, linéaires. Arbre de taille moyenne, glabre, à jeunes rameaux très anguleux. Sud de l'Australie. (Mueller, *Monogr. of Acacia*, decade. 5.)

A. Riceana, Henslow.* *Fl.* jaune pâle, en longs épis axillaires, solitaires. Avril. *Flles* (phyllodes) linéaires, groupées, vert foncé, éparses ou verticillées. *Haut.* 6 m. Tasmanie. Belle et distincte espèce, à port élégant, rappelant un saule pleureur. (H. F. T. 1, 106 ; B. 3, 135.) Syn. *A. setigera*, Hook.

A. rotundifolia, Hook. *Fl.* jaunes, glomérules solitaires, globuleux, à longs pédoncules. Mars. *Flles* (phyllodes) courtement pétiolées, obliquement arrondies, obtuses, rétuses ou mucronées. Branches anguleuses, pubérulentes. *Haut.* 2 m. Nouvelle-Hollande, 1842. (B. M. 4041 sous le nom de *A. obliqua*, A. Cunn.)

Fig. 25. — ACACIA RETINODES.

A. saligna, Wendl. *Fl.* jaunes, glomérules solitaires, à pédoncules courts. Mars. *Flles* (phyllodes) linéaires, atténuées aux deux extrémités, très entières, presque sans nervures. *Haut.* 2 à 3 m. Nouvelle-Hollande, 1818. Serre froide.

A. Senegal, Willd. *Fl.* blanches, petites, glabres, espacées. en épis lâches, solitaires à l'aisselle des feuilles. *Flles* à cinq-huit paires de pinnules, portant chacune de quinze à dix-huit paires de folioles oblongues, linéaires, glabres. Branches blanchâtres; épines quelquefois manquantes. *Haut.* 6 m. Arabie, 1823. Serre chaude. Produit la gomme du Sénégal.

A. setigera, Hook. Syn. de *A Riceana*, Henslow.

A. sophoræ, R. Br. *Fl.* jaunes en épis axillaires, généralement géminés. Mars. *Flles* (phyllodes) obovales, oblongues, ou lancéolées, très entières, plurinervées: il existe quelquefois des feuilles bipinnées au sommet des rameaux. *Haut.* 6 m. Nouvelle-Hollande, 1005. Espèce voisine de l'*A. longifolia*, Willd. (H. F. T. 1, 110.)

A. spherocephala, Schlcht. *Fl.* jaunes, en panicules axillaires, géminées, ovales, arrondies. *Flles* à pinnules nombreuses, denses, arquées, généralement terminées par un corps glanduleux jaunâtre (*food body*). Epines géminées, creuses. Mexique. Espèce remarquable de serre chaude; fréquentée par les fourmis pendant certaines saisons, dans son pays d'origine.

A. uncinifolia, — *Fl.* jaunes, en épis généralement géminés, denses, à pédoncules courts, cylindriques. Mars. *Flles* (phyllodes) longues, linéaires, subulées, planes, récurvées et trinervées. Branches anguleuses. *Haut.* 2 m. Swan-River (Australie), 1846.

A. vera, Willd. Gommier. ANGL. Egyptian Thorn, Gum Arabic. — *Fl.* blanches, en glomérules généralement géminés, pédonculés, axillaires. *Flles* à deux paires de pinnules, portant chacune huit à dix paires de folioles oblongues, linéaires; branches et épines rouges. *Haut.* 6 m. Egypte, 1596. Produit de la gomme arabique.

A. verticillata, Willd.' *Fl.* jaunes, en épis solitaires, axillaires, oblongs. Mars. *Flles* (phyllodes) linéaires, subverticillées, terminées en mucron piquant. *Haut.* 2 à 3 m. Espèce de serre froide, piquante. étalée, port variable, Nouvelle-Hollande, 1780. (B. M. 110; H. F. T. 106.)

A. vestita, Ker. *Fl.* jaunes, en glomérules disposés en panicule le long des rameaux, les supérieurs solitaires. Avril. *Flles* (phyllodes) elliptiques, lancéolées, uninervées, hispides, terminées par un mucron en forme d'arête, *Haut.* 1 m. 30. Nouvelle-Hollande, 1820. (B. R. 9, 698.)

A. viscidula, A. Cunn. *Fl.* jaunes, en glomérules sphériques, à pédoncules courts, axillaires, solitaires ou géminés. Février. *Flles* linéaires, visqueuses, ainsi que les menues branches. *Haut.* 2 m. Port dressé. Nouvelle-Galles du Sud, 1844.

ACACIA blanc, A. commun. — L'arbre rustique à feuilles caduques, connu en culture sous ce nom, est le **Robinia speudo-acacia**, Linn. (V. ce nom.)

ACACIA de Constantinople. — V. **Albizzia Julibrissin**, Duraz.

ACACIA rose. — Nom vulgaire du **Robinia hispida**. (V. ce nom.)

ACÆNA, Linn. (de *akaina*, épine, allusion aux fines épines du calice ou du fruit). SYN. *Ancistrum*, Forst. FAM. *Rosacées*. — Genre de plantes naines, suffrutescentes, renfermant trente espèces originaires des régions extra-tropicales et australes, de la Californie, et

Fig. 26. — ACÆNA MICROPHYLLA.

des îles Sandwich. Fleurs en capitules, ou en épis interrompus; pétales nuls. Feuilles alternes imparipennées. Ces plantes ne sont guère convenables que pour les rocailles ou pour bordures, leur port est cependant très régulier et compact. Leur culture est la même que celle des plantes rustiques herbacées, de pleine terre. Multiplication par boutures, par rejets, par divisions et par graines.

A. ascendens, Vahl. *Fl.* en glomérules sphériques, pourpre foncé, à longs pédoncules. *Flles* pennées, à folioles obovales ou elliptiques, obtuses, dentées, glabres en dessus, soyeuses en dessous, de 1/2 à 2 cent. de long. Patagonie, 1888. Plante à rocailles à tiges longuement rampantes, émettant des rejets ascendants.

A. cuneata, — Syn. de *A. sericea*, Jacq.

A. microphylla, — * *Fl.* vertes, petites, en glomérules compacts, garnis de longues épines carminées. Été. *Flles* petites, pennées. *Haut.* 2 1/2 à 5 cent. Nouvelle-Zélande. Plante toujours verte, formant gazon, très décorative et convenable pour les rocailles, vigoureuse et se plaisant presque partout. Les glomérules globuleux, formés des calices épineux, sont très ornementaux. Syn. *A. Novæ Zealandiæ*.

A. millefolia, — *Fl.* peu apparentes. Espèce très distincte à *flles* vert pâle, finement découpées. Les épis fructifères ne sont pas réunis en glomérules comme dans les autres, et leur présence diminue la valeur ornementale de cette plante qui, à part cela, est très gracieuse.

A. myriophylla, Lindl.* *Fl.* vertes, petites, en épis arrondis. Juin. *Flles* pennées, à folioles profondément découpées. *Haut.* 15 à 30 cent. Chili, 1828. Petite plante ressemblant à une fougère.

A. Novæ Zealandiæ, — Syn. de *A. microphylla*.

A. ovalifolia, Ruiz et Pav. *Fl.* vertes. Eté. *Haut.* 20 cent. Chili, 1868. Bonne plante à rocailles.

A. ovina, A. Cunn. *Fl.* en longs épis pourpres, interrompus. *Flles* assez longues, pennées, à folioles elliptiques, obtuses, pennatifides, plus ou moins pubescentes sur les deux faces, ou glabres en dessous. Australie, 1888. Plante vivace, rustique, semblable à l'*A. ovalifolia*, mais plus forte et moins gracieuse.

A. pulchella, — * *Fl.* peu apparentes. Jolie petite espèce à feuillage bronzé, des plus convenables pour garnir les anfractuosités des rocailles. Elle pousse très rapidement et forme de jolies touffes.

A. sericea, Jacq. *Fl.* vertes, en glomérules sphériques, longuement pédonculées, portant deux ou trois petits glomérules sessiles à l'aisselle des bractées feuillues. *Flles* assez longues, n'ayant que trois ou quatre paires de folioles, oblongues, cunéiformes, dentées, soyeuses en dessous. Patagonie, Chili, 1888. Syn. *A. cuneata*.

A. splendens, Hook. *Fl.* en longs épis interrompus, à pédoncule long et fort. *Flles* pennées, à folioles obovales ou oblancéolées, dentées, fortement soyeuses sur les deux faces. Chili, 1888. Espèce alpine, vivace, formant de fortes touffes.

ACAJOU (Arbre à). — V. **Swietenia Mahogoni, Linn.**

ACAJOU (Faux, — A. à pommes). — V. **Anacardium occidentale, Linn.**

ACAJOU femelle. — V. **Cedrela odorata, Linn.**

ACAJOU (Noix d'). Fruit de l'*Anacardium occidentale*, Linn.

ACAJUBA, Gærtn. Syn. d'*Anacardium*, Linn.

ACALYPHA, Linn. (nom donné à l'Ortie par Hippocrate). Syn. *Cupameni*, Adans. Fam. *Euphorbiacées*. — Ce genre comprend environ deux cent vingt espèces, largement dispersées dans les régions chaudes; quelques-unes sont originaires de l'Amérique extra-tropicale. Arbustes ornementaux de serre chaude à feuilles panachées. Fleurs verdâtres, peu apparentes, en épis dressés ou pendants, axillaires ou terminaux, les supérieures stériles, les inférieures fertiles. Feuilles alternes souvent ovales, plus ou moins dentées, à trois ou cinq nervures, ou penniveinées. Les espèces mentionnées ci-dessous sont les plus méritantes. Leur culture est des plus faciles lorsqu'on les traite comme des plantes de serre chaude, dans un compost de terre de bruyère et de terre franche. Bien cultivées, les variétés hybrides ont le feuillage fortement coloré, mais plutôt un peu grossier. Multiplication en avril, par boutures sous cloches, en serre chaude et en terre sableuse.

A. Macafeana. — *Flles* rouges, maculées de carmin bronzé, 1877.

A. macrophylla, Humb. et Bonpl. *Flles* ovales, cordées, brun roussâtre, à macules plus pâles. La meilleure et la plus belle des espèces de serre chaude.

A. marginata, Spreng. *Flles* grandes, très poilues, ovales, acuminées, brunes au centre, distinctement bordées de rose carminé, d'environ 6 mm. de diamètre. Iles Fiji, 1875.

A. musaica, — *Flles* vert bronzé, panachées d'orange et de rouge sombre. Polynésie, 1877.

A. obovata, Benth. *Flles* obovales, vertes, bordées de jaune crème lorsqu'elles sont jeunes, passant en vieillissant au vert olive, à bord rose, et finalement à centre bronzé, largement bordées de rose carminé. Polynésie, 1884. Plante à feuillage ornemental.

A. torta, — *Flles* vert olive, teinté vert, à bords découpés en segments oblongs, très obtus. Iles Samoa. Remarquable par son feuillage curieusement contourné. Ses tiges sont dressées, arrondies et couvertes de feuilles très singulières.

A. tricolor, — Syn. de *A. Wilkesiana*.

A. triumphans, Lind. et Rod. *Flles* grandes, cordiformes, dentées, aiguës, panachées de vert, de carmin foncé et de brun. Iles Salomon, 1888. (J. H. 1888, 55.) Bonne plante à feuillage. Semble être une variété de l'*A. Wilkesiana*,

A. Wilkesiana, — *Flles* ovales-acuminées, curieusement marbrées et tachetées de rouge et de carmin, à fond vert cuivré. *Haut.* 2 à 3 m. Nouvelles-Hébrides, 1866. Syn. *A. tricolor*.

A. W. marginata, *Flles* grandes, brun olive, marginées de rose carminé. Iles Fiji, 1875.

ACAMPE, Lindl. (de *a*, privatif, et *kampe*, flexible; par allusion à la fragilité du labelle). Fam. *Orchidées*. — On en connaît huit espèces qui habitent l'Asie tropicale. Ce sont des plantes épiphytes, à feuilles coriaces, distiques, de la tribu des *Vandées*. Fleurs jaunes, tachetées, à sépales charnus légèrement soudés à la base avec l'éperon, le dorsal un peu plus grand ou plus écarté; pétales droits semblables aux sépales; labelle charnu, sacciforme ou éperonné, soudé à la colonne, indivis, auriculé; colonne épaisse, courte, à angles antérieurs prolongés en pointe; clinandre vertical; stigmate transversal ; pollinies cireuses, géminées.

A longifolia, Lindl. *Fl.* odorantes, très charnues, jaune terne, rayées de rouge, labelle blanc, ovale, rugueux transversalement, portant une crête charnue sur la ligne médiane; grappes horizontales, longuement, dépassées par les feuilles. *Flles* longues d'environ 50 cent., étroites, rubannées, obtuses au sommet, ondulées, larges de 5 cent. Indes Orientales. Syn. *Vanda longifolia*, Lindl. Les espèces de ce genre sont peu décoratives et peu cultivées ; l'*A. longifolia*, Lindl., est une des plus connues; on l'annonce quelquefois dans le commerce sous son synonyme, de façon à en faciliter la vente. (S. M.)

ACANTHACÉES. — Famille renfermant un grand nombre de plantes herbacées ou suffrutescentes et quelques arbrisseaux, originaires des régions tropicales et des régions tempérées. Fleurs hermaphrodites, presque toujours solitaires à l'aisselle de bractées, axillaires, disposées en épis ou en grappes. Calice de forme très variable, rudimentaire ou à quatre, cinq divisions; corolle monopétale, à cinq divisions, régulière ou bilabiée; étamines deux, ou quatre et alors didynames, à filets libres ou réunis deux à deux; style simple, cylindrique. Le fruit est une capsule biloculaire, de forme variable. Feuilles opposées ou verticillées, entières ou plus ou moins découpées, dépourvues de stipules. Un bon nombre de plantes appartenant à cette famille sont cultivées dans les jardins et dans les serres, pour leurs fleurs souvent éclatantes ou pour leur beau feuillage. (S. M.)

ACANTHEPHIPPIUM, Blume. (dérivation inconnue). Syn. *Acanthophippium*, Lindl. Fam. *Orchidées.* — Genre d'orchidées terrestres, de serre chaude, renfermant trois ou quatre espèces originaires des Indes et de l'Archipel malais. Fleurs assez grandes en grappe pauciflore ; sépales réunis en forme de grosse urne oblique, renfermant les pétales, ceux-ci soudés au gynostème ; colonne courte. Pseudo-bulbes oblongs. Feuilles peu nombreuses, grandes, plus longues que les hampes. Ils se plaisent en terre de bruyère sableuse, additionnée d'une quantité de petites pierres, de tessons ou de gravier. Beaucoup de chaleur et d'humidité sont absolument essentielles pendant leur période de végétation. Multiplication par division des pseudobulbes, dès que la végétation commence.

A. bicolor, — * *Fl.* pourpres et jaunes, campanulées, d environ 5 cent. de long, disposées en bouquets de trois ou quatre fleurs; pétales oblongs, lancéolés, subaigus; lobes latéraux du labelle arrondis. Juin. *Haut.* 20 cent. Ceylan, 1833.

A. Curtisii, —* *Fl.* de même forme que celles de l'espèce précédente (sauf le labelle), rose clair, avec de nombreuses taches pourpres ; colonne blanche, labelle à appendice jaune, carènes jaunes, divisions blanches et pourpres. Archipel malais, 1881. Les cinq carènes qui existent entre les divisions latérales, distinguent cette espèce de la précédente, ainsi que de l'*A. sylhetense.*

A. javanicum, Blume. *Fl.* jaune et rouge, à stries longitudinales très distinctes; pétales triangulaires, labelle trilobé ; lobes latéraux tronqués ; l'intermédiaire rétréci au milieu, ovale et tuberculeux au sommet, charnu des deux côtés de la base, à dent tronquée, émarginée, infléchie. Septembre. *Haut.* 40 cent. Java, 1843. (B. M. 4492 ; B. R. 32, 47; L. J. F. 35.)

A. sylhetense, Lindl. *Fl.* blanches, à divisions extérieures couvertes de nombreuses taches ou de marbrures au sommet. Juin. *Haut.* 20 cent. Sylhet (Indes), 1837.

ACANTHOLIMON, Boiss. (de *acanthos*, épine, et *limon*, Statice). Comprend les *Armeriastrum*, Jaub. et Spach. Fam. *Plumbaginées.* — Plantes rustiques, naines, en touffe, toujours vertes, originaires de l'Orient et de la Grèce. On les distingue des genres voisins par leurs feuilles raides et aiguës. Leur végétation est assez lente; ils se plaisent dans une terre sableuse, à exposition ensoleillée, et particulièrement dans les rocailles. Fleurs semblables à celles des *Statice* et des *Armeria*. Leur multiplication a lieu, 1° par graines que l'on sème avec soin à exposition chaude, mais un peu ombrée ; leur germination est lente ; on transplante les plants dès qu'ils sont suffisamment forts; 2° par boutures, ou par divisions faites avec soin. Les boutures se font à la fin de l'été, on les plante sous châssis où elles passent l'hiver.

A. glumaceum, Boiss.* *Fl.* roses, d'environ 1 cent. de diamètre, en épis composés d'épillets de six à huit fleurs. Eté. *Flles* aiguës, épineuses, en touffes compactes. *Haut.* 15 cent. Arménie, 1851. (F. d. S. 7, 667; L. J. F. 66; Gn. 1887, 592.) Syn. *Statice Ararati.*

A. Kotschyi, Jaub et Spach. *Fl.* blanches. Bonne espèce, mais très rare dans les jardins

A. venustum, Boiss.* *Fl.* roses, en épis composés de douze à vingt fleurs. Eté. *Flles* glauques, plus larges que celles des espèces précédentes. *Haut.* 15 à 20 cent. Sicile, 1873. Belle plante à rocailles, plus forte que les précédentes; rare.

ACANTHOGLOSSUM, Blume. — V. **Cœlogyne, Lindl.**

ACANTHOMINTHA, A. Gray (de *acanthos*, épine; allusion aux bractées à dents épineuses, et *mentha*, Menthe, la plante était autrefois comprise dans le genre *Calamintha*). Genre monotypique. C'est une petite plante glabre, annuelle, demi-rustique. Culture ordinaire.

A. ilicifolia, — *Fl.* verticillées par trois à six dans toutes les aisselles des feuilles supérieures; bractées opposées, à dents épineuses, plus longues que les feuilles; calice tubuleux, bilabié; corolle de 1 cent. 1/2 de long, à lèvre supérieure blanche, petite, lèvre inférieure pourpre, à gorge jaune, à quatre lobes. Juillet. *Flles* pétiolées, 1 1/2 à 2 cent. 1/2 de long, arrondies ou ovales, cunéiformes à la base grossièrement et obtusément dentées. Rameaux ascendants, de 15 à 20 cent. de long. Californie, 1883. (B. M. 6750.)

ACANTHOPANAX, Dcne et Planch. (de *acanthos*, épine, et *Panax*; allusion aux tiges épineuses, et à leur port qui rappelle celui des Panax). Fam. *Araliacées.* — Genre comprenant environ huit espèces d'arbustes (rarement arbres ?), glabres ou tomenteux, originaires de la Chine, du Japon et de l'Asie tropicale. Fleurs polygames ou hermaphrodites ; pétales cinq, rarement quatre, étamines cinq, rarement quatre, à filets filiformes ; pédicelles non articulés ; bractées petites ou faisant défaut, ombellules paniculées ou presque solitaires. Feuilles palmatifides, digitées ou entières.

A. ricinifolia, Dcne et Planch.* *Flles* longuement pédonculées, palmées, à cinq ou sept lobes lancéolés, dentés, de 10 cent. de long. Japon, 1874. Arbuste élégant, distinct, rustique, à tige dressée, épineuse. Syn. *Aralia Maximowiczii.*

A. spinosum, —* *Flles* digitées, ou quelquefois seulement à trois folioles de 15 à 25 cent. de long, et 2 1/2 à 5 cent. de large, profondément lobées, ou pinnatifides, vert brillant. Tige arborescente, épineuse. *Haut.* 6 m. Japon. Syns. *Aralia pentaphylla*, *Panax spinosa.*

ACANTHOPHIPPIUM, Blume. — V. **Acanthephippium**, Blume.

ACANTHOPHŒNIX, Wendl. (de *akantha*, épine, et *phœnix*, Dattier). Fam. *Palmiers.* — Genre comprenant trois espèces originaires des îles Mascareignes. Ce sont des palmiers de serre chaude, très élégants, différant des *Areca*, principalement par leur port. Il leur faut une terre légère et une température de 20 à 25 deg. centigrades pendant l'été, et de 12 à 18 deg. centigrades pendant l'hiver. Multiplication seulement par graines que l'on sème dans un compost de terre franche, de terre de bruyère et de terreau de feuille bien décomposé, en serre avec chaleur de fond humide. On les cultive dans le mélange de terre ci-dessus, pendant deux ou trois ans.

A. crinita, Wendl.* *Fl.* groupées par trois, en spirale le long des ramifications; la fleur du centre est femelle. *Flles* ou frondes arquées, largement ovales dans leurs contours, pennées, à segments longuement linéaires, acuminés, plus pâles en dessous. Tronc ou stipe fortement renflé à la base, armé d'épines noires, aciculaires, très denses. Seychelles, 1868. Syn. *Areca crinita*, Bory.

ACANTHORHIZA, Wendl. (de *akantha*, épine, et *rhiza*, racine). Fam. *Palmiers*. — Petit genre renfermant deux ou trois espèces de palmiers de serre chaude, originaires de l'Amérique, tropicale différant des *Trithrinax* par les racines aériennes du tronc, qui se transforment en épines en vieillissant (elles sont horizontales ou dressées), et par le limbe des feuilles divisé jusqu'au pétiole. Ils se plaisent dans une terre franche et riche. Leur multiplication a lieu par graines semées au printemps sur couche chaude, humide.

A. aculeata, Wendl. *Flles* orbiculaires, divisées en nombreux segments linéaires, lancéolés, glabres, vert foncé en dessus, argentés en dessous; pétioles grêles. Le tronc est couvert d'épines rameuses entrelacées. Mexique, 1879. Syn. *Chamœrops stauracantha*, Hort.; *Trithrinax aculeata*, Sieb.

A. Wallisii, — Plante récemment introduite de l'Amérique tropicale, encore peu cultivée. C'est un grand palmier à feuilles orbiculaires.

A. Warzcewiczii, — Cette espèce diffère de la précédente par le limbe de ses feuilles plus irrégulièrement divisé et blanc en dessous. Amérique tropicale.

ACANTHOSTACHYS, Link, Klotz et Otto. (de *akanthos*, épine, et *stachys*, épi). Fam. *Broméliacées*. — Genre monotypique. C'est une plante herbacée, toujours verte, de serre chaude. Culture facile dans un compost de sable, terre de bois pourri et terreau de feuilles en parties égales. Multiplication par rejets qui s'enracinent facilement avec de la chaleur de fond.

A. strobilacea, Link. Klotz et Otto. — *Fl.* jaune et rouge; hampe simple, longue, écailleuse; bractées colorées. Juin. *Flles* radicales, très longues, étroites, incurvées, épaisses, piquantes, canaliculées, à dents épineuses, couvertes d'une poussière grossière, blanche. *Haut.* 1 m. 30. Brésil, 1840.

ACANTHUS, Linn. (de *acanthos*, épine; plusieurs espèces sont spinescentes). **Acanthe, Branc-Ursine**; Angl. Bear's Breech. Comprend le genre *Dilivaria*, Neck. Fam. *Acanthacées*. — Ce genre renferme quinze espèces originaires des régions tempérées de l'Europe, de l'Asie, de l'Afrique et de l'Australie. Ce sont des plantes vivaces, majestueuses, la plupart rustiques, remarquables par leur végétation vigoureuse et par leur beau feuillage ornemental. Fleurs sessiles, groupées en épis; corolle tubuleuse, à une lèvre trilobée.

Pour atteindre leur complet développement, il leur faut une terre profonde et une exposition en plein soleil. Ils poussent cependant assez bien en terre ordinaire et à mi-ombre. Leur port étant généralement majestueux, ces plantes sont plus particulièrement convenables pour former des touffes isolées sur les pelouses ou pour garnir le fond des plates-bandes de plantes vivaces. Multiplication par graines, semées sur une petite couche, ou par la division des touffes, au printemps ou à l'automne.

A. carduifolius, Linn. f. *Fl.* bleues. Août. *Haut.* 1 m. Cap, 1816. Espèce de serre froide.

A. Caroli-Alexandri, Hausskn. *Fl.* blanches, souvent teintées de rose, en épi dense. Été. *Flles* peu nombreuses, radicales, en rosette lâche, lancéolées, pinnatifides, à dents épineuses, de 30 cent. de long, 8 à 10 cent. de large. Tige atteignant 30 à 45 cent. de haut., pourvue de deux ou quatre feuilles semblables. Grèce, 1887. (R. G. 1886, pp. 626-635, f. 73-75.)

A. hispanicus, Hort. *Fl.* blanches. Août. *Flles* grandes, brillantes, profondément découpées. *Haut.* 60 cent. Espagne, 1700.

A. longifolius, Poir. *Fl.* pourpre rosé, à l'aisselle de bractées ovales, acuminées, épineuses, rougeâtres, disposées en épi d'environ 30 cent. de long. Juin. *Flles* nombreuses, radicales, de 60 cent. à 1 m. de long. *Haut.* 1 m. à 1 m. 50. Dalmatie, 1869.

A. Lusitanicus, Hort. Syn. de *A. mollis latifolius*.

A. mollis, Linn. *Fl.* blanches ou roses, sessiles à l'aisselle de bractées profondément découpées; épis d'environ 45 cent. Été. *Flles* sinuées, inermes, cordiformes, de 60 cent. de long et 30 cent. de large. *Haut.* 1 m. à 1 m. 30. Italie, 1548.

Fig. 27. — Acanthus mollis latifolius.

A. m. latifolius, Hort.* Variété de l'*A. mollis*, plus robuste et plus volumineuse dans toutes ses parties. Cette belle forme est probablement la plus cultivée, c'est une des plus convenables pour les garnitures tropicales. Il lui faut une exposition chaude et ensoleillée. Syn. *A. lusitanicus*, Hort.

A. montanus, T. And.* *Fl.* roses. Août. *Haut.* 1 m. Afrique, 1865. Espèce sublignéuse. (B. M. 5516.)

A. niger, Mill. *Fl.* blanc pourpré. Juillet à septembre. *Flles* sinuées, inermes, glabres, brillantes. *Haut.* 1 m. Portugal, 1759.

A. spinosissimus, Desf. *Fl.* rosées, sessiles, en épis très décoratifs, pourvus d'épines aiguës, recurvées. Automne. *Flles* laciniées, pinnatifides, gaufrées, à épine blanches. *Haut.* 1 m. Europe méridionale, 1629.

A. spinosus, Linn. *Fl.* pourprées, à sépales épineux, disposées en épis. Eté. *Flles* profondément et régulièrement découpées, dont chaque division est terminée par une épine. *Haut.* 1 m. à 1 m. 30. Europe méridionale. B. M. 1808.)

Fig. 28. — Acanthus spinosus.

ACARUS. — **V. Tiques, Mites, Grise** et **Tetranychus telarius.**

ACAULE. — Se dit des plantes ne paraissant pas avoir de tige.

ACCESSOIRE. — On nomme ainsi les différents organes des végétaux n'ayant pas une utilité évidente.

ACCOMBANT. — Veut dire couché contre un autre organe. De Candolle a employé ce mot pour désigner les cotylédons appliqués de telle manière que la radicule redressée correspond à la fente qui les sépare, comme dans certaines Crucifères. (S. M.)

ACCLIMATATION. — On désigne ainsi l'action d'acclimater, tandis que le mot *acclimatement* marque le résultat de cette opération. Une plante, qui a été transportée loin de son pays d'origine est dite *acclimatée*, lorsque, par suite du changement produit dans son organisation et dans sa manière de végéter, elle a pu s'adapter aux conditions du nouveau milieu où elle est forcée de vivre. Cette sorte de lutte pour l'existence a une grande importance horticole; c'est à cette faculté d'adaptation, que nous devons de voir prospérer dans nos jardins une foule de plantes originaires de pays dont le climat est bien différent du nôtre.

L'acclimatation ne s'opère en général que sur les descendants d'un individu, c'est au moyen de la reproduction par *graines* que les végétaux parviennent à s'adapter au milieu dans lequel on les cultive. La *bouture* et la *marcotte* ne sont pas des descendants d'une plante, mais simplement la continuation d'un même individu, dont certaines parties ont été placées dans un milieu qui leur permet de continuer à vivre séparément. Plusieurs générations successives reproduites par *semis* peuvent amener un acclimatement parfait. (S. M.)

ACCRESCENT. — Se dit des organes qui croissent encore après avoir rempli leurs fonctions, et prennent quelquefois un grand développement; le calice des Alkékenges, le style des Clématites, le pédoncule de l'Anacardium nous en fournissent des exemples. (S. M.)

ACCROISSEMENT. — Série de phénomènes par lesquels passent tous les végétaux pour augmenter en volume. C'est un sujet très vaste, qu'il ne convient point de traiter ici d'une façon complète; le lecteur trouvera du reste des renseignements nombreux dans presque tous les ouvrages de botanique. Disons cependant en peu de mots que l'accroissement s'opère en tous les sens, d'une façon plus ou moins régulière. Il fournit un des meilleurs caractères qui divisent les phanérogames en deux grandes classes: 1° les *Exogènes* DC., qui correspondent aux *Dicotylédones*, Juss., chez lesquels l'accroissement a lieu par la partie extérieure; 2° les *Endogènes*, DC. qui correspondent aux *Monocotylédones*, Juss., chez lesquels il s'opère à l'intérieur; ces derniers végétaux sont dépourvus d'étui médullaire.

De l'allure de l'accroissement, dépend la durée des plantes : les Champignons (organe fructifère) arrivent à maturité en quelques jours; les plantes annuelles parcourent toutes les phases de leur existence pendant les quelques mois chauds de l'année; puis les plantes bisannuelles et vivaces; enfin les arbres, et nous arrivons à ces vétérans du règne végétal, tels que les Baobabs, les Sequoia, les Ifs, etc., qui vivent plusieurs siècles, et chez lesquels l'accroissement est presque insensible.

Les conditions météorologiques influent aussi sur l'accroissement d'une façon sensible : l'humidité, la lumière et la chaleur concourent mutuellement à ce phénomène mystérieux auquel tous les végétaux doivent et la vie et la durée. (S. M.)

ACER, Linn. (de *acer*, dur ou aigu; le bois est excessivement dur et était beaucoup employé autrefois pour fabriquer des piques et des lances). **Erable**, Angl. Maple. Fam. *Acéracées*. — Ce genre comprend environ cinquante espèces de beaux arbres ou arbustes à feuilles caduques, originaires de l'Europe, de l'Amérique du Nord, de l'Asie septentrionale, du Japon, de Java et de l'Himalaya. La plupart sont rustiques et convenables pour garnir les massifs d'arbustes, pour les plantations d'alignement, etc. Fleurs verdâtres, sauf, chez les espèces autrement mentionnées. L'*A. pseudo-platanus* est un des arbres les plus utiles de nos forêts. Les *A. platanoides* et *A. pseudo-platanus* font chez nous de beaux arbres d'alignement. Plusieurs espèces produisent un bon bois de charpente; leur sève contient une certaine proportion de sucre, l'*A. saccharinum* est cultivé en grand pour cet usage, dans l'Amérique du Nord.

Tous préfèrent une exposition un peu abritée; une terre franche profonde et bien drainée est celle qui leur convient le mieux. Cette dernière condition est même spécialement nécessaire aux Erables japonais. Les différentes variétés d'*A. japonicum* et *palmatum* méritent particulièrement d'être cultivées en pots pour ornement.

Multiplication. — 1° Par *graines*, que l'on sème à l'automne ou au printemps; il ne faut les recouvrir que d'environ 5 mm. de terre; les variétés ordinaires peuvent être semées en plein air, tandis que les plus rares doivent l'être sous châssis; 2° par *marcottes* et par *greffe en fente*; cette dernière méthode est adoptée pour beaucoup d'espèces ou de variétés rares, et particulièrement les variétés à feuillage panaché ; la *greffe en écusson* peut aussi se pratiquer facilement pendant l'été.

A. austriacum, Tratt. Syn. de *A. campestre austriacum*, Tratt.

Fig. 29. — Acer campestre. Fragment de rameau florifère.

A. campestre, Linn. Erable champêtre ; Angl. Common Maple. — *Fl.* en grappes dressées. Mai. *Fr.* à ailes très divariquées. *Flles* petites, cordiformes, à cinq lobes dentés. *Haut.* 6 m. France, etc. Petit arbre à écorce rougeâtre, rugueuse, pleine de profondes fissures ; bois dur, souvent élégamment veiné, très estimé.

A. c. austriacum, Tratt. *Fl.* beaucoup plus grandes que celles du type. *Fr.* lisse. Lobes des feuilles légèrement acuminés. Syn. *A. austriacum.*

A. c. collinum, Wallr. *Fl.* petites. *Fr.* lisses. Lobes des feuilles obtus, France.

A. c. hebecarpum, — *Fr.* couvert d'une pubescence veloutée.

A. c. lœvigatum, — *Flles* très lisses et brillantes.

A. c. nanum, — Plante naine.

A. c. tauricum, — *Flles* plus grandes et moins divisées que celles du type.

A. c. variegatum, Hort. *Flles* striées et maculées de blanc ou blanc jaunâtre ; belle variété très décorative.

A. circinatum, Pursh. *Fl.* en ombelles, rouge foncé. Avril. *Flles* orbiculaires, divisées en cinq ou sept lobes, serrulés. *Haut.* 8 à 10 m. Amérique du nord-ouest, 1827. Bien belle espèce à branches grêles, pendantes, prenant à l'automne une belle teinte écarlate vif.

A. cissifolium, — Syn. de *Negundo cissifolium.*

A. colchicum, Hartw. Syn. de *A. lœtum*, C. A. Mey.

A. colchicum tricolor, Hort. Syn. de *A. pictum tricolor*, Hort.

A. creticum, Linn. *Fl.* en corymbes pauciflores, dressés. Mai. *Fr.* lisses, à ailes à peine divergentes. *Flles* cunéiformes à la base, souvent trifoliées, à lobes aigus. *Haut.* 1 m. 50. Orient, 1752. Arbrisseau presque toujours vert.

A. dasycarpum, Willd.* Erable blanc. — *Fl.* dioïques, apétales, en petites ombelles sessiles. Avril. *Fr.* cotonneux, blanchâtres. *Flles* tronquées à la base, palmées, à cinq lobes à sinus obtus, profondément et irrégulièrement dentés. *Haut.* 8 m. Amérique du Nord, 1725. Syns. *A. eriocarpum*, Michx. ; *A. tomentosum*, Hort. ; *A. glaucum*, Marsh. ; *A. virginianum*, Mill.

A. d. pulverulentum, Hort. Forme de l'Érable blanc chez laquelle les feuilles sont maculées de blanc, et dont le sommet des jeunes rameaux est teinté de rouge. (R. H. B. 1885, p. 268.)

A. Douglasii, — Syn. de *A. glabrum*, Torr.

A. eriocarpum, Michx. Syn. de *A. dasycarpum*, Willd.

A. Ginnala, Max.* *Fl.* en grappes compactes, dressées. Fleuve de l'Amour ; Chine. Cet arbre est généralement considéré comme une variété de l'*A. tartaricum*, mais son port est plus gracieux, ses feuilles sont plus élégamment lobées et découpées et les pétioles et les nervures sont plus fortement colorées.

A. glabrum, Torr. *Fl.* vert jaunâtre, en corymbes sur des rameaux courts, pourvus de deux feuilles. Juin. *Flles* arrondies, cordiformes, vert pâle, profondément trilobées ou tripartites, à lobes biserrés. *Haut.* 5 à 10 m. Amérique du nord-ouest. Syn. *A. Douglasii*, *A. tripartitum.*

A. glaucum, Marsh. Syn. de *A. dasycarpum*, Willd.

A. Heldreichii, Orph. *Fl.* en petites panicules terminales, plus courtes que les feuilles. *Flles* petites, palmées, à cinq lobes aigus, obtusément dentés, le médian cunéiforme à la base. Grèce (G. C. n. s., XV, p. 141 ; R. G. 1185.)

A. heterophyllum, Willd. *Fl.* en corymbes. Mai. *Flles* petites, ovales, lisses, entières ou trilobées, légèrement dentées. *Haut.* 1 m. 50. Orient, 1759. Arbrisseau toujours vert. Syn. *A. sempervirens*, Linn.

A. ibericum, Bieb. *Fl.* en corymbes. Mai. *Flles* à trois lobes obtus, pourvus d'une ou deux dents ; les latéraux à nervure médiane saillante à l'insertion du pétiole. *Haut.* 6 m. Ibérie, 1826.

A. insigne, Boiss. et Buhse. * *Fl.* vertes, de 6 mm. de diamètre, en panicules terminales, de 8 à 10 cent. de long, paraissant avec les feuilles. Mai. *Flles* arrondies, réniformes, de 12 à 15 cent. de diamètre, palmées, divisées jusqu'au milieu en cinq à sept segments oblongs, aigus, grossièrement et obtusément dentés, glabres en dessus, plus ou moins tomenteux en dessous. Perse. Espèce la plus tardive à développer ses feuilles. (B. M. 6697.) Syn. *A. velutinum*. Boiss.

A. japonicum, Thunb. * Erable du Japon. — *Fl.* grandes pourpre foncé. Avril. *Flles* découpées en lobes nombreux, vert pâle au printemps. *Haut*, 6 m. Japon, 1863. Les nombreuses variétés de cette espèce, plus ou moins bien fixées, prennent place parmi nos plus beaux arbustes à feuilles caduques ; cependant ils changent souvent de caractère lorsqu'ils atteignent une certaine taille. Les jeunes plantes de 50 cent. à 1 m. sont des plus utiles pour décorer les serres froides ; on les emploie aussi pour garnir les massifs au voisinage des habitations, dans les jardins les mieux entretenus.

A. laurifolium, Don. Syn. de *A. oblongum*, Wall.

A. lœtum, C. A. Mey. Erable colchique. — Espèce voisine de l'*A. Lobelii*, Ten., dont elle se distingue par ses feuilles cordiformes à la base, à lobes plus pointus, plus délicats et plus glauques. Abcasie Syn. *A. Colchicum*, Hartw. Il existe une variété *rubrum* à feuilles pourpre foncé.

A. Lobelii, Ten. *Flles* très légèrement cordiformes, à cinq lobes irrégulièrement dentés, plus ou moins obtus.

A. macrophyllum, Pursh. * *Fl* jaunes, en grappes rameuses, dressées. Mai. *Flles* digitées ou palmées, à cinq lobes à sinus obtus, lobes obscurément trilobés. *Haut.* 18 à 20 m. Nord de la Californie, 1812. Arbre vigoureux, à écorce un peu jaspée dans sa jeunesse.

A. monspessulanum, Linn. Erable de Montpellier. — *Fl.* en corymbes dressés, pauciflores. Mai. *Flles* petites, raides, à trois lobes entiers, divergents, demi-persistantes. *Fr.* à ailes courtes. *Haut.* 3 à 6 m. Europe australe, 1739, naturalisé en France. Arbre très rameux, devenant quelquefois assez volumineux, sans atteindre une hauteur proportionnelle.

A. montanum, Ait. *Fl.* en grappes rameuses, dressées. Mai. *Flles* cordiformes tri- ou légèrement quadri-lobées, inégalement et grossièrement dentées. *Haut.* 6 m. Canada, 1750. Syn. *A. spicatum*, Lamk.

A. neapolitanum, Ten. Syn. de *A. opulifolium obtusatum*, Willd.

A. Negundo, Linn. — V. *Negundo fraxinifolium*, Rafin.

A. nigrum, Michx. Syn. de *A. saccharinum nigrum.*

A. oblongum, Wall. *Fl.* jaune pâle, en grappes rameuses. Février. *Flles* oblongues, lancéolées, acuminées, très entières. *Haut.* 6 m. Népaul, 1824. Syn. *A. laurifolium*, Don.

A. obtusifolium, Linn. *Fl.* en corymbes pendants. Mai. *Flles* arrondies, obtusément trilobées, crénelées, serrulées, à limbe environ de la même longueur que le pétiole. *Haut.* 5 m. Crète.

A. opalus, Ait. Syn. d'*A. opulifolium*, Villd.

A. opulifolium, Villd. Erable à feuilles d'Aubier. — *Fl.* en corymbes presque sessiles. Mai. Ovaires et fruits lisses. *Flles* cordiformes à cinq lobes obtus, grossièrement et obtusément dentés. *Haut.* 3 m. Pyrénées, Jura, etc. Syn. *A. opalus*, Ait.

A. o. obtusatum, Willd. Arbre plus vigoureux, plus grand, à tête arrondie. *Flles* vert foncé, couvertes d'un tomentum blanchâtre ou roussâtre sur la face inférieure. France. Syn. *A. Neapolitanum*, Ten.

A. palmatum, Thunb. * *Fl.* en ombelles composées de cinq à sept fleurs. Mai. *Flles* palmées, divisées en cinq à sept segments dépassant le milieu du limbe; lobes oblongs, acuminés, dentés. *Haut.* 6 m. Japon, 1820. (F. d. S., 1273.)

A. p. atropurpureum, Hort. Bel arbre vigoureux, à feuillage ample, pourpre foncé. Japon.

A. p. crispum, Hort. *Flles* vertes, à bords roulés, pétioles rouges. Japon, 1871. Belle et distincte variété, rappelant par son port un Peuplier d'Italie.

A. p. dissectum, Hort. *Fl.* rouges, en grappes terminales, pédonculées, composées de cinq à sept fleurs. Mai. *Flles* à neuf ou dix segments, oblongs, acuminés, profondément dentés. *Haut.* 10 m. Japon, 1845.

A. p. dissectum roseo-pictum, Hort. Variété horticole, 1888.

A. p. ornatum, Hort. Variété très ornementale à feuilles rouges, finement découpées, à nervures plus pâles. Japon, 1871. Cette plante est aussi nommée *A. dissectum*, Hort.

A. p. palmatifidum, Hort. *Flles* palmées, très finement découpées en segments atteignant la nervure médiane, d'une belle teinte vert tendre. 1875.

A. p. reticulatum, Hort. *Flles* divisées en cinq à sept lobes inégaux à dents aiguës, vert émeraude, palmées, à nervures vert foncé. Japon, 1875. Variété très élégante, à rameaux grêles.

A. p. roseo-marginatum, Hort. *Flles* divisées en segments profondément découpés, vert tendre, marginés de rose. Japon, 1874. Variété distincte et ornementale.

A. p. sanguineum, Hort. *Flles* profondément découpées en cinq lobes dentés, d'une belle teinte rouge carmin foncé, plus vive que celle de la variété *atropurpureum*, 1874. Cette variété forme un contraste frappant avec la précédente.

A. p. septemlobum, Hort.* *Fl.* pourprées, en ombelles pluriflores. Printemps. *Flles* très variables; on y rencontre tous les intermédiaires, depuis la forme palmée, à cinq ou six lobes entiers, simplement dentés, jusqu'à celles présentant des feuilles profondément découpées en sept à neuf lobes, à divisions plus ou moins finement laciniées. Japon, 1864. On connait de nombreuses formes de cette belle variété. (F. d. S., 1498.)

Il existe encore beaucoup d'autres variétés de l'*A. palmatum*, espèce très polymorphe; nous n'avons mentionné que les plus répandues; plusieurs ne sont connues que par le nom de leur pays d'origine, et il y a encore des doutes sur leur identité spécifique. Toutes sont extrêmement belles.

A. pensylvanicum, Linn.* Erable jaspé. — *Fl.* verdâtres en longues grappes simples, pendantes. Mai. *Flles* cordiformes, trilobées, acuminées, finement denticulées. *Haut.* 6 m. Tronc élégamment jaspé de blanc; jeunes pousses rouges. Multiplication par greffe sur *A. pseudo-platanus*, à quelques centimètres du sol, afin d'avoir une tige jaspée sur toute sa longueur. Amérique du Nord, 1755. Syn. *A. striatum*, Lamk.

A. pictum, Tunb.* *Fl.* en corymbes pédonculés. *Flles* à cinq à sept segments triangulaires ou oblongs, acuminés. *Haut.* 5 à 6 m. Asie tempérée, 1848. Les *A. p. connivens*, *A. p. marmoratum*, *A. p. rubrum* et *A. p. variegatum*, sont des variétés horticoles différant principalement par la coloration des feuilles. Toutes sont très ornementales.

A. p. tricolor, Hort. Jeunes feuilles rouge violacée, irrégulièrement ombrées çà et là de toutes les teintes, du rouge foncé ou carmin au blanc crémeux, 1886. Syn. *A. colchicum tricolor*, Hort. (R. H. B. 1886, 217.)

A. platanoides, Linn. Erable plane, E. de Norwège, E. faux sycomore, Angl. Norway Maple. — *Fl.* en corymbes pédonculés, dressés. Mai, juin. *Flles* cordiformes, lisses, divisées en cinq lobes profonds, à dents longues et aiguës. *Haut.* 15 m. France, etc. 1683. Arbre rustique, très ornemental, poussant vigoureusement lorsqu'il est jeune. Il préfère un sol profond et sain.

A. p. aureo-variegatum, Hort. Variété à feuilles panachées de jaune. Europe, 1883. Pour conserver la panachure, il faut la greffer en fente ou en écusson sur le type. Cette remarque s'applique de même aux variétés mentionnées ci-dessous.

A. p. compactum, Hort. Variété ornementale, formant une tête compacte et arrondie. 1886.

A. p. integrilobum, Hort. Cette variété diffère seulement du type par les lobes de ses feuilles qui sont entiers. (R. G. 1887, p. 431, 107-8.)

A. p. laciniatum, Hort. *Flles* vert et jaune, profondément et irrégulièrement découpées. Variété délicate et peu robuste.

A. p. Reichenbachii, Hort. *Flles* grandes, passant à l'automne au rouge carmin foncé et variant du jaune au brun.

A. p. Schwedleri, Hort. *Flles* très grandes, rouge bronzé foncé. Variété vigoureuse et de beaucoup d'effet.

A. p. undulatum, Hort. *Flles* bullées, à bords très ondulés et crispés. Variété à la fois curieuse et intéressante.

A. p. variegatum, Hort. *Flles* panachées de blanc.

Il existe encore plusieurs variétés, entre autres les *A. p. columnare*, *A. p. dilaeratum*, *A. p. euchlorum*, *A. p. integrifolium nanum* (Syn. *A. pygmeum*, Hort.), *A. p. integrifolium undulatum*, et *A. p. quadricolor*, récemment annoncées; leur nom indique déjà leur principal caractère.

A. Pseudo-platanus, Linn. Erable Sycomore, E. faux-platane, Angl. Mock-plane tree, Sycomore. — *Fl.* en longues grappes pendantes. Mai. *Flles* cordiformes à cinq lobes acuminés, inégalement dentés, légèrement cotonneuses en dessous, le long des nervures principales *Fr.* à grandes ailes. *Haut.* 15 à 20 m. France, etc. Peu d'arbres à feuilles caduques résistent mieux que l'E. Sycomore, lorsqu'ils sont isolés dans des endroits exposés aux intempéries. Il préfère un sol léger et sec, mais il végète cependant bien dans des terrains de qualités opposées. (I. H. 1864, 411.)

A. p. albo-variegata, Hort. *Flles* panachées de blanc, très belle forme, surtout au printemps.

A. p. flavo-variegata, Hort. *Flles* panachées de jaune. Mêmes qualités.

A. p. Leopoldi, Hort. *Flles* marbrées de pourpre, de jaune et de vert, très belle variété belge.

A. p. longifolia, Hort. *Flles* plus profondément découpées et plus longuement pétiolées que le type.

A. p. purpureum, Hort. *Flles* pourpres en dessous. Lorsque l'arbre est penché par le vent, il paraît alternativement pourpre et vert pâle.

Il existe encore plusieurs autres variétés, plus ou moins méritantes, cultivées dans les jardins.

A. pygmeum, Hort. Syn. de *A. platanoïdes integrifolium nanum*, Hort.

A. rubrum, Ehrh.* Erable rouge, Angl. Scarlet Maple. *Fl.* écarlates, élégantes, en corymbes compacts. *Flles* cordiformes à la base, palmées, à cinq lobes à sinus aigus, profondément et inégalement dentés. Branches et fruit également écarlates. *Haut.* 6 m. Canada, 1656. Excellente espèce se plaisant dans les endroits humides ou marécageux. Se multiplie facilement par marcottes. Il existe une variété à feuilles tachetées de jaune, mais elle est rare.

A. rufinerve, Sieb. et Zucc.* « Les feuilles varient par leur taille et leur contour de 6 à 10 cent. en tous sens ; elles ont trois ou cinq lobes à bords irrégulièrement dentés, glabres en dessus et couvertes en dessous de poils rougeâtres le long des nervures. Les jeunes branches sont très distinctes à cause de l'efflorescence gris bleuté dont elles sont couvertes. »

A. r. albo-limbatum, Hort. Diffère simplement du type par le bord de ses feuilles distinctement marginées de blanc. N'est pas toujours constant. Japon, 1869. (R. H. B. 1878, 49.)

A. saccharinum, Linn. Erable à sucre, Angl. Sugar Maple. — *Fl.* jaunes en corymbes pendants, courtement pédonculés ; pédicelles velus. Avril. *Flles* cordiformes, lisses, palmées, à cinq lobes acuminés, sinueuses, dentés. *Haut.* 15 m. Amérique du Nord, 1735.

A. s. nigrum, — *Fl.* en corymbes sessiles, penchés. *Flles* cordiformes, palmées, à cinq lobes, à sinus recouverts. *Haut.* 15 m. Amérique du Nord, 1812. Syn. *A. nigrum*, Michx.

A. Semenovi, — Espèce svelte et élégante, à feuilles ressemblant beaucoup à celles de l'*A. Ginnala*, mais plus petites. Turkestan, 1879.

A. sempervirens, Linn. Syn. de *A. heterophyllum*, Willd.

A. septemlobum, Thunb. Syn. de *A. palmatum septemlobum*, Hort.

A. spicatum, Lamk. Syn. de *A. montanum*, Ait.

A. striatum, Lamk. Syn. de *A. pensylvanicum*, Linn.

A. tartaricum, Linn. *Fl.* blanches en grappes composées, compactes, dressées. Mai. *Flles* plus ou moins cordiformes, acuminées, dentées, à lobes à peine marqués. *Fr.* rouges à ailes courtes. *Haut.* 6 m. Tartarie, 1759. Cette espèce est une des premières à développer ses feuilles au printemps.

A. tomentosum, Hort. Syn. de *A. dasycarpum*, Willd.

A. tripartitum, — Syn. de *A. glabrum*, Torr.

A. Van Volxemii, Mast. *Fl.* en corymbe dressé, compact, mâles ou hermaphrodites; les mâles à filets glabres. deux fois plus longs que les divisions du périanthe; les hermaphrodites à filets très courts, presque rudimentaires. *Fr.* à ailes régulièrement ovales, arrondies au sommet. *Flles* très grandes, palmées, à trois, cinq lobes, vert tendre en dessus, argentées et très glabres en dessous. Caucase, 1877. Belle espèce très distincte. (G. C. 1877, p. 72, f. 10; 1891, vol. II, pp. 9-11, f. 1 et 2.)

A. velutinum, Boiss. Syn. de *A. insigne*. Boiss. et Buhse.

A. villosum, Presl. *Fl.* odorantes en grappes latérales. Avril. Bourgeons, fruits et jeunes feuilles velus, soyeux. *Flles* cordiformes, à cinq lobes, velues en dessous ainsi que les pétioles; lobes ovales aigus. *Haut.* 15 m. Himalaya, régions élevées. N'est pas rustique.

A. virginianum, Mill. Syn. de *A. dasycarpum*, Willd.

ACÉRACÉES. Famille d'arbres rustiques, très ornementaux, dont l'Erable plane et l'E. sycomore sont des représentants bien connus.

ACERANTHUS diphyllus, Morr. Syn. de **Epimedium diphyllum**, Lodd.

ACERAS, R. Br. (de *a*, privatif, et *keras*, corne ; le labelle n'a pas d'éperon). Fam. *Orchidées*. — Genre ne comprenant qu'une espèce intéressante d'orchidée terrestre, habitant l'Europe et l'Afrique boréale. Calice à trois sépales égaux, ovales, convergents; pétales, deux, étroits, oblongs; labelle sans éperon, plus long que l'ovaire, étroit, oblong, à quatre divisions linéaires; elle habite les pelouses sèches, calcaires, de la France, etc., où elle est peu commune. Sa culture n'est possible que dans un sol semblable à celui où elle vit à l'état spontané. Multiplication par division des tubercules, faite avec précaution.

Fig. 30. — Aceras anthropophora. Fleur détachée.

A. anthropophora, R. Br. Orchis homme pendu, Angl. Green Man Orchis. — *Fl.* verdâtres en longs épis, labelle plus long que les pétales, souvent marginé de rouge, ainsi que les pétales. Juin. *Flles* lancéolées. Tubercules entiers, ovoïdes. *Haut.* 30 cent.

ACERATIUM, DC. (de *a*, privatif, et *keras*, corne; les étamines sont dépourvues des appendices terminaux si apparents dans le genre *Elæocarpus*, très voisin). Fam. *Tiliacées*. — Arbre de serre chaude, toujours vert, très voisin des *Tilia*. Il se plaît dans un compost de terre franche et terre de bruyère et se multiplie par boutures de bois mûr, qui s'enracinent rapidement, plantées dans du sable sous cloche et à chaud.

A. oppositifolium, DC. *Fl.* blanches sur des pédoncules terminaux, triflores. Juin. *Flles* opposées, elliptiques, oblongues, pourvues de quelques dents mucronées. *Haut.* 6 m. Amboine, 1818.

ACERBE. — Apre au goût ; se dit des fruits verts.

ACÉRÉ. — Terminé en pointe dure, fine et aiguë comme celle d'une aiguille.

ACEUS. — Suffixe exprimant une ressemblance à la chose indiquée par le nom qu'il termine. — *Foliaceus*. de la forme, de la texture d'une feuille.

ACHANIA, Swartz. — V. **Malvaviscus**, Dill.

Fig. 31. — Achaines de Ranunculus arvensis.

ACHAINE ou **AKÈNE**. Angl. Achene. — Fruit sec, monosperme, indéhiscent, dans lequel la graine est libre, tandis qu'elle est adhérente au péricarpe dans le cariopse. Ex. Les graines des *Composées*. (S. M.)

ACHE. — V. Apium, Linn.

ACHE d'eau. — V. Sium, Linn.

ACHE de montagne. — V. Levisticum officinale, Koch.

ACHILLEA, Linn. (en l'honneur d'Achille, qui a, dit-on, découvert le premier les qualités médicinales de ces plantes). **Millefeuille,** Angl. Milfoil. Comprend les *Ptarmica,* Tournef. Fam. *Composées.* — Plus de cent espèces ont été décrites par les botanistes (mais, selon les auteurs du *Genera plantarum,* ce nombre peut être considérablement réduit). Elles habitent l'Europe et l'Asie occidentale. Ce sont des plantes vivaces, rustiques, à feuilles alternes, simples ou composées. Capitules petits, en corymbes; bractées de l'involucre oblongues, souvent scarieuses. Réceptacle à paillettes membraneuses. Fleurons ligulés peu nombreux, quelquefois assez grands et décoratifs. Aigrette nulle.

Toutes les espèces se cultivent facilement en pleine terre. L'*A. Eupatorium* et d'autres espèces vigoureuses sont convenables pour former des touffes isolées ou faire des bordures de plantes vivaces; les espèces alpines sont au contraire propres aux rocailles. Un grand nombre d'espèces, quoique excellentes pour naturaliser dans les endroits un peu agrestes des parcs, ne sont pas cultivables dans les jardins. Leur multiplication a lieu au printemps par semis, boutures et division des touffes.

A. ægyptiaca, Hort. Syn. de *A. semipectinata,* Desf.

A. Ageratum, Linn. *Capitules* blanc pur, grands, solitaires sur des pédoncules de 15 à 20 cent. de haut. Été. *Flles* étroites, argentées, à bords élégamment crispés, disposées en rosette compacte. Grèce. Jolie plante alpine.

A. asplenifolia, Vent. *Capitules* roses, petits, en corymbes composés. Juin à septembre. *Flles* inférieures pinnatifides, à lobes pinnés; les supérieures pinnatiséquées. *Haut.* 45 cent. Amérique du Nord, 1803.

A. atrata, Linn. *Capitules* blancs. Août. *Flles* pinnatifides, vert foncé, brillantes, disposées en rosette. Autriche, 1596. Belle espèce alpine. (J. F. A. 1,77.)

A. aurea, Lamk. *Capitules* jaune d'or, solitaires sur des tiges de 45 cent. de haut. Été et automne. *Flles* plus grandes que celles de l'*A. ageratifolia,* avec lequel on le confond quelquefois. Orient, 1739. Plante touffue, exigeant une exposition chaude. Syn. *Pyrethrum achilleæfolium,* Bieb.

Fig. 32. — Achillea Clavennæ.

A. Clavennæ, Linn.' *Capitules* blancs, en jolis corymbes compacts. Printemps et été. *Flles* bipinnatifides; segments linéaires, obtus, légèrement denticulés au sommet. *Haut.* 25 cent. Tyrol, 1656. Belle espèce formant des touffes blanches, compactes. Syn. *Ptarmica Clavennæ,* DC. (J. F. A. 1,76.)

A. decolorans, Schrad. *Capitules* blanc jaunâtre. Juillet. *Flles* entières. *Haut.* 30 cent. Origine inconnue, 1798.

Fig. 33. — Achillea Eupatorium.

A. Eupatorium, Bieb'. *Capitules* jaune brillant, en corymbes composés, convexes, compacts, ayant souvent 12 cent. de diamètre, conservant leur fraîcheur pendant deux mois. Juin à septembre. *Flles* nombreuses, pinnatiséquées, à segments dentés, velues et rudes. *Haut.* 1 m. 30 à 1 m. 60. Caucase, 1803. Cette plante majestueuse, est convenable pour isoler sur les pelouses et garnir le fond des grands massifs, il faut la tuteurer soigneusement. Syn. *A. filipendulina,* Lamk.

A. filipendulina, Lamk. Syn. de *A. Eupatorium,* Bieb.

A. Herba-rota, All. *Capitules* blancs, en corymbes lâches, sur des tiges grêles. Mai. *Flles* lancéolées, dentées. *Haut.* 15 cent. France, Alpes, 1640. Cette plante dégage une agréable odeur aromatique lorsqu'on la froisse. Pour atteindre toute sa beauté, elle exige une terre franche, sableuse et une exposition chaude. (A. F. P. 3, 9.)

Fig. 34. — Achillea macrophylla.

A. macrophylla, Linn. *Capitules* blancs, larges, en beaux corymbes composés. Juillet. *Flles* glabrescentes, pinnées, à segments lancéolés, acuminés, incisés, dentés. *Haut.* 40 à 60 cent. France, Tyrol, etc., 1810. Syn. *Ptarmica macrophylla,* DC.

A. Millefolium, Linn. *Capitules* blancs, en corymbes composés. Été et automne. *Flles* velues, grisâtres, bipinnatifides, à segments laciniés. *Haut.* 30 à 60 cent. France, etc.

Cette plante très commune partout n'est pas ornementale, mais sa résistance à la sécheresse et son feuillage fin la rendent recommandable pour former des gazons là où les graminées ne résistent que très difficilement.

Fig. 35. — Achillea Millefolium roseum.

A. M. roseum, Hort. *Capitules* roses, semblables à ceux du type, ainsi que le feuillage. C'est une forme qui mérite d'être cultivée; ses fleurs sont convenables pour bouquets; elle exige peu de soin.

A. mongolica, Fisch. *Capitules* blancs. Juillet. *Flles* entières. *Haut.* 40 cent. Sibérie, 1818.

A. moschata, Wulf. *Capitules* blancs en corymbes lâches. Juin. *Flles* glabres, vert gai, pinnatifides, longues d'environ 5 cent. *Haut.* 15 cent. France, Tyrol, etc., 1775. Syn. *Ptarmica moschata.* DC. Jolie petite plante alpine, touffue. (J. F. A. 1, 39.)

A. nana, Linn. *Capitules* blancs, en corymbes simples. Juin en août. *Flles* velues, laineuses, lancéolées, pinnées à segments entiers, linéaires, mucronés. *Haut.* 15 cent. France, Suisse, etc. 1759. Plante à rocailles. (A. F. P. 3, 9.)

A. odorata, Linn. *Capitules* blanc jaunâtre, odorants, en corymbes composés. Juin en août. *Flles* pubescentes ou velues, oblongues, bipinnatifides, à segments linéaires, entiers. *Haut.* 40 cent. France, Espagne, etc. 1729.

Fig. 36. — Achillea Ptarmica fl. pleno.

A. Ptarmica, Linn. **flore pleno.** Hort. *Capitules* blanc pur, en corymbes terminaux, nombreux. Tout l'été et l'automne. *Flles* étroites, lancéolées, denticulées. *Haut.* 30 à 60 cent. Syn. *Ptarmica vulgaris.* DC. — C'est une plante vivace, rustique, des plus utiles pour la confection des bouquets. Multiplication facile par divisions. Après la floraison, il faut couper les tiges rez-terre. (F. D. 4, 643.)

A. rupestris, Huter. * *Capitules* blancs, verdâtres vers le centre, pédicellés, de 12 à 18 mm. de large, en corymbes de 3 à 4 cent. de diamètre. Mai. *Flles* radicales en rosette, 6 à 12 mm. de long, linéaires, spatulées, entières; les caulinaires semblables, éparses, étalées. Souche cæspiteuse. Italie méridionale, 1886. (B. M. 6905.)

A. santolinoides, Lagasc. *Capitules* blancs. Juillet. *Flles* pinnées, à folioles transversales. *Haut.* 30 cent. Espagne.

A. semipectinata, Desf. * *Capitules* jaune vif, en corymbes compacts, terminaux, de 5 à 10 cent. de diamètre. Été. *Flles* pinnatiséquées, à folioles oblancéolées, dentées, blanc argenté, de 15 à 20 cent. de long. *Haut.* 45 à 75 cent. Orient, 1640. Belle plante vivace, se plaisant à exposition chaude. Syn. *A. ægyptiaca*, Hort.

A. serrata, Retz. *Capitules* blanc pur, grands, en petits corymbes compactes, formant par leur réunion une sorte de panicule étalée. Été. *Flles* blanchâtres, couvertes de poils apprimés, sessiles, lancéolées, profondément dentées. *Haut.* 35 cent. Suisse, 1686. Syn. *Ptarmica serrata,* DC.

Fig. 37. — Achillea tomentosa.

A. tomentosa, Linn. *Capitules* jaune vif, en corymbes composés. Été. *Flles* velues, laineuses, bipinnatifides, à segments linéaires aigus. *Haut.* 20 à 30 cent. Tyrol. C'est une des meilleures espèces à fleurs jaunes pour rocailles; port touffu. (B. M. 498.)

A. umbellata, Sibth. * *Capitules* blancs, en ombelle simple, composée de huit à dix fleurs. Juin. *Flles* régulièrement lobées, à segments ovales, entiers, couvertes d'une pubescence dense, soyeuse, argentée. *Haut.* 10 à 12 cent. Grèce. Jolie petite plante naine à cultiver dans les rocailles, pour son feuillage argenté.

A. valesiaca, Sutt. *Capitules* blancs, en corymbes composés. Juin en août. *Flles* glabres ou légèrement velues, pinnatifides, à segments oblongs, aigus, entiers ou légèrement dentés, mucronulés. *Haut.* 30 cent. Suisse, 1819.

ACHIMENES, P. Browne. (de *cheimaino*, souffrir de froid; par allusion à la sensibilité au froid des espèces en général). Syn. *Grillu*, L'Her. et *Trevirana*, Willd. Comprend les *Dolichodeiria*, Hanst., *Eucodonia*, Hanst; *Koernickia*, Rgl., *Locheria*, Rgl. et *Scheeria*, Seem. Fam. *Gesnériacées.* — Genre comprenant environ vingt espèces, toutes originaires de l'Amérique tropicale (du Brésil au Mexique). Ce sont de belles plantes de serre chaude ou tempérée, vivaces, herbacées, rameuses, velues, pourvues de rhizomes souterrains écailleux, en forme de chaton, poussant aussi quelquefois à l'aisselle des feuilles. Corolle hypocratériforme, à tube presque oblique, gibbeux à la base. Pédicelles uniflores, axillaires, solitaires ou fasciculés, pourvus de bractées. Feuilles opposées ou verticillées par trois, pétiolées, dentées.

Pour obtenir de belles plantes, il faut les cultiver en serre chaude jusqu'à ce qu'ils commencent à fleurir; on peut alors les transporter dans une serre tempérée ou froide où ils restent jusqu'à ce qu'ils aient fini de fleurir. Il faut les mettre en végétation à partir de février, par séries successives, de façon à en prolonger la floraison. Dans ce but, on retire les rhizomes de chaque variété de la vieille terre, et on les place dans une terre sableuse, on arrose modérément au début, puis plus fréquemment lorsqu'ils sont en végétation. Lorsque les pousses ont atteint 5 cent., il faut les empoter dans les pots, terrines ou suspensions, dans lesquels ils doivent fleurir ; employer un compost de terre de bruyère et terreau de feuilles en parties égales, additionné d'environ un sixième de fumier de vache bien décomposé et d'une quantité de sable blanc suffisante pour rendre le mélange bien perméable et de couleur blanchâtre. Un drainage parfait est indispensable, il est bon de placer un lit de fibres (résidus de criblages, etc.) au fond des vases, afin d'empêcher la terre fine d'être entraînée par les eaux et de boucher les trous d'écoulement.

Fig. 38. — ACHIMENES. Bouquet varié.

Placer les terrines ou les pots aussi près du verre que possible et les garantir du soleil brûlant. Arroser copieusement et donner de temps à autre un peu d'engrais liquide. Lorsque les tiges s'allongent, on peut les pincer pour les faire ramifier et obtenir ainsi des touffes plus compactes. Mettre un tuteur à chaque tige, aussi proprement que possible, en les dissimulant. Les bassinages légers, matin et soir, sont profitables. La floraison terminée, il faut suspendre les arrosages graduellement lorsque le feuillage commence à jaunir et donner de l'air et de la lumière pour que les rhizomes mûrissent convenablement. Quand les tiges sont complètement sèches, on remise les pots dans un endroit sec où la température ne descend pas au-dessous de 10 deg. centigrades; tenir les plantes tout à fait sèches jusqu'au moment de les mettre en végétation.

Les *Achimenes* sont sujets à être envahis par les thrips, les pucerons et la grise, particulièrement lorsque l'atmosphère est tenue trop sèche ; on détruit facilement ces insectes au moyen de fumigations de tabac. Cette opération ne doit avoir lieu que lorsque le feuillage est complètement sec; sans cette précaution, on risque de le détériorer. Ce sont des plantes très décoratives, surtout lorsqu'on a le soin de planter ensemble deux ou trois coloris, tels que blanc, rouge et violet.

Il existe plusieurs manières de les multiplier : — 1° par boutures ; il n'est pas nécessaire de les couper au-dessous d'un nœud, car elles s'enracinent à n'importe quel endroit; il faut les planter rapidement dans des pots fortement drainés, pleins d'un mélange de terre de bruyère et de sable en parties égales et les placer sur de la chaleur de fond; — 2° par feuilles détachées des tiges et plantées en pots, en enfonçant tout le pétiole dans le même mélange de terre que pour les boutures et sur de la chaleur de fond; — 3° par écailles que l'on détache soigneusement des rhizomes et que l'on sème comme des graines, dans des pots ou des terrines pleines du même compost. Les recouvrir très légèrement de sable et les placer sur de la chaleur de fond; — 4° par graines; elles sont très fines et demandent à être semées avec soin. Les terrines doivent être fortement drainées et remplies jusqu'au bord, puis convenablement arrosées avec une pomme fine ; on sème ensuite les graines très clair, on les recouvre très légèrement de sable et on place les terrines à l'ombre. Entretenir la fraîcheur, mais éviter l'humidité, car les petits germes sont sujets à fondre. Il est bon de couvrir les terrines avec une feuille de verre. Lorsque les plants sont suffisamment forts pour permettre de les manipuler, il faut les repiquer ; on les traite ensuite comme des boutures enracinées. Le commencement du printemps est la meilleure saison pour effectuer ces différents modes de propagation.

A. atrosanguinea, — *Fl.* carmin; tube de la corolle de 4 cent. de long, cylindrique, sacciforme à la base, velu ; limbe étalé, étroit; pédoncules uniflores. Juillet-août. *Flles* inégales, velues, oblongues, subcordiformes, dentées. *Haut.* 45 cent. Guatémala, 1848.

A. candida, Lindl. *Fl.* blanches: tube de la corolle gibbeux à la base; limbe oblique; segment antérieur plus grand ; pédoncules axillaires, triflores. Juin. *Flles* inégales, obliques à la base, dentées, velues. *Haut.* 45 cent. Jamaïque, 1778. (J. H. S. 3, 317.)

A. coccinea, Pers. *Fl.* écarlates; pédoncules solitaires, axillaires. Août. *Flles* verticillées par trois, ovales, acuminées, dentées, pourvues de petites feuilles dans leurs aisselles. *Haut.* 45 cent. Jamaïque, 1778.

A. cupreata, Hook. — V. *Episcia cupreata.*

A. gloxiniæflora, Fork. *Fl.* blanchâtres, grandes, axillaires; tube de la corolle de 5 cent. de long; limbe large étalé, à lobes finement dentés, pointillés de pourpre à l'intérieur. Juin. *Flles* dentées depuis le milieu jusqu'au sommet. Tiges minces, flexueuses. *Haut.* 30 cent. Mexique, 1845. (F. d. S. 4, 318.)

A. grandiflora, DC. *Fl.* violet pourpre, très grandes, solitaires, axillaires, à limbe étalé. Juin. *Flles* égales, ovales, obliques à la base, légèrement dentées. *Haut.* 45 cent. Mexique, 1842. (B. R. 31, 11 ; B. M. 4012.)

A. heterophylla, DC. *Fl.* solitaires ou géminées ; corolle écarlate, à lobes ciliés. Juillet. *Flles* opposées, dont l'une plus petite que l'autre, cordiformes, ovales, acuminées, grossièrement dentées. *Haut.* 30 cent. Mexique. Plante un peu velue.

A. hirsuta, DC. *Fl.* rougeâtres à œil jaune, à limbe plan ; lobes arrondis, serrulés; pédoncules uniflores. Juillet. *Flles* cordiformes, dentées. *Haut.* 75 cent. Tiges bulbifères. Guatémala, 1842. Plante velue. (B. R. 29, 55 ; B. M. 4144.)

A. Kleei, Paxt. *Fl.* lilas foncé au centre, avec une tache jaune à la gorge; calice pubescent; pédoncules uniflores. Août. *Flles* ovales, acuminées, dentées. *Haut.* 15 cent. Guatémala, 1848. Plante velue.

A. longiflora, DC. *Fl.* violettes; calice à divisions lancéolées, dressées; corolle à long tube; limbe ample, étalé, pédoncules uniflores. Juillet et août. *Flles* verticillées par trois ou quatre, ovales ou oblongues, grossièrement dentées. *Haut.* 30 cent. Guatémala, 1841. Plante velue. (B. R. 28, 19; B. M. 3980; var. F. d. S. 5, 536.)

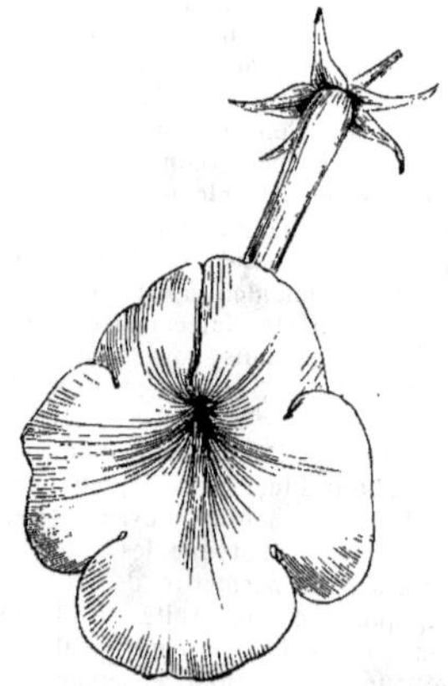

Fig. 39. — ACHIMENES LONGIFOLIA. Fleur détachée.

A. multiflora, Gardn. *Fl.* lilas pâle; sépales linéaires; corolle infundibuliforme; tube courbé; lobes arrondis, l'inférieur frangé; pédoncules axillaires, portant trois à quatre fleurs. Août. *Flles* opposées ou verticillées par trois, ovales, profondément dentées, biserrées. *Haut.* 30 cent. Brésil, 1843. Plante velue. (B. M. 3993; F. d. S. 1, 13.)

A. ocellata, Hook. — V. *Isoloma ocellata*.

A. patens, Benth. *Fl.* violet bleu; calice pubescent; tube de la corolle plus court que le limbe, celui-ci étalé. Juin. *Flles* ovales, acuminées, hispides en dessus, dentées. *Haut.* 30 cent. Mexique, 1845. (F. d. S. 3, 245.)

A. pedunculata, Benth. *Fl.* écarlates, à œil jaune; corolle pendante, gibbeuse à la base; pédoncules disposés à l'aisselle des feuilles du sommet. *Haut.* 60 cent. Tige simple, pubescente. Guatémala, 1840.

A. picta, Benth. — V. *Isoloma picta*.

A. rosea, Lindl. *Fl.* roses, velues; limbe à la corolle égal au tube; pédoncules filiformes, pluriflores. Juin. *Flles* velues, quelquefois verticillées par trois. *Haut.* 45 cent. Guatémala, 1848. (B. R. 27, 65.)

A. tubiflora, — * *Fl.* blanc pur, tube de la corolle de 10 cent. de long, légèrement élargi et courbé au sommet, fortement gibbeux à la base; limbe de 4 cent. de large, à cinq lobes égaux; pédicelles de 5 cent. de long, disposés en panicule pluriflore. Été. *Flles* opposées, oblongues, acuminées, réticulées, pubescentes, obscurément crénelées; pétioles courts, épais. Buenos-Ayres. Syn. *Dolichoderia tubiflora*; *Gloxinia tubiflora*. (B. M. 3971; B. R. 1845, 3.)

Les espèces précédentes sont les plus importantes et les plus connues. Les variétés hybrides sont innombrables, et surpassent même les espèces en beauté; les meilleures sont énumérées ci-dessous, chacune à leur couleur respective.

BLEU et POURPRE. — *Advance*, fleurs pourpre rougeâtre, plus claires au centre; nain et florifère. *Argus*, rouge vineux, à œil orange foncé; grand et florifère. *Docteur Buenzod*, fleurs beau carmin pourpré, à centre maculé orange; très florifère. *Excelsior*, beau violet pourpre, fleurs très grandes: compact et florifère. *Gem*, fleurs petites, belle forme, rouge carminé. *Gibsoni*, fleurs très grandes, mauve clair, à tube blanc à l'extérieur. *Grandis*, beau violet pourpre, à grand œil orange, teinté de carmin, charmante variété. *Lady Scarsdale*, fleurs de bonne grandeur, très abondantes, pourpre vineux teinté de carmin. *Longiflora major*, variété plus vigoureuse que le type, très florifère, fleurs grandes, d'un beau bleu; une des plus belles variétés. *Madame George*, pourpre foncé teinté de carmin. *Mauve Queen*, fleurs très grandes, d'un beau mauve, à centre brunâtre; très florifère, bonne tenue, une des meilleures variétés. *Purpurea elegans*, lie de vin foncé, à gorge orange, à macules foncées; variété méritante. *Rollisonii*, fleurs grandes, bleu mauve foncé, gorge jaune, tachetée de carmin, de beaucoup d'effet. *Vivicans*, pourpre carmin foncé, œil carmin et quelques lignes bleues partant du centre; bonne tenue et très florifère.

CARMIN et ÉCARLATE. — *Aurora*, écarlate rosé, gorge jaune; fleur très grande d'au moins 5 cent. de large. *Carl Woolforth*, carmin foncé, plus clair à la gorge; très florifère. *Dazzle*, fleurs petites, écarlate brillant, jaune pâle au centre; belle variété florifère. *Diadème*, carmin foncé, nuancé carmin vif, à centre jaune foncé. *Eclipse*, orange écarlate, tacheté carmin; excessivement florifère, bonne tenue. *Fire fly*, rouge carmin foncé, centre jaune, tacheté de carmin; un des plus beaux. *Harry Williams*, rouge cerise vif, jaune, tacheté de marron, à bord élégamment frangé; charmante variété. *Loveliness*, magenta, centre jaune, tacheté de carmin. *Météore*, fleurs assez grandes, carmin écarlate vif, centre jaune, tacheté de carmin; très nain et florifère. *Scarlet perfection*, beau carmin écarlate, centre orange foncé; très beau. *Sir Trehern Thomas*, carmin très foncé, très florifère; bonne tenue. *Stella*, magenta foncé à centre jaune; fleurs très grandes, de 5 cent. et plus de diamètre, à bords frangés; florifère. *Williamsii*, fleurs grandes, fortes, écarlate brillant, gorge jaune; plante naine et très rameuse; une des plus belles variétés.

ORANGE. — *Georgiana discolor*, fleurs grandes, orange vif, à centre jaune, très visible. *Hendersoni*, orange saumoné à centre jaune. *Magnet*, orange foncé, tacheté de carmin à zone carminée, distincte; belle variété très florifère. *Parsoni*, amélioration du précédent.

ROSE. — *Admiration*, rose foncé, gorge blanche, tacheté de carmin. *Carminata splendens*, rose jaune vif, à centre tacheté; charmante variété. *Léopard*, rose magenta vif, abondamment tacheté à la gorge. *Longiflora rose*, beau rose lilacé, plus foncé au centre, fleur de taille moyenne; plante naine, très florifère. *Masterpiece*, rose foncé, teinté de violet, à gorge blanche distincte. *Pink perfection*, beau rose, à œil rouge carmin, rayé violet; une des meilleures variétés. *Rosea magnifica*, rose vif, à œil jaune, finement tacheté; admirable variété. *Rose Queen*, fleurs très grandes, beau rose foncé, teinté pourpre foncé, gorge orange, nettement marquée. *Unique*, rose frais, œil jaune foncé, tacheté de carmin; charmante variété.

BLANC. — *Ambroise Verschaffelt*, fleurs de bonne grandeur, blanc pur, à centre rayé foncé. *Longiflora alba*, semblable au type par sa forme et son port, mais à fleurs blanches, grandes, à centre légèrement teinté. *Madame A. Verschaffelt*, fleurs grandes, à fond blanc pur, fortement veinées de pourpre; très belle variété. *Marguerite*, fleurs de taille moyenne, blanc pur, absolument dépourvues de stries ou macules.

ACHIMENES, Vahl. — V. **Artanema**, Don.

ACHLAMYDÉES, — Se dit des plantes dont les fleurs sont dépourvues d'enveloppes florales.

ACHRAS, R. Br. — V. **Sideroxylon**, Linn.

ACHRAS Sapota, Linn. — V. **Sapota Achras**, Mill.

ACHROANTHES, Rafin. — V. **Microstylis**, Nutt.

ACHYRANTHES, Linn. — V. **Chamissoa**, Humb. et Bonp. et **Iresine**, Linn.

ACHYRANTHES Verschaffeltii. — V. **Iresine Herbstii**.

ACHYRONIA, Wendl. — V. **Priestleya**, DC.

ACHYROPPAPUS, Humb. Bonp. et Kunth. — V. **Schkuhria**, Roth.

ACICULAIRE. — En forme d'aiguille.

ACIDE SULFURIQUE ou **VITRIOL**. Angl. Sulphuric acid or oil of vitriol. — Ce produit est peu utile en horticulture, on l'a employé en solution faible (1 partie pour 50 d'eau) en seringages, pour détruire les insectes; mais on ne peut l'appliquer sans danger qu'aux plantes les plus dures, et encore existe-t-il d'autres solutions préférables pour cet usage. — L'acide sulfurique est employé en grande quantité pour la préparation des superphosphates servant d'engrais. Les sulfates, qui sont des sels résultant de la combinaison de l'acide sulfurique avec les bases, ont une plus grande valeur au point de vue agricole ou horticole. Les sulfates d'ammoniaque, de potasse, de chaux (plâtre) sont fréquemment employés comme engrais. Le *sulfate de cuivre* et le *sulfate de fer* (V. ces mots) servent aussi à divers usages en horticulture. (X.)

ACINETA, Lindl. (de *akineta*, immuable; le labelle n'est pas articulé.) Syn. *Neippergia*, Ed. Morren. Fam. *Orchidées*. — Genre comprenant environ huit espèces d'orchidées terrestres, robustes, de serre froide, originaires de l'Amérique tropicale (de la Colombie au Mexique); voisines des *Peristeria*. Fleurs subglobuleuses, charnues, disposées en grosses grappes, pendant en dessous du panier dans lequel se trouve la plante. Feuilles lancéolées, membraneuses, plissées. Pseudo-bulbes anguleux, de la grosseur d'un œuf de poule.

Le compost dans lequel on doit les cultiver consiste en terre de bruyère fibreuse et sphagnum vivant, en parties égales. Lorsqu'on les plante, il faut d'abord mettre un lit de mousse assez épais, au fond et autour du panier, puis placer la plante et fouler fortement la terre autour. Pendant la saison de végétation, il faut descendre les paniers deux ou trois fois par semaine, et les plonger entièrement dans un baquet d'eau afin que la motte soit entièrement trempée. De plus, les plantes doivent être seringuées matin et soir, car elles aiment beaucoup l'eau et l'ombre. Lorsque la végétation est terminée, il faut les tenir sèches; quelques seringages de temps en temps sont suffisants pour empêcher les bulbes de se flétrir.

A. Arcei, — *Fl.* jaunes. Amérique centrale, 1866.

A. Barkeri, Paxt.* *Fl.* jaunes et carmin foncé, sur des hampes fortes, partant de la base des bulbes et portant de quinze à trente fleurs odorantes. Été. *Flles* largement lancéolées, de 60 cent. de long. Pseudo-bulbes de 12 à 18 cent. de long. Mexique. 1837. Cette espèce conserve ses fleurs fraîches pendant longtemps. (P. M. B. 14, 145.)

A. chrysantha. Lindl. *Fl.* jaune, blanc et carmin, odorantes; partie inférieure du labelle pourvue d'un appendice obtus, papilleux; grappes dressées. Mai. *Haut.* 60 cent. Mexique, 1850.

A. densa, Lindl. *Fl.* jaune citron, pointillées de brun, odorantes, sub-globuleuses, de consistance cireuse; en grappes un peu courtes. Costa-Rica, 1849. Semblable à l'*A. Barkeri*. Espèce vigoureuse. (B. M. 7143.) Syn. *A. Warczewiczii*.

A. Hrubyana, — *Fl.* blanc ivoire, disposées en grappes lâches: labelle marqué de quelques taches pourpres, à lobes latéraux étroits, dressés. Nouvelle-Grenade, 1882. Belle et distincte espèce.

A. Humboldtii, Lindl.* *Fl.* jaune paille, ponctuées de brun; hampes de 60 cent. de long. Mai. *Flles* larges, lancéolées, généralement au nombre de quatre. Colombie, 1872. Belle espèce, mais dont les fleurs passent rapidement. Syn. *Anguloa superba*. (F. d. S. 10,992; Gn. 1887, 2, p. 156.)

A. H. fulva. Hort. *Fl.* jaune fauve, ponctuées de pourpre brunâtre sur toute leur surface; labelle d'un jaune plus vif, tacheté de pourpre foncé. Belle variété.

A. H. straminea, Hort. *Fl.* jaune paille clair, ne portant que quelques taches. Nouvelle-Grenade.

A. sulcata. — *Fl.* jaune vif. Colombie, 1879. Très semblable de l'*A. Humboldtii*, duquel il ne diffère que par de simples détails botaniques.

A. Warczewiczii. — Syn. de *A. densa*, Lindl.

A. Wrightii, Fras. *Fl.* jaunâtres, pointillées de pourpre; labelle à trois lobes, les latéraux blanchâtres, le terminal pourpre bordé de blanc, pubescent au milieu, à crête oblongue, brun pourpre et couvert de poils bruns. *Flles* coriaces, lancéolées, aiguës. Pseudo-bulbes ovales, marqués de deux sillons. Mexique, 1889. Syn. *Lacæna spectabilis*, Rchb. f.

ACINOS vulgaris, Pers. — V. **Calamintha acinos**, Benth.

ACIOTIS, Don. (de *akis*, pointe, et *ous*, oreille; par allusion à la forme des pétales). Syn. *Spennera*, Mart. Fam. *Mélastomacées*. — Genre renfermant vingt-neuf espèces de jolies plantes toujours vertes, de serre chaude, originaires de l'Amérique tropicale et des Antilles. On peut les cultiver en serre tempérée pendant l'hiver et en serre froide pendant l'été. Fleurs petites, à quatre pétales obliquement aristés au sommet, disposées en panicules lâches, terminales. Feuilles minces, membraneuses. Il leur faut un mélange de terre franche, de terre de bruyère et sable. Multiplication par boutures de jeunes pousses que l'on plante en pots dans de la terre de bruyère, à chaud et recouvertes de cloches.

A. aquatica, Don. *Fl.* blanches, petites, en panicules filiformes, lâches et terminales. Juin. *Flles* cordiformes, ovales, oblongues. *Haut.* 15 à 30 cent. Amérique du Sud, 1793. Tenir les pots dans des terrines pleines d'eau.

A. discolor. Don. *Fl.* petites, rouges, en grappes spiciformes. *Flles* pétiolées, elliptiques, oblongues, vert foncé, brillantes en dessus, pourpres en dessous. *Haut.* 30 cent. Iles de la Trinité, 1816.

ACIPHYLLA, Forst. (de *ake*, pointe, et *phyllon*, feuille; allusion aux segments des feuilles fortement aigus). Syn. *Gnidium*, Mueller, non Forst. Fam. *Ombellifères*. — Genre de curieuses plantes vivaces, rustiques, originaires de la Nouvelle-Zélande, à fleurs disposées en épis denses, fasciculés ou en ombelles paniculées; feuilles uni, bi ou tripinnées. Les *Aciphylla* sont très convenables pour les rocailles, il leur faut une terre légère, sableuse. Multiplication par semis, ou par divisions, au printemps.

A. Colensoi, Hook. f. *Fl.* blanches. Cette plante extraordinaire forme des buissons circulaires de 1 m. à 1 m. 50 de diamètre, garnis de fortes et longues épines; les tiges florifères atteignent de 1 m. 50 à 3 m. de haut, garnies de folioles épineuses. Nouvelle-Zélande, 1875.

A. Lyalli, Hook. f. Inflorescence longue, contractée, ombelles femelles cachées dans les gaines renflées des bractées, ombelles mâles à pédoncules rameux, étalés; bractées de l'involucre à trois folioles. Carpelles à cinq ailes. *Flles* simples, pinnées ou trifoliées, à folioles étroites, ensiformes, rigides, piquantes, de 10 à 12 cent. de long et 5 à 8 mm. de large. Nouvelle-Zélande, 1889. Plante ayant le port de l'*A. Colensoi*, mais très glabre; Buchanan la considère comme une variété de cette espèce.

A. squarrosa, Forst.* *Fl.* blanches. *Haut.* 2 à 3 m. Nouvelle-Zélande. Plante compacte, plus répandue que l'*A. Colensoi*, connue sous le nom de Plante aux baïonnettes; Angl. Bayonet Plant.

ACIS, Salibs. Réunis au **Leucoium**, Linn.

ACIS grandiflora, Sweet. — V. **Leucoium trichophyllum grandiflorum**, Hort.

ACIS rosea, Sweet. — V. **Leucoium roseum**, Lois.

ACIS trichyphylla, Sweet. — V. **Leucoium trichophyllum**, Rchb.

ACISANTHERA, P. Browne. (de *akis*, pointe, et *anthera*, anthère; les anthères sont articulées). Syn. *Urantherunda*, Ndn. Fam. *Mélastomacées*. — Genre monotypique, de serre chaude; c'est un arbuste, voisin des *Rhexia*. Il se cultive dans un mélange de terre franche, de terre de bruyère et de sable. Multiplication par boutures en serre chaude, qui s'enracinent rapidement dans le même compost.

A. quadrata, Juss. *Fl.* pourpres, ventrues, solitaires, axillaires, alternes. Juillet. *Flles* ovales, trinervées, crénelées; branches carrées. Plante dressée, rameuse au sommet. *Haut.* 30 à 45 cent. Jamaïque, 1804. Plante plus curieuse qu'ornementale.

ACMADENIA, Bart. et Wendl. (de *akme*, pointe, et *aden*, glande; par allusion aux anthères terminées par une glande pointue). Fam. *Rutacées*. — Genre renfermant quatorze espèces de beaux arbustes de serre froide, originaires de l'Afrique australe et occidentale. Fleurs terminales, solitaires ou peu nombreuses, pourvues de bractées sépaloïdes, imbriquées; pétales cinq, à long onglet, barbus à l'intérieur. Feuilles linéaires, oblongues ou arrondies, imbriquées. Ils se plaisent dans un mélange de terre de bruyère et de sable, auquel on ajoute un peu de terre franche fibreuse; un drainage parfait est nécessaire. Multiplication par boutures de jeunes rameaux, plantées en pots dans une terre très sableuse, sous cloches, ombrées et en serre froide; elles s'enracinent facilement.

A. tetragona, Bart. et Wendl. *Fl.* blanches, grandes, sessiles, solitaires. Juin. *Flles* arrondies, rhomboïdales, scabres sur les bords. *Haut.* 30 à 60 cent. Cap, 1798.

ACMELLA, Rich. Réuni aux **Spilanthes**, Linn.

ACMENA, DC. (de *Acmenæ*, nymphes de Vénus, qui avaient un autel dans l'Olympe). Fam. *Myrtacées*. — Petit genre d'arbustes toujours verts, de serre froide. Fleurs en cymes denses, trichotomes, à cinq pétales espacés et à petites baies très décoratives. Ils se plaisent dans un mélange de terre franche, de terre de bruyère et sable. Multiplication facile par boutures de bois à moitié mûr, plantées dans du sable, sous cloche et à froid.

A. floribunda, DC. *Fl.* blanches, groupées par trois en thyrse terminal. Mai à septembre. *Flles* ovales, lancéolées, acuminées aux deux extrémités, couvertes de glandes transparentes. Baies globuleuses, pourpre vif. *Haut.* 1 m. 30. Nouvelle-Hollande, 1790. (B. M. 5480.)

A. ovata, — *Flles* ovales, de couleur pourpre foncé, ainsi que les pétioles et les tiges, donnant à la plante, lorsqu'elle émet des nouvelles pousses, un aspect particulier. Bonne tenue.

ACOKANTHERA venenata, Don. — V. **Toxicophlœa Thunbergii**.

ACONIOPTERIS. — V. **Acrostichum**, Linn.

ACONIT. — V. **Aconitum**, Linn.

ACONITUM, Linn. (de *Aconæ* ou *Acone*, refuge de Héraclée, en Bithynie, près duquel l'Aconit est, dit-on, abondant). **Aconit, Char de Vénus**, etc. Angl. Aconite, Monk's Hood, Wolf's Bane. Fam. *Renonculacées*. — Grand genre de plantes vivaces, rustiques, très ornementales. Selon Bentham et Hooker, le nombre des espèces distinctes n'est que d'environ dix-huit; beaucoup des plantes ci-dessous décrites ne sont, pour certains auteurs, que des variétés. Les Aconit sont des plantes pour la plupart montagnardes, répandues sur la plus grande partie de l'Europe et de l'Asie centrale; quelques-uns seulement existent en Amérique. Fleurs très irrégulières, en épis ou en panicules terminales. Calice à cinq sépales pétaloïdes, le supérieur (*casque*) grand, en capuchon, de forme variable, à bord quelquefois acuminé (*bec*), couvrant un peu les ailes; les deux latéraux (*ailes*) larges, suborbiculaires; les deux inférieurs (*lèvre*) étroits ou oblongs. Corolle à cinq pétales, petits, les deux supérieurs renfermés dans la concavité du sépale supérieur, longuement filiformes, dilatés au sommet en une sorte de sac ou cornet nectarifère (*éperon*), de forme variable, les trois inférieurs rudimentaires. Fruits à trois ou cinq follicules libres, oblongs, pointus, renfermant chacun plusieurs graines.

Feuilles palmées, plus ou moins divisées. Les Aconits se plaisent en toute terre de jardin, mais tout particulièrement à l'ombre. Si on laisse les touffes intactes et sans les transplanter pendant plusieurs années, elles deviennent fortes et produisent de nombreux épis de belles fleurs. Ce sont des plantes précieuses pour garnir les sous-bois, où elles réussissent à merveille. Leur multiplication est des plus faciles, soit par graines, soit par division des touffes. Les graines se sèment sous châssis froid, si possible, dès qu'elles sont mûres. Lorsqu'on divise les touffes, il faut avoir soin de ne laisser aucun fragment de racines à l'abandon, car à une exception près (*A. heterophyllum?*), toutes les espèces sont fortement vénéneuses; quoique ne rappelant que bien vaguement la forme des racines de raifort, on les a quelquefois confondues, et les conséquences en ont été fatales. Il ne faut pas les cultiver dans les jardins potagers, car toutes leurs parties sont également toxiques, et pourraient par mégarde se glisser dans les légumes [1].

Section I. — Racines tuberculeuses

A. acuminatum, — *Fl.* pourpre bleuâtre; pétales à éperon capité; casque fermé, conique, acuminé à la base. Juillet. *Flles* bipinnées, à lobes cunéiformes. *Haut.* 60 cent. à 1 m. 30. Suisse, 1819.

A. album, — *Fl.* blanc pur, grandes, très abondantes, casque dressé. *Flles* vert foncé, à divisions oblongues, cunéi-

[1] Les lecteurs trouveront des planches coloriées de la plupart des espèces décrites ici, dans les ouvrages suivants :
Reichenbach. *Illustratio specierum Aconiti*. Lipsiæ, 1822-27, folio.
— *Monographia generis Aconiti*. Lipsiæ, 1820, folio.
— *Icones Floræ Germanicæ*. 6 Vol. Lipsiæ. 1831-40. folio.

formes. Août. *Haut.* 1 m. 30 à 1 m. 60. Orient, 1752. Belle et rare espèce.

A. alpinum, Mill. Syn. de *A. rostratum*, Bernh.

A. ampliflorum, Rchb. *Fl.* grandes, pourpre bleuâtre; pétales à éperon droit, obtus. Juin. *Flles* à segments obtus. *Haut.* 60 cent. à 1 m. Autriche, 1823.

A. angustifolium, Bernh. *Fl.* bleu foncé, en panicule spiciforme; pétales à éperon capité; casque hémisphérique, fermé; lèvre bifide. Juin. *Flles* palmatifides, à lobes linéaires. *Haut.* 60 cent. à 1 m. Sibérie, 1824.

A. autumnale, Rchb.* *Fl.* pourpre bleuâtre, en épis lâches, paniculés; pédicelles rigides, étalés; pétales à éperon capité; casque fermé; lèvre très longue, réfléchie. Août à octobre. *Haut.* 1 m. à 1 m. 30. Europe.

A. biflorum, Fisch. *Fl.* bleu pâle, généralement géminées, sessiles; casque déprimé à bec proéminent; ailes plus foncées, bordées de jaune, couvertes de duvet sur le côté extérieur; pétales à éperon tronqué. Juin. *Flles* inférieures longuement pétiolées, à segments linéaires. *Haut.* 15 cent. Sibérie, 1817. Espèce alpine, très rare.

A. californicum, Hort. Syn. de *A. Fischeri*, Rchb.

A. Cammarum, Linn. *Fl.* d'un beau pourpre foncé, en épis un peu lâches; pétales à éperon capité ou un peu crochu; casque fermé, hémisphérique. Juillet à septembre. *Flles* à lobes courts, obtus. *Haut.* 1 m. à 1 m. 30. Autriche, 1752. (J. F. A. 5, 524.)

A. cernuum, Wulf. *Fl.* violettes, grandes, en grappes lâches, velues, penchées; pétales à éperon capité ou un peu crochu; casque grand, arqué, mucroné. Juillet-août. *Flles* à lobes trapéziformes. Rameaux axillaires, étalés. *Haut.* 1 m. à 1 m. 30. Europe, 1800.

A. delphinifolium, DC. *Fl.* grandes, pourpre bleuâtre pâle, en panicules lâches; pétales à éperon un peu crochu; casque hémisphérique. Juin. *Flles* lisses, profondément découpées en cinq lobes. Tiges déliées. *Haut.* 15 à 60 cent. Amérique du Nord, 1820. Espèce alpine, rare.

A. dissectum, Tausch. Cette plante a beaucoup d'affinités avec l'*A. Napellus*, Linn., mais elle est plus velue; la principale différence existe dans le casque qui est plus étroit. Himalaya, 1885. (R. G., 1886, p. 225, f. 16.)

A. elatum, Mey. *Fl.* bleues, très grandes, en épis lâches, paniculés; pédoncules pubescents; pétales à éperon capité, penché. Juin. *Flles* à segments linéaires, aigus. *Haut.* 1 m. à 1 m. 30. Europe, 1822.

A. eminens, Koch. *Fl.* bleues, à pédoncules pubescents, étalés; pétales à éperon capité; casque fermé; lèvre très longue, réfléchie. Juin. *Flles* bipalmatiséquées, à lobes cunéiformes. *Haut.* 60 cent. à 1 m. 30. Europe, 1800.

A. eriostemon, DC. *Fl.* pourpre bleuâtre, disposées en longs épis étalés, puis redressés; pétales à éperon capité; casque fermé, arqué. Juin. *Flles* bipalmatiséquées, à lobes cunéiformes. *Haut.* 1 m. 30. Suisse, 1821.

A. exaltatum, Bernh. *Fl.* bleues, en panicules lâches, à rameaux raides, ascendants; pétales à éperon capité, un peu crochu; casque conique, à bec allongé. Juillet. *Flles* palmatiséquées, à lobes trapéziformes. *Haut.* 1 m. 50. Pyrénées, 1819. Syn. *A. hamatum*, Hort.

A. Fischeri, Rchb. *Fl.* violettes, pubérulentes, en grappes simples, multiflores; pédicelles assez longs, munis de deux bractéoles; pétales à éperon retourné en arrière; casque droit, arrondi au sommet, un peu rétréci au milieu, à bec rostré. *Flles* caulinaires pétiolées, tripartites, à segments cunéiformes, trifides, incisés, lobés. Belle espèce rustique, voisine de l'*A. Fortunei* dont elle diffère principalement par son casque plus long et non semi-circulaire, ainsi que par son port et par sa végétation plus vigoureuse. Asie, Japon, Amérique du Nord. (B. M. 7130.) Syn. *A. californicum*, Hort.

A. flaccidum, Rchb. *Fl.* grandes, violet pâle, à pédoncules étalés, en panicules rameuses; pétales à éperon crochu au sommet; casque haut, arqué, penché en avant, ouvert. Juillet-août. *Flles* multifides ciliées (ainsi que les pétioles) lorsqu'elles sont jeunes. *Haut.* 1 m. 50. Sibérie, 1822.

A. gibbosum, DC. Syn. de *A. nasutum*. Fisch.

A. Gmelini, Rchb. *Fl.* jaune crème, de moyenne grandeur, en longues panicules lâches; pétales à éperon droit, obtus; casque à sommet cylindrique, arrondi. Juillet. *Flles* longuement pédonculées, brillantes en dessus, velues en dessous, à lobes divisés en segments linéaires. *Haut.* 60 cent. Sibérie, 1817. Syn. *A. nitidum*, Fisch.

A. gracile, Rchb.* *Fl.* grandes, bleues ou violet pâle, en panicules lâches; pétales à éperon dressé, en massue et crochu; casque petit, droit, acuminé. Juin. *Flles* lisses, palmatiséquées, à lobes trapéziformes. Tiges minces. *Haut.* 60 cent. Italie, Suisse, 1821.

A. Halleri, Rchb.* *Fl.* violet foncé, en épis lâches, allongés, pourvus de quelques rameaux latéraux ascendants; pétales à éperon capité; casque convexe, hémisphérique, ouvert. Juin. *Flles* à lobes linéaires, très longs. Tiges dressées, allongées, rameuses. *Haut.* 1 m. 30 à 2 m. Suisse, 1821.

A. H. bicolor, Hort.* *Fl.* blanches, panachées de bleu, disposées en épis ou panicules. Juin.

A. hamatum, Rchb. Syn. de *A. variegatum*, Linn.

A. hamatum, Hort. Syn. de *A. exaltatum*, Bernh.

A. hebegynum, DC. Syn. de *A. paniculatum*, Lamk.

A. hebegynum, Hort. Syn. de *A. variegatum bicolor*, Hort.

A. heterophyllum, Wall. *Fl.* jaune pâle et bleu foncé en avant, grandes, nombreuses, en épis denses. Août. *Flles* inférieures pétiolées, les supérieures sessiles, vert foncé, largement cordiformes, à bords grossièrement dentés. *Haut.* 60 cent. Himalaya, 1874. D'introduction récente, on le dit non vénéneux et employé dans les Indes comme tonique.

A. illinitum, Rchb. *Fl.* grandes, violet pâle ou foncé, en panicules rameuses, très lâches; pétales à éperon épais, allongé, courtement acuminé; casque sub-conique, à bec obtus. Juillet. *Flles* à lobes cunéiformes, lobules obtus. *Haut.* 1 m. 30, 1821.

A. intermedium, DC. *Fl.* bleues, en panicules lâches, à rameaux raides, ascendants; pétales à éperon couché, un peu crochu, casque arqué. Juin. *Flles* palmatiséquées, à lobes trapéziformes. *Haut.* 1 m. à 1 m.30. Alpes d'Europe, 1820. Syn. *A. Stœrkianum*, Rchb. (L. B. C. 1991.)

A. japonicum, DC.* *Fl.* rose chair, en panicules un peu lâches, à rameaux ascendants; pétales à éperon épais incliné; casque exactement conique, brusquement terminé par une pointe courte; bec droit, aigu. Juillet à septembre. *Flles* pédonculées, trifides, à lobes latéraux, bifides, le médian trifide, tous obtus et profondément dentés. Tiges arrondies, glabres. *Haut.* 1 m. 50. Japon, 1790. Une des meilleures espèces.

A. j. cœruleum, Hort. *Fl.* bleues. Japon. (A. V. F. 31.)

A. laciniosum, Schleich. *Fl.* bleu pâle, ou blanches à la base, grandes, en grappes un peu contractées; pétales à éperon en massue, crochu; casque conique, arqué. Juin. *Flles* laciniées, à lobes pinnatifides, trapéziformes. *Haut.* 1 m. Suisse, 1820.

A. lycoctonum, Linn.* Tue-loup Angl.; **True Wolf's Bane**. —*Fl.* jaune soufre, assez grandes, en grappes rameuses à la base, plus ou moins pubescentes; pétales à éperon grêle en spirale; casque cylindrique à bec allongé. Juillet. *Flles* grandes, découpées en sept segments, les radicales longuement pétiolées. Tiges fortes, simples, anguleuses, dressées. *Haut.* 1 m. 30 à 1 m. 50. Europe, 1596. (J. F. A. 4, 380; F. D. 1, 123.)

A. maximum, Pall. *Fl.* bleu pâle, en panicules lâches, pourvues de quelques rameaux écartés, pauciflores; rameaux pubescents; pétales à éperon court, incurvé; casque conico-hémisphérique, obtus. Juillet. *Flles* grandes, lisses, à segments multifides. *Haut.* 2 m. Kamtschatka, 1823.

A. meloctonum, Rchb. *Fl.* blanc crème, pubescentes, en panicules lâches, à rameaux divergents; pétales à éperon arqué; casque conico-cylindrique. Juillet. *Flles* vert foncé, à cinq, sept segments. *Haut.* 60 cent. à 1 m. 30. Piémont, 1821.

A. Meyeri, Rchb. *Fl.* pourpre bleuâtre, à pédoncules pubescents; pétales à éperon capité, penché. Juin. *Flles* bipinnatiséquées, à segments cunéiformes. *Haut.* 60 cent. à 1 m. 30. Bavière, 1823.

A. molle, Rchb. *Fl.* grandes, violettes, pubérulentes; en grappes paniculées, pubescentes, pétales à éperon capité, ou un peu crochu; casque irrégulièrement conique, obtus, dressé sur le devant. Juin. *Flles* glabres, pinnatiséquées, à lobes trapéziformes. *Haut.* 60 cent. à 2 m. 1820.

Fig. 40. — ACONITUM NAPELLUS. Fleur entière et disséquée montrant les deux pétales éperonnés.

A. Napellus, Linn*. Napel, Char de Vénus, Casque de Jupiter; ANGL. Common Monk's Hood. *Fl.* bleues, grandes, en épi terminal, long et serré; pédoncules dressés, pubescents; pétales à éperon capité, un peu crochu; casque convexe-hémisphérique, ouvert, lisse; lèvre réfléchie. Eté. *Flles* luisantes, palmatiséquées, incisées, dentées. *Haut.* 1 m. à 1 m. 30. Europe, France, etc. Il existe un grand nombre de variétés de cette espèce, cultivées dans les

Fig. 41. — ACONITUM NAPELLUS.

jardins. Les noms suivants ont été donnés à des formes légèrement différentes du type, qui ont cependant été considérées comme des espèces par Reichenbach et d'autres auteurs : *acutum*, Rchb. ; *amœnum*, Rchb.; *Bernhardianum*, Rchb.; *Brauni*, Rchb.; *callibotryon*, Rchb.; *Clusianum*, Rchb.; *commutatum*, Rchb.; *firmum*, Rchb.; *formosum*, Rchb.; *Funkianum*, Rchb.; *hians*, Rchb.; *Hoppeanum*, Rchb.; *Kœleri*, Rchb.; *lætum*, Rchb.; *laxiflorum*, Schl ; *laxum*, Rchb.; *Mielichhoferi*, Rchb.; *napelloides*, Sw.; *neomontanum*, Thouin; *neubergense*, DC.; *oligocarpus*, Rchb.; *rigidum*, Rchb.; *strictum*, Bernh.; *tenuifolium*, Schleich.; *venustum*, Rchb.; *virgatum*, Rchb. C'est une de nos plantes les plus vénéneuses, son poison est mortel pour les hommes et pour les animaux; bien que des plus ornementales, il ne faut la planter que dans les endroits où elle est hors de portée des enfants et des animaux. (J. F. A. 5, 381.)

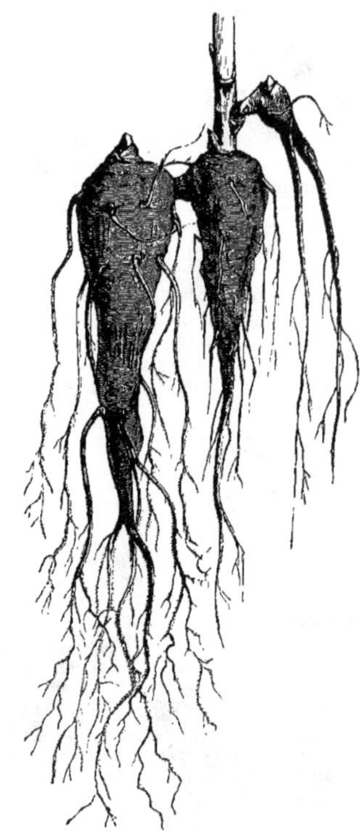

Fig. 42. — ACONITUM NAPELLUS. Racines napiformes.

A. nasutum, Fisch. *Fl.* violettes, en panicules contractées, à rameaux très glabres; pétales à éperon allongé, arqué; casque conique, penché en avant, à bec court. Juin. *Flles* palmatiséquées, à lobes larges, trapéziformes. *Haut.* 1 m. Caucase, etc., 1818. Syn. *A. Gibbosum*, DC.

A. nitidum, Fisch. Syn. de *A. Gmelini*, Rchb.

A. Ottonianum, Rchb.* *Fl.* bleues, panachées de blanc, à pédoncules penchés dans leur jeune âge; pétales à éperon allongé, arqué; casque conique, penché en avant, à bec court. Juillet-août. *Flles* palmatiséquées, à lobes trapéziformes. *Haut.* 60 cent. à 1 m. 30. Monts Carpathes, 1824.

A. paniculatum, Lamk.* *Fl.* grandes, bleu pourpré, en panicules terminales, très rameuses, lâches ou contractées, plus ou moins pubescentes; pétales à éperon épais, recourbé; casque conique, à bec incliné. Juin à septembre. *Flles* lisses, palmatiséquées, à lobes trapéziformes. *Haut.* 80 cent. à 1 m. 20. France, Suisse, 1815. Syn. *A. hebegynum*, DC. (L. B. C. 810.)

A. plicatum, Kœll. Syn. de *A. tauricum*, Wulf.

A. productum, DC. *Fl.* bleues, duveteuses, en grappes

lâches, pauciflores, pubescentes; casque droit, irrégulièrement conico-convexe, à bec proéminent; pétales à éperon capité. Juin. *Flles* longuement pédonculées, à lobes tripartites. *Haut.* 30 cent. Sibérie, 1801.

A. rostratum, Bernh.* *Fl.* violettes, en panicules presque lâches; pétales à éperon épais, spiralé; casque conique, allongé en avant, courtement acuminé, à bec allongé. Juin. *Flles* palmatiséquées, à lobes trapéziformes. *Haut.* 50 à 60 cent. Suisse, 1752. Syn. *A. alpinum,* Mill. (L. B. C. 203.)

A. Schleicheri, Rchb. *Fl.* bleues ou violettes, moyennes, en grappes courtes; pétales à éperon capité; casque convexe, hémisphérique, lisse, ouvert. Été. *Flles* à lobes finement laciniés. Tiges simples, droites, grêles. *Haut.* 60 cent. à 1 m. Europe. Syn. *A. vulgare,* DC.

A. semigaleatum, Pall. *Fl.* bleu pâle, pubescentes en boutons, à pédoncules allongés; disposées en grappes très lâches; pétales à éperon crochu; casque convexe, naviculaire. Juin. *Flles* peu nombreuses, lisses, membraneuses, multifides; tubercule environ de la forme et de la grosseur d'un pois. *Haut.* 15 à 60 cent. Kamtschatka, 1818.

A. Sprengelii, Rchb. *Fl.* pourpre bleuâtre; pétales à éperon droit, obtus. Juin. *Flles* bipalmatiséquées, à segments obtus. *Haut.* 1 m. à 1 m. 30. Europe, 1820.

A. Sterkianum, Rchb. Syn. de *A. intermedium,* DC.

A. tauricum, Wulff. * *Fl.* bleu foncé, disposées en grappes denses; pédoncules dressés, glabres; sépales latéraux lisses à l'intérieur; pétales à éperon obtus; casque hémisphérique, fermé. Juin. *Flles* à segments presque pédalés, et divisés en lobes linéaires, acuminés. *Haut.* 1 m. à 1 m. 30. Allemagne, 1752. Syn. *A. plicatum,* Kœll.

A. tortuosum, Willd. *Fl.* grandes, violet pâle ou foncé, disposées en panicule lâche, pauciflore; pétales à éperon épais, allongé, géniculé (ni arqué, ni roulé), casque subconique, renflé. Juillet. *Flles* glabres, à lobes étroits cunéiformes, divisés en lobules aigus. *Haut.* 2 m. à 2 m. 50. Amérique du Nord, 1812.

A. toxicum, Rchb. *Fl.* violettes, grandes, en grappes lâches, pubescentes, ainsi que les pédoncules; pétales à éperon crochu; casque grand, arqué, à bec obtus. Juin. *Flles* lisses, palmatiséquées, à lobes trapéziformes. Tige flexueuse, presque simple. *Haut.* 60 cent. Transylvanie.

A. uncinatum, Linn. * *Fl.* généralement lilas, grandes lisses, en grappes lâches, presque ombelliformes au sommet, très rarement paniculées; pétales à éperon spiralé, penché; casque exactement conique, comprimé. Juillet. *Flles* palmatiséquées, à lobes trapéziformes. Tiges rameuses. *Haut.* 1 m. 30. Amérique du Nord, 1768. (B. M. 1119.)

Fig. 43. — ACONITUM VARIEGATUM BICOLOR.

A. variegatum, Linn. * *Fl.* bleues, grandes, lisses; en grappes lâches, paniculées; pétales à éperon dressé, court, crochu; casque incliné, conique, ouvert, à bec ascendant Juillet. *Flles* longuement pétiolées; les supérieures sessiles, profondément divisées, luisantes, un peu coriaces. *Haut.* 30 cent. à 2 m. Europe, 1597. Syn. *A. hamatum,* Rchb.

A. v. albiflorum, Hort. * *Fl.* blanches, petites; casque droit.

A. v. bicolor, Hort. * *Fl.* blanches, bordées de bleu ou de lilas; casque droit. C'est la plante connue dans les jardins sous le nom d'*A. hebegynum,* Hort.

A. vulgare, DC. Syn. de *A. Schleicheri,* Rchb.

A. Willdenowii, Rchb. * *Fl.* pourpre bleuâtre, à pédoncules pubescents; éperon droit, obtus. Juin. *Flles* à segments obtus. *Haut.* 60 cent. à 1 m. Carniolie, 1823.

Section II. — RACINES FIBREUSES

A. Anthora, Linn. * Maclou. — *Fl.* jaune pâle; en grappes serrées, paniculées; à divisions pubescentes, persistantes après la floraison, pétales à éperon épais, recourbé; casque dressé, arrondi et réfléchi au sommet, prolongé en bec aigu, lèvre obcordée. Juillet. Capsules cinq, velues. *Flles* palmatiséquées, à segments linéaires. *Haut.* 30 à 60 cent. Europe, 1596. (J. F. A. 4, 382; B. M. 2654.) Les variétés suivantes ont été, à tort, considérées comme des espèces par quelques auteurs.

Fig. 44. — ACONITUM ANTHORA.

A. A. Decandollei, Rchb. *Fl.* jaunes, pubescentes, ainsi que les rameaux de la panicule; casque presque conique, incliné, à bec court, brusquement acuminé. *Flles* à lobes larges, vert foncé. Alpes du Jura, 1873.

A. A. eulophum, Rchb. *Fl.* jaunes, pubérulentes, ainsi que les rameaux; casque conique, incliné. Caucase, 1821.

A. A. grandiflorum, Rchb. *Fl.* jaunes, grandes, pubescentes, ainsi que la panicule et les fruits; casque presque conique. Alpes du Jura.

A. A. Jacquinii, Rchb. *Fl.* jaunes, glabres; casque subconique, à bec allongé. Autriche, Pyrénées, 1800.

A. A. nemorosum, Bieb. *Fl.* jaunes, pubescentes, ainsi que les rameaux de la panicule; casque subconique, incliné; bec court. *Flles* à lobes larges.

A. barbatum, Patr. * *Fl.* bleu mêlé de jaune, de grandeur moyenne, pubérulentes, disposées en grappes denses, éperon droit, obtus, très court; casque conique au sommet; ailes fortement barbues. Juillet. *Flles* longuement pédonculées, épaisses, à lobes divisés en nombreux segments linéaires, velues ainsi que les nervures. *Haut.* 60 cent. à 2 m. Sibérie, 1807. Syn. *A. squarrosum,* Linn.

A. chinense, Fisch. * *Fl.* bleu vif très intense, disposées en grandes grappes composées; pédicelles légèrement velus. Été. *Flles* inférieures grandes, profondément découpées en trois segments cunéiformes; les caulinaires sessiles, de plus en plus entières à mesure qu'elles se rapprochent du sommet. *Haut.* 1 m. 30 à 2 m. Chine, 1833. (B. M. 3852.)

A. grandiflorum, Ser. Syn. de *A. vulparia*, Rchb.

A. Lamarkii, Rchb. *Fl.* jaune crème, pubescentes; en longues grappes cylindriques, compactes, rameuses à la base; pétales à éperon spiralé; casque rétréci au milieu, en massue au sommet. Juillet. *Flles* grandes, divisées en sept ou neuf lobes inégalement découpés. *Haut.* 60 cent. à 1 m. Pyrénées, 1800.

A. lucipida, Rchb. Syn. de *A. Vulparia*, Rchb.

A. macrophyllum, Hort. *Fl.* jaunes, nombreuses, paniculées; pétales à éperon arqué; casque grand, ventru au sommet. Juillet. *Flles* grandes plus ou moins disséquées. *Haut.* 1m,30 à 2m,50. Allemagne.

A. ochroleucum, Willd. *Fl.* nombreuses, jaune crème, grandes, en épis ou en panicules pubérulents; pétales à éperon grêle, courbé au sommet; casque allongé, cylindro-conique. Juillet. *Flles* à cinq, sept lobes profonds, vert foncé, pubescentes en dessus. *Haut.* 60 cent. à 1 m. 20. Caucase, 1794. Syn. *A. Album*, Ait. (B. M. 2570.)

A. Pallasii, Rchb. Probablement une simple variété de l'*A. Anthora*, à éperon droit.

A. pyrenaicum, Lamk. * *Fl.* jaunes, assez grandes, disposées en panicules; pétales à éperon en spirale lâche, casque cylindro-conique, comprimé. Juin. *Flles* amples, longuement pédonculées, presque palmatiséquées, à lobes divisés, velues en dessous, ainsi que toute la plante, mais glabres en dessus. *Haut.* 60 cent. Pyrénées, etc., 1739.

A. squarrosum, Linn. Syn. de *A. barbatum*, Patr.

A. vulparia, Rchb. * *Fl.* jaune pâle, assez grandes, en panicule compacte, pétales à éperon spiralé; casque un peu grand, renflé au sommet, à bec allongé, aigu. Juillet. *Flles* ciliées, à trois ou cinq lobes. *Haut.* 30 cent. à 1 m. Europe, 1821. Syn. *A. Lucipida*, Rchb.; *A. grandiflorum*, Ser.

A. v. carpaticum, — *Fl.* pourpre livide, quelquefois panachées de jaune; casque cylindro-conique, comprimé; pédoncules glabres ainsi que les tiges. *Flles* profondément découpées. *Haut.* 60 cent. à 1 m. Monts Carpathes, 1810.

A. v. Cynoctonum, — *Fl.* jaunes ainsi que les tiges, glabrescentes, nombreuses, paniculées. *Haut.* 1 m. à 1 m. 30. France, 1820.

A. v. moldavicum, — *Fl.* violettes, paniculées; casque cylindrique, comprimé. *Haut.* 1 m. à 1 m. 30. Moldavie.

A. v. rubicundum, — *Fl.* violet livide, panachés de jaune velues, paniculées; casque cylindro-conique, comprimé. *Haut.* 60 cent. à 1 m. Sibérie, 1819.

A. v. septentrionale,* *Fl.* bleues, velues, paniculées; casque cylindro-conique, comprimé. *Haut.* 1 m. 30, Danemarck, 1821.

ACONTIAS, Schott. — V. **Xanthosoma,** Schott.

ACORUS, Linn. (de *a* privatif et *kore*, pupille de l'œil; par allusion aux propriétés médicinales qu'on lui accorde). Fam. *Aroïdées*. — Petit genre de plantes herbacées, rustiques. Fleurs sessiles, disposées en spadice; périanthe à six divisions infères, persistantes. Spathe nulle. Ce sont des plantes des lieux humides ou inondés, très convenables pour garnir le bord des pièces d'eau et de préférence les lacs ou bassins peu profonds. Multiplication facile par division des touffes au printemps.

A. Calamus, Linn. * Acore vrai. Roseau odorant, Angl. Sweet flag. — *Fl.* jaunâtres, petites, disposées en spadice cylindrique, rigide, de 10 à 15 cent. de long, sortant sur le côté d'une tige foliacée, dont le sommet le dépasse beaucoup. Eté. *Flles* rubanées, dressées, striées, de 1 m. de haut. Tiges souterraines, horizontales, épaisses, arrondies, très odorantes. Originaire de l'Inde, mais naturalisé en Europe. Sa variété à feuilles rubanées de jaune est plus ornementale. (F. D. 7, 1158.)

Partie d'inflorescence.

Fleur détachée, grossie.

Fig. 45. — Acorus Calamus.

A. gramineus, Ait. Chine, 1796. Cette espèce est beaucoup plus petite dans toutes ses parties que la précédente, mais cependant très jolie.

A. g. variegatus, Hort. Belle variété dont les feuilles striées de blanc forment des petites touffes.

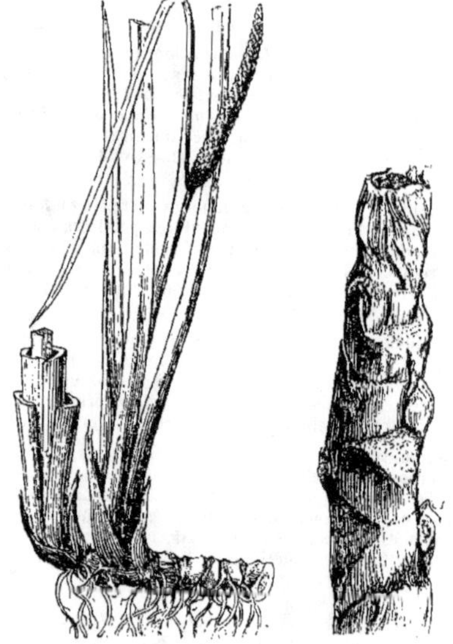

Fig. 46. — Acorus Calamus. Rhizome.

ACOTYLÉDONES, Juss. — Nom d'une des trois grandes divisions du règne végétal. Les plantes qu'elle renferme sont dépourvues de cotylédons ou feuilles séminales et leurs fleurs ne sont pas apparentes. Elle correspond à la *Cryptogamie* de Linné, aux *Acrogènes* de Lindley, aux *Cellulaires* de De Candolle; les Fougères, les Mousses, les Champignons en sont des représentants. (S. M.)

ACRADENIA, Kipp. (de *akra*, sommet, et *aden*, glande; par allusion aux cinq glandes du sommet de l'ovaire). Fam. *Rutacées*. — Genre monotypique dont la seule espèce connue est un beau petit arbuste toujours vert, compact, convenable pour la garniture des serres froides. Il exige un mélange de bonne terre franche et de terreau de feuille. Multiplication par graines et par boutures sous cloche.

A. Frankliniæ, Kipp. — * *Fl.* blanches, en bouquets terminaux très nombreux. Août. *Flles* trifoliées, opposées, pourvues de glandes odorantes. *Haut.* 2 m. Tasmanie, 1845.

ACRE. — V. **Acorbe.**

ACRE (de *agros*, champ). — Mesure agraire usitée autrefois en France et valant environ 52 ares, mais variant d'un pays à l'autre, comme le fait encore l'*acre anglais*. Les statuts anglais lui reconnaissent 160 *square rods* (le square rod équivaut à 25 m. carr. 29) ou 4,840 *square yards* (le square yard équivaut à 0 m. carr. 8361), ou 43560 *square foot* (le square foot équivaut à 0 m. carr. 0929.)

ACRIDIENS. — V. **Sauterelles.**

ACRIDOCARPUS, Guill. et Perrott. (de *akris*, locuste, et *karpos*, fruit; signification obscure). Syn. *Anomalopteris*, G. Don., Fam. *Malpighiacées*. — Genre renfermant, d'après Bentham et Hooker, quatorze espèces, originaires de l'Afrique tropicale et australe, de l'Arabie et de Madagascar. Ce sont de beaux arbustes grimpants, de serre chaude, ayant besoin de beaucoup d'eau et d'être parfaitement drainés. Multiplication par graines importées et par boutures faites à chaud.

A. natalitius, Juss. * *Fl.* jaune pâle; pétales cinq, cunéiformes, arrondis et crénelés au sommet; disposées en grappe simple, terminale, allongée. Juillet. *Flles* oblongues ou obovales, obtuses, coriaces. Natal, 1867.

ACRIOPSIS, Reinw. (de *akros*, sommet, et *opsis*, œil). Fam. *Orchidées*. — Petit genre renfermant trois ou quatre espèces originaires de Burma et de l'Archipel Malais. Ce sont de jolies orchidées épiphytes de serre chaude, du groupe des Vanda, presque inconnues en culture. Fleurs petites, disposées en panicule lâche, labelle soudé à la colonne qui est très curieuse, et de laquelle il part à angle presque droit.

A. densiflora, * *Fl.* vert et rose. Mai. *Flles* linéaires, lancéolées. *Haut.* 15 cent. Bornéo, 1845.

A. javanica, Reinw.* *Fl.* jaune et vert. Mai. *Flles* linéaires, lancéolées. *Haut.* 12 cent. Java, 1840.

A. picta.* — *Fl.* blanc, vert et pourpre. Mai. *Flles* solitaires, linéaires. *Haut.* 15 cent. Bantam (Java), 1843.

ACROCLINIUM, A. Gray. (de *akros*, sommet, et *kline*, lit; allusion à la forme du réceptacle). Ce petit genre est réuni aux *Helipterum*, DC. par Bentham et Hooker. (Nous le maintenons ici pour son emploi horticole.) Fam. *Composées*. — Plantes élégantes, annuelles, demi-rustiques à fleurs en capitules scarieux (comme ceux des Immortelles), solitaires, terminaux, composés d'un grand nombre de ligules papyracées, entourant un disque jaune composé de fleurons tubuleux. Feuilles nombreuses, éparses, linéaires, acuminées, lisses. Tiges nombreuses, simples, dressées. Les *Acroclinium* poussent bien en pleine terre; pendant la belle saison, on peut en former des touffes ou en garnir les massifs. Le semis peut se faire sur couche au printemps, si on désire les avoir en fleurs de bonne heure, ou en place en mai. On peut aussi les semer en pots, en août, sous châssis froid et les rentrer à l'automne pour garnir les serres. Si on désire conserver les fleurs pour la confection des bouquets secs, il faut avoir soin de les récolter avant la floraison et les faire sécher à l'ombre, en petites bottes.

A. roseum, Hook.* *Fl.* roses, en jolis capitules solitaires au sommet de longues tiges flexibles, partant de la base. *Flles* linéaires, éparses, aiguës. *Haut.* 30 à 60 cent. Sud-ouest de l'Australie, 1854. (B. M. 4801; F. d. S. 9, 963; B. H. 5, 7.)

Fig. 17. — Acroclinium roseum flore pleno.

A. r. album, Hort. Jolie variété à fleurs blanches.

A. r. album flore pleno. Hort. Les fleurs également blanches et presque pleines de cette variété ne laissent pas voir le cœur jaune; elles sont par cela précieuses pour tous usages.

A. r. grandiflorum, Hort. Capitules roses, plus gros que ceux du type.

ACROCOMIA, Mart. (de *akros*, sommet, et *kome*, touffe; par allusion à la position des feuilles). Fam. *Palmiers*. — Genre de palmiers originaires de l'Amérique du Sud, comprenant environ onze espèces, peu faciles à distinguer, mais ayant les caractères généraux suivants: tronc de 6 à 15 m. de haut, ordinairement couvert de longues épines. Leurs fleurs qui se développent à l'aisselle des feuilles inférieures sont verdâtres ou jaunes et leurs drupes sont jaunes. Feuilles pinnées, portant de soixante-dix à quatre-vingts folioles de chaque côté du rachis. Il leur faut la serre chaude et une terre franche, sableuse et fertile. Multiplication par drageons. Deux espèces seulement sont généralement cultivées dans les serres.

A. aculeata, Lodd. *Haut.* 12 m. Indes occidentales, 1791.

A. fusiformis, Sweet. *Haut.* 12 m. Iles de la Trinité, 1731.

A. globosa, Lodd. *Haut.* 6 m. Saint-Vincent, 1824.

A. horrida, Lodd. *Haut.* 10 m. Iles de la Trinité, 1820.

A. lasiospatha, Mart. *Flles* pendantes. Tronc d'environ 12 m. de haut, lisse et annelé. Para, 1816.

A. sclerocarpa, Mart.* Espèce très élégante, dont la tête est composée de feuilles étalées, pinnées, à rachis et pétioles épineux, folioles linéaires, insensiblement acuminées, glauques en dessous, d'environ 30 cent. de long. *Haut.* 12 m. Indes occidentales, 1731. Syn. *Cocos fusiformis*, Sweet.

A. tenuifolia, Lodd. *Haut.* 10 m. Brésil, 1834.

ACROGÈNES. — Lindley a proposé d'appeler ainsi la grande division des *Acotylédones* de Jussieu; cependant, ce mot ne s'applique exactement qu'aux plantes dont l'accroissement ne s'opère que par l'allongement du sommet, sans qu'il y ait modification du tissu déjà formé.

ACRONYCHIA, Forst. (de *akron*, touffe, et *onux*, griffe, par rapport à la pointe recourbée des pétales). Syn. *Cyminosma*, Gœrtn. et *Jambolifera*, Linn. Fam. *Rutacées*. — Ce genre renferme seize espèces, originaires de l'Asie tropicale, des îles de l'océan Pacifique et de l'Australie. Arbustes toujours verts, de serre froide, à port de *Ruta*. Pétales et sépales, quatre, étamines, huit, insérées sur un disque; fruits bacciformes. Traitement des plantes de serre froide. Multiplication par boutures que l'on fait en juillet, dans du sable et sous cloches.

A. Cunninghami, Hook.* *Fl.* blanches, en bouquets, semblables à celles de l'oranger, délicieusement parfumées. Juillet. *Haut.* 2 m. Moreton Bay, 1838. (B. M. 3994.)

ACROPERA, Lindl. — V. **Gongora**, Ruiz. et Pav.

ACROPHORUS, Moore. — V. **Davallia**, Smith.

ACROPHORUS hispidus, Moore. — Syn. **Davallia Novæ-Zelandiæ**, Colenso.

ACROPHYLLUM, Benth. (de *akros*, sommet, et *phyllon*, feuille; par allusion à l'insertion des feuilles, au sommet des branches, et au-dessus des fleurs). Syn. *Calycomis*, Don. Fam. *Cunoniacées*. — Beaux petits arbustes de serre froide, dressés, toujours verts, fleurissant abondamment au printemps. Il leur faut un mélange de terre de bruyère, de terre franche en petite quantité et de sable; un drainage parfait et une exposition aérée. Ne leur fournir que le moins de chaleur possible, afin de les conserver en bon état. Le rempotage doit se faire en février. Multiplication par boutures de bois à moitié mûr, qui s'enracinent facilement lorsqu'on les plante dans du sable et de la terre de bruyère, en serre froide et sous cloche. Il ne faut jamais les laisser souffrir de la soif, et des seringages légers pendant l'été aideront à les préserver des thrips.

A. verticillatum, — Syn. de *A. venosum*, Benth.

A. venosum, Benth.* *Fl.* blanc rosé, en épis axillaires, compacts, poussant au sommet des tiges et des rameaux latéraux. Mai et juin. *Flles* presque sessiles, oblongues, cordiformes, aiguës, dentées, verticillées par trois. *Haut.* 2 m. Nouvelle-Galles du Sud. Syn. *A. verticillatum*.

ACOPTERIS, Link. — V. **Asplenium**, Linn.

ACROSSANTHES, Presl. — V. **Vismia**, Vell.

ACROSTICHUM, Linn. (de *akros*, sommet, et *stichos*, famille; signification très obscure). Fam. *Fougères*. — Ce genre comprend les *Aconiopteris*, Presl.; *Chrysodium*, Fée; *Egenolfia*, Schott.; *Elaphoglossum*, Schott.; *Gymnopteris*, Bernh.; *Hymenolepis*, Kaulf.; *Jenkinsia*, *Leptochilus*, *Macroplethus*, *Microstaphylla*, *Olfersia*, Raddi.; *Photinopteris*, J. Sm.; *Pœcilopteris*, *Polybotrya*, Humb., Bonpl. et Kunth.; *Rhipidopteris*, Schott.; *Soromanes*, Fée; *Stenochlæna*, J. Sm.; *Stenosemia*, Presl.; *Teratophyllum*. — Grand genre comprenant plus de cent quatre-vingts espèces, presque toutes tropicales; renfermant des groupes chez lesquels la nervation et la découpure des feuilles sont très différentes. Les sores sont répartis sur toute la surface inférieure des frondes ou des pinnules supérieures et quelquefois sur les deux faces. Les espèces de ce genre ont les frondes allongées; elles sont admirablement adaptées à la culture en paniers suspendus, et les plus petites sont propres à la garniture des petites serres vitrées d'appartement. Il leur faut un compost de terre de bruyère, de sphagnum haché et de sable. Pour leur culture générale, V. **Fougères**.

A. acuminatum, Hook.* *Rhiz.* épais, grimpant. *Pétioles* de 10 à 15 cent. de long, dressés, écailleux sur toute leur longueur. *Frondes stériles* de 30 à 60 cent. de long, et 30 cent. ou plus de large, deltoïdes, bipinnées; pinnules supérieures oblongues, lancéolées, légèrement lobées, tronquées à la base, sur le côté inférieur, de 5 à 8 cent. de long et 2 à 2 cent. 1/2 de large; pinnules inférieures de 15 à 20 cent. de long et 10 à 12 cent. de large, portant plusieurs petits lobes de chaque côté; vert tendre et de consistance ferme. *Frondes fertiles* de 30 cent. de long, deltoïdes, tripinnées. Brésil. Serre chaude. Syn. *Polybotrya acuminata*.

A. alienum, Swartz. *Rhiz.* ligneux. *Pétioles* de 15 à 45 cent. de long, écailleux à la base. *Frondes stériles* de 30 à 60 cent. de long, et souvent 30 cent. de large, profondément pinnatifides dans leur partie supérieure, à lobes lancéolés; pinnées dans leur partie inférieure, à lobes inférieurs entiers ou profondément pinnatifides. *Frondes fertiles* beaucoup plus petites, à pinnules espacées, étroites, linéaires, ou pinnatifides. Amérique tropicale. Serre chaude. Syn. *Gymnopteris aliena*.

A. apiifolium, Hook.* *Tige* grosse, ligneuse, dressée. *Pétioles* des frondes stériles de 5 à 8 cent. de long, dressés, couverts d'un tomentum dense. *Frondes stériles* de 10 à 15 cent. en tous sens, deltoïdes, tripinnées; pinnules rapprochées, la paire inférieure seule à lobes pinnatifides, les dernières divisions oblongues, rhomboïdales, de 6 à 10 mm. de long, cunéiformes à la base, côté extérieur légèrement denté. *Frondes fertiles* à pétiole grêle, nu, de 15 à 20 cent. de long, frondes paniculées, pourvues de quelques ramifications grêles espacées, simples ou rameuses. Iles Philippines, 1862. Serre chaude. Syn. *Polybotrya apiifolia*.

A. apodum, Kaulf.* *Tige* épaisse, ligneuse, à écailles denses, linéaires, brunes, crispées. *Pétioles* en touffes, très courts ou nuls. *Frondes stériles* de 30 cent. ou plus de long et 4 à 10 cent. de large, acuminées au sommet, graduellement rétrécies dans leur partie inférieure, pourvues sur le bord et sur la nervure médiane de poils doux, bruns et courts. *Frondes fertiles* beaucoup plus petites que les stériles. Indes occidentales, Pérou, 1824. Serre chaude. Syn. *Elaphoglossum apodum*.

A. appendiculatum, Willd.* *Rhiz.* ferme, ligneux. *Pétioles* de 8 à 15 cent. de long, dressés, nus ou légèrement écailleux. *Frondes stériles* de 15 à 45 cent. de long et 10 à 20 cent. de large, simplement pinnées; pinnules de 5 à 10 cent. de long et 1 cent. de large, dont le bord varie de sub-entier à découpé jusqu'au milieu en lobes obtus; le côté supérieur souvent auriculé, l'inférieur obliquement tronqué, vert foncé. *Frondes fertiles* plus étroites, en épi plus allongé, à pinnules arrondies ou oblongues, souvent distinctement pétiolulées. Indes, etc., 1824. Serre chaude. Syn. *Egenolfia appendiculata*. (H. E. F., 108.)

A. aureum, Linn.* *Tige* dressée. *Pétioles* forts, dressés, de 30 à 60 cent. de long. *Frondes* de 60 cent. à 2 m. de long, et 30 à 60 cent. de large, à pinnules supérieures fertiles, un peu plus petites que les stériles qui sont généralement pétiolulées, ligulées, oblongues, de 8 à 30 cent. de long et 2 à 8 cent. de large, aiguës ou obtuses, quelquefois rétuses et mucronées, à bord très entier, subcunéiformes à la base. Espèce dispersée dans les tropiques des deux hémisphères, 1815. Plante de serre chaude, aquatique et toujours verte, ayant besoin de beaucoup de chaleur et d'humidité. Syn. *Chrysodium aureum*.

A. auritum.* — *Tige* dressée, ligneuse. *Pétioles* de 15 à 20 cent. de long. *Frondes stériles* de 20 à 30 en tous sens, deltoïdes, ternées, à segment central profondément pinnatifide, à lobes lancéolés, entiers ; les latéraux à bords inégaux, lobes inférieurs oblongs, lancéolés, lobés. *Frondes fertiles* à rachis de 30 à 45 cent. de long, deltoïdes, à pinnules espacées, linéaires, de 1 mm. 1/2 de large ; les supérieures simples, les inférieures pinnatifides. Iles Philippines. Serre chaude. Syn. *Stenosemia aurita*. (H. E. F. 81, sous le nom de *Polybotrya aurita*, Bl.)

A. axillare, Cav. *Rhiz.* blanc, grêle, grimpant. *Frondes stériles* de 15 à 45 cent. de long et environ 2 cent. 1/2 de large, simples, à sommet obtus, bords entiers, rétrécies graduellement depuis leur milieu jusqu'à la base en un pétiole court. *Frondes fertiles* de 15 à 30 cent. de long, de 3 à 15 mm. de large, flexueuses, à pétiole de 2 1/2 à 15 cent. de long. *Himalaya*. Serre froide. Syn. *Chrysodium axillare*.

A. barbatum, Karst. Syn. de *A. scolopendrifolium*, Raddi.

A. bifurcatum, Cav. *Pétioles* en touffe dense, de 5 à 10 cent. de long, grêles, jaune paille. *Frondes* pinnées, de 8 à 12 cent. de long et environ 12 mm. de large; pinnules inférieures des frondes fertiles, divisées en deux ou trois lobes à divisions linéaires ; segments des frondes fertiles, plus larges et moins profonds. Sainte-Hélène. Serre froide. Syn. *Polybotrya bifurcata*. (B. R., 3, 262-263.)

A. Blumeanum, Hook.* *Rhiz.* ligneux, allongé, grimpant. *Pétioles* des frondes stériles écailleux, de 15 cent. de long. *Frondes stériles* de 30 cent. à 1 m. de long et 30 cent. ou plus de large, à lobes nombreux, sessiles, dentés, arrondis à la base. *Frondes fertiles* à lobes espacés, de 10 à 20 cent. de long et 3 à 6 mm. de large. Assam. Serre froide. Syn. *Chrysodium Blumeanum*.

A. callœfolium, Blume. Forme de l'*A. latifolium*, Swartz.

A. canaliculatum, Hook.* *Rhiz.* ligneux, allongé, grimpant, spinuleux et écailleux. *Pétioles* de 30 cent. ou plus de long, écailleux sur toute leur longueur. *Frondes fertiles* de 60 cent. à 1 m. de long et 30 à 45 cent. de large, pinnules inférieures de 15 à 20 cent. de long, stériles, lobes pétiolulés, lancéolés, à segments oblongs, nus sur les deux faces; pinnules fertiles, rapprochées, à segments de 6 mm. de long, sessiles, portant trois à quatre groupes de sores. Vénézuéla. Serre chaude ou tempérée. Syn. *Polybotrya canaliculata*.

A. caudatum, Hook. Syn. de *A. petiolosum*, Desv.

A. cervinum, Swartz.* *Rhiz.* ligneux, écailleux, rampant. *Pétioles* de 30 cent. ou plus de long. *Frondes stériles*, pinnées, de 60 cent. à 1 m. 20 de long ; pinnules de 10 à 20 cent. de long et 2 1/2 à 5 cent. de large ; entières ou presque entières, inégales à la base. *Frondes fertiles* espacées, linéaires, lancéolées, bipinnées, à lobes courts, sub-cylindriques, étalés. Brésil. 1810. Serre chaude. Syn. *Olfersia cervina*.

A. conforme, Swartz. *Rhiz.* écailleux, allongé, rampant. *Pétioles* de 2 1/2 à 30 cent. de long, fermes, dressés, jaune paille, nus ou légèrement écailleux. *Frondes* de 5 à 20 cent. de long et de 2 à 5 cent. de large, aiguës ou sub-obtuses, spatulées ou cunéiformes à la base, à bords entiers. *Frondes stériles* plus étroites que les fertiles. Les *A. laurifolium*, *A. obtusilobum*, et plusieurs autres, sont identiques avec cette espèce. Amérique tropicale, ainsi que l'Ancien Monde. Serre chaude. Syn. *Elaphoglossum conforme*.

A. crinitum, Linn.* *Tige* ligneuse dressée. *Pétioles* portant les frondes stériles de 10 à 20 cent. de long, couverts de longues écailles. *Frondes stériles* de 20 à 45 cent. de long et 10 à 20 cent. de large, largement oblongues, obtuses au sommet, arrondies à la base, à bords entiers et ciliés, de texture coriace, couvertes des deux côtés d'écailles semblables à celles des rachis. *Frondes fertiles* semblables aux autres par leur forme, mais beaucoup plus petites, et à pétioles plus longs. Indes occidentales, etc., 1793. Serre chaude. Syn. *Chrysodium crinitum* et *Hymenodium crinitum*. (F. d. S. 9, 936-7.)

A. cylindricum, Hook. Syn. de *A. osmundaceum*, Hook.

A. Dombeyanum, Fée. Forme de l'*A. lepidotum*, Willd.

A. flagelliferum, Wall. *Rhiz.* ligneux, rampant. *Pétioles* des frondes stériles, de 15 à 30 cent. de long, presque nus. *Frondes stériles* simples ou à une à trois paires de pinnules, la terminale ovale, lancéolée, entière ou ondulée, souvent allongée et pourvue de racines au sommet : les latérales de 8 à 15 cent. de long et 2 1/2 à 5 cent. de large ; pinnules fertiles de 5 à 8 cent. de long et environ 1 cent. 1/2 de large. Indes, etc., 1828. Serre chaude. Syn. *Gymnopteris flagellifera*.

A. fœniculaceum, Hook. et Grev.* *Rhiz.* grêle, rampant. *Pétioles* distants, grêles, écailleux, de 5 à 8 cent. de long. *Frondes stériles* de 2 1/2 à 5 cent. de large, généralement dichotomes, fourchues, à divisions filiformes. *Frondes fertiles* de 1 cent. de diamètre, bilobées. Andes de l'Équateur. Serre chaude. (V. *A. peltatum* pour sa culture.) Syn. *Rhipidopteris fœniculaceum*.

A. Herminieri, Bory.* *Rhiz.* fort, rampant. *Pétioles* très courts, ou nuls. *Frondes stériles* de 45 cent. à 1 m. de long et 4 cent. de large, simples, acuminées, rétrécies graduellement dans leur partie inférieure. *Frondes fertiles* courtement pétiolées, de 8 à 10 cent. de long et 2 1/2 à 4 cent. de large. Amérique tropicale, 1871. Serre chaude. Syn. *Elaphoglossum Herminieri*.

A. heteromorphum, Klotzsch. *Rhiz.* grêle, allongé, rampant, écailleux. *Pétioles* de 2 1/2 à 8 cent. de long, minces, légèrement écailleux. *Frondes stériles* de 4 à 5 cent. de long et 2 à 2 1/2 cent. de large, simples, sub-obtuses, arrondies à la base, couvertes sur les deux faces d'écailles linéaires foncées. *Frondes fertiles* beaucoup plus petites, à rachis beaucoup plus long. Colombie et Équateur. Serre chaude. Syn. *Elaphoglossum heteromorphum*.

A. Langsdorffii, Hook. et Grev. Syn. de *A. muscosum*, Swartz.

A. latifolium, Swartz.* *Rhiz.* épais, ligneux, écailleux, rampant. *Pétioles* de 15 à 30 cent. de long, fermes, dressés, nus ou écailleux. *Frondes stériles* de 20 à 45 cent. de long et 5 à 10 cent. de large, simples, aiguës, graduellement rétrécies dans leur partie inférieure, entières et coriaces. *Frondes fertiles* beaucoup plus étroites que les stériles. Les *A. longifolium*, *A. callœfolium*, etc., ne sont que des variétés de cette espèce. Mexique, Brésil, etc. Serre chaude. Syn. *Elaphoglossum latifolium*.

A. Lechlerianum, Hook. *Rhiz.* ligneux, écailleux, blanc, grimpant. *Pétioles* fermes, dressés, de 15 à 30 cent. de long, écailleux à la base. *Frondes* de 1 m. à 1 m. 30 de long et de 2 1/2 à 4 cent. de large, les *stériles* quadri-pinnatifides ; pinnules inférieures de 15 à 20 cent. de long et 10 à 12 cent. de large ; lobes rapprochés, lancéolés ; segments oblongs, profondément lobulés ; rachis pubescent; pinnules fertiles plus étroites, espacées, à segments oblongs-cylindriques ; laissant une partie vide entre eux, les inférieurs presque en chapelet. Pérou et Équateur, 1886. Serre chaude. Syn. *Polybotrya Lechleriana*. (G. C. n. s. XXV, pp. 400-1.)

A. lepidotum, Willd.* *Rhiz.* épais, ligneux, très écailleux. *Pétioles* de 2 1/2 à 8 cent. de long, fermes, écailleux sur toute leur longueur. *Frondes stériles* de 8 à 15 cent. de long et environ 1 cent. 1/2 de large, simples, généralement obtuses, à base cunéiforme ou presque arrondie, très écailleuses sur les deux faces ainsi que sur la nervure médiane. L'*A. Dombeyanum*, d'origine horticole, est une forme de cette espèce ; il en existe plusieurs autres. Amérique tropicale. Serre chaude. Syn. *Elaphoglossum lepidotum*.

A. longifolium, Jacq. Forme de l'*A. latifolium*, Swartz.

A. magnum, — *Rhiz.* sub-dressé, à écailles de la base, petites, presque noires. *Pétioles* en touffes, ceux des frondes stériles de 8 à 10 cent. de long. *Frondes stériles* de 60 cent. à 1 m. de long et 4 à 5 cent. de large, graduellement rétrécies aux deux extrémités ; écailles de la face supérieure nombreuses, menues, blanchâtres ; celles de la face inférieure ferrugineuses. Guyane anglaise, 1880. Serre chaude. Syn. *Elaphoglossum magnum*.

A. Meyerianum, Hook. Syn. de *A. tenuifolium*, Hook.

A. muscosum, Swartz.* *Rhiz.* ligneux, fortement écailleux. *Pétioles* de 10 à 15 cent. de long, fermes, couverts de grandes écailles brun pâle. *Frondes stériles* de 15 à 18 cent. de long et 2 1/2 à 4 cent. de large, simples, rétrécies aux deux extrémités ; légèrement écailleuses sur la face supérieure; face inférieure complètement couverte d'écailles brunâtres, imbriquées. *Frondes stériles* beaucoup plus petites que les autres, à rachis plus longs. Madère. Serre froide. Syn. *A. Langsdorffii*, Hook et Grev.

A. Neitnerii, — Syn. de *A. quercifolium*, Schrenk.

A. nicotianæfolium, Swartz.* *Rhiz.* ligneux, allongé, rampant, écailleux. *Pétioles* de 45 à 60 cent. de long, écailleux à la base. *Frondes stériles* de 30 cent. à 1 m. de long et 30 cent. ou plus de large, à pinnule terminale grande et une à trois paires de latérales, longues de 15 à 22 cent. de long et 2 1/2 à 8 cent. de large, acuminées, entières, ou presque entières, légèrement arrondies à la base; pinnules *fertiles* espacées, de 8 à 10 cent. de long et 2 cent. de large. Cuba, etc. Serre chaude. Syn. *Gymnopteris nicotianæfolium*.

A. osmundaceum, Hook.* *Rhiz.* ligneux, blanc, grimpant, écailleux. *Pétioles* de 30 à 45 cent. de long, fermes, dressés, écailleux à la base. *Frondes stériles* amples, bi ou tripinnées ; vert tendre, à pinnules inférieures de 30 à 60 cent. de long et 10 à 20 cent. de large ; lobes pétiolulés, lancéolés, à segments rapprochés, sub-entiers, nus sur les deux faces. *Frondes fertiles* presque aussi grandes que les stériles, à segments linéaires, cylindriques, de 6 à 12 mm. de long. Amérique tropicale. Serre chaude. Syn. *A. cylindricum*, et *Polybotrya osmundacea*.

A. paleaceum, Hook et Grev. Syn. de *A. squammosum*, Schrenk.

A. peltatum, Schrenk.* *Rhiz.* grêle, allongé, rampant. *Pétioles* espacés, grêles, de 2 1/2 à 10 cent. de long, entièrement écailleux. *Frondes stériles* de 2 1/2 à 5 cent. en tous sens, plusieurs fois dichotomes, à dernières divisions linéaires de 6 à 12 mm. de large. *Frondes fertiles* de 6 mm. de large, souvent bilobées. Indes occidentales. Serre chaude ou tempérée.

Cette petite fougère élégante doit être abondamment arrosée pendant toute l'année, et réussit le mieux en terrines remplies d'un compost de terre de bruyère fibreuse, de terreau et de sable, avec quelques morceaux de grès dépassant le niveau de la terrine ; elle n'aime pas à être dérangée. Syn. *Rhipidopteris peltata*.

A. petiolosum, Desv. *Rhiz.* ligneux, blanc, grimpant. *Pétioles* également ligneux, dressés, écailleux à la base. *Frondes* bipinnées ou tripinnatifides, de 60 cent. à 1 m. 20 de long et 30 cent. à 1 m. de large, deltoïdes ; à pinnules *stériles* lancéolées, pinnatifides, les plus longues atteignant quelquefois 45 cent. de long et 15 à 25 cent. de large ; lobes découpés jusqu'au milieu en lobules falciformes, nus sur les deux faces ; pinnules *fertiles* très étroites, pendantes, continues ou en chapelet. Indes occidentales, Mexique, etc. Serre chaude. Syn. *A. caudatum*, Hook., et *Polybotrya caudatum*.

A. piloselloides, Presl. Syn. de *A. spathulatum*.

A. platyrhynchos, Hook. *Pétioles* en touffes, rudimentaires. *Frondes* simples, de 30 à 40 cent. de long, et 2 cent. 1/2 de large, coriaces, rétrécies graduellement à la base, à bord entier, nues sur les deux faces. *Sores* en groupes de 2 1/2 à 5 cent. de long et 1 cent. de large. n'atteignant pas tout à fait le bord. Iles Philippines. Serre chaude. Syn. *Hymenolepis platyrhynchos*.

A. quercifolium, Schrenk.* *Rhiz.* fort, allongé, rampant ; *Pétioles* des frondes stériles de 2 1/2 à 5 cent. de long, couverts de poils bruns. *Frondes stériles* de 8 à 10 cent. de long et 4 à 5 cent. de large ; pinnule terminale à lobes obtus, arrondis. *Frondes fertiles* à rachis de 15 à 20 cent. de long, velus à la base, composées d'une pinnule terminale de 2 1/2 à 5 cent. de long et de deux latérales, plus petites. Ceylan. Serre chaude. Syns. *A. Neitnerii*, Hort., et *Gymnopteris quercifolia*.

A. scandens, Raddi.* *Rhiz.* ligneux, allongé, grimpant. *Pétioles* de 8 à 10 cent. de long, fermes, dressés, nus. *Frondes* de 30 cent. à 1 m. de long et 30 cent. ou plus de large, simplement pinnées ; pinnules stériles de 10 à 20 cent. de long et 2 à 4 cent. de large, acuminées, à bords épaissis, serrulés, cunéiformes à la base, sessiles ou légèrement articulées ; pinnules fertiles de 15 à 30 cent. de long, et 4 à 5 mm. de large, à lobes inférieurs espacés. *Himalaya*, etc., 1841. Serre chaude ou tempérée. Syn. *Stenochlæna scandens*.

A. scolopendrifolium, Raddi.* *Rhiz.* ligneux, rampant, écailleux. *Pétioles* de 10 à 30 cent. de long, fermes, dressés, fortement couverts d'écailles noirâtres. *Frondes stériles* ayant souvent 30 cent. de long, et 4 à 8 cent. de large, simples, aiguës, à base graduellement rétrécie ; nervure médiane et bords écailleux. *Frondes fertiles* beaucoup plus petites que les stériles. Guatémala, etc. Serre chaude. Syn. *A. barbatum*.

A. serratifolium, Mert. *Rhiz.* ligneux, court, rampant. *Pétioles* des frondes stériles de 30 à 45 cent. de long, légèrement écailleux. *Frondes stériles* de 60 cent. de long et 15 à 30 cent. de large, à pinnules nombreuses, sessiles, de 8 à 15 cent. de long, et 2 à 2 1/2 cent. de large, incisé-crénelées, cunéiformes à la base ; pinnules fertiles espacées, de 5 à 8 cent. de long et 6 à 12 mm. de large, obtuses, entières. Vénézuéla, etc. Serre chaude. Syn. *Chrysodium serratifolium*.

A. simplex, Swartz. *Rhiz.* ligneux, rampant, écailleux. *Pétioles* de 2 1/2 à 10 cent. de long, fermes, dressés, nus. *Frondes stériles* de 10 à 30 cent. de long et environ 4 cent. de large, très aiguës, graduellement rétrécies dans leur partie inférieure. *Frondes fertiles* plus étroites que les stériles, à rachis plus longs. Cuba jusqu'au Brésil, 1798. Serre chaude. Syn. *Elaphoglossum simplex*. (L. B. C. 709.)

A. sorbifolium, Linn.* *Rhiz.* épais ligneux, atteignant souvent 10 à 12 m. de haut, enlaçant les arbres comme un Lierre, quelquefois épineux. *Frondes* de 30 à 45 cent. de long et 15 à 30 cent. de large, simplement pinnées ; pinnules stériles de 10 à 15 cent. de long et environ 12 mm. de large (de trois à vingt de chaque côté), articulées à la base, entières ou dentées. Indes occidentales, 1793. Il existe plusieurs variétés de cette espèce, différant principalement par le nombre des pinnules. Syn. *Stenochlæna sorbifolia*.

A. s. cuspidatum, Hort.* Cette plante est simplement une variété de l'espèce ci-dessus, à pinnules longuement pétiolées, ligulées, cuspidées ; mais, en horticulture, on la considère comme une espèce.

A. spathulatum, Bory. *Pétioles* en touffe, de 2 1/2 à 5 cent. de long, fermes, dressés, écailleux. *Frondes stériles* de 2 à 10 cent. de long et 6 à 12 mm. de large, obovales, spatulées, brusquement ou graduellement rétrécies à la base, de texture coriace, assez abondamment couvertes d'écailles sur les deux faces et sur les bords. *Frondes fertiles* plus petites que les stériles, à rachis plus longs. Amérique tropicale, Afrique du Sud, etc. Serre chaude. Syn. *A. piloselloides*.

A. spicatum, Linn. *Rhiz.* ligneux, court, rampant. *Pé-*

tioles fermes, de 2 1/2 à 5 cent. de long. *Frondes* de 15 à 45 cent. de long, et 1 à 2 cent. 1/2 de large, à partie supérieure fertile, contractée, entière ; graduellement rétrécies dans leur partie inférieure. Himalaya, etc. Serre froide. Syn. *Hymenolepis brachystachys.*

A. squammosum, Schrenk.* *Rhiz.* ligneux, fortement écailleux. *Pétioles* de 2 1/2 à 10 cent. de long, fortement couverts d'écailles pâles ou foncées. *Frondes stériles* de 15 à 30 cent. de long, et environ 2 cent. 1/2 de large, simples, aiguës, graduellement rétrécies à la base, couvertes d'écailles rougeâtres, feutrées sur les deux faces et à bords ciliés. *Frondes fertiles* aussi longues que les stériles, mais beaucoup plus étroites et à rachis beaucoup plus longs. Largement répandu dans les deux hémisphères. Serre chaude ou tempérée. Syn. *A. paleaceum*, Hook. et Grev.

A. subdiaphanum, Hook et Grev.* *Tiges* ligneuses, dressées. *Pétioles* en touffes, de 5 à 15 cent. de long, fermes, dressés, écailleux. *Frondes stériles*, de 10 à 20 cent. de long, et 5 à 30 cent. de large, simples, rétrécies aux deux extrémités, à bords entiers. *Frondes fertiles* beaucoup plus étroites et à rachis plus longs. Sainte-Hélène. Serre froide. Syn. *Aconiopteris subdiaphana.*

A. subrepandum, Hook.* *Rhiz.* ligneux, allongé, rampant. *Pétioles* des frondes stériles, forts, dressés, presque nus. *Frondes stériles*, de 30 à 60 cent. de long et 5 à 30 cent. de large, très divisées, à pinnules linéaires, oblongues, entières ou légèrement sinuées sur les bords, de 15 à 20 cent. de long et 5 cent. de large. *Frondes fertiles* semblables aux stériles, mais plus petites. Ile de Luzon, etc. Serre chaude. Syn. *Gymnopteris subrepanda.*

A. taccæfolium, Hook.* *Tige* ligneuse, fortement écailleuse. *Pétioles* des frondes stériles, de 2 1/2 à 10 cent. de long, écailleux. *Frondes stériles* de 30 à 60 cent. de long et 8 à 30 cent de large, simples, oblongues, lancéolées, entières, copieusement pinnées, à pinnules oblongues, lancéolées, de 2 1/2 à 15 cent. de long, et 1 à 2 cent. 1/2 de large ; les supérieures étroitement décurrentes, les inférieures fourchues à la base. *Frondes fertiles* de 15 à 30 cent. de long et 3 mm. de large, simples ou pinnées, à pinnules fourchues, linéaires. La forme trilobée de cette espèce est quelquefois nommée *A. trilobum.* Iles Philippines. Serre chaude. Syn. *Gymnotperis taccæfolia.*

A. tenuifolium, Baker.* *Rhiz.* blanc, grimpant, ligneux, écailleux. *Frondes stériles* simplement pinnées, à pétioles de 10 à 12 cent. de long, nus, fermes, dressés. *Frondes* de 1 m. à 1 m. 50 de long et 30 à 45 cent. de large ; à pinnules de 15 à 20 cent. de long et 2 à 4 cent. de large, acuminées, à bords épaissis et serrulés, courtement pétiolées. *Frondes fertiles* bipinnées, à rachis plus longs et à pinnules longuement pétiolées, à lobes espacés. Afrique du Sud. Serre chaude ou tempérée. Syn. *A. Meyerianum*, Hook. *Lomaria tenuifolia*, Desv. et *Stenochlæna tenuifolia.* (H. G. F., 16, sous le nom de *Acrostichum Meyerianum*, Hook.)

A. villosum, Swartz.* *Rhiz.* ligneux, fortement écailleux. *Pétioles* de 2 1/2 à 10 cent. de long, minces, fortement couverts d'écailles. *Frondes stériles* de 15 à 20 cent. de long et 2 1/2 à 4 cent. de large, aiguës, graduellement rétrécies dans leur partie inférieure, à bords plus ou moins ciliés, écailleuses sur les deux faces. *Frondes fertiles* beaucoup plus petites que les stériles. Mexique, etc. Serre chaude. (L. E. M., 865.)

A. viscosum, Swartz.* *Rhiz.* ligneux, rampant, fortement écailleux. *Pétioles* de 8 à 15 cent. de long, fermes, dressés, écailleux, souvent visqueux. *Frondes stériles* de 15 à 30 cent. de long et 1 1/2 à 2 cent. 1/2 de large, simples, aiguës, graduellement rétrécies à la base, finement écailleuses et plus ou moins visqueuses sur les deux faces. *Frondes fertiles* plus petites, à pétioles plus longs. Amérique tropicale et tropiques de l'Ancien Monde, 1826. Espèce variable dans sa forme. Serre chaude.

ACROTRICHE, R. Br. (de *akros*, sommet, et *thrix*, poil; le sommet des pétales est aristé). Fam. *Epacridées.* — Genre renfermant huit ou neuf espèces d'arbustes toujours verts, très rameux, de serre froide, originaires de l'Australie. Fleurs blanches ou rouges, solitaires ou en épis axillaires, courts ; corolle infundibuliforme, à pétales munis au sommet de soies réfléchies. On les cultive dans un mélange en parties égales de terre franche sableuse et de terre de bruyère. Multiplication par boutures de jeune bois, que l'on plante dans du sable, en serre froide et que l'on recouvre de cloches ; leur traitement est ensuite le même que pour les *Epacris.*

A. cordata, R. Br.* *Fl.* blanches, petites, axillaires, géminées ou solitaires. Avril. *Flles* cordiformes, planes, striées en dessous. *Haut.* 30 cent. Nouvelle-Hollande, 1823.

A. divaricata, R. Br.* *Fl.* blanches, petites, en épis axillaires. Mai. *Flles* lancéolées, mucronées, divariquées, planes, vertes sur les deux faces. *Haut.* 15 à 30 cent. Nouvelle-Galles du Sud, 1824.

A. ovalifolia, R. Br. *Fl.* blanches, petites, en épis axillaires. Mars. *Flles* ovales, obtuses, planes, à bords lisses. *Haut.* 15 à 30 cent. Nouvelle-Hollande, 1824. (B. M. 3171.)

ACTÆA, Linn. (de *aktaia*, Sureau ; par allusion à la ressemblance des feuilles, à celles du Sureau). Fam. *Renonculacées.* — Petit genre comprenant deux espèces habitant l'Europe, l'Asie et l'Amérique du Nord. Ce sont des herbes vivaces, rustiques, à feuilles bi ou triternées ; fleurs blanchâtres, en grappes dressées ; calice à quatre sépales caducs ; corolle à quatre pétales ; fruit bacciforme, vénéneux. Plantes très convenables pour garnir les sous-bois, ou les endroits un peu abandonnés des grands parcs. Multiplication par division des touffes et par semis faits au printemps.

A. alba, Bigel.* *Fl.* blanches, en grappes simples. Mai-juin. *Flles* ovales, lancéolées, dentées ou serrulées. Baies blanches, ovales, oblongues. *Haut.* 30 à 45 cent. Amérique du Nord.

A. cimicifuga, Linn. Syn. de *Cimicifuga elata.*

A. cordifolia, DC. Syn. de *Cimicifuga cordifolia*, Pursh.

A. dioica, Walt. **A. monogyna**, Walt., **A. orthostachya** et **A. racemosa**, Linn. Syn. de *Cimicifuga racemosa*, Bart.

A. palmata, DC. Syn. de *Trautvetteria palmata*, Fisch.

A. podocarpa, DC. Syn. de *Cimicifuga americana*, Michx.

Fig. 18. — Actæa spicata. Fleur détachée, grossie.

A. spicata, Linn.* Herbe de Saint-Christophe. Angl. Baneberry. — *Fl.* blanches ou bleutées, en grappes ovales. Été. *Flles* bi ou triternées, dentées. Baies oblongues, noires, vénéneuses. *Haut.* 30 cent. Europe, France, etc.

A. s. rubra, Ledeb. * Cette variété diffère du type par ses baies rouges, disposées en bouquets compacts sur les épis qui surmontent bien le feuillage. Amérique du Nord. Belle plante vivace et rustique. (F. D. 3,498.)

ACTINELLA, Nutt. (de *aktin*, rayon ; à petits rayons). Syn. *Picradenia*, Hook. Fam. *Composées*. — Petit genre renfermant dix espèces de plantes rustiques herbacées, originaires de l'Amérique du Nord. Fleurs en capitules radiés; réceptacle conique; styles à divisions pénicillées; achaines à aigrette écailleuse. La seule espèce digne d'être cultivée est l'*A. grandiflora*. Elle se plait en pleine terre légère, dans un endroit découvert. Multiplication par division des touffes au printemps.

A. grandiflora. — * *Capitules* jaunes, grands, décoratifs, de 8 cent. de diamètre. Été. *Haut.* 15 à 20 cent. Colorado. Jolie espèce vivace, rameuse, convenable pour les parterres de plantes vivaces.

A. lanata, Pursh. — V. *Eriophyllum cæspitosum*.

ACTINIDIA, Lindl. (de *aktin*, rayon; les styles sont disposés comme les rais d'une roue). Syn. *Trochostigma*, Sieb. et Zucc. Fam. *Ternstrœmiacées*. — Genre comprenant huit espèces, originaires de l'Himalaya, de la Chine et du Japon. Ce sont des arbustes grimpants, vivaces, rustiques, d'un aspect très ornemental. Fleurs en corymbes, à pétales et sépales imbriqués. Feuilles entières. Plantes très convenables pour garnir les treillages le long des murs; ils demandent une terre légère et fertile. Multiplication par marcottes ou par boutures ; ces dernières se font en automne, sous cloche.

A. Kolomikta,— * Rupr. *Fl.* blanches, solitaires, axillaires, ou en fausses cymes, de 1 cent. de diamètre, à pédoncules d'environ 12 mm. de long. Été. *Flles* ovales, oblongues, pétiolées, arrondies, ou subcordiformes à la base, insensiblement terminées en longue pointe, dentées; elles prennent à l'automne de très jolies teintes changeantes. Asie, nord-est, 1880. Rare dans les jardins.

A. polygama, Planch. *Fl.* blanches, odorantes. Été. *Flles* cordiformes, dentées, pétiolées. Japon, 1870. Les baies de cette espèce sont comestibles.

A. volubilis, Planch.* *Fl.* blanches, petites. Juin. *Flles* des branches florifères, ovales ; celles des rameaux grimpants, elliptiques. Japon, 1874. Espèce très vigoureuse. (Arbor. Segrez. t. XXV.)

ACTINIOPTERIS, Link. (de *aktin*, rayon, et *pteris*, Fougère ; les frondes sont découpées en segments étroits, radiés). Fam. *Fougères*. — Petit genre de belles et distinctes fougères de serre chaude, originaires des Indes, etc. Sores submarginaux, linéaires, allongés; indusies de même forme que les sores; adhérentes aux bords des segments étroits, repliées sur les sores qu'elles recouvrent, s'ouvrant à la maturité vers la nervure médiane.

Les *Actiniopteris* se plaisent dans un mélange composé, en parties égales, de tessons et de charbon de bois concassés en morceaux de la grosseur d'un pois, et auquel on ajoute du sable blanc, de la terre franche et de la terre de bruyère. Il faut remplir presque la moitié des pots avec des tessons, car un parfait drainage est nécessaire. Il leur faut une atmosphère humide, aussi est-il bon de seringuer les plantes deux ou trois fois par jour en maintenant en été 25 deg. centigrades pendant le jour, et 20 deg. pendant la nuit. En hiver, il ne leur faut pas moins de 22 deg. pendant le jour et 16 deg. pendant la nuit.

A. radiata, Link. * *Pétioles* en touffe dense, de 5 à 15 cent. de long. *Frondes* en éventail, de 2 1/2 à 4 cent. en tous sens; composées de nombreux segments dichotomes, de 2 mm. de large, ceux des frondes fertiles plus longs que ceux des frondes stériles. Indes, etc. ; son aire de dispersion est très étendue. Cette jolie petite fougère rappelle en miniature la forme parfaite d'un Latania Borbonica.

A. r. australis, Link.* Variété de l'espèce précédente, dont les segments des feuilles sont moins nombreux et plus aigus au sommet : la plante est aussi plus forte et plus vigoureuse.

ACTINOCARPUS Damasonium, Smith. — Son nom correct est **Damasonium stellatum**, Rich.

ACTINOLEPIS, DC. (de *aktin*, rayon, et *lepis*, écailles ; allusion aux écailles aristées constituant l'aigrette des graines de quelques espèces). Syns. *Hymenoxys*, Torr. et Gray; *Ptilomeris*, Nutt. Fam. *Composées*. — Petit genre d'environ six espèces d'herbes annuelles, rustiques, originaires de la Californie. Fleurs en capitules jaunes, terminaux, pédonculés. Bractées de l'involucre unisériées; fleurons ligulés unisériés ; languette à deux ou trois dents au sommet ; réceptacle convexe ou conique, nu ou très légèrement pailleté; achaines linéaires. Feuilles opposées, ou celles du sommet presque opposées, incisées, à dents espacées, bi ou tripinnatifides. L'*A. coronaria*, la seule espèce qui puisse être citée ici, elle se cultive comme la plupart des autres plantes annuelles, rustiques.

A. coronaria, — *Capitules* à fleurons ligulés, oblongs ; bractées de l'involucre lancéolées ; réceptacle velu. Juin. *Flles* presque toutes opposées, à divisions capillaires. *Haut.* 30 cent. Plante rameuse dès la base, à rameaux faiblement pubérulents. Syn. *Hymenoxys californica*, et *Ptilomeris coronaria*. (B. M. 3828.)

ACTINOMERIS, Nutt. (de *aktin*, rayon, et *meris*, partie ; allusion à l'aspect radié de la plante). Syn. *Pterophyton*, Cass. Fam. *Composées*. — Petit genre renfermant six espèces, toutes originaires de l'Amérique du Nord. Ce sont des plantes herbacées, vivaces, voisines des *Helianthus*, mais à achaines comprimés, ailés. Fleurs en corymbes semblables à celles des *Coreopsis*. Feuilles ovales ou ovales lancéolées, dentées. Plantes très rustiques, ornementales, dont la culture est facile en bonne terre franche. Multiplication par division des touffes ainsi que par graines que l'on sème au printemps, soit en plein air à bonne exposition, soit sous cloches ou sous châssis froid. A part l'*A. helianthoides*, les autres espèces sont peu connues.

A. alata, Nutt. *Capitules* jaunes. Juillet. *Haut.* 1 m. Virginie, 1803.

A. helianthoides, Nutt. * *Capitules* jaunes, de 2 cent. 1/2 de diamètre. Juillet à septembre. *Haut.* 1 m. Amérique du Nord, 1825. Syn. *Verbesina helianloides*, Michx.

A. procera, Nutt. * *Capitules* jaunes. Septembre. *Haut.* 2 m. 50. Amérique du Nord, 1766. Syn. *Coreopsis procera*, Ait.

A. squarrosa, Nutt. * *Capitules* jaunes, en panicules terminales, lâches. Juillet à août. *Flles* décurrentes, largement lancéolées, grossièrement dentées. Tige quadrangulaire, ailée. *Haut.* 1 m. Amérique du Nord, 1640. Syns. *A. alternifolia*, DC.; *Verbesina Coreopsis*, Michx.

ACTINOPHYLLUM, Ruiz. et Pav. — V. **Sciadophyllum**, P. Br.

ACTINOSTACHYS, Wall. — Réuni au genre **Schizea**, Smith.

ACTINOTUS, Labill. (de *actinotos*, pourvu de rayons; allusion à la forme de l'involucre). Syn. *Eriocalia*, Smith. Fam. *Ombellifères*. — Genre renfermant sept espèces de plantes herbacées, vivaces, de serre froide, originaires de l'Australie. Fleurs nombreuses, en ombelles simples, courtement pédonculées, pétales nuls. Ces plantes se plaisent dans la terre franche et la terre de bruyère mélangées. Multiplication par division des touffes et par semis. Les graines se sèment au printemps sur couche chaude; on repique les plants en mai, en plein air, à bonne exposition où ils fleurissent abondamment et y mûrissent aussi leurs graines.

A. helianthi, Labill. * *Fl.* blanches, en ombelle pluriflore, en forme de capitule; involucre à folioles nombreuses, rayonnantes, plus longues que les fleurs. Juin. *Flles* alternes, bipinnatifides, à lobules sub-obtus. *Haut.* 60 cent. Nouvelle-Hollande, 1821. Syn. *Eriocalia major*, Smith. (B. R. 8, 654; L. E. M. 934.)

A. leucocephalus, Benth. *Fl.* blanches. Juin. *Haut.* 60 cent. Swan-River. Australie, 1837. (F. D. 9, 847.)

ACULÉÉ. — Armé d'aiguillons.

ACULÉOLÉ. — Pourvu de petits aiguillons.

ACULEUS. — V. **Aiguillon**.

ACUMEN. — Sommet d'une partie brusquement acuminée.

ACUMINÉ. — Dont le sommet se termine brusquement en pointe aiguë. On emploie fréquemment ce mot dans un sens large.

ACUNNA, Ruiz et Pav. — V. **Befaria**, Linn.

ACUNNA oblonga, Ruiz et Pav. — V. **Befaria æstuans**, Linn.

ACYNTHA, Medik. — V. **Sansevieria**, Thunb.

ADA, Lindl. (nom respectueux). Fam. *Orchidées*. — Genre à présent monotypique, très voisin des *Brassia*, dont il diffère principalement par son labelle parallèle, solidement soudé à la base de la colonne. Quelques auteurs classent les autres espèces dans le genre *Mesopinidium*. Il faut les empoter dans un mélange de sphagnum et de terre de bruyère, en parties égales. Le drainage doit être parfait et les arrosages abondants pendant l'été. Quoique une bien moins grande quantité d'eau leur suffise en hiver, il ne faut jamais laisser les plantes souffrir de la soif, car elles ne doivent certainement jamais être en repos. Multiplication par division des touffes, dès que la végétation commence.

A. aurantiaca, Lindl. * *Fl.* écarlate orangé, disposées en grappes penchées, portant de six à huit fleurs. Pétales allongés, striés de noir à l'intérieur. Printemps et été. *Flles* deux à trois sur chaque plante, linéaires, vert foncé, longues d'environ 15 cent. Plante dressée, à pseudo-bulbes presque cylindriques, s'amincissant au sommet. (B. M. 5435; L. 235; I. H. ser. 3, 107; W. O. A. II, 53.)

ADAMIA cyanea, Wall. — Son nom correct est **Dichroa cyanea**.

ADAMIA sylvatica. — Son nom correct est **Dichroa sylvatica**.

ADAMSIA, Wild. — V. **Puschkinia**, Adans.

ADANSONIA, Linn. (genre dédié à Michel Adanson, éminent botaniste français). Syns. *Baobab*, Adans; *Ophelus*, Lour. Fam. *Sterculiacées*. — Cet arbre est connu comme un géant des végétaux, surtout par la circonférence de son tronc, mais on le voit rarement dans nos pays.

A. digitata, Linn., Baobab, Angl. Baobab-tree, Sour Gourd. — *Fl.* blanches, d'environ 15 cent. de diamètre, à anthères pourprées, portées sur de longs pédoncules axillaires, solitaires. *Flles* palmées, à trois folioles chez les jeunes plantes, et cinq à sept chez les sujets adultes. *Haut.* 12 m. Sénégal, Égypte, etc. (L. E. M. 588; B. M. 2791, 2792; B. H. 9-6-8.)

Fig. 49. — Ada aurantiaca.

ADELGES. — Ce sont de petits insectes de la famille des *pucerons*, dont il existe quelques espèces vivant toutes sur les arbres résineux. L'Adelge du Sapin (*Adelges abietis*, *Chermes abietis*) est quelquefois assez commun sur ces arbres où il occasionne par sa piqûre une singulière monstruosité se composant d'écailles rapprochées, à l'aisselle desquelles se trouvent les petites larves. Une autre espèce, l'Adelge des conifères (*Adelges strobilobius*), qui vit également sur les conifères, est un peu moins commune; par sa piqûre, elle détermine une monstruosité de forme conique assez semblable à une petite pomme de pin. Il faut autant que possible couper ces sortes de gâles alvéolées et les brûler. Pour des renseignements plus complets. V. **Sapin** (pucerons du). (S. M.)

ADELOBOTRYS, DC. (de *adelos*, obscur, et *botrys*, groupe). Fam. *Mélastomacées*. — Arbuste grimpant de serre chaude, à branches arrondies. Jeunes feuilles couvertes sur les deux faces de poils roussâtres, mais glabres à l'état adulte, excepté sur les nervures, pétiolées, ovales, cordiformes, acuminées, à dents ciliées et à cinq nervures. Pour leur culture générale, V. **Pleroma**.

A. Lindeni, Hort. * *Fl.* blanches, passant au pourpre. Brésil, 1866.

A. scandens, DC.* C'est l'espèce type, qui n'est probablement pas cultivée à présent; elle est originaire de la Guyane française.

ADELPHE. — Lorsque les étamines sont réunies par leurs filets et qu'un seul point sert de support aux filets de plusieurs anthères. On ajoute les préfixes *mono*, *dia*, *poly*, pour déterminer le nombre de groupes d'étamines que contient une fleur. Ces noms ont servi à caractériser plusieurs classes du système sexuel de Linné. (S. M.)

ADENANDRA, Willd. (de *aden*, glande, et *aner*, mâle; les anthères se terminent en glande globuleuse). Syn. *Glandulifolia*, Wendl. Fam. *Rutacées*. — Genre renfermant environ vingt espèces de très petits arbustes de serre froide, originaires du Cap. Fleurs grandes, généralement solitaires au sommet des rameaux; étamines dix, les cinq opposées aux pétales stériles, les cinq fertiles de même forme, mais plus courtes. Feuilles généralement alternes, planes, parsemées de glandes. Les *Adenandra* se plaisent dans un mélange de terre de bruyère et de sable, auquel on ajoute un peu de terre franche, fibreuse. Multiplication par boutures faites avec les sommités des jeunes rameaux, avant qu'ils ne développent leurs boutons; on les plante dans du sable, sans chaleur de fond, et on les couvre d'une cloche.

A. acuminata, Don. Syn. de *A. amœna*, Bartl.

A. amœna, Bartl.* *Fl.* grandes, blanchâtres à l'intérieur, rougeâtres à l'extérieur, solitaires, sessiles, terminales. *Flles* éparses, oblongues, glabres, ponctuées en dessous. *Haut.* 30 à 60 cent. Cap, 1798. Syn. *A. acuminata*, Don. (B. R. 7,553.)

A. coriacea, Lichtst. *Fl.* grandes, roses, généralement solitaires au sommet des rameaux. Juin. *Flles* éparses, oblongues, obtuses, révolutées, très glabres. *Haut.* 30 à 60 cent. Cap, 1780.

A. fragrans, Rœm. et Schult.* *Fl.* roses, odorantes, à pédicelles visqueux, réunies en ombelles longuement pédonculées. Mai. *Flles* éparses, glabres, très étalées, ovales, oblongues, glanduleuses, légèrement crénelées. *Haut.* 30 à 60 cent. Cap, 1812.

A. linearis, St. Hill. *Fl.* blanches, terminales, à longs pédoncules, généralement solitaires. Juin. *Flles* opposées, linéaires, obtuses, étalées; rameaux et pédicelles glabres. *Haut.* 30 cent. Cap, 1800. Syn. *Diosma linearis*, Thunb.

A. marginata, Rœm. et Schult.* *Fl.* rose chair, à longs pédoncules, disposées en ombelles terminales. Juin. *Flles* éparses, glabres, transparentes, cordiformes, les inférieures ovales, les supérieures lancéolées. *Haut.* 30 à 60 cent. Cap, 1806.

A. umbellata, Willd.* *Fl.* roses, presque sessiles, à pétales frangés, en ombelles terminales. Juin. *Flles* oblongues ou obovales, ponctuées en dessous, frangées sur les bords. *Haut.* 30 à 60 cent. Cap, 1790.

A. u. speciosa, Link.* *Fl.* grandes, roses, presque sessiles, en ombelles terminales. Juin. *Flles* éparses, ovales ou oblongues, lancéolées, lisses, légèrement frangées sur les bords. *Haut.* 30 à 60 cent. Cap, 1790.

A. uniflora, Willd.* *Fl.* grandes, blanchâtres en dedans, rosées en dehors, presque sessiles, solitaires, terminales. Juin. *Flles* éparses, oblongues lancéolées, sub-aiguës, révolutées, glabres, ponctuées en dessous. *Haut.* 30 à 60 cent. Cap, 1775.

A. villosa, Lichtst.* *Fl.* roses, presque sessiles, en ombelles terminales; sépales, pétales et étamines frangés. Juin. *Flles* groupées, ovales, oblongues, frangées, pubescentes et glanduleuses en dessous. *Haut.* 30 à 60 cent. Cap, 1786.

ADENANTHERA, Linn. (de *aden*, glande, et *anthera*, anthère; allusion à la glande terminale, pédicellée, dont les anthères sont pourvues). Fam. *Légumineuses*. — Petit genre renfermant trois ou quatre espèces d'arbres toujours verts, de serre chaude, originaires des régions tropicales. Fleurs petites, en épis rameux. Feuilles bipinnées ou décomposées. Ils se plaisent dans un mélange de terre franche et terre de bruyère. Multiplication par boutures coupées au-dessous d'un nœud et plantées à chaud dans des pots pleins de sable, que l'on recouvre ensuite de cloches.

A. chrysostachys, — *Fl.* jaunes. *Haut.* 5 m. Ile Maurice, 1824.

A. falcata, Linn. *Fl* jaunâtres. *Haut.* 2 m. Indes, 1812.

A. pavonina, Linn.* Condori crête de paon, Angl. Peacock Flower Fence.— *Fl.* blanc et jaune. Mai. *Flles* à folioles ovales, obtuses, glabres sur les deux faces. Graines lenticulaires arrondies, rouge foncé; elles sont quelquefois employées à la confection de divers objets d'ornement. *Haut.* 1 m. 50. Indes, 1759. (L. E. M. 334.)

ADENILEMA, Blume. — V. **Neillia**, Don.

ADENANTHOS, Labill. (de *aden*, glande, et *anthos*, fleur; allusion aux glandes des fleurs). Fam. *Protéacées*. — Genre dont on connaît quinze espèces, originaires de l'Australie. Ce sont des arbustes toujours verts, velus, de serre froide, très décoratifs. On les cultive en terre de bruyère sableuse. Multiplication au printemps, par boutures, que l'on fait en terre légère, sous cloche et sur une bonne chaleur de fond.

A. barbigera, —* *Fl.* rouges, axillaires, solitaires, pédonculées; périanthe velu, barbu au sommet; involucre ouvert, velu. Juin. *Flles* oblongues, lancéolées, obtuses, trinervées. *Haut.* 2 m. Swan-River, Australie, 1845.

A. cuneata, Labill. *Fl.* rouges. Juillet. *Haut.* 1 m. 50. Nouvelle-Hollande, 1824. (L. E. M. 913.)

A. obovata, Labill.* *Fl.* rouges. Juillet. *Haut.* 1 m. 50. Nouvelle-Hollande, 1824. (L. E. M. 913.)

ADENIUM, Rœm. et Schult. (de Aden, où cette plante croît). Fam. *Apocynacées*. — Genre renfermant quatre espèces d'arbustes toujours verts, à tiges charnues, de serre froide, originaires de l'Arabie, etc. L'espèce mentionnée ci-dessous est remarquable par sa tige épaisse, globuleuse; rameaux dichotomes. Corolle en coupe. Il lui faut un compost de terre franche et de sable, très perméable. Les boutures de rameaux à demi aoûtés s'enracinent facilement plantées dans du sable et sous cloches. Il lui faut très peu d'eau pendant sa période de repos.

A. obesum, Rœm. et Schult. *Fl.* rose carminé, pubescentes, en corymbes terminaux, pluriflores, à pédicelles courts. Juin. *Flles* groupées au sommet des rameaux, de 10 cent. de long, oblongues, rétrécies à la base, brusquement terminées par une pointe courte et dure. *Haut.* 1 m. à 1 m. 30. Aden, 1845. (B. M. 5418.)

ADENOCALYMNA, Mart. (de *aden*, glande, et *calymna*, couverture; par allusion aux glandes apparentes des feuilles et des parties extérieures des fleurs). FAM. *Bignoniacées.* — Genre comprenant vingt espèces de plantes grimpantes de serre chaude, très élégantes, originaires du Brésil, de la Guyane et de la Colombie. Fleurs pourvues de bractées, à corolle en entonnoir. Feuilles ternées ou biternées. Tiges minces. Il leur faut, pour les cultiver avec succès, un compost de terre franche et terre de bruyère et une température élevée et humide. Multiplication par boutures, dans du sable, sous cloches et sans chaleur de fond.

A. comosum, DC.* *Fl.* jaunes; en grappes spiciformes, axillaires et terminales; bractées chevelues. Septembre. *Flles* trifoliées et conjuguées, pourvues de vrilles; folioles ovales, coriaces, glanduleuses. *Haut.* 3 m. Brésil, 1841. (B. M. 4210.)

A. longeracemosum, — *Fl.* jaunes. Octobre. Brésil.

A. nitidum, Mart.* *Fl.* jaunes, en grappes axillaires, presque terminales, veloutées; bractées étroites, glanduleuses. Février. *Flles* trifoliées ou conjuguées, pourvues de vrilles; folioles elliptiques, oblongues. *Haut.* 3 m. Brésil, 1848. (L. et P. F. G. 2.)

ADENOCARPUS, DC. (de *aden*, glande, et *karpos*, fruit; par allusion aux gousses qui sont couvertes de glandes pédicellées). FAM. *Légumineuses.* — Ce genre renferme huit espèces originaires de la région méditerranéenne du sud-ouest de l'Europe, de l'Afrique boréale et tropicale et des îles Canaries. Ce sont des arbustes à rameaux divariqués, se couvrant de fleurs jaunes, en grappes. Feuilles trifoliées, généralement groupées; pétioles stipulés; folioles à limbe souvent plissé. Toutes les espèces sont très décoratives lorsqu'elles sont en fleurs et convenables pour garnir le bord des massifs d'arbustes. Les *Adenocarpus* sont rustiques, excepté ceux qui font l'objet d'une mention spéciale. Ils se plaisent dans une terre franche, légère. Leur multiplication a lieu par graines, par marcottes, et les plus rares par greffe en fente ou autre sur les espèces communes.

A. anagyrus, Spreng Syn. *A. frankenioides*, Chois.

A. decorticans, Boiss.* *Fl.* jaune vif, en grappes courtes et compactes. *Flles* très groupées, bi ou trifoliées, folioles linéaires, molles, vert foncé. Espagne, 1883. Bel arbuste toujours vert, demi-rustique, ayant l'aspect d'un Ajonc. (G. C. n. s. XXV, p. 725; R. H. 1883, p. 156; Gn. 1886, 572.)

A. foliosus, DC.* *Fl.* jaunes, en grappes terminales; calice couvert de poils non glanduleux, à lèvre inférieure allongée, trifide au sommet; à segments égaux. Mai. *Flles* (et rameaux) très compactes, trifoliées. *Haut.* 1 m. 20 à 2 m. Iles Canaries, 1629. Espèce toujours verte, demi-rustique. Syn. *Cytisus foliosus*, Ait.

A. frankenioides, Chois.* *Fl.* jaunes, en grappes terminales, compactes, calice couvert d'une pubescence glanduleuse, lèvre inférieure à segment médian plus long que les latéraux et dépassant la lèvre supérieure. Avril. *Flles* trifoliées, très groupées, velues; rameaux veloutés. *Haut.* 30 cent. à 1 m. Ténériffe, 1815. Arbuste à feuilles persistantes, ayant besoin d'être protégé pendant l'hiver. Syn. *A. anagyrus*, Spreng.

A. hispanicus, DC.* *Fl.* jaunes, en grappes terminales, compactes; calice velu, pourvu de glandes, lèvre inférieure à trois segments égaux, à peine plus longs que la lèvre supérieure. Juin. *Flles* groupées, trifoliées; rameaux velus. *Haut.* 60 cent. à 1 m. 30. Espagne, 1816. Arbuste à feuilles caduques. Syns. *A. anagyrus*. Sreng; *Cytisus anagyrus*, L'Hér.

A. intermedius, DC.* *Fl.* jaunes, en grappes terminales, allongées; calice couvert d'une pubescence glanduleuse; lèvre inférieure trifide, à segment médian plus long que les latéraux, dépassant beaucoup la lèvre inférieure. Mai. *Flles* trifoliées, groupées, rameaux tortueux. *Haut.* 1 m. à 1 m. 30. Montagnes de la Sicile et de Naples, 1816. Arbuste à feuilles caduques.

A. parviflorus, DC.* *Fl.* jaunes, en grappes terminales, allongées, calice couvert d'une pubescence glanduleuse, lèvre inférieure à segment médian plus long que les latéraux, dépassant beaucoup la lèvre supérieure. Mai. *Flles* trifoliées, groupées, petites; rameaux glabres. *Haut.* 1 m. à 1 m. 20. France occidentale, coteaux arides, 1800. Arbuste à feuilles caduques. Syn. *Cytisus parviflorus*, Lamk.

A. telonensis, DC.* *Fl.* jaunes, en grappes terminales, allongées; calice pubescent, non glanduleux, lèvre inférieure à segments presque égaux, un peu plus longue que la supérieure. Juin. *Flles* trifoliées, groupées; rameaux grêles, presque glabres. *Haut.* 60 cent. à 1 m. 20. France méridionale, 1800. Arbuste à feuilles caduques. Syn. *Cytisus telonensis*, Lois.

ADENOPHORA, Fisch. (de *aden*, glande, et *phoreo*, porter; allusion au nectaire cylindrique qui entoure la base du style). Syn. *Floerkeana*, Spreng. FAM. *Campanulacées.* — Genre ne renfermant plus que treize espèces de plantes vivaces rustiques, originaires de l'Asie tempérée et de l'Europe méridionale et occidentale. Les *Adenophora* ont beaucoup de ressemblance par leur port, par la forme de leurs fleurs, etc., avec les *Campanula*, dont ils diffèrent par la glande cylindrique qui entoure le style. Fleurs pédonculées, pendantes ou en épis. Feuilles larges, pétiolées, subverticillées. Il leur faut une terre riche et légère et une exposition chaude, ensoleillée. Leur multiplication a lieu par graines; la division des touffes est, paraît-il, le moyen le plus sûr de les faire périr. Le semis se fait, de préférence, dès que les graines sont mûres, ou au printemps, en pots, sous châssis froid.

A. coronata, DC. f. Syn. de *A. intermedia*, Ledeb.

A. coronopifolia, Fisch.* *Fl.* bleues, grandes, à pédicelles courts, réunies en grappes de trois à dix, au sommet des rameaux. Juillet. *Flles* radicales pétiolées, ovales, arrondies, cordiformes, crénelées; les caulinaires sessiles, linéaires, lancéolées, presque entières, très glabres. *Haut.* 30 à 60 cent. Dahourie, 1822. (S. B. F. G. 104.)

A. denticulata, Ledeb.* *Fl.* bleues, petites, nombreuses, courtement pédicellées, plus ou moins régulièrement disposées en grappe lâche, allongée. Juillet. *Flles* dentées, presque glabres; les radicales pétiolées, arrondies; les caulinaires sessiles, ovales, lancéolées. *Haut.* 45 cent. Dahourie, 1817. Syn. *A. tricuspidata*, D. C. f. (S. B. F. G. 116.)

A. Fischeri, G. Don.* *Fl.* bleu plus ou moins foncé, nombreuses, odorantes, disposées en panicule terminale, allongée, lâche, plus ou moins rameuse. Août. *Flles* radicales, pétiolées, ovales, arrondies, cordiformes, crénelées; les caulinaires sessiles, ovales, lancéolées, grossièrement dentées. *Haut.* 45 cent. Sibérie, 1784. Syn. *A. liliiflora*, Ledeb. (B. R. 3, 226.)

A. Gmelini, Fisch. *Fl.* bleues, unilatérales, de trois à dix au sommet des rameaux naissant à l'aisselle des feuilles supérieures et disposés en longue grappe. Juillet. *Flles* supérieures dressées, linéaires, très étroites, glabres. *Haut.* 30 à 60 cent. Dahourie, endroits secs et pierreux, 1820.

A. intermedia, Ledeb. *Fl.* bleu pâle, petites, en grappes. Mai. *Flles* radicales, pétiolées, cordiformes, dentées; les caulinaires graduellement rétrécies à la base, dentées, compactes. *Haut.* 1 m. Sibérie, 1820. (S. B. F. G. II, 108.) Syn. *A. coronata*, DC. f. (B. R. 2, 149.)

A. Lamarckii, Fisch.* *Fl.* bleues, infundibuliformes,

disposées en grappe pluriflore, allongée, rameuse à la base. Juin. *Flles* ovales, lancéolées, à dents aiguës, ciliées, glabres, excepté sur les bords. *Haut.* 30 à 60 cent. Europe orientale, 1824.

A. latifolia, Fisch. Syn. de *A. pereskiæfolia*, Rœm. et Schult.

Fig. 50. — ADENOPHORA FISCHERI.

A. liliiflora, Ledeb. Syn. de *A. Fischeri*, G. Donn.

A. pereskiæfolia, Rœm. et Schult.* *Fl.* bleues, assez nombreuses, éparses sur la partie supérieure des tiges, rarement subverticillées; pédoncules uni bi ou triflores. Juillet. *Flles* verticillées par trois à cinq, ovales, oblongues, acuminées, grossièrement dentées, pourvues de poils rudes. *Haut.* 45 cent. Dahourie, 1821. Syn. *A. latifolia*, Fisch.

A. periplocæfolia, DC. f. *Fl.* bleu pâle, au sommet des tiges, quelquefois solitaires. Juin. *Flles* pétiolées, ovales, aiguës, subcordiformes, crénelées. Tiges dressées. *Haut.* 8 cent. Sibérie, 1824. Plante à rocailles.

A. stylosa, Fisch.* *Fl.* bleu pâle, petites, peu nombreuses, disposées en grappe lâche, nue. Mai. *Flles* pétiolées; les inférieures obovales, sinuées; les supérieures ovales, acuminées, glabres. Tiges ascendantes. *Haut.* 30 à 45 cent. Europe orientale, 1820. Syn. *Campanula stylosa*, Lamk.

A. tricuspidata, DC.f. Syn. de *A. denticulata*, Ledeb.

A verticillata, Fisch.* *Fl.* bleu pâle, petites, irrégulièrement disposées au sommet des tiges; verticilles inférieurs pluriflores, espacés, pédoncules portant de une à trois fleurs. Juin. *Flles* verticillées, dentées; les radicales pétiolées, arrondies, les caulinaires ovales, lancéolées; tiges simples. *Haut.* 60 cent. à 1 m. Dahourie, 1783. (S. B. F. G. II. 159; L. J. F. 3,280.)

ADENOPIA, Presl. — V. **Entada,** Adans.

ADENOSTYLES, Blume. — V. **Zeuxina,** Lindl.

ADENOTRICHIA, Lindl. — V. **Senecio,** Linn.

ADENOTRICHIA amplexicaulis, Lindl. — V. **Senecio adenotrichia,** DC.

ADENOSTOMA, Hook. et Arnott. (de *aden*, glande, et *stoma*, bouche). FAM. *Rosacées.* — Petit genre renfermant deux espèces originaires de la Californie. Ce sont des arbustes rustiques, à fleurs en petites grappes, à cinq pétales. Ils poussent vigoureusement dans un mélange de terre franche fertile et de terre de bruyère, en proportions égales. Multiplication au printemps et à l'automne, par boutures de jeunes rameaux, plantées dans du sable et sous cloches.

A. fasciculata, Hook. et Arnott.* *Fl.* blanches, en petites grappes terminales. *Haut.* 60 cent. Californie, 1848. Plante rustique, buissonnante, à port de bruyère, voisine des *Alchemilla*.

ADESMIA, DC. (de *a*, privatif, et *desmos*, lien; par allusion aux étamines libres). FAM. *Légumineuses.* — Plus de cent dix espèces ont été rapportées à ce genre, mais à peine plus de quatre-vingts peuvent être considérées comme appartenant réellement à ce genre. Ce sont des arbustes toujours verts, buissonnants ou traînants, originaires de l'Amérique du Sud. Feuilles paripennées, terminées par une soie raide; pourvues de stipules lancéolées. Fleurs axillaires, à pédoncules uniflores, ou disposées en grappes au sommet des rameaux, par avortement des feuilles supérieures. On les cultive dans un mélange de terre franche, de terre de bruyère et de sable. Multiplication par boutures à chaud, dans du sable et sous cloches, et plus facilement par graines. Les espèces annuelles, *A. muricata*, *A. papposa*, et *A. pendula*, ne méritent pas d'être cultivées; les suivantes sont les plus ornementales.

A. balsamica, Bert. *Fl.* jaune doré, de 1 cent. 1/2 de diamètre; en grappes lâches, terminales, composées de trois à huit fleurs. Mars. *Flles* de 2 1/2 à 4 cent. de long, courtement pétiolées, pennées, pourvues de dix à quinze paires de folioles, de 3 à 4 mm. de long, sessiles, vert foncé, oblongues ou obovales-cunéiformes. Rameaux très grêles. Chili, 1887. Arbuste très rameux, presque glabre, couvert de glandes odorantes, balsamiques. (B. M. 6921.)

A. glutinosa, Hook. et Arnott.* *Fl.* jaunes; en grappes simples, terminales, allongées, spinescentes, couvertes de poils blancs ainsi que les bractées linéaires. Mai. *Flles* pourvues d'environ trois paires de folioles elliptiques, velues; rameaux étalés, buissonnants, couverts de poils glanduleux, glutineux. Gousses très longues, à trois articles. *Haut.* 30 à 60 cent. Chili, 1831.

A. Loudoniana, Hook. et Arnott. *Fl.* jaunes, axillaires, solitaires, à étendard soyeux. Mai. *Flles* à trois folioles molles, linéaires, lancéolées; gousse à trois articles soyeux. Chili, 1832. Arbuste dressé, très rameux, soyeux, cendré. (B. R. 20, 1720.)

A. microphylla, Hook. et Arnott.* *Fl.* jaunes, en grappes simples, terminales, spinescentes, agglomérées. Juin. *Flles* à six paires de petites folioles orbiculaires, pubescentes, courtement pétiolées; branches épineuses, buissonnantes. *Haut.* 30 à 60 cent. Chili, 1830.

A uspallatensis, Gill. *Fl.* jaunes, en grappes courtes, presque ombelliformes. Juillet. *Flles* à quatre ou cinq paires de folioles linéaires. Arbrisseau à rameaux un peu grêles, garnis d'épines dichotomes. Chili, 1832. (S. B. F. G. 11, 222.)

A. viscosa, Gill. *Fl.* jaunes, grandes, en grappes allongées, terminales, pourvues de bractées ovales. Août. *Flles* nombreuses, brièvement pétiolées, obovales, dentées, rapprochées ; gousse à cinq à six articles pubescents, parsemés de glandes brunes. Arbrisseau glanduleux, visqueux. Chili, 1831. (S. B. F. G. 11, 230.)

ADHATODA, Nees. (*pro parte*) (leur nom dans leur pays d'origine). SYN. *Duvernoia*, E. Mey. FAM. *Acanthacées.* — Genre renfermant six espèces originaires des Indes orientales, de l'Afrique tropicale, du Brésil, etc. Ce sont de beaux arbustes de serre chaude ou tempérée, auxquels il faut un compost de terre franche et de terre de bruyère fibreuse, additionné d'un peu de sable. Pour obtenir de belles plantes, il faut les arroser fréquemment et leur donner beaucoup de chaleur; la floraison devient ainsi très abondante. Multiplication par boutures herbacées au printemps, à chaud, en terre sableuse. V. aussi **Justicia**.

A. cydoneifolia, Nees.* *Fl.* en glomérules au sommet de tous les rameaux; corolle à tube blanc, à lèvre supérieure leintée de pourpre, l'inférieure grande, d'un beau pourpre foncé, striée de blanc au milieu. Octobre. *Flles* opposées, ovales, vert foncé et légèrement pubescentes ainsi que les rameaux. Brésil, 1855. C'est une bonne plante pour la garniture des piliers et la charpente des serres ; on peut aussi l'employer pour les suspensions. Ses tiges sont un peu allongées et divariquées, mais par la taille et le palissage on peut lui donner une forme élégante. (B. M. 4962; F. d. S. 12, 222.)

A. vasica, Nees. Carmantine en arbre, Noyer des Indes, etc. — *Fl.* grandes, blanches, en épis, tubuleuses et à deux lèvres. Juillet. *Flles* persistantes, grandes, aiguës, pubescentes. *Haut.* 3 m. Indes, 1699. Serre tempérée et même orangerie. Syn. *Justicia adhatoda*, Linn.

ADHATODA. Nees (*pro parte*). — V. **Justicia**, Linn.

ADHÉRENCE, ADHÉRENT, ADHÉSION. — État des parties qui, quoique originairement distinctes, sont soudées ensemble ; on emploie souvent ces mots dans le sens de *adné*. (V. ce mot.)

ADIANTUM, Linn. (de *adiantos*, sec ; par allusion à la propriété qu'ont les feuilles de rester sèches, lorsqu'on les plonge dans l'eau). **Capillaire**, Angl. Maidenhair. Comprend les *Hewardia*. Fam. *Fougères*. — Genre renfermant environ quatre-vingts espèces, la plupart originaires de l'Amérique tropicale et tempérée. Sores marginaux dont la forme varie de globuleuse à linéaire, généralement nombreux et distincts ; disposés sous la face inférieure des feuilles en ligne continue ou interrompue, sur le bord des lobules, qui est replié-appliqué en forme d'indusie, réduit à son épiderme, et comme portés par un indusium commun fixé par son bord externe au bord des lobules. Feuilles bi ou tripennatiséquées. Aucun *Adiantum* n'est absolument rustique dans le nord de la France, excepté l'*A. pedatum*, américain ; l'*A. capillus-Veneris* même, qui est indigène dans le midi, a besoin de protection pendant l'hiver. Les soins principaux à donner à ce beau genre sont : un bon drainage, un compost de terre de bruyère fibreuse, de terre franche et de sable (on peut ajouter un peu plus de terre franche pour les plus vigoureuses), enfin de grands pots pour la plupart des espèces. Pour leur culture générale, V. **Fougères**.

A. æmulum. — ' *Pétioles* grêles, d'environ 15 cent. de long. *Frondes* grêles, pyramidales, tri ou subquadripinnées ; pinnules distinctes, obliquement pyramidales ; à côtés inégaux ; lobes rhomboïdes ou oblongs, rétrécis à la base ; le terminal distinctement cunéiforme ; tous légèrement lobulés. *Sores* circulaires, ou à peu près. Brésil, 1877. Serre chaude ou tempérée.

A. æthiopicum, Linn.' *Pétioles* de 15 à 22 cent. de long, presque grêles, dressés. *Frondes* de 30 à 45 cent. de long et 15 à 22 cent. de large, deltoïdes, tri ou quadripinnées ; pinnules inférieures de 8 à 10 cent. de long et 5 à 8 cent. de large, deltoïdes ; segments inférieurs de 6 à 12 mm. de diamètre, suborbiculaires, à partie supérieure lobée ; rachis et limbe nus. *Sores* en groupes nombreux, arrondis. Les *A. Chilense*, Kaulf ; *A. scabrum*, Kunze, *A. sulfureum*, Kaulf. sont de simples formes de cette espèce. Espagne, et presque cosmopolite. Belle fougère de serre froide. Syn. *A. assimile*, Swartz. (H. S. F. 2, p. 37, t. 77 ; et p. 39, t. 75, sous le nom d'*A. emarginatum*, Bory.)

A. affine, Willd.' *Pétioles* de 15 à 22 cent. de long, dressés. *Frondes* munies d'une pinnule centrale terminant la fronde, de 10 à 15 cent. de long et 2 1/2 à 4 cent. de large, et de plusieurs autres pinnules latérales plus petites, divergentes, les inférieures ramifiées ; lobes de 12 à 18 mm. de long et 6 m. de large, dimidiés, à bord inférieur droit, le supérieur presque parallèle, crénelé comme le bord extérieur qui est oblique ou obtusément arrondi. *Sores* nombreux, arrondis. Nouvelle-Zélande. Serre froide. Syn. *A. Cunninghami*, Hook. (H. S. F. 2, p. 52, t. 86.)

A. amabile, Lieb. Syn. de *A. glaucophyllum*, Hook.

A. amabile, Hort. Syn. de *A. Moorei*, Baker.

A. amœnum, Hook et Gr. Syn. de *A. flabellulatum*, Linn.

A. andicolum, Liebm. Syn. de *A. glaucophyllum*, Hook.

A. aneitense, Carruth.' *Pétioles* fauves, glabres en dessous, velus, ferrugineux en dessus. *Frondes* deltoïdes, tri ou quadripinnées, de 45 à 60 cent. de long et de large ; segments d'environ 12 mm. de long, rhomboïdes, ascendants, presque sessiles, à bord intérieur rapproché du rachis, l'inférieur divergent, dressé, superficiellement lobé. *Sores* arrondis, réniformes, placés au centre des lobules, de quatre à six par segment. Iles Anet, 1880. Serre chaude ou tempérée.

A. assimile, Swartz. Forme australienne de l'*A. æthiopicum*, qui est largement dispersé.

A. a. cristatum, Hort. Forme à frondes en crêtes élégantes.

A. Bausei, Hort.' *Frondes* de 45 à 75 cent. de long, étalées, triangulaires, tri-quadripinnées ; pinnules pétiolées, les inférieures obliquement triangulaires : lobes larges, défléchis latéralement, ceux de la base obliquement ovales, tronqués à la base, les intermédiaires un peu trapéziformes, les terminaux aigus, tous superficiellement pédicellés et lobulés. *Sores* oblongs, réniformes, posés en travers le sommet des lobes, 1879. Bel hybride de serre chaude ou tempérée entre les *A. trapeziforme* et *A. decorum*.

A. bellum, — ' *Frondes* en touffe, de 8 à 12 cent. de haut, bipinnées, ovales, lancéolées ; pinnules de 12 mm. à 4 cent. de long, à trois-six lobes pétiolés ; lobes cunéiformes ou irrégulièrement transverso-oblongs, les terminaux un peu plus grands, cunéiformes, lobulés, à bords érodés, tous courtement pétiolés. *Sores* arrondis, ou sub-lunulés, placés sur les petites pinnules. Bermudes, 1879. Serre froide ; convenable pour les serres d'appartement.

A. Birkenheadii, Hort. *Frondes* tripinnées, d'environ 75 cent. de long, et 30 cent. de large, deltoïdes, acuminées, pinnules alternes, espacées, celles de la base longuement pétiolées, plus courtes au milieu et sessiles près du sommet, les inférieures bipinnées, les supérieures simplement pinnées ; lobes obtusément oblongs, trapéziformes, découpés sur le bord supérieur en lobules superficiels, 1886. Belle variété horticole formant des touffes compactes.

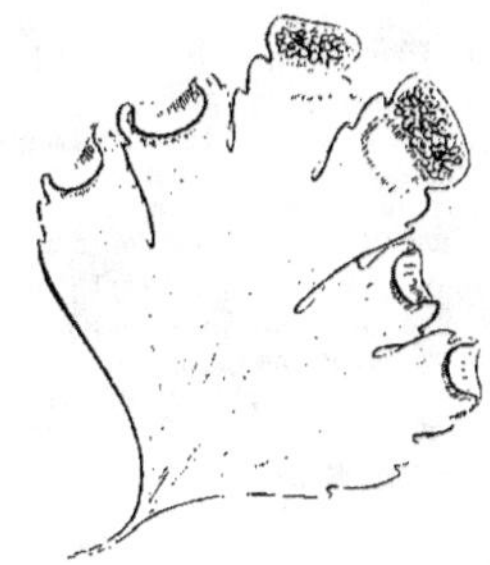

Fig. 51. — Adiantum Capillus Veneris. Foliole montrant deux lobules sorifères étalés. (Baillon.)

A. Bournei, Hort. Variété de l'*A. cuneatum*.

A. Burnii, T. Moore. *Pétioles* lisses, noir d'ébène.

Frondes toujours vertes, glabres, largement ovales, acuminées, tri ou quadripinnées ; pinnules ovales, les inférieures longuement pédonculées, les supérieures presque sessiles; lobes stipités, ceux de la base de 5 à 7 cent. de long, étroitement ovales, à lobules de la base composés; les supérieurs encore plus étroits, moins divisés à la base. *Sores* nombreux, arrondis, réniformes, placés dans l'angle des sinus, au sommet des lobules. Hybride horticole. Serre chaude.

Fig. 52. — ADIANTUM CAPILLUS-VENERIS. (Marchand.)

A. Capillus-Veneris, Linn. * Capillaire vrai, C. de Montpellier, Cheveux de Vénus, etc. ANGL. Common Maidenhair. — *Pétioles* luisants, noir d'ébène, subdressés, un peu grêles, de 10 à 20 cent. de long. *Frondes* de grandeur très variable, bipinnées à la base ; pinnules courtes, divergentes ; lobes de 1 à 2 cent. de large, cunéiformes à la base, lobulés chez les frondes fertiles, crénelés chez les stériles. *Sores* arrondis, placés dans les sinus. Europe, France méridionale, etc. ; l'aire de dispersion de cette espèce est très grande. Serre froide, châssis et pleine terre dans les endroits abrités. (H. B. F. 41.)

A. C.-V. cornubiense, Hort.* *Frondes* très nombreuses, courtes, plus ou moins oblongues dans leur contour, à lobes grands, larges, ondulés sur les bords, presque pellucides, mais néanmoins fermes. Une des meilleures variétés, mais de constitution un peu délicate.

A. C.-V. crispulum, Hort. * *Pétioles* de 15 à 30 cent. de long. *Frondes* plus atténuées que celles du type et plus étroites à la base, lobes moins nombreux, mais larges, minces, rigides et vert pâle, plus ou moins découpés sur le côté le plus large. Belle variété vigoureuse.

A. C.-V. daphnites, Hort.* *Pétioles* brun foncé, atteignant de 20 à 30 cent. de haut, pinnules et lobes plus ou moins confluents, ceux-ci larges, vert sombre, formant habituellement une sorte de crête au sommet des frondes. Bonne variété très distincte, convenable pour les petites serres d'appartement.

A. C.-V. digitatum, T. Moore. *Frondes* non symétriques, mais tendant à devenir ovales, courtes, lisses, toujours vertes; lobes inégaux, irréguliers, les plus parfaits rhomboïdaux, arrondis au sommet, profondément fourchus, lobulés, à bords émarginés. *Sores* absents. Curieuse variété horticole.

A. C.-V. fissum, Hort. Plante très naine, à lobes plus larges que ceux du type, profondément et diversement découpés, donnant à la plante un aspect distinct de celui des autres espèces.

A. C.-V. Footi, Hort. Variété voisine de l'*A. C.-V. fissum*, à frondes de 30 cent. ou plus de long; lobes amples, profondément incisés, vert clair. Plante vigoureuse.

A. C.-V. grande, Hort. Très belle variété, plus forte, plus compacte et plus touffue que le type, 1886. Rustique.

Fig. 53. — ADIANTUM-CAPILLUS VENERIS DAPHNITES.

A. C.-V. imbricatum, T. Moore. *Pétioles* et pédicelles luisants, noir d'ébène. *Frondes* ovales, de 15 cent. de long, fortement imbriquées, bi ou tripinnées, toujours vertes; pinnules rapprochées, de 2 1/2 à 6 cent. de long et 4 cent. de large; lobes grands, se recouvrant les uns les autres, les latéraux rhomboïdes, de 18 mm. de long et 12 mm. de large, le terminal largement flabelliforme, de 2 cent. 1/2 ou plus de diamètre. *Sores* oblongs allongés. Variété horticole.

A. C.-V. incisum, Hort. Très voisin de l'*A. C.-V. fissum*, mais plus vigoureux à lobes larges et profondément découpés en segments atteignant presque la base.

A. C.-V. magnificum, Hort.* *Frondes* de 20 à 40 cent. de long, plus ou moins allongées dans leur contour, de 8 à 10 cent. de diamètre; lobes amples, d'un beau vert, imbriqués et finement découpés sur les bords. L'arcure des frondes donne à cette forme une apparence des plus distinctes. Très belle variété.

A. C.-V. obliquum, Hort. *Frondes* à pinnules très grandes, obliques, 1885. (I. H. 1885, 546.)

A. C.-V. undulatum, Hort.* *Frondes* denses, compactes, à lobes larges, arrondis, vert foncé, ondulés sur les bords. Forme naine et élégante.

A. C.-V. rotundum. — *Frondes* plus petites que celles du type, à lobes ronds, non cunéiformes à la base. Ile de Man (Angl.). Port variable.

A. cardiochlœna, Kunze. Syn. de l'*A. polyphyllum*, Willd.

A. caudatum, Linn. ' *Pétioles* de 5 à 10 cent. de long, filiformes, rigides, en touffes. *Frondes* de 15 à 30 cent. de long, simplement pinnées, souvent allongées, et pourvues de racines au sommet ; lobes d'environ 12 mm. de long et 6 mm. de large, dimidiés, presque sessiles, à bord inférieur droit et horizontal, le supérieur arrondi, plus ou moins découpé, à pointe généralement obtuse ; lobes inférieurs légèrement pétiolés. *Sores* arrondis ou transversalement oblongs, placés sur le bord des lobes. Rachis et frondes velus sur les deux faces. Si l'*A. ciliatum* n'est pas synonyme de cette espèce, il n'en est probablement qu'une simple forme. Plante répandue dans tous les tropiques. Serre chaude ou tempérée ; très convenable pour suspensions. (H. E. F., t. 104.)

A. Collisii. — *Pétioles* noirs, grêles, de 30 à 45 cent. de long. *Frondes* triangulaires, de 40 à 60 cent. de diamètre ; pinnules petites, rhomboïdes, tronquées sur le côté intérieur et inférieur, légèrement dentées sur le bord extérieur et supérieur, 1885. Belle variété horticole de serre chaude, très décorative.

A. colpodes, Moore. ' *Pétioles* de 10 à 15 cent. de long, grêles, légèrement fibrilleux. *Frondes* de 20 à 40 cent. de long et 10 à 20 cent. de large, deltoïdes, tripinnées, vert tendre ; pinnules inférieures s'écartant du rachis à angle droit, de 5 à 10 cent. de long et 4 cent. de large, légèrement rameuses à la base ; derniers segments d'environ 1 cent. de long et 6 mm. de large, à bord inférieur souvent droit, le supérieur arrondi, denté, tous presque ou entièrement sessiles. *Sores* placés dans des sinus distincts sur le bord des lobes. Equateur et Pérou, 1875. Serre froide ou tempérée.

A. c. roseum, Hort. Les jeunes frondes de cette variété sont d'une teinte rouge cuivré. 1889.

A. concinnum, Humb., Bonpl. et Kunth. ' *Pétioles* de 10 à 20 cent. de long. *Frondes* de 30 à 45 cent. de long et 15 à 20 cent. de large, ovales, deltoïdes, tripinnées ; pinnules nombreuses, divergentes, flexueuses, les inférieures de 10 à 15 cent. de long et 5 à 8 cent. de large ; lobes de 6 à 10 mm. de diamètre, largement cunéiformes à la base, à bord supérieur irrégulièrement arrondi, profondément lobulé ; lobules crénelés ; les segments inférieurs de chaque pinnule, grands, sessiles. *Sores* nombreux, subréniformes. Amérique tropicale. Espèce des plus élégantes, convenable pour rocailles et suspensions.

A. c. Flemingi, Hort. C'est une variété horticole également très belle.

A. c. latum, Hort. ' Diffère du type par son port plus dressé, par sa végétation plus vigoureuse, plus grand dans toutes ses parties. Il constitue une excellente plante de serre.

A. crenatum, Willd. ' *Pétioles* de 15 à 20 cent. de long. *Frondes* à pinnule terminale de 15 à 20 cent. de long et plusieurs latérales dressées, divergentes de chaque côté, les inférieures subdivisées ; segments d'environ 12 mm. de large et 6 mm. de long, dimidiés, à bord inférieur incurvé, le supérieur presque droit, légèrement crénelé. *Sores* nombreux, ronds, placés sur le bord supérieur et quelquefois sur l'extérieur. Cette espèce est très voisine de l'*A. tetraphyllum*, Willd. (H. S. F. 2, t. 83. C. sous le nom de *A. Wilesianum*, Hook.)

A. cristatum, Linn. *Pétioles* de 15 à 30 cent. de long, forts, dressés, tomenteux. *Frondes* de 45 cent. à 1 m. de long et de 20 à 30 de large, à pinnule terminale de 15 à 20 cent. de long et 2 1/2 à 4 cent. de large ; les latérales, nombreuses, assez distantes, les inférieures subdivisées ; segments de 1 1/2 à 2 cent. de long et 6 à 10 mm. de large, dimidiés, à bord inférieur presque droit, le supérieur presque parallèle ou arrondi, à pointe obtuse. *Sores* en groupes nombreux, oblongs ou linéaires. Indes occidentales et Vénézuéla, 1844. Serre chaude. Syn. *A. Kunzeanum*, Klotzsch.

A. cubense, Hook. ' *Pétioles* de 10 à 20 cent. de long, presque noirs, dressés. *Frondes* de 15 à 30 cent. de long et 5 à 10 cent. de large, simplement pinnées ou pourvues d'une simple paire de pinnules ; lobes de 2 1/2 à 5 cent. de long et environ 2 cent. de large, unilatéraux, à bord inférieur légèrement récurvé, le supérieur arrondi et largement lobulé ; vert foncé, souples, herbacés. *Sores* placés dans des excavations des lobules. Cuba et Jamaïque. Espèce très distincte, de serre chaude. (H. S. F. 2, t. 73, A.)

A. cuneatum, Langs et Fisch. ' *Pétioles* de 15 à 20 cent. de long, grêles, dressés. *Frondes* de 20 à 45 cent. de long et 15 à 20 cent. de large, deltoïdes, tri ou quadripinnées ; pinnules inférieures de 10 à 15 cent. de long et 5 à 8 cent. de large ; segments nombreux, de 6 à 10 mm. de large, cunéiformes à la base, le bord supérieur profondément lobulé. *Sores* ob-réniformes, de quatre à six sur chaque lobe. Brésil, 1820. Cette belle espèce de serre tempérée est plus généralement cultivée que les autres ; un certain nombre de variétés horticoles ont reçu des noms spéciaux.

A. c. Bournei, Hort. *Pétioles* longs. *Frondes* denses, triangulaires, 1882. Variété horticole dans le genre de l'*A. Pacottii*, Hort., mais moins parfaite dans sa végétation.

A. c. deflexum, Hort. *Frondes* triangulaires, tri ou quadripinnées ; pinnules réfléchies, lobées ; lobes crénelés, dentés, 1884. Hybride horticole entre les *A. Bausei* et *A. cuneatum*. Serre chaude.

A. c. dissectum, Hort. ' Jolie variété à lobes plus profondément découpés que ceux du type.

A. c. elegans, Hort. *Pétioles* brillants, de 15 cent. de long. *Frondes* triangulaires, d'environ 20 cent. de long et de large ; pinnules ovales, triangulaires, à lobes espacés, cunéiformes, de 8 mm. de long et 3 mm. de large. Origine horticole, 1885. Serre chaude.

A. c. grandiceps, Hort. Variété à frondes en crêtes pendantes. Très convenable pour suspensions.

A. c. Lawsonianum, Hort. Forme très anormale, curieusement et finement découpée, les derniers segments, étroitement cunéiformes à la base, pétiolulés, distants. Origine horticole. Serre tempérée.

A. c. mudulum, Hort. Par. ' *Pétioles* de 8 à 10 cent. de long. *Frondes* naines, en touffe, dressés, d'à peine 8 cent. de large, deltoïdes, tripinnées ; pinnules et lobes compacts : lobes étroitement cunéiformes, rarement tripartitées, à lobules étroits, en coin, légèrement crénelés au sommet. *Sores* arrondis, placés dans un sinus des lobes. Origine horticole, 1879. Serre tempérée.

A. c. strictum, Hort. *Frondes* dressées, tri ou quadripinnées, à pinnules ascendantes, presque disposées en spirale. 1884. Serre chaude.

A. Cunninghami, Hook. Syn. de *A. affine*, Willd.

A. curvatum, Kaulf. ' *Pétioles* de 15 à 30 cent. de long. *Frondes* dichotomes, à divisions principales une ou deux fois fourchues ; pinnules de 20 à 30 cent. de long et 5 à 8 cent. de large ; lobes de 3 à 4 cent. de long et environ 1 cent. 1/2 de large, non vraiment dimidiés, mais les deux tiers seulement du bord inférieur est coupé en biseau, le bord supérieur arrondi et largement lobulé, à lobules finement dentés, à pointe souvent allongée. *Sores* linéaires, ou transversalement oblongs. Amérique tropicale, 1841. Serre chaude. (H. S. F. 2, p. 29, t. 84, C.)

A. cylosorum, — *Pétioles* assez forts, noir brillant, de 20 à 25 cent. de long. *Frondes* de 45 à 60 cent. de long, triangulaires, tripinnées, glabres ; pinnules divergentes, ovales, pétiolées ; lobes de 12 à 15 mm. de long, rhomboïdes. *Sores* de huit à dix sur chaque lobe, circulaires, marginaux. Equateur, 1887. Belle et distincte espèce de serre chaude, à feuilles caduques.

A. Daddsii, T. Moore. *Pétioles* noir d'ébène, brillants, d'environ 20 cent. de long. *Frondes* de plus de 30 cent. de long, fertiles dans toutes leurs divisions, deltoïdes, décomposées, toujours vertes, glabres; pinnules triangulaires, ovales, stipitées, à lobes nombreux, mais non serrés; derniers segments très nombreux, tout à fait petits, distincts, tous pédicellés; les terminaux cunéiformes, à deux ou trois lobes au sommet; les intermédiaires rhomboïdes-cunéiformes, plus ou moins profondément lobulés sur le côté antérieur; ceux de la base arrondis ou obovales, rétrécis en pédicelles. *Sores* arrondis, réniformes, placées dans un sinus au sommet des lobules. Supposé hybride. Serre tempérée.

Fig. 54. — Adiantum decorum.

A. decorum, Moore.' *Pétioles* de 10 à 15 cent. de long. *Frondes* sub-deltoïdes, de 20 à 40 cent. de long, tri ou quadripinnées; pinnules inférieures pétiolées, deltoïdes, à segments latéraux rhomboïdes, de 6 à 10 mm. de long; bord extérieur distinctement lobulé; segments inférieurs équilatéraux, imbriqués sur le rachis principal. *Sores* ronds, de quatre à six sur chaque segment. Cette espèce de serre tempérée tient le milieu entre les *A. concinnum*, et *A. cuneatum*. Pérou. Syn. *A. Wagneri*, Mett.

A. deltoideum, Swartz. *Pétioles* en touffe dense, de 8 à 12 cent. de long, dressés, rigides. *Frondes* de 10 à 15 cent. de long et 2 cent. de large, pourvues d'un lobe terminal, pinnules nombreuses, subopposées; lobes inférieurs espacés, distinctement pétiolés, de 1 cent. 1/2 de long et 6 à 9 mm. de large, hastés-deltoïdes, cordiformes ou cunéiformes à la base. *Sores* en lignes interrompues sur le bord des lobes. Iles des Indes occidentales. Serre chaude.

A. diaphanum, Blume.' *Pétioles* de 10 à 20 cent. de long, grêles, dressés. *Frondes* de 15 à 18 cent. de long, simplement pinnées ou pourvues à la base d'une à deux paires de pinnules; lobes de 1 cent. de long et 6 mm. de large, crénelés, à bord inférieur un peu recurvé, le supérieur presque parallèle. *Sores* obréniformes, nombreux. Chine sud-est, Nouvelle-Zélande, etc. Serre tempérée. Syn. *A. setulosum*, J. Sm. (H. S. F. 2, p. 11, t. 80, C.)

A. digitatum, Presl.' *Pétioles* de 30 à 45 cent. de long, dressés. *Frondes* de 30 cent. à 1 m. de long et 15 à 30 cent. de large, pourvues de pinnules nombreuses, espacées, étalées ou dressées, divergentes, graduellement plus courtes vers le sommet; les inférieures subdivisées; pinnules inférieures de 15 à 20 cent. de long et 10 cent. de large; à lobes de 2 à 2 cent. 1/2 en tous sens, dont la forme varie de défléchis à cunéiformes à la base, bord supérieur arrondi, profondément découpé en lobules à leur tour pinnatifides, les inférieurs distinctement pétiolés. *Sores* placés en lignes sur le bord des lobes. Pérou. On cultive habituellement cette plante sous le nom de *A. speciosum*, Hook. Serre chaude ou tempérée, (H. S. F., 2, p. 45, t. 85, C. sous le nom de *A. speciosum*, Hook.)

Fig. 55. — Adiantum diaphanum.

A. dolabriforme, Hook. Syn. de *A. lunulatum*, Burm

A. dolosum, Kunze. Syn. de *A. Wilsoni*, Hook.

A. Edgworthii, Hook.' Il diffère de l'*A. caudatum*, par ses lobes subentiers, glabres sur les deux faces et par sa texture plus membraneuse. (H. S. F. 2, p. 14, t. 81. B.)

A. elegans, Hort. *Pétioles* pourpre noir. *Frondes* triangulaires, ovales, quadripinnées; pinnules espacées, longuement pétiolées, ovales ou deltoïdes, à lobes pétiolulés; lobes très petits, à deux ou trois lobules arrondis, les plus grands légèrement trapézoïdes, les terminaux courtement cunéiformes, 1886. Gracieuse fougère toujours verte. de serre tempérée. Origine horticole.

A. emarginatum, Bory. Syn. de *A. æthiopicum*, Linn.

A. excisum, Kunze.' *Pétioles* de 5 à 8 cent. de long, raides, en touffe dense. *Frondes* de 15 à 45 cent. de long et 8 à 15 cent. de large, à pinnules nombreuses, courtes et flexueuses, les plus inférieures légèrement subdivisées; lobes de 5 à 8 mm. de large, cunéiformes à la base, à bord supérieur arrondi et obtusément lobé. *Sores* de trois à quatre sur chaque segment, obréniformes. placés dans des excavations des lobules. Chili.

A. e. Leyi, Hort.' C'est une forme très naine, très en crête, des mieux adaptées pour les petites serres d'appartement. Origine horticole. Serre tempérée.

A. e. multifidum, Hort.' Le sommet des frondes de cette belle variété horticole est fréquemment divisé en plusieurs lobes à leur tour découpés et cristés, formant ainsi un élégant bouquet de 5 à 8 cent. de long. Serre tempérée.

A. Farleyense, Moore. C'est une variété de l'*A. tenerum*.

A. Feei, Moore.' *Pétioles* de 30 à 45 cent. de long, forts, grimpants. *Frondes* de 30 à 60 cent. de long et 30 cent.

ou plus de large, tripinnées; rachis et principaux pétioles en zigzag, toutes les ramifications sont rigides et écartées à angle droit; pinnules inférieures de 15 à 20 cent. de long et 8 à 10 cent. de large; lobes de 2 1/2 à 5 cent. de long et 1 cent. 1/2 de large, composés d'un segment terminal et plusieurs autres latéraux, espacés, suborbiculaires, cunéiformes. *Sores* marginaux, arrondis, de plus 1 mm. 1/2 de diamètre. Amérique tropicale. Serre chaude. Syn. *A. flexuosum*, Hook.

A. Fergusoni, — * *Pétioles* longs, pourpre noirâtre, brillants. *Frondes* triangulaires, ovales, tripinnées, raides, dressées; pinnules longuement pétiolées, étalées; lobes de forme variable, la plupart grands, ovales, subobtus, tronqués à la base, avec une paire de lobes basals et trois ou quatre lobules dans la partie supérieure, à pédicelles continus, non articulés sur le rachis; tous les lobes sont lobulés et finement dentés lorsqu'ils sont stériles. *Sores* oblongs, placés au sommet des dernières divisions. Ceylan, 1884. Serre chaude. (G. C. ser. III, vol. II, p. 469.)

A. festum, T. Moore. *Pétioles* de 20 à 22 cent. de long, noir pourpré. *Frondes* de 30 cent. de long, glabres, toujours vertes, décomposées, pendantes, triangulaires, acuminées; pinnules deltoïdes, étalées; lobes des derniers segments, petits, groupés, cunéiformes ou rhomboïdes-cunéiformes, plus larges au sommet, les terminaux symétriques ou inégalement cunéiformes, bipartites, à divisions profondément lobulées, le reste lobulé sur leur bord antérieur. *Sores* arrondis réniformes, placés dans un sinus des lobules. Hybride de serre tempérée.

A. flabellulatum, Linn.* *Pétioles* dressés, forts. *Frondes* à ramifications dichotomes, à divisions encore une ou deux fois subdivisées; pinnule centrale de 10 à 20 cent. de long et 2 cent. de large; lobes d'environ 3 mm. de large et de haut, dimidiés, à bord inférieur presque droit, le supérieur arrondi, l'inférieur obtus; ces deux derniers, entiers ou légèrement dentés. *Sores* répartis en plusieurs groupes transversalement oblongs. Asie tropicale. Serre chaude. Syn. *A. amœnum*, Hook. et Gr.

A. flexuosum, Hook. Syn. de *A. Feei*, Moore.

A. formosum, R. Br. * *Pétioles* de 30 à 45 cent. de long, forts, dressés. *Frondes* de 45 à 60 cent. de long et 30 à 45 cent. de large, bi, tri ou quadripinnées; pinnules inférieures de 30 à 35 cent. de long et 15 à 20 cent. de large, deltoïdes; lobes deltoïdes; derniers segments de 6 à 10 mm. de large et 4 à 6 mm. de haut, dimidiés, à bord inférieur droit, le supérieur et l'extérieur presque arrondis et profondément lobulés, les segments inférieurs distinctement pétiolulés. *Sores* nombreux, entre réniformes et transversalement oblongs. Australie, 1820. Serre froide. (H. S. F. 2, p. 51, t. 86, B.)

A. fovearum, Raddi. Syn. de *A. intermedium*, Swartz.

A. fragrantissimum, Hort. *Pétioles* de 12 à 15 cent. de long, noir ébène, brillants. *Frondes* de 30 à 45 cent. de long., deltoïdes, quadripinnées, glabres, toujours vertes; pinnules ovales, étalées, celle de la base longuement pétiolées; lobes ou lobules grands, à pédicelles longs et grêles, cunéiformes; les terminaux également lobulés au sommet; les latéraux, plus ou moins obliquement cunéiformes, lobulés. *Sores* arrondis, réniformes, placés dans un sinus au sommet des lobules. Probablement un hybride. Serre chaude. La raison pour laquelle on lui a donné un nom d'espèce n'a pas été indiquée. (G. C., ser. III, vol. II, p. 199.)

A. fulvum, Raoul. *Pétioles* de 15 à 20 cent. de long, forts, dressés. *Frondes* de 20 à 30 cent. de long et 15 à 20 cent. de large, deltoïdes dans leur contour extérieur, à pinnule terminale de 10 à 15 cent. de long et environ 4 cent. de large et plusieurs autres pinnules latérales dressées, divergentes, les inférieures subdivisées; lobes de 2 cent. de long et 6 mm. de haut, dimidiés, à bord inférieur presque droit, le supérieur presque parallèle, à dents aiguës ainsi que sur le bord extérieur oblique. *Sores* grands, nombreux. Nouvelle-Zélande. Serre froide. (H. S. F. 85.)

A. Ghiesbreghti, Hort. * *Frondes* de 45 à 75 cent. de long, ovales, deltoïdes, tripinnées; lobes grands, légèrement crénelés sur les bords. Belle fougère de serre chaude, ayant le port de l'*A. tenerum Farleyense*, mais moins dense. C'est sans doute une variété de l'*A. tenerum*, obtenue il y a quelques années, dans l'établissement de M. Williams.

A. glaucophyllum, Hook. * *Pétioles* de 15 à 20 cent. de long, dressés. *Frondes* de 30 à 60 cent. de long et 20 à 35 cent. de large, deltoïdes, quadripinnées; pinnules inférieures de 15 à 20 cent. de long et 8 à 15 cent. de large, deltoïdes, dressées, divergentes; segments de 6 mm. de large, cunéiformes à la base, à bord supérieur irrégulièrement arrondi, plus ou moins lobé. *Sores* de quatre à six sur chaque segment, obréniformes, placés dans des excavations distinctes sur le bord supérieur des lobules. Limbe vert en dessus, glauque en dessous. Espèce très voisine de l'*A. cuneatum*. Mexique. Serre tempérée. Syns. *A. amabile*, Liebm. *A. andicolum*, Liebm. *A. mexicanum*, Presl. (F. D. 10, 964.)

A. gracillimum,* Hort. *Frondes* deltoïdes-ovales, de 20 à 60 cent. de long et 15 à 25 cent. de large, décomposées, d'un beau vert; les dernières pinnules espacées, menues, distinctement pétiolées, obovales, émarginées ou bi ou trilobées, à lobes stériles, obtus. *Sores* solitaires sur les lobes entiers, par deux ou trois sur les lobulés. C'est une des plus gracieuses fougères de serre tempérée; ses nombreux petits segments et les ramifications du rachis forment par leur ensemble des petites touffes d'un effet charmant.

A. Henslowianum, Hook. f. * *Pétioles* de 15 à 30 cent. de long, dressés. *Frondes* de 30 à 45 cent. de long et 15 à 20 cent. de large, ovales, tripinnées, pourvues de nombreuses pinnules espacées, les supérieures simples, les inférieures légèrement rameuses; lobes de 12 à 18 mm. de large et 6 à 8 mm. de haut, dimidiés, à bord inférieur presque droit, le supérieur presque arrondi et lobé, pointe obtusément arrondie. *Sores* obréniformes, placés dans des excavations au sommet des lobes. Colombie, Pérou, etc., 1833. Une des plus belles et des plus distinctes espèces de serre chaude. Syns. *A. lætum*, Mett., *A. Reichenbachii*, Moritz., *A. sessilifolium*, Hook.

A. Hewardia, Kunze. *Pétioles* de 15 à 20 cent. de long, dressés. *Frondes* simplement pinnées, ou bipinnées, composées d'une pinnule terminale et de deux à quatre latérales de chaque côté, la paire inférieure quelquefois munie de deux à quatre lobes chacune; lobes de 8 à 12 cent. de long et environ 2 cent. 1/2 de large, ovales, lancéolées, à côtés égaux, presque entiers. *Sores* en lignes continues sur les deux bords. Jamaïque, etc.; on la rencontre sur une aire très étendue. Serre chaude. Syn. *Hewardia adianthoides*, J. Smith.

A. hians, — *Pétioles* noirs. *Frondes* d'environ 25 cent. de long, triangulaires, ovales, tripinnées; pinnules ovales, les supérieures pétiolées, les inférieures presque sessiles; lobes de forme variable, arrondis, en forme de ballon, transversalement oblongs ou rhomboïdes, arrondis au sommet, portant un ou deux grands sores, largement ouvertes. Iles du sud de l'océan Pacifique. Capillaire ornementale, de serre chaude.

A. hispidulum, Swartz.* *Pétioles* de 15 à 35 cent. de long, forts, dressés. *Frondes* dichotomes, à divisions principales rameuses, flabelliformes; pinnule centrale de 15 à 20 cent. de long et 1 1/2 à 2 1/2 cent. de large; lobes légèrement pétiolulés, de 10 à 20 mm. de long et 5 à 10 mm. de large, dimidiés, subrhomboïdes, à bord extérieur obtusément arrondi, le supérieur et l'extérieur finement dentés. *Sores* arrondis, contigus, nombreux. Tropiques de l'Ancien Monde, 1822. Serre froide. Syn. *A. pubescens*, Schrenk

A. intermedium, Swartz. *Pétioles* de 15 à 30 cent. de long, dressés, forts. *Frondes* pourvues d'une pinnule terminale de 15 à 20 cent. de long et 5 à 8 cent. de large, et de une à trois latérales, divergentes de chaque côté; lobes de 2 1/2 à 4 cent. de long et 6 à 12 mm. de large, à bords inégaux, mais non dimidiés, à sommet subobtus ou aigu; bord intérieur presque parallèle avec le rachis, le supérieur presque droit, à peine denté. *Sores* marginaux, en groupes interrompus, de 2 à 5 mm. de diamètre, placés sous le bord supérieur et sous l'inférieur. Serre chaude. Amérique tropicale, depuis les Antilles allant au sud jusqu'au Pérou et à Rio-Janeiro, 1824. Syns. *A. fovearum*, Raddi, *A. triangulatum*, Kaulf.

A. Kunzeanum, Klotzch. Syn. de *A. cristatum*, Linn.

A. lœtum, Mett. Syn. de *A. Henslowianum*, Hook. f.

A. Lambertianum, Pyn. v. Geert. Variété de l'*A. cuneatum*, dont les derniers segments sont très petits et fortement chiffonnés et frisés. Origine horticole, 1890.

A. Lathomi, —* Variété horticole, que l'on dit être une variation de l'*A. Giesbreghtii*, auquel il ressemble beaucoup; il est intermédiaire entre ce dernier et l'*A. Farleyense*. C'est une magnifique plante, produisant des frondes de 45 à 60 cent. de long, à lobes imbriqués, profondément découpés. Serre chaude.

A. Legrandi, Hort. Très voisin, sinon identique avec l'*A. Pacottii*. Serre tempérée. Origine horticole.

A. Lindeni, Moore.* *Pétioles* noirs, nus. *Frondes* dressées, grandes, pentagonales, tripinnées, à pétioles pubescents en dessus, nus en dessous; segments subdistants, de 4 cent. de long, oblongs-rhomboïdes, falciformes, acuminés, bord extérieur à lobules rapprochés, obtus, vert foncé, lobules dentés. *Sores* oblongs ou réniformes. Amazones, 1866. Belle espèce de serre chaude.

A. lucidum, Swartz.* *Pétioles* de 15 à 20 cent. de long, forts, dressés. *Frondes* de 20 à 35 cent. de long et 10 à 20 cent. de large, à pinnule terminale grande, les latérales six à huit de chaque côté, les plus inférieures très légèrement rameuses, de 8 à 12 cent. de long et 1 1/2 à 2 cent. 1/2 de large, lobes à bords presque égaux, lancéolés, acuminés, légèrement dentés au sommet. *Sores* en lignes continues sur les deux bords. Iles des Indes occidentales et Amérique tropicale. Serre chaude. (H. S. F. 2, p. 4, t. 70, C.)

Fig. 56. — Adiantum Luddemanianum.

A. Luddemannianum, Hort*. Variété des plus distinctes de la Capillaire commune (*A. capillus-Veneris*, Linn.), d'origine horticole, à rachis glabres, presque noirs, se ramifiant environ au tiers de leur longueur; lobes arrondis, fortement cristés, groupés au sommet des pétioles, vert foncé à reflet glauque. C'est une petite plante de serre tempérée, très élégante.

A. lunulatum, Burm.* *Pétioles* de 10 à 15 cent. de long, rigides, en touffes. *Frondes* de 15 à 30 cent. de long et 2 1/2 à 5 cent. de large, simplement pinnées; pinnules de 2 à 2 cent. 1/2 de large et 1 1/2 à 2 cent. 1/2 de haut, subdimidiées, à bord inférieur presque parallèle avec le pétiole, le supérieur arrondi, ainsi que les côtés, habituellement plus ou moins lobulés. *Sores* en lignes marginales, continues. Honkong, etc. Espèce largement dispersée dans les deux hémisphères. Serre chaude. Syn. *A. dolabriforme*, Hook. (F. D., t. 191.)

A. macrocladum, Klotsch. Syn. de *A. polyphyllum*, Willd.

A. macrophyllum, Swartz.* *Pétioles* de 15 à 30 cent. de long, forts, dressés, presque noirs. *Frondes* de 20 à 45 cent. de long et 10 à 20 cent. de large, simplement pinnées; lobes inférieurs des frondes stériles de 8 à 10 cent. de long et 5 cent. de large, ovales, si larges à la base, que le lobe opposé le recouvre fréquemment; bords assez profondément lobulés; les fertiles plus étroits. *Sores* en longues lignes marginales, continues ou légèrement interrompues. Amérique tropicale, 1793. C'est une des plus belles espèces de serre chaude. (H. E. F. 55.)

A. m. bipinnatum, — Cette belle variété diffère du type par ses frondes bipinnées dans leur partie inférieure et par ses pinnules plus petites. Jamaïque, 1885.

A. macropterum, Miquel. Syn. de *A. Wilsoni*, Hook.

A. Mairisii, Hort. *Frondes* triangulaires, quadripinnées; pinnules ovales, à pétioles presque longs; lobes cunéiformes, trapézoïdes, à sommet irrégulier, tronqué; ceux près du sommet des pinnules plus grands, à bords lobulés; les fertiles découpés en sinus concaves, oblongs, donnant un aspect cornu aux principaux lobes. 1885. Serre chaude. Variété horticole, peut-être hybride entre les *A. capillus-Veneris*, et *A. cuneatum*.

A. manicatum, Hort. Angl. Variété distincte, étalée, très gracieuse, à frondes grandes, lobées, d'un beau vert, lobes très divisés en segments étroits. Origine horticole.

A. mexicanum, Presl. Syn. de *A. glaucophyllum*, Hook.

A. microphyllum, Roxb. Syn. de *A. venustum*, Don.

A. monochlamys, —* *Pétioles* de 15 à 20 cent. de long, dressés, rigides, brun foncé. *Frondes* de 15 à 30 cent. de long et 10 à 15 cent. de large, ovales, deltoïdes, tripinnées; pinnules assez espacées; segments de 6 mm. de large, cunéiformes à la base, à bord supérieur arrondi, légèrement denté, vert tendre, de texture ferme. *Sores*, un ou très rarement deux dans des excavations du bord supérieur, Japon. Belle et distincte espèce de serre tempérée.

A. monosorum, Baker. Belle espèce originaire des Iles Salomon; cultivée?

A. Moorei, Baker.* *Pétioles* de 15 à 20 cent. de long. *Frondes* deltoïdes de 15 à 35 cent. de long, bi ou tripinnées; segments latéraux d'environ 1 cent. 1/2 de long, rhomboïdes, à bord inférieur défléchi à partir du sommet du pédicelle, bord extérieur lobulé dans sa moitié supérieure. *Sores* ronds, placés au sommet des lobules. Andes du Pérou. Serre chaude ou tempérée. Syn. *A. amabile*, Moore, nom sous lequel on le cultive fréquemment.

A. Moritzianum, — Cette plante semble être plus forte, plus vigoureuse que l'*A. capillus-Veneris*. *Frondes* de 30 à 45 cent. de haut, à rachis plus épais et à pinnules plus grandes. Amérique du Sud. Serre froide.

A. neoguineense, —* *Pétioles* de 15 à 20 cent. de long, dressés, brun foncé. *Frondes* étalées, deltoïdes, tri-quadripinnées, vert olive foncé, à teinte glauque sur les deux faces; pinnules ovales; lobes terminaux, cunéiformes, les latéraux trapézoïdes, d'environ 1 cent. 1/2 de long, lobulés, crénelés; lobules assez grands, entiers. *Sores* petits, orbiculaires, entièrement cachés dans les sinus des lobules marginaux. Nouvelle-Guinée, 1877. Jolie variété de serre chaude.

A. Novæ-Caledoniæ,—* *Rachis* et *pétioles* pourpres noirs, en touffe; ces derniers couverts d'écailles filiformes, brun foncé. *Frondes* pédalées, pentagonales dans leur contour, tripinnées à la base, bipinnées dans leur partie supérieure; pinnules étroites, lancéolées, les plus grandes prolongées en lobule allongé, étroit, lobes irréguliers dans leur forme et dans leur grandeur, grossièrement dentés, les plus longs, de 2 1/2 à 4 cent. Nouvelle-Calédonie, 1883. Serre chaude.

A. o. minus, — *Pétioles* noirs. *Frondes* pinnées; lobes falciformes, acuminés, les stériles incisés, dentés; les fertiles trapéziformes et lobulés au sommet, portant des sores oblongs, groupés. Colombie, 1883.

A. Oweni, Hort. *Pétioles* d'environ 20 cent. de long, noir d'ébène, brillants. *Frondes* d'environ 45 cent. de long, triangulaires, ovales, persistantes, glabres, dressées, quadripinnées; pinnules ascendantes, triangulaires, stipitées, les inférieures à pétiole d'environ 2 cent. 1/2 de long, les supérieures à pétioles graduellement plus courts; lobes de la base ovales; lobules très petits, courtement stipités, légèrement lobulés, les supérieurs cunéiformes, les autres rhomboïdes pour la plupart. *Sores* marginaux, de deux à quatre sur chaque lobe, placés dans un sinus. Hybride de serre chaude.

Fig. 57. — Adiantum Novæ-Caledoniæ. (Birkenhead.)

A. obliquum, Willd. *Pétioles* de 8 à 15 cent. de long, dressés, rigides, pubescents. *Frondes* de 15 à 30 cent. de long et 5 à 10 cent. de large, pourvues d'un lobe terminal et de trois à douze paires de pinnules alternes, l'inférieure de 2 1/2 à 5 cent. de long et 12 à 18 mm. de large, nervée près du sommet, plus larges dans leur partie supérieure, tronquées dans leur moitié inférieure, arrondies à la base; celles des frondes stériles légèrement dentées. *Sores* nombreux, de 2 1/2 à 5 mm. de large, en groupes marginaux, interrompus. Indes occidentales, etc., 1826. Serre chaude. (H. S. F. 2, p. 8, t. 79, A.)

A. Pacottii, Hort. Par. *Pétioles* en touffe compacte, à frondes courtes, décomposées; segments imbriqués, relativement grands, d'un beau vert foncé, se recouvrant fortement les uns les autres. C'est une charmante variété horticole issue des *A. cuneatum* et *A. assimile;* des meilleures pour l'ornement des serres tempérées. 1880.

A. palmatum, —* *Pétioles* allongés, en zigzag. *Frondes* allongées, oblongues, rétrécies au sommet, tripinnées, atteignant souvent 1 m. de long, et 25 cent. de large; pinnules distinctes, à derniers segments espacés, grands, lisses, distinctement stipités, dont la forme varie de semi-orbiculaires à cunéiformes, mais tous profondément palmatifides, de 2 1/2 à 4 cent. de large. *Sores* oblongs, de longueur variable, placés au sommet des segments, généralement solitaires. C'est une belle et gracieuse espèce de serre chaude ou tempérée. Pérou, 1877.

A. patens, Willd. *Pétioles* de 15 à 20 cent. de long, dressés. *Frondes* dichotomes, à ramifications une ou deux fois subdivisées; pinnule centrale de 15 à 20 cent. de long et 4 cent. de large; lobes de 1 1/2 à 2 cent. de long et 6 mm. de haut, dimidiés, à bords presque parallèles, le supérieur et l'extérieur à lobules espacés, sub obtus. *Sores* obréniformes, placés sur le bord supérieur et sur l'extérieur. Brésil, etc., 1824. Serre chaude. (H. S. F. 2, p. 29, t. 87, A.)

A. Paradiseæ, Baker. Espèce bien tranchée, ayant le port de l'*A. æthiopicum*. *Frondes* de 15 cent. de long et de large, à pinnules pétiolées et à lobes crénelés au sommet. Afrique du Sud, 1889.

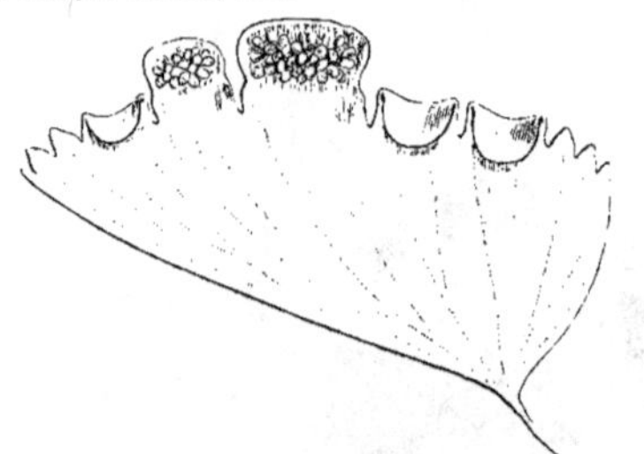

Fig. 58. — ADIANTUM PEDATUM. Foliole montrant deux lobules sorifères étalés. (Baillon.)

A. pedatum, Linn. * Capillaire du Canada. — *Pétioles* de 20 à 60 cent. de long, dressés, noirs, lisses. *Frondes* dichotomes, à divisions principales rameuses, flabelliformes; pinnule centrale de 15 à 30 cent. de long et 2 1/2 à 4 cent. de large; lobes de 1 1/2 à 2 cent. de long et 6 mm. de haut, dimidiés, courtement pétiolulés, plus larges du côté du pétiole, bords supérieur et extérieur arrondis, lobulés. *Sores* arrondis de 2 1/2 à 5 mm. de large. Nord de l'Hindoustan, Etats-Unis, etc. Espèce rustique, de pleine terre.

Fig. 59. — ADIANTUM PEDATUM.

A. peruvianum, Klotz.* *Pétioles* de 20 à 45 cent. de long, forts, dressés. *Frondes* simplement pinnées ou pourvues à la base d'une à trois pinnules, dont quelques-unes sont parfois légèrement subdivisées; lobes de 5 cent. ou plus de large et 4 cent. de haut, inégalement ovales, cunéiformes à la base, finement dentés et lobulés sur le bord supérieur et sur l'extérieur. *Sores* en groupes interrompus, placés sur les bords des lobes. Pérou. C'est une des plus belles variétés de serre chaude, parmi celles à grand développement. (H. S. F. 2, p. 35, t. 81, C.)

A. polyphyllum, Willd.* *Pétioles* de 30 à 45 cent. de long, forts, dressés. *Frondes* de 60 cent. à 1 m. de long et 30 à 45 cent. de large, simplement pinnées dans leur partie supérieure; pinnules inférieures atteignant quelquefois 30 cent. de long et 15 cent. de large; pinnule terminale allongée, les latérales nombreuses; lobes de 18 à 25 mm. de long et 6 mm. de haut, dimidiées, à bords presque parallèles, le supérieur à dents aiguës, et obtus au sommet. *Sores* en groupes suborbiculaires, nombreux, placés dans des excavations sur le bord supérieur des lobes. Colombie. Magnifique variété de serre chaude. Syns. *A. cardiochlæna*, Kunze, et *A. macrocladum*, Klotzsch. (H. S. F. 2, p. 49, t. 83. B. sous ce nom, et p. 50, t. 83, sous le précédent.)

A. populifolium, Mart. Syn. de *A. Seemanni*, Hook.

A. princeps, —* *Pétioles* de 20 à 30 cent. de long, forts, presque dressés. *Frondes* grandes, de 30 à 60 cent. de long, et 20 à 45 cent. de large à la base, deltoïdes, pendantes, quadripinnées, vert grisâtre; pinnules inférieures obliquement allongées, triangulaires, le côté postérieur tripinné, l'antérieur bipinné; pinnules supérieures pinnées, à lobe terminal grand, flabelliforme, le sommet des frondes simplement pinné; lobes de 2 cent. 1/2 de long et 2 cent. de large, arrondis, rhomboïdes ou courtement trapéziformes, courtement pétiolés, à bord inférieur entier, légèrement concave, l'antérieur et le sommet lobulés; lobules stériles serrulés, les fertiles portant chacun un sore concave, faisant paraître les lobules bicornus. Nouvelle-Grenade, 1875. Magnifique espèce de serre chaude.

A. prionophyllum, Humb., Bonpl. et Kunth. Syn. de *A. tetraphyllum*, Willd.

A. pubescens, Schrenk. Syn. de *A. hispidulum*, Swartz.

A. pulverulentum, Linn.* *Pétioles* de 15 à 30 cent. de long, forts, dressés. *Frondes* munies d'une pinnule terminale et de plusieurs latérales de chaque côté du rachis, ayant de 10 à 20 cent. de long et 2 cent. 1/2 de large; lobes de 1 cent. 1/2 de long et 3 à 5 mm. de haut, dimidiés, à bord inférieur presque droit, le supérieur presque parallèle, tous les deux finement dentés. *Sores* en lignes continues sous le bord supérieur et sous l'inférieur. Indes occidentales, etc. Serre chaude.

A. reginæ, — Belle variété de capillaire, voisine des *A. Victoria*, et *A. rhodophyllum*, avec le port de l'*A. scutum*. (G. C. 1889, II, p. 557, f. 77.)

A. Reichenbachii, Moritz. Syn. de *A. Henslowianum*, Hook. f.

A. reniforme, Linn. *Pétioles* en touffe, de 10 à 20 cent. de long. *Frondes* simples, orbiculaires, réniformes, d'un vert foncé, de 4 à 6 cent. de diamètre, à sinus ordinairement large, très ouvert. *Sores* placés tout autour du bord, en ligne de 4 à 5 mm. de large. Madère, etc., 1699. Serre tempérée. (H. S. F. 2, p. 2, t. 71, A; H. E. F. 8.)

A. R. asarifolium, Willd. Variété plus forte de l'espèce ci-dessus. (H. S. F. 2, p. 2, t. 71, B; H. E. F. 11.)

A. rhodophyllum, —* *Frondes* persistantes, triangulaires, tripinnées, élégamment divergentes, d'environ 30 cent. de long; pinnules peu nombreuses, pinnées ou bipinnées, les supérieures entières, de 4 cent. de long, rhomboïdes, trapéziformes ainsi que les lobes, ceux-ci de 2 cent. 1/2 de long, à pétioles filiformes, noirs; jeunes frondes pourpre rosé. *Sores* placés au sommet des lobes, 1881. Bel hybride de serre chaude.

A. rhomboideum, Swartz. Amérique du Sud, 1820. Probablement identique avec l'*A. villosum*, Linn.

A. roseum, Hort. *Frondes* d'une teinte rosée, lorsqu'elles sont jeunes. Variété horticole, naine. Serre froide.

A. rubellum, Moore.* *Pétioles* de 10 à 15 cent. de long. *Frondes* de 10 à 15 cent. de long, deltoïdes, bipinnées; pinnules inférieures et la supérieure deltoïdes, de 1 cent. 1/2 de large; lobes supérieurs des pinnules, cunéiformes et flabelliformes, entiers, presque sessiles, les inférieurs rhomboïdes de 1 cent. 1/2 de long, à bord inférieur presque récurvé, l'intérieur recouvrant le rachis, l'extérieur profondément lobulé, et finement denté. Les frondes de cette jolie espèce sont pourpre carminé à l'état juvénile, deviennent vertes en vieillissant, mais conservent cependant une teinte rose. Espèce voisine des *A. tinctum* et *A. decorum*. Bolivie, 1868. Serre chaude.

A. schizophyllum, T. Moore. *Rachis* et *pétioles*, irrégulièrement espacés. *Frondes* nombreuses, à rachis assez forts, apparents, noir d'ébène; lobes petits, ordinairement menus, la plupart profondément découpés en lobules linéaires. *Sores* petits, lunés, peu nombreux à l'état parfait, 1887. Semis de l'*A. æmulum*. Serre chaude ou tempérée.

A. scutum, — Syn. de *A. Ghiesbreghti*, Hort.

A. Seemanni, Hook.* *Pétioles* de 15 à 30 cent. de long, dressés. *Frondes* de 20 à 50 cent. de long, simplement pinnés, ou les pinnules inférieures composées; pinnules de 8 à 10 cent. de long et 4 à 5 cent. de large, ovales, acuminées, à côtés presque inégaux; les stériles finement dentées, dont un côté généralement cordiforme à la base et l'autre obliquement tronqué, pétioles des pinnules inférieures de presque 2 cent. 1/2 de long. *Sores* en longues lignes marginales, continues. C'est une belle et distincte espèce de serre chaude. Amérique centrale, 1868. Syns. *A. populifolium*, Mart. et *A. Zahnii*, Hort. (H. S. F., 2, p. 5, t. 81, A.)

A. sessilifolium, Hook. Syn. de *A. Henslowianum*, Hook, f.

A. setulosum, J. Sm. Syn. de *A. diaphanum*, Blume.

A. speciosum, Hook. Syn. de *A. digitatum*, Presl.

A. subvolubile, Mett. *Frondes* subgrimpantes, de 60 cent. à 1 m. 20 de long, oblongues, et 15 à 20 cent. de large, tripinnées, à rachis nus brun foncé, brillants. *Pétioles* en zigzags; pinnule centrale lancéolée, munie de quelques lobes courts, étalés; lobes latéraux rhomboïdes, d'environ 6 mm. de long, à bord inférieur en ligne parallèle avec le rachis, ou défléchi, l'extrémité inférieure, intérieure, touchant ou recouvrant le rachis, à bord extérieur superficiellement lobulé; lobes inférieurs équilatéraux, repliés sur le rachis. *Sores* petits, arrondis, de six à douze sur chaque segment. Pérou, est. Serre chaude.

A. tenerum, Swartz.* *Pétioles* de 30 cent. ou plus de haut, dressés. *Frondes* de 30 cent. à 1 m. de long et 20 à 45 cent. de large, deltoïdes, tri ou quadripinnées; lobes de 12 à 18 mm. de large, cunéiformes ou tendant à devenir trapéziformes, dimidiés, à bord supérieur arrondi ou légèrement anguleux, largement et profondément lobulés; tous pétiolulés. *Sores* en groupes nombreux arrondis, placés sous la partie supérieure des lobules. Mexique, etc., largement répandue. Serre chaude.

A. t. Farleyense, Moore.* Variété de l'espèce précédente, à frondes subfertiles et à lobes un peu en crête; c'est un de nos plus beaux *Adiantum*. On le nomme presque toujours *A. Farleyense*. Barbades, 1865. Serre chaude.

A. tetraphyllum, Willd.* *Pétioles* de 15 à 30 cent. de long, forts, dressés. *Frondes* presque aussi larges que longues, à pinnule terminale de 15 à 20 cent. de long, et 2 1/2 à 4 cent. de large, les latérales nombreuses étalées; lobes de 1 1/2 à 2 cent. de large et 6 mm. de haut, subdimidiés, à bord inférieur droit, un peu récurvé, le supérieur presque parallèle, finement denté, l'extérieur oblique. *Sores* marginaux, interrompus. Amérique tropicale. Serre chaude. Syn. *A. prionophyllum*. Humb., Bonpl. et Kunth.

A. t. gracile, Hort. Belle variété de taille moyenne, remarquable par la jolie teinte que possèdent ses frondes, lorsqu'elles se développent.

A. t. Hendersoni, Hort. Variété de serre chaude, à lobes petits, obtus.

A. t. obtusum, Kuhn. Élégante variété à rachis bruns, à frondes bipinnées, de 20 à 25 cent. de long, pinnules à quatre, six lobes trapézoïdes, obtus. Congo, 1889. (I. H., 1889, p. 65, pl. 86.)

A. tinctum, Moore.* *Pétioles* de 15 à 20 cent. de long. *Frondes* de 15 à 30 cent. de long, deltoïdes, bipinnées; lobes latéraux rhomboïdes, de 7 à 10 mm. de long; à bord inférieur droit, l'inférieur parallèle au rachis, ou le recouvrant; l'extérieur, à lobules superficiels, obtus; lobes inférieurs équilatéraux, imbriqués sur le rachis, glabres, d'une belle teinte rose à l'état juvénile, passant au vert gai en vieillissant. *Sores* ronds, placés sous les dernières divisions. Amérique tropicale. Serre chaude et tempérée.

A. trapeziforme, Linn.* *Pétioles* de 15 à 30 cent. de long, fermes, dressés. *Frondes* de 30 à 60 cent. de long, munies d'une pinnule centrale de 10 à 20 cent. de long, et 5 à 8 cent. de large, et de deux à quatre latérales de chaque côté du rachis, grandes, divergentes, les inférieures fréquemment subdivisées; segments de 4 à 5 cent. de long et 1 1/2 à 2 cent. de large, dimidiés, à bords presque parallèles, l'extérieur oblique, obtusément lobulé ainsi que le supérieur; lobule inférieur de 6 à 12 mm. de long. *Sores* nombreux, continus, placés sous le bord supérieur et sous l'inférieur. Indes occidentales, 1793. Serre chaude.

A. t. cultratum, Hort.* Bord extérieur des segments obtusément arrondi.

A. t. pentadactylon, Hort. Bord inférieur des segments légèrement obliquement récurvé à partir du pétiole.

A. t. Sanctæ-Catharinæ, Hort.* C'est une variété à segments profondément découpés et subdivisés.

A. t. S.-C. Funcki, Hort. Variété pendante, à segments profondément découpés. Origine horticole.

A. triangulatum, Kaulf. Syn. de *A. intermedium*, Swartz.

A. varium, Hort. Probablement identique avec l'*A. villosum*, Linn.

A. Veitchianum, Hance.* *Pétioles* de 15 à 20 cent. de long. *Frondes* de 20 à 45 cent. de long, deltoïdes, bipinnées dans leur moitié inférieure, rougeâtres lorsqu'elles sont jeunes; lobes latéraux rhomboïdes, d'environ 1 cent. 1/2, à bord inférieur droit, plus ou moins défléchi à partir du sommet du pédicelle; bord intérieur distancé du rachis; le supérieur et l'extérieur superficiellement lobulés; segments terminaux de 1 1/2 à 2 cent. de large, équilatéraux, arrondis dans leur partie supérieure, deltoïdes dans l'inférieure. *Sores* ronds, petits, de huit à dix sur chaque segment. Andes du Pérou, 1868. Belle et distincte espèce de serre chaude.

A. velutinum, Moore.* *Pétioles* aussi longs que les frondes, légèrement veloutés. *Frondes* deltoïdes, de 45 à 60 cent. de long, tri-quadripinnées; pinnules à pétioles fortement pubescents sur les deux côtés, de 15 à 20 cent. de long; segments découpés en vingt à trente lobules subsessiles, subrhomboïdes, de 2 cent. 1/2 de long et 1 cent. 1/2 de large, à bord inférieur récurvé, l'extérieur obtus ou subaigu, le supérieur droit, à dents superficielles, obtuses. *Sores* droits, de 4 mm. de long, placés un par un et au nombre de cinq à six sur chaque segment. Colombie, 1866. Magnifique espèce de serre chaude.

A. venustum, Don.* *Pétioles* de 15 à 20 cent. de long, rigides, dressés, brillants. *Frondes* de 15 à 30 cent. de long et 10 à 20 cent. de large, deltoïdes, tri-quadripinnées; à derniers segments d'environ 6 mm. de diamètre, cunéiformes à la base, à bord supérieur arrondi et généralement finement denté, vert tendre et de texture ferme.

Sores, de un à trois, placés dans des excavations sous le bord supérieur. Himalaya, jusqu'à 2,500 m. d'altitude. Serre froide ou châssis, presque rustique dans les endroits abrités. Syn. *A. microphyllum*, Roxb. (H. S. F., 76.)

A. versaillense, Hort. Par. Variété de l'*A. capillus-Veneris*, Linn., à frondes en crête. 1888.

A. Victoriæ, Hort. *Frondes* groupées, bipinnées, formant des touffes basses, compactes, de 10 à 15 cent. de haut, d'un beau vert; lobes assez grands, obtusément coniques [ou] subrhomboïdaux, 1882. Belle capillaire naine de serre chaude, « que l'on suppose être un hybride entre les *A. Ghiesbreghti* et *A. decorum*, mais elle a cependant plus l'air d'une forme naine de l'*A. tenerum farleyense* » (Moore).

A. villosum, Linn.* *Pétioles* de 20 à 30 cent. de long, forts, dressés. *Frondes* composées d'une pinnule centrale terminale et de plusieurs paires de latérales, étalées, de 15 à 30 cent. de long et 4 à 5 cent. de large; lobes dimidiés, d'environ 2 cent. 1/2 de long et 12 mm. de large, à bord inférieur presque droit, le supérieur presque parallèle, mais beaucoup plus grand, légèrement denté, le bord extérieur auriculé à la base. *Sores* en lignes continues sous le bord supérieur et sous l'extérieur. Indes occidentales, etc., 1775. Serre chaude.

A. Wagneri, Mett. Syn. de *A. decorum*, Moore.

A. Waltoni, — *Pétioles* de 20 cent. de long, noir d'ébène, brillants. *Frondes* de presque 45 cent. de long, largement ovales, dressées, glabres, persistantes, quadripinnées; pinnules ascendantes, ovales; les inférieures pétiolées; les supérieures à lobes rapprochés du rachis, allongées et composées; lobes pédicellés, plus ou moins cunéiformes, souvent un peu obliques. *Sores* abondants, de quatre à six sur chaque pinnule, placés dans un sinus des lobules marginaux. Hybride de serre tempérée.

A. Weigandii, — *Frondes* triangulaires, tripinnées, glabres, d'environ 30 cent. de long, formant par leur réunion une jolie petite touffe; pinnules et lobes longuement pétiolés, ces derniers ovales, à base large, lobulés, à sinus étroits. *Sores* grands, nombreux, presque circulaires, un ou deux sur chaque lobule. Amérique (origine horticole), 1881. Serre tempérée.

A. Wilesianum, Hook. — Syn. de *A. crenatum*, Willd.

A. Williamsii, —* *Pétioles* de 15 à 20 cent. de long. *Frondes* de 20 à 45 cent. de long, tripinnées, triangulaires; pinnules ovales, espacées, lobes subarrondis, légèrement trapéziformes, à bord inférieur presque concave, le supérieur entier, légèrement ondulé ou divisé en trois à quatre lobules crénelés entre les sores; la partie stérile, diaphane, érodée. *Sores* de huit à dix, allongés, réniformes ou lunulés, occupant toute la partie semi-circulaire du bord supérieur. Montagnes du Pérou, 1877. A l'état juvénile, les rachis et les frondes sont couverts d'une poussière jaune. C'est une des plus belles capillaires de serre tempérée.

A. Wilsoni, Hook.* *Pétioles* de 15 à 30 cent. de long, dressés. *Frondes* de 20 à 30 cent. de long et 15 à 30 cent. de large, simplement pinnées; pinnule terminale grande, les latérales, cinq à six de chaque côté, subsessiles, de 10 à 12 cent. de long et 2 1/2 à 5 cent. de large, ovales ou ovales-lancéolées, acuminées presque entières. *Sores* en lignes continues sous les deux bords. Serre chaude. Jamaïque. Syns. *A. dolorosum*, Kunze et *A. macropterum*, Miquel. (H. E. F. 14; H. S. F. 2, p. 6, t. 79, B. et p. 6, t. 72, sous le nom *A. Wilsoni*, Hook.)

A. Zahnii, Hort. Syn. de *A. Seemanni*, Hook.

ADIKE, Rafin. — V. Pilea, Lindl.

ADINA, Salisb. (de *adinos*, groupé; par allusion aux fleurs disposées en glomérules). Fam. *Rubiacées*.—Genre renfermant sept espèces originaires de l'Amérique et de l'Asie tropicale et subtropicale. Ce sont de jolis petits arbustes toujours verts, de serre tempérée, à rameaux opposés, arrondis; fleurs en glomérules, sur des pédoncules solitaires, axillaires. Il leur faut un mélange de terre franche, de terre de bruyère et de sable. Multiplication par boutures qui s'enracinent facilement à chaud, sous cloches, plantées dans de la terre franche, fertile.

A. globifera, Salisb.* *Fl.* jaunâtres, sessiles, réunies en glomérules globuleux; corolle infundibuliforme; pédoncules axillaires, solitaires, rarement terminaux. Juillet. *Flles* lancéolées, glabres, plus longues que les pédoncules. *Haut.* 1 m. à 1 m. 30. Chine, 1804. Syn. *Nauclea Adina*, Smith. (B. R. 11, 895.)

ADLUMIA, Rafin. (de *adlumino*, franger de pourpre; les fleurs sont bordées de pourpre). Fam. *Fumariacées*. — Genre monotypique, dont l'espèce connue est une plante grimpante, fragile, presque rustique, originaire de l'Amérique du Nord. Fleurs à quatre pétales connivents. Il lui faut une bonne terre; semer les graines en mai, dans un endroit ombragé. La plante est bisannuelle, mais dans les endroits qui lui sont le plus favorables, les graines se ressèment d'elles-mêmes, on peut ainsi la considérer comme vivace. Elle est convenable pour tapisser les murs, les treillages, ou pour faire grimper sur les arbustes. Cependant, étant donnée sa texture fragile, on ne peut la voir dans toute sa beauté que dans les serres.

Fig. 60. — Adlumia cirrhosa.

A. cirrhosa, Rafin.* *Fl.* rose pâle, d'environ 12 mm. de long, à pédoncules axillaires, portant généralement quatre fleurs. Juin. *Flles* tripinnées, vert tendre. *Haut.* 5 m. Amérique du Nord, 1788. Les tiges grimpantes sont abondamment munies de feuilles assez semblables à celles des capillaires. (S. B. F. G. 189.)

ADNÉ, Angl. Adnate. — Soudé à une autre partie par toute sa surface. Les anthères sont dites adnées, lorsqu'elles adhèrent au filet sur toute leur longueur.

ADONIS, Linn. (allusion poétique au chasseur Adonis tué par un sanglier et dont le sang fut, dit la mythologie, changé en fleur par Vénus). Fam. *Renonculacées*. — Plus de vingt espèces de ce genre ont été décrites; ce nombre peut être réduit à cinq ou six: elles habitent l'Europe et l'Asie tempérée. Fleurs solitaires, terminales, pédonculées, calice à cinq sépales caducs; corolle à cinq-quinze pétales onguiculés; carpelles disposés en capitule oblong. Feuilles divisées en nombreux segments linéaires. Les espèces annuelles sont moins ornementales que les vivaces : ces dernières sont convenables pour les parterres, les rocailles, le bord des massifs d'arbustes, etc. Toutes se plaisent en bonne terre saine, les annuelles se propagent par graines que l'on sème de préférence à l'automne ; les vivaces par divisions.

Fig. 61. — Adonis æstivalis.

A. æstivalis, Linn.' Goutte de sang, Œil de faisan. Angl. Pheasant's Eye. — *Fl.* carmin foncé, pétales plans, oblongs, obtus, une fois et demie plus longs que le calice, marqués d'une tache noire à l'onglet ; calice jaune rougeâtre, caduc. Juin. *Haut.* 30 à 50 cent. Europe ; France, etc., 1629. Annuel.

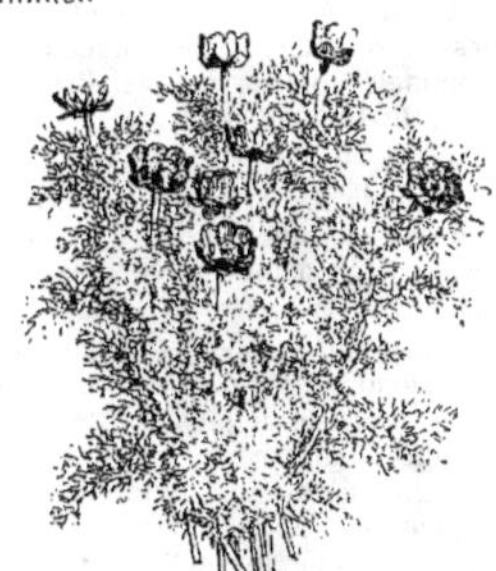

Fig. 62. — Adonis autumnalis.

A. autumnalis, Linn.' Goutte de sang, etc., Angl. Red Morocco. — *Fl.* rouge sang intense, à centre noir, rarement pâles ; sépales glabres, écartés des six à huit pétales qui sont concaves, connivents, à peine plus grands que le calice. Mai-juillet. Tiges simples ou rameuses. *Haut.* 30 à 50 cent. Europe, France, etc. Annuel.

A. pyrenaica, DC. *Fl.* presque sessiles, jaunes ; pétales, huit ou dix, plus petits et plus obtus que ceux de l'*A. vernalis*. Juillet. *Flles* inférieures longuement pétiolées : pétioles trifides, à segments très divisés, les supérieures sessiles, multifides, à lobules linéaires, très entiers. Tiges de 30 cent. ou plus de hauteur, généralement très rameuses. Pyrénées, 1817. Vivace.

A. vernalis, Linn.' *Fl.* jaunes, grandes : pétales dix à douze, oblongs, presque denticulés. Mars. *Flles* inférieures avortées ou réduites à des sortes d'écailles engainantes, les intermédiaires et les supérieures sessiles, multifides, à lobules très entiers. *Haut.* 20 à 30 cent. Europe, France, etc., 1629. Cette charmante plante à rocailles ; demande une terre légère, fertile, et ne doit pas être transplantée trop souvent. Vivace. (B. M. 134.)

A. v. sibirica, Hort. Diffère du type simplement par la grandeur de ses fleurs.

A. volgensis, Steven. Espèce intermédiaire entre les *A. vernalis* et *A. pyrenaica* ; elle diffère du premier par ses tiges rameuses et par ses feuilles plus espacées ; du dernier par ses feuilles inférieures avortées, en forme d'écailles, et de tous les deux par ses sépales pubescents à l'extérieur. *Fl.* jaunes. *Haut.* 30 cent. Russie, 1818.

Fig. 63. — Adonis vernalis.

ADOS et COTIÈRE, Angl. Banks. — Ce sont des planches inclinées du côté du soleil, de façon à ce que leur surface reçoive la plus grande quantité de chaleur possible. On les construit dans le but de hâter et quelquefois aussi de retarder l'époque de production des plantes. Ces planches peuvent avoir de 1 m. 30 à 4 m. de largeur, selon l'emplacement ou selon la profondeur de la couche végétale, elles doivent toujours aller de l'est à l'ouest, et peuvent être en plein jardin ou au pied d'un mur (dans ce cas, on les nomme *Côtières*). Il faut les confectionner avec la plus grande régularité possible ; pour cela, l'usage continuel du cordeau

Fig. 64. — Côtière.

devient indispensable. Sur le côté au soleil, on cultive les laitues, les radis, les pois, les haricots, les concombres, les courges, les aubergines, les piments, etc., tout y vient plus tôt, avec une précocité moyenne de dix à quinze jours et quelquefois plus. Sur le côté opposé, on sème ou on repique les légumes dont on désire retarder l'époque de production. On peut y semer en lignes et très clair, des laitues, des épinards, des navets, etc. Cette méthode, à la portée de tout le monde, produit toujours les meilleurs résultats, surtout dans les régions froides et tardives.

ADULTE. — Arrivé à son complet développement. Par opposition à *juvénile*, une plante ou une de ses parties est dite adulte, lorsqu'elle a atteint l'état parfait.

ADVENTIF, Angl. Adventitious. — Qui se développe sur un organe où sa position n'est pas habituelle. Se dit des bourgeons, des racines, etc. V. aussi **Bourgeons adventifs**.

ADVERSE. — Synonyme d'opposé. Se dit, d'après de Candolle, d'un objet dont la face est tournée au midi.

ÆCHMEA, Ruiz et Pav. (de *aichme*, pointe; par allusion aux pointes rigides des calices ou enveloppes florales). Comprend, d'après Bentham et Hooker, les *Canistrum*, E. Morren, *Echinostachys*, Beer., *Hohenbergia*, Schultes, *Hoplophytum*, E. Morren, *Lamprococcus*, Beer., *Macrochordium*, de Vriese, et *Pironeaua*, Gaud. Fam. *Broméliacées*. — Genre renfermant environ soixante espèces toutes originaires de l'Amérique du Sud. Ce sont de belles plantes de serre chaude, à fleurs en épis, en grappes ou en panicules; périanthe à six divisions, les trois extérieures sépaloïdes, plus longues que les trois intérieures pétaloïdes; feuilles coriaces, en lanières ou ensiformes, quelquefois épineuses sur les bords. Les *Æchmea* se plaisent dans un compost très perméable de terre franche fibreuse et de terreau de feuilles, ou, à défaut, de terre de bruyère. La température habituelle des serres chaudes leur est favorable, mais il leur faut beaucoup de lumière; pour cela, on peut les placer sur des pots renversés, de façon à ce que leur tête dépasse les plantes qui les entourent.

Multiplication. — Lorsque les hampes florifères qui partent du cœur de la plante sont fanées, il se développe, à la base, des rejets ou drageons qui fleurissent l'année suivante. Si on désire avoir de fortes plantes, on laisse ces rejets se développer tout autour; si au contraire on ne désire que des plantes à une seule rosette de feuilles, on détache ces drageons que l'on empote séparément dans une terre très légère, et on les place dans un endroit chaud et humide jusqu'à ce qu'ils soient enracinés. Pour faciliter la reprise, il est nécessaire d'enlever quelques-unes des feuilles inférieures et de dresser la coupe avec un couteau tranchant, de façon à éviter la pourriture et faciliter la formation du bourrelet. Lorsque ces drageons sont enracinés, on les rempote dans de plus grands pots; pour des plantes ayant une seule couronne de feuilles, des pots de 10 cent. sont généralement suffisants, car les *Æchmea* étant épiphytes, il leur faut peu d'eau, excepté pendant leur période de végétation, ou lorsqu'ils émettent leurs hampes florales. Pendant l'hiver, il faut les tenir presque secs pour leur faciliter le repos; un point important est de veiller à ce qu'il ne séjourne pas d'eau dans le cœur, ce qui pourrait les faire pourrir.

Æ. amazonica, Hort. Syn. de *Karatas amazonica*, Baker.

Æ. augusta, Baker. *Fl.* lilas rosé, petites, en glomérules disposés en panicule. *Flles* étalées, larges, en lanières, obtuses, denticulées, vert tendre, irrégulièrement maculées de vert foncé, 1883. Espèce grande et robuste. Syn. *Hohenbergia ferruginea*, Carr. (R. H. 1881, p. 437.)

Æ. aurantiaca, Baker. * *Fl.* orangées, en capitule entouré d'un involucre formé de bractées rouge orangé; hampe dressée. Juin à septembre. *Flles* loriformes, en lanières, denticulées, défléchies. Brésil, 1873. Syn. *Canistrum aurantiacum*, E. Morren (B. H. 1873, 15.)

Æ. Barleei, Baker. *Fl.* distiques; calice à tube globuleux, farineux; corolle jaune pâle; bractées inférieures rouges; les supérieures vertes; hampe centrale, paniculée. *Flles* huit à dix à chaque rosette, rubanées, ensiformes, vertes, de 60 cent. à 1 m. de long et 5 cent. de large, couvertes d'un farina blanchâtre, peu épais, épineuses sur les bords. Honduras anglais, 1877.

Æ. brasiliensis, Regel. *Fl.* à calices, bractées et rachis écarlates; pétales bleus, dressés, arrondis, émarginés à la base; panicule contractée, oblongue, de 12 cent. de haut, très glabre, à rameaux courts, sessiles, portant cinq ou six fleurs. *Flles* récurvées, étalées, ligulées, linéaires, fortement dilatées à la base, rigides, canaliculées, acuminées, dentées, épineuses sur les bords, de 45 cent. à 1 m. de long. Rio-Janeiro, 1885. (B. G. 1202.)

Æ. calyculata, Baker. * *Fl.* jaune vif, tubuleuses, à bractées rouges; disposées en glomérule compact au sommet d'une hampe dressée. *Flles* rubanées, brusquement obtuses, terminées par une épine aiguë. *Haut.* 20 cent. Brésil, 1862. Syn. *Hoplophytum calyculatum*, E. Morren. (B. H. 1864, 11.)

Æ. cœlestis, Morren *. *Fl.* bleu ciel, en panicule pyramidale, compacte, à hampe dressée. Hiver. *Flles* en lanières, canaliculées, à bords épineux, écailleuses en dessous. Brésil, 1874. Syn. *Hoplophytum cœlestis*, K. Koch.

Æ. Cornui, Carr. *Fl.* à calices, bractées et rachis, rouge carmin; corolle jaune; inflorescence un peu plus courte que les feuilles; hampe rouge, couverte d'un tomentum blanc, peu abondant. *Flles* grandes, en lanières, tronquées et mucronées au sommet, vertes, maculées de brun à la base et au sommet, à bords dentés. Brésil, 1885. Espèce naine, robuste. (R. H. 1885, p. 36.)

Æ. cœrulescens, Baker. *Fl.* bleuâtres. *Haut.* 30 cent. Amérique du Sud, 1870. Cette jolie espèce est très décorative par son gros bouquet de baies rouge foncé et blanc pur, qui mûrissent en octobre. Syn. *Lamprococcus cœrulescens*, Regel. (R. G. 694.)

Æ. conspicuiarmata, Baker. *Fl.* jaunâtres, noircissant lorsqu'elles se fanent, sessiles, en petit capitule globuleux; hampe blanche, laineuse et plus courte que les feuilles, munie de bractées longues et étroites. *Flles* longues, récurvées, à dents épineuses, foncées, vert brillant en dessus, fortement ponctuées et striées de blanc en dessous. Brésil, 1886. Belle Broméliacée. Syn. *Macrochordium macracanthum*, Regel. (R. G. 1886, p. 297, f. 34.)

Æ. discolor, Hook*. *Fl.* écarlates, en panicule lâche, rameuse. Juin. *Flles* grandes, finement dentées sur les bords, vert foncé en dessus et rougeâtres en dessous. *Haut.* 60 cent. Brésil, 1844. (B. M. 4293.)

Æ. distichantha, Lem.* *Fl.* à sépales roses; pétales pourpre vif; en épis fortement garnis de bractées rouge vif. *Flles* longues, glauques, linéaires, oblongues, rétrécies en pointe aiguë et munies d'épines distinctes, rouge brun. *Haut.* 30 cent. Sud du Brésil, 1852. Syn. *Billbergia polystachya*, Paxt. (L. J. F. 3, 269; B. M. 5447.)

Æ. Drakeana, Ed. Andr*. *Fl.* sessiles, calice glabre, rose vif; corolle de 4 cent. de long, bleu vif; disposées en épi oblong, lâche; hampe de 45 cent. de haut, violacée à la base, rouge dans sa partie supérieure, couverte d'un tomentum blanc et pourvue de bractées étroites, pâles. *Flles* de 45 cent. ou plus de long et 5 à 7 cent. de large, au nombre de douze environ, disposées en rosette, étalées, récurvées, canaliculées en dessus, obtuses et mucronées au sommet, à bords munis d'épines droites, espacées, vertes, teintées de violet en dessous et finement canescentes sur les deux faces. Equateur, 1888. (R. H. 1888, p. 401; B. A. VI, A.)

Æ. eburnea, Baker. * *Fl.* blanc et vert, disposées en bouquet déprimé, semblable à un *Nidularium;* ovaires blancs. Mai. *Flles* en touffe, bigarrées ; celles du centre blanc crème, entourant l'inflorescence. *Haut.* 60 cent. Brésil, 1876. Syns. *Canistrum eburneum*, E. Morren. (B. H.), 1879, 13-14.) *Guzmannia fragrans*, Hort.; *Nidularium Lindeni*, Regel.

Æ. exsudans, Baker.* *Fl.* orangées (exsudant une substance graisseuse qui lui a valu son nom spécifique), entremêlées de bractées vertes ; hampe dressée, à bractées carminées, lancéolées, éparses, terminée par un glomérule compact de fleurs. *Flles* oblongues, grisâtres, bordées d'épines. *Haut.* 60 cent. Indes occidentales, 1824. Syn. *Hohenbergia exsudans*, E. Morren (B. H. 1879, 18.)

Æ. fasciata, Baker*. *Fl.* roses, en capitule conique, accompagnées chacune par une bractée de même couleur, étroite, à bords épineux, plus longue qu'elle ; hampe dressée, couverte de bractées rosées, foliacées. *Flles* larges, récurvées, rubanées de blanc. Rio-Janeiro, 1826. La floraison de cette espèce est très prolongée. Syn. *Billbergia fasciata*, Lem. (F. d. S. 207.) *B. rhodocyanea*, Lindl.

Æ. flexuosa, Baker. *Fl.* espacées, sessiles, divergentes ; calice rose pâle, de 12 à 15 mm. de long ; pétales rouge vif, en languette, courtement exerts : panicule ovale, rameuse, de 45 à 60 cent. de long et 15 à 20 cent. de diamètre, à rameaux inférieurs de 8 à 12 cent. de long ; hampe dressée, forte, de 45 cent. de haut, pourvue de bractées dressées, pâle. Hiver. *Flles* de vingt à trente, disposées en rosette dense, de 1 m. à 1 m. 30 de circonférence, lancéolées, dilatées à la base, aiguës, de 8 cent. de large, canaliculées, vert tendre, parsemées de macules blanchâtres. Origine inconnue, 1886. Plante caulescente.

Æ. fulgens, Brongn.* *Fl.* d'un beau rouge foncé, bleuâtres au sommet, disposées en grande panicule rameuse, de plus de cinquante fleurs ; hampe forte, dressée, écarlate. Août, septembre. *Flles* un peu ensiformes, récurvées, brusquement terminées. Cayenne, 1842. (P. M. B. 10, 173 ; F. d. S. 2, 38.)

Æ. Furstenbergi, Morren. *Fl.* roses, en épis compacts, pourvus de bractées décoratives, se recouvrant par leur bord. *Flles* en touffe, linéaires, récurvées, épineuses sur les bords. *Haut.* 30 cent. Bahia, 1879.

Æ. glomerata, Hook.* *Fl.* violettes : hampe dressée, forte, de 20 à 25 cent. de haut, à rameaux agglomérés, couverts de bractées compactes, rouge sang. *Flles* en lanière, oblongues, cuspidées, d'environ 45 cent. de long, vert foncé, bordées de courtes épines espacées. Bahia, 1868. (B. M. 5668.) Syn. *Hohenbergia erythrostachys*, Brong.

Æ. Hystrix, Hook*. *Fl.* en épis oblongs, très denses ; feuilles florales et bractées écarlates. Février. *Flles* très compactes, ascendantes, linéaires, lancéolées, dentées en scie. Plante touffue. *Haut.* 30 cent. Sud du Brésil, 1864.

Æ. Lalindei, Lind. et Rod.* *Fl.*, calice vert, ellipsoïde, rose au sommet ; corolle non exserte ; épi dense ; bractées carmin, grandes, aiguës, réfléchies ; hampe haute. *Flles* de 1 m. à 1 m. 20 de long, larges, concaves, aiguës, denticulées, vertes. Nouvelle-Grenade, 1883. Belle plante. (I. H. 481.)

Æ. Legrelliana, Baker. Syn. de *Ortgiesia Legrelliana*.

Æ. Lindeni, K. Koch. *Fl.* jaunes, en capitules terminaux, pourvues de bractées rouges, lancéolées, plus courtes que les fleurs. *Flles* linéaires, oblongues, arrondies, apiculées, à bords dentés en scie. Plante touffue. *Haut.* 30 cent. Sud du Brésil, 1864. (B. M. 5565.)

Æ. Mariæ Reginæ, H. Wendl.* *Fl.* bleues au sommet, devenant saumonées en vieillissant, disposées en épi compact ; hampe dressée, d'environ 60 cent. de haut, garnie sur la moitié de sa longueur de grandes bractées naviculaires, dont quelques-unes ont 10 cent. de long, d'un beau rose vif. Juin-juillet. *Flles* en touffe, de 45 cent. de long. Costa-Rica, 1873. C'est probablement la plus belle espèce.

Æ. Melinonii, Hook. *Fl.* écarlate vif, à pointe rose, cylindriques, en panicule dense, terminale. *Flles* oblongues, coriaces, d'environ 45 cent. de long, vert foncé, épineuses sur les bords. Amérique du Sud. (B. M. 5235.)

Æ. mexicana, Baker. *Fl.* à pédicelles droits, divergents, de 6 mm. de long ; calice vert, de 12 mm. de long ; pétales rouge carmin vif, connivents, de 8 mm. plus longs que le calice ; panicule oblongue, cylindrique, de 30 cent. de long, et 10 à 12 cent. de large ; bractées dressées, incolores. Hiver. *Flles* de vingt à trente, en rosette dense, en lanières, deltoïdes, cuspidées au sommet, de plus de 60 cent. de long et 8 cent. de large ; à base dilatée, de 10 à 12 cent. de large, vert tendre, maculées vert foncé : épines petites, les inférieures brunes au sommet. Montagnes de l'Orizaba, 1886.

Æ. myriophylla, Baker. *Fl.* distiques ; calice rouge vif ; corolle rose, devenant lilas lorsqu'elle se fane ; hampe de 45 cent. de haut, paniculée, rouge vif, ainsi que les bractées. *Flles* formant une rosette dense, étroites, canaliculées, atténuées, de 60 à 75 cent. de long et 2 cent. 1/2 de large, vert sombre, parsemées sur le dos d'écailles argentées, à bord armé d'épines brunes, rapprochées. Amérique tropicale, 1887. (B. M. 6939.)

Æ. Ortgiesii, Baker. Son nom correct est *Ortgiesia tillandsioides*, Benth.

Æ. paniculigera, Griseb. *Fl.* disposées en grande panicule composée, de 30 à 60 cent. de long ; sépales roses, pétales pourpre vif ; hampe de plusieurs pieds de haut, pourpre rougeâtre, couverte d'un tomentum blanc. Indes occidentales, 1887.

Æ. spectabilis, Brongn.* *Fl.* roses ; calice charnu, ovale, corolle de 2 cent. 1/2 de long, carmin rosé. *Flles* étalées, en lanière, canaliculées, de 75 cent. de long et 8 à 10 cent. de large. Guatémala, 1875.

Æ. purpurea, Baker. Plante d'un aspect distinct, à feuilles arquées, longues de 30 à 45 cent., vert tendre au sommet, vert pourpré à la base, prenant pendant l'été une teinte pourpre carminé. Colombie, 1889.

Æ. rosea, Baker. *Fl.* blanc et vert ; bractées roses. 1879. Syn. *Canistrum roseum*, E. Morren. (B. H. 1883, 14, 15.)

Æ. Veitchii, Baker.* *Fl.* écarlates, en épi dense, couvert de bractées écarlates, dentées, enveloppant fortement les fleurs. *Flles* en touffe, coriaces, en lanières, larges, maculées et finement serrulées. *Haut.* 30 cent. Colombie, 1877. (B. M. 6329.) Syn. *Chevalliera Veitchii*, E. Morren.

Æ. viridis, Baker. *Fl.* vertes. *Flles* vertes, canaliculées, acuminées, irrégulièrement dentées. Brésil, 1875. Syn. *Canistrum viride*, E. Morren. (B. H. 1874, 16.)

Æ. Weilbachii leodiensis, Andr.* *Fl.* violet rose, passant au rouge foncé ; bractées écarlate mêlé de violet et de vert ; hampe plus courte que les feuilles. *Flles* environ quarante, en rosette, armées dans leur moitié inférieure d'épines plus courtes et plus compactes que dans le type, face supérieure vert olive et vert tendre, face inférieure de la base lavée de violet brun et maculée de rouge sang. Brésil, 1887.

ÆCIDIUM. — V. **Peridermium.**

ÆGICERAS, Gærtn. (de *aix*, chèvre, et *keras*, corne ; par allusion à la forme du fruit). Syn. *Malaspinæa*, Presl. Fam. *Myrsinées*. — Genre monotypique, originaire de l'Asie et de l'Australie subtropicale. C'est un arbuste laiteux, toujours vert, de serre froide, à feuilles obovales, entières. Fleurs blanches, odorantes, en ombelles terminales ou axillaires. On le cultive facilement dans un mélange de terre de bruyère, de terre franche et de sable. Multiplication par boutures faites en été avec du bois à moitié mûr, plantées dans du sable, à chaud et sous cloches.

Æ. fragrans, Kœn. *Fl.* blanches, odorantes, en ombelles pédonculées, axillaires ou terminales. Avril. *Flles* obovales, inégalement dilatées, veinées, ondulées sur les bords, couvertes sur la face supérieure d'excroissances de nature saline. *Haut.* 2 m. Nouvelle-Hollande, 1824. Syn. *Æ. majus*, Gœrtn.

ÆGINETIA, Cav. — V. **Bouvardia**, Salisb.

ÆGIPHILA, Jacq. (de *aix*, chèvre, et *philos*, cher; la plante est avidement mangée par les chèvres). Syns. *Manabea*, Aubl., *Omphalococca*, Willd. Fam. *Verbénacées.* — Genre renfermant environ trente espèces originaires de l'Amérique tropicale, du Brésil et du Mexique. Arbustes toujours verts décoratifs, de serre chaude, à feuilles généralement ovales lancéolées, acuminées, glabres; fleurs en panicules axillaires et terminales. Il leur faut une terre franche, sableuse et fertile. Multiplication par boutures à chaud, dans du sable et sous cloches.

Æ. grandiflora, Hook.* *Fl.* jaunes, en corymbes terminaux; corolle duveteuse. Novembre. Baies bleues, comprimées. *Flles* verticillées, oblongues, entières, subcordiformes à la base. *Haut.* 1 m. La Havane, 1843. Les autres espèces ne sont probablement pas cultivées actuellement et celle-ci ne l'est pas d'une façon générale. (B. M. 4230; P. M. B. 13, 217; F. d. S. 4, 324.)

ÆGLE, Correa (de *Ægle*, nom de l'une des îles des Hespérides). **Eglé**, Angl. Bengal Quince. Fam. *Rutacées.* — Genre renfermant deux ou trois espèces originaires des Indes orientales, de Java et de l'Afrique tropicale. Ce sont des arbres toujours verts, de serre chaude, produisant de gros fruits qui ressemblent beaucoup à une orange par leur aspect; ils ont un parfum exquis et ont un goût délicieux. Ce genre diffère principalement des *Citrus* par ses étamines nombreuses, libres. La pulpe du fruit est apéritive, c'est un bon remède contre la dysenterie; l'écorce épaisse et les fruits verts desséchés sont astringents. Il leur faut une terre franche, fertile. Multiplication par boutures de bois mûr, plantées dans du sable, sans enlever aucune de leurs feuilles, sous cloches et à chaud.

Æ. Marmelos, Pers. *Fl.* blanches très odorantes. en panicules axillaires et terminales. Avril. *Fr.* à quinze loges. *Flles* trifoliées, à folioles dentelées. *Haut.* 3 m. Indes, 1759. Syn. *Cratæva Marmelos*, Linn.

Æ. sepiaria, DC. *Fr.* jaune orangé, sphérique, d'environ 4 cent. de diamètre. *Flles* trifoliées à pétioles ailés; folioles sessiles, elliptiques, obtuses. Branches robustes, souvent plus ou moins aplaties, pourvues d'épines raides, *Haut.* 1 m. 20. Japon. Rustique. Syn. *Citrus trifoliata*, Linn. (B. M. 6513); *Citrus triptera*, Hort. (R. H. 1885, 516.)

ÆONIUM, Webb. — Compris dans les **Sempervivum**, Linn.

ÆOLANTHUS, Mart. (de *aiollo*, varier, et *anthos*, fleur; allusion à la variabilité des fleurs). Fam. *Labiées.* — Genre renfermant environ douze espèces originaires de l'Afrique tropicale et subtropicale. Ce sont des herbes à feuilles épaisses et à fleurs en panicules lâches. Ces plantent se plaisent dans une terre franche, sableuse, et se propagent facilement par graines que l'on sème dans la même terre.

Æ. Livingstonii, — *Fl.* brunes. Est de l'Afrique, 1859.

Æ. suaveolens, Don. *Fl.* lilas, unilatérales, en cymes axillaires et terminales, dressées, habituellement trifides, pourvues de feuilles florales ou bractées sous les divisions. Juillet. *Flles* presque sessiles, obovales à peine denticulées assez épaisses, vert tendre. *Haut.* 30 cent. Brésil, 1859. Jolie plante annuelle de serre chaude, à odeur douce.

ÆRANTHUS, Lindl. (de *aer*, air, et *anthos*, fleur; allusion au port de la plante). Fam. *Orchidées.* — Genre comprenant environ six espèces de remarquables orchidées de serre chaude, dont le traitement est semblable à celui des **Angræcum**, dont elles sont voisines.

Æ. arachnitis, — *Fl.* vertes. *Flles* linéaires. *Haut.* 1 m. Madagascar, 1860.

Æ. brachycentron, Regel. *Fl.* jaune pâle; sépales longuement acuminés; labelle ovale cordiforme, cuspidé; éperon court, claviforme, incurvé; hampe grêle, portant une à deux fleurs. *Flles* oblongues, en lanière, de 15 à 20 cent. de long, inégalement bilobées au sommet. Iles Comores, 1890. Plante naine, de serre chaude.

Æ. Curnowianus, — *Fl.* blanc jaunâtre; sépales et pétales ligulés, aigus. *Flles* obovales, cunéiformes, rétuses, munies d'un acumen: éperon filiforme, cinq fois plus long que le labelle. *Flles* en lanière, émarginées, charnues, vert sombre foncé, presque rudes. Madagascar, 1883.

Æ. Grandidierianus, Rchb. Syn. de *Angræcum Grandidierianum*, Carr.

Æ. grandiflora, Lindl.* *Fl.* jaune verdâtre, solitaires, grandes, terminales. *Haut.* 20 cent. Madagascar, 1823. (B. R. 10, 817; L. 109.)

Æ. Leonis, Rchb. f.* *Fl.* blanc ivoire, comparables à celles de l'*Angræcum sesquipedale*, mais à éperon beaucoup plus court et en entonnoir à la base, puis filiforme et ensuite brusquement recourbé en haut. *Flles* nombreuses, en lame d'épée, fortes, falciformes, de 20 à 22 cent. de long. Iles Comores, 1885. Magnifique plante. (G. C. n. s. XXIV, pp. 80-81; W. O. A. 213.) Syn. *Angræcum Leonis*, Rchb. f.

Æ. ophioplectron, Rchb. f. Syn. de *Angræcum ophioplectron*, Rchb. f.

Æ. trichoplectron, Rchb. f. *Fl.* blanches, sépales lancéolés, acuminés; pétales linéaires, aigus; labelle large, presque conchoïde à la base, acuminé au sommet; éperon long, filiforme; pédoncules uniflores. Février. *Flles* de 12 cent. de long et 3 mm. de large, douces, linéaires, bidentées au sommet. Madagascar, 1888. (G. C. 1883, 3, p. 264; O. 1888, p. 161.)

AÉRATION, Angl. Ventilation. — Donner de l'air ou ventiler, est une des opérations les plus importantes dans la conduite des serres et dans la culture de tous les arbres ou plantes sous verre. Il faut des vasistas ou ventilateurs dans toutes les constructions horticoles, pour régler la température et renouveler l'air intérieur. La surface donnée aux ventilateurs dépend du genre de plantes que l'on désire cultiver. Les serres à vigne et à pêcher ont besoin de larges ouvertures pour la libre circulation de l'air, quand celui-ci est nécessaire ou lorsque le temps et les circonstances permettent d'en donner; tandis que dans les serres chaudes et tempérées, où les plantes ont continuellement besoin d'une température plus ou moins tropicale, un plus petit nombre de ventilateurs est suffisant. Il est toujours utile, quand on construit une serre, d'établir des prises d'air sur le faîte ou près du sommet; ces moyens d'aération sont prévus dans les constructions modernes et permettent d'introduire la plus petite ou la plus grande quantité d'air possible, sans qu'il puisse pleuvoir à l'intérieur autrement que par éclaboussures. La construction du mécanisme servant à faire fonctionner les ventilateurs a reçu beaucoup de perfectionnements pendant ces dernières années; on est arrivé à ce que les vasistas d'une serre de certaine dimension, 10 m. de long, par exemple, peuvent facilement s'ouvrir ou se fermer d'une main au moyen d'un levier, tandis que de l'autre on les fixe à la hauteur désirée. Lorsque, comme dans beaucoup de serres adossées, il n'y a pas d'ouvertures sur le devant, le mieux est de percer au bas du mur de face des ventilateurs se fermant au moyen de portes en bois, et, si cela est possible, de faire passer l'air sur les tuyaux où il s'échauffe avant d'arriver sur les plantes. On peut aussi placer de semblables ventilateurs dans le mur du fond; mais il est préférable d'employer, quand on le peut, des châssis mobiles. Il y a, dans cette question de la ventilation des serres, de nombreux sujets d'observation qui dépendent de diverses circonstances, et dont la connaissance ne peut s'acquérir qu'avec une longue expérience. L'état du temps souvent très variable et la différence de température entre l'intérieur et l'extérieur de la serre, sont les deux points les plus importants à étudier. A différentes époques, les mêmes plantes auront besoin d'un traitement différent, selon l'état de leur végétation. Au printemps, il est nécessaire d'apporter les plus grandes précautions pour l'introduction de l'air extérieur, car les changements subits de température, dus à une ventilation faite sans discernement, montrent bientôt leurs mauvais effets sur les jeunes plantes et surtout sur celles à feuillage délicat. Dans les anciennes serres vitrées avec de petits carreaux, la chaleur solaire n'est jamais aussi ardente que dans celles de construction moderne, vitrées avec de grandes feuilles de verre, où les soins d'aération deviennent conséquemment beaucoup plus grands. Heureusement, plusieurs des systèmes perfectionnés mentionnés ci-dessus permettent d'ouvrir ou de fermer les ventilateurs en dix fois moins de temps qu'il n'en faut pour manœuvrer séparément chacun des châssis d'une serre. Lorsqu'on sait qu'il faut aérer, on doit chaque jour avoir le soin d'ouvrir les ventilateurs dès le matin et graduellement, au fur et à mesure que la chaleur augmente. C'est une mauvaise habitude que celle qui consiste à laisser la température s'élever et à donner ensuite brusquement, ou même en deux fois, l'air nécessaire pour toute la journée. Traitées ainsi, les plantes à feuillage délicat se fanent fréquemment par suite du changement subit de température et de l'évaporation excessive qui a lieu. Peu de plantes résistent à un pareil traitement; leurs feuilles sont souvent roussies pendant le jour, et elles donnent ainsi plus de prise aux attaques des insectes. Au printemps, l'aération des forceries et autres constructions peut être modifiée chaque jour, afin de maintenir la température exigée. La façon d'aérer et la quantité d'air à donner sont des points qui doivent être déterminés selon les circontances et le mode de culture des plantes. Ce que d'une manière générale on peut conseiller, c'est, comme il vient d'être dit, de commencer à donner de l'air de bonne heure, si on est certain que l'aération sera nécessaire dans la journée et d'en augmenter graduellement la quantité, jusqu'à ce que celle-ci soit jugée suffisante. En second lieu, il faut toujours éviter les courants d'air; si la température est froide, ou si le vent est fort, il ne faut pas ouvrir en même temps les vasistas de face et ceux du fond, à moins que les plantes ne soient de celles qui n'ont pas à en souffrir, ce qui est très rare. En été, lorsque la température intérieure et celle de l'extérieur se maintiennent à peu près égales, on peut sans grand danger laisser plus librement pénétrer l'air.

AERIDES, Lour. (de *aer*, air; allusion à la faculté qu'ont ces plantes de tirer de l'atmosphère les substances nutritives qui leur sont nécessaires). Fam. *Orchidées*. — Genre renfermant de nombreuses espèces d'orchidées épiphytes, confinées aux tropiques de l'Ancien Monde, et dont la plupart ont de grandes fleurs extrêmement belles. La disposition distique de leurs feuilles épaisses, charnues, forme un caractère remarquable de ce genre; elles sont généralement tronquées au sommet et pour la plupart profondément canaliculées, mais cependant, elles sont arrondies ou presque cylindriques chez quelques espèces. Tous les *Aerides* développent sur différentes parties de leur tige, de grosses racines charnues, à l'aide desquelles ils absorbent l'humidité atmosphérique, et pour cette raison, il faut, pour les bien cultiver, les fixer sur des morceaux de bois. Cependant cette méthode ne peut s'employer que lorsque les plantes sont jeunes, car il est presque impossible pour le jardinier de maintenir une humidité suffisante à leurs besoins, et le plus souvent, les feuilles se ratatinent et tombent; il n'en reste que quelques-unes au sommet des tiges. Conséquemment, lorsque les plantes sont établies sur les bûches, il faut les empoter. On emplit les pots aux trois quarts avec des tessons et des morceaux de charbon de bois, et on les comble avec du bon sphagnum vivant, dans lequel on enterre quelques racines, et on laisse les autres libres. Par ce moyen, on peut leur fournir une plus grande humidité; on en obtient ainsi de beaux spécimens de forme symétrique. Les *Aerides* s'obtiennent facilement en belles plantes, qui habituellement fleurissent avec profusion et sont pour cela recommandables à tous les orchidophiles. Du premier printemps jusqu'à la fin de septembre, il ne faut pas leur ménager les arrosements, tout en ayant soin de ne jamais mouiller les fleurs. Après cette époque, il faut graduellement diminuer la quantité d'eau aux racines, et l'atmosphère doit aussi être moins humide; mais la sécheresse ne doit jamais être poussée au point de laisser les feuilles se faner, car si cet accident arrive, les plantes perdent leur uniformité, et, quoique nous soyons tout disposés à admettre que les plantes produisent une plus grande quantité de fleurs lorsqu'elles ont enduré une *ridure* (trad. littérale) complète, nous préférons adopter le système qui donne une quantité moyenne de fleurs, associées à un beau feuillage. Comme il a été dit plus haut, les *Aerides* sont plus particulièrement des plantes de l'Extrême-Orient, et par conséquent classées parmi les orchidées qui demandent le plus de chaleur. Ceci est correct dans un sens; cependant il ne leur en faut pas autant qu'on se l'imagine et qu'on leur en donnait encore récemment. Il ne faut pas par conséquent les exclure des collections d'amateurs. Plusieurs espèces peuvent pendant l'hiver être tenues à une température de 15 à 16 deg. centigrades, tandis que, pendant la période de leur végétation, elle peut s'élever sans limite par l'action du soleil, tant qu'on maintient une humidité et une circulation d'air suffisantes. On peut s'en rapporter aux chiffres de température suivants : au printemps, de 18 à 20 deg. centigrades pendant la nuit, et 22 à 27 deg. pendant le jour; en été, de 22 à 27 deg. pendant la nuit et 30 deg. pendant le jour; en hiver, environ

15 degrés pendant la nuit et 18 degrés pendant le jour.

A. affine, Wall.* *Fl.* rose tendre, très nombreuses, en épis rameux ayant quelquefois 60 cent. de long, et dont la floraison se prolonge pendant trois semaines; sépales et pétales égaux, arrondis au sommet; labelle rhomboïde et trilobé, à éperon court. *Flles* vert tendre, d'environ 30 cent. de long. *Haut.* 1 m. Belle espèce originaire des Indes, formant de beaux spécimens pour les expositions. (L. S. O. 15; B. M. 4049; R. G. 8, 267.)

A. a. superbum, Hort.* Variété améliorée, à fleurs plus grandes et plus richement colorées, à port plus compact.

A. ampullaceum, Roxb. Syn. *Saccolabium rubrum.*

A. augustianum, Rolfe. Voisin de l'*A. Rœbeleni*, dont il ne diffère que par son éperon plus long et par ses fleurs roses, au lieu d'être blanc verdâtre. Iles Philippines, 1890. (L. v. 5, 210; G. C. 1890, f. 36.)

A. Ballantinianum, — *Fl.* variables; pétales et sépale dorsal légèrement dentés; sépales latéraux blancs, à macule pourpre au sommet; labelle blanc, à lobes latéraux orangés ou unicolores ou marqués de stries ou de raies pourpres transversales, égaux ou plus courts que le lobe médian, celui-ci denté sur les bords et bidenté au sommet. *Flles* presque courtes, bilobées. Belle espèce.

A. Bernhardianum, — *Fl.* à lobes latéraux du labelle se recouvrant l'un l'autre, le médian les recouvrant tous les deux sur le devant; grappe ayant l'aspect de celle de l'*A. quinquevulnerum*. *Flles* étroites, rubanées. Bornéo, 1885. Belle espèce distincte.

A. Brookii, Batem.* *Fl.* pourpre et blanc, très odorantes; labelle pourpre vif; sépales et pétales blancs. *Flles* glauques, très ornementales. Bombay. Cette espèce, quoique fort belle, est très rare. (P. M. B. 9, 145; F. d. S. 5, 438.)

A. Burbidgei splendens, — *Fl.* d'un beau pourpre; lobes latéraux du labelle jaune d'ocre, maculés de brun; sommet de l'éperon jaune d'ocre, 1885.

A. crassifolium, Rchb.* C'est une plante naine, touffue, à feuilles larges, épaisses, pointillées de pourpre et obliquement bilobées. Ses fleurs sont disposées en longs épis pendants, à peine plus grands que ceux de l'*A. falcatum*, auxquels ils ressemblent beaucoup par leur forme; les divisions sont pourpres ou améthystes au sommet : le centre ou gorge de la fleur est blanc ivoire. L'éperon comparé avec celui de l'*A. falcatum* est ici courbé en dessous en angle, tandis qu'il est droit chez cette espèce; les lobes latéraux du labelle sont plus larges et plus courts dans notre plante et les deux carènes du labelle sont rapprochées à la base et deviennent divergentes, tandis que chez l'*A. falcatum*, elles sont espacées à la base et deviennent convergentes au milieu du labelle. On cite cette espèce comme la meilleure du genre. On peut la cultiver dans des paniers suspendus près du verre. Burmah, 1877. (O. 85, p. 370.)

Fig. 65. — Aerides crispum. Fleur détachée.

A. crispum, Lindl.* *Fl.* blanches, suffusées de rose pourpré, de près de 5 cent. de diamètre; sépales et pétales ovales, aigus; labelle trilobé, lobe médian très large, denté à la base et frangé sur les bords; l'éperon en forme de corne est légèrement incurvé; grappes dressées, de plus du double de la longueur des feuilles, multiflores. *Flles* vert foncé, planes et larges, obtuses aux deux extrémités et bilobées, d'environ 10 à 12 cent. de long. Bombay, 1840. Conserve longtemps sa beauté. (B. R. 28, 55; B. M. 4427; F. d. S. 5, 438.)

A. c. Lindleyanum, Rchb. Variété à végétation vigoureuse, produisant de grandes panicules très rameuses; sépales et pétales blancs; labelle grand, d'un beau rose vif.

A. c. Warneri, Williams.* Feuilles plus petites et plus grêles que celles du type; sépales et pétales blancs; labelle d'un beau rose tendre. (W. O. A. VII, 293.)

A. cylindricum, Hook. non Lindl.* *Fl.* blanc et rose, aussi grandes que celle de l'*A. crispum*; pétales et sépales crispés. *Flles* allongées, subulées, arrondies de 10 à 15 cent. de long. Indes orientales. Espèce distincte, très rare. (B. M. 4982.) Syn. *A. vandarum*, Rchb. f. (W. O. A. III, 116.)

A. dasycarpum, — *Fl.* roses et brunâtres. Indes, 1865.

A. dasypogon, — Syn. de *Sarcanthus erinaceus.*

A. difforme, Wall. *Fl.* vert et brun. Indes, 1865.

A. Dominiana, —* C'est un hybride horticole des *A. Fieldingii*, et *A. affine*, ayant la couleur du premier, mais les macules et la forme du second. Très rare.

A. Emericii, Rchb. f. *Fl* rose pâle, à segments du périanthe plus foncés au sommet et le lobe médian du labelle pourpre, de 1 cent. 1/2 de diamètre : divisions du périanthe courtes, incurvées, arrondies au sommet; labelle en entonnoir se prolongeant en gros éperon incurvé; grappes axillaires de 12 à 15 cent. de long, courtement pédonculées. Mai. *Flles* distiques, de presque 30 cent. de long et 2 1/2 à 4 cent. de large, linéaires, coriaces, profondément bifides au sommet. Iles Adaman, 1882. (B. M. 6728.)

A. expansum, Rchb. *Fl.* à sépales et pétales blanc crémeux, maculés de pourpre, labelle entièrement ouvert, ayant des macules bleu améthyste sur les lobes latéraux et sur les côtés du lobe médian, sa partie antérieure est large, pourpre foncé et l'éperon est verdâtre. Juin-juillet. *Flles* vert tendre, plus larges que celles de l'*A. falcatum*. Indes. Syn. *A. falcatum expansum*. Hort.

A. e. Leoniæ, Rchb. f. *Fl.* à lacinies latérales obtuses, rétuses, et même dolabriforme, 1882. (O. 85, p. 302.)

A. falcatum, Lindl.* *Fl.* à pétales et sépales blancs, pointillés de rouge carmin, rose tendre au sommet; labelle blanc sur les côtés, rose carminé au centre; éperon court, parallèle avec la lèvre; grappes pendantes pluriflores. *Flles* compactes sur les tiges, coriaces, obtuses et mucronées, d'une teinte vert bleuâtre particulière. Cette espèce est très voisine de l'*A. crassifolium*. Syn. *A. Larpentæ*, Lindl. (R. X. O. 1, 92.)

A. f. compactum, Rchb. f. Variété différant principalement du type par son inflorescence plus courte, par ses feuilles plus larges, plus épaisses et par sa tige plus forte.

A. f. expansum, Hort. Syn. de *A. expansum*, Rchb.

A. Fieldingii, Lindl.* Angl. The Fox-brush Acrides. *Fl.* blanches, nombreuses, admirablement maculées de rose vif; les grappes très rameuses ont de 60 cent. à 1 m. de long et se prolongent pendant deux à trois semaines. *Flles* de 20 à 25 cent. de long, vert tendre chez certains individus, vert foncé chez certains autres, larges, épaisses et charnues, obliquement bilobées au sommet. *Haut.* 1 m. à 1 m. 30. Assam. (L. 97.)

A. formosum, — *Fl.* blanches, maculées, disposées en gracieux épis pendants; labelle trifide, admirablement coloré de bleu améthyste, 1882. Bel hybride que l'on suppose être issu du croisement des *A. falcatum* et *A. odoratum.*

A. Godefroyanum, Rchb. f. *Fl.* blanc rosé clair, striées et maculées de bleu améthyste sur les pétales et sur les sépales, comparables à celles de l'*A. maculosum*: labelle triangulaire, à dent forte, crochue et retorse, éperon très petit, anguleux; disque d'un beau bleu améthyste. Cochinchine, 1886. (R. H. B. 1891, 169.)

A. Houlletianum, Rchb. f.* *Fl.* à sépales et pétales chamois, teintés de blanc crème à la base, à œil pourpre au sommet: labelle blanc, à partie antérieure pourprée avec quelques stries de même teinte sur les côtés; épis très denses. *Flles* et port semblables à l'*A. virens*. Cochinchine. (L. 103; R. H. 1891, 324.) Syn. *A. Mendelii.*

A. Huttoni, Hort. Veitch. — V. *Saccolabium Huttoni*, Hook. f.

A. illustre, Rchb. f. *Fl.* ressemblant à celles de l'*A. maculosum*, mais plus grandes; sépales et pétales plus larges, à teinte lilas voilant la teinte blanche: les macules peu nombreuses se trouvent toutes sur le côté intérieur des pétales; labelle d'un beau pourpre améthyste, avec les macules basales du *Saccolabium maculosum*; grappe simple. *Flles* larges, à macules foncées. Indes. (On le suppose être un hybride naturel.)

A. Jansoni, Rolfe. On suppose cette plante être un hybride naturel entre les *A. odoratum* et *A. expansum*, Burmah, 1890.

A. japonicum, Rchb. *Fl.* blanches à sépales latéraux légèrement barrés de brun pourpre; grappes pendantes, à fleurs nombreuses; labelle pourpre, maculé et marqué d'une côte centrale violet foncé. *Flles* courtes, linéaires oblongues, obtusément bilobées. Tiges courtes, d'environ 10 cent. de haut. Belle espèce de serre froide, originaire du Japon, 1862.

A. Larpentæ, Lindl. Syn. de *A. falcatum*, Lindl.

A. Lawrenceanum, — *Fl.* blanches, grandes, à labelle ample, convexe, en forme d'écope, d'un beau rose magenta vif; épis pendants. *Flles* presque étroites, linéaires. 1882.

A. Lawrenciæ, Rchb. *Fl.* presque aussi grandes que celles de l'*A. crispum*; sépales et pétales blancs, passant au jaunâtre, pourpre rose au sommet; labelle à lobes latéraux élevés, oblongs dolabriformes; lobe médian pourpre, rosé au sommet; deux lignes pourpres, partant du sommet se prolongent jusqu'à la gorge de l'éperon; celui-ci est conique, aigu, entier; grappes de 60 cent. de long, portant plus de trente fleurs. Asie tropicale, 1882. (W. O. A. VI, 270; Gn. 1889, 702.)

A. Leeanum, Rchb. *Fl.* bleu améthyste, à éperon vert; odorantes; grappes courtes et compactes. Hiver. Espèce indienne, voisine de l'*A. quinquevulnerum*.

A. lepidum, — *Fl.* blanches, aussi grandes que celles de l'*A. affine*, sépales et pétales pourpres au sommet; labelle à partie antérieure pourpre, projetée; éperon cylindrique, courbé; grappes ascendantes, pluriflores. *Flles* en lanière, obtusément bilobées. Indes. Jolie espèce.

A. Lobbii, Hort. Veitch. *Fl.* blanches au centre, légèrement teintées de rose pâle à l'extérieur, un peu maculées de violet; labelle marqué au centre de lignes blanches et teinté de violet foncé sur les deux faces: disposées en longs épis pendants, cylindriques. *Flles* en lanière obliquement bilobées au sommet, épaisses et charnues, d'environ 45 cent. de long, vert tendre. Moulmein, 1868. Cette espèce, dont il existe plusieurs variétés distinctes dans les cultures, est une des plus délicates du genre. (W. O. A. I, 21; I. H, XV. 559.)

A. L. Ainsworthii, Hort. *Fl.* d'une teinte plus vive que celle du type; en épis d'environ 60 cent. de long. Moulmein. Belle variété.

A. maculosum, Lindl. Son nom correct est *Saccolabium speciosum*, Wight.

A. m. formosum. — V. *Saccolabium speciosum formosum*.

A. m. Schrœderi, Moore. — V. *Saccolabium speciosum Schrœderi*.

A. margaritaceum, — *Fl.* blanc pur, en épis. *Flles* maculées. Indes. Belle espèce dans le genre du *Saccolabium speciosum*.

A. marginatum. — *Fl.* en glomérules sur le rachis; grappes pendantes; sépales et pétales jaune pâle, l'antérieur bordé de pourpre; lobes latéraux du labelle semi-oblongs, jaune orange foncé, le médian oblong, en forme de languette, dentelé, jaune passant au brun sépia; éperon vert tendre, conique. *Flles* presque larges, en lanière, bilobées ou émarginées; carénées en dessous. Iles Philippines, 1885.

A. Mac Morlandi, — *Fl.* blanches, maculées de jaune pêche, nombreuses, en longues grappes. Juin-juillet. *Flles* vert tendre, de presque 30 cent. de long. Indes. Belle espèce, mais rare.

A. Mendelii, — Syn. de *A. Houlletianum*. Rchb. f.

A. mitratum, Rchb.* *Fl.* blanc de cire, à labelle violet, disposées en nombreuses grappes dressées. Avril. *Flles* cylindriques, atténuées, vert foncé, d'environ 60 cent. de long. Moulmein. 1864. Espèce élégante, mais rare. (B. M. 5728.)

A. nobile, R. Warner.* *Fl.* à sépales et pétales maculés de rose vif et teintés de même couleur au sommet; labelle trilobé, à lobes latéraux jaune crème, le médian légèrement bifide au sommet, blanc pointillé de pourpre rose; très odorantes, disposées en longues grappes pendantes, rameuses, pluriflores, de 60 cent. à 1 m. de long. *Flles* en lanière, obliquement émarginées au sommet, vert tendre, maculées de brun. Assez semblable à l'*A. suavissimum*, mais à fleurs plus grandes, d'une plus belle teinte et à végétation plus robuste. Indes orientales (W. O. A, 11.)

A. odontochilum, — *Haut.* 60 cent. Sylhet, 1837.

A. odoratum, Lour.* *Fl.* à sépales et pétales blanc crémeux, roses au sommet: labelle cucullé, à lobes latéraux égaux, le médian ovale, infléchi; éperon conique, incurvé, de même teinte que les sépales; très odorantes, disposées en grappes pendantes, pluriflores, plus longues que les feuilles. *Flles* obliques, obtuses, mucronées au sommet, vert foncé. Indes orientales, 1800. Plante ancienne et estimée. (B. R. 18, 1485; B. M. 4139; R. G. 8. 273.)

A. o. birmanicum, Rchb. *Fl.* plus petites que celles du type, à sépales latéraux pourvus à l'extérieur d'une ligne pourpre; labelle à lobe médian pourpre, très étroit, avec quelques dents sur les bords; lobes latéraux apiculés. 1887.

A. o. cornutum, Hort. *Fl.* rose et blanc. Distinct dans sa végétation.

A. o. Demidoffi, Hort. *Fl.* blanches, grandes, à sommet des pétales et des sépales pourpre; labelle marqué de pourpre: éperon maculé de pourpre, à pointe verte. 1885.

A. o. majus, Hort. Semblable à l'*A. odoratum* par sa végétation, mais à épi plus grand et plus long.

A. o. purpurascens, Hort. Variété vigoureuse, à feuilles larges, vert foncé, fleurs blanches, rose vif au sommet des divisions, disposées en grand épi compact.

A. Ortgiesianum, — *Fl.* à sépales et pétales pourvus de pustules et de verrues pourpres; lobes latéraux du labelle pourpre clair, le médian blanc, obtus, bilobé, non denté; éperon vert pointillé et bariolé de rouge. 1885. Cette espèce ressemble à un petit *A. quinquevulnerum*.

A. pachyphyllum, — *Fl.* ressemblant à celles de l'*A.*

Thibautianum, en grappe courte, pauciflore, sépales et pétales carmins, presque aussi grands que chez cette espèce, oblongs, en lanière; labelle à divisions latérales petites, bariolées de rouge pourpre plus ou moins intense; éperon proéminent, blanc, ainsi que la colonne. *Flles* courtes, très charnues, obtuses et inégalement bilobées. Burmah, 1880.

Fig. 66. — Aerides odoratum.

A. paniculatum, — V. *Sarcanthus paniculatus*.

A. Picotianum, — Dans le texte de la référence ci-dessous, Reichenbach déclare que cette plante est la même que l'*A. Houlletianum*. (G. C. 1888, V. 4, p. 378.)

A. quinquevulnerum, Lindl. *Fl.* odorantes; sépales et pétales obtus, blancs, à cinq macules carmin rougeâtre, pourpres au sommet; labelle cucullé et en entonnoir, à lobes latéraux dressés, le médian oblong, incurvé et denticulé, de même couleur que les sépales; éperon grand, conique, vert; grappes pendantes, plus longues que les feuilles, pluriflores. Fin de l'été et commencement de l'automne. *Flles* en lanière, d'environ 30 cent. de long, à base embrassant fortement la tige, obliquement mucronées au sommet, vert tendre, brillantes. Iles Philippines, 1838. (L. S. O, 30; P. M. B. 8, 241.)

A. q. Farmeri, Hort. Variété très rare de l'espèce ci-dessus, très semblable par son port et par sa végétation, mais à fleurs odorantes et entièrement blanc pur.

A. q. Schadenbergia, Stein. Variété plus compacte, à feuilles plus larges et plus courtes que celles du type. 1886.

A. Reichenbachii, — * *Fl.* à sépales élégamment striés; labelle orange foncé; grappes très compactes. Bornéo, 1858. Espèce très rare. (R. X. O. 2, 104; W. S. O. 11.)

A. R. cochinchinensis, — Inflorescence plus dense que celle du type, labelle jaune plus foncé. Cochinchine. Magnifique variété.

A. Rœbelenii, Rchb. *Fl.* très odorantes, de la grandeur de celles de l'*A. quinquevulnerum;* sépales et pétales blanc verdâtre, blancs au sommet; pétales fréquemment, finement dentés; labelle rose vif, à lobes latéraux jaunes, lacérés sur le bord supérieur, ainsi que le lobe médian, celui-ci beaucoup plus long, oblong, courbé; éperon court, conique; grappes dressées, de 30 cent. de long, portant environ vingt-cinq fleurs. Iles Philippines, 1884. Port de l'*A. quinquevulnerum*.

A. Rohanianum, Rchb. *Fl.* à sépales blanc rosé ou rose mauve, toujours bordés de blanc; labelle à divisions latérales blanches, pourvu de deux lignes pourpres sillonnant le milieu et de macules également pourpres, lobe médian presque rhomboïde, bilobé au sommet et légèrement crénelé, lobes latéraux cunéiformes, retournés; éperon jaune soufre ou orangé, à nombreuses macules pourpres, courbé en avant; inflorescence très longue, 1884.

A. roseum, Lodd. * *Fl.* à sépales et pétales étroits, aigus, rose pâle, à macules plus foncées; labelle plan, entier et aigu, d'un rose vif, couvert, ainsi que les pétales et sépales, de taches plus foncées; grappes pendantes, compactes, pluriflores, de plus de 30 cent. de long. *Flles* coriaces, récurvées et canaliculées en dessous, à sommet obtus et bilobé. Moulmein, 1840. Cette espèce ne s'enracinant pas facilement, il ne lui faut pas autant d'humidité qu'aux autres espèces. (L. J. F. 220.)

A. r. superbum, Hort. * Belle variété à végétation plus vigoureuse, à fleurs plus grandes et d'un plus beau coloris. Les épis de cette variété ainsi que ceux du type sont susceptibles de fondre, si on lui donne beaucoup d'eau.

A. rubrum, Wight. Syn. de *Sarcanthus erinaceus.*

A. Sanderianum, — *Fl.* de 4 cent. de diamètre; sépales et pétales blanc crème, rouge magenta au sommet, à bords récurvés; labelle grand, à lobes latéraux jaunes dans leur moitié supérieure, tuyautés sur les bords, lobe médian obovale, plié, rouge magenta; éperon jaune verdâtre à l'extrémité; grappes longues. *Flles* larges, courtes, rétuses, bilobées. Est de l'Asie tropicale, 1884.

A. suavissimum, Lindl. *Fl.* à sépales et pétales obtusément ovales, blancs, teintés de lilas foncé au sommet ou même sur toute leur surface; labelle jaune citron pâle, trilobé, pressé contre la colonne, à lobes latéraux oblongs, denticulés, le médian linéaire et bifide; éperon oculé de rose; grappes nombreuses, à moitié pendantes, denses, portant un grand nombre de fleurs délicieusement parfumées. *Flles* molles, d'environ 25 cent. de long, vert tendre, abondamment tachetées de brun. Malacca, 1848. (L. J. F. 213.)

A. s. maculatum, Hort. *Fl.* exhalant un parfum suave, sépales et pétales blancs, fortement maculés de rose, ainsi que le labelle.

A. tesselatum, Wight. *Fl.* striées et rayées de vert, de blanc et de pourpre. Indes orientales, 1838. Espèce rare.

A. testaceum, Lindl. Syn. de *Vanda parviflora*, Lindl.

A. Thibautianum, Rchb. *Fl.* à sépales et pétales roses, labelle d'un beau bleu améthyste; grappe très longue, à fleurs espacées. Java. Espèce voisine de l'*A. quinquevulnerum*.

A. vandarum, Rchb. f. Syn. de *A. cylindricum*, Hook. non Lindl.

A. Veitchii, De Puydt. *Fl.* blanches, pointillées de rose tendre, disposées en longues grappes rameuses, pendantes. Juin-juillet. *Flles* de 20 cent. de long, vert foncé, maculées. Voisin de l'*A. affine*. (B. H. 1881, 8-9.)

A. virens, Lindl. *Fl.* délicieusement parfumées ; sépales et pétales blancs, ovales, obtus, pourpre rosé au sommet; labelle grand, à lobes latéraux blancs, pointillés de carmin, dentés au sommet, lobe médian pourvu d'une languette rouge, renflée; grappes longues, pendantes, pluriflores, commençant à s'épanouir en avril, et se prolongeant jusqu'en juillet. *Flles* larges, obliques, arrondies au sommet, déprimées au centre, d'un vert très gai, d'environ 20 cent. de long. (B. R. 48, 41; P. M. B. 14, 197; W. O. A. IV, 160.)

A. v. Dayanum, Hort. Belle variété à très longues grappes. Indes.

A. v. Ellisii, Hort. * *Fl.* à sépales et pétales grands, blanc suffusé de rose, bleu améthyste au sommet; pétales inférieurs larges et très arrondis; labelle grand, blanc, élégamment tacheté à la base, à lignes courtes, bleu améthyste ; lobe médian large, d'un beau bleu améthyste; éperon court, courbé en dessus, brun au sommet; grappes d'environ 45 cent. de long, portant environ de trente à quarante grandes fleurs et même plus. *Flles* vert pâle. Splendide variété.

A. v. grandiflorum, Hort. *Fl.* blanches, maculées de rose, plus grandes et plus élégamment disposées que celles du type. Avril-mai. Indes.

A. v. superbum, Hort. *Fl.* de couleur plus vive et à épis plus longs que ceux du type. Indes.

A. Wightianum, Lindl. — V. *Vanda parviflora*, Lindl.

A. Williamsii, R. Warner. *Fl.* d'une teinte blanc rosé, délicate ; très nombreuses, disposées en épis rameux, de 60 cent. à 1 m. de long. *Flles* larges, vert foncé, pendantes. Jolie espèce, mais très rare. (W. S. O. 21.)

A. Wilsonianum, — *Fl.* à sépales et à pétales blanc pur ; labelle jaune citron. Espèce naine et distincte, ressemblant beaucoup par son ensemble à l'*A. odoratum*.

AÉRIEN. — Se dit des plantes ou de leurs parties qui sont en contact avec l'air. Les plantes *aériennes* sont celles qui sont placées au-dessus du niveau du sol; les racines *aériennes* sont celles qui naissent sur une partie quelconque exposée à l'air; ex. : les racines de certains *Ficus*. (S. M.)

AEROBION, Spreng. — V. **Angrœcum**, D. P. Thouars.

AEROBION eburneum. — V. **Angrœcum eburneum**, Bory.

ÆROPHYTES. — Nom donné aux plantes qui vivent entièrement dans l'air, par opposition à celles qui vivent dans l'eau et auxquelles on donne le nom d'*Hydrophytes*. (S. M.)

ÆSCHYNANTHUS, Jack. (de *aischuno*, avoir honte, et *anthos*, fleur). Syn. *Trichosporum*, Don. *Rhcitrophyllum*, Hassk. Fam. *Gesnéracées*. — Genre comprenant environ soixante-cinq espèces originaires des Indes, de Java, des Iles Philippines, etc. Ce sont de beaux arbustes de serre chaude, grimpants ou parasites, à feuilles opposées, simples, entières. Fleurs axillaires, terminales, peu nombreuses, à pédoncules en ombelle. Ils possèdent toutes les qualités nécessaires pour être plus cultivés qu'ils ne le sont ; ils ont de belles fleurs d'un parfum agréable, un beau feuillage vert foncé, et se cultivent facilement sur des bûches que l'on recouvre de mousse verte, et sur lesquelles on les attache au moyen de fil de cuivre, en ayant soin de recouvrir les racines. Ils réclament peu de soins, mais de fréquents seringages, et ils se trouvent bien d'être plongés de temps à autre dans de l'eau, à la température de la serre. Ils peuvent aussi se cultiver en pots, mais pour obtenir de beaux spécimens, il faut les conduire activement. Les soins consistent en de fréquents rempotages dans un compost riche et perméable, jusqu'à ce qu'ils soient suffisamment forts pour être palissés sur un treillage que l'on construit au moyen de baguettes d'osier ou de coudrier. Leur multiplication a lieu par le semis et par boutures. Le premier moyen ne donne qu'un résultat médiocre. Quant aux boutures, elles se font au printemps et s'enracinent facilement en pots dans un compost léger, recouvert d'une couche de sable pur. Les meilleures boutures se font avec du bois à moitié mûr, que l'on coupe en tronçons de 5 à 8 cent. de longueur et auxquels on laisse toutes les feuilles, sauf les deux ou trois terminales que l'on enlève. Après la plantation, on les place sur une chaleur de fond modérée et on les recouvre de cloches. Dès qu'elles sont enracinées, on les empote dans de petits pots et on les replace sous cloches, jusqu'à ce qu'elles soient complètement reprises, puis on les endurcit graduellement. Lorsqu'elles ont environ un an, on les plante à demeure. On les cultive fréquemment en paniers où ils font beaucoup d'effet. Pour cela, on garnit d'abord l'intérieur avec de la mousse, puis on remplit avec un compost très riche; on place ensuite la plante au milieu, et, afin d'obtenir un développement uniforme, on couche les branches à distance égale, au moyen de petits crochets. On arrose copieusement pendant l'été, pour que la végétation soit vigoureuse, ce qui est de la plus grande importance la première année pendant laquelle il ne faut pas les laisser fleurir. On les hiverne dans un endroit relativement froid et on les tient presque secs, de façon à les laisser reposer. S'ils ont été bien conduits, ils fleuriront abondamment l'année suivante.

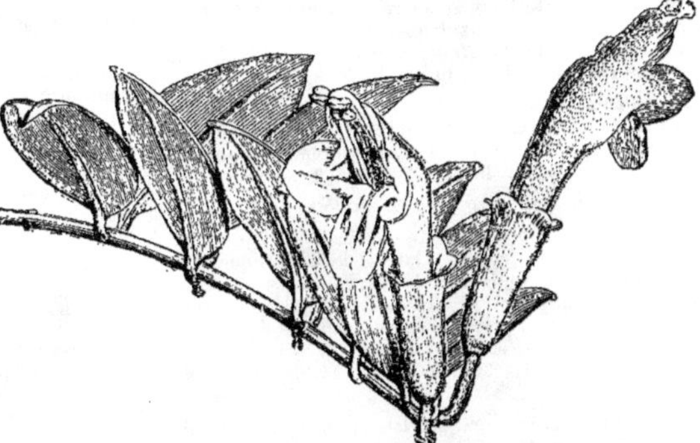

Fig. 67. — Æschynanthus Boschianus.

Æ. atrosanguinea, — * *Fl.* rouge foncé ; corolle de 4 cent. de long, cylindrique, sacciforme à la base, velue; pédoncules uniflores. Juillet. *Flles* velues, subcordiformes, dentées, inégales. *Haut.* 45 cent. Guatémala, 1848.

Æ. Aucklandi, Hort. Syn. de *Æ. speciosus*, Hook.

Æ. Boschianus, Vriese. * *Fl.* écarlates, axillaires, disposées en bouquets pauciflores; corolle tubuleuse, à gorge large ; calice tubuleux, lisse, pourpre brun. Juillet. *Flles* ovales, obtuses, entières. *Haut.* 30 cent. Java. 1844. (P. M. B. 13,175.)

Æ. cordifolius, Hook. * *Fl.* rouge foncé, striées de noir, à tube jaune orangé à l'intérieur; disposées en bouquets axillaires. Été. *Flles* cordiformes. très lisses, vert foncé en dessus, plus pâles en dessous. *Haut.* 30 cent. Bornéo, 1858. (B. M. 5131 ; F. d. S. 14.1431.)

Æ. fulgens. Wall. * *Fl.* carmin vif, très longues, à gorge et côté inférieur du tube orangé ; lobes striés de noir; disposées en ombelles terminales. Octobre. *Flles* grandes, oblongues. lancéolées, acuminées. épaisses et charnues, d'un beau vert foncé. *Haut.* 30 cent. Indes orientales, 1855. (B. M. 4891.)

Æ. grandiflorus, Spreng. * *Fl.* grandes, carmin foncé et jaune orangé ; corolle claviforme, à segments égaux, obtus, avec une tache foncée au sommet : ombelle pluriflore. Août. *Flles* oblongues. lancéolées, acuminées. dentées. obscurément nervées, charnues, vert foncé. *Haut.* 1 m. 50. Indes orientales, 1838. (B. R. 27,19; B. M. 3843.)

Æ. javanicus, — *Fl.* rouge vif, teintées de jaune à la gorge, corolle pubescente, tubuleuse; disposées en corymbes terminaux, pourvus de bractées. Juin. *Flles* petites, ovales, légèrement dentées. à nervures concaves. Java, 1848. Plante grimpante. (B. M. 4503; L. J. F. 2 : F. d. S. 6,558.)

Æ. Lobbianus, Hook.* *Fl.* d'un beau rouge écarlate ; calice grand, campanulé ; corolle pubescente ; disposées en corymbes terminaux pourvus de bractées. Juin. *Flles* elliptiques, entières, ou légèrement dentées, glauques. Java, 1845. (B. M. 4260: F. d. S. 3,246.)

Æ. longiflorus, Blume.* *Fl.* écarlates, dressées, fasciculées; corolle à long tube courbé, claviforme, à gorge oblique, bilobée; lobe supérieur bifide. Été. *Flles* larges, lancéolées. acuminées, entières, Java, 1845. Plante pendante. (B. M. 4328; F. d. S. 3, 288.)

Æ. miniatus, Lindl.* *Fl.* d'un beau rouge vermillon; corolle tomenteuse; lèvre supérieure bilobée, l'inférieure tripartite; pédoncules axillaires, triflores. Juin. *Flles* ovales, aiguës, entières. *Haut.* 45 cent. Java, 1845. Syn. *Æ. radicans*, Wall. (B. R. 61; F. d. S. 3,236.)

Æ. pulcher. Steud.* *Fl.* écarlate vif; corolle trois fois plus grande que le calice; corymbes terminaux pourvus de bractées. Juin. *Flles* ovales, obscurément dentées. Java, 1845. Grimpant. (B. M. 4264; F. d. S. 3,198.)

Æ. radicans, Wall. Syn. de *Æ. miniatus*, Lindl.

Æ. speciosus, Hook.* *Fl.* d'un beau jaune orangé; corolle à long tube, courbé, claviforme et obliquement quadrilobé; lobe supérieur bifide; fleurs terminales nombreuses, pubescentes. Eté. *Flles* supérieures toujours verticillées. ovales, lancéolées. acuminées, légèrement dentées. *Haut.* 60 cent. Java, 1845. Syn. *Æ. Aucklandi*, Hort. (B. M. 4320: P. M. B. 14.199; F. d. S. 3, 267.)

Æ. splendidus, Hort.* *Fl.* écarlate vif, maculées de noir sur les bords, corolle claviforme, de 8 cent. de long; disposées en fascicules terminaux. Été. *Flles* elliptiques, lancéolées, acuminées, entières, presque ondulées. *Haut.* 30 cent. Hybride. Ses fleurs se conservent très longtemps fraiches. (L. J. F. 255.)

Æ. tricolor, Hook. * *Fl.* rouge sang foncé, généralement géminées ; gorge et base des lobes orange vif, les trois lobes supérieurs striés de noir. Juillet. *Flles* cordiformes, vert foncé en dessus, plus pâles en dessous ; légèrement velues sur les bords et en dessous, ainsi que les tiges. *Haut.* 30 cent. Bornéo. 1857. (B. M. 5031 : I. H. 169: F. d. S. 13. 1234.)

Æ. Zebrinus. — *Fl.* vert et brun. Automne. Java. 1846.

ÆSCHYNOMENE, Linn. (de *aischuno*, avoir honte : par allusion aux feuilles qui tombent au moindre attouchement, comme celles de la Sensitive). Fam. *Légumineuses*. — Il existe environ quarante espèces, originaires des régions chaudes des deux hémisphères. Ce sont des herbes ou arbustes à feuilles imparipennées, à folioles nombreuses ; fleurs habituellement jaunes en grappes axillaires. Il leur faut une bonne terre franche fertile. Multiplication par boutures plantées dans du sable, sous cloches, sur une chaleur vive. Les graines des espèces herbacées demandent à être semées sur une bonne couche chaude. Les espèces annuelles ne méritent pas d'être cultivées. Outre les plantes décrites ci-dessous, quelques autres pourront également être cultivées lorsqu'on les aura introduites.

Æ. aristata, Jacq. Syn. de *Pictetia aristata*, DC.

Æ. aspera, Linn. *Fl.* jaunes, en grappes rameuses: pédoncules, bractées, calices et corolles hispides. Juin. *Flles* à trente, quarante paires de folioles linéaires. glabres ainsi que les gousses; tiges herbacées, dressées. vivaces. *Haut.* 2 m. à 2 m. 50. Indes orientales, 1759.

Æ. sensitiva, Swartz.* *Fl.* blanches, gousses et grappes glabres; pédoncules rameux, pauciflores. Juin. *Flles* à seize, vingt paires de folioles linéaires. *Haut.* 1 à 2 m. Tiges subligneuses, glabres. Jamaïque, 1733. C'est un arbuste auquel il faut une terre sableuse.

ÆSCULUS, Linn. (Nom donné par Pline à une espèce de Chêne à fruit comestible, *Quercus esculus*, Linn. : dérivé de *esca*, aliment, bien que le fruit ne soit pas comestible). **Marronnier d'Inde.** Angl. Horse Chestnut. Syn. *Hippocastanum*, Gærtn. Fam. *Sapindacées*. — Genre comprenant quelques espèces originaires de l'Amérique du nord, de l'Orient, de la Chine et du Japon. Ce sont de beaux arbres. des plus utiles pour la garniture des parcs, pour la plantation des avenues, pour isoler sur les grandes pelouses, etc. ; d'un port régulier. majestueux et d'une grande beauté surtout lorsqu'au printemps ils sont en pleines fleurs

Ils réussissent assez bien en tous terrains, cependant ils préfèrent une bonne terre franche, profonde, fertile et fraîche. Multiplication facile par le semis, par marcottes ou par greffes. Les graines se sèment au printemps, en lignes assez espacées et en pépinière où on peut laisser les plants jusqu'au moment où ils sont assez forts pour être transplantés à demeure. Les greffes se font au printemps, en fente ou en couronne, sur le Marronnier d'Inde commun : on emploie ce procédé pour la multiplication des espèces ou variétés peu vigoureuses. qui ne donnent pas de graines ou ne se reproduisent pas franchement par le semis. Ce genre se distingue des *Pavia* par ses fleurs à cinq pétales, à étamines réfléchies, et par ses capsules hérissées d'épines, à valves minces (ce caractère n'est pas toujours constant), ainsi que par la nervation des feuilles.

Æ. Californica, Nutt. *Fl.* blanches ou un peu rosées. courtement pédicellées, et disposées en thyrse de 8 à 15 cent. de long, à branches couvertes d'une fine pubescence. Mai à juillet. *Fr.* obovale pyriforme, gibbeux sur le côté extérieur, à valves minces, lisses. *Flles* digitées, à quatre-sept folioles oblongues, lancéolées, aiguës, finement dentées, de 15 cent. de long, légèrement pubescentes.

Californie, 1855. (R. H. 1855, p. 150, f. 10-11.) Syn. *Pavia californica*, Hartweg.

Æ. carnea, Watson. Syn. de *Æ. rubicunda*, Lois.

Æ. chinensis, Bunge. *Fl.* en thyrses presque petits, *Flles* à lobes oblongs, lancéolés, finement dentés et distinctement pétiolulés. Chine. 1889.

Æ. glabra, Willd. *Fl.* jaune verdâtre : corolle à quatre pétales, étalés, à onglet égalant environ la longueur du calice ; étamines plus longues que la corolle. Juin. *Flles* digitées, à cinq folioles très lisses. Le feuillage de cette espèce est plus ample que celui du Marronnier commun. *Haut.* 6 m. Amérique du Nord, 1821. Syn. *Æ. ohioensis*, Michx. ; *Æ. pallida*. Willd.

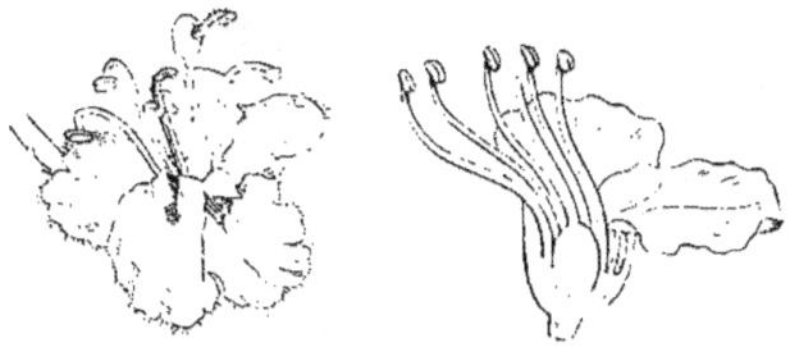

Fig. 68. — ÆSCULUS HIPPOCASTANUM. Fleur détachée et fleur coupée longitudinalement.

Æ. Hippocastanum, Linn. Marronnier d'Inde commun ANGL. Common Horse Chestnut. — *Fl.* blanches, teintées de rouge, en thyrses terminaux, dressés, très abondants ; pétales cinq. Avril et mai. *Flles* digitées, à sept folioles obovales, cunéiformes, aiguës et dentées. *Haut.* 20 à 25 m. Originaire de la Grèce, 1615. (B. H. 1853, 25.) Aujourd'hui naturalisé, le Marronnier est connu et admiré de tout le monde, il devient très gros et forme naturellement une belle tête arrondie ou pyramidale ; il supporte bien la taille et la tonte. Pendant sa période de floraison, aucun arbre ne le surpasse en beauté. Il existe quelques variétés sans grande importance, différant du type par la forme de leurs feuilles ; la variété à fleurs doubles ne produit pas de graines et est sous ce rapport recommandable pour la plantation des avenues dans les villes où les arbres sont toujours plus ou moins souffrants ; étant stérile elle ne s'épuise pas à mûrir ses graines qui renferment beaucoup de matières amylacées.

Æ. indica, Coler. *Fl.* blanches, en grandes panicules, rappelant celles de l'*Æ. Hippocastanum*. Avril-Mai. *Haut.* 20 à 25 m. Nord de l'Inde, vallées humides. C'est un très bel arbre, à tronc droit et à beau feuillage, récemment introduit et qui mérite d'être cultivé. (B. M. 5117). Syn. *Pavia indica*, Cambess.

Æ. macrostachya, Michx. Syn. de *Pavia alba*, Poir.

Æ. ohioensis, Michx. f. Syn. de *Æ. glabra*. Willd.

Æ. pallida, Willd. Syn. de *Æ. glabra*, Willd.

Æ. parviflora, Walt. Syn. de *Pavia alba*, Poir.

Æ. Pavia, Thunb. Syn. de *Pavia rubra*, Lamk.

Æ. rubicunda, Lois. Marronnier rouge. — *Fl.* carmin pâle, disposées en beaux thyrses terminaux ; pétales quatre, à onglets plus court que le calice ; étamines huit. Juin. *Flles* à cinq-sept folioles obovales, cunéiformes, aiguës, inégalement dentées, un peu gaufrées, plus petites et d'un vert plus foncé que celles du Marronnier commun. *Haut.* 6 à 8 m. Amérique du Nord, 1812. C'est un bien bel arbre lorsqu'il est en fleur ; mais il ne devient jamais très fort et fructifie peu. On le croit généralement hybride entre l'*Æ. Hippocastanum* et le *Pavia rubra*. Syn. *Æ. carnea*, Watson. (L. B. C. 1242 ; B. R. 13,1056.) L'*Æ. Watsoniana*, Dietr., est une forme à fleurs plus foncées et à étamines plus courtes.

Æ. turbinata, Blume. Arbre ressemblant à l'*Æ. Hippocastanum* par son port, mais s'en distinguant facilement par ses feuilles grisâtres en dessous. *Fl.* blanches. *Fr.* globuleux, turbiné, inerme. Graines, deux dans chaque fruit, à hile très grand. Japon, 1888. Cultivé sous le nom d'*Æ. chinensis*, Hort. (R. H. 1888, p. 496, f. 120 à 124.)

Æ. Watsoniana, Dietr. Variété de l'*Æ. rubicunda* Lois.

ÆTHIONEMA, R. Brown. (de *aitho*, roussir, et *nema*, filament ; apparemment, par allusion à la couleur rousse des étamines). FAM. *Crucifères*. — Genre comprenant environ quarante espèces originaires de l'Europe australe, l'Asie Mineure, la Perse, etc.

Ce sont de jolies petites plantes herbacées ou frutescentes, annuelles ou vivaces, rameuses dès la base, diffuses ou dressées. On les distingue des genres voisins par les filets des quatre grandes étamines qui sont ailés et dentés au sommet. Fleurs en grappes terminales, compactes et allongées. Feuilles charnues, sessiles. Ce sont de bonnes plantes recommandables pour toutes les garnitures à exposition chaude et ensoleillée, où elles fleurissent plus abondamment qu'à l'ombre. Quelques espèces vivaces et rustiques sont convenables pour les rocailles. Les espèces annuelles ou bisannuelles peuvent être semées en place dans les rocailles ou sur le bord des parterres. Il leur faut une terre légère et sèche. Les espèces arbustives se cultivent en pots bien drainés, comme des plantes alpines. Multiplication par graines que l'on sème en mai, ou par boutures faites en été, à froid.

Æ. Buxbaumii, DC. *Fl.* rouge pâle ; grappes compactes, agrégées. Juin. *Flles* oblongues, spatulées, glauques. *Haut.* 15 cent. Thrace, 1823. Jolie plante annuelle à tiges dressées. Syn. *Thlaspi arabicum*.

Æ. coridifolium, D. C. — V. *Iberis jucunda*.

Æ. gracile, DC. *Fl.* pourprées ; grappes terminales, compactes pendant la floraison, mais lâches à la maturité. Juin. *Flles* lancéolées, aiguës. *Haut.* 20 cent. Tiges et rameaux grêles, allongés. Montagnes siliceuses de la Carniolie, 1820. Espèce frutescente, vivace. (A. V. F. 3.)

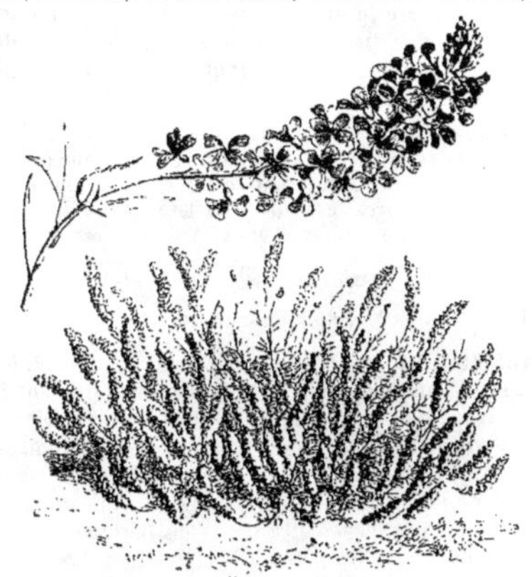

Fig. 69. — ÆTHIONEMA GRANDIFLORUM.

Æ. grandiflorum, — * *Fl.* d'un beau rose, en nombreux épis terminaux, compacts. Mai à août. *Flles* glauques, ovales, oblongues, les caulinaires linéaires. Mont Liban, 1879. Cette espèce forme des touffes étalées, d'environ 45 cent. de haut ; c'est probablement la plus belle du genre. Elle réussit bien en pleine terre de jardin, mais elle est bien plus convenable pour les rocailles.

Æ. membranaceum, DC. *Fl.* pourprées, en grappes terminales. Juin. *Flles* linéaires, espacées, un peu charnues, appliquées contre la tige. *Haut.* 8 à 12 cent. Perse, 1828. Petit arbuste vivace, à rameaux filiformes. (S. B. F. G. 69.)

Æ. monospermum, R. Br. *Fl.* pourpres, assez grandes, en grappes terminales. Juillet. *Flles* ovales ou obovales, obtuses, coriaces; silicules unicellulaires, monospermes. *Haut.* 8 à 12 cent. Espagne, 1778. Jolie petite plante bisanuelle, à rameaux rigides.

Æ. pulchellum, — * On considère cette plante comme une espèce nouvelle, cependant elle ressemble beaucoup à l'*Æ. coridifolium* (*Iberis jucunda*). Elle n'est pas encore très répandue; elle est pourtant des plus jolies et des plus rustiques.

Æ. saxatilis, R. Br. * *Fl.* pourprées, en grappes lâches, terminales. Mai et juin. *Flles* lancéolées, sub-aiguës. *Haut.* 20 cent. Europe; France méridionale, etc. 1820. Jolie espèce annuelle.

AFFRANCHIR. — On dit en jardinage qu'un arbre s'affranchit, lorsque du niveau ou d'au-dessus de la greffe partent des racines qui s'enfoncent en terre; le sujet périt quelquefois au bout d'un certain temps. Ce développement de nouvelles racines augmente la vigueur de l'arbre, mais diminue sa fécondité. (S. M.)

AFFINITÉ. — Relation existant entre les espèces, les genres et les familles, que l'on constate par la présence de plusieurs caractères communs. Le mot *affine*, bien que correct, s'emploie rarement; on dit de préférence *analogue*. (V. aussi ce mot.) (S. M.)

AFZELIA, Smith. (en l'honneur de Adam Afzelius, professeur de botanique à l'Université d'Upsal, en Suède, et ayant résidé à Sierra Leone pendant plusieurs années). Fam. *Légumineuses.* — Genre comprenant environ dix espèces, originaires de l'Asie et de l'Afrique tropicales. L'espèce ci-dessous est un bel arbre toujours vert, de serre tempérée, auquel il faut une bonne terre franche, siliceuse. Multiplication par boutures de bois mûr, plantées à chaud, dans des pots pleins de sable et sous cloches.

A. africana, Smith. * *Fl.* rouge carmin, disposées en grappes; pétales quatre, onguiculés; le supérieur (étendard) le plus grand. Juin. Gousse ligneuse, à plusieurs loges; graines noires à arille écarlate. *Flles* imparipennées. *Haut.* 10 m. Sierra-Leone, 1821.

AGALLOSTACHYS, Beer. — V. **Bromelia**, Linn.

AGALMA, Miq. — V. **Heptapleurum**, Gœrtn.

AGALMYLA, Blume. (de *agalma*, ornement, et *hule*, bois; ces plantes ornent les bois où elles poussent à l'état sauvage). Syn. *Orithalia*, Blume. Fam. *Gesnéracées.* — Petit genre renfermant trois espèces originaires de Java et de Sumatra.

Ce sont de jolies herbes grimpantes ou radicantes, à feuilles simples, alternes et à fleurs en bouquets axillaires; un peu dans le genre de celles des *Gesneria.* Limbe de la corolle oblique, à peine bilobé, à cinq divisions. L'*A. staminea*, le plus répandu, se cultive en paniers, dans un compost de terre de bruyère concassée, de terreau de feuilles en petite quantité, de petits morceaux de charbon de bois et de sphagnum frais. Il lui faut beaucoup d'humidité pendant sa période de végétation, mais on doit la réduire après la floraison, afin d'amener la plante à l'état de repos pendant l'hiver. On peut aussi le planter dans les rocailles des serres chaudes. Multiplication facile par boutures à chaud et sous cloches. La température ne doit pas être inférieure à 25 deg. pendant le jour et 20 deg. pendant la nuit.

A. longistyla, — *Fl.* rouge carmin. Java, 1873.

A. staminea, Blume.* *Fl.* rouge écarlate, disposées en bouquets axillaires; corolle tubuleuse, courbée, à gorge dilatée. Été. *Flles* alternes, oblongues, acuminées, denticulées, presque égales à la base, pubescentes en dessous et sur les bords. Tiges et pétioles velus. *Haut.* 60 cent. Java, 1846. Serre chaude. (F. D. 733-734; P. M. B. 15,73; F. d. S. 4, 358.)

AGANISIA, Lindl. (de *aganos*, désirable; par allusion à la beauté de ces jolies petites plantes). Syn. *Kœllensteinia*, Rchb. f. Fam. *Orchidées.* — Petit genre renfermant six espèces originaires de l'Amérique tropicale. Ce sont des orchidées épiphytes qui demandent à être cultivées sur des morceaux de bois suspendus à la charpente des serres. Il leur faut une atmosphère humide. Seringuer abondamment les feuilles et les racines pendant la période de végétation, ombrer pendant le plein soleil, sont les points essentiels de leur culture. Multiplication par division des touffes, un peu avant le commencement de leur végétation.

A. cœrulea, — * *Fl.* en épis axillaires, pauciflores. « Leur couleur est celle des *Vanda* bien connus; elles ont cependant quelques macules plus foncées, presque disposées en damier. Le labelle est voilé et a deux petites dents basilaires; le lobe médian est sacciforme, bordé de longs cils et porte une large macule violet foncé au milieu, du côté intérieur. La colonne est blanche et est pourvue près de l'ouverture stigmatifère de deux appendices cartilagineux carrés. » *Flles* cunéiformes, oblongues, acuminées. Pseudo-bulbes distiques, ovoïdes, comprimés. Brésil, 1876.

A. cyanea, Rolfe, non Rchb. f. *Fl.* presque petites, en grappes courtes, dressées; sépales et pétales blancs, ovales, aigus; labelle bleu, arrondi, cunéiforme, ondulé au sommet; hampes grêles. Juin. *Flles* persistantes ovales, lancéolées, fortement côtelées, formant une touffe compacte dressée. Colombie. Syn. *Warrea cyanea*, Lindl. (B. R. 1845, 28; L. 110.)

A. c. alba, — *Fl.* blanc pur. 1885.

A. fimbriata, — * *Fl.* blanches, labelle bleu. Demerara, 1874. Cette espèce a aussi le labelle sacciforme et fimbrié, mais lorsqu'on la compare aux précédentes, ses fleurs, ses feuilles et ses bulbes sont beaucoup plus petits et le labelle n'est pas fendu au sommet, mais sacciforme et arrondi.

A. graminea, — Espèce d'aspect herbacé, sans valeur horticole. Guyane, 1836.

A. ionoptera, Nicholson. Fleurs un peu plus grandes que celles du Muguet, blanches, à pétales violets, sépales striés de violet et de même teinte au sommet. Pérou, 1871. (L. 287)

A. pulchella, Lindl.* *Fl.* blanches, à macule jaune au centre du labelle; disposées en épis naissant au base des bulbes. *Haut.* 20 cent. Demerara, 1838. Cette espèce fleurit à différentes époques de l'année et ses fleurs se conservent fraîches pendant deux ou trois semaines. Elle est fort jolie, mais très rare. On la cultive de préférence en pots bien drainés et remplis avec de la terre de bruyère; il lui faut une serre très chaude et de fréquents arrosages. (B. R. 26, 32.)

A. tricolor, N. E. Br. *Fl.* ressemblant beaucoup à celles de l'*A. cyanea*, mais à sépales blanchâtres sur les deux laces: pétales bleu clair; labelle en forme de selle, à callosités brun orangé, de forme différente. (L. 45.)

AGANOSMA, G. Don. — V. **Ichnocarpus**, R. Br.

AGAPANTHUS, L'Hér. (de *agape*, amour, et *anthos*, fleur). **Agapanthe, Tubéreuse bleue.** Angl. African Lily. Syns. *Abumon*, Adans.; *Mauhlia*, Dahl. Fam. *Liliacées*. — Genre comprenant trois espèces et de nombreuses variétés originaires de l'Afrique australe. Ce sont de jolies plantes herbacées de serre froide ou d'orangerie. Fleurs grandes, en ombelles longuement pédonculées; périanthe tubuleux, à tube court, étamines six, à filaments réfléchis. Feuilles linéaires ou en lanières, radicales, arquées. La culture de ces plantes est facile; il leur faut un compost de terre franche fibreuse, de terreau de feuilles ou de terreau de couche et de sable de rivière. On peut les cultiver dans de grands pots ou dans des bacs que l'on place dehors pendant l'été, et en orangerie pendant l'hiver, ou sous les gradins des serres où on les tient presque secs et simplement à l'abri des gelées. Si on les cultive en pleine terre, il faut avoir le soin de bien les couvrir avec du tan, des feuilles sèches ou autres matières, afin que la gelée ne les atteigne pas. Pendant l'été et particulièrement lorsqu'il fait sec, les arrosages abondants leur sont profitables; mais après la floraison, il faut les diminuer graduellement jusqu'au moment de les rentrer. Quelques applications d'engrais liquides, avant la floraison, favorisent leur développement. Les Agapanthes sont très recommandables pour garnir le bord des pièces d'eau, pour isoler sur les pelouses, etc. Multiplication facile par éclats; on peut diviser les fortes touffes au printemps, au besoin en tous petits fragments. Dans le midi les Agapanthes sont complètement rustiques.

Fig. 70. — Agapanthus umbellatus.

A. umbellatus, L'Hér.* Tubéreuse bleue. — *Fl.* d'un beau bleu, périanthe régulier infundibuliforme, à six divisions profondes; tube court, hampe dressée, nue, portant une ombelle composée d'un grand nombre de fleurs. Été et automne. *Flles* nombreuses, radicales, linéaires, un peu charnues. *Haut.* 60 cent. à 1 m. Cap, 1692. (B. M. 500; L. B. C. 42; M. B. 2,86.)

A. u. albidus, Hort.* *Fl.* blanches, en grandes ombelles ouvertes, plus petites que celles du type, mais très ornementales. Cap. Il faut avoir soin de la tenir sèche pendant l'hiver.

A. u. aureus, Hort. Variété à feuilles striées de jaune, 1882.

A. u. flore pleno, Hort.* Semblable au type dans toutes ses parties, mais ses fleurs sont doubles, et se conservent plus longtemps fraîches. Très belle variété.

A. u. Leitchlinii, Hort.* Périanthe d'un beau bleu jacinthe foncé, de 3 cent. de long; hampe d'environ 45 cent. de haut, à ombelle plus compacte que celles des autres formes. Juin. *Flles* semblables par leur taille, à celles du type. Cap, 1878.

A. u. maximus, Hort.* *Fl.* d'un beau bleu, en très grandes ombelles. Cette variété est plus forte que le type dans toutes ses parties; bien cultivée, c'est une magnifique plante. Il existe aussi une forme à fleurs blanches, d'une ampleur égale et constituant une des variétés les plus recommandables.

A. u. minor, Lodd.* Celle-ci est plus petite dans toutes ses parties, ses feuilles sont plus étroites, sa hampe plus grêle, et ses fleurs bleu foncé. C'est une élégante plante.

A. u. Mooreanus, Hort.* *Fl.* bleu foncé. *Haut.* 45 cent., 1879. Nouvelle variété à feuilles plus courtes, plus étroites et plus dressées que celles du type. C'est une plante naine parfaitement rustique.

A. u. variegatus, Hort.* Lorsqu'on cherche des plantes panachées, celle-ci est une des plus recommandables; ses feuilles sont presque entièrement blanches, parcourues seulement par quelques bandes vertes, mais elles ne sont ni aussi longues, ni aussi larges que celles du type. C'est une excellente variété d'un grand effet décoratif.

AGAPETES, G. Don. (de *agapetos*, aimé; par allusion au bel aspect de ces plantes). Fam. *Vacciniacées*. — Genre renfermant dix-huit espèces, originaires de la Polynésie et de l'Asie tropicale. Ce sont des arbustes de serre chaude ou tempérée. Fleurs en grappes ou en corymbes; corolle tubuleuse. Feuilles alternes, coriaces. Toutes les espèces méritent d'être cultivées, mais deux ou trois seulement se rencontrent dans les serres. Il leur faut un compost de terre de bruyère, de terre de gazon et de sable en parties égales. Multiplication par boutures aoûtées, plantées en serre chaude dans du sable et sous cloches.

A. buxifolia, Nutt.* *Fl.* rouge vif, tubuleuses, d'environ 2 cent. 1/2 de long, de consistance cireuse, disposées en corymbes. Avril. *Flles* petites, ovales, oblongues, coriaces, vert tendre; rameaux allongés, étalés. *Haut.* 1 m. 50. Botany-Bay. (B. M. 5012.)

A. setigera, Don. *Fl.* rouges, tubuleuses, d'environ 2 cent. 1/2 de long, nombreuses, disposées en grappes corymbiformes, latérales, couvertes de poils raides. *Flles* éparses, lancéolées, acuminées, à pétioles robustes, très courts. Montagnes de Pundua, 1837.

A. variegata, Don. *Fl.* rouge écarlate, tubuleuses, d'environ 2 cent. 1/2 de long, en corymbes latéraux. *Flles* lancéolées, acuminées, denticulées, atténuées à la base, veinées, courtement pétiolées. Khasia, 1837.

AGAPETES, Dunal, pr. part. — V. **Vaccinium**, Linn.

AGARIC. — V. **Agaricus.**

AGARIC du Chêne. — V. **Polyporus ignarius.**

AGARICUS, Linn. (de *Agaria*, nom d'une ville de Sarmatie). **Agaric** ou vulgairement **Champignon.** Angl. Mushroom. — C'est le plus grand genre connu; il renferme un très grand nombre d'espèces dont une ou deux sont cultivées. Il est actuellement divisé en plusieurs groupes que les cryptogamistes considèrent comme des genres distincts. Leur système végétatif se compose : 1° d'une sorte de toile filamenteuse qui vit sous terre ou à la surface du sol, en parasite sur des végétaux en décomposition; c'est le mycelium ou blanc de champignon; 2° du champignon proprement dit qui est l'organe reproducteur. On les distingue des autres genres, par les lames qui garnissent la partie inférieure du chapeau et qui portent les organes reproducteurs ou spores. Les espèces les plus importantes sont : l'Agaric champêtre ou Champignon de couche, *A. campestris*, Linn. ; le Mousseron d'automne, *A. pratensis*, Sow. ; l'Oronge vraie, *Agaricus cæsareus*, Scop., tous trois comestibles ; la grande Columelle ou champignon parasol, *A. procerus*, Scop. ; le Mousseron vrai, *A. gambosus*, Fr., également comestibles ; puis la fausse Oronge, encore nommée Tue-mouche, *A. muscarius*, Linn. :

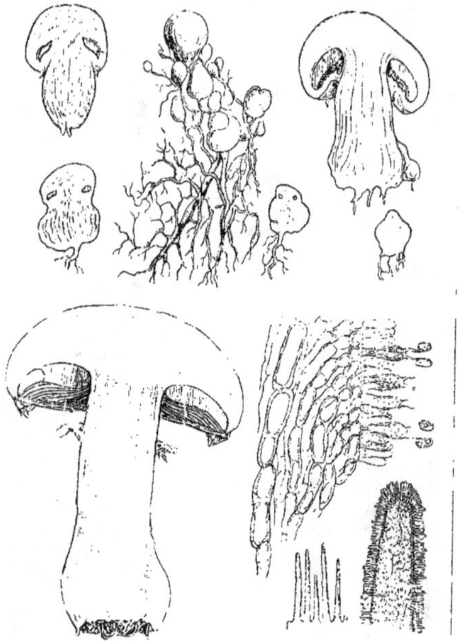

Fig. 71. — Agaricus campestris. — Mycelium et champignons (organes reproducteurs) à divers états d'avancement. Comestible. (Baillon.)

l'Oronge citrine, *A. mappa*, Batsch ; les Oronges verte, bleue, panthère, printanière, élevée, toutes très vénéneuses. Au point de vue pratique, la plupart des espèces de ce genre sont vénéneuses et plusieurs sont mortelles ; il ne faut les consommer que lorsqu'on est *absolument* certain qu'ils ne sont pas toxiques, car les plus expérimentés, les cryptogamistes eux-mêmes, peuvent s'y tromper. V. aussi **Champignons**. (S. M.)

AGARICUS MELLEUS, Linn. — Ce champignon mérite une mention spéciale au point de vue des dégâts que cause son mycelium dans les forêts. Il produit la maladie la plus meurtrière chez les conifères et chez plusieurs autres essences. Ses filaments se montrent sous forme de tissus entrelacés, de cordes, de rubans aplatis ou disposés en éventail : particularité qui le distingue du mycelium des autres champignons. Sous ces différentes formes, il a été considéré pendant longtemps comme un cryptogame distinct, auquel on a donné le nom de *Rhizomorpha fragilis*, Roth, se divisant, selon la forme, en *Rh. subterranea*, lorsque les filaments sont réunis en cordon arrondi, très ramifié ou en *Rh. subcorticalis* lorsqu'ils se développent en éventail. Il vit entre les bois et l'écorce à la base des troncs des arbres morts ou vivants.

De sa forme en éventail, (*Rh. subcorticalis*) partent des filaments très fins et ramifiés qui pénètrent dans le bois et suivent les canaux résinifères qu'ils désor-

Fig. 72. — Agaricus excelsa. — Oronge élevée (1/2). Vénéneux. (Baillon.)

ganisent et occasionnent une exsudation résineuse ; ils s'élèvent ainsi de 10 cent. à 2 m. de haut chez les vieux arbres. Lorsqu'ils trouvent une fissure par laquelle ils peuvent regagner l'écorce, ils développent alors leurs organes fructifères connus sous le nom d'*Agaricus melleus*. Sa forme en cordons (*Rh. subterranea*) vit au contraire librement dans l'air, ou plus souvent dans la terre, où ils s'allongent horizontalement à environ 10 cent. de profondeur, jusqu'à ce qu'ils atteignent l'extrémité des racines des arbres environnants ; il y pénètre un filament qui se ramifie et, de proche en proche, gagne le tronc, puis successivement d'autres individus. Ces cordons développent aussi au niveau du sol des bouquets de champignons qui sont un indice certain que les arbres du voisinage sont atteints de ce terrible fléau.

Quant au champignon lui-même, il se développe en septembre-octobre, en bouquets nombreux en individus ; il met deux ou trois semaines pour arriver à son complet développement, le pilier est alors allongé, épais et fistuleux, garni d'une collerette qui est le restant du voile déchiré ; le chapeau est charnu, jaune cireux, poilu et écailleux au sommet. Les spores sont blanchâtres et très abondantes ; elles contribuent aussi à propager ce redoutable champignon. C'est dès l'âge d'environ cinq ans que les arbres résineux peuvent être attaqués, ils meurent alors au bout de quelques années ; le mycelium continue ensuite ses déprédations et produit des champignons en abondance ; puis les coléoptères dévorent l'écorce et la pourriture complète l'œuvre de destruction. Lorsqu'on sait que des arbres ont été tués par ce cryptogame, il faut immédiatement les arracher avec toutes leurs racines ainsi que ceux qui les environnent ; car, si on examine les racines de ces derniers, on pourra constater, bien que les arbres soient en apparence encore bien portants, que ces racines sont déjà plus ou moins envahies par les filaments venus des cordons qui s'étendent sous terre dans toutes les directions. Ils sont donc voués à une mort certaine, et les laisser serait vouloir propager le fléau. V. aussi **Pinus**. (CHAMPIGNONS.)

Pour de plus amples renseignements, nous prions le lecteur de consulter l'excellent *Traité des maladies des plantes cultivées*, par MM. A. d'Arbois de Jubainville et J. Vesque, que nous avons nous-même mis à contribution. (S. M.)

Fig. 73. — AGARICUS MAPPA. — Oronge citrine. Vénéneux. (Baillon.)

AGASTACHYS, R. Br. (de *agastos*, admirable, et *stachys*, épi). FAM. *Protéacées*. — Petit genre monotypique dont l'espèce connue est un arbuste toujours vert, originaire de la Tasmanie. Fleurs apétales, disposées en nombreux épis ; calice à quatre sépales. Il lui faut un compost de terre franche, de terre de bruyère et de sable en parties égales. Multiplication par boutures de bois mûr, en serre froide, en terre siliceuse et sous cloches.

A. odorata, R. Br. * *Fl.* jaune pâle, parfumées, disposées en épis compacts, de 10 à 12 cent. de long. Avril.

Flles sessiles, lancéolées, obtuses, épaisses, de 5 cent. de long. *Haut.* environ 1 m. Nouvelle-Hollande, 1826.

AGATHÆA, Cass. (de *agathos*, admirable; par allusion à la beauté des fleurs). Fam. *Composées.* — Petit genre voisin des *Aster* par ses affinités ; l'espèce cultivée dans les jardins est une plante herbacée, d'orangerie, formant buisson ; feuilles ovales, denticulées; fleurs bleues, très jolies, en capitules solitaires, longuement pédonculés. C'est une excellente plante, très décorative, pour la garniture des massifs, pour bordures ou mélangée à d'autres plantes. Il lui faut une terre franche, légère et substantielle. Multiplication par semis faits au printemps sur couche, et par boutures herbacées faites à chaud, sous cloches; elles s'enracinent facilement en toutes saisons. Rentré en serre, l'*Agathæa cœlestis* fleurit toute l'année.

A. amelloides, DC. Syn. de *A. cœlestis*, Cass.

A. cœlestis, Cass. Aster d'Afrique. — Capitules bleu intense, solitaires à longs pédoncules. Mai à octobre. *Flles* opposées, ovales, denticulées. *Haut.* 45 cent. Cap, 1753. Plante vivace herbacée. (I. H. 1861, 296; A. V. F. 39.)

AGATHIS, Salisb. Angl. Dammar Pine. Syn. *Dammara*, Lamb. Fam. *Conifères.* — Genre renfermant environ dix espèces, que quelques auteurs réduisent à quatre, originaires de l'archipel Malais, des îles Fiji, de la Nouvelle-Calédonie, de la Nouvelle-Zélande et de l'Australie orientale, tropicale. Ce sont de beaux conifères, à feuilles coriaces, pétiolées ou subsessiles, presque opposées. Cônes ovales ou globuleux, axillaires, à écailles persistantes et dépourvues de bractées. Ils figurent ici sous leur nom correct, car le nom de *Agathis* leur a été donné par Salisbury longtemps avant que Lambert publie celui de *Dammara*. Toutes les espèces demandent la serre tempérée, mais ne sont pas difficiles à cultiver. Il leur faut un compost de terre franche et de terre de bruyère. Multiplication par boutures

Fig. 74. — Agaricus muscarius. — Fausse oronge. Vénéneux. (Baillon.)

de rameaux bien aoûtés, que l'on plante dans du sable sur une bonne chaleur de fond; ainsi que par semis.

leur plus grand diamètre, épaisses, coriaces, d'un vert brunâtre. Branches grandes, étalées, nombreuses, glabres,

Fig. 75. — AGARICUS PHALLOIDES, avec spores grossies. — Oronge verte. Vénéneux. (Baillon.)

A. australis, Steud. ANGL. Kauri Pine. — *Flles* linéaires,

Fig. 76. — AGATÆA CŒLESTIS.

oblongues, rarement elliptiques, planes sur les deux faces, de 4 à 6 cent. de long et de 12 à 18 mm. de large sur espacées, très ramifiées. *Haut.* 35 à 45 m. Nouvelle-Zélande, 1821. Syn. *Dammara australis*, Lamb.

A. obtusa, — *Flles* de forme variable, la plupart oblongues, arrondies aux deux extrémités, de 8 à 10 cent. de long et 3 cent. de large, épaisses, coriaces, vert foncé, brillantes. *Haut.* 45 m. Nouvelles-Hébrides, 1851. Le tronc de cette espèce est employé pour la construction des navires. Syn. *Dammara obtusa*.

A. orientalis, — ANGL. Amboyana Pine. — *Flles* opposées, ovales, oblongues, entières, glabres, épaisses, de consistance coriace, de 5 à 8 cent. de long et presque 4 cent. de large sur leur plus grand diamètre, droites, rarement falciformes, glabres, vert sombre sur les deux faces. Branches verticales, légèrement défléchies, ascendantes au sommet; rameaux étalés. *Haut.* 30 m. Moluques, 1804. Gros arbre produisant la résine transparente nommée Dammar. Syn. *Dammara orientalis*, Lamb. (B. M. 5359.)

Il existe une variété *alba*, différant du type par ses feuilles plus longues et plus lancéolées, à bords plus régulièrement roulés en dessous, légèrement ondulées, blanchâtres; l'écorce est aussi beaucoup plus blanche.

AGATHOMERIS, Delaun. — V. **Humea**, Smith.

AGATHOPHYLLUM, Juss. (de *agathos*, agréable, et *phyllon*, feuille ; par allusion à l'odeur de girofle des feuilles). Syns. *Ravensara*, Sonner; *Evodia*, Gœrtn. Fam. *Laurinées.* — Petit genre comprenant trois ou quatre espèces originaires de Madagascar. L'espèce ci-dessous est un arbre de serre chaude, cultivé, dans son pays d'origine, pour ses fruits, enveloppés par le calice persistant, dont l'amande est employée comme épice. Il lui faut un compost de terre de bruyère et de terre franche, fertile. On le propage facilement par boutures faites à chaud, dans du sable.

A. aromaticum, — Arbre aux quatre épices. Noix de Madagascar, de Ravensara, etc. Angl. Madagascar Nutmeg. — *Fl.* blanches. *Flles* pétiolées, alternes, obovales, obtuses, coriaces, entières et glabres. *Haut.* 10 m. Madagascar, 1823. (L. E. M. 825.) Syn. *Ravensara aromatica*, Sonner; *Evodia Ravensara*, Gœrtn.

AGATHOSMA, Willd. (de *agathos*, agréable, et *osme*, parfum ; les plantes de ce genre ont une odeur agréable). Syns. *Bucco*, Wendl. *Dichosma*, DC. Fam. *Rutacées.* — Genre renfermant environ cent espèces originaires du Cap. Ce sont de beaux arbustes de serre froide, ayant le port des Bruyères. Fleurs en ombelles ou glomérules terminaux ; pétales cinq, découpés et longuement onguiculés ; feuilles éparses, courtes, étroites, à bords généralement roulés. Ils se cultivent facilement en serre froide, légèrement ombrée pendant l'été ; la température doit être maintenue à 5 à 8 deg. pendant l'hiver. Il leur faut un mélange de terre de bruyère et de sable additionné d'un peu de terre franche fibreuse. Multiplication par boutures, qui s'enracinent facilement en serre froide, plantées dans des pots remplis de sable et couverts de cloches.

A. acuminata, Willd.* *Fl.* violettes; calice glabre, glanduleux; faux capitules terminaux. Avril. *Flles* ovales, un peu cordiformes, longuement acuminées, frangées, étalées à l'état adulte. *Haut.* 30 à 60 cent. Cap, 1812.

A. bruniades, Loud. * *Fl.* lilas ou blanches, en ombelles sub-terminales; pédoncules allongés, fastigiés. Avril. *Flles* éparses, linéaires, trigones, aciculaires, pointillées et légèrement frangées; branches velues. *Haut.* 30 à 60 cent. Cap, 1820.

A. cerefolia, Bartl. *Fl.* blanches, petites, disposées en bouquets terminaux, ombelliformes, pédicelles et calices couverts de poils glanduleux. Avril. *Flles* compactes, lancéolées, aiguës, étalées, carénées, frangées. *Haut.* 30 à 60 cent. Cap, 1794.

A. ciliata, Link.* *Fl.* blanches, en bouquets terminaux, ombelliformes; pédicelles presque glabres. Avril. *Flles* éparses, lancéolées, aiguës, à bords roulés en dessous, frangées, dentelées, pointillées en dessous, poilues sur la nervure médiane, réfléchies à l'état adulte. Cap, 1774. (B. R. 5,366.)

A. erecta, Bartl. * *Fl.* violet pâle, en bouquets terminaux, ombelliformes; pédoncules courts, velus. Avril. *Flles* imbriquées, trigones, obtuses, pointillées en dessous et légèrement frangées. *Haut.* 30 à 60 cent. Cap, 1818.

A. hirta, Bartl. *Fl.* pourpres, en glomérules compacts; pétales velus à l'onglet. Avril. *Flles* un peu imbriquées, linéaires, aciculaires, canaliculées, décurrentes, velues sur le dos. *Haut.* 30 à 60 cent. Cap, 1794. (B. R. 5,369.)

A. hispida, Bartl. et Wendl. *Fl.* violettes, en bouquets terminaux, ombelliformes; pédicelles et sépales pubescents; pétales glabres. Mai. *Flles* compactes, linéaires, trigones, obtuses, étalées, hispides, carénées et bi-canaliculées en dessous. *Haut.* 30 à 60 cent. Cap, 1786.

A. imbricata, Willd. *Fl.* pourpre pâle, en faux capitules terminaux; pétales à limbe arrondi; sépales glabrescents; pédicelles pubescents. Avril. *Flles* imbriquées, compactes, ovales, acuminées, pointillées, frangées. *Haut.* 30 à 60 cent. Cap, 1774.

A. orbicularis, Bart. et Wendl. *Fl.* blanches, en bouquets terminaux, ombelliformes ; étamines deux fois plus longues que la corolle ; pédicelles pubescents. Avril. *Flles* éparses, étalées, orbiculaires, ovales ou réniformes, glabres, réfléchies, petites, assez épaisses, sans aucunes ponctuations en dessous ; branches velues. *Haut.* 30 à 60 cent. Cap, 1790.

A. prolifera, Bart. et Wendl. *Fl.* blanches, en bouquets terminaux, ombelliformes ; sépales glabres, pédicelles pubescents, un peu fastigiés. Avril. *Flles* étalées, lancéolées, cuspidées, pointillées : carène et bords frangés ; branches verticillées, prolifères. *Haut.* 30 cent à 1 m. Cap, 1790.

A. pubescens, Willd. *Fl.* blanches, en ombelles terminales; pédoncules et sépales velus. Avril. *Flles* lancéolées, trigones, obtuses, à bords et nervure médiane ciliés. *Haut.* 30 à 60 cent. Cap, 1798.

A. rugosa, Link. *Fl.* blanches, en bouquets terminaux, ombelliformes ; sépales pubescents, pédicelles capillaires, couverts de poils glanduleux. Avril. *Flles* étalées, oblongues ou ovales, obtuses, carénées, ridées, velues en dessous, réfléchies. *Haut.* 30 à 60 cent. Cap, 1790.

A. vestita, Willd. *Fl.* lilas, en faux capitules terminaux ; pédicelles très glabres. Mai. *Flles* fortement imbriquées, ovales, acuminées, carénées, frangées. *Haut.* 30 à 60 cent. Cap, 1824.

AGATHYRSUS, Don. — V. **Mulgedium**, Cass.

AGATI, Desv. — Ce genre est maintenant réuni aux **Sesbania**, Pers., par Bentham et Hooker.

AGATOTES, Don. — V. **Swertia**, Linn.

AGAVE, Linn. (de *agauos*, admirable; allusion au port majestueux de quelques espèces lorsqu'elles sont en fleurs). Comprend les *Littœa*, Brign.; *Alibertia*, Marion. Fam. *Amaryllidées.* — Plus de cent vingt espèces de ce beau genre ont été décrites; cependant, d'après Bentham et Hooker, cinquante seulement sont suffisamment distinctes pour être considérées comme telles; elles sont répandues dans l'Amérique du Sud, dans le Mexique et le sud des Etats-Unis. Plusieurs espèces sont naturalisées en différents pays, notamment sur le littoral méditerranéen. Hampe forte, élevée, partant du centre de la rosette de feuilles; périanthe infundibuliforme, à six divisions presque égales; étamines six, à filets grêles, beaucoup plus longs que la corolle, anthères linéaires versatiles; capsule coriace, trigone, s'ouvrant en trois valves, renfermant un grand nombre de graines aplaties. Feuilles radicales, disposées en rosette, épaisses, charnues, épineuses sur les bords. M. B.-S. Williams parle ainsi des Agaves : « Ce sont des plantes massives, majestueuses, formant de magnifiques ornements pour les serres froides et les jardins d'hiver; par leur végétation lente, elles ne deviennent pas rapidement trop fortes, même pour une petite serre. Plusieurs des plus jolies espèces de ce genre sont des plantes basses, compactes, ne dépassant que rarement 60 cent. de hauteur. En outre des espèces propres à la décoration des serres, les sortes les plus volumineuses sont certainement les meilleures plantes pour l'ornement des terrasses, des avenues, des escaliers; pour la garniture des vases surmontant les piliers de portails, les balustrades, etc., pendant la belle saison. On peut aussi les placer dans les rocailles, ou dans tous les endroits agrestes des jardins ou parcs d'agrément, où ils prospèrent admirablement bien. Comme on le sait, ils n'atteignent leur complet développement que très lentement, ils émettent alors leur hampe florifère et meurent lorsque celle-ci a atteint son état parfait. » L'*A. Sartorii* et quelques autres font cependant exception, car elles continuent à pousser et fleurissent chaque année. Il est absolument faux de dire que les Agaves ne fleurissent que tous les cent ans et que leur floraison est annoncée par une détonation semblable à un coup de canon.

Il leur faut un compost de terre franche et de sable de rivière, auquel on peut ajouter un peu de terre de bruyère et de terreau de feuilles pour les petites espèces. Le drainage doit être parfait, car s'ils aiment l'eau pendant l'été, il ne faut pas qu'elle séjourne dans les pots : pendant l'hiver, les arrosements doivent être très modérés. On peut les multiplier par drageons lorsqu'on peut s'en procurer, ainsi que par le semis pour les espèces qui ne drageonnent pas, mais il est utile de féconder les fleurs, afin que les graines soient fertiles. Dans la liste descriptive suivante, nous n'avons mentionné que les espèces qui ont un intérêt horticole, mais dont quelques-unes sont très rares ; pour leur description, nous avons mis à profit l'excellente *Monographie* de M. J.-G. Baker, qui a paru dans le *Gardener's Chronicle*, 1877. Plusieurs ont été omises, non pas qu'elles manquent de beauté, mais parce que, pour plusieurs d'entre elles, on n'en connait qu'une seule plante ; elles ne sont conséquemment pas susceptibles d'être répandues de sitôt.

A. albicans, Jacobi. *Fl.* de 4 cent. de long, à segments vert jaunâtre, linéaires, oblongs ; hampe de 45 à 60 cent. de haut. y compris l'épi. *Flles.* environ trente, en rosette, oblancéolées, de 30 à 40 cent. de long et 8 à 10 cent. de large au milieu, rétrécies à 5 à 6 cent. au-dessus de la base, d'un vert glauque persistant : épine terminale petite et faible ; les marginales deltoïdes, brunes, cornées, de moins de 3 mm. de long. Mexique, 1860. (G. C. 1877. II. f. 138.) C'est tout au plus une variété distincte de l'*A. micracantha*. Il existe une forme à feuilles panachées.

A. Alibertii, Baker. *Fl.* de 2 cent. 1/2 de long, à pédicelles courts : tube du périanthe verdâtre, infundibuliforme ; segments courts, lancéolés, deltoïdes ; hampe de 1 m. 30 à 1 m. 50 de haut, y compris la grappe qui est simple et lâche. *Flles* au nombre de dix à douze, lancéolées, denticulées, disposées en rosette. Origine inconnue, 1877. Syn. *Alibertia intermedia*, Marion.

A. americana, Linn. * *Fl.* vert jaunâtre, de 5 à 8 cent. de long, en bouquets globuleux très compacts ; pédicelles de 6 à 12 mm. de long ; hampe de 8 à 12 m., y compris la panicule thyrsoïde. Août. *Flles*, habituellement trente à quarante par rosette ; spatulées, oblancéolées, de 1 à 2 m. de long et 15 à 22 cent. de large au-dessus du milieu de leur longueur, vert glauque, plus ou moins concaves sur leur côté supérieur, les plus extérieures récurvées, toutes munies d'une forte pointe vulnérante, brun foncé, de 2 1/2 à 5 cent. de long ; bords garnis d'épines brunes au sommet, de 4 à 6 mm. de long. Amérique du Sud, 1640. — Cette espèce, ainsi que sa var. *variegata*, sont excessivement communes, elles vivent en plein air à l'état subspontané dans les parcs et jardins du littoral méditerranéen. (B. M. 3654 ; L. E. M. 235 ; R. H. 1862. 291.)

A. a. mexicana, Baker. Variété à feuilles beaucoup plus courtes que celles du type, que l'on peut considérer comme une de ses nombreuses formes. (G. C. 1877, part. II, p. 201, f. 36, sous le nom de *A. mexicana*, Lam.)

A. a. picta, Baker *. *Flles* de 60 cent. à 1 m. de long et environ 10 cent. de large, les inférieures récurvées, les supérieures, plus jeunes, dressées, assez épaisses, d'un beau jaune d'or sur les deux faces, bordées de vert foncé. Magnifique variété. Syn. *A. ornata*, Jacobi.

A. a. variegata, Hort. *Flles* de 2 m. ou plus de long et 15 à 20 cent. de large, vert foncé au milieu, largement marginées de jaune. Belle variété.

A. amœna, Lem. Rapportée à l'*A. Scolymus*, Karwinsk.

A. amurensis, — Syn. de *A. xylacantha*, Salm.

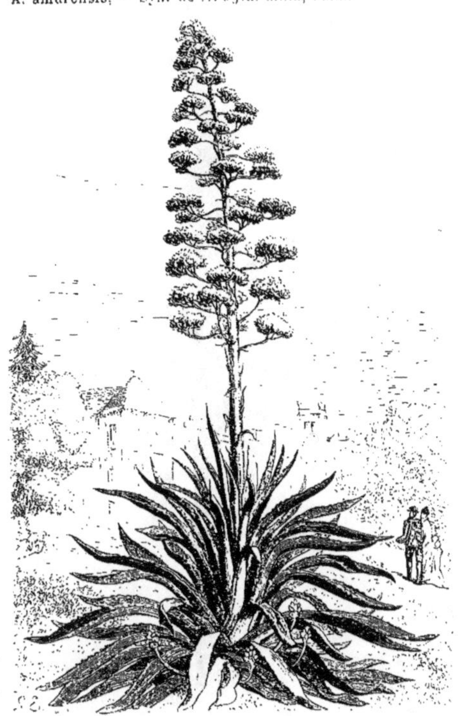

Fig. 77. — Agave americana. — On voit à la base des rameaux portant des fleurs bien conformées.

A. applanata, Lem. *Fl.* inconnues. *Flles*, vingt à quarante, disposées en rosette dense et sessile ; atteignant environ 60 cent. de diamètre, oblongues, spatulées, de 20 à 30 cent. de long et 5 à 8 cent. de large, la partie inférieure plane, la supérieure concave, brusquement terminée en une pointe brune, vulnérante, de 2 cent. 1/2 de long, vert bleuté, bordées de brun et d'épines de 6 à 8 mm. de long, brun brillant. Mexique, 1869. (Jacobi. *Monogr.*, pp. 48 et 219, fig. 115.)

A. atrovirens, Karwinsk. Syn. de *A. Salmiana*, Otto.

A. attenuata, Salm. * *Fl.* jaune verdâtre, de 5 cent. de long, à pédicelles d'environ 6 mm. de long, disposées en épi compact de 2 m. à 2 m. 50 de long, et 15 cent. de diamètre ; bractées dépassant le périanthe. *Flles*, dix à vingt, disposées en rosette dense, au sommet de la tige ; oblongues, spatulées, de 60 à 75 cent. de long et 20 à 22 cent. de large aux deux tiers de leur longueur, n'ayant plus que 7 à 8 cent. de large au-dessus de leur base, d'une teinte glauque persistante, de texture des plus charnues; face supérieure concave lorsqu'elles sont jeunes; sommet non épineux; bords très entiers. Tige de 1 m. 30 à 2 m. 30 de haut. et 8 à 12 cent. d'épaisseur. Mexique, 1834. Espèce des plus distinctes. (R. H. 1875, p. 149, f. 31-32; B. M. 5333, sous le nom de *A. glaucescens*, Hook.)

A. Baxteri, Baker. *Fl.* disposées en panicule thyrsoïde, lâche, de 1 m. 30 à 1 m. 50 de long; tube du périanthe jaune, de 6 mm. de long, dilaté vers son milieu; filets des étamines de 1 1/2 à 2 cent. 1/2 de long, anthères linéaires de 1 cent. 1/2 de long; ovaire cylindrique, trigone, de 2 cent. 1/2 de long; hampe 1 m. 30 à 1 m. 50 de haut, avant l'apparition des fleurs. Mars. *Flles*, environ trente, disposées en rosette dense, sessile; oblancéolées, d'environ 30 cent. de long, et 8 cent. de diamètre sur leur partie la plus large, terminée par une pointe brune, vulnérante, courtement décurrente; épines marginales étalées, crochues, deltoïdes, cuspidées, brunes, d'environ 3 mm. de long. Mexique (?), 1888.

A. Beaucarnei, Lem. Syn. de *A. Kerchovei*, Lem.

A. Botterii, Baker.* *Fl.* jaune verdâtre, d'environ 2 cent. 1/2 de long, disposées en épi dense, plus long que les feuilles; bractées primaires lancéolées, munies d'une longue pointe, les inférieures plus longues que les fleurs; hampe couverte de bractées lancéolées, apprimées. *Flles*, environ trente à quarante, disposées en rosette; oblongues, spatulées, de 60 cent. de long et 15 cent. de large au-dessus du milieu, rétrécies à 11 cent. au-dessus de la base, vert pâle, concaves au milieu, terminées par une épine dure, vulnérante, d'environ 6 mm. de long; épines marginales, très rapprochées, de 3 mm. de long, crochues au sommet. Plante acaule. Mexique, vers 1865. (B. M. 6248; G. C. 1877, part. II, 51.)

A. bracteosa, S. Wats. *Fl.* géminées, formant un épi dense; segments du périanthe d'environ 6 mm. de long; ovaire légèrement plus long; filets des étamines d'environ 5 cent. de long; hampe de 1 m. de haut, dont la partie, dépourvue de fleurs est fortement garnie de bractées étalées ou réfléchies de 12 à 15 cent. de long. *Flles* au nombre de dix à quinze, largement linéaires, atténuées, de 45 à 60 cent. de long, et 3 cent. de diamètre à la base, à bords finement serrulés. Monterey, Mexique, 1883. (G. C. 1882, part. II, p. 776, f. 138-139.)

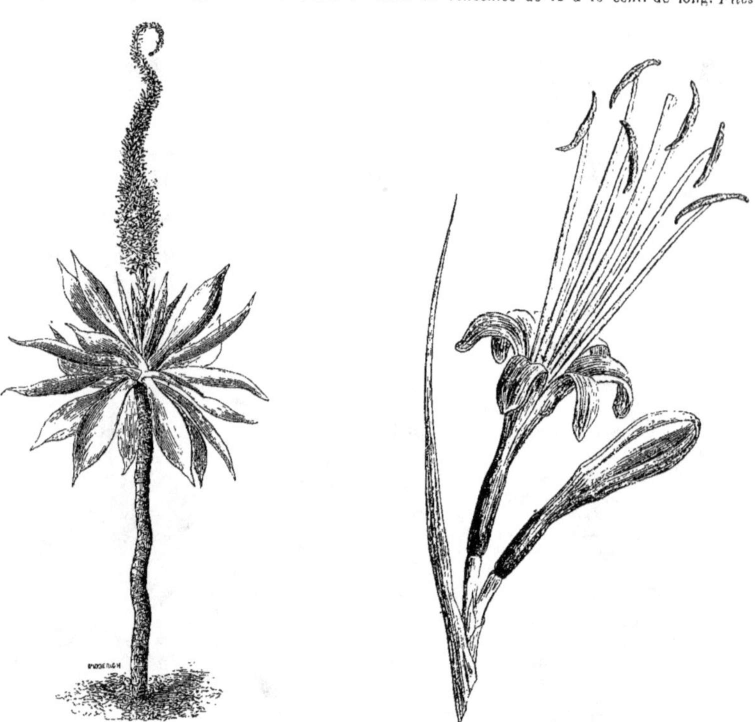

Fig. 78. — AGAVE ATTENUATA. Port et fleurs détachées de grandeur naturelle.

A. bulbifera, Salm. Syn. de *A. vivipara*, Linn.

A. cœspitosa, Todaro. Syn. de *A. Sartorii*, K. Koch.

A. cantula, Roxb. Syn. de *A. vivipara*, Linn.

A. Celsiana, Hook.* *Fl.* teintées de pourpre brun, de 2 cent. 1/2 de long, disposées en épi compact de 30 cent. ou plus de long et 15 à 20 cent. de diamètre, pendant la floraison; hampe de 1 m. 30 de haut, à bractées inférieures lancéolées, les supérieures subulées. *Flles*, vingt à trente, disposées en rosette; oblongues, spatulées, de 45 à 60 cent. de long et 10 à 12 cent. de large au milieu, rétrécies, ayant 5 à 8 cent. au-dessus de la base, d'une teinte glauque persistante, à pointe à peine piquante; épines de grandeur et de forme très inégales, les plus fortes ligneuses et brunes au sommet. Mexique, 1839. C'est une belle espèce dont la tige dépasse à peine le niveau du sol. (B. M. 4934; R. H. 1861, 336 sous le nom de *A. Celsii*, Hook.)

A. coccinea, Rœzl. *Fl.* inconnues. *Flles*, vingt à trente, disposées en rosette dense : oblancéolées, spatulées, de 45 à 60 cent. de long et 10 à 15 cent. de large aux deux tiers de leur longueur, rétrécies à 8 cent. au-dessus de la base dilatée où elles ont de 2 1/2 à 3 cent. d'épaisseur, vert foncé ; épine terminale rouge, de 4 cent. ou plus de long, les latérales irrégulières, deltoïdes, inégales, presque droites, rouges, de 4 à 6 mm. de long. Mexique, 1859.

A. cochlearis, Jacobi. *Fl.* vert jaunâtre, de plus de 10 cent. de long, disposées en bouquet compact. *Flles* formant une rosette sessile, de 3 m. de diamètre ; oblongues, spatulées, de 1 m. 50 à 2 m. de long, et de plus de 30 cent. de large, de 12 cent. d'épaisseur à la base, vert opaque, face supérieure fortement concave ; épine terminale très forte, vulnérante ; les latérales de taille moyenne, deltoïdes, courbées en divers sens. Tige de 8 m. de haut. Mexique, avant 1867.

A. Consideranti, Carr. Syn. de *A. Victoriæ-Reginæ* T. Moore.

A. Corderoyi, Baker. * *Fl.* inconnues. *Flles*, trente à quarante, disposées en rosette dense ; rigides, dressées, étalées, ensiformes, de 45 cent. de long, et 1 1/2 à 2 cent. 1/2 de large, vert tendre ; épine terminale, dure, brune, de 2 cent. 1/2 de long, les latérales assez rapprochées, droites, brun foncé, de 4 mm. de long. Mexique, 1868. Belle espèce, très distincte. (G. C. 1877, part. II, p. 397, f. 79.)

A. crenata, Jacobi. Rapporté à l'*A. scolymus*, Karwinsk.

A. cucullata, Lem. Rapporté à l'*A. scolymus*, Karwinsk.

A. dasylirioides, Jacobi et Bouché.* *Fl.* jaunes, d'environ 4 cent. de long, disposées en épi aussi long que la hampe, souvent courbé ; bractées inférieures beaucoup plus longues que les fleurs ; pédicelles nuls ; hampe de 2 m. de haut, fortement couverte de bractées foliacées, subulées, étalées ; les inférieures de 30 cent. de long. *Flles*, quatre-vingts à cent, disposées en rosette dense : linéaires, ensiformes, de 50 cent. à 1 m. de long, et environ 2 cent. 1/2 de large, graduellement rétrécies à partir du milieu et terminées par une pointe courte, vulnérante, vert glauque pâle, rigides, coriaces, à bords finement denticulés. Mexique, 1846. (B. M. 5716 ; G. C. 1877, part. II, f. 111, 1889, part. I, p. 804.)

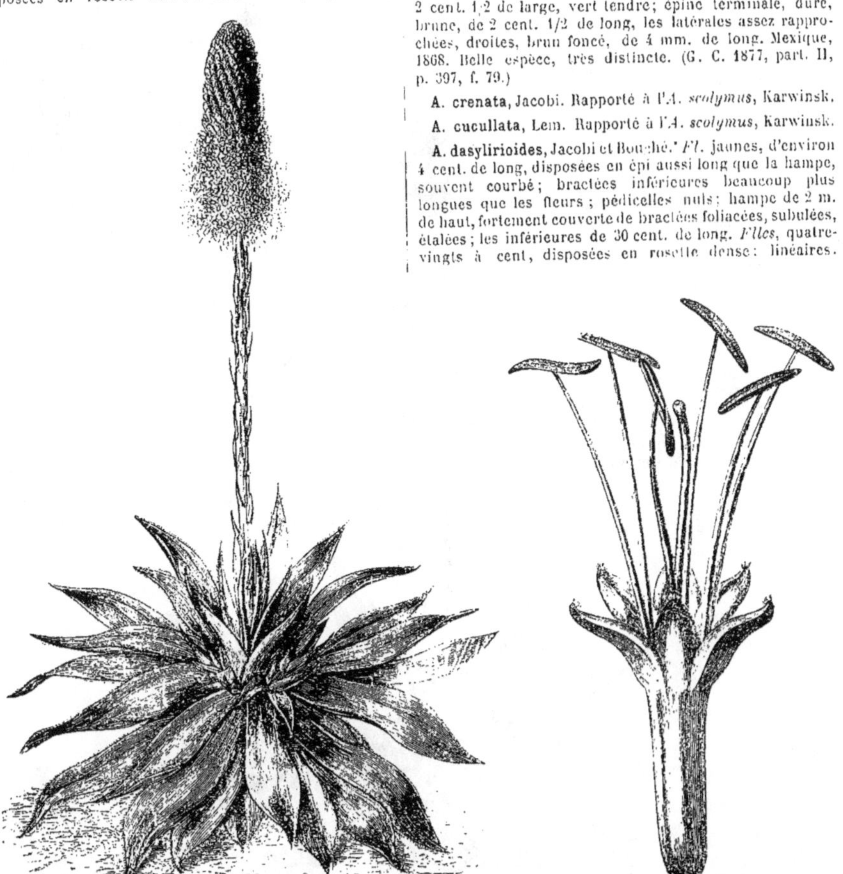

Fig. 79. — AGAVE CELSIANA. Port et fleur détachée.

A. d. dealbata, — Variété plus glauque de l'espèce précédente.

A. densiflora, Hook. * *Fl.* rouge jaunâtre, de 4 à 5 cent. de long, disposées en épi compact, de 60 cent. de long ; pédicelles très courts ; hampe de 2 m. de haut, y compris l'épi, à bractées supérieures ascendantes, les inférieures étalées. *Flles*, trente à quarante, disposées en rosette acaule ; oblancéolées, spatulées, de 60 cent. à 1 m. de ong et 6 à 12 cent. de large, vert tendre à l'état adulte; épine terminale de 12 mm. de long, épaisse, vulnérante, légèrement décurrente; les latérales très rapprochées, courtes, brun foncé. Mexique, avant 1857. (B. M. 5006; R. G. 1863, 410.)

A. Deserti, Engelm. * *Fl.* jaunes, d'à peine 5 cent. de long, disposées en panicule thyrsoïde, à rameaux très courts, les inférieurs horizontaux, les supérieurs ascendants; pédicelles courts; hampe de 1 m. 30 à 1 m. 50 et 2 1/2 à 5 cent. d'épaisseur à la base, pourvue de bractées espacées, lancéolées, acuminées, dentées. *Flles* peu nombreuses, disposées en rosette; oblancéolées, de 15 à 30 cent. de long et 4 à 5 cent. de large au-dessus du milieu, épaisses, charnues, très glauques, à face supérieure fortement concave; épine terminale de 2 1/2 à 5 cent. de long, grêle; les marginales, rapprochées, fortes, cornées, crochues, de presque 6 mm. de long. Californie, 1877.

A. Desmetiana, Jacobi. Probablement syn. de *A. miradorensis*, Jacobi.

A. Ellemeetiana, Jacobi. * *Fl.* vert jaunâtre, de 2 1/2 à 4 cent. de long, disposées en épi dense, de 2 m. 50 à 3 m. de haut et 18 à 20 cent. de diamètre à la floraison; pédicelles de 6 mm. de long; hampe de 4 m. à 4 m. 30 de haut, y compris l'épi; droite, raide, pourvue de bractées squarreuses, lancéolées. *Flles*, vingt à trente, disposées en rosette; lancéolées, oblongues, de 45 à 60 cent. de long et 8 à 15 cent. de large, légèrement glauques, à face supérieure plane au-dessus du milieu; épine terminale non vulnérante; bords pâles et très entiers. Plante acaule, très distincte. Mexique, 1864. (Ref. B. 163; G. C. 1877, part. II, p. 749, f. 145; B. M. 7027.)

A. Fenzliana, Jacobi. Syn. de *A. Hookeri*, Jacobi.

A. ferox, K. Koch. *Fl.* inconnues. *Flles*, environ vingt, disposées en rosette; oblongues, spatulées, de 10 à 20 cent. de large; face supérieure presque plane, excepté au sommet, légèrement glauques; épine terminale de plus de 2 cent. 1/2 de long, dure, vulnérante; bords légèrement ondulés entre les dents marginales, celles-ci grandes, brun foncé, de 6 mm. de long, courbées au sommet. Mexique, 1861.

A. filifera, Salm. Dyck. * *Fl.* jaunâtres, d'environ 5 cent. de long, à pédicelles forts et très courts, disposées en épi dense de 60 cent. à 1 m. de long; hampe de 1 m. à 1 m. 30 de haut; à bractées subulées, les inférieures ascendantes, les supérieures légèrement réfléchies au sommet. *Flles*, soixante à cent, disposées en rosette dense; droites ou ensiformes, raides, de 15 à 22 cent. de long et 2 cent. 1/2 de large au milieu, graduellement rétrécies en une pointe grise, vulnérante; face plane, bords continus, grisâtres, se divisant en nombreux filaments coriaces; feuilles extérieures raides, écartées, mais droites. Mexique. (I. H. VII, t. 243; G. C. 1877, f. 49.)

A. f. filamentosa, Baker. * Forme à feuilles plus larges; hampe de 3 à 4 m., y compris l'épi. Belle variété très répandue. (Ref. B. 164.)

A. Galeottei, Baker. *Fl.* inconnues. *Flles*, trente à quarante, disposées en rosette dense, de 60 cent. à 1 m. de large; oblongues, spatulées, de 30 à 45 cent. de long et 5 à 15 cent. de large; face presque plane ou convexe, verte; épine terminale dure, vulnérante; les marginales rapprochées, pourpre noir, droites ou légèrement crochues. Mexique, 1872.

Fig. 80. — AGAVE DENSIFLORA.

A. Ghiesbreghtii, Lem. *Fl.* inconnues. *Flles*, trente à quarante, disposées en rosette dense; rigides, lancéolées, de 22 à 30 cent. de long et 5 à 8 cent. de large, d'un beau vert brillant; épine terminale de 12 mm. de long, vulnérante; étroitement bordées de rouge brun jusqu'à un âge très avancé; épines marginales nombreuses irrégulières, de 5 à 8 mm. de long. Mexique, 1862. Très belle espèce naine. Les *A. Rohanii*, Jacobi et *A. Leguayana*, Hort., ne sont que de simples variétés. (Jacobi, *Monogr*, p. 42, 100; G. C. 1877, part. I, p. 621, f. 100.)

A. Henriquesii, Baker. *Fl.* à segments du périanthe lancéolés et teintés de brun, de 2 cent. 1/2 de long.; style pourpre brun; disposées en panicule spiciforme; hampe de 4 à 5 m. de long y compris l'épi. *Flles* disposées en rosette dense; oblongues, lancéolées, vert tendre, marginées de brun foncé, de 60 cent. de long et 12 cent. de large, rétrécies à la base et vulnérantes au sommet, armées d'épines latérales étalées. Mexique (?), 1887. (G. C. 1887, part. I, f. 70.) Syn. *Littea Henriquesii*.

A. heteracantha, Zucc. *Fl.* verdâtres, de 4 cent. de long, disposées en épi dense, de 1 m. de long; hampe de 1 m. à 1 m. 30 de haut. *Flles*, cinquante à quatre-vingts, disposées en rosette: rigides, ensiformes, de 45 à 60 cent. de long et 5 à 7 cent. de large au milieu, vert sombre, parcourues sur le dos par de nombreuses lignes vertes: épine terminale de 2 cent. 1/2 de long; les latérales nombreuses, lancéolées, fortement crochues. Plante acaule. Mexique. (R. G. 1870. p. 4, t. 639.)

A. Hookeri, Jacobi. * *Fl.* grandes, jaunes, très nombreuses, disposées en cymes pédonculées, formant une panicule. *Flles*, trente à quarante, en rosette sessile, de 2 m. 50 à 3 m. de diamètre: oblancéolées, spatulées, vert tendre en dessus, glauques en dessous, de 1 m. 30 à 1 m. 50 de long, 12 à 22 cent. de large et 5 à 8 cent. d'épaisseur; épine terminale de 5 cent. de long et décurrente sur presque 15 cent. de longueur, aplatie ou légèrement concave en dessus; les latérales irrégulières, brunes, ligneuses, d'environ 6 mm. de long et courbées de différents côtés. Mexique. (B. M. 6589.) Syn. *A. Fenzliana*, Jacobi. Magnifique espèce massive, mais rare.

A. horrida, Lem. * *Fl.* inconnues. *Flles*, de trente à quarante, disposées en rosette dense: rigides, lancéolées, spatulées, de 20 à 30 cent. de long et 2 1/2 à 5 cent. de large, vert tendre; épine terminale vulnérante, de presque 2 cent. 1/2 de long, pourvues d'une ligne marginale grise; épines latérales de 1 cent. de long. G. C. 1877, part. I, p. 621, f. 99.)

A. h. Gilbeyi, Baker. * *Flles*, environ trente, de 8 à 12 cent. de long et 5 cent. de large, vert foncé avec une strie plus pâle au milieu: pourvues de trois à quatre grosses épines de chaque côté. Mexique, 1873. (B. M. 6511; G. C. 1873, p. 1305, f. 270 et 1877, part. I, p. 621. f. 101.)

A. h. lævior, — *Flles* un peu plus étroites, plus longues; épines latérales moins développées, et d'un vert plus pâle que celles du type. Mexique, 1870.

A. h. macrodonta, Baker. *Flles*, de cinquante à soixante, larges; épines latérales plus grandes que celles du type. Mexique, 1876

A. h. micracantha, Baker. Bordure des feuilles plus étroite et épines plus petites que celles du type. (G. C. 1877, part. I, p. 621, f. 98.)

A. Ixtli, Karwinsk. Syn. de *A. rigida*, Engelm.

A. Jacobiana, Salm. Syn. de *A. Salmiana*, Otto.

A. Kerchovei, Lem. * *Fl.* en épi dense. *Flles*, trente à quarante, disposées en rosette acaule: raides, absolument ensiformes, de 15 à 30 cent. de long et 4 à 5 cent. de large, graduellement rétrécies en épine vulnérante de 2 cent. 1/2 de long; vert sombre, avec une bande centrale plus pâle et distincte; à dos arrondi, sans aucunes stries, assez largement bordées de gris; épines latérales irrégulières, grises, lancéolées, courbées, de 4 à 6 mm. de long. Mexique. vers 1864. (J. H. 1864, 64) Syn. *A. Beaucarnei*, Lem. Il existe plusieurs variétés d'*A. Kerchovei*, parmi lesquelles les suivantes sont les plus importantes.

A. K. diplacantha, Baker. * Variété à dents très peu nombreuses, espacées et souvent réunies par deux.

A. K. inermis, Baker. Plante naine à épines absolument nulles.

A. K. macrodonta, Baker. *Flles* de 45 cent de long, dépourvues de bande centrale, à épines latérales nombreuses, irrégulières, lancéolées, grises, d'environ 8 mm. de long.

A. K. pectinata, Baker. *Flles* de 30 cent. de long et 6 cent. de large, dépourvues de bande centrale.

A. lophantha, Schiede. * *Fl.* verdâtres, disposées en épi dense, de 1 m. 30 à 1 m. 60 de long; hampe de 2 m. 30 à 2 m. 50 de haut, à bractées brunes, les inférieures de 15 cent. de long. *Flles*, trente à quarante, disposées en rosette: rigides, ensiformes, de 60 cent. à 1 m. de long, et 4 cent. de large au milieu, presque concaves en dessus, arrondies en dessous, vert sombre, dépourvues de stries: épine terminale de 2 cent. 1/2 de long; bordées d'une ligne continue canescente, et pourvues d'épines latérales espacées, linéaires, falciformes, d'environ 2 mm. de long. Mexique, vers 1840.

A. l. cœrulescens, Jacobi. * *Flles* couvertes d'une pruine glauque.

A. l. longifolia, — Simple variété de l'espèce ci-dessus.

A. macracantha, Zucc. * *Fl.* verdâtres, de 5 cent. de long, au nombre de dix à douze, disposées en grappe lâche, de 15 cent. de long, toutes solitaires, à pédicelles ascendants. de 6 à 12 mm. de long; hampe de 60 cent. à 1 m. de haut. à bractées dressées. *Flles*, trente à quarante, disposées en rosette; rigides, de 30 à 60 cent. de long, très fermes, très glauques, un peu plus épaisses dans leur partie inférieure que dans leur supérieure; épine terminale presque noire, fortement vulnérante, de 12 mm. de long; les latérales pourpre noir, un peu espacées, de 3 mm. de long, à pointe grande, droite ou crochue. Plante à tige courte, ou même acaule. Mexique, 1830. Il existe plusieurs variétés de cette espèce; les *A. Besseriana*, Jacobi. et *A. flavescens*, Salm., sont du nombre; elles sont figurées dans le (B. M. 5940.)

A. Maximiliana, Baker. *Fl. inconnues*. *Flles*, environ vingt, disposées en rosette sessile; oblancéolées, spatulées, de 45 à 60 cent. de long et 4 à 8 cent. de large, légèrement glauques en dessus; épine terminale vulnérante, brune, de 2 cent. 1/2 de long; les latérales marron foncé, brillantes, plus fortes et plus irrégulières que celles de l'*A. americana*, plus crochues, à pointe plus longue et plus aiguë, atteignant 6 mm. de long. Mexique. Espèce très distincte.

A. Maximowicziana, Regel. *Fl.* vertes, géminées, sessiles, disposées en épi dense; hampe de 2 m. à 2 m. 50 de haut. *Flles* de 45 cent. de long et 9 à 10 cent. de large; vertes, disposées en rosette dense; oblancéolées, fortement et irrégulièrement dentées sur les bords; épine terminale quelquefois fourchue. Espèce voisine de l'*A. densiflora*, 1889.

A. mexicana, Lam. — V. *A. americana mexicana*, Baker.

A. micracantha, Salm. *Fl.* jaunâtres, de 4 cent. de long, disposées en épi dense, de 1 m. à 1 m. 30 de long, et 15 à 18 cent. de diamètre pendant la floraison. *Flles*, vingt à trente, disposées en rosette à tige courte; oblancéolées, oblongues, de 35 à 45 cent. de long, et 8 à 12 cent. de large au-dessus du milieu, rétrécies à 5 à 8 cent. au-dessus de la base, vert tendre, aplanies en dessus dans leur partie supérieure; épine terminale rouge brun assez ferme; les latérales assez rapprochées, rouge brunâtre, cornées, d'environ 2 mm. de long; les supérieures ascendantes, les inférieures réfléchies. Mexico, 1860. (Ref. B. 327; R. G. 88, 17.)

A. miradorensis, Jacobi. * *Fl.* inconnues. *Flles*, de trente à quarante, disposées en rosette sessile; oblancéolées, spatulées, de 45 à 60 cent. de long et 2 1/2 à 6 cent. de large au-dessus du milieu, minces, mais fermes, très glauques; épine terminale rouge brun, de 2 cent. 1/2 de long, les latérales très fines, compactes, espacées, d'environ 5 mm. vers le milieu de la feuille, incolores. Mexique, 1859. Syn. (probable) *A. Desmetiana*, Jacobi.

A. Morrisii, Baker. *Fl.* à périanthe jaune vif, de 5 à 6 cent. de long; étamines presque deux fois plus longues que les segments; disposées en panicule thyrsoïde, dont les principaux rameaux ont environ 45 cent. de long; hampe de 5 à 8 m. de haut, y compris l'inflorescence. *Flles,* vingt ou plus, disposées en rosette dense; oblancéolées, spatulées, de 2 m. à 2 m. 30 de long et presque 30 cent. de large, graduellement rétrécies en pointe épineuse, vert foncé, bords épineux. Jamaïque, 1887. (G. C. sér. III, part. I, p. 643, f. 105.)

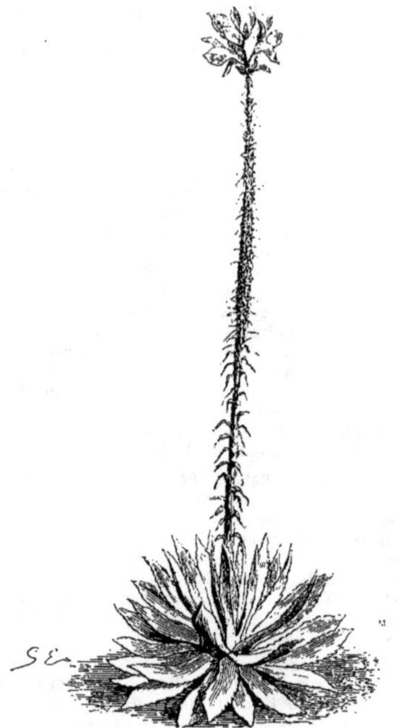

Fig. 81. — Agave polyacantha, ayant développé des bourgeons foliaires au sommet de la hampe.

pâle parcourant le milieu de la face supérieure et à nombreuses lignes vertes, distinctes sur la face inférieure; épine terminale brune, vulnérante, de 2 cent. 1/2 de long; les latérales assez rapprochées, lancéolées, crochues, de 4 mm. de long. Tronc de 10 à 15 cent. de haut. Texas.

A. potatorum, Zuccar. *Fl.* jaune verdâtre, de 8 cent. de long, disposées en panicule thyrsoïde de 1 m. 30 à 1 m. 50 de long; hampe de 4 m. de haut, y compris la panicule. *Flles,* environ vingt, en rosette dense, sessile, de 1 m. 30 à 1 m. 50 de diamètre; oblongues, spatulées, de 60 à 75 cent. de long et 18 à 22 cent. de large au-dessus du milieu, vert glauque sombre et légèrement concaves en dessus; épine terminale ligneuse, vulnérante, de 4 à 5 cent. de long, les latérales deltoïdes, cuspidées, d'environ 6 mm. de long, à bords légèrement ondulés dans les sinus. Mexique, 1830.

Le même, sommité grossie.

A. Noackii, Jacobi. Syn. de *A. Sartorii*, K. Koch.

A. ornata, Jacobi. Syn. de *A. americana picta*, Baker.

A. Ortgiesiana, Hort.* Forme naine de l'*A. schidigera*, à feuilles pourvues d'une bande centrale, vert pâle. Mexique, 1860. Espèce méritante, largement dispersée.

A. pendula, Schnitt. Syn. de *A. Sartorii*, K. Koch.

A. polyacantha, Haworth. *Fl.* jaune verdâtre, de 4 à 5 cent. de long, disposées en épi dense, de 1 m. à 1 m. 30 de long; hampe de 2 m. 50 à 4 m. de haut, y compris l'épi. *Flles,* environ trente, en rosette sessile; oblancéolées, spatulées, rigides, de 30 à 60 cent. de long et 6 à 12 cent. de large au-dessus du milieu, vert tendre, légèrement glauques lorsqu'elles sont jeunes; épine terminale brun foncé, vulnérante, de 12 à 18 mm. de long; les latérales, très rapprochées, deltoïdes, brun foncé, irrégulières, de 2 mm. de long, toutes un peu étalées. Mexique, 1800. Syns. *A. uncinata*, Jacobi et *A. xalapensis*, Roezl. (R. H. B. 1875, p. 174.)

A. Poselgerii, Salm. *Fl.* pourpres, d'un peu plus de 2 cent. 1/2 de long; hampe de 2 à 3 m. de haut, y compris l'épi. *Flles,* vingt à trente, disposées en rosette dense; rigides, ensiformes, de 30 à 45 cent. de long et 4 à 5 cent. de large au milieu, vert sombre, à bande plus

A. pruinosa, Lem.* *Fl.* inconnues. *Flles,* dix à vingt, disposées en rosette dense; étalées, oblancéolées, oblongues, de 45 à 60 cent. de long et 10 à 12 cent. de large au-dessus du milieu, douces au toucher, charnues, vert glauque pâle; épine terminale très faible; bords pourvus de dentelures deltoïdes, très petites, de 1 mm. de long. Mexique, 1863. Espèce très distincte.

A. rigida, Mill. *Fl.* verdâtres, de 5 à 6 cent. de long, disposées en panicule thyrsoïde de 1 m. à 1 m. 30 de long et 60 cent. de large, groupées en bouquets denses sur les rameaux de la panicule; hampe de 2 m. 50 à 3 m. de haut, non compris la panicule, pourvue de bractées espacées, linéaires, apprimées. *Flles,* trente à quarante, en rosette; oblancéolées, spatulées, de 45 à 60 cent. de long et 5 à 8 cent. de large au milieu, rétrécies à 4 cent. au-dessus de la base, dilatées à la base où elles n'ont que 2 cent. 1/2 d'épaisseur, rigides, d'une teinte glauque; épine terminale vulnérante, de 2 cent. 1/2 de long; un peu décurrente sur les bords, les latérales espacées, brun foncé, cornées, de 3 mm. de long. Mexique. Syn. *A. Ixtli*, Karwinsk. (B. M. 5893, sous le nom de *A. ixtlioides*, Hook.) Cette espèce est très intéressante par ses qualités textiles; on s'en est beaucoup occupé récemment; c'est elle qui fournit la fibre, très méritante, connue sous le nom de Sisal Hemp. (Kew. Bul. 1887-88-89-90-91-92.)

A. Roezliana, Hort. *Fl.* inconnues. *Flles*, vingt à trente, disposées en rosette sessile; raides, ensiformes, de 15 à 18 cent. de long et 2 1/2 à 4 cent. de large au milieu, vert tendre brillant, à bande médiane pâle, très distincte; arrondies sur le dos, sans aucune ligne plus foncée; bords munis d'une bande continue, rouge brun à l'état juvénile, devenant grise lorsque les feuilles sont adultes; épine terminale rouge brun, brillante, vulnérante, de 12 à 18 mm. de long, les latérales assez abondantes, étalées, courbées, de 6 mm. de long. Mexique, 1869. (G. C. 1877, part. I, p. 528.)

pédicelles très courts, disposées en épi dense, d'environ 1 m. de long et 12 à 15 cent. de large pendant la floraison; hampe de 1 m. à 1 m. 30 de long, à bractées linéaires vertes, ascendantes, de 5 à 10 mm. de long. *Flles*, trente à quarante, disposées en rosette lâche; ensiformes, de 45 à 60 cent. de long et 8 cent. de large au milieu, vert tendre, à bande médiane plus pâle; face supérieure plane; épine terminale petite, non vulnérante; les latérales menues, compactes, étalées, rouge brun au sommet. Tige de 30 à 60 cent. de long, quelquefois fourchue. (B. M. 6292.) Syns. *A. cæspitosa*, Todaro; *A. Noackii*, Jacobi, et *A. pendula*, Schnitt.

A. schidigera, Lem. * *Fl.* presque identiques à celles de l'*A. filifera*. *Flles*, cinquante à quatre-vingts, disposées en rosette dense et sessile; raides, ensiformes, de 30 à 35 cent. de long et 2 à 2 cent. 1/2 de large au milieu, de couleur et de texture semblables à celles de l'*A. filifera*, mais à bordure grise, se détachant en lanières planes et non en filaments. (I. H. v. IX, t. 330; B. M. 5641.)

A. Schnittspahni, Jacobi. Rapportée à l'*A. Scolymus*.

Fig. 82. — AGAVE SALMIANA. Port et fleur détachée (1/2).

A. Salmiana, Otto. * *Fl.* jaune verdâtre, de 10 cent. de long, en bouquets denses, disposés en panicule thyrsoïde, de 1 m. 50 à 2 m. de long, à rameaux droits, étalés; hampe de 6 m. de haut, non compris la panicule. *Flles*, douze à trente, disposées en rosette dense, ayant souvent de 1 m. 50 à 2 m. de diamètre; oblancéolées, spatulées, de 60 cent. à 1 m. 30 de long et 10 à 15 cent. de large au-dessus du milieu, d'un vert sombre, légèrement glauques; face supérieure plus ou moins concave; épine terminale de 4 à 5 cent. de long, dure et vulnérante; les latérales de 6 mm. de long, brun foncé, à pointe crochue, tournée vers le sommet ou vers la base de la feuille. Mexique, 1860. (R. H. 1873, p. 373, t. 40 et 41; G. C. 1871, part. II, p. 141, f. 31.) Syns. *A. atrovirens*, Karwinsk; *A. Jacobiana*, Salm.; *A. tehuacensis*, Karwinsk.

A. S. latissima, Jacobi. *Flles* de 60 cent. à 1 m. de long et 20 à 22 cent. de large au-dessus du milieu.

A. Sartori, K. Koch. *Fl.* verdâtres de 4 cent. de long, à

A. Scolymus, Karwinsk. *Fl.* jaune verdâtre, de 6 à 8 cent. de long, en bouquets denses, au sommet de rameaux peu nombreux, disposés en panicule thyrsoïde, de 1 m. 30 de long, et 60 cent. de large; hampe de 4 à 5 m. de haut, pourvue de bractées vertes. *Flles*, vingt à trente, disposées en rosette dense, de 45 cent. à 1 m. de diamètre; oblongues, spatulées de 25 à 45 cent. de long et 8 à 15 cent. de large au-dessus du milieu, très glauques, brusquement terminées en épine vulnérante, de 2 cent. 1/2 ou plus de long; épines latérales brun foncé, d'environ 6 mm. de long; bords ondulés dans les sinus; celles de la moitié inférieure plus petites et dirigées en bas. Mexique, 1830. (Ref. B. t. 328.) Les espèces rapportées à cette plante sont : *A. amœna*, Lem.; *A. crenata*, Jacobi; *A. cucullata*, Lem.; *A. Schnittspahni*, Jacobi et l'*A. Verschaffeltii*, Lem. (I. H. t. 561; Ref. B. t. 306.)

A. S. Saundersii, Hook. *Fl.* d'environ 30 cent. de long, très grandes. (B. M. 5493.)

A. Seemanniana, Jacobi. * *Fl.* inconnues. *Flles* au nombre de vingt, disposées en rosette sessile, de 30 à 45 cent. de large; oblongues, spatulées, de 15 à 22 cent. de long et 8 à 9 cent. de large au milieu, rétrécies à 5 cent. au-dessus de la base; celle-ci dilatée; face supérieure plane, excepté près du sommet; épine terminale brun foncé, vulnérante, de 12 mm. de long; les latérales grandes, assez rapprochées, légèrement courbées vers le sommet ou vers la base de la feuille. Guatémala, 1868. Il existe deux ou trois formes horticoles de cette espèce.

A. Shawii, Engelm. * *Fl.* jaune verdâtre, de 8 à 9 cent. de long, disposées en panicule thyrsoïde, d'environ 60 cent. de long et de large; composée de bouquets denses, de trente à quarante fleurs, entourés par de grandes bractées foliacées, charnues. *Flles*, cinquante à soixante ou plus, formant une rosette compacte, globuleuse, sessile, de 60 cent. de diamètre; oblongues, spatulées, de 20 à 25 cent. de long et 9 à 11 cent. de large au milieu, vert foncé, entières dans leur tiers ou leur quart supérieur, la partie restante, pourvue d'épines rapprochées, lancéolées courbées vers le haut, de 6 à 12 mm. de long; épine terminale brune, de 2 cent. 1/2 de long. Californie, 1875. Cette plante est à présent très rare, mais c'est une des plus belles et des plus distinctes.

A. sobolifera, Salm. *Fl.* jaune verdâtre, de 5 à 6 cent. de long, disposées en panicule thyrsoïde, à rameaux inférieurs de 22 à 30 cent. de long, portant chacun cent fleurs; pédicelles de 6 mm. à 2 cent. 1/2 de long; hampe de 2 m. 50 à 3 m. de haut et 6 cent. d'épaisseur à la base. *Flles*, vingt à quarante, disposées en rosette courtement caulescente; oblancéolées, oblongues, spatulées, de 60 cent. à 1 m. de long et 8 à 12 cent. de large au milieu, vert très gai; face supérieure profondément canaliculée, à bords très relevés; souvent réfléchies au sommet; épine terminale sub-vulnérante, brun foncé, de 6 mm. de long; les latérales espacées, brunes, crochues, de 2 à 3 mm. de long. Indes occidentales, 1678. (G. C. 1877, part. II. f. 150 sous le nom de *A. vivipara*, Hort.)

A. striata, Zucc. * *Fl.* vert brunâtre à l'extérieur, jaunes à l'intérieur, de 2 1/2 à 4 cent. de long; disposées en épi dense, de 60 cent. à 1 m. de long; pédicelles très courts; bractées linéaires, plus courtes que les fleurs; hampe de 2 à 3 m. de haut y compris l'épi, pourvue de nombreuses bractées subulées, de 5 à 8 cent. de long. *Flles* au nombre de cent cinquante à deux cents, disposées en rosette dense; linéaires, ensiformes, de 60 à 75 cent. de long, et 6 à 10 mm. de large au-dessus de la base qui est dilatée, deltoïdes, de 2 cent. 1/2 de large et 6 mm. d'épaisseur; graduellement rétrécies sur toute leur longueur, de texture rigide, vert glauque; face supérieure presque carénée, l'inférieure à carène plus accentuée; épine terminale brune, vulnérante, de 6 mm. de long; bords finement serrulés. Mexique, 1856. (B. M. 4950.)

A. s. echinoides, Jacobi. *Flles* d'environ 15 cent. de long et 8 mm. de large au milieu; face supérieure plane. Plante plus raide et plus naine que la variété *stricta*.

A. s. recurva, Zuccar. *Flles* plus longues que celles du type, ayant 1 m. à 1 m. 30, plus étroites, plus ou moins falciformes et évidemment convexes sur les deux faces.

A. s. stricta, Salm. *Flles* d'environ 30 cent. de long et 6 mm. de large au milieu, convexes sur les deux faces. L'*A. Richardsii* se rapproche de cette variété.

A. tehuacensis, Karwinsk. Syn. de *A. Salmiana*, Otto.

A. uncinata, Jacobi. Syn. de *A. polyacantha*, Haworth.

A. univittata, Haworth. * *Fl.* vertes, de 4 cent. ou moins de long, disposées en épi de 3 à 4 m. de long et 15 à 18 cent. de diamètre; hampe de 1 m. 30 de long, non compris l'épi, à bractées denses, squarreuses. *Flles*, cinquante à quatre-vingts, disposées en rosette dense, acaule; rigides, ensiformes, de 60 à 75 cent de long, et 5 à 8 cent. de large au milieu, légèrement rétrécies de ce point jusqu'à la base, et très graduellement dans leur partie supérieure; vert sombre, avec une large bande médiane plus pâle, obscurément rayées sur le dos, bordées d'une membrane cornée, grise, continue et munies d'épines lancéolées, de 3 mm. de long, et espacées de 12 mm. à 2 cent. 1/2, la terminale brune, vulnérante, de 2 cent. 1/2 de long. Mexique, 1830. (Ref. B. t. 215; G. C. 1877, f. 58; B. M. 6655.)

A. utahensis, Engelm. * *Fl.* jaunâtres, d'environ 2 cent. 1/2 de long, à pédicelles de 6 mm. ou plus; disposées en épi de 30 à 60 cent.; hampe de 1 m. 50 à 2 m. 30 de haut, y compris l'épi. *Flles* acaules, ensiformes, de 15

Fig. 83. — Agave Victoriæ-Reginæ.

à 30 cent. de long et de 2 1/2 à presque 5 cent. de large: épaisses, glauques; épine terminale canaliculée, vulnérante, d'environ 2 cent. 1/2 de long: les marginales, de 3 à 4 mm. de long, brunes à la base et blanches au sommet. Utah méridional, 1881. C'est une véritable espèce alpine, parfaitement rustique et très facile à cultiver.

A. Vanderdonckii, — Syn. de *A. xylonacantha*. Salm.

A. Verschaffeltii, Lem. Rapportée à l'*A. Scolymus*, Karwinsk.

A. Victoriæ-Reginæ, T. Moore. * *Flles*, quarante à cinquante, en rosette sessile; dures, rigides, lancéolées, de 15 cent. de long et 3 1/2 à presque 5 cent. de large au-dessus de la base dilatée, graduellement rétrécies en pointe presque obtuse, vert terne, bordées d'une ligne blanche continue comme celle de l'*A. filifera*, ne se déchirant pas en filaments, mais laissant des bandes verticales à l'endroit où elles étaient pressées contre les feuilles voisines; épine terminale vulnérante, habituellement munie de deux ou trois autres petites épines sur chacun de ses côtés. Mexique, 1872. C'est aussi une espèce beaucoup trop rare. (F. d. S. XXI, p. 161.) Syn. *A. Consideranti*, Carr. (R. H. 1875, f. 68; 1890, f. 113.)

Fig. 84. — AGAVE YUCCÆFOLIA. — 1, sommet de la hampe; 2, capsule coupée transversalement; 3, graines; 4, port.

A. variegata, Jacobi. *Fl.* verdâtres, d'environ 4 cent. de long, disposées en épi d'environ 30 cent. de long, portant quinze à vingt fleurs; bractées menues, deltoïdes; hampe de 60 cent. de haut, non compris l'épi, munie d'environ douze bractées foliacées, lancéolées. *Flles*, quinze à dix-huit, en rosette sessile: étalées, en lanière, lancéolées, ayant à la fin 30 à 45 cent. de long et 2 1/2 à 5 cent. de large au-dessous du milieu, légèrement rétrécies de ce point jusqu'à la base, et graduellement jusqu'au sommet, profondément canaliculées, vert foncé, assez fortement maculées de brun; bords ligneux et rudes, très obscurément serrulés. Texas, 1865. C'est une belle variété à feuilles panachées, très rare dans les cultures. (Ref. B. t. 326.)

A. Villarum, — *Flles* tout à fait inermes, comme celles de l'*A. filifera*, mais beaucoup plus longues, plus étalées et moins denses, 1886. C'est un hybride d'origine italienne, entre les *A. filifera* et *A. xylacantha;* ce dernier est la plante mère.

A. virginica, Linn. ' *Fl.* jaune verdâtre, de 2 1/2 à 3 cent. de long, disposées en épi très lâche, de 30 à 45 cent. de long ; fleurs inférieures très courtement pédicellées, à bractées lancéolées, d'environ 6 mm. de long ; hampe de 60 cent. à 1 m. de haut, non compris l'épi, seulement munie de quelques petites bractées foliacées, espacées. *Flles*, dix à quinze, en rosette sessile ; étalées, lancéolées, de 15 à 30 cent. de long et 2 1/2 à 4 cent. de large au-dessous du milieu, légèrement rétrécies de ce point à la base et graduellement jusqu'au sommet ; face supérieure canaliculée, ondulée, vert pâle ou marbrées de taches brunes, bordure étroite, ligneuse et rude, très obscurément serrulée. Amérique du Nord, 1765. L'*A. conduplicata*, Jacobi et Bouché, est, dit-on, voisin de cette espèce. (L. E. M. 235 ; B. M. 1157.)

A. vivipara. Linn. ' *Fl.* jaune verdâtre, de 4 à 5 cent. de long, souvent transformées en bulbilles portant des feuilles lancéolées de 15 cent. de long, qui tombent et s'enracinent ; inflorescence atteignant 6 m. ou plus de haut, dont la panicule deltoïde occupe environ un quart de la longueur de la hampe ; rameaux forts, corymbiformes ; pédicelles courts. *Flles*, vingt à cinquante, disposées en rosette dense, courtement caulescente ; ensiformes, de 60 cent. à 1 m. de long et 4 à 5 cent. de large au milieu, d'où elles se rétrécissent graduellement jusqu'au sommet ; vert sombre à l'état adulte, minces, mais de texture ferme, planes ou canaliculées sur la face supérieure ; épine terminale ferme, brune, de 12 mm. de long ; les latérales brunes, crochues, de 2 mm. 1/2 ou moins de long. Cette espèce est très largement dispersée dans les tropiques de l'Ancien Monde. 1731. Syns. *A. cantula*, Roxb. ; *A. bulbifera*, Salm.

A. Warelliana, Baker. ' *Flles*, environ trente, disposées en rosette ; oblongues, spatulées, de 22 à 25 cent. de long et 8 cent. de large au-dessus du milieu, rétrécies à 5 cent. au-dessus de la base dilatée, face supérieure presque plane ; vertes, à peine glauques ; terminées par une forte épine brune, canaliculée, de 2 cent. 1/2 de long ; bordées d'épines, très courtes, rapprochées, pourpre foncé à l'état adulte. Mexique. Espèce rare, mais très belle. (G. C. 1877, v. II, p. 264, f. 53.)

A. Weissenburgensis, Wittm. *Fl.* dressées, tubuleuses, à six divisions, de 3 cent. de long, disposées en bouquets le long de la hampe. *Flles* de 20 cent. de long et 6 cent. de large, épaisses de 12 mm. dans leur partie supérieure, oblongues, lancéolées, mucronées, à dents latérales épineuses, espacées. Mexique, ?, 1885. (W. G. Z. 1885, f. 5.)

A. Wislizeni, Engelm. *Fl.* de 6 cent. de long, en panicule thyrsoïde, à rameaux de 8 à 15 cent. de long ; pédicelles très courts ; hampe de 4 m. de haut. *Flles*, environ trente, disposées en rosette dense, sessile et rigide, de moins de 60 cent. de diamètre ; oblongues, spatulées, de 8 à 9 cent. de large au-dessus du milieu, très glauques, concaves dans leur partie supérieure ; épine terminale dure, vulnérante, brun foncé, de 2 cent. 1/2 de long, et un peu décurrente sur les bords ; les latérales de 3 mm. de long, pourpre foncé, assez rapprochées, celles de la moitié inférieure plus petites et courbées vers la base. Mexique, 1847.

A. xalapensis, Rœzl. Syn. de *A. polycantha*, Haworth.

A. xylonacantha, Salm. ' *Fl.* vertes, de 4 cent. de long, disposées en épi dense, presque plus court que les feuilles, à bractées linéaires, subulées ; hampe de 1 m. 50 à 2 m. de haut, à bractées subulées, toutes ascendantes, les inférieures de 15 à 20 cent. de long. *Flles*, pas plus de vingt, en rosette acaule ; ensiformes, irrégulièrement divergentes et souvent récurvées, de 50 cent. à 1 m. de long et 5 à 8 cent. (rarement 10) de large au milieu, graduellement rétrécies dans leur partie supérieure, d'un vert terne, légèrement glauque, pourvues de quelques lignes plus foncées sur le dos, bordées d'une large membrane cornée, continue et de quelques dents très grandes, irrégulières, crochues, souvent réunies par deux, de 12 à 18 mm. de long et 10 à 12 mm. de large ; épine terminale brune, vulnérante, de 2 cent. 1/2 de long. Mexique, 1846. (B. M. 5660.)

Cette espèce distincte est largement dispersée et connue depuis longtemps. Syns. *A. amurensis*, et *A. Vanderdonckii*.

A. x. hybrida, Hort. C'est une variété très distincte, à feuilles rayées et à épines plus petites, deltoïdes, cuspidées et plus compactes que celles du type. Elle est aussi communément nommée *A. x. vittata*, et *A. perbella*.

A. yuccœfolia, DC. ' *Fl.* jaune verdâtre, de 3 cent. de long, disposées en épi dense, de 15 à 37 cent. de long et environ 35 cent. de diamètre, sessiles, solitaires ou géminées ; hampe de 4 à 6 m. de haut. *Flles*, vingt à quarante, en rosette à tige courte ; linéaires, fortement récurvées, de 45 à 75 cent. de long et 1 1/2 à 2 cent. 1/2 de large au milieu ; face supérieure profondément canaliculée, vert sombre, presque glauque, à bande médiane plus pâle ; sommet nullement vulnérant ; dos arrondi ; bords entiers ou obscurément serrulés. Mexique, 1816. Espèce des plus distinctes. (R. L. 328-329 ; B. M. 5213 ; R. H. 1860, f. 106.)

AGERATUM, Linn. (de *a*, privatif, et *geras*, vieux ; allusion à la longue durée des fleurs). Syn. *Carelia*, Adans. Comprend les *Cœlestina*, Cass. Fam. *Composées*. — Ce genre renferme environ seize espèces de plantes herbacées ou ligneuses, originaires de l'Amérique tropicale ou subtropicale, dont une est largement dispersée dans les régions chaudes du globe. Ce sont des plantes demi-rustiques, annuelles ou bisannuelles, et vivaces si on ne leur laisse pas mûrir leurs graines. Involucre en coupe, composé de nombreuses bractées linéaires, imbriquées ; réceptacle nu. Il leur faut une bonne terre légère et fertile. Multiplication très facile par boutures et par semis. Le premier procédé s'emploie pour reproduire exactement les variétés que l'on

Fig. 85. — Ageratum mexicanum.

désire propager. Les boutures se font à chaud comme celles de la plupart des plantes herbacées : lorsqu'elles sont reprises, on les traite comme les plantes provenant de semis. Les graines se sèment en janvier-février sur couche chaude, on ne les recouvre que très légèrement ; lorsque les plants sont suffisamment forts, on les repique en terre ou dans des godets, toujours sur couche. Le beau temps venu, on les endurcit graduellement, puis on les met en place vers le commencement de juin. Pour la garniture des massifs, on emploie de préférence les variétés naines et compactes. Si on désire avoir de fortes plantes en pots, pour toutes sortes de garnitures temporaires, on sème les graines à l'époque ci-dessus et on repique les plants en pots que l'on tient sur couche ; lorsque les racines ont rempli les godets, on rempote les plantes dans de plus grands pots et on les place dans une serre ou sous châssis froid ; on les transfère ensuite définitivement dans des pots de 25 à 30 cent. Lorsque ces derniers sont pleins de racines, il faut les arroser deux fois par semaine, avec de l'engrais liquide ; ils ne tardent pas alors à fleurir et à former de belles plantes. Pendant les chaleurs, il est utile de les bassiner chaque jour, afin de les préserver de la *Grise*.

A. cœlestinum, Sims. * *Capitules* bleus ; tube de la corolle poilu en dehors ; aigrette coroniforme, membraneuse. Juillet à octobre. *Flles* ovales-aiguës, arrondies à la base, dentées, velues-scabres sur les deux faces. *Haut.* 30 cent. Mexique, 1824. Syn. *Cœlestina ageratoides*, Cass.

A. Lasseauxii, Carr. *Fl.* en capitules roses, petits, disposés en corymbe. Été. *Flles* lancéolées, elliptiques. *Haut.* 45 à 60 cent. Montévidéo, 1870. Espèce très rameuse, convenable pour les grands massifs ; si on désire conserver les pieds, il faut les hiverner en orangerie.

A. latifolium, Cav.? Syn. de *Piqueria latifolia*, DC.

Fig. 86. — Ageratum var. très nain multiflore.

A. mexicanum, Sweet. * C'est la plus répandue et la plus utile, produisant à profusion de belles fleurs bleues. Été. *Flles* lancéolées, elliptiques. *Haut.* 45 à 60 cent. Mexique, 1822. (B. M. 2524 ; S. B. F. G. 89 ; A. V. F. 5.)

Planté en massifs, on peut, suivant le besoin, lui laisser atteindre sa taille habituelle ou fixer ses branches sur le sol au moyen de crochets, comme on le fait pour les verveines. Plusieurs variétés très naines sont sorties de cette espèce, elles sont préférables au type pour la garniture des massifs ; les meilleures sont : *Impérial nain*, d'environ 20 cent. de haut, à fleurs bleu porcelaine ; *Queen*, à feuillage gris argenté d'environ 20 cent. de haut ; *nain à grandes fleurs bleu d'azur*, variété tout à fait naine, à grandes fleurs, se dégageant bien du feuillage ; *très nain multiflore blanc*, formant des touffes très basses et élargies, couvertes d'une multitude de fleurs blanches, excel-

Fig. 87. — Ageratum Wendlandii.

lente variété nouvelle pour bordures et pour mosaïculture. Il existe aussi l'*A. mexicanum blanc*, qui est très décoratif et une forme *à feuilles panachées*, cultivée pour son joli feuillage.

A. Wendlandii, Hort. *Fl.* bleues, à reflet légèrement rosé, très abondantes. Eté. *Flles* cordiformes, vert foncé Tiges velues. Mexique, 1885. Espèce naine et compacte, dont il existe une variété *à fleurs blanches*.

AGGLOMÉRÉ. — Réuni en glomérule ; se dit de la disposition des fleurs, des étamines, ou de tous autres organes rapprochés en boule.

AGGLUTINÉ. — Collé ensemble de façon à former une masse adhérente ; se dit du pollen des orchidées et de quelques autres plantes.

AGGRÉGÉ. — Se dit des parties d'origines distinctes qui se réunissent en paquet plus ou moins serré ; s'applique principalement aux fleurs qui, bien que distinctes, naissent plusieurs ensemble d'un même point.

(S. M.)

AGLÆA, Pers. — V. **Melasphœrula**, Ker.

AGLAIA, Lour. (de *Aglaia*, nom mythologique d'une des Grâces, donné à ce genre pour la beauté et le parfum de ses fleurs). Fam. *Méliacées*. — Genre comprenant soixante espèces originaires des Indes, de la Chine et de l'Océanie. Ce sont des arbres ou arbustes toujours verts, à fleurs très petites, disposées en panicules rameuses, axillaires. Feuilles alternes, trifoliées ou imparipennées. Du nombre assez grand d'espèces connues, celle mentionnée ci-dessous est, parmi les espèces introduites, la seule qui mérite d'être cultivée. Elle se plaît dans un mélange de terre franche fibreuse et de terre de bruyère. Multiplication par boutures de jeunes rameaux, mais dont la base doit être suffisamment aoûtée et taillée au-dessous d'un nœud ; on les plante à chaud, dans du sable et sous cloches.

A. odorata, Lour. *Fl.* jaunes, petites, en grappes axillaires, très odorantes. Les Chinois emploient, dit-on, ces fleurs pour parfumer leur thé. Février à mai. *Flles* pinnées, à cinq ou sept paires de folioles. *Haut.* 2 m. 50 à 3 m. Chine, 1810.

AGLAOMORPHA. — V. **Polypodium**, Linn.

AGLAONEMA, Schott. (de *aglaos*, brillant, et *nema*, filament; allusion probable aux étamines brillantes). FAM. *Aroïdées*. — Environ dix espèces, originaires des Indes tropicales et de l'archipel Malais, sont comprises dans ce genre. Spadice sessile ou stipité; spathe droite, à la fin marescente, pédoncules fasciculés. Feuilles ovales ou oblongues, lancéolées. Ce sont des plantes de serre chaude voisines des *Arum*, réclamant le même traitement que les espèces de serre chaude appartenant à ce genre.

A. acutispathum, — Spadice sessile, de 4 cent. de long, spathe vert tendre, de 9 cent. de long et 3 cent. de large, ovale, lancéolée, acuminée, très ouverte; hampe de la longueur des pétioles. *Flles* de 15 à 20 cent. de long et 6 à 9 cent. de large, elliptiques-ovales, acuminées, légèrement obliques, arrondies et légèrement cunéiformes à la base, à sommet graduellement rétréci, en pointe fine de 2 cent. 1/2 de long; pétioles de 8 à 11 cent. de long, engainants. Hong-Kong? 1885. Espèce presque rustique.

A. commutatum. — *Fl.* blanches. *Flles* à macules grises. *Haut.* 30 cent. Philippines, 1863. Syn. *A. marantæfolium maculatum*. (B. M. 5500.)

A. Mannii, — * Spathe de 5 cent. de long, blanchâtre; spadice d'un tiers plus court, à anthères blanches et ovaires rouges. *Flles* elliptiques, oblongues, vert foncé. Tige dressées, assez épaisses. *Haut.* 45 cent. Montagnes de Victoria, 1868.

A. marantæfolium maculatum. — Syn. de *A. commutatum*.

A. nebulosum, N. E. Brown. *Flles* de 12 à 20 cent. de long, et 2 1/2 à 4 cent. de large, oblongues ou obovales-oblongues, obliquement acuminées, cuspidées au sommet, obtuses à la base, vertes, irrégulièrement marquées en dessus de taches blanc verdâtre; pétioles de 4 à 5 cent. de long, canaliculés en dessus, engainants. Java, 1887. (I. H. ser. v, 24.)

A. pictum, — * Spathe jaune crème pâle, roulée de telle façon qu'elle paraît globuleuse, oblongue, ouverte au sommet; spadice blanc proéminent. Août. *Flles* elliptiques, acuminées, vert tendre, irrégulièrement maculées de taches grises, assez grandes et anguleuses. Tiges grêles, dressées. *Haut.* 30 à 60 cent. Bornéo.

A. pictum compactum, Hort. Bull. Spathe verte, pointue, brillante extérieurement. *Flles* courtes, oblongues, ovales, acuminées, inéquilatérales, vert foncé, légèrement maculées de gris; pétioles verts, engainants, munis d'une bordure blanche, membraneuse. Tiges très courtes, dressées. Java, 1888.

AGNOSTUS, A. Cunn. — V. **Stenocarpus**, R. Brown.

AGNUS-CASTUS. — V. **Vitex Agnus-castus**, Linn.

AGONIS, DC. (de *agon*, groupe, collection; allusion au nombre des graines). Syn. *Billiottia*, R. Br. FAM. *Myrtacées*. — Genre comprenant dix espèces d'arbustes ou petits arbres toujours verts, de serre froide, originaires de l'Australie occidentale. Fleurs presque petites, sessiles, en bouquets globuleux, compacts, axillaires ou terminaux; calice à cinq segments souvent scarieux; pétales cinq, étalés; étamines libres, quelquefois dix, opposées et alternes avec les sépales, quelquefois vingt au plus; bractées imbriquées, souvent involucrales. Feuilles alternes, souvent groupées sur les rameaux, petites ou étroites, coriaces et entières. L'*A. flexuosa* et l'*A. marginata* sont rares dans nos pays. On les empote en tassant assez fortement, dans un compost de terre franche fibreuse, de terre de bruyère et une assez forte quantité de sable. Il faut les arroser fréquemment pendant leur période de végétation et moins abondamment pendant l'hiver. A l'automne, on place les plantes dans un endroit abrité et ensoleillé, pour leur permettre de mûrir leur bois et pour faciliter la formation des boutons. Les *Agonis* sont probablement rustiques sous nos climats. Multiplication par boutures de bois à moitié mûr, que l'on plante dans du sable et sous cloches.

A. flexuosa, — *Fl.* en capitules blancs, axillaires; involucre à bractées grandes, qui, avec les longues et nombreuses étamines, sont les parties les plus décoratives de l'inflorescence. Été. *Flles* lancéolées, assez semblables à celles des saules, lisses, vert foncé, teintées de pourpre sur les bords. *Haut.* (en Australie), 12 m.; en pots on peut le maintenir à la taille d'un petit arbuste. (Gn. XXIX, 534.)

A. marginata, — *Fl.* en capitules blancs, axillaires et terminaux, d'environ vingt fleurs; pétales petits; étamines à filets longuement filiformes. Été. *Flles* coriaces, légèrement velues, et semblables pour le reste à celles du Buis. Rameaux allongés, nombreux, les plus jeunes à pubescence soyeuse.

AGOSERIS, Raf. — V. **Troximon**, Nutt.

AGRAPHIS nutans, Link. — V. **Scilla nutans**, Smith.

AGRAPHIS paniculata, — V. **Scilla hispanica**.

AGRIMONIA, Tourn. (corruption de *argemone*, nom d'une plante qui, selon Dioscoride, guérissait les taies de l'œil). **Aigremoine**, ANGL. Agrimony. FAM. *Rosacées*. — Genre de plantes vivaces, rustiques, originaires des régions tempérées de l'hémisphère boréal. Fleurs

Fig. 88. — AGRIMONIA EUPATORIA. Fleur et fruit.

petites, jaunes, disposées en grappe spiciforme; calice turbiné, chargé d'aiguillons crochus au sommet; pétales cinq. Feuilles alternes, pennatiséquées, velues, à stipules embrassantes, soudées au pétiole. Tous se cultivent très facilement en pleine terre. Multiplication facile par divisions et par semis. Les espèces les plus intéressantes sont les suivantes :

A. Eupatoria, Linn. *Fl.* jaunes, en épi allongé. Juin à septembre. *Flles* pennatiséquées, à folioles oblongues, velues, grossièrement dentées, la terminale pétiolulée. *Haut.* 30 à 60 cent. France, etc. Cette plante était autrefois vantée comme un spécifique pour guérir les maladies du foie. (F. D. 588; L. E. M. 409.)

A. nepalensis, Don. *Fl.* jaunes, en grappe dressée, grêle. *Flles* à folioles ovales, velues, denticulées, la terminale pétiolulée. *Haut.* 30 à 60 cent. Népaul, 1820.

A. odorata, Ait. *Fl.* jaunes, disposées en épis. *Flles* à folioles oblongues, lancéolées, dentées, velues, la terminale pétiolulée; couvertes de glandes dorées, odorantes. *Haut.* 60 cent. à 1 m. France, etc., 1640. (F. D. 2471.)

Fig. 89. — Agrimonia Eupatoria. Sommité fleurie.

AGRESTE. — On désigne ainsi les plantes qui poussent spontanément dans les terres labourées.

AGRIOTES. — V. **Taupin.**

AGRIPHYLLUM, Juss. — V. **Berkheya**, Ehrh.

AGROSTEMMA, Linn. — Ce genre est maintenant réuni aux **Lychnis**, Linn. par Bentham et Hooker.

AGROSTICULA. Raddi. — V. **Sporobolus**, R. Br.

AGROSTIS, Linn. (de *agros*, champ; nom grec d'une espèce de graminée). Angl. Bent-Grass. Syn. *Vilfa*, Adans. Fam. *Graminées*. — Ce genre renferme environ cent espèces annuelles ou vivaces, répandues sur toute la surface du globe. Fleurs en panicule lâche, verticillée, épillets uniflores à glumes égales, aiguës; glumelles aristées ou mutiques. Plusieurs espèces vivaces sont cultivées comme plantes fourragères. Les espèces ornementales sont annuelles et méritent d'être cultivées dans les jardins. A l'état sec, leurs panicules servent à la confection des bouquets perpétuels, à la garniture des vases, etc.; frais, on les associe aux Fougères, on en fait des bordures, etc. On les cultive facilement en pleine terre ainsi qu'en pots pour les garnitures temporaires, etc. Les graines se sèment au printemps, en lignes ou en touffes.

A. algeriensis, Hort. Syn. de *Aira provincialis*, Jord.

A. capillaris, Thore. Syn. de *Agrostis elegans*, Thore.

A. capillaris, Hort. Syn. de *Agrostis nebulosa*, Boiss.

A. elegans, Thore. *Fl.* en panicules généralement violacées, lâches, à rameaux fins divariqués; épillets espacés, très petits, à glumelles mutiques; chaumes très grêles, formant des touffes de 15 à 25 cent. de haut. *Flles* étroites, enroulées. Midi de la France. etc. Plante annuelle. Syn. *A. capillaris*, Thore.

A. nebulosa, Boiss. Agrostis nébuleux, Angl. Cloud Grass. — *Fl.* en panicule ovale, très rameuse, à rameaux verticillés par huit-dix, excessivement déliés, filiformes, portant un grand nombre de très petits épillets violacés, mutiques. Chaumes filiformes, nombreux, très grêles, formant des touffes plumeuses d'une grande légèreté, atteignant 30 à 35 cent. de haut. *Flles* glabres, à gaine allongée un peu rude. Syn. *A. capillaris*, Hort.

A. pulchella. Hort. Syn. de *Aira pulchella*, Willd.

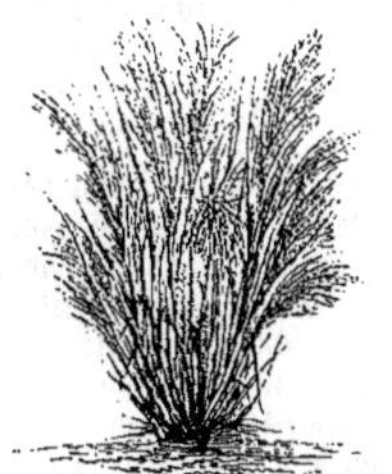

Fig. 90. — Agrostis nebulosa.

A. spica-venti, Linn. Jouet du vent. *Fl.* disposées en grandes panicules flexueuses, étalées, souvent inclinées au sommet, d'une teinte vert grisâtre soyeuse; épillets aristés. Chaumes en touffes, forts, dressés, feuillus. *Haut.* 60 cent. à 1 m. France, etc. Plante annuelle, commune dans les moissons; elle n'est pas cultivée, bien que ses panicules coupées jeunes soient très élégantes. Son nom correct est *Apera spica-venti*, P. Beauv. (Sy. En. B. 951, F. D. 853.)

AGROSTIS élégant. — V. **Aira pulchella**, Willd.

AGROSTIS, Raddi, pro. parte. — Réuni au genre **Sporobolus**, R. Brown.

AGROSTOGRAPHIE. — On nomme ainsi la partie de la botanique descriptive qui a pour objet l'étude des plantes de la famille des Graminées, et par extension les ouvrages qui traitent de ces plantes. Les botanistes s'en occupant spécialement sont des *agrostographes*.
(S. M.)

AGROTIS. — V. **Navet** (Noctuelle du).

AGYLOPHORA, Neck. — V. **Uncaria**, Schreb.

AIAULT. — V. **Narcissus pseudo-narcissus**, Linn.

AIGLANTIER. — V. **Rosa canina**, Linn.

AIGLANTINE. — V. **Aquilegia vulgaris**, Linn.

AIGREMOINE. — V. **Agrimonia Eupatoria**, Linn.

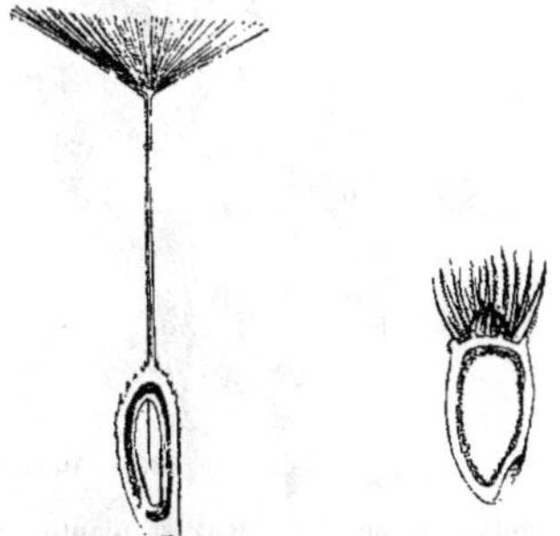

Taraxacum Dens-leonis. (Pissenlit.) Centaurea cyanus. (Bleuet.)

Fig. 91. — Graines aigrettées; achaines.

AIGRETTE, Angl. Pappus. — On donne ce nom aux touffes de poils, de structure très variée, qui couronnent le fruit ou les graines de certaines plantes, et en particulier aux appendices, poils ou écailles, auxquels le calice des *Composées* est réduit.

AIGU, Angl. Acute. — Dont le sommet est terminé en pointe.

AIGUILLON, Angl. Aculeus. — Sorte de piquants différant des épines en ce qu'ils n'adhèrent qu'à l'épiderme ; c'est une élévation conique de l'écorce, de forme variable, terminée en pointe qui se durcit avec l'âge. (S. M.)

AIL ORDINAIRE, Angl. Garlic. (*Allium sativum*, Linn.). — Cette plante vivace, bulbeuse, est cultivée en grand en Europe, en Asie et dans le nord de l'Afrique, depuis la plus haute antiquité. Elle s'est naturalisée dans le midi de la France, dans la Sicile et dans la plupart des pays de l'Europe méridionale ; on la trouve dans les prairies, dans les pâturages et les terrains incultes. Selon de Candolle, le seul pays où l'Ail est réellement spontané est le désert de Kirghis. Il ne fleurit presque jamais, au moins sous nos climats. Les bulbes ou têtes se composent environ de dix caïeux ou gousses fortement pressés les uns contre les autres, réunis par des pellicules blanches. On en fait une très grande consommation dans tout le midi ; elle est bien moindre dans le nord où sa saveur forte et brûlante, et surtout son odeur particulière très persistante, ne le font employer qu'avec parcimonie. L'ail aime une terre riche, profonde et saine. Les caïeux se plantent dans le nord, habituellement à la sortie de l'hiver ; quelquefois et surtout dans le midi, on plante à l'automne pour récolter au commencement de l'été. On les met en lignes espacées d'environ 25 cent. et 10 à 12 cent. de distance sur les rangs, à environ 5 cent. de profondeur. Lorsque les bulbes ont atteint leur développement, les jardiniers ont l'habitude de nouer les tiges, opération qui facilite l'accroissement des bulbes. On arrache ces derniers lorsque les tiges se dessèchent et on les conserve facilement d'une année à l'autre.

Fig. 92. — Ail ordinaire.

A. Rose hâtif. — C'est une variété plus précoce dont la pellicule enveloppant les caïeux est rose. On la plante presque toujours à l'automne. (A. V. P. 19.)

A. Rouge. — Autre variété cultivée dans l'Est, beaucoup plus volumineuse que l'ail ordinaire ; on la distingue facilement par la largeur de ses têtes assez plates ; ses caïeux très gros et d'un rouge vineux se séparent les uns des autres à la partie supérieure. Il lui faut une terre plus riche et plus substantielle.

Fig. 93. — Ailantus glandulosa. — (*Rev. Hort.*)

A. d'Orient, A. à cheval, Pourrat, etc., Angl. Great headed Garlic (*Allium Ampeloprasum*, Linn.). — Les bulbes de cette plante sont très gros et composés de caïeux comme ceux de l'ail ordinaire. Ses tiges et ses feuilles ressemblent parfaitement à celles du poireau, ce qui permet de croire que ces deux plantes sortent du même type sauvage. Ses fleurs disposées en grosse ombelle arrondie donnent des graines fertiles; on le multiplie de préférence par ses caïeux, dont l'usage est le même que celui des précédents; leur saveur est beaucoup moins forte et rappelle un peu celle de l'oignon.

A. rocambole, Angl. Rocambol. (*Allium Scorodoprasum*, Linn.). — Sa tige, contournée en spirale, porte au sommet un groupe de bulbilles pouvant servir à sa reproduction, mais on emploie de préférence les caïeux donnant des résultats plus rapides. La plantation s'en fait à l'automne comme pour l'ail ordinaire, l'emploi en est aussi le même. (S. M.)

AIL blanc. — V. **Allium neapolitanum**, Cyr.

AIL doré. — V. **Allium Moly**, Linn.

AIL odorant. — V. **Nothoscordum fragrans**, Kunth.

AILANTUS, Desf. (de *ailanto*, nom chinois qui veut dire : Arbre du ciel ; allusion à sa grande taille). **Ailante**, Angl. Tree of Heaven. Fam. *Simarubées*. — Genre comprenant quatre espèces de grands arbres à feuilles caduques, originaires des Indes orientales, de la Chine et de l'Australie. Fleurs verdâtres, monoïques ou polygames, disposées en panicule rameuse, terminale, à odeur fade, désagréable. Feuilles pennées, à folioles nombreuses. L'espèce de serre chaude (*A. excelsa*) se plaît dans un compost de terre franche et de terre de bruyère. On la multiplie par tronçons de racines que l'on plante en pots et dont on laisse le sommet un peu au-dessus du niveau de la terre. On les place ensuite sur couche, où ils forment bientôt de belles plantes. L'espèce de plein air (*A. glandulosa*) est parfaitement rustique et se plaît en tous terrains, mais préfère une terre légère, un peu

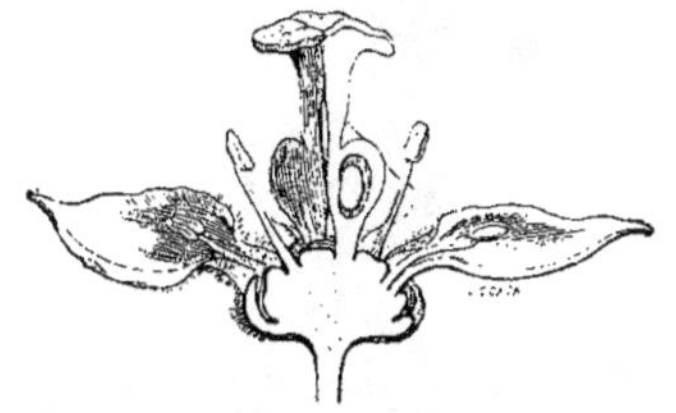

Fig. 94. — Ailantus glandulosa. Fleur coupée et grossie.

humide et une exposition abritée. Sa végétation est très rapide pendant les dix ou douze premières années; elle devient ensuite beaucoup plus lente. Si on coupe les ramifications latérales, l'arbre monte droit et forme rapidement une belle tête. On le multiplie par graines, par rejetons et par tronçons de racines que l'on plante en pleine terre en lignes, en laissant le sommet un peu au-dessus du niveau du sol.

A. excelsa, Roxb. *Fl.* verdâtres, disposées en panicules rameuses. *Flles* imparipennées, de 1 m. de long., à dix, quatorze paires de folioles grossièrement dentées à la base, non glanduleuses. *Haut.* 20 m. Indes, 1800. Arbre de serre chaude.

A. flavescens, Carr. Syn. de *Cedrela sinensis*, Juss.

A. glandulosa, Desf. Ailante. — *Fl.* verdâtres, disposées en grandes panicules terminales, rameuses, fasciculées, exhalant une odeur fade, désagréable. Juillet. *Flles* imparipennées à folioles grossièrement dentées et glanduleuses à la base. Chez de jeunes sujets vigoureux, elles atteignent quelquefois 2 m. de long, et exhalent une odeur très forte,

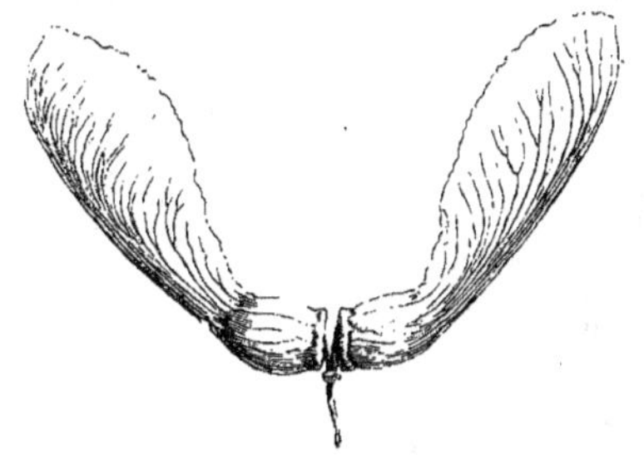

Fig. 95. — Fruit ailé (Samares) d'Acer platanoides.

surtout lorsqu'on les froisse. *Haut.* 20 m. Chine, 1751. C'est un bien bel arbre convenable pour les plantations d'avenues, pour former des groupes, pour isoler sur les pelouses, etc. Son bois blanc jaunâtre, satiné, est aussi fin que celui de l'érable et peut servir aux mêmes usages. Ses feuilles servent de nourriture au *Bombyx cynthia*, espèce de ver à soie que l'on a autrefois essayé d'élever sur cet arbre, ce qui fit rapidement répandre l'Ailante. Cet insecte s'est depuis naturalisé chez nous; on le voit assez fréquemment, en juillet, voler autour des arbres plantés sur nos boulevards.

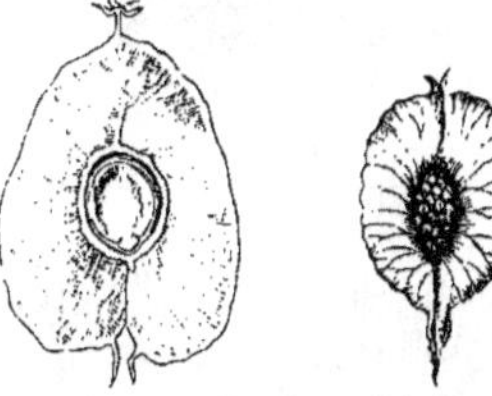

Fig. 96. — Fruits ailés (Samares) d'Ulmus campestris.

AILÉ. — Pourvu d'une expansion mince, membraneuse.

AILES, Angl. Wing, Ala. — On désigne sous ce nom les pétales latéraux d'une fleur de Papilionacée, ainsi que les expansions membraneuses qui accompagnent certaines graines, telles que celles de l'Orme, de l'Érable, etc., ou la tige de plusieurs plantes. Ex. : la *Consoude*, le *Cirsium palustre*, etc.

AIMEZ-MOI. — V. **Myosotis palustris**, Linn.

AINSLIÆA, DC. (en l'honneur du Dr Whitelaw Ainslie, auteur d'un ouvrage sur les drogues indiennes). Fam. *Composées*. — Genre renfermant environ douze espèces originaires des Indes orientales, de la Chine et du Japon. Ce sont des plantes herbacées, vivaces, d'introduction récente. Bien que les deux espèces ci-dessous soient sans doute rustiques, il est prudent de les protéger légèrement pendant l'hiver. Il leur faut une terre légère et fertile. Multiplication par division des touffes.

A. aptera, DC. *Fl.* en capitules pourpres, disposés en panicule spiciforme, allongée. *Flles* profondément cordiformes, sinuées, dentées, à pétioles non ailés, particularité qui lui a valu son nom. Sikkim, Himalaya, 1882.

A. Walkeræ, Hook. *Fl.* en capitules grêles, espacés, courtement pédonculés, disposés en grappe dressée ou un peu courbée ; lobes de la corolle blancs, anthères rouge pourpre formant un agréable contraste. *Haut.* environ 30 cent. Hong-Kong, 1875. Espèce élégante, mais très rare.

AIPHANES, Willd. — V. **Martinezia**, Ruiz. et Pav.

AIR. — L'air atmosphérique pur est composé d'azote, d'oxygène et d'une très petite quantité d'acide carbonique ; éléments tous indispensables à la végétation des plantes. Donner de l'air est une opération très importante en jardinage, pour abaisser la température d'une serre ou des châssis. V. à ce sujet **Aération**. (S. M.)

AIRA, Linn. (de *aira*, nom donné par les Grecs au *Lolium temulentum*). **Canche**, Angl. Hair Grass. Syn. *Fussia*, Schur. Fam. *Graminées*. — Genre ne renfermant à présent que six espèces originaires de l'Europe, de l'Afrique boréale et de l'Orient. Fleurs en panicule lâche, rameuse, étalée ou contractée, à ramifications plusieurs fois trichotomes. Epillets comprimés, à deux fleurs hermaphrodites, rarement une troisième stérile ; glumelle inférieure munie sur le dos, vers son milieu, d'une arête genouillée. L'*A. pulchella* est une des espèces les plus cultivées ; ses jolies panicules que l'on fait sécher, servent à confectionner des bouquets perpétuels ; on les associe avec avantage à toutes sortes de garnitures de fleurs sèches, naturelles ou artificielles ; les fleuristes en font une grande consommation. L'*A. provincialis*, connu dans le commerce sous le nom d'*Agrostis algeriensis*, est une plante d'introduction récente, dont les panicules sont plus grandes, plus fortes et les épillets plus gros. On cultive les Canches avec la plus grande facilité en pleine terre. Les graines se sèment au printemps ou même à l'automne, à la volée ou mieux en ligne, ainsi qu'en pots pour les garnitures temporaires. Le repiquage donne des plantes plus fortes. On peut aussi répandre quelques graines sur le bord des massifs d'arbustes, parmi les fougères ou autres plantes ornementales ; leurs panicules légères et très élégantes y font le meilleur effet.

Fig. 97. — Aira flexuosa.

A. flexuosa, Linn. Canche flexueuse, Angl. The Waved Hair Grass. — *Fl.* brunâtres, scarieuses, argentées, disposées en panicules dressées, contractées, à rameaux et pédicelles ondulés, anguleux ; arête articulée plus longue que les glumes. *Flles* courtes, sétacées. Chaumes droits, flexueux. *Haut.* 30 à 50 cent. France, etc. Jolie plante vivace habitant les bois montueux, siliceux ; cultivée comme plante fourragère, mais de médiocre qualité. On récolte fréquemment ses panicules élégantes pour la confection des bouquets secs ; elle pourrait à ce titre prendre place dans les jardins. Son nom correct est *Deschampsia flexuosa*, Gris. (F. D. 157 ; Sy. En. B. 1519.)

A. provincialis, Jord. Cette plante possède tous les caractères généraux de l'*A. pulchella ;* on peut cependant l'en distinguer par ses plus fortes proportions ; elle atteint en cultures 35 à 40 cent. ; les rameaux de la panicule sont plus longs, irréguliers, divariqués et ondulés, les épillets sont moins nombreux et beaucoup plus gros, à glumes aiguës et à pédicelle renflé en massue sous l'épillet. Les chaumes sont aussi plus forts, rigides, à nœuds noirâtres lorsqu'ils sont secs. Provence, Corse, etc. Bien qu'au point de vue botanique cette plante ne puisse être considérée que comme une sous-espèce de l'*A. capillaris*, Hort., elle est cependant très méritante au point de vue horticole. Récemment mise au commerce sous le nom d'*Agrostis algeriensis*, Hort., elle est déjà très recherchée par les fleuristes pour la confection des bouquets en fleurs sèches. (B. S. B. 1865, pp. 6-50-83 ; R. H. 1892, f. 21.)

A. pulchella, Willd. Canche élégante. — *Fl.* disposées en panicules très déliées, plusieurs fois trichotomes, épillets très petits contenant deux fleurs. Chaumes nombreux, filiformes, dressés, un peu rudes au sommet, formant par leur ensemble des touffes excessivement légères. *Flles* courtes, sétacées. *Haut.* 15 à 30 cent. France méridionale, etc. Syn. *Agrostis pulchella*, Hort. Cette plante est très cultivée pour les garnitures et les bouquets. (S. M.)

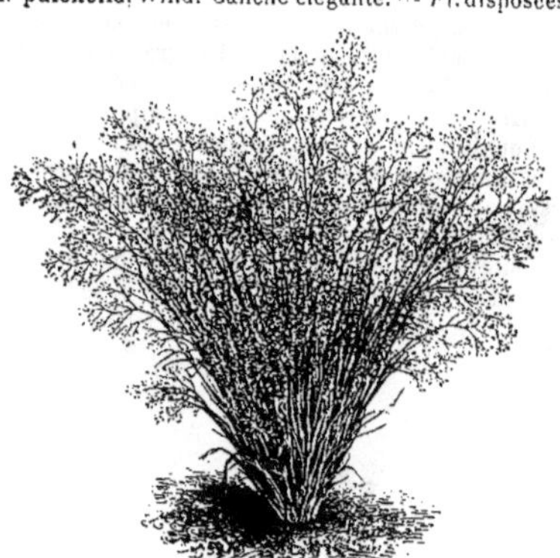

Fig. 98. — Aira pulchella.

AIRELLE. — V. **Vaccinium Myrtillus**, Linn.

AISSELLE. — Angle formé par l'insertion d'une feuille ou d'un rameau et la branche qui les porte.

AITONIA, Linn. (en l'honneur de W. Aiton, autrefois jardinier chef à Kew.). Fam. *Sapindacées*. — Genre monotypique dont l'espèce connue est un petit arbuste intéressant, toujours vert, originaire du Cap. Il lui faut un mélange en parties égales de terre franche siliceuse et de terre de bruyère. Multiplication par boutures plantées dans du sable, à froid et sous cloches. Il ne faut pas planter les boutures trop près les unes des autres, et les cloches doivent être fréquemment essuyées, car elles sont susceptibles de fondre.

A. capensis, Thunb. *Fl.* roses. pétales quatre, plus courts que les étamines exsertes. Juillet. *Haut.* 60 cent. Cap, 1777. (B. M 173; L. B. C. 682.)

AIZOON, Linn. (de *aei*, toujours, et *zoos*, vivant; dont la vie est tenace.) Fam. *Ficoïdées.* — Genre renfermant environ huit espèces originaires de l'Europe australe, de l'Arabie, des îles Canaries, du Cap et de l'Australie. Ce sont des plantes annuelles et bisannuelles ou des arbustes toujours verts, de serre froide. Fleurs apétales; calice à cinq dents, coloré à l'intérieur. L'espèce ci-dessous mérite seule d'être cultivée. Il lui faut une exposition sèche, ensoleillée et une terre légère, siliceuse. Multiplication par semis et par boutures.

A. sarmentosum, Linn. f. *Fl.* verdâtres, sessiles. Été *Flles* opposées, linéaires, filiformes. presque connées, glabres; rameaux presque velus, portant trois fleurs au sommet; les deux latérales, pourvues de bractées, naissent sur les côtés de la fleur médiane. Sous-arbrisseau, dressé, diffus, glabre et rameux. Sud de l'Afrique, 1862.

AJAX bicolor, Salisb. — V. **Narcissus Pseudo-Narcissus bicolor**, DC.

AJAX maximus, G. Don. — V. **Narcissus Pseudo-Narcissus major**, DC.

AJONC marin. — V. **Ulex europœus**, Linn.

AJUGA, Linn. (de *a*, privatif et *zugon*, joug; allusion au calice qui n'est pas bilabié). **Bugle**, Angl. d°. Comprend les *Chamœpitys*, Benth. Fam. *Labiées.* — Genre renfermant environ trente espèces habitant les régions tempérées du globe. Ce sont des herbes rustiques, annuelles ou vivaces, couchées, ou dressées, et quelquefois stolonifères. Fleurs disposées en verticilles, bi- ou pluriflores, denses, terminaux; quelquefois toutes axillaires, les feuilles florales sont alors conformes à celles des tiges; quelquefois les verticilles supérieurs forment un épi, les feuilles florales sont dans ce cas petites et diffèrent des caulinaires. Toutes les espèces sont des plus faciles à cultiver en pleine terre. Leur multiplication a lieu par division des touffes pour les espèces vivaces et par semis que l'on fait au printemps ou à l'automne; les espèces annuelles se sèment au printemps en pleine terre, en place.

A. alpina, Linn. Syn. de *A. genevensis*, Linn.

A. australis, R. Br. *Fl.* bleues; en verticilles de cinq à six fleurs, les inférieurs espacés, les supérieurs spiciformes; feuilles florales semblables aux caulinaires, plus longues que les fleurs. Mai à juillet. *Flles* étroites, oblongues, rétrécies à la base, entières ou sinuées, un peu épaisses, presque velues. Tiges ascendantes ou dressées. *Haut.* 15 cent. Nouvelle-Hollande, 1822. Vivace.

A. Chamœpitys, Schreb. *Fl.* jaunes. pointillées de rouge, pubescentes à l'extérieur; verticilles biflores; feuilles florales semblables aux caulinaires, plus longues que les fleurs. Avril-mai. *Flles* profondément trifides, à lobes linéaires, très entiers ou trifides à leur tour. Tiges couchées à la base, très rameuses, couvertes de longs poils, ainsi que les feuilles. *Haut.* 15 cent France, etc. Annuel.

A. genevensis, Linn. '*Fl.* variant du bleu au rose et au blanc; verticilles supérieurs spiciformes, les inférieurs espacés, à six fleurs ou plus. Mai. *Flles* caulinaires oblongues, elliptiques ou obovales, rétrécies à la base; les inférieures pétiolées, les florales ovales ou cunéiformes, les supérieures égalant à peine les fleurs ou plus courtes qu'elles, toutes habituellement grossièrement dentées, membraneuses, vertes sur les deux faces et couvertes de poils épars. Tige dressée, velue. *Haut.* 15 à 30 cent. Europe, France, etc. (F. D. 1703.) — Espèce très variable; elle aime les terrains tourbeux, où ses racines peuvent s'étendre facilement, elle s'y propage alors très vite. Cependant, on la rencontre assez fréquemment aux environs de Paris, sur les pelouses siliceuses et même sèches. Vivace. Syn. *A. alpina*, Linn. et *A. rugosa*, Host.

A. orientalis, Linn. *Fl.* bleues, en verticilles de six fleurs ou plus, les inférieurs espacés, les supérieurs rapprochés. Mai. *Flles* inférieures grandes, pétiolées, ovales, rétrécies à la base, grossièrement et sinueusement dentées; les florales largement ovales, profondément lobées ou dentées, dépassant les fleurs. Tiges ascendantes, velues, laineuses. *Haut.* 30 à 45 cent. Europe orientale, 1732. Il faut cultiver cette espèce dans un endroit sec et ensoleillé.

Fig. 99. — Ajuga pyramidalis.

A. pyramidalis, Linn. ' *Fl.* bleues ou pourpres, en verticilles pluriflores, les supérieurs ou même tous disposés en épi tétragone, pyramidal. Mai et juin. *Flles* caulinaires rapprochées, à peine pétiolées, obovales : les florales

Sommité fleurie. Fleur détachée et grossie.

Fig. 100. — Ajuga reptans.

largement ovales, embrassant les fleurs; les supérieure souvent colorées, tout entières ou obscurément sinuées. Tiges dressées. *Haut.* 15 cent. France, Écosse, etc. Vivace. Il existe plusieurs belles variétés horticoles de cette espèce. (F. D. 185; Sy. En. B. 1270.)

A. reptans, Linn.' *Fl.* variant du bleu au rose; verticilles de six à vingt fleurs; les inférieurs espacés, les supérieurs spiciformes. Mai. *Flles* ovales, ou obovales, très entières ou sinuées, presque glabres, ainsi que les tiges; les radicales pétiolées, les caulinaires presque sessiles. Tiges dressées, émettant à la base de nombreux rejets traçants. La variété à feuillage foncé ainsi que la suivante sont préférables au type pour l'ornement. (F. D. 925; L. E. M. 501.)

A. r. variegata, Hort. *Flles* vert glauque, largement bordées de blanc.

A. rugosa, Hort. Syn. de *A. genevensis*, Linn.

AKEBIA, Dcne. (son nom japonais). Fam. *Berbéridées*. — Genre renfermant quatre espèces originaires de la Chine et du Japon. L'espèce ci-dessous est un arbuste grimpant, à peu près rustique dans le nord de la France; il est cependant prudent de le protéger pendant l'hiver; il craint surtout l'humidité. L'*A. quinata* est très convenable pour garnir les treillages ou pour faire filer sur les arbres voisins. C'est aussi une excellente plante pour tapisser les murs ou les piliers des serres. Il lui faut une terre légère siliceuse, ou un compost de terre franche siliceuse, de terreau de feuille et de terre de bruyère. Multiplication par division des touffes et par boutures.

Fig. 101. — Akebia quinata.

A. quinata, Dcne. ' Akébie à cinq feuilles. — *Fl.* rouge vineux, petites, en grappes axillaires, très odorantes. Mars à mai. *Flles* à pétiole très grêle, palmées, habituellement divisées en cinq lobes distincts, pétiolulés, oblongs, émarginés, les deux inférieurs plus petits. *Haut.* 3 m. Chusan, Japon, 1845. (B. R. 33, 28; R. H. 1853, 8; R. H. 1861; F. d. S. 10, 1000.)

AKÈNES. — V. **Achaines**.

ALANGIACÉES. — Très petite famille comprenant des arbres ou arbustes à fleurs habituellement peu apparentes, disposées en bouquets axillaires. Fruit charnu, comestible. Les deux genres les plus connus sont les *Alangium* et les *Nyssa*.

ALANGIUM, Lamk. (de *Alangi*, nom malabar de la première espèce). Fam. *Alangiacées*. — Genre comprenant huit ou dix espèces originaires de l'Asie et de l'Afrique tropicale. Ce sont des arbres de serre chaude, à feuilles persistantes, alternes, entières, dépourvues de stipules. Fleurs peu nombreuses, sessiles, en fascicules axillaires; calice campanulé; pétales linéaires, étalés, réfléchis. Ils se plaisent dans un mélange de terre de bruyère ou même dans toute terre légère et fertile. Multiplication par boutures qui s'enracinent facilement plantées dans des pots pleins de sable, à chaud et sous cloches.

A. decapetalum, Lamk.' *Fl.* rouge pourpre pâle, à odeur agréable, solitaires ou groupées par deux ou trois à l'aisselle des feuilles; pétales dix à douze. Juin. *Flles* alternes, oblongues, lancéolées, très entières; rameaux glabres, spinescents. *Haut.* 10 m. Malabar, 1779.

A. hexapetalum, Lamk. *Fl.* pourpres, à six pétales. *Flles* ovales, lancéolées, acuminées, veloutées en dessous. *Haut.* 10 m. Malabar, 1823.

ALARCONIA, DC. — V. **Wyethia**, Nutt.

ALATERNE. — V. **Rhamnus alaternus**, Linn.

ALBESCENT et **ALBICANT**. Angl. d°. — Mots peu employés en langage horticole, qui signifient blanc ou blanchâtre.

ALBINISME, Angl. d°. — On nomme ainsi la décoloration spontanée des différentes parties des plantes; cette condition est due à l'absence de chlorophylle.

ALBIKIA, Presl. — V. **Hypolytrum**, Rich.

ALBINA, Giseke. — V. **Alpinia**, Linn.

ALBIZZIA, Duraz. (en l'honneur des Albizzi, puissante famille de Florence, qui lutta contre les Médicis et les Alberti). Fam. *Légumineuses*. — Genre comprenant environ soixante-dix espèces originaires de l'Asie, de l'Afrique et de l'Australie tropicale et subtropicale. Ce sont des arbres ou arbustes très ornementaux, rustiques ou d'orangerie. Pour leur culture V. **Acacia**, genre auquel on les rapporte fréquemment.

A. Julibrissin, Benth. Arbre de soie, Acacia de Constantinople. — *Fl.* blanches soyeuses, en glomérules pédonculés, formant une panicule terminale, corymbiforme. Août. *Flles* à huit-douze paires de pinnules portant chacune environ trente paires de folioles oblongues, dimidiées, aiguës, légèrement ciliées. *Haut.* 10 à 13 m. Orient, 1745. Orangerie sous le climat parisien. Magnifique arbuste. Syns. *A. Nemu*, Willd. *Acacia Julibrissin*, Willd.

A. Lebbek, Benth. *Fl.* jaunes, parfumées, en glomérules pluriflores, pédonculés, réunis par trois ou quatre à l'aisselle des feuilles supérieures. Mai. *Flles* à deux-quatre paires de pinnules, portant chacune six à huit paires de folioles ovales, subdimidiées, obtuses aux deux extrémités. *Haut.* 6 m. Indes orientales et occidentales, 1823. Serre tempérée. Syn. *Acacia Lebbeck*, Willd.

A. lophanta, Benth.* *Fl.* jaunes, en épis ovales, oblongs, axillaires, géminées. Mai. *Flles* à huit ou dix paires de pinnules, portant chacune de vingt-cinq à trente paires de folioles linéaires sub-obtuses; pétioles et calices couverts d'un duvet velouté. *Haut.* 2 à 3 m. Nouvelle-Hollande. 1803. Espèce de serre froide ou tempérée, inerme, très distincte, recommandable pour la garniture des vérandas, fenêtres, etc. Syn. *Acacia lophantha*, Benth. (B. M. 2108; B. R. 5,361; L. B. C. 716.)

A. Nemu, Willd. Syn. de *A. Julibrissin*, Benth.

ALBUCA, Linn. (de *albicans* ou *albus*, blanc; couleur des fleurs des premières espèces connues). Fam. *Liliacées*. — Genre renfermant environ trente espèces, toutes originaires du Cap et très voisines des *Ornithogalum*. Périanthe à six divisions, les trois extérieures étalées, les trois intérieures conniventes, recouvrant les étamines. Ce sont des plantes bulbeuses qu'il faut traiter comme les plantes de serre froide, sauf celles qui font l'objet d'une mention spéciale; quelques espèces réussissent cependant bien en pleine terre, à exposition chaude et ensoleillée, à la condition d'être recouvertes d'une cloche ou de litière pendant l'hiver. On les cultive dans un mélange de terre franche légère, de terreau de feuilles et de sable. Multiplication par graines et par séparation des caïeux qui entourent les bulbes mères. Les espèces suivantes sont les plus dignes d'être cultivées.

A. Allenæ, Baker. *Fl.* blanc verdâtre, à segments intérieurs non connivents, disposées en grappe lâche; hampe de 1 m. à 1 m. 30 de haut. *Flles*, environ six, lancéolées, flasques, glabres, de 30 à 45 cent. de long et 4 à 5 cent. de large. Espèce de serre chaude, voisine de l'*A. Wakefieldii*. Zanzibar, 1888.

A. angolensis, — *Fl.* jaunâtres, grandes, disposées en grappe cylindrique, de 30 à 45 cent. de long. *Flles* linéaires, en lanière, sub-dressées, charnues, vert pâle, de 45 à 60 cent. de long. *Haut.* 1 m. Angola.

A. aurea, Jacq.* *Fl.* jaune pâle, dressées, hampe très longue, dressée. Juin. *Flles* planes, linéaires, lancéolées. *Haut.* 60 cent. Cap, 1818.

A. corymbosa. — *Fl.*, cinq à six, en corymbe lâche; périanthe jaune, rayé de vert; segments intérieurs cucullés, connivents; étamines extérieures dépourvues d'anthères; hampe de 15 cent. de long. *Flles*, six à huit, arrondies, de 30 cent. ou plus de long. Cap, 1886.

A. exuviata, Gawl. Syn. de *Urginea exuviata*, Steinh.

A. fastigiata, —* *Fl.* blanches, étalées, hampe très longue. Mai. *Flles* linéaires, aplaties, plus longues que la hampe. *Haut.* 45 cent. Cap, 1774. (B. R. 4, 277.)

A. filifolia, Ker. Syn. de *Urginea filifolia*, Steinh.

A. flaccida, Jacq. *Fl.* jaune pâle, à carène verte, pendantes, en grappe lâche de six à huit fleurs, pédoncules étalés à angle droit. Juillet. *Flles* lancéolées-linéaires, obliquement courbées. *Haut.* 60 cent. Cap, 1791.

A. fugax, Ker. Syn. de *Urginea fragrans*, Steinh.

A. Gardeni, Hook. Syn. de *Speirantha convallarioides*.

A. juncifolia, Baker. *Fl.* jaune verdâtre, inodores, pendantes, au nombre de dix à quinze en panicule deltoïde, de 10 à 12 cent. de long; périanthe de 1 cent. de long. Août. *Flles*, vingt à trente, sub-arrondies, de 30 cent. de long et 3 à 4 mm. de large, rétrécies en pointe. Cap, 1876. (B. M. 6395.)

A. Nelsoni, —* *Fl.* blanches, striées de rouge sombre sur le dos de chaque segment; périanthe de 2 cent. 1/2 de long; hampe forte, de 1 m. 30 à 1 m. 50 de haut. Été. *Flles* vert tendre, à base très concave, presque planes dans leur partie supérieure, de 1 m. à 1 m. 15 de long et 3 à 5 cent. 1/2 de large à environ un tiers de leur longueur, d'où elles se rétrécissent très graduellement en pointe aiguë. Natal, 1880. Cette très belle espèce est une des meilleures du genre.

A. physodes, Ker. Syn. de *Urginea physodes*.

A. Wakefieldii, — *Fl.*, dix à douze, vert pâle, en grappe lâche, de 15 à 20 cent. de long; périanthe de 2 cent. 1/2 de long, à segments intérieurs bordés de blanc; hampe plus longue que les feuilles. Automne. *Flles*, quatre à cinq, linéaires, ensiformes, flasques, glabres, de 30 à 45 cent. de long et 2 cent. 1/2 de large à la base, d'où elles se rétrécissent en pointe. Afrique tropicale orientale. 1878. Serre chaude. (B. M. 6429.)

A. trichophylla, Baker. *Fl.* petites, jaune vif. *Flles* grêles, sub-arrondies. Petite espèce voisine de l'*A. juncifolia*. Natal, 1889.

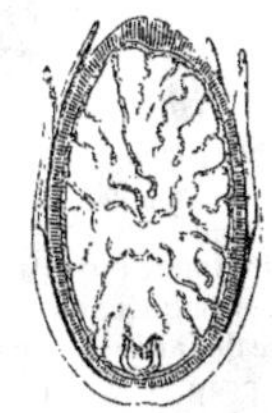
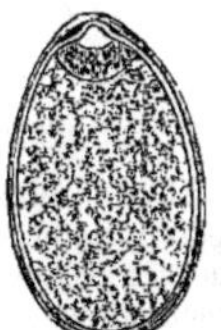

Muscadier; albumen ruminé. Nénuphar; graine à deux albumens.

Fig. 102. — Albumen.

ALBUMEN. — Partie de l'amande d'une graine qui forme autour ou à côté de l'embryon un corps accessoire, de nature amylacée. Il manque quelquefois entièrement. Syn. *Périsperme*.

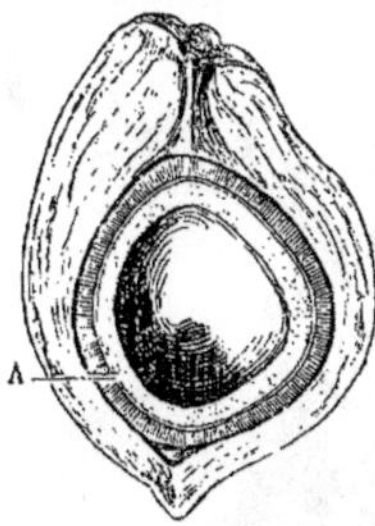

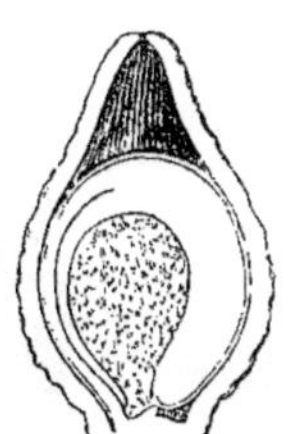

Noix de Coco. A, albumen laissant au centre une grande cavité. Belle de nuit. Embryon entourant l'albumen.

Fig. 103. — Albumen.

ALBUMINEUX, Angl. Albuminous. — Pourvu d'un albumen.

ALCALI. — Ce mot, qui s'écrivait autrefois *alkali*, est composé de l'article *al*, et du mot *kali*, par lequel les Arabes désignaient une plante marine employée dans la fabrication de la soude. Par extension, on a donné ce nom à d'autres bases salifiables, et on a groupé avec les alcalis, sous le nom de *bases*, tous les corps qui s'unissent aux acides pour former des *sels*. (V. ce mot.)

La potasse, la soude et l'ammoniaque sont des alcalis proprement dits ; leur solubilité dans l'eau est très grande.

La chaux et la magnésie, qui sont fort solubles, appartiennent au groupe des *alcalis terreux* ou *terres alcalines*, comme la baryte et la strontiane. (X.)

ALCALI volatil. — V. **Ammoniaque.**

ALCÆA rosea, Linn. — V. **Rose trémière.**

ALCHEMILLA, Tourn. (de *Alkemelych*, nom arabe d'une des espèces). Angl. Lady's Mantle. Fam. *Rosacées.* — Ce genre renferme environ quarante espèces, répandues dans les régions tempérées et dans l'Afrique australe. Ce sont des plantes herbacées, vivaces, rustiques, à fleurs apétales, disposées en corymbe. Calice à tube sub-

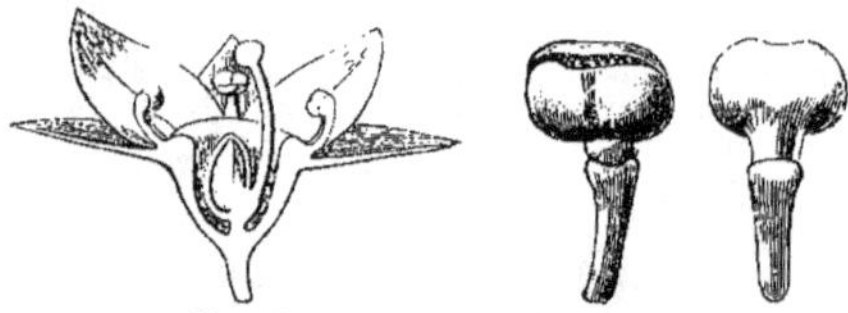

Fig. 104. — Alchemilla vulgaris.
Fleur coupée, grossie et anthères vues de face et de dos, grossies.

campanulé un peu contracté au sommet, à quatre sépales; étamines huit. Feuilles digitées, palmées ou lobées. Leur culture est très facile en terre de jardin ordinaire, mais bien drainée; ils sont très propres à orner les rocailles, à former des touffes dans les parterres parmi les plantes vivaces, etc. Multiplication par semis et par division des touffes. Toutes les espèces décrites ci-dessous sont rustiques, sauf l'*A. sibbaldiæfolia.*

Fig. 105. — Alchemilla vulgaris.

A. alpina, Linn.' *Fl.* verdâtres, petites, en corymbe. Juin. *Flles* digitées, à cinq-sept folioles lancéolées, cunéiformes, obtuses, dentées, couvertes en dessous d'un duvet blanc, satiné. *Haut.* 15 cent. France, etc. (F. D. 1,49.)

A. pubescens, Bieb. *Fl.* verdâtres, en corymbes terminaux, compacts, couvertes de longs poils mous. Juin. *Flles* arrondies, réniformes, à sept lobes dentés, soyeuses en dessous. *Haut.* 15 à 20 cent. Caucase (Haut), 1813.

A. sericea, Willd.' *Fl.* verdâtres, en corymbe. Juin. *Flles* digitées, à sept folioles obovales-lancéolées, obtuses, soudées à la base, dentées au sommet et couvertes en dessous d'un duvet satiné. *Haut.* 15 cent. Caucase, 1813. Plante beaucoup plus forte dans toutes ses parties que l'*A. alpina*, avec laquelle elle a beaucoup d'affinités.

A. sibbaldiæfolia, Humb., Bonpl. et Koch. *Fl.* blanches, agglomérées, tiges à rameaux disposés en corymbe, portant plusieurs fleurs au sommet. Juillet. *Flles* profondément tripartites, couvertes en dessous d'une pubescence apprimée; segments profondément dentés, les latéraux bifides. *Haut.* 15 cent. Mexique, 1823. Espèce de serre froide, qu'il faut cultiver dans de petits pots bien drainés, dans un mélange de terre franche siliceuse et de terreau de feuilles.

A. vulgaris, Linn. Mantelet de Dame, Pied de Lion, etc., Angl. Lady's Mantle. — *Fl.* petites, verdâtres, formant des cymes rameuses. Mai à juillet. *Flles* radicales réniformes, à cinq ou neuf lobes sub-arrondis, dentés, vert jaunâtre en dessus, blanchâtres sur la face inférieure; les caulinaires à pétioles graduellement plus courts, à cinq ou sept lobes. *Haut.* 20 à 30 cent. France, etc. (F. D. 1 693.)

ALDEA, Ruiz et Pav. — V. **Phacelia**, Juss.

ALECTOROLOPHUS, M. B. — V. **Rhinanthus**, Linn.

ALEGRIA, Moc. et Sessé. — V. **Luhea**, Willd.

ALETRIS, Linn. (de *aletron*, farine; allusion à l'apparence poudreuse de toute la plante). Angl. American Star Grass. Syn. *Stachyopogon*, Klotz. Fam. *Hæmodoracées.* — Genre comprenant environ huit espèces de plantes herbacées, vivaces et rustiques, voisines des *Amaryllidées*, originaires de l'Amérique septentrionale, de la Chine, du Japon, des Indes orientales et de Bornéo. Périanthe tubuleux dans sa moitié inférieure, à limbe infundibuliforme ou étalé ; étamines insérées à la base des divisions du périanthe, à filets plats. Les *Aletris* se plaisent dans un endroit humide et ensoleillé, dans un mélange de terre de bruyère, de terreau de feuilles et de sable. Multiplication lente, par division des touffes.

Fig. 106. — Aletris aurea. (*Rev. Hort.*)

A. aurea, Walt.' *Fl.* jaunes, en cloche. *Haut.* 30 à 60 cent. Amérique du Nord, 1811. Semblable par son port à l'*A. farinosa.*

A. capensis, Linn. — V. *Veltheimia viridiflora*, Jacq.

A. farinosa, Linn.' *Fl.* blanches, en cloche, couvertes de poils pulvérulents; disposées en grappe spiciforme, sur une tige de 45 à 60 cent. de haut. *Flles* lancéolées, glabres, à plusieurs nervures. Amérique du Nord, 1768. Jolie plante vivace, formant des touffes basses, étalées. Son rhizome renferme un principe fortement amer que l'on a employé en Amérique contre l'hydropisie. (B. M. 1418 ; L. B. C. 1161.)

ALEURITES, Forst. (nom grec signifiant farineux ; toutes les parties de la plante paraissent couvertes d'une substance farineuse). Fam. *Euphorbiacées*. — Petit genre renfermant trois espèces originaires de l'Asie orientale et des îles de l'océan Pacifique. L'espèce suivante est un bel arbre de serre chaude, toujours vert, à fleurs blanches, petites, monoïques, disposées en grappes terminales. Feuilles alternes, pétiolées, dépourvues de stipules. On le cultive facilement en terre franche. Multiplication par bouture, que l'on fait avec du bois mûr sans enlever les feuilles; elles s'enracinent facilement sous cloches et dans du sable.

A. triloba, Forst. * Bancoulier des Indes. Angl. Candleberry tree. — *Fl.* blanches, en grappes terminales. *Flles* alternes, longuement pétiolées, de 10 à 20 cent. de long, divisées en trois-cinq lobes. *Haut.* 10 à 12 m. Moluques et Iles de l'océan Pacifique, 1793. Syn. *A. moluccana*, Desf. L. E. M. 791.)

ALEYRODES proletella, Phalène culiciforme, Angl. Snow-fly. — Petite mouche à quatre ailes, vivant souvent en si grand nombre sur les feuilles inférieures des Choux, que celles-ci portent des taches jaunâtres ou vert pâle qui les font faner et même tomber. Lorsque les plantes sont fortement attaquées par cet insecte, les dégâts deviennent sérieux. L'*Aleyrodes proletella* est assez voisin des *Aphis* auxquels il ressemble par sa forme générale et par sa taille ; sa longueur ne dépasse pas 1 mm. et ses ailes ouvertes ont environ 3 mm. d'envergure. Il est pourvu de tubes mellifères et sa couleur blanc de neige est due à une substance pou-

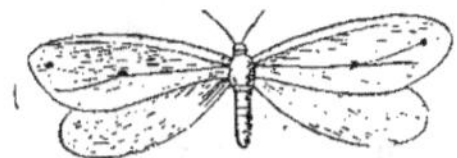

Fig. 107. — Aleyrodes. Grossi.

dreuse, blanche. En dessous de cette vestiture, la tête et le thorax sont noirs, marqués de jaune ; l'abdomen est jaune ou rosé et les ailes sont pourvues vers leur milieu d'une tache noire. La tête est munie d'un rostre semblable à celui des pucerons ; l'insecte l'enfonce dans les feuilles pour en sucer la sève. La femelle dépose ses œufs en groupes sur les feuilles. Dès leur éclosion, les jeunes larves se répandent sur le feuillage qu'elles percent de leur rostre et y adhèrent fortement. Chaque individu se couvre ensuite d'une écaille blanche, portant deux taches jaunes, renfermant une nymphe vert pâle, à yeux rouges. La métamorphose complète demande environ un mois.

Remèdes. — Le plus sûr est d'enlever les feuilles infestées et de les brûler. Un autre moyen, bien que moins recommandable, consiste à les jeter dans un bassin contenant de l'engrais liquide ou sur du fumier; le piétinement continuel détruit les larves et les nymphes. On a aussi recommandé de saupoudrer les plantes avec de la sciure et de les seringuer au jus de tabac.

ALFONSIA, Humb., Bonpl. et Kunth. V. **Elæis**, Jacq.

ALFA. — V. **Stipa tenacissima**, Linn., et **Lygeum spartum**, Linn.

ALGA. — V. **Zoostera.**

ALGAROBIA, Benth. Réunis aux **Prosopis**, Linn.

ALGUES, Angl. Seaweeds. — « Terme général appliqué aux plantes appartenant à la famille des *Algues*, de l'ordre des *Cryptogames*, dépourvues de fleurs réelles. On nomme ainsi, non seulement les espèces marines, mais aussi celles qui vivent dans les eaux douces et sur la terre humide, en forme de limon ou de gelée. » (Smith.)

Les Algues sont beaucoup employées comme engrais sur tout le littoral; elles sont très estimées pour cet usage, car elles contiennent beaucoup des principes nutritifs des plantes et pourrissent rapidement lors-

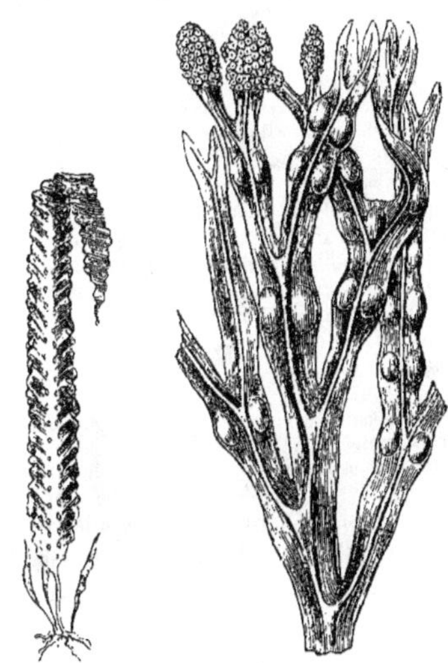

Algues.

Fig. 108. Laminaria saccharina. Fig. 109. Fucus vesiculosus.

qu'elles sont enterrées. On les considère comme très utiles aux Pommes de terre et aux Navets ; elles excitent la végétation des plantes aqueuses qui contiennent à leur maturité beaucoup d'eau dans leurs tissus. Elles sont habituellement entourées d'une certaine quantité de débris d'animaux en corruption, vivant sur les algues ou dans leurs tissus; ces débris augmentent considérablement leur valeur fertilisante. Les Algues sont très riches en potasse et en soude sous différentes formes, mais elles sont assez pauvres en phosphate; il est donc bon d'ajouter, avant de les répandre, de la poudre d'os ou autre engrais riche en phosphate. (V. aussi **Engrais**.)

ALHAGI, Desv. (son nom arabique). Fam. *Légumineuses*. — Genre comprenant quelques espèces d'arbustes ou arbrisseaux de serre tempérée, originaires de la Grèce et de l'Orient. Fleurs peu nombreuses, disposées en bouquets. Feuilles simples, pourvues de petites stipules. On les cultive en pots, dans un mélange de terre franche, de terre de bruyère et de sable. Multiplication par boutures herbacées faites à chaud, dans du sable, sous cloches et de préférence par semis sur couche, lorsqu'on peut se procurer des graines. On peut les mettre en plein air pendant l'été

A. camelorum, Fisch. *Fl.* rouges, disposées en grappes. Juillet. *Flles* simples, lancéolées, obtuses; stipules petites. Tige herbacée. *Haut.* 30 à 60 cent. Caucase, 1816.

A. Maurorum, DC. Alhagi, Angl. Manna tree. *Fl.* pourpres au milieu et rouges sur les bords, disposées en grappes ; pédoncules axillaires et épineux. Juillet. *Flles* simples, obovales-oblongues ; épines fortes et plus longues que celles de l'espèce ci-dessus. *Haut.* 60 cent. à 1 m. Egypte, etc. La manne Alhagi ou manne de Perse, est une exsudation naturelle des branches et des feuilles de cet arbre ; elle n'a lieu que pendant les grandes chaleurs. Syn. *Hedysarum Alhagi*, Linn.

ALIBERTIA, A. Rich. (en l'honneur de M. Alibert, célèbre médecin français, auteur du *Traité des Fièvres ataxiques*, ouvrage dans lequel il mentionne les effets de l'écorce de ces arbres). Syn. *Cordiera*, A. Rich. Fam. *Rubiacées*, tribu des *Cinchonées*. — Genre comprenant environ vingt espèces originaires de l'Amérique tropicale. Celle décrite ci-après est un petit arbre toujours vert, de serre chaude, très ornemental pendant sa floraison. Fleurs dioïques, solitaires ou fasciculées, corolle tubuleuse, coriace. Il lui faut un mélange de terre franche et de terre de bruyère. Multiplication par boutures qui s'enracinent facilement sous cloche, dans le même mélange de terre, avec une chaleur humide.

A. edulis, Rich. *Fl.* jaune crème, solitaires ou fasciculées, presque sessiles au sommet des rameaux. Juin. Fruit comestible. *Flles* opposées, oblongues, acuminées, coriaces, brillantes en dessus et velues à l'aisselle des nervures de la face inférieure. Guyane, 1823.

A. intermedia, Marion. V. **Agave Alibertii**, Baker.

ALIBOUFIER. — V. **Styrax officinale**, Linn.

ALIPSA, Hoffm. — V. **Liparis**, L. C. Rich.

ALISIER. — V. **Pyrus Aria**, Ehrh.

ALISIER de Fontainebleau. — V. **Pyrus latifolia.**

ALISMA, Linn. (de *altis*, nom celtique de l'eau). Fam. *Alismacées*. — Genre comprenant environ cinquante espèces originaires des régions tempérées des cinq parties du monde. Toutes sont des plantes vivaces,

Fig. 110. — Alisma Plantago.

rustiques et aquatiques. Calice à trois sépales ; corolle à trois pétales très fragiles; étamines six. Feuilles à nervures parallèles. Multiplication par divisions et par graines. Le semis se fait en pots, dans un mélange de terre franche, de terre de bruyère et de sable; on plonge ensuite les pots dans l'eau de façon à ce qu'ils affleurent le niveau. La division des touffes a lieu au printemps; on replante ensuite les éclats dans une bonne terre franche, humide. La culture des espèces indigènes est des plus faciles ; on les emploie pour garnir les bassins ou le bord des pièces d'eau.

A. natans, Linn. — V. **Elisma natans**, Buchen. son nom correct.

A. Plantago, Linn. * Plantain d'eau. — *Fl.* délicates, d'un rose tendre, disposées en panicule verticillée ; hampe dressée, atteignant 50 cent. à 1 m. de haut. Juin-août. *Flles* toutes radicales, ovales, lancéolées, aiguës, longuement pétiolées. *Haut.* 1 m. France, etc. C'est une belle plante aquatique, commune. (F. D. 561; L. E. M. 272.)

A. P. lanceolatum, Koch. *Fl.* blanc pur. Juin-août. *Flles* étroites, lancéolées, de 15 cent. de long et 2 cent. 1/2 de large. France, etc.

A. ranunculoides, Linn. *Fl.* blanches, en ombelles ou verticillées au sommet de la hampe; carpelles nombreux, disposés en capitule globuleux. Juin-août. *Flles* lancéolées, trinervées. France, etc. Lieux humides, inondés. (F. D. 122.)

ALISMACÉES. — Petite famille de plantes aquatiques ou des lieux marécageux, à fleurs à trois pétales ; hampes nues ; feuilles radicales, simples, penninervées. Les genres les plus connus sont les *Alisma* et les *Sagittaria*.

ALKÉKENGE. — V. **Physalis**, Linn.

ALKÉKENGE jaune doux. — V. **Physalis pubescens**, Linn.

ALLAGOPTERA, Nees. — V. **Diplothenium**, Mart.

ALLAMANDA, Linn. (en l'honneur du Dr Allamand, de Leyde, qui le premier en procura des graines à Linné). Syn. *Orelia*, Aubl. Fam. *Apocynées*. — Environ douze espèces ont été rapportées à ce genre, mais la distinction de quelques-unes est très incertaine. Elles sont originaires de l'Amérique australe; une espèce s'étend jusqu'à l'Amérique centrale. Ce sont de jolies plantes grimpantes de serre chaude. Pédoncules terminaux, pluriflores; corolle infundibuliforme, à tube étroit, gamopétale, grand, renflé, portant cinq divisions au sommet. Feuilles verticillées. Ce genre diffère de ceux de la même famille par la forme de la corolle. Leur culture est relativement facile. Afin d'obtenir un beau feuillage ainsi que leurs belles fleurs, il est préférable de faire filer leurs rameaux sur des fils de fer placés à 20 ou 25 cent. de distance du verre de la serre dans laquelle se trouvent les plantes. De cette façon, ils s'allongent et rampent assez naturellement; ils font aussi plus d'effet que lorsqu'ils sont attachés sur un treillage de n'importe quelle forme. Les plantes faites poussent très bien dans un compost de trois parties de terre franche fibreuse et une de charbon de bois ou de sable grossier de rivière; on y ajoute du fumier de vache bien décomposé. Lorsqu'on les rempote, il faut avoir soin de fouler convenablement la nouvelle terre autour de la motte et de ne pas trop emplir les pots, de façon à laisser beaucoup de place pour les arrosements, car pendant leur période de végétation active, il faut les arroser copieusement tous les jours. Tous les ans, pendant le mois de janvier ou février, on rabat les tiges de l'année précédente à un œil ou deux au-dessus du vieux bois. Les *Allamanda* demandent à être exposés en pleine lumière pendant toute l'année. Le drainage doit toujours être parfait : il leur faut peu d'eau pendant l'hiver. Ils sont remarquablement peu susceptibles d'être attaqués par les insectes. La température ne doit jamais être inférieure à 15 deg. On les multiplie facilement par boutures qui s'enracinent rapidement sur une chaleur de fond de 20 à 25 deg. L'époque habituelle de multiplication est le printemps, alors que les pieds mères ont été rabattus. On choisit les extrémités des jeunes rameaux les mieux constitués; on conserve deux ou trois yeux à chaque bouture, et on les plante séparément dans des godets, dans un mélange de terre de bruyère, de terreau et de sable en proportions égales. Il faut fouler assez fortement la terre autour des boutures, puis les arroser convenablement, et enfoncer ensuite les godets dans la couche à multiplication. Ombrer et arroser selon les besoins; au bout de trois semaines, elles auront émis des racines et commenceront à végéter. Il faut alors déterrer les pots, les poser sur leur fond, et les laisser ainsi encore trois semaines; pendant ce temps, les racines auront garni l'intérieur des pots; il est alors nécessaire de les rempoter dans de plus grands. On les replace encore sur couche, mais sans enterrer les pots. Dès que les racines commencent à pénétrer dans la terre neuve, il faut pincer les extrémités si les plantes sont destinées à la garniture des treillages. Ce pincement fait développer des pousses latérales qui, dès qu'elles ont deux ou trois verticilles de feuilles, doivent à leur tour être pincées. Les rempotages successifs, chaque fois que les racines ont rempli les pots, et deux ou trois pincements exécutés pendant la première année, donneront des plantes d'une bonne venue et capables de former des spécimens d'élite. Si les boutures sont destinées à serpenter le long des piliers ou de la charpente des serres, il ne faut les pincer que lorsque les plantes ont atteint la hauteur à laquelle on désire qu'elles se ramifient. La première année, les rempotages doivent être faits comme il est dit ci-dessus; ils n'ont ensuite besoin que d'un seul rempotage chaque année, lequel doit se faire au printemps, lorsque les bourgeons commencent à entrer en végétation.

A. Aubletii, Pohl. * *Fl.* jaunes, grandes. Juin. *Flles* verticillées par quatre ou cinq, larges, oblongues, acuminées, un peu velues en dessous. Guyane, 1848. (B. M. 4411.)

A. cathartica, Linn. * *Fl.* jaunes, grandes. Juin. *Flles* verticillées par quatre, obovales, obtuses ou subaiguës, à bords légèrement ondulés, glabres. Guyane, 1785. Syn. *A. Linnæi*, Pohl. (B. M. 338; L. E. M. 171; L. B. C. 259; P. M. B. 8. 77.)

Fig. 111. — Allamanda neriifolia. (*Rev. Hort.*)

A. c. Hendersoni, —* *Fl.* jaune orangé, à cinq macules à la gorge, teintées de brun à l'extérieur; lobes bien faits, excessivement épais, ayant la consistance de la cire. (R. G. 1887, pp. 660-1 f. 142.) Syn. *A. Hendersoni.* (F. M. 1866, 263; I. H. 1865, 452; Gn. 1886, 542.)

A. Chelsoni, Hort. *Fl.* jaunes, grandes. Eté. Cette belle espèce est peu propre à la garniture des treillages, car son bois est plus dur et plus raide que celui des autres espèces; elle est par cela bonne pour faire filer sur des fils de fers; c'est une des meilleures pour la fleur coupée. Hybride horticole.

A. grandiflora, Lamk. * *Fl.* jaune pâle, très distinctes, assez grandes. Plante très florifère. Juin, Brésil. 1844. (P. M. B. 12, 79.)

A. Hendersoni, — Syn. de *A. cathartica Hendersoni.*

A. Linnæi, Pohl. Syn. de *A. cathartica*, Linn.

A. magnifica, Hort. Williams. *Fl.* jaune clair, d'environ 12 cent. de diamètre, à gorge orange foncé. Espèce grimpante, très florifère. Variété de l'*A. Schottii.* 1888.

A. neriifolia, Hort. * *Fl.* jaune d'or foncé, élégamment striées d'orange, assez ouvertes; tube large, de 2 cent. 1/2 de long. Juin. *Flles* oblongues, acuminées, courtement pétiolées. *Haut.* 1 m. Amérique du Sud, 1847. Arbuste dressé, glabre. (B. M. 4594; L. J. F. 177; F. d. S. 9, 905; R. H. 1859, p. 372.)

A. nobilis, — * *Fl.* jaune vif, un peu plus foncées à la gorge, de forme tout à fait circulaire, sans aucune strie ou macule. Juillet. *Flles* verticillées par trois ou quatre, sessiles, oblongues, rétrécies à la base, brusquement acuminées, membraneuses et velues en dessous, surtout sur la nervure médiane. Brésil, 1867. Une des meilleures espèces.

A. Schottii, Pohl. * *Fl.* jaunes, grandes, à gorge élégamment striée de brun. Septembre. *Flles* verticillées par quatre, oblongues, acuminées, très glabres sur les deux faces. *Haut.* 3 m. Brésil, 1847. Cette espèce est très vigoureuse et florifère; elle est convenable pour faire filer sur des fils de fer. (B. M. 4351.)

A. verticilla, Desf. *Fl.* jaunes, grandes. Juin. *Flles* habituellement verticillées par six, ovales-oblongues, obtuses, très glabres. Amérique du Sud, 1812.

A. violacea, Gardn. Se distingue de tous les autres par ses fleurs rose violacé. Bonne espèce grimpante. Brésil, 1859. Cultivée en 1861, mais perdu peu après; réintroduit en 1889. (Gn. 1890, 743; B. M. 7122.)

ALLANTHODIA, Wall. proparte. (de *allantos*, saucisse; allusion à la forme cylindrique de l'indusie). Fam. *Fougères.* — Genre monotypique de serre froide, différant des *Asplenium* par la déhiscence de l'indusie. Sores dorsaux, linéaires, attachés aux nervures primaires. Indusie de la même forme que le sore et l'enfermant complètement, s'ouvrant au milieu en une ligne irrégulière. Pour leur culture, V. **Asplenium.**

A. australe, Brack. — V. *Asplenium umbrosum*, J. Smith.

A. Brunoniana, Wall. * Frondes ayant souvent de 30 à 60 cent. de long et 15 à 30 cent. de large, à pinnules entières, de 8 à 15 cent. de long et 2 cent. 1/2 de large. *Sores* confinés sur la nervure antérieure de la première bifurcation. Himalaya, jusqu'à 2000 m. d'altitude, etc. Syn. *Asplenium javanicum*, Blume.

ALLARDTIA, Dietr. — V. **Tillandsia,** Linn.

ALLÉES, Angl. Walks. — Peu de choses contribuent plus à la beauté d'un jardin que des allées proportionnées à sa grandeur et bien entretenues. Celles qui sont destinées à un long usage, doivent être convenablement établies lors de leur tracé, car les réparations continuelles demandent beaucoup de temps et sont rarement satisfaisantes. On emploie différents matériaux dont le choix dépend de la facilité avec laquelle on peut se les procurer. La formation d'une allée et le transport des matériaux nécessaires sont un travail coûteux, surtout lorsque l'étendue est grande.

Lorsqu'on peut se procurer de bon gravier, s'agglomérant facilement, on doit lui accorder la préférence pour recouvrir la surface, car c'est ce qu'il y a de meilleur pour cet usage. Une des conditions essentielles pour la formation d'une allée est de la construire de telle façon qu'on puisse y circuler par tous les temps, sans quelle soit jamais boueuse; ce n'est cependant pas chose toujours facile, car, bien que le gravier se maintienne sec pendant les pluies, il devient raboteux et pierreux pendant la sécheresse. La circulation qui doit avoir lieu sur une allée doit être prise en considération, pour la façon dont on doit la construire.

Outre le gravier, on recouvre quelquefois la surface d'une couche de béton, d'asphalte, de mâchefer, ou autres substances. Les deux premières sont particulièrement recommandables, n'était leur prix de revient assez élevé, car les allées ainsi recouvertes sont de longue durée lorsqu'elles ont été bien faites, toujours fermes, sèches, propres et non herbeuses. Cependant on ne garnit ainsi que les allées des petits jardins d'amateurs, ou celles desservant les différentes parties d'un bâtiment et où l'on est forcé de circuler par tous les temps. Lorsqu'on a de bon gravier à proximité, celui-ci est encore préférable pour les allées des grands jardins. Il est inutile de nous appesantir davantage sur le choix des matériaux à employer, nous laissons à chacun le soin de trancher la question, car on est souvent obligé d'employer ce qu'on peut se procurer. Une des conditions les plus importantes est un bon drainage; on peut l'obtenir assez facilement lorsque le terrain est ondulé, mais c'est plus difficile lorsqu'on a affaire à une surface plane. L'eau s'écoule quelquefois sans drains lorsque le sous-sol est d'une nature graveleuse, mais lorsque les allées sont larges et que la couche inférieure est argileuse, le drainage devient nécessaire. Un moyen pratique consiste à poser des tuyaux de drainage de 8 cent. de diamètre sur toute la longueur de l'allée, sous le milieu ou sous l'un de ses bords, et de conduire l'eau vers le point d'écoulement le plus propice. Des fosses collectrices, recouvertes d'une grille en fer, doivent être établies sur les côtés et mises en communication avec le drain afin que n'importe quelle quantité d'eau puisse s'écouler aussi rapidement qu'elle arrive. La largeur à donner à une allée varie selon sa longueur, ou selon la superficie du terrain qu'elle traverse. Dans les grands jardins potagers, par exemple, une allée circulaire, tracée à 3 ou 4 m. de distance des murs, et deux autres allées coupant le terrain en quatre parties égales rendront les plus grands services. Il est bon de creuser un bassin au centre, c'est-à-dire à leur point d'intersection, de façon à avoir une provision d'eau continuelle à distance égale de toutes parts.

Ces deux allées principales peuvent être un peu plus large (80 cent. à 1 m.) que celle longeant les murs. Dans les grands jardins, il est nécessaire d'avoir d'autres chemins plus étroits subdivisant le terrain; habituellement, on ne recouvre pas ceux-ci de gravier; puis viennent les sentiers séparant les planches. La largeur des allées des jardins fleuristes ou d'agrément, des parcs, etc., est naturellement très variable, mais leur mode de formation reste le même.

Plus les deux côtés d'une allée sont au même niveau ou pente égale, plus sa formation est facile. Lorsqu'on trace un jardin, il faut choisir quelques points devant servir de niveau; leur position doit correspondre à la disposition naturelle du terrain. Lorsqu'une allée doit être tracée en un endroit donné et que la largeur en est déterminée, les bords doivent être tout d'abord préparés et nivelés. La pente égale entre deux points s'obtient au moyen de mires, ou d'une règle de 3 à 4 m. de longueur et du niveau à bulle d'air. Les bords doivent être terminés avant le centre de l'allée, car ils servent de guide pour le chargement. La façon de niveler les bords et le centre de l'allée au moyen des mires est la même; le point le plus haut et celui le plus bas, aux deux extrémités d'une longueur donnée sont fixés au moyen de pieux enfoncés dans le sol; à l'aide de ces deux points de repère, la hauteur convenable de l'espace compris entre eux peut facilement être déterminée. Pour que les bords soient solides, il ne faut les faire que lorsque la terre est dans un état propice; on les tasse convenablement au moyen de la demoiselle. Des allées que l'on fait à neuf, ayant 3 mètres ou plus de large, doivent être creusées à 20 ou 30 cent. de profondeur, la partie la plus creuse au centre ou vers le point où l'on désire poser les tuyaux de drainage. Lorsque ces derniers sont posés, on les recouvre d'environ 15 cent. de matériaux grossiers : mâchefer, débris de briques ou autres, puis une couche de plâtras ou autres débris que l'on foule fortement de façon à ce que la surface ait déjà la forme définitive de l'allée. On met ensuite de 5 à 8 cent. de bon gravier fin, puis on passe le rouleau. Cette couche diminue rapidement d'épaisseur après quelques jours de circulation.

La hauteur convenable qu'une allée doit avoir lorsqu'elle est terminée s'obtient au moyen de pieux que l'on enfonce au centre, à environ 3 m. de distance les uns des autres, et dont on détermine la hauteur au moyen des instruments de nivellement, de la même manière que pour les bords; on arrache ensuite les pieux lorsque la couche de gravier est étendue. Toutes les allées doivent être plus élevées au centre que sur les bords, afin que l'eau s'écoule rapidement dans les rigoles. La hauteur est subordonnée à la largeur de l'allée. Celles de moins de 3 m. en pente dans le sens de leur longueur écouleront leurs eaux, pourvu que leurs bords soient à environ 5 cent. en contre-bas, lorsque le travail est terminé. Les fosses d'écoulement peuvent être construites à 5 cent. au-dessous du niveau des bords. Le centre des allées de 3 à 4 m. de diamètre doit être élevé de 4 cent. au-dessus des bords, et en général, on augmente la hauteur du centre de 2 cent. par chaque mètre de plus en diamètre, ce qui fait qu'une allée de 9 à 10 m. de diamètre doit avoir de 10 à 15 cent. d'élévation au centre, si on veut que les eaux ne séjournent pas sur sa surface. Il n'y a rien d'exagéré dans ces proportions, si l'on tient compte de la largeur des allées. Cette partie du travail a besoin d'être particulièrement soignée, ou bien la surface de ces allées ne sera pas confortable.

Avant de mettre la dernière couche de gravier, il faut avoir soin de tasser fortement les matériaux grossiers placés en dessous, et cela d'une façon aussi régulière que possible. La couche supérieure de gravier doit être nivelée avec un râteau en fer, par un ouvrier expérimenté, capable de faire ce travail d'une façon convenable. Lorsque la surface a été mal foulée ou mal nivelée, des trous se forment bientôt et deviennent encore plus apparents après les premières pluies. Pendant qu'une personne nivelle l'allée, une autre la foule en travers et arrache en même temps les pieux qui, à présent, sont devenus inutiles. On donne encore un second coup de râteau pour enlever les pierres et effacer les inégalités causées par le foulage. On passe ensuite un rouleau léger, puis un plus lourd, si on peut faire ce travail sans que le gravier se colle au rouleau. Il est bon de rouler fortement les allées fraîchement chargées avant qu'il ne pleuve, car lorsqu'elles sont été détrempées par les pluies, elles sont souvent fort longues à s'affermir. Pour entretenir en bon état les allées de gravier, il faut les rouler fréquemment en été ainsi qu'en hiver, chaque fois que le temps le permet. Si la surface est trop sèche, le roulage aura peu d'effet ; si elle est trop humide, le gravier se colle et on peut ainsi faire quelquefois un mauvais travail; il faut donc choisir avec discernement le moment où le roulage sera vraiment profitable.

ALLÉES GAZONNÉES. — Ce sont des allées recouvertes de gazon, au lieu de l'être avec du gravier ou autres matériaux. Leur préparation est la même que celle des pelouses, mais la couche de terre inférieure doit être convenablement affermie. Le mélange de graines à employer pour leur ensemencement doit se composer de plantes éminemment traçantes, rustiques et s'élevant peu : l'*Agrostis vulgaris*, le *Bromus pinnatus*, les *Festuca ovina*, *rubra* et *duriuscula*, le *Poa pratensis*, etc., sont recommandables pour cet usage. C'est principalement dans les grands parcs, entre les lignes de grands arbres, que l'on forme ces sortes d'allées, mais très rarement dans les jardins potagers. (S. M.)

ALLELUIA. — V. **Oxalis acetosella**, Linn.

ALLIACÉ. — Qui possède l'odeur ou la saveur de l'ail. Ex. : *Sisymbrium Alliaria*, Scop.

ALLIAIRE. — V. **Sisymbrium Alliaria**, Scop.

ALLIARIA, Adans. — V. **Sisymbrium**, Linn.

ALLIUM, Linn. (de *all*, chaud, brûlant; allusion aux propriétés bien connues de ces plantes). **Ail.** Comprend d'après Bentham et Hooker, les *Nectaroscordum*, Lindl; *Ophioscordon*, Wallr.; *Porrum*, G. Don. et *Schœnoprasum*, G. Don. Fam. *Liliacées*. — Ce genre renferme environ deux cent soixante-dix espèces, la plupart habitant l'Europe, le nord de l'Afrique, l'Abyssinie et l'Asie extra-tropicale ; on en retrouve un certain nombre dans l'Amérique du Nord et au Mexique. Ce sont des plantes bulbeuses, rustiques, à feuilles radicales, planes ou arrondies. Fleurs en ombelles ou en faux capitules entourés d'une spathe à deux ou trois valves et situés au sommet d'une hampe grêle, nue ou feuillée. Du nombre considérable d'espèces appartenant à ce genre, il y en a relativement peu qui soient dignes d'être cultivées, et encore la plupart d'entre elles ne sont véritablement décoratives que lorsqu'elles forment des groupes naturels dans les parcs, ou des bordures dans les jardins. Par contre, plusieurs espèces décrites ci-dessous sont les types de précieuses plantes potagères. Quelques espèces telles que les *A. neapolitanum*, *A. triquetrum*, *Moly*, etc., sont cultivées en grand dans le midi de la France pour la fleur coupée. Leur culture et leur multiplication sont des plus faciles; les bulbilles qui se développent en grand nombre à la base du bulbe mère servent à les propager. On les sépare et on les replante à l'automne ou au premier

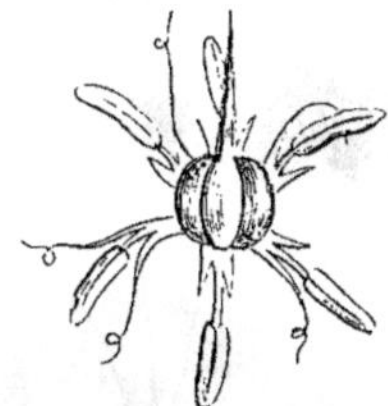

Fig. 112. — Allium. Fleur dont le périanthe a été enlevé.

printemps, en pleine terre, à environ 10 cent. de profondeur. Leurs graines que l'on obtient facilement, se sèment clair, en terre légère, en février-mars; on laisse les jeunes plantes jusqu'à l'automne ou au printemps suivant, époque à laquelle on transplante les jeunes bulbes à demeure. Pendant leur végétation, il faut avoir soin de les désherber et de tuteurer les espèces atteignant une certaine hauteur.

A. acuminatum, Hook. * *Fl.* rose foncé, de 12 à 24 mm. de large, en ombelle multiflore. Juillet-août. *Flles* un peu plus courtes que la hampe, très étroites, n'ayant que 2 mm. 1/2 de large. *Haut.* 15 à 25 cent. Amérique du nord-ouest, 1840. (B. F. B. A. 196; L. J. F. 86; P. F. G. 25; F. D. S. 6, 644.)

A. a. rubrum, Hort.* *Fl.* rouge pourpre foncé; semblable au type par ses caractères. Californie.

A. album, Savi. Syn. de *neapolitanum*, Cyr.

A. alexianum, Regel. *Fl.* blanchâtres, striées de pourpre brunâtre, en ombelle multiflore; hampe creuse. *Flles* deux, trois ou plus, oblongues, elliptiques ou lancéolées, de 2 1/2 à 5 cent. de large, glabres. Bulbe globuleux. Turkestan, 1889. (Rgl. Descr. p. 5.)

A. amblyophyllum, Kar. et Kir. *Fl.* lilas; divisions du périanthe lancéolées-aiguës; ombelle globuleuse, d'environ 4 cent. de diamètre. Eté, *Flles*, cinq à six, largement linéaires, planes, obtuses, espacées sur la longueur de la tige. Bulbe petit. Turkestan, 1885. Espèce naine, assez distincte. (R. G. 1190.)

A. ammophilum, Regel. *Fl.* blanc jaunâtre, à nervures rougeâtres, parfumées. Bulbe analogue de celui de l'*A. senescens*. (Rgl. Descr. p. 5.) Autriche.

A. Ampeloprasum, Linn. Ail d'Orient. *Fl.* roses, en grosse ombelle globuleuse, non bulbillifère, entourée d'une spathe prolongée en longue pointe; hampe forte, de 1 m. de haut, cylindrique, feuillée jusqu'au milieu. Juillet-août. *Flles* presque planes, linéaires-lancéolées, un peu glauques. Bulbe arrondi, très gros en culture. Région méditerranéenne; France, etc. (R. L. 385; S. F. G. 312; B. M. 1385.) Cette plante est pour certains botanistes le type de notre Poireau cultivé. — V. aussi **Ail d'Orient**.

Fig. 113. — Allium azureum.

A. ascalonicum, Linn. Echalote. Angl. Shallot. *Fl.* pourpres, en ombelles globuleuses; hampe arrondie. Eté. *Flles* subulées, *Haut.* 20 cent. Palestine, 1546. Pour sa culture, V. **Echalote**.

A. azureum, Ledeb. *Fl.* bleu ciel foncé, avec une ligne sombre au milieu de chaque division, disposées en ombelle dense, globuleuse, plus longue que les spathes qui l'enveloppent avant son expansion. Eté. *Flles* triangulaires, de 15 à 30 cent. de long. *Haut.* 30 à 60 cent. Sibérie, 1830. Une des plus belles espèces cultivées. Syn. *A. cœruleum* Pall. (B. R. 26, 51; F. D. S. 3, 300.)

A. Backhousianum, — *Fl.* blanches, en ombelle dense, globuleuse; segments du périanthe étroits, linéaires et entièrement réfléchis; étamines soudées à la base en forme de coupe. *Flles* radicales, blanc bleuâtre. *Haut.* 1 m. à 1 m. 30. Himalaya. 1885. Espèce élevée, ressemblant à l'*A. giganteum*. (R. G. 1885. 215.)

A. Bidwelliæ, — * *Fl.* rose vif, d'environ 1 cent. 1/2 de diamètre, en ombelle pauciflore. Juillet. *Flles* étroites, un peu plus longues que la hampe. *Haut.* 5 à 8 cent. Sierra Nevada, 1880. Charmante petite espèce, convenable pour les rocailles.

A. Breweri, — * *Fl.* rose foncé, d'environ 2 cent. 1/2 de diamètre en ombelle pauciflore. Juillet. *Flles* beaucoup plus longues que la hampe, de 6 mm. ou plus de diamètre. *Haut.* 2 1/2 à 8 cent. Californie, 1882.

A. Cepa, Linn. Ognon. Angl. Onion. *Fl.* blanches, verdâtres ou purpurines, en grosse ombelle entourée d'une spathe plus courte qu'elle; hampe grosse, ventrue au milieu, fistuleuse feuillée dans sa partie inférieure de 1 m. et plus de haut. Août. *Flles* cylindriques, renflées au milieu, fistuleuses, plus courtes que la hampe. Bulbe de forme très variable. Patrie inconnue; souvent sub-spontanée. (S. F. G. 326; B. M. 1469.) Pour sa culture, V. **Ognon**.

A. C. aggregatum, Hort. Ognon Rocambole. Angl. Tree or Potato onion. Ombelle portant, au lieu de fleurs, des bulbilles rouge brun, émettant souvent des feuilles vertes. V. aussi **Ognon Rocambole**.

A. cœruleum, Pall. Syn. de *A. azureum*, Ledeb.

A. cyaneum, Regel. *Fl.* bleues, à étamines deux fois plus longues que le périanthe. *Flles* filiformes, arrondies, non canaliculées. Bulbe semblable à celui de l'*A. kansuense*. Kansu, Nord de la Chine, 1890. (R. G. 1317.) Syn. *A. cyaneum* var. *macrostemon*, Regel.

A. c. brachystemon, Regel. Syn. de *A. kansuense*, Regel.

A. c. macrostemon, Regel. Syn. de *A. cyaneum*, Regel.

A. Douglasii, Hook. Syn. de *A. unifolium*, Kellogg.

A. elatum, Regel, *Fl.* pourpres, nombreuses, disposées en grosse ombelle globuleuse; segments du périanthe étalés, oblongs, obtus; hampe forte, de 1 m. ou plus de haut. *Flles* oblongues, obtuses, de 20 à 30 cent. de long. et 5 à 10 cent. de large. Asie centrale, 1887. (R. G. 1887, 1251.)

A. Erdelii, Zucc. *Fl.* blanches, à nervure médiane des segments verte, disposées en ombelle compacte. *Haut.* 15 cent. Palestine, 1879. Espèce rare, mais très jolie, qu'il convient de placer dans les rocailles, à exposition chaude.

A. falcifolium, Hook. et Arn. *Fl.* rose pâle, de 12 à 18 mm. de diamètre, en ombelle pauciflore. Août. *Flles* deux, épaisses, largement linéaires, falciformes. *Haut.* 5 à 8 cent. Amérique du nord-ouest, 1880.

A. falciforme, — Probablement une variété de l'*A. unifolium*, à fleurs blanc pur, en ombelle multiflore. *Haut.* 15 cent. Californie, 1882.

A. fistulosum, Linn. Ciboule. Angl. Welsh Onion. *Fl.* blanches, avec une ligne verte sur chaque segment, en ombelle globuleuse; hampe renflée, feuillée dans sa moitié inférieure, de 30 à 60 cent. de haut. Mai-Juin. *Flles* cylindriques, renflées, fistuleuses, vertes. Sibérie. (B. M. 1230.) Pour sa culture, V. **Ciboule**.

A. flavum, Linn. *Fl.* jaune d'or, campanulées, disposées en ombelle bien fournie, à pédicelles extérieurs penchés, hampe feuillée jusque vers son milieu. Juillet-août. *Flles* arrondies, charnues, un peu canaliculées en dessus, glabres, glaucescentes. *Haut.* environ 30 cent. France, Italie, etc. Belle espèce rustique. (J. F. A. 141 ; B. M. 1330 ; R. L. 119.)

A. fragrans, Vent. — V. *Nothoscordum fragrans.*

A. giganteum, Reg. *Fl.* nombreuses, formant une ombelle dense, globuleuse, d'environ 10 cent. de diamètre ; périanthe lilas vif, de 5 mm. de longueur, à segments très étalés ; hampe dressée, de 1 m. à 1 m. 30 de haut. Juin. *Flles* six à neuf, partant de la base de la hampe, rubanées, flasques, glaucescentes, de 45 cent. de long et 5 cent. de large au milieu. Bulbe globuleux de 5 à 8 cent. de diamètre. Merv, 1883. (B. M. 6828 ; R. G. 1113.)

A. hierosolymæ, Regel. *Fl.* blanches, en ombelle. *Flles* réfléchies, velues. Bulbes petits, arrondis. *Haut.* 20 cent, Palestine, 1889. Espèce naine, demi-rustique.

A. Holtzeri, Regel. *Fl.* nombreuses, en ombelle capitulée, hémisphérique, de 3 cent. de diamètre ; périanthe blanc, à segments elliptiques, oblongs, aigus, nervure médiane verte ; anthères rouges. *Flles* filiformes, plus ou moins arrondies, glabres, égalant ou dépassant la hampe. Bulbes oblongs, cylindriques, en touffe fasciculée. Turkestan, 1884. (R. G. 1169. a-c.)

A. karataviense, Regel. *Fl.* blanches, en ombelle dense globuleuse. Mai. *Flles* très larges, planes, glauques, quelquefois panachées. *Haut.* 15 cent. Turkestan, 1878.

A. kansuense, Regel. *Fl.* bleues, à étamines plus courtes que les divisions du périanthe, disposées en ombelle multiflore, hémisphérique. *Flles* linéaires, canaliculées dans leur partie inférieure, rudes sur les bords ; hampe feuillée presque jusqu'au milieu. Bulbes grêles, cylindriques, en touffe. Kansu ; Nord de la Chine, 1890. (R. G. 1317, I.) Syn. *A. cyaneum var. brachystemon*, Regel.

A. lacteum, Sib. Syn. de *A. neapolitanum*, Cyr.

A. Macleanii, Baker. *Fl.* en ombelle dense, globuleuse, de 8 à 10 cent. de diamètre ; périanthe mauve-pourpré, de 6 mm. de long, à segments oblongs, lancéolés, aigus ; spathe à deux valves membraneuses ; hampe flexueuse de 60 cent. à 1 m. de hauteur. Été. *Flles*, quatre à cinq, éphémères, glabres, lancéolées, d'environ 30 cent. de long et 4 cent. de large. Caboul, 1882. (B. M. 6707.)

A. Macnabianum, Regel. * *Fl.* magenta foncé, couleur absolument unique dans ce genre ; disposées en grandes ombelles. *Flles* presque aussi longues que la hampe, canaliculées, d'environ 6 mm. de large. *Haut.* 30 cent. Amérique du Nord.

A. macranthum, Baker. *Fl.* cinquante ou plus, en ombelle lâche, globuleuse, de 8 à 10 cent. de diamètre ; périanthe mauve-pourpré vif, de presque 6 mm. de long, toujours campanulé ; pédicelles de 4 à 5 cent. de long ; plusieurs hampes à chaque touffe, de 60 cent. à 1 m. de haut. *Flles* nombreuses, linéaires, minces, de 30 à 45 cent. de long, graduellement rétrécies en longue pointe. Racines indistinctement bulbeuses, formant une touffe compacte de fibres charnues. Himalaya oriental, 1883. (B. M. 6789.)

Fig. 114. — Allium Moly.

A. magicum, Linn. Syn. de *A. nigrum*, Linn.

A. Moly, Linn. * Ail doré. *Fl.* jaune vif., nombreuses, en ombelle compacte, hampe sub-cylindrique, rigide. *Flles*, deux ou trois, radicales, larges, ovales-lancéolées. *Haut.* 25 cent. Europe méridionale. France, etc. Bonne plante cultivée depuis longtemps, ses fleurs font beaucoup d'effet groupées en touffes. (B. M. 499 ; R. L. 97 ; A. V. F. 16.)

A. Murrayanum, Regel. *Fl.* pourpre rosé, en grosse ombelle. *Flles* étroites, plus longue que la hampe. *Haut.* 30 cent. Amérique du Nord. Bonne variété de l'*A. acuminatum.*

A. mutabile, Michx. *Fl.* blanches, passant au rose, en ombelle multiflore. Juillet. *Flles* plus courtes que la hampe, étroites canaliculées. *Haut.* 30 à 60 cent. Amérique du Nord, 1824.

A. neapolitanum, Cyr. Ail blanc. *Fl.* blanches, à étamines vertes ; nombreuses, disposées en ombelle lâche ; hampe plus longue que les feuilles ; pédicelles beaucoup plus longs que les fleurs. Commencement de l'été. *Flles*, trois ou quatre, engainant la hampe, en lanière, d'environ 2 cent. 1/2 de diamètre. *Haut.* 35 à 45 cent. Europe méridionale : France, etc., 1883. C'est une des meilleures espèces à fleurs blanches, très cultivée dans le midi pour la fleur coupée. (S. B. F. G. III, 201.) Syns. *A. album*, Savi (R. L. 300) ; *A. lacteum*, Sibth. (S. F. G. 325.)

Fig. 115. — Allium neapolitanum.

A. nevadense, Watson. *Fl.* blanches ou rose pâle, d'environ 1 cent. 1/2 de diamètre, en ombelle multiflore. Juillet. *Flles* planes, un peu plus longues que la hampe, d'environ 6 mm. de large. *Haut.* 8 à 15 cent. Sierra Nevada et Utah, 1882.

A. nigrum, Linn, *Fl.* violet sombre ou blanchâtres, à nervure médiane verte ; très nombreuses, disposées en grande ombelle. Mai. *Flles* épaisses, largement lancéolées, aiguës, ciliées, dentées sur les bords, d'abord dressées et glaucescentes, plus tard vertes et étalées, beaucoup plus courtes que la hampe. *Haut.* 75 cent. à 1 m. Europe méridionale. France, etc. Espèce très vigoureuse et très florifère. (S. F. G. 323.) Syn. *A. magicum*, Linn. (B. M. 1148.)

Fig. 116. — Allium nigrum.

A. Ostrowskianum. — *Fl.* roses, disposées en ombelle pluriflore ; hampe de 20 à 30 cent. de haut. *Flles*, deux ou trois, linéaires, planes, flasques, aiguës et glauques. Turkestan, 1883. (R. G. 1089.)

A. oviflorum. — *Fl.* violet-pourpre foncé, ovales-coniques, penchées ; sépales connivents ; ombelle lâche, arrondie ; hampe à six angles aigus. *Flles* disposées au sommet de la tige, sub-bisériées, lâches, carénées, glabres. Tige courte, non bulbeuse. Vallée de Chumbi. Indes, 1883. Jolie plante intéressante. (R. G. 1134.)

A. paradoxum, Don. *Fl.* blanches, gracieusement pendantes, à long pédicelles sortant d'un glomérule de bulbilles jaunes. Printemps. *Flles*, une ou deux, aussi longues que la hampe, linéaires, lancéolées, aiguës, carénées, striées, lisses, de 6 mm. de large, récurvées et pendantes. *Haut.* 20 à 35 cent. Sibérie, 1823.

A. parciflorum, Viv. *Fl.* petites, pourpres, disposées par cinq à six en ombelle ; hampes, une à trois, grêles, de 10 à 25 cent. de haut. *Flles*, deux à quatre, grêles, filiformes, placées aux deux tiers ou au milieu de la tige. Bulbe ovoïde. Petite espèce originaire de la Corse et de la Sardaigne, 1888. Syn. *A. pauciflorum*, Gren. et Godr.

A. pedemontanum, Willd. * *Fl.* pourpre rosé, grandes, campanulées, disposées en gros bouquet élégamment pendant. Juillet. *Flles* lancéolées, plus courtes que la hampe. Piémont, 1817. Jolie petite plante convenable pour rocailles ou parterres bien exposés. C'est une des plus belles espèces que l'on puisse cultiver.

A. Porrum, Linn. Poireau, Angl. Leek. *Fl.* roses, en grosse ombelle globuleuse, non bulbillifère, entourée d'une spathe univalve prolongée en longue pointe ; hampe cylindrique, feuillée jusqu'au milieu. Juillet-août. *Flles* planes, canaliculées, larges, rubanées, vert glauque. Bulbe allongé ; caïeux peu nombreux. Indiqué spontané en Italie, en Espagne, etc. ; sub-spontané en France. Bisannuel en culture. Pour sa culture, V. **Poireau**.

A. Przewalskianum, Regel. *Fl.* lilas rosé, disposées en ombelle. *Flles* arrondies, jonciformes. Kansu ; Chine, 1889.

A. reticulatum, Fras. *Fl.* variant du rose au blanc. Été. *Flles* étroites ou presque filiformes, plus courtes que la hampe. *Haut.* 25 à 35 cent. Amérique du nord-ouest. Espèce rare.

A. r. attenuifolium, Kellogg. C'est une variété à fleurs blanches, excessivement belle. Amérique du nord-ouest.

A. roseum, Linn. * *Fl.* rosées, grandes, disposées par dix à douze en ombelle ; hampe arrondie un peu plus longue que les feuilles. Été. *Flles* en lanière, canaliculées, roulées en dedans au sommet, non velues. *Haut.* 30 à 40 cent. Europe méridionale ; France, etc. (R. L. 213 ; S. F. G. 314.)

A. sativum, Linn. Ail. Angl. Garlic. *Fl.* blanc terne, en ombelle pauciflore, bulbillifère, entourée d'une spathe à une seule valve, prolongée en longue pointe : hampe cylindrique feuillée jusque vers son milieu, de 30 à 40 cent. de haut. Juillet. *Flles* élargies, en lanière, canaliculées, aiguës. Bulbe à caïeux comprimés, anguleux, entourés de membranes scarieuses. Désert de Kirghis ; naturalisé et subspontané en France, etc. Pour sa culture, V. **Ail**.

A. Schœnoprasum, Linn. Ciboulette. Angl. Chives. *Fl.* pourpres, en ombelle globuleuse, multiflore, dépourvue de bulbilles. Juin-juillet. *Flles* cylindriques, arrondies, fistuleuses, rétrécies au sommet ; hampe nue ou munie d'une feuille. *Haut.* 30 cent. France, etc. (F. D. 971 ; B. M. 1141 ; Sy. En. B. 34, 2141.) Pour sa culture, V. **Ciboulette**.

A. Scorodoprasum, Linn. Ail Rocambole. Cette plante est généralement considérée par les botanistes comme une variété de l'*A. sativum*, dont elle ne diffère guère que par sa tige contournée en spirale et par ses caïeux arrondis ; elle est spontanée en France, etc. ; notamment aux environs de Paris. V. aussi **Ail Rocambole**.

A. Semenovi, Regel. *Fl.* jaunes, à pédicelles très courts ; divisions extérieures du périanthe, plus courtes que les intérieures ; étamines très courtes, soudées en tube autour de l'ovaire ; ombelle petite, compacte ; hampe généralement plus courte que les feuilles. *Flles* glauques, fistuleuses, planes en dessus et arrondies sur le dos. Montagnes Alatau, 1884. (R. G. 1156.)

A. sphærocephalum, Linn. * *Fl.* pourpres, en ombelle globuleuse, compacte ; hampe allongée, arrondie, nue ou pourvue d'une feuille. Juin. *Flles* étroites, demi-arrondies, fistuleuses, profondément canaliculées en dessus, plus courtes que la hampe. *Haut.* 45 à 75 cent. Europe méridionale, France, etc. (F. D. 2111 ; B. M. 1761.)

A. Sprengeri, Regel. *Fl.* jaunâtres, en ombelle multiflore. *Flles* linéaires, planes. Bulbes ovoïdes, groupés sur un court rhizome. Espèce voisine de l'*A. flavescens*. Jaffa ; Syrie, 1889.

A. stramineum, — *Fl.* jaunes, en ombelle globuleuse, compacte. Juillet. *Flles* étroites, plus courtes que les hampes. *Haut.* 45 à 60 cent. Sibérie.

A. striatum, Jacq. — V. *Nothoscordum striatum*.

A. Suworowi, Regel. *Fl.* pourpre-mauve foncé, de 6 mm. de long ; divisions du périanthe à carène verte ; ombelle globuleuse, très dense, de 5 à 8 cent. de diamètre ; hampe forte, dressée, de 60 cent. de haut. Mai et été. *Flles*, six ou sept, en rosette radicale, ensiformes, de 30 à 45 cent. de long et 2 cent. 1/2 de large, flasques, vert glauque. Asie centrale. (B. M. 6994.)

A. triquetrum, Linn. *Fl.* blanches, campanulées, pendantes, à nervure médiane de chaque pétale verte, disposées par six-neuf en ombelle lâche ; hampe dressée, à trois angles aigus, plus courte que les feuilles. Avril-mai. *Flles* vertes, linéaires, carénées, triangulaires, quelquefois très longues. *Haut.* 30 à 40 cent. Europe méridionale ; France, etc. Cette espèce est cultivée dans le midi pour la fleur coupée. (S. F. G. 324 ; B. M. 869 ; R. L. 319.)

A. unifolium, Kellogg. *Fl.* rose vif. Juillet. *Haut.* 30 à 45 cent. Californie, 1873. Belle espèce, ressemblant à l'*A. roseum*, mais différant de toutes les espèces connues par ses bulbes qu'elle développe à une certaine distance les uns des autres sur un rhizome filiforme de 1 1/2 à 2 cent. 1/2 de long. Syn. *A. Douglasii*, Hook.

A. ursinum, Linn. Ail des ours. Angl. Broadleaved Garlic, Ramsons. *Fl.* d'un blanc de lait, à divisions linéaires-aiguës, disposées en ombelle lâche, fastigiée ;

spathe à une-trois valves; hampe dressée, nue, de 20 à 40 cent. de haut. Mai-juin. *Flles*, une ou deux, radicales, grandes, elliptiques-lancéolées, longuement pétiolées, d'un

Fig. 117. — ALLIUM URSINUM.

vert gai. France, Angleterre, etc. (F. D. 5,757; Sy. En. B.; 122; R. L. 303.)

A. validum, — *Fl.* blanc pur ou roses, en grandes ombelles un peu pendantes. Été. *Flles*, une ou deux, radicales, presque aussi longues que la hampe. *Haut.* 30 à 60 cent. Belle espèce originaire de l'Orégon et de la Californie, 1881.

A. Victorialis, Linn. *Fl.* jaunes ou verdâtres, en ombelle multiflore, compacte, globuleuse; hampe anguleuse au sommet. Juin-juillet. *Flles*, deux ou trois, larges, ovales-elliptiques, planes, plus courtes que la hampe. *Haut.* 40 à 60 cent. Europe méridionale: France, etc., 1739. C'est une espèce à feuillage décoratif, assez rare dans les jardins. (J. F. A. 216; B. M. 1222; R. L. 265.)

ALLOBROGIA, Tratt. — V. **Paradisia**, Mazzuc.

ALLOCHLAMYS, Moq. — V. **Pleuropetalum**, Hook.

ALLOPHYLLUS, Linn. — V. **Schmidelia**, Linn.

ALLOPLECTUS, Mart. (de *allos*, divers, et *pleco*, plisser, le calice paraît être plissé en différents sens). Syns. *Crantzia*, Scop.; *Lophia*, Desv. Comprend les *Heintzia*, Karst. et *Macrochlamys*. Dcne. Fam. *Gesnéracées*. — Genre renfermant environ trente espèces originaires de l'Amérique tropicale, du Brésil, des Indes, etc. Ce sont de beaux arbustes toujours verts, de serre chaude. Corolle tubuleuse ou infundibuliforme, dressée; calice coloré. Feuilles opposées, dont une plus petite que l'autre, charnues, pétiolées, décombantes ou dressées, généralement rougeâtres sur la face inférieure; branches opposées. Pour leur culture, V. **Gesnera**.

A. bicolor, Mart. *Fl.* jaune et pourpre; corolle velue; pédoncules axillaires, uniflores. Juin. *Flles* ovales, oblongues, acuminées, denticulées, pileuses en dessus et duveteuses en dessous; rameaux tétragones. *Haut.* 30 cent. Nouvelle-Grenade, 1840. Plante dressée, sublignéuse.

A. capitatus, Hook. *Fl.* agglomérées; sépales rouges, pétaloïdes; corolle soyeuse, renflée au-dessus du milieu; pédoncules axillaires. Mars. *Flles* grandes, ovales, denticulées, duveteuses, rougeâtres en dessous. Tige rouge, obtusément tétragone. *Haut.* 60 cent. Amérique du Sud, 1840. (B. M. 4452; F. D. S. 6,588.)

A. dichrous, DC. *Fl.* pourpre et jaune, axillaires, agglomérées, presque sessiles. *Flles* ovales-lancéolées, très entières, pubescentes. Brésil, 1845. Plante grimpante. (B. M. 4216; F. D. S. 2, 67.)

A. peltatus, — * *Fl.* blanchâtres, d'environ 5 cent. de long, en bouquets axillaires. Août. *Flles* opposées, dont l'une a 2 1/2 à 5 cent. et l'autre 15 à 20 cent. de long et 5 cent. de large, oblongues, arrondies, courtement acuminées, peltées à la base, portées sur un fort pétiole, de 2 1/2 à 5 cent. de long. *Haut.* 30 cent. Costa-Rica, 1877.

A. repens, Hook. *Fl.* jaunes, corolle à tube courbé, à quatre lobes; sépales ovales, maculés; pédoncules axillaires, solitaires. Février. *Flles* ovales, presque charnues, denticulées, courtement pétiolées. Sainte-Marthe, 1845. Plante toujours verte, duveteuse, traînante. (B. M. 4250; F. d. S. 4, 392.)

A. vittatus, — *Fl.* à calice cramoisi; corolle jaune pâle; glomérules terminaux, entourés de bractées foliacées d'un rouge vif. *Flles* grandes, largement ovales, courtement

Fig. 118. — ALLOPLECTUS VITTATUS.
Fleur et capsule détachées. (*Rev. Hort.*)

pétiolées, d'un vert foncé velouté, marquées d'une large bande grisâtre sur la nervure médiane, ainsi que sur les principales nervures. Tige, dressée, charnue. Pérou, 1870.

A. zamorensis, —* *Fl.* jaunes, sépales rouge orangé. *Haut.* 30 cent. Colombie, 1875.

ALLOSORUS, Presl. — V. **Pellea**, Link. et **Cryptogamma**, R. Br.

ALMEIDEA, Saint-Hil. (en l'honneur de J. R. P. de Almeidea, brésilien qui fut d'un grand secours à Saint-Hilaire pendant ses voyages dans le Brésil). Syn. *Aruba*, Nees. et Mart. Fam. *Rutacées*. — Genre comprenant quatre espèces originaires du Brésil et de l'Amérique tropicale. Ce sont des arbres ou arbustes de serre chaude, à feuilles simples, entières, pétiolées. Fleurs en grappes terminales, divisées au sommet en panicules thyrsoïdes. L'espèce ci-dessous, la seule qui ait jusqu'à présent été introduite, se plaît dans un compost de terre franche, de sable et de terre de bruyère. Multiplication par boutures de bois presque mûr, plantées assez espacées, dans des pots pleins de sable, sous cloche et à chaud.

A. rubra, Saint-Hil. *Fl.* roses, pétales très obtus. grappes rameuses. Septembre. *Flles* lancéolées, aiguës à la base. *Haut.* 4 m. Brésil, 1849. Arbuste toujours vert. (B. M. 4518 ; L. J. F. 77.)

ALNUS, Gœrtn. (de *al*, près, et *lan*, le bord d'une rivière habitat ordinaire des espèces de ce genre)

Fig. 119. — ALNUS GLUTINOSA. Chatons et cônes mûrs détachés. (*Rev. Hort.*)

Aune, ANGL. Alder Tree. FAM. *Bétulacées.* — Environ quatorze espèces, largement dispersées en Europe, au nord et au centre de l'Asie, dans l'Amérique du Nord et les Andes de l'Amérique du Sud, sont comprises dans ce genre. Ce sont des arbres ou arbustes à feuilles caduques. Fleurs monoïques ; les mâles disposées en longs chatons pendants, paraissant à l'automne et persistants pendant l'hiver; les femelles (strobiles) printanières, disposées en chatons ovales, ressemblant à un petit cône de Cyprès, et formés d'écailles charnues, devenant ligneuses à la maturité. Feuilles pétiolées, arrondies obtuses ou acuminées. Leur multiplication a ordinairement lieu par graines que l'on récolte à la fin d'octobre; il faut avoir soin de bien faire sécher les cônes afin d'éviter qu'ils ne moisissent. Les graines conservent leurs facultés germinatives pendant trois ans. Le semis se fait au printemps à la volée, très clair, on ne recouvre les graines que très légèrement. A la fin de l'année, les plants auront environ 25 cent. de hauteur. On les repique alors en lignes espacées de 45 cent. et à 15 cent. de distance sur les rangs ; on les laisse ainsi pendant deux ans. On peut ensuite les planter à demeure. La meilleure époque de plantation est le mois de novembre ou le mois de mars; s'il s'agit d'une plantation d'Aunes, les jeunes arbres sont placés à environ 1 m. 30 de distance en tous sens, dans des trous d'environ 25 cent. de profondeur. On propage aussi les Aunes, mais rarement, par boutures, marcottes, drageons, ainsi que par la greffe en fente.

A. acuminata, Mirb. Syn. de *A. Mirbellii*, Spach.

A. cordifolia, Ten.* *Fl.* brun verdâtre. Mars-avril, avant le développement des feuilles. *Flles* cordiformes. acuminées, vert foncé, brillantes. *Haut.* 5 à 15 m. France, Italie, etc. Grande et belle espèce distincte à tête arrondie. Elle pousse vigoureusement dans les terres sèches; c'est un arbre ornemental des plus méritants. (L. B. C. 1231.)

A. firma, — * *Flles* ovales-lancéolées, acuminées, plurinervées, à dents aiguës. Japon. Espèce des plus distinctes.

A. glutinosa, Gœrtn.* Aune ou Verne. *Chatons mâles* gros, longs et cylindriques, pendants, fasciculés au sommet des rameaux. *Chatons femelles* petits, ovales, souvent ternés, persistants sur l'arbre après la chute des graines; écailles rouge brun foncé. Mars-avril. *Flles* arrondies, cunéiformes à la base, très obtuses au sommet, dentées, glutineuses et duveteuses en dessous, sur les nervures. *Haut.* 15 à 30 m. (F. D. 2302.)

L'Aune commun se plaît dans les endroits humides, sur le bord des cours d'eau ; sa végétation rapide le rend précieux pour boiser les terrains humides. Il est aussi utile pour abriter les plantations d'arbres sur le bord de la mer. Son bois d'abord rougeâtre, puis jaunâtre lorsqu'il est sec, est employé dans l'industrie à différents usages; il est estimé comme bois de chauffage, par les boulangers en particulier.

A. g. acutifolia, Spach. *Flles* obovales ou oblongues, presque acuminées, cunéiformes à la base. Syn. *A. oblongata*, Willd.

A. g. aurea, Hort.* Feuillage jaune doré.

A. g. incisa, Hort.* Forme compacte, à feuilles petites, sinuées, lobées, semblables à celles de l'Aubépine. Syn. *A. g. oxyacanthifolia*, Lodd.

A. g. laciniata, Willd.* *Flles* oblongues, pinnatifides, à lobes aigus. C'est une variété à rameaux pendants, dont les feuilles rappellent certaines Fougères ; elle est des plus méritantes.

A. g. oxyacanthifolia, Lodd. Syn. *A. g. incisa*, Hort.

A. g. quercifolia, Willd. *Flles* sinuées-lobées, à segments demi-lancéolés; semblables à celles du Chêne commun. Forme très distincte. La variété *imperialis* (*asplenifolia*; I. H. 1859, p. 97) en diffère légèrement par son feuillage plus ou moins lobé ou découpé ; l'*A. g. variegata* est une forme à feuillage panaché.

A. incana, Willd. *Flles* ovales ou sub-orbiculaires, arrondies à la base, aiguës ou acuminées au sommet, à dentelures aiguës, glauques et duveteuses en dessous. *Haut.* 3 à 6 m. Régions tempérées de l'hémisphère boréal jusqu'en Finlande et en Laponie. Il habite des endroits plus secs que l'*A. glutinosa*. M. Spach a décrit quelques variétés dont les suivantes sont les plus distinctes. (F. D. 2302.)

A. i. pinnatifida, Spach. *Flles* pinnatifides.

A. i. hirsuta, Spach. *Flles* presque orbiculaires, obtuses, cotonneuses sur les deux faces.

A. i. sibirica, Spach. *Flles* elliptiques, orbiculaires, glabrescentes, en cœur à la base, arrondies au sommet. Syn. *A. sibirica*, Fisch.

A. japonica, Sieb. et Zucc. *Fl.* en chatons ellipsoïdes, obtus, de 1 1/2 à 2 cent. de long et environ 1 cent. 1/2 de diamètre. *Flles* elliptiques ou ovales, acuminées, dentées, aiguës à la base, de 5 à 10 cent. de long et 2 1/2 à 5 cent. de large. Japon, 1886. Arbre.

A. Mirbelii, Spach. *Chatons mâles* épais, longs de 5 à 8 cent.; les *femelles*, petits, ovoïdes. *Flles* ovales ou lancéolées, longuement acuminées, en coin et entières à la base, doublement dentées en scie sur presque tout leur contour, pubescentes en dessous. Syn. *A. acuminata*, Mirb. non Humb. et Bonpl. (Mém. Mus. XIV, p. 464, t. 22.)

A. nepalensis, Don. *Chatons mâles* presque filiformes, de 15 à 20 cent. de long ; les *femelles* obtus, de 14 mm. à nucules obcordées ayant deux ailes élargies supérieurement. *Flles* ovales ou oblongues, aiguës ou obtuses, cunéiformes à la base, vertes en dessus, glauques, visqueuses en dessous et légèrement duveteuses sur les nervures. Népaul. Syn. *Clethropsis nepalensis*, Spach.

A. oblongata, Willd. Syn. de *A. glutinosa acutifolia*, Spach.

A. orientalis, Dcne. *Chatons femelles* presque globuleux, assez gros, résineux, à écailles divisées en quatre lobes profonds. *Flles* elliptiques, oblongues ou lancéolées, obtuses ou acuminées au sommet, arrondies ou cunéiformes à la base, diversement dentées, un peu glutineuses-pointillées en dessous et pourvues de faisceaux de poils à l'aisselle des nervures. Mont Liban.

A. rhombifolia, Nutt. *Chatons femelles* à écailles épaissies et non ailées sur les bords. *Flles* ovales ou oblongues, obtuses ou aiguës, cunéiformes à la base, à dents irrégulières, glanduleuses, lisses en dessus et légèrement pubescentes en dessous, de 5 à 8 cent. de long. Branches grêles ; écorce brun foncé à peine pointillée de blanc. Californie, 1888.

A. viridis, DC. *Chatons femelles* ovoïdes, grêles pédonculés, agglomérés. *Flles* arrondies, ovales ou légèrement cordiformes, glutineuses, lisses ou mollement pubescentes en dessous, à dents aiguës, très rapprochées. Régions montagneuses de l'hémisphère boréal ; les Alpes, presque jusqu'à la limite des neiges. Syn. *Betula alpina*, Borch.

A. serrulata, Willd. *Fl.* et *fr.* semblables à ceux de l'*A. glutinosa*. Mars. *Flles* elliptiques ou ovales, acuminées ou plus rarement obtuses au sommet, arrondies ou cordiformes à la base, à dents inégales, aiguës, visqueuses, pointillées en dessous et couvertes sur les nervures d'un duvet roussâtre. *Haut.* 3 à 4 m. Amérique septentrionale, 1769. (Michx. f. Arb, fores, III, p. 320, fig. 1.) M. Spach distingue l'*A. s. oblongata* et l'*A. s. latifolia*.

A. sibirica, Sisch. Syn. de *A. incana sibirica*, Spach.

ALOCASIA, Schott. (de *a*, privatif, et *Colocasia;* genre voisin des *Colocasia*.) Fam. *Aroïdées*. — Ce genre comprend environ vingt espèces originaires de l'Amérique tropicale et de l'archipel Malais; mais il existe en outre un bon nombre d'hybrides. Ce sont des plantes de serre chaude, à feuillage d'une grande beauté. Feuilles souvent grandes, peltées, et élégamment panachées ou marbrées. Spadice courtement pédonculé; spathe glauque ou teintée. Les *Alocasia* ne sont pas difficiles à cultiver, pourvu qu'ils soient dans une serre très chaude, humide, et qu'ils aient de l'eau en abondance autour de leurs racines. Il leur faut un compost de terre de bruyère fibreuse, d'un peu de terre franche légère et fibreuse très grossièrement concassée; on y ajoute une bonne proportion de sphagnum, de morceaux de charbon de bois et beaucoup de sable blanc.

Fig. 120. — Alocasia Chantrieri. (*Rev. Hort.*)

Lorsqu'on les rempote, il faut remplir le fond des pots jusqu'aux deux tiers de leur hauteur avec de bons tessons concassés, bien propres, puis remplir de terre et placer la base de la plante presque au-dessus du niveau des pots et former une sorte de monticule avec la terre; on la recouvre ensuite d'une bonne couche de sphagnum ou de fibre de noix de coco (voir ce nom); cette dernière substance excite beaucoup l'émission de nouvelles racines.

Arroser abondamment et donner de l'engrais liquide en solution faible, deux fois par semaine pendant la végétation; ombrer lorsque le soleil est ardent. Multiplication par semis et par division des tiges ou des rhizomes. Température hivernale, 15 à 20 deg.; estivale, 25 à 30 deg.[1]. — V. aussi **Caladium** et **Colocasia**.

[1] M. E. Bergman a publié dans le *Journal de la Soc. nat. Hort. de Fr.*, 1890, pp. 217-227, un excellent article sur les espèces de ce genre.

A. alba, Hort. *Fl.* blanches. *Haut.* 45 cent. Java, 1854.

A. albo-violacea, — Syn. de *Xanthosoma maculatum.*

A. amabilis, — Syn. de *A. longiloba*, Miquel.

A. argyroneura, Hort. Syn. de *Caladium Schomburgkii.*

A. Augustiana, Lind. et Rod. *Flles* peltées, vertes, ondulées sur les bords, à nervure primaire plus pâle ainsi que la face inférieure; pétioles de 30 à 45 cent. de long et 2 à 3 cent. de diamètre à la base, arrondis, roses, à macules brunes, hiéroglyphiques. 1886. (I. H. 1886, 593.)

A. Chantrieri, Ed. Andr. *Flles* à limbe de 35 cent. de long et 15 cent. de large ou plus grandes chez de forts spécimens, réfléchi ou vertical, sagitté-pelté, largement denté, ondulé, finement acuminé au sommet; nervures saillantes, entourées d'une zone étroite argentée; vert olive en dessus, violet foncé vineux en dessous; pétioles un peu dilatés, amplexicaules à la base, arrondis, fins, robustes, dressés, légèrement zébrés d'un ton olivâtre et brusquement défléchis au sommet. Bel hybride entre les *A. metallica* et *A. Sanderiana*, obtenu par MM. Chantrier vers 1887. (R. H., 1887, p. 465; I. H. 1888, t. 64, sous le nom de *A. Chantrieriana*, Rod.)

A. Chelsoni, Veitch. * *Flles* grandes, vert foncé brillant, à reflets métalliques en dessus, pourpres en dessous comme celles de l'*A. cuprea.* Hybride intéressant entre les *A. cuprea* et *A. longiloba.*

A. cucullata, Schott. *Fl.* vert blanchâtre. Printemps. *Haut.* 60 cent. Indes, 1826.

A. cuprea, C. Koch. * *Fl.* à spathe rouge pourpre, à limbe court. *Flles* ovales-cordiformes, peltées, réfléchies, de 30 à 45 cent. de long, d'une belle teinte pourpre bronzé en dessous. *Haut.* 60 cent. Bornéo, 1860. Syns. *A. metallica*, Schott.; *Xanthosoma plumbea.* (B. M. 5190; I. H. 1861, 283 sous le nom de *A. metallica.*)

A. eminens, N. E. Br. *Fl.* à tube de la spathe vert tendre, de 4 cent. de long; limbe blanc verdâtre, veiné, de 9 à 10 cent. de long, réfléchi, pédoncules disposés par deux (toujours ?), de 30 à 45 cent. de long; spadice blanc crème. *Flles* peltées, ovales, sagittées, de 45 à 50 cent. de long et 20 à 25 cent. de large, vert foncé en dessus, pourpres en dessous, à nervures médiane et primaires très pâles; pétioles de 1 m. 20 à 1 m. 50 de long, arrondis, de 2 cent. 1/2 d'épaisseur à la base, vert olive à reflet cuivré et bariolé de vert noirâtre. Indes orientales, 1887.

A. erythrea, Koch. Syn. de *Caladium Schomburgkii Schmitzii.*

A. gigantea, — Syn. de *A. longiloba.*

A. Gaulainii, Ed. Andr.* *Flles* cordiformes, vert foncé en dessus, à nervures argentées; violet clair en dessous, à nervures noirâtres. Espèce vigoureuse, 1890.

A. grandis, N. E. Br. *Fl.* à spathe blanche, marquée de lignes carmin sur le côté extérieur; tube court, maculé; pédoncule d'environ 25 cent. de long. *Flles* ovales-sagittées, de 40 à 60 cent. de long et 30 cent. de large, vert tendre en dessus, vert noirâtre en dessous; pétioles noirâtres, de 1 m. à 1 m. 15 de long. Archipel de l'Inde orientale, 1886. Plante majestueuse, ornementale.

A. guttata, — *Fl.* à spathe blanche, maculée de pourpre. *Flles* à pétioles également maculés. *Haut.* 75 cent. Bornéo, 1879.

A. g. imperialis, — *Fl.* à spathe blanche, maculée de rouge sur le tube. *Flles* elliptiques-sagittées, aiguës, de 30 à 45 cent. de long et 25 à 45 cent. de large, vert foncé en dessus avec des parties plus pâles entre les nervures; pourprées en dessous. Bornéo, 1885. Belle plante à feuillage, de serre chaude. (I. H. 1884, 541.)

A. hybrida, Hort. * *Flles* elliptiques dans leur contour, à pointe courte, acuminée; très superficiellement divisées à la base; vert olive en dessus, à nervures fortes, bien marquées et à bords blanc d'ivoire; pourpre sombre en dessous. Hybride entre les *A. Lowii* et *A. cuprea.*

A. illustris. — *Flles* ovales-sagittées, réfléchies, d'un beau vert, à macules vert olive, d'environ 45 cent. de long. Indes, 1873.

A. Jenningsii, Veitch. * *Flles* peltées, ovales-cordiformes, acuminées, à limbe réfléchi, de 15 à 20 cent. de long; fond vert marqué de taches cunéiformes, brun foncé; nervures vert tendre; pétioles dressés, maculés. Indes, 1867. Espèce très distincte et vigoureuse. (J. S. N. H. 1890, p. 219.)

A. Johnstoni, W. Bull. — V. *Cyrtosperma Johnstoni*, son nom correct.

A. Liervalii, — *Flles* vert tendre. Philippines, 1869.

A. Lindeni, Rod. *Flles* de 20 cent. de long, et 15 cent. de large, glabres, vertes en dessus, à nervures médiane et principales blanc jaunâtre; plus pâles en dessous; ovales, cordiformes, longuement acuminées à la base, à sinus grand, triangulaire; pétioles blancs ou blanc verdâtre, de 25 à 30 cent. de long et 12 à 18 mm. d'épaisseur, dressés, arrondis, canaliculés, amplexicaules, à gaine décurrente sur la moitié de leur longueur. Papouasie, 1886. (I. H. 1886, 603.)

A. longiloba, Miquel. *Flles* grandes, sagittées, étalées dans leur partie supérieure, vertes, à nervures blanches. *Haut.* 1 m. 30. Java, 1864. Syns. *A. amabilis* et *A. gigantea.*

A. Lowii, Hook. f. *Fl.* à spathe blanche. *Flles* cordiformes-sagittées, de 35 à 40 cent. de long, peltées, réfléchies, vert olive, à nervures blanches, épaisses; pourpres en dessous. Bornéo, 1862. (B. M. 5376.)

A. Luciani, Pucci. *Flles* peltées, ovales, cuspidées au sommet, obcordées à la base, vert foncé en dessus, à nervures et bords pâles, cendrés; pourpres en dessous; lobes de la base ovales, deltoïdes; pétioles très longs, épais, vert pâle, piquetés et maculés de brun. 1887. Hybride entre les *A. Thibautiana* et *Putzeysi.* (I. H. ser. V, 27.)

A. macrorhiza, Schott. *Fl.* vert blanchâtre. *Haut.* 1 m. 50. Polynésie. (I. H. 1861. 305.)

A. m. variegata, — *Flles* grandes, un peu cordiformes, à bords légèrement ondulés; vert tendre, marbrées et maculées de blanc, quelquefois entièrement blanches; pétioles largement striés de blanc pur. Ceylan. Plante forte, distincte et très décorative.

A. Margaritæ, Lind. et Rod. *Flles* grandes, obcordées, peltées, ondulées sur les bords, assez épaisses, bullées, très glabres en dessus, excepté sur les nervures médiane et primaires; à sinus triangulaire dont le sommet atteint la jonction du pétiole; pétioles arrondis, pubérulents, pourpre brunâtre, engainants à la base; gaines rosées sur les bords. (I. H. 1886, 64.)

A. marginata, — *Fl.* à tube de la spathe vert, de 2 1/2 à 3 cent. de long; limbe vert blanchâtre, ordinairement strié et tacheté de pourpre sombre sur le dos; spadice blanc, de 15 à 18 cent. de long. *Flles* de 45 à 60 cent. de long et 25 à 35 cent. de large, largement ovales-cordiformes, légèrement sinuées sur les bords, terminées au sommet en pointe courte, arrondie; pétioles de 60 cent. à 1 m. 15 de long, à panachures brun noirâtre, en zigzag; gaines largement marginées de brun pourpre. Brésil, 1887.

A. Marshallii, — *Flles* vertes, à macules plus foncées, et à large bande centrale blanc argenté. Indes, 1811.

A. metallica, Schott. Syn. de *A. cuprea*, C. Koch.

A. navicularis, C. Koch. et Bouché. *Fl.* à spathe naviculaire, blanchâtre. *Haut.* 30 cent. Indes, 1855.

A. princeps, — *Flles* sagittées, à lobes postérieurs étroits, divergents, formant un sinus ouvert, triangulaire; bords profondément sinués: face supérieure vert olive à reflet métallique; nervures médiane et primaires foncées; face inférieure vert grisâtre à bords et nervures brun chocolat foncé; pétioles grêles, vert grisâtre, fortement marbrés de brun foncé. Archipel Malais, 1888.

A. Pucciana, Ed. Andr. *Flles* peltées, ovales-sagittées, de 45 cent. de long et environ 20 cent. de large, vert foncé en dessus; nervures blanc pur, entourées d'une zone blanche argentée; pourpre brillant en dessous; pétioles charnus, lisses, cylindriques, pourpre pâle, marqués de zones rouge carmin sombre, irrégulières et ondulées, disparaissant dans la partie supérieure. 1887. Hybride horticole.

A. Putzeysi, N. E. Br. *Flles* semblables par leur forme à celles de l'*A. longiloba*, vert foncé, à nervures médiane, primaires et secondaires, bordées de blanc, ainsi que les bords; face inférieure pourpre foncé. Sumatra, 1882. (I. H. 445.)

A. Reginæ, N. E. Br. *Fl.* à tube de la spathe ovoïde, de 2 cent. 1/2 de long et 8 à 10 cent. de diamètre, blanc d'ivoire, maculé de pourpre; limbe de 5 à 6 cent. de long, réfléchi; spadice sessile, presque plus court que la spathe. *Flles* ovales-cordiformes, à bords ondulés; un peu charnues, glabres en dessus, excepté sur les nervures médiane et latérales; pourpre brunâtre sombre en dessous; pétioles arrondis, maculés de pourpre fauve. Bornéo, 1885. (I. H. 1885, 514.)

A. reversa, N. E. Br. *Flles* ovales-sagittées, vert grisâtre, à nervures primaires largement bordées de vert foncé. Jolie plante à feuillage, de moins de 30 cent. de hauteur. Iles Philippines, 1890.

A. Rœzlii, — V. *Caladium marmoratum*.

A. Sanderiana, W. Bull. *Flles* réfléchies, brillantes, sagittées, peltées, avec trois lobes latéraux sur chaque côté; nervure médiane et bords blanc d'ivoire; vert tendre sur la face supérieure à reflet bleu métallique; pétioles dressés, vert brunâtre, striés et bigarrés. Archipel oriental, 1884. (R. H. B. 1884, p. 181.)

A. scabriuscula, — * *Fl.* à spathe entièrement blanche: limbe de 8 cent. de long, oblong, cuspidé. *Flles* étalées, non réfléchies, sagittées, nullement peltées, vert foncé brillant en dessus, vert pâle en dessous, ayant de 55 à 75 cent. de long. *Haut.* 1 m. 30 à 1 m. 50. Nord-ouest de Bornéo, 1878. Bien que cette plante ne soit pas aussi ornementale que les *A. Lowii*, *A. Thibautiana* ou *A. cuprea*, elle a le mérite d'être beaucoup plus grande et plus majestueuse; c'est une des espèces les plus volumineuses de ce genre.

A. Sedeni, Veitch. * *Flles* ovales-cordiformes, sagittées, réfléchies, vert bronzé, pourpres en dessous, à nervures distinctes, blanc d'ivoire. Hybride entre les *A. Lowii* et *A. cuprea*. (J. S. N. H. 1890, p. 225.)

A. sinuata, — * *Fl.* à spathe vert clair, de 8 cent. de long; spadice plus court que la spathe; pédoncule aussi long ou plus long que les pétioles. *Flles* sagittées, à bords sinués; face supérieure des jeunes feuilles vert très foncé sur le bord des nervures, plus pâle dans les méats; feuilles adultes vert foncé en dessus, à face inférieure vert blanchâtre. Iles Philippines, 1885.

A. Thibautiana, Masters. * *Flles* ovales-aiguës, profondément cordiformes; lobes de la base arrondis; vert grisâtre foncé en dessus, parcourues par de nombreuses nervures secondaires, blanc gris, partant de la nervure médiane; pourpres en dessous. Bornéo, 1878. On considère cette espèce comme la plus belle du genre. (R. H. B. 1884, p. 37.)

A. variegata, — *Fl.* blanchâtres. *Flles* à pétioles bigarrés de violet. Indes, 1854.

A. Villeneuvei, Lind. et Rod. *Flles* à limbe très inégal; pétioles entièrement maculés de brun. Bornéo, 1887. Espèce très voisine de l'*A. longiloba*. (J. H. ser. v. 21.)

A. zebrina, C. Koch et Veitch. * *Flles* dressées, largement sagittées, d'un beau vert foncé, portées sur de forts pétioles vert pâle, bigarrés et striés de bandes vert foncé, en zigzag. *Haut.* 1 m. 30 ou plus. Iles Philippines, 1862. (F. d. S. 15, 1541-1542.)

ALOE, Linn. (de *alloeh*, son nom arabe). **Aloès.** Comprend, d'après Bentham et Hooker, les *Bowiea*, Haw.; *Pachidendron*, Haw. et *Rhipidendron*, Haw. Genres voisins: *Apicra*, Willd.; *Gasteria*, Duval.; *Haworthia*, Duval.; *Phylloma*, Ker. Fam. *Liliacées*. — Genre renfermant environ quatre-vingt-cinq espèces de plantes grasses, de serre tempérée ou froide, originaires pour la plupart du Cap de Bonne-Espérance. La nomenclature et la description des espèces, ainsi que celles des genres voisins, jusqu'à présent très confuses, ont été complètement revues par M. J.-G. Baker (*Journal of the Linnean Society*, vol. XVIII, pp. 152-182), travail auquel nous devons les renseignements suivants. Ce sont des plantes caulescentes ou acaules; des arbustes ou (rarement) des arbres. Feuilles épaisses, charnues, fréquemment disposées en rosette; hampe simple ou rameuse, munie de bractées stériles, abondantes ou peu nombreuses. Fleurs en grappes, pédicelles solitaires, bractéolés à la base; périanthe à tube droit ou légèrement courbé; segments allongés; étamines hypogynes aussi longues ou plus longues que le périanthe. M. Baker décrit plus de quatre-vingts espèces dont beaucoup, pour différentes raisons, ne sauraient trouver place ici.

Ces plantes à la fois curieuses et intéressantes se plaisent dans un compost de terre franche perméable, de terre de bruyère et d'une petite quantité de terreau bien décomposé; on peut y ajouter des tessons, des débris de briques ou autres matériaux semblables, afin de rendre le drainage rapide et parfait. Les arrosements doivent être faits avec soin et modération, surtout pendant l'hiver. On tient les plantes en serre froide ou en plein air pendant l'été, en plein soleil, ou au moins en pleine lumière.

A. abyssinica, Lamb. * *Fl.* à périanthe de 3 à 3 cent. 1/2 de long, disposées en grappe dense, oblongue, de 8 à 10 cent. de long et 5 à 8 cent. de large; pédicelles de 2 à 3 cent. de long; hampe rameuse de 45 à 60 cent. de long. *Flles*, environ vingt, disposées en rosette, ensiformes, de 45 à 75 cent. de long, acuminées, vertes, quelquefois maculées, de 12 à 15 mm. d'épaisseur au milieu; arrondies sur le dos; épines marginales espacées, deltoïdes, de 3 à 5 mm. de long. Tige simple de 30 à 60 cent. de hauteur et 5 à 8 cent. d'épaisseur. Abyssinie, 1777. Syn. *A. maculata*, Forsk.

A. a. Peacockii, Baker. Variété très rare de l'espèce ci-dessus.

A. africana, Miller. *Fl.* à périanthe jaune, de 3 1/2 à 4 cent. 1/2 de long, disposées en grappe dense, de presque 30 cent. de long et 8 cent. de large; hampe très forte, rameuse. *Flles* en rosette dense, ensiformes, de 45 à 60 cent. de long et 6 à 8 cent. de large, graduellement rétrécies de la base au sommet, canaliculées au-dessus du milieu où elles ont 10 à 12 mm. d'épaisseur; épines marginales rapprochées, de 4 à 5 mm. de long. Tige simple, atteignant 6 m. à son complet développement. Cap. Syn. *Pachidendron africanum*, Haw. (B. M. 2517.)

A. albispina, Haw. * *Fl.* à périanthe rouge, de 4 cent. de long, disposées en grappe dense, de près de 50 cent. de long et 10 cent. de large; pédicelles inférieurs de 3 1/2 à 4 cent. 1/2 de long; hampe simple, de 45 cent. de long. *Flles* lâches, lancéolées, ascendantes, de 15 à 20 cent. de long et 5 cent. de large, vertes, sans macules ni stries, concaves dans leur partie supérieure, de 8 à 10 mm. d'épaisseur au milieu, faiblement tuberculeuses sur le dos; épines marginales blanches, cornées, de 5 mm. de long. Tige simple, courte, de 2 1/2 à 4 cent. de diamètre. Cap, 1796.

A. albo-cincta, Haw. * *Fl.* à périanthe rouge brillant, de 2 1/2 à 3 cent. de long, disposées par vingt ou plus, en grappe courtement capitée, de 5 à 6 cent. de diamètre à la floraison; pédicelles ascendants de 1 1/2 à 2 cent. de long; hampe forte, rameuse, de 45 à 60 cent. de long. *Flles* de douze à vingt, en rosette dense; les extérieures récurvées, lancéolées, de 45 à 60 cent. de long et 10 à 15 cent. de large, glauques, obscurément striées et maculées, de 8 à 10 mm. d'épaisseur; bords teintés rouge ou blanc. Tige de 30 à 60 cent. de long et 8 à 10 cent. de diamètre chez les spécimens âgés. Cap. Syn. *A. Hamburyana*, Naud.; *A. paniculata*, Jacq. et *A. striata*. Haw.

A. arachnoidea, Mill. — V. *Haworthia arachnoides*, Haw.

A. arborescens, Miller. * *Fl.* à périanthe rouge, de 3 1/2 à 4 cent. 1/2 de long, réunies en grappe dense, d'environ 30 cent. de long; pédicelles ascendants, de 3 à 3 cent. 1/2 de long; hampe forte, de 45 cent. de long, simple ou rameuse. *Flles* en rosette, de 1 m. à 1 m. 30 de diamètre, compactes, agrégées, ensiformes, acuminées, vertes, presque glauques, sans macules ni stries, de 45 à 60 cent. de long, 5 cent. de large et 12 à 15 mm. d'épaisseur à la base, graduellement atténuées de ce point jusqu'au sommet; face supérieure canaliculée au-dessus de la base; épines marginales rapprochées, de 4 mm. de long, cornées. Tige simple, atteignant à la fin 3 à 4 m. de haut. et 5 à 8 cent. de diamètre. Cap, 1700. (B. M. 1306.)

A. a. frutescens, Salm. Dyck. Plante plus naine *Flles* lâches et plus courtes, fortement glauques; hampe simple. Tige grêle, quelquefois rameuse.

A. aristata, Haw. *Fl.* à périanthe rouge, de 3 1/2 à 4 cent. de long, réunies en grappe simple, lâche, de 10 à 15 cent. de long et environ 10 cent. de large; pédicelles sub-étalés, de 3 1/2 à 4 cent. 1/2 de long; hampe simple, de 30 cent. de long. *Flles*, environ cinquante, en rosette dense, ascendantes, lancéolées de 8 à 10 cent. de long et 1 1/2 à 2 cent. de large, sans macules ni stries; face supérieure plane, faiblement tuberculeuse; de 4 mm. d'épaisseur au milieu, assez fortement tuberculeuses sur le dos et pourvues au sommet d'une arête pellucide; épines marginales diffuses, blanches, de 2 mm. de long. Cap, 1824. Syn. *A. longiaristata*, Rœm. et Schultes.

A. Bainesii, Dyer. * *Fl.* à périanthe de 3 1/2 à 4 cent. 1/2 de long, rouge jaunâtre, réunies en grappe simple, dense, oblongue, de 9 à 10 cent. de diamètre pendant la floraison; pédicelles épais, de 2 1/2 à 5 mm. de long; hampe forte, dressée, de 2 cent. de diamètre. *Flles* en groupe dense au sommet des rameaux, ensiformes, de 30 à 45 cent. de long et 5 à 8 cent de large, vertes, maculées, profondément canaliculées, récurvées, de 5 à 8 mm. d'épaisseur au milieu; épines marginales pâles, assez espacées, de 2 1/2 à 4 mm. de long. Plante arborescente, rameuse. *Haut.* 12 à 15 m.; tronc de 1 m. 30 à 1 m. 50 de diamètre. Cap, 1870. (B. M. 6848.) Syns. *A. Barberæ*, Dyer et *A. Zeyheri*, Hort. (G. C. 1874, p. 568, fig. 119-120.)

A. barbadensis, Mill. Syn. de *A. vera*, Linn.

A. Barberæ, Dyer. Syn. de *A. Bainesii*, Dyer.

A. brevifolia, Miller. * *Fl.* à périanthe rouge, de 3 1/2 à 4 cent. 1/2 de long, réunies en grappe dense, de 15 cent. de long, et 6 à 8 cent. de large; pédicelles dressés, de 1 1/2 à 3 cent. de long; hampe simple, ayant à peine 30 cent. de long. *Flles*, trente à quarante, en rosette dense, lancéolées, de 8 à 10 cent. de long et 2 cent. 1/2 de large à la base, glauques, sans macules ni stries; face inerme; base renflée ou plane; de 8 à 10 mm. d'épaisseur au milieu; convexes et faiblement tuberculeuses sur le dos; épines marginales blanchâtres de 2 1/2 à 4 mm. de long. Tige courte, simple. Syn. *A. prolifera*, Haw., Cap. (B. R. 996.)

A. b. depressa, Haw. *Fl.* un peu plus grandes; hampe de 45 à 60 cent. de long. *Flles* de 15 cent. de long et 4 à 5 cent. de large à la base; face supérieure faiblement tuberculeuse.

A. cœsia, Salm. Dyck. * *Fl.* à périanthe rouge, de 3 1/2 à 4 cent. de long; en grappe dense, de presque 30 cent. de long et 5 à 8 cent. de large; pédicelles de 3 à 3 cent. 1/2 de long; hampe simple de 15 cent. de haut. *Flles* presque denses, lancéolées, acuminées, de 30 à 45 cent. de long, et 5 à 8 cent. de large à la base, très glauques, sans macules ni stries, légèrement canaliculées dans leur partie supérieure; de 8 à 10 cent. d'épaisseur au milieu; épines marginales rouges, de 2 1/2 à 4 mm. de long. Tige simple, atteignant, 3 à 4 m. de haut chez de vieux spécimens. Cap, 1815.

A. Candollei, Baker. Simple forme de l'*A. humilis*, Miller.

A. chinensis, Baker. *Fl.* à périanthe jaune, de 2 cent. 1/2 de long, en grappe lâche, simple, de 15 à 20 cent. de long et 5 cent. de large; pédicelles de 4 à 5 mm. de long; hampe simple, de 15 à 30 cent. de long. *Flles*, quinze à vingt, en rosette dense, ensiformes, de 22 à 30 cent. de long et 4 cent. de large à la base, vert tendre, non striées; base presque plane; de 8 à 10 mm. d'épaisseur au milieu; face supérieure canaliculée; épines marginales espacées, pâles, de 2 1/2 à 4 mm. de long. Tige courte, simple. Chine, 1817. (B. M. 6301.)

A. ciliaris, Haw. * *Fl.* à périanthe rouge brillant, de 3 à 3 cent. 1/2 de long, en grappe simple, lâche, de 5 à 10 cent. de long; pédicelles de 8 à 10 mm. de long; hampe grêle, simple. *Flles* linéaires, très étalées, amplexicaules, vertes, de 10 à 15 cent. de long et 1 1/2 à 2 cent. de large à la base, graduellement rétrécies jusqu'au sommet, sans macules ni stries; de 2 mm. 1/2 d'épaisseur au milieu; épines marginales menues, blanches: tiges longues, sarmenteuses, à rameaux de 8 à 10 mm. de diamètre: entre-nœuds de 1 1/2 à 3 cent. de long, obscurément striés de vert. Cap, 1826.

A. Commelyni, Willd. Simple forme de l'*A. mitræformis*, Miller.

A. Consobrina, Salm. Dyck. *Fl.* à périanthe rouge jaunâtre, de 3 à 3 cent. 1/2 de long, en grappe presque lâche, oblongue, cylindrique, de 8 à 10 cent. de long et 5 cent. de large; pédicelles de 8 à 10 mm. de long; hampe de 45 cent. de long, grêle, rameuse. *Flles* lâches, ensiformes, de 15 à 20 cent. de long et 2 cent. 1/2 de large, vertes, maculées de blanc, canaliculées, de 8 mm. d'épaisseur au milieu; épines marginales menues, brunâtres; rosettes de 25 à 30 cent. (quelquefois 60 cent.) de diamètre: feuilles supérieures ascendantes, les médianes étalées, les extérieures réfléchies. Tige simple, de 60 cent. de haut et de 2 cent. 1/2 de diamètre. Afrique du Sud, 1845.

A. Cooperi, Baker. * *Fl.* à périanthe de 3 1/2 à 4 cent. 1/2 de long, en grappe compacte, de 8 à 15 cent. de long et 8 à 10 cent. de large; pédicelles inférieurs de 2 1/2 à 5 cent. de long; hampe simple, de 45 à 60 cent. de long. *Flles* de 20 à 25 cent. de long à l'état adulte, distiques, falciformes, striées; les extérieures de 45 à 60 cent. de long et 1 1/2 à 2 cent. de large au-dessus de la base; verdâtres, profondément canaliculées, faiblement maculées, de 4 à 5 mm. d'épaisseur au milieu; épines marginales menues, rapprochées, blanches. Plante acaule. Natal, 1862. Syn. *A. Schmidtiana*, Regel. (R. G. 1879, 970; B. M. 6377.)

A. dichotoma, Linn. f. ' *Fl.* à périanthe oblong, de 25 à 30 mm. de long, en grappe lâche, de 5 à 8 cent. de long, et 5 cent. de large; pédicelles de 8 à 10 mm. de long; hampe forte, rameuse. *Flles* groupées au sommet des rameaux, lancéolées, de 20 à 30 cent. de long et 3 à

Fig. 121. — Aloe dichotoma. (*Rev. Hort.*)

3 cent. 1/2 de large à la base, glauques, sans macules ni stries, légèrement canaliculées au-dessus de la base, de 8 à 10 mm. d'épaisseur au milieu, étroitement bordées de blanc; épines marginales menues, pâles. Plante arborescente, rameuse. *Haut.* 7 à 10 m.: tronc court, ayant quelquefois 1 m. à 1 m. 20 de diamètre. Cap, 1781. Syn. *Rhipidodendron dichotomum*, Willd. (G. C. 1875, p. 712, f. 137; 1874, p. 567, f. 118-121.)

A. distans. Haw. ' *Fl.* à périanthe de 3 1/2 à 4 cent. 1/2 de long, en grappe capitée, compacte, de 8 à 10 cent. de diamètre; pédicelles inférieurs de 3 à 3 cent. 1/2 de long; hampe de 15 cent. de long; habituellement simple. *Flles* ascendantes, lâches, ovales-lancéolées, de 8 à 12 cent. de long et 4 à 5 cent. de large, vertes, légèrement glauques, sans macules ni stries; face supérieure concave; de 8 à 10 mm. d'épaisseur au milieu; faiblement tuberculeuses sur le dos; épines marginales rapprochées, blanches, cornées, de 2 1/2 à 5 mm. de long. Tige courte, simple, de 2 cent. 1/2 de diamètre; entre-nœuds pâles, striés de vert. Cap, 1732. (B. M. 1362, sous le nom de *A. mitræformis* var. *brevifolia*, Sims.)

A. ferox, Miller. *Fl.* à périanthe violacé, de 2 cent. 1/2 de long, en épi allongé, dense; pédicelles très courts, accompagnés de bractées de 8 mm. de long; hampe simple ou rameuse, un peu comprimée, irrégulièrement cannelée, de 60 cent. de haut. *Flles* nombreuses, éparses ou en spirale, grandes, agrégées, de 45 à 60 cent. de long et 10 à 12 cent. de large, ovales-lancéolées, aiguës, concaves à la base, de 12 à 15 mm. d'épaisseur au milieu, vert glauque-obscur, sans macules ni stries, muriquées-épineuses sur le dos; épines marginales deltoïdes, cuspidées, cornées, rougeâtres. Tige ligneuse, de 3 à 4 m. de haut et 10 à 15 cent. de diamètre. Cap, 1759. (B. M. 1975.)

A. glauca, Miller. *Fl.* à périanthe rouge pâle, de 3 1/2 à 4 cent. de long, en grappe simple, de 30 à 45 cent. de long et 9 à 10 cent. de large; pédicelles de 2 1/2 à 4 cent. de long. *Flles*, trente à quarante, en rosette dense, lancéolées, de 15 à 20 cent. de long et 4 à 5 cent. de large à la base, graduellement rétrécies jusqu'au sommet, fortement glauques, sans macules, obscurément striées, de 8 à 10 mm. d'épaisseur au milieu; face supérieure légèrement concave à la base; tuberculeuses sur le dos; épines marginales étalées, brunâtres, de 2 1/2 à 4 mm. de long. Tige simple, ayant à la fin 30 cent. de long et 4 à 5 cent. de diamètre. Cap. 1731. (B. M. 1278 sous le nom de *A. rhodocantha*, DC.)

A. gracilis, Haw. *Fl.* à périanthe jaune, droit, de 3 1/2 à 4 cent. de long, en grappe très compacte, simple, de 5 à 8 cent. de long; pédicelles de 8 à 10 mm. de long; hampe simple, de 15 à 20 cent. de long, à deux angles de la base. *Flles* lâches, étalées, de 15 à 25 cent. de long et 2 1/2 à 3 cent. de large à la base, ensiformes, acuminées, glauques, sans macules ni stries, face supérieure légèrement canaliculée; arrondies sur le dos; épines marginales rapprochées, menues. Tige feuillue, simple. Cap, 1822.

A. granata, Rœm. et Schult. — V. *Haworthia granata*, Haw.

A. Greenii. Baker. ' *Fl.* à périanthe rouge pâle, d'environ 3 cent. 1/2 de long, en grappe oblongue, de 10 à 20 cent. de long et 8 cent. de diamètre: pédicelles inférieurs de 12 à 15 mm. de long. *Flles* en rosette dense, lancéolées, de 35 à 45 cent. de long et 6 à 8 cent. de large à la base, graduellement rétrécies depuis le milieu jusqu'au sommet, de 8 à 10 mm. d'épaisseur au milieu; face plane, vert brillant, obscurément striée et maculée de blanc; épines marginales étalées, de 4 à 5 mm. de long, cornées. Tige courte, simple, de 4 cent. de diamètre. Afrique du Sud, 1875.

A. Hanburyana, Naud. Syn. de *A. albocincta*, Haw.

A. heteracantha, Baker. *Fl.* rouge corail vif, de 4 cent. de long, en épi dense, allongé; hampe rameuse. *Flles* en rosette, lancéolées, acuminées, de 15 à 30 cent. de long et 4 à 6 cent. de large à la base, inermes ou pourvues de quelques dents sur les bords et de deux lignes proéminentes sur la face supérieure. Origine inconnue, 1886. (B. M. 6863.)

A. Hildebrandtii, Baker. *Fl.* à périanthe cylindrique, de moins de 2 cent. 1/2 de long, segments extérieurs rouges, les intérieurs jaune rougeâtre, à carène verte; panicule lâche, de 45 cent. de long; hampe courte, comprimée. *Flles* lâches, étalées, lancéolées, de 15 à 25 cent. de long et 4 à 5 cent. de large à la base, où elles sont embrassantes, graduellement rétrécies en pointe acuminée, arrondies sur le dos et à bords dentés. Tige simple, dressée, de 45 à 60 cent. de haut. Afrique tropicale et orientale, 1882. (B. M. 6981.)

A. humilis, Miller. ' *Fl.* à périanthe rouge brillant, de 4 cent. 1/2 de long, en grappe lâche, simple, de 15 cent. de long et 5 à 6 cent. de large; pédicelles de 2 à 3 cent. de long; hampe d'environ 30 cent. *Flles*, trente à quarante, en rosette dense, ascendantes, lancéolées, acuminées, de 8 à 10 cent. de long et 1 1/2 à 2 cent. de large, vert glauque, obscurément striées; face concave dans sa partie supérieure, faiblement tuberculeuse, de 8 mm. d'épaisseur au milieu; dos convexe; épines marginales pâles, de 2 mm. 1/2 de long. Plante acaule. Cap, 1731.

A. h. acuminata, Haw. *Flles* ovales-lancéolées, de 10 à 12 cent. de long et 3 1/2 à 4 cent. 1/2 de large; épines marginales pâles, deux par deux, de 1 mm. 1/2 de long. Les *A. incurva*, Haw.; *A. suberecta*, Haw.; *A subtuberculata*, Haw.; *A. Candollei*, Baker; *A. macilenta*, Baker, ne sont que de simples formes de l'espèce précédente. (B. M. 757 et 828 sous le nom de l'*A. humilis*, Ker.)

A. incurva, Haw. Simple forme de l'*A. humilis*, Miller.

A. insignis, Hort. *Fl.* nombreuses, en grappe; périanthe blanchâtre, strié de vert au sommet, droit, de 3 1/2 à 4 cent. de long; étamines exertes; hampe de 45 à 50 cent. de long, couverte de bractées blanchâtres. *Flles*, trente à quarante, ascendantes, souvent incurvées et légèrement falciformes, vert glauque, de 18 à 27 cent. de long, et 2 1/2 à 4 cent. de large à la base, rétrécies en pointe fine, convexes sur le dos et couvertes de pointes tuberculeuses. Tige d'environ 8 cent. de haut. 1885. Hybride. (G. C. n. s. XXIV, p. 41.)

A. latifolia, Haw. * *Fl.* à périanthe écarlate orangé brillant, de 3 1/2 à 4 cent. 1/2 de long, en grappe dense, terminale, corymbiforme, de 10 à 12 cent. de long et de large; pédicelles inférieurs de 4 à 5 cent. de long: hampe robuste, de 60 cent. de haut. *Flles*, douze à vingt, en rosette dense, ovales-lancéolées, de 15 cent. de long et 7 à 9 cent. de large à la base, graduellement rétrécies en dessous du milieu, vertes, non striées, mais assez fortement maculées de blanc, de 8 à 10 mm. d'épaisseur au milieu; épines marginales de 4 à 5 mm. de long, cornées, brunâtres. Tige simple, atteignant à la fin 30 à 60 cent. de long et 5 cent. de diamètre. Cap. 1795. (B. M. 1346, sous le nom de *A. saponaria* var. *latifolia*, Haw.)

A. lineata, Haw. * *Fl.* à périanthe rouge, de 3 1/2 à 4 cent. 1/2 de long, en grappe dense, de 15 cent. de long; pédicelles à peine perpendiculaires, de 3 1/2 à 4 cent. 1/2 de long; hampe simple, de 30 cent. de haut. *Flles* en rosette dense, lancéolées, de 15 cent. de long et 5 cent. de large à la base, graduellement rétrécies depuis ce point jusqu'au sommet, vert pâle, sans macules, striées, de 8 mm. d'épaisseur au milieu, canaliculées sur les deux faces dans leur partie supérieure, inermes; épines marginales nombreuses, rouges, de 4 à 5 mm. de long. Tige atteignant à la fin 15 à 30 cent. de long, simple, de 60 cent. de diamètre. Cap, 1789.

A. longiaristata, Rœm. et Schult. Syn. de *A. aristata*, Haw.

A. longiflora, Baker. *Fl.* à périanthe cylindrique, de 4 cent. de long, jaune pâle, à pointes vertes; étamines exertes; anthères petites, rouges; grappe, simple, dense, de 15 à 20 cent. de long; bractées ovales, scarieuses, de 6 mm. de long, pédicelles à peu près de même longueur. *Flles* en rosette lâche, de 35 à 45 cent. de long et 4 cent. de large, graduellement rétrécies, vert brillant; épines marginales nombreuses, vertes. Plante forte, à tige simple. (G. C. 1888, V. 4, p. 756.)

A. macilenta, Baker. Simple forme de l'*A. humilis*, Mill.

A macracantha, Baker. *Fl.* inconnues. *Flles*, quinze à vingt, en rosette dense, lancéolées, de 35 à 50 cent. de long et 8 à 10 cent. de large à la base, légèrement rétrécies depuis le milieu jusqu'au sommet, de 1 cent. d'épaisseur au milieu; face supérieure plane, verte, obscurément striée, maculée; épines marginales cornées, de 8 à 10 mm. de long. Tige simple, de 60 cent. à 1 m. de long et 4 à 5 cent. de large. Afrique du Sud, 1862.

A. macrocarpa, Todaro. * *Fl.* à périanthe claviforme, rouge brillant, de 3 1/2 à 4 cent. de long, en grappe lâche, terminale, de 15 cent. de long et 6 à 8 cent. de large; pédicelles inférieurs de 12 mm. de long; hampe de 60 cent. de haut. *Flles*, douze à vingt, en rosette dense, ovales-lancéolées, de moins de 30 cent. de long et 8 à 10 cent. de large à la base, canaliculées au sommet, de 8 à 10 mm. d'épaisseur au milieu, vertes, assez fortement maculées, épines marginales étalées, de 1 mm. 1/2 de long. Tige courte, simple. Abyssinie, 1870.

A. maculata, Forsk. Syn. de *A. abyssinica*, Lamk.

A. margaritifera, Miller. — V. *Haworthia margaritifera*, Haw.

A. Monteiroi, Baker. Espèce distincte, voisine de l'*A. obscura*. Mill, à feuilles plus longues et plus canaliculées; fleurs d'une teinte plus sombre. Baie de Delagoa, 1889. (G. C. 1889, V. 6, p. 523.)

A. mitræformis. Miller. * *Fl.* à périanthe rouge brillant, de 4 1/2 à 5 cent. de long, en grappe dense, corymbiforme, de 10 à 15 cent. de long et presque autant de diamètre; pédicelles ascendants, les inférieurs 3 1/2 à 4 cent. 1/2 de long; hampes fortes, de 45 cent. de haut, quelquefois rameuses. *Flles* presque lâches, ascendantes, lancéolées, d'environ 30 cent. de long et 5 à 8 cent. de large, vertes, légèrement glauques, sans macules ni stries; face supérieure concave, de 8 à 10 mm. d'épaisseur au milieu: convexes sur le dos et faiblement tuberculeuses, terminées par une épine cornée, vulnérante; épines marginales assez rapprochées, pâles, de 2 1/2 à 4 mm. de long. Tige simple, atteignant à la fin 1 m. à 1 m. 30 de long et 2 1/2 à 5 cent. de diamètre. (B. M. 1270 et 1362.)

A. m. flavispina, Haw. Diffère du type par ses feuilles plus étroites et plus lancéolées, et par ses épines marginales jaunes. Les *A. Commelyni*, Willd.; *A. spinulosa*, Salm. Dyck; *A. pachyphylla*, Baker, et *A. xanthacantha*, Willd, sont aussi des formes de cette espèce.

A. myriacantha, Rœm. et Schult. *Fl.* à périanthe rouge pâle, de 2 à 2 cent. 1/2 de long, en grappes denses, capitées, de 5 cent. de large; pédicelles de 1 à 1 cent. 1/2 de long; hampes grêles, simples, de 30 cent. de haut. *Flles* dix à douze, linéaires, falciformes, de 12 à 15 cent. de long, et 10 à 12 mm. de large, vertes, glauques; face supérieure profondément canaliculée; convexes sur le dos et maculées de blanc; épines marginales nombreuses, blanches. Plante acaule. Cap, 1823.

A. nobilis, Haw.* *Fl.* à périanthe rouge, de 3 1/2 à 4 cent. 1/2 de long, en grappe dense, de 15 cent. ou plus de long et 10 cent. de large; pédicelles inférieurs de 4 à 5 cent. de long; hampe simple, de 45 cent. de haut. *Flles* presque lâches, lancéolées, de 20 à 30 cent. de long et 5 1/2 à 10 cent. de large; face supérieure verte, sans macules ni stries; concaves au dessus de la base, de 8 à 10 mm. d'épaisseur au milieu, presque vulnérantes au sommet, épineuses sur le dos dans leur partie supérieure; épines marginales assez rapprochées, de 4 à 5 mm. de long, cornées. Tige simple, atteignant à la fin 1 m. à 1 m. 30 de haut et 4 à 5 cent. de diamètre. Cap, 1800.

A. pachyphylla, Baker. Simple forme de l'*A. mitræformis*, Miller.

A. paniculata, Jacq. Syn. de *A. albocincta*, Haw.

A. Perryi, Baker. * *Fl.* à périanthe verdâtre, de 2 à 2 cent. 1/2 de long, en grappe dense, de 8 à 10 cent. de long, pédicelles de 8 à 10 mm. de long; inflorescence de 45 cent. de long, habituellement à deux glomérules. *Flles* en rosette, lancéolées, de 18 à 20 cent. de long et 6 cent. de large, rétrécies d'en dessous du milieu jusqu'au sommet, vert glauque pâle, sans macules, obscurément striées, canaliculées au-dessus de la base, de 8 à 10 mm. d'épaisseur au milieu, épines marginales rapprochées, cornées, de 2 mm. 1/2 de long. Tige simple, de 2 cent. 1/2 de diamètre. Socotra, 1879.

A. penduliflora, Baker. *Fl.* jaune pâle, en grappe dense, redressée au sommet de la hampe qui est pendante. *Flles* lâches, atténuées, vert pâle, planes en dessus; épines marginales petites. Espèce distincte et remarquable par sa hampe pendante, naissant à l'aisselle des feuilles. Zanzibar 1888. (G. C. 1888, V. 4, p. 178.)

A. pratensis, Baker. *Fl.* à périanthe rouge à pointes vertes, cylindrique, de 3 cent. de long, à segments lancéolés, soudés seulement à la base; pédicelles ascendants; grappe dense, cylindrique, de 15 à 30 cent. de long; hampe forte, simple, de 30 cent. ou plus de haut, pourvue de nombreuses bractées stériles. *Flles*, soixante à quatre-vingts, en rosette dense, oblongues, lancéolées, acuminées; les extérieures de 12 à 15 cent. de long, les intérieures plus petites, de 4 cent. de large à la base, bordées d'épines rouge brun. Plante acaule. Cap, 1878. (B. M. 6705.)

A. prolifera, Haw. Syn. de *A. brevifolia*, Miller.

A. purpurascens, Haw. *Fl.* à périanthe rougeâtre, de 3 à 3 cent. 1/2 de long, en grappe dense, de 15 à 20 cent. de long et environ 8 cent. de diamètre; pédicelles de 2 à 3 cent. de long; hampe forte, simple, de 45 à 60 cent. de haut. *Flles*, douze à vingt, en rosette dense, de 30 à 45 cent. de long, ensiformes, de 5 cent. de large à la base, graduellement rétrécies jusqu'au sommet, vertes, à base plane, ayant 8 mm. d'épaisseur au milieu, légèrement canaliculées dans leur partie supérieure, quelquefois maculées; épines marginales petites, blanches. Tige de 60 cent. à 1 m. de haut, quelquefois fourchue. Cap, 1789. (B. M. 1471, sous le nom de *A. soccotrina* var. *purpurascens*, Gawl.)

A. rhodocincta, Hort. Probablement une forme de l'*A. albocincta*, Haw.

A. retusa, Linn. — V. *Haworthia retusa*, Haw.

A. saponaria, Haw. *Fl.* à périanthe rouge brillant, de 4 1/2 à 5 cent. de long, en grappe dense, corymbiforme, de 8 à 10 cent. de long et de large; pédicelles inférieurs de 4 à 5 cent. de long; hampe de 30 à 60 cent. de haut, simple ou faiblement rameuse. *Flles*, douze à vingt, en rosette dense, lancéolées, de 20 à 30 cent. de long et 4 1/2 à 6 cent. de large, rétrécies d'en dessous du milieu jusqu'au sommet; de 8 à 10 mm. d'épaisseur au milieu; face supérieure plane à la base; dos renflé, vert, fortement maculé et distinctement strié; épines marginales confluentes, cornées, de 4 à 5 mm. de long. Tige courte, simple, de 4 à 5 cent. de diamètre. Cap, 1727. (B. M. 1460, var. *minor*, Sims.)

A. Schimperi, Toddao. * *Fl.* à périanthe rouge vif, de 4 1/2 à 5 cent. de long, grappes corymbiformes, denses, de 10 cent. de diamètre; pédicelles de 3 à 3 cent. 1/2 de long; hampe forte, de 1 m. de haut, fortement rameuse dans sa partie supérieure. *Flles*, vingt, en rosette dense, oblongues-lancéolées, d'environ 30 cent. de long et 10 cent. de large, vert glauque, striées, quelquefois maculées, de 8 à 10 mm. d'épaisseur au milieu, canaliculées en dessus; épines marginales menues, étalées. Tige courte, simple. Abyssinie, 1876.

A. Schmidtiana, Regel. Syn. de *A. Cooperi*, Baker.

A. serra, DC. *Fl.* à périanthe rouge, de 4 cent. 1/2 de long, en grappe simple, dense, de 15 cent. ou plus de long et 8 à 10 cent. de large; pédicelles de 1 1/2 à 3 cent. de long; hampe simple, de 45 à 60 cent. de haut. *Flles*, trente à quarante, en rosette dense, lancéolées, de 8 à 12 cent. de long et 3 à 4 cent. 1/2 de large à la base, sans macules ni stries, à base renflée, concaves vers le sommet, de 8 à 10 mm. d'épaisseur au milieu, faiblement tuberculeuses; épines marginales rapprochées, de 2 1/2 à 4 mm. de long. Plante à tige courte. Cap, 1818.

A. serratula, Haw. * *Fl.* à périanthe rouge, de 3 1/2 à 4 cent. 1/2 de long; grappe simple, dense, de 15 cent. de long; pédicelles de 1 1/2 à 2 cent. de long; hampe simple, d'environ 30 cent. de long. *Flles* douze à vingt, en rosette dense, lancéolées, de 15 à 20 cent. de long et 4 à 4 cent. 1/2 de large à la base, vert pâle; face supérieure plane ou légèrement concave en dessous du sommet, maculée, obscurément striée; bords finement denticulés. Tige simple, atteignant à la fin 30 à 60 cent. de haut et 4 à 5 cent. de diamètre. Cap, 1789. (B. M. 1415.)

A. spinulosa, Salm-Dyck. Simple forme de l'*A. mitræformis*, Miller.

A. striata, Haw. Syn. de *A. albocincta*, Haw.

A. striatula, Haw. * *Fl.* à périanthe jaune, de 3 à 3 cent. 1/2 de long, en grappe oblongue, assez dense, simple, de 8 à 15 cent. de long et 5 cent. de diamètre; pédicelles courts; hampe simple, de presque 30 cent. de haut. *Flles* linéaires, étalées, vertes, de 15 à 20 cent. de long; base non dilatée, de 1 1/2 à 2 cent. de large, rétrécies au-dessus de la base, légèrement canaliculées, de 2 mm. 1/2 d'épaisseur au milieu; épines marginales deltoïdes. Tige longue, sarmenteuse; branches florales de 8 à 12 mm. de diamètre; à entrenœuds de 15 à 30 de long. Cap, 1823.

A. suberecta, Haw. Simple forme de l'*A. humilis*, Miller.

A. subtuberculata, Haw. Simple forme de l'*A. humilis*, Miller.

A. succotrina, Lamk. * *Fl.* à périanthe rougeâtre, de 3 cent. 1/2 de long, en grappe dense, d'environ 30 cent. de long et 6 à 8 cent. de large; pédicelles inférieurs de 2 1/2 à 3 cent. de long; hampes simples, de 45 cent. de haut. *Flles*, trente à quarante, en rosette dense, ensiformes, acuminées, falciformes, de 45 à 60 cent. de long, de 5 cent. de diamètre à la base et 2 cent. 1/2 au milieu, vertes, légèrement glauques, quelquefois maculées, légèrement canaliculées dans leur partie supérieure; épines marginales pâles, de 2 mm. 1/2 de long. Tige de 1 m. à

Fig. 122. — ALOE SUCCOTRINA.

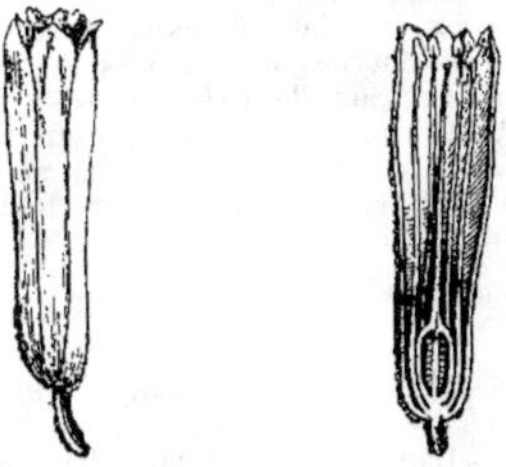

Fig. 123. — ALOE SUCCOTRINA.
Fleur détachée et coupe longitud.

1 m. 50 de haut, souvent fourchue. Ile de Socotra, 1731. (L. E. M. I, 85; B. M. 472 sous le nom de *A. perfoliata*, var. *succotrina*, Curt.)

A. tenuior, Haw. *Fl.* à périanthe jaune pâle, de 12 à 15 mm. de long, en grappes un peu lâches, simples, oblongues, de 30 cent. de long et 5 cent. de large; pédicelles de 8 à 10 mm. de long; hampe grêle, simple, de 10 à 20 cent. de haut. *Flles* lâches, linéaires, de 12 à 20 cent. de long, graduellement rétrécies depuis le milieu jusqu'au sommet, vertes, sans macules, légèrement canaliculées, de 2 mm. 1/2 d'épaisseur au milieu; épines marginales menues, pâles. Tige longue, sarmenteuse. Cap, 1821.

A. tricolor, Baker. ' *Fl.* à périante rouge corail, charnu, en grappe lâche, oblongue, de 8 à 10 cent. de long et 5 cent. de large; pédicelles ascendants, de 8 à 10 mm. de long; hampe de 45 cent. de long, pourpre-glauque; panicule deltoïde. *Flles*, douze à seize, en rosette compacte; lancéolées, de 12 à 15 cent. de long et 4 à 5 cent. de large à la base, graduellement rétrécies, arrondies sur le dos; face supérieure renflée, assez fortement maculée, non striée; épines marginales rapprochées, étalées, d'environ 2 mm. de long. Tige courte, simple. Afrique du Sud, 1875. (B. M. 6324.)

A. variegata, Linn. **Fl.* à périanthe rougeâtre, de 3 1/2 à 4 cent. 1/2 de long, en grappe simple, lâche, de 8 à 10 cent. de long et environ 8 cent. de large; pédicelles de 8 à 10 mm. de long; hampe simple, fusiforme, de 15 à 20 cent. de long. *Flles* compactes, dressées, puis étalées, lancéolées, de 10 à 12 cent. de long et 2 cent. 1/2 de large; face supérieure concave; dos caréné, vert gai; assez fortement maculées de gris sur les deux faces; bords blanchâtres, denticulés. Cap. 1700. (B. M. 513.)

A. vera, Linn. *Fl.* à périanthe jaune, cylindrique, de 18 à 25 mm. de long, en grappe dense, de 15 à 30 cent. de long; hampe forte, de 50 cent. à 1 m. de long, simple ou rameuse. *Flles* ensiformes, denses, agrégées, de 5 à 10 cent. de large, rétrécies depuis la base jusqu'au sommet, vert pâle, d'environ 12 mm. d'épaisseur au milieu, face supérieure canaliculée au-dessus de la base; épines marginales sub-distantes, deltoïdes, cornées. Tige ayant rarement plus de 30 à 60 cent. de haut. Cap, 1596. (R. G. 1888, 293; L. E. M. 1, 186.) Syns. *A. barbadensis*, Mill.; *A. vulgaris*. Linn. (S. F. G. 341.)

A. viscosa Linn. — V. *Haworthia, viscosa*, Haw.

A. vulgaris, DC. Syn. de *A. vera*, Linn.

A. volubilis. — *Fl.* peu nombreuses, pédicellées; périanthe persistant, à six divisions égales, vertes, lancéolées, de 6 mill. de long, à la fin réfléchies. Octobre. La plante ne développe quelquefois pas de feuilles pendant plusieurs années, mais les inflorescences vertes, charnues et fréquemment stériles en remplissent les fonctions. Souche bulbeuse. Sud de l'Afrique, 1866. Syn. *Bowiea volubilis*. Plante très intéressante, presque rustique. On peut la planter au pied d'un mur exposé au midi en la couvrant de litière pendant l'hiver; toutefois, il est plus prudent de l'hiverner en serre.

A. xanthacantha, Will. Simple forme de *A. mitræformis*, Miller.

A. Zeyheri, Hort. Syn. de *A. Bainesii*. Dyer.

ALOÈS. — Dans le langage vulgaire, on donne ce nom aux différentes espèces d'*Agave* et d'*Aloe*.

Le produit végétal de ce nom, si employé en médecine, s'obtient par l'évaporation ou par la dessiccation de la sève contenue dans les feuilles de plusieurs espèces d'*Aloe*, notamment les *A. spicata*, *A. succotrina* et *A. vera*. (S. M.)

ALOMIA, Humb. Bonpl. et Kunth. (de *a*, privatif. et *loma*, frange). Fam. *Composées*. — Genre renfermant environ dix espèces de plantes toujours vertes, demi-rustiques, originaires du Mexique, du Brésil, etc. L'espèce ci-dessous se plait en terre franche légère. Multiplication par boutures.

A. ageratoides, Humb. et Bonpl. *Fl.* en capitules blancs, pluriflores; involucre campanulé, à écailles étroites, aiguës, imbriquées; réceptacle nu, convexe. Juillet. *Flles* opposées, ou les supérieures alternes, pétiolées, denticulées. *Haut.* 45 cent. Nouvelle-Espagne, 1824.

ALONA, Lindl. (nom primitif *Nolana*; transposition des lettres; de *nola*, petite cloche; allusion à la forme des fleurs). Fam. *Nolanées*. — Genre renfermant environ six espèces originaires du Chili. Ce sont de jolis arbustes toujours verts, voisins des *Nolana*, dont ils diffèrent par leurs ovaires à une-six loges, tandis que ceux des *Nolana* en ont quatre. Feuilles fasciculées; tiges ligneuses. Il leur faut la serre tempérée et un mélange de terre de bruyère et de terre franche. Multiplication par boutures qui s'enracinent facilement plantées en terre franche sableuse, et sur une douce chaleur de fond.

A. cœlestis, Lindl. ' *Fl.* bleu pâle, très grandes, axillaires, solitaires, à pédoncules allongés. Juillet. *Flles* arrondies, fasciculées. Plante presque glabre. *Haut.* 60 cent. Chili, 1843. Cette jolie plante est des plus recommandables pour la culture en plein air pendant l'été. (B. R. 16; P. M. B. 12, 3; F. d. S. 1, 28.)

ALONSOA, Ruiz. et Pav. (en l'honneur de Z. Alonso, ex-secrétaire espagnol à Santa-Fé-de-Bogota). Comprend les *Hemimeris*, Humb., Bonpl. et Kunth. Fam. *Scrophularinées*. — Genre renfermant quelques espèces originaires des Andes du Pérou et du Mexique. Ce sont de jolis petits arbrisseaux demi-rustiques ou des plantes herbacées, vivaces ou annuelles, à fleurs en grappes axillaires et terminales; calice à cinq divisions; corolle irrégulière, renversée par suite de la torsion du pédoncule; limbe rotacé, à cinq lobes inégaux formant à la base une sorte de fossette nectarifère. Feuilles opposées ou verticillées par trois. Les *Alonzoa* poussent vigoureusement en terre légère et riche. Multiplication par boutures faites en mars ou en août, à chaud et en terre légère, ainsi que par graines que l'on sème en mars. Les espèces herbacées se traitent comme des plantes annuelles; on les sème sur couche, en mars-avril et on les plante en pleine terre à la fin de mai.

A. albiflora, — ' *Fl.* blanc pur, à œil jaune, en longs épis terminaux. *Haut.* 45 à 60 cent. Mexique, 1877. Cette espèce est recommandable pour la culture en pots; ces potées sont très utiles pour les garnitures temporaires, car la floraison se prolonge pendant l'automne et l'hiver.

A. caulialata, Ruiz. et Pav. *Fl.* écarlates, en grappes. Juin. *Flles*. ovales-aiguës, dentées. Tige et rameaux quadrangulaires, ailés. *Haut.* 30 cent. Pérou, 1823. Plante herbacée, demi-rustique.

A. incisifolia. Ruiz et Pav. ' *Fl.* écarlates, en grappes lâches, terminales, pédicelles axillaires, de 1 à 2 cent. de long, pubescents, alternes. Mai à octobre. *Flles* opposées, ovales-aiguës, profondément dentées ou serrulées. *Haut.* 30 à 60 cent. Chili, 1795. Sous-arbrisseau très rameux, buissonnant, herbacé ou sublignenx à la base, de pleine terre dans la belle saison. Annuel et vivace en serre. (A. V. F. 20.) Syn. *Hemimeris urticæfolia*. Willd.

A. linearis, Ait. *Fl.* écarlates, plus foncées au centre et que celles de la plupart des autres espèces. Mai à octobre. *Flles* opposées ou verticillées par trois, linéaires, entières ou à denticules espacés ; jeunes feuilles fasciculées à l'aisselle des adultes. *Haut.* 30 à 60 cent. Pérou. 1790. Arbuste de serre froide. Syn. *Hemimeris coccinea*, Willd. (S. B. F. G. 240.)

A. linifolia, Rœzl. *Fl.* écarlate vif. *Flles* étroites, lancéolées, entières. Mexique. *Haut.* 30 à 40 cent. C'est une jolie plante annuelle et vivace en serre, formant des touffes

Fig. 124. — ALONZOA LINIFOLIA.

dressées, régulières, élégantes, très florifères. Convenable pour la culture en pots, en pleine terre, en massifs ou en sujets isolés.

A. Matthewsii, *Fl.* écarlates, en grappes terminales, lâches. Juillet. *Flles* lancéolées, dentées, d'environ 2 cent. 1/2 de long. Tiges grêles, quadrangulaires. *Haut.* 30 cent. Pérou, 1871. Arbrisseau de serre froide.

A. myrtifolia, Rœzl. *Fl.* écarlates, très grandes, en épis dressés. Juillet à octobre. *Flles* de 4 à 5 cent., étroites, fortement canaliculées, à dents saillantes. *Haut.* 60 à 80 cent.

Fig. 125. — ALONZOA MYRTIFOLIA.

Mexique, vers 1880. Espèce annuelle, vivace lorsqu'on la rentre en serre où elle continue à fleurir pendant l'hiver. Il existe une fort jolie variété à fleurs blanc pur.

A. Warscewiczii, Regel * *Fl.* écarlate rosé, en grappes feuillées. *Flles* ovales-lancéolées, dentées. Juillet à septembre. Plante herbacée, à rameaux grêles, nombreux, dressés. *Haut.* 80 cent. Chili, 1858. Orangerie et pleine terre pendant l'été. C'est probablement une variété herbacée de l'*A. incisifolia*, mais certainement des plus recommandables. (R. G. 1854, 91 ; A. V. F. 20.)

ALOPHIA, Herb. (de *a*, privatif, et *lophia*, crête, crinière ; allusion aux segments non barbus). Syn. *Trifurcia*, Herb. ; *Herbertia*, Sweet. FAM. *Iridées*. — Petit genre renfermant trois ou quatre espèces de jolies plantes bulbeuses, de serre chaude, tempérée, ou rustiques, originaires de l'Amérique. Fleurs longuement pédicellées ; périanthe à tube nul ; segments libres, les trois extérieurs courtement onguiculés, étalés, obovales ou oblongs, les trois intérieurs beaucoup plus courts, aigus, dressés ou à peine écartés ; filaments soudés en tube cylindrique ; spathe étroite. Feuilles peu nombreuses. Bulbe tuniqué. Deux espèces seulement méritent d'être mentionnées ici. Elles se plaisent dans un mélange de terre franche, de terre de bruyère et de sable en parties égales. On peut les cultiver en pleine terre en les protégeant pendant l'hiver. Multiplication par séparation des jeunes bulbes ainsi que par graines.

A. cœrulea, — *Fl.* à segments extérieurs du périanthe à onglet, blanc pointillé de bleu ; limbe bleu, avec une macule basale triangulaire, plus foncée ; segments intérieurs bleus, plus foncés au milieu ; anthères et stigmates courts ; pédoncule plus court que les bractées. Avril. Texas, 1842. Demi-rustique. Syns. *Hebertia cœrulea*, *Trifurcia cœrulea*. (B. M. 3862, figs. 3, d, e, f.)

A. pulchella, — *Fl.* à limbe des segments extérieurs du périanthe lilas, ondulé, à onglet jaune pâle ou blanchâtre, pointillé de pourpre ; segments intérieurs plus foncés au milieu ; anthères subulées, dépassant le stigmate. Juillet. *Flles* de 12 cent. ou plus de long. Buenos-Ayres, 1822. Serre froide. Syns. *Herbertia pulchella* et *Trifurcia pulchella*. (B. M. 3862, fig. 1, 2 ; L. B. C. 1547 ; S. B. F. G. 222.)

ALOUCHIER. — V. **Pyrus Aria.**

ALOYSIA, Ort. Ce genre est maintenant réuni par Bentham et Hooker aux **Lippia**, Linn.

ALPESTRE, ALPINE. — On désigne par ces noms les plantes qui croissent spontanément sur les Alpes ou sur d'autres montagnes élevées dont les conditions climatériques sont à peu près semblables. V. aussi **Jardin alpin.** (S. M.)

ALPINIA, Linn. (en l'honneur de Prosper Alpin, botaniste italien). Syns. *Albina* et *Buckia*, Giseke ; *Catimbium*, Juss. ; *Galanga*, Salisb. ; *Hériticra*, Retz ; *Languas*, Kœn., et *Martensia*, Giseke. Comprend les *Hellenia*, Willd. FAM. *Zingibéracées*. — Genre renfermant environ quarante-cinq espèces originaires de l'Asie tropicale et sub-tropicale, de l'Australie et des îles de l'océan Pacifique. Ce sont des plantes vivaces, herbacées, de serre chaude, à feuillage très ornemental. Fleurs en épis terminaux ; corolle à tube court ; limbe extérieur divisé en lobes égaux ; limbe intérieur ne formant qu'un grand labelle aplani ; segments latéraux réduits à de petites dents ou nuls ; filament linéaire à anthère mutique ; style filiforme ; stigmate capité, trigone. Feuilles distiques, lancéolées, entières, régulières, lisses, engainantes à la base, à nervures transversales. Racines charnues, rameuses, ayant le goût et le parfum du Gingembre.

La terre ne saurait être trop fertile pour la bonne culture de ces plantes. Un mélange en parties égales de terre franche, de terre de bruyère, de terreau de feuilles ou terreau bien décomposé, auquel on ajoute du sable ou de la poudre de charbon de bois, forme un excellent compost. Une couche de fumier gras, décomposé, appliqué sur les pots pendant la période de végétation, ainsi que de fréquents arrosements à l'engrais liquide, sont de bons stimulants. Leur végétation étant très rapide, ils absorbent beaucoup d'eau et d'engrais. Ils ne fleurissent que lorsqu'ils poussent vigoureusement et que la tige acquiert un assez fort diamètre. Les *Alpinia* aiment une température élevée, une terre légère, beaucoup de place pour leurs racines et de fréquents et complets arrosements. Peu de temps après la floraison, les feuilles jaunissent; on peut alors diminuer graduellement les arrosements, mais il ne faut cependant pas les laisser se sécher trop fortement, même lorsque les tiges sont mortes. Il ne faut pas non plus les mettre en repos dans un endroit dont la température est basse; il leur faut, par le fait, presque autant de chaleur pour les conserver en bon état pendant leur période de repos, que pendant leur période de végétation. Le meilleur moment pour diviser les touffes est le printemps, lorsque les jeunes tiges ont atteint 2 à 3 cent.

A. albo-lineata. — *Flles* elliptiques-lancéolées, vert tendre, marquées de larges bandes obliques, blanches. *Haut.* 1 m. à 1 m. 30. Nouvelle-Guinée, 1880.

A. Allughas, Roxb. *Fl.* en panicule terminale, à rachis grêle; limbe extérieur de la corolle blanc pur, formant trois lobes; l'intérieur ou labelle blanc rosé, avec une ligne d'un beau rose sur le milieu et divisé en deux lobes ovales. Février-mars. *Flles* lancéolées, glabres, finement nervées; ligules et pétioles courts. Tige dressée, un peu comprimée. *Haut.* 1 m. ou plus. Indes orientales. Syn. *Hellenia Allughas*, Linn.

A. auriculata, Rosc. *Fl.* en grappe pendante, multiflore, à rachis anguleux, grêle, rouge; limbe extérieur à trois segments blancs et roses, l'intérieur ou labelle ovale, élargi, concave, d'un beau jaune, rayé de rouge. Printemps. *Flles* lancéolées, inéquilatérales, coriaces, ciliées, de 60 cent. de long et 12 à 15 cent. de large, brièvement pétiolées. Tige velue. *Haut.* 3 à 4 m. Asie.

A. calcarata, Roxb. *Fl.* en grappe un peu réfléchie, duveteuse, de 12 à 15 cent. de long, pluriflore, très odorantes et dont chaque pédicelle est accompagné d'une bractée blanche; limbe extérieur à trois segments égaux, linéaires, blanc pur; l'intérieur ou labelle étalé, ovale, échancré au sommet, jaune vif, rayé et ponctué de rouge et pourvu de deux appendices calcariformes à la base. Septembre. *Flles* lancéolées-linéaires, inéquilatérales, de 30 cent. de long et 3 à 5 cent. de large; ligule aiguë. Tiges dressées, glabres; rhizome horizontal, stolonifère, odorant. *Haut.* 1 m. à 1 m. 50. Chine. (B. R. 141; B. H. 7, 26.) Syn. *Globba erecta*. (R. L. 174.)

A. cœrulea, — *Fl.* en grappe penchée, à pédoncules triflores; limbe extérieur à trois segments presque égaux, blancs; labelle longuement onguiculé, trilobé, rouge pourpré. Mai. *Flles* lancéolées, vert foncé, rougeâtres au sommet, à pétiole très court, engainant; ligule ovale. Tiges dressées; racine épaisse, ligneuse. *Haut.* 2 m. Nouvelle-Hollande. Syn. *Hellenia cœrulea*, Rosc.

A. magnifica, Rosc. *Fl.* en faux capitule latéral, dressé, entouré d'un involucre très développé, composé de grandes bractées d'un rouge vif à bordure blanche, mesurant dans son ensemble 20 cent. de diamètre; rachis couvert d'écailles alternes, ovales, roussâtres. Fleurs très nombreuses, à limbe extérieur à trois segments ovales, irréguliers; l'intérieur ou labelle, plus grand, rouge écarlate, bordé de blanc. *Flles* oblongues, lancéolées-aiguës, à nervures saillantes. Ile-de-France. (B. M. 3192.)

A. malaccensis, Roxb. *Fl.* en grappe de 30 cent. de long; tube court, trilobé: segments extérieurs oblongs, velus; l'intérieur ou labelle grand, arrondi, terminé par deux petits lobes oblongs, rouge et ponctué à l'intérieur, jaunâtre et strié de rouge à l'extérieur. Printemps. *Flles* ovales-oblongues, acuminées, glabres en dessus, velues en dessous. Tige velue dans sa partie supérieure. *Haut.* 2 m. à 2 m. 50. Indes orientales. (B. R. 328.) Syns. *Maranta malaccensis* Burm. *Galanga malaccensis*, Rumph.

A. mutica, Roxb. *Fl.* géminées, en grappe spiciforme; calice blanc; corolle double, composée de trois segments extérieurs blancs, oblongs; lobe supérieur large, concave proéminent; labelle grand, jaune vif, veiné de carmin; gorge finement crispée sur les bords. Août. *Flles* linéaires, lancéolées, presque sessiles. *Haut.* 2 m. Bornéo. Très belle espèce. (B. H. 7, 21; B. M. 6908.)

A. nutans, Smith. *Fl.* roses, odorantes, en grappes pendantes multiflores, à rachis et pédicelles duveteux; labelle grand, échancré, rose orangé, strié de rouge. Mai, *Flles* lancéolées, entières, longues de 30 à 50 cent., couvertes de poils roussâtres. Tiges couvertes d'un duvet soyeux. *Haut.* 4 m. Indes, 1792. Cette espèce est d'autant plus décorative que les touffes sont plus fortes; on peut la cultiver dans de grands pots ou bacs, ou la planter en pleine terre dans les grandes serres chaudes. Il ne faut pas trop diviser ses touffes. Syn. *Globa nutans*, Linn. (B. M. 1903; P. M. B. 13, 125; R. H. 1861, 51.)

A. officinarum, Hance. *Fl.* blanches, sessiles en grappe simple; labelle oblong, obtus, entier ou émarginé, limbe strié de rouge sang. Hiver. *Flles* étroites-lancéolées, acuminées, très glabres, rétrécies à la base en gaine sessile, allongée, développée en ligule dressée. Tige dressée, feuillue, tuberculeuse à la base. Sud de la Chine. (B. M. 6995.)

A. pumila, Hook. *Fl.* d'environ 2 cent. 1/2 de long, en épi court, assez dense, ordinairement groupées par deux à l'aisselle de chaque bractée, sessiles, sub-dressées; calice rouge vif; corolle rose; labelle renversé ou presque révoluté, hampe ou tige florifère radicale, d'environ 5 cent. de long. Avril. *Flles* groupées par deux ou trois, dressées, naissant sur les racines, de 10 à 15 cent. de long, elliptiques ou lancéolées, acuminées, vertes, à stries blanches, plus pâles en dessous; pétioles de 5 à 10 cent. de long, engainants à la base. Montagnes de Lo-Fan-Shang; Chine, 1883. (B. M. 6832.)

A. vittata, Hook. *Flles* de 15 à 20 cent. de long; elliptiques-lancéolées, rétrécies en pointe aux deux extrémités, engainantes à la base, vert tendre, marquées de larges bandes vert foncé et blanc crème, partant de la nervure médiane en lignes divergentes et suivant les nervures. Iles de la mer du Sud.

A. Zingiberina, Hook. f. *Fl.* dressées, de 2 cent. 1/2 de long; calice d'environ 8 mm. de long; corolle à lobes latéraux et dorsaux vert pâle; labelle blanc, veiné de carmin, largement ovale, obtus; panicule presque dressée, de 25 à 30 cent. de long. Juillet. *Flles* de 25 à 30 cent. de long et 8 cent. de large, oblancéolées-oblongues, aiguës et brusquement cuspidées, glabres. Tiges de 1 m. 30 à 1 m. 50 de haut. Rhizomes de 2 cent. 1/2 de diamètre, semblables à ceux du Gingembre. Siam, 1884. (B. M. 6944.)

ALPISTE. — V. **Phalaris canariensis**, Linn.

ALSEUOSMIA, A. Cunn. (de *alsos*, bocage, et *euosmia*, odeur agréable; allusion au parfum pénétrant que leurs fleurs répandent dans les bois de leur pays natal). Fam. *Caprifoliacées*. — Petit genre comprenant quatre espèces d'arbustes de serre froide, polymorphes, très glabres, confinés dans la Nouvelle-Zélande. Fleurs verdâtres ou rougeâtres, axillaires, solitaires ou fasciculées, odorantes; calice à tube ovoïde; limbe à quatre ou cinq lobes; corolle tubuleuse ou infundibuliforme à tube allongé et à limbe à quatre ou cinq lobes étalés; étamines quatre ou cinq; pédicelles bractéolés à la base. Fruit bacciforme, ovoïde, pourpre, renfermant plusieurs graines. Feuilles alternes, rarement opposées, pétiolées, membraneuses, linéaires-lancéolées, ovales ou rhomboïdes, entières ou dentées, avec de petites touffes de poils sur la face inférieure, à l'aisselle des nervures. L'*A. macrophylla* est la seule espèce introduite dans les cultures. Il se plait dans la terre de bruyère, bien drainée, à exposition bien éclairée et aérée. Multiplication par boutures de pousses à moitié mûres, placées sous cloche.

A. macrophylla, A. Cunn. *Fl.* en petits bouquets axillaires, pendants; corolle rouge sombre ou blanc crémeux, à stries rouge sombre; tube cylindrique, infundibuliforme dans sa partie supérieure, à lobes ovales, recurvés, dentés. Février. *Flles* de 8 à 10 cent. de long, lancéolées-elliptiques ou oblancéolées, aiguës, entières ou dentées, rétrécies en pétiole de 6 à 8 mm. de long. *Haut.* 2 à 3 m. Plante glabre. Nouvelle-Zélande, 1884. (B. M. 6651.)

ALSIKE. — V. **Trifolium hybridum**, Linn.

ALSINE, Wahl. Ce genre est maintenant réuni, par Bentham et Hooker, aux **Arenaria**, Linn.

ALSODEIA, D. P. Thou. (de *alsodes*, feuillu; plantes fortement couvertes de feuilles). Fam. *Violariées*. — Genre comprenant cinquante espèces originaires des régions tropicales des deux hémisphères. Deux espèces seulement sont dignes d'être mentionnées ici. Ce sont des arbustes ornementaux, de serre chaude. Fleurs petites, blanchâtres, en grappes axillaires et terminales; pétales égaux, pédicelles bractéolés, articulés. Feuilles généralement alternes, penninervées, à stipules petites, caduques. Ils se plaisent dans un mélange de terre franche et de sable. Multiplication par boutures herbacées, qui s'enracinent rapidement à chaud, sous cloches et dans du sable.

A. latifolia, D. P. Thou. * *Fl.* en grappes denses, glabres. *Flles* ovales, obtusément acuminées. *Haut.* 2 m. Madagascar, 1823.

A. pauciflora, D. P. Thou. *Fl.* en corymbe pauciflore, à pédicelles réfléchis. *Flles* cunéiformes, courtement pédonculées. *Haut.* 1 m. 30. Madagascar, 1824.

ALSOPHILA, R. Br. (de *alsos*, bosquet, et *phileo*, aimer; allusion aux endroits où ces plantes vivent à l'état spontané). Comprend les *Lophosorus*, *Trichopteris* et *Trichosorus*. Fam. *Fougères*. — Genre de magnifiques fougères dont plus de quatre-vingt-dix espèces ont été décrites; elles habitent les régions tempérées et tropicales. Sores globuleux, placés sur les nervures ou à leur aisselle, réceptacle élevé, fréquemment velu; indusie nulle. Les espèces de ce genre demandent beaucoup d'eau, particulièrement pendant l'été, et leurs jeunes frondes doivent être soigneusement protégées des ardeurs du soleil. Elles se plaisent dans un compost de terre franche et de terre de bruyère. Pour leur culture générale, V. **Fougères**.

Fig. 126. — Alsophila aculeata.

A. aculeata, J. Smith. * *frondes* amples, tripinnées, à pétioles brun roussâtre; divisions primaires ovales-lancéolées, de 30 à 45 cent. de long; pinnules sessiles, ligulées, de 8 à 10 cent. de long et 12 à 18 mm. de large; segments ligulés, obtus, denticulés, ayant souvent moins de 2 mm. 1/2 de large; vertes sur les deux faces, légèrement velues sur les nervures, non écailleuses. *Sores* menus, médians; texture herbacée. Amérique tropicale;

très commun. Espèce de serre chaude, très décorative. Syn. *A. ferox*, Presl, etc.

A. armata, Presl.* *Frondes* amples, tripinnées ou tripinnatifides, à pétioles roussâtres, fortement velus ; divisions primaires oblongues-lancéolées, de 45 à 60 cent. de long; pinnules ligulées, lancéolées, sessiles, de 8 à 12 cent. de long et 2 à 2 cent. 1/2 de large ; segments falciformes, obtus, de 2 1/2 à 4 mm de large, sub-entiers ou dentés ; fortement velues sur les deux faces des nervures, non écailleuses. *Sores* placés près des nervures. Amérique tropicale, extrêmement abondant. Serre chaude.

A. aspera, Br.* *Stipe* grêle, de 3 à 10 mètres de haut, fortement épineux ainsi que les rachis ; *rachis* principal et secondaires couverts de poils rudes dans leur partie supérieure, légèrement écailleux en dessous, ainsi que sur les nervures, le reste glabre, souvent brillant. *Frondes* bipinnées, à pinnules courtement pétiolées, oblongues, acuminées au sommet, découpées jusqu'au milieu ou jusqu'au tiers en segments oblongs, ovales, souvent serrulées, à dents aiguës ; nervures portant sous la face inférieure de petites écailles bullées, caduques. *Sores* très caducs. Indes occidentales, etc. Serre chaude. (H. S. F. 19, B.)

A. australis, R. Br.* *Pétioles* de 45 cent. de long, à écailles très longues, fermes, subulées ; roussâtres, muriqués ainsi que les principaux rachis. *Frondes* amples, légèrement glauques en dessous, plus ou moins velues en dessus sur les nervures primaires et secondaires finement bullées, paléacées en dessous, souvent tout à fait nues et ayant de 2 à 10 m. de long; divisions primaires de 45 cent. de long et 15 à 25 cent. de large ; pinnules de 8 à 10 cent. de long et 12 à 18 mm. de large, oblongues, acuminées, profondément pinnatifides ou même pinnées à la base ; lobes oblongs, aigus, dentés, sub-falciformes. *Sores* nombreux, un peu petits. Nouvelle-Hollande, etc. 1833. Très belle espèce de serre tempérée. (H. S. F. 1, p. 50, t. XXX. A.)

A. atrovirens, Presl. *Frondes* amples, tripinnatifides, à pétioles fauves, lisses ou muriqués, glabres en dessous ; divisions primaires lancéolées, de 20 à 35 cent. de long et 8 à 10 cent. de large, à pinnules subsessiles, de 10 à 12 mm. de long, découpées jusqu'au milieu ; segments obtus, entiers, de 3 mm. de large; texture coriace; les deux faces vertes, glabres, sans écailles. *Sores* menus, médians. Sud du Brésil.

A. a. Keriana, Baker. *Pétioles* de 15 à 20 cent. de long, brun sombre, muriqués. *Frondes* oblongues-lancéolées, bipinnées, de 40 à 45 cent. de long et 15 cent. de large, fermes, velues en dessous sur les principales nervures ; divisions primaires lancéolées, les inférieures de 8 à 10 centimètres de long et 2 à 2 cent. 1/2 de large, découpées jusqu'au rachis en segments oblongs, crénelés, obtus. *Sores* placés dans la bifurcation des nervures. 1884. Serre chaude.

A. comosa, Scott. non Hook. Syn. de *A. Scottiana*, Baker.

A. contaminans, Wall. *Stipe* grêle, atteignant de 6 à 15 m. de haut. *Pétioles* et *rachis* pourpre brun brillant, pourvus d'aiguillons. *Frondes* de 2 à 3 m. de long, amples glabres, vert foncé en dessus, glauques en dessous; divisions primaires de 60 cent. ou plus de long, oblongues, ovales-acuminées ; pinnules sessiles, de 10 à 12 cent. de long, et 1 1/2 à 2 cent. 1/2 de large, profondément pinnatifides, linéaires, oblongues, sub-falciformes. *Sores* plus rapprochés de nervures secondaires que des bords. Java et Malaisie. Serre chaude. Syn. *A. glauca*.

A. Cooperi, Hook.* *Frondes* amples, tripinnées ; rachis roussâtres, muriqués, glabres en dessous ; écailles basales grandes, linéaires, étalées, pâles ; divisions primaires oblongues-lancéolées, de 45 à 60, cent. de long : pinnules ligulées, de 10 à 12 cent. de long et 2 à 2 cent. 1/2 de large, les inférieures longuement pétiolées ; segments ligulés, obtus, dentés, de 4 à 6 mm. de large. *Sores* petits. Queensland, etc. ; Australie. Serre tempérée.

Fig. 127. — ALSOPHILA EXCELSA. (*Rev. Hort.*)

A. excelsa, R. Br.* *Tronc* d'environ 10 m. de haut, muriqué ainsi que les pétioles. *Frondes* amples, vert foncé en dessus, plus pâles en dessous ; divisions primaires de 45 à 60 cent. de long et 15 à 25 cent. de large ; pinnules nombreuses, oblongues-lancéolées, acuminées, profondément pinnatifides, souvent même tout à fait pinnées; derniers segments de 6 à 18 mm. de long, oblongs, aigus ou obtus, falciformes, à bords dentés, sub-récurvés. *Sores* nombreux, placés près des nervures secondaires. Ile de Norfolk. Cette belle fougère à végétation rapide est presque rustique dans les environs de Cornwall (Angleterre). C'est une des plantes les plus décoratives et des plus convenables pour les garnitures pittoresques. Serre froide. (H. S. F. 1, p. 49, t. XVIII, A.)

A. ferox, Presl. de *A. aculeata*, J. Smith.

A. Gardneri, Hook. Syn. de *A. paleolata*, Mart.

A. gigantea, Hook. *Stipe* atteignant de 6 à 12 m. de haut. *Pétioles* couverts d'aspérités. *Frondes* à divisions primaires de 45 à 60 cent. ou plus de long, profondément pinnatifides au sommet ; pinnules supérieures, sessiles, les inférieures pétiolées, oblongues, acuminées, de 8 à 15 cent. de long et 12 à 20 mm. de large, profondément pinnatifides; lobes triangulaires ou arrondis, serrulés. *Sores* nombreux. Indes, etc. Serre chaude. Syn. *A. glabra*, Hook.

A. glabra, Hook. Syn. de *A. gigantea*, Hook.

A. glauca. — Syn. de *A. contaminans*. Wall.

A. infesta, Kunze. *Frondes* amples, tripinnatifides : divisions primaires oblongues-lancéolées, de 45 cent. de long ; pinnules ligulées, de 8 cent. de long et 12 à 24 mm. de large, découpées à la base en aile étroite ; segments de 8 mm. de large, ligulés, obtus, presque entiers ; texture sub-coriace ; vert foncé sur les deux faces. Amérique tropicale ; largement dispersé. Serre chaude.

A. Leichardtiana, F. Muell. *Stipe* de 3 à 10 m. de haut. *Pétioles* articulés sur la tige, pourpres ainsi que les rachis secondaires, épineux et à pulvérulence caduque. *Frondes* crénelés. *Sores* petits. *Haut.* 8 m. Polynésie. Serre froide.

A. Macarthurii, Hook. Syn. de *A. Leichardtiana*, F. Muell.

A. Moorei, J. Sm. Syn. de *A. Leichardtiana*, F. Muell.

A. paleolata, Mart. *Stipe* grêle, de 3 à 6 m. de haut. *Frondes* amples, tripinnatifides. *Pétioles* fauves, lisses, pubescents en dessous ; divisions primaires, oblongues lancéolées, de 45 à 60 cent. de long. ; pinnules ligulées, sessiles ou courtement pétiolées, de 8 à 10 cent. de long et 12 à 18 mm. de large, profondément découpées : segments obtus, presque entiers : texture sub-coriace, vert

Fig. 128. — Alsophila Rebeccæ. (W. Bull.)

de 2 à 3 m. de long, fermes, vert foncé en dessus, subglauques en dessous, nues, tripinnées ; divisions primaires de 45 à 60 cent. de long et 20 cent. de large, oblongues-lancéolées, acuminées ; pinnules sessiles, oblongues-acuminées, pinnatifides seulement au sommet ; dernières divisions linéaires, oblongues, aiguës, dentées, spinuleuses. *Sores* nombreux. Australie, 1867. Serre froide. Syns. *A. Macarthurii*, Hook. et *A. Moorei*. J. Sm.

A. lunulata, R. Br. *Frondes* amples, tripinnées. *Pétioles* fauves, glabres en dessous, fortement muriqués : divisions primaires, oblongues-lancéolées, de 45 à 60 cent. de long : pinnules rapprochées, sessiles, de 10 à 12 cent. de long et 2 à 2 cent. 1/2 de large : segments rapprochés, ligulés, falciformes, obtus, de 2 mm. 1/2 de large, obscurément foncé, fortement velues sur les deux faces, écailleuses sur les nervures de la face inférieure. *Sores* grands, médians. Colombie, etc. Serre chaude. Syn. *A. Gardneri*, Hook.

A. procera, Kaulf. *Pétioles* pourvus d'aiguillons et paléacés en dessous, avec de grandes écailles brun foncé, brillantes. *Frondes* bipinnées, glabres, pinnatifides au sommet : divisions primaires de 30 cent. ou plus de long, oblongues, acuminées ou obtuses, pinnatifides jusqu'au milieu du limbe ; lobes courts, sub-arrondis, souvent aigus, la plupart entiers. *Sores* petits, placés sur tous les lobes, entre les nervures et les bords. Amérique tropicale. Serre chaude.

A. pruinata, Kaulf.* *Pétioles* fortement laineux à la

base. *Frondes* glauques, bi-tripinnées; divisions primaires pétiolées, de 30 à 45 cent. de long, ovales-lancéolées; pinnules de 8 à 12 cent. de long et 2 cent. 1/2 de large, pétiolulées, larges à la base, puis oblongues-acuminées, profondément pinnatifides ou de nouveau pinnées; dernières divisions de 12 mm. de long, lancéolées, très aiguës, à dentelures profondes et aiguës. *Sores* solitaires. Amérique tropicale, jusqu'au Chili. Serre chaude ou tempérée.

A. radens, Kaulf. *Stipe* de 12 m. de haut et 8 cent. de diamètre. *Pétioles* de 60 cent. à 1 m. de long, couverts d'écailles ovales, brun pâle. *Frondes* de 2 à 3 m. de long, lancéolées-ovales, bi-pinnatiséquées; segments primaires de 45 cent. de long, allongés, oblongs, acuminés; les secondaires de 5 à 8 cent. de long, pétiolulés, linéaires-lancéolés, pinnatipartites; segments oblongs, denticulés. *Sores* placés entre les nervures secondaires et les bords. Brésil. Serre chaude.

A. Rebeccæ, F. Muell.* *Stipe* grêle, de 2 m. 50 de haut. *Frondes* amples bipinnées; pinnules, vingt à trente paires, les inférieures pétiolées, linéaires, de 5 à 8 cent. de long, plus ou moins incisées, crénelées, acuminées au sommet. *Sores* principalement disposés sur deux rangées, entre les nervures et les bords. Queensland; Australie. Serre froide.

A. sagittifolia, Hook*. *Frondes* oblongues-deltoïdes, de 1 m. 30 à 2 m. de long, bipinnées. *Pétioles* fauves, muriqués; divisions primaires lancéolées, de 25 à 30 cent. de long; les inférieures plus courtes, défléchies; pinnules sessiles, ligulées, crénelées, cordiformes à la base sur les deux côtés, de 2 1/2 à 4 cent. de long et presque 6 mm. de large. *Sores* grands. Trinité, 1872. Très belle et distincte espèce de serre chaude.

A. Scottiana, Baker*. *Frondes* amples, tripinnatifides. *Pétioles* roussâtres, nus et lisses en dessous; divisions primaires, oblongues-lancéolées, de 45 à 60 cent. de long; pinnules sessiles, de 8 à 10 cent. de long et environ 12 mm. de large, ligulées, prolongées en une aile étroite sur le rachis; segments ligulés, obtus, dentés, sub-falciformes, de moins de 3 mm. de large. *Sores* placés près des nervures. Sikkim; Himalaya, 1872. Serre froide. Syn. *A. comosa*, Scott, non Hook.

A. Tænitis, Hook*. *Frondes* de 1 à 2 m. de long, bipinnées; pinnules espacées, de 8 à 12 cent. de long, lancéolées, acuminées, glabres, sub-entières, pétiolées; pétioles articulés sur le rachis. *Sores* disposés en séries simples, équidistants entre la nervure et les bords, entremêlés de longs poils abondants. Brésil. Élégante espèce de serre chaude.

A. villosa, Presl.* *Stipe* de 2 à 4 m. de haut. *Pétioles* de 30 cent. ou plus de long, tuberculeux, fortement couverts à la base d'écailles ferrugineuses. *Frondes* de 2 à 3 m. de long, bi- ou sub-tripinnées, largement lancéolées dans leur contour; pinnules de 2 1/2 à 8 cent. de long, oblongues-lancéolées, obtusément acuminées, profondément pinnatifides; lobes oblongs, obtus, entiers ou grossièrement dentés. *Sores* nombreux. Amérique tropicale. Très belle espèce de serre chaude.

ALSTONIA, R. Br. (en l'honneur du Dr Alston, autrefois professeur de botanique à Edimbourg). Fam. *Apocynées*. — Genre renfermant environ trente espèces originaires de l'Asie et de l'Australie tropicale, etc. Ce sont des arbustes ou arbres de serre chaude, à suc lactescent. Fleurs petites, blanches, réunies en cymes terminales. Feuilles entières, opposées, ou souvent verticillées. Leur culture est facile dans un mélange de terre de bruyère, de terre franche et de sable. Multiplication par boutures qui s'enracinent facilement à chaud et dans du sable.

A. scholaris, R. Br. *Fl.* blanches, disposées en cymes courtement pédonculées; corolle hypocratériforme. Mars à mai. *Flles* verticillées par cinq à sept, ovales, oblongues, obtuses, brillantes sur la face supérieure, blanches en dessous, à nervures rapprochées des bords. *Haut.* 2 m. 50. Indes, 1803. Syn. *Echites scholaris.*

ALSTRŒMERIA, Linn. (en l'honneur du baron Alstrœmer, botaniste suédois, ami de Linné). **Alstrœmère.** Fam. *Amaryllidées*. — Genre comprenant de quarante à cinquante espèces originaires de l'Amérique australe, tropicale et extra-tropicale. Ce sont de belles plantes vivaces, rustiques ou demi-rustiques, à racines fasciculées, assez semblables à une griffe d'asperge; tiges annuelles, dressées, pleines, feuillées ou écailleuses; fleurs en ombelle terminale, richement colorées; périanthe en entonnoir, presque bilabié, à six divisions libres, dont: deux impaires différant des autres; quatre semblables, onguiculées et nectarifères à la base; étamines six, insérées sur le sommet de l'ovaire et rapprochées en tube; stigmate trifide. Feuilles linéaires, lancéolées ou ovales, résupinées, c'est-à-dire sens dessus dessous par torsion du pétiole.

Culture. — Peu de plantes sont aussi faciles à cultiver, soit en pots, soit en pleine terre, que les Alstrœmères. La meilleure exposition pour les espèces de plein air est une plate-bande sèche, ensoleillée, en pente et abritée. La terre doit être profonde, riche et très perméable; composée au besoin de deux parties de terre de bruyère et de terreau et une de terre franche additionnée de sable. Les arrosements doivent être copieux pendant la période de sécheresse, mais modérés ou même nuls en d'autres temps. Il est utile de protéger les touffes pendant l'hiver au moyen de feuilles sèches, de mousse, de litière, etc.

Ce sont des plantes très décoratives, surtout en fortes touffes; leurs fleurs munies d'une longue tige sont utiles pour la confection des bouquets ou la garniture des vases d'appartement.

Multiplication. — On propage les Alstrœmères par la division des touffes, ainsi que par leurs graines. Le semis se fait lorsqu'on le peut dès la maturité des graines, ou au printemps, très clair, en terrines, en pots ou en caisses que l'on place sous châssis ou en serre froide afin de protéger les jeunes plants. Lorsqu'ils sont assez forts pour que l'on puisse les manipuler, on les repique et on continue à les tenir sous verre jusqu'à ce qu'ils soient bien repris. On peut alors les planter en pleine terre à exposition abritée, à environ 30 cent. de distance.

Un mélange de terre de bruyère, de terreau de feuilles et de terre franche sableuse est le meilleur compost dans lequel on puisse semer les graines et cultiver les jeunes plantes.

La division des touffes peut se faire en septembre-octobre ou en février-mars, mais ce travail doit être fait avec soin, car les racines charnues sont très fragiles et susceptibles de pourrir lorsqu'elles ont été meurtries. On sépare les touffes en autant de fragments qu'il y a d'yeux. Cependant, sauf lorsqu'on désire les multiplier, il vaut mieux les laisser intactes, car la transplantation les fatigue.

Les Alstrœmères sont aussi d'excellentes plantes à cultiver en pots pour l'ornement des serres (quelques espèces ne peuvent toutefois être employées à cet usage qu'à la condition d'être plantées en pleine terre). L'empotage doit avoir lieu en automne, d'aussi bonne heure qu'il est possible, dans des pots de 25 à 30 cent. Un drainage parfait est essentiel; pour cela on place les tessons avec soin et on les recouvre d'une couche de sable, puis on emplit les pots avec un mélange de terre franche fibreuse, de terreau de feuilles et de terre de bruyère fibreuse auquel on ajoute beaucoup de sable; ce compost leur convient parfaitement. Il faut les arroser modérément pour commencer, mais lorsqu'ils sont en végétation, on ne doit jamais les laisser souffrir de la soif. Tuteurer les tiges selon le besoin et, un peu avant la floraison, rechausser les pots avec de bon terreau. Quelques bassinages sont nécessaires pour les préserver de la grise, et particulièrement quand l'atmosphère est très sèche. Lorsque la floraison est terminée et que les feuilles commencent à se faner, il faut diminuer les arrosages graduellement jusqu'au moment où les tiges sont absolument sèches. On met ensuite les pots dans un endroit sain et à l'abri des gelées, sans toutefois les tenir secs au point de faire rider les griffes. Lorsqu'on les rempote, il faut enlever autant de terre qu'il est possible de le faire sans meurtrir les racines et replacer ensuite les touffes dans des pots de même taille, ou plus grands, selon leur grosseur. Les Alstrœmères étaient beaucoup plus cultivés autrefois qu'ils ne le sont aujourd'hui; on en rencontrait alors dans presque tous les jardins.

A. aurea, Hook. Syn. de *A. aurantiaca*, Don.

A. aurantiaca, Don.* *Fl.* jaune orangé; les deux segments supérieurs du périanthe lancéolés, rayés de rouge, nectarifères à la base; ombelle généralement composée de cinq pédoncules portant chacun deux ou trois fleurs. Été et automne. *Flles* nombreuses, linéaires-elliptiques,

Fig. 129. — ALSTRŒMERIA AURANTIACA.

obtuses, glauques, tordues à la base, de telle manière qu'elles sont sans dessus dessous, ayant environ 10 cent. de long. Chili, 1831. Espèce rustique, très variable, mais très décorative. (S. B. F. G., sér. 2, 205; B. R. 1843.) Syn. *A. aurea*, Hook. (B. M. 3350.)

A. caryophyllea, Jacq.* *Fl.* à divisions extérieures rouge écarlate, à pointe blanche; les intérieures blanches à pointe rouge, quelquefois rayées de rouge, exhalant une forte odeur de girofle, à pédoncule plus long que l'involucre de feuilles; ombelle composée d'environ cinq fleurs. Février-mars. *Flles* pétiolées, étroites-lancéolées, aiguës, tiges dressées, dont quelques-unes stériles. *Haut.* 20 cent. Brésil, 1776. Espèce de serre chaude, exigeant un repos complet pendant l'hiver. Syn. *A. Ligtu*, Curt. (B. M. 125.)

A. chilensis, J. Cree. *Alstrœmère du Chili. *Fl.* grandes, roses ou rouge sang, les deux pétales intérieurs plus longs et plus étroits, rayés de jaune; ombelle à cinq à six pédoncules biflores. Été et automne. *Flles* éparses, obovales, spatulées; les supérieures lancéolées, tordues à la base, finement frangées sur les bords, glaucescentes. *Haut.* 60 cent. à 1 m. Chili, 1849. Rustique. Il existe de nombreuses variétés de cette espèce, dont la couleur varie du blanc rosé au rouge orangé et jusqu'au rouge foncé. (A. V. B. 8.)

A. densiflora, Herb.* *Fl.* à périanthe écarlate, ponctué de noir à l'intérieur à la base des divisions; ombelle dense, pluriflore; pédicelles pubescents, rarement munis de bractées. *Flles* alternes, ovales courtement acuminées, pubescentes en dessous. Tige grimpante, glabre. Pérou, 1865. Espèce délicate. (B. M. 5531.)

A. Flos-Martini, Ker. Syn. de *A. pulchra*, Sims.

A. hæmantha Simsiana, Herb. Syn de *A. Simsii*, Spreng.

A. Hookeriana, Rœm. Schult. *Fl.* et rose pâle à pointes vertes; divisions supérieures blanchâtres, maculées à la base; les extérieures rayées de pourpre en dehors, plus larges que les intérieures, celles-ci linéaires-spatulées, l'inférieure est rayée et maculée. Panicule presque dichotome composée d'environ six fleurs, à pédoncules grêles et longs. Juin à septembre. *Flles* sessiles, linéaires, espacées, non renversées. Tiges dressées, grêles. *Haut.* 20 à 30 cent. Chili. 1828. Syn. *A. Simsii*, Sweet; *A. rosea*, Hook. (H. E. F. 181.) *A. Hookeri*, Lodd. (L. B. C. 1272.)

A. Ligtu, Linn. *Fl.* blanchâtres ou rouge pâle, striées de blanc, ombelle à trois-huit rayons, souvent bifides. *Flles* ascendantes, linéaires ou lancéolées. Hampe de 45 à 60 cent. de haut. Chili. (B. R. 1839, 3.)

A. Ligtu, Curt. f. Syn. de *A. caryophyllea*, Jacq.

A. Neillii, Gill. *Fl.* rose chair foncé, à divisions inégales, charnues, ciliées; les extérieures obovales-crénelées, avec une pointe épaisse, verte; les intérieures spatulées, plus foncées, tachées de rose vif; ombelle serrée, composée de trois ou quatre pédoncules biflores. Juin. *Flles* spatulées, réfléchies au sommet, ondulées, glauques. Tiges nombreuses, dressées, glauques, molles. Chili, 1830. (B. M. 3105.) Forme cultivée et vigoureuse de l'*A. spathulata*, Presl.

A. Pelegrina, Linn.* *Fl.* blanches ou jaune pâle, striées de pourpre et maculées de jaune sur chaque division; pédicelles uniflores, réunis par cinq ou six en ombelle pédonculée. Été. *Flles* lancéolées, sessiles, charnues, tordues à la base et renversées. *Haut.* 30 cent. Chili, 1754. Espèce un peu délicate. (B. M. 139; L. B. C. 1205; R. L. 46.)

A. P. alba, Hort.* Lis des Incas. *Fl.* blanches. Cette variété est probablement la plus belle de toutes les Alstrœmères, mais elle est aussi plus délicate; il lui faut une exposition chaude et la protection de châssis pendant l'hiver.

A. peruviana, Hort. Syn. de *A. versicolor*, Ruiz. et Pav.

A. psittacina, Lehm.* Alstrœmère perroquet. *Fl.* rouge carmin vif à la base, verdâtres au sommet, striées et maculées de pourpre violacé; division supérieure du périanthe un peu cuculée au sommet (ce qui lui a valu son nom spécifique); ombelle pluriflore, à pédoncules anguleux. Septembre. *Flles* oblongues-lancéolées, aiguës, tordues à la base. Tige dressée, maculée. *Haut.* 60 cent. Mexique, 1829. (Brésil, d'après Kunth. Enum. V, p. 759.) Espèce rustique. (S. B. F. G. sér. 2, 15; B. M. 3033; B. R. 1540.)

A. p. Erembaulti, Hort. *Fl.* blanches, maculées de pourpre. Août. *Haut.* 60 cent., 1833. Bel hybride, un peu délicat.

A. pulchella, Sims. Syn. de *A. Simsii*, Spreng.

A. pulchra, Sims.* *Fl.*, quatre à huit par ombelle; segments inférieurs du périanthe pourprés à l'extérieur, blanc soufré sur les bords; les supérieurs d'un beau jaune et ponctués de rouge foncé dans leur partie supérieure, rose chair inférieurement; pédicelles tordus. *Flles* linéaires-lancéolées. Tige dressée. *Haut.* 30 cent. Chili, 1822. Syns. *A. Flos-Martini*, Ker. (B. R. 731; S. B. F. G. 2e sér., 277.) *A. tricolor*; Hook. (B. M. 2421; H. E. F. 65; L. B. C. 1147.) C'est une des plus belles espèces cultivées, mais elle a besoin de protection pendant l'hiver.

A. rosea, Hook. Syn. de *A. Hookeriana*, Schult.

A. Simsii, Sweet. Syn. de *A. Hookeriana*, Schult.

A. Simsii, Spreng.* *Fl.* d'un beau rouge vif, avec les deux divisions supérieures jaunes, rayées de rouge; ombelle pluriflore, à pédoncules biflores. Juin. *Flles* obovales-spatulées, les supérieures lancéolées, tordues à la base, ciliées, glaucescentes. Tiges dressées, faibles. *Haut.* 70 cent. à 1 m. Chili, 1822. Espèce délicate. (S. B. F. G., III, 267; R. G. 204.) Syns. *A. hæmantha Simsiana*, Herb. *A. pulchella*, Sims. (B. M. 2354; H. E. F. 64; B. R. 1008; L. B. C. 1054.)

A. tricolor, Hook. Syn. de *A. pulchra*, Sims.

A. versicolor, Ruiz. et Pav.* *Fl.* jaunes, maculées de pourpre, à segment inférieur plus large que les autres; ombelle généralement à trois fleurs courtement pédon-

Fig. 130. — ALSTRŒMERIA VERSICOLOR.

culées. Fin de l'été. *Flles* linéaires-lancéolées, sessiles, éparses. *Haut.* 60 cent. à 1 m. 30. Pérou, 1831. Espèce très robuste, dont il existe plusieurs belles variétés.

A. v. niveo-marginata, Hort.* *Fl.* roses, carmin et blanc, maculées de noir, à pointes vertes. *Flles* lancéolées, pétiolées, marginées de blanc, 1875. Jolie variété, mais rare.

ALTERNANTHERA, Forsk. (allusion aux anthères alternativement stériles). Fam. *Amarantacées.* — Ce genre renferme, d'après Bentham et Hooker, vingt espèces originaires du Brésil et d'autres régions chaudes. Ce sont de petites plantes demi-rustiques, à feuillage ornemental et à fleurs insignifiantes en glomérules axillaires. Quelques-unes des espèces et variétés mentionnées ci-dessous appartiennent, botaniquement parlant, aux *Telanthera*, genre chez lequel les filets sont soudés à la base, et alternativement pourvus et dépourvus d'étamines. Ces plantes sont si répandues sous le nom collectif d'*Alternanthera*, que nous les avons maintenus sous ce nom pour plus de facilité.

Lorsque les *Alternanthera* sont employés en grande quantité, leur propagation rapide et à peu de frais devient une question importante. On ne peut obtenir des plantes bien colorées qu'en les cultivant dans une serre ou sous des châssis, près du verre et en pleine lumière. Le moyen le plus rapide et le plus pratique pour les multiplier en grande quantité est de préparer, vers la fin mars, une bonne couche chaude, composée de fumier chaud et de feuilles, pouvant produire pendant environ trois semaines, une température uniforme de 25 à 30 deg. et dont la surface ne soit qu'à environ 20 cent. du verre. Lorsque la température est devenue régulière, on la recouvre d'environ 10 cent. de terreau léger et siliceux, sur lequel on sème une légère couche de sable, puis on tasse modérément au moyen d'une planche. On peut alors piquer les boutures à 2 cent. 1/2 de distance en tous sens. En tenant les châssis hermétiquement fermés et ombrés, et en entretenant une humidité suffisante, les boutures s'enracinent au bout de quelques jours. Dès qu'elles sont reprises, il faut cesser d'ombrer, et aérer graduellement pour endurcir les boutures, jusqu'au moment de la plantation. En les enlevant en motte avec soin, et en les plaçant dans des bourriches que l'on recouvre d'une grande feuille verte, on peut les transporter ainsi à de grandes distances et les planter sans qu'elles fanent. Si les plantes ont été exposées en pleine lumière pendant qu'elles étaient sous châssis, elles seront vivement colorées, et les massifs feront de l'effet presque immédiatement. Rappelons ici que les *Alternanthera* doivent être plantés très près, et qu'il faut les multiplier en grande quantité, lorsque les mosaïques que l'on désire planter ont quelque importance; on trouve du reste facilement l'emploi de l'excédant soit pour les bordures de massifs, soit pour remplacer d'autres plantes à mosaïque qui viendraient à manquer. Il est assez tôt de commencer leur multiplication à la fin de mars; les boutures faites à cette époque seront bonnes à mettre en place à la fin de mai ou au commencement de juin. Outre les espèces ou variétés ci-dessous décrites, on rencontre encore dans les publications horticoles quelques autres variétés probablement peu répandues.

A. amabilis, Verschf. * *Flles* elliptiques, acuminées, vertes à une certaine époque, à nervures principales teintées de rouge, mais à l'état adulte et lorsque les plantes sont vigoureuses, elles deviennent entièrement teintées de rose mêlé d'orange et les nervures restent d'une teinte rouge plus foncé. Brésil, 1868.

A. a. amœna, Hort. * *Flles* petites, courtement spatulées, carmin brillant et rouge orangé, plus ou moins teintées de vert bronzé. Brésil, 1865. Plante petite étalée, des plus élégantes, faisant beaucoup d'effet.

A. a. tricolor, Hort. * *Flles* largement ovales, glabres, vert foncé sur les bords, rose vif au centre, traversé par des nervures pourpres ainsi que par une bande jaune orangé entre le centre et les bords. Brésil, 1862.

A. Bettzichiana, *Flles* vert olive et rouge. Brésil, 1862.

A. B. spathulata, Hort. *Flles* spatulées, plus allongées que celles des autres espèces; couleur de fond rose rougeâtre et brun clair teinté de vert clair et vert bronzé. Brésil, 1865. Plante un peu forte.

A. chromatella, Hort. Probablement syn. de *A. paronychioides major aurea*, Hort.

A. ficoidea, — * *Flles* panachées de vert, de rose et de rouge. Indes, 1865.

A. paronychioides, St-Hil. * *Flles* étroites, spatulées, rouge orangé foncé, élégamment teintées de vert olive. Plante compacte, formant de petites touffes d'environ 10 cent. de hauteur.

A. p. magnifica, Hort. * Très belle variété, plus fortement colorée que le type.

A. p. major, Hort.* *Flles* bronzées à pointe rouge orangé. Variété très décorative.

A. p. m. aurea, Hort.* *Flles* d'une belle couleur jaune d'or vif, se conservant pendant toute la saison. Syn. probable, *A. chromatella*, Hort.

A. versicolor, Hort.* *Flles* moyennes, ovales, rose vif et carmin, teintées de vert bronzé. Espèce vigoureuse, se ramifiant facilement, compacte et très décorative. Brésil, 1865. Syn. *Telanthera versicolor*, Hort.

ALTERNE. — On désigne ainsi la disposition des parties d'un végétal, celle des feuilles et des rameaux en particulier, lorsque ceux-ci sont placés à des hauteurs différentes, c'est-à-dire ni opposés, ni verticillés. Appliquée aux parties d'une fleur, ce mot indique qu'elles sont placées à côté, et non l'une devant l'autre, mais toujours sur des rangs différents. Les *étamines* des *Boraginées* sont *alternes* avec les divisions de la corolle, c'est-à-dire placées entre elles et opposées avec les divisions du calice. (S. M.)

ALTHÆA, Linn. (de *altheo*, guérir; allusion aux propriétés médicales de quelques espèces). **Mauve, Guimauve, Alcée**, etc. Angl. Marsh Mallow, Hollyhock. Fam. *Malvacées*. — Genre voisin des *Malva*, renfermant environ quinze espèces originaires des régions tempérées. Ce sont des plantes herbacées, rustiques, bisannuelles ou vivaces. Calicule formé de six à neuf bractéoles soudées dans leur tiers inférieur; calice à cinq divisions; corolle à cinq pétales. Feuilles alternes, pétiolées entières, dentées ou lobées. Presque toutes les espèces de ce genre sont dignes d'être cultivées; elles se plaisent presque en tous terrains. On peut les employer pour regarnir et égayer les massifs d'arbustes, pour former des touffes dans les grands parterres, etc. On les multiplie par division des touffes et par leurs graines. Celles des espèces bisannuelles doivent être semées tous les ans au printemps, soit en place, soit en terrines ou sous châssis froid, d'où on les enlève lorsque les plants sont assez forts pour les repiquer dans l'endroit où ils doivent fleurir.

A. cannabina, Linn.* *Fl.* roses; pédoncules axillaires, uni- ou biflores, lâches, plus longs que les feuilles. Juin. *Flles* pubescentes; les inférieures réniformes, quinquélobées, palmatipartites; les caulinaires tripartites; lobes étroits, grossièrement dentés. *Haut.* 1 m. 30 à 1 m. 50. France méridionale, etc. Vivace. (J. F. A. 2, 170. L. E. M. 581.)

A. caribæa, Sims.* *Fl.* roses et jaunes à la base, solitaires, presque sessiles. Mars. *Flles* cordiformes-arrondies, lobées, crénelées-dentées. Tige dressée, hispide. *Haut.* 1 m. Iles Caraïbes, 1816. Bisannuel. (B. M. 1916.)

A. ficifolia, Cav. Angl. Antwerp Hollyhock. *Fl.* généralement jaunes, ou orangées, en grands épis terminaux, simples ou doubles. Juin. *Flles* divisées jusqu'au delà du milieu en sept lobes oblongs, obtus, irrégulièrement dentés. *Haut.* 2 m. Sibérie, 1597. Bisannuel.

A. frutex, Hort. Syn. de *Hibiscus syriacus*, Linn.

A. narbonensis, Pourr.* *Fl.* rouge pâle, pédoncules pluriflores, lâches, plus longs que les feuilles. *Flles* pubescentes; les inférieures à cinq ou sept lobes; les supérieures trilobées. *Haut.* 1 à 2 m. France méridionale, etc. Vivace.

A. officinalis, Linn. Guimauve, Angl. Common Marsh Mallow. *Fl.* rose pâle, fasciculées à l'aisselle des feuilles et à pédoncules beaucoup plus courts que les pétioles. Juillet, août. *Flles* couvertes sur les deux faces d'un tomentum, velouté-blanchâtre; cordiformes, ovales ou cunéiformes, entières, ou superficiellement tri- ou quinquélobées.

Fig. 131. — Althæa officinalis.

Haut. 1 m. à 1 m. 30. Lieux humides, France, etc. Fréquemment cultivé pour ses propriétés émollientes bien connues. Vivace. (F. D. 3, 530; L. E. M. 581.)

A. rosea, Cav. Alcée, Rose trémière ou Passe rose. Angl. Hollyhock. *Fl.* roses, grandes, axillaires, sessiles, disposées en longs épis terminaux. Juillet. *Flles* cordiformes,

Fig. 132. — Althæa rosea.

à cinq ou sept lobes anguleux, obtusément crénelés. Tiges droites, velues, un peu scabres. *Haut.* 1 m. 50 à 2 m. 50. Chine, 1573. Bisannuel. (B. M. 3198.) Syn. *Alcæa rosea*, Linn. Pour sa culture spéciale et ses variétés, V. **Rose-trémière.**

A. striata, DC. *Fl.* blanches, de 6 cent. 1/2 de diamètre, solitaires, courtement pédonculées; calice strié. Juillet. *Flles* cordiformes, obtusément trilobées, crénelées. Tiges pubérulentes et un peu scabres. *Haut.* 1 m. 50. Bisannuel.

ALTINGIACÉES. — Réunies aux **Hamamélidées.**

ALTISE. — V. **Phyllotreta** et **Navet** (Altise du).

ALTORA, Adans. V. Cluytia, Linn.

ALUMINEUX. — De nature alumineuse, contenant de l'alumine. Ex. *Terres alumineuses*.

ALVÉOLÉ, Angl. Pitted. — Pourvu de nombreuses petites excavations ou dépressions assez semblables aux alvéoles d'un gâteau de miel.

ALYSSUM, Linn. (de *a*, privatif, et *lissa*, rage; allusion à la fable qui attribuait à certaines espèces la propriété d'apaiser la rage), **Alysse**, Angl. Madwort. Comprend les *Berteroa*, DC.; *Kœniga*, R. Br.; *Menioccus*, Desv.; *Odontarrhena*, et *Psilonema*, C. A. Mey. et *Schivereckia*, Andrz. Fam. *Crucifères*. — Ce genre renferme quatre-vingts à quatre-vingt-dix espèces originaires de l'Asie Mineure, de l'Europe méridionale, de la Perse, du nord de l'Afrique, du Caucase et de la Sibérie. Ce sont des plantes annuelles ou de petits arbrisseaux vivaces, souvent couverts de poils étoilés. Fleurs petites cruciformes, blanches ou jaunes. Silicule arrondie ou ovale, comprimée, à valves sans nervures; graines comprimées, souvent marginées. Feuilles alternes, espacées, ou les inférieures fasciculées, ovales ou lancéolées, ordinairement entières.

Plusieurs espèces ont beaucoup de ressemblance entre elles. Ce sont d'excellentes plantes à rocailles et à bordures, propres à former des touffes dans les parterres; elles poussent facilement en bonne terre de jardin, mais de préférence siliceuse et bien drainée. Leur multiplication se fait par boutures, par division des touffes et par semis. Les boutures se font avec de jeunes pousses de 5 à 8 cent. de longueur; dès qu'elles sont suffisamment développées, on les plante dans du sable à exposition ombrée. La division des touffes se fait de préférence après la floraison. Les graines se sèment de mai en juillet pour les espèces vivaces, à l'automne ou de bonne heure au printemps pour les espèces annuelles, en pleine terre ou sous châssis froid, en terre légère; la plupart germent en deux ou trois semaines.

A. alpestre, Linn. * *Fl.* jaunes, en grappe corymbiforme. Juin-juillet. *Flles* obovales, canescentes. Tiges un peu ligneuses à la base, diffuses, grisâtres. *Haut.* 8 cent. Alpes, Pyrénées, etc., 1777. Jolie petite plante touffue. Les *A. argenteum*, Vitman; *A. Bertolonii*, Desv. et *A. murale*, Waldst. Kit. sont des espèces très voisines, plus fortes, mais moins méritantes au point de vue horticole. (S. F. G. 623; A. F. P. 3,18; L. B. C. 1565.)

A. a. obtusifolium, Koch. *Fl.* jaunes, en corymbe. Juin. *Flles* obovales, spatulées, obtuses, argentées sur la face inférieure. *Haut.* 8 cent. Tauride, 1828. Espèce alpine, rare. L'*A. Marschallianum*, Andrz., est intermédiaire entre les *A. alpestre* et *A. a. obtusifolium*, mais il est rare en culture.

A. atlanticum, Desf. *Fl.* jaunes, en grappes simples. Juin. *Flles* lancéolées, canescentes et pileuses. Tiges dressées, ligneuses à la base. *Haut.* 15 à 30 cent. Europe méridionale, 1820.

A. gemonense, Linn. * *Fl.* jaunes, en corymbes compacts. Avril à juin. *Flles* lancéolées, entières, grisâtres, veloutées, à duvet formé de poils étoilés. Tiges ligneuses à la base. *Haut.* 30 cent. Italie, 1710. Espèce très voisine de l'*A. saxatile*, mais moins rustique; elle est très convenable pour les rocailles.

A. macrocarpum, DC. *Fl.* blanches, en corymbe. Juin. *Flles* oblongues, obtuses, argentées. Tiges ligneuses, rameuses, un peu épineuses. *Haut.* 20 cent. France méridionale, etc. Les *A. spinosum*, Linn., et *A. halimifolium*, Linn., ressemblent beaucoup à cette espèce. L'*A. dasycarpum* est une espèce annuelle à fleurs jaunes.

A. maritimum, Lamk. * Alysse odorant. Corbeille d'argent. Angl. Common Sweet Alyssum. *Fl.* blanches, à odeur suave, en grappes simples, terminales. Mai à juillet. *Flles* entières, linéaires, canescentes. *Haut.* 20 à 25 cent. Europe; France, etc. C'est une jolie plante, très

Fig. 133. — Alyssum maritimum.

rameuse, annuelle, se ressemant souvent d'elle-même; elle est très propre à la formation des bordures, à garnir le dessous des massifs, etc.; c'est aussi une excellente plante mellifère. Multiplication par semis, que l'on fait à l'automne ou au printemps. Syn. *Kœniga maritima*, R. Br. (Sy. En. B. 140.)

A. m. nanum compactum, Hort. Vilm. Forme très naine et compacte, à fleurs blanches, en petites grappes excessivement abondantes; formant des touffes trapues et

Fig. 134. — Alyssum maritimum nanum compactum.

ramassées, fleurissant au bout de quelques semaines et refleurissant plusieurs fois si on a soin de les tondre lorsque les premières fleurs sont passées. *Haut.* 15 cent. C'est une bonne plante pour petites bordures et pour mosaïques. Multiplication par semis.

A. m. variegatum, Hort. *Flles* étroites, lancéolées, marginées de blanc jaunâtre. Jolie forme très décorative, demi-rustique, qu'il faut hiverner sous châssis. Multiplication par boutures. Plante très propre à faire de la mosaïculture.

A. montanum, Linn. *Fl.* jaunes, odorantes, en grappes

simple. Mai à juillet. *Flles* un peu canescentes; les inférieures obovales; les supérieures oblongues. Tiges presque herbacées, diffuses, pubescentes. *Haut.* 5 à 8 cent. Europe, France, etc. Charmante espèce distincte, formant des touffes compactes, d'un vert glauque; convenable pour la garniture des rocailles. (J. F. A. 1, 37; L. E. M., 559; B. M.419; Gn. 1886, 565.) Les *A. cuneifolium*, Ten., *A. diffusum* Duby. et *A. Wulfenianum* Bernh., sont des espèces voisines; la dernière est la meilleure.

A. olympicum, Loud. *Fl.* jaune foncé, petites, en corymbes arrondis. Été. *Flles* spatulées, sessiles, très petites, grisâtres. *Haut.* 5 à 8 cent. Nord de la Grèce.

A. orientale. Ard. * *Fl.* jaunes, en corymbes. Mai. *Flles* lancéolées, réfléchies, dentées, ondulées, duveteuses. Tiges frutescentes à la base. *Haut.* 30 cent. Crète, 1820. Il existe une variété à feuilles panachées. (S. F. G. 624.)

A. pyrenaicum, Lapeyr. *Fl.* blanches, à anthères marron; filets non appendiculés; silicules pubescentes. Juin août. *Flles* arrondies, tomenteuse en dessous. Plante touffue. *Haut.* 20 à 30 cent. Pyrénées; etc.

A. saxatile, Linn. * Corbeille d'or, Thlaspi jaune. *Fl.* jaunes, en corymbes compacts. Avril. *Flles* ovales-lancéolées, entières, couvertes d'un tomentum grisâtre. Tiges sous-ligneuses et nues inférieurement. *Haut.* 30 cent. Europe orientale, 1710. Vivace. Espèce très répandue, décorative, à floraison printanière. (B. M. 159.)

A. s. nana compacta, Hort. Vilm. Variété naine, formant des touffes trapues, composées d'un grand nombre de tiges courtes, rameuses, se couvrant d'un grand nombre de fleurs jaunes. Juin-août. *Haut.* 15 à 20 cent. Excellente plante plus tardive et à floraison plus prolongée que celle du type, convenable pour bordures et pour mosaïques. Multiplication par semis.

A. s. variegatum, Hort. Forme constante, élégamment panachée sur les bords de blanc jaunâtre; plus décorative

Fig. 135. — ALYSSUM SAXATILE VARIEGATUM.

que le type. Elle se plaît dans les rocailles; il lui faut une exposition ensoleillée et une terre sèche, bien drainée. Multiplication par boutures.

A. serpyllifolium, Desf.* *Fl.* jaune pâle, en grappes simples. Avril-juin. *Flles* très petites, de 6 à 12 mm. de long, ovales, scabres, canescentes. Rameaux étalés, subligneux à la base. Europe méridionale; France, etc.

A. spinosum, Linn. *Fl.* blanches, en petits bouquets erminaux. Mai-juin. *Flles* lancéolées, aiguës, argentées. Tiges ligneuses, à rameaux et pédoncules adultes épineux *Haut.* 10 à 20 cent. France méridionale, etc. Jolie plante convenable pour les rocailles et lieux secs. Syn. *Kœniga spinosa*, Spach.

A. tortuosum, Waldst, et Kit. *Fl.* jaunes, en corymbes. Juin. *Flles* un peu lancéolées, canescentes. Tiges ligneuses à la base, tordues, diffuses. *Haut.* 15 cent. Hongrie, 1804.

A. utriculatum, Linn. — V. *Vesicaria græca*, Hort.

A. Wiersbeckii, Heuff.* *Fl.* jaune foncé, en corymbes compacts, d'environ 4 cent. de diamètre. Été *Flles* de 5 cent. de long, ovales-oblongues, aiguës, sessiles, atténuées à la base, velues et un peu rudes. Tiges dressées, scabres, simples, rigides. *Haut.* 45 cent. Asie Mineure.

ALYXIA, R. Br. (probablement le nom indien d'une espèce). Syn. *Gynopogon*, Forst. FAM. *Apocynées*. — Genre comprenant environ trente espèces d'arbustes souvent glabres, de serre chaude, habitant l'Asie orientale tropicale, l'archipel Malais, Ceylan, Madagascar, l'Australie tropicale et les îles de l'océan Pacifique. Fleurs assez petites, géminées ou en cymes; calice à cinq lobes dépourvus de glandes; corolle en coupe, à tube cylindrique et à cinq lobes tordus; étamines incluses. Feuilles verticillées par trois ou quatre, rarement opposées, coriaces, brillantes, penniveinées. Les espèces les plus connues sont décrites ci-dessous. Elles se plaisent dans un mélange de terre franche et d'un peu de terre de bruyère. Multiplication par boutures de bois mûr, qui s'enracinent facilement à chaud, plantées dans des pots pleins de sable que l'on place sous cloches.

A. bracteolosa, Rich. *Fl.* jaune pâle, à long tube; en cymes axillaires, pluriflores, courtement pédonculées. *Flles* verticillées par trois, oblongues ou sub-lancéolées, obtuses ou acuminées au sommet, arrondies ou aiguës à la base. Iles Fiji, 1887. Plante grimpante.

A. daphnoides, Cunn. *Fl.* blanc jaunâtre, sessiles, axillaires et terminales, solitaires Avril. *Flles* verticillées par quatre, obovales, oblongues, elliptiques ou rhomboïdes, obtuses, brillantes, de 12 à 18 mm. de long. *Haut.* 1 m. 30. Ile Norfolk, 1831. (B. M. 3313.)

A. ruscifolia, R. Br. *Fl.* blanches, petites, sessiles, en bouquets terminaux, sessiles. Juillet. *Flles* verticillées, largement ovales-elliptiques, ou étroites-lancéolées, aiguës avec une pointe courte, vulnérante, de 2 à 4 cent. de long; courtement pétiolées, à bords récurvés ou révolutés. Australie, 1820. Grand et bel arbuste. (B. M. 3312; L. B. C. 1811.)

AMALIAS, Hoffmansg. — V. Lœlia, Lindl.

AMANDE. — Fruit de l'amandier. Dans le langage familier on donne aussi ce nom à la graine proprement dite renfermée dans les noyaux de différents fruits. (S. M.)

AMANDE DE TERRE. — V. **Cyperus esculentus.**

AMANDIER, (*Amygdalus communis*, Linn.), ANGL. Almond tree. « L'amandier, dit M. Du Breuil, est originaire de l'Asie et du nord de l'Afrique. Les Romains ne connurent d'abord que l'amandier à fruits amers; ce ne fut que beaucoup plus tard qu'ils cultivèrent les variétés à fruits doux. »

Il est aujourd'hui répandu dans toute l'Europe et dans les autres parties tempérées du monde; mais, c'est dans le midi de la France, en Sicile, en Espagne et en Italie que se concentre la culture industrielle de cet arbre. Il aime les terrains profonds, siliceux, calcaires et pierreux, les expositions les plus découvertes et exposées à tous les vents. Il suit, il est vrai, la vigne jusqu'à ses dernières limites ; on en voit assez fréquemment aux environs de Paris et beaucoup plus au nord ; mais, sorti de la région méridionale, il cesse d'être un arbre de plein vent et d'exploitation industrielle pour devenir dans nos vergers un arbre d'amateur. Sa floraison excessivement précoce, a lieu dès la fin de février dans le Midi et en mars dans le Nord ; elle est souvent compromise et quelquefois même anéantie dans nos régions par les gelées printanières ; aussi le cultive-t-on quelquefois en espalier au pied des murs, où on peut le protéger au moyen de toiles-abris, comme on le fait pour les Pêchers.

Le mode de végétation de l'amandier est, dans son ensemble, le même que celui du Pêcher ; on peut donc appliquer les mêmes procédés de taille et de dressement aux sujets plantés dans les jardins, bien qu'on le fasse rarement. Dans les vergers et dans les cultures industrielles, après avoir formé la tête de l'arbre, on l'abandonne généralement à lui-même. On se contente de supprimer les branches mortes ou inutiles et de raccourcir les branches principales. Cependant, par l'âge et par la grande production, les Amandiers deviennent languissants et improductifs ; il faut alors les rabattre sans crainte, c'est-à-dire couper à l'automne les branches charpentières vers la moitié de leur longueur. On leur donne ensuite une bonne fumure. L'année suivante, on éclaircit les nombreuses pousses qui se sont développées pendant la végétation. Cette opération peut se répéter plusieurs fois pendant la vie de l'arbre.

Multiplication. — Les bonnes variétés d'Amandiers ne se multiplient que par la greffe, qui a presque toujours lieu sur franc, c'est-à-dire sur l'espèce type.

Pour obtenir des plants à greffer, on met à l'automne des amandes amères en stratification ; on les plante en pépinière au printemps à 40 cent. de distance sur les rangs et 10 cent. de profondeur.

Greffe. — Celle en écusson est la plus pratique ; elle se fait en pied ou en tête. La greffe en pied se fait en pépinière, à œil dormant, à environ 10 cent. au-dessus du sol, sur les plants provenant des semis faits l'année même. On rabat le sujet au printemps suivant, et pendant les années suivantes, on forme les tiges des jeunes arbres avant de les planter à demeure. La greffe en tête ne se fait que lorsque les sujets, suffisamment forts, ont été plantés à demeure et sont bien repris ; cependant leur tige n'est presque jamais droite, et ce n'est guère qu'au bout de quatre à cinq ans que les sujets sont suffisamment forts pour être greffés.

Le premier procédé a l'avantage d'être plus rapide et de donner des arbres vigoureux et très droits. On peut aussi le greffer sur Prunier et même sur Abricotier, mais on ne doit se servir du premier que pour les terrains lourds et humides.

Maladies. — La principale maladie de l'Amandier est la gomme ; on en trouvera le traitement à l'article *Pêcher*. Quelques insectes vivent aussi sur cet arbre, et notamment la *Piéride de l'Alisier* (*Pieris cratægi*), dont la chenille ronge les jeunes feuilles et fait tomber les fruits. Les plus nuisibles sont ensuite les kermès et les pucerons. On trouvera des moyens pour les combattre, chacun à leur nom respectif.

Variétés. — Elles ne sont pas très nombreuses. L'amande amère est celle qui sert de semence pour les porte-greffes ; comme fruit, elle n'est employée que dans l'industrie, pour la fabrication de divers produits. Les amandes douces se classent en coque dure et coque tendre ; voici quelques-unes des meilleures :

— Coque dure. — *A flots ou à trochets*, arbre vigoureux ; fruits réunis en grappes ; coques demi-dures, à amandes franchement douces, employées pour la fabrication des dragées ; c'est la variété la plus répandue. *Grosse verte*, fruits gros ; arbre méritant par sa floraison tardive. *Matheron*, arbre vigoureux, fruits pointus : coques demi-dures, à amandes douces, bonnes pour la table. *Molière*, arbre vigoureux ; fruits gros, allongés ; coques demi-dures, à amandes douces.

— Coque tendre. — *A la Dame ou mi-fins*, fruits petits, à coques demi-tendres ; c'est la variété cultivée de préférence dans le Midi. *Princesse*, *à la Reine*, etc., coques très tendres, se cassant entre les doigts, à amandes blanches, très douces ; variété précoce, donnant un produit de toute première qualité, se vendant toujours beaucoup plus cher que celui des autres variétés. *Grosse tendre*, fruits gros, ovoïdes, à coques minces, tendres ; variété tardive. (S. M.)

AMARABOYA, J. Linden. (leur nom indigène). Fam. *Mélastomacées*. — Petit genre renfermant trois espèces d'arbustes dressés, toujours verts, glabres, de serre chaude ou tempérée, originaires de la Nouvelle-Grenade. Fleurs décoratives, en cymes ; pétales ordinairement six, cordiformes ; étamines douze à quinze. Feuilles grandes, opposées, sessiles, à trois nervures proéminentes, vertes en dessus, rougeâtres-carminées en dessous. Branches aussi grosses que le pouce, à quatre angles obtus. La culture des espèces de ce genre est probablement la même que celle recommandée pour les **Pleroma**.

A. amabilis, Linden. *Fl.* blanches, bordées de rouge carmin, grandes ; pétales larges ; style rouge, allongé ; ombelles terminales. *Flles* de 25 à 30 cent. de long et 20 cent. de large, opposés, elliptiques, canescentes en dessous, à trois nervures brunâtres ou rougeâtres. Tige arrondie, pourprée. Nouvelle-Grenade, 1887. (I. H. ser. v, 9.)

A. princeps, Linden. *Fl.* d'un rouge carmin uniforme, très décoratives ; pétales ordinairement six, largement cordiformes ; étamines blanches ; cymes terminales, pauciflores ; pédoncules forts. *Flles* elliptiques, sessiles, apiculées, de 18 à 25 cent. de long et 8 à 12 cent. de large, vertes en dessus, brun rougeâtre en dessous. Nouvelle-Grenade, 1887. (I. H. ser. v, 4.)

A. splendida, Linden. *Fl.* de 16 cent. de large, très belles ; pétales sub-triangulaires, de 8 cent. de long et presque 6 cent. de large, d'abord rose très vif, devenant blancs dans leur partie inférieure ; étamines jaunâtres, style rouge, allongé. *Flles* très grandes, ovales, oblongues ; vertes en dessus, rose cuivré en dessous, à trois nervures rouges sur la face inférieure. Nouvelle-Grenade, 1868. Magnifique plante. (I. H. ser. v, 31.)

AMARANTACÉES. — Grande famille de plantes herbacées ou sous-frutescentes, à feuilles alternes ou opposées ; fleurs petites, apétales, peu apparentes, hermaphrodites ou quelquefois unisexuées, disposées en épis, en panicules ou capitules terminaux ou axillaires. La plupart des plantes de cette famille sont des herbes inutiles, abondantes et quelquefois même nuisibles dans les cultures ; les *Amarantus, Celosia, Gomphrena, Alternanthera* et quelques autres font naturellement exception. (S. M.)

AMARANTE. — V. Amarantus.

AMARANTE Crête de coq. — V. Celosia cristata.

AMARANTE globe. — V. Gomphrena globosa.

AMARANTINE. — V. Gomphrena globosa.

AMARANTOIDE. — V. Gomphrena globosa.

AMARANTUS, Linn. (de *a*, privatif, et *maraino*, se flétrir; leurs fleurs, quoique sèches, conservent longtemps leur couleur). **Amarante.** Syn. *Amaranthus*, Auct. Fam. *Amarantacées.* — Genre renfermant environ cinquante espèces originaires des régions chaudes et tempérées. Ce sont des plantes à feuillage ornemental, rustiques ou demi-rustiques, annuelles, à feuilles alternes, entières; fleurs petites, vertes ou rouges, bractéolées, disposées en gros bouquets spiciformes ou en grappes. Fleurs polygames, munies à la base de trois bractées; périanthe glabre, à trois-cinq lobes. Étamines quatre ou cinq. La culture des Amarantes est très facile; elles préfèrent une terre franche et fertile. On les emploie pour former des touffes isolées sur les pelouses, pour les garnitures pittoresques, pour la plantation des massifs, la garniture des vases d'appartement, des serres, etc.; ce sont aussi de bonnes plantes à cultiver en pots. Leurs graines se sèment en avril, sur couche; on éclaircit le semis lorsque les plantes ont environ 1 cent. 1/2 de haut; on les met ensuite en place vers la fin de mai. Celles que l'on désire élever en pots doivent être empotées de bonne heure et tenues près du verre en pleine lumière, où elles se parent de leurs riches couleurs. Il faut les tenir dans de grands pots, les arroser fréquemment et leur donner de temps en temps un peu d'engrais liquide afin de favoriser la végétation.

A. atropurpureus nanus, — Syn. de *A. caudatus atropurpureus nanus*, Hort.

Fig. 136. — Amarantus caudatus gibbosus.

A. bicolor, Nocca. *Flles* vertes, diversement panachées ou striées de jaune clair. *Haut.* 80 cent. Indes, 1802. Cette espèce est assez délicate, elle demande un terrain très sain et une exposition chaude, ensoleillée.

A. b. ruber, Hort. *Flles* rouge coccinée brillant, transparentes, passant au rouge violet sombre mêlé de vert chez les feuilles adultes. Variété plus rustique que le type.

A. caudatus, Linn. Amarante queue de renard. Angl. Love lies bleeding. *Fl.* rouge amarante, agglomérées en verticilles disposés en longs épis, formant par leur réunion une longue panicule pendante. Août. *Haut.* 60 cent. à 1 m. Indes, 1596. C'est une espèce très répandue; elle est vigoureuse, rustique et de beaucoup d'effet. Il existe une variété à fleurs jaunâtres, qui, bien que moins ornementale que le type, forme avec lui un agréable contraste.

A. c. gibbosus, Hort. *Fl.* rouges, agglomérées en groupes arrondis de la grosseur d'une noix et plus ou moins espacés. Plante plus petite et plus grêle que le type, d'un aspect singulier, non sans quelque mérite ornemental.

A. c. atropurpureus nanus, Hort. *Fl.* en épis cylindriques, assez longs, dressés. *Flles* d'un rouge brun foncé. Variété n'atteignant pas plus de 45 cent. de haut.

Fig. 137. — Amarantus melancholicus ruber.

A. cruentus, Hort. Syn. de *A. hypochondriacus*, Linn.

A. Henderi, Hort. *Flles* lancéolées, ondulées, rose carminé intense, panachées de jaune chamois, de jaune vif et de vert olive. *Haut.* 1 m. Hybride horticole très voisin de l'*A. salicifolius*. Plante pyramidale.

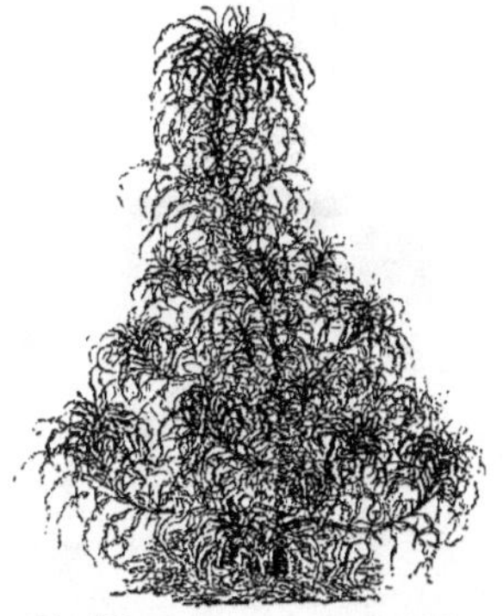

Fig. 138. — Amarantus salicifolius.

A. hypochondriacus, Linn. Angl. Prince's Feather. *Fl.* carmin foncé, disposées en épis dressés, compacts. Juillet. *Flles* pourprées en dessous. *Haut.* 1 m. 30 à 1 m. 50. Asie, 1684. Syn. *A. cruentus*, Hort. (L. E. M. 767.)

A. h. atropurpureus, Hort.' Variété à feuillage pourpre foncé.

A. melancholicus ruber, Hort.* *Fl.* insignifiantes réunies en glomérules axillaires. Plante rameuse, compacte, atteignant environ 40 cent., à feuillage abondant, rouge vif, éclairé, comme transparent. C'est une excellente plante à massifs. (L. E. M. 767.)

A. salicifolius, Hort. Veitch.* *Flles* de 15 à 30 cent. de long, étroites, linéaires, ondulées, contournées, pendantes, d'un brun verdâtre, se colorant plus tard en rouge vif dans leur partie inférieure. Plante dressée, rameuse, pyramidale, d'un bel effet décoratif. *Haut.* 1 m. Iles Philippines, 1871.

A. s. Princesse de Galles, Hort.* *Flles* rouge carminé, vert orangé et jaune vif, agréablement mêlés. *Haut.* 1 m. Hybride horticole.

A. sanguineus, Linn. *Fl.* pourpres, partiellement réunies en glomérules à l'aisselle des feuilles supérieures et

Fig. 139. — AMARANTUS SANGUINEUS NANUS.

en épis grêles, flexueux, formant une panicule plus ou moins rameuse. Juillet. *Flles* rouge sang. *Haut.* 1 m. Bahama, 1775.

A. s. nanus, Hort. Variété naine, à feuillage rouge intense.

A. speciosus, Sims.* Amarante gigantesque. *Fl.* très nombreuses, pourpre foncé carminé, disposées en gros épis dressés, formant une belle panicule plumeuse.

Fig. 140. — AMARANTUS TRICOLOR.

Juillet. *Flles* ovales-lancéolées, teintées de rougeâtre disparaissant à l'époque de la floraison. *Haut.* 1 m. à 1 m. 50. Népaul, 1819. (B. M. 2227.)

A. s. aureus, — *Fl.* d'une belle teinte brun doré, très décorative lorsque les plantes sont cultivées en groupes.

A. splendens, Hort. Vilm. Amarante éclatante. *Flles* assez régulièrement colorées de brun, de vert foncé, de rouge et de jaune d'or, puis, pendant les grandes chaleurs, l'extrémité des rameaux se garnit de longs et légers panaches d'un rouge éclatant entourés de feuilles de même teinte. Tige vigoureuse, dressée et très ramifiée. *Haut.* 1 m. et plus. 1885.

A. tricolor, Linn.* *Flles* d'une belle teinte rouge pourpre ou carmin foncé, depuis la base jusqu'au milieu du limbe, une large macule jaune vif occupe quelquefois presque toute la partie supérieure, le sommet est généralement vert; pétioles jaune clair. *Fl.* insignifiantes, réunies en glomérules compacts le long de la tige et des rameaux. *Haut.* 50 cent. Indes orientales, 1548. Il existe plusieurs variétés horticoles de cette espèce, qui sont un peu plus délicates que le type. (A. V. F. 9.)

AMARYLLIDÉES. — Grande et importante famille comprenant environ six cent cinquante espèces réparties dans soixante-cinq genres et habitant les régions chaudes et tempérées. Ce sont des plantes ordinairement bulbeuses et quelquefois caulescentes. Fleurs solitaires, en ombelle ou en panicule, enveloppées avant l'épanouissement dans une spathe formée de bractées scarieuses; périanthe à six lobes, libres ou soudés à la base, en un tube quelquefois muni à la gorge d'une coronule pétaloïde. Étamines six: style simple. Ovaire infère, à trois loges contenant chacune plusieurs graines. Feuilles toutes radicales, linéaires ou ensiformes, souvent engainantes. Cette famille renferme plusieurs beaux genres, notamment les *Agave*, *Amaryllis*, *Crinum*, *Hæmanthus*, *Hippeastrum*, *Narcissus*, *Pancratium* et plusieurs autres. (S. M.)

AMARYLLIS, Linn. ex. parte. (nom d'une bergère célébrée par Théocrite et par Virgile). SYN. *Callicore*, Link, *Belladonna*, Sweet. FAM. *Amaryllidées.* — Plantes bulbeuses, rustiques ou demi-rustiques, à feuilles caduques. Fleurs grandes, odorantes, pédicellées, réunies en ombelle; hampe élevée, pleine, comprimée; spathe à deux valves; ombelle pauciflore; périanthe à tube très court, infundibuliforme, à six segments, presque réguliers; segments plurinervés, larges, ondulés, un peu renversés au sommet; filets des étamines naissant au sommet du tube, inégaux, déclinés; anthères fixées par leur milieu, courbées en arc de cercle après l'émission du pollen; style décliné; stigmate épaissi au sommet; presque trilobé. Capsules obovales; graines globuleuses, charnues. Feuilles nombreuses, toutes radicales, rubanées, paraissant à des époques différentes de celle de la hampe.

Ce genre, dans lequel les auteurs ont placé une foule de plantes des plus dissemblables, est aujourd'hui entièrement démembré; nous traiterons donc séparément chacun des nouveaux genres à leur nom admis par les auteurs du *Genera plantarum*. Ce sont : *Ammocharis*, Herb.; *Brunsvigia*, Heist.; *Buphane*, Herb.; *Crinum*, Linn.; *Griffinia*, Ker.; *Hessea*, Herb.; *Hippeastrum*, Herb.; *Lycoris*, Herb.; *Nerine*, Herb.; *Sprekelia*, Heist.; *Sternbergia*, Waldst. et Kit.; *Vallota*, Herb. et *Zephyranthes*, Herb. Ainsi réduit, ce genre ne comprend plus que l'*A. Belladonna*.

Cette plante et ses variétés aiment un terrain profond, léger et sain; la façade d'une serre, le pied d'un mur ainsi qu'une plate-bande en ados au midi ou au sud-ouest sont propres à sa culture. Si la terre était argileuse et compacte, il faudrait la modifier; un compost de terre franche fibreuse, de terreau de feuilles et de sable en parties égales lui convient parfaitement. Il faut placer les bulbes à environ

25 cent. de profondeur, afin de les préserver des gelées et d'obtenir une bonne floraison; on les entoure de sable pur et on les recouvre avec le compost ci-dessus que l'on tasse assez fortement. Comme ils sont assez longs à s'établir, il ne faut pas les déranger pendant plusieurs années; une fois bien installés, ils produisent en abondance leurs grandes et belles ombelles de fleurs. Leur multiplication a lieu par la séparation des caïeux, opération qui ne doit se faire que tous les cinq ou six ans, après la dessiccation complète des feuilles, c'est-à-dire en juin-juillet, époque à laquelle on doit aussi planter les bulbes; ils ont ainsi le temps d'émettre des racines avant de développer leur hampe. L'*A. Belladonna* fructifiant difficilement et les plantes de semis ne fleurissant qu'au bout de plusieurs années, ce mode de propagation n'est pas usité. Les feuilles manquant complètement au moment de la floraison, il est bon de garnir le sol avec une plante formant un tapis de verdure, tels que Saxifrages, Sedums ou autres, ce qui rehaussera l'effet décoratif. Pendant leur période de végétation et lorsqu'il fait chaud, quelques arrosements à l'eau claire ou à l'engrais liquide augmenteront la vigueur des plantes.

Les belles plantes, que l'on cultive beaucoup aujourd'hui et qui sont connues en horticulture sous le nom d'*Amaryllis*, appartiennent au genre *Hippeastrum*, où les lecteurs les trouveront décrites. Pour la culture en pots de l'*A. Belladonna*, V. **Hippeastrum.**

A. Alberti, Ch. Lem. — V. *Hippeastrum Alberti*, Hort.

A. Andreana, Hort. — V. *Hippeastrum Andreanum*, Baker.

A. Atamasco, Linn. — V. *Zephyranthes Atamasco*, Herb.

A. aulica, Ker. — V. *Hippeastrum aulicum*, Herb.

A. aurea, L'Her. — V. *Lycoris aurea*, Herb.

A. Belladonna, Linn.* Amaryllis Belladone, Belladone d'automne. Angl. Belladonna Lily. Bulbe volumineux,

Fig. 141. — Amaryllis Belladonna.

pyriforme, à tuniques brunes. *Fl.* grandes, en entonnoir, d'un rose tendre, à odeur suave, en ombelle de six à dix fleurs; hampe nue, atteignant 1 m. de haut. Automne. *Flles* rubanées, canaliculées, obtuses, assez longues, naissant toujours après la floraison. Cap, 1712. Cette magnifique espèce est très variable dans la couleur et dans la grandeur de ses fleurs; leur teinte varie depuis le blanc pur jusqu'au rose vif ou même pourpré. (A. V. B. 5; Gn. 1888, 64; B. M. 733; R. L. 180.) Syn. *Coburgia Belladonna*, Herb.

A. B. blanda, Gawl.* Bulbe gros, pyriforme, arrondi. *Fl.* blanches, devenant rose pâle en vieillissant, inodores, de 10 cent. de long, à segments étalés; pédicelles divariqués, presque aussi longs qu'elles; hampe forte, un peu comprimée, atteignant 1 m. de haut et portant une douzaine de fleurs. Mai à juillet. *Flles* nombreuses, dressées, obtuses, de 4 cent. de large. Cap, 1754. (B. M. 1450.) Syn. *Coburgia blanda*, Herb. (L. J. F. 254.)

A. B. pallida, Ker. — Plante plus petite, à fleurs plus pâles. (B. R. 714; *A. pallida*, R. L. 479.)

A. blanche. — V. *Zephyranthes candida*, Herb.

A. Broussonetti, Red. — V. *Crinum yuccæflorum*, Salisb.

A. calyptrata, Gawl. — V. *Hippeastrum calyptratum*, Herb.

A. candida, Lindl. — V. *Zephyranthes candida*, Herb.

A. carnea, Schult. — V. *Zephyranthes rosea*, Lindl.

A. ciliaris, Linn. — V. *Buphane ciliaris*, Herb.

A. crispa, Jacq. — V. *Hessea crispa*, Kunth.

A. curvifolia, Jacq. — V. *Nerine curvifolia*, Herb.

A. Cybister, Lindl. — V. *Hippeastrum Cybister*, Benth.

A. disticha, Linn. — V. *Buphone disticha*, Herb.

A. equestris, Ait. — V. *Hippeastrum equestre*, Herb.

A. falcata, L'Her. — V. *Ammocharis falcata*, Herb.

A. flexuosa, Jacq. — V. *Nerine flexuosa*, Herb.

A. à fleur en croix, — V. *Sprekelia formosissima*, Herb.

A. formosissima, Linn. — V. *Sprekelia formosissima*, Herb.

A. fulgida, Ker. — V. *Hippeastrum fulgidum*, Herb.

A. de Guernesey, — V. *Nerine sarniensis*, Herb.

A. hyacinthina, Gawl. — V. *Griffinia hyacinthina*, Herb.

A. jaune, — V. *Sternbergia lutea*, Gawl.

A. Johnsoni, Hort. — V. *Hippeastrum Johnsoni*, Hort.

A. Josephinæ, Red. — V. *Brunsvigia Josephinæ*, Ker.

A. latifolia, L'Her. — V. *Crinum latifolium*, Linn.

A. latifolia, Lamk. — V. *Crinum giganteum*, Andrz.

A. longifolia, Linn. — V. *Crinum longifolium*, Thunb.

A. l. longiflora, Ker. — V. *Crinum longiflorum*, Herb.

A. lutea, Linn. — V. *Sternbergia lutea*, Gawl.

A. nivea, Schult. — V. *Zephyranthes candida*, Herb.

A. pardina, Hort. — V. *Hippeastrum pardinum*, Hook.

A. pratensis, Hort. — V. *Hippeastrum pratense*, Baker.

A. psittacina, Gawl. — V. *Hippeastrum psittacinum*, Herb.

A. purpurea, Ait. — V. *Vallota purpurea*, Herb.

A. Reginæ, Linn. — V. *Hippeastrum Reginæ*, Herb.

A. reticulata, L'Her. — V. *Hippeastrum reticulatum*, Herb.

A. de Rouen, — V. *Hippeastrum vittatum*, Herb.

A. à rubans, — V. *Hippeastrum vittatum*, Herb.

A. sarniensis, Linn. — V. *Nerine sarniensis*, Herb.

A. saltimbanque, — V. *Hippeastrum Cybister*, Benth.

A. speciosa, L'Her. — V. *Vallota purpurea*, Herb.

A. Lis de Saint-Jacques, — V. *Sprekelia formosissima*, Herb.

A. tatarica, Pall. — V. *Ixiolirion Pallasii*, Fisch. et Mey.

A. tubispatha, L'Her. — V. *Zephyranthes tubispatha*, Herb.

A. undulata, Linn. — V. *Nerine undulata*, Herb.

A. de Virginie, — V. *Zephyranthes Atamasco*, Herb.

A. vittata, L'Her. — V. *Hippeastrum vittatum*, Herb. (S. M.)

AMASONIA, Linn. f. (dédié à Thomas Amason, voyageur américain). Syn. *Taligalea*, Aubl. Fam. *Verbenacées*. — Genre renfermant quatre à six espèces originaires du Brésil, de la Guyane et des îles de la Trinité. Ce sont des arbres ou arbrisseaux de serre chaude, à fleurs en panicule formée de cymes trichotomes, terminales, munies de bractées foliacées, colorées; calice campanulé, à cinq divisions presque égales; corolle jaunâtre, tubuleuse, un peu courbée à la base, à cinq lobes courts, réfléchis, dont un plus petit; étamines quatre, didynames, saillantes ainsi que le style filiforme, à stigmate bifide. Tiges et rameaux nus inférieurement, garnis dans leur partie supérieure de feuilles alternes ou opposées. Pour leur culture et leur multiplication, V. **Clerodendron**.

A. calycina, Hook. f. *Fl.* jaunes, en panicule allongée formée de cymes triflores, garnies de bractées rouge ponceau, ovales, denticulées. Août-septembre. *Flles* de 15 à 30 cent. de long et 4 à 8 cent. de large, oblongues-elliptiques, brièvement acuminées, obscurément crénelées, dentées, glabres en dessus, toujours pubescentes en dessous ainsi que les tiges et les inflorescences. *Haut.* 50 cent. Brésil, 1825. (B. M. 6915.) Syns. *A. punicea*, Vahl. (Gn. 1885, 479.) *Taligalea punicea*, Poir.

AMBERBOA moschata, DC. — V. **Centaurea moschata**, Linn.

AMATEUR. — Par ce terme on désigne celui qui a du goût pour une chose dont le côté pécunier est indépendant. Un jardinier amateur est celui qui fait pousser des plantes et cultive son jardin pour son propre amusement et pour le simple plaisir qu'il éprouve à le faire.

AMBIPARE. — Se dit des bourgeons qui renferment à la fois des feuilles et des fleurs.

AMBLYANTHERA, Müll. Arg. — V. **Mandevilla**, Lindl.

AMBLYGLOTTIS, Blume. — V. **Calanthe**, R. Br.

AMBRETTE musquée, — V. **Centaurea moschata**, Linn.

AMBROISIE. — V. **Chenopodium ambrosioides**, Linn.

AMBROSINIA, Linn. (en la mémoire du professeur Giacinti Ambrosini de Bologne). Fam. *Aroïdées*. — Genre monotypique; l'espèce connue est une plante curieuse, demi-rustique, vivace, tuberculeuse, se plaisant en tous terrains, moyennant une protection pendant l'hiver. Multiplication par semis et par divisions des pieds. Les graines se sèment dès qu'elles sont mûres; on divise les touffes au printemps, un peu avant que les plantes entrent en végétation.

A. Bassii, Linn.* *Fl.* à spathes prolongées en longue queue; spadice linguiforme; fleurs mâles placées sur un côté, de telle façon que l'arrivée du pollen sur le stigmate des fleurs femelles situées de l'autre côté ne peut avoir lieu que par l'intervention des insectes. *Flles* oblongues, pétiolées. *Haut.* 10 cent. Corse, Sardaigne, 1879. (L. E. M. 737.)

AMELANCHIER, Lindl. (nom savoyard du Néflier, dont ce genre est très voisin). Syn. *Aronia*, Pers, pr. parte. Fam. *Rosacées*, tribu des *Pomacées*. — Genre renfermant quatre espèces originaires de l'Europe, de l'Asie Mineure, du Japon et de l'Amérique septentrionale. Ce sont des arbustes ou de petits arbres rustiques, à feuilles caduques, entières ou dentées. Fleurs blanches, en grappes; calice à cinq dents; pétales cinq, caducs, oblongs-lancéolés. Le fruit est une petite pomme à trois-cinq loges à la maturité. Les Amelanchiers se cultivent facilement dans une terre franche fertile. Leur multiplication a lieu par marcottes, par boutures faites à l'automne dans un endroit abrité, par semis et par greffes qui se font de bonne heure au printemps, sur l'Aubépine, sur Cognassier et sur franc, c'est-à-dire sur les espèces vigoureuses pour celles un peu délicates.

A. alnifolia, Nutt. *Fl.* grandes, en grappes courtes. Fruit globuleux, de 6 mm. de diamètre, pourpre foncé. *Flles* elliptiques-oblongues, très obtuses et dentées au sommet, légèrement cordiformes à la base. *Haut.* 2 à 3 m. Amérique du nord-ouest, 1888. (G. et F. 1888, vol. I, p. 185, fig. 34 et p. 202.)

A. Botryapium, DC. Syn. de *A. canadensis*, Médik.

A. canadensis, Médik.* Amelanchier à grappes. Angl. Grappe Pear. *Fl.* blanches, en grappes. Avril-mai. *Fr.* noirs. *Flles* elliptiques-oblongues, cuspidées, un peu velues à l'état juvénile, mais devenant glabres à l'état adulte. *Haut.* 3 à 4 m. Canada, 1746. Arbre très ornemental, à beau feuillage et se couvrant de fleurs blanches au printemps. Syns. *Pyrus Botryapium*, *Amelanchier Botryapium*, DC.; *Cratægus racemosa*, Lamk.

A. c. florida, Hort.* *Fl.* blanches, nombreuses, en grappes dressées. Mai. *Fr.* pourpres. *Flles* oblongues, obtuses aux deux extrémités, grossièrement dentées dans leur partie supérieure, toujours glabres. *Haut.* 2 m. 50 à 5 m. Amérique du Nord, 1826. Syn. *A. florida*, Lindl. (B. R. 1589.)

A. c. ovalis, Hort. *Fl.* blanches, en grappes serrées les unes contre les autres. Avril. *Fr.* gros, rouges. *Flles* elliptiques, arrondies, aiguës à l'état juvénile, veloutées en dessous, glabres à l'état adulte. *Haut.* 2 à 3 m. Amérique du Nord, 1800. Syns. *A. ovalis*, Lindl.; *Cratægus spicata*, Lamk.

A. c. parviflora, Hort. Plante naine, à feuilles plus courtes.

A. oligocarpa, Rœm. *Fl.* blanches, de 18 mm. de diamètre, solitaires ou géminées, rarement en grappe de trois à quatre fleurs. *Fr.* obovales ou oblongs, bleu-pourpre foncé. *Flles* oblongues, aiguës, crénelées, glabres. Arbuste buissonnant. *Haut.* 60 cent. à 1 m. 20. Est des Etats-Unis, 1888. (G. et F., 1888, vol. I, pp. 245 et 247, fig. 41.)

A. sanguinea, DC. *Fl.* blanches, en grappes capitulées. Avril. *Fr.* pourpre noirâtre. *Flles* oblongues, arrondies aux deux extrémités, à dents aiguës, toujours glabres. *Haut.* 1 m. 50 à 2 m. 50. Amérique du Nord, 1800. Cette forme diffère principalement de l'*A. Canadensis* par ses fleurs moins nombreuses, en grappes beaucoup plus courtes et par ses pétales plus larges, plus ovales et plus courts. (B. R. 1171.)

A. vulgaris, Mœnch.* *Fl.* blanc jaunâtre, en grappes courtes. Avril. *Fr.* d'abord verts, puis rouges et bleu-noirâtre à la maturité; comestibles. *Flles* ovales, obtuses, denticulées au sommet, cotonneuses, blanchâtres en dessous à l'état juvénile, presque glabres à l'état adulte. *Haut.* 1 à 3 m. Europe; France, etc. Joli petit arbrisseau à écorce d'un brun rougeâtre, se couvrant de fleurs blanches au printemps. Syns. *Mespilus Amelanchier*, Linn.; *Cratægus rotundifolia*, Lamk.; *Aronia rotundifolia*, Pers.

AMELLUS, Linn. (nom donné par Virgile à une plante à fleur bleue ayant la forme d'une Marguerite, et poussant sur les bords de la rivière Mella). Fam. *Composées*. — Genre renfermant quatre espèces originaires de l'Afrique australe. Ce sont de jolies plantes vivaces, herbacées, à rameaux ascendants ou diffus. Fleurs en capitules solitaires. Feuilles velues; les inférieures opposées; les supérieures alternes. On les cultive facilement en pleine terre de jardin. Multiplication par division des touffes et par boutures faites au printemps, sous cloches.

A. Lychnitis, Linn. *Fl.* en capitules violets, solitaires, terminaux et latéraux. Juin. *Flles* linéaires-lancéolées, entières, canescentes. *Haut.* 15 cent. Cap. Espèce traînante de serre froide, que l'on multiplie par boutures. Un compost de terre franche, de terre de bruyère, de terreau de feuille et de sable, lui convient parfaitement. (L. E. M. 682; B. R. 586.)

AMENDEMENTS. — Les amendements ou substances amendantes étaient d'abord appréciés comme corps modificateurs de l'état physique du sol. Ils sont encore employés pour diminuer ou augmenter, selon leur nature, la compacité des terres arables. On a reconnu en outre que les amendements calcaires, la *chaux*, le *plâtre*, la *marne*, ont la propriété de provoquer dans le sol des phénomènes chimiques ou physiologiques qui en augmentent la fertilité. Ainsi, les amendements calcaires dégagent l'*azote* terrestre de ses combinaisons insolubles et le rendent absorbable par les plantes; en outre, ils sont la cause indirecte de l'assimilation de l'azote atmosphérique par les légumineuses : *Trèfle*, *Luzerne*, *Pois*, etc. Dans ce cas, cette sorte d'absorption a lieu par *symbiose*, c'est-à-dire par communauté de vie de ces plantes et d'un organisme microscopique qui se développe dans les tissus de leurs racines lorsque celles-ci se ramifient au milieu de terres contenant du calcaire.

L'importance des amendements calcaires devient donc énorme et ce n'est pas tout à fait à tort qu'on les étudie quelquefois sous le nom d'engrais calcaires.

Outre les calcaires, on emploie aussi les sables siliceux comme amendements; mélangés aux terres trop compactes; ils diminuent leur compacité.

Pour corriger le trop peu de consistance des terres sableuses, il faut leur incorporer des argiles ou des marnes argileuses.

Les marnes sableuses sont ajoutées de préférence aux terres argileuses pour en amoindrir la compacité; on les répand à une dose variant entre 30 et 50 mètres cubes par hectare. La chaux s'emploie à dose dix fois moindre; 3 à 5 mètres cubes par hectare.

Tous les amendements calcaires produisent d'excellents effets sur les terres tourbeuses, les terres de bois nouvellement défrichés, les terres de vieux potagers saturées d'humus.

Les curures d'étang, les gazons décomposés, les composts sont des amendements spéciaux qui ont des propriétés sensiblement fertilisantes à cause des matières organiques contenues dans leur masse. Le mot amendement exprime encore l'action d'amender. V. aussi **Chaux, Plâtre, Marne, Compost, Engrais.**

(G. B.)

AMENDER. — Amender, signifie améliorer. Amender une terre, c'est lui incorporer des amendements tels qu'ils puissent la rendre plus fertile, plus productive. C'est presque toujours dès avant l'hiver que l'on apporte les amendements sur les terres. Il y a plusieurs raisons à cela : 1° les jardins sont en jachère ; 2° les amendements, la marne et la chaux surtout, sous l'action des alternatives de gels et de dégels, se brisent, s'effritent et peuvent alors être incorporés plus intimement. V. aussi **Amendements.** (G. B.)

AMENTACÉES. — Famille de plantes créée par L. de Jussieu pour les arbres à fleurs monoïques ou dioïques en chatons, dont les plus connus sont le Chêne, le Châtaignier, le Saule, le Bouleau, etc. Les botanistes modernes, après l'étude plus approfondie des caractères des différents genres, l'ont divisée en plusieurs familles, aujourd'hui généralement admises. Ce sont les **Betulacées**, les **Salicinées**, les **Myricées**, les **Cupulifères** et les **Platanées**. V. aussi ces noms.

(S. M.)

AMENTUM. — Syn. de *Chaton*. Epi caduc de fleurs apétales, unisexuées. V. aussi **Chaton.**

AMERIMNON, P. Browne. (de *a*, privatif, et *merimna*, soins; allusion au peu de soins que ces plantes exigent; nom originairement appliqué à la Joubarbe des toits). Fam. *Légumineuses*, tribu des *Dalbergiées*. — Arbustes décoratifs de serre chaude, à feuilles simples, alternes, pétiolées, ovales, un peu cordiformes. On les cultive facilement dans une terre franche et fertile. Multiplication par boutures non dépourvues de leurs feuilles, qui s'enracinent facilement à chaud et sous cloches.

A. Brownei, Jacq. * *Fl.* blanches, odorantes; pédoncules axillaires, glabres ou pubérulents, portant dix fleurs. Mai. *Flles* ovales, aiguës, un peu cordiformes, glabres. *Haut.* 2 à 3 m. Jamaïque, 1793. Cette plante a besoin de support ou d'être appuyée contre un treillage.

A. strigulosum, — *Fl.* blanches, en grappes axillaires, solitaires, trois fois plus longues que les pétioles. Mai. *Flles* ovales, presque cordiformes, obtuses, couvertes, sur les deux faces de poils apprimés ; rameaux et pétioles couverts d'une pubescence courte, brun clair. *Haut.* 2 à 3 m. Trinité, 1817.

AMERIMNUM, P. Browne. — V. **Amerimnon.**

AMHERSTIA, Wall. (en la mémoire de la comtesse Amherst, promoteur zélé de l'histoire naturelle, particulièrement de la botanique). Fam. *Légumineuses*. — Genre monotypique dont l'espèce connue est un grand et magnifique arbre de serre chaude, exigeant une atmosphère humide et très élevée; ses fleurs ont une forme bizarre, rappelant celles de certaines Orchidées. Cet arbre se plait dans une terre forte et fertile. Multiplication par boutures de bois à moitié mûr, que l'on plante sous cloches, dans du sable et sur une couche dont la chaleur de fond est d'environ 28 degrés; on peut aussi le propager par semis.

A. nobilis, Wall. * *Fl.* grandes, d'un beau rouge vermillon, maculées de jaune, disposées en longues grappes axillaires, pendantes. Mai. *Flles* grandes, imparipennées, portant six à huit paires de folioles. *Haut.* 10 à 13 m. Indes, 1837. Ses fleurs, malheureusement un peu éphémères, ne conservent toute leur beauté que pendant quelques jours, mais pendant cette période, aucune autre plante n'est d'un aspect plus remarquable que ce bel arbre. (B. M. 4453 ; F. d. S. 5, 513, 516.)

AMIANTHIUM, A. Gray. — Réuni aux **Zygadenus**, Michx.

AMICIA, Humb., Bonpl. et Kunth. (en la mémoire de J.-B. Amici, célèbre médecin français). Fam. *Légumineuses*. — Genre renfermant quatre espèces originaires de l'Amérique tropicale, depuis la Bolivie jusqu'au Mexique. Ce sont des plantes vivaces, demi-rustiques, de serre froide ou de plein air à exposition abritée. Multiplication par boutures faites à chaud, dans du sable et sous cloches. L'espèce ci-dessous est méritante par sa floraison automnale, tardive.

A. zygomeris, DC. * *Fl.* jaunes, parsemées de taches pourpres sur la carène ; pédoncules axillaires, portant cinq à six fleurs. Automne. *Flles* paripennées, à deux paires de folioles cunéiformes, obcordées, mucronées, couvertes de glandes pellucides ; rameaux et pétioles pubescents. Gousses à deux articulations. *Haut.* 2 m. 50. Mexique, 1826. (B. M. 4008 ; P. M. B. 173.)

AMIDON, Angl. Starch. — La plus grande partie des éléments nutritifs des plantes vertes, emmagasinés pour leur usage ultérieur et pour la formation de nouveaux tissus est composée d'amidon. Dans les parties

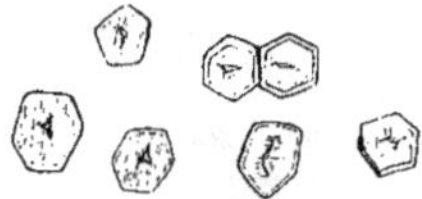

Fig. 142. — Amidon de Maïs grossi.

des plantes où les matériaux de nutrition sont emmagasinés, comme par exemple, dans les tubercules des Pommes de terre, dans la moelle de beaucoup de plantes, dans l'albumen (ou perisperme) des céréales, des Pois et plusieurs autres plantes, l'amidon est très abondant ; il est aggloméré dans les cellules sous forme de petits grains. Ces graines sont fréquemment arrondis, mais ils affectent souvent une forme particulière qui caractérise certaines plantes. Lorsque ces grains sont très nombreux, ils prennent une forme polygonale, causée par leur pression mutuelle. Sous le microscope, on aperçoit dans chaque granule, dans un endroit déterminé, un point sombre nommé *hile;* autour de ce point, se trouvent des couches claires et sombres alternées. On suppose que cette apparence de couches alternatives est due à la quantité variable d'eau qu'ils renferment, car lorsque ces grains sont entièrement secs

Fig. 143. — Grains d'amidon grossis.
Pomme de terre. Avoine.

ou complètement saturés d'eau, ces couches ne sont pas apparentes. Plusieurs granules sont souvent plus ou moins complètement unis, formant ainsi un granule « composé ». Quoique toujours petits, ces grains varient dans leur grosseur chez différentes plantes. On peut les reconnaître très facilement en les immergeant sous verre dans une solution d'iode et d'iodure de potassium ; les granules prennent alors une teinte bleu indigo, dont l'intensité varie selon la force de la solution. L'amidon est composé de carbone, d'hydrogène et d'oxygène dans les proportions indiquées par la formule chimique $C_6 H_{10} O_5$. Cette composition est la même que celle de la cellulose, substance dont les cellules sont formées ; elle est aussi presque la même que celle de plusieurs des sucres dans lesquels l'amidon est transformé par l'action d'un ferment appelé *diastase*. L'amidon se produit en présence de la lumière dans les corps chlorophylliens, et par conséquent, seulement dans les parties vertes des plantes. Il y a beaucoup de doutes sur le rôle exact que joue la chorophylle ; la plupart des botanistes croient qu'elle forme les granules d'amidon, mais d'autres, partageant l'opinion de Pringsheim, pensent que la chlorophylle n'est qu'une sorte d'agent protecteur du protoplasme contre la lumière trop intense, et considèrent ce dernier comme l'agent actif de la production de l'amidon. Quelle que soit l'opinion correcte, l'amidon est largement formé du carbone, de l'oxygène et du gaz acide carbonique de l'atmosphère. Les granules ne sont pas solubles dans l'eau, en sorte que, lorsqu'il faut qu'ils passent d'une partie de la plante dans une autre, ils sont transformés en sucre qui est soluble, et arrive sous cette forme dans les parties où il doit être employé pour former les parois de nouvelles cellules, ou dans celles où il doit être emmagasiné. Dans ce dernier cas, les granules d'amidon sont de nouveau formés par l'action de particules de protoplasme nommées « amylogènes » qui sont fixées dans chaque granule, au point le plus éloigné du hile.

AMISCHOTOLYPE, Hassk. — V. **Forrestia,** A. Rich.

AMMOBIUM, R. Br. (de *ammos*, sable, et *bio*, vivre ; allusion aux lieux sableux dans lesquels vit la plante). Fam. *Composées.* — Genre comprenant deux espèces originaires de l'Australie. Celle que l'on cultive dans

Fig. 144. — Ammobium alatum.

les jardins est une plante herbacée, annuelle ou même vivace. Bien que différente par ses caractères botaniques et par son port, ses fleurs ont une certaine ressemblance avec celles des Immortelles. Fleurs en capitules disposés en corymbes au sommet de rameaux ailés ; involucre formé d'écailles imbriquées, scarieuses, blanches. On cultive cette plante en pleine terre, comme la plupart des plantes annuelles ou bisannuelles. Le semis de ses graines peut se faire en septembre; on repique le plant en pépinière abritée, ou mieux en pots que l'on hiverne sous châssis, puis on les met en place en avril. On peut aussi semer en mars, sur couche et repiquer en place lorsque le plant est assez fort.

A. alatum, R. Br. *Fl.* en capitules d'environ 2 cent. 1/2 de diamètre, à involucre d'un blanc nacré et à disque jaune; elles sont très nombreuses et disposées en corymbes paniculées. Mai à septembre. *Flles* radicales oblongues-lancéolées, disposées en rosette, les caulinaires plus courtes et plus étroites, sessiles, longuement décurrentes sur les tiges, qui sont ainsi fortement ailées: d'où son nom spécifique. *Haut.* 50 à 60 cent. Nouvelle-Hollande, 1822. (S. B. F. G. 48; B. M. 2459.)

A. a. grandiflorum, Hort.* Capitules d'un blanc plus pur, ayant presque le double de la grandeur de ceux du type. Cette variété méritante se reproduit franchement de semis.

AMMOCHARIS, Herb. Syn. *Palinetes*, Salisb. Fam. *Amaryllidées*. — Genre ne comprenant qu'une espèce originaire du Cap. C'est une belle plante bulbeuse, de serre tempérée, très voisine des *Brunsvigia*, dont on peut la distinguer par son périanthe à tube cylindrique et par ses six étamines divergentes, toutes égales, à peu près aussi longues que les segments. Pour sa culture, V. **Brunsvigia**.

A. falcata, Herb. *Fl.* verdâtres, passant au rose plus ou moins foncé, odorantes, au nombre de vingt à quarante, en ombelle; pédicelles de 2 1/2 à 6 cent. de long; valves de la spathe grandes, ovales. Hampe forte, latérale, de 15 à 30 cent. de long. Hiver. *Flles* linéaires, arquées, étalées, de 30 à 60 cent. de long, à bords discolores et cartilagineux. Bulbe ovale, non rétréci au sommet. Cap, 1774. (B. M. 1443.) Syns. *Amaryllis falcata*, L'Her.; *A. coranica*, Burchel. (B. R. 139 et 219, var. *pallida*.); *Brunsvigia falcata*, Ker.; *Crinum falcatum*, Jacq.; *Hæmanthus falcatus*, Thunb.

AMMODENDRON, Fisch. (*de ammos*, sable, et *dendron*, arbre; allusion aux lieux qu'ils habitent). Fam. *Légumineuses*. — Genre renfermant cinq espèces originaires de l'Asie septentrionale. L'espèce suivante est un joli arbuste rustique, toujours vert, soyeux, dont les pétioles se transforment en épines. On l'emploie pour la garniture des bosquets; il se plaît en tous terrains sains bien drainés et on le propage par marcottes et par semis.

A. Sieversii, DC.* *Fl.* pourpres, disposées en grappes. Juin. *Flles* bifoliées, à folioles blanchâtres et soyeuses sur les deux faces. *Haut.* 1 m. à 1 m. 50. Sibérie, 1837.

AMMODENDRUM. — V. **Ammodendron**.

AMMOGETON, Schrad. — V. **Troximon**, Nutt.

AMMOGETON scorzoneræfolium. — V. **Troximon glaucum dasycephalum**.

AMMOLIRION, Kar. et Kir. — V. **Eremurus**, M. B.

AMMONIAQUE. — Le gaz ammoniac est un composé d'azote et d'hydrogène. Il se dégage abondamment dans la décomposition des substances animales et des matières fécales.

La dissolution de ce gaz dans l'eau est appelée *ammoniaque* ou *alcali volatil*. Elle a les propriétés des dissolutions de potasse et de soude; elle neutralise les acides, ramène au bleu la teinture rouge de tournesol et verdit le sirop de violettes.

C'est un caustique très énergique; on l'utilise en médecine contre les morsures de vipère, les piqûres de guêpe, etc. Son odeur est tellement vive et pénétrante, qu'elle peut occasionner des ophtalmies dangereuses et même l'asphyxie.

Le *sulfate d'ammoniaque*, qui est fréquemment employé comme engrais, est obtenu par la saturation de l'acide sulfurique au moyen des vapeurs qui se dégagent quand on distille, soit les eaux vannes provenant de la fermentation des urines, soit les eaux ammoniacales des usines à gaz. Ce sel est très soluble et fournit l'azote aux plantes sous une forme rapidement assimilable. — V. aussi **Azote** et **Engrais**. (X.)

AMMYRSINE, Pursh. — V. **Leiophyllum**, Pers.

AMOMOPHYLLUM, Engl. — V. **Spathiphyllum**, Schott.

AMOME vrai. — V. **Amomum Cardamomum**, Linn.

AMOMUM, Linn. (de *a*, privatif, et *momos*, impureté; allusion à ses qualités de contre-poison). Fam. *Zingibéracées*. — Genre comprenant environ cinquante-cinq espèces originaires de l'Asie, de l'Afrique et de l'Australie tropicale et des îles de l'Océan Pacifique. Ce sont des plantes vivaces, herbacées, de serre chaude, très odorantes-aromatiques, que l'on employait autrefois pour embaumer. Fleurs en épis ou bouquets rapprochés du sol. Feuilles distiques, lancéolées, entières, engainantes à la base. Pour leur culture, V. **Alpinia**.

A. angustifolium, Sonər.* *Fl.* tantôt jaune chrôme uniforme, tantôt carmin; labelle jaune plus ou moins pâle, quelquefois entièrement carmin; hampe nue, de 10 à 20 cent. de haut; épi capité. Juillet. *Flles* linéaires, lancéolées. *Haut.* 2 m. 50. Madagascar.

Fig. 145. — Amomum Cardamomum; partie d'inflorescence.

A. Cardamomum, Linn.* Cardamome, Amome vrai. *Fl.* brunâtres; labelle à trois lobes, éperonné; hampe rameuse, flexueuse, retombante. Août. *Haut.* 2 m. 50. Indes orientales, 1823.

A. Danielli, Hook. f. *Fl.* de 10 cent. de diamètre; divisions extérieures d'un beau rouge ; labelle étalé, blanchâtre, teinté de rose et de jaune ; hampe courte, naissant à la base de la tige. *Flles* oblongues-lancéolées, de 20 cent. de long. *Haut.* 75 cent. Afrique occidentale. (B. M. 4764.)

A. grandiflorum, Smith. *Fl.* blanches, nombreuses, en épi court et compact. Juin. *Flles* elliptiques-lancéolées, aiguës. *Haut.* 1 m. Sierra Leone, 1795.

A. Granum-Paradisi, Linn. Grains de Paradis, Poivre de Guinée, etc. Angl. Grains of Paradise. *Fl.* blanches, teintées de rose et de jaune. *Flles* elliptiques-lancéolées, longuement acuminées. Tiges très rouges à la base, pourpre sombre dans leur partie supérieure, pétioles longs et engainants à la base. Les graines sont utilisées en parfumerie. *Haut.* 1 m. Afrique occidentale. (B. M. 4603 ; L. J. F. 178.)

A. Melegueta, Roxb.* *Fl.* solitaires, rose pâle, à labelle orbiculaire, irrégulièrement denté. Mai. *Flles* étroites, linéaires-elliptiques, distiques, sessiles. *Haut.* 30 à 60 cent. Sierra Leone, 1869. Plante traçante.

A. sceptrum, — *Fl.* rose purpurin, grandes, sub-dressées, dont le labelle, partie la plus évidente, a 5 cent. de diamètre ; hampe de 15 cent. de haut. Janvier. *Flles* étroites, oblongues-lancéolées. *Haut.* 1 m. 50 à 2 m. Vieux Calabar, 1863.

A. vitellinum, — *Fl.* jaunes ; labelle oblong, obtus, denté ; épis oblong, sessile, un peu lâche. Avril. *Flles* ovales. *Haut.* 60 cent. Indes orientales, 1846. Plante glabre, acaule.

AMORPHA, Linn. (de *a*, privatif, et *morphe*, forme ; allusion à la formation incomplète des fleurs). Fam. *Légumineuses.* — Genre comprenant huit espèces originaires de l'Amérique septentrionale. Ce sont de beaux arbustes rustiques, à feuilles caduques, imparipennées, à plusieurs paires de folioles couvertes de glandes pellucides. Fleurs en grappes spiciformes, allongées, réunies en fascicules au sommet des rameaux ; corolle dépourvue d'ailes et de carène, ne possédant qu'un étendard ovale, concave. Les *Amorpha* sont propres à l'ornement des massifs d'arbustes à exposition abritée ; ils poussent en tous terrains. Multiplication par semis, marcottes, ou par boutures coupées au-dessous d'un nœud au commencement de l'automne et plantées dans un endroit abrité où on les laisse jusqu'à l'automne suivant. Ils produisent aussi de nombreux rejets au moyen desquels on peut les propager rapidement.

A. canescens, Nutt.* Angl. The Lead Plant. *Fl.* bleu foncé. Juillet. *Flles* ovales-elliptiques, mucronées. *Haut.* 1 m. Missouri, 1812. Toute la plante est couverte d'une pubescence blanchâtre.

A. fructicosa, Linn. Indigo bâtard, Faux Indigo. Angl. The False Indigo. *Fl.* pourpre violacé très foncé. Juin. *Flles* à folioles elliptiques-oblongues ; les inférieures éloignées de la tige. *Haut.* 2 m. Caroline, 1724. Arbuste glabre ou peu velu. (L. E. M. 621 ; B. R. 427.) Il existe plusieurs variétés dont les folioles sont mucronées, émarginées ou plus étroites que celles du type, mais toutes à fleurs violacées. Un certain nombre de variétés très peu distinctes sont fréquemment mentionnés dans les catalogues horticoles sous des noms spécifiques. Ce sont les *A. caroliniana, crocea, crocea-lanata, dealbata, fragrans, glabra, herbacea, nana, pubescens*, etc. Toutes ces formes diffèrent si légèrement entre elles, ainsi que du type, qu'il est presque impossible de les distinguer par des caractères suffisamment évidents.

AMORPHE. — Sans forme déterminée.

AMORPHOPHALLUS, Blume (de *amorphos*, difforme, et *phallus*, membre ; allusion à la forme repoussante de l'inflorescence). Syn. *Pythion*, Mart. Comprend les *Brachyspatha*, Schott ; *Conophallus*, Schott ; *Corynophallus*, Schott ; *Hydrosme*, Schott ; *Proteinophallus*, Hook. f. et *Tapeinophallus*, H. Bn. Fam. *Aroïdées.* — Genre renfermant environ vingt-cinq espèces originaires de l'Asie et de l'Afrique tropicale, de l'Archipel Malais et des îles de l'Océan Pacifique. Ce sont des plantes remarquables, voisines des *Arum* dont on peut les distinguer par leur spathe étalée non roulée, par leurs anthères s'ouvrant par des pores et non par une fente longitudinale, par les nombreuses cellules de leur ovaire et par leurs ovules solitaires, dressés ; ceux des *Arum* sont horizontaux. Il leur faut une terre composée de deux tiers de bonne terre franche et un tiers de bon terreau gras bien décomposé. Les autres points essentiels de leur culture sont : une atmosphère suffisamment humide et une température de 12 à 18 et même 20 deg. Il faut les tenir secs au chaud pendant l'hiver, car ils redoutent le froid et l'humidité pendant leur période de repos. Le dessous des banquettes d'une serre chaude leur convient parfaitement ; on peut aussi les enterrer dans du sable sec. Leur multiplication est lente et difficile, les tubercules de la plupart des espèces sont volumineux, mais ils ne développent que rarement des bourgeons. Il faut en conséquence faciliter la production des graines au moyen de la fécondation artificielle. Toutes les espèces ont un port pittoresque et très décoratif ; elles sont particulièrement convenables pour isoler sur les pelouses, orner les serres froides, les vérandas, et pour les garnitures tropicales. Pour les moyens de les féconder et la culture des semis, V. **Arum.**

A. Afzelii, — *Fl.* à spathe tubuleuse à la base, s'ouvrant dans sa partie supérieure en un limbe largement ovale, aigu, marbré à l'extérieur, pourpre et marqué de stries blanches à l'intérieur ; spadice dilaté au sommet en forme de massue, naissant sur les feuilles à différentes époques. *Flles* à pétiole grêle, de 30 à 60 cent. de hauteur ; limbe divisé en trois parties principales, à leur tour tripartites ou rarement bipartites, chaque segment est encore pinnatiséqué, dernières divisions de dimensions variables, mais toujours décurrentes à la base et aiguës au sommet. Afrique tropicale, 1873. Syn. *Corynophallus Afzelii.* (G. C. 1872, 1619.) Pour sa culture, etc. V. **Caladium.**

A. A. elegans, — * *Flles* à segments très étroits et plus pendants que ceux des autres variétés ; pétioles verts, unicolores.

A. A. latifolia, — *Flles* à segments plus larges et moins divisés que ceux des autres variétés ; chaque division principale est divisée en deux segments, qui ne portent à leur tour que deux ou trois derniers segments.

A. A. spectabilis, — * Partie inférieure de la tige, couleur puce, marquée de taches oblongues-linéaires, foncées.

A. campanulatus, Blume. *Fl.* à spathe grande, campanulée, de plus de 30 cent. de long, acuminée, jaune verdâtre à l'extérieur, avec des ponctuations brunes et blanches ; intérieur et bords violacés ; spadice renflé en massue dépassant un peu la spathe. *Flles* grandes, d'environ 1 m. de large, découpées en trois segments divisés chacun en deux lobes pinnatifides ; pétioles gros, rudes verruqueux. Tubercule très gros. Indes, Iles de la Sonde Ceylan, etc., 1827. Syn. *Arum campanulatum*, Roxb. (B. M. 2812 ; G. C. 1889, I, pp. 755, 804.)

A. Eichleri, Hook. f. *Flle* solitaire, verte, très divisée. Spathe en coupe, de 5 cent. de diamètre, pourpre et blanc; spadice de 15 cent. de haut, brun, en forme de massue. Afrique occidentale tropicale, 1889. (B. M. 7091.)

A. grandis, — *Fl.* à spathe verte, blanchâtre à l'intérieur; spadice pourpré. *Haut.* 1 m. Java, 1865. Serre chaude.

A. Lacourii, — V. *Pseudodracontium Lacourii*, son nom correct.

A. Leopoldianus, — *Fl.* à spathe ouverte, violet rougeâtre, courtement pédonculée; limbe ovale-lancéolé, longuement acuminé, à bords lancéolés; spadice de 60 à 75 cent. de long, cylindrique. *Flles* étalées horizontalement, de 75 cent. à 1 m. de diamètre, palmées, triséquées, à divisions biséquées; segments oblongs-lancéolés, lâchement et irrégulièrement bi- ou tripinnatiséqués; derniers segments de 3 à 4 cent. de long; pétioles d'environ 60 cent. de haut, arrondis, ponctués. Congo, 1887. Syn. *Hydrosme Leopoldiana*. (I. H. ser. v, 23.)

A. nivosus, — V. *Dracontium asperum*.

A. Rivieri, D. R. * Hampe et spadice atteignant 1 m. ou plus de haut, paraissant avant les feuilles; hampe grosse et forte, d'un vert foncé, mouchetée et bigarrée de taches rose pâle ou gris argenté; spadice très long, brun foncé, à odeur forte et désagréable. Mars à mai. *Flle* presque toujours solitaire, très divisée en forme de parasol, de 1 m à 1 m. 25 de diamètre, pétiole élevé d'environ 1 m., également bigarré et moucheté. Cochinchine. C'est l'espèce la plus répandue. Syn. *Proteinophallus Rivieri*, Hook. f.

A. Teutzii, — *Fl.* à spathe verte à l'extérieur, pourpre brun foncé à l'intérieur, de 15 cent. de long, à tube court, ovoïde; limbe ouvert, trifide; spadice presque plus court que la spathe, avec un appendice cylindrique, verdâtre; pédoncule très court. *Flle* solitaire, tripartite, à divisions rameuses, bipinnatifides; derniers segments linéaires-lancéolés. Afrique tropicale occidentale, 1884. Syn. *Hydrosme Teutzii*. (R. G. 1142.)

A. Titanum, Beccari. *Fl.* à spadice de 1 m. 50 de haut, spathe de près de 1 m. de diamètre, en forme de cloche dressée, à bords renversés, dentelés; l'intérieur est verdâtre pâle à la base; le limbe est pourpre, noirâtre, brillant, l'extérieur est vert pâle, lisse à la base, mais fortement plissé, chagriné au sommet; hampe d'environ 45 cent. de haut, marbrée de taches blanchâtres, orbiculaires. *Flles* à limbe très divisé, mesurant environ 18 m. de circonférence. Sumatra occidental. 1873. Comme on peut en juger par la description ci-dessus, cette plante extraordinaire, par ses gigantesques proportions, surpasse presque toutes celles connues dans le règne végétal; elle a fleuri à Kew en 1890. Syn. *Conophallus Titanum*, Beccari. (B. M. 7153-4-5.)

A. variabilis, * — *Fl.* exhalant une odeur atroce, qui est heureusement de très courte durée; spathe beaucoup plus courte que le spadice, pourpre verdâtre, acuminée, aiguë, plurinervée; spadice blanchâtre, fleurs femelles à la base, puis au-dessus, sans fleurs neutres et contiguës avec elles sont disposées les fleurs mâles à anthères orangées; l'extrémité très longue est nue, ridée et aréolée à sa surface. *Flle* solitaire, de 45 cent. de diamètre; le pétiole qui est maculé se divise au sommet en trois branches principales, qui sont à leur tour fourchues et pinnatiséquées; les segments sont alternes, sessiles ou décurrents, de grandeur très inégale, ovales ou ovales-lancéolés, acuminés, glabres, brillants. *Haut.* 1 m. Indes, 1876. Syn. *Brachyspatha variabilis*. (G. C. 1876, 120.)

A. virosus, N. E. Brown. *Fl.* à spathe vert pâle, maculée de blanc et marginée de pourpre à l'extérieur, intérieur pourpre et rugueux à la base, d'un beau blanc crème au milieu et pourpre dans la partie supérieure, de 20 cent. de long et 15 cent. de large; spadice de 18 cent. de long avec un appendice subglobuleux, rugueux, brunâtre ou pourpre. Siam, 1885. Semblable à l'*A. campanulatus*, mais à inflorescence plus petite. (B. M. 6978.)

AMOUR en chemise, en cage, etc. — V. **Physalis Alkekengi**, Linn.

AMOURETTE. — V. **Briza**, Linn. et **Saxifraga umbrosa**, Linn.

AMPÉLIDÉES. — Famille renfermant environ quatre cent cinquante espèces réparties dans onze genres et toutes originaires des régions chaudes et tempérées. Ce sont des arbustes ou arbrisseaux ordinairement sarmenteux, grimpants, rustiques ou

Fig. 146. — AMORPHOPHALLUS RIVIERI, avec inflorescence.

de serre. Ses caractères sont : calice petit, entier ou sub-denté; corolle à quatre ou cinq pétales, quelquefois soudés à la base et insérés sur un disque glanduleux; étamines cinq, opposées aux pétales; style entier très court. Le fruit est une baie succulente. Feuilles alternes, entières, lobées, palmées ou digitées, munies de stipules. Rameaux quelquefois munis de vrilles formées par l'avortement du rachis des inflorescences. Les *Ampelopsis* et surtout les *Vitis* sont les genres les plus importants. (S. M.)

AMPELOGRAPHE. — Nom donné aux savants qui s'occupent spécialement de la Vigne; leurs ouvrages portent le nom d'*Ampelographies*. (S. M.)

AMPELOPSIS, Michx (de *ampelos*, Vigne, et *opsis*, ressemblance; allusion à leurs ressemblance et à leurs affinités avec la Vigne). Syn. *Quinaria*, Raf.; *Parthenocissus*,

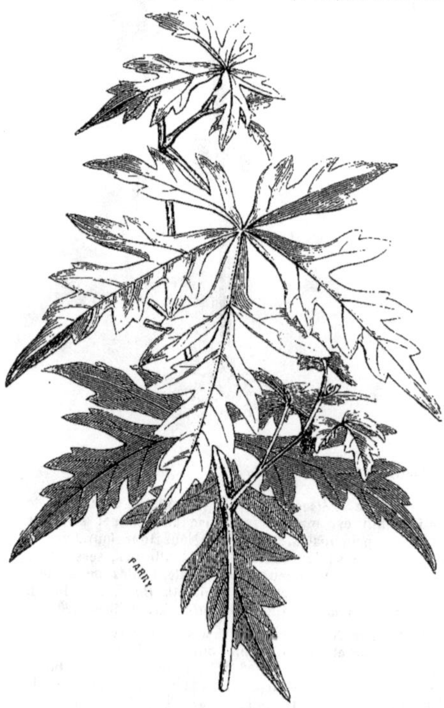

Fig. 147. — Ampelopsis aconitifolia. (*Rev. Hort.*)

Planch. Fam. *Ampélidées*. — Genre très voisin des *Vitis* dont il n'est qu'une section; on en connait une vingtaine d'espèces originaires de l'Amérique septentrionale, de la Chine et du Japon. Calice à cinq dents superficielles; pétales concaves, épais, s'ouvrant avant leur chute; disque nul. Les *Ampelopsis* sont des arbustes ornementaux, rustiques, grimpants, à feuilles caduques, poussant facilement en tous terrains. On les multiplie par boutures munies d'un bon œil, faites en septembre, et plantées sous cloches en pleine terre légère, ou mieux en pots que l'on place sur les gradins d'une serre froide; comme elles s'enracinent rapidement, elles sont bonnes à planter au printemps suivant. On peut aussi faire au printemps des boutures avec du bois tendre, pris sur des pieds spécialement cultivés pour cet usage; elles s'enracinent facilement sur couche ou en serre avec chaleur de fond. Ce procédé s'applique spécialement à l'*A. tricuspidata*. On peut aussi les propager par marcottes ainsi que par semis. Presque toutes les espèces poussent vigoureusement à n'importe quelle exposition.

A. aconitifolia, Bunge. *Flles* palmatiséquées, à segments pinnatifides. Chine, 1868. Espèce élégante, vigoureuse, à rameaux rougeâtres, allongés, un peu grêles. Syns. *A. lucida*, *A. triloba*, *A. tripartita*, et *Vitis dissecta*.

A. bipinnata, Michx. *Fl.* vertes, petites; grappes pédonculées, deux fois bifides; baies globuleuses. Juin. *Flles* bipinnées, lisses; folioles profondément lobées. *Haut.* 3 m. Virginie, 1700.

A. Davidii, — *Flles* de forme très variable, cordiformes, lobées ou digitées, vertes en dessus, glabres et glauques en dessous; pétioles petits, rouges, glabres. Sarments adultes, à écorce rimeuse, à peine fendillée; jeunes sarments glabres; les fructifères petits, à écorce rouge. Grappes très nombreuses, groupées par deux ou trois à chaque bourgeon, de grandeur moyenne. Grains assez gros, sphériques, noir bleuâtre, glauques, à saveur particulière. Nouvelle espèce originaire du nord de la Chine, entièrement rustique. Syn. *Ampelovitis Davidii*, Carr. (R. H. 1889, p. 204 avec plch. et 1890, p. 134.)

A. hederacea, Michx. Syn. de *A. quinquefolia*, Michx.

A. Hoggii, — Variété vigoureuse et à grandes feuilles de l'*A. tricuspidata*.

A. japonica, — Syn. de *A. tricuspidata*.

A. lucida, — Syn. de *A. aconitifolia*, Bunge.

A. napiformis, — * Verdâtre, Chine, 1870.

A. quinquefolia, Michx*. Vigne-vierge. Angl. Virginian Creeper. *Fl.* pourpre verdâtre, en grappes corymbiformes, peu apparentes. Juin. *Flles* digitées, à trois cinq folioles pétiolulées, oblongues, acuminées, à dents mucronées; glabres sur les deux faces; prenant à l'automne une belle teinte rouge. Plante sarmenteuse, grimpante, très vigoureuse et rustique, propre à tapisser les murs, à garnir les berceaux, etc. Amérique du Nord, 1629. Syns. *A. hederacea*, Michx; *Cissus quinquefolia*, Linn.

A. q. hirsuta, Hort. *Flles* pubescentes sur les deux faces.

A. serjaniæfolia, Bunge. *Flles* vertes, palmées, à cinq lobes ou les supérieures trilobées; division intermédiaire souvent ternée ou même pinnée; folioles obovales-aiguës, incisées-dentées ou sub-lobulées; pétioles articulés, ailés. Racines tuberculeuses. Japon, 1867. Syns. *A. tuberosa; Cissus viticifolia.*

A. tricuspidata, * — *Flles* de forme très variable; les juvéniles presque entières; les adultes plus grandes, arrondies, cordiformes, divisées jusqu'au milieu en trois lobes deltoïdes, longuement et étroitement acuminés, grossièrement dentés sur les bords. Elles ne prennent pas à l'automne une aussi belle teinte que celles de la Vigne-vierge ordinaire, mais la plante est cependant tout à fait distincte et des plus utiles, car elle s'adapte à toutes les expositions et, lorsqu'elle est établie, elle n'a plus besoin d'être fixée au moyen de loques. Japon, 1868. Syns. *A. Veitchii*, Hort. et *Vitis japonica*, Hort.

A. triloba, — Syn. de *A. aconitifolia*, Bunge.

A. tripartita, — Syn. de *A. aconitifolia*, Bunge.

A. tuberosa. — Syn. de *A. serjaniæfolia*.

A. Veitchii, — Syn. de *A. tricuspidata*.

AMPELOSICYOS, D. P. Thou. — V. **Telfairea,** Hook.

AMPELOVITIS Davidii, Carr. — V. **Ampelopsis Davidii.**

AMPHIBIE. — Se dit des plantes qui peuvent vivre dans l'eau et hors de l'eau. Beaucoup de plantes aquatiques émergées sont dans ce cas, mais elles ne quittent néanmoins pas les terres très humides ou vaseuses. (S. M.)

AMPHIBLEMMA, Naud. (de *amphi*, double, et *blemma*, aspect; en raison du double caractère des fleurs qui les rapproche soit des *Lasiandra*, soit des *Miconia*). Fam. *Mélastomacées*. — Petit genre dont on connaît trois espèces originaires de l'Afrique tropicale. Ce sont des plantes frutescentes, glabres ou pubescentes à rameaux tétragones ou arrondis; feuilles cordiformes-acuminées, à cinq-sept nervures, denticulées. Fleurs roses ou rouges, en cymes corymbiformes, terminales. Serre chaude. Culture des **Melastoma.**

A. cymosum, Naud. *Fl.* roses, de 2 cent. 1/2 de diamètre, en corymbes terminaux, sessiles; pédicelles courts, épais; calice urcéolé, portant quelques poils épars, à lobes aigus, épais; pétales ovales, arrondis; étamines, dix. *Flles* grandes, pétiolées, glabres, à limbe ovale, courtement acuminé, de 12 à 14 cent. de long, parcouru par cinq ou sept nervures saillantes. Gabon, 1861. Syn. *Melastoma corymbosa*. Sims. (B. M. 5473.)

AMPHIBLESTRA, — Réuni aux **Pteris.**

AMPHICARPÆA, Ell. (de *amphi*, deux, et *karpos*, fruit; allusion aux deux sortes de gousses). Syn. *Cryptolobus*, Spreng. Fam. *Légumineuses*. — Genre comprenant environ sept espèces originaires de l'Amérique septentrionale, du Japon et de l'Himalaya. Ce sont des plantes annuelles à tiges herbacées, grimpantes, voisines des *Wistaria*. Fleurs quelquefois apétales. Gousses de deux formes; les supérieures arquées, à trois ou quatre graines; les inférieures pyriformes, charnues, ne mûrissant habituellement qu'une graine; elles s'enfoncent en terre après la fécondation. Leur culture est des plus faciles; les graines se sèment au printemps en plein air, dans un endroit ensoleillé.

A. monoica, Nutt. Angl. Hog Pea-nut. *Fl.* à étendard violet pâle; carène et ailes blanches, grappes axillaires, pendantes. Juin-août. *Flles* pinnées, trifoliées, à folioles ovales, glabres. Amérique du Nord, 1781.

AMPHICOME, Royle (de *amphi*, deux, et *kome*, touffe de poils; allusion aux graines munies d'une touffe de poils aux deux extrémités). Fam. *Bignoniacées*. — Genre comprenant deux espèces de plantes herbacées, très ornementales, de serre froide ou demi-rustiques, convenables pour la garniture des rocailles. Fleurs axillaires ou terminales. Feuilles alternes, irrégulièrement pinnées. Si on les plante en pleine terre, il faut les protéger de l'humidité et des froids rigoureux. Un mélange de terre franche, de terreau de feuille et de sable leur convient parfaitement. Multiplication au printemps, par boutures de jeunes rameaux, plantées à chaud, en terre légère; on peut aussi les propager par semis que l'on fait au printemps en pots, sous châssis ou en serre froide.

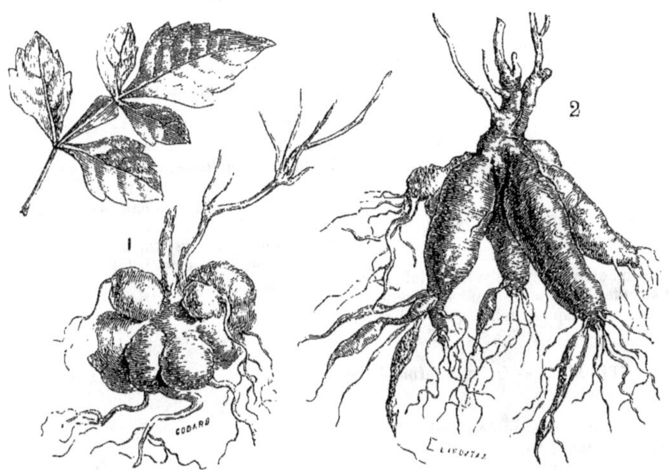

Fig. 148. — Ampelopsis.
1. A. napiformis, tubercules et feuille. 2. A. serjaniæfolia, tubercules. (*Rev. Hort.*)

A. arguta, Royle. * *Fl.* rouges, pendantes, en grappes axillaires et terminales; corolle tubuleuse à la base, ventrue dans sa partie supérieure. Août. *Flles* alternes, imparipennées, à trois ou quatre paires de folioles opposées, courtement pétiolulées, lancéolées, acuminées, profondément dentées. *Haut.* 1 m. Himalaya, 1837. (B. R. 19; P. M. B. 79.)

A. Emodi, — * *Fl.* roses et oranges, dressées, en grappes axillaires; corolle de 4 à 5 cent. de long, campanulée, légèrement tubuleuse à la base. Août à octobre. *Flles* imparipennées, à folioles nombreuses. *Haut.* 30 à 45 cent.

Indes; régions élevées, 1852. Très belle plante. (B. M. 4890; Gn. 1890, p. 458.)

AMPHIDONAX, Nees. — V. **Arundo**, Linn.

AMPHIGLOTTIS, Salisb. — V. **Epidendrum**, Linn.

AMPHILOBIUM, Hort. — V. **Amphilophium**, Humb., Bonpl. et Kunth.

AMPHILOPHIUM, Humb., Bonpl. et Kunth. (de *amphilophos*, en crête tout autour; le limbe de la corolle est fortement roulé). Syn. *Amphilobium*, Hort. Fam. *Bignoniacées*. — Genre renfermant quatre ou cinq espèces de belles plantes grimpantes, toujours vertes, de serre chaude, originaires de l'Amérique tropicale. Corolle un peu coriace, à tube court et fortement ventrue à la gorge. Il faut à l'espèce suivante un mélange de terre franche et de terre de bruyère. Multiplication par boutures de jeunes rameaux qui s'enracinent facilement au printemps, à chaud, dans du sable et sous cloches.

A. paniculatum, Kunth.* *Fl.* roses, en panicule terminale, à pédoncules triflores. Juin. *Flles* opposées, réunies par paires; folioles ovales, arrondies, acuminées, sub-cordiformes. Indes occidentales, 1738.

AMPHION, Salisb. — V. **Semele**, Kunth.

AMPHISARQUE. — Fruit sec, ligneux à l'extérieur, pulpeux à l'intérieur, multiloculaire et indéhiscent, comme l'est celui du *Baobab*.

AMPLEXICAULE. — Embrassant la tige; se dit généralement des feuilles.

AMPOULE. — On nomme ainsi les vessies globuleuses et remplies d'air que l'on remarque sur les racines de quelques plantes aquatiques, telles que celles des *Utricularia*. (S. M.)

AMPULACÉ, AMPULAIRE. — Qui a la forme d'une ampoule ou vessie gonflée.

AMSONIA, Walt. (en l'honneur de Charles Amson, voyageur scientifique dans l'Amérique). Fam. *Apocynacées*. — Genre renfermant quatre espèces originaires de

Fig. 149. — Amsonia salicifolia.

l'Amérique boréale et du Japon. Ce sont de très jolies plantes herbacées, vivaces, rustiques, à feuilles alternes. Fleurs bleu pâle, en panicule terminale; corolle à tube etroit en entonnoir, et à lobes linéaires. Les *Amsonia* se plaisent à exposition demi-ombrée, ainsi que sur les bords des massifs d'arbustes; ils n'ont pas besoin d'être transplantés trop fréquemment. Multiplication par boutures faites pendant l'été ou par division des touffes au printemps.

A. latifolia, Michx. Syn. de *A. Tabernæmontana*, Walt.

A. salicifolia, Pursh. *Fl.* bleu clair, en cymes corymbiformes, terminales; corolle petite, en entonnoir; tube arrondi, gorge blanchâtre, barbue. Été. *Flles* lancéolées, lisses, aiguës. *Haut.* 45 à 75 cent. Amérique du Nord, 1812. Port moins dressé que chez l'espèce suivante. (B. M. 1873 ; L. B. C. 59,2.)

A. Tabernæmontana, Walt.* *Fl.* bleu pâle, en cymes; pétales lancéolés, aigus, légèrement velus à l'extérieur; sépales également lancéolés, aigus. Été. *Flles* ovales-lancéolées, aiguës, courtement pétiolées. *Haut.* 45 à 75 cent. Amérique du Nord, 1759. Syns. *A. latifolia*, Michx. (B. R. 151.) *Tabernæmontana Amsonia*, Linn.

AMYGDALÉES. — Tribu des *Rosacées*, créée par Jussieu, renfermant les arbres à fruits à noyau; elle est aujourd'hui nommée **Prunées**.

AMYGDALOPSIS, Carr. — Réuni au genre **Prunus**, Linn.

AMYGDALOPSIS Lindleyi, Carr. — V. **Prunus tribola**.

AMYGDALUS, Linn. (de *amysso*, lacérer; allusion aux gerçures du noyau du fruit). **Amandier**, Angl. Almond. Fam. *Rosacées*, tribu des *Prunées*. — Ce genre est maintenant réuni par Benham et Hooker aux *Prunus*, dont il forme la première section. Ce sont de beaux arbres ou arbustes à feuilles caduques et à floraison printanière. Fleurs blanches ou rouges; calice persistant; corolle à cinq pétales caducs, étamines nom-

Fig. 150. — Amygdalus communis; fleur coupée longitud.

breuses, style simple filiforme. Le fruit est une drupe oblongue, comprimée, couverte d'une pubescence veloutée, à écorce (péricarpe) fibreuse, s'ouvrant irrégulièrement; noyau ligneux, lacéré, ou presque lisse. Les espèces ou variétés les plus vigoureuses sont d'excellents arbres pour l'ornement des jardins, soit isolés, soit placés parmi d'autres arbres. Les Amandiers fleurissent avant la plupart des autres arbres, souvent dès le mois de mars et même plus tôt, et se couvrent sur tous leurs rameaux d'une grande quantité de fleurs, causant un plaisir d'autant plus agréable qu'à cette époque, les jardins sont encore complètement nus. Les variétés naines sont propres à garnir les bords des massifs d'arbustes; elles sont aussi très convenables pour la culture en pots. Pour l'ornement des serres et des vérandas, il faut leur donner une forme pyramidale; ils ne sont cependant pas recommandables pour les petites serres, car pour fleurir abondamment, les plantes doivent avoir au moins 1 m. de hauteur et un diamètre proportionnel. De grands pots sont essentiels; après les avoir empotés, il faut les arroser copieusement, puis les placer pendant quelques semaines dans une serre-verger ou autre; on peut ensuite les transporter à l'endroit qu'on leur destine. Une température de 10 à 12 deg. est suffisante pour hâter la floraison; plus forte, elle pourrait causer la chute des boutons. Lorsque les dernières fleurs sont passées, on transporte les plantes dans le jardin et on enterre les pots pour le restant de la saison. On les rempote de nouveau dès que les feuilles sont tombées.

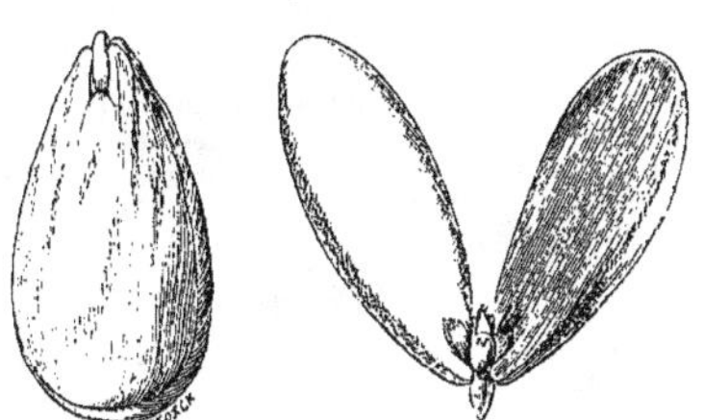

Fig. 151. — AMYGDALUS.
Embryon. Le même en développement montrant les deux cotylédons.

L'*A. communis* se multiplie par semis. (V. à ce sujet **Amandier.**) Les variétés ornementales se font par greffe sur le type et sur Prunier. (V. aussi **Prunus.**)

A. argentea, Lamk. Syn. de *A. orientalis*, Mill.

A. Besseriana, Schott. Syn. de *A. nana*, Linn.

A. cochinchinensis, Lour. *Fl.* blanches, en petites grappes sub-terminales. *Fr.* ovale, ventru, aigu au sommet. Mars. *Flles* ovales, très entières. *Haut.* 10 à 12 m. Cochinchine, 1825. Serre froide.

A. communis, Linn. * Amandier commun. ANGL. Common Almond. *Fl.* blanches ou roses, solitaires. Mars. *Fr.* comprimé, oviforme, tomenteux. *Flles* oblongues-lancéolées, serrulées. *Haut.* 5 à 10 m. Barbarie, Orient, etc., 1548; naturalisé en Europe. (L. E. M. 430.) V. aussi **Amandier.**

A. c. flore pleno, Hort. * *Fl.* très doubles, rose chair, plus foncées en bouton. *Flles* ovales-elliptiques, acuminées.

A. c. fragilis, Hort. *Fl.* rose pâle, paraissant avec les feuilles; pétales plus larges, profondément émarginés. *Flles* plus courtes que celles du type.

A. c. macrocarpa, DC. * *Fl.* blanc rosé, grandes, paraissant avant les feuilles; pétales largement obcordés, ondulés. *Fr.* plus gros que ceux du type, ombiliqués à la base, acuminés au sommet. *Flles* acuminées, plus larges que celles du type. Il existe encore plusieurs autres variétés. (B. R. 1160.)

A. incana, Pall. * *Fl.* rouges, solitaires. Avril. *Fr.* comprimés, pubescents. *Flles* obovales, dentées, couvertes en dessus d'un tomentum blanc. *Haut.* 60 cent. Bel arbuste nain. Caucase, etc., 1815. Syn. *Prunus prostrata*, Labill. (S. F. G. 477; B. R. 58.)

A. nana, Linn. *Fl.* roses, solitaires. Mars. *Fr.* de la même forme que ceux de l'*A. communis*, mais beaucoup plus petits. *Flles* oblongues, linéaires, atténuées à la base, dentées, très glabres. *Haut.* 60 cent. à 1 m. Tartarie, 1683. Syn. *A. Besseriana*, Schott. (B. M. 161; L. B. C. 1114.)

A. orientalis, Mill. *Fl.* roses. Mars. *Fr.* mucroné. *Flles* lancéolées, très entières, presque persistantes, couvertes, ainsi que les rameaux, d'un tomentum argenté. *Haut.* 60 cent. à 1 m. 20. Orient, 1756. Syn. *A. argentea*, Lamk. (L. B. C. 1137.)

A. persica, Linn. — V. *Persica vulgaris*, Mill.

AMYLACÉ. — De la nature de l'amidon.

AMYRIDÉES. — Groupe de plantes successivement classées dans plusieurs familles; elles sont aujourd'hui en partie réunies aux *Rutacées*.

AMYRIS, Linn. (de *a*, intensif, et *myron*, baume; tous les arbres de ce genre exhalent une forte odeur de *myrrhe*). FAM. *Rutacées*, tribu des *Aurantiacées*. — Genre ne renfermant aujourd'hui qu'une douzaine d'espèces originaires des Indes occidentales et de l'Amérique tropicale. Ce sont des arbres de serre chaude, chez lesquels la substance résineuse-aromatique est très abondante. Fleurs blanches, disposées en panicules. Feuilles inégalement pinnées. Ils se plaisent dans un mélange de terre franche et de terre de bruyère. Multiplication par boutures qui s'enracinent facilement au printemps, à chaud, plantées dans du sable et sous cloches.

A. balsamifera, Linn. Syn. de *A. toxifera*, Linn.

A. brasiliensis, Spr. * *Fl.* blanches, en panicules axillaires, plus courtes que les feuilles. Août. *Flles* à une-trois paires de folioles opposées, lancéolées, rétrécies à la base, arrondies au sommet, mucronées, très entières, veinées, brillantes en dessus, discolores en dessous. *Haut.* 6 m. Brésil, 1823.

A. Elemifera, Linn. Syn. de *A. Plumieri*, DC.

A. heptaphylla, Roxb. *Fl.* jaune blanchâtre, en panicules rameuses, axillaires et terminales. *Flles* à trois ou quatre paires de folioles alternes, pétiolulées, obliquement lancéolées, acuminées, entières. *Haut.* 2 m. Indes, 1823.

A. Plumieri, DC. * Arbre à la gomme Elemi, Bois chandelle, etc. *Fl.* blanches, en panicules rameuses, terminales. Le fruit de cette espèce a la grosseur et la forme d'une olive, il est rouge et contient une pulpe odorante. *Flles* à trois-cinq folioles toutes pétiolulées, un peu dentées, ovales-acuminées, velues en dessous. *Haut.* 6 m. Indes occidentales, 1820. Syn. *A. Elemifera*, Linn. (L. E. M. 303.)

A. toxifera, Linn. * *Fl.* blanches, en grappes simples, d'environ la longueur des pétioles. Les fruits sont pourpres, en forme de poire et sont réunis en bouquets pendants. *Flles* à cinq-sept folioles pétiolulées, ovales, un peu cordiformes, acuminées. *Haut.* 15 m. Indes occidentales, 1818. Le bois est odorant et prend un beau poli. Syn. *A. balsamifera*, Linn.

AMYRIS, Willd. Réunis aux **Protum**, Burm.

ANACAMPSEROS, Linn. (de *anakamptos*, faire revenir, et *eros*, amour). Syn. *Rulingia*, Ehrh. FAM. *Portulacées*. — Genre comprenant environ neuf espèces d'herbes ou sous-arbrisseaux charnus, tous originaires du Cap. Fleurs grandes, ne s'épanouissant qu'en plein soleil; pétales cinq, très fugaces, sépales cinq, opposés, oblongs, un peu soudés à la base; pédicelles uniflores, courts ou allongés, disposés en grappes. Feuilles ovales charnues. Ces plantes poussent facilement en terre légère, sableuse, additionnée de platras; il leur faut peu d'eau. Multiplication par boutures qui s'enracinent facilement si on a soin de les laisser se sécher pendant quelques jours avant de les planter. Les feuilles adultes détachées avec soin (non coupées) et qu'on laisse également se sécher, s'enracinent aussi facilement. Les graines, lorsqu'on peut s'en procurer, doivent être semées au printemps, en terrines ou en pots, en terre très légère.

A. arachnoides, Sims. * *Fl.* blanches, à pétales lancéolés, disposées en grappes simples. Juillet. *Flles* ovales-acuminées, difformes, vertes, brillantes, aranéeuses. *Haut.* 15 à 20 cent. Cap, 1790. (B. M. 1368.)

A. filamentosa, Sims. *Fl.* rougeâtres ou rose foncé; pétales oblongs. Août. *Flles* ovales, globuleuses, gibbeuses des deux côtés, aranéeuses et un peu rudes en dessus. *Haut.* 15 à 30 cent. Cap, 1795. (B. M. 1367.)

A. intermedia, Haw. Très semblable à l'*A. filamentosa*, mais à feuilles plus larges et plus nombreuses. Cap.

A. rubens, DC. * *Fl.* rouges, en grappes simples. Juillet. *Flles* ovales, difformes, vert foncé, brillantes, un peu réfléchies au sommet. *Haut.* 15 à 20 cent. Cap, 1796.

A. rufescens, DC. *Fl.* rougeâtres, disposées comme celles de l'*A. varians*. Juillet. *Flles* compactes, étalées et récurvées, ovales, aiguës, épaisses, vertes, ordinairement pourpre foncé en dessous. *Haut.* 15 cent. Cap, 1818.

A. Telephiastrum, DC. Syn. de *A. varians*, Sweet.

A. varians, Sweet. * *Fl.* rougeâtres, en grappes pauciflores, sub-paniculées. Juillet. *Flles* ovales, difformes, glabres. *Haut.* 8 cent. Cap, 1813. Syn. *A. Telephiastrum*, DC.

ANACAMPTIS, Rich. — V. **Orchis**, Linn.

ANACARDIACÉES. — Famille assez importante, renfermant environ quatre cent trente espèces d'arbres ou arbustes, à suc résineux ou laiteux. Elle est voisine des *Légumineuses* et comprend aujourd'hui une partie des *Térébinthacées*. Fleurs très souvent unisexuées. Calice monosépale, à trois-cinq divisions; corolle à trois-cinq pétales; étamines en nombre double, insérées sur un disque périgyne; stigmate entier ou à trois-cinq lobes; ovaire le plus souvent uniloculaire ne renfermant qu'un ovule. Les genres les plus connus sont : *Anacardium*, *Mangifera*, *Pistacia* et *Rhus*. (S. M.)

ANACARDIUM, Rottb. (dérivation douteuse; probablement de *ana*, semblable, et *kardia*, cœur; allusion à

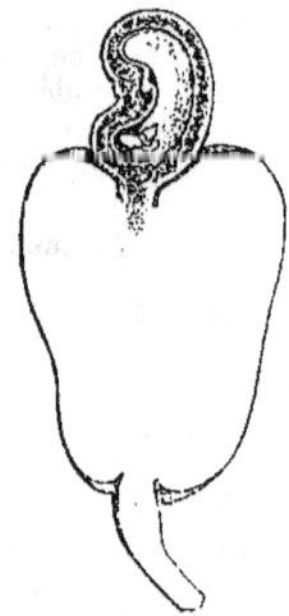

Fig. 152. — ANACARDIUM OCCIDENTALE, coupe longitud. du fruit et de son pédoncule très renflé.

la forme du fruit). Syns. *Acajuba*, Gœrtn. et *Cassuvium*, Lamk. FAM. *Anacardiacées*. — Genre renfermant environ huit espèces originaires de l'Amérique tropicale. Celle ci-dessous est un arbre ornemental de serre chaude, à feuilles persistantes, entières, penninervées. Fleurs en panicules terminales; graines réniformes, ombiliquées, placées au sommet ou un peu sur le côté d'un pédoncule très renflé, pyriforme. Il lui faut une bonne terre franche. Multiplication par boutures de bois mûr, munies de leurs feuilles; elles s'enracinent facilement à chaud, sous cloches, et dans du sable.

A. occidentale, Linn. Acajou à pommes, A. faux, etc. ANGL. Cashew. Nut. *Fl.* rougeâtres, petites, très odorantes, portées sur un pédoncule qui se renfle fortement, devient pyriforme, jaune ou rougeâtre et est comestible; il porte à son sommet la véritable graine. *Flles* obovales, oblongues, très obtuses, lisses, entières ou un peu émarginées, aromatiques. *Haut.* 5 m. Indes occidentales, 1699. On extrait de sa graine une huile caustique, vésicante, recommandée contre la lèpre et les ulcères. Syn. *Acajuba occidentalis*, Gœrtn.; *Cassuvium pomiferum*, Lamk.

ANACHARSIS, Bab. — V. **Elodea**, Michx.

ANACYCLUS, Linn. (modification de *Ananthocyclus*, composé de *a*, privatif, *anthos*, fleur, et *kyclos*, cercle; allusion à l'anneau d'ovaires qui entoure le disque). FAM. *Composées*. — Genre comprenant environ dix espèces de plantes herbacées, annuelles ou vivaces et alors caulescentes, originaires de l'Europe méridionale, du nord de l'Afrique et de l'Orient. Capitules moyens, radiés, pédonculés au sommet des rameaux; involucre hémisphérique ou largement campanulé, bractées disposées sur quelques rangs; réceptacle conique ou convexe; fleurons ligulés, jaunes, blancs ou rougeâtres, sur un seul rang, fertiles ou stériles, quelquefois très courts ou nuls; fleurons du disque jaunes, fertiles; akènes obovales, glabres, les extérieurs munis de deux ailes. Feuilles alternes, glabres, deux ou trois fois pinnatiséquées. L'*A. radiatus purpurascens* est la seule espèce de ce genre cultivée dans les jardins. C'est une plante annuelle, très florifère et ornementale, que l'on traite comme les autres plantes annuelles.

A. radiatus purpurascens, Hort. *Capitules* grands, à fleurons ligulés blancs ou jaunes en dessus, purpurins en dessous. Été. *Flles* velues, ainsi que les rameaux, bipinnatifides, à segments petits, linéaires, aigus. France méridionale; etc. Syn. *A. purpurascens*, DC. (RG. 1071.)

ANADENIA Manglesii, Grah. — V. **Grevillea glabrata**.

ANAGALLIS, Linn. (de *anagelas*, rire qui chasse la mélancolie; signification douteuse). **Mouron**. ANGL. Pimpernel. FAM. *Primulacées*. — Genre comprenant environ douze espèces originaires de l'Europe, du nord et du sud de l'Afrique, de l'Asie occidentale et de l'Afrique extra-tropicale; une espèce est répandue dans presque toutes les régions chaudes et tempérées. Ce sont des plantes herbacées, annuelles ou vivaces, étalées, diffuses, à tiges anguleuses. Calice à cinq dents; corolle rotacée, à tube très court, limbe profondément divisé en cinq lobes arrondis; étamines cinq, libres, insérées à la base de la corolle; pédoncules solitaires, uni-flores, axillaires. Feuilles opposées ou verticillées. Les *Anagallis* sont de jolies plantes vigoureuses et très florifères, de culture très facile. Les espèces annuelles se multiplient par semis que l'on fait au printemps, à exposition chaude, ensoleillée, ou sous châssis; les espèces vivaces se font par boutures de jeunes rameaux ou par division des touffes, à toute époque de l'année. Placer les plants récemment divisés sous châssis, les ombrer jusqu'à leur reprise, puis les endurcir graduellement. On peut en garnir les corbeilles, en faire des bordures, etc. Il est prudent

Fig. 153. — ANAGALLIS. Calice étalé ; le pistil est détaché et ouvert. Fruit déhiscent (pyxide).

d'hiverner sous châssis quelques pieds de chacune des espèces vivaces, que l'on pourra propager au printemps suivant, pour remplacer ceux qui viendraient à périr en pleine terre.

A. collina, Schousb.' *Fl.* de couleur très variable, depuis le bleu foncé jusqu'au rouge vermillon foncé et le lilas, en passant par des teintes intermédiaires. Mai à octobre. *Flles* ovales-lancéolées, amplexicaules; opposées, verticillées par trois. *Haut.* 30 cent. Plante étalée, diffuse. subligneuse

Fig. 154. — ANAGALLIS COLLINA.

à la base, ramifications nombreuses, dressées, très multiflores. Plante annuelle ou même vivace étant protégée. Algérie, etc., 1803. Syns. *A. fruticosa*, Vent. (B. M. 831); *A. grandiflora*, Andrz. (A. B. R. 6, 367; A. V. F. 20.) *A. Monelli*, Desf. non Clus.; *A. Wilmoreana*, Hook. (B. M. 3380.)

Un certain nombre d'*Anagallis* ont été introduits et mis en culture sous des noms spécifiques, ce qui a donné lieu à une assez longue synonymie et à beaucoup de confusion sur leurs caractères distinctifs. En général, ces plantes ne sont pas plus méritantes que les variétés cultivées dans les jardins; elles sont du reste peu fixes, ne se reproduisent pas franchement par le semis et dégénèrent rapidement; aussi sommes-nous d'avis de ne les considérer que comme de simples formes locales d'un même type spécifique. (S. M.)

A. c. alba, Hort. *Fl.* blanches, jaunes au centre, très abondantes. Avril à juin. *Flles* petites, lancéolées. Tiges courtes, dressées, compactes, fortement feuillées; 1883. Charmante petite espèce vivace. (R. G. 1125.)

A. c. carnea, Hort. *Fl.* grandes, blanc carné.

A. c. rosea, Hort. *Fl.* d'un beau rose, très nombreuses.

A. c. lilacina, Hort. *Fl.* lilas bleuâtre. Syn. *A. Monelli lilacina*, Sweet. (S. B. F. G. ser. 2, 377.)

A. c. Philipsii, Hort. Mouron bleu. *Fl.* très grandes, d'un bleu intense. (A. V. F. 20.) Syn. *Brewerii*, Hort. Angl.

A. c. Phœnicea, Hort. *Fl.* rouge écarlate.

A. c. fruticosa, Hort. Mouron rouge. *Fl.* grandes, rouge vermillon, à gorge plus foncée.

A. grandiflora, Andrz. Syn. de *A. collina*, Schousb.

A. indica, Sweet. Syn. de *A. latifolia*, Linn.

A. latifolia, Linn. *Fl.* bleues, petites, marquées de pourpre, à lobes ovales, finement dentelés au sommet. Juillet. *Flles* opposées ou ternées, ovales-aiguës, étalées. *Haut.* 30 cent. Indes orientales, 1824. Espèce annuelle, traînante. Syn. *A. indica*, Sweet. (B. M. 2389; L. B. C. 1896.)

A. linifolia, Linn. *Fl.* bleues, grandes, longuement pédonculées, à lobes ovales, finement crénelés au sommet; étamines à filets barbus. Juin-juillet. *Flles* opposées ou verticillées, sessiles, linéaires, aiguës, roulées sur les bords, les inférieures étalées. Rameaux étalés, un peu ligneux à la base. *Haut.* 30 cent. Portugal, Espagne, 1796.

A. Monelli, Desf. Syn. de *A. collina*, Schousb.

A. tenella, Linn. *Fl.* d'un rose tendre, à nervures plus foncées; corolle petite, à lobes ouverts. Été. *Flles* opposées, un peu pétiolées, arrondies, glabres. Jolie petite plante indigène, vivace, à rameaux grêles, traînants, habitant les lieux humides, tourbeux. (F. D. 1085.)

A. Webbiana, Penny. *Fl.* bleues, à pétales légèrement dentés au sommet. Juin-août. *Flles* nombreuses, verticillées. *Haut.* 10 cent. Portugal, 1828.

A. Wilmoreana, Hook. Syn. de *A. collina*, Schousb.

Fig. 155. — ANAGYRIS FŒTIDA. (*Rev. Hort.*)

ANAGYRIS, Linn. (de *ana*, en arrière, et *gyros*, cercle; les gousses sont retournées en arrière à leur extrémité). FAM. *Légumineuses*. — Petit genre renfermant deux ou trois espèces d'arbustes demi-rustiques, originaires de la région méditerranéenne. Calice monosépale à cinq dents; corolle à cinq pétales inégaux; étendard plus court que les ailes, celles-ci plus courtes que la carène. Gousse stipitée, comprimée, un peu arquée, contenant plusieurs graines. Feuilles pétiolées, alternes, caduques, à trois-cinq folioles et munies de deux stipules opposées aux pétioles, bifides au sommet. Les *Anagyris* se plaisent dans les terrains chauds et légers, à exposition très abritée; il devient même nécessaire de les hiverner en orangerie dans le nord. Multiplication par semis et par boutures de bois jeune, faites en juillet, sous cloches.

A. fœtida, Linn. Bois puant. *Fl.* jaunes, en grappes multiflores, munies de bractées lancéolées, caduques; calice pubescent, grisâtre; gousses pendantes. Mai. *Flles* trifoliées, à folioles obovales, lancéolées, aiguës, dégageant, ainsi que l'écorce, une odeur fétide lorsqu'on les froisse. *Haut.* 2 à 3 m. France méridionale, etc. Plante vénéneuse. (S. F. G. 366; L. E. M. 328; L. B. C. 740.)

ANALOGIE, ANALOGUE. — Deux ou plusieurs plantes sont dites analogues, lorsqu'elles ont une certaine ressemblance par leur port, leur emploi ou leurs caractères spécifiques; dans ce dernier cas, le mot *affines* est plus correct. (S. M.)

ANALYSE, ANALYSER. — Analyser une plante est, dans le sens botanique, en faire l'anatomie, c'est-à-dire disséquer et étudier un à un le nombre, la forme, la situation et le rôle des différents organes qui la composent. C'est la seule méthode pratique pour arriver à connaître les plantes et pouvoir les déterminer avec certitude. Nous recommandons tout particulièrement ce petit travail récréatif à ceux qui aiment les plantes; ils apprendront ainsi à les distinguer non seulement par leur aspect extérieur, mais encore par leurs véritables caractères distinctifs. (S. M.)

ANANAS, Adans (de *nanas*, le nom de l'Ananas dans l'Amérique du Sud). **Ananas**, Angl. Pine Apple. Syn. *Ananassa*, Lindl. Fam. *Broméliacées*. — Genre comprenant cinq ou six espèces de plantes vivaces, herbacées, toutes originaires de l'Amérique tropicale. Fleurs en épi très serré, surmonté par un bouquet de feuilles; pétales ligulés, munis à leur base de deux écailles tubuleuses. Fruits bacciformes, à bractées succulentes, se soudant en une sorte de gros cône charnu, dressé, ordinairement couronné d'un bouquet de feuilles. Feuilles toutes radicales, en rosette, longuement rubanées, rigides, canaliculées, le plus souvent épineuses sur les bords. Les variétés à feuilles panachées sont les plus ornementales du genre; on peut les employer pour les garnitures temporaires sans qu'elles en souffrent autant que la plupart des autres plantes de serre chaude. La culture et la multiplication des espèces ornementales ne différant pas sensiblement de celle qu'on applique aux variétés cultivées pour leur fruit, nous renvoyons ci-dessous à *Culture industrielle* afin d'éviter les répétitions.

A. bracteatus, Lindl. *Fl.* violettes, entourées de bractées ovales, rigides, rouge vif, en épi oblong, dense, de 10 à 15 cent. de long; hampe de 30 à 60 cent. de long, garnie de feuilles bractéales rouge vif. Avril. *Flles*, trente à cinquante, en rosette, ensiformes, de 1 m. 20 à 1 m. 50 de long et 4 cent. de large au milieu, fermes, vert franc sur la face supérieure, finement squammeuses sur le dos, garnies sur les bords d'épines plus grandes et plus espacées que celles de l'*A. sativus*. Amérique du Sud; Brésil, etc. 1820. (B. R. 1081; B. M. 5025.)

Fig. 156. — Ananas bracteatus. (*Rev. Hort.*)

A. crocophyllus, Hort. V. *Chevalliera crocophylla*, E. Morren.

A. macrodontes, E. Morren.* *Fl.* rougeâtres, teintées de chamois, disposées en épi ovoïde, allongé, pourvu de bractées dentées, imbriquées. *Fr.* conique, d'environ 20 cent. de long et 18 cent. de large, très fortement parfumé, à bractées saillantes. *Flles* à dentelures saillantes. Brésil, 1876. (B. H. 1878, 4-5.) Syn. *Bromelia Macrodosa* et *B. undulata*, Hort.

A. sativus, Lindl. Ananas cultivé. Angl. Pine Apple. *Fl.* violacées, sessiles, en épi serré, surmonté d'un bouquet de feuilles nommé couronne; fruits se soudant en une masse conique, jaunâtre, relevée de saillies polygonales lui donnant la plus grande ressemblance avec les cônes de certains Pins. *Flles* glauques, disposées en rosette, ligulées, arquées, canaliculées, de 50 cent. à 1 m. de long, et environ 6 cent. de large, bordées d'épines. (B. R. 1062.) Syn. *Bromelia Ananas*, Linn. (B. M. 1554, R. L. 455-456.) Pour son histoire et sa culture industrielle, voyez plus loin.

A. s. bracamorensis, Hort. Lind. Forme géante, originaire de la Colombie. 1885.

A. s. lucidus, Miller. * Angl. The King Pine Apple. *Fl.* roses. Avril. *Flles* vert gai, entières. *Haut.* 1 m. et plus. Amérique du Sud, 1820. M. Baker dit (Bromeliaceæ, p. 23) que « la plupart des Ananas qui se vendent sur le marché de Londres, appartiennent à cette variété ».

A. s. Mordilonus, Hort. Lind. *Fr.* gros, à arome très fin. *Flles* panachées se distinguant de celles des autres espèces par l'absence d'épines. Colombie, 1869. (B. H. 1879, 302.)

A. s. Porteanus, K. Koch. * *Flles* vert olive, avec une large bande centrale jaune pâle, parcourant toute leur longueur, et munies d'épines aiguës sur leurs bords. Le port de cette espèce est assez érigé. Philippines, 1860. (B. H. 1872 16-19.)

A. s. variegatus, Hort. *Flles* en rosette, élégamment arquées, de 60 cent. à 1 m. de long, dentées sur les bords; vert gai au centre ou quelquefois légèrement striées, mais largement marginées de jaune crème et teintées de rouge sur les bords. Plante très élégante, convenable pour la garniture des vases d'appartement, etc.

CULTURE INDUSTRIELLE

Histoire. — L'Ananas est originaire de l'Amérique tropicale, mais il s'est aussi naturalisé et pousse en abondance dans les parties chaudes de l'Asie et de l'Afrique. Il fut introduit en Europe vers la fin du siècle dernier, et trente ou quarante ans plus tard, la plante paraît avoir été cultivée pour l'usage de ses fruits. A cette époque, la difficulté de maintenir une température suffisante pour répondre aux exigences de la plante était beaucoup plus grande qu'elle ne l'est actuellement, où l'on dispose de serres modernes et de systèmes de chauffages perfectionnés. Il reste peu de traces des succès de la culture de l'Ananas à ses débuts; mais, après l'adoption des thermosiphons

Fig. 157. — Ananas cultivé.

et sans doute aussi par suite des améliorations apportées, elle fut pendant un certain temps pratiquée pour la vente et pour la consommation bourgeoise à un degré de perfection qu'il n'a plus été possible d'atteindre depuis. Il y a moins de vingt-cinq ans, l'importation de fruits mûrs, principalement des Açores, commença sérieusement à satisfaire aux demandes toujours croissantes; la culture de l'Ananas diminua alors progressivement, et l'attention des cultivateurs se porta vers la culture des fruits de primeur, culture pour laquelle ils utilisèrent leur matériel, etc. Les autres fruits forcés sont généralement recherchés, demandent moins de chaleur et ne sont pas susceptibles d'être importés dans d'aussi bonnes conditions de transport. Cependant, les Ananas de première qualité, cultivés en Europe, sont encore considérés par de nombreux amateurs comme plus beaux et bien meilleurs. Néanmoins, tant que l'on importera de beaux Ananas frais et bien renflés de la variété Cayenne à feuilles lisses, et que leur qualité sera peu inférieure à celle des fruits obtenus sur le continent, il est plus que probable que leur culture industrielle ne sera pas pratiquée d'une façon aussi intensive qu'elle l'était autrefois. Il existe encore quelques établissements horticoles et privés où l'on cultive l'Ananas en plus ou moins grande quantité. Le travail nécessité par leur culture est assez laborieux, particulièrement lorsque la chaleur de fond nécessaire à leur bonne végétation est produite par des couches de fumier ou de tan dans lesquelles les pots sont enfoncés.

Multiplication. — Elle peut avoir lieu par le semis, par couronnes (*crowns*), par rejets (*gills*), par boutures de tige ou œils dormants et par drageons. Les graines se sèment en terrines ou en pots, en terre légère, sur couche ou chaleur de fond d'environ 25 à 30 deg., et recouverts de cloches. Lorsque les semis sont assez forts pour être manipulés, on les empote en terre légère, composée en partie de terre de bruyère et on les replace sur couche très chaude jusqu'à ce qu'ils soient assez forts pour être traités comme les plantes faites. Les couronnes sont constituées par le bouquet de feuilles qui surmonte les fruits; dès qu'on les en a séparées, on les empote dans de petits pots, en terre relativement sèche, et on plonge ces derniers dans une couche très chaude. On emploie les couronnes, principalement lorsque la variété ne produit pas beaucoup de drageons; mais elles ne forment pas d'aussi belles plantes et ne sont pas considérées comme produisant d'aussi gros fruits que les drageons; il faut aussi plus de temps pour les amener à fructification. On nomme rejets (*gills*) les petits bourgeons semblables à des drageons qui se développent à la base du fruit; on ne les emploie guère que pour propager les variétés rares. La multiplication par les boutures de tige, ou par œils dormants sont deux autres moyens employés lorsque les drageons sont rares. On supprime les feuilles des plantes ayant produit leur fruit, puis on coupe les tiges en morceaux, ou, mieux encore, on les plante intactes dans des boites peu profondes et convenablement drainées; on les recouvre d'environ 2 cent. 1/2 de terre et ensuite de feuilles de verre. Placées sur une chaleur de fond, la plupart des yeux dormants situés à la base de chaque feuille se développeront et formeront de jeunes plantes. On les sépare lorsqu'ils sont suffisamment forts et on les traite comme des plantes de semis. Les drageons fournissent le moyen principal de multiplication; on les obtient habituellement de plantes dont la fructification est prochaine. Lorsque le fruit a été coupé, les drageons poussent avec rapidité à la base des tiges; c'est une bonne habitude que celle de laisser ces dragons sur le pied mère jusqu'à ce qu'ils aient atteint d'assez fortes proportions. On peut alors les détacher et les empoter séparément; mais cette opération n'est pas heureuse lorsqu'elle est faite en hiver; elle réussit mieux de mars en septembre. Pour séparer et préparer les dragcons, il n'y a qu'à les prendre à leur base, les pousser et les tirer doucement jusqu'à ce qu'ils se détachent; on rafraîchit ensuite la section avec un couteau tranchant et on enlève seulement quelques-unes des petites feuilles de la base. Ainsi préparés, les dragcons sont ensuite plantés dans des pots bien propres, de 12 à 20 cent., selon leur dimension.

Culture. — Lorsqu'on cultive les Ananas en grande quantité, il est utile d'avoir des serres spéciales pour les différents états d'avancement des plantes; une pour les dragcons, une pour les plantes faites et une autre pour celles qui approchent de l'époque de fructification. Il faut toujours être amplement pourvu de matériaux pour confectionner les couches dans lesquelles on enfonce les pots, et les serres doivent être munies d'une grande quantité de tuyaux d'eau chaude destinés à maintenir une température élevée sans que l'on soit obligé de surchauffer et de produire ainsi une atmosphère sèche.

On peut cultiver l'Ananas dans des bâches, mais leur entretien est beaucoup plus facile dans les serres adossées ou de forme hollandaise, c'est-à-dire à deux versants. Il faut toujours que la lumière soit le plus abondante possible ; cet élément est essentiel, car il contribue à la production de plantes naines et robustes. La surface des couches doit être assez rapprochée du verre, de façon à ce que les feuilles des plantes une fois enterrées viennent presque le toucher. Les couches doivent être composées de tan ou de feuilles de chêne et avoir 75 cent. à 1 m. d'épaisseur, afin de produire pendant longtemps une chaleur régulière. Elles doivent être construites audessus d'une chambre creuse dans laquelle passent les tuyaux du thermosiphon et dont le plancher servant de support à la couche est formé de planches, de briques ou mieux d'ardoises.

Une petite serre adossée est préférable pour la multiplication ; on place la couche sur le devant et le sentier étroit sur le derrière. Lorsque les plantes deviennent trop volumineuses, on les transfère dans la serre de succession, qui peut être adossée ou à deux versants, avec des sentiers sur les deux bords. La serre hollandaise est préférable pendant l'été, pour les plantes en fructification, parce qu'elle permet de leur donner beaucoup de lumière, et aussi parce qu'il est plus facile d'y manipuler les fortes plantes en pleine végétation et de leur donner les soins nécessaires. Cependant, on n'a pas toujours de tels locaux à sa disposition et on est souvent obligé de se servir du matériel que l'on possède.

Il faut aussi organiser pour les serres et les châssis, un système d'ombrage devant servir pendant quelques heures à protéger les plantes du soleil trop ardent, mais cet ombrage ne doit jamais être laissé en permanence : le plus pratique est une toile s'enroulant autour d'un rouleau que l'on manœuvre à la main au moyen de cordes ou d'engrenages organisés *ad hoc*.

Pendant l'hiver, on remplacera cette toile claire par un tissu plus épais, ou par des paillassons servant à couvrir la serre pendant les nuits froides. Cette protection, employée du reste pour toutes les serres en général, est particulièrement utile pour conserver la chaleur et l'humidité de la serre lorsqu'il fait très froid et qu'on est obligé de chauffer vigoureusement.

L'aération doit se faire par le faîte de la serre, mais il faut aussi disposer des vasistas sur le devant, en face des tuyaux, afin de pouvoir admettre autant d'air que cela est nécessaire pour maintenir une température à peu près régulière pendant l'été. Lorsqu'il fait très chaud et si les ventilateurs du sommet sont ouverts, l'évaporation de l'humidité a lieu très rapidement ; on peut prévenir cet inconvénient en fermant presque complètement les vasistas du haut et, après avoir ombré, on ouvre ceux du bas. Il faut toujours éviter les courants d'air.

Le sol le plus convenable aux Ananas est une terre de gazon fibreuse et légère, ayant été enlevée en plaques minces et mises en tas pendant un temps suffisant pour tuer l'herbe. Elle doit être concassée à la main et les morceaux grossiers doivent seuls être employés. On peut y ajouter un peu de terre de bruyère fibreuse, concassée de la même façon, environ un cinquième de terre de fournaise ou de charbon de bois et environ sept litres d'os broyés par brouettée de compost. Ce mélange doit être préparé un certain temps à l'avance et réchauffé, c'est-à-dire mis à la température de la serre lors de son emploi.

Les matières animales ou autres sujettes à se décomposer, doivent être exclues des terres destinées aux Ananas. Si les plantes ont besoin de stimulant, il vaut mieux l'appliquer sous forme d'engrais liquide au moment nécessaire. En résumé, les conditions essentielles sont : un bon compost parfaitement poreux et un bon drainage ; ils ne réussiront jamais dans une terre qui devient compacte, imperméable et qui finit par se décomposer par excès d'humidité stagnante.

Les Ananas n'ont jamais besoin de pots de plus de 30 cent. de diamètre ; on peut obtenir les plus beaux fruits de plantes tenues dans des pots de cette grandeur. Lorsqu'on rempote les drageons ou les plantes fortes, il faut choisir des pots de grandeur proportionnée à ceux que l'on utilisera pour le dernier rempotage. Quelques cultivateurs adoptent le système de mettre les Ananas en pleine terre lorsqu'ils arrivent à l'époque de fructification ; toutefois ce procédé n'est pas pratiqué d'une façon générale. Il y a plusieurs inconvénients à opérer ainsi ; par exemple, si quelque chose devient nuisible à leur santé, il n'est pas aussi facile d'y remédier que lorsque les plantes sont en pots. Dès que le fruit d'une plante en pot a été coupé, on peut facilement la remplacer par une autre dont le fruit est plus ou moins avancé, et placer la première dans un coin quelconque pour y produire des drageons. Ce travail ne pourrait pas être exécuté aussi facilement si la plante était en pleine terre.

L'arrosage doit être fait avec beaucoup de soins pendant l'hiver ; il peut quelquefois devenir judicieux de ne pas arroser du tout pendant plusieurs semaines, et cela même au printemps. Lorsque l'arrosage devient nécessaire — ce que les praticiens constatent facilement à l'aspect des plantes — il faut arroser de façon à ce que la motte soit trempée de part en part ; l'eau doit être à la même température que celle de la couche. Il est bon de visiter les plantes au moins une fois par semaine, afin de s'assurer de leur état d'humidité. Des seringages devront être appliqués pendant la période de végétation, vers l'heure à laquelle on ferme les ventilateurs, mais toujours avec de l'eau à la température de l'intérieur. Des cuvettes d'évaporation placées sur les tuyaux et tenues constamment pleines d'eau, ainsi que de fréquents bassinages des murs et des sentiers, entretiendront une atmosphère suffisamment humide ; l'essentiel est de maintenir une température élevée pendant l'époque de leur plein développement ou pendant celle de leur fructification. Au moment de la maturité, il faut cependant ménager les arrosages et tenir l'atmosphère beaucoup plus sèche, sans quoi les fruits seraient bien moins parfumés.

En hiver, les plantes doivent être tenues au repos ; toutefois, la température ne doit pas être inférieure à 18 deg. pendant la nuit et 20 à 25 pendant le jour. En été, 20 à 25 deg. devront être la température minima de la nuit et environ 32 deg. de chaleur de fond.

Insectes. — Parmi les insectes qui attaquent les Ananas, la cochenille et les kermès sont les plus redoutables ; leur extermination est souvent très difficile. Il est donc extrêmement important de prévenir leur apparition autant qu'il est possible. Dès que l'on constate leur présence, il faut immédiatement nettoyer les plantes.

Différents remèdes ont été proposés et essayés ; entre

autres, celui consistant à placer les plantes malades la tête en bas, au-dessus d'une couche de fumier en fermentation et dans un châssis fermé, pendant une heure, au bout de laquelle on les retire et les lave. On a aussi recommandé l'eau pure à environ 50 deg. de température, ainsi que l'huile d'olive étendue au pinceau sur les parties malades. Le remède le plus efficace est probablement le pétrole employé à la dose de un verre à vin par quatre litres d'eau douce. On place les plantes sur le côté; une personne projette le mélange au moyen d'une seringue, tandis qu'une autre le tient continuellement agité à l'aide d'une autre seringue qu'il manœuvre avec force; on sait que le pétrole ne se mélange que fort difficilement avec l'eau. Le pétrole doit ensuite être enlevé au moyen de lavages à l'eau tiède projetée avec force à l'aide de la seringue.

Variétés. — On compte un assez grand nombre de variétés d'Ananas: on n'a cependant conservé dans la pratique que quelques-unes des meilleures. Toutefois, en dehors des variétés énumérées ci-dessous, il en existe encore quelques-unes dans les cultures :

— **Cayenne à feuilles lisses, ou Maïpouri.** — *Fl.* pourpres. *Fr.* très gros, cylindrique ou un peu renflé au milieu, jaune orangé foncé; grains gros, plats; chair jaune pâle, juteuse et très parfumée; pèse de 2 kil. 500 à 4 kil.; couronne grande. *Flles* longues et larges, vert foncé, presque dépourvues d'épines. Très belle variété, convenable pour la fructification hivernale et printanière, époque à laquelle il est plus juteux qu'aucun autre. C'est cette variété qui est cultivée en grand aux Açores, d'où les marchands de produits exotiques tirent leur provision principale, depuis l'automne jusqu'en mai. Il ne produit pas beaucoup de drageons.

— **Charlotte Rothschild.** — *Fl.* lilas. *Fr.* gros, cylindrique ou légèrement renflé, à couronne de moyenne grandeur; grains gros, plats, jaune doré; chair jaune, juteuse; pèse de 3 à 4 kil. 500. *Flles* larges, à épines fortes, légèrement arquées, vert foncé en dessus, farineuses en dessous. Cette belle variété exige une température élevée, beaucoup de lumière et une atmosphère sèche pour mûrir ses fruits convenablement.

— **Hurst-House.** — *Fr.* pyramidal, à grains proéminents; chair juteuse et de bonne qualité; pèse quelquefois 4 kil. *Flles* courtes, récurvées, à épines fortes, rapprochées. C'est une variété très naine, compacte et, en conséquence, recommandable pour un espace restreint. On ne la cultive que comme variété d'été. Syn. *Fairrie's Queen.*

— **Lady Beatrice Lambton.** — *Fl.* pourpres. *Fr.* pyramidal ou conique, à couronne moyenne ou petite, grains gros, aplatis, jaune orangé, à sillons jaune foncé; chair jaune pâle, remarquable par l'abondance de son jus, d'un goût exquis et très parfumé : poids moyen. 4 kil. (Un spécimen pesant 5 kil. 500 a été récolté par M. Hunter, à Lambton Castle, en Angleterre, où cette variété a été obtenue par feu M. Stevenson, en 1860.) *Flles* droites et dressées, vert foncé, couvertes d'une pruine blanchâtre; épines fortes, espacées. Très belle et grosse variété, susceptible de devenir, lorsqu'elle est bien cultivée, une des plus recommandables pour la culture générale et pour faire fructifier pendant l'hiver. Elle est moins étalée que le *Cayenne à feuilles lisses.*

— **A. Lord Carington.** — *Fl.* pourpres. *Fr.* long, pyramidal, orange foncé; grains moyens, presque plats; chair jaune pâle, tendre, très parfumée; pèse de 2 à 3 kil. *Flles* larges, fortement bordées d'épines de taille moyenne. Belle variété de la section des *Jamaïque*, répandue par M. Miles, jardinier de Lord Carington, en Angleterre.

— **Queen** (*Reine*), — *Fl.* lilas. *Fr.* cylindrique, d'un beau jaune foncé à la maturité; grains de grosseur moyenne ou presque petits, proéminents; chair jaune pâle, remarquablement juteuse et douce; pèse de 1 kil. 500 et quelquefois jusqu'à 3 kil.; ce sont alors de beaux spécimens. *Flles* très courtes, larges, vert bleuâtre, très farineuses, à épines fortes, très espacées. C'est un des meilleurs Ananas pour la culture générale; il n'a pas de rival pour l'été et pour l'automne; mais il ne gonfle pas parfaitement pendant l'hiver. Il existe plusieurs sous-variétés dans les cultures; celle nommée *Ripley Queen* est la meilleure; elle se multiplie facilement et ses fruits qui mûrissent très vite, peuvent se conserver pendant trois semaines en bon état.

— **Thoresby Queen.** — *Fl.* lilas purpurin. *Fr.* gros, renflé au milieu, plus court et plus fort que celui de *Charlotte Rothschild*; grains plats, se renflant régulièrement; chair jaune orangé foncé, ferme, assez juteuse; pèse de 2 kil. 500 à 3 kil. 500; couronne petite. *Flles* plus longues que celles de la *Reine* type, à épines très fines, compactes. Plante naine, d'un port distinct. Le fruit n'est pas aussi parfumé que celui de la *Reine*. Syn. *Bennett's Seedling.*

— **Violet de la Jamaïque,** — *Fl.* pourpres. *Fr.* ovale, un peu pyramidal, jaune bronzé à la maturité, pesant de 2 kil. à 2 kil. 250; grains moyens, proéminents, aplatis. *Flles* longues, finement dentées, vert foncé, teintées de rouge. Plante haute, dressée. C'est certainement une des meilleures variétés pour la fructification hivernale.

On cultive aussi fréquemment en France les variétés suivantes : *Commun* ou *de la Jamaïque, Comte de Paris, Enville Gonthier, Monserrat, Pain de sucre brun, Providence* et quelques autres.

ANANASSA, Lindl. — V. **Ananas,** Adans, son nom correct.

ANANDRE. — On nomme ainsi les fleurs chez lesquelles les étamines manquent, par suite de leur transformation en pistils ou autres organes.

ANANTHERIX, Nutt. (de *a*, privatif, et *antherix*, barbe ou filament: les fleurs sont dépourvues de l'appendice cornu à la base des folioles de la coronule qui existe chez les *Asclepias*, dont ce genre est voisin). Fam. *Asclépiadées.* — Genre renfermant cinq ou six espèces; la suivante est seule cultivée. C'est une jolie plante rustique, herbacée, se cultivant facilement en terrain fertile à exposition bien éclairée. Multiplication par division des touffes et par ses graines qu'elle produit en abondance.

A. viridis, Nutt. *Fl.* grandes, vert rougeâtre; corolle sub-campanulée, à cinq lobes; ombelles paniculées, pauciflores. Août. *Flles* opposées, sessiles, obovales, oblongues, aiguës, presque lisses. *Haut.* 30 cent. Amérique du Nord, 1812.

ANANTHOPUS, Raf. — V. **Commelina,** Linn.

ANAPELTIS geminata, J. Sm. — V. **Polypodium geminatum,** Schrad.

ANAPELTIS lycopodioides, J. Sm. — V. **Polypodium lycopodioides,** Linn.

ANAPELTIS venosa, J. Sm. — V. **Polypodium stigmaticum,** Presl.

ANARRHINUM, Desf. (de *a*, privatif, et *rhin*, trompe; la corolle est dépourvue d'éperon, ou ce dernier n'est que très court). Fam. *Scrophularinées.* — Genre comprenant onze espèces originaires de la région méditerranéenne et de la Nubie. Ce sont des plantes élégantes, bisannuelles ou vivaces, demi-rustiques, voisines des *Antirrhinum.* Fleurs petites, pendantes, en longs épis dressés, terminant les rameaux. Feuilles radicales ordinairement en rosette; les caulinaires et celles accompagnant les rameaux, palmatipartites ou dentées au sommet, les supérieures entières. Leur culture est facile en pleine terre de jardin, mais ils ont besoin d'être protégés pendant l'hiver. Multiplication par graines que l'on peut semer en pleine terre, au printemps, et par boutures herbacées.

A. bellidifolium, Willd. *Fl.* blanches ou bleu pâle, en épis grêles, allongés. Juin. *Flles* radicales spatulées ou obovales-lancéolées, profondément dentées, les caulinaires à trois-cinq lobes profonds. *Haut.* 60 cent. Europe méridionale; France, etc. (B. M. 2056.)

A. Duriminium, Pers. Syn. de *A. hirsutum*, Hoffmsg.

A. fruticosum, Desf. *Fl.* blanches, dépourvues d'éperon. Juillet. *Flles* inférieures tridentées au sommet; les supérieures oblongues, très entières. *Haut.* 60 cent. à 1 m. Europe méridionale. Frutescent.

A. hirsutum, Hoffmsg. *Fl.* blanchâtres, un peu plus grandes que celles de l'*A. bellidifolium*, dont il est probablement une variété pubescente. *Haut.* 30 à 60 cent. Portugal, 1818. Syn. *A. Duriminium*, Pers.

ANASTATICA, Linn. (de *anastasis*, résurrection; allusion à la faculté qu'a cette plante de reprendre, quoique complètement sèche, sa forme primitive, lorsqu'on la plonge dans l'eau). Fam. *Crucifères*. — Genre caractérisé par une seule petite plante annuelle, originaire des déserts de l'Afrique et de l'Arabie. Ses feuilles tombent après la floraison, ses rameaux deviennent ligneux, se redressent et, en se séchant, leur sommet se courbe vers le centre; la plante se détache alors du sol et roule au gré des vents. Cette plante possède la remarquable propriété de reprendre une vie apparente lorsqu'on la place dans l'eau, bien qu'elle soit sèche depuis plusieurs années. Si on désire la cultiver à titre de curiosité, ses graines doivent être semées sur couche au printemps, dans une terre maigre, excessivement légère; les plants seront ensuite repiqués en pots et de nouveau

Fig. 158. — Anastatica Hierochuntica. Plante florifère et plante fructifère desséchée.

placés sur couche afin d'activer leur végétation. Il lui faut le plein soleil et le plus de chaleur possible. Après la floraison, on suspendra complètement les arrosements.

A. Hierochuntica, Linn. Rose de Jéricho. — *Fl.* petites, blanches, sessiles, disposées en petits épis le long des rameaux ; pétales obovales. Juillet. *Fr.* ou silicule à valves,

Fig. 159.
ANASTATICA HIEROCHUNTICA. Plante fructifère desséchée.

ventrues, munies chacune d'un appendice sur le côte extérieur. *Flles* obovales, couvertes de poils étoilés ; les inférieures entières, les supérieures légèrement dentées ; rameaux nombreux, dressés, rameux, resserrés en boule après la végétation. *Haut.* 10 à 15 cent. Afrique boréale, etc., 1597. (L. E. M. 555 ; B. M. 4400.)

ANASTOMOSE. — Réunion de diverses parties les unes aux autres. On remarque de fréquentes anastomoses entre les nervures des feuilles, les vaisseaux des tissus, etc. (S. M.)

ANATOMIE. — Branche de la botanique qui a pour étude la composition des organes et du tissu des végétaux. V. aussi **Botanique.** (S. M.)

ANCEPS, ANCIPITÉ, ANGL. Ancipitous. — Comprimé, ayant deux angles plus ou moins tranchants, comme les tiges de l'*Androsæmum officinale*, les chaumes du *Poa compressa*, etc.

ANCHIETEA, Saint-Hil. (en l'honneur de P. Anchietea, célèbre écrivain brésilien sur les végétaux). FAM. *Violariées.* — Petit genre renfermant trois espèces originaires du Brésil. La suivante est une plante ornementale, grimpante, de serre chaude. Pétales cinq, très inégaux, les deux supérieurs courts, les latéraux plus longs, l'inférieur large et éperonné à la base. Il lui faut un mélange de terre franche, de terre de bruyère et de sable. Multiplication facile par boutures herbacées, plantées dans du sable sous cloches et à chaud.

A. pyrifolia, St-Hil. *Fl.* blanchâtres, veinées de rouge à la base, disposées en bouquets axillaires ; pétale inférieur obovale. Juillet. *Flles* alternes, pétiolées, stipulées, ovales, aiguës, crénelées. Brésil, 1826.

ANCHISTEA, Presl. Réuni au genre **Woodwardia**, Sm.

ANCHOMANES, Schott. (dérivation douteuse). FAM. *Aroïdées.* — Genre renfermant deux espèces de remarquables aroïdées vivaces, tuberculeuses, de serre chaude, originaires du Brésil, assez voisines des *Amorphophallus* et exigeant un traitement à peu près semblable. Dès que les feuilles périssent, il faut rempoter les plantes dans un mélange de terre franche sableuse, fertile et de terreau de feuilles, en drainant fortement les pots. Il ne leur faut presque pas d'eau et ils demandent peu de soins jusqu'au printemps suivant, époque à laquelle ils entrent en végétation. Les arrosements doivent alors être abondants et l'atmosphère humide. Température estivale, 15 à 25 deg. ; hivernale 12 à 15 deg. Multiplication par graines et par éclats.

A. Hookeri, — * *Fl.* à spathe pourpre pâle, très ouverte, paraissant avant les feuilles, spadice blanchâtre ; hampe épineuse, plus courte que les pétioles. Juin. *Flles* à pétioles grêles, épineux, limbe horizontal, d'environ 1 m. de diamètre ; divisé en trois lobes à leur tour découpés en nombreuses folioles, dont les plus grandes sont de nouveau dentées. *Haut.* 1 m. Fernando-Po, 1832. Il existe une variété à spathe d'une teinte plus pâle. Syn. *Caladium petiolatum.* (B. M. 5394.)

ANCHUSA, Linn. (de *anchousa*, fard ; la racine de l'*A. tinctoria* renferme un principe rouge, dont on se

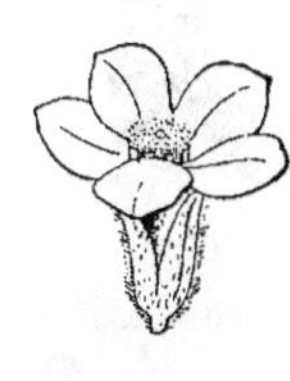

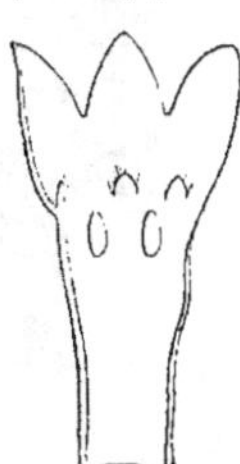

Fig. 160. — ANCHUSA.
Fleur détachée et corolle coupée longitud. pour montrer les étamines et au-dessus les appendices poilus, fermant la gorge.

servait autrefois pour se colorer le visage). **Buglosse.** SYN. *Buglossum*, Gærtn. FAM. *Boraginées.* — Genre renfermant environ trente espèces originaires de l'Europe, de l'Afrique boréale et australe et de l'Asie occidentale. Ce sont de jolies plantes herbacées, rustiques, annuelles, bisannuelles ou vivaces. Fleurs en grappes scorpioïdes ; corolle en entonnoir, à tube droit, gorge fermée par cinq appendices obtus; calice à cinq lobes profonds. renfermant quatre carpelles ob-coniques, uniloculaires, contractés dans leur partie supérieure, insérés sur le réceptacle par une base concave, enflée et plissée sur les bords. Culture facile en pleine terre à exposition chaude et ensoleillée. Multiplication par graines que l'on sème au printemps en pépinière, en terrines ou en pleine terre légère, à bonne exposition; elles germent en trois ou quatre semaines. On repique ensuite les plants en place. Les abeilles recherchent beaucoup leurs fleurs.

A. Agardhii, Lehm. *Fl.* pourpres, courtement pédicellées, espacées, disposées en grappes terminales, généralement conjuguées. Juillet. *Flles* linéaires, lancéolées, tuberculeuses, rudes. *Haut.* 30 cent. Sibérie, 1820. Espèce vivace, rare.

A. azurea, Mill. Syn. de *A. italica*, Retz.

A. Barrelieri, Vitm. *Fl.* bleues, à tube et gorge jaunes, en grappes paniculées, munies de bractées. Mai. *Flles* oblongues-lancéolées, denticulées, hispides. *Haut.* 30 à 60 cent. Europe méridionale, 1820. Vivace. Syns. *Buglossum Barrelieri*, All.; *Myosotis obtusa*, Waldst. et Kit. (B. M. 2319.)

A. capensis, Thunb. **Fl.* bleues, à appendices blancs, apparents; disposées en grappes scorpioïdes, terminales,

Fig. 161. — Anchusa capensis.

paniculées. Juillet. *Flles* longuement ovales, lancéolées, rudes et poilues. Cap. 1800. Plante annuelle ou bisannuelle, ayant besoin d'une légère protection pendant l'hiver. (B. M. 1822.)

A. italica, Retz. **Fl.* étoilées, d'un bleu intense, en grappes lâches, paniculées. Été. *Flles* lancéolées, entières, acuminées, brillantes; les radicales atteignant parfois jusqu'à 60 cent. de long. Espèce bisannuelle ou vivace, formant de belles touffes pyramidales. *Haut.* 1 m. à 1 m. 50. Europe méridionale; France, etc. Une des plus recommandables. Syns. *A. azurea*, Mill.; *A. paniculata*, Ait. (B. M. 2197; B. R. 483; L. B. C. 1383.)

A. latifolia, — V. **Nonnea rosea.**

A. myosotidiflora, Lehm. *Fl.* d'un beau bleu, à gorge jaune; disposées en grappes terminales, paniculées, dépourvues de bractées. Juillet. *Flles* grandes: les radicales longuement pétiolées, cordées-réniformes; les caulinéaires sessiles, ovales, poilues. *Haut.* 1 m.

Fig. 162. — Anchusa italica.

Sibérie, 1825. Jolie espèce. Syn. *Myosotis macrophylla*, Adans.

A. officinalis, Linn. *Fl.* bleues ou rougeâtres, sessiles, imbriquées, disposées en épis terminaux, réunis par paires. Juin à octobre. *Flles* lancéolées, hispides; les radicales en touffe. *Haut.* 30 à 60 cent. France, etc. (F. D. 4, 572.)

A. o. incarnata, Schrad. Variété à fleurs rose chair.

A. paniculata, Ait. Syn. de *A. italica*, Retz.

A. sempervirens, Linn. **Fl.* petites, d'un beau bleu, en grappes courtes, axillaires, généralement feuillées à la

Fig. 163. — Anchusa sempervirens.

base. Mai. *Flles* largement ovales; les inférieures longuement pétiolées. Tiges dressées. *Haut.* 15 à 60 cent. France, etc., naturalisé en Angleterre. Espèce vivace.

A. tinctoria, Linn. Orcanette. Angl. Alkanet. — *Fl.* bleues ou purpurines, en grappes généralement géminées, pluriflores. Juin. *Flles* radicales oblongues — lancéolées, hispides; les caulinaires embrassantes. *Haut.* 15 à 30 cent. Plante vivace, à tiges un peu couchées; racine pivotante, pourpre brun, produisant une couleur rouge employée en parfumerie. France méridionale, etc. (S. F. G. 166.)

ANCHUSOPSIS, Bisch. — V. **Lindelophia**, Lehm.

ANCIPITÉ. — V. **Anceps.**

ANCISTRUM, Forst. — V. **Acæna**, Linn.

ANCOLIE. — V. **Aquilegia**, Tourn.

ANCYLOCLADUS, Wall. — V. **Willoughbeia**, Roxb.

ANCYLOGYNE, Nees. — V. **Sanchezia**, Ruiz et Pav.

ANDARASÈME. — V. **Premna integrifolia**, Linn.

ANDERSONIA. R. Br. (en l'honneur de M. M. Anderson, chirurgiens, grands promoteurs de la botanique). FAM. *Epacridées*. — Genre renfermant environ vingt espèces de jolis petits arbrisseaux originaires de l'Australie. Fleurs terminales, solitaires ou en épis; corolle subcampanulée, hypocratériforme, à cinq lobes. L'espèce mentionnée ci-dessous, la seule introduite dans les jardins, pousse facilement en terre de bruyère sableuse, mais parfaitement drainée; cette dernière condition est essentielle. Multiplication par boutures de sommets de rameaux, que l'on fait à l'automne, en hiver ou au printemps, à chaud, dans du sable et sous cloches.

A. sprengelioides, R. Br.' *Fl.* roses, pourvues de deux petites bractées et disposées en épis. Mars. *Flles* étalées, enroulées en dedans à la base, de façon à ressembler à un éteignoir, et se terminant en pointe plane. *Haut.* 30 cent. à 1 m. Nouvelle-Hollande, 1803. Arbuste toujours vert, raboteux. Syn. *Sprengelia Andersoni*. (B. M. 1645.)

ANDIRA, Lamk. (son nom brésilien). FAM. *Légumineuses*. — Genre renfermant environ dix-huit espèces originaires de l'Amérique et de l'Afrique tropicale. Ce sont de grands arbres décoratifs, toujours verts, de serre chaude, voisins des *Geoffræa*. Fleurs en panicules axillaires ou terminales. Gousse drupacée. Feuilles alternes, inégalement pinnées. Pour leur culture, V. **Geoffræa**.

A. inermis, Kunth. *Fl.* pourpres, courtement pédicellées, en panicules terminales. *Flles* imparipennées, à treize-quinze folioles ovales, lancéolées, aiguës, glabres sur les deux faces. *Haut.* 6 à 10 m. Jamaïque, 1773. Connu en anglais sous le nom de Cabbage tree.

A. racemosa, DC. *Fl.* pourpres, en grappes paniculées. *Flles* imparipennées, à treize folioles ovales, oblongues, acuminées, glabres sur les deux faces. *Haut.* 6 à 18 m. Brésil, 1818.

ANDREUSIA, Vent. — V. **Myoporum**, Banks et Soland.

ANDREWSIA, Spreng. — V. **Bartonia**, Mühlenb.

ANDROCÉE, ANGL. Andrœcium. — Ensemble des étamines ou organe mâle d'une fleur. V. aussi **Anthère**.

Fig. 164. — ANDROCÉE. Fleur mâle du Ricin.

ANDROCYMBIUM, Willd. (de *aner*, *andros*, homme, et *cymbos*, cavité; les étamines sont enfermées dans une cavité formée par un pli du limbe des pétales). FAM. *Liliacées*. — Genre renfermant treize espèces originaires de l'Afrique australe et de la région méditerranéenne. Ce sont des plantes bulbeuses de serre froide, exigeant une terre légère, sableuse et une atmosphère sèche. Il ne faut pas les ombrer et presque pas les arroser pendant leur période de repos. Multiplication par graines et par divisions.

A. punctatum, — *Fl.* blanchâtres, peu nombreuses, disposées en ombelle dense, sessile, entourée d'environ quatre feuilles étalées, lancéolées, acuminées, longues de 12 à 15 cent. et larges de 12 à 18 mm. au-dessus de la base, canaliculées depuis la base jusqu'au sommet. Sud de l'Afrique, 1874.

ANDROGYNE, ANGL. Androgynous. — On désigne ainsi les plantes portant des fleurs mâles et des fleurs femelles sur la même inflorescence, mais on dit aussi quelquefois qu'une fleur est *androgyne* lorsqu'elle renferme les organes mâles et femelles. Dans le premier cas, ce mot est synonyme de *monoïque*, et dans le second, il a la même signification qu'*hermaphrodite*. Dans un sens plus précis, *androgyne* se dit des inflorescences qui, comme celles de certains Carex, portent des fleurs mâles à la base et des femelles au sommet; son opposé est alors *gynandre*. (S. M.)

ANDROLEPIS, Brong. (de *aner*, *andros*, homme, et *lepis*, écaille; allusion aux étamines écailleuses), FAM. *Broméliacées*. — Genre de broméliacée de serre chaude dont la seule espèce est aujourd'hui réunie aux *Æchmea* par M. Baker, et forme, avec quelques autres, une section de ce grand genre. Pour sa culture, V. **Æchmea**.

Fig. 165. — ANDROLEPIS SKINNERI. (*Rev. Hort.*)

A. Skinneri, Brong. *Fl.* à pétales jaunes, réunies en panicule sub-cylindrique de 30 cent. de long et 5 à 8 cent. de diamètre, à rachis fort, verdâtre; bractées florales nulles; hampe forte, dressée, de 45 cent. de long, garnie de bractées lancéolées apprimées, pâles. *Flles* environ vingt, ovales-utriculaire à la base, de 60 à 75 cent. de long et 6 à 8 cent. de large au milieu, vertes sur la face supérieure, finement blanches, — lépidotes sur le dos, graduellement rétrécies en pointe; épines marginales, fines, deltoïdes, rapprochées. Guatémala, 1850. Syns. *Æchmea Skinneri*, Baker; *Billbergia Skinneri*, Hort. Lind.

ANDROMACHIA, Humb., Bonpl. et Kunth. — V. **Liabum**, Adans.

ANDROMEDA, Linn. (dédié à Andromède, fille de Céphée, qui fut délivrée du monstre marin par Persée). FAM. *Ericacées*. — Genre monotypique, dont la seule espèce connue est un petit arbrisseau rustique, habitant les marais tourbeux des régions arctiques tempérées de l'hémisphère boréal. On sème ses graines dès leur maturité, en pots ou en terrines, très clair, en terre de bruyère tourbeuse et on les place ensuite dans un châssis, fortement aéré. Mettre les jeunes plantes en place au printemps. Les marcottes, que l'on peut faire en septembre, mettent généralement un an avant d'être suffisamment enracinées pour que l'on puisse les séparer du pied mère. Les autres espèces fréquemment comprises dans ce genre appartiennent aux *Cassandra*, Don.; *Cassiope*, Don.; *Enkianthus*, Lour.; *Leucothoë*, Don.; *Lyonia*, Nutt.; *Oxydendron*, DC.; *Pieris*, Don. et *Zenobia*, Don.

A. acuminata, Ait. — V. *Leucothoë acuminata*, Don.

A. arborea, Linn. — V. *Oxyodendron arboreum*, DC.

A. calyculata, Linn. — V. *Cassandra calyculata*, Don.

A. campanulata. — V. *Enkianthus campanulatus*.

A. cassinefolia, Vent. — V. *Zenobia speciosa*, Don.

A. Catesbæi, Walt. — V. *Leucothoë Catesbæi*.

A. dealbata, Lindl. — V. *Zenobia speciosa pulverulenta*.

A. fastigiata, Wall. — V. *Cassiope fastigiata*, Don.

A. floribunda. — V. *Pieris floribunda*.

A. hypnoides, Linn. — V. *Cassiope hypnoides*, Don.

A. japonica, Thunb. — V. *Pieris japonica*, Don.

A. paniculata, Willd. — V. *Lyonia ligustrina*, DC.

A. polifolia, Linn. Angl. Wild. Rosemary. — *Fl.* blanc rosé, pendantes, quelquefois rouges au sommet; corolle ovale, munie de bractées ovales, un peu foliacées, imbriquées et disposées en bouquets terminaux. Juin. *Flles* linéaires, lancéolées, mucronulées, à bords plus ou moins révolutés, très entières, glauques en dessous, à nervure médiane, proéminente, les latérales réticulées. *Haut.* 30 cent. Les nombreuses variétés de ce joli petit arbuste indigène diffèrent entre elles principalement par la couleur de leurs fleurs. (F. D. 1, 54; L. B. C. 546-1591-1714-1725.)

A. pulverulenta, Bartr. — V. *Zenobia speciosa pulverulenta*.

A. recurva, — V. *Leucothoë recurva*.

A. rigida, Pursh. — V. *Lyonia ferruginea*.

A. speciosa, Michx. — V. *Zenobia speciosa*, Don.

A. tetragona, Linn. — V. *Cassiope tetragona*, Don.

ANDROPOGON, Linn. (de *aner*, *andros*, homme, et *pogon*, poil; allusion aux fleurs poilues). Fam. *Graminées*. — Grand genre, renfermant environ deux cents espèces bien distinctes, originaires des régions chaudes de l'Europe, de l'Asie et de l'Amérique septentrionale. La majorité des espèces sont sans intérêt pour l'horticulteur; toutefois, quelques-unes sont des herbes très ornementales par leur beau feuillage et principalement par leurs inflorescences qui servent à la confection des bouquets perpétuels. Ces plantes aiment une terre profonde et fertile. On les propage facilement par semis ou par division des touffes. Les espèces de l'Europe méridionale réussissent en plein air à exposition chaude.

A. citratum, — Syn. de *A. Schœnanthus*.

A. Schœnanthus, Roxb. Jonc odorant. Angl. Lemon Grass. — *Fl.* à épillets ternés, disposés en épis formant une panicule par leur réunion. Les feuilles de cette espèce exhalent, lorsqu'on les froisse, une agréable odeur de citron; elles servent à faire des infusions théiformes, etc. *Haut.* 60 cent. Indes, 1786. Serre chaude. Syn. *A. citratum*.

L'A. lanigerus, Desf. possède les mêmes propriétés; l'*A. muricatus*, Retz., fournit le véritable Vetiver dont les racines exhalent une odeur forte et pénétrante employée comme parfum; l'*A. Nardus*, Linn. (Angl. Ginger-grass) sert à un usage analogue.

Les autres espèces dignes d'être cultivées comme ornement sont l'*A. bombycinus*, R. Br.; *A. furcatus*, Mhlbrg.; *A. macrourus*, Michx.; *A. pubescens*, *A. scoparius*, Michx., *A. squarrosus* et *A. strictus*.

ANDROSACE, Linn. (de *aner*, homme et *sakos*, bouclier; allusion à la ressemblance des feuilles de quelques espèces ou peut-être à celle de leurs inflorescences, à un ancien bouclier). Comprend les *Aretia*, Linn. Fam. *Primulacées*. — Genre renfermant environ quarante espèces de plantes alpines, annuelles ou vivaces, habitant les régions tempérées et principalement les Alpes. Très voisins des *Primula*, ils en diffèrent par leur taille et leur durée, par leur calice souvent accrescent après la floraison, par leur corolle à tube resserré à la gorge et munie de petits appendices peu apparents. Il leur faut une exposition aérée, partiellement ombrée et une terre fertile, légère et surtout bien drainée. Les *Androsace* se plaisent dans les fissures des rocailles, mais ils redoutent les brusques changements de température, l'excès d'humidité ainsi que la sécheresse. Aussi sous des climats variables comme celui de Paris, il est prudent de les hiverner sous châssis froids et aérés le plus possible. On peut cependant les employer à la garniture des rocailles et endroits abrités du grand soleil, où ces jolies petites plantes font le meilleur effet. On peut dans une certaine mesure les garantir de l'humidité et du froid au moyen de cloches ou de feuilles de verre entourées de feuilles sèches. Les espèces laineuses seront de préférence plantées au nord, au-dessous des parties de rocher faisant saillies. Dans ces conditions, on peut espérer, sinon de les voir prospérer sous le climat parisien, au moins de les conserver pendant quelques années. Cultivés en pots, les *Androsace* forment aussi de jolies petites potées très intéressantes. Leur multiplication a lieu à l'automne, par divisions ou par boutures et par semis que l'on fait autant que possible dès que les graines sont mûres, c'est-à-dire en juin, en terre de bruyère et en pots ou terrines, placés sous châssis froid; on repique ensuite les plants en pots que l'on hiverne sous châssis et on les met en place au printemps suivant.

A. alpina, Lamk. *Fl.* rose purpurin, à gorge et tube jaunes, solitaires, à pédoncules d'environ 12 mm. de long. Juin. *Flles* petites, linguiformes, formant de petites rosettes compactes. *Haut.* 5 à 8 cent. France, Suisse, etc. Cette espèce demande une exposition ombrée et doit être plantée sur le côté des rocailles, dans une terre composée de terreau de feuilles, de terre de bruyère, de terre franche fibreuse et de sable. Syn. *A. glacialis*, Hoppe.

A. Aretia, Lap. Syn. de *A. argentea*, Gœrt.

A. aretioides, Gaud. Syn. de *A. obtusifolia*, All.

A. argentea, Gœrtn.* *Fl.* blanches, solitaires, sessiles, très nombreuses. Juin. *Flles* fortement imbriquées, lancéolées, oblongues, couvertes de poils courts et formant de jolies petites rosettes d'un gris argenté. *Haut.* 5 cent. environ. France, Suisse, etc. Se plaît dans les fissures des rocailles, bien drainées. Syns. *A. Aretia* Lap.; *A. imbricata*, Lamk. (L. M. M. 98.)

A. carnea, Linn.* *Fl.* rose pâle ou vif, à œil jaune, disposées par trois-sept, en ombelle à pédoncule velu. Juillet. *Flles* aciculaires, lisses, acuminées non en rosette. Tige.

un peu allongée. *Haut.* 8 à 10 cent. France, Suisse, etc. Forme de jolis petits tapis lorsqu'on ne le dérange pas et se multiplie facilement. Syns. *A. Lachenalii*, *A. puberula*, (A. F. P. 3, 5; L. B. C. 40.)

A. c. eximia, — * Variété plus forte et plus robuste que le type, à végétation plus rapide. Elle forme des touffes compactes et produit des bouquets de fleurs d'un rose carminé, à œil jaune, portées par des pédoncules de 5 à 8 cent. de hauteur. Auvergne. Il lui faut le bord et les fissures des rocailles à exposition ensoleillée et fraîche et réussit dans un compost de terre franche, de terre de bruyère et de sable.

A. c. Laggeri, Huet. * *Fl.* roses, sessiles; le pédoncule s'allonge à l'approche de la maturité des graines et porte alors une touffe de fruits pédicellés. Mars. *Flles* aciculaires, très aiguës en petites rosettes. *Haut.* 10 cent. Pyrénées, etc., 1789. Variété plus hâtive, plus florifère et aussi plus délicate; il lui faut une exposition demi-ombragée. On la multiplie par semis ou par boutures qui s'enracinent facilement.

A. Chamæjasme, Host.* *Fl.* d'abord rose tendre, puis rose foncé, à œil jaune, disposées en ombelle. Juin. *Flles* lancéolées, graduellement rétrécies à la base et disposées en assez grosses rosettes lâches. *Haut.* 5 à 10 cent. France, Suisse, Autriche, etc. Espèce très florifère, surtout lorsque, bien établie, elle forme de larges touffes. Aime une terre franche, profonde et fertile, mais bien drainée. (L. B. C. 232.)

A. ciliata, DC. *Fl.* rouge carmin foncé, à pédoncules ayant le double de la longueur des feuilles. Juin. *Flles* lancéolées-oblongues, lisses sur les deux faces, ciliées sur les bords, imbriquées. *Haut.* 5 à 8 cent. Forme des touffes compactes. Pyrénées.

A. coronopifolia, Andrz.* *Fl.* blanc pur, à pédicelles grêles; disposées en ombelle à pédoncule d'environ 15 cent. de haut. Avril-juin. *Flles* lancéolées, à dents espacées, lisses, disposées en rosettes aplaties. France, Suisse, Russie, etc. Cette charmante petite espèce annuelle mérite une place dans les rocailles; elle fait excessivement bien en groupes; elle graine abondamment et se ressème facilement d'elle-même. Syn. *A. septentrionalis*, Linn. (B. M. 2022.)

A. cylindrica, DC. *Fl.* blanc pur. *Flles* lancéolées, oblongues, obtuses, pubescentes, de 12 mm. de long. Espèce alpine, assez robuste. Alpes? 1891.

A. foliosa, — *Fl.* en ombelle pluriflore; corolle rose chair pâle, de 8 à 12 mm. de diamètre; hampe solitaire, dressée, de 8 à 12 cent. de haut. Mai à septembre. *Flles* de 5 à 8 cent. de long, elliptiques ou oblongues, obtuses ou aiguës, velues. Souche ligneuse, dépourvue de stolons, émettant une ou plusieurs tiges très courtes. Himalaya occidental, 1882. (B. M. 6661.)

A. glacialis, Hopp. Syn. de *A. alpina*, Lamk.

A. helvetica, Gaud. *Fl.* blanches, à œil jaune, presque sessiles, formant un bouquet plus grand que l'involucre de feuilles qui l'entoure. Mai. *Flles* petites, lancéolées, obtuses, ciliées, fortement imbriquées. *Haut.* 2 cent. 1/2. Forme de petites touffes moussues. France, Suisse, etc. Petite plante rare et délicate; il lui faut une exposition ombrée et une terre très sableuse.

A. imbricata, Lamk. Syn. de *A. argentea*, Gærtn.

A. Lachenalii, Gmel. Syn. de *A. obtusifolia*, All.

A. lactea, Linn.* *Fl.* blanc pur, à gorge jaune, grandes, en ombelles élégantes et longuement pédonculées. Juin. *Flles* linéaires-lancéolées, disposées en rosettes, quelquefois éparses sur les rameaux allongés. *Haut.* 10 cent. environ. France, Suisse, Autriche, etc. Espèce vigoureuse et très florifère; il faut la placer au nord ou à l'ouest. On la multiplie par semis. Syn. *A. pauciflora*, Vill. (J. F. A. 333; B. M. 868, 981.)

V. lanuginosa, Wall.* *Fl.* d'un beau rose tendre, à petit œil jaune, disposées en ombelles. Juin à octobre. *Flles* de presque 2 cent. 1/2 de long, couvertes de longs poils blancs, laineux. Haut. 15 à 20 cent. Himalaya, 1842. Très belle espèce à rameaux étalés, traînants, se propageant facilement par marcottes. Il lui faut un coin de rocaille chaud et ensoleillé et une terre de bruyère sableuse. Plantée de façon à ce que ses rameaux retombent en festons, c'est une des plus jolies plantes que l'on puisse cultiver. (B. M. 4005; P. M. B. 51; Gn. 1888, 55.)

Fig. 166. — ANDROSACE LANUGINOSA.

A. obtusifolia, All. *Fl.* blanches ou roses, à œil jaune, disposées en ombelles de cinq à six fleurs. Printemps. *Flles* lancéolées ou un peu spatulées, en rosette assez grosse. Tige pubescente. *Haut.* 5 à 12 cent. Alpes d'Europe. Très jolie plante, voisine de l'*A. Chamæjasme* différant principalement par ses rosettes de feuilles plus grandes et par sa plus grande vigueur. Syn. *A. o.* var. *aretioides*, Gaud., *A. Lachenalii*, Gmel. (A. F. P. 46.)

A. pauciflora, Vill. Syn. de *A. lactea*, Linn.

A. penicillata, — Syn. de *A. villosa*, Linn.

A. puberula, Jord. Syn. de *A. carnea*, Linn.

A. pubescens, DC. *Fl.* blanches, à petit œil jaune, très nombreuses, solitaires au sommet des ramifications. Juin. *Flles* oblongues-ovales, ciliées, disposées en rosette compacte. Pédoncules légèrement renflés sous le calice. *Haut* 5 cent. Alpes. Mêmes soins que pour l'*A. Chamæjasme.*

A. pyrenaica, Lamk. *Fl.* blanches, à œil jaunâtre, solitaires, à pédoncules d'environ 6 mm. de long, recourbés et munis au sommet de bractées lancéolées, aiguës. Été. *Flles* étroites-oblongues, ciliées, récurvées, carénées à la base. *Haut.* 2 cent. 1/2. Pyrénées. Charmante petite espèce toute naine, à cultiver dans les fissures des rocailles remplies de terre franche et de terre de bruyère. Elle pousse aussi sur la terre plane, à bonne exposition, mais il faut alors l'entourer de pierres à moitié enterrées.

A. rotundifolia macrocalyx, — *Fl.* nombreuses; calice de 12 à 15 mm. de diamètre; corolle rose pâle, beaucoup plus courte que le calice; hampes grêles, plus longues que les feuilles. Juin. *Flles* radicales de 2 1/2 à 5 cent. de diamètre, orbiculaires, cordiformes, lobulées, à pétiole égalant le limbe. Himalaya, 1882. Espèce vivace, velue, dépourvue de stolons. (B. M. 6617.)

A. sarmentosa, — * *Fl.* rose vif, à œil blanc, disposées en ombelles de dix à vingt fleurs; hampes dressées. Mai-juin. *Flles* très argentées, formant des rosettes denses, d'où partent un certain nombre de coulants portant à leur sommet une petite rosette qui, fixée sur le sol, s'y enracine facilement. Himalaya, 1876. Il lui faut une terre franche légère et fertile, une exposition ensoleillée; elle demande à être placée entre des pierres poreuses. Cou-

Fig. 167. — Androsace sarmentosa.

vrir les touffes de cloches ou de feuilles de verre pendant l'hiver.

A. septentrionalis, Linn. Syn. de *A. coronopifolia*, Andr.

A. villosa, Linn.* *Fl.* roses ou carminées, à œil plus foncé, disposées en ombelles et exhalant une odeur mielleuse. Mai. *Flles* étroites, oblongues, couvertes, principalement sur la face inférieure, d'un duvet blanchâtre, soyeux, et disposées en touffes compactes. *Haut.* 5 à 10 cent. Pyrénées, etc. Cette espèce est excessivement florifère lorsqu'elle est vigoureuse. Il faut la planter dans les fissures des rocailles, en terre franche, sableuse, mélangée de terreau de feuilles. Syn. *A. penicillata*. (J. F. A. 332; B. M. 743; L. B. C. 188.)

A. Vitaliana, Lap. — V. **Douglasia Vitaliana**, son nom correct.

A. Wulfeniana, Leyb.* *Fl.* grandes, roses ou carmin. Eté. *Flles* ovales, acuminées, disposées en rosettes denses. *Haut.* 5 cent. Styrie. Plante voisine de l'*A. alpina*, mais à feuilles moins pubescentes, très rare dans les jardins.

ANDROSÆMUM, All. — V. **Hypericum**, Linn.

ANDROSTEPHIUM, Torr. (de *aner*, homme, et *stephos*, couronne; quelques étamines sont stériles, pétaloïdes et forment une coronule). Fam. *Liliacées*. — Petit genre voisin des *Brodiæa*, comprenant deux espèces originaires du Texas et de la Californie. La suivante est une jolie petite plante bulbeuse, rustique et peu élevée. Il lui faut une terre franche, sableuse et fertile et une exposition ensoleillée. Multiplication par divisions et par graines que l'on sème sous châssis dès leur maturité. Plantés en pleine terre, à 15 cent. de profondeur, les bulbes n'ont pas besoin de protection.

A. violaceum, — *Fl.* violet bleu, d'environ 2 cent. 1/2 de long, à pédicelles égalant environ leur longueur; disposées en ombelles de trois à six fleurs; tube de la longueur des segments, ceux-ci étalés; coronule atteignant la moitié de la longueur de ces derniers. Printemps. *Flles* quatre à six, très étroites. *Haut.* 15 cent. Texas, 1874.

ANDRYALA, Linn. (dérivation inconnue). Syn. *Forneum*, Adans. Fam. *Composées*. — Petit genre voisin des *Hieracium*, comprenant environ six espèces originaires des Alpes de la région méditerranéenne et des îles Canaries. Ce sont des plantes vivaces, herbacées, que l'on peut cultiver facilement en pleine terre. Multiplication par semis et par division des touffes au printemps. On ne cultive guère que les deux suivantes.

A. lanata, Linn. *Fl.* en capitules jaunes. Mai. *Flles* laineuses, blanchâtres, épaisses, oblongues-ovales; les radicales pétiolées, les caulinaires sessiles, alternes. *Haut.* 30 cent. environ. Europe méridionale, 1732.

A. mogadorensis, — *Fl.* en capitules jaune vif, d'environ 3 cent. de diamètre, à disque jaune orangé. Avril. Maroc, 1871. Cette espèce est très rare dans les jardins.

ANECOCHILUS, Blume. — V. **Anœctochilus**, Blume.

ANEILEMA, R. Br. (de *a*, privatif, et *eilema* involucre; allusion à l'absence d'involucre). Syn. *Aniloma*, Kunth. *Aphylax*, Salisb. Fam. *Commélinacées*. — Genre comprenant soixante espèces répandues dans toutes les régions chaudes du globe. Ce sont des plantes vivaces, toujours vertes, de serre chaude et tempérée, généralement traînantes. Voisins des *Commelina*, les *Aneilema* s'en distinguent par leurs inflorescences sub-paniculées et par leurs pédoncules émergeant entièrement des bractées à l'aisselle des ramifications de la panicule. Fleurs dépourvues d'involucre. Ces plantes se plaisent dans un compost de terre franche, de terre de bruyère, de terreau de feuilles et de sable bien mélangés. Multiplication par semis et par divisions des touffes. Du nombre assez grand d'espèces connues des botanistes, les deux suivantes sont les plus répandues.

A. biflora, R. Br. *Fl.* bleues: pédoncule biflore. Juillet. *Flles* lancéolées. Tiges traînantes. Plante glabre. Nouvelle-Hollande, 1820. Serre tempérée. Syn. *Commelina biflora*, Poir.

A. sinica, Ker. *Fl.* bleu pâle, grappes d'environ vingt fleurs alternes, disposées en sorte de panicule. Mai. *Flles* ligulées, acuminées. Tiges rameuses, diffuses. *Haut.* 30 cent. Chine, 1820. Serre tempérée. (B. R. 8,659.) Syn. *Commelina sinica*, Spr.

ANEIMIA, Auct. — V. **Anemia**, Swartz.

ANEMIA, Swartz. (de *aneimon*, nu; allusion aux sporanges réunis en panicule nue.) Comprend les *Anemidictyon*, J. Smith. Syn. *Aneimia*, Auct. Fam. *Fougères*. — Genre bien caractérisé de fougères de serre chaude et tempérée, comprenant environ vingt-six espèces principalement originaires de l'Amérique tropicale et quelques-unes du Cap. Sporanges petits, très nombreux, dépourvus d'indusie et réunis en panicule assez rameuse, très distincte du limbe de la feuille. Rhizome ascendant ou rampant. La culture de ces jolies Fougères naines est facile; il leur faut un compost de terre de bruyère fibreuse, de terreau de feuille et de sable. Plusieurs espèces sont très propres à la garniture des serres dites à fougères. Pour leur culture générale, V. **Fougères**.

A. adiantifolia, Swartz.* *Pétioles* de 30 à 45 cent. de long, fermes, nus. *Frondes* à partie stérile courtement pétiolée, de 15 à 20 cent. de long et 8 à 12 cent. de large, deltoïde, tripinnée; divisions primaires rapprochées, lancéolées; les inférieures plus grandes; derniers segments oblongs ou linéaires, cunéiformes, les extérieurs dentés, de texture ferme; panicule fructifère de 8 à 10 cent. de long, à pédoncule de 3 à 8 cent. de long. Indes occidentales, 1793. Très belle fougère de serre chaude.

A. ciliata, Presl. Syn. de *A. hirsuta*, Swartz.

A. collina, Raddi. *Pétioles* de 20 à 30 cent. de long, fermes, dressés fortement couverts de poils fins, ferrugineux. *Frondes* à partie stérile de 15 à 30 cent. de long et 5 à 8 cent. de large, portant environ douze pinnules sessiles de chaque côté, celles-ci ayant de 2 1/2 à 4 cent. de long et 12 mm. de large, à côtés inégaux, obliquement tronquées à la base, obtuses, sub-entières, de texture presque coriace; panicule fructifère, de 5 à 8 cent. de long, compacte, à pédoncule de 10 à 15 cent. de long. Brésil, 1829. Espèce de serre chaude, très rare. Syn. *A. hirta*, J. Smith.

A. deltoidea, Swartz. Syn. de *A. tomentosa*, Swartz.

A. Dregeana, Kunze. * *Pétioles* de 20 à 30 cent. de long, fermes, légèrement velus. *Frondes* à partie stérile sub-sessile, de 20 à 30 cent. de long et 5 à 8 cent. de large, de diamètre presque égal dans sa moitié inférieure, portant de huit à douze pinnules de chaque côté, ayant 2 1/2 à 4 cent. de long et 12 à 18 mm. de large, ovales, deltoïdes, inégales à la base; côté supérieur sub-cordiforme, à bords incisés, crénelés; panicule fructifère de 8 à 12 cent. de long, à rameaux inférieurs allongés; pédoncule de même longueur. Natal. Serre chaude.

A. flexuosa, Swartz. Syn. de *A. tomentosa*, Swartz.

A. fraxinifolia, Raddi. V. A. *Phyllitidis tesselata*, Hort.

A. hirsuta, Swartz. *Pétioles* de 15 à 30 cent. de long, grêles, nus. *Frondes* à partie stérile de 5 à 15 cent. de long et 2 1/2 à 8 cent. de large, sessile, oblongue, deltoïde, bipinnatifide; divisions primaires au nombre de six à huit paires, de 2 1/2 à 4 cent. de long et 6 à 18 mm. de large, variant depuis la forme oblongue, obtuse, sub-entière, tronquée à la base sur le côté inférieur jusqu'à celle pinnatifide, à divisions étroites; panicule fructifère de 2 1/2 à 5 cent. de long, compacte, à pédoncule grêle, de 5 à 15 cent. de long. Jamaïque, 1704. Très belle espèce de serre chaude. Syns. *A. repens*, Raddi, et *A. ciliata*, Presl.

A. hirta, J. Smith. Syn. de *A. collina*, Raddi.

A. macrophylla, — V. *A. Phillitidis tessellata*, Hort.

A. mandioccana, Raddi. * *Pétioles* de 15 à 30 cent. de long, à villosité caduque. *Frondes* à partie stérile de 30 cent. ou plus de long et 5 à 10 cent. de large, oblongue, lancéolée, de diamètre presque égal dans sa moitié inférieure; pinnules au nombre de vingt paires ou plus, rapprochées, rétrécies au sommet, mais à peine aiguës, à bords finement serrulés; base de la partie supérieure parallèle avec le rachis; l'inférieure obliquement tronquée; rachis et limbe finement velus; texture sub-coriace; panicule fructifère très rameuse, de 8 à 10 cent. de long; pédoncule plus long. Brésil. Très belle et distincte espèce de serre chaude. (H. G. F. 36.)

A. Phyllitidis, Swartz. * *Pétioles*, de 15 à 45 cent. de long, fauves, nus ou fibrilleux. *Frondes* à partie stérile de 10 à 30 cent. de long et 5 à 20 cent. de large, ovale, oblongue, simplement pinnée; pinnules sessiles, au nombre de quatre à douze paires; les inférieures plus grandes, ovales, de 2 1/2 à 15 cent. de long et 1 1/2 à 5 cent. de large; aiguës au sommet; bords crénelés; arrondies, cunéiformes ou inégales à la base; texture ferme; panicule fructifère dense, de 8 à 20 cent. de long, à rameaux courts; pédoncule de même longueur. Brésil, Cuba, Mexique, etc. Syns. *A. cordifolia*, Presl; *Animidictyon Phillitidis*, Willd.

A. P. lineata, Hort. *Frondes* marquées d'une strie vert jaunâtre sur les pinnules. Amérique du Sud, 1868.

A. P. plumbea, Hort. Syn. de *A. P. tessellata*, Hort.

A. P. tessellata, Hort. Pinnules vert foncé, à centre vert tendre, bordées de gris de plomb. Brésil, 1875. Syn. *A. P. plumbea*, Hort.

Les formes de cette sous-espèce sont nombreuses; les *A. fraxinifolia*, Raddi. et *A. macrophylla*, sont assez fréquents, mais ce ne sont que de légères déviations du type. Tous ont une constitution plus robuste que celle des autres espèces, et poussent bien en serre tempérée.

A. repens, Raddi. Syn. de *A. hirsuta*, Swartz.

A. tomentosa, Swartz. * *Pétioles* de 15 à 30 cent. de long, forts, dressés, couverts de poils ferrugineux. *Frondes* à partie stérile de 15 à 30 cent. de long et 8 à 15 cent. de large, ovale, deltoïde, bipinnatifide ou bipinnée; pinnules inférieures plus grandes, à lobes obtus, de 12 à 18 mm. de long et 6 mm. de large, presque entiers; rachis et limbe fortement velus, de texture ferme; panicule fructifère de 10 à 20 cent. de long, lâche; pédoncule de 2 1/2 à 5 cent. de long. Amérique tropicale. Serre tempérée. Syns. *A. deltoidea*, Swartz; *A. flexuosa*, Swartz; *A. villosa*, Humb., Bonpl. et Kunth.

A. villosa, Humb., Bonpl. et Kunth. Syn. de *A. tomentosa*, Swartz.

ANEMIA, Nutt. — V. **Houttuynia**, Thunb.

ANEMIDICTYON, J. Smith. — V. **Anemia**, Swartz.

ANEMIOPSIS, Hook. et Arnot. — V. **Houttuynia**, Thunb.

ANEMONE, Tourn. (de *anemos*, vent; allusion aux graines plumeuses de quelques espèces, que le vent emporte avec facilité, ou bien aux localités élevées qu'habitent la plupart d'entre elles). Angl. Windflower. Comprend les *Hepatica*, Dill. et *Pulsatilla*, Tourn. Fam. *Renonculacées*. — Grand genre renfermant environ quatre-vingt-cinq espèces bien distinctes habitant les régions tempérées du globe. Ce sont des plantes vivaces, rustiques, très ornementales et d'un grand intérêt horticole. Les caractères génériques des *Anémones vraies* sont: Involucre ou collerette composé de trois folioles découpées, éloignées de la fleur; calice pétaloïde à cinq-vingt sépales; pétales nuls. Ceux du sous-genre *Hepatica* sont: Involucre à trois folioles entières placées immédiatement en dessous de la fleur; calice pétaloïde, à six-neuf sépales; pétales nuls. Au point de vue botanique, les *Hepatica* appartiennent réellement aux *Anemone*, mais en jardinage, leur port et leurs fleurs les font fréquemment considérer comme des plantes distinctes.

Les Anémones aiment en général une bonne terre franche légère, mais elles poussent néanmoins dans presque tous les terrains. Quelques-unes sont propres à faire des bordures, d'autres se plaisent plus particulièrement dans les rocailles, à exposition partiellement ombrée et dans un endroit frais. Pour les nombreuses variétés d'*A. coronaria* (A. des fleuristes), simples et doubles, la terre ne saurait être trop fertile, bien drainée, et l'exposition bien éclairée et un peu abritée. Les tubercules, plus fréquemment nommés pattes, doivent être plantés en octobre, à environ 15 cent. de distance et 8 cent. de profondeur; on les recouvre de litière ou autre couverture lorsque les froids deviennent intenses et, si on a eu soin de mêler les couleurs, l'effet au printemps suivant n'est que plus décoratif. La floraison terminée, on arrache les tubercules lorsque les tiges sont sèches, ce qui a généralement lieu en juin; on les étale à l'ombre et à l'abri des pluies jusqu'à ce qu'ils soient complètement secs, puis on les nettoie, on les divise au besoin et finalement on les range, à nu ou recouverts de sable, dans des pots ou dans des boîtes que l'on place dans un endroit sain. En cet état, on peut sans inconvénient les conserver d'une année à l'autre, ce qui permet d'en avoir toujours e réserve et de les expédier à toute époque de l'année. Plantées au printemps, elles fleurissent plus tard, mais leurs fleurs ne sont pas tout à fait aussi belles; on peut encore les planter en juillet afin d'obtenir leur floraison à l'automne, mais il faut que la terre soit suffisamment fraiche pour qu'elles puissent entrer de suite en végétation.

On peut aussi les cultiver en pots dans un compost de deux tiers de terre franche fibreuse, et un tiers de terreau de couche, ou mieux de fumier de vache bien décomposé et environ un sixième de sable grossier. On met de trois à six pattes dans chaque pot, selon leur dimension; on les place ensuite sous châssis, ou bien on les enterre en planches d'où on les retire pour les faire fleurir en serre ou sous châssis. Elles forment alors de fort jolies potées très décoratives.

La multiplication des espèces herbacées, non tuberculeuses, a lieu par semis, par division ou par boutures, que l'on fait à l'automne ou au premier printemps. Les graines se sèment en terrines, sous châssis froid, et si cela est possible, dès leur maturité. Quelques espèces, telles que l'*A. japonica*, se propagent avec la plus grande facilité par la division des touffes; tandis que d'autres, l'*A. narcissiflora*, par exemple, sont fort longues à multiplier.

Les Anémones des fleuristes et autres espèces tuberculeuses, se propagent par la division des pattes pour les variétés fixées, simples ou doubles, et par semis pour les variétés simples en mélange de couleur. La première opération peut se faire dès l'arrachage, mais il est préférable d'attendre l'époque de la plantation. Le semis se fait en pépinière, en terre douce et légère, à exposition abritée, ou en pots ou terrines, en juin-juillet, dès que les graines sont mûres. Les graines étant très cotonneuses, et sujettes à se mettre en pelotons, il faut les frotter avec du sable, afin de pouvoir les répandre régulièrement; on les recouvre d'environ 5 mm. de terre légère et finement tamisée; leur germination peut varier de deux à cinq semaines. L'hiver, on garantit les plants au moyen d'une bonne couche de litière ou de feuilles sèches. Après leur végétation printanière, on arrache les pattes lorsqu'elles sont mûres; on les traite ensuite comme des plantes faites; replantées à l'automne, elles fleurissent au printemps suivant. Cependant, leurs fleurs ne sont bien caractérisées qu'à la deuxième ou même à la troisième année; le choix des variétés ne devra donc pas être définitivement fait avant cette époque.

Les Anémones des fleuristes sont assez sujettes à dégénérer lorsqu'on les cultive pendant un certain temps dans le même emplacement; en conséquence, il convient de les changer fréquemment de place ou de renouveler la terre. Le semis fournit un des moyens les plus faciles pour rajeunir les collections et surtout pour propager en abondance les variétés à fleurs simples aujourd'hui si estimées. A l'aide des semis et plantations successives, et surtout d'une culture bien entendue, on peut avoir des Anémones en fleur pendant presque toute l'année.

A. alba, Juss. *Fl.* blanches, solitaires; sépales cinq, obovales, très obtus. Juin. *Flles* ternées ou quinées, à segments profondément dentés au sommet; celles de l'involucre pétiolées. *Haut.* 15 cent. Sibérie, 1820. (B. M. 2167; L. B. C. 322.)

A. Aconit. — V. *Eranthis hyemalis.*

A. alpina, Linn. * *Fl.* de différentes couleurs, quelquefois blanches, ou blanches à l'intérieur et pourpres à l'extérieur, blanc crème, quelquefois jaunâtres ou jaunes à l'intérieur et plus pâles à l'extérieur; sépales six, étalés, elliptiques, rarement ovales. Mai. *Flles* quelquefois glabres quelquefois couvertes de poils longs et soyeux, biter-

Fig. 168. — Anemone alpina.

nées; segments pinnés et profondément dentés; involucre de même forme. *Haut.* 15 cent. Europe centrale, Alpes. Très belle espèce alpine, à planter dans des rocailles en terre profonde, riche et humide. (J. F. A. 1, 85; L. B. C. 1617.) Syn. *Pulsatilla alpina*, Lois.

A. a. sulphurea, Koch. * *Fl.* d'un beau jaune tendre, de 5 à 7 cent. de diamètre lorsqu'elles sont ouvertes, mais restant habituellement en forme de coupe; sépales six, couverts à l'extérieur d'un duvet soyeux; anthères d'un beau jaune d'or. Mai-juin. *Flles* radicales, pétiolées, pendantes, de plus de 30 cent. de long; folioles pinnatifides, profondément dentées. Bien belle variété se plaisant dans presque tous les terrains frais. Alpes. Syn. *A. sulphurea*, Linn. (Gn. 1889, 682.)

A. americana, — Syn. de *A. Hepatica*, Linn.

A. angulosa, Lamk. * *Fl.* d'un beau bleu de ciel, de plus de 5 cent. de diamètre, à anthères noires, nombreuses, entourant une touffe de styles jaunes; sépales huit à neuf, elliptiques, étalés. Février. *Flles* palmées, à cinq lobes profondément dentés. *Haut.* 20 à 25 cent. Europe orientale. Très belle espèce du double plus forte dans toutes ses parties que l'*A. Hepatica*, convenable pour garnir le bord des rocailles et aimant une terre profonde et fertile. Syn. *Hepatica angulosa*, DC.

A. apennina, Linn. * *Fl.* bleu céleste, de 4 cent. de diamètre; sépales dix à quatorze, oblongs, obtus, dressés.

Fig. 169. — Anemone apennina.

pédoncules uniflores. Mars. *Flles* biternées, pinnées; à segments lancéolés, profondément dentés, aigus. *Haut.* 15 cent. France méridionale, Corse, Italie, etc., naturalisée en Angleterre. Charmante petite espèce tuberculeuse, que tout amateur devrait cultiver. Elle aime les endroits un peu ombrés; ses fleurs y conservent plus longtemps leur belle couleur. (R. G. 1863, 419.)

A. baldensis, Linn. Anémone fraise. — *Fl.* blanches, couvertes à l'extérieur de poils apprimés et rougeâtres; sépales huit à dix, oblongs, ovales; carpelles laineux, réunis en tête ovoïde; pédoncules uniflores. Mai. *Flles* iternées, à segments multipartites, lobes linéaires; involucre multifide. *Haut.* 15 cent. France, Suisse, etc. *L'A. cœrulea* est probablement identique à cette espèce. Cette espèce presque tuberculeuse se plaît dans les parties ombrées des rocailles. Rare. (A. F. P. 3; 44, 67.) Syn. *A. fragifera*, Wulf.

A. baikalensis, — *Fl.* blanc de neige à l'intérieur, suffusées de rose à l'extérieur. Mai à juillet. *Haut.* 20 à 35 cent. Espèce voisine de l'*A. sylvestris.*

A. blanda, Sch. et Kotschy' *Fl.* bleu foncé, de près de 5 cent. de diamètre; sépales neuf à quatorze. Hiver ou commencement du printemps. *Flles* triternées; segments profondément découpés, aigus; feuilles de l'involucre pétiolées, trifides, profondément découpées. *Haut.* 15 cent. Europe orientale. Très belle espèce tuberculeuse, à floraison hâtive. Il lui faut une terre légère, fertile, bien drainée et une exposition chaude et abritée. Elle ressemble beaucoup à l'*A. apennina*, dont elle n'est qu'une simple forme à fleurs bleu foncé.

A. caffra, Eckl. et Zey. *Fl.* blanches, de 8 cent. de diamètre, portées par des hampes de 35 cent. de haut. *Flles* vert foncé, lobées, palmées, vert foncé. Afrique du Sud, 1890.

A. caroliniana, Walt. *Fl.* purpurines ou blanchâtres, pubescentes à l'extérieur, sur de longs pédoncules uniflores; sépales dix à vingt, oblongs, linéaires. Mai. *Flles* ternées, à lobes tripartites et à dents aiguës; feuilles de l'involucre trifides, à lobes découpés. *Haut.* 20 cent. Caroline, 1824. Plante grêle, délicate, tuberculeuse. Rocailles ombrées.

A. cernua, Thunb. *Fl.* pourpre foncé, un peu pendantes; sépales six, étalés, elliptiques, oblongs. Mai. *Flles* pinnées, velues en dessous; segments pinnatifides, à lobes découpés, oblongs; hampes, pétioles et pédoncules couverts de poils duveteux. *Haut.* 15 cent. Japon, 1806. Syn. *Pulsatilla cernua*, Spreng. Rare.

A. coronaria, Linn. Anémone des fleuristes. Angl. Poppy Anemone. — *Fl.* solitaires, de couleurs variant à l'in-

Fig. 170. — Anemone coronaria.

fini, mais principalement du blanc pur au rose vif, en passant par le rouge écarlate et cramoisi jusqu'au bleu violet foncé; sépales cinq à huit, largement ovales, étalés; involucre très espacé de la fleur, à folioles profondément découpées. Avril à mai et quelquefois septembre-octobre. *Flles* toutes radicales, palmatiséquées, d'un vert gai, à segments multifides, lobules linéaires mucronés. Tubercules aplatis, noirâtres, connus sous le nom de pattes. Europe méridionale, midi de la France, etc., 1596. (L. E. M. 496; S. F. G. 514; B. M. 841.)

De cette espèce sont sorties différentes races d'Anémones simples ou doubles, dont les coloris sont excessivement variés; les plus distincts de ces coloris ont été nommés. Voici les races les plus recommandables.

A. c. simple des fleuristes. — *Fl.* simples, de couleurs très variées. Plante très vigoureuse, rustique et florifère. (A. V. B. 3.)

A. c. simple de Caen. — *Fl.* très grandes, de coloris excessivement variés et d'une grande richesse de teintes; pédoncules très forts. Cette race est tout particulièrement recommandable, par sa grande vigueur et son abondante floraison.

A. c. simple écarlate hâtive. — *Fl.* d'un beau rouge écarlate velouté, à divisions moins nombreuses bien plus large et plus arrondies que celle de l'A. éclatante et de même teinte. C'est une forme fixe, spontanée et cultivée dans le Midi pour l'approvisionnement des marchés aux fleurs. Syn. *A. coccinea*, Jord.

A. c. double des fleuristes. — *Fl.* de coloris très variés, très doubles, à sépales extérieurs plus longs et beaucoup plus larges que les intérieurs et simulant un calice coloré. Bon nombre de variétés bien fixées sont nommées et forment le fond des collections d'amateurs. (A. V. B., 1.)

A. c. double de Caen. — *Fl.* de même forme que celles de l'A. double des fleuristes, mais bien plus grandes, très pleines et de coloris excessivement riches et variés. Comme les *A. simple de Caen*, elles sont très vigoureuses, florifères et recommandables à tous égards.

A. c. Chapeau de Cardinal. — Variété constante de l'A. double des fleuristes, à fleurs de grandeur moyenne d'un beau rouge écarlate foncé et velouté, ou roses au centre et à divisions extérieures blanc pur (*Chapeau de Cardinal à fleurs blanches*). Cette belle race, cultivée depuis plusieurs années dans le Midi, abonde chaque année au premier printemps chez les fleuristes et même dans les rues de Paris. Les deux couleurs forment un contraste du plus charmant effet dont on peut tirer parti pour la garniture des massifs. Syn. *A. Capelan* (en Provence). (A. V. B. 29; R. H. 1887, 36.)

A. c. double à fleur de Chrysanthème. — Chez cette belle race, les fleurs, très doubles, sont composées de divisions ayant toutes à peu près la même forme. Les larges sépales de la race double hollandaise sont ici réduits à des languettes plus ou moins étroites, et, comme elles sont régulièrement imbriquées, la fleur rappelle assez bien celle d'un Chrysanthème double. Ce sont des plantes de choix d'une grande beauté. (A. V. B. 14, 25.) — Voici quelques-unes des plus belles variétés : *Etoile de Bretagne*, rose clair lilacé; *Gloire de Nantes*, bleu violet; *La Brillante*, rouge cramoisi éblouissant; *Mauve clair*, belle nuance; *Météore*, rouge carmin, tous les pétales bordés de blanc; *Rosine*, rose tendre à reflets carmin à l'intérieur; *Rouge pourpre*, belle nuance pourpre foncé.

A. c. rose de Nice. — Jolie variété à fleurs très doubles de même forme que les précédentes, mais plus petites, à divisions recourbées au sommet et d'un beau rose tendre. C'est également une variété méridionale cultivée en grand pour la vente des fleurs coupées. (S. M.)

A. decapetala, Linn.' *Fl.* blanc crème ou jaune soufre pâle, de 2 1/2 à 5 cent. de diamètre, dressées; sépales huit à douze, oblongs, étalés. Mai à juin. *Flles* tripartites, divisées en nombreux segments linéaires, aigus, d'un vert foncé. *Haut.* 30 à 45 cent. Amérique du Nord-Ouest, etc. Jolie espèce propre à garnir les sous-bois, etc.; elle est moins ornementale que plusieurs autres mais néanmoins très distincte.

Fig. 171. — Anemone simple de Caen.

Fig. 172. — Anémone double de Caen.

Fig. 173. — Anémone Chapeau de Cardinal.

Fig. 174. — Anémone double à fleur de Chrysanthème.

A. dichotoma, Linn. *Fl.* blanches, teintées de rouge en dessous; sépales cinq, elliptiques; pédoncules nombreux, ordinairement bifides. Mai. *Flles* tripartites, à lobes oblongs, profondément dentés au sommet; celles de l'involucre sessiles. *Haut.* 15 cent. Sibérie, Amérique du Nord, etc. Convenable pour bordures ou pour garnir les sous-bois. Syn. *A. pensylvanica*.

A. éclatante, — V. *A. fulgens*, Gay.

A. étoilée, — V. *A. stellata*, Lamk.

A. Fanninii, — * *Fl.* blanc pur, odorantes, de 8 à 12 cent. de diamètre; sépales douze à trente, linéaires-lancéolés, acuminés; pédicelles de 20 à 25 cent. ou plus de long; hampe velue, de 60 cent. à 1 m. 50 de haut. Juin. *Flles* sub-orbiculaires, de 20 à 60 cent. de diamètre, coriaces, à cinq-sept lobes dentés; veloutées en dessus, velues en dessous; pétioles poilus, de 30 à 60 cent. de long. Sud de l'Afrique. C'est une Anémone géante. (B. M. 6958; G. C. n. s. XXV, p. 433; Gn. 1888, 661.)

A. fragifera, Wulf. Syn. de *A. baldensis*, Linn.

A. fraise. — V. *A. baldensis*, Linn.

A. fulgens, Gay. * Anémone éclatante. — *Fl.* d'environ 5 cent. de diamètre, d'un rouge écarlate ou vermillon éclatant, rehaussé par un bouquet d'étamines noires; sépales obovales, un peu étroits, sub-obtus. Mars à mai dans le Nord, et novembre à avril dans le Midi. *Flles* automnales à trois-cinq lobes bien marqués, sub-entiers, denticulés; les vernales très divisées, multifides, à segments étroits, aigus; celles de l'involucre, tripartites ou sub-entières, à lobes larges; rhizomes renflés, noirâtres, épais. Europe méridionale, Grèce; France; Var, Pyrénées, etc. (A. V. B. 18; 29.) Syn. *A. hortensis*, Linn. var.

Fig. 175. — ANEMONE FULGENS.

Lorsque la fleur, au lieu d'être unicolore, présente un grand œil jaune près de la base, c'est l'A. Œil de paon simple (*A. pavonina*, DC.; *A. fulgens forma ocellata*, Pons; *A. ocellata*, Moggridge), indigène dans les Alpes-Maritimes. Cette forme est un peu plus délicate que le type des Pyrénées, aussi est-elle bien moins répandue. Fl. (Ment. 1).

L'anémone éclatante est certainement une des plus belles espèces que l'on puisse cultiver. On peut difficilement se faire une idée de l'effet produit par un massif bien fleuri de cette plante. Elle est suffisamment rustique pour supporter la pleine terre sous notre climat à l'aide d'une couverture de litière. On peut en garnir complètement les corbeilles, en former des bordures, la planter en touffes dans les parterres, dans les rocailles, etc.; elle est partout d'un effet admirable. Cultivée en pots, elle forme de très jolies potées utiles pour l'ornement des serres ou les garnitures temporaires. Dans les terrains sains et légers, la plante peut, sans inconvénients, être laissée en place pendant plusieurs années. Multiplication par divisions; propagée par semis, elle présente fréquemment des variations dans sa forme et son coloris allant du rose pâle au rouge vermillon velouté.

A. f. fl. pleno, Hort. A. éclatante double. A. Œil de paon double. — Sous ces noms, on désigne les variétés doubles de l'espèce précédente et de sa forme ocellée; chez celle du type, les pétales sont très nombreux, extrêmement étroits, aigus et étalés; la fleur, très pleine et d'un rouge *cocciné*, est quelquefois plus ou moins verdâtre. C'est la plus commune. (A. V. B. 27.) Chez celle de la forme ocellée, les sépales sont moins nombreux, plus larges, et laissent voir une zone jaune au centre de la fleur qui n'est que semi-double. (S. M.)

Fig. 176. — ANEMONE FULGENS FLORE-PLENO.

A. Halleri, All. * *Fl.* purpurines à l'intérieur, grandes, dressées, sépales six, ovales-lancéolés. Avril. *Flles* pinnées, très velues, à segments tripartites; lobes à divisions lancéolées, linéaires, acuminées. *Haut.* 15 cent. France, Suisse, etc. Convenable pour bordures ou rocailles ensoleillées. Syn. *A. Pulsatilla Halleri*, Willd. (A. F. P. 3, 80; L. B. C. 940.)

A. Hepatica, Linn. Hépatique, Herbe de la Trinité. ANGL. Common Hepatica. — *Fl.* ordinairement bleues, sépales six à neuf. Février. *Flles* cordiformes, trilobées, coriaces, à lobes très entiers, ovales, sub-aigus; celles de l'involucre sépaloïdes, placées sous la fleur; pétioles et pédoncules un peu velus. *Haut.* 10 à 15 cent. Europe, France, Angleterre, etc. Syn. *Hepatica triloba*, Chaix. (R. H. B. 1876, 269 var.), *A. americana*. (B. M. 10; S. F. G. 513.)

Il existe plusieurs variétés simples ou doubles de cette espèce; les suivantes sont les plus répandues: *alba*, *fl.* grandes, blanc pur à étamines, blanches ou roses; *rosea*, *fl.* d'un beau rose vif; il en existe une forme double, très belle, mais assez rare; *cœrulea*, *fl.* simples ou doubles, très pleines d'un beau bleu, assez rare; la var. *Barlowi* est à grandes fleurs bleu de ciel. On en connaît encore quelques autres; toutes sont de charmantes petites plantes à floraison printanière, aimant une terre légère et fertile, et si on ne les dérange pas trop souvent, elles forment alors de belles touffes, autour desquelles on voit fréquemment de jeunes plantes provenant de semis.

A. Honorine Jobert. — V. *A. japonica alba*, Hort.

A. hortensis, Linn. Anémone des jardins. — Cette espèce, spontanée dans le midi de la France, se rapproche beaucoup de l'*A. coronaria*; on peut cependant l'en distinguer assez facilement par ses fleurs plus petites, à sépales plus nombreux (dix à douze), plus étroits, étalés en roue, et par les folioles de l'involucre soudées à la base et presque entières. Elle a donné naissance à plusieurs formes; les *A. fulgens*, Gay. et *A. stellata*, Lamk., sont avec raison considérées comme des sous-espèce. (B. M. 123; S. F. G. 515.)

A. Hudsoniana, Richards. Syn. de *A. multifida*, Poir.

A. japonica, Sieb. et Zucc. Anémone du Japon. — *Fl.* rose carminé, de 5 à 7 cent. de diamètre, à étamines jaune d'or; pédicelles allongés, naissant à l'aisselle d'un ver-

Fig. 177 — Anemone japonica alba.

ticille de trois à quatre feuilles. Août à octobre. *Flles* ternées, à segments inégalement lobés et dentés. *Haut.* 60 à 80 cent. Japon. 1844. (B. R. 31,66; B. M. 4341; P. M. B. 14,25; F. d. S. 2,10.)

A. j alba, Hort. * Anémone Honorine Jobert. — Magnifique variété de l'espèce précédente, produisant, depuis août jusqu'en octobre, une grande quantité de fleurs blanc pur, ayant de 5 à 8 cent. de diamètre. C'est une plante très vigoureuse, rustique et excessivement florifère, précieuse pour toutes sortes de garnitures, aussi bien à l'ombre qu'en plein soleil, et surtout utile pour bouquets ou gerbes de fleurs. Elle aime un terrain meuble, fertile et un peu frais. (A. V. B. 24; Gn. 1886, 558.)

A. j. elegans, Hort. Diffère du type par ses fleurs d'un rose pâle, plus grandes, ayant plus de 8 cent. de diamètre, par ses plus fortes proportions, ses feuilles plus larges et sa pubescence plus accentuée; elle atteint 1 m. et plus. (*Flora Hort.* 85, sous le nom de *A. japonica rosea*, Hort.) Syn. *A. elegans* Dcne.; *A. hybrida*, Hort.

A. lancifolia, Pursh. *Fl.* blanches; sépales cinq, ovales-aigus; hampes uniflores. Mai. *Flles* toutes pétiolées, ternées; segments lancéolés, crénelés, lobés. *Haut.* 8 cent. Pensylvanie, 1823. Variété très rare de l'*A. nemorosa* propre aux rocailles.

A. multifida, Poir. * *Fl.* rouges, jaune blanchâtre ou citron, petites; sépales cinq à dix, elliptiques, obtus; hampes triflores, dont un pédoncule est plus court, nu et à floraison plus précoce, les deux autres munis sur leur milieu d'un involucelle à deux feuilles multifides. Juin. *Flles* radicales ternées, à segments cunéiformes, tripartites, multifides, à lobes linéaires; celles de l'involucre multifides, courtement pétiolées. *Haut.* 15 à 30 cent. Amérique du Nord. Convenable pour la garniture des parterres et des rocailles. Syn. *A. Hudsoniana*, Richards.

A. narcissiflora, Linn. *Fl.* ordinairement jaune crème, quelquefois purpurines à l'extérieur, d'environ 5 cent. de diamètre, en ombelles généralement pluriflores; pédicelles tantôt deux à trois fois plus longs que l'involucre, tantôt très courts; sépales cinq à six, ovales, obtus ou aigus.

Fig. 178. — Anemone narcissiflora.

Mai. *Flles* radicales longuement pétiolées, dressées, palmées, à trois-cinq divisions; lobes profondément dentés; lobules linéaires, aigus; celles de l'involucre multifides, soudées à la base. *Haut.* environ 30 cent. Europe, Alpes, Amérique du Nord, etc. Très belle espèce, propre à la garniture des rocailles; il faut la protéger des intempéries ou mieux l'hiverner sous châssis.

A. nemorosa, Linn. Anémone des bois, Sylvie, etc. Angl. Wood Anemone. — *Fl.* ordinairement blanches, quelquefois violacées, penchées, sépales six-huit elliptiques; pédoncules grêles, uniflores. Mars. *Flles* ternées, à segments trifides, profondément dentés, lancéolés, aigus; celles de l'involucre pétiolulées. Souche formée de rhizomes allongés, noirâtres et grêles. *Haut.* 15 cent. La couleur de ses fleurs est assez variable, quelquefois même à l'état sauvage. C'est une jolie petite plante très commune, formant le plus bel ornement printanier de nos bois; elle est convenable pour garnir les sous-bois. (F. D. 4, 549.)

A. n. cærulea, Hort. Originaire des Etats du nord-ouest de l'Amérique; cette variété est très voisine de l'*A. Robinsoniana*, des bois de l'Angleterre, si même elle n'est identique avec elle. (Gn. 1887, 618.)

A. n. fl. pleno, Hort. Anémone des bois à fleurs doubles.

Fl. blanc pur, à sépales nombreux, ayant plus de 2 cent. 1/2 de diamètre; à pédoncules grêles. Très jolie variété dont la floraison est plus prolongée que celle du type. Il faut la cultiver en bonne terre franche et laisser les touffes devenir fortes. Il existe aussi une forme nommée *bracteata fl. pl.*, à fleurs blanches, entourées d'un grand involucre formé par les sépales extérieurs.

Fig. 179. — ANEMONE NEMOROSA.

A. n. Robinsoniana, Host. * *Fl.* d'un beau bleu d'azur, grandes, ayant plus de 4 cent. de diamètre. Charmante variété pour les rocailles et les parterres; c'est une des plus belles de ce groupe. (Gn. 1887, 618.)

A. n. rosea, Hort.* Très jolie forme à fleurs roses, dont on connaît une variété double.

A. obtusiloba, Don. *Fl.* jaune crème; sépales cinq, obovales; hampes bi- ou triflores, à pédoncules velus, nus ou les latéraux bractéolés. Juin. *Flles* trilobées, cordiformes, velues ainsi que leurs pétioles; segments largement cunéiformes, profondément crénelés; celles de l'involucre trifides. Himalaya, 1843. Cette espèce exige une exposition chaude et abritée ou même les châssis. (B. R. 30, 65.)

A. Œil de paon, — V. *A. fulgens var.*

A. palmata, Linn.* *Fl.* jaune d'or; sépales dix à douze, oblongs, obtus; pédoncules uniflores, rarement biflores. Mai. *Flles* coriaces, cordiformes, sub-orbiculaires, à trois-cinq lobes obtus, dentés; celles de l'involucre trifides, soudées à la base. Souche presque tuberculeuse. Europe méridionale, 1597. Il existe une variété à fleurs blanches, var. *albida* (B. M. 2079) qui est assez rare. C'est une vraie plante alpine, à cultiver dans les rocailles, en terre profonde, fertile et humide. (B. R. 3, 200; L. B. C. 175, 1660.)

A. patens, Linn.* *Fl.* purpurines ou rarement jaunes, dressées, étalées sur l'involucre, celui-ci presque sessile; sépales cinq à six. Juin. *Flles* pinnées, paraissant après les fleurs, à segments tripartites; lobes dentés au sommet. Europe septentrionale, etc., 1752. (B. M. 1991, var. *ochroleuca.*)

A. p. Nuttalliana, —* *Fl.* pourpres, quelquefois jaune crème, dressées, velues à l'extérieur: sépales cinq ou six, dressés, connivents. Juin. *Flles* tripartites, à segments cunéiformes, trifides; lobes linéaires-lancéolés, allongés; celles de l'involucre à lobes linéaires. *Haut.* 30 cent. Amérique du Nord, 1826. Bonne plante pour parterres.

A. pavonina, DC. Forme de l'*A. fulgens*. Gay.

A. pensylvanica, — Syn. de *A. dichotoma*, Linn.

A. polyanthes, Don. *Fl.* blanches, de 2 1/2 à 5 cent. de diamètre, en ombelle simple ou composée, souvent très multiflore; sépales largement ovales ou oblongs. Mai. *Flles* de 5 à 10 cent. de diamètre, orbiculaires, cordiformes, à cinq-sept lobes dépassant rarement le milieu, grossièrement dentés et irrégulièrement crénelés; pétioles très forts, de 10 à 25 cent. de long. *Haut.* 30 à 45 cent. Himalaya. (B. M. 6840.)

A. pratensis, Linn. * *Fl.* pourpre foncé, pendantes; sépales six, dressés, réfléchis au sommet, aigus. Mai. *Flles* pinnées, multipartites, à lobes linéaires. *Haut.* 15 à 30 cent. Europe septentrionale, etc., 1731. Diffère principalement de la suivante par ses fleurs plus petites, par ses sépales plus étroits et plus aigus, connivents à la base et réfléchis au sommet. Syn. *Pulsatilla pratensis*, Mill. (F. D. 4, 611; L. B. C. 900; B. M. 1863. var. *obsoleta.*)

A. Pulsatilla, Linn.* Pulsatille, Coquelourde, Herbe du vent, etc. ANGL. Pasque Flower. — *Fl.* ordinairement violettes, très belles, sub-dressées; sépales six, étalés, soyeux extérieurement. Avril. *Flles* pinnées, à segments multipar-

Fig. 180. — ANEMONE PULSATILLA.

tites et à lobes linéaires. *Haut.* 15 à 30 cent. Europe, France, Angleterre, etc. (L. E. M. 496; F. D. 1,153; Gn. 1887, 623.) Très belle plante, mais assez difficile à cultiver; elle exige un terrain sec, calcaire et bien drainé. Dans les jardins présentant ces conditions, elle forme de jolies touffes très florifères. On peut cependant pourvoir à ses besoins en la plantant dans les rocailles; elle réussit quelquefois assez bien dans les sols argilo-calcaires, mais bien sains. Il en existe plusieurs variétés, les suivantes sont les plus intéressantes.

A. P. dahurica, Hort. *Fl.* dressées, sépales oblongs, très velus. Plante naine à mettre dans les rocailles et endroits ensoleillés.

A. P. lilacina, — *Fl.* lilas.

A. P. rubra, — *Fl.* rouge grenat, dressées, à sépales plus obtus que ceux du type. Plante naine.

A. ranunculoides, Linn.* *Fl.* ordinairement jaunes, mais pourpres chez la forme pyrénéenne, ordinairement solitaires, simples ou doubles; sépales, cinq à six, elliptiques. Mars. *Flles* radicales à trois-cinq segments sub-trifides, profondément dentés; celles de l'involucre courtement pétiolées, tripartites, profondément dentées. *Haut.* 8 cent. Rhizomes allongés, rameux. Espèce voisine de l'*A. nemorosa*, dont elle a le port. France, etc., naturalisée dans les bois de l'Angleterre. (F. D. 1,140; L.B.C. 556; Gn. 1880, 699.)

A. rivularis, Buchan. * *Fl.* blanches, à anthères pourpres; sépales cinq, ovales, lisses; hampe à trois pédicelles dont l'un d'eux est nu. Avril. *Flles* velues, ainsi que les pétioles, tripartites à lobes cunéiformes, trifides, lobules découpés, à dents aiguës. *Haut.* 30 à 60 cent. Nord des Indes, 1840. Espèce à cultiver sur le bord des eaux courantes, ou dans un endroit très humide. (B. R. 28,8.)

A. sibirica, Linn. *Fl.* blanches; sépales six, orbiculaires; hampes uniflores. Juin. *Flles* ternées, à segments profondément dentés, ciliés; celles de l'involucre courtement pétiolées, ternées, à segments lancéolés. *Haut.* 15 cent. Sibérie, 1801. Espèce à rocailles, très rare.

A. stellata, Lamk. ' Anémone étoilée. — *Fl.* de couleur variable, allant du rose pâle au rouge cocciné très vif et jusqu'au violet, de 4 à 6 cent. de diamètre ; sépales dix à quinze, étroits, oblongs, sub-obtus, étalés en roue. Avril. *Flles* trilobées, à lobes cunéiformes, tantôt simplement dentées, tantôt subdivisés en nombreux segments ; celles de l'involucre, sessiles, oblongues, à peine divisées. Tiges solitaires. *Haut.* 20 à 25 cent. Racines tuberculeuses. Europe méridionale, France, etc. Par la culture, l'Anémone étoilée a produit plusieurs jolies variétés simples ou semi-doubles, différant entre elles par leur coloris tendre ou très vif, quelquefois un peu terne, plus pâle au centre. Elle est particulièrement convenable pour former des bordures ; mais il lui faut une terre fertile et légère, une exposition chaude et une couverture de litière ou de feuilles pendant l'hiver. Dans ces conditions, on peut laisser les tubercules plusieurs années en terre sans les relever. (A. V. B. 9.)

Fig. 181. — Anemone stellata.

A. s. fulgens, Hort. Variété différant du type par la couleur vermillon de ses fleurs.

A. sulphurea, Linn. Syn. de *A. alpina sulphurea*, Koch.

Fig. 182. — Anemone sylvestris.

A. sylvestris, Linn. Anémone sauvage, Angl. Snowdrop Wind flower. — *Fl.* blanc pur, satinées, ayant 4 cent. de diamètre lorsqu'elles sont entièrement ouvertes, odorantes ; sépales six, arrondis, elliptiques ; tiges solitaires, dressées, grêles. Avril-mai. *Flles* ternées ou quinquépartites, velues en dessous, à segments irrégulièrement dentés ; celles de l'involucre pétiolées. *Haut.* 15 à 45 cent. Europe, France, etc. Cette jolie espèce est complètement rustique ; elle aime les terres riches et fraîches ; on peut l'employer pour bordures, en garnir les plates-bandes et les rocailles ; elle refleurit fréquemment à l'automne lorsque la terre a été entretenue fraîche. Ses fleurs rappellent par leur forme celles de l'A. *Honorine Jobert*, et sont des plus convenables pour la confection des bouquets. Ses racines sont, comme celles de cette dernière, fibreuses et traçantes et ont besoin de pouvoir s'étendre à leur aise.

A. trifolia, Linn. *Fl.* blanches, dressées ; sépales cinq, elliptiques, obtus. Avril. *Flles* toutes pétiolées, ternées, à segments ovales-lancéolés, aigus, dentés. *Haut.* 15 cent. France, Cette espèce est voisine de l'*A. nemorosa.* (B. M. 6846.)

A. vernalis, Linn.' *Fl.* blanchâtres à l'intérieur, violacées et pubescentes à l'extérieur, dressées, solitaires, terminales ; sépales six, dressés, elliptiques, oblongs. Avril. *Flles* petites, étalées en rosette, pubescentes, pinnées, à segments cunéiformes, lancéolés, trifides ; celles de l'involucre très velues. *Haut.* 15 cent. Europe ; Alpes, France, etc. Espèce plutôt de collection que vraiment décorative ; assez délicate, formant de jolies potées qu'il ne faut jamais laisser manquer d'eau. Elle se plaît dans un compost de terre franche et de terre de bruyère auquel on peut ajouter quelques morceaux de charbon de bois. On peut la planter dans les rocailles ou en plates-bandes au nord. Il est prudent d'en hiverner quelques pieds sous châssis. (F. D. 1,29.) Syn. *Pulsatilla vernalis*, Mill.

A. virginiana, Linn. *Fl.* petites, vert pourpré ou pourpre pâle ; sépales cinq, elliptiques, soyeux, pubescents à l'extérieur ; pédicelles souvent géminés au-dessus de l'involucelle. Mai. *Flles* ternées, à segments trifides, acuminés, profondément dentés ; celles de l'involucre et des involucelles pétiolées ; pédoncules trois à quatre, très allongés, celui du milieu nu, ayant quelquefois 30 cent. de long ; les latéraux munis d'un involucelle à deux feuilles. *Haut.* 30 cent. Amérique du Nord, 1722. Convenable pour les sous-bois et les lieux humides. (H. F. B. A. 4.)

A. vitifolia, Buchan. *Fl.* blanches, velues à l'extérieur ; anthères cuivrées ; sépales huit, ovales, oblongs ; pédicelles uniflores. Juillet. *Flles* grandes, cordiformes, quinquélobées, velues-laineuses, blanchâtres en dessous, ainsi que les tiges : lobes largement ovales, découpés et crénelés ; celles de l'involucre laineuses en dessous, lisses en dessus, obtusément cordiformes et à cinq lobes. *Haut* 60 cent. Népaul, 1829. Cette espèce est convenable pour orner les parties rocailleuses, fraîches un peu ombragées et à exposition abritée ; il lui faut une couverture de litière ou autre pour qu'elle puisse résister à nos hivers. Elle est très voisine de l'A. *japonica alba* et en est probablement le type. (B. R. 16, 1385 ; B. M. 3376 ; B. 1, 9.)

ANEMONOPSIS, Sieb. et Zucc. (de *anemone*, et *opsis*, ressemblance ; les fleurs ressemblent à celles des Anémones). Syn. *Xaveria*, Endl. Fam. *Renonculacées.* — Genre monotypique. C'est une belle plante vivace, rustique, ayant une certaine ressemblance avec l'*Anemone japonica*, mais plus petite. Elle se plaît en tous terrains légers. Multiplication par semis et par division des touffes au printemps.

A. macrophylla, Sieb. et Zucc. ' *Fl.* en grappes lâches ; sépales environ neuf, concaves, les extérieurs pourpres, les intérieurs lilas pâle ; pétales douze, disposés sur plusieurs rangs, ayant le tiers de la longueur des sépales, linéaires, oblongs. Juin. *Flles* grandes, biternées, grossièrement dentées, glabres. *Haut.* 60 cent. à 1 m. Japon, 1860.

Fig. 183. — ANEMONOPSIS JAPONICA.

ANEMOPÆGMA, Mart. (de *anemos*, le vent, et *paigma*, jeu). FAM. *Ombellifères*. — Genre comprenant environ vingt espèces originaires du Brésil, de la Guyane et de la Colombie. Ce sont de jolis arbustes grimpants, de serre chaude ou tempérée. L'espèce suivante est seule cultivée dans les serres. Pour sa culture, V. **Bignonia.**

A. clematideum, Griseb. — V. *Pithecoctenium clematideum*, Griseb.

A. racemosum, —' *Fl.* jaunes; corolle en entonnoir, à segments obtus; disposées en grappes axillaires de six à huit fleurs. Avril à octobre. *Flles* pinnées, à folioles ovales, acuminées, glabres, brillantes en dessus. Vrilles fortes, simples. Brésil, 1820. Syn. *Bignonia Chamberlaynii.* (B. R. 741.)

ANETH. ANGL. Dill. (*Anethum graveolens*, Linn.). Plante herbacée, annuelle, cultivée en Angleterre pour

Fig. 184. — ANETH. Fruit grossi.

ses jeunes feuilles qui servent à assaisonner les soupes, les sauces etc.; chez nous, ce sont au contraire les graines que l'on emploie comme condiment ou pour confire avec les cornichons; on s'en sert aussi fréquemment dans le Nord pour aromatiser les conserves. Le semis se fait à la volée ou en lignes en mars-avril, en terrain sain et chaud; si on laisse les plantes arriver à maturité, il se répand presque toujours des graines sur le sol où elles poussent d'elles-mêmes l'année suivante.

ANETHUM, Linn. (de *ano*, en haut, et *theo*, monter; allusion à sa végétation rapide). **Aneth** FAM. *Ombellifères*. — Ce genre est aujourd'hui réuni aux *Peucedanum*, Linn. par Bentham et Hooker. Ce sont des herbes annuelles, dressées, glabres, à fleurs jaunes, réunies en ombelles dépourvues d'involucre et d'involucelle. Feuilles décomposées, à segments linéaires, sétacés. Les *Anethum* n'ont aucune valeur ornementale, l'espèce la plus connue est l'*Aneth*. (*A. graveolens*, Linn.) V. ce nom pour sa culture et son emploi.

A. fœniculum, Linn. — V. *Fenouil doux.*

ANGELICA, Linn. (allusion aux propriétés que l'on accordait à une espèce). **Angélique**. SYN. *Eustylis*, Hook. f. FAM. *Ombellifères*. — Genre renfermant environ trente espèces répandues dans l'hémisphère boréal et la Nouvelle-Zélande. Ce sont des plantes herbacées, vivaces ou bisannuelles. Fleurs blanches ou rosées, en ombelles terminales; involucre nul ou paucifolié; involucelle à plusieurs folioles. Feuilles bi- ou tripinnatiséquées. Les *Angelica* n'ont aucun intérêt ornemental; l'Angélique officinale, (*A. Archangelica*, Linn.) est la seule espèce cultivée dans les jardins pour usages culinaires et autres. Elle est bisannuelle ou vivace et originaire des Alpes. On confit au sucre les tiges et les pétioles des feuilles et ses graines entrent dans la composition de diverses liqueurs; on lui attribuait aussi autrefois de grandes propriétés médicinales. L'Angélique aime une terre riche, profonde et fraîche. Les graines se sèment de préférence dès leur maturité, à l'automne ou au printemps, en pépinière, puis on

Fig. 185. — ANGELICA ARCHANGELICA.

repique le plant en place, à environ 40 cent. de distance; on peut commencer à récolter des feuilles dès la seconde année; la troisième, il monte à graines; on détruit la plantation après la maturité de ces dernières.

ANGÉLIQUE en arbre ou épineuse. — V. **Aralia spinosa.**

ANGÉLIQUE officinale. — V. **Angelica**, Linn.

ANGÉLIQUE sauvage. — Nom vulgaire de l'**Heracleum sphondylium** et de l'**Angelica sylvestris.**

ANGELONIA, Humb. Bonpl. et Kunth. (de *angelon*, nom local de l'*A. salicariæfolia*, dans l'Amérique du Sud). Syn. *Physidium*, Schrad.; *Schelveria* et *Thylacantha*, Nees et Mart. Fam. *Scrophularinées.* — Genre comprenant vingt-deux espèces originaires de l'Amérique tropicale, du Mexique et des Indes occidentales. Ce sont de jolies plantes herbacées, de serre tempérée. Fleurs axillaires, solitaires ou disposées en grappes; corolle irrégulière, presque rotacée, bilabiée; lèvre inférieure bossue, sacciforme à la base, trifide; la supérieure plus petite, bifide, à gorge munie d'appendices coniques ou linéaires, insérés à la base des divisions inférieures. Feuilles opposées ou les supérieures alternes. Tige et rameaux quadrangulaires. Les *Angelonia* se plaisent dans un mélange de terre franche fibreuse, de terre de bruyère, de terreau et de sable. On doit les tenir sur des tablettes près du jour. Multiplication par boutures de jeunes rameaux, qui s'enracinent facilement au printemps sur couche, sous châssis ou sous cloches, en les aérant chaque jour.

A. cornigera, Hook.* *Fl.* d'une belle teinte pourpre, plus foncée à la gorge, à segments supérieurs parsemés de taches veloutées; le médian de la lèvre inférieure muni à la base d'un appendice en forme de corne; pédoncules uniflores, velus. Août. *Flles* inférieures opposées, lancéolées; les autres alternes, rapprochées, petites, bractéiformes. *Haut.* 30 cent. ou plus. Brésil, 1839. Annuel. Syn. *Physidium cornigerum.* (B. M. 3848.)

A. Gardneri, Hook. *Fl.* pourpres, blanches au centre, ponctuées de rouge, très belles, en longue grappe feuillée et munie de bractées; pédicelles solitaires à l'aisselle des bractées. Mai. *Flles* opposées, lancéolées, sessiles, acuminées, régulièrement denticulées. Tige dressée, d'environ 1 m. de haut. Rameaux, feuilles et pédoncules pubescents-glanduleux. Pernambuco, 1838. Sous-arbrisseau. (B. M. 3754.) Syns. *A. pubescens*, Hort. et *Physidium Gardnerianum.*

A. salicariæfolia, Humb. et Bonpl.* *Fl.* bleu foncé, velues, axillaires, solitaires, pédicellées, disposées en grappes terminales. Août. *Flles* sessiles, lancéolées aiguës, dentées au sommet, finement pubescentes sur les deux faces. *Haut.* 45 cent. à 1 m. Amérique du Sud, 1818. (B. M. 2478; B. R. 5, 415; P. M. B. 5, 75.)

ANGIOPTERIS, Hoffm. (de *aggeion*, vase, et *pteris*, aile). Comprend les *Psilodochea*, Presl. Fam. *Fougères.* — Genre monotypique, caractérisé par une grande Fougère de serre tempérée. Sporanges ou capsules au nombre de huit à quinze, sessiles, s'ouvrant par une fente latérale; très rapprochés, mais non réunis, formant dans leur ensemble un sore linéaire ou naviculaire, placé sur le bord de la fronde. Cette belle Fougère a besoin de beaucoup de place et de fréquents arrosements pour atteindre tout son développement. Le sol le plus convenable est un mélange de terre franche forte, de terre de bruyère et de sable; il lui faut aussi un drainage parfait.

A. evecta, Hoffm. Stipe dressé, de 60 cent. à 2 m. de haut. et 45 à 60 cent. d'épaisseur, très charnu. *Pétioles* renflés et articulés à la base, munis de deux grandes oreillettes coriaces, persistantes. *Frondes* de 2 à 5 m. de long, bi ou tripinnées; divisions primaires de 30 cent. à 1 m. de long, étalées, les inférieures les plus grandes, à rachis également renflé à la base; pinnules de 10 à 30 cent. de long. et 1/2 à 4 cent. de large, linéaires-oblongues, sessiles ou courtement pétiolées, acuminées, à bords entiers ou finement dentés. Tropiques de l'Ancien Monde. C'est la seule plante de ce genre bien caractérisée; les autres, généralement considérées comme distinctes, ne sont que des variétés de cette espèce. Sa culture ne peut être entreprise que lorsqu'il est possible de lui donner beaucoup de place.

ANGIOSPERME. — Nom donné aux végétaux dont les graines sont revêtues d'un péricarpe distinct, non adhérent. Ex. les *Cupulifères*, etc. Son opposé est *gymnosperme.* (S. M.)

ANGOPHORA, Cav. (de *aggos*, urne, et *phoreo*, porter; allusion à la forme du fruit). Fam. *Myrtacées.* — Genre comprenant quatre espèces d'arbres ou arbustes de serre froide, originaires de la Nouvelle-Hollande. Fleurs disposées en corymbes; calice turbiné, à cinq dents; corolle à cinq pétales insérés sur le bord du disque; étamines nombreuses. Feuilles grandes, ordinairement opposées, dépourvues de stipules. Ces plantes se cultivent dans un compost de terreau de feuilles, de terre de bruyère et de sable. Multiplication par boutures de bois mûr que l'on plante dans du sable et sous cloche, en serre froide; elles s'enracinent en quelques semaines.

A. cordifolia, Cav.* *Fl.* grandes, jaune pâle, en corymbe. Mai. *Flles* sessiles, ovales, cordiformes à la base, glabres. Rameaux et pédoncules hispides. *Haut.* 2 à 3 m. Nouvelle-Hollande, 1789.

A. lanceolata, Cav. *Fl.* blanches, en corymbe. Mai. *Flles* pétiolées, lancéolées, acuminées, glabres. *Haut.* 1 m. 30 à 2 m. Nouvelle-Hollande, 1816.

ANGRÆCUM, D. P. Thouars. (de *angurek*, nom que les Malais donnent aux plantes aériennes). Syn. *Aerobion*, Spreng. Fam. *Orchidées*, tribu des *Vandées.* — Genre comprenant environ quarante espèces de belles orchidées épiphytes, presque toutes originaires des tropiques ou de l'Afrique du sud et des îles Mascareignes. Un de leurs caractères les plus remarquables est le long éperon qui pend en forme de queue à la base du labelle. Leurs fleurs sont disposées en épis naissant à l'aisselle des feuilles; celles-ci sont vertes, persistantes et distiques, c'est-à-dire disposées en deux rangées opposées, et étant récurvées chez plusieurs espèces, elles donnent à la plante un aspect très gracieux. L'avantage qu'ont ces plantes de fleurir pendant l'hiver, période pendant laquelle les fleurs sont généralement rares, augmente encore leur mérite. Celles-ci se conservent ordinairement en bon état pendant six ou huit semaines et quelquefois plus. Nous donnons ci-dessous les différentes températures nocturnes auxquelles nous conseillons de soumettre tous les *Angræcum* que nous allons énumérer; sauf l'*A. falcatum* qui vient mieux en serre froide.

De novembre à février, de 15 à 17 deg.; de mars à mai, 19 deg.; juin et août, 21 deg.; septembre et octobre, 19 deg. Pendant le jour, la température peut être de 4 ou 5 deg. plus élevée que pendant la nuit. Un compost de tessons et de charbon de bois est le plus convenable. On place d'abord quelques larges tessons dans le fond des pots ou des terrines, puis une couche de charbon de bois mêlé de petits tessons, juste suffisante pour que la première paire de feuilles soit à 10 cent. au-dessus des bords du pot ou proportionnellement moins chez les petites plantes. Lorsque la plante est mise avec soin en position convenable, on la soutient d'une main, tandis qu'on ajoute encore des tessons et du charbon de bois entre les racines, jusqu'à environ 5 cent. au-dessous du bord; l'espace restant est alors rempli avec du sphagnum frais, fortement pressé (cette condition est des plus essentielles) et disposé en forme de cône jusqu'à environ 2 cent. au-dessous de la première paire de feuilles. Avant de rempoter les plantes, opération que l'on doit faire entre février et avril, on doit suspendre les arrosages quelques jours à l'avance; dès que ce travail est terminé, il faut les mouiller complètement.

Pendant qu'on tient les plantes entre les mains, on fait tomber la mousse décomposée et on coupe les anciennes tiges ainsi que les fragments pourris des racines. Empotées de la manière qui vient d'être indiquée les plantes n'auront besoin d'être trempées complètement qu'une fois par semaine ou deux fois si elles sont fixées sur des bûches ou en paniers. La sécheresse excessive de l'air ou celle de la mousse environnant les racines, ainsi que de trop fortes fumigations, font faner les feuilles et empêchent le développement des plantes; dans ce cas, il faut abaisser les plantes, c'est-à-dire les placer plus bas dans leurs pots. Si les tiges n'ont émis que quelques racines, on peut favoriser leur développement en entourant la tige d'un anneau de mousse que l'on tient constamment humide; après leur émission, on place les plantes plus bas dans leurs pots. Il faut fréquemment laver les feuilles avec une éponge, afin de les préserver des insectes. Les thrips sont particulièrement ennuyeux; pour les en débarrasser, on donne quelques fumigations modérées. Toutefois, avant cette opération, il est bon de couler un peu de solution de jus de tabac ou de soufre dans le centre de la plante afin de déloger les insectes et de les obliger à s'exposer à l'action de la fumée.

A. apiculatum, Hook. *Fl.* blanches, en grappes pendantes, d'environ une douzaine de fleurs; éperon grêle pointu, d'environ 2 cent. de long. *Flles* distiques, obovales-lancéolées, obliquement acuminées, striées, vert foncé. Sierra-Leone, 1844. Espèce naine voisine, de l'*A. bilobum*. (B. M. 4159.)

A. a. Dormanianum, Hort. Variété à petites fleurs, à ovaires maculés de vermillon et à sommet des sépales de même teinte.

A. arcuatum, Lindl. *Fl.* blanches; en grappes naissant à l'aisselle des feuilles âgées de deux ans, au nombre de deux-trois pendant la même période de végétation, ayant environ 15 cent. de long, arquées. *Flles* d'environ 10 cent. de long et 18 mm. de large. Natal. Syns. *Listrostachys arcuata*; l'*A.* (*Listrostachys*) *Sedeni* se rapproche beaucoup de cette espèce; il est excessivement rare.

A. articulatum, Rchb. f. *Fl.* blanc crème, en grappes, polymorphes, à éperon filiforme, aussi long ou trois fois de la longueur de l'ovaire; pédoncules forts. *Flles* oblongues, ou cunéiformes-oblongues, inégalement bilobées, d'environ 15 cent. de long. Madagascar. Espèce naine, voisine de l'*A. bilobum*. (R. 55.)

A. avicularium, — *Fl.* blanc de neige; sépales et pétales lancéolés, cuspidés; labelle étroit à la base, oblong, cuspidé; éperon filiforme, de 10 à 12 cent. de long; hampe de plus de 20 cent. de haut, portant quinze fleurs. *Flles* courtes et larges, cunéiformes, oblongues, elliptiques, bilobées au sommet, de près de 10 cent. de long. Probablement originaire de l'Afrique tropicale, 1887.

A. bilobum, Lindl. *Fl.* blanches, teintées de rose, d'environ 4 cent. de diamètre, à éperon de 5 cent. de long; grappes pendantes, de 15 cent. ou plus de long, naissant sur les côtés de la tige, juste au-dessus des feuilles âgées de deux ans, et portant environ douze fleurs légèrement odorantes. Octobre à décembre. *Flles* de 10 cent. de long et 5 cent. de large, bilobées au sommet, au nombre d'environ huit sur chaque plante. Tige dressée, d'environ 15 cent. de haut. Côtes du Cap, 1841. Espèce à cultiver en paniers. (B. R. 27, 35.)

A. b. Kirkii, Rchb. f. *Fl.* blanc pur, à éperon grêle, brun pâle, de 6 à 8 cent. de long, en grappes pendantes. *Flles* plus étroites que celles du type, se terminant en deux lobes divergents. Zanzibar, 1882. (W. O. A. IV, 162.)

A. calligerum, Rchb. f. *Fl.* de consistance très raide; sépales ligulés, aigus, munis d'une forte callosité sur la carène et tout à fait à la base; pétales oblongs, cunéiformes, aigus; disque du labelle presque ligulé, panduré, aigu; éperon filiforme, aigu, de 15 à 18 mm. plus long que l'ovaire stipité. *Flles* légèrement glauques, ligulées, bilobées, 1887.

A. caudatum, Lindl. *Fl.* jaune verdâtre mêlé de brun-labelle blanc pur; éperon épais, vert pâle, d'environ 20 cent. de long, bilobé dans sa partie inférieure; grappes arquées, de 30 cent. ou plus de long, naissant à la base des feuilles âgées de deux ans. Automne. *Flles* vert pâle, pendantes, d'environ 25 cent. de long et 2 cent. 1/2 de large. *Haut.* 45 cent. Tige dressée ou presque telle. Sierra-Leone, 1834. (B. M. 4370; B. R. 1844, 22; O. 1887, 80; R. 67; Gn. 1891, 804.)

A. cephalotes, Rchb.' *Fl.* blanches. Afrique tropicale, 1873.

A. Chailluanum, Hook.' *Fl.* blanches; sépales et pétales étroits, aigus; éperon vert jaunâtre, de 10 cent. ou plus de long; grappes pendantes, de 20 à 25 cent. de long, portant environ douze fleurs de grandeur moyenne et naissant sur le côté de la tige juste au-dessus de l'aisselle des feuilles âgées de deux ans. *Flles* de 15 cent. de long et 4 cent. de large, légèrement ondulées, bilobées au sommet, imbriquées. Afrique occidentale, 1866. Espèce rare.

A. Christyanum, — Espèce curieuse, à fleurs jaunes ou blanc verdâtre et à labelle trilobé, très développé. La plante a l'aspect de l'*A. arcuatum*, 1880.

A. citratum, D. P. Thouars.' *Fl.* blanc crème ou jaune pâle, de près de 2 cent. 1/2 de diamètre; éperon de 4 cent. de long; grappes au nombre de trois sur de fortes plantes, naissant à l'aisselle des feuilles âgées de deux ans, arquées, d'environ 30 cent. de long, et portant quelquefois vingt fleurs. *Flles* de 10 à 15 cent. de long et 5 cent. de large, au nombre de six ou huit sur chaque plante et occupant environ 4 cent. de la longueur de la tige. Madagascar, 1868. Plante compacte, à tige presque dressée. (I. H. 1886, 592; L. 238.)

A. crenatum, — *Fl.* ressemblant à celles de l'*A. Chailluanum* par leur couleur et par leur forme, mais beaucoup plus petites, ainsi que toute la plante. Juin-juillet. Afrique occidentale. Espèce rare et distincte.

A. cryptodon, Rchb. f. *Fl.* blanches, en grappes lâches; pétales ligulés, aigus; labelle lancéolé; éperon blanc rougeâtre à la base, ayant trois fois la longueur de l'ovaire, celui-ci blanc rougeâtre. Madagascar, 1883.

A. descendens, — *Fl.* blanches, nombreuses, en grappes pendantes. Diffère de l'*A. Ellisii* par son labelle ovale, cunéiforme, acuminé, par sa colonne plus courte, velue, par son éperon ayant plus de quatre fois la longueur des pédicelles et par ses feuilles oblongues, ligulées, obscurément bilobées.

A. distichum, Lindl. *Fl.* blanchâtres, de 6 mm. de diamètre, sur des pédicelles uniflores, naissant à l'aisselle des feuilles. *Flles* très courtes, fortement imbriquées, vert foncé brillant. *Haut.* 15 cent. Sierra-Leone, 1834. Jolie petite espèce tout à fait distincte.

A. eburneum, Bory.* *Fl.* à sépales et pétales blanc verdâtre ; labelle supérieur, blanc, très grand ; grappes d'environ 45 cent. de long, naissant à l'aisselle des feuilles âgées de deux ans ; hampes dressées, mais devenant graduellement pendantes depuis la naissance des premières fleurs. *Flles* de 50 cent. de long et 5 cent. de large, vert tendre, raides. Madagascar, 1826. (B. M. 4761 ; B. R. 1522 ; W. O. A. 41.) Syn. *Aerobion eburneum*. L'*A. virens* (B. M. 5170 ; O. 1884, p. 72) est une variété inférieure, mais l'*A. e. superbum* (L. 236.) surpasse le type en beauté ; il est cependant à présent très rare.

Fig. 186. — Angræcum fuscatum.
Port et fleurs détachées, vue de face et de profil. (*Rev. Hort.*)

A. Eichlerianum, — *Fl.* grandes, solitaires ; sépales et pétales vert clair, lancéolés ; labelle blanc, obcordé avec un mucron triangulaire dans le sinus ; éperon dressé, conique, ayant à peu près la longueur des sépales. *Flles* espacées, obliques, elliptiques, obtuses. Tige élevée feuillue. Loango, Afrique occidentale, 1883.

A. Ellisii, Rchb. f. *Fl.* blanc pur, odorantes, d'environ 5 cent. de diamètre, pétales et sépales étroits, réfléchis ; colonne dressée, très proéminente ; éperon brunâtre pâle, de 15 à 20 cent. de long ; grappes ayant fréquemment 60 cent. de long, naissant sur les côtés de la tige, juste au-dessus de l'aisselle des feuilles âgées de deux ans et portant environ vingt fleurs. *Flles* vert foncé, de 20 à 25 cent. de long et 5 cent. de large, divisées au sommet en deux lobes inégaux. Madagascar, 1879. (L. 92.)

A. falcatum, Lindl.* *Fl.* blanc pur, très odorantes ; éperon contourné vers le haut, de 5 cent. de long ; grappes naissant à l'aisselle des feuilles âgées de deux ans, courtes et portant de deux à cinq fleurs. *Flles* de 5 à 10 cent. de long, très étroites, charnues, vert foncé, 1815. Petite espèce élégante, de serre froide, des plus petites du genre. Il faut la cultiver en terre de bruyère, dans des paniers ou dans des petits pots suspendus à environ 60 cent. du verre, mais un peu ombrés.

A. fastuosum, Rchb. f. *Fl.* blanc d'ivoire, ayant le parfum de la tubéreuse, nombreuses, disposées en grappes ; sépales

Fig. 187. — Angræcum Grandidierianum.
Port et fruits détachés. (*Rev. Hort.*)

et pétales ligulés, oblongs ; labelle obovale ; éperon filiforme de 5 à 8 cent. de long. *Flles* cunéiformes, oblongues, de 8 cent. de large, obtuses et inégalement bilobées au sommet, ridées, à bords cartilagineux. Madagascar.

A. florulentum, — *Fl.* de une à trois par grappe ; sépales lancéolés ; pétales plus larges que les sépales ; labelle oblong-lancéolé, apiculé ; éperon filiforme, ayant un tiers de la longueur de l'ovaire ; grappes nombreuses. *Flles* lancéolées, bilobées, de 8 cent. de long. Tige en zigzag. Iles Comores, 1885.

A. fuscatum, Rchb. f. *Fl.* nombreuses, en grappe grêle et lâche ; sépales jaune d'ocre, les latéraux réfléchis ; pétales plus larges que les sépales ; labelle blanc, oblong, acuminé ; éperon brun, allongé, filiforme, flexueux. *Flles* cunéiformes, oblongues, inégalement bilobées. Madagascar, 1883. Le port de cette plante rappelle beaucoup celui de l'*A. bilobum*. (R. G. 1234 ; R. H. 1887, pp. 42, 235.)

A. Germinyanum, Hook. f. *Fl.* blanc pur, à pétales et sépales allongés, subulés ; labelle à limbe élargi ; éperon de près de 15 cent. de long ; solitaires, à pédoncules axillaires. *Flles* de 5 cent. de long. Tiges lâches, feuillues. Madagascar, 1889. (B. M. 7061.)

A. Grandidierianum, Carr. *Fl.* blanc d'ivoire, de même dimension que celles de l'*A. Chailluanum* ; sépales cunéiformes, oblongs, aigus ; pétales spatulés, apiculés labelle cordiforme, panduré ou cordiforme, oblong, obtus, à long éperon filiforme ; grappe à une-trois fleurs. *Flles* épaisses, oblongues, obtuses et inégalement bilobées au sommet. Iles Comores, 1887. (R. H. 1887, p. 42.) Syn. *Aeranthus Grandidierianus*, Rchb. f.

A. Henriquesianum, Rolfe. Espèce très voisine de l'*A. bilobum*, mais bien plus petite dans toutes ses parties. Ile Saint-Thomas, 1890.

A. Hildebrandtii, — *Fl.* jaune orangé ; labelle oblong, aigu ; éperon filiforme, en massue, plus court que l'ovaire. *Flles* ligulées, inégalement bilobées. Iles Comores. Plante élégante, mais naine.

Flles coriaces, cunéiformes, oblongues, obtusément bilobées. Tige forte, élevée, 1887.

A. Kimballianum, Hort. Syn. de *A. polystachys*, D. P. Thouars.

A. Kotschyi, Rchb. f.* *Fl.* blanc jaunâtre, à odeur de Mignardise blanche, de 2 1/2 à 4 cent. de diamètre ; éperon teinté de rouge, de 15 à 18 cent. de long, caractérisé par une torsion de deux tours de spire ; grappes naissant à l'aisselle des feuilles inférieures, de 45 cent. de long et portant environ douze fleurs. *Flles* de 15 cent. de long et 8 cent. de large, au nombre de six ou plus sur de bonnes plantes. Zanzibar, 1880. A

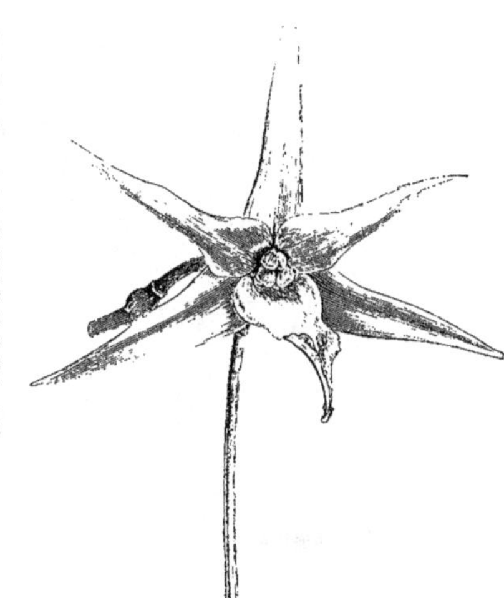

Fig. 188. — Angræcum sesquipedale. Port et fleur détachée, réduite. (*Rev. Hort.*)

A. ichneumoneum, Lindl. *Fl.* espacées sur une longue hampe ; sépales et pétales blanc sale, ocreux, ligulés ; éperon de forme curieuse, très épais au sommet. *Flles* ligulées, vert foncé, de 30 cent. de long et 5 cent. de large, inégales au sommet. Afrique tropicale occidentale, 1887. Syn. *Listrostachys ichneumonea*, Rchb. f.

A. imbricatum, Lindl. *Fl.* odorantes, en glomérules spiciformes ; sépales et pétales blanc crème, lancéolés ; labelle orangé et jaune, flabelliforme, rétus, apiculé, convoluté, à éperon récurvé, obtus, n'atteignant pas la moitié de la longueur du limbe du labelle qu'il touche presque. cultiver en paniers, ou sur des bûches cylindriques. (O. 1883, p. 797 ; W. O. A. IV, 179 ; Gn. 1887, p. 322.)

A. Leonis, Veitch. Syn. de *Aeranthus Leonis*.

A. modestum, Hook.* *Fl.* blanc pur, de 2 1/2 à 4 cent. de diamètre. *Flles* distiques, de 8 à 15 cent. de long et 2 1/2 à 4 cent. de large, elliptiques ou linéaires oblongues, aiguës, entières au sommet, vert tendre brillant, coriaces, sans nervures. Tige courte. Madagascar, vers 1880. Syn. *A. Sanderianum*, Rchb. f. (R. H. 1888, 317 ; R. H. B. 1889, p. 217.)

A. ophioplectron, Rchb. f. *Fl.* jaune verdâtre ; labelle blanc, à éperon rouge ocreux ; sépales de 2 cent. 1/2 de long et 4 mm. de large, étroits, acuminés ; pétales plus étroits, courbés derrière les sépales ; labelle triangulaire acuminé, à éperon filiforme, tordu près de la base et près de quatre fois aussi long que lui. Madagascar, 1889 ? Syn. *Æranthus ophioplectron,* Rchb. f.

A. pallidum, — Espèce ayant une certaine ressemblance avec l'*A. pellucidum,* mais à feuilles de 60 cent. de long et produisant de nombreux épis de fleurs blanches. Afrique occidentale, 1890.

A. pellucidum, Lindl.* *Fl.* blanches, de texture délicate, demi-transparentes, à labelle élégamment frangé ; disposées en grappes naissant à l'aisselle des feuilles inférieures et pendant perpendiculairement à la tige, ayant environ 30 cent. de long et portant trente à quarante fleurs. *Flles* de 30 cent. de long et 5 à 8 cent. de large. Sierra-Leone, 1842. A cultiver en paniers suspendus. (B. R. 30,2.)

A. pertusum, Lindl.* *Fl.* blanc pur ; éperon comparativement court, d'une teinte jaune évidente ; grappes naissant à l'aisselle des feuilles âgées de deux ans, horizontales ou légèrement penchées, de 15 à 18 cent. de long, portant de quarante à soixante petites fleurs compactes. *Flles* vert foncé, arquées, de 25 cent. de long et 2 cent. 1/2 de large. *Haut.* 30 cent. Sierra-Leone, 1836. Espèce distincte et intéressante. (B. M. 4782.)

A. polystachys, D. P. Thouars. Petite plante à fleurs vert blanchâtre, petites, disposées en grappes. *Flles* ligulées, bilobées. Syn. *A. Kimbalianum,* Hort.

A. primulinum, Rolfe. Espèce intermédiaire entre les *A. hyaloides* et *A. citratum.* Madagascar, 1890.

A. rostellare, — *Fl.* semblables par leur forme à celles de l'*A. fuscatum,* mais ayant un rostre distinct, long linéaire, ascendant, et des pétales spatulés, apiculés ; hampes nombreuses, multiflores. *Flles* cunéiformes, oblongues, bilobées au sommet, très douces au toucher, 1885.

A. Sanderianum, Rchb. f. Syn. de *A. modestum.*

A. Scottianum, Rchb. f.* *Fl.* blanc pur, de texture très délicate, de 2 cent. 1/2 ou plus de diamètre, labelle supérieur, éperon étroit, jaunâtre, de 8 à 10 cent. de long ; pédoncule grêle un peu plus long que l'éperon, ordinairement uniflore. *Flles* étroites, arrondies, différant par cela de la plupart de celles de ses congénères, coniques ou aciculaires, d'environ 10 cent. de long et 3 à 6 mm. de large, canaliculées sur la face supérieure et côtelées sur l'inférieure. Iles Comores, 1878. (O. p. 387 ; R. X. O. 239, II-III, 4-8.)

A. Sedeni, Rchb. f. Forme rare de l'*A. eburneum,* Bory. (L. 175.)

A, sesquipedale, D. P. Thouars.* *Fl.* d'un beau blanc d'ivoire, solitaires, sur de forts pédoncules axillaires ; de 15 à 20 cent. de diamètre, à sépales et pétales étalés, rayonnants ; à éperon ou nectaire pendant en forme de lanière de fouet et ayant souvent de 25 à 45 cent. de long. Novembre, décembre et janvier ; se conservant pendant environ trois semaines. *Flles* vert foncé, distiques, d'environ 25 cent. de long. *Haut.* 30 cent. Madagascar, 1823. C'est une des plus belles orchidées à floraison hivernale. (B. M. 5113 ; W. S. O. 31 ; F. D. S. 14,1413 ; L. 175 ; R. 11 sous le nom d'*Acranthus sesquipedalis,* Lindl.)

A. tridactylites, Rolfe. *Fl.* saumonées, distiques, de 2 cent. de diamètre ; sépales et pétales ovales, aigus ; labelle trilobé, avec deux dents charnues et marginales à la base, lobes latéraux sétacés, récurvés ; hampes latérales, d'environ 5 cent. de long. *Flles* linéaires, de 8 à 12 cent. de long et 12 à 20 mm. de large, inégalement bidentées. Sierra-Leone, 1888.

A. virens, — Variété médiocre de l'*A. eburneum,* Bory.

ANGULOA, Ruiz. et Pav. (en l'honneur de Angulo, naturaliste espagnol). Fam. *Orchidées.* — Petit genre ne renfermant que trois espèces originaires des Andes du Pérou et de la Colombie. Leurs fleurs, grandes et belles, sont solitaires au sommet de hampes ayant de 30 à 40 cent. de hauteur, assez nombreuses, naissant sur les pseudo-bulbes mûrs de la pousse de l'année précédente. Ces pseudo-bulbes ont de 12 à 20 cent. de hauteur et sont environ de la grosseur du poignet, portant deux à trois feuilles dressées, larges, lancéolées, ayant de 60 cent. à 1 m. 30 de long. Il leur faut en été une température de 21 deg. (maxima) pendant le jour et 16 deg. (minima) pendant la nuit ; en hiver, 16 deg. (maxima) pendant le jour et 8 deg. (minima) pendant la nuit. Ce sont des plantes volumineuses, de serre froide, à cultiver dans de la terre de bruyère fibreuse, grossièrement concassée et bien drainée. Les *Anguloa* doivent être fortement arrosés, fréquemment bassinés et ont besoin d'être placés dans un endroit un peu obscur ou fortement ombré. Pendant leur période de repos et jusqu'à ce qu'ils commencent à entrer en végétation, on doit les tenir presque secs. On les multiplie par division des pseudo-bulbes un peu avant qu'ils commencent à pousser. Leur floraison a lieu pendant l'été.

A. Clowesii, Lindl.* *Fl.* odorantes, sépales et pétales concaves, jaune doré clair ; de forme globuleuse ou rappelant celle d'une tulipe ; labelle blanc pur. Colombie (de 1,500 à 1,800 m. d'altitude), 1842. (B. R. 3063. B. M. 4313 ; L. 161.) C'est la plus grande espèce ; il en existe quelques variétés assez rares.

A. C. macrantha, — *Fl.* jaune vif, maculées de rouge, plus grandes que celles du type. Juillet. Colombie. Belle variété, mais rare.

A. dubia, — *Fl.* jaunes ; sépales et pétales couverts à l'intérieur de petites taches pourpres ; labelle blanc, maculé de pourpre à l'intérieur près de la base. Colombie. Supposé hybride entre les *A. uniflora* et *A. Clowesii.*

A. eburnea, B. S. Williams. *Fl.* à sépales et pétales, blanc très pur ; labelle ponctué de pourpre. Nouvelle-Grenade. Semblable à l'*A. Clowesii* par ses autres caractères, mais très rare. (W. O. A. III, 133.)

A. intermedia, Rolfe. *Fl.* à sépales et pétales couleur de miel pâle, fortement ponctués de rose purpurin ; labelle presque suffusé brun fauve, avec quelques rares barres transversales pourpres sur le disque. Hybride entre les *A. Clowesii* et *A. Ruckeri,* 1888.

A. media, — *Fl.* à sépales et pétales jaune orangé à l'extérieur, pourpre brunâtre à l'intérieur ; sépales latéraux marqués d'une ligne médiane orangée, lobes latéraux du labelle brun rougeâtre ; disque jaune d'ocre ; lobe antérieur court. Hybride horticole, probablement entre les *A. Clowesii,* et *A. Ruckeri.*

A. Ruckeri, Lindl. *Fl.* à sépales et pétales jaunes, ponctués de carmin ; labelle carmin foncé. Colombie, 1845. Plante un peu moins forte que les *A. Clowesii* et *A. eburnea,* mais à fleurs aussi grandes. (B. R. 32, 41 ; B. M. 5384 ; R. G. 3, 106.)

A. R. alba, — Variété à fleurs blanches.

A. R. retusa, — *Fl.* jaunâtres à l'extérieur, ponctuées de pourpre foncé à l'intérieur ; lobes latéraux du labelle rectangulaires, le médian petit, réfléchi, velu. 1883. Variété remarquable.

A. R. media, Rchb. f. Belle variété à fleurs jaunes, fortement ponctuées de carmin sur le côté intérieur des sépales et des pétales ; labelle carmin. Colombie, 1887. (L. 53.)

A. R. sanguinea, Lindl. * Variété à fleurs d'un rouge sang foncé ; elle est rare. (W. O. A. I, 19.)

A. superba, — Syn. de *Acineta Humboldti.*

A. Turneri, — *Fl.* roses ; sépales et pétales fortement ponctués de rose vif à l'intérieur. Mai-juin. Colombie. Magnifique plante.

A. uniflora, Ruiz. et Pav. * *Fl.* sub-globuleuses, blanc pur, quelquefois tachetées de brun et abondamment ponctuées de rose à l'intérieur. Colombie, 1844. Une des meilleures espèces cultivées. (B. R. 30, 60 ; B. M. 4807, L. 100 ; I. H. 1890, 101.)

A. virginalis, — *Fl.* blanches, maculées de brun foncé. Juin-juillet. Pseudo-bulbes vert foncé. *Haut.*, environ 40 cent. Colombie.

ANGUILLULES. — V. **Vers nématoïdes.**

ANGUINA, Micheli. — V. **Trichosanthes**, Linn.

ANGULEUX. — Se dit d'une partie quelconque formant ou ayant des angles. *Angulé* a la même signification, mais ne s'emploie que dans les mots composés, comme *tri-* ou *quadrangulé.* (S. M.)

ANGURIA, Plum. (un des noms grecs du Concombre). Fam. *Cucurbitacées.* — Genre de plantes grimpantes de serre chaude, originaires de l'Amérique tropicale et voisines des *Momordica.* Fleurs monoïques, corolle soudée au calice, ventrue, rouge, à bord étalé, à cinq lobes. Fruit presque tétragone. Plusieurs espèces ont été introduites à différentes époques, mais on ne les rencontre que rarement dans les jardins. Quelques-unes sont de jolies plantes grimpantes dignes d'être cultivées.

ANHALONIUM, Lem. — V. **Mammillaria**, Haw.

ANIA, Lindl. — V. **Tainia**, Blume.

ANIGOSANTHUS. — V. **Anigozanthos**, Labill.

ANIGOSIA, Salisb. — V. **Anigzanthos**, Labill.

ANIGOZANTHOS. Labill. (de *anoigo*, s'ouvrir, et *anthos*, fleur ; allusion à l'expansion rameuse des pédoncules floraux). Syns. *Anigosia*, Lindl. ; *Schwægrichenia*, Spreng. Fam. *Hæmodoracées.* — Genre renfermant huit espèces de plantes herbacées, vivaces et demi-rustiques, originaires de l'Australie australe occidentale. Fleurs grandes, en grappes ou en corymbes ; périanthe tubuleux, allongé, laineux. Feuilles linéaires, ensiformes. Ces plantes se plaisent dans un compost de trois quarts de terre de bruyère et un quart de terreau, additionné de sable pour rendre le mélange bien perméable. Il faut les arroser convenablement pendant leur période de végétation, mais les tenir relativement secs pendant l'hiver, période de leur repos. On les multiplie très facilement au printemps, par division des touffes.

A. coccinea, Paxt. * *Fl.* écarlates, périanthe renflé vers le sommet, velu, à segments un peu réfléchis ; disposées en panicule dichotome ; pédicelles assez longs. Juin. *Flles* lancéolées, vert foncé. Tige ciliée. *Haut.* 1 m. 50. Rivière des Cygnes, Australie, 1837. (P. M. B. 271.)

A. flavida, Red. * *Fl.* vert jaunâtre, paniculées ; hampe élevée. Mai. *Flles* lancéolées, lisses ainsi que la tige ; duvet des ramifications caduc. *Haut.* 1 m. Nouvelle-Hollande, 1808. Il existe une variété de cette espèce à fleurs écarlate et vert. (B. M. 1151 ; L. B. C. 1282 ; B. R 24, 34-64 ; R. L. 176.)

Fig. 189. — Anigozanthos flavida.

A. Manglesii, Don. *Fl.* vertes, stigmate capité, saillant hors du tube ; disposées en grappe courte, spiciforme. Mai. Tige dressée, couverte d'un duvet carmin, court, épais et persistant. *Haut.* 1. m. Rivière des Cygnes, Australie, 1833. (S. B. F. G. 265 ; B. M. 3875.)

A. M. angustifolia, Lindl. *Flles* linéaires, très acuminées. (B. R. 2012.)

A. pulcherrima, Hook. * *Fl.* jaunes, en panicules très rameuses, couvertes de poils rudes et fauves. Mai. *Flles* équitantes, linéaires, falciformes, couvertes d'un tomentum à poils étoilés. *Haut.* 1 m. Rivière des Cygnes, Australie, 1844. (B. M. 4180 ; F. d. S. vol. 2, 30-31.)

A. tyrianthina, Hook. * *Fl.* pourpre et blanc, en panicules couvertes d'un tomentum pourpre. Mai. *Flles* linéaires, raides, droites, glabres. Tige élevée, ternée, paniculée, couverte dans sa partie inférieure d'un tomentum blanchâtre. *Haut.* 1 m. Rivière des Cygnes, Australie, 1844. (B. M. 4507 ; L. J. F. 40.)

ANIL. — V. **Indigofera Anil.**

ANILEMA, Kunth. — V. **Aneilema**, R. Br.

ANIS, Angl. Anise (*Pimpinella Anisum*, Linn.). — Plante annuelle de 30 à 40 cent. de hauteur, à feuilles radicales larges, trifides et les caulinaires extrêmement découpées. Fleurs blanches. Graines petites, arrondies, à saveur chaude et d'un parfum agréable ; on les emploie comme condiment, mais surtout pour la fabrication des liqueurs et des dragées ; on met aussi quelquefois dans le pain. On sème l'Anis en avril, en place et clair, à exposition chaude. Il ne réclame d'autres soins que celui d'être désherbé au besoin ; il mûrit au mois d'août.

ANIS étoilé. — On donne ce nom aux graines de l'*Illicium anisatum*, Linn.

ANIS faux. — V. **Cuminum cyminum**, Linn.

ANIS de France, de Paris. — V. **Fœniculum officinale**, All.

ANIS doux de la Chine. — V. **Illicium anisatum**, Linn.

ANIS vert. — V. **Anis.**

ANISANTHERA, Raf. — V. **Caccinia**, Savi.

ANISANTHUS, Sweet. — V. **Antholyza**, Linn.

ANISANTHUS splendens, Hort. — V. **Antholyza caffra.**

ANISOCHILUS, Wall. (de *anisos*, inégal, et *cheilos*, lèvre ; allusion à l'inégalité des lèvres du calice et de la corolle). Fam. *Labiées*. — Genre comprenant environ seize espèces de plantes vivaces ou bisannuelles, de serre chaude, très ornementales, originaires des Indes orientales. Fleurs en verticilles fortement imbriqués, formant un épi oblong, cylindrique ; corolle à tube exserte, géniculé, dilaté à la gorge et limbe bilabié. Les *Anisochilus* aiment une terre légère et riche. Multiplication par boutures plantées à chaud dans du sable, sous cloches, et par graines que l'on peut semer en février, sur couche.

A. carnosus, Benth. *Fl.* lilas. Juin à septembre. *Flles* pétiolées, ovales, arrondies, obtuses, crénelées, cordiformes à la base, épaisses, charnues, tomenteuses sur les deux faces. Tige dressée. *Haut.* 60 cent. Indes orientales, 1788.

ANISODUS, Link. et Otto. — Réuni aux **Scopolia**, Jacq.

ANISOLOBUS, A. DC. — V. **Odontadenia**, Benth.

ANISOMELES, R. Br. (de *anisos*, inégal, et *meles*, partie ; allusion aux anthères des longues étamines dont les deux lobes sont inégaux). Fam. *Labiées*. — Genre comprenant environ trois espèces originaires de l'Asie tropicale et de l'Australie. Ce sont de belles plantes ornementales, de serre froide, herbacées, vivaces ou annuelles, ou des arbrisseaux de serre chaude. Fleurs en verticilles denses et pluriflores, ou lâches et pauciflores, réunies en grappes ; corolle à lèvre supérieure dressée, oblongue, entière, l'inférieure plus grande, étalée, à lobes latéraux ovales, obtus, le médian échancré, bifide ; garnie d'un anneau de poils à l'intérieur. On les cultive avec facilité dans une terre légère et fertile ; les boutures s'enracinent rapidement au printemps, à chaud et sous cloches. L'*A. furcata* n'a pas besoin de chaleur artificielle, mais il faut le protéger pendant l'hiver au moyen d'une cloche entourée de litière. Les graines de l'*A. ovata* se sèment au printemps sur couche et, après avoir endurci les plants, on peut les repiquer en pleine terre en mai.

A. furcata, Loud. * *Fl.* petites, élégamment panachées de blanc, de rouge et de pourpre, disposées en cymes rameuses, lâches et plurifores. Juillet. *Flles* pétiolées, ovales, acuminées, crénelées, cordiformes à la base, hispides sur les deux faces. *Haut.* 1 m. 30 à 2 m. Népaul, 1824.

A. malabrica, R. Br. *Fl.* purpurines, en verticilles espacés, denses, pluriflores. Juillet. *Flles* oblongues-lancéolées, de 5 à 10 cent. de long, obtuses, crénelées dans leur partie supérieure, très entières à la base. *Haut.* 60 cent. à 1 m. 50. Asie tropicale ; lieux humides, 1817. Sous-arbrisseau. (B. M. 2071.)

A. ovata, R. Br. * *Fl.* pourpres, à lèvre inférieure plus foncée ; verticilles pluriflores, les inférieurs espacés, les supérieurs formant un épi interrompu. Août. *Flles* ovales, obtuses, largement crénelées. *Haut.* 60 cent. à 1 m. Népaul, 1823. Port semblable à celui de l'espèce précédente.

ANISOMÈRE. — Inégalement divisé, non symétrique.

ANISOMERIS, Presl. — V. **Chomelia**, Jacq.

ANISOPETALUM, Hook. — V. **Bulbophyllum**, D. P. Thouars.

ANISOSTÉMONÉES. — On nomme ainsi les fleurs dans lesquelles le nombre des étamines n'a aucun rapport avec celui des pétales qui peuvent être libres ou soudés. Ex. : beaucoup de *Dipsacées*. (S. M.)

ANNEAU. — On a donné ce nom à plusieurs organes différents : 1° au collier qui entoure le pilier des *Champignons* ; 2° au cercle élastique qui entoure les sporanges des *Fougères* ; 3° à l'appendice qui entoure le stigmate des *Lobelia*, des *Tournefortia*, etc. (S. M.)

ANNELÉ, Angl. Annulate, Ringed. — Qui est muni d'anneaux ; ou entouré par des bandes ou lignes circulaires concaves ou convexes. Ex. : les racines et les tiges de quelques plantes, le tronc de certains Palmiers, les cupules de plusieurs espèces de *Quercus*, etc. (S. M.)

ANNESLEA, Roxb. — V. **Calliandra**, Benth.

ANNUEL. — Se dit de ce qui ne dure qu'un an. Les plantes annuelles sont celles qui parcourent toutes les phases de leur végétation dans ce laps de temps. Les tiges de beaucoup de plantes vivaces sont annuelles. Les feuilles qui tombent totalement sont plutôt nommées caduques. V. aussi **Plantes annuelles** et **Plantes vivaces.** (S. M.)

ANNULAIRE. — Formant un anneau, c'est-à-dire un cercle complet.

ANŒCTOCHILUS, Blume. (de *anoiktos*, ouvert, et *cheilos*, lèvre ; allusion au sommet étalé du labelle). Syn. *Anecochilus*, Blume et *Chrysobaphus*, Wall. Fam. *Orchidées*. — Selon les auteurs du *Genera Plantarum*, ce genre ne compte que huit espèces distinctes, toutes originaires des Indes orientales et de l'archipel Malais. Ce sont des orchidées terrestres dont les feuilles sont la partie la plus décorative, et sont probablement aussi les plus richement colorées de toutes celles des végétaux. Leurs fleurs, que l'on peut pincer dès qu'elles paraissent, sont généralement petites et sans effet. Toutes les espèces appartenant à ce genre sont des plantes naines, dépassant rarement 15 cent. de hauteur, munies de feuilles ayant de 5 à 15 cent. de longueur, y compris le pétiole. Les *Anœctochilus* demandent beaucoup de soins pour être cultivés avec succès. Le mélange de terre qui leur convient le mieux doit se composer de : une partie de sable blanc lavé complètement deux ou trois fois, deux parties de sphagnum également bien lavé et choisi à la main, puis haché en petits morceaux pour qu'il se mélange bien avec le sable ; on ajoute enfin un peu de terre franche et de terre de bruyère. Pour les empoter, on draine convenablement les pots en plaçant d'abord un large tesson dans le fond ; puis on les emplit presque à moitié avec des tessons uniformément concassés en petits morceaux, on place ensuite une mince couche de sphagnum pur et on remplit les pots avec le mélange ci-dessus, en tassant assez fermement et on lui donne à peu près la forme d'un cône au-dessus des bords ; enfin on y fixe la plante et on foule convenablement le mélange. Les jeunes plantes propagées par divisions doivent être soigneusement dépotées et placées dans des pots de 10 cent. de diamètre. On peut y placer cinq petites plantes ; on fait à l'aide d'un plantoir un trou dans lequel on descend les racines de toute leur longueur, et on foule avec soin à l'aide du plantoir. Après les avoir bien arrosées, on les replace en serre chaude et on les ombre. On doit les planter de façon à ce que leurs racines tendent plutôt à s'enfoncer dans le compost qu'à ramper à sa surface et lorsque, pendant la végétation, quelques-unes sont à nu, on les fixe soigneusement sur le sol au moyen de petits crochets.

Pour les multiplier, on choisit une forte plante que l'on coupe en morceaux, au-dessous d'un nœud, munis chacun d'une racine, ceux pris à la base des tiges doivent être munis de deux yeux, l'un devant fournir les racines, l'autre la nouvelle tige ; on les plante ensuite en godets que l'on place sous cloches. La souche ou plante sur laquelle on a pris les boutures, sera mise en pot et placée sous cloche où elle ne tardera pas à émettre de nouvelles pousses que l'on pourra employer pour la multiplication au fur et à mesure de leur développement.

Ces plantes doivent être tenues sous châssis ou sous cloches, mais il faut toujours leur donner un peu d'air ; condition essentielle au succès de leur culture, car, ainsi que le dit M. Williams qui les réussit très bien, lorsque les plantes sont trop renfermées, elles s'étiolent et leurs tiges charnues finissent par pourrir ; elles ont au contraire besoin d'être consistantes et robustes. Il faut laisser pénétrer l'air par une ouverture de 3 à 5 cent. Voici les différentes températures auxquelles les *Anœctochilus* doivent être soumis : En hiver, de 13 à 15 deg. pendant la nuit et 18 à 20 pendant le jour ; pendant les mois de mars, avril et mai, de 15 à 20 deg. pendant la nuit et ensuite quelques degrés de plus, avec une température maxima de 27 pendant le jour. La chaleur de fond est inutile, car la végétation étant alors trop rapide, les pousses deviennent faibles. Il faut avoir grand soin de prévenir l'apparition des insectes par de fréquentes visites et à l'aide des moyens employés à cet effet. Le mois de mars est l'époque la plus convenable pour le rempotage, alors que les plantes entrent en végétation ; les arrosements devront être copieux jusqu'à la fin octobre, sauf lorsqu'on désire employer ces plantes pour les garnitures d'appartements ; il est alors utile de ménager les arrosements quelques jours avant leur emploi. V. aussi **Goodyera** et **Physurus.**

A. argenteus, — V. *Physurus argenteus.*

A. a. pictus, — V. *Physurus pictus.*

A. argyroneurus, — *Flles* à fond vert tendre, bigarré de plus foncé ; nervures argentées, élégamment réticulées. Java. Syn. *A. Lobbii.*

A. Boylei, — *Flles* ovales, acuminées, de 5 cent. de long, et autant de large, vert olive, réticulées et striées de jaune sur toute leur surface. Indes.

A. Bullenii, — * *Flles* de 6 cent. de long, à fond vert bronzé, parcourues sur toute leur longueur par trois larges lignes distinctes, rouge cuivré ou doré. Bornéo, 1861.

A. concinnus, — *Flles* ovales, acuminées, arrondies à la base, vert olive foncé, striées et réticulées de rouge cuivré brillant. Assam.

A. Dawsonianus, — * *Flles* ovales, d'un beau vert olive foncé et velouté, parcourues par environ sept nervures longitudinales, cuivrées ; intervalles de chaque côté de la nervure médiane garnis de réseaux de même teinte. Archipel Malais, 1868.

A. D. pictus, — * Variété plus fortement réticulée que le type et originaire du même pays, 1869.

A. Dominianus, Hort. *Flles* vert olive foncé, marquées au centre de stries jaune cuivré pâle et à nervures principales vert pâle. Vigoureux hybride horticole entre le *Goodyera discolor* et l'*Anœctochilus xanthophyllus.*

A. Eldorado, — *Flles* vert foncé, caduques, finement réticulées d'une teinte plus pâle. Amérique centrale. Cette espèce est difficile à cultiver ; il ne faut jamais la laisser souffrir de la soif, même après la chute des feuilles.

A. Frederici-Augusti, — Identique avec l'*A. xanthophyllus.*

A. Heriotii, — *Flles* de 9 cent. de long et 6 cent. de large, de couleur acajou foncé, faiblement réticulées de jaune d'or sur toute leur surface. Indes.

A. hieroglyphicus, — *Flles* petites, ovales-elliptiques, vert foncé, à macules hiéroglyphiques gris argenté. Assam.

A. intermedius, — * *Flles* de 5 cent. de long et 4 cent. de large, à face supérieure soyeuse, vert olive foncé, striée et veinée de jaune d'or. *Haut.* 8 cent. Vient bien en serre chaude sous verre et à l'ombre.

A. javanicus, — Syn. de *Argyrorchis javanica.*

A. Lansbergiæ, L. Lind. *Flles* plus grandes que celles du *Dossinia marmorata ;* face supérieure à fond marron sombre, velouté ; nervures médiane et secondaires vert émeraude avec des lignes jaune foncé près des bords ; face inférieure rose saumoné clair. Espèce vigoureuse. (I. H. ser. v ; 1.)

A. latimaculatus, — *Flles* vert foncé à macules argentées. Bornéo.

A. Lobbianus, Planch. Syn. de *A. Roxburghii.*

A. Lobbii, — Syn. de *A. argyroneura.*

A. Lowii, — V. *Dossinia marmorata.*

A. Nevillianus, — *Flles* oblongues-ovales, de 4 cent. de long, d'une belle teinte veloutée, cuivrée ou bronzée, marquées de deux rangs de macules oblongues, plus foncées. *Haut.* 8 cent. Bornéo.

A. Petola, — Syn. de *Macodes Petola.*

A. querceticolus, — Syn. de *Physurus querceticolus.*

A. Ordianus, — * *Flles* de même forme et de port, que l'*A Dawsonianus*, mais d'un vert gai et à nervures jaune d'or. Java, 1869.

A. regalis, Blume. * Angl. King Plant. *Flles* de 5 cent. de long et 4 cent. de large, à face supérieure d'un beau vert velouté, régulièrement veinée et réticulée de jaune d'or. *Haut.* 10 cent. Java, 1836. Syn. *A. setaceus*, Blume. (B. M. 4123; B. R. 23, 2010; F. d. S. 2, 15.) Si on examine les feuilles à la loupe et au soleil, on aperçoit distinctement la grande beauté de la réticulation qui imite les mailles d'un filet. Il en existe plusieurs variétés, dont les suivantes sont les meilleures.

A. r. cordatus, — *Flles* plus arrondies, à lignes jaune d'or plus larges. Très rare.

A. r. grandifolius, — *Flles* vert tendre, élégamment bariolées et réticulées de jaune d'or. Egalement rare.

A. r. inornatus, — *Flles* d'un beau vert velouté foncé avec quelques légères marques, dépourvues de la réticulation jaune d'or du type. Java.

A. Reinwardtii, — *Flles* veloutées, de couleur bronzé foncé, parcourues par des lignes jaune vif. Java, 1861. Belle espèce ressemblant un peu à l'*A. regalis.*

A. Roxburghii, — * *Flles* de 7 cent. de long et 4 cent. de large, vert foncé velouté, striées sur toute leur surface de lignes argentées, très distinctes. *Haut.* 8 cent. Indes. L'espèce vraie est rare; on en vend plusieurs sous son nom. Syn. *A. Lobbianus*, Planch. (F. d. S. 5, 519)

Fig. 190. — Anœctochilus xanthophyllus. (*Rev. Hort.*)

A rubro-venius, Hort. *Flles* grandes, ovales-aiguës et obliques au sommet, vert sombre, et parcourues en-dessus par cinq nervures longitudinales rouges ; la médiane ramifiée ; face inférieure rose sombre ainsi que les pétioles et les tiges.

A. Ruckerii, — * *Flles* largement ovales, à fond vert bronzé, avec six rangées de taches distinctes, depuis la base jusqu'au sommet. Bornéo, 1861.

A. setaceus, Blume. Syn. de *A. regalis.*

A. striatus, — * *Flles* de 8 cent. de long, vert foncé, avec une large bande médiane blanche. *Haut.* 12 cent. Espèce distincte, que l'on peut cultiver sous verre, à l'ombre.

A. Turneri, — *Flles* grandes, d'une belle teinte bronzée, fortement réticulées de jaune d'or. Une des plus belles et vigoureuses espèces.

A. Veitchii, — Identique au *Macodes Petola.*

A. xanthophyllus, * *Flles* de 6 cent. de long et 4 cent. de large, à fond vert foncé velouté, avec une large bande médiane orange et des stries vertes, couvertes d'une belle réticulation en réseau. *Haut.* 12 cent. Espèce très distincte. Syn. *A. Frederici-Augusti.* (Gn. 1886, 528.)

A. zebrinus, — * *Flles* ovales-lancéolées, vert olive foncé, à stries couleur de bronze. Indes, 1863. Plante naine et élégante.

ANOIGANTHUS, Baker. (de *anoigo*, ouvrir, et *anthos*, fleur; allusion à la forme de la fleur). Fam. *Amaryllidées.* — Genre dont la seule espèce connue est une plante bulbeuse, demi-rustique, originaire du Cap. Périanthe régulier, infundibuliforme, à six divisions oblongues, lancéolées; étamines six, bisériées, trois insérées sur la gorge et trois sur le tube; stigmate grêle, trifide; capsule globuleuse, membraneuse, à trois loges. Feuilles en lanière. Encore fort rare, cette plante fleurit en Angleterre en pleine terre, à exposition abritée et protégée pendant l'hiver; sous le climat parisien, ce sera probablement une plante de serre froide, ou d'orangerie, à cultiver comme les nombreuses plantes bulbeuses originaires du même pays.

A. breviflorus, Baker. *Fl.* jaunes, d'environ 2 cent. 1/2 de long, réunies par deux à dix en ombelle; pédicelles grêles, dressés; spathe à deux valves lancéolées; hampe de 15 à 30 cent. de haut. Mars. *Flles* trois à quatre, en lanière, de 30 cent. ou plus de long, naissant avec les fleurs. Bulbe ovoïde, de 2 cent. 1/2 de diamètre, courtement prolongé. Cap, 1888. (B. M. 7072; G. C. 1889, I, p. 557; Gn. 1891-814.) Syn. *Cyrtanthus breviflorus*, Harv.

(S. M.)

ANOMA, Lour. — V. **Moringa,** Juss.

ANOMAL. — Ce mot s'emploie pour désigner les fleurs dont la forme irrégulière de la corolle ne se rapporte pas aux irrégularités habituelles; ex. : celle du Réséda, de la Violette, des Capucines, etc. Tournefort avait renfermé dans deux classes, qu'il nommait *Anomales*, toutes les fleurs dont la corolle irrégulière n'était pas papilionacée. On dit plus souvent *Anormal* dans le même sens, bien qu'il y ait une légère différence; ce dernier mot signifie plutôt accidentel, sans ordre habituel. (S. M.)

ANOMALOPTERIS, Don. — V. **Acridocarpus,** Guill. et Perr.

ANOMATHECA, Ker. (de *anomos*, singulier, et *theca*, capsule). Fam. *Iridées.* — Petit genre renfermant quelques espèces toutes originaires du Cap. Ce sont de jolies petites plantes bulbeuses, vivaces. Périanthe hypocratériforme, à tube trigone, resserré à la gorge, à six divisions; étamines trois; style à trois stigmates linéaires, capsule sub-globuleuse, à trois loges, hérissée de papilles et s'ouvrant en trois lobes. Les *Anomatheca*, sont rustiques à exposition chaude, mais il est prudent de les protéger à l'aide d'une couverture de litière ou autre, ou même de les rentrer à l'automne pour les replanter en mars. Leur petite taille, leur beau coloris et leur floraison prolongée en font des plantes des plus recommandables pour la garniture des parterres et pour entremêler avec les plantes vivaces. Ce sont aussi d'excellentes plantes à cultiver sur les fenêtres et en pots. Dans ce dernier cas, il faut les rempoter en février-mars. Un mélange de terre franche, légère et d'un peu de terreau de feuilles leur convient parfaitement. Ils se propagent très rapidement; on peut, chaque année, diviser les touffes en quelques morceaux, mais non en simples bulbes.

On les multiplie aussi quelquefois par graines, que l'on sème en terrines très clair dès leur maturité; on éclaircit au besoin les plants; l'année suivante, on les plante ensuite en pots par quatre ou cinq dans chacun. Lorsqu'ils deviennent trop épais, on les rempote dans de plus grands pots, mais il ne faut pas déranger la touffe. Ils fleurissent probablement dès la deuxième année.

A. cruenta, Lindl.' *Fl.* d'un beau rouge carmin; segments du périanthe elliptiques, les trois inférieurs plus grands que les supérieurs, avec une macule foncée à la gorge; tube allongé blanchâtre; hampe unilatérale, portant cinq ou six fleurs. Été et automne. *Flles* bisériées, d'environ 12 mm. de large, ensiformes, un peu coniques. Bulbe ovale, assez gros. *Haut.* 15 à 30 cent. Cap, 1830. (B. R. 16, 1369; P. M. B. 1, 103; L. B. C. 1857.)

A. grandiflora, — V. *Lapeyrousia grandiflora*.

A. juncea, Ker. *Fl.* d'un rose très vif, avec une macule foncée à la base, très nombreuses. *Flles* plus étroites que celles de l'espèce précédente. Cap, 1791. Espèce rare.

ANOMORHEGAMI, Meisn. — V. **Stauranthera**, Benth.

ANONA, Linn. (leur nom à Saint-Domingue), **Anone**, Angl. Custard Apple. Fam. *Anonacées.* — Genre comprenant environ cinquante espèces d'arbustes toujours verts, de serre chaude, à feuilles odorantes, originaires de l'Amérique et de l'Afrique tropicale et de Madagascar. Fleurs solitaires, terminales, tantôt opposées aux feuilles, tantôt en cyme pauciflore; calice à trois sépales; corolle à six sépales bisériés; étamines nombreuses. Carpelles en nombre indéfini, réunis en une masse charnue, arrondie, pluricellulaire, comestible, à enveloppe lisse, écailleuse ou réticulée. Les *Anona* se plaisent dans une terre franche fertile, mêlée d'un peu de terreau. On les multiplie par boutures de bois mûr, munies de leurs feuilles et plantées dans du sable, sous cloches, dans un endroit chaud et humide. Lorsqu'on peut se procurer des graines de provenance directe, on les sème en pots, sur couche; ce moyen est assez rapide. Il leur faut une température de 15 à 25 deg. pendant l'été et 12 à 18 deg. pendant l'hiver.

A. Cherimolia, Mill. Cherimolier. Angl. The Cherimoyer. — *Fl.* à pétales extérieurs un peu concaves, linéaires, oblongs, bruns à l'extérieur, pourvus d'une macule foncée à la base; pédoncules opposés aux feuilles, solitaires. *Fr.* un peu globuleux, écailleux, pourpre foncé. Les Péruviens le considèrent comme un de leurs fruits les plus délicats. *Flles* ovales-lancéolées, très odorantes, non ponctuées, soyeuses, tomenteuses, sur la face inférieure. *Haut.* 6 m. Pérou, 1739. (I. H. 1885, 563.)

A. chrysopetala, — V. *Gualteria Ouregou*, Dun.

A. glabra, Linn.' *Fl.* à pétales extérieurs bruns, ovales, obtus; calice grand, coriace; pédoncules biflores, opposés aux feuilles. Juillet. *Fr.* jaune verdâtre, conique, obtus, lisse. *Flles* ovales, lancéolées, lisses. *Haut.* 5 m. Floride et Indes occidentales, 1774.

A. longifolia, Aubl. *Fl.* purpurines, axillaires, solitaires et pédonculées; pétales extérieurs concaves, épais, tous aigus, grands. Mai. *Fr.* ovale-globuleux, ponctués et réticulés; chair colorée. *Flles* lisses, oblongues, acuminées, mucronées. *Haut.* 6 m. Guyane, 1820.

A. muricata, Linn. ' Corossolier, Sappadille. Angl. The Sour Sop. — *Fl.* odorantes, à pétales extérieurs cordiformes, concaves, épais, acuminés, verts à l'extérieur, jaunes et

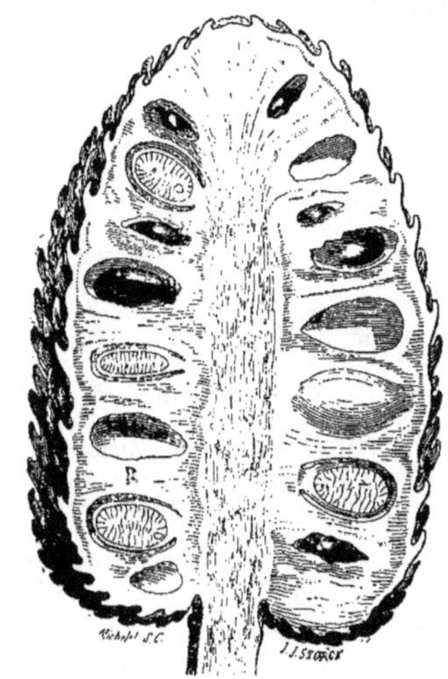

Fig. 191. — Anona muricata.
Fruit coupé longitud.

ponctués à l'intérieur; pédoncules solitaires, uniflores. *Fr.* verts, muriqués, à pointes charnues. *Flles* ovales-lancéolées, lisses, un peu luisantes et odorantes. *Haut.* 5 m. Indes occidentales, 1656.

A. palustris, Linn. Pomme serpent' Angl. Alligator Apple, Cork-Wood. — *Fl.* jaunes, à pétales tous aigus. *Fr.* gros, cordiformes, un peu aréolés, odorants. *Flles* ovales-oblongues, coriaces, très lisses. *Haut.* 3 à 6 m. Amérique du Sud, 1788. (B. M. 3226.)

Fig. 192. — Anona squamosa.
Fruit coupé transversal.

A. reticulata, Linn. Corossol sauvage, Mamilier, Cœur de bœuf. Angl. The Custard Apple, or Bullock's Heart. — *Fl.* à pétales extérieurs oblongs-lancéolés, aigus, un peu concaves à la base, brunâtres à l'extérieur, blanc jaunâtre et ponctués de pourpre foncé à l'intérieur. *Fr.* ovales-globuleux, réticulés, de la grosseur d'une orange, à chair tendre, jaunâtre, très estimée par quelques per sonnes. *Flles* oblongues-lancéolées, aiguës, lisses, un peu ponctuées. *Haut.* 5 à 8 m. Brésil, 1690. (B. M. 2911-2912.)

A. squamosa, Linn. Pommier Cannelle. Angl. The Sweet Sop. — *Fl.* à pétales extérieurs jaune verdâtre, linéaires-oblongs, un peu concaves à la base, presque connivents. *Fr.* oviforme, écailleux. *Flles* oblongues, un peu obtuses, lisses, un peu glauques en dessous, couvertes de glandes pellucides. *Haut.* 6 m. Amérique du Sud, 1739. (L. E. M. 494 ; B. M. 4095.)

A. triloba, Linn. — V. *Asimina triloba*, Adans.

ANONACÉES. — Famille renfermant environ quatre cent cinquante espèces de plantes, toutes ligneuses, arborescentes ou arbustives, originaires pour la plupart de l'Amérique tropicale. Plusieurs espèces sont cultivées pour leurs fruits comestibles et ont été répandues dans toutes les régions chaudes. Leurs fleurs sont axillaires, opposées aux feuilles ; le calice est à trois, rarement cinq sépales libres ; la corolle est composée de deux rangs de pétales au nombre de trois, rarement cinq sur chaque rang, ou d'un seul rang et c'est alors le calice qui est double ; la corolle est rarement sacciforme ; les étamines sont généralement en nombre indéfini ; l'ovaire est formé de carpelles charnus, formant par leur réunion un fruit charnu, bacciforme, rarement sec et folliculaire. Leurs feuilles sont alternes, simples, entières ou dentées, pétiolées et dépourvues de stipules. Le genre *Anona*, qui a donné son nom à cette famille, comprend plusieurs espèces dont le fruit comestible est très estimé ; l'*Uvaria æthiopica* fournit le poivre d'Ethiopie. L'horticulture emprunte très peu de plantes à cette famille ; elles ne sont guère cultivées que dans les collections botaniques. (S. M.)

ANONYMOS, Walt. — V. **Saururus**, Linn.

ANONYMOS bracteata, Walt. — V. **Zornia tetraphylla**, Michx.

ANOPLANTHUS, Endl. — V. **Phelipæa**, Desf.

ANOPLANTHUS Biebersteinii. — V. **Phelipæa foliata.**

ANOPLOPHYTUM, Beer. — V. **Tillandsia**, Linn.

ANOPLOPHYTUM amœnum. — V. **Tillandsia pulchra amœna**, E. Morr.

ANOPLOPHYTUM incanum. — V. **Tillandsia Gardneri**, Lindl.

ANOPLOPHYTUM strictum Krameri, Ed. André. — V. **Tillandsia dianthoidea Krameri.**

ANORMAL. V **Anomal.**

ANOPTERUS, Labill. (de *ano*, en haut, et *pteron*, aile ; allusion aux graines ailées au sommet). Fam. *Saxifragées.* — Petit genre comprenant deux jolis arbustes rameux, toujours verts, de serre froide, originaires de l'Australie. Leurs fleurs en coupe sont disposées en longues panicules ; leurs feuilles sont grandes et vert foncé. L'espèce ci-dessous serait probablement rustique chez nous si elle était protégée pendant l'hiver. Elle se plaît dans un mélange de terre franche fibreuse et de terre de bruyère. Cultivée en pots, il lui faut beaucoup de place et de fréquents arrosages. On la multiplie en été, par boutures de bois à moitié mûr qui s'enracinent facilement sous cloches en serre froide ou sous châssis.

A. glandulosa, Labill. * *Fl.* blanches, teintées de rose, grandes, en grappe simple, terminale, dressée. Avril-mai. *Flles* alternes, rarement opposées, presque sessiles, ovales-oblongues, atténuées aux deux extrémités, coriaces, dentées. *Haut.* 1 m. Terre de Van-Diemen, 1823. (L. E. M. 939 ; B. M. 4377.)

ANSELLIA, Lindl. (en l'honneur de Ansell, botaniste collecteur, qui accompagnait la malheureuse expédition du Niger). Fam. *Orchidées.* — Ce genre ne comprend que trois espèces largement dispersées dans l'Afrique tropicale ; une d'elles s'étend jusqu'à Natal. Ce sont de vigoureuses orchidées épiphytes, de serre chaude, très florifères. Comme elles émettent une grande quantité de racines il est bon de les cultiver dans de grands pots et de les planter dans de la terre de bruyère fibreuse, modérément drainée. On doit leur donner beaucoup d'eau pendant leur période de végétation, sans cependant en laisser séjourner dans le cœur de la plante qui serait ainsi exposée à pourrir. Pendant leur période de repos, il faut au contraire diminuer ou supprimer les arrosages ; mais une atmosphère humide est une des conditions essentielles de leur culture. On les multiplie par division des touffes, après leur floraison.

A. africana, — * *Fl.* à sépales et pétales ayant presque 5 cent. de long, jaune verdâtre, maculés de rouge brunâtre ; labelle petit, jaune ; épis grands, pendants, rameux, portant chacun jusqu'à cent fleurs. Tiges de 1 m. à 1 m. 30, à feuillage vert tendre. Fernando-Po, 1844. Ses fleurs se conservent pendant deux mois en bon état. (P. M. B. 241 ; B. M. 4965 ; R. G. 3, 95.)

A. africana, Lindl. Syn. de *A. confusa.*

A. a. gigantea, — * *Fl.* en épis dressés, naissant au sommet des pseudo-bulbes, plus petites que celles du type, d'une teinte jaune clair, avec quelques lignes brunes, étroites et transversales ; labelle jaune foncé, sans aucunes verrues sur le lobe médian et plus ou moins crénelé sur la carène. Natal, 1847. Exhale un parfum particulier. Très rare.

A. a. lutea, — Variété moins vigoureuse, produisant des bouquets de fleurs jaunes, naissant au sommet des pseudo-bulbes. Natal.

A. a. nilotica, — * Au point de vue horticole, cette variété est bien supérieure au type ; elle est plus naine et ses fleurs sont d'un jaune plus vif et plus franc. Les sépales et les pétales sont aussi plus étalés. Afrique orientale.

A. confusa, — Diffère de l'*A. africana* par ses pétales à peine plus larges que les sépales. Afrique tropicale occidentale. (B. R. 1846, 30, sous le nom de *A. africana*, Lindl.)

A. congoensis, — *Fl.* en grappes, à pédicelles dressés et non étalés, sépales et pétales jaune verdâtre clair, à macules pourpre brunâtre foncé, lobes latéraux du labelle blanchâtres, veinés de pourpre ; lobe médian étroit, jaune ; les deux carènes du disque disparaissent presque avant d'atteindre le milieu du lobe médian. Congo, 1886. Belle plante, semblable à l'*A. africana*, mais plus florifère.

ANSÉRINE. — V. **Potentilla Anserina**, Linn. et **Chenopodium.**

ANSÉRINE belvedère. — V. **Chenopodium scoparium**, Linn.

ANSÉRINE Bon Henri. — V. **Arroche** et **Chenopodium Bonus Henricus.**

ANTENNAIRE perlée. — V. **Antennaria margaritacea**, R. Br.

ANTENNARIA, Gærtn. (de *antennæ ;* allusion à la ressemblance qui existe entre les aigrettes des graines et les antennes d'un insecte). **Antennaire**, Fam. *Composées*. — Genre comprenant environ dix espèces originaires de l'Europe, de l'Asie, de l'Amérique; une espèce a été trouvée en Australie. Ce sont des plantes herbacées, vivaces, rustiques, employées pour garnir les plates-bandes, les rocailles, pour former des bordures et faire de la mosaïculture. Leurs fleurs sont dioïques, réunies en capitules entourés de bractées colorées, scarieuses et formant par leur réunion un corymbe terminal. Feuilles radicales spatulées, les caulinaires sessiles, lancéolées, très entières et plus ou moins couvertes d'un tomentum blanchâtre. Les Antennaires se plaisent dans une terre légère, sèche et même aride pour l'*A. margaritacea ;* ses fleurs coupées avant leur épanouissement, s'emploient, comme celles des Immortelles, à la confection des bouquets perpétuels et sont pour cette raison nommées Immortelle blanche. Les *A. dioïca* et *A. tomentosa*, cultivés pour leur feuillage, servent à faire des bordures. On les multiplie au printemps par la division des touffes et quelquefois par graines qui devront être semées au printemps, sous châssis froid.

A. candida, Hort. Syn. de *A. tomentosa*.

A. dioica, Gærtn. * Pied de chat. — *Fl.* en capitules rosés, réunis en petits corymbes compacts, de 8 à 10 cent. de haut. Juin. *Flles* radicales spatulées, grisâtres, laineuses, surtout en dessous; les supérieures lancéolées. Tiges couchées. France, Alpes, etc. Il existe deux ou trois variétés de cette jolie petite espèce, qui sont supérieures au type. Syn. *Gnaphalium dioicum*, Linn.

A. d. hyperboræa, Don. *Flles* laineuses sur les deux faces.

A. d. minima, — * Variété très naine.

Fig. 193. — Antennaria margaritacea.

A. margaritacea, R. Br. Immortelle blanche, I. de Virginie. — *Fl.* en capitules entourés de nombreuses bractées scarieuses, nacrées; disposés en corymbe irrégulier. *Flles* radicales ovales, lancéolées; les caulinaires alternes, sessiles, plus étroites, couvertes surtout en dessous ainsi que les tiges, d'un tomentum blanchâtre. Souche noirâtre, très traçante. *Haut.* 40 à 60 cent. Naturalisé en Angleterre, en France, etc. Indroduit, dit-on, de l'Amérique septentrionale vers le XIe siècle. Syn. *Gnaphalium margaritaceum*, Linn.

Le joli, mais bien plus rare *A. triplinervis*, Sims., originaire du Népaul, se rapproche de cette espèce.

A. tomentosa, — *Fl.* en capitules disposés en corymbe. Eté. C'est une de nos plus petites plantes à feuillage argenté; elle est des plus convenables pour border les massifs de petites dimensions, pour tapisser le sommet des rocailles et surtout pour faire de la mosaïculture. Elle dépasse à peine 3 cent. de hauteur et forme rapidement un tapis compact. Il faut la cultiver dans un endroit séparé des autres plantes. On la nomme aussi fréquemment *A. candida*, Hort.

ANTENNES, Angl. Antenna. — Organes de sensation, mobiles et articulés, que portent sur la tête les insectes et les crustacés; on les nomme vulgairement « cornes » ou « pinces ». Leur forme et leur longueur sont variables et fournissent de bons caractères de distinction.

ANTÉRIEUR, Angl. Anterior. — Placé en avant; son opposé est *postérieur*. Les stipules sont dites antérieures lorsqu'elles sont placées entre la tige et le pétiole.

ANTHELMIE, — V. **Spigelia Anthelmia**

ANTHEMIS, Linn. (de *anthemon*, fleur; allusion à leur abondante floraison). **Camomille**, Angl. Camomile. Comprend les *Chamomilla*, Godr. (pr. parte). Fam. *Composées*. — Genre renfermant, d'après Bentham et Hooker, environ soixante-dix espèces originaires de l'Europe, de l'Asie et de l'Afrique boréale. Ce sont des plantes herbacées, annuelles ou vivaces, rustiques. Fleurs en capitules latéraux et terminaux, pédonculés; involucre formé d'écailles imbriquées, membraneuses sur les bords; réceptacle convexe, muni de paillettes; fleurs du disque tubuleuses, hermaphrodites; celles de la circonférence ligulées, femelles; graines dépourvues d'aigrettes. Ce genre assez important, n'a qu'un intérêt secondaire pour l'horticulture. La plupart des espèces sont odorantes et possèdent des qualités médicinales. On les cultive très facilement en pleine terre et leur multiplication a lieu par divisions et par semis.

A. Aizoon, — * *Fl.* en capitules blancs, semblables à une Marguerite; fleurons ligulés au nombre de quatorze à dix-huit, trifides, ayant en longueur deux fois le diamètre du disque. Eté. *Flles* lancéolées ou ovales-lancéolées, à dents profondes et aiguës, rétrécies à la base, couvertes d'un duvet blanchâtre; les inférieures compactes; les supérieures un peu aiguës et diminuant progressivement de grandeur. *Haut.* 5 à 10 cent. Nord de la Grèce. Espèce vigoureuse, naine et compacte.

A. d'Arabie, — V. *Cladanthus proliferus*, DC.

A. Biebersteinii, — * *Fl.* en capitules jaunes. Eté. *Flles* pinnées, à segments linéaires, trilobés, couverts d'une pubescence blanche, soyeuse. *Haut.* 30 à 60 cent. Caucase.

A. Chia, Linn. *Fl.* nombreuses, blanches, à disque jaune en capitules solitaires, longuement pédonculés. Avril-juin. *Flles* multifides. *Haut.* 20 à 30 cent. C'est une plante annuelle, se ressemant fréquemment d'elle-même, à floraison très précoce, pouvant servir à faire des bordures et des tapis fleuris, mais de courte durée. (S. F. G. 884.)

A. Etoile d'or, — V. *Chrysanthemum frutescens*.

A. frutescens, — V. *Chrysanthemum frutescens* et *Pyrethrum frutescens*.

A. nobilis, Linn. Camomille romaine. Angl. Common Camomile. — *Fl.* en capitules solitaires; disque jaune; fleurons ligulés blancs; écailles du réceptacle membraneuses, à peine plus longues que le disque. *Flles* bipinnées, à segments linéaires, subulés, légèrement pubescents. Tiges couchées, très rameuses. France, Angleterre, etc.

Ses fleurs, très odorantes, sont beaucoup employées en médecine comme carminatif, vermifuge et stomachique ;

Fig. 194. — Anthemis nobilis flore-pleno.

pour cet usage, on préfère les capitules de la variété à *fleurs doubles*. Pour sa culture, V. **Camomille**.

A. purpurascens, DC. — V. *Anacyclus radiatus purpurascens*.

A. tinctoria, Linn. Œil de bœuf. — *Fl.* jaune soufre, parfois jaune vif, en capitules longuement pédonculés, larges de plus de 4 cent. Juin-août. *Flles* pennatiséquées, à segments lancéolés, dentés. Plante vivace, plus ou moins

Fig. 195. — Anthemis tinctoria.

velue. *Haut.* 50 cent. à 1 m. France, Angleterre, etc. Jolie plante convenable pour la garniture des grands massifs et des terrains arides. (F. D. 5, 741.)

La plante cultivée sous le nom de *Chrysanthemum multicaule flore albo*, Hort., n'est qu'une variété à fleur blanche de cette espèce.

ANTHÈRE, Angl. Anther. — Organe mâle de la fleur, contenant le pollen. L'anthère est ordinairement formée de deux petites poches nommées loges, séparées par une cloison nommée connectif; mais, quelquefois l'anthère est à une seule loge, comme chez les *Epacris*, ou même à quatre, comme chez certains *Juncus*. Elles sont ordinairement supportées par des pédoncules nommés filets, de longueur variable, manquants, rarement libres ou soudés ensemble; elles sont attachées au sommet de ces derniers par leur milieu, par leur base ou par leur extrémité. La forme des anthères varie depuis la forme sphéroïdale jusqu'à celle linéaire et cordiforme. L'ouverture par laquelle s'échappe le pollen au moment de l'anthèse (déhiscence) présente aussi de grandes variations; c'est le plus souvent une fente longitudinale, quelquefois transversale ou un trou terminal nommé pore. Selon que cette ouverture regarde le centre ou l'extérieur de la fleur, l'anthère est dite introrse dans le premier cas et extrorse dans le second; lorsqu'elle est placée sur le côté, la déhiscence est dite latérale. Le nombre des

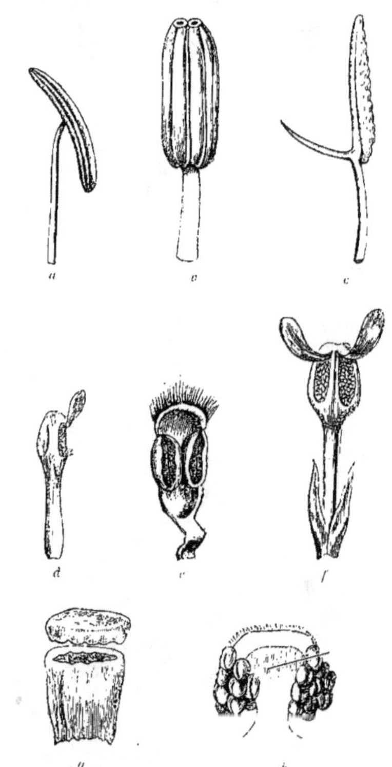

Fig. 196. — Groupe d'anthères

a, Amaryllis : *b*. Azalea ; *c*, Huberia ; *d*. Berberis : *e*, Vinca, *f*, Monimia : *g*. Clusia ; *h*. Zamia.

étamines, leur forme, leur mode d'insertion et de déhiscence, enfin la longueur des filets fournissent d'excellents caractères distinctifs, très fixes et souvent communs à plusieurs genres ou à plusieurs espèces. L'anthère a fourni la clef du système de Linné. Nous ne croyons pas utile de nous étendre ici plus longuement sur ce sujet qui appartient plutôt au domaine de la botanique; les lecteurs trouveront du reste des renseignements complémentaires aux articles **Pollen** et **Déhiscence**.

(S. M.)

ANTHERICLIS, Raf. — V. **Tipularia**, Nutt.

ANTHERICUM, Linn. (de *anthos*, fleur et *herkos*, haie; allusion à la hampe élevée). **Phalangère**. Syn. *Phalangium*, Kunth. Comprend les *Liliago*, Salisb. Fam. *Liliacées*. — Genre renfermant environ cinquante espèces originaires de l'Europe, de l'Amérique et de l'Afrique tropicale et tempérée. Ce sont des plantes herbacées, vivaces et rustiques, à racines fasciculées plus ou moins renflées, charnues. Fleurs blanches, en grappes ou en panicules; segments du périanthe six, étalés depuis la base ou soudés en cloche; étamines courtes, à filets nus ou barbus. Feuilles radicales, filiformes ou linéaires, canaliculées. La plupart des *Anthericum* sont originaires du Cap, mais peu d'espèces de cette région sont cultivées dans les jardins; les espèces indigènes sont rustiques, très ornementales et au contraire estimées pour garnir les plates-bandes, les parterres ou pour former des touffes isolées sur les pelouses. Ils aiment une terre légère et riche. On les cultive aussi très facilement en pots, dans un compost de terre franche fibreuse, de terreau de feuilles ou de couche bien décomposé et de sable grossier. Le rempotage a lieu dans des pots d'environ 30 cent. de diamètre, avant le départ de la végétation. Pendant leur période de végétation, il leur faut beaucoup d'eau, mais on doit diminuer les arrosements au fur et à mesure que la végétation se ralentit, sans toutefois laisser la terre se sécher. On les multiplie par division des touffes et par graines que l'on sème sous châssis froid, dès qu'elles sont mûres, si cela est possible.

A. aloides, Linn. — V. *Bulbine aloides*, Willd.

A. annuum, Linn. — V. *Bulbine annua*, Willd.

A. echeandioides, Baker. *Fl.* géminées, en grappe simple, lâche, de moins de 30 cent. de long; périanthe de 18 mm. de long; segments jaune orangé, à carène formée par trois nervures verdâtres; hampe simple, arrondie, de plus de 30 cent. de haut. Novembre. *Flles* une à six, toutes à la base de la tige, lancéolées, d'environ 30 cent. de long, vert tendre, membraneuses, canaliculées. Mexique (?) 1883. (B. M. 6809.)

A. elatum, Ait. — V. *Chlorophytum elatum*, *R. Br.*

A. graminifolium, Hort. — V. *A. ramosum*, Linn.

A. Hookeri, — V. *Chrysobactron Hookeri*.

Fig. 197. — Anthericum Liliago.

A. Liliago, Linn.* Phalangère à fleur de Lis. Angl. Saint Bernard Lily. — *Fl.* blanc pur, de 10 à 12 mm., à segments étalés, munis d'une nervure transparente; style courbé; en grappes simples. Juin-juillet. *Flles* en touffe, linéaires, canaliculées, de 30 à 45 cent. de long. France, etc., (F. D. 4, 616; R. L. 269.) Espèce rustique, très florifère, dont il existe une variété *major*. Syns. *Phalangium Liliago*, Schreb. (B. M. 914, 1365); *Watsonia Liliago*.

A. Liliastrum, Linn. — V. *Paradisia Liliastrum*, Bertol., son nom correct.

A. plumosum, Ruiz. et Pav. — V. *Bottionea thysanotoides*.

A. pomeridianum, Ker. — V. *Chlorogalum pomeridianum*.

A. ramosum, Linn.* Phalangère rameuse. — *Fl.* blanches, étoilées, plus petites que celles de l'*A. Liliago*, à segments étroits, étalés, à nervures saillantes; style droit; grappes rameuses, paniculées. Juin-août. *Flles* longues, étroites, linéaires, canaliculées. *Haut.* 60 cent. France, etc. Espèce rustique, vigoureuse. (J. F. A. 161; F. D. 1157.) Syns. *A. graminifolium*, Hort.; *Phalangium ramosum*, Lamk. (R. L. 287; B. M. 1055.)

Fig. 198. — Anthericum ramosum.

A. serotinum. — V. *Lloydia serotina*.

A. Sternbergianum, Schultz. — V. *Chlorophytum elatum*, R. Br.

A. variegatum, Hort. V. — *Chlorophytum elat. variegatum*.

ANTHÉRIDIE, Angl. Antheridia. — Chez les Cryptogames, on donne, d'une façon générale, le nom d'*Anthéridie* à l'organe qui produit et qui contient les éléments des organes mâles fécondateurs (Anthérozoïdes). Les anthéridies sont analogues, jusqu'à un certain point, aux anthères des Phanérogames. V. **Prothalle** pour de plus amples détails. (S. M.)

ANTHÉRIFÈRE, Angl. Antheriferous. — Qui porte les anthères.

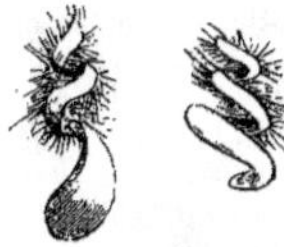

Fig. 199. — Anthérozoïdes.

ANTHÉROZOIDES. — Chez les Cryptogames, on nomme ainsi les cellules reproductrices mâles, généralement mobiles et munies de cils vibratiles que renferment les *Anthéridies*. V. ce mot, ainsi que **Prothalle**, pour de plus amples détails. (S. M.)

ANTHÈSE, Angl. Anthesis. — On désigne ainsi le moment de l'épanouissement des fleurs, de même que la période pendant laquelle elles restent ouvertes; mais, dans un sens plus restreint, ce mot désigne le moment de la déhiscence, c'est-à-dire l'ouverture des étamines et, par extension, celui de la fécondation. (S. M.)

ANTHOCARPE, Angl. Anthocarpous. — Nom donné par les botanistes au fruit formé par la réunion des organes floraux de plusieurs fleurs avec le fruit proprement dit. (S. M.)

ANTHOCERCIS, Labill. (de *anthos*, fleur, et *kerkis*, rayon; allusion à la corolle radiée). Fam. *Solanées*. — Genre comprenant dix-huit espèces originaires de l'Australie. Ce sont de beaux arbustes toujours verts, de serre froide, à feuilles alternes, atténuées en pétiole, épaisses, quelquefois ponctuées, glanduleuses. Fleurs axillaires, généralement solitaires; corolle campanulée. Les boutures s'enracinent facilement dans du sable, sous cloche, avec une douce chaleur de fond. Dès qu'elles sont bien enracinées, on les empote séparément dans de très petits pots, dans un mélange de deux tiers de bonne terre franche et un tiers de terre de bruyère. Lorsqu'elles commencent à s'allonger, on les pince afin de les faire ramifier et on les place dans de plus grands pots quand la motte est bien garnie de racines. On les cultive ensuite sous châssis ou en serre froide, près du verre, avec beaucoup d'air. On devra pincer les pousses vigoureuses, afin d'obtenir des plantes touffues.

A. albicans, Cunn.* *Fl.* blanches, striées de pourpre bleuâtre à l'intérieur du tube, odorantes; pétales plus longs que le tube. Avril. *Flles* oblongues, obtuses, fortement tomenteuses sur les deux faces ainsi que les rameaux. *Haut.* 45 à 60 cent. Nouvelle-Galles du Sud, 1824.

A. floribunda, — *Fl.* blanches. *Haut.* 1 m. Nouvelle-Galles du Sud.

A. ilicifolia, Hon. *Fl.* vert jaunâtre. Juin. *Haut.* 2 m. Rivière des Cygnes, Australie, 1843. (B. M. 4200.)

A. littorea, Labill. *Fl.* blanches. Juin. *Haut.* 1 m. Nouvelle-Hollande, 1803. (B. R. 3, 212; M. B. 3, 102.)

A. viscosa, R. Br. *Fl.* blanches, grandes. Mai. *Flles* obovales, ponctuées-glanduleuses, scabres sur les bords; jeunes feuilles et rameaux couverts d'une fine pubescence. *Haut.* 1 m. 30 à 2 m. Nouvelle-Hollande, 1802. (M. B. 2, 59; B. M. 2961; B. R. 19, 1624.)

ANTHODON, Ruiz. et Rav. — Réuni aux **Salacia**, Linn.

ANTHOLOMA, Labill. (de *anthos*, fleur, et *loma*, frange; allusion au limbe frangé ou crénelé de la corolle). Fam. *Tiliacées*. — Genre monotypique dont l'espèce connue est un bel arbre toujours vert, de serre tempérée. Il se plaît dans une terre franche, légère, mêlée de terre de bruyère. Multiplication par boutures de bois mûr, plantées dans du sable et sous cloches.

A. montana, Labill.* *Fl.* blanches; corolle ovale, cylindrique, à bords crénelés, presque dentés; grappes axillaires, réfléchies, ombelliformes. Mai. *Flles* elliptiques-oblongues, coriaces, pétiolées, éparses au sommet des rameaux. *Haut.* 6 m. Nouvelle-Calédonie, 1810.

ANTHOLYZA, Linn. (de *anthos*, fleur, et *lyssa*, rage; allusion à l'expansion de la fleur qui ressemble à la gueule d'un animal enragé). Syn. *Cunonia*, Mill.; *Petamenes*, Salisb. Comprend les *Anisanthus*, Sweet; *Homoglossum*, Salisb. Fam. *Iridées*. — Beau genre, renfermant quatorze espèces originaires du Cap. Leurs feuilles étroites, sont dressées, semblables à celles des *Iris*, et leurs fleurs sont réunies en épis surmontant le feuillage. Périanthe tubuleux, à six divisions inégales; les supérieures plus longues; étamines trois. On cultive les *Antholyza* en serre froide, en pots ou en pleine terre sous châssis, exposés au midi; ils poussent aussi très bien en pleine terre, lorsqu'on a soin de les planter à environ 20 cent. de profondeur et de les recouvrir d'une couche de litière ou de feuilles de plusieurs centimètres d'épaisseur afin de les garantir du froid. Cependant, le moyen le plus sûr est de les hiverner dans un endroit sec d'une serre froide; mais, avant de les rentrer, il est bon de diviser et de nettoyer les touffes. On les rempote en février ou au commencement de mars, dans un mélange de terre franche sableuse et de terreau de feuilles en parties égales. Quelques arrosements à l'engrais liquide faible, appliqués un peu avant la floraison, augmentent leur vigueur. On les propage presque en tous temps par la séparation des rejets qu'ils émettent en grande abondance. Les graines, que l'on récolte quelquefois, devront être semées dès leur maturité, en serre froide, dans une terre légère; elles germeront au printemps suivant; on pourra repiquer les plants pendant l'été de la même année. A l'exception de l'*A. Cunonia*, les différentes espèces ont toutes beaucoup de ressemblance entre elles; quatre ou cinq seulement sont dignes d'être cultivées.

A. æthiopica, Linn.* *Fl.* jaune orangé, rayées de vert, grandes, penchées; segment supérieur presque horizontal; tube beaucoup plus long que les spathes; disposées en épi distique. Janvier à avril. *Flles* ensiformes, brusquement rétrécies à la base sur un de leurs bords. *Haut.* 65 cent. à 1 m. Cap, 1759. (B. M. 561, 1172; A. B. R. 210, R. L., 110.) Syns. *A. floribunda*, Salisb.; *A. prævalta*, DC.

A. æ. ringens, — *Fl.* rouge et jaune, un peu plus petites que celles du type. Syn. *A. vittigera*, Kern.

A. bicolor, — Syn. de *A. Cunonia*.

A. brevifolia, — Syn. de *A. caffra*.

A. caffra, Banks.* *Fl.* d'un beau rouge écarlate, disposées en épi distique, pluriflore. Juin. *Flles* longues, linéaires ou linéaires-ensiformes. *Haut.* 60 cent. Cap, 1828. Belle et décorative espèce, trop rare dans les jardins. Syns. *A. brevifolia*: *A. splendens*, Spach.; *A. rupestris*; et *Anisanthus splendens*, Sweet. (S. B. F. G, sér. 284.)

A. Cunonia, Linn.* *Fl.* rouge écarlate et noir, réunion de couleurs peu commune chez les plantes bulbeuses; disposées en épis unilatéraux. Juin. *Haut.* 60 cent. Cap. 1756. (B. M. 343; B. L. 12.) *A. bicolor*; Syn. *Anisanthus Cunonia*.

A. floribunda, Salisb. Syn. de *A. æthiopica*, Linn.

A. fulgens, Andr. Syn. de *Watsonia angusta*, Ker.

A. Meriana, Linn. Syn. de *Watsonia Meriana*, Ker.

A. Merianella, Curt. Syn. de *Watsonia aletroides*, Ker.

A. prævalta, DC. Syn. de *A. æthiopica*, Linn.

A. rupestris, — Syn. de *A. caffra*, Banks.

A. vittigera, Kern. Syn. de *A. æthiopica ringens*.

A. spicata, Andr. Syn. de *Watsonia brevifolia*, Ker.

ANTHOMYIE du Chou. — V. **Chou** (Anthomyie du).

ANTHOMYIE de l'Ognon. — V. **Ognon** (Anthomyie de l').

ANTHONOME et **ANTHONOMUS pomorum**. — V. **Pommier** (Anthonome du).

ANTHOPHORE. — Nom donné par les botanistes à la partie du réceptacle qui, chez certaines fleurs, s'allonge et porte à son sommet la corolle et les organes reproducteurs. Ex. : certains *Silene*. (S. M.)

ANTHOSPERMUM, Linn. (de *anthos*, fleur, et *sperma*, graine). ANGL. Amber tree. FAM. *Rubiacées*. — Genre comprenant environ trente espèces, toutes originaires du Cap. L'espèce suivante, seule cultivée, est un arbuste toujours vert et ornemental, que l'on tient en serre, dans une température de 10 à 15 deg. pendant l'été et de 5 à 8 pendant l'hiver; il se plaît dans un mélange de terre franche, de terre de bruyère et de sable. Multiplication par boutures que l'on plante dans du sable et sous cloches.

A. æthiopicum, Linn.* *Fl.* dioïques, les mâles brunâtres, les femelles vertes; disposées en épis verticillés. Juin. *Flles* linéaires-lancéolées, verticillées par trois, brillantes en dessus, glabres en dessous, d'environ 6 mm. de long. Tiges très rameuses, pubescentes dans leur partie supérieure. *Haut.* 60 cent. à 1 m. Cap, 1692.

ANTHOTAXIS. — Disposition des fleurs sur une inflorescence.

ANTHOXANTHUM, Linn. (de *anthos*, fleur, et *xanthus*, jaune). **Flouve.** ANGL. Spring and Vernal Grass.

Fig. 200. — ANTHOXANTHUM. Fleur ouverte, grossie.

FAM. *Graminées*. — Genre comprenant quatre espèces de graminées vivaces ou annuelles, originaires de l'Europe, de l'Asie tempérée et de l'Amérique du Nord. Épillets à deux glumes aristées, contenant trois fleurs,

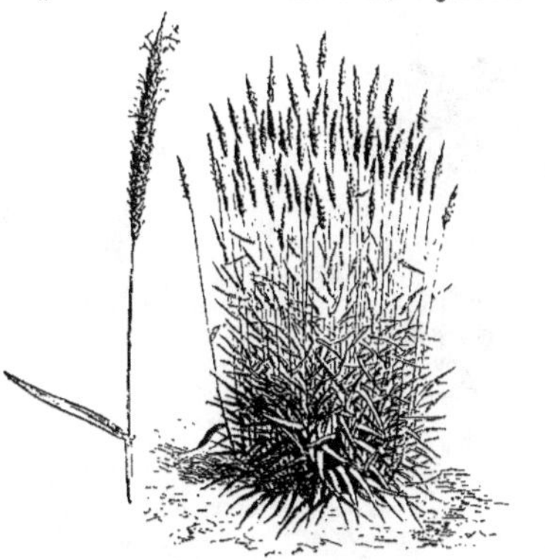

Fig. 201. — ANTHOXANTHUM ODORATUM.

dont deux stériles; glumelles deux, petites, mutiques; étamines deux (non trois, comme chez la plupart des graminées). Plante vivace, indigène, odoriférante, peu productive, mais précieuse pour l'agriculture par le parfum qu'elle donne au foin. Elle est sans intérêt pour l'horticulture; sauf toutefois pour la composition des gazons dans laquelle elle entre dans une petite proportion. Elle pousse presque en tous terrains. Multiplication par semis.

A. odoratum, Linn. *Fl.* en panicule spiciforme, compacte, devenant jaune sombre à la maturité. *Flles* courtes, vert tendre. *Haut.* 30 cent. Indigène. Vivace. Le parfum agréable des foins nouveaux est principalement dû à cette plante qui, en séchant, dégage une odeur analogue à celle de l'*Asperula odorata*.

ANTHRISCUS, Hoffm. (nom donné par Pline à une plante ressemblant aux *Scandix*). FAM. *Ombellifères*. — Genre comprenant environ dix espèces de plantes herbacées, rustiques ou demi-rustiques, annuelles,

Fig. 202. — ANTHRISCUS. Ombelle.

bisannuelles ou rarement vivaces, ayant le port des *Chærophyllum* et originaires des régions septentrionales tempérées et sub-tropicales. Fleurs blanches, en ombelles composées; bractées de l'involucre, une, deux ou nulles. Une seule espèce de ce genre mérite d'être citée. Pour sa culture, V. **Cerfeuil.**

A. cerefolium, Hoffm. Cerfeuil commun. Angl. Common Chervil. — *Flles* blanches, en ombelles axillaires ou opposées aux feuilles. Juin. *Flles* bipinnées, découpées, à pétioles canaliculés. Tige un peu velue sur les nœuds. *Haut.* 45 cent. Europe. (On le rencontre souvent en France et ailleurs à l'état sub-spontané, c'est-à-dire échappé des jardins.) Annuel. Syn. *Chærophyllum sativum*, Lamk. (Sy. En. B. 623.)

ANTHURIUM, Shott. (de *anthos*, fleur, et *oura*, queue; allusion à la forme du spadice). ANGL. Tail flower. FAM. *Aroïdées*. — Ce genre renferme environ cent soixante espèces toutes originaires de l'Amérique tropicale, ainsi qu'un grand nombre de beaux hybrides. Fleurs hermaphrodites, réunies en spadice cylindrique, muni à la base d'une grande bractée (spathe) foliacée, réfléchie, colorée. Feuilles grandes, presque toujours simples, à pétiole radical, engainant à la base et renflé, géniculé au sommet, à l'insertion du limbe.

Ce beau genre se fait remarquer par ses inflorescences de forme particulière, ainsi que par ses feuilles amples et majestueuses; il se distingue aussi des représentants européens de la même famille par ses fleurs qui sont hermaphrodites. Un mélange de terre de bruyère fibreuse, de terre franche, de sphagnum, de tessons concassés ou de charbon de bois et de sable de rivière, forme le meilleur compost. La terre de bruyère doit être brisée à la main, en petits morceaux, et toute la partie terreuse doit en être séparée, soit en la criblant, soit en la battant légèrement à l'aide d'une baguette; on y ajoute la moitié de son volume de sphagnum et environ un quart de terre franche fibreuse, puis quelques poignées de tessons fraîchement concassés ou de petits morceaux de charbon de bois et enfin du sable de rivière. Les pots doivent être propres et bien drainés; on y place les plantes de façon à ce que le collet soit au moins à 5 ou 8 centimètres au-dessus du niveau des bords; on étend les racines avec soin et on les entremêle de terre, puis on forme une sorte de monticule au-dessus des bords, atteignant le collet de la plante. On les arrose convenablement et on les place dans la serre où on les entretient constamment humides, au moyen d'arrosages et de seringages fréquents. La température sera maintenue entre 16 et 20 deg. ou un peu moins pour les espèces les moins délicates.

La multiplication par le semis demande de la patience; les graines mettent plus d'un an à mûrir à partir de l'époque de la fécondation, que l'on doit effectuer artificiellement, et une autre année s'écoule fréquemment avant leur levée. Elles doivent être semées dès leur maturité, en terrines ou en pots bien drainés et remplis du mélange précédent, puis légèrement recouvertes; on les place ensuite dans un châssis à multiplication où on maintient une température de 22 à 25 deg.; à défaut de châssis, on les recouvre de cloches. Le point le plus important est de maintenir l'air qui les environne, ainsi que la terre, dans une humidité régulière et constante; dans ces conditions, les graines lèveront certainement en temps voulu. Lorsque les plants sont suffisamment forts pour que l'on puisse les manipuler, on les repique dans de petits pots, dans le même compost; puis on les enferme de nouveau jusqu'à ce qu'ils soient bien repartis; on les endurcit ensuite graduellement.

Fig. 203. — ANTHURIUM ANDREANUM. (*Rev. Hort.*)

La meilleure époque pour les propager par divisions est le mois de janvier; pour faire cette opération, on dépote soigneusement les touffes et on fait tomber toute la terre qui adhère aux racines, en ayant soin de ne pas les casser ni de les meurtrir. On les sépare ensuite en autant de plantes qu'il y a de pousses ou d'yeux dans la touffe, ou on divise simplement celle-ci en trois ou quatre morceaux, selon le nombre de plantes nécessaires ou la force qu'on désire leur conserver. On les traite ensuite comme il est dit plus haut.

Tous les *Anthurium* aiment beaucoup l'eau ; ils doivent en conséquence être copieusement arrosés pendant toute l'année, mais naturellement moins en hiver qu'en été. Il n'y a pas d'époque pendant laquelle on puisse les « travailler » avec moins de danger qu'au mois de janvier. Il leur faut en général une chaleur modérée, mais humide. Les espèces énumérées ci-après ont été choisies parmi environ cent cinquante; elles représentent une assez jolie collection. V. aussi **Spathiphyllum.**

A. acaule, Sweet. * *Fl.* odorantes, à spadice bleu à l'état juvénile, longuement pédonculé. Printemps. *Flles* d'un vert sombre, luisantes sur la face supérieure, plus pâle en dessous, larges, oblongues-acuminées, de 30 cent. à 1 mètre de long, dressées, disposées en rosette. Antilles, 1853. Magnifique espèce.

A. acutum, N. E. Br. *Fl.* à spathe réfléchie, de 5 cent. 1/2 de long ; spadice vert foncé, de 7 à 8 cent. de long. *Flles* divergentes, de 20 à 25 cent. de long et 6 à 10 cent. de large à l'extrémité des lobes postérieurs, triangulaires-hastées, graduellement rétrécies en pointe acuminée ; pétioles de 20 à 25 cent. de long, grêles. Brésil; 1887.

A. album maximum flavescens, Hort. Syn. d'*A. Scherzerianum lacteum.*

A. Allendorfii, Hort. Hybride entre les *A. Andreanum* et *A. Grusoni.* (R. G. 1889, 1293, c.)

A. Andreanum, Lind.* *Fl.* à spadice d'environ 8 cent. de long, jaunâtre, avec une large bande médiane blanche; spathe ouverte, ovale-cordiforme, coriace, rouge orangé, de 8 à 10 cent. de diamètre sur 15 à 20 cent. de long, irrégulièrement chagrinée. *Flles* vertes, ovales-lancéolées, profondément cordiformes. Colombie, 1876. Très belle espèce. (Gn. 1886, vol. II, p. 301 ; R. G. 1889, 1293, vars.)

A. a. atropurpureum, Ed. Pyn. Belle variété à spathe grande, rouge carmin foncé. (R. H. B. 1889, p. 168 (*).)

A. a. flore albo, -- Variété à spathe blanche.

A. a. grandiflorum, — *Fl.* à spathe de 20 cent. de long ; spadice de 10 cent. de long. 1886. (I. H. 1886, 599.)

A. a. Louisæ, Ed. Pyn. Belle variété à spathe grande, d'un beau rose saumoné. (R. H. B. 1889, p. 168 (*).)

A. a. roseum, Hort. Syn. d'*A. cruentum.*

A. Archiduc Joseph, Hort. *Fl.* à spathe d'un beau rouge écarlate clair, largement cordiforme, de 10 à 12 cent. de long et 9 à 10 de large. Spadice couleur chair, à styles saillants, blanchâtres. *Flles* ovales-cordiformes, presque brusquement acuminées au sommet, profondément cordiformes à la base; pétioles allongés, 1885. Hybride entre les *A. Andreanum* et *A. Lindeni.* (I. H. 1885, 577.)

A. Bakeri, — *Fl.* à spathe verte, petite et réfléchie; le spadice, dans lequel réside le principal mérite de la plante, présente une charmante combinaison de rose et d'écarlate brillant ; le rachis charnu est rose et les fruits gros comme des pois, sont écarlate brillant. Juillet. *Flles* vertes, coriaces, linéaires, à nervure médiane forte. Costa-Rica, 1872.

A. Baron Hruby, Hort. Hybride entre les *A. ferrierense* et *A. ornatum,* 1890.

A. brevilobum, N. E. Br. *Fl.* à spathe violette, de 5 cent. de long et 8 mm. de large, étroite-lancéolée, acuminée; spadice violet-brun foncé, de 8 à 10 cent. de long et 4 mm. d'épaisseur; pédoncule violet brunâtre de 30 à 40 cent. de long, allongé. *Flles* ovales-cordiformes, acuminées, de 20 à 25 cent. de long et 10 à 12 cent. de large, d'un vert luisant en dessus, plus pâles au-dessous, à texture parcheminée ; lobes courts ; pétioles de 30 à 40 cent. de long, arrondis, canaliculés. Tige allongée, émettant des racines. Patrie inconnue, 1887.

A. burfordiense, Hort. Spathe grande, écarlate brillant. Hybride ressemblant aux *A. leodiense, A. carneum,* etc.

A. candidum, — V. *Spathiphyllum candidum.*

A. carneum, E. André. *Fl.* à spathe rose clair, ovale-cordiforme, avec des dépressions longitudinales ; spadice rose, couvert d'un vernis blanchâtre; pédoncule allongé, presque aussi long que les pétioles. *Flles* vertes, brièvement cordiformes, cuspidées; pétioles courts, arrondis. 1884. Hybride horticole entre les *A. ornatum* et *A. Andreanum.*

A. Chamberlaini, Masters. * *Fl.* à spathe rouge pâle à l'extérieur et carmin brillant à l'intérieur, naviculaire, dressée, de 20 à 22 cent. de long et 10 cent. de large ; spadice de 15 cent. de long et 2 cent. de large, fusiforme, arqué, obtus, pourpre velouté intense, à base stipitée, blanc d'ivoire, de 1 à 2 cent. de long. ; hampe de 30 cent. ou plus de haut. *Flles* grandes, cordiformes, obliques, de 1 m. de long et 60 cent. de large, coriaces, vert brillant, plus pâles en dessous ; nervures principales proéminentes sur les deux faces ; lobes inférieurs arrondis et espacés ; pétioles de 1 m. 20 de long, renflés ou genouillés au sommet à l'insertion du limbe. Grande et majestueuse espèce nouvelle. Venezuela, 1887. (G. C. 1888, v. 3, p. 462-4-5, figs. 66-67 ; I. H. v. 35, 62.)

A. Chantinianum, Martinet. *Fl.* à spathe ovale-triangulaire, rose groseille, striée plus pâle, de 18 cent. de long ; spadice un peu plus long que la spathe, rose pâle. *Flles* vert foncé, ovales-aiguës, cordiformes à la base, ondulées sur les bords, de 45 cent. de long et 35 cent. de large. Hybride entre les *A.* et *Houlletianum* et *A. Andreanum.* 1889.

A. Chantrieri, —* *Fl.* à spathe blanc d'ivoire, dressée, oblongue, acuminée ; spadice violet foncé ; pédoncules verts, arrondis, plus courts que les pétioles. *Flles* vert luisant foncé, triangulaires ou rhomboïdales, acuminées, à lobes largement divergents à la base ; pétioles vert olive, arrondis, 1884. Hybride vigoureux entre les *A. subsignatum* et *A. ornatum.*

A. Chelseiense, — *Fl.* à spathe cramoisie, lisse et luisante, largement cordiforme, cuspidée au sommet, de 9 à 12 cent. de long, sur 7 à 9 cent. de large ; spadice d'abord jaunâtre au sommet et blanc à la base. *Flles* ressemblant à celles de l'*A. Veitchii,* mais plus ovales et à nervures moins nombreuses et moins arquées, 1885. Hybride horticole entre les *A. Veitchii* et *A. Andreanum.*

A. cordifolium,—* *Flles* de 1 m. de long sur 50 cent. de large, cordiformes, vert brillant vif sur la face supérieure, plus pâles sur l'inférieure. *Haut.* 1 m. 20. Nouvelle-Grenade. Un des meilleurs. On peut le cultiver en serre froide ou même, pendant juillet et août, dans un endroit abrité et réservé aux plantes sub-tropicales. L'*A. Browni,* quoique tout à fait distinct, est voisin de cette espèce.

A. coriaceum, Sweet.* *Flles* très épaisses, coriaces, ovales, d'environ 60 cent. de long ; pétioles épais, à peu près de même longueur. Brésil. Admirable espèce rustique.

A. crassifolium, — * *Fl.* à spathe vert clair, réfléchie ; spadice vert terne, sessile, de 5 cent. de long ; pédoncule vert, arrondi, aussi long que les pétioles. *Flles* ovales-lancéolées, très épaisses et raides, obtuses, munies au sommet d'un mucron rigide, très court ; pétioles allongés, 1883.

A. cruentum, E. André. Hybride horticole de même

origine que l'*A. mortfontanense* et ressemblant à cette plante, mais à spathe rouge sang, 1886. Syn. *A. Andreanum roseum.*

A. crystallinum, Lind. et André.* *Flles* grandes, ovales-cordiformes, acuminées, d'un beau vert brillant velouté,

Fig. 204. — Anthurium crystallinum.

à nervures principales élégamment rubanées de blanc cristallin ; feuilles violacées quand elles sont jeunes ; pétioles arrondis. *Haut.* 60 cent. Colombie.

Fig. 205. — Anthurium dentatum.

A. cuspidatum, — *Fl.* à spathe cramoisie, réfléchie, plus courte que le spadice, celui-ci violet. *Flles* vertes, ovales-oblongues, acuminées, de 25 à 50 cent. de long. *Haut.* 60 à 90 cent. Colombie.

A. cymbiforme, N.-E. Br. Voisin de l'*A. ornatum* auquel il ressemble par ses feuilles cordiformes et par ses fleurs ornementales, à grande spathe blanche et à spadice rose saumoné. Colombie ? 1888.

A. Dechardi, — *Spathiphyllum cannæfolium.*

A. dentatum, — *Flles* grandes, cordiformes, profondément lobées, vert brillant, à nervures plus pâles, les adultes quelquefois nuancées de reflets glauque foncé ; lobes ovales-aigus ; jeunes feuilles, cordiformes, entières. 1884. Hybride horticole entre les *A. fissum* et *A. leuconeurum.* (R. H. 1884, 293.)

A. Desmetianum, Rod. *Fl.* à spathe écarlate carminé, grande, cordiforme, ovale-aiguë, gaufrée; spadice court, blanc d'ivoire. *Flles* hastées, vert brillant. Hybride horticole entre les *A. Andreanum* et *A. Leopoldi.* (I. H. v. 35, p. 47, t. 52.)

Fig. 206. — Anthurium Devansayanum.

A. Devansayanum, E. André. *Fl.* à spathe et spadice dressés, ce dernier stipité. *Flles* cordiformes, ondulées, acuminées, dressées; pétioles arrondis. 1883. Hybride horticole. (R. H. 1882, 289.)

A. Eduardi, Ed. André. *Flles* un peu triangulaires, ovales, à lobes arrondis et à sinus très ouvert à la base; vert sombre, à reflet violacé; pétioles courts, fermes, arrondis. 1884. Hybride horticole entre les *A. crystallinum* et *A. subsignatum.*

A. elegans, — *Fl.* à spathe verte, largement lancéolée, de 8 à 9 cent. de long; spadice violet foncé ou vert. *Flles* à contour ovale, cordiformes, pedatifides, avec neuf à treize segments très inégaux, l'intermédiaire presque deux fois aussi grand que les latéraux ; pétioles plus de deux fois plus longs que le limbe. Colombie, 1883. (R. G. 1112.)

A. excelsior, Hort. Hybride horticole entre les *A. Veitchii* et *A. ornatum,* 1889.

A. ferrierense, —* *Fl.* à spathe cordiforme, d'environ 12 cent. de long et 10 de large, rouge brillant; spadice dressé, blanc d'ivoire, d'environ 10 cent. de long. *Flles* larges, cordiformes. Bel hybride horticole entre les *A. ornatum* et *A. Andreanum.* (R. H. 1888.)

A. fissum, — *Fl.* à spathe verte, dressée, étroitement

lancéolée, acuminée. *Flles* vertes, découpées en quatre à sept segments elliptiques, oblongs, acuminés; pétioles un peu longs, arrondis. *Haut.* 60 cent. Colombie, 1868.

Fig. 207. — Anthurium ferrierense. (*Rev. Hort.*)

A. flavidum, — *Fl.* à spathe jaune pâle ou jaune verdâtre, divergente, oblongue, brusquement cuspidée; spadice violet-rose pâle, de 4 à 8 cent. de long, sessile; pédoncule de 12 à 15 cent. de long. *Flles* ovales-cordiformes, acuminées, de 25 à 35 cent. de long. Colombie, 1885.

A. Frœbelii, — *Fl.* à spathe carmin foncé brillant, grande, déprimée comme dans l'*A. Andreanum*. *Flles* grandes, cordiformes, 1886. Bel hybride, entre les *A. Andreanum* et *A. ornatum*, très florifère.

A. Glaziovii, Hook. *Fl.* à spathe vert sale extérieurement, violet vineux terne à l'intérieur, divergeant horizontalement, de 18 cent. de long et 2 cent. 1/2 de large; spadice pourpre vineux, taché de noir, dressé, brièvement stipité, de 20 cent. de long. Juin. *Flles* vert luisant, au nombre de quatre à cinq, sub-dressées, étroitement oblongues-obovales ou oblongues-lancéolées, obtuses ou sub-aiguës, coriaces, planes, fortement nervées. Rio-Janeiro (?) 1880. (B. M. 6833.)

A. Grusoni, Hort. Hybride à grande spathe rouge carmin entre les *A. Andreanum* et *A. Lindigii*. 1889.

A. Gustavi, R. G. *Fl.* à spathe verte, dressée, étroitelancéolée, plus courte que le spadice; celui-ci cylindrique, sessile, obtus, d'environ 12 cent. de long; pédoncule beaucoup plus court que les pétioles. *Flles* arrondies-cordiformes ou ovales-cordiformes, sub-obtuses, de 70 cent. de long et 50 à 60 cent. de large, profondément nervées; pétioles presque arrondis, de 60 cent. de long. Tige très courte, dressée. Bonaventure, 1883. (R. G. 1076.)

A. Hardyanum, Martinet. *Fl.* à spathe ovale, aiguë, de 20 cent. de long, rose vineux, rayée; spadice blanc d'ivoire. *Flles* deltoïdes, vert sombre, palmatinervées, ondulées, lobées sur les bords, de 40 cent. de long et autant de large. Bel hybride entre les *A. Andreanum* et *A. Eduardi*, 1889.

A. Harrisii pulchrum, —* *Fl.* à spathe linéaire-lancéolée, blanc crémeux, réfléchie et rosée au sommet; spadice dressé, cramoisi vif; pédoncule d'environ 30 cent. de long, vert pâle. *Flles* lancéolées, arrondies à la base, vert pâle, à macules blanches, confluentes, entremêlées de vert foncé. Tige courte. Brésil, 1882. Belle plante panachée. L'*A. Harrisii*, Sweet. type, est extrêmement rare.

A. Hero, N. E. Br. Hybride entre les *A. Veitchii* et *A. crystallinum*, obtenu par M. Bull, 1890.

A. Hookeri, Kunth. *Fl.* à spathe verte ou violette. *Flles* obovales-spatulées, rétrécies-cunéiformes à la base et courtement pétiolées; luisantes, d'environ 75 cent. de long et 20 cent. de large. *Haut.* 1 m. Amérique tropicale, 1840. Syns. *A. Huegelii*, Schott ; *A. Pothos acaulis*.

A. Houletianum, Ed. André. *Fl.* à spathe rose pâle, ovale-cordiforme, aiguë; spadice vert olive, passant au jaune; pédoncule arrondi beaucoup plus long que les feuilles. *Flles* oblongues, cordiformes, vert foncé brillant, à reflets métalliques ou satinés; pétioles courts, cylindriques. 1884. Hybride horticole entre les *A. magnificum*, et *A. Andreanum*.

A. Huegelii, Schott. Syn. de l'*A. Hookerii*.

A. hybridum, — *Flles* grandes, hastées, obtuses, vertes, à pédoncules bruns, arrondis, 1874. Plante distincte.

A. inconspicuum, — *Fl.* à spathe vert brillant, de 2 à 2 cent. 1/2 de long et 6 mm. de large, réfléchie; spadice brun violet foncé, de 12 à 25 mm. de long; pédoncule de 15 à 20 cent. de long. *Flles* de 20 à 30 cent. de long et 8 cent. de large, étroitement allongées, elliptiques, rétrécies aux deux extrémités; pétioles de 15 à 20 cent. de long. Tige (probablement) allongée. Brésil, 1885.

A. isarense, Ed. André. *Fl.* à spathe horizontale, oblongue-lancéolée, blanc pur; spadice gros, conique, blanc rosé. *Flles* à limbe cordiforme, oblong, déjeté verticalement, vert tendre, nuancé de reflets métalliques; pétioles longs, cylindriques, verts, renflés en gaine à la base. Hybride obtenu par M.M. Chantrier entre les *A. Veitchii* et *A. ornatum*.

A. insigne, —* *Flles* à trois lobes, celui du milieu lancéolé, les latéraux presque ovales, ayant de trois à cinq nervures longitudinales; d'une teinte bronzée à l'état juvénile; pétioles allongés, légèrement engainants à la base. Colombie, 1881. Très belle espèce. Syn. *Philodendron Hollonianum*, Hort.

A. intermedium, — *Flles* réfléchies, oblongues-ovales, cordiformes, vert velouté avec une légère teinte orange; nervure médiane et veines blanchâtres. 1884. Hybride horticole entre les *A. hybridum* et *A. crystallinum*.

A. Kalbreyeri, —* *Flles* palmées, d'environ 75 cent. de diamètre; à neuf folioles oblongues-obovales, acuminées, sinuées, épaisses, glabres, d'un beau vert foncé; les plus éloignées de la tige beaucoup plus grandes que celles voisines de l'axe; pétioles cylindriques, épaissis au sommet. Nouvelle-Grenade, 1881. Très belle espèce grimpante.

A. Kellermanni, Hort. Hybride horticole. 1888.

A. Kolbii, Hort. Hybride à spathe rouge ponceau, entre les *A. Andreanum* et *A. Lindigi*.

A. Laingii, Hort. Hybride horticole, 1888.

A. lanceolatum, Sweet. *Fl.* à spathe lancéolée, réfléchie vert jaunâtre; spadice brun foncé. *Flles* vertes, lancéolées, pétiolées, de 30 cent. de long, rétrécies à la base. Il parait y avoir beaucoup de confusion entre cette espèce et plusieurs variétés de l'*A. Harrisii*; la désignation spécifique étant indistinctement appliquée aux formes à feuilles lancéolées. La véritable espèce a été introduite des Antilles à Kew. Syn. *A. Wildenowii.*

A. Lawrenceanum, Ed. Andr. *Fl.* à spathe rouge carmin foncé, rose vif en dessous, cordiforme, de 15 cent. de long et 10 cent. de large, horizontale, à sommet très aigu, récurvé; spadice dressé, robuste, de 10 cent. de long, rouge carminé. *Flles* à limbe plan, cordiforme-oblong, aigu au sommet, lobes postérieurs tronqués, à sinus profond, nervures principales saillantes; vert brillant foncé, plus pâles en dessous. Hybride entre les *A. Houlletianum*, et *A. Andreanum*, obtenu par MM. Chantrier. (R. H. 1888, p. 12.)

A. leodiense, — V. *A. mortfontanense.*

A. leuconeurum, Ch. Lem. *Flles* vertes, à nervures blanches. Mexique, 1862. (I. H. 1862, 314)

A. Lindenianum, K. Koch.' *Fl.* odorantes, à spathe blanche, très petite, non réfléchie, mais à sommet pointu légèrement arqué et recouvrant le spadice qui est blanc ou violet. Octobre. *Flles* profondément cordiformes, à contour arrondi; pétioles longs. *Haut.* 90 cent. Colombie, 1866. Syn. *A. Lindigi*, Hort.

A. Lindigi, Hort. Syn. horticole de l'*A. Lindenianum.*

A. longispathum, Carr. *Fl.* à spathe verte, étroite, de 40 cent. de long; spadice cylindrique, très gros, de 60 cent. de long et 2 cent. de diamètre, gris cendré; hampe ferme, de 1 m. de haut et 1 cent. 1/2 de diamètre, sillonnée, renflée un peu au-dessous du sommet. *Flles* longuement pétiolées, à limbe vert pâle, coriace, de 60 cent. de long et 45 cent. de large, profondément échancré à la base, à nervures très saillantes. Plante acaule, à souche énorme. Guadeloupe? 1887.

A. macrolobum, — ' *Flles* grandes, défléchies, cordiformes, acuminées, à sinus ouvert à la base et à environ trois lobes marginaux, aigus, vert foncé, sillonnés par environ cinq nervures vert pâle; pétioles verts, allongés. Tige droite et courte. Bel hybride.

A. magnificum, Lind. *Fl.* à spathe verte, courte, oblongue, récurvée; spadice vert, cylindrique; pédoncule allongé, presque plus court que les pétioles. *Flles* profondément cordiformes, ovales, brusquement acuminées, à larges lobes basilaires arrondis; pétioles quadrangulaires, stipules ovales-oblongues. Colombie. (R. G. 508.)

A. Mooreanum, — *Fl.* à spathe vert pourpre, de 10 à 11 cent. de long, linéaire-oblongue, acuminée; spadice brun olive, de 12 à 15 cent. de long, légèrement effilé; pédoncules aussi longs que les pétioles. *Flles* presque hastées, de 30 cent. de long, portées sur des pétioles de 45 cent. de long. 1886. Hybride entre l'*A. crystallinum* et l'*A. subsignatum.*

A. mortfontanense, Hort.' *Fl.* à spathe cramoisie, grande, cordiforme; spadice blanchâtre. *Flles* allongées, ovales-cordiformes, 1885. Hybride ornemental entre l'*A. Andreanum* et l'*A. Veitchii.* (R. H. 1885, p. 50, 156.) L'*A. leodiense*, Hort. est très voisin de cette variété. (R. H. B. 1886, 13, vars.)

A. nymphæifolium, — *Fl.* à spathe blanche; spadice pourpre. Venezuela, 1854.

A. ornatum, — '*Fl.* à spathe linéaire-oblongue, blanche et parsemée de points blancs disposés en spirale, de 12 à 15 cent. de long; spadice violet, de longueur à peu près égale; pédoncule vert, arrondi. Printemps. *Flles* ovales ou oblongues, cordiformes, à pétioles grêles, allongés. *Haut.* 70 cent. Venezuela, 1869.

A. Ortgiesii, Hort. Hybride horticole entre les *A. Andreanum* et *A. Lindigi*, à spathe rouge vermillon. (R. G. 1889, 1293.) (*a.*)

A. Patini, — V. *Spathiphyllum Patini.*

A. punctatum. — *Fl.* à spathe rougeâtre à l'intérieur et verte à l'extérieur, devenant vert grisâtre ou vert violacé, divergente ou réfléchie, de 8 à 11 cent. de long, linéaire-oblongue, cuspidée, acuminée, à bords revolutés: spadice vert olive, de 15 à 20 cent. de long, légèrement effilé; pédoncule de 30 à 40 cent. de long. *Flles* de 35 à 50 cent. de long et 7 à 11 cent. de large, allongées,

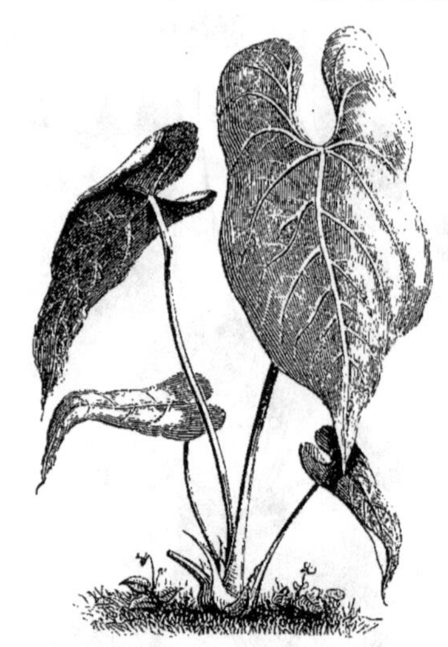

Fig. 208. — Anthurium regale. (*Rev. Hort.*)

Fig. 209. — Anthurium Scherzerianum. (*Rev. Hort.*)

oblongues, presque brusquement aigues, en coin à la base, vert foncé sur la face supérieure, plus pâles et pointillées de noir sur l'inférieure ; pétioles de 15 à 20 cent. de long, finement sillonnés en dessus. Equateur, 1886.

A. purpureum, N.E.Br. *Fl.* à spathe pourpre des deux côtés, suffusé de vert à la base, de 10 cent. de long et 2 cent. 1/2 de large, divergente ou réfléchie, plus ou moins crispée ; spadice violet pourpre foncé, de 15 cent. et plus de long sur 8 mm. de diamètre. *Flles* coriaces, vertes, de 35 cent. de long sur 9 cent. de large, oblongues-lancéolées, aiguës au sommet, cunéiformes, aiguës à la base ; pétioles de 8 à 15 cent. de long, superficiellement sillonnés. Tige ascendante. Brésil, 1887.

A. regale, Lindl. * *Flles* grandes, cordiformes, acuminées, de 30 à 90 cent. de long, d'un vert métallique terne, à nervures blanches ; jeunes feuilles teintées de rose, pédoncules longs et lisses. Pérou, 1866. Excellente espèce pour la décoration des serres ou mêmes des fenêtres pendant l'été.

A. roseum, Hort. Hybride horticole, 1888.

A. Scherzerianum, Schott. * *Fl.* à pédoncule rouge vif, naissant à la base des pétioles ; spathe ovale, oblongue, de 8 cent. de long et près de 5 cent. de large, rouge

Fig. 210. — Anthurium Scherzerianum bispathaceum. (*Rev. Hort.*)

écarlate brillant et intense ; spadice orangé. *Flles* oblongues-lancéolées, coriaces, de 30 à 45 cent. de long sur 5 cent. et plus de large, d'un beau vert foncé. Costa-Rica. Espèce naine, très compacte, toujours verte, d'environ 30 cent. de haut, conservant toute sa beauté pendant environ quatre mois. (B. M. 5319 ; R. H. 1887, 444, vars.)

A. S. albo-lineatum, Hort. Variété horticole, 1888.

A. S. album, Hort. Syn. de *A. S. Williamsii.*

A. S. andegavense, Hort. *Fl.* à spathe écarlate sur le dos, pointillée de blanc, blanche à l'intérieur, éclaboussée d'écarlate : spadice jaune, 1883. Belle forme ressemblant à l'*A. S. Rothschildianum.* (F. d. S. 2454-5.)

A. S. bispathaceum, Rod. Forme curieuse à deux spathes rouges, opposées. Variété horticole. 1890. (I. H. v. 37, p. 67, t. CVII.)

A. S. bruxellense, Hort. *Fl.* à spathe et hampe d'un beau rouge écarlate, spadice orangé. *Flles* lancéolées, rétrécies jusqu'au sommet. 1887. (I. H. sér. v. 18.)

A. S. giganteum, Hort. *Fl.* à spathe de 12 à 15 cent. de long et, dans quelques cas, de 10 cent. de large. Costa-Rica. Belle variété.

A. S. lacteum, Hort. *Fl.* à spathe blanc laiteux ; spadice orangé. 1886. (I. H. 1886, 607, sous le nom d'*A. album maximum flavescens.*)

A. S. maximum, Hort. * Très belle variété à spathe gigantesque, mesurant environ 20 cent. de long et

Fig. 211. — Anthurium Scherzerianum maximum.

10 cent. de large, d'un rouge écarlate des plus brillants.

A. S. maximum album, Rod. *Fl.* à grandes spathes blanches. Variété obtenue de semis, 1890. (I. H. v. 37, p. 29, 100.)

A. S. mutabile, Hort. *Fl.* à spathe d'abord blanche, devenant graduellement écarlate. 1882.

A. S. nebulosum, Devansaye. Variété horticole, à spathe double, à fond blanc, finement pointillé de rose.

A. S. parisiense, Hort. *Fl.* à spathe d'un beau rose saumoné ; spadice orangé brillant. *Flles* vert foncé, lancéolées, graduellement rétrécies en pointe aiguë. 1887. Plante robuste et compacte. (I. H. sér. v. 16.)

A. S. pygmæum, Hort.* Variété plus petite que le type dans toutes ses parties. *Flles* étroites, de 10 à 15 cent. de long et environ 12 mm. de large. Une des meilleures variétés, produisant des fleurs en abondance.

A. S. Rothschildianum, Hort. *Fl.* à spathe blanc crémeux, tacheté de cramoisi; spadice jaune, 1880. Exactement intermédiaire entre ses parents, l'espèce type et l'*A. S. Wardii*. (R. H. B. 1887, p. 109; Gn. 1886, 570 vars.)

A. S. Vervaeneum, Hort. Belle variété à spathe blanche. 1884. (R. H. 1884, 204.)

A. S. Wardii, Hort.* *Fl.* à spathe de 15 cent. de long sur 10 cent. de large, très brillante. *Flles* plus larges et plus fortes que celles de l'espèce type. Splendide variété.

A. S. Waroqueanum, Rod. Variété à spathe blanche, ponctuée de rouge; spadice jaune. (I. H. v. 35, p. 43, 51.)

A. S. Williamsii, Hort. *Fl.* à spathe blanche; spadice jaunâtre. *Flles* lancéolées, acuminées. Mai. Costa-Rica, 1874. Syn. *A. Scherzerianum album*.

A. S. Woodbridgei, Hort. *Fl.* à spathe d'une couleur écarlate-cramoisi, la plus intense, large, de près de 15 cent. de long. *Flles* vert foncé, divergentes, 1882. Une des plus belles formes.

A. signatum, — *Flles* vert foncé, visiblement trilobées; lobe supérieur d'environ 30 cent. de long et 10 cent. de large, les deux latéraux de 10 cent. de long et environ 15 cent. depuis la nervure médiane jusqu'à l'extrémité, vert foncé; pétioles d'environ 30 cent. de long. Venezuela, 1858.

A. spathiphyllum, — *Fl.* à spathe blanche, d'environ 4 cent. de long et presque autant de large, dressée, carénée, largement ovale; spadice jaune pâle, d'environ 3 cent. de long, très obtus. *Flles* étroites-lancéolées, de 40 à 60 cent. de long et environ 5 cent. de large, vert brillant en dessus, vert pâle grisâtre en dessous, à nervure médiane saillante; pétioles triangulaires de 8 à 15 cent. de long. *Haut.* 45 cent. Amérique tropicale, 1875.

A. splendidum, Hort.* Bull.* *Flles* cordiformes, à sinus ouvert et à lobes se recouvrant au sommet. « Le parcours des nervures est marqué par une large bande d'un vert foncé lustré et velouté, formant un contraste frappant avec les parties vert jaunâtre pâle situées entre deux nervures et de largeur presque égale; la surface des feuilles est scabre, et les parties situées entre les nervures sont fortement bullées ou soulevées en ampoules; les nervures situées sur la face inférieure sont anguleuses, munies d'excroissances espacées en forme de dent et la surface inférieure entière est ponctuée de taches pâles. » (W. Bull.) Tige courte, épaisse. Amérique du Sud, 1882. Très belle espèce, bien distincte des autres. (B. M. 6878.)

A. subsignatum, —* *Flles* épaisses et charnues, hastées, à pointes émoussées, de 30 à 45 cent. de long et autant de large dans leur plus grand diamètre, vert foncé brillant en dessus, plus pâles en dessous; pétioles d'environ 30 cent. de long. *Haut.* 45 cent. Costa-Rica, 1861. Excellente espèce.

A. subulatum, — *Fl.* à spathe blanche, divergente, oblongue, se terminant en une longue pointe subulée; spadice rouge purpurin, épais; pédoncule de 20 à 30 cent. de long. *Flles* vert foncé, allongées, ovales-cordiformes, cuspidées, acuminées au sommet. Souche courte. Colombie, 1886. Espèce distincte et assez ornementale.

A. tetragonum, — *Flles* dressées, d'un vert brillant vif sur la face supérieure, plus pâles en dessous, très étroites à la base et de 30 cent. de largeur dans leur plus grand diamètre, à bords ondulés; pétioles courts, tétragones. Amérique tropicale, 1860. Excellente espèce rustique.

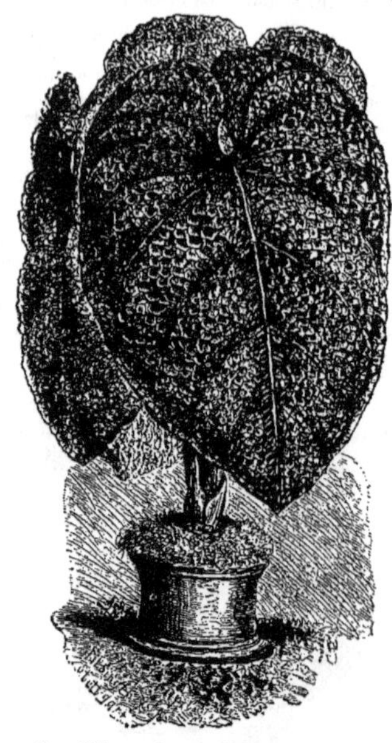

Fig. 212. — ANTHURIUM SPLENDIDUM

A. trifidum, — *Fl.* à spadice brièvement stipité, grêle, allongé; spathe rougeâtre, réfléchie, oblongue-lancéolée; pédoncule dressé rouge ou brun rougeâtre, plus court que les pétioles. *Flles* de 12 à 18 cent. de long, largement et profondément trifides; lobes latéraux obliquement ovales-oblongs, obtus, un peu falciformes et plus courts que le lobe médian; pétioles allongés. Origine incertaine, 1876. (B. M. 6339.)

A. triumphans, — *Fl.* à spathe verte, étroite; spadice épais, blanc verdâtre; pédoncule tétragone. *Flles* alternes, longuement cordiformes, vert brillant, à nervures saillantes d'une teinte plus pâle. Tige dressée. Brésil, 1882. Belle plante.

A. Veitchii, Masters. * *Flles* ovales-oblongues, très allongées, de 30 à 90 cent. de long et larges de moins du tiers de ces dimensions, coriaces, vert gai, face supérieure vert métallique luisant lorsqu'elles se développent, pâlissant ensuite avec l'âge; nervures principales arquées et profondément enfoncées, ce qui donne au limbe une curieuse apparence ondulée. *Haut.* 75 cent. Colombie, 1877. Espèce très belle, mais rare. (B. M. 6968.)

A. V. acuminatum, — Variété à feuilles ovales-lancéolées, acuminées. Colombie, 1885.

A. Waluiervi, —* *Flles* largement cordiformes, vert olive métallique, cramoisi rougeâtre brillant lorsqu'elles sont jeunes, de 15 à 18 cent. de long et 10 à 12 cent. de large; pétioles à quatre ou cinq angles. *Haut.* 60 cent. Venezuela, 1880. Remarquable espèce très distincte.

A. Waroqueanum, — * *Flles* allongées, d'un très beau vert foncé, à reflet velouté, de 30 à 45 cent. de long sur 10 à 14 cent. de large; nervures médiane et secondaires d'une nuance claire, formant un charmant contraste avec la teinte du reste de la feuille. Colombie 1878. Espèce très vigoureuse.

A. Wildenowii, — Syn. de *A. lanceolatum*.

A. Wittmackii, Hort. Hybride horticole entre les *A. Andreanum* et *A. Lindigi*, à spathe rose. (R. G. 1889, 1293.) (c).

ANTHYLLIS, Linn. (de *anthos*, fleur et *ioulos*, duvet; les fleurs sont ordinairement duveteuses). **Anthyllide.** ANGL. Kidney Vetch. FAM. *Légumineuses*. — Genre comprenant environ vingt espèces originaires de l'Europe, de l'Asie occidentale et de l'Afrique boréale. Ce sont des plantes herbacées ou sub-ligneuses, dont le port est très variable. Fleurs en épis ou en glomérules; calice tubuleux, à cinq dents, plus ou moins renflé et persistant après la floraison. Bien que peu cultivés, les *Anthyllis* sont de très jolies plantes pendant leur floraison, et sont des mieux adaptés à la garniture des rocailles. Les espèces herbacées, vivaces, se propagent facilement par le semis ou par division des touffes. Les graines des espèces annuelles devront être semées en pleine terre, à exposition chaude et sèche. Dans les régions froides, les espèces sub-ligneuses ont besoin d'être hivernées sous châssis ou en serre froide; elles se plaisent dans un compost de terre franche, de terre de bruyère et de sable. Presque toutes les espèces peuvent aussi se propager par boutures herbacées que l'on plante en pots ou terrines, dans du sable, sous cloches et sous châssis ou en serre froide.

A. Barba-Jovis, Linn. * Anthyllide Barbe de Jupiter. — *Fl.* jaune pâle, nombreuses, en bouquets globuleux, arrondis, bractéolés. Mars. *Flles* pinnées, à neuf-treize folioles lancéolées, linéaires, soyeuses, argentées ainsi que les rameaux. *Haut.* 1 m. 30 à 2 m. 50. France, Espagne, etc. Arbuste.

A. cretica, Lamk. V. *Ebenus cretica*, Linn.

A. erinacea, Linn. * *Fl.* pourpre bleuâtre, en glomérules pauciflores, bractéolés et courtement pédonculés. *Flles* très peu nombreuses, ovales ou oblongues. *Haut.* 15 à 30 cent. Espagne, 1759. (B. M. 676; L. B. C. 318.) Espèce très rameuse, épineuse, presque dépourvue de feuilles, à végétation très lente; rustique dans les endroits secs et ensoleillés des rocailles. Syn. *Erinacea hispanica*.

A. Hermanniæ, Linn. *Fl.* jaunes, en glomérules pauciflores, presque sessiles à l'aisselle des feuilles supérieures. Avril. *Flles* presque sessiles, simples ou trifoliées; folioles oblongues, cunéiformes, glabres ou couvertes d'une pubescence apprimée. *Haut.* 60 cent. à 1 m. 30. Corse, 1739. Espèce arbustive, très rameuse. (S. F. G. 683; B. M. 2576.)

A. montana, Linn. * *Fl.* roses ou purpurines, en glomérules denses, pédonculés, entourés de folioles formant un involucre. Juin. *Flles* pinnées, à folioles petites, nombreuses, ovales-oblongues, entières, couvertes, ainsi que les rameaux, d'une pubescence soyeuse, argentée. *Haut.* 8 à 15 cent. Alpes, etc. 1759. Très jolie petite plante vivace, à rocailles, formant des touffes naines et compactes. (J. F. A. 334; L. B. C. 578.)

A. tetraphylla, Linn. *Fl.* blanches, en glomérules pauciflores, axillaires et sessiles. Juillet. *Flles* pinnées, à foliole terminale grande, ovale, les trois autres petites et aiguës. Europe méridionale; France, etc. Plante annuelle, couchée.

A. Vulneraria, Linn. * Anthyllide Vulnéraire, Trèfle aune des sables, etc. ANGL. Common Woundwort. — *Fl.* ordinairement jaunes, quelquefois blanches ou plus fréquemment rouges ou roses, surtout au sommet de la carène, réunies en glomérules compacts, laineux, géminés et appliqués. Calice un peu renflé, fortement velu-laineux. Été. *Flles* pinnées, à cinq folioles ou plus, inégales, les inférieures plus petites. Jolie plante indigène, vivace, herbacée, peu cultivée dans les jardins, mais que l'on

Fig. 213. — ANTHYLLIS VULNERARIA.

pourrait y introduire avec avantage. Elle est quelquefois très abondante dans les terrains calcaires, incultes et est cultivée et recommandable comme plante fourragère, pour les terrains calcaires ou silico-calcaires. Il en existe plusieurs variétés, la plus recommandable comme ornement est la var. *alba*.

ANTIARIS TOXICARIA, Leschenault. — Grand arbre de la famille des *Urticées*, tribu des *Artocarpées*, origi-

Fig. 214. — ANTIARIS TOXICARIA.
Rameau florifère et fleurs mâles et femelles détachées, grossies. (*Rev. Hort.*)

naire de Java où il est connu sous les noms de *Upas*, *Ipo*, *Pohon*, etc., (ANGL. Upas-tree) et célèbre par son suc laiteux avec lequel les Indiens fabriquent un poison violent qu'ils emploient pour empoisonner leurs flèches. (S. M.)

ANTICIPÉ (Rameau). — Quand on considère, au printemps, le développement d'un pêcher; on voit les bourgeons s'allonger et prendre la physionomie de rameaux. Chaque rameau ainsi produit est normal; il porte à son tour, à l'aisselle de ses feuilles, des bourgeons en nombre plus ou moins considérable. Parmi eux, si on en remarque de stationnaires ou dormants qui se métamorphoseront en rameaux l'année suivante, il en est aussi qui continuent leur évolution et prennent l'année même, l'aspect de rameaux. A ceux-ci on a donné, pour les distinguer des autres, le nom de *rameaux anticipés*.

Le rameau anticipé peut aussi se développer sous l'influence d'une amputation, taille ou pincement, subi par un rameau normal. Le cas présent, ce rameau anticipé naît dans le voisinage de la partie amputée. Les rameaux anticipés sont souvent appelés *faux bourgeons*, *prompts bourgeons* ou *bourgeons anticipés* par les jardiniers. V. aussi **Bourgeon**. (G. B.)

ANTICLEA, Kunth. — Réuni aux **Zygadenus**, Michx.

ANTIDESMÉES. — Réunies aux **Euphorbiacées**.

ANTIGONON, Endl. (de *anti*, contre ou opposé, et *gonia*, angle). Fam. *Polygonées*. — Genre comprenant trois ou quatre espèces originaires du Mexique et de l'Amérique centrale. Ce sont d'élégantes plantes grimpantes, de serre chaude, à fleurs en grappes à rachis cirrhifère au sommet; pétales cinq, les trois extérieurs largement cordiformes, les deux intérieurs oblongs. Feuilles alternes, cordiformes, penninervées, à pétioles semi-amplexicaules et à rameaux anguleux. Ce sont des plantes d'une beauté remarquable, mais malheureusement difficiles à faire fleurir. Leur plantation dans une bâche fortement drainée et au-dessus des tuyaux de chauffage semble être ce qui leur convient le mieux; leurs longues tiges sarmenteuses que l'on fait filer le long du verre et en pleine lumière sont très décoratives.

A. amabile, — * *Fl.* rose vif, très abondantes, en grappes axillaires et terminales. *Flles* de 8 à 12 cent. de long, ovales, cordiformes, à sinus très profond. C'est une espèce très ornementale, vigoureuse, à rameaux grêles, légèrement rougeâtres et pubescents lorsqu'ils sont jeunes.

A. guatemalensis, — Probablement le même que l'*A. insigne*.

A. insigne, — * *Fl.* très nombreuses, réunies en glomérules formant une longue grappe ou panicule qui se termine en vrille rameuse; le calice, qui est la partie décorative, se compose de cinq sépales membraneux; les trois extérieurs sont d'un beau rose vif, d'environ 2 cent. 1/2 de long, et un peu moins de large, oblongs, cordiformes à la base et arrondis au sommet; les deux intérieurs ont à peu près la longueur des extérieurs, mais beaucoup plus étroits, lancéolés, falciformes; pédicelles de 18 mm. de long. *Flles* de 10 cent. de long et 8 cent. de large, largement ovales, oblongues, profondément cordiformes, à lobes arrondis; les supérieures plus petites, à pétioles courts, arrondis et pubescents. Tiges grêles, anguleuses et pubescentes. Colombie, 1876.

A. leptopus, Hook. *Fl.* nombreuses; les trois sépales extérieurs d'un beau rose, plus foncés au centre; disposées en grappes unilatérales, munies de bractées de même couleur que les fleurs, se terminant en vrille rameuse. *Flles* alternes, cordiformes, pétiolées. Tiges grêles, subpubescentes. Mexique, 1868.

A. l. albiflora, Hort. Variété à fleurs blanches. 1888.

ANTIGRAMME, Presl. — V. **Scolopendrium**, Sm.

ANTIRRHINÉES. — Réunies aux **Scrophularinées**.

ANTIRRHINUM, Linn. (de *anti*, comme, et *rhin*, museau; allusion à la forme de la corolle). **Muflier**, Angl. Snapdragon. Comprend les *Azarina* Mill. Fam. *Scrophularinées*. — Genre renfermant environ vingt cinq espèces répandues dans tout l'hémisphère boréal. Ce sont des plantes rustiques, herbacées, vivaces ou bisannuelles. Fleurs en épis terminaux ou solitaires et axillaires; corolle personée, à tube ample, sacciforme à la base; limbe bilabié, lèvre supérieure à deux lobes dressés, l'inférieure étalée, à trois lobes, le médian plus petit que les latéraux, formant une saillie (palais) barbu, et fermant la gorge; étamines quatre, dont deux plus courtes et une cinquième avortée; style simple, persistant. Capsule à deux loges, la supérieure s'ouvrant par un pore, l'inférieure s'ouvrant par deux pores dentés.

Fig. 215. — Antirrhinum.
Fleur détachée et capsule déhiscente.

Feuilles entières, rarement lobées. Ce genre comprend plusieurs belles espèces propres à la décoration des plates-bandes et des rocailles, ainsi qu'un grand nombre de variétés horticoles issues de l'*A. majus*, très connues et des mieux appropriées à la garniture des massifs. Ces variétés se propagent par le semis, ou par bouture pour celles que l'on désire reproduire exactement. Ces boutures doivent être faites, soit en septembre sous châssis froid ou sous cloches où elles s'enracinent rapidement, soit au printemps sur une petite couche. Les graines se sèment: 1° en juillet-août, en pépinière; on repique le plant dans un endroit abrité, on le couvre de feuilles ou de litière pendant les froids et on le met en place au printemps, à environ 30 cent. de distance; on en obtient ensuite de belles touffes qui se couvrent de fleurs dans le courant de l'été suivant; 2° en février-mars, sur couche; on repique sous châssis et on met en place lorsque les plantes sont suffisamment fortes; elles fleurissent alors à la fin de l'été; 3° en pleine terre en mars-avril, à bonne exposition; on repique de même et on met ensuite en place; la floraison a lieu à l'automne.

La race naine, dite Tom-pouce (Angl. Tom-Thumb), est particulièrement méritante, car, outre les coloris qui sont excessivement jolis et très variés, les plantes sont basses, trapues et conviennent à la garniture des massifs, particulièrement à la confection des bordures, etc. Les autres espèces se propagent par semis et par boutures, comme il est dit plus haut. Le Muflier des jardins aime une terre légère et fortement fumée.

A. angustifolium, — Syn. de *A. siculum*.

A. Asarina, Linn.* *Fl.* axillaires, solitaires; corolle de 4 cent. de long, blanche, quelquefois teintée de rouge; palais jaune; tube glabre, comprimé par le dos, maculé de pourpre et muni de poils jaunes à l'intérieur. Juin.

Fig. 216. — Antirrhinum Asarina.

Flles opposées, longuement pétiolées, à cinq nervures correspondant à cinq lobes peu profonds, cordiformes, crénelés. France méridionale, etc. Plante grisâtre, visqueuse, ayant besoin d'être plantée dans un endroit chaud des rocailles. (B. M. 902.)

A. hispanicum, Chav. *Fl.* en épis lâches; corolle d'à peine 2 cent. 1/2 de long, pourpre, à palais jaune d'or; tube velu. Eté. *Flles* oblongues, lancéolées, contractées à la base, sub-obtuses, les inférieures opposées, les supérieures alternes, plus étroites. *Haut.* 30 cent. Espagne, 1878. Syn. *A. latifolium*.

A. latifolium, Mill. Syn. de *A. hispanicum*.

Fig. 217. — Antirrhinum majus nanum.

A. majus, * Linn. Muflier des jardins, Gueule de loup, Mufle de veau, etc. Angl. Greater or Common Snapdragon. — *Fl.* nombreuses, de couleur très variable, courtement pédicellées, disposées en épis d'abord serrés, puis allongés; calice velu-glanduleux; corolle à tube velu à l'extérieur; palais jaune, très proéminent. Eté. *Flles* oblongues-lancéolées, de 2 1/2 à 8 cent. de long, les supérieures plus étroites, glabres et atténuées aux deux extrémités. *Haut.* 25 à 60 cent. France, etc., naturalisé en Angleterre. (Gn. 1889, 686; A. V. F. 41.) — Il existe un certain nombre de variétés nommées, que nous ne croyons pas utile d'énumérer, car on peut en obtenir facilement un grand nombre par le semis. Outre la race Tom-pouce dont il est question plus haut, il existe une variété à *feuillage panaché*, ainsi qu'une forme à *fleurs doubles*, plus curieuses que méritantes. On rencontre aussi dans les semis, mais rarement, des individus dont la fleur est *péloriée*, c'est-à-dire à limbe dressé, régulier et muni à la base de cinq éperons égaux.

A. molle, Linn.* *Fl.* peu nombreuses, réunies au sommet des rameaux; corolle de 2 cent. 1/2 de long, blanchâtre, à palais jaune; lèvre supérieure striée de pourpre. Juillet. *Flles* opposées, pétiolées, couvertes de poils glanduleux-visqueux, d'environ 12 mm. de long et 6 à 8 mm. de large; branches grêles, couchées, couvertes de poils laineux. Pyrénées, 1752. Très jolie plante exigeant une exposition chaude dans les rocailles. L'*A. sempervirens* se rapproche de cette espèce.

A. Nuttallianum, Benth. *Fl.* pourpres, axillaires, pédicellées; tube de la longueur des lèvres, celles-ci étalées. *Flles* ovales, les inférieures d'environ 2 cent. 1/2 de long, les supérieures plus petites, presque sessiles. Tiges grêles, rameuses, mollement pubescentes, visqueuses, de 30 à 60 cent. de haut. Californie, 1888. (R. G. 1888, p. 331, t. 1275, f. 3.)

A. Orontium, Linn. *Fl.* axillaires, espacées, corolle rose ou blanche, striée de pourpre, à tube pourvu de quelques poils glanduleux; palais veiné de pourpre; sépales grands, linéaires, lancéolés. Juin. *Flles* oblongues, lancéolées, sub-aiguës, atténuées aux deux extrémités, de 5 cent. de long. Plante annuelle, dressée. *Haut.* 15 à 30 cent. France, etc. Rarement cultivé. (F. D. 6, 941.)

A. O. grandiflorum, Hort. Variété à fleurs plus grandes, plus pâles, plus rapprochées et à feuilles plus larges.

A. siculum, Ucr. *Fl.* en grappes lâches; corolle d'à peine 2 cent. 1/2 de long, blanche ou jaunâtre, rarement rouge, à tube un peu velu; lobes de la lèvre supérieure et le médian de la lèvre inférieure émarginés. Juillet. *Flles* de 2 cent. 1/2 à 4 cent. de long, linéaires, lancéolées, rétrécies en pétiole à la base, alternes, opposées ou verticillées par trois. Branches dressées. *Haut.* 30 à 60 cent. Sicile, 1804. Syn. *A. angustifolium*.

A. tortuosum, Bosc.* *Fl.* en grappes spiciformes, rapprochées par trois ou quatre; corolle (la plus grande du genre), purpurine; tube court; lèvre supérieure grande. Juin. *Flles* linéaires, aiguës, opposées ou verticillées par trois ou quatre, de 5 cent. de long, atténuées aux deux extrémités; les supérieures très étroites. Branches dressées. *Haut.* 30 à 45 cent. France méridionale, Italie, etc.

ANTONIA, R. Br. — V. **Rhynchoglossum**, Blume.

ANTRACHNOSE. — V. **Vigne** (Champignons de la).

ANTROPHYUM, Kaulfuss. (de *antron*, caverne, et *phuo*, pousser; allusion aux endroits où ces plantes poussent). Comprend les *Polytænium* et *Scoliosorus*. Fam. *Fougères*. — Petit genre comprenant quelques espèces de fougères de serre chaude, originaires des régions chaudes de l'Amérique, de l'Asie et de l'Australie, très rares dans les cultures. Frondes simples, de texture ferme et charnue, à aréoles nombreuses, hexagonales, uniformes. Sores dépourvus d'indusium, placés sur les nervures imparfaitement réticulées. Pour leur culture, etc., V. **Fougères**.

A. cayennense, Kaulf. Pétioles de 2 1/2 à 10 cent. de long. *Frondes* de 15 à 20 cent. de long et 2 cent. 1/2 à 4 cent. de large, à bords épais, entiers; aréoles de moitié moins larges que longues. *Sores* presque superficiels, souvent bifurqués. Guyane, etc.

A. coriaceum, Wall. *Frondes* de 15 à 20 cent. de long et environ 1 cent. 1/2 de large, très graduellement rétrécies depuis le milieu jusqu'à la base, très aiguës au sommet; de texture très épaisse; aréoles très longues et étroites, distinctement proéminentes sur la face supérieure. *Sores* tout à fait enfoncés, quelquefois confluents. Himalaya, etc.

A. lanceolatum, Kaulf.* *Frondes* de 30 cent. ou plus de long et 6 à 12 mm. de large, aiguës au sommet, graduellement rétrécies depuis leur milieu jusqu'à la base; aréoles deux ou trois fois plus longues que larges, disposées ordinairement sur trois rangs, entre les bords et la nervure médiane. *Sores* grêles, superficiels, souvent confluents. Indes occidentales et vers le sud jusqu'à la Nouvelle-Grenade, 1793.

ANTHROPOMORPHE. — Qui a la forme d'un homme. On applique cette épithète au labelle de quelques Orchidées.

ANUBIAS, Schott. Fam. *Aroïdées*. — Petit genre comprenant trois espèces originaires de l'Afrique tropicale occidentale. Spadice plus long que la spathe; anthères à loges plus courtes que le connectif; ovaire infère surmonté d'un staminode. Feuilles à limbe lancéolé, et à pétiole plus court que lui. Pour leur culture probable, V. **Alocasia** et **Caladium**.

A. heterophylla, Engler. *Fl.* petites, insignifiantes. *Flles* d'environ 30 cent. de long et 8 cent. de large, vert tendre, maculées de jaune sombre. Congo, 1889.

AOTUS, Smith. (de *a*, privatif, et *ous*, oreille; allusion à l'absence d'appendices au calice, ce qui les distingue du genre voisin *Pultenæa*). Fam. *Légumineuses*. — Genre renfermant dix-neuf espèces originaires de l'Australie. Ce sont de jolis arbustes toujours verts, de serre froide, à fleurs jaunes. Feuilles simples, linéaires subulées, à bords révolutés, alternes, presque opposées ou verticillées par trois. On les cultive dans un compost de terre franche, de terre de bruyère et de sable en parties égales, auquel on ajoute un peu de charbon de bois; les pots devront être convenablement drainés. Multiplication par boutures de bois à moitié mûr, que l'on fait en avril; elles s'enracinent facilement dans du sable et sous cloches.

A. gracillima, Meisn.* *Fl.* jaunes et carmin, petites, courtement pédicellées, disposées en longs épis denses, élégants, ayant souvent plus de 30 cent. de long. Mai. *Haut.* 1 m. Nouvelle-Hollande, 1844. Très joli petit arbrisseau grêle. (B. M. 4146.)

A. villosa, Smith. *Fl.* axillaires, disposées sur les branches, en grappes spiciformes; calice soyeux. Avril. *Flles* presque lisses sur la face supérieure. *Haut.* 30 à 60 cent. Nouvelle-Hollande, 1790. (B. M. 949; L. B. C. 1353.)

AOUTÉ. — En jardinage, on dit qu'un rameau est bien aoûté lorsqu'il a normalement parcouru toutes les phases de sa végétation; c'est-à-dire que le bois est mûr, que l'écorce est consistante et que les yeux sont bien formés. Pour la greffe et pour les boutures, il est essentiel de choisir des rameaux réunissant ce conditions. (S. M.)

APALANTHE, Planch. — V. **Elodea**, Michx.

APALOCHLAMYS, Cass. — V. **Cassinia**, R. Br.

APATURIA, Lindl. — Réunis aux **Pachystoma**, Blume.

APEIBA, Aublet (leur nom indigène à la Guyane). Syn. *Aubletia*, Schreb. Fam. *Tiliacées*. — Genre comprenant cinq ou six espèces originaires de l'Amérique tropicale. Ce sont de beaux arbres ou arbrisseaux toujours verts, couverts d'une pubescence à poils étoilés. Fleurs grandes, jaune d'or, pédonculées et bractéolées. Capsule sphérique, déprimée, couverte de poils rigides. Feuilles larges, alternes, entières ou dentées. Ces plantes se plaisent dans un mélange de terre franche et de terre de bruyère. On conseille, pour les faire fleurir, d'enlever un anneau d'écorce autour d'une forte branche; cette opération a pour but d'arrêter la sève. Multiplication par boutures qui devront être plantées à chaud, dans du sable et sous cloches qu'il faut pencher de temps à autre afin de donner un peu d'air; sans cette précaution, les boutures sont exposées à fondre.

A. aspera, Aubl.* *Fl.* jaune d'or; pédoncules opposés aux feuilles, rameux, pluriflores. Mai. *Flles* ovales-oblongues, quelquefois cordiformes à la base, très entières, lisses. *Haut.* 10 à 12 m. Guyane, 1792. (L. E. M. 470.)

A. Petoumo, Aubl. *Fl.* jaunes, disposées comme celles de l'*A. aspera*. Août. *Fr.* fortement couverts de poils rudes. *Flles* ovales-oblongues, quelquefois cordiformes à la base, entières, canescentes en dessous. *Haut.* 12 m. Guyane, 1817. (L. E. M. 470.)

A. Tibourbou, Aubl.* *Fl.* jaune foncé. Août. *Fr.* fortement couverts de poils rudes. *Flles* cordiformes, ovales-oblongues, dentées, velues en dessous. *Haut.* 3 m. Guyane, 1756.

APENULA, Neck. — V. **Specularia**, Heist.

APERA spica-venti, P. Beauv. — V. **Agrostis spica-venti**, Linn.

APÉTALE, Angl. Apetalous. — On nomme ainsi les fleurs qui sont dépourvues de pétales et conséquemment de corolle. Ex. : les *Thymélées*, les *Euphorbiacées*, etc. C'est aussi le nom d'un des trois grands groupes de la classification de Jussieu.

APHELANDRA, R. Br. (de *apheles*, simple, et *aner*, *andros*, mâle; les anthères n'ont qu'une loge). Syn. *Hemisandra*, Scheidw.: *Synandra*, Schrad. Comprend, d'après Bentham et Hooker, les *Hydromestes*, Scheidw. et *Strobilorhachis*, Link. Fam. *Acanthacées*. — Près de cinquante espèces appartenant à ce genre ont été citées; elles habitent l'Amérique tropicale, depuis la République Argentine jusqu'au Mexique. Ce sont de beaux arbustes toujours verts, dressés, à beau feuillage brillant, quelquefois panaché. Fleurs en épis terminaux, tétragones, accompagnés de bractées membraneuses et de bractéoles étroites; les couleurs dominantes sont l'écarlate et l'orangé brillant; ces fleurs, sortant bien du feuillage, sont très ornementales. Calice à cinq divisions inégales; corolle béante, bilabiée, à lèvre supérieure trilobée; lobe médian grand. Etamines quatre, à filets insérés sur le tube de la corolle; style simple à stigmate bifide; capsule s'ouvrant en deux valves. Les *Aphelandra* fleurissent en général à l'automne, et, si on a soin de placer les plantes dans une serre où l'atmosphère est moins chargée d'humidité que celle dans laquelle ils ont poussé, leurs fleurs se conservent bien plus longtemps fraiches. Quelques arrosages à l'engrais liquide faible, appliqués à partir du moment où les épis commencent à paraître jusqu'à celui où ils sont en fleurs, augmentent les dimensions de ces dernières. La floraison terminée, il faut laisser reposer les plantes ; aussi doit-on modérer graduellement les arrosages, sans cependant jamais les laisser souffrir de la soif. Pendant cette période, on peut les placer dans une serre ou dans une bâche, dont l'atmosphère est presque sèche et où la température se maintient entre 10 et 12 deg. pendant la nuit. On les laisse ainsi jusqu'en mars, époque à laquelle on devra les tailler. On commence d'abord par supprimer toutes les brindilles et les pousses faibles, puis on coupe les autres à un ou deux yeux au-dessus du vieux bois, cela afin de maintenir la plante naine et compacte. Après cette opération, les plantes devront être placées en serre chaude, modérément arrosées et bassinées de temps à autre jusqu'à ce que la végétation commence. Lorsque les pousses ont atteint 2 à 3 centimètres de longueur, on dépote les plantes, on enlève les tessons en faisant tomber autant de terre qu'il est possible, sans toutefois les mettre à nu, puis on raccourcit les plus longues racines; on les rempote ensuite dans de plus petits pots que ceux dans lesquels ils étaient, en employant un compost de terre franche fibreuse, de terre de bruyère grossièrement concassée, et de terreau en parties égales, ainsi qu'une assez forte quantité de sable, le tout à la température de la serre. Les pots devront être propres et bien drainés. On tient ensuite les plantes renfermées et bien arrosées jusqu'à ce qu'elles aient recommencé à pousser; on les rempote alors définitivement dans les pots où elles doivent fleurir pendant l'été. Les *Aphelandra* exigent une atmosphère chargée d'humidité et, pendant la nuit, une température de 18 deg. que l'on peut laisser s'élever à 25 ou 28 dég. pendant le jour; ils doivent aussi être convenablement éclairés sur tous les côtés. Il est inutile de pincer les tiges, car plus elles seront fortes et vigoureuses, plus les fleurs seront belles. Les meilleures boutures se font avec du bois à moitié mûr, ou coupées avec talon lorsqu'elles sont herbacées, mais la section devra toujours être bien nette. On les plante en pots, dans une terre légère, à environ 2 cent. 1/2 de distance et on les place sur une vive chaleur de fond. Pour obtenir de jeunes rameaux pour boutures, on choisit sur de vieilles plantes vigoureuses et dont on ne désire pas faire de très fortes touffes, les pousses inutiles lorsqu'elles ont environ 5 cent. de longueur. Si on a soin de les enlever avec un petit talon, elles forment généralement d'excellentes boutures ; ce sont celles qui s'enracinent le plus rapidement; lorsqu'elles sont bien reprises, on les repique séparément dans des pots de 12 à 15 cent. de diamètre. Si on les laisse s'allonger sans les pincer, elles fleurissent la première année. Bien que l'on puisse obtenir des *Aphelandra* de grandes dimensions, il est généralement préférable d'avoir des plantes de taille moyenne et bien faites.

Les cochenilles et les kermès sont quelquefois très ennuyeux; il faut avoir soin de ne pas les laisser envahir les plantes, car ils peuvent alors les endommager fortement.

A. acutifolia, — *Fl.* grandes, rouge vermillon foncé ; lèvre supérieure de la corolle concave, projetée en avant; l'inférieure à trois lobes oblongs-obtus, étalés. Octobre. *Flles* larges, oblongues, ovales, acuminées. Colombie, 1868.

A. amœna, W. Bull. *Flles* ovales, acuminées, vert foncé, panachées de gris argenté sur les bords de la nervure médiane ainsi que sur les latérales, ces dernières se courbant dans la direction du sommet. Brésil, 1888.

A. atrovirens, — *Fl.* en épis sub-cylindriques, sessiles, terminaux ; corolle jaune fauve, de près de 2 cent. 1/2 de diamètre; bractées vertes, de 15 à 18 mm. de long, apprimées. *Flles* de 9 à 12 cent. de long et 4 à 6 cent. de large, elliptiques ou elliptiques-ovales, presque obtuses, décurrentes à la base, crénelées, vert très foncé et brillantes en dessus, pourpre violacé en dessous. Bahia, 1884. Plante naine. (I. H. 1844, 527.)

A. aurantiaca, Lindl.* *Fl.* écarlate-orangé foncé ; lèvre supérieure de la corolle dressée, concave, bidentée ; l'inférieure étalée horizontalement, trilobée. Décembre. *Flles* grandes, ovales, opposées, vert foncé, un peu ondulées sur les bords. *Haut.* 1 m. Mexique, 1844. (B. M. 4224 ; B. R. 31, 12 ; F. d. S. 1, 42.)

A. a. Roezlii, —* Diffère principalement du type par ses feuilles curieusement tordues, vert foncé, teintées de gris argenté entre les nervures primaires, par ses fleurs d'un rouge écarlate plus vif et par quelques autres caractères purement botaniques. C'est une des meilleures variétés. Mexique, 1867. Syn. *A. Roezlii.*

A. Chamissoniana, —* *Fl.* jaune vif, en grands épis un peu denses ; bractées épineuses sur les bords, longuement acuminées, également jaunes, sauf le sommet qui est vert et forme un agréable contraste. Novembre. *Flles* opposées, elliptiques, acuminées ; nervure médiane verte, apparente au milieu d'une bande centrale blanche, qui s'étend aussi le long des nervures latérales et se fond sur les bords en ponctuations nombreuses, formant ainsi une jolie panachure bien distincte. Amérique du Sud, 1881. Syn. *A. punctata.* (B. M. 6627.)

A. cristata, R. Br.* *Fl.* écarlate orangé brillant, de 5 à 8 cent. de long, disposées en grands épis rameux, terminaux. Août à novembre. *Flles* grandes, largement ovales et graduellement rétrécies en pointe. *Haut.* 1 m. Indes occidentales, 1733. (B. M. 1578 ; B. R. 18, 1477.) Belle espèce très florifère. Syn. *Justicia pulcherrima.*

A. Fascinator, Lind. et Andr.* *Fl.* rouge vermillon, en très grands épis. Automne. *Flles* ovales-acuminées, vert olive, élégamment rayées de blanc argenté ; pourpre violacé sur la face inférieure. *Haut.* 45 cent. Nouvelle-Grenade, 1874. (R. H. B. 1885, p. 85.)

A. Leopoldi, —* *Fl.* jaune citron. *Flles* opposées, ovales-oblongues, acuminées ; face supérieure vert foncé, à nervures médiane et primaires blanc pur; face inférieure uniformément vert pâle. Brésil, 1854.

A. longiscapa, Hort. — V. *Thyrsacanthus strictus.*

A. Macedoiana, Lind. et Rod. *Flles* elliptiques-ovales, sub-obtuses ; vert foncé en dessus, à nervures marginées de vert jaunâtre très pâle ; face inférieure pourpre violacé. 1886. (I. H. 1886, 583.)

A. Margaritæ, —* *Fl.* orange vif, ou couleur d'abricot, en épis courts, terminaux, à bractées pectinées. *Flles* décussées, courtement pétiolées, elliptiques ; face supérieure marquée sur chaque côté de la nervure médiane d'une demi-douzaine environ de barres blanches, obliques ; face inférieure rose clair. Amérique centrale (?), 1884. (B. H. 1883, 19 ; G. C. ser. III, vol. II, p. 585.)

A. medio-aurata, — *Fl.* inconnues. *Flles* ovales-lancéolées, sinuées, vert tendre, avec une bande médiane jaune. Brésil, 1871. Syn. *Graptophyllum medio-auratum.*

A. nitens, — * *Fl.* écarlate-vermillon brillant, très grandes, en épis simples, terminaux, dressés, couverts après la chute des fleurs de bractées lancéolées, apprimées. *Flles* ovales, sub-aiguës, coriaces, brillantes sur la face supérieure, pourpre vineux foncé sur l'inférieure. *Haut.* 60 cent. à 1 m. Colombie, 1867.

A. Porteana, Morel. * *Fl.* en beaux bouquets terminaux; corolle et bractées orange vif. *Flles* d'un beau vert, à nervures d'un blanc argenté métallique. *Haut.* 60 cent. Brésil, 1854. (F. d. S. 10, 984.)

A. pumila, —* *Fl.* orangées; lèvre supérieure dressée, concave, entière; bractées grandes, purpurines. *Flles* grandes, cordiformes, ovales-oblongues, aiguës. *Haut.* 20 cent. Brésil, 1878. Espèce bien distincte des autres.

A. p. splendens, — Cette jolie forme diffère du type par ses bractées vertes, aiguës. 1883, (R. C. 1104.)

A. punctata, — Syn. de *A. Chamissoniana*.

A. Roezlii, — Syn. de *A. aurantiaca Roezlii*.

A. variegata, Morel. *Fl.* jaunes, en épis de 15 cent. de long, à bractées rouge orangé vif. *Flles* ovales-lancéolées, acuminées, vert foncé, à nervures blanches. *Haut.* 45 cent. Brésil. (B. M. 4899; F. d. S. 981.)

APHELEXIS, Bojer. — Maintenant réunis aux **Helichrysum**, Gærtn.

APHIS. — V. **Pucerons**.

APHROPHORE écumeux, Crachat de coucou, Angl. Frog Hopper, Frog Spit, ou Cuckoo Spit. (*Aphrophora spumaria*). — C'est l'insecte qui sécrète cette sorte d'écume que l'on voit fréquemment sur les rameaux des plantes. Il appartient à la même famille que les *Aphis*, et à la section de ceux qui ont les ailes supérieures coriaces sur toute leur surface. Il possède deux yeux simples ou « ocelli » en plus des deux yeux composés, communs aux insectes en général. Ce sont les larves de l'Aphrophore qui produisent l'écume; elles sont quelquefois très abondantes au printemps; l'insecte parfait se montre principalement à l'automne. Lorsque les larves sont privées de l'abri que leur procure cette sécrétion sucrée, elles semblent sans défense, et, s'il fait chaud, elles meurent presque immédiatement. En conséquence, un bon moyen pour les détruire, consiste à enlever l'écume pendant qu'il fait du soleil. Cet insecte attaque les jeunes rameaux, et choisit pour sa demeure l'aisselle d'une feuille; il endommage quelquefois la branche au point de la déformer ou de la faire mourir. Les Œillets et autres plantes analogues souffrent particulièrement de ses ravages. Les remèdes suivants ainsi que de fréquents seringages à l'eau claire sont efficaces.

Jus de tabac. — Dans 5 litres d'eau, ajouter 30 gr. de savon mou, et lorsqu'il est complètement dissout, y verser une cuillerée à bouche de nicotine: puis en seringuer les plantes. Il est préférable d'appliquer cette solution tiède; on seringue ensuite à l'eau claire environ une heure après.

Quassia. — Faire infuser environ 125 gr. de copeaux de Quassia dans 5 litres d'eau bouillante; lorsque l'infusion est froide, y ajouter la même quantité d'eau. Cette solution doit être appliquée à l'aide d'une seringue, et ne doit pas être enlevée. Elle donne aux plantes une odeur nauséeuse, mais ne leur fait aucun mal. L'Aloès peut aussi être employé de la même manière.

APHYLAX, Salisb. — V. **Aneilema**, R. Br.

APHYLLANTHES, Tourn. (de *aphyllos*, sans feuilles *anthos*, fleur; les fleurs naissent sur des rameaux jonciformes). Fam. *Liliacées*. — Genre dont la seule espèce connue croît dans les lieux arides du midi de la France. C'est une plante vivace, formant des touffes dressées, compactes, ayant absolument l'aspect d'un Jonc. Fleurs bleu foncé, à six divisions; solitaires ou géminées à l'extrémité des tiges et entourées de bractées scarieuses, roussâtres. Sous le climat de Paris elle demande une terre de bruyère siliceuse, une exposition chaude, ensoleillée et à être protégée pendant l'hiver. Multiplication par division des touffes et par graines que l'on sème dès qu'elles sont mûres, en pots ou terrines, en serre froide ou sous châssis.

A. monspeliensis, Linn. * *Fl.* bleu foncé, de 2 cent. 1/2 de diamètre, à six divisions étalées au sommet, hampe grêle, jonciforme. Juin. *Flles* réduites à des gaines membraneuses, embrassant la tige. France méridionale, etc. Cette plante est rarement cultivée. (B. M. 1132; R. L. 483.)

APHYLLE, Angl. Aphyllous. — Dépourvu de feuilles.

APIACÉES. — Réunies aux **Ombellifères**.

APICRA, Willd. (de *apicros*, non amer). Fam. *Liliacées*. — Genre renfermant environ sept espèces originaires du Cap. Ce sont de petits sous-arbrisseaux charnus ayant les caractères suivants : fleurs petites, en grappes lâches, dressées; périanthe régulier, cylindrique, à segments courts, étalés, pédoncules simples ou bifides. Feuilles épaisses, diffuses, compactes jamais dentées, épineuses, quelquefois tordues en spirale. On les traite comme les *Aloès*, genre auquel certains auteurs les ont réunis.

A. aspera, Willd. * *Fl.* à périanthe de 12 mm. de long, disposées en grappe lâche, de 8 à 10 cent. de long; pédicelles de 8 à 10 mm. de long; hampe grêle simple, de près de 30 cent. de long. *Flles* denses, disposées sur plusieurs rangs, étalées, arrondies-deltoïdes, de 15 à 18 mm. de long et autant de large; face supérieure presque plane, de 8 à 10 mm. d'épaisseur au milieu; convexes hémisphériques et ridées sur le dos. Cap, 1795.

A. bicarinata, Haw. * *Fl.* inconnues. *Flles* denses, disposées sur plusieurs rangs, ascendantes, deltoïdes, lancéolées, de 20 à 30 mm. de long et 15 mm. de large, vert sale; face supérieure plane, de 5 mm. d'épaisseur au milieu, scabres sur les bords, copieusement tuberculeuse sur le dos. Cap, 1824.

A. congesta, Baker. *Fl.* à périanthe de 15 à 18 mm. de long, blanchâtre, disposées en grappe lâche, sub-spiciforme, d'environ 30 cent. de long, pédicelles courts; hampe simple, de 15 cent. de long. *Flles* denses, étalées sur plusieurs rangs, deltoïdes, lancéolées, de 4 1/2 à 5 cent. de long 8 à 10 mm. d'épaisseur, convexes sur le dos, inégalement carénées près du sommet. Cap, 1843.

A. deltoidea, Baker. *Fl.* à périanthe verdâtre, de 12 à 15 mm. de long, disposées en grappe sub-spiciforme, d'environ 30 cent. de long; pédicelles courts; hampe de 15 cent. de long, simple ou rameuse. *Flles* disposées sur cinq rangs réguliers, étalées, de 20 à 30 mm. de long, deltoïdes, vert brillant; face supérieure presque plane; vulnérantes au sommet; de 8 à 10 mm. d'épaisseur au milieu; distinctement carénées sur le dos dans leur partie supérieure et finement denticulées sur les bords et sur la carène à l'état adulte. Afrique du Sud, 1873.

A. foliosa, Willd. * *Fl.* à périanthe verdâtre, de 12 à 15 mm. de long, disposées en grappe dense, sub-spiciforme, d'environ 30 cent. de long; pédicelles de 5 à 8 mm. de long; hampe simple, de 15 cent. de long. *Flles* denses, étalées sur plusieurs rangs, arrondies-deltoïdes, cuspidées, de 15 à 18 mm. de long. et autant de large, sans macules ni tubercules; face supérieure presque plane, de 4 à 5 mm. d'épaisseur au milieu, obliquement carénées dans leur partie supérieure et près des bords. Cap, 1795.

A. granata, Willd. — V. *Haworthia granata*, Haw.

A. imbricata, Willd. Syn. de *A. spiralis*, Willd.

A. pentagona, Willd. * *Fl.* à périanthe blanchâtre, de 12 mm. de long, disposées en grappe lâche, d'environ 30 cent. de long; pédicelles inférieurs de 5 à 8 mm. de long; hampe d'environ 30 cent. de long, souvent rameuse. *Flles* denses, régulières, les inférieures étalées, les supérieures ascendantes, lancéolées-deltoïdes, de 3 1/2 à 4 cent. 1/2 de long et 15 à 20 mm. de large à la base, vert brillant; face supérieure plane, de 5 à 8 mm. d'épaisseur au milieu, vulnérantes au sommet, scabres sur les bords, à une ou deux carènes sur le dos, près du sommet. Cap, 1731.

A. p. bullulata, Willd. *Flles* irrégulièrement disposées sur cinq rangs en spirale, munies sur le dos de tubercules ridés, rapprochés.

A. p. spirella, Willd. *Flles* plus petites et plus deltoïdes, de 2 cent. 1/2 de long et 15 à 20 mm. de large à la base, irrégulièrement disposées sur cinq rangs, ou paraissant former plusieurs rangs.

A. spiralis, Willd. * *Fl.* à périanthe blanc rougeâtre, de 12 mm. de long, disposées en grappe lâche, de près de 30 cent. de long; pédicelles ascendants, de 8 mm. de long; hampe simple ou rameuse, de 15 cent. de long. *Flles* denses, disposées sur plusieurs rangs, fortes, ascendantes, lancéolées-deltoïdes, de 3 à 3 cent. 1/2 de long et 1 1/2 à 2 cent. de large; face supérieure presque plane, sans tubercules, vulnérantes au sommet, de 8 mm. d'épaisseur au milieu, renflées sur le dos, à peine carénées au sommet et à bords obscurément crénelés. Cap, 1790. Syns. *A. imbricata*, Willd.; *Haworthia spiralis*, Haw.

APICULÉ. Angl. Apiculate, Apiculated. — Dont le sommet se rétrécit brusquement en une pointe courte. Se dit principalement des feuilles.

APICULTURE. — Art d'élever les abeilles. V. **Abeilles.**

APIOS, Mœnch. (de *apion*, poire; allusion à la forme

Fig. 218. — Apios tuberosa.

des tubercules). Fam. *Légumineuses*. — Petit genre renfermant trois espèces originaires de l'Amérique septentrionale, de la Chine et de l'Himalaya. L'espèce suivante est une plante volubile que l'on peut facilement faire grimper sur les treillages, les berceaux ou les tonnelles. Fleurs disposées en grappes compactes, pédonculées, calice à cinq divisions inégales, corolle à étendard ample, plié longitudinalement; ailes étroites; carène arquée, roulée en spirale au sommet. Feuilles imparipennées, à cinq-sept folioles ovales-lancéolées. Tiges couvertes de poils soyeux. Racines grêles, allongées, traçantes, munies de distance en distance de renflements tubéreux de la grosseur d'un œuf; ces tubercules ont été autrefois préconisés pour remplacer la pomme de terre, mais ils n'ont pas de grandes qualités nutritives. L'*Apios* aime une terre légère et calcaire, une exposition chaude et ensoleillée. Multiplication par séparation des tubercules.

A. tuberosa, Mœnch. Glycine tubéreuse, Angl. Ground Nutt. — *Fl.* pourpre brunâtre, odorantes, disposées en grappes axillaires. Juillet-août. *Flles* imparipennées, à cinq-sept folioles ovales-lancéolées. Tubercules farineux, comestibles. Pensylvanie, 1640. Syn. *Glycine Apios*, Linn.

APIOSPERMUM, Kl. — V. **Pistia**, Linn.

APIUM, Linn (de *apon*, nom celtique de l'eau: allusion à leur habitat.) **Ache.** Fam. *Ombellifères*. — Ce genre ne renferme aucune espèce digne d'être cultivée pour ornement, presque toutes sont plus ou moins âcres et vénéneuses L'*A. graveolens* est le Céleri de nos jardins; pour sa culture. V. **Céleri.**

APLANI. Angl. Applanate. — Plan sur une ou plusieurs faces.

APLECTRUM, Nutt. (de *a*, privatif et *plectron*, éperon; les fleurs sont dépourvues d'éperon). Fam. *Orchidées*. — Genre monotypique dont l'espèce connue est une orchidée terrestre et rustique, originaire de l'Amérique septentrionale. Elle est difficile à cultiver; il lui faut un endroit ombré, un peu humide et un mélange de terre franche sableuse et de terreau de feuilles.

A. hyemale, Sweet.* *Fl.* brun verdâtre, grandes, disposées en grappe sur une hampe nue, paraissant lorsque les feuilles sont sèches; labelle aussi long que les sépales; colonne sessile, allongée, non ailée. Avril. Pseudo-bulbes portant une grande feuille large et nervée. *Haut.* 30 cent. Amérique septentrionale, 1827.

APLOPAPPUS, Cass. — V. **Haplopappus**, Cass.

APLOPHYLLUM, A. Juss. — Réunis aux **Ruta**, Linn.

APLOTAXIS, DC. — Réunis aux **Saussurea**, DC.

APOCARPE. Angl. Apocarpous. — Lindley a désigné ainsi les fruits formés de carpelles libres et distincts, comme ceux des Renoncules, des Fraisiers, etc.

APOCYNACÉES. — Importante famille renfermant environ mille espèces d'arbres, d'arbrisseaux ou plus rarement de plantes herbacées à sève laiteuse, ordinairement vénéneuse, originaires des régions chaudes et tempérées. Fleurs régulières, solitaires ou disposées en corymbe; calice monopétale, à quatre ou cinq divisions; corolle monopétale, en coupe ou campanulée, à quatre ou cinq divisions alternes; étamines en nombre égal aux divisions de la corolle, renfermant un pollen granuleux; styles deux, visqueux; le fruit, de forme variable, se compose habituellement de deux carpelles libres ou soudés, ou un seul par avortement, il est capsulaire et quelquefois même charnu. Feuilles simples, opposées, quelquefois alternes ou verticillées, le plus souvent dépourvues de stipules. Les genres les plus importants de cette famille sont : les *Allamanda, Nerium, Tabernæmontana* et *Vinca*. (S. M.)

APOCYNUM, Linn. (de *apo*, contre et *kyon*, chien, nom adopté par Dioscorides qui supposait ces plantes vénéneuses pour les chiens). Angl. Dog's Bane. Fam. *Apocynacées.* — Genre renfermant cinq espèces de plantes vivaces, dressées, originaires de l'Europe australe, de l'Asie tempérée et de l'Amérique septentrionale. Fleurs réunies en cymes; calice à cinq sépales; corolle à cinq divisions plus longues que le calice, munie à l'intérieur de cinq petits appendices secrétant un liquide particulier, et d'une odeur aromatique, miellée; fruits pendants, cylindriques, allongés. L'espèce ci-dessous, seule digne d'être cultivée, possède la curieuse faculté d'attirer les mouches et de les tenir prisonnières par leur trompe lorsqu'elles l'enfoncent entre les filets des étamines qui sont très rapprochés et forment une sorte de colonne autour du style. Sa culture est excessivement facile, car elle se plait en tous terrains, mais elle préfère les sols légers, frais et un peu ombrés. Multiplication par drageons et par division des touffes opérations que l'on doit faire de préférence au printemps, un peu avant que les plantes entrent en végétation, ainsi que par le semis.

A. androsæmifolium, Linn. Apocyn gobe-mouches. — *Fl.* d'un rose tendre, avec des stries plus foncées, petites, un peu odorantes, disposées en cymes terminales et latérales; corolle campanulée à cinq divisions. Juillet-septembre. *Flles* ovales, aiguës, glabres, pétiolées, opposées, pâles en dessous. *Haut.* 30 à 60 cent. Virginie et Canada, 1683. Vieille plante autrefois très appréciée, se plaisant particulièrement en terre de bruyère, à côté des Azalées, etc. (B. M. 280; B. H. 1, 67.)

Fig. 219. — Apocynum androsæmifolium.

APONOGETON, Thunb. (de *apon*, nom celtique de l'eau et *geiton*, voisin; allusion à l'habitat de ces plantes). Syn. *Spathium* et *Limnogeton*, Edgeworth. Bentham et Hooker y comprennent les *Ouvirandra*, D. P. Thou. que nous laissons cependant séparés pour leur emploi horticole. Fam. *Naiadacées.* — Genre renfermant une vingtaine d'espèces originaires de l'Asie, de l'Afrique et de l'Australie tropicale et tempérée. Ce sont des herbes aquatiques, flottantes ou submergées, vivaces, très ornementales, de serre tempérée ou demi-rustiques. Fleurs blanches, rarement roses ou violettes, hermaphrodites, disposées en épis; périanthe à deux ou trois segments (bractées) rarement un ou nuls, pétaloïdes, épis solitaires ou géminés, sessiles au sommet de la hampe. Feuilles longuement pétiolées, oblongues ou linéaires, dressées ou flottantes. L'*A. distachyon* est l'espèce la plus méritante, on peut la cultiver dans les petits bassins et même dans des aquariums; elle aime la pleine lumière et le plein air; elle est rustique et s'est naturalisée sur plusieurs points de l'Angleterre et de la France. Les plantes devront être empotées dans un compost de terre franche, fertile et de fumier de vache bien décomposé, dans de petits pots si l'aquarium auquel on les destine est de dimensions restreintes. Pour l'ornement des grands bassins ou des lacs, il faut choisir de fortes plantes bien établies, les placer dans les endroits où l'eau a environ 60 cent. de

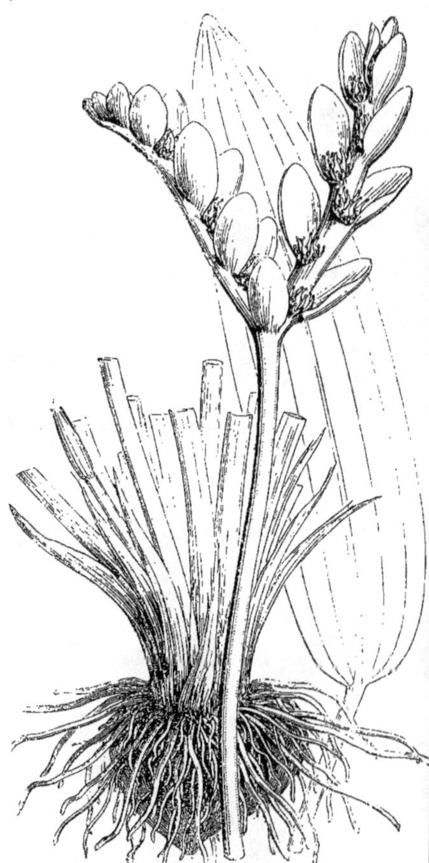

Fig. 220. — Aponogeton distachyon. Rhizome, épi et feuille.

profondeur, et si le fond est vaseux; casser les pots lorsque les plantes sont immergées. Une fois bien établies, elles fleurissent pendant toute la belle saison. La multiplication a lieu par division des rhizomes, opération que l'on doit effectuer au printemps; et par graines que l'on sème dès qu'elles sont mûres, en pots ou en terrines que l'on tient à quelques centimètres au-dessous du niveau de l'eau. Bien que cette plante soit rustique, il sera prudent, si l'eau n'est pas suffisamment profonde, de recouvrir le bassin avec des branches et de la litière, ou d'en placer, si cela est possible, quelques pieds dans un aquarium de serre. Les autres espèces s'accommodent du même traitement, mais elles ne sont ni aussi rustiques, ni aussi vigoureuses; on ne peut les cultiver que dans de petits bassins ou aquariums, et on est obligé de les hiverner en serre.

A. distachyon, Thunb.* Angl. Cape Pond Weed; Winter Hawthorn. — *Fl.* blanches, exhalant un délicieux parfum d'aubépine; pétales nuls, remplacés par des bractées

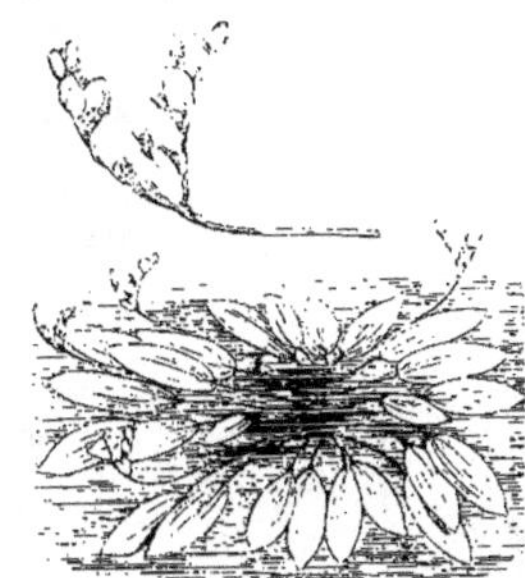

Fig. 221. — Aponogeton distachyon. Port.

blanches, ovales, entières; étamines, six à douze, pourpre brunâtre; hampe portant deux épis de 5 à 10 cent. de long. *Flles* oblongues-lancéolées, entières, vert gai, flottantes, longuement pétiolées, naissant d'un rhizome aplati, brunâtre, enfoui dans la vase et semblable à celui de certaines aroïdées. Cap, 1788. (B. M. 1293; A. B. R. 290.)

A. d. monostachyon, Linn. f. *Fl.* roses, en épi simple. Septembre. *Haut.* 30 cent. Indes orientales, 1803. Serre tempérée. Rare. (L. E. M. 276; A. B. R. 406.)

A. d. roseus. Hort. Charmante variété à fleurs rosées, 1885.

A. spathaceus junceus, —* Très belle plante aquatique, demi-rustique, à épis fourchus et à bractées teintées de rose tendre. *Flles* jonciformes, dressées, se tenant au-dessus de l'eau. Espèce rare. Afrique du sud, 1879.

APORETICA. Forst. — V. **Schmidelia**, Linn.

APPENDICE, Angl. Process, ou Appendage. — D'une façon générale, ce terme s'applique à toute partie saillante, naturelle ou monstrueuse qui semblerait être ajoutée à l'organe qui la porte. Ex. les petits organes membraneux qui garnissent la gorge de la corolle de certaines Boraginées, le petit filet qui surmonte ou qui termine les étamines, etc. (S. M.)

APPENDICULÉ, Angl. Appendiculate. — Pourvu d'un ou plusieurs appendices.

APPÉTIT. — V. **Ciboulette.**

APPOSÉ, Angl. Apposite. — Placé côte à côte.

APPROXIMATUS, Angl. Approximate. — Mot latin quelquefois employé pour désigner les organes qui sont très rapprochés.

APPRIMÉ. Angl. Adpressed. — Appliqué sur un organe sans y adhérer. Se dit des poils lorsqu'ils sont couchés sur l'épiderme, ainsi que des feuilles lorsqu'elles sont appliquées contre la tige.

APRE. — S'emploie pour qualifier le goût de certains fruits ou autres parties des plantes, et aussi pour désigner la rudesse de l'épiderme; dans ce cas, on dit de préférence rude. (S. M.)

APTÈRE, Angl. Apterous. — Qui est dépourvu d'ailes. Se dit de certains insectes et par extension, des graines et des tiges.

APTOSIMUM, Burch. (de *aptos*, pain, et *simon*, aplati; allusion à la forme des capsules). Syns. *Chilostigma*, Hochst. et *Ohlendorffia*, Lehm. Fam. *Scrophularinées*. — Genre comprenant neuf espèces de petits arbrisseaux de serre tempérée ou rarement des herbes aplaties, couchées ou touffues, dont une habite la Nubie et les autres l'Afrique tropicale. Fleurs sessiles, axillaires, bi-bractéolées: calice profondément quinquéfide, à segments étroits, sub-valvaires; corolle ordinairement bleuâtre, veinée, élargie à la gorge, à limbe oblique, étalé, quinquéfide; étamines quatre. Feuilles alternes, fasciculées, entières, uninervées, oblongues, spatulées, linéaires ou aciculaires. L'A. *procumbens* est la seule espèce connue dans les cultures; elle se plaît dans la terre de bruyère. On la multiplie par boutures de rameaux à demi aoûtés que l'on plante à chaud, ainsi que par semis.

A. procumbens, — *Fl.* bleues, corolle de 12 mm. de long, pubescente à l'extérieur, à tube court et à limbe en entonnoir. Août. *Flles* de 8 à 12 mm. de long, éparses, très rapprochées, pétiolées, obovales, glabres, assez épaisses, très obtuses, courtement mucronées. *Haut.* 75 cent. Sud de l'Afrique, 1836. Sous-arbrisseau. (B. R. 1882, sous le nom de *A. depressum*, Burch.)

AQUARIUMS. — Ces récipients sont trop connus de tout le monde pour que nous en donnions ici la définition. Disons seulement que ce nom est aussi bien donné à ces meubles coquets qui servent à l'ornementation des appartements, qu'aux grands bassins construits dans les serres pour la culture des plantes aquatiques des pays chauds.

Dans les premiers, surtout lorsqu'ils sont petits, il est difficile d'y faire vivre des plantes aquatiques; on est obligé de les renouveler fréquemment; ce n'est qu'à partir d'une certaine dimension, environ 1 m. carré de superficie et à l'exposition la plus éclairée, que l'on peut espérer de les y voir se maintenir. Le nombre en est restreint, et encore il est nécessaire qu'il y ait un peu de terre ou de gravier dans le fond pour que certaines espèces puissent s'y fixer. Voici les plus appropriées à cet usage; ce sont presque toutes des plantes *submergées* que l'on aperçoit par transparence. *Azolla caroliniana* (flottant), *Ceratophyllum submersum*, *Elodea canadensis*, *Lemma minor* et autres (flottants), *Najas major* et *N. minor*, *Potamogeton crispus* et plusieurs autres, *Riccia fluitans* (flottant), *Salvinia natans* (flottant), *Stratiotes aloides*, *Vallisneria spiralis*, *Zannichelia palustris* et peut-être quelques autres. On peut aussi y ajouter quelques plantes émergées, comme les *Cyperus alternifolius*, *Richardia africana*, *Scirpus Tabernæmontani variegata* (*Juncus zebrinus*) *Isolepis gracilis*, etc., dont le pot seul sera plongé dans l'eau.

Bien que les plantes en absorbant l'acide carbonique en excès empêchent l'eau de se corrompre, il est nécessaire de la renouveler assez fréquemment. Si l'aquarium n'est pas muni d'un robinet, cette opération peut néanmoins se faire avec la plus grande facilité et sans le bouger, à l'aide d'un tuyau en caoutchouc servant de siphon.

Le nombre des plantes pouvant être employées pour la garniture des grands aquariums de serre, est beaucoup plus étendu ; leur choix varie selon la surface, la profondeur de l'eau et surtout la température à laquelle ont peut la maintenir. Pour la culture de certaines Nymphéacées des tropiques, celle du fameux *Victoria regia* par exemple, il est indispensable d'avoir de nombreux tuyaux d'eau chaude circulant dans le bassin, afin de pouvoir maintenir l'eau au degré de température nécessaire (jusqu'à 30 deg.). Quant à la construction du bassin et de la serre elle-même, cette dernière devra être exposée en plein midi, de façon à recevoir le plus de lumière et de chaleur possible, et assez basse pour mieux concentrer la chaleur. Le bassin occupera la partie centrale sur une assez grande superficie; sa profondeur ne devra pas excéder 1 m. ou au plus 1 m. 50 pour le *Victoria;* les murs et le fond devront être construits en bon béton bien cimenté et les tuyaux seront posés sur la circonférence.

Nous donnons ci-dessous la liste des plantes employées pour leur ornement, toutes sont de serre; celles servant à la garniture des bassins et pièces d'eau en plein air seront citées aux **Plantes aquatiques**. Nous les divisons en deux groupes, selon qu'elles sont *émergées*, c'est-à-dire hors de l'eau, ou *flottantes* à sa surface. On trouvera leur description et leur culture à leur nom respectif.

EMERGÉES. — *Cyperus alternifolius, C. Papyrus, Eichornia (Pontederia) azurea, E. crassipes, Nelumbium luteum. N. speciosum, Oryza sativa, Richardia africana, Sagittaria montevidensis, Scirpus riparius,* etc. Plusieurs espèces des genres *Alocasia, Amorphophallus, Anthurium, Dieffenbachia, Philodendron,* etc., peuvent aussi concourir à leur ornement, on les place sur le mur du bassin ou mieux sur des piédestaux en fer, plongés dans l'eau et dont le sommet est un peu au-dessus de son niveau.

FLOTTANTES. — *Aponogeton spathaceus. Azolla caroliniana, Cabomba aquatica, Euryale ferox, Limnocharis (Hydrocleis) Humboldti, L. Plumieri, Nymphæa Lotus, N. odorata, N. scutifolia, N. stellata, N. thermalis.* et plusieurs autres. *Ottelia ovalifolia, Ouvirandra fenestralis, Pistia stratiotes, Salvinia natans, Tytonia natans, Victoria regia, Villarsia parnassifolia, V. reniformis,* etc. (S. M.)

Fig. 222. — Aquarium d'appartement. (*Rev. Hort.*)

AQUATIQUE. ANGL. Aquatic. — Qui vit dans l'eau. Dans un sens général, on donne le nom de plantes aquatiques à celles qui sont entièrement inondées et à celles qui n'ont que leur partie inférieure plongée dans l'eau ; lorsqu'on veut préciser, les premières sont dites *submergées* et les dernières *émergées* ou *flottantes*. Celles vivant dans la mer sont nommées *plantes marines*. V. aussi **Aquariums** et **Plantes aquatiques**. (S. M.)

AQUATILE. — Qui vit dans l'eau. V. **Aquatique**.

AQUARTIA, Linn. Réunis aux **Solanum**, Linn.

AQUEUX. — Qui contient beaucoup d'eau. Se dit des fruits lorsqu'ils sont remplis de liquide et dépourvus de saveur.

AQUIFOLIACÉES. — V. **Ilicinées.**

AQUILARINÉES. — Réunies aux **Thyméléacées.**

AQUILEGIA, Tourn. (de *aquila*, aigle ; allusion à la forme des pétales). **Ancolie**, ANGL. Columbine. FAM. *Renonculacées*. — Plus de cinquante plantes de ce genre ont été énumérées ; mais, d'après Bentham et Hooker, on peut les réduire à cinq ou six espèces bien distinctes; elles sont répandues dans toute la zone tempérée septentrionale. La France en possède quatre ou cinq avec un certain nombre de variétés; mais l'Amérique du Nord est le pays le plus riche en espèces ou variétés. Ce sont des plantes vivaces, herbacées, rustiques, à racines fibreuses. Fleurs solitaires ou paniculées, pédicellées, dressées ou pendantes. Calice à cinq sépales pétaloïdes, colorés, caducs : corolle à cinq pétales à limbe infundibuliforme, placés entre les sépales et prolongés à la base en éperon cylindrique, creux, plus ou moins long et fréquemment courbé au sommet ; carpelles cinq, libres, sessiles. Feuilles radicales longuement pétiolées, deux ou trois fois ternées, à segments trifides, dentés, ordinairement obtus. On ne saurait trop recommander la culture des Ancolies car ce sont des plantes résistantes, très ornementales et de culture des plus faciles. Elles ne sont pas difficiles sur la qualité du terrain, mais elles préfèrent un endroit frais, abrité et ensoleillé, cependant elles viennent assez bien à l'ombre ; les variétés d'Ancolie des jardins sont même recommandables pour garnir les clairières des bosquets. Les espèces les plus délicates devront être cultivées dans un mélange de bonne terre franche, sableuse et de terreau, et bien drainées. Les graines, qu'elles produisent en abondance, devront être semées très clair, dès qu'elles sont mûres, ou d'avril en juin ; lorsque les plants sont suffisamment forts, on les repique en pépinière ou même en place à 25 cent. au moins de distance. Les espèces naines ou délicates peuvent servir à la garniture des rocailles ; quant aux sortes vigoureuses, on les emploie pour l'ornement des plates-bandes et des massifs. Il est bon de supprimer au commencement de la floraison les variétés qui ne seraient pas jugées suffisamment méritantes. Pour obtenir des graines pures, il est indispensable de cultiver les différentes espèces à une certaine distance les unes des autres, ou mieux encore, de recouvrir les plantes avec de la mousseline, afin d'empêcher les insectes d'approcher, car elles s'hybrident facilement. La multiplication par division des touffes, opération qui doit avoir lieu au printemps, est le moyen le plus sûr de propager les espèces ou variétés particulières que l'on tiendrait à conserver absolument pures, à moins qu'on ne puisse se procurer des graines importées de leur pays d'origine, ou qu'elles n'aient été récoltées comme il est dit ci-dessus. A part plusieurs espèces fort belles cultivées dans les jardins, il existe aussi de nombreux hybrides fort jolis et d'un grand mérite ornemental.

A. alpina, Linn. ' *Fl.* de 5 à 8 cent. de diamètre à leur complet développement, d'un bleu foncé ou bleues et blanches, au nombre de deux ou trois sur des tiges feuillues ; éperons droits, un peu courbés à l'extrémité, et de moitié plus courts que le limbe des pétales. Mai. *Flles* à segments profondément divisés en lobes linéaires. *Haut.* 30 cent. Alpes Suisses, endroits humides ombragés. Cultiver dans les rocailles. (A. F. P. 3.66 ; L. B. C. 657.)

A. arctica, Hort. Forme de l'A. *formosa*, Fisch.

A. atropurpurea, Willd. *Fl.* pourpre foncé ou violet bleuâtre au nombre de deux ou trois sur chaque rameau et d'environ 2 à 4 cent. de diamètre à leur complet développement ; éperons droits, aussi longs que le limbe des pétales ; sépales environ aussi longs que les pétales. Mai. *Flles* pétiolées, biternées. *Haut.* 60 à 90 cent. Sibérie. Convenable pour les plates-bandes. (B. R. 11,922.)

A. aurea, Hort. Syn. de l'A. *chrysantha flavescens*.

A. Bertoloni, — ' *Fl.* d'environ 2 cent. 1/2 de diamètre, bleu violacé dans toutes leurs parties ; sépales arrondis, d'environ 2 cent. de long ; pétales à peu près de même longueur ; éperons très courts, renflés ; tiges portant de deux à quatre fleurs. Juin-juillet. *Flles* petites, vert foncé et glauques. Très jolie petite plante alpine d'environ 30 cent. de haut. Syn. *A. Reuteri.*

A. cærulea, James. ' *Fl.* de 7 à 8 cent. de diamètre à leur complet développement, peu nombreuses sur les tiges, bleues et blanches, quelquefois plus ou moins teintées de lilas ou de rouge vineux, rarement blanc pur,

Fig. 223. — Aquilegia cærulea.

finement odorantes ; éperons d'environ 5 cent. de long, très grêles, presque droits, à pointe verdâtre. Mai-juillet. *Flles* grandes, biternées. *Haut.* 20 à 40 cent. Montagnes Rocheuses, 1864. (B. M. 5477 ; A. V. F. 28.) Très belle espèce pour garnir les plates-bandes et la base des rocailles. Syn. *A. leptoceras* Nutt., et *A. macrantha*, Hook. et Arnott.

A. c. alba, Nutt. ' *Fl.* de mêmes forme et dimension que celles du type, mais entièrement blanches. Montagnes Rocheuses. Charmante variété rare, qu'on rencontre quelquefois sous le nom d'*A. grandiflora*.

A. c. flore pleno, Hort. Chez cette forme, le nombre des pétales s'accroît aux dépens des étamines qui se transforment en organes pétaloïdes blancs, tubuleux à la base ; par suite de leur nombre, il arrive souvent que l'éperon se dirige non pas en arrière, mais vers le centre de la fleur. La floraison est un peu moins abondante, mais plus prolongée et plus ornementale. Obtenu vers 1880. (A. V. F. 36.)

A. c. hybrida, ' Hort. *Fl.* bleues et blanches d'un diamètre moindre que celles du type, mais plus nombreuses ; plante beaucoup plus vigoureuse. Origine horticole.

A. californica, — Forme de l'*A. formosa*.

A. c. hybrida, Hort. — V. *A. formosa*.

A. canadensis, Linn. ' *Fl.* écarlate mêlé de jaune, de moins de 2 cent. 1/2 de diamètre ; éperon droit, plus long que le limbe ; styles et étamines saillants ; sépales presque aigus, un peu plus longs que le limbe des pétales. Avril à juin. *Flles* à segments tripartites, presque atténués et

Fig. 224. — Aquilegia canadensis.

profondément dentés au sommet. *Haut.* 30 à 60 cent. Amérique du Nord, 1640. Très jolie espèce pour plates-bandes ou rocailles. (B. M. 246 ; L. B. C. 888.)

A. chrysantha, A. Gray. *Fl.* à sépales jaune primevère, teintés de rouge vineux à l'extrémité, pouvant atteindre 2 cent. 1/2 de long et s'étalant horizontalement lorsque

Fig. 225. — Aquilegia chrysantha.

la fleur est bien ouverte ; limbe des pétales moins long et d'un jaune plus vif que celui des sépales ; éperons droits, très grêles, divergents, de 4 à 5 cent. de long ; tiges grêles, rameuses, pauciflores. *Flles* biternées. *Haut.* 90 cent. à 1 m. 20. Californie, 1873. Une des plus belles plantes vivaces pour plates-bandes. (A. V. F. 28.)

A. c. flavescens, Hort. *Fl.* d'un jaune canari brillant, teintées de rouge; éperons un peu plus courts que ceux de l'*A. canadensis* et légèrement incurvés. Californie, 1872. Syn. *A. aurea*, Hort.

A. c. nana, Hort. Vilm. Belle plante à fleurs jaune d'or ne dépassant pas 40 cent. de haut. 1890.

A. eximia. — Syn. de l'*A. formosa*.

A. flabellata, Sieb. et Zucc. Ancolie d'hiver naine blanche. — *Fl.* blanches, très légèrement teintées de vert ou de

Fig. 226. — Aquilegia flabellata.

rose violacé. Espèce naine, compacte, à floraison très hâtive. *Haut.* 30 à 40 cent. (B. H. 1887, p. 548 ; R. H. B. 1889, p. 157.)

A. f. nana flore albo, Hort. Variété horticole à fleurs entièrement blanches.

A. formosa, Fisch. * *Fl.* à sépales rouge brillant, ordinairement de moins de 2 cent. 1/2 de long, obtus et vert au sommet ; limbe des pétales jaune, presque aussi long

Fig. 227. — Aquilegia formosa. (*California hybrida.*)

que les sépales ; éperons de 1 à 2 cent. de long, grêles dans leur moitié inférieure, presque droits, distinctement renflés à la pointe ; tiges portant de nombreuses fleurs. Mai à septembre. *Flles* biternées. *Haut.* 60 à 1 m. 20. Amérique du Nord. (B. H. 4, 1 ; F. d. S. 8, 795.) Plates-bandes.

Les noms suivants représentent des synonymes ou des variétés de cette espèce : *A. arctica*, *A. californica*, *A. c. flore pleno* (A. V. F. 38), *A. eximia* et *A. f. truncata*. Ce dernier présente de légères différences avec le type. — Il existe encore un bel hybride, connu en horticulture sous le nom d'*A. californica, hybrida* à sépales et pétales jaunâtres ou teintés de rouge orangé et à éperons longs et grêles rouge orangé. C'est un des plus beaux *Aquilegia*. Toutes les formes de cette espèce sont très brillantes et dignes d'être cultivées.

A. fragrans, Benth. ' *Fl.* blanches ou pourpre vineux pâle, finement pubescentes, très odorantes ; sépales d'environ 4 cent. de long, non réfléchis et deux fois plus longs que le large limbe des pétales ; éperons grêles, légèrement courbés, renflés à l'extrémité et de même longueur que les pétales. Tiges pauciflores. Mai à juillet. *Flles* biternées. *Haut.* 45 à 60 cent. Himalaya. 1839. Cette espèce demande une exposition chaude. (M. B. 181.)

A. glandulosa, Fisch. ' *Fl.* à sépales bleu lilacé vif, d'environ 4 cent. de long, ayant plus de deux fois la longueur du limbe des pétales ; ceux-ci blancs ; éperons épais, de 5 mm. ou un peu plus de long, fortement incurvés. Tiges portant deux ou trois fleurs. *Flles* biternées. Printemps. *Haut.* 20 à 30 cent. Sibérie, 1822. Très jolie espèce. (M. B. 219 ; S. B. F. G. 11, 55.)

A. g. jucunda, Hort. *Fl.* un peu plus petites que celles du type. Très jolie plante, s'hybridant facilement et dont il faut faire de fréquents semis, car elle ne dure guère plus de deux ans.

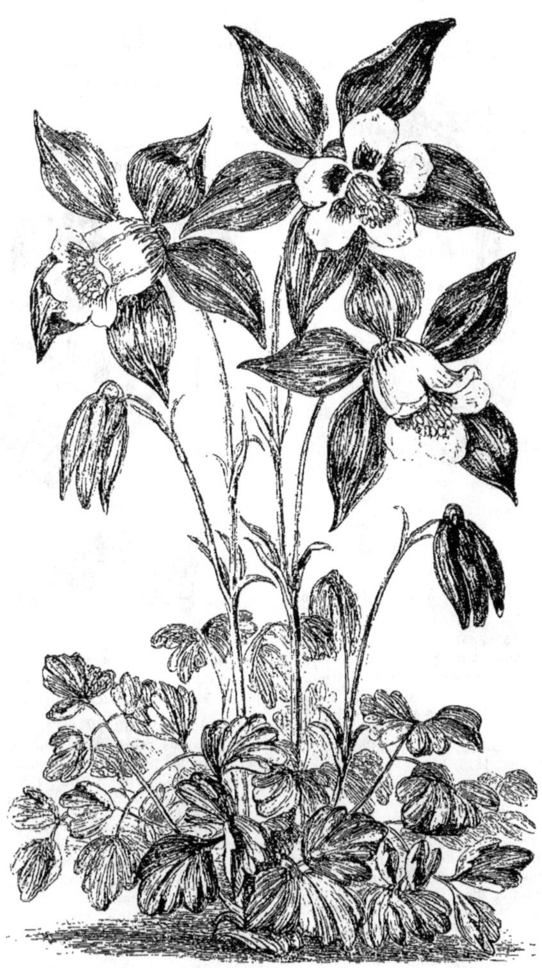

Fig. 228. — Aquilegia glandulosa.

A. glauca, Linn. *Fl.* blanches, teintées de rouge vineux et odorantes ; sépales de 2 cent. 1/2 de long, non réfléchis, limbe des pétales de 2 cent. de long ; éperons droits ou légèrement courbés, d'environ 8 mm. de long. Tiges portant trois ou quatre fleurs. Juin. *Flles* biternées. *Haut.* 30 à 40 cent. Himalaya, 1839. Plante un peu délicate, demandant une exposition chaude et sèche. (B. R. 26, 46.)

A. leptoceras, Nutt. Syn. d'*A. cærulea*, James.

A. longissima, A. Gray. *Fl.* jaune paille, presque blanches ou teintées rouge, à éperons de 10 cent. ou plus de long. *Flles* glauques en dessous. Belle espèce élevée, légèrement pubescente, avec de longs poils soyeux, voisine de l'*A. chrysantha*. Texas et Mexique, 1888. (G. et F. 1888, v. 1, p. 31, f. 6.)

A. macrantha, Hook. et Arnott. Syn. d'*A. cærulea* James.

A. olympica, Boiss. * *Fl.* grandes, d'un bleu mauve tendre; pétales blancs, presque plus courts que les sépales; éperon épais, courts, obtus. *Flles* glauques, bi- ou triternées. *Haut.* 45 cent. 1880. Mont Olympe.

Fig. 229. — Aquilegia olympica.

A. o. flore pleno, Hort. *Fl.* bleues à centre blanc, doubles et très grandes, 1888.

A. pyrenaica, DC. * *Fl.* à sépales bleu lilacé brillant, d'environ 2 cent. 1/2 de long et un peu moins de large; limbe des pétales d'environ 2 cent. de long et de moitié moins large; éperons grêles, presque droits ou un peu incurvés, de 2 cent. de long ou à peu près, à peine renflés à l'extrémité. Tiges portant une à trois fleurs et munies de petites feuilles vert foncé, presque simples. Eté. *Haut.* 20 à 30 cent. Pyrénées, 1818. Plante à cultiver dans les rocailles.

A. Reuteri, — Syn. d'*A. Bertoloni*.

A. sibirica, Linn. * *Fl.* lilas brillant, dressées; sépales très obtus, de 2 cent. 1/2 ou plus de long, divergents ou légèrement réfléchis à leur complet développement; limbe des pétales quelquefois blanc, d'environ 1 cent. de long; éperons épais, fortement incurvés, de 12 à 18 mm. de long. Tiges glabres, pluriflores. Eté. *Flles* biternées. *Haut.* 30 cent. Sibérie, 1806. (S. B. F. G. 11, 90; B. G. 9, 289.) Espèce à cultiver dans les rocailles. D'après M. Baker, les *A. bicolor*, *A. Garnieriana* et *A. speciosa* se rapportent à cette espèce.

A. s. flore pleno, Hort. *Fl.* grandes, bleues, très doubles, à limbe des pétales blanc sur les bords, tournant parfois au jaunâtre. Il existe aussi quelques autres couleurs dans les tons roses, lie de vin ou violet rougeâtre.

A. Skinneri, Hook. *Fl.* pendantes; pétales à limbe arrondi, jaune verdâtre, prolongés à la base en éperons tubuleux, très longs, rouge vif. Eté et automne. *Flles* presque toutes radicales, glauques, longuement pétiolées, biternées; folioles pétiolulées, cordiformes, profondément trilobées. Tiges de 60 cent. à 1 m. de haut, à fleurs disposées en panicule. Guatemala. (B. M. 3919; F. d. S. 1, 6; B. H. 4, 1.) La variété *flore pleno* (R. G. 1885, p. 57) est à fleurs doubles.

A. Stuarti, — *Fl.* d'environ 12 cent. de diamètre; sépales étalés, ondulés, d'un bleu clair légèrement lavé de violet nuancé; pétales bleu pur à la base et d'un blanc mat dans toute leur partie arrondie; les organes de la reproduction sont entourés d'une sorte d'enveloppe jaune. Plante très florifère et presque alpine. C'est un hybride horticole entre les *A. glandulosa* et *A. Whitmanni*. (Gn. 1888, 670.)

A. thalictrifolia, — *Fl.* à sépales oblongs, aigus, bleu lilacé, d'environ 12 mm. de long, limbe des pétales de longueur presque égale et arrondi au sommet; éperons grêles, un peu moins longs que les sépales. Tiges portant environ trois fleurs. Eté. *Flles* à trois segments pétiolulés découpés en lobes profonds et oblongs. *Haut.* 60 cent. La plante entière est légèrement pubescente. Tyrol, 1879.

Fig. 230. — Aquilegia sibirica flore-pleno.

A. viridiflora, Pall. *Fl.* blanc verdâtre, à sépales ovales-oblongs, plus courts que les pétales; éperons droits, plus longs que les pétales, tiges portant deux ou trois fleurs. *Haut.* 30 à 45 cent. Sibérie, 1780. Plates-bandes. Espèce intéressante et odorante, mais peu ornementale.

A. vulgaris, Linn. Ancolie des jardins, Colombine, Gant de Notre-Dame, etc. — *Fl.* de différentes couleurs (violettes chez le type): sépales ovales, aigus, d'environ 2 cent. 1/2 de long et de moitié moins larges; limbe des pétales dépassant rarement 2 cent. de long et 1 cent. de large, arrondi au sommet; éperons très incurvés, renflés à l'extrémité et aussi longs que les pétales. Tiges très multiflores; *Flles* biternées. Printemps et commencement de l'été. Europe; France, Angleterre, etc. Cette belle espèce comprend de nombreuses variétés à fleurs simples et doubles.

A. v. flore pleno, Hort. Ancolie double, Ancolie capuchonnée. — *Fl.* de diverses couleurs, très pleines et chez lesquelles il n'est pas rare de rencontrer jusqu'à cinq séries de cornets emboîtés les uns dans les autres.

A. v. flore pleno variegata, Hort. Ancolie des jardins double panachée. — *Fl.* à sépales pourpre lilacé, oblongs, lancéolés, de moins de 2 cent. 1/2 de long.; limbe des pétales blanc, d'environ 12 mm. de long; éperon à peine incurvé.

A. v. cærulea nana flore pleno, Hort. Plante très naine à fleurs doubles, d'un bleu vif.

Fig. 231. — AQUILEGIA VULGARIS; A. V. FLORE-PLENO ET A. V. HYBRIDA FLORE-PLENO.

A. v. hybrida, Hort. Ancolie des jardins double hybride. A. étoilée. — Chez cette race, les fleurs très doubles et de coloris très variés, ont les cornets transformés en organes pétaloïdes, plans, étalés ou disposés en étoile et dépourvus d'éperons; cette modification donne à la fleur l'aspect d'une petite rose très pleine. (Au point de vue botanique, c'est une pélorie anectariée.) Les Ancolies hybrides sont des plantes florifères, très appréciées pour l'ornement des plates-bandes.

A. v. Vervæneana, Hort. Cette variété a un joli feuillage marbré de jaune.

A. v. Wittmanniana, — *Fl.* grandes, pourpre lilacé brillant; sépales ovales, aigus, de 25 à 30 mm. de long et plus de la moitié de large; limbe des pétales blanc, égalant environ la moitié de la longueur des sépales; éperons courbés. Très belle variété.

Les espèces suivantes se rencontrent parfois dans les jardins; quelques-unes d'entre elles représentent des formes spécifiques, mais aucune n'offre un intérêt réel au point de vue ornemental: *A. adrena*, *A. Burgeriana*, *A. haylodgensis* (hybride), *A. grata*, *A. longissima*, *A. nevadensis*.

ARABETTE printanière. — V. **Arabis alpina**, Linn.

ARABIS, Linn. (dérivation obscure). **Arabette.** ANGL. Wall Cress, Rock Cress. Comprend les *Stevenia*, Adans. et *Turritis*, Linn. FAM. *Crucifères*. — Environ cent quarante espèces de ce genre ont été citées; cependant, d'après Bentham et Hooker, soixante-dix-neuf seulement ont droit à ce titre; toutes sont originaires des régions arctiques et tempérées de l'hémisphère boréal. Ce sont des plantes vivaces, rustiques, traînantes pour la plupart. Fleurs blanches chez presque toutes les espèces, en grappes terminales et à pédicelles dépourvus de bractées. Pétales quatre; étamines six, jaune d'or, dont deux plus courtes.

Feuilles radicales, ordinairement pétiolées, les caulinaires sessiles ou embrassantes, entières ou dentées, rarement lobées. La grande rusticité ainsi que l'abondante et précoce floraison de la plupart des espèces de ce genre, les rendent des plus convenables à l'ornementation des rocailles et du jardin alpin, ainsi qu'à former des bordures de massifs. Leur culture est des plus faciles en tous terrains secs. Les espèces vivaces peuvent être propagées par division des touffes, par boutures que l'on fait en été dans un endroit ombré, ainsi que par semis. Les graines se sèment au printemps, en pleine terre, ou en terrines, la plupart germent en deux ou trois semaines. Les espèces annuelles et bisannuelles sont, en général, les moins méritantes au point de vue horticole.

A. albida, Steven.* *Fl.* blanches, en grappes terminales; pédicelles plus longs que les calices. Janvier à mai. *Flles* peu dentées, canescentes ou pubescentes, à poils étoilés, les radicales obovales, oblongues; les caulinaires cordiformes, sagittées et embrassantes. *Haut.* 15 à 20 cent. Tauride et Caucase, 1798. (L. B. C. 1459.) Syn. *A. caucasica*, Willd.

A. a. variegata, Hort. Très jolie forme à feuilles panachées, convenable pour bordures.

A. alpina, Linn.* Arabette printanière, Corbeille d'argent, etc. — *Fl.* blanches, plus petites que celles de l'*A. albida*, réunies en grappes terminales; pédicelle plus long que le calice, ce dernier presque glabre. Mars à mai. *Flles* dentées, lancéolées, aiguës, couvertes de poils étoilés; les radicales courtement pétiolées; les caulinaires cordiformes, embrassantes. Tiges rameuses, formant une touffe gazonnante. *Haut.* 15 cent. Alpes d'Europe, dans les rochers ensoleillés, 1596. (F. D. 1,62; B. M. 226.) Il existe une ou deux variétés en dehors de la suivante. Syn. *A. verna*, Hort.

Fig. 232. — ARABIS ALPINA.

A. a. variegata, Hort. Jolie forme à feuilles panachées et marginées de blanc jaunâtre. C'est une excellente plante pour faire des bordures en terrain sec. Sa panachure est très constante. On la multiplie par divisions ou par boutures.

A. arenosa, Scop. * *Fl.* rose lilacé, rarement blanches ou bleuâtres, pétales obovales; pédicelles étalés. Avril à juillet. *Flles* velues, à poils fourchus; les radicales en rosette, pinnatifides, à lobe supérieur beaucoup plus grand que les inférieurs; les caulinaires profondément dentées.

Tiges rameuses, dressées, hispides, à poils simples. *Haut.* 15 à 30 cent. France, etc., 1798. Espèce bisannuelle. (H. E. F. 221.)

Fig. 233. — ARABIS ARENOSA.

A. blepharophylla, Hook. et Arn. * *Fl.* purpurines; pétales arrondis, rétrécis à la base en onglet grêle. Printemps. *Flles* nues, excepté sur les bords qui sont garnis de poils très raides; les radicales spatulées; les caulinaires oblongues, sessiles. *Haut.* 8 à 10 cent. Californie, 1874. Espèce à cultiver sous châssis froid où elle fleurit en janvier.

A. caucasica, Willd. Syn. de *A. albida*, Steven.

A. lucida, Linn. f. * *Fl.* blanches ; pétales entiers, rétrécis à la base, deux fois plus longs que le calice. Eté. *Flles* obovales, un peu épaisses, brillantes, embrassant la tige. *Haut.* 10 à 15 cent. Hongrie, 1790. Très jolie espèce naine, spécialement convenable pour bordures et rocailles.

A. l. variegata, Hort. * Amélioration du type, à feuilles largement bordées de jaune et d'un vert plus tendre. Cultivée en bordure, elle est très décorative ; on devra pincer les tiges florifères. C'est aussi une excellente plante pour les rocailles, faisant beaucoup d'effet lorsqu'on lui laisse former de larges touffes. Multiplication par éclats que l'on doit prendre au commencement de l'été.

A. mollis, Steven. *Fl.* blanches, en grappes terminales. Mai à juillet. *Flles* grossièrement dentées, un peu pubescentes, à poils étoilés ; les inférieures longuement pétiolées, cordiformes, arrondies; les caulinaires cordiformes, embrassantes. *Haut.* 60 cent. Caucase, 1823.

A. muralis, Bert. *Fl.* blanches, en grappes terminales : silicules linéaires, apprimées. Mai. *Flles* canescentes; les radicales oblongues, ovales, sub-spatulées, dentées, rétrécies en pétiole; les caulinaires oblongues, dressées, sessiles. *Haut.* 10 à 15 cent. France, etc., rochers.

A. petræa, Lamk. * *Fl.* blanches ; pétales ovales, onguiculés. Juin. *Flles* glabres, ciliées ou scabres; les radicales simples ou bifides, entières ou dentées, à pétioles allongés: les caulinaires oblongues, linéaires, entières ou dentées. *Haut.* 8 ou 15 cent. Angleterre.

A. præcox, Waldst. et Kit. *Fl.* blanches ; pétales obovales, cunéiformes, du double plus long que le calice. Avril-juin. *Flles* oblongues, aiguës, sessiles, très entières, glabres. Tiges couvertes de poils rigides. *Haut.* 15 à 20 cent. Hongrie.

A. procurrens, Waldst. *Fl.* blanches : pétales obovales, du double plus longs que le calice. Mai-juin. *Flles* ovales, très entières, lisses, ciliées, à poils bipartites; les radicales rétrécies en pétioles ; les caulinaires sessiles, aiguës. Rameaux stoloniformes rampants. *Haut.* 20 cent. Serbie, Autriche, 1819. Cette jolie et recommandable espèce possède une forme à feuilles panachées.

A. rosea, DC. * *Fl.* purpurines ; pétales oblongs, un peu cunéiformes, du double plus longs que le calice ; pédicelles plus longs que ce dernier. Mai à juillet. *Flles* caulinaires oblongues, un peu cordiformes et presque embrassantes, scabres, à poils rameux. *Haut.* 30 cent. Calabre, 1832. (B. M. 3246.)

A. verna, Hort. Syn. de *A. alpina*, Linn.

A. verna, R. Br. *Fl.* petites, pourpre violacé, en grappes flexueuses ; pétales à onglet blanc ; pédicelles plus courts que les calices. Mai-juin. *Flles* caulinaires cordiforme, embrassantes, dentées, scabres, à poils tripartites. *Haut.* 8 à 15 cent. France méridionale, etc. C'est la meilleure espèce annuelle. (S. F. G. 641 ; B. M. 3331.)

ARACÉES. — V. **Aroïdées.**

ARACHIDE. — V. **Arachis.**

ARACHIS, Linn. (de *a*, privatif, et *rachis*, branche : plante acaule). **Arachide**, ANGL. Ground or Earth Nut. FAM. *Légumineuses.* — Genre renfermant sept espèces originaires du Brésil et des régions tropicales. L'*A. hypogæa* n'est cultivé chez nous que pour collection.

Fig. 234. — ARACHIS HYPOGÆA.

en serre chaude ou sur couche ; mais, dans toute la zone équatoriale, en Chine, aux Etats-Unis et en Afrique, cette plante fait l'objet de cultures importantes pour ses graines dont on extrait une huile grasse, beaucoup employée dans l'industrie, pour la fabrication des savons ; on les mange aussi quelquefois grillées. L'Arachide réussit dans les parties les plus chaudes du midi de la France. Calice tubuleux, à sépale antérieur libre ; corolle à étendard épaissi, gibbeux sur le dos ; carène longuement atténuée et rostrée ; l'ovaire, d'abord presque sessile, devient ensuite longuement stipité, se courbe vers la terre où le fruit s'enfonce pour y parfaire sa maturité. Feuilles paripennées, à quatre folioles ; stipules adnées ; tige nulle. Lorsqu'on voudra cultiver l'Arachide dans le nord, les graines devront être semées au printemps, sur couche ; quand les plants seront suffisamment forts, on les empotera séparément dans un mélange de terre franche fibreuse et de terreau, puis on les replacera sur couche ou en serre chaude.

A. hypogæa, Linn. Arachide, Pistache de terre, Angl. Monkey Nut. — *Fl.* jaunes, réunies par cinq-sept à l'aisselle des feuilles. Mai. *Flles* imparipennées, à deux paires de folioles ovales, obtuses, pétiolulées, vrilles nulles ; stipules allongées, soudées au pétiole. *Haut.* 30 cent. Amérique du Sud, 1812. (S. M.)

ARACHNANTHE, Blume. (de *arachne*, araignée, et *anthe*, fleur ; allusion à la forme des fleurs). Syn. *Arachnis*, Blume. Comprend les *Esmeralda*, Rchb.f. Fam. *Orchidées*. — Genre comprenant environ six espèces d'orchidées épiphytes, caulescentes, de serre chaude, dont une est originaire de l'Himalaya et les autres de l'archipel Malais. Fleurs ornementales ; sépales et pétales libres, étalés, un peu épais ; labelle articulé à la base de la colonne, dressé ou étalé, ni sacciforme, ni éperonné à la base ; lobes latéraux dressés ou rarement rudimentaires, le médian charnu, polymorphe, souvent gibbeux ou avec une corne très courte sur le dos ; colonne courte, épaisse ; masses polliniques deux ; pédoncules latéraux, allongés, simples ou rameux. Feuilles distiques, charnues, coriaces, tantôt très longues, tantôt courtes ou falciformes, souvent obliquement bilobées au sommet. Quatre espèces sont dignes d'être décrites. Pour leur culture, V. **Aerides**.

A. bella, *Fl.* à sépales et pétales jaune d'ocre clair, bariolés de rouge cinabre, droits, cunéiformes oblongs ; labelle blanc, à segments latéraux striés de pourpre brunâtre, avec une callosité arrondie blanche, ponctuée de brun ; grappes à quatre fleurs. *Flles* de 12 cent. de long et 2 cent. 1/2 de large, inégalement bilobées au sommet, 1888. Syn. *Esmeralda bella*, Rchb. f.

A. Cathcartii, Benth. * *Fl.* de 8 cent. de diamètre ; sépales et pétales blancs extérieurement ; jaunes avec des bandes rouge brunâtre à l'intérieur, sessiles, concaves, arrondis, oblongs ; labelle trilobé, à lobes latéraux blancs, striés de rouge à la base, petits ; le médian blanchâtre à bord jaune, crénelé et incurvé ; disque muni de deux callosités dressées ; hampe dressée, opposée aux feuilles, à quatre ou cinq fleurs. *Flles* de 15 à 18 cent. de long, linéaires oblongues, inégalement bilobées, vert tendre. (B. M. 5845 ; C. H. P. 23 ; F. D. S. 1251-2 ; F. M. ser. II, 60 ; G. C. 1870, 1409 ; I. H. 187 ; W. O. A. IV. 168 ; sous le nom de *Vanda Cathcartii*.)

A. Clarkei, Rolfe, *Fl.* brun sépia vif, avec des barres transversales, jaune vif : sépales linéaires, oblongs, cunéiformes ; les latéraux un peu arqués-falciformes ; pétales semblables, mais un peu plus larges ; labelle pendant, articulé à la base de la colonne, brun-sépia, avec des bandes blanches, radiées ; très mobile, à lobe médian largement arrondi et portant un lobule terminal ; les latéraux beaucoup plus petits ; glande en zigzag. Espèce voisine de l'*A. Cathartii* dont elle a aussi le port. Himalaya. 1886. Syn. *Esmeralda Clarkei*, Rchb. f.

A. Lowii, Benth. * *Fl.* de deux sortes sur le même épi ; la paire inférieure jaune brunâtre relevé de points rouges : les autres vert pâle, cette teinte est presque cachée sur le côté intérieur par de larges macules irrégulières d'un rouge brunâtre ; sépales et pétales ondulés, lancéolés-aigus, ceux de la paire inférieure plus obtus ; épis pendants, de 2 à 4 m. de long, portant de trente à cinquante fleurs. Tiges caulescentes, de 2 cent. 1/2 d'épaisseur, grimpantes et atteignant une grande hauteur. Bornéo. (B. M. 5475, sous le nom de *Renanthera Lowii*.)

A. moschifera, Blume. *Fl.* blanc crème ou jaune citron, ponctuées de pourpre, grandes, de 10 à 12 cent. de diamètre, ressemblant à une araignée et exhalant une délicate odeur de musc. *Flles* oblongues, aiguës, vert tendre ; panicule pendante de 1 m. de long, portant un grand nombre de fleurs. Comme les inflorescences fleurissent pendant longtemps, il ne faut pas les couper. Java. Plante rare, extrêmement singulière. Syns. *Arachnis moschifera*, Blume ; *Epidendrum flos-aëris*, Linn. ; *Renanthera arachnites*, Lind. ; *R. flos-aëris*.

ARACHNIMORPHA, Desv. — V. **Rondeletia**, Linn.

ARACHNIS, Blume. — V. **Arachnanthe**, Blume.

ARACHNITES, F. W. Schm. pro parte — V. **Ophrys**, Linn.

ARACHNOÏDE. Angl. Arachnoid. — Qui ressemble à une toile d'araignée ; se dit d'une plante ou d'un organe recouvert de longs poils blancs fins, mous et entre-croisés. Ex. *Sempervivum arachnoideum*.

ARADA. — V. **Cucumis Anguria**, Linn.

ARAIGNÉES, Angl. Spiders. — Les vraies araignées sont très utiles dans les jardins, car, vivant d'insectes,

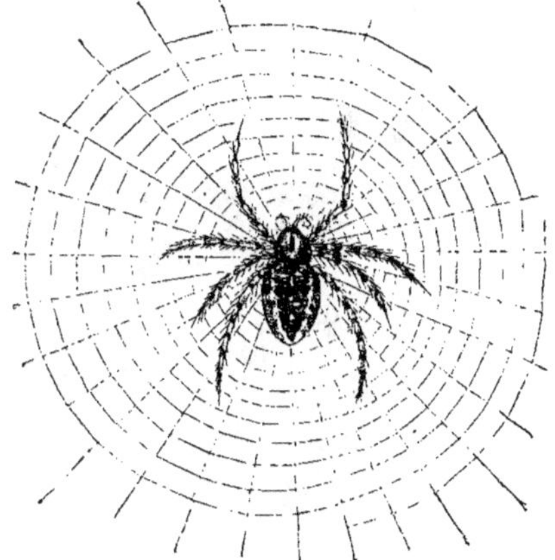

Fig. 235. — Araignée (Grande Epeire).

elles en détruisent une grande quantité de nuisibles. Les grandes araignées, telles que la « Grande Epeire »

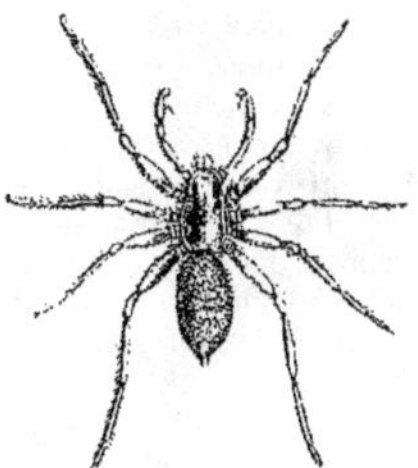

Fig. 236. — Araignée (Mygale).

(*Epeira diademata*), vit de petits papillons et de grosses mouches ; les petites araignées contribuent beaucoup à la destruction des essaims de pucerons ailés (*Aphis*). Les mœurs des araignées sont souvent très différentes; la *Lycosa salticus* ne tisse pas de toile, mais chasse directement sa proie ; d'autres, au contraire, tendent une toile tissée avec art et dans laquelle viennent se heurter les insectes, l'araignée se tient alors blottie dans sa retraite, prête à sauter sur la première bestiole qui touche sa toile, pour en faire sa proie. Les fils de la vierge (Angl. Gossamer) sont l'ouvrage de plusieurs petites araignées brunes appartenant aux genres *Linyphia*, *Neriense* et *Walckenæra*. Ce que les jardiniers nomment la « Grise » (Angl. Red Spider) n'est pas une araignée, mais une Mite de taille microscopique qui tisse une petite toile sur la surface des feuilles, et épuise les plantes en suçant leur sève. V. **Tetranychus telarius**, son nom scientifique.

ARALIA, Tourn. (dérivation inconnue). Comprend les *Dimorphanthus*, Miq. Fam. *Araliacées*. — Des trente-trois espèces appartenant à ce genre, six sont originaires de l'Amérique du Nord, une est mexicaine et les autres habitent l'Asie tropicale et orientale, depuis le Japon et la Mandschourie jusqu'à l'Himalaya et l'archipel Indien. Plusieurs plantes répandues dans les jardins sous le nom d'*Aralia* appartiennent scientifiquement parlant à d'autres genres ; ainsi, l'*A. Sieboldi* est le *Fatsia japonica ;* l'*A. papyrifera* est le *Fatsia papyrifera;* l'*A. Chabrieri* est l'*Elæodendron orientale*, etc. ; ces différents synonymes sont du reste donnés ci-dessous. Les *Aralia* sont des plantes bien connues, de serre chaude, tempérée, ou rustiques, herbacées, ou arbustives. Fleurs non ornementales, disposées en ombelles réunies en panicule ; calice à cinq dents ; corolle à cinq pétales libres, insérés sur le bord du disque ; étamines cinq, à filets libres et à anthères biloculaires. Ovaire infère, à cinq loges ; fruit charnu, drupacé. Feuilles alternes, simples, composées, digitées ou pennées. Les *Aralia* sont en général vigoureux et faciles à cultiver ; les espèces de serre s'accommodent volontiers du traitement ordinaire ; cependant, il ne faut jamais les laisser souffrir de la soif. Les espèces délicates et de serre chaude doivent être empotées dans un mélange de terre franche siliceuse et de terre de bruyère, auquel on ajoute un peu de terreau de feuilles et une quantité de sable suffisante pour rendre le compost poreux. Les espèces les plus vigoureuses demandent une terre plus riche. La multiplication par boutures de racines est une méthode à la fois très pratique et très répandue. Pour se procurer des racines, on dépote les plus fortes plantes et on secoue entièrement la terre, ou on les lave au besoin ; on détache ensuite la quantité de racines nécessaires que l'on coupe en tronçons d'environ 5 cent. de longueur. La section doit être faite horizontalement et obliquement de l'autre afin de pouvoir distinguer la base du sommet. On les plante alors dans des pots bien drainés, remplis de terre sableuse, en laissant le sommet des tronçons au niveau de la terre; puis on recouvre les pots d'une feuille de verre, et on les plonge dans une couche modérément chaude. Les tiges des plantes sur lesquelles on a pris les racines peuvent être coupées en morceaux de 2 1/2 à 4 cent. de long avec un œil près du sommet ; on peut enlever la moitié de l'épaisseur de la bouture sur le côté opposé au bourgeon. On peut aussi couper les tiges, sans toucher aux racines, pour en faire des boutures comme il est dit ci-dessus ; dans ce cas, si les plantes ainsi rabattues sont placées sur couche et modérément arrosées, elles émettront probablement plusieurs rejets partant des racines et, si on a soin d'enlever ces rejets avec une portion de racine et de les empoter dans des petits pots, ils formeront rapidement, avec un peu de soin, des plantes utiles pour l'ornement. Toutes les espèces rustiques et la plupart de celles de serre froide se propagent facilement par boutures et tronçons de racines. Quelques espèces de serre chaude sont cependant très difficiles à multiplier; la greffe est alors à peu près le seul moyen pratique. De ce nombre sont les *A. leptophylla*, *A. Veitchii*, etc. On emploie pour sujet l'*A. Guilfoylei*, ou l'*A. reticulata;* ce dernier est préférable. Les boutures de ces deux espèces s'enracinent facilement et on obtient rapidement des sujets bons à greffer. Les espèces de serre froide sont éminemment propres à l'ornement des massifs à exposition chaude et abritée, ainsi qu'aux garnitures pittoresques. V. aussi **Acanthopanax, Fatsia, Hedera, Heptapleurum, Monopanax, Oreopanax, Panax** et **Pseudopanax**.

Fig. 237. — Aralia. Fleur détachée, grossie.

A. cachemirica, Dcne. *Fl.* blanches, en ombelles réunies en grappe terminale de 1 m. à 1 m. 30 de long. *Flles* très grandes, pinnées, folioles de 10 12 cent. de long, acuminées, hispides, denticulées. Plante vivace, rustique herbacée, de port majestueux, atteignant environ 2 m. de haut. Cachemire, 1844 et 1888. Syn. *A. macrophylla*, Lindl.

A. canescens, Hort. Syn. de *A. chinensis*, Linn.

A. Chabrieri, Hort. — V. *Elæodendron orientale*, son nom correct.

A. chinensis, Linn. * *Fl.* blanches, en panicules terminales ; pédicelles disposés en ombelles. *Flles* pétiolées, coriaces, laineuses sur les deux faces à l'état juvénile seulement, à sept paires de pinnules, portant chacune sept à treize folioles ovales, dentées au sommet. Tige dressée épineuse ainsi que les rachis dans leur jeunesse. *Haut.* 1 m. 50 à 2 m. Chine, 1838. Cette espèce est presque rustique lorsqu'elle est plantée dans un terrain sec et poreux. Syn. *A. canescens*, Hort.

A. concinna, — *Flles* inégalement pinnées ; pinnules lobées et dentées. Tige maculée. Nouvelle-Calédonie. Belle espèce de serre chaude, mais très rare. Syns. *A. spectabilis; Delarbrea spectabilis.*

A. crassifolia, Soland. — V. *Pseudopanax crassifolia.*

A. edulis, Sieb. et Zucc. * *Fl.* nombreuses, blanches, en ombelles globuleuses, axillaires et terminales, réunies en grappe simple ou rameuse. Eté. *Flles* inférieures pinnées, à cinq folioles ou tripinnées et à pinnules portant trois-cinq folioles ; les supérieures généralement simples, à folioles pétiolulées, cordiformes à la base, ovales, aiguës, finement dentées, duveteuses. *Haut.* 2 à 3 m. Japon, 1843. Plante vivace, herbacée, rustique, non épineuse.

A. elegantissima, — * *Flles* digitées, à pétioles allongés, vert foncé, marbrés de blanc ; folioles sept à dix, filiformes et un peu pendantes, ce qui donne à la plante un port très gracieux. Tige droite, dressée. Iles de la mer du Sud, 1873. Serre chaude. Espèce excellente pour les garnitures de table.

A. filicifolia, — * *Flles* à pétiole engainant à la base, arrondi dans sa partie supérieure, puis s'ouvrant en un limbe, large imparipenné ; pinnules opposées, profondément pinnatifides, vert tendre, à nervure médiane purpurine. Tige et pétioles purpurins, fortement couverts de macules blanches, oblongues. Polynésie, 1876.

A. heteromorpha, — * *Flles* quelquefois ovales-lancéolées, dentées, quelquefois bifides ou même trifides au sommet, d'environ 15 à 20 cent. de long, vert tendre. Espèce méritante, robuste et compacte.

A. japonica, — V. de *Fatsia japonica.*

A. Kerchoveana, — *Flles* digitées, presque circulaires dans leur contour ; à sept-neuf folioles étalées, elliptiques, lancéolées, visiblement denticulées ou ondulées sur les bords, d'un vert brillant relevé par la teinte plus pâle de la nervure médiane. Iles de la mer du Sud, 1883. Plante très élégante, à tige grêle, qui deviendra probablement très utile pour les garnitures. Serre chaude.

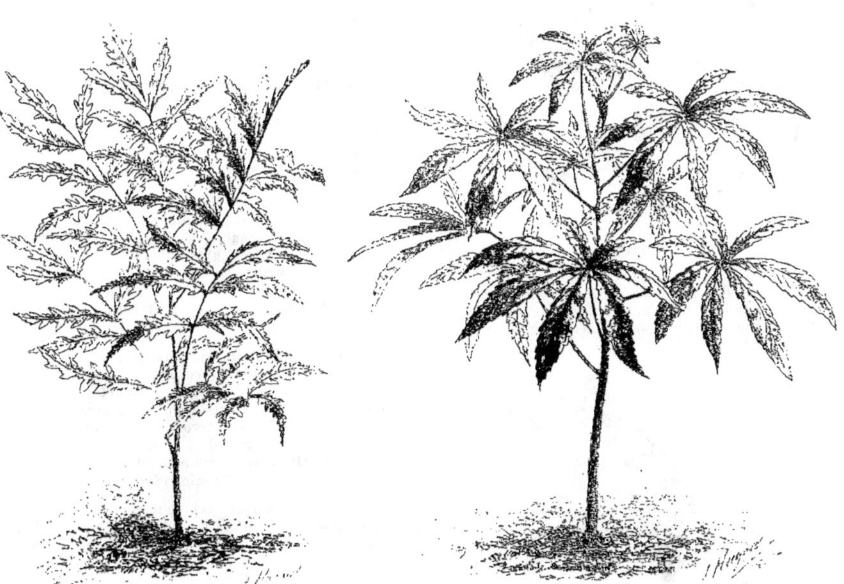

Fig. 238. — ARALIA FILICIFOLIA. (*Rev. Hort.*)

Fig. 239. — ARALIA KERCHOVEANA. (*Rev. Hort.*)

A. Gemma, — *Flles* élégantes, bipinnées ; pinnules à folioles latérales petites, la terminale grande, toutes irrégulièrement lobées ou dentées, vert olive en dessus, violet grisâtre en dessous lorsqu'elles sont jeunes. Nouvelle-Calédonie, 1883. Arbuste ornemental, de serre chaude. (I. H. 1883, 477.)

A. Ghiesbreghtii. — V. *Monopanax Ghiesbreghtii.*

A. gracillima, — Syn. de *A. Veitchii gracillima.*

A. Guilfoylei, Hort. * *Flles* pinnées, pétioles longs, lisses et arrondis ; folioles elliptiques, oblongues, sub-obtuses, au nombre de trois à sept, quelquefois obscurément lobées et irrégulièrement dentées, épineuses, variant entre 5 à 8 cent. de long, élégamment et régulièrement bordées de blanc crémeux, quelquefois pointillées de gris sur la face supérieure. Tige dressée, copieusement garnie de macules lenticulaires. Iles de la mer du Sud, 1876. Serre chaude.

A. leptophylla, — * *Flles* composées, portant souvent sept folioles ou plus, un peu pendantes, d'un vert foncé, 1862. Espèce de serre chaude, grêle et élégante.

A. longipes, — *Flles* digitées, longuement pétiolées, presque espacées ; folioles oblancéolées, acuminées, légèrement ondulées sur les bords. Tige simple. Nord de l'Australie, 1882. Espèce dressée, de serre chaude, très distincte.

A. macrophylla, Lindl. — V. *A. cachemirica*, Dcne.

A. mandschurica, — * *Fl.* les unes fertiles, les autres stériles. *Flles* caduques, de 1 m. à 1 m. 50 de long et presque autant de large, bipinnées, très velues et épineuses. *Haut.* 2 à 3 m. Mandchourie, 1866. Syn. *Dimorphanthus mandschuricus.* — Bel arbuste dressé, presque rustique, à beau feuillage ample et très décoratif, exigeant une exposition chaude et abritée pour acquérir toute sa beauté ; il est particulièrement recommandable pour les garnitures sub-tropicales, pour isoler sur les pelouses, etc. Ce n'est, au point de vue botanique, qu'une simple variété de l'*A. chinensis.*

A. m. foliis variegatis, Hort. Folioles vertes, marginées de blanc. Belle plante. (I. H. 1886, 609.)

Fig. 240. — ARALIA MANDSCHURICA.

A. monstrosa, B.S. Williams. * *Flles* pendantes, pinnées, à trois-sept folioles oblongues, elliptiques, profondément et irrégulièrement dentées (cette dentelure affecte quel-

Fig. 241. — ARALIA MONSTROSA. (*Rev. Hort.*)

quefois des formes très originales), largement marginées de blanc crémeux et maculées de gris. Iles de la mer du Sud, 1880. Serre chaude. (R. H. B. 1884, p. 61.)

A. nudicaulis, Linn. * *Fl.* verdâtres ; hampe trifide au sommet, plus courte que les feuilles ; chaque division porte une ombelle pluriflore. Juin. *Flles* radicales, à divisions pinnées, quinquéfoliées ; folioles oblongues-ovales, rétrécies en longue pointe, dentées. Racines horizontales, très longues. *Haut.* 1 m. à 1 m. 30. Amérique du Nord, 1731. Plante vivace, herbacée, tout à fait rustique.

A. Osyana, — * Plante ressemblant au *Panax pentaphylla*, mais à folioles profondément bifides au sommet, d'un vert tendre, à nervures primaires et pointe des folioles d'un brun chocolat. Iles de la mer du Sud, 1870.

A. papyrifera, Hook. — V. *Fatsia papyrifera*.

A. pentaphylla, Thunb. — V. *Panax spinosum*, Linn. f.

A. platanifolia, — V. *Oreopanax platanifolium*.

A. quercifolia, — * *Flles* opposées, trifoliées, à folioles profondément sinuées ; pétioles inférieurs d'environ 8 cent. de long, vert clair brillant. Nouvelle-Angleterre, 1880. Très jolie espèce de serre chaude.

A. quinquefolia, — V. *Panax quinquefolium*.

A. racemosa, Linn. * *Fl.* blanc verdâtre, à pétales étalés ; pédoncules axillaires, disposés en grappe terminale, ombelliforme. Juin. *Flles* à pétioles tripartites, chaque division porte trois à cinq folioles ovales ou cordiformes, acuminées, dentées, presque lisses. *Haut.* 1 m. à 1 m. 30. Amérique du Nord, 1658. Espèce rustique, herbacée, très ornementale.

A. reticulata, Humb. et Bonpl. *Flles* alternes, en lanière à l'état juvénile, devenant plus larges en vieillissant, vert foncé, réticulées de vert plus clair. Très belle espèce exigeant la serre chaude pendant l'hiver ; elle est très convenable pendant la belle saison pour l'ornement des serres et des appartements, car son port est léger et très gracieux.

A. rotunda, — *Flles* quelquefois composées d'une simple foliole étalée, orbiculaire, cordiforme à la base, bordée de dents à pointe blanche ; quelquefois et surtout lorsque la plante atteint son complet développement, les feuilles sont trifoliées, à folioles arrondies et dentées, la terminale du double plus grande que les latérales. Tige dressée, vert brunâtre, maculée lorsqu'elle est jeune, de taches allongées, vert pâle. Polynésie, 1882.

A. Scheffleri, Spreng. *Flles* longuement pétiolés, digitées, à cinq folioles pétiolulées, lancéolées, atténuées à la base, denticulées, glabres sur les deux faces. Tige sub-ligneuse, lisse. Nouvelle-Zélande. Serre froide.

A. Sieboldi, Hort. — V. *Fatsia japonica*, Dcne. et Planch.

A. spinosa, Linn. * Angélique en arbre. A. épineuse. ANGL. Angelica Tree. — *Flles* caduques bi- ou tripinnées, étalées, à folioles ovales, acuminées, profondément dentées. Tige simple, épineuse ainsi que les pétioles. Les feuilles forment par leur réunion une sorte de parasol très élégant. *Haut.* 2 m. 50 à 4 m. Amérique du Nord, 1688. Belle espèce rustique, à planter dans les endroits chauds et abrités.

A. spinulosa, — *Flles* alternes, pinnées, à folioles ovales, acuminées, vert foncé, bordées de petites épines rougeâtres, carminées. Tige et pétioles ponctués et suffusés de rouge carminé. 1880. Plante robuste et majestueuse, de serre chaude.

A. splendidissima, — V. *Panax Murrayi*.

A. ternata, — * *Flles* opposées, ternées, à folioles oblongues-lancéolées, vert tendre, quelquefois profondément dentées sur les bords, quelquefois sinuées. Nouvelle-Bretagne, 1879. Espèce grêle.

A. Thibautii, — V. *Oreopanax Thibautii*.

A. trifolia, — V. *Pseudopanax Lessonii*.

A. Veitchii, Hort. * *Flles* digitées, à environ onze folioles filiformes, ondulées, vert brillant en dessus, rouge foncé en dessous; pétioles allongés et grêles. Nouvelle-Calédonie, 1867. Très belle espèce à tige grêle, dressée, des plus recommandables pour les garnitures.

A. v. gracillima. Hort. — * *Flles* alternes, étalées, à folioles presque linéaires et légèrement rétrécies aux deux extrémités; nervure médiane blanc d'ivoire, proéminente. Iles de la mer du Sud, 1876. Plante dressée, d'un port élégant, voisine de l'*A. reticulata*, mais beaucoup plus belle. C'est une des meilleures plantes pour les garnitures de

Fig. 242. — Aralia Veitchii. (*Veitch.*)

table, on la greffe fréquemment sur le type. Il lui faut beaucoup de chaleur. Syn. *A. gracillima*.

A. xalapensis, — V. *Oreopanax xalapense*.

ARALIACÉES. — Famille comprenant environ trois cent quarante espèces d'arbres ou arbustes quelquefois grimpants, plus rarement plantes herbacées, souvent pubescents et quelquefois épineux. Inflorescences de diverses formes. Fleurs hermaphrodites ou unisexuées, régulières; calice à cinq dents; corolle à cinq pétales libres, à préfloraison valvaire; étamines cinq; ovaire à deux ou à cinq loges; fruit drupacé. Feuilles alternes ou rarement opposées. Cette famille a les plus grandes affinités avec les *Ombellifères*, dont elle diffère principalement par son fruit charnu drupacé; les genres les plus importants sont les *Aralia* et *Hedera*. (S. M.)

ARANÉEUX. — Se dit des poils fins, mous et entrecroisés comme les fils d'une toile d'araignée. Le mot *arachnoïde* s'applique à la plante ou à l'organe qui porte des poils aranéeux. (S. M.)

ARAUCARIA, Juss. (de *Araucanos*, son nom au Chili). Syn. *Dombeya*, Lamk.; *Eutacta*, Link. Fam. *Conifères*. — Genre renfermant environ dix espèces originaires de l'Amérique du Sud, de la Nouvelle-Calédonie, des îles de l'océan Pacifique et de l'Australie. Ce sont de beaux arbres toujours verts, à fleurs dioïques ou polygames. Feuilles persistantes, sessiles, planes, ou aciculaires. Fleurs mâles réunies en gros cônes cylindriques, terminaux ; cônes femelles très gros, globuleux, à écailles denses, ligneuses et caduques, portant chacune une graine solitaire. La plupart des espèces de ce genre ne sont malheureusement pas suffisamment rustiques pour supporter nos hivers en plein air. Peu d'arbres sont aussi symétriques, élégants, et plus convenables pour l'ornement des serres froides et des pelouses pendant la belle saison ; dans le premier cas, on les plante en pleine terre dans la serre, et dans le second, on les cultive en caisses. Les jeunes plantes en pots (l'*A. excelsa*, en particulier) sont des plus utiles pour la décoration des appartements et pour les garnitures temporaires. Les *Araucaria* aiment un compost de bonne terre franche fibreuse, de terreau de feuilles et de sable. La multiplication par semis est le moyen le plus sûr, celui qui donne les meilleurs résultats. Les graines se sèment en terrines, en caisses ou sur couche modérément chaude si leur quantité est grande ; elles sont ordinairement assez longues à germer. Les boutures se font avec des sommets de tiges que l'on plante dans des pots pleins de sable, où on les fixe solidement ; on les place d'abord dans un endroit froid, puis, on peut ensuite les chauffer légèrement. Lorsqu'elles sont enracinées, on les empote séparément dans le compost ci-dessus. Les pousses qu'émettent les plantes sur lesquelles ont été prises les boutures peuvent, lorsqu'elles sont suffisamment développées, servir, à leur tour, de boutures, que l'on traite de la même manière. Bien que la greffe soit quelquefois employée, les deux moyens ci-dessus sont les plus pratiques.

A. Balansæ, — *Cônes mâles* cylindro-coniques, de 5 cent. ; les femelles, globuleux-elliptiques, de 10 cent. ; écailles obovales, cunéiformes. *Flles* ovales, triangulaires, uncinées et arquées au sommet, imbriquées autour des rameaux, ceux-ci simples et distiques. *Haut.* 40 à 50 m. Nouvelle-Calédonie, 1875. Bel arbre de serre froide à rameaux ayant un aspect plumeux.

A. Bidwillii, Hook. * Angl. Bunya-Bunya Pine ; Moreton Bay Pine. — *Cônes* sub-globuleux, ayant 25 à 30 cent. dans leur plus grand diamètre et 22 à 25 cent. dans le plus petit. *Flles* ovales-lancéolées, acuminées, légèrement convexes en dessus, concaves en dessous, coriaces, vert foncé brillant, disposées en deux rangs presque horizontaux. *Haut.* 45 m. Moreton Bay. Port symétrique et très régulier. Serre froide.

A. brasiliensis, Rich. *Flles* oblongues, lancéolées, très atténuées au sommet, lâchement imbriquées, vert foncé ; partie inférieure du tronc ordinairement nue; branches formant une tête arrondie. *Haut.* 20 à 30 m. Brésil, 1819. Les *A. b. gracilis*, Hort., et *A. b. Ridolfiana*, Savi, sont deux formes de cette espèce.

A. columnaris, Hort. Syn de *Cookii*, R. Br.

A. Cookii, R. Br.* *Flles* courtes, aciculaires, compactes, imbriquées autour des branches, celles-ci ayant l'aspect de frondes. M. A. Abbay dit « qu'il a la curieuse faculté, même lorsqu'il est isolé, de perdre ses branches sur les cinq sixièmes au plus de sa hauteur et de les remplacer par des pousses plus courtes et plus touffues ; particularité qui donne à l'arbre la forme d'une colonne ; ressemblance encore augmentée par la masse de feuillage terminal formant une sorte de chapiteau ». *Haut.* 60 m. Nouvelle-Calédonie, 1851. Syn. *A. columnaris*, Hort. (F. d. S. 7, 333, 734.)

A. Cunninghami, Ait. * *Flles* des rameaux stériles aciculaires, obscurément quadrangulaires, rigides, aiguës ; celles des branches fertiles plus courtes, plus fortes, très apprimées, vert tendre ; branches supérieures ascendantes, les inférieures horizontales. *Haut.* 30 m. Moreton-Bay. Cette belle espèce s'est montrée tout à fait rustique sur la côte sud-ouest de l'Angleterre ; sous notre climat parisien, il lui faut sans doute l'orangerie. (R. G. 1888, p. 568.)

A. C. glauca, Hort. Très belle variété à feuillage glauque, argenté.

A. excelsa, R. Br. * Pin de l'Ile de Norfolk. Angl. The Norfolk Island Pine. — *Flles* aciculaires, arquées, très acuminées, vert tendre, compactes sur les rameaux ; ceux-ci distiques sur les branches et formant des sortes de frondes deltoïdes, horizontales ou pendantes, verticillées sur la tige.

Fig. 243. — Araucaria excelsa.

Bien cultivée, cette espèce est d'un port très régulier, des mieux appropriées à l'ornementation des appartements et des serres, surtout lorsqu'elle est jeune. Dans son pays elle atteint environ 45 m. de haut, et le tronc mesure 6 m. ou plus de circonférence. Ile de Norfolk, 1793. Il en existe plusieurs variétés, les plus distinctes sont : l'*A. e. glauca* à feuillage plus clair et très glauque et l'*A. e. robusta*, plus fort dans toutes ses parties.

A. Goldieana. — * *Flles* verticillées, pendantes, vert foncé, de dimensions variables. Nouvelle-Calédonie. Espèce élégante et très distincte, voisine de l'*A. Rulei*, des plus convenables pour l'ornement des jardins d'hiver.

A. imbricata, Pav.* Angl. The Monkey Puzzle. — *Fl.* dioïques ; les mâles disposées en bouquets ovales pédonculés, de six à sept fleurs jaunes, avec nombreuses bractées imbriquées, allongées et récurvées au sommet ; les femelles en chatons ovales, à bractées nombreuses, cunéiformes, à pointe étroite, oblongues, fragiles, ces chatons naissent au sommet des rameaux. *Cônes* globuleux à maturité, ayant 8 à 12 cent. de diamètre, brun foncée. Branches verticillées, horizontales et ascendantes au sommet. *Flles* ovales, lancéolées, sessiles, épaissies à la base, rigides, coriaces, droites, un peu carénées à la base et fortement mucronées au sommet, disposées en verticilles de sept ou huit, imbriquées et entourant complètement les branches, concaves, glabres, vert foncé, brillantes, marquées de lignes longitudinales et ponctuées sur les deux faces. *Haut.* 15 à 30 m. Chili, 1796. Arbre bien connu, majestueux,

Fig. 244. — ARAUCARIA IMBRICATA. (*Rev. Hort.*) Chatons mâles.

d'un aspect particulier, précieux pour l'ornement des parcs et jardins d'agrément. L'*A. imbricata* est rustique en Angleterre, dans le centre et dans l'ouest de la France,

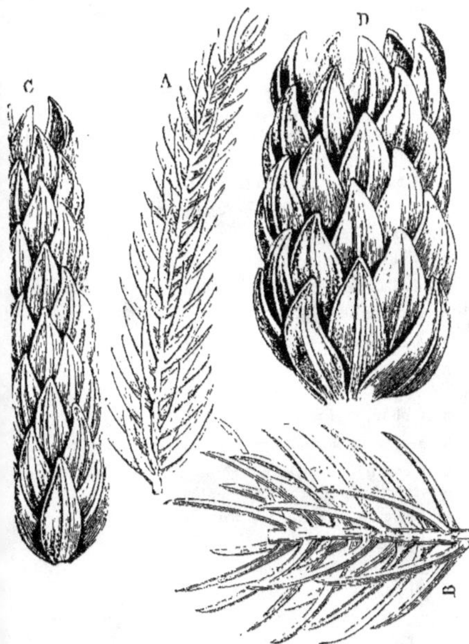

Fig. 245. — ARAUCARIA RULEI. (*Rev. Hort.*)
A et B, rameaux de jeunes individus; C et D, rameaux de sujets adultes.

mais il ne supporte que difficilement le climat parisien, trop variable. (G. C. 1890, II, p. 593, 5, 118.)

A. Muelleri, — *Flles* ovales, imbriquées, presque planes, marquées longitudinalement de petits points blanchâtres disposés en séries. *Cônes* ovoïdes, de 13 cent. de long et 9 cent. de large, à écailles d'environ 3 cent. en tous sens. Nouvelle-Calédonie, 1884. Plante devenant à l'état adulte un grand arbre à branches étalées, plumeuses. (F. P. 1884, p. 27; I. H. ser. IV, 449.)

A. Rulei, — * *Cônes mâles* oblongs, obtus; les *femelles* ovales. *Flles* oblongues-lancéolées, à nervure dorsale proéminente, plus apprimées et moins aiguës que celles de l'*A. imbricata*, disposées en quatre rangées. Branches horizontales; rameaux souvent entièrement pendants. *Haut.* 15 m. Papouasie.

A. R. elegans, — * *Flles* plus petites, verticilles de branches plus rapprochés; rameaux plus grêles. Forme élégante, relativement naine, très gracieuse et recommandable.

ARAUJA, Brot. (son nom vulgaire au Brésil). SYNS. *Pentaphragma*, Zucc.; *Physianthus*, Mart.; *Schubertia*, Mart. et Zucc. FAM. *Asclépiadées*. — Genre comprenant environ quatorze espèces d'arbustes ou sous-arbrisseaux grimpants, de serre chaude ou tempérée, ou même demi-rustiques dans le midi de la France, canescents ou velus et originaires de l'Amérique tropicale et sub-tropicale, plus connus sous le nom de *Physianthus*. Fleurs grandes, blanc terne ou rose; calice à cinq divisions acrescentes, foliacées; corolle hypocratériforme ou presque infundibuliforme, à limbe étalé ou subcampanulé, à cinq divisions; coronule staminale adnée à la base de la corolle; cymes bi- ou pauciflores, à pédoncules solitaires, axillaires. Le fruit est un follicule ovoïde, sillonné, mou, renfermant un grand nombre de graines surmontées de longues aigrettes soyeuses. Feuilles opposées. Les *Arauja* se plaisent dans un compost de terre franche siliceuse et de terre franche fibreuse, avec un bon drainage. Multiplication en été par boutures de bois mûr, quel'on plante à chaud et sous cloches, et par graines que l'on sème au printemps sur couche. L'*A. albens* vient en serre froide dans notre climat; il est presque rustique dans la région méridionale et très propre à garnir les treillages, les piliers ou la charpente des serres; les longues aigrettes soyeuses dont ses graines sont surmontées servent, comme celles de l'*Asclepias Cornuti*, à confectionner les pompons dits « Boules de neige de Caracas ».

A. albens, G. Don. Syn. de *A. cericofera*, Brot.

A. angustifolia, Steud. *Fl.* vertes, blanches et pourpres; lobes de la coronule denticulés; corolle rotacée, campanulée; stigmates exerts; pédoncules uniflores. Juin. *Flles* étroites, lancéolées, hastées, acuminées. *Haut.* 6 m. Uruguay, 1865. Sous-arbrisseau grimpant, de serre froide. (B. M. 5481.) Syn. *Physianthus megapotamicus*.

A. cericofera, Brot. * ANGL. White Bladder Flower. — *Fl.* blanches, teintées de rouge, duveteuses, à corolle urcéolée, campanulée; cymes sub-dichotomes. Juillet. *Flles* opposées, cordiformes, blanches et pruineuses en dessous, couvertes en dessus de poils fins, blancs et épars. Brésil, 1830. Arbuste grimpant, de serre froide. Syns. *A. albens*, G. Don et *Physianthus albens*. (B. M. 3201; B. R. 1759; R. H. 1857, 88.) — Cet arbuste est grimpant et rustique dans le midi et dans différentes régions lorsqu'il est planté au pied d'un mur bien exposé.

A. grandiflora, — * *Fl.* blanc pur, très odorantes, en entonnoir, de presque 8 cent. de diamètre, disposées en bouquets d'environ six fleurs. Septembre. *Flles* obovales, cordiformes, aiguës. Brésil, 1837. Syn. *Schubertia grandiflora*, Mart. (Gn. 30 juillet 1887.)

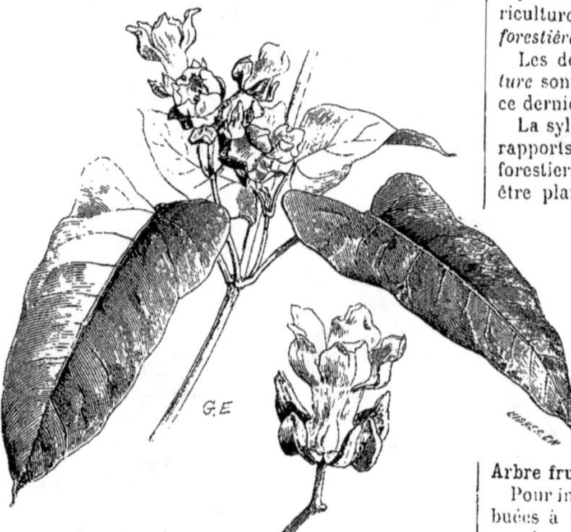

Fig. 216. — ARAUJA CERICOFERA. (*Rev. Hort.*)

A. graveolens, Mart. *Fl.* blanches, réunies par six ou sept en ombelles. Juillet. *Flles* obovales, cordiformes, aiguës, mollement pubescentes, brillantes en dessus. *Haut.* 2 m. Brésil, 1835. Sous-arbrisseau grimpant, de serre chaude. Syns. *Physianthus auricomus*. (B. M. 3891.) *Schubertia graveolens*, Lindl. (B. R. 32, 21.)

ARBORESCENT. — Qui a l'aspect d'un arbre. — V. ce mot.

ARBORETUM. — Collection d'arbres rustiques, formée pour l'ornement ou pour l'étude, et qui, lorsqu'elle est bien soignée, devient du plus haut intérêt. Un *arboretum* est un abri sérieux contre les vents et adoucit en conséquence le climat ; il améliore encore les mauvais terrains, forme un épais rideau pouvant cacher les objets désagréables à la vue et augmente beaucoup l'effet pittoresque d'un parc. Pour être bien disposé, et quoique sa distribution systématique rende l'étude des arbres plus facile, il doit être planté de façon à être aussi décoratif que possible, et non en lignes régulières, comme c'est le cas dans beaucoup de jardins botaniques.

ARBORICULTEUR. — Cultivateur d'arbres, et plus particulièrement cultivateur d'arbres à fruits.

Quand les arboriculteurs ne cultivent qu'une seule espèce, on les appelle plus souvent d'un nom dans la composition duquel entre celui de l'espèce pour la culture de laquelle ils se sont spécialisés. Ainsi, on dit *viticulteur*, *pomiculteur*. On n'a pas encore imaginé un nom spécial pour désigner l'art des Montreuillois, qui se livrent avec tant de succès à la culture du Pêcher. (G. B.)

ARBORICULTURE. — La branche du jardinage qui traite généralement de la multiplication et de la culture des végétaux ligneux, a reçu le nom d'*arboriculture*.

Selon qu'elle se spécialise dans l'exploitation des espèces fruitières, forestières ou d'ornement, l'arboriculture s'appelle elle-même *arboriculture fruitière*, *forestière* ou *d'ornement*.

Les deux termes *arboriculture forestière* et *sylviculture* sont synonymes ; on emploie même plus souvent ce dernier, plus bref et tout aussi explicite.

La sylviculture et l'arboriculture d'ornement ont des rapports intimes. Beaucoup d'arbres et d'arbustes sont forestiers et en même temps assez décoratifs pour être plantés dans les jardins. (G. B.)

ARBOUSIER. — V. **Arbutus.**

ARBOUSIER d'Amérique. — V. **Symphoricarpus vulgaris.**

ARBOUSTE d'Astrakhan. — V. **Courge patisson.**

ARBRE. — Végétal ligneux, s'élevant à plus de 4 mètres ; ayant un tronc simple, nu et du sommet duquel partent les principales ramifications. — V. aussi **Arbre fruitier.**

Pour indiquer les propriétés, vraies ou fausses, attribuées à un certain nombre d'espèces d'arbres, ainsi que leur usage, et comme pour faire allusion à ces propriétés ou à leur ressemblance avec des objets d'une autre nature, on fait souvent, dans le langage vulgaire, suivre ce mot *arbre* d'un autre nom qui le qualifie dans un de ces sens. Voici les plus répandus :

A. aux Anémones, — Les *Calycanthus*.

A. des Banians, — *Ficus engalensis*.

A. à baume, — Plusieurs espèces de la famille des Burséracées, telles que les *Bursera*, les *Balsamodendron*, les *Hedwigia*, etc.

A. à beurre, — *Bassia butyracea*.

A. du Brésil, — *Cæsalpinia echinata*.

A. à café, — *Gymnocladus canadensis*.

A. à calebasses, — *Crescentia Cujete*.

A. de Castor, — *Magnolia glauca*.

A. à cannelle, — *Laurus Quixos*.

A. à chandelle, — *Stillingia sebifera*.

A. à chapelets, — *Melia Azedarach* et *Abrus precatorius*.

A. à chou, — *Euterpe oleracea*.

A. à cire, — *Myrica cerifera*, *Ceroxylon andicola*, etc.

A. à corail, — *Erythrina corallodendron*, et *Arbutus Andrachne*.

A. de Cypre, — *Pinus halepensis*, etc.

A. du Diable, — *Hura crepitans*.

A. de Dieu, — *Ficus religiosa*.

A. à l'encens, — Plusieurs arbres produisant des résines, tels que les *Amyris balsamifera*, *Bursera*, *Icia*, *Protium*, etc.

A. à enivrer, — Les *Piscidia*, *Anamirta Cocculus*, etc.

A. de la folie, — *Amyris Carana*.

A. aux fraises, — *Arbutus Unedo*.

A. à la gale, — *Rhus Toxicodendron*.

A. à la glu, — *Ilex Aquifolium.*

A. à gomme, — Plusieurs *Acacia, l'Eucalyptus resinifera*, etc.

A. aux grives, — *Sorbus Aucuparia*, et autres.

A. à l'huile, — *Aleurites cordata, Terminalia Catappa*, etc.

A. immortel, — *Erythrina Corallodendron.*

A. impudique, — Plusieurs *Pandanus.*

A. de Judée, — *Cercis Siliquastrum.*

A. au kermès, — *Quercus coccifera.*

A. au lait, — *Galactodendron utile*, et autres.

A. aux lis, — *Liriodendron tulipifera.*

A. de mai, — *Hypericum perforatum*, et autres.

A. au mastic, — *Amyris Elemifera.*

A. de Moïse, — *Cratægus Oxyacantha.*

A. à la migraine, — *Premna scandens.*

A. de mort, — *Hippomane Mancenilla.*

A. de neige, — *Viburnum Opulus, Chionanthus virgiica*, etc.

A. des pagodes, — *Ficus religiosa.*

A. à pain, — *Artocarpus incisa.*

A. à papier, — *Broussonetia papyrifera.*

A. de paradis, — *Thuja occidentalis.*

A. à perruques, — *Rhus cotinus.*

A. aux pistaches, — *Staphylea pinnata.*

A. pluvieux, — *Cæsalpinia pluviosa.*

A. aux pois, — *Caragana arborescens.*

A. à poison, — *Hippomane Mancenilla, Antiaris toxiaria, Rhus Toxicodendron*, etc.

A. au poivre, — *Schinus molle, Vitex Agnus-castus*, etc.

A. puant, — *Sterculia fœtida, Anagyris fœtida*, etc.

A. aux puces, — *Rhus Toxicodendron.*

A. aux quarante écus, — *Ginko biloba.*

A. aux quatre épices, — *Agalophyllum (Ravensara) aromaticum.*

A. aux raisins, — Les *Coccoloba.*

A. de la sagesse, — *Betula alba.*

A. au sagou, — *Sagus Rumphii.*

A. de sang, — *Vismia guyanensis.*

A. saint, — *Melia Azedarach.*

A. au savon, — Les *Sapindus* et *Quillaja.*

A. aux savonnettes, — *Kœlreuteria paniculata, Sapinus Saponaria.*

A. à seringues, — Les *Hevea.*

A. de soie, — *Albizzia Julibrissin.*

A. de soie (FAUX), — *Asclepias gigantea.*

A. à suif, — *Stillingia (Excœcaria) sebifera*, et autres.

A. triste, — *Nyctanthes Arbor tristis.*

A. aux tulipes, — *Liriodendron tulipifera.*

A. à la vache, — *Galactodendron utile.*

A. au vernis, — *Rhus vernix, Aleurites cordata*, plusieurs *Terminalia*, etc.

A. à vessie, — *Colutea arborescens.*

A. de vie, — Les *Thuja.*

A. du voyageur, — *Ravenala madagascariensis.*

(S. M.)

ARBRE formé. — Terme usité pour désigner, chez les pépiniéristes et au jardin, un arbre fruitier dont les branches, grâce à une certaine direction, représentent une forme spéciale.

Les trois parties essentielles des arbres formés sont : la *tige*, les *branches charpentières* et les *branches fruitières*.

Les branches fruitières sont portées par les branches charpentières. Ces dernières sont, par rapport à la tige dont elles procèdent, établies de diverses manières et dirigées dans des sens différents, selon les formes qu'elles doivent représenter. — V. aussi **Forme**.

(G. B.)

ARBRE fruitier. — L'arbre fruitier est un végétal ligneux, muni d'une tige ou tronc dont la hauteur dépasse toujours celle d'un homme ; il produit des fruits comestibles.

Certains végétaux, ligneux aussi et produisant également des fruits comestibles, n'atteignent pas ou à peine la hauteur d'un homme ; ils n'ont généralement point de tronc, comme le groseillier ; on les désigne sous la dénomination générale d'arbustes fruitiers.

Tout arbre est un être vivant qui absorbe des aliments, se les assimile, transpire, respire et se reproduit naturellement au moyen d'une graine.

L'absorption des aliments, leur circulation, leur assimilation, la respiration, la reproduction sont autant de fonctions que remplissent certaines parties de l'arbre appelées organes.

L'étude de ces fonctions constitue ce qu'on appelle la physiologie.

Par rapport à la culture, l'arbre fruitier peut être considéré comme une sorte de machine à l'aide de laquelle le jardinier produit des fruits en empruntant à l'atmosphère et au sol les éléments de cette production.

Au point de vue purement économique, le fruit est la partie utile, la partie comestible de l'arbre ; il résulte de l'accomplissement d'une fonction, celle de la reproduction, qu'en termes populaires nous appelons la floraison ou le *nouement.*

On a constaté qu'il y a entre toutes les fonctions organiques de l'arbre une certaine solidarité. Exemple : l'absorption des aliments par les racines est accélérée par l'évaporation, dont les parties aériennes de l'arbre sont l'objet, et la dernière fonction, celle de la reproduction, qui se traduit par l'apparition des fruits est, en quelque sorte, le résultat du bon accomplissement de toutes les autres.

Si la fructification est l'effet et comme la conséquence finale des autres fonctions : absorption, nutrition, transpiration, respiration, etc., il en découle que si l'on protège et accélère ces dernières, on protège et accélère aussi la mise à fruit de l'arbre.

Nous étudierons les principales fonctions physiologiques en étudiant les organes qui en sont le centre : *racine, tige, branche, feuille, fleur, fruit, graine.* (G. B.)

ARBRES pendants ou pleureurs. — Plusieurs genres d'arbres possèdent des espèces ou variétés à branches plus ou moins réfléchies, pendantes. Tous ces arbres sont utiles pour l'ornement des parcs et jardins, soit en sujets isolés sur les pelouses, soit sur le bord des pièces d'eau, ou encore pour former des berceaux ou pour abriter un endroit de repos, une tombe, etc.

Voici la plupart de ceux employés pour ces différents usages.

Abies pectinata pendula, Betula alba pendula, Caragana arborescens pendula, Cedrus atlantica pendula, Corylus Avellana pendula, Cratægus Oxyacantha pendula,

Fig. 217. — Betula alba pendula. (*Rev. Hort.*)

Cerasus semperflorens pendula, Laburnum (Cytisus) pendulum, Fagus sylvatica et *F. purpurea pendula, Fraxinus excelsior pendula, Gleditschia triacanthos pendula, Ilex Aquifolium pendulum, Juglans Regia pendula, Juniperus virginiana pendula, Larix europea pendula, Quercus pedunculata* et *Q. Robur pendula, Robinia Pseudo-Acacia* et *R. P.-A. monophylla pendula, Salix americana, S. babylonia* (Saule pleureur) et *S. capræa pendula, Sambucus nigra pendula, Sophora japonica pendula, Taxodium distichum pendulum* et *T. pendulum novum, Taxus baccata Dowastonii pendula, Tuja orientalis pendula, Ulmus americana, U. campestris, U. glabra* et *U. montana pendula, Sequoia (Wellingtonia) gigantea pendula*, etc. (S. M.)

ARBRES résineux. — Nom familier des conifères.

ARBRES verts. — On donne ce nom aux conifères, tels que les Pins, Sapins, Thuja, etc., et quelquefois aussi aux arbres à feuilles persistantes. (S. M.)

ARBRISSEAU, Angl. Shrub. — Plante ligneuse, ramifiée dès la base et pouvant atteindre 3 à 4 mètres de hauteur ; les arbrisseaux diffèrent surtout des *arbres* par leur taille et par leur tronc à peu près nul. Ex. : les Troènes, les Noisetiers, etc. V. aussi **Arbusteries et Arbustes.** (S. M.)

ARBRISSEAU (sous-). — Ce mot est souvent employé comme synonyme d'*Arbuste* et appliqué aux plantes ligneuses, de taille minuscule. Ex. : le Thym, la Santoline, etc. Quelques auteurs les distinguent par leurs tiges seulement ligneuses à la base, tandis que les ramifications terminales sont herbacées et se renouvellent chaque année. (S. M.)

ARBUSTE, Angl. Shrub. — Plante ligneuse, ramifiée dès la base et pouvant atteindre 1 m. 50 de hauteur. Ex. : les Rosiers, les Bruyères, etc. Certains auteurs ont voulu distinguer les *arbustes* des *arbrisseaux* par l'absence de bourgeons à l'aisselle des feuilles des premiers. En pratique, ces deux mots sont fréquemment employés sans discernement et même l'un pour l'autre. V. aussi **Arbusteries et Arbustes.** (S. M.)

ARBUSTES de terre de bruyère, Angl. American plants. — Par ce terme familier, on désigne les arbustes rustiques qui exigent la terre de bruyère pour leur culture; citons plus spécialement les *Rhododendron, Azalea, Camellia, Kalmia*, etc.

ARBUSTERIES ET ARBUSTES, Angl. Shrubberies and Shrub. — Quoique peu employé, le mot arbusterie implique assez bien l'idée d'un massif d'arbustes, que nous avons à traiter ici. Les groupes portant ce nom renferment fréquemment des plantes qui ne sont pas des arbustes dans le strict sens du mot.

Les arbustes se divisent en deux grandes classes: celle des arbustes à *feuilles caduques* et celle des arbustes à *feuilles persistantes;* toutes deux comptent de nombreux représentants dans les jardins. En général, les arbustes ne reçoivent pas tous les soins et l'attention qu'ils méritent. Ils jouent un rôle très important dans tous les parcs et jardins ; qu'on les supprime, et la moitié de la beauté du site ou du paysage est enlevée. Quelques-uns font plus d'effet lorsqu'ils forment à eux seuls de larges touffes, les *Rhododendrons*, par exemple, bien qu'on puisse cependant les associer aux autres arbustes de terre de bruyère.

Un point de grande importance et que l'on néglige probablement trop souvent, est que les arbustes qui doivent mûrir leur bois pour la floraison future, qu'ils soient à feuilles caduques ou à feuilles persistantes, ne devraient pas être plantés à l'ombre de grands arbres. Il leur faut, au contraire, une situation dégagée et beaucoup de lumière, pour qu'ils puissent pousser convenablement. Il y a cependant quelques arbustes toujours verts qui viennent bien à l'ombre, mais le nombre en est très restreint. Les arbres forestiers ne doivent pas être admis d'une façon permanente dans les arbusteries; si on les y plante, ce ne doit être qu'avec l'intention de les retirer plus tard. Les arbres peuvent cependant être utilisés pour former un fond si on peut les planter à une distance telle que leurs racines ne puissent venir épuiser la terre. Les massifs d'arbustes mélangés sont généralement combinés de façon à faire de l'effet pendant toute la belle saison; cependant, par un choix raisonné, on peut les rendre décoratifs par leurs fleurs ou par leur feuillage pendant toute l'année. Il n'est de meilleures haies ou rideaux propres à sé-

)arer les différentes parties d'un jardin, que ceux faits ıvec les arbustes toujours verts. Les arbustes de terre le bruyère, ne dépassant pas 1 m. ou 1 m. 30, doi-;ent de préférence être plantés en massifs ou plates-)andes distinctes, ou bordés d'autres plantes naines.

Un nombre infini d'espèces à feuilles caduques ou)ersistantes peut être employé pour la garniture d'un nassif, même de dimensions moyennes; mais ce soin ıe doit être confié qu'aux personnes connaissant bien e port de chaque arbuste et les dimensions qu'il peut ıtteindre. Le bord, par exemple, doit être réservé aux)lantes qui restent compactes et ne sont pas suscep-ibles d'atteindre une grande hauteur, tandis que le ond ou le centre doit être garni avec les arbustes qui ınt un mode de végétation tout à fait différent; 'espace intermédiaire doit être rempli avec des)lantes de taille moyenne; on obtiendra ainsi une ıente uniforme. Il faut aussi éviter de planter trop erré; mais, lorsqu'on garnit à neuf une arbusterie, n peut y introduire un certain nombre d'arbustes en upplément, placés là en pépinière, pour les replanter .illeurs au bout d'un an ou deux, si toutefois les ar-ıustes nécessaires à la garniture du massif sont bien epris et s'ils commencent à avoir besoin de place.

Les arbustes disposés en massifs et en mélange doi-'ent être surveillés constamment; c'est le moyen de 'assurer qu'aucun d'eux (surtout ceux qui sont vigou-'eux) n'étouffe pas son voisin. C'est un soin que mal-ıeureusement on néglige; il en résulte que les espèces . végétation lente, qui sont souvent les plus dignes d'in-érêt, sont détruites ou déformées par le voisinage rop rapproché d'une espèce vorace ou traçante. C'est ouvent le cas des Aucuba, Buis, Laurier de Portugal, fs, etc. Il faut, dans ce cas, les maintenir dans des roportions raisonnables en supprimant les drageons t en coupant les branches gênantes, ou mieux encore es reléguer au fond ou au centre du massif où ils peu-ent devenir touffus sans nuire aux arbustes plus dé-cats.

Le terrain dans lequel on a l'intention de former un ıassif d'arbustes doit être bien défoncé ou au moins rofondément labouré; il est alors facile de faire des 'ous aux endroits nécessaires, et la terre étant de ouveau remuée, devient très fine et pénètre bien entre es racines. Les mois d'octobre-novembre sont les ıeilleurs pour la transplantation des arbustes, mais eaucoup d'espèces toujours vertes peuvent être arra-hées avec une bonne motte et transplantées à n'im-orte quelle époque depuis août jusqu'en mai de année suivante, sauf cependant lorsqu'il gèle ou qu'il)mbe de la neige. Les racines ne doivent être laissées l'air libre que juste le temps nécessaire pour la trans-lantation, car elles sont presque toujours un peu en égétation et la plante souffre lorsque ses racines se essèchent.

Taille estivale des arbustes. — Nous avons déjà dit lus haut que les arbustes disposés en massifs et en ıélange demandaient, pendant la période de végéta-on, une attention continuelle pour que certaines lantes vigoureuses n'étouffent pas leurs voisines. La ıille d'été est malheureusement trop négligée; c'est qu'à ette époque les occupations sont nombreuses; cepen-ant, lorsqu'elle peut être pratiquée, ses effets sont emarquables. Les arbustes fleurissent, sauf quelques xceptions, sur le bois de l'année précédente, et chez uelques espèces, les fleurs n'apparaissent que depuis le milieu de l'été jusqu'à l'automne. Une parfaite con-naissance du mode de végétation et de l'époque de flo-raison de chaque espèce est donc nécessaire pour effec-tuer cette opération dans de bonnes conditions. Si, par exemple, on coupe à l'automne ou au printemps les branches d'un arbuste qui fleurit sur le bois de l'année précédente, on supprime naturellement les boutons à fleurs et la floraison est alors nulle. Les *Deutzia*, *Forsythia*, *Lilas*, les différentes espèces de *Philadelphus*, les *Weigelia*, *Viburnum*, certains Rosiers etc., sont dans ce cas. L'époque à laquelle on doit tailler ces arbustes est l'été, dès que la floraison est terminée. Cependant quelques jardiniers les laissent intacts, ce qui n'est guère possible dans les arbusteries en mélange. Lorsqu'on coupe les branches dès que les fleurs sont tombées, les nouvelles pousses qui se déve-lopperont à l'extrémité des tiges rabattues auront le temps de parfaire leur végétation et fleuriront ainsi au printemps suivant.

Les Rhododendrons et les Azalées rustiques doivent, lorsque le besoin s'en fait sentir, être taillés à la même époque, c'est-à-dire dès que les fleurs sont fanées. Beaucoup d'arbustes toujours verts, cultivés principa-lement pour leur feuillage, se trouvent très bien d'une taille estivale plus ou moins sévère, selon la place qu'ils occupent ou l'emploi auquel on les destine. La taille des arbustes doit toujours être exécutée, autant que possible à la serpette ou au moins au sécateur; un travail fait ainsi avec discernement n'expose pas à couper les feuilles ou à meurtrir les branches qui doivent rester. Le croissant et les cisailles sont de mau-vais instruments pour cet usage; sauf pour les haies et les bordures de Buis, Houx, Aubépines, Troène et Ifs qui supportent bien la tonte.

ARBUTUS, Linn. (de *arboise*, nom celtique qui signifie arbrisseau austère; allusion aux qualités austères du fruit). **Arbousier**, Angl. Strawberry tree. Syn. *Unedo*, Hoffm. et Link. Fam. *Ericacées*. — Genre comprenant environ dix espèces originaires de l'Europe méridio-

218. — Arbutus. (Fleur.)

nale et de l'Amérique septentrionale. Ce sont des arbres ou des arbrisseaux demi-rustiques, à feuilles persis-tantes, alternes, rappelant celles des Lauriers. Fleurs disposées en panicules ou grappes terminales, simples ou rameuses; calice à cinq sépales quelquefois légère-ment soudés à la base; corolle monopétale, globuleuse ou ovale-campanulée, à cinq divisions plus ou moins réfléchies; étamines dix, à filets souvent renflés à la base; anthères appendiculées; style simple. Le fruit, nommé *Arbouse*, est une baie comestible, arrondie, colorée et renfermant de nombreuses graines. Les Arbousiers sont propres à orner les massifs d'arbustes, ainsi qu'à former des sujets isolés sur les pelouses; ils se plaisent dans un terrain léger, sableux ou contenant un peu de terre de bruyère. On les propage par graines que l'on sème en mars, dans du sable et sur couche ; par la greffe en écusson, en fente ou en approche et par marcottes. La greffe en écusson est celle qui donne les meilleurs résultats ; on se sert généralement de l'*A. Unedo* comme sujet. Ces arbres sont rustiques dans le midi de la France, mais dans le nord, il leur faut une exposition abritée et une couverture de litière ou de feuilles pendant l'hiver ; il est cependant plus prudent de les rentrer en orangerie.

A. alpina, Linn. — V. *Arctostaphyllus alpina*, Spreng.

A. Andrachne, Linn. * *Fl.* blanc verdâtre, en panicules terminales, dressées, couvertes d'un duvet visqueux. Mars-avril. *Flles* oblongues, sub-obtuses, glabres, les unes entières, les autres un peu denticulées au sommet. *Haut.* 3 à 4 m. Grèce, 1724. Bel arbuste ornemental. (S. F. G. 374 ; B. M. 2024 ; B. R. 113.)

A. A. serratifolia, Hort. *Fl.* jaunâtres, disposées en assez gros bouquet terminal. *Flles* denticulées et plus étroites que celles du type. Syn. *A. serratifolia*, Hort. (L. B. C. 580.)

249. — Arbutus Andrachne.

A. andrachnoides, Hort. Syn. de *A. hydrida*, Hort.

A. canariensis, Linn. *Fl.* blanc verdâtre, en panicules dressées, couvertes de poils hispides. Mai. *Flles* oblongues, lancéolées, denticulées, glauques en dessous. *Haut.* 2 m. 50 à 3 m. Iles Canaries, 1796. Serre froide. (B. M. 1577.)

A. densiflora, Humb. et Bonpl. * *Fl.* blanches, à corolle ovale ; pédicelles munis de trois bractées à la base ; panicules terminales, composées de grappes compactes. *Flles* de 10 à 12 cent. de long, longuement pétiolées, oblongues, aiguës, à dents aiguës, coriaces, glabres et brillantes en dessus, duveteuses en dessous ; nervure médiane à pubescence roussâtre ; rameaux anguleux, velus. *Haut.* 6 m. Mexique, 1826. Serre froide.

A. hybrida, Hort. * *Fl.* blanches, en panicules terminales, pendantes, duveteuses. Septembre à décembre. *Flles* oblongues, aiguës, denticulées, glabres ; rameaux velus. *Haut.* 6 à 12 m. Hybride horticole. demi-rustique, obtenu vers 1800. Syn. *A. andrachnoides*, Hort. (B. R. 619.)

A. Menziesii, Pursh. * *Fl.* blanches, en grappes compactes, axillaires et terminales. Septembre. *Flles* largement ovales, très entières, glabres, longuement pétiolées. *Haut.* 2 à 3 m. Amérique du nord-ouest, 1827. Bel arbrisseau rustique. L'*A. laurifolia*, D.-P. Thou, se rapproche de cette espèce. Syn. *A. procera*, Lindl. (B. R. 1753 ; P. M. B. 147.)

A. mollis, Humb. et Bonpl. *Fl.* roses, pendantes, en grappes terminales, compactes, paniculées. Juin. *Flles* oblongues, aiguës, entières, glabres, à dents aiguës, coriaces, couvertes en dessus d'une pubescence molle et d'un tomentum blanchâtre en dessous. *Haut.* 2 m. Mexique. Serre froide. (B. M. 4595 ; L. J. F. 164.)

A. pilosa, Grah. — V. *Pernettya pilosa*, G. Don.

A. procera, Lindl. Syn. de *A. Menziesii*, Pursh.

A. serratifolia, Hort. Syn. de *A. Andrachne serratifolia*, Hort.

A. Unedo, Linn. * Fraisier en arbre, Arbre aux fraises. Angl. Strawberry tree. — *Fl.* blanches, rouge foncé chez quelques variétés, pendantes, en grappes terminales, paniculées, munies de bractées. Septembre. *Fr.* gros, écarlate, presque globuleux, chargé d'aspérités, comestible. *Flles* oblongues-lancéolées, glabres, denticulées ; rameaux couverts de poils glanduleux. *Haut.* 2 à 3 m. Europe méridionale, midi de la France, nord-ouest de l'Irlande, etc. (S. F. G. 373 ; B. M. 2319.) Il existe plusieurs variétés cultivées. C'est un de nos plus beaux arbustes d'ornement dans les mois d'octobre et novembre, époque pendant laquelle il fleurit et mûrit ses fruits de l'année précédente. Demi-rustique.

A. Uva-ursi, Linn. — V. *Arctostaphyllos Uva-ursi*, Spreng.

A. xalapensis, Humb. et Bonpl. *Fl.* blanc rougeâtre ; corolle ovale : grappes nombreuses, paniculées, terminales. Avril. *Flles* pétiolées, oblongues, aiguës, très entières, d'environ 5 cent. de long, glabres en dessus, mais couvertes en dessous d'un tomentum brunâtre ; écorce pourpre brunâtre, se détachant en feuillets. Jeunes rameaux glabres, mais pourvus de poils écailleux. *Haut.* 2 à 3 m. Mexique. Serre froide.

ARCHANGELIQUE. — V. **Angelica Archangelica.**

ARCHÉGONE. — Nom donné à l'organe femelle des Fougères, des Lycopodes et des Cryptogames vasculaires en général. Cet organe, de proportions microscopiques, varie beaucoup dans sa structure chez les différents végétaux ; mais c'est toujours un sac pluri-cellulaire, renfermant une seule cellule femelle, nommée *oosphère* qui, après sa fusion avec un anthérozoïde (V. ce mot) devient un *oospore* et produit ensuite un individu sexué, c'est-à-dire une plante parfaite. V. aussi **Prothalle.** (S. M.)

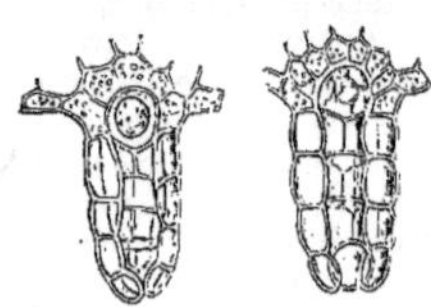

250. — Archégones.

ARCHONTOPHENIX, Wendl. et Drude (de *archonte*, chef, et *Phœnix;* allusion à leur port majestueux). Fam. *Palmiers.* — Genre comprenant trois espèces originaires de l'Australie orientale, tropicale et extra-tropicale. Ce sont de beaux palmiers de serre froide ou tempérée, voisins des *Ptychosperma*, et dont une espèce est répandue dans les serres sous le nom de *Seaforthia elegans.* Ils ont un tronc élevé, robuste, inerme et annelé. Fleurs

251. — Archontophœnix Cunninghamiana.

monoïques; les mâles sub-globuleuses, les femelles trigones; spadice naissant à l'aisselle des feuilles les plus anciennes, courtement pédonculé, à ramifications allongées, flexueuses, élégamment pendantes; spathe à deux valves allongées, caduques. Fruit petit, globuleux, à enveloppes fibreuses. Feuilles réunies au sommet du stipe, pinnatiséquées, à segments linéaires, lancéolés, acuminés ou bi-dentés au sommet; pétiole convexe sur le dos, canaliculé en dessus, à gaine allongée, cylindrique. On les cultive dans un compost de terre franche fibreuse, de terreau de feuilles et de sable; il leur faut un drainage parfait et des arrosements copieux. Multiplication par graines.

A. Alexandræ, Wendl. et Drude. *Flles* pinnées, élégamment arquées, tout à fait rouges lorsqu'elles sont jeunes, puis vert tendre à l'état adulte; rachis lisse. Tige ou stipe un peu grêle. *Haut.* 20 à 25 m. Queensland; Australie, 1870. Espèce très élégante, mais rare dans les cultures. (F. d. S. 1916.) Syn. *Ptychosperma Alexandræ*, F. Muel.

A. Cunninghamiana, Wendl. et Drude. Angl. Illawarra Palm. — *Flles* de 60 cent. à 1 m. de long; pinnules lancéolées, étroites, inégalement bifides au sommet, de 30 à 45 cent. de long, vert foncé; pétioles largement engainants à la base. Stipe droit, assez fort. *Haut.* 18 m. environ. Queensland et Nouvelle-Galles du Sud. Espèce très élégante et des plus utiles pour l'ornement des jardins d'hiver et des serres froides. Syns. *Ptychosperma Cunninghamiana; Seaforthia elegans*, R. Br. (B. M. 4961.)

ARCTIA. — V. **Ecailles**. (Insectes.)

ARCTIO, Lamk. — V. **Berardia**, Vill.

ARCTOSTAPHYLOS. Adans. (de *arktos*, ours, et *staphyle*, raisin; les ours mangent les fruits de quelques espèces). Comprend les *Comarostaphylis*, Zucc. Fam. *Ericacées.* Genre renfermant environ quinze espèces originaires des régions froides de l'hémisphère boréal, du Mexique et de la Californie. Ce sont de beaux arbustes ou sous-arbrisseaux, rustiques ou demi-rustiques, ne différant des *Arbutus* que par leur fruit à cinq loges ne renfermant chacune qu'une seule graine et non granuleux à l'extérieur. Pour leur culture, etc., V. **Arbutus**.

A. alpina, Spreng.* Angl. Back Bearberry. — *Fl.* blanches ou carnées, en grappes terminales, réfléchies; pédicelles

252. — Arctostaphylos Uva-ursi (rameau stérile).

un peu velus. Avril. *Flles* obovales, aiguës, ridées, dentées, caduques. Tiges couchées, traînantes. France, Suisse, Ecosse, etc. Syn. *Arbutus alpina*, Linn. (F. D. 73.)

A. arbutoides, — * *Fl.* blanches, en grappes paniculées; bractées acuminées, plus courtes que les pédicelles. Mai. *Flles* linéaires, oblongues, entières, mucronées, roussâtres en dessous. Plante dressée, tomenteuse. *Haut.* 2 m. Guatemala, 1840. Syn. *Comarostaphylis arbutoides*. (B. R. 29, 30.)

A. nitida, Benth. * *Fl.* blanches, en grappes terminales.

Mai. *Flles* oblongues, lancéolées, aiguës, lisses sur les deux faces, brillantes en dessus. *Haut.* 1 m. 30. Mexique, 1839. Arbuste toujours vert, dressé, demi-rustique. (B. R. 32 ; B. M. 3904.)

A. poliifolia, Humb. et Bonpl. *Fl.* rouge carmin, disposées en grappes. Mai. *Flles* linéaires, lancéolées. Plante dressée, tomenteuse. *Haut.* 60 cent. Mexique, 1840. Syn. *Comarostaphylis poliifolia.*

A. pungens, Humb. et Bonpl. ' *Fl.* blanches ; pédicelles rapprochés, grappes courtes, d'abord terminales, puis latérales. Février. *Flles* ovales, oblongues, aiguës, mucronées, presque piquantes, très entières, coriaces, couvertes d'un duvet fin sur les deux faces ; rameaux anguleux, duveteux. *Haut.* 30 cent. Mexique, 1839. Arbuste nain, très rameux, toujours vert, demi-rustique. (B. R. 17 ; B. M. 3927.)

A. tomentosa, Lindl. ' *Fl.* blanc pur, campanulées, urcéolées et bractéolées, en grappes compactes, plus courtes que les feuilles. Décembre. *Flles* ovales, aiguës, sub-cordiformes à la base, courtement pétiolées, couvertes en dessous d'un tomentum blanc ; rameaux hispides. *Haut.* 1 m. 30. Amérique du nord-ouest, 1826. Espèce arbustive, rustique. (B. R. 1791.)

A. Uva-ursi, Spreng. Busserole, Raisin d'Ours, etc. Angl. Bearberry. — *Fl.* carnées, rouges à la gorge, disposées en petits bouquets au sommet des rameaux. Avril. *Flles* obovales, très entières, coriaces, brillantes. France, Suisse, Ecosse, etc. Sous-arbrisseau rustique, couché, toujours vert. Le fruit est comestible et employé en médecine. Syn. *Arbutus Uva-ursi*, Linn. (F. D. 33.)

ARTHOTHECA, Wendl. (de *arktos*, ours, et *theke*, capsule ; allusion à la rudesse du fruit). Fam. *Composées.* Genre monotypique dont l'espèce connue est une plante vivace, herbacée, demi-rustique, originaire du Cap et voisine des *Arctotis.* Capitules radiés ; bractées de l'involucre imbriquées sur plusieurs rangs, les extérieures linéaires, herbacées, les intérieures grandes, scarieuses, très obtuses ; réceptacle alvéolé, à cloisons frangées ; akènes ovales, à quatre faces, sans ailes ni aigrette. Cette plante se plaît dans un compost de terre franche, terre de bruyère et terreau de feuilles. Multiplication au printemps, par division des touffes ou par boutures. Plusieurs espèces, autrefois classées dans ce genre, sont maintenant réunies aux **Arctotis**.

A. repens, Wendl. *Capitules* jaunes. Juillet. *Flles* pétiolées, lyrées — pinnatifides, vertes, presque lisses en dessus et laineuses, blanchâtres en dessous. Cap, 1793. Plante herbacée, acaule, couchée ou rampante.

ARCTOTIS, Linn. (de *arktos*, ours, et *ous*, oreille ; allusion aux akènes chargés d'aspérités). Fam. *Composées.* Ce genre comprend trente espèces originaires du sud de l'Afrique et une de l'Abyssinie. Capitules radiés ; bractées de l'involucre nombreuses, imbriquées, scarieuses sur les bords ; réceptacle alvéolé, muni de paillettes entre les fleurs ; akènes canaliculés, à deux ou trois côtes ailées, entières ou dentées, souvent infléchies, aigrette formée d'écailles membraneuses, souvent convolutées. Ce sont des herbes sub-acaules ou caulescentes, à feuilles alternes, dentées ou pinnées, de culture facile, en pleine terre dans le midi, et en pots dans le nord où on les hiverne en orangerie. Il leur faut un mélange de terre franche et de terreau. Multiplication pendant presque toute l'année, par boutures que l'on plante dans des pots remplis de terre sableuse, et on les place ensuite sur couche modérément chaude ; il ne faut les arroser qu'avec beaucoup de précaution, car elles sont sujettes à pourrir par excès d'humidité. Les *Arctotis* sont de bonnes plantes pour garnir, pendant la belle saison, les endroits secs et ensoleillés, mais il faut les hiverner sous châssis ou en orangerie.

A. acaulis, Linn. ' *Capitules* jaunes et rouges. Eté. *Flles* canescentes, blanchâtres sur les deux faces, ternées, lyrées. Tiges très courtes, couchées. *Haut.* 20 cent. Cap, 1759. (B. R. 122, 131 ; Gn. 1889, 728 ; F. d. S. 11, 1104.)

A. arborescens, Hort. Syn. de *A. aspera*, Linn.

A. argentea, Thunb. *Capitules* orangés. Août. *Flles* lancéolées, linéaires, entières, duveteuses. *Haut.* 30 cent. Cap, 1774.

A. aspera, Linn. ' *Capitules* à rayons blancs en dessus, roses en dessous ; fleurons du disque jaunes, formant de gros capitules ayant certaine ressemblance avec une grande marguerite. Eté. *Flles* linéaires, oblongues, pinnées, les supérieures amplexicaules, les inférieures pétiolées. *Haut.* 60 cent. (B. R. 32, 34, 130.) Cap, 1815. Syn. *A. arborescens*, Hort.

A. aureola, — Syn. de *A. grandiflora*, Jacq.

A. breviscapa, Thunb. Syn. de *A. speciosa*, Jacq.

A. glutinosa, Sims. — V. *Dimorphotheca cuneata.*

A. grandiflora, — ' *Capitules* orangés ; écailles extérieures de l'involucre réfléchies, cunéiformes, à pointe large et courte, un peu aranéeuse. Juillet. *Flles* pinnatifides, serrulées, trinervées. *Haut.* 45 cent. Cap, 1710. Syns. *A. aureola*, Ker. (B. R. 32 ; B. M. 6835) et *A. undulata.*

A. Leichtliniana, — *Capitules* de 6 cent. de diamètre, à fleurons ligulés jaune d'or, avec une macule foncée à la base, flammés de rouge en dessous. Eté. *Flles* de 5 à 20 cent. de long, obovales ou oblancéolées, pinnatifides et dentées, à lobes oblongs, légèrement lobulés. Cap, 1885.

A. reptans, Jacq. *Capitules* blancs et orangés. Juillet. *Flles* velues en dessous ; les inférieures lyrées, dentées ; les supérieures lancéolées, dentées. Tiges ascendantes. *Haut.* 20 cent. Cap, 1795.

A. revoluta, Jacq. *Capitules* jaune orangé, moins brillants que ceux de l'*A. grandiflora*, ayant 6 cent. de diamètre ; écailles extérieures de l'involucre beaucoup plus étroites et tomenteuses au sommet. Cap, 1885. (B. M. 6835, figure du bas.)

A. rosea, Jacq. *Capitules* roses. Automne. *Flles* spatulées, lancéolées, étalées, dentées, canescentes. Tiges couchées. Cap, 1793.

A. speciosa, Jacq. *Capitules* jaunes ; écailles extérieures de l'involucre linéaires, récurvées. Juillet. *Flles* lyrées, pinnatifides, canescentes en dessous, trinervées. Plante acaule. *Haut.* 45 cent. Cap, 1812. (B. M. 2182.) Espèce voisine de l'*A. acaulis.* Syn. *A. breviscapa*, Thunb.

A. undulata, — Syn. de *A. grandiflora.*

ARCTIUM, Linn. — V. **Bardane.**

ARCUATION et ARCURE. — V. **Arquer.**

ARDISIA, Swartz. (de *ardis*, pointe ; allusion aux étamines en pointe de flèche). Syns. *Bladhia*, Thunb. et *Pyrgus*, Lour. Fam. *Myrsinées.* Ce genre renferme environ deux cents espèces largement dispersées dans les régions tropicales et sub-tropicales, mais très rares en Afrique. — Ce sont, pour la plupart, de belles plantes de serre chaude ou tempérée, très ornementales. Fleurs blanches ou roses, en grappes ou en panicules terminales, multiflores et plus longues que les feuilles, ou axillaires et pauciflores. Calice monosépale, à cinq divisions; corolle monopétale, à cinq divisions; étamines cinq, à anthères presque sessiles; style simple. Le fruit est une baie monosperme. Feuilles alternes, rarement opposées ou verticillées par trois, ponctuées, dépourvues de stipules. Multiplication par boutures de rameaux latéraux à moitié mûrs, que l'on fait à n'importe quel moment entre mars et septembre. Cependant, comme ces rameaux portent les fleurs et plus tard les fruits, ils ne forment que difficilement de bonnes plantes. Les plus beaux sujets s'obtiennent de semis; on choisit pour cela les plus belles baies et les mieux colorées, on les sème au premier printemps, dès qu'elles sont récoltées, dans des terrines bien drainées, remplies d'un compost de terre franche et de terre de bruyère en parties égales et auquel on ajoute un peu de sable. On place ensuite les terrines sur une chaleur de fond convenable et on entretient une humidité modérée. Les graines germent au bout de quelques semaines; lorsque les plants ont environ 5 cent. de hauteur, on choisit les plus forts que l'on empote dans des pots de 8 cent. de diamètre, dans le même compost que pour le semis, mais auquel on ajoute un quart de bon terreau. Après cette opération, les plantes devront être arrosées à la pomme fine ou à la seringue deux fois par jour et tenues étouffées dans un châssis à multiplication jusqu'à ce qu'elles aient émis de nouvelles racines. Lorsqu'elles commencent à pousser, on les place dans un endroit éclairé de la serre chaude, et lorsque les pots sont pleins de racines, on les rempote dans des pots de 15 cent. où elles peuvent rester pour fleurir. Les arrosages devront être faits avec soin jusqu'à ce que les plantes soient bien reprises. Tant que les baies ne sont pas colorées, des arrosages à l'engrais liquide, deux fois par semaine, exciteront la végétation. Les plantes arrivent à leur période la plus parfaite lorsqu'elles ont atteint 45 à 60 cent. de hauteur, elles se dénudent ensuite à la base. Il devient alors nécessaire de les rabattre au commencement du printemps, à environ 5 cent. au-dessus de terre, mais il faut suspendre les arrosages quelque temps avant cette opération. On arrose de nouveau lorsque la coupe est sèche; les plantes ne tardent pas alors à émettre de nouvelles pousses, parmi lesquelles on en choisit une ou deux des mieux placées pour former une belle tête et on supprime les autres. Lorsque ces tiges ont atteint 5 à 8 cent. de longueur, on dépote les plantes, on secoue la vieille terre et on rafraichit avec une serpette l'extrémité des plus longues racines; on les rempote ensuite dans des pots de grandeur suffisante pour qu'elles puissent y rentrer sans être obligé de tasser les racines. On les place alors dans la partie la plus chaude de la serre; les arrosages devront être faits avec beaucoup de précaution jusqu'à ce qu'elles aient émis de nouvelles racines; à ce moment, on pourra commencer à leur donner un peu d'air et à les arroser plus copieusement. Dès que leur végétation est suffisamment avancée, on leur donne un second rempotage dans de plus grands pots. Bien traitées, ces plantes fleuriront et fructifieront dans l'année où elles ont été rabattues et formeront même de beaux spécimens. Bien que la plupart des espèces de ce genre soient considérées comme des plantes de serre chaude, elles peuvent néanmoins très bien réussir dans une température qui ne descend pas au-dessous de 8 deg. pendant l'hiver. Cultivés ainsi, ils sont bien moins sujets aux attaques des kermès et autres insectes; c'est en particulier le cas de l'*A. crenulata*. Le traitement à froid est également favorable aux plantes en fruits dont les baies se conservent ainsi bien plus longtemps que dans une serre chaude; de plus, les plantes fatiguent bien moins lorsqu'on les emploie pour les garnitures temporaires.

A. acuminata. Willd. *Fl.* presque blanches; pétales petits, aigus, ponctués; panicules terminales et axillaires, multiflores. Juillet. *Flles* entières, glabres, oblongues, acuminées, atténuées à la base. *Haut.* 2 m. à 2 m. 50. Guyane, 1803.

A. capitata, A. Gray. *Fl.* blanc verdâtre, disposées en bouquets coniques, compacts, axillaires, à pédoncules comprimés. Été. *Fr.* rouge vif. *Flles* réunies au sommet des rameaux, de 30 cent. ou plus de long, obovales, spatulées, entières, courtement pétiolées. Branches épaisses. Iles Fiji, 1887.

A. crenulata, Vent. * *Fl.* violet rougeâtre, en panicules terminales, à pédicelles disposés en ombelles. Juin. *Fr.* nombreux, rouge corail. *Flles* lancéolées, ovales, graduellement rétrécies aux deux extrémités, crénelées, velues. *Haut.* 1 m. à 1 m. 50. Mexique, 1809. (L. B. C. 2.) — Lorsqu'on cultive cette espèce dans une température basse comme

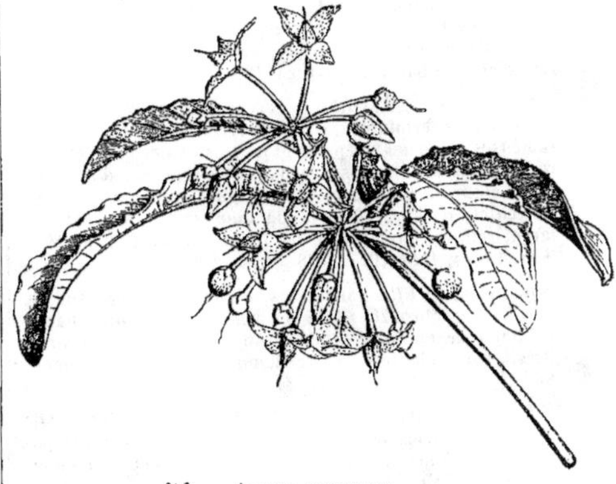

253. — Ardisia crenulata.

il est dit plus haut, les baies se conservent fréquemment jusqu'à la maturité de celles de la récolte suivante. C'est une splendide plante, supérieure comme ornement aux *Solanum* à fruits rouges; elle est très cultivée en Angleterre.

A. crispa, DC. *Fl.* petites, pendantes, rouges, en cymes terminales, ordinairement solitaires, souvent composées; pédicelles lisses, finement veinés, disposés en ombelles et pendants. Juillet. *Fr.* rouges, de la grosseur d'un pois. *Flles* presque obtuses, oblongues-lancéolées, atténuées aux deux extrémités, glabres, à bords crénelés, glanduleux. *Haut.* 1 m. 30. Indes, 1809.

A. humilis, Vahl. *Fl.* roses; pédoncules solitaires, portant chacun une grappe ombelliforme, multiflore, de jolies fleurs grandes et pendantes; pétales lancéolés, d'abord récurvés, puis révolutés. Juin. *Fr.* de la grosseur d'un pois, juteux, noirs et brillants. *Flles* oblongues-lancéolées, acuminées aux deux extrémités, glabres, brillantes et nervées. *Haut.* 1 m. 30. Indes, 1820.

A. japonica, Hornst. *Fl.* blanches, pédicelles rouges, disposés en fausses ombelles, unilatérales; grappes simples, axillaires. Juin. *Flles* presque opposées ou verticillées par trois-cinq, courtement pétiolées, cunéiformes, oblongues, aiguës, glabres, dentées, de 10 cent. de long. *Haut.* 30 cent. Japon. Espèce probablement la plus rustique.

A. macrocarpa, Wall. * *Fl.* carnées, ponctuées; pétales ovales, obtus; grappes terminales, corymbiformes, presque sessiles, légèrement velues. *Fr.* rouge vermillon, de la grosseur d'une groseille à maquereau. *Flles* rapprochées, oblongues, aiguës, rétrécies à la base, crénelées, glanduleuses sur les bords, ponctuées, coriaces, de 15 à 20 cent. de long, plus pâles en dessous et sans nervures. *Haut.* 1 m. 50 à 2 m. Népaul, 1824. Magnifique arbrisseau.

A. mamillata, Hance. *Fl.* blanches, teintées de rose, étoilées, disposées en ombelles de dix à douze fleurs; pédoncules axillaires, de 5 cent. de long. *Fr.* rose vif, brillant, d'environ 1 cent. de diamètre. *Flles* oblongues, elliptiques, de 10 cent. ou plus de long, vert foncé brillant, fortement couvertes de petites boursouflures proéminentes sur la face supérieure, formant des cavités proportionnées sous la face inférieure, chaque boursouflure est surmontée d'un gros poil rigide; pétioles courts. Hong-Kong, 1887. (G. C. ser. III, vol. II, p. 809.)

A. Oliveri, — * *Fl.* rose vif, à œil blanc; corolle rotacée, de 12 mm. de diamètre; lobes obtus; bouquets terminaux composés d'un certain nombre de corymbes multiflores, pédonculés; pédicelles ayant environ deux fois la longueur de la fleur. Juillet. *Flles* presque sessiles, entières, glabres, de 15 à 20 cent. de long et 5 cent. dans leur plus grand diamètre; ob-lancéolées, acuminées, graduellement rétrécies à la base. Costa-Rica, 1876.

A. paniculata, Roxb.* *Fl.* roses, grandes et élégantes, en panicules terminales, composées de plusieurs branches rameuses, alternes; sépales et pétales ovales. Juillet. *Fr.* rouges, lisses, réfléchis, juteux, de la grosseur d'un pois. *Flles* glabres, cunéiformes, oblongues, presque sessiles, réfléchies, de 15 à 50 cent. de long, et 8 à 12 cent. de large, réunies au sommet des rameaux. *Haut.* 2 m. 50 à 3 m. Indes, 1818. (B. R. 638; B. M. 2364.)

A. picta, — *Flles* lancéolées, aiguës, crénelées sur les bords, vert bronzé foncé et velouté avec une bande médiane argentée, s'étendant un peu sur les nervures. Brésil, 1885. Plante de serre chaude, à feuillage ornemental.

A. polycephala, Wall. *Fl.* blanches, en ombelles sur de courtes branches latérales. *Fr.* noir de jais. *Flles* opposées, vert foncé, brillantes, carmin vif à l'état juvénile. Indes orientales, 1888.

A. punctata, Roxb. *Fl.* blanc grisâtre, sub-campanulées, unilatérales, couvertes de points sombres; pédicelles à stries sombres; ombelles terminales et axillaires, pédonculées, munies d'un involucre de bractées caduques. Juin. *Flles* glabres, lancéolées, coriaces, crénelées, rétrécies à la base. *Haut.* 2 à 3 m. Chine, 1822. (B. R. 827.)

A. serrulata, Swartz. * *Fl.* rouge foncé; pétales ciliés; calices et pédicelles colorés; panicules terminales, à pédicelles réunis en ombelles. Juillet. *Flles* glabres, lancéolées, acuminées, ridées, serrulées, couvertes de points roussâtres en dessous; rameaux duveteux. *Haut.* 60 cent. à 1 m. Chine, 1820.

A. villosa, Wall. *Fl.* blanchâtres, en ombelles axillaires et terminales, très velues. Octobre. *Fr.* velus. *Flles* lancéolées, acuminées, velues en dessous, crénelées, de 12 à 18 cent. de long, graduellement rétrécies à la base, copieusement ponctuées. Chine. Toute la partie supérieure de la plante est fortement velue.

A. v. mollis, — * Variété à très belles baies rouges, supérieure au type.

A. Wallichii, DC. *Fl.* rouges, en grappes lâches; pédoncules axillaires, poilus ainsi que les pédicelles, une fois et demie plus courts que les feuilles. Juillet. *Flles* obovales, aiguës ou obtuses, rétrécies en pétiole marginé, crénelées, de 10 à 12 cent. de long et 5 cent. de large, un peu épaisses. *Haut.* 60 cent. Indes.

ARDUINA, Miller. — V. **Carissa,** Linn.

ARE. — Mesure de superficie très employée en jardinage; c'est un carré qui a dix mètres de côté, et cent mètres carrés de superficie. (S. M.)

ARECA, Linn. (de *Arece*, nom vulgaire au Malabar, lorsque l'arbre est adulte). **Aréquier, Chou-palmiste,** Angl. Cabbage Palm. Fam. *Palmiers.* — Ce genre, qui comprenait autrefois un grand nombre d'espèces, est maintenant divisé en plusieurs autres genres dont voici l'énumération: *Acanthophœnix, Bacularia, Calyptrocalyx, Chrysalidocarpus, Cyrtostachys, Dictyosperma, Dypsis, Euterpe, Hyophorbe, Kentia, Nephrosperma, Oncosperma, Phœnicophorum, Pinanga, Prestoëa, Ptychosperma, Rhopalostylis* et *Stevensonia.* Ainsi réduit, le genre *Areca* ne renferme plus que quatorze espèces habitant l'Asie et l'Australie tropicale, l'Archipel Malais et la Nouvelle-Guinée. Ce sont de beaux palmiers de serre chaude et tempérée. Spadice rameux, enveloppé avant la floraison par deux spathes membraneuses, coriaces. Fleurs unisexuées, naissant sur le même spadice; les mâles à six divisions presque libres, disposées sur deux rangs et à six étamines ou plus, à filets libres; les femelles également à six divisions; ovaire à une-trois loges, style à trois divisions. Le fruit nommé *noix d'Arec* est une drupe fibreuse, contenant une seule graine. Le stipe est élevé, rigide, lisse ou fibreux, inerme ou armé d'aiguillons. Feuilles pennatiséquées. Dans les colonies, les indigènes mangent comme légume le bourgeon terminal de l'*A. Catechu*, ainsi que celui de plusieurs espèces, ce qui leur a valu le nom de *Chou-palmiste.* Les *Areca* se plaisent dans un compost de terre franche, de terre de bruyère et de terreau en parties égales, additionné d'une assez forte quantité de sable; mais, lorsqu'ils sont assez forts, la terre franche doit dominer dans la proportion des deux tiers et on peut y ajouter un peu de fumier de vache bien décomposé. Leur multiplication a lieu par graines qui devront être semées dans le compost ci-dessus et placées dans un endroit modérément chaud et humide. Lorsqu'ils sont jeunes, on les emploie beaucoup pour l'ornement des appartements et pour les garnitures de tables. Plus âgés, ce sont d'excellentes plantes pour orner les serres et jardins d'hiver.

A. alba, Borry. — V. *Dictyosperma album.*

A. Aliciæ, F. Muel. *Flles* pennatiséquées, à segments sessiles. Nord de l'Australie. Belle espèce relativement naine, très ornementale.

A. aurea, V. Houtte. — V. *Dictyosperma aureum.*

A. Baueri. — V. *Rhopalostylis Baueri.*

A. Catechu, Linn. *Flles* pinnées, de 1 à 2 m. de long, à folioles de 30 à 60 cent. de long et environ 5 cent. de diamètre, vert tendre; pétioles largement engainants à la base. *Haut.* 10 m. Indes, 1690. — C'est une des meilleures et des plus anciennes espèces, très décorative lorsqu'elle est jeune. Elle produit la noix de Bétel que l'on consomme en grande quantité dans les Indes. On en extrait aussi un Cachou inférieur.

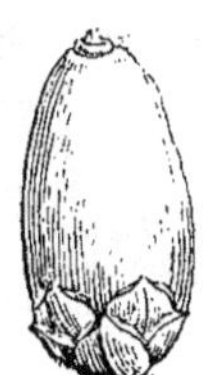
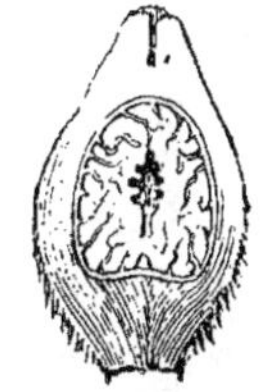

Fig. 254. — ARECA CATECHU. (Fruit entier et coupé longit.)

A. concinna, Thwaites. *Flles* pennatiséquées, presque glabres, à segments ensiformes, très acuminés. Tige verte, de 2 m. 50 à 4 m. de haut et 2 1/2 à 5 cent. de diamètre. Ceylan. Les Cingalais mâchent l'albumen des graines avec leur bétel.

A. crinita, Bory. — V. *Acanthophœnix crinita.*

A. erythropoda, — V. *Cyrtostachys Renda.*

A. furfuracea, — V. *Dictyosperma furfuraceum.*

A. gigantea, — V. *Pinanga ternatensis.*

Areca glandiformis, Lamk. *Flles* pennatiséquées, de 20 à 30 cent. de long à leur complet développement. *Haut.* 10 m. Moluques. Beau palmier de serre chaude, d'un port majestueux, convenable pour les garnitures lorsqu'il est jeune.

A. globosa, — V. *Calyptrocalyx spicatus.*

A. gracilis, Roxb. — V. *Dypsis pinnatifrons.*

A. lutescens, Bory. — V. *Chrysalidocarpus lutescens.*

A. monostachya, — V. *Bacularia monostachya.*

A. montana, — V. *Prestoëa montana.*

A. Nibung, — V. *Oncosperma filamentosa.*

A. nobilis, — V. *Nephrosperma nobilis.*

A. Normanbyi, — V. *Ptychosperma Normanbyi.*

A. pisifera, — V. *Dictyosperma furfuraceum.*

A. rubra, Bory. — V. *Acanthophœnix rubra.*

A. rubra, Hort. — V. *Dictyosperma rubrum.*

A. sapida, Forst. — V. *Rhopalostylis sapida.*

A. Seychellarum, — V. *Stevensonia grandifolia.*

A. speciosa, — V. *Hyophorbe amaricaulis.*

A. tigillaria, — V. *Oncosperma filamentosum.*

A. triandra, Roxb. *Flles* pinnées, de la taille de celles de l'*A. Catechu*, etc. *Haut.* 6 m. Indes. Introduit en Angleterre vers 1810.

A. Verschaffeltii. — V. *Hyophorbe Verschaffeltii.*

ARÉNAIRE. — Plante qui vit dans le sable. Ce terme est peu usité.

ARENARIA, Linn. (de *arena*, sable, lieu dans lequel vivent la plupart des espèces). Comprend, d'après Bentham et Hooker, les *Alsine*, Wahl.; *Cherleria*, Linn.; *Gouffeia*, Rob. et Cast.; *Minuartia*, Linn. et *Mœhringia*, Linn. FAM *Caryophyllées*, tribu des *Alsinées*. — Ce genre comprend ainsi plus de cent soixante espèces répandues sur toute la surface du globe. Ce sont des plantes rustiques, herbacées, annuelles ou vivaces. Fleurs blanches ou roses, réunies en petites cymes paniculées; sépales et pétales quatre à cinq; étamines huit ou dix (ou moins par avortement), styles trois, rarement deux ou cinq; capsule ovoïde, à valves en nombre égal aux styles, bifides ou bipartites. Les espèces vivaces sont seules dignes d'être cultivées. Les *Arenaria* sont de très jolies petites plantes touffues ou gazonnantes, poussant en tous terrains bien exposés et convenables pour la garniture des rocailles. Les espèces les plus rares peuvent être cultivées en petits pots bien drainés, dans un compost de terre franche, de terreau de feuilles et de sable, ou dans les fissures sèches des rocailles. Multiplication par divisions, par semis ou par boutures qui s'enracinent facilement sous cloches. La meilleure époque pour diviser les touffes est le printemps ou les mois de juillet-août. Les graines se sèment au printemps, sous châssis.

A. balearica, Linn.* *Fl.* blanches, à sépales dressés, pédoncules allongés, uniflores. Mars-août. *Flles* très petites,

Fig. 255. — ARENARIA BALEARICA.

ovales, brillantes, presque charnues, ciliées. *Haut.* 8 cent. Corse, 1787. Jolie petite plante traînante, convenable pour tapisser les bords humides des rocailles. (Gn. 1886, 527.)

A. cæspitosa, Hort. Syn. de *A. verna cæspitosa*, Hort.

A. ciliata, Linn. *Fl.* blanches, ordinairement solitaires sépales ovales, aigus, à cinq-sept nervures; pétales obovales, du double plus longs que les sépales. Juillet. *Flles* ovales ou obovales, presque rudes, uni-nervées, ciliées. France, Irlande, etc. *Haut.* 15 cent. Plante touffue, compacte, étalée ou couchée. (F. D. 346, 1269; S. F. G. 348.

Fig. 256. — ARENARIA LARICIFOLIA.

A. graminifolia, Schrad.* *Fl.* blanches, en cyme trichotome, lâche, velue; sépales très obtus, beaucoup plus courts que les pétales, ceux-ci obovales. Juin. *Flles* longues, aciculaires, filiformes, denticulées, scabres sur les bords. Tiges simples, dressées. *Haut.* 15 à 20 cent. Caucase, 1817.

A. grandiflora, All. * *Fl.* blanches, ordinairement solitaires; pédoncules très longs, pubescents ; sépales ovales, apiculés, trinervés, plus courts que les pétales. Juin. *Flles* aciculaires, assez larges, planes, trinervées, ciliées; les radicales en rosette. *Haut.* 8 à 12 cent. France, 1783. L'*A. g. biflora* a des cymes biflores, celles de l'*A. g. triflora* sont triflores.

A. laricifolia, Will.* *Fl.* blanches; sépales presque obtus, trinervés, velus ; pétales du double plus longs que les sépales; tiges ascendantes, un peu scabres, portant une à six fleurs; calice cylindrique. Juin. *Flles* aciculaires, denticulées, ciliées. *Haut.* 15 cent. Pyrénées, Suisse, 1816. Syn. *Alsine striata*, Gren.

A. longifolia, Bieb. *Fl.* blanches; sépales ovales, obtus, n'atteignant pas le milieu des pétales, ceux-ci obovales; cymes trichotomes, glabres, compactes. Juin. *Flles* aciculaires, filiformes, serrulées. Tiges dressées, simples. *Haut.* 15 à 20 cent. Sibérie, 1823.

A. montana, Linn. *Fl.* grandes, blanches; pédoncules terminaux, très longs, uniflores: sépales lancéolés, acuminés, beaucoup plus courts que les pétales. Avril. *Flles* lancéolées, linéaires; tiges stériles très longues, couchées. *Haut.* 8 cent. France, Espagne, 1800.

A. muscosa, — *Fl.* blanches, petites, axillaires, solitaires, sépales et pétales quatre ou cinq. Été. *Flles* linéaires, opposées, soudées à la base. Graines munies d'un strophiole. Tiges dressées, en touffe. *Haut.* 8 à 10 cent. France, etc., 1775. Syn. *Morringhia muscosa*, Linn.

A. norwegica, Gunn. *Fl.* blanches, terminales, un peu globuleuses ; sépales ovales, obtus, égalant les pétales. Juin-juillet. *Flles* spatulées, glabres. Tiges arrondies, couchées, uni- ou biflores. Norwège, Laponie, etc. (Shetland) (F. D. 1259; Sy. En. B. 237.)

A. peploides, Linn. *Fl.* blanches; sépales ovales, plus courts que les pétales, ceux-ci oblongs. Mai à juillet. *Flles* caduques, ovales, vert tendre, presque charnues; tiges couchées, charnues. *Haut.* 8 à 10 cent. France, Angleterre, etc., bords de la mer. Syn. *Honckeneja peploides*, Ehrh.

A. purpurascens, Ram. * *Fl.* purpurines; pédicelles tomenteux, dépassant à peine les feuilles; sépales lancéolés, lisses, à bords crispés, plus longs que la corolle; branches bi- ou triflores. Mai. *Flles* ovales-lancéolées, acuminées, glabres. Plante touffue, couchée. *Haut.* 15 cent. Sommet des Pyrénées.

A. rotundifolia, Bieb.* *Fl.* blanches, solitaires; pétales arrondis, ovales, plus longs que les sépales. Juillet-août. *Flles* d'environ 6 mm. de large, arrondies, ciliées; rameaux touffus, étalés. *Haut.* 10 à 15 cent. Sibérie.

A. tetraquetra, Linn. *Fl.* blanches, un peu rapprochées en bouquet; sépales raides, aigus, carénés, ciliés, égalant presque les pétales. Août. *Flles* ovales, carénées, récurvées, bordées, imbriquées sur quatre rangs. Tiges dressées, pubescentes. *Haut.* 8 à 15 cent. France méridionale, etc.

A. verna, Linn. *Fl.* petites, blanches; sépales ovales, lancéolés, acuminés, à trois nervures égales, espacées, plus longs que les pétales ; ceux-ci obovales. Mai. *Flles* opposées, aciculaires, presque obtuses. Tiges allongées, gazonnantes. *Haut.* 8 cent. France, etc. Syn. *Alsine verna*, Barth.

A. v. cæspitosa, Hort. Variété à tiges dressées, feuillues. Calices et pédoncules glabres. France, etc. Syns. *Alsine cæspitosa*, DC.; *Sagina acicularis*, Hort.; *Spergula pilifera*, Hort. — Petite plante vivace, propre à faire des tapis de verdure, des bordures et de la mosaïculture.

A. v. flore pleno, Hort. Très jolie variété peu répandue, à petites fleurs blanches, excessivement pleines. Comme elle est un peu délicate et sujette à fondre, il est prudent de la planter en terrain léger, très sain, et d'en hiverner quelques pieds sous châssis.

ARENBERGIA, Mart. et Gall. — V. **Eustoma**, Salisb.

ARENGA, Labill. (dérivation douteuse). Syns. *Gomutus*, Spreng. et *Saguerus*, Blume. Fam. *Palmiers.* — Genre comprenant environ sept espèces originaires de l'Asie et de l'Australie tropicale, de l'Archipel Malais et de la Nouvelle-Guinée. Fleurs monoïques, sur des spadices différents, munis de spathes; les mâles à six divisions et à étamines nombreuses; les femelles également à six divisions persistantes; ovaire à trois loges; style à trois branches. Fruit bacciforme. Feuilles pennées. L'espèce ci-dessous, seule cultivée, est un beau et intéressant palmier de serre chaude dont la moelle du tronc épais est, dans son pays d'origine, consommée comme le vrai Sagou et dont la sève fournit un sucre brun ; on en retire encore plusieurs autres produits. Il lui faut un compost humeux, très fertile et une forte chaleur. On ne le multiplie que par ses graines.

A. saccharifera, Labill.* Palmier à sucre, P. Condear, Lontar. — Caractères du genre. *Fl.* striées. Juin. *Haut.* 12 m. Moluques, Philippines, et plusieurs autres régions chaudes.

ARÉOLE. — Tache circulaire, zonée, d'une couleur distincte, sur la face d'un organe. « Espace polygonal, circonscrit par les nervures à la face inférieure d'une fronde de fougère à nervures anastomosées. » (E. F. in Baillon. *Dict. Bot.*)

ARÉQUIER. — V. **Areca**.

ARÊTE. — Prolongement filiforme, raide, droit, tordu ou genouillé et articulé, scabre ou lisse, que portent sur le dos ou au sommet, les glumes ou les glumelles des graminées. On donne aussi ce nom aux autres organes présentant ces caractères. (S. M.)

ARETHUSA, Linn. (nom mythologique d'une nymphe de Diane, qui fut changée en fontaine; allusion au port des plantes). Fam. *Orchidées.* — Petit genre renfermant trois espèces de jolies, mais très rares orchidées terrestres, originaires du Japon, de l'Amérique septentrionale et du Guatemala. Il faut à l'espèce ci-dessous, un endroit frais et exposé au nord ; elle se plaît dans un compost de fumier bien décomposé et de sphagnum. Une bonne couverture de litière ou mieux la serre ou les châssis sont indispensables pour son hivernage.

A. bulbosa, Linn. * *Fl.* grandes, rose purpurin vif, solitaires, odorantes, terminales ; labelle dilaté, récurvé, étalé au sommet, barbu et muni de crêtes sur la face supérieure; hampe portant une seule feuille. Mai. *Flles* linéaires, nervées. *Haut.* 20 cent. Caroline.

ARETIA, Linn. — V. **Androsace**, Linn.

ARGALOU. — V. **Paliurus aculeatus**.

ARGANIA, Rœm. et Schult. (de *argan*, son nom aborigène). **Argan**. Fam. *Sapotacées.* — Genre ne renfermant qu'une espèce originaire du Maroc. C'est un bel arbre toujours vert, de serre froide; Don assure qu'il résiste, en Angleterre, en plein air au pied d'un mur exposé au midi, et protégé d'un paillasson pendant l'hiver. Il se plaît en toute terre de jardin. Multiplication par marcottes faites en serre tempérée et par boutures faites sous cloches, à l'automne et au printemps.

A. Sideroxylon, Rœm. et Schult. Argan soyeux, Bois de fer. Angl. Iron Wood. — *Fl.* latérales, nombreuses, rapprochées, sessiles; corolle jaune verdâtre, en coupe, à cinq divisions ovales, lancéolés, sub-émarginés; étamines cinq. *Fr.* de la grosseur d'une prune, ponctué de blanc, à suc laiteux, miellé. Juillet. *Flles* lancéolées, entières, presque obtuses, glabres, plus pâles en dessous; branches terminées par une forte épine vulnérante. *Haut.* 5 à 6 m. Maroc, 1711. Comme son nom vulgaire l'indique, son bois, excessivement résistant, est à grain fin, très serré et si lourd qu'il s'enfonce dans l'eau; il est employé en ébénisterie, etc. Syns. *Elæodendron Argan*, Retz.; *Sideroxylon spinosum*, Linn.

ARGEMONE, Tourn. (de *argema*, taie de l'œil; allusion aux propriétés que les anciens attribuaient à une plante voisine, le *Glaucium flavum*). Syn. *Echtrus*, Lour. Fam. *Papavéracées*. — Genre comprenant environ sept espèces originaires de l'Amérique, dont une est répandue dans toutes les régions tropicales. Ce sont de jolies plantes herbacées, annuelles ou vivaces, à suc jaunâtre et couvertes de gros poils raides. Sépales deux ou trois, concaves, mucronés; pétales quatre à huit; pédoncules axillaires, toujours dressés. Le fruit est une capsule loculicide, renfermant un grand nombre de graines. Feuilles alternes, sessiles, sinuées, dentées, spinescentes, ordinairement marbrées de blanc. Les cinq espèces ci-dessous décrites sont annuelles et poussent facilement en plein jardin. Les graines se sèment en plein air, à la fin d'avril, celles des espèces rares sur couches; on repique le plant en place, à la fin de juin. Les *Argémone* sont propres à l'ornement des plates-bandes, des massifs, etc.

A. grandiflora, Sweet. * Chardon bénit des Américains, Pavot épineux. — *Fl.* blanches, grandes, de 8 à 10 cent. de diamètre; longuement pédonculées, réunies au sommet des tiges; anthères jaunes. Juillet. *Flles* sinuées, dentées, épineuses, lisses, glauques, à nervures inermes. *Haut.* 60 cent. à 1 m. Mexique, 1827. (A. V. F. 4.)

Fig. 257. — Argemone grandiflora.

A. hispida, A. Gray.* *Fl.* blanc pur, de 8 à 12 cent. de diamètre. Septembre. *Flles* pinnatifides, épineuses. *Haut.* 60 cent. Californie, 1879. Très belle plante.

A. mexicana, Linn. Figue de l'enfer des Espagnols. Angl. Devil's Fig. — *Fl.* solitaires, jaune pâle, de 5 à 6 cent. de diamètre, pétales cinq à six. Juin. *Flles* profondément sinuées, épineuses, marbrées de blanc. Tiges munies d'aiguillons. *Haut.* 60 à 80 cent. Mexique, 1852.

A. m. albiflora, Horn.* *Fl.* blanches; pétales ordinairement trois. Juillet et août. *Flles* sessiles, à nervures parallèles. *Haut.* 30 cent. Georgie, 1820.

A. ochroleuca, Sweet. * *Fl.* jaune vif, solitaires; pétales six. Août. *Flles* profondément sinuées ou pinnatifides, glaucescentes, marbrées de blanc, à nervures épineuses. Tiges munies d'aiguillons. *Haut.* 50 à 60 cent. Mexique, 1827. Espèce très voisine de la précédente, préférable pour l'ornement.

ARGENTÉ. — Se dit des feuilles ou autres organes ayant une teinte blanche, se rapprochant de celle de l'argent et qui, le plus souvent, est due à la présence de poils soyeux, feutrés. (S. M.)

ARGENTINE. — V. **Cerastium tomentosum** et **Omphalodes linifolia.**

ARGOLASIA, Juss. — V. **Lanaria**, Ait.

ARGOUSIER. — V. **Hippophæ rhamnoides.**

ARGYREIA, Lour. (de *argyreios*, argenté; par rapport aux feuilles argentées en dessous). Angl. Silver Weed. Fam. *Convolvulacées*. — Genre renfermant environ trente espèces originaires de l'Afrique tropicale, des Indes orientales et de l'Archipel Malais. Ce sont de beaux arbustes grimpants, de serre chaude, presque tous soyeux. Corolle campanulée, à cinq pétales; étamines cinq. La plupart des espèces de ce genre sont robustes, très volubiles, exigent beaucoup de place et ne commencent à fleurir que lorsqu'elles sont déjà fortes. L'*A. cuneata* et une ou deux autres espèces sont de taille naine et très florifères. Toutes se plaisent dans une terre légère et riche ou dans un compost de terre franche et de sable. Les boutures s'enracinent facilement plantées à chaud, dans du sable et couvertes de cloches.

A. capitata, Arn. * *Fl.* à corolle de 2 1/2 à 5 cent. de long, rose ou purpurine, velue à l'extérieur; pédoncules plus longs que les pétioles. Juillet. *Flles* ovales, cordiformes, acuminées, de 5 à 12 cent. de long, velues sur les deux faces; poils glanduleux à la base. Plante couverte de poils raides.

A. cuneata, Ker.* *Fl.* à corolle grande, d'une belle teinte pourpre foncé et vif; pédoncules duveteux, plus courts que les feuilles, portant trois à six fleurs. Juillet. *Flles* obovales, cunéiformes, émarginées, glabres en dessus et couvertes en dessous de poils courts et nombreux, à peine pétiolées. Tiges couvertes au sommet d'un duvet poudreux. *Haut.* 60 cent. à 1 m. 50. Indes, 1822.

A. cymosa, Sweet. * *Fl.* à corolle rose pâle, tubuleuse, puis en entonnoir, velue extérieurement; pédoncules aussi longs ou plus longs que les feuilles, portant une cyme multiflore, feuillus au sommet. *Flles* arrondies, cordiformes ou réniformes, obtuses, terminées par une épine très courte, glabres sur les deux faces ou couvertes d'un duvet pruineux. Malabar (montagnes), 1823.

A. malabarica, Arn. *Fl.* un peu petites, purpurines à la base de la corolle, roses à la gorge et plus pâles sur les bords, ceux-ci presque blancs et à dix lobes superficiels; pédoncules aussi longs ou plus longs que les feuilles, pluriflores au sommet. *Flles* arrondies-cordiformes, aiguës, glabres ou pourvues sur les deux faces de quelques poils épars. Coromandel, 1823.

A. pomacea, Chois. *Fl.* grandes, roses; pédoncules velus, dépassant un peu les pétioles et portant une cyme multiflore. *Baies* jaunes, de la grosseur d'une cerise. *Flles* ovales-elliptiques, obtuses, couvertes sur les deux faces, mais principalement en dessous, d'un duvet velouté, cendré, quelquefois sub-émarginées au sommet. Mysore, 1818.

A. speciosa, Sweet. * *Fl.* à corolle de près de 5 cent. de long, rose foncé ; pédoncules égalant environ la longueur des pétioles et portant une ombelle capitée. Juillet. *Flles* de 8 à 30 cent. de long et 5 à 10 cent. de large, cordiformes, aiguës, glabres ou rarement velues en dessus, fortement nervées et couvertes en dessous d'un duvet soyeux et argenté. Indes, 1818.

A. splendens, Sweet. * *Fl.* à corolle tubuleuse-campanulée, de 4 cent. de long, presque velue extérieurement, rouge pâle ; pédoncules plus longs que les pétioles, portant un corymbe multiflore. Novembre. *Flles* obovales-oblongues ou ovales-elliptiques, entières ou sinuées, pandurées, quelquefois légèrement trilobées, lisses en dessus, mais couvertes en dessous d'un duvet soyeux, argenté, ayant 15 cent. de long, acuminées ; pétioles canescents. Indes, 1820.

ARGYROCHÆTA, Cav. — V. **Parthenium**, Linn.

ARGYROPHYTON Douglasii. — Syn. de **Argyroxyphium sandwicense**, DC.

ARGYRORCHIS, Blume. (de *argyros*, argent, et *orchis* : allusion aux réticulations argentées des feuilles). Fam. *Orchidées.* — Genre monotypique. C'est une orchidée terrestre, voisine des **Anœctochitus** et exigeant le même traitement.

A. javanica, Blume. *Fl.* roses, petites, disposées en épis lâches, sessiles ; hampe de 20 cent. de haut. *Flles* pétiolées, largement ovales, de 5 cent. de long et 4 cent. de large, vert olive velouté foncé, marbrées vert clair et finement réticulées de jaune, rosées en dessous. Java. (B. H. 1861, 18 ; sous le nom d'*Anœctochilus javanicus.*)

ARGYROXYPHIUM, DC. (de *argyros*, argent, et *xyphion*, Glaïeul ; allusion aux feuilles). Syn. *Argyrophyton*, Hook. Fam. *Composées.* — Petit genre renfermant deux espèces d'herbes vivaces, ornementales, de serre froide, originaires des Iles Sandwich. Involucre campanulé ; réceptacle conique ; capitules pédonculés, réunis en panicule thyrsoïde. Feuilles alternes, les inférieures rapprochées, allongées, épaisses, lignées de blanc sur les deux faces. Tige simple et légèrement rameuse. On les cultive dans une terre fertile, composée de terre franche sableuse et de terreau de feuilles. Multiplication par semis.

A. sandwicense, DC. *Fl.* en capitules purpurins. *Flles* linéaires-lancéolées, imbriquées, couvertes, ainsi que la tige, de poils soyeux, argentés. *Haut.* 1 m. Iles Sandwich, 1872. Syn. *Argyrophyton Douglasii.*

ARIA, Pers. — V. **Pyrus**, Linn.

ARIA Hostii. — V. **Pyrus Chamæmespilus Hostii.**

ARILLE. — Expansion du cordon ombilical qui recouvre la graine en partie ou même en totalité et qui n'adhère qu'à l'ombilic. L'arille peut aussi provenir de l'expansion de plusieurs autres organes des graines ; sa forme, sa couleur et sa consistance sont très variables ; il peut être charnu, ailé ou même pileux. On trouvera du reste des renseignements complémentaires dans la plupart des traités de botanique et notamment dans le *Dictionnaire* de M. Baillon.

(S.M.)

ARISÆMA, Mart. (de *aron*, Arum, et *sana*, type ; allusion à leur grande ressemblance aux *Arum*). Fam. *Aroïdées.* — Genre renfermant cinquante espèces presque toutes originaires des régions tempérées et tropicales de l'Asie, quelques-unes de l'Amérique du Nord et une de l'Abyssinie. Ce sont des plantes tuberculeuses, herbacées, de serre froide (sauf celles autrement indiquées). Spathe enroulée à la base autour du spadice ; celui-ci portant des fleurs unisexuées à la base et

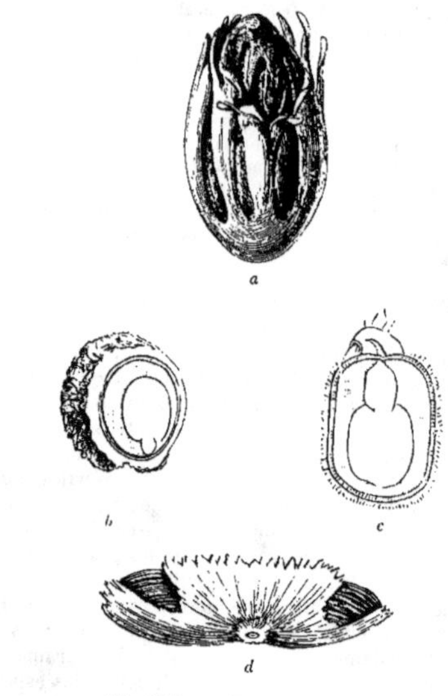

Fig. 258. — Graines arillées.
a, Myristica ; — *b*, Evonymus (coupée) ; — *c*, Polygala (coupée) ; *d*, Ravenala.

rudimentaires dans sa partie supérieure. Pour leur culture, etc., V. **Arum**.

A. anomalum, Hemsley. Petite espèce toujours verte, remarquable par ses rhizomes ressemblant à ceux des *Iris*. Hampe de 20 cent. de haut ; spathe petite, brune et blanc verdâtre. *Flles* de 20 cent. de haut, à trois-cinq folioles lancéolées.

A. concinnum, Schott. * *Fl.* à spathe enroulée, tubuleuse à la base ; partie supérieure penchée en dehors à la gorge et graduellement rétrécie en un appendice caudiculé de 8 cent. de long ; spathe de la plante femelle striée longitudinalement de blanc et de vert ; cette dernière couleur est remplacée par du bleu pourpre chez la fleur mâle. Juin. *Flle* solitaire, engainante à la base et composée de dix ou douze folioles lancéolées, entières, vert tendre, partant en radiant du sommet du pétiole, ce dernier de 30 à 60 cent. de haut. Sikkim ; Himalaya, 1871.

A. curvatum, — *Fl.* surmontant une hampe plus haute que les feuilles ; tube de la spathe cylindrique, vert, obscurément strié de blanc ; limbe elliptique, arqué en avant, vert sur la face intérieure et rouge brunâtre à l'extérieur ; spadice en forme de queue, rouge purpurin, d'environ 30 cent. de long. Avril. *Flles* pédalées. Les grandes bractées qui engainent la base de la tige sont élégamment marbrées de vert olive foncé, de rouge et de vert tendre. *Haut.* 1 m. 30. Himalaya, 1871. Syn. *A. helleborifolium.*

A. fimbriatum, Masters. * *Fl.* à spadice cylindrique, grêle, dont l'extrémité libre est garnie de filaments minces et purpurins ; spathe pourpre brunâtre, longitudinalement rayée de blanc, oblongue, aiguë ou acuminée, enroulée à la base. *Flles* deux, profondément divisées en trois segments ovales, aigus, glabres; pétioles allongés, rose purpurin pâle, maculés de pourpre. Iles Philippines, 1884. (G. C. n. s. xxii, p. 689 ; R. G. 1886, 357 ; B. M. 7150.)

A. galeata, — * *Fl.* à spathe d'environ 10 cent. de long; tube et partie cylindrique de la spathe vert teinté de pourpre à la base, avec de nombreuses lignes longitudinales blanches; intérieur du tube pourpre. Juillet. *Flles* solitaires, trifoliées; foliole médiane de 15 cent. de long et 9 cent. de large; les latérales de 15 cent. de long et presque 10 cent. de large. *Haut.* 30 cent. Sikkim; Himalaya, 1879.

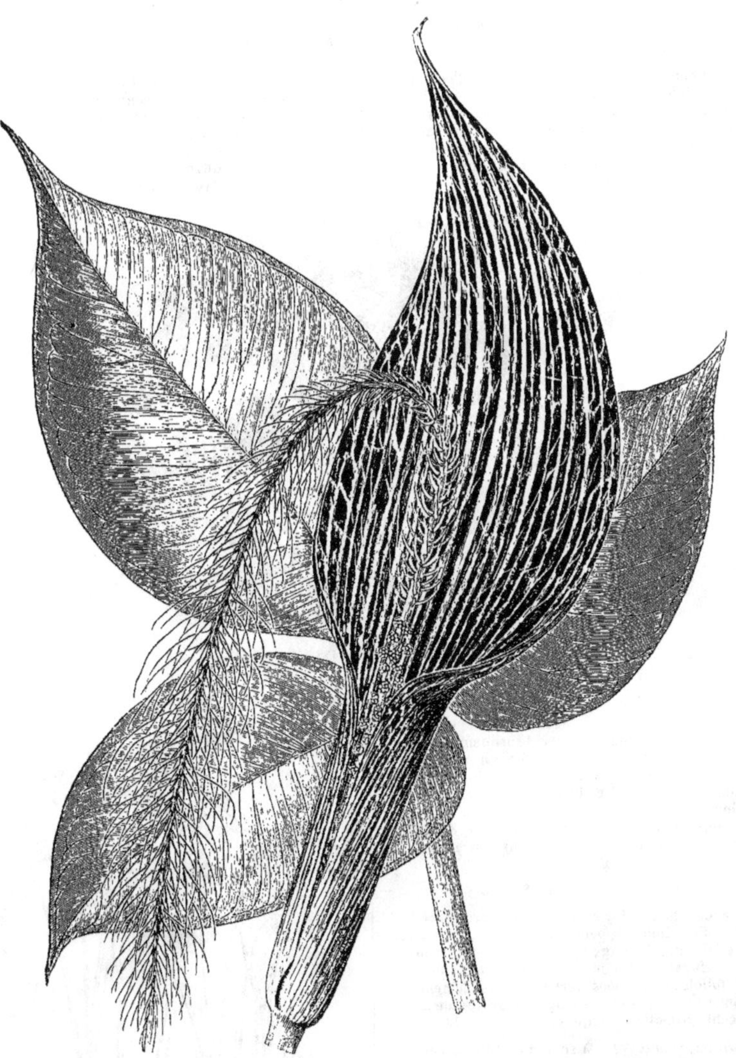

Fig. 259. — ARISÆMA FIMBRIATUM. (W. Bull.)

A. Dracontium, Schott. Dragon, ANGL. Dragon-root. — *Fl.* spadice subulé, plus long que la spathe; celle-ci verte, blongue, dressée, convolutée. Juin. *Flles* pédatiséquées, neuf-quatorze segments lancéolés, oblongs. *Haut.* 0 cent. Amérique du Nord, 1759. Espèce rustique. Syn. *Irum Dracontium*, Linn. (B. R. 668; L. B. C. 1165.)

A. Griffithi, — * *Fl.* à spathe grande, en capuchon, brun violet, à nervures vertes ; spadice de même teinte;

la partie stérile porte à sa base, au-dessus des fleurs, un anneau discoïde, et est prolongée supérieurement en un long appendice filiforme. Printemps. *Flles* à folioles larges, arrondies. *Haut.* 30 à 45 cent. Sikkim, 1879. Espèce rustique, très belle. Syn. *A. Hookerianum.*

A. helleborifolium, Schott. Syn. de *A. curvatum.*

A. Hookerianum, — Syn. de *A. Griffithi.*

A. nepenthoides, — * *Fl.* à spathe jaune d'ocre, brune et verte, développée au-dessus de la partie tubuleuse en deux auricules accentuées, qui caractérisent très bien cette espèce et servent à la distinguer ; spadice jaunâtre. Printemps. *Flles* pédalées, à cinq folioles lancéolées ou oblancéolées, la médiane de 15 cent. de long, les latérales plus courtes. Himalaya, 1879.

nâtre, à nervures verdâtres ; tube de 8 à 10 cent. de long ; limbe décurvé, rarement sub-dressé, de 8 à 10 cent. de large. Mai-juin, — *Flles* réunies par paires, à trois folioles courtement et fortement pétiolulées ou sessiles, la médiane plus large que longue et de 12 à 20 cent. de diamètre. Sikkim, Himalaya, 1880. (B. M. 6474.)

A. Wrayi, Hemsley. *Fl.* à spathe blanche et verte, rappelant un peu celle de l'*A. nepenthoides*, par sa taille et sa forme ; pédoncule de 30 à 60 cent. de haut. *Flles* à folioles lisses, de 45 à 50 cent. de haut ; pétioles verts, marbrés de rouge brunâtre. Espèce distincte, de serre chaude. 1889. (B. M. 7105.)

ARISARUM, Tourn. (des mots grecs *aris* et *aron*, nom des *Arum*). Fam. *Aroïdées.* — Petit genre comprenant trois espèces de plantes herbacées, demi-rustiques originaires de la région méditerranéenne, voisines des *Arisæma* et peu intéressantes au point de vue horticole.

Fig. 260. — Arisæma ringens. (*Rev. Hort.*)

A. præcox, de Vr. Syn. de *A. ringens*, Schott.

A. ringens, Schott. * *Fl.* à spathe striée de vert et de blanc, dressée, cylindrique à la base, brusquement arquée en avant et de nouveau contractée en un petit orifice pourpre foncé, à bords larges et réfléchis ; spadice dressé, jaune verdâtre pâle. Printemps. *Flles* trifoliées, ovales-oblongues, acuminées, filiformes au sommet ; pédoncule court. Japon. Rustique. (R. G. 1861, 313 ; F. d. S. 12, 1269, 1270 ; R. H. 1859, 155.) Syns. *A. præcox*, de Vr. (B. M. 5967) et *A. Sieboldi.*

A. Sieboldi, — Syn. de *A. ringens*, Schott.

A. speciosum, Mart. * *Fl.* à spadice pourpre foncé brillant, muni d'un long appendice flexueux, atteignant quelquefois 50 cent. de long ; spathe également terminée par une prolongation filiforme. Mars. *Flles* solitaires, trifoliées, à folioles pétiolulées, vert foncé, visiblement bordées de rouge sang ; pétioles allongés, marbrés de blanc. *Haut.* 60 cent. Himalaya tempéré, 1872. (Gn. 1890, 758.)

A. triphyllum, Schott. * *Fl.* à spathe de 10 à 15 cent. de long, striée de larges lignes brun pourpre, avec une bande médiane verte, de 2 cent. 1/2 de large ; spadice de 8 cent. de long, maculé de brun. Juin-juillet. *Flles* à pétiole long et fort, portant trois folioles égales, entières, acuminées. *Haut.* 20 à 30 cent. Amérique du Nord, 1664. Cette espèce est entièrement rustique en Angleterre. Syns. *A. zebrina*, et *Arum triphyllum*, Linn. (B. M. 950 ; L. B. C. 320.)

A. utile, — *Fl.* à spadice pourpre ; spathe rouge bru-

Fig. 261. — Arisæma triphylla.

Fleurs unisexuées; spadice libre, dépourvu de fleurs rudimentaires; spathe tubuleuse à la base et en capuchon dans sa partie supérieure. Feuilles longuement pétiolées, cordiformes ou hastées. Rhizome tubéreux. Ces plantes se plaisent dans un compost de terre franche, de terre de bruyère et de terreau. On les multiplie par semis ou par division des touffes au printemps.

A. proboscideum, Savi. *Fl.* à spathe dressée, naviculaire, blanc grisâtre et renflée à la base, vert olive dans sa partie supérieure et rétrécie en un appendice linéaire qui atteint souvent 12 cent. de long; spadice inclus. Février. *Flles* solitaires ou peu nombreuses, de 8 à 10 cent. de long et 2 1/2 à 5 cent. de large, hastées; pétioles de 10 à 15 cent. de haut, forts, cylindriques. Apennins. Syn. *Arum proboscideum.* (B. M. 6634.)

A. vulgare, Targio Tozzo. *Fl.* à spathe pourpre livide; limbe acuminé et incurvé au sommet. Mai. *Flles* cordiformes, sagittées. *Haut.* 30 cent. Europe méridionale, nord de l'Afrique, 1596. Syns. *A. australe*, Rich. *Arum Arisarum*, Linn. (S. F. G. 948.)

ARISTÉ, Angl. Aristate. — Qui est pourvu d'arêtes comme les glumes ou glumelles de beaucoup de Graminées.

ARISTEA. Ait. (de *arista*, arête; allusion aux pointes rigides des feuilles). Fam. *Iridées*. — Genre comprenant environ quinze espèces de plantes vivaces, herbacées, de serre tempérée, originaires du sud de l'Afrique et de Madagascar. Fleurs bleues; périanthe rotacé, à six divisions tordues après la floraison; hampe rigide, à deux angles, souvent rameuse. Feuilles étroites, ensiformes. Ce sont des plantes plus intéressantes qu'ornementales, ayant le port des *Ixia*, et que l'on cultive dans un compost de trois parties de terre de bruyère tourbeuse et une de terre franche. On les multiplie facilement par divisions et par semis. Leur taille varie de 10 cent. à 1 m. et elles fleurissent généralement en été.

A. capitata, Ker. *Fl.* d'un bleu vif à l'intérieur, plus pâles à l'extérieur, d'environ 2 cent. de large, à segments inégaux, obtus; groupées en bouquets formant par leur réunion une longue grappe atteignant plus d'un mètre de haut. Juillet-août. *Flles* nombreuses, ensiformes, plus courtes que la tige. Cap, 1790. Syns. *A. cærulea*, Wahl.; *A. major*, Andrz. (B. R. 160.)

A. cyanea, Soland. *Fl.* d'un beau bleu, de 2 cent. de diamètre, réunies en bouquet terminal, accompagnées de spathes à bords frangés. Avril-juin. *Flles* un peu plus courtes que la tige, raides, linéaires, ensiformes, aiguës. Tige grêle, flexueuse, rameuse. *Haut.* 30 à 60 cent. Cap, 1759. (B. M. 462; B. R. 10; B. L. 462.)

A. platycaulis, — *Fl.* à périanthe bleu; segments oblongs, de 6 mm. de long; pédicelles petits; inflorescence ample, paniculée, de 20 cent. environ de long; tige rameuse, très aplatie, à rameaux inférieurs surpassés par les feuilles caulinaires. Été. *Flles* radicales, ensiformes, fermes, de 30 cent. de long et 2 cent. 1/2 de large. Cap, 1887.

ARISTOLOCHIA, Linn. (de *aristos*, excellent, et *lochcia*, accouchement; allusion à leurs propriétés médicales), **Aristoloche.** Angl. Birthwort. Fam. *Aristolochiées*. — Grand genre comprenant environ cent quatre-vingts espèces largement dispersées dans les régions chaudes et tempérées du globe. Ce sont des arbustes grimpants ou dressés, de serre chaude, tempérée ou rustiques, très cultivées pour l'ornement des serres et jardins d'hiver. Fleurs axillaires, fasciculées ou solitaires, pendantes, de forme très singulière; périanthe tubuleux, droit ou courbé, à limbe oblique; étamines six, rarement quatre ou nombreuses, adhérentes au stigmate; capsule à six valves. Feuilles cordiformes ou lobées. Un compost de bonne terre franche, mêlé d'une petite quantité de bon terreau et d'un peu de sable pour le rendre bien poreux, convient en général à tous les Aristoloches. Ils poussent aussi vigoureusement lorsqu'on les plante en pleine terre dans la serre ou dans les jardins d'hiver, mais ils atteignent fréquemment de grandes dimensions avant de commencer à fleurir. En pots, il leur faut un grand treillage sur lesquels on fait successivement monter et descendre les tiges, ou mieux encore une sorte de colonne faite de tuteurs autour desquels on les enroule en spirale en commençant à la base du pot et en espaçant les spires d'environ 5 cent; quelques espèces vigoureuses exigent plus de place. L'*A. Sipho* est rustique dans le nord de la France; son beau feuillage et ses longues tiges vigoureuses en font une des meilleures plantes pour garnir les berceaux et treillages de toutes formes.

A. altissima, Desf. *Fl.* jaune brunâtre pâle, striées de rouge brun; périanthe d'environ 4 cent. de long, à tube graduellement élargi jusqu'au limbe qui est jaune intérieurement. Juin-août. *Flles* vert tendre brillant, pétiolées, de 5 à 8 cent. de long, ovales, cordiformes, obtuses ou aiguës, ondulées; pétioles de 12 à 18 mm. de long. Sicile et Algérie. Demi-rustique. (B. M. 6586.)

A. anguicida, Linn. *Fl.* blanches, maculées de brun, tube du périanthe renflé à la base, dilaté et oblique à la gorge; pédoncules axillaires, solitaires, uniflores. Décembre. *Flles* courtement pétiolées, cordiformes, acuminées; spitules cordiformes, arrondies. *Haut.* 3 m. Nouvelle-Grenade, 1845. Espèce toujours verte, grimpante et de serre chaude. (B. M. 4361; F. d. S. 344.)

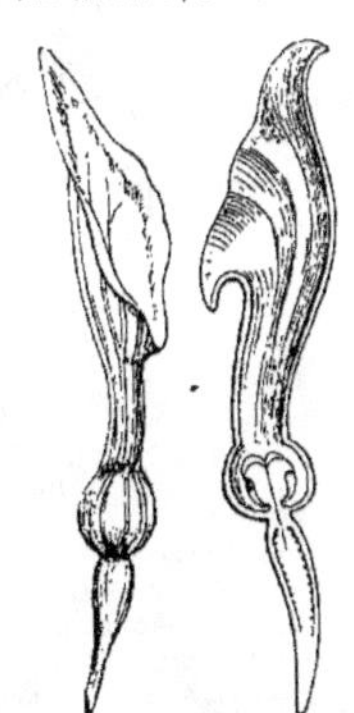

Fig. 262. — Aristolochia Clematitis, Fleur détachée et fleur coupée longitud.

A. barbata, Jacq. *Fl.* pourpres, axillaires, de 6 cent. de long; périanthe droit; limbe étalé; lèvre spatulée, barbue à l'extrémité. Juillet. *Flles* cordiformes, oblongues. *Haut.* 3 m. Caracas, 1796. Espèce toujours verte, de serre chaude.

A. Bonplandii, Ten. Syn. de *A. fimbriata*, Chams.

A. caudata, Booth. ' *Fl.* livides; périanthe cylindrique, ventru et à six éperons à la base, lèvre cordiforme, cuspidée filiforme et tordue au sommet. Juin. *Flles* inférieures réniformes, lobées; les supérieures tripartites. *Haut.* 1 m. 50. Brésil, 1828. Espèce à feuilles caduques, de serre chaude. (B. R. 1453.)

A. ciliosa, Benth.* *Fl.* jaune purpurin; tube du périanthe obliquement ventru à la base, droit, cylindrique depuis le milieu jusqu'au sommet, frangé; pédoncules uniflores. Septembre. *Flles* cordiforées-réniformes. Plante glabre, *Haut.* 2 m. Brésil, 1829.

A. Duchartrei, Ed. André.* *Fl.* en grappes; tube brun; limbe jaune crème, maculé de pourpre. Janvier. *Flles* cordées-réniformes, acuminées. Amazone supérieur, 1868. *Haut.* 1 m. 50. Cette espèce, de serre chaude, fleurit sur le vieux bois. Syn. *A. Ruiziana.*

A. elegans, Masters. *Fl.* solitaires, longuement pédicellées; périanthe à tube vert jaunâtre, de 4 cent. de long, un peu renflé, brusquement étalé en coupe peu profonde, blanc et veiné de pourpre extérieurement; pourpre brunâtre avec des marques blanches irrégulières à l'in-

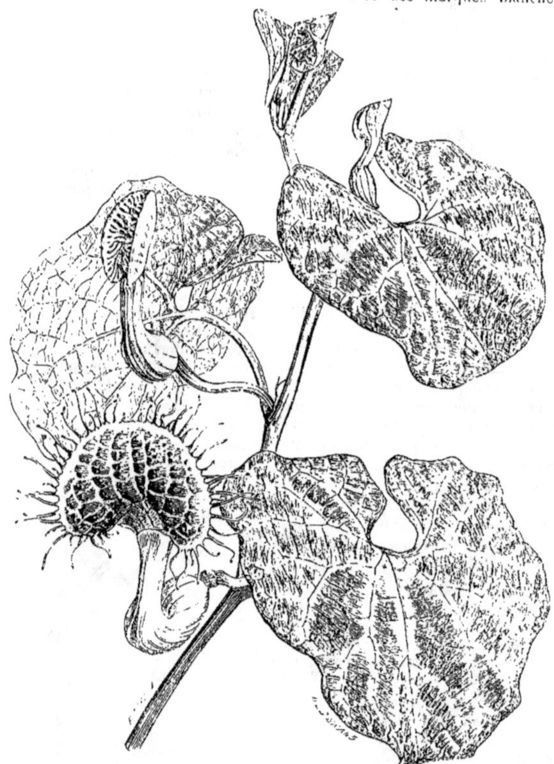

Fig. 263. — Aristolochia fimbriata. (*Rev. Hort.*)

térieur. Août. *Flles* de 5 à 8 cent. de long et autant de large, cordées-réniformes; pétioles de 2 1/2 à 6 cent. de long, très grêles. Brésil, 1883. Espèce grimpante, de serre chaude. (B. M. 6909; Gn. 1886, 549.)

A. Clematitis, Linn. Aristoloche commune, Ratelaire. — *Fl.* jaune pâle, dressées, à lèvre oblongue, courtement acuminée; disposées en bouquet à l'aisselle des feuilles. Juin-juillet. *Flles* cordiformes, pétiolées. Tiges dressées, en touffes. *Haut.* 60 cent. à 1 m. France, etc. Espèce herbacée, rustique, vénéneuse et peu méritante comme ornement

A. clypeata, — *Fl.* axillaires; tube jaunâtre, cylindrique; limbe elliptique, grand, allongé, infundibuliforme, blanc tacheté de pourpre. *Flles* sub-cordiformes, ovales, acuminées. Colombie, 1871.

A. cordifolia, Mutis. *Fl.* axillaires, très grandes, à limbe large, cordiforme, jaune crème, veiné de pourpre. Mai. *Flles* cordiformes, acuminées. Mexique, 1860.

A. deltoidea variegata, Hort. *Flles* panachées de blanc. *Haut.* 2 m. Colombie, 1870.

A. fimbriata, Chams. *Fl.* assez petites, verdâtres en dehors, brunâtres en dedans, solitaires, axillaires; calice tubuleux, renflé à la base et terminé par un limbe unilabié, bordé de longs cils repliés en dedans. *Flles* arrondies, profondément cordiformes à la base, obtuses ou courtement mucronées, de 6 à 7 cent. de diamètre, longuement pétiolées. *Haut.* 40 à 50 cent. Brésil, vers 1830 (?). Plante herbacée. Syn. *A. Bonplandii,* Ten.

A. floribunda, — * *Fl.* nombreuses, à limbe rouge purpurin, veiné de jaune, centre jaune. Juillet. *Flles* cordiformes, ovales, acuminées. *Haut.* 3 m. Brésil, 1863.

A. galeata, Mart. *Fl.* jaune crème, à nervures réticulées.

Août. *Flles* cordiformes, avec un grand sinus ouvert. *Haut.* 6 m. Nouvelle-Grenade, 1873.

A. gigas, Lindl. Syn. de *A. grandiflora*, Swartz.

A. Goldieana, Hook. * *Fl.* verdâtres à l'extérieur, jaune foncé avec des veines de couleur chocolat à l'intérieur, courbées en deux parties inégales, l'inférieure surmontant l'ovaire ayant environ 20 cent. de long, un peu cylindrique, se terminant en une protubérance arquée en forme de massue ; la supérieure commençant à partir du renflement, ayant environ 30 cent. de long, en forme d'entonnoir, côtelée, dilatée dans sa partie supérieure en un limbe un peu trilobé. Étamines vingt-quatre, quantité peu fréquente chez les plantes de cette famille. Ces énormes fleurs mesurent ainsi 65 cent. de long et environ 30 cent. de large. Juillet. *Flles* ovales ou triangulaires-cordiformes, acuminées. Rivière du Vieux Calabar, golfe de Guinée, 1867. (G. C. 1890, I, p. 520, d'après lequel notre planche a été faite; T. L. S. 1367, 25, 189.)

Cette majestueuse plante grimpante doit être rempotée dans de la terre neuve en février ou mars ; il lui faut peu d'eau jusqu'à ce que les nouvelles tiges aient atteint 15 cent. ; la quantité doit ensuite être modérément augmentée jusqu'au commencement de septembre, époque à laquelle ces tiges meurent jusqu'à quelques pouces au-dessus du sol ; à partir de cette époque et pendant tout l'hiver, les arrosements doivent être entièrement suspendus. Elle fleurit bien dans une température de 18 à 20 deg.

A. grandiflora, Swartz. *Fl.* solitaires, axillaires, à pédoncule plus long que le pétiole, très grandes, blanchâtres à l'extérieur, rouge brunâtre à la gorge et purpurine sur le limbe; tube fortement renflé, obové et cotonneux à la base, puis resserré, arqué et terminé par un limbe plan, presque cordiforme, ondulé, de 20 cent. de long et 16 cent. de large, prolongé au sommet en filet long et grêle. Juin-juillet. *Flles* cordiformes, aiguës, de 12 cent. de long, glabres sur les deux faces, longuement pétiolées. Plante volubile, à odeur désagréable. Guyane et Bolivie. (B. M. 4368-9; F. d. S. 351-2, 353-4.) Syn. *A gigas*, Lindl. (B. R. 60).

A. hians, Willd. *Fl.* vert bronzé à l'extérieur, à nervures et bord du bec jaune verdâtre clair, l'intérieur du grand lobe est d'un vert jaunâtre sombre, marqué de pourpre brunâtre, l'intérieur du bec est couvert de poils pourpre brun, celui du tube renflé est verdâtre pâle, velu et maculé de pourpre brun dans sa moitié supérieure. Septembre. *Flles* arrondies dans leur contour, profondément cordiformes à la base, arrondies au sommet, vertes réticulées en dessous ; stipules de 2 cent. 1/2 de long, à bords ondulés. Venezuela, 1887. (B. M. 7073.)

A. indica, Linn. *Fl.* purpurines, périanthe dressé ; pédoncules pluriflores. Juillet. *Flles* elliptiques, obtuses, un peu émarginées, légèrement cordiformes. *Haut.* 3 m. Indes, 1780. Espèce toujours verte, de serre chaude.

A. labiosa, Ker. * *Fl.* verdâtres, veinées de pourpre ; périanthe incurvé à la base, sacciforme, bilabié au milieu. Juillet. *Flles* réniformes, arrondies, cordiformes, amplexicaules. *Haut.* 6 m. Brésil, 1821. Espèce toujours verte, de serre chaude. (B. R. 689.)

A. leuconeura, Linn. * *Fl.* pourpre brun. Septembre. *Flles* cordiformes, acuminées. *Haut.* 4 m. La Madeleine, 1858. Serre chaude.

A. longicaudata, Masters. *Fl.* grandes, blanc crème, veiné de pourpre. C'est une belle espèce du groupe des unilabiés, dont la lèvre solitaire est prolongée en une très longue queue. Espèce robuste, grimpante. Guyane anglaise, 1890. (G. C. 1898, VIII, p. 493.)

A. longifolia, Champ. *Fl.* pourpre brunâtre, assez grandes, à tube jaunâtre, veiné de pourpre sombre à l'extérieur, brusquement replié sur lui-même ; limbe arrondi, d'environ 6 cent. de diamètre, dont la partie inférieure est courbée comme si elle eût été pincée au milieu. *Flles* longues, linéaires, lancéolées, acuminées. Tiges allongées, grimpantes. Souche courte, ligneuse. Hong-Kong. 1886. Serre chaude. (B. M. 6884.)

A. odoratissima, Linn. *Fl.* purpurines, odorantes; pédoncules uniflores, plus longs que les feuilles ; lèvre cordiforme, lancéolée, plus longue que le périanthe. Juillet. *Flles* cordiformes, ovales, persistantes. Tiges grimpantes. *Haut.* 3 m. Jamaïque, 1737. Serre chaude.

A. ornithocephala, —* *Fl.* purpurines, très grandes et extrêmement originales. Pour donner une idée de leur forme, on peut dire qu'elles ont la tête d'un faucon et le bec d'un héron, avec les barbes de certaines volailles, grises et réticulées de brun ; la tête est veinée, de même teinte et le bec est gris. Octobre. *Flles* obtuses, réniformes-cordiformes. *Haut.* 6 m. Brésil, 1838. Serre chaude. (B. M. 4120.)

A. picta, Karst. *Fl.* solitaires, de 8 à 10 cent. de long. ; tube ovale; limbe grand étalé, portant au centre une grande tache jaune d'or, entourée d'un fond bleu ciel, élégamment réticulée de jaune d'or à reflet métallique. Juillet-octobre. *Flles* oblongues, cordiformes, à lobes arrondis. Caracas. Espèce grimpante, de serre chaude. (F. d. S. 521; L. P. F. G. 1.)

A. ridicula, N. E. Br. *Fl.* de 9 à 12 cent. de long,; tube blanchâtre sombre, veiné de pourpre brun, recourbé sur lui-même ; partie inférieure renflée; limbe courtement révoluté, prolongé sur les côtés de la partie supérieure en deux lobes allongés « ressemblant à des oreilles d'âne » fauves ou blanc crème, avec des macules dentiformes et des poils épars, pourpre brun foncé, *Flles* vert tendre, orbiculaires, ou orbiculaires-réniformes, cordiformes à la base et couvertes de poils courts. Tiges, pétioles et pédicelles couverts de poils étalés. Brésil, 1886. Espèce grimpante, de serre chaude. (G. C. n. s. XXIV, p. 361 ; B. M. 6934.)

A. ringens, Vahl. * *Fl.* extrêmement grotesques, de 18 à 25 cent. de long, vert pâle, marbrées et réticulées de pourpre noir. Périanthe muni d'un renflement sacciforme, ovoïde, de 6 cent. de long, velu à l'intérieur ; tube obliquement ascendant, arrondi, se divisant en deux lèvres très longues, la supérieure (inférieure lorsque la fleur est pendante), oblongue-lancéolée, récurvée, velue à l'intérieur en dessous du milieu, tandis que l'inférieure est plus courte, à bords récurvés et s'étalant en limbe orbiculaire ou presque réniforme. A l'inverse de beaucoup d'autres espèces, les fleurs naissent sur les jeunes rameaux. Juillet. *Flles* vert tendre, glabres, arrondies-réniformes. *Haut.* 6 m. Brésil, 1820. Espèce toujours verte, de serre chaude.

A. Ruiziania, — Syn. de *A. Duchartrei.*

A. saccata, Nees. *Fl.* rouge purpurin, formant une grande poche ; gorge circulaire, verticale. Septembre. *Flles* de 30 à 45 cent. de long et 10 cent. de large, éparses, ovales-cordiformes, rétrécies au sommet, légèrement ondulées et sinuées, entières, plus soyeuses en dessous qu'en dessus. *Haut.* 6 m. Sylhet; Indes orientales, 1829. Espèce toujours verte, de serre chaude. (B. M. 3640.)

A. salpinx, Masters. *Fl.* d'environ 4 cent. de long ; tube renflé à la base, puis brusquement contracté, redressé et comprimé sur le dos en forme de trompette; gorge oblique, jaune crème, à nervures purpurines, réticulées à l'extérieur, plus clair à l'intérieur; lèvre supérieure à macule centrale jaune, entourée de nombreux points purpurins; bords légèrement réfléchis, striés de lignes pourpres et pourvus de quelques poils courts, de même teinte. *Flles* ovales-cordiformes, acuminées, glabres, de 10 à

15 cent. de long et 6 à 8 cent. de large. Paraguay, 1886. Serre chaude. (G. C. n. s. XXVI, pp. 456-7.)

A. sempervirens, Russ. *Fl.* purpurines; périanthe incurvé. Mai. *Flles* cordiformes-oblongues, acuminées. Tiges couchées, flexueuses, un peu grimpantes. *Haut.* 1 m. 30. Candie, 1727. Serre tempérée. (B. M. 1116; S. F. G. X, 334.)

A. serpentaria, Linn. Serpentaire de Virginie. — *Fl.* pourpre brunâtre foncé, solitaires, à pédoncules munis de bractées alternes; périanthe à tube conique, puis coudé et dilaté en limbe à deux lèvres; la supérieure en forme de casque, l'inférieure plus petite. Anthères six. *Flles* vert tendre, alternes, pétiolées, ovales-acuminées, cordiformes à la base, glabres ou un peu pubescentes. Espèce herbacée, vivace, à rhizome court, horizontal. *Haut.* 25 cent. Amérique septentrionale. Peu ornementale, la Serpentaire est vantée comme antidote de la morsure des serpents, on l'emploie en France à différents usages médicaux.

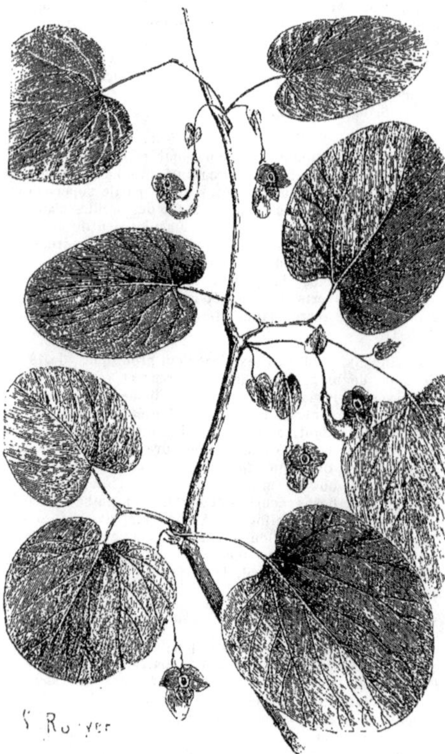

Fig. 264. — Aristolochia sipho. (*Rev. Hort.*)

A. Sipho, L'Her.* *Fl.* jaune brunâtre, longuement pédonculées, pendantes; corolle tubuleuse, courbée, puis dressée; limbe oblique, divisé en trois lobes égaux, plans, bruns; pédoncules munis de grandes bractées ovales. Ces fleurs rappellent exactement la forme d'une petite pipe. Mai-juin. *Flles* grandes, d'un beau vert, cordiformes, aiguës, caduques. Tiges volubiles. *Haut.* 5 à 10 m. Amérique du Nord. Ce bel arbuste grimpant est parfaitement rustique; il aime une terre franche, profonde et très saine ou même un peu sèche.

A. Thwaitesii, — *Fl.* jaunes. Mars. *Haut.* 1 m. Vieux Calabar, 1854. Serre chaude.

A. tomentosa, Sims.* *Fl.* purpurines; périanthe à tube tordu et renversé; limbe plus profondément divisé que celui de l'*A. sipho*, étalé, plan, jaune, à gorge pourpre foncé; pédoncules solitaires, dépourvus de bractées. Juillet. *Flles* cordiformes, duveteuses en dessous. *Haut.* 6 m. Amérique du Nord, 1799. Espèce rustique.

A. tricaudata, — *Fl.* pourpre brun foncé, solitaires, à limbe divisé en trois lobes longuement rétrécis en forme de queue. Août. *Flles* oblongues, acuminées, rugueuses, de 12 à 20 cent. de long. Mexique, 1866. Curieux et joli arbuste de serre chaude.

A. trilobata, Linn. *Fl.* purpurines; périanthe à tube cylindrique, sacciforme à la base; lèvre cordiforme, cuspidée. Juin. *Flles* trilobées. Tiges volubiles. *Haut.* 2 m. 50. Amérique du Sud, 1775. Espèce toujours verte, de serre chaude.

A. unguifolia, — *Fl.* en grappes; périanthe pourpre brunâtre, stipité à la base, puis renflé en poche globuleuse ou oblongue, avec deux projections près du sommet; partie supérieure du tube contractée, un peu arquée, se terminant en un limbe bilabié, dont une lèvre est grande, ovale; l'autre petite. Juin. *Flles* de 15 à 20 cent. de long, cordiformes, à cinq nervures, pédalées à la base, trilobées au-

Fig. 265. Aristolochia tricaudata.

dessous du milieu, à sinus larges, les deux lobes latéraux arqués et obtus au sommet. Labuan, 1880. Serre chaude.

A. Westlandi, Hemsley. *Fl.* pendantes, naissant toutes à la base de la plante; périanthe à tube brun et jaune, cylindrique; limbe jaune verdâtre pâle, veiné et moucheté de pourpre, de 15 cent. de long, largement arrondi-ovale; pédoncules de 8 à 12 cent. de long, uniflores. Mars. *Flles* de 15 à 25 cent. de long, courtement pétiolées, étroitement oblongues-lancéolées, acuminées, glabres en dessus, fortement nervées et pubescentes en dessous. Tige courte, ligneuse, rameaux allongés, volubiles. Chine, 1886. Serre chaude. (B. M. 7011.)

ARISTOLOCHIÉES. — Famille renfermant environ deux cents vingt-cinq espèces réparties dans onze genres et largement dispersées dans toutes les régions chaudes et tempérées du globe. Ce sont des plantes herbacées ou frutescentes, ordinairement vivaces, à tiges fréquemment volubiles, et à racines fibreuses, rhizomateuses ou tubéreuses. Fleurs de forme curieuse, composées d'un périanthe plus ou moins tubuleux, souvent très irrégulier, d'un androcée à cinq à six étamines, quelquefois douze et rarement plus, à anthères biloculaires, et d'un style très variable. Le fruit devient à la maturité une capsule à six loges polyspermes. Leurs feuilles sont alternes, simples, de forme variable et leurs fleurs sont solitaires ou disposées en cymes. Des cinq genres que renferme cette famille, les *Aristolochia* occupent la place la plus importante comme nombre d'espèces ainsi que par leur emploi dans les jardins ou dans les serres comme plantes ornementales. (S. M.)

ARISTOMENIA, Vell. — V. **Stifftia**, Mik.

ARISTOTELA, Adans. — V. **Othonna**, Linn.

ARISTOTELEA, Lour. — V. **Spiranthes**, Rich.

Fig. 266. — Aristotelia macqui.

ARISTOTELIA, L'Her. (dédié, dit-on, à Aristote, philosophe grec). Syn. *Friesia*, DC. Fam. *Tiliacées*. — Genre comprenant sept espèces originaires du Chili, de l'Australie et de la Nouvelle-Zélande. Ce sont des arbustes toujours verts et rustiques. Calice campanulé, à cinq sépales; corolle à cinq pétales libres, insérés à la base du calice et alternes; étamines quinze; style divisé supérieurement en trois branches. Fruit bacciforme, à trois ou quatre loges. Feuilles opposées, simples, stipulées. Fleurs réunies en cymes à l'aisselle des feuilles. L'espèce suivante, la plus répandue, est cultivée pour la garniture des massifs d'arbustes. Multiplication par marcottes et par boutures de bois mûr; elles s'enracinent facilement sous cloches.

A. Macqui, L'Her. * *Fl.* petites, verdâtres, en cymes axillaires. *Flles* presque opposées, pétiolées, oblongues-aiguës, lisses, brillantes, dentées, persistantes. Les baies, de la grosseur d'un pois, sont d'un pourpre très foncé devenant noir à la maturité; elles sont acidulées, rafraichissantes et employées pour la teinture et pour combattre les fièvres.

ARMENIACA, Tourn. (de *Armenia*, pays d'origine de l'Abricotier) **Abricotier**. Angl. Apricot. Fam. *Rosacées*, tribu des *Prunées*. — Bien que ce genre soit maintenant réuni aux *Prunus* par Bentham et Hooker, nous le maintenons cependant séparé au point de vue horticole. Ce sont de petits arbres rustiques, à feuilles caduques. Fleurs naissant avant les feuilles, de boutons enveloppés d'écailles, solitaires ou réunies en petit nombre, et presque sessiles. Feuilles enroulées lorsqu'elles sont jeunes. Le fruit est une drupe ovale, globuleuse, charnue, couverte d'une peau veloutée et renfermant un noyau osseux, aigu à une extrémité et obtus à l'autre, avec un sillon sur chaque côté et près d'un bord, le reste est lisse, non ridé. Pour leur culture, V. **Abricotier** et **Prunus**.

A. brigantiaca, Pers. * *Fl.* blanches ou roses, agglomérées, presque sessiles. Mars. *Flles* un peu cordiformes, acuminées, à dents nombreuses, aiguës et se recouvrant les unes les autres. *Haut.* 2 à 3 m. Europe méridionale, France, etc. Syn. *Prunus brigantiaca*, Chaix.

A. dasycarpa, Pers.* *Fl.* blanches, à pédicelles filiformes. Mars. *Flles* ovales, acuminées, dentées; pétioles glanduleux. *Haut.* 3 à 5 m. Chine, 1800.

A. Mume, Carr. *Fl.* rose tendre ou blanches, simples ou semi-doubles, sub-sessiles, très nombreuses; naissant avant les feuilles; étamines trente à quarante. Avril-mai. *Fr.* petits, très courtement pédonculés, velus, jaune pâle, sillonnés d'un côté. *Flles* alternes, pétiolées, obovales, finement denticulées. Arbuste buissonneux, très ramifié; bois brunâtre. *Haut.* 2 à 4 m. Japon, 1878. (R. H., 1885, p. 564.) Syn. *Prunus Mume*, Sieb. et Zucc.

A. sibirica, Pers. *Fl.* roses. Avril. *Flles* ovales-aiguës, acuminées; pétioles dépourvus de glandes. *Haut.* 3 à 6 m. Dahourie, 1788.

A. vulgaris, Tourn. * Abricotier commun. Angl. Common Apricot. — *Fl.* blanc rosé, sessiles. Février-mars. *Flles* ovales ou cordiformes, glabres, à dents glanduleuses. *Haut.* 5 m. Orient, 1548. Syn. *Prunus Armeniaca*, Linn. Les nombreuses variétés de cette espèce diffèrent quelquefois dans la forme de leurs feuilles. V. aussi **Abricotier**.

ARMERIA, Willd. (de *Flos-Armeriæ*, nom latin d'une espèce d'Œillet). **Gazon d'Espagne**, **G. d'Olympe**; Angl. Thrift, Sea Pink. Syn. *Statice*, Linn, pro parte. Fam. *Plumbaginés*. — Genre renfermant, selon certains auteurs, plus de cinquante espèces, tandis que d'autres les réduisent à six ou sept; elles habitent principalement l'Europe, le nord de l'Afrique et l'Asie occidentale. Ce sont des plantes vivaces, herbacées, touffues. Fleurs pédicellées, réunies en capitules compacts, terminaux; involucre scarieux renversé et engainant la hampe; celle-ci radicale, très longue, dépourvue de feuilles; pétales soudés à la base, persistants. Feuilles linéaires, radicale, en touffe. La plupart des *Armeria* ne différant que par des détails botaniques, nous n'en décrirons donc que les plus importants. Leur culture est excessivement facile, ils aiment une terre légère et siliceuse. Multiplication par semis et par division des touffes; cette dernière opération doit se faire après la floraison; les éclats se plantent de suite en place, en bordure ou en pépinière, ceux des espèces délicates pourront être repiqués en pots et sous châssis froid. Les graines se sèment au printemps, en pots ou en terrines, sous châssis froid. Ces plantes sont convenables pour l'ornement des rocailles, la garniture des plates-bandes, la culture en pots, etc.; l'*A. vulgaris* est une des plantes les plus utiles que nous ayons pour faire des bordures.

A. alliacea, Loisel. Syn. de *A. dianthoides*, Horn.

A. alpina, Hoppe. — V. *A. vulgaris*, Willd.

A. cæspitosa, Boiss. *Fl.* lilas pâle, en petits capitules; bractées de l'involucre brunâtres; hampe pubescente. Été. *Flles* très courtes, étroites, linéaires, triquètres, rigides, récurvées. *Haut.* 2 1/2 à 5 cent. Montagnes de l'Espagne, 1885. C'est la plus petite espèce. (R. G. 1192, f. 2.)

A. cephalotes, Link. ' Faux-Armeria. — *Fl.* rose foncé ou carminées, en gros capitules arrondis. Automne. *Flles* largement lancéolées, glabres, aiguës; pétioles canaliculés, engainants à la base. *Haut.* 30 à 45 cent. Europe méridionale; Algérie, 1700. — C'est sans doute la plus belle espèce du genre; on la multiplie de préférence par semis,

Fig. 267. — Armeria cephalotes.

car elle est difficile à propager par divisions; il lui faut une terre légère et une exposition chaude et abritée; il serait même préférable de l'hiverner sous châssis, car elle est susceptible de périr dans les hivers rigoureux. Syns. *A. formosa*, Hort.; *A. latifolia*, Willd.; *A. mauritanica*, Wallr.; *A. pseudo-Armeria*, Murr. et *Statice pseudo-Armeria*, Desf.

A. dianthoides, Horn. ' *Fl.* rose clair ou blanc nacré, en capitules compacts; hampes raides, d'environ 25 cent. de haut. Mai-juillet. *Flles* étalées, planes, linéaires, nervées, légèrement duveteuses. Europe méridionale, France, etc.; Syns. *A. alliacea*, Loisel; *A. plantaginea*, Willd. var. *leucantha*, Boiss.; *Statice alliacea*, Willd.

A. formosa, Hort. Syn. de *A. cephalotes*, Link.

A. juncea, Gir. — ' *Fl.* rose tendre, en petits capitules très nombreux, à hampes naissant à l'aisselle des feuilles et atteignant environ 8 cent. de haut. Avril-juin. *Flles* en rosette dense, à peu près dressées, étroites, aiguës, formant des touffes raides. Europe méridionale. A planter dans les rocailles, entre les pierres et dans un endroit ensoleillé. Syn. *A. setacea*. Del.

A. juniperifolia, Willd. ' *Fl.* rose foncé, en petits capitules compacts. Mai-juin. *Flles* courtes, raides, dressées, rappelant celles des Genévriers. *Haut.* 15 cent. Plante formant des touffes compactes. Espagne, 1818. A planter dans les rocailles, dans les endroits chauds et bien drainés, en terre très sableuse, entremêlée de quelques pierres ou en pots et hiverner au besoin sous châssis.

A. latifolia, Willd. Syn. de *A. cephalotes*, Link.

A. leucantha, — V. *A. dianthoides*, Horn.

A. maritima, Willd. Syn. de *A. vulgaris*, Willd.

A. mauritanica, — Syn. de *A. cephalotes*, Link.

A. plantaginea, Willd. ' *Fl.* rose vif; hampes plus élevées que celles de *A. vulgaris*. *Flles* plus larges, à trois-cinq nervures. Plante plus vigoureuse. *Haut.* 30 cent. Europe; France, etc. Très jolie espèce spontanée dans les terres incultes, aux environs de Paris, etc. L'*A. scorzoneræfolia*, Willd., diffère par ses capitules plus gros et lilas.

A. p. leucantha, Boiss. Syn. de *A. dianthoides*, Horn.

A. pseudo-Armeria, Desf. Syn. de *A. cephalotes*, Link.

A. scorzoneræfolia, Willd. Variété de l'*A. plantaginea*, Willd.

A. setacea, Del. Syn de *A. juncea*, Gir.

A. undulata, Boiss. *Fl.* et bractées blanches. *Flles* extérieures linéaires, lancéolées, ondulées sur les bords; les intérieures linéaires, entières. Espèce voisine de l'*A. vulgaris*. Grèce 1888.

A. vulgaris, Willd. Gazon d'Espagne, G. de Hollande, G. d'Olympe, Statice maritime. Angl. Common Thrift, Sea Pink. — *Fl.* rouges, roses (chez le type), lilacées ou blanches, réunies en capitules arrondis, au sommet de hampes de

Fig. 268. — Armeria vulgaris.

10 à 15 cent. de haut. Juin-août. *Flles* toutes radicales, linéaires, ordinairement uninervées, plus ou moins pubescentes. Plante gazonnante. France, etc., bords de la mer. Syns. *A. maritima*, Willd.; *Statice maritima*, Mill. et Laterr. L'*A. v. alpina*, DC. (*A. alpina*, Hoppe) est une forme alpine et glabre de cette espèce. La variété à fleurs blanches (v. *alba*, Hort.) est très ornementale. L'*A. v. Laucheana* est aussi une variété à fleurs roses foncé, en capitules denses, atteignant environ 15 cent. de haut. et formant des touffes compactes. La var. à *fl. rouges* (Crimson Gem.) se distingue par ses capitules d'un rose plus

intense, mais un peu moins longuement pédonculés ; c'est une variété vigoureuse et touffue.

ARMERIASTRUM, Jaub. et Spach. — V. **Acantholimon**, Boiss.

ARMOISE, — V. **Artemisia**, Linn.

ARMORACIA, Fl. Wett. Réunis aux **Cochlearia**, Linn.

ARNEBIA, Forsk. (de *arnos*, agneau, et *bios*, vie ; nourriture des troupeaux sur les hautes montagnes ; c'est aussi le nom arabe). Syns. *Dioclea*, Spreng. ; *Strobila*, G. Don. ; *Meneghinia*, Endl. ; *Stenosolenium*, Turcz. et *Toxostigma*, A. Rich. Fam. *Boraginées*. — Genre voisin des *Lithospermum*, comprenant environ treize espèces de plantes herbacées, rustiques, vivaces, ou annuelles, originaires de l'Afrique boréale et de l'Asie occidentale et méridionale. Calice à cinq divisions, sub-campanulé à la base ; corolle à tube allongé, infundibuliforme, nu à la gorge. Feuilles simples, ovales ou lancéolées, sessiles, radicales et caulinaires. On cultive les *Arnebia* en pleine terre légère et chaude ; on peut les planter dans les plates-bandes parmi les autres plantes vivaces. Leur multiplication a lieu par boutures que l'on détache à l'automne avec un talon ; on les plante dans de petits pots, en terre très légère et on les place ensuite sous châssis ou en serre froide ; elles sont assez longues à s'enraciner ; lorsqu'elles sont bien reprises, on les endurcit graduellement et on les plante enfin en place. L'*A. echioides* se propage aussi par boutures faites avec les grosses racines que l'on empote en terre sableuse et qu'on l'on place ensuite sur une petite couche ; et très facilement de graines qu'on sème en avril-mai. Il a besoin d'être protégé de l'humidité et des grands froids de l'hiver.

Fig. 269. — Arnebia echioides. (*Rev. Hort.*)

A. cornuta, F. et M. *Fl.* jaune foncé, portant cinq macule noires à la base des divisions, passant ensuite au brun et disparaissant finalement ; disposées en grappes. *Flles* lancéolées, vert foncé, velues. *Haut.* 45 cent. Espèce annuelle, rameuse. Afghanistan, 1888. (G. C. 1890, I, p. 52.)

A. echioides, DC. * *Fl.* jaune primevère, portant une macule brune entre chaque lobe de la corolle, pâlissant graduellement et disparaissant au bout de quelques jours ; disposées en grandes cymes terminales, scorpioïdes. Mai. *Flles* sessiles, alternes, ovales, spatulées, ciliés, hispides ainsi que les tiges. *Haut.* 20 à 30 cent. Arménie. Bonne plante vivace, presque rustique, convenable pour rocailles et plates-bandes.

A. Griffithii, — Cette espèce diffère de la précédente par ses feuilles plus étroites, par ses fleurs plus petites, d'un jaune plus vif, par son calice de forme différente et par sa corolle plus longue. *Haut.* 20 cent. Indes nord-ouest. Cette espèce est annuelle et conséquemment doit être propagée chaque année par le semis. Elle est pour cette raison moins recommandable que la précédente.

ARNICA, Linn. (de *arnakis*, peau d'agneau ; allusion à la texture des feuilles). Fam. *Composées*. — Genre voisin des *Senecio*, comprenant environ dix espèces de plantes herbacées, vivaces, rustiques, originaires des régions septentrionales de l'Europe, de l'Asie et de l'Amérique. Fleurs réunies en capitules radiés, grands et longuement pédonculés ; celles de la circonférence ligulées, femelles ; celles du centre tubuleuses, hermaphrodites. Involucre campanulé, formé de bractées acuminées, uni- ou bisériées ; réceptable plan, nu ou fibreux, velu. Achaines (graines) cylindriques, à cinq-dix côtes et à aigrette soyeuse. Feuilles radicales et caulinaires, opposées, simples, entières ou dentées. Les *Arnica* se cultivent dans une terre légère siliceuse, ou composée de terre franche, de terre de bruyère et de sable. On les multiplie par division des pieds, que l'on fait de préférence au printemps, ainsi que par graines (lorsqu'on peut s'en procurer) que l'on sème également au printemps sous châssis froid. Les fleurs de l'*A. montana* servent à la fabrication de la teinture médicamenteuse bien connue qui porte son nom. Seules les espèces dignes d'être cultivées comme ornement sont décrites ci-dessous.

A. Aronicum, — Syn. de *A. scorpioides*, Linn.

A. Chamissonis, Less. ' *Capitules* jaunes, de 4 à 5 cent. de diamètre, disposés en corymbe. Juillet à septembre. *Flles* oblongues-lancéolées, acuminées ou aiguës, tomenteuses, graduellement rétrécies à la base. *Haut.* 30 à 60 cent. Amérique du Nord. Espèce décorative, mais assez rare.

A. Clusii, All. *Capitules* jaunes, solitaires, terminaux; pétioles allongés, épaissis au sommet et couverts de longs poils. Été. *Flles* molles, les radicales entières ou presque entières, oblongues, obtuses, atténuées en pétiole. *Haut.* 30 à 60 cent. Rameaux naissant de tiges grêles, rhizomateuses. États-Unis. Espèce voisine de l'*A. montana*, exigeant un endroit humide.

A. montana, Linn. ' Arnica, Angl. Mountain Tobacco. — *Capitules* jaunes, d'environ 2 cent. de diamètre, groupés par deux ou quatre au sommet des tiges; fleurons ligulés nombreux. Juillet. *Flles* presque toutes radicales, oblongues-lancéolées, entières, coriaces, lisses. Plante formant des touffes. *Haut.* 30 cent. Europe; France, etc., montagnes. Bonne plante pour rocailles, mais difficile à cultiver. Sa multiplication par division des pieds est lente; on doit la propager par le semis.

Fig. 270. — Arnica montana.

A. scorpioides, Linn.' *Capitules* jaunes, grands, solitaires; hampe uni- ou triflore. Été. *Flles* vert pâle, denticulées; les radicales longuement pétiolées, largement ovales; les caulinaires inférieures courtement pétiolées; les supérieures sessiles, amplexicaules. *Haut.* 15 à 30 cent. Europe méridionale, 1710. Plates-bandes. Syns. *A. Aronicum*, et *Aronicum scorpioides*, Linn.

ARNOPOGON, Willd. — V. **Urospermum**, Scop.

AROIDÉES. Syn. *Aracées*. — Grande famille comprenant plus de neuf cents espèces réparties dans cent cinq genres formant huit tribus, et dispersées sur toute la surface du globe, mais plus rares dans les régions tempérées. Ce sont des végétaux herbacés, vivaces, acaules, ou quelquefois arborescents, volubiles à tiges toujours succulentes et à racines tubéreuses, rhizomateuses ou fibreuses. Fleurs hermaphrodites ou monoïques, réunies en une sorte d'épi nommé spadice, portant quelquefois les fleurs femelles à la base (gynandre) et souvent stérile dans sa partie supérieure, entouré d'une enveloppe florale (spathe) colorée, grande ou petite, rarement nulle; périanthe rudimentaire ou nul; fleurs mâles à étamines nombreuses ou réduites à quatre lorsque les fleurs sont hermaphrodites; les femelles à style sessile. Fruit charnu. Feuilles simples, cordiformes, ovales, hastées ou lancéolées, rarement linéaires, radicales ou caulinaires, enroulées avant leur épanouissement et à pétiole souvent engainant à la base. La plupart des espèces possèdent un suc âcre, caustique et vénéneux; cependant, quelques genres renferment des plantes dont les tubercules sont comestibles et sont surtout consommés dans les colonies (*Colocasia esculenta*). Les genres les plus cultivés pour l'ornement sont : les *Alocasia*, *Arisæma Arum*, *Anthurium*, *Caladium*, *Colocasia*, *Dieffenbachia*, *Pothos*, etc. (S. M.)

AROME. — Nom donné aux principes odorants des végétaux.

AROMATIQUE. — On nomme ainsi les plantes qui exhalent une odeur forte et agréable.

ARONIA, Pers. — V. **Amelanchier**, Lindl.

ARONICUM, Neck. — V. **Doronicum**, Linn.

ARONICUM scorpioides, Linn. — V. **Arnica scorpioides**, Linn.

ARPENT. — Ancienne mesure de superficie dont la valeur variait de trente à cinquante ares selon les pays. L'arpent est encore beaucoup en usage en France chez les jardiniers et les cultivateurs. Aux environs de Paris, il équivaut à environ 34 ares. (S. M.)

ARPENTER. — Action de mesurer un terrain en différents sens pour en connaître la superficie exacte.

ARPENTEUSES. — Nom vulgaire donné aux chenilles des phalènes; on les nomme encore fréquemment *géomètres* par allusion à leur marche scandée, causée par la nécessité dans laquelle elles sont de rapprocher leurs pattes de derrière de celles de devant, avant de faire un autre pas. V. aussi **Phalènes**. (S. M.)

ARPOPHYLLUM, Llav. et Lex. (de *arpe*, cimeterre, et *phyllon*, feuille; les feuilles ont la forme d'un sabre). Fam. *Orchidées*. — Genre comprenant environ six espèces d'Orchidées épiphytes de la tribu des *Epidendrées*, originaires de l'Amérique centrale. Leurs caractères sont : fleurs petites, nombreuses, en épis cylindriques, denses; bursicules larges, plus courtes que la grande extension du bord supérieur du stigmate; pollinies huit. Tiges assez allongées, munies de gaines blanches. Ces plantes se plaisent dans un compost de terre de bruyère fibreuse, d'un tiers de terre franche également fibreuse, entremêlé de morceaux de charbon de bois neuf et de beaucoup de tessons. Pendant leur végétation, des arrosages copieux sont essentiels; en les plaçant près du jour, ils fleurissent plus abondamment que s'ils étaient ombrés, même partiellement. Leurs fleurs se conservent fraîches pendant environ trois semaines.

A. cardinale, Lind. et Rchb. f. *Fl.* à sépales et pétales rose clair; labelle rouge foncé; épis dressés, d'environ 30 cent. de haut. Été. Nouvelle-Grenade.

A. giganteum, Hartweg. *Fl.* pourpre foncé et rose, symétriquement disposées en épis cylindriques, denses, ayant de 30 à 35 cent. de long, Avril-mai. *Flles* vert foncé, d'environ 30 cent. de long, naissant sur des pseudo-bulbes grêles. Mexique. — Belle et excellente espèce pour l'ornement des serres froides.

A. spicatum, Llav. et Lex. *Fl.* rouge foncé, disposées en épis dressés, d'environ 30 cent. de long. Hiver. Guatemala, 1839. (B. M. 6022.)

ARQUÉ. Angl. Arcuated. — Courbé en arc; formant une arche.

ARQUER, ARQURE ou **ARCURE**, Angl. Bending down. — Opération qui consiste à courber vers la terre les branches des arbres fruitiers au moyen de poids ou de cordes attachées à des pieux enfoncés dans la terre ou après le tronc de l'arbre lui-même. On a quelquefois recours à ce moyen pour leur donner une forme spéciale ou pour les faire fructifier. Les auteurs diffèrent d'opinion sur l'utilité de ce procédé pour atteindre ce dernier but. Lorsque les jeunes arbres sont disposés à s'emporter dans le milieu, on peut cependant les régulariser en courbant les plus fortes branches et diriger ainsi la sève sur les plus faibles. Toutefois ce moyen est rarement mis en pratique; on a de préférence recours à la taille.

Certains arbres courbent cependant naturellement leurs branches vers la terre: cette faculté leur donne un aspect tout particulier qui leur a valu le nom d'*arbres pendants ou pleureurs*. (V. ces mots)

ARRACACIA, Bancroft. (nom espagnol dans l'Amérique du Sud). Fam. *Ombellifères*. — Genre comprenant environ douze espèces originaires de l'Amérique septentrionale occidentale, du Mexique et des Andes tropicales de l'Amérique du Sud. L'espèce ci-dessous, seule digne d'intérêt horticole, est une plante vivace, tuberculeuse et demi-rustique. Ses rhizomes ou tubercules sont très employés comme aliment dans l'Amérique du Sud, préparés à la façon des pommes de terre; on les dit d'un goût très agréable et de digestion excessivement facile. La culture de cette plante a, dit-on, été tentée en France il y a une trentaine d'années, sans grand succès. Il lui faut une bonne terre franche; on la multiplie par division des rhizomes.

A. **esculenta**, Bancroft. *Fl.* blanches; ombelles opposées aux feuilles ou terminales: involucre nul. Juillet. *Flles* pinnées, à folioles largement ovales, acuminées, profondément pinnatifides et dentées; les deux folioles inférieures petiolées, sub-ternées. *Haut.* 30 à 60 cent. Régions montagneuses du nord de l'Amérique du Sud, 1823. Syn. *Conium Arracacha*, Hook.

ARRACHAGE. — Action d'arracher, d'extraire du sol un végétal quelconque.

ARRACHER. — Extraire du sol, par les procédés les plus courts et quelquefois violents, des végétaux dont le système radicellaire n'a pas besoin d'être protégé. Ce sont les végétaux dont les racines sont naturellement résistantes ou, plus souvent, ceux que l'on ne destine point à être plantés autre part, qui sont arrachés. On arrache des Carottes, des Navets, un arbre mort; on déplante des arbres vivants et des jeunes sujets de Reine Marguerite, de Zinnia etc. Voy. **Déplanter**.

(G. B.)

ARRHOSTOXYLUM, Mart. — Réunis aux **Ruellia**, Linn.

ARROCHE, Angl. Orach. (*Atriplex hortensis*). — Genre de plantes annuelles, herbacées, cultivées principalement comme légume.

Bien que pour l'été, l'*Arroche des jardins* soit le meilleur succédané de l'Épinard et qu'elle résiste bien à la chaleur, elle est cependant restée une plante d'amateur, trop rarement utilisée dans les jardins potagers. Elle réussit en tous terrains et sa culture est des plus faciles; mais, comme pour toutes les plantes à feuillage, on en obtient un produit d'autant plus abondant et plus délicat que le sol est plus richement fumé et que les arrosages ne lui manquent pas. — Le semis s'en fait depuis la fin de mars jusqu'au commencement de juillet. On sème en rayons espacés d'environ 25 centimètres et un peu profonds, quoique la graine n'ait besoin d'être enterrée que très peu. On devra pincer les extrémités florifères, si on ne désire pas récolter de graines; dans le cas contraire, on laisse les plantes monter et on a soin de récolter les semences avant leur maturité complète, car elles risquent d'être emportées par le vent. La récolte se fait par éclaircissages successifs. La saveur douce des feuilles cuites fait que, non seulement on les emploie seules à la façon des épinards, mais qu'aussi on les mélange à l'oseille pour la faire paraître moins sure.

271. — Ardroche blonde.

Les variétés les plus cultivées d'Arroche annuelle sont : l'*Arroche blonde* (A. V. P. 42), que sa teinte vert pâle fait souvent préférer; l'*Arroche verte*, plus vigoureuse et à feuilles plus arrondies, qui paraît la plus avantageuse de toutes; puis l'*Arroche rouge foncé* (Angl. Red mountain Spinach) (A. V. P. 42) dont la couleur disparaît en cuisant. C'est une belle plante annuelle, atteignant environ 1 m. de hauteur, que son beau feuillage rouge fait quelquefois employer pour l'ornement des grands massifs et les garnitures pittoresques.

L'*Arroche* ou *Ansérine Bon Henri* (Angl. Mercury Goose-foot, Good King Henry), (*Chenopodium Bonus-Henricus*), plante vivace, dont les feuilles peuvent également être utilisées comme celles de l'épinard, est, dans quelques parties de l'Angleterre et notamment dans le Lincolnshire, très estimée comme succédané de l'Asperge. Voici de quelle façon on recommande de la cultiver

272. — Arroche rouge.

dans ce but. On choisit, de préférence, une terre riche, saine et profondément défoncée. On y met les plants en place, en avril, à 25 centimètres l'un de l'autre, en tous sens; ou bien, on sème en lignes espacées de 25 centimètres et on éclaircit au premier binage, en laissant les pieds à environ 25 centimètres sur le rayon. Au commencement de la première année, on ne doit enlever qu'une petite quantité de feuilles, afin de ne pas trop affaiblir les jeunes plants; les années suivantes, on peut couper en plein, mais pour que les tiges restent vigoureuses, il ne faut pas trop les dégarnir de feuilles. Pendant la période de croissance, on avance beaucoup le développement des plantes, en les arrosant avec de l'engrais liquide. — Quand les plants sont en pleine force, les bourgeons qui naissent au printemps sont gros au plus comme le petit doigt. On les butte et on les détache sous terre, à leur base, comme les asperges. Suivant un auteur anglais, dans une bordure ou une planche bien soignée, au midi, on commence ordinairement à couper depuis avril et on continue jusqu'à la fin de juin. (G. A.)

ARROCHE en arbre. — V. **Atriplex Halimus**, Linn.

ARROCHE fraise. — V. **Blitum capitatum**, Linn.

ARROWROOT. — V. **Maranta arundinacea** et autres.

ARROSEMENTS, Angl. Watering. — C'est une des opérations les plus importantes de la culture des plantes, particulièrement celles qui sont en pots ou en pleine terre dans les serres. C'est un travail journalier en toutes saisons, qui exige souvent beaucoup de soin et de discernement de la part de celui qui l'exécute. Beaucoup de plantes peuvent souffrir et même périr d'arrosements ou trop abondants ou insuffisants, et il y a très peu de plantes qui ne souffrent plus ou moins d'être arrosée sans soins et à époques fixes, car leurs besoins varient selon l'importance de l'évaporation qui se produit et suivant la quantité de racines qui absorbent l'eau. On ne peut donner que des indications générales au sujet des arrosements, car chaque plante a besoin d'être traitée d'une façon spéciale, et les différentes espèces d'un même genre demandent quelquefois d'être arrosées d'une façon entièrement différente. En général, les plantes herbacées et celles à végétation rapide exigent plus d'eau que les espèces ligneuses et à végétation lente; il y a cependant des exceptions assez fréquentes. La période de végétation et celle de repos doivent être prises en considération et servir de guide pour l'administration des arrosages. L'eau de pluie est la meilleure pour toutes les plantes; il faut autant que possible recueillir celle qui s'écoule des serres et autres bâtiments, et la conserver dans des réservoirs pour s'en servir au besoin; elle ne doit être employée que lorsqu'elle est à une température à peu près égale à celle à laquelle les plantes sont soumises; cette remarque s'applique particulièrement aux plantes qui sont cultivées en serre ou à celles qui sont soumises au forçage. L'eau plus froide que l'air montre ses mauvais effets pendant l'été, même sur les plantes cultivées en plein air, lorsque ces dernières sont arrosées avec de l'eau venant directement d'une source, d'un ruisseau ou d'un puits; lorsque, au contraire, on la laisse au préalable séjourner à l'air et au soleil dans de grands bassins ou réservoirs, elle s'y réchauffe suffisamment pour pouvoir être ensuite employée sans danger. Lorsque les plantes en pots ont besoin d'être arrosées, il faut les mouiller complètement et non superficiellement. Il n'est pas, dans beaucoup de cas, nécessaire d'arroser tous les jours, mais les arrosements légers et superficiels doivent toujours être évités. C'est par l'expérience que l'on acquiert le talent de donner la quantité d'eau nécessaire aux nombreuses plantes dont on a le soin. Quelques-unes ont besoin d'être arrosées deux et même trois fois par jour en été, tandis que d'autres seraient perdues par un traitement semblable. Le moment où les plantes auront besoin d'eau doit être prévu, de manière à ne donner que la quantité strictement nécessaire pendant le plein soleil ou dans le milieu des journées chaudes. Les arrosements doivent être faits dans la matinée lorsque l'on sait que les plantes auront soif dans la journée et ne pourront attendre le soir. Les arrosements complets se font lorsque le soleil est sur son déclin, vers l'heure à laquelle on supprime l'aération des serres. Lorsqu'il est nécessaire d'arroser les plantes pendant le milieu du jour, on devra employer de l'eau dont la température sera égale à celle du lieu dans lequel elles végètent. Si on oublie quelquefois d'arroser une ou plusieurs plantes d'un même lot, elles ne tardent pas à faner; il faut alors prendre ces plantes et les plonger dans un seau ou dans un bassin jusqu'à ce qu'elles soient entièrement trempées, et les placer à l'ombre pendant le restant de la journée. En hiver, on cherche généralement à maintenir sec le feuillage des plantes pendant la nuit; aussi est-il préférable d'effectuer les arrosements dans la matinée, non parce qu'il est difficile de ne pas mouiller les feuilles, mais parce qu'en répandant de l'eau sur ou sous les gradins, il en résulterait une évaporation qui pourrait être nuisible. Le besoin d'arroser les arbres, arbustes, ou plantes qui sont en plein air, dépend de la saison, de la température et d'autres circonstances, la transplantation, par exemple; lorsque cette opération a lieu pendant l'été, il est toujours judicieux d'arroser copieusement puis de recouvrir la terre, si cela est possible, d'une couche de litière sèche pour empêcher l'évaporation excessive.

ARROSOIRS, Angl. Watering pots. — Ce sont des ustensiles de jardinage indispensables, dont il est bon de posséder différentes formes et dimensions en vue des différents genres de plantes à entretenir. Pour les arbres, les arbustes et autres fortes plantes de jardin, les arrosoirs ordinaires, munis d'une pomme à gros trous sont convenables; toutefois cet accessoire n'est pas toujours nécessaire, et pour cette raison ainsi que pour

273. — Arrosoir maraicher (ancien).

la facilité des nettoyages, ceux à pommes mobiles sont préférables. Deux arrosoirs d'une contenance de dix à douze litres sont suffisamment grands pour être portés ensemble pleins d'eau; cette capacité doit être même

274. — Arrosoir ovale à grande anse (moderne).

une limite extrême. De plus petits arrosoirs contenant de trois à six litres sont nécessaires pour l'entretien des plantes en serre; ils doivent généralement avoir un goulot proportionnellement plus long que celui des grands. Il est aussi très utile d'avoir un ou plusieurs goulots mobiles pouvant s'adapter à tel ou tel arrosoir. Cet accessoire (fréquemment nommé *bec*) permet d'atteindre les plantes qui se trouvent à une assez grande distance de l'opérateur. Il est quelquefois avantageux d'avoir des goulots courbés au sommet; cette disposition permet de faire couler l'eau sans lever l'arrosoir aussi haut, et par suite, évite de projeter l'eau à une trop grande distance. Pour l'arrosage des boutures, des jeunes plantes et des semis en pots ou en terrines, une pomme fine est nécessaire; cette pomme doit emboîter exactement le goulot de l'arrosoir; afin de prévenir la fuite de l'eau en grosses gouttes. On peut éviter cet inconvénient en employant des pommes en cuivre munies d'un pas de vis; il serait même facile d'avoir plusieurs pommes percées de trous plus ou moins fins et s'adaptant au même arrosoir, mais ce système est très rarement employé en jardinage.

La forme d'arrosoirs aujourd'hui couramment adoptée est celle ovale, tubuleuse, avec une seule anse partant du côté opposé au goulot et venant rejoindre le dessus en décrivant un arc de cercle irrégulier (fig. 274). Cette grande anse permet de remplir et de vider l'arrosoir en faisant simplement glisser la main en arrière, sans le poser. Cette forme, d'un usage très pratique, a remplacé les anciens arrosoirs à deux anses (fig. 273) qui obligeaient de les poser ou de les

275. — Arrosoir à long goulot pour serres et châssis.

faire sauter en l'air et de les rattraper adroitement par l'anse de derrière pour les vider; ce mouvement rendait le travail excessivement pénible. C'est ce que les jardiniers appelaient en langage imagé « faire sauter les demoiselles ». Quant aux arrosoirs de serre, les formes sont excessivement nombreuses, celle que représente la figure 275, est encore la meilleure, à moins qu'il ne s'agisse que de très petits arrosoirs pour les boutures ou les godets; ils peuvent alors être très plats et n'avoir qu'une petite anse sur le côté opposé au goulot; ce dernier doit aussi être relativement étroit.

Le cuivre, le fer-blanc, le zinc et la tôle galvanisée ont simultanément servi pour la fabrication des arrosoirs; aujourd'hui on n'emploie plus guère que le zinc pour les arrosoirs légers ou ceux de petite contenance; le fer-blanc, bien qu'aussi léger, a le désavantage d'être sujet à la rouille et d'exiger d'assez fréquentes réparations. La tôle galvanisée fait des arrosoirs un peu lourds, mais par contre très solides et de longue durée. Quant au cuivre, on l'a à peu près abandonné. (S. M.)

ARTABOTRYS, R. Br. (de *artao*, suspendre ou supporter, et *botrys*, grappe; allusion à la manière dont les fruits sont supportés par de curieuses vrilles). Fam. *Anonacées*. — Genre comprenant environ dix-huit espèces de beaux arbustes sarmenteux, toujours verts, de serre chaude et originaires de l'Asie et de l'Afrique tropicale. Fleurs solitaires ou réunies en cymes; calice à trois sépales; corolle à six pétales; étamines en nombre indéfini; le fruit est formé d'une ou plusieurs baies réunies. Feuilles alternes, lisses. L'espèce ci-dessous se plait dans un mélange de terre franche, légère et fibreuse et de terre de bruyère auquel on peut ajouter un peu de bon terreau. Multiplication au printemps, par boutures de bois mûr que l'on plante dans du sable, à chaud et sous cloches. Lorsqu'on pourra se procurer des graines, elles devront être semées dès leur réception.

A. odoratissima, R. Br. * *Fl.* brun rougeâtre, extrêmement odorantes; pédoncules opposés aux feuilles, courbés au-dessous du milieu. Juin et juillet. *Haut.* 2 m. Iles Malaises, 1758. A Java, les feuilles sont très réputées pour prévenir le choléra.

ARTANEMA, Don. (de *artao*, supporter, et *nema*, filament; allusion au prolongement dentiforme des plus longs filaments. Syns. *Achimenes*, Vahl.; *Diceros*, Pers. Fam. *Scrophularinées*. — Genre comprenant quatre espèces originaires de l'Asie tropicale et de l'Australie. Celle ci-dessous décrite est un joli et intéressant arbuste toujours vert, de serre froide et voisin des *Torenia*. Fleurs disposées en grappes terminales, courtement pédicellées. Feuilles opposées, un peu dentées. On peut traiter l'*A. fimbriatum* comme une plante rustique pendant l'été, et, en vue de cette utilisation, en semer les graines au printemps; pendant l'hiver, il lui faut la serre froide ou tempérée. Il se plait dans une terre fertile et légère, et on le multiplie facilement par boutures et par semis.

A. fimbriatum, Don. *Fl.* à corolle bleue, grande, tubuleuse, infundibuliforme, couverte à l'extérieur d'une fine pubescence glanduleuse; lobes inégalement dentés; grappes terminales, à quatre-seize fleurs. Juin-novembre. *Flles* lancéolées, aiguës, dentées, rudes au toucher, par suite de nombreuses glandes proéminentes. Tige lisse, brillante. *Haut.* 60 cent. à 1 m. Nouvelle-Hollande, sur les bords de la rivière Brisbane, dans la baie de Moreton, 1830.

ARTANTHE, Miq. — V. **Piper**, Linn.

ARTEMISIA, Linn. (de *Artemis*, un des noms de Diane). **Aurone, Armoise, Absinthe.** Angl. Mugwort, Southernwood, Wormwood. Comprend les *Absinthium*, Gærtn. Fam. *Composées*. — Grand genre, dont plus de deux cents espèces ont été citées, puis réduites à environ cent cinquante par Bentham et Hooker; elles habitent presque toutes les régions tempérées. Ce sont des plantes herbacées ou frutescentes, vivaces ou annuelles; la plupart rustiques, relativement peu méritantes au point de vue horticole. Capitules ordinairement disposés en grappes ou en épis formant une panicule par leur réunion; involucre pauciflore, ovale ou arrondi, formé de bractées imbriquées; fleurs du disque hermaphrodites, toutes tubuleuses, celles de la circonférence ligulées, grêles, aciculaires, quelquefois manquantes. Feuilles alternes, découpées de différentes manières, plus ou moins odorantes. Toutes les espèces sont excessivement faciles à cultiver en toute terre un peu sèche. Les espèces arbustives se propagent de préférence par boutures, les herbacées par division des touffes et les annuelles par semis.

A. Abrotanum, Linn. Aurone, Citronelle, etc., Angl. Southernwood. — *Capitules* jaunâtres. Août à octobre. *Flles* inférieures bipinnées, les supérieures simplement pinnées, à segments filiformes. Tiges dressées. *Haut.* 60 cent. à 1 m. 30. Europe; France, etc. Plante arbustive, à feuilles caduques, bien connue par son odeur camphrée ou citronnée.

A. A. humile, Mill. Variété naine, étalée. *Haut.* 45 cent.

A. A. tobolskianum, — Variété beaucoup plus vigoureuse et plus forte que le type dans toutes ses parties.

A. Absinthium, Linn. Absinthe, Angl. Wormwood. — *Capitules* blanc jaunâtre, petits, à réceptacle poilu; formant

276. — Artemisia Absinthium. Sommité fleurie et feuille détachée.

par leur réunion une grande grappe pyramidale. Été. *Flles* alternes, canescentes, blanchâtres, arrondies dans leur contour; les radicales longuement pétiolées, tripinnatifides; les caulinaires graduellement réduites et plus courtement pétiolées à mesure qu'elles s'approchent du sommet des tiges. *Haut.* 60 à 80 cent. Europe, Afrique boréale, France, etc. V. aussi **Absinthe.**

A. alpina, DC. * *Capitules* jaunes, solitaires, à pédoncules allongés, grêles; écailles de l'involucre lancéolées. Été. *Flles* pinnées, couvertes de poils soyeux, blanchâtres; lobes linéaires, entiers. *Haut.* 15 à 25 cent. Caucase, 1804. Plante naine, très touffue.

A. anethifolia, Weber. *Capitules* vert jaunâtre, petits, disposés en très grande panicule compacte, de près de 60 cent. de long. Automne. *Flles* principalement caulinaires, fortement divisées en segments filiformes, vert grisâtre. Tiges ligneuses à la base, presque glabres et rameuses au sommet. *Haut.* 1 m. à 1 m. 30. Sibérie, 1816.

A. argentea, L'Her. * *Capitules* jaune pâle, arrondis, denses. Juillet. *Flles* ovales-oblongues, très divisées, fortement couvertes de poils mous, argentés. *Haut.* 45 cent. Madère, 1777. Très jolie espèce demandant une exposition chaude et ensoleillée, dans les rocailles.

A. cana, Pursh. *Capitules* jaunes, petits, ovales, disposés en panicule compacte, spiciforme; sans intérêt. Août. *Flles* soyeuses, canescentes; les inférieures cunéiformes, tridentées, aiguës; les caulinaires linéaires-lancéolées, trinervées. Tiges et rameaux dressés. *Haut.* 60 cent. à 1 m. Amérique du Nord, 1800. Espèce distincte, dont le feuillage et les tiges argentées la rendent digne d'être cultivée.

A. cærulescens, Linn. ' *Capitules* bleuâtres, dressés, cylindriques. Août. *Flles* canescentes, la plupart lancéolées, entières, graduellement rétrécies à la base; les inférieures diversement découpées. *Haut.* 60 cent. Europe méridionale. Sous-arbrisseau ornemental, toujours vert.

A. Dracunculus, Linn. ' Estragon, Angl. Tarragon. — *Capitules* sub-globuleux, verdâtres, en grappes paniculées. Juillet. *Flles* radicales trifides; les caulinaires sessiles, linéaires ou oblongues, aiguës, entières ou légèrement dentées. *Haut.* 60 cent. Europe méridionale, 1548. Fleurit rarement en cultures. V. aussi **Estragon**.

A. frigida, Willd. *Capitules* jaunes, petits, arrondis, disposés en grappes paniculées; sans intérêt. Août. *Flles* pinnées, à segments étroits, argentés. *Haut.* 30 cent. Sibérie, 1826. Jolie plante herbacée, rampante.

A. maritima, Linn. *Capitules* bruns, en grappes oblongues, dressées ou pendantes. Août-septembre. *Flles* duveteuses, bipinnatifides, oblongues, à segments linéaires. France, Angleterre, etc. Plante très rameuse, dressée ou retombante, excellente pour rocailles et plates-bandes très sèches. Le *Semen-contra* est fourni par la var. *Stechmanniana*, Besser.

A. Mutellina, Vill. *Capitules* vert jaunâtre : les inférieurs pédonculés, les supérieurs sessiles. Juillet. *Flles* toutes palmées, multifides, blanches. Tige simple. *Haut.* 15 cent. Alpes, 1815.

A. pontica, Linn. Absinthe romaine. — *Capitules* jaunes, arrondis, pédonculés, réfléchis. Septembre. *Flles* duveteuses en dessous; les caulinaires bipinnées, à folioles linéaires. *Haut.* 1 m. Autriche, 1570.

A. rupestris, Linn. *Capitules* bruns, globuleux, pédonculés, réfléchis. Août. *Flles* un peu pubescentes; les caulinaires pinnatifides, à folioles linéaires, aiguës. *Haut.* 15 cent. Norvège, etc., 1748.

A. scoparia, Waldst. et Kit. *Capitules* petits, blanchâtres, disposés en grande panicule compacte, d'environ 40 cent de long. Automne. *Flles* très divisées, à segments filiformes; rameaux inférieurs très grêles. *Haut.* 1 m. à 1 m. 50. Europe orientale.

277. — Artemisia vulgaris. Feuille.

A. spicata, Jacq. *Capitules* bruns, disposés en épis. Juin-juillet. *Flles* canescentes; les radicales palmées, multifides; les caulinaires pinnatifides; les supérieures linéaires, entières, obtuses. Tige simple. *Haut.* 30 cent. Suisse, 1790.

A. stelleriana, Bess. ' *Capitules* jaunes, arrondis, presque dressés; sans intérêt. Été. *Flles* inférieures spatulées, incisées; les supérieures obtusément lobées; lobes terminaux souvent confluents; d'environ 5 cent. de long, blanc argenté. *Haut.* 30 à 60 cent. Sibérie. Le port et la teinte de cette plante rappellent celui de la Cinéraire maritime.

A. tanacetifolia, All. *Capitules* brunâtres, en grappe simple, terminale. Été. *Flles* bipinnées, à lobes linéaires sub-lancéolés, entiers, acuminés, un peu duveteux. Tige herbacée, quelquefois rameuse à la base. *Haut.* 45 cent. Sibérie, 1768.

A. vulgaris, Linn.' Armoise, Angl. Mugwort. — *Capitules* jaunes, en grande panicule. Août. *Flles* pinnatifides, à segments blancs et duveteux en dessous. Tiges de 1 m. à 1 m. 20 de haut, canaliculées. France, Angleterre, etc. La forme panachée de cette espèce fait un agréable contraste. Il existe aussi une jolie variété à feuillage doré.

ARTHROCHILUS, F. Muell. — V. **Drakea**, **Lindl.**

ARTHROPHYLLUM, Bojer. — V. **Phyllarthron**, DC.

ARTHROPODIUM, R. Br. (de *arthron*, articulation, et *pous*, pied; le pédoncule des fleurs est articulé). Fam. *Liliacées*. — Genre comprenant huit espèces de jolies plantes vivaces, herbacées, de serre froide, voisines des *Anthericum* et toutes originaires de l'Australie. Fleurs blanches ou purpurines, réunies en grappes lâches. Feuilles radicales, graminiformes. Racines fibreuses ou charnues. Les *Arthropodium* se plaisent dans un compost de terre de bruyère et de terre franche siliceuse. Multiplication facile par divisions et par semis.

A. cirratum, R. Br. *Fl.* blanches, en grappes rameuses; bractées foliacées. Mai. *Flles* lancéolées, ensiformes, étalées, de 30 cent. de long. *Haut.* 1 m. Nouvelle-Zélande, 1821.

A. fimbriatum, R. Br. *Fl.* blanches. Juillet. *Haut.* 45 cent. Nouvelle-Hollande, 1822.

A. neo-caledonicum, — ' *Fl.* petites, blanches, disposées en panicule multiflore, très rameuse. Mai. *Flles* en touffe, linéaires-lancéolées, bariolées de noir à la base. *Haut.* 45 cent. Nouvelle-Calédonie, 1877.

A. paniculatum, R. Br. ' *Fl.* blanches, en grappe rameuse; pétales intérieurs crénelés : pédicelles réunis en bouquet. *Flles* étroitement lancéolées. Nouvelle-Galles du Sud, 1800. L'*A. minus* est une petite forme de cette espèce.

A. pendulum, Spr.* *Fl.* blanches, en bouquets triflores, pendants. Juin-août. *Flles* linéaires, carénées, plus courtes que la hampe, celle-ci rameuse. *Haut.* 45 cent. Nouvelle-Hollande, 1822.

ARTHROPTERIS, J. Sm. — V. **Nephrodium**, Rich., et **Nephrolepis**, Schott.

ARTHROPTERIS Tenella, J. Sm. — V. **Polypodium tenellum**, Forst.

ARTHROSTEMMA, Ruiz. et Pav. (de *arthron*, articulation, et *stemon*, étamine; allusion au connectif des étamines qui est articulé). Syn. *Heteronoma*, DC. Fam. *Mélastomacées*. — Genre comprenant sept espèces de beaux arbustes toujours verts, de serre tempérée, originaires de l'Amérique tropicale occidentale, de Cuba et de la Guyane. Fleurs à tube du calice turbiné ou campanulé, ordinairement couvert de poils plus ou moins grossiers ou d'écailles, à quatre lobes lancéolés, persistants sans appendices entre eux; pétales quatre. Un compost de terre franche, de terre de bruyère et de sable leur convient parfaitement. Multiplication par boutures de petits rameaux latéraux, depuis avril jusqu'en août. Trois ou quatre espèces ont seules jusqu'à présent été introduites.

A. fragile, — *Fl.* rose vif, en grappes lâches, terminales, pauciflores ; calice glanduleux. Juillet. *Flles* ovales-cordiformes, aiguës, à nervures fines ; rameaux tétragones, couverts de poils glanduleux. *Haut.* 1 m. Mexique, 1846. Serre chaude.

A. nitidum, Hook. *Fl.* lilas ; pédoncules axillaires naissant au sommet des rameaux, triflores, plus longs que les pétioles. Juin. *Flles* ovales, aiguës, serrulées, glabres sur les deux faces, brillantes en dessus, mais glanduleuses-hispides sur les nervures de la face inférieure. Tiges ligneuses, dressées, tétragones, ailées, couvertes de poils colorés. *Haut.* 60 cent. à 1 m. Buenos-Ayres, 1829. Serre tempérée.

A. versicolor, DC. *Fl.* à pétales obovales, ciliés, d'abord blancs, puis à la fin rougeâtres ; terminales, solitaires. Septembre. *Flles* pétiolées, ovales, serrulées, à cinq nervures, discolores en dessous. Plante velue, arbustive. *Haut.* 30 cent. Brésil, sur les bords de la mer, 1825. Serre chaude.

ARTHROTAXIS, Auct. — V. **Athrotaxis**, Don.

ARTHROZAMIA, Rchb. — V. **Encephalartos**, Lehm.

ARTICHAUT, Angl. Globe Artichoke (*Cynara Scolymus*, forme cultivée du Cardon, *Cynara cardunculus*). — C'est une plante vivace, haute d'un mètre ou plus, à longues et larges feuilles élégamment découpées ; du pied partent de fortes tiges garnies d'une tête principale et de plusieurs capitules latéraux. Les têtes de l'artichaut, prises avant l'apparition des fleurs, constituent, crues ou cuites, un légume très apprécié et connu de tout le monde. Une bonne exposition découverte, éloignée des arbres, est, en général, celle qui convient le mieux à l'Artichaut ; cependant, en faisant successivement plusieurs plantations, à des expositions différentes, on peut prolonger beaucoup l'époque de sa production. Le sol destiné à cette culture doit être frais, profond et riche, mais pas trop consistant ; on se trouve bien d'y mettre, comme amendement, du sel ou du varech frais si on a ce produit à sa portée.

Préparation du sol. — A l'automne, on défonce à la profondeur de deux fers de bêche, si possible, en incorporant au sol une bonne couche de terreau bien fait et on dispose le tout en billons pour que l'hiver achève de le consommer. Du fumier plein de crudités, de pailles, de feuilles, de tiges non décomposées, amènerait le développement de champignons et risquerait de faire pourrir le collet des plantes. Une argile forte et compacte serait la plus mauvaise terre pour essayer de cultiver l'artichaut ; cependant, il est possible de la rendre suffisamment meuble et douce en y ajoutant et amalgamant de la terre franche légère et en l'amendant largement au moyen de balayures de routes ou d'autres matériaux sableux analogues. Il faut également avoir soin, si l'on veut obtenir de bons résultats, de planter dans un sol bien sain ou convenablement drainé. A la fin de l'hiver et un peu avant la plantation, on nivelle et on herse le terrain auquel on donne le temps de se rasseoir.

Culture. — Les planches étant préparées comme il faut, on peut, en avril ou mai, procéder à la plantation ; on trace donc des lignes distantes entre elles de 80 cent. à 1m,20 et on y plante les pieds, en les espaçant eux-mêmes d'environ 80 cent. sur la ligne. On arrose alors copieusement, pour tasser la terre autour des racines et on applique sur le sol une couche de fumier pailleux pour que l'humidité ne s'évapore pas trop vite. Quand le temps est chaud et sec, il est bon d'arroser largement, soit avec de l'eau ordinaire, soit avec de l'eau où on a fait diluer des engrais et naturellement ces arrosages sont d'autant plus nécessaires que le sol est plus exposé à se dessécher pendant l'été. De cette façon, les plants seront, dès la première année, solidement installés.

On obtiendra probablement peu de têtes l'année même de la plantation ; mais, à partir de la seconde année, on peut compter sur une bonne récolte, c'est-à-dire environ 5 ou 6 belles têtes par pied, selon la variété, et le produit se maintiendra aussi abondant la troisième et la quatrième année, si les plantes sont bien soignées. Au bout de quatre ans, on fera bien de renouveler la plantation.

On doit avoir soin d'enlever les têtes d'artichaut au fur et à mesure qu'elles sont à point et, quand toutes sont récoltées, on coupe les tiges qui les portaient aussi bas que possible, près de la racine. Les têtes d'artichaut, une fois coupées, se conservent assez longtemps, si on les garde dans un endroit frais, mais elles perdent

Fig. 278. — Artichaut cultivé.

alors d'autant plus en qualité qu'on les garde ainsi plus longtemps. En même temps qu'on utilise l'artichaut comme légume, on peut encore en tirer parti comme plante ornementale : son beau feuillage fait le meilleur effet dans les jardins potagers, par exemple, s'il sert de fond derrière une bordure de fleurs. La fleur, très grosse, est d'un bleu superbe.

En octobre ou novembre, afin de protéger les plantes contre le froid, on butte les pieds en ramenant la terre autour d'eux et on a soin d'étendre sur le sol un lit de paille, de feuilles ou de fougère dont on se sert aussi pour abriter la partie des feuilles qui dépasse la butte. En avril, on écarte la terre du pied, on enlève toute cette litière et, après avoir répandu de l'engrais bien consommé, on laboure le sol à la fourche ; pendant le reste de la saison, on le tient propre et on donne les mêmes soins qu'il a été dit ci-dessus.

Là où on dispose d'un abri chauffé, d'une serre à fruits ou à légumes ou de tout autre endroit éclairé où on puisse les garantir du froid, on peut, au commencement de novembre, enlever quelques pieds d'artichaut, avec leur motte entière, et les planter dans des caisses remplies de bonne terre qu'on transportera dans un des endroits ci-dessus et où on les arrosera comme il faut. Ces caisses resteront là pendant tout l'hiver et, si l'on a soin de tenir leur terre légèrement humide, les plantes se développeront beaucoup plus tôt que celles qui sont restées dehors, en plein air, pourvu qu'on les transplante au commencement d'avril à chaude exposition, et qu'on les protège avec des paillassons quand le temps se met au froid.

Multiplication. — Les Artichauts peuvent se multiplier de graines ou mieux d'œilletons détachés des vieux pieds. Le semis produit généralement une proportion plus ou moins forte de plantes inutilisables se rapprochant du type sauvage et qu'il est souvent impossible de distinguer avant que les têtes apparaissent. Quant aux œilletons, ils reproduisent bien la plante mère et, si on a soin de les prendre sur les meilleurs pieds, on propage sûrement ce qu'il y avait de mieux dans la plantation.

Le semis se fait en mars, sous châssis, et quand les jeunes plants sont assez forts, on les repique séparément dans de petits pots qu'on garde également sous châssis. On les aère de temps en temps et dans la seconde quinzaine de mai on les sort pour les endurcir. On les plante ensuite comme il a été dit plus haut,

Fig. 279. — Artichaut gros vert de Laon.

en ayant soin de les protéger contre les derniers froids. Pendant la période de croissance qui vient ensuite, il faut arroser abondamment, donner de l'engrais liquide et pailler le sol, pour prévenir l'évaporation et lui conserver le plus possible sa fraîcheur.

En novembre, on a soin de bien couvrir la plantation avec de la litière sèche et, pendant les froids rigoureux ou les temps de grosse neige, on étend quelques paillassons sur les planches, qu'on découvre en temps utile, comme il a été dit ci-dessus.

Lorsqu'on veut multiplier les artichauts par œilletons ou rejets du pied, il est bon d'attendre, pour les détacher, qu'ils aient commencé à bien végéter : en avril ou dans les premiers jours de mai, on enlève les œilletons avec le plus de talon possible et en ménageant la terre qui adhère aux racines. On peut garder, au besoin, les vieux pieds pour fournir de nouveaux rejets l'année suivante. Le mode de multiplication par œilletons, lorsqu'on peut en profiter, offre beaucoup d'avantages, mais il est essentiel, comme nous venons de le dire, qu'une partie des racines de celui-ci reste attachée à l'œilleton quand on le détache, si l'on veut être sûr du succès.

Variétés : — *A. gros vert de Laon;* c'est le meilleur des Artichauts, celui qui a le fond le plus large et les feuilles les plus charnues; c'est aussi le plus recommandable pour la région du nord et du centre nord; de seconde saison, c'est un de ceux dont le semis donne la plus forte proportion de bonnes plantes. (A. V. P. 16.); *A. vert et violet de Provence*, très cultivés dans le midi, conviennent surtout pour manger crus, en poivrade; *A. camus de Bretagne*, précoce, à larges pommes courtes, plus charnu que l'*A. de Provence*, se fait dans tout l'ouest de la France; *A. noir d'Angleterre;* se reconnait facilement à ses têtes rondes, camuses, d'un violet noirâtre, plutôt moyennes que grosses, mais assez nombreuses. — V. aussi **Cynara.** (G. A.)

ARTICHAUT de Jérusalem. — V. **Courge patisson et Topinambour.**

ARTICHAUT des toits ou A. sauvage. — V. **Sempervivum tectorum.**

ARTICLE. — On nomme ainsi chaque partie superposée d'une plante et plus particulièrement d'un fruit qui, à maturité, se sépare naturellement en plusieurs fragments. Les siliques des *Raphanus*, les gousses des Coronilles, etc., sont composées d'articles renfermant chacun une graine, les tiges des *Equisetum* sont également articulées. (S. M.)

ARTICULATION. — L'articulation est le point où deux parties d'un végétal semblent être réunies ; il y a solution de continuité des tissus ; c'est à cet endroit que s'opère la séparation des articles, à un moment donné, ainsi que la plupart des mouvements que l'on constate chez beaucoup de végétaux ; les *Légumineuses* en fournissent de nombreux et évidents exemples. Le détachement naturel des feuilles, des fleurs ou fruits, etc., a lieu au point où existe une articulation. (S. M.)

ARTICULÉ. — Pourvu d'articulations.

ARTOCARPÉES. — Tribu de la grande famille des **Urticées.** (V. ce nom.)

ARTOCARPUS, Linn. (de *artos*, pain, et *carpos*, fruit ; lorsqu'il est cuit, ce dernier ressemble à du pain). **Jacquier.** Angl. Bread fruit. Syns. *Polyphema*, Lour. ; *Radermachia*, Thunb. ; *Rima*, Sonner; et *Sitodium*, Gærtn. Fam. *Urticées*, tribu des *Artocarpées*. — Plus de quarante espèces de ce genre ont été décrites par les auteurs elles sont originaires des régions tropicales de l'Asie, de l'Afrique et de l'Océanie. Fleurs monoïques, les mâles en chaton compact ; calice à deux-quatre divisions plus ou moins soudées, renfermant une seule étamine saillante ; les femelles à calices plus ou moins soudés entre eux, tubuleux, ouverts au sommet par un pore; style simple, latéral. A la maturité, chaque ovaire devient un achaine enchâssé dans la masse charnue du réceptacle qui forme dans son ensemble un gros fruit (syncarpe) souvent féculent. Feuilles alternes, entières ou découpées, accompagnées de deux grandes stipules. Les *Artocarpus* sont des arbres à suc laiteux, atteignant d'assez grandes dimensions dans les régions tropicales et dont l'Arbre à pain (*A. incisa*), et le Jacquier à feuilles entières (*A. integrifolia*), sont de la plus grande utilité et très cultivés dans l'Océanie, les Indes, le Brésil, etc. Leurs fruits, lorsqu'ils sont cuits, ont presque la saveur et les qualités du pain, et forment la base de la nourriture des indigènes. Leurs graines, de la grosseur d'une châtaigne, sont également comestibles. Chez nous, les *Artocarpus* sont des plantes de serre chaude, peu répandues; elles exigent une température élevée, une atmosphère très humide, un drainage parfait et beaucoup d'eau. On les cultive dans un compost de deux parties de terre franche fertile et une partie de terreau de feuilles, auquel on ajoute un peu de sable. De toutes manières, ces plantes sont difficiles à propager dans nos serres; les jeunes pousses grêles peuvent servir de boutures, et les drageons, lorsqu'on peut en obtenir (ce qui est très rare), servent à les reproduire. Il paraît cependant que dans les pays où on les cultive, il suffit de déchausser le pied des arbres et d'y faire quelques incisions pour en obtenir rapidement un grand nombre de rejets qui, séparés du pied mère, reprennent facilement.

A. Cannoni, — V. *Ficus Cannoni.*

A. incisa, Linn.* Arbre à pain, Angl. True Bread Fruit. — *Fl.* mâles insérées sur un réceptacle cylindrique, d'environ 25 cent. de long; les femelles à réceptacle globuleux produisant à maturité un fruit sphérique, jaunâtre, alvéolé, de la grosseur de la tête d'un homme. *Flles* alternes, courtement pétiolées, à limbe souvent entier à l'état juvénile, plus tard incisé ou profondément lobé, à segments oblongs, lancéolés, aigus; atteignant de 60 cent à 1 m. de long, vert foncé en dessus, plus pâles en dessous; stipules de 20 cent. de long, oblongues-aiguës. *Haut.* 15 m. Océanie, 1793. Introduit dans beaucoup de régions tropicales. — A son complet développement, il forme un magnifique arbre de serre chaude, d'un port majestueux. Ses gros fruits ronds naissent à l'aisselle des feuilles et constituent un aliment précieux pour les indigènes des pays où on le cultive. (B. M. 2689, 2870, 2871.)

A. integrifolia, Linn. Jacquier à feuilles entières. — *Fl.* mâles formant des inflorescences oblongues-elliptiques, de 5 à 8 cent. de long, naissant sur les rameaux; inflorescences femelles ovoïdes, naissant sur le tronc et les grosses branches, et formant à la maturité un fruit jaunâtre, ovale, allongé, ayant 10 à 15 cent. de long et environ 5 cent. de diamètre. *Flles* oblongues ou ovales, aiguës aux deux extrémités, entières ou quelquefois lobées d'un seul côté, hérissées, ainsi que les rameaux, de petits poils crochus qui tombent lorsqu'elles sont adultes, alors membraneuses, coriaces, de 9 à 20 cent. de long et 4 à 9 cent. de large; pétiole de 1 à 2 cent. de long; stipules embrassantes, aiguës. *Haut.* 12 à 15 m. Indes orientales, Moluques, 1778. Introduit dans toutes les régions tropicales. — Cet arbre est surtout cultivé pour son fruit qui sert aux mêmes usages que celui du précédent. (B. M. 2833, 2834.) Syn. *Artocarpus Jaca,* Lamk.

A. laciniata metallica, — *Flles* bronzées en dessus, pourpre rougeâtre en dessous. Polynésie. (S. M.)

ARUBA, Nees et Mart. — V. **Almeidea,** St-Hil.

ARUM, Linn. (de *aron,* nom donné par les Grecs à l'espèce commune). **Gouet.** Fam. *Aroïdées.* — Genre comprenant environ vingt espèces originaires de l'Europe, de la région méditerranéenne et de l'Asie occidentale. Ce sont de curieuses plantes vivaces, herbacées, rustiques, de serre froide ou chaude, à rhizomes épais et à feuilles hastées. Fleurs monoïques, réunies en spadice claviforme, nu au sommet; les femelles à la base; les mâles au-dessus et réunies en anneau; spathe grande, naviculaire ou convolutée. Tous les *Arum* sont faciles à cultiver; les espèces de serre se traitent comme les *Alocasia, Caladium,* etc. Comme la plupart des plantes cultivées pour la beauté de leur feuillage, ils doivent être vigoureux et se développer rapidement. La terre, qui doit être très fertile, se prépare avec de la bonne terre franche, du bon terreau gras bien décomposé, ou à défaut, du terreau de feuilles et un peu de sable. Il leur faut beaucoup d'humidité pendant leur période de végétation; celle-ci terminée, on devra tenir les espèces délicates modérément sèches et les mettre au repos pendant l'hiver. Les espèces rustiques aiment une exposition ombrée et peuvent rester en pleine terre pendant l'hiver. Leur multiplication a lieu par semis, mais plus fréquemment par division des touffes. La meilleure époque pour effectuer cette opération, est lorsque les plantes commencent à entrer en végétation. Il faut laisser le plus de racines possible après chaque division. On peut placer sur couche les plus petits fragments afin d'exciter la formation de nouvelles racines et de hâter leur développement. Les *Arum* sont convenables pour les garnitures pittoresques, pour l'ornement des serres, et les espèces rustiques s'emploient pour l'ornement des plates-bandes; on peut aussi les naturaliser dans les parcs. Plusieurs espèces autrefois comprises dans ce genre sont maintenant classées dans ceux dont nous donnons ci-dessous les synonymes.

A. Arisarum, — Linn. V. *Arisarum vulgare,* Targio Tozzo.

A. bulbosum, — V. *Pinellia tuberifera.*

A. campanulatum, Roxb. — V. *Amorphophallus campanulatus,* Blume.

A. corsicum, Lois. Syn. de *A. pictum,* Linn. f.

A. crinitum, Ait. — V. *Helicodiceros crinitus.*

A. detruncatum, Damm. *Fl.* à spathe jaune verdâtre, maculée de pourpre, grande et courtement pédonculée. *Flles* triangulaires, cordiformes; tubercule gros, aplati Asie Mineure, 1889. Espèce vivace, rustique.

A. divaricatum, Linn. — V. *Typhonium divaricatum* Dcne.

A. Dracontium, Linn. — V. *Arisæma Dracontium,* Schott.

A. Dracunculus, Linn. — V. *Dracunculus vulgaris,* Schott.

A. flagelliforme, Lodd. — V. *Typhonium flagelliforme.*

A. helleborifolium, Jacq. — V. *Xanthosoma helleborifolium.*

A. indicum, Lour. — V. *Colocasia indica,* Kunth.

A. italicum, Mill.* *Fl.* à spathe ventrue à la base, ouverte, presque plane et très large dans sa partie supérieure, à sommet courtement réfléchi après l'expansion, tantôt jaune verdâtre, tantôt presque blanche; spadice jaunâtre ou blanc crème, en massue, égalant environ un tiers de la longueur de la spathe. Printemps. *Flles* se montrant avant l'hiver, longuement pétiolées, triangulaires, hastées, à lobes aigus, vert brillant. *Haut.* 30 à

Fig. 280. — Arum italicum.

60 cent. France, Angleterre, etc., plus commun dans le midi. Espèce rustique. (B. M. 2432.)

A. i. marmoratum, Hort. * Variété à feuilles maculées ou marbrées de blanc jaunâtre. Très jolie forme rustique et très décorative.

A. maculatum, Linn. Gouet commun, Pied de veau, Manteau de la sainte Vierge, etc. Angl. Lords and Ladies; Cuckoo Pint. — *Fl.* à spathe ventrue à la base et dans sa partie supérieure, resserrée dans son milieu, à bords

Fig. 281. — Arum maculatum.

infléchis lorsqu'elle est ouverte, maculée de pourpre sombre; spadice plus court que la spathe. Printemps. *Flles* paraissant au printemps, radicales, hastées, sagittées, à lobes réfléchis et ordinairement maculées de noir. *Fr.* bacciformes, rouges, en épi dressé. *Haut.* 25 cent. France, Angleterre, etc., très commun. Vénéneux. Cette espèce est propre à garnir les sous-bois et les endroits ombrés des parcs, etc. (F. D. 505; Sy. En. B. 1298.)

A. Malyi, — Variété de l'*A. maculatum.*

A. muscivorum, Linn. f. — V. *Helicodiceros crinitus.*

A. Nickelli, — Orient, 1859. Forme de l'*A. italicum*, Mill.

A. orientale, Bieb. *Fl.* ressemblant à celles de l'*A. maculatum*, Juin. *Flles* brunâtres, ovales, légèrement sagittées. *Haut.* 30 cent. Tauride, 1820. Rustique.

A. orixence, Roxb. — V. *Typhonium trilobatum*, Schott.

A. palestinum, * *Fl.* à spathe de 18 à 25 cent. de long, purpurine, maculée ou ponctuée à l'extérieur, d'un beau noir velouté à l'intérieur et blanc jaunâtre à la base du tube; spadice beaucoup plus court que la spathe; hampe dépassant ordinairement les feuilles, de 20 à 22 cent. Mai. *Flles* quatre ou cinq, triangulaires-hastées, aiguës, de 15 à 30 cent. de long et 10 à 20 cent. de large; pétioles de 30 à 45 cent. de long. Jérusalem, 1864. Espèce délicate.

A. pictum, Linn. f. *Fl.* à spathe violet foncé livide, ventrue à la base, étalée dans sa partie supérieure et resserrée dans son milieu; spadice pourpre noir, atteignant environ les deux tiers de la longueur de la spathe. Octobre. *Flles* paraissant au printemps, longuement pétiolées, cordiformes ou un peu hastées, à lobes courts, obtus, vert noirâtre en dessus, à nervures enfoncées, blanc verdâtre. *Haut* 60 cent. Corse, îles Baléares, 1801. Rustique. Syn. *A. corsicum*, Lois.

A. proboscideum, Linn. — V. *Arisarum proboscideum*, Schott.

A. sanctum, Damm. *Fl.* à spathe pourpre noirâtre, veloutée, grande et longuement pédonculée. *Flles* cordiformes, triangulaires. Tubercules gros, aplatis. Palestine, 1889. Rustique.

A. spectabile, — *Fl.* à spathe ovale-oblongue, acuminée, pourpre foncé à l'intérieur, plus longue que le spadice, celui-ci purpurin. *Flles* largement hastées, sagittées. *Haut.* 30 cent. Asie Mineure. Demi-rustique.

A. spirale, Retz. *Fl.* à spathe brune, oblongue-lancéolée, tordue en spirale, plus longue que le spadice. Mai. *Flles* linéaires-lancéolées. Plante acaule. *Haut.* 30 cent. Chine, 1816. Espèce délicate.

A. tenuifolium, Linn. — V. *Biarum tenuifolium*, Schott.

A. ternatum, — V. *Pinellia tuberifera.*

A. trilobatum, Linn. — V. *Typhonium divaricatum*, Dcne.

A. t. auriculatum, — V. *Typhonium divaricatum*, Dcne.

A. triphyllum, Linn. — V. *Arisæma triphylla*, Schott.

A. variolatum, — Syn. de *A. nigrum*, Schott.

A. venosum, Blume. — V. *Sauromatum guttatum.*

A. Zelebori, — Forme orientale de l'*A. maculatum.*

ARUNDINA, Blume (diminutif de *Arundo;* allusion à la ressemblance des tiges). Fam. *Orchidées.* — Petit genre comprenant environ cinq espèces d'orchidées terrestres, dressées, feuillues, originaires des Indes orientales, du sud de la Chine et de l'Archipel malais. Fleurs assez grandes, en grappes lâches, terminales, simples ou rarement rameuses; sépales sub-égaux, libres, étalés; pétales semblables ou plus larges; labelle dressé situé à la base de la colonne, celle-ci assez longue, dressée, entourée par les lobes latéraux. Feuilles planes, étroites ou assez larges, sessiles, à gaine articulée. Tiges dressées, semblables à des roseaux, recouvertes par les gaines des feuilles. Pseudo-bulbes nuls. Les deux espèces introduites devront être cultivées dans la partie froide d'une serre tempérée. Il leur faut un compost de terre franche et de terre de bruyère fibreuse. Les plantes étant dépourvues de pseudo-bulbes, elles exigent une terre plus riche que les autres orchidées. Des arrosages copieux, beaucoup de lumière, mais de l'ombre pendant le grand soleil sont les points essentiels de la culture des *Arundina*. Leur multiplication peut avoir lieu par division des touffes, ainsi que par séparation des rejets qui se développent sur les tiges.

A. bambusæfolia, Lindl. *Fl.* grandes; sépales et pétales rose magenta pâle; la belle rose, strié d'orange sur les deux faces et à gorge blanche. Depuis juillet jusqu'à l'automne. *Flles* vert pâle, ensiformes. Tiges de 1 m. à 1 m. 50 de haut. Népaul, Birma, etc. (W. O. A. III, 139.) Syn. *Bletia graminifolia*.

aristées; étamines trois; styles trois. (Les *Bambusa* ont six étamines et un seul style très long); graines allongées, un peu arquées. Ce sont des arbustes précieux pour l'ornement des grands jardins, pour les garnitures pittoresques, pour former des touffes isolées sur les pelouses, etc. Ils aiment une terre profonde et riche et exigent beaucoup d'eau pendant leur période de végétation. Multiplication par division des touffes.

A. falcata, Nees. * *Flles* linéaires-lancéolées, très aiguës, courtement pétiolées, vert très clair. Tiges très rameuses,

Fig. 282. — Arundinaria falcata.

A. densa, — *Fl.* rose violacé, aussi grandes que celles de l'*A. bambusæfolia*, odorantes, labelle bordé de carmin ; grappes compactes, capitulées. *Flles* lancéolées, sub-égales, engainantes. Tiges de 1 m. de haut. Singapour, 1842. (B. R. 1842, 38.)

ARUNDINARIA, Michx, (altération de *Arundo*, Roseau). Syns. *Ludolfia*, Willd. ; *Macronax*, Raf. ; *Miegia*, Pers. ; *Triglossum*, Fisch. Fam. *Graminées*, tribu des *Bambusées*. — Genre comprenant environ vingt-quatre espèces originaires de l'Asie tropicale, du Japon et de l'Amérique septentrionale et tropicale. Ce sont des graminées ligneuses, arbustives, rustiques ou presque rustiques. Tiges ligneuses, fortes, articulées. Les *Arundinaria* sont fréquemment réunis aux *Bambusa* auxquels ils ressemblent par leur port et par leur emploi dans les jardins; ils en diffèrent cependant par leurs épillets à deux glumes petites, mutiques et très inégales; glumelles petites, lancéolées, presque égales, aiguës, non

très grêles, vert foncé. *Haut.* 2 à 3 m. Indes, Népaul. — C'est une des plantes les plus pittoresques que l'on possède pour l'ornement des jardins d'agrément, des serres froides et jardins d'hiver ; elle a besoin d'être protégée pendant l'hiver. (A. S. N. 1878, p. 793, f. 60 à 62.) Syn. *Bambusa falcata*, Hort.

A. macrosperma, Michx. *Flles* grandes, lancéolées, acuminées, duveteuses en dessous, à longue gaine ; ligule poilue. Panicule droite, pauciflore. Juillet. Fleurit assez souvent dans l'ouest. Tiges cylindriques, fortes, rameuses supérieurement. *Haut.* 15 à 18 m. Sud des Etats-Unis, 1800. Lieux humides. (A. S. N. vol. 5, p. 458, t. VIII, f. 1.) Syn. *Arundo gigantea*, Walt.

A. Maximowiczii, — On croit que cette espèce est très voisine de l'*A. Simonii*, si même elle n'est pas identique avec elle. Japon. Entièrement rustique.

A. japonica, Sieb. et Zucc. *Flles* lancéolées-aiguës, vert foncé, persistantes, rétrécies en court pétiole, denticulées ou ciliées sur les bords, de 15 à 25 cent. de long et 2 à

3 cent. de large; gaines amples. Tiges droites, rameuses, touffues, atteignant 2 à 3 m. de haut. Japon. — Belle espèce rustique, formant de magnifiques touffes. Fleurit parfois très abondamment, ce qui rend les touffes très laides lorsque les fleurs sont passées. (A. S. N. 1878, p. 785, f. 51 à 54, p. 787, f. 57 à 59.) Syns. *A. Metake*, Hort. ; *Bambusa japonica*, et *B. Metake*, Sieb. et Hort.

A. Simonii, Rivière. *Flles* lancéolées, elliptiques, de 20 à 25 cent. de long, vertes en dessus, glauques en dessous, lignées de blanc lorsqu'elles sont jeunes, ayant quelques petites dents épineuses sur les bords; ligule souvent poilue; gaine longue, appliquée. Epi simple, terminant les ramifications. Tiges simples, droites, peu feuillues la première année, se ramifiant à la deuxième. *Rhiz.* traçants, profondément enterrés. *Haut.* 6 à 8 m. Japon, 1862. (A. S. N. 1878, p. 774, f. 43-50, p. 780, f. 40 à 50 *bis*; B. M. 7146.) *Bambusa Simoni*, Carr.

ARUNDO, Linn. (nom d'origine douteuse; d'après quelques auteurs, de *Arundo*, Roseau; et, d'après d'autres, du mot celtique, *aru*, eau). Syns. *Amphidonax*, Nees.; *Donax*, P. Beauv.; *Scolochloa*, Mert. et. Koch. Fam. *Graminées*. — Genre comprenant six espèces originaires des régions chaudes et tempérées du globe. Ce sont des plantes vivaces, ligneuses, rustiques ou demi-rustiques, poussant en toutes terres de jardin, mais préférant les lieux humides. Fleurs en panicules lâches; glumes deux, inégales, contenant plusieurs fleurs; glumelles deux, très inégales, l'inférieure bifide, portant une arête au milieu; toutes, sauf l'inférieure, imparfaites, garnies à la base de longs poils soyeux. Caryopse (graine) libre, entouré par les glumelles. Au point de vue ornemental, les *Arundo* sont utiles pour décorer les jardins et principalement le bord des pièces d'eau, où ils forment fréquemment de fortes touffes, mais peut-être moins décoratives que celles des *Gynerium*. Au point de vue industriel, l'*A. Donax* a de nombreux emplois; ses tiges servent à faire des cannes à pêche, des paniers pour emballage, des lattes pour la confection des abris et des palissades, etc., elles sont enfin l'unique produit avec lequel on fabrique les anches des instruments à vent. On multiplie ces plantes par semis, et plus fréquemment au printemps, par la division des touffes.

A. conspicua, Forst.* *Fl.* en grandes panicules blanches, soyeuses, pendantes, se conservant belles pendant plusieurs mois. *Haut.* 1 à 2 m., mais en terrains profonds et siliceux; il atteint quelquefois 4 m. Nouvelle-Zélande, 1843. Cette belle espèce forme des touffes denses, composées de tiges grêles, à feuilles nombreuses, coriaces, longues, étroites, courbées, lisses ou légèrement rudes. Elle a besoin d'être protégée pendant l'hiver, ou même d'être rentrée en orangerie dans les régions froides.

A. Donax, Linn.* Roseau à quenouilles, Canne de Provence, etc. Angl. Great Reed. — *Fl.* rougeâtres, puis blanchâtres; épillets nombreux formant par leur réunion une grande panicule compacte de 30 à 40 cent. de haut. Automne. *Flles* alternes, lancéolées, aiguës, grandes, nombreuses, embrassantes et engainantes, arquées, vert glauque. *Haut.* environ 4 à 5 m. Europe méridionale, beaucoup cultivé dans le midi pour l'industrie. Exige quelquefois dans le Nord une légère protection pendant l'hiver.

A. D. versicolor, Hort.* Roseau à feuilles panachées. — *Haut.* 1 à 2 m. Europe méridionale. — Quoique plus petite, cette variété est beaucoup supérieure au type au point de vue ornemental, car ses feuilles sont élégamment rubanées de blanc. Il lui faut une bonne terre franche, profonde, siliceuse et une certaine protection pendant l'hiver. C'est une de nos meilleures plantes pour isoler sur les pelouses. Multiplication par séparation des rejets qui naissent sur les tiges que l'on a placées dans l'eau depuis un certain temps. Ces drageons sont empotés et placés sous châssis jusqu'à ce qu'ils soient complètement enracinés.

Fig. 283. — Arundo Donax.

A. mauritanica, Desf. C'est une belle espèce très rare et voisine de l'*A. Donax*, mais qui lui est inférieure au point de vue ornemental.

ARYTERA, Blume. — V. **Ratonia**, DC.

ASA-FŒTIDA, — V. **Ferula Asa-fœtida**, Linn.

ASAPHES, Spreng. — V. **Marina**, Linn.

ASAGRÆA, H. Bn. — V. **Schænocaulon**, A. Gray.

ASARABACCA, — V. **Asarum europæum**, Linn.

ASARINA, Tourn. — Réunis aux **Antirrhinum**, Linn.

ASARUM, Tourn. (de *a*, privatif, et *saron*, féminin; dérivation douteuse). **Asaret**. Syn. *Heterotropa*, Morr. et Dcne. Fam. *Aristolochiées*. — Genre comprenant treize espèces originaires de l'Europe et de l'Asie tempérée ainsi que de l'Amérique septentrionale. Ce sont des herbes vivaces, rustiques, ou demi-rustiques, à rameaux rampants. Fleurs hermaphrodites, terminales, solitaires, pédonculées; périanthe campanulé

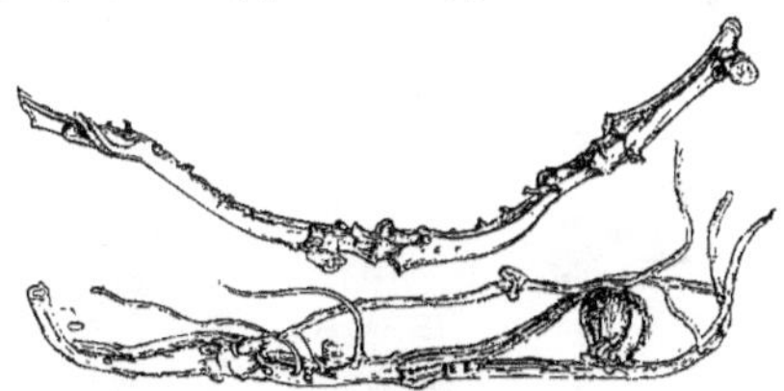

Fig. 284. — Rhizomes d'Asarum.

ou urcéolé, à trois divisions; étamines douze, dont six plus longues; style à six lobes stigmatifères. Le fruit est une capsule irrégulièrement déhiscente, renfermant de nombreuses graines. Les *Asarum* sont peu décoratifs et peu cultivés en dehors des collections botaniques; on peut cependant employer les espèces rustiques pour garnir la base des rocailles, pour former des bordures ou des touffes dans les plates-bandes, et utiliser les espèces délicates pour l'ornement des serres. On les multiplie facilement au printemps par division des touffes.

A. canadense, Linn.* *Fl.* brunes, campanulées, courtement pédonculées, cachées sous le feuillage, quelquefois presque enterrées. Mai-juin. *Flles* opposées par paires, largement réniformes, pétiolées. *Haut.* 30 cent. Canada, etc., 1713. Cette espèce est plus vigoureuse que l'*A. europæum*.

A. caudatum, — * *Fl.* rouge brunâtre, à lobes du périanthe atténués ou caudiculés. Juillet. *Flles* cordées-ré-

Fig. 285. — Asarum caudatum.

niformes, en cuiller, sub-aiguës ou obtuses, légèrement pubescentes. Californie, 1880. Rare et jolie espèce.

A. caudigerum, Hance. *Fl.* brunes, courtement pédonculées, à segments rétrécis en queue, de 2 cent. 1/2 de long. *Flles* vertes, cordées-orbiculaires, velues. Plante naine. Sud de la Chine, 1890. Serre froide. (B. M. 7126.)

A. europæum, Linn. Asarabacca, Cabaret, Oreille d'homme, etc. — *Fl.* brun sombre, solitaires, assez

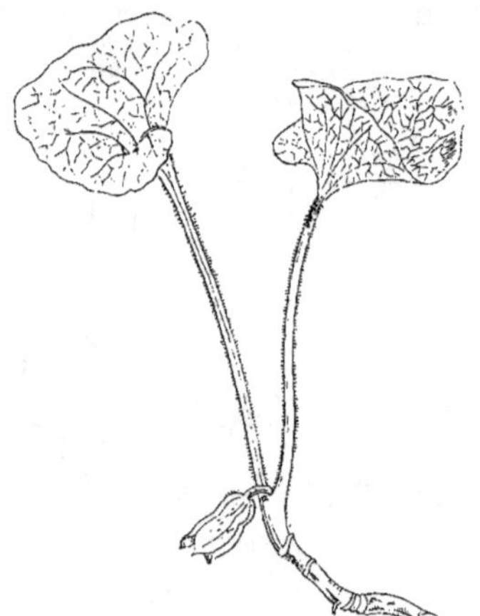

Fig. 286. — Asarum europæum.

grandes, pendantes; segments du périanthe incurvés. Mai. *Flles* deux sur chaque tige, arrondies-réniformes, pétiolées, légèrement ondulées. *Haut.* 30 cent. France, Angleterre, etc.

A. geophilum, Hems. *Fl.* brunes, ponctuées de blanc, reposant sur le sol. *Flles* cordiformes-orbiculaires, de 5 à 10 cent. de diamètre, à nervures blanches. Serre froide. Sud de la Chine, 1890.

A. japonicum, — *Fl.* inclinées ou pendantes, à pédoncule très court; périanthe pourpre verdâtre sombre, déprimé, globuleux, contracté à la base et à la gorge; limbe à trois segments triangulaires, obtus, étalés horizontalement; surface interne profondément alvéolée. Avril et mai. *Flles* pétiolées, profondément cordiformes, presque ovales, entières, maculées, pétioles dressés ainsi que le limbe. Rhizome rameux, noueux. *Haut.* 15 cent. Japon, 1836. Plante glabre, de serre froide. (B. M. 4933.) Syn. *Heterotropa asaroides*.

A. parviflorum, — *Fl.* vert et pourpre, solitaires, pourvues de bractées; périanthe urcéolé, à tube rétréci au-dessus du milieu, ovale, ventru à la base; segments du limbe largement ovales; bractées plus longues que les fleurs. Avril. *Flles* solitaires, cordiformes, à sinus étroit et profond, maculées de blanc. *Haut.* 8 cent. Japon, 1862. Serre froide. Syn. *Heterotropa parviflora*. (B. M. 5380.)

A. macranthum, Hook. f. *Fl.* brunâtres, nombreuses, fortement groupées à la base des feuilles, de 5 à 6 cent. de diamètre; périanthe à tube pyriforme, muni à la gorge d'une bordure dressée et de trois grands lobes ondulés; exhalant une forte odeur de Fenugrec. *Flles* toutes radicales, de 8 à 10 cent. de long et autant de large, ovales-cordiformes, aiguës, vertes, suffusées de vert jaunâtre, plus pâles en dessous et à nervures purpurines; pétioles de 12 à 15 cent. de long. Plante naine. Formose, 1888. Serre froide. (B. M. 7022.)

ASCARICIDIA, Cass. — Réunis aux **Vernonia**, Schreb.

ASCENDANT, Angl. Ascending. — Qui se dirige vers le haut, comme l'axe d'un arbre, ceux des Conifères en particulier. Se dit aussi de plusieurs organes, pour indiquer leur direction à peu près verticale. Ex. les inflorescences, les feuilles, les ovules, etc.

ASCIDIE. — On désigne sous ce nom les feuilles de certaines plantes affectant la forme d'une ampoule ou urne munie ou non d'un couvercle; les *Nepenthes*,

Fig. 287. — Ascidie de Nepenthes.

les *Cephalotus*, et les *Sarracenia* en fournissent des exemples; on les nomme assez fréquemment *plantes à ascidies* ou à *urnes*. V. aussi ce dernier mot. (S. M.)

ASCIUM, Schreb. — V. **Norantea**, Aubl.

ASCLÉPIADÉES. — Grande famille comprenant, d'après Bentham et Hooker, plus de deux cents genres et environ dix-sept cents espèces de plantes répandues dans toutes les régions chaudes et tempérées du globe. Ce sont des herbes vivaces ou suffrutescentes, souvent des arbustes grimpants ou même des arbres, à sève lactescente chez la plupart d'entre eux. Leurs fleurs sont réunies en ombelles, en corymbes ou en grappes, ordinairement placées entre deux feuilles (extra-axillaires), souvent fort belles, très odorantes, mais quelquefois fétides. Calice à cinq dents; corolle campanulée ou rotacée, à cinq lobes, munie à la gorge d'appendices (coronule) de forme très variable; étamines cinq, soudées en tube, à anthères renfermant un pollen aggloméré en deux masses suspendues chacune par un caudicule attaché à une glande (rétinacle) placée sur l'organe femelle. Cette conformation spéciale du pollen est un des points caractéristiques des *Asclépiadées* et qui les rapproche des Orchidées. Le fruit est un follicule double ou simple par avortement, polysperme; graines aigretées. Leurs feuilles sont entières, opposées ou alternes et leurs racines sont fibreuses ou tuberculeuses. Les genres les plus intéressants pour l'horticulture sont: *Araujа*, *Asclepias*, *Ceropegia*, *Hoya*, *Periploca*, *Stapelia*, *Stephanotis*. (S. M.)

ASCLEPIAS, Tourn. (nom grec d'Esculape, dieu de la médecine). **Asclépiade**, Angl. Swallow-wort. Fam. *Asclépiadées*. — Genre comprenant environ soixante espèces originaires de l'Amérique septentrionale et méridionale, dont deux de l'Afrique tropicale et australe, et une répandue dans toutes les régions chaudes du globe. Ce sont des plantes vivaces, rustiques ou de serre, herbacées ou suffrutescentes. Corolle à cinq lobes réfléchis; coronule formée de cinq appendices de forme variable, naissant dans la partie supérieure du tube;

Fig. 288. — Pollen d'Asclepias.
a. masses polliniques; *b*. caudicules; *c*. retinacles.

celui-ci fermé par les filaments; ombelles inter-pétiolaires. Feuilles opposées ou verticillées, quelquefois alternes. Racines fibreuses ou tuberculeuses. La plupart des espèces rustiques sont de jolies plantes pour l'ornement des plates-bandes: elles aiment une terre légère et fertile; on les multiplie au printemps par division des touffes et par le semis. Les espèces demi-rustiques ou les plus rares doivent toujours être cultivées en terre de bruyère et protégées pendant l'hiver. L'espèce de serre chaude ou tempérée la plus importante, est l'*A. curassavica*. Pour en obtenir de beaux sujets, il est nécessaire de rabattre les touffes tous les ans et de les tenir légèrement sèches et en repos pendant un mois ou deux dans le milieu de l'hiver. Lorsqu'elles sont de nouveau entrées suffisamment en végétation, on secoue la vieille terre et on leur donne un bon rempotage. A cette époque, il faut les tenir renfermées dans une atmosphère humide afin de les faire pousser vigoureusement. On devra pincer le sommet des tiges pour les faire ramifier. Lorsque les racines ont garni les pots, on peut leur donner quelques arrosages à l'engrais liquide et léger. Toutes les espèces de serre se plaisent de préférence dans un compost de terre franche fibreuse et de terreau de feuilles, convenablement foulé. Les boutures se font au printemps, à chaud et sous cloches; dès qu'elles sont enracinées, on les empote séparément dans des godets de 5 cent., puis lorsque les mottes sont garnies de racines, on les rempote une fois avant la floraison. Les graines se sèment au printemps, en pots ou en terrines; on repique les plants lorsqu'ils sont suffisamment forts et on les traite ensuite comme les boutures.

A. acuminata, Pursh. ' *Fl.* rouge et blanc, en ombelles latérales, solitaires, dressées. Juillet. *Flles* ovales, subcordiformes, acuminées, courtement pétiolées, les supérieures sessiles, glabres, mais rudes sur les bords. Tiges dressées, glabres, simples. *Haut.* 60 cent. New-Jersey; Amérique septentrionale, 1826. Plante herbacée, rustique.

A. amœna, Linn. ' *Fl.* d'une belle couleur pourpre, réunies en ombelles terminales, dressées; appendices de la coronule exerts, rouges. Juillet. *Flles* opposées, presque sessiles, oblongues-ovales, duveteuses en dessous, avec une grande nervure médiane purpurine. Tiges simples, avec deux lignes de duvet. *Haut.* 60 cent. à 1 m. Nouvelle-Angleterre; Amérique septentrionale, 1732. Plante herbacée, rustique.

A. Cornuti, Dcne. ' Herbe à la ouate. — *Fl.* rose clair, odorantes, en ombelles extra-axillaires, inclinées. Juillet-septembre. *Flles* opposées, ovales, obtuses, tomenteuses

Fig. 289. — Asclepias Cornuti.

en dessous. Tiges simples, fortes, dressées. *Haut.* 1 m. à 1 m. 50. Souche vivace, souterraine, très traçante. Amérique septentrionale, naturalisé en France. Syn. *A. Syriaca*, Linn. Plante herbacée, rustique.

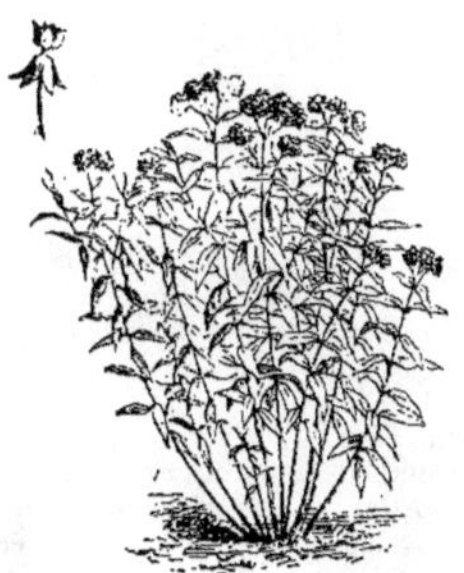

Fig. 290. — Asclepias curassavica.

A. curassavica, Linn. ' Angl. Redhead. — *Fl.* rouge écarlate ou cocciné, en ombelles latérales, dressées, réunies au sommet des tiges. Juillet à septembre. *Flles* opposées, oblongues, lancéolées, graduellement rétrécies aux extrémités. Tiges glabres, simples, rarement un peu rameuses. *Haut.* 30 cent. à 1 m. Amérique méridionale ; Antilles, 1692. La variété à fleurs *blanches* forme un élégant contraste. L'*A. atrosanguinea aurea* semble n'être qu'une variété à fleurs rouge sang et à coronule jaune.

Fig. 291. — ASCLEPIAS INCARNATA.

A. Douglasii, — *Fl.* grandes, cireuses, lilas purpurin, odorantes, en ombelle multiflore. Été. *Flles* opposées, ovales, cordiformes, acuminées, de 15 cent. de long et 12 cent. ou plus de large, glabres en dessus, duveteuses en dessous. Tiges épaisses, simples, laineuses. *Haut.* 60 cent. à 1 m. Ouest de l'Amérique, 1846.

A. hybrida, — Syn. de *A. purpurascens*.

A. incarnata, Linn. * *Fl.* roses ou purpurines, à odeur de vanille, en ombelles nombreuses, ordinairement géminées. Juillet. *Flles* opposées, lancéolées, un peu laineuses sur les deux faces. Tiges dressées, rameuses, tomenteuses au sommet. *Haut.* 60 cent. Canada, sur le bord des cours d'eau, 1710. Plante herbacée, rustique.

A. mexicana, — *Fl.* blanches, en ombelles multiflores. Juillet. *Flles* verticillées, linéaires-lancéolées, à bords révolutés ; les inférieures au nombre de quatre à six par verticille, les supérieures réunies par trois ou opposées. *Haut.* 60 cent. à 1 m. Mexique, 1821. Plante toujours verte, de serre froide.

A. phytolaccoides, Pursh. *Fl.* purpurines, à coronule blanche : appendices tronqués ; ombelles latérales et terminales, solitaires, longuement pédonculées, pendantes. Juillet. *Flles* larges, ovales-oblongues, aiguës, glabres, plus pâles en dessous. Tiges dressées, simples, maculées de pourpre. *Haut.* 1 m. à 1 m. 30. Virginie et Caroline, dans les montagnes, 1812.

A. purpurascens, Linn. *Fl.* purpurines, en ombelles dressées. Juillet. *Flles* opposées, grandes, ovales, à nervure médiane purpurine, velues en dessous. Tiges simples, un peu velues au sommet et vert brunâtre à la base. *Haut.* 60 cent. à 1 m. Virginie, dans les marais ombreux, 1732. Espèce rustique. Syn. *A. hybrida*.

A. quadrifolia, Jacq. * *Fl.* blanches, petites, odorantes, à appendices de la coronule rouges ; ombelles lâches, terminales, géminées ; pédicelles filiformes. Juillet. *Flles* ovales, acuminées, pétiolées, celles du milieu de la tige plus grandes, verticillées par quatre, les autres opposées. Tiges dressées, simples, glabres. *Haut.* 30 cent. New-York, 1820. Espèce rustique.

A. rubra, Linn. *Fl.* rouges, en ombelles composées. Juillet-août. *Flles* alternes, ovales, acuminées. Tiges simples, dressées. *Haut.* 30 à 60 cent. Virginie, 1825.

A. Sullivanti, — Semblable à l'*A. Cornuti*, mais à fleurs plus grandes et plus foncées.

Fig. 292. — ASCLEPIAS TUBEROSA. (*Rev. Hort.*)

A. tuberosa, Linn. * *Fl.* jaune orangé vif, très ornementales, en ombelles unilatérales formant une panicule ou un corymbe. Juillet à septembre. *Flles* opposées ou ternées, oblongues-lancéolées ou lancéolées-linéaires, velues. Tiges plus ou moins dressées, à ramifications divariquées et velues au sommet. Souche tubéreuse, à racines fibreuses. *Haut.* 30 à 60 cent. Amérique du Nord, bois et terrains pierreux ou siliceux, 1690. Belle espèce herbacée, rustique.

A. variegata, Linn. *Fl.* à corolle et coronule blanches, ovaires rouges ; réunies en superbes ombelles denses, presque sessiles ; pédicelles velus. Juillet. *Flles* opposées, ovales, pétiolées, ridées, nues. Tiges simples, dressées, panachées de pourpre. *Haut.* 1 m. à 1 m. 30. New-York et Caroline, coteaux secs et sableux, 1597.

A. verticillata, Linn. *Fl.* à corolle vert jaunâtre et coronule blanche; réunies en ombelles multiflores. Juillet-août. *Flles* très étroites, linéaires, épaisses, très glabres, ordinairement verticillées, mais quelquefois éparses. Tiges dressées, souvent rameuses, munies d'une ligne duveteuse. *Haut.* 30 à 60 cent. Nouveau Jersey, 1759.

ASCYRON. — V. **Hypericum Ascyron.**

ASCYRUM, Tourn. (de *a*, privatif, et *skyros*, dur, plante douce au toucher). Fam. *Hypéricinées.* — Genre comprenant sept espèces originaires de l'Amérique septentrionale, des Antilles, du Mexique et de l'Himalaya. Ce sont d'élégantes petites plantes herbacées ou suffrutescentes à feuilles sessiles, dépourvues de glandes pellucides, mais portant généralement des points noirs sur le dos. Fleurs tétramères, ressemblant à celles des *Hypericum*, dont ce genre est très voisin. Les *Ascyrum* ont besoin d'être hivernés sous châssis ou en serre; c'est pour cette raison qu'on les cultive en pots, car ils ne vivent pas longtemps en plein air. Un mélange de terre de bruyère, de terreau de feuilles pur et de sable leur convient parfaitement. On peut les multiplier par boutures herbacées que l'on plante dans du sable et sous cloche, ainsi que par division des touffes que l'on fait au printemps, avec soin. Toutes les espèces peuvent aussi être propagées par semis.

A. amplexicaule, Michx. *Fl.* jaunes, axillaires et terminales, en corymbes nus, pauciflores. Juillet. *Flles* embrassantes, ovales, cordiformes, sinuées, ondulées. Tiges dichotomes, à rameaux formant une sorte de panicule. *Haut.* 60 cent. Amérique du Nord, 1823. Les fleurs de cette espèce sont plus grandes et ses feuilles sont plus longues que celles de ses congénères.

A. Crux-Andreæ, Linn. * Angl. St. Andrew's Cross. — *Fl.* jaune pâle, à pétales étroits; presque sessiles, disposées en corymbes terminaux. Juillet. *Flles* ovales, linéaires, obtuses, généralement en bouquets dans les aisselles des feuilles principales. Tiges arrondies, frutescentes. *Haut.* 30 cent. Amérique du Nord, champs siliceux, 1759. Cette espèce est rustique dans certaines localités.

A. hypericoides, Linn. *Fl.* jaunes. Août. *Flles* linéaires, oblongues, obtuses. *Haut.* 60 cent. Amérique du Nord, 1759.

A. stans, Michx. Angl. St. Peter's Wort. — *Fl.* jaunes. Août. *Flles* ovales ou oblongues, un peu embrassantes. *Haut.* 60 cent. Amérique du Nord, 1816.

ASEXUÉ. — Qui est privé de sexe.

ASIMINA, Adans. (leur nom canadien). **Asiminier.** Syn. *Orchidocarpum*, Michx. Fam. *Anonacées.* — Genre comprenant six ou sept espèces originaires de l'Amérique boréale et centrale ainsi que des Indes occidentales. Fleurs campanulées, à six divisions, solitaires et axillaires. Feuilles alternes, simples, dépourvues de stipules. Le fruit est une baie polysperme. L'espèce ci-dessous est un arbuste ornemental qui, comme les *Magnolia* à feuilles caduques, avec lesquels il a des rapports au point de vue de l'emploi, aime une terre légère additionnée de terre de bruyère. On le multiplie par marcottes que l'on fait à l'automne, par boutures de racines et par graines de provenance directe. Le semis se fait en pots ou terrines, et les plants doivent être protégés pendant l'hiver jusqu'à ce qu'ils aient atteint une certaine force.

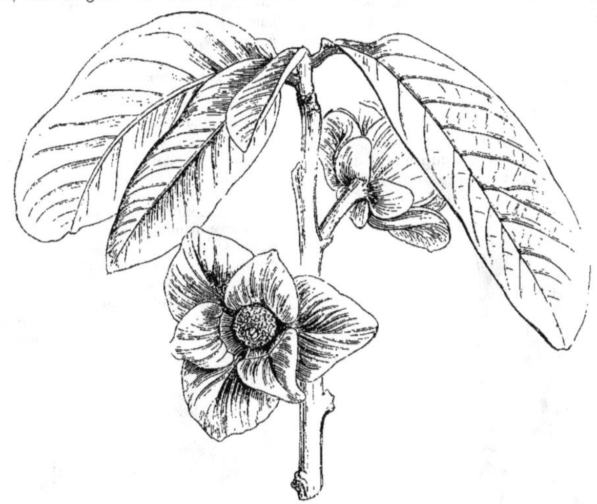

Fig. 293. — Asimina triloba.

A. triloba, Dunal. * *Fl.* campanulées, les trois pétales extérieurs purpurins, les trois intérieurs de même teinte, mais jaunes au milieu sur la face interne; solitaires, inclinées, ayant environ 5 cent. de diamètre et naissant au sommet des rameaux, avant les feuilles. Mai. *Flles* oblongues, cunéiformes, souvent acuminées, presque lisses ainsi que les rameaux. *Haut.* 3 m. Pensylvanie, 1736. Arbuste rustique. (Gn. 1888, I, p. 321.) Syn. *Anona triloba*, Linn.

ASIMINIER. — V. **Asimina triloba**, Dun.

ASPALATHUS, Linn. (de *a*, privatif, et *spao*, extraire; allusion à la difficulté d'extraire leurs épines des blessures). Comprend les *Sarcophyllus*, Thunb. Fam. *Légumineuses.* — Genre comprenant environ cent cinquante espèces toutes originaires du Cap. Ce sont des arbustes ou arbrisseaux de serre froide, souvent épineux, à fleurs de différentes couleurs, mais plus fréquemment jaunes, pourvues de trois bractéoles et rappelant celles des Genêts et des Cytises. Feuilles palmées ou rarement pinnatifides, à trois-cinq folioles sessiles ou très courtement pétiolées. Toutes les espèces sont assez ornementales pendant leur floraison ; elles se plaisent dans un compost de terre franche, de terre de bruyère et de terreau. Multiplication en avril, par boutures de bois à moitié mûr, que l'on plante dans du sable, et sous cloches qu'il faut avoir soin d'essuyer de temps à autre. Il leur faut peu d'eau. Sauf dans les collections botaniques, ces arbustes se rencontrent très rarement dans les jardins.

ASPARAGINÉES. — Famille autrefois établie pour des Liliacées dont le fruit est une baie (*Asparagus*), tandis qu'il est capsulaire chez les *Liliacées vraies* (*Lilium*). Les *Asparaginées* sont aujourd'hui réparties en plusieurs tribus dans cette famille. (S. M.)

ASPARAGUS, Linn. (de *a*, intensif, et *sparasso*, déchirer ; allusion aux fortes épines de quelques espèces). Fam. *Liliacées*. — Genre comprenant environ cent espèces répandues dans les régions chaudes et

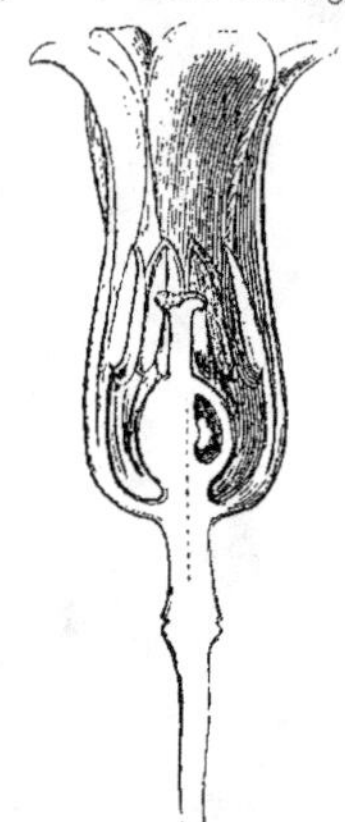

Fig. 294. — Asparagus. Fleur grossie et coupée longit.

tempérées du globe. Ce sont des plantes vivaces, herbacées, à souche nommée *griffe*, pourvue d'un grand nombre de racines charnues et de laquelle s'élèvent des tiges dressées ou grimpantes, très rameuses, chargées d'un très grand nombre de ramuscules vertes (*cladodes*) que l'on prend à tort pour des feuilles ; les vraies feuilles sont réduites à l'état de bractées placées en dessous du point d'insertion des ramilles. Fleurs dioïques, en cymes pauciflores ou même uniflores, naissant à l'aisselle des dernières ramifications, périanthe à six divisions soudées à leur base ; étamines six ; style simple. Le fruit est une baie. L'espèce la plus importante (*A. officinalis*) est traitée spécialement comme plante potagère à l'article **Asperge**. Les espèces ornementales se cultivent en serre chaude ou tempérée, dans un compost fertile et très léger ; on les tient ombrées et constamment humides. Leur multiplication s'opère par la division des griffes et par le semis. Le feuillage de quelques espèces est des plus élégants et précieux pour les garnitures et la confection des bouquets, etc. Les *A. scandens* et *A. decumbens* sont convenables pour tapisser les treillages, les piliers, etc. Les espèces naines peuvent, avec les fougères, servir à garnir les petites serres d'appartement.

A. æthiopicus ternifolius, — *Fl.* blanches, en grappes très nombreuses, courtement pédonculées. Août. *Flles* (cladodes) verticillées par trois, aplaties, étroites, linéaires : épines solitaires, renversées ; rameaux anguleux. *Haut.* 10 m. Sud de l'Afrique, 1872. Espèce de serre froide, toujours verte.

A. Broussoneti, — * *Fl.* très petites, auxquelles succèdent des baies rouges. Mai. *Flles* (cladodes) inférieures solitaires, les supérieures ternées, de 2 cent. 1/2 de long, aciculaires, persistantes, espacées, glaucescentes ; bractées épineuses, réfléchies à la base. Tiges arrondies, frutescentes, striées. *Haut.* 3 m. Iles Canaries, 1822. Jolie espèce grimpante, presque rustique.

A. Cooperi, — *Fl.* axillaires, en petites cymes uni- ou triflores, naissant à l'aisselle des ramuscules ; périanthe jaunâtre, de 2 cent. 1/2 de long. Avril-mai. *Flles* (vraies) bractéiformes, deltoïdes, scarieuses, rouge brunâtre, ramuscules (cladodes) menues de six à quinze par verticille, subulées, assez fermes, de 6 à 10 mm. de long, étalées ou ascendantes. *Haut.* 3 à 4 m. Afrique, 1862. — Espèce de serre froide, grimpante, à tige principale arrondie, ligneuse, de 4 à 5 cent. de diamètre à la base, émettant de nombreuses branches étalées qui portent un grand nombre de rameaux grêles, alternes, résistants ; branches et rameaux pourvus aux nœuds d'épines brun rougeâtre, distinctes, subulées ; celles des branches principales de 6 mm. de long réfléchies mais non arquées.

Fig. 295. — Asparagus officinalis. Sommités de rameaux florifères et fructifères.

A. decumbens, Jacq. * Tige inerme, décombante, très rameuse ; rameaux ondulés. *Flles* (cladodes) sétacées, verticillées par trois. Cap, 1792. Plante de serre froide, vivace, herbacée.

A. falcatus, Linn. *Flles* (cladodes) fasciculées, linéaires, falciformes ; branches arrondies ; épines solitaires, récur vées ; pédoncules uniflores, réunis en bouquets. *Haut.* 1 m. Indes, 1792. Plante de serre froide, vivace, toujours verte.

A. officinalis, Linn. Asperge commune. Angl. Common Asparagus. — *Fl.* blanc verdâtre, pendantes. Août. *Flles* (cladodes) fasciculées, flexibles, aciculaires. Tiges herbacées, arrondies, dressées, très rameuses. *Haut.* 1 m. à 1 m. 50. Europe ; France, etc. V. aussi **Asperge**.

A. plumosus, Hort. Bull. ' *Fl.* blanches, petites, naissant au sommet des ramifications. Printemps. *Flles* (vraies) bractéiformes deltoïdes, aiguës au sommet, puis récurvées avec l'âge ; les fausses (cladodes), réunies en touffe, ayant 3 à 6 mm. de long, aciculaires, très aiguës. Sud de l'Afrique, 1876. — Espèce toujours verte, grimpante, à tiges lisses, portant de nombreuses branches étalées. Cultivée en pots, cette espèce forme de magnifiques touffes précieuses pour les garnitures, etc. (R. H. B. 1880, p. 252.)

A. Sprengeri, Regel. Jolie espèce ornementale, ayant le port des *A. sarmentosus* et *A. falcatus*, mais à feuilles (cladodes) planes, linéaires, fasciculées par une à quatre, presque droites ou légèrement falciformes, de 2 à 3 cent. de long, mucronées, piquantes. Natal, 1890. (R. G. 1890, p. 490, f. 80.)

A. scandens, Thunb. ' *Fl.* blanchâtres, axillaires, naissant sur les dernières ramifications. *Baies* globuleuses, orangées. Tiges annuelles, très rameuses, inermes, portant de nombreuses petites feuilles (cladodes) linéaires, aiguës, ordinairement verticillées par trois et presque étalées sur un plan horizontal dans les dernières ramifications. Cap, 1795. Plante vivace, grimpante, très élégante.

A. tenuissimus, — Plante demi-grimpante, de port excessivement élégant, convenable pour l'ornement des serres tempérées et jardins d'hiver. Elle est d'un vert plus tendre que l'*A. plumosus*, et son feuillage est remarquable

Fig. 296. — Asparagus plumosus nanus.

par sa ténuité extrême et son apparence délicate. Sud de l'Afrique, 1882.

A. p. nanus, Hort. ' Variété très élégante, plus naine que le type. Tiges touffues, grêles et élégamment arquées. Sud de l'Afrique, 1880. — Pour les garnitures, les rameaux de cette variété ainsi que ceux du type ont l'avantage d'être beaucoup plus résistants que les fougères ; mis dans l'eau, ils se conservent frais pendant trois ou quatre semaines.

A. racemosus, Willd. *Fl.* blanc verdâtre, en grappes axillaires, multiflores. Mai. *Flles* (cladodes) fasciculées, linéaires, subulées, falciformes; branches striées, épines solitaires. *Haut.* 1 m. Indes, 1808. Arbuste toujours vert, de serre froide.

A. ramosissimus, — *Fl.* jaune crème, solitaires au sommet des ramifications, à pédicelles de 3 à 5 mm. de long. Juin. *Flles* (vraies) obscurément auriculées à la base; les fausses (cladodes), groupées par trois à huit, aplaties, linéaires, falciformes, aiguës, de 4 à 10 mm. de long, étalées. Sud de l'Afrique, 1862. Espèce de serre froide, très grimpante, rameuse, grêle, à rameaux nombreux, dressés ou étalés.

A. retrofractus arboreus, Hort. Lemoine. *Flles* (cladodes), atteignant 2 à 3 cent. de long, disposées en houppes d'un vert gris. Tiges droites, non volubiles. Cette plante paraît être voisine des *A. plumosus*, *A. tenuissimus*, etc. Serre froide. Introduite de Hongrie, 1890.

ASPASIA, Lindl. (de *aspazomai*, j'embrasse; le labelle embrasse la colonne). Syn. *Trophianthus*, Scheidw. Fam. *Orchidées*. — Petit genre comprenant environ sept espèces originaires de l'Amérique tropicale, depuis le Brésil jusqu'à l'Amérique centrale. Ce sont d'élégantes orchidées épiphytes, de serre chaude, ayant le port des *Epidendrum*. Fleurs en grappes radicales; périanthe étalé, à divisions égales; la supérieure soudée à la base avec les intérieures : labelle oblong, concave, non éperonné, à moitié soudé avec la colonne; celle-ci demi-cylindrique, à rétinacle petit. Pseudo-bulbes grands, aplatis et minces. Feuilles un peu coriaces. Pour leur culture, V. **Stanhopea**.

A. epidendroides, Lindl.' *Fl.* verdâtres, à labelle blanc, avec une grande tache violette sur le disque; sépales linéaires-oblongs, aigus; pétales concaves, spatulés, obtus; lobes latéraux du labelle arrondis, entiers, le médian crénelé, émarginé. Février. Pseudo-bulbes oblongs, à deux angles. *Haut.* 30 cent. Panama, 1833. (B. M. 3962.)

A. lunata, Lindl.' *Fl.* vert, blanc et brun, solitaires, ino_ dores; sépales et pétales linéaires, obtus, étalés; labelle trilobé, à lobes latéraux courts, le médian plat, presque quadrangulaire, ondulé, finement dentelé, marqué d'une grande tache pourpre. Pseudo-bulbes oblongs, à deux angles. *Haut.* 30 cent. Rio-de-Janeiro, 1843. (B. R. 1844, 49.)

A. papilionacea, — * *Fl.* à sépales et pétales jaunâtres, bigarrés en dedans de lignes brunes dans leur moitié inférieure; labelle panduré, très grand dans sa partie antérieure, elliptique, apiculé, jaune orangé, avec un grand disque violet à la base. *Haut.* 20 cent. Costa-Rica, 1876. Il se distingue de l'*A. lunata* par son labelle inséré plus haut, muni à la base de treize plis, et par son anthère échinulée. C'est une belle plante, mais rare.

A. principissa, Rchb. f. *Fl.* de plus de 5 cent. de diamètre, ressemblant à celles d'un *Odontoglossum*; segments vert tendre, lignés de brun, lancéolés, linéaires; labelle chamois clair, largement panduré, ayant presque 2 cent. 1/2 de long. Veraguas.

A. psittacina, — *Fl.* à sépales et pétales vert tendre, avec des lignes brunes, transversales, espacées ou quelquefois confluentes; labelle panduré, à deux carènes et portant quelques ponctuations purpurines au sommet; colonne brune au sommet, puis violette et blanche à la base. Grappe pluriflore, unilatérale, arquée. Equateur, 1878.

A. variegata, Lindl. *Fl.* vert jaunâtre, rayées de brun, et panachées de rouge rangé sur le labelle; sépales linéaires-oblongs; pétales rhomboïdes, aigus; lobes latéraux du labelle récurvés, le médian charnu, denticulé. Février. *Haut.* 20 cent. Panama, 1836. Délicieusement parfumé dans la matinée. (B. R. 1907; B. M. 3679.)

ASPERGE, Angl. Asparagus (*Asparagus officinalis*, Linn.). — Il serait probablement difficile d'exagérer l'importance qu'a prise, surtout dans ces dernières années, la culture de cette excellente plante, culture qui est aujourd'hui répandue partout et dont on peut d'ailleurs tirer d'assez jolis bénéfices.

Terrain. — La première chose à faire, quand on veut établir une plantation destinée à durer longtemps, est de choisir un terrain bien sain ou de l'assainir suffisamment. Dans les sols humides, on y réussit en plaçant sur tout le fond un lit de pierres ou de briques formant des rigoles par lesquelles l'eau s'écoule. Il va sans dire qu'il n'y a pas besoin de cela dans les sols siliceux, naturellement perméables, mais, de toutes façons, si on veut obtenir de vraiment bonnes récoltes, il faut que l'eau soit au moins à 1 mètre au-dessous de la surface. La terre doit aussi, en tous cas, être défoncée à une profondeur de 50 à 60 cent. et, si elle est de nature forte, on se trouvera bien de mêler à la partie supérieure, de la terre sableuse, des balayures de route ou autres matériaux du même genre.

Engrais. — Après que le sol aura été bien défoncé et qu'on l'aura laissé se rasseoir suffisamment, on se trouvera bien d'enfouir, toujours dans la couche supérieure, du fumier bien consommé, ayant jeté tout son feu, à la dose de 20 à 30,000 kilos par hectare. Autant que possible, cette fumure doit être donnée avant l'hiver, ou alors en janvier et, dès cette époque, si le temps le permet, les planches sont remuées à la fourche, à deux ou trois reprises différentes, jusqu'à la fin de mars, afin de rendre le sol aussi meuble que possible. Par la suite, quand la plantation est installée, on enlève à l'automne un peu de la terre qui recouvre les griffes et on met à la place une couche de terreau bien décomposé.

Un bon amendement, qu'il est facile de se procurer, est le sel ordinaire de cuisine; on en répand, en dose modérée (une poignée par plante), une fois par an sur la plantation, au printemps, juste au moment où repart la végétation; mais il est également bon d'en donner aussi un peu pendant l'été; on l'éparpille tout simplement à la main, de préférence par un jour pluvieux, pour qu'il soit bientôt dissous. Le sel, outre qu'il agit heureusement comme engrais, a la propriété d'entretenir la fraîcheur dans les planches pendant les temps chauds et d'empêcher la croissance des mauvaises herbes.

Plantation. — Elle se fait dans le courant de mars ou d'avril. Le sol ayant été préparé comme il convient, on commence par établir la largeur des planches, en tenant compte non seulement de la grandeur du jardin qu'on a, mais encore du genre de récolte qu'on veut obtenir. Si on tient à avoir de très grosses asperges, il faut espacer les plants de 90 cent. à 1 m. en tous sens; c'est l'espacement le plus communément adopté aujourd'hui dans les cultures maraîchères, mais on a peut être ainsi une récolte relativement plus faible que dans une plantation plus rapprochée. Dans ce dernier cas, on établit des planches larges de 1 m. à 1m.20 et séparées l'une de l'autre par une allée d'environ 60 cent. On trace sur chaque planche deux rangées éloignées de 40 à 50 cent. l'une de l'autre et on y plante les griffes, en quinconce, à environ 60 cent. sur la ligne.

Les griffes que l'on emploie pour la plantation doivent être âgées d'un an, ou de deux au plus, saines et bien constituées et il faut qu'elles aient été enlevées de terre assez récemment pour pouvoir facilement reprendre. On creuse dans les planches, à 10 ou 15 cent. de profondeur, un large sillon, en rejetant la terre sur les allées et on marque dans celui-ci les places où seront plantées les griffes. Celles-ci sont alors étalées à plat, en disposant les racines régulièrement autour de la couronne, et, après avoir remis la terre par-dessus, en la faisant couler entre les racines, et avoir égalisé la surface, on donne un bon arrosage pour que la terre adhère bien partout à la griffe. Selon le besoin, on arrose de temps à autre jusqu'en septembre. Il faut, en tout temps, tenir le terrain propre et avoir soin, en enlevant les mauvaises herbes, de ne pas blesser les griffes d'asperge. — Lorsque le feuillage jaunit, on coupe les tiges un peu au-dessus du sol, pour laisser marquée la place des plantes lorsqu'on y répandra l'engrais. Le fumier répandu à l'automne est ordinairement enfoui en janvier ou février. A la fin de février, on détache de la griffe les tiges sèches, on ratisse les planches pour en enlever tous les débris et on rejette sur la plantation un peu de la terre des allées qu'on étale très régulièrement au râteau, en égalisant les bords. Durant cette année et celle qui suit, on arrose de temps en temps, suivant le besoin, et on répand de l'engrais liquide et, pourvu que celui-ci ne soit pas trop fort, il n'y a, pour ainsi dire, pas de limite à son application. Pour qu'une aspergerie donne tous les ans un bon rapport, il faut qu'elle soit régulièrement fumée tous les ans.

On donne chaque année les soins que nous venons de dire, coupant les tiges, fumant et remuant le sol, mais il faut toujours avoir soin de bien égaliser la surface, afin que l'humidité se répartisse également sur les griffes.

On peut commencer à récolter, mais très peu,

dès la troisième année, après avoir butté les asperges dans le courant de mars. Par la suite, à partir du moment où les asperges commencent à donner, on peut continuer à couper jusque vers le milieu de juin, après quoi on s'arrête pour ne pas nuire aux récoltes suivantes.

SEMIS. — C'est par le semis fait en lignes, en avril, qu'on obtient les plants destinés à établir l'aspergerie. Dès la première année, ou la seconde au plus, on obtient des plants bons à mettre en place. Beaucoup de cultivateurs préfèrent semer eux-mêmes et élever leurs plants de façon que ceux-ci, étant sous la main, restent le moins possible à l'air, dans le temps qui s'écoule entre l'arrachage et la mise en place ; cependant, s'ils ont été enlevés en bonnes conditions et sans avoir été meurtris, ils peuvent parfaitement rester quelque temps arrachés, quinze jours à trois semaines au besoin, sans trop sécher et sans s'épuiser sensiblement, par conséquent sans inconvénient pour la reprise.

FORÇAGE. — On peut facilement obtenir des asperges à partir de décembre ou même dès la fin de novembre, soit en forçant des pieds sur place, soit en plaçant de vieux pieds sur couche chaude ou en serre chauffée au thermosiphon. Dans le premier cas, *forçage sur place*, on établit une plantation de la même façon que nous avons dit plus haut, mais en mettant une vingtaine de plants dans l'espace réservé à un châssis et en laissant, entre les rangées de châssis, une allée, qui, après la pose de ceux-ci, se trouvera être large d'environ 70 à 80 cent. On soigne comme ci-dessus, pendant trois ans, cette plantation à l'air libre. A l'automne de la troisième année, on place les coffres des châssis et on creuse dans les allées une tranchée profonde d'environ 70 à 80 cent. en rejetant la terre sur les travées où sont les griffes, de façon à y former une couche de 20 à 30 cent. *au plus*, qu'on herse et qu'on nivelle comme il faut, après quoi on met les châssis sur les coffres. On remplit alors les tranchées de fumier neuf mêlé de très peu de vieux, de manière à donner partout la même chaleur et on monte le fumier jusqu'au bord des coffres, en dépassant la hauteur de la tranchée. On couvre le soir les châssis de paillassons et on les découvre le matin. Tous les quinze jours, on enlève environ un cinquième de fumier sur toute la longueur des tranchées et on recharge d'autant de fumier neuf; cela se fait jusqu'en février. On peut ordinairement, de cette façon, commencer à récolter en novembre-décembre. La récolte terminée, on enlève le fumier, on replace la terre dans les tranchées, en ayant soin de ne pas blesser les plants, puis on laisse reposer ceux-ci pendant une année, et la seconde année on peut recommencer. Il est donc bon d'avoir deux carrés d'asperges à forcer, dont l'un se repose, pendant que l'autre est chauffé. Une plantation de ce genre peut durer une vingtaine d'années et par conséquent donner dix récoltes par carré.

VARIÉTÉS. — Les trois variétés qui sont aujourd'hui le plus communément cultivées sont : l'*A. violette de Hollande*, à bout rond, coloré de rose ou de violet au sortir de terre (A. V. P. 10); l'*A. hâtive d'Argenteuil* qui est un beau choix de l'Asperge de Hollande; et l'*A. tardive d'Argenteuil* dont la production, plus espacée, se soutient plus longtemps que celle des deux précédentes.

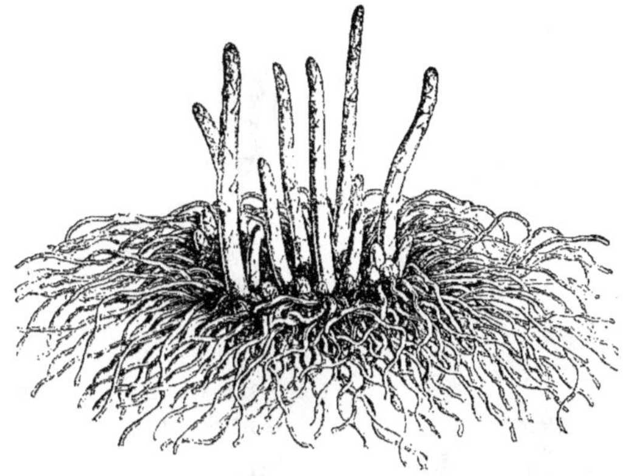

Fig. 297. — Asperge. Griffe en végétation.

Mais en fait et sans vouloir nier l'influence certaine de la race, les différences qu'on remarque dans les produits de cette plante sont plus encore le fait de la culture qui lui est appliquée que de la diversité des caractères des variétés employées.

Les turions des *A. acutifolius*, *A. verticillatus* et *A. albus*, sont fréquemment recueillis et consommés comme ceux de l'asperge cultivée par les habitants des pays où elles croissent spontanément, mais sans faire l'objet d'aucune culture. (G. A.)

ASPERGE (Couteau à). — Les divers couteaux à asperges, à lame ou à scie, ne paraissent pas faire d'aussi bonne besogne que l'instrument qui consiste en une gouge se prolongeant jusqu'à la poignée en une assez longue tige d'acier. On fait glisser l'instrument le long de l'asperge, qu'on a découverte un peu du haut, jusqu'à ce qu'on arrive à la griffe qui fait résistance; on pèse alors sur le bas de l'asperge comme avec un levier et on l'enlève facilement; de cette façon, on ne risque pas, comme avec les couteaux spéciaux, de couper d'autres asperges que celle qu'on veut prendre

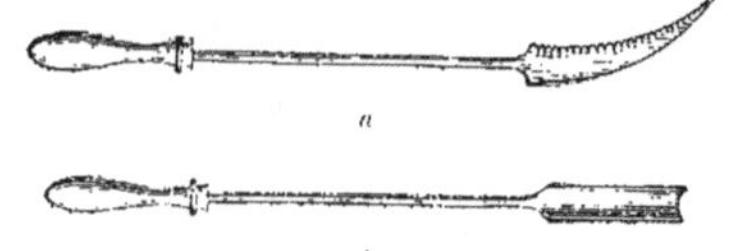

Fig. 298. — Couteaux à asperges.
a, scie; b, gouge.

et on la détache bien au collet de la griffe, ce qui est très important. (G. A.)

ASPERGE (**Moule à botteler**). — La mise en bottes des asperges est un travail d'une certaine importance au point de vue de la vente; de leur bonne forme dépend en partie le prix qu'on en retire.

Pour arriver à faire des bottes bien rondes, bien égales et dont les plus belles se trouvent à la circon-

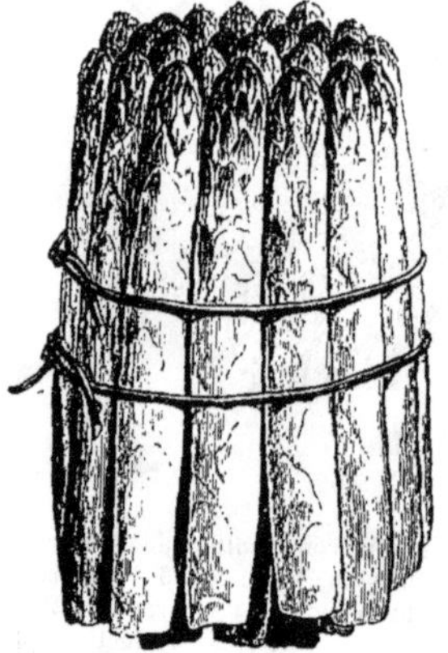

Fig. 299. — Asperges d'Argenteuil. Botte faite au moule.

férence, on se sert d'un petit appareil nommé *moule*. C'est une sorte de cadre se composant de deux planches dressées, dont l'une servant d'extrémité est creusée d'un grand trou rond au fond duquel viennent butter les têtes; l'autre est évidée en forme de cercle. Ces deux planches sont montées sur une sorte de socle horizontal; celle qui est évidée est fixée sur une glissière qui permet de la mettre à la longueur nécessaire pour les asperges que l'on a à botteler. Celles-ci sont placées une à une dans le moule et, lorsque la botte est terminée, on l'attache facilement à l'aide de deux liens d'osier. (S. M.)

ASPERGE (**Criocère de l'**), Angl. Asparagus Beetleor Cross-bearer (*Crioceris asparagi*). — Cet ennemi de l'Asperge est un joli petit insecte, ayant la tête, les pattes et les antennes d'un bleu sombre ou parfois grisâtre. Le corselet rouge est marqué de deux taches noires; les élytres sont jaunes et portent une sorte de croix noire qui lui a fait donner en certaines contrées le nom de porte-croix; il est long d'environ 8 mm. Ses œufs, qu'il dépose sur les bourgeons, sont petits, de couleur brune, pointus. La larve est courte, grise, plate en dessous, arquée sur le dessus et couverte de poils; elle a l'habitude de se couvrir de ses excréments. Elle atteint son maximum de croissance au bout de quinze jours et mesure alors 5 mm. C'est elle qui attaque l'asperge en dévorant une grande partie de son feuillage et le bout tendre des jeunes ramifications, ce qui arrête la pousse des tiges et nuit, par suite, à la force des plantes.

Il n'est pas très facile d'empêcher les ravages du criocère et de se débarrasser de lui. On peut essayer, contre la larve et contre l'insecte parfait, des insecticides en poudre ainsi que de la suie. On peut encore, de bonne heure le matin, prendre l'insecte parfait à la main ou mieux le faire tomber soit dans un parapluie retourné, soit dans un récipient rempli d'eau, en secouant les tiges en dessus. — S'il s'agit d'un semis d'asperges à faire dans un endroit où le criocère apparaît régulièrement, comme la larve n'exerce ses ravages qu'en juin, on conseille de ne semer que dans le courant ou à la fin de ce mois, pour que les plantes ne se montrent qu'après son passage. (S. M.)

ASPERGE (**Cryptogames de l'**). — Une sorte de rouille (*Puccinium Asparagi*) se développe quelquefois sur les tiges d'Asperges sous la forme d'un *Æcidium*. Il faut à l'automne couper et brûler avec soin toutes les tiges rouillées afin de détruire les spores qui ne manqueraient pas de se développer au printemps suivant. (S. M.)

ASPERA. — Rude, couvert d'aspérités.

ASPEGRENIA, Pœpp. et Endl. V. **Octomeria**, **R. Br.**

ASPERIFOLIÉES. — Réunies aux **Boraginées**.

ASPERMÉ. — Nom donné aux végétaux dépourvus de la faculté de produire des graines.

ASPERULA, Linn. (de *asper*, rude; allusion aux feuilles). **Aspérule**. Angl. Woodruff. Fam. *Rubiacées*. — Plus de quatre-vingt-dix espèces de ce genre ont été décrites, mais ce nombre a été réduit; elles habitent l'Europe, la région méditerranéenne, l'Asie et l'Australie. Ce sont des plantes rustiques, herbacées ou rarement frutescentes. Fleurs réunies en cymes fasciculées, terminales ou axillaires; corolle tubuleuse, à quatre pétales; étamines quatre; styles deux; fruit formé de deux coques accolées, monospermes. Feuilles opposées, accompagnées de stipules foliacées, aussi grandes qu'elles, ce qui les fait paraître opposées; cependant, les stipules manquent quelquefois au sommet des rameaux. Tiges ordinairement tétragones. La plupart des espèces sont très ornementales pendant leur floraison et convenables pour la décoration des parterres, des rocailles et des lieux ombrés en particulier. Elles se plaisent à peu près en tous terrains. Leur multiplication s'opère facilement par semis ou par division des touffes.

A. azurea-setosa, Hort. Syn. de *A. orientalis*.

A. calabrica, — V. *Putoria calabrica*.

A. cynanchica, Linn. Herbe à l'esquinancie, petite Garance. — *Fl.* blanches ou rosées, élégamment marquées de lignes rouges ou quelquefois blanc pur, disposées en cymes au sommet de rameaux dressés, formant par leur réuni-

un corymbe fastigié. Eté. *Flles* verticillées par quatre; les caulinaires lancéolées-linéaires, acuminées, subulées; les inférieures petites, oblongues, les supérieures opposées. Plante glabre, dressée. *Haut.* 20 à 30 cent. France, etc.

A. hirta, Ram. *Fl.* blanches, passant au rose, à pétales oblongs. Juillet-août. *Flles* ordinairement verticillées par six et par quatre au sommet des rameaux, linéaires, velues, vert foncé. *Haut.* 8 cent. Pyrénées, 1817. Charmante petite espèce alpine, poussant de préférence dans un endroit humide des rocailles.

A. longiflora, Waldst. et Kit.' *Fl.* blanchâtres, jaunâtres à l'intérieur et rougeâtres à l'extérieur: corolle à tube allongé; fascicules terminaux, pédonculés; bractées petites, subulées. Eté. *Flles* verticillées par quatre, linéaires: les inférieures petites, les supérieures opposées. Tiges faibles, nombreuses, partant d'un même nœud, dressées, glabres. *Haut.* 15 cent. Hongrie, 1821.

A. montana, Waldst. et Kit.' *Fl.* roses, disposées en fascicules; corolle à quatre divisions scabres à l'extérieur, bractées linéaires. Juin-juillet. *Flles* linéaires; les inférieures verticillées par six, celles du milieu par quatre, les supérieures opposées. Tiges faibles, glabres. *Haut.* 15 à 20 cent. Hongrie, 1801.

A. odorata, Linn.' Aspérule odorante, Petit Muguet, etc. Angl. Sweet Woodruff. — *Fl.* blanc pur, en corymbes terminaux, pédonculés, ordinairement trifides; chaque division porte environ quatre fleurs. Mai-juin. *Flles* verticillées par six ou huit, lancéolées, lisses, à bords serrulés, scabres. Tiges tétragones, simples, dressées ou ascendantes. *Haut.* 15 à 30 cent. France, Angleterre, etc. Cette jolie petite plante est inodore lorsqu'elle est fraîche; sèche, elle exhale une odeur aromatique, très agréable, parfumant le linge et les vêtements, tout en les préservant, dit-on, des insectes. Elle pousse aussi bien à l'ombre que dans les endroits secs et ensoleillés, et résiste assez bien en pots dans les appartements.

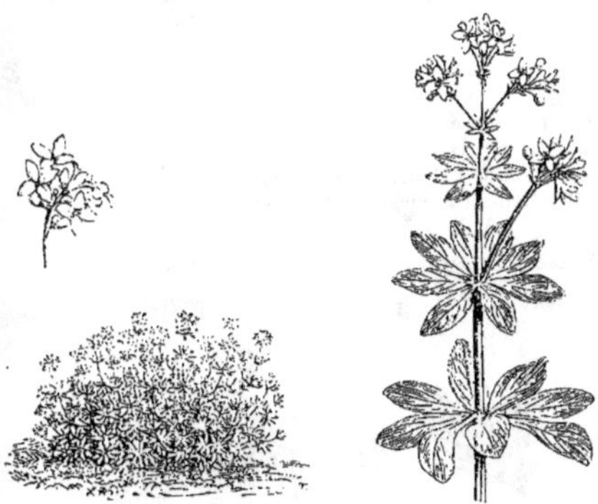

Fig. 300. — Asperula odorata. Rameau détaché.

A. orientalis, Boisset Hoh. ' *Fl.* bleu cendré, en glomérules terminaux; bractées de l'involucre plus courtes que les fleurs. Eté. *Flles* lancéolées, finement dentelées sur les bords, réunies en verticilles d'environ huit. *Haut.* 30 cent. Caucase, 1867. Charmante petite espèce annuelle, rustique, formant des touffes se couvrant de fleurs odorantes, que l'on peut employer pour la confection des bouquets. Syn. *A. azurea setosa*, Hort. (A. V. F. 22.)

A. taurina, Linn. *Fl.* blanches, à corolle allongée; corymbes pédonculés, axillaires, réunis en fascicules; involucre à bractées ciliées. Avril-juin. *Flles* verticillées par quatre, ovales-lancéolées, trinervées, finement ciliées sur les bords. Plante dressée, presque glabre. *Haut.* 30 cent. Europe méridionale, 1739.

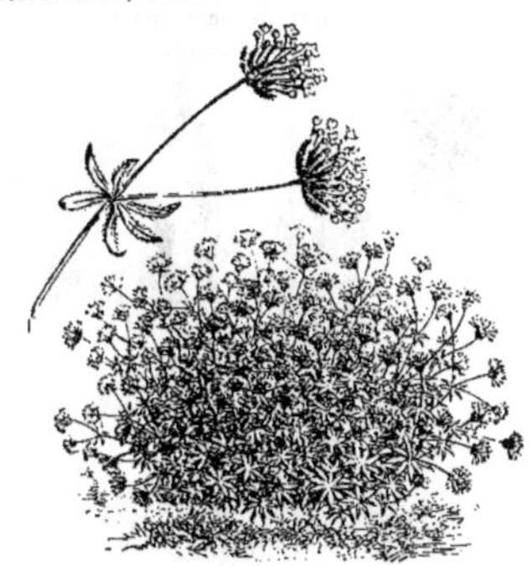

Fig. 301. — Asperula orientalis.

A. tinctoria, Linn. *Fl.* blanches, rougeâtres à l'extérieur: corolle glabre, ordinairement trifide; bractées de l'involucre ovales. Juin. *Flles* linéaires, verticillées par six, au milieu des tiges. Plante ordinairement dressée, à tiges rougeâtres. *Haut.* 30 à 60 cent. Europe, France, etc.

ASPHODÈLE. — V. **Asphodeline** et **Asphodelus.**

ASPHODELINE, Rchb. (modification de *Asphodelus*). Syn. *Dorydium*, Salisb. Fam. *Liliacées*. — Genre fondé aux dépens des *Asphodelus*, comprenant quatorze espèces originaires de la région méditerranéenne et de l'Orient. Il s'en distingue par son périanthe étalé, réfléchi, à filets des étamines géniculées et à stigmate simple, non trifide, et par ses tiges florifères dressées et feuillues. Ces plantes poussent en toute terre de jardin. On les multiplie par division des touffes.

A. brevicaulis, — *Fl.* jaunes, veinées de vert, en grappe lâche, souvent paniculée. *Flles* subulées, ascendantes, les inférieures de 10 à 15 cent. de long. Tige grêle, souvent flexueuse. Orient.

A. cretica, Visiani. Syn. de *A. tenuior*.

A. damascena, — *Fl.* blanches, en grappe dense, ordinairement simple, de 15 à 30 cent. de haut. *Flles* subulées, en rosette dense, de 15 à 20 cent. de long. Tige simple, dressée. *Haut.* 45 à 60 cent. Asie Mineure.

A. liburnica. — *Fl.* jaunes, striées de vert, en grappe lâche, ordinairement simple, de 15 à 20 cent. de long. Tige dressée, simple, droite, de 30 à 60 cent. de haut, nue dans sa moitié supérieure. Europe méridionale.

A. lutea, Rchb. ' Bâton de Jacob. Angl. Jacob's Ladder. — *Fl.* jaunes, odorantes, naissant à l'aisselle de bractées jaunâtres, presque aussi longues qu'elles; disposées en grappe simple, droite, très longue. Eté. *Flles* nombreuses, subulées, triangulaires, canaliculées, lisses, vert foncé, marquées de lignes plus pâles, membraneuses, engainantes à la base; les radicales en touffe. Hampe de 1 m. à 1 m. 30. Sicile, nord de l'Afrique, 1596. C'est la plus belle espèce et la plus répandue. Syn. *Asphodelus luteus*, Linn. (B. M. 773; R. L. 223; B. R. 1507.)

A. l. fl. pleno, Hort. Ressemble au type par son port, mais ses fleurs sont doubles et durent beaucoup plus longtemps; c'est une très belle variété.

A. taurica, — *Fl.* blanches, striées de vert, en grappe dense, ordinairement simple, de 15 à 30 cent. de long et 3 à 5 cent. de diamètre. Tige simple, dressée, de 30 à 60 cent. de haut, fortement feuillue en dessous de la grappe. Asie Mineure, etc. Syn. *Asphodelus tauricus.*

Fig. 302. — ASPHODELINE LUTEA.

A. tenuior, — *Fl.* jaunes, en grappe simple, lâche, de 8 à 12 cent. de long et 15 cent. de diamètre. Tige simple, nue dans sa moitié supérieure. *Haut.* 30 cent. Orient. Syns. *A. cretica*, Visian ; *Asphodelus tenuior*, Fisch. (B. M, 2626.) *A. creticus*, Lamk. (L. B. C. 915.)

ASPHODELOPSIS, Steud. — V. **Chlorophytum,** Ker.

ASPHODELUS, Tourn. (de *a*, privatif, et *sphallo*, je supplante; allusion à la beauté des fleurs), **Asphodèle.** ANGL. Asphodel. FAM. *Liliacées.* — Les six ou sept espèces de ce genre sont réduites à cinq par M. Baker; elles habitent la région méditerranéenne et s'étendent jusqu'aux Indes et aux îles Mascareignes.

Ce sont de très jolies plantes herbacées, vivaces, à souche formée de racines fasciculées, fibreuses ou plus souvent charnues. Périanthe blanc ou jaune, à six divisions égales, étalées; étamines six, hypogynes, dont trois plus courtes, alternes; stigmate trifide. Feuilles ordinairement radicales, en touffe, étroites ou triquètres. Toutes les espèces énumérées aiment une bonne terre franche siliceuse. Elles sont propres à l'ornement des plates-bandes et à garnir le bord des massifs d'arbustes, etc. Multiplication par division des touffes, au commencement du printemps de préférence.

A. æstivus, Brot. *Fl.* blanches. Été. *Haut.* 60 cent. Espagne, 1820.

A. albus, Mill. *Fl.* blanches, avec une ligne médiane verte sur chaque division, formant une grappe dense, courte. Mai-juin. *Flles* linéaires, élargies, carénées, lisses. Tige simple, nue. *Haut.* 60 cent. et plus. France méridionale, etc. (R. L. 314.)

A. acaulis, Desf. *Fl.* rose pâle, en corymbe lâche, de six à sept fleurs; périanthe en entonnoir, de 2 1/2 à 4 cent. de long ; pédicelles très courts ou nuls. Mai. *Flles* de dix à vingt, en rosette radicale, dense ; linéaires, graduellement rétrécies en pointe, longues de 15 à 30 cent., finement pubescentes. Algérie. (B. M. 7004.)

A. comosus, Baker. *Fl.* blanches, à nervure médiane verte; périanthe de 1 cent. 1/2 de long; panicule de 30 cent. de long, formée d'une grappe terminale, dense, de 5 cent. de diamètre et de six à huit latérales plus petites ; hampe forte, aussi longue que les feuilles. *Flles* radicales, ensiformes, de 45 cent. de long, graduellement rétrécies, carénées et aiguës sur le dos. Nord-ouest de l'Himalaya, 1887.

A. creticus, Lamk. — V. *Asphodeline tenuior.*

A. fistulosus, Linn. *Fl.* blanches, à nervure médiane rougeâtre, réunies en grappe lâche, peu fournie. Juin-août. *Flles* dressées, linéaires, striées, fistuleuses, de moitié plus courte que la tige ; celle-ci nue, de 50 cent. de haut. Europe méridionale ; France, etc., 1596. (B. M. 984 ; S. F. G. 335 ; R. L. 178 ; L. B. C. 1124.)

A. luteus, Linn. — V. *Asphodeline lutea*, Rchb.

A. ramosus, Linn. ' Bâton royal. — *Fl.* grandes, blanches, à nervure médiane rougeâtre, naissant à l'aisselle de bractées ovales-lancéolées et disposées en longue grappe dense. Été. *Flles* ensiformes, fermes, luisantes, à carène

Fig. 303. — ASPHODELUS RAMOSUS.

aiguë en dessous, et canaliculées en dessus, longues d'environ 60 cent. Tige dressée, nue, très rameuse. *Haut.* 1 m. 30 à 1 m. 50. Région méridionale; France, etc. Iles Canaries; largement dispersée, 1829. (S. F. G. 334 ; B. M. 799 ; R. L. 314.)

A. tauricus, Pall. — V. *Asphodeline taurica.*

A. tenuior, Fisch. — V. *Asphodeline tenuior.*

Fig. 304. — ASPHODELUS VILLARSII.

A. Villarsii, B. Verlot. *Fl.* blanches, en grappe dense, allongée ; bractées brun foncé. Tige simple ou rarement rameuse. *Haut.* 30 à 60 cent. Est de la France.

ASPIC ou **SPIC.** — Nom vulgaire de la Lavande et des graines d'Alpiste.

ASPIDISTRA, Ker. (de *aspidiscon*, petit bouclier;

rond ; allusion à la forme du stigmate). Syns. *Macrogyne*, Link. et Otto.; *Porpax*, Salisb. Comprend les *Plectogyne*, Link. Fam. *Liliacées*. — Genre renfermant trois espèces originaires de l'Himalaya, de la Chine et du Japon. Ce sont des plantes herbacées, acaules, presque rustiques et excessivement résistantes. Fleurs hermaphrodites, à périanthe pourpre livide, campanulé et à

A. elatior, Hort. Syn. de *A. punctata*, Lindl.

A. lurida, Ker. *Fl.* purpurines. Juillet. *Flles* oblongues-lancéolées, longuement pétiolées, dressées, en touffe. *Haut.* 30 à 50 cent. Chine, 1822. Syn. *Macrogyne convallariæfolia*, Link. (B. R. 8, 628; B. M. 2499; L. B. C. 1468.) — Cette espèce, à belles et longues feuilles, est très élégante; on peut l'employer pendant la belle saison

Fig. 305. — Aspidistra lurida. (*Rev. Hort.*)
On voit, à la base des fleurs, et fruits à divers états d'avancement.

ix ou huit divisions; étamines six ou huit; stigmate ortement dilaté en forme de bouclier, fermant entièement la gorge de la fleur. Le fruit, décrit pour la preière fois par M. Carrière (*Rev. Hort.*, 1875, p. 30, figs. 4 8) et reproduit ci-dessous, est une baie globuleuse, e la grosseur d'un œuf de pigeon, indéhiscente, renermant quelques graines. La fructification est exces-

pour la garniture des massifs ombrés, car elle est presque rustique.

A. punctata, Lindl.* *Fl.* purpurines, sessiles. Mars à mai. *Flles* oblongues, grandes, coriaces, vert foncé, longuement pétiolées. *Haut.* 50 à 80 cent. Japon, 1835. (B. R. 12, 977; B. M. 5386.) Syns. *A. elatior*, Hort.; *Plectogyne variegata*, Lindl. — Plante très résistante, beaucoup cultivée pour

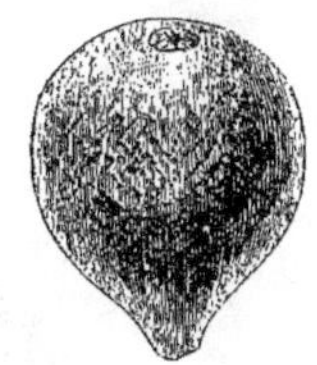

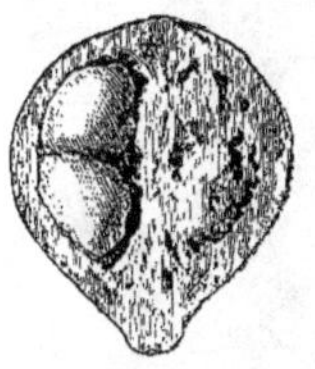

a b c d

Fig. 306. — Aspidistra lurida. (*Rev. Hort.*)
a. jeune fruit au 2/3 de son développement; — b. jeune fruit arrivé à maturité et de grandeur naturelle; — c. le même coupé longitud.; — d. graine de grandeur naturelle.

vement rare en culture. Feuilles pétiolées, ovales-lanolées, coriaces, vert foncé, naissant de rhizomes ampants. Les *Aspidistra* sont des plantes à feuillage, écieuses pour les garnitures de serre et d'appartent, et d'une résistance remarquable. Ce sont, sans ntredit, les plantes vertes les plus résistantes dans les partements; elles y vivent et poussent souvent fort en. Il leur faut beaucoup d'humidité et un compost terre franche, de terreau de feuilles et de sable. ultiplication par division des touffes.

son beau feuillage, vert foncé; c'est une des meilleures plantes pour l'ornement des appartements. On connaît une variété à feuilles plus étroites nommée *angustifolia*, Hort.

A. p. variegata, Hort.* Les panachures sont très fréquentes chez cette espèce, elles sont en général très ornementales, surtout celles à larges bandes jaunes ou blanches; les voici : *foliis argenteo* et *aureo-punctatis*, Hort.; *f. argenteo* et *aureo-striatis*, Hort.

ASPIDIUM, Swartz. pro parte, R. Br. (de *aspidion*,

petit bouclier; allusion à la forme de l'indusie), Angl. Schield Fern. Comprend les *Cyclodium*, Presl.; *Cyclopeltis*, — *Cyrtomium*, Presl.; *Melanopteris*, — *Phanerophlebia*, — et *Polystichum*, Roth. Fam. *Fougères*. — Genre cosmopolite, embrassant environ soixante espèces répandues dans les contrées chaudes et tempérées des deux continents. Ce sont de belles fougères rustiques, de serre chaude ou tempérée, de port et de taille variable, des plus utiles pour l'ornement des lieux ombrés, des rocailles et fougeraies de plein air ou de serre. Sores sub-globuleux, épars ou sériés, placés sur les nervures; indusie orbiculaire, fixé par son centre et libre dans son pourtour. Frondes diversement découpées. Les *Aspidium* aiment un compost de terre de bruyère sableuse et de terre franche, auquel on ajoute quelques pierres poreuses pour les espèces rustiques. Pour leur culture générale, V. **Fougères.**

A. acrostichoides, Swartz.* *Pétioles* de 15 à 20 cent. de long, munis à la base d'écailles denses. *Frondes* de 30 à 60 cent. de long et 5 à 15 de large; pinnules de la moitié inférieure de la fronde stériles, de 5 à 8 cent. de long et 6 mm. de large, dentées en scie, épineuses sur les bords et auriculées à la base du côté supérieur; pinnules de la moitié inférieure des frondes fertiles, beaucoup plus petites. *Sores* occupant entièrement la face inférieure. Amérique du Nord. Syn. *Polystichum acrostichoides*. Espèce rustique.

A. a. grandiceps, Hort. Très belle fougère à frondes et pinnules munies au sommet de lourdes crêtes; convenable pour les fougeraies de plein air ou de serre tempérée. Origine horticole.

A. a. incisum, Hort. Variété à pinnules profondément découpées et à sommet terminé en pointe aiguë.

A. aculeatum, Swartz. Angl. The Hard Shield Fern. — *Pétioles* en touffe, de 15 à 30 cent. de long, plus ou moins écailleux. *Frondes* de 30 cent. à 1 m. de long, et 15 à

Fig. 307. — Aspidium aculeatum.

30 cent. de large, ovales-lancéolées; divisions primaires inférieures rapprochées, lancéolées, de 10 à 15 cent. de long et 12 à 18 mm. de large; pinnules ovales, rhomboïdales, à côtés inégaux, auriculées à la base supérieure et à dents aristées. *Sores* plus rapprochés de la nervure médiane que des bords. Espèce rustique, très variable et répandue dans le monde entier. Syn. *Polystichum aculeatum*. Presl. — L'*A. a. proliferum*, R. Br., est une forme australienne, prolifère. L'*A. a. vestitum*, Swartz., a le rachis revêtu au sommet de fibrilles brun rougeâtre et de grandes écailles brun foncé, lancéolées.

A. amabile, Blume. *Pétioles* épars, de 15 à 30 cent. de long, légèrement écailleux à la partie inférieure. *Frondes* de 30 cent. ou plus de long et 15 à 30 cent. de large, pourvues d'une pinnule terminale lancéolée et de trois à six paires de latérales de 8 à 15 cent. de long et 2 1/2 à 4 cent. de large; les inférieures quelquefois divisées à la base; segments sub-rhomboïdes, à côté inférieur manquant au moins à moitié, le supérieur ainsi qu'une partie de l'inférieur lobé et muni de dents en scie, aiguës, épineuses. *Sores* sub-marginaux. Ceylan. Espèce de serre chaude. Syn. *Polystichum amabile*. (H. S. F. 4, 225.)

A. angulare, Willd. Angl. The Soft Shield Fern. — Botaniquement parlant, cette espèce n'est qu'une simple variété

Fig. 308. — Aspidium angulare.

de l'*A. aculeatum*, mais aux yeux de l'horticulture, elle est nettement distincte. Les frondes sont moins graduellement rétrécies à la base; les pinnules sont de dimensions plus égales et les inférieures distinctement pétiolées; la souche montre une tendance à s'allonger et

Fig. 309. — Aspidium angulare grandiceps.

enfin la plante est d'une texture moins rigide que celle de l'A. *aculeatum* type. Plante à peu près cosmopolite. Syn. *Polystichum angulare*, Presl. — Il en existe un très grand nombre de variétés, dont beaucoup ne sont pas cultivées. On peut citer parmi les plus importantes qu'on trouve ordinairement dans les jardins : *alatum*, *Baylix*, *concinnum*, *corymbiferum*, *cristatum*, *curtum*, *dissimile*, *grandiceps*, *imbricatum*, *Kitsoniæ*, *lineare*, *parvissimum*, *plumosum*, *polydactylon*, *proliferum*, *rotundatum*, *Wakeleyanum*, *Woollastoni*.

A. a. grandiceps, Hort. Variété à frondes étroites et dont les sommets sont ramifiés et en crête. Très belle fougère.

A. anomalum, Hook. et Arnott. *Pétioles* en touffe, de 30 à 60 cent. de long et munis d'écailles denses à la partie inférieure. *Frondes* de 60 cent. à 1 m. de long et 30 cent. ou plus de large; pinnules lancéolées, découpées inférieurement en segments oblongs, à dents obtuses ou légèrement mucronées. *Sores* disposés près du sinus des lobes. Ceylan. Espèce de serre chaude. Syn. *Polystichum anomalum*.

A. aristatum, Swartz.* *Rhizome* rampant. *Pétioles* épars, de 20 à 45 cent. de long, très écailleux dans leur partie inférieure. *Frondes* de 30 à 60 cent. de long et 20 à 30 cent. de large, ovales, deltoïdes, tri- ou quadripinnatifides; divisions primaires inférieures de 10 à 15 cent. de long et 5 à 8 cent. de large, plus grandes que les supérieures; pinnules inférieures lancéolées, deltoïdes, beaucoup plus grandes que les autres; dents nombreuses, aristées. *Sores* petits, disposés principalement sur deux rangs près de la nervure médiane. Japon, Himalaya, Nouvelle-Galles du Sud. Espèce de serre froide. Syn. *Polystichum aristatum*.

A. a. coniifolium, Wall.* *Frondes* plus finement divisées, segments à dents nombreuses et à lobes inférieurs distincts.

A. a. variegatum, Hort. Belle variété à large bande verte, traversant la base des pinnules et s'étendant le long du rachis.

A. auriculatum, Swartz.* *Pétioles* en touffe, de 10 à 15 cent. de long, écailleux inférieurement ou dans toute leur longueur *Frondes* de 30 à 45 cent. de long et 5 à 10 cent. de large; pinnules nombreuses, de 3 à 5 cent. de long et environ 12 mm. de large, sub-sessiles, ordinairement rapprochées, ovales, rhomboïdales, falciformes, aiguës, à dents épineuses, disposées en scie et à base supérieure auriculée, l'inférieure tronquée. *Sores* disposés sur deux rangs. Indes, etc. Espèce de serre chaude, très répandue. (H. S. F. 4, 218.) Syn. *A. ocellatum*, Wall.; *Polystichum auriculatum*.

A. a. lentum, Don. Pinnules découpées jusque vers la moitié de la largeur du limbe en lobes oblongs, mucronés; oreillettes quelquefois entièrement libres.

A. a. marginatum, Wall.* Variété à texture plus coriace; bord supérieur des pinnules légèrement lobé.

A. capense, Willd.* *Pétioles* épars, de 30 à 60 cent. de long, munis d'écailles denses dans leur partie inférieure. *Frondes* de 30 à 90 cent. de long et 30 à 45 cent. de large, sub-deltoïdes; divisions primaires inférieures de 15 à 20 cent. de long et 8 à 10 cent. de large, plus grandes que les supérieures; pinnules et segments lancéolés, ces derniers à lobes obtus. *Sores* très grands et nombreux. Amérique du Sud, Nouvelle-Zélande, Cap, Natal, etc. Espèce de serre froide. Syns. *A. coriaceum*, Swartz; *Polystichum capense*.

A. confertum, Hook. Syn. d'*A. meniscioides*, Willd.

A. coriaceum, Swartz. Syn. d'*A. capense*, Willd.

A. cristatum, Swartz. Syn. de *Nephrodium cristatum*, Michx.

A. falcatum, Swartz.* *Pétioles* en touffe, de 15 à 30 cent. de long, revêtus d'écailles denses dans leur partie inférieure. *Frondes* de 30 à 60 cent. de long et 15 à 20 cent. de large, simplement pinnées; pinnules nombreuses, de 8 à 12 cent. de long et 3 à 5 cent. de large, ovales, acuminées, falciformes, les inférieures pétiolées; bords entiers ou légèrement ondulés, côté supérieur brusquement rétréci, quelquefois auriculé, l'inférieur arrondi ou obliquement tronqué à la base. *Sores* petits, nombreux, épars. Japon, Chine, Himalaya, etc. Syn. *Cyrtomium falcatum*.

A. f. caryotideum, Wall. Pinnules quelquefois plus grandes que celles de l'espèce type, à dents aiguës, légèrement lobées, quelquefois auriculées des deux côtés. Syn. *Cyrtomium caryotideum*.

A. f. Fortunei, J. Smith. Cette variété diffère du type par ses pinnules plus étroites et plus opaques. — Toutes les formes de cette espèce sont très utiles comme Fougères de serre et sont rustiques dans la plus grande partie de la France. Syn. *Cyrtomium Fortunei*.

A. falcinellum, Swartz. * *Pétioles* en touffe, de 10 à 20 cent. de long, revêtus d'écailles denses. *Frondes* de 20 à 45 cent. de long et 8 à 15 cent. de large; pinnules centrales de 5 à 8 cent. de long et 6 mm. de large; sommet aigu; bords finement dentés; côté supérieur obtusément auriculé, l'inférieur obliquement tronqué à la base. *Sores* disposés en deux longues rangées. Madère. Espèce de serre froide. Syn. *Polystichum falcinellum*.

A. flexum, Kunze. *Rhizome* épais, très rampant. *Pétioles* épars, écailleux, de 30 cent. de long. *Frondes* de 60 cent. à 1 m. de long et 20 à 30 cent. de large; divisions primaires inférieures deltoïdes, lancéolées, de 10 à 15 cent. de long et 5 à 10 cent. de large; pinnules deltoïdes, lancéolées, découpées inférieurement jusqu'au rachis en segments oblongs, à lobes obtus. *Sores* grands, nombreux, disposés sur deux rangs. Juan Fernandez. Espèce de serre chaude. Syn. *Polystichum flexum*. (H. S. F. 4, 229.)

A. fœniculaceum, Hook.* *Rhizome* rampant. *Pétioles* épars, de 15 à 30 cent. de long, revêtus d'écailles denses à la partie inférieure. *Frondes* de 30 à 60 cent. de long et 20 à 30 cent. de large, lancéolées, deltoïdes, quatre à cinq fois pinnatifides; divisions primaires inférieures de 15 à 20 cent. de long et 8 à 10 cent. de large, divisions extrêmes linéaires, subulées, de texture ferme. *Sores* solitaires. Espèce de serre froide. Sikkim, Himalaya, à 2000 à 3,000 m. d'altitude. (H. S. F. 4, 237.) Syn. *Polystichum fœniculaceum*.

A. frondosum, Lowe. *Pétioles* épars, de 30 à 60 cent. de long, revêtus d'écailles denses à la partie inférieure. *Frondes* de 45 à 60 cent. de long et 30 cent. ou plus de large, sub-deltoïdes; divisions primaires inférieures longuement pétiolées, beaucoup plus grandes que les autres; pinnules lancéolées; segments à côtés très inégaux, pinnatifides, à lobes arrondis, mucronés, obliquement tronqués à la base inférieure. *Sores* grands, nombreux. Madère. Espèce de serre froide. Syn. *Polystichum frondosum*.

A. Hookeri, Baker. *Pétioles* nus, de 30 cent. ou plus de long. *Frondes* de 60 à 90 cent. de long; pinnules de 15 à 20 cent. de long et 2 cent. 1/2 de large, découpées jusqu'au rachis largement ailé, en lobes linéaires, oblongs, entiers, divergents, presque rapprochés, de 3 mm. de large. *Sores* plus rapprochés des bords que de la nervure médiane. Archipel malais. Espèce de serre chaude. Syns. *A. nephrodioides*, Hook. (H. S. F. 4, 235.) et *Cyclodium Hookeri*.

A. laserpitiifolium, Mett. * *Pétioles* de 10 à 15 cent. de long, roussâtres, écailleux à la base. *Frondes* de 30 à 40 cent. de long et 15 à 20 cent. de large, ovales, deltoïdes, tripinnées; divisions primaires inférieures plus grandes que les supérieures, pourvues sur le côté inférieur de pinnules allongées, lancéolées, à segments distincts, petits, imbriqués et obtusément lobés. *Sores* très nombreux, disposés sur deux rangs. Japon. Espèce de serre froide, très méritante. Syns. *Lastrea Standishii*, Hort., et *Polystichum laserpitiifolium*.

A. lepidocaulon, Hook. *Pétioles* en touffe, de 15 à 20 cent. de long, revêtus de grandes écailles denses, cordiformes. *Frondes* de 30 cent. ou plus de long et 10 à 15 cent. de large, quelquefois allongées, vivipares et s'enracinant au sommet; pinnules de 5 à 8 cent. de long et 12 à 18 mm. de large, lancéolées, falciformes, à côtés inégaux, le supérieur auriculé à la base. *Sores* disposés principalement sur deux rangs près de la nervure médiane. Japon. Espèce de serre froide. Syn. *Polystichum lepidocaulon*. (H. S. F. 4, 217, R. H. 1890, 369.)

Fig. 310. — Aspidium lepidocaulon. (*Rev. Hort.*)

A. Lonchitis, Swartz.* Angl. The Holly Fern. *Pétioles* en touffe dense, de 3 à 10 cent. de long, écailleux à la base. *Frondes* de 30 à 60 cent. de long et 2 1/2 à 8 cent. de large, entièrement pinnées; pinnules de 1 1/2 à 4 cent. et 6 à 12 mm. de large, ovales, rhomboïdales, sub-falciformes, les deux côtés inégaux; sommet mucroné, bords munis de dents épineuses, disposées en scie; côté supérieur auriculé à la base, l'inférieur obliquement tronqué: France, Angleterre, etc. Espèce rustique, très répandue. Syn. *Polystichum Lonchitis*, Roth. (H. B. F. 9.)

A. meniscioides, Willd. *Pétioles* de 30 à 60 cent. de long, écailleux à la base. *Frondes* de 60 à 90 cent. de long et 30 cent. ou plus de large, pinnées; pinnules *stériles* sessiles, de 15 à 20 cent. de long et 4 à 5 cent. de large, oblongues, acuminées, presque entières; pinnules *fertiles* beaucoup plus petites. *Sores* disposés en deux rangs rapprochés entre les nervures primaires. Antilles. Espèce de serre chaude. Syns. *A. confertum*. Hook et *Cyclodium meniscioides*.

A. mohrioides, Bory. *Pétioles* en touffe, de 5 à 15 cent. de long, plus ou moins fortement écailleux. *Frondes* de 15 à 30 cent. de long et 5 à 8 cent. de large, bipinnées; divisions primaires nombreuses, fréquemment imbriquées, lancéolées, découpées inférieurement en pinnules oblongues, rhomboïdales, légèrement dentées. *Sores* nombreux. Patagonie et Cordillères du Chili. Espèce de serre froide. Syn. *Polystichum mohrioides*.

A. mucronatum, Swartz.* *Pétioles* en touffe, de 5 à 10 cent. de long, revêtus d'écailles denses. *Frondes* de 30 à 45 cent. de long et 4 à 5 cent. de large, entièrement pinnées; pinnules très nombreuses, souvent imbriquées, de 18 à 25 mm. de long et 6 à 18 mm. de large, sub-romboïdales, mucronées, presque entières, à côtés inégaux, distinctement auriculées à la base. *Sores* disposés sur une longue rangée près de la nervure médiane. Antilles. Espèce de serre chaude et tempérée. Syn. *Polystichum mucronatum*. (H. S. F. 4, 216.)

A. munitum, Kaulf.* *Pétioles* en touffe, de 10 à 20 cent. de long revêtus d'écailles denses. *Frondes* de 30 à 60 cent. de long et 10 à 20 cent de large; pinnules rapprochées. de 5 à 10 cent. de long et environ 12 mm. de large, acuminées, à dents épineuses sur tout le pourtour; côté supérieur auriculé. l'inférieur obliquement tronqué à la base. *Sores* disposés sur deux rangs près des bords. Californie, etc. Très belle espèce rustique. Syn. *Polystichum munitum*. (H. S. F. 4, 219.)

A. nephrodioides, Hook. Syn. d'*A. Hookeri*, Baker.

A. ocellatum, Wall. Syn. d'*A. auriculatum*, Sw.

A. polyblepharum, — Syn. d'*A. angulare*, Willd.

A. pungens, Kaulf. *Rhizome* épais. *Pétioles* épars, de 30 cent. de long, écailleux seulement à la base. *Frondes* de 30 cent. à 1 m. de long et 20 à 30 cent. de large; divisions primaires inférieures de 10 à 15 cent. de long et 5 à 8 cent. de large; pinnules ovales, rhomboïdales, souvent profondément pinnatifides, à côtés inégaux. *Sores* disposés sur deux rangs principaux, près de la nervure médiane. Cap. Espèce de serre froide. Syn. *Polystichum pungens*.

A. repandum, Willd. *Pétioles* nus, de 30 à 60 cent. de long. *Frondes* de 60 cent. ou plus de long et 30 à 45 cent. de large, profondément divisées au sommet en lobes linéaires-oblongs, légèrement sinués, et pourvues inférieurement de quatre à huit paires de pinnules acuminées, de 15 à 20 cent. de long et de 3 à 4 cent. de large, à bords obtusément sinués, les plus inférieures pétiolées et fourchues. *Sores* disposés sur deux rangs distincts près de la nervure principale. Philippines. Espèce de serre chaude.

A. rhizophyllum, Swartz. *Pétioles* en touffe, grêles, de 3 à 5 cent. de long. *Frondes* de 5 à 15 cent. de long et 18 mm. de large; moitié supérieure des frondes étroite, allongée et s'enracinant; moitié inférieure découpée jusqu'au rachis fibreux et aplati, en lobes oblongs, rhomboïdes, presque entiers, d'environ 12 mm. de large et 6 mm. de profondeur. *Sores* épars. Jamaïque, 1820. Espèce de serre chaude ou tempérée. Syn. *Polystichum rhizophyllum*.

A. semicordatum, Swartz. *Pétioles* épars, de 15 à 30 cent. de long. *Frondes* simplement pinnées, de 60 à 90 cent. de long et 20 à 30 cent. de large; pinnules divergentes, de 10 à 15 cent. de long et 12 à 18 mm. de large, presque entières, acuminées, cordiformes ou tronquées à la base. *Sores* disposés sur un à trois rangs de chaque côté de la nervure médiane, près de laquelle se trouve placé le rang ntérieur. Amérique tropicale. Syn. *Polystichum semicorlatum.*

A. trapezioides, Sw. Syn. d'*A. viviparum*, Fée.

A. triangulare laxum, — *Frondes* longues et très étroies, un peu lâches. Syn. *Polystichum xiphioides.*

A. triangulum, Swartz. **Pétioles* en touffe, de 5 à 15 cent. le long, écailleux à la base. *Frondes* de 30 cent. ou plus le long et 4 à 5 cent. de large ; pinnules nombreuses, sessiles, les inférieures espacées, les centrales de 18 à 25 mm. de long et environ 15 mm. de large, sub-deltoïdes, obliquement tronquées sur le côté inférieur, mucronées au sommet, légèrement lobées sur les bords ou presque entières, pourvues de dents épineuses ou obtuses et auriculées à la base sur l'un des côtés ou sur les deux. *Sores* disposés sur deux rangs principaux près des bords. Antilles. Espèce de serre chaude ou tempérée. Syn. *Polystichum triangulum.*

A. trifoliatum, Swartz. *Pétioles* en touffe, de 30 cent. ou plus de long, écailleux à la base. *Frondes* de 30 à 45 cent. de long et 15 à 30 cent. de large, pourvues d'une grande pinnule ovale, acuminée, terminale, rétrécie ou fourchue à la base, et d'une à deux paires de latérales, les inférieures beaucoup plus rameuses. *Sores* disposés en lignes près les nervures principales. Amérique tropicale. Espèce de serre chaude.

A. t. heracleifolium, Willd. Forme à pinnules pinnatifides à la base et sur les deux côtés.

A. tripteron, Kunze. *Pétioles* de 15 à 20 cent. de long, pourvus d'écailles denses à la base. *Frondes* de 30 à 45 cent. de long ; pourvues d'une grande division primaire terminale, de 6 à 8 cent. de large et de deux petites latérales, de 8 à 12 cent. de long et de 4 à 5 cent. de large, situées à sa base; la première à pinnules nombreuses divergentes de 4 cent. de long et environ 12 mm. de large, aiguë, à côtés inégaux, profondément incisée pinnatifide à lobes inférieurs dentés. *Sores* disposés sur deux rangs principaux placés entre les bords et la nervure médiane. Japon. Espèce de serre tempérée. Syn. *Polystichum tripteron.*

A. truncatulum, Swartz. — V. *Didymochlæna lunulata,* Desv.

A. varium, Swartz. *Rhizome* presque rampant. *Pétioles* de 15 à 30 cent. de long ; fortement fibrilleux à la base. *Frondes* de 30 à 45 cent. de long et 20 à 30 cent. de large, deltoïdes, lancéolées ; divisions primaires inférieures de 10 à 15 cent. de long et 8 à 10 cent. de large, beaucoup plus grandes que les supérieures, sub-deltoïdes, à côtés inégaux ; pinnules lancéolées, imbriquées, à lobes oblongs, obtus, légèrement dentés. *Sores* disposés sur deux rangs principaux près de la nervure médiane. Japon. Espèce de serre froide. Syns. *Lastrea varia*, Hook. et *Polystichum varium.* Fréquemment connu dans les serres sous ce premier nom. (H. S. F. 4, 226.)

A. viviparum, Fée. *Pétioles* en touffe, de 10 à 15 cent. de long, écailleux à la base. *Frondes* de 30 à 45 cent. de long et 10 à 15 cent. de large; pinnules nombreuses, presque lancéolées; les centrales de 5 à 8 cent. de long et 12 mm. environ de large, mucronées, quelquefois vivipares ou gemmifères, plus ou moins profondément lobées sur les bords, quelquefois jusqu'au rachis dans leur partie inférieure et auriculées sur le côté supérieur. *Sores* disposés sur deux à quatre rangs. Antilles. Espèce de serre chaude ou tempérée. Syns. *A. trapezioides* et *Polystichum viviparum.*

ASPLENIUM, Linn. (de *a*, privatif, et *splen*, rate; allusion aux propriétés médicales attribuées autrefois à ces plantes). **Doradille,** Angl. Spleenwort. Comprend les *Anisogonium*, Presl. ; *Athyrium*, Roth. ; *Callipteris*, — *Ceterach*, C. Bauh. ; *Cœnopteris*, Bory ; *Darea*, Juss. ; *Diplazium*, Swartz. ; *Hemidictyum*, Presl. ; *Lotzea*, — *Neopteris*, — *Oxygonium*, — *Thamnopteris*, Presl. et *Triblemma*. — Fam. *Fougères*. — Près de trois cent cinquante espèces ont été décrites ; elles sont originaires de toutes les parties du monde où croissent les Fougères. Ce sont de belles plantes de serre chaude ou tempérée, ou bien rustiques, à frondes de forme excessivement variable, les unes entières, d'autres simplement bi-tripinnées, ou rameuses par dichotomie, à pinnules quelquefois capillaires. Sores dorsaux ou submarginaux, linéaires ou oblongs; involucre uniforme, droit ou quelquefois arqué, simple ou double, plan ou renflé, s'ouvrant par le bord extérieur. Les espèces tropicales devront être cultivées en serre chaude, dans un compost de terre de bruyère, de terre franche et de sable; les espèces rustiques demandent un mélange de terre de bruyère fibreuse et de sable. Un bon drainage est toujours nécessaire. Pour leur culture générale, V. **Fougères.**

A. abscissum, Willd. *Pétioles* en touffe, de 10 à 20 cent. de long. *Frondes* de 15 à 30 cent. de long et 8 à 10 cent. de large, quelquefois prolifères au sommet, pourvues de douze à vingt paires de pinnules horizontales, obtuses, de 4 à 5 cent. de long et environ 12 mm. de large ; bords incisés, crénelés, le supérieur brusquement rétréci à la base, l'inférieur obliquement tronqué. *Sores* courts, disposés en deux rangées régulières, n'atteignant ni les bords ni la nervure médiane. Amérique tropicale. Espèce de serre chaude. Syn. *A. firmum*, Kunze. (H. S. F. 3, 174.)

A. acuminatum, Hook. et Arnott. ** Pétioles* de 15 à 20 cent. de long. *Frondes* de 30 à 60 cent. de long et 20 à 30 cent. de large, pourvues de nombreuses paires de divisions primaires lancéolées, oblongues, rapprochées, de 10 à 15 cent. de long et 4 à 5 cent. de large ; pinnules nombreuses, lancéolées, acuminées, à côtés inégaux, finement dentées sur les bords et obliquement tronquées à la base. *Sores* disposés sur deux rangs à la partie supérieure des pinnules, atteignant souvent les bords de la nervure médiane. Iles Sandwich. Espèce de serre tempérée. Syn. *A. polyphyllum*, Presl.

A. Adiantum-nigrum, Linn. Angl. Black Spleenwort. — *Pétioles* en touffe, de 15 à 20 cent. de long. *Frondes* de 15 à 30 cent. de long et 10 à 15 cent. de large, presque deltoïdes, à segments pinnés, les inférieurs deltoïdes, de 5 à 8 cent. de long et de 4 à 5 cent. de large. *Sores* nombreux, finissant par couvrir entièrement la surface inférieure des segments. France, Angleterre, etc. Espèce rustique, très répandue. (H. B. F. 33.) L'*A. solidum*, Kunze, du Cap, passe pour être une simple forme de cette espèce. Il en existe plusieurs variétés dont les plus importantes sont décrites ci-dessous.

A. A.-n. acutum, Bory. *Frondes* de 20 à 35 cent. de long, deltoïdes, tripinnées; segments extrêmes linéaires, très aigus. Irlande. Variété très élégante, à divisions nombreuses et dont le port est plus gracieux que celui de l'espèce type.

A. A.-n. grandiceps, Hort. *Frondes* de 15 à 30 cent. de long; pinnules relativement courtes et à peine en crête ; sommet très divisé et élargi en une large crête qui donne à la fronde un aspect gracieux. Variété de serre tempérée ou de châssis.

A. A.-n. oxyphyllum, Hort. *Frondes* de 10 à 15 cent. de long, ovales-lancéolées; segments extrêmes étroits et très aigus. Très jolie petite variété.

A. affine, Swartz. *Pétioles* de 15 à 30 cent. de long.

Frondes de 30 à 45 cent. de long et 15 à 30 cent. de large, bipinnées, pourvues de nombreuses paires de divisions primaires; les inférieures lancéolées, rhomboïdales; pinnules rhomboïdales, incisées, dentées en scie. *Sores* nombreux, linéaires. Iles Mascareignes, etc. Espèce de serre chaude ou tempérée. (H. S. F. 3, 202.) Syn. *A. spathulinum*, J. Sm.

A. alismæfolium, Hook. *Pétioles* de 5 à 15 cent. de long. *Frondes* de forme variable; les unes simples, oblongues, lancéolées, de 15 à 20 cent. de long et 5 à 8 cent. de large, à sommet acuminé et à bords entiers; les autres ternées ou pinnées, pourvues de trois paires de pinnules latérales et d'une pinnule terminale de même forme que les frondes simples; texture coriace. Ile de Luzon. Espèce de serre chaude. Syn. *Anisogonium alismæfolium*.

Fig. 311. — ASPLENIUM ADIANTUM-NIGRUM. (D'après BAILLON.)
Pinnule vue en dessous et sporange déhiscent, grossis.

A. alatum, Humb. Bonpl. et Kunth. *Pétioles* grêles, de 10 à 15 cent. de long, ailés dans leur partie supérieure ainsi que le rachis. *Frondes* de 30 à 45 cent. de long et 8 à 10 cent. de large, pourvues de douze à vingt paires de pinnules horizontales, obtuses, de 2 1/2 à 4 cent. de long et environ 12 mm. de large; bords uniformément incisés, crénelés, à côtés presque égaux à la base. *Sores* espacés, n'atteignant ni les bords ni la nervure médiane. Antilles. Espèce de serre chaude, très élégante.

A. alternans, Wall. *Pétioles* en touffe, de 3 à 5 cent. de long. *Frondes* de 15 à 20 cent. de long et 2 1/2 à 4 cent. de large, oblongues-lancéolées, découpées en nombreux lobes obtus, arrondis, atteignant presque le rachis; les inférieurs graduellement réduits. *Sores* nombreux. Himalaya. Espèce de serre tempérée. Syn. *A. Dalhousiæ*, Hook.

A. alternifolium, — Syn. d'*A. germanicum*.

A. amboinense, Brack. *Rhizome* rampant, revêtu d'écailles noires, subulées. *Pétioles* d'environ 30 cent. de long. *Frondes* nombreuses, persistantes, lancéolées, rétrécies inférieurement, tronquées au sommet, munies d'un gemme écailleux à l'extrémité de la nervure médiane et à limbe courtement prolongé en pointe fourchue ou multifide. Iles de la mer du Sud, 1887. Espèce de serre chaude.

Fig. 312. — Asplenium Adiantum-nigrum grandiceps.

A. angustifolium, Michx.* *Pétioles* en touffe, d'environ 30 cent. de long. *Frondes* de 45 à 60 cent. de long et 10 à 15 cent. de large, simplement pinnées, oblongues-lancéolées, lâches, pourvues de vingt à trente paires de pinnules sub-sessiles; les stériles plus grandes, de 5 à 8 cent. de long et 12 mm. de large, acuminées; bords obscurément crénelés; base arrondie; côtés égaux; pinnules fertiles plus étroites et plus espacées. *Sores* réguliers, très rapprochés s'étendant depuis la nervure médiane presque jusqu'aux bords. Canada, etc. Espèce de serre froide.

A. anisophyllum, Kunze. *Pétioles* en touffe, de 15 à 30 cent. de long. *Frondes* de 30 à 60 cent. de long et 15 à 20 cent. de large, oblongues-lancéolées, simplement pinnées, pourvues de dix à seize paires de pinnules sub-sessiles, de 8 à 12 cent. de long et environ 2 cent. 1/2 de large, acuminées, crénelées, à côtés inégaux, le supérieur brusquement rétréci, l'inférieur obliquement tronqué à la base. *Sores* espacés, elliptiques, s'étendant depuis le milieu de la moitié du limbe jusqu'au bord. Cap, etc. Espèce de serre tempérée. (H. S. F. 3, 166.)

A. apicidens, — Variété de l'*A. Vieillardii.*

A. arborescens, Mett. *Souche* oblique. *Pétioles* de 30 à 60 cent. de long. *Frondes* de 1 m. à 1 m. 20 de long et 60 à 90 cent. de large, deltoïdes, tripinnatifides, à nombreuses divisions primaires; les inférieures de 30 à 45 cent. de long et 10 à 15 cent. de large; pinnules de 8 cent. de long et environ 12 mm. de large, acuminées, à bords découpés jusqu'au tiers de la largeur du limbe en lobes presque entiers, de 6 mm. de long et 3 mm. de large. *Sores* inférieurs de 3 mm. de long. Ile Maurice, etc., 1826. Espèce de serre chaude. Syn. *Diplazium arborescens.*

A. Arnottii, Baker. *Pétioles* lisses, anguleux. *Frondes* amples, tripinnatifides; divisions primaires inférieures de 20 à 30 cent. de long et 10 à 15 cent. de large; pinnules de 8 à 10 cent. de long et 2 cent. 1/2 ou plus de large, découpées jusqu'au rachis qui est distinctement ailé, en lobes oblongs, obtus, crénelés, de 12 mm. de long et 6 mm. de large. *Sores* nombreux, presque tous diplazioïdes, couvrant à maturité presque entièrement la surface inférieure des lobes. Iles Sandwich, 1877. Espèce de serre tempérée. Syns. *A. diplazioides*, Hook. et Arnott, et *Diplazium Arnottii*, Brack.

A. aspidioides, Schlecht. *Pétioles* en touffe, de 15 à 30 cent. de long. *Frondes* de 30 à 60 cent. de long et 20 à 30 cent. de large, ovales, deltoïdes, tripinnatifides; divisions primaires inférieures deltoïdes, lancéolées, de 15 à 20 cent. de long; pinnules lancéolées, découpées presque jusqu'au rachis en segments ovales, incisées-pinnatifides, de 5 mm. de large. *Sores* nombreux, oblongs, les inférieurs courbés. Amérique tropicale, etc. Espèce de serre chaude. Syn. *A. multisectum*, Brack.

A. attenuatum, R. Br. *Pétioles* en touffe, de 8 à 10 cent. de long. *Frondes* simples, linéaires, lancéolées, d'environ 30 cent. de long et environ 12 mm. de large, graduellement rétrécies supérieurement, quelquefois prolifères au sommet, à bords dentés; tiers inférieur des frondes lobé; lobes inférieurs arrondis, atteignant presque ou même complètement le rachis. *Sores* atteignant presque les bords. Queensland, etc. Espèce de serre froide. (F. D. 914.)

A. aureum, Link. Variété de l'*A. Ceterach*, Linn.

A. auriculatum, Swartz.* *Pétioles* en touffe, de 10 à 20 cent. de long. *Frondes* de 30 à 45 cent. de long et 10 à 15 cent. de large, simplement pinnées, oblongues, lancéolées, pourvues de dix à vingt paires de pinnules horizontales, pétiolées, de 5 à 10 cent. de long et 18 à 25 mm. de large, lancéolées, souvent presque falciformes; bords profondément crénelés; base à côtés inégaux, le supérieur auriculé, cordiforme, l'inférieur obliquement tronqué. *Sores* espacés, n'atteignant ni les bords ni la nervure médiane. Amérique tropicale, 1820. Espèce de serre chaude. (H. S. F. 3, 171.)

A. auritum, Swartz. *Pétioles* en touffe, de 10 à 20 cent. de long. *Frondes* de 15 à 30 cent. de long et 5 à 10 cent. de large, simplement pinnées, pourvues de dix à quinze paires de pinnules horizontales, pétiolées, de 5 à 8 cent. de long et environ 12 mm. de large, aiguës ou obtuses; bords finement dentés ou souvent lobés, principalement sur le côté supérieur de la base. *Sores* disposés en deux larges rangées presque obliques. Amérique tropicale. Espèce de serre chaude.

A. australasicum, Hook. Variété de l'*A. Nidus*, Linn.

A. Baptistii, — * *Pétioles* de 15 à 20 cent. de long. *Frondes* de 30 cent. de long, bipinnées, largement ovales; divisions primaires stipitées, les inférieures d'environ 12 cent. de long, pourvues de quatre pinnules de 5 cent. de long, étroites, stipitées, à dents linéaires et d'un lobe terminal de 9 cent. de long et 6 mm. de large, muni de dents linéaires, marginales, distinctes, dirigées en avant et se terminant en une longue pointe atténuée, dentée presque jusqu'à l'extrémité. *Sores* linéaires, oblongs, droits et parallèles à la nervure médiane qu'ils touchent presque. Iles de la mer du Sud, 1879. Très belle espèce de serre chaude.

A. Belangeri. Kunze.* *Pétioles* en touffe, de 10 à 20 cent. de long. *Frondes* de 30 à 45 cent. de long et 5 à 8 cent. de large, bipinnées; divisions primaires nombreuses, de 2 1/2 à 4 cent. de long et 12 mm. de large, arrondies au sommet, tronquées à la base du côté inférieur; pinnules linéaires, dressées, étalées, de 1 mm. de large; segments portant une seule nervure et un sore marginal. Archipel malais. Espèce de serre chaude. Syns. *A. Veitchianum*, Moore, et *Darea Belangeri*, etc.

A. bipartitum, Bory. *Pétioles* en touffe, de 8 à 15 cent. de long. *Frondes* de 15 à 20 cent. de long et 5 à 8 cent. de large; bipinnées, munies d'environ dix à quinze paires de divisions primaires pétiolées, de 2 1/2 à 4 cent. de long et 12 à 18 mm. de large, obtuses, découpées à la base, du côté supérieur, en une et quelquefois en deux ou trois pinnules cunéiformes, distinctement pétiolées; bord extérieur incisé-crénelé; côté inférieur de la base obliquement tronqué. *Sores* disposés sur deux rangs réguliers, atteignant presque le bord. Iles Mascareignes. Espèce de serre chaude. (H. S. F. 3, 208.)

A. bisectum, Swartz.* *Pétioles* en touffe, de 10 à 15 cent. de long. *Frondes* de 30 à 45 cent. de long et 10 à 15 cent. de large, bipinnatifides, pourvues de vingt à trente paires de divisions primaires horizontales, de 5 à 8 cent. de long et 6 mm. de large, étroites et profondément incisées, pinnatifides à la partie supérieure : côté supérieur de la base brusquement rétréci, l'inférieur obliquement tronqué. *Sores* presque tous disposés en deux rangées parallèles près de la nervure médiane. Antilles, etc. Espèce de serre chaude. (H. S. F. 3, 192.)

5 à 8 cent. de long et 4 cent. de large; segments lancéolés, de 18 mm. de long et 5 mm. de large, profondément et finement dentés. *Sores* petits, au nombre de six à douze par segment, disposés sur deux rangs près de la nervure médiane, les inférieurs incurvés, souvent doubles, Jamaïque, etc. Espèce de serre chaude. Syn. *Athyrium brevisorum.*

A. bulbiferum, Forst. *Pétioles* en touffe, de 15 à 30 cent. de long. *Frondes* de 30 à 60 cent. de long et 20 à 30 de large, oblongues, deltoïdes, à nombreuses paires de pinnules horizontales, souvent prolifères sur la face supérieure, les plus grandes ayant de 10 à 20 cent. de long et 4 à 5 cent. de large; segments lancéolés, deltoïdes, légèrement dentés. *Sores* oblongs, couvrant souvent à la maturité la surface entière des segments. Nouvelle-Zélande, etc. Espèce de serre froide, très répandue.

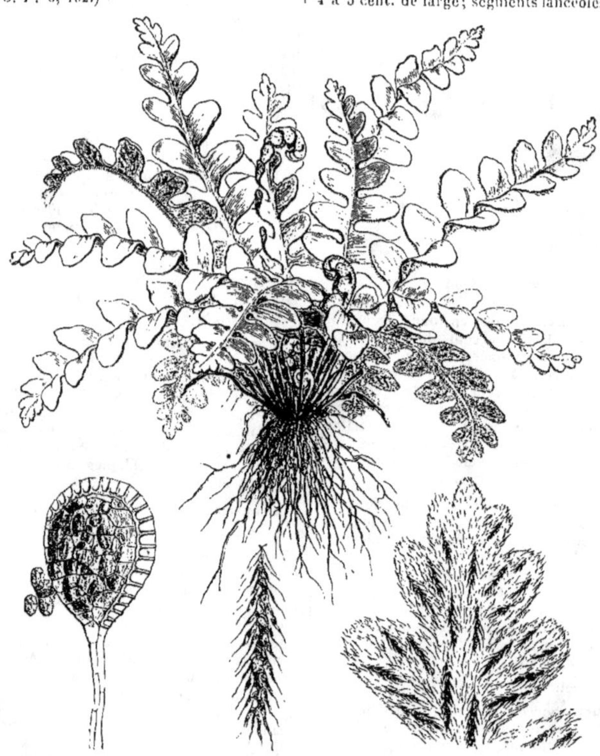

Fig. 313. — Asplenium Ceterach. (D'après Baillon.)
Portion de fronde vue en dessous, sore et sporange déhiscents, grossis.

A. b. Fabbianum, Humb. Segments inférieurs profondément pinnatifides, à divisions étroites et à sores submarginaux. Syn. *A. Fabbianum,* Humb. et Jacq.

A. b. laxum, R. Br. Plante d'aspect plus grêle que le type, à segments étroits; les sores sont ainsi à peu près marginaux.

A. brachypteron, Kunze. *Pétioles* en touffe, de 5 à 10 cent. de long. *Frondes* de 10 à 15 cent. de long et 2 1/2 à 4 cent. de large, bipinnées, pourvues de douze à vingt-quatre paires de divisions primaires, dont la moitié ou presque la totalité du côté inférieur manque; les plus grandes de 12 à 15 mm. de long, découpées jusqu'au rachis en pinnules linéaires, simples ou fourchues, de 2 1/2 à 4 cent. de long. *Sores* solitaires, souvent tout à fait marginaux. Madagascar, etc. Espèce de serre chaude. Syn. *Darea brachypteron.*

A. brevisorum, Wall. *Pétioles* de 30 à 45 cent. de long. *Frondes* de 60 cent. à 1 m. de long et 20 à 45 cent. de large, tripinnées; divisions primaires inférieures de 30 cent. ou plus de long; pinnules lancéolées, espacées, de

A. Campbelli, — *Souche* petite, dressée, revêtue au milieu de quelques écailles brun pâle. *Pétioles* en touffe, dressés, assez forts, de 10 à 15 cent. de long. *Frondes* dressées, composées d'une à deux paires de pinnules latérales, contiguës et divergentes, et d'une terminale à peine plus grande; les premières lancéolées, acuminées, et légèrement décurrentes sur le rachis, de 8 à 12 cent. de long et 3 cent. de large. Guyane anglaise et hollandaise, 1885. Serre chaude.

A. caudatum, Forst. Probablement une forme de l'*A. falcatum*, mais à sores plus rapprochés du centre de la pinnule et souvent réunis en deux rangées parallèles près du rachis. Polynésie etc. Espèce de serre tempérée.

A. Ceterach, Linn*. *Rachis* en touffe dense, 2 1/2 à 7 cent. de long, écailleux. *Frondes* 10 à 15 cent. de long et 2 à 3 cent. de large, découpées presque ou jusqu'au rachis en segments alternes, obtus, presque entiers, oblongs ou arrondis, séparés par un sinus arrondi; face supérieure nue, l'inférieure couverte d'écailles membraneuses, denses, et d'un brun foncé. *Sores* linéaires obliques. Europe, France, Asie septentrionale, etc. — Cette espèce est variable, mais ses formes ne sont pas fixes lorsqu'on les met en culture. Elle demande à être solidement plantée dans une crevasse verticale de rocher, dans un mélange de terre franche, de débris calcaires, d'éclats de rocailles et de sable, et arrosée copieusement pendant l'été. (H. B. F. 36.) Syn. *Ceterach officinarum*, Willd.

A. C. aureum, — * Grande variété produisant des frondes de 20 à 35 cent. de long et 4 à 8 cent. de large, à pinnules plus oblongues que celles du type ; écailles dentées. Iles Canaries et Madère. Charmante Fougère demandant la serre tempérée. Syn. *Ceterach aureum*, Link.

A. cicutarium, Swartz. * *Pétioles* en touffe, de 10 à 20 cent. de long. *Frondes* de 15 à 35 cent. de long et 10 à 15 de large, tripinnées, portant dix à quinze segments primaires horizontaux de chaque côté; les inférieurs de 5 à 8 cent. de long et 2 cent. 1/2 de large, découpés jusqu'au rachis en nombreuses pinnules ovales, rhomboïdales, ayant de 9 à 12 mm. de long et 6 mm. de large, obliquement tronquées sur leur côté inférieur ; segments bi-ou trifides au sommet. *Sores* principalement disposés en deux rangées le long des pinnules. Amérique tropicale. Espèce de serre chaude.

A. Colensoi, Hook. f. *Pétioles* en touffe, de 8 à 10 cent. de long. *Frondes* de 15 à 20 cent. de long et 10 cent. de large, tripinnatifides, à nombreux segments rigides, dressés puis étalés; les inférieurs à pétiolules de 6 à 12 mm. de long, pinnules inférieures divergentes, profondément incisées-pinnatifides, à segments linéaires. *Sores* oblongs, solitaires. Nouvelle-Zélande. Belle espèce de serre tempérée. Syn. *A. Hookerianum*.

A. compressum, Swartz. *Pétioles* en touffe, de 15 à 20 cent. de long. *Frondes* de 60 à 90 cent. de long et 20 à 30 cent. de large, simplement pinnées, lancéolées, oblongues, portant de chaque côté dix à vingt pinnules sessiles, ayant de 10 à 15 cent. de long et environ 2 cent. 1/2 de large, aiguës ou obtuses au sommet, à bords légèrement dentés, les supérieures décurrentes à la base sur le rachis, celui-ci fort, charnu et comprimé ; bord supérieur brusquement rétréci, à angle droit, l'inférieur obliquement tronqué. *Sores* larges, espacés, n'atteignant ni la nervure médiane ni les bords. Sainte-Hélène. Espèce de serre chaude ou tempérée.

A. contiguum, Kaulf. *Pétioles* en touffe, de 15 à 20 cent. de long. *Frondes* de 30 à 45 cent. de long et 10 à 15 cent. de large, pourvus de vingt à trente paires de pinnules horizontales, sub-falciformes, acuminées au sommet ; bords plus ou moins dentés en scie; base brusquement rétrécie et quelquefois auriculée sur le côté supérieur, obliquement tronquée, incurvée sur l'inférieur. *Sores* rapprochés, nombreux, restant très éloignés des bords. Iles Sandwich. Espèce de serre tempérée. (H. S. F. 3,194.)

A. crenatum, Ruprecht *. *Pétioles* épars, de 15 à 30 cent. de long. *Frondes* de 20 à 35 cent. en tous sens, deltoïdes, tri- ou quadripinnées, portant de neuf à douze paires de segments, les inférieurs beaucoup plus grands, de 15 à 20 cent. de long et 4 à 5 cent. de large ; pinnules lancéolées, découpées jusqu'au rachis, excepté vers le sommet, en quatre à six segments oblongs, obtus, de 5 mm. de long et 2 mm. 1/2 de large, à dents obtuses. *Sores*, deux à six par segment, oblongs, ordinairement presque droits, souvent doubles. Scandinavie, etc. Espèce rustique.

A. cultrifolium, Linn.* *Pétioles* de 10 à 15 cent. de long. *Frondes* de 15 à 30 cent. de long et 10 à 15 cent. de large, bipinnées, deltoïdes, ovales, à pointe terminale lobée; portant six à dix paires de segments de 8 à 10 cent. de long et 12 à 18 mm. de large, aigus ; bords largement dentés, quelquefois lobés dans leur partie inférieure, presque ou même jusqu'au rachis : base du bord supérieur presque à angle droit, celle du bord inférieur obliquement tronquée. *Sores* n'atteignant ni les bords ni la nervure médiane. Antilles, 1820. Espèce de serre chaude. Syn. *Diplazium cultrifolium*, Kunze.

A. cuneatum, Lamk. *Pétioles* en touffe, de 15 à 20 cent. de long. *Frondes* de 15 à 35 cent. de long et 10 à 20 cent. de large, tripinnatifides, étroites-deltoïdes, à nombreuses paires de segments, les inférieurs de 7 à 10 cent. de long et 2 à 4 cent. de large, lancéolés, deltoïdes, découpés jusqu'au rachis en plusieurs pinnules distinctes, ovales, cunéiformes, dentées et découpées dans leur partie inférieure jusqu'au rachis ou à peu près. *Sores* linéaires, presque disposés en éventail. Antilles, etc., très répandu dans les deux hémisphères, 1832. Très belle espèce de serre chaude.

A. Dalhousiæ, Hook. Syn. d'*A. alternans*, Wall.

A. decussatum, Swartz. *Pétioles* de 30 à 60 cent. de long. *Frondes* de 60 cent. à 1 m. 20 de long, simplement pinnées, portant de chaque côté, de nombreuses pinnules souvent prolifères à leur aisselle, de 15 à 30 cent. de long et 3 à 5 cent. de large ; bords presque entiers. *Sores* atteignant presque les bords et fréquemment doubles. Polynésie, etc. Espèce de serre chaude. Syn. *Anisogonium decussatum*.

A. dentatum, Linn.* *Pétioles* en touffe, de 5 à 15 cent. de long. *Frondes fertiles* de 5 à 8 cent. de long. et 2 cent. 1/2 de large, munies de 5 à 8 paires de pinnules pétiolées, presque opposées, de 12 mm. de long et 9 mm. de large, oblongues-rhomboïdales ; côté inférieur de la base tronqué, incurvé ; bord extérieur irrégulièrement crénelé. *Frondes stériles* plus petites et plus courtement pédonculées. *Sores* nombreux, disposés en deux rangées parallèles. Antilles, etc., 1820. Très jolie petite espèce de serre tempérée.

A. dimidiatum, Swartz.* *Pétioles* en touffe, de 15 à 30 cent. de long. *Frondes* de 60 cent. à 1 m. de long et 30 à 40 cent. de large, ovales, deltoïdes, simplement pinnées et munies de six à neuf paires de pinnules opposées, acuminées, finement denticulées, de 5 à 8 cent. de long, et 18 à 24 mm. de large. *Sores* rayonnants, étroits, longuement linéaires. Amérique tropicale. Espèce de serre chaude.

A. dimorphum, Kunze.* *Pétioles* en touffe, de 15 à 30 cent. de long. *Frondes* de 60 à 90 cent. de long et 30 à 40 cent. de large, ovales, deltoïdes, les fertiles et les stériles différentes, ou les deux réunies ; pinnules inférieures, ovales, deltoïdes, de 15 à 20 cent. de long et 5 cent. de large, à dents obtuses; base du côté inférieur obliquement tronquée; pinnules fertiles de mêmes dimensions, mais à pinnules fourchues ou simples, très étroites. *Sores* linéaires, solitaires, marginaux. Ile Norfolk. Une des plus belles espèces de serre tempérée. Syns. *A. diversifolium*, Hort., et *Darea dimorpha*.

A. diplazioides, Hook. et Arnott. Syn. d'*A. Arnottii*, Baker.

A. diversifolium, Hort. Syn. d'*A. dimorphum*, Kunze.

A. diversifolium, Wall. Syn. d'*A. maximum*, Don.

A. ebeneum, Ait.* *Pétioles* en touffe de 8 à 15 cent. de long. *Frondes* de 30 à 45 cent. de long et 5 à 8 cent. de large, linéaires-lancéolées. Pinnules sessiles, d'environ 24 mm. de long et 6 mm. de large, au nombre de vingt à quarante de chaque côté du rachis, à pointe aiguë ou obtuse; bords faiblement denticulés; base hastée, auriculée, souvent cordiforme. *Sores*, dix à douze de chaque côté, oblongs, courts. Canada, etc., très répandu, 1779. Espèce de serre froide. L'*A. ebenoides*, Scott., lui ressemble beaucoup, mais ses pinnules ne sont pas découpées jusqu'au rachis et les frondes ont une pointe allongée, simplement sinuée, et ne portent qu'une simple rangée de sores de chaque côté.

A. erectum, Bory. Syn. d'*A. lunulatum*, Swartz.

A. erosum, Linn. *Pétioles* en touffe, de 15 à 20 cent. de long. *Frondes* de 15 à 30 cent. de long et 10 à 20 cent. de large, munies, de chaque côté, de neuf à quinze pinnules d'environ 8 à 10 cent. de long et 12 à 18 mm. de large; bords légèrement lobés et crénelés, denticulés; sommet acuminé et côtés inégaux. *Sores* n'atteignant pas les bords. Antilles. Espèce de serre chaude. (H. S. F. 3, 198.)

A. esculentum, Presl. *Souche* presque arborescente. *Pétioles* de 30 à 60 cent. de long. *Frondes* de 1 m. 20 à 1 m. 80 de long, pinnées ou bipinnées; divisions primaires inférieures de 30 à 45 cent. de long et 15 à 20 cent. de large; divisions secondaires acuminées, de 7 à 15 cent. de long et environ 3 cent. de large; bords plus ou moins profondément lobés; base brusquement rétrécie, souvent auriculée. *Sores* en lignes souvent situées sur les nervures latérales. Indes, etc., 1822. Espèce de serre chaude. Syn. *Anisogonium esculentum*.

A. extensum, Fée. *Pétioles* en touffe, de 10 à 15 cent. de long. *Frondes* de 30 à 60 cent. de long et 3 cent. de large, portant de vingt à quarante paires de pinnules sessiles, de 12 mm. de long et 9 mm. de large, obtuses, entières, à bord supérieur plus large et souvent cordiforme, l'inférieur simplement arrondi à la base. *Sores* linéaires, oblongs, au nombre de deux ou trois de chaque côté de la nervure médiane. Andes de Colombie et du Pérou. Espèce très rare, de serre tempérée, voisine de l'*A. Trichomanes*.

A. Fabianum, Humb. et Jacq. Syn. d'*A. bulbiferum Fabianum*.

A. falcatum, Lamk.* *Pétioles* en touffe, de 15 à 20 cent. de long. *Frondes* de 15 à 45 cent. de long et 10 à 15 cent. de large, lancéolées, munies de six à vingt paires de pinnules pétiolées, presque horizontales, acuminées, de 5 à 8 cent. de long et 12 à 25 mm. de large; lobes atteignant souvent un tiers de la largeur du limbe et finement dentés sur les bords; côtés inégaux, l'inférieur obliquement tronqué à la base. *Sores* disposés en longues lignes irrégulières, atteignant presque les bords. Polynésie, etc., très répandu. Très élégante espèce de serre tempérée. (I. H. 1887, 30.)

A. Fijiense, Brack.* *Rhizome* allongé, rampant. *Pétioles* de 15 cent. de long, écailleux à la base. *Frondes* de 45 à 60 cent. de long et 2 à 4 cent. de large, lancéolées, candiculées ou acuminées au sommet et souvent prolifères, rétrécies inférieurement en une base tronquée; bords presque entiers. *Sores* s'étendant presque depuis la nervure médiane jusqu'aux bords. Fiji, Samoa, etc. Espèce de serre chaude.

A. Fernandesianum, Kunze. Variété de l'*A. lunulatum*, Swartz.

A. Filix-femina, Bernh.* Fougère femelle; ANGL. Lady Fern. — *Pétioles* en touffe, de 15 à 30 cent. de long. *Frondes* de 30 à 90 cent. de long et 30 cent. de large, oblongues-lancéolées, à nombreuses divisions primaires pinnées, les

Fig. 314. — ASPLENUM FILIX-FEMINA.

inférieures divergentes, lancéolées, de 8 à 15 cent. de long et 2 à 4 cent. de large; pinnules profondément incisées, pinnatifides. *Sores* linéaires-oblongs, les inférieurs souvent arqués. France et presque le monde entier. (H. B. F. 35.) Syn. *Athyrium Filix-femina*, Roth. Cette superbe espèce à frondes caduques, possède un grand nombre de variétés dont les principales sont décrites ci-dessous.

A. F.-f. acrocladon, Hort. * *Frondes* de 20 à 35 cent. de long, grêles, bi-ou tripinnées, très étroites inférieurement; sommet des divisions primaires quelquefois en forme de crête; la partie supérieure de la fronde est très rameuse, à divisions étroites et crépues, le tout formant un gros bouquet.

A. F.-f. acuminatum, Hort. * *Frondes* de 20 à 30 cent. de long, lancéolées, acuminées, à divisions primaires rapprochées en forme de crêtes comme celles de la précédente et graduellement rétrécies au sommet.

A. F.-f. apiculatum, Hort. * *Frondes* de 15 à 35 cent. de long et 5 à 10 cent. de large, lancéolées, acuminées dans leur contour, à sommet diversement fourchu; divisions primaires rapprochées, distinctement acuminées au sommet et à pinnules petites, obtuses, dentées et arrondies.

A. F.-f. Applebyanum, Hort. * *Frondes* étroites, de 30 à 50 cent. de long, à divisions primaires courtes, obtuses et à sommet élargi en une crête fourchue, très remarquable pour une fronde aussi étroite.

A. F.-f. Barnesii, Hort. * *Frondes* de 20 à 35 cent. de long et 8 à 10 de large, bipinnées, à contour lancéolé, obtuses au sommet; divisions primaires, alternes, rapprochées, lancéolées, finement pointues, à pinnules étroites rapprochées, à dents aiguës et à texture membraneuse.

A. F.-f. calothrix, Hort. * *Frondes* de 20 à 35 cent. de long, découpées en nombreux segments primaires extrêmement déliés, qui donnent à la fronde une légère et délicate apparence.

A. F.-f. contortum, Hort. * *Frondes* de formes très diverses; les nombreuses divisions primaires présentent à la fois les caractères des variétés *Applebyanum* et *Victoria*.

A. F.-f. coronatum, Hort. * *Frondes* de 15 à 30 cent. de long et 5 cent. de large; divisions primaires distinctement fourchues, quelquefois légèremenen en crête au sommet; l'extrémité supérieure de la fronde est très divisée et les ramifications des divisions forment une large crête d'environ 8 à 10 cent. de diamètre.

A. F.-f. corymbiferum, Hort. * *Frondes* de 30 à 45 cent. de long et 10 à 20 de large, à contour général lancéolé, acuminé; divisions primaires rapprochées, généralement fourchues et en crête au sommet, tandis que l'extrémité des frondes est dilatée en une large crête presque ou même aussi large que le plus grand diamètre de la fronde.

A. F.-f. crispum, Hort. * *Frondes* de 15 cent. de long, à divisions primaires très rapprochées et très finement divisées, fortement frisées et ayant une apparence crispée.

A. F.-f. dissectum, Hort. * *Frondes* de 15 à 30 cent. de long, de forme ovale ou largement lancéolée ; divisions primaires irrégulières et inégales ; pinnules également différentes entre elles et profondément découpées presque jusqu'au rachis.

A. F.-f. Elworthii, Hoort. * *Frondes* de 30 à 50 cent. de long, lancéolées, tripinnées; pinnules toutes terminées en

Fig. 315. — Asplenium Filix-femina Elworthii.

crête flabelliforme, ce qui donne aux frondes un aspect excessivement singulier et les fait ressembler à des plumes d'autruche.

A. F.-f. Fieldiæ, Hort. * *Frondes* de 30 à 50 cent. de long, étroites, à divisions primaires découpées, régulières ou diversement fourchues, quelquefois élégamment disposées en croix.

A. F.-f. Frisellïæ, Hort. * *Frondes* pendantes, atteignant quelquefois 60 cent. de long et dépassant rarement 2 cent. 1/2 de large, bi-ou tripinnées : divisions primaires alternes, imbriquées, en éventail ; pinnules ou divisions extrêmes à bords dentés.

A. F.-f. grandiceps Hort. * *Frondes* de 20 à 35 cent. de long, à contour lancéolé; sommet fortement divisé ainsi que celui des divisions primaires. Les frondes portent de plus une grande crête globuleuse qui leur donne un beau port arqué.

A. F.-f. Grantæ, Hort. * *Frondes* de 20 à 30 cent. de long, lancéolées ou largement lancéolées ; divisions primaires très rapprochées et très divisées, redressées au sommet, ce qui donne à la plante une apparence crispée.

A. F.-f. Jonesii, Hort. * *Frondes* de 30 à 45 cent. de long, à contour oblong-lancéolé, légèrement acuminées, bipinnées et pourvues d'une petite crête à leur sommet ; divisions primaires alternes, fortement fourchues et en crête au sommet, plus grandes que celles situées à l'extrémité des frondes ; pinnules étroites, dentées, un peu en crête.

A. F.-f. minimum, Hort. * *Frondes* de 10 à 15 cent. de long et 2 cent. 1/2 de large, lancéolées, bipinnées ; pinnules rapprochées, imbriquées et crispées.

A. F.-f. Moorei, Hort. * *Frondes* de 10 à 20 cent. de long, terminées en une large crête en forme de gland, ayant 8 cent. ou plus de diamètre ; divisions primaires petites, éparses, grêles, diversement fourchues et en crête.

A. F.-f. multifidum, Hort. * Variété à végétation vigoureuse, produisant des frondes aussi grandes que celles du type et terminées en fortes crêtes en forme de gland : divisions primaires et pinnules étroites, les premières pourvues de petites crêtes au sommet. Une variété connue sous le nom de *nanum* lui ressemble beaucoup, mais ses crêtes sont plus fournies et ses frondes sont généralement de moitié plus petites.

A. F.-f. pannosum, Hort.* *Frondes* de 25 à 50 cent. de long, à contour lancéolé, bi-ou rarement tripinnées et d'environ 10 à 15 cent. dans leur partie la plus large; divisions primaires rapprochées, presque alternes, de forme lancéolée, acuminée, à pinnules profondément découpées et distinctement, mais irrégulièrement lobées; la fronde entière est fréquemment teintée de pourpre rougeâtre.

A. F.-f. plumosum, Hort.* *Frondes* de 30 à 75 cent. de long et 10 à 25 de large, à contour largement lancéolé; tripinnées et gracieusement arquées; divisions primaires de même forme que la fronde et très divisées ; pinnules également divisées en très petits segments. Il existe plusieurs formes de cette belle variété.

A. F.-f. Pritchardi, Hort.* *Frondes* de 30 à 75 cent. de long, très étroites, s'amincissant graduellement, principalement près du sommet ; divisions primaires décussées, imbriquées, presque irrégulières ; pinnules à bords dentés. Il existe aussi une variété très remarquable nommée *cristatum*, à divisions primaires pourvues de petites crêtes.

A. F.-f. ramosum, Hort.* *Frondes* de 20 à 30 cent. de long. portant inférieurement de courtes divisions primaires, irrégulières et éparses, profondément découpées en pinnules finement dentées. La partie supérieure de la fronde est divisée en deux branches principales, qui sont à leur tour diversement fourchues et munies de courtes divisions primaires ; divisions extrêmes fourchues et légèrement en crête.

A. F.-f. Scopæ, Hort.* *Frondes* de 15 à 40 cent. de long, portant quelques divisions primaires irrégulières, éparses le long du rachis principal ; certaines divisions primaires sont presque rudimentaires, tandis que les autres ont 2 cent. 1/2 de long et portent des pinnules oblongues, dentées, ainsi qu'une lourde crête terminale. La partie supérieure des frondes présente plusieurs ramifications très divisées à leur tour et munies de lourdes crêtes, le tout formant un bouquet corymbiforme, de 8 à 10 cent. de diamètre, qui donne à la plante un aspect pendant.

A. F.-f. sublunatum, Hort.* *Frondes* de 20 à 50 cent. de long et moins de 3 cent. de large, à curieuses divisions primaires alternes, très contractées, arquées, très peu divisées et presque en forme de croissant.

A. F.-f. velutinum, Hort. Belle variété à ramifications nombreuses, plus courtes que celles de l'*A. F. f. acrocladon* d'où elle sort, de forme plus compacte et plus étroite : ces particularités ainsi que les sommets finement divisés de la plante lui donnent l'apparence d'une pelote de velours.

A. F.-f. Victoriæ, Hort.* *Frondes* longues, à contour lancéolé et à sommet en forme de crête ainsi que celui des divisions primaires ; ces dernières sont fourchues à la base, à divisions divergentes croisant celles des divisions primaires voisines. Une forme connue sous le nom de *gracilis* a des frondes plus étroites; elle est plus compacte et possède des crêtes moins épaisses. Il existe aussi une autre forme très élégante, nommée *lineare*, à petites frondes pourvues de lourdes crêtes.

Les variétés précédentes sont les plus importantes de cette série, mais elles ne forment qu'une faible partie du nombre total. Quoique étant des variétés d'une espèce essentiellement rustique, le plus grand nombre et principalement les formes les plus rares demandent un abri pendant l'hiver; ou, ce qui est de beaucoup préférable, elles doivent être cultivées sous châssis ou dans les serres tempérées, spécialement affectées réservées aux fougères.

A. firmum, Kunze. Syn. d'*A. abcissum*, Willd.

A. fissum, Kit.* *Pétioles* en touffe, de 5 à 15 cent. de long. *Frondes* de 5 à 12 cent. de long et 2 à 5 cent. de large, oblongues, deltoïdes, tripinnatifides, portant quelques paires de divisions primaires espacées; pinnules flabello-cunéiformes, profondément pinnatifides; segments extrêmes de moins de 2 mm. 1/2 de large. *Sores* linéaires, oblongs, occupant à la maturité, toute la largeur des segments. Europe méridionale. Jolie petite espèce de châssis ou de serre froide.

A. flabellifolium, Cav.* *Pétioles* en touffe, de 8 à 15 cent. *Frondes* retombantes, allongées, sans maintien et s'enracinant au sommet, de 15 à 30 cent. de long et 2 à 2 cent. 1/2 de large, portant dix ou quinze paires de divisions primaires sessiles, en forme d'éventail, de 6 à 12 mm. en tous sens et largement lobées; lobes finement dentelés à la base et découpés en croissant sur le côté inférieur. *Sores* obliques, irréguliers, nombreux. Australie tempérée. Espèce de serre froide.

A. f. majus, Hort. Forme plus grande, à frondes plus longues et à divisions primaires plus larges.

A. flaccidum, Forst. *Pétioles* en touffe, de 10 à 20 cent. de long. *Frondes* de 30 à 90 cent. de long et 10 à 20 cent. de large, souvent pendantes, à nombreuses divisions primaires lancéolées, de 10 à 20 cent. de long et environ 12 mm. de large, quelquefois presque rigides et recourbées, en d'autres cas complètement lâches et tombantes comme le rachis principal, quelquefois profondément pinnatifides, mais le plus souvent découpées jusqu'au rachis épais, en lobes linéaires, obliques ou presque falciformes. *Sores* complètement marginaux dans la forme divisée. Nouvelle-Zélande, etc. Syns. *A. odontites*, et *Darea flaccida*.

A. fœniculaccem, Humb., Bonpl. et Kunth. Variété de l'*A. fragrans*, Swartz.

A. fontanum, Bernh.* *Pétioles* en touffe, de 5 à 10 cent. de long. *Frondes* de 8 à 15 cent. de long et 2 à 4 cent. de large, oblongues-lancéolées; divisions primaires courtes,

Fig. 316. — ASPLENIUM FONTANUM.

réfléchies, les centrales horizontales, d'environ 12 cent. de long; pinnules pétiolées, les inférieures oblongues, profondément incisées-pinnatifides. *Sores* nombreux, couvrant presque entièrement la face inférieure des pinnules. France, Angleterre, etc. Cette espèce est rustique, mais demande à être cultivée dans un sol riche, sableux, bien drainé avec des débris de rocailles. Syn. *A. Halleri*, R. Br. (H. B. F. 34.) L'*A. refractum*, Moore, en est une variété bien caractérisée.

A. formosum, Willd. *Pétioles* en touffe, très courts. *Frondes* de 30 à 45 cent. de long et 2 cent. 1/2 de large, pourvues de vingt à trente paires de pinnules sessiles, horizontales, de 12 mm. de long et 4 à 5 mm. de large; bord supérieur profondément découpé, pointe presque obtuse, bord inférieur tronqué en ligne droite. *Sores* linéaires-oblongs, courts, obliques, au nombre de un à quatre sur chaque côté de la nervure médiane. Amérique tropicale, 1822. Très élégante espèce de serre chaude.

A. fragrans, Swartz.* *Pétioles* en touffe, de 10 à 20 cent. de long. *Frondes* de 15 à 20 cent. de long et 8 à 15 cent. de large, sub-deltoïdes, tripinnées, à nombreuses divisions primaires deltoïdes, rapprochées; les inférieures de 8 cent. de long et 25 à 35 mm. de large; pinnules lancéolées, deltoïdes; segments sub-spatulés, de 2 mm. de large, à contour extérieur dentelé. *Sores* nombreux. Amérique tropicale, 1793. L'*A. fœniculaccum*, Humb., Bonpl. et Kunth, est une variété à segments extrêmes étroitement linéaires. Plante de serre chaude, dont la dernière variété est remarquablement belle.

A. Franconis, Mett. * *Pétioles* en touffe, de 30 cent. de long. *Frondes* de 30 à 60 cent. de long et 20 à 35 cent. de large, deltoïdes, à nombreuses paires de divisions primaires; les inférieures de 15 à 20 cent. de long, très acuminées et découpées dans leur moitié inférieure en pinnules distinctes, de 2 à 5 cent. de long et 12 mm. de large, lancéolées, à côtés inégaux et à bords découpés dans leur moitié inférieure en lobes oblongs, finement dentelés; bord latéral inférieur obliquement tronqué. *Sores* disposés en rangées parallèles n'atteignant par les bords. Mexique, etc. Espèce de serre chaude. Syn. *Diplazium Franconis*.

A. furcatum, Thunb.* *Pétioles* en touffe, de 10 à 20 cent. de long. *Frondes* de 15 à 45 cent. de long et 10 à 15 cent. de large, pourvues de vingt à trente paires de divisions primaires lancéolées, deltoïdes, de 5 à 8 cent. de long et 18 à 25 mm. de large, presque ou complètement pinnées; pinnules linéaires, cunéiformes, finement dentées sur les bords extérieurs. *Sores* linéaires, espacés. Espèce de serre tempérée, des plus élégantes, très répandue dans les régions tropicales et sub-tropicales des deux hémisphères. Syn. *A. præmorsum*, Swartz.

A. f. laceratum, Hort. *Frondes* plus larges, plus planes et plus distinctement incisées que celles de l'espèce type.

A. germanicum, Weiss. * *Pétioles* en touffe compacte, de 5 à 10 cent. de long. *Frondes* de 5 à 8 cent. de long et 12 à 25 mm. de large, lancéolées, découpées jusqu'au rachis en quelques paires de pinnules étroites, cunéiformes et en forme d'éventail; les inférieures profondément laciniées. *Sores* linéaires, couvrant à maturité, toute la largeur des pinnules, mais n'atteignant pas le sommet. Ecosse et Norvège, jusqu'en France, en Hongrie et en Dalmatie. Espèce rustique, ou de châssis. (H. B. F. 27.) Syn. *A. alternifolium*.

A. giganteum, — Syn. d'*A. radicans*, Schkuhr.

A. Goringianum pictum, * — Très jolie forme de l'*A. macrocarpum*, à frondes de 15 à 45 cent. de long, pendantes, de forme un peu lancéolée; rachis rougeâtre, pourvu de pinnules à panachure formant une bande médiane grise, parcourant toute leur longueur. Japon. Espèce de serre froide ou rustique à exposition abritée.

A. grandifolium, Swartz. *Pétioles* de 30 cent. et plus de long. *Frondes* de 60 à 90 cent. de long et 20 à 30 cent. de large, deltoïdes, lancéolées, à pointe pinnatifide et pourvues de douze à vingt paires de pinnules; les inférieures espacées de 5 cent. ou plus, distinctement pétiolées, de 10 à 15 cent. de long et 2 à 4 cent. de large, acuminées, à bords légèrement dentelés et quelquefois largement lobées inférieurement, base également arrondie des deux côtés. *Sores* irréguliers, n'atteignant ni les bords ni la nervure médiane. Amérique tropicale, 1793. Espèce de serre chaude. Syn. *Diplazium grandifolium*.

A. Grevillei, Wall. *Frondes* entières, de 30 à 45 cent. de long et 5 à 8 cent. de large, lancéolées, spatulées, rétrécies au sommet en pointe aiguë et inférieurement en un pétiole largement ailé qui se rétrécit graduellement vers la base ; bords entiers. *Sores* s'étendant généralement jusqu'à une faible distance des bords. Indes. Espèce de serre chaude.

A. Halleri, Bernh. Syn. d'*A. fontanum*, R. Br.

A. Hemionitis, Linn.* *Pétioles* en touffe, de 10 à 20 cent. de long. *Frondes* de 10 à 15 cent. en tous sens, hastées, à lobe terminal aigu, triangulaire ; lobes latéraux aigus, divisés à la base en lobes obtus ou aigus ; sinus basilaire arrondi, de 2 cent. 1/2 ou plus de diamètre ; lobes formant le sinus se recouvrant ainsi que le pétiole. *Sores* étroits, placés sur les nervures simples. Europe méridionale. Espèce de serre froide. Syn. *A. palmatum*, Lamk.

A. H. cristatum, Hort. * Variété de dimensions et à frondes semblables à celle de l'espèce type, mais à sommets en crêtes et glanduleux. Plante distincte et recommandable.

A. H. multifidum, Hort. * *Frondes* aussi larges que longues, à divisions primaires profondément découpées, ce qui leur donne une apparence frangée. Açores.

A. heterocarpum, Wall. * *Pétioles* épars, de 10 à 20 cent. de long. *Frondes* de 15 à 35 cent. de long et 4 à 5 cent. de large, étroites, lancéolées, à nombreuses paires de pinnules rapprochées, dimidiées, de 18 à 25 mm. de long et 6 mm. de large ; bord inférieur entier, le supérieur profondément incisé dans toute sa longueur et élargi vers la base où il se rétrécit brusquement. *Sores*, un ou rarement deux, disposés dans les dents. Himalaya et très répandu dans la partie sud-est de l'Asie. Charmante espèce de serre chaude ou froide. (H. S. F. 3, 175.)

A. heterodon, Mett. Syn. d'*A. vulcanicum*, Blume.

A. Hookerianum, — Syn. d'*A. Colensoi*, Hook. f.

A. horridum, Kaulf. *Pétioles* brunâtres, dressés, forts, fibreux. *Frondes* de 30 cent. à 1 m. de long et 10 à 30 cent. de large ; pinnules nombreuses, divergentes, de 10 à 15 cent. de long, acuminées, lobées, cordiformes ou largement arrondies à la base du côté supérieur, l'inférieur tronqué ou en croissant ; rachis épais, fibreux. *Sores* disposés en deux rangées presque parallèles près de la nervure médiane, quelques-uns s'étendent aussi jusque sur le limbe des lobes. Iles Sandwich, Samoa et Java, 1884. (H. S. F. 3, 193.)

A. incisum, Thunb. *Pétioles* en touffe, de 3 à 7 cent. *Frondes* de 15 à 30 cent. de long et 3 à 15 cent. de large, lancéolées ; divisions primaires nombreuses, les inférieures espacées et obtuses, celles du centre lancéolées, deltoïdes, de 2 cent. 1/2 de long et de 12 mm. de large ; pinnules ovales, rhomboïdales, pinnées, fortement tronquées à la base sur le côté inférieur et profondément incisées, pinnatifides. *Sores* linéaires, oblongs, un sur chaque nervure. Japon, etc. Espèce de serre froide.

A. javanicum, Blume.—V. *Allantodia Brunoniana*, Wall.

A. lanceolatum, Huds.* *Pétioles* en touffe, de 8 à 10 cent. de long. *Frondes* de 15 à 20 cent. de long et 5 à 10 cent. de large ; divisions primaires inférieures espacées, de 25 à 35 mm. de long et 12 à 18 mm. de large ; pinnules oblongues, rhomboïdales, finement dentées et souvent largement lobées inférieurement. *Sores* nombreux, couvrant à la maturité la presque totalité de la face inférieure. Sud-ouest de l'Europe. Espèce rustique. (H. B. F. 32.)

A. l. crispatum, Hort. * *Frondes* de 10 à 20 cent. de long, largement lancéolées, bipinnées ; pinnules à bords roulés et finement dentés, ce qui leur donne une apparence crispée.

A. l. microdon, Hort. * *Frondes* de 10 à 15 cent. de long, simplement pinnées, à pinnules profondément lobées et dont les bords sont finement dentés. Très jolie petite variété convenable pour les serres d'appartement.

A. lanceum, Thunb. *Pétioles* épars, de 10 à 15 cent. de long. *Frondes* de 15 à 20 cent. de long et 18 à 25 mm. de large, graduellement atténuées au sommet et à la base, à bord entier ou légèrement ondulé. *Sores* linéaires, irréguliers, atteignant presque les bords, mais ne s'étendant pas jusqu'à la nervure médiane. Himalaya, etc. Espèce de serre froide. Syns. *A. subsinuatum*, Hook. et Grev. et *Diplazium lanceum*.

A. laserpitiifolium, Lamk. * *Pétioles* en touffe, de 15 à 30 cent. de long, nus. *Frondes* de 30 cent. à 1 m. 20 de long et 10 à 45 cent. de large, deltoïdes, lancéolées, à divisions primaires nombreuses, de 5 à 20 cent. de long et 5 à 15 cent. de large, découpées jusqu'au rachis en nombreuses pinnules distinctes, les inférieures à segments rhomboïdes, cunéiformes. *Sores* courts, irréguliers. Polynésie, Australie septentrionale. Très belle espèce de serre froide. (H. S. F. 3, 203.)

A. laxum, R. Br. Variété de l'*A. bulbiferum*, Forst.

A. lineatum, Swartz. *Pétioles* en touffe, de 15 à 20 cent. de long. *Frondes* de 30 à 60 cent. de long et 10 à 20 cent. de large, oblongues, lancéolées, pourvues de vingt à trente paires de pinnules de 8 à 10 cent. de long et environ 12 mm. de large, acuminées, dentées, presque ou complètement sessiles, à base cunéiforme. *Sores* très réguliers, s'étendant de la nervure médiane presque jusqu'aux bords. Ile Maurice, etc. Il existe plusieurs formes de cette espèce ; les unes à petites pinnules étroites, cunéiformes, les autres à pinnules profondément bifides ou pinnatifides. Serre chaude.

A. longissimum, Blume. * *Pétioles* en touffe, de 8 à 30 cent. de long. *Frondes* de 60 cent. à 2 m. 50 de long et 10 à 20 cent. de large, allongées, lancéolées, pendantes, prolifères et s'enracinant au sommet, à pinnules nombreuses, de 5 à 10 cent. de long et 6 mm. de large, acuminées, à côtés presque égaux et à nervure centrale distincte ; bords légèrement dentelés ; base souvent auriculée des deux côtés. *Sores* nombreux, atteignant presque les bords et disposés en deux rangées régulières de chaque côté de la nervure médiane. Malacca, etc., 1840. Espèce très distincte, de serre chaude, convenable pour suspensions. (H. S. F. 3, 190.)

A. lucidum, Fort. Syn. d'*A. obtusatum lucidum*.

A. lunulatum, Swartz.* *Pétioles* en touffe, de 5 à 10 cent. *Frondes* de 15 à 45 cent. de long et 4 à 5 cent. de large, simplement pinnées, étroitement oblongues, lancéolées, pourvues de douze à vingt paires de pinnules de 2 à 4 cent. de long et 6 à 12 mm. de large, obtuses ou aiguës, plus ou moins profondément incisées, crénelées, à côtés inégaux, le supérieur brusquement rétréci à la base, l'inférieur obliquement tronqué ; pinnules inférieures souvent réfléchies. *Sores* n'atteignant ni les bords ni la nervure médiane. Tropiques. Syn. *A. erectum*, Bory.

A. l. Fernandesianum, Kunze. Forme à rachis plus rigide que celui de l'espèce type et presque coriace ; pinnules à peine plus étroites. Juan Fernandez.

A. macrocarpum, Blume. *Pétioles* de 15 à 20 cent. de long. *Frondes* de 30 à 60 cent. de long et 15 à 30 cent. de large, ovales-lancéolées, pourvues de nombreuses paires de divisions primaires, les inférieures de 8 à 15 cent. de long et 2 à 4 cent. de large, lancéolées ; pinnules oblongues, rhomboïdes, incisées-crénelées et pinnatifides. *Sores* nombreux, grands. Himalaya. Espèce de serre froide. Syn. *Athyrium macrocarpum*.

A. macrophyllum, Hort. non Swartz. Syn. d'*A. nitens*, Swartz.

A. marginatum, Linn. *Pétioles* de 30 cent. à 1 m. de long, forts, dressés, ligneux, d'environ 12 mm. de diamètre à la base. *Frondes* simplement pinnées, de 1 m. 20 à 1 m. 80 de long; pinnules opposées, les inférieures de 30 à 60 cent. de long et 8 à 10 cent. de large, à bords entiers et souvent cordiformes à la base. *Sores* longs, linéaires, disposés sur les nervures apparentes. Amérique tropicale. Espèce de serre chaude. Syn. *Hemidyctyum marginatum*.

A. marinum, Linn.* Angl. Sea Spleenwort. — *Pétioles* en touffe, de 8 à 15 cent. de long. *Frondes* de 15 à 45 cent. de long et 5 à 10 cent. de large, oblongues, lancéolées, pinnatifides au sommet; pinnules de la moitié inférieure, entièrement deltoïdes, à pointe aiguë ou obtuse, à bords crénelés, dentelés. *Sores* larges, ne s'étendant pas jusqu'aux bords. Europe; France, etc. Quoique parfaitement rustique, cette espèce demande à être cultivée sous châssis ou en serre froide. (H. B. F. 31.)

A. m. coronans, Hort. * *Frondes* de 10 à 15 cent. de long, simplement pinnées; pinnules comprises depuis la base jusqu'aux deux tiers de la hauteur, de forme variable, irrégulièrement lobées et découpées; celles du tiers supérieur fortement ramifiées, à nombreuses divisions imbriquées, frisées, légèrement en crête, formant un bouquet compact de 5 cent. et plus de diamètre. Jolie forme naine.

A. m. crenatum, Hort. *Frondes* de 10 à 20 cent. de long, largement lancéolées; pinnules obtuses, presque trapéziformes, à bords profondément crénelés. Très jolie forme.

A. m. mirabile, Hort. * *Pétioles* de 5 à 10 cent. de long. *Frondes* ayant environ la même longueur, à rachis divisé, environ vers son milieu, en deux branches presque égales, très ramifiées à leur tour et pourvues de pinnules et de segments à lobes obtus, le tout étalé, mais non en crête et de largeur égale à la longueur de la fronde; pinnules inférieures plus ou moins anormales et à lobes obtus.

A. m. plumosum, Hort. * *Pétioles* de 8 à 10 cent. de long. *Frondes* de 15 à 35 cent. de long, bi-ou tripinnatifides, largement lancéolées; divisions primaires imbriquées, très variables et très rapprochées, découpées presque jusqu'au rachis en divisions ovales ou oblongues, plus ou moins profondément découpées et lobées à leur tour, ce qui donne à la fronde entière une apparence très élégante.

A. m. ramo-plumosum, Hort.* *Frondes* divisées presque jusqu'au sommet du rachis, en deux branches principales, distinctement pinnées; pinnules espacées à la base, imbriquées à la partie supérieure, découpées presque jusqu'au rachis en lobes ovales, oblongs et à bords légèrement dentelés. Très belle forme à frondes beaucoup plus larges que longues.

A. m. ramosum, Hort. *Frondes* de 10 à 20 cent. de long, ramifiées au sommet; pinnules oblongues, à bords obtusément dentelés et légèrement ondulés.

A. m. sub-bipinnatum, Hort. *Frondes* de 15 à 30 cent. de long, lancéolées; pinnules espacées, profondément lobées ou découpées presque jusqu'à la nervure médiane. Jolie variété très rare.

A. m. Thompsonii, Hort.* *Pétioles* lisses, de 8 à 10 cent. de long. *Frondes* de 15 à 25 cent. de long, ovales-lancéolées, bipinnatifides; pinnules rapprochées, sub-deltoïdes, à côtés inégaux, profondément découpées inférieurement en lobes oblongs; légèrement ondulés et graduellement moins divisées vers le sommet. Belle variété très rare.

Toutes les formes de l'*Asplenium marinum* exigent une atmosphère très humide; elles ne peuvent donc guère prospérer en plein air, sauf cependant le long des côtes maritimes.

A. maximum, Don. *Souche* dressée. *Pétioles* de 60 cent. et plus de long. *Frondes* de plusieurs pieds de longueur et 60 cent. à 1 m. de large, deltoïdes-lancéolées, à divisions primaires nombreuses, les inférieures de 20 à 45 cent. de long et 10 à 20 cent. de large; pinnules presque sessiles, de 5 à 10 cent. de long et 18 mm. de large, à bords plus ou moins lobés. *Sores* médians, les inférieurs de 5 mm. de long. Indes septentrionales. Espèce de serre chaude. Syns. *A. diversifolium*, Wall. et *Diplazium decurrens*, Beddome.

A. melanocaulon, Baker.* *Pétioles* de 30 à 60 cent. de long. *Frondes* de 60 cent. à 1 m. de long et 20 à 45 cent de large; divisions primaires inférieures de 10 à 20 cent. de long et 10 à 15 cent. de large: pinnules lancéolées, de 5 à 8 cent. de long et 18 mm. de large, découpées jusqu'au rachis, dans les deux tiers de la longueur, en lobes linéaires, oblongs, falciformes, incisés-crénelés. *Sores* courts, oblongs, n'atteignant ni les bords ni la nervure médiane. Fiji. Espèce de serre chaude. Syn. *Diplazium melanaucaulon*.

A. Michauxii, — * *Souche* épaisse. *Pétioles* de 10 à 20 cent. de long. *Frondes* de 20 à 60 cent. de long et 8 à 20 cent. de large, ovales, deltoïdes, bi-ou tripinnées; pinnules oblongues, profondément dentées en scie ou entièrement découpées jusqu'au rachis. Etats-Unis. Très belle espèce rustique, se rapportant étroitement à l'*A. Filix-femina* dont elle n'est peut-être qu'une simple variété.

A. monanthemum, Linn.* *Pétioles* en touffe compacte, de 8 à 15 cent. de long. *Frondes* de 30 à 45 cent. de long et environ 3 cent. de large, pourvues de vingt à quarante paires de pinnules horizontales, sessiles, sub-dimidiées, d'environ 12 mm. de long et 6 mm. de large, à côté supérieur crénelé, brusquement rétréci à la base, l'inférieur plus ou moins distinctement découpé en ligne droite, ou en ligne courbe dans la pinnule inférieure. *Sores* linéaires-oblongs, ordinairement au nombre de un à deux et parallèles au bord inférieur de la pinnule. Régions tempérées des deux hémisphères. Espèce de serre froide.

Fig. 317. — Asplenium Nidus.

A. montanum, Willd.* *Pétioles* en touffe, de 5 à 8 cent. de long. *Frondes* de 5 à 8 cent. de long et 2 cent. 1/2 de large, lancéolées, deltoïdes, pinnules inférieures distinctement pétiolées, deltoïdes, à bord extérieur muni de dents aiguës, disposées en scie. *Sores* courts, nombreux. Etats-Unis, 1812. Espèce de serre froide ou de châssis.

A. multisectum, Brack. Syn. d'*A. aspidioides*, Schlecht.

A. musæfolium, Mett. Variété de l'*A. Nidus*, Linn.

A. myriophyllum, — Variété de l'*A. rhizophyllum*.

A. Nidus, Linn. * Angl. Bird's nest Fern. — *Frondes* entières, de 60 cent. à 1 m. 20 de long et 8 à 20 cent. de large, lancéolées, aiguës ou acuminées au sommet, graduellement rétrécies dans leur partie inférieure en un court pétiole; bords entiers; nervure médiane arrondie sur le dos; nervures secondaires fines et parallèles, distantes d'environ 12 mm. *Sores* s'étendant depuis la côte jusqu'à environ le milieu de la partie comprise entre les bords et la nervure médiane. Indes, etc., 1820. (B. M. 3101.) Syn. *A. australasicum*, Hook.

A. N. australasicum, Hook. Nervure médiane carénée sur le dos, très souvent noire. — Australie. Cette variété ainsi que le type préfèrent la serre chaude; la suivante se comporte bien en serre froide. Syn. *Thamnopteris australasica*.

A. N. musæfolium, Mett.* *Frondes* plus larges que celles de l'espèce type, atteignant quelquefois 1 m. 80 de long et 30 cent. de large. *Sores* s'étendant presque jusqu'aux bords.

A. nitens, Swartz. *Pétioles* épars, de 15 à 20 cent. de long. *Frondes* de 4 à 5 cent. de long et 15 à 20 cent. de large, pourvues de douze à vingt paires de pinnules ascendantes ou presque falciformes, de 10 à 15 cent. de long et 12 à 25 mm .de large, très acuminées; bords finement dentés; base largement arrondie sur le côté supérieur, tronquée en croissant sur l'inférieur. *Sores* disposés en rangées régulières, rapprochées. s'étendant depuis la côte jusqu'au milieu environ de l'espace compris entre la nervure médiane et les bords. Ile Maurice. Espèce de serre chaude. (H. S. F. 3, 195.) Syn. *A. macrophyllum*, Hort. non Swartz.

A. nitidum, Swartz.* *Pétioles* nus. de 30 cent. de long. *Frondes* de 60 cent. à 1 m. de long et 15 à 30 cent. de large, pourvues de nombreuses divisions primaires lancéolées, deltoïdes, découpées jusqu'au rachis en nombreuses pinnules deltoïdes, pétiolées, découpées à leur tour en segments cunéiformes et flabelliformes ; bords extérieurs finement dentés en scie. *Sores* courts. Indes septentrionales, Ceylan. Espèce de serre froide.

A. Novæ-Caledoniæ, Hook.* *Pétioles* en touffe, de 15 à 30 cent. de long. *Frondes* de 20 à 30 cent. de long et 15 à 20 cent. de large, sub-deltoïdes, tripinnées, à divisions primaires inférieures et à pinnules deltoïdes; segments rigides, à peine aplanis, de 12 mm. ou plus de long, espacés et dressés-étalés. *Sores* allongés, linéaires, marginaux. Nouvelle-Calédonie. Espèce rare, de serre froide. (F. D. 911.) Syn. *Darea Novæ-Caledoniæ*.

A. obtusatum, Forst. *Pétioles* en touffe, de 8 à 15 cent. de long. *Frondes* de 15 à 30 cent. de long et 8 à 10 cent. de large, oblongues ou ovales, deltoïdes, pourvues de deux à six paires de pinnules latérales et d'une terminale de même dimension; pinnules de 3 à 5 cent. de long et environ 12 mm. de large, obtuses, brièvement pétiolées, à bords crénelés; base tronquée, cunéiforme. *Sores* nombreux, larges, linéaires, oblongs, n'atteignant pas les bords. Pérou. L'*A. difforme*, R. Br., est une variété à frondes ovales, deltoïdes et à divisions primaires entièrement découpées dans leur partie inférieure et jusqu'au rachis étroitement ailé, en pinnules distinctement séparées et arrondies ou oblongues-sinuées. Nouvelle-Zélande, Australie, etc. Plantes de serre froide.

A. o. lucidum, — **Frondes* atteignant souvent 60 cent. de long, pourvues de quinze à vingt paires de pinnules à texture plus herbacée et d'un vert plus foncé; les inférieures de 15 cent. de long et 3 à 4 cent. de large, graduellement rétrécies en une longue pointe acuminée; bords plus ou moins profondément dentés. Serre froide. Syn. *A. lucidum*, Forst.

A. obtusifolium, Linn.* *Pétioles* presque en touffe, de 15 à 25 cent. de long. *Frondes* de 30 à 45 cent. de long et 10 à 15 cent. de large, ovales, lancéolées, pourvues de douze à vingt paires de pinnules horizontales, de 5 à 8 cent. de long et 12 à 18 mm. de large, aiguës; bords légèrement ondulés, crénelés; côté supérieur distinctement auriculé à la base et brusquement rétréci; côté inférieur obliquement tronqué. *Sores* espacés, disposés en deux rangées régulières n'atteignant pas les bords. Antilles, etc. 1838. Espèce de serre chaude. (H. S. F. 3, 169.)

A. obtusilobum, Hook.* *Pétioles* en touffe, de 5 à 10 cent. de long. *Frondes* de 10 à 15 cent. de long et 4 à 5 cent. de large, pourvues de neuf à douze paires de divisions primaires sub-deltoïdes, découpées seulement dans le tiers supérieur du côté inférieur, les plus grandes ayant 35 mm. de long et 18 mm. de large; pinnules inférieures de 9 mm. de long, découpées en éventail, en trois ou cinq lobes linéaires, obtus. *Sores* sub-marginaux. Nouvelles-Hebrides, 1861. (F. D. 1000.) Très jolie petite espèce de serre chaude. Syn. *Darea obtusiloba*.

A. odontites, — Syn. d'*A. flaccidum*, Forst.

A. oxyphyllum, Hook.* *Pétioles* fermes, de 15 à 30 cent. de long. *Frondes* de 30 à 60 cent. de long et 15 à 30 de large, lancéolées, pourvues de nombreuses paires de divisions primaires de 8 à 15 cent. de long et 3 à 5 cent. de large; pinnules lancéolées, de nouveau pinnatifides chez les grandes formes, à dents mucronées. *Sores* disposés en deux rangées parallèles sur les pinnules ou les divisions primaires, à égale distance des bords et de la nervure médiane. Himalaya. Espèce de serre froide, très variable. Syns. *Athyrium oxyphylla* et *Lastrea eburnea*, J. Sm.

A. paleaceum, R. Br.* *Pétioles* en touffe dense, de 3 à 8 cent. de long, divergents, très écailleux. *Frondes* de 15 à 20 cent. de long et 4 à 10 cent. de large, quelquefois prolifères et s'enracinant au sommet, pourvues de douze à vingt paires de pinnules sub-sessiles, obtuses, de 2 cent. 1/2 de long et 12 mm. de large, à bords incisés-dentés, à base supérieure auriculée et brusquement rétrécie, l'inférieure obliquement tronquée; pinnules inférieures pétiolulées et presque aussi larges que longues. *Sores* linéaires, s'étendant presque jusqu'aux bords. Australie tropicale. Espèce de serre chaude ou tempérée. (H. S. F. 3, 199.)

A. palmatum, Lamk. Syn. d'*A. Hemionitis*, Linn.

A. parvulum, Hook. Syn. d'*A. trilobum*, Cav.

A. persicifolium, J. Sm. *Pétioles* et *rachis* grisâtres, portant quelques petites écailles minuscules, éparses. *Frondes* oblongues-lancéolées, de 60 cent. à 1 m. de long, souvent gemmifères au sommet, pinnules ascendantes, opposées, au nombre de quinze à trente, un peu pétiolées, linéaires-ligulées, acuminées, de 12 à 18 mm. de large et à pourtour distinctement crénelé. *Sores* réguliers, atteignant presque le bord et la nervure médiane. Iles Philippines et Sandwich. Espèce de serre chaude.

A. Petrarchæ, DC.* *Pétioles* en touffe dense, de 3 à 4 cent. de long. *Frondes* de 5 à 8 cent. de long et 12 mm. de large, linéaires, lancéolées, pourvues de six à dix paires de pinnules sessiles, horizontales, ovales-cordiformes, obtuses, de 12 mm. de long et autant de large, à bords sinués et inégales à la base, légèrement tronquées à la partie inférieure. *Sores* oblongs, très courts, au nombre de quatre à six de chaque côté de la nervure médiane. Europe méridionale, 1819. Petite espèce très rare, préférant la serre froide.

A. pinnatifidum, Nutt. *Pétioles* en touffe, de 5 à 10 cent. de long, *Frondes* de 8 à 15 cent. de long et 2 cent. 1/2 ou plus de large, lancéolées, deltoïdes à la base, à pointe allongée, graduellement rétrécie et simplement sinuée; lobes situés sous la pointe, de 6 à 12 mm. de long ; ceux de la base de 12 mm. de long et environ autant de large, ovales-oblongs, sinués et s'étendant presque jusqu'au rachis. *Sores* nombreux. Pensylvanie. Espèce de serre froide ou de plein air à exposition abritée.

A. planicaule, Wall.* *Pétioles* en touffe, nus, de 8 à 15 cent. de long. *Frondes* de 15 à 30 cent. de long et 5 à 8 cent. de large, pourvues de douze à vingt paires de pinnules horizontales, pétiolées, aiguës, de 3 à 4 cent. de long et 6 à 9 mm. de large, à bords lobés dans leur moitié inférieure et profondément dentés en scie. *Sores* nombreux, atteignant presque les bords. Monts Himalaya, jusqu'à 1,800 m. d'altitude, etc., 1841. Espèce de serre froide. (H. S. F. 3, 200, B.)

A. plantagineum, Linn. *Pétioles* en touffe, de 15 à 20 cent de long. *Frondes* de 15 à 20 cent. de long et 5 à 8 cent. de large, simples, acuminées, à base arrondie; bords légèrement ondulés-dentés supérieurement, quelquefois lobés vers la base. *Sores* grêles, linéaires, atteignant quelquefois le bord et la nervure médiane. Antilles, etc., 1819. Espèce de serre chaude. Syn. *Diplazium plantagineum*.

A. polyphyllum, Presl. Syn. d'*A. acuminatum*, Hook. et Arnott.

A. præmorsum, Swartz. Syn. d'*A. furcatum*, Thunb.

A. prolongatum, Hook. Syn. d'*A. rutæfolium*, Kunze.

A. pulchellum, Raddi.* *Pétioles* en touffe, de 3 à 5 cent. de long *Frondes* de 8 à 15 cent. de long et 3 à 4 cent. de large, pourvues de douze à dix-huit paires de pinnules de 12 à 18 mm. de long et 5 à 8 mm. de large, obtuses, presque dimidiées; bord supérieur crénelé et brusquement rétréci à la base. *Sores* linéaires, obliques, n'atteignant pas le bord. Amérique tropicale. Espèce de serre chaude.

Fig. 318. — ASPLENIUM RADICANS.

A. pumilum, Swartz. *Pétioles* en touffe, de 8 à 10 cent. de long. *Frondes* de 10 à 15 cent. en tous sens, deltoïdes, à partie supérieure simplement sinuée, l'inférieure découpée jusqu'au rachis en divisions primaires distinctes, dont la paire inférieure est de beaucoup la plus grande; pinnules du côté inférieur acuminées et profondément lobées, atteignant quelquefois 5 cent. de long et s'étendant jusqu'au rachis légèrement ailé. *Sores* très obliques, les inférieurs atteignant quelquefois 2 cent. 1/2 de long. Antilles, etc., 1823. Espèce de serre chaude, très jolie et très rare.

A. rachirhizon, Raddi. Variété de l'*A. rhizophorum*, Linn.

A. radicans, Schkuhr. *Stipe* dressé, presque arborescent. *Pétioles* en touffe, de 30 à 60 cent. de long. *Frondes* de 1 m. à 1 m. 50 de long et 60 cent. à 1 m. de large, deltoïdes, divisions primaires inférieures de 30 à 45 cent. de long et de 15 à 20 cent. de large; pinnules lancéolées, sessiles, les supérieures entières, les inférieures de 8 à 10 cent. de long, à lobes obtus, de 6 mm. de large, atteignant environ le milieu du limbe. *Sores* inférieurs atteignant quelquefois 6 mm. de long. Amérique tropicale. Espèce très variable. Syns. *A. giganteum*, *Diplazium radicans*, Willd., *D. umbrosum*, Willd., etc.

A. refractum, Moore. Variété de l'*A. fontanum*, Bernh.

A. resectum, J. Smith.* *Pétioles* épars, du 10 à 20 cent. de long. *Frondes* de 15 à 35 cent. de long et 5 à 10 cent. de large, oblongues-lancéolées, pourvues de dix à trente paires de pinnules horizontales, sub-sessiles, de 3 à 8 cent. de long et 6 à 12 mm. de large, presque dimidiées, à sommet obtus, entièrement crénelées excepté à la partie tronquée; moitié supérieure de la base rétrécie presque à angle droit. *Sores* n'atteignant ni les bords ni la nervure médiane. Indes, etc., 1820. Espèce de serre froide, très répandue.

A. rhizophorum, Linn.* *Pétioles* en touffe, de 10 à 20 cent. de long. *Frondes* de 30 à 60 cent. de long et 10 à 15 cent. de large, allongées et s'enracinant au sommet; pinnules de 4 à 5 cent. de long et environ 12 mm. de large, au nombre de douze à trente paires, sub-sessiles, entièrement incisées-dentées, à côtés inégaux, le supérieur auriculé et rétréci, l'inférieur obliquement cunéiforme. *Sores* n'atteignant ni les bords ni la nervure médiane. Amérique tropicale. Espèce de serre chaude, très variable. (H. S. F. 3, 187, A.) *L'A. r. rachirhizon*, Raddi. possède des pinnules oblongues-rhomboïdes, distinctement séparées et profondément découpées en segments étroits.

A. rhizophyllum, Kunze. *Pétioles* en touffe, de 5 à 15 cent. de long. *Frondes* de 15 à 30 cent. de long et 4 à 5 cent. de large, découpées en nombreuses paires de divisions primaires rapprochées, dont celles du centre ont 25 mm. de long et environ 6 à 9 mm. de large, découpées dans tout leur pourtour et presque jusqu'au centre en pinnules dressées-étalées, simples ou fourchues, celles de la base du côté inférieur manquent. *Sores* solitaires, presque marginaux. L'*A. r. myriophyllum*, Presl. est une variété à frondes plus larges, à divisions primaires centrales de 4 cent. de long et dans lesquelles les pinnules inférieures sont découpées en segments linéaires, simples ou fourchus. Amérique septentrionale, etc., 1680. Ces deux plantes exigent la serre froide.

A. rutæfolium, Kunze.* *Pétioles* en touffe, de 10 à 20 cent. de long. *Frondes* de 15 à 35 cent. de long et 5 à 10 cent. de large, ovales, deltoïdes, pourvues de douze à vingt paires de divisions primaires, les inférieures de 5 cent. et plus de long, sub-deltoïdes, découpées jusqu'au rachis en nombreuses pinnules espacées, dressées-étalées, dont celles de la base du côté supérieur sont à leur tour divisées en segments linéaires, dressés-étalés. *Sores* petits, marginaux. Cap. Belle espèce de serre froide. Syns. *A. prolongatum*, Hook. et *Darea rutæfolia*.

A. Ruta-muraria, Linn.* *Pétioles* en touffe, de 5 à 10 cent. de long. *Frondes* de 3 à 5 cent. de long et environ 2 cent. 1/2 de large, deltoïdes, découpées jusqu'au rachis en quelques paires de pinnules; les inférieures découpées à leur tour en segments cunéiformes, spatulés, dentés en scie sur leur bord extérieur. *Sores* nombreux. France, Angleterre, etc. Espèce rustique, répandue presque dans le monde entier. A cultiver dans un sol bien drainé et composé principalement de vieux platras. (H. B. F. 28.)

A. salicifolium, Linn. *Pétioles* en touffe, de 15 à 30 cent. de long. *Frondes* de 30 à 45 cent. de long et 15 à 20 cent. de large, oblongues, pourvues d'une pinnule terminale et de quatre à dix paires de pinnules latérales pétiolées, de 10 à 15 cent. de long et 18 à 25 mm. de large, acuminées, à bords généralement entiers et à base également tronquée, cunéiforme des deux côtés. *Sores* n'atteignant ni les bords ni la nervure médiane. Antilles, etc. Espèce de serre chaude.

Fig. 319. — ASPLENIUM RUTA-MURARIA. (D'après BAILLON.)

A. Sandersoni, Hook.* *Pétioles* en touffe, de 3 à 5 cent. de long. *Frondes* de 15 à 20 cent. de long et 12 à 18 mm. de large, linéaires, souvent gemmifères au sommet, pourvues de douze à vingt paires de pinnules horizontales, dimidiées, à bord supérieur profondément crénelé et à base brusquement rétrécie en un pétiole ailé; les inférieures presque droites et non crénelées. *Sores* oblongs. Natal, etc. Espèce de serre froide, très rare. (H. S. F. 3, 179.)

A. scandens, J. Sm. *Pétioles* épars sur un rhizome traçant, épais et très court. *Frondes* de 30 à 60 cent. de long et 15 à 30 cent. de large, pourvues de nombreuses paires de divisions primaires horizontales, de 10 à 15 cent. de long et 4 cent. de large, découpées, jusqu'au rachis ailé, en nombreuses pinnules ovales, rhomboïdes, assez espacées, entièrement découpées jusqu'au rachis; segments inférieurs également pinnatifides; divisions extrêmes étroites, linéaires. *Sores* solitaires, marginaux. Nouvelle-Guinée, etc. Espèce de serre chaude. Syn. *Darea scandens*.

A. schizodon, Moore. Syn. d'*A. Vieillardii*, Mett.

A. Schkuhrii, Thwaites. *Souche* dressée. *Pétioles* de 30 à 45 cent. de long. *Frondes* deltoïdes, de 45 à 60 cent. de long, tripinnatifides; divisions primaires inférieures espacées, oblongues-lancéolées, de 15 à 20 cent. de long et 4 à 5 cent. de large, à rachis ailé à la base; pinnules oblongues, ligulées, sessiles, de 9 mm. de large, découpées en lobes peu profonds, oblongs, obtus, rapprochés. *Sores* de 3 mm. disposés sur un seul rang, au centre des pinnules. Ceylan. Espèce de serre chaude. Syn. *Diplazium Schkuhrii*, Beddome.

A. Seelosii, Leybold.* *Pétioles* en touffe dense, rigides, de 3 à 5 cent. de long. *Frondes* de 12 à 18 mm. de long, palmatifides, ordinairement divisées en trois lobes presque égaux, d'environ 2 mm. 1/2 de large, à bords légèrement incisés-dentés. *Sores* nombreux, finissant par couvrir la surface entière. Tyrol, Corinthe. Petite espèce très curieuse et très rare, à cultiver sous châssis ou en serre froide, dans un mélange de terre franche, de terreau de feuilles, de sable et d'éclats de roches, avec un bon drainage; la plante doit être solidement maintenue entre des morceaux de grès.

A. septentrionale, Hoffm.* *Pétioles* en touffe dense, de 8 à 10 cent. de long. *Frondes* simples ou divisées au sommet en deux ou trois lobes cunéiformes, de 2 à 4 cent. de long et 2 mm. de large, pourvus de quelques dents latérales, aiguës et d'une terminale. *Sores* allongés, nombreux, couvrant souvent entièrement à la maturité, la surface inférieure. France, Angleterre, etc. Petite espèce rare, mais répandue dans les deux hémisphères. Cultiver en terre argilo-sablonneuse, bien drainée, dans une crevasse élevée des fougeraies de plein air. (H. B. F. 26.)

A. Shepherdi, Spreng.* *Pétioles* en touffe, de 30 cent. de long. *Frondes* de 30 à 45 cent. de long et 15 à 20 cent. de large; pinnules inférieures pétiolées, de 10 à 15 cent. de long et 3 à 4 cent. de large, à sommet acuminé; bord supérieur découpé en lobes de 6 mm. de large, quelquefois dentés. *Sores* linéaires, n'atteignant pas les bords. Amérique du Sud. Espèce de serre chaude. Syn. *Diplazium Shepherdi*.

A. S. inæquilaterum, Mett. *Frondes* à texture plus ferme et d'une couleur plus terne que celles de l'espèce type; pinnules plus acuminées, à lobes falciformes, plus profonds et plus uniformes; bords latéraux inégaux, l'inférieur inégalement tronqué à la base.

A. spathulinum, J. Smith. Syn. d'*A. affine*, Swartz.

A. spinulosum, Baker.* *Pétioles* épars, de 15 à 30 cent. de long. *Frondes* de 20 à 30 cent. en tous sens, deltoïdes, tri- ou quadripinnatifides, pourvues de neuf à douze paires de divisions primaires, les inférieures beaucoup plus grandes, de 15 à 20 cent. de long et de 6 à 8 cent. de large, ovales-lancéolées; pinnules lancéolées, découpées jusqu'au rachis en six à neuf paires de segments oblongs, rhomboïdes, mucronés, de 5 mm. de long et 2 mm. de large, à dents aiguës. *Sores* au nombre de deux à dix par segment, généralement arrondis, parfois oblongs. Amour, etc. Espèce de serre froide. Syn. *Athyrium spinulosum* et *Cystopteris spinulosa*, Max.

A. splendens, Kunze. *Rhizome* écailleux, traçant. *Pétioles* de 15 à 20 cent. de long. *Frondes* deltoïdes, de 15 à 30 cent. de long, bi- ou tripinnées; divisions primaires inférieures pétiolées, deltoïdes, pinnées ou bi-pinnées, de 2 1/2 à 5 cent. de large; segments cunéiformes, flabelliformes, légèrement lobés, de 6 à 12 mm. de large, à bord extérieur muni de dents aiguës. *Sores* nombreux, minces, irréguliers, s'étendant de la base presque jusqu'au sommet des segments. Cap. Espèce très rare, de serre froide.

A. subsinuatum, Hook. Syn. d'*A. lanceum*, Thunb.

A. sundense, Blume. Syn. d'*A. vittæforme*, Cav.

A. sylvaticum, Presl. *Stipe* couché. *Pétioles* de 30 cent. de long. *Frondes* de 30 à 60 cent. de long et 10 à 20 cent. de large, ovales-lancéolées, à nombreuses pinnules divergentes, les plus grandes de 8 à 10 cent. de long et 12 à 18 mm. de large, acuminées; bords à lobes larges et courts; base brusquement rétrécie des deux côtés. *Sores* disposés en lignes longues et minces, atteignant presque les bords. Indes, etc. Espèce de serre chaude.

A. thelypteroides, Michx. *Pétioles* de 30 cent. de long. *Frondes* de 30 à 60 cent. de long et 15 à 30 cent. de large, lancéolées, à divisions primaires nombreuses, divergentes, les inférieures de 10 à 15 cent. de long. et 2 cent. 1/2 de large, découpées jusqu'au rachis largement ailé en nombreuses pinnules divergentes, elliptiques, presque entières. *Sores* disposés en rangées régulières, rapprochées, atteignant presque les bords et la nervure médiane, légèrement arqués, les inférieurs souvent doubles. Amérique du Nord, etc., 1823. Espèce rustique ou d'orangerie. Syn. *Athyrium thelypteroides*.

A. Thwaitesii, A. Br.* *Rhizome* allongé, traçant. *Pétioles* de 15 cent. de long, grêles, couverts de gros poils laineux, blancs et denses. *Frondes* de 30 cent. et plus de long et 10 à 15 cent. de large, à sommet pinnatifide, pourvues de huit à dix pinnules distinctes, les plus grandes de 8 cent. de long et 15 mm. de large, découpées jusqu'aux deux tiers en lobes oblongs, crénelés, de 6 mm. de profondeur et 5 mm. de large. *Sores* s'étendant jusqu'à moitié distance du bord, les inférieurs d'environ 2 mm. de long. Ceylan. Très belle espèce de serre chaude. Syn. *Diplazium Thwaitesii.*

A. Trichomanes, Linn.* Angl. Maidenhair Spleenwort. — *Pétioles* en touffe dense, de 2 1/2 à 4 cent. de long. *Frondes* de 15 à 30 cent. de long et environ 12 mm. de large, pourvues de quinze à trente paires de pinnules sessiles, horizontales, opposées, de 6 à 9 mm. de large et 2 à 5 mm. de haut; bords légèrement crénelés; les deux côtés inégaux, le supérieur plus large et brusquement rétréci à la base. *Sores* linéaires-oblongs, au nombre de trois à six de chaque côté de la nervure médiane. France, Angleterre, etc., presque cosmopolite. (H. B. F. 29.) Espèce rustique, très répandue, dont il existe de nombreuses variétés et parmi lesquelles les suivantes sont les plus importantes.

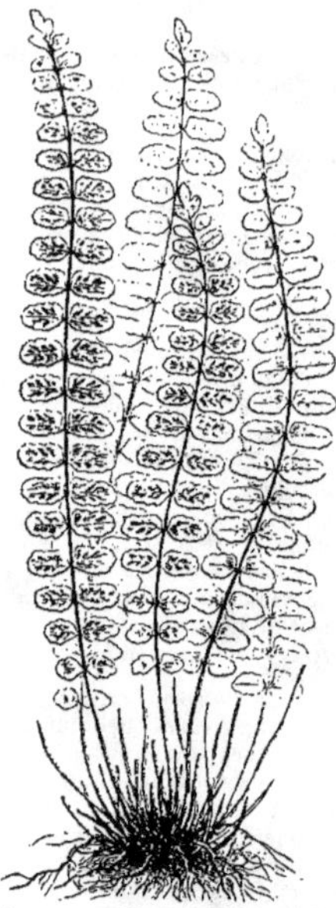

Fig. 320. — Asplenium Trichomanes. (D'après Baillon.)

A. T. cristatum, Hort.* *Frondes* de 10 à 15 cent. de long, à pinnules arrondies et portant au sommet de larges crêtes, quelquefois divisées et dont chaque division est alors également en crête. Très jolie petite espèce exigeant la serre froide ou les châssis.

A. T. incisum, Hort.* *Frondes* de 8 à 15 cent. de long; pinnules profondément pinnatifides, à lobes également découpés ou dentés en scie. Forme très rare et très jolie.

A. T. multifidum, Hort. * *Frondes* de 8 à 15 cent. de long, uni- bi- tri- ou rarement quadrifurquées, dont chaque division est terminée par une petite crête. Variété vigoureuse.

A. T. ramosum, Hort. * *Frondes* de 12 à 20 cent. de long, très rameuses; à ramifications principales divisées à leur tour; pinnules profondément découpées, crénelées ou dentées en scie. Plus rustique que les autres formes.

A. trilobum, Cav. * *Pétioles* en touffe, de 5 à 8 cent. de long. *Frondes* de 2 1/2 à 4 cent. de long et 2 cent. 1/2 de large, rhomboïdes, aiguës au sommet, cunéiformes à la base, ondulées et crénelées sur les bords, entières ou profondément lobées dans leur partie inférieure; divisions larges, incisées, crénelées. Chili et sud du Brésil. Petite espèce de serre chaude, très rare. Syn. *A. parvulum*, Hook.

Fig. 321. — Asplenium Trichomanes cristatum.

A. umbrosum, J. Sm. *Pétioles* de 30 cent. et plus de long, écailleux à la base. *Frondes* de 60 cent. à 1 m. 50 de long et 30 à 45 cent. de large, ovales, deltoïdes; divisions primaires ovales-lancéolées, de 15 à 20 cent. de long, et 8 à 15 cent. de large, à pinnules lancéolées, découpées à leur tour jusqu'à la nervure médiane en lobes rhomboïdes; côtés inégaux; bords finement crénelés. *Sores* nombreux, oblongs, à involucre grand, renflé et membraneux. Madère, Canaries, Himalaya, etc. Très répandue. Très belle espèce de serre froide. Syns. *Allantodia australe*, Brack. *Athyrium umbrosum.*

A. varians, Hook. et Grev. *Pétioles* en touffe, de 2 1/2 à 8 cent. de long. *Frondes* de 10 à 15 cent. de long et 2 cent. 1/2 de large, oblongues-lancéolées, pourvues de huit à douze paires de divisions primaires, les inférieures sub-deltoïdes, de 12 à 18 mm. de long, et 6 mm. de large, découpées jusqu'au rachis en quelques pinnules cunéo-flabelliformes; les inférieures de 5 mm. de large, à bords extérieurs munis de dents aiguës. *Sores* nombreux, couvrant entièrement à la maturité la surface inférieure des pinnules. Himalaya, etc. Très répandue. Espèce de serre froide.

A. Veitchianum, Moore. Syn. d'*A. Belangeri*, Kunze.

A. Vieillardi, Mett.* *Pétioles* en touffe, de 10 à 15 cent. de long. *Frondes* de 15 à 22 cent. de long et 15 à 20 cent. de large, pourvues d'une grande pinnule terminale, linéaire-lancéolée, allongée au sommet et profondément dentée en scie, et de trois à quatre paires de latérales semblables, dressées-étalées, de 8 à 10 cent. de long et plus de 12 mm. de large, également tronquées-cunéiformes; les inférieures légèrement pétiolées. *Sores* espacés, n'atteignant pas les bords. Nouvelle-Calédonie. Charmante espèce de serre froide. Syn. *A. Schizodon*. Moore. *L'A. apicidens* n'est qu'une variété de cette espèce, à sores plus courts et à nervures plus obtuses.

A. viride, Huds.* Angl. Green Spleenwort. — *Pétioles* en touffe dense, de 5 à 10 cent. de long. *Frondes* de 10 à 15 cent. de long et 12 mm. de large, pourvues de douze à vingt paires de pinnules sub-sessiles, ovales-rhomboïdes; bord supérieur brusquement rétréci à la base, l'inférieur obliquement tronqué, le reste profondément crénelé. *Sores* nombreux, linéaires-oblongs, obliques. France, Grande-Bretagne, etc.; très répandu dans les deux hémisphères. (H. B. F. 30.) Espèce rustique, demandant un sol humide, mais bien drainé.

plus profondément découpées dans les deux tiers de la longueur et à base entièrement divisée jusqu'au rachis; lobes obtus, de 6 à 12 mm. de large. *Sores* linéaires, de 5 à 8 mm. de long. Ceylan. Espèce de serre chaude. Syn. *Diplazium zeylanicum*.

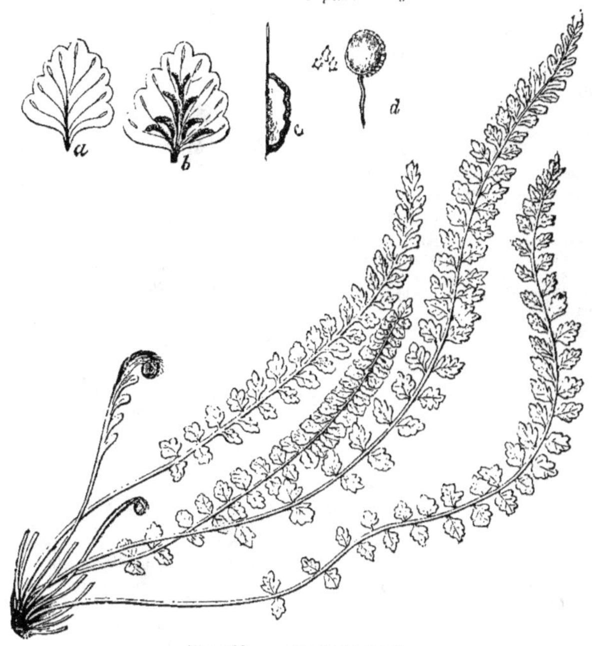

Fig. 322. — Asplenium viride.
a, pinnule stérile; *b*, pinnule fertile; — *c*, sore; — *d*, sporange et spores grossis.

A. vittæforme, Cav.* *Rhizome*, rampant. *Pétioles* courts, tressés. *Frondes* entières, lancéolées, de 30 à 45 cent. de long et 4 à 8 cent. de large, à sommet rétréci en pointe aiguë et à base diminuant graduellement jusqu'au pétiole; bords obscurément dentés. *Sores* nombreux, s'étendant souvent depuis la nervure médiane jusqu'aux bords. Java, etc. Espèce de serre chaude. Syn. *A. sundense*, Blume.

A. viviparum, Presl.* *Pétioles* en touffe, de 15 à 20 cent. de long. *Frondes* de 30 à 60 cent. de long et 15 à 20 cent. de large, ovales-lancéolées, pourvues de nombreuses paires de divisions primaires rapprochées, dressées-étalées, de 8 à 10 cent. de long et 4 à 5 cent. de large, découpées jusqu'au rachis comprimé, en nombreuses pinnules pinnatifides, à segments inférieurs également divisés; segments extrêmes de 6 à 9 mm. de long et 1/2 mm. de large. *Sores* solitaires, marginaux. Ile Maurice, etc. Très belle espèce de serre chaude.

A. vulcanicum, Blume. *Pétioles* de 15 à 20 cent. de long. *Frondes* de 30 à 60 cent. de long et 10 à 20 cent. de large, oblongues-lancéolées, gemmifères au sommet ou pourvues d'une pinnule terminale linéaire et de six à douze paires de latérales, les inférieures pétiolulées, acuminées, de 5 à 10 cent. de long et 18 à 25 mm. de large; à bords légèrement dentés et à base tronquée. *Sores* très réguliers et parallèles, n'atteignant pas les bords. Malaisie. Espèce de serre chaude. Syn. *A. heterodon*, Mett.

A. zeylanicum, Hook.* *Pétioles* épars, de 10 à 20 cent. de long. *Frondes* de 15 à 30 cent. de long et 3 à 5 cent. de large, à pointe acuminée, légèrement lobée au sommet,

ASPRELLA, Cav. (diminutif de *aspera*, rude). Syns. *Hystrix*, Mœnch.; *Gymnostichum*, Schreb. Fam. *Graminées*. — Genre comprenant quatre espèces originaires de l'Amérique septentrionale, de la Sibérie et

Fig. 323. — Asprella Hystrix.

de la Nouvelle-Zélande. L'espèce ci-dessous, seule cultivée, est une plante herbacée, vivace, à épillets sessiles, géminés, c'est-à-dire naissant deux par deux sur chaque nœud du rachis et réunis en épi simple, dressé, lâche, rigide; glumes nulles ou formées de poils sétacés, caducs, et renfermant chacune deux à trois fleurs à glumelle inférieure longuement aristée. Feuilles étroites, longuement lancéolées. Cette graminée, d'un aspect tout particulier, est cultivée pour l'ornement des jardins, mais principalement pour ses élégants épis qui servent à la confection des bouquets perpétuels et autres ornements. Toute bonne terre de jardin lui convient. Ses graines se sèment au printemps; on repique les plants en pépinière, puis on met en place lorsque les plantes sont suffisamment fortes.

A. Hystrix. Cav. *Fl.* en épillets sessiles, géminés, longuement aristés, réunis en épi simple, dressé; couples d'épillets espacés et divariqués à la maturité. Automne. *Flles* étroites, longues et réfléchies, très scabres. Plante vivace, touffue, feuillée surtout à la base. *Haut.* 60 cent. Amérique septentrionale. On peut en former des touffes dispersées dans les parterres ou parmi les plantes vivaces, où elles sont du meilleur effet; ses épis légers sont précieux pour tous ornements en fleurs sèches. (S. M.)

ASSOLEMENTS, Angl. Rotation cropping. — Ce terme, d'un usage plus fréquent en agriculture qu'en jardinage, se rapporte à l'ordre de succession des récoltes; il peut donc également s'appliquer à ces deux branches de la culture, mais ce n'est guère que dans le maraîchage qu'il devient nécessaire de faire méthodiquement succéder certaines sortes de plantes douées, en quelque sorte, d'aptitudes et d'exigences différentes. Ce système montre ses bons effets, principalement dans les grands jardins; les petits, au contraire, ne sont pas suffisamment spacieux pour permettre l'application d'un système et le nombre des sortes de plantes cultivées est ordinairement trop grand. Lorsqu'il est possible d'ajouter de l'engrais pour chaque nouvelle récolte, la chose a moins d'importance, car les éléments nutritifs contenus dans l'engrais que l'on apporte viennent nécessairement remplacer ceux que les plantes de la dernière récolte ont absorbés. Il est certainement judicieux d'adopter un système de rotation en rapport avec le genre de cultures que l'on fait, car, en général, une sorte de légume ne se développe pas exactement aux dépens des mêmes principes que celle qui la précédait. Pour l'ordre de succession, il vaut mieux éviter de choisir une plante appartenant à la même famille que la précédente. Les nombreuses variétés de Choux peuvent, par exemple, succéder à des Pois ou à des Haricots, des Oignons, des Pommes de terre, etc. C'est aussi invariablement une bonne combinaison que de semer des Pois dans un terrain qui était planté en Céleri l'année précédente. On pourrait encore citer de nombreux exemples, mais ils ne pourraient, en général, être mis à profit, car, pour plusieurs raisons, les produits doivent souvent être récoltés à diverses époques, et il serait alors presque impossible de s'en tenir à un système régulier de succession. Les plantes cultivées pour leurs racines comme les Panais, Carottes et autres de la famille des Ombellifères, ne doivent pas se suivre dans un même terrain, ou du moins autant que cela se peut. Les Oignons peuvent suivre les Choux ou en être suivis. Lorsqu'il est nécessaire de faire succéder deux récoltes de même nature, la terre doit être bien labourée ou même défoncée et amendée entre le temps de l'enlèvement de la récolte et celui de la plantation de celle qui lui succédera.

ASSONIA, Cav. — V. **Dombeya,** Cass.

ASSURGENT. — Qui dévie d'abord de la verticale à son point d'origine, puis se redresse par une courbure. Ce mot est très peu employé; « étalé, puis redressé », est plus compréhensible. (S. M.)

ASTARTEA, DC. (nom mythologique de Astarté, vénus de Syrie). Fam. *Myrtacées.* — Genre comprenant trois espèces originaires de l'Australie. Ce sont des arbustes toujours verts, de serre froide, à fleurs petites, axillaires, solitaires, sub-sessiles ou à pédicelles munis de deux bractées vers son milieu. Leurs feuilles sont opposées, petites, étroites, entières et glabres. On les cultive dans un compost de terre franche, de terre de bruyère, de terreau et de sable. Multiplication par boutures qui s'enracinent facilement dans du sable, à chaud et sous cloches.

A. fascicularis, *Fl.* blanches, pédicellées, solitaires, axillaires. Mai. *Flles* opposées, linéaires, charnues, disposées en fascicules axillaires lorsqu'elles sont jeunes. *Haut.* 2 à 3 m. Australie occidentale, 1830.

ASTELIA, Banks et Soland. (de *a*, privatif, et *stelis*, Gui; qui vit sur les arbres, mais non parasite). Syn. *Hamelinia*, A. Rich. Fam. *Liliacées.* — Genre comprenant environ neuf espèces de plantes herbacées, de serre froide, originaires des îles de l'Océan Pacifique, de la Nouvelle-Zélande, de l'Australie et de l'Amérique antarctique. Leur port rappelle un peu celui de certains *Tillandsia* ou *Carex*. Leurs fleurs polygames, forment des panicules plus ou moins rameuses; le périanthe est à six divisions un peu scarieuses; étamines six, insérées à la base des divisions. Le fruit est une baie triloculaire. Leurs feuilles sont radicales, linéaires-lancéolées, carénées, velues-soyeuses, grisâtres. L'espèce décrite ci-dessous est propre, par son feuillage, à l'ornement des serres froides et parterres pendant la belle saison; elle aime une terre fertile et fraîche; on la multiplie facilement par la division des pieds.

A. Banksii, A. Cunn. *Fl.* verdâtres, en panicule rameuse. *Flles* radicales, linéaires-lancéolées, dressées, longuement acuminées, un peu carénées, couvertes de poils mous, blanchâtres. *Haut.* 80 cent. Plante acaule, touffue, émettant des rejets. (S. M.)

ASTELMA, R. Br. — Maintenant réunis aux *Helipterum*, DC.

ASTEPHANUS, R. Br. (de *a*, privatif, et *stephanos*, coronule; cet organe manque). Fam. *Asclépiadées.* — Genre comprenant environ treize espèces originaires de Madagascar, de l'Amérique tropicale et du Cap. Ce sont de jolis arbrisseaux de serre tempérée, grimpants et toujours verts. Fleurs petites, réunies en cymes ou en ombelles pauciflores, interpétiolaires; corolle campanulée, dépourvue d'écailles. Follicules lisses, à graines aigretées. Feuilles petites, opposées, glabres ou velues. Ils se plaisent dans un compost de terre de bruyère fibreuse, de terreau de feuilles et de terre franche en parties égales. Il leur faut très peu d'eau pendant leur période de repos. Multiplication par boutures qui s'enracinent facilement dans du sable et dans une température modérée, ainsi que par division des touffes.

A. linearis, — *Fl.* blanches, en ombelles trimères, latérales et terminales. Juillet. *Flles* opposées, linéaires-lancéolées, de 2 cent. 1/2 de long. Tiges glabres. Cap, 1816.

A. triflorus, — * *Fl.* blanches, en ombelles ordinairement triflores. Juillet. *Flles* opposées, lancéolées, velues en dessous. Tiges velues. Cap, 1816.

ASTER, Tourn. (de *aster*, étoile; allusion à la forme de la fleur). Syn. *Pinardia*, Neck. Comprend, d'après Bentham et Hooker, les *Bellidiastrum*, Micheli; *Biotia*, DC.; *Calimeris*, Cass.; *Diplopappus*, Cass.; *Galatella*, DC. et *Tripolium*, Nees. Fam. *Composées*. — Il existe environ deux cents espèces de ce genre (près de trois cent cinquante ont été décrites comme telles); elles sont dispersées dans l'hémisphère boréal, et en particulier dans l'Amérique du Nord. Presque toutes sont des plantes herbacées, vivaces et rustiques. Fleurs radiées, solitaires, en corymbe ou en panicule; fleurons de la circonférence ligulés, uni- ou bisériés, femelles et stériles; ligules allongées, blanches, bleues ou purpurines; fleurons du disque tubuleux, hermaphrodites et fertiles, jaunes, à cinq dents; involucre campanulé ou hémisphérique, à bractées plus ou moins nombreuses et disposées sur plusieurs rangs, les extérieures plus petites ou plus grandes; réceptacle plan ou convexe, alvéolé; achaînes (graines) surmontés d'une aigrette persistante, à poils scabres, plus ou moins abondants, les extérieurs quelquefois plus courts. Feuilles alternes, entières ou dentées. Ce grand genre renferme de nombreuses et belles espèces vivaces (rarement bisannuelles), à tiges annuelles, et dont la culture est des plus faciles dans presque tous les terrains. Ce sont des plantes précieuses pour l'ornement des jardins, des parcs, etc., et surtout ceux qui ne peuvent être très soignés; elles réussissent aussi volontiers dans les jardins situés au bord de la mer. Leurs branches fleuries sont très utiles pour la confection des bouquets et autres garnitures d'appartement. Les jardiniers fleuristes cultivent plusieurs espèces pour l'approvisionnement des marchés, ils les vendent en pots ou même en motte, car ces plantes supportent admirablement bien la transplantation, même pendant la floraison. Leur multiplication peut avoir lieu par semis que l'on fait au printemps, mais plus fréquemment, c'est par division des touffes, à l'automne ou au printemps qu'on les propage. On peut aussi en faire des boutures qui s'enracinent facilement en terre siliceuse, sous cloches et avec très peu de chaleur. Les espèces de serre froide sont pour la plupart des arbustes à feuilles persistantes, demandant un compost de terre franche, de terre de bruyère et de terreau.

A. acris, Linn. *Capitules* bleus; involucre imbriqué, deux fois plus court que le disque. Août. *Flles* linéaires-lancéolées, non ponctuées, trinervées. *Haut.* 60 cent. Europe méridionale; France, etc. (Gn. 1890, 741.)

A. acuminatus, Michx. * *Capitules* blancs, disposés en panicule corymbiforme. Septembre. *Flles* larges, lancéolées, rétrécies à la base, entières et munies d'une longue pointe. Tige simple, flexueuse, anguleuse. *Haut.* 60 cent. Amérique du Nord, 1806. (B. M. 2707.)

A. adulterinus, Willd. *Capitules* violets; involucre plus court que le disque. Septembre. *Flles* amplexicaules, lancéolées; les inférieures lisses, presque dentées en scie, les caulinaires linéaires, rudes. *Haut.* 1 m. Amérique du Nord. (B. R. 1571.)

A. æstivus, Ait. * *Capitules* bleus. Juillet. *Flles* lancéolées, un peu amplexicaules, rétrécies à l'extrémité, scabres sur les bords. Tige droite, hispide; rameaux velus. *Haut.* 60 cent. Amérique du Nord, 1776.

A. Alberti, — *Capitules* violet pâle, terminaux, solitaires, de 2 cent. 1/2 de diamètre; bractées de l'involucre disposées sur quatre rangs; fleurons ligulés linéaires, divergents. *Flles* éparses, linéaires, grêles, aiguës. Tige ascendante, rameuse. Turkestan, 1884. Syn. *Calimeris Alberti*. (R. G. 1152, f. 2, c.-g.)

A. albescens, Wall. — V. *Microglossa albescens*.

A. alpinus, Linn. * *Capitules* violet brillant, de 3 à 5 cent. de diamètre; bractées de l'involucre presque égales, lancéolées, obtuses. Juillet. *Flles* radicales lancéolées, spatulées; les caulinaires lancéolées. Tiges uniflores. *Haut.*

Fig. 324. — Aster alpinus.

15 à 25 cent. Europe, 1658. Espèce très ornementale, naine et touffue. On l'emploie pour l'ornement des plates-bandes etc.; ses fleurs coupées servent à la confection des bouquets. (J. F. A. 1,88; B. M. 199.)

A. a. albus. — * *Capitules* blancs. Variété semblable au type par tous ses autres caractères, mais moins remarquable et moins vigoureuse. Europe, 1827.

A. a. speciosus, Regel. *Capitules* de 8 cent. de diamètre, à rayons purpurins et à disque jaune. Belle variété vigoureuse, atteignant environ 45 cent. de haut. (R. G. 1888, 1276, f. 1.)

A. altaicus, Willd. * *Capitules* violet bleuâtre, d'environ 5 cent. de diamètre; tige simple, corymbiforme, duveteuse. Juin-juillet. *Flles* linéaires-lancéolées, entières, obtusément mucronées, trinervées à la base, veinées. *Haut.* 30 cent. Sibérie, 1804. Cette espèce, que l'on considère comme une variété de l'*A. alpinus*, est une des plus belles du genre.

A. alwartensis, Lodd. *Capitules* rouges, à ligules très fines; involucre lâche et rude. Mai. *Flles* ovales, entières, rétrécies à la base, à environ cinq nervures. *Haut.* 30 cent. Caucase, 1807.

A. amelloides, Besser. Syn. de *A. amellus bessarabicus*, Bernh.

A. Amellus, Linn.* Œil du Christ. — *Capitules* violets, solitaires, nombreux; involucre imbriqué, rude. *Flles* obtuses, membraneuses, colorées sur les bords. Août. *Flles* oblongues-lancéolées, scabres. *Haut.* 60 cent. Italie, 1596. Une des meilleures espèces pour plates-bandes. (A. F. P. 3,69 J. F. A. 5,125; B. R. 340; Gn. 1889, 6891.)

A. a. bessarabicus, Bernh. * Variété des plus recommandables que l'on rencontre souvent dans les jardins; elle est un peu plus haute que l'espèce type; ses capitules sont plus volumineux et d'une teinte violet foncé. Un des plus remarquables. Syn. *A. Amelloides*, Besser.

Fig. 325. — ASTER AMELLUS.

A. amplexicaulis, Mühlb. *Capitules* violets. Juillet. *Flles* ovales-oblongues, aiguës, amplexicaules, cordiformes, lisses

Fig. 326. — ASTER AMPLEXICAULIS.

et dentées en scie. Tiges paniculées, lisses, à rameaux uni-ou biflores. *Haut.* 1 m. Amérique du Nord.

A. amygdalinus, Lamk. *Capitules* blancs; involucre étroitement imbriqué. Août. *Flles* lancéolées, acuminées, rétrécies à la base, scabres sur les bords. Tiges simples, corymbiformes au sommet. *Haut.* 60 cent. Amérique du Nord, 1759.

A. angustus, Torr. et Gray. *Capitules* nombreux, en panicule spiciforme; fleurons ligulés rudimentaires. *Haut.* 30 à 60 cent. Asie septentrionale et Amérique du Nord, 1886. Peu recommandable.

A. argenteus, Michx. * *Capitules* violets. Août. *Flles* oblongues-lancéolées, soyeuses, sessiles. Tiges grêles, décombantes, à rameaux lâches; ramilles uniflores. *Haut.* 30 cent. Amérique du Nord, 1801.

A. Bellidiastrum, Scop. * *Capitules* blancs; pédoncules nus, uniflores; involucre à bractées égales; aigrette simple. Juin. *Flles* en rosette, courtement pétiolées, obovales, étalées. *Haut.* 30 cent. France, Autriche, etc. Syn. *Bellidiastrum Michelii*, Cass.

A. bellidiflorus, Willd. *Capitules* rouge pâle; involucre à bractées divergentes. Septembre. *Flles* amplexicaules, étroites, lancéolées, scabres au sommet, légèrement dentées en scie à la base; tiges très rameuses. *Haut.* 1 m. Amérique du Nord.

A. bicolor, Hort. *Capitules* nombreux, disposés en corymbe allongé; fleurons ligulés blanc carné, puis roses, passant ensuite au lilas; rayonnant autour d'un disque jaune, puis purpurin. Août-septembre.

A. Bigelowii, Asa Gray * *Capitules* de 6 cent. de diamètre, disposés en corymbe; fleurons ligulés lilas; disque jaune; bractées de l'involucre étroites, aiguës, récurvées, pubescentes-glanduleuses. Été. *Flles* scabres, pubescentes,

Fig. 327. — ASTER BIGELOWII.

oblongues, spatulées; les caulinaires amplexicaules, ovales-oblongues, crénelées, obscurément dentées. *Haut.* 75 cent. Colorado, 1878. Très belle espèce bisannuelle. Syn. *A. Townshendi.*

A. blandus, — *Capitules* violet pâle, en grappes à peine plus longues que les feuilles. Octobre. *Flles* presque amplexicaules, oblongues-lancéolées, acuminées, sessiles, lisses. Tiges pyramidales. *Haut.* 50 cent. Amérique du Nord, 1800. (L. B. C. 959.)

A. canescens, Pursh. *Capitules* violet pâle; involucre à écailles imbriquées, très aiguës, plus longues que le disque; panicules corymbiformes très rameuses, feuillues. Septembre. *Flles* linéaires. *Haut.* 60 cent. Amérique du Nord, 1812. Espèce bisannuelle ou vivace.

A. cassiarabicus, Fisch. *Capitules* roses, disposés en panicule corymbiforme. Septembre. *Flles* ovales, aiguës, dentées en scie et rétrécies en pétiole. Plante dressée, velue. *Haut.* 60 cent. Russie, 1834.

A. caucasicus, Willd * *Capitules* pourpres, solitaires; bractées de l'involucre linéaires, presque égales. Juillet. *Flles* ovales, sessiles, scabres, *Haut.* 30 cent. Caucase, 1804.

A. ciliatus, Willd. *Capitules* blancs. Septembre. *Flles* ciliées; les caulinaires linéaires lancéolées, nervées; celles des rameaux très courtes, lancéolées, trinervées. Tiges rameuses, duveteuses, à rameaux duveteux. *Haut.* 1 m. Amérique du Nord.

A. cæspitosus, Linn. *Capitules* blanc lilas, disposés en un large corymbe régulier; involucre à folioles étalées. Août-septembre. *Flles* alternes, glabres, lancéolées-aiguës. Tiges dressées, peu rameuses, à rameaux étalés. Amérique septentrionale.

A. concinnus, Willd. *Capitules* violets; involucre étroitement imbriqué. Octobre. *Flles* presque amplexicaules, lancéolées, les inférieures lisses, un peu dentées en scie; tiges simples, paniculées au sommet. *Haut.* 50 cent. Amérique du Nord, 1800. (B. R. 1619.)

A. concolor, Linn. *Capitules* violets, en grappes terminales. Octobre. *Flles* oblongues, lancéolées, blanchâtres des deux côtés. Tiges simples, dressées, duveteuses. *Haut.* 30 cent. Amérique du Nord. 1759.

A. conyzoides, Willd. Syn. de *Sericarpus conyzoides*. Nees.

A. cordifolius, Linn. *Capitules* bleus, petits, disposés en grappes compactes, légèrement inclinées. Juillet. *Flles* cordiformes, pétiolées, dentées en scie, poilues sur la face inférieure ; tiges lisses, paniculées ; panicule divergente *Haut.* 60 cent. Amérique du Nord, 1759. (B. R. 1487. 1597.)

A. coriaceus. — Syn. de *Celmisia coriacea*.

A. coridifolius, Michx. *Capitules* bleu pâle. Octobre. *Flles* très nombreuses, linéaires, obtuses, réfléchies, hispides sur les bords; tiges rameuses, lisses, diffuses; rameaux uniflores. *Haut.* 30 cent. Amérique du Nord. (B. R. 1487.)

A. corymbosus, Ait. *Capitules* de 2 cent. 1/2 de diamètre, disposés en corymbe; fleurons ligulés peu nombreux, blancs, étroits ; fleurons du disque jaune pâle. Automne.

Fig. 328. — ASTER CORYMBOSUS.

Flles de 8 cent. de long, cordiformes, aiguës, lobées à la base, grossièrement dentées; tiges fragiles, violet noirâtre. *Haut.* 60 cent. à 1 m. (B. R. 1532.) Syn. *Biotia corymbosa*, DC.

A. diffusus, Ait. *Capitules* blancs, à involucre imbriqué. Octobre. *Flles* elliptiques-lancéolées, égales, lisses, dentées en scie; rameaux divergents; tiges pubescentes. *Haut.* 60 cent. Amérique du Nord, 1777.

A. diplostephioides, — *Capitules* solitaires, inclinés, de 5 à 8 cent. de diamètre; involucre largement hémisphérique; fleurons ligulés violet brillant, nombreux, bisériés, disque pourpre. Mai-juin. *Flles* radicales de 5 à 10 cent. de long, obovales et variant jusqu'à la forme oblancéolée. aiguës, entières, rétrécies en pétioles, ceux-ci longs ou courts; les caulinaires sessiles, de 5 à 8 cent. de long. semi-amplexicaules; tiges épaisses, feuillues, de 15 à 45 cent. de haut. Sikkim-Himalaya, 1882. Espèce vivace. glanduleuse-pubescente, tomenteuse ou velue. (B. M. 6718.)

A. Douglasii, Lindl. * *Capitules* violets, bractées de l'involucre linéaires ou linéaires spatulées, lâchement imbriquées. Août. *Flles* lancéolées, aiguës, entières ou rarement dentées en scie, graduellement rétrécies à la base; tiges lisses, grêles ; panicules rameuses, feuillues. *Haut.* 1 m. à 1 m. 30. Californie, etc.

A. dracunculoides, Ledeb. * *Capitules* blancs, d'environ 2 cent. 1/2 de diamètre, disposés en cymes compactes ; involucre imbriqué. Septembre-octobre. *Flles* linéaires, acuminées, entières, les inférieures linéaires-lancéolées, un peu dentées en scie ; rameaux corymbiformes. *Haut.* 1 m. Amérique du Nord, 1811. Très belle espèce. Syn. *Galatella dracunculoides*, DC.

A. dumosus, Linn. * *Capitules* blancs, d'environ 12 mm. de diamètre, disposés en gros bouquets ; involucre cylindrique, étroitement imbriqué. Octobre. *Flles* linéaires, glabres; les caulinaires très courtes: rameaux paniculés. *Haut.* 60 cent. Amérique du Nord, 1734.

A. d. albus, Hort. * *Capitules* entièrement blancs et un peu plus petits que ceux du type. Amérique du Nord.

A. d. violaceus, — *Capitules* violet-pourpre. Amérique du Nord.

A. elegans, — *Capitules* bleus, petits, disposés en corymbe lâche, contracté ; bractées de l'involucre oblongues-cunéiformes, obtuses, rudes. Septembre. *Flles* scabres, les caulinaires oblongues-lancéolées. aiguës; les radicales oblongues, pétiolées. *Haut.* 60 cent. Amérique du Nord, 1790. Espèce très élégante, à port gracieux.

A. eminens, Willd. *Capitules* bleu clair. Octobre. *Flles* linéaires-lancéolées, acuminées, scabres sur les bords, les inférieures presque dentées en scie ; tiges paniculées, rameaux uniflores. *Haut.* 60 cent. Amérique du Nord. (B. R. 1614, 1656.)

A. ericoides, Linn. * *Capitules* blancs; involucre rude ; bractées aiguës. Septembre. *Flles* linéaires, à glabres; celles des rameaux subulées, rapprochées; celles de la tige allongées. *Haut.* 1 m. Amérique du Nord, 1758. Très jolie espèce.

A. floribundus, Willd. * *Capitules* violet pâle. Septembre. *Flles* un peu embrassantes, lancéolées ; les inférieures dentées en scie; tiges lisses, à rameaux corymbiformes. *Haut.* 1 m. 20. Amérique du Nord.

A. foliosus, — *Capitules* bleu pâle, involucre imbriqué. Septembre. *Flles* linéaires, lancéolées, rétrécies aux deux extrémités ; tiges duveteuses, paniculées, dressées; rameaux pluriflores. *Haut.* 60 cent. Amérique du Nord, 1732.

A. formosissimus, Hort. *Fl.* d'un beau bleu-lilas, à disque d'abord jaune, puis purpurin, réunies en corymbe

Fig. 329. — ASTER FORMOSISSIMUS.

lâche et pyramidal. Septembre. *Flles* alternes, ovales-lancéolées, acuminées, vert sombre, les inférieures faiblement crénelées. *Haut.* 40 à 50 cent. Origine inconnue.

A. fragilis, Willd. *Capitules* couleur chair, petits ; involucre imbriqué. Septembre. *Flles* linéaires, acuminées, entières; les radicales oblongues, dentées en scie; rameaux disposés en panicule corymbiforme. *Haut.* 60 cent. Amérique du Nord, 1800. (B. R. 1537.)

A. grandiflorus, Linn. * *Capitules* pourpres, grands, terminaux ; bractées de l'involucre rudes. Novembre. *Flles* linéaires, rigides, aiguës, presque amplexicaules ;

celles des rameaux réfléchies, hispides sur les bords. *Haut.* 60 cent. Amérique du Nord, 1720. (B. R. 273.)

Fig. 330. — Aster grandiflorus.

A. gymnocephalus, — *Capitules* roses, de 4 cent. de diamètre. Eté et automne. *Flles* étroites, lancéolées, à dents poilues. *Haut.* 30 à 45 cent. Texas méridional et Mexique, 1879. Belle espèce annuelle, demi-rustique, d'un port grêle et buissonnant. (B. M. 6549.)

A. Herveyi, Gray. *Capitules* lilas vif ou violets, à rayons étroits, de 12 mm. de long; disposés en corymbes lâches. *Flles* ovales, obscurément dentées, à pétioles nus ; les supérieures lancéolées. Plante grêle, légèrement scabre. *Haut.* 30 à 60 cent. Ile de Rhodes, Amérique du Nord. 1889. (G. et F. 1889, p. 472, f. 131.)

A. hispidus, Thunb. — V. *Heteropappus hispidus*, Less.

A. horizontalis, Desf. Syn. de *A. pendulus*, Ait.

A. hyssopifolius, Cav. * *Capitules* blancs ou nuancés de pourpre; bractées de l'involucre environ de moitié moins longues que le disque. Août-octobre. *Flles* linéaires-lancéolées, aiguës, scabres sur les bords ; rameaux fastigiés et corymbiformes, lisses. *Haut.* 45 à 60 cent. Amérique du Nord. Syn. *Galatella hyssopifolia*, Nees.

A. incisus, Fisch. *Fl.* bleu légèrement violacé, de 22 à 25 mm. de diamètre, en corymbe paniculé ; involucre formée de deux à quatre rangées d'écailles; fleurons ligulés

Fig. 331. — Aster incisus.

linéaires. Août-septembre. *Flles* alternes, lancéolées, rétrécies aux deux extrémités, dentées ou incisées; les supérieures entières. *Haut.* 40 à 70 cent. Sibérie. Syn. *Calimeris incisa*, DC.

A. lævigatus, — *Capitules* couleur chair, d'environ 2 cent. 1/2 de diamètre, disposés en grandes panicules. Septembre. *Flles* presque amplexicaules, larges, lancéolées, lisses, légèrement dentées en scie ; tiges scabres ; rameaux pluriflores. *Haut.* 90 cent. Amérique du Nord, 1794. (B. M. 2995.)

A. lævis, Linn. * *Capitules* bleus ; involucre imbriqué, à folioles cunéiformes. Septembre. *Flles* presque amplexicaules, légèrement oblongues, entières, transparentes ; les radicales légèrement dentées en scie. *Haut.* 60 cent. Amérique du Nord, 1758. Une des meilleures espèces. (B. R. 1500.)

A. laxus, Willd. *Capitules* blancs, d'environ 2 cent. 1/2 de diamètre, disposés en grappes lâches. Octobre. *Flles* linéaires-lancéolées, scabres sur les bords ; les inférieures presque dentées en scie ; celles de la tige réfléchies ; tiges paniculées, lâches. *Haut.* 60 cent. Amérique du Nord.

A. linearifolius, Linn. *Capitules* bleu pâle. Septembre. *Flles* nombreuses, linéaires, mucronées, sans nervures, carénées, non ponctuées, scabres, rigides ; rameaux uniflores, fastigiés. *Haut.* 30 cent. Amérique du Nord, 1699.

A. Lindleyanus, Torr. et Gray. *Capitules* violet pâle, à rayons de 12 mm. de long, réunies en panicules lâches. *Flles* inférieures ovales, obscurément dentées, à pétiole ailé, les supérieures sessiles, acuminées aux deux extrémités, dentées. Espèce décorative. *Haut.* 30 à 60 cent. Amérique du Nord, 1889. (G. et F., 1889, p. 448, f. 127.)

A. linifolius, Linn. *Capitules* blancs, involucre imbriqué, court. Juillet. *Flles* linéaires, sans nervures, ponctuées, scabres, réfléchies, divergentes ; rameaux corymbiformes, fastigiés, feuillus. *Haut.* 60 cent. Amérique du Nord, 1739.

A. longifolius, Lamk. * *Capitules* blancs, de 2 cent. 1/2 de diamètre, disposés en panicules corymbiformes ; involucre rude. Octobre. *Flles* linéaires-lancéolées, rarement dentées, très longues et lisses. *Haut.* 1 m. Amérique du Nord, 1798. (B. R. 1614.) Syn. *Galatella linifolia*, Nees. Il existe plusieurs variétés de cette belle espèce.

A. l. formosus, Hort. * *Capitules* roses, disposés en corymbes denses. *Haut.* 45 à 60 cent.

A. macrophyllus, Linn. *Capitules* blancs. Août. *Flles* grandes, ovales, pétiolées, scabres, dentées en scie ; les supérieures-cordiformes, sessiles. Tiges rameuses, diffuses. *Haut.* 60 cent. Amérique du Nord, 1739. Syn. *Biotia macrophylla*, DC.

A. multiflorus, Ait.* *Capitules* blancs, petits, disposés en grands corymbes allongés; involucre imbriqué, à bractées oblongues, rudes, aiguës. Septembre. *Flles* linéaires, glabres ; tiges très rameuses, diffuses, duveteuses, à rameaux unilatéraux. *Haut.* 1 m. Amérique du Nord, 1732.

A. myrtifolius, Willd. *Capitules* blancs; involucre à bractées imbriquées, aussi longues que le disque. Août. *Flles* de la tige amplexicaules, scabres; celles des rameaux petites. *Haut.* 60 cent. 1812.

A. Novæ-Angliæ, Linn.* *Capitules* violets, disposés en grappes terminales. Septembre. *Flles* linéaires-lancéolées, poilues, amplexicaules, auriculées à la base ; tiges simples, dressées, poilues. *Haut.* 2 m. Amérique du Nord, 1710. Espèce élevée, robuste, des plus recommandables. (B. R. 183, A. V. F. 40, 2.)

A. N.-A. pulchellus, — *Capitules* rouge magenta pâle. 1882. Très belle variété atteignant environ 1 m. 20 de hauteur.

A. N.-A. ruber, —* *Capitules* rose vineux foncé, semblable à l'espèce type par tous ses autres caractères. Amérique du Nord, 1812. (A. V. F. 40, 2.)

A. Novæ-Belgiæ, Linn.* *Capitules* bleu pâle. Septembre. *Flles* presque amplexicaules, lancéolées, glabres, scabres sur les bords ; les inférieures légèremen dentées en scie branches rameuses. *Haut.* 1 m. 20. Amérique du Nord, 1710. Il existe une variété de cette espèce, connue en horticulture sous le nom d'*amethystinus*, dont les fleurs sont beaucoup plus grandes et très brillantes.

Fig. 332. — ASTER NOVÆ-ANGLIÆ.

A. obliquus, Nees. *Capitules* nombreux, fleurons ligulés blancs, disque pourpre. Automne. *Flles* alternes; les inférieures-linéaires, lancéolées, obliques; les caulinaires plus petites. *Haut.* 1 m. 50. Amérique du Nord. Très belle espèce formant de grosses touffes.

A. paniculatus, Ait.' *Capitules* bleu clair, involucre lâche. Septembre. *Flles* ovales-lancéolées, presque dentées en scie, lisses; pétioles nus; tiges très rameuses, lisses. *Haut.* 1 m. 20. Amérique du Nord, 1640.

A. pannonicus, Jacq. *Capitules* violets; bractées de l'involucre lancéolées, obtuses, égales. Juillet. *Flles* linéaires, lancéolées, hispides sur les bords; tige simple, corymbiforme. *Haut.* 60 cent. Hongrie. 1815.

A. patens, Ait. *Capitules* violet clair, d'environ 2 cent. 1/2 de diamètre. Octobre. *Flles* oblongues-lancéolées, ciliées, cordiformes, amplexicaules, poilues, scabres sur les bords; tiges rameuses, poilues. *Haut.* 60 cent. Amérique du Nord, 1758. Très belle espèce. (S. B. F. G. 234.)

A. pendulus, Ait.' *Capitules* petits, d'abord blanc pur, puis roses. Septembre. *Flles* elliptiques, lancéolées, dentées en scie, lisses; les caulinaires espacées; rameaux divergents, pendants. *Haut.* 60 cent. Amérique du Nord, 1758. Très belle espèce. Syn. *A. horizontalis*, Desf.

A. peregrinus, Pursh. ' *Capitules* pourpre bleuâtre, de 5 cent. de diamètre. Juillet-août. *Flles* lancéolées, presque aiguës, entières, lisses; celles de la tige à peine plus étroites que les radicales. Tiges bi- ou triflores, lisses ou à peu près. *Haut.* 30 cent. Amérique du Nord. Très belle petite espèce pour rocailles ou bordures.

A. pilosus, Willd. *Capitules* bleu pâle; involucre oblong, imbriqué, lâche. Septembre. *Flles* linéaires, lancéolées, canescentes. Tiges rameuses, velues; rameaux uniflores, un peu unilatéraux. *Haut.* 60 cent. Amérique du Nord, 1812.

A. præcox, Willd. *Capitules* violets; involucre imbriqué, à bractées presque égales; les extérieures un peu divergentes. Juillet. *Flles* oblongues-lancéolées, rétrécies à la base. Tiges poilues. *Haut.* 60 cent. Amérique du Nord. 1800.

A. pseudamellus, Hook. f. *Capitules* peu nombreux, de 2 1/2 à 4 cent. de diamètre, disposés en corymbe; fleurons ligulés violet bleuâtre; bractées de l'involucre plus grandes que celles de l'*A. Amellus*, foliacées et réfléchies au sommet. Automne. *Flles* de 3 à 5 cent. de long, oblongues, aiguës ou obtuses, entières ou dentées. *Haut.* 15 à 45 cent. Himalaya occidental, à 2,400 à 4,000 mètres d'altitude, 1880.

Fig. 333. — ASTER PENDULUS.

A. pulchellus, Willd.' *Capitules* violets, solitaires; bractées de l'involucre presque égales, linéaires, acuminées. Juin. *Flles* radicales spatulées, les caulinaires linéaires, lancéolées. *Haut.* 30 cent. Arménie.

A. punctatus, Linn. *Capitules* bleu violet, à disque jaune; fleurons ligulés linéaires, étroits, de 1 cent. 1/2 de long, pédicelles allongés, formant par leur réunion un

Fig. 334. — ASTER PUNCTATUS.

vaste corymbe compact. Août-septembre. *Flles* linéaires, lancéolées, trinervées, ponctuées, de 6 à 8 cent. de long. Tiges dressées, très rameuses au sommet. *Haut.* 80 cent. à 1 m. Amérique septentrionale. Syn. *Galatella punctata*, DC.

A. puniceus, Linn. *Capitules* bleus, d'environ 2 cent. 1/2 de diamètre, disposés en grandes panicules pyramidales; involucre lâche, plus grand que le disque. Septembre. *Flles* amplexicaules, lancéolées, dentées en scie, rudes; rameaux paniculés. *Haut.* 1 m. 80. Amérique du Nord, 1710.

A. pyrenæus, DC.' *Capitules* lilas bleuâtre, grands, disposés au nombre de trois à cinq en un court corymbe; disque jaune. Juillet. *Flles* scabres sur les deux faces; les caulinaires oblongues-lancéolées, aiguës, sessiles, finement dentées en scie à la partie supérieure. *Haut.* 30 à 45 cent. Pyrénées.

A. Reevesi, Hort. *Capitules* blancs à centre jaune, petits, disposés en panicule dense, pyramidale. Automne. *Flles* linéaires, aiguës; rameaux grêles. *Haut.* 20 à 30 cent. Amérique du Nord. Espèce très recommandable, convenable pour la décoration des rocailles.

A. repertus, Hort. *Capitules* disposés en corymbe assez volumineux; demi-fleurons d'un rose rougeâtre, longs de 6 à 8 mm.; disque d'abord jaune ou blanc jaunâtre, puis purpurin. Septembre-octobre. *Flles* alternes, lancéolées, aiguës, presque embrassantes, d'un vert gai; tiges rameuses. *Haut.* 70 cent. à 1 m. Amérique septentrionale. Il existe une variété à fleurs d'un bleu lilacé, cultivée sous le nom d'*A. repertus cæruleus*. Qualités du type.

A. reticulatus, Pursh. *Capitules* blancs. Juillet. *Flles* oblongues-lancéolées, aiguës aux deux extrémités, sessiles, enroulées sur les bords, réticulées et trinervées sur la face inférieure. Plante canescente dans toutes ses parties. *Haut.* 1 m. Amérique du Nord, 1812.

A. rubricaulis, — Syn. d'*A. spurius*.

A. salicifolius, Scholler. *Capitules* carnés; involucre lancéolé, imbriqué; bractées aiguës, étalées. Septembre. *Flles* linéaires, lancéolées, presque entières, lisses. Tiges lisses, paniculées au sommet. *Haut.* 1 m. 80. Amérique du Nord, 1760.

A. salsuginosus, Richards. *Capitules* violet purpurin; bractées de l'involucre linéaires, lâches, glanduleuses. Juillet. *Flles* entières; les inférieures spatulées, obovales, graduellement rétrécies en pétiole marginé; les supérieures lancéolées, aiguës, larges à la base, généralement presque amplexicaules; tiges à peine pubescentes, feuillues presque jusqu'au sommet, pluriflores. *Haut.* 20 à 45 cent. Amérique du Nord, 1827. Très belle espèce. (B. M. 2942.)

A. s. elatior, — *Fl.* un peu plus grandes que celles du type. *Haut.* 60 cent. ou plus. Amérique du Nord.

A. sericeus, Vent. *Capitules* bleu foncé, terminaux, de 4 cent. de diamètre. Été et automne. *Flles* oblongues-lancéolées, sessiles, entières, trinervées, soyeuses-duveteuses. *Haut.* 1 m. Missouri, 1802. Sous-arbrisseau toujours vert, demi-rustique; terrain chaud et bien drainé.

A. serotinus, Willd. *Capitules* bleus. Septembre. *Flles* oblongues-lancéolées, acuminées, sessiles, lisses, scabres sur les bords; les inférieures dentées en scie; rameaux corymbiformes, lisses. *Haut.* 1 m. Amérique du Nord.

A. Shortii, Riddell. *Capitules* bleu pourpre, d'environ 2 cent. 1/2 de diamètre, disposés en longues panicules. Automne. *Flles* lancéolées, allongées, acuminées, cordiformes à la base. *Haut.* 60 cent. à 1 m. 20. Tiges grêles, divergentes. Amérique du Nord.

A. sibiricus, Lam. *Capitules* bleus; involucre lâche, à bractées lancéolées-acuminées, hispides. Août. *Flles* lancéolées, presque amplexicaules, dentées en scie, poilues, scabres. *Haut.* 60 cent. Sibérie, 1763.

A. sikkimensis, Hook.* *Capitules* pourpres; folioles de l'involucre linéaires, acuminées, scabres. Octobre. *Flles* lancéolées, acuminées, aiguës; les radicales longuement pétiolées; les caulinaires sessiles; corymbes grands, multiflores, feuillus, dressés, glabres, rameux. *Haut.* 1 m. Sikkim-Himalaya, 1850. (B. M. 4557; L. J. F. 91: F. d. S. 6624.)

A. spectabilis, Ait.* *Capitules* bleus; bractées de l'involucre lâches, foliacées. Août. *Flles* lancéolées, rudes, un peu amplexicaules; les inférieures dentées en scie au milieu. *Haut.* 60 cent. Amérique du Nord, 1777. Très belle espèce. (B. R. 1527.)

A. spurius, Willd. *Capitules* pourpres, grands, peu nombreux; bractées intérieures de l'involucre colorées. Septembre. *Flles* linéaires-lancéolées, amplexicaules, luisantes. Tiges paniculées; rameaux réunis en grappe. *Haut.* 1 m. 20. Amérique du Nord, 1789. Syn. *A. rubricaulis*.

A. Stracheyi, Hook. f. *Capitules* bleu lilacé pâle, de 18 à 30 mm. de diamètre; bractées de l'involucre rouge brunâtre; fleurons ligulés linéaires, légèrement bifides au sommet. Tiges brun foncé, de 5 à 12 cent. de haut. Mai. *Flles* radicales de 2 1/2 à 4 cent. de long, brièvement pétiolées, oblancéolées ou obovales, pâles inférieurement; celles des stolons plus petites et sessiles, celles des tiges peu nombreuses, linéaires ou linéaires-obovales. Himalaya occidental, 1885. (B. M. 6912, Gn. 1889, 692.)

A. tardiflorus, Linn. *Capitules* bleus, nombreux. Automne. *Flles* sessiles, dentées en scie, lisses, spatulées, lancéolées, rétrécies à la base et recourbées de chaque côté. *Haut.* 60 cent. Amérique du Nord, 1775.

A. tenuifolius, Willd. *Capitules* blancs. Fin octobre. *Flles* alternes, d'un beau vert, linéaires, lancéolées. *Tiges* glabres, rameuses, à ramifications effilées, dressées. Vivace. Amérique septentrionale.

A. Townshendi, — Syn. d'*A. Bigelowii*, Asa Gray.

A. Tradescantii, Linn.* *Capitules* blancs; involucre imbriqué. Août. *Flles* lancéolées, sessiles, dentées en scie, lisses, rameaux paniculées; tiges rondes, lisses. *Haut.* 1 m. Amérique du Nord, 1633. L'*A. multiflorus* se rapproche beaucoup de cette espèce et n'en est peut-être qu'une simple forme à capitules un peu plus petits et à feuilles plus obovales-oblongues.

Fig. 335. — Aster Tradescantii.

A. tricephalus, Clarke. *Capitules* grands et décoratifs, solitaires ou ternés; fleurons ligulés pourpres. Automne. *Flles* radicales obovales, spatulées, à longs pétioles ailés, entières, glabres ou poilues: les caulinaires oblongues, mi-embrassantes; tiges pubérulentes. *Haut.* 45 cent. Sikkim-Himalaya, à 3,000 à 4,200 m. d'alt., 1886.

A. trinervius, Roxb. *Capitules* bleu violet à disque jaune, bractées de l'involucre imbriquées, lancéolées-aiguës, décurves. Fin de l'automne. *Flles* ovales, grossièrement dentées en scie, pubescentes. Tiges dressées, simples. *Haut.* 50 à 70 cent. Chine et Japon, 1891. (R. H. 1892, 396.)

A. tripolium, Linn. Angl. Michaelmas Daisy. — *Capitules* bleus, à disque jaune; bractées de l'involucre lancéolées, membraneuses, obtuses, imbriquées. Août. *Flles* linéaires-lancéolées, charnues, obscurément trinervées; tiges glabres, corymbiformes *Haut.* 60 cent. France, Angleterre, etc., littoral de l'Océan. (F. D. 615.)

A. turbinellus, Lindl. *Capitules* mauve tendre, disposés en panicules; involucre turbiné, à bractées imbriquées. Été et automne. *Flles* lancéolées, lisses, entières, frangées sur les bords, à peine embrassantes; celles des rameaux aciculaires. *Haut.* 50 à 90 cent. Amérique du Nord. Espèce très recommandable.

A. undulatus, Linn. *Capitules* bleu pâle. Août. *Flles* oblongues, cordiformes, amplexicaules, entières ; pétioles ailés ; tiges paniculées, hispides ; rameaux unilatéraux. *Haut.* 1 m. Amérique du Nord.

A. versicolor, Willd. *Capitules* blancs, passant au pourpre : bractées de l'involucre plus courtes que le disque. Août. *Flles* presque amplexicaules, largement lancéolées, presque dentées en scie ; tiges glabres. *Haut.* 1 m. Amérique du Nord, 1790.

ASTERACANTHA longifolia, Nees. — V. **Barleria longifolia** Linn.

ASTÉRACÉES. — V. **Composées.**

ASTERANTHEMUM, Kunth. — V. **Smilacina**, Desf.

ASTERIDIA, Lindl. — V. **Athrixia**, Ker.

ASTERISCUS, Mœnch. — V. **Odontospermum**, Neck.

ASTERICUS, Schult. Bipont. — V. **Pallenis**, Cass.

ASTEROCEPHALUS, Lag. — V. **Scabiosa**, Linn.

ASTEROPTERUS, Gærtn. — V. **Leyssera**, Linn.

ASTEROSPERMA, Less. — V. **Felicia**, Cass.

ASTEROSTIGMA, Schott. Réunis aux **Staurostigma**, Scheidw.

ASTILBE, Halmit. (de *a*, privatif, et *stilbe*, éclat ; allusion à la petitesse des fleurs de quelques espèces). SYN. *Hotcia*, Morr. et Dene. FAM. *Saxifragacées.* — Genre comprenant environ six espèces originaires de l'Himalaya, de Java, du Japon et de l'Amérique septentrionale et orientale. Ce sont des plantes herbacées, vivaces, à feuilles bi- ou triternées, voisines des *Spiræa*, dont elles diffèrent par leur nombre de carpelles qui n'excède jamais trois, par leurs huit ou dix étamines et par leurs graines à albumen abondant. Tous sont plus ou moins élégants et quelques-uns des plus recommandables pour former des touffes isolées ou entremêlées parmi les plantes vivaces. Ils se plaisent en toutes bonnes terres de jardin ; cependant, ils préfèrent les endroits humides ; on les multiplie facilement par division des touffes. L'*A. (Hoteia) japonica* est beaucoup cultivé par les fleuristes comme plante de marché ; son beau feuillage et ses élégants épis de petites fleurs blanches le rendent très décoratif. La plus grande partie des plantes de cette espèce qui se vendent chez les horticulteurs et sur les marchés sont importées ; on peut cependant assez facilement les propager et les cultiver dans un terrain frais et fortement fumé ; toutefois cette culture au point de vue commercial n'est pas rémunératrice. Les touffes importées doivent être empotées au commencement de l'automne, dès la réception ; on enterre ensuite les pots dehors, dans du sable ou dans du tan. Elles ne tardent pas à émettre des racines et à commencer à végéter ; on les prend alors pour les forcer, au fur et à mesure des besoins. Il leur faut toujours beaucoup d'eau, on peut même placer les pots dans des soucoupes, surtout lorsque les plantes sont bien enracinées.

A. barbata, — Syn. de *A. japonica.*

A. decandra, — *Fl.* blanches, en épis paniculés. Mai. *Flles* biternées ; folioles cordiformes, profondément lobées et dentées, glanduleuses en dessous et sur les pétioles. *Haut.* 60 cent. à 1 m. Amérique du Nord, 1812.

A. japonica, — * *Fl.* blanc pur, disposées en panicules rameuses. Mai. *Flles* triternées ou pinnées, dentées. Tiges et pétioles couverts de poils épars, scarieux et roussâtres. *Haut.* 30 à 60 cent. Japon. Cette espèce est presque toujours cultivée en pots ; elle gèle parfois en pleine terre.

Fig. 336. — ASTILBE JAPONICA.

Syns. *A. barbata.* — *Hoteia japonica*, Dene. (B. R. 2014.) *Hoteia barbata*, Hook. (B. M. 3821.) *Spiræa barbata*, et *S. japonica*, Hort.

A. j. variegata, Hort. * *Flles* élégamment panachées de jaune : panicules plus compactes que celle du type, auquel il est supérieur en ce sens. Syn. *Spiræa reticulata.*

A. j. foliis purpureis. Hort. Variété ornementale, à tiges et feuilles pourprées.

A. rivularis, Halmit. * *Fl.* blanc jaunâtre ou rougeâtre, en grands épis paniculés. Fin de l'été. *Flles* biternées, à

Fig. 337. — ASTILBE RIVULARIS.

folioles ovales, bi-serrées, velues en dessous et sur les pétioles. *Haut.* 1 m. Népaul. Magnifique espèce pour orner le bord des pièces d'eau et les endroits humides.

A. rubra, Hook. * *Fl.* roses, très nombreuses, en panicules denses. Fin de l'été et automne. *Flles* biternées, à folioles obliques, cordiformes, de 2 1/2 à 5 cent. de long et à sommet allongé et denté. *Haut.* 1 m. 30 à 2 m. Indes, 1851. Très jolie espèce, mais rare, excellente pour les garnitures sub-tropicales. (B. M. 4959 ; F. d. S. 12, 1207.)

A. Thunbergii, — * *Fl.* blanches, petites, très nombreuses, en panicules pyramidales, très rameuses ; pédoncules rougeâtres et légèrement duveteux. Mai. *Flles* inégalement pinnées ou bipinnées, à folioles larges, vert jaunâtre, à dents aiguës. *Haut.* 45 cent. Japon, 1878. Ce joli petit sous-arbrisseau est beaucoup propagé à l'étranger pour le forçage.

ASTRAGALE. — V. Astragalus.

ASTRAGALE-CAFÉ. — Ce sont les graines de l'*Astragalus bæticus*, Linn. qui ont été préconisées comme succédanées du café et vendues sous ce nom. Cependant, leur rareté en a fait chercher d'autres; celles de la Gesse cultivée (*Lathyrus sativus*), du Lupin grand bleu et petit bleu (*Lupinus hirsutus* et *L. varius*) et même de l'Orge ont souvent été recommandées; toutefois l'expérience a prouvé qu'aucune d'elles ne vaut la fève du vrai Café (*Coffea*). (S. M.)

ASTRAGALUS, Linn. (nom donné à un arbuste par les auteurs grecs). **Astragale**. Angl. Milk Vetch. Fam. *Légumineuses*. — Grand genre dont plus de treize cents espèces ont été décrites; parmi ce nombre, Bentham et Hooker n'en reconnaissent qu'environ neuf cents de suffisamment distinctes; elles sont répandues dans tout l'hémisphère boréal, dans l'Amérique australe et extra-tropicale, ainsi que dans l'Afrique tropicale et austro-orientale. Ce sont des plantes vivaces ou rarement annuelles, herbacées ou frutescentes, inermes ou épineuses, rustiques ou demi-rustiques. Fleurs axillaires, réunies en ombelles ou plus souvent en grappes et rarement solitaires; calice monosépale, à cinq dents; corolle papilionacée, à étendard dressé; pétales onguiculés. Feuilles imparipennées, à folioles plus ou moins nombreuses; stipules libres ou soudées. Environ cent espèces ont été introduites à différentes époques dans les cultures, mais un grand nombre ont été perdues, sans doute à cause de leur peu d'intérêt; celles ci-dessous décrites sont les plus ornementales ou intéressantes à différents points de vue. Toutes sont faciles à cultiver. Les espèces frutescentes aiment une terre légère et sèche, on les multiplie par semis et plus difficilement par boutures que l'on fait sous châssis froid. Les espèces herbacées demandent le même terrain et peuvent être propagées par division des touffes ou par semis; ce dernier moyen est même préférable, car plusieurs sont susceptibles de pourrir lorsqu'on les transplante ou lorsqu'on les divise, ce procédé est du reste lent. Les graines se sèment dès qu'elles sont mûres ou au premier printemps, en pots ou terrines, dans une terre très sableuse et sous châssis froid; elles sont quelquefois longues à germer. Les espèces naines sont des mieux adaptées à l'ornement des rocailles et autres endroits secs; on peut aussi les cultiver en pots, dans un mélange de terre franche, de terre de bruyère et de sable. Les graines des deux espèces annuelles *A. Cicer* et *A. Glaux* se sèment simplement en pleine terre au commencement du printemps.

A. adsurgens, Pall.* *Fl.* violet bleuâtre, disposées en épis oblongs, compacts, à pédoncules plus longs que les feuilles. Juin. *Flles* munies de onze à douze paires de folioles ovales-lancéolées, aiguës; stipules acuminées, aussi longues que les feuilles. Plante glabre, dressée. Sibérie, 1818. Espèce vivace, très belle et très rare.

A. aduncus, Willd. *Fl.* rose pourpre, disposées en épis oblongs, à pédoncules à peine plus courts que les feuilles. Juin-juillet. *Flles* à nombreuses paires de folioles ovales, arrondies, glabres ou quelquefois duveteuses. *Haut.* 15 à 20 cent. Caucase. 1819. Espèce vivace.

A. alopecuroides, Pall.* *Fl.* jaunes, disposées en épis ovales-oblongs, denses, épais; pédoncules axillaires, courts. Juin. *Flles* à folioles nombreuses, ovales-lancéolées, pubescentes; stipules ovales-lancéolées, acuminées. Plante dressée. *Haut.* 60 cent. à 1 m. 50. Sibérie, France, etc. Une des plus belles espèces cultivées. (B. M. 3193.)

A. alpinus, Linn. *Fl.* pourpre bleuâtre, quelquefois blanchâtres, pendantes, disposées en grappes d'environ 12 mm. de long. Été. *Flles* imparipennées, munies de huit à douze paires de folioles ovales ou oblongues. France, Grande-Bretagne, etc. Espèce rampante, poilue, très recommandable. (F. D. 51.) *Phaca astragalina*, DC.

A. arenarius, Linn.* *Fl.* bleues, en épis pauciflores, à pédoncules plus courts que les feuilles. Juin. *Flles* à folioles linéaires, obtuses; stipules soudées, opposées aux feuilles. Plante diffuse, couverte d'un duvet blanchâtre, apprimé. *Haut.* 15 cent. Danemark, France, etc. Vivace. (F. D. 614.)

A. austriacus, Linn.* *Fl.* peu nombreuses; pétale supérieur ou étendard bleu, les autres pourpres; grappes pédonculées, plus longues que les feuilles. Mai. *Flles* à folioles glabres, linéaires, tronquées, émarginées. Plante diffuse, couchée. Europe méridionale; France, etc. Espèce vivace. (J. F. A. 195.)

A. canadensis, Linn. *Fl.* jaunes, disposées en épis; pédoncules presque aussi longs que les feuilles. Juillet. *Flles* pourvues de dix à douze paires de folioles elliptiques-oblongues, obtuses. Plante presque dressée, à peine poilue. *Haut.* 60 cent à 1 m. Amérique du Nord, 1732. Espèce vivace. (L. B. C. 372.)

A. Cicer, Linn. *Fl.* jaune pâle, disposées en épis globuleux, à pédoncules plus longs que les feuilles. Juillet. *Flles* munies de dix à treize paires de folioles elliptiques-oblongues, mucronées. Plante diffuse, couchée. Europe; France, etc. Espèce annuelle. (J. F. A. 251; A. F. P. 3, 41.)

A. dahuricus, Ledeb. *Fl.* pourpres, disposées en grappes denses, plus longues que les feuilles. Juillet. *Flles* munies de sept à neuf paires de folioles oblongues, mucronées. Plante dressée, poilue. *Haut.* 30 à 60 cent. Dahourie et Chine, 1822. Espèce vivace.

A. dasyglottis, Pall.* *Fl.* nuancées de bleu, de pourpre et de blanc, disposées en grappes globuleuses; pédoncules un peu plus longs que les feuilles. Juin. *Flles* à folioles elliptiques-oblongues, un peu émarginées; stipules connées, opposées aux feuilles. *Haut.* 1 m. à 1 m. 20. Plante diffuse. Sibérie, 1818. Charmante petite espèce alpine, vivace.

Fig. 338. — Astragalus galegiformis.

A. falcatus, Lamk. *Fl.* jaune verdâtre, disposées en épis; pédoncules à peine plus longs que les feuilles. Juin. *Flles* munies de seize à vingt paires de folioles elliptiques-oblongues, aiguës. Plante dressée, à peine poilue.

Haut. 30 à 60 cent. Sibérie, endroits humides, herbeux. Espèce vivace. Syn. *A. virescens*, Ait.

A. galegiformis, Linn.' *Fl.* jaune pâle, pendantes, en grappes; pédoncules plus longs que les feuilles. Juin. *Flles* munies de douze à treize paires de folioles elliptiques-oblongues. Plante dressée, glabre. *Haut.* 1 m. à 1 m. 50. Sibérie, 1729. Remarquable espèce vivace.

A. Glaux, Linn. *Fl.* pourpres, disposées en épis très compacts; pédoncules plus longs que les feuilles. Juin. *Flles* munies de huit à treize paires de folioles petites, aiguës, oblongues. France, Espagne, etc. Espèce annuelle, couchée, revêtue de poils blanchâtres.

A. glycyphyllos, Linn.' Astragale à feuille de Réglisse. — *Fl.* jaune soufre, disposées en épis ovales, oblongs; pédoncules plus courts que les feuilles. Juin. *Flles* munies

Fig. 339. — ASTRAGALUS GLYCYPHYLLOS.

de quatre à sept paires de folioles ovales, obtuses, glabres : stipules ovales-lancéolées, entières. *Haut.* 60 cent. à 1 m. France, Angleterre, etc. Espèce vivace, traînante. (F. D. 1108.)

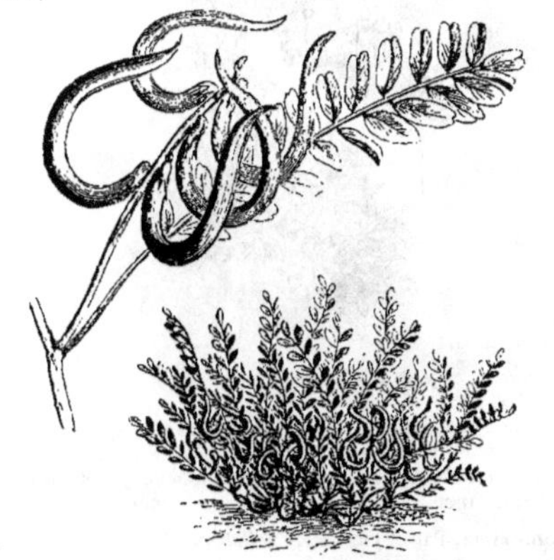

Fig. 340. — ASTRAGALUS HAMOSUS.

A. hamosus, Linn. Vers. — *Fl.* petites, blanc jaunâtre, en grappes courtes de trois à dix fleurs; pédicelles très courts. Mai-juin. Gousses cylindriques, réfléchies, arquées en hameçon, pubescentes lorsqu'elles sont jeunes, puis glabres à maturité. *Flles* à folioles nombreuses, elliptiques, tronquées au sommet, glabres en dessus, incanes en dessous. Tiges nombreuses, ascendantes, velues, blanchâtres. Midi et centre de la France, etc. (S. F. G. 728.) Les fruits imitent assez bien certains vers ou chenilles lorsqu'ils sont verts; on les met quelquefois comme attrape dans la salade. Cette plante n'est guère cultivée que pour cet usage.

A. hypoglottis, Linn.' *Fl.* panachées de pourpre, de bleu et de blanc, disposées en glomérules arrondis; pédoncules, dressés, plus longs que les feuilles. Juin. *Flles* munies de folioles nombreuses, petites, ovales, obtuses, vert foncé, à peine émarginées; stipules ovales, soudées. Tiges couchées, à peine poilues. *Haut.* 1 m. France, Angleterre, etc. Espèce vivace, rampante.

A. h. alba, Hort. Variété différant de l'espèce type par la couleur des fleurs.

A. leucophyllus, — *Fl.* jaune pâle, d'environ 12 mm. de long, disposées en grappes denses; pédoncules beaucoup plus longs que les feuilles. Juillet-août. *Flles* à folioles nombreuses, largement linéaires, couvertes d'une pubescence douce et soyeuse. *Haut.* 60 cent. à 1 m. Amérique du Nord. Espèce vivace.

A. maximus, Willd.' *Fl.* jaunes, disposées en épis sessiles, cylindriques, presque terminaux. Juin. *Flles* à folioles ovales-lancéolées, pubescentes; stipules oblongues, lancéolées. *Haut.* 60 cent. à 1 m. Arménie. Très belle espèce vivace, dressée.

A. monspessulanus, Linn.' *Fl.* ordinairement pourpres, disposées en épis; pédoncules plus longs que les feuilles. Juin. *Flles* munies de vingt et une à quarante et une folioles ovales ou lancéolées. Plante vivace, presque

Fig. 341. — ASTRAGALUS MONSPESSULANUS.

acaule, à feuilles canescentes lorsqu'elle croît dans un lieu sec; mais dans les terres riches et les endroits humides, la tige s'allonge et les feuilles deviennent presque glabres. Europe méridionale; France, etc. Cette espèce est très appréciée et bien digne d'une place dans toutes les collections. (B. M. 375; L. B. C. 981.)

A. narbonensis, Gouan. *Fl.* jaunes, disposées en épis un peu globuleux et courtement pédonculés, axillaires. Juin. *Flles* à folioles oblongues, linéaires; stipules lancéolées. *Haut.* 60 cent. à 1 m. Narbonne, Madrid, etc. Espèce vivace, dressée et poilue.

A. odoratus, Lamk. *Fl.* jaune pâle, odorantes, disposées en épis; pédoncules aussi longs que les feuilles. Juin. *Flles* munies de onze à quatorze paires de folioles oblongues, aiguës; stipules soudées. Plante dressée. *Haut.* 1 m. 80. Orient, 1820. Espèce vivace.

A. onobrychioides, Bieb.' *Fl.* d'un beau rouge pourpre, disposées en épis globuleux, longuement pédonculés. Juillet. *Flles* munies de huit à dix paires de folioles elliptiques; stipules soudées, opposées aux feuilles. Plante un peu diffuse, frutescente à la base et revêtue de poils apprimés. *Haut.* 20 à 30 cent. Ibérie, Perse, etc., 1819. Très belle espèce vivace.

A. Onobrychis, Linn. *Fl.* pourpres, disposées en épis ovales-oblongs, à pédoncules plus longs que les feuilles. Juin. *Flles* munies de sept à seize paires de folioles oblongues. *Haut.* 45 cent., ou étalée. Montagnes de l'Europe méridionale; France, etc. (J. F. A. 38; B. M. 2665, var.) Espèce vivace, très élégante, une des plus recommandables du genre. Les variétés *alpinus*, *major*, *microphyllus* et *moldaricus* sont toutes à fleurs blanches, mais la première est seule cultivée.

A. pannosus, — * *Fl.* roses, disposées en glomérules arrondis; pédoncules plus courts que les feuilles. Juillet. *Flles* munies de quatre à neuf paires de folioles lancéolées, ovales, revêtues de longs poils blancs, laineux. *Haut.* 15 à 20 cent. Sibérie. Espèce vivace.

A. ponticus, Pall. *Fl.* jaunes, disposées en épis sessiles, presque glabres. Juillet. *Flles* oblongues, lisses; stipules lancéolées. Tige à peine poilue. *Haut.* 60 cent. Tauride, 1820. Belle espèce vivace, dressée, convenable pour plates-bandes.

A. purpureus, Lamk. *Fl.* bleu pourpre, disposées en épis globuleux, à pédoncules plus longs que les feuilles. Juin. *Flles* à folioles obovales, bidentées au sommet; stipules soudées, opposées aux feuilles. Plante diffuse, couchée, à peine poilue. *Haut.* 1 m. à 1 m. 50. Provence, 1820. Vivace.

A. sulcatus, Linn.* *Fl.* violet pâle; carène blanche à pointe brune, grappes pédonculées, plus longues que les feuilles. Juillet. *Flles* à folioles linéaires-lancéolées. Plante dressée, glabre; tige canaliculée. *Haut.* 60 cent. à 1 m. Sibérie, 1783. Espèce vivace.

A. Tragacantha, Linn.* Gomme Adragante. Angl. Gum Tragacanth. — *Fl.* violet pâle, axillaires, sessiles, réunies en bouquets de deux à cinq fleurs. Juin. *Flles* pourvues de huit à neuf paires de folioles linéaires, hispides, revêtues de poils soyeux; les adultes glabres; jeunes stipules soudées, pétioles persistants, se transformant en épines ligneuses. *Haut.* 45 cent. à 1 m. Orient, 1640. Sous-arbrisseau toujours vert. On supposait autrefois que la Gomme Adragante provenait de cette plante; on sait à présent que cette substance n'est pas fournie par elle, mais par plusieurs espèces des montagnes de l'Asie Mineure, etc.

A. vaginatus, Pall. *Fl.* pourpre rosé, à ailes blanches au sommet, réunies en épis compacts; calice un peu renflé, couvert de poils doux, blancs et noirs. Été. *Flles* imparipennées, munies de sept à neuf paires de folioles oblongues, allongées, couvertes sur les deux faces de poils courts, argentés. *Haut.* 30 cent. Sibérie. Espèce vivace.

A. vesicarius, Linn. *Fl.* à étendard pourpre, ailes jaunes, et carène blanche à pointe jaune; calice revêtu d'un duvet noir, apprimé et de longs poils blancs, divergents; pédoncules plus longs que les feuilles. Juillet. *Flles* munies de cinq à sept paires de folioles elliptiques. Plante diffuse, couchée, couverte d'un duvet soyeux, blanchâtre et apprimé. *Haut.* 15 à 20 cent. France, etc. Espèce rampante, vivace. (A. F. P. 3, 80; B. M. 3268.)

A. vimineus, Pall. *Fl.* à étendard rose purpurin, beaucoup plus long que les ailes, blanc pur; calice revêtu de poils noirs; épis un peu capitulés, pédonculés, plus longs que les feuilles. Juin. *Flles* munies de quatre à six paires de folioles lancéolées, aiguës, couvertes de poils apprimés. *Haut.* 15 à 30 cent. Sibérie, 1816. Belle espèce vivace.

A. virescens, Ait. Syn. d'*A. falcatus*, Lamk.

A. vulpinus, — *Fl.* jaune pâle, disposées en épis presque globuleux, portés sur des pédoncules très courts. Juin. *Flles* à folioles obovales, obtuses, émarginées, un peu veloutées. Plante dressée, à tige glabre. *Haut.* 60 cent. à 1 m. Caucase, 1815. Belle espèce vivace, convenable pour plates-bandes.

ASTRANCE. — V. **Astrantia,** Linn.

ASTRANTIA, Linn. (de *astron*, étoile; allusion à la disposition des ombelles). **Astrance.** Fam. *Ombellifères.* — Genre comprenant environ six espèces de plantes herbacées, vivaces, originaires de l'Europe et de l'Asie occidentale. Fleurs en ombelles irrégulièrement disposées sur les tiges et formées d'ombellules régulières, multiflores, entourées d'involucres et d'involucelles à bractées foliacées, élargies. Feuilles radicales pétiolées, palmatilobées; les caulinaires réduites et peu nombreuses. Racines noirâtres. Les Astrances sont propres à l'ornement des plates-bandes et des rocailles. Elles poussent dans presque tous les terrains, mais elles préfèrent les sols argileux, humides et ombragés. On les multiplie par division des touffes, au printemps ou à l'automne, et par graines que l'on sème d'avril en juillet, en pépinière et à l'ombre.

A. carniolica, Jacq.* *Fl.* blanches; folioles de l'involucre douze à quinze, très entières, blanches, avec une nervure médiane verte et teintées de rose. Mai. *Flles* radicales palmées, à cinq à sept lobes acuminés, inégalement dentés. *Haut.* 15 à 30 cent. Carniolie, 1812. Jolie espèce.

A. helleborifolia, Salisb.* *Fl.* roses, pédicellées; folioles de l'involucre douze à treize, ovales-lancéolées, un peu plus longues que les fleurs et ciliées sur leurs bords. Juin. *Flles* radicales, palmatiséquées, à trois lobes ovales, lancéolés, inégalement denticulés et ciliés. *Haut.* 30 à 60 cent. Souche traçante. Est du Caucase, 1804. Syns. *A. heterophylla*, Marsh. et *A. maxima*, Pall.

A. heterophylla, Marsh. Syn. de *A. helleborifolia*, Salisb.

A. major, Linn.* Radiaire, Sanicle femelle. — *Fl.* blanches ou roses, pédicellées; folioles de l'involucre quinze à vingt, linéaires-lancéolées, très entières, à peine plus longues que l'ombelle. Juin-juillet. *Flles* radicales, palmatiséquées, à cinq lobes ovales-lancéolés, aigus, presque trifides, dentés. *Haut.* 30 à 60 cent. Souche gazonnante. Europe; France, etc. 1596. Belle plante ornementale.

Fig. 342. — Astrantia major.

A. maxima, Pall. Syn. de *A. helleborifolia*, Salisb.

A. minor, Linn. *Fl.* blanc rosé, folioles de l'involucre douze à quinze, blanchâtres, entières, égalant l'ombelle. Juin-juillet. *Flles* palmatiséquées, à sept-neuf lobes lancéolés, aigus, dentés. *Haut.* 15 à 25 cent. Souche gazonnante. France, etc.

ASTRAPÆA, Lindl. (de *astrape*, éclair; allusion à

l'éclat des fleurs). Fam. *Sterculiacées*. — Genre comprenant quelques espèces d'arbres de serre chaude, originaires de Madagascar, de Bourbon, etc., aujourd'hui réunis aux *Dombeya* par Bentham et Hooker. Pédoncules axillaires, allongés, portant une ombelle de grandes fleurs sessiles, entourées par un involucre foliacé. Feuilles alternes, pétiolées, cordiformes, à trois-cinq lobes. Il leur faut un compost de terre franche et de terre de bruyère et beaucoup d'humidité ; on obtient d'excellents résultats en plaçant les pots dans une soucoupe remplie d'eau. Multiplication en avril, par boutures de bois tendre, plantées dans un mélange de terre franche et de terre de bruyère ou de sable, sous cloches et à chaud.

A. tiliæflora, Sweet. *Fl.* roses. *Haut.* 6 m. Ile Bourbon, 1824.

A. viscosa, Sweet. *Fl.* roses. *Haut.* 6 m. Madagascar, 1823.

A. Wallichii, Lindl.* *Fl.* écarlates, en ombelles pendantes. Juillet. *Flles* grandes, cordiformes, anguleuses ; stipules foliacées, ovales-acuminés ; pédoncules allongés, velus. *Haut.* 10 m. Madagascar, 1820. Cette plante est une des plus belles de nos serres ; aucune ne la surpasse pendant sa floraison.

ASTRINGENT. — Se dit de certaines plantes et en particulier de certains fruits dont la saveur détermine une sorte de crispation ou de resserrement des muqueuses. Tout le monde connaît le goût des sorbes lorsqu'elles ne sont pas entièrement mûres ; on dit alors familièrement qu'elles sont âpres ; cette propriété est due au tannin qu'elles contiennent en abondance. (S. M.)

ASTROCARYUM, C. W. G. Mey (de *astron*, étoile, et *karyon*, noix ; allusion à la disposition des fruits). Fam. *Palmiers*. — Genre voisin des *Cocos*, comprenant vingt-neuf espèces originaires de l'Amérique tropicale, depuis le Mexique jusqu'au Brésil austral. Ce sont de beaux palmiers de serre chaude, à tige courte ou nulle, grêle ou élevée, couverte d'épines, ainsi que les feuilles, les pétioles, les spathes et quelquefois les fruits. Fleurs monoïques, réunies sur le même spadice, naissant à l'aisselle des vieilles feuilles mortes ; spathe simple, fusiforme, ligneuse, persistant longtemps. Drupes ovales, jaunes ou orangées, odorantes chez quelques espèces. Feuilles pinnées, à segments linéaires, vert foncé en dessus, fréquemment argentés en dessous. Les *Astrocaryum* se plaisent dans un compost de deux tiers de terre franche et un tiers de terreau ; on peut les arroser copieusement. Multiplication par graines que l'on sème au printemps, sur couche, ou par drageons lorsqu'on peut en obtenir.

A. acaule, *Flles* pinnées, de 1 à 3 m. de long, grêles et étalées, réunies en bouquets et pendantes ; segments étroits. Épines noires, très nombreuses, allongées, plates. *Haut.* 3 m. Brésil, 1820.

A. aculeatum, *Haut.* 12 m. Guinée, 1824.

A. argentum, — * *Flles* arquées, cunéiformes dans leur contour, pinnées, distinctement plissées, vert tendre sur la face supérieure, couvertes sur la face inférieure et sur les pétioles d'une pruine blanche qui leur donne une apparence argentée. Colombie, 1875. Un des plus beaux Palmiers à feuillage argenté.

A. borsignyanum, — V. *Stevensonia grandifolia*.

A. filare, — * *Flles* dressées, cunéiformes dans leur contour, avec deux lobes divergents ; pétioles couverts sur les deux faces d'une pruine blanche. Espèce distincte et élégante, relativement naine et grêle. Colombie, 1875.

A. granatense, — *Flles* pinnées, à segments oblongs, acuminés ; rachis épineux sur les deux faces ; pétioles brunâtres, armés de nombreuses épines foncées, aciculaires, éparses. Colombie, 1876.

A. mexicanum, — Mexique, 1864.

A. Muru-Muru, Mart. *Flles* pinnées, de 3 à 4 m. de long, à folioles lancéolées, sub-falciformes, vert foncé en dessus, argentées en dessous. Tige de 4 à 5 m. de haut, couverte d'épines denses, fortes, noires, de plus de 15 cent. de long. *Haut.* 12 m. Brésil, 1825.

A. rostratum. — *Flles* irrégulièrement pinnées, de 1 m. à 2 m. 50 de long, à segments de 30 à 45 cent. de long, le terminal beaucoup plus grand ; tous vert foncé en dessus, argentés en dessous ; pétioles largement engainants à la base, fortement armés d'épines noires, ayant quelquefois 5 cent. de long. Tige grêle, garnie de longues épines noires, denses. Plante à végétation lente, atteignant à la fin 10 m. de haut. Brésil, 1854.

A. vulgare, Mart. *Flles* d'environ 3 m. de long, à folioles lancéolées, longuement acuminées. *Fr.* ovoïde, muni d'une pointe terminale rouge, de 3 cent. de long. *Haut.* 8 à 10 m. Brésil, 1825.

ASTROLOBIUM, DC. — V. **Coronilla**, Linn.

ASTROLOMA, R. Br. (de *astron*, étoile, et *loma*, frange : allusion au limbe frangé de la corolle). Comprend les *Stenanthera*, R. Br. *Fam. Epacridées*. — Genre renfermant dix-huit espèces de jolis petits arbustes de serre froide, diffus, toujours verts, originaires de l'Australie tempérée. Fleurs solitaires, axillaires ; calice accompagné de plusieurs bractées ; corolle tubuleuse, ventrue au milieu, portant à l'intérieur cinq faisceaux de poils près de la base ; étamines cinq. Feuilles alternes, très rapprochées, linéaires ou obovales-lancéolées et mucronées. Ils aiment un compost de terre franche, de terre de bruyère et de sable en parties égales, ainsi qu'un drainage parfait. Multiplication par boutures herbacées qui s'enracinent facilement dans du sable, en serre froide et sous cloches.

A. denticulatum, R. Br. *Fl.* axillaires, dressées ; corolle rouge pâle, à tube ventru. Mai-juillet. *Flles* éparses, lancéolées, ciliées, ordinairement inclinées, mais quelquefois dressées. *Haut.* 30 cent. Australie, 1824.

A. longiflorum, *Fl.* rouges, presque sessiles ; sépales obtus ; corolle à tube d'environ 2 cent. de long ; bractées très petites. Avril. *Flles* étalées, linéaires, rétrécies en pointe courte, serrulées, ciliées, convexes, à bords récurvés, rapprochées et de 6 mm. de long, ou plus espacées et de 12 mm. de long. Tiges couchées ou diffuses. Australie, 1836. Syn. *Stenanthera ciliata*.

A. humifusum, R. Br. *Fl.* écarlates, à corolle ventrue. Mai-juin. *Flles* lancéolées-linéaires, légèrement convexes en dessus, ciliées sur les bords. Sous-arbrisseau couché, très rameux. *Haut.* 30 cent. Australie, 1807.

A pinifolium, — * *Fl.* sessiles et solitaires dans les aisselles, mais souvent groupées à la base des rameaux ; bractées nombreuses, les intérieures de 6 à 8 mm. de long ; corolle d'environ 2 cent. de long, rougeâtre à la base, passant au jaune, puis verte à l'extrémité des divisions. Mai. *Flles* rapprochées, très étroites, linéaires, rigides, pointues, à bords scabres, révolutés, ayant environ 12 mm. de long. *Haut.* 60 cent. à 1 m. (ou plus petit et diffus). Australie, 1816. (B. R. 218.) Syn. *Stenanthera pinifolia*, R. Br.

ASTROPHYTUM myriostigma, — V. **Echinocactus myriostigma.**

ASYSTASIA, Blume (signification obscure). Syn. *Henfreya*, Lindl. Comprend, d'après Bentham et Hooker, les *Dicentranthera*, T. Anders. et *Mackaya*, Harv. *Fam. Acanthacées.* — Genre renfermant environ vingt-cinq espèces d'arbrisseaux toujours verts, de serre chaude ou tempérée, originaires de l'Afrique tropicale et australe, des Indes orientales et de l'Archipel malais. Fleurs disposées en grappes axillaires ou terminales, accompagnées de bractéoles; corolle presque infundibuliforme, à cinq divisions; calice régulier, à cinq dents; étamines quatre; style simple, à stigmate capité. Feuilles opposées. Il leur faut un compost de terre franche, de terre de bruyère et de sable, auquel on peut ajouter un peu de fumier de vache bien décomposé afin d'exciter la végétation. On les multiplie en avril, par boutures de jeunes rameaux, que l'on plante dans du sable sous cloches et sur une bonne chaleur de fond.

L'A. (*Mackaya*) *bella* est une très belle plante de serre tempérée, très vigoureuse, mais qui exige un traitement spécial pour fleurir abondamment. Une connaissance parfaite de son mode de végétation et de floraison est presque indispensable pour le cultiver avec succès. Les points essentiels de sa culture sont: d'exciter sa végétation pendant tout l'été, dans une serre aérée, claire, et de le laisser en repos en hiver, période pendant laquelle il faut suspendre les arrosements sur les feuilles ainsi qu'aux racines. La plante est à feuilles presque, ou même tout à fait caduques et les fleurs naissent au sommet des rameaux bien aoûtés. Les boutures s'enracinent facilement pendant l'été, dans un châssis à multiplication; les jeunes plantes ainsi obtenues doivent être poussées le plus possible jusqu'au commencement de l'hiver. Quelques pincements rendent les plantes touffues et font développer de nouveaux rameaux à la base des tiges. Pendant la végétation, les arrosages devront être abondants, les seringages fréquents, et les plantes devront être tenues en serre ou sous châssis très aérés et très éclairés. Dans ces conditions, on obtiendra en novembre, des plantes bien faites, dans des pots de 12 cent. On les met alors en repos jusqu'en avril, période pendant laquelle on les tient très sèches. A cette époque, on rabat les tiges et on prépare les plantes pour fleurir l'année suivante. Lorsque les nouvelles pousses commencent à se développer, on transfère les plantes dans des pots de 20 cent. dans un compost fertile et un peu grossier, formé de deux parties de terre franche et d'une de fumier de vache desséché. On les rempote de nouveau pendant le cours de la végétation dans des pots de 25 cent., les tiges atteignent alors environ 1 m. à l'automne. On les hiverne comme il est dit plus haut. En avril suivant, on place les plantes dans une serre dont la température est maintenue à environ 16 deg., et on excite le plus possible le développement des fleurs. Lorsque celles-ci commencent à s'ouvrir, la température peut être abaissée d'environ 5 degrés. Il est important de bien aoûter les plantes et de conserver les extrémités de tous les rameaux, si on désire les soumettre au même traitement l'année suivante. Il est cependant bon d'en multiplier un certain nombre chaque année afin d'avoir une provision de jeunes plantes vigoureuses. Les kermès sont souvent très nuisibles; il faut en débarrasser les plantes par des lavages à l'éponge avec une légère décoction de savon noir ou autre insecticide.

A. bella, — ᶻ *Fl.* lilas pâle, campanulées, de presque 5 cent. de long, à gorge élégamment striée et réticulée de pourpre; étamines quatre, dont deux stériles; grappes multiflores, de 10 à 15 cent. de long. Mai. *Flles* ovales-oblongues, sinuées. dentées. *Haut.* 2 m. Natal, 1869. (B. M. 5797.) Syn. *Mackaya bella.*

A. bengalensis, — V. *Thyrsacanthus indicus*, son nom correct.

A. chelonioides, — ᶻ *Fl.* pourpre rougeâtre, bordé de blanc, en grappes terminales. *Flles* opposées, ovales, aiguës. *Haut.* 1 m. 30. Indes, 1871. Joli sous-arbrisseau nain.

A. coromandeliana, — *Fl.* lilas foncé, en grappes axillaires, allongées, dressées, unilatérales. Juillet. *Flles* opposées, ovales, cordiformes; rameaux diffus. *Haut.* 1 m. 30. Indes, 1845. (B. M. 4248; P. M. B. 14, 125; F. d. S. 2, 179.) Syn. *Justicia gangetica.*

A. macrophylla, — ᶻ *Fl.* bilabiées, campanulées, rose purpurin à l'extérieur et presque blanc pur à l'intérieur, en épis terminaux, dressés, de 30 cent. de long. Juin. *Flles* très grandes, obovales, lancéolées. *Haut.* 2 m. 50 à 6 m. Fernando Po, 1867.

A. scandens, Lindl.—ᶻ *Fl.* blanc crème; tube de la corolle élargi et récurvé dans sa partie supérieure, à lobes crénelés, arqués; grappes terminales, compactes, thyrsiformes. Juillet. *Flles* obovales ou ovales-aiguës, glabres. *Haut.* 2 m. Sierra Leone, 1845. C'est une belle plante grimpante, de serre chaude, exigeant une température élevée et beaucoup d'humidité. (B. M. 4449.) Syn. *Henfreya scandens*, Lindl. (B. R. 33, 31; F. d. S. 3,231.)

A. violacea, — ᶻ *Fl.* pourpre violacé, striées de blanc, en grappes terminales. *Flles* courtement pétiolées, ovales, acuminées, vert foncé, finement velues sur les deux faces. *Haut.* 30 à 60 cent. Indes, 1870. Jolie plante naine.

ATACCIA, Presl. — V. **Tacca,** Forst.

ATACCIA cristata, Kunth. — V. **Tacca integrifolia.**

ATALANTA, Nutt. — Réunis aux **Cleome,** Linn.

ATALANTHUS, Don. — Réunis aux **Sonchus,** Linn.

ATALANTIA, Corr. (nom mythologique; de Atalanta, sœur de Schœneus). Comprend, d'après Bentham et Hooker, le genre *Severinia*, Ten. Fam. *Rutacées.* — Genre comprenant douze espèces de beaux arbustes ou arbrisseaux toujours verts, de serre chaude ou froide, originaires de l'Asie tropicale, de la Chine et de l'Australie. Fleurs disposées en cymes ou glomérules axillaires, ou rarement solitaires; corolle à trois-cinq sépales libres ou soudés au tube staminal; celui-ci portant huit étamines. Feuilles composées, souvent unifoliées, entières, coriaces, persistantes; rameaux inermes ou armés d'épines. Les *Atalantia* se plaisent dans un mélange de terre franche et de terre de bruyère. Multiplication par boutures bien aoûtées, qui s'enracinent facilement dans du sable à chaud et sous cloches. L'*A. buxifolia* se cultive comme les *Citrus.*

A. buxifolia. — *Fl.* blanches, petites, sub-sessiles, solitaires ou disposées en petits glomérules axillaires; étamines dix, libres. Mai. *Flles* simples (unifoliées), coriaces, persistantes, entières. *Haut.* 1 m. Chine. Syn. *Severinia unifolia.*

A. monophylla, Correa. *Fl.* petites, blanches, en grappes axillaires. *Fr.* jaune d'or, de la grosseur d'une muscade. Juin. *Flles* simples, ovales, oblongues, émarginées au sommet. Epines petites, simples. *Haut.* 2 m. 50. Indes. 1777. Arbrisseau épineux.

ATAVISME. — Force ascendante, qui tend toujours à rapprocher les êtres du type dont ils sont sortis. De nombreuses formules ont été émises pour expliquer ce phénomène ; nous en citerons seulement deux qui nous paraissent suffisamment explicites: M. Dailly (*Dict. des Sc. méd.*) définit ce mot par « *la réapparition dans un individu ou chez un groupe d'individus, de caractères anatomo-physiologiques, positifs ou négatifs, que n'offraient point leurs parents immédiats, mais qu'avaient offerts leurs parents directs ou collatéraux* ». MM. Vilmorin, Andrieux et Cie (*Fleurs de pleine terre*, p. 1502), disent : « *Force ou propriété intime des êtres qui les porte à revenir, à se rapprocher des caractères originels de leurs ancêtres ou de la série dont ils sont sortis ; en un mot, à retourner vers le point de départ, ou à l'état primitif, d'où sont sorties les modifications qui les caractérisent.* » C'est pour lutter contre cette loi que la sélection en vue de conserver ou d'accentuer les modifications obtenues est un besoin incessant. On a beaucoup écrit sur l'atavisme ; nous ne croyons pas devoir nous étendre ici plus longuement sur ce sujet qui appartient au domaine de la physiologie végétale ; nous recommanderons cependant de lire la brochure intitulée : « *Notices sur l'amélioration des plantes par le semis et considérations sur l'hérédité dans les végétaux* », par M. Louis Lévêque de Vilmorin ; on y trouvera une étude approfondie de ces phénomènes, ainsi que les résultats d'expériences tentées en vue de l'amélioration des plantes et de l'obtention de nouvelles races. (S. M.)

ATHALMUS, Neck. — V. **Pallenis**, Cass.

ATHAMANTA, Linn. (du mont Athamas, en Sicile, où croissent quelques espèces). Syn. *Turbith*. Tausch. *Fam. Ombellifères*. — Petit genre ne renfermant plus que deux ou trois espèces de plantes herbacées, rustiques ou demi-rustiques, originaires de l'Europe et de l'Asie occidentale. Ce sont des herbes couvertes d'un duvet blanchâtre, à fleurs blanches, réunies en ombelles, à involucre quelquefois nul et à involucelle formé d'un grand nombre de bractéoles : feuilles découpées en nombreux segments filiformes. L'*A. Matthioli* est une gracieuse plante vivace, à feuillage très fin. Elle se plaît en toute terre de jardin ; on la multiplie par division des touffes, ou par graines que l'on sème au printemps.

A. Matthioli, Wulf. *Fl.* blanches, en ombelle de douze à vingt-cinq fleurs. Eté. *Flles* tri- ou quaternées, à folioles linéaires, filiformes, allongées, divariquées. *Haut.* 30 à 60 cent. Alpes de Carinthie, 1802.

ATHANASIA, Linn. (de *a*, privatif, et *thanatos*, mort ; allusion à la longue durée des fleurs). Fam. *Composées*. — Genre comprenant quarante espèces d'arbustes toujours verts, de serre froide, tous originaires du Cap. Leurs fleurs sont jaunes, réunies en corymbe ou rarement solitaires. Leurs feuilles sont éparses, lobées ou dentées et très polymorphes. Les *Athanasia* sont peu cultivés dans le nord, mais dans le midi où ils sont suffisamment rustiques pour vivre en pleine terre, quelques espèces y sont assez répandues. Pour leur culture en pots, il faut un mélange de trois parties de terre franche et une de terre de bruyère. On les multiplie en été par boutures de bois à moitié mûr, dans du sable et sous cloches.

A. capitata, Linn. ' *Fl.* en capitules jaunes. Mars. *Flles* pinnatipartites ; les juvéniles canescentes, les adultes lisses. *Haut.* 45 cent. Cap, 1774.

A. crithmifolia, Linn. *Fl.* en capitules jaunes, longuement pédonculés, solitaires, mais réunis au sommet des rameaux. Avril. *Flles* éparses, petites, diversement lobées, et comme digitées. *Haut.* 1 m. environ. Cap, 1728. (L. E. M. 670.)

A. pubescens, Linn. *Fl.* en capitules jaunes. Juillet. *Flles* oblongues, entières ou tridentées, mollement velues sur les deux faces, presque glabres à l'état adulte. *Haut.* 2 m. Cap, 1768.

ATHEROSPERMA, Labill. (de *ather*, arête, et *sperma*, graine ; les graines sont aristées). Fam. *Monimiacées*. — Genre monotypique, caractérisé par un bel arbre toujours vert et majestueux, de serre froide, originaire de l'Australie. Fleurs dioïques, paniculées ; périanthe à cinq à huit divisions. Feuilles opposées, aromatiques. A cultiver dans un compost de terre franche et de terre de bruyère en parties à peu près égales et multiplication par boutures.

A. moschata, Labill. Angl. Plume Nutmeg ; Tasmanian Sassafras. — *Fl.* blanches. Juin. *Haut.* 12 m. Nouvelle-Hollande, 1824.

ATHÉROSPERMÉES. — V. **Monimiacées**.

ATHERURUS, Blume. — V. **Pinellia**, Ten.

ATHLIANTHUS, Endl. — V. **Justicia**, Linn.

ATHRIXIA, Ker. (de *a*, privatif, et *thrix*, poil ; le réceptacle est dépourvu de poils). Syn. *Asteridia*, Lindl. Fam. *Composées*. — Genre comprenant quinze espèces originaires de l'Afrique australe et tropicale et de l'Australie. L'espèce ci-dessous est un arbuste toujours vert, de serre froide. Capitules solitaires, terminaux. Feuilles entières, alternes, pliées sur les bords, tomenteuses en dessous. Il se plaît dans un mélange de terre franche, fibreuse, de terre de bruyère et de sable, que l'on doit fouler convenablement pendant le rempotage. Multiplication par boutures herbacées, plantées en terre siliceuse, sous cloches et traitées comme celles des *Erica*.

A. capensis, Ker. ' *Fl.* en capitules rouge carmin vif, solitaires et terminaux. Avril. *Flles* étroites, lancéolées, alternes, entières. *Haut.* 1 m. Cap, 1821. (B. R. 8, 681.)

ATHROTAXIS, Don. (de *athros*, rassemblé, et *thaxis*, arrangement ; allusion à la disposition des écailles des cônes). Fam. *Conifères*. — Genre comprenant trois espèces originaires de la Tasmanie et de Victoria. Ce sont de petits arbres ou arbustes toujours verts, monoïques, ayant un peu le port de certains Lycopodes. Feuilles petites, en forme d'écailles ; cônes globuleux, formés de nombreuses écailles imbriquées, recouvrant chacune trois à six ovules. Les *Athrotaxis* sont peu décoratifs et ne sont en réalité intéressants qu'au point de vue botanique. Ils demandent une exposition très abritée ou mieux l'orangerie. On les multiplie par boutures. On écrit presque toujours, mais à tort, *Arthrotaxis*.

A. cupressoides, Don. *Flles* petites, épaisses, coriaces, fortement imbriquées et disposées en spirale, vert foncé brillant. *Haut.* 10 m. Tasmanie. Petit arbre dressé, très ramifié et à végétation fort lente.

A. Doniana, Maule. Syn. de *A. laxifolia*, Hook.

A. imbricata, Hort. Syn. de *A. selaginoides*.

A. laxifolia, Hooker. Diffère de l'*A. cupressoides* par ses feuilles plus longues, plus aiguës et étalées comme celles des Genévriers; les branches latérales sont presque pendantes. *Haut.* 6 à 8 m. Tasmanie. Syn. *A. Doniana*, Maule.

A. selaginoides, Don. *Flles* vert foncé, bractéiformes, disposées en spirale et fortement appliquées sur les rameaux; branches et ramifications très nombreuses. *Haut.* variant jusqu'à 12 m. Tasmanie, 1847. Arbuste intéressant et tout à fait distinct. Syn. *A. imbricata*, Hort.

Fig. 343. — Athrotaxis selaginoides. (*Rev. Hort.*)

Fig. 344. — Athrotaxis laxifolia. (*Rev. Hort.*)

ATHRUPHYLLUM, Lour. — V. **Myrsine**, Linn.

ATHYRIUM, Roth. — V. **Asplenium**, Linn.

ATOMAIRE des Betteraves. — V. **Betteraves** (Atomaire des).

ATRAGENE, Linn. (nom anciennement donné au *Clematis Vitalba* par Théophraste). Fam. *Renonculacées*. — Genre de beaux arbrisseaux rustiques, grimpants, à feuilles caduques très voisins des *Clematis* parmi lesquels plusieurs auteurs les rangent à présent. Ils en diffèrent par leurs staminodes nombreux et pétaloïdes. On les multiplie par boutures que l'on repique sous cloches, en terre siliceuse, et par marcottes faites à l'automne. Ces deux méthodes sont toutefois assez lentes, car les marcottes ne doivent être détachées que l'année suivante pour que les plantes soient bien enracinées. Les graines doivent être semées au commencement du printemps, sur une couche tempérée; on repique les plants lorsqu'ils sont suffisamment forts et on cultive les plantes en pots jusqu'à ce qu'elles soient adultes.

A. alpina, Linn.* *Fl.* variant du blanc au bleu, pétales dix à douze, linéaires à la base, mais dilatés au sommet; pédoncules uniflores, plus longs que les fleurs. Mai. *Flles* alternées, à folioles ovales-lancéolées, acuminées, denticulées. Montagnes de l'Europe; France, etc. On cultive une variété *alba*. (B. M. 530; J. F. A. 3,241.) Syns. *A. austriaca*, Scop. (L. B. C. 250) et *A. sibirica*, Sims. (B. M. 1951.) *Clematis alpina*, Lamk.

A. americana, Sims.* *Fl.* grandes, pourpre bleuâtre; pétales aigus; pédoncules uniflores. Mai. *Flles* verticillées par quatre; folioles pétiolulées, cordiformes, lancéolées, acuminées, entières, dentées ou un peu lobées. Amérique du Nord, 1797. (B. M. 887.) Syn. *Clematis verticillaris*, DC.

A. austriaca, Scop. Syn. de *A. alpina*, Linn.

A. macropetala, Ledeb.* *Fl.* bleues. Mandchourie, 1870.

A. sibirica, Sims. Syn. de *A. alpina*, Linn.

ATRAPHAXIS, Linn. (ancien nom grec donné par Dioscorides, etc., à l'Arroche). Comprend les *Tragopyron*, M. B. Fam. *Polygonées*. — Genre renfermant environ dix-sept espèces originaires de l'Asie centrale et occidentale. Ce sont des arbrisseaux rustiques, très rigides, rameux, ayant entre eux beaucoup de ressemblance. Fleurs hermaphrodites, souvent fasciculées aux nœuds, à cinq ou six divisions, dont les deux extérieures sont souvent plus petites; étamines six-huit, rarement dix. Feuilles alternes ou fasciculées aux nœuds, étroites ou presque petites. Les espèces décrites ci-dessous sont les plantes intéressantes qu'il faut cultiver en terre de bruyère ou en terre sableuse. La taille leur est très peu nécessaire. On les multiplie par boutures ou par marcottes.

A. buxifolia, — *Fl.* blanches, pendantes, disposées en longues grappes. Juillet. *Fr.* rouges. *Flles* obovales, obtuses, courtement mucronées, vert tendre, d'environ 1 cent. 1/2 de diamètre, ondulées sur les bords, caduques. *Haut.* 60 cent. Sibérie, 1800. Syns. *Polygonum crispulum* (B. M. 1065); *Tragopyron buxifolium*.

A. spinosa, Linn. *Fl.* blanches, teintées de rose. Août. *Flles* glauques, de 12 mm. ou moins de long, ovales, aiguës, presque persistantes, courtement pétiolées. Branches ascendantes, horizontales ou réfléchies. *Haut.* 60 cent. à 1 m. Orient, 1732. (W. D. B. 119.)

ATRIPLEX, Tourn. (de *a*, privatif, et *traphein*, nourrir). **Arroche**, Angl. Orach. Fam. *Chénopodées*. — Genre comprenant environ vingt espèces de plantes herbacées ou arbustives, originaires des régions tempérées. Fleurs monoïques ou dioïques, composées d'un calice à cinq divisions non colorées, accrescentes, entourant à la maturité le fruit qui est un achaine; étamines dix; style à deux branches. La plupart sont des herbes dépourvues de tout intérêt horticole. Seules, les suivantes méritent d'être mentionnées ici. Pour leur culture, V. **Arroche**.

A. hortensis, Linn. Arroche blonde, Belle dame, etc. — *Fl.* verdâtres, réunies en épis paniculés. Été. *Flles* vertes ou rouges, sagittées, molles. Tiges anguleuses, cannelées. *Haut.* 1 m. 50 à 2 m. Tartarie. Pour sa culture et ses usages culinaires, V. **Arroche**. — Sa variété rouge foncé (*A. h. atrosanguinea*) est une belle plante pouvant atteindre environ 1 m. 50, que l'on peut employer concurremment avec certains *Amaranthus* et autres plantes analogues pour la garniture des grands massifs des parcs.

A. Halimus, Linn. Arroche Halime, Pourpier de mer. — *Fl.* rougeâtres, petites. Juillet-août. *Flles* alternes ou opposées, oblongues, un peu charnues. *Haut.* 1 m. à 1 m. 50. Littoral de l'Océan, etc. Arbrisseau traînant, rustique, à feuilles glauques, presque persistantes. — On le mange parfois en salade ou confit au vinaigre. On l'emploie avec avantage pour la garniture des massifs d'arbustes dans les jardins du bord de la mer. Multiplication par éclats et par semis. (S. F. G. 962.)

L'*A. halimoides var. monumentalis*, Spreng., est une forme obtenue de semis, atteignant 2 à 3 m. (R. G. 1899 p. 24.)

A. nummularia, Lindl. *Fl.* blanches. *Flles* blanc argenté. Arbrisseau demi-rustique, très rameux, atteignant 2 m. 50 à 3 m. Australie, 1890.

ATROPA, Linn. (nom d'origine mythologique). **Belladone**, Angl. Belladonna, Dwale. Fam. *Solanées*. — Petit genre ne comprenant qu'une ou peut-être deux espèces répandues en Europe et en Asie occidentale et méridionale. Ce sont des plantes vivaces, rustiques, herbacées ou suffrutescentes. Fleurs à calice à cinq divisions persistantes; corolle tubuleuse, à cinq étamines incluses et à filets barbus. Le fruit est une baie noire, un peu aplatie, de la grosseur d'une cerise. Toute la plante, mais plus particulièrement les fruits, con-

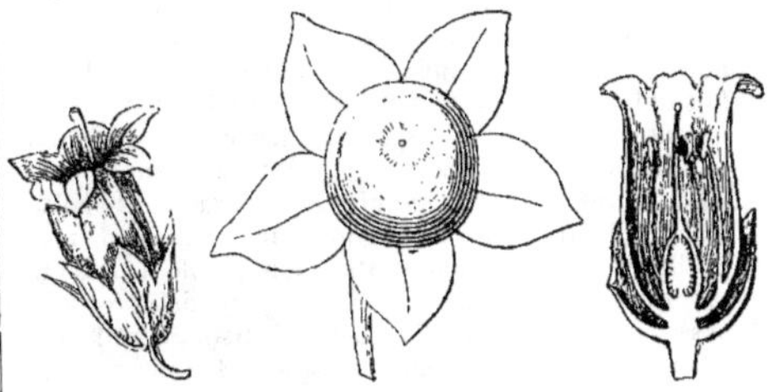

Fig. 345. — Atropa Belladonna.
Fleur entière, coupée longitud. et fruit.

tiennent un poison des plus virulents, que semble cacher un goût doucereux, aussi ont-ils plusieurs fois causé de fatales méprises. La plante n'est d'aucun mérite horticole, mais on la cultive pour en extraire l'atropine, son alcaloïde employé en médecine.

A. Belladonna, Linn. *Fl.* purpurines, solitaires, pédonculées, pendantes. *Fr.* noirs, globuleux. *Flles* acuminées,

Fig. 346. — Atropa Belladonna.
Sommité florifère et fructifère.

de 10 à 15 cent. de long, pétiolées. *Haut.* 60 cent. à 1 m. France, Angleterre, etc. (L. E. M. 114; J. F. A. 4 309; F. D. 5,758.)

ATTACHAGE, Angl. Binding. — Opération qui consiste à fixer, à l'aide de liens, les branches ou autres parties des végétaux autour d'un point d'appui quelconque; le plus souvent autour d'un tuteur. Les jardiniers disent couramment « tuteurer des plantes; attacher ou lier des romaines, des cardons; palisser des arbres, etc. »; ces expressions font bien ressortir les différentes sortes d'attachages qu'il peut être utile de faire dans un jardin. De nombreux produits sont employés pour cet usage; le jonc, l'osier, la paille de seigle, l'écorce de tilleul (nattes), la laine, les chiffons de laine (loques), etc., sont mis à contribution; mais de tous, la fibre de raphia possède des qualités de souplesse et de résistance qu'aucun autre genre de lien ne surpasse, aussi est-elle d'un usage général. (S. M.)

ATTALEA, Humb. Bonpl. et Kunth. (de *attalus*, magnifique; allusion à la beauté des espèces de ce genre). FAM. *Palmiers*. — Genre comprenant environ vingt-trois espèces originaires des Antilles, de la Guyane, de la Colombie, du Brésil et de la Bolivie. Ce sont de beaux Palmiers de serre chaude, dont le tronc est quelquefois nul, ou parfois très élevé et annelé. Fleurs monoïques, sur le même spadice; les mâles situés au sommet de l'inflorescence, les femelles réunies à la base, toutes sessiles et munies d'une bractée. Spadice étalé, naissant dans les gaines des plus anciennes feuilles et entouré d'une spathe monophylle. Les fruits sont ovoïdes, entourés de fibres et munis de pores à la base. Les feuilles pinnatiséquées, se distinguent facilement par leur port de celles des autres Palmiers. Elles poussent presque verticalement, sauf au sommet qui est légèrement arqué; les segments du milieu s'étalent presque à angle droit, ceux de la base sont fortement réfléchis et ceux du sommet sont tout à fait dressés; le rachis est très étroit par rapport à son épaisseur. Il leur faut un compost de terre de bruyère et de terre franche en parties égales, et des arrosages copieux. On les tient en été dans une température de 18 à 25 deg. et 12 à 16 pendant l'hiver. Multiplication par semis. Tous sont de beaux Palmiers robustes, mais peu répandus dans les serres, bien qu'un certain nombre d'espèces y aient été introduites.

A. amygdalina, Humb. Bonpl. et Kunth. * *Flles* pinnées, de 1 à 2 m. de long., à segments de 30 à 45 cent. de long et environ 2 cent. 1/2 de large; lobe terminal plus grand et bifide; tous d'un beau vert foncé. Stipe grêle. Nouvelle-Grenade. C'est une des meilleures espèces. Syn. *A. nucifera*, Karst.

A. Cohune, Mart. * *Flles* dressées, à la fin étalées, munies de trente-six à cinquante pinnules vert foncé, atteignant quelquefois 45 cent. de long; pétioles arrondis, brun foncé à la base, plats et verts sur le côté supérieur. *Haut.* 15 m. dans son pays d'origine. Honduras. Ses graines sont très oléagineuses.

A. compta, Mart. * *Haut.* 7 m. Brésil, 1820.

A. excelsa, Mart. * *Flles* dressées, étalées au sommet. *Haut.* 20 à 30 m. Brésil, 1826.

A. funifera, Mart. Cocos de Piaçaba; ANGL. Piassaba Palm. — *Flles* très ornementales, d'un beau vert foncé; elles servent au Brésil à différents usages, mais surtout à faire des cordages. Les fibres noires et grossières, contenues dans les gaines des feuilles, sont importées en Europe où on les emploie à la fabrication des brosses, des balais, etc.

A. nucifera, Karst. Syn. de *A. amygdalina*, Humb. Bonpl. et Kunth.

A. speciosa, Mart. * *Haut.* 20 m. Brésil, 1824.

A. spectabilis, Mart. *Flles* dressées, un peu étalées, de 6 à 7 m. de long, portant de nombreuses pinnules linéaires-lancéolées, aiguës, étalées, vert foncé. Tronc très court ou même nul. Brésil, etc., 1824.

ATTÉNUÉ, ANGL. Attenuated. — Graduellement rétréci en pointe.

ATTRAPE-MOUCHE. — On nomme ainsi plusieurs plantes ayant la faculté de retenir ou d'emprisonner les insectes qui viennent se poser ou se heurter contre elles; voici les principales : *Apocynum androsæmifolium*, *Helicodicerros crinitus*, tous les *Drosera*, *Dionæa muscipula*, *Lychnis viscaria*, *Silene armeria*, *S. muscipula*, etc. (S. M.)

AUBÉPINE. — Nom vulgaire du **Cratægus oxyacantha**, Linn. (V. ce nom.)

AUBÉPINE (Chenilles de l'), ANGL. Hawthorn or Whitethorn Caterpillars. — Cet arbuste est attaqué par les chenilles d'un grand nombre d'espèces d'insectes, on en a cité plus de cent; cependant, parmi ce nombre, quelques espèces seulement sont suffisamment destructrices pour qu'il soit nécessaire d'entrer ici dans quelques détails sur leurs ravages. Ces insectes appartiennent à plusieurs groupes, et la plupart sont également nuisibles à plusieurs autres plantes. Pour cette raison, nous donnerons les références des articles où ils seront également traités.

Plusieurs appartiennent au groupe des *Lépidoptères* ou papillons; d'autres appartiennent aux *Tenthrédinées* ou mouches à scie. Les plus nuisibles sont les suivants : *Aporia* (*Pieris*) *Cratægi* (Piéride de l'Aubépine, papillon gazé, ANGL. Black veined White Butterfly), insecte analogue à la Piéride du Chou, mais avec les veines des ailes noires et les ailes elles-mêmes blanches demi-transparentes et non maculées. Les chenilles vivent ensemble à l'état juvénile dans une toile qu'elles tissent autour des feuilles et des rameaux; mais à l'état adulte, elles se séparent et vivent solitaires. Elles sont alors gris bleuâtre, avec la tête, les pattes, les lobes anals et les stigmates (ANGL. spiracles) noirs, ainsi que trois bandes de même teinte alternant avec deux bandes brun jaunâtre. Les nymphes se fixent aux branches. Cet insecte se multiplie quelquefois dans certaines localités avec abondance et devient alors nuisible. Les *Liparis* (*Bombyx*) *Chrysorrhea*. (Cul brun, ANGL. Brown Tail Moth) et *L. auriflua* (Cul doré, ANGL. Gold Tail Moth) sont des papillons dont le corps est épais; leurs ailes étendues mesurent environ 3 cent. d'envergure; elles sont blanches avec une macule sur les ailes antérieures du *L. auriflua*, et leur corps est terminé par une houppe de poils bruns. Ils déposent leurs œufs sur les branches et les recouvrent avec les poils de cette houppe. Les larves vivent dans de légères toiles qu'elles tissent parmi les feuilles; elles sont velues et portent des touffes de poils sur les tubercules de certains anneaux. Le *L. auriflua* en particulier, est souvent abondant et nuisible. (V. **Liparis.**) Les Arpenteuses (V. **Hybernia** et **Phalène hyémale**), l'*Yponomeuta padella* (**Yponomeute** (V. ce nom), Teigne, ANGL. Small Ermine Moth.) et une ou deux autres espèces du même genre, bien que leurs papillons soient petits, sont souvent abondantes au point de faire beaucoup de mal aux arbres et aux arbustes. Les jeunes chenilles tissent également autour des feuilles une toile légère dans laquelle elles vivent à l'abri et en société. Les papillons des espèces de ce genre ont beaucoup de ressemblance entre eux; leurs ailes antérieures sont blanches ou grisâtres, avec de nombreux petits points noirs; les postérieures sont plus foncées et unicolores. Les ailes de l'*H. padella* atteignent à peine 24 mm. d'envergure, celles des autres espèces sont un peu plus petites. Les femelles déposent leurs œufs à l'automne sur les branches et les recouvrent ensuite d'une substance gommeuse. Les larves éclosent au printemps et vivent pendant quelque temps dans l'épaisseur des feuilles. Plus tard, elles rongent aussi l'épiderme et tissent à la fin, en commun, une toile autour des jeunes feuilles dont elles se nourrissent alors en sûreté. Les chenilles sont noires, la tête est brune et elles portent une ligne de points bruns sur les côtés. Leurs nids sont fréquemment très visibles.

Les mouches à scie (Angl. Sawflies) les plus nuisibles aux Aubépines sont : *Dineura stilata*, *Eriocampa limacina* (*E. adumbrata*) et *Lyda punctata*. Les larves des *Lyda* sont dépourvues de fausses pattes et vivent dans une toile qu'elles tissent autour des branches ; chaque larve forme aussi pour elle une sorte de cocon. (V. **Lyda**.) Les larves de l'*E. limacina* (**Vers limaces** (V. ce nom), Angl. Slugworm) vivent de l'épiderme supérieur des feuilles qu'elles rongent quelquefois entièrement ; la feuille porte alors des sortes d'écorchures brunes ou est même complètement détruite. Ces larves ressemblent à de petites limaces, car elles sont recouvertes d'une sécrétion visqueuse qui leur a valu leur nom vulgaire. Plusieurs arbres cultivés, les Poiriers entre autres, sont sujets à leurs attaques. La *Dineura stilata* ressemble beaucoup à cette dernière espèce par la manière dont les larves se nourrissent, mais celles-ci sont uniformément vertes, ont des pattes très visibles tant qu'elles sont sur les feuilles et elles exhalent une odeur désagréable. On trouvera des détails plus complets à l'article **Tenthrèdes**. Les meilleurs moyens de destruction de ces différents insectes sont les suivants : il est facile de se débarrasser des chenilles qui vivent en société enfermées dans une toile ; il n'y a qu'à couper les branches qui les portent et à les écraser ou même les brûler de préférence. Quant à celles qui vivent séparées et sans protection, on peut les détruire au moyen des différents insecticides en usage, soit en poudre, soit en dissolution et que l'on applique alors à l'aide d'une seringue. Nous empruntons aux « Insectes nuisibles » de M. Montillot, le procédé suivant, recommandé par M. Saunier, de Rouen, pour détruire toutes sortes de chenilles : « Dans un litre d'eau de pluie, on fait dissoudre 2 grammes de sel de soude ; puis on verse 30 grammes d'huile de lin dans cette dissolution. On agite ce liquide jusqu'à ce que l'émulsion se produise et on en arrose les chenilles ou les nids au moyen d'une seringue à main. La mort est, paraît-il, instantanée. »

AUBERGINE, Angl. Aubergine or Egg plant. (*Solanum Melongena*, Linn.). — Parmi les diverses variétés d'Aubergine, les unes sont habituellement cultivées comme légumes et les autres comme plantes d'ornement, mais toutes pourraient, au besoin, être employées pour ces deux usages et, dans l'un et l'autre cas, leur culture est d'ailleurs la même. Placées, comme elles le demandent, dans une bonne terre riche et à exposition chaude, elles se distinguent par leur aspect particulier et par la beauté de leurs fruits qui apportent un élément décoratif tout spécial au milieu des autres plantes cultivées comme ornement.

Culture. — On sème les Aubergines sur couche chaude, depuis la fin de février jusqu'en avril ; dès que les plants sont bons à prendre (lorsqu'ils ont cinq à six feuilles), on les repique dans des pots de 12 cent. qui sont alors replacés sur couche, côte à côte, jusqu'à ce que les plantes soient bien enracinées et bien reprises. On les endurcit ensuite graduellement jusqu'en mai ou même juin, selon la température, et, à cette époque, on les met en place, en pleine terre, à bonne exposition, de préférence au pied d'un mur, en les espaçant d'environ 60 cent. en tous sens. On met un bon tuteur à chaque pied pour que les tiges puissent plus facilement porter leurs fruits. Quand ceux-ci sont formés, on choisit le plus beau sur chaque rameau et on enlève tous les autres ; il est bon de pincer l'extrémité des rameaux pour faire grossir les

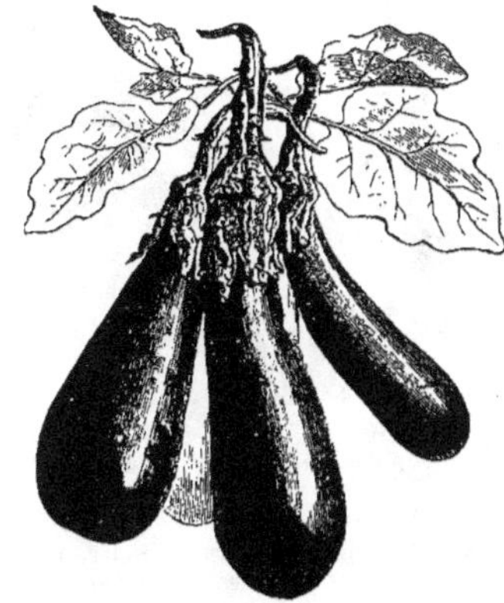

Fig. 347. — Aubergine violette longue.

fruits. L'Aubergine aime l'eau autant que la chaleur et on ne doit pas lui ménager les arrosages, sur-

Fig. 348. — Aubergine monstrueuse de New-York.

tout pendant les temps chauds et secs ; l'emploi des engrais liquides à cette époque augmente la vigueur des plantes et le volume des fruits.

Ce genre de culture convient au nord de la France et à l'Angleterre où on consomme beaucoup moins d'Aubergines que dans le Midi de la France et l'Italie où elles forment un aliment très recherché.

Variétés. — Les principales variétés d'Aubergine cultivées comme légume sont : l'*Aubergine violette longue*, à fruits allongés, un peu renflés à l'extrémité, d'un beau violet noir luisant; c'est, au point de vue culinaire, la meilleure de toutes, mais elle est tardive et convient surtout pour le Midi (A. V. P. 6); l'*Aubergine violette longue hâtive*, un peu moins volumineuse, mais plus précoce, convenant mieux pour la culture du Nord ; l'*Aubergine violette naine très hâtive*, que sa

Fig. 349. — Aubergine violette naine très hâtive.

petite taille permet de cultiver complètement sous châssis, à fruits ovoïdes, un peu en poire, mûrissant environ un mois avant ceux des autres variétés (A. V. P. 23); l'*Aubergine violette ronde*, à fruits très gros et plus pâles que dans les sortes précédentes ; l'*Aubergine monstrueuse de New-York*, voisine de cette dernière, à fruits encore plus volumineux (A. V. P. 23); l'*Aubergine ronde de Chine*, à fruits noirs arrondis, et l'*Aubergine blanche longue de Chine*. Ces quatre dernières sortes sont tardives et le goût âcre de leur chair leur fera toujours préférer les autres.

L'*Aubergine blanche*, vulgairement appelée *Plante aux œufs* (A. V. P. 21) et l'*Aubergine écarlate*, à fruits également ovoïdes, mais d'un beau rouge de tomate, ne sont ordinairement cultivées que comme plantes ornementales. (G. A.)

AUBIER, Angl. Alburnum. — Couche de bois tendre et de couleur pâle, placée entre le bois fait ou bois dur et l'écorce. La sève circule encore dans les vaisseaux qui le parcourent. Chez les arbres dont le bois proprement dit est de couleur foncée, l'aubier est très facile à distinguer; il est beaucoup plus clair, plus tendre et inutile pour l'industrie. (V. fig. 350.)

AUBLETIA. Lour, — V. **Paliurus.**

AUBLETIA. Gærtn, — V. **Sonneratia.**

AUBOUR. — V. **Laburnum vulgare.**

AUBRIETIA, Adans. (dédié à Aubriet, peintre d'histoire naturelle, né à Châlons-sur-Marne, en 1743). Fam. *Crucifères*. — Genre comprenant sept espèces originaires de l'Italie, de la Grèce, de l'Asie occidentale et de la Perse. Ce sont de petites plantes vivaces, herbacées ou cespiteuses, rustiques et à feuilles persistantes. Fleurs disposées en petites grappes axillaires, pauciflores; calice à quatre sépales dont deux sont cuculés à la base, silicules ovales ou oblongues, dressées, à valves dépourvues de côtes et surmontées d'un stigmate capité; graines bisériées. Feuilles petites, entières, deltoïdes ou dentées, plus ou moins couvertes de poils blanchâtres. Tiges rameuses, gazonnantes. Les *Aubrietia* sont d'excellentes plantes à bordures et convenables pour la garniture des rocailles ou des talus ensoleillés ; ils poussent presque partout, sauf à l'ombre. On les multiplie facilement par semis, par boutures et par division des touffes. Le graines se

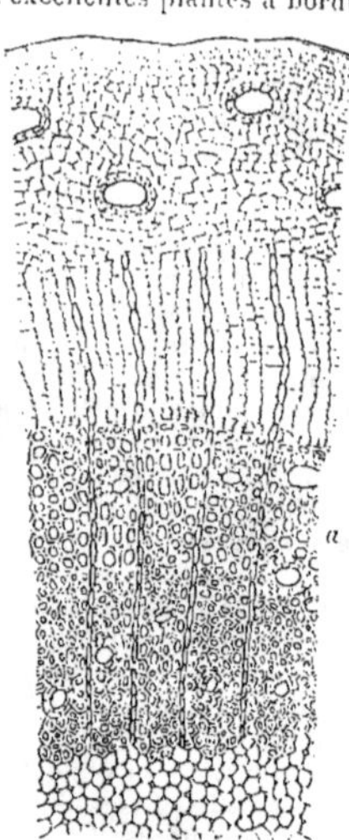

Fig. 350. — Coupe transversale d'une branche de PINUS SYLVESTRIS.
a, aubier.

Fig. 351. — AUBRIETIA DELTOIDEA.

sèment en mai ; on repique le plant en pépinière et on le met en place à l'automne, à 20 ou 30 cent. de distance. Les boutures se font après la floraison, dans un endroit ombré ou exposé au nord et sous châssis froid ; lorsqu'elles sont bien reprises, on les traite comme les plantes de semis. On peut aussi diviser les touffes à la même époque et jusqu'en juillet, mais il est plus avantageux de garnir l'intérieur des touffes avec de la terre légère ; on obtient ainsi à l'automne un grand nombre de rameaux bien enracinés que l'on plante immédiatement en place.

A. deltoidea, DC.* *Fl.* violet-bleu, à pétales deux fois plus longs que le calice; pédicelles courts et filiformes; grappes lâches, pauciflores, opposées aux feuilles et terminales. Commencement du printemps. *Flles* portant une ou deux dents de chaque côté (elles sont en conséquence rhomboïdes et non franchement deltoïdes), scabres, couvertes de poils courts, étalés, grisâtres. *Haut.* 8 à 12 cent. Italie, Grèce, 1710. Il existe plusieurs variétés horticoles, dont les meilleures sont décrites ci-dessous; plusieurs sont considérées comme des espèces distinctes. (S. F. G. 628.)

A. d. Bougainvillei, Hort.* *Fl.* violet purpurin clair, à pétales très régulièrement imbriqués. Plante naine et compacte, à pédoncules courts. Jolie forme.

A. d. Campbelli, Hort.* *Fl.* grandes, violet-bleu foncé. Plante beaucoup plus vigoureuse que le type. L'*A. d. grandiflora* s'en rapproche beaucoup. Syn. *A. Hendersonii*, Hort.

A. d. Eyrei, Hort. * Très belle variété rameuse, à grandes fleurs d'un beau violet purpurin, un peu plus longues que large. L'*A. olympica* s'en rapproche beaucoup, ou est même identique.

A. d. græca, — * *Fl.* pourpre clair. *Haut.* 10 cent. Grèce, 1872. C'est une des meilleures espèces, dont les fleurs sont les plus grandes; elle est très vigoureuse, naine et compacte. Sa variété *superba* est à fleurs un peu plus foncées et sa floraison se prolonge pendant fort longtemps. (R. G. 697.)

A. d. Leichtlini, Hort. Variété à fleurs rouge foncé. 1889.

A. d. purpurea, Hort.* *Fl.* d'un beau bleu-violet, plus grandes et plus érigées que celles du type, plus tardives, et se prolongeant plus longtemps. *Flles* plus larges, à deux ou cinq dents. Il en existe une variété à feuilles panachées, qui est très décorative et convenable pour border les petits massifs et pour faire de la mosaïculture. (L. B. C. 1706; S. B. F. G. 207.)

A. d. violacea, Hort.* Variété hybride, encore plus belle que l'*A. Campbelli*, à fleurs violet purpurin foncé, passant au rouge violacé en se fanant. C'est une des plus recommandables.

A. Hendersonii, Hort. Syn. de *A. d. Campbelli*, Hort.

AUCUBA, Linn. (leur nom japonais). Fam. *Cornées*. — Genre comprenant de trois à cinq espèces originaires de l'Himalaya oriental, de la Chine et du Japon. Ce sont de beaux arbrisseaux rustiques, à feuilles persistantes, opposées, entières. Fleurs dioïques, petites, disposées en panicules axillaires; fruits rouges, bacciformes. Les *Aucuba* sont beaucoup employés dans les jardins pour border les massifs d'arbustes exposés au nord ou à l'ombre de grands arbres, pour les garnir entièrement, ou encore pour entremêler à d'autres plantes à feuilles persistantes; mais, leur plus grand mérite est leur grande résistance aux mauvaises expositions et à l'air plus ou moins vicié des villes et des appartements.

Ils poussent dans tous les terrains convenablement drainés. Lorsqu'on les cultive en pots, il faut que ceux-ci soient bien drainés et que la terre soit fortement foulée. Il ne leur faut pas non plus de trop grands pots, car ils sont alors moins fructifères. Les arrosements doivent être copieux pendant leur période de végétation, mais il faut réduire graduellement la quantité d'eau lorsqu'elle est accomplie. Pendant la plus grande partie de l'année, on les tient en plein air, en planches et leurs pots enterrés. Leurs baies étant très ornementales, on doit, à l'aide de fécondations artificielles, aider la fertilisation des fleurs femelles. Le moment propice pour appliquer le pollen est lorsque le stigmate exsude un suc visqueux. Lorsqu'il arrive (c'est fréquemment le cas) que le pollen est prêt avant que les fleurs femelles ne soient ouvertes, on le récolte à l'aide d'un pinceau bien sec et on le dépose en secouant doucement, sur une feuille de verre bien sèche que l'on recouvre d'une autre feuille également sèche. Il conserve ainsi sa fertilité pendant quelques semaines, ce qui permet de l'employer au moment opportun. On multiplie les *Aucuba* à l'automne ou au printemps, par boutures que l'on plante en terre sableuse, à nu ou recouvertes de cloches. On peut aussi les propager par graines qui doivent être semées dès leur maturité. La greffe en placage s'emploie pour obtenir rapidement de bonnes plantes des variétés délicates ou rares.

A. himalaica, Hook. f.* *Flles* lancéolées, ou un peu acuminées; rameaux des panicules très velus. Baies sphériques et non oblongues. Himalaya. (I. H. 1859, 197; F. d. S. 12, 1271.)

A. japonica, Linn.* *Flles* opposées, pétiolées, ovales, lancéolées, acuminées, dentées, coriaces, glabres, luisantes, vert tendre, élégamment maculées et réticulées de jaune, à nervure médiane proéminente. *Haut.* 2 à 3 m. (B. M. 1197, 5512; I. H. 1864, 399.) Les nombreuses variétés, de la forme mâle ou femelle, en comprennent plusieurs

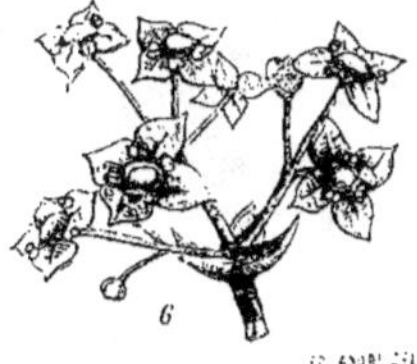

Fig. 352. — Aucuba japonica. Fleurs mâles. (*Rev. Hort.*)

d'une grande beauté; leurs différences résident dans leurs formes et dans leurs panachures. Elles sont couramment cultivées; presque tous les pépiniéristes en possèdent une collection. Voici les plus recommandables: *albo-variegata*, *aurea*, *bicolor*, *latimaculata*, *limbata*, *longifolia*, *macrophylla*, *ovata*, *pygmæa*, *p. sulphurea*, etc.

AUDIBERTIA, Benth. pro parte. — V. **Mentha**, Linn.

AUDOUINIA, Ad. Brongn. (dédié à V. Audoin, excellent entomologiste). Fam. *Brunoniacées*. — Genre ne comprenant qu'une seule espèce; c'est un arbrisseau ornemental, toujours vert, de serre froide. Ses fleurs sont disposées en épis oblongs et terminaux, accompagnés de bractées. Feuilles alternes, linéaires, à stipules très petites. On le cultive dans un mélange de terre franche siliceuse et de terre de bruyère; sa multiplication a lieu par boutures de bois à moitié mûr, que l'on plante sous châssis et sur une chaleur de fond modérée.

A. capitata, Ad. Brongn. *Fl.* pourpres, réunies en bouquets spiciformes, terminaux. Mai. *Flles* disposées en spirale, un peu carénées. Rameaux dressés. *Haut.* 30 à 60 cent. Cap, 1790.

AULAX, Berg. (de *aulax*, sillon; la face inférieure des feuilles du type est canaliculée). Fam. *Protéacées*.

— Petit genre comprenant deux espèces originaires du Cap. Ce sont de petits arbrisseaux de serre froide, toujours verts, à fleurs dioïques; les mâles en grappes terminales, à quatre étamines; les femelles en capitules entourés d'écailles formant un involucre. Le fruit est sec et velu, et les feuilles sont entières, alternes et glabres. Il leur faut un compost de terre franche fibreuse, de terreau de feuilles et de sable grossier, ainsi qu'un drainage parfait. Multiplication par boutures coupées au-dessous d'un nœud et plantées en pots remplis de terre siliceuse, que l'on place ensuite en serre froide et sous cloches.

A. pinifolia, Berg. *Fl.* jaunes, en grappes. Juillet. *Flles* filiformes, canaliculées. *Haut.* 60 cent. Cap, 1780.

A. umbellata, R. Br. *Fl.* jaunes. Juin. *Flles* planes, spatulées, linéaires. *Haut.* 60 cent. Cap, 1774. (B. R. 12, 1015.)

AUGEA, Retz. — V. **Lanaria**, Art.

AULACOPHYLLUM Ortgiesii. — V. **Zamia Chigua.**

AULACOPHYLLUM Skinneri. — V. **Zamia Skinneri.**

AULACOSPERMUM, Ledeb. — V. **Pleurospermum**, Hoffm.

AULNE et **AUNE.** — V. **Alnus**, Gærtn.

AULNE (Galéruque de l') (*Galeruca Alni*). — Petit coléoptère d'un bleu uniforme, quelquefois très abondant dans les parcs sur les Aulnes, aux bords des eaux. Ses larves noirâtres rongent les feuilles et les criblent d'une quantité de trous, ce qui diminue beaucoup leur effet décoratif. Il produit deux générations par an. On peut en prendre des quantités considérables, en battant les arbres au-dessus d'un parapluie renversé, ou mieux encore au-dessus d'une toile qu'on étend au pied. La capture faite, il ne reste plus qu'à les détruire en les jettant dans le feu, on en les saupoudrant de chaux vive. (S. M.)

AULNÉE et **AUNÉE.** — V. **Inula Helenium**, Linn.

AUNE. — Ancienne mesure de longueur qui valait environ 1 m. 20.

AUNE noir. — V. **Rhamnus Frangula**, Linn.

AURELIANA, Sendt. (Syn. *Witheringia*, L'Her.). — Maintenant réunis aux **Bassovia**, Aubl.

AURANTIACÉES. — Famille de végétaux aujourd'hui réunie aux Rutacées par Bentham et Hooker et plusieurs autres auteurs, et dont elle forme une tribu. Ce sont des arbres ou arbrisseaux souvent épineux, tous originaires des régions chaudes, principalement de l'Asie, dont plusieurs sont cultivés dans différentes parties du monde pour leurs produits, et dans nos jardins pour ornement.

A ce titre, les Orangers et Citronniers sont les plus intéressants. Leurs fleurs, disposées en cymes pauciflores ou rarement solitaires, se composent d'un calice à trois-cinq sépales plus ou moins soudés, d'une corolle à pétales ordinairement libres, renfermant un nombre variable d'étamines. Le fruit est une baie indéhiscente charnue, globuleuse ou oblongue, plus ou moins aqueuse. Leurs feuilles sont alternes, articulées, simples, trifoliées ou pennées, et couvertes de glandes renfermant une huile très odorante. Les genres les plus connus et les plus utiles sont les *Citrus* et les *Limonia*. (S. M.)

AURICULE (*Primula Auricula*, Linn.). **Oreille d'ours.** — Les Auricules ont toujours joui, surtout dans le Nord, d'une grande faveur parmi les amateurs et les collectionneurs et, par suite d'une culture prolongée, elles ont été amenées à un haut degré de perfection. On a obtenu un grand nombre de variétés que l'on classe en plusieurs sections ayant chacune des caractères distincts quant à la forme de la fleur et surtout à la disposition des couleurs, et pour lesquelles des règles ont été établies. C'est ainsi que, pour être jugée méritante, une nouvelle variété d'Auricule doit réunir les caractères conformes à la règle et présenter sur ses devancières soit un coloris nouveau, soit

Fig. 353. — Auricules. Bouquet varié.

un perfectionnement de forme qui la rende bien distincte. Comme toutes les plantes dont les amateurs s'éprennent, les fleurs, jaunes chez le type sauvage, ont sans doute, par hybridation avec d'autres espèces voisines (probablement *P. spectabilis*, Tratt.) beaucoup varié dans leur forme, dans leur nombre, leur ampleur, etc., mais c'est principalement dans le coloris que les variations sont les plus accentuées. Le blanc, le rouge, le jaune, le bleu et le pourpre noirâtre s'y rencontrent, soit purs, soit fondus en teintes intermédiaires. Sauf les rouge feu ou cocciné, tous les tons y sont représentés; quoique vifs, ils sont toujours un peu atténués par la présence d'une pruine blanchâtre. Ces nuances sont disposées en anneaux concentriques, souvent fort réguliers; on rencontre jusqu'à quatre teintes différentes sur la même fleur. Comme nous venons de le dire, certaines variétés sont fortement couvertes d'une sorte de farine blanche, abondante surtout sur la hampe et sur la corolle, au point de cacher quelquefois la couleur réelle; on les nomme *poudreuses*.

C'est principalement en Flandre, en Belgique et en Angleterre qu'on s'est toujours montré le plus passionné, on peut le dire, pour la culture des Auricules. Si elles n'ont pas rencontré chez nous tout à fait le même degré d'admiration, elles n'en sont pas moins cependant très appréciées et recherchées plutôt pour l'ornement de nos jardins que comme plantes de collection. Toutefois, en pleine terre, l'Auricule ne peut être aussi belle et aussi fraîche que lorsqu'elle est cultivée en pots; nos printemps excessivement variables nuisent à sa bonne végétation et détériorent rapidement les fleurs. Les variétés les plus rares, les doubles, ou les plus délicates, doivent même être tenues en pots et hivernées sous châssis.

Si les Auricules sont quelquefois considérées comme des plantes délicates, ce n'est point parce qu'elles redoutent le froid, mais parce que les brusques variations de température et l'excès d'humidité les font presque toujours périr. Pour les cultiver en pleine terre, le terrain doit être très sain, de nature consistante ou même un peu argileuse, mais néanmoins très perméable; les bonnes terres franches leur sont très favorables. On doit autant que possible choisir un endroit ombragé par sa position naturelle, par exemple une partie de terrain regardant le nord ou l'est, bien aérée, et où les changements de température sont les moins brusques. Les engrais animaux ne leur sont pas favorables; lorsque la terre a besoin d'être amendée, il faut de préférence employer des terreaux de feuilles ou d'autres débris végétaux, ou, à défaut, du fumier de vache bien décomposé. Les rocailles situées au nord, les talus abrités des allées, les plates-bandes au nord ou à l'est des murs sont convenables aux Auricules. Les plants doivent être espacées de 15 à 20 cent. en tous sens; il est important de les tenir dans un état de propreté parfaite, c'est-à-dire d'enlever toutes les feuilles mortes avec précaution et sans déchirures, afin d'éviter que la pourriture n'atteigne la tige; le terrain doit aussi être tenu propre et toujours meuble. Lorsque les arrosements deviennent nécessaires, ils doivent être faits avec modération, toujours au goulot, car il faut éviter de mouiller les feuilles et surtout de verser de l'eau dans le cœur des plantes. Des châssis, des toiles, des claies, etc., posés sur des pieux à une certaine hauteur et au-dessous desquels l'air circule librement, constituent un excellent moyen d'abriter les plantes des pluies printanières et surtout de conserver et de prolonger la durée des fleurs. Leur multiplication a lieu par éclats des rejetons et par semis; nous ne croyons pas devoir en décrire ici les différents procédés; les lecteurs les trouveront plus loin dans la méthode de culture des plantes de collection, que nous avons tenu à traduire littéralement. Nous conseillerons enfin de consulter *Les Fleurs de pleine terre*, par Vilmorin-Andrieux et Cie, où l'histoire, la culture, le choix, etc., des Auricules sont longuement traités. (S. M.)

Culture des plantes de collection.

Chassis. — La culture des Auricules de collection a ordinairement lieu sous des châssis, munis à l'intérieur de gradins semblables à ceux des serres adossées; ils doivent autant que possible avoir les dimensions suivantes : largeur 1 m. 25, hauteur sur le devant 30 cent.; derrière 1 mètre. Ces dimensions permettent de disposer convenablement les gradins intérieurs qu'on doit placer aussi près du verre que possible. On les construit économiquement, à l'aide de simples planches posées sur des pots de hauteurs différentes. Il est nécessaire de drainer fortement la terre des châssis, afin d'éviter que l'eau, en séjournant dans le fond, ne produise un excès d'humidité qui nuirait beaucoup aux plantes.

Ces châssis doivent être exposés au nord de mai en octobre, et au midi pendant la saison froide durant laquelle il sera utile de mettre des réchauds sur les côtés. En temps de gelée, on fera également bien de couvrir les châssis de paillassons pendant la nuit; mais, à moins qu'on ne craigne absolument une gelée un peu forte, on ne devra pas recouvrir le vitrage, car plus les plantes reçoivent de lumière, meilleure est leur végétation.

On doit aérer les châssis le plus souvent possible en été et en hiver, mais avec précaution lorsque le temps est pluvieux. Dans ce dernier cas, il est préférable d'ouvrir les châssis à l'aide d'une crémaillère que de les enlever complètement. C'est ainsi que l'on devra opérer de préférence, particulièrement à la sortie de l'hiver, ou après le rempotage d'été lorsque les plantes sont bien reprises; ce mode d'aération contribuera beaucoup à parfaire la végétation et obtenir en même temps un feuillage fourni et vigoureux qui résistera beaucoup mieux à l'hiver que celui qui se serait développé dans un air plus confiné.

Un grand nombre de cultivateurs préfèrent, aux châssis, les serres adossées ou les serres hollandaises, cependant, il faut admettre que les châssis sont de beaucoup plus commodes et en tous points plus économiques.

On peut encore construire, à peu de frais, des petites serres basses, ayant juste la hauteur nécessaire, et munies de ventilateurs au sommet et sur les côtés. Il va sans dire que, si l'on peut faire passer à l'intérieur, près du vitrage et de préférence sur le devant, un tuyau de thermosiphon d'environ 5 cent. de diamètre, on ne pourra qu'en obtenir de précieux avantages pendant la mauvaise saison.

Terre. — La terre qui convient le mieux aux Auricules est un compost formé de quatre parties de terre de gazon fibreuse, d'une de fumier de vache bien consommé, d'une de bon terreau de feuilles et d'une de gros sable de rivière ou de sable blanc, auquel on ajoute un peu de poussier de charbon de bois ou de coquilles d'huitres pulvérisées. Le tout doit être bien mélangé avant d'être employé.

La terre franche qui doit entrer dans cette composition doit de préférence être prise dans des régions saines, où l'atmosphère n'est pas trop humide. Elle doit être enlevée en plaques d'environ 8 cent. d'épaisseur et mise en tas pendant un an environ.

Quant au fumier de vache, on doit employer de préférence celui qui est resté exposé à l'air pendant une année ou à peu près et qui a subi l'action de fortes gelées, car il sera alors plus friable, et les insectes, qu'il contenait probablement auparavant, auront été détruits.

Rempotage. — Cette opération demande à être faite avec soin, aussitôt que possible après la floraison, à moins qu'on ne désire récolter des graines; dans ce cas, on diffère le rempotage jusqu'à la maturité. Mai-juin est le meilleur moment pour cette opération; quelle que soit la dimension des pots employés, on doit toujours drainer entièrement le fond. Sur un bon lit de tessons, on place une couche de charbon de bois, du terreau de feuilles ou des fleurs de houblon usées; ces dernières sont avantageusement employées par un grand nombre d'amateurs. On place ensuite la plante de façon à ce que le collet reste au-dessus du niveau du sol et on foule légèrement la terre. Pour des plantes de force moyenne, on emploie ordinairement des pots de 8 cent. de diamètre; quelques spécialistes préfèrent les pots vernis aux pots bruts, mais il n'est pas absolument nécessaire de les employer pour obtenir de bons résultats[1]. Avant d'effectuer le rempotage, il importe d'enlever la plus grande partie de la vieille terre et de couper, à l'aide d'un couteau tranchant, toutes les racines meurtries ou pourries, ainsi que le pivot, si ce dernier est dépourvu de jeunes radicelles. Après le rempotage, on transporte les plantes dans les châssis où elles doivent rester pendant l'été, et on supprime les arrosages pendant quelques jours en ayant soin de tenir les châssis fermés. Au bout d'une semaine environ, on peut arroser les plantes qui commenceront alors à développer de nouvelles racines et on pourra ensuite ouvrir les châssis chaque fois que le temps le permettra.

Arrosement. — L'arrosement est un point très délicat, qui exige la plus grande attention, car la moindre négligence en cette matière est souvent la cause d'un insuccès. Pendant la période de végétation, les Auricules ont besoin d'une grande quantité d'eau, mais pendant l'hiver et surtout à l'époque des grands froids, il ne faut les arroser que quand elles en ont absolument besoin; ce qu'il importe d'observer dans cette culture, c'est de ne jamais laisser la terre des pots se dessécher pendant la saison hivernale. Il est prudent de veiller à ce qu'aucune goutte d'eau ne tombe sur les feuilles, car elles enlèvent en partie cette farine blanchâtre qui les rend si jolies. De plus, il faut éviter avec le plus grand soin que l'eau ne séjourne dans le cœur des plantes, afin d'éviter la pourriture qui ne manquerait pas de s'y déclarer si on ne parait pas à cet accident. Dans le même ordre d'idées, on fera également bien de veiller aux gouttes d'eau produites par la condensation de l'humidité intérieure sur le vitrage du châssis, et d'avoir des châssis soigneusement mastiqués. Il va sans dire que toutes les feuilles pourries devront être soigneusement enlevées, principalement pendant l'hiver.

Rechaussage (Angl. Top-dressing). — Cette opération consiste à enlever, pendant la deuxième quinzaine de février, c'est-à-dire à l'époque à laquelle la végétation commence à se réveiller, la totalité de la terre supérieure sur une épaisseur de 3 centimètres ou à peu près, et à remplir ensuite les pots avec un compost préparé ainsi qu'il suit : deux parties de terre franche fibreuse, une de fumier de vache ou de poule consommé et une de terreau de feuilles ; on rendra encore ce compost plus efficace en y ajoutant une petite quantité d'engrais chimique complet. Arroser ensuite copieusement.

Multiplication par éclats. — En procédant au rechaussage, on sépare déjà les œilletons munis de racines ; on enlève ensuite ceux qui restent aussitôt qu'il est possible de le faire, sans attendre pour cela le rempotage. Il ne faut pas oublier que les œilletons pris au début de la végétation s'enracinent plus facilement et font de bonnes plantes avant la fin de la saison. Tout retard apporté à l'enlèvement des œilletons serait donc préjudiciable au point de vue des résultats. Ces œilletons sont plantés, au nombre de quatre environ, sur les bords des pots ; ces derniers doivent avoir 8 cent. de diamètre, être bien drainés et remplis de terre sableuse; on les place ensuite sous cloches. Il faut avoir soin d'arroser très modérément afin d'éviter qu'ils ne fondent. Traités ainsi, les œilletons reprendront rapidement et on pourra ensuite leur donner de l'air et les rempoter séparément lorsqu'ils seront suffisamment forts. Pour faire produire des œilletons aux variétés de choix, on devra couper la tête des vieilles plantes et la traiter comme un œilleton ordinaire ; on obtiendra par la suite plusieurs rejets qui devront être séparés en temps utile. En opérant comme il vient d'être dit, on peut obtenir assez rapidement un assez grand nombre de plantes des espèces les plus rares, qui, sans ce procédé, seraient fort longues à propager.

Floraison. — Pendant cette période, comme il a déjà été dit, les arrosements devront être faits avec le plus grand soin, car, si les plantes venaient à souffrir de la soif à cette époque, les fleurs se faneraient en très peu de temps. Il est important de les abriter des rayons du soleil, qui brûleraient rapidement ces fleurs délicates, et de bien les garantir de la fraîcheur des nuits. Pour ce dernier cas, il est plus prudent de couvrir les plantes tous les soirs, que de les exposer à des gelées très préjudiciables aux boutons, qui, une fois atteints, ne produisent plus que des fleurs déformées.

Récolte des graines et semis. — Le seul moyen d'obtenir des nouvelles variétés est le semis ; d'où la nécessité de procéder très soigneusement à la récolte des graines. Dans ce but, on devra d'abord faire un choix rigoureux des variétés que l'on se propose de croiser. Pour les féconder, il faut enlever avant l'épanouissement, les anthères des fleurs qui doivent servir de porte-graines, de façon à éliminer toute possibilité d'autofécondation. Lorsque le pistil est apte à la fécondation, on couvre le stigmate à l'aide d'un petit pinceau, avec du pollen pris sur les plantes choisies pour parent mâle. Il faut avoir soin de ne pas employer le même pinceau pour les différentes classes que l'on veut féconder. On a observé que, dans les Auricules, la fécondation croisée donnait un plus grand nombre de plantes se rapprochant plutôt du père que de la mère. Il s'ensuit qu'il faut choisir avec soin les variétés sur lesquelles on se propose de recueillir le pollen. En ce qui concerne le croisement, il est préférable de le limiter aux variétés d'une même classe, c'est-à-dire de croiser par exemple les unicolores ensemble, les variétés à fleurs bordées de vert, avec d'autres appartenant à la même section, etc. Il n'est pas besoin de faire ressortir davantage toute l'importance d'un bon choix entre les différentes variétés d'une collection, au point de vue de la bonne constitution et de la beauté des fleurs. Le produit qu'on obtiendra de l'hybridation sera toujours en raison directe de la valeur des variétés croisées.

Le semis se fait habituellement aussitôt après la maturité des graines, ou dans les premiers jours de mars, dans des pots bien drainés, remplis de terre sableuse et qu'on arrose copieusement avant de répandre les semences. Quand cette opération est terminée, on recouvre légèrement les graines de sable blanc et on place les pots sous les cloches où on fait enraciner les éclats, en ayant soin de les recouvrir d'une feuille de verre pour diminuer l'évaporation. Un petit nombre de graines germent dès le premier mois, mais la majorité de celles semées après la maturité ne lève qu'au printemps suivant et le reste pendant l'été. On doit soigner particulièrement les plants qui se développent les derniers, car ce sont souvent ceux qui fournissent les

[1] On sait que pour la culture, les pots bruts sont généralement préférables aux pots vernis.

variétés les plus intéressantes. Quand les plants sont suffisamment forts, on les repique en pépinière, dans des pots remplis de terre sableuse, et quand ils sont bien repris, on les rempote séparément dans des godets, après quoi on les traite comme des plantes faites. Quelques spécialistes laissent les semis fleurir en pépinière, où ils choisissent les variétés méritantes et se débarrassent ensuite des autres.

Insectes. — Les Pucerons sont quelquefois abondants; on doit en débarrasser les plantes aussitôt qu'on les aperçoit, par une bonne fumigation, ou bien en plongeant les plantes dans une solution d'insecticide Fichet. Certaines personnes désapprouvent les fumigations, tandis que d'autres les préconisent. Les racines sont aussi attaquées par un puceron d'aspect poudreux (*Trama auriculæ*) qui se réunit en groupes, sur les racines et sur le collet de la plante, et en suce la sève. Lorsqu'il n'attaque pas le collet, il ne cause pas grand préjudice aux plantes; cependant, il est bon de s'en débarrasser. Pour cela, le seul moyen consiste à enlever toute la terre et à laver complètement racines et collet dans une solution de savon noir à laquelle on ajoute un peu d'insecticide Fichet. Naturellement, cette opération doit se faire de préférence au moment du rempotage, et, à moins que les plantes n'en soient complètement envahies, il ne serait pas prudent de les mettre à nu à la fin de l'année.

Classification. — « Les Anglais répartissent actuellement les Auricules en cinq classes, non compris les doubles qui ne semblent pas être beaucoup appréciées; elles correspondent en partie aux sections admises en France. Il y a pour chaque classe une règle qui, dans l'opinion des fleuristes, doit être strictement observée. Cet ouvrage étant plus particulièrement destiné à l'horticulture, les auteurs ont donné les caractères distinctifs de chaque section et cité un certain nombre de variétés; ici comme précédemment, nous serrerons le texte de près, car leur classification est précise. (S. M.) »

Bordées de vert (Green edged). — Bord extérieur vert, nu ou faiblement farineux; puis une zone nommée couleur de fond, de teinte variable; plus elle est foncée, meilleure est la variété; les deux bords de cette zone doivent être réguliers, et plus particulièrement l'intérieur; il existe plusieurs variétés parfaites en ce sens. Plus au centre, entre la couleur de fond et la gorge se trouve un cercle poudreux (paste), qui doit être épais, pur et distinctement déterminé autour de la gorge; celle-ci ainsi que le tube doivent être jaune vif. (Cette perfection idéale de chaque section n'a certainement pas encore été atteinte, car presque toutes les variétés possèdent quelques points qui laissent encore à désirer.)

Variétés. — *Abbé Liszt*, jolie plante, ombelles bien faites; tube jaune foncé; poudre blanche, épaisse; fond noir; bord vert tendre. *Agamemnon*, grande et forte ombelle; fleurs à tube orangé; poudre blanche, épaisse; fond marron; bord vert tendre, bien accentué. *Attraction*, bord vert, de largeur moyenne; tube bien fait; poudre blanche; fond noir. *Cyclope*, tube d'un beau jaune; poudre bien prononcée; fond marron. *Dragon*, tube jaune d'or; poudre blanche; fond noir; bords vert foncé. *Edith Potts*, tube jaune, poudre bien prononcée; fond noir; bord vert gai. *Endymion*, fond rouge et bord vert. *Greenfinch*, jolie fleur; tube jaune; poudre et fond bien nets. *Kestrel*, fleur moyenne; poudre jaune; bord vert, bien proportionné. *Monarque*, tube jaune vif; poudre bien apparente; fond noir; bord d'un beau vert. *Péral*, tube jaune; poudre bien prononcée; fond rouge; bord vert gai. *Verdant green*, tube jaune; poudre dense; fond noir; bord vert tendre.

Bordées de gris (Grey edged). — Bord fortement couvert de poudre, au point de cacher presque entièrement la véritable couleur verte; les autres caractères sont ceux de la section des *Bordées de vert*.

Variétés. — *Ajax*, variété bien fixée; tube jaune; poudre blanche; fond très foncé; bord gris, moyen. *Atalante*, tube jaune; poudre bien prononcée; fond marron; bord gris argenté. *Deerhound*, fleurs grandes; tube jaune foncé; fond noir; bord large et bien prononcé. *Grayling*, tube orangé; poudre dense, blanc pur; fond noir; bord blanc grisâtre. *Grey Friar*, tube jaune, un peu grêle; poudre blanche; fond marron; bord gris, large. *Greyhound*, une des meilleures variétés nouvelles, bien proportionnée dans toutes ses parties; tube orangé; poudre blanche; fond noir; bord gris, bien développé. *Mabel*, fleur belle, bien proportionnée; tube bien fait; poudre blanche; fond noir; bord gris verdâtre. *Marmion*, tube jaune; poudre blanche; fond noir; bord accentué. *Merlin*, tube jaune pâle; poudre blanche, épaisse; fond noir; bord gris verdâtre. *Samuel Barlow*, tube jaune, bien fait; poudre blanche; fond marron foncé; bord bien net. *Sea-Belle*, tube orange; poudre blanche; fond noir; bord gris argenté. *Seamew*, tube jaune; poudre blanche, bien nette; fond noir; bord gris foncé. *William Brockbank*, tube jaune clair; poudre blanche; bien nette; fond noir, large; bord gris franc.

Bordées de blanc (White edged). — Bord si fortement couvert de poudre que la couleur réelle disparaît complètement, le bord paraît alors blanc; cette poudre est quelquefois aussi épaisse que sur le cercle poudreux qui entoure la gorge, les autres caractères sont ceux de la première section.

Variétés. — *Amanda*, tube et poudre bien nets; fond bleuâtre; bord franchement blanc. *Elaine*, tube jaune, bien fait; poudre blanche; fond noir; bord blanc, net. *Fairy-ring*, tube orange; poudre blanche; fond rouge violacé foncé; bord franchement blanc. *Heather-Bell*, tube jaune pâle; poudre blanche, nette; fond bleuâtre; bord bien net. *Magpie*, tube orange; poudre épaisse; fond noir; bord blanc pur, bien rond. *Mirande*, tube jaune; poudre blanche; fond noir; bord blanc pur. *Mme Dodwell*, tube jaune; poudre blanche, dense; fond noir; bord blanc, net. *Radiance*, fleur bien proportionnée; tube jaune foncé; poudre blanche, dense; fond noir; bord blanc très pur. *Reliance*, tube jaune, poudre blanche, nette; fond noir; bord bien blanc. *Snowdrift*, fleur grande, bien arrondie; tube jaune d'or; poudre blanche; fond noir; bord blanc, large.

Unicolores (Selfs). — Tube jaune vif jusqu'au sommet de la gorge, où il forme un œil circulaire qui est entouré d'un cercle de poudre, à bord régulier; le reste de la fleur est unicolore, sans ombres, ni bordures; toutes les teintes ressortent ordinairement bien.

Variétés. — *Brunette*, fleur d'un beau marron foncé; tube jaune et poudre blanche. *Duc d'Albany*, marron très foncé; tube jaune; poudre blanc pur, très épaisse. *Dulcie*, tube d'un beau jaune; poudre blanche; bord d'un beau marron. *Florence*, fleur grande, pleine, tube jaune; poudre blanche; bord rouge vineux. *Héroïne*, tube jaune vif; poudre blanche, compacte; bord d'un beau marron noir. *Melaine*, limbe bien arrondi, d'un beau marron foncé; poudre blanche; bord d'un beau violet. *Madame Potts*, tube d'un beau jaune, poudre blanche, épaisse; bord violet vif. *Sir Villiam Hewett*, tube jaune; poudre blanche, en cercle bien arrondi; bord noirâtre.

COMMUNES (Alpines). — Centre de la fleur jaune d'or ou blanc, dépourvu de poudre; couleur de fond variable; bord unicolore, devenant un peu plus pâle sur la marge. Les espèces de cette section sont les plus rustiques, elles résistent bien en pleine terre.

Variétés. — *Agnès*, centre blanc; bord teinté de violet. *Amélie Hardwidge*, marron carminé. *Bright Star*, carmin vif, ombré sur les bords. *Empereur Frédéric*, carmin, ombré plus clair; centre jaune. *Fréd. Copeland*, carmin foncé, centre jaune. *John Ball*, carmin brillant; poudre jaune foncé. *Roi des Belges*, carmin; poudre jaune d'or. *Loge Bird*, rouge carminé,

Fig. 354. — Auricule double.

ombré sur le bord. *Mariner*, rouge purpurin. *Madame Phipps*, centre blanc, bord marron. *Princesse de Galles*, rouge purpurin, ombré sur le bord; belle variété. *Sensation*, marron, ombré sur le bord. *Troubadour*, centre jaune; bord carmin. *Victorieuse*, carmin foncé; centre jaune.

« Il est à remarquer que les sections précédentes ne comprennent pas les variétés à fleurs doubles, qui ne paraissent pas estimées des amateurs. Quoique un peu délicates, leurs corolles élégamment colorées et à lobes plus ou moins dressés-ondulés sont souvent fort jolies et excessivement curieuses. Les variétés sont très peu nombreuses; comme elles ne donnent aucune graine, on les propage spécialement par éclats.

En France, les collectionneurs classent les Auricules d'une façon différente; ils admettent quatre sections qui sont : 1° les *pures*, *ordinaires* ou *communes*, qui sont les Alpines de la classification précédente; 2° les *ombrées* ou *liégeoises* qui sont les *Selfs* des Anglais; 3° les *anglaises* ou *poudrées* qui réunissent les trois premières sections de la classification précédente (Green, Grey et White Edged). C'est à ce groupe qu'appartiennent les plus belles variétés, celles qui, perfectionnées au plus haut degré, forment le fond des collections d'amateurs; 4° enfin les *doubles* dont il est question plus haut. (S. M.) »

AURICULE. — Appendice latéral, court et arrondi. V. **Auriculé.**

AURICULÉ. ANGL. Auriculated; Eared. — Se dit d'un organe et principalement des feuilles lorsqu'elles sont munies, à la base, d'expansions foliacées, arrondies, libres, se prolongeant au-dessous de la naissance du limbe. Ces appendices rappellent un peu la forme d'une petite oreille, d'où le nom d'*oreillettes* qu'on leur donne quelquefois. Au point de vue de la forme des feuilles, les *auricules* ont une certaine importance, car si elles sont soudées au pétiole, la feuille est arrondie ou atténuée à la base; si elles sont soudées ensemble en laissant le pétiole libre, la feuille devient perfoliée, et lorsqu'elles se prolongent sur la tige en y adhérant, cette dernière est alors ailée. (S. M.)

AURONE. Southernwood (*Artemisia abrotanum*, Linn.). — Plante vivace, connue de très longue date et répandue dans presque tous les jardins. On la cultive pour ses propriétés médicales, qui sont à peu près celles de l'Absinthe. Elle pousse en tous terrains. On la multiplie par division des touffes, par boutures qui s'enracinent très facilement pendant l'été, et par semis. Ses graines sont excessivement fines. V. aussi **Artemisia.**

AUTOFÉCONDATION. — Fécondation directe des ovaires d'une fleur par le pollen que ses propres étamines renferment. On sait que, d'une façon générale, la fécondation directe tend à diminuer la vigueur et la fertilité de l'espèce et qu'il faut que la fécondation soit croisée, c'est-à-dire opérée d'une plante à l'autre, pour que la race se perpétue intacte. Dans ce dernier cas, les insectes jouent inconsciemment un rôle des plus importants. Cependant, un certain nombre de plantes sont évidemment autofécondées sans que pour cela l'espèce cesse de se reproduire aussi vigoureuse. Chez certaines espèces de Violettes, le *Leerzia oryzoides*, quelques Orchidées et autres, les fleurs ne s'ouvrant jamais (cleistogames) produisent néanmoins de bonnes graines, aptes à germer. Pour d'autres, au contraire, la fécondation est forcément croisée par suite, soit de la séparation des sexes, soit de la position relative des organes, ou du moment différent où ils sont aptes à l'imprégnation. V. aussi **Pollen, Fécondation et Fertilisation par les insectes.** (S. M.)

AUTOMNAL. — Qui vient à l'automne. Se dit de toutes choses.

AUVENT. — L'auvent est un abri mobile de 0 m. 25 à 0 m. 50 de large que l'on établit le long des murs, au-dessus des espaliers pour les protéger soit des pluies, soit des froids nocturnes; il est, le plus souvent, composé d'une mince couche de paille retenue entre quatre lattes clouées ensemble ou entre deux coutures faites à la ficelle comme les coutures de paillassons.

Les auvents de paille lattée se placent sur des potences en fer scellées dans le mur. On les fixe au moyen de liens pour qu'ils ne soient pas emportés par un coup de vent.

Les auvents de paille cousue n'ayant point la rigidité des autres, reposent sur deux fils de fer tendus transversalement aux potences et dans le sens de la longueur du mur; ils sont également fixés aux fils de fer et aux potences à l'aide de liens.

Généralement, ces sortes d'abris se placent au-dessus des Pêchers et des Vignes dès le début de la végétation;

Fig. 355. — Auvent. (*Rev. Hort.*)

ils y restent jusqu'après la floraison. On les replace au-dessus des vignes quand le raisin est mûr pour le préserver des pluies et des premiers froids d'automne.

Au-dessus des Poiriers *Doyenné d'hiver* et *Saint-Germain*, etc., les auvents sont maintenus depuis l'époque de la floraison jusqu'à la récolte. C'est le meilleur moyen d'éviter le développement de ce champignon, cause de la « tavelure » qui se manifeste par l'apparition de taches noirâtres sur l'épiderme, et déforme les fruits.

Si le mur était pourvu d'un chaperon (V. ce mot) ayant une saillie suffisante, l'usage des auvents, au moins avec les Poiriers, ne serait pas nécessaire.

(G. B.)

AVANT-PAQUES. — V. **Tulipa sylvestris.**

AVELINIER. — V. **Noisetier.**

AVENA, Linn. (dérivation obscure). **Avoine.** Angl. Oat. Fam. *Graminées*. — Ce genre comprend environ cinquante espèces habitant les régions tempérées du globe. Ce sont des plantes herbacées, vivaces ou annuelles, surtout précieuses pour l'agriculture. Leurs fleurs, disposées en panicules lâches, se composent d'épillets longuement pétiolulés, à deux glumes mutiques, renfermant deux fleurs à glumelles adhérentes à la graine, et dont l'inférieure est munie sur le dos d'une longue arête tordue à la base et genouillée dans son milieu. L'horticulture n'emprunte guère à ce genre qu'une seule espèce décrite ci-dessous; c'est une jolie plante annuelle, à épillets très gros, pendants, réunis en une panicule très lâche, pauciflore. On l'emploie pour la confection des bouquets perpétuels et de quelques autres objets d'ornement. Ses graines très velues, munies de longues arêtes, possèdent la curieuse faculté de se mouvoir, lorsqu'on les mouille, d'où le nom d'*Avoine animée*. Ce phénomène est dû à l'action de l'humidité sur l'arête qui, étant tordue à plusieurs tours à la base, et genouillée au milieu, se déroule sous son influence. Cette plante pousse en tous terrains et on la multiplie par ses graines, qui se sèment au printemps ou à l'automne.

Fig. 356. — Avena. Sommité fleurie.

A. sterilis, Linn. Avoine animée. Angl. The Animated Oat. — *Fl.* réunies en gros épillet biflores, pendants, formant une panicule lâche. *Haut.* 40 à 60 cent. Midi de l'Europe; France, etc.

AVENUES. — Le tracé d'une avenue peut être droit ou courbe, selon le besoin; mais, dans ce dernier cas, le contour ne doit pas être tortueux, ni interrompre les points de vue. Le diamètre moyen doit être de 4 à 6 mètres, mais la largeur dépend naturellement de l'importance du bâtiment qu'elle dessert, de la grandeur du parc et de plusieurs autres circonstances. Sa construction s'exécute comme il a été dit pour celle des **Allées.** (V. ce mot.) Les avenues sont ordinairement plantées de rangées d'arbres en lignes simples ou doubles; dans ce cas, les arbres sont placés en quinconces formant ainsi une série de triangles. Le premier rang doit être à 2 mètres au moins du bord de la route; l'espacement entre les deux rangs et celui des arbres sur chaque rang varient selon la nature des arbres employés. Le Tilleul et le Platane sont très propres à cet usage, en raison de leur végétation rapide et de la résistance de leur feuillage qui forme un ombrage de longue durée. Le Cèdre du Liban est le meilleur des conifères, mais sa végétation est lente. L'Orme s'emploie également pour sa végétation rapide et la résistance de son feuillage, mais il se forme ordinairement mal. Le Marronnier est un des plus beaux arbres que l'on puisse employer, il réunit à peu près toutes les qualités nécessaires à un arbre d'avenue, mais il a le grave défaut de perdre son feuillage de très bonne heure dans les villes et de se montrer tout dénudé, alors qu'on n'est encore qu'au commencement de l'automne. Malgré ce désavantage, c'est un de ceux qu'on emploie le plus fréquemment. Plusieurs Erables (*A. platanoides*, *A. pseudo-platanus*, etc.) sont encore excellents pour cet usage, car, outre leur végétation rapide et leur bonne forme, ils possèdent un beau feuillage épais et résistant. L'Ailante est aussi très employé, car il possède à peu près les mêmes qualités que les précédents. Cependant, lorsqu'on vise à l'effet immédiat, le Peuplier blanc est le plus recommandable, surtout si le terrain est humide. Plusieurs autres essences peuvent encore être employées selon le climat, le terrain et le but à atteindre. Nous citerons parmi les conifères, les Cèdres de l'Atlas et *Deodara*, le Sapin de Douglas, l'Epicéa, le Sapin de Normandie, la Sapinette noire, plusieurs Pins, quelques Cyprès et un grand nombre d'autres espèces résineuses. Lorsqu'on ne doit pas circuler sous les arbres, on peut y planter des arbrisseaux ou des grandes plantes vivaces, afin de rendre les bords de l'avenue plus attrayants. Les *Weigelia*, les Symphorines, les Millepertuis, les *Aucuba*, les Lauriers-cerises, les Buis, etc., etc., peuvent, pour cela, être mis à contribution.

AVERRHOA, Linn. (dédié à Averrhoes, de Cordoue, célèbre médecin arabe qui vécut en Espagne pendant la domination des Maures vers le milieu du XIIe siècle; il traduisit Aristote en arabe). FAM. *Géraniacées*, tribu des *Oxalidées*. — Genre comprenant deux ou trois espèces cultivées dans les régions tropicales de l'Amérique et de l'Asie, mais dont l'indigénat est douteux. Ce sont de beaux arbres de serre chaude, à fleurs disposées en grappes. Calice à cinq sépales persistants; corolle à cinq pétales; étamines dix. Le fruit est une baie à cinq angles, comestible, rafraîchissante. Feuilles alternes, imparipennées, dépourvues de stipules. On les cultive dans un mélange de terre franche et de terre de bruyère. Multiplication par boutures de bois à moitié mûr, faites à chaud, dans du sable et sous cloches. Les feuilles de la première espèce sont irritantes au toucher.

A. Bilimbi, Linn. *Fl.* pourpre rougeâtre, en grappes naissant sur le tronc. Mai. *Fr.* oblong, à écorce mince, verte, ressemblant un peu à un petit concombre; contenant une substance et des graines analogues et laissant écouler un jus acide, agréable. *Flles* alternes, à cinq à dix paires de folioles ovales, entières, lisses, courtement pétiolulées. *Haut.* 2 à 5 m., 1791. (B.F.S. 117.)

A. Carambola, Linn. Carambolier. — *Fl.* rouges, éparses, disposées en grappes courtes sur les ramifications, mais quelquefois sur les grosses branches et même sur le tronc. *Fr.* de la grosseur d'un œuf de poule, à cinq angles aigus, à peau jaune, mince et à pulpe claire, juteuse. *Flles* alternes, à quatre-cinq paires de folioles acuminées, entières, pétiolulées; les extérieures les plus grandes. *Haut.* 5 à 7 m., 1793.

Ces deux espèces sont cultivées dans les parties tropicales des Indes, mais leur véritable origine est inconnue.

AVET. — V. **Abies pectinata.**

AVICENNIA, Linn. (dédié à Avicenne, célèbre philosophe et médecin arabe; 980-1037). SYNS. *Bontia*, Linn.; *Donatia*, Lofl.; *Halodendron*, D. P. Thouars; *Sceura*, Forsk.; *Upata*, Adans. FAM. *Verbénacées*. — Genre comprenant quatre espèces d'arbres de serre chaude, peu décoratifs, originaires des régions chaudes du globe, sur les bords de la mer. Fleurs sessiles, munies de bractées et de bractéoles, axillaires ou disposées en épis ternés au sommet des rameaux. Calice quinquéfide; corolle campanulée, à cinq divisions; étamines quatre; stigmates deux; capsule coriace et indéhiscente. Feuilles persistantes, opposées, connées, entières, coriaces, glabres, blanchâtres en dessous. Les *Avicennia* sont peu cultivés; il leur faut une terre consistante et beaucoup d'humidité.

A. nitida, Jacq. *Fl.* roses; corolle à lobes réfléchis, atténués en onglet linéaire, soyeux et veloutés. *Flles* lancéolées, de 8 à 15 cent. de long et 2 à 4 cent. de large, brillantes en dessus, blanchâtres en dessous. *Haut.* 4 à 5 m. Guadeloupe, 1793.

A. officinalis, Linn. *Fl.* en épis globuleux, denses, garnis de bractées soyeuses ou résineuses; corolle velue, dépassant peu le calice. *Fr.* couvert d'un duvet farineux. *Flles* oblongues ou lancéolées, acuminées, atténuées en pétiole, glabres en dessus, blanches en dessous. Indes orientales, 1793.

AVOCATIER. — V. **Persea gratissima.**

AVORTÉ. — Organe dont le développement ayant été arrêté de bonne heure, est resté petit et imparfait.

AXE. — On désigne ainsi la partie d'un végétal qui porte les ramifications, c'est-à-dire les racines et les branches. L'axe est simple ou ramifié, selon qu'il porte des ramifications ou qu'il en est dépourvu. Le tronc d'un arbre constitue son axe. (S. M.)

AXILE. — Qui tient à, ou qui est contre l'axe. S'emploie fréquemment pour désigner la position centrale des placentas de l'ovaire.

AXILLAIRE. — Qui occupe l'aisselle des feuilles ou des bractées. V. aussi **Aisselle.**

AXILLARIA, Raf. — V. **Polygonatum**, Adans.

AZALEA, Linn. (de *azaleos*, sec, aride; allusion à l'habitat des espèces de ce genre). **Azalée.** FAM. *Ericacées*, tribu des *Rhodorées*. — Genre comprenant environ douze espèces d'arbrisseaux rustiques ou demi-rustiques, originaires de l'Amérique du Nord et de l'Asie tempérée, très répandus et justement appréciés pour l'ornement des serres et des jardins. Les *Azalea* sont, au point de vue botanique, réunis par la plupart des auteurs, aux *Rhododendron*, contrairement à la classification de Linné, qui, par sa méthode, les classait dans la *Pentandrie*, tandis que les *Rhododendron* faisaient partie de la *Décandrie*. Les premiers ont donc cinq étamines et les derniers ordinairement dix; cependant, on connaît des *Rhododendron* à cinq étamines. Les caractères ne sont pas autrement distinctifs, sauf toutefois que la plupart des *Azalea* sont à feuilles caduques. Plusieurs espèces sont cultivées dans tous les jardins et font l'objet d'un commerce important.

Azalées de pleine terre, d'Amérique ou de Gand, ANGL. Ghent or American Azaleas. — Les nombreuses variétés de ce groupe sont des arbrisseaux rustiques, à feuilles caduques, des plus répandus dans nos jardins. Lorsqu'ils sont plantés en plein air, on peut récolter leurs graines sans avoir fécondé celles-ci en temps utile, mais lorsqu'ils sont cultivés en serre, la fécondation artificielle est nécessaire si on désire obtenir de nombreuses variétés. Les graines doivent être semées dès leur maturité ou au printemps suivant, sous châssis très peu profonds, dans lesquels on met de 5 à 8 cent. d'épaisseur de terre de bruyère concassée, que l'on recouvre d'une couche de même terre passée au crible. Il est inutile de les couvrir, un bon arrosement à la pomme fine suffit; on ferme ensuite les châssis et on les tient couverts de paillassons jusqu'à la levée. Lorsque les plants commencent à sortir, on les aère graduellement, on les ombre au besoin et on les seringue tous les jours. A l'automne, ils sont assez forts pour pouvoir être repiqués en petites touffes dans des caisses ou dans des terrines remplies d'un mélange de terre de bruyère et de sable grossier; puis, on les place de nouveau sous châssis ou même en plein air, selon le climat; on les ombre et on tient les châssis fermés jusqu'à ce qu'ils soient bien repris; on aère ensuite graduellement et on endurcit les plants afin qu'ils puissent mieux supporter l'hiver, mais ils ont cependant besoin d'être protégés à l'aide de paillassons, surtout lorsque le froid est intense. L'année suivante, on se contente de les arroser selon le besoin; ils seront alors suffisamment rustiques pour résister au froid. Au printemps suivant, ces plants devront être repiqués séparément en planches, à une distance suffisante pour qu'ils puissent rester ainsi pendant deux ans. Ceux qui tendent à s'allonger devront être pincés afin de les faire ramifier.

La greffe est beaucoup pratiquée pour la multiplication des variétés par noms ou de choix; l'*A. pontica* est employé comme sujet pour cet usage, ce procédé est d'autre part beaucoup plus rapide. On fait aussi quelquefois en mars, des marcottes dont on entoure la partie enterrée avec de la mousse, mais on ne peut les sevrer qu'au bout de deux ans. Des boutures de 5 à 8 cent. de long prises avec talon sur du bois de l'année précédente, s'enracinent facilement dans du sable; la fin d'août est la meilleure époque pour cette opération. On peut, lorsque le bourrelet est formé, et afin de hâter la reprise, placer les pots sur une petite couche, mais ce n'est pas absolument nécessaire; si on les plante en plein air, il faut les recouvrir de cloches pendant environ deux mois; après ce temps, on aère graduellement. On force assez fréquemment ces Azalées pour l'approvisionnement des marchés et même dans les jardins particuliers; dans de bonnes conditions on peut les faire fleurir pour la Noël. Pour cet usage, on les cultive en pots, et on hâte, à l'aide d'un peu de chaleur artificielle, la fin de la végétation; on les met ensuite en plein air, au nord d'un mur, pour les empêcher de fleurir à l'automne. On commence ensuite à chauffer ces plantes vers la fin d'octobre. On ne doit forcer les mêmes plantes que tous les deux ans. La plupart des variétés employées pour cet usage sont élevées dans l'ouest de la France, en Belgique, etc., où on les cultive en très grande quantité. La terre la meilleure pour la culture en plein air est un mélange de terre de bruyère et de sable grossier; à défaut de la première, on peut employer du terreau de feuilles. Dans plusieurs cas, nous avons pu remarquer qu'elles poussent très bien en pleine terre de jardin.

Voici quelques-unes des meilleures variétés: *Amiral de Ruyter*, rouge écarlate foncé, très beau; *Altaclerensis* jaune vif; *Amœna*, rose tendre; *Carnea elegans*, rose pâle, teinté de jaune soufre; *Coccinea major*, écarlate foncé, très beau; *Cuprea splendens*, beau rose teinté de jaune; *Decorata*, rose frais; *Directeur Charles Baumann* beau vermillon, maculé de jaune; *Electeur*, écarlate orangé; *Géant des Batailles*, carmin foncé, très beau; *Madame Joseph Baumann*, rose vif, très florifère; *Maria Verschaffelt*, teinté jaune et rose; *Mirabilis*, rose très frais; *Morteri*, beau jaune, teinté de rose rougeâtre; *Pontica macrantha*, beau jaune soufre foncé, très grande et belle fleur; *Princesse d'Orange*, rose saumoné, très beau; *Sanguinea*, carmin foncé; *Viscosa floribunda*, blanc pur, très odorant.

Azalées de l'Inde ou de la Chine, Angl. Indian or Chinese Azaleas. — Les nombreuses variétés que comprend cette section sont de beaux arbrisseaux à feuilles persistantes, sortis de l'*A. indica*, et dont les coloris ainsi que la forme des fleurs simples et doubles ont été beaucoup perfectionnés dans ces dernières années. Ils font l'objet de cultures importantes en Belgique et dans l'ouest de la France. Ce sont des plantes d'un grand mérite horticole, et propres à toutes sortes de garnitures d'appartement, à la confection des bouquets, etc.; les fleuristes les vendent en fleurs depuis novembre jusqu'en juin.

Culture. — Un drainage parfait est essentiel; la terre doit se composer de moitié de terre de bruyère et moitié d'un mélange de terre franche fibreuse, de terreau de feuilles et de sable en quantités égales. Beaucoup d'air et de lumière leur sont indispensables; par des rempotages successifs, on peut, après plusieurs années de culture, en obtenir de très fortes plantes. Lorsqu'on les rempote, il faut enlever la totalité des tessons ainsi que la terre du dessus de la motte, jusqu'à ce qu'on atteigne les radicelles; on place ensuite la plante dans un pot bien propre et de grandeur proportionnée, puis à l'aide d'une spatule, on fait descendre la terre autour de la motte, en ayant bien soin d'éviter les vides; on foule enfin le sommet convenablement. Les racines du sommet de la motte doivent toujours être au niveau de la terre ou même un peu au-dessus, cela afin d'éviter que l'eau ne coule le long de la tige, car, dans ce cas, la plante serait vite perdue. On place ensuite les plantes sous châssis que l'on tient fermés pendant quelque temps, on les seringue fréquemment, et, lorsqu'elles recommencent à végéter, on les aère graduellement pour les endurcir. Le meilleur moment pour les rempoter, est lorsque la floraison est terminée et avant qu'ils n'entrent en végétation. De octobre à mai, les plantes doivent être tenues en serre froide ou sous châssis; pendant l'été, on les met dehors, à l'ombre d'une haie ou de grands arbres, et on enfonce les pots dans la terre. On conseille encore de les planter en planches dont la terre aura été rendue propre à leur culture par l'addition de terre de bruyère et de sable; on peut ainsi les tenir plus propres, ils y souffrent moins de la soif et poussent aussi beaucoup mieux. On les rempote de nouveau à l'automne et on les tient renfermés pendant quelques jours. Les arrosements doivent être abondants pendant la période de floraison et les plantes ne doivent jamais souffrir de la soif, mais il ne faut pas non plus arroser sans discernement, car trop d'humidité est aussi fatale que le manque d'eau.

Leur multiplication peut avoir lieu par boutures que l'on fait avec des sommités de rameaux à moitié mûrs et coupés au-dessous d'un nœud; on supprime les feuilles inférieures sur une longueur d'environ 2 cent. 1/2. On pique ensuite les boutures sous cloches, dans de la terre de bruyère recouverte d'environ

2 cent. 1/2 de sable; l'extrémité de la bouture doit à peine atteindre le niveau de la terre de bruyère. Les cloches doivent être essuyées tous les matins. Lorsqu'elles sont enracinées, on les empote séparément dans des godets.

On les propage aussi beaucoup par la greffe; c'est du reste la méthode la plus pratique pour la multiplication rapide des variétés par noms et pour l'obtention des plantes ayant la forme de petits arbres. Les graines se sèment de la même façon que celles du groupe précédent, mais en serre froide, et les plants se repiquent dans de petits pots, à environ 2 cent. 1/2 de distance. Les Azalées sont sujettes aux attaques des thrips et de la grise; cette dernière maladie est quelquefois très nuisible; de fréquents seringages en ont le plus souvent raison; dans le cas où ils seraient insuffisants, on pourrait ajouter un peu d'insecticide à l'eau des seringages.

Fleurs simples. — *Antigone*, blanc, strié et maculé de violet; *Apollon*, fleur grande, blanche, striée de carmin; *Candidissima*, blanc pur, très beau; *Charmer*, fleur très grande, d'un beau rouge amarante; *Comtesse de Beaufort*, beau rose, pétales supérieurs maculés de carmin; *Comtesse de Flandres*, fleur grande, rose; *Criterion*, rose saumoné, marginé de blanc; *Duc de Nassau*, fleur grande, rose purpurin, très florifère; *Eclatante*, carmin foncé teinté de rose; *Fanny Ivery*, écarlate saumoné, teinté de magenta, très beau; *Flambeau*, carmin brillant excessivement vif; *Fürstin Bariatinski*, blanc strié de rouge; *Grandis*, rouge, teinté de violet; *Jean Varvaene*, saumon strié et bordé de blanc; *John Gould Veitch*, rose lilacé, réticulé et bordé de blanc, maculé de jaune safran, très beau; *La superbe*, jaune laque, bordé d'orange et ponctué de noir, très belle variété; *La Victoire*, centre rougeâtre, blanc vers les bords, à pétales supérieurs ponctuées de marron carminé. *Louis Von Baden*, blanc pur, très belle variété, *Madame Charles Van Eckhaute*. blanc pur, corolle consistante, bien formée et crispée sur les bords; *Madame Van Houtte*, élégamment flammé de carmin et de rose, très florifère; *Marquis de Lorne*, fleur écarlate brillant, étoffée et de forme excellente; *Madame Turner*, rose vif, bordé de blanc et maculé de carmin; *Monsieur Paul de Schryver*, magenta; *Monsieur Thibaut*, rouge orangé, belle forme; *Neige et Cerise*, blanc strié et maculé rouge cerise; *Perfection de Gand*, pourpre rosé, grande fleur; *Président Van Den Hecke*, strié et pointillé de carmin, centre jaune; *Princesse Alice*, blanc pur, un des meilleurs; *Princesse Clémentine*, blanc, à macules jaune verdâtre; *Reine des Pays-Bas*, beau violet rose, marginé de blanc; *Roi de Hollande*. rouge sang foncé, maculé de noir; *Sigismond Rucker*, beau rose bordé de blanc, à macules carmin; *Stella*, écarlate orangé, teinté de violet; *Wilson Saunders*, blanc pur, strié et maculé de rouge vif, très beau.

Fleurs doubles. — *A. Borsig*, blanc pur; *Alice*, beau rose foncé, maculé de vermillon, très beau; *Ami du cœur*, rouge corail, grande fleur; *Baron N. de Rothschild*, beau violet purpurin à macules foncées; *Bernard André*, fleur grande, violet purpurin foncé, semi-double; *Camelliæflora plena*, rouge saumoné et orange; *Charles Leirens*, saumon foncé, fleur bien faite et étoffée; *Comtesse Eugénie de Kerchove*, blanc, flammé de rouge carmin, semi-double; *Deutsche Perle*, blanc, forme parfaite; *Dominique Vervaene*, orange vif, très beau; *Dr Moore*, rose foncé, ombré blanc et violet, très beau; *Empereur du Brésil*, beau rose, rayé de blanc, pétales supérieurs marqués de rouge; *Francis Devos*, carmin foncé; *Imbricata*, blanc pur, quelquefois flammé de rose; *Impératrice des Indes*, saumon rosé et carmin; *Johanna Gottschalk*, fleur grande, blanc pur, bien formée; *Louise Pynaert*, blanc, méritante; *Madame Iris Lefebvre*, orange foncé, ombré violet vif et maculé de marron chocolat; *Madeleine*, fleur grande, blanche, semi-double; *Niobé*, blanc, bonne forme; *Pharailde Mathilde*, fleur grande, blanche, à macules rouge cerise; *Président Ghellinck de Walle*, rose intense, pétales supérieurs maculés de jaune laque et rayés de carmin; *Président Oswald de Kerchove*, saumon rosé; *Sakountala*, blanc, vigoureux; *Souvenir du Prince Albert*, beau rose pêche, largement bordé de blanc pur, très beau et très florifère; *Théodore Riemers*, fleur grande, lilas; *Vervaeneana*, rose, bordé de blanc, quelquefois strié de saumon.

A. amœna, Lindl. *Fl.* presque campanulées, d'un beau rouge carmin, de 4 cent. de diamètre, à corolles emboîtées; très abondantes. *Haut.* 30 cent. Chine. Élégant petit sous-arbrisseau, bien fait et compact, qui s'est montré entièrement rustique en France et en Angleterre. (B. M. 4728; R.H. 1854, 13; F.d.S. 9, 885.) - - Une jolie série d'hybrides, très florifères, a été obtenue par le croisement de cette espèce avec l'*A. indica*. Ce sont *Lady Musgrave*, carmin clair; *Miss Buist*, blanc pur; *Mme Carmichael*, rouge magenta teinté de carmin; *Premier Ministre*, rose tendre teinté plus foncé, très florifère; *Princesse Béatrix*, mauve clair, très distinct et florifère; *Princesse Maud*, rouge magenta, teinté de rose.

A. arborescens, Pursh. * *Fl.* grandes, rougeâtres, non visqueuses, feuillues; tube de la corolle plus long que les segments; calice feuillu, à segments oblongs, aigus. Mai. *Flles* accompagnant le bouton, grandes, brun jaunâtre, entourées d'une bordure blanche, frangées, obovales, presque obtuses, glabres sur les deux faces, glauques en dessous, ciliées sur les bords, à nervure médiane presque lisse. *Haut.* 3 à 6 m. Pensylvanie. Espèce à feuilles caduques. Syn. *Rhododendron arborescens*, Torr.

A. balsaminæflora, — * *Fl.* d'un beau rouge saumoné, bien doubles, en forme de rosette, à segments régulièrement imbriqués et ressemblant beaucoup à une fleur de Balsamine camelia. Japon. C'est une espèce distincte, dont les fleurs sont de longue durée et précieuses pour la confection des bouquets.

A. b. alba, Hort. *Fl.* blanches, en gros bouquets compacts.

A. b. aurea, Hort. Forme différant du type par la couleur jaune de ses fleurs.

A. b. carnea, Hort. *Fl.* blanc carné, teintées de rose, également jaune pâle lorsqu'elles s'ouvrent. 1887.

A. calendulacea, Michx. * *Fl.* jaune, rouge, orange et cuivré, grandes, non visqueuses, un peu nues; tube de la corolle velu, plus court que les segments. Mai. *Flles* oblongues, pubescentes sur les deux faces, à la fin velues. *Haut.* 60 cent. à 2 m. Pensylvanie jusqu'à la Caroline, 1806. Cette espèce est, dit-on, la plus belle de l'Amérique du Nord. Il en existe plusieurs variétés dans les cultures; elle est rustique et à feuilles caduques. Syn. *Rhododendron calendulaceum*, Torr. (B.M. 1721, 2143.)

A. dianthiflora, Carr. *Fl.* pleines, odorantes, roses ou violettes, de 6 cent. de diamètre, pointillées de brun foncé; pédicelles velus, laineux; lobes du calice allongés, appliqués, pubescents. Mai-juin. *Flles* persistantes, assez grandes, elliptiques-oblongues, mollement velues. Arbrisseau vigoureux, très florifère. Japon, 1889.

A. hispida, Pursh. *Fl.* blanches, bordées de rouge, à tube teinté de rouge et à peine plus long que les segments, très visqueux, feuillu; étamines dix. Juillet. *Flles* oblongues-lancéolées, hispides en dessus, lisses en dessous, glauques sur les deux faces, ciliées sur les bords et à nervure médiane scabre en dessous. Branches droites, très hispides. New-York, etc., 1734. Espèce rustique, à feuilles caduques. (W. D. B. 1, 6.) Syn. *Rhododendron hispidum*, Torr.

Fig. 357. — Azalea dianthiflora. (*Rev. Hort.*)

A. indica, Linn.* Azalée de l'Inde. — *Fl.* campanulées, terminales, solitaires ou géminées ; dents du calice allongées, lancéolées, obtuses, ciliées, étalées. *Flles* cunéiformes, lancéolées, atténuées aux deux extrémités,

Fig. 358. — Azalea indica. (*Rev. Hort.*)
Var. Duc de Cambridge.

finement crénelées et couvertes ainsi que les branches, de poils fins, rigides et apprimés. Chine, 1808. Il existe dans les catalogues horticoles un très grand nombre de variétés simples ou doubles, de toutes les couleurs ; nous avons donné ci-dessus un choix des meilleures ; c'est du reste l'espèce la plus cultivée. (*Un grand nombre de planches représentant différentes variétés existent dans presque toutes les publications horticoles illustrées*).

A. ledifolia, Hook. * *Fl.* blanc pur, très décoratives, à corolle campanulée ; disposées par trois au sommet des rameaux ; calice dressé, glanduleux, visqueux. Mars. *Flles* elliptiques, lancéolées. *Haut.* 60 cent. à 2 m. Chine, 1819. Toute la plante est très velue. Espèce rustique, toujours verte. Syn. *A. liliiflora*. (B. M. 2,901, 3,239.)

A. mollis, Blume. Syn. de *A. sinensis*.

A. liliiflora, — Syn. de *A. ledifolia*.

A. nitida, Pursh. Syn. de *A. viscosa nitida*.

A. nudiflora, Linn.* *Fl.* en grappes terminales, naissant avant les feuilles, un peu nues, non visqueuses ; tube de la corolle plus long que les segments ; dents du calice courtes, un peu arrondies; étamines très exertes. Juin. *Flles* lancéolées-oblongues, presque lisses et vertes sur les deux faces, ciliées sur les bords, à nervure médiane scabre en

Fig. 359. — Azalea nudiflora. (*Rev. Hort.*)

dessous et laineuse en dessus. *Haut.* 1 m. à 1 m. 30. Amérique du Nord, 1734. (B. M. 180; B. R. 57, 120, 1367.) Cette espèce s'hybride très facilement avec les *A. calendulacea*, *A. pontica*, *A. viscosa*, etc., on en connait un grand nombre d'hybrides doubles ou simples, de presque toutes les teintes; on les rencontre dans les catalogues des horticulteurs. Espèce rustique. (W. F. A. t. 36.) Syn. *Rhododendron nudiflorum*, Torr.

A. obtusa, Lindl. *Fl.* rouge foncé, solitaires; segments de la corolle presque ovales et très aigus ; le supérieur un peu plus petit que les autres et légèrement maculé de pourpre. Mars. *Flles* velues, oblongues, obtuses, rétrécies à la base. *Haut.* 60 cent. Chine, 1844. Espèce toujours verte, de serre froide. (B. R. 32, 37 ; G. C. n. s. XXV, p. 585.)

A. o. alba, Veitch. Variété ne différant du type que par la couleur de ses fleurs qui sont blanches et quelquefois striées de rouge. 1887.

A. pontica, Linn.* Azalée pontique. — *Fl.* feuillues en dessous, visqueuses; corolle en entonnoir; étamines très longues. Mai. *Flles* brillantes, ovales-oblongues, velues, ciliées. *Haut.* 1 m. 30 à 2 m. Orient, Caucase, etc., 1793. Les variétés de cette espèce sont aussi très nombreuses, elles diffèrent principalement par la couleur des fleurs et par celle du feuillage; il en existe de toutes les teintes, et elles sont fréquemment striées. Le nom ci-dessus généralement adopté ne doit pas être confondu avec celui du *Rhododendron ponticum*, Linn. Si le genre *Azalea* est réuni au *Rhododendron*, cette plante doit alors porter le nom de *Rhododendron flavum*, G. Don. (J. H. 1864, 415; B. R. 1253, 1559; B. M. 433, 2383.)

A. procumbens, Linn. — V. **Loiseleuria procumbens**, Desv.

A. rhombica, — *Fl.* ordinairement géminées; calice petit; corolle rose vif, de 4 à 5 cent. de diamètre, sub-bilabiée. Mai. *Flles* sub-coniques, de 4 à 5 cent. de long, prenant une teinte bronzée à l'automne; les juvéniles soyeuses, rhomboïdes-elliptiques, aiguës aux deux extrémités, velues en dessus, finement réticulées en dessous. Branches grêles, raides, glabres, poilues, tomenteuses lorsqu'elles sont jeunes. Japon. Arbuste rustique, très rameux. Syn. *Rhododendron rhombicum*. (B. M. 6972.)

A. sinensis, Lodd. *Fl.* campanulées, duveteuses, rouge feu; étamines aussi longues que les pétales. Mai. *Flles* à la fin caduques, elliptiques, un peu aiguës, pileuses, pubescentes, penniveinées, à bords ciliés, grisâtres en dessous. *Haut.* 1 m. à 1 m. 30. Chine et Japon. Un grand nombre de variétés de semis et de formes hybrides sont cultivées sous le nom d'Azalées du Japon; ce sont de bonnes plantes pour l'ornement des serres froides ou même des massifs en plein air. (B. M. 55; L. B. C. 885.) Syns. *A. mollis*, Blume.; *Rhododendron sinense*, Sweet.

A. speciosa, Willd.* *Fl.* rouge écarlate et orange; corolle soyeuse, à segments lancéolés, obtus, ondulés et ciliés; calice pubescent. Mai. *Flles* lancéolées, ciliées, aiguës aux deux extrémités. Branches velues. *Haut.* 1 m. à 1 m. 30. Amérique du Nord. Les variétés de cette espèce sont également nombreuses, elles diffèrent par la couleur de leurs fleurs et par la forme de leur feuillage. (L. B. C. 1255.) Syn. *Rhododendron speciosum*, Torr.

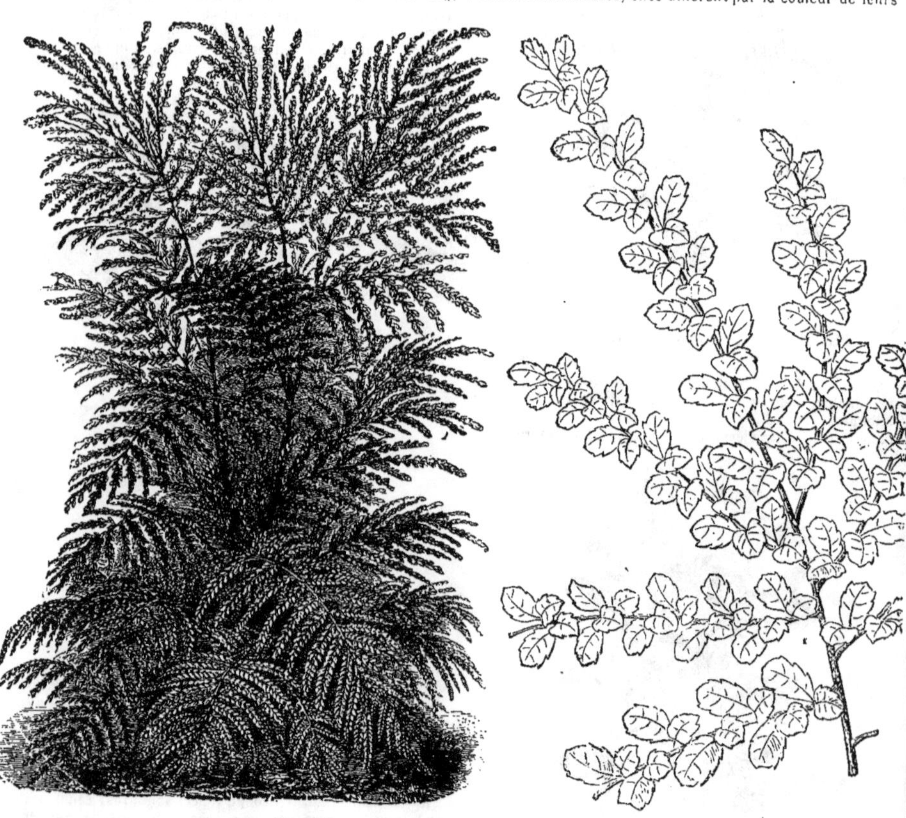

Fig. 360. — AZARA MICROPHYLLA. (D'après Veitch.)
Plante entière et rameau de grandeur naturelle.

A. viscosa, Linn. *Fl.* blanches, odorantes, en bouquets terminaux; duveteuses, visqueuses, feuillues en dessous; tube de la corolle aussi long que les segments. Juillet. *Flles* oblongues-ovales, aiguës, lisses et vertes sur les deux faces, ciliées sur les bords, à nervure médiane scabre. *Haut.* 60 cent. à 1 m. 20. Amérique du Nord, 1734. Comme pour la plupart des espèces de ce genre, il existe un certain nombre de variétés qui diffèrent également par la couleur de leurs fleurs, etc. (T. S. M. 438.) Syn. *Rhododendron viscosum*, Torr.

A. v. nitida, — * *Fl.* blanches, teintées de rouge, visqueuses, feuillues en dessous; tube de la corolle un peu plus long que les segments. Avril. *Flles* oblancéolées, un peu mucronées, coriaces, lisses sur les deux faces, brillantes en dessus, nervures scabres en dessous; bords ciliés, révolutés. *Haut.* 60 cent. à 1 m. 20. New-York, 1812. Plante rustique, à feuilles caduques. (B. R. 5, 414.) Syns. *A. nitida*, Pursh.; *Rhododendron nitidum*, Torr.

AZALEASTRUM albiflorum, Hort. — V. **Rhododendron albiflorum**, Hook.

AZARA, Ruiz. et Pav. (dédié à J.-N. Azara, savant espagnol, amateur de botanique). Syn. *Myrtophyllum*, Turcz. Fam. *Bixinées*. — Genre comprenant douze espèces originaires du Chili et du Mexique. Ce sont de jolis arbustes rustiques ou demi-rustiques, à feuilles persistantes, simples, alternes, stipulées. Fleurs odorantes, en grappes, en corymbes ou en épis courts, apétales; calice à quatre divisions soudées à la base; étamines nombreuses, à filets dépassant longuement le calice. Les *Azara* sont probablement rustiques dans les régions dont le climat est plus régulier que celui de Paris. Ils se plaisent dans un compost de terre franche, de terreau de feuilles et de sable. Multiplication par boutures de bois à moitié mûr, plantées dans du sable, sous cloches, et sur une légère chaleur de fond.

A. dentata, Ruiz. et Pav. *Fl.* jaunâtres, en corymbes sessiles, pauciflores. Juin. *Flles* ovales, dentées, scabres, tomenteuses en dessous, stipules foliacées, inégales. *Haut.* 4 m. Chili, 1830. (B. R. 1728.)

A. Gillesii, Hook.* *Fl.* jaune vif, en panicules axillaires, compactes. Printemps. *Flles* grandes, semblables à celles du Houx, ovales, grossièrement dentées, glabres. *Haut.* 5 m. Chili, 1859. (B. M. 5178.)

A. integrifolia, Ruiz et Pav.* *Fl.* jaunâtres, en épis axillaires, courts et nombreux, à odeur aromatique. Automne. *Flles* obovales ou oblongues, entières, lisses, stipules persistantes, égales. *Haut.* 6 m. Chili, près de la Conception, 1832. — Il existe une variété à feuilles panachées, très ornementale, mais très rare. La panachure consiste en un fond vert jaunâtre avec une macule vert foncé et bordée dressé de rose à l'état juvénile.

A. microphylla, —*Fl.* blanchâtres, en corymbes et auxquelles succèdent de nombreuses petites baies orange. Automne. *Flles* petites, distiques, obovales, obtuses, dentées, vert foncé brillant. *Haut.* 4 m. Chiloe et Valdivia, 1873. Cet arbrisseau est très ornemental lorsqu'il est dressé sur tige et excellent pour garnir les murs.

AZEREDIA, Arrud. — V. **Cochlospermum**, Kunth.

AZEROLIER. — V. **Cratægus Azarolus**, Linn.

AZOLLA, Lamk. Fam. *Rhizocarpées*. — Petit genre renfermant quatre espèces de plantes aquatiques, originaires de l'Amérique septentrionale, de l'Abyssinie et de l'Océanie. Ce sont de petites plantes analogues aux *Lemna* par leur mode de végétation et par leur aspect général, mais s'en éloignant sensiblement par leurs caractères, car elles appartiennent à l'ordre des Cryptogames et sont voisines des Fougères par leur mode de fructification; c'est cependant par la division naturelle en fragments que ces plantes se propagent le plus rapidement. L'espèce ci-dessous, seule connue dans les jardins, est utile pour tapisser la surface des pièces d'eau et principalement pour les aquariums ou tout petits bassins. Elle vit et se propage rapidement dans les eaux tranquilles et peu profondes pendant toute la belle saison; mais à l'entrée de l'hiver il faut, sous le climat de Paris, avoir soin d'en rentrer une certaine quantité dans un bassin de serre pour servir à repeupler les bassins ou aquariums au printemps suivant.

A. caroliniana, Willd. Petite plante formant à la surface des eaux un élégant tapis d'un beau vert, prenant une teinte rosée très vive à Bordeaux où elle est naturalisée. Chaque plante couvre à peine un centimètre de surface et se compose de petites tiges portant de toutes petites feuilles vertes, ovales, alternes, fortement imbriquées et entre lesquelles naissent les thèques ou organes fructifères. Ces tigelles émettent de petites racines qui plongent verticalement dans l'eau. La plante est originaire de l'Amérique septentrionale, mais elle s'est naturalisée dans le sud-ouest de la France, ainsi que l'*A. filicoides*, Lamk., du même pays. (S. M.)

AZOTE. — L'azote est un gaz incolore, inodore et sans saveur qui forme les 4/5 (en volume) de l'air atmosphérique, où il existe en mélange avec l'oxygène.

Il est un des éléments constituants de certaines substances végétales et animales. Les matières albuminoïdes ou protéïques que contiennent les plantes et les animaux sont en effet des composés quaternaires formés d'azote, de carbone, d'oxygène et d'hydrogène.

Le *gluten* du blé, la *légumine* des haricots, lentilles, pois, etc., sont, comme l'*albumine* et la *caséine*, des corps quaternaires, riches en azote.

On trouve aussi dans certains végétaux d'autres corps appelés *alcaloïdes*, comme la *morphine* dans le Pavot, la *nicotine* dans le Tabac, la *strychnine* dans la noix vomique, etc., qui sont des poisons plus ou moins violents et contiennent tous de l'azote.

L'azote, comme on le voit, entre aussi bien dans la composition de substances jouant un rôle alimentaire très important, que dans celle de substances toxiques employées en médecine avec la plus grande prudence.

Des quatre principaux éléments des engrais, l'azote est le plus important et le plus cher. On le trouve dans le sol sous trois formes différentes : l'azote organique, l'azote ammoniacal et l'azote nitrique.

L'azote organique, c'est-à-dire celui que contiennent les matières d'origine animale ou végétale, ne peut être utilisé par les plantes qu'à la condition d'avoir subi dans la terre des transformations qui le ramènent à l'état d'ammoniaque ou de nitrate. Mais, comme ces transformations ne s'opèrent que lentement sous l'action d'organismes microscopiques (ferments) qui peuplent le sol, l'azote apporté par le fumier de ferme, par exemple, n'est pas aussi promptement *assimilable* que celui des engrais dits *chimiques*.

L'azote ammoniacal peut être fourni aux végétaux sous la forme de sulfate d'ammoniaque, et l'azote nitrique sous celle de nitrate de soude ou nitrate de potasse (salpêtre).

Ces trois sels, qui entrent couramment dans la composition des engrais chimiques, sont très solubles dans l'eau, et l'azote qu'ils fournissent est immédiatement utilisable par les plantes. V. aussi **Ammoniaque** et **Engrais**. (X.)

B

BABIANA, Ker. (de *Babianer*, nom que les colons hollandais du Cap ont donné à cette plante, parce que ses racines sont très recherchées par les singes *baboons*). Fam. *Iridées*. — Genre comprenant plus de trente espèces de plantes bulbeuses, très ornementales, confinées au Cap, sauf une espèce qui habite l'île de Socotra. Fleurs quelquefois odorantes et généralement parées de riches couleurs uniformes ou de teintes très distinctes formant un contraste des plus apparents ; périanthe à six divisions ovales, tube de longueur variable. Tiges de 15 à 20 centimètres de haut, naissant d'un bulbe plein, muni de feuilles allongées et plissées en long, plus ou moins couvertes de longs poils ; hampe portant une grappe de cinq ou six fleurs s'épanouissant simultanément. Il faut les cultiver en pots de préférence ; on est ainsi moins susceptible de les perdre et on peut prolonger considérablement leur période de floraison. On emploie un compost léger et siliceux, dans lequel on incorpore une petite quantité de terreau. On se sert de pots de 5 à 8 cent., bien drainés, dans lesquels on met deux à trois bulbes dans les premiers et cinq à six dans les plus grands. On les tient relativement secs jusqu'à ce que les racines commencent à se développer. La plantation doit être faite en octobre. Dès que les plantes paraissent au-dessus du sol, on arrose d'abord modérément, puis on augmente graduellement la quantité d'eau au fur et à mesure que les plantes se développent. On peut leur donner un peu d'engrais liquide très faible, deux fois par semaine, au moment où les épis sont en formation. Lorsque les fleurs se fanent et que les feuilles jaunissent, on suspend graduellement les arrosements afin de bien faire mûrir les bulbes, condition dont dépend la floraison suivante. La végétation entièrement terminée, on place les pots dans un endroit sec, où on les laisse jusqu'au moment du rempotage. On retire alors chaque bulbe, on le nettoie avec soin et on en sépare tous les bulbilles. Ces derniers peuvent être rempotés de la même façon que leurs parents, ou conservés dans des pots remplis de sable, pour être plantés en mars, dans une plate-bande abritée.

Pour la culture en plein air, il est essentiel de choisir un endroit très sain, abrité et ensoleillé. Il est préférable, bien que cela ne soit pas absolument nécessaire, de replanter les bulbes chaque année au commencement du printemps. On les met à 12 ou 15 cent. de profondeur et on les entoure d'un peu de sable. La plantation peut naturellement se faire à l'automne, mais il est nécessaire de les recouvrir d'une bonne couche de litière ou de feuilles mortes. Dans les endroits sains et bien abrités, on peut les laisser en place, mais il vaut cependant mieux arracher les bulbes à la fin de l'automne, lorsque les feuilles sont complètement mortes et les conserver dans du sable sec, dans un endroit aéré et à l'abri des gelées. On peut se procurer des *Babiana* en mélange à des prix très modérés chez les horticulteurs et marchands grainiers. Leur multiplication a lieu par les bulbilles et par le semis. Le premier moyen est le plus sûr et le plus rapide ; les bulbilles se cultivent en caisses ou en pleine terre très fertile, jusqu'à ce qu'ils soient de force à fleurir. Les graines se sèment en toute saison en terrines et à chaud ; on repique ensuite les plants, puis on cultive les bulbilles qu'ils forment, comme il est dit plus haut.

B. cærulescens, Eckl. Syn. de *B. plicata*, Ker.

B. disticha, Ker. * *Fl.* à odeur de Jacinthe ; périanthe bleu pâle, à divisions étroites, ondulées ou crispées sur les bords. Juin-juillet. *Flles* lancéolées, aiguës. *Haut.* 15 cent. Cap, 1774. (B. M. 626.)

B. plicata, Ker. * *Fl.* à odeur d'Œillet, très prononcée ; périanthe bleu violet pâle ; anthères bleues et stigmate jaune. Mai-juin. *Flles* lancéolées, distinctement plissées. *Haut.* 15 cent. Cap, 1774. Syns. *B. cærulescens* et *B. reflexa*, Eckl. (B. M. 576.)

B. reflexa, Eckl. Syn. de *B. plicata*, Ker.

B. ringens, Ker. * *Fl.* écarlates, de forme irrégulière, ouvertes, très belles. Mai-juin. *Flles* étroites, aiguës, vert foncé. *Haut.* 15 à 20 cent. Cap, 1752. (L. B. C. 1006.)

B. sambucina, Ker. *Fl.* pourpre bleuâtre, à odeur de Sureau ; périanthe à divisions étalées. Avril-mai. *Flles* lancéolées, légèrement plissées. *Haut.* 15 à 20 cent. Cap, 1799. Syn. *Gladiolus sambucinus*, Jacq. (B. M. 1019.)

B. socotrana, — *Fl.* solitaires, presque sessiles ; périanthe à tube très grêle, de 3 cent. de long ; limbe bleu violet pâle, de 2 cent. 1/2 de diamètre, bilabié, à segments elliptiques-aigus. Septembre. *Flles* distiques, de 8 à 10 cent. de long, étroites, lancéolées ; pétioles larges, comprimés. *Haut.* 8 à 10 cent. Iles de Socotra, 1880. (B. M. 6585.)

B. stricta, Ker. * *Fl.* à segments étroits, aigus, les trois extérieurs blancs, les trois intérieurs bleu lilas, portant chacun une macule foncée près de la base. Mai. *Flles* largement lancéolées, obtuses, ciliées. *Haut.* 30 cent. Cap, 1795. (B. M. 621.)

B. s. angustifolia, Ker. *Fl.* odorantes ; périanthe bleu vif, légèrement rosé dans le tube. Mai-juin. *Fl* linéaires, aigues, vert tendre. *Haut.* 30 cent. Cap, 1757. (B. M. 637.)

B. s. rubro-cyanea, Ker. * *Fl.* de 5 cent. ou plus de diamètre, dont la moitié supérieure du périanthe est d'un beau bleu, tandis que la partie inférieure est marquée d'une zone médiane d'un beau rouge carmin, formant un agréable contraste. Mai-juin. *Flles* larges, acuminées,

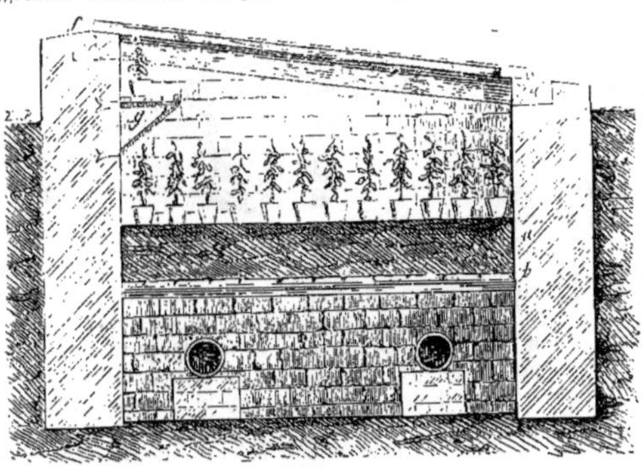

Fig. 361. — Bâche chauffée (coupe). (*Rev. Hort.*)
a. couche de terre ; *b*, plancher en fer aT et tuiles ; *c*, chambre chaude ou passent les tuyaux et dont on voit le mur du fond ; *d*. tuyaux ; *e*, leurs socles ; *f*. pièce de bois sur laquelle reposent les châssis ; *g*. tablette.

duveteuses sur la face supérieure. *Haut.* 15 à 20 cent. Cap. 1796. (B. M. 510.)

B. s. sulphurea, Ker. * *Fl.* blanc crème ou jaune pâle, à segments étalés ; anthères bleues ; stigmate jaune. Avril-

BABINGTONIA, Lindl. — Réunis aux **Bæckea**, Linn.

BACCIFÈRE. — Qui porte des baies.

BACCIFORME. — Qui a la forme d'une baie.

BACCHARIS, Linn. (de *Bacchus*, vin; allusion à l'odeur d'épice des racines). Angl. Ploughman's Spikenard. Syn. *Molina*, Ruiz et Pav. Fam. *Composées*. — Genre comprenant environ trois cents espèces bien distinctes, originaires des l'Amériques du Nord et du Sud. Ce sont des plantes herbacées, des arbustes ou des arbres rustiques, de serre chaude ou froide. Capitules dioïques, réunis en fausses ombelles multiflores. Involucre sub-hémisphérique ou oblong-lancéolé, à bractées imbriquées sur plusieurs rangs. Feuilles simples, alternes, caduques, oblongues, lancéolées, incisées, dentées ou crénelées, dépourvues de stipules. Ce sont des plantes à floraison de courte durée, peu décoratives et très peu répandues, mais de culture très facile en tous terrains. On les multiplie par boutures. L'espèce suivante est probablement la seule connue dans les jardins où on l'emploie pour la garniture des massifs d'arbustes ; elle est surtout recommandable pour les bords de la mer.

B. halimifolia, Linn. Seneçon en arbre ; Angl. Groundsel-tree. — *Fl.* en capitules blanchâtres. Octobre. *Flles* oblongues, cunéiformes, obovales, grossièrement dentées ; rameaux anguleux, couverts, ainsi que les feuilles, d'une poussière écailleuse, glauque. *Haut.* 1 à 4 m. Caroline. 1683. Rustique.

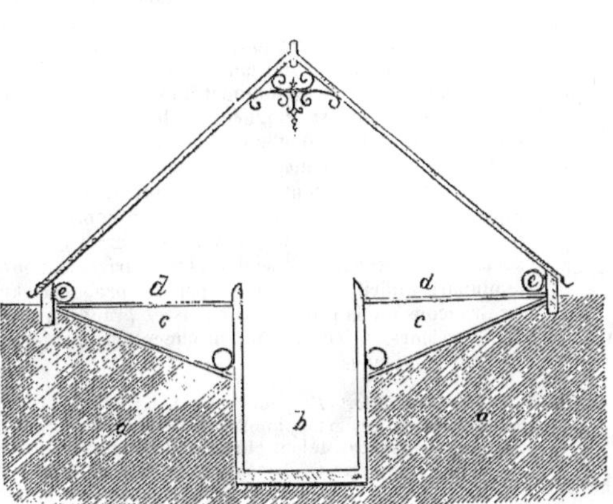

Fig. 362. — Bâche à deux versants (coupe).
a, terrain ; *b*, sentier ; *c*, partie creuse ; *d*. banquettes ; *e*. tuyaux du chauffage.

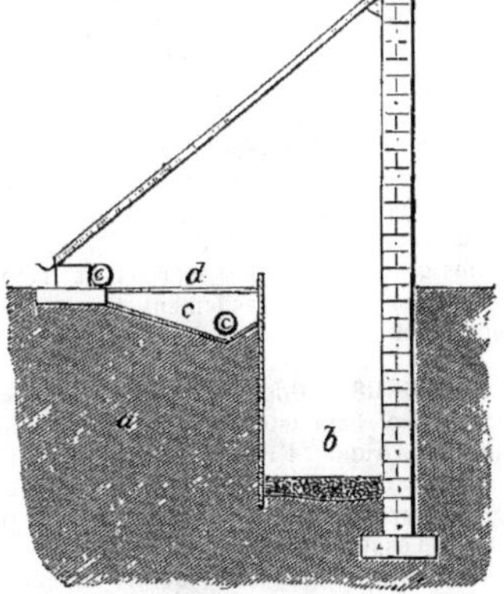

Fig. 363. — Bâche adossée (coupe).
a, terrain ; *b*, sentier ; *c*. partie creuse ; *d*, banquette ; *ee*, tuyaux de chauffage.

mai. *Flles* étroites, obtuses. *Haut.* 20 cent. Cap, 1795. (B. M. 1053.) Syns. *Gladiolus sulphureus*, Jacq.; *G. plicatus*, Jacq. (R. L. 90.)

B. s. villosa, Ker. * *Fl.* à périanthe plus petit que celui du précédent, à segments plus étroits et plus étalés, rouge carmin vif ; anthères bleu violet. Août. *Haut.* 15 cent. Cap, 1778. (B. M. 583.)

BÂCHES, Angl. Pits. — Ce sont des constructions horticoles sous leur forme la plus simple, employées pour protéger les plantes contre le froid et contre la pluie. Lorsqu'elles sont chauffées, on peut y cultiver un grand nombre de plantes herbacées, des légumes par exemple ou les employer à la multiplication. Les bâches se distinguent des châssis par leurs murs qui sont en partie enterrés, ce qui les rend conséquemment fixes, tandis que les premiers sont mobiles. Dans les deux cas, les panneaux sont généralement mobiles. Il n'est pas aussi facile de soigner les plantes dans les bâches que dans les serres où le jardinier peut entrer par tous les temps ; cependant ces constructions sont très utiles pour propager ou élever une grande quantité de jeunes plantes. Pour les plantes à massifs, un seul tuyau de thermosiphon est généralement suffisant dans une bâche étroite et peu élevée, pour dissiper l'humidité et empêcher la gelée de pénétrer, sauf cependant lorsqu'il fait très froid ; il devient alors nécessaire de recouvrir les panneaux de paillassons. En Angleterre, où ces constructions sont employées pour la culture des Melons et des Concombres, un chauffage plus puissant est nécessaire ; la figure 363 représente une bâche employée pour cet usage. Un passage étroit, creusé sur le côté, fournit une place suffisante pour donner aux plantes les soins qu'elles exigent. En vue de la multiplication, les bâches doivent être très basses ; elles sont ainsi moins exposées aux vents et les boutures se trouvent plus près du verre. Le sentier doit être creusé dans le milieu avec une porte aux deux extrémités, et la couche dans laquelle on repique les boutures doit être creuse en dessous et pourvue d'un tuyau de thermosiphon destiné à fournir la chaleur nécessaire. Si les panneaux d'une construction de ce genre étaient fixes, il serait plus correct de donner à cette construction le nom de serre ; mais le nom n'est qu'une question bien secondaire, car il existe d'assez grandes serres entièrement recouvertes avec des panneaux mobiles. Le bois, que l'on emploie quelquefois, ne vaut pas la brique pour la construction du cadre sur lequel reposent les traverses : les briques laissent moins pénétrer le froid que lui et sont aussi plus résistantes. On construit parfois les murs des bâches creux à l'intérieur : on place à cet effet deux rangées de briques entre lesquelles on laisse un espace vide, qui conservera mieux la chaleur qu'un mur plein.

« Chez les horticulteurs parisiens, par suite de l'emploi considérable des couches de fumier chaud destinées à la culture forcée ou même à l'hivernage de certaines plantes, l'utilité des bâches fixes est bien moins grande ; tous les maraîchers n'emploient que des coffres en bois, facilement transportables et démontables au besoin. (S. M.) »

BACKHOUSIA, Hook. et Harv. (en l'honneur de James Backhouse, botaniste voyageur en Australie et dans le sud de l'Afrique). Fam. *Myrtacées.* — Petit genre comprenant quatre espèces d'arbustes toujours verts, de serre tempérée, originaires de l'Australie tropicale. On cultive l'espèce ci-dessous dans un compost de terre franche fibreuse, de terre de bruyère et d'un peu de sable blanc. Multiplication en avril, par boutures de bois à moitié mûr, plantées dans du sable, en serre froide et sous cloches.

B. myrtifolia, Hook. * *Fl.* blanches, disposées en corymbes naissant souvent sur les boutures dès qu'elles sont enracinées. Mai. *Flles* ovales-acuminées, lisses. Branches grêles. *Haut.* 5 m. Nouvelle-Galles du Sud, 1844. (B. M. 4133.)

BACONIA, DC. — V. **Pavetta**, Linn.

BACS, Angl. Tubs. — On nomme bacs, des caisses circulaires et légèrement coniques destinées à la culture des Orangers, des gros Palmiers, des Fougères arborescentes ou autres plantes volumineuses. Depuis le simple tonneau ou baril, qui, scié au milieu, forme deux bacs utilisables, jusqu'à ceux dont le fond est mobile, qui s'ouvrent sur le côté, dont les douves sont vernies et les ferrures nickelées, il y en a bien des

Fig. 364. — Bac.

formes et bien des qualités. Au point de vue de la végétation, tous se valent ; l'important est de placer au fond un bon drainage et d'employer un sol suffisamment poreux, car il n'est pas aisé d'examiner par la suite l'état des racines. Les arbres plantés dans des bacs peuvent rester plusieurs années sans être rempotés, pourvu que les arrosements soient faits avec discernement et qu'on remplace à l'occasion la terre du sommet sur quelques centimètres d'épaisseur. V. aussi **Caisses.**

BACTRIS, Jacq. (de *bactron*, canne ; les jeunes tiges servent à faire des cannes). Fam. *Palmiers.* — Genre comprenant environ quatre-vingt-dix espèces bien distinctes, de Palmiers très décoratifs, de serre chaude, tous originaires de l'Amérique tropicale et dont le stipe est grêle et épineux. Pédoncule du spadice sortant vers le milieu de la spathe. Drupes petites, ovales, presque rondes et ordinairement foncées. Feuilles pinnatiséquées, à segments ordinairement linéaires et entiers ; au lieu d'être réunies au sommet du tronc, elles sont réparties sur toute sa longueur et les inférieures se maintiennent vertes longtemps après que les supérieures sont complètement développées. Le stipe est grêle et atteint de 60 cent. à 3 m. de hauteur. Quelques espèces se cultivent facilement dans un compost de terre franche, de terre de bruyère, de terreau et de sable en parties égales ; cependant, les *Bactris* sont, pour la plupart, difficiles à traiter. On peut les propager par les drageons qu'ils produisent en assez grande quantité. Plusieurs espèces ne sont ornementales que lorsqu'elles sont jeunes.

B. baculifera, Hort. *Flles* pinnées, de 60 cent. à 2 m. de long, bifides au sommet ; pinnules disposées en bouquets, ayant environ 30 cent. de long et 5 cent. de large, vert foncé en dessus, plus pâles en dessous ; pétioles engainants et fortement couverts d'épines noires, aiguës, de 4 cent. de long. Amérique du Sud.

B. caryotæfolia, Mart. * *Fl.* à spathe ovale, épineuse ; rameaux du spadice simples, flexueux. *Flles* à pinnules cunéiformes, trilobées et émarginées ; rachis, pétioles et stipe épineux. *Haut.* 10 m. Brésil, 1825.

B. flavispina, — Syn. de *B. pallidispina.*

B. Gasepaes, Humb. et Bonpl. — V. *Guilielma speciosa*, Mart.

B. major, Jacq. *Fl.* jaune verdâtre, à spathe largement ovale. *Haut.* 8 m. Carthagène ; Colombie, 1800.

B. Maraja, Mart. Angl. Maraja Palm. — *Fl.* jaunes, à spathe épineuse.

B. pallidispina, — * *Flles* pinnées, bifides au sommet; pinnules disposées en bouquets, de 15 à 25 cent. de long et 2 cent. 1/2 de large, foncées; pétioles engainants à la base et pourvus d'une grande quantité d'épines jaunes, à pointe noire. Brésil. Syn. *B. flavispina*.

BACULARIA, F. Muell. (de *baculum*, canne). Fam. *Palmiers*. — Petit genre comprenant deux ou trois espèces originaires de l'Australie tropicale et tempérée, remarquables par leur petite taille; ce sont les plus petits Palmiers de l'Ancien Monde. Le *B. monostachya*, est nommé en anglais : Walking-stick-Palm (Palmier à cannes), par allusion à la finesse de son stipe qui excède rarement la grosseur du pouce.

B. minor, — *Flles* atteignant environ 1 m. de long. Rhizome émettant plusieurs tiges de 60 cent. à 1 m. 30 de haut et environ 12 mm. de diamètre. Queensland, Australie.

B. monostachya, F. Muell. *Flles* pinnées, pendantes, de 15 à 25 cent. de long, bifides au sommet; pinnules d'environ 10 cent. de large, vert foncé, de forme irrégulière et rongées ou déformées au sommet. Stipe grêle; pétioles engainants. *Haut.* 3 m. Nouvelle-Galles du Sud, 1824. Syn. *Areca monostachya*. (B. M. 6644.)

BADAMIA, Gærtn. — Réunis aux **Terminalia**, Linn.

BADAMIERS. — V. **Terminalia**.

BADIANE anisée. — V. **Illicium anisatum**.

BÆA. — V. **Bœa**, Commers.

BÆCKEA, Linn. (en l'honneur de Abraham Bæck, médecin suédois, ami de Linné). Comprend les *Babingtonia*, Benth. Fam. *Myrtacées*. — Genre renfermant environ soixante espèces originaires de l'archipel Indien, de la Nouvelle-Calédonie et de l'Australie. Ce sont de très jolis arbrisseaux toujours verts, de serre froide. Fleurs blanches ou rosées, petites, pédicellées. Feuilles opposées, glabres, ponctuées.

Le *B. Camphorasmæ* (*Babingtonia*) se distingue par ses étamines réunies en faisceaux opposés aux sépales. Les boutures se font avec de jeunes rameaux florifères : on les plante dans du sable, à chaud et sous cloches ; lorsqu'elles sont bien enracinées, on les empote dans des godets, dans un compost formé de terre franche et de terre de bruyère en parties égales et auquel on ajoute un peu de sable. Lorsqu'elles ont bien garni les pots de racines, on les rempote dans de plus grands, avec un compost renfermant moins de sable; mais cette opération ne doit pas se faire avant février. Les plantes adultes doivent être rempotées en mars-avril et placées dans un endroit éclairé et aéré de la serre froide. On peut pincer les premières pousses pour modérer leur vigueur et leur faire produire un plus grand nombre de rameaux. En mai, époque à laquelle on sort la plupart des plantes des serres froides, on les place sous châssis pour les protéger des fortes pluies; il faut les ombrer légèrement pendant le grand soleil et laisser l'air circuler librement; à cet effet, on élève les châssis sur des pots ou autres supports placés aux angles; on peut même les enlever entièrement pendant la nuit lorsque le temps est doux ou sombre, mais il faut les replacer lorsque le temps est à l'orage. A l'automne, on rentre de nouveau les plantes en serre froide.

B. Camphorasmæ, Endl. * *Fl.* blanc rosé, en petites cymes formant de longues grappes terminales. Eté. *Flles* linéaires, opposées, nervées. *Haut.* 2 m. 30. Australie, 1841. Syn. *Babingtonia Camphorasmæ*, Lindl. (B. R. 28, 10).

B. diosmæfolia, Rudge. * *Fl.* axillaires, solitaires, sessiles, rapprochées. Août à octobre. *Flles* oblongues, un peu cunéiformes, carénées, aiguës, compactes, imbriquées, ciliées ainsi que les calices. *Haut.* 30 à 60 cent. Nouvelle-Hollande, 1824.

B. frutescens, Linn. * *Fl.* solitaires, à pédicelles axillaires. Novembre. *Flles* linéaires, non aciculaires. *Haut.* 60 cent. à 1 mètre. Chine, 1806. (B. M. 2802.)

B. parvula, DC. *Fl.* à pédoncules axillaires, ombelliformes. *Flles* elliptiques-oblongues, obtuses, un peu mucronées. *Haut.* 30 cent. Nouvelle-Calédonie, 1877. Cette espèce est très voisine du *B. virgata*. (B. H. 886, 2.)

B. virgata, Andr. * *Fl.* à pédoncules axillaires, ombelliformes. Août à octobre. *Flles* linéaires, lancéolées. *Haut.* 60 cent. à 1 mètre. Nouvelle-Calédonie, 1806. (B. M. 2127; L. B. C. 341.)

BAERIA. Fisch. et Mey. (en l'honneur du professeur Baer, de l'Université de Dorpat). Comprend les *Burrielia*, DC. pr. parte. Fam. *Composées*. — Genre renfermant huit espèces originaires de la Californie. Les

Fig. 365. — Baeria chrysostoma.

deux espèces mentionnées ci-dessous sont probablement seules cultivées; ce sont de très jolies plantes faciles à cultiver en terre ordinaire. Multiplication par graines que l'on sème au printemps.

B. chrysostoma, Fisch. Mey. *Capitules* jaune vif, solitaires, terminaux, d'environ 2 cent. 1/2 de diamètre; involucre composé d'environ dix écailles disposées sur deux rangs. Commencement de l'été. *Flles* linéaires, opposées, entières. Tiges dressées, duveteuses. *Haut.* 30 cent. Californie, 1835. (S. B. F. G. II, 395.)

B. gracilis, A. Gray. Capitules jaune vif, solitaires, radiés. *Flles* opposées, linéaires. *Haut.* 2 à 3 m. Californie, 1887. Espèce annuelle, rameuse dès la base. (B. G., 1887, p. 392.)

BAGUENAUDIER commun. — V. **Colutea arborescens**.

BAGUENAUDIER d'Éthiopie. — V. **Sutherlandia frutescens**.

BAGUETTE, Angl. Maiden tree. — En arboriculture, on nomme ainsi un jeune arbre dont la greffe, qui n'a qu'un an et par conséquent une seule pousse, n'a pas

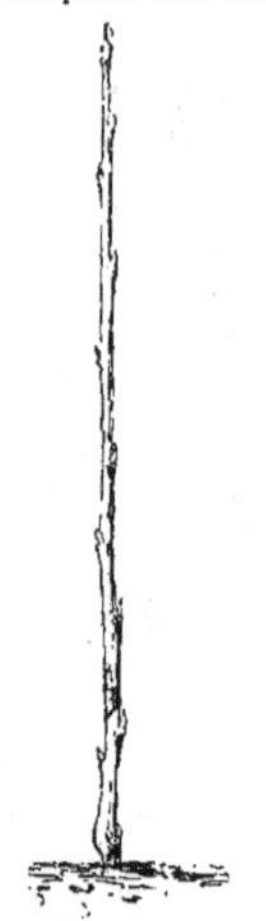

Fig. 366. — Baguette de Poirier.

encore émis de branches latérales. Les fleuristes ont aussi donné ce nom à la hampe des Anémones et des Tulipes. (S. M.)

BAHIA, Lag. (dérivation incertaine, probablement du port de Bahia ou San-Salvador, dans l'Amérique du Sud). Syns. *Phialis*, Spreng. et *Trichophyllum*, Nutt. Comprend les *Triophyllum*, Lag. Fam. *Composées*. — Genre renfermant environ vingt espèces originaires de l'Amérique septentrionale et australe. Ce sont des plantes ornementales, vivaces, herbacées, rustiques, très rameuses dès la base et ayant un aspect grisâtre. On peut les propager par semis et par divisions.

B. confertiflora, DC. *Fl.* jaunes, radiées, en cyme corymbiforme, dense. *Flles* petites, cunéiformes, à cinq ou sept lobes linéaires. Tiges nues au sommet. *Haut.* 30 à 45 cent. Plante vivace, rustique, ornementale. Californie, 1888. (R. G. 1888, 1275, f. 1.)

B. lanata, DC. *Capitules* jaunes, solitaires, très abondants. Été. *Flles* alternes ou les inférieures quelquefois opposées, profondément découpées, ou quelquefois ligulées, entières. *Haut.* 15 à 35 cent. Amérique du Nord. Cette plante se plaît dans les plates-bandes siliceuses et bien drainées. (B. R. 1167.)

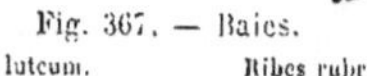

Fig. 367. — Baies.

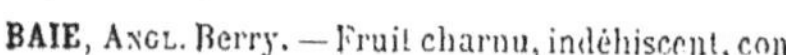

Nuphar luteum. Ribes rubrum.

BAIE, Angl. Berry. — Fruit charnu, indéhiscent, contenant plusieurs graines dispersées sans ordre dans la pulpe. Ex. *Belladone*. *Groseille*, *Raisin*, etc.

BAKERIA, E. André (dédié à J.-G. Baker, botaniste de Kew). Fam., *Broméliacées*. Genre monotypique représenté par le *B. tillandsioides*, Ed. André, plante nouvelle à feuilles lancéolées, linéaires, blanchâtres et à fleurs violacées, en panicule grêle. Brésil (R. H. 1889, 84.)

BAKERIA, Seem. — Réunis aux **Plerandra**, A. Gray.

BALAI. Angl. Besom or Broom. — Les balais en Bouleau sont les meilleurs et les plus employés pour le nettoyage des jardins. Les balais de Bruyère (*Calluna vulgaris*) sont bons pour le balayage des cours pavées. Ceux que l'on confectionne avec de la fibre végétale sont également convenables, mais ils sont coûteux. Quelle que soit la matière dont ils sont fabriqués, ils dureront bien plus longtemps si on a soin de les plonger dans l'eau pendant un certain temps avant de s'en servir.

BALAI de sorcière, Angl. Witch Knots. — On applique ce nom, ainsi que celui de *Broussin*, à un curieux bouquet de rameaux enchevêtrés, ressemblant à une certaine distance à un nid de quelque gros oiseau, et naissant assez fréquemment sur les grosses branches des Conifères, des Bouleaux, des Charmes et sur plusieurs autres arbres. Ces rameaux sont ordinairement un peu renflés et d'un vert plus sombre ainsi que leurs feuilles, et présentent fréquemment un aspect légèrement duveteux. La cause de ces monstruosités a, jusqu'à ces dernières années, échappé aux recherches. C'est à l'aide du microscope que l'on s'est aperçu qu'elles étaient dues à différentes causes : chez le Bouleau et chez le Charme, elles sont l'ouvrage d'un Champignon microscopique du groupe des *Ascomycètes*. Son *mycelium* vit dans les tissus, dans l'écorce ou dans les feuilles d'une quantité de plantes, et l'apparence duveteuse dont nous avons parlé ci-dessus résulte de la végétation extérieure des organes de la reproduction sur toute la surface de l'épiderme. Ces organes consistent en ascidies (V. **Pyrenomycètes**) dans lesquelles se forment huit spores ou plus, se dispersant à la maturité. Les ascidies de l'*Exoascus* (Champignon qui occasionne la plus grande partie de ces monstruosités) sont entièrement nues et exposées aux intempéries, tandis qu'elles sont renfermées dans un *perithecium* chez les *Pyrenomycètes*. Le nombre des ascidies et des spores est immense, mais elles sont beaucoup trop petites pour qu'on puisse les apercevoir, sauf en faisant des coupes minces que l'on examine à un fort grossissement. Les espèces d'*Exoascus* suivantes produisent les balais de sorcière : *E. turgidus*, sur le Bouleau; *E. Carpini*, sur le Charme, et *E. Insititiæ* sur le Prunier sauvage. Il est à remarquer que d'autres espèces de ce genre produisent des déformations de feuilles de plusieurs arbres ou arbustes (Peuplier, Aulne, Orme, Cerisier, etc.) et que l'*E. Pruni* occasionne la maladie des fruits de plusieurs espèces de *Prunus* que l'on nomme *Lèpre du Prunier*, Angl. Bladder-plum.

Chez le Bouleau, une végétation assez semblable à un jeune *Balai de sorcière* se rencontre fréquemment; elle est causée par une espèce de **Phytoptus** ou Mite (V. ce nom) et résulte de la stimulation due à des myriades de bestioles dans les boutons qui se gonflent, mais ne se développent jamais convenablement. Les boutons à l'aisselle des écailles, au lieu de rester dormant, se renflent d'une façon très apparente, ou forment même un rameau avorté; cette végétation se reproduisant chaque année, la masse des boutons finit par atteindre parfois la grosseur d'une balle à jouer. Il est très facile de distinguer ces excroissances des vrais *Balais de sorcière* qui, ainsi que nous l'avons dit, sont causés par un Champignon.

Le Sapin commun (*Abies pectinata*) porte quelquefois des *Balais de sorcière* formés par un renflement central du tronc ou d'une grosse branche. De cette protubérance, il naît une ou plusieurs branches sur lesquelles se développent de tous petits rameaux très denses. Les feuilles sont courtes, épaisses, cassantes et d'un vert gai. Tous les tissus de ce bouquet sont traversés par le mycélium, et les feuilles portent sur leur surface de nombreuses petites coupes jaunes, membraneuses, remplies de fines spores servant à la reproduction. Ce sont là les caractères de la fructification d'un cryptogame nommé *Æcidium elatinum*. Ce Champignon rend les tiges, les rameaux, etc., très fragiles et susceptibles d'être cassés par les vents; il fait aussi tomber les feuilles de bonne heure.

Traitement. — Le seul moyen à employer pour les détruire, consiste à couper toutes ces monstruosités, afin d'empêcher la production des spores.

BALANIN des noisettes. — V. **Noisetier** (Charançon du).

BALANTIUM, Kaulfuss. — V. **Dicksonia.**

BALANTIUM, Desvaux. — V. **Parinarium.**

BALANOPTERIS, Gærtn. — V. **Heritiera,** Dryand.

BALAUSTE. — En pharmacie, on nomme ainsi les fleurs desséchées du Grenadier.

BALAUSTIER. — V. **Grenadier.**

BALBISIA, Cav. (en la mémoire de Giovanni-Battista Balbis, professeur de botanique à Turin). Syns. *Ledocarpum*, Desv.; *Cruickshanksia*, Hook. Fam. *Géraniacées.* — Genre comprenant une ou trois espèces originaires du Pérou et du Chili. La suivante est un bel arbuste toujours vert, demi-rustique, exigeant une serre froide, très sèche. Comme il est très sujet à la pourriture, les arrosements doivent être faits avec beaucoup de soins. On le multiplie par boutures de bois à moitié mûr, que l'on plante sous cloches et dans du sable, ainsi que par le semis.

B. verticillata, Cav. *Fl.* jaunes, grandes, munies à la base d'un verticille de bractées. Automne. *Flles* opposées, tripartites, à segments linéaires, oblongs. Branches grêles, glauques. *Haut.* 1 à 2 m. Chili, 1846. (B. M. 6170.)

BALBISIA, Willd. — V. **Tridax,** Linn.

BALCON, Angl. Balcony. — Partie saillante d'un mur d'une maison reposant ordinairement sur des consoles, et entourée d'une balustrade. Les balcons devraient souvent être garnis de plantes; la chose est facile pendant l'été; pendant l'hiver, si on le désire, on peut employer diverses espèces d'arbustes à feuilles persistantes; les plus recommandables sont les *Arbousiers*, *Aucubas*, *Buis*, *Fusains*, *Houx*, *Ifs*, *Laurier de Portugal*, *Retinospora*, *Vinca*, etc. Ces arbustes peuvent être cultivés en pots pour cet usage; le printemps venu, on les plante dans un endroit réservé du jardin, où on les arrose convenablement, afin de les faire pousser. Pendant l'hiver, il leur faut au contraire très peu d'eau. Pour former un berceau ou pour garnir les balustrades, les piliers ou arcades, on peut employer avec avantage le *Lierre*, les *Passiflores*, la *Vigne vierge*, les *Rosiers grimpants*, etc. Cependant il est quelquefois plus rapide d'employer des plantes grimpantes annuelles ou vivaces dont la végétation vigoureuse couvre promptement un grand espace; voici les meilleures : *Boussingaultia baselloides*, *Calystegia pubescens*, *Capucines*, *Cobée*, *Dolique d'Egypte*, *Courges d'ornement*, *Coloquintes*, *Haricot d'Espagne*, *Houblon du Japon*, *Ipomées*, *Lophospermum*, *Maurandia*, *Momordiques*, *Pois de senteur*, *Thunbergia*, *Volubilis*, etc. V. aussi **Fenêtres** (Jardinage sur les). (S. M.)

BALLES. — Un des noms appliqués aux glumes et aux glumelles des Graminées.

BALISIER. — V. **Canna.**

BALFOURIA, R. Br. — V. **Wrightia,** R. Br.

BALSAMIER. — Les genres **Amyris** et **Clusia.**

BALSAMIFLUÉES. — Réunies aux **Hamamélidées.**

BALSAMINA hortensis. — V. **Impatiens Balsamina.**

BALSAMINE, Angl. Balsam. (*Impatiens Balsamina*). — Plante annuelle, herbacée, originaire des Indes orientales, bien connue dans les jardins. C'est une de nos meilleures plantes annuelles, que sa beauté et sa culture facile ont fait adopter pour l'ornement des massifs et des plates-bandes. Elle pousse volontiers à l'ombre; cet avantage la rend précieuse pour les jardins des villes, toujours plus ou moins ombragés. Les

Fig. 368. — Balsamine double Camellia.

coloris sont très variés; le blanc, le violet et toutes les nuances du rouge s'y rencontrent, soit pures, soit diversement maculées, marbrées et surtout ponctuées. Par la culture, la forme des fleurs s'est beaucoup perfectionnée; on cultive ordinairement trois races : 1° les *B. doubles*, dont les fleurs sont plus ou moins pleines; c'est la variété ordinaire, car la simple n'est pas cultivée; 2° les *B. extra-doubles*, communément *B. Camellia*, par la ressemblance de leurs fleurs à celles des *Camellia*, tant elles sont doubles et régulièrement imbriquées (A. V. F. 1); 3° les *B. doubles naines*, remarquables par leur port trapu et leur taille qui n'excède pas 30 cent., leurs fleurs sont semi-doubles et leurs coloris sont un peu moins variés que ceux des races précédentes (A. V. F. 31). On sème les graines en février-mars, sur couche si on désire obtenir des plantes fleuries de bonne heure, ou en avril-mai, en plein air dans un endroit abrité; on repique le plant en pépinière, puis on le met en place à environ 30 cent. de distance, lorsque les plantes sont suffisamment fortes; elles fleurissent de juin en août. On peut également semer en mai-juin, en place, mais alors très clair, la floraison a lieu dans ce cas de juillet en octobre. La Balsamine est peu difficile sur la nature du terrain, elle vient à peu près partout, sa végétation étant très ra-

Fig. 369. — Balsamine double naine.

pide et ses tiges très succulentes; il lui faut, surtout pendant les chaleurs, une grande quantité d'eau et, naturellement, les plantes seront d'autant plus belles qu'elles seront mieux soignées. On se trouvera bien de fumer convenablement la terre et de placer un bon paillis après la plantation. Par leur port régulier, leur floraison abondante et prolongée, et surtout leur peu de fragilité, les Balsamines sont très propres à être cultivées en pots, pour les garnitures temporaires, l'ornement des appartements, etc. On peut les élever en pots, mais il est plus rapide d'arracher les plantes fleuries quelques jours avant leur emploi, avec une bonne motte de terre et, une fois rempotées, de les placer dans un endroit frais; au bout de deux jours, elles sont parfaitement redressées et prêtes à employer pour la décoration. C'est ainsi que procèdent les fleuristes pour les Balsamines qui se vendent sur les marchés. Les escargots et les limaces sont très friands de ces plantes, surtout lorsqu'elles sont jeunes; il faut les récolter à la main, le soir ou le matin avant le plein soleil. Pour perpétuer un beau choix, il ne faut récolter des graines que sur les plantes dont les fleurs sont les mieux faites, les plus pleines et dont les coloris sont très francs, ou dont les panachures et ponctuations sont les plus accentuées. (S. M.)

BALSAMINÉES. — Tribu de la famille des Géraniacées, dont le genre *Impatiens* est le type et aussi le plus connu. Les fleurs ont un calice pétaloïde et coloré, se composant de cinq sépales inégaux, les deux latéraux petits, plans et obliques, l'inférieur grand, cuculé et prolongé à la base en éperon conique, les deux supérieurs soudés en un seul; la corolle a quatre pétales inégaux réunis deux à deux; étamines cinq, à filets en partie soudés, stigmate sessile, à cinq branches. Le fruit est une capsule herbacée, à cinq loges polyspermes s'ouvrant avec élasticité.

BALSAMITA vulgaris. — V. **Tanacetum Balsamita** et **Baume-Coq**.

BALSAMODENDRON, Kunth. (de *balsamon*, nom grec employé par Théophraste, qui signifie baume ou balsamique, et *dendron*, arbre). SYN. *Commiphora*, Jacq.; comprend les *Heudelotia*, A. Rich. FAM. *Burséracées*. — Genre renfermant environ quarante-cinq espèces d'arbres de serre chaude ou tempérée, originaires des Indes orientales et de l'Afrique tropicale. Fleurs petites, vertes, axillaires, souvent unisexuées; calice à quatre dents persistantes, pétales quatre, linéaires-oblongs, condupliqués, à estivation valvaire; étamines huit, insérées sur un disque annulaire, pourvu de glandes proéminentes entre chacune d'elles. Baie ou drupe ovale, aiguë, à une ou deux loges, marquée de quatre sutures. Feuilles à trois-cinq folioles sessiles, non ponctuées. Ils se plaisent dans un compost de terre franche siliceuse, bien drainée. Multiplication par boutures faites en avril, avec de jeunes rameaux bien aoûtés et repiqués à chaud sous cloche. L'espèce ci-dessous, ainsi que ses caractères semblent l'indiquer, n'appartient peut-être pas à ce genre.

B. zeylanicum, Kunth.' *Fl.* blanches, à trois pétales, réunies en glomérules involucrés et formant des grappes duveteuses, interrompues. *Flles* imparipennées, à cinq-sept folioles ovales, aiguës, pétiolulées. Ceylan.

BAMBOS, Retz. — V. **Bambusa**, Schreb.

BAMBOU. — V. **Bambusa, Arundinaria** et **Phyllostachys**.

BAMBUSA, Schreb. (de *bambu*, le nom Malais). **Bambou.** ANGL. Bamboo Cane. SYNS. *Bambos*, Retz, et *Ischurochloa*, Büse. FAM. *Graminées*. — Environ quarante-six espèces de ce genre ont été décrites; elles habitent l'Asie tropicale et tempérée, et une espèce est largement dispersée dans l'Amérique tropicale. Ce sont de beaux arbres ou arbrisseaux touffus, rustiques ou demi-rustiques, dont les tiges ne fleurissent qu'une fois. Leurs fleurs sont ordinairement hexandres, c'est-à-dire pourvues de six étamines et ont un seul style très allongé. Feuilles engainantes, sessiles ou pétiolées, entières, lancéolées et rétrécies à la base. Tiges dressées, articulées, rameuses, quelquefois épineuses, ordinairement creuses, ligneuses et très dures à l'état adulte[1].

Beaucoup de Bambous sont rustiques dans la plus grande partie de la France; aux environs de Paris même, plusieurs espèces (*B. nigra*, *B. aurea*, etc.) y résistent en pleine terre, dans les endroits sains et on peut se dispenser de les couvrir, à moins qu'on ne redoute des froids trop intenses. Les Bambous sont très utiles pour l'ornement des jardins paysagers; on les emploie en touffes isolées sur les pelouses, sur le bord des pièces d'eau; on en forme des haies servant de rideau, etc., etc. Comme ils aiment beaucoup la chaleur, on les plantera de préférence dans des endroits sains et abrités, mais les arrosements ne devront pas leur faire défaut pendant l'été. Leur multiplication a lieu par la division des touffes qui sont pourvues de rhizomes rampants; on doit faire cette opération au printemps, au début de la végétation et avec soin, afin de ne pas

[1] Pour de plus amples informations scientifiques et pratiques, consulter les monographies. *de Ruprecht*, *du colonel Munro*, (Trans. Linn. Soc., 1868, v. XXIV) et de *A.* et *C. Rivière* (Bul. Soc. d'Acclim., 1878).

meurtrir les racines et d'en conserver à chaque tronçon ; on les plante ensuite en pépinière, ou en pots et sous châssis si l'espèce est délicate. V. aussi **Arundinaria** et **Phyllostachys.**

Fig. 370. — BAMBUSA ARUNDINACEA.

B. arundinacea, Retz. * Tiges très fortes, s'élevant, dans les pays chauds, comme une belle colonne, à 15 ou 20 m. de hauteur, rameuses au sommet et garnies d'une grande quantité de feuilles d'un vert gai, qui leur donnent l'apparence d'un immense panache de verdure. Indes, 1730. — Cette espèce se cultive ordinairement en serre chaude, mais on peut la mettre en plein air et à exposition chaude, pendant l'été. (B. F. S. 321.) Syns. *Arundo Bambos*, Linn.; *B. macroculmis*, A. Riv. (A. N. S., 1878, p. 223, f. 1, p. 315, f. 2, p. 470, f. 6 à 9, p. 627, f. 14 à 17.)

B. aurea, Hort. V. *Phyllostachys aurea*, Riv.

B. Castilloni, Latour-Marliac. *Flles* panachées, tiges carrées, curieusement panachées ; un côté de chaque entre-nœud est vert foncé, celui qui lui est opposé est jaune, ces couleurs alternent à l'entre-nœud suivant. Japon, 1886. Rustique. (R. H., 1886, p. 513.)

B. falcata, Hort. — V. *Arundinaria falcata*, Nees.

B. flexuosa, Hort. — V. *Phyllostachys flexuosa*, A. Riv.

B. Fortunei, Van Houtte. * *Flles* linéaires, lancéolées, brusquement acuminées, un peu arrondies à la base, denticulées et souvent bordées de longs poils ; duveteuses sur les deux faces et distinctement panachées ; nervures transversales souvent d'un vert de bouteile; pétioles velus et très courts ; *Haut.* 30 à 60 cent. Japon. Plante naine, touffue, à rameaux très grêles et tout à fait rustique. On ne connait en cultures que les formes panachées, *variegata* et *argenteo-variegata* (F. d. S., 1863, t. 1535). *Arundinaria Fortunei*, Riv. est son nom correct.

B. gracilis. — V. *Arundinaria falcata*, Nees.

Fig. 371. — BAMBUSA CASTILLONI. (*Rev. Hort.*)

B. glauca, Lodd. Syn. *B. nana*, Roxb.

B. japonica. Sieb. et Hort. — V. *Arundinaria japonica*, Sieb. et Zucc.

B. macroculmis. A. Riv. Syn. de *B. arundinacea*, Retz.

B. Maximowiczii. — V. *Arundinaria Maximowiczii.*

B. Metake, Hort. — V. *Arundinaria japonica*, Sieb. et Hort.

B. mitis, Poir. — V. *Phyllostachys mitis*, Riv.

B. nana, Roxb. *Flles* lancéolées, aiguës, glauques, assez épaisses, à pétiole légèrement duveteux. *Haut.* 2 à 3 m. Indes, 1826. Espèce délicate à cultiver en serre chaude ou tempérée. Syn. *B. glauca*, Lodd.

B. nigra, Lodd. — V. *Phyllostachys nigra*, Riv.

B. Ragamowski. — Syn. de *B. tessellata* Hort.

B. palmata, Hort. Syn. de *B. Veitchii.* Carr.

B. Simoni, Carr. — V. *Arundinaria Simoni*, A. Riv.

B. striata, Lodd. * *Flles* linéaires, oblongues ; tiges striées de vert et de jaune. *Haut.* 2 à 6 mètres. Chine, 1874. — Espèce très grêle, élégante, mais un peu délicate, à cultiver en plein air pendant l'été et probablement rustique dans les endroits abrités, à l'aide d'une couverture de litière. C'est une excellente plante pour la culture en pots. Syn. *B. viridi-striata*, Hort. (B. M. 6079.)

B. Veitchii, Carr.* *Fl.* en panicule étroite, terminale, atteignant 45 à 60 cent. ou plus de haut, munie de gaines sans limbe; les épis se composent de cinq à six épillets compacts, uniflores, et sont portés sur des rameaux de la panicule ayant 5 à 6 cent. de long. (N. E. Br.) *Flles* oblongues, acuminées, de 10 à 20 cent. de long et 3 à 5 cent. de large, vert tendre en dessus, vert bleuâtre en dessous, devenant jaunes ou bordées de jaune à l'automne. Espèce naine, à tiges arrondies, très ornementale. Japon, 1888. (R. H. 1888, p. 90; G. C. 1888, v. 3, p. 232.) Syns. *B. palmata*, Hort. (G. C. 1890 I, f. 106); *Arundinaria kurilensis*, var. *paniculata*, Rupr.

B. violascens, Hort. A. V. *Phyllostachys violascens*,— Riv.

B. tessellata, Hort. * *Flles* 20 à 45 cent. de long et 2 1/2 à 8 cent. de large. Chine et Japon. Cette espèce « peut facilement se reconnaître à la ligne tomenteuse qui parcourt la face inférieure des feuilles sur presque toute leur longueur et toujours sur le plus grand côté du limbe ». Rustique. Syn. *B. Ragamowski*.

B. viridi-glaucescens, Carr. — V. *Pyllostachys viridi-glaucescens*, Carr.

B. viridi-striata, Hort. Syn. de *B. striata*, Lodd.

B. Wieseneri, Carr. Tiges brun noirâtre ou vert olive foncé. Japon, 1887. Variété horticole. Joli Bambou rustique, ressemblant par son port et par sa vigueur à l'*Arundinaria japonica*.

BANANIER. — Le genre **Musa**.

BANANIER d'Abyssinie. — V. **Musa Ensete.**

BANCOULIER des Indes. — V. **Aleurites triloba.**

BANISTERIA, Linn. (en l'honneur de Jean-Baptiste Banister, voyageur en Virginie au XVIIe siècle, auteur d'un catalogue des plantes de la Virginie, inséré dans l'*Historia plantarum* de Ray). Fam. *Malpighiacées*. — Genre comprenant environ soixante espèces d'arbres ou arbustes de serre chaude, fréquemment grimpants, originaires de l'Amérique tropicale. Fleurs jaunes; calice à cinq lobes; pétales longuement onguiculés; étamines dix. Feuilles simples, pétiolées. La plupart sont très décoratifs, mais ils fleurissent peu souvent dans les serres. Ils se plaisent dans un mélange de terre franche, de terreau de feuilles et de terre de bruyère, auquel on ajoute un peu de sable grossier. Multiplication par boutures de bois mûr qui s'enracinent facilement au bout d'environ trois semaines, dans du sable, à chaud et sous cloches.

B. chrysophylla, Lamk. * *Fl.* orange foncé, axillaires, en corymbes. *Flles* ovales-oblongues, presque aiguës et sinuées au sommet, couvertes en dessous d'un duvet jaune et brillant. Brésil, 1793. Grimpant.

B. ciliata, Lamk.* *Fl.* grandes, orangées, en ombelles. Juin. *Flles* cordiformes-orbiculaires, lisses, ciliées. Brésil, 1796. Grimpant.

B. ferruginea, Cav. *Fl.* jaunes, en grappes paniculées. Juin. *Flles* de 5 cent. de long, ovales, acuminées, lisses en dessus, roussâtres et brillantes en dessous, couvertes de poils apprimés ainsi que les pétioles. Brésil, 1820. Grimpant.

B. fulgens, Linn.* *Fl.* jaunes, en corymbes ombelliformes. *Flles* ovales, acuminées, lisses en dessus et couvertes en dessous, ainsi que les pétioles, d'une pubescence soyeuse. Rameaux dichotomes. Indes occidentales, 1759. Grimpant.

B. Humboldtiana, DC.* *Fl.* jaunes, en ombelles sessiles, latérales et terminales. *Flles* arrondies, ovales, cordiformes, un peu acuminées, mucronées, membraneuses, presque lisses en dessus, couvertes en dessous, ainsi que les ramilles, d'un duvet soyeux. Amérique du Sud, 1824. Grimpant.

B. sericea, Cav. *Fl.* jaunes, en grappes. Juillet. *Flles* ovales, obtuses, mucronées, les juvéniles duveteuses sur les deux faces, les adultes duveteuses sur la face inférieure seule; duvet d'un jaune brillant. Brésil, 1810. Grimpant.

A. splendens, DC.* *Fl.* jaunes, en grappes axillaires, dichotomes, ombelliformes, à feuilles florales orbiculaires et presque sessiles. *Flles* cordiformes, réniformes ou orbiculaires, couvertes en dessous d'un duvet soyeux. Amérique du Sud, 1812. Grimpant.

BANKSEA, Kœn. — V. **Costus**, Linn.

BANKSIA, Linn. f. (en l'honneur de Sir Joseph Banks, ex-président de la Société royale de Londres, protecteur des sciences et de l'histoire naturelle en particulier). Fam. *Protéacées*. — Genre comprenant quarante-six espèces d'arbres et d'arbustes toujours verts, originaires de l'Australie, cultivés principalement pour leur beau feuillage. Fleurs géminées à l'aisselle de fortes bractées, composées d'un périanthe droit, persistant, à quatre folioles dilatées pour enfermer quatre anthères, et réunies en épis ovales ou cylindriques, latéraux ou terminaux. Feuilles de forme variable, simples, ordinairement vert foncé, couvertes en dessous d'une pubescence rousse ou blanchâtre et à bords, profondément dentés ou épineux, rarement entiers. Plusieurs espèces sont suffisamment rustiques pour vivre et fructifier en pleine terre dans la région Méridionale. Dans le nord, ce sont des plantes d'orangerie que l'on peut mettre en plein air pendant la belle saison. Voici la méthode de culture recommandée autrefois par Sweet. Les pots doivent être drainés au moyen d'un tesson couvrant la moitié du trou et sur lequel on en pose un autre de façon à ménager une cavité; on en place ensuite d'autres plus petits tout autour et on les recouvre d'une couche de tessons finement concassés. Toutes les plantes de la famille des *Protéacées* devraient être drainées de cette manière, car leurs racines recherchent les tessons, et d'autre part il n'est pas à craindre de voir l'eau séjourner dans le fond des pots. Il faut aussi avoir soin de ne pas les laisser se faner, car, lorsqu'ils ont souffert de la soif, ils en reviennent rarement. Les plantes doivent être placées pendant l'hiver dans un endroit éclairé et aéré. On croit généralement que les boutures sont difficiles à prendre racine; cette opinion n'est pourtant pas exacte lorsqu'on les traite convenablement. Il faut d'abord les bien laisser s'aoûter, puis les couper avec talon et les planter très près dans des pots pleins de sable, en n'enlevant que les feuilles de la partie qui doit être enterrée. Moins elles sont enfoncées, plus facile en est la reprise; il faut toutefois qu'elles soient bien fixées. On place ensuite les pots sous cloches, dans la serre à multiplication, mais sans chaleur de fond. On enlève les cloches fréquemment pour renouveler l'air et pour les essuyer; sans ce soin elles pourriraient probablement. Lorsqu'elles sont enracinées, on les empote dans des petits pots que l'on place ensuite sous châssis froid, puis on les endurcit graduellement. Le semis ne donne que des résultats médiocres.

B. æmula, R. Br.* *Flles* de 15 à 25 cent. de long et 2 cent. 1/2 de large, linéaires-oblongues, légèrement rétrécies à la base, profondément dentées sur les bords, vertes sur les deux faces et à nervure médiane couverte de poils bruns sur la face inférieure. *Haut.* 6 m. Australie, 1824. Syn. *B. elatior*. (B. M. 2671.)

B. Caleyi, R. Br. *Flles* de 15 à 30 cent. de long, linéaires, profondément et régulièrement dentées depuis la base jusqu'au sommet, vert foncé en dessus, plus pâles en dessous. *Haut.* 2 m. 50 à 3 m. Australie, 1830. Plante élégante.

B. australis, R. Br. Syn. de *B. marginata*, Cav.

B. collina, R. Br.* *Flles* de 6 à 8 cent. de long et 12 mm. de large, linéaires, très obtuses ou même rétuses au sommet, vert foncé en dessus, argentées en dessous. *Haut.* 2 m. à 2 m. 50. Australie, 1822. — Cette espèce forme un bel arbuste compact, portant de gros bouquets de fleurs jaunes. Syns. *B. Cunninghami*, Sieb.; *B. ledifolia*, Cunningh.; *B. littoralis*, R. Br. (B. M. 3050.)

B. Cunninghami, Sieb. Syn. de *B. collina*, R. Br.

B. dryandroides, Baxter.* *Flles* de 15 à 25 cent. de long et 6 mm. de large, pinnatifides, divisées presque jusqu'au milieu en lobes triangulaires, vert foncé en dessus, brun rougâtre en dessous. Tiges couvertes de poils brun rougeâtre. *Haut.* 2 m. Australie, 1824. — Cette plante est extrêmement élégante pour les garnitures de table.

B. elatior, R. Br. Syn. de *B. æmula*, R. Br.

B. grandis, Willd. *Fl.* réunies en épi terminal, de 20 à 30 cent. de long. *Flles* de 30 cent. ou plus de long, divisées jusqu'à la nervure en segments contigus, ovales, triangulaires, plans, les inférieurs graduellement réduits, pâles, à nervures proéminentes et tomenteuses sur la face inférieure. Branches pubescentes. Bel arbre atteignant jusqu'à 12 m. en Australie. Une des plus belles espèces cultivées en Europe.

B. integrifolia, Linn. f. *Flles* cunéiformes-oblongues, de 15 cent. de long et presque 2 cent. 1/2 de large dans leur plus grand diamètre, entières sur les bords, vert foncé en dessus et argentées en dessous. *Haut.* 8 à 10 m. Australie, 1788. Syns. *B. macrophylla*, Link. et *B. oleifolia*, Cav. (*B.* M. 2770.)

B. i. compar, R. Br. *Flles* très denses, oblongues, rétrécies à la base, obtuses au sommet, denticulées sur les bords, vert foncées en dessus, argentées en dessous. *Haut.* plusieurs mèt., à la fin rameux. Australie, 1824.

B. latifolia, R. Br. *Flles* de 15 à 25 cent. de long et 8 cent. de large, obovales-oblongues, denticulées sur les bords, vert foncé en dessus, couvertes en dessous de poils laineux, grisâtres, ceux de la nervure médiane brun vif. *Haut.* 6 m. Australie, 1802. (B. M. 2406.)

B. ledifolia, Cunn. Syn. de *B. collina*, R. Br.

B. littoralis, R. Br. Syn. de *B. collina*, R. Br.

B. macrophylla, Link. Syn. de *B. integrifolia*, Linn.

B. marginata, Cav. *Flles* de 2 1/2 à 5 cent. de long et 12 mm. de large, obtuses au sommet, munies sur les bords de plusieurs épines courtes, graduellement rétrécies à la base, vert foncé en dessus, blanc de neige en dessous. *Haut.* 2 m. 50 à 3 m. Syn. *B. australis*, R. Br. B. M. 1947.)

B. occidentalis, R. Br. * *Fl.* jaunes, en épis d'environ 10 cent. de long, décoratifs. Avril-août. *Flles* de 12 à 15 cent. de long et 6 mm. de large. *Haut.* 1 m. 50. Côte occidentale de la Nouvelle-Hollande, 1803. Belle espèce. (B. M. 3535.)

B. oleifolia, Cav. Syn. de *B. integrifolia*, Linn.

B. quercifolia, R. Br. *Flles* cunéiformes-oblongues, profondément incisées et munies d'une épine courte à l'extrémité de chaque lobe. *Haut.* 1 m. 50. Australie, 1805. (B. R. 1130.)

B. serrata, Linn.* *Fl.* en épis cylindriques, de 8 à 15 cent. de long, très épais. *Flles* oblongues-lancéolées, aiguës ou tronquées, profondément dentées, rétrécies en pétiole, planes, canescentes en dessous, de 8 à 15 cent. de long et 1 1/2 à 2 cent. 1/2 de large. *Haut.* 8 à 10 m. Australie, 1788. (A. B. R. 82.) Une des plus belles espèces, cultivée en plein air sur le versant méditerranéen.

B. Solanderi, R. Br. * *Flles* de 10 à 15 cent. de long et plus de 5 cent. de large, profondément pinnatifides, munies de trois à six paires de lobes, très obtuses au sommet; face supérieure vert foncé, l'inférieure blanc argenté. *Haut.* 2 m. Australie, 1830.

B. speciosa, R. Br. * *Flles* de 20 à 35 cent. de long et environ 12 mm. de large, pinnatifides, presque divisées jusqu'à la nervure médiane; lobes semi-circulaires, terminés par une épine; face supérieure vert foncé, l'inférieure blanc argenté; nervure médiane couverte de poils laineux, roussâtres. *Haut.* 2 m. Australie, 1805. Cette espèce, ainsi que la précédente, sont des plus ornementales et bien dignes d'être cultivées. (B. M. 3052.)

BANKSIA, Foster. — V. **Pimelea**, Banks.

BANKSIA, Domb. — V. **Cuphea**, P. Browne.

BAOBAB. — V. **Adansonia**, Linn.

BAPHIA, Afzel (de *baphe*, teinture; l'arbre contient une matière colorante rouge et produit le bois de Cam.). Angl. Camwood, Barwood. Fam. *Légumineuses*. — Genre comprenant douze espèces habitant l'Afrique tropicale et Madagascar. Fleurs solitaires ou réunies en grappes axillaires ou terminales; calice monosépale, à cinq dents; corolle papilionacée, à étendard orbiculaire; gousse bivalve, linéaire, droite ou falciforme, comprimée. Feuilles alternes, stipulées. L'espèce suivante est un arbre de serre chaude que l'on cultive dans un compost de terre franche et de terre de bruyère. Multiplication par boutures munies de toutes leurs feuilles, et que l'on plante en pots, dans du sable, sous cloches et à chaud.

B. nitida, Lodd. *Fl.* blanches; corolle à étendard arrondi, étalé; ailes linéaires, égalant presque l'étendard; carène aiguë. Juin. *Flles* entières, ovales-oblongues, acuminées, brillantes. *Haut.* 10 m. Sierra-Leone, 1793. (L. B. C., 367.)

BAPTISIA, Vent. (de *bapto*, teindre; allusion aux qualités industrielles de quelques espèces). Fam. *Légumineuses*. — Genre comprenant environ quatorze espèces de l'Amérique septentrionale. Ce sont des plantes herbacées, rustiques, à fleurs papilionacées, bleues ou jaunâtres, disposées en grappes terminales ou opposées aux feuilles. Feuilles ordinairement trifoliées, rarement simples. Les *Baptisia* sont peu florifères, mais ils sont en revanche très vigoureux et décoratifs par leur port dressé. Ils se plaisent dans une terre franche, profonde et saine. Multiplication par divisions des touffes et plus facilement par graines que l'on sème d'avril en juillet, en plein air et dans un compost léger; on repique les plantes en pépinière, puis on les met en place à l'automne. Ils ne fleurissent qu'au bout de trois ou quatre ans.

B. alba, R. Br. ' *Fl.* blanches, en grappes terminales. Juin. *Flles* pétiolées, glabres, à folioles elliptiques, oblongues ; stipules caduques, subulées, plus courtes que les pétioles ; branches divariquées. *Haut.* 60 cent. Amérique septentrionale, 1724. (B. M. 1177.)

B. australis, R. Br.' Podalyre de la Caroline. — *Fl.* bleues, presque sessiles, en longues grappes dressées, lâches et terminales, plus courtes que les branches. Juin. *Flles*

Fig. 372. — Baptisia australis.

pétiolées, lisses, à folioles oblongues-cunéiformes, obtuses, quatre fois plus longues que les pétioles; stipules lancéolées, aiguës, deux fois plus longues que les pétioles. Tiges rameuses, diffuses. *Haut.* 1 m. 50 à 2 m. Caroline, 1758. (Flora, 1836, 2; A. V. F. 41.) Syns. *B. confusa*, Sweet; *B. Minor*, Lehm. *Podalyria australis*, Lamk. *Sophora australis*, Linn (B. M. 509.)

B. confusa, Sweet. Syn. de *B. australis*, R. Br.

B. exaltata, Sweet. ' *Fl.* bleu foncé, en grappes multiflores, allongées, deux fois plus longues que les branches. Juin. *Flles* ternées, pétiolées, à folioles lancéolées, obovales, cinq fois plus longues que les pétioles; stipules lancéolées, acuminées, trois fois plus longues que les pétioles. Tiges dressées, rameuses. *Haut.* 1 m. à 1. m 50. Amérique septentrionale, 1812. (S. B. F. G. 97.)

B. leucophæa, Nutt. *Fl.* jaune crème, disposées en grappes multiflores, axillaires et unilatérales. Juillet. *Flles* sessiles, un peu velues, à folioles rhomboïdes-obovales ; stipules et bractées ovales, aiguës, grandes, foliacées. *Haut.* 30 cent, Amérique septentrionale, 1810. (B. M. 5900.)

B. minor, Lehm. Syn. de *B. australis*, R. Br.

B. perfoliata, R. Br. ' *Fl.* jaunes, petites, axillaires, solitaires. Août. *Flles* perfoliées, arrondies, très entières, presque glauques. *Haut.* 1 m. Amérique septentrionale, 1793. (B. M. 3121.)

B. tinctoria, R. Br. ' *Fl.* jaunes, à ailes munies d'une callosité ou dent latérale et disposées en grappes terminales. *Flles* pétiolées, les supérieures presque sessiles; folioles arrondies, obovales; stipules sétacées, presque nulles. *Haut.* 60 cent. à 1 m. Amérique septentrionale, 1759. (L. B. C. 588.)

BARBACENIA, Vand. (en la mémoire de M. Barbacena, gouverneur de Minas Geraes). Autrefois de la famille des *Hæmodoracées;* actuellement réunis aux *Amaryllidées* par Bentham et Hooker. — Genre comprenant dix-huit espèces originaires du Brésil, de la Guyane et du Venezuela. Ce sont de jolies plantes herbacées, toujours vertes, de serre chaude, voisines des *Vellozia* et très curieuses par leur mode de végétation. Fleurs purpurines, grandes, ornementales; périanthe infundibuliforme, revêtu à l'extérieur de poils résineux, à limbe étalé; hampes uniflores, ordinairement garnies de poils glanduleux. Feuilles coriaces, disposées en spirale, étalées, carénées, aiguës. Lindley dit que ces plantes sont susceptibles de vivre dans une atmosphère chaude, sèche et sans contact avec le sol, avantages qui les font apprécier dans les jardins de l'Amérique du Sud où, avec les Orchidées et les Broméliacées, elles vivent suspendues dans les habitations ou aux balustrades des balcons. A cette exposition, elles fleurissent abondamment et remplissent l'air de leur parfum. Les *Barbacenia* sont cependant rares dans nos jardins; on peut les cultiver dans des paniers à Orchidées, remplis de terre franche et de terre de bruyère fibreuse, avec quelques morceaux de charbon de bois.

Fig. 373. — Barbacenia purpurea. Fleur détachée.

B. purpurea, Hook. *Fl.* d'un beau pourpre violacé, en entonnoir, à six divisions; solitaires et terminales; ovaire allongé, tuberculeux. Juillet. *Flles* linéaires, carénées, bordées de petites dents épineuses. *Haut.* 45 cent. Brésil, 1825. (B. M. 2777 ; F. d. S. 4, 348.)

B. Rogieri, Hort. ' *Fl.* purpurines ; hampe et ovaire tuberculeux; filaments larges, bifides. Juillet. *Flles* linéaires, acuminées, imbriquées, larges et embrassant la tige à la base, bordées de dents fines et épineuses ; carène recourbée. Hampe courte. *Haut.* 45 cent. Brésil, 1850. (L. J. F. 82.)

B. squamata, Lindley. — V. *Vellozia squamata*, Rchb.

BARBAREA, R. Br. (autrefois nommé herbe de Sainte-Barbe). **Barbarée.** Fam. *Crucifères.* — Genre comprenant seulement environ sept espèces bien distinctes des plantes herbacées, vivaces et rustiques, répandues dans toutes les régions tempérées boréales et australes du globe. Fleurs jaunes, en grappes terminales, dressées. Tiges dressées, rameuses, munies de feuilles alternes, roncinées-pinnatifides. Les *Barbarea* poussent en tous terrains, mais sont peu dignes d'être cultivés comme ornement. Multiplication par boutures, par drageons, par divisions ou par graines.

B. præcox, DC. Cresson de terre, Cresson vivace, Cressonnette. Angl. Winter Cress. American Cress. — *Flles* inférieures lyrées, à lobe terminal ovale; les supérieures pinnatipartites, à lobes linéaires-oblongs, très entiers. *Haut.* 30 à 45 cent. — Connu et cultivé dans les jardins sous le nom de **Cresson de jardin** ou de terre (V. aussi ce mot), pour ses feuilles et jeunes extrémités que l'on mange en salade comme celles du Cresson de fontaine. France, etc., souvent échappé des cultures. (Sy. En. B. 124.)

Fig. 374. — Barbarea vulgaris, fl. pleno

B. vulgaris, R. Br. *Flles* inférieures lyrées, à lobe terminal arrondi; les supérieures obovales, dentées ou pinnatifides. *Haut.* 40 cent. France, etc. — Sa variété à fleurs doubles est seule recommandable pour l'ornement; elle est connue sous les noms de Barbarée à fleurs doubles, Julienne jaune, etc. Angl. Double Yellow Rocket. Il y a une variété panachée qui est également assez décorative; elle se reproduit franchement par graines. (Sy. En. B. 120.)

BARBE. — Touffe de longs poils serrés, disposés sur un ou plusieurs points des organes d'une plante. On applique encore ce nom aux **arêtes** des graminées. (V. aussi ce mot.)

BARBE de bouc. — V. **Spiræa Aruncus** et **Tragopogon pratensis.**

BARBE de capucin. — V. **Chicorée sauvage.**

BARBE de chèvre. — V. **Hydnum repandum, Spiræa Ulmaria.**

BARBE de Jupiter. — V. **Centranthus ruber, Anthyllis Barba-Jovis,** etc.

BARBEAU bleu, B. des Jardins. — V. **Centaurea Cyanus.**

BARBEAU jaune. — V. **Centaurea suaveolens.**

BARBEAU musqué. — V. **Centaurea moschata.**

BARBEAU vivace. — V. **Centaurea moschata.**

BARBIERA, DC. (en l'honneur de J. B. G. Barbier, médecin et naturaliste français, auteur de : *Principes généraux de Pharmacologie ou de Matière médicale*, Paris, 1806). Fam. *Légumineuses.* — Genre monotypique de l'Amérique tropicale. C'est un arbrisseau ornemental, de serre chaude, auquel il faut un mélange de terre franche, de terre de bruyère et de sable. On le multiplie par boutures de bois à moitié mûr, plantées dans du sable, en serre chaude et sous cloches.

B. polyphylla, DC.* *Fl.* écarlates, à étendard de 5 cent. de long, rétréci et presque sessile à la base, disposées en grappes pauciflores et terminales. *Flles* imparipennées, à cinq-onze paires de folioles elliptiques-oblongues, mucronées, pubescentes à l'état adulte. Porto-Rico, 1818. Syns. *Clitorea polyphylla*, Poir. ; *Galactia pinnata*, Pers.

BARBU, Angl. et Lat. *Barbatus.* — Garni de poils formant une barbe.

BARBULA, Lour. — V. **Caryopteris**, Bunge.

BARDANE géante à très grandes feuilles (*Lappa edulis*, Hort.). — Plante bisannuelle, qui paraît n'être qu'une variété, plus grande dans toutes ses parties, de la Bardane commune (*L. major*, Gærtn.). Ses racines longues et charnues peuvent être utilisées comme celles du Salsifis ou du Scorsonère, bouillies et apprêtées de diverses façons, mais à condition d'être récoltées assez jeunes. Comme légume, il faut, en effet, considérer la

Fig. 375. — Bardane géante.

Bardane géante à très grandes feuilles comme une plante de culture annuelle, et c'est au bout d'environ trois mois de végétation qu'il faut prendre les racines pour qu'elles paraissent tendres et agréables ; c'est du reste, à cette époque, qu'on les consomme au Japon. Plus tard, elles se ramifient, durcissent et deviennent presque ligneuses. Cette Bardane est rustique, vigoureuse, de croissance rapide et résiste bien à la sécheresse et au froid : il est bon toutefois de couvrir les pieds de feuilles à l'approche des gelées. On peut la semer soit en avril-mai, soit, de préférence, en juin-juillet, comme ces Navets, pour la récolter à l'automne. La terre doit avoir été bien défoncée et ameublie.

Telle qu'elle est actuellement, la Bardane constitue pour nous un assez médiocre légume, dont la saveur n'égale pas celle du Salsifis, du Scorsonère ou même du Scolyme, mais elle a le mérite de donner son produit beaucoup plus rapidement que ces dernières plantes et il est certain que, par une sélection bien entendue et une bonne culture, on arriverait à en obtenir des racines mieux faites, plus tendres, plus charnues et plus succulentes. (G. A.)

BARIOLÉ. — Parcouru par des lignes d'une teinte distincte, disposées d'une façon bizarre, très irrégulière.

BARKERIA, Know. et Westc. (en la mémoire de feu

Barker de Birmingham, cultivateur passionné des Orchidées). FAM. *Orchidées*. — Au point de vue scientifique, ce genre est réuni aux *Epidendrum* par Bentham et Hooker. Ce sont de belles Orchidées de serre froide ou tempérée, épiphytes et caduques, munies de pseudo-bulbes de 15 à 25 cent. de long au sommet desquels naissent de nombreuses hampes florales. Les *Barkeria* poussent avec vigueur si on a soin de les tenir dans des petits paniers suspendus près du verre et placés dans une serre froide, aérée et légèrement ombrée. Ils se plaisent aussi sur des bûches plates au sommet desquelles on les fixe sans mousse; dans ces conditions, ils émettent bientôt des racines charnues qui rampent sur le bois. Pendant leur période de végétation, les arrosements doivent être copieux, et, lorsqu'il fait très chaud, on peut les arroser trois ou quatre fois par jour; il est préférable d'effectuer les arrosements par immersion. Pendant leur repos, deux ou trois arrosements légers par semaine suffisent. On les multiplie par division des touffes, au moment où ils entrent en végétation.

B. Barkeriola, — V. *Epidendrum Barkeriola*.

B. cyclotella, Rchb. f. *Fl.* très décoratives, disposées en grappe terminale; sépales et pétales rouge magenta foncé; labelle blanc, marginé de magenta, large, émarginé. Février-mars. *Flles* distiques, ligulées, oblongues-aiguës. Mexique. (W. O. A, IV, 148.)

B. elegans, Knowl. et Westc. **Fl.* en grappes lâches, au nombre de quatre ou cinq, de 5 cent. de diamètre; sépales et pétales rose foncé; labelle rouge carminé, maculé et bordé plus clair. Hiver. *Haut.* 60 cent. Mexique, 1836. Il existe deux ou trois variétés de cette belle espèce, à végétation un peu grêle. (B. M. 4784; F. d. S. 9,959.)

B. e. nobilior, — Belle variété à grandes fleurs maculées de pourpre sur le labelle, 1886.

B. Lindleyana. — V. *Epidendron Lindleyanum* son nom correct.

B. melanocaulon, Rich. et Gal. * *Fl.* en épis dressés; sépales et pétales rose lilacé; labelle plus large à la base qu'au sommet, rouge purpurin, maculé de vert au centre. Août. *Haut.* 30 cent. Costa-Rica, 1848. Très rare.

B. Skinneri, — * *Fl.* rose foncé, en épis de 15 à 20 cent., naissant au sommet des pousses dont la végétation est terminée, souvent rameux et formant un bouquet compact qui se conserve frais pendant huit à dix jours si la plante est tenue dans un lieu sec. *Haut.* 45 cent. Guatemala. (P. M. B. 15, 1.)

B. S. superbum, Warner. * *Fl.* rose foncé, à labelle plus fortement teinté, marqué de raies jaunes à la base. Guatemala. — Cette variété surpasse de beaucoup le type par le nombre de ses fleurs, par leur dimension et par leur brillant coloris. (W. S. O. 38.)

B. spectabilis, Batem. *Fl.* atteignant au moins 5 cent. de diamètre, disposées en épis de huit à dix fleurs, naissant au sommet des pseudo-bulbes; sépales et pétales oblongs, acuminés, lilas rosé; labelle blanc, marginé de lilas foncé ou de rose purpurin et ponctué ou maculé de carmin. Les fleurs de cette espèce, distincte et recommandable, se conservent belles pendant huit à dix semaines et sont des plus propres à l'ornement des appartements. Guatemala, 1843. (B. M. 4094; F. d. S. 1, 24.)

B. Vanneriana, — *Fl.* d'un beau rose purpurin, avec un petit disque blanc sur le labelle, de même forme que celles du *B. Lindleyana*; labelle arrondi, aigu, semblable à celui du *B. Skinneri*. 1885. Plante intermédiaire entre ces deux espèces.

BARKHAUSIA rubra, Mœnch. — V. **Crepis rubra**, Linn.

BARKLYA, F. Muell. (en l'honneur de Sir H. Barkly, autrefois gouverneur du sud de l'Australie). FAM. *Légumineuses*. — Genre monotypique, de l'Australie tropicale. C'est un grand arbre de serre froide, que l'on cultive dans un compost de terre franche et de terreau de feuilles. Multiplication par graines et par boutures; ces dernières se font avec du bois à moitié mûr; on les plante en terre siliceuse, sous cloches et en serre froide.

B. syringæfolia, — *Fl.* jaune d'or, nombreuses, disposées en grappes axillaires ou terminales. *Flles* alternes, simples, coriaces. *Haut.* 10 m. Moreton-Bay, 1858.

BARLERIA, Linn. (en l'honneur de J. Barrelier, botaniste français: 1606-1673). FAM. *Acanthacées*. — Genre comprenant environ quatre-vingt-cinq espèces originaires de l'Asie tropicale et du sud de l'Afrique, quelques-unes de l'Amérique, principalement du Mexique et de la Colombie. Ce sont des arbustes toujours verts, de serre chaude, très intéressants et décoratifs. Fleurs en grappes ou en épis axillaires ou terminaux; calice à quatre sépales, les deux extérieurs plus grands; corolle infundibuliforme, quinquefide, à lanières profondément divisées; étamines quatre. Ils se plaisent dans un compost de terre franche et de terre de bruyère auquel on ajoute un peu de terreau gras. Multiplication par boutures herbacées que l'on plante dans le même compost, sous cloches, en serre chaude et sur chaleur de fond.

B. flava, Jacq. * *Fl.* jaunes, en épis terminaux, cylindriques, munis de bractées très étroites, sétacées; corolle tubuleuse. Été. *Flles* lancéolées, velues, entières. Plante inerme. *Haut.* 1 m. Amérique méridionale, 1816. (E. M. 4113; B. R. 191.) Syns. *B. gentianoides*, Desf.; *B. mitis*, Ker.

B. gentianoides, Desf. Syn. de *B. flava*, Jacq.

B. Gibsoni, — *Fl.* pourpre pâle, assez grandes, presque terminales. Hiver. *Flles* ovales ou oblongues-lancéolées. Indes, 1867. Arbuste de serre chaude, glabre et rameux. (B. M. 5628.)

B. involucrata, Nees, var. **elata**, Clarke. *Fl.* bleu foncé, de 6 cent. de diamètre. Arbuste compact, décoratif, de 2 m. de haut. Singapour, 1890.

B. Leichtensteiniana, — * *Fl.* très curieuses, en épis axillaires, de 5 à 8 cent. de long, ovoïdes ou oblongs, accompagnées d'un grand nombre de bractées imbriquées, toutes tournées vers le côté antérieur ou inférieur de l'épi; bractées ovales, acuminées, mucronées, de 2 1/2 à 4 cent. de long, à dents épineuses, parcourues par des nervures proéminentes et arquées. *Flles* opposées, de 2 1/2 à 5 cent. 1/2 de long, linéaires, lancéolées, entières, mucronées, rétrécies à la base en pétiole très court. Branches grêles, droites, sub-anguleuses. Sud de l'Afrique, 1870. Cette plante est couverte sur toutes ses parties d'un duvet feutré, blanchâtre. (G. C., 1870, p. 73.)

B. longifolia, Linn. *Fl.* blanches, disposées en verticilles multiflores, entourés de bractées; calice à lanières lancéolées, linéaires ou oblongues; corolle marquée de deux nervures parallèles, à lanières centrales gonflées en deux petites pustules jaunâtres. Juillet-septembre. *Flles* de 10 à 15 cent. de long et 1 cent. de large, lancéolées, aiguës, ciliées, pétiolées; tiges quadrangulaires. Plante bisannuelle. Indes orientales, 1781. Syn. *Asteracantha longifolia*, Nees.

B. lupulina, Linn. *Fl.* jaunes, en épis ovales, denses, terminaux; bractées ovales, concaves, imbriquées; corolle de 3 cent. de long, à cinq lanières. Août. *Flles* lancéolées, entières, étalées, pourvues à leur aisselle de deux épines. *Haut.* 60 cent. Ile Maurice, 1824.

B. Mackenii, — * *Fl.* purpurines, grandes, en grappes terminales. Printemps. *Flles* récurvées, ovales-étroites ou elliptiques-lancéolées, sub-aiguës, pétiolées. Natal, 1870. (B. M. 5866.)

B. mitis, Ker. Syn. de *B. flava*, Jacq.

B. prionitis, Linn. *Fl.* orangées, en épis axillaires ou terminaux : calice à divisions grandes, ovales-aiguës ; corolle de 3 cent. de long, bilabiée. Été. *Flles* entières, de 12 à 15 cent. de long. elliptiques, oblongues, atténuées aux deux extrémités, marquées sur les bords de deux lignes rugueuses. *Haut.* 1 m. Indes orientales, 1759.

B. repens, Nees. *Fl.* axillaires, solitaires, sessiles ou courtement pédicellées ; corolle pâle, d'un rouge rosé un peu sombre, de 5 cent. de long, infundibuliforme, à limbe de 4 cent. de diamètre, composé de cinq lobes oblongs. Juillet. *Flles* opposées, fasciculées, de 2 1/2 à 6 cent. de long elliptiques, ovales ou obovales, à pétioles de 4 à 12 mm. de long. Tiges couchées, de 30 à 60 cent. de long. Afrique tropicale-orientale, 1875. (B. M. 6954.)

BARLIA, Parl. — Réunis aux **Orchis**, Linn.

BARNADESIA, Mutis. (en l'honneur de Michel Barnadez, botaniste espagnol). Fam. *Composées*. Syn. *Xenophonta*, Vell. — Genre comprenant environ dix espèces de l'Amérique australe. Ce sont de jolis petits arbrisseaux à feuilles caduques, exigeant une atmosphère sèche. Il faut les cultiver dans un mélange de terre franche, de terre de bruyère et de sable en parties égales. Multiplication par graines que l'on sème au printemps, sur couche chaude, ou par boutures que l'on fait en avril avec du bois à moitié mûr, dans du sable et sous cloches.

B. rosea, Lindl. * *Capitules* roses, solitaires, ovales, cylindriques, duveteux, sessiles : fleurons bilabiés, lèvre inférieure oblongue émarginée, la supérieure linéaire, filiforme ; paillettes du réceptacle tordues ; aigrette raide, plumeuse. Mai. *Flles* alternes, ovales, aiguës aux deux extrémités. *Haut.* 45 cent. Amérique du Sud, 1840. (B. M. 4232.)

BARNADIA, Lindl. — Réunis aux **Scilla**, Linn.

BAROMÈTRE, Angl. Barometer. — Instrument servant à mesurer la densité de l'air, et à l'aide duquel on peut connaître les changements probables du temps. Il sert aussi à mesurer, par ascension, la hauteur d'un point élevé. En jardinage, le baromètre est un auxiliaire très utile, permettant de prendre à l'avance les précautions nécessaires en vue du changement qu'il indique.

BAROSMA, Willd. (de *barys*, lourd, et *osme*, odeur ; allusion à l'odeur pénétrante des feuilles). Fréquemment écrit à tort, *Baryosma*. Syn. *Parapetalifera*, Wendl. Fam. *Rutacées*. — Genre comprenant environ quinze espèces de jolis petits arbustes toujours verts, à port de Bruyère, que l'on cultive en serre froide, et tous originaires du Cap. Calice à cinq lobes égaux ; pétales cinq, oblongs ; étamines dix. Feuilles opposées ou éparses, coriaces, planes, ponctuées, quelquefois serrulées, glanduleuses, entières ou révolutées sur les bords. Ils se plaisent dans un mélange de sable, de terre de bruyère et d'un peu de terre franche. Le drainage doit être parfait et la terre convenablement foulée. Leur multiplication a lieu par boutures de bois mûr que l'on plante dans des pots de sable ; on place ensuite ces derniers dans une serre froide et on les recouvre de cloches. La reprise a lieu au bout de quelques semaines.

B. betulina, Bart. et Wendl. *Fl.* blanches, axillaires, solitaires. Février-septembre. *Flles* opposées, obovales, serrulées, sessiles et étalées. *Haut.* 30 cent. à 1 m. Cap, 1790. (B. M. 45.)

B. dioica, Bart. et Wendl. * *Fl.* purpurines ; pédoncules axillaires, plus courts que les feuilles et portant ordinairement trois fleurs. Avril. *Flles* éparses, les supérieures ternées, lancéolées, rétrécies aux deux extrémités, étalées et remplies de glandes. *Haut.* 30 à 60 cent. Cap, 1816. (B. R. 502.)

B. latifolia, Rœm. et Schult. *Fl.* blanches, ordinairement solitaires, latérales. Juillet. *Flles* opposées, ovales-oblongues, sessiles, serrulées, lisses, non ponctuées, glanduleuses ; branches velues. *Haut.* 30 cent. Cap, 1789.

B. pulchella, Bart. et Wendl. * *Fl.* rouge pâle ou purpurines, à pédoncules axillaires, ordinairement solitaires et plus longs que les feuilles. Février. *Flles* compactes, ovales, très glabres, à bords épaissis et crénelés-glanduleux. *Haut.* 30 cent. à 1 m. Cap, 1787.

B. serratifolia, Willd. * *Fl.* blanches : pédoncules axillaires, rameux. Mars-juin. *Flles* presque opposées, lancéolées, pétiolées, glabres, serrulées, glanduleuses. *Haut.* 30 cent. à 1 m. Cap, 1789. (B. M. 456 ; B. Z. 1853, 12.)

BARRALDEIA, D. P. Thou. — V. **Carallia**, Roxb.

BARRINGTONIA, Forst. (en l'honneur de l'Hon. Daines Barrington). Fam. *Myrtacées*. — Cinquante-cinq espèces de ce genre ont été énumérées ; elles habitent l'Asie et l'Océanie tropicale. Ce sont des arbres et arbustes toujours verts, de serre chaude, très difficiles à cultiver. Fleurs grandes, en grappes. Feuilles opposées ou verticillées, ordinairement obovales, entières ou dentées sur les bords. Il leur faut un compost de deux parties de terre franche, une terre de bruyère et une de sable ; les arrosements doivent être copieux et l'atmosphère toujours humide. La température doit être maintenue entre 18 et 25 degrés. On les multiplie par boutures de rameaux latéraux, prises avec talon et lorsque le bois est mûr ; on les plante, sans enlever aucune feuille, dans du sable et sous cloches ; elles s'enracinent ainsi rapidement.

B. racemosa, Blume. *Fl.* rouges, en grappes pendantes, très longues. *Flles* cunéiformes, oblongues, acuminées, serrulées. *Haut.* 30 cent. Malabar, 1822. (B. M. 3831.)

B. speciosa, Linn. f. * *Fl.* pourpre et blanc, grandes et belles, disposées en thyrse dressé. *Flles* brillantes, cunéiformes-oblongues, obtuses, très entières. *Haut.* 50 à 75 cent. en culture. Cette belle espèce atteint rarement plus de 1 m. 50 à 2 m. Moluques, 1786. (G. C. 1845, p. 56.)

BARRINGTONIACÉES. — V. **Myrtacées**.

BARROTIA, Brong. — V. **Pandanus**, Linn.

BARTLINGIA, Rchb. — V. **Plocama**, Ait.

BARTOLINA, Adans. — V. **Tridax**, Linn.

BARTONIA, Sims. (en l'honneur de Benjamin S. Barton, ex-professeur de botanique à Philadelphie). Fam. *Loasées*. — Ce genre est maintenant réuni aux *Mentzelia*, Linn., par Bentham et Hooker et d'autres auteurs. Ce sont des herbes annuelles ou bisannuelles, couvertes de poils raides et grossiers. Fleurs blanches ou jaunes, grandes, terminales, s'épanouissant le soir, très parfumées et devenant rougeâtres lorsqu'elles se fanent. Feuilles alternes, irrégulièrement pinnatifides. Plusieurs espèces sont très ornementales et dignes d'être cultivées ; elles se plaisent en toute bonne terre de jardin. Les graines se sèment au printemps et à chaud ; lorsque les plants sont suffisamment forts, on les repique séparément dans des godets bien drainés. On les hiverne ensuite en serre ou sous châssis froid, près du verre et sur des tablettes. Le *B. aurea* est une des plus jolies espèces ; elle est annuelle et un peu délicate ; ses racines n'ayant presque pas de chevelu, le repiquage ne donne que des résultats médiocres ; aussi est-il préférable de le semer en place, en avril-mai, mais en terrain bien sain et abrité, car il craint beaucoup l'humidité et ses tiges sont susceptibles d'être brisées par les vents.

B. albescens, Gill. et Arnott. * *Fl.* à dix pétales, jaune pâle, disposées en panicule feuillée. Juillet. *Flles* sinuées, dentées. Tige blanche, brillante. *Haut.* 30 cent. à 1 m. 30. Chili, 1831. Annuel ou bisannuel. (S. B. F. G. II, 182.)

B. aurea, Lindl. * *Fl.* jaune d'or, réunies par deux ou trois au sommet des rameaux, grandes, à cinq pétales étalés, au centre desquels s'élève un bouquet d'étamines

Fig. 376. — Bartonia aurea.

de même teinte. Juin. Feuilles alternes, pinnatifides, à lanières étroites. Tige dressée, rameuse dès la base, à ramifications hérissées de poils rudes. Californie, 1834. Annuel. (B. M. 3649 ; A. V. F. 18.) *Mentzelia Lindleyana*, Torr. et Gray., est son nom correct.

Les **B. nuda** et **B. ornata**, Nutt., sont deux jolies espèces bisannuelles, à fleurs blanches. *Haut.* 60 cent. Missouri, 1811.

BARYOSMA, Rœm. — V. **Barosma**, Willd.

BASE. — Partie inférieure d'un organe ou point par lequel il se rattache à la partie du végétal qui le supporte.

BASELA. — Autre orthographe de **Basella.**

BASELLA, Linn. (son nom au Malabar). On écrit aussi *Basela*. **Baselle** ; Angl. Basella Nightshade. Fam. *Chénopodiacées.* — Genre monotypique de l'Asie et de l'Afrique tropicale. C'est une plante annuelle ou bisannuelle, à tige grimpante, charnue ; feuilles entières, cordiformes, pétiolées ; fleurs sessiles, disposées en épis simples ou rameux. Pour sa culture et ses usages culinaires, V. **Basella.**

B. alba, Linn. * *Fl.* blanches. Août. *Flles* cordiformes aiguës. *Haut.* 1 m. 50. Indes, 1688. Cette plante peut, jusqu'à un certain point, concourir également à l'ornement

Fig. 377. — Basella alba.

des serres ; lorsqu'on laisse ses tiges courir le long de la charpente des serres et retomber en festons ou qu'on la cultive en suspensions, elle fait assez bon effet.

BASELLACÉES. — Tribu de la famille des *Chénopodiacées.*

BASELLE (*Basella alba*, Linn.). — La Baselle, qu'on désigne aussi sous le nom d'épinard du Malabar, est une plante bisannuelle, utilisable annuellement, à tiges sarmenteuses, pouvant atteindre 1 m. 50 à 2 mètres de haut et qui demandent par conséquent à être ramées ; ses feuilles ovales, en cœur, vertes et charnues, se consomment comme celles de l'Epinard, aux Indes orientales et en Chine. Elle peut chez nous rendre des services comme Epinard d'été, parce qu'une fois installée, elle ne monte pas à graine aussi facilement que l'Epinard et que, moyennant des arrosages réguliers, elle produit tout l'été et d'autant plus que la chaleur est plus forte.

Il faut la semer en mars, sur couche chaude et la repiquer en mai-juin, au pied d'un mur au midi. Soit parce que sa culture est un peu plus compliquée que celle de l'Epinard, soit pour toute autre cause, la culture de la Baselle comme légume ne s'est pas répandue, quoique la plante soit connue depuis longtemps. C'est, du reste, une plante à faire plutôt dans le Midi.

Variétés. — Les plus usitées sont la *blanche* et la *rouge* qui ne diffèrent entre elles que par la couleur de leurs feuilles et de leurs tiges. La *Baselle de Chine à très larges feuilles*, quoique plus avantageuse que celles-ci, est encore moins cultivée qu'elles. (G. A.)

BASELLE tubéreuse. — V. **Boussingaultia baselloides**

BASILÆA, Juss. — V. **Eucomis**, L'Her.

BASILAIRE. — Situé à la base d'un organe ; l'embryon est dit basilaire lorsqu'il est situé à la base de la graine ; le style est basilaire lorsqu'il naît de la base de l'ovaire, etc. (S. M.)

BASILIC, Angl. Sweet Basil. (*Ocymum Basilicum*, Linn.). Plante annuelle, très aromatique, que son parum fait rechercher soit comme plante d'agrément, oit comme condiment. On l'utilise dans les sauces, lans les hachis, etc., à la manière du Thym ou de

Fig. 378. — Basilic grand vert.

Estragon. Les feuilles séchées et gardées en boite. euvent être aussi bien utilisées qu'à l'état frais.

Fig. 379. — Basilic à feuilles de laitue.

On sème le Basilic depuis février jusqu'en avril, sur uche; dans le premier cas, on le repique également

Fig. 380. — Basilic fin vert nain compact.

ır couche, pour le mettre un peu plus tard en pleine rre; dans le second, on le repique en pleine terre et on le met en place, par la suite, de préférence à exposition chaude, à environ 20 cent. en tous sens.

Les fleurs blanches ou blanc rosé sont petites et insignifiantes; il est bon d'enlever les tiges fleuries pour faire émettre aux plantes de nouveaux rameaux et les conserver plus longtemps.

Variétés. — La plupart des variétés de Basilic sont des plantes trapues, compactes et très ramifiées; toutes se font très bien en pots. Les principales sont : le *Basilic grand vert*, qui atteint 25 à 30 cent., à feuilles ovales, un peu larges; le *Basilic grand violet*, qui n'en diffère que par la couleur brun violacé de ses feuilles et de ses tiges; le *Basilic à feuilles de Laitue*, à feuilles beaucoup plus grandes, mais moins nombreuses que dans les autres sortes; le *Basilic anisé*, dont l'odeur très forte est suffisamment caractérisée par son nom; le *Basilic frisé*, à feuilles laciniées et frisottées sur les bords; le *Basilic fin vert* et le *Basilic fin violet* à feuilles petites et extrêmement nombreuses, très touffus, très réguliers, convenant bien pour potées, moins bien encore toutefois que leurs variétés *naines compactes*, que leur petite taille permet d'employer aussi pour bordures, en mosaïculture, etc., et enfin le *Basilic en arbre*, de forme pyramidale, plus haut et un peu plus tardif que les autres. (G. A.)

BASSIA, Linn. (en l'honneur de Ferdinand Bassi, conservateur du jardin botanique de Bologne). Comprend *Dasyaulus*, Thw. Fam. *Sapotacées*. — Genre comprenant les environ trente-cinq espèces des Indes orientales et de l'Archipel indien. Ce sont de grands et beaux arbres de serre chaude, à suc lactescent, fréquemment cultivés aux Indes, autour des hameaux. Fleurs axillaires, pendantes à l'extrémité des rameaux, rougeâtres ou jaunâtres, solitaires ou agrégées; calice à quatre ou six sépales bisériés; corolle campanulée, à sept-quatorze divisions bisériées; étamines en nombre double ou triple des lobes de la corolle. Le fruit est une baie laiteuse, renfermant un noyau à coque dure et marqué d'un sillon. Feuilles alternes, lancéolées, entières, coriaces. Les Indiens tirent de ces arbres différents produits alimentaires ou médicinaux. Les graines du *B. butyracea* fournissent par expression le *beurre de Galam*. Il leur faut la serre chaude et un compost de terre de bruyère et de terre franche. Multiplication par boutures de bois mûr qui s'enracinent facilement dans du sable, sous cloches et sur une chaleur de fond, forte et humide.

B. butyracea, Roxb. Arbre à beurre; Angl. Indian Butter-tree. — *Fl.* à pédicelles agrégés, velus, laineux ainsi que les calices. *Flles* obovales, de 20 cent. de long, et 10 à 12 cent. de large, tomenteuses en dessous. *Haut.* 10 à 20 m. Népaul, 1823. (B. F. F. 35.)

B. latifolia, Roxb. Angl. Mahwah Tree of Bengal. — *Fl.* à corolle épaisse et charnue; pendantes, terminales. *Flles* elliptiques ou oblongues, lisses en dessus, blanchâtres en dessous, de 10 à 20 cent. de long et 5 à 10 cent. de large. *Haut.* 15 m. Indes, Bengale, 1799. (B. F. S. 41.)

B. longifolia, Roxb. *Fl.* pendantes, à pédicelles axillaires et réunis à l'extrémité des dernières ramifications. *Flles* ovales, lancéolées, caduques, de 15 cent. de long, réunies au sommet des rameaux. *Haut.* 15 m. Malabar, 1811. (B. F. S. 42.)

BASSIN, Angl. Tank. — Les bassins sont indispensables dans tous les jardins et les serres, quelle que soit leur grandeur. Ils doivent toujours être parfaitement étanches, placés dans un endroit d'un accès facile pour y puiser de l'eau, et autant que possible recevoir les rayons du soleil. On en construit de bien des façons et surtout de contenance bien différente. Ils sont ordinairement bâtis en maçonnerie et cimentés à l'intérieur. Les jardiniers parisiens emploient, comme bassin, des tonneaux d'environ 500 litres presque entièrement enterrés. Ils ont l'avantage d'être peu coûteux, légers pour le transport et très faciles à mettre en place; par contre, ils se détériorent au bout de quelques années. On vend aussi des bassins ronds ou carrés de différentes contenances, faits en béton aggloméré et cimenté; à part leur poids considérable pour le transport, ils sont très pratiques. L'alimentation des bassins est, on le comprend, très variée; dans les grands centres, c'est ordinairement de l'eau de la ville; dans les campagnes ou propriétés bourgeoises, ils sont plus souvent alimentés par l'eau des pluies; leurs dimensions sont alors très grandes, et les noms de réservoirs ou citernes leur convient mieux, selon qu'ils sont au niveau du sol ou souterrains. Les maraîchers parisiens alimentent leurs tonneaux à l'aide de réservoirs en tôle, élevés sur bâtis à quelques mètres du sol, et dans lesquels l'eau de pompes à manège vient se déverser. Il est essentiel pour la santé des plantes que l'eau venant des puits, des sources ou conduites souterraines, séjourne pendant quelque temps à l'air et à la lumière avant son emploi. (S. M.)

BASSINER. — V. **Bassinage.**

BASSINAGE ou **seringage**, Angl. Damping. — Cette opération consiste à projeter de l'eau à l'aide d'une seringue sur les plantes ou sur les parois environnantes, dans le but de laver le feuillage ou d'entretenir le degré d'humidité nécessaire. Les bassinages sont presque indispensables dans toutes les serres pendant l'été, et pendant toute l'année dans celles qui sont chauffées artificiellement. Certaines plantes ont besoin d'être fréquemment bassinées, même plusieurs fois par jour, tandis que d'autres au contraire, telles que les Cactées, n'en ont nullement besoin. C'est en général pendant l'été et en particulier pendant la période de végétation, que les plantes en ont le plus besoin; en hiver ou pendant leur repos, les bassinages doivent être moins fréquents et quelquefois nuls. Dans les serres, on maintient le degré d'humidité nécessaire en mouillant, avec l'arrosoir, les murs, les sentiers ou le gravier des banquettes, entre les pots, mais jamais les tuyaux de chauffage. Cette opération est indépendante du bassinage de la plante elle-même qui, dans certains cas, ne doit pas du tout être mouillée. C'est le cas de certaines plantes à feuillage coloré et en général de celles dont les feuilles sont veloutées. Il ne faut jamais bassiner les plantes pendant le plein soleil. Les plantes délicates supportent mieux la chaleur, et l'aération n'a pas besoin d'être aussi grande lorsque le bassinage des allées est fait avec soin; on prévient ainsi l'évaporation excessive qui a lieu par les feuilles pendant les journées chaudes. Comme beaucoup d'autres travaux des jardiniers, les bassinages demandent une certaine expérience pour être faits en temps utile. (S. M.)

BASSINET. — Nom vulgaire des *Ranunculus acris*, *R. bulbosus* et *R. repens*.

BASSOVIA, Aubl. (étymologie douteuse). Syns. *Aureliana*, Sendtn.; *Witheringia*, L'Hér. Fam. *Solanées*. — Genre comprenant environ douze espèces originaires de l'Amérique centrale et des Indes occidentales. Ce sont de petits arbres, des arbustes sarmenteux ou rarement de grandes herbes de serre chaude ou tempérée. Fleurs souvent petites; calice à cinq-dix dents; corolle à cinq divisions profondes; pédicelles souvent fasciculés ou en ombelle, solitaires ou géminés. Feuilles entières ou légèrement sinuées. La plupart des espèces connues autrefois dans les jardins sous le nom de *Witheringia* sont maintenant réunies aux **Solanum.** (V. ce nom.) Il est douteux qu'elles soient encore cultivées.

BASTERIA, Houtt. — V. **Berkheya**, Ehrh.

BATATAS, Choisy. — Réunis aux **Ipomæa**, Linn.

BATATAS bignonioides. — V. **Ipomæa bignonioides**

BATATAS edulis, Chois. — V. **Ipomæa Batatas**, Poir

BATEMANNIA, Lindl. (en l'honneur de M. J. Bateman, collecteur-cultivateur d'orchidées et auteur d'une *Monograph of Odontoglossum* et autres publications sur les Orchidées). Fam. *Orchidées*. — Selon Bentham et Hooker, ce genre est à présent monotypique; les espèces autrefois comprises dans ce genre sont réunies aux *Zygopetalum*. La suivante est une plante naine, épiphyte, facile à cultiver en pots, dans un compost de terre de bruyère fibreuse et de mousse, ou sur bûches entourées de mousse. Il lui faut la serre tempérée et beaucoup d'eau pendant sa période de végétation. On la multiplie par divisions. Elle est très florifère, mais peu ornementale.

B. Colleyi, Lindl. *Fl.* en grappes pendantes, naissant à la base des pseudo-bulbes; sépales et pétales pourpre brunâtre à l'intérieur, verts à l'extérieur; labelle blanc. Automne. *Haut.* 15 cent. Demerara, 1834. (B. R. 1714; B. M. 3818.)

BATSCHIA, Gmel. — V. **Lithospermum**, Linn.

BATSCHIA Gmelini. — V. **Lithospermum hirtum.**

BATON de Jacob. — V. **Asphodelus luteus.**

BATON de Saint-Jean. — V. **Polygonum orientale.**

BATON royal. — V. **Asphodelus ramosus.**

BATTE, Angl. Turf-beater. — Cet outil, que l'on peut facilement confectionner soi-même, se compose

Fig. 381. — Batte.

d'une pièce de bois dur de 30 cent. environ en tous sens et de 8 à 10 cent. d'épaisseur, au milieu de laquelle on perce un trou en biais, dans lequel on enfonce un manche. L'inclinaison de ce dernier doit être calculée de façon que la batte frappe bien à plat. Cet outil ser principalement à niveler et consolider les gazonnements faits en placage. Pour les petites surfaces, les

Fig. 382. Batte à main.

bordures d'allées, etc., on se sert d'une batte à main dont la figure 382 montre la forme.

BAUERA, Banks. (dédié à Francis et Ferdinand Bauer, peintres-botanistes allemands). Fam. *Saxifragées*. — Petit genre comprenant trois espèces d'arbustes de l'Australie et de la Nouvelle-Zélande. Fleurs axillaires, solitaires, pédonculées, quelquefois réunies au sommet des rameaux; sépales et pétales quatre à dix, étamines nombreuses; fruit capsulaire. Feuilles trifoliées, verticillées en apparence, non stipulées. Les *Bauera* sont faciles à cultiver dans un compost de terre franche et de terre de bruyère. On les multiplie par boutures faites en terre siliceuse et sous cloches. Ces jolis petits arbrisseaux toujours verts fleurissent pendant presque toute l'année.

B. humilis, Sweet. *Fl.* à corolle rouge, de moitié plus petite que celle du *B. rubioides;* la plante est aussi beaucoup plus petite. Juillet à décembre. *Flles* oblongues, crénelées. *Haut.* 30 cent. Nouvelle-Galles du Sud, 1804. (L. B. C. 1197.)

B. rubiæfolia, Pers. Syn. de *B. rubioides*, Andr.

B. rubioides, Andr. * *Fl.* rouge pâle ou roses. *Flles* lancéolées, crénelées. *Haut.* 30 à 60 cent. Nouvelle-Galles du Sud, 1793. Syn. *B. rubiæfolia*, Pers. (A. B. R. 198.)

BAUHINIA, Linn. (en l'honneur de Jean et Gaspard Bauhin, célèbres botanistes du XVIe siècle). Angl. Mountain Ebony. Fam. *Légumineuses*. — Genre comprenant environ cent quarante-deux espèces répandues dans toutes les régions tropicales du globe. Ce sont de beaux arbres ou arbustes toujours verts, de serre chaude, dressés ou sarmenteux. Leurs fleurs sont disposées en grappes simples, axillaires ou terminales; pétales cinq, étalés, oblongs, presque inégaux, le supérieur ordinairement plus long; étamines dix, à filets libres ou soudés, dont un quelquefois plus long; gousses de forme très variable. Les feuilles sont le plus souvent formées de deux folioles opposées, presque libres ou soudées au sommet du pétiole qui est alors aristé, quelquefois aussi simplement bilobées, ou même entières. Les *Bauhinia* se plaisent dans un compost de terre franche, de terre de bruyère et de sable, convenablement foulé; un bon drainage est nécessaire. On les multiplie par boutures faites avec du bois ni trop ligneux ni trop herbacé; on raccourcit un peu les feuilles et on les plante dans du sable, sous cloche et sur une chaleur de fond suffisamment humide. Si les *Bauhinia* sont de magnifiques plantes dans les tropiques, peu d'espèces s'accommodent de nos climats froids, relativement sombres et, par suite, y fleurissent peu. Les espèces qui réussissent le mieux sont marquées d'un astérisque.

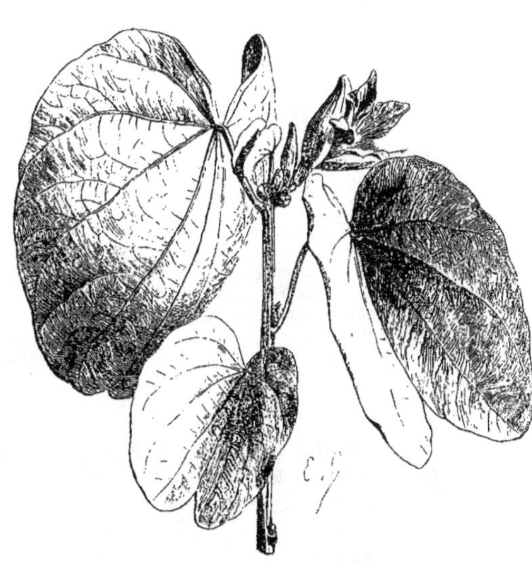

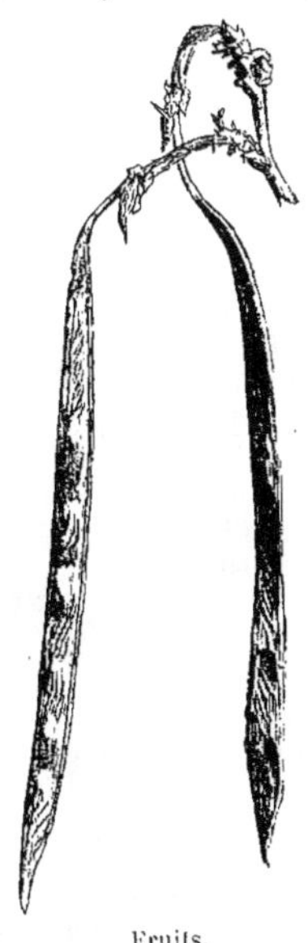

Fig. 383. — Bauhinia purpurea. (*Rev. Hort.*) Fruits.

B. acuminata, Linn. *Fl.* blanc pur, pétales largement ovales, à peine onguiculés. Juin. *Flles* presque cordiformes à la base, glabres, à folioles soudées jusqu'au delà du milieu, ovales-acuminées, parallèles, quadrinervées. *Haut.* 1 m. 50 à 2 m. Malabar, 1808.

B. aurita, Ait. *Fl.* blanches; pétales ovales, brièvement onguiculés. Août. *Flles* glabres, cordiformes à la base;

folioles soudées dans le quart de leur longueur, oblongues, lancéolées, presque parallèles, à six ou huit nervures. *Haut.* 1 m. 20 à 2 m. Jamaïque, 1756.

B. corymbosa, Roxb.* *Fl.* disposées en grappes lâches; pétales réguliers, roses, crénelés sur les bords. Été. *Flles* à folioles semi-ovales, obtuses, parallèles, soudées presque jusqu'au milieu, trinervées, cordiformes à la base; nervures de la face supérieure revêtues d'une pubescence roussâtre, ainsi que les pétioles, les branches et les calices. Arbuste grimpant. Indes, 1818. (B. R. 25, 47; G. C. 1881, XVI, p. 204.)

B. inermis, Pers. *Fl.* blanches, à pétales linéaires, disposées en grappes terminales, aphylles, simples. *Flles* ovales à la base, ferrugineuses dessous; folioles oblongues, aiguës, quadrinervées, parallèles, soudées jusqu'au delà du centre. *Haut.* 1 m. 80 à 2 m. 50. Mexique, 1810.

B. multinervia, DC. *Fl.* blanc de neige, à pétales linéaires. Gousse de 20 à 30 cent. de long. *Flles* elliptiques, arrondies à la base, membraneuses, brillantes dessus, presque poilues dessous; nervures ferrugineuses; folioles libres, légèrement ovales, obtuses, rapprochées, à cinq nervures. *Haut.* 6 m. Caracas, 1817.

B. natalensis, — * *Fl.* blanches, de 4 cent. de diamètre, opposées aux feuilles. Septembre. *Flles* petites, alternes, à folioles obliquement oblongues, arrondies. Natal, 1870. (B. M. 6277.)

B. petiolata, — *Fl.* blanches, de 8 cent. de long, disposées en grappes terminales. Automne. *Flles* pétiolées, ovales, acuminées, glabres, à cinq nervures. Colombie, 1862. Syn. *Casparia speciosa.* (B. M. 6277.)

B. pubescens, DC. *Fl.* blanches, grandes, très nombreuses, à pétales obovales; pédoncules tri- ou quadriflores. *Flles* presque cordiformes à la base, pubescentes en dessous ainsi que les pétioles; folioles soudées jusqu'au delà du milieu, ovales, obtuses, quadrinervées, presque parallèles. *Haut.* 1 m. 20 à 2 m. Jamaïque, 1823.

B. purpurea, Linn. *Fl.* à pétales lancéolés, aigus, rouges, dont un strié de blanc sur l'onglet. *Gousse* linéaire, de 30 cent. de long. *Flles* cordiformes à la base, coriaces, glabres à l'état adulte; folioles soudées bien au delà du milieu, largement ovales, obtuses, quadrinervées. *Haut.* 2 m. Indes, 1778.

B. racemosa, Vahl. *Fl.* blanches, à pétales obovales, obtus, et réunies en grappes un peu corymbiformes. *Flles* cordiformes à la base, revêtues en dessous d'une villosité soyeuse ainsi que les pédoncules, les pétioles, les branches, les calices et les pétales; folioles largement ovales, obtuses, soudées jusqu'au milieu, pourvues de cinq nervures. Indes, 1790. Plante arbustive, grimpante. (B. F. S. 182.)

B. tomentosa, Linn. *Fl.* à pétales jaune pâle, tachés de rouge sur l'onglet, obovales, obtus; pédoncules uni- ou triflores. *Flles* ovales ou arrondies à la base; velues sur la face inférieure ainsi que les pétioles, les branches, les stipules, les pédoncules, les bractées et les calices; folioles soudées au delà du millieu, ovales, obtuses, tri- ou quadrinervées. *Haut.* 1 m. 80 à 3 m. 50. Ceylan, 1808.

B. variegata, Linn.* *Fl.* rouges, maculées de blanc et jaunes à la base, disposées en grappes terminales, lâches; pétales ovales, presque sessiles. Juin. *Flles* cordiformes à la base, glabres, à folioles largement ovales, obtuses, à cinq nervures, soudées jusqu'au delà du milieu. *Haut.* 6 m. Malabar, 1690. (B. M. 6818.)

B. v. chinensis, DC. *Fl.* à pétales lilas, aigus, portant une tache pourpre à la base. *Flles* arrondies à la base. Chine.

BAUME, Angl. Balm. — Dans le langage familier, on applique le nom de *baume* à un grand nombre de plantes aromatiques ou résineuses, ainsi qu'aux produits que la chimie et la pharmacie en extraient; voici les principales :

B. aquatique. — V. *Mentha aquatica.*

B. commun. — V. *Mélisse officinale.*

B. de Calaba. — V. *Calophyllum Calaba.*

B. du Canada. — Térébenthine extraite en Amérique de l'*Abies balsamea.*

B. de copahu. — V. *Copaifera officinalis.*

B. copalme. — V. *Liquidambar imberbe.*

B.-coq. — V. ci-dessous.

B. de Gilead. — V. *Cedronella triphylla.*

B. des jardins. — V. *Mentha sativa.*

B. de la Mecque, B. de Judée. — Produit du *Balsamea Opobalsamum.*

B. du Pérou. — Le produit pharmaceutique de ce nom est tiré du *Myroxylon peruiferum,* Linn. f.

B. du Pérou (faux). — V. *Trigonella cærulea.*

B. sauvage ou **B. des champs.** — On donne ce nom à plusieurs espèces de Menthes spontanées.

B. de Tolu. — V. *Myroxylon Toluiferum.*

B. vert. — V. *Mentha viridis.*

BAUME-COQ, Angl. Costmary or Alecost. (*Tanacetum Balsamita,* Linn.) — Plante vivace, rustique, originaire de l'Orient, mais naturalisée sur plusieurs points de l'Europe méridionale. Ses feuilles entraient autrefois dans la fabrication de la bière; on les emploie quelquefois pour assaisonner la salade. Toute la plante exhale une odeur particulière. Sa multiplication a lieu au printemps ou à l'automne, par division des touffes; on replante les éclats dans un endroit sec et chaud, où ils peuvent rester plusieurs années sans être divisés.

BAUMIER du Canada. — V. **Populus balsamifera.**

BAUMIER de Giléad. — V. **Abies balsamea.**

BAUMIER du Pérou. — V. **Myroxylon peruiferum.**

BEATONIA, Herb. — V. **Tigridia,** Ker.

BEATONIA purpurea. — V. **Tigridia violacea.**

BEATSONIA portulacifolia. — V. **Frankenia portulacifolia.**

BEAUCARNEA, Lem. — V. **Nolina,** Michx.

BEAUFORTIA, R. Br. (en l'honneur de la duchesse Marie de Beaufort, patronesse de la botanique). Syn. *Schizopleura,* Lindl. Fam. *Myrtacées.* — Genre comprenant treize espèces d'arbustes de serre froide, très florifères, originaires de l'Australie. Fleurs sessiles, réunies en glomérules ou en épis terminaux et analogues à ceux des *Melaleuca;* étamines réunies en faisceaux opposés aux pétales. Feuilles sessiles, opposées ou éparses. Il leur faut un compost de terre de bruyère, de terreau de feuilles et de terre franche, auquel on ajoute du sable au besoin. Multiplication facile par boutures des bois à moitié mûr, plantées en terre siliceuse, sous cloches et sur une chaleur de fond très légère.

B. decussata, R. Br. *Fl.* écarlates; faisceaux d'étamines longuement onguiculés et à filaments radiés. Mai. *Flles* opposées, décussées ou ovales, plurinervées. *Haut.* 1 à 3 m. Nouvelle-Hollande, 1803. (B. M., 1733.)

B. purpurea, — * *Fl.* rouge purpurin, en glomérules denses, arrondis. *Flles* à trois-cinq nervures, dressées ou étalées, ovales-lancéolées ou linéaires. Nouvelle-Hollande.

B. sparsa, R. Br. *Fl.* écarlate vif. *Flles* plurinervées, éparses, ovales-elliptiques ou obtuses. Australie occidentale. Syn. *B. splendens*, Paxt. (I. H. 1886, 5911.)

B. splendens, Paxt. Syn. de *B. sparsa*, R. Br.

BEAUHARNOISIA, Ruiz. et Pav. — V. **Tovomita**, Aubl.

BEAUMONTIA, Wall. (dédié à Mme Beaumont, autrefois à Bretton Hall, Yorkshire). Fam. *Apocynacées*. — Genre comprenant quatre ou cinq espèces originaires des Indes orientales et de l'archipel Malais. L'espèce ci-dessous est un bel arbuste grimpant, de serre chaude, remarquable par ses belles fleurs. Il demande à être mis en pleine terre, en serre tempérée, dans un compost de bonne terre franche, fibreuse et de terre de bruyère. Multiplication par boutures plantées à chaud, dans du sable.

B. grandiflora, Wall. * *Fl.* grandes, à corolle blanche, verdâtre à l'extérieur près de la base, foncée à la gorge, à tube court et à limbe grand, campanulé, à cinq lobes ; elles sont disposées en corymbes multiflores, axillaires ou terminaux. Juin. *Flles* grandes, opposées, oblongues, ovales, courtement acuminées, graduellement rétrécies à la base, lisses et brillantes en dessus, mais un peu duveteuses en dessous. Rameaux et jeunes feuilles roussâtres. Chittagong et Sylhet ; Indes, 1820. (B. M. 3213 ; Gn. 1887, I, 615 ; I. H. 1887, 5e sér. 8.)

BEC, Angl. Beak. — Se dit des organes rétrécis en pointe, et ayant une certaine ressemblance avec le bec d'un oiseau, tels que la pointe qui termine le casque ou pétale supérieur des *Aconitum* ; l'appendice qui surmonte le gynostème de certaines Orchidées (*rostellum*). Le mot *rostre* a une signification analogue. (S. M.)

BEC de grue. — Nom vulgaire des *Erodium* et *Geranium*, et particulièrement de l'*E. cicutarium*.

BÉCARE. — V. **Otiorhynchus ligustici**.

BÊCHE. Angl. Spade. — La bêche est le plus indispensable de tous les outils de jardinage, on s'en sert dans tous les jardins et en toute saison. Il en existe de nombreuses formes, et on pourrait dire que chaque pays possède un genre de bêche qui lui est spécial ; les unes sont grandes et larges, les autres étroites, plus ou moins droites, creuses ou presque plates ; tantôt le manche est relativement long et terminé par une petite pomme (bêche parisienne), tantôt il est court ou même très court (Ardèche) et surmonté d'une poignée formant T qui, elle aussi, est plus ou moins large ; d'autres encore ont cette poignée creusée dans le manche même, qui est alors très large au sommet. Le manche est tantôt fixé dans une douille en forme d'anneau, tantôt serré à l'aide de rivets entre deux languettes concaves qui l'enveloppent presque entièrement. Les bêches que l'on emploie pour les terres très dures sont souvent munies d'une sorte de contrefort ou pédale sur laquelle on appuie le pied pour l'enfoncer. Il faut toujours tenir sa bêche dans un parfait état de propreté ; c'est du reste tout à l'avantage de celui qui s'en sert, car une bêche terreuse et rouillée est bien plus dure à manier et ne fait que de mauvais travail. Le meilleur moyen de les conserver exemptes de rouille et qui d'ailleurs doit être employé pour tous les outils de jardinage, est de les laver à

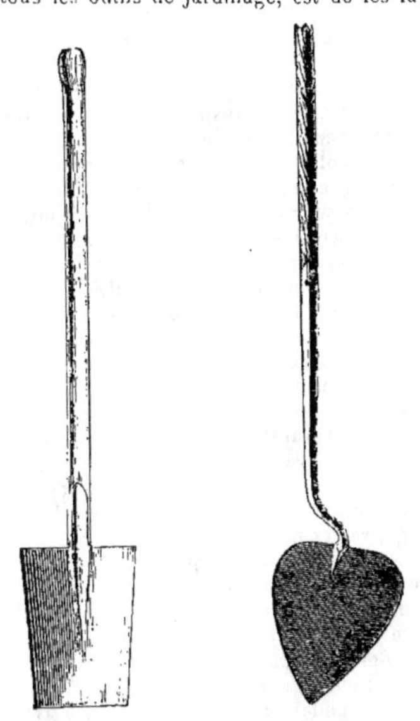

Fig. 384. Bêche parisienne. Fig. 385. Bêche à placage.

grande eau ; on les laisse sécher au soleil durant l'été ; l'hiver, on les essuie avec un chiffon un peu gras après les avoir laissées bien s'égoutter. On dit avec raison qu'un jardinier qui aime son métier a toujours le plus grand soin de ses outils. (S. M.)

BÊCHE à drainer. — Sorte de bêche employée pour creuser les tranchées au fond desquelles on doit placer les tuyaux de drainage. Elle est munie d'une lame très longue et très étroite ; cette forme spéciale permet de creuser des sillons d'une certaine profondeur et n'ayant qu'un petit diamètre ; on s'épargne ainsi une certaine somme de travail. (S. M.)

BÊCHE à placage, Angl. Turf spade. — Cet outil peu connu est cependant très utile pour enlever les plaques de gazon qui ont été coupées à l'aide du coupe-gazon ou à défaut à la bêche. La lame est plate, en forme de cœur et le manche est courbé à son insertion, afin que celle-ci repose horizontalement sur le sol. La bêche à placage est d'un maniement plus facile pour ce travail que la bêche ordinaire et permet de donner aux plaques une épaisseur uniforme.

BÊCHER, Angl. Digging. — Cette opération, dit Loudon, doit être faite de préférence par un temps sec, quand on a en vue la pulvérisation et l'incorporation des engrais, mais si l'on se propose d'aérer la couche arable, il vaut mieux choisir le moment où le sol est un peu ferme, tenace et légèrement humide. La profondeur à donner au labour doit être uniforme ; on enfonce entièrement et presque verticalement le fer de la bêche, et l'on retourne ensuite la motte de terre ainsi détachée, de façon que la partie qui se trouvait dessous auparavant se trouve après l'opération exposée au contact de l'air. Dans le labour à la bêche, on commence habituellement par ouvrir une tranchée dans toute la largeur du terrain à remuer, et la terre que l'on en extrait est transportée à l'autre extrémité, c'est-à-dire à l'endroit où doit être terminé le travail. Il est important que les diverses tranchées soient creusées en ligne aussi droite que possible et qu'elles aient toutes la même largeur, afin que la surface du sol soit également nivelée. Quand le terrain qu'on se propose de labourer a porté des récoltes en été, il est préférable de le remuer complètement à l'automne et d'y ajouter ensuite les engrais. Dans ce cas, les mottes de terre doivent être, non pas brisées par la bêche, mais laissées intactes pour subir l'action de l'air et des gelées. Au printemps suivant, un sol préparé de cette façon se trouve dans les meilleures conditions pour être bien travaillé, et peut être alors employé à n'importe quel genre de culture, après avoir été préalablement nivelé. De plus, les engrais incorporés lors de la préparation du sol ont subi, durant la période hivernale, diverses modifications qui les rendent alors immédiatement assimilables par les plantes, résultat qui n'aurait pas été obtenu si l'addition des engrais n'avait eu lieu qu'à l'époque de la plantation. La largeur de la bande de terre enlevée à chaque coup de bêche ne doit pas excéder 25 cent. dans les terres lourdes; autrement, une partie de la terre du fond resterait intacte. Le labour à la bêche s'opère avec plus de facilité quand le sol est un peu sec ; mais on ne doit jamais l'effectuer quand la terre est gelée ou couverte de neige. Les sols légers ou ceux qui reposent sur un sous-sol siliceux peuvent être travaillés à plusieurs reprises et de préférence quand il n'est pas possible de circuler sur les terres de nature argileuse. L'ouvrier qui manie la bêche doit se tenir presque droit, enfoncer son outil verticalement, de façon que la terre soit bien enlevée dans toute sa profondeur, et retourner la motte ainsi détachée dans la tranchée en face de lui. S'il est habile, il lui sera aisé de changer la position de ses mains sur la bêche et de travailler de l'une et de l'autre manière avec une égale facilité. Pour le labour à deux fers de bêche nommé *défoncement*, il faut une tranchée d'une largeur double à celle usitée pour le labour simple. Après avoir enlevé la couche arable, on extrait un deuxième fer de bêche sur la moitié de la largeur de la tranchée. Ces deux sortes de terre sont transportées à l'extrémité opposée du terrain. La tranchée a alors l'aspect de la figure 386. On prend ensuite la moitié restante de la tranchée L et on la dépose en Q ; puis on abat une tranche de la terre supérieure que l'on place au-dessus de Q ; la couche sous-jacente vient en L et ainsi de suite sur toute l'étendue. Arrivé à l'extrémité, on comble alors la tranchée avec les terres apportées lors de son ouverture en ayant soin de replacer celle extraite du sous-sol dans le fond. Un autre moyen plus simple consiste à n'enlever, lorsqu'on ouvre la tranchée, que la couche de terre arable à un fer de profondeur et à bêcher ensuite le sous-sol comme s'il s'agissait d'un labour simple. Ce procédé, quoiqu'un peu plus rapide et moins pénible, est cependant moins parfait en ce sens que le déplacement latéral de la couche inférieure n'a pas lieu, et que son remuement est aussi moins complet.

Cette méthode est employée pour les terrains pauvres, dont le sous-sol doit être rendu plus perméable aux racines, sans toutefois être ramené à la surface. Lorsqu'il s'agit de terres profondes, dont la couche inférieure est au moins aussi fertile que le sol arable, on peut sans crainte ramener le sous-sol à la surface. On croit généralement que rien n'est plus facile que de bêcher, c'est pourtant le contraire ; on peut remarquer de grandes différences dans la manière dont les

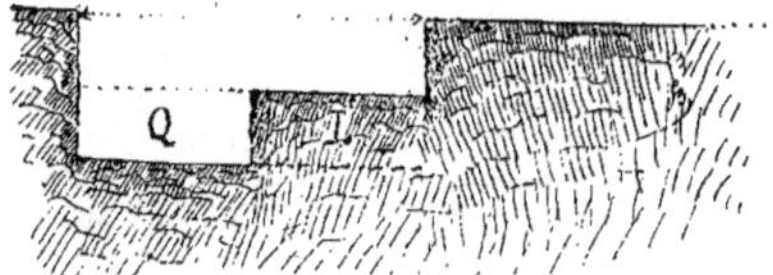

Fig. 386. — Coupe d'une tranchée de défoncement.

ouvriers manient la bêche. La vraie manière de s'en servir s'apprend principalement par la pratique. Parmi les laboureurs, il y en a toujours de plus habiles les uns que les autres pour niveler un carré. Il est très utile pour un ouvrier de savoir bêcher des deux mains, c'est-à-dire en plaçant à volonté la main droite ou la main gauche à la base du manche. Pendant les labours d'été, on émiette ordinairement les mottes, mais en automne ou en hiver, il est avantageux de laisser les bêchées entières, afin de les mieux exposer aux intempéries et surtout aux gelées qui désagrègent parfaitement les terres compactes et tuent aussi les insectes. Il est dangereux de se servir de la bêche pour labourer la terre autour des plantes ou des arbres, parce que, cela se comprend, on s'expose à couper ou à meurtrir les racines ; il est préférable de se servir pour ce travail de la *fourche à bêcher*, dont la figure 387 donne la forme.

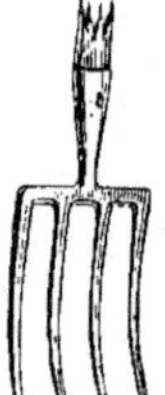

Fig. 387. — Fourche à bêcher.

BECIUM, Lindl. — Réunis aux *Ocimum*, Linn.

BEDFORDIA, DC. (dédié au feu duc de Bedford). Fam. *Composées*. — Petit genre comprenant deux espèces d'arbustes toujours verts, voisins des *Cacalia* et originaires de l'Australie. Ils se plaisent dans un compost de terre franche, de terre de bruyère, de sable et de brique concassée en parties égales. Multiplication par boutures, qu'il faut laisser se ressuyer avant de les planter dans une terre siliceuse.

B. salicina, DC. *Capitules* jaunes, axillaires, solitaires, ou réunis en petit nombre. Avril. *Flles* alternes, lancéolées, linéaires, brillantes en dessus, couvertes d'un tomentum blanc en dessous. *Haut.* 1 m. Victoria et Tasmasnie, 1820. Syn. *Cacalia salicina*, Labill. (B. R. 923.)

BÉDÉGUAR (Rose). — V. **Rosier** (*Galles du*).

BEERA, P. Beauv. — V. **Hypolytrum**, Rich.

BEETHOVENIA, Engelm. — V. **Ceroxylon**, Humb., Bonpl. et Kunth.

BEFARIA, Linn f. (dédié à Béjard, botaniste espagnol). Syns. *Acunna*, Ruiz. et Pav.; *Bejaria*, Mutis. Fam. *Ericacées*. — Genre comprenant douze ou quinze espèces originaires des montagnes de l'Amérique tropicale, depuis le Pérou jusqu'au Mexique, de Cuba et de la Floride. Ce sont de beaux arbrisseaux toujours verts, de serre tempérée, voisins des *Rhododendron*. Fleurs très élégantes, en grappes ou en corymbes, munies de bractées ordinairement pourpres; corolle profondément divisée en cinq à sept lobes étalés. Feuilles éparses, compactes, très entières, coriaces. Les *Befaria* sont assez difficiles à cultiver, se plaisent dans un compost de terre franche et de sable. On les multiplie par boutures herbacées que l'on plante en terre siliceuse et à chaud.

B. æstuans, Linn. * *Fl.* pourpres, en corymbes simples, terminaux; pédoncules, pédicelles, calices, rachis et rameaux couverts de poils glanduleux, visqueux. *Flles* elliptiques, presque glabres en dessus, mais duveteuses et glauques en dessous, couvertes d'un tomentum roussâtre lorsqu'elles sont jeunes. Plante très rameuse, à ramifications sub-verticillées. *Haut.* 3 à 5 m. Pérou, 1846. (F. d. S. 4, 332; B. H. 5, 11.) Syn. *Acunna oblongua*, Ruiz. et Pav. (G. C. 1848, 119.)

B. cinnamomea, *Fl.* pourpres, en panicules lâches, terminales; pédoncules hispides, laineux, *Flles* légèrement duveteuses en dessus, tomenteuses et roussâtres en dessous. Branches duveteuses, hispides. *Haut.* 1 m. 30. Pérou, 1847.

B. coarctata, Humb. et Bonpl. *Fl.* pourpres, en corymbes simples, terminaux; pédoncules, pédicelles, calices et rachis couverts d'un tomentum roussâtre. *Flles* oblongues, glabres, glauques en dessous. Arbuste très rameux. *Haut.* 1 m. 30 à 1 m. 50. Pérou, 1847. (F. d. S. 4, 332; G. C. 1848, 175.)

B. glauca, Humb. et Bonpl. * *Fl.* blanc carné, en grappes terminales et axillaires; pédicelles presque fastigiés. Juin. *Flles* oblongues, obtuses, glauques en dessous. Arbuste très rameux, à branches anguleuses. *Haut.* 1 à 2 m. Amérique du Sud, 1826. (B. M. 6893.)

B. ledifolia, Humb. et Bonpl. * *Fl.* pourpres, en grappes terminales; pédoncules, pédicelles, calices, rachis et rameaux couverts de poils glanduleux, visqueux. *Flles* oblongues, presque mucronées, à bords révolutés, glauques et glanduleuses en dessous. Arbuste très rameux, à branches rougeâtres. *Haut.* 1 m. à 1 m. 30. Amérique du Sud, 1847. (F. d. S. 3, 195.)

B. racemosa, Vent. *Fl.* pourpres, disposées en grappes paniculées, terminales. Juillet. *Flles* ovales-lancéolées, glabres; rameaux glabres ou hispides. *Haut.* 1 m. à 1 m. 50. Georgie, 1810.

BEGONIA, Linn. (dédié à Michel Bégon, gouverneur français de Saint-Domingue et protecteur de la botanique au XVIIe siècle). Fam. *Bégoniacées*. — Très grand genre comprenant environ quatre cent vingt espèces de plantes herbacées, charnues, acaules, dressées ou étalées, arbustives et parfois sarmenteuses. Elles habitent, pour la plupart, l'Amérique tropicale et subtropicale, l'Asie, l'Afrique, et deviennent rares dans les îles de l'Océan Pacifique.

Leurs caractères et leur aspect très polymorphes, les ont fait diviser par différents auteurs, en plusieurs genres fort peu distincts. (Klotzsch en avait fait quarante-un.) Bentham et Hooker n'ont admis que le seul genre *Begonia* qu'ils ont ensuite divisé en cinq sections.

Tous sont vivaces dans les pays chauds; cependant, le *B. semperflorens* est cultivé dans les jardins comme plante annuelle. Leurs tiges sont réduites chez plusieurs espèces à un rhizome presque tubéreux, tandis que d'autres possèdent un tubercule distinct. Leurs fleurs, ordinairement grandes et décoratives, sont blanches, roses, rouges ou jaunes, unisexuées et disposées en cymes axillaires. Elles se composent d'un périanthe ayant ordinairement quatre, rarement cinq ou deux segments pétaloïdes, et plus par duplicature. Etamines nombreuses, à filaments libres ou unis à la base. Ovaire infère, à trois loges; styles trois, rarement quatre, libres, quelquefois soudés, stigmates bifides, contournés. Le fruit est une capsule membraneuse à la maturité, à trois loges, fréquemment ailée. Graines très nombreuses et très petites. Leurs feuilles toujours alternes, varient beaucoup dans leur forme et dans leur grandeur; par leur ampleur et la richesse de leurs coloris (*B. Rex*), elles sont la partie ornementale de plusieurs espèces; chez d'autres au contraire, elles sont remarquablement petites (*B. asplenifolia*); enfin celles d'un certain nombre d'espèces sont plus ou moins découpées, même palmées ou peltées, et les côtés du limbe, surtout chez les espèces à grand feuillage, sont presque toujours inégaux.

La forme élégante et les couleurs vives de leurs fleurs, le feuillage admirablement panaché de plusieurs espèces, leur vigueur et leur abondante floraison, les ont depuis longtemps rendu ces plantes ornementales au plus haut degré.

Depuis une vingtaine d'années, un groupe de *Begonia*, caractérisé par une souche nettement tuberculeuse, par des tiges annuelles et surtout par de belles et grandes fleurs, a été introduit des Andes de l'Amérique du Sud. Par la culture, mais surtout par la fécondation et par des sélections judicieuses, on en a obtenu plusieurs races presque rustiques, à fleurs grandes et vivement colorées, aujourd'hui très répandues dans les jardins sous le nom collectif de *Bégonias tuberculeux hybrides* simples ou doubles. La dimension des fleurs, la richesse des coloris, la duplicature parfaite, la floraison prolongée de ces races peuvent être données comme exemple de ce qu'on peut obtenir de croisements intelligents et aidés d'une culture bien comprise. Il en est de même de la section des plantes acaules, à grandes feuilles, dites *Bégonias à feuillage*, dont le *B. Rex* peut être considéré comme le type et le principal parent; il en existe aujourd'hui un grand nombre de variétés multicolores, d'un grand effet et très employées pour l'ornement des serres et des appartements.

La multiplication des *Begonia* peut s'opérer au moyen des graines que produisent en abondance la plupart des variétés cultivées; par boutures pour les sortes caulescentes; par division des rhizomes ou par sectionnement des tubercules volumineux, et enfin par boutures de feuilles pour les espèces acaules, à grandes feuilles.

Semis. — Il est nécessaire de ne récolter les graines

que lorsqu'elles sont bien mûres et de les tenir au sec jusqu'au moment du semis. Lorsqu'on désire propager une *variété spéciale* d'origine horticole, les graines sont inutiles, car elles ne la reproduisent pas franchement; on peut cependant en obtenir différentes formes quelquefois tout autant méritantes. Les caractères des espèces vraies se reproduisent pourtant dans leurs descendants obtenus par semis. Etant donné la ténuité excessive des graines, le semis est une opération assez délicate; la terre à employer doit être un compost très léger et siliceux; on en emplit des terrines ou des pots, on nivelle la surface avec soin et on arrose convenablement. Afin de pouvoir répandre les graines également et pas trop dru, on peut les mélanger à une certaine quantité de sable. Il ne faut pas les recouvrir de terre, car, dans la plupart des cas, elles ne germeraient pas. On pose simplement une feuille de verre sur les terrines, puis on les place ensuite près du verre, dans une serre ou sous châssis bien ombré et où on peut maintenir une température d'environ 18 deg. Dès que les plants sont suffisamment forts pour pouvoir être manipulés, on les repique avec beaucoup de soins, dans des terrines remplies d'un mélange de terre de bruyère et de terreau de feuilles, et, lorsqu'ils commencent à se gêner, on les empote séparément dans des godets.

Boutures. — Les boutures s'enracinent ordinairement avec facilité; on les plante séparément dans les godets remplis de terreau de feuilles et de sable, que l'on place ensuite sur une chaleur de fond d'environ 20 deg. Lorsqu'on veut en propager une grande quantité, on garnit un ou plusieurs châssis à multiplication avec le même compost, puis on y plante les boutures; on les y laisse jusqu'à ce qu'elles soient bien enracinées. Pour la multiplication par boutures de feuilles, on choisit de préférence celles qui sont anciennes et bien mûres; on laisse quelques centimètres du pétiole et on fait quelques incisions en dessous, aux points de bifurcation des nervures principales. On les pose ensuite à plat, de préférence sur du sable, auquel on les fait adhérer au moyen de quelques tessons. Il se forme alors aux points incisés, des sortes de bouton, qui se développent ensuite en jeunes plantes pourvues de racines. Lorsqu'elles sont suffisamment fortes, on les empote séparément.

A l'exception du *B. Evansiana* (*B. discolor*), espèce à peu près rustique, originaire du nord de la Chine, presque tous les *Begonia* frutescents exigent la serre tempérée; on peut cependant les cultiver pendant l'été, sous châssis froid ou dans un endroit abrité, pourvu qu'on ait soin de les rentrer à l'approche des gelées. Quelques espèces, telles que les *B. Dregei*, *B. semperflorens*, *B. nitida*, *B. fuchsioides*, *B. Lindleyana*, *B. Richardsiana*, ainsi que les hybrides *ascotiensis*, *castaneæfolia*, *Knowsleyana*, *Weltoniensis*, *Ingramii* et autres, sont cultivées en plein air pendant toute la belle saison, en pots ou en pleine terre, et sont employées pour la garniture des massifs. Poussés à l'engrais, on peut en obtenir de fortes touffes, précieuses pour les garnitures temporaires et pour l'ornement des serres pendant l'hiver.

Les *B. tuberculeux hybrides*, dont nous avons précédemment parlé, doivent être mis en végétation, en février-mars, en serre ou sur une petite couche; lorsqu'ils ont émis des pousses bien développées, on les endurcit graduellement, et le beau temps venu, on les emploie pour la garniture des massifs. On peut aussi les cultiver en pots pour l'ornement des serres, des vérandas, des fenêtres, etc. Dans ce cas, on emploie un compost de terre franche et de terreau de feuilles, auquel on ajoute un peu de sable et même un peu de fumier de vache décomposé. Les arrosements doivent être copieux pendant la période de végétation; il faut au contraire les suspendre à la fin de la saison, lorsque la pousse se ralentit, puis finalement arracher les tubercules, les débarrasser de leur terre et les placer dans des pots ou sur des tablettes, à nu ou recouverts de sable et les hiverner dans un endroit bien sain, où la température se maintient à quelques degrés au-dessus de zéro.

Les *B. gracilis* et ses variétés *diversifolia* et *Martiana* sont de jolies espèces de serre froide que l'on doit cultiver comme il est dit pour la section des *B.* tuberculeux, mais avec quelques degrés de chaleur de plus.

Les *B.* du groupe *Rex* exigent la serre tempérée, une terre légère et fertile, beaucoup d'humidité et une exposition ombrée. On emploie fréquemment avec avantage les différentes variétés pour garnir les rocailles et les murs des fougeraies de serre revêtus de terre de bruyère, ainsi que pour tapisser le dessous des groupes de plantes arborescentes dans les grandes serres chaudes ou dans les jardins d'hiver. On obtient parfois de beaux spécimens sous les gradins à claire-voie des serres chaudes; ces endroits humides et ombrés étant exactement ce que ces plantes demandent.

Le *B. socotrana*, intéressante espèce de l'île de Socotra, exige un traitement tout particulier. Sa tige est herbacée et annuelle; vers sa base il se forme un groupe de bulbilles qui forment chacun une plante l'année suivante. Sa période de végétation s'étend de septembre à mars, il reste ensuite en repos pendant tout l'été. Il lui faut le plus de clarté possible et une température tropicale.

Il est intéressant de faire remarquer ici qu'il est presque impossible de croiser n'importe quel *Begonia* arbustif avec les espèces distinctement tuberculeuses, et même, ceux de ce premier groupe dont les tiges sont semi-tuberculeuses ont, jusqu'à présent, refusé de s'hybrider avec les espèces sud-américaines tuberculeuses, dont les *B. Veitchii*, *B. rosæflora* et *boliviensis* peuvent être considérés comme les types. L'infusion du sang de ces espèces à grandes et belles fleurs dans les espèces arbustives, produirait presque certainement une splendide race de *Begonia* de serre, à floraison hivernale. Il est donc à désirer que des efforts soient faits pour vaincre cette difficulté et obtenir l'union des deux races.

Abréviations : T. tuberculeux; F. frutescent.

B. acerifolia, Humb. et Bonpl. F. Grande espèce à tiges charnues et épaisses. *Flles* vertes, lobées, dentées, *Fl.* petites, blanches, disposées en grandes cymes rameuses; sépales des fleurs mâles poilus; styles trois, bifides et contournés. Capsule triangulaire, dont un des angles est prolongé en aile obtuse. Printemps. Quito, 1829.

B. acuminata, Dryand. F. Petite espèce frutescente. *Flles* semi-cordiformes, oblongues, pointues, à bords dentés; nervures de la face inférieure poilues ainsi que le pétiole. *Fl.* d'environ 2 cent. 1/2 de diamètre, disposées en cymes. Capsule à trois ailes, dont deux courtes, et la troisième 12 mm. de long. Printemps, Jamaïque, 1798. (B. M. 4025.)

B. acutifolia, Jacq. F. Espèce de 1 m. à 1 m. 20 de

haut, à tiges glabres, semi-dressée. *Flles* cordiformes, oblongues, glabres ainsi que le pétiole et denticulées sur les bords. *Fl.* blanc et rouge, de 2 cent. 1/2 de diamètre, disposées en cymes. Capsule à trois ailes, dont une deux fois plus longue que les autres. Printemps. Jamaïque, 1816. Syn. *B. purpurea*.

B. acutiloba, T. Espèce à rhizomes épais et charnus. *Flles* cordiformes, palmées, divisées en cinq à sept lobes dentés sur les bords, pointus au sommet, faiblement couverts en dessous de poils bruns. Pédoncules grands, poilus, portant un corymbe rameux de fleurs blanches, assez grandes. Eté. Mexique.

B. albo-coccinea, Hook. T. Espèce acaule, munie d'un tubercule épais. *Flles* largement ovales, peltées, entières, de 8 à 10 cent. de long; pétioles pubescents, de 10 à 15 cent. de long; hampe de 15 à 20 cent. de haut. *Fl.* rose brillant à l'extérieur, blanches à l'intérieur. Capsule régulière, triangulaire, légèrement ailée. Eté. Indes, 1844. Syn. *B. Grahamiana*. (B. M. 4172; F. d. S. 3, 225.)

B. albo-picta, — F. *Flles* brièvement pétiolées, petites, elliptiques, lancéolées, vert lustré, copieusement tachetées de blanc argenté, brillant. Brésil. Plante frutescente.

B. alchemilloides, — Tige charnue, rampante. *Flles* arrondies, dentées, ciliées et ondulées sur les bords, brièvement pétiolées; pédoncules grêles, pauciflores. *Fl.* petites, roses. Eté. Brésil.

B. amabilis, Lindl. * Tige rampante, courte, charnue. *Flles* ovales, crénelées, acuminées, d'environ 15 cent. de long, tomenteuses, vert foncé, tachetées de blanc, rouge pourpre sur la face inférieure. *Fl.* roses ou blanches, disposées en cymes racémiformes; pédoncules de 20 cent. de long. Capsule irrégulière. Eté. Assam, 1859. Le feuillage devient quelquefois entièrement vert, mais lorsque la plante est soumise à une culture appropriée, il présente ses belles panachures.

B. Amaliæ, Hort. Bruant. *Fl.* rose brillant, disposées en cymes terminales, trichotomes, rameuses. *Flles* obliquement cordiformes, crénelées, vert brillant, 1885. Plante compacte, rameuse et robuste. Hybride horticole entre le *B. Bruanti* et le *B. Lynchiana*. Serre froide. (R. H. 1885, p. 512, f. 89-90.)

B. amœna, Wall. T. *Rhiz.* tubéreux, tige nulle ou très courte. *Flles* de 8 cent. de long et 5 cent. de large, pétioles de 8 cent. de long; pédoncules de 15 cent. de long, pauciflores. *Fl.* moyennes, rose pâle. Capsule pourvue de petites ailes presque égales. Eté. Indes septentrionales, 1878. Syn. *B. erosa*, Wall.

B. ampla, — F. Tige de 30 à 60 cent. de haut, ligneuse, très épaisse. *Flles* longuement pétiolées, de 20 à 30 cent. de diamètre, largement ovales, cordiformes-aiguës, couvertes à l'état juvénile d'un duvet roussâtre, étoilé. *Fl.* rose pâle, de 5 cent. de diamètre, brièvement pédonculées. *Fr.* petit, charnu, bacciforme. Eté. Guinée.

B. aptera, Dcne. Tige herbacée. *Flles* cordiformes-aiguës, vert brillant. *Fl.* petites, blanches, disposées en cymes axillaires. Capsule quadrangulaire. Printemps. Célèbes, 1878.

B. arborescens, Raddi. F. Espèce vigoureuse, formant quelquefois un buisson de 2 m. 50 à 3 m. de haut. *Flles* vert pâle, obliquement ovales, de 15 cent. de long. *Fl.* petites, blanches, disposées en grandes cymes. Eté. Brésil.

B. argyrostigma, — Syn. de *B. maculata*, Raddi.

B. Arnottiana, — Syn. de *B. cordifolia*.

B. ascotiensis, Webb. *Fl.* rouge foncé éclatant, d'environ 3 cent. de large, disposées par dix à douze en cyme munie d'un pédoncule de 8 à 10 cent. de long. Eté. *Flles* ovales, épaisses, courtement pétiolées, un peu en cuiller, lisses, vert foncé, très finement dentées. Tiges nombreuses, un peu faibles, brunes, à nœuds espacés. *Haut.* 60 à 80 cent. Origine inconnue.

B. asplenifolia, — *B.* Espèce à tige grêle, dont le feuillage pinnatiséqué lui donne plutôt l'aspect d'un *Thalictrum* que d'un *Begonia*. *Fl.* blanches, très petites. Guinée.

B. assamica, — Tige courte, charnue. *Fl.* d'un rose carné. *Flles* ovales, obliques, vert olive, marbrées de taches argentées sur la face supérieure, rose pourpre pâle sur la face inférieure; pétioles vert pâle, couverts de poils mous. Assam, 1883.

B. attenuata, — Syn. de *B. herbacea*, Arrab.

B. aucubæfolia, — Syn. de *B. incarnata*, Link et Otto.

B. auriformis, — Syn. de *B. incana*.

B. barbata, — F. Tige courte, poilue. *Flles* dentées, ovales, pointues, hispides inférieurement, de 10 cent. de long. *Fl.* blanches ou roses, moyennes; pédoncules poilus. Capsule à ailes égales. Eté. Inde.

B. Baumanni, Hort. Lemoine. T. *Fl.* rose carminé, de 8 à 10 cent. de diamètre, agréablement parfumées, au nombre de quatre à cinq sur un pédoncule purpurin, nu, de 30 à 40 cent. de haut. *Flles* réniformes, vert foncé en dessus, bronzées ou purpurines en dessous. Racine tuberculeuse; tige courte, charnue. Elégante espèce ayant le port du *B. socotrana*. 1890. (J. 1890, p. 273; R. G. 1891, 1348.)

B. Beddomei, — T. *Fl.* rose pâle, disposées en cymes; les mâles de 4 cent. de diamètre, les femelles plus petites et plus foncées; hampes plus courtes que les pétioles et munies d'écailles brunes. Décembre. *Flles* radicales dressées, à limbe horizontal, de 10 à 14 cent. de diamètre, membraneux et pellucide, largement et obliquement ovale-cordiforme ou orbiculaire-cordiforme, obscurément lobé et denticulé, cilié, d'un vert pâle, taché de blanc sur la face supérieure, rouge pourpre terne sur la face inférieure; pétioles poilus, de 10 à 15 cent. de long. Assam, 1883. (B. M. 6767.)

B. Berkeleyi, — * T. Hybride horticole, à tiges épaisses et charnues et à feuilles obliquement ovales. *Fl.* roses, disposées en panicules dressées. Floraison hivernale.

B. bipetala, — Syn. de *B. dipetala*, Grah.

B. biserrata, Lindl. F. Tige dressée, rameuse, de 60 à 1 m. de haut. *Flles* de 15 cent. de long et 5 à 8 cent. de large, profondément lobées, dentées, vert pâle. *Fl.* roses, de 4 cent. de large, dentées sur les bords et disposées en panicules lâches. Capsules poilues, munies de trois ailes dont deux plus courtes. Eté. Guatemala, 1847. (B. M. 4746.)

B. Bismarcki, Hort. Veitch. *Fl.* rose satiné clair, de 4 cent. de diamètre, disposées en grandes panicules lâches, pluriflores. Novembre et décembre. *Flles* grandes, lobées, très acuminées, obliques, de 15 cent. de long. 1888. Variété horticole.

B. boliviensis, DC. * T. Tige herbacée, charnue, rameuse, de 60 cent. de haut. *Flles* lancéolées, étroites, aiguës, dentées, de 8 à 12 cent. de long. *Fl.* grandes, écarlates, disposées en panicules lâches, pendantes, les mâles deux fois plus grandes que les femelles. Capsules à trois ailes. Eté. Bolivie, 1857. (B. M. 5657.)

B. Bowringiana, Champi. Syn. de *B. laciniata*, Roxb.

B. brasiliana, Schrank. F. Tige dressée, élevée, charnue. *Flles* obliques, ovales, dentées, légèrement pubescentes, nervures principales brunâtres; pétioles poilus

Fl. blanches ou roses, petites, disposées en petites cymes pauciflores. Capsule à ailes de 12 mm. de long. Eté. Brésil.

B. Bruanti, Hort. Bruant* T. Hybride horticole entre le *B. Schmidti* et le *B. semperflorens*. *Flles* vertes, teintées de brun. *Fl.* blanches ou roses, disposées en panicules dressées. Eté. 1883. Employé en été comme plante à massif.

B. bulbifera, Hort. Syn. de *B. semperflorens*, Link. et Otto.

B. bulbifera, — Très probablement une forme du *B. gracilis*.

B. caffra, — Variété du *B. Dregei*, Otto.

B. carolineæfolia, Hort. F. Tige dressée, épaisse, charnue. *Flles* palmées, curieusement divisées en six à huit segments ovales, ayant chacun 15 cent. de long. *Fl.* roses, petites et disposées en cymes dichotomes, longuement pédonculées. Capsule petite, dont une des ailes est plus longue que les autres. Hiver. Mexique, 1876. Espèce à feuillage singulier. (R. G. 1. 25.)

B. Carrierei, Hort. — Cette plante passe pour un hybride entre le *B. semperflorens* et le *B. Schmidtiana*. Ses fleurs sont presque aussi grandes que celles du *B. semperflorens rosea* et sont beaucoup plus abondantes. *Flles* d'un vert gai et brillant, ovales, arrondies. Les jeunes plantes paraissent fleurir avec grande facilité. 1884.

B. castaneæfolia, Hort. Syn. de *B. fruticosa*.

B. Cathcartii, Hook. f. F. *Flles* cordiformes, aiguës glabres, à pétioles et pédoncules poilus, fleurs et fruits semblables à ceux du *B. barbata*. Eté. Indes. Syn. *B. nemophila* (C. H. P. 13.)

B. Chelsoni,* Hort. Veitch. T. Hybride horticole entre le *B. Sedeni* et le *B. boliviensis*. Tige charnue, de 30 cent. de haut. *Flles* obliques, lancéolées, irrégulièrement lobées, *Fl.* grandes, lâches, d'un rouge orangé. Eté. 1874.

B. cinnabarina, Hook.* F. Tige dressée, courte, herbacée. *Flles* de 5 à 10 cent. de long, obliques, dentées ; pédoncules pauciflores, de 15 cent. de long. *Fl.* mâles rouges, moyennes; fleurs femelles très petites. Eté. Capsule irrégulièrement ailée. Bolivie, 1848. (B. M. 4483 ; L. J. F, 28 ; F. d. S. 5, 530.)

B. cinnabarina, — Variété du *B. fuchsioides*, Hook.

B. Clarkii, — T. Tige charnue, épaisse, pourpre. *Flles* obliques, cordiformes, dentées. *Fl.* rouge brillant, ressemblant à celles du *B. Veitchii*, très grandes et très belles, abondantes et disposées en grappes pendantes. Eté. Pérou et Bolivie, 1867. (B. M. 5675.)

B. Clementinæ, Bruant. *Flles* grandes, réfléchies, ovales, arrondies-cordiformes à la base, lobées sur les bords; face supérieure vert bronzé, irrégulièrement rubanée de blanc verdâtre ; face inférieure rose, à nervures d'une teinte plus foncée. Hybride qu'on dit s'être produit entre le *B. Diadema* et le *B. Rex*. (G. C. ser. III, vol. III, p. 265 ; I H. vol. 35, 39.)

B. coccinea, Hook.* F. Tige presque dressée, de 30 à 60 cent. de haut, épaisse à la base. *Flles* ovales-oblongues, pointues, ondulées et dentées sur les bords. *Fl.* rouges, moyennes, portées sur des pédoncules rouges et formant des grappes pendantes. Capsule presque régulière, brièvement ailée. Eté. Brésil, 1842. (B. M. 3990.)

B. coccinea, Hort. Vallerand. Hybride horticole., 1889.

B. compta, — *Flles* obliquement ovales, anguleuses, d'un vert satiné, présentant une teinte argentée le long de la nervure médiane. Brésil, 1886. Belle espèce de serre chaude.

B. conchæfolia, — Tige épaisse, rampante, rhizomateuse. *Flles* peltées, ovales, de 8 à 12 cent. de long, presque entières sur les bords, face inférieure couverte de poils ferrugineux ainsi que les pétioles et les pédoncules ; hampes de 20 cent. de haut, dressées et surmontées de petites fleurs blanchâtres, odorantes, disposées en corymbe. Capsule à trois ailes, dont deux plus courtes. Automne et hiver. Amérique du Sud, 1852. Syns. *B. scutellata* ; *B. Warscewiczii*. (Ref. B. 246.)

B. corallina, Hort. F. Tige ligneuse, rameuse, presque dressée, brunâtre à la maturité. *Flles* ovales-oblongues, pointues, ondulées, lisses, vert foncé, pourpres sur la face inférieure. *Fl.* d'un rouge corail brillant, moyennes, nombreuses, disposées en longues grappes pendantes. Eté. Brésil (?), 1875. Espèce rare, des plus belles parmi les variétés frutescentes ; elle se rattache très probablement au *B. maculata*.

B. cordifolia, — T. Plante acaule, à rhizome charnu. *Flles* cordiformes, orbiculaires, dentées, de 8 cent. de large, poilues sur la face supérieure, pubescentes sur l'inférieure ; hampes dichotomes, de 15 cent. de long. *Fl.* nombreuses, moyennes. Capsule brièvement ailée. Hiver Ceylan et Indes. Syn. *B. Arnottiana*.

B. coriacea, — * T. Tige de 15 cent. de haut, herbacée. *Flles* réniformes, de 8 cent. de long et 12 cent. de large, lisses en dessus, poilues en dessous. *Fl.* roses, grandes, disposées par deux ou trois à l'extrémité d'une hampe dressée, de 20 à 30 cent. de long. Capsule à ailes courtes et rouges. Eté. Bolivie.

B. coriacea, — Syn. de *B. peltata*, Otto.

B. crassicaulis, Lindl. Tige courte, épaisse, articulée, charnue. *Flles* palmées à segments acuminés, dentés et revêtues d'un duvet roussâtre sur la face inférieure. *Fl.* moyennes, roses ou blanches, à deux pétales, disposées en cymes pluriflores. Capsule inégalement ailée. Printemps. Voisin du *B. heracleifolia*. Guatemala, 1841. (B. R. 28, 44.)

B. Credneri, Hort. Haage et Schmidt. Hybride horticole entre les *B. Scharffi* et *B. metallica*, 1890. (R. G. 1890, f. 90.) Syn. *B. Scharffiana metallica*, Hort.

B. crinita, — * F. Tige de 30 cent. de haut, rouge vif, charnue, plus ou moins poilue. *Flles* ovales-cordiformes, vert foncé, dentées sur les bords; pétioles rouges et poilus ainsi que les tiges. *Fl.* roses, de 4 cent. de diamètre, disposées en cymes rameuses, lâches ; capsule à trois ailes, dont une longue et aiguë et les deux autres courtes et arrondies. Printemps. Bolivie, 1870. (B. M. 5897.)

B. cucullata, Willd. Variété du *B. semperflorens*, Link. et Otto. (A. S. N. III, 9, 1.)

B. cyclophylla, Hook. f. T. *Fl.* roses, à odeur de rose, disposées en cymes trichotomes ; les mâles de 2 1/2 à 4 cent. de diamètre ; hampe grêle, glabre, de 15 cent. de haut. Avril. *Flle* solitaire, de 15 cent. de large, orbiculaire, cordiforme, à lobes basilaires se recouvrant, obtuse ou sub-aiguë, obscurément dentée, à sept-neuf nervures palmées; pétiole plus court que le limbe. Chine méridionale. 1885. (B. M. 6926.)

B. dædalea, Ch. Lem.* Tige courte, épaisse, charnue' *Flles* grandes, vertes, fortement revêtues d'un réseau de poils brun roussâtre, écarlates à l'état juvénile ; bords poilus. *Fl.* blanches ou roses, disposées en panicules lâches. Mexique, 1860. Plante à beau feuillage (I. H. 1861, 269.)

B. Daveauana, — V. *Pellionia Daveauana*.

B. Davisii, Hook.* T. Acaule. *Flles* naissant directement sur la souche, ovales-cordiformes, vert luisant, légèrement poilues, rouges sur la face inférieure ; pétioles courts, charnus; hampes et pédicelles rouge brillant ; celle-ci de 10 cent. de haut, portant une demi-douzaine de fleurs rouge vermillon très vif, disposées en ombelle; capsule à trois

Fig. 388. — Begonia Davisii.

ailes, dont une longue ou deux très courtes. Eté. Pérou, 1876. Belle espèce tuberculeuse naine. (B. M. 6252.)

B. decora, — Acaule. *Flles* obliquement lancéolées, d'un vert foncé, fortement pointillées de gris argenté, rappelant celles du *B. maculata*, mais dont les taches sont beaucoup plus petites. Brésil, 1886. Variété frutescente, de serre chaude.

B. Diadema, — *Flles* profondément digitées, à lobes irréguliers, lustrés, entièrement glabres, d'un vert foncé, irrégulièrement parsemés de taches blanches; face inférieure présentant une zone rouge près du pétiole. Plante à beau feuillage. Bornéo, 1883. (I. H. XXIX, 446.)

B. dichotoma, Jacq. F. Tiges élevées, épaisses, charnues. *Flles* de 12 cent. de long et 10 cent. de large, vert foncé, lobées. *Fl.* blanches, nombreuses, portées sur de longues hampes axillaires. Hiver. 1860.

B. Digswelliana, — Tiges courtes, semi-décombantes. *Flles* grandes, vertes; rouges sur les bords. *Fl.* rose pâle, petites, nombreuses, portées sur de longues hampes dressées: plante précieuse pour les décorations hivernales. Hybride horticole. (F. M. 236.)

A. dipetala. Grah. Tiges dressées, brunes, de 45 cent. de haut, naissant d'une souche charnue. *Flles* semi-cordiformes, dentées sur les bords, fortement tachées de blanc sur la face supérieure, l'inférieure rouge. *Fl.* roses, grandes, à deux pétales, disposées en cymes axillaires, lâches. Capsule à ailes égales. Printemps. Indes, 1828. Belle espèce. (B. M. 2849.) Syn. *B. bipetala.*

B. discolor, Smith. Syn. de *B. Evansiana*, Andrz.

B. diversifolia, Graham. Variété du *B. gracilis*, Humb. et Bonpl.

B. Dregei, Otto. Souche charnue. Tiges annuelles, charnues, de 30 cent. de haut. *Flles* obliques, minces, vertes, légèrement tachées de gris, rougeâtres sur la face inférieure. *Fl.* blanches, d'environ 2 cent. 1/2 de diamètre, disposées en cymes axillaires. Capsule à trois ailes, dont une aiguë, pointue, plus longue que les deux autres. Eté. Cap. 1840. Syns. *B. caffra*; *B. reniformis*; *B. parviflora*, E. Mey.

B. Duchartrei, Ed. André. * F. *Fl.* blanches, de 4 à 5 cent. de diamètre, les mâles à quatre pétales, les femelles à cinq pétales dont un plus petit, hérissé sur le dos de poils rouges, dressés ainsi que les angles internes de l'ovaire qui est blanc crémeux, avec des ailes saillantes; ombelles fortes, courtement pédonculées. Hiver. *Flles* de 15 à 18 cent. de long, ovales-lancéolées, aiguës au sommet, inéquilatérales, sinuées, dentées en scie, vert très foncé, à nervure médiane violet-rouge foncé; pétioles de 4 à 5 cent de long, de même teinte ainsi que les tiges, celles-ci dressées, peu rameuses. Haut. 1 m. Plante

Fig. 389. — Begonia Duchartrei. (*Rev. Hort.*)

vigoureuse, issue du croisement des *B. echinosepala* et *B. Scharffi*. 1892. (R. H. 1892, f. 7).

B. echinosepala, — * Tiges vertes, charnues, de 45 cent. de long. *Flles* petites, obliquement oblongues, dentées en scie. *Fl.* blanches, à sépales couverts de curieuses papilles; pédoncules axillaires. Eté. Brésil, 1872. (R. G. 707.)

B. egregia, N. E. Br. *Fl.* blanches, de 12 mm. de diamètre, disposées en cymes corymbiformes, pluriflores, lâches, de 8 à 10 cent. de diamètre; pédoncules de 6 à 8 cent. de long. Hiver. *Flles* peltées, de 20 à 30 cent. de long et 6 à 10 cent. de large, obliquement oblongues, acuminées, poilues, inégales à la base et obtusément arrondies; pétioles de 6 à 8 cent. de long. Tiges ligneuses inférieurement. *Haut.* 1 m. à 1 m. 20. Brésil, 1887.

B. elliptica, — Syn. de *B. scandens*, Arrab.

B. erecta multiflora, — *Fl.* rose rougeâtre vif, se succédant pendant plusieurs mois, mais surtout pendant l'hiver. *Flles* obliques, de couleur bronzée. Très belle et utile, foncée, très apparente variété horticole.

B. erosa, Wall. Syn. de *B. amœna*, Wall.

B. Evansiana, Andr. * T. Tiges herbacées, rameuses, lisses, de 60 cent. de haut. *Flles* obliques, ovales, aiguës, sub-cordiformes, lobées et denticulées sur les bords, vertes sur la face supérieure, rouges ainsi que les pétioles sur la face inférieure et portant à leurs aisselles de nombreux bulbilles; pédoncules rameux, axillaires. *Fl.* carnées, grandes, nombreuses; capsules à ailes obtuses au sommet, dont une plus longue que les autres. Été. Java, Chine,

Fig. 590. — Begonia Evansiana. (B. discolor.)

Japon, 1812. *Haut.* 30 à 50 cent. Belle espèce presque rustique. Syns. *B. bulbifera*, Hort.; *B. discolor*, Smith.; *B. grandis*. (A. B. R. 10, 627; B. M. 1473.)— La var. *Abel Carrière* est un bel hybride de cette espèce avec le *B. Rex*, elle possède le port et la végétation de la mère avec les panachures du père. (R. H. 1879, 13.)

Fig. 391. — Begonia Evansiana Rex, — Abel Carrière. (*Rev. Hort.*)

B. eximia, — * Hybride entre les *B. rubrovenia* et *B. Thwaitesii*. Tige courte, charnue. *Flles* pourpre bronzé, teintées de rouge. Plante à feuillage ornemental. (I. H. 1860, 233.)

B. falcifolia, — * F. Tiges dressées, rameuses, de 30 à 60 cent. de haut. *Flles* de 15 cent. de long et 4 cent. de large, incurvées, rétrécies en pointe étroite, dentées sur les bords, vertes et plus ou moins tachées de blanc sur la face supérieure, rouge foncé sur la face inférieure. *Fl.* rouge brillant, à deux pétales, portées sur de courts pédoncules axillaires, pendants. Capsule à ailes égales, de 12 mm. de large. Été. Pérou, 1868. Belle espèce florifère. (B. M. 5707.)

A. ferruginea, Linn. F. Tiges ligneuses, dressées, lisses, rameuses, couvertes de poils ferrugineux. *Flles* ovales-aiguës, obliques, acuminées, lobées, dentées sur les bords. *Fl.* rouges, grandes, disposées en cymes rameuses. Capsule inégalement ailée. Été. Colombie. Syn. *B. magnifica*.

B. Fischeri, Schrank. Espèce ressemblant au *B. falcifolia* par ses feuilles qui sont unicolores sur la face supérieure et par ses fleurs qui sont petites et blanches. Brésil, 1835. (B. M. 3532.)

B. floribunda, Hort. T. Hybrides de la section des *B. tuberculeux*, dont on cultive deux formes : le *B. fl. alba* et le *B. fl. atrorubranana*.

B. foliosa, Humb., Bonpl. et Kunth. * F. Tiges grêles, rameuses, charnues. *Flles* petites, ovales, oblongues, vert foncé, nombreuses, distiques. *Fl.* blanches, nuancées de rose, petites, nombreuses. Été. Nouvelle-Grenade, 1868. Convenable pour la garniture des suspensions. Syn. *B. microphylla*. (Ref. B. 222.)

B. frigida, A.DC. F. Tiges lisses, vertes, charnues, de 30 cent. de haut. *Flles* cordiformes, acuminées, lobées, dentées en scie, légèrement poilues ; vert cuivré sur la face supérieure, rouge rosé vif sur l'inférieure, principalement sur les nervures. *Fl.* blanches, petites, disposées en cymes rameuses. Capsule à trois ailes, dont une plus courte. Été. Patrie inconnue, 1860. (B. M. 5160.)

B. Frœbeli, DC. * T. Plante acaule. *Flles* nombreuses, cordiformes, acuminées, vertes, veloutées, couvertes de poils purpurins. *Fl.* écarlate brillant, grandes, disposées en grandes cymes lâches, rameuses. Hiver. Equateur, 1872. Bien belle espèce florifère, précieuse pour l'ornement des serres pendant l'hiver et n'ayant pas de repos bien marqué. (Garden, pl. 96.)

Fig. 392. — Begonia Frœbeli.

Plusieurs jolies variétés issues du croisement de cette espèce avec les *B. polypetala* et *octopetala* ont été obtenues ; elles diffèrent par le nombre des pétales et par leur couleur, qui va du blanc au rouge foncé. (R. H. 1887, 396.)

B. fruticosa, — F. *Fl.* roses ou blanc rosé, petites, disposées par quatre six, en cymes souvent plus courtes que les feuilles ; les femelles à quatre pétales, les mâles plus grandes, à cinq divisions. Été et automne. *Flles* de

5 à 8 cent. de long et 17 à 25 mm. de large, ovales, oblongues, penniveinées, brièvement pétiolées, obtuses ou presque aiguës à la base, dentées en scie, glabres et persistantes ainsi que les stipules et les bractées. *Haut.* 50 cent. 1 m. Brésil, 1838. Syn. *B. castaneæfolia* Hort.

B. f. alba, Hort. Grande et robuste variété à fleurs blanches.

B. fuchsioides, Hook.* F. Tiges élevées, lâches, herbacées, glabres, vert teinté de rouge. *Flles* nombreuses, distiques, de 4 cent. de long, oblongues-ovales, légèrement falciformes, dentées en scie, glabres, teintées de rouge sur les bords. *Fl.* d'un bel écarlate foncé, nombreuses, disposées en panicules pendantes, rameuses. Capsule à trois ailes dont deux très courtes. Été. Nouvelle-Grenade, 1846. Belle espèce de serre froide, utile pour la garniture des massifs et l'ornement des serres, etc. Syn. *B. miniata.* (B. M. 4281 ; F. d. S. 3, 212.)

B. f. miniata, Hort. *Flles* plus petites que celles de l'espèce type. *Fl.* d'un rouge cinabre. (F. d. S. 8, 787.)

B. gemmipara, Hook. f. F. Tiges de 30 cent. de haut, charnues, naissant d'une souche tubéreuse. *Flles* ovales-acuminées, cordiformes, lobées, glabres sur la face supérieure, poilues sur l'inférieure. *Fl.* blanches ou striées de rose, moyennes, portées sur des pédoncules axillaires, pendants ; les pédoncules portent quelquefois, au lieu de fleurs, des sortes de capsules quadrangulaires renfermant des bulbilles vivipares, oblongs, aggrégés. Été. Himalaya. (C. H. P. 14.)

B. geraniifolia, Hook.* Souche tubéreuse. Tiges de 30 cent. de haut, dressées, anguleuses, charnues, rameuses, dichotomes, d'un vert nuancé de pourpre. *Flles* cordiformes, découpées en lobes inégaux, dentées en scie, vertes, rouges sur les bords. Plante entièrement glabre dans toutes ses parties ; pédoncules terminaux portant de deux à trois fleurs inclinées, pendantes en bouton ; pétales extérieurs orbiculaires, rouges, les deux intérieurs, obovales, ondulés, blanc. Été. Pérou, 1833. (B. M. 3387.)

B. geranioides,* — T. Souche charnue. Plante acaule. *Flles* radicales, un peu réniformes, lobées, dentées en scie, vert vif, scabres ; pétioles rouges, poilus. *Fl.* blanches, disposées en panicules lâches, pendantes. Été. Natal, 1866. Belle espèce, mais délicate. (B. M. 5583.)

B. glandulosa, DC. * Tiges naissant sur un rhizome épais, écailleux ; pétioles épais, arrondis, dressés, poilus, de 20 cent. de long. *Flles* de 15 cent. de large, charnues, cordiformes, lobées, vertes, à nervures plus foncées. *Fl.* blanc verdâtre, nombreuses, portées sur de grandes hampes dressées. Capsule à trois ailes, dont une très grande et obtuse. Costa-Rica, 1854. (B. M. 5266.) Syns. *B. hernandiæfolia; B. nigro-venia.*

B. globosa, Heinem. Hybride horticole. (R. G. 1888, 5143.)

B. gogoensis, — * *Flles* peltées, ovales-orbiculaires, obliques, aiguës à l'état juvénile, d'une teinte bronzée métallique, se changeant par la suite en un vert vif, velouté, entrecoupé par les veines et la nervure médiane qui sont plus pâles ; face inférieure d'un rouge vif. *Fl.* rose pâle, disposées en panicules lâches. Gogo, dans l'île de Sumatra, 1881. Très belle espèce à feuillage ornemental.

B. gracilis, Humb. et Bonpl.* T. Tiges dressées, non rameuses, très charnues. *Flles* éparses, semi-cordiformes, lobées, denticulées, ciliées, légèrement poilues. *Fl.* rose vif, disposées en ombelles axillaires, pauciflores, courtement pédonculées, et dont les deux grands pétales sont dentés en scie. Capsule verte, ailée. Mexique, 1829. — Cette espèce porte à l'aisselle des feuilles, entre les stipules, un groupe de bulbilles qu'on peut récolter et semer comme des graines. Le type et ses variétés, *annulata, diversifolia, Martiana,* sont de beaux *Begonia* de serre froide, à floraison estivale, qui demandent à être cultivés à l'ombre et en terre de bruyère siliceuse. Ces plantes sont très

Fig. 393. — BEGONIA GRACILIS DIVERSIFOLIA. (*Rev. Hort.*)

ornementales lorsqu'elles sont cultivées avec soin. (B. M. 2966.)

B. g. racemiflora, — Variété très ornementale, et compacte, à fleurs plus foncées que celles du type et à tiges rouges. 1886.

B. Grahamiana, — Syn. de *B. albo-coccinea.*

B. grandiflora, — Syn. de *B. octopetala,* L'Her.

B. grandis, — Variété du *B. rex,* Putz.

B. grandis, — Syn. de *B. Evansiana,* Andr.

B. grandis, — Syn. de *B. vitifolia,* Schott.

B. Griffithii, Hook. Plante acaule, à rhizome souterrain. *Flles* grandes, obliquement cordiformes, crénelées et pourpres sur les bords, poilues ; face supérieure vert foncé, granulée, zonée de gris ; l'inférieure verte, pourpre vif au centre ainsi que sur les bords. *Fl.* disposées en cymes, blanches intérieurement, teintées de rouge à l'extérieur, grandes, légèrement poilues. Capsule tuberculeuse avec une aile très grande, proéminente. Hiver. Indes, 1856. (B. M. 4984.)

B. Haageana, — Syn. horticole de *B. Scharffi,* Hook. f.

B. Hasskarlii, — Syn. de *B. peltata,* Otto.

B. heracleifolia, Cham. Souche épaisse, charnue. *Flles* radicales palmées, grandes, vert bronzé, dentées sur les bords, poilues, portées sur de longs pétioles poilus; pédoncules allongés, épais, dressés, poilus, multiflores. *Fl.* roses. Capsules à ailes presque égales. Printemps. Mexique, 1831. Cette espèce et les variétés suivantes sont à la fois ornementales par leur feuillage et par leurs fleurs. Syns. *B. jatrophæfolia*; *B. punctata*; *B. radiata*. (B. M. 3444 B. R. 20, 1668.)

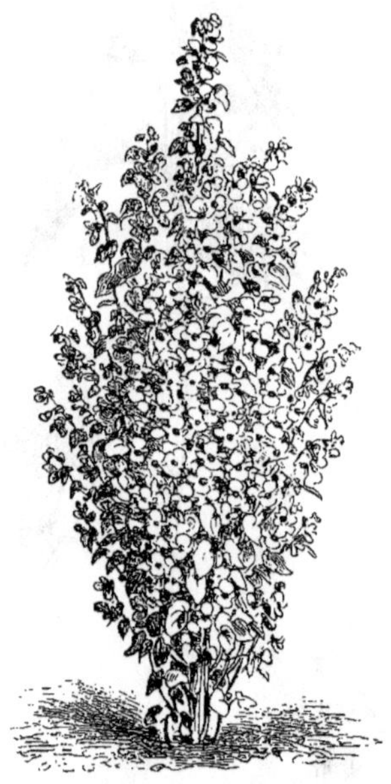

Fig. 304. — BEGONIA GRACILIS MARTIANA. (*Rev. Hort.*)

B. h. longipila, Hort. *Flles* grisâtres au centre, maculées de vert, d'une teinte bronzée foncée sur les bords. Plante entièrement couverte de poils raides, charnus. *Fl.* semblables à celles du type. (I. H. 1861, 307.)

B. h. nigricans, Hort. Cette variété diffère du type par ses feuilles qui présentent une teinte noirâtre sur les bords des lobes et par ses fleurs dont les pétales sont presque blancs. (B. M. 4983.)

B. h. punctata, —*Flles* vertes, rougeâtres sur les bords. *Fl.* roses, tachées de rouge vif extérieurement.

B. herbacea, Arrab. * Rhizome rampant. *Flles* oblongues-aiguës, lancéolées, dentées, ciliées; pédoncules plus courts que les feuilles. *Fl.* mâles blanches, petites, disposées en cymes globuleuses; les femelles solitaires, brièvement pédonculées. Printemps. Brésil, 1873. Petite espèce très charnue, ayant l'aspect d'une Primevère avant la floraison. Syn. *B. attenuata*. (G. C. 1873, 679.)

B. hernandiæfolia, — Syn. de *B. glandulosa*, D C.

B. hernandiæfolia, — Syn. de *B. nelumbiifolia*, Chams.

B. hernandiæfolia, Hook. Syn. de *B. peltata*, Otto.

B. hirsuta, Aubl. Syn. de *B. humilis*, Bonpl.

B. Haageana, — *Fl.* blanches, disposées en cymes axillaires, lâches, et de moitié moins grandes que celles du *B. nitida*, auquel il ressemble un peu. *Flles* largement ovales, arrondies à la base, à peine obliques. Mexique, 1886. Espèce grimpante, de serre froide, très glabre.

B. Hookeri, Sweet. Variété du *B. semperflorens*, Link. et Otto.

B. Hookeriana, — F. Tiges ligneuses, de 1 m. 50 à 2 m. de haut, rameuses, couvertes d'un tomentum roussâtre, très fin. *Flles* ovales, inéquilatérales, obtuses, de 20 cent. de long, tomenteuses ainsi que la tige. *Fl.* blanches, petites, disposées en cymes axillaires. Printemps. Brésil, 1850.

B. humilis, Dryand. * Tiges dressées, charnues, poilues. *Flles* semi-cordiformes, oblongues, acuminées, ciliées, dentées, poilues sur la face supérieure, glabres sur l'inférieure. *Fl.* blanches, petites, peu nombreuses, disposées en cymes. Capsule inégalement ailée. Été. La Trinité, 1788. Annuel. (B. R. 4284.) Syn. *B. hirsuta*, Aubl.

B. humilis, Ait. Syn. de *B. suaveolens*, Hort.

B. hybrida coccinea, — *Fl.* écarlate brillant, abondantes. Hiver. Hybride remarquable par son port nain et compact.

B. hybrida floribunda, — Bel hybride entre le *B. fuchsioides* et le *B. multiflora*, à floraison estivale. *Fl.* rose brillant, moyennes, abondantes. Un des meilleurs.

B. hydrocotylefolia, Link. * Tiges charnues, courtes, rampantes. *Flles* arrondies, cordiformes, à côtés presque égaux, brièvement pétiolées. Plante entièrement poilue. Pédoncules de 30 cent. de haut. *Fl.* roses ainsi que les pédoncules et pédicelles, moyennes, à deux pétales, et disposées en cymes globuleuses. Capsule à ailes grandes, égales. Été. Mexique, 1841. (B. M. 3968.)

B. h. asarifolia, — Feuilles et fleurs plus petites que celles du type; ces dernières blanches. Mexique.

B. imperialis, Lind. — * Tiges rhizomateuses, courtes, épaisses. *Flles* grandes, larges, ovales-aiguës, cordiformes, rugueuses, poilues, vert olive foncé, à nervures rubanées de vert grisâtre. *Fl.* blanches, moyennes, disposées en cymes. Capsule inégalement ailée. Mexique, 1861. Espèce à feuillage ornemental. (I. H. 1860, 262.)

B. i. smaragdina, — *Flles* vert émeraude brillant.

B. incana, — Tiges dressées, charnues, tomenteuses. *Flles* coriaces, peltées, oblongues-aiguës, sub-anguleuses, blanchâtres au-dessous. *Fl.* blanches, disposées en petites panicules duveteuses, longuement pédonculées. Hiver. Mexique, 1840. Syn. *B. auriformis*.

B. i. auriformis, — *Flles* divisées à la base, non peltées. *Fl.* glabres.

B. incarnata, Link. et Otto. * F. Tiges de 60 cent. de haut, dressées, charnues, glabres, à nœuds renflés, rougeâtres, tachetées. *Flles* inégalement cordiformes, acuminées, sinuées, dentelées, vertes; pétioles courts, glabres. *Fl.* roses, grandes; pédoncules terminaux, inclinés. Capsule à ailes inégales, la plus grande aiguë. Hiver. Mexique, 1822. Syns. *B. aucubæfolia*; *B. insignis*, Grah.; *B. Lindleyana*, Hort. (B. M. 2900.)

B. i. maculosa, Hort. *Flles* tachetées de blanc.

B. i. metallica, Hort. *Flles* pourpre bronzé, à reflets métalliques.

B. i. papillosa, Hort. Feuillage marginé de rose brillant; face supérieure couverte de petites papilles. (B. M. 2846.)

B. i. purpurea, Hort. *Flles* violet bronzé vif.

B. Ingramii, Moore. Hybride horticole, obtenu à Frogmore en 1849, entre les *B. fuchsioides* et *B. nitida*. Il présente les caractères combinés de ses deux parents. Plante très utile par sa floraison hivernale; on peut la cultiver en plein air pendant l'été. (G. M. B., p. 153.)

B. insignis, — Syn. de *B. incarnata* Link et Otto.

B. involucrata, — F. Tiges dressées, grandes, anguleuses, couvertes d'un tomentum rougeâtre. *Flles* obliques, ovales, acuminées, cordiformes, ciliées, dentées sur les bords; *Fl.* renfermées, avant l'épanouissement, dans une sorte de gaîne ou involucre; blanches, grandes, disposées en ombelle. Capsule à ailes inégales, la plus grande falciforme. Hiver. Amérique centrale.

B. intermedia, Hort. Veitch. T. Hybride des *B. boliviensis* et *B. Veitchii*. Plante trapue, à grandes fleurs variant du rouge clair au rouge écarlate, en bouquets surmontant le feuillage. 1872.

B. jatrophæfolia, — Syn. de *heracleifolia*, Cham.

B. Johnstoni, Oliver. *Fl.* rose pâle, les mâles de 4 à 5 cent. de diamètre, à quatre sépales largement oblongs et à étamines nombreuses; les femelles plus petites, à cinq sépales ; cymes composées de quatre à cinq fleurs. Avril. *Flles* de 10 à 15 cent. de long, obliquement ovales, aiguës, grossièrement crénelées, poilues, profondément bilobées à la base latérale ; pétioles de 10 à 15 cent. de long. Tiges charnues, de 30 à 45 cent. de haut, striées de rouge écarlate ainsi que les rameaux, pétioles, pédoncules et pédicelles. Afrique tropicale, 1884. (B. M. 6899.)

B. Josephi, — Acaule. *Flles* radicales ovales-acuminées, trilobées ou orbiculaires, à lobes aigus, nombreux, légèrement pubescents; pétioles de 15 à 30 cent. de long; hampe de 30 cent. de haut, rameuse. *Fl.* petites, roses ; capsule inégalement ailée, à bord supérieur horizontal. Été. Himalaya.

B. Kunthiana, — * Tiges dressées, grêles, glabres, brun pourpre. *Flles* brièvement pétiolées, lancéolées, acuminées, régulièrement dentées en scie, glabres, vert foncé sur la face supérieure, cramoisi brillant sur l'inférieure. *Fl.* blanches, grandes, axillaires, portées sur de courts pédoncules réfléchis. Été. Venezuela, 1862. Belle espèce. (B. M. 5284.)

B. laciniata, Roxb. * *Rhiz.*, épais, charnu. Tiges courtes, épaisses, articulées, ligneuses, rougeâtres. *Flles* grandes, de 15 à 30 cent. de long et de 10 à 15 cent. de large, inégalement cordiformes, irrégulièrement découpées sur les bords, dentées en scie; face supérieure verte, l'inférieure roussâtre, terne. *Fl.* grandes, blanches, teintées de rose, portées sur de courts pédoncules axillaires. Capsule inégalement ailée. Printemps. Népaul, Birmah, Chine méridionale, 1858. Syn. *B. Bowringiana*, (B. M. 5182 ; B. H. 8, 41.)

B. Lemahoutii, Hort. Vallerand. *Fl.* blanches, teintées de rose à l'extérieur, disposées en cymes surmontant le feuillage. *Flles* elliptiques, acuminées, vert foncé, lavées de pourpre en dessous, ondulées, dentées et ciliées sur les bords. Plante vivace, compacte. Origine inconnue. 1889.

B. Leopoldi, — Hybride à grand feuillage panaché, entre les *B. Griffithii* et *B. splendida*.

B. Lesoudsii, Ed. André. Hybride horticole. (R. H. 1888. f. 5.)

B. Lindleyana, — * Tige dressée, charnue, couverte de poils ferrugineux. *Flles* longuement pétiolées, peltées, ovales-aiguës, de 12 à 15 cent. de long et 8 à 10 cent. de large, irrégulièrement lobées, dentées, vertes sur la face supérieure, tomenteuses sur l'inférieure. *Fl.* blanches, moyennes, portées sur des pédoncules rameux. Hiver. Guatemala.

B. Lindleyana, Hort. Syn. de *incarnata*, Link. et Otto.

B. longipes, Hook. T. Tiges de 1 m. ou plus de haut, épaisses, charnues, sillonnées, couvertes de glandes. *Flles* grandes, arrondies, cordiformes, à bords irréguliers, dentés en scie, vertes sur les deux faces, pubescentes à l'état juvénile. *Fl.* blanches, petites, nombreuses ; pédoncules rameux, de 30 cent. de long. Hiver. Colombie, 1829. (B. M. 3001.)

Fig. 395. — BEGONIA INCARNATA. (*Rev. Hort.*)

B. longipila, Hort. Variété du *B. heracleifolia*, Cham.

B. Lubbersii, E. Morren. * *Fl.* blanches, nuancées de vert, grandes, disposées en cymes axillaires, inclinées, composées d'environ six fleurs. *Flles* alternes, distiques, glabres, entières, peltées, à pétioles charnus ; stipules grandes, ovales, persistantes, rouge brillant. Tiges cylindriques, vertes, réfléchies au sommet. Brésil, 1884. Belle espèce suffrutescente. (B. H. 1883, 13.)

B. lucida, — Syn. de *B. scandens*.

B. Lynchiana, Hook. f. F. Tige dressées, charnues, glabres. *Flles* charnues, obliques, ovales, cordiformes, crénelées, vertes, glabres, de 25 cent. de long. *Fl.* cramoisi rougeâtre vif, grandes, nombreuses, axillaires, disposées en cymes lâches. Hiver. Mexique, 1880. — C'est une des plus belles espèces à floraison hivernale, d'une croissance vigoureuse; par une culture bien entendue, on arrive à obtenir des bouquets floraux ayant près de 30 cent. de diamètre. Syn. *B. Ræzli*, Hort. (B. M. 6758.)

B. maculata, Raddi. * F. Arbuste ligneux, à tiges rameuses, glabres. *Flles* obliques, ovales-oblongues, coriaces, légèrement ondulées, entières, cramoisi brillant sur la face inférieure, la supérieure verte, portant de nombreuses et grandes taches circulaires d'un blanc argenté. *Fl.* rouge corail, disposées en panicules réfléchies

Fig. 396. — BEGONIA MACULATA. Fleurs détachées et section de capsule.

Capsules munies d'une aile longue et étroite. Eté. Brésil, 1821. (B. R. 666.) — Il existe de nombreuses variétés de cette espèce, les unes à feuilles presque vertes, les autres présentant des taches plus remarquables que celles du type ; elles diffèrent aussi par leurs fleurs qui varient du blanc au rouge corail. Le beau *B. corallina* est probablement une variété de cette espèce. Syn. *B. argyrostigma*.

B. magnifica, — * F. Tiges dressées, charnues, glabres. *Flles* ovales, à côtés inégaux et dentés. *Fl.* rose carminé, disposées en panicules terminales, de 4 cent. de long. Nouvelle-Grenade, 1870. (R. H. 1870, 271.)

B. magnifica, Lind. Syn. de *B. ferruginea*, Linn.

B. malabarica, Lamk. * Tiges épaisses, charnues, rameuses, de 60 cent. de haut. *Flles* nombreuses, cordiformes, aiguës, à côtés inégaux, crénelées ou dentées en scie, poilues sur la face supérieure et quelquefois sur l'inférieure, ou entièrement glabres et tachées de blanc. *Fl.* roses, portées sur de courts pédoncules axillaires, pauciflores. Capsule à ailes égales se rejoignant aux deux extrémités. Eté. Malabar et Ceylan, 1828. Sir Joseph Hooker, dans sa *Flore des Indes anglaises*, fait du *B. dipetala* une variété de cette espèce. (L. B. C. 1730.)

B. manicata, A. Brong, * Tiges charnues, tordues, courtes. *Flles* obliques, ovales-aiguës, cordiformes, dentées, ciliées, glabres sur les deux faces, mais à nervures vert brillant, munies de poils charnus et écailleux sur la face inférieure. *Fl.* roses, à deux pétales, disposées en cymes rameuses ; partie supérieure du pédoncule écailleuse. Capsule à ailes presque égales. Hiver. Mexique, 1842.

B. m. aureo-maculata, — Feuilles arrondies, marbrées de blanc.

B. Manni, Hook. F. Tiges charnues, vertes, rameuses, de 60 cent. à 1 m. de long ; rameaux, sommet des tiges, pétioles et nervures des feuilles revêtus d'une pubescence farineuse, roussâtre. *Flles* pétiolées, de 12 cent. de long et 5 cent. de large, lancéolées, cordiformes, acuminées, dentées. *Fl.* rouge rosé, nombreuses, disposées en cymes axillaires, à pédoncules de 2 cent. 1/2 de long. Capsule linéaire, fortement tomenteuse. Hiver. Fernando-Po, 1862. (B. M. 5434.)

B. Margaritæ, Hort. Bruant. *Fl.* rose pâle, grandes, disposées en cymes corymbiformes ; sépales des fleurs mâles orbiculaires, pourvus à la base d'une forte touffe de poils rosés. *Flles* grandes, obliquement cordiformes, ovales,

Fig. 397. — BEGONIA MARGARITÆ. (*Rev. Hort.*)

vert foncé brillant, à reflets pourpres. 1884. Hybride horticole entre les *B. echinosepala* et *B. incarnata metallica*, vigoureux et grande taille. (R. H. 1884, p. 200, f. 48.)

B. marmorea, — Variété du *B. xanthina*, Hook.

B. Martiana, Link. et Otto. Variété du *B. gracilis*, Humb. et Bonpl.

B. maxima, Ed. André. * *Rhiz.* épais, poilu, rampant *Flles* très grandes, obliques, orbiculaires-ovales, cordiformes, brièvement acuminées, denticulées, ciliées sur les bords ; pétioles allongés, poilus. *Fl.* blanches, disposées en énormes cymes rameuses ; sépales orbiculaires, poilus extérieurement. Eté. Mexique, 1853.

B. megaphylla, — * Tiges courtes, épaisses, charnues. *Flles* grandes, palmées, cordiformes, à lobes nombreux, pointus et poilus sur les bords ; face inférieure légèrement poilue ; nervures à poils écailleux. *Fl.* blanches, petites, disposées en cymes diffuses ; pédoncules poilus. Capsule largement ailée. Hiver. Mexique.

B. metallica, Hort. Variété du *B. incarnata*, Link. et Otto.

B. Meyeri, Sweet. F. Tiges dressées, épaisses, ligneuses à la maturité. *Flles* grandes, largement et obliquement ovales, charnues, vert pâle, sinuées sur les bords ; face inférieure nuancée de rose ; pétiole et limbe revêtus de poils courts. *Fl.* blanches, disposées en grands bouquets paniculés portées sur de longs pédoncules axillaires. Capsule à ailes égales. Été. Brésil, 1844. (B.M. 4100.)

B. Meysseliana, — *Flles* vert pâle, ornées de taches argentées. Sumatra, 1884. Plante de serre chaude ou tempérée, à feuillage ornemental, convenable pour les garnitures estivales.

45 cent. de long et 10 à 30 cent. de large, pelté, poilu sur la face inférieure ; hampe de 30 à 60 cent. de haut. *Fl.* blanches ou roses, petites, nombreuses, disposées en cymes globuleuses. Hiver. Mexique. Plante à feuillage ornemental. Syn. *B. hernandiæfolia.*

B. nemophila, — Syn. de *B. Cathcartii*, Hook. f.

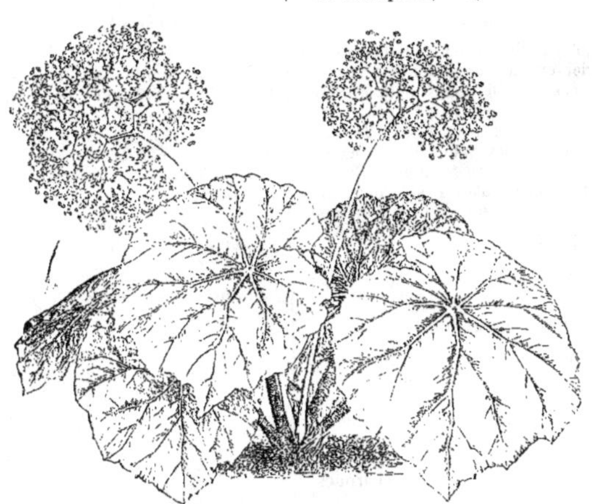

Fig. 398. — Begonia maxima. (*Rev. Hort.*)

B. microphylla, — Syn. de *B. foliosa*, Humb., Bonpl. et Kunk.

B. microptera, Hook. Tiges de 30 cent. de haut. arrondies, vertes, pubescentes ainsi que toute la plante ; rameaux peu nombreux. *Flles* sub-distiques, de 10 à 15 cent. de long, ovales-lancéolées, acuminées, dentées en scie, vert foncé, brièvement pétiolées ; stipules aussi longues que les pétioles. *Fl.* blanches, teintées de rose, moyennes, disposées en panicules terminales. Capsule longue, triangulaire, dépourvue d'ailes sur deux des angles, le troisième étroitement ailé. Hiver. Bornéo, 1856. (B. M. 4974.)

B. miniata, Planch. et Lindl. Variété du *B. fuschsioides*, Hook. (R. H. 1855, 12 : F. d. S. 8, 787.)

B. mira, Hort. Hybride entre les *B. Diadema* et *B. gogoensis*.

B. monoptera, Link et Otto. * Tiges dressées, de 30 à 60 cent. de haut, arrondies, renflées aux nœuds, vert terne, papilleuses et duveteuses. *Flles* radicales, portées sur de longs pétioles rouges ; grandes, réniformes, tronquées à la base ; les caulinaires plus petites, anguleuses, crénelées, brièvement pétiolées, vert foncé sur la face supérieure, rouges sur l'inférieure et portant de petites papilles. *Fl.* blanches, disposées en grappe terminale, allongée. Capsule triangulaire, dépourvue d'ailes sur deux des angles, le troisième muni d'une aile longue et pointue. Été. Brésil, 1826. Belle espèce distincte. (B. M. 3561.)

B. Moritziana, — Syn. de *B. scandens*, Arrab.

B. natalensis, Hook. * T. Souche épaisse, charnue : tiges de 45 cent. de haut, charnues, épaisses à la base, articulées, rameuses, glabres. *Flles* inégales, semi-cordiformes, acuminées, lobées, dentées, tachées de blanc. *Fl.* rose pâle, portées sur des pédoncules axillaires et disposées en cymes. Capsule à trois ailes dont deux grandes et une petite. Hiver. Natal, 1855. (B. M. 4841.)

B. nelumbiifolia, Cham.* *Rhiz.* épais, charnu, rampant. *Flles* portées sur de longs pétioles poilus ; limbe de 30 à

B. nigro-venia, Regel. Syn. de *B. glandulosa*, DC.

B. nitida. Ait.* F. Tiges de 1 m. 20 à 1 m. 50 de haut., dressées, rameuses, ligneuses avec l'âge, glabres, luisantes. *Flles* grandes, lustrées, vertes sur les deux faces, oblique-

Fig. 399. — Begonia Olbia. (*Rev. Hort.*)

ment ovales-aiguës, crénelées sur les bords. *Fl.* rose vif, grandes, nombreuses, disposées en panicules axillaires et terminales. Capsule à trois ailes dont une beaucoup plus grande que les autres. Jamaïque, 1777.— Une des meilleures espèces à floraison hivernale, presque perpétuelle. Syns. *B. obliqua*, L'Her. ; *B. pulchra*, *B. purpurea*, Swartz. (B. M. 4046.)

B. obliqua, L'Her. Syn. de *B. nitida*, Ait.

B. octopetala, L'Her. T. Acaule. *Flles* cordiformes, de 6 cent. de long, profondément lobées et dentées sur les bords, vert brillant, portées sur de longs pétioles charnus, duveteux, de 45 cent. ou plus de long ; hampe aussi longue que les pétioles, arrondie, duveteuse. *Fl.* blanc verdâtre, disposées en corymbe ; les mâles à huit pétales, les femelles généralement en nombre moindre. Capsule triangulaire, presque dépourvue d'ailes sur deux des angles, le troisième portant une aile de 2 cent. 1/2 de long, obtuse au sommet, dentée. Automne. Pérou, 1835. Syn. *B. grandiflora*. (B. M. 3559.)

B. o. Lemoinei, Carr. Hybride horticole. (R. H. 1889, f. 7.)

B. Odorata, — Syn. de *B. suaveolens*, Hort.

B. Olbia, Kerch. *Fl.* blanches, disposées en cymes peu fournies, naissant en abondance à l'aisselle des feuilles. *Flles* obliques, à cinq nervures, irrégulièrement dentées, légèrement cloquées, face supérieure vert bronzé foncé, couverte de petits poils rougeâtres et parsemée de petites taches rondes et blanches bien tranchées, l'inférieure d'un rouge vif ; pétioles dressés. Tiges courtes, charnues. Brésil, 1883. (F. d. S. 1884, 603.)

B. opuliflora, Putz. * F. Tiges de 30 cent. de haut, rameuses, glabres. *Flles* ovales-oblongues, acuminées, dentées, glabres en dessus, poilues en dessous. *Fl.* blanches, disposées en ombelles compactes, à pédoncules dressés. Printemps. Nouvelle-Grenade, 1854. (F. d. S. 10, 995.)

B. Ottoniana, — Hybride entre les *B. conchæfolia* et *B. coriacea*. (R. G. 1859, p. 15.)

B. papillosa, Grah. Variété du B. *incarnata*, Link. et Otto.

B. patula, Koltz. *Fl.* roses, en nombreuses cymes multiflores. *Flles* obliquement cordiformes, anguleuses ou bidentées sur les bords, vert foncé, faiblement velues en dessus et rougeâtres en dessous. Espèce frutescente, atteignant environ 1 m. de haut. Brésil, 1889.

B. Pearcei, Hook. * T. Tiges de 30 cent. de haut, charnues, rameuses. *Flles* lancéolées, cordiformes, pointues, dentées, glabres en dessus, tomenteuses et rouge pâle en dessous. *Fl.* jaune brillant, grandes, disposées en longues panicules axillaires. Été. Bolivie, 1865. — Il existe plusieurs variétés dont les coloris varient du jaune au rose cuivré, mais le port et le feuillage sont généralement les mêmes. Le *B. cinnabarina* est un hybride de cette espèce et du *B. Veitchii* obtenu en 1871, qui, à son tour croisé avec d'autres espèces tuberculeuses, a contribué à la production des splendides races que nous possédons aujourd'hui.

B. peltata, Otto. Tiges courtes, tomenteuses. *Flles* de 15 cent. de long et 10 cent. de large, peltées, ovales, fortement poilues. *Fl.* blanches, petites, disposées en cymes rameuses ; pédoncules de 15 à 20 cent. de long, poilus. Brésil, 1815. Espèce intéressante par son feuillage distinctement pelté et par la nuance argentée que présente la plante entière. Syns. *B. coriacea* ; *B. Hasskarlii* ; *B. hernandiæfolia*, Hook. (B. M. 4676) ; *B. peltifolia*.— Il existe plusieurs variétés dont le feuillage est plus ou moins purpurin, à reflets argentés. Les *B. Arthur Mallet* (R. H. 1886, 252) ; *Noemi Mallet*, *Mr. Hardy*, *Président de Bourcuilles* (I. H. 1889, 84) sont très méritants.

B. peltifolia, — Syn. de B. *peltata*, Otto.

B. phyllomaniaca, — F. Tiges épaisses, charnues, un peu tordues, vertes, poilues, portant à l'état adulte des gemmes vivipares, surmontés de petites feuilles, et au moyen desquels il est facile de multiplier la plante. *Flles* ovales, acuminées, cordiformes, sinuées, lobées, ciliées, glabres sur les deux faces. *Fl.* rose pâle, disposées en cymes axillaires, lâches ; capsule munie d'une grande aile. Hiver. Guatemala, 1861. (B. M. 5254.)

B. picta, Smith. * T. Tiges généralement glabres, charnues, de 15 à 30 cent. de haut. *Flles* ovales-acuminées, presque également cordiformes, dentées en scie, poilues au-dessus ainsi que sur les nervures de la face inférieure, quelquefois panachées. *Fl.* rose pâle, grandes et belles ; pédoncules courts, dressés, poilus, pauciflores. Automne. Himalaya, 1870. (S. E. B. 101 ; B. M. 2962.)

B. pictavensis, Hort. Bruant. Hybride entre les *B. semperflorens* et *B. Schmidtiana*.

B. platanifolia, Schott. F. Tiges de 1 m. 50 à 2 m. de haut, dressées, robustes, glabres, vertes, à nœuds annelés.

Fig. 400. — BEGONIA PEARCEI.

Flles de 20 à 25 cent. de diamètre, réniformes, lobées, hispides sur les deux faces, vert foncé, à lobes aigus, dentés, ciliés. *Fl.* blanches, teintées de rose, grandes, disposées en cymes axillaires, dichotomes. Été. Brésil, 1834. (B. M. 3591.)

B. polypetala, — Tiges d'environ 30 cent. de haut, couvertes d'un tomentum velouté, blanchâtre. *Flles* ovales-aiguës, dentées, pubescentes sur la face supérieure, l'inférieure fortement tomenteuse. *Fl.* à neuf ou dix pétales d'un beau rouge, glabres, les extérieurs pointus, ovales-oblongs ; les intérieurs un peu plus courts et plus étroits ; sépales deux, ovales-elliptiques. Capsule tomenteuse, à trois ailes dont une plus grande, ascendante. Hiver. Andes du Pérou, 1878. (Gn. Déc. 14, 1878.)

B. prestoniensis, — * Hybride horticole entre les *B. cinnabarina* et *B. nitida*. *Flles* vertes, lobées, glabres. *Fl.* rouge orangé brillant, très odorantes, disposées en cymes axillaires, lâches. Automne et hiver, 1867. (G. M. B. 3. 149.)

B. prismatocarpa, Hook. Tiges petites, rampantes, poilues, à rameaux ascendants. *Flles* longues, pétiolées, poilues, obliquement cordiformes, ovales, à trois-cinq lobes, ceux-ci pointus, dentés en scie; pédoncules axillaires, dépassant le feuillage, portant une petite ombelle de deux à quatre fleurs à deux pétales orangés et jaunes, dont une femelle. Capsule quadrangulaire, à peine ailée. Eté. Afrique tropicale occidentale, 1861. — C'est le plus petit des *Begonia* cultivés et principalement remarquable par son fruit à quatre ailes. Il forme de jolis tapis de verdure, émaillés de ses fleurs vivement colorées. Cette espèce demande la serre chaude et un sol pierreux. (B. M. 5307.)

B. pruinata, — * Tiges courtes, épaisses, charnues, glabres. *Flles* grandes, peltées, ovales, anguleuses, sinuées, finement dentées, glauques et glabres sur la face supérieure, poilues sur les bords et portées sur des pétioles épais et charnus. *Fl.* blanches, disposées en cymes, denses, dichotomes. Hiver. Amérique centrale, 1870. (R. B. 247.)

B. pulchra, — Syn. de *B. nitida*.

B. punctata, — Syn. de *B. heracleifolia*, Cham.

B. purpurea, — Syn. de *B. acutifolia*, Jacq.

B. purpurea, Swartz, Syn. de *B. nitida*, Ait.

B. Putzeysiana, — F. Tiges charnues, rameuses, glabres. *Flles* oblongues-lancéolées, aiguës, dentées, glabres, tachées de blanc sur la face inférieure. *Fl.* blanc et rose, petites, disposées en petits corymbes nombreux. Hiver. Capsule petite, à ailes obtuses, assez grandes Venezuela, 1871.

B. radiata, — Syn. de *B. heracleifolia*, Chams.

B. ramentacea, Paxt. * F. Tiges dressées, rameuses, brunes, écailleuses ainsi que les pétioles et les pédoncules. *Flles* ovales, réniformes, obliques, légèrement anguleuses et recourvées sur les bords, écailleuses, rouges sur la face inférieure. *Fl.* blanches et roses, pendantes, décoratives. Pédoncules rameux. Capsules écarlate brillant à la maturité, à ailes grandes. Printemps. Brésil, 1839. (P. M. B. 12-73.)

B. reniformis, — Syn. de *B. Dregei*, Otto.

B. reniformis, — Syn. de *B. vitifolia*, Schott.

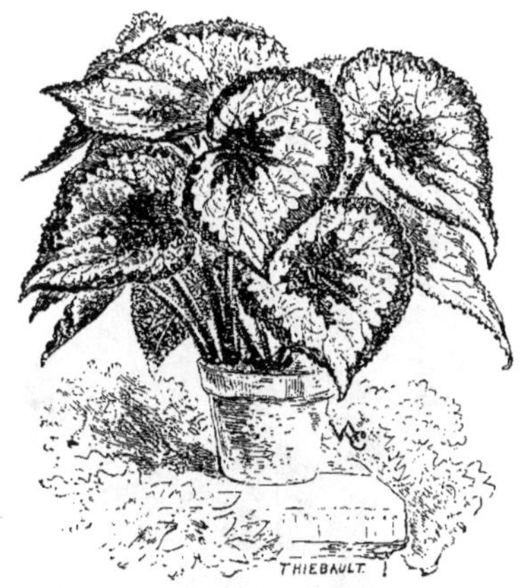

Fig. 101. — Begonia Rex.

B. Rex, Putz. * *Rhiz.* charnu, rampant, presque souterrain; pétioles arrondis, rouges, écailleux. *Flles* de 20 à 30 cent. de long et 15 à 20 cent. de large, ovales, obliques, à côtés inégaux, cordiformes, velues, dentées sur les bords, ondulées, vert olive foncé, à reflets métalliques et présentant, à environ 2 cent. 1/2 du bord, une large zone argentée, faisant le tour de la feuille. *Fl.* rose pâle, grandes, disposées en cymes rameuses, dressées. Capsule à trois ailes, dont une longue et arrondie. Assam, 1858. (B. M. 5101; F. d. S. 1255-1258; B. H. 9, 24.) Cette magnifique espèce est le type principal des nombreuses variétés de *Begonia* à feuillage ornemental aujourd'hui si répandues et employées dans presque toutes les serres et jardins d'hiver. La plupart de ces variétés sont dignes d'être cultivées, mais celles dont la liste suit ont été choisies parmi les meilleures et les plus recommandables:

Madame Wagner, * *flles* grandes, vert sombre, portant une large zone argentée, remarquablement belle; *Marshalli*, *flles* très grandes, vert foncé sur les bords et au centre, tandis que la plus grande partie du limbe est d'un beau gris argenté; *Regina*. * *flles* d'un beau vert olive,

Fig. 102. — Begonia Richardsiana. (*Rev. Hort.*)

présentant une large zone rouge bronzé et gris argenté; *Roi Léopold*. * *flles* portées sur de longs pédoncules épais, très grandes, rouge bronzé vif au centre avec une large bordure d'une nuance plus claire, très décoratif; *Rollisoni*, * *flles* grandes, d'un beau vert velouté, rubané de gris argenté; *Splendida argentea*, * *flles* grandes, d'une teinte grisâtres veinées de blanc et nuancées de rouge bronzé. Les variétés suivantes sont également très recommandables: *Adrien Robine* *, *Berthe Prouthière*, *Charles Hovey*, *Distinction* *, *Julia Serot* *, *Louise Chrétien* *, *Madame J. Ménoreau* *, *Narga* *, *Navala* *, *Talisman*, *W. E. Gumbleton*.

A ce groupe se rattachent aussi, par leur aspect général, les nouveaux *B. Rex-Diadema*, obtenus depuis quelques années par le croisement de ces deux espèces. Ils s'en distinguent surtout par le contour des feuilles qui est toujours plus ou moins anguleux, denté ou même lobé. Voici quelques-uns des meilleurs : *Adrien Schmidt*, *flles* brunes sur les bords et parsemées de macules argentées; *Madame Alamagny*, *flles* grandes profondément lobées vert foncé au centre près des nervures, le reste blanc d'argent; *Henri Domeck*, *flles* grandes longuement acuminées, ponctuées et zonées de blanc d'argent; *Théodore Schmidt*, *flles* inégalement lobées, fortement sablées de blanc, rosées par transparence et bordées de vert olive. (I. H. 1889, f. 20.)

B. Richardsiana, — * T. Tiges de 30 cent. de haut, dressées, charnues, à rameaux grêles. *Flles* palmatilobées, à lobes sinués ou dentés. *Fl.* blanches, les mâles à deux pétales, les femelles à cinq pétales. Cymes axillaires, pauciflores, naissant près de l'extrémité des rameaux. Capsule à trois ailes égales. Eté. Natal, 1871. (G. C. 1871, p. 1065.)

B. R. Diadema, — Cette variété est placée ici à cause de sa ressemblance avec l'espèce décrite ci-dessus. Mais elle est très probablement hybride entre les *B. Richardsiana* et *B. dipetala*. *Flles* palmatilobées, assez grandes, tachées de blanc. *Fl.* roses, grandes. Eté. 1881.

B. ricinifolia, Hort. * Hybride entre les *B. heracleifolia* et *B. peponifolia*. *Flles* grandes, vert bronzé, de même forme que celles du Ricin. *Fl.* nombreuses sur une hampe dressée. Automne et hiver, 1847.

B. Rœzlii, Hort. Syn. de *B. Lynchiana*, Hook. f.

B. rosacea, Retz. Tiges charnues, courtes. *Flles* ovales, obtuses, légèrement pubescentes, dentées; pétioles longs, poilus. *Fl.* roses, moyennes, disposées en cymes pauciflores. Nouvelle-Grenade, 1860. (F. d. S. 12, 1191; Gn. 152.)

B. rosæflora, Hook. f. * T. Acaule. Pétioles, hampes, bractées et stipules d'un rouge brillant. *Flles* vertes, de 5 à 10 cent. de large, orbiculaires, réniformes, concaves, portées sur des pétioles épais et poilus, de 5 à 15 cent. de long; bords rouges, lobés et dentés: hampes épaisses, velues, triflores. *Fl.* rouge rosé brillant, de 5 cent. de diamètre. Eté. Pérou, 1867. — C'est un des parents des Bégonias tuberculeux à grandes fleurs si répandus aujourd'hui. (B. M. 5680.)

B. rubella, — *Flles* nombreuses, obliquement ovales, lobées, dentées, ciliées, vert bronzé, à nervures vert pâle, maculées de brun pourpre; face inférieure rouge; tiges épaisses, décombantes. Indes, 1883.

B. rubricaulis, Hook. * Acaule. Pétioles, pédoncules, pédicelles et ovaires rouge vif. *Flles* de 10 à 15 cent. de long, obliquement ovales, légèrement poilues, vert brillant, ridées, dentées et ciliées sur les bords; hampe de 30 cent. de haut, dressée, épaisse, rameuse au sommet, portant environ douze fleurs disposées en bouquet globuleux. *Fl.* blanches à l'intérieur, teintées de rose à l'extérieur, grandes. Capsule munie d'une grande aile, les autres presque rudimentaires. Eté. Pérou, 1837. (B. M. 4131.)

B. rubro-venia, Hook. * Souche épaisse: tiges de 30 à 45 cent. de haut, rouges, pubescentes. *Flles* de 10 à 15 cent. de long, elliptiques ou lancéolées, acuminées, entières ou légèrement anguleuses, dentées; face supérieure verte, maculée de blanc, l'inférieure brun pourpre. Hampes axillaires, rouges. *Fl.* disposées en cymes globuleuses: segments extérieurs blancs, à nervures rouge rosé; segments intérieurs blanc pur. Eté. Sikkim, etc., 1853. (B. M. 4689; F. d. S. 8, 839.)

B. sanguinea, Raddi. F. Tiges ligneuses à l'état adulte, grandes, épaisses, rouges, parsemés de taches plus pâles. *Flles* de 10 à 15 cent. de long, inégalement cordiformes, acuminées, épaisses et à texture un peu charnue, finement crénelées, vertes dessus, rouge vif dessous; pédoncules axillaires, allongés, dressés, rouges. *Fl.* blanches, un peu petites, disposées en cymes rameuses. Capsule à ailes presque égales. Printemps. Brésil, 1836. (B. M. 3520.)

B. scabrida, — Tiges épaisses, dressées, un peu charnues, couvertes de petits tubercules. *Flles* de 15 cent. de long, obliques, ovales-aiguës, cordiformes, dentées, légèrement poilues. *Fl.* blanches, petites, disposées en cymes pluriflores. Capsule à ailes égales, grandes. Venezuela, 1857.

B. scandens, Arrab. * Tiges flexueuses, charnues, rampantes ou grimpantes, glabres. *Flles* de 10 cent. de long, ovales, acuminées, sub-cordiformes, irrégulièrement dentées sur les bords, vert pâle luisant. *Fl.* blanches, petites, disposées en cymes axillaires, rameuses. Amérique du Sud, 1874. Utile comme plante à suspensions ou pour garnir les murs humides. Syns. *B. elliptica*; *B. lucida*; *B. Moritziana*. (R. G. 758.)

B. Sceptrum, — F. *Flles* obliquement ovales dans leur contour, profondément lobées sur un côté, obtuses et à lobes oblongs; nervures enfoncées et la partie du limbe comprise entre elles est proéminente, marquée de grandes macules argentées et pointillée de gris argenté. Brésil. 1883.

B. Scharffiana, Regel. Syn. de *B. Scharffi*, Hook. f.

B. S. metallica, Hort. Syn. de *B. Credneri*, Hort.

B. Scharffi, Hook. f. *Fl.* blanches, en grands corymbes longuement pédonculés; les mâles de 5 à 6 cent. de diamètre, formées de deux sépales chargés à l'extérieur d'aspérités rouges, et de deux pétales étroits, spatulés; les femelles plus petites, à segments égaux, obovés. Capsule trois ailes. *Flles* de 10 à 25 cent. de long et 5 à 12 cent. de large, obliquement ovales-cordiformes, acuminées, purpurines en dessous. Belle espèce de serre chaude, très florifère, couverte de gros poils rougeâtres. Sud du Brésil, 1888. (B. M. 7028; G. F. 1888, p. 661.) Syns. *B. Haageana*, Hort. et *B. Scharffiana*, Regel.

B. Schmidtiana, Hort. Tiges de 30 cent. de haut, rameuses, herbacées. *Flles* obliquement cordiformes, ovales-aiguës, petites, vert foncé métallique en dessus, teintées de rouge en dessous. *Fl.* blanches, petites, nombreuses, disposées en panicules axillaires, lâches. Hiver. Brésil, 1879. (R. G. 950.)

B. scutellata, — Syn. de *B. conchæfolia*.

B. Sedeni, Hort. T. Hybride horticole entre les *B. boliviensis* et *B. Veitchii*. Eté, 1869. Belle plante, mais bien inférieure aux plus récents hybrides. (R. H. 1872. 90.)

Fig. 103. — Begonia semperflorens.

B. semperflorens, Link et Otto. * Tiges charnues et dressées, glabres, vert rougeâtre. *Flles* ovales-arrondies, à ceine cordiformes, dentées en scie sur les bords, presque essiles, ciliées, glabres sur les deux faces et d'un vert rillant, *Fl.* blanches, roses ou rouges, assez grandes, ortées sur des pédoncules axillaires, naissant près de extrémité des tiges. Capsule à trois ailes, dont deux ourtes et une longue, arrondie. Automne. Brésil, 1829. yn. *B. spathulata*, Willd. (B. M. 2920; L. B. C. 1439.) - Espèce très méritante, annuelle en culture, à floraison stivale et automnale, des meilleures pour l'ornement des aassifs et dont il existe plusieurs variétés nommées, plus u moins distinctes du type, soit par la couleur et la dimension des fleurs, soit par le port de la plante. Les ariétés suivantes sont les plus intéressantes.

B. s. Frau Maria Brandt, — Variété vaine, compacte, à eurs nuancées de rose.

B. s. gigantea, Hort. ' *Fl.* carmin foncé ou vermillon lair, réunies en cyme volumineuse, au sommet d'un pédoncule fort, allongé, rouge corail. *Flles* grandes, obliquement cordiformes, dentées et marginées de rouge sur s bords, vert luisant sur la face supérieure, courtement étiolées. Tige forte, épaisse, atteignant 50 à 60 cent. arait être un hybride des *B. semperflorens* et *B. Lynhiana*. Il en existe deux variétés : *kermesina* et *rosea*. I. H. 1887, p. 15, 1887, p. 311.)

B. s. nana compacta, Hort. Cette race se distingue surout du type par son port très ramifié, trapu, n'excédant as 20 cent. de haut. Il en existe deux var. : *alba* et *rosea*; s plantes sont précieuses pour former des bordures, des otées, etc.

B. s. rosea, Hort. *Fl.* rose brillant, à pétales blancs à base. Belle variété horticole florifère. (R. H. 1881, p. 330.)

B. s. Sturzii, Hort. *Fl.* roses, disposées en cymes paniulées. *Flles* maculées de blanc. 1886. Belle variété florire. (R. G. 1220.)

B. s. versaillensis, Hort. *Fl.* blanc rosé, d'environ cent. 1/2 de diamètre, en petites cymes courtement édonculées. *Flles* un peu en cuiller, fortement teintées brun et un peu pubescentes, courtement pétiolées. ges dressées, rameuses, brunâtres. *Haut.* 20 à 30 cent. ybride des *B. semperflorens* et *B. Schmidtiana*, 1891.

B. s. Vernon, Hort. Vilm. Variété du *B. semperflorens* à eurs d'un rouge vif, et dont le feuillage est également inté de pourpre cuivré, d'autant plus accentué que la ante est plus exposée au soleil. (R. H. 1891, p. 81.) Syn. . s. *atropurpurea*, Hort.

B. Sermaise, — Forme du *B. semperflorens*. Syn. *B. Ciaise*. (R. H. 1882, p. 363.)

B. socotrana, — ' Tiges annuelles, épaisses, charnues uvertes de poils épars et portant à leur base un groupe bulbilles dont chacun d'eux produit une plante l'année ivante. *Flles* vert foncé, orbiculaires, peltées, déprimées u centre, recourbées sur les bords, crénelées, de 10 à 15 nt. de diamètre. *Fl.* rose brillant, de 4 à 5 cent. de large, sposées en cymes terminales, pauciflores. Capsule à ois angles dont un seul ailé. Hiver. Socotra, 1880. — ette plante doit être tenue en repos pendant l'été et mise 1 végétation en septembre. Belle espèce distincte. (B. 6555; Gn. 1882, vol. II, p. 162.)

Par le semis, on a obtenu de nombreux hybrides, en oisant les variétés horticoles tuberculeuses à floraison tivale avec le *B. socotrana*. Ceux décrits ci-après nt d'une grande valeur au point de vue horticole, et urs hampes garnies de fleurs richement colorées sont écieuses pour garnir les vases : *Adonis*, *fl.* roses, oyennes, *flles* grandes et belles ; plante dressée et buste (R. H. 1890, 156) ; *Autumn Rose*, *fl.* roses, jolies, termédiaires entre celles du *B. incarnata* et *B. socoana* (parent mâle) ; *Gloire de Sceaux*, *fl.* rouge clair, plus ncées en boutons et réunies en cymes rameuses ; *flles* cordiformes, bilobées à la base, vertes en dessus et rouges en dessous (R. H. 1884, 516) ; *John Heal*, *fl.* rose clair, se conservant pendant deux ou trois semaines ; *flles*, beaucoup plus petites que celles du *B. Adonis*; port gracieux, (Gn. 1889, 691) ; *Winter Gem*, *fl.* plutôt cramoisies que carmin, abondantes ; *flles* rhomboïdales ; plus semblable au *B. socotrana* que les autres hybrides. Les quatre premières variétés décrites peuvent être multipliées par boutures; mais la dernière ne peut se propager que par les petits tubercules qui naissent à la base des tiges.

B. spathulata, Willd. Syn. de *B. semperflorens*, Link. et Otto.

B. stigmosa, — ' *Rhiz.* charnu, rampant. *Flles* de 15 à 20 cent. de long, obliques, cordiformes, aiguës, irrégulièrement dentées, glabres en dessus, poilues en dessous, vertes, maculées de pourpre brunâtre ; pétioles écailleux comme ceux du *B. manicata*. *Fl.* blanches, moyennes, nombreuses, disposées en panicules terminales. Brésil, 1845.

B. strigillosa, — ' *Rhiz.* court, charnu, rampant. *Flles* de 10 à 15 cent. de long, obliques, ovales-aiguës, cordiformes, dentées, ciliées et rouges sur les bords ; pétiole et limbe couverts d'écailles charnues ; limbe glabre, maculé de brun. *Fl.* roses, petites, à deux pétales, disposées en cymes rameuses. Été. Amérique centrale. 1851.

Fig. 404. — Begonia Gloire de Sceaux. (*Rev. Hort.*)

B. subpeltata, Hort. ' F. *Fl.* rose pâle, à quatre pétales, réunies en cymes assez longuement pédonculées. *Flles* espacées, grandes, obliques, cordiformes, aiguës, de 10 à 12 cent. de long, carmin vif à l'état juvénile, puis bronzées et grises en vieillissant, couvertes de gros poils raides; pétioles égalant le limbe, rouges ainsi que les tiges; celles-ci dressées, peu rameuses. *Haut.* 30 à 40 cent. Hybride horticole, très utile pour l'ornement des corbeilles, les garnitures, etc. Serre tempérée pendant l'hiver.

B. suaveolens, Hort. F. Tiges rameuses, de 60 cent. de haut, glabres. *Flles* de 8 à 10 cent. de long, obliques, ovales-cordiformes, aiguës, crénelées, glabres. *Fl.* blanches, grandes, disposées en panicules axillaires. Hiver. Amérique centrale, 1816. — Cette espèce se rapproche beaucoup du *B. nitida*, mais on l'en distingue facilement par ses feuilles nettement crénelées et par ses fleurs plus petites et blanches, tandis que celles du *B. nitida* sont roses. Syn. *B. odorata*. (L. B. C. 69.)

B. Sutherlandi, Hook. f. T. Tiges annuelles, de 30 à 60 cent. de haut, grêles, élégantes, rouge pourpre. *Flles* portées sur des pétioles grêles et rouges, de 5 à 8 cent. de long; limbe de 10 à 15 cent. de long, profondément lobé à la base, denté sur les bords, vert brillant, à nervures rouge brillant. *Fl.* rouge orangé, nuancées de rouge vineux foncé, nombreuses, disposées en cymes axillaires et terminales. Capsule à ailes égales. Été. Natal, 1867. (B. M. 5689.)

B. Teuscheri, Hort. Lind. F. Plante dressée, à croissance rapide, originaire des Indes néerlandaises et n'ayant pas encore fleuri. *Flles* cordiformes, ovales, aiguës, vert olive, maculées de gris en dessus, d'un beau rouge vineux en dessous. (I. H. 1879, 358.)

B. Triomphe de Lemoine, Hort. Hybride horticole entre les *B. socotrana* et *B. Lynchiana*. (G. et F. 1889, p. 557.)

B. Thwaitesii, Hook. * Acaule. *Flles* de 5 à 10 cent. de diamètre, obtuses ou sub-aiguës, cordiformes à la base, finement dentées, légèrement pubescentes, très velues à l'état juvénile, d'un beau vert cuivré, rouge pourpre et maculées de blanc; rouge sang sur la face inférieure. *Fl.* blanches, moyennes, disposées en ombelles brièvement pédonculées. Capsules semblables aux fruits du Hêtre, à ailes courtes. Ceylan, 1852. Un des plus beaux Bégonias à feuilles colorées; il demande la serre et une atmosphère humide. (B. M. 4692; F. d. S. 8, 321.)

B. ulmifolia, Willd. F. Tiges de 60 cent. à 1 m. 20 de haut, rameuses. *Flles* de 8 à 10 cent. de long, ovales-oblongues, inégales, dentées, rugueuses, poilues. *Fl.* blanches, petites, nombreuses, portées sur des pédoncules poilus. Capsule à trois ailes, dont deux petites et une grande, ovale. Hiver. Venezuela, 1854. (L. B. C. 638; R. G. 1854, 93.)

B. undulata, Hook. F. Tiges de 60 cent. à 1 m. de haut, dressées, très rameuses, renflées à la base, vertes, charnues jusqu'à l'état adulte. *Flles* distiques, oblongues-lancéolées, ondulées, glabres, vert luisant. *Fl.* blanches, petites, disposées en cymes axillaires, inclinées. Hiver. Brésil, 1826. (B. M. 2723.)

B. urophylla, Hort. Acaule. Pétioles arrondis, charnus, revêtus de poils écailleux, épars. *Flles* grandes, de 30 cent. de long, largement cordiformes, irrégulièrement découpées sur les bords, dentées, poilues en dessous et à pédoncules épais. *Fl.* blanches, nombreuses, grandes, à deux pétales, disposées en panicules. Printemps. Brésil. (B. M. 4855.)

B. Veitchii, Hook. f. * T. Tiges très courtes, épaisses, charnues, vertes. *Flles* orbiculaires, cordiformes, lobées et incisées, ciliées et vertes sur les bords, à nervures principales partant d'une macule carmin brillant, située près du centre; face inférieure vert pâle; pétioles épais arrondis, portant quelques poils à la partie supérieure; hampe biflore, épaisse, arrondie, poilue, de 25 à 30 cent. de haut. *Fl.* rouge cinabre, de 6 cent. de diamètre. Capsule glabre, à trois ailes, dont deux courtes et une longue. Été. Pérou, 1867. C'est une des espèces dont sont sortis les Bégonias tuberculeux hybrides à grande fleur. (B. M. 5663.)

B. versaillensis, Hort. Variété du *B. semperflorens*.

B. Verschaffeltiana, — * Hybride entre les *B. carolinæfolia* et *B. manicata*. *Flles* à lobes ovales, grands et aigus. *Fl.* roses, pendantes, disposées en grandes cymes. Hiver. (R. G. 1855, 258.)

B. vitifolia, Schott. F. Tiges de 1 m. à 1 m. 20 de haut, épaisses, glabres et charnues. *Flles* aussi grandes et de même forme que celles de la Vigne; pédoncules axillaires, dressés, rameux. *Fl.* blanches, petites, disposées en cymes globuleuses. Capsule à trois angles dont un ailé. Hiver. Brésil, 1833. Syns. *B. grandis*; *B. reniformis*. (B. M. 3225.)

B. Wageneriana, Klotsch. F. Tiges de 30 cent. à 1 m. de haut, glabres, dressées, vertes, charnues, rameuses. *Flles* cordiformes-ovales, acuminées, obscurément lobées sur les bords, légèrement dentées en scie, complètement glabres; pédoncules axillaires et terminaux. *Fl.* blanches, nombreuses, disposées en cymes. Capsules fertiles très nombreuses, à trois angles dont deux plus courtement ailés. Hiver. Venezuela, 1856. (B. M. 4988, 5047; I. H. 161, 218.)

B. Warscewiczii, — Syn. de *B. conchæfolia*.

B. Weltoniensis, Webb. Hybride horticole. C'est une des plus vieilles variétés à floraison hivernale. *Fl.* rose clair, abondantes. (A. V. R. 26.)

Fig. 495. — Begonia Worthiana.

B. Worthiana, Hort. T. Belle variété obtenue d'un semis de *B. Boliviensis*, dont elle possède les caractères; ses feuilles sont plus larges et moins longues, les fleurs sont moins pendantes, plus courtement acuminées et surtout plus abondantes et se prolongent bien au delà des gelées si on rentre la plante en serre. 1870.

B. xanthina, Hook. * Tiges courtes, épaisses, charnues, horizontales, couvertes, ainsi que les pétioles, de poils écailleux, brunâtres; pétioles de 15 à 30 cent. de long, rouge brun, charnus, épais, arrondis. *Flles* cordiformes-ovales, acuminées, sinuées, ciliées, vert foncé en dessus, pourpres en dessous; de 10 à 30 cent. de long; pédoncules dressés, de 30 cent. de haut, portant de grandes fleurs jaune d'or disposées en cymes globuleuses. Capsule munie d'une grande aile. Été. Bootan, 1850. (B. M. 4683; F. d. S. 8, 774.)

B. x. Lazuli, Hort. Feuillage pourpre métallique, teinté de bleuâtre. (B. M. 5107.)

B. x. pictifolia, Hort. *Flles* portant de grandes taches argentées. *Fl.* jaune pâle. (B. M. 5102.)

Variétés. — Le perfectionnement des nouvelles races de *Bégonias tuberculeux*, obtenus par croisements successifs, a progressé dans ces dernières années d'une façon surprenante. On possède aujourd'hui un nombre incroyable de variétés dont les coloris sont excessivement variés; on y rencontre le blanc, le rose pâle ou chair, le saumon, toutes les nuances du rouge jusqu'au carmin ou grenat foncé; il existe aussi beaucoup de jaunes, des orangés, ou couleur d'abricot, des bronzés, etc., teintes peu communes chez les fleurs de nos jardins. Leur forme ne laisse non plus rien à désirer; les fleurs des variétés simples sont grandes, larges et bien dressées; celles des doubles sont généralement bien pleines et très régulières, souvent fort grosses, mais

meilleures pour massifs; *Lothaire*,* écarlate carminé, grande fleur, bien faite; *Norma*, rouge magenta; *Marquis de Bute*, carmin brillant, très grande fleur, forme parfaite; *Roi des rouges*, fleurs grandes, d'un beau rouge velouté foncé, plante extra (A. V. B. 1890, 32 et autres vars.); *Scarlet Gem*, fleurs moyennes, écarlate très foncé, plante naine et très florifère; *Sedeni*, carmin rosé, plante naine, bonne pour massifs; *Vesuvius*,* écarlate orangé

Fig. 406. — Begonia Admiration. Sommité de rameau florifère.

plus ou moins penchées, et malheureusement un peu fragiles. Pour remédier à cet inconvénient, on a créé une race à fleurs plus petites, mais néanmoins bien doubles, dressées et excessivement abondantes. Elle est nommée *B. double multiflore*; on en possède déjà plusieurs variétés de coloris distincts, décrits plus loin; toutes sont des plantes de premier mérite pour la garniture des petites corbeilles, pour la formation des bordures, etc.

SIMPLES

Rouges. — *Admiration*, écarlate orangé très vif, plante naine, compacte, très florifère; *Arthur G. Soames*, écarlate carminé; *Baronne de Rothschild*, écarlate à centre blanc; *Black Douglas*,* fleurs carmin foncé, grandes, de forme parfaite; *Brillant*, écarlate orangé; *Charles Baltet*,* beau vermillon velouté; *Commodore Foot*,* carmin velouté brillant, très florifère; *Distinction*, carmin à centre blanc; *Dr. Masters*,* fleurs grandes, rouge carmin foncé, en grandes cymes; *Dr. Sewell*,* carmin brillant, très belle variété; *Duc d'Edimbourg*, marron rougeâtre; *croniensis*, écarlate orangé brillant, très grandes fleurs; *J. H. Laing*,* écarlate brillant, un des plus florifères; *Lord Salisbury*, rouge foncé; *J. W. Ferrand*, beau rouge vermillon, plante naine, très florifère, des

vif, plante compacte et florifère, des meilleures pour massifs.

Fig. 407. — Begonia Roi des rouges.

Roses. — *Albert Crousse*,* rose saumoné vif, très

florifère ; *Annie Laing*, * beau rose, grande fleur, très florifère ; *Capitaine Thompson*, beau rose saumoné, plante compacte ; *Delicatum*, rose clair ; *Exquisite*, * rose foncé, très florifère et décoratif ; *J. Aubrey Clark*, beau rose, fleur très grande ; *Madame Stella*, * fleurs de forme parfaite, grandes, rose vif, un des meilleurs ; *Marquise de Bute*, rose clair, fleurs très grandes ; *Pénélope*, * beau rose saumoné, très florifère ; *Princesse de Galles*, rose tendre, * très florifère ; *Princesse Victoria*, rose vif, *Rose d'Amour*, beau rose, délicatement ombré ; *Rose céleste*, beau rose vif ; *Rosea compacta*, fleur rose, bien faite.

Blancs. — *Alba floribunda*, fleurs moyennes, très florifère ; *Madame Laing*, * blanc pur, forme parfaite, un des meilleurs ; *madame Shepherd*, blanc très pur ; *Mademoiselle Jacotto*, * blanc pur, ramifié et dressé, excellent pour massifs ; *Nymphe*, blanc, teinté de rose au centre, fleur grande, ronde ; *Princesse Beatrice*, * fleurs grandes, bien faites, très pures ; *Princesse Louise*, blanc, forme parfaite. *Queen of the whites*, * blanc très pur, un des meilleurs ; *White perfection*, blanc pur, forme parfaite.

Jaunes et orangés. — *Chromatella*, plante compacte, naine, jaune pur ; *Excelsior*, beau jaune ; *Impératrice des Indes*, jaune foncé, très beau ; *Gem of yellows*, * beau jaune foncé, grande fleur, un des meilleurs ; *Golden Gem*, * beau jaune, forme parfaite, florifère, feuillage maculé ; *J. L. Macfarlane*, orangé, grande fleur ; *Lady Trevor Lawrence*, * jaune orangé, bonne forme et beau feuillage ; *Madame Pontifex*, * beau jaune orangé, fleurs très grandes et abondantes ; *Sulphur Queen*, * jaune soufre, fleur bien faite ; *Torey Laing*, orange, rouge et jaune.

DOUBLES

Rouges. — *Achilles*, beau rouge carmin foncé, très large fleur et florifère ; *Camellia*, rouge écarlate foncé ; *Davisii gigantea flore pleno*, rouge carminé ; *Davisii hybrida flore-pleno*, * rouge corail, très double, florifère ; *Davisii flore-pleno superba*, * écarlate carminé brillant, grandeur moyenne excessivement florifère ; *Dr. Duke*, * écarlate brillant, fleur grande bien double, un des meilleurs ; *Dr. Gaillard* rouge foncé, fleurs très grosses, tenue parfaite ; *Francis Buchner*, * rouge cerise, très florifère ; *Fulgurant*, beau carmin, très double, feuillage foncé ; *Floribunda nana compacta*, rouge écarlate, bien érigé, plante naine, excessivement florifère ; *Gloire de Nancy*, * beau rouge écarlate, fleurs grandes, très doubles, très florifère ; *Hercules*, * écarlate orangé, large, compact, très florifère et vigoureux ; *Jona*, écarlate saumoné (hyb. du *B. Davisii*) ; *Jean Hoibian*, * rouge foncé, compact, tenue parfaite ; *Jules Sacy*, * rouge orangé brillant, bien double et bien fait ; *Lemoinei*, vermillon orangé foncé, très florifère ; *Mr. Bauer*, rouge foncé, teinté de violet. *Perfection*, rouge saumoné. *Président Burelle*, * rouge feu, très double, vigoureux et florifère ; *Queen of the doubles*, beau carmin rosé, très double et florifère, un des meilleurs ; *W. Healby*, * rouge écarlate velouté, fleurs très grandes, de forme parfaite.

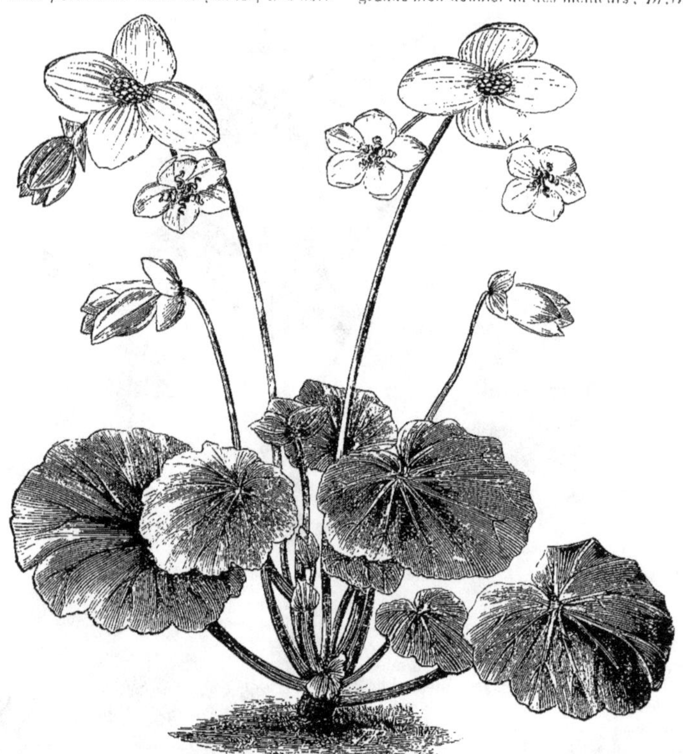

Fig. 408. — Begonia Queen of whites (D'après Veitch.)

Roses. — *Ada*, * rose saumoné vif, frangé sur les bords, rès double et très florifère ; *Adonis*, saumoné, centre :lair ; *Clémence Dénisart*, * rose satiné, plus foncé au :entre, fleur globuleuse, très pleine ; *Comtesse H. de Choiseul*, rose pâle, presque blanc en s'épanouissant, très beau ; *Esther*, * beau rose vif, bordé de carmin. *Formosa*, * rose carminé à centre blanc et bordé de carmin, rès distinct ; *Madame Comesse*, * rose saumoné satiné, entre blanc crème, fleurs très grandes et très nombreuses; *Glory of Stanstead*, * rose foncé à centre blanc, très beau ; *madame Gaillard*, * beau rose, forme Camellia, bien rigées ; *Madame Léon Simon*, rose tendre, très double et

Fig. 409. — Begonia double Rosamonde.

rifère ; *Madame Thibault*, rose carné, fleurs très andes, semi-doubles; *Mademoiselle Louise Robert*, * rose is, fleurs bien doubles, très grandes : *Mademoiselle Zélie ·bert*, rose cerise intense, fleurs bien double, plante robuste ; *eoniaeflora*, fleurs énormes, d'un beau rose saumoné, très ubles ; *Queen of Scotts*, * rose satiné, nuancé saumon. ·me parfaite ; *Rosamonde*, * rose tendre, fleurs

Fig. 410. — Begonia double multiflore.

ormes, bien doubles ; *Rosie Box*, rose pâle, très rifère ; *Rosina*, rose foncé, nuancé de violet, forme ·faite, très double et très florifère ; *Rose Pompon*, rose cé, bien double, plante très trapue.

Blancs. — *Alba fimbriata*, blanc pur, frangé; *Alba ma- ι*, fleur blanc pur, très grandes; *Antoinette Guérin*, * blanc ·, teinté crème au centre, très double, magnifique iété ; *Blanche Jeanpierre*, blanc pur, teinté crème au centre, forme parfaite ; *Edelweiss*, blanc pur, très beau ; *Little Gem*, * blanc pur, forme parfaite, plante naine, excessivement florifère ; *Marginata*, blanc, bordé de rose; *Marquis de Stafford*, blanc crème ; *Mme Ludlam*, * blanc teinté de rose, très belle variété ; *Princesse de Galles*, * fleurs blanc presque pur, très grandes et bien doubles; *Princesse Maud*, blanc pur, très double ; *Virginalis*, blanc pur, forme Camellia.

Jaunes et orangés. — *Canary bird*, * fleurs grandes, jaune foncé, forme parfaite, plante naine, très florifère ; *Gabrielle Legros*, * jaune soufre pâle, devenant franchement jaune, très double, à pétales imbriqués, très belle variété ; *Terracotta*, saumon, très distinct.

B. doubles multiflores. — *André Chénier*, * fleurs rouge intense, très nombreuses et bien érigées, un des meilleurs; *L'Avenir*, * fleurs rouge cerise très brillant, bien érigées ; *Mme Courtois*, * blanc crème, excessivement florifère, plante compacte ; un des meilleurs ; *Mme Louis Urbain*, * rose vif foncé, nuancé solferino, bien double ; *Lutea nana fl.-pleno*, jaune clair ; *Multiflora gracilis*, * rouge fraise à reflets nankin, très florifère ; *Rosea multiflora*, beau rose tendre; *Soleil d'Austerlitz*, rouge éclatant, très beau. (R. H. 1890, 204.)

BÉGONIACÉES. — Cette famille ne comprend que trois genres : les *Begonia*, très nombreux et d'un grand intérêt horticole; les *Hillebrandia* et *Begoniella*; ces deux genres sont monotypiques et le dernier n'a probablement pas encore été introduit dans les jardins. Fleurs monoïques, apétales; sépales pétaloïdes, de deux à huit chez les fleurs femelles et deux à quatre chez les mâles ; étamines nombreuses, réunies en glomérules ; capsule trigone, souvent ailée. Feuilles alternes, stipulées. V. aussi **Begonia.**

BEJARIA, Mutis. — V. **Befaria**, Linn. f.

BELAMCANDA, Adans. — V. **Pardanthus**, Ker.

BELANTHERIA, Nees. — V. **Brillantaisia**, P. Beauv.

BELENIA, Dcne. — V. **Physochlaina**, G. Don.

BELETTE, Angl. Weasel. — Beaucoup de personnes considèrent la Belette comme un animal nuisible, qu'il faut tuer lorsque l'occasion s'en présente ; elle est cependant des plus utiles dans les jardins pour détruire

Fig. 411. — Belette. (*Rev. Hort.*)

les souris. Ces dernières causent souvent d'assez grands dégâts, car elles mangent les pois, les haricots et d'autres graines ; elles rongent quelquefois l'écorce des arbres les plus beaux et attaquent avidement les fruits. Bien que la Belette soit accusée de manger quelques volailles, elle mérite pourtant d'être protégée dans les jardins pour les services qu'elle rend.

BELIS, Salisb. — V. **Cunninghamia**, R. Br.

BELLADONNA, Sweet. — V. **Amaryllis**, Linn

BELLARDIA, Schreb. — V. **Manettia**, Mut.

BELLADONE d'automne. — V. **Amaryllis Belladonna.**

BELLE de jour. — V. **Convolvulus tricolor.**

BELLE de nuit. — V. **Mirabilis Jalapa.**

BELLE d'onze heures. — V. **Ornithogalum umbellatum.**

BELLEVALIA, Lapeyr. — V. **Hyacinthus**, Linn.

BELLINIA, Rœm. et Schult. — V. **Saracha**, Ruiz. et Pav.

BELLIDIASTRUM. Cass. (de *Bellis*, Marguerite, et *astrum*, étoile ; allusion à la forme des capitules). Fam. *Composées*. — La seule espèce de ce genre est une plante vivace, herbacée, rustique et habitant l'Europe ; réunie aux *Aster* par Bentham et Hooker, mais s'en distinguant nettement par son port acaule, ses feuilles toutes radiales et ses longues hampes uniflores.

B. Michelii, Cass., nom correct de l'*Aster Bellidiastrum*, Scop. décrit vol. I, p. 276.

BELLIS, Linn. (de *bellus*, joli ; allusion à l'élégance des fleurs). **Pâquerette**. Angl. Daisy. Fam. *Composées*. — Genre comprenant huit ou neuf espèces originaires

Fig. 412. — Bellis perennis flore-pleno.

de tout l'hémisphère boréal. Ce sont des plantes herbacées, vivaces, rustiques, bien connues et cultivées dans presque tous les jardins. Capitules à fleurons ligulés rayonnants ; involucre formé de deux rangs d'écailles, réceptacle conique, nu ; achaines à aigrette nulle ou très courte. Feuilles spatulées, toutes radicales. Par la culture, on a obtenu un certain nombre de variétés à fleurs doubles, dont les pétales sont plans ou tuyautés ; ces dernières surtout sont fort belles, grandes, très pleines et présentent un grand perfectionnement de la petite Pâquerette des prés. Toute bonne terre de jardin leur convient, elles résistent assez bien au froid, mais ce sont surtout les alternatives de gel et de dégel qui les fatiguent en interrompant brusquement leur végétation et en brisant leurs racines. Aussi est-il prudent de les couvrir, surtout à la sortie de l'hiver, avec des paillassons ou, si on le peut, avec des châssis placés sur des piquets ou sur des pots renversés. Leur multiplication a lieu par le semis et par divisions. Le semis se fait en juillet-août ; on repique en pépinière et on met en place au printemps ; lorsque les graines ont été récoltées avec soin, il reproduit une forte proportion de plantes doubles ou au moins semi-doubles. La division des touffes peut avoir lieu presque en toute saison ; chaque rosette de feuilles forme un éclat qui reprend avec la plus grande facilité ; on peut en outre les transplanter en tout temps sans qu'elles en souffrent d'une façon sensible. L'emploi des Pâquerettes pour la formation des bordures est trop connu pour qu'il soit nécessaire d'insister sur ce point.

Fig. 413. — Bellis perennis flore-pleno. Var. tuyautée.

B. perennis, Linn. Pâquerette ou petite Marguerite. Angl. Common Daisy. — Capitules blancs, solitaires, à pédoncules radicaux. Mars à mai. *Flles* nombreuses, disposées en rosette étalée, obovales, crénelées ou presque entières, spatulées et légèrement velues. *Haut.* 8 à 10 cent. France, etc.

On cultive les variétés suivantes : *P. à feuilles panachées* (*aucubæfolia*), remarquable par son feuillage marbré et réticulé de jaune d'or ; il y a deux formes, l'une à fleurs rouges, l'autre à fleurs blanches ; *P. à fleurs prolifères* (vraie mère de famille, mère Gigogne ; Angl. Hen and Chickens Daisy), variété très curieuse par ses fleurs portant au-dessous du capitule central une couronne de nombreuses petites fleurs, plus ou moins longuement pédicellées ; *P. doubles ordinaires*, capitules plus ou moins doubles, formés de languettes planes, récurvées et imbriquées ; il existe le blanc, le rose, le rouge et une variété récente nommée *P. d. à cœur rouge*, dont le centre

Fig. 414. — Bellis perennis. Var. prolifère.

de la fleur est suffisamment rouge, surtout avant son entier développement; *P. doubles tuyautées*. Cette race, la plus méritante, est caractérisée par ses fleurons allongés et franchement enroulés sur eux-mêmes en forme de petits tuyaux; le capitule est aussi très double et bien arrondi; on possède également le blanc, le rouge et le rose. (A. V. F. 37.) (S. M.)

B. rotundifolia cærulescens, —' *Capitules* de 2 à 3 cent. de diamètre, ressemblant à ceux de la Pâquerette ordinaire, à fleurons ligulés moins nombreux et plus larges, variant entre le blanc et le bleu pâle. *Flles* plus ou moins velues, à pétiole grêle, de 2 1/2 à 8 cent. de long, limbe ovale ou sub-cordiforme, sinué, denté et trinervé. Maroc, 1872. Très belle espèce vivace, ayant besoin d'être protégée pendant les grands froids.

BELLIUM, Linn. (de *Bellis*, Pâquerette; allusion à la ressemblance des fleurs). FAM. *Composées*. — Genre comprenant trois espèces originaires de la région méditerranéenne. Ce sont de jolies petites plantes vivaces, très florifères, différant de la Pâquerette par les aigrettes de leurs graines, formées d'un grand nombre de soies inégales et alternes avec un nombre égal ou inférieur de paillettes scabres. Elles se plaisent dans un mélange de terre franche et de terre de bruyère. On les multiplie par semis ou par divisions que l'on fait au printemps.

Fig. 415. — BELLIUM BELLIDIOÏDES.

B. bellidioides, Linn. ' *Capitules* blancs, solitaires, longuement pédonculés. Juin-septembre. *Flles* toutes radicales, en rosette, spatulées. Plante annuelle, stolonifère. *Haut.* 10 cent. Corse, Italie, 1796.

B. crassifolium, Moris. *Capitules* blanc jaunâtre, à pédoncules duveteux, dépassant beaucoup les feuilles. Juin. *Flles* épaisses, presque radicales, obovales, entières, atténuées à la base, un peu duveteuses. Tiges nombreuses, ascendantes. *Haut.* 15 cent. Sardaigne, 1831. Espèce vivace, rustique. (S. B. F. G. 2, 278.)

B. minutum, Linn.* *Capitules* blanc et jaune, de 12 mm. de diamètre, à pédoncules grêles, plus longs que les feuilles. Juin-septembre. *Flles* étroites, spatulées, atténuées à la base, légèrement velues. *Haut.* 8 cent. Orient, 1772. Espèce rare, exigeant un endroit chaud et bien drainé dans les rocailles.

BELONITES, E. Mey. — V. **Pachypodium**, Lindl.

BELOPERONE, Nees. (de *belos*; flèche, et *peronne*, lien; allusion à la forme du connectif). FAM. *Acanthacées*. — Genre comprenant environ trente-six espèces originaires de l'Amérique tropicale. Ce sont de beaux arbustes toujours verts, de serre chaude, voisins des *Justicia*. Fleurs bleues ou pourpres, en épis unilatéraux, axillaires ou terminaux, accompagnés de bractées colorées. Corolle béante, à lèvre supérieure concave, l'inférieure trifide. Leur culture est facile dans un compost de terre franche, de terreau de feuilles, de terre de bruyère et de sable. Multiplication par boutures herbacées, que l'on fait au printemps. On peut aussi leur appliquer le traitement des *Justicia*, qui leur convient admirablement. Du grand nombre d'espèces connues, peu ont été introduites.

B. oblongata, Lindl. *Fl.* rose purpurin, en épis axillaires, munies de bractées et bractéoles; anthères éperonnées à la base. *Flles* oblongues-lancéolées, opposées. *Haut.* 1 m. Brésil, 1832. (B. R. 20, 1657; B. H. 9. 9.)

B. violacea, — * *Fl.* violettes. *Flles* lancéolées, acuminées, entières. *Haut.* 1 m. Nouvelle-Grenade, 1859. (B. M. 5214.)

BELVALA, Adans. — V. **Struthiola**, Linn.

BELVISIA, Desv. — V. **Napoleona**, P. Beauv.

BELVISIACÉES. — Réunies aux **Myrtacées**.

BENINCASA, Savi. (dédié à Benincasa, noble italien). FAM. *Cucurbitacées*. — Genre comprenant deux espèces de l'Asie tropicale, des îles de la Malaisie et de l'Australie. Ce sont des herbes annuelles, rampantes, à rameaux épais, anguleux et à fleurs monoïques. Le *B. cerifera* est connu dans les jardins depuis fort longtemps; son fruit s'emploie comme les Courges, sa chair est un peu farineuse et d'un goût très agréable; il se conserve assez bien. Sa culture est celle des Cucurbitacées potagères. Malgré ses qualités appréciables, le *Benincasa* n'est considéré que comme légume de fantaisie. Pour sa culture V. **Courges**.

Fig. 416. — BENINCASA CERIFERA.

B. cerifera, Savi. *Fl.* jaunes, les mâles longuement pédonculées, les femelles presque sessiles. *Fr.* cylindrique, de 35 à 40 cent. de long, très velu lorsqu'il est jeune et recouvert à sa maturité d'une exsudation cireuse, très abondante. Tiges minces, velues, à cinq angles saillants. *Flles* grandes, légèrement velues, arrondies-cordiformes ou à trois-cinq lobes peu profonds et accompagnées de vrilles. Indes, 1827. (R. H. 1887, 540.) Syns. *B. cylindrica*, Hort.; *Cucurbita ceriferâ*, Fisch. (S. M.)

BENJAMIN. — V. **Ficus benjaminea.**

BENJOIN. — V. **Lindera Benzoin.**

BENNETIA, S.-F. Gray. — V. **Saussurea,** DC.

BENOITE. — V. **Geum.**

BENOITE écarlate. — V. **Geum coccineum.**

BENTHAMIA, Lindl. (dédié à G. Bentham, célèbre botaniste anglais). FAM. *Cornées.* — Genre d'arbustes ou petits arbres rustiques et toujours verts, réunis aux *Cornus* par Bentham et Hooker. Fleurs réunies en glomérule entouré d'un involucre à quatre bractées pétaloïde, ressemblant à une corolle; calice petit, à quatre divisions; pétales quatre, charnus, cunéiformes; étamines quatre; style simple. Les fruits sont des drupes semblables à des fraises, réunies en bouquets et à noyaux osseux. Feuilles opposées, entières, dépourvues de stipules, presque persistantes. Le *B. fragifera* est un arbuste d'orangerie sous le climat de Paris, mais il peut vivre en pleine terre, au pied d'un mur, ou bien abrité, dans l'ouest et dans les régions dont le climat est plus régulier que le nôtre. Il aime les bonnes terres consistantes et fraîches. On le multiplie par ses graines qui se sèment au printemps, en serre froide ou sous châssis, et par marcottes que l'on fait à l'automne.

B. fragifera, Lindl. * Porte fraise. — *Fl.* grandes, blanches, sessiles, agrégées en bouquets globuleux. Juin-octobre. *Fr.* rouge, de la grosseur d'une arbouse. *Flles* lancéolées, acuminées aux deux extrémités, courtement pétiolées, un peu rudes et couvertes d'un duvet apprimé. Branche étalées, glabres. *Haut.* 3 à 5 m. Népaul, 1825. (B. M. 1611; G. C. XIV, 728; Gn. 1890, II, 777.)

B. japonica, Sieb. et Zucc. *Fl.* jaune rougeâtre. Printemps. *Haut.* 2 m. 50. Japon, 1847. (S. Z. F. J. 16.)

BÈQUILLONS. — Les fleuristes nomment ainsi le pétales intérieurs des fleurs doubles des Anemones. (S. M.)

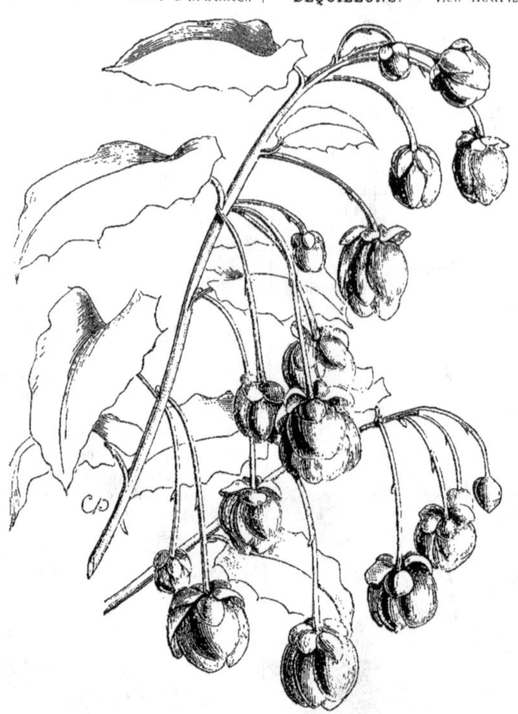

Fig. 417. — BERBERIDOPSIS CORALLINA.

BENTINCKIA Renda. — V. **Cyrtostachys** Renda.

BENZOIN, Nees. — Réuni aux **Lindera,** Thunb.

BERARDIA. Vill. (dédié à M. Bérard, professeur de chimie à Montpellier). SYNS. *Arctio,* Lamk.; *Villaria,* Guett. FAM. *Composées.* — Genre monotypique, originaire des montagnes de l'Europe occidentale. C'est une sorte de Chardon presque acaule, à feuilles pétiolées et à capitule assez gros, solitaire et sessile. Il fait assez bon effet dans les rocailles où il faut lui choisir un endroit bien drainé, entre les pierres. Multiplication par graines que l'on sème au printemps.

B. subacaulis, Vill. *Capitules* blanchâtres, solitaires, sessiles. *Flles* arrondies-ovales, presque cordiformes à la base, laineuses. *Haut.* 8 à 10 cent. Alpes. (A. F. P. 3, 38.)

BERBÉRIDÉES. — Famille comprenant environ cent espèces d'arbustes ou herbes vivaces. Fleurs ordinairement en grappes axillaires ou terminales; sépales trois, quatre ou six, disposés sur deux rangs; pétales en nombre égal ou double de celui des sépales; étamines quatre à huit, opposées aux pétales. Le fruit est une baie ou une capsule à plusieurs graines. Feuilles alternes, composées, souvent épineuses. L'horticulture emprunte à cette famille un assez grand nombre de plantes ornementales; les genres plus cultivés sont : *Berberis*, *Epimedium* et *Nandina*.

BERBERIDOPSIS, Hook. f. (de *Berberis*, Epine-vinette, et *opsis*, semblable; allusion à sa ressemblance à ces plantes). Fam. *Berbéridées*. — Genre monotypique, originaire du Chili. C'est un bel arbuste toujours vert, à rameaux sarmenteux. Fleurs composées de neuf à quinze sépales et pétales insérés sur un disque charnu : segments extérieurs étalés, les intermédiaires orbiculaires, concaves, les intérieurs obovales, cunéiformes; étamines huit à neuf, libres. Le *B. corallina* est une excellente plante pour l'ornement des serres froides : il supporte difficilement le climat parisien; dans d'autres régions, on peut le planter au pied des murs et le protéger pendant les froids : il n'est pas exigeant sur la nature du terrain. On le multiplie au printemps par graines ou par boutures, et par marcottes en automne.

B. corallina, Hooker. * *Fl.* rouge carmin, en grappes terminales, pendantes, feuillées à la base. *Flles* simples, alternes, d'environ 8 cent. de long, pétiolées, oblongues, cordiformes, obtuses ou aiguës, dentées, épineuses. Chili, 1863. (B. M. 5342; B. H. 1863; H.)

BERBERIS, Linn. (le nom arabe du fruit est *Berberys*, qui signifie coquille; plusieurs auteurs expliquent ainsi l'origine probable de ce nom, car les feuilles sont creusées en forme de coquille.) **Epine-vinette** et **Mahonia.** Angl. Barberry. Comprend les *Mahonia*, Nutt. Fam. *Berbéridées*. — Plus de cent espèces de ce genre ont été décrites, mais cinquante au plus sont botaniquement distinctes; de ce nombre, environ quinze sont originaires de l'Asie, une habite l'Europe et l'Amérique du Nord, les autres croissent dans les régions montagneuses de l'Amérique, depuis l'Orégon jusqu'à la Terre de feu. Ce sont des arbustes rustiques, étalés ou dressés, à feuilles persistantes ou caduques. Fleurs jaunes ou orangées, disposées en grappes ou fascicules axillaires; sépales et pétales six ou plus, en verticilles trimères; étamines six, articulées, mobiles. Le fruit est une baie contenant quelques graines. Feuilles simples ou composées, fasciculées par avortement des rameaux, souvent épineuses ou réduites à des épines. Les espèces communes poussent en tous terrains, mais les espèces rares ou délicates exigent un compost de terre franche, de terre de bruyère et d'un peu de sable. Leur multiplication peut avoir lieu par drageons ou par marcottes couchées en automne; par boutures de bois mûr faites à la même époque et que l'on plante dans du sable, sous châssis froid; enfin par graines que l'on sème au printemps ou de préférence à l'automne. Lorsque les graines proviennent de baies fraîches, elles germent ordinairement au printemps suivant; ce sont celles que l'on emploie le plus fréquemment.

Fig. 118. — Berberis vulgaris. Fleur et fruit coupés longit.

« On sait aujourd'hui que le champignon qui produit la rouille des céréales (*Puccinia graminis*) parcourt une des phases de son évolution sur l'Epine-vinette commune, où il affecte une forme différente, connue alors sous le nom de *Æcidium berberidis*. Il y a donc intérêt à s'abstenir d'employer cette plante pour la formation des haies, surtout dans les campagnes. » (S. M.)

B. Aquifolium, Pursh. *Mahonia commun. — *Fl.* jaunes, en grappes presque dressées, multiflores. Printemps. *Flles* à deux ou trois paires de folioles et une terminale, la première paire distante du pétiole; ovales-cordiformes à la base, uninervées, dentées, épineuses. *Haut.* 1 à 2 m. Amérique du Nord, 1823. — Cet arbuste est beaucoup employé pour l'ornement des parcs, etc.: il forme aussi un excellent couvert. Syn. *Mahonia Aquifolia*, Nutt. (S. E. B. 49; B. R. 1825.)

B. aristata, DC. *Fl.* jaunes, en grappes pendantes, multiflores, plus longues que les feuilles; pédicelles triflores. Printemps. *Flles* obovales, oblongues ou lancéolées, mucronées, membraneuses, glabres, à quatre ou cinq dents épineuses; épines inférieures tripartites, les supérieures simples, à peine bidentées à la base. *Haut.* 2 m. Népaul, 1820. (B. R. 729, sous le nom de *B. Chitria*, Hamilt.)

B. a. integrifolia, Hort. Variété dépourvue d'épines sur le bord des feuilles.

B. asiatica, Roxb. *Fl.* en grappes courtes, multiflores, réunies en corymbes plus courts que les feuilles; pédicelles allongés, uniflores. *Flles* ovales, cunéiformes ou elliptiques, mucronées, lisses, glauques sur la face inférieure, entières ou dentées, épineuses; épines simples ou trifides. *Haut.* 1 m. 30 à 2 m. 50. Asie, 1820. Demi-rustique.

B. Belstaniana, Hort. Syn. de *B. virescens*, Hook.

B. buxifolia, Lamk. * *Fl.* solitaires, à pédoncules grêles. Printemps. *Flles* presque sessiles, ovales ou oblongues, d'environ 12 mm. de long, entières. *Haut.* 2 m. 50. Magellan, 1830. La var. *nana* est une jolie petite plante ne dépassant pas 45 cent. de haut. Syn. *B. dulcis*, Sweet. (B. M. 6506.)

B. canadensis, Pursh. * *Fl.* en grappes pendantes, multiflores. Printemps. *Flles* obovales-oblongues, à dents espacées, les supérieures presque entières; épines tripartites. *Haut.* 1 m. 30. Canada, 1759.

B. congestiflora hakeoides, Hook. f. *Fl.* jaune d'or, en bouquets denses, globuleux, simples ou composés, de 12 à 18 mm. de diamètre, sessiles ou pédonculés. Commencement du printemps. *Flles* de 2 1/2 à 5 cent. de long, presque imbriquées, sessiles ou courtement pédonculées, orbiculaires ou largement oblongues, épaisses et coriaces, rigides, dentées-épineuses, arrondies ou cordiformes à la base. *Haut.* 2 m. à 2 m. 30. Chili, 1861. Arbrisseau touffu. (B. M. 6770.)

B. cratægina, DC. *Fl.* en grappes multiflores, étalées, à peine plus longues que les feuilles. Printemps. *Flles* oblongues, réticulées, à peine denticulées; épines simples. *Haut.* 1 m. 30 à 2 m. 50. Asie Mineure, 1829.

B. cretica, Linn. *Fl.* en grappes de trois à huit fleurs, un peu plus courtes que les feuilles. Printemps. *Flles* oblongues-ovales, entières ou légèrement dentées ; épines à trois-cinq divisions. *Haut.* 1 m. 30 à 1 m. 50. Crète et Chypre, 1759. La var. *serratifolia* est pourvue de feuilles dentées, ciliées. (S. F. G. 342.)

B. Darwinii, Hook. * *Fl.* orangées, en grappes très nombreuses. Mai ; fleurit quelquefois de nouveau à l'automne. *Flles* ovales ou oblongues, d'environ 2 cent. 1/2, de long, ordinairement à cinq dents épineuses. *Haut.* 60 cent. Sud duChili, 1849. — Cette belle espèce forme des buissons toujours verts, très rameux et étalés ; c'est une excellente plante pour établir des couverts. Un des plus recommandables. (B. M. 4590 ; F. d. S. 7, 663.)

B. dulcis, Sweet. Syn. de *B. buxifolia*, Lamk.

B. emarginata, Willd. *Fl.* en grappes à peine inclinées, plus courtes que les feuilles. Printemps. *Flles* lancéolées, obovales, ciliées, dentées ; épines tripartites. *Haut.* 2 m. Sibérie, 1790.

B. empetrifolia, DC. * *Fl.* peu nombreuses, terminales, à pédicelles grêles réunies en fausses ombelles. Mai. *Flles* fasciculées par environ sept, linéaires, révolutées, finement mucronées. *Haut.* 45 à 60 cent. Magellan, 1827. (B. B. 26, 27.)

B. fascicularis, Sims. *Fl.* en grappes dressées, très compactes. Printemps. *Flles* à trois-six paires de folioles plus une terminale, les inférieures distantes de la base du pétiole ; ovales-lancéolées, espacées, uninervées, dentées, épineuses, portant quatre ou cinq dents sur chaque côté du limbe. *Haut.* 2 m. à 2 m. 50. Nouvelle-Espagne, 1820. Demi-rustique. Syn. *Mahonia fascicularis*, DC. (B. M. 2396.)

B. Fendleri, Gray. *Fl.* jaunes, en grappes de 2 1/2 à 5 cent. de long, munies de quelques bractées rouges à la base du calice. Tiges et branches purpurines. Espèce analogue au *B. vulgaris*. Montagnes rocheuses, 1888. (G. et F. 1888, vol. 1, f. 72.)

B. floribunda, Wall. * *Fl.* en grappes lâches, multiflores, solitaires, pendantes. Juin. *Flles* obovales-lancéolées ou obovales-oblongues, fortement rétrécies à la base, mucronées au sommet, plus pâles en dessous, ciliées-épineuses ; épines tripartites, inégales. *Haut.* 3 m. Népaul. Variété du *B. aristata*.

B. Fortunei, Lindl. *Fl.* petites, en grappes terminales, compactes. *Flles* à environ sept folioles linéaires, lancéolées, espacées, pourvues de nombreuses petites dents ; couple de folioles inférieures éloigné de la base du pétiole. Chine. Syn. *Mahonia Fortunei*, Lindl.

B. Fremonti, Torr. *Fl.* en grappes ascendantes, lâches, pauciflores. *Fr.* sec, renflé à maturité. *Flles* à deux ou trois paires de folioles ovales, portant deux ou trois grandes dents épineuses de chaque côté. Espèce toujours verte de la section des *Mahonia*. Texas, Arizona, 1888. (G. et F. 1888, vol. I f. 77.)

B. glumacea, Spreng. — Syn. de *B. nervosa*, Pursh.

B. iberica, Steven. *Fl.* en grappes multiflores, pendantes. Printemps. *Flles* obovales-oblongues, très entières ; épines simples et tripartites. *Haut.* 2 m. 50 à 3 m. Ibérie, 1818.

B. ilicifolia, Forst. *Fl.* à pédicelles allongés et disposés par quatre, en corymbe courtement pédonculé. Juillet. *Flles* ovales, rétrécies à la base, à dents grossières et épineuses ; épines tripartites. *Haut.* 60 cent. à 1 m. Terre de feu, 1791. (B. M. 4308 ; F. d. S. 3, 291.)

B. japonica, Spreng. * Mahonia du Japon. — *Fl.* jaunes, en grappes disposées en bouquets terminaux. Printemps. *Flles* portant ordinairement neuf folioles d'environ 8 cent. de long, entièrement sessiles, largement cordiformes ou arrondies à la base, obliques, pourvues d'environ cinq longues épines latérales plus une terminale très grande, la paire inférieure rapprochée de la base du pétiole. Chine et Japon. — Espèce distincte, à tiges simples, non rameuses munies de feuilles coriaces, persistantes, d'environ 30 cent. de long. Les *V. Veali*, et *V. intermedia*, ne sont que des simples formes de cette espèce ; la dernière diffère du type par ses folioles plus étroites et ses grappes plus longues et grêles. Syn. *Mahonia japonica*, DC. (B. M. 4852.)

B. loxensis, — *Fl.* ordinairement grandes, dressées, disposées en grappe paniculée, longuement pédonculée, bien en dessus du feuillage. *Flles* ovales, obtuses, très brillantes, munies de plusieurs dents sur les bords ; épines petites, palmées. *Haut.* 1 m. à 1 m. 30. Equateur. Espèce toujours verte, non rustique. (P. F. G. 1, p. 13.)

B. nepalensis, Spreng. * Mahonia du Népaul. — *Fl.* jaunes, en grappes peu nombreuses, allongées, grêles. *Flles* de 30 à 60 cent. de long, munies de cinq à neuf paires de folioles obovales-oblongues, cuspidées, arrondies à la base, à dents espacées et portant cinq à dix épines de chaque côté du limbe, tricuspidées au sommet. *Haut.* 1 m. 30 à 2 m. Népaul. Très belle espèce aimant les endroits chauds. (L. J. F. 3, 278.) Syn. *Mahonia nepalensis*, DC.

B. n. Bealei, — Remarquable forme chinoise, à fleurs réunies en beaux épis compacts. 1887. (G. C. sér. III, vol. I, p. 608.)

B. nervosa, Pursh. *Fl.* en grappes allongées. Octobre. *Flles* à cinq-six paires de folioles plus une terminale, les inférieures distantes de la base du pétiole ; ovales, acuminées, à dents épineuses, espacées, au nombre de douze à quatorze de chaque côté et à trois-cinq nervures peu saillantes. *Haut.* 30 cent. à 1 m. Amérique du Nord, 1826. (B. M. 3949 ; F. d. S. 2, 62.) Syn. *B. glumacea*, Spreng. ; *Mahonia nervosa*, Nutt.

B. repens, Lindl. * *Fl.* en grappes terminales, nombreuses, fasciculées, diffuses, naissant de boutons écailleux. Printemps. *Flles* à deux ou trois paires de folioles latérales plus une terminale : arrondies, ovales, opaques, dentées, épineuses. *Haut.* 30 à 60 cent. Amérique du Nord, 1822. Syn. *Mahonia repens*, G. Don.

B. rotundifolia, Popp. et Endl. *Fl.* jaune brillant, en corymbes. *Flles* entières, veinées, arrondies, glauques en dessous. Arbuste rampant, fortement épineux. Chili.

B. ruscifolia, Lamk. *Fl.* un peu plus grandes que celles du *B. vulgaris* ; disposées par quatre ou cinq au sommet d'un pédoncule court. *Flles* oblongues, rétrécies à la base, mucronées, entières ou à dents grossières et épineuses. *Haut.* 1 m. 30 à 2 m. 50. Amérique du Sud, 1823. Demi-rustique.

B. Sieboldi, Miq. Diffère principalement du *B. vulgaris*, par ses fleurs plus grandes et plus pâles et par ses feuilles ciliées sur les bords. Japon, 1890. (G. et F. vol. III, f. 38.)

B. sinensis, Desf. * *Fl.* en grappes multiflores, pendantes. Mai. *Flles* oblongues, obtuses, entières ou les inférieures légèrement dentées ; épines tripartites. *Haut.* 1 à 2 m. Chine, 1815. (B. M. 6573.)

B. stenophylla, Hort. *Flles* étroites, mucronées. On croit que cette espèce est un hybride entre les *B. empetrifolia* et *B. Darwinii*. (R. H. B. 1880, p. 241.)

B. Thunbergii, DC. *Fl.* nombreuses, petites, de 6 à 8 mm. de diamètre, pendantes ; sépales rouges, atteignant le milieu des pétales, ceux-ci jaune paille, suffusés de rouge. Avril. *Flles* fasciculées, compactes, de 1 1/2 à presque 2 cent. 1/2 de long, obovales, spatulées ou enıres. Epines droites, de 1 cent. 1/2 de long. Japon, 1883. rbuste nain. (B. M. 6646.)

B. trifoliata, Hartw. *Fl.* petites, en grappes axillaires, ıssiles, à trois-cinq fleurs. Printemps. *Flles* à trois folioles ıssiles au sommet du pétiole, profondément dentelées, ırt bleuâtre, panachées, glauques en dessous. *Haut.* m. 50. Mexique, 1839. Espèce à feuilles persistantes, ımi-rustique. (F. d. S. 1, 56; P. F. G. 2, 168.) Syn. *ahonia trifoliata*, Schlecht.

Fig. 419. — Berberis stenophylla.

B. trifurcata, — *Fl.* en grappes rameuses. dressées. *lles* pinnées, à folioles larges, trifides. *Haut.* 2 m. ıine, 1850. Espèce à feuilles persistantes.

B. umbellata, Wall. *Fl.* disposées en ombellules, réues au sommet de pédoncules solitaires. dressés. *Flles* ıovales-oblongues, mucronées. entières. glauques en ssous; épines tripartites, allongées. *Haut.* 2 m. Népaul. 12. (P. F. G. 2, 181.)

B. virescens, Hook. f. *Fl.* jaune verdâtre, fasciculées. *ıies* étroitement oblongues, écarlates ou noires. *Flles*

Fig. 420. — Berberis vulgaris. Sommité fleurie.

ıovales, arrondies ou apiculées, très entières ou les us grandes dentées, spinuleuses. Arbuste rigide, à branches divariquées. Himalaya. Syn. *B. Belstaniana*, Hort. (B. M. 7116.)

B. vulgaris, Linn. Epine-vinette commune. Angl. Common Barberry. — *Fl.* en grappes multiflores. pendantes. Printemps. *Flles* un peu obovales. dentées, ciliées sur les bords; épines tripartites. *Haut.* 2m. 50 à 6 m. France, Angleterre. etc. (F. D. 6, 904.) — Il existe des variétés dont les fruits sont jaunes, violets, pourpres, noirs ou blancs; la forme à *feuilles pourpres* est aussi très répandue.

B. Wallichiana, DC. * *Fl.* agrégés par six, huit ou plus, pédonculées, pendantes. Printemps. *Flles* disposées en fascicules alternes, de 5 à 8 cent. de long, étalées ou récurvées, lancéolées, sinuées-dentées; épines profondément tripartites. grêles mais rigides. Népaul, 1820. (B. M. 4656; L. J. F. 3,287.)

BERCE (Grande). — V. **Heracleum Sphondylium.**

BERCE Branc-ursine. — V. **Acanthus mollis.**

BERCEAU, Angl. Arbour. — Lieu de repos qu'on nomme aussi fréquemment tonnelle, pourvu de bancs et entouré d'un treillage formant dôme, sur lequel on fait grimper soit des arbustes sarmenteux, tels que Vigne vierge, Lierre, etc., soit des plantes herbacées, vivaces ou annuelles, comme Houblon, Capucines, Volubilis, etc.

On donne le nom de *feuilles en berceau* à la disposition particulière qu'affectent les folioles articulées de certaines Légumineuses pendant leur sommeil. Elles se redressent, se rejoignent par leur sommet et s'écartent par le milieu (*Trifolium incarnatum*). (S. M.)

BERCEAU de la Vierge. — V. **Clematis Vitalba.**

BERCHEMIA, Neck. (dédié à M. Berchem, botaniste français). Syn. *Œnoplea*, Hedv. f. Fam. *Rhamnées.* — Genre comprenant douze espèces originaires de l'Asie et de l'Afrique tropicale, de l'Amérique septentrionale et de l'Australie. Ce sont des arbustes dressés ou sarmenteux, à feuilles caduques, presque tous de serre froide. Fleurs disposées en fausses ombelles à l'aisselle des feuilles supérieures, ou en panicules terminales. Feuilles alternes. entières. penniveinées. Le *B. volubilis* est rustique sous notre climat; il pousse en tous terrains et est propre à la garniture des treillages. Multiplication par boutures aoûtées ou par éclats de racines que l'on plante sous cloches et par marcottes faites avec de jeunes rameaux.

B. volubilis, DC. * *Fl.* blanc verdâtre, en petites panicules axillaires et terminales. *Drupe* oblongue, violacée. Juin. *Flles* ovales, mucronées, un peu ondulées. Branches glabres. Caroline, 1714. Arbuste grimpant, à feuilles caduques. (G. G. 165.)

B. racemosa, Sieb. et Zucc. *Fl.* petites, en panicules terminales. *Drupe* brun foncé. *Flles* oblongues, ovales, sub-aiguës. Arbuste grimpant, rustique. Chine, Japon, 1888. Il existe une variété à *feuilles panachées.*

BERGAMOTE. — Nom d'une variété de Poire. La Menthe bergamote des Anglais est le *Mentha citrata.* C'est aussi le nom d'une sorte d'orange (*Citrus limetta*), l'arbre se nomme Bergamotier. Le *Monarda didyma* se nomme également Bergamote sauvage. (S. M.)

BERGERA, Rœm. — Réuni aux **Murraya**, Linn.

BERKHEYA, Ehrh. (dédié à J.-L.-F. de Berkey, botaniste hollandais). Syns. *Agriphyllum*, Juss.; *Basteria*, Houtt.; *Crocodiloides*, Adans.; *Gorteria*, Lamk.; *Rohria*, Vahl. et *Zarabellia*, Neck. Comprend les *Stobæa*, Thunb.

Fam. *Composées*. — Genre renfermant environ soixante-dix espèces de l'Afrique australe. Ce sont de belles plantes presque rustiques, herbacées ou frutescentes, ayant le port des Chardons. Capitules solitaires ou en corymbe,

Fig. 421. — Berberis Wallichiana.

entourés par un involucre formé d'écailles épineuses, seulement soudées à la base; réceptacle à alvéoles profondes; graines surmontées d'une aigrette formée de paillettes planes, obtuses ou aiguës. Feuilles alternes ou opposées, pinnatifides ou pinnatiséquées, à dents épineuses. Il leur faut une terre légère et l'orangerie, ou au moins une bonne couverture pendant l'hiver. Les espèces frutescentes se multiplient par boutures sous cloches, les herbacées par division des touffes au printemps. L'espèce la plus répandue est le *B. purpurea*.

B. grandiflora, Willd. ' *Capitules* jaunes; écailles de l'involucre dentées, épineuses. Juillet. *Flles* opposées lancéolées, trinervées, à dents épineuses; duveteuses en dessous. *Haut.* 60 cent. Cap, 1812. Orangerie. (B. M. 1844.)

B. pinnata, Less. *Capitules* jaunes; écailles de l'involucre entières ou dentées, épineuses au sommet. Automne. *Flles* oblongues, laineuses en dessous, profondément découpées en segments lancéolés. Syn. *Stobaea pinnata*. (B. M. 1788.)

B. purpurea, — ' *Capitules* nombreux, pédonculés, de 8 cent. de diamètre, disposés en corymbe; bractées de l'involucre oblongues, linéaires, étalées ou réfléchies. *Flles* inférieures de 40 à 45 cent. de long et 5 à 6 cent. de large, vert foncé, visqueuses en dessus, plus pâles et cotonneuses en dessous. *Haut.* 1 m. Afrique australe. Très

B. uniflora, Willd. *Capitules* jaunes; écailles de l'involucre, dentées, épineuses. Juin. *Flles* alternes, lancéolées, trinervées, dentées, épineuses, duveteuses en dessous. *Haut.* 1 m. Cap, 1815. Orangerie. (B. M. 2094.)

BERLE. — V. **Sium.**

BERREBERA, Hochst. — V. **Milletia**, Wight. et Arnott.

BERTEROA, DC. — Réunis aux **Alyssum**, Linn.

BERTHOLLETIA, Humb. et Bonpl. (dédié à Louis-Claude Berthollet, célèbre chimiste français). Fam. *Myrtacées*, tribu des *Lecythidées*. Des deux espèces de ce genre, le *B. excelsa* est de beaucoup le plus répandu; c'est un arbre élevé, habitant l'Amérique tropicale. Ses fleurs sont très analogues à celles des *Lecythis;* ses feuilles sont alternes, oblongues, très entières et un peu coriaces. Ses fruits sont gros, globuleux et renferment une vingtaine de grosses graines triangulaires, huileuses, comestibles, connues sous les noms de châtaignes du Brésil, amandes d'Amérique, du Para, etc. Angl. Brasil or Para Nuts. Tous les marchands de produits des colonies en vendent à Paris. L'arbre n'a aucun mérite horticole.

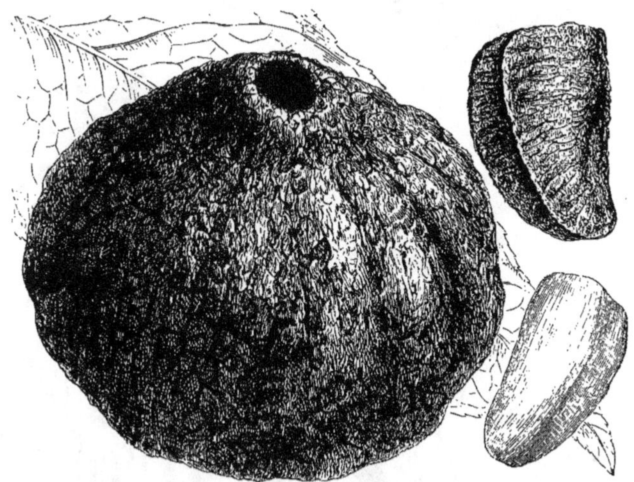

Fig. 122. — Bertholletia excelsa. Fruit, feuille et graines. (*Rev. Hort.*)

BERTOLONIA, Raddi. (dédié à A. Bertoloni, botaniste italien, auteur de *Rariorum Italiæ Plantarum Decades*, etc.). Syn. *Triblemma*, R. Br. Fam. *Mélastomacées.* — Genre comprenant neuf espèces du sud du Brésil. Ce sont de jolies petites plantes naines ou rampantes, cultivées en serre chaude pour leurs feuilles qui sont parées des plus riches coloris. Fleurs blanches ou purpurines, disposées en grappes scorpioïdes, axillaires ou terminales; calice campanulé, à cinq dents; pétales cinq et étamines dix. Feuilles pétiolées, ovales, cordiformes, à trois-cinq nervures parallèles, crénelées, glabres ou ciliées. On les cultive dans un compost de terre de bruyère, de terreau de feuilles et de sable en parties égales, et on les tient en serre chaude, enfermés dans un châssis ou de préférence sous cloches, afin d'entretenir l'atmosphère constamment humide; il faut aussi les tenir bien ombrés. Leur multiplication s'opère facilement par boutures et par semis.

B. ænea, Ndn. *Fl.* roses, en épi scorpioïde. *Flles* ovales, vert sombre, à reflets métalliques. *Haut.* 15 cent. Brésil.

B. guttata, Hook. — V. *Gravesia guttata.*

B. maculata, DC. * *Fl.* pourpre violacé; pédoncules axillaires portant à leur sommet une grappe courte composée de six à sept fleurs. *Flles* longuement pétiolées, cordiformes, ovales, très entières, velues sur les deux faces et ciliées sur les bords, à cinq nervures. Branches, pétioles, pédoncules et calices couverts de long cils. Tiges radicantes à la base. Brésil, 1850. (B. M. 4515; F. d. S. 7, 750.)

B. magnifica, Hort. — V. *Gravesia guttata magnifica.*

B. margaritacea, Hort. — V. *Gravesia guttata margaritacea.*

B. marmorata, Ndn. * *Flles* de 12 à 20 cent. de long, ovales-oblongues, velues, à cinq nervures; face supérieure vert gai, élégamment marbré de blanc pur; face inférieure d'un beau rouge pourpre. Tiges charnues. *Haut.* 15 cent. Brésil, 1848. Syn. *Eriocnema marmorata*, Hort.

B. pubescens, — * *Flles* ovales, acuminées, de 8 à 10 cent. de long et 5 à 8 cent. de large, vert tendre, portant sur le milieu une large bande brun chocolat; face supérieure couverte de longs poils blancs. Equateur.

B. primulæflora. — V. *Tussacia pulchella.*

« Par hybridation entre les diverses espèces de *Bertolonia* et *Gravesia*, on a obtenu un certain nombre de variétés du plus grand mérite horticole: les *B. Marchandei*, *Mirandei* et *Van Houtteana* (F. d. S. 1874, 2120), obtenus vers 1874, firent l'admiration du public; puis, vint le *B. superba* (F. M. 150; I. H. 1879, 359), enfin les *B. vittata*, *B. Legrelleana*, etc. Plus récemment, M. Bleu, habile semeur parisien, a mis au commerce une série de ces plantes présentant, outre la richesse et la diversité de leurs coloris, une amélioration sensible dans la vigueur et dans le port des plantes. Il leur a donné le nom de type sous-frutescent, par allusion à leur caractère arborescent. Ce sont : *Comte de Kerchove*, fond vert olive, nervures et ponctuations roses ; *Mme Chabot*, ponctué rose, plante trapue ; *Mme d'Haene*, fond vert olive, veiné et ponctué rose-rouge ; *Mme A. Van Geert*, nervures blanc-rose nacré, ponctuations grosses, de même teinte, *Mme Ed. Pynaert*, nervure médiane blanc rosé, grosses ponctuations rouge violet, très arborescent ; *Marie-Thérèse de la Devansaye*, fond vert velouté, fortes nervures et ponctuations rouge aniline ; *M. Chabol*, feuilles étroites, lancéolées, fond vert tendre, nervures et ponctuations rose pâle ; *M. Finet*, fond vert brun. nervures et ponctuations rose nacré ; *Souvenir de Louis Van Houtte*, feuilles allongées, vert brun velouté, nervures et ponctuations rose nacré, bande médiane blanc rosé ; *Souvenir du comte de Gomer*, feuilles ovales, arrondies, fond vert olive velouté, nervures et grosses ponctuations rose frais ; *Mme Alfred Bleu*, fond vert olive foncé, lavé de violet, nervures et grosses ponctuations blanc brillant mêlé de rose. (R.H. 1889, 376.) (S. M.) »

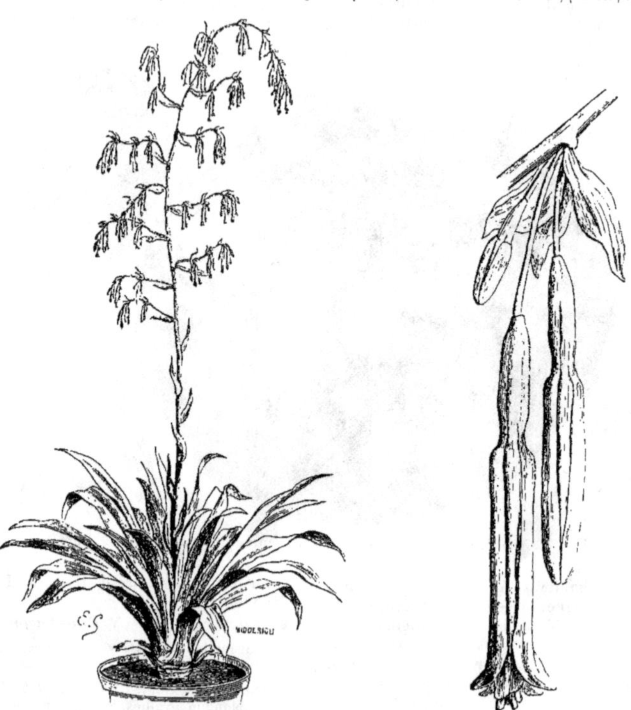

Fig. 123 — Beschorneria yuccoides. (*Rev. Hort.*) — Fleur de grandeur naturelle.

BERZELIA, Brongn. (en l'honneur de Berzelius, célèbre chimiste suédois). Syn. *Heterodon*, Meisn. Fam. *Bruniacées*. — Genre comprenant sept espèces de jolis petits arbrisseaux toujours verts, de serre froide, originaires de l'Afrique australe. Fleurs munies de trois bractées à la base et réunies en glomérules naissant ordinairement au sommet des branches. Feuilles courtes, un peu trigones, imbriquées ou étalées. Il leur faut un mélange de terre franche, de terre de bruyère et de sable, et un bon drainage. Ils ont aussi besoin d'être convenablement foulés. Multiplication par boutures qui s'enracinent facilement dans du sable, sous cloches et à chaud.

B. abrotanoides, Brongn. *Fl.* blanches, en glomérules de la grosseur d'une noisette, terminaux et réunis en faux-corymbe ; bractées claviformes, vertes, lisses, rousses au sommet. Mai-juillet. *Flles* ovales, glabres, étalées, courtement pétiolées, également rousses au sommet. *Haut.* 45 cent. Cap, 1787. (L. B. C. 355.)

B. lanuginosa, Brongn. * *Fl.* blanches, en glomérules de la grosseur d'un pois, disposés en panicule fastigiée au sommet des rameaux latéraux ; bractées spatulées, caleuses au sommet. Juin-août. *Flles* triquètres, étalées, caleuses au sommet, presque velues. Branches dressées, velues à l'état juvénile. *Haut.* 30 à 60 cent. Cap. 1771. (L. B. C. 572 ; A. S. N. 8, 35.)

BESCHORNERIA, Kunth. (dédié à H. Beschorner, botaniste allemand). Fam. *Amaryllidées*. — Genre comprenant quelques espèces originaires du Mexique. Ce sont des plantes charnues, succulentes, voisines des *Littæa* et des *Furcræa*. Périanthe profondément découpé en six segments linéaires, spatulés, connivents, tubuleux à la base, souvent étalés au sommet; étamines six, aussi longues que le périanthe. Pour leur culture, etc. V. **Agave** et **Aloe**.

B. bracteata, Jacobi. *Fl.* vertes en s'épanouissant, puis à la fin, rouge jaunâtre disposées en panicule de 60 cent. à 1 m. de long, à rameaux multiflores, et accompagnées de grandes bractées scarieuses, rougeâtres. *Flles* en rosette dense, de 30 à 45 cent. de long. grêles, vert glauque, scabres sur les bords. *Haut.* 1 m. 50 à 2 m. Mexique, 1880. (B. M. 6641.)

B. Decosteriana, Baker. *Fl.* vertes, teintées de rouge, pendantes, bractolées, disposées en panicule de 60 cent. à 1 m. de long, inclinée, pourvue de nombreuses bractées. *Flles* nombreuses, étalées, de 45 à 60 cent. de long et 2 1/2 à 4 cent. de large, finement serrulées sur les bords. *Haut.* 2 m. 50. Mexique, vers 1880. (B. M. 6768.)

B. Toneliana, Jacobi. * *Fl.* tubuleuses, de 6 cent. de long, pendantes, pédicellées, rouge sang foncé à la base et au centre, le reste vert très vif; panicule de 60 cent. de long, grêle, inclinée, munie de plusieurs bractées à chaque fascicule de fleurs; hampe de 1 m. 30 de haut, rouge pourpre. *Flles* peu nombreuses, étalées, de 35 à 50 cent. de long et 6 cent. de large, acuminées et carénées vers leur sommet, finement serrulées sur les bords. Mexique, 1874. (B. M. 6091.)

B. tubiflora, Kunth. *Fl.* pourpre verdâtre, penchées, fasciculées, munies de bractées; fascicules espacés, unilatéraux; hampe dressée, allongée, simple. Mai. *Flles* radicales, linéaires, canaliculées, récurvées, denticulées, épineuses sur les bords. *Haut.* 2 m. Mexique, 1845. (B. M. 4642; R. G. 851.)

B. yuccoides, Hook. *Fl.* vert gai. pendantes, en grappes munies de bractées d'un beau rouge clair; hampe grêle, rouge corail, simple. Mai-juin. *Flles* radicales, coriaces, lancéolées, aiguës, de 30 à 45 cent. de long. *Haut.* 1 m. 30. Mexique. (B. M. 5203.)

BESLERIA, Linn. (dédié à Basil Besler, apothicaire à Nuremberg). Syn. *Eriphia*, P. Browne. Fam. *Gesnéracées*. — Genre comprenant cinquante espèces originaires de l'Amérique tropicale. Ce sont de jolis sous-arbrisseaux de serre chaude, ordinairement dressés, rameux. Corolle courte, à peu près droite, urcéolée; pédoncules axillaires, pauciflores. Feuilles opposées, pétiolées, un peu épaisses, à nervures très proéminentes en dessous. Tiges sub-tétragones. Il leur faut une terre fertile, composée de terre franche, de terre de bruyère et de sable. Une atmosphère humide est nécessaire pour leur culture. On les multiplie par boutures qui s'enracinent facilement à chaud.

B. coccinea, Aubl. * *Fl.* jaunes; pédoncules axillaires, portant au sommet une ombelle de trois à six fleurs et deux bractées écarlates, orbiculaires-cordiformes, à son point de ramification. *Flles* ovales, glabres, raides, superficiellement dentées. Guyane, 1819. Arbuste grimpant. (A. G. 255.)

B. cristata, Linn. *Fl.* à corolle jaunâtre, velue à l'extérieur; pédoncules axillaires, solitaires, uniflores; bractées écarlates, cordiformes, dentées, sessiles. Juin. *Flles* ovales, dentées en scie. Guyane, 1739. Arbuste grimpant.

B. grandiflora, Humb. et Bonpl. * *Fl.* grandes, campanulées, maculées de rouge; pédoncules axillaires, allongés, multiflores. *Flles* ovales-oblongues, acuminées, crénelées, fortement poilues sur leur face supérieure, velues en dessous ainsi que les branches. *Haut.* 1 m. Brésil.

B. Imrayi, — *Fl.* un peu petites, jaunes, en verticilles axillaires. *Flles* grandes, lancéolées, dentées en scie, glabres. Tiges tétragones. La Dominique, 1862. Plante herbacée, vivace. (B. M. 6341.)

B. incarnata, Aubl. * *Fl.* à corolle purpurine; tube très long, ventru; lobes du limbe réfléchis, arrondis, inégaux, frangés; pédoncules axillaires, solitaires, uniflores. *Flles* oblongues, crénelées, tomenteuses sur les deux faces. *Haut.* 60 cent. Guyane, 1820.

B. pulchella, Don. — V. *Tussacia pulchella*.

B. violacea, Aubl. *Fl.* pourpres, petites; corolle à tube arqué et à limbe étalé; pédoncules terminaux, en grappes paniculées. *Baies* pourpres, comestibles. *Flles* ovales, aiguës, très entières, raides. Guyane, 1824. Arbuste grimpant. (A. G. 254.)

BESSERA, Schult. (dédiée au Dr. Besser, professeur de botanique à Brody.) Syn. *Pharium*, Herb. Fam. *Liliacées*. — Genre dont l'espèce unique est une jolie petite plante bulbeuse, demi-rustique, analogue aux Scilles et habitant le Mexique. Périanthe infundibuliforme, à six divisions. Feuilles étroites, linéaires. On cultive le *B. elegans* en pots bien drainés, dans un mélange de terre franche, de terreau, de terre de bruyère et de sable. Il lui faut beaucoup d'eau, mais les arrosements doivent être suspendus lorsqu'il est en repos, et on doit l'hiverner dans un endroit simplement à l'abri des gelées. On peut aussi le planter en pleine terre, mais il faut choisir un endroit chaud et bien exposé, tel que le pied d'un mur regardant le midi. On le multiplie par division des touffes de bulbes.

B. elegans, Lindl. * *Fl.* écarlates ou écarlate et blanc. Juillet-septembre. *Flles* de 30 à 60 cent. de long, étroites, canaliculées en-dessus. *Haut.* 60 cent. Mexique, 1850. La grande variation de son coloris a donné lieu à la création de quelques espèces non distinctes. (B. R. 25, 34.)

BETA, Linn. (de *bect*, mot celtique qui signifie rouge; allusion à la couleur de la racine). **Betterave** et **Poirée**. Angl. Beetroot. Fam. *Chénopodées*. — Genre comprenant environ treize espèces originaires de l'Europe, de l'Orient et de l'Afrique boréale. Périanthe simple, semi-infère, à cinq divisions persistantes. Graine unique, enfermée dans la base charnue du calice. Le *B. Cicla* (Poirée) s'emploie fréquemment dans les jardins comme plante à feuillage ornemental; il sert à former des contrastes de couleurs. Du *B. vulgaris* sont sorties les différentes races de Betteraves cultivées pour les usages culinaires, pour l'alimentation des animaux et pour la production du sucre. On se sert aussi d'une variété de B. à feuillage fortement coloré pour faire des bordures d'allées ou de massifs (fig. 429). La culture de ces différentes variétés est exactement celle des **Betteraves potagères**. (V. ce nom.)

B. Cicla, Linn. Poirée. — *Fl.* verdâtres, réunies par trois. Août. *Flles* à nervure médiane très large et très charnue. Racine pivotante, mais non renflée. Plante annuelle et bisannuelle. *Haut.* 2 m. Portugal, 1570.

La variété *B. C. variegata*, connue sous le nom de Poirée du Chili, est une jolie plante dont les feuilles atteignent quelquefois 80 cent. de long et 30 cent. de large, à limbe ondulé, tantôt vert rougeâtre, tantôt rouge violacé très foncé. Le pétiole (carde), comme chez la Poirée potagère, est très large et fortement coloré de rouge pourpre ou jaune orangé, selon la variété. Ce sont des plantes d'un grand effet décoratif, que l'on emploie pour les garnitures pittoresques.

B. hortensis metallica, Hort. Betterave à feuillage ornemental. Angl. Victoria Beet. — Variété de la Betterave potagère, à feuilles brillantes, rouge sang foncé. Elle est très ornementale et propre à faire des bordures; ses racines peuvent s'employer pour la consommation (fig. 429).

B. maritima, Linn. *Fl.* verdâtres, réunies par deux. Août. *Flles* inférieures ovales, rhomboïdales, aiguës, les supérieures lancéolées. Tiges rameuses, diffuses. Racine non renflée. Vivace. *Haut.* 30 cent. France, Angleterre, etc., sur le littoral. (S. F. G. 254; F. D. 9, 1571.)

B. vulgaris, Linn. Betterave commune. — *Fl.* verdâtres, en glomérules. Août. *Flles* inférieures ovales. Racine charnue. Plante bisannuelle. *Haut.* 1 m. 30. Europe méridionale, 1548. (L. E. M. 182.)

BETCKEA, DC. — V. **Plectritis,** DC.

BÊTE à bon Dieu. — V. **Coccinelle.**

BÉTEL. — V. **Piper Betle.**

BÉTOINE. — V. **Betonica.**

BÉTON, Angl. Concrete. — Mortier composé de petits cailloux, de sable et de chaux. Le béton s'emploie beaucoup pour le revêtement des allées et pour former les fondations des bâtiments. V. aussi **Allées.**

BETONICA, Linn. — Ce genre forme maintenant une section du genre **Stachys.** (V. ce nom.) La Bétoine (*Stachys Betonica*) est une herbe indigène, employée autrefois en médecine; elle est aujourd'hui presque totalement délaissée.

B. hirsuta, Linn. — V. *Stachys densiflora.*

B. officinalis, Linn. — V. *Stachys Betonica.*

BETTE. — V. **Poirée.**

BETTERAVE, Angl. Beet. (*Beta,* Linn.). — Les variétés actuelles de Betteraves, à quelque classe qu'elles appartiennent, sont des descendances de la Betterave commune, plante bisannuelle, qu'on trouve croissant à l'état sauvage sur les côtes marines de l'Europe occidentale méridionale. C'est vers 1656 qu'on commença à cultiver la Betterave en Europe, mais il est probable que cette culture y avait été déjà introduite longtemps auparavant par les anciens romains.

B potagères. — On fait grand usage de leurs racines dans les salades d'hiver et on les utilise aussi comme condiment; les races de grosseur moyenne, à chair très foncée, sont celles qu'on recherche le plus.

Culture. — Il faut d'abord choisir une situation découverte, ne recevant pas l'ombre des arbres. La terre qui convient le mieux est une terre meuble ou bien ameublie, profonde, substantielle et, autant que possible, fumée pour la culture qui précédait celle des Betteraves; sinon, il faut employer du fumier fait, pas trop pailleux, et l'enfouir à l'automme. On défonce le sol en automne, à une profondeur de 40 ou 50 centimètres et on le met en billons pour l'hiver. Aussitôt que le temps le permet, au printemps, on ameublit convenablement le sol, à la fourche. Le semis se fait en lignes espacées de 30 à 40 centimètres, depuis la seconde quinzaine d'avril jusqu'à la fin de mai. On sème clair, on recouvre au râteau et on marche sur le sillon pour tasser le sol autour de la graine. Dès que les jeunes plants sont bien levés, on donne un premier binage entre les lignes, pour que les mauvaises herbes ne les envahissent pas. Quinze jours ou trois semaines après cette première façon, si le temps a été favorable, les plantes sont assez fortes pour être

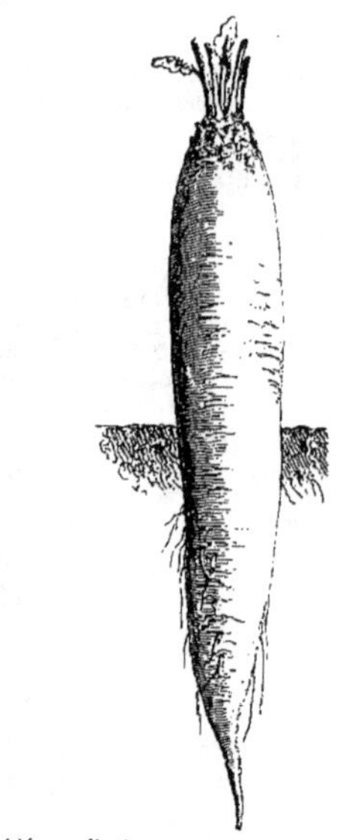

Fig. 424. — Betterave rouge grosse ou longue.

éclaircies; on attend ordinairement pour cela qu'elles aient 4 ou 5 feuilles. On éclaircit en laissant les plants à environ 25 ou 30 centimètres sur la ligne et on garnit

Fig. 425. — Betterave crapaudine.

les vides qui pourraient s'être produits, quoique la transplantation des Betteraves ne soit pas, d'une façon générale, une méthode à recommander. — Il faut cependant excepter le cas où il s'agit de Betteraves à feuillage ornemental; on peut alors semer celles-ci en pépinière, pour pouvoir ensuite transplanter les sujets à la place qu'on leur réserve dans les bordures, corbeilles, plates-bandes, etc., auxquelles on les destine. — Par la suite, on sarcle et on arrose, selon le besoin. Suivant la précocité des variétés employées et sui-

Fig. 426. — Betterave rouge-noir plate d'Egypte.

vant l'époque du semis, on peut commencer à récolter dès juillet-août. Pour le reste, les racines sont enlevées avec soin, à l'automne, avant les froids, et on coupe

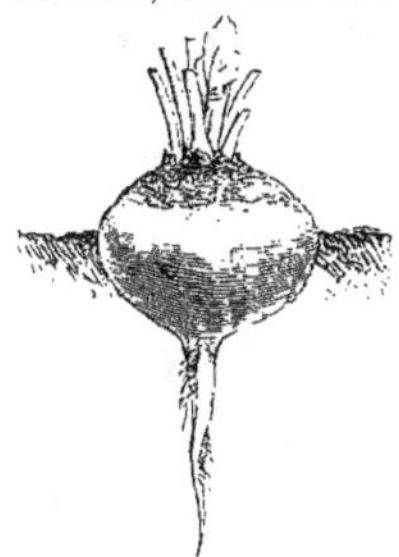

Fig. 427. — Betterave jaune ronde sucrée.

leurs feuilles à environ 3 centimètres du collet. Pour conserver ces racines pendant l'hiver, on les place dans une serre à légumes ou dans une cave qui ne

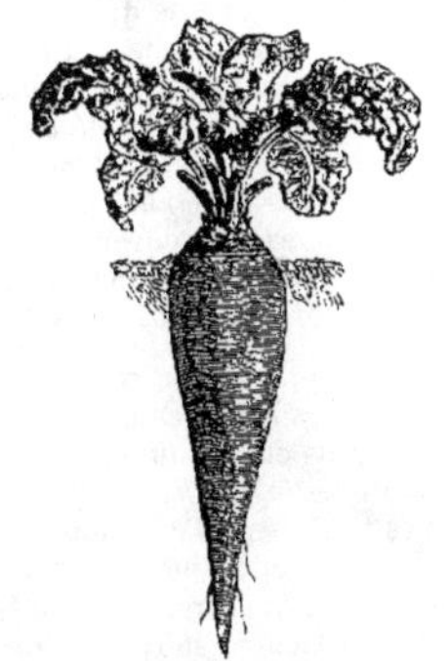

Fig. 428. — Betterave rouge naine de Dell.

soit pas humide, en les recouvrant de sable ou de terre sableuse, mais il est bon alors de ne pas couvrir de terre le collet, pour éviter que la pourriture se mette aux fragments de feuillage qui y sont restés ; au besoin, on peut simplement les mettre en jauge ou en silo, dans un endroit abrité, en les protégeant contre la gelée au moyen de feuilles ou de paillis. Si ces opérations ont été faites avec soin et qu'on ait pris garde, à l'arrachage et, ensuite, de ne pas blesser les racines, celles-ci peuvent se conserver jusqu'en avril-mai.

Production des graines. — Lors de l'arrachage, en automne, on choisit les Betteraves les mieux faites et qui paraissent les plus colorées et on les garde séparément, de la même façon que les autres ; en avril, on plante ces racines dans un endroit à part, où il n'y ait pas à craindre qu'elles soient hybridées par des variétés différentes. — Quand il s'agit de races à feuillage ornemental, il faut faire les choix en été, quand la plante est dans tout son développement et marquer, avec un bâton ou autrement, celles qu'on réservera comme mères.

Variétés. — Parmi les nombreuses variétés de Betteraves *potagères*, nous citerons particulièrement : la *Betterave rouge grosse* ou *longue* (A. V. P. 18-1), la plus cultivée en France, très productive et de bonne qualité ; la *Betterave crapaudine* ou *écorce* (A. V. P. 6-7),

Fig. 429. — Betterave rouge à feuillage ornemental.

très reconnaissable à la teinte noir grisâtre et aux gerçures de sa peau, à racine assez enterrée et à chair très rouge, très appréciée en certaines régions ; la *Betterave rouge piriforme de Strasbourg* (A. V. P. 31-5), peu productive, mais la plus colorée de toutes ; la *Betterave rouge noir plate d'Egypte* (A. V. P. 22-2) qui se recommande par sa grande précocité ; la *rouge naine de Dell* (A. V. P. 30-3), souvent employée aussi comme plante ornementale ; les variétés *rouge foncé de Whyte* (A. V. P. 4-5), *rouge de Castelnaudary*, *rouge de Covent-Garden*, *plate de Bassano*, et enfin les *Betteraves jaune ronde sucrée* (A. V. P. 22-1) et *jaune grosse* ou *longue*, beaucoup moins répandues que les races à chair rouge.

Quelques variétés de Betteraves potagères à feuillage vivement coloré de rouge ou de brun pourpre plus ou moins foncé, sont fréquemment cultivées comme plantes d'ornement et on en obtient de très jolis effets ; les deux races les plus remarquables sous ce rapport sont : la *Betterave rouge à feuillage ornemental*, à feuilles longues, étroites, nombreuses, se recourbant en arrière et formant une jolie touffe bien régulière, et la *Betterave Reine des noires*, à larges feuilles cloquées et ondulées, d'un rouge très foncé, presque noir, toutes deux mises au commerce par la maison Vilmorin.

Les feuilles de la Betterave cultivée, de la *Bette* ou

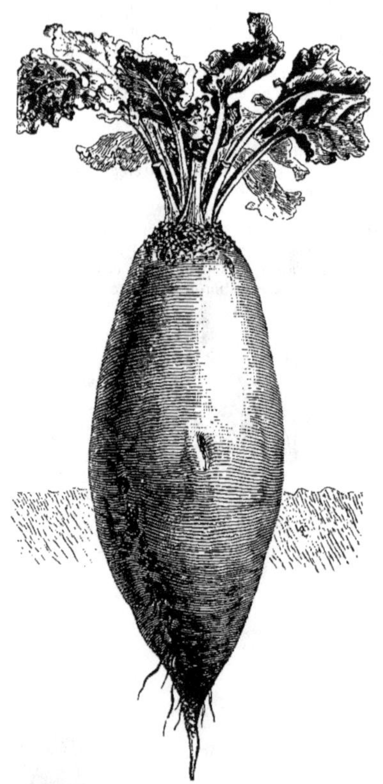

Fig. 430. — Betterave jaune géante de Vauriac.

Poirée ordinaire (*Beta Cicla* — V. ce nom.) et de la *Betterave marine* (*B. maritima*) peuvent être mangées cuites, à la façon de l'Arroche et des Epinards.

Outre son emploi comme légume, la Betterave est encore, et beaucoup plus largement, utilisée soit comme plante fourragère, soit comme plante industrielle, pour la production du sucre et de l'alcool.

B. fourragères. — Les plus recommandables et les plus généralement cultivées sont : la *Disette rose longue d'Allemagne*, hors terre (A. V. P. 2-1); la *Disette Mammoth* (A. V. P. 33-5), presque aussi longue et sensiblement plus large, également à peau rose ou rouge ; la *Disette corne de bœuf*, issue de la première, plus mince, souvent plus longue et se contournant au sortir de terre ; la *Disette blanche à collet vert* (A. V. P. 9-2), longue, tardive et très productive ; la *Disette d'argent*, voisine de celle-ci, un peu plus précoce, plus ou moins teintée de rose dans la partie enterrée de sa racine qui avoisine le collet ; la *rouge ovoïde*, ancienne race qui a été presque partout supplantée par la *jaune ovoïde* plus volumineuse et plus régulière ; la *rouge globe* (A. V. P. 16-6), également moins cultivée que la *jaune ;* la *jaune longue d'Allemagne* (A. V. P. 5-1) à peu près aussi productive que les disettes rose et blanche, mais de qualité supérieure, comme généralement les Betteraves à peau jaune, de meilleure conservation, plus rustique et réussissant mieux dans les sols calcaires ; la *jaune ovoïde des Barres* (A. V. P. 12-4), obtenue par M. Vilmorin père au domaine des Barres, aujourd'hui la plus cultivée des Betteraves fourragères

Fig. 431. — Betterave blanche à sucre améliorée Vilmorin.

et méritant la vogue dont elle jouit par sa rusticité, son grand rendement et l'excellente qualité de sa chair ; elle sort de terre d'environ les deux tiers de sa longueur et s'arrache très facilement ; la *jaune géante de Vauriac* (A. V. P.), belle sous-variété de la jaune des Barres, plus longue que celle-ci et produisant encore davantage ; enfin la *Betterave jaune globe* (A. V. P. 3-1), arrondie, très peu enterrée, convenant pour les sols qui ont peu de fond, rustique, productive, de bonne qualité et de bonne conservation.

B. à sucre. — Les principales sont : la *blanche de Silésie*, d'où sont sorties les diverses variétés sucrières et dont le type n'est plus cultivé aujourd'hui ; la *blanche à sucre améliorée Vilmorin* (A. V. P.), créée et perfectionnée successivement par MM. Louis et Henry de Vilmorin, une des plus anciennes et actuellement la plus riche des Betteraves à sucre, à racine de grosseur moyenne, à peau rugueuse, souvent d'un gris jaunâtre, à chair très compacte et jus très pur ; la *Klein-Wanzleben*, d'origine allemande, un peu plus productive, mais moins riche que la précédente ; la *Française riche*, sortie par sélection de la Brabant, plus enterrée et plus riche que celle-ci, convenant bien pour les terres meubles et chaudes ; enfin les *races fançaises blanches à collet vert* (A. V. P. 8-1) et à *collet rose*, la *Brabant* et le *collet gris*, que les lois fiscales actuelles

(1891), ne permettent plus d'utiliser, en France, que comme Betteraves de distillerie. (G. A.)

BETTERAVES (Anthomyie des), Angl. Beet or Mangold Fly. (*Anthomyia betæ*). — La larve de cette mouche cause quelquefois des dégâts dans les champs de Betteraves dont elle ronge les feuilles. Les œufs sont petits, blancs et ovales; la femelle les dépose en groupes sur la face inférieure des feuilles; les vers qui en éclosent sont blanc jaunâtre, apodes, cylindriques et d'environ 8 mm. de long. Les moyens de destruction sont malheureusement peu nombreux et peu efficaces. Selon Mlle Ormerod, « le meilleur moyen consiste à détruire à la main les groupes de jeunes larves, ou à brûler les plantes infestées; mais en général on se trouvera bien de l'application d'engrais chimiques et de binages fréquents qui favoriseront le développement de nouvelles feuilles ».

BETTERAVES (Atomaire des), (*Atomaria linearis*). — C'est un tout petit coléoptère, d'à peine 1 mm. 1/2 de long, brun noir ou ferrugineux. Il se montre en mai-juin, ronge le pivot des jeunes Betteraves et mange leurs feuilles au point qu'elles périssent ordinairement. Pour les détruire, on conseille de tasser la terre autour des plantes; les cendres, la chaux, la suie ont été essayées sans grand succès. De bonnes fumures aideront beaucoup les plantes à supporter leurs attaques. Les semis faits de bonne heure et dont la levée a lieu avant l'éclosion des larves ont chance d'échapper à leurs ravages. (S. M.)

BETTERAVES (Silphe des), Angl. Carrion Beetle. (*Silpha opaca*). — Les silphes, nommés aussi *boucliers*, vivent fréquemment dans les cadavres d'animaux en putréfaction et contribuent ainsi à leur destruction. Leurs larves mangent les feuilles des Betteraves; elles sont noires, brillantes et ont de 8 à 12 mm., lorsqu'elles sont entièrement développées. Les trois segments près de la tête sont arrondis sur les côtés, les autres sont anguleux et le segment anal est muni d'une épine aiguë de chaque côté. « Arrivées à leur complet développement, les larves s'enterrent et se creusent une cellule à 8 ou 10 cent. de profondeur ou elles se changent en nymphe et sortent à l'état d'insecte parfait au bout de quinze jours à trois semaines. » (Ormerod.) Ce dernier est aplati, d'environ 12 mm. de long, brun noir, couvert d'un duvet roussâtre; les yeux sont grands, ovales; les antennes claviformes, le corps un peu ovale; les élytres très plates, relevées sur le bord extérieur, munies chacune de trois côtes longitudinales; l'extrémité de l'abdomen est rouge sombre.

Cet insecte est connu depuis longtemps et ses dégâts ont été constatés sans qu'on puisse lui opposer un remède radical. Dans ces dernières années, ils ont pris des proportions inquiétantes pour la culture industrielle de la Betterave dans nos départements du Nord. Cette sorte d'invasion de silphes a nécessité l'emploi d'un traitement à base d'arseniate de cuivre ou d'arseniate de chaux, dû à M. Grosjean [1]. Mais ces substances sont des poisons excessivement violents, dont l'emploi est prohibé et ne peut être mis en pratique qu'en vertu d'arrêtés spéciaux [2]. L'enfouissement des engrais à l'automne et les labours fréquents donneraient sans doute d'assez bons résultats.

[1] Montillot, *Insectes nuisibles*, p. 101.

[2] *Journal de l'agriculture*, 1881, tome 1er, p. 97.

BETTERAVES (Champignons des). — Plusieurs espèces sont à signaler, et notamment la rouille et la suie. La rouille (*Uromyces betæ*) se développe au printemps sur les deux faces des feuilles où elle forme de petits amas de poussière brune, composée de spores très nombreux. Ce champignon, spécial à la betterave, est quelquefois très abondant. Il faut brûler les feuilles contaminées; on pourrait aussi essayer les solutions cuivriques en aspersion. La suie (*Helminthosporium rhizoctonon*) apparait au printemps, à l'extrémité des radicelles, sous forme de taches brunes qui, progressivement, atteignent la racine et finissent par la faire pourrir; elle se montre aussi quelquefois sur les feuilles. On l'attribue à l'humidité stagnante; le drainage est, en conséquence, probablement un des meilleurs remèdes. Citons aussi le *Peronospora Schachtii* qui se montre sur la face inférieure des feuilles, analogue au *Mildew* de la Vigne et pour la destruction duquel les composés cuivriques ont donné des résultats complets. Une autre maladie, plus dangereuse encore, est la *pourriture du cœur*, elle est causée par un champignon très polymorphe auquel M. Prillieux a donné le nom de *Phillosticta tabifica*; il conseille de supprimer les feuilles qui s'abaissent et portent de grandes taches blanchâtres sur leur pétiole. (S. M).

BETULA, Linn. (Pour quelques auteurs, ce mot vient de *Betu*, son nom celtique; d'autres le font dériver de *batuo*, battre; les haches des licteurs romains étaient entourées de faisceaux de branches de Bouleau). **Bouleau.** Angl. Birch. Comprend les *Betulaster*, Spach. Fam. *Cupulifères*, tribu des *Bétulées*. — Genre renfermant environ trente-cinq espèces largement dispersées en Europe, dans l'Asie centrale et septentrionale et quelques-unes dans l'Amérique du Nord. Ce sont de beaux arbres ou arbustes rustiques (sauf indication contraire), à feuilles caduques et voisins des *Alnus*. L'écorce de la plupart des espèces est formée de couches minces et membraneuses, se détachant quelquefois en feuillets irréguliers; leurs branches et leurs rameaux sont arrondis, grêles et souvent réfléchis ou même pendants. Les fleurs, monoïques et disposées en chatons, naissent en même temps que les feuilles. Chatons mâles cylindriques, lâches, formés d'écailles concaves, imbriquées, renfermant trois fleurs accompagnées chacune d'une petite écaille; corolle nulle; étamines douze (quatre pour chaque fleur), fixées à la base de l'écaille. Chatons femelles de forme semblable, mais plus denses, à écailles horizontales, peltées, dilatées extérieurement, renfermant chacune trois fleurs nues, surmontées d'un style à deux branches. Le fruit (graine) est sec, oblong, ailé latéralement. Les Bouleaux viennent en tous terrains, mais ils préfèrent les terres franches, légères. La plupart des espèces se multiplient par leurs graines qu'il faut avoir soin de faire sécher afin de prévenir la fermentation. Le semis se fait en mars, en terrain bien préparé et parfaitement nivelé. On les répand à la volée, puis on se contente de les enfoncer à l'aide d'une batte ou en les foulant avec les pieds. Lorsqu'on veut élever une grande quantité de plants, on prépare des planches d'environ 1 m. 30 de large, entre lesquelles on laisse un sentier de 30 cent.

Pendant l'été, lorsque le temps est chaud et sec, il faut ombrer les planches à l'aide de claies ou de branches supportées par des piquets et des traverses ; quelques arrosements seront aussi favorables à leur bonne végétation. L'année suivante, on repique les jeunes plantes en pépinière. Les espèces naines peuvent se multiplier par marcottes. Les nombreuses variétés cultivées pour ornement se propagent par la greffe en fente ou en écusson, sur les sortes communes ; le premier moyen a lieu au printemps, le dernier à la fin de l'été, lorsque les bourgeons sont bien aoûtés. Les espèces forestières poussent avec rapidité et sont très ornementales.

Fig. 432. — Betula alba. Rameau avec chaton.

tales. L'âge adulte des Bouleaux dépend beaucoup de la nature du sol et de son exposition, mais ils grossissent peu lorsqu'ils ont dépassé trente ans. Le Bouleau commun (*B. alba*) est un des plus rustiques et utiles ; il est très vigoureux et résiste parfaitement à toutes les intempéries. On peut l'employer pour former des abris et surtout pour boiser les coteaux arides et mal exposés ; il est aussi très décoratif. C'est l'arbre le plus commun en Russie, depuis la Baltique jusqu'à la mer d'Orient, couvrant fréquemment de vastes superficies. En Italie, il forme d'excellentes forêts jusqu'à 2,000 m. d'altitude, on le rencontre en Angleterre et en Ecosse, jusqu'à 800 mètres. Dans le Groënland, quoique sa taille soit très réduite, il s'y maintient encore et forme le seul végétal arborescent. Il est très commun en France, surtout dans le nord, mais il forme rarement des forêts à lui seul. De ses nombreuses formes, les *B. pubescens*, Ehrh, et *B. verrucosa*, Ehrh., considérés par les auteurs comme deux types spécifiques distincts, sont les plus répandus. Ce dernier est particulièrement abondant en Allemagne, plus au nord, il est remplacé par le Bouleau pubescent.

(V. *Spach*. Ann. Scien. Nat., 2e ser., XV, p. 186 et suite, XI, p. 232.)

B. acuminata, Wall. *Fl.* en chatons grêles, de 8 à 15 cent. de long, à écailles un peu aiguës, bidentées au milieu. *Flles* ovales, oblongues ou lancéolées, acuminées, de 10 à 20 cent. de long, dentées en scie, à dents cuspidées, un peu inégales, presque coriaces, glabres, finement

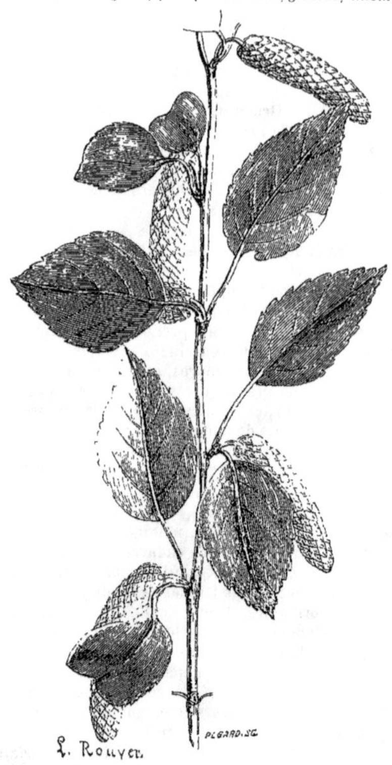

Fig. 433. — Betula alba pubescens. Rameau avec chatons. (*Rev. Hort.*)

ponctuées en dessous. Arbre élevé, ramifié presque depuis la base. Indes orientales.

B. alba, Linn.* Bouleau blanc ou commun, Angl. Silver White ou common Birch. — *Fl.* blanchâtres. Février-mars *Chatons* bruns, mûrissant en septembre-octobre. *Flles* ovales-aiguës, un peu deltoïdes, inégalement dentées, prenant à l'automne de belles teintes jaunes, écarlates ou rouges. Bel arbre atteignant 17 à 18 m. dans les régions tempérées, mais ayant à peine la taille d'un arbuste dans l'extrême nord. France, Angleterre, etc. — C'est un des plus beaux et des plus précieux ; il en existe un grand nombre de variétés. (F. D. 9, 1467 ; L. E. M. 760.)

B. a. purpurea, Hort.* *Flles* d'un beau pourpre en dessus, prenant une teinte métallique lustrée ; plus pâles en dessous. Branches presque pendantes. Très belle variété.

B. a. Dalecarlica, Hort. Bouleau à feuilles laciniées. — *Flles* profondément pinnatifides, à lobes dentés. Suède. Syn *B. verrucosa Dalecarlica*, Linn.

B. a. laciniata pendula, Hort.* *Flles* un peu plus grandes que celles du type, profondément laciniées, vert foncé et franchement pendantes. Il paraît y avoir deux formes de cette variété, mais celle connue sous le nom de Young's est la plus intéressante.

B. a. macrocarpa, Hort.* *Chatons* femelles deux fois plus longs que ceux de l'espèce type.

B. a. foliis variegatis, Hort.* *Flles* maculées de blanc jaunâtre.

B. a. pendula, Hort. Arbre bien connu, se distinguant du type par ses rameaux plus grêles, plus glabres et pendants (fig. 247).

B. a. pontica, *Flles* un peu plus grandes que celles de l'espèce type. Plante plus robuste. (W. D. B. 2, 94.)

B. a. pubescens, Spach. *Flles* ovales, arrondies ou un peu cordiformes, pubescentes sur la face inférieure, surtout à l'angle des nervures très saillantes, ainsi que sur les pétioles et les jeunes pousses; ces dernières dépourvues de glandes céracées. Arbre moins élevé que le *B. a. vulgaris*, formant une cime plus large et plus touffue. Norvège, Russie, etc. Syn. *B. pubescens*, Ehrh.

B. a. urticæfolia, Hort.* *Flles* profondément lacinées, dentées en scie et poilues.

B. a vulgaris, Spach. *Flles* deltoïdes ou rhomboïdales, acuminées, à bords souvent anguleux, glabres sur la face inférieure. Rameaux chargés de petites verrues exsudant une matière cireuse. Tronc élancé, grêle, nu sur une assez grande longueur, à écorce blanche, lisse; branches étalées et même pendantes. *Haut.* 15 à 20 m. Europe et Sibérie. Syns. *B. verrucosa*, Ehrh.; *B. pendula*, Hoffm.

Plusieurs autres variétés, passant pour être bien distinctes, ne sont que de simples formes du *B. alba* type.

B. alpina, Borkh. Syn. de *Alnus viridis*, DC.

B. Bhojpattra, Wall.* *Chatons* femelles dressés, cylindriques, oblongs; bractées lisses, laineuses, bipartites, obtuses, beaucoup plus longues que la graine qui est étroitement ailée, Mai. *Flles* oblongues, aiguës, un peu cordiformes à la base, à dentelures presque simples; pétioles, nervures et rameaux poilus; écorce rouge cinabre pâle. *Haut.* 15 m. Himalaya, 1840. Cette espèce demande une exposition abritée.

B. carpinifolia, Ehrh. Syn de *B. lenta*, Linn.

B. davurica, Pall.* *Chatons* brun grisâtre, plus grands que ceux du Bouleau commun. Février-mars. *Flles* ovales, rétrécies à la base, entières, inégalement dentées, glabres; écailles ciliées sur les bords, à lobes latéraux arrondis. *Haut.* 9 à 12 m. Sibérie, 1786. La variété *parviflora* est à plus petites feuilles que le type.

B. excelsa, Ait. Syn. de *B. lutea*, Michx.

B. fruticosa, Pall.* *Fl.* brun grisâtre. *Chatons* femelles oblongs. Février-mars. *Flles* ovales, arrondies, presque régulièrement dentées en scie, glabres. *Haut.* 1 m. 50 à 2 m. dans les endroits humides, mais beaucoup plus élevé sur les montagnes, Sibérie orientale, 1818. (W. D. B. 2, 154.) Syn. *B. humilis*, Schrank.

B. glandulosa, Michx.* *Fl.* blanchâtres. *Chatons* femelles oblongs. Mai. *Flles* obovales, dentées en scie, entières à la base, glabres, presque sessiles; branches glabres, couvertes de ponctuations glanduleuses. *Haut.* 60 cent. Canada, 1816. Joli petit arbrisseau. (F. D. 2583.)

B. humilis, Schrank. Syn. de *B. fruticosa*, Pall.

B. lenta, Linn. *Fl.* blanc verdâtre. Mai-juin. *Flles* cordiformes, ovales, dentées en scie, acuminées; pétioles et nervures poilus en dessous; écailles glabres, obtusément et également lobées sur les côtés; nervures saillantes proéminentes. *Haut.* 18 à 20 m. Canada, Géorgie, 1759. Syn. *B. carpinifolia*, Ehrh. (W. D. B. 2, 144.)

B. lutea, Michx. *Fl.* blanc verdâtre. Mai. *Flles* de 8 cent. de long et 6 cent. de large, ovales-aiguës, dentées en scie; pétioles pubescents, plus courts que les pédoncules, jeunes pousses et feuilles duveteuses au début, mais devenant glabres par la suite, à l'exception du pétiole qui demeure couvert de poils courts et fins; écailles à lobes latéraux arrondis. *Haut.* 20 à 24 m. Nouvelle-Ecosse, 1767, Syn. *B. excelsa*, Ait. (W. D. B. 95.)

B. Medwediewi, Regel. *Chatons* cylindriques; les mâles d'environ 3 cent. de long, les femelles plus courts. *Flles* elliptiques, ovales, à lobes aigus, glabres; nervure médiane et pétiole pubescents. Branches glabres. Transcaucasie, 1887. (R. G. 1887, p. 284, f. 1-4.)

B. nana, Linn. *Fl.* blanc verdâtre. *Chatons* dressés, pétiolés, cylindriques, obtus; les mâles latéraux, les femelles terminaux; écailles des chatons fertiles trilobées, triflores, persistantes. Avril-mai. *Flles* orbiculaires, crénelées, réticulées, nervées en dessous. *Haut.* 30 cent. à 1 m. Ecosse, Laponie, Suède, Russie, etc. (F. D. 91.) — Arbuste très rameux, à branches légèrement duveteuses à l'état juvénile et couvertes de nombreuses feuilles petites, arrondies, fermes, glabres, finement crénelées, à nervures gracieusement réticulées, principalement sur la face inférieure, et portées sur de courts pétioles munis à la base d'une paire de stipules brunes, lancéolées. Il en existe aussi une variété nommée *pendula*, à branches pendantes.

B. nigra, Linn. Bouleau noir. Angl. Black Birch. — *Fl.* blanc verdâtre. *Chatons* femelles droits et presque cylindriques, d'environ 5 cent. de long. Mai. *Flles* rhomboïdales, ovales, doublement dentées en scie, aiguës à la base, pubescentes en dessous, écailles velues, à segments linéaires, égaux. *Haut.* 18 à 20 m. Depuis le New-Jersey jusqu'à la Caroline, 1736. Syn. *B. rubra*, à Michx. (W. D. B. 2. 153.)

B. papyracea. Willd.* *Fl.* blanc verdâtre. *Chatons* femelles longuement pétiolées, lâches; écailles un peu orbiculaires, brièvement lobées sur les côtés. Mai-juin. *Flles* ovales, acuminées, doublement dentées en scie; nervures poilues en dessous; pétioles glabres; branches beaucoup moins flexibles que celles du Bouleau commun et beaucoup plus dressées. *Haut.* 18 à 20 m. Amérique du Nord, 1750. (W. D. B. 2, 152.)

B. p. fusca, Hort. *Flles* plus petites que celles de l'espèce type et moins duveteuses.

B. p. occidentalis, Lyall. *Flles* plus grandes et plus épaisses que celles du type, brillantes en dessus. Ecorce caduque. Se reproduit, dit-on, franchement de graines. Amérique du Nord-Ouest, 1888.

B. p. platyphylla, Hort.* *Flles* très larges.

B. p. trichoclada, Hort.* *Flles* cordiformes. Branches extrêmement poilues et rameaux trichotomes.

B. populifolia, Willd.* *Fl.* blanc verdâtre. Avril-mai. *Flles* deltoïdes, très acuminées, inégalement dentées en scie, complètement glabres. *Haut.* 9 m. Canada, 1750. — Cette espèce, bien que se rapprochant intimement du *B. alba*, est beaucoup moins vigoureuse et n'atteint pas des dimensions aussi considérables que celles de ce dernier. (W. D. B. 2,151.)

B. p. laciniata, Hort. *Flles* grandes, luisantes, profondément découpées.

B. p. pendula, Hort. Rameaux pendants comme ceux du *B. alba pendula*.

B. pubescens, Ehrh. Syn. de *B. alba pubescens*, Spach.

B. pumila, Linn. *Fl.* blanchâtres. *Chatons* femelles

cylindriques. Mai-juin. *Flles* arrondies, ovales, longuement pétiolées, fortement couvertes de poils sur la face inférieure. Branches pubescentes, non ponctuées. *Haut.* 60 cent. à 1 m. Canada, 1762. — Très belle espèce, convenable pour garnir de grandes rocailles ou pour planter sur le flanc des collines ou dans les terrains rocheux. (W. D. B. 2, 97.)

B. Raddeana, Trautz. *Chatons* ovoïdes, oblongs, de 1 1/2 à 2 cent. 1/2 de long. *Flles* petites, ovales, à dents aiguës, pubescentes sur les nervures de la face inférieure, et dans leurs angles. Jeunes rameaux mollement pubescents. Caucase, 1887. (R. G. 1887, p. 383, f. 95, 5-11.)

B. rubra, Michx. Syn. de *B. nigra*, Ait.

B. verrucosa, Ehrh. Syn. de *B. alba vulgaris*, Spach.

BÉTULÉES. — Tribu de la famille des *Cupulifères* comprenant des arbres ou arbustes à feuilles caduques. Périanthe nul, ou réduit à l'état de bractées; fleurs monoïques, en chatons réunis par deux ou trois. Fruit (graine) sec, comprimé, lenticulaire, souvent ailé, indéhiscent. Feuilles alternes, simples, stipulées. Les genres de cette tribu sont : *Alnus* et *Betula*.

BI. — Dans les mots composés, *bi-* signifie deux.

BIAILÉ. — Se dit des graines ou autres organes munis de deux appendices membraneux nommés ailes.

BIANCEA scandens. — V. **Cæsalpinia sepiaria.**

BIARUM, Schott. (de *bis*, deux, et *Arum*, Gouet). Fam. *Aroïdées.* — Comprend, d'après Bentham et Hooker, les *Ischarum*, Blume, séparés dans cet ouvrage pour leur différence de culture et pour leur emploi. Les *Biarum* sont de petites plantes vivaces, tuberculeuses, rustiques, originaires de la région méditerranéenne, et dont on connait quelques espèces beaucoup plus curieuses que décoratives, classées entre les *Arum* et les *Sauromatum*. Selon le Dr Masters, elles diffèrent des *Arum* par leur spathe tubuleuse à la base et à limbe étalé. Les fleurs femelles ont un style distinct, et les ovaires ne renferment qu'un seul ovule. Il leur faut une terre fertile, légère et bien drainée; les autres soins sont ceux que l'on donne aux *Arum*. L'espèce ci-dessous est très probablement seule répandue dans les jardins.

B. constrictum, — Syn. de *B. tenuifolium*, Schott.

B. gramineum, Schott. Syn. de *B. tenuifolium*, Schott.

B. tenuifolium, Schott. * *Fl.* à spathe brun-pourpre foncé, réfléchie dans sa partie supérieure; spadice très long, rétréci en filet subulé. Juin. *Flles* linéaires, lancéolées, naissant après la floraison. *Haut.* 15 cent. Europe méridionale, 1570. Syns. *B. gramineum*, Schott. et *B. constrictum*. (B. R. 512; B. M. 2282, sous le nom de *Arum tenuifolium*, Linn.)

BIAURICULÉ, Angl. Biauriculate. — Pourvu de deux auricules.

BIBACIER ou **BIBASSIER.** — V **Eriobotrya japonica**, Lindl.

BIBRACTÉTÉ, Angl. Bitracteate. — Qui a deux bractées.

BIBRACTÉOLÉ, Angl. Bibracteolate. — Muni de deux bractéoles.

BICARÉNÉ, Angl. Bicarinate. — Pourvu de deux carènes.

BICOLORE. — A deux couleurs.

BICONJUGUÉ, Angl. — Se dit des feuilles dont le pétiole se divise en deux pétioles secondaires portant chacun deux folioles.

BICORNU, Angl. Bicornute. — Muni de deux appendices en forme de cornes.

BICORONA, DC. — V. **Melodinus**, Forst.

BICUSPIDÉ, Angl. Bicuspidate. — A deux pointes; se dit des feuilles, des anthères, des styles, des fruits, etc.

BIDENS, Linn. (de *bis*, deux, et *dens*, dent; allusion aux graines). **Bident.** Angl. Bur Marigold. Comprend les *Pluridens*, Neck. Fam. *Composées.* — Plus de cent espèces ont été décrites. mais ce nombre est actuellement réduit de moitié; elles habitent les régions chaudes et tempérées du globe. Ce sont des herbes presque toutes rustiques, annuelles ou vivaces, caractérisées par leurs achaines surmontés d'une aigrette formée de deux à quatre arêtes munies de petites dents réfléchies. Involucre dressé, composé de bractées oblongues, presque égales, bisériées; réceptacle à paillettes caduques. Fleurons neutres ligulés, rayonnants. Feuilles opposées, simples ou composées. La plus grande partie des espèces de ce genre n'ont aucun intérêt horticole. Les *B. tripartita* et *B. cernua* sont deux espèces indigènes; la première, nommée vulgairement *Chanvre aquatique*, est très commune. Toute terre de jardin leur convient; on les multiplie par division des touffes ou par semis.

B. atrosanguinea. Ortgies. *Capitules* carmin noirâtre, très nombreux. Fin de l'été et automne. *Flles* pinnées. Racine tubéreuse. *Haut.* 1 m. Mexique. (B. M. 5227; R. G. 1861, 347.)

B. ferulæfolia, DC. *Capitules* jaunes. Automne. *Flles* bipinnatifides. *Haut.* 60 cent. Mexique, 1799. Syn. *Coreopsis ferulæfolia*, Jacq. (B. R. 684.)

B. procera, Don. *Capitules* jaunes, grands. *Flles* finement découpées, vert foncé. Belle espèce vivace. *Haut.* 2 m. à 2 m. 50. Mexique, 1820. (B. R. 684.)

B. striata, Sweet. *Capitules* assez grands, en corymbe paniculé, feuillu; fleurons ligulés blancs; disque jaune. *Flles* ternées, glabres. *Haut.* 60 cent. à 1 m. Automne. Mexique. (B. M. 3155.)

BIDENTÉ, Angl. Bidentate. — Muni de deux dents.

BIEBERSTEINIA, Stephan. (dédié à Frédéric Marschall Bieberstein, naturaliste russe, auteur du *Flora Taurico-Caucasica* et d'autres ouvrages). Fam. *Géraniacées.* — Genre ne comprenant, suivant Bentham et Hooker, que trois espèces originaires de la Grèce, de l'Asie centrale et occidentale. Ce sont des plantes vivaces, herbacées, demi-rustiques. Fleurs situées à l'aisselle de bractées et disposées en grappes axillaires et pédonculées. Il leur faut un compost de terre franche, de terre de bruyère et de sable. Leur multiplication a lieu par boutures faites sous cloche, au commencement de l'été, et par graines que l'on sème au printemps sur une petite couche.

BIENNAL. — Qui dure deux ans.

BIFÈRE, Angl. Bifarious. — A deux rangs ; disposé sur deux rangs.

BIFIDE, Angl. Bifid. — Divisé, environ jusqu'au milieu, en deux parties.

BIFLORE. — A deux fleurs.

BIFOLIÉ, Angl. Bifoliate. — Qui est muni de deux feuilles.

BIFOLIUM, Flor. — V. **Maianthemum**, Wigg.

BIFRENARIA, Lindl. (de *bis*, deux, et *frenum*, lanière ; allusion au caudicule double et aplati qui unit les masses polliniques à leur glande). Fam. *Orchidées*. — On connait environ dix espèces originaires du Brésil, de la Guyane et de la Colombie. Ce sont de jolies Orchidées de serre chaude, voisine des *Maxillaria*, dont elles se distinguent par les caudicules doubles de leurs masses polliniques. Pour leur culture, V. **Maxillaria**.

B. aurantiaca, Lindl. * *Fl.* orangées, à lobes latéraux du labelle semi-cordiformes, le médian transversal, subondulé, calleux à la base ; grappe dressée. Octobre. *Flles* oblongues, plissées. Pseudo-bulbes arrondis, comprimés, portant deux feuilles. *Haut.* 20 cent. Demerara, 1834. (B. R. 1875.)

B. aureo-fulva, Lindl. *Fl.* orangées, longuement pédicellées ; labelle onguiculé, trilobé ; hampe radicale, multiflore. Octobre. *Flles* oblongues-lancéolées. Pseudo-bulbes arrondis, ovales, ridés, monophylles. *Haut.* 30 cent. Brésil, 1840. (B. M. 3629 sous le nom de *Maxillaria aureo-fulva*, Know. et West.)

B. bella. — V. *Cœlia bella*.

B. Harrisoniæ, Rchb. *Fl.* de 8 cent. de diamètre ; sépales et pétales blanc crème, grands, charnus, les latéraux en forme d'éperon à la base ; labelle pourpre, jaunâtre à la base, veiné de pourpre à l'extérieur, strié de rouge à l'intérieur ; hampe uni- ou biflore. *Flles* solitaires, grandes, oblongues-lancéolées, plissées. Pseudo-bulbes pyriformes, tétragones. Brésil. (L. 239.) Syns. *Colax Harrisoniæ ; Dendrobium Harrisoniæ*, Hook. (H. E. F. 120) ; *Lycaste Harrisoniæ ; Maxillaria Harrisoniæ*, Lindl. (B. M. 2927 ; P. M. B. II, 196.)

B. H. alba, Kränzl. *Fl.* blanches ; sépales légèrement teintés de vert, face inférieure des latéraux faiblement ponctuée de rouge ; lobes latéraux du labelle pourpre rougeâtre, veinés de rouge plus foncé ; lobe médian rouge pourpre, velu, à partie formant éperon, blanc verdâtre. Brésil. (R. G. 52, sous le nom de *Maxillaria Harrisoniæ alba*, et 1889. 1312 (2) sous son nom correct.)

B. H. eburnea, — *Fl.* à sépales et pétales blancs ; labelle blanc, fortement strié de carmin, gorge jaune, striée de rouge pourpre. Avril-mai. Brésil. Variété de couleur très délicate. (W. O. A. III, 100, sous le nom de *Lycaste Harrisoniæ eburnea*.)

B. H. grandiflora. — *Fl.* à labelle entièrement pourpre sur la face inférieure, sauf une bordure jaunâtre étroite ; éperon jaune, avec quelques larges stries pourpres.

B. Hadwenii, Lindl. *Fl.* de près de 10 cent. de diamètre, à pétales et sépales de 12 mm. de large, jaune verdâtre, élégamment maculés ou bigarrés d'un beau brun ; labelle grand, de plus de 2 cent. 1/2 de large, blanc, à stries courtes, rose chair. Juin. *Flles* allongées, de 6 mm. de diamètre. Brésil, 1851. (B. M. 4629 ; L. J. F. 232 ; F. d. S. 7, 731.) Syn. *Scuticaria Hadwenii*.

B. H. bella, — * Nouvelle variété à sépales et pétales blanc jaunâtre à l'extérieur, d'un beau rouge cinabre à l'intérieur avec quelques macules et ponctuations jaune soufre ; labelle large, blanc, avec une macule brun clair derrière la crête et une plus grande devant et strié de lignes brun clair, rayonnantes sur les lobes latéraux, mauves sur l'antérieur.

B. H. pardalina, — * Très belle variété dont les sépales et les pétales sont pourvus de macules brunes, circulaires ou polygonales, sur un fond jaune clair ; labelle jaune d'ocre à la base, blanc sur le devant, avec des stries mauves, rayonnantes. Cette variété est rare.

B. vitellina, — * *Fl.* pourpre jaunâtre ; labelle cunéiforme, trilobé ; lobes latéraux aigus, crénelés ; grappes pendantes. Juillet. *Flles* lancéolées. Pseudo-bulbes ovales, à angles obtus, monophylles. *Haut.* 30 cent. Brésil, 1838.

BIFURCATION, BIFURQUÉ. — Point où une partie quelconque d'un végétal se divise en deux, et forme ainsi une fourche.

BIGARADIER. — Variété du **Citrus Aurantium**, Desf.

BIGELOWIA, DC. (dédié au Dr Jacob Bigelow, auteur d'un *Florula Bostoniensis*, etc.). Syns. *Chrysotamnus*, Nutt. et *Linosyris*, Torr. et Gray. Fam. *Composées*. — Genre comprenant vingt-quatre espèces originaires de l'Amérique boréale et des Andes de l'Amérique australe. Ce sont des arbustes, des sous-arbrisseaux ou des herbes rustiques. Capitules disposés en corymbe ; involucre oblong ou campanulé, à bractées imbriquées ; réceptacle plan. Feuilles alternes, linéaires ou lancéolées. Ils se plaisent en toute terre de jardin et on les multiplie par boutures.

B. Howardii, — *Capitules* jaunes ; involucre étroit. Petit arbuste. Syn. *Linosyris Howardii*.

B. nudata, DC. *Capitules* jaunes. Septembre. *Flles* éparses, oblancéolées ou linéaires. *Haut.* 30 à 60 cent. Nouveau Jersey. Plante vivace.

B. paniculata, — *Capitules* jaunes, ayant à peine 12 mm. de large, réunis par cinq en panicule lâche. Californie. Espèce frutescente.

BIGELOWIA, Spreng. — V. **Spermacoce**, Linn.

BIGÉMINÉ, Angl. Bigeminate. — Deux fois géminé ; se dit de certains organes disposés sur quatre rangs rapprochés deux à deux.

BIGLANDULARIA, Seem. — V. **Sinningia**, Nees.

BIGNONIA, Linn. (dédié par Tournefort à l'abbé Bignon, bibliothécaire de Louis XIV). Fam. *Bignoniacées*. — Genre comprenant cent vingt espèces originaires de l'Amérique, et presque toutes de la région tropicale. Ce sont de beaux arbustes, la plupart sar-

Fig. 431. — Bignonia ; graine ailée.

menteux-grimpants, munis de vrilles, et rarement des arbres ou arbrisseaux dressés. Fleurs axillaires et terminales, solitaires ou en ombelles ; corolle courtement tubuleuse, campanulée, à limbe bilabié, découpé en cinq lobes. Feuilles opposées, simples, conjuguées, ternées, digitées ou pinnatifides. Racines quelquefois renflées de distance en distance en forme de tubercule.

Ces belles lianes sont particulièrement propres à

l'ornement des grandes serres où, bien cultivées, elles font beaucoup d'effet. Les points essentiels de leur culture sont d'obtenir une végétation vigoureuse ; toutefois, il faut les tenir palissés, les tailler, etc., car elles deviennent rapidement envahissantes. Comme toutes les plantes poussant beaucoup, les Bignones demandent à être mis en pleine terre, en serre chaude ou froide, ou en plein air au pied d'un mur, selon le degré de rusticité de l'espèce ; mais il faut limiter l'espace qu'on leur alloue, afin de restreindre le développement pour que le compost soit plus poreux et plus perméable.

Multiplication. — Les graines étant très difficiles à obtenir, le moyen le plus pratique est le bouturage. Les boutures se font au printemps, avec des pousses vigoureuses, herbacées. Lorsque les nœuds sont espacés, deux suffisent ; dans le cas contraire, on en emploie trois ; on les plante dans des godets remplis de terre siliceuse que l'on place ensuite sous cloches et sur chaleur de fond. Ces boutures étant charnues et très tendres, elles sont susceptibles de fondre pen-

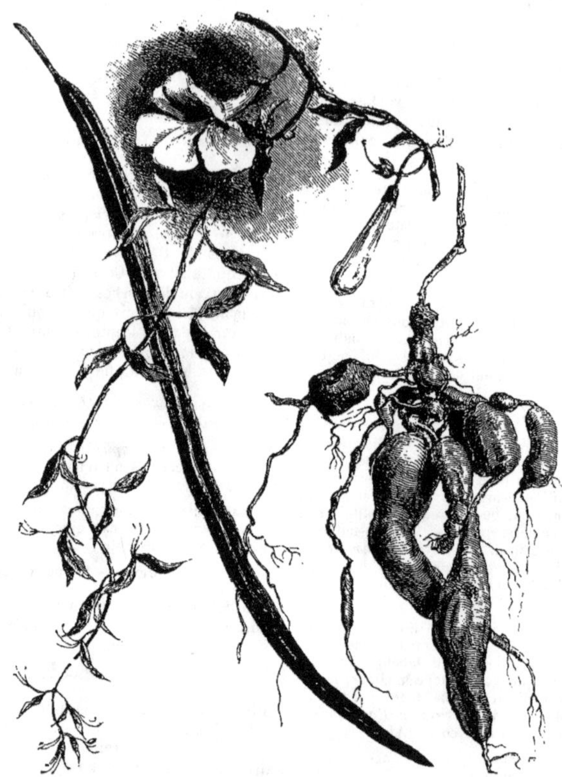

Fig. 435. — Bignonia æquinoctialis. (*Rev. Hort.*)
Racines tuberculeuses, branche florifère et fruit siliquiforme.

des racines. On peut les employer pour tapisser les murs, les treillages ou pour les faire filer sur des fils de fers, le long de la charpente des serres. Pendant l'été, on laisse les pousses vigoureuses se développer à leur aise; on leur donne le plus de lumière possible sans pourtant les laisser ombrer entièrement les plantes qui sont en dessous. Cette condition est indispensable pour permettre au bois de bien s'aoûter et de produire des fleurs l'année suivante. Le sol doit se composer de deux parties de terre franche fibreuse, d'une partie de terre de bruyère, d'une de terreau et d'une certaine quantité de sable. La terre franche et la terre de bruyère doivent être concassées, mais non criblées,

dant les premières semaines, il est conséquemment utile d'essuyer les cloches tous les matins et de n'arroser qu'avec beaucoup de modération. Bien soignées, elles s'enracinent au bout de deux mois environ ; on enlève alors les cloches toutes les nuits pendant la première semaine ; puis on les rempote dans de petits pots avec le mélange ci-dessus que l'on passe dans un gros crible pour enlever les pierres et briser les grosses mottes. Après le rempotage, on les place dans un châssis fermé jusqu'à ce qu'elles puissent supporter l'air et la lumière. Au bout d'un an, elles sont suffisamment fortes pour être plantées à demeure. On peut aussi propager les *Bignonia* par marcottes.

B. æquinoctialis, Linn. *Fl.* jaunes ; pédoncules biflores, les terminaux en grappes. Juin-octobre. *Flles* glabres, conjuguées ; folioles oblongues-lancéolées. Vrilles simples, axillaires. Cayenne, 1763. Syn. *B. Unguis*, Linn.

B. æ. Chamberlaynii, Sims. — V. *Anemopægma racemosum*.

B. æsculifolia, Kunth. Syn. de *Tabebiua æsculifolia*, DC.

B. apurensis, Humb. et Bonpl. *Fl.* à pédicelles de 5 cent. de long ; corolle jaune, en entonnoir, à lobes arrondis, divergents, presque égaux ; épis terminaux, sessiles. *Flles* ternées, à folioles elliptiques, oblongues, brièvement acuminées, presque aiguës à la base. Bords ombragés de la rivière Apures près d'El Diamante, 1824.

B. argyreo-violascens, — *Flles* veinées de blanc, violacées à l'état juvénile. Amérique du Sud, 1865. (F. M. 1865, 26.)

B. aurantiaca, — *Fl.* orangées. Amérique du Sud, 1874.

B. capensis, Thunb. — V. *Tecoma capensis*, G. Don.

B. capreolata, Linn. * *Fl.* orangées ; pédoncules axillaires, uniflores, nombreux. Avril-août. *Flles* conjuguées, à folioles cordiformes, oblongues ; les inférieures simples. Vrilles petites, trifides. Amérique du Nord, 1710. Rustique en France et dans le sud de l'Angleterre. (B. M. 864 ; L. B. C. 714.)

B. c. atrosanguinea, Hort. *Fl.* rouge pourpre. Été. Etats-Unis. (B. M. 6501.)

B. Catalpa, Linn. — V. *Catalpa bignonioides*.

B. Chamberlaynii, Sims. — V. *Anemopægma racemosum*.

B. Cherere, Aubl. *Fl.* orangées, de 5 cent. de long, disposées en cymes axillaires. Juin-novembre. *Flles* inférieures ternées, les supérieures conjuguées, munies de vrilles ; folioles ovales, acuminées, quelquefois cordiformes, glabres. Guinée (dans les forêts et sur les bords des rivières), 1824. (B. R. 1301.)

B. Chica, Kunth. *Fl.* à corolle en entonnoir, violacée ; limbe à segments arrondis, presque égaux ; panicules axillaires, pendantes. *Flles* de 20 à 30 cent. de long, bipinnées, à folioles conjuguées, elliptiques-ovales, acuminées, profondément cordiformes, glabres. Vrilles simples. Bords de l'Orénoque, 1819.

B. chrysantha, Jacq. — V. *Tabebuia chrysantha*.

B. chrysoleuca, Humb. et Bonpl. *Fl.* à tube jaune et à limbe blanc, glabre, de 4 cent. de long ; pédoncules portant trois-cinq fleurs. Juin-juillet. *Flles* conjuguées, à folioles de 12 à 15 cent. de long et 5 cent de large, oblongues, acuminées, glabres, arrondies à la base, luisantes. Vrilles entières. Bords de la rivière Magdalena, 1824.

B. Clematis, Kunth. *Fl.* à corolle blanche, jaunâtre à l'intérieur, à lobes presque égaux, arrondis, rouges ; panicules axillaires, duveteuses. *Flles* de 18 à 20 cent. de long, conjuguées, imparipennées, à folioles de 5 cent. de long et de 2 cent. 1/2 de large, ovales, rétrécies au sommet, aiguës, cordiformes à la base, glabres. Branches quadrangulaires, glabres. Caracas, 1820.

B. diversifolia, Kunth. *Fl.* à corolle jaune, campanulée-infundibuliforme ; panicules terminales. *Flles* simples, ou conjuguées ; folioles arrondies, ovales, acuminées, sub-cordiformes, luisantes, glabres. Vrilles simples. Branches quadrangulaires, striées. Mexique, 1825.

B. floribunda, Kunth. * *Fl.* à corolle pourpre, en entonnoir, de 2 cent. de long ; panicules axillaires, pruineuses, à branches opposées et à rameaux dichotomes. *Flles* conjuguées, à folioles de 4 cent. de long, oblongues-elliptiques, acuminées, aiguës à la base, glabres, luisantes. Vrilles entières. Branches pruineuses et couvertes de verrues. Mexique, 1824.

B grandiflora, Thunb. — V. *Tecoma grandiflora*, Delaunay.

B. incisa, Lodd. — V. *Tecoma stans apiifolia*.

B. jasminoides, Cunn. — V. *Tecoma jasminoides*, G. Don.

B. lactiflora, Vahl. *Fl.* à corolle blanc laiteux, de 4 cent. de long, velue, tomenteuse à l'extérieur ; grappes géminées, munies d'une bractée pétiolulée à la base de chaque pédicelle. Avril-juin. *Flles* conjuguées, à folioles de 5 cent. de long, cordiformes, ovales, glabres. Branches striées. Vrilles trifides. Santa-Cruz, 1823.

B. leucoxyla, Arrab. — V. *Tabebiua leucoxyla*.

B. littoralis, Humb. et Bonpl. *Fl.* à corolle en entonnoir, rouge, duveteuse à l'extérieur ; panicules axillaires, rameuses, dichotomes. Mai-juillet. *Flles* ternées, à folioles arrondies-ovales, acuminées, revêtues de poils mous sur les deux faces. Branches arrondies, glabres ; rameaux poilus. Mexique, 1824.

B. magnifica, — * *Fl.* variant du mauve tendre au beau pourpre cramoisi, à gorge jaune primevère, très grandes, de 8 cent. de diamètre ; panicules grandes, rameuses. Été. *Flles* opposées, largement ovales, assez longuement pétiolées. Colombie, 1879. Très belle espèce.

B. mollis, Vahl. *Fl.* petites, duveteuses ; panicules terminales, pluriflores. *Flles* trifoliées, à folioles de 12 cent. de long, ovales, sub-cordiformes, duveteuses sur les deux faces. Cayenne, 1818.

B. mollissima, Kunth. *Fl.* à corolle un peu en entonnoir, duveteuse à l'intérieur ; panicules axillaires, rameuses, dichotomes, duveteuses. *Flles* simples ou conjuguées, à folioles de 7 cent. de long et 4 cent. de large, ovales, aiguës, cordiformes, revêtues de poils mous sur la face supérieure. Caracas, 1820.

B. pallida, Lindl.* *Fl.* axillaires, généralement solitaires, corolle de 5 cent. de long, en entonnoir, à tube jaune et à limbe lilas pâle ; lobes crénelés, ciliés. Juillet. *Flles* simples, opposées, oblongues, obtuses, presque cordiformes à la base. Branches arrondies. Saint-Vincent, 1823. (B. R. 965.)

B. Pandorea, Andr. — V. *Tecoma australis*, R. Br.

B. pentaphylla, Linn. — V. *Tecoma pentaphylla*, Juss.

B. picta, Lindl. Syn. de *B. speciosa*, Hook.

B. radicans, Linn. — V. *Tecoma radicans*, Juss.

B. regalis, — *Fl.* jaune vif et rouge, grandes, très belles. *Flles* opposées, elliptiques, lancéolées. Guyane anglaise, 1885. Belle espèce grimpante.

B. reticulata, — Colombie, 1873.

B. Rœzlii, — Colombie, 1870.

B. rugosa, Schlecht. *Fl.* jaunes, à limbe blanc crème-corolle en entonnoir ; calice large ; cymes axillaires. *Flles* bifoliées, couvertes de poils mous ainsi que les tiges. Plante sarmenteuse. Caracas, 1891. (B. M. 7124.)

B. salicifolia, Humb. et Bonpl. *Fl.* à corolle en entonnoir, de 4 cent. de long, cuivrée, et à limbe blanc ; pédoncules axillaires, à trois-six fleurs duveteuses. Été. *Flles* conjuguées, à folioles lancéolées, de 8 cent. de long, aiguës aux deux extrémités, complètement glabres, luisantes. Branches arrondies. La Trinité, 1824.

B. speciosa, Hook. * *Fl.* roses, maculées de pourpre ; calice membraneux, fendu sur un côté ; panicules terminales. Mai. *Flles* pinnées, ternées et verticillées ; folioles oblongues-lancéolées, acuminées, luisantes, dentées en scie. *Haut.*

1 m. 20. Uruguay, 1840. Arbrisseau glabre, à feuilles persistantes Syn. *B. picta*, Lindl. (B. M. 3888.)

B. spectabilis, Vahl. — V. *Tabebuia spectabilis.*

B. Tweediana, Lindl. *Fl.* jaunes; corolle glabre, à limbe profondément découpé en cinq lobes ciliés, émarginés; pédoncules uniflores. Été. *Flles* conjuguées, à folioles lancéolées, acuminées pétioles duveteux. Buenos-Ayres, 1838. (B. R. 26, 45; Gn. 1891, 812.)

B. undulata, Smith. — V. *Tecoma undulata*, G. Don.

B. Unguis, Linn. — V. *B. æquinoctialis*, Linn.

B. variabilis, Jacq. *Fl.* à tube de 8 cent. de long, jaune verdâtre; limbe devenant blanc; grappes simples, courtes, pluriflores, terminales. Juin-août. *Flles* inférieures biternées, les supérieures conjuguées, divisions ternées. Branches tétragones. Vrilles trifides. Caracas, 1819.

B. venusta, Ker. *Fl.* à corolle carminée, infundibuliforme et claviforme, à bords étalés, velue à l'intérieur; corymbes terminaux, multiflores. Août-décembre. *Flles* inférieures ternées, les supérieures conjuguées; folioles oblongues-ovales, acuminées, obliques à la base. Brésil, 1816. (B. R. 249; F. d. S. 7, 745.) Syn. *Pyrostegia ignea.*

Fig. 436. — Bignonia magnifica. (D'après W. Bull.)

BIGNONIACÉES. — Grande famille d'arbres ou

d'arbustes ligneux, grimpants ou sarmenteux. Fleurs à corolle en entonnoir ordinairement irrégulière, à quatre ou cinq lobes; tube ordinairement renflé en dessous de la gorge; étamines cinq, inégales. Fruit souvent capsulaire, s'ouvrant en deux valves. Feuilles ordinairement opposées, bi- ou trifoliées, pinnées ou digitées, rarement simples, fréquemment munies de vrilles. Les genres les plus répandus dans les jardins sont les : *Bignonia*, *Catalpa*, *Eccremocarpus*, *Jacaranda* et *Tecoma*.

BIJUGÉ, Angl. Bijugate. — Feuille composée, n'ayant que deux paires de folioles.

BILABIÉ, Angl. Bilabiate. — Qui a deux lèvres. Se dit des calices et des corolles, lorsque le limbe est séparé en deux parties.

B, ILIMBI. — V. **Averrhoa Bilimbi**, Linn.

BILLARDIERA, Smith. (dédié à Jacques Julien Labillardière, célèbre botaniste et voyageur français). Syn. *Labillardiera*, Rœm. et Schult. Fam. *Pittosporées*. — Genre comprenant huit ou dix espèces originaires de l'Australie tempérée. Ce sont de jolies plantes de serre tempérée, frutescentes ou à rameaux volubiles et à feuilles persistantes. Pédoncules solitaires au sommet des rameaux, portant une fleur pendante. Calice à cinq sépales subulés; pétales cinq, soudés en tube à la base, ordinairement jaunes; étamines cinq. Le fruit est une baie ovoïde, comestible. Feuilles alternes, entières. On les cultive en pots ou plantés dans un compost de terre franche fibreuse, de terreau et de terre de bruyère en proportions égales, avec un bon drainage. Multiplication par boutures que l'on plante dans des pots remplis de sable, sous cloches et sur une douce chaleur de fond; elles s'enracinent rapidement. On peut aussi les propager par les graines que certaines espèces produisent en abondance.

B. angustifolia, DC. Syn. de *B. scandens*, Smith.

B. longiflora, Labil.* *Fl.* jaune verdâtre, passant souvent au pourpre, solitaires, à pédicelles glabres. *Baies* bleues. Mai-août. *Flles* lancéolées, entières. Terre de Van Diemen, 1810. Espèce vigoureuse et très florifère. (B. M. 1507.) Syn. *N. ovalis*, Lindl.

B. mutabilis, Salisb. Syn. de *B. scandens*, Smith.

B. ovalis, Lindl. Syn de *B. longiflora*, Labil.

B. scandens. Smith. *Fl.* jaune crème, à la fin purpurines, solitaires, à pédoncule de même longueur qu'elles Juin-septembre. *Flles* lancéolées, linéaires, entières. Branches velues lorsqu'elles sont très jeunes. Nouvelle-Hollande, 1795. Syns. *B. mutabilis*, Salisb.; *B. angustifolia*, DC. (B. M. 1313.)

BILLBERGIA, Thunb. (dédié à J.-G. Billberg, botaniste suédois). Comprend les *Libonia*, Lem. et *Helicodea*, Lem. Fam. *Broméliacées*. — Genre renfermant trente ou quarante espèces de belles plantes de serre chaude, toutes originaires de l'Amérique tropicale. Fleurs disposées en épis ou en grappes lâches; calice à trois divisions, corolle formée de trois pétales convolutés, dépassant beaucoup les sépales, et munis d'écailles à leur base; étamines insérées à la base du périanthe. Feuilles rigides, linéaires ou ensiformes, ordinairement denticulées, spinescentes. Les *Billbergia* exigent un traitement analogue à celui qui a été indiqué pour les *Æchmea*. Le meilleur compost pour ces plantes est un mélange de terre de bruyère, de terreau de feuilles et de terre franche en parties à peu près égales, et auquel on ajoute une quantité de sable suffisante pour le rendre bien poreux. Un drainage parfait est absolument nécessaire; il faut avoir soin de placer un lit de mousse sur les tessons, avant de remplir les pots. Bien qu'ils aiment la chaleur, les *Billbergia* supportent facilement, pendant leur floraison, le transfert dans une autre serre, et, si on a soin de modérer les arrosements, la durée de leur floraison est beaucoup plus longue. Les espèces les plus vigoureuses poussent bien dans un compost de terre franche et de terreau de feuilles. Leur multiplication s'opère par les drageons qui se forment à la base des plantes; lorsqu'ils ont atteint une certaine force et que la floraison est terminée, on les enlève avec soin. Tant qu'ils sont attachés au pied mère, ces drageons poussent avec vigueur; ils souffrent bien moins de la séparation lorsqu'on a soin de les sevrer, de plus, ils perdent leur caractère herbacé et sont en meilleur état pour s'enraciner. On les détache du pied mère par un léger mouvement de torsion, on enlève ensuite quelques-unes des premières feuilles, puis on les plante séparément dans des godets que l'on remplit de terre très légère. Lorsqu'on peut les placer sur une couche dont la chaleur de fond est d'environ 25 deg., ils s'enracinent très rapidement; à défaut, on les met en serre chaude, dans un endroit ombré, pendant deux ou trois semaines; on leur donne ensuite graduellement un peu plus de lumière. V. aussi **Æchmea** et **Androlepis**.

B. amœna, Lindl. Syn. de *B. speciosa*, Thunb.

B. andegavensis, — *Fl.* à limbe étalé, tube et centre rouge foncé, largement bordé de violet indigo; bractées rouge brillant; hampe arquée, blanche, farineuse. *Flles* larges, obtuses, vert pâle, 1886. Hybride horticole entre les *B. thyrsoidea* et *B. Moreli*.

B. Bakeri, E. Morren. *Fl.* blanc verdâtre, à pointe violet bleu; ovaire profondément sillonné; épis pendants; hampe de 30 cent. de haut; bractées lancéolées, d'un beau rose. Hiver. *Flles* uniformes, ovales à la base, de 45 à 60 cent. de long et 4 à 5 cent. de large au milieu vert foncé, maculées en dessus, plus pâles en dessous et zébrées transversalement, *Haut.* 45 cent. Brésil 1855. (B. H. 1880, 8.) Syn. *B. pallescens*, Baker. (B. M. 6342.)

B. Baraquiniana, Lem.* *Fl.* vertes, disposées en longs épis pendants à la partie supérieure et portant à la base des fleurs quatre à cinq bractées grandes, oblongues-lancéolées, écarlate brillant; hampe blanche, canescente au-dessus des bractées. Premier printemps. *Flles* ligulées, s'amincissant en pointe où elles sont armées, ainsi que les bords, d'épines aiguës, rougeâtres, recourbées, et panachées transversalement de bandes blanches, lépidotes. *Haut.* 45 cent. Brésil, 1865. (I. H. 1864, 421.)

B. bivittata, Hook. — V. *Cryptanthus bivittatus*, Regel.

B. Blireiana, Ed. André. *Fl.* sub-sessiles, longues de 5 à 6 cent; sépales tubuleux, de 15 à 20 mm., vert, rose et bleu, obtus, mucronés; pétales à tube vert, et à lobes ovales, étalés, révolutés, bleu indigo. Épi de 20 à 25 cent. de long. à rachis grêle; fleurs espacées, divariquées. Hampe pendante, grêle, de 50 à 60 cent. de long, rouge laque; bractées florales oblongues-aiguës, cucullées, rose vif, de 6 à 7 cent. de long. *Flles* dressées, puis retombantes, embrassantes à la base, puis linéaires, étroites, canaliculées. de 50 à 60 cent. de long, lépidotes sur les deux faces, finement épineuses. Hybride horticole entre les *B. nutans* et *B. iridifolia*, 1889. (R. H., 1889, p. 139.)

B. Breauteana, Ed. André. *Fl.* couleur lilacée, à pointes violettes; bractées rose brillant, lancéolées; hampe plus courte que les feuilles, recourbée, glabre. *Flles* de 60 cent. de long et 5 cent. de large, recourbées, en lanière, obtuses, légèrement canaliculées, un peu minces, bordées de cinq dents espacées, vert brillant en dessus, striées et présentant des zones blanches, farineuses en dessous, 1884. Hybride horticole entre les *B. Bakeri* et *B. vittata.* (R. H. 1885, p. 300; G. fl. 1282.) Syn. *B. Cappei*, E. Morren.

B. Brongniarti. Regel — V. *Portea kermesina*, Brongn.

B. Bruanti, — *Fl.* à segments du calice vert très pâle, à pointe bleue; corolle vert jaunâtre; très pâle; bractées rouge foncé; hampe rosée, grêle, presque aussi longue que les feuilles. *Flles* vertes, obtuses, dentées, formant une sorte de coupe, 1885. Hybride horticole entre les *B. Bakeri* et *B. decora.*

B. Cappei, E. Morren. Syn. de *B. Breauteana*, Ed. André.

B. chlorosticta, Hort. Saund. Syn. de *B. Saundersii*, Hort. Bull.

B. decora, Pœpp. et Endl. *Fl.* à pétales verdâtres, de 5 cent. de long, s'enroulant en spirale à partir de la base; épis denses, pendants, simples, de 8 à 10 cent. de long, presque cachés par des bractées rouge brillant grandes, oblongues-lancéolées; hampe de 30 cent. de long. Janvier. *Flles* en lanière, aiguës, au nombre de huit ou dix, disposées en rosette, de 45 à 60 cent. de long et 5 cent. de large au milieu, dilatées et embrassantes à la base, zébrées de bandes farineuses et épineuses sur les bords. Vallée de l'Amazone, 1864. (B. H. 1875, 13-14; B. M. 6937.)

B. Enderi, Regel. *Fl.* bleues, de 18 mm. de long; bractées rouge corail brillant; epis courts, pauciflores; hampe plus longue que les feuilles, gaines rouge corail brillant. *Flles* de 30 à 45 cent. de long et 4 à 5 cent. de large, dressées. Brésil, 1886. (R. G. 1217.) Syn. *Quesnelia Enderi*, Gravis et Wittm. (R. G. 1888, 41-43.)

B. Euphemiæ, E. Morren. *Fl.* disposées par six à douze, en grappe lâche, pendante, presque sessiles, les inférieures accompagnées de grandes bractées; sépales rougeâtres, coriaces; pétales d'environ 5 cent. de long, à onglets jaune verdâtre et à pointe violet tendre. *Flles* de 30 cent. de long et 4 à 5 cent. de large, coriaces, rétrécies en pointe aiguë, écailleuses-lépidotes, finement épineuses sur les bords, disposées par cinq à six en rosette et fortement convolutées Sud du Brésil, 1868. (B. H. 1872, 1-2; B. M. 6032.)

B. fasciata, Lindl. — V. *Æchmea fasciata*, Baker.

B. Gireoudiana, Kram. et Wittm. *Fl.* disposées en grappe dressée; calice à sépales triangulaires, roses, faiblement bleuâtres au sommet; pétales deux fois plus longs que les sépales, linéaires-lancéolés, obtus, blanc rougeâtre à la base, bleu d'azur au sommet; hampe blanche, accompagnée de bractées étroites, ovales, rouge carmin. *Flles* en lanière, larges, les intérieures enroulées les unes sur les autres en forme de large tube, finement dentées, vert brillant en dessus, munies d'innombrables écailles blanchâtres; face inférieure rayée de rouge, d'un pourpre noirâtre foncé vers la base. Hybride horticole dont le *B. thyrsoidea* est un des parents.

B. Glazioviana, Regel. *Fl.* disposées en épi dense, ovale-oblong; sépales blancs, laineux, elliptiques-oblongs; pétales d'abord violet-rose, puis devenant rouge-brun, oblongs, dressés, cucullées, obtus vers le sommet; bractées elliptiques-oblongues, imbriquées; hampe rouge et blanche, laineuse, un tiers plus courte que les feuilles. *Flles* coriaces, canaliculées, ligulées, acuminées, de 75 cent. à 1 m. de long et 6 cent. de large, vert foncé et glabres en dessus, vert foncé et présentant en dessous des zone blanches-lépidotes, horizontales; bords brièvement dentés épineux. Brésil, 1885. (R. G. 1203.)

B. iridifolia, Lindl. * *Fl.* rouge et jaune, à pointe bleue, disposées en épis pendants; rachis et bractées cramoisi. Mars. *Flles* lancéolées, ensiformes, de 45 cent. de long, grises en dessous. *Haut.* 30 cent. Rio-de-Janeiro, 1825. (B. R. 1068; B. H. 1874, 8-9.)

B. Krameriana, Wittm. Hybride horticole, 1888.

B. Leopoldi, E. Morren. non Koch. *Fl.* à pétales violets, de 5 cent. de long, sépales plus courts, farineux; épi dense, oblong, de 15 à 20 cent. de long, pendant; hampe de 45 cent. de haut, réfléchie. *Flles* huit-dix, ovales et conniventes à la base, d'environ 1 m. de long et 5 à 6 cent. de large, canaliculées, de texture cornée, vert franc en dessus, blanches sur le dos, deltoïdes, mucronées au sommet et bordées d'épines deltoïdes. Sainte Catherine; Brésil, 1847. (B. H. 1871, 1-4.) Syn. *Helicodea Leopoldi*, Lem. (I. H. 421.)

B. Liboniana, de Jonghe * *Fl.* à segments extérieurs du périanthe d'un beau rouge corail, environ moitié moins longs que les intérieurs qui sont blanchâtres à la base et d'un beau pourpre au sommet. Hiver. *Flles* disposées en rosette dense. *Haut.* 30 cent. Brésil, 1858. (B. M. 5090; F. d. S. 1048; B. H. 1877, 34.)

B. Lietzei, E. Morren.* *Fl.* toutes accompagnées de bractées roses, lancéolées et disposées en grappes terminales, lâches; sépales roses, moins longs que les pétales, ceux-ci verdâtres. *Flles* en touffe, ligulées, aiguës, épineuses sur les bords. Brésil, 1881. (B. H. 1881, 97.) — Une variété à *fleurs doubles*, à étamines pétaloïdes, a été citée par Ed. Morren; elle est intéressante parce qu'elle est la première Broméliacée à fleurs doubles dont il ait été fait mention jusqu'à ce jour.

B. marmorata,* Lem. *Fl.* bleu vif; calice vert, à pointes bleues; bractées très grandes, foliacées, oblongues, écarlate brillant; panicule dressée, rameuse, beaucoup plus longue que les feuilles. *Flles* largement ligulées, engainantes à la base, tronquées, mucronées au sommet, régulièrement dentées sur les bords, vert foncé, copieusement maculées et zébrées de brun rougeâtre terne. (I. H. 2, 48.)

B. Moreli, Brongn. * *Fl.* à sépales rouges, fortement laineux, n'atteignant pas le milieu des pétales, ceux-ci violet pourpre; épis denses, pendants; bractées grandes, rouge-rosé vif, beaucoup plus longues que les fleurs, celles-ci solitaires et sessiles. Février. *Flles* arquées, lancéolées, vert brillant sur les deux faces et munies d'épines rares et faibles. *Haut.* 30 cent. Brésil, 1848. Excellente espèce pour suspensions. Syn. *B. Moreliana*, Lindl. et Lem. (B. H. 1860, 11-12; 1873, 1-2.) *B. Wetherilli*, Hook. (B. M. 4835.)

B. Moreliana, Lindl. et Lem. Syn. de *B. Moreli*, Brongn.

B. nutans, Wendl. *Fl.* à sépales rougeâtres; pétales vert jaunâtre, bleus sur les bords; hampe grêle, penchée, accompagnée de quelques grandes bractées roses et terminée par un épi court et pendant. Hiver. *Flles* nombreuse, longues, étroites, ensiformes, munies d'épines espacées. *Haut.* 45 cent. Brésil, 1868. (B. M. 6423; R. G. 617; B. H. 1876, 15.)

B. pallescens, Baker. Syn. de **B. Bakeri**, E. Morren.

B. pallida, Ker. Syn. de *B. speciosa*, Thunb.

B. Perringiana, Wittm. Hybride horticole entre les *B. nutans* et *B. Liboniana.* (R. G. 1890, 1318.)

B. polystachya, Paxt. — V. *Æchmea distichantha*, Lem.

B. Porteana, Brongn. *Fl.* à pétales verts, lancéolés, de plus de 5 cent. de long, s'enroulant en spirale et laissant voir les filaments violet pourpre ; épi lâche, simple, pendant, de 15 à 20 cent. de long ; hampe de 60 cent. de haut, munie de plusieurs feuilles bractéales rouges. Eté. *Flles* au nombre de cinq à six, disposées en rosette, dressées, en lanière, de 1 m. à 1 m. 20 de long, vert terne, teintées sur le dos de pourpre vineux et transversalement rubanées de blanc. Brésil. Plante acaule. (B. H. 1876, 1-3 ; B. M. 670.)

B. pyramidalis, Lindl. *Fl.* rouge pourpre sur les bords, disposées en épis dressés ; bractées lancéolées, rosées. Février. *Flles* arquées, ligulées, lancéolées, munies de bandes blanches en dessous. *Haut.* 30 cent. Pérou, 1822. (B. H. 1873, 16.) Syn. *Bromelia pyramidalis*, Sims. (B. M. 1732.)

B. Quesneliana, Brongn. — V. *Quesnelia cayennensis*, Baker.

B. quintutiana, Hort. Makoy. *Fl.* à calice verdâtre, teinté de rose ; pétales verdâtres, à pointe bleue. Epi dressé, à bractées rouge carmin. *Flles* plus grandes que celles du *B. Saundersii*, d'un vert plus tendre, non brunes en dessous et moins fortement bariolées et maculées. (R. G. 1890, p. 202, f. 47.) M. Baker réunit cet hybride au *B. Saundersii*.

Fig. 437. — BILLBERGIA RHODOCYANEA. (*Rev. Hort.*)

B. Rancougnei, Hort. Marron. *Fl.* à corolle vert bleuâtre, à pointe bleu indigo, de 5 cent. de long ; étamines bleu indigo ; bractées roses, laineuses, tomenteuses à la base ainsi que l'ovaire et le calice ; hampe de 1 m. de haut. *Flles* de 1 m. de long et 7 cent. de large, divergentes, récurvées, finement dentées. 1885. Hybride dont le *B. Liboniana* est un des parents.

B. rhodocyanea, Lem. **Fl.* disposées en thyrse capité et accompagnées de nombreuses bractées roses ; pétales légèrement enroulés, d'abord roses, puis blancs et passant graduellement au bleu. *Flles* radicales, les extérieures de 30 à 45 cent. de long ; les intérieures graduellement plus courtes et plus droites, toutes ligulées, obtuses, avec un mucron acuminé, nuancées de pourpre et rubanées transversalement de blanc, incurvées et épineuses sur les bords. (B. M. 4883 ; F. d. S. 207 ; R. H. 1857, p. 482.) *Æchmea fasciata*, Baker, est son nom correct.

B. r. purpurea, Hort. Cette plante se distingue de l'espèce type par toutes ses parties qui sont rouges et non vert clair comme la précédente.

B. roseo-marginata, K. Koch. — V. *Quesnelia rufa*, Gaudich.

B. Sanderiana, E. Morren. *Fl.* de 5 cent. de long ; calice et corolle verts, à pointes bleues ; bractées roses, entourant chacune de une à trois fleurs ; panicule pendante. *Flles* dressées, larges, vertes, coriaces, obtuses, mucronées, armées sur les bords d'épines épaisses. Brésil, 1885. Belle plante. (B. H. 1884, 1-2.)

B. Saundersii, Hort. Bull. * *Fl.* d'environ 5 cent. de long, inflorescence lâche et pendante ; sépales cramoisis, de moitié moins longs que les pétales ; ceux-ci sont jaunes à l'extérieur et blancs à l'intérieur. *Flles* en touffe, ligulées, arrondies au sommet, terminées par un court mucron, dentées en scie, vertes en dessus, pourpres en dessous et maculées de blanc sur les deux faces. Brésil, 1868. (F. M. n. s. 106 ; B. H. 1878, 1-2 ; R. G. 1890, 1316.) Syn. *B. chlorosticta*, Hort. Saund.

Fig. 438. — BILLBERGIA THYRSOIDEA. (*Rev. Hort.*)

B. speciosa, Thunb. *Fl.* vert pâle, à pointes violettes, en épi lâche, ovale de 10 à 15 cent. de long, les inférieures réunies par deux-quatre sur de courtes ramifications ; hampe de 45 cent. de haut, garnies de bractées rouges, lancéolées, ascendantes ou réfléchies. *Flles* conniventes et formant tube dans leur partie inférieure, loriformes, de 45 cent. de long et 4 cent. de large au milieu, fermes, vertes en dessus, finement lépidotes et obscurément rayées sur le dos ; épines marginales, fines, deltoïdes. Brésil ; Rio de Janeiro, 1817. — Cette espèce est commune dans les cultures, c'est elle qui a servi à fonder le genre *Billbergia*. Syns. *B. amœna*, Lindl. (B. R. 1068 ; B. H. 1875, 1-4) ; *B. pallida*, Ker. (B. R. 344.)

B. sphacelata, Schult. — V. *Greigia sphacelata*, Regel.

B. thyrsoidea, Mart. *Fl.* denses, disposées en épi thyrsoïde presque dépourvu de bractées. Juin. *Flles* vertes, ligulées, brièvement acuminées, dentées sur les bords. *Haut.* 30 cent. Brésil, 1850. (B. M. 4756; B. H. 1873, 17; R. G. 1889, 1291.)

B. t. splendida, Lem. *Fl.* écarlates, à pointes violettes; bractées grandes, écarlates. Brésil, 1883. Belle forme. (L. Y. F. 181-182; R. H. 1883, p. 300.)

Fig. 439. — Billbergia vexillaria. (*Rev. Hort.*)

B. vexillaria, Ed. André. *Fl.* dressées, à ovaire blanc pur, sillonné; calice à sépales de même teinte, de 1 cent. de long; pétales violet foncé brillant, de 5 cent. de long, obtus et révolutés au sommet. Epi bien droit, dépassant les feuilles, entouré d'une collerette de bractées lancéolées, aiguës, de 10 à 12 cent. de long, rouge foncé. Hampe dressée, blanche, farineuse. *Flles* robustes, vert foncé, de 50 à 60 cent. de long et 10 à 12 cent. de large, dentées en scie, munies de quelques zébrures blanches, espacées. Hybride horticole entre les *B. thyrsoidea splendida* et *B. Moreli*. (R. H. 1889, p. 468 et f. 118.)

B. vittata, Brongn. *Fl.* en grappe pendante, accompagnée de bractées rouge carmin; calice de même teinte; pétales bleu indigo, révolutés au sommet. *Flles* en lanière, étroites, creusées en gouttière, arquées, munies de dents rougeâtres, espacées, en scie; limbe vert foncé, parcouru par des zébrures canescentes, transversales, espacées. Brésil. (B. H. 1871, 14-15; Gn. 1887, 608.) Syn. *B. Leopoldi*, K. Koch, non E. Morren.

B. Wetherilli, Hook. Syn. de *B. Moreli*, Brongn.

B. Windii, Hort. Makoy. *Fl.* peu nombreuses, de 8 cent. de long, disposées en grappe; sépales irisés, rougeâtres à la base, bleus au sommet, de 12 mm. de long; corolle jaune verdâtre, à lobes de 5 cent. de long, enroulés; bractées cramoisi rosé brillant; carénées, largement lancéolées, acuminées; hampe cylindrique, glabre, pendante, de 30 cent. de long. 1884. — Bel hybride entre les *B. Baraquiniana* et *B. nutans*. (R. G. 1889, f. 315.)

Fig. 440. — Billbergia vittata. (*Rev. Hort.*)

B. Worleyana. Wittm. *Fl.* au nombre de douze environ, calice rose et bleu; corolle bleu foncé; hampe allongée, grêle, arquée, ornée de nombreuses bractées roses. 1885. — Bel hybride ornemental entre les *B. nutans* et *B. Moreli*, ayant les feuilles extérieures étroites, comme celles du *B. nutans* et les intérieures plus larges, comme celles du *B. Moreli*.

B. zebrina, Lindl. * *Fl.* verdâtres; hampe revêtue de grandes bractées saumon pâle; inflorescence gracieusement penchée. Commencement du printemps. *Flles* engainantes sur environ la moitié de leur longueur, formant ainsi une sorte de tube, vert foncé, zébrées de gris, devenant plus foncées avec l'âge. *Haut.* 45 cent. Amérique du Sud, 1826. Syn. *Helicodea zebrina*, Lem. (B. R. 1068; L. B. C. 1912; B. H. 1872, 4-5.)

BILLONS, Angl. Ridges. — On donne le nom de billons à la disposition en ados des terres, des engrais, etc., c'est-à-dire leur mise en lignes exhaussées pour des cultures spéciales ou pour rendre les terres plus perméables. On dispose quelquefois en billons les couches destinées à la culture des Courges ou des Concombres. Ce procédé est recommandable lorsqu'on a affaire à des terrains compacts, humides et froids; la surface des billons étant mieux exposée aux rayons solaires, elle se réchauffe plus rapidement; il y a aussi moins d'humidité et moins de refroidissement par le contact de la terre. On cultive aussi certaines plantes sur billons. Il est avantageux de disposer à l'automne les terres lourdes et compactes en billons ou même de laisser simplement les mottes entières, afin de les exposer le plus possible, pendant tout l'hiver, à l'air et à l'action désagrégeante des gelées. Au printemps suivant, la terre s'effrite avec facilité et devient ainsi beaucoup plus perméable. On peut de la sorte améliorer d'une façon très sensible la nature de certains terrains argileux, même en un seul hiver.

BILLIOTTIA, R. Br. — V. **Agonis**, DC.

BILOBÉ, Angl. Bilobate. — A deux lobes.

BILOCULAIRE. — A deux loges.

BINAGE. — Action de biner. (V. ce mot.)

BINAIRE. — Se dit de certains organes disposés deux par deux.

BINÉ, Angl. Binate. — Se dit des feuilles composées dont le pétiole ne porte que deux folioles.

BINER, Angl. Hoeing. — Travail des plus fréquents et des plus utiles dans tous les jardins. Il a pour but d'arracher ou de couper les mauvaises herbes et d'ameublir la surface du terrain. Le binage est profitable à toutes sortes de cultures, mais il ne doit être pratiqué que lorsque la terre n'est pas humide, car le piétinement fait plus de mal que de bien, et les mauvaises herbes reprennent avec la plus grande facilité, de sorte que le travail est à recommencer peu de jours après. On profite souvent de cette opération pour éclaircir ou butter légèrement les plantes ; mais il est à peine besoin de le dire, il faut avant tout avoir soin de ne pas les couper, ni même de déranger leurs racines. (S. M.)

Fig. 441. — Ratissoire à pousser.

BINETTES, RATISSOIRES et **SERFOUETTES**. — Selon que le binage est fait en vue de la destruc-

Fig. 442. — Binette ou Ratissoire à tirer.

tion des mauvaises herbes, ou bien d'ameublir la terre superficiellement ou à une certaine profondeur, on emploie différents outils appropriés à cet usage.

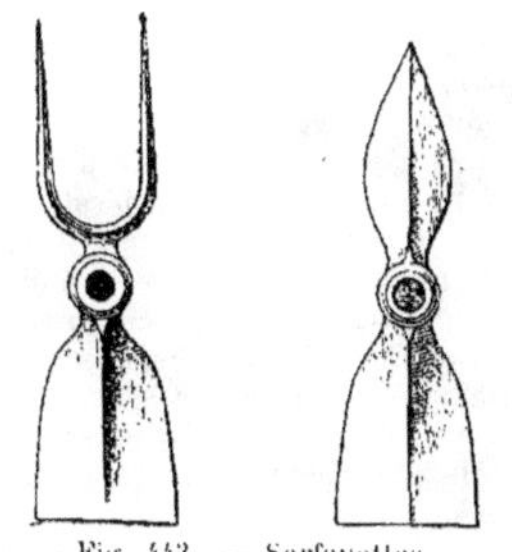

Fig. 443. — Serfouettes.

La *ratissoire à pousser* (fig. 442) peut s'employer pour couper à fleur de terre les mauvaises herbes lorsqu'elles sont encore jeunes ; elle est très expéditive. Lorsque la terre a besoin d'être remuée plus profondément et que le travail doit être fait d'une façon plus soigneuse, on se sert de la *binette* (fig. 443), aussi nommée *ratissoire à tirer* ; c'est un outil léger, d'un maniement facile et permettant d'aller vite et d'atteindre une certaine profondeur ; aussi est-il un des plus recommandables. S'il s'agit de travailler entre des

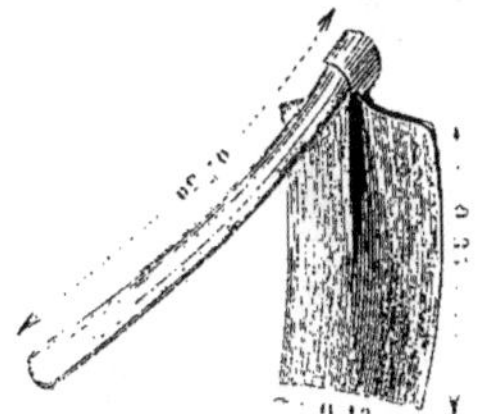

Fig. 444. — Houe.

plantes très rapprochées, ou lorsque la superficie n'a qu'une petite étendue, on emploie la *serfouette* (fig. 444), soit celle munie d'une pointe, soit celle avec crochet, selon la nature du terrain ou l'espacement des plantes. La *houe* (fig. 445) est une sorte de binette à forte et large lame et à manche très court, qui s'emploie principalement pour les travaux de grande culture ; elle peut aussi être utile dans les grands jardins pour les cultures maraîchères. La serfouette à pointe est d'un usage fréquent ; on s'en sert pour ouvrir de petits sillons dans lesquels on sème les graines en lignes. (S. M.)

BINETTE. — V. **Biner**.

BIOPHYTUM, DC. (de *bios*, vie, et *phyton*, plante ; les feuilles de quelques espèces sont sensibles au toucher). Fam. *Géraniacées*, tribu des *Oxalidées*. — Genre comprenant environ vingt espèces originaires de l'Asie, de l'Afrique et de l'Amérique tropicale. Ce sont de jolies petites plantes vivaces, différant des *Oxalis* auxquels on les a quelquefois réunies, par les valves de leurs capsules déhiscentes à maturité et étalées jusqu'à la base. On les cultive dans un mélange de terre franche et de terre de bruyère. Multiplication par graines que l'on sème au printemps, sur couche. L'espèce ci-dessous est probablement seule cultivée dans les jardins.

B. sensitivum, DC. *Fl.* jaunes, petites. Juillet. *Flles* composées, à folioles oblongues, obtuses, mucronées. *Haut* 15 cent. Indes et Chine, 1823. — Les folioles de cette plante sont articulées et douées de mouvements analogues à ceux de la Sensitive. Syn. *Oxalis sensitiva*, Linn. (B. R. 31, 68.)

BIOTA, Endl. — Réunis aux **Thuya**, Linn.

BIOTIA corymbosa, DC. — V. **Aster corymbosus**, Ait.

BIPARTITE. — Divisé en deux parties jusqu'au delà du milieu. Le calice, la corolle, le style, les feuilles, etc., peuvent être bipartites.

BIPINNATIFIDE. — Se dit des feuilles dont le limbe est découpé en lobes relativement profonds, lesquels sont eux-mêmes bilobés.

BIPINNATIPARTITE. — Feuille découpée en lobes s'étendant au delà du milieu du limbe et qui sont eux-mêmes pinnatipartites, c'est-à-dire découpés en plusieurs lobules profonds.

BIPINNATISÉQUÉE. — Feuille découpée de la même façon que celles qui sont bipinnatipartites, mais dont les divisions atteignent la nervure médiane.

BIPINNÉE. — Feuille dont le pétiole principal porte des pétioles secondaires disposés latéralement comme les arêtes de certains poissons, lesquels portent eux-mêmes les folioles; celles-ci peuvent être sessiles ou pétiolulées. (S. M.)

Fig. 445. — Feuille bipinnée.

BIRCHEA, A. Rich. — V. **Luisia**, Gaud.

BISAILLE. — Nom vulgaire du *Pisum sativum arvense*.

BISANNUEL. — Qui met environ deux ans à parcourir toutes les phases de sa végétation, ou, autrement dit, qui n'arrive à son complet développement que la seconde année. D'ordinaire, les plantes bisannuelles n'émettent la première année de leur semis, qu'une rosette de feuilles disparaissant quelquefois pendant l'hiver; au printemps suivant, l'axe souterrain développe de nouvelles feuilles, la tige s'allonge au-dessus du sol, fleurit, murit ses graines et la plante meurt ensuite. Cependant, il n'est pas rare de voir dans les terres saines et légères, certaines plantes bisannuelles, comme la Giroflée jaune, l'Œillet de poète, etc., repousser pendant plusieurs années; mais, en général, elles sont déformées et peu décoratives. Certains fruits, comme les oranges, les cônes de quelques Conifères, ne mûrissent qu'au bout de deux années. V. aussi **Plantes bisannuelles** et **Plantes vivaces**. (S. M.)

BISCUTELLA, Linn. (de *bis*, deux, et *scutella*, écuelle; allusion à la forme des silicules). **Lunettière.** Angl. Buckler Mustard. Fam. *Crucifères*. — Plantes herbacées. annuelles ou vivaces, ordinairement hispides, quelquefois duveteuses ou presque glabres. Fleurs jaunes, inodores, à pédicelles filiformes, dépourvus de bractées. Feuilles oblongues, entières, dentées ou pinnatifides, radicales ou caulinaires. Tiges arrondies, dressées, à rameaux disposés en corymbe, s'allongeant après la floraison. Toutes les espèces fructifient abondamment. Les espèces annuelles se sèment au printemps, en plein air. Quelques espèces vivaces sont propres à l'ornement des parties sèches et ensoleillées des rocailles. Les plus recommandables parmi les annuelles sont : *B. Columnæ*, Gren. et Godr.; *B. maritima*, Tenor. et *B. obovata*, DC. Parmi les vivaces, les *B. coronopifolia*, All.; *B. lævigata*, Linn. et *B. sempervirens*, Linn, sont les meilleures. Mais, en dehors de cet emploi ou des collections botaniques, aucune n'est digne d'être cultivée.

BISÉQUÉ. — Se dit des feuilles simples, découpées en deux lobes qui atteignent presque la nervure médiane.

BISÉRIÉ, Angl. Biserial or Biseriate. — Disposé en deux rangées parallèles.

BISSÉRÉ, Angl. Biserrate. — Feuilles dentées en scie, dont chaque dent est à son tour dentée.

BISEXUÉ. — Qui possède les deux sexes.

BISMARCKIA, Hildebr. et Wendl. (dédié à Bismarck, homme d'État allemand). Fam. *Palmiers*. — Genre imparfaitement connu. La seule espèce est le *B. nobilis*, Palmier ayant un peu le port d'un *Pritchardia*. Pour sa culture, V. **Stevensonia**.

B. nobilis. — *Fr.* à une loge fertile et deux cellules rudimentaires; graines ovoïdes, profondément ridées. *Flles* grandes, digitées, à huit à dix segments allongés, linéaires, pourvus de nombreux filaments pendants. Madagascar, 1886. (R. G. 1220.)

BISTORTE. — V. **Polygonum Bistorta**.

BITERNÉ, Angl. Biternate. — Deux fois terné. Se dit des nervures naissant par trois et se divisant chacune en trois autres, ou des feuilles dont le pétiole porte trois pétiolules munis chacun de trois folioles. *Trimère* et *Tricholome* ont une signification analogue; ils indiquent également la division par trois, mais indéfinie. (S. M.)

BITUME et **BITUMER**. Angl. Artificial Asphalt. — Outre le ciment, le bitume s'emploie, surtout en Angleterre, pour le revêtement des allées. Il existe plusieurs sortes de bitumes; celui que nous décrivons plus loin est un des plus faciles et des plus économiques à préparer. On prend deux parties de plâtras et une de cendres de charbon de terre, très secs et finement criblés, on les mêle convenablement et on en forme un tas au milieu duquel on fait un trou où l'on verse du goudron de houille bouillant, puis on pétrit le tout convenablement. Lorsque le mélange a la consistance du mortier, on l'étend en une couche d'environ 8 cent. d'épaisseur. La surface à recouvrir aura été au préalable convenablement tassée et nivelée. On sème ensuite du sable fin par-dessus, en quantité juste suffisante pour empêcher la composition d'adhérer aux chaussures. Il faut ordinairement deux hommes pour malaxer le mélange et un troisième pour faire bouillir le goudron. Il ne faut prendre en une fois que la quantité de goudron que l'on peut employer en dix minutes, car, s'il n'est pas bouillant au moment où on le malaxe, la composition sera susceptible de se ramollir pendant les grandes chaleurs. Ainsi recouverte, une allée peut se conserver environ trois ans en bon état. Il est indispensable que l'allée et les matériaux que l'on emploie pour la fabrication de l'asphalte soient parfaitement secs; on doit aussi choisir une belle journée; plus elle sera chaude, mieux cela vaudra.

« Nous ne croyons pas que le bitume puisse jamais l'emporter chez nous sur le ciment pour les jardins ou les serres, car, pendant les fortes chaleurs, il se ramollit et dégage une odeur de goudron peu agréable dans un lieu où l'on va respirer le parfum des fleurs. D'autre part, pour établir un bitume durable, il faut un béton en dessous. (S. M.) »

BITUMINEUX, Angl. Bituminous. — Recouvert d'une substance gluante, adhésive, ou qui dégage une odeur de bitume.

BIVALVE. — Composé de deux pièces ou valves.

BIVONÆA, DC. (dédié à Antonio Bivona-Bernardi, botaniste sicilien, auteur de *Siculorum Plantarum, Centuria*, I et II, Palerme, 1806). Fam. *Crucifères.* — dessous du calice et réunies en grappes rameuses, terminales. Le fruit est une capsule épineuse, déhiscente par deux valves et renfermant un grand nombre de graines ovoïdes, dont on extrait une matière colorante, jaune ou rougeâtre, nommée *Roucou* et employée dans l'industrie comme teinture. Feuilles alternes, cordiformes, stipulées. Il lui faut un compost de terre franche et de terre de bruyère. On le multiplie par graines que l'on sème sur couches, ou par boutures qui s'enracinent facilement plantées dans du sable, sous cloches et à chaud ; ce dernier moyen est le plus pratique. Lorsqu'on le multiplie par graines, l'arbre

Fig. 446. — Bixa Orellana.

La seule espèce de ce genre est une jolie petite plante annuelle, originaire de la Sicile, très convenable pour l'ornement des rocailles et le bord des plates-bandes. Elle se plaît dans un terrain sec et siliceux. On la multiplie par graines que l'on sème au printemps, en place ; on éclaircit ensuite les plants selon le besoin.

B. lutea, DC.¹ *Fl.* jaunes, petites, disposées en grappes terminales, s'allongeant pendant la végétation ; pédicelles filiformes, dépourvus de bractées. Avril. *Flles* alternes, les inférieures pétiolées, les autres sessiles, cordiformes, embrassantes à la base, ovales, dentées, presque obtuses. Tiges filiformes, peu rameuses. *Haut.* 8 à 15 cent. Sicile, 1823. Annuel.

BIXA, Linn. (son nom dans l'Amérique du Sud). **Roucouyer**, Angl. Arnatto. Fam. *Bixinées.* — Genre ne comprenant qu'une ou deux espèces originaires de l'Amérique tropicale. Le Roucouyer est un arbre toujours vert, de serre chaude, à fleurs grandes, rougeâtres, à pédicelles ordinairement munis de cinq glandes au- atteint une assez grande dimension avant de commencer à fleurir, tandis que les boutures prises sur des plantes florifères se mettent à fleurir lorsqu'elles sont encore très jeunes.

B. Orellana, Linn. *Fl.* rouge pêche pâle, disposées en corymbes paniculés, terminaux ; pédoncules portant deux à quatre fleurs. Mai-août. *Flles* cordiformes, ovales, acuminées, entières ou anguleuses, glabres sur les deux faces. Le *Roucou* (Angl. Arnatto) est tiré de la pulpe rouge qui enveloppe les graines. On l'emploie pour la préparation du chocolat, pour la coloration du beurre, pour teindre la soie en jaune ou orangé, etc. *Haut.* 10 m. Iles des Indes occidentales, 1690. (B. M. 1456.)

BIXINÉES. — Famille d'arbres ou arbustes presque glabres, n'ayant rien de bien remarquable. Fleurs apétales ou pourvues de cinq pétales sépaloïdes ; étamines en nombre indéfini, insérées sur un disque au fond du calice ; pédoncules axillaires ou terminaux, munis de bractées. Fruit sec ou charnu. Feuilles alternes, simples, entières ou superficiellement lobées, ordinairement couvertes de ponctuations pellucides. Les genres les plus connus sont : les *Azara*, *Bixa* et *Flacourtia*.

BLACKBURNIA, Forst. — V. **Zanthoxylum**, Linn.

BLACKBURNIA pinnata. — V. **Zanthoxylum Blackburnia**.

BLACK-ROT. — Ce nom a été conservé à une maladie cryptogamique de la Vigne, d'origine américaine, encore nommée *pourriture noire* et causée par le *Phoma uvicola*. Pour de plus amples détails et pour son traitement, V. **Vigne** (Champignons de la).

BLADHIA, Thunb. — V. **Ardisia**, Swartz.

BLÆRIA, Linn. (dédié à Patrick Blair, qui pratiqua la médecine à Boston, dans le Lincolnshire et auteur de *Miscellaneous Observations*, 1718 ; *Botanic Essays*, 1820, etc.). Fam. *Ericacées*. — Genre comprenant quinze espèces de jolis petits arbrisseaux toujours verts, de serre tempérée, originaires de l'Afrique australe et tropicale. Fleurs en glomérules terminaux ; corolle courtement tubuleuse, à limbe à quatre divisions. Feuilles verticillées, enroulées sur les bords. Arbrisseaux très rameux. Pour leur culture V. **Erica**.

B. articulata, Linn. * *Fl.* rougeâtres, en glomérules pendants. Mai. *Flles* verticillées par quatre, ovales ou linéaires, glabres, brillantes ; bractées solitaires. *Haut.* 30 cent. Cap. 1795. (L. E. M. 78.)

B. ericoides, Linn. *Fl.* rouge purpurin. Août. *Flles* verticillées par quatre, oblongues, obtuses, disposées en lignes ; bractées au nombre de trois, de la longueur du calice. *Haut.* 60 cent. Cap, 1774. Syn. *Erica orbicularis*, Lodd. (L. B. C. 153.)

BLAKEA, Linn. (dédié à Martin Blake, de Antigoa, grand promoteur des connaissances utiles). Syn. *Valdesia*, *Ruiz et Pav.* Fam. *Mélastomacées*. — Genre comprenant quelques espèces de beaux arbres ou arbustes toujours verts, de serre chaude. Fleurs grandes, rouges, ornementales, à pédoncules axillaires, arrondis, uniflores, nus, opposés ou solitaires, plus courts que les feuilles et ordinairement couverts d'un tomentum brunâtre. Feuilles pétiolées, à trois-cinq nervures, coriaces, glabres et brillantes en dessus, mais ordinairement couvertes d'un tomentum roussâtre, épais. Les *Blakea* se plaisent en terre de bruyère pure ou additionnée de terre franche ; les arrosements doivent être copieux, particulièrement au printemps et en été. Multiplication par boutures qui s'enracinent facilement si on a soin de les faire avec des rameaux bien aoûtés (les rameaux herbacés ne s'enracinent pas) ; on les repique dans des pots pleins de sable que l'on enfonce dans une couche et que l'on recouvre ensuite de cloches.

B. quinquenervia, Aubl. *Fl.* rose chair, grandes, à disque blanc, pédoncules géminés ; plus courts que les pétioles. Juin. *Flles* elliptiques, acuminées, glabres et brillantes sur les deux faces, munies de cinq nervures. *Haut.* 3 à 5 m. Guyane, 1820. (A. G. 210.)

B. trinervia, Linn. *Fl.* roses, grandes, à pédoncules solitaires, plus longs que les pétioles. Juin. *Flles* ovales, oblongues, trinervées, glabres et brillantes sur les deux faces à l'état adulte, serrulées lorsqu'elles sont jeunes ; pétioles et rameaux couverts d'un tomentum roussâtre Tige et branches émettant des racines. *Haut.* 1 m. 30 à 2 m. 50. Jamaïque, 1789. (B. M. 451.)

BLANC de Champignon. — V. **Champignon** (Blanc de).

BLANC des racines. — Cette maladie est due à la présence d'un champignon parasite qui se développe sous forme de filaments blancs, entre-croisés ou réunis en glomérules et entourant quelquefois toute l'extrémité des racines d'un tissu blanc, feutré. Ces filaments sont le mycelium de plusieurs espèces de *Rhizoctonia* vivant sur un grand nombre de plantes et dont plusieurs ne sont connues qu'à cet état. Les arbres fruitiers, l'Abricotier et le Pêcher greffés sur Amandier en particulier, ainsi que les Rosiers, sont fréquemment attaqués par ce parasite redoutable. Certains Conifères, les Chênes, la Luzerne, le Trèfle, le Safran, etc., sont attaqués par des cryptogames dont le mycelium, vulgairement nommé *blanc*, enveloppe et désorganise rapidement les tissus. Les feuilles des plantes ou des arbres atteints du *blanc* jaunissent et tombent, la végétation s'arrête et enfin la plante ne tarde pas à succomber. Il n'y a pas de remède radical pour sauver les plantes qui en sont attaquées ; le mieux est de les arracher et les brûler, ou de circonscrire par un fossé la place envahie. Il faut éviter de replanter des sujets du même genre aux endroits où le *blanc* a exercé ses ravages. Le souffre mélangé au sol autour des racines et au début de la maladie ou au moment de la plantation, a donné des résultats satisfaisants ; on pourrait aussi essayer des arrosements avec de l'eau contenant une petite quantité de sulfate de cuivre,

(S. M.)

BLANC, MEUNIER, OU LÈPRE DU PÊCHER. — V. **Pêcher** (Champignons du).

BLANCHIMENT et **ÉTIOLEMENT**, Angl. Blanching. — Action d'enlever la matière colorante naturelle. Ces opérations sont mises en pratique dans les jardins, pour modifier la qualité et la saveur de certains légumes qui, sans ce soin, seraient à peu près inconsommables. C'est par l'absence totale de lumière que les végétaux, perdant la chlorophylle ou matière colorante verte des feuilles, deviennent blancs et incapables de décomposer l'eau ainsi que l'acide carbonique contenu dans l'air.

Bien qu'ayant le même but, le *blanchiment* et l'*étiolement* sont deux procédés pourtant bien distincts, car le premier consiste à faire blanchir à l'aide d'une couverture opaque quelconque, une plante arrivée à son complet développement, tandis que le deuxième tend à lui faire développer de nouvelles pousses dans un milieu approprié et entièrement privé de lumière. Ainsi, le buttage des Céleris, l'empaillement des Cardons, l'attachage des Chicorées, des Romaines, etc., sont faits en vue du *blanchiment* du légume arrivé à son complet développement, tandis que le Witloof et la barbe de capucin sont des *étiolats* obtenus par une culture spéciale dans l'obscurité complète. De même, les asperges longues et blanches, sont le résultat d'un buttage pratiqué en vue de l'étiolement du turion. Pour les deux procédés, la cause (absence de lumière) est la même, mais la pratique en est, comme on le voit, bien différente.

Un bien plus grand nombre de plantes que celles soumises habituellement à ces procédés sont susceptibles de fournir, lorsqu'elles sont ainsi traitées, des légumes de qualité sinon parfaite, au moins passable, et pouvant apporter un peu plus de variété dans le choix de nos mets d'hiver. Les lecteurs que ce sujet intéresse consulteront avec intérêt: *Nouveaux légumes d'hiver*, et *Le potager d'un curieux*, par MM. Paillieux et Bois. (S. M.)

BLANCOA, Blume. — V. **Didymosperma**. Wendl. et Drude.

BLANDFORDIA, Smith. (dédié au marquis Georges de Blandford). Fam. *Liliacées*. — Genre comprenant quatre espèces de jolies plantes bulbeuses, de serre froide, originaires de l'Australie. Fleurs à pédicelles récurvés, uniflores et réunies en grappe au sommet d'une hampe dressée; périanthe pendant, en entonnoir, à six divisions; étamines six. Feuilles linéaires, allongées, striées; les radicales dilatées et un peu engainantes à la base, les autres espacées, accompagnant la hampe.

On cultive les *Blandfordia* dans un compost de

Fig. 417. — Blandfordia flammea Princeps.

terre franche et de terre de bruyère en parties égales et auquel on ajoute un peu de sable grossier. Il faut les rempoter à l'automne ; placer un bon drainage dans le fond des pots, fouler convenablement la terre et les placer ensuite sous les gradins des serres ou autres endroits où ils ne sont pas susceptibles d'être mouillés par des écoulements d'eau. On ne doit les arroser que lorsque la terre est très sèche, mais lorsqu'ils commencent à pousser, les arrosements peuvent devenir plus fréquents et on peut alors les transporter dans une serre tempérée où on doit les laisser jusqu'à ce que la floraison soit terminée. Lorsque les feuilles sont sèches, on peut les loger dans un endroit sec où on les laisse jusqu'à l'époque du rempotage. Leur multiplication a lieu par semis, par éclats ou par division des vieilles touffes ; cette opération se fait au moment du rempotage.

B. aurea, — * *Fl.* de 4 à 5 cent. de long; hampe naissant à l'aiselle des feuilles et portant une grappe ombelliforme, composée de trois à cinq fleurs jaune d'or pur, campanulées, pendantes. Été. *Flles* étroites, linéaires, carénées ou canaliculées. Nouvelle-Galles du Sud, 1870. (B. M. 5809.)

B. Cunninghamii, — * *Fl.* d'un beau rouge cuivré, jaunes au sommet, ayant environ 5 cent. de long, campanulées, pendantes, disposées au nombre de douze à vingt à l'extrémité d'une hampe épaisse, de 1 m. de haut. Juin. *Flles* linéaires, carénées sur le dos et d'environ 8 cent. de long. Nouvelle-Galles du Sud. — Cette magnifique espèce se plait dans le compost dont il est question plus haut, additionné d'un peu de charbon de bois. (B. M. 5734.)

B. C. hybrida, — *Fl.* rouges, marginées de jaune clair, campanulées, pendantes, disposées en ombelle.

B. flammea, Lindl. *Fl.* jaune terne, disposées en grappes ombelliformes; bractées ovales-lancéolées, rigides, périanthe obconique. Juin. *Flles* linéaires, obtusément carénées. *Haut.* 60 cent. Australie, 1849. (F. d. S. 6, 585; P. M. B. 16, 354.)

B. f. elegans, — *Fl.* cramoisies, à pointe jaune, grandes, en entonnoir. Été. *Flles* longues, linéaires, ensiformes. Très belle variété, souvent confondue avec l'espèce type.

B. f. Princeps, Baker. *Fl.* d'un beau rouge orangé à l'extérieur et jaune tendre à l'intérieur, d'environ 8 cent. de long, tuberculeuses, portées sur une hampe de 30 cent. de long, pendantes et disposées près du sommet. Été. *Flles* rigides, presque dressées, longues, vert tendre, distiques. Splendide plante de serre froide qui devrait figurer dans toutes les collections. Australie, 1873. Syn. *B. Princeps.* (B. M. 6209; F. d. S. 22, 2314, d'après laquelle notre planche a été faite.)

B. grandiflora, R. Br. * *Fl.* cramoisies, très grandes, bractées aussi longues que les pédicelles ; les intérieures beaucoup plus courtes. Juillet. *Haut.* 60 cent. Nouvelle-Galles du Sud, 1812. (B. R. 924.)

B. intermedia, — *Fl.* jaunes, pendantes, en entonnoir, disposées en grappes, composées de seize à vingt fleurs; bractées foliacées, égalant environ les pédicelles. Septembre. *Flles* canaliculées, à carène aiguë, scabres sur les bords. *Haut.* 45 cent. Australie.

B. marginata, Herb. *Fl.* rouge orangé, coniques, disposées en longue grappe pendante ; bractées étroites, foliacées, égalant environ les pédicelles. Juillet. *Flles* rigides, presque dressées, scabres sur les bords. *Haut.* 60 cent. Tasmanie, 1842. (B. R. 31, 18.)

B. nobilis, Smith. * *Fl.* orangées, jaunes sur les bords, pendantes, portées sur de longs pédicelles et disposées en grappe terminale ; bractées deux fois plus courtes que les pédicelles. Juillet. *Flles* très étroites. *Haut.* 60 cent. Nouvelle-Galles du Sud, 1803. (B. 2003 ; B. M. R. 4,286.)

B. princeps, — Syn. de *B. flammea Princeps*, Baker.

BLANQUETTE. — V. Mâche.

BLATTE orientale, Vulg. Cafard ; Angl. Cockroach. — Cet insecte, hôte désagréable de nos cuisines, vit aussi dans les serres chaudes où il est susceptible de faire d'assez grands dégâts, surtout dans celles contenant des Orchidées. Le mâle, d'un noir luisant, est pourvu d'ailes recouvrant presque tout l'abdomen ; celles de la femelle sont rudimentaires ; les jeunes insectes en sont complètement dépourvus. La femelle pond en une seule fois, environ quinze œufs qu'elle transporte pendant quelque temps fixés à son abdomen, par une sorte de gomme. Il existe de nombreux moyens pour s'en débarrasser, et quoique moins nombreux dans les serres que certains autres insectes, ils le sont cependant suffisants pour que l'on s'en occupe.

Fig. 448. — Blatte orientale.

Les pates phosphoriques et arsenicales que l'on étend sur des tranches de pain, mélangées avec du miel, avec des pommes de terre cuites, ou des pommes cuites sont certainement les meilleurs poisons pour les détruire ; mais ces produits sont des plus dangereux pour les animaux qui touchent aux appâts ou qui mangent les Blattes empoisonnées ; il faut donc prendre les précautions nécessaires pour parer aux accidents des deux cas.

Fougère. — Les frondes fraiches de *Pteris aquilina* chassent, dit-on, les Blattes.

Trappes. — Les différentes trappes à cafards que l'on peut se procurer facilement dans le commerce servent à en attraper des quantités; on les amorce avec du miel, de la farine, du pain d'épice, du lait, de la bière, etc. Lorsqu'une amorce ne réussit plus, on en met une autre, il est utile de changer de temps en temps. On peut aussi employer des plats peu profonds que l'on remplit de bière pure ou additionnée d'eau et autour desquels on place quelques baguettes ou des chiffons pour leur permettre de monter. Des bouteilles à champagne à moitié remplies d'un mélange de bière et d'eau ou d'eau miellée et enfoncées dans la terre sont, parait-il, de bonnes trappes, si on ne les dérange pas trop souvent.

BLÉ. — V. **Triticum vulgare.**

BLÉ noir. — V. **Fagopyrum esculentum.**

BLÉ de Turquie. — V. **Zea Mays.**

BLÉ de vache. — V. **Melampyrum arvense.**

BLECHNUM, Linn. (de *Blechnon*, nom grec d'une Fougère). Comprend les *Salpichlæna*. Fam. *Fougères*. — On connait environ vingt espèces largement dispersées dans les régions tropicales et tempérées. Ce sont de jolies Fougères de serre chaude ou tempérée, que l'on cultive dans un compost de terre de bruyère, de terreau de feuilles et de terre franche. Sores linéaires, en ligne presque continue, parallèle et ordinairement contiguë avec la nervure médiane. Indusie distinct du bord de la fronde, toujours entier, s'ouvrant de dedans en dehors. Frondes uniformes, ordinairement pinnées ou pinnatifides. Nervures généralement libres. Pour leur culture générale, V. **Fougères.**

B. australe, Linn. * *Souche* épaisse, rampante, écailleuse, pétioles dressés, de 10 à 15 cent. de long. *Frondes* de 20 à 45 cent. de long et 5 à 8 cent. de large, lancéolées, rétrécies aux deux extrémités; pinnules nombreuses, les stériles de 2 cent. 1/2 à 4 cent. de long et 6 à 9 mm. de large, linéaires, hastées cordiformes ou auriculées à la base, principalement sur le côté supérieur, à texture coriace; les fertiles plus étroites. *Sores* disposés en ligne continue ou légèrement interrompue, mais non contigus à la nervure médiane. Afrique australe, etc. 1691. Espèce de serre froide.

B. boreale, Swartz. — V. *Lomaria Spicant*, Desv.

B. brasiliense, Desv. * *Souche* dressée, presque arborescente, de 30 cent. ou plus de long, densément revêtue dans la couronne, d'écailles brun foncé. *Pétioles* courts, épais, fortement écailleux. *Frondes* oblongues-lancéolées, de 60 cent. à 1 m. 20 de long et 15 à 40 cent. de large, graduellement rétrécies à la base; pinnules rapprochées, linéaires, de 10 à 20 cent. de long, et 6 à 18 mm. de large, graduellement rétrécies au sommet, finement dentées ou ondulées, soudées à la base. Brésil et Pérou, 1820. (H. S. F. 3, 157.) — Il existe une très jolie variété connue dans les jardins sous le nom de *corcovadense crispum*, moins vigoureuse que le type, à pinnules crispées et ondulées sur les bords. Serre tempérée.

B. cartilagineum, Swartz. *Souche* oblique, fortement écailleuse au sommet. *Pétioles*, forts, dressés, de 10 à 15 cent. de long, écailleux, muriqués à la base. *Frondes* ovales-oblongues, de 60 cent. à 1 m. de long et 15 à 30 cent. de large; pinnules nombreuses, linéaires, de 10 à 15 cent. de long et environ 12 mm. de large, graduellement rétrécies au sommet, finement dentées sur les bords, dilatées et soudées à la base. *Sores* disposés en ligne large près de la nervure médiane. Australie tempérée, 1820. Espèce de serre froide.

Fig. 449. — Blechnum brasiliense.

B. hastatum, Kaulf. * *Rhizome* court, épais, écailleux. *Pétioles* de 10 à 15 cent. de long, presque nus. *Frondes* de 30 à 45 cent. de long et 5 à 10 cent. de large, lancéolées, munies de vingt à quarante paires de pinnules, les stériles de 2 cent. 1/2 à 4 cent. de large, lancéolées, falciformes, graduellement rétrécies en pointe, légèrement tronquées sur le côté inférieur et légèrement lobées; le supérieur cordiforme, muni d'une grande oreillette hastée; frondes fertiles plus étroites. *Sores* disposés à égale distance du bord et de la nervure médiane; rachis et limbe glabres ou légèrement pubescents; texture coriace. Amérique australe, 1841. Espèce de serre tempérée.

B. Lanceola, Swartz. *Rhizome* grêle, rampant, stolonifère. *Pétioles* grêles, dressés, de 5 à 10 cent. de long. *Frondes* lancéolées, entières, de 10 à 15 cent. de long et 12 mm. ou moins de large, graduellement rétrécies depuis le centre jusqu'aux deux extrémités. Amérique tropicale, 1820. Espèce de serre chaude.

B. L. trifoliatum, Kaulf. *Frondes* munies d'une à deux paires de petites pinnules latérales-oblongues, obtuses, disposées à la base d'une pinnule terminale. Espèce de serre chaude. (H. S. F. 3, 94.)

B. longifolium, Humb. Bonpl., et Kunth.* *Rhizome* grêle, rampant. *Pétioles* fermes, dressés, presque nus, de 15 à 30 cent. de long. *Frondes* de 15 à 20 cent. de long, munies d'une pinnule terminale et de trois à six paires de latérales de 8 à 12 cent. de long et 12 mm. de large, graduellement rétrécies en pointe. *Sores* disposés en larges lignes près de la nervure médiane; texture coriace. Amérique tropicale, 1820. Espèce de serre chaude. — Le *B. l. fraxineum* est une variété, connue en horticulture sous le nom de *B. fraxinifolium*, plus compacte et munie de six à huit paires de pinnules atteignant quelquefois 25 mm. de large. Les *B. intermedium* Link., et *B. gracile* Kaulf., qu'on rencontre souvent dans les serres, sont également des variétés plus grêles de cette espèce assez variable.

B. nitidum, Presl.* *Pétioles* épais, dressés, nus, de 8 à 10 cent. de long. *Frondes* oblongues-lancéolées, de 30 cent. ou plus de long et 10 à 15 cent. de large; pinnules nombreuses, sub-falciformes, linéaires, de 8 à 10 cent. de long et 6 à 12 mm. de large, graduellement rétrécies vers le sommet, dilatées et soudées à la base, ondulées, dentées sur les bords, glabres sur les deux faces; texture coriace. Brésil. (H. S. F. 3, 55.) Espèce de serre chaude. — La variété *contractum*, qu'on rencontre souvent dans les serres, a des pinnules contractées et très ondulées sur les bords.

B. occidentale, Linn.* *Souche* épaisse, dressée, écailleuse au sommet. *Pétioles* de 15 à 30 cent. de long, dressés, écailleux inférieurement. *Frondes* ovales, acuminées, de 20 à 45 cent. de long et 10 à 20 cent. de large, munies de douze à vingt paires de pinnules ayant 5 à 10 cent. de long et environ 18 mm. de large, s'amincissant graduellement en pointe, tronquées ou cordiformes à la base; texture coriace. Antilles et plus au sud jusqu'au Chili et au Brésil méridional, 1823. Belle espèce de serre chaude ou tempérée.

B. o. multifidum, Hort.* Jolie variété, qu'on dit avoir été introduite de la Dominique. Sommet des pinnules copieusement en crête et en forme de glands. Variété de serre chaude.

B. orientale, Linn.* *Souche* épaisse, dressée, à couronne revêtue d'écailles brun foncé. *Pétioles* de 10 à 20 cent. de long, épais, dressés, écailleux inférieurement. *Frondes* de 30 cent. à 1 m. de long et 15 à 30 cent. de large, ovales, munies de nombreuses paires de pinnules presque contiguës, de 10 à 20 cent. de long et environ 18 mm. de large, rétrécies en une longue pointe. Australie et plus au nord jusque dans la Chine méridionale et l'Himalaya. Espèce de serre froide.

B. polypodioides, Raddi. Syn. de *B. unilaterale*, Willd.

B. rugosum, Willd. *Pétioles* de 8 à 15 cent. de long, fortement velus-glanduleux en dessus ainsi que le rachis. *Frondes* linéaires, lancéolées, acuminées, de 30 cent. de long, à limbe ridé, velu-glanduleux; pinnules sub-pétiolulées, confluentes, oblongues-obtuses ou quelquefois brusquement aiguës, falciformes. *Sores* linéaires, médians, s'étendant depuis la base jusqu'au sommet des pinnules. 1884. Serre tempérée.

B. serrulatum, Rich.* *Souche* allongée, épaisse, ascendante. *Pétioles* de 15 à 30 cent. de long, forts, dressés, glabres, presque nus. *Frondes* oblongues, acuminées, de 30 à 60 cent. de long et 15 à 20 cent. de large, munies de douze à vingt-quatre paires de pinnules linéaires, oblongues, articulées, tout à fait distinctes, d'environ 10 à 12 cent. de long et 12 mm. de large, graduellement rétrécies au sommet et à base étroite, finement incisées sur les bords. Floride, etc. 1819. Espèce de serre chaude ou tempérée. Syn. *B. striatum*, R. Br. (H. S. F. 3, 159.)

B. Spicant, Roth. — V. *Lomaria Spicant*, Desv.

B. striatum, R. Br. Syn. de *B. serratulum*, Rich.

B. unilaterale, Willd. *Souche* allongée, à couronne fortement écailleuse. *Pétioles* grêles, dressés, de 2 1/2 à 10 cent. de long, légèrement écailleux inférieurement. *Frondes* lancéolées, de 15 à 30 cent. de long et 4 à 5 cent. de large; pinnules nombreuses, divergentes horizontalement, linéaires, de 18 à 25 mm. de long; les centrales de 6 à 9 mm. de large, généralement mucronées au sommet; entières sur les bords ou à peu près, dilatées inférieurement en une large base. *Sores* disposés en lignes près de la nervure médiane. Amérique tropicale, 1829. Très répandu. Espèce de serre froide ou chaude. Syn. *B. polypodioides*, Raddi, nom sous lequel cette plante est généralement connue dans les jardins.

BLECHUM, P. Browne. (nom grec d'une plante inconnue, que l'on suppose ressembler à la Marjolaine). Fam. *Acanthacées*. — Des huit espèces décrites, on n'en distingue guère que quatre qui habitent les Indes occidentales, l'Amérique centrale et la Colombie. Ce sont des plantes herbacées, vivaces, à fleurs réunies en épis axillaires et terminaux et groupées par deux ou trois, à l'aisselle de larges bractées disposées sur quatre rangs. Pour la culture de l'espèce ci-dessous. V. **Justicia**.

B. Brownei, Juss. *Fl.* blanches, réunies en épi dense, muni de bractées disposées sur quatre rangs, celles-ci ovales, duveteuses. Été. *Flles* ovales-elliptiques, un peu dentées. *Haut.* 60 cent. Indes occidentales, 1780. Les autres espèces introduites sont *B. angustifolium*; B. Br. à fleurs bleues; *B. brasiliense*, Lodd., à fleurs bleues, et *B. laxiflorum*, Juss., à fleurs blanches.

BLEEKERIA, Hassk. — V. **Ochrosia**, Juss.

BLEPHARIS, Juss. (de *blepharis*, les cils des paupières; allusion aux franges des bractées du calice). Fam. *Acanthacées*. — Genre comprenant environ vingt-cinq espèces originaires de l'Afrique tropicale et australe. Ce sont des plantes herbacées ou suffrutescentes souvent épineuses et ligneuses, voisines des *Acanthus*. Fleurs en épis terminaux, accompagnées de bractées; calice bractéolé, à quatre lobes cruciformes; segment supérieur entier tri nervé, l'inférieur à deux nervures; corolle à tube très court, à cinq lobes dont trois souvent beaucoup plus grands que les deux autres; étamines quatre, presque didynames. Pour leur culture, etc., V. **Acanthus**.

B. boerhaaviæfolia, Juss. *Fl.* bleues. Juillet. *Flles* ordinairement verticillées par quatre, elliptiques, dentées. *Haut.* 30 cent. Indes, 1829. Plante annuelle, de serre chaude.

B. capensis, Pers.* *Fl.* bleues. Juillet. *Flles* étroites, lancéolées, épineuses. *Haut.* 30 cent. Cap, 1816. Espèce bisannuelle, de serre froide.

BLEPHILIA, Raf. (de *blepharis*, les cils des paupières; allusion aux cils des bractées). Fam. *Labiées*. — Petit genre ne comprenant que deux espèces de jolies plantes vivaces, rustiques, très voisines des *Monarda*, dont elles ne diffèrent que par leur calice à treize au lieu de quinze nervures, nu à la gorge et par leur corolle beaucoup plus petite et plus dilatée. Leur culture est facile en tous terrains. On les multiplie par division des touffes, au commencement du printemps.

B. ciliata, Raf. *Fl.* bleues, disposées en verticilles distincts; bractées ciliées, rougeâtres au sommet. Juillet.

Flles presque sessiles, ovales-oblongues, rétrécies à la base, canescentes en dessous. *Haut.* 30 à 60 cent. Amérique du Nord, 1798.

B. hirsuta, Benth. *Fl.* purpurines ou bleues, en verticilles plus nombreux que ceux de l'espèce précédente, les supérieurs rapprochés. Juillet. *Flles* pétiolées, ovales, arrondies-cordiformes à la base, velues sur les deux faces. *Haut.* 30 à 60 cent. Plante plus rameuse et plus lâche que le *B. ciliata*. Virginie, 1798.

BLESSURES, Angl. Wounds. — Chez les arbres fruitiers et autres, les blessures sont souvent causées par des coupes mal faites, par des meurtrissures résultant de coups, par friction lorsque deux branches se touchent, par une attache trop serrée, etc., etc. En général, les blessures sont bien plus longues à se recouvrir qu'une coupe bien nette, aussi est-il urgent de prendre toutes les précautions nécessaires pour éviter de meurtrir l'écorce des arbres. Toutefois, lorsqu'un accident de ce genre est arrivé, il faut rafraîchir la plaie à l'aide d'une serpette bien tranchante et la recouvrir de goudron, de mastic à greffer ou, à défaut, avec de l'argile. Faute de soin, une plaie peut engendrer un chancre et occasionner ainsi la perte totale de l'arbre ou de la branche. (S. M.)

BLET, BLETTE. — Signifie livide, noirâtre. On emploie ce mot pour exprimer l'état des fruits charnus dont la pulpe est devenue molle et brune à la suite d'un commencement de décomposition.

La décomposition des fruits blets est très différente de la pourriture; dans celle-ci, d'après le docteur Ch. Robin, les cellules végétales sont envahies par le mycélium des *Aspergillus* ou des *Penicillium*. Dans les fruits *blets*, aucun envahissement parasitaire n'a lieu. Les fruits du Néflier, ceux de l'Alisier ne se consomment qu'à l'état blet. (G. B.)

BLETTIR. — Devenir blet. (V. ce mot.)

BLETIA, Ruiz. et Pav. (dédié à Don Louis Blet, botaniste espagnol). Syns. *Gyas*, Salisb. *Tankervillia*, Link; *Thiebautia*, Colla. Comprend les *Bletilla*, Rchb. f. Fam. *Orchidées*. — Genre comprenant environ vingt espèces originaires de l'Amérique tropicale, dont une de la Chine et du Japon. Ce sont des Orchidées terrestres ou épiphytes, presque toutes de serre chaude, à fleurs purpurines ou blanchâtres, disposées en grandes grappes rameuses et terminales. Pseudo-bulbes arrondis, aplatis; feuilles étroites, ensiformes, pliées. Les *Bletia* sont très florifères lorsque les plantes sont bien établies et leurs fleurs, employées pour la confection des bouquets, sont autant estimées pour leur jolie couleur que pour leur longue durée.

On les cultive dans un compost de terre franche et le terreau de feuilles. On place dans le fond des pots environ 5 cent. de tessons que l'on recouvre d'une couche de mousse et on les remplit ensuite avec le mélange en question, jusqu'à environ 2 cent. du bord, après quoi on place les bulbes qui doivent être à peine recouverts de terre. Pendant la végétation, on doit donner de copieux arrosements et veiller à ce que la température soit toujours modérée; on ne donne au contraire que très peu d'eau à la plante pendant la période de repos qui doit suivre chaque floraison. On les multiplie par division des bulbes, opération qui doit se faire après la floraison ou avant le départ de la végétation.

B. campanulata, Llave. *Fl.* pourpre foncé, blanches au centre, d'une très longue durée. Mexique.

B. florida, R. Br. *Fl.* rose pâle; labelle non éperonné. Juillet-août. *Haut.* 60 cent. Antilles, 1786. Très jolie plante. (B. R. 1101.) Syn. *B. pallida*, Lodd. (L. B. C. 629.)

B. gracilis, Lodd. *Fl.* blanc verdâtre pâle; sépales et pétales presque égaux, lancéolés, acuminés; labelle rouge et jaune; hampe simple. *Flles* oblongues, lancéolées, pliées. *Haut.* 4 cent. Mexico, 1830. (B. R. 1681; B. M. 1681.)

B. graminifolia, Don. — V. *Arundina bambusæfolia*.

B. hyacinthina, R. Br.* *Fl.* pourpres, en grappes; labelle non éperonné ni barbu; hampe aussi longue que les feuilles. Mars-juin. *Flles* lancéolées. *Haut.* 30 cent. Chine, 1802. Cette charmante espèce est presque rustique. (L. B. C. 1968; Gn. Nov. 1879.) Syn. *Cymbidium hyacinthinum*, Smith. (B. M. 1492.)

B. h. albo-striata, Hort. Très jolie variété dont toutes les nervures des feuilles sont blanches. Elle vient bien en serre froide.

B. pallida, Lodd. Syn. de *B. florida*, R. Br.

B. patula, Grah. *Fl.* pourpres, divergentes; hampe grande, rameuse. Mars. *Flles* lancéolées. *Haut.* 60 cent. Haïti, 1830. (B. M. 3518.)

B. Shepherdi, Hook. *Fl.* disposées en épis rameux, pourpres, marquées de jaune au centre du labelle. Hiver. *Flles* longues, lancéolées, vert foncé. Jamaïque, 1825. (B. M. 3319.)

B. Sherrattiana, Batem. *Fl.* d'un beau pourpre rosé, disposées en épis au nombre de douze environ; pétales deux fois plus larges que les sépales; labelle pourpre foncé au sommet, maculé de blanc et de jaune au centre. *Flles* trois à quatre, pliées. Pseudo-bulbes déprimés. Nouvelle-Grenade, 1867. C'est la plus belle espèce du genre. (B. M. 5646.)

B. Tankervilliæ, R. Br. — V. *Phaius grandiflorus*.

B. Thomsoniana, — V. *Schomburgkia Thomsoniana*.

B. verecunda, R. Br. *Fl.* pourpres; labelle non éperonné. Janvier. *Haut.* 1 m. Antilles, Mexique, etc., 1733. Syns. *Helleborine americana*, Martyn. (B. M. 930); *Limodorum purpureum*, Red. (R. L. 83); *Bletia acutipetala*, Hook. (B. M. 3217.)

B. Woodfordii, Hook. — V. *Phaius maculatus*, Lindl.

BLETILLA, Rchb. f. — V. **Bletia**, Ruiz. et Pav.

BLEUET des jardins. — V. **Centaurea Cyanus**.

BLEUET du Levant. — V. **Centaurea moschata**.

BLEUET vivace. — V. **Centaurea montana**.

BLIGHEA, Kœn. Réunis aux **Cupania**, Linn.

BLITUM, Tourn. (de *blith*, sans saveur). **Blette**. — Fam. *Chénopodées*. — Genre comprenant quelques espèces de plantes herbacées, annuelles, habitant l'Europe et l'Asie et réunies aux *Chenopodium*, par Bentham et Hooker. Fleurs en glomérules axillaires, formant un épi plus ou moins feuillé. Calice à trois-cinq sépales presque libres, devenant charnus et rougeâtres à la maturité; étamines cinq. Feuilles alternes, épaisses, triangulaires, hastées, irrégulièrement dentées. Les fruits, d'un beau rouge et ressemblant grossièrement à de petites fraises, rendent ces plantes assez ornementales et les font parfois employer pour former des bordures ou pour disséminer dans les plates-bandes. Toute terre leur convient; on sème les graines au printemps, en place et on espace les plantes d'environ 25 cent.

Fig. 450. — BLITUM CAPITATUM ET B. VIRGATUM.

B. capitatum, Linn. Arroche fraise, Epinard fraise. — *Fl.* verdâtres, en glomérules; tiges nues au sommet. Juillet-août. *Flles* triangulaires, hastées. *Haut.* 40 cent. France, etc.

B. virgatum, Linn. Épinard fraise. — *Fl.* verdâtres, en glomérules disposés en un long épi feuillé jusqu'au sommet. Juillet-août. *Flles* triangulaires, sinuées, dentées. *Haut.* 40 à 50 cent. France, etc. (B. M. 276.) (S. M.)

BLOOMERIA aurea. — V. **Nothoscordum aureum.**

BLUMENBACHIA, Schrad. (dédié à J. Fred. Blumenbach, professeur de médecine à Gœttingen, qui se distingua dans l'étude de l'anatomie comparée). FAM. *Loasées.* — Genre comprenant environ douze espèces originaires de l'Amérique australe et tropicale. Ce sont de jolies plantes herbacées, rameuses, dressées ou volubiles, annuelles, bisannuelles ou vivaces, ordinairement couvertes de poils dont la piqûre est très douloureuse. Fleurs axillaires, solitaires ou disposées en grappes, et très intéressantes par leur conformation à peu près semblable à celle des *Loasa.* Ils s'en distinguent cependant facilement par leur capsule enroulée en spirale. Feuilles opposées, entières ou lobées. On peut les cultiver en tous terrains. Leur multiplication a lieu par graines que l'on sème au printemps, en pots, en terrines ou en pleine couche tiède; elles germent au bout de quinze jours environ. Lorsque les plants sont suffisamment forts, on les endurcit graduellement, puis, le beau temps venu, on les repique en place, au pied d'un treillage ou en pots selon le besoin.

B. chuquitensis, — * *Fl.* solitaires, axillaires, à cinq-dix pétales cuculés-naviculaires, rouges en dehors et jaunes en dedans. Septembre. *Flles* oblongues, lancéolées, pinnées, à segments pinnatifides. Pérou, 1863. Plante vivace, grimpante, demi-rustique. (B. M. 6143.)

B. contorta, — * *Fl.* rouge orangé, à écailles intérieures, vertes, cuculées. Juillet. *Flles* oblongues, ovales, pinnatifides, à lobes incisés, dentés. Pérou. Espèce vivace, de serre froide, mais que l'on peut cultiver en pleine terre pendant l'été, au pied d'un mur abrité. (B. M. 6134.)

B. coronata, — * *Fl.* d'un beau blanc pur brillant, quadrangulaires, en forme de couronne, ayant 5 cent. de diamètre en tous sens. Juin. *Flles* étroites, bipinnatifides, découpées en petits segments. *Haut.* 45 cent. Chili, 1872. — C'est une élégante espèce naine, dressée, touffue et bisannuelle, dont les belles fleurs blanches sont rehaussées par l'élégance d'un beau feuillage à reflets métalliques. Syn. *Cajophora coronata.*

B. insignis, Schrad. * *Fl.* à pétales blanchâtres et à écailles intérieures jaune rougeâtre; axillaires, longuement pédonculées, d'environ 2 cent. 1/2 de diamètre. Juillet. *Flles* inférieures à cinq-sept lobes; les supérieures profondément bipinnatifides. *Haut.* 30 cent. Chili, 1826. Espèce annuelle, rustique, volubile. Syn. *Loasa palmata*, Spreng. (B. M. 2865.)

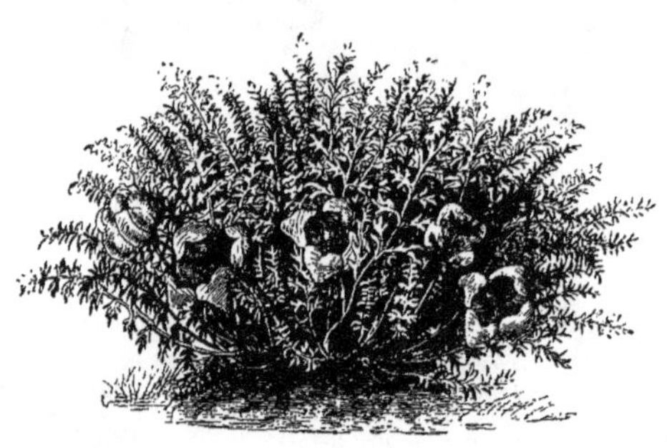

Fig. 451. — BLUMENBACHIA CORONATA. (*Rev. Hort.*)

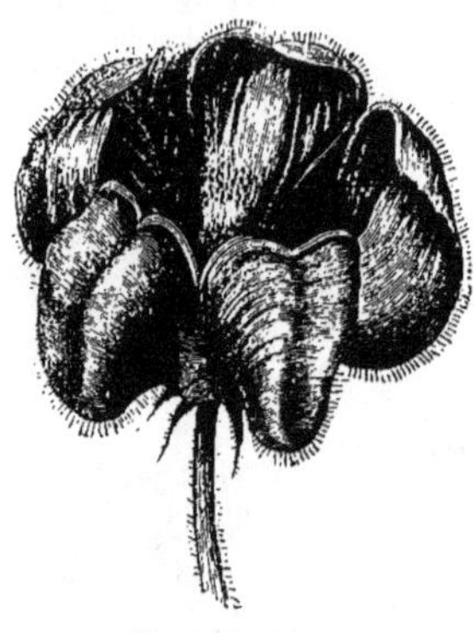

Fleur détachée.

BLUMENBACHIA, Kth. — V. **Sorghum**, Pers.

BLUMIA, Spreng. — V. **Saurauja**, Willd.

BOBARTIA, Ker. (dédié à Jacob Bobart, professeur de botanique à Oxford, au XVIIe siècle). FAM. *Iridées.* — Genre comprenant sept espèces originaires de l'Afrique australe. Ce sont de jolies petites plantes bulbeuses, rustiques ou de serre froide, voisines des *Sisyrinchium.* Les espèces cultivées peuvent supporter la pleine terre, mais il faut avoir soin de les protéger des grands froids et de les garantir des pluies persistantes. Les *Bobartia* sont propres à l'ornement des endroits chauds et ensoleillés des rocailles, où on les plante dans une terre légère, siliceuse. Multiplication par séparation des touffes à l'automne. La nomenclature de ce genre est assez confuse ; certaines espèces autrefois comprises dans les *Bobartia* sont maintenant réunies aux *Aristea*, *Sisyrinchium*, *Homeria*, *Marica*, *Moræa*, *Cyperus*, etc.

B. aurantiaca, Sweet. — V. *Homeria aurantiaca.*

B. gladiata, — *Fl.* jaunes, finement ponctuées de pourpre au centre, fort belles, ayant près de 5 cent. de diamètre. *Flles* étroites, linéaires, ensiformes, légèrement glauques, de 30 cent. ou plus de long. Cap, 1817. Syn. *Marica gladiata*, Ker. (B. R. 229.)

B. spathacea, Sweet. *Flles* jonciformes, de plusieurs pieds de long ; hampe de même longueur, portant près du sommet, un bouquet de fleurs jaune pâle, à segments étroits et ne durant qu'un jour ; mais, comme chaque spathe en renferme un certain nombre, la floraison se trouve ainsi assez prolongée. Cap, 1832. Syn. *Xyris altissima*, Lodd. (L. B. C. 1900.)

BOCCONIA, Linn. (dédié à Paolo Bocconi, botaniste sicilien, auteur de *Museum des Plantes*, et *Histoire naturelle de l'île de Corse*, etc.). Syn. *Macleya*, R. Br. Fam. *Papavéracées*. — Genre comprenant trois espèces originaires de l'Amérique tropicale, de la Chine et du Japon. Ce sont des plantes vivaces, herbacées ou frutescentes, de serre froide ou de pleine terre. Fleurs petites, réunies en grande panicule terminale dont les rameaux sont tous accompagnés d'une bractée ; corolle nulle, remplacée par deux sépales oblongs, caducs, étamines nombreuses, blanc pur ; capsules monospermes, pendantes. Feuilles pétiolées, grandes, lobées, glauques. Le *B. cordata* est une belle plante herbacée, rustique, d'un port majestueux, à feuillage élégamment découpé et des plus convenables pour former des touffes isolées sur les pelouses ou dans les endroits bien dégagés du voisinage d'autres plantes. Il est aussi très propre à cultiver dans de grands pots pour orner les terrasses. Il se plait particulièrement dans les bonnes terres franches, profondes et fraiches. On le multiplie par boutures que l'on fait avec les ramifications qui naissent à l'aisselle des feuilles inférieures, ainsi que par drageons que l'on détache pendant l'été du pied des plantes bien établies et qui fleurissent alors dès l'année suivante. Lorsqu'on le propage par boutures, on doit forcer celles-ci le plus possible, afin qu'elles atteignent, avant l'automne, un développement suffisant pour pouvoir fleurir l'année suivante. Les deux autres espèces s'hivernent en serre froide ; elles sont également convenables pour les garnitures pittoresques ; on doit les planter dans une terre légère, fertile et bien drainée. On les multiplie par graines que l'on sème sur couche au printemps ; on repique les plants en pépinière et on les met en place en juin.

B. cordata, Willd. ' *Fl.* blanc rosé, très nombreuses, disposées en grandes panicules terminales ; chaque fleur n'a individuellement pas grand mérite ornemental, mais l'inflorescence est, dans son ensemble, très décorative. Août-septembre. *Flles* grandes, réfléchies, arrondies-cordiformes, lobées ou sinuées sur les bords, fortement veinées et blanchâtres en dessous. Tiges nombreuses, rapprochées, sous-ligneuses à la base, formant une belle touffe pyramidale, très feuillue. *Haut.* 1 m. 50 à 2 m. 50. Chine, 1795 et 1866. (B. M. 1905.) — Cette plante trace assez fortement ; il convient de supprimer les drageons afin qu'ils n'épuisent pas le pied mère ; repiqués en pépinière, ces drageons forment une belle plante dès l'année

Fig. 452. — Bocconia cordata.

suivante. Syn. *B. cordata*, R. Br. — Les *Bocconia* ou *Macleya japonica* et *M. yedoensis* sont des variétés de cette espèce.

B. frutescens, Linn. ' *Fl.* verdâtres. Octobre. *Flles* grandes, vert de mer, ovales, oblongues, cunéiformes à la base, pinnatifides. *Haut.* 1 à 2 m. Mexique, 1739. (L. B. C. 83.)

B. integrifolia, Humb. et Bonpl. *Fl.* verdâtres, en panicule compacte. *Flles* planes, oblongues, rétrécies aux deux extrémités, entières ou à peine crénelées.

B. japonica. — Variété du *B. cordata*, Willd.

B. yedoensis. — Variété du *B. cordata*, Willd.

BŒA, Commers. (dédié au Dr Beau, de Toulon, beau-frère de Commerson qui découvrit le genre). Syns. *Bœa*, Juss. ; *Bea*, Juss. et *Dorcoceras*, Bunge. Fam. *Gesnéracées*. — Genre comprenant quatorze espèces originaires de l'Asie tropicale, de l'Australie et des îles de l'Océan Pacifique. Ce sont de jolies petites plantes herbacées, vivaces, de serre tempérée, à port de *Streptocarpus*. L'espèce ci-dessous, probablement seule connue dans les serres, se cultive en bonne terre franche, siliceuse et fertile ; on la multiplie facilement par graines.

B. hygrometrica, — ' *Fl.* bleu pâle, jaunâtres à la gorge ; à cinq lobes plus ou moins réfléchis et ressemblant aux violettes ; hampes nombreuses, nues, pauciflores. Été. *Flles* en rosette, ovales, aigués aux deux extrémités, dentées, crénelées, couvertes de gros poils blancs, épars. *Haut.* 15 cent. Nord de la Chine, 1868. (B. M. 6168.)

BŒBERA, Willd. — Réunis aux **Dysodia**, Cav.

BŒBERA incana, Linn. — V. **Dysodia pubescens**, Lag.

BŒHMERIA, Jacq. (dédié à Georges Rudolph Bœhmer, botaniste allemand). **Ortie de Chine**, Angl. China-Grass. Syns. *Duretia*, Gaud. et *Splitgerbera*, Miq. Fam. *Urticées*. — Genre comprenant environ quarante-cinq espèces répandues dans toutes les régions tropicales, dans le Chili, l'Amérique septentrionale et le Japon. Ce sont des arbustes ou des plantes herbacées, à fleurs monoïques ou dioïques, en épis ou en glomérules axillaires, très voisins des *Urtica* et dont on les distingue facilement par l'absence de poils urticants.

Le *B. nivea* est la seule espèce intéressante au point de vue horticole ; elle forme des touffes volumineuses, garnies d'un beau feuillage à revers blanc argenté. On l'emploie assez fréquemment pour orner les pelouses et les jardins paysagers. Il lui faut un terrain profond, sain et fertile et une exposition la plus chaude possible, car, sous le climat de Paris, cette plante souffre quelquefois de l'humidité et du froid. Ce n'est même que dans le Midi que les *Bœhmeria* sont susceptibles de pousser avec toute la vigueur qui leur est propre, aussi est-il utile de couvrir les touffes pendant l'hiver. Multiplication par division des vieilles touffes, en avril-mai ; cette opération ne peut guère se faire que tous les quatre ou cinq ans.

Le principal mérite des *Bœhmeria* réside dans la fibre textile d'une grande finesse, que l'on extrait des tiges et connue dans l'industrie sous les noms de *China-Grass* et *Ramie*. Ces fibres sont fournies par le *B. nivea* et les *B. candicans* et *B. tenacissima*, que quelques auteurs ne considèrent que comme des variétés du *B. nivea*. Le *B. tenacissima* fait, pour cet usage, l'objet de cultures d'une grande importance, car elle fournit la meilleure fibre.

La grande résistance et la beauté des fibres de Ramie ont toujours, depuis leur introduction, excité à un très haut degré l'intérêt de l'industrie textile. On s'est malheureusement heurté à des difficultés de décortication, qui ne sont pas encore surmontées ; aussi, les écrits scientifiques et pratiques sur les *Bœhmeria* sont-ils très nombreux. Voici quelques ouvrages que le lecteur intéressé pourra consulter : Favier, *Les Orties textiles*, 1881 ; Frémy, *La Ramie* (*Chimie végétale*), 1886 ; E. Royer, *La Ramie*, 1888 ; *Kew Bulletin*, 1888, 1889, etc.

Fig. 453. — Bœhmeria nivea.

B. nivea, Hook. et Arnott. Ortie de Chine, O. argentée. Tschouma, Angl. China Grass. — *Fl.* verdâtres, disposées en épis axillaires. *Flles* alternes, opposées, pétiolées, largement cordiformes, d'environ 15 cent. de long et 10 cent. de large, terminées en pointe longue et grêle, dentées sur les bords, vertes et velues sur la face supérieure, couvertes en dessous d'un tomentum d'un beau blanc de neige. *Haut.* 1 m. à 1 m. 50. Chine, vers 1809. Syn. *Urtica nivea*, Linn.

B. tenacissima, Gaud. Ortie de Java, O. utile, Ramie, Angl. Rhea. — Cette plante ne se distingue guère de l'espèce ci-dessus que par ses feuilles à dents triangulaires, plus aiguës, et surtout par la teinte de la face inférieure de ses feuilles qui est vert cendré, mordoré de blanc d'autant plus vif que la feuille est plus jeune. C'est elle qui fournit la meilleure fibre et la plus facile à décortiquer, mais elle est un peu moins rustique que la précédente. *Haut.* 2 à 4 m. Sonde, Java, vers 1850. Syns. *B. utilis*, Blume ; *Urtica tenacissima*, Roxb. ; *U. utilis*, Hort. (B. H. 1890, 184.)

(S. M.)

BŒNNINGHAUSENIA, Rchb. (dédié à C. F. von Bœnninghausen). Fam. *Rutacées*. — Genre ne comprenant qu'une espèce ; originaire des montagnes de l'Inde boréale et du Japon. C'est un élégant sous-arbrisseau demi-rustique, couvert de ponctuations glanduleuses, odorantes et à rameaux grêles, portant des grappes de fleurs rameuses, terminales, accompagnées de petites bractées. Pour sa culture, etc. V. **Ruta**.

B. albiflora, Rchb. *Fl.* blanches, à pétales entiers, plus courts que les étamines. Juillet-septembre. *Flles* alternes, bipinnées, à folioles ovales, glauques, pubescentes, un peu auriculées, la terminale grande, obcordée. *Haut.* 60 cent. Népaul. Syn. *Ruta albiflora*, Hook. (H. E. F. 79.)

(S. M.)

BOIS, Angl. Wood. — Dans un sens général, on nomme *bois* toute partie d'un végétal dont la consistance est ferme et ligneuse ; mais, dans un sens plus strict, le bois est la partie d'un tronc ou d'une grosse branche qui a acquis toute sa dureté ; elle est ordinairement d'une teinte différente de l'aubier et assez facile à distinguer ; certains auteurs l'ont nommée *Duramen*.

Suivi d'une dénomination qui rappelle le pays, l'usage, les qualités, etc., réelles ou imaginaires, le mot *bois* sert à désigner, dans le langage vulgaire, un grand nombre de végétaux. Nous donnons ci-dessous ceux d'un usage assez fréquent :

B. d'Absinthe ou **B. amer**. — *Carissa xylopicron*.

B. d'acajou. — *Swietenia Mahogoni*.

B. amer. — *Quassia amara*.

B. d'Amaranthe. — *Swietenia Mahogoni* et *S. senegalensis*.

B. d'Anis. — *Illicium anisatum*, *Persea gratissima*, etc.

B. d'anisette. — *Piper umbellatum*.

B. argan. — *Argania Sideroxylon*.

B. baguettes. — *Coccoloba latifolia*.

B. à balais. — Les *Bouleaux* et les *Genêts*.

B. de bananes. — *Uvaria disticha* et *U. odorata*.

B. de baume. — *Croton balsamiferum*.

B. bénit. — *Buxus sempervirens*.

B. blancs. — On nomme ainsi tous les bois tendres et légers, dont le cœur diffère à peine de l'aubier ; ils sont fournis par plusieurs Pins et Sapins, les Peupliers, Saules, Bouleaux, Tilleuls, etc.

B. bouton. — *Cephalanthus occidentalis.*

B. du Brésil. — *Cæsalpinia echinata.*

B. de campêche. — *Hæmatoxylon campechianum.*

B. de camphre. — *Laurus porrecta.*

B. cannelle. — *Drimys aromatica* et plusieurs autres.

B. canon. — *Cecropia peltata.*

B. à canot. — *Calophyllum Calaba* et autres.

B. capitaine. — *Malpighia urens.*

B. carré. — *Evonymus europæus.*

B. de Cassie. — *Quassia amara.*

B. à chiques. — *Cordia colococca.*

B. chandelle. — *Amyris elemifera* et plusieurs autres bois résineux.

B. de Chine. — *Cordia sebestana.*

B. à clous. — *Eugenia caryophyllus* et autres.

B. cochon. — *Bursera gummifera.*

B. de colophane. — *Colophania mauritiana.*

B. de cœur, Angl. Heartwood. — Partie centrale du tronc des végétaux exogènes, durcie ou modifiée par l'âge.

B. corail. — *Erythrina Corallodendron, Hamellia patens* et autres.

B. couleuvre. — *Ithamnus colubrinus, Strychnos colubrina* et autres.

B. de cuir. — *Dirca palustris.*

B. dentelle. — *Laghetta lintearia.*

B. durs. — Tous les bois dont le grain est fin et serré ; par exemple le Buis, le Charme, le Noyer, etc.

B. d'ébène. — Plusieurs *Diospyros* et, en général ceux dont le cœur est noirâtre.

B. d'encens. — *Icica heptaphylla.*

B. enivrant. — *Phyllanthus Conami, Pscidia Erythrina* et autres.

B. éponge. — *Gastonia cutispongia.*

B. de fer, Angl. Ironwood. — On donne ce nom, dans différents pays, à plusieurs arbres dont le bois est d'une dureté remarquable. Aux Etats-Unis, on l'applique à l'*Ulmus americana* et à l'*Ostrya virginica*; à l'île Maurice c'est le *Sideroxylon cinereum*, etc.

B. à flèches, à dard. — *Possira arborescens.*

B. de Gaiac. — *Guyacum sanctum* et *G. officinale.*

B. à la gale. — *Rhamnus Frangula* (en Champagne).

B. de Garou. — *Daphne Mezereum.*

B. gentil. — *Daphne Mezereum.*

B. de girofle. — *Myrtus caryophyllata.*

B. de Grenadille. — *Brya Ebenus.*

B. de guitare. — Les *Cytharexylon.*

B. jaune. — *Cladrastis tinctoria; Erithalis fruticosa; Liriodendron tulipifera.*

B. joli. — *Daphne Mezereum.*

B. de lait. — *Brosimum spruium.*

B. de liège. — *Ochroma Lagopus, Pterocarpus suberosus* et autres bois légers et spongieux.

B. Marie. — *Calophyllum inophyllum.*

B. de musc. — *Croton Eleuteria.*

B. marron. — *Quivisia heterophylla.*

B. d'oreille. — *Daphne Mezereum.*

B. de palissandre. — Un *Dalbergia?*

B. de panama. — *Quillaja saponaria.*

B. perdrix. — *Heisteria.*

B. Piment. — Les *Geniostoma.*

B. puant. — *Cassia fœtida* et *C. elata, Anagyris fœtida.* (dans le midi).

B. punais. — *Cornus sanguinea.*

B. de Réglisse. — *Glycyrrhiza glabra.*

B. de Rhodes. — *Lignum Rhodium, Convolvulus scoparius? Cordia gerascanthus.*

B. de rose. — *Licaria guianensis, Convolvulus floridus, Amyris balsamifera*, plusieurs *Cordia*, etc.

B. rouge. *Sequoia sempervirens, Hæmatoxylon campechianum, Copaifera officinalis*, etc.

B. sain ou Sainbois. — *Daphne Gnidium.*

B. saint ou B. de vie. — *Guayacum sanctum* ou *G. officinale.*

B. de Sainte-Lucie. — *Prunus Mahaleb.*

B. de Santal. — Les *Santalum* et *Pterocarpus.*

B. de Sauge. — Les *Lantana.*

B. à savonnette. — *Sapindus Saponaria.*

B. de senteur. — *Assonia populifolia*, les *Ruizia.*

B. de Sappan — *Cæsalpinia, Sappan.*

B. de seringue. — Les *Siphonia* et *Hevea.*

B. de Spa. — *Acer laciniosum.*

B. de Tacamaque. — *Calophylum Calaba* et *Populus balsamifera.*

B. de Teck. — *Tectona grandis.*

B. de vie. — V. Bois sain.

B. violon. — *Macaranga mauritiana.*

B. de violette. — *Acacia homalophylla.*

B. tendres. — V. Bois blanc

En partie d'après Baillon, — *Dictionnaire de botanique.*

(S. M.)

BOITE A HERBORISER, Angl. Vasculum. — Boite en fer-blanc peint, ayant la forme d'un cylindre ovale, et dans laquelle on enferme les plantes que l'on récolte. En dehors de son emploi pour les excursions, la boite à herboriser est un instrument très commode pour transporter ou pour conserver frais de jeunes plants, des greffons, etc., car ses parois étant hermétiques, l'évaporation est à peu près nulle et les plantes s'y conservent très longtemps fraiches. Plongées dans l'eau et enfermées dans la boite à herboriser, les plantes fanées reprennent en quelques heures leur rigidité primitive.

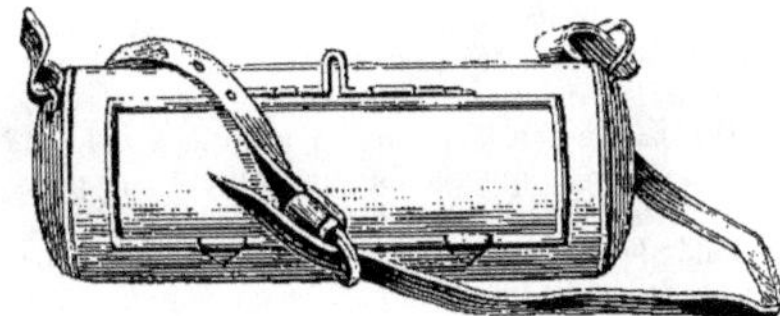

Fig. 451. — Boite à herboriser.

(S. M.)

BOLBOPHYLLUM, Rchb. f. — V. **Bulbophyllum**, D. P. Thou.

BOLDEA, Juss. — V. **Peumus**, Pers.

BOLET. — V. **Boletus**.

BOLETUS, Dill. (de *bolos*, masse ; allusion à leur forme globuleuse, massive.) **Bolet**. Fam. *Champignons*. — Des nombreuses espèces de ce genre, la seule digne d'être citée ici est le *B. edulis*, Bull., vulgairement nommé *Cèpe, Girole, Gros pied, Potiron*, etc. ; il est comestible, d'excellente qualité et se vend fréquemment aux halles de Paris sous le nom de *Cèpe de Bordeaux*. On le reconnait facilement à sa taille, à sa forme épaisse, massive et quelquefois irrégulière ; le pilier est court, renflé à la base et d'un jaune brun plus ou moins hâlé ; le chapeau est à peu près hémisphérique, très épais, de même teinte et perforé en dessous d'une multitude de petits trous qui sont l'ouverture des tubes sporifères. La chair est blanche et ne devient pas bleue lorsqu'on la coupe (ce caractère a, dit-on, une certaine importance). Les Bolets sont communs dans les bois, ils paraissent principalement à l'automne.

(S. M.)

Fig. 455. — Boletus edulis. — Bolet comestible. (D'après Baillon.)

BOLEUM, Desv. (de *bolos*, boule ; allusion à la forme des siliques). Fam. *Crucifères*. — Ce genre ne contient qu'une espèce qui habite l'Espagne. C'est une plante suffrutescente, rustique et toujours verte, propre à l'ornement des rocailles. Sauf dans les endroits abrités, il lui faut une légère protection pendant l'hiver. On la multiplie par graines que l'on sème au printemps, en pots et sous châssis, ou pendant l'été en pleine terre.

B. asperum, Desv. * *Fl.* jaune crème, en grappes dressées, allongées ; pédicelles très courts, les inférieurs munis de bractées. Avril. *Flles* alternes, oblongues, linéaires, les inférieures légèrement divisées. Plante subligneuse, dressée, rameuse, couverte de poils raides. *Haut.* 15 à 30 cent. Espagne, 1818.

BOLLEA. Rchb. f. — V. **Zygopetalum**, Hook.

BOLLEA pulvinaris, Rchb. f. — Ne paraît pas distinct du *Zygopetalum cœleste*, Rchb. f. (V. ce nom.)

BOLTONIA, L'Her. (dédié à J. B. Bolton, professeur de botanique anglais). Fam. *Composés*. — Genre comprenant environ douze espèces de jolies plantes vivaces, rustiques, originaires de l'Asie boréale et sub-tropicale et de l'Amérique septentrionale. Ce sont des plantes herbacées, vivaces, rustiques, à fleurs en capitules pédonculés, formant une panicule lâche; graines surmontées d'une aigrette à soies très courtes; réceptacle convexe ou conique. Feuilles alternes, sessiles, entières ou denticulées. Les *Boltonia* se plaisent en tous terrains, frais de préférence; on les emploie pour l'ornement des plates-bandes, des grands jardins, ainsi que pour décorer le bord des pièces d'eau. Leur multiplication a facilement lieu par éclats, à l'automne ou au printemps.

B. asteroides, L'Her. * *Capitules* blanc rosé, à disque jaune clair, étoilés, de 12 à 15 mm. de diamètre, formant un grand corymbe lâche. Juillet-août. *Flles* toutes entières, lancéolées, linéaires, glabres. *Haut.* 1 m. Amérique du Nord, 1758. (B. M. 2554.)

Fig. 456. — BOLTONIA GLASTIFOLIA.

B. glastifolia, L'Her. * *Capitules* blanc carné, de près de 2 cent. de diamètre, à ligules étalées et disque jaune, formant un grand corymbe paniculé. Août-septembre. *Flles* lancéolées, les inférieures denticulées. Tiges élevées, rameuses. *Haut.* 2 m. Caroline, 1758. (B. M. 2554.)

Fig. 457. — BOLTONIA LATISQUAMA.

B. latisquama, A. Gray. *Capitules* rosés ou lilas clair, de 2 cent. de diamètre, formant un grand corymbe lâche. Juillet-septembre. *Flles* vert clair, étroites, lancéolées. Tiges rameuses supérieurement, formant de grosses touffes. *Haut* 1 m. 30. Amérique septentrionale. Récemment introduit.

BOMAREA, Mirb. (dédié au naturaliste Valmont de Bomare). SYNS. *Vandesia* et *Danbya*, Salisb. FAM. *Amaryllidées*. — Ce genre comprend d'après M. Baker soixante-quinze espèces, toutes originaires de l'Amérique méridionale et du Mexique. Ce sont de jolies plantes vivaces, demi-rustiques, très voisines des *Alstrœmeria*, dont elles diffèrent principalement par leurs tiges volubiles et par leur capsule déprimée, globuleuse.

Leur culture est facile dans un compost de terre de bruyère, de terreau de feuilles, de terre franche et de sable, avec un bon drainage. Il faut leur donner quelques arrosements à l'engrais pendant leur végétation. Quoique ces plantes prospèrent bien en pots, elles n'acquièrent cependant toute leur beauté que cultivées en pleine terre dans les grandes serres et jardins d'hiver où elles peuvent servir à garnir les plates-bandes.

On les multiplie par semis ou par division des tiges souterraines, faite avec soin, et, quand on a recours à ce dernier mode de propagation, il est nécessaire de ne planter que des parties de souche munies de racines destinées à entretenir la végétation de la plante, en attendant que de nouvelles racines se soient développées. On plante les éclats en pots et on les met en place une fois bien repris, ou on les rempote dans de plus grands pots, suivant l'usage auquel on les destine. Les graines que l'on obtient facilement en serre chaude germent en quelques semaines, et lorsque les jeunes plantes ont atteint de 5 à 8 cent. de haut, on les repique séparément dans de petits pots. On les rempote suivant les besoins, ou bien on les met en pleine terre. Quelques espèces sont presque rustiques sous notre climat, mais il est préférable de les cultiver en serre froide.

B. acutifolia Ehrenbergiana, Hort. *Fl.* ondulées, à segments extérieurs orange foncé; les intérieurs plus pâles et tachetés. Printemps. *Flles* lancéolées, aiguës, glabres. Mexique, 1878. (B. M. 6444.)

B. Caldasiana, Herb. * *Fl.* six à trente, rouge brunâtre à l'extérieur, en ombelle simple, à pédicelles poilus, de 2 1/2 à 5 cent. de long. *Flles* ovales, lancéolées, aiguës, distinctement pétiolées, glauques, glabres ou pubescentes en dessous. Andes de l'Équateur, 1863. (J. H. 1885, 550.) Syn. *Alstrœmeria Caldasii*, Humb., Bonpl. et Kunth. (B. M. 5442.)

B. Carderi, Mast. *Fl.* de 7 cent. de long et 3 cent. de large à leur plus grand diamètre, régulièrement campanulées, à six segments, les trois extérieurs roses, les trois intérieurs presque aussi longs, crénelés et tachés de brun pourpre; inflorescence pendante et consistant en une grande cyme terminale, entourée à la base par un bouquet de feuilles. *Flles* oblongues, lancéolées, acuminées, d'environ 18 cent. de long et 7 cent. de large. Colombie, 1876. (G. C. 1876, part. I, p. 795, f. 143; F. M. n. s. t. 230.)

B. conferta, Benth. Syn. de *B. patacocensis*, Herb.

B. edulis, Herb. *Fl.* à segments extérieurs roses, verts au sommet; les intérieurs maculés de rose. Saint-Domingue, etc., 1801. — Une des plus anciennes espèces cultivées. D'après Tussac, les tubercules de cette plante sont consommés à Saint-Domingue, à l'instar de ceux du Topinambour. Syns. *Alstrœmeria edulis*, Tuss. (A.B.R. 649); *A. Salsilla*, Gawl. non Herb. (B. M. 1613.)

B. e. chontalensis, Seem. *Fl.* de 4 cent. de long, subcampanulées, obtusément trigones; segments extérieurs épais, charnus, ondulés, très convexes, rouge rosé, maculés de brun sur les bords au sommet; segments intérieurs un peu plus courts, jaune pâle, tachés de brun; ombelles entourées par un bouquet de feuilles et composées de plusieurs rayons portant chacun quatre à six fleurs penchées. Août. *Flles* lancéolées ou ovales-oblongues, acuminées. Nicaragua, 1871. (B. M. 5927.)

B. frondea, Mast. *Fl.* de 5 cent. de long, tubuleuses, campanulées, à segments extérieurs étroits, oblongs, jaunes;

Fig. 458. — Bomarea Carderi. (D'après W. Bull.)

les intérieurs de 12 mm. plus longs que les extérieurs, jaune canari, tachés de rouge ; cymes ombelliformes, pluriflores, d'environ 20 cent. de diamètre, feuillues à la base. *Flles* lancéolées, acuminées. Andes de la Nouvelle-Grenade, 1881. (G. C. n. s. 17, p. 699, 5102.)

B. Kalbreyeri, Baker. *Fl.* pédicellées, en grandes ombelles terminales ; les trois segments extérieurs rouge brique, d'environ 2 cent. 1/2 de long, oblongs, spatulés ; les trois intérieurs jaune orangé, maculés de rouge, plus longs que les extérieurs, obovales, cunéiformes. *Flles* courtement pétiolées, oblongues, acuminées, glabres en dessus, duveteuses en dessous. Nouvelle-Grenade, 1880 ; Introduit par M. Ed. André. (R. H. 1883, p. 546.)

B. oligantha, Baker. *Fl.* en entonnoir, régulières, d'environ 2 cent. 1/2 de long ; segments extérieurs un peu plus courts que les intérieurs, ob-lancéolés, de moins de 6 mm. de large, obtus, non maculés, rougeâtres en dehors, jaunes en dedans; solitaires ou géminées, à pédicelles uniflores, flexueux, glabres, d'environ 2 cent. 1/2 de long. *Flles* d'environ 5 cent. de long, aiguës, vert tendre sur la face supérieure, ciliées sur les nervures de la face inférieure. Pérou, 1877.

B. patacocensis, Herb. * *Fl.* de 5 à 6 cent. de long, allongées, en entonnoir; les trois segments extérieurs ovales, lancéolés, environ d'un quart plus courts que les intérieurs, cramoisis ainsi que ces derniers; fleurs disposées en bouquets compacts, contractés, naissant à l'extrémité des rameaux: pédoncules d'environ 5 à 6 cent. de long, entremêlés à la base de bractées foliacées, largement ovales, aiguës. Août-septembre. *Flles* éparses, brièvement pétiolées, largement lancéolées, acuminées. Andes de l'Equateur et de la Nouvelle-Grenade. (B. M. 6692.) Syn. *B. conferta*, Benth. (G. C. 1882, p. 186, f. 31.)

grimpante, propre à l'ornement des grandes serres et des jardins d'hiver. (G. C. 1882, p. 143, f. 151.)

B. Williamsii, Mast. * *Fl.* roses, d'environ 5 cent. de long, allongées, en entonnoir, disposées en fausses ombelles composées. *Flles* lancéolées, très aiguës et s'amincissant en un court pétiole tordu. Nouvelle-Grenade, 1882.

BOMBACÉES. — Tribu des **Sterculiacées.**

BOMBAX, Linn. (de *bombax*, un des noms grecs du coton; allusion à la laine qui enveloppe les graines; le nom de Fromager a été donné au *B. Ceiba*, par allusion à son bois mou, blanchâtre). **Fromager**, Angl. Silk-cotton Tree. Fam. *Malvacées*. — Genre comprenant environ vingt-sept espèces d'arbres élevés, de serre chaude, à bois tendre, habitant l'Asie, l'Afrique et

Fig. 159. — Bomarea edulis.

B. Salsilla, Herb. *Fl.* pourpres, d'environ 12 mm. de long, dont deux des segments intérieurs ont une macule foncée à la base et tous teintés de vert à l'extrémité; fleurs disposées en ombelles terminales. Juin. *Flles* peu nombreuses, lancéolées. Amérique du Sud, 1806. — Cette espèce s'est montrée tout à fait rustique dans les conditions les plus diverses. (B. M. 3311, sous le nom d'*Alstrœmeria oculata*. Lodd.)

B. Salsilla, Gawl. Syn. de *B. edulis*, Herb.

B. Shuttleworthii. Mast. *Fl.* d'environ 5 cent. de long, infundibuliformes ou campanulées, allongées, disposées en fausses ombelles pendantes; segments presque égaux, oblongs, aigus, les extérieurs vermillon orangé, légèrement nuancé de vert et pointillés au sommet de petites taches plus foncées; les intérieurs plus aigus, jaune canari, à bande centrale rouge et vertes au sommet avec quelques taches foncées. *Flles* ovales, lancéolées, glabres, de 12 à 15 cent. de long et 5 cent. de large. Bogota, 1881. (G. C. 1882, part. I, p. 76, f. 77, 85.)

B. vitellina, Mast. *Fl.* d'un beau jaune orangé foncé, étroitement campanulées, de 5 cent. de long, disposées en grandes cymes ombelliformes, pendantes et très multiflores; segments intérieurs et extérieurs du périanthe de longueur inégale. *Flles* ovales, oblongues, aiguës. Tige glabre. Nouvelle Grenade, 1882. — Très belle espèce tuberculeuse,

l'Amérique tropicale. Fleurs grandes, blanches, solitaires ou réunies en cymes naissant sur le tronc, sur les branches ou au sommet des rameaux; calice cupuliforme, à cinq dents; pétales cinq, étamines en nombre indéfini. Le fruit est une capsule coriace, déhiscente en cinq valves, renfermant un certain nombre de graines enveloppées d'une sorte de laine épaisse qu'il est à peu près impossible de filer parce que les filaments sont parfaitement lisses. Feuilles alternes, longuement pétiolées, digitées, à folioles presque entières. Le *B. Ceiba* demande une bonne terre franche, fertile. On le multiplie par boutures à demi aoûtées, coupées avec talon et plantées dans du sable, sur chaleur de fond humide et sous cloches; elles s'enracinent facilement, mais les plantes qu'on obtient du semis des graines importées, forment de plus beaux arbres. Les *Bombax* sont peu répandus dans les serres.

B. Ceiba, Linn. Fromager, Cotonnier Mapou. — *Fl.* grandes, rouge pâle. *Fr.* turbiné, concave au sommet. *Flles* palmées, à cinq folioles aiguës, entières. Tronc hérissé d'aiguillons épineux. *Haut.* 30 m. Amérique du Sud, 1692.

B. Gossypium. — V. *Cochlospermum Gossypium.*

BOMBUS. — V. Bourdon.

BOMBYCINÉES. — Groupe d'insectes lépidoptères, nombreux en espèces, ayant pour caractères communs des antennes presque entièrement pectinées, au moins chez les mâles; chenilles plus ou moins velues, se métamorphosant dans un cocon qu'elles filent; chrysalides non épineuses. Les *Bombyx* sont aujourd'hui partagés en plusieurs tribus. Un certain nombre d'espèces sont nuisibles aux arbres forestiers, fruitiers ou d'ornement; leurs chenilles causent parfois des dégâts assez importants; les lecteurs les trouveront décrites aux renvois ci-dessous.

Le ver à soie, dont l'éducation fait l'objet d'un tratravail important dans la région méridionale, est le *Bombyx Mori* des entomologistes. Le grand papillon (*Bombyx cynthia*) qui vit sur l'Ailante (V. ce mot) est une autre espèce séricifère, introduite autrefois en vue de son éducation sur cet arbre. (S.M.)

B. cul-brun. — V. *Liparis chrysorrhea.*

B. cul-doré. — V. *Liparis auriflua.*

B. disparate. — V. *Liparis dispar.*

B. feuille morte. — (*Lasiocampa quercifolia.*) V. *Poirier.* (Insectes.)

B. grand paon. — (*Saturnia pyri.*) V. *Poirier.* (Insectes.)

B. livrée. — V. *Bombyx neustrien.*

B. du mûrier. — V. *Ver à soie.*

B. du Pin, B. processionaire. — V. *Chenille processionnaire.*

B. pudibond. — V. *Dasychira pudibunda.*

BOMBYX bucéphale. Angl. Buff-tip Moth. (*Pygæra bucephala.*) — Ce grand et beau papillon est très commun dans certaines régions; on le reconnaît facilement à la couleur chamois de ses ailes antérieures; la tête, le corselet et l'abdomen sont jaune d'ocre. Selon Newman « *Bristish Moths* », la chenille mesure à son complet développement environ 4 cent. de long, elle est couverte de poils soyeux et de teinte jaune; la tête est noire, le corps est parcouru sur toute sa longueur de lignes noires, interrompues par une bande transversale orangée sur chaque article et le segment anal porte une plaque noire, cornée. Elle vit sur les Tilleuls, les Ormes, les Chênes et autres arbres. Le seul moyen pour détruire ces chenilles est la chasse directe, en secouant les branches pour les faire tomber, après quoi on les écrase au pied. Comme elles descendent des arbres pour se transformer en chrysalide en terre, Mlle Ormerod pense qu'il pourrait y avoir avantage à former un cercle autour de l'arbre, à environ un mètre de distance du tronc, avec une substance fortement odorante, telle que des résidus d'usine à gaz, ou une bande d'étoffe ou autres matériaux grossiers, trempés dans du goudron pur ou mélangé d'huile, afin qu'il se dessèche moins rapidement; ne pouvant pas traverser, il serait alors facile de les détruire sur place. Ce procédé mérite d'être essayé dans les endroits où ces chenilles abondent. Il est pourtant à peu près impossible de les exterminer lorsqu'elles sont établies sur de grands arbres; on voit quelquefois de gros Chênes presque entièrement dénudés par ces chenilles gloutonnes.

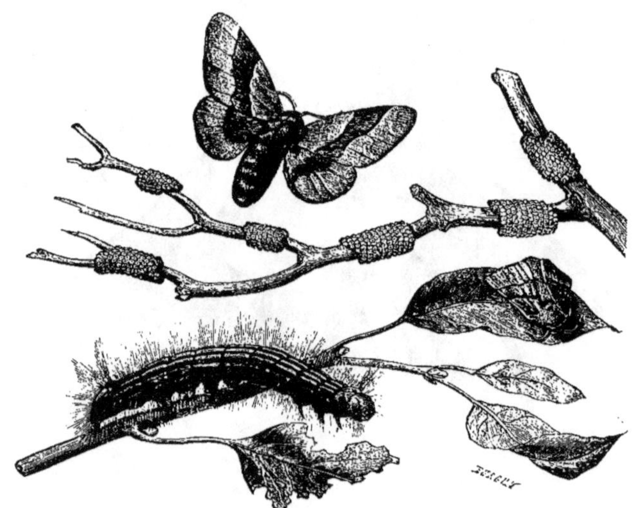

Fig. 160. — Bombyx neustrien.

BOMBYX neustrien, Livrée, Chenille bagueuse; Angl. Lackey Moth. (*Bombyx neustria*). — Le papillon de cette espèce est de couleur très variable; le plus souvent, les ailes antérieures sont brunes, teintées de rouge ou de jaune, traversées par une bande foncée et bordées de raies plus pâles; les franges du bord inférieur sont alternativement pâles et foncées; les ailes postérieures sont ordinairement rouge brun avec une bande transversale peu distincte. La femelle pond ses œufs sur les rameaux de divers arbres, tels que les Pommiers, les Ormes, les Chênes, etc., autour desquels elle les dispose en spirale en formant des anneaux d'environ un centimètre de large. Les larves qui éclosent au printemps sont noires; elles vivent pendant longtemps en société, dans une toile qu'elles tissent autour des branches et des feuilles. Elles sortent de leur nid pour aller prendre leur repas sur les branches voisines et y rentrent le soir ou lorsque le temps devient humide; on les voit fréquemment prendre le soleil à l'extérieur du nid. Arrivées à leur complet développement, elles se séparent et se mettent à la recherche d'un lieu convenable, soit entre les feuilles, dans les débris de végétaux, dans les crevasses de l'écorce, soit ailleurs, pour construire leur cocon. Celui-ci est jaune, oblong, abondamment saupoudré d'une poussière jaune soufre. La chenille parfaite est élégamment colorée; sa tête est bleu gris, avec deux taches noires imitant des yeux; le segment contigu est de même teinte, mais porte quatre macules noires; les autres sont uniformes, rayés de blanc sur le dos et de rouge orangé, de bleu et de noir sur les côtés. La chrysalide est brune et lisse; l'insecte parfait en sort en juillet-août. Les Livrées, lorsqu'elles sont abondantes, sont susceptibles de faire de grands ravages dans les Pommiers.

Remèdes. — Le meilleur est de détruire les chenilles à la main; il faut aussi écraser les œufs que l'on aperçoit sur les branches; mais lorsqu'ils sont abondants, le moyen le plus sûr est de couper les branches et de les brûler. Si on opère lorsque les larves sont écloses, il faut étendre un drap en dessous de l'arbre pour pouvoir retrouver celles qui tombent. On peut aussi secouer l'arbre et les écraser sur le sol, mais beaucoup échappent, et, pour cette raison, il vaut mieux se servir du drap. Il est bon d'enlever les feuilles, les herbes et autres détritus qui se trouvent en dessous des arbres, où elles cherchent un refuge pour filer leur cocon.

BONA-NOX. — V. **Ipomæa Bona-Nox.**

BONAPARTEA, Ruiz. et Pav. — V. **Tillandsia**, Linn.

BONAPARTEA (**Littæa**), Willd. — Réunis aux **Agave.**

BONAPARTEA juncea, Willd. — Syn. de **Agave geminiflora**, Brande.

BONATEA, Willd. (dédié à M. Bonato, célèbre botaniste italien, professeur de botanique à Padoue). Fam. *Orchidées.* — Petit genre comprenant deux ou trois espèces d'Orchidées terrestres, de serre chaude, originaires de l'Afrique australe. Ce sont des herbes à port d'*Orchis*, très voisines des *Habenaria*, dont elles ne diffèrent que par leur rostellum. Pour leur culture, V. **Habenaria.**

B. speciosa, Willd. *Fl.* blanches, éperonnées; pétales bipartites; grappe multiflore, compacte; bractées cucullées, acuminées. Août. *Flles* oblongues, un peu ondulées. Hampe feuillée. *Haut.* 60 cent. Cap, 1820. (B. M. 2926; L. B. C. 284.)

BONAVERIA, Scop. — V. **Securigera**, DC.

BONDUC. — V. **Guilandina Bonduc**, Linn.

BONDUC du Canada. — V. **Gymnocladus canadensis**, Linn.

BONGARDIA, C. A. Mey. (dédié à Henri Gustave Bongard, botaniste allemand). Fam. *Berbéridées.* — Genre monotypique dont l'espèce connue est une jolie petite plante tuberculeuse, rustique. Il lui faut une terre légère, siliceuse ou un compost de terre franche, de terre de bruyère et de terreau de feuilles, un bon drainage, et on doit la protéger des grandes pluies, à l'aide d'une cloche, précaution sans laquelle elle est exposée à pourrir.

B. Rauwolfii, — *Fl.* jaune d'or, en panicules rameuses, pyramidales; étamines et pétales presque égaux. Mai. *Flles* radicales pinnées, à folioles sessiles, ovales, oblongues, à trois-cinq dents, glauques, avec une macule pourpre foncé à la base. *Haut.* 15 cent. Syrie, Perse, 1740. Syn. *Leontice Chrysogonum*, Linn. (B. M. 6244.)

BON-HENRI. — V. **Arroche** et **Chenopodium Bonus-Henricus.**

BONJEANIA, Rchb. — Réunis aux **Dorycnium**, Vill.

BONNAYA, Link. et Otto. (dédié à Bonnay, botaniste allemand). Fam. *Scrophularinées.* — Genre comprenant environ huit espèces originaires de l'Asie et de l'Afrique tropicale. Ce sont des plantes herbacées, annuelles, bisannuelles ou vivaces, grêles, dressées ou rampantes, glabres ou rarement velues, à cultiver en serre chaude. Fleurs roses ou bleues, axillaires, opposées ou alternes par avortement, pédicellées, les supérieures quelquefois en grappes. Feuilles opposées, entières ou dentées. Les *Bonnaya* sont presque inconnus dans les cultures; il leur faut une bonne terre franche, siliceuse. Les espèces annuelles se multiplient par semis, les autres par divisions et par boutures.

BONNETIA, Mart. et Zucc. (en la mémoire de Charles Bonnet, botaniste et philosophe suisse, qui écrivit plusieurs ouvrages remarquables; 1720-1793). Syn. *Kieseria*, Nees. Fam. *Ternstrœmiacées.* — Genre comprenant cinq ou six espèces de jolis petits arbres ou arbustes de serre chaude, originaires de l'Amérique australe. Fleurs grandes, terminales ou axillaires, pédonculées, solitaires ou réunies en cymes. Feuilles éparses, sans stipules, coriaces, entières, sub-sessiles, rétrécies à la base, à nervures transversales saillantes, partant de la nervure médiane. Il leur faut un mélange de terre franche et de terre de bruyère. On les multiplie par boutures de bois mûr que l'on plante dans du sable, sous cloches et à chaud.

B. sessilis, — *Fl.* purpurines, terminales. *Flles* oblongues, coriaces, entières. *Haut.* 5 m. Guyane, 1819.

BONNET d'électeur. — V. **Courge Patisson.**

BONNET d'évêque. — V. **Epimedium.**

BONNET de prêtre, B. carré. — V. **Evonymus europæus.**

BOOPHANE, Herb. — V. **Buphane**, Herb.

BOOPIDÉES. — Syn. de **Calycérées**; tribu des **Dipsacées.**

BORAGO. — V. **Borrago.**

BORASSUS, Linn. (nom donné par Linné à la spathe du Dattier). **Rondier.** Syn. *Lontanus*, Gærtn. Fam. *Palmiers.* — Genre comprenant deux espèces de beaux et utiles Palmiers de serre chaude, originaires de l'Afrique et de l'Asie tropicales. Fleurs dioïques, à spadices enveloppés de spathes incomplètes; les mâles en chatons rameux, à écailles étroitement imbriquées; les femelles en spadice simple ou plus rarement un peu rameux, plus petits que les mâles. Le fruit est une grosse drupe charnue, fibreuse, à trois noyaux osseux, comprimés. Feuilles à limbe en éventail et à pétiole épineux. Tronc inerme, atteignant souvent, dans leur pays natal, vingt mètres de hauteur. Le *B. flabelliformis* est un des Palmiers les plus utiles de l'Inde; les indigènes recueillent le suc sucré qui s'écoule abondamment des incisions que l'on fait au spadice mâle; il constitue une boisson très recherchée. L'amande des graines sert aussi d'aliment. On les cultive dans une bonne terre franche, fibreuse, additionnée d'un peu de terreau et de sable. Multiplication uniquement par graines qu'il faut semer sur une forte chaleur de fond. Les *Borassus* sont rares dans les serres.

B. æthiopum, — *Flles* presque orbiculaires, plissées, portées par un fort pétiole de 2 m. à 2 m. 30 de long. Afrique tropicale, occidentale. — Cette belle espèce est remarquable par le renflement que porte son tronc vers le milieu ou aux deux tiers de sa hauteur; il est très rare dans les serres.

B. flabelliformis, Mart. * Rondier, Lontar. — *Flles* presque orbiculaires, plissées à la manière d'un éventail à demi étendu, composées d'environ soixante-dix plis partant d'un seul point central. *Haut.* 10 m. Indes, 1771. (L. E. M. 898.)

BORBONIA, Linn. (dédié à Gaston de Bourbon, duc d'Orléans, fils de Henri IV, grand amateur et patron de la botanique). FAM. *Légumineuses*. — Genre comprenant treize espèces de jolis arbrisseaux ou plantes frutescentes, toujours vertes, de serre froide, toutes originaires de l'Afrique australe. Fleurs jaunes, solitaires, en grappes ou capitules axillaires, terminaux, accompagnées de bractées et bractéoles coriaces, sétacées. Feuilles simples, entières, alternes, amplexicaules, coriaces, piquantes, dépourvues de stipules. Les *Borbonia* se cultivent en pots bien drainés, dans un mélange de terre franche, de terre de bruyère et de sable. Multiplication par boutures de bois à moitié mûr, que l'on fait en avril et qui s'enracinent facilement dans une terre très légère, sous cloches et en serre froide.

B. barbata, Lamk. * *Fl.* jaunes, sessiles, velues à l'extérieur. Juillet. *Flles* étroites, lancéolées, multinervées, à bords révolutés, ciliées, barbues, très acuminées; rameaux divergents. *Haut.* 1 m. à 1 m. 30. Cap, 1823. (L. E. M. 619.)

B. cordata, Linn. *Fl.* jaunes, corolle fortement velue, à étendard obcordé. Juillet. *Flles* cordiformes, multinervées, très entières, glabres. Branches velues. *Haut.* 1 à 2 m. Cap, 1759. (A. B. R. 1, 31.)

B. crenata, Linn. * *Fl.* jaunes, moins velues que celles des autres espèces. Juillet. *Flles* cordiformes, arrondies, aiguës, denticulées, multinervées et réticulées entre les nervures, glabres ainsi que les branches. *Haut.* 1 à 2 m. Cap, 1774. (B. M. 274.)

B. lanceolata, Linn. *Fl.* jaunes, fortement velues. Juillet. *Flles* ovales, lancéolées, piquantes, multinervées, entières, sessiles, glabres ainsi que les tiges. *Haut.* 60 cent. à 1 m. Cap, 1752. (L. B. C. 81.)

B. ruscifolia, Sims. *Fl.* jaunes, un peu velues. Juillet. *Flles* cordiformes, multinervées, finement ciliées, mais glabres ainsi que les rameaux. *Haut.* 60 cent. à 1 m. 30. Cap, 1790. (B. M. 2188.)

BORDURES, ANGL. Edging. — On donne le nom de bordure aux plantes ou aux différents objets qui servent à former la ligne la plus extérieure d'un massif, d'une plate-bande, d'une pelouse, etc.

Les *bordures mortes* se font avec des briques à moitié enfoncées dans le sol, soit verticalement, soit en biais; on emploie aussi des tuiles plates, des plaques de fonte, des arceaux en fer rustique ou même des rocailles. Ces différents matériaux sont utiles pour border les allées des jardins potagers ou d'agrément; ils ont l'avantage d'être relativement durables et de ne nécessiter aucun entretien.

Les *bordures vives* se font avec un grand nombre de plantes dont le choix varie nécessairement selon la nature du jardin lui-même, selon l'emplacement, le genre de plantes composant les massifs ou les planches, la nature du terrain et une foule d'autres circonstances. Le Buis est sans doute le plus employé pour les bordures d'allées ou de sentiers, il a cependant le défaut de servir de refuge aux limaces et autres insectes nuisibles, défaut qui, à notre avis, devient un avantage permettant de trouver là toute cette vermine et de pouvoir la détruire avec facilité et en très peu de temps. La longue durée, la belle teinte et la facilité avec laquelle le Buis supporte la tonte, en feront toujours la plus recommandable des bordures. Un grand nombre de plantes vivaces ou annuelles sont aussi employées pour cet usage; quoique moins durables et nécessitant plus de soins, elles ont l'avantage d'être plus décoratives et susceptibles de s'harmoniser avec les plantes dont on compose les massifs. Les bordures faites avec du gazon semé ou plaqué sont sans doute fort décoratives, mais il faut qu'elles aient une largeur suffisante (au moins 30 cent.) pour qu'elles puissent se maintenir et pouvoir être coupées à la tondeuse. On ne les emploie guère que dans les jardins d'agrément les mieux soignés, car leur entretien demande toujours beaucoup de travail.

Lorsqu'on prépare le terrain pour la plantation d'une bordure d'allée morte ou vive, il faut le fouler régulièrement sur toute sa longueur et le râteler convenablement. On détermine ensuite le niveau du sommet de la bordure au moyen de piquets que l'on place à environ 3 mètres les uns des autres; puis on tend un cordeau reposant sur le sommet des piquets. Il est alors facile de voir les endroits où le terrain est trop élevé ou trop bas et d'y porter remède. On procède de même lorsqu'il s'agit de tondre une bordure d'une façon absolument régulière. La préparation et le nivellement du terrain ont une grande importance au point de vue de la facilité de la plantation et du maintien de la régularité de hauteur de la bordure.

BORGNE, ANGL. Blind. — Se dit des plantes dépourvues de bourgeon central. Cette défectuosité se remarque fréquemment chez les Choux; elle est le plus souvent causée par les insectes. Il est en conséquence utile de surveiller attentivement les jeunes semis et de répandre au besoin des cendres, de la suie et même de la chaux appliquée avec précaution.

BORKHAUSENIA, Roth. — V. Teedia, Rudolphi.

BORONIA, Smith. (dédié à Francis Boroni, domestique italien du Dr Sibthorp, qui mourut d'un accident à Athènes; il récolta plusieurs des plantes qui sont figurées dans le *Flora græca*). Ce genre comprend environ cinquante espèces toutes originaires de l'Australie. Ce sont des arbrisseaux très élégants et utiles pour l'ornement des serres froides où on les cultive comme les autres plantes ligneuses, mais, un peu de chaleur au printemps, au moment du départ de la végétation, rend celle-ci plus vigoureuse. Fleurs élégantes, blanches ou rose purpurin, à pédoncules terminaux, mais plus ordinairement axillaires au sommet des branches, solitaires ou fasciculées; pédicelles munis, à la base et au milieu, de deux bractées courtes, soudées et dilatées sous le calice. Feuilles opposées, simples ou imparipennées, entières ou un peu serrulées, couvertes de glandes pellucides.

Les *Boronia* se cultivent en plein air de juin à septembre, de préférence dans des châssis ou dans des bâches qui permettent de les couvrir lorsqu'il survient des pluies ou des orages. Pendant la première semaine de leur mise dans les bâches, il faut les tenir couverts avec les châssis que l'on ouvre graduellement pour les endurcir; on peut ensuite les enlever entièrement. On les rempote une fois par an, lorsque la végétation est terminée; le meilleur compost se prépare avec de la terre de bruyère et de la bonne terre franche neuve, en parties égales et environ un sixième de sable. Quelques cultivateurs préfèrent cependant un mélange de bonne terre de bruyère fibreuse et de sable avec quelques morceaux de charbon de bois plus ou moins gros, selon la dimension des pots; mais, quel que soit le compost dont on fait usage, il importe de bien drainer et de tasser convenablement la terre dans les pots. Il est également bon de pincer les principales branches afin d'obtenir de beaux sujets compacts. La multiplication des *Boronia* peut s'effectuer soit au moyen de boutures herbacées, soit au moyen de boutures prises sur des rameaux à demi aoûtés, que l'on plante dans des pots parfaitement drainés, remplis de terre sableuse et recouverte d'une couche de sable pur de 2 cent. 1/2 d'épaisseur. On les place ensuite sous cloches qu'il faut enlever et essuyer fréquemment, et, tant qu'elles ne sont pas reprises, il faut les arroser modérément en ayant soin de verser l'eau autour des bords du pot. La température doit être maintenue à environ 10 deg. et il est utile d'ombrer pendant les heures les plus chaudes de la journée. Dans ces conditions, elles s'enracinent rapidement; une fois bien reprises, on les empote séparément dans des godets que l'on tient plongés dans la sciure ou la tannée des bâches, ce qui permet de n'arroser que très peu. En pinçant les jeunes plantes à plusieurs reprises et en aérant toutes les fois qu'il est possible de le faire, on obtient ainsi des plantes trapues et vigoureuses.

B. alata, Smith. *Fl.* roses, petites; pédoncules dichotomes, généralement triflores; bractées frangées. Mai. *Flles* à trois-cinq paires ou plus de folioles crénelées, révolutées, velues sur les nervures de la face inférieure ainsi que le rachis. *Haut.* 60 cent. à 2 m. Nouvelle-Hollande, 1823. (L. B. C. 1833.)

B. anemonæfolia, Conningh. *Fl.* roses; pédoncules axillaires, solitaires, uniflores. Mai. *Flles* pétiolées, trifides à segments étroits, cunéiformes, entiers ou munis de deux à trois dents au sommet. *Haut.* 30 cent. à 1 m. Nouvelle-Hollande, 1824. (P. M. B. 9, 123.)

B. crenulata, Smith.* *Fl.* rouges, petites; calice frangé; pédicelles axillaires et terminaux, uniflores. Juillet. *Flles* obovales, mucronées, crénelées. *Haut.* 30 cent. à 1 m. 20. King George's Sound; Australie. (B. M. 3915; B. R. 24, 12.)

B. denticulata, Smith. *Fl.* roses; bractées caduques; pédondules corymbiformes. Mars-août. *Flles* linéaires, rétuses, denticulées, terminées par une petite pointe. *Haut.* 60 cent. à 1 m. 20. King George's Sound; Australie, 1823. (L. B. C. 1377; B. R. 1000.)

B. Drummondi, Hort.* *Fl.* roses, abondantes au printemps et en été. *Flles* pinnatifides. *Haut.* 60 cent. Australie. — Belle espèce à port grêle, mais compact. Il en existe une variété à fleurs blanches. (F. d. S. 9, 881.)

B. elatior, Bartl.* *Fl.* pendantes, carmin rosé, très odorantes, disposées en longs bouquets denses à l'extrémité des branches. Mai. *Flles* élégamment découpées en segments linéaires. *Haut.* 1 m. 20. Australie occidentale, 1874. (B. M. 6285.)

B. heterophylla brevipes, Hook. *Fl.* rouge écarlate vif, réunies par quatre-six à l'aisselle des feuilles, subglobuleuses, pendantes, de 8 à 12 mm. de diamètre, à pétales largement ovales, concaves, sub-aigus. Avril. *Flles* de forme très variable, quelquefois tout à fait simples, de 2 1/2 à 4 cent. de long, étroitement linéaires, apiculées, quelquefois munies d'une ou deux paires de folioles linéaires. Australie occidentale, 1881. Arbuste dressé « atteignant, dit-on, la hauteur d'un homme ». (B. M. 6845; Gn. 1887, 622; R. H. 1889, 36.)

B. ledifolia, Gay. *Fl.* rouges; pédoncules axillaires, uniflores, portant chacun deux bractées au milieu. Mars. *Flles* linéaires, lancéolées, entières, duvetcuses en dessous. *Haut.* 30 à 60 cent. Australie, 1814. (P. M. B. 8, 123.)

Fig. 461. — Boronia megastigma.

B. megastigma, Nees ab Ess.* *Fl.* nombreuses, axillaires, odorantes, pendantes, de 12 mm. de diamètre, sub-globuleuses, campanulées; pétales presque orbiculaires, concaves, pourpre marron à l'extérieur et jaunes à l'intérieur. *Flles* sessiles, pinnées, munies de trois-cinq folioles étroites, linéaires, rigides. *Haut.* 30 cent. Plante grêle, rameuse. Australie du sud-ouest, 1873.

B. pinnata, Smith.' *Fl.* roses, à odeur d'Aubépine; pédoncules dichotomes. Février-mai. *Flles* munies de deux, trois ou quatre paires de folioles linéaires, aiguës, complètement glabres. *Haut.* 30 cent. à 1 m. Australie, 1794. (B. M. 1763.)

B. polygalæfolia, Smith. *Fl.* rouges; pédoncules axillaires, solitaires, uniflores. Mars-juillet. *Flles* linéaires, lancéolées, entières, opposées, alternes, verticillées par trois. *Haut.* 30 cent. à 1 m. Port Jackson; Australie, 1824.

B. serratula, Smith.' *Fl.* rose foncé, très odorantes; pédoncules agrégés, terminaux. Juillet. *Flles* trapézoïdes, aiguës, dentelées en scie au sommet, glabres, couvertes de ponctuations glanduleuses. *Haut.* 30 cent. à 1 m. 80. Port Jackson; Australie, 1816. (L. B. C. 997; B. R. 842.)

B. tetrandra, Labill. *Fl.* pourpre pâle; pédicelles courts, uniflores. Mai. *Flles* imparipennées, munies de quatre à cinq paires de folioles linéaires, obtuses, glabres; branches velues. *Haut.* 30 cent. à 1 m. 20. Australie, 1824. (P. M. B. 16, 227.)

BORRAGINÉES. — Famille de végétaux herbacés ou frutescents, caractérisés par la disposition de leurs fleurs en épis scorpioïdes, c'est-à-dire enroulées en crosse; corolle ordinairement régulière, tubuleuse, à cinq lobes imbriqués dans le bouton; gorge nue ou garnie de cinq nectaires poilus; étamines cinq; style simple, à stigmate entier ou bilobé; fruit formé de quatre carpelles secs, osseux, monospermes. Feuilles alternes, simples ou lobées, ordinairement rudes par la présence de gros poils scarieux. On cultive un assez grand nombre d'espèces appartenant à cette famille; les genres *Anchusa, Borrago, Cynoglossum, Echium, Heliotropium, Lithospermum* et *Myosotis* sont les plus connus. (S. M.)

BORRAGINOIDES, Mœnch. — V. **Trichodesma**, R. Br.

BORRAGO, Juss. (dérivation très incertaine; corruption probable d'un nom oriental). **Bourrache**, Angl. Borage. Syn. *Borago*, Linn. Fam. *Borraginées*. — Genre comprenant trois espèces d'herbes rustiques, vivaces ou annuelles, habitant la région méditerranéenne. Fleurs bleues, pendantes, en panicule à rameaux scorpioïdes; corolle rotacée, à gorge munie de cinq nectaires échancrés; étamines exsertes et réunies en tube, portant un appendice dressé, à anthères oblongues ou lancéolées, aciculaires. Carpelles quatre, monospermes, ovoïdes, à base entourée d'un rebord saillant, et fixés au fond du calice. Feuilles oblongues, lancéolées. Les Bourraches sont des plantes résistantes que l'on peut utiliser pour l'ornement des endroits secs et agrestes des parcs et grands jardins. Le *B. officinalis* est très répandu dans les jardins où il se ressème fréquemment de lui-même; il est utile d'en conserver chaque année quelques pieds sur lesquels on récolte les fleurs qui, comme on le sait, sont sudorifiques, pectorales et très employées en médecine.

Fig. 462. — Borrago; fleur entière et coupée longitud.

Tous les terrains conviennent aux Bourraches; on les multiplie par graines que l'on sème en mars; lorsque les plants sont suffisamment forts, on les éclaircit ou on les repique en place. On peut propager les espèces vivaces par division des touffes, au printemps, et au besoin par boutures herbacées plantées sous châssis froid.

B. laxiflora, DC.' *Fl.* longuement pédicellées, pendantes, en grappes; corolle bleu pâle, à segments ovales, un peu obtus, un peu étalés. Mai-août. *Flles* oblongues, rudes, couvertes de gros poils sétacés; les radicales en rosette, les caulinaires embrassant un peu la tige. Tiges nombreuses, décombantes, à gros poils rudes, réfléchis. Corse, 1813. Vivace. (B. M. 1789.)

B. longifolia, Poir.' *Fl.* disposées en panicule terminale, pourvue de bractées; corolle bleue, à segments ovales, aigus, étalés. Juillet-août. *Flles* linéaires-lancéolées, scabres et duveteuses en dessous; les caulinaires embrassant un peu la tige. *Haut.* 30 cent. Numidie, 1825.

Fig. 463. — Borrago officinalis.

B. officinalis, Linn.' Bourrache commune, Angl. Common Borage. — *Fl.* bleues, purpurines ou blanches; lobes de la corolle ovales, aigus, très étalés. Juin-septembre. *Flles* inférieures obovales, atténuées à la base; les caulinaires oblongues, sessiles, sub-cordiformes à la base. *Haut.* 30 à 60 cent. France, Angleterre, etc. Cette espèce est de beaucoup la plus répandue. (Sy. En. B. 36.)

B. orientalis, Linn. — V. *Trachystemon orientalis*.

BORRERIA, C. F. W. Mey. Réunis aux **Spermacoce**, Linn.

BOSCIA, Lamk. (dédié à Louis Bosc, professeur d'agriculture français). Syn. *Podoria*, Pers. Fam. *Capparidées*. — Petit genre comprenant huit espèces d'arbrisseaux de serre chaude, originaires de l'Afrique tropicale. Fleurs apétales et pourvues d'un calice à quatre sépales; le fruit est une baie sub-globuleuse. Feuilles simples, à pétiole articulé, accompagné de stipules très petites. On les cultive dans un compost de terre franche et de terre de bruyère fibreuse, concassée. Multiplication par boutures de bois mûr que l'on plante dans du sable, sous cloches et à chaud.

B. senegalensis, Lamk. *Fl.* blanches, petites, apétales, disposées en corymbe. *Haut.* 1 m. Sénégal, 1824. Arbuste inerme, toujours vert. (L. E. M. 395.) Syn. *Podoria senegalensis*, Pers.

BOSSIÆA, Vent. (dédié à Bossier-Lamartinière, botaniste français, qui accompagna le malheureux La Pérouse dans ses voyages). Comprend les *Lalage*, Endl. Fam. *Légumineuses*. — Genre renfermant trente-quatre espèces d'élégants arbrisseaux de serre froide, tous originaires de l'Australie. Fleurs jaunes, solitaires, axillaires, ayant la base de l'étendard ou de la carène ordinairement ponctuée ou veinée de pourpre. Feuilles simples, de forme variable. On les cultive dans un compost de terre franche fibreuse, de terreau de feuilles, de terre de bruyère et de sable, avec un bon drainage. Multiplication par boutures de bois à moitié mûr, qui s'enracinent facilement dans des pots pleins de sable, recouverts de cloches et tenus en serre. Les graines se sèment en mars, sur une petite couche.

B. cinerea, R. Br. *Fl.* jaunes, à étendard muni d'un cercle pourpre à la base; carène pourpre foncé. Mai. *Flles* presque sessiles, cordiformes, aiguës, terminées par un mucron épineux, scabres en dessus, mais velues sur les nervures en dessous et récurvées sur les bords. Branches arrondies, velues, très feuillues. *Haut.* 30 cent. à 1 m., Australie 1824. (B. R. 4, 106.) Syns. *B. cordifolia*, Sweet; *B. tenuicaulis*. (B. M. 3895.)

B. cordifolia, Sweet. Syn. de *B. cinerea*, R. Br.

B. disticha, Lindl.* *Fl.* rouge jaunâtre, à pédoncules solitaires, axillaires, uniflores, plus longs que les feuilles. Mars-mai. *Flles* distiques, ovales, obtuses. Jeunes branches arrondies. *Haut.* 45 cent. Rivière des Cygnes; Australie, 1840. (B. R. 1841, 55.)

B. ensata, Sieber. *Fl.* jaunâtres, à étendard pourpre orangé brunâtre à la base et sur le dos; carène pourpre brunâtre. Avril. Branches aplaties, linéaires, dépourvues de feuilles et portant les fleurs à l'aisselle des dents; bractées supérieures plus courtes que les pédicelles et éloignées des inférieures. *Haut.* 30 à 60 cent. Australie, 1825. (S. F. A. 51.)

B. foliosa, Cunningh. *Fl.* jaune et orangé. Mai-juin. *Flles* alternes, petites, orbiculaires, rétuses, scabres, enroulées sur les bords; soyeuses en dessous; stipules persistantes, crochues, plus longues que les pétioles. Branches droites, arrondies, velues. *Haut.* 30 cent. à 1 m. Australie, 1824.

B. lenticularis, Lodd. Syn. de *B. rhombifolia*, Sieber.

B. linnæoides, — * *Fl.* jaunes; à carène brun foncé; corolle environ deux fois plus longue que le calice; pédicelles solitaires, uniflores, allongés. Mai. *Flles* elliptiques, mucronées. Branches arrondies, couchées, pubérulentes. Australie, 1824. Arbuste retombant.

B. linophylla, R. Br.* *Fl.* orangé et pourpre. Juillet-août. *Flles* linéaires, récurvées sur les bords. Branches comprimées, feuillues. *Haut.* 30 cent. à 1 m. 20. Australie, 1803. (L. B. C. 174; B. M. 2191.)

B. microphylla, Smith. *Flles* cunéiformes, obcordées, glabres. Branches arrondies, feuillues, spinescentes, jeunes branches un peu comprimées et pubescentes. *Haut.* 30 à 60 cent. Australie, 1803. (L. B. C. 656.)

B. rhombifolia, Sieber.* *Fl.* jaunes, à étendard zoné de rouge foncé à la base; ailes rouges à la base; carène pourpre brunâtre. Avril. *Flles* rhomboïdes, orbiculaires, un peu émarginées et mucronées. Branches arrondies; jeunes branches comprimées, feuillues. *Haut.* 30 cent. à 1 m. Australie, 1820. Syn. *B. lenticularis*, Lodd. (L. B. C. 1238.)

B. rotundifolia, DC. *Flles* arrondies ou largement obovales, un peu mucronées, planes, de 10 à 12 mm. de long et 12 à 15 mm. de large. Branches et rameaux feuillus, comprimés. *Haut.* 30 à 60 cent. Australie, 1824.

B. Scolopendrium, R. B. *Fl.* jaunes, à étendard rouge brun sur le dos; carène nue, également rouge brun. Mai. *Flles* (quand il en existe) ovales et glabres. Branches aplaties, linéaires, dépourvues de feuilles portant les fleurs à l'aisselle des dents; bractées supérieures imbriquées, persistantes, aussi longues que les pédoncules. *Haut.* 1 à 3 m. Australie, 1792. (B. M. 1235; L. B. C. 1747.)

B. tenuicaulis. — Syn. de *B. cinerea*, R. Br.

BOSWELLIA, Roxb. (dédié au Dr Boswell, d'Edimbourg). **Oliban**, **Arbre à encens**. Angl. Olibanum-tree. Syn. *Plœsslia*, Endl. Fam. *Burséracées*. — Genre comprenant treize espèces originaires de l'Afrique tropicale et des Indes orientales. Ce sont des arbres ornementaux, de serre chaude, à feuillage persistant. Fleurs hermaphrodites, disposées en grappes ou cymes axillaires et terminales; calice à cinq dents persistantes; corolle à cinq pétales libres; étamines dix, insérées sur un disque annulaire, en coupe; style simple, à stigmate capité. Le fruit est une drupe trigone, à trois noyaux monospermes et déhiscente en trois valves. Quelques espèces sont douées de propriétés industrielles; la résine d'Oliban ou véritable encens, est produite par le *B. serrata*; celle qui vient de la côte d'Arabie paraît être fournie par le *B. Carterii*. Les *Boswellia* sont faciles à cultiver, il leur faut un mélange de terre franche et de terre de bruyère. Les boutures s'enracinent avec facilité, plantées dans du sable et sous cloches. Ces arbres sont très peu connus dans les serres.

Fig. 164. — Boswellia Carterii.

B. Carterii, Bird. *Fl.* blanchâtres, en grappes simples, axillaires, fasciculées. *Flles* composées, imparipennées, à huit-dix paires de folioles opposées, ovales, ondulées, glabres ou pubescentes, de 4 cent. de long et 6 à 15 mm. de large. *Haut.* 3 à 6 m. Arabie, etc.

B. glabra, Roxb. *Fl.* blanches, petites, à nectaires rouges; anthères jaunes; grappes agrégées, simples, terminales, plus courtes que les feuilles. *Flles* imparipennées, à folioles larges, lancéolées, obtuses, dentées, glabres. *Haut.* 10 m. Coromandel, 1823. (B. F. S. 124.)

B. serrata, Roxb. * *Fl.* blanc jaunâtre, en grappes simples, axillaires. *Flles* imparipennées, à folioles ovales, oblongues, graduellement rétrécies au sommet, dentées, pubescentes. *Haut.* 6 m. Indes, 1820. (T. L. S., XV, 4.)

BOTANIQUE. — Science qui a pour objet l'étude des végétaux. Elle nous apprend à connaître les plantes, la constitution et la disposition, le rôle et la fonction de leurs organes, à les classer en familles, genres, espèces, etc., à les étudier méthodiquement, à les décrire, etc., en un mot à les connaître d'une façon intime dans toutes les phases de leur existence. Comme toutes les sciences très vastes, la botanique est divisée en plusieurs branches permettant d'envisager l'étude des végétaux sous différents points de vue; chaque genre d'étude a reçu un nom scientifique particulier, rappelant dans son origine la partie qu'il a pour objet.

Ces différentes branches de la botanique peuvent se réunir en deux groupes principaux dont le premier est la PHYSIQUE VÉGÉTALE, comprenant:

L'*Anatomie*, ou étude des tissus des végétaux.

L'*Organographie* ou description de la forme et de la structure des organes.

La *Physiologie* qui s'occupe des fonctions qu'ils remplissent.

La *Morphologie* ou étude des modifications qui surviennent dans ces mêmes organes.

La *Pathologie* ou connaissance des causes d'altération des organes et du dérangement des fonctions naturelles.

Le deuxième groupe est la BOTANIQUE PROPREMENT DITE qui embrasse l'étude des plantes dans leurs caractères distinctifs; les principales branches sont:

La *Phytographie* ou *botanique descriptive*, c'est-à-dire l'art de décrire les plantes et conséquemment de les reconnaître par leurs caractères.

La *Taxonomie* qui s'occupe de leur classification méthodique.

La *Glossologie* ou connaissance des termes employés en botanique.

La *Géographie botanique* qui a pour but la connaissance de l'habitat des végétaux, leur aire de dispersion et les circonstances physiques dans lesquelles ils croissent;

La *Botanique appliquée*, qui enseigne le parti qu'on peut tirer des différentes plantes, les produits qu'elles fournissent, leur valeur médicale, industrielle, horticole, agricole, etc.

C'est à ces derniers genres d'études que l'on doit la connaissance presque parfaite des végétaux qui couvrent la surface du globe et celle des produits qu'ils fournissent pour l'alimentation, la médecine et l'industrie. Tout bon jardinier doit avoir au moins les notions les plus élémentaires sur les différents organes qui composent les végétaux et pouvoir reconnaître, au moins approximativement, à quels groupes appartiennent les plantes qu'il cultive. Ces connaissances lui permettent souvent de déduire par analogie le meilleur mode de culture à appliquer aux plantes nouvelles ou inconnues et de les utiliser de la manière la plus avantageuse; elles lui donnent aussi tout particulièrement les moyens de pratiquer des croisements intelligents entre différentes espèces, en vue de l'obtention des hybrides.

D'autre part, la connaissance des plantes, cultivées pour un usage quelconque, forme une partie importante du bagage scientifique du jardinier et, nous n'hésiterons pas à le dire ici, ne connaître les plantes que par leur simple aspect, c'est les connaître bien superficiellement et s'exposer à commettre de graves erreurs que l'on risque encore de répandre autour de soi. Il est heureux que l'on puisse compter parmi les horticulteurs et les écrivains horticoles les plus distingués d'autrefois et de nos jours beaucoup d'excellents botanistes.

(S. M.)

BOTRIOCHILUS, Lem. — V. **Cœlia**, Lindl.

BOTRYANTHUS, Kunth. — Réunis aux **Muscari**, Mill.

BOTRYCHIUM, Swartz. (de *botrys*, grappe; allusion à la disposition des sporanges). **Lunaire**; ANGL. Moonwort. FAM. Fougères. — Ce genre comprend une vingtaine d'espèces de petites Fougères très intéressantes par leur inflorescence, habitant les régions froides et tempérées ou les montagnes des pays chauds. Sporanges sessiles, disposés sur deux rangs, en épis formant une petite panicule rameuse. Frondes pennées, à segments le plus souvent sessiles, plus ou moins arrondis. On cultive les *Botrychium* comme plantes de collection, en serre froide ou tempérée, dans une bonne terre franche siliceuse; un drainage parfait est le point le plus essentiel. Pour leur culture générale, V. **Fougères**.

B. australe, R. Br. — Variété du *B. ternatum*, Swartz.

B. daucifolium, Wall. *Stipe* fort, de 15 à 30 cent. de haut. Pétioles de 2 1/2 à 15 cent. de long. *Frondes stériles* de 15 à 30 cent. en tous sens, deltoïdes, tripinnatifides ou tripinnées, les deux pinnules inférieures les plus grandes; segments lancéolés, oblongs, de 6 à 9 mm. de large, finement dentés. *Pédoncule* de l'*inflorescence* égalant les pinnules stériles à la maturité; panicule de 5 à 10 cent. de long, tripinnée, peu compacte. Himalaya, etc. Serre tempérée. Syn. *B. subcarnosum*, Wall. (B. M. 5340.)

B. Lunaria, Swartz. Lunaire, ANGL. Common Moonwort. — *Stipe* de 2 1/2 à 10 cent. de long. *Fronde stérile* sessile ou à peu près, de 2 1/2 à 8 cent. de long et 1 1/2 à 2 cent. 1/2 de large, beaucoup plus larges à la base qu'au milieu, découpée jusqu'au rachis en pinnules distinctes, rapprochées, cunéiformes et flabelliformes, entières ou émarginées. *Pédoncule* de l'*inflorescence* égalant ou dépassant les frondes stériles; panicule compacte, de 2 1/2 à 5 cent. de long. France, Angleterre, etc. Espèce rustique. (H. B. F. 48.)

B. lunarioides, Swartz. — V. *B. ternatum*, Swartz.

B. obliquum, Muhl. — V. *B. ternatum*, Swartz.

B. subcarnosum, Wall. Syn. de *B. daucifolium*, Wall.

B. ternatum, Swartz. * *Stipe* de 2 1/2 à 5 cent. de long. Pétioles de 5 à 10 cent. de long. *Frondes stériles* de 8 à 15 cent. en tous sens, deltoïdes, tri- ou quadripinnatifides; les inférieures beaucoup plus grandes que les supérieures. *Pédoncule* de l'*inflorescence* de 15 à 20 cent. de long; panicule de 2 1/2 à 15 cent. de long, deltoïde, très rameuse. Nootka et territoire de la baie d'Hudson. — Plusieurs plantes considérées comme des espèces s'en rapprochent beaucoup; les *B. australe*, R. Br.; *B. lunarioides*, Swartz; *B. obliquum*, Muhl., ne sont que des variétés géographiques. Serre tempérée.

B. virginianum, Swartz. * *Stipe* de 8 à 45 cent. de haut. *Frondes stériles* sessiles, de 10 à: cent. en tous sens, deltoïdes, quadripinnatifides; divisions inférieures beaucoup plus grandes que les supérieures; pinnules ovales, oblongues, rapprochées, finement découpées jusqu'au rachis en segments linéaires, oblongs. *Pédoncule* de l'*inflorescence* égalant ou dépassant à la maturité les frondes stériles; panicule de 2 1/2 à 10 cent. de long, oblongue, lâche. Orégon et nord des Etats-Unis, 1790. Espèce rustique dans les endroits abrités. (H. F. T. 169; H. G. F. 29.)

BOTRYODENDRON, Endl. — V. **Meryta**, Forst.

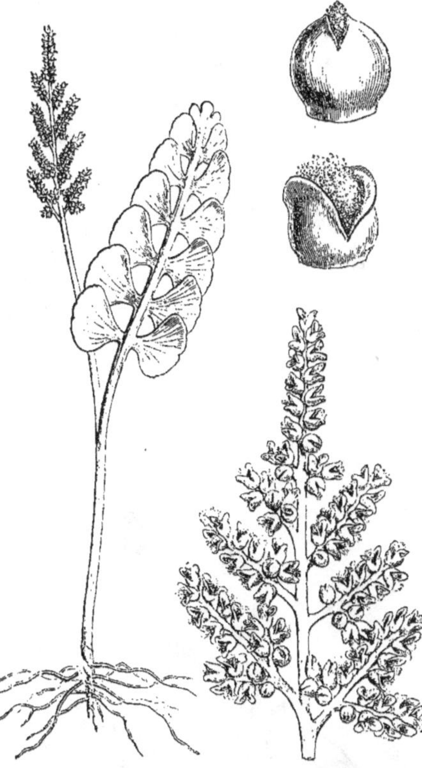

Fig. 465. — BOTRYCHIUM LUNARIA. Plante entière, fronde fructifère et sporange. (D'après Baillon.)

BOTTIONÆA, Colla. SYN. *Trichopetalum*, Lindl. FAM. *Liliacées*. — Genre monotypique dont l'espèce connue est une curieuse plante vivace, herbacée, demi-rustique, à rhizome épais, d'où partent des racines fasciculées, charnues ou tuberculeuses. Elle se plaît dans un châssis exposé au midi et en pleine terre bien drainée; on peut aussi la cultiver en pots avec un bon drainage. Multiplication par division des touffes.

B. thysanotoides, Colla. *Fl.* à périanthe verdâtre, de 15 à 18 mm. de long, à segments extérieurs carénés; les intérieurs barbus; pédicelles ascendants; grappe dressée, un peu lâche, pauciflore, simple ou légèrement rameuse, de 8 à 15 cent. de long; hampe de 15 à 30 cent. de haut, munie de deux ou trois bractées (feuilles réduites). Commencement de l'été. *Flles* au nombre de six à huit, étroites, linéaires, glabres, graminiformes, de 10 à 30 cent. de long. *Haut*. 30 cent. à 1 m. Chili, 1828. Syns. *Anthericum plumosum*, Ruiz. et Pav. (B. M. 3084); *Trichopetalum gracile* (B. R. 1535); *T. stellatum*, Lindl.

BOUCAGE. — V. **Pimpinella**.

BOUCEROSIA, Wight. et Arnott. (de *boukeros*, muni de cornes; allusion à la forme arquée des lobes de la coronule). SYNS. *Apteranthes*, Mikan.; *Desmidorchis*, Ehrenb. et *Hutchinia*, Wight. et Arnott. FAM. *Asclépiadées*. — Genre comprenant environ douze espèces originaires des Indes orientales, de l'Afrique boréale, de l'Espagne et de la Sicile. Ce sont des plantes vivaces, charnues, aphylles, voisines des *Stapelia* et demandant le même traitement. Fleurs nombreuses, en ombelles terminales; corolle sub-campanulée, à cinq divisions largement triangulaires, étalées, à sinus aigu; coronule à quinze lobes disposés sur deux rangs, les cinq lobes intérieurs opposés aux étamines et appliqués sur les anthères, les autres extérieurs, dressés ou un peu arqués au sommet, adhérant à la partie postérieure des lobes intérieurs. Rameaux tétragones, à angles épineux. Pour leur culture, V. **Stapelia**.

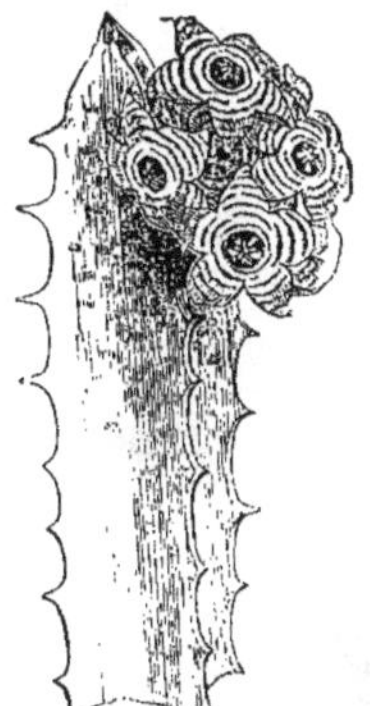

Fig. 466. — BOUCEROSIA EUROPÆA.

B. europæa, — *Fl.* pourpre brun et jaune. Eté. *Haut.* 10 cent. Sicile, 1833. Syns. *Apteranthes Gussoniana*, Mikan. et *Stapelia Gussoniana*, Jacq. (B. R. 1731.)

B. maroccana. — *Fl.* rouge pourpre foncé, marquées de stries jaunes, concentriques. Eté. *Flles* petites, cucullées, réfléchies, naissant à l'extrémité des angles des rameaux. *Haut.* 10 cent. Maroc, 1875. (B. M. 6137.)

BOUCHEA, Cham. (dédié à C. P. Bouché, botaniste allemand; 1783-1856). Comprend les *Chascanum*, E. Mey. FAM. *Verbénacées*. — Genre renfermant seize ou dix-sept espèces de plantes herbacées ou suffrutescentes, toujours vertes, de serre chaude ou tempérée, originaires des régions chaudes de l'Amérique, de l'Afrique tropicale et australe et des Indes orientales. Fleurs sub-sessiles, en grappes spiciformes, terminales ou naissant à l'aisselle de deux rameaux; corolle infundibuliforme, à limbe oblique, à cinq divisions inégales; étamines cinq. Feuilles simples, opposées, dentées. Rameaux tétragones. Les *Bouchea* se plaisent dans un compost de terre franche et de terre de bruyère siliceuse. On les multiplie au printemps, par boutures que l'on plante dans du sable, sous cloches et à chaud.

B. cuneifolia, — *Fl.* blanches. Avril. *Haut.* 1 m. 30. Cap, 1821. Arbuste toujours vert, de serre froide. Syn. *Chascanum cuneifolium*.

B. pseudogervao, Chams. *Fl.* purpurines, à gorge blanche, disposées en épis terminaux, de 15 à 25 cent. de long, grêles. Été. *Flles* opposées, ovales ou elliptiques-ovales, dentées. Tiges tétragones. *Haut.* 60 cent. à 1 m. 50. Brésil, 1874. Espèce vivace, de serre chaude. (B. M. 6221.)

BOUCLIER. — V. **Betteraves** (SILPHE DES.)

BOUE. — V. **Gadoue**.

BOUGAINVILLEA, Spach. (dédié à de Bougainville, navigateur français; 1729-1811). SYN. *Buginvillea*. Comprend les *Josepha*, Vell. FAM. *Nyctaginées*. — Genre comprenant sept ou huit espèces originaires de l'Amérique australe, tropicale et sub-tropicale. Ce sont des arbustes ou arbrisseaux ordinairement sarmenteux, de serre tempérée, des plus ornementaux que l'on puisse cultiver; leurs fleurs, insignifiantes par elles-mêmes, sont verdâtres, à périanthe tubuleux, légèrement courbé, insérées au-dessous du milieu d'une grande bractée foliacée, colorée en rose ou en lilas violacé. Inflorescences composées de trois bractées portant chacune une fleur, solitaires ou fasciculées, axillaires ou terminales. Ces jolies bractées sont la partie décorative des *Bougainvillea*, et leur abondance au moment de la floraison produit un effet incomparable. Feuilles alternes, pétiolées, arrondies, ovales ou elliptiques, lancéolées, entières, violacées.

Sauf le *B. glabra* qui peut se cultiver en pots, les autres réussissent mieux dans la pleine terre des serres; ils émettent beaucoup de racines et finiraient par couvrir une grande superficie si on n'avait pas le soin de les raccourcir de temps à autre ; cette opération les rend aussi beaucoup plus florifères. Il n'est pas nécessaire de les tenir bien pincés et bien palissés, car ces soins nuisent à l'abondance de leur floraison ; il est préférable de les laisser courir librement au-dessous du vitrage d'une serre assez élevée ou à la partie supérieure d'un mur de fond; ils fleuriront alors abondamment pendant plusieurs mois, pourvu qu'on ait le soin de les arroser régulièrement et que le sol soit bien drainé. Cette dernière précaution est, en effet, le point le plus important à observer quand on prépare une plate-bande en vue de la culture de ces plantes. Le meilleur système pour éviter toute humidité stagnante dans le sol, est de placer une couche de débris de briques, d'environ 15 à 20 cent. d'épaisseur, en communication avec le drain. Cette disposition permettra d'avoir un sol sain, laissant l'eau des arrosements s'écouler rapidement. Cette opération effectuée, on recouvre les débris de briques de 45 à 60 cent. d'un compost formé ainsi qu'il suit : trois parties de terre franche fibreuse et une partie de terreau de feuilles, le tout additionné d'une bonne quantité de gros sable. La quantité de sable à introduire dans le compost dépend de la qualité des autres terres; ainsi, il en faudra plus lorsqu'on aura affaire à une terre compacte que lorsqu'il s'agira d'une terre friable. En ce qui concerne les engrais, leur introduction dans le compost n'est pas recommandable, mais, par contre, on se trouvera toujours bien de donner à ces plantes une certaine quantité d'engrais liquide, surtout si l'espace réservé aux racines est limité. A la fin de la floraison, c'est-à-dire en novembre ou décembre, on devra supprimer les arrosements et laisser reposer les plantes jusqu'en février, époque à laquelle on pourra commencer à activer la végétation, comme on le fait pour les Vignes en serre, et à enlever tous les rameaux grêles, de façon à ne laisser que les fortes pousses. Les plantes cultivées en pots devront être soumises à l'action d'une forte chaleur au moment d'entrer en végétation. On multiplie les *Bougainvillea* au moyen de boutures de bois à moitié mûr que l'on plante dans une terre sableuse, et qu'on place sur une forte chaleur de fond, à l'aide de laquelle elles s'enracinent rapidement. Les Kermès, la Grise et les Cochenilles infestent souvent ces plantes; on trouvera les divers moyens conseillés pour se débarrasser de ces insectes à leurs noms respectifs.

B. fastuosa, Herincq. Syn. de *B. speciosa*, Schnizl.

B. glabra, Choisy. Inflorescence paniculée, plus petite que celle du *B. speciosa;* chaque rameau porte des bractées roses, cordiformes, ovales, aiguës, verticillées par trois. Été. *Flles* vert tendre, glabres. Brésil, 1861. — Cette espèce est de beaucoup la plus convenable pour la culture en pots et forme une plante remarquable à son complet développement. (R. H. 1889, 267.)

B. speciosa, Schnizl.* *Fl.* à bractées grandes, cordiformes, d'un rose lilacé tendre, formant de grandes panicules, qui, dans les spécimens bien cultivés, sont produites en si grande abondance, qu'elles cachent entièrement la plante. Mars à juin. *Flles* ovales, vert très foncé, couvertes de petits poils sur la face supérieure. Tiges rameuses, abondamment pourvues de grandes épines recourbées. Brésil, 1833. (F. M. I, 62.) Syn. *B. fastuosa*, Herincq. — Une variété à feuillage panaché a été signalée en 1890.

Fig. 407. — BOUGAINVILLEA SPECTABILIS.

B. refulgens, Hort. Bull. *Fl.* à bractées d'un beau pourpre mauve, disposées en longues grappes pendantes. *Flles* vert foncé, pubescentes. Brésil, 1887. Serre chaude.

B. spectabilis, Willd. *Fl.* à bractées rouge brique terne, nuancées d'écarlate. Amérique du Sud, 1829. — On obtient difficilement la floraison de cette plante et ses fleurs sont d'une durée très éphémère. Au point de vue pratique, cette espèce est de beaucoup inférieure aux précédentes. (L. E. M. 294 ; P. M. B. 12,51 ; B. M. 4811.) Syn. *Josepha Augusta*, Arrab.

BOUILLARD. — V. **Betula alba.**

BOUILLON blanc. — V. **Verbascum thapsus.**

BOUILLIES.—Préparations à base de sels de cuivre employées depuis quelques années pour combattre les maladies cryptogamiques qui attaquent un certain nombre de végétaux. Plusieurs formules ont été proposées pour leur préparation, et plusieurs dénominations leur ont été données pour en distinguer et la composition et l'origine. C'est ainsi qu'on connait la *bouillie bordelaise*, la *bouillie bourguignonne*, la *bouillie berrichonne*, l'*eau céleste*, etc., mais toutes ont pour base le sulfate de cuivre.

Dans la *bouillie bordelaise*, c'est la chaux qui entre en composition ; son rôle est de fixer le sulfate de cuivre sur les tissus qui le reçoivent et de neutraliser son action corrosive. Des diverses formules proposées, la plus usuellement employée est la suivante :

Pour 100 litres d'eau	Sulfate de cuivre.	3 kil.
	Chaux délitée ou en poudre.	2 kil.

On fait dissoudre le sulfate de cuivre dans 10 litres d'eau chaude ; pendant ce temps, on fait éteindre la chaux qui, écrasée et étendue d'eau avec soin pour en faire un lait de chaux bien homogène, est, après refroidissement, jetée dans la solution de cuivre ; puis, pendant que d'une main on ajoute *lentement* l'eau et jusqu'à concurrence de 100 litres, de l'autre main, on brasse le mélange avec un bâton. Quelques formules donnent une proportion sensiblement plus forte de sulfate de cuivre que celle indiquée ci-dessus ; elle va même du simple au double. On ne saurait être à cet égard trop circonspect, et il vaut mieux pécher par excès de modération que par excès contraire. M. de Céris dit avec raison : « tant que le liquide qui surnage après la formation du dépôt conserve une teinte bleuâtre, il faut ajouter du lait de chaux à la solution cuivreuse. Un excès de chaux n'a jamais d'inconvénients ; on risque au contraire de brûler les feuilles lorsqu'on fait usage de bouillie contenant encore du sulfate de cuivre à l'état libre ».

Dans la *bouillie bourguignonne* ou *dauphinoise*, c'est le carbonate de soude qui est mélangé au sulfate de cuivre, et, de même que la chaux, il neutralise l'effet caustique du cuivre et le fixe aux tissus d'une manière plus durable encore. La formule la plus répandue est celle-ci :

Pour 100 litres d'eau	Sulfate de cuivre . . .	3 kil.
	Carbonate de soude . .	4 kil. 500

L'assimilation de ces trois substances constitue l'*hydrocarbonate de cuivre*. On fait fondre à chaud, mais séparément, le sulfate de cuivre et le carbonate ; puis, après refroidissement, on verse la solution de carbonate dans celle de sulfate de cuivre, *lentement* et en *agitant sans cesse ;* après quoi on verse la quantité d'eau nécessaire.

La *bouillie berrichonne* diffère de la précédente par l'addition d'une certaine quantité d'ammoniaque, dont le rôle est de rendre soluble une partie de l'hydrocarbonate de cuivre. En voici la formule indiquée par le Dr Patrigeon :

Pour 100 litres d'eau	Sulfate de cuivre . . .	3 kil.
	Carbonate de soude . .	4 kil. 500
	Ammoniaque à 22° . .	1 litre 1/2

Sa préparation est la même en ce qui concerne le mélange du cuivre à la soude. Quand l'effervescence a complètement cessé, on ajoute au mélange l'ammoniaque, *peu à peu* et en *remuant constamment*, puis, la quantité d'eau nécessaire.

L'*eau céleste*, pas plus d'ailleurs que la bouillie bourguignonne, n'est pas précisément une bouillie : composée de sulfate de cuivre et d'ammoniaque à l'exclusion de chaux, la solution en est absolument limpide et l'emploi plus facile en ce sens que l'instrument dont on se sert pour la projeter, seringue ou pulvérisateur, n'est pas exposé à se boucher comme avec la bouillie composée avec de la chaux. En voici le dosage et la préparation[1] :

Pour 200 litres d'eau	Eau chaude	4 litres
	Sulfate de cuivre. . .	1 kil.
	Ammoniaque à 22°. .	1 litre 1/2

On verse l'eau chaude sur le sulfate de cuivre; celui-ci dissout, ajouter *peu à peu* l'ammoniaque en *remuant* avec soin. Puis, on étend cette solution de la quantité d'eau indiquée.

On recommande de ne se servir pour faire dissoudre le sulfate de cuivre que de récipients en bois, grès ou cuivre. (G. L.)

BOULEAU. — V. **Betula.**

BOULEAU noir. — V. **Betula nigra.**

BOULEAU à papier. — V. **Betula papyracea.**

BOULE azurée. — V. **Echinops Ritro** et **E. spherocephalus.**

BOULE de neige. — V. **Viburnum Opulus sterilis.**

BOULE de neige de Caracas. — On nomme ainsi les pompons que l'on fabrique avec les aigrettes soyeuses des graines d'*Asclepias Cornuti* (*A. syriaca*) et d'*Araujo cericofera* (*Physianthus albens*).

BOUQUETS. — C'est un sujet trop vaste pour que nous puissions le traiter ici d'une façon complète ; nous allons cependant essayer d'en esquisser les points principaux. Tout d'abord, deux choses sont à considérer : 1° les fleurs dont on dispose ; 2° ce que l'on désire faire. Lorsqu'on le peut, et à moins qu'il ne s'agisse de très gros bouquets ou de petits bouquets de cérémonie, il vaut mieux employer des fleurs à longue tige, leur durée est naturellement bien plus prolongée. Les bouquetières montent pourtant presque toutes leurs fleurs, car elles sont ainsi plus maniables, il en faut moins pour faire un bouquet et celui-ci est bien plus léger. Pour le montage, on emploie habituellement ce que les fleuristes appellent du *jonc*, et qui n'est autre chose que le produit (chaumes et feuilles) de plusieurs graminées méditerranéennes, notamment la *Sparte* (*Lygeum Spartum*) et l'*Alfa* (*Stipa tenacissima*). Le fil de fer est aussi d'un usage fréquent pour faire des queues aux fleurs que l'on coupe immédiatement au-dessous du calice, comme les Camélias, les Œillets, etc.

On accompagne toujours chaque fleur que l'on monte d'une verdure appropriée. Les petites bottes ainsi préparées, on monte le bouquet lui-même ; toute son élégance dépend de l'habileté et du goût de celui qui le confectionne ; l'essentiel est de conserver la plus grande régularité possible dans l'assemblage des bottillons et de placer côte à côte les couleurs qui s'harmonisent entre elles. On le pend ensuite la tête en bas et on le mouille légèrement ; il ne faut jamais jeter de l'eau sur les fleurs ; c'est toujours en dessous et par conséquent à l'envers que l'on doit asperger un

[1] *Le Mildew*, par le Dr G. Patrigeon, p. 113-115.

bouquet. On nomme familièrement ce genre de bouquet « tête de champignon » ; c'est la forme la plus commune, mais aussi la moins gracieuse et la moins naturelle.

Les bouquets, artistiquement faits par les grands fleuristes de la capitale, ont souvent la forme d'une gerbe conique ou d'une palme dans laquelle chaque fleur est ou semble être portée par son propre pédoncule, et s'épanouir dans sa grâce naturelle. Pour la confection de semblables gerbes ou palmes, il faut, il est vrai, des fleurs de choix et assorties, une connaissance parfaite des contrastes et par-dessus tout beaucoup de goût et d'habileté pour leur assemblage.

Ce que l'on doit surtout chercher, c'est de donner aux bouquets une forme légère et gracieuse, de disposer les fleurs de telle manière qu'elles se détachent bien les unes des autres et par conséquent d'éviter de les tasser en bottes, comme cela se pratique encore trop fréquemment.

Si le choix des fleurs a son importance au point de vue de la beauté d'un bouquet, la manière de les grouper est encore bien plus importante. Nous le répétons, le goût et l'adresse, aidés de quelques petits artifices, sont les qualités essentielles pour l'arrangement des fleurs.

Pour la garniture des grands vases d'appartements, il est bien préférable de ne pas faire de bouquet, mais de disposer simplement les fleurs une par une. Pour cet usage, il faut que les fleurs soient munies de longues tiges ; les grosses fleurs telles que les Lis, les Iris, les Pivoines, etc., peu faciles à employer dans la confection des bouquets, sont ici au contraire d'un effet ravissant. On peut avec avantage leur associer des branches de verdure comme les tiges d'Asperge, les frondes de Fougères, des grandes Graminées telle que le Sorgho le *Panicum virgatum*, certains *Saccharum*, etc., ou même des rameaux d'arbres ou d'arbustes à feuillage coloré.

Nous ne nous étendrons pas plus longtemps sur un chapitre aussi délicat, et nous nous bornerons à renvoyer le lecteur à l'intéressante étude ou *Essai sur la composition des bouquets*, de Mme Lacoin de Vilmorin, qu'on trouvera dans le *Journal de la Société Nationale d'Horticulture*, 1888, p. 97.

Divers produits chimiques, entre autres l'ammoniaque, ont été préconisés pour prolonger la durée des fleurs coupées ; mais, l'efficacité n'en paraît pas prouvée ; la poudre de charbon de bois et le sel, mis dans l'eau des vases, ont pour effet d'en empêcher la corruption. Pour les fleurs dont la durée est relativement longue, il est bon de couper la base des tiges de temps à autre ; il faut aussi éviter, dans le même but, de meurtrir ou de serrer les tiges outre mesure.

Il est d'usage, surtout à Paris, d'envelopper les bouquets de quelques grandes feuilles de papier formant cornet et dépassant longuement les fleurs ; cette coutume, bien que très répandue, ne nous paraît utile que comme emballage ou pour cacher les tiges de jonc peu décoratives ; car, si le papier soutient et abrite les fleurs, il les cache aussi presque entièrement à la vue. Un bouquet entouré de jolie verdure, ou, si l'on y tient, d'un petit cornet n'enveloppant que le dessous des fleurs est, à notre avis, beaucoup plus élégant.

L'emploi des fleurs et surtout des Graminées *sèches* pour orner les appartements, est aujourd'hui très répandu ; teintes de diverses couleurs et disposées avec goût, elles sont d'un fort joli effet et, si elles n'ont ni l'éclat, ni le parfum des fleurs fraîches, elles ont au moins le mérite de durer presque indéfiniment. Le nombre des espèces employées pour cet usage est relativement grand ; nous ne pouvons en donner ici la liste complète ; mais les lecteurs les trouveront toutes citées dans l'excellent travail que M. G. Legros a publié dans la *Revue horticole*, 1890, p. 486, 521, 545. V. aussi **Graminées ornementales**. (S. M.)

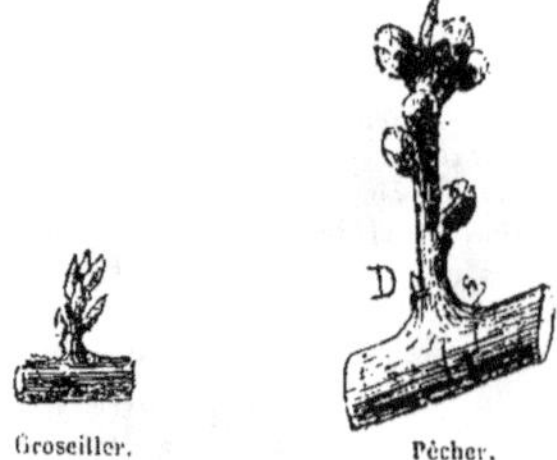

Groseiller. Pêcher.

Fig. 468. — Bouquets de mai.

BOUQUET de mai. — Terme d'arboriculture fruitière désignant un rameau court, terminé généralement par un œil à bois, pointu et autour duquel sont groupés en un petit bouquet, un certain nombre de boutons floraux ; outre ces boutons, le bouquet de mai porte souvent à sa base un ou deux yeux à bois dont la présence est quelquefois utilisée, surtout dans le Pêcher.

Les bouquets de mai se rencontrent particulièrement sur les arbres à fruits drupacés, à noyaux et sur le Groseillier ; ils produisent de très beaux fruits. Longtemps, les bouquets de mai ont été désignés sous le nom de *Cochonet*. (G. B.)

BOUQUET tout fait. — V. **Œillet de poète.**

BOURDAINE. — V. **Rhamnus Frangula.**

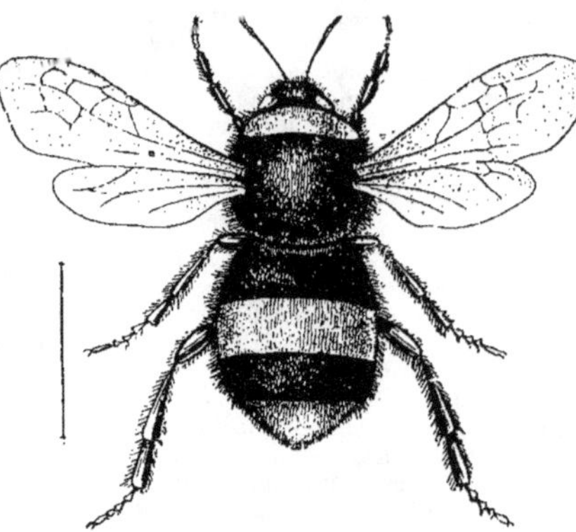

Fig. 469. — Bourdon ; très grossi.

BOURDONS, Angl. Humble Bees. (*Bombus terrestris*, *B. lucorum*, etc.). — Ces insectes ne doivent pas être confondus avec le mâle de l'abeille, qui est le *Faux Bourdon*. — On a remarqué que les Bourdons pouvaient devenir nuisibles à la fécondation des fleurs de certaines plantes cultivées, notamment celles des Haricots, dont le nectar est situé au fond d'un long tube. Ils percent un trou sur le côté afin d'atteindre plus facilement le contenu. Les fleurs ainsi privées de leur nectar ne sont pas visitées par d'autres insectes et restent par conséquent stériles. Cependant, bien que le cas se présente quelquefois, les dommages sont si minimes, qu'il faut plutôt considérer les Bourdons comme d'utiles auxiliaires pour le transport du pollen de fleur en fleur. Ce n'est pas sans raison que l'on croit que la fécondation de certaines plantes, celle du Trèfle rouge entre autres, est due aux Bourdons. S'ils devenaient réellement nuisibles, on pourrait facilement en diminuer le nombre en détruisant leurs nids que l'on trouve sous la mousse, sous les pierres ou dans des trous qu'ils font en terre.

BOURGÈNE. — V. **Rhamnus Frangula.**

BOURGEONNER. — On indique par ce terme le premier départ de la végétation, l'époque où les bourgeons non encore ouverts augmentent en volume. Se dit aussi des parties des végétaux qui, après une opération de taille, émettent des bourgeons sur des parties où il ne paraissait pas y en avoir. (S. M.)

BOURGEONS adventifs. — S'applique aux bourgeons qui se développent sur des parties qui, normalement, ne devraient pas ou plus en produire. On peut facilement constater leur présence sur presque tous les végétaux dicotylédones ligneux, mais, le fait est plus rare chez les monocotylédones. Les bourgeons adventifs se montrent sur presque toutes les parties, mais c'est sur le tronc et sur les grosses branches des arbres qu'ils sont le plus fréquents ; on les voit aussi souvent sur les racines, pour peu qu'elles soient rampantes, à nu ou même près de la surface du sol ; les feuilles et même les fleurs peuvent, sous l'influence de certaines modifications, produire des bourgeons adventifs. Dans la pratique, lorsque ces derniers sont développés en rameaux, on les nomme alors **Gourmands.** V. ce mot et **Anticipé** (RAMEAU). (S. M.)

BOURGEONS foliaires, vulg. **Boutons à bois,** ANGL. Leaf Buds. — Les bourgeons foliaires ou boutons à bois se composent d'écailles et de feuilles rudimentaires entourant un point vital et disposées symétriquement les unes au-dessus des autres. Ils prennent tous leur origine dans le système cellulaire horizontal et se forment sous l'écorce, à l'extrémité des rayons médullaires ainsi que sur le bord ou sur la surface des feuilles parfaites ou rudimentaires. Les arbres à feuilles caduques perdent leurs feuilles chaque automne, mais le petit bourgeon qui s'est formé à leur aisselle pendant le cours de la végétation, développe de nouvelles feuilles au printemps suivant. Les bourgeons sont ordinairement enveloppés par des écailles scarieuses et résistantes, destinées à les protéger ; ces écailles tombent généralement au moment de l'allongement. Chez quelques arbres, comme le Marronnier, le Peuplier, etc., les bourgeons sont recouverts d'une exsudation gommeuse. Les plantes qui portent des bourgeons nus sont pour la plupart herbacées et ces bourgeons se développent d'ordinaire aussitôt après leur formation.

BOURGEONS floraux, vulg. **Boutons à fleurs.** ANGL. Flower Buds. — Les bourgeons floraux se développent de la même manière que les bourgeons foliaires ; ils en diffèrent principalement par la fleur rudimentaire qu'ils renferment. Celle-ci est enveloppée par ses feuilles florales (bractées), entourées des feuilles proprement dites, qui sont également recouvertes d'écailles. Le bourgeon floral renferme une fleur solitaire ou inflorescence et peut être axillaire ou terminal, selon la nature de l'espèce. Si l'on détache un bourgeon floral de Marronnier, de Poirier, etc. ; si l'on coupe un bulbe de Jacinthe ou autre, avant le départ de la végétation, on trouvera à l'intérieur, la fleur et les feuilles futures, à l'état rudimentaire, bien entendu, et dont la grosseur peut être quelquefois comparée à la pointe d'une épingle.

Fig. 470. — Bourgeon à fleur de Poirier.

BOURRACHE. — V. **Borrago officinalis.**

BOURRACHE bâtarde. — V. **Anchusa italica.**

BOURRACHE petite. — V. **Omphalodes verna.**

BOURREAU des arbres. — V. **Celastrus scandens.**

BOURREAU du Lin. — Nom du **Cuscuta epithymum.**

BOURRELET, ANGL. Callus. — Tissu d'abord cellulaire qui se forme autour d'une coupe ou d'une ligature. Lorsque la coupe est aérienne, le bourrelet finit par recouvrir la plaie, si elle est souterraine ou enterrée il émet ordinairement des racines. Les boutures et les marcottes forment d'abord un bourrelet avant d'émettre des racines ; sa présence est un indice qu'elles sont dans un état prospère. Cependant, il arrive quelquefois que certaines boutures forment un bourrelet sans pouvoir émettre des racines ; on peut alors en déduire que le milieu dans lequel elles ont été placées n'est plus convenable ; car, si on replante ces boutures dans un lieu plus chaud, certaines finissent par s'enraciner. (S. M.)

BOURRE. — Amas de duvet protecteur qui enveloppe, sous les écailles, ou sans écailles, les bourgeons de certains végétaux, tels que la Vigne, le Marronnier, les Palmiers, etc. Par extension, on appelle aussi bourre, le bourgeon tout entier ou « œil » de la vigne, et l'on a fait le mot *débourrer* pour exprimer l'épanouissement et l'élongation de ce bourgeon. (G. B.)

BOURRICHE. — C'est une sorte de panier de forme très allongée, ressemblant assez à un cylindre dont on aurait fermé les deux extrémités en pointe et enlevé une tranche sur toute la longueur pour servir d'ouverture. Les bourriches sont faites de minces tranches de bois ressemblant à des copeaux, et passant en travers alternativement en dessus et en dessous de bâtons formant la carcasse. Il en existe de toutes les dimensions, depuis celles ne contenant guère qu'une demi-douzaine de jeunes plantes en mottes, et qui sont d'un usage courant sur les marchés, pour la vente au printemps, des plantes à massifs, jusqu'à celles mesurant un mètre et plus de long servant aux emballages de toutes sortes. La bourriche est un objet léger, peu coûteux, facile à transporter et dans lequel l'emballage des marchandises est facile et rapide; son usage est très courant dans toute l'horticulture parisienne et on ne saurait trop en recommander l'emploi. (S. M.)

Fig. 471. — Bourse de Poirier.

BOURSE. — Les bourses sont des rameaux fructifères courts, renflés, tuberculeux, charnus, simples ou ramifiés, portant à leur extrémité des cicatrices qui proviennent de l'insertion des fleurs ou des fruits passés. Ces sortes d'organes se rencontrent surtout sur le Poirier et le Pommier; ils sont fructifères d'une façon en quelque sorte constante; c'est-à-dire que les yeux (bourgeons), poussés à leur surface, ont une tendance à se transformer rapidement en boutons fruitiers. Dans la pratique de l'arboriculture, on protège les bourses le plus possible; cependant, il est d'usage de retrancher celles qui se trouvent en trop grand nombre sur les arbres vieux, épuisés ou fertiles à l'excès, et de rafraîchir par la taille les cicatrices qui portent les autres. (G. B.)

BOURSOUFLÉ. — Dont la surface est soulevée çà et là en forme de bosses.

BOUSIER. — V. **Géotrupe stercoraire.**

Fig. 472. — Boussingaultia baselloides.

BOUSSINGAULTIA, Humb., Bonpl. et Kunth. (dédié à M. Boussingault, célèbre chimiste et agronome français, né en 1802). Fam. *Chénopodées.* — Genre comprenant environ dix espèces de l'Amérique tropicale et centrale. Ce sont des plantes herbacées, à rhizomes charnus, émettant des tiges volubiles à feuilles alternes et épaisses; fleurs en épis rameux. Le *B. baselloides* aime une terre très riche et une bonne exposition au pied d'un mur ou d'un treillage, où ses rameaux peuvent atteindre jusqu'à six mètres de hauteur. On peut aussi le cultiver en pots ou en caisses pour l'ornement des balcons ou des fenêtres. La plantation des tubercules doit avoir lieu au printemps, après les gelées. Pendant l'été, on donne de copieux arrosements et on dirige les rameaux vers l'endroit désiré. L'automne venu, on arrache les tubercules avec soin car ils sont extrêmement fragiles, et on les rentre en cave ou autre local pour les replanter au printemps suivant; chaque fragment, même petit, reproduit facilement une plante. Dans le Midi, la plante peut passer l'hiver en pleine terre à l'aide d'une couverture de feuilles ou de litière. Multiplication facile par division des tubercules.

B. baselloides, Kunth. * Baselle tubéreuse. — *Fl.* blanches, à odeur suave, noircissant en se fanant, petites, en épis rameux, de 5 à 10 cent. de long, naissant à l'aisselle des feuilles supérieures. Septembre-octobre. *Flles* cordiformes, alternes, glabres, charnues, brillantes, légèrement ondulées. Tiges très volubiles, teintées de rouge, à végétation très rapide et naissant de tubercules irréguliers, brunâtres, à chair blanc jaunâtre, cassante et gluante. Amérique du Sud, 1835. (B. M. 3620.)

B. Lachaumei, — *Fl.* roses. Espèce de serre chaude, toujours fleurie. Cuba, 1872.

BOUTON d'argent. — Nom vulgaire de plusieurs plantes, notamment des *Achillea Ptarmica flore pleno, Antennaria margaritacea* et *Ranunculus aconitifolius flore pleno.*

BOUTON d'or, Angl. Bachelor's Button. — Nom vulgaire des Renoncules qui croissent dans les prés et des *R. acris* et *R. repens flore pleno* que l'on cultive dans les jardins.

BOUTONS. — V. **Bourgeons floraux** et **B. foliaires.**

Fig. 473. — Bouture de Buis.

BOUTURES, Angl. Cuttings. — Ce sont des fragments de plantes et le plus souvent des rameaux détachés du pied mère en vue de la multiplication de ces plantes. La bouture est, après le semis, un des moyens les plus employés pour propager les végétaux.

C'est aussi par boutures que l'on est souvent obligé de multiplier certaines variétés ou formes horticoles qui ne produisent pas de graines ou qui ne se reproduisent pas franchement par le semis. On a en outre remarqué bien des fois que les plantes obtenues par boutures fleurissent beaucoup plus tôt que celles issues de graines. Pour certaines plantes, il y a des époques qu'il est utile de choisir pour le bouturage ; pour d'autres au contraire la saison a peu d'importance lorsqu'on peut placer les boutures dans un milieu convenable.

En général, les conditions dans lesquelles il convient de placer les boutures, dépendent de la nature de la plante elle-même, du sol, du traitement et de la température qu'elle exige ; elles sont donc très variables. La plupart des boutures de plantes herbacées demandent à être placées dans un endroit plus chaud et plus étouffé que celui dans lequel poussent les plantes

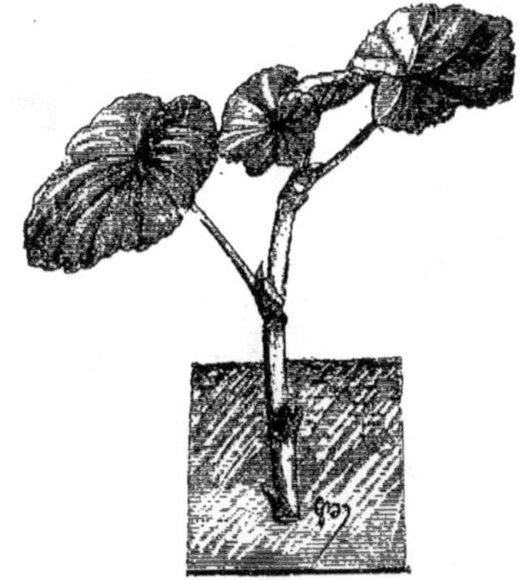

Fig. 174. — Bouture de Pelargonium (Géranium).

mères ; on accélère ainsi le développement des racines, tout en empêchant l'évaporation excessive. Beaucoup d'autres plantes exotiques et ligneuses exigent un traitement semblable, quoique moins intense. Certaines boutures de plantes plus rustiques se font lorsque le bois est mûr et en repos ; il leur faut en conséquence plus de temps pour s'enraciner, et elles exigent pendant cette période une température uniforme.

Les plantes herbacées dont on désire avoir au printemps une certaine provision de boutures, doivent être placées au préalable dans une serre ou sur couche chaude, afin de favoriser le développement de jeunes rameaux qui servent de boutures. Pour les plantes sub-ligneuses, on peut employer des rameaux presque aoûtés et de préférence des pousses latérales avec talon. Dans la plupart des cas, les racines ne se forment qu'aux nœuds ; la coupe doit en conséquence être faite avec un outil bien tranchant, à 1 ou 2 millimètres au plus au-dessous du nœud. Quelques plantes émettent cependant des racines sur toute la longueur des entre-nœuds ; il n'est pas alors indispensable de les couper au-dessous d'un nœud. On doit toujours prendre les boutures sur des plantes vigoureuses et en parfait état de santé, et leur laisser toutes leurs feuilles ou au moins la plus grande partie. Lorsqu'on les plante, il est très important de mettre la base en contact parfait avec le sol et de presser la terre contre elle, afin de fixer solidement la bouture sur toute la longueur enterrée. Lorsqu'on le peut, il est avantageux d'étendre avant la plantation, une mince couche de sable que l'eau des arrosements entraîne dans les interstices qui pourraient se former par suite des vents ou autres ébranlements accidentels. Un grand nombre d'arbres, d'arbustes et certaines Conifères se multiplient ordinairement par boutures que l'on fait au commencement de l'automne, de préférence avec des sommités de rameaux. La longueur à donner aux boutures dépend beaucoup de la nature des plantes que l'on désire multiplier ; en général, celles de longueur moyenne, munies d'environ trois nœuds, ni trop herbacées ni trop longues, sont les meilleures. On donne ordinairement environ 20 cent. de longueur aux boutures ligneuses, mais il faut naturellement tenir compte de la longueur des entre-nœuds ; toutefois, les boutures de certains arbustes, comme la Vigne, s'enracinent parfaitement avec deux yeux seulement. La pratique seule peut enseigner la meilleure époque, la meilleure manière et le meilleur endroit pour pratiquer ce genre de multiplication, car presque chaque espèce a ses aptitudes particulières, et il convient aussi de tenir compte du climat et des moyens dont on dispose. Au printemps et en été, il est toujours utile de protéger les boutures tant qu'elles ne sont pas enracinées.

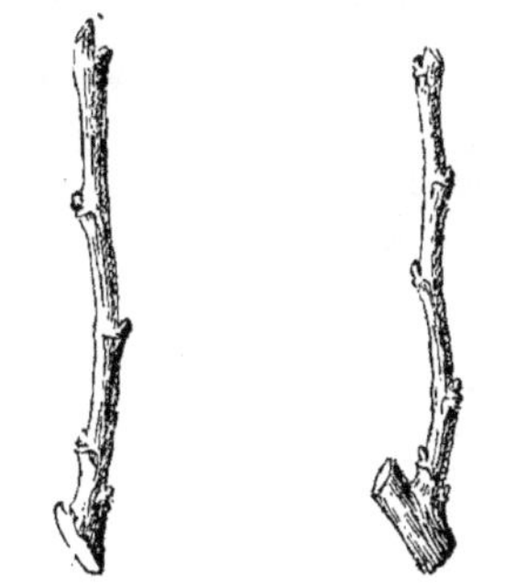

Fig. 175. — Vigne

Boutures a crossette. — La bouture à crossette est munie à sa base d'une partie, longue de quelques centimètres, du rameau qui lui a donné naissance ; son nom lui vient de la sorte de petite crosse que forme cette partie du bois de deux ans sur laquelle a lieu le développement des racines. On emploie ce genre de bouture pour la multiplication de la Vigne, du Groseiller, du Cognassier, etc. (S. M.)

Boutures a talon. — C'est une bouture herbacée ou ligneuse, munie de son empatement, c'est-à-dire de la partie renflée du vieux bois sur lequel le rameau a pris naissance. L'enlèvement doit se faire à l'aide d'un outil bien tranchant, en commençant un peu au-dessous du point d'insertion. Il faut opérer avec habileté, de façon à ne prendre qu'une mince tranche du vieux bois et à obtenir une coupe bien nette. Ce genre de bouture est recommandable pour la plupart des végétaux, car l'enracinement a lieu avec une facilité d'autant plus grande qu'en cet endroit se trouve un amas de tissus fibro-celluleux formant un bourrelet naturel. Certaines plantes refusent même de s'enraciner en boutures simples, alors qu'elles reprennent avec talon. (S. M.)

Fig. 476. — Bouture de feuille de Begonia Rex. (*Rev. Hort.*)

Boutures de feuilles. — Quelques plantes peuvent se propager à l'aide de leurs feuilles munies d'un bourgeon à la base du pétiole ; pour d'autres, comme les *Gloxinia*, il suffit d'enfoncer le pétiole dans un godet ; il se développe alors un gros bourrelet formant un bulbe l'année suivante. Pour les *Begonia* à feuillage et quelques autres plantes, il suffit d'appliquer les feuilles sur le sol et de trancher les grosses nervures en différents endroits, pour y voir se développer un certain nombre de bourgeons qui forment bientôt de jeunes plantes. Les *Sedum*, *Cotyledon*, *Echeveria* et plusieurs autres plantes grasses se propagent aussi facilement par feuilles plantées dans du sable.

Fig. 477. — Bouture de feuille de Bryophyllum. (*Rev. Hort.*)

Boutures de racines. — Les racines de certaines plantes coupées en tronçons que l'on place horizontalement en terre, possèdent la faculté d'émettre des bourgeons qui forment bientôt de jeunes plantes. C'est un procédé rapide et facile que l'on met en pratique pour plusieurs plantes, entre autres les *Clerodendron*, certains *Dracæna*, le *Paulownia imperialis*, etc.

Pour de plus amples renseignements, sur les boutures, V. aussi **Multiplication**.

BOUVARDIA, Salisb. (dédié à Charles Bouvard, médecin de Louis XIII et surintendant du jardin du Roi à Paris, en 1628). Syn. *Æginetia*, Cav. Fam. *Rubiacées*. — Genre comprenant environ vingt-six espèces d'herbes ou arbrisseaux de serre froide ou tempérée, à feuilles persistantes, presque tous originaires du Mexique. Pédoncules terminaux, triflores ou trichotomes et formant alors un corymbe. Corolle tubuleuse, allongée, infundibuliforme, couverte à l'extérieur de papilles veloutées ; limbe court, à quatre segments étalés. Feuilles opposées ou verticillées, pourvues de stipules étroites, aiguës, adnées au pétiole.

Les *Bouvardia* sont aujourd'hui beaucoup cultivés et comptent parmi les meilleures plantes pour l'ornement des serres ; leurs fleurs sont fréquemment employées pour la confection des bouquets. Les *B. jasminiflora* et *B. Humboldti* sont probablement les seuls odorants.

Culture. — Si on commence avec de jeunes boutures enracinées, il faut les rempoter dans un compost de bonne terre franche fibreuse, de terreau et de sable en proportions égales ; on peut y ajouter un peu de terre de bruyère. Après cette opération, on les place près du verre, dans une serre dont la température sera maintenue entre 20 et 25 deg. jusqu'à ce que les plantes soient bien reprises. A cette époque, il est nécessaire de les pincer au-dessus des premières feuilles et d'opérer de même sur les jeunes pousses pendant un certain temps afin d'obtenir des plantes trapues et ramifiées. Beaucoup d'horticulteurs ne les pincent pas assez ; il en résulte alors des plantes mal faites et peu florifères. On peut naturellement régler la durée des pincements selon l'époque à laquelle on désire faire fleurir les plantes, mais en général il faut les cesser vers la fin d'août. Lorsque les plantes ont garni leurs godets de racines, on les rempote dans les pots où ils doivent fleurir ; ceux de 10 cent. de diamètre sont généralement suffisants ; on emploie le même compost, auquel on peut ajouter un peu d'engrais chimique et on draine convenablement. On tient ensuite les pots sur un fond humide, dans une serre froide pendant une partie du printemps et de l'été, en ayant soin de maintenir l'atmosphère constamment humide, afin d'atténuer les ravages de la *grise* qui recherche le feuillage et le détériore.

Lorsqu'on peut disposer d'une bâche froide ou d'un châssis fermé, cela est préférable en tous points, car il est alors plus facile de maintenir une atmosphère humide. On doit aérer pendant la plus grande partie du jour en soulevant les châssis, on pourra même les enlever complètement pendant les belles nuits et on fera bien d'ombrer pendant les heures les plus chaudes de la journée, toutes les fois que le soleil sera un peu vif. Pendant toute la période de végétation active, il est absolument nécessaire d'arroser abondamment les plantes, sous peine de les voir dépérir, et, lorsque les pots seront bien garnis de racines, on pourra ajouter un peu d'engrais à l'eau des arrosements. Plusieurs horticulteurs placent les *Bouvardia* en pleine terre à la fin de juin, à bonne exposition ou sur de vieilles couches, en les pinçant et en les arrosant soigneusement ; ils en obtiennent ainsi de beaux spécimens. Ces plantes sont ensuite relevées au commencement de l'automne avec une bonne motte, rempotées, puis tenues à l'ombre pendant quelques jours jusqu'à ce qu'elles soient bien reprises ; après quoi on les porte dans l'endroit qu'elles doivent occuper pendant l'hiver ; ainsi traitées, elles donnent paraît-il, une floraison très abondante. On voit également des *Bouvardia* rester en permanence en pleine terre, dans des bâches à l'intérieur desquelles la température hivernale ne descend pas au-dessous de 12 deg. et donner dans ces conditions une très grande quantité de fleurs; naturellement, il est essentiel, pour ce dernier mode de culture, de laisser les plantes se reposer et s'endurcir après la floraison, de les pincer soigneusement et de les arroser dès qu'elles commencent à entrer de nouveau en végétation. Les *Bouvardia* sont sujets aux attaques de la *grise* et des pucerons. Le premier de ces insectes n'a que peu de chances de se propager si les plantes sont constamment tenues dans un milieu humide; quant au second, on s'en débarrasse aisément par les fumigations de tabac. La cochenille est également nuisible et doit être combattue à l'aide d'insecticides.

Les *Bouvardia* se multiplient par boutures que l'on obtient de la façon suivante : Après la floraison et un léger intervalle de repos, on rabat les vieux pieds que l'on place dans une serre à multiplication ou dans une bâche chauffée, en les seringuant copieusement afin de les aider à bourgeonner et produire une grande quantité de boutures. Lorsque les jeunes pousses ont atteint 4 à 5 cent. de longueur, elles sont dans les meilleures conditions pour le bouturage et on peut alors les couper sans qu'il soit nécessaire de les tailler au-dessous d'un nœud. En effet, ces plantes développant des racines sur toute la longueur des entre-nœuds, il est beaucoup plus sage, quand on désire les propager en quantité, d'opérer la section au-dessus d'un nœud, car on conserve ainsi sur le pied mère deux yeux qui produisent de nouvelles pousses que l'on enlève à leur tour. On repique ces boutures dans des pots d'environ 12 cent. de diamètre, bien drainés et remplis d'un mélange, en parties égales, de bonne terre franche fibreuse, de terreau de feuilles et de gros sable, et recouvert d'une bonne couche de sable. On arrose ensuite copieusement, en ayant soin de ne pas mouiller le feuillage qui, sans cette précaution, serait endommagé. On plonge ensuite les pots dans un châssis à multiplication ou dans une couche pouvant donner une chaleur de fond d'environ 20 à 25 degrés et on les couvre enfin de cloches. Il ne reste plus qu'à entretenir l'humidité et à abriter les boutures des rayons du soleil jusqu'à la reprise qui, en général, a lieu au bout de trois semaines. Quand les boutures sont bien enracinées, on peut les retirer des châssis, les habituer graduellement à la température extérieure et finalement les rempoter dans des godets.

B. angustifolia, Humb., Bonpl. et Kunth. * *Fl.* rouge pâle, disposées en corymbes sub-trichotomes. Septembre. *Flles* verticillées par trois, lancéolées, enroulées sur les bords, glabres en dessus, mais finement poilues en dessous. Branches arrondies, presque glabres. *Haut.* 60 cent. Mexique, 1838. (P. M. B. 7, 99; F. d. S. 9, 904.)

B. Cavanillesii, DC. *Fl.* rouges; pédoncules terminaux, trifides, triflores. Mai. *Flles* opposées, ovales, lancéolées, acuminées, presque velues en dessous. *Haut.* 45 cent. Mexique, 1846. Syn. *B. multiflora*, Schult. (J. H. S. 3, 246.)

B. flava, Dcne. * *Fl.* jaunes, pendantes; grappes à trois ou cinq fleurs; pédicelles duveteux, grêles. Mars. *Flles* opposées, ovales-lancéolées, ciliées; stipules sétacées. *Haut.* 45 cent. Mexique, 1845. (B. R. 32, 32; F. d. S. 1, 38.)

B. hirtella, Humb. Bonpl. et Kunth. *Fl.* rouge pâle ou couleur chair, disposées en corymbes. *Flles* verticillées, lancéolées, révolutées sur les bords, velues sur les deux faces. Branches arrondies. Mexique.

B. Humboldti corymbiflora, — * *Fl.* blanches, grandes, odorantes, longuement tubuleuses et disposées en grappes terminales. Été jusqu'en hiver. *Flles* ovales, oblongues, acuminées, vert foncé, 1874. — Une des plus belles espèces, très cultivée pour la fleur coupée et l'approvisionnement des marchés. (G. C. 1873, 717.)

B. Jacquini, Humb. Bonpl. et Kunth. Syn. de *B. triphylla*, Salisb.

B. jasminiflora, — * *Fl.* blanches, odorantes, disposées en cymes compactes; très multiflores. Hiver: *Flles* opposées, elliptiques, acuminées. Amérique du Sud, 1869. Charmante espèce à végétation vigoureuse. (G. C. 1872, 215.)

Fig. 478. — BOUVARDIA LEIANTHA. (*Rev. Hort.*)

B. leiantha, Benth. * *Fl.* écarlates, disposées en corymbes sub-trichotomes. Juillet-novembre. *Flles* ternées, ovales, acuminées, légèrement velues en dessus, velues-duveteuses en dessous. *Haut.* 60 cent. Mexique, 1850. (L. J. F. 139; B. H. 2, 6.)

B. longiflora, Humb., Bonpl. et Kunth. * *Fl.* blanches, terminales, solitaires, sessiles, à tube de 5 à 8 cent. de long. *Flles* opposées, oblongues, aiguës, cunéiformes à la base, glabres. Branches comprimées, tétragones, glabres. *Haut.* 60 cent. à 1 m. Mexique, 1827. (B. M. 4223; F. d. S. 2, 59.)

B. multiflora, Schult. Syn. de *B. Cavanillesii*, DC.

B. scabra, — *Fl.* rose vif, de 12 mm. de diamètre, en cymes corymbiformes, très nombreuses; corolle à tube de 2 1/2 à 3 cent. de long; lobes elliptiques, ovales, subaigus. Janvier. *Flles* disposées par trois ou rarement quatre, en verticilles espacés; ovales, acuminées, rétrécies en pétiole très court; les inférieures de 5 à 8 cent. de long et 2 1/2 à 4 cent. de large; les supérieures graduellement réduites. Tiges arrondies, herbacées, velues. *Haut.* 30 à 45 cent.

B. triphylla, Salisb. * *Fl.* écarlates, de près de 2 cent. 1/2 de long, disposées en corymbes un peu trichotomes. Juillet. *Flles* glabres en dessus, velues en dessous, oblongues, verticillées par trois. Rameaux trigones, velus.

Haut. 60 cent. à 1 m. Mexique, 1794. Il existe de nombreuses variétés. Syn. *B. Jacquini*, Humb., Bonpl. et Kunth. (B. R. 2, 107; B. M. 1854.)

B. versicolor, Ker. *Fl.* à tube de la corolle écarlate, de 18 mm. de long; limbe jaunâtre à l'intérieur; corymbes triflores, pendants. Juillet-septembre. *Flles* opposées, lancéolées, ciliées. Branches arrondies, glabres, veloutées à l'état juvénile. *Haut.* 60 cent. à 1 m. Amérique du Sud, 1814. (B. R. 245.)

Variétés hybrides. — Ces jolies plantes sont de plus en plus recherchées; leur mérite de fleurir à la fin de l'automne et pendant une grande partie de l'hiver les fait beaucoup estimer pour l'ornement des serres, la confection des bouquets de choix, les garnitures de tables, etc. Les variétés suivantes sont des plus recommandables :

Fig. 479. — Bowenia spectabilis. (*Rev. Hort.*)

Alfred Neuner, *fl.* doubles, blanches ou légèrement teintées de rose; *Brillant*, *fl.* carmin vif, très nombreuses, plante rameuse, trapue; *Candidissima*, blanc pur; *Dazzler*, * *fl.* rouge écarlate, en bouquets denses, plante très rameuse, compacte, extrêmement florifère; *Hogarth*, * *fl.* doubles, écarlate brillant, très beau (R. G. 1247; R. H. B. 1886, p. 1); *Intermedia*, saumon rosé; *longiflora flammea*, * *fl.* longuement tubuleuses, rose tendre; *Maiden's Blush*, * *fl.* rose tendre, vigoureux et très florifère; *Président Garfield*, *fl.* bien doubles, d'un beau rouge clair; *Président Cleveland*, * *fl.* rouge cramoisi très foncé, longuement tubuleuses, en ombelles denses, très nombreuses, excellente variété américaine (R. H. B. 1889, p. 13, 1; Gn. 1889, 1, 694); *Sang Lorrain*, *fl.* doubles, rouge vermillon (R. H. B. 1886, p. 1); *Reine des roses*, *fl.* rose clair, à tube teinté de carmin; *umbellata alba*, *fl.* blanches; *Vreelandi* (*Davidsoni*), *fl.* blanc pur, très abondantes, variété des plus recommandables, très cultivée; *Victor Lemoine*, *fl.* très doubles, rouge écarlate vif.

BOWENIA, Hook. (dédié à Sir G. Bowen, gouverneur de Queensland). Fam. *Cycadées*. — Genre monotypique dont l'espèce connue est une jolie plante de serre tempérée, à port de Fougère, très voisine des *Zamia* dont elle se distingue par ses folioles décurrentes sur le pétiole et non articulées comme celles de ces plantes. Pour sa culture, V. **Cycas**.

B. spectabilis, Hook.* *Fl.* mâles réunies en cônes petits, ovoïdes, de 12 à 18 mm. de long; cônes femelles oblongs, globuleux, de 9 cent. de long. *Flles* bipinnatiséquées, à pétiole grêle, allongé; folioles lancéolées, falciformes, décurrentes; tige courte, épaisse, cylindrique. Queensland; Australie, 1863. (B. M. 5398 et 6008.)

BRABEIUM, Linn. (de *brabeion* sceptre; allusion à la forme de l'inflorescence). Syn. *Brabyla*, Linn. Angl. African Almond. Fam. *Protéacées* — Genre monotypique dont l'espèce connue est un arbre ornemental, de serre froide. Pour sa culture, etc., V. **Banksia**.

B. stellatifolium, Linn. *Fl.* blanches, odorantes, disposées en élégantes grappes spiciformes, axillaires. Août. *Flles* verticillées, simples, dentées. *Haut.* 5 m. Cap, 1731. Syn. *Brabyla capensis*, Linn.

B. s. serrulata, — * Diffère du type par le bord de ses feuilles distinctement denté ou serrulé. Rockingham Bay; Australie, 1863.

BRABYLA capensis, Linn. — V. **Brabeium stellatifolium**, Linn.

BRACHYACHIRIS, Spreng. — V. **Gutierrezia**, Lag.

BRACHYCHITON, Schott. (de *brachys*, court, et *chiton*, cote de maille; ces plantes sont couvertes de poils et d'écailles imbriquées). Fam. *Sterculiacées*. — Genre comprenant quelques espèces d'arbres ou d'arbustes originaires de l'Australie tropicale ou sub-tropicale, réunis par Bentham et Hooker et d'autres auteurs, aux *Sterculia* dont ils ne diffèrent que par quelques caractères secondaires. On les cultive avec facilité dans une bonne terre franche, en orangerie sous le climat de Paris, mais en plein air en Provence. Multiplication par boutures herbacées, que l'on fait en terre siliceuse et à chaud.

B. acerifolium, — *Fl.* rouge vif. *Flles* longuement pétiolées, persistantes, à cinq ou sept lobes profonds. *Haut.* 15 à 35 m. Australie.

B. Bidwilli. — V. *Sterculia Bidwilli*, son nom correct.

B. diversifolium. — V. *Sterculia diversifolia*, son nom correct.

B. populneum, — *Fl.* blanches, réunies en corymbe bifide, terminal, à pédoncule à peine plus long que le pétiole. Juin. *Flles* cordiformes, acuminées, lisses, entières, un peu dentées en scie. *Haut.* 3 à 6 m. Ile Bourbon, 1820. Syn. *Assonia populnea*, Cav.

BRACHYCOME, Cass. (de *brachys*, court, et *kome*, chevelure; allusion à la brièveté des aigrettes des graines). Angl. Swan River Daisy. Fam. *Composées*. — Genre comprenant quarante-cinq espèces originaires de l'Australie, dont trois de la Nouvelle-Zélande et une de l'Afrique tropicale. Ce sont de jolies petites plantes demi-rustiques, annuelles ou vivaces, très voisines des *Bellis* par la structure des capitules, mais non par leur port. Bractées de l'involucre membraneuses sur les bords; réceptacle nu, alvéolé. Fruit comprimé, surmonté d'une aigrette de grosses soies très courtes. Le *B. iberidifolia* est une de nos plus jolies plantes annuelles, excessivement florifère et précieuse pour border les massifs et les plates-bandes. On peut aussi en former des tapis d'une grande beauté et en cultiver en pots un certain nombre de pieds en vue de l'ornement des serres, à l'automne. Les graines se sèment : 1° en septembre, on repique les plants par quatre ou cinq en pots que l'on hiverne sous châssis ; 2° en mars, on repique sur couche et on met en place en mai ; 3° en mai-juin en place, à la volée ou en lignes ; on peut aussi en rempoter quelques plants pour l'usage dont il est question ci-dessus.

Fig. 180. — BRACHYCOME IBERIDIFOLIA.

B. iberidifolia, Benth. *Capitules* blanc pur, bleu intense ou pourpre selon la variété, de 20 à 25 mm. de diamètre, à disque noir, pédonculés, solitaires, terminaux, très nombreux. Eté et automne. *Flles* découpées en lanières linéaires. Plante dressée, touffue, très rameuse, glabre. *Haut.* 30 cent. Rivière des Cygnes ; Australie, 1843. (B. M. 3876 ; B. H. 1, 11 ; B. R. 27, 9 ; A. V. F. 1.)

BRACHYLÆNA, R. Br. (de *brachys*, court, et *læna*, manteau ou couverture ; allusion à la brièveté de l'involucre). SYN. *Oligocarpha*, Cass. FAM. *Composées*. — Genre comprenant six espèces d'arbustes toujours verts, de serre tempérée, voisins des *Baccharis* et habitant l'Afrique australe. On les cultive dans un compost de terre de bruyère et de terre franche. Multiplication par boutures de bois à moitié mûr que l'on plante dans des pots bien drainés, remplis de terre siliceuse et que l'on place ensuite sous cloches.

B. dentata, DC. *Capitules* jaunes. *Flles* lancéolées, aiguës, entières, pubescentes et roussâtres en dessous lorsqu'elles sont jeunes, très glabres à l'état adulte. Afrique australe.

B. nerifolia, R. Br.' *Capitules* jaunes, disposés en grappes ou panicules rameuses. Août-novembre. *Flles* lancéolées, dentées en scie, avec une ou deux dents proéminentes. *Haut.* 60 cent. Cap, 1752.

BRACHYLOMA, Hanst. Réunis aux **Isoloma**, Benth.

BRACHYOTUM, Triana. (de *brachys*, court, et *otos*, oreille ; allusion aux courts appendices de la base des anthères). SYN. *Artrostemma*, DC. FAM. *Mélastomacées*. — Genre comprenant trente-deux espèces originaires de la Nouvelle-Grenade, du Pérou et de la Bolivie. Ce sont des arbustes de serre tempérée, rigides, rudes ou plus rarement glabres, à feuilles persistantes, petites, coriaces, ovales ou oblongues, souvent révolutées sur les bords. Fleurs solitaires, géminées ou ternées au sommet des rameaux. Pour leur culture, etc., V. **Pleroma.**

B. confertum. — ' *Fl.* purpurines, terminales, penchées, pourvues de bractées jaune crème. Novembre. *Flles* oblongues ou ovales, petites, trinervées, couvertes de poils apprimés. Andes du Pérou, 1873. (B. M. 6018.)

BRACHYRHYNCHOS, Less. — V. **Senecio**, Linn.

BRACHYRHYNCHOS albicaulis. — V. **Senecio diversifolius pinnatifidus.**

BRACHYRIS, Nutt. — V. **Gutterrezia**, Lag.

BRACHYSEMA, R. Br. (de *brachys*, court, et *sema*, étendard ; allusion à la brièveté de l'étendard). FAM. *Légumineuses*. — Genre comprenant quatorze espèces de jolis arbrisseaux toujours verts, de serre froide, originaires de l'Australie occidentale et tropicale. Fleurs en grappes pauciflores, axillaires et terminales ; calice à cinq lobes presque égaux ; étendard très petit ; carène souvent plus large et plus longue que les ailes ; gousse ovale, allongée, coriace, polysperme. Feuilles simples, alternes, ovales, entières, mucronées, soyeuses sur la face inférieure, stipulées, quelquefois réduites à de petites écailles. Les *Brachysema* se plaisent dans un compost de terre de bruyère, de terreau de feuilles et de terre franche que l'on rend au besoin poreux par l'addition de sable. On les multiplie par boutures de bois à moitié mûr que l'on fait en été, en terre siliceuse, sous cloches et à chaud, ainsi que par marcottes. On peut aussi les propager par graines que l'on sème au printemps, sur couche ou en serre. Il leur faut un bon drainage, soit qu'on les cultive en pots, soit qu'on les plante en pleine terre, dans les serres. Le *B. latifolium* réussit mieux en pleine terre, il forme une excellente plante grimpante pour garnir les piliers ou la charpente des serres.

B. lanceolatum, Meisn. *Fl.* d'un beau rouge écarlate, à étendard blanc sur les bords, rouge sur le disque, avec une large macule jaune au centre ; ayant environ 2 cent. 1/2 de long et disposées en grappes axillaires un peu rameuses. *Flles* opposées, rarement alternes, ovales ou ovales-lancéolées, entières, blanches et soyeuses en dessous. *Haut.* 1 m. Rivière des Cygnes ; Australie, 1848. (B. M. 4652 ; L. J. F. 3, 301.)

B. latifolium, R. Br.' *Fl.* rouge écarlate carminé, grandes, à étendard oblong-ovale. Avril. *Flles* ovales, planes, soyeuses en dessous. Australie, 1803. Bel arbuste sarmenteux. (B. R. 118 ; B. M. 2008.)

B. melanopetalum, — Syn. de *B. undulatum*, Ker.

B. undulatum, Ker.' *Fl.* marron violet foncé, solitaires ou géminées, à étendard oblong, cordiforme, convoluté et obtus au sommet. Mars. *Flles* oblongues, ovales, mucronées, ondulées. Nouvelle-Galles du Sud, 1820. Arbuste élevé, sub-volubile. (B. R. 13, 1113 ; L. B. C. 778.) Syn. *B. melanopetalum*.

BRACHYSPATHA, Schott. — Réunis aux **Amorphophallus**, Blume.

BRACHYSTELMA, R. Br. (de *brachys*, court, et *stelma*, couronne ; allusion à la courte coronule des fleurs). FAM. *Asclépiadées*. — Genre comprenant environ vingt espèces de curieuses petites plantes suffrutescentes, à racines tuberculeuses et comestibles, grimpantes, vivaces, de serre tempérée, habitant l'Afrique australe et tropicale. Corolle campanulée, à sinus anguleux ; coronule simple, à cinq divisions trilobées et à lobes opposés aux étamines, simples sur le dos. Feuilles opposées, membraneuses, velues. Il leur faut une bonne terre franche, fibreuse. Multiplication par boutures que l'on fait dans du sable et à chaud, ainsi que par division des touffes.

B. Arnotti, — *Fl.* vert et brun. *Flles* disposées par paires opposées, presque sessiles, crispées, ovales, vert foncé en dessus, grises et fortement pubescentes en dessous. *Haut.* 10 cent. Sud de l'Afrique, 1868. (Ref. B. 226.)

B. Barberæ, — *Fl.* pourpre terne, oculées de jaune.

sition entre les feuilles normales et les vraies bractées. (S. M.)

BRACTÉES, Angl. Bracts. — Les bractées sont des feuilles qui, modifiées dans leur forme, leur dimension et souvent leur couleur, accompagnent les inflorescences et les fleurs elles-mêmes; elles sont souvent placées sous le calice, sur le pédicelle sur le rachis ou sur la hampe. D'ordinaire, les bractées sont d'autant plus réduites qu'elles sont situées plus près du sommet de l'inflorescence. (S. M.)

Fig. 181. — Brahea nitida. (*Rev. Hort.*)

Août. *Flles* grandes, linéaires, oblongues, aiguës. *Haut.* 15 cent. Sud de l'Afrique, 1866. (B. M. 5607.)

F **B. ovata**, — *Fl.* vert jaunâtre. *Flles* ovales, courtement pétiolées, pubescentes. *Haut.* 30 cent. Sud de l'Afrique, 1872. (Ref. B. 226.)

B. spathulatum, — *Fl.* vertes. Juin. *Flles* spatulées, oblongues, velues. *Haut.* 30 cent. Cap, 1826. (B. R. 1113.)

B. tuberosum, R. Br. *Fl.* purpurines. Juin. *Flles* linéaires-lancéolées, ciliées. *Haut.* 45 cent. Cap, 1821. (B. M. 2345; F. d. S. 4, 340.)

BRACTÉAL. — Qui est de la nature des bractées. On nomme *feuilles bractéales* celles qui, placées au-dessous des bractées sont déjà modifiées et forment une tran-

BRACTÉIFORME. — Organe qui a la forme ou l'aspect d'une bractée.

BRACTÉOLE. — Nom donné aux petites bractées que portent les pédicelles ou les dernières divisions d'une inflorescence, telles que les folioles qui constituent les involucelles. (S. M.)

BRACTÉOLÉ. Angl. *Bracteolate.* — Qui est muni de bractéoles.

BRADLEIA, Gærtn. Réunis aux **Phyllanthus**, Linn.

BRAHEA, Mart. (dédié à Tycho-Brahe, célèbre astronome). Fam. *Palmiers.* — Des quatre espèces connues, une est originaire du Texas mexicain et des montagnes du Texas ; les autres habitent le Mexique et les Andes. Ce sont de petits Palmiers de serre tempérée, à feuilles en éventail, palmatifides. Fleurs hermaphrodites, verdâtres. Baie à trois loges ou une seule par avortement. On cultive les *Brahea* dans un compost de terre franche fibreuse et de terre de bruyère, auquel on peut ajouter une certaine quantité de sable de rivière. Un bon drainage et de copieux arrosements sont absolument nécessaires. Leur multiplication a lieu par semis. Pendant l'été, on peut les cultiver en serre froide et les employer aux garnitures pittoresques.

B. dulcis, Mart.* *Flles* presque circulaires, vert gai et brillant; pétioles couverts d'un tomentum laineux, armés sur les angles de petites épines rapprochées, et entourés à la base d'un tissu de fibres brunes, entre-croisées. Tronc fort. Mexique, 1865. Espèce rare, à végétation lente. (J. H. 1863, 379.)

B. edulis. — V. *Erythea edulis.*

B. filamentosa. — V. *Washingtonia filifera.*

B. nitida, Ed. André. *Fl.* à spadice très grand, glabre et très rameux. *Fr.* noirs, de la grosseur d'un pois. *Flles* en éventail, palmatifides, vert glauque. Mexique, 1887. (R. H. 1887, p. 344, f. 67-70 ; Gn. 1889, part. 1, p. 285.)

B. Rœzlii. — V. *Erythea armata.*

BRAINEA, J. Smith. (dédié à C. J. Braine, de Hong-Kong, Chine). Fam. *Fougères.* — Genre ne comprenant qu'une espèce originaire de la Chine orientale. C'est une belle et intéressante Fougère arborescente, de serre tempérée, à port de *Blechnum.* Sores nus, confluents sur les nervures arquées, près de la nervure médiane, ainsi que sur celles se dirigeant vers le bord des frondes. On cultive le *B. insignis* dans un mélange composé en parties égales de terre franche et de terre de bruyère, auquel on ajoute un peu de sable grossier, avec un bon drainage.

B. insignis, Hook. *Tronc* de 8 à 10 cent. d'épaisseur, à écailles linéaires, de près de 2 cent. 1/2 de long. *Rachis* ferme, de 8 à 10 cent. de long, seulement écailleux à la base. *Frondes* de 60 cent. à 1 m. de long et 20 à 30 cent. de large, simplement pinnées ; pinnules rapprochées, nombreuses, linéaires, finement dentées. Hong-Kong, 1856.

BRANC-URSINE. — V. **Acanthus mollis.**

BRANCHE. — Ramification ligneuse, née sur la tige d'un arbre ou sur une autre branche. La branche est formée des mêmes éléments anatomiques que la tige ; elle porte les mêmes organes.

Selon qu'elles se développent directement sur le tronc ou qu'elles naissent les unes des autres, les branches sont appelées de *première*, de *seconde*, de *troisième génération*, etc.

Sous le nom général de *branches charpentières*, on désigne les premières ramifications des arbres formés qui, dirigées selon certaines lignes, représentent la charpente, ou ensemble de la forme. Les branches charpentières ont ceci de particulier que leur direction est définie et que leur longueur ne peut être déterminée à l'avance d'une manière précise.

Les *branches fruitières* sont ces ramifications courtes, qui, sur les arbres soumis à la taille, sont destinées à produire directement le fruit. La longueur des branches fruitières est limitée ; leur direction n'est pas toujours définie. Ces caractères permettent de les distinguer des branches charpentières sur lesquelles elles prennent naissance.

Les branches fruitières peuvent être stériles passagèrement, comme les arbres eux-mêmes ; on dit alors qu'elles sont *à bois*. Quand elles portent des boutons floraux, on dit, par anticipation, qu'elles sont *à fruits*. On distingue encore différentes sortes de branches en arboriculture fruitière, surtout les deux suivantes :

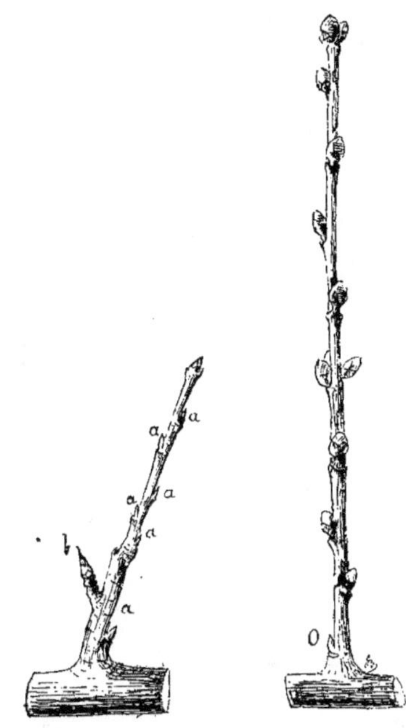

Fig. 482. — Branche coursonne stérile de Poirier.

Fig. 483. — Branche chiffonne de Pêcher.

Branche coursonne. — Partie âgée de la branche fruitière ; elle est insérée directement sur la branche charpentière des arbres formés et porte à son autre extrémité une pousse jeune, fertile. La branche coursonne ou coursonne existe très distinctement sur la Vigne et le Pêcher.

Branche chiffonne. — Nom donné à une ramification grêle, chétive et maigre, particulière au Pêcher ; elle est garnie de boutons à fruits d'une extrémité à l'autre et porte bien rarement un œil à bois à sa base.

(G. B.)

BRASSAVOLA, R. Br. (dédié à A. M. Brassavola, botaniste vénitien). Fam. *Orchidées.* — Genre comprenant environ vingt espèces originaires de l'Amérique tropicale, depuis le Brésil jusqu'au Mexique, et des Indes occidentales. Plusieurs espèces autrefois comprises dans ce genre sont maintenant réunies aux *Lælia.* Ce sont de jolies Orchidées épiphytes, exigeant la serre tempérée. Fleurs grandes, à sépales et pétales verdâtres, ordinairement étroits ; labelle blanc, quelquefois grand ; colonne munie sur le devant de deux grandes auricules falciformes, et portant huit masses polliniques. Feuilles solitaires, charnues. Les *Brassavola* se cultivent avec facilité sur des bûches entourées d'un peu de mousse et que l'on suspend à la charpente des serres. Les arrosements doivent être très copieux pendant la période de végétation et superficiels lorsque cette époque est passée. Les espèces suivantes sont les plus méritantes :

B. acaulis, Lindl. *Fl.* grandes, sépales et pétales allongés, étroits, verdâtres et blanc crème ; labelle grand, cordiforme, blanc pur ; base du tube maculé de rose sombre. Septembre. *Flles* très étroites, jonciformes. *Haut.* 10 cent. Amérique centrale, 1851. (P. F. G. II, 152.)

B. Digbyana, Lindl. — V. *Lælia Dygbyana*, son nom correct.

B. elegans. Hook. — V. *Tetramicra rigida*, Linn.

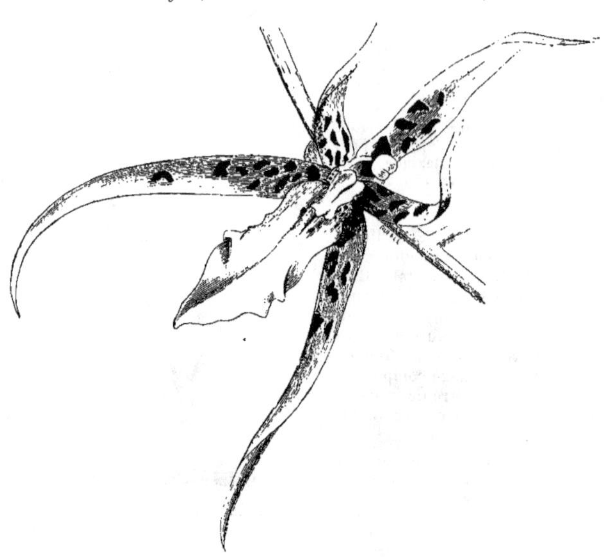

Fig. 484. — Brassia Lanceana.

B. Gibbsiana, —* *Fl.* blanches, maculées de brun chocolat, grandes, disposées par trois sur chaque épi. *Flles* assez larges et très épaisses. Cette espèce rare, dressée, doit être cultivée en pots, dans de la terre de bruyère et du sphagnum.

B. glauca, Lindl. — V. *Lælia glauca.*

B. lineata, Hook.* *Fl.* grandes, très odorantes ; sépales et pétales blanc crème ; labelle grand, blanc pur. *Flles* allongées, arrondies, canaliculées en dessus, graduellement rétrécies en pointe, vert très foncé. Amérique du Sud, 1850. (B. M. 4734.)

B. venosa, Lindl.* *Fl.* petites, compactes, sépales et pétales blanc crème ; labelle blanc, fortement veiné. Jolie espèce très florifère. Honduras, 1830. (B. R. 26, 39 ; B. M. 4021.)

BRASENIA, Schreb. Syn. *Hydropeltis*, Michx. Fam. *Nymphéacées.* — Genre monotypique dont l'espèce connue est une jolie petite plante aquatique, presque rustique, qui habite les régions tempérées de l'Amérique septentrionale, de l'Afrique, de l'Asie et de l'Australie. Elle est très voisine des *Cabomba*, mais en diffère par ses étamines et ses carpelles en nombre indéfini et par ses feuilles toutes entières et peltées. On la cultive dans les bassins en plein air et on l'hiverne dans les aquariums de serre. Sa multiplication a lieu par séparation des rejets.

B. peltata, Pursh. *Fl.* pourpres, se fermant pendant la nuit et reposant sur la surface de l'eau ; pédoncules axillaires, uniflores. Été. *Flles* alternes, longuement pétiolées, ovales, peltées, entières, flottantes. Amérique du Nord, etc., 1798. (B. M. 1147.) Syn. *Hydropeltis purpurea*, Michx.

BRASSIA. R. Br. (dédié à William Brass, qui fut envoyé par Sir Joseph Banks sur les côtes du Cap comme botaniste collecteur, à la fin du siècle dernier). Fam. *Orchidées.* — Genre comprenant environ vingt espèces d'Orchidées de l'Amérique tropicale, très voisines des *Oncidium* et réunies à ce genre par Reichenbach. On peut cependant les distinguer par leur inflorescence simple, par leurs sépales allongés, caudiculés et par leur courte colonne entièrement dépourvue de lobes ou ailes latérales qui constituent un caractère distinctif des *Oncidium*. Plusieurs espèces ne sont pas suffisamment décoratives pour figurer dans les serres. On peut les cultiver en pots ou en paniers dont le drainage doit être parfait. Il leur faut une bonne terre de bruyère fibreuse, concassée en morceaux ayant à peu près la grosseur d'une noix. On les tient en serre chaude, dans la partie chaude d'une serre à *Cattleya* par exemple, et on les arrose copieusement pendant l'été. Pendant l'hiver, on les tient dans une serre relativement chaude et on les arrose suffisamment pour empêcher les bulbes de se rider. Il ne faut pas les laisser se sécher jusqu'à ce point car on peut considérer qu'une plante arrivée à cet état est à bout de résistance et bien compromise. Multiplication par division des touffes lorsque la végétation a commencé.

B. antherotes, — * *Fl.* de 18 cent. de diamètre d'une extrémité à l'autre des sépales ; ceux-ci ainsi que les pétales jaunes, brun noir à la base, étroits. de 3 mm. de large, effilés ; pétales de 4 cent. de long ; labelle triangulaire, jaune, rubané de brun ; épis compacts, d'environ 60 cent. de long. Amérique tropicale, 1879. (W. O. A. IV, 159.)

B. caudata, Lindl. * *Fl.* à sépales et pétales jaunes, striés de brun, de 10 à 15 cent. de long ; labelle large, jaune tacheté de brun verdâtre. Quand la plante est forte et vigoureuse, elle produit de nombreux épis pendants, multiflores, de 45 cent. de long. *Haut.* 30 cent. Antilles, 1823. (B. R. 832 ; B. M. 3451 : H. E. F. 179.)

B. c. hieroglyphica, Rchb. Variété à macules plus apparentes bizarrement contournées. (L. 76.)

B. cinnamomea, Lind. Syn. de *B. Keiliana*. Rchb. f.

B. elegantula, — *Fl.* petites, à sépales verts, barrés de brun, étalés ; labelle blanc, à deux carènes, velu à l'intérieur, ponctué de pourpre-brun sur la partie antérieure du callus ; grappes à deux-cinq fleurs. *Flles* et pseudobulbes glauques. Mexique, 1885. Espèce élégante.

B. Gireoudiana, Rchb. f. *Fl.* à sépales et pétales jaune tendre, tachetés et maculés de rouge foncé ; hampes portant de nombreuses et belles fleurs de forme singulière. Printemps et commencement de l'été. Cette espèce ressemble beaucoup au *B. Lanceana*, mais ses fleurs sont plus grandes. Costa-Rica. (R. X. O. 1, 32.)

B. Keiliana, Rchb. f. *Fl.* disposées en panicule lâche, multiflore ; sépales et pétales d'abord jaunes, passant à la fin au brun orangé : labelle blanchâtre : bractées naviculaires, plus longues que les ovaires. Nouvelle-Grenade. Espèce naine et compacte, à cultiver dans la serre aux *Cattleya*. (R. X. O. 1, 45 ; R. G. 1857, 190 ; 1862, 365.) Syns. *B. cinnamomea*, Lindl. et *Oncidium Keilianum*, Rchb. f.

B. K. tristis, Rchb. f. Variété à sépales et pétales brun ambré foncé et à labelle jaune citron, portant à la base une série de taches semi-circulaires. Venezuela et Colombie, 1888. (W. O. A. v. 8, 317.)

B. Lanceana, Lindl. * *Fl.* à sépales et pétales lancéolés, effilés, jaune tendre. maculés de brun ou quelquefois de rouge foncé : labelle entièrement jaune, légèrement maculé à la base, très ondulé ; délicieusement parfumées ; hampes radicales, multiflores. Dans l'espèce type, le labelle n'atteint guère plus de la moitié de la longueur des sépales. *Flles* d'un beau vert foncé. *Haut.* 20 cent. Surinam, 1843. (B. R. 1754 ; B. M. 3577, 3794.)

B. L. macrostachya, Lindl. * *Fl.* à sépales et pétales d'un beau jaune tendre, légèrement tachetés de brun comme dans le type ; sépales allongés en forme de queue atteignant quelquefois 12 cent. de long ; labelle entièrement jaune pâle. Demerara.

B. L. pumila, Lindl. *Fl.* à sépales jaune pâle, sans taches ni macules ; pétales de même nuance, teintés de pourpre près de la base ; labelle environ moitié moins long que les sépales, légèrement contracté au milieu, jaune, excepté à la base qui est jaune brun. Caracas.

B. Lawrenceana, Lindl. * *Fl.* grandes, odorantes ; sépales et pétales jaune tendre, maculés de vert et de cinabre ; labelle jaune nuancé de vert. Juin-août. *Haut.* 30 cent. Brésil, 1839. (B. R. 27, 18.)

B. L. longissima, — * *Fl.* à sépales jaune-orangé foncé, maculés et tachetés de rouge pourpre, principalement vers la base et allongés en forme de queue, atteignant chez les sujets vigoureux jusqu'à 18 cent. de long : pétales d'environ 6 cent. de long et 6 mm. de large à la base, maculés de la même façon que les sépales ; labelle d'environ 8 cent. de long, jaune pâle, pointillé et tacheté de pourpre vers la base. Août-septembre. Costa-Rica, 1868. Magnifique variété.

B. maculata, R. Br. * *Fl.* grandes, à sépales et pétales jaune pâle, irrégulièrement tachetés de brun ; sépales courts en comparaison de ceux des autres espèces ; labelle blanc, tacheté de brun et de pourpre vers le centre et au-dessous. Printemps et commencement de l'été. Jamaïque, 1806. (B. M. 1691.)

Fig. 185. — BRASSIA MACULATA.

B. m. guttata, Lindl. * *Fl.* disposées en épis de 60 cent. à 1 m. de long, sépales et pétales vert jaunâtre, tachetés de brun ; labelle large, jaune maculé de brun. Mai-août. Guatemala, 1842. Syn. *B. Wrayæ*, Hook. (B. M. 4003.)

B. m. major, — *Fl.* très nombreuses, à sépales et pétales jaune verdâtre, maculés de brun : labelle blanc, maculé de brun foncé. Jamaïque.

B. verrucosa, Batem. * *Fl.* grandes, à sépales et pétales verdâtres, maculés de pourpre noir ; labelle blanc, orné de petites protubérances ou verrues vertes, d'où son nom spécifique ; hampe multiflore. Mai-juin. Guatemala.

B. v. grandiflora, — *Fl.* deux fois plus grandes que celles de l'espèce type et d'une nuance plus claire. Cette variété est très rare et passe pour la plus remarquable du genre.

B. Wrayæ, Hook. Syn. de *B. maculata guttata*, Lindl.

BRASSICA, Linn. (ancien nom employé par Pline ; du celtique *Bresic*, signifiant *Chou*). **Chou**, Angl. Cabbage. Fam. *Crucifères*. — Les cent soixante espèces de ce genre qui ont été décrites peuvent se réduire à environ quatre-vingt-cinq ; elles sont originaires de l'Europe, de l'Afrique boréale et australe, de l'Asie, et certaines espèces sont cultivées dans presque tous les pays du monde. Ce sont des plantes herbacées, ordinairement bisannuelles, rarement annuelles, vivaces ou suffrutescentes, ordinairement munies d'une tige courte. Fleurs jaunes, rarement blanches, jamais purpurines ni striées ; pétales quatre ; étamines six dont deux plus courtes. Silique linéaire ou oblongue, à valves convexes et à une seule nervure dorsale. Feuilles radicales ordinairement pétiolées, lyrées ou pinnatifides ; les caulinaires sessiles ou embrassantes, entières ou légèrement dentées. Tige arrondie, rameuse à la floraison et formant une panicule composée d'épis simples, allongés, à pédicelles filiformes, dépourvus de bractées. Graines petites rondes, noires, oléagineuses. Chacun connaît l'usage et les services que rendent les Choux et les Navets; cultivés de temps immémorial, il en existe de nombreuses races

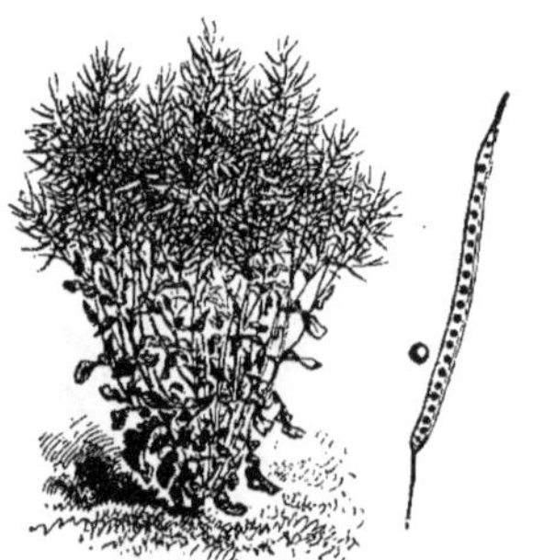

Fig. 486. — BRASSICA CAMPESTRIS OLEIFERA. — Colza.

bien fixées, très distinctes, d'un emploi souvent fort différent et dont quelques-unes comptent un grand

Fig. 487. — BRASSICA CAMPESTRIS NAPO-BRASSICA. Chou-navet blanc.

nombre de variétés. On en trouvera la description, la culture et d'autres renseignements aux articles **Chou** et **Navet**.

Fig. 488. — BRASSICA CHINENSIS. Chou de Chine. (Petsai.)

B. campestris, Linn. *Flles* un peu glauques, charnues. les radicales pétiolées, lyrées, dentées, sub-hispides lorsqu'elles sont jeunes; les caulinaires cordiformes, acuminées, amplexicaules. Europe; France, etc. (F. D. 550.)

B. c. oleifera, DC. Colza. — Racine fibreuse, non renflée. On distingue la race annuelle dite Colza d'été et la race bisannuelle, ou C. d'hiver.

Fig. 489. — BRASSICA OLERACEA ACEPHALA. — Chou vert.

B. c. Napo-brassica, DC. Chou-navet. — Racine renflée napiforme, ovoïde. Bisannuel.

B. chinensis, Linn. Chou de Shangton (Pe-tsai). Chou de Chine (Pak-choi). — Siliques plus courtes et plus renflées que celles des Choux d'Europe; graines rouge brun. *Flles* oblongues ou ovales, atténuées en en pétiole très blanc, renflé, charnu; limbe vert foncé, luisant, plan ou ondulé. Par son port, la plante rappelle une Poirée ou une Romaine.

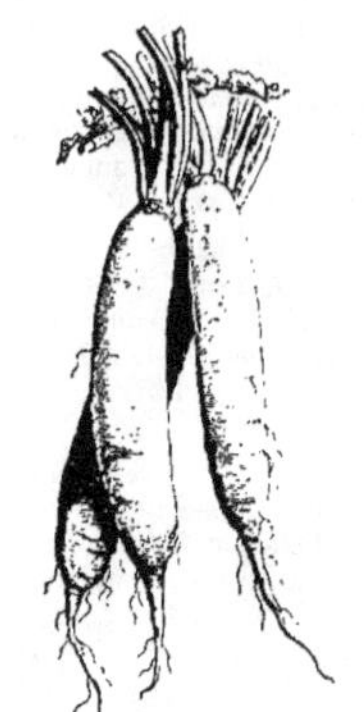

Fig. 490. — BRASSICA NAPUS. — Navet long.

B. Napus, Linn. Navet et Navette. — *Flles* glabres, très peu glauques; les radicales lyrées; les caulinaires pinnatifides, crénelées; les terminales lancéolées, cordiformes, amplexicaules; siliques divariquées. Europe; France, Angleterre, etc. — Espèce annuelle, à laquelle certains auteurs ont attribué l'origine des Navets fusiformes et de la Navette[1].

Fig. 491. — BRASSICA OLERACEA BOTRYTIS CAULIFLORA. Chou-fleur.

B. oleracea, Linn. Chou. ANGL. Cabbage. — *Fl.* jaune pâle, grandes. Mai-juin. *Flles* glauques, glabres, ondulées, lyrées, pruineuses, pétiolées ; tige cylindrique, charnue, non renflée. *Haut.* 60 cent. à 1 m. Europe ; France, Angleterre, etc., sur le littoral. — Espèce bisannuelle, à laquelle on attribue la plupart des races de Choux cultivés. (F. D. 2056.)

Fig. 492. — BRASSICA OLERACEA BULLATA GEMMIFERA. Chou de Bruxelles.

B. o. acephala, DC. Chou vert. ANGL. Borecole or Kale. — Tige arrondie, élevée. *Flles* étalées, non pommées, planes ou plus ou moins frisées ; inflorescence paniculée.

[1] M. Blanchard a publié dans la *Revue Horticole*. 1891. p. 456-481-498, fig. 129-132. une remarquable étude sur l'origine et les variations du Navet ; il a trouvé en 1876 le *Brassica Napus* à l'île d'Ouessant. réellement spontané et quatorze années de culture lui ont permis de le reconnaître comme le type des Navets cultivés.

B. o. Botrytis, DC. **asparagoides**, — Chou Brocoli. ANGL. Broccoli. — *Fl.* presque toutes avortées. Tige plus élevées que celles des Choux-fleurs. *Flles* glauques, vert grisâtre, allongées. Ramuscules charnus, portant de petits boutons floraux au sommet. Bisannuel.

Fig. 493. — BRASSICA OLERACEA BULLATA MAJOR. — Chou de Milan, var. frisé de Limay.

B. o. B. cauliflora, — Chou-fleur. ANGL. Cauliflower. — *Fl.* presque toutes avortées, formant par leur réunion une grosse tête arrondie, compacte, terminale. Tige courte. *Flles* oblongues, glauques, vert grisâtre.

Fig. 494. — BRASSICA OLERACEA CAPITATA. — Chou pommé, var. Hollande à pied court.

B. o. bullata, DC. **gemmifera**, — Chou de Bruxelles. ANGL. Brussels Sprouts. — Pommes petites, nombreuses, naissant à l'aisselle des feuilles, sur la tige qui est plus ou moins allongée. *Flles* longuement pétiolées, à limbe en cuiller.

Fig. 495. — BRASSICA OLERACEA CAULO-RAPA. — Chou-rave.

B. o. b. major, — Chou de Milan. ANGL. Savoy Cabbage. — *Flles* toutes cloquées, charnues, les extérieures étalées, les intérieures formant une pomme terminale plus ou moins compacte.

B. o. capitata, Linn. Chou blanc, Ch. pommé. ANGL. Cabbage. — Tige courte arrondie. *Flles* lisses, non cloquées, concaves, formant une pomme de forme variable avant de monter à fleurs ; inflorescence paniculée.

B. o. Caulo-rapa, DC. Chou-rave. Angl. Kohl-Rabi. — Tige renflée-globuleuse au point d'insertion des feuilles. *Flles* pétiolées, glabres et glauques.

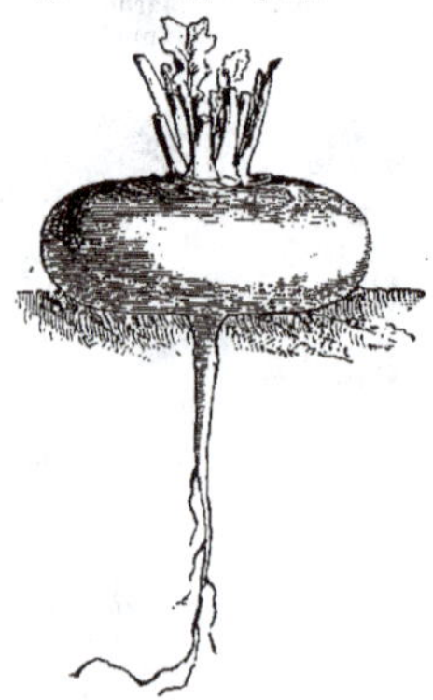

Fig. 496. — Brassica oleracea rapa. — Navet-rave.

B. Rapa, Linn. Rave, Navet. Angl. Turnip. — *Flles* radicales lyrées, vertes, dépourvues de pruine glauque, couvertes de poils scarieux; les caulinaires lobées, les supérieures entières, glabres. Racine renflée, globuleuse, déprimée ou plus ou moins allongée. Europe; France, Angleterre, etc. Certains auteurs lui ont attribué l'origine des Navets ronds et plats[1]. (S. M.)

BRASSO-CATTLEYA, Rolfe. — V. **Cattleya Lindleyana**, Veitch.

BRAUNEA, Willd. pr. p. — V. **Tiliacora**, Colebr.

BRAVOA, Llav. et Lex. (dédié à Bravo, botaniste mexicain). Syn. *Gætocapnia*, Link. et Otto. Fam. *Amaryllidées*. — Ce genre ne comprend que deux ou trois espèces originaires du Mexique. Ce sont de jolies petites plantes bulbeuses, rustiques dans les régions plus tempérées que celle de Paris. Chez nous, il convient de les cultiver en pots et de les hiverner en orangerie. Fleurs géminées; périanthe persistant, incurvé en dessous du milieu, à segments courts, ovales, sub-égaux; grappes allongées. Feuilles radicales peu nombreuses, en lanière, longues, lancéolées ou linéaires; les caulinaires rares, beaucoup plus courtes. Ce sont d'excellentes plantes pour l'ornement des serres froides; il leur faut un compost de bonne terre franche légère, de terreau de feuilles et de sable. On les multiplie par division des touffes que l'on fait à l'automne, ainsi que par graines qu'il faut semer dès leur maturité.

B. Bulliana, Baker. *Fl.* à périanthe blanchâtre, teinté de pourpre verdâtre à l'extérieur, jaune sombre à l'intérieur, de 3 cent. de long, infundibuliforme, à tube brusquement courbé au milieu; grappes de 15 cent. de long, portant dix à douze fleurs; hampe flexueuse, de 60 cent. à 1 m. de haut. *Flles* trois, lancéolées, de 15 cent. de long et 4 cent. de large, acuminées. Mexique, 1884.

B. geminiflora, Llave et Lex.* Angl. Twin-flower. — *Fl.* d'un beau rouge orangé, tubuleuses, pendantes, géminées, réunies au sommet de tiges atteignant quelquefois 60 cent. de haut. Juillet. *Flles* linéaires, ensiformes, vert tendre. Mexique, 1841. (B. M. 4741; F. d. S. 5, 520.)

BRAYERA, Kunth. (dédié à Brayer, médecin résidant à Constantinople). **Coussotier**. Fam. *Rosacées*. — Genre monotypique dont l'espèce connue est un arbre originaire des montagnes de l'Abyssinie, ayant un peu le port d'un Sorbier. Les extrémités fleuries constituent le *Cousso*, produit très employé en médecine et en particulier comme anthelmintique, contre le tenia ou ver solitaire. L'arbre n'existe probablement (?) que dans les collections botaniques, mais il est néanmoins très intéressant à connaître pour ses propriétés et son usage fréquent.

Fig. 497. — Brayera anthelmintica. — Fleur femelle.

B. anthelmintica, Kunth. *Fl.* dioïques, purpurines, réunies en cymes rameuses, axillaires ou terminales. *Flles* alternes, imparipennées, à cinq folioles de 8 à 10 cent. de long, oblongues, elliptiques, lancéolées, aiguës, denticulées, velues lorsqu'elles sont jeunes, glabres en dessus à l'état adulte. Rameaux alternes, velus. *Haut.* 7 à 8 m. Syns. *B. abyssinica*, Moq.; *Banksia abyssinica*, Bruce; *Hagenia abyssinica*, Lamk. (S. M.)

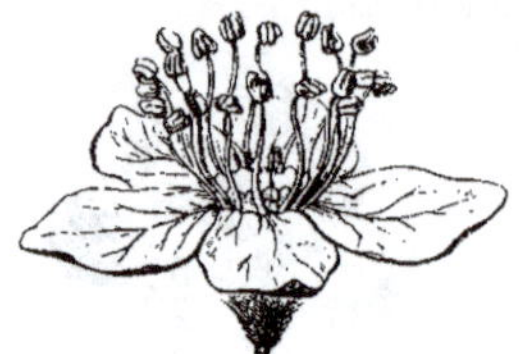

Fig. 498. — Brayera anthelmintica. — Fleur mâle.

BRÈDE. — V. **Solanum**. — On donne aussi ce nom à plusieurs autres plantes qui se mangent à la manière des Épinards ou servent à la préparation de cataplasmes émollients.

BREDIA, Blume (dédié au professeur J. G. S. van Bred). Fam. *Mélastomacées*. — La seule espèce de ce genre est un arbuste toujours vert, ornemental, originaire du Japon et de Formose. Il lui faut un compost de bonne terre franche, de terreau de feuilles et de terre de bruyère. On le multiplie par boutures de bois aoûté, que l'on plante à chaud, dans de la terre franche siliceuse et sous cloches, ainsi que par semis.

B. hirsuta, Blum.* *Fl.* roses, d'environ 12 mm. de diamètre, disposées en cymes lâches, terminales, multiflores. Automne. *Flles* ovales, acuminées, velues. Japon, 1870. (B. M. 6617; A. S. N., III, 15, 12.)

BREHMIA, Harv. — V. **Strychnos**, Linn.

BRÉSILLET. — V. **Cæsalpinia echinata** et autres.

BRÉSILLET (faux). — **Comocladia integrifolia**.

BREVOORTIA coccinea, Wood. — V. **Brodiæa coccinea**.

BREXIA, D.-P. Thouars (de *brexis*, pluie; les grandes feuilles servent d'abri contre la pluie). Syn. *Venana*, Lamk. Fam. *Saxifragées*. — Genre ne comprenant que deux espèces de beaux arbres de serre chaude, originaires de Madagascar. Fleurs vertes, en ombelles axil-

[1] V. page précédente.

laires, entourées de bractées. Feuilles alternes, simples, non ponctuées, munies de petites stipules. Tige presque simple. Il leur faut un compost de deux parties de terre franche et une de terre de bruyère, auquel on ajoute un peu de sable pour rendre le mélange poreux. Les arrosements doivent être copieux en toutes saisons. Multiplication par boutures faites sans raccourcir les feuilles

Fig. 499. — Brexia madagascariensis.

ou munies d'un seul œil accompagné de sa feuille: elles s'enracinent facilement dans du sable, à chaud et sous cloches. On rencontre quelquefois sur le même pied des feuilles entières, oblongues, obtuses, et d'autres allongées, étroites, dentées, épineuses. Les deux espèces suivantes ne sont probablement que de simples formes d'un même type. Le *B. madagascariensis* est une excellente plante pour les garnitures pittoresques, lorsqu'on en possède de forts pieds vigoureux et qu'on a eu soin de bien les endurcir avant de les sortir.

B. madagascariensis, Ker.' *Flles* obovales ou oblongues, entières, finement dentées-glanduleuses lorsqu'elles sont jeunes. *Haut.* 6 m. Madagascar, 1812.

B. spinosa, Lindl. *Flles* lancéolées, de 50 cent. de long et 5 cent. de large, à dents épineuses. *Haut.* 6 m. Madagascar, 1820.

BREXIACÉES. — Section des **Saxifragées**.

BRICOLI de la halle. — V. **Chou frisé d'hiver**.

BRIGNOLIA, DC. — V. **Isertia**, Schreb.

BRILLANTAISIA, P. Beauv. (dédié à M. Brillant). Syns. *Belantheria* et *Leucorhaphis*, Nees. Fam. *Acanthacées*. — Genre comprenant sept ou huit espèces originaires de l'Afrique tropicale et de Madagascar. Ce sont des sous-arbrisseaux dressés, toujours verts, de serre chaude. Fleurs grandes, en panicules terminales; corolle béante, à lèvre supérieure arquée en avant, trifide au sommet; l'inférieure grande, étalée, courtement trifide. Feuilles ovales, cordiformes, longuement pétiolées. Pour leur culture, V. **Barleria**.

B. owariensis, P. Beauv.' *Fl.* violet bleu, en cymes sub-sessiles, lâches, réunies en panicules terminales. Mars. *Flles* opposées, pétiolées. *Haut.* 1 m. Afrique occidentale, 1873. Cette plante ressemble par son port à certains gros *Salvia*. (B. M. 4717.)

BRINDILLES. — Ce sont les dernières ramifications des branches, on les nomme aussi *Ramilles*.

BRINVILLÈRE. — V. **Spigelia anthelmia**.

BRIQUES, Angl. Bricks. — Les briques sont très employées pour toutes sortes de constructions horticoles,

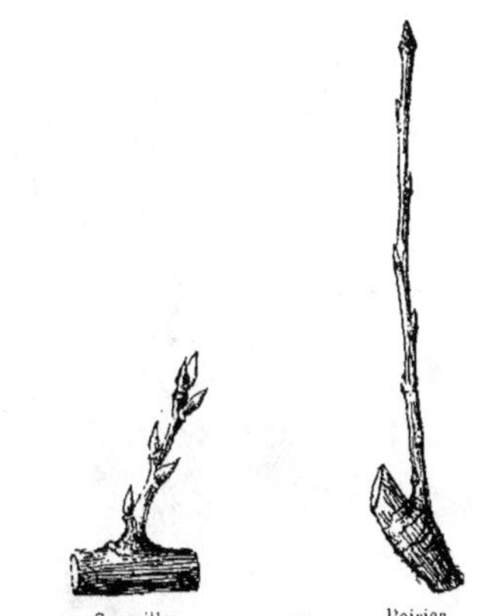

Fig. 500. — Brindilles.

car elles sont de longue durée, plus légères et meilleur marché que la pierre. Par leur emploi facile, elles permettent à l'amateur de faire lui-même toutes sortes de travaux de maçonnerie : bâches, cloisons, supports,

gradins, etc., ainsi que certaines réparations peu importantes qu'il est toujours onéreux de faire faire. Il en existe plusieurs formes, creuses ou pleines; les briques ordinaires ont 22 cent. de long, 11 cent. de large et 6 cent. d'épaisseur; on emploie généralement les briques pleines qui sont plus résistantes et meilleur marché. Il est très important qu'elles soient fabriquées avec de l'argile de bonne qualité et surtout bien cuites, car leur solidité et leur durée dépendent principalement de ces deux conditions. Les briques réfractaires sont faites avec une argile spéciale; elles ont la propriété de résister entièrement au feu et de conserver la chaleur pendant fort lontemps; on les emploie en jardinage pour la construction de toutes sortes d'appareils de chauffage; le mortier dont on se sert pour leur pose doit toujours être fait avec de la terre à four.
(S. M.)

BRISE-VENT. — V. Abris.

BRIZA, Linn. (du grec *brithein*, s'incliner; allusion à la position penchée des épillets). **Brize**, Angl. Quacking Grass. Fam. *Graminées*. — Genre comprenant environ douze espèces de graminées annuelles, ornementales, habitant l'Europe, le nord de l'Afrique, l'Asie tempérée et l'Amérique du Sud. Epillets tous longuement pédicellés, pendants, réunis en panicule lâche et contenant cinq à dix fleurs imbriquées et distiques; glumes deux, arrondies, concaves, mutiques; glumelle extérieure très semblable aux glumes, l'intérieure plane et beaucoup plus petite; étamines trois; caryopse adhérant aux glumelles. Feuilles planes ou étroitement convolutées, quelquefois couvertes de gros poils. Les Brizes sont des plantes herbacées, très élégantes et légères, recommandables pour l'ornement des massifs et des parterres. On peut les disperser parmi les autres plantes, en faire des bordures, les cultiver en pots pour l'ornement des fenêtres et balcons, pour donner de la légèreté à certaines plantes un peu lourdes, etc.; elles font aussi très bon effet dans les rocailles et dans les fougeraies. Leurs inflorescences coupées avant la floraison et séchées à l'ombre, sont précieuses pour la confection des bouquets et autres ornements perpétuels; on les cultive en grand pour cet usage. Tout terrain leur convient, mais il faut de préférence choisir ceux de nature légère; le semis se fait: 1° en septembre, en pépinière; on hiverne les plants sous châssis et on met en place au printemps. à environ 20 cent de distance; 2° en avril-mai, en place; on éclaircit au besoin.

Fig. 501. — Briza maxima.

B. gracilis, Hort. Syn. de *B. minor*, Linn.

B. maxima, Linn. * Brize à gros épillets. — *Fl.* en épillets oblongs, cordiformes, de 2 à 3 cent. de long, renfermant treize à dix-sept fleurs, disposés en panicule et pendants à l'extrémité des pédicelles. Juin-juillet. *Flles* allongées, linéaires, acuminées, à ligule allongée, lancéolée, aiguë. *Haut.* 45 cent. Europe méridionale; France, etc. (S. F. G. 76; A. V. F. 2.)

B. media, Linn. Brize commune, Amourette, Tremblette, etc. Angl. Common Quaking Grass. — *Fl.* en épillets ovales, contenant environ sept fleurs, à glumes plus courtes que l'épillet, très glabres, d'un fauve clair à maturité, et que le moindre vent ou le plus léger choc agitent; ramifications de la panicule filiformes, divariquées. Juin. *Flles* courtes, linéaires, acuminées, à ligule courte, tronquée. *Haut.* 30 à 40 cent. France, Angleterre, etc. (F. D. 258; S. E. B. 1771.)

Fig. 502. — Briza minor.

B. minor, Linn.* Brize à petites fleurs. Angl. Little Quaking Grass. — *Fl.* en épillets triangulaires, contenant six à sept fleurs; glumes plus longues que les fleurs; ramifications de la panicule diffuses, filiformes. Juin-juillet. *Flles* vert tendre, courtes, étroites, à ligule allongée, lancéolee, aiguë. *Haut.* 20 cent. France, Angleterre (très rare), etc. — Plante très légère, excessivement élégante. Syn. *B. gracilis*, Hort. (S. E. B. 1775.)

B. rotundata, Steud. *Fl.* en épillets dressés, disposés en panicule étroite. *Flles* dressées, étroites. Mexique, Brésil et Chili, 1887. Plante annuelle, ornementale. (R. G. 1887, p. 638.)

BROCCHIA, Mauri. — V. Simmondsia, Nutt.

BROCCHINIA, Schult. Fam. *Broméliacées*. — Genre comprenant trois espèces originaires de la Guyane et du Brésil. Ce sont de grandes Broméliacées terrestres? peu connues, dont l'espèce ci-dessous, d'introduction récente, est peut-être la seule existante dans les collections. Sa culture est sans doute celle des espèces de la même région.

B. cordylinoides. Baker *Fl.* petites, jaunâtres, très nombreuses, disposées en grande panicule de 2 m. à 2 m. 50 de long. *Flles* en rosette dense, de 1 m. à 1 m. 30 de long et 15 à 20 cent. de large, obscurément lepidotes sur les deux faces, non épineuses sur les bords. Forte plante terrestre pourvue d'un tronc atteignant 5 m. de haut. Guyane anglaise, 1888.

BROCOLI. — V. Chou-Brocoli.

BRODIÆA, Smith. (dédié à J. J. Brodie, cryptogamiste écossais), Syn. *Hookera*, Salisb. Comprend les *Brevoorthia*, Wood.; *Hesperoscordum*, Lindl. et *Calliprora*, Benth. et Hook. Les *Triteleia*, Lindl., sont maintenus distincts dans cet ouvrage. Fam. *Liliacées*. — Ce genre comprend environ trente espèces de jolies petites plantes bulbeuses, grêles, demi-rustiques. Leurs fleurs sont ordinairement disposées en ombelles, le plus souvent bleues; les *B. coccinea*, *B. ixioides* font exception comme leur nom l'indique du reste. Hampe ordinairement droite, grêle, mais néanmoins forte et munie de bractées au-dessous de l'ombelle. Feuilles, au nombre de quatre à cinq, enveloppant la hampe dans la partie enterrée, et plus ou moins étalées, couchées dans leur partie supérieure. Bulbes petits, solides, entourés de tuniques brunes. Les *Brodiæa* peuvent se cultiver en pleine terre, à exposition abritée dans un sol léger, recouvert de litière pendant l'hiver; la plantation des bulbes a lieu à l'automne; on laisse les touffes plusieurs années sans les diviser. Si on désire les cultiver en pots, il leur faut un compost de terre franche, de terreau de feuilles et de sable, ainsi qu'un bon drainage; on hiverne alors les pots sous châssis froid. Multiplication par séparation des bulbes que l'on ne doit enlever de la touffe que lorsqu'ils sont de force à fleurir. Cette opération se fait également à l'automne.

B. Bridgesii, S. Wats. *Fl.* bleues, à périanthe infundibuliforme, de 2 1/2 à 3 cent. de long, disposées en ombelle de dix à vingt fleurs. *Flles* linéaires. *Haut.* 30 cent. Californie, 1888. Serre froide. (R. G. 1888, p. 125, f. 24.)

B. californica, Lindl. Syn. de *B. grandiflora major*, Benth.

B. capitata, Benth. *Fl.* bleu violacé foncé, en entonnoir, disposées en ombelle compacte, pluriflore; valves de la spathe également violet foncé. Mai. *Flles* étroites, linéaires. *Haut.* 30 à 60 cent. Californie, 1871.

Fig. 503. — Brodiæa coccinea.

B. coccinea Gray. *Fl.* de 4 cent. de long, tubuleuses, d'un beau rouge sang dans leur partie inférieure, vert jaunâtre au sommet du tube et des segments; ombelles composées de cinq à quinze fleurs pendantes. Juin. *Flles* linéaires, lâches, plus courtes que la hampe. *Haut.* 45 cent. Californie, 1870. — Cette belle espèce, bien distincte des autres, demande une exposition chaude et ensoleillée, et un sol bien drainé; il n'est pas utile de la relever tous les ans. (B. M. 5857.) Syn. *Brevoorthia coccinea*, Wats.

B. congesta, Smith. * *Fl.* bleues, à couronne plus pâle; segments bifides au sommet; ombelle composée de six à huit fleurs. Les étamines de cette espèce sont transformées en écailles charnues, adhérentes à la gorge du périanthe. Été. *Flles* peu nombreuses, grêles, canaliculées à l'intérieur. Bulbe petit, arrondi, très ridé. *Haut.* 30 cent. Géorgie, etc. 1806. Espèce vigoureuse, se propageant rapidement.

B. c. alba, Hort. * *Fl.* blanches. Plante identique au type par tous ses autres caractères, mais moins vigoureuse.

B. Douglasii, S. Wats. *Fl.* violet bleu, inodores, en ombelle dense, composée de dix à vingt fleurs; périanthe en entonnoir, de 2 cent. 1/2 de long, à segments oblongs, aigus; hampe grêle, de 30 à 45 cent. de haut. Mai. *Flles* généralement deux, vert tendre, flasques, profondément canaliculées, plus courtes que la hampe. Bulbe petit, globuleux. Californie, etc., 1876. (B. M. 6907.)

B. gracilis, Wats. * *Fl.* jaune foncé, à nervures brunes, de 12 mm. ou plus de long, disposées en ombelle pauciflore. Juillet. *Flles* solitaires, d'environ 6 mm. de large, plus longues que la hampe. *Haut.* 8 à 10 cent. Californie. 1876. Espèce rare et assez délicate, mais très jolie.

B. grandiflora, Smith. *Fl.* bleu violet, à segments entiers, pointus; ombelle portant de deux à sept fleurs pédicellées, un peu éparses. Été. *Flles* deux, trois ou plus, linéaires, pointues, grêles, canaliculées en dessus, munies de quelques écailles membraneuses. Bulbe petit arrondi, sec et ridé. *Haut.* 45 cent. Amérique du Nord 1806. (B. M. 2877; B. 1, 35; B. R. 1183.) Syns. *B. coronaria*, Salisb.; *Hookera coronaria*.

Fig. 504. — Brodiæa grandiflora major. (*Rev. Hort.*)

B. g. major, Benth. *Fl.* atteignant souvent 4 cent. de long, à segments et staminodes allongés, étroits; pédicelles de 2 1/2 à 10 cent. de long. Plante plus forte et plus élevée. *Haut.* 60 cent. Californie. Syn. *B. californica*, Lindl.

B. g. Warei, — *Fl.* rose lilacé, de 8 cent. de long; hampe de 60 à 65 cent. de haut. Californie, 1886. Magnifique variété.

B. Hendersoni, S. Wats. *Fl.* jaune clair, striées de vert à l'extérieur, à nervure médiane pourpre violet; anthères bleuâtres; ombelle à hampe de 30 à 35 cent. de haut. *Flles* linéaires, ayant environ la même longueur. Amérique du nord-ouest, 1890.

B. Howellii, S. Wats. * *Fl.* bleu pourpre, d'environ 18 mm. de diamètre, sub-campanulées, disposées en ombelle de quatre à huit fleurs. Juillet-août. *Flles* deux à chaque bulbe, étroites, aiguës, canaliculées, de 25 à 30 cent. de long, plus courtes que la hampe. *Haut.* 45 à 60 cent. Californie, 1880. (B. M. 6989.)

B. ixioides, Sims. Angl. Pretty Face. — *Fl.* jaunes, à segments purpurins à l'extérieur sur la nervure médiane, ombelle accompagnée de spathes scarieuses engainantes, beaucoup plus courtes que les pédicelles. Été. *Flles* linéaires, lancéolées, acuminées, plus longues que la hampe. *Haut.* 20 cent. Nord de la Californie, 1831. Syns. *Calliprora lutea*, Lindl. (B. R. 1598; B. M. 2382); *Milla ixioides*, Baker.

B. lactea, S. Wats. * *Fl.* blanches, de 12 à 18 mm. de diamètre; limbe en coupe; nervure médiane des segments généralement verte, ombelle pluriflore. Juin-juillet. *Flles* linéaires, aiguës, presque aussi longues que la hampe. *Haut.* 30 à 60 cent. Californie, 1833. Syns. *Hesperoscordon lacteum*, Lindl.; *H. hyacinthinum*, Lindl. (B. R. 1293); *Milla hyacinthina*, Baker.

B. multiflora, Benth. * *Fl.* bleu pourpre, très nombreuses, disposées en bouquet sub-globuleux, Mai. *Flles* linéaires, allongées, de 30 à 60 cent. de long, presque charnues. *Haut.* 30 à 45 cent. Californie, 1872. (B. M. 5989.)

B. Palmeri, S. Wats. *Fl.* en ombelle; périanthe de 2 cent. 1/2 de long, pourpre vif. *Flles* nombreuses, lancéolées, linéaires, très minces. *Haut.* 30 à 60 cent. — Cette espèce produit une grande quantité de bulbilles sur la surface du sol. Presque rustique. Californie, 1889. (R. G. 1889, f. 107.)

B. volubilis, Baker. *Fl.* roses, disposées en ombelles denses, contenant chacune de quinze à trente fleurs; hampe contournée, atteignant quelquefois 30 cent. de long. Juillet. *Flles* étroites, linéaires-lancéolées, de 30 cent. de long. Californie, 1874. — Plante bulbeuse demi-rustique. (B. M. 6123.) Syns. *Stropholirion californicum*, Torr.; *Dicholestemma californica*, Wood.

BROMELIA, Linn. pro parte. (dédié à Bromel, botaniste suédois). Syn. *Agallostachys*, Beer. Fam. *Broméliacées*. — Ce genre ne contient actuellement que quatre ou cinq espèces de Broméliacées de serre chaude, voisines des *Ananas* et habitant l'Amérique tropicale. Fleurs réunies en panicule dense; sépales libres au-dessus de l'ovaire; pétales libres ou obscurément soudés à la base, dressés, étalés ou convolutés au sommet. Feuilles en rosette dense, rigides, lancéolées, épineuses sur les bords. Tige courte. Leur traitement est analogue à celui des *Billbergia*. Les genres voisins sont : *Æchmea*, *Ananas*, *Billbergia*, *Distegonthus*, *Greigia*, *Karatas* et *Rhodostachys*. (V. aussi ces noms.)

B. amazonica. — V. *Disteganthus amazonica*.

B. antiacantha, Bertol. Syn. de *B. fastuosa*, Lindl.

B. bicolor. Ruiz et Pav. — V. *Rhodostachys bicolor*.

B. bracteata, Swartz. *Fl.* roses, en grappe rameuse; bractées rouges, ovales, lancéolées; hampe allongée. Septembre. *Flles* dentées, épineuses. *Haut.* 60 cent. Jamaïque, 1885. Syn. *Hohenbergia bracteata*, Baker (Ref. B. 284); *Æchmea bracteata*, Griseb. est son nom correct.

B. carnea, Beer. — V. *Rhodostachys andina*.

B. fastuosa, Lindl.* *Fl.* rouge violacé, en panicule de 30 à 60 cent. de long et 10 à 15 cent. de large, à rachis pubescent; hampe d'environ 30 cent. de haut. *Flles* environ cent, de 1 m. 20 à 1 m. 50 de long et 4 à 5 cent. de large, arquées, rétrécies en pointe, vertes sur la face supérieure, faiblement lépidotes et lignées sur le dos, à bords armés d'épines jaunâtres vulnérantes. Brésil. (R. G. 493.) Syns. *B. antiacantha*, Bertol; *B. Sceptrum*, Fenzl. Cette espèce est la plus répandue.

B. Fernandæ, E. Morren. — V. *Chevalliera Fernandæ*, Hort.

B. Joinvillei, E. Morren. — V. *Rhodostachys pitcairniæfolia*, E. Morren.

B. Karatas, Linn. — V. *Karatas Plumieri*.

B. Pinguin. Linn. *Fl.* rougeâtres, fortement velues-blanchâtres au sommet, et réunies en panicule dense; dressée, de 30 à 60 cent. de long, à rachis farineux, hampe de 30 cent. de haut. *Flles*, environ cent, dressées dans leur moitié inférieure, atteignant jusqu'à 1 m. 50 de long et 4 à 5 cent. de large, rétrécies en pointe, vertes et glabres en dessus, finement blanches lépidotes en dessous et bordées de très grandes épines brunes. Amérique tropicale. (R. L. 396.)

B. pitcairniæfolia, K. Koch. — V. *Rhodostachys pitcairniæfolia*, E. Morren.

B. Sceptrum, Fenzl. Syn. de *B. fastuosa*, Lindl.

B. undulata, Hort. — V. *Ananas macrodontes*, E. Morren.

BROMÉLIACÉES. — Grande famille renfermant aujourd'hui environ huit cents espèces que M. Baker a réparties dans trente et un genres. Ces plantes sont propres aux régions chaudes et tempérées de l'Amérique du Sud, où elles vivent en épiphytes sur les arbres ou sur les rochers, quelquefois dans le sol. Elles sont vivaces, herbacées et parfois arbustives; leurs feuilles sont ordinairement coriaces, rigides, en lanière, lisses ou épineuses sur les bords, glabres ou couvertes d'un tomentum écailleux. Leurs fleurs ont un périanthe à six divisions, les trois extérieures, souvent courtes, simulent un calice, les trois intérieures ordinairement plus longues, sont ligulées, dressées, réfléchies ou révolutées; étamines six, à insertion variable; styles trois. Fruit bacciforme ou capsulaire. L'inflorescence est tantôt capitulée, tantôt spiciforme ou rameuse, paniculée, souvent accompagnée de bractées colorées d'une grande beauté. L'*Ananas*, dont le fruit est bien connu et justement apprécié pour sa délicatesse et son parfum, appartient aux Broméliacées. L'Horticulture emprunte à cette famille un grand nombre de plantes très ornementales, utiles pour la décoration des serres chaudes et tempérées; quelques amateurs en font l'objet de leurs études préférées, et lorsque les collections deviennent importantes, elles ont un grand intérêt scientifique et horticole. Les genres les plus répandus dans les serres sont : *Æchmea*, *Ananas*, *Billbergia*, *Bromelia*, *Caraguata*, *Chevalliera*, *Pitcairnia*, *Tillandsia*, etc. (S. M.)

BROMHEADIA, Lindl. (dédié à Sir Edward Finch Bromhead). Fam. *Orchidées*. — Petit genre ne comprenant que deux espèces originaires de Malacca et de l'Archipel Malais. Ce sont des Orchidées épiphytes, de serre chaude, à tiges dressées, portant de grandes fleurs dont le labelle est cucullé et parallèle à la colonne. Pour leur culture, V. **Ansellia**.

B. palustris, Lindl. * *Fl.* à sépales et pétales blancs, labelle de même teinte à l'extérieur, strié de pourpre en dedans et portant une macule jaune au centre; épis terminaux, distiques, flexueux, multiflores, longuement pédonculés; bractées courtes, raides, dentiformes. Juin.

Flles distiques, oblongues, linéaires, émarginées. *Haut.* 60 cent. Singapour, 1840. (B. R. 30, 18; B. M. 4001.)

BROMUS, Linn (de *bromos*, nom grec d'une Avoine sauvage). **Brôme**. Comprend les *Serrafalcus*, Parlat.; *Ceratochloa*, P. Beauv. Fam. *Graminées*. — Genre renfermant environ quarante espèces originaires des régions boréales et tempérées du globe, dont quelques-unes de l'Amérique australe. Ce sont des plantes annuelles ou vivaces, touffues, dont les chaumes portent des panicules rameuses, composées d'épillets à deux glumes inégales, renfermant trois fleurs ou plus; glumelles inégales, l'inférieure entière ou bifide et mutique ou aristée près du sommet, la supérieure plus courte, ciliée, sur les bords. Les Brômes sont des plantes fourragères très cultivées pour l'alimentation des animaux;

Fig. 505. — Bromus brizæformis.

quelques espèces croissent spontanément dans les champs et dans les jardins où elles sont plus nuisibles qu'utiles, bien que, coupées jeunes, elles puissent être consommées par les animaux. D'autres enfin sont cultivées dans les jardins pour leurs panicules élégantes qui servent à la confection des bouquets perpétuels et autres ornements en fleurs sèches. De ce nombre sont les *B. divaricatus* et le *B. brizæformis;* ce dernier est une élégante espèce bisannuelle, dont les épillets pendants ont la grosseur de ceux du *Briza maxima;* elle fait le meilleur effet dans les plates-bandes et dans les rocailles. La culture de ces dernières espèces est des plus faciles; on sème les graines au printemps, en lignes ou à la volée, on éclaircit le plant et on récolte les panicules lorsqu'elles sont entièrement développées.

BRONGNIARTIA, Humb., Bonpl. et Kunth. (dédié à Adolphe Brongniart, célèbre botaniste français, qui a contribué à la publication des « Annales des Sciences naturelles »). Comprend les *Peraltea*, Humb., Bonpl. et Kunth. Fam. *Légumineuses*. — On en connaît environ quinze espèces, originaires de l'Amérique centrale et australe et du Mexique. Ce sont de beaux sous-arbrisseaux toujours verts, de serre froide, couverts d'une villosité soyeuse. Fleurs grandes, purpurines; pédicelles géminés, axillaires, uniflores. Feuilles imparipennées, à folioles nombreuses, la terminale rapprochée de la paire supérieure. Il leur faut un compost de terre franche siliceuse, de terreau de feuilles et de terre de bruyère fibreuse, ainsi qu'un drainage parfait. On les multiplie par boutures de jeunes rameaux aoûtés à la base, que l'on plante en serre froide, dans du sable et sous cloches.

B. podalyrioides, Humb., Bonpl. et Kunth. * *Fl.* purpurines, grandes. Septembre. *Flles* à deux ou trois paires de folioles elliptiques-oblongues, arrondies et mucronées au sommet, couvertes de poils apprimés sur les deux faces, soyeuses lorsqu'elles sont jeunes. *Haut.* 30 cent. Nouvelle-Espagne, 1827.

B. sericea, Humb. et Bonpl. * *Fl.* purpurines. Septembre. *Flles* à folioles ovales-oblongues, aiguës, très soyeuses sur les deux faces. *Haut.* 30 cent. Mexique, 1813.

BROSIMUM, Swartz. (de *brosimos*, comestible; les fruits sont bons à manger). Syns. *Piratinera*, Aubl. et *Galactodendron*, Humb., Bonpl. et Kunth. Fam. *Urticées*. — Genre comprenant environ dix espèces originaires de l'Amérique tropicale, depuis le Brésil jusqu'au Mexique, et des Indes occidentales. Ce sont des arbres ou arbustes toujours verts, de serre chaude, dont les naturels des pays où ils croissent spontanément, tirent des produits alimentaires. Fleurs monoïques, les mâles et les femelles réunies sur un même réceptacle globuleux, ou quelquefois séparées par avortement; calice et corolle nulles; étamines solitaires, placées entre des bractées peltées. Fleur femelle unique dans chaque inflorescence et à laquelle succède un fruit charnu, couvert d'écailles peltées, persistantes et renfermant une seule graine presque globuleuse. Feuilles entières, pétiolées, distiques, munies de deux stipules demi-embrassantes. Suc laiteux. On cultive les *Brosimum* dans une bonne terre franche fibreuse et on les multiplie par boutures de

Fig. 506. — Brosimum Galactodendron.
Fruit légèrement réduit.

bois mûr, munies de leurs feuilles, que l'on plante dans du sable et à chaud.

B. Alicastrum, Swartz. *Fl.* en chatons globuleux, pédonculés, géminés et axillaires, de 5 à 6 mm. de diamètre. *Fr.* sphérique, de la grosseur d'une châtaigne. *Flles* elliptiques, lancéolées, aiguës à la base et au sommet, glabres, finement panachées en dessous, de 7 à 15 cent. de long et 3 à 6 cent. de large. — Les fruits cuits servent de nourriture, à défaut de pain, dans son pays natal. *Haut.* 2 m. Jamaïque, 1776. Syn. *Alicastrum arboreum*, P. Browne.

B. Galactodendron, D. Don. Arbre à la vache; Palo de Vaca, en espagnol. — *Flles* alternes, pétiolées, oblongues, arrondies aux deux extrémités, à nervures transversales proéminentes en dessous, coriaces, glabres, de 25 cent. de long et 7 à 10 cent. de large, à pétiole épais. *Fr.* globuleux, charnus, de la grosseur d'une noix. — Humbolt, qui a le premier décrit cet arbre, dit qu'il forme de vastes forêts où son tronc lisse, de 2 m. à 2 m. 50 de diamètre, atteint plus de 30 m. de hauteur. Par incision, les indigènes en obtiennent une grande quantité de sève laiteuse, ayant des propriétés fort analogues à celles du lait animal, et qu'ils emploient comme succédané de cet aliment. Venezuela, 1829. Syn. *Galactodendron utile*, Humb. Boupl. et Kunth. (B. M. 3723, 3724.)

BROU. — Nom ancien par lequel on désigne encore l'enveloppe demi-charnue, demi-coriace, de certains fruits drupacés, comme la noix, l'amande, etc. On appelle aussi *brou de noix* le principe colorant et la liqueur que l'on extrait de cette enveloppe. D'après Boquillon, *Brou* serait le nom vulgaire du Gui, en Champagne.
(G. B.)

BROUGHTONIA, R. Br. (dédié à Arthur Broughton, botaniste anglais). Fam. *Orchidées*. — Petit genre comprenant deux ou trois espèces d'Orchidées touffues, compactes, de serre chaude, voisines des *Lælia* et originaires des Indes occidentales. Leur couleur est très distincte. On les cultive de préférence sur des bûches entourées d'un peu de sphagnum et que l'on suspend à la charpente des serres; les arrosements doivent être copieux pendant leur période de végétation. Multiplication par division des touffes.

B. sanguinea, R. Br. *Fl.* rouge sang, assez grandes, disposées en panicule terminale; hampe rameuse; colonne distincte, soudée tout à fait à la base du labelle; celui-ci à base allongée en tube soudé avec l'ovaire. Été. *Flles* geminées, oblongues, naissant de pseudo-bulbes. *Haut.* 15 cent. Jamaïque, 1793. (L. B. C. 793; B. M. 3076.)

BROTERA, Cavan. — V. **Melhania**, Forsk.

BROUSSIN. — V. **Balai de sorcière**.

BROUSSONETIA, Vent. (dédié à P. N. V. Broussonet, célèbre naturaliste et botaniste français, auteur de plusieurs ouvrages; 1761-1807). Fam. *Urticées*. — Genre comprenant deux ou trois espèces originaires de l'Archipel Malais, de la Chine et du Japon. Ce sont des arbres rustiques, à suc laiteux, dont les fleurs dioïques ont beaucoup d'analogie avec celles des Mûriers. Feuilles alternes, caduques, stipulées, excessivement polymorphes. Ils se plaisent presque en tous terrains. On les multiplie au moyen de leurs drageons, par boutures de bois mûr que l'on fait à l'automne ou en serre froide ou sous châssis, et par graines que l'on sème dès leur maturité ou au printemps suivant. L'écorce du *B. papyrifera* sert en Chine à la fabrication des étoffes et du papier.

B. Kæmpferi, Sieb. *Flles* elliptiques, acuminées, vert sombre, luisantes; pousses et pétioles violacés lorsqu'ils sont jeunes. Arbre vigoureux, à branches horizontales, étalées. Japon.

B. papyrifera, Vent. Mûrier à papier, Angl. The Paper Mulberry. — *Fl.* verdâtres, dioïques, les mâles en chatons cylindriques, pendants, dont chaque fleur est située à l'aisselle d'une bractée; les femelles en glomérules pédonculés, dressés, axillaires. Mai. *Flles* simples, alternes, pétiolées, à limbe velu, entier, cordiforme ou diversement lobé, incisé ou denté, de forme très variable, même sur un seul arbre. *Haut.* 3 à 6 m. Chine, 1751. (B. M. 2358.) Syn. *Morus papyrifera*, Linn.

Il existe plusieurs variétés horticoles différant principalement par la forme des feuilles; voici quelques-unes des plus connues : *cucullata*, *flles* entières, à bords relevés en forme de cuiller; *monstrosa*, bois épais, court et anguleux; *macrophylla*, *flles* très entières, excessivement grandes; *variegata*, *flles* panachées de jaune.

BROUETTE, Angl. Wheelbarrow. — La brouette est un des accessoires de jardinage presque indispensable; son usage est journalier pour le transport des plantes et de toutes sortes de matériaux. Il en existe de nombreuses formes construites en vue de la facilité d'exécution de certains travaux ou présentant certains perfectionnements. La brouette ordinaire, c'est-à-dire

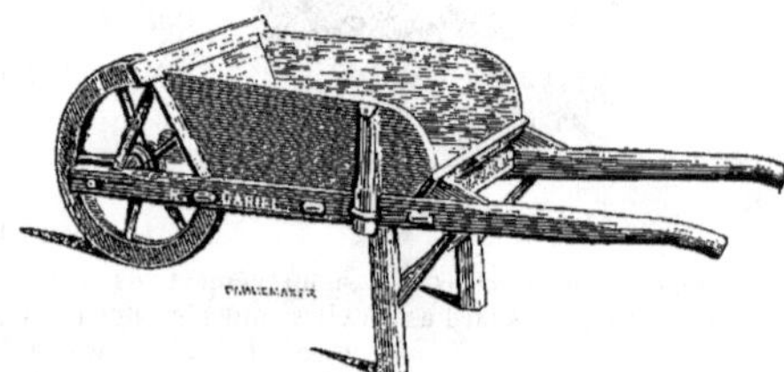

Fig. 507. — Brouette ordinaire.

celle dont trois des côtés sont pleins (fig. 507), est d'un usage courant dans tous les jardins; nous n'avons pas à en décrire la forme que chacun connait; celle de dimensions moyennes est la plus recommandable. La roue en fer a l'avantage d'être insensible à la chaleur; on peut avec raison la préférer à la roue en bois qui se dessèche fréquemment au point d'être rendue impropre

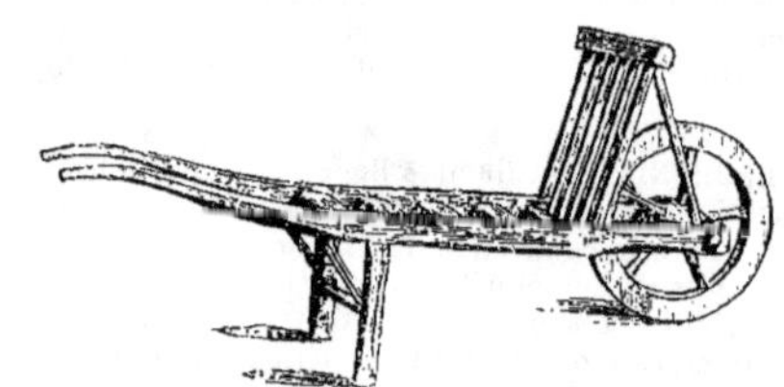
Fig. 508. — Brouette à claire-voie.

au service si on n'a pas le soin de l'arroser ou de la plonger dans l'eau de temps à autre; la terre s'y attache aussi bien moins, mais elle s'enfonce plus facilement dans les terres labourées. La brouette à claire-voie, sans côtés (fig. 508), est employée pour le transport des paniers de fruits ou de légumes sous les hangars; elle peut aussi servir pour charrier les fumiers légers, les feuilles mortes, le bois, et en général tous les objets volumineux qui ne peuvent entrer dans la brouette ordinaire.

On peut encore y placer un tonneau et transporter ainsi de l'eau pour les arrosements. Une de ces brouettes rend toujours de grands services dans un jardin.

BROWALLIA, Linn. (dédié à John Browall, évêque luthérien de la ville d'Abo, en Suède, qui défendit le système sexuel de Linné contre Siegesbeck, dans un livre intitulé « *Examen epicriseos* », etc. ; 1739). FAM. *Scrophularinées*. — Ce genre comprend environ une demi-douzaine d'espèces de jolies plantes herbacées ou rarement frutescentes, annuelles ou vivaces, originaires de l'Amérique tropicale. Fleurs bleues ou blanches, axillaires ou terminales; corolle en coupe, retournée par torsion du pédoncule; tube à quinze nervures, ventru au sommet; limbe oblique, partagé en cinq lobes, quelquefois bilabié; étamines quatre, dont deux plus courtes. Feuilles alternes, pétiolées, ovales. Les Browalles sont recommandables pour la décoration des corbeilles et des parterres pendant la belle saison; on peut aussi les employer pour l'ornement des serres tempérées où elles fleurissent pendant presque tout l'hiver. Pour l'ornement des jardins, on sème les graines en avril, sur couche; on repique les plants sur couche et on met en place à la fin de mai, à environ 30 cent. de distance; on peut aussi semer en mai, en pleine terre et en place, pour obtenir la floraison à la fin de l'été. Pour l'ornement des serres et des appartements et afin d'avoir des plantes en fleur vers la Noël, on sème les graines en juillet, en terrines, en terre légère et fertile; on repique les plants en pots, soit séparément, soit trois dans chacun. On les tient ensuite sous châssis, près du verre et on les seringue tous les matins pour les garantir des insectes. Il est utile de les pincer à deux ou trois reprises afin d'obtenir des plantes trapues et ramifiées; quelques arrosements à l'engrais liquide rendent la végétation beaucoup plus vigoureuse; on les rentre ensuite en serre tempérée à la fin de septembre. On peut aussi les propager par boutures que l'on fait à l'automne et qu'on hiverne en godets, sur les tablettes des serres; ces jeunes plantes, mises en pleine terre au printemps suivant, y fleurissent plus tôt et plus abondamment que celles obtenues de semis.

Fig. 509. — BROWALLIA CZERWIAKOWSKI.

B. abbreviata, Benth. *Fl.* rouge clair, à pédicelle plus court que le calice; celui-ci campanulé, à dents aussi longues que le tube. *Flles* ovales, velues lorsqu'elles sont jeunes, glabres à l'état adulte. 1852. (R. G. 91.)

B. Czerwiakowski, Warsc.* *Fl.* bleu foncé, à œil blanc à la gorge, plus grandes que celles du *B. elata*. *Flles* plus amples et d'un vert plus gai que celles de cette espèce. La plante est aussi plus naine et plus rustique. Indes occidentales, 1855. Annuel et vivace en serre. (A. V. F., 21.) Syns. *B. pulchella*, Hort. et *B. viscosa*, Humb., Bonpl. et Kunth. (R. G 142.)

B. demissa, Linn.* *Fl.* d'un beau bleu pâle, quelquefois rouges ou purpurines; pédoncules axillaires, uniflores, duveteux. Juin. *Flles* ovales, oblongues, acuminées, obliques à la base. *Haut.* 15 à 30 cent. Panama, 1735. (L. E. M. 535; B. M. 1136.)

Fig. 510. — BROWALLIA ELATA NANA.

B. elata, Linn.* *Fl.* bleu foncé, à calice couvert de poils glanduleux; solitaires ou disposées en cyme à l'extrémité des rameaux. Juillet à septembre. *Flles* ovales, acuminées, vert intense. Tiges herbacées, rameuses, dressées. *Haut.* 50 cent. Pérou, 1768. (B. M. 34.) — Cette espèce est la plus répandue, il en existe quelques variétés, dont une à *fleurs blanches*, se distinguant par sa couleur, une autre à fleur d'un *bleu plus pâle*, le *B. e. grandiflora*, qui est à fleurs plus larges et une forme *naine*, utile pour la garniture des corbeilles, etc.

B. grandiflora, Grah. *Fl.* à tube verdâtre, couvert d'une pubescence glanduleuse; limbe blanc ou lilas pâle; pédoncules uniflores, axillaires, formant une cyme au sommet des rameaux. Juillet. *Flles* ovales, aiguës, atténuées en pétiole à la base. *Haut.* 30 à 60 cent. Pérou, 1829. (B. R. 1384; B. M. 3069.)

B. Jamesoni, Benth. — V. *Streptosolen Jamesoni.*

B. pulchella, Hort. Syn. de *B. Czerwiakowski*, Warsc.

B. Rœzlii, — *Fl.* grandes, blanches ou d'un beau bleu d'azur, à tube jaune. Printemps et été. *Flles* vert brillant. — Très jolie espèce à fleurs du double plus grandes que celles des autres espèces, formant des touffes compactes, atteignant 45 à 60 cent. de hauteur. Montagnes rocheuses.

B. viscosa, Humb., Bonpl. et Kunth. Syn. de *B. Czerwiakowskii*, Warsc.

BROWNEA, Jacq. (dédié à Patrick Browne, auteur d'une Histoire de la Jamaïque). FAM. *Légumineuses*. — Genre comprenant environ huit espèces de beaux arbres ou arbustes toujours verts, de serre chaude, voisins des *Amherstia* et habitant l'Amérique australe. Fleurs réunies au sommet des rameaux en épis courts ou en fascicules, accompagnées chacune d'une bractée colorée, pétaloïde; calice à quatre sépales; corolle à cinq pétales. Gousse plane, droite ou falciforme. Feuilles pinnées, sans impaire, stipulées, flasques lorsqu'elles sont jeunes, à folioles révolutées; bourgeons allongés. Toutes les espèces sont dignes d'être cultivées; elles se plaisent dans un mélange de terre franche, de terre de bruyère et de sable. Il faut les arroser avec beaucoup de modération pendant l'hiver, car elles sont susceptibles de pourrir par excès d'humidité. On les multiplie par boutures de bois mûr, que l'on plante dans du sable, sur chaleur de fond humide et sous cloches.

B. Ariza, Benth.' *Fl.* du plus beau rouge écarlate, disposées en très grands bouquets globuleux, pendants. Été. *Flles* pinnées, à six ou huit paires de folioles oblongues, lancéolées et brusquement rétrécies en pointe. *Haut.* 6 à 12 m. Colombie, 1843. Ce bel arbre exige une grande serre pour atteindre toute sa beauté. Syn. *B. princeps*. (B. M. 6459; L. J. F. 191-192.)

P. Birschellii, — *Fl.* roses, en grappes pendantes. Avril-juillet. *Flles* pinnées, à folioles ob-lancéolées, de 15 cent. de long. *Haut.* 3 à 6 m. La Guyara, 1872. (B. M. 5998.)

B. coccinea, Linn.' *Fl.* écarlates, fasciculées. Juillet-août. *Flles* à deux ou trois paires de folioles ovales, oblongues, acuminées. *Haut.* 2 à 3 m. Venezuela, 1793. (B. M. 3964.)

B. grandiceps, Jacq.' *Fl.* rouges, en épis denses, agglomérés. Juillet. *Flles* ordinairement munies de douze paires de folioles oblongues, lancéolées, non glanduleuses, longuement cuspidées; branches et pétioles pubescents. *Haut.* (dans son pays) 20 m. Caracas, 1829. (B. M. 4839; F. d. S. 6, 581-582.)

B. latifolia, Jacq. *Fl.* rouges, en fascicules denses, à involucre tomenteux. *Flles* à une ou trois paires de folioles ovales ou obovales-cuspidées. *Haut.* 2 m. à 2 m. 50. Caracas, 1824.

B. macrophylla, Mast.' *Fl.* écarlate orangé, en bouquets denses, mesurant souvent près de 1 m. de circonférence. Amérique centrale, 1879. (G. C. 1873, p. 779; B. M. 7033.)

B. princeps, — Syn. de *B. Ariza*, Benth.

B. racemosa, Jacq. *Fl.* roses, en grappes; involucre et calices couverts d'un fin tomentum. *Flles* à quatre paires de folioles inéquilatérales, oblongues ou oblongues-lancéolées, acuminées, cuspidées, glanduleuses à la base. *Haut.* 1 m. 30. Caracas, 1826.

B. Rosa del Monte, Berg. *Fl.* écarlates, en bouquets denses; folioles de l'involucre arrondies, imbriquées et presque veloutées à l'état juvénile. Juin. *Flles* à deux ou trois paires de folioles ovales, oblongues, acuminées; branches et pétioles glabres. *Haut.* 2 m. 50. Amérique du Sud, 1820. (B. R. 1472.)

BROWNLOWIA, Roxb. (dédié à Lady Brownlow, fille de Sir Abraham Hume, grande patronnesse de la botanique). Fam. *Tiliacées*.— Petit genre ne comprenant que trois espèces originaires de l'Asie tropicale. Ce sont de très jolis arbres toujours verts, de serre froide, à fleurs composées d'un calice monosépale, d'une corolle à cinq pétales libres et d'étamines réunies en dix faisceaux; elles forment des cymes multiflores et terminales. Feuilles alternes, entières, stipulées. On les cultive dans un mélange de terre franche et de terre de bruyère; leur multiplication a lieu par boutures de bois mûr, que l'on plante dans du sable, à chaud et sous cloches.

B. elata, Roxb. ' *Fl.* jaunes, en panicule terminale, conique, étalée. Mai. *Flles* grandes, cordiformes, aiguës, glabres, à sept nervures. *Haut.* 20 m. Indes, 1823. (B. R. 1472.)

BRUCEA, Mill. (en la mémoire de James Bruce, célèbre voyageur dans l'Afrique). Syn. *Nima*, Hamilt. Fam. *Simarubées*. — Genre comprenant cinq ou six espèces de beaux arbustes toujours verts, de serre chaude, originaires de l'Asie, de l'Afrique et de l'Australie tropicale. Fleurs petites, purpurines à l'intérieur, disposées en grappes ou en épis formés de glomérules interrompus. Feuilles imparipennées, à six paires de folioles opposées, entières ou dentées, non ponctuées. Branches, pédoncules, pétioles et nervures couverts d'un duvet roussâtre. Il leur faut une bonne terre franche; on les multiplie par boutures de bois mûr qui s'enracinent facilement dans des pots pleins de sable, placés sur une douce chaleur de fond et recouverts de cloches.

B. antidysenterica, Lamk. *Fl.* en grappes simples, spiciformes. Mai. *Flles* à folioles très entières, couvertes sur les nervures de la face inférieure d'un duvet roussâtre. *Haut.* 2 m. 50. Abyssinie, 1775. (L. E. M. 810.)

B. sumatrana, Roxb.' *Fl.* pourpre foncé, en grappes ordinairement rameuses. Mai. *Flles* à folioles dentées en scie, velues en dessous. *Haut.* 6 m. Sumatra, 1822.

BRUCHES. — Insectes de la famille des *Coléoptères*, plus généralement connus sous le nom de **Charançons**. (V. ce mot.) Ces derniers appartiennent cependant à un genre dont le caractère distinctif le plus apparent réside dans la forme du bec ou rostre. Dans les *Charançons*, ce rostre est toujours très apparent et plus ou moins long, suivant les espèces. Dans les *Bruches*, ce bec est au contraire extrêmement court et peu visible. Le nombre d'espèces composant ce genre est assez considérable, mais on n'en compte que quelques-unes dont les cultures aient à souffrir. Certaines Légumineuses sont plus particulièrement l'objet de leurs attaques; nous citerons surtout les graines des pois, fèves, lentilles, etc., que l'on voit souvent percées de trous ronds, très réguliers,

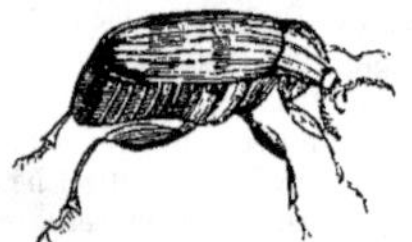

Fig. 511. — Bruche, très grossie.

tantôt vides, tantôt renfermant encore l'insecte mort ou vivant. La grosseur des Bruches est assez variable: celle des lentilles est très petite, noire, avec des petites taches blanches; celle des pois et des fèves est grisâtre et à peu près de la grosseur d'une petite Coccinelle ou bête à bon Dieu. L'insecte parfait dépose ses œufs sur les gousses à peine formées des Pois, Fèves, etc. Aussitôt éclose, la jeune larve, que l'œil ne saurait qu'avec peine découvrir, perce la graine naissante, y pénètre et y établit sa demeure en se nourrissant de sa partie féculente. Le grain continue cependant à se développer sans paraître souffrir de la présence de son parasite, qui grossit et finit par se transformer en nymphe au printemps. Arrivé à l'état parfait, l'insecte perce alors la cloison ménagée par sa larve prévoyante et sort de la prison pour aller assurer la reproduction de son espèce.

Deux procédés sont employés pour la destruction des Bruches : l'eau bouillante dans laquelle on plonge les grains pendant une minute seulement (passé trois ou quatre minutes, le germe du grain est brûlé); le sulfure de carbone qu'on laisse évaporer sur des soucoupes placées dans un local parfaitement clos et renfermant les grains à traiter; mais, son emploi demande beaucoup de précaution; on sait avec quelle facilité s'enflamme ce produit chimique. (G. L.)

BRUCHE des Fèves (*B. rufimanus*). — V. **Fèves** (Bruche des).

BRUCHE des Pois (*B. pisi*). — V. **Pois** (Bruche des).

BRUGMANSIA, Pers. — V. **Datura**. Linn.

BRUGMANSIA candida. — V. **Datura arborea**.

BRUGNON, Angl. Nectarine. — Sorte de *pêche lisse*; arbre produisant cette pêche. Le Brugnon est une forme ou variété du Pêcher; il s'en distingue seulement par ses fruits qui ont la peau nue au lieu d'être couverte de ce duvet particulier à la pêche.

Fig. 512. — Brugnon. — (Branche fructifère.)

Darwin rapporte que, plusieurs fois, Rivers a obtenu, en semant des noyaux de pêches ordinaires, des Pêchers à fruits lisses et, dans l'un des cas, il n'y avait dans le voisinage du Pêcher producteur du noyau aucun Pêcher à fruit lisse.

Fig. 513. — Brugnons. (Un fruit ouvert pour montrer l'adhérence de la chair au noyau.)

« Quant au cas très curieux de Pêchers adultes produisant subitement des pêches lisses par variation des bourgeons, dit le même auteur, les exemples surabondent; on pourrait aussi citer beaucoup d'exemples d'un même arbre produisant à la fois des pêches proprement dites et des brugnons, ou même des fruits dont la moitié est pêche et l'autre brugnon. » Tous ces faits prouvent surabondamment l'identité spécifique qui existe entre le Pêcher et le Brugnon. — Pour la culture et le choix des variétés, V. **Pêcher**. (G. B.)

BRUINSMANIA, Miq. — V. **Isertia**, Schreb.

BRULURES, Angl. Sun Burnings. — On donne le nom de brûlures aux lésions de différentes parties des végétaux, attribués, à tort ou à raison, à l'action directe ou indirecte des rayons solaires dans un endroit renfermé ou à découvert, ou lorsque la chaleur est concentrée par du verre, de l'eau, ou réfléchie par les murs ou autres objets sur leurs différentes parties. Probablement, les rayons caloriques et les rayons lumineux concourent à la production de ces dégâts, mais il est impossible de connaitre la part pour laquelle chacun d'eux y contribue. Une brusque élévation de température après un froid rigoureux produit également des résultats analogues que l'on comprend sous le nom général de brûlures solaires.

La plupart des plantes périssent lorsqu'elles ont été exposées pendant quelque temps à une température variant de 40 à 50 degrés; mais certains végétaux charnus, principalement ceux originaires des régions arides, tropicales, sont capables de résister même à une température supérieure à 50 degrés. D'un autre côté, il arrive souvent que des plantes mises dehors au printemps, après avoir passé l'hiver en serre, brunissent, et leurs feuilles paraissent alors comme brûlées. Ces organes peuvent par la suite se dessécher et mourir ou bien rougir ou brunir seulement et reprendre ensuite leur couleur verte, naturelle. Les plantes n'éprouvent généralement pas de sérieux dommages de ce chef, mais leur végétation s'en ressent et se trouve souvent arrêtée pendant un certain temps.

Dans les serres mal aérées, il arrive souvent que les feuilles des végétaux qui y sont renfermés présentent des taches rondes, pâles et desséchées; l'observation montre que ces taches sont dues à la présence de gouttes d'eau. Comme explication de ce phénomène, on a été conduit à penser que, sous l'action de la lumière, ces gouttes d'eau peuvent très bien jouer le rôle de petites lentilles concentrant les rayons solaires sur un point de la surface des feuilles et y détruire le protoplasme par excès de chaleur et de lumière. On croit également que les inégalités qui existent souvent dans les vitres des serres peuvent produire des résultats analogues. En tout cas, quelle que soit la cause qui amène les faits que nous venons de signaler, l'expérience a prouvé qu'une ventilation parfaite est le meilleur préventif à employer pour diminuer beaucoup le mal, sinon l'arrêter complètement.

Coups de soleil, *Angl.* Sunstrokes. — Sous ce nom, on désigne généralement certaines lésions de l'écorce du tronc des arbres, qui se dessèche et se sépare par grandes plaques ou par longues bandes sur le côté exposé à l'action directe des rayons. Ces brûlures se produisent le plus souvent sur des sujets isolés et dépourvus à leur base de rameaux protecteurs; elles peuvent également apparaître après la construction d'un mur dans le voisinage immédiat des arbres, ou même de tout autre objet susceptible de réfléchir la chaleur. Tous les arbres sont sujets aux coups de soleil, les essences forestières aussi bien que les arbres fruitiers; mais parmi ces derniers, le Pêcher est un de ceux sur lesquels ils se font le plus souvent sentir. La cause d'altération de la surface du tronc est due à la dessiccation des nouvelles cellules de la zone génératrice ou cambium, sous l'influence d'une chaleur excessive. Lorsque des arbres se trouvent brusquement soumis à une température supérieure à celle qu'ils supportent habituellement, l'écorce n'est, le plus souvent, pas suffisamment développée pour préserver le cambium de toute atteinte, et il en résulte alors la mortification des parties soumises à l'action directe des rayons caloriques.

Fissures de l'écorce, *Angl.* Splitting of the bark. — Il arrive souvent au printemps, que des fissures se produisent dans l'écorce des arbres qui, après avoir supporté un froid intense, se trouvent brusquement soumis à une élévation notable de température. Dans ce cas, le mal est dû à la dilatation inégale du bois et de l'écorce; mais il est très probable que, dans la plupart des cas, le dommage causé est plutôt le résultat du froid que celui de la chaleur, le dégel n'intervenant ici que que pour rendre apparents les dégâts précédemment causés par la gelée. En tout cas, l'apparition des fissures est jusqu'à un certain point en connexion avec la chaleur solaire, car la plupart des fissures constatées se trouvent sur la partie du tronc la plus exposée à l'action des rayons du soleil. Quoi qu'il en soit, les brûlures dues à l'action solaire et les fissures de l'écorce, sont fréquentes en France et dans les contrées situées sous la même latitude ou plus méridionale. En Angleterre et dans les régions septentrionales où la température est plus régulière et présente rarement des à-coups capables de produire des résultats analogues à ceux dont nous venons de parler, ces accidents sont moins à craindre. Les meilleurs moyens pour prévenir ces accidents consistent à protéger les troncs et les branches les plus exposés, à l'aide d'enveloppes de pailles ou de cordes grossières qu'on enroule autour d'eux; une planche ou une tuile peuvent aussi remplir le même office.

Une autre altération des tissus des végétaux, due également à la chaleur solaire, mais qui porte cette fois sur le fruit de la Vigne, a été signalée par le Dr H. Muller, de Thurgau, qui l'a observée à plusieurs reprises en Allemagne lorsque à un temps humide et froid succèdent brusquement des journées chaudes et ensoleillées. Dans les grappes vertes, exposées directement à l'action des rayons solaires, un certain nombre de grains commencent à pâlir, puis se recroquevillent et enfin deviennent bruns. Quelquefois, le pédoncule ou la râfle elle-même brunit avant que les grains aient montré le moindre signe de dépérissement; mais bientôt ces derniers se rident et finissent par périr en même temps que leur support. L'expérience montre que la cause de ce dépérissement doit être attribuée à une chaleur excessive, car de semblables résultats sont obtenus quand on expose des grappes de raisin à une chaleur artificielle aussi forte que celle à laquelle elles sont parfois soumises dans leurs conditions naturelles, c'est-à-dire de 40 à 45 degrés. On a reconnu également que les risques de dépérissement augmentaient en proportion de la quantité de jus contenu dans les grains. On peut expliquer ces faits de la façon suivante : plus l'atmosphère est humide, moins les grains évaporent l'eau dont ils sont chargés; lorsque, après une période d'humidité prolongée, il se produit une brusque élévation de température, l'évaporation ne peut intervenir pour l'abaisser, car l'atmosphère, déjà fortement saturée d'eau, l'empêche d'avoir lieu. La chaleur solaire, concentrée sur les grains, n'étant plus tempérée par le froid qu'aurait dégagé l'évaporation si cette dernière avait pu se produire, il s'ensuit que les grains ne se trouvent plus dans des conditions normales et finissent alors par se dessécher. Cette maladie est assez fréquente en France où la température est généralement variable et présente souvent un excès d'humidité immédiatement suivi par une chaleur sèche, anormale. Le meilleur moyen à employer pour prévenir cette altération des grains consiste à ombrer les grappes, et, dans ces conditions, on ne saurait employer de meilleur protecteur que les feuilles mêmes de la Vigne. C'est pourquoi l'effeuillaison est rarement à recommander pour hâter la maturité du fruit.

Bien que ce qui suit n'ait qu'un rapport indirect avec le sujet qui fait l'objet de cet article, nous avons cru devoir l'ajouter, puisqu'il s'agit en somme de l'action des vents chauds et secs sur les plantes croissant dans les sols humides. Les feuilles des végétaux qui croissent dans ces conditions et qui sont exposés pendant quelques jours à ces vents arides se fanent, se dessèchent et deviennent friables au point de se réduire en poussière lorsqu'on les froisse dans la main; tandis que celles des plantes qui poussent dans les terrains secs sont à peine endommagées. Ce fait peut s'expliquer ainsi : plus les localités dans lesquelles les plantes vivent sont humides, plus leurs parties vertes sont aptes à évaporer rapidement l'eau dont elles sont gorgées. Tant que l'évaporation est balancée par la quantité d'eau absorbée par les racines et répandue ensuite dans les parties aériennes, la végétation se poursuit normalement et les plantes croissent dans de bonnes conditions, à moins que les matières minérales transportées par l'eau s'accumulent dans les tissus dans une proportion excessive; dans ce cas, elles s'affaiblissent et deviennent malades. Mais, par un vent sec et chaud, la quantité d'eau évaporée dépassant celle fournie aux feuilles par les racines, il en résulte que les feuilles se fanent et se dessèchent. Ce mal porte principalement sur les feuilles adultes en plein exercice de leurs fonctions, les plus jeunes et les plus âgées étant en général beaucoup moins gravement atteintes. Le seul moyen pratique pour y remédier est d'abriter autant que possible du vent et du soleil les plantes de choix auxquelles on tient particulièrement et de les seringuer de temps à autre. L'arrosement du sol n'est d'aucune utilité dans le cas présent, puisque la terre est déjà trop humide et que le mal ne provient que de l'évaporation trop rapide de l'eau contenue dans les tissus. Dans ces conditions, le meilleur moyen est de drainer soigneusement le terrain afin d'équilibrer la différence entre l'absorption et l'évaporation.

BRULURES des Poiriers. — Nom donné à une maladie particulière au Poirier. La brûlure apparaît l'été, sur les extrémités des rameaux, qui cessent bientôt de végéter et noircissent ainsi que leurs feuilles, comme s'ils avaient été atteints par le feu.

On ne connaît point les causes de la brûlure; on a constaté cependant que la maladie est plus fréquente : 1° quand les arbres sont cultivés dans des terrains secs; 2° quand ils sont greffés sur Cognassier. Les cas de Poiriers greffés sur franc et atteints de brûlure sont relativement peu fréquents.

M. Thirion, président de la Société d'horticulture de Senlis, pense que le défaut de potasse dans le sol peut être la cause de la brûlure; il propose, pour prévenir la maladie, l'emploi comme engrais, du chlorure de potassium ou du sulfate de potasse.

Ces substances seraient répandues sur le sol, en automne ou au printemps, à la dose de 100 kilos à l'hectare environ, c'est-à-dire 10 grammes par mètre carré.

La préférence des Poiriers greffés sur franc, l'emploi des terreaux et des paillis épais pourront également, dans certains cas, empêcher la maladie de se déclarer.

Comme moyen curatif, on pratique l'ablation des parties mortes; cependant, les arbres fortement atteints sont bientôt stérilisés; il faut les arracher et les remplacer. (G. B.)

BRUNELLA, Linn. (dérivé de l'allemand *Braün*, esquinancie, maladie de la gorge et de la mâchoire; plantes que les propriétés astringentes de l'espèce la plus commune avaient fait employer pour sa guérison). On écrit souvent à tort *Prunella*. **Brunelle**. Angl. Self-heal. Fam. *Labiées*. — Petit genre comprenant deux ou trois espèces de plantes vivaces, rustiques, couchées ou subdressées, largement dispersées dans les régions tempérées. Fleurs purpurines, bleuâtres ou blanches; calice tubuleux, campanulé, à deux lèvres; corolle à tube ample, souvent exsert, lèvre supérieure concave, l'inférieure étalée; verticilles composés de six fleurs et disposés en épis denses, terminaux, entourés par de grandes bractées imbriquées. Feuilles entières, incisées, dentées ou pinnatifides. Les espèces de ce genre sont dignes d'être cultivées dans les rocailles et peuvent former d'excellentes bordures. Elles se plaisent dans toutes bonnes terres et se propagent facilement par divisions.

B. grandiflora, Mœnch. *Fl.* à corolle violette ou purpurine, de 2 cent. 1/2 de long, et plus du double plus longue que le calice. Août. *Flles* pétiolées, ovales, souvent dentées, spécialement à la base, quelquefois presque hastées, d'autres fois presque entières. *Haut.* 15 cent. Europe France, etc., 1596. — Cette espèce ne diffère guère du *B. vulgaris* que par ses plus fortes proportions; elle n'en est probablement qu'une variété distincte; on en cultive une forme à fleurs blanches. (B. M. 337; F. D. 1933.)

Fig. 514. — Brunella grandiflora.

B. hyssopifolia, Lamk. *Fl.* plus grandes que celles du *B. vulgaris;* corolle purpurine, rarement rose ou blanche. Août. *Flles* sessiles, oblongues, linéaires ou lancéolées, entières, ciliées, hispides. Tiges ascendantes, de 15 à près de 30 cent. de haut, ciliées-hispides. Région méditerranéenne; France, etc.

B. vulgaris, Linn. Brunelle. Angl. All-heal. — *Fl.* à calice rougeâtre; corolle purpurine, rarement rose ou blanche, de 12 à 18 mm. de long. verticilles disposés en épis cylindriques, de 2 1/2 à 4 cent. de long. Juillet-septembre. *Flles* de 2 1/2 à 5 cent. de long, pétiolées, les supérieures sessiles, entières, dentées ou sub-pinnatifides. Tiges de 10 à 30 cent. de long, dressées ou ascendantes. Europe; France, Angleterre, etc. (Sy. En. B. 1059; F. D. 6, 910.) Il existe plusieurs variétés de cette espèce commune.

BRUNFELSIA, Linn. (dédié à Otto Brunfels, de Mayence, d'abord moine chartreux, puis médecin, qui publia en 1530, les premières bonnes figures de plantes). Comprend les *Franciscea*, Pohl. Fam. *Scrophularinées*. — Genre renfermant environ vingt espèces de plantes toujours vertes, de serre chaude, très florifères, originaires de l'Amérique australe et des Indes occidentales. Fleurs odorantes; corolle grande, en coupe ou en entonnoir, à long tube; limbe plan, à cinq lobes obtus, presque égaux. Feuilles alternes, entières, luisantes. On les cultive dans une terre très fertile, composée de terre franche, de terreau et de terre de bruyère. Leur multiplication a lieu par boutures plantées dans du sable et placées sous cloches dans une douce chaleur. Lorsqu'elles sont bien enracinées, on les rempote dans des godets et dans un compost de même nature que celui dont il est question ci-dessus; mais un peu plus sableux. Pendant toute leur période de végétation, il faut les tenir constamment dans une température chaude et humide. Pendant leur repos, on peut endurcir les plantes en les exposant à une température plus froide et plus sèche, et on profite de cette époque pour les rempoter toutes les fois que les racines forment un réseau épais autour de la motte. Les plantes adultes fleurissent abondamment et doivent être légèrement taillées tous les ans, avant le commencement de la végétation, ce qui permet d'obtenir de beaux spécimens bien compacts. On place ensuite les plantes à une température variant de 15 à 20 degrés, en ayant soin de les arroser abondamment et de leur donner de copieux seringages; ces derniers doivent être diminués à partir de l'apparition des premières fleurs, c'est-à-dire vers octobre-novembre. A cette époque, si on désire prolonger la floraison, on transporte les plantes dans une température d'environ 10 degrés et, une fois la floraison terminée, on procède immédiatement au rempotage. On se trouvera bien de donner à plusieurs reprises, pendant la période de végétation, des arrosements à l'engrais liquide faible.

B. acuminata, — * *Fl.* violet bleuâtre, peu nombreuses, presque disposées en cymes terminales. Avril. *Flles* oblongues, acuminées, un peu atténuées à la base, glabres; bractées lancéolées, acuminées, glabres. *Haut.* 30 à 60 cent. Rio-de-Janeiro, 1840. (B. M. 4189.)

B. americana, Linn.* *Fl.* d'abord jaunes, puis blanches, très odorantes, les axillaires solitaires, les terminales nombreuses. Juin. *Flles* obovales, elliptiques, acuminées, plus longues que les pétioles. *Haut.* 1 m. 30 à 2 m. Antilles. 1735. — Il en existe plusieurs variétés, les unes à feuilles larges, les autres à feuilles étroites. (B. M. 393; L. B. C. 553.)

B. calycina, Benth.* *Fl.* pourpres, disposées en grands bouquets qui se succèdent pendant toute l'année. *Flles* grandes, lancéolées, vert clair, luisant. *Haut.* 60 cent. Brésil, 1850. — C'est une des plus cultivées parmi les espèces à grandes fleurs. (B. M. 4583; L. J. F. 171. Gn. 1891, 815, sous le nom de *Franciscea calycina grandiflora*.)

B. confertiflora, — *Fl.* bleu tendre, disposées en cymes nombreuses, terminales. Janvier-juin. *Flles* presque sessiles, oblongues, aiguës, atténuées à la base, presque velues, ciliées, vert jaunâtre en dessus; bractéoles oblongues, atténuées à la base, revêtues de poils roussâtres ainsi que les calices. *Haut.* 30 à 60 cent. Brésil.

B. eximia, — * *Fl.* de plus de 5 cent. de diamètre, pourpre foncé, disposées à l'extrémité des pousses. Janvier-juillet. *Flles* oblongues, lancéolées, vert foncé, non luisantes. *Haut.* 75 cent. Brésil, 1847. (B. M. 4790.)

B. grandiflora, Don. *Fl.* verdâtres; limbe de la corolle de 5 cent. de diamètre ; corymbes terminaux. Juin. *Flles* elliptiques, oblongues, aiguës, acuminées. Branches grêles, allongées. *Haut.* 1 m. Pérou.

B. hydrangeæformis, — * *Fl.* d'un beau violet bleuâtre, disposées en grandes cymes terminales, hémisphériques. Avril. *Flles* oblongues, aiguës, cunéiformes à la base, complètement glabres, de 30 cent. de long; bractées lancéolées, agrégées. *Haut.* 30 cent. à 1 m. Brésil, 1840. — Une des plus élégantes espèces du genre. (B. M. 4209.)

B. latifolia, — *Fl.* d'abord bleu lavande, avec un œil blanc, distinct, puis devenant presque blanches, délicieusement parfumées, terminales, presque disposées en cymes. Hiver et premier printemps. *Flles* largement elliptiques, aiguës, blanc grisâtre, de 15 à 20 cent. de long et 5 à 7 cent. de large. *Haut.* 60 cent. à 1 m. Brésil, 1840. (B. M. 3907.)

B. Lindeniana, — * *Fl.* d'un beau pourpre, à œil clair. *Flles* ovales, acuminées, vert foncé. Brésil, 1865. (B. H. 1865, 226.)

B. uniflora, Don. *Fl.* solitaires, corolle à tube blanchâtre et à limbe pourpre ou violet bleuâtre. Hiver. *Flles* elliptiques, aiguës; branches verdâtres, canescentes, diffuses, étalées. *Haut.* 30 cent. à 1 m. Brésil, 1826. (L. B. C. 1332.)

BRUNIA, Linn. (dédié à Corneille de Bruin, plus connu sous le nom de Le Brun, voyageur hollandais dans l'Orient). Fam. *Bruniacées.* — Genre comprenant dix espèces originaires de l'Afrique australe. Ce sont de jolis petits

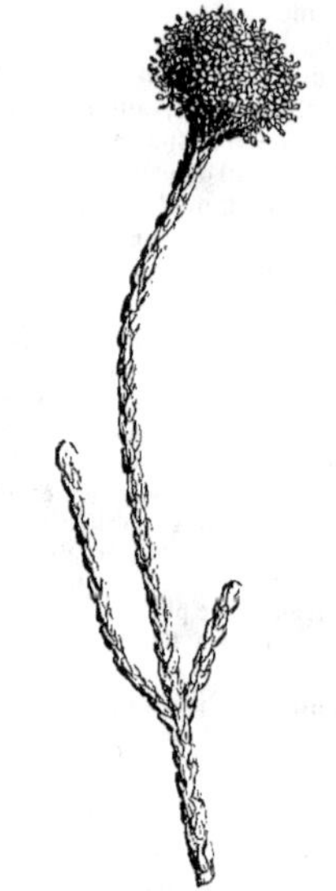

Fig. 515. — Brunia nodiflora.

arbrisseaux de serre froide, toujours verts, à port de Bruyère, plus ou moins rameux, dont les branches verticillées sont dressées ou étalées. Fleurs capitulées, munies chacune de trois bractées ou les latérales quelquefois manquantes; calice tuberculeux, à cinq divisions; pétales cinq, libres; étamines cinq. Feuilles petites, fortement imbriquées. Il leur faut un compost de terre de bruyère, de sable et d'un peu de terreau de feuilles; un bon drainage, et la terre doit être convenablement foulée au moment du rempotage. Multiplication par boutures de jeunes rameaux, qui s'enracinent facilement en été, dans du sable et sous cloches.

B. nodiflora, Linn. * *Fl.* blanches; capitules globuleux, de la grosseur d'une cerise, réunis au sommet des rameaux. Juillet. *Flles* lancéolées, aciculaires, trigones, aiguës, glabres, fortement imbriquées, non rousses au sommet. *Haut.* 30 cent. à 1 m. Cap, 1786. (L. E. M. 126; A. S. N. 8, 36.)

BRUNIACÉES. — Petite famille comprenant environ quarante-cinq espèces, réparties dans dix genres et habitant toutes l'Amérique australe. Ce sont des arbustes rameux, éricoïdes, pourvus de petites feuilles entières, compactes. Leurs fleurs sont réunies en bouquets terminaux, composées d'un calice monosépale et d'une corolle à cinq pétales alternes avec les divisions du calice. Le genre *Brunia* en est le type.

BRUNONIA, Smith. (dédié à Robert Brown, un des plus célèbres botanistes anglais; 1773-1858). Fam. *Goodéniacées.* — Genre monotypique, dont l'espèce qui le caractérise est une plante vivace, de serre froide, duveteuse, ayant le port des *Scabiosa* et certains points de ressemblance avec eux. Les fleurs réunies en capitules, entourés de bractées foliacées, ont un calice à cinq sépales velus; une corolle bleue, monopétale, à cinq divisions étroites, allongées, persistantes, et cinq étamines non adhérentes à la corolle. Feuilles radicales, très entières, spatulées, dépourvues de stipules. Cette plante se plaît dans un compost de terre franche, de terreau de couches et de terre de bruyère; il lui faut un drainage parfait. Multiplication par division des touffes, au printemps, avant le rempotage.

B. australis, Smith. * Caractères du genre. *Haut.* 30. Nouvelle-Hollande, 1834. (B. R. 1833.)

BRUNSVIGIA, Heist. (dédié à un membre de la famille de Brunsvick). Fam. *Amaryllidées.* — Genre comprenant neuf espèces de belles plantes bulbeuses, de serre tempérée, toutes originaires du Cap. Fleurs rouges, longuement pédicellées, accompagnées de bractées scarieuses; périanthe caduc, à tube court, dressé ou légèrement incurvé, en entonnoir, à six divisions profondes, sub-égales, à plusieurs nervures, planes et recurvées au sommet; étamines six, insérées sur le tube, très déclinées, dont trois plus courtes. Hampe forte, dressée, paraissant en été, avant les feuilles et portant une ombelle entourée d'une spathe bivalve. Feuilles larges, épaisses, horizontales, naissant souvent après la hampe. Bulbe très gros, tuniqué. Leur multiplication a lieu par la séparation des caïeux qui sont peu abondants. Il ne faut les séparer que lorsqu'ils ont acquis un assez grand développement; on les empote avec soin dans un mélange de terre franche fibreuse et de terre de bruyère, avec un bon drainage; on les place ensuite dans un endroit assez chaud et étouffé, où on les laisse jusqu'à ce qu'ils soient bien repris; les arrosements doivent être très modérés tant que les racines ne sont pas développées. Le meilleur endroit où l'on puisse ensuite les cultiver jusqu'à ce qu'ils soient de force à fleurir, est une tablette près du verre, dans une serre dont la température est maintenue entre 10 et 15 deg. Les arrosements doivent être copieux pendant leur période de végétation, et on les tient presque secs pendant leur repos; les bulbes augmentent ainsi rapidement en volume, mais plusieurs années peuvent s'écouler avant qu'on ne les voit fleurir.

La culture des *Brunsvigia* peut se diviser en deux périodes : celle de la végétation et celle du repos. A la fin de cette dernière, on les met en végétation sans les forcer; dès qu'ils sont en activité, on commence à les arroser copieusement et on maintient la température entre 15 et 18 deg., afin de les faire pousser vigoureusement. Il leur faut d'assez grands pots; on emploie un mélange de terre de bruyère, de terre franche et de terreau en parties égales. On les tient ordinairement en serre, mais on peut aussi les cultiver avec succès en pleine terre, au pied d'un mur exposé au midi, dans un coffre que l'on couvre avec soin de châssis et de paillassons, selon l'intensité du froid, car ils ne supportent pas les gelées. Le fond du coffre doit être bien drainé, et la couche de terre végétale assez épaisse, composée du même mélange que pour la culture en pots. Les bulbes doivent toujours être plantés assez profondément. Une bonne méthode pour les faire fleurir consiste à soumettre les bulbes à une température de 20 deg. ou plus, afin de les faire mûrir complètement, puis de les mettre en végétation et de les pousser le plus possible.

B. ciliaris, Gawl. — V. *Buphane ciliaris*, Herb.

B. Cooperi, Baker.' *Fl.* jaune soufre, bordées de rouge, en ombelle de douze à seize fleurs. *Flles* rubanées, obtuses, distiques, charnues. *Haut.* 45 cent. Cap, 1872. (Ref. B. 330.)

B. falcata, Ker. — V. *Ammocharis falcata*, Herb.

B. gigantea, Heist. ' *Fl.* d'un beau rouge écarlate, longuement pédonculées ; périanthe de 5 à 6 cent. de long. urcéolé-campanulé, à gorge oblique ; divisions acuminées, inégales. Ombelle multiflore. Juin-août. *Flles* obovales ou oblongues, épaisses, de 12 à 20 cent. de long et 6 à 8 cent. de large, appliquées sur la terre. Bulbe de la grosseur de la tête d'un enfant. Cap. 1752. Syns. *B. multiflora*, Ait. (B. M. 1619.); *B. orientalis*, Ecklon ; *Amaryllis orientalis*, Linn.; *Coburgia multiflora*, Herb. (B. M. 2213) ; *Crinum candelabrum*, Hort.; *Hæmanthus orientalis*, Thunb.

B. Josephinæ, Gawl. ' *Fl.* d'un beau rouge, mais de nuance variable, de 8 cent. de long, en très grande ombelle composée de dix à trente fleurs et quelquefois plus; hampe de 30 à 45 cent. de long, sub-arrondie, rougeâtre. *Flles* huit à dix, rubanées, de 60 cent. à 1 m. de long et 4 à 5 cent. de large, sub-dressées, épaisses, fortement sillonnées, glauques ou verdâtres. Bulbe très gros, ovoïde, de 12 à 15 cent. de diamètre. Cette belle espèce est assez fréquemment cultivée. Cap, 1805. (B. R. 192, 193; B. M. 2578; F. d. S. 4, 322.) Syns. *Amaryllis Josephinæ*, Red. (R. L. 370-371-372) ; *Coburgia Josephinæ*, Herb.

B. humilis, Ecklon. Syn. de *B. minor*, Lindl.

B. magnifica, Lind. et Rod. *Fl.* vingt à trente; à tube court et à segments blancs, à large bande médiane pourpre rougeâtre, lancéolés, oblongs, réfléchis, de 8 cent. de long ; hampe brune, de 10 cent. de haut. *Flles* oblongues, profondément canaliculées, acuminées, denticulées en scie, de 45 à 50 cent. de long et 8 cent. de large, retombantes. Bulbe gros, globuleux. Cap, 1885. (I. H. 1885, 552.) Cette plante « est un *Crinum* identique ou bien voisin du C. *Forbesianum* ». (Baker.)

B. Massaiana, Lind. et Rod. — V. *Crinum Massaiana*.

B. minor, Lindl. *Fl.* rouge pâle, à tube très court, réunies par vingt-quarante en ombelle; hampe forte, de 15 à 20 cent. de long. *Flles* trois à quatre, loriformes, de 15 cent. de long et 2 cent. 1/2 de large. Cap, 1823. (B. R. 954.) Syn. *B. humilis*, Ecklon.

B. orientalis, Ecklon. Syn. de *B. gigantea*, Heist.

B. multiflora, Ait. Syn. de *B. gigantea*, Heist.

B. toxicaria, Gawl. — V. *Buphane disticha*, Herb.

BRUYÈRE. — V. **Erica**.

BRUYÈRE du Cap. — V. **Phylica ericoides.**

BRUYÈRE commune. — V. **Calluna vulgaris.**

BRYA, P. Browne. (de *bryo*, pousser; les graines germent avant de tomber de l'arbre). Fam. *Légumineuses*. — Petit genre comprenant trois espèces de l'Amérique centrale et des Indes occidentales. Ce sont des arbustes ou de petits arbres de serre chaude, à fleurs axillaires. Feuilles solitaires ou fasciculées, simples ou trifoliées, à stipules persistantes, transformées en épines. L'espèce ci-dessous se plait en terre franche fibreuse; on la multiplie par semis ou par boutures que l'on fait sur couches.

B. Ebenus, DC. Angl. Jamaica Ebony. — *Fl.* jaune vif; pédoncules fasciculés par deux ou trois, axillaires, portant une ou deux fleurs et plus courts que les feuilles. Juillet-août. *Flles* à folioles agrégées, obovales. *Haut.* 4 à 5 m. Indes occidentales, 1713. (L. J. F. 4, 332; B. M. 4670.)

BRYANTHUS, Gmel. (de *bryon*, Mousse, et *anthos*, fleur). Fam. *Ericacées*. — Petit genre comprenant trois espèces de petits arbrisseaux couchés, voisins des *Loiseleuria* et habitant l'Amérique du nord-ouest. Fleurs terminales, un peu en grappes; calice à cinq lobes imbriqués; corolle à cinq lobes profonds, étalés. *Flles* fasciculées, étalées, planes. Pour leur culture, etc., V. **Menziezia**.

B. empetrifolius. — *Fl.* pourpre rougeâtre, en bouquets réunis à l'extrémité des rameaux. *Flles* linéaires, compactes, à pétiole court, apprimé. *Haut.* 15 cent. Amérique du nord-ouest, 1829. Syn. *Menziezia empetrifolia*, Smith. (B. M. 3176.)

B. erectus, Lindl. *Fl.* rouges, pentamères, largement campanulées. *Flles* linéaires, obtuses, obscurément dentées. *Haut.* environ 30 cent. Sibérie. Espèce sarmenteuse. (L. et P. F. G. 1, 19.)

B. Gmelini, G. Don. *Fl.* rouges, à pédoncules glanduleux, multiflores. *Flles* denticulées sur les bords. *Haut.* 5 à 8 cent. Kamtschatka et île de Behring.

BRYONE d'Amérique. — V. **Ipomœa Jalapa.**

BRYONIA, Tourn. (de *bryo*, pousser; allusion à la rapidité de la croissance des tiges). **Bryone**, Angl. Bryony. Fam. *Cucurbitacées*. — Genre comprenant huit espèces de plantes vivaces, herbacées, tuberculeuses, à tiges annuelles, habitant l'Europe, la région méditerranéenne et les îles Canaries. Fleurs dioïques ou rarement monoïques, d'un blanc sale; les mâles fasciculées; les femelles solitaires ou agrégées. Fruit bacciforme. Feuilles à trois-cinq lobes, accompagnées de vrilles. Tiges grimpantes. Les Bryones, même l'espèce commune, peuvent être utilisées pour tapisser les murs, les treillages et les berceaux. La première est entièrement rustique et ne demande aucun soin une fois établie; on la multiplie facilement par le semis et par éclat des racines. Ces dernières contiennent un principe actif, violemment purgatif, que l'on a employé pour le traitement de quelques maladies.

B. dioica, Jacq. Bryone, Couleuvrée, Navet du diable. — *Fl.* verdâtres, en cymes corymbiformes, les mâles longuement pédonculées, les femelles presque sessiles. Mai-septembre. Baies globuleuses, rouges. Juillet-octobre. *Flles* pétiolées, cordiformes, palmées, à trois-cinq lobes anguleux, scabres. Tiges sarmenteuses. Racine très grosse, charnue. France, Angleterre, etc. (Sy. En. B. 517 ; F. D. II. 1830.)

B. laciniosa, Linn. — V. *Bryonopsis laciniosa*.

Fig. 516. — Bryonia dioica.

BRYONOPSIS, Arn. (de *Bryonia*, Bryone, et *opsis*, apparence; allusion à la ressemblance de ces plantes avec la Bryone). Fam. *Cucurbitacées*. — Section du genre *Bryonia* ne comprenant que les deux espèces ci-dessous, qui en diffèrent par leurs fleurs monoïques, fasciculées, par leurs graines obovées et par leurs tiges annuelles, à racines fibreuses et non tuberculeuses. Elles peuvent être employées aux mêmes usages, mais à exposition chaude, car ce sont plutôt des plantes de serre, à cultiver en pots, dans un mélange de terre franche et de terreau, pour garnir les piliers et les murs. On les multiplie par semis faits sur couche et on traite les plants comme ceux des Melons ou des Concombres; on les met ensuite en place en juin. Les fruits sont la partie la plus décorative.

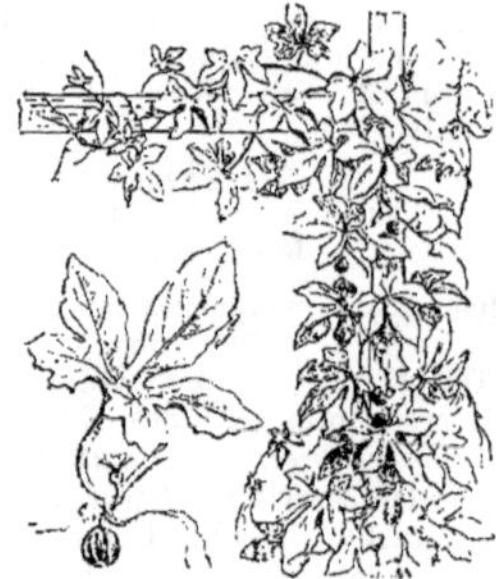

Fig. 517. — Bryonopsis erythrocarpa.

B. erythrocarpa, Ndn. *Fl.* monoïques, vert jaunâtre, les deux sexes souvent réunis à l'aisselle des mêmes feuilles. *Baies* réunies par trois-cinq, de la grosseur d'une cerise, carmin intense et maculées de blanc à maturité. *Flles* alternes, palmées, à cinq lobes dentés, à sinus arrondis. Tiges grimpantes, munies de vrilles bifides. *Haut.* 3 m. Indes orientales. Serre tempérée. Plante annuelle.

B. laciniosa, — *Fl.* jaunes, monoïques, les femelles sessiles, agglomérées ; corolle velue à l'intérieur et glabre à l'extérieur. *Baies* de la grosseur d'une cerise, vertes, bariolées de blanc. Juillet. *Flles* palmées, à cinq lobes, cordiformes, rudes et cloquées, à segments oblongs, lancéolés, acuminés, dentés ; pétioles muriqués. Ceylan, 1710. Serre tempérée. Plante annuelle. Syn. *Bryonia laciniosa*, Linn. (F. d. S. 12, 1202.)

BRYOPHYLLUM, Salisb. (de *bryo*, pousser, et *phyllon*, feuille; allusion à la faculté qu'ont les feuilles d'émettre dans les sinus, des bourgeons qui, dans des conditions propices, forment de jeunes plantes). Syn. *Physocalycum*, Vest. Fam. *Crassulacées*. — Petit genre comprenant quatre espèces de plantes charnues, frutescentes à la base, à fleurs réunies en grandes grappes et à feuilles opposées, pétiolées, simples ou imparipennées. L'espèce ci-dessous se cultive en serre chaude, dans une bonne terre franche, fertile; il lui faut un drainage parfait et peu d'eau en toute saison. Multiplication par boutures de feuilles.

B. calycinum, Salisb. *Fl.* jaune rougeâtre, en cymes paniculées, terminales. Avril. *Flles* opposées, épaisses, pétiolées, quelques-unes imparipennées, à une ou deux paires de folioles ; la terminale grande, les autres solitaires, toutes ovales et crénelées. *Haut.* 60 cent. à 1 m. Indes, 1806. Arbuste dressé, rameux, charnu, cultivé comme curiosité. (L. B. C. 877 ; B. M. 1409.)

BUBANIA, Gir. — V. **Limoniastrum**, Mœnch.

BUBON, Linn. — Réunis aux **Seseli**, Linn.

BUCCO, Wendl. — V. **Agathosma**, Willd.

BUCEPHALON, Linn. — V. **Trophis**, Linn.

BUCERAS, P. Browne. Réunis aux **Terminalia**, Linn.

BUCHINGERA, Schult. — V. **Cuscuta**, Linn.

BUCHOSIA, Well. — V. **Heteranthera**, Ruiz. et Pav.

BUCIDA, Linn. — Réunis aux **Terminalia**, Linn.

BUCKLANDIA, R. Br. (dédié au Dr Buckland; ex-doyen de Westminster et professeur de géologie à Oxford). Fam. *Hamamélidées*. — Genre ne comprenant que deux espèces de grands et beaux arbres voisins des *Liquidambar*. Fleurs monoïques, réunies en capitules. Branches articulées et noueuses, portant des feuilles alternes, simples, pourvues de grandes stipules qui les enveloppent. L'espèce ci-dessous se plaît dans un mélange de bonne terre franche, de terre de bruyère et de terreau, ou sans terre de bruyère si le terreau est bon, et avec un bon drainage. On la multiplie par boutures de bois mûr, que l'on plante dans de la terre franche, sous cloches et à chaud. Il faut les arroser avec beaucoup de modération, car elles sont susceptibles de fondre.

B. populnea, R. Br. *Flles* vert pâle, grandes, coriaces, cordiformes, ovales-aiguës, longuement pétiolées, rosées à l'état juvénile ; stipules très curieuses, grandes, rouges, consistant en deux folioles oblongues, dressées face à face, entre le pétiole et la tige. *Haut.* 50 m. Himalaya, 1875. (B. M. 6507.)

BUDDLEIA, Linn. (dédié à Adam Buddle, botaniste anglais très souvent cité dans le « Synopsis » de Ray; son herbier de plantes d'Angleterre est conservé au « British Museum » de Londres). Syn. *Romana*, Vell. pro parte. Fam. *Loganiacées*. — Genre comprenant environ soixante-dix espèces d'arbustes rustiques, demi-rustiques, de serre chaude ou tempérée, originaires de l'Asie, de l'Amérique tropicale et tempérée et de l'Afrique australe. Fleurs petites, souvent tomenteuses, disposées en capitules, en épis ou en thyrses; calice tubuleux, à quatre dents égales; corolle tubuleuse, campanulée, régulière, à limbe étalé à quatre segments. Feuilles opposées, veinées, réticulées. Branches quadrangulaires. Parmi les espèces de ce genre, deux surtout (*B. globosa* et *B. Lindleyana*) sont à recommander par leur rusticité relative, elles supportent la pleine terre sous le climat de Paris, sauf pendant les hivers très rudes où elles sont quelquefois entièrement gelées, si on n'a pas eu soin de garnir le pied avec de la litière, des feuilles sèches ou autres matériaux protecteurs. Dans l'ouest et plus au centre de la France; les *Buddleia* sont entièrement rustiques. En Provence, plusieurs autres espèces (*B. japonica*, *B. intermedia*, etc.) sont de pleine terre. On les emploie à garnir les massifs d'arbustes, à former des touffes isolées, à tapisser les murs, à orner les serres, etc. Les *Buddleia* poussent en tous terrains pourvu qu'ils ne soient ni trop compacts ni trop humides; les terres riches, légères et bien drainées sont les meilleures pour leur bonne végétation. Ils supportent bien la taille et la tonte, mais ces opérations les rendent moins florifères. Plantés au pied des murs, il suffit de dresser leurs rameaux le long des treillages, sans les attacher de trop près; on ne les raccourcit que lorsqu'ils deviennent trop forts. Leur multiplication a lieu par graines et par boutures.

Le semis se fait au printemps qui suit leur récolte, en terrines, sur une petite couche; on repique les plants en pots et on les hiverne sous châssis ou en serre. Les espèces rustiques peuvent être mises en pleine terre au printemps suivant, à bonne exposition. Quant aux espèces de serre, on les rempote dans de plus grands pots au fur et à mesure de leur besoin. Les boutures se font à l'automne avec du bois mûr et autant que possible avec talon, sous châssis froid; celles des espèces délicates se font en serre et sous cloches, dans du sable fin ou dans de la terre très légère. Il leur faut peu d'eau, jusqu'à ce qu'elles aient émis des racines; cette période est assez longue, mais on peut hâter leur développement en rempotant ces boutures dès qu'elles ont formé un bourrelet et en les plaçant sur une petite couche de 15 à 18 deg. de température. Ce procédé n'est nullement indispensable pour les faire enraciner, mais il produit une végétation excessivement rapide

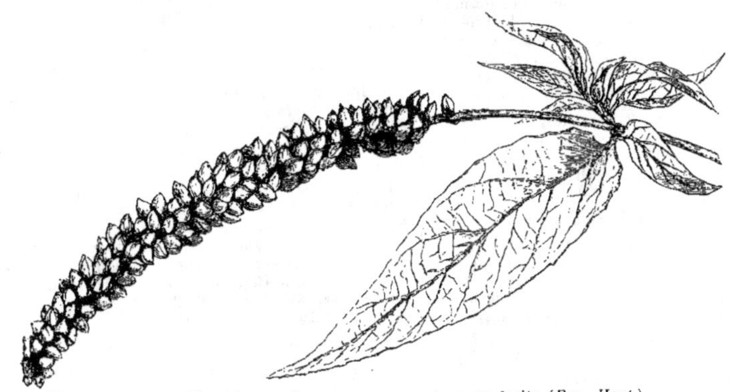

Fig. 518. — Buddleia japonica type, en fruits. (*Rev. Hort.*)

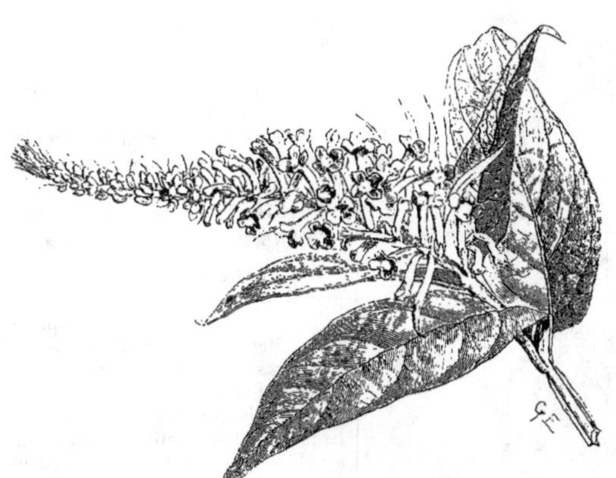

Fig. 519. — Buddleia japonica. (*Rev. Hort.*)

et vigoureuse. Ainsi traitées, les jeunes plantes sont bonnes à mettre en place en juillet, dans un endroit chaud et abrité. Les espèces de serre chaude ou tempérée se traitent comme la plupart des plantes que l'on cultive dans ces mêmes serres.

B. americana, Linn. *Fl.* jaunes, en glomérules formant des panicules rameuses, étalées, terminales, de près de 30 cent. de long ; glomérules presque globuleux, de la grosseur d'une prunelle, courtement pédonculés. Août. *Flles* ovales, acuminées, rétrécies à la base, dentées en scie. crénelées. *Haut.* 2 m. 50 à 4 m. Pérou, 1826. Serre tempérée.

B. asiatica, Lour. * *Fl.* blanches, petites, disposées en longues grappes denses. *Flles* lancéolées, finement dentées. *Haut.* 1 m. Indes, 1874. Arbuste élégant, à fleurs odorantes. Syn. *B. Neemda*, Roxb. (B. M. 6323.) Serre chaude.

B. capitata, Jacq. Syn. de *B. globosa*, Lamk.

B. crispa, Benth. *Fl.* lilas à œil blanc, en épis fasciculés, terminaux, très nombreux, formant un bouquet d'environ 12 cent. de long. Mars. *Flles* ovales-lancéolées, crénelées, frisées ; les inférieures cordiformes à la base ; les supérieures arrondies ; toutes épaisses, ridées, couvertes d'un tomentum velouté sur les deux faces. *Haut.* 4 m. Himalaya occidental. Demi-rustique. (B. M. 6323.)

B. curviflora, Hort. Syn. de *B. japonica*, Hemsl.

B. globosa, Lamk. * *Fl.* jaune orangé, en capitules très denses, multiflores, gros, globuleux, terminaux, pédonculés. Mai. *Flles* lancéolées, acuminées, pétiolées, crénelées, de 15 cent. de long. Branches sub-tétragones, couvertes d'un tomentum ferrugineux ainsi que la face inférieure des feuilles. *Haut.* 5 à 6 m. Chili, 1774. Rustique. (B. M. 174.)

B. heterophylla, Lindl. Syn. de *B. madagascariensis*, Lamk.

Fig. 520. — Buddleia insignis. (*Rev. Hort.*)

B. insignis, Carr. *Fl.* lilas rougeâtre, en épis compacts, dressés, simples, solitaires ou fasciculés au sommet des rameaux. *Flles* caduques, opposées ou ternées, étroites, longuement acuminées. Arbuste rustique, rappelant beaucoup par son port le *Veronica incisa*. Obtenu de semis en 1876. (R. H. 1878, 320.)

B. japonica, Hemsl. *Fl.* lilas pâle, petites, en épis arqués, très denses, et auxquelles succèdent un grand nombre de capsules. Mai-août. *Flles* elliptiques, molles, atteignant jusqu'à 25 cent. de long et 4 à 6 cent. de large, longuement atténuées en pointe obtuse. Plante vigoureuse, dressée. *Haut.* 2 m. Loo-Choo. Rustique. Syn. *B. curviflora*, Hort. non Hook et Arn.

B. intermedia, Carr. *Fl.* lilas à œil blanc, en épis simples, penchés, atteignant jusqu'à 50 cent. de long. Été et automne. *Flles* un peu petites, coriaces, vert très foncé en dessus, glaucescentes en dessous, étroitement acuminées, aiguës. Arbuste buissonnant, à rameaux grêles, retombants. Hybride entre les *B. curviflora* et *B. Lindleyana*, 1873. Rustique. (R. H. 1873, 150.)

B. Lindleyana, Fortune. *Fl.* pourpre violacé, pubescentes, en thyrses denses, allongés. Juillet-septembre. *Flles* ovales, courtement pétiolées, dentées. Branches anguleuses, glabres. *Haut.* 2 m. Chine, 1844. Rustique. (B. R. 32, 4 ; F. d. S. 2, 48.)

B. madagascariensis, Lamk. *Fl.* d'un beau jaune, en cymes lâches, pédonculées et réunies en thyrse de 15 à 30 cent. de long ; corolle à tube au moins deux fois plus long que le calice. Juin-août. *Flles* ovales, lancéolées ou un peu cordiformes, entières ou peu dentées, rudes en dessus, velues, ferrugineuses en dessous. *Haut.* 2 à 4 m. Madagascar, 1824. Syn. (B. M. 2824.) *B. heterophylla*, Lindl. (B. R. 15, 1259.) Serre tempérée.

B. Neemda, Roxb. Syn. de *B. asiatica*, Lour.

BUÉE. — Vapeur qui résulte de l'évaporation de l'eau contenue dans le sol. C'est principalement dans les serres et sous les cloches que la buée s'accumule quelquefois au point d'en rendre l'atmosphère tellement saturée, que cette vapeur se condense par réfraction sur les parois du local et sur tous les objets qui y sont renfermés. Certaines plantes supportent assez bien cette humidité excessive ; pour d'autres elle est même utile, mais les plantes charnues en sont matériellement affectées. Cependant, ce sont surtout les boutures qui en souffrent le plus, car on conçoit que lorsque l'air est humide au point d'empêcher l'évaporation et l'absorption par les feuilles, les fonctions sont suspendues et les fragments de tiges ou autres organes dépourvus de racines ne tardent pas à pourrir par suite d'inaction forcée. C'est en modérant les arrosements et les bassinages, en aérant et en essuyant fréquemment l'intérieur des cloches que l'on remédie à cet inconvénient. (S. M.)

BUEKIA, Giseke. — V. **Alpinia**, Linn.

BUENA, Pohl. — V. **Cosmibuena**, Ruiz. et Pav.

BUETTNERIA, Linn. (dédié à David Sigismund Augustus Byttner, autrefois professeur de botanique à l'Université de Gœttingen). Comprend les *Pentaceros*, G. F. W. Mey. Syn. *Buttneria* et *Byttneria*, Linn. Fam. *Sterculiacées*. — Genre renfermant environ cinquante-cinq espèces d'arbustes de serre froide, dressés ou sarmenteux, originaires de l'Asie, de l'Afrique et de l'Amérique tropicale. Fleurs petites, ordinairement pourpre foncé, à calice et corolle valvaires ; ombelles simples, disposées en fausses grappes ou panicules, rarement en corymbes. Feuilles simples. Tous les *Buettneria* sont faciles à cultiver dans un mélange de terre franche et de terre de bruyère. Les *B. dasyphylla*, Gay ; *B. hermanniæfolia*, Gay ; *B. microphylla*, Linn. et *B. scabra*, Linn. se rencontrent quelquefois dans les jardins, mais ils méritent à peine d'être cultivés.

BUETTNÉRIÉES. — Section des **Sterculiacées.**

BUGLE. — V. **Ajuga.**

BUGLOSSE. — V. **Anchusa.**

BUGLOSSUM, Gærtn. — V. **Anchusa**, Linn.

BUGRANE. — V. **Ononis.**

BUIS. — V. Buxus.

BUIS de Chine. — V. Murraya exotica, Linn.

BUISSON ardent. — V. Cratægus Pyracantha.

BULBE, Angl. Bulb. — Le bulbe est un renflement souterrain ou appliqué sur terre, ordinairement ovale ou arrondi, composé : 1° d'un disque ou plateau plus ou moins charnu, donnant naissance aux racines dans sa

Fig. 521. — Bulbe solide de Glaïeul.

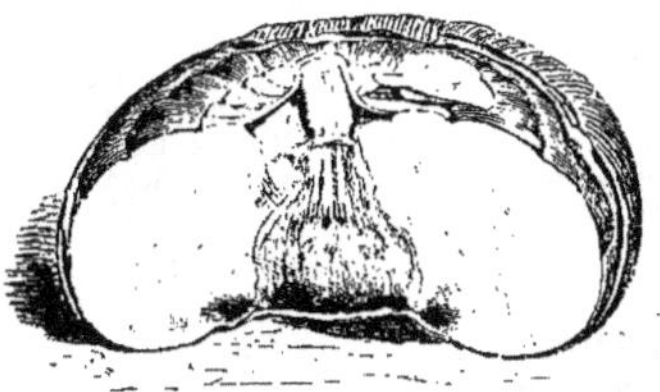

Fig. 522. — Le même coupé longitud.

partie inférieure ; 2° d'un certain nombre d'écailles plus ou moins charnues, reposant sur la face supérieure du disque ; 3° d'une tige centrale, rudimentaire, enveloppée par des écailles. Certains bulbes sont nommés *solides* parce qu'en dedans des tuniques extérieures, il n'existe pas d'écailles, mais un tissu solide et continu (Glaïeul, Crocus, Tulipe, etc.). Il existe aussi deux formes distinctes de bulbes feuilletés : 1° les bulbes *écailleux*, dont les écailles charnues, ne se recouvrent qu'imparfaitement (Lis, Fritillaire) ; 2° les bulbes *tuniqués*, dont les écailles ordinairement minces, se recouvrent et s'enveloppent exactement les unes les autres. (Ognon, Jacinthe, Narcisse, etc.)

Le bulbe n'est au point de vue physiologique qu'une sorte de réservoir dans lequel la plante accumule, pendant sa végétation, la plus grande partie des éléments nécessaires à son développement de l'année suivante. On y voit tous les organes essentiels de la plante ; la couronne qui représente le nœud vital d'où partent les racines ; le plateau ou disque qui n'est autre que la tige excessivement raccourcie et déprimée ; les écailles qui sont des feuilles modifiées ; enfin, au centre, le bourgeon qui renferme la hampe florifère ; on peut apercevoir celle-ci toute formée, mais forcément très petite, en coupant par exemple un bulbe de Jacinthe longitudinalement.

A l'aisselle des écailles ou des tuniques extérieures, se développent des bourgeons renflés, organisés de la même façon que le bulbe mère ; ces bourgeons nommés *caïeux* servent, lorsqu'ils ont acquis un certain développement, à multiplier la plante. Selon les espèces, on peut les détacher dès la fin de la végétation ou les lais-

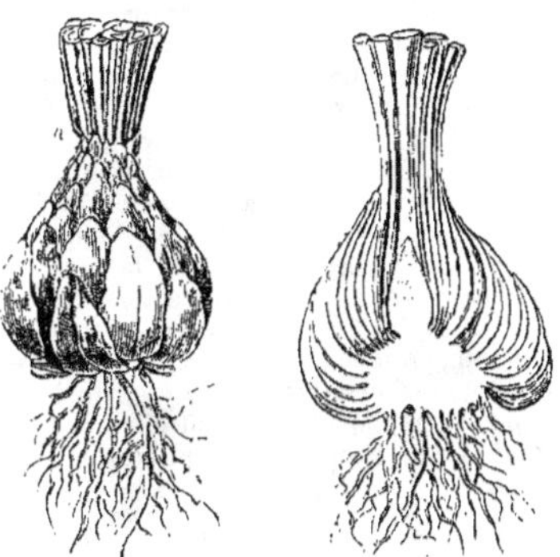

Fig. 523. — Bulbes écailleux de Lis, entier et coupé longitudinalement.

ser grossir pendant deux ou trois ans ; dans ce cas, ils épuisent naturellement le bulbe mère, et, à moins qu'on ne désire multiplier la plante, il est préférable de les supprimer chaque fois que l'on transplante les bulbes. (V. aussi **Caïeux**).

A l'aisselle des feuilles aériennes, il se développe chez certaines plantes bulbeuses, ex. : *Lilium tigrinum*, *L. bulbiferum Begonia discolor*, etc., des caïeux nommés *bulbilles*, semblables à ceux qui naissent autour du bulbe mère et dont ils ne diffèrent que par leur position et par leur plus petite taille ; ces bulbilles peuvent également servir à reproduire la plante. (V. aussi **Bulbilles**.)

Le nom de bulbe et, par extension, celui de plante bulbeuse sont donnés en jardinage et dans un sens large, à la majeure partie des végétaux dont la base de la tige ou dont les racines sont renflées, comme les Anémones,

Fig. 524. — Bulbes tuniqués d'Ognon, entier et coupé longitud.

les Dahlias, les Iris, les Phalangères, les Cyclamen, etc. La majeure partie des plantes bulbeuses ont une période de repos absolu pendant laquelle il est facile de les transplanter et de les expédier sans aucun danger ; certaines espèces peuvent même rester plusieurs mois hors de terre sans recevoir aucune humidité. D'autres, au contraire, ne sont jamais dans un repos complet et ne peuvent en conséquence supporter un séjour hors terre quelque peu prolongé, sans en souffrir d'une façon très sensible. Cette période de repos suit immédiatement celle de la floraison; elle est par conséquent très variable d'une espèce à l'autre. Cependant, la plantation d'un grand nombre de plantes bulbeuses a lieu à l'automne, et, en général, ce travail gagne beaucoup à être fait de bonne heure, même dès la fin de septembre; on peut attribuer avec raison la non-réussite de certaines d'entre elles à leur plantation trop tardive. Les Jacinthes, Tulipes, Crocus, Scilles, etc., qui nous viennent de la Hollande, sont dans ce cas. Les pertes que l'on éprouve quelquefois dans la culture des Lis d'importation peuvent bien souvent être attribuées à la même cause. Par leur séjour prolongé dans une atmosphère sèche, les bulbes se rident et se dessèchent quelquefois au point de perdre presque toute leur vitalité; ils ne tardent pas alors à fondre lorsqu'on les met en terre. Le même raisonnement s'applique également aux plantes bulbeuse dont la plantation a lieu au printemps. (S. M.)

BULBE (**Pseudo-**). — Le pseudo-bulbe a beaucoup d'analogie avec les bulbes tuniqué ou écailleux; il résulte de l'élargissement et du renflement de la base des pétioles qui partent également d'une tige très courte et s'emboîtent plus ou moins parfaitement. Le pseudo-bulbe est ordinairement appliqué sur terre, vert, plus ou moins ovale, déprimé ou anguleux, et porte quelques feuilles à son extrémité. Ce nom est d'un emploi courant pour désigner la base raccourcie et renflée des tiges d'un grand nombre d'espèces d'Orchidées épiphytes. On peut aussi qualifier de pseudo-bulbe la partie inférieure des tiges de quelques plantes, entre autres celles du Fenouil de Florence, qui sont organisées d'une façon semblable. (S. M.)

BULBEUX. — Renflé en bulbe, qui est muni d'un bulbe.

BULBIFÈRE. — Qui porte des bulbes.

BULBILLES. — On nomme ainsi les bourgeons aériens naissant à l'aisselle des feuilles ou des inflorescences, et qui, après certaines modifications de leur constitution, se séparent de la tige et s'implantent dans le sol où ils reproduisent un individu semblable au pied mère. Ils ne diffèrent des **Caïeux** (V. ce nom) que par leur position. Comme les **Bulbes** (V. aussi ce nom), ils sont solides (Igname, *Begonia discolor*, Ail Rocambole, etc.), ou écailleux (Lis). De même que les caïeux, ils peuvent servir à propager l'espèce, mais étant donné leur petitesse, ils mettent nécessairement plus de temps à acquérir la grosseur nécessaire pour fleurir. (S. M.)

BULBILLIFÈRE. — Qui porte des bulbilles.

BULBINE, Linn. (de *bolbos*, bulbe). Fam. *Liliacées*. — Genre comprenant environ vingt-trois espèces originaires de l'Afrique australe et de l'Abyssinie, dont deux de l'Australie orientale. Ce sont d'assez jolies plantes herbacées ou bulbeuses, rustiques ou demi-rustiques, voisines des *Anthericum*. Fleurs décoratives, odorantes, à segments étalés. Feuilles étroites, un peu charnues. Tiges courtes. On cultive facilement les *Bulbines* en terre franche siliceuse. Les espèces bulbeuses se multiplient par séparation des caïeux et les herbacées par drageons et par division des touffes. Le *B. annua* peut seul être cultivé en pleine terre, les autres doivent être hivernés en serre froide, mais on peut les mettre en plein air pendant l'été.

B. aloides, Willd. * *Fl.* jaunes, disposées en panicule terminale. Avril. *Flles* charnues, rubanées, lancéolées, planes sur les deux faces. *Haut.* 30 cent. Cap, 1732. Syn. *Anthericum aloides*, Linn. (B. M. 1317; R. L. 283.)

B. annua, Willd. *Fl.* jaunes, en grappes. Mai-juin. *Flles* charnues, subulées, arrondies. *Haut.* 20 cent. Cap. 1731. — Espèce annuelle, dont les graines doivent être semées au printemps, sur couche et dont on repique les plants en pleine terre lorsqu'ils sont suffisamment forts. Syn. *Anthericum annuum*, Linn. (B. M. 1451.)

B. caulescens, Linn. * *Fl.* jaunes. Mars. *Flles* charnues, arrondies. Tiges frutescentes, dressées, rameuses. *Haut.* 60 cent. Cap, 1702. Espèce ligneuse, que l'on multiplie par boutures sous cloches. Syn. *B. frutescens*, Willd. (B. M. 816.)

B. frutescens, — Willd. Syn. *B. caulescens*, Linn.

BULBINELLA, Kunth. (diminutif de *bolbos*, bulbe). Syn. *Chrysobactron*, Hook. f. Fam. *Liliacées*. — Ce genre comprend treize espèces originaires de l'Afrique australe et de la Nouvelle-Zélande. Ce sont des plantes bulbeuses, rustiques, très ornementales, mais rares dans les jardins. Pour leur culture, V. **Anthericum**.

B. Hookeri, — * *Fl.* jaunes, hermaphrodites, de près de 12 mm. de diamètre, très nombreuses, disposées en grappe dressée, de 8 à 10 cent. de long. Commencement de l'été. *Flles* linéaires, engainantes à la base, de 20 à 25 cent. de long et 12 à 24 mm. de large. *Haut.* 50 cent. à 1 m. Nouvelle-Zélande. 1850. — Il lui faut une terre profonde et fraîche pour atteindre tout son développement. Syn. *Anthericum Hookeri; Chrysobactron Hookeri*.

B. Rossi, — *Fl.* jaunes, monoïques. *Haut.* 60 cent. à 1 m. Nouvelle-Zélande, 1848. Espèce analogue à la précédente, mais bien préférable.

BULBOCODIUM, Linn. (de *bolbos*, bulbe, et *kodion*, toison ; allusion à la villosité des tuniques des bulbes). **Bulbocode.** Fam. *Liliacées*, tribu des *Colchicées*. — Genre monotypique dont l'espèce connue habite l'Europe méridionale, depuis le sud de la France jusqu'à la Russie d'Asie. C'est une jolie petite plante bulbeuse, assez semblable à un *Colchicum*, mais plus petite ; pé-

Fig. 525. — Bulbocodium vernum.

rianthe à six divisions longuement onguiculées ; étamines six ; styles trois, soudés presque jusqu'au sommet ; ovaire supère. Feuilles deux-trois dans la même gaine, naissant après les fleurs. Le Bulbocode présente le grand avantage de fleurir dès février-mars, avec les Eranthis et les Perce-neige, on peut en former de jolies bordures, des touffes, le disperser sur les pelouses, etc. Il lui faut une terre franche, fraîche, mais bien saine ; dans ces conditions, il se propage rapidement. On le multiplie par division des touffes en août-septembre ;

il est bon de replanter les bulbes tous les deux ans, dans un autre endroit ou au besoin à la même place, mais alors en labourant bien la terre.

B. vernum, Linn. ' *Fl.* violet purpurin, marquées d'une tache blanche à l'onglet, longuement tubuleuses, en entonnoir, à six segments libres, étroits, révolutés au sommet; naissant avant les feuilles, par deux ou trois sur chaque bulbe. Premier printemps. *Flles* ordinairement trois, rubanées, concaves et enveloppées à la base par des gaines très développées. Bulbe noirâtre, oblong. *Haut.* 10 à 15 cent. France méridionale, Espagne, etc. Il existe une variété à feuilles panachées. (B. M. 153 ; R. L. 4,197 ; F. d. S. 11,1149.)

B. Aitchisoni. — V. *Merendera persica.*

B. autumnale, Lap. — V. *Merendera Bulbocodium*, Ram.

B. Eichleri. — V. *Merendera caucasica.*

B. trigynum. — V. *Merendera caucasica.*

BULBOPHYLLUM, D.P. Thou. (de *bulbos*, bulbe, et *phyllon*, feuille ; les feuilles naissent au sommet des pseudo-bulbes). SYNS. *Anisopetalum*, Hook. ; *Bolbophyllum*, Spreng. ; *Diphyes*, Blume ; *Gersinia*, Néraud et *Tribrachium*, Lindl. Comprend les *Malachadenia*, Lindl. FAM. *Orchidées.* — Genre renfermant environ quatre-vingt-dix espèces, dispersées pour la plupart dans l'Afrique et dans l'Asie tropicale ; quelques-unes habitent l'Amérique du Sud et l'Australie et une existe dans la Nouvelle-Zélande. Relativement peu sont dignes d'être cultivées, sauf dans les collections scientifiques. Leurs fleurs sont disposées en grappes spiciformes, très rarement uniflores ou en fausses ombelles ; sépales et pétales ordinairement libres et presque égaux ; labelle articulé à la base de la colonne. Les *Bulbophyllum* se cultivent facilement sur des bûches, entourés d'un peu de sphagnum et suspendus à la charpente d'une serre chaude ; les racines demandent à être copieusement arrosées. On les multiplie par division des touffes. Du nombre assez grand d'espèces introduites, les suivantes sont à peu près toutes celles qui méritent une place dans les collections ornementales.

B. barbigerum, Lindl.' *Fl.* à sépales et pétales brun verdâtre; labelle couvert de poils brunâtres et dont le point d'attache à la colonne est si étroit qu'il se meut au moindre vent ou à la plus légère secousse. Sierra Leone, 1835. Plante naine, curieuse, à feuilles et pseudo-bulbes vert foncé. (B. R. 1942 ; B. M. 5288.)

B. Beccarii, Rchb. f. *Fl.* brun clair, peintes de violet ; labelle brun à reflet violet ; grappes denses, cylindriques, penchées, naissant sur un rhizome, à la base d'un petit pseudo-bulbe. *Flles* trois, de 75 cent. de long et 45 cent. de large, très épaisses. *Rhiz.* de 50 cent. de long. Brésil, 1879. — Espèce remarquable, grimpante, atteignant des proportions gigantesques ; ses fleurs exhalent une odeur fétide, intolérable et ses feuilles sont plus grandes que celles de toutes les Orchidées connues. Elle exige beaucoup de chaleur. (B. M. 6517.)

B. Dearei, Veitch. — V. *Dendrobium Dearei.*

B. fallax, Rolfe. *Fl.* petites, pourpre foncé, en épi de 20 cent. de long, brusquement courbé au milieu. Élégante petite espèce. Assam. 1889.

B. grandiflorum. Blume. *Fl.* solitaires, grandes, fortement réticulées de brun sur fond pâle ; sépales lancéolés, atténués, de 10 à 12 cent. de long. libres, le supérieur du double plus large que les latéraux, fortement arqué depuis la base et à extrémité pendante en avant. *Flles* solitaires, elliptiques, de 6 à 8 cent. de long. Pseudo-bulbes d'environ 2 cent. 1/2 de long, espacés, à quatre angles. *Rhiz.* rampant. Nouvelle-Guinée, 1887. Espèce plus grotesque qu'ornementale. (L. 108.)

B. Lobbii, Lindl. ' *Fl.* grandes, à sépales et pétales jaunes, maculés de pourpre dans leur partie supérieure, solitaires, à hampes radicales. Été. Java, 1845. (B. M. 4532 ; L. 195.) Syn. *Sarcopodium Lobbii*, Lindl. et Paxt.

B. maculatum, — *Fl.* élégamment maculées. *Flles* allongées, obtuses, vert tendre. Indes.

B. oxyodon, Rchb. f. — V. *Megaclinium oxyodon*, Rchb. f.

B. reticulatum, Batem. * *Fl.* géminées, blanches, striées de pourpre à l'intérieur; labelle maculé de même teinte. *Flles* un peu cordiformes, à nervures plus foncées que le limbe, leur donnant un bel aspect réticulé. Brésil, 1866. Probablement la plus belle espèce du genre. (B. M. 5605.)

B. saltatorium, Lindl. *Fl.* brun verdâtre, se conservant assez longtemps fraîches. Hiver. *Haut.* 15 cent. Sierra Leone, 1835. (B. R. 1970.)

B. saurocephalum, — *Fl.* très curieuses : sépales jaune d'ocre clair, nervures brunes ; pétales blancs, petits, avec une ligne médiane et les bords rougeâtres ; labelle jaune d'ocre, pourpre foncé à la base ; hampe rouge vif, épaisse, claviforme, portant de nombreuses fleurs. Pseudo-bulbes à quatre ou cinq angles, monophylles. Iles Philippines, 1886. Espèce intéressante.

B. siamense, Reichb.* *Fl.* jaune pâle, striées de pourpre ; labelle jaune à lignes purpurines. Très jolie espèce voisine du *B. Lobbi*, mais à feuilles plus longues et plus fortes. Pseudo-bulbes ovoïdes. Siam, 1867. — Espèce à cultiver en pots, dans de la terre de bruyère et du sphagnum.

B. Sillemianum, — *Fl.* à sépales courts, obtus, triangulaires ; pétales presque orangés, plus courts, ligulés, falciformes ; labelle mauve en dessus, blanchâtre en dessous, cordiforme à la base, à cinq angles et à sommet réfléchi ; colonne très courte. *Flles* ligulées, cunéiformes, aiguës. Pseudo-bulbes presque sphériques. Birma, 1884.

B. suavissimum, Rolfe. Petite espèce à fleurs jaune pâle, en grappes arquées. Burmah, 1889.

BULBOSPERMUM, Blume. — V. **Peliosanthes**, Andr.

BULBOSTYLIS, Gardn. (de *bulbos*, bulbe, et *stylos*, style). FAM. *Composées.*—Petit genre de plantes de serre chaude, aujourd'hui réunies aux **Eupatorium**, Linn.

BULLÉ, ANGL. Bullate. — Se dit des feuilles dont le limbe est soulevé et forme, sur la face supérieure, des bosselures auxquelles correspondent autant de cavités sous la face inférieure. Le mot *cloqué*, que l'on emploie fréquemment a la même signification. (S. M.)

BULLIARDA, DC. — Réunis aux **Tillæa**, Linn.

BULOWIA, Schum. et Thonn. — V. **Smeathmannia**, Soland.

BUMALDA, Thunb. — V. **Staphylea**, Linn.

BUNCHOSIA, Rich. et Juss. (de *bunchos*, nom arabe du café ; allusion à la ressemblance des graines de ces plantes avec celles du Caféier). FAM. *Malpighiacées.* — Genre comprenant vingt-deux espèces originaires de l'Amérique tropicale. Ce sont des arbustes ornementaux, toujours verts et de serre chaude, voisins des *Malpighia*, mais à fleurs en grappes axillaires ; pétales très longs, onguiculés, réfléchis. Feuilles opposées, simples, entières, stipulées. Fruit charnu, indéhiscent, lisse à l'extérieur et renfermant deux ou trois graines ; rameaux couverts de nombreuses lenticelles rudes. Il leur faut un compost de terre franche, de terre de bruyère, de terreau de feuilles et de sable en proportions égales.

Leur multiplication a lieu par boutures de bois mûr que l'on plante dans du sable sur chaleur de fond humide et sous cloches ; elles ne s'enracinent qu'au bout de plusieurs semaines. Pour leur culture comme pour leur multiplication, un bon drainage est toujours essentiel.

B. argentea, DC. * *Fl.* jaunes, en grappes simples, opposées, pubescentes. Juillet. *Flles* lancéolées, argentées en dessous; branches pubérulentes. *Haut.* m. Caracas, 1820. Syn. *Malpighia argentea*, Jacq.

B. glandulifera, Humb. et Bonpl. *Fl.* jaunes, en grappes simples, axillaires. Mars-mai. *Flles* elliptiques, ovales, courtement pétiolées, ondulées, pubescentes sur les deux faces, munies de quatre glandes sur la face inférieure et à la base. *Haut.* 3 m. Caracas, 1806. Syn. *Malpighia glandulosa*, Jacq. non Cav.

B. nitida, Rich. *Fl.* jaunes, en grappes allongées, atteignant presque le sommet des feuilles. Juillet. *Fr.* gros, rouges, recherchés par les volailles. *Flles* de 10 cent. de long, oblongues, acuminées, glabres, non glanduleuses. *Haut.* 1 m. 30. Jamaïque, 1800. Syn. *Malpighia nitida*, Jacq.

B. odorata, DC.* *Fl.* jaunes, odorantes, en grappes opposées. Mai. *Flles* ovales, émarginées, duveteuses sur les deux faces. *Haut.* 2 m. 30. Carthagène, 1806.

BUPHANE, Herb. (mauvaise orthographe du mot *Buphone*, corrigée ensuite par Herbert; de *bous*, bœuf, et *phone*, destruction; allusion aux propriétés vénéneuses des plantes de ce genre ; toutefois, *Buphane* a été adopté par les auteurs du *Genera plantarum* et par Baker dans ses « *Amaryllideæ* »; autrefois *Boophane*). Fam. *Amaryllidées.* — Petit genre ne comprenant que deux espèces de plantes bulbeuses, de serre froide, originaires de l'Afrique australe et tropicale. Fleurs longuement pédicellées, en ombelle multiflore ; périanthe en entonnoir ou campanulé, à tube court ; lobes égaux, linéaires ; spathe à deux bractées ; hampe pleine. Feuilles rubanées, paraissant tardivement. Pour leur culture. V. **Brunsvigia.**

B. ciliaris, Herb. *Fl.* à tube court, jaune verdâtre et formant une limbe pourpre sombre, régulier; longuement pédonculées; ombelle hémisphérique ; hampe courte. Juin-août. *Flles* ovales-oblongues, étalées, garnies sur les bords de longs cils blancs et maculées de rouge sur la face inférieure. Bulbe ovale, assez petit. *Haut.* 30 cent. Cap, 1752. (B. M. 2573.) Syns. *Amaryllis ciliaris*, Linn. ; *Brunsvigia ciliaris*, Gawl. (B. R. 1153); *Hæmanthus ciliaris*, Linn.

B. disticha, Herb.* *Fl.* rose tendre, odorantes, en ombelle multiflore, hémisphérique ; périanthe de 3 à 4 cent. de long, à divisions étroites, révolutées au sommet. Septembre-octobre. *Flles* très nombreuses, rubanées, allongées, acuminées, glauques, tardives ; hampe forte, un peu comprimée, vert pâle. Bulbe ovale ou oblong. *Haut.* 30 cent. Cap, 1774. Cette plante est vénéneuse ; les Cafres se servent de son suc pour empoisonner leurs flèches. (B. M. 2578) ; Syns. *B. toxicaria*, Herb. *Brunsvigia toxicaria*, Herb. (B. R. 567 ; F. d. S. 5,434); *Hæmanthus toxicarius*, Thunb. (B. M. 1217.)

BUPHTALMUM, Linn. pro parte. (de *bous*, bœuf, et *ophtalmos*, œil ; allusion à la ressemblance du disque des fleurs à un œil de bœuf). Fam. *Composées.* — Genre comprenant quatre espèces originaires de l'Europe centrale et australe. Ce sont de jolies plantes vivaces, rustiques, à fleurs jaunes, assez grandes, solitaires au sommet des rameaux. Tiges rudes, velues, à feuilles alternes ou dentées. Toute bonne terre de jardin leur convient ; on les emploie pour l'ornement des plates-bandes et des rocailles. Leur multiplication a lieu par divisions que l'on fait au printemps ou à l'automne.

B. cordifolium, Waldst. — V. *Telekia cordifolia*, DC.

B. grandiflorum, Linn.* *Capitules* jaunes, de 3 cent. de diamètre, solitaires ; involucre formé de deux ou trois rangs d'écailles ; disque brun ; réceptacle paléacé. Août-octobre. *Flles* oblongues, lancéolées, un peu dentées, alternes, pubérulentes. *Haut.* 50 cent. France, Autriche, etc.

Fig. 526. — Buphtalmum grandiflorum.

B. salicifolium, Linn. *Capitules* jaunes, solitaires, assez grands, terminaux ; réceptacle paléacé. Juillet-août. *Flles* alternes, oblongues, lancéolées, dentées en scie, trinervées, velues. *Haut.* 50 cent. France, Autriche, etc. (J. F. A. 4, 370.) Espèce bien voisine de la précédente.

B. speciosum, Schreb. — V. *Telekia cordifolia*, DC.

B. speciosissimum, Ardoin. Capitules jaunes, solitaires au sommet des tiges. Juin-août. *Flles* cordiformes, amplexicaules ; les supérieures ovales, acuminées ; les inférieures oblongues-ovales ; les stériles fasciculées, non cordiformes, atténuées en pétiole. *Haut.* 60 cent. Tyrol, 1826. Espèce vivace, rustique. Syn. *Telekia speciosissima*, Less.

BUPLÈVRE. — V. **Bupleurum.**

BUPLEURUM, Linn. (dérivation obscure). **Buplèvre.** Fam. *Ombellifères.* — Genre comprenant environ soixante espèces distinctes, originaires de l'Europe, de l'Asie, de l'Afrique tempérée et de l'Amérique boréale et arctique. Ce sont des plantes herbacées, annuelles ou vivaces, ou des arbustes très glabres. Fleurs jaunâtres, petites, disposées en ombelles composées, munies d'involucres et d'involucelles ou rarement manquants. Feuilles ordinairement entières, quelquefois embrassantes.

Peu d'espèces de ce genre sont dignes d'être cultivées dans les jardins ; elles se plaisent en tous terrains et sont des plus faciles à cultiver. Le *B. fruticosum* est un arbuste très commun dans les parcs où on l'emploie pour la création des massifs d'arbustes; il est très recommandable pour cet usage et réussit très bien sur les bords de la mer. Leur multiplication a lieu : 1° par semis que l'on fait en mars-avril, en pleine terre pour les sortes rustiques qui produisent des graines ; 2° par division des touffes à l'automne ou au printemps, pour les espèces vivaces, rustiques ; 3° par boutures ou division des touffes, en mars-avril, pour les espèces frutescentes et celles de serre froide.

B. fruticescens, Spreng.* *Fl.* en petites ombelles à trois-cinq rayons; involucre à trois-cinq folioles très courtes, subulées. Août. *Flles* linéaires, subulées, raides, striées, à cinq-sept nervures, rameaux grêles, allongées, dressées. *Haut.* 30 cent. Espagne, 1752. Espèce rustique et toujours verte.

B. fruticosum, Linn.* Oreille de lièvre; Angl. Hare's Ear. — *Fl.* verdâtre, en ombelles composées; involucre à folioles oblongues. Juillet. *Flles* oblongues, atténuées à la base, coriaces, à une seule nervure médiane, très entières, sessiles, d'un vert glauque. Branches rougeâtres. *Haut.* 1 à 2 m. France méridionale, etc. Arbuste rustique, toujours vert, très commun dans les jardins. (S. F. G. 263; W. D. B. 1, 11.)

B. gibraltarica, Lamk. *Fl.* jaunes. Juin. *Flles* lancéolées, coriaces, uninervées. *Haut.* 1 m. Gibraltar, 1784. Arbuste toujours vert, demi-rustique.

B. graminifolium, Vahl. Syn. de *B. petræum*.

B. longifolium, Linn. *Fl.* vert jaunâtre. Juin. *Flles* ovales, oblongues: les radicales pétiolées; les caulinaires amplexicaules. *Haut.* 1 m. France, Suisse, etc. Espèce vivace, herbacée.

B. petræum, Linn.* *Fl.* vert jaunâtre. Juin. *Flles* linéaires, graminiformes. *Haut.* 15 cent. Suisse, etc., 1768. Espèce vivace, herbacée, rustique. Syn. *B. graminifolium* Vahl.

BURBIDGEA, Hook. f. (dédié à F. W. Burbidge, botaniste voyageur dans Bornéo, qui découvrit l'espèce typique, et auteur de plusieurs ouvrages horticoles). Fam. *Zingibéracées*. — Genre ne comprenant que l'espèce ci-dessous; c'est une grande plante vivace, herbacée, de serre chaude, voisine des *Hedychium*, à fleurs brillamment colorées. Pour sa culture, V. **Alpinia**.

B. nitida, Hook. f.* *Fl.* à tube du périanthe de 2 1/2 à 3 cent. de long, grêle; segments extérieurs de 4 à 5 cent. de diamètre, écarlate orangé vif; disposées en panicule terminale, multiflore, de 10 à 15 cent. de long. Été. *Flles* de 10 à 15 cent. de long, elliptiques, lancéolées ou cordiformes, acuminées, un peu épaisses, vert gai en dessus. Tiges en touffe, de 60 cent. à 1 m. 30 de haut, grêles, arrondies, feuillues. Nord-ouest de Bornéo 1879. (B. M. 6403.)

Fig. 527. — Burbidgea nitida.

BURCHARDIA, R. Br. (dédié à H. Burchard, écrivain botaniste). Fam. *Liliacées*. — Genre ne comprenant qu'une espèce australienne, voisine des *Androcymbium*. C'est une herbe vivace, de serre froide, glabre, à racines fibreuses, charnues. On la cultive dans de la terre de bruyère siliceuse pure ou additionnée d'un peu de terre franche; il faut la rempoter tous les ans, lui donner un bon drainage et ne pas trop fouler la terre. Sa multiplication s'opère par éclats ou par la division que l'on fait au printemps, avant le rempotage.

B. umbellata, R. Br. *Fl.* blanc verdâtre, en fausse ombelle terminale. Août. *Flles* linéaires, convolutées, amplexicaules. *Haut.* 60 cent. Nouvelle-Hollande, 1820.

BURCHARDIA, Duhamel. — V. **Callicarpa**, Linn.

BURCHELLIA, R. Br. (dédié à W. Burchell, botaniste voyageur au Cap et dans le Brésil). Fam. *Rubiacées*. —

Genre ne comprenant qu'une espèce originaire du Cap. C'est un arbuste toujours vert, de serre tempérée. Fleurs écarlates, disposées en capitules au sommet des rameaux, sessiles sur un réceptacle poilu, entremêlées de petites bractéoles distinctes; chaque capitule est accompagné par la dernière paire de feuilles; corolle claviforme, campanulée, à gorge munie d'un anneau de poils; étamines cinq. Fruit bacciforme. Feuilles opposées, ovales, aiguës, un peu cordiformes à la base, pétiolées; stipules interpétiolaires, larges, cuspidées au sommet, caduques. Cet arbuste se plaît en terre légère et fertile ou dans un compost de terre franche tourbeuse, de terre de bruyère tourbeuse et de sable. On le multiplie par boutures pas trop aoûtées, qui s'enracinent rapidement lorsqu'on les plante dans du sable, sous cloches et à chaud.

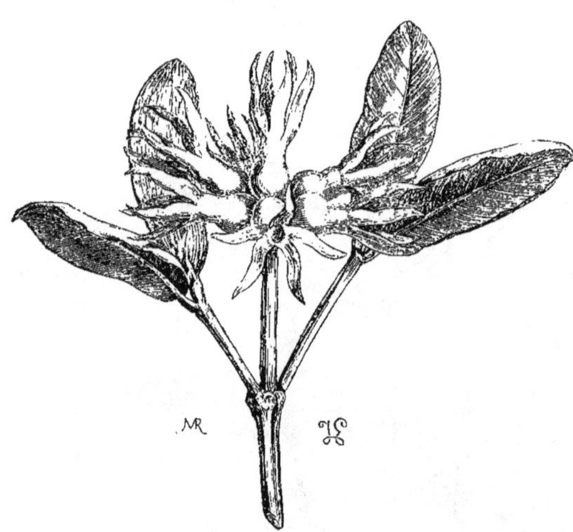

Fig. 528. — Burchellia capensis. (*Rev. Hort.*)

B. bubalina, Rafin. Syn. de *B. capensis*, R. Br.

B. capensis, R. Br.' *Fl.* rouge écarlate foncé, de près de 2 cent. 1/2 de long, en bouquets terminaux. Mars-avril. *Flles* ovales-aiguës, couvertes d'une pubescence hispide; stipules très larges et très courtes. *Haut.* 1 m. à 1 m. 50 et 4 m. à l'état sauvage. Cap. (1818. B. R. 6, 466.) Syns. *B. bubalina*, Rafin. (B. M. 2339; R. H. 1886, p. 420); *Cephælis bubalina*, Pers.

BURGSDORFFIA, Mœnch. — V. **Sideritis**, Linn.

BURLINGTONIA, Lindl. (dédié à la comtesse de Burlington). Fam. *Orchidées*. — Les *Burlingtonia* sont réunis par Bentham et Hooker aux *Rodriguezia*, Ruiz. et Pav., genre qui comprend environ vingt espèces originaires de l'Amérique tropicale, depuis le Brésil jusqu'à l'Amérique centrale. Ce sont des Orchidées épiphytes, de serre chaude, toutes belles et dignes d'être cultivées. On peut les fixer sur des bûches ou les planter dans des paniers que l'on suspend à la charpente des serres chaudes où elles n'ont guère besoin, pendant leur période de végétation, que de copieux arrosements et d'une atmosphère suffisamment humide pour émettre des pousses vigoureuses. Pendant l'hiver, les arrosements doivent être moins fréquents, mais les plantes ne doivent jamais montrer le moindre signe de souffrance par la sécheresse, car les conséquences peuvent en être fatales. Lorsqu'on les attache sur les bûches, il faut les entourer d'un peu de sphagnum, car la pratique a démontré qu'elles poussent mieux lorsque leurs fines racines blanches passent à travers une couche de mousse pour aller se balancer dans l'air. Si on les cultive en paniers, il est préférable de les fixer d'abord sur un morceau de liège, puis de remplir le panier et de recouvrir le tout d'une petite couche de sphagnum.

En général, les espèces de ce genre ne sont pas difficiles à cultiver; leur plus grand ennemi est une sorte de petit Kermès blanc qui se cache à la base engainante des feuilles. Il s'y multiplie rapidement au grand détriment de la plante, les feuilles jaunissent bientôt à la base et tombent, l'individu paraît souffrant et ne tarde pas à mourir, ou il faut tout au moins très longtemps et beaucoup de soins pour le ramener à la santé. Pour les en garantir, il faut visiter soigneusement les gaines des feuilles chaque fois qu'on les descend pour les plonger dans l'eau, et, lorsqu'on constate la présence de cette vermine, même en très petite quantité, il faut les laver entièrement avec une émulsion légère de savon et d'eau tiède, et répéter journellement cette opération jusqu'à ce que toute trace de ces insectes ait disparu. Les Thrips sont également susceptibles de faire d'assez grands ravages; ils se logent aux mêmes endroits que les Kermès, et, si on n'en débarrasse pas rapidement les plantes, ils ne tardent pas à faire beaucoup de mal. Pour les détruire, on lave les plantes à l'émulsion de savon, et après les avoir rincées à l'eau claire, on saupoudre les parties attaquées avec un peu de tabac en poudre qu'on laisse un jour ou deux avant de l'enlever. Ce procédé rend pourtant les plantes peu agréables à l'œil, mais il permet de les débarrasser de cette peste. La multiplication des *Burlingtonia* a lieu par divisions.

B. Batemani, — ' *Fl.* blanches, délicieusement odorantes, à labelle d'un beau mauve. Belle espèce de l'Amérique du Sud, ressemblant au *B. candida*.

B. caloplectron, Rchb. f. Syn. de *Rodriguezia caloplectron*.

B. candida, Lindl.' *Fl.* blanc de neige, légèrement maculée de jaune à la partie supérieure du labelle, ce qui lui donne une apparence de satin blanc bordé d'or; grandes, odorantes, disposées en grappes gracieusement pendantes, composées de trois à quatre fleurs et naissant à l'aisselle des feuilles. Avril-mai. La floraison, qui est quelquefois suivie d'une seconde, se prolonge pendant environ trois semaines dans son état parfait. *Flles* une ou deux, vert foncé, de texture ferme. *Haut.* 30 cent. Demerara, 1834. — Espèce très compacte, convenant bien pour la culture en paniers; on ne doit jamais la laisser se dessécher; elle se distingue des autres du même genre en ce qu'elle n'a qu'une seule rangée de tubercules sur chaque côté du labelle, celui-ci est légèrement hasté. (B. R. 1927; W. O. A. 18.)

B. decora, Lemaire. *Fl.* blanches ou roses, tachées de rouge; labelle blanc pur; hampe dressée, portant de cinq à dix fleurs. Hiver. Brésil, 1852. — Cette espèce diffère entièrement du *B. candida* en ce qu'elle possède une longue tige grêle, radicante, d'où naissent à plusieurs endroits de petits pseudo-bulbes ovales, portant chacun une feuille; une autre feuille plus petite se développe à la base de ces pseudo-bulbes, et de l'axe de cette dernière part la hampe florifère. C'est une plante un peu sarmenteuse, mais néanmoins belle, qu'on cultive sur de longues bandes d'écorce, en employant un peu de sphagnum. Pour empêcher les plantes de trop s'étendre, les jeunes pousses doivent être retournées en arrière au fur et à mesure qu'elles s'allongent, et cette opération continue jusqu'à ce que les pseudo-bulbes se trouvent par la suite près du centre ou à n'importe quel endroit qui peut paraître nu. Il lui faut une forte chaleur et une atmosphère très humide pendant la végétation; pendant la période de repos, on doit la tenir sèche, mais dans un endroit un peu frais. (L. J. F. 188; F. d. S. 7, 716; B. M. 4834)

B. d. picta, — Belle variété différant du type par ses feuilles plus courtes et plus aiguës. *Fl.* roses, nombreuses, pommelées et maculées de pourpre foncé. Octobre. Brésil. (B. M. 5419.)

B. Farmeri, — *Fl.* blanc et jaune, très nombreuses. Commencement de l'été. Origine inconnue. Jolie espèce ressemblant au *B. candida*. Il faut la cultiver sur des bûches ou dans des paniers avec du sphagnum.

B. fragrans, — *Fl.* très odorantes, disposées en grappes dressées. Avril. La floraison se prolonge pendant environ trois semaines. *Flles* longues, rigides, vert foncé; port compact. Brésil, 1854. (O. 1884, 297.)

B. pubescens, — *Fl.* à sépales et pétales blanc de neige. Cette espèce se distingue des autres par son labelle un peu hasté, portant trois côtes jaunes de chaque côté et aussi par la colonne qui est duveteuse. Novembre. *Haut.* 15 cent. Brésil, 1850.

Fig. 529. — Burlingtonia decora.

Fig. 530. — Bursaria spinosa. (*Rev. Hort.*)

B. Knowlesi, — *Fl.* blanches, légèrement teintées de rose lilacé, disposées en longues grappes. Automne. Origine inconnue. Belle mais rare espèce ressemblant au *B. venusta*.

B. rigida. Lindl.' *Fl.* blanc purpurin, maculées de rose sur le labelle et disposées en bouquet compact. Belle espèce, mais fleurissant difficilement. (L. S. O. 36; F. d. S. 1. 2.)

B. venusta, Lindl. *Fl.* blanches, légèrement teintées de rose, disposées en lourdes grappes pendantes, se développant à diverses époques de l'année; labelle maculé de jaune. *Flles* rigides, vert foncé. Brésil, 1840. — Cette espèce forme une masse compacte et demande moins de chaleur que les espèces précédemment décrites. On la confond souvent avec le *B. pubescens*, dont elle se distingue cependant par ses fleurs plus grandes et plus lâches, par sa colonne glabre, par son labelle non hasté et par les nombreux sillons peu profonds qu'il porte de chaque côté de sa base. (I. H. 1858, 188; L. S. O. 2.)

BUROMA Guazuma. — V. **Guazuma ulmifolia.**

BURRIELIA, DC. — V. **Bæria**, Fisch. et Mey.

BURSARIA, Cav. (de *bursa*, bourse; les capsules ressemblent beaucoup à celles de la Bourse à pasteur).

Fam. *Pittosporées.* — Genre ne comprenant que deux espèces australiennes de beaux arbustes toujours verts, de serre froide. Fleurs blanches, en grappes terminales, rameuses. Feuilles petites, entières, souvent fasciculées; rameaux fréquemment transformés en épines. Le *B. spinosa* se plait dans un mélange de terre franche siliceuse et de terre de bruyère en parties égales. On le multiplie par boutures qui s'enracinent facilement dans du sable, sous cloches et sur une douce chaleur de fond.

B. spinosa, Cav.* *Fl.* blanches, petites, disposées en panicules latérales ou terminales. Juillet-décembre *Fl. les* petites, oblongues, cunéiformes, entières. *Haut.* 3 m. Nouvelle-Hollande, 1793. (B. M. 1767.)

BURSERA, Linn. (dédié à Joachim Burser, disciple de Caspar Bauhin). **Gomart.** Comprend les *Icica* Aubl. Syn. *Elaphrium*, Jacq. Fam. *Burséracées.* — Genre renfermant environ quarante-cinq espèces originaires de l'Amérique centrale et méridionale. Ce sont des arbres balsamiques, de serre chaude, à fleurs hermaphrodites ou polygames; les femelles ou hermaphodites trimères; les mâles pentamères. Les fleurs hermaphrodites ont un calice petit, à trois dents, une corolle à trois pétales exerts, étalés; étamines six, en deux verticilles, à filets libres; style simple, à trois stigmates. Les fleurs mâles ont cinq pétales et dix étamines. Le fruit est une drupe oblongue, entourée à sa base du calice persistant, à trois valves charnues et renfermant trois à cinq graines. Feuilles imparipennées. Il leur faut un compost de terre franche et de terre de bruyère; leur multiplication a lieu par boutures que l'on fait à chaud et sous cloches.

B. gummifera, Jacq. Gomart. — *Fl.* blanchâtres, en grappes terminales et axillaires. *Flles* caduques, ordinairement imparipennées, à folioles ovales, aiguës, membraneuses. *Haut.* 20 m. Indes occidentales, 1690. (L. E. M. 256.)

B. serrata, — *Fl.* blanchâtres, en panicules axillaires, plus courtes que les feuilles. *Flles* imparipennées, à trois-cinq paires de folioles obtusément acuminées, serrulées, à pétioles et pédicelles pubescents. *Haut.* 8 m. Indes, 1818.

BURSÉRACÉES. — Famille comprenant environ deux cent soixante-quinze espèces d'arbres ou d'arbustes à suc abondant, résineux, pourvus de feuilles opposées, pennées, garnies de glandes pellucides et à fleurs en fascicules axillaires et terminaux. Fruit indéhiscent, drupacé. Quelques auteurs ont formé de cette famille une tribu des *Thérébinthacées.* Les genres les plus connus sont ; *Amyris*, Willd. non Linn., *Balsamodendron*, *Boswellia*, *Bursera* et *Canarium*.

BURSICULE. — Petite loge dans laquelle est enfermée le rétinacle ou glande qui porte les étamines des Orchidées.

BURTONIA, R. Br. (dédié à D. Burton, botaniste collecteur pour le jardin de Kew). Fam. *Légumineuses.* — Genre comprenant huit espèces australiennes de beaux arbustes de serre froide, à port de Bruyère. Fleurs réunies en grappes quelquefois ombelliformes, naissant à l'aisselle des feuilles et à l'extrémité des rameaux: corolle jaune ou purpurine, à carène plus courte que les ailes et de teinte plus foncée; étendard orbiculaire ou réniforme, portant quelquefois une tache jaune à la base. Feuilles simples ou trifoliées, sessiles, stipulées, à folioles aciculaires. Les *Burtonia* se plaisent dans un mélange de terre franche, de terre de bruyère, de terreau de feuilles et de sable en proportions égales; il leur faut un drainage parfait : les arrosements doivent être modérés, car ils demandent à être tenus un peu secs; ils sont du reste difficiles à conserver. Leur multiplication s'opère par boutures herbacées, qui s'enracinent facilement en serre froide, dans du sable et sous cloches; cependant, quelques espèces produisent des graines en abondance et le semis est toujours préférable, chaque fois qu'il est possible d'employer ce moyen.

B. conferta, DC.* *Fl.* violettes. Juillet *Flles* simples fortement rapprochées, ayant 15 à 20 mm. de long, linéaires, subulées, à bords révolutés, glabres ainsi que les branches. *Haut.* 60 cent. Australie, 1830. (B. R. 1600.)

B. minor, DC. Syn. de *Gompholobium minus*, Smith.

B. pulchella, Meisn. Syn. de *B. scabra*, R. Br.

B. scabra, R. Br.* *Fl.* purpurines, à pédoncules axillaires, munis de deux bractées. Avril. *Flles* à folioles linéaires, mucronées, glabres. Branches pubérulentes. *Haut.* 60 cent. Australie, 1846. Syn. *B. pulchella*, Meisn. (B. M. 5000.)

B. villosa, Meisn. *Fl.* purpurines, grandes, à pédoncules axillaires, munis de deux bractées. Mai. *Flles* à folioles linéaires, subulées, presque obtuses, un peu scabres. *Haut.* 60 cent. Australie, 1846. (B. M. 4410.)

BUSBECKEA, Mart. — V. **Salpichroa**, Miers.

BUSSEROLE. — V. **Arctostaphylos Uva-ursi**, Spreng.

BUTEA, Roxb. (en la mémoire de John comte de Bute, autrefois grand protecteur de la botanique). Fam. *Légumineuses.* — Petit genre ne comprenant que trois espèces de beaux arbustes toujours verts et inermes, de serre chaude, habitant l'Asie tropicale. Fleurs en grappes multiflores, réunies par trois sur de courts pédicelles et pourvues chacune de deux bractéoles sous le calice; corolle écarlate foncé: calice couvert d'un duvet noir et velouté. Feuilles stipulées, à trois folioles grandes, ovales, arrondies, munies de stipelles. Pour leur culture, etc., V. **Erythrina**.

B. frondosa, Roxb. Arbre à la laque. — *Fl.* de 5 cent. de long. *Flles* à folioles arrondies, obtuses ou émarginées, un peu veloutées en dessous. Branches pubescentes. *Haut.* 13 m. Indes, 1796. (B. F. S. 176.) — « Son suc, qui découle naturellement ou à l'aide d'incisions et modifié par la piqûre du *Coccus Lacca*, constitue la laque. » (Baillon.)

B. superba, Roxb.* *Flles* à folioles arrondies, obtuses, veloutées en dessous. Branches glabres. Coromandel, 1798. — Cette espèce se rapproche beaucoup de la précédente, elle s'en distingue principalement par son port grimpant, mais ses caractères botaniques sont identiques. (B. F. F. 113.)

BUTOMÉES. — Famille de végétaux aquatiques qui forme aujourd'hui une tribu, celle des **Alismacées**.

BUTOMUS. — Linn. (de *bous*, bœuf, et *temno*, couper; par confusion avec d'autres plantes aquatiques (*Carex*, etc.) qui coupent la bouche des animaux). Fam. *Alismacées.* — L'espèce unique de ce genre est une plante vivace, rustique, habitant les lieux inondés de toute l'Europe et de l'Asie tempérée. Le Butome ou Jonc fleuri est une de nos plus belles plantes aquatiques, émergées; on peut l'employer pour l'ornement des pièces d'eau de toutes dimensions, des fossés, des rivières peu courantes, etc. Sa culture est excessivement facile; il suffit de l'enfoncer dans la vase des endroits peu profonds; n'étant pas envahissant, il peut rester longtemps sans être divisé, les touffes n'en deviennent que plus belles.

Sa multiplication s'effectue par division des touffes que l'on fait au printemps et par semis en pots, dont la base doit continuellement tremper dans l'eau: on repique les plants également en pots que l'on tient presque inondés, et on les met en place lorsqu'ils sont suffisamment forts.

Fig. 531. — Butomus umbellatus.

B. umbellatus, Linn.' Jonc fleuri. — *Fl.* roses, disposées en ombelle multiflore, accompagnée de bractées et solitaire au sommet d'une hampe nue, dressée, arrondie, plus longue que les feuilles. *Flles* toutes radicales, de 60 cent. à 1 m. de long, linéaires, acuminées, triquètres, spongieuses. Etangs, marais, etc. France, Angleterre, etc. (F. D. 4,604; B. L. 4,209.)

BUTTER, Angl. Moulding or Earthing-up. — Opération qui consiste à ramener ou même à ajouter de la terre autour du pied de certaines plantes, des légumes en particulier, dans le but de blanchir leurs tiges ou leurs pétioles; pour leur fournir une plus grande épaisseur de terre au-dessus des racines, ou en augmenter la quantité relativement faible en comparaison de l'espace qu'occupe leur sommité. Ce procédé est aussi fréquemment employé en hiver, pour protéger certaines plantes du froid, comme les Artichauts. On butte les Céleris, les Cardons, les Asperges, etc., pour faire blanchir leurs tiges ou leurs pétioles. Le buttage s'applique avec profit aux Pois, Haricots, Choux, Pommes de terre, etc., lorsque les plantes sont déjà fortes et en pleine végétation.

BUTTNERIA. Linn. — V. **Buettneria**, Linn.

BUXACÉES. — Réunies aux **Euphorbiacées**.

BUXUS. Linn. (de *pyknos*, dense; allusion à la dureté du bois). **Buis**, Angl. Box Tree. Fam. *Euphorbiacées*. — Genre comprenant environ vingt espèces d'arbustes toujours verts, rustiques ou demi-rustiques, habitant principalement l'hémisphère boréal; quelques espèces se rencontrent pourtant aux Antilles, à Madagascar et dans l'Afrique tropicale. Fleurs monoïques; les mâles composées d'un périanthe à quatre, quelquefois trois-cinq divisions petites, décussées; étamines quatre, insérées sous le pistil rudimentaire; fleurs femelles solitaires au sommet des épis mâles, souvent à six divisions; styles trois. Le fruit est une capsule coriace, à trois valves apiculées. Feuilles simples, coriaces, persistantes, opposées, presque sessiles et dépourvues de stipules. Les Buis sont précieux pour l'ornement des jardins; on les emploie pour former des haies, pour garnir les massifs d'arbustes. Le Buis nain est certainement la meilleure plante ligneuse que l'on puisse employer pour la formation des bordures d'allées et de massifs. Presque tous les terrains leur conviennent; cependant, l'humidité leur est peu favorable. Leur multiplication s'opère : 1° par graines que l'on sème en pépinière abritée du soleil, dès leur maturité; 2° par boutures des pousses de l'année faites en septembre et plantées à l'ombre dans du sable où elles s'enracinent rapidement; 3° par marcotte ou cépées faites à l'automne ou au printemps; elles sont d'ordinaire bonnes à être relevées l'année suivante; 4° par division des touffes; ce procédé s'emploie principalement pour le Buis à bordures.

B. balearica, Lamk.' Buis de Mahon. — *Flles* vert jaunâtre, oblongues-elliptiques, émarginées, coriaces, d'environ 5 cent. de long, cartilagineuses sur les bords. *Haut.* 3 à 5 m. Europe méridionale, 1780. — Belle espèce à joli feuillage, formant d'élégants arbustes. Les jeunes boutures ont besoin d'être protégées pendant l'hiver et la plante elle-même est susceptible de geler pendant les hivers rigoureux; elle est surtout recommandable pour le Midi.

B. sempervirens, Linn.' Buis commun. — *Flles* obovales-oblongues, rétuses, coriaces, souvent cucullées, brillantes, à pétiole court, légèrement pubescent. *Haut.* très variable. France, Angleterre, etc. — Ses feuilles sont quelquefois substituées au Houblon dans la fabrication de la bière ou mêlées à celles du Séné; fraude blâmable, car le Buis est vénéneux. Son bois à grain très fin est employé, après avoir subi une préparation spéciale qui l'empêche de se fendre, pour la gravure sur bois; il sert aussi à la fabrication de manches d'outils et beaucoup d'autres objets. Sa végétation est très lente.

Fig. 532. — Buxus sempervirens.

Il en existe de nombreuses variétés horticoles cultivées dans les jardins d'ornement; voici les principales : *argentea*, *flles* panachées de blanc; *aurea*, *flles* panachées de jaune; *marginata*, *flles* bordées de jaune; *myrtifolia*, *flles* petites, oblongues, étroites; *obcordata-variegata*, *flles* obcordées et panachées, originaire du Japon; *suffruticosa*, c'est la variété naine connue sous le nom de *Buis à bordure*, très employée pour cet usage; ses feuilles sont petites, obovales; il est très rameux, et compact; on le multiplie par éclats; il faut le planter très serré, profondément et le fouler fortement afin d'obtenir des bordures compactes et durables.

BYRSONIMA, Rich. et Juss. (du grec *bursa*, cuir, et du latin *nimius*, beaucoup; ces plantes sont employées en tannerie). Fam. *Malpighiacées*. — Genre comprenant environ quatre-vingt-dix espèces originaires de l'Amérique tropicale. Ce sont des arbres ou arbustes ornementaux, de serre chaude, voisins des *Malpighia*. Fleurs disposées en grappes terminales ; calice à dix glandes ; pétales dix, onguiculés ; étamines dix. Le fruit est un drupe à noyau triloculaire. Feuilles opposées, entières, stipulées. Tous se cultivent en terre légère ou dans un mélange de terre franche et de terre de bruyère. Multiplication par boutures de bois à moitié mûr, qui s'enracinent facilement dans du sable, sous cloches et sur une chaleur de fond humide.

B. altissima, Kunth.* *Fl.* blanches, en grappes couvertes de poils roussâtres. Juillet. *Flles* ovales, oblongues, couvertes en dessous d'un duvet roussâtre et garnies en dessus de gros poils rigides, fixés par leur milieu, ayant ainsi deux pointes. *Haut.* 20 m. Guyane, 1820. Syn. *Malpighia altissima*, Aubl.

B. chrysophylla, Humb. Bonpl., et Kunth.* *Fl.* jaunes, en grappes simples. Août. *Flles* oblongues, courtes, acuminées, aiguës à la base, un peu ondulées et révolutées sur les bords, glabres en dessus, couvertes en dessous d'une villosité soyeuse, roussâtre. *Haut.* 4 m. Amérique du Sud, 1823. Syn. *Galphinia chrysophylla*, Spreng.

B. coriacea, DC. *Fl.* jaunes, odorantes, disposées en grappes denses, spiciformes, dressées. Mai. *Flles* ovales, aiguës, très entières et glabres. *Haut.* 10 m. Jamaïque, 1814. Syn. *B. spicata*, Rich.

B. crassifolia, Kunth. *Fl.* jaunes, en grappes dressées, allongées, à duvet velouté, brunâtre. Juillet. *Flles* ovales, aiguës aux deux extrémités, à la fin glabres en dessus, mais couvertes en dessous d'un duvet brunâtre. *Haut.* 2 m. Guyane, 1793. Syns. *B. lanceolata* DC.; *Malpighia crassifolia*, Linn.

B. lanceolata, DC. Syn. de *B. crassifolia*, Kunth.

B. lucida, Rich.* *Fl.* roses, à pétales onguiculés, réniformes ; pédicelles hispides ; grappes dressées, courtes, glabres. Mai. *Flles* obovales, cunéiformes, obtuses ou mucronées, glabres, brillantes, à nervures non apparentes. *Haut.* 2 m. 50. Iles Caraïbes, 1759. C'est, dit-on, un bel arbuste.

B. spicata, Rich. Syn. de *B. coriacea*, DC.

B. verbascifolia, Rich. *Fl.* jaunes, en grappes terminales. Juillet. *Flles* obovales, lancéolées, très entières, duveteuses sur les deux faces. *Haut.* 2 m. Guyane, 1810.

BYSTROPOGON, L'Her. (de *bustra*, bouchon, et *pogon*, poils ; la gorge des fleurs est fermée par des poils). Fam. *Labiées*. — Genre comprenant environ quatorze espèces de plantes suffrutescentes, de serre froide, très voisines des *Mentha* et habitant les îles Canaries, le Pérou, la Bolivie et la Colombie. Fleurs petites, accompagnées de bractées lancéolées, subulées, et réunies en glomérules dichotomes, formant des cymes corymbiformes, paniculés, ou des épis verticillés ; calice à dix nervures. Les espèces de ce genre sont des plus faciles à cultiver, mais elles n'ont aucun mérite horticole.

BYTTNERIA, Linn. — V. **Buettneria**, Linn.

BYTTNÉRIACÉES. — V. **Buettneriées**.

C

CABALLERIA, Ruiz. et Pav. — V. **Myrsine**, Linn.

CABARET. — V. **Asarum europæum.**

CABOMBA, Aubl. (leur nom indigène à la Guyane). Fam. *Nymphéacées*, sous-tribu des *Cabombées*. — Ce genre ne comprend que deux ou trois espèces de petites

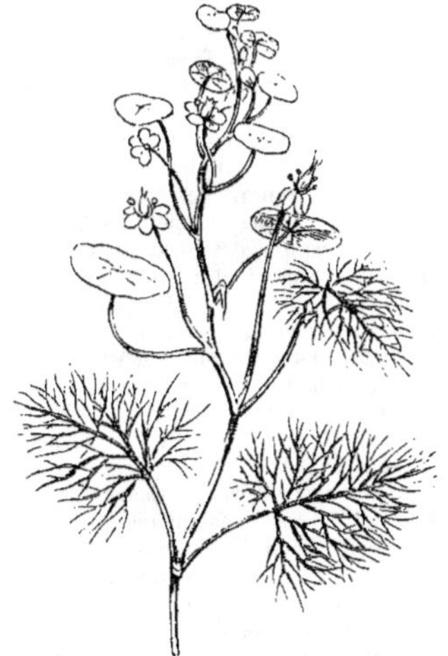

Fig. 533. — Cabomba aquatica.

plantes aquatiques, très intéressantes, habitant le Mexique, la Guyane et le Brésil. Tiges grêles; fleurs solitaires, axillaires, longuement pétiolées; feuilles dimorphes, les flottantes peltées, les submergées réduites aux nervures. On les cultive assez facilement dans des baquets contenant environ 30 cent. d'eau. avec une couche de terre franche de 5 cent. au fond, dans laquelle se fixent les racines. On place ces baquets en serre tempérée pendant l'été et en serre presque chaude pendant l'hiver, période de leur repos. Leur multiplication s'effectue par division des touffes.

C. aquatica, Aubl. *Fl.* jaunes, petites ; pédoncules axillaires, solitaires, allongés, uniflores. Juillet. *Flles* submergées opposées, pétiolées, découpées jusqu'aux nervures en cinq divisions à segments multifides ; feuilles flottantes alternes, longuement pétiolées, peltées, orbiculaires, entières. Guyane, 1823. (B. M. 7090.) Syn. *Nectris aquatica.*

C. caroliniana, — Cette espèce a beaucoup de ressemblance avec la précédente : elle est originaire du sud des Etats-Unis.

CACALIA, Linn. (de *kakalia*, nom employé par Dioscorides), **Cacalie.** Fam. *Composées.* — Les *Cacalia* sont de jolies plantes rustiques, annuelles ou vivaces, formant une section des *Senecio* dont ils ne diffèrent que par des détails botaniques, mais que nous maintenons séparés pour leur emploi horticole. Capitules à cinq fleurons ou plus, tous tubuleux et hermaphrodites; écailles de l'involucre unisériées; réceptacle nu; aigrettes formées de nombreux poils scarieux, capillaires. Pour leur culture V. **Senecio.**

C. atriplicifolia, Linn. Capitules blancs. Août. *Flles* inférieures triangulaires-réniformes ou légèrement cordiformes; les supérieures rhomboïdales, dentées. Tiges arrondies. *Haut.* 1 à 2 m. Etats-Unis.

C. coccinea, Sweet. Syn. de *C. sonchifolia*, Linn.

C. hastata, Linn. *Capitules* blancs, pendants, disposés en fausses grappes. Automne. *Flles* pétiolées, trilobées, hastées, dentées en scie. *Haut.* 30 cent. Sibérie, 1780.

C. reniformis, Muhlbrg. *Capitules* blancs, disposés en larges corymbes. Août. *Flles* dilatées, flabelliformes, de 30 à 60 cent. de large, dentées et anguleuses, pétiolées. Tige anguleuse et canaliculée. *Haut.* 1 m. 30 à 3 m. Nouveau-Jersey, 1801.

C. salicina, Labill. — V. *Bedfordia salicina*, D. C.

C. sagittata, Vahl. — Syn. de *C. sonchifolia*, Linn.

Fig. 534. — Cacalia sonchifolia.

C. sonchifolia, Linn.* Cacalie écarlate. — *Capitules* rouge cocciné, ressemblant à de petits pompons, réunis au sommet de rameaux minces et allongés; écailles linéaires, minces et appliquées. Juin-septembre. *Flles* alternes, les inférieures obovées, inégalement dentées; les caulinaires semi-embrassantes, hastées. Plante annuelle, glabre ou pubescente. *Haut.* 30 à 50 cent. Java, Indes orientales. Syns. *C. sagittata*, Vahl. et *C. coccinea*, Sweet.

C. s. aurantiaca, Hort. Cacalie orange. — Jolie variété à fleurs d'un beau rouge orangé. (A. V. F. 8.)

C. suaveolens, Linn. *Capitules* blancs. Juin. *Flles* triangulaires-lancéolées ou sagittées, pointues, dentées en scie, les caulinaires à pétiole ailé. Tige canaliculée. *Haut.* 1 m. à 1 m. 50. Amérique du Nord, 1752.

C. tuberosa, —* *Capitules* blanchâtres. Juin. *Flles* épaisses, les inférieures lancéolées ou ovales, presque entières, graduellement rétrécies en longs pétioles ; les caulinaires à pétiole court, étroitement ailé, quelquefois dentées au sommet. Tiges anguleuses, canaliculées. *Haut.* 60 cent. à 2 m. Amérique du Nord.

CACARA, D. P. Thou. — V. **Pachyrhizus**, Rich.

CACAO, Gærtn. — V. **Theobroma**, Linn.

CACAOYER. — V. **Theobroma Cacao**, Linn.

CACCINIA, Savi. (dédié à G. Caccini, savant italien). Syn. *Anisanthera*, Raf. Fam. *Borraginées*. — Genre comprenant cinq espèces d'herbes vivaces, rustiques, originaires de l'Orient. Fleurs pédicellées, à la fin éparses ; calice à cinq divisions ; corolle à tube grêle et à limbe en coupe, à cinq lobes étalés; étamines cinq; grappes allongées, munies de bractées. Carpelles quatre ou moins par avortement. Feuilles alternes, scabres et ciliées sur les bords. Le *C. glauca*, la seule espèce cultivée, aime une bonne terre fertile et se multiplie par divisions.

C. glauca, Savi. *Fl.* en grappes fasciculées ; calice à lobes brun verdâtre ; corolle à tube non exsert ; lobes violet-bleu, passant au rouge, de 12 mm. de long, oblongs, lancéolés. *Flles* de 10 à 20 cent. de long, courtement pétiolées ou les supérieures sessiles, elliptiques-oblongues, couvertes de tubercules épars. Tige de la grosseur du pouce à la base. *Haut.* 30 à 60 cent. Perse et Afghanistan. 1880. (B. M. 6870.)

CACHOU. — V. **Acacia Catechu**.

CACHOU (Noix de). — V. **Anacardium occidentale**.

CACOUCIA, Aubl. (leur nom à la Guyane). Syn. *Schousbœa*, Willd. Fam. *Combrétacées*. — Genre comprenant cinq espèces de l'Amérique et de l'Afrique tropicale. Ce sont de jolis arbustes de serre chaude, grimpants ou sarmenteux. Fleurs grandes, ornementales, réunies en grappes. Feuilles opposées, oblongues ou ovales-elliptiques. Pour leur culture, V. **Combretum**.

C. coccinea, Aubl. *Fl.* écarlates, alternes, munies de bractées à la base et disposées en longue grappe terminale. Mai. *Flles* ovales, acuminées, courtement pétiolées. Guyane. (A. G. 1, 179.) Belle plante grimpante, de serre chaude.

CACTÉES. — Grande famille de végétaux dicotylédones, renfermant environ onze cents espèces, réparties dans vingt genres et habitant les régions chaudes et tropicales, principalement de l'Amérique. Ce sont des plantes à tige très charnue, cylindrique, anguleuse, globuleuse ou ovoïde, rarement feuillée, mais ordinairement pourvue d'épines plus ou moins fortes et fasciculées. Fleurs hermaphrodites, polypétales, régulières, de forme variable, grandes ou petites, ordinairement solitaires, sessiles, rarement fasciculées, souvent éphémères. Calice à sépales ordinairement en nombre indéfini, les intérieurs peu distincts des pétales, soudés et adnés à l'ovaire sur une grande longueur; le tube est lisse dans les genres *Mamillaria*, *Melocactus* et *Rhipsalis*, ou écailleux et les lobes couronnent le fruit dans les genres *Cereus*, *Opuntia* et *Pereskia*. Pétales disposés sur deux ou plusieurs rangs, à peine distincts des sépales intérieurs et un peu soudés avec eux ; quelquefois irréguliers et formant un long tube, mais libres au sommet comme dans les genres *Mammillaria*, *Melocactus* et *Cereus* ; quelquefois égaux et entièrement libres jusqu'à la base, formant une corolle rotacée comme dans les genres *Opuntia*, *Pereskia* et *Rhipsalis*. Étamines en nombre indéfini, multisériées, plus ou moins cohérentes avec les pétales ou sépales internes, à filaments grêles, filiformes ; anthères ovales, versatiles, à deux loges. Ovaire ovoïde, charnu, à une loge. Fruit succulent, renfermant un grand nombre de graines, lisse et couronné par le calice ou couvert de bractéoles, d'écailles ou de tubercules, et ombiliqué au sommet. Feuilles ordinairement nulles ou alors petites, caduques, arrondies, rarement planes et étalées ; quelquefois alternes et disposées en spirale, ordinairement glabres et charnues. Écailles ou épines fasciculées à l'aisselle des feuilles. Chez les genres dépourvus de feuilles, les fascicules d'épines sont disposés sur les angles des tiges ou sur des tubercules naissant au sommet des mamelons. Tiges très rarement sub-ligneuses (*Pereskia*), presque toujours renflées, très charnues, de port très variable et affectant fréquemment des formes excessivement singulières ; tantôt elles sont cylindriques, allongées, plus ou moins anguleuses (*Cereus*), tantôt elles sont ovoïdes ou globuleuses, côtelées comme un melon (*Melocactus*) ou mamelonnées (*Mamillaria*), quelquefois encore fortement aplaties et rappelant une semelle de bottine (*Opuntia*), ou bien informe et affectant la forme d'un rocher (*Cereus monstruosus*) ; chaque ramification est toujours articulée sur son point d'attache dont elle peut souvent se détacher très facilement.

Leurs formes bizarres, leurs fleurs, bien que de courte durée, s'ouvrant pendant le jour ou pendant la nuit, et surtout le peu de soins qu'elles exigent, ont depuis longtemps fait cultiver les Cactées dans les jardins et dans les serres ; il est même regrettable que leur culture soit négligée de nos jours, car lorsqu'elles sont réunies en certain nombre, elles offrent un grand intérêt pour l'amateur, et leur grande résistance à la sécheresse les rend encore plus appréciables pour ceux qui ne peuvent surveiller leurs plantes journellement. Quelques genres, les *Phyllocactus* entre autres, possèdent des fleurs d'une rare beauté, qu'ils produisent tous les ans et souvent en abondance lorsque les plantes sont fortes. On ne retire que peu de produits utiles des Cactées ; les fruits des *Opuntia* sont comestibles, assez estimés et connus sous le nom de figues de Barbarie ; le *Nopalea coccinellifera* nourrit le *Coccus Cacti*, dont la femelle desséchée constitue la Cochenille du commerce.

Les Cactées ont fait l'objet d'études scientifiques fort complètes ; voici les titres de quelques ouvrages les plus importants : Labouret, *Monographie des Cactées* ; De Candolle, *Plantes grasses* et *Revue des Cactées* ; Ch. Lemaire, *Les Cactées* ; Pfeiffer, *Cacteæ* ; G. Engelmann, *Cactaceæ of the United States and Mexico* ; Watson, *Cactus culture for Amateurs* ; Lewis Castle, *Cactaceous plants*.

Culture. — Il n'y a peut-être pas de plantes qui

s'accommodent plus facilement d'un système uniforme de traitement que les Cactées ; toutefois, on conçoit bien que certaines espèces prospèrent d'autant mieux qu'elles sont soumises à une température plus en rapport avec celle de leur pays d'origine. La plupart de ces plantes appartiennent à la flore du nouveau continent, et ce dernier occupant un espace considérable rées ; on peut même y rentrer pendant l'hiver les espèces rustiques sous notre climat et qui cependant se trouvent mieux d'un hivernage sous abri. A défaut de serre, on devra placer ces dernières sous une saillie de rocaille ou sous châssis, ou bien les couvrir sur place d'une cloche ou d'une feuille de verre afin d'éviter les désastreux effets de l'humidité.

Fig. 535. — Groupe de Cactées.

1. Opuntia.
2. Cereus.
3. Opuntia streptacantha.
4. Cereus candicans.
5. Mammillaria.
6. Cereus peruvianus monstruosus.
7. Cereus electracanthus.
8. Mammillaria.
9. Cereus (Echinopsis) formosus.
10. Echinocactus Visnaga.
11. Cereus peruvianus, var.
12. Opuntia candelabriformis.
13. Cereus strictus.
14. Pilocereus senilis.
15. Cereus tweedii.
16. Cereus chilensis.

du nord au sud, il en résulte que les espèces qu'on y trouve, croissent sous des climats variant considérablement suivant la latitude et l'altitude des régions qu'elles habitent. Cependant, lorsqu'on dispose d'une serre spéciale pour la culture des Cactées, on peut avec succès y cultiver la majorité des espèces qui composent ce genre. La partie la plus chaude de la serre en question sera consacrée aux espèces tropicales, tandis que les parties plus froides seront réservées à celles originaires de régions plus tempé-

En général, une température de 10 à 12 deg. pendant l'hiver et de 20 à 25 deg. à l'ombre, jusqu'à 32 deg. au soleil, pendant l'été, est celle qui convient le mieux à ces plantes. Quant aux arrosements, on devra les supprimer complètement pendant l'hiver, surtout pour les espèces tropicales, et en ce qui concerne le sol, le rempotage et le traitement général, on pourra adopter une méthode unique pour tous les genres, à l'exception des *Epiphyllum*, *Disocactus* et *Pereskia*, dont la culture est indiquée à leurs noms respectifs.

Plusieurs cultivateurs tiennent les Cactées en serre pendant l'hiver et les sortent dehors en été. Cette manière d'opérer n'est pas à recommander, si ce n'est pour la région méridionale, car la variabilité de notre climat est préjudiciable à un grand nombre d'espèces tendres et délicates, la quantité d'eau qu'elles reçoivent pendant l'été produit chez certaines plantes un état maladif, tandis que d'autres en périssent même complètement. Il est de beaucoup préférable, lorsqu'on tient à les bien cultiver, de donner à chacune de ces plantes le traitement qui lui convient. Les nombreuses espèces et variétés originaires des Montagnes Rocheuses forment une série très intéressante ; on peut les cultiver sous châssis froid exposé au midi, en ayant soin de les placer le plus près possible du verre et de supprimer les arrosements pendant l'hiver. Pendant cette saison, il est nécessaire de couvrir les châssis avec des paillassons, si le froid devient très vif. Une des plus belles collections de Cactées qui existent en Angleterre est celle de M. E.-G. Loder, à Northampton ; il en possède un grand nombre qu'il cultive parfaitement sous châssis et à l'air libre, sous une grande saillie de rocher.

En France, les Cactées sont presque tombées dans l'oubli ; ce n'est pas qu'elles y soient rares, car on en rencontre dans presque tous les établissements horticoles ou scientifiques et dans la plupart des jardins bourgeois ; mais on y prête peu d'attention ; c'est très regrettable, car ces plantes n'exigent que peu de soins et outre leurs formes souvent originales, elles produisent de fort belles fleurs. M. Simon est à peu près le seul horticulteur parisien qui se soit adonné d'une manière toute spéciale à la culture des Cactées.

Les amateurs peuvent cultiver une assez grande quantité de jolies plantes grasses, soit dans les appartements près des fenêtres, soit dans de petites serres ou châssis portatifs, et, comme ces végétaux sont d'une croissance très lente, on pourra de la sorte en avoir un certain nombre en raison du peu de place qu'occupe chacun d'eux. D'un autre côté, leur culture ne cause pas beaucoup de dérangements, les arrosements devant être assez rares et les ravages des insectes étant peu à craindre. On trouve chez les fleuristes et sur les marchés aux fleurs, dans de très petits pots, de nombreuses espèces de Cactées en miniature, très intéressantes et ornementales en dépit de leur petite taille.

Sol, drainage et rempotage. — On emploie un compost formé d'une partie de bonne terre fibreuse et d'une partie de sable, de briques pulvérisées et de débris de pierres calcaires en égale proportion ; le tout doit être soigneusement mélangé et employé presque sec. Un bon drainage est absolument nécessaire ; pour l'établir, on place ordinairement un tesson sur le trou du pot et on remplit ce dernier jusqu'au tiers environ avec de petits cailloux ou toute autre matière susceptible de laisser l'eau s'écouler facilement. Le meilleur moment pour procéder au rempotage est février-mars ; on retourne les plantes et on enlève la plus grande partie de la vieille terre ainsi que toutes les racines mortes ou gâtées que l'on peut apercevoir. On place ensuite la terre la plus grossière près des parois du pot et on remplit graduellement ce dernier avec la terre la plus fine, en ayant soin de bien l'introduire entre les racines ; on foule ensuite convenablement. Les arrosements doivent être suspendus pendant quelques jours après le rempotage, mais il est nécessaire de seringuer les plantes tous les soirs, principalement si le temps est beau. On peut aussi soumettre les plantes à une température supérieure à celle qui leur est habituelle à cette époque de l'année, afin d'activer la reprise. Il n'est pas nécessaire de procéder tous les ans au rempotage. Un bon rechaussage et quelques doses d'engrais liquides sont largement suffisants pour plusieurs saisons.

Arrosements. — Les arrosements doivent être faits avec parcimonie, surtout pendant l'hiver, et quel que soit le mode de traitement en ce qui concerne la température, on ne doit les arroser qu'à doses soigneusement calculées ; il faut toujours éviter que le sol soit saturé d'eau. Si la température est chaude, on peut en donner un peu une fois par semaine et même moins souvent. Lorsque les plantes sont dans un local très froid, les arrosements doivent être très espacés pendant les mois de novembre, décembre et janvier ; après cette époque, on les visite toutes les semaines et on les arrose au besoin. Pendant l'été, quand la végétation est en pleine activité, elles ne souffrent nullement d'être arrosées deux fois par semaine ; on peut même avec avantage les seringuer légèrement pendant les belles soirées.

Multiplication. — La multiplication des Cactées peut s'effectuer de trois manières : par boutures ou rejetons, par greffes et par semis ; la première est la plus employée. Ces boutures ou rejetons doivent être enlevés à l'aide d'un couteau tranchant et autant que possible au niveau d'une articulation ; on les place ensuite pendant quelque temps sur une tablette ou autre endroit ensoleillé afin de laisser cicatriser la plaie, on les empote ensuite dans de petits pots, en terre très légère, et on les arrose très modérément afin de faciliter l'émission des racines. Lorsqu'elles sont enracinées, on les place avec les autres et on peut les seringuer pendant la belle saison pour les faire pousser plus vigoureusement.

La greffe s'emploie pour les espèces délicates qui, pour différentes raisons, ne poussent guère avec vigueur que lorsqu'elles sont greffées sur une espèce plus résistante ; ce moyen permet aussi de mettre les plantes à l'abri de l'humidité du sol ; on évite ainsi de les voir se pourrir. Les sujets le plus ordinairement employés pour la greffe sont : les *Cereus tortuosus*, *C. peruvianus*, *Pereskia*, etc., sur lesquels la réussite est assez certaine et la reprise ordinairement rapide. Lorsque le sujet et la greffe sont grêles, on emploie de préférence la greffe en fente ou en placage ; si le sujet est gros et la greffe petite, on pratique la greffe en coin, c'est-à-dire qu'après avoir enlevé l'épiderme du greffon, on l'enfonce dans une ouverture pratiquée dans le sujet ; on enduit ensuite de cire à greffer. Lorsque le sujet et la greffe sont volumineux, on les coupe horizontalement ou mieux un peu en forme de V évasé, puis, après les avoir ajustés, on les ligature avec de la fibre, mais sans trop serrer, il est bon d'enduire l'extérieur avec de la cire à greffer.

Le semis est peu pratiqué ; c'est une méthode d'ailleurs fort lente, et ce n'est guère qu'en vue de l'obtention de nouveautés qu'on a recours à ce procédé. Les graines doivent être semées en terrines, dans une terre très légère ; on les place ensuite dans un endroit abrité et à mi-ombre jusqu'à ce que la germination commence ; on les met alors dans un endroit ensoleillé et on les arrose avec beaucoup de modération.

CACTUS, Linn. (de *kaktos*, nom donné par Théophraste à une plante épineuse. Ce genre, créé par Linné pour renfermer toutes les *Cactées*, est aujourd'hui entièrement démembré. — V. **Cereus. Disocactus. Echinocactus. Epiphyllum, Leuchtenbergia, Mamillaria, Melocactus Nopalca, Opuntia, Pelecyphora, Pereskia, Phyllocactus** et **Rhipsalis.** — Dans le langage vulgaire, on nomme *Cactus*, ou plus familièrement *Plantes grasses*, toutes les espèces appartenant à la famille des *Cactées*.

CADAMBA, Sonn. — Réuni au genre **Guettarda**, Linn.

CADE, ou **Genévrier Cade**. — V. **Juniperus Oxycedrus.**

CADIA, Forsk. (altération du mot arabe *Kadi*). FAM. *Légumineuses*. — Petit genre comprenant trois espèces d'arbustes toujours verts, de serre chaude, originaires de l'Afrique tropicale, de l'Arabie méridionale et de Madagascar. Fleurs blanchâtres, roses ou purpurines, solitaires ou peu nombreuses à l'aisselle des feuilles et pendantes; calice largement campanulé, à lobes presque égaux; pétales presque tous semblables, libres, dressés-étalés, oblongs-ovales ou sub-orbiculaires, très courtement onguiculés; étamines libres, sub-égales; bractées petites; bractéoles nulles. Gousse linéaire, acuminée, à deux valves. Feuilles imparipennées, à folioles petites; stipules menues; stipelles nulles. Le *C. Ellisiana* est la seule espèce introduite; c'est un petit arbrisseau grêle, très glabre, à cultiver comme les **Brownea.** (V. ce nom.)

C. Ellisiana, — *Fl.* rouge rosé, de 4 cent. de long; pétales deux fois plus longs que le calice; obovales, spatulés, convolutés, formant une corolle campanulée; grappes axillaires, courtes et brièvement pédonculées. Décembre. *Flles* composées, alternes, de 10 à 15 cent. de long; à folioles espacées, alternes, étalées, très courtement pétiolulées, de 8 à 10 cent. de long, elliptiques-oblongues ou lancéolées, obtusément acuminées; pétioles très courts, renflés à la base. Madagascar, 1882. (B. M. 6685.)

CADUC, ANGL. Caducous; Deciduous. — Organes qui tombent prématurément ou après avoir accompli leurs fonctions. Le calice, la corolle, le style et les étamines de beaucoup de fleurs tombent après l'anthèse. Les stipules de certaines feuilles tombent avant la feuille elle-même. Les arbres qui perdent leurs feuilles chaque année, ordinairement à l'automne, sont des arbres à feuilles caduques. (S. M.)

CÆNOPTERIS, Bory. — V. **Asplenium**, Linn.

CÆSALPINIA, Linn. (dédié à Andreas Cæsalpinus, célèbre botaniste italien; 1519-1603). **Brésillet**, ANGL. Brasiletto. Comprend le genre *Guilandina*, Linn. FAM. *Légumineuses*. — Genre renfermant environ trente-huit espèces dispersées dans les régions chaudes du globe. Ce sont des arbres ou arbustes de serre chaude, peu cultivés en raison de l'espace qu'ils occupent et du temps qu'ils mettent à atteindre une taille suffisante pour fleurir. Fleurs jaunes ou rouges, disposées en grappes; calice turbiné, à cinq divisions, l'inférieure plus grande que les autres; pétales cinq, à onglets inégaux, le supérieur plus court que les autres; étamines dix. Feuilles bipinnées, sans foliole impaire. Il leur faut un mélange de terre franche et de terreau de feuilles. Les boutures sont assez dures à s'enraciner; elles réussissent quelquefois lorsqu'on les prend en végétation et qu'on les plante dans du sable, à chaud et sous cloches; on peut aussi les propager par graines que l'on sème au printemps, sur couche chaude.

C. alternifolia, — *Fl.* orangées, disposées en bouquets. *Flles* alternes, composées, très élégantes. Amérique centrale, 1868.

C. Bonducella, Flemm., Bonduc, Guénic. — *Fl.* petites, jaunâtres, en épis munis de longues bractées. *Gousses* ovales, monospermes, hérissées de longues pointes subulées. Graines globuleuses, osseuses, luisantes. *Flles* bipinnées, à folioles pubescentes ou velues. Tiges et pétioles hérissés d'aiguillons crochus. *Haut.* 1 m. Indes orientales, 1640. Syn. *Guilandina Bonduc*, Ait.

C. brasiliensis, Linn. Bois du Brésil, ANGL. Brazil Wood. — *Fl.* orangées, en grappes paniculées. *Flles* à sept-neuf paires de pinnules portant chacune quinze à seize paires de folioles ovales, oblongues, obtuses, glabres. Brésil, 1739. — Cet arbre inerme fournit le Bois du Brésil du commerce.

C. crista, — Syn. de *C. japonica*, Sieb. et Zucc.

C. Gilliesii, Wall. — V. *Poinciana Gilliesii*, Hook.

C. japonica, Sieb. et Zucc. *Fl.* blanchâtres, en fausses grappes terminales, pendantes; pédoncules alternes, filiformes, horizontaux, uniflores. Mai-juin. *Flles* pinnées, à folioles sub-sessiles, oblongues, très obtuses, entières, équilatérales, glabres. Tiges arborescentes, de 2 m. de haut. Japon, 1888. (G. M. 21 juillet 1888, p. 445; G. C. 1888, v. 4, p. 513, f. 73; Gn. 1891, 837.) Syn. *C. crista*.

C. lacerans. — V. *Pterolobium indicum*.

C. pulcherrima, Swartz. *Fl.* très longuement pédicellées, à pétales jaune orangé, rarement rouges, de 2 cent. 1/2 de long, dépassant le calice et souvent lacérés sur les bords; grappes paniculées, terminales. Juillet. *Gousses* comprimées, aplaties, de 10 à 12 cent. de long. *Flles* à trois-neuf pinnules portant chacune cinq à dix folioles oblongues ou oblongues-spatulées, arrondies ou sub-tronquées et mucronées au sommet. *Haut.* 3 à 4 m. Arbrisseau épineux. Indes occidentales, 1691. Syn. *Poinciana pulcherrima*, Linn. (B. M. 995.)

C. Sappan, Linn. *Fl.* jaunes, paniculées. *Flles* à dix-douze paires de pinnules portant chacune un même nombre de folioles obliquement ovales-oblongues, à côtés inégaux et émarginées au sommet. *Haut.* 13 m. Asie tropicale, 1773. — Cet arbre fournit le bois de Sappan du commerce.

C. sepiaria, — *Fl.* jaunes. Avril. *Flles* composées, à pinnules portant environ dix paires de folioles. *Haut.* 18 m. Indes, 1857. Syn. *Biancea scandens*.

CÆSIUS. — Qualificatif latin indiquant une couleur bleu lavande ou bleu grisâtre.

CAFARD. — V. **Blatte**.

CAFÉIER. — V. **Coffea**.

CAGES. — Outre sa propre signification, dont nous

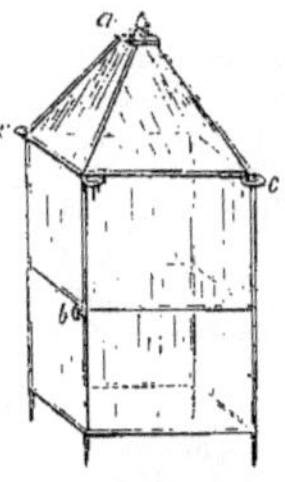

Fig. 536. — Cage vitrée. (*Rev. Hort.*)

n'avons pas à nous occuper ici, on applique quelquefois ce mot à différents accessoires horticoles servant à protéger les plantes. Ainsi, ces charpentes légères que l'on établit autour des arbres ou des plantes délicates pour y poser des paillassons lorsqu'il fait froid,

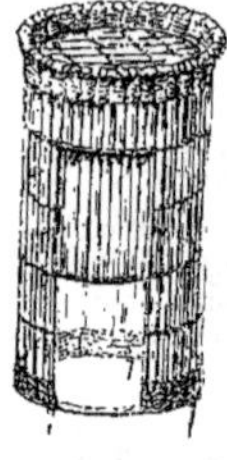
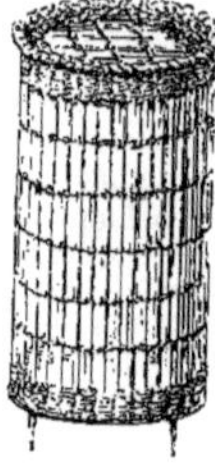

Fig. 537. — Cages en osier pour protéger les plantes pendant l'hiver. (*Rev. Hort.*)

sont nommées cages, de même que les grandes cloches carrées ou hexagonales à charpente en fer, dont un côté peut s'ouvrir pour donner de l'air. L'entourage en fer que l'on met aux jeunes arbres pour les protéger des mauvais traitements se nomme encore quelquefois cage. V. aussi **Abris, Cloches** et **Crinolines.** (S. M.)

CAHOUN (Noix de). — Nom donné aux fruits de l'*Attalea Cohune*, qui fournissent une huile appréciée.

CAÏEUX ou **CAYEUX.** — Ce sont de jeunes bulbes qui se développent à l'aisselle des écailles ou des tuniques extérieures des bulbes ou de la circonférence du plateau. Ils y adhèrent ordinairement jusqu'à ce qu'ils aient atteint un volume suffisant pour pouvoir vivre séparément; mais on peut les détacher dès la fin de la végétation, soit en vue de la propagation de l'espèce, soit pour en débarrasser le bulbe mère et permettre à celui-ci d'atteindre un plus grand développement. C'est le plus souvent à l'aide des caïeux que l'on propage les plantes bulbeuses; ils ne diffèrent des bulbilles qu'en ce qu'ils naissent toujours autour ou entre les écailles ou tuniques des bulbes. En jardinage, on confond quelquefois la signification propre de ces deux mots; car on nomme quelquefois bulbilles certains caïeux fort petits, tels que ceux des Glaïeuls. V. aussi **Bulbes** et **Bulbilles.** (S. M.)

CAILLE-LAIT. — V. **Galium.**

CAINITIER. — V. **Chrysophyllum Cainito.**

CAINITO, Tuss. — V. **Chrysophyllum,** Linn.

CAIOPHORA, Presl. — V. **Blumenbachia,** Schrad. et **Loasa,** Juss.

CAISSES à fleurs, Angl. Plant-boxes. — Les caisses à fleurs sont très employées pour la culture des arbres ou des arbustes trop volumineux pour être placés dans des pots, ou lorsqu'on a à craindre le bris de ces derniers. Elles sont ordinairement en bois; on en fait aussi, mais rarement, en ardoise; bien que peu employée pour cet usage, cette dernière matière a l'avantage de durer très longtemps et d'être toujours propre. Pour les caisses en bois, on emploie tantôt du bois blanc, tantôt du bois dur; ce dernier, le Chêne surtout, est de longue durée, mais il est aussi plus lourd et bien plus coûteux. Il est presque indispensable de les peindre; c'est généralement de la couleur verte à l'huile que l'on applique à l'extérieur; quant à l'intérieur, on le laisse souvent nu, mais une bonne couche de goudron prolonge considérablement la durée des caisses. Lorsqu'elles ont de grandes dimensions, elles doivent être garnies sur les côtés d'anses qui en facilitent leur transport. Elles doivent aussi être munies de petits pieds, afin que le fond ne touche pas le sol; il est même bon

Fig. 538. — Caisse à fleurs.

de poser ces pieds sur des morceaux de briques ou autres objets afin d'éviter leur pourriture. Le fond des caisses doit toujours être bien drainé pour permettre aux eaux des arrosements de s'écouler avec facilité et pour éviter la décomposition de la terre. Les mêmes conseils s'appliquent aux caisses que l'on place sur les fenêtres ou sur les balcons: leurs dimensions sont celles de l'emplacement auquel on les destine, mais leur profondeur doit être au moins de 20 cent., afin que les plantes y trouvent une quantité de terre suffisante pour leur végétation pendant une année.

Les **Bacs** (V. ce mot) ne diffèrent des caisses que par leur forme circulaire. On emploie aussi quelquefois des caisses à la place de terrines ou de pots pour les semis, la plantation des boutures, les repiquages, etc.; leur forme n'a pas d'importance, sauf toutefois pour la facilité de leur transport et leur rangement; leur profondeur doit être proportionnée aux plantes que l'on désire y cultiver; et pour les semis et les boutures, 10 centimètres sont suffisants. Chacun connaît l'utilité des caisses pour l'emballage et le transport des plantes, des fruits, etc.

Pour le transport des plantes vivantes à de grandes distances, on emploie des caisses dites: **Serre de voyage** (V. ce mot), dont la partie supérieure est recouverte d'une sorte de toiture vitrée et à deux pentes. (S. M.)

CAJAN. — V. **Cajanus.**

CAJANUS, DC. (de *Catjang*, leur nom vulgaire dans l'île d'Amboine). **Cajan.** Fam. *Légumineuses.* — Genre dont la seule espèce connue est un arbuste toujours vert, de serre chaude, couvert d'une pubescence veloutée. On le croit indigène en Asie, mais il est cultivé dans presque toutes les régions chaudes. Fleurs jaunes, distinctement pédonculées, disposées en grappes; étendard quelquefois élégamment veiné de rouge. Feuilles pinnées, trifoliées. Le *C. indicus* se plaît dans une terre légère et fertile; on le multiplie ordinairement de graines importées des Indes et des Antilles; les boutures que l'on fait avec des rameaux herbacés s'enracinent assez facilement dans du sable, sous cloches et à chaud.

C. indicus, DC.* Cytise des Indes, Pois d'Embrevade, Angl. Pigeon Pea. — *Fl.* jaune pur ou ponctué de pourpre, disposées en grappes axillaires. Juillet. *Flles* trifoliées, à folioles lancéolées. *Haut.* 2 à 3 m. Indes. (B. M. 6440.)

C. i. bicolor, DC. *Fl.* jaune et rouge. Juillet. *Haut.* 1 m. 30. Indes, 1800. (B. R. 31, 31.)

C. i. flavus, DC. *Fl.* jaune pur. Juillet. *Haut.* 1 m. 30. Indes, 1687.

CAJEPUT. — V. Melaleuca leucadendron minor.

CALABA. — V. Calophyllum Calaba.

CALAC. — V. Carissa Carandas.

CAKILE, Gærtn. (dérivé de l'arabe), Angl. Sea Rocket. Fam. *Crucifères*. — Petit genre ne comprenant que deux espèces habitant l'Europe, l'Amérique et l'Australie tempérée. La suivante est une plante annuelle, commune sur les bords de l'Océan. Elle est facile à cultiver dans tous les terrains siliceux; on la multiplie par graines que l'on sème au printemps.

C. maritima, Scop. *Fl.* lilacées, assez grandes, en épis compacts pendant la floraison, puis allongés à la maturité. Été et automne. *Fr.*, charnu, transversalement divisé en deux loges, la supérieure contenant une seule graine dressée; l'inférieure une graine pendante. *Flles* charnues, oblongues, profondément lobées. *Haut.* 30 cent. Bords de la mer, en Europe et dans l'Amérique du Nord.

CALADENIA, R. Br. (de *kalos*, beau, et *aden*, glande; allusion aux petites glandes qui couvrent le disque du labelle). Comprend les *Leptoceras*, Lindl. Fam. *Orchidées*. — Genre renfermant environ trente-deux espèces de jolies Orchidées terrestres, de serre froide, originaires de l'Australie et de la Nouvelle-Zélande. Il faut les tenir sous châssis ou en serre froide pendant leur période de repos et ne les arroser que très modérément; un compost de terre franche, de terre de bruyère et de sable en quantités égales leur convient parfaitement. Les *Caladenia* ne sont guère cultivés que dans les jardins botaniques ou dans les collections scientifiques.

C. major. — V. *Glossodia major*.

C. minor. — V. *Glossodia minor*.

CALADIUM, Vent. (origine douteuse, nom probablement indien; ou, selon quelques auteurs, du grec *kalos*, beau; allusion à la richesse des coloris du feuillage). Fam. *Aroïdées*. — Genre ne comprenant que dix espèces originaires de l'Amérique australe-tropicale. Ce sont des plantes vivaces, herbacées, tuberculeuses, que l'on cultive en serre chaude, spécialement pour la beauté de leur feuillage. Spathe naviculaire, enroulée à la base; spadice entièrement couvert d'étamines dans sa partie supérieure, mais stériles au sommet, celles de la partie médiane, stériles ou réduites à des glandes; anthères en bouclier, à une loge; ovaires nombreux, réunis à la base du spadice, à deux loges renfermant chacune deux à quatre ovules ascendants. Le fruit est une baie contenant quelques graines. Feuilles longuement pétiolées, plus ou moins sagittées, hastées ou ovales, présentant, par suite de perfectionnements, les plus grandes variations de couleurs.

La culture des *Caladium* est relativement facile; la chaleur et l'atmosphère humide en sont les conditions essentielles. En mars, lorsque les tubercules ont été en repos pendant tout l'hiver, on les empote dans des petits pots et on les place dans une serre ou dans une bâche chauffée où l'on peut maintenir une température de 15 à 18 deg. pendant la nuit, et on les seringue tous les jours, ou au moins plusieurs fois par semaine. Lorsqu'ils commencent à montrer des signes d'activité, on les rempote dans des pots de 10 à 12 cent. de diamètre. On peut diviser les gros tubercules lorsqu'ils sont sains et rempoter ensuite chaque partie dans un pot de grandeur proportionnée.

Terre. — Un mélange de terre franche, de terreau de feuilles, de terre de bruyère fibreuse et de terreau gras bien décomposé en parties égales, pas trop finement concassé, et additionné d'une petite quantité de sable grossier, le tout convenablement mélangé, forme un excellent compost pour les *Caladium*. Le drainage doit être parfait, car ils exigent des arrosements copieux. Après leur rempotage, on les place en serre chaude où on les entretient humides, et on les seringue deux ou trois fois par jour. Si on peut plonger les pots dans une couche de tannée donnant une douce chaleur de fond, leur végétation n'en sera que plus vigoureuse. Les arrosements doivent être modérés au début, puis plus copieux lorsque les feuilles se développent, et quand les pots sont garnis de racines, on peut leur donner quelques arrosements à l'engrais liquide, une fois sur deux. A mesure que la saison avance, la chaleur et l'humidité doivent être augmentées. Pendant le soleil ardent, il faut les ombrer légèrement, avec une toile claire ou autre objet suffisant pour briser les rayons, et simplement pendant quelques heures, car plus ils reçoivent de lumière, plus beau est leur feuillage et plus riches en sont les coloris. Lorsque les plantes ont atteint une bonne force, on en place quelques-unes dans une serre un peu plus froide pour les endurcir; après quoi on peut les employer pour l'ornement des grandes serres ou autres, mais il faut les mettre à l'abri des courants d'air et ne les arroser que lorsqu'ils sont réellement secs. On peut cependant les y laisser pendant un certain temps, en ayant soin de les reporter dans la serre chaude avant qu'ils n'aient souffert du froid. De petites plantes bien cultivées sont très convenables pour les garnitures de tables et l'ornement des vases à fleurs; les *Caladium* sont aussi excellents pour former des lots d'exposition dont l'effet est très décoratif.

A l'automne, lorsque les feuilles commencent à se faner, les arrosements doivent être graduellement diminués jusqu'à ce qu'elles soient entièrement mortes; alors on les supprime et on place les pots sous les gradins de la serre chaude dans un endroit où il est possible de les visiter de temps à autre et de leur donner un peu d'eau si la terre devient par trop sèche. Il ne faut jamais laisser les bulbes se dessécher entièrement, comme on le fait trop souvent, car, dans ce cas, ils se pourrissent fréquemment à l'intérieur; tandis que, lorsqu'on les entretient dans un milieu un peu frais on hiverne même les plus délicats. Ils doivent rester dans cet état de repos jusqu'au printemps suivant. Les *Caladium* ne peuvent guère supporter une température au-dessous de 13 à 15 deg. Les *vraies espèces* de *Caladium* sont très peu cultivées; les nombreux hybrides que l'on a obtenus, principalement du *C. bicolor*, les surpassent beaucoup en beauté.

Voici ce que M. Bleu, l'habile semeur de ces belles plantes, conseille pour leur culture :

« Le *Caladium bicolor*, qui est essentiellement de serre chaude, doit, pour sa mise en végétation, être planté dans des pots relativement petits et dans de la terre de bruyère siliceuse, additionnée de 1/5 environ de terreau de couche; placer les pots sur couche chaude ou sur la bâche d'une serre maintenue à une température de 22 à 24 deg. au plus durant le jour, et 18 à 20 pendant la nuit. Se borner d'abord à tenir la terre simplement humide et augmenter les arrosements à mesure que les feuilles prennent du développement. Donner un premier rempotage lorsque la première feuille est ouverte, en ayant soin de bien soutenir la chaleur et de tenir l'air de la serre humide et bien ombrée, si le soleil se montre. On peut faire trois rempotages en augmentant la dose de terreau qui de 1/5 peut être portée à 1/4. Le dernier rempotage ne doit pas être pratiqué plus tard que la fin de juin ou *les premiers jours de juillet*. Eviter soigneusement de prendre de trop grands pots; les faire tremper au moins un quart d'heure dans l'eau avant de les employer, de manière que les papilles ou organes d'absorption des racines ne soient pas saisies par la sécheresse de la terre cuite et ne soient pas ainsi arrêtées dans leur végétation. Une certaine quantité de racines doivent être déroulées et placées à la paroi du nouveau pot. *Ne jamais laisser le soleil donner directement sur les feuilles*, mais *ne pas tenir davantage la serre ombrée, s'il disparaît;* en un mot, donner le plus de lumière possible. Ne pas craindre de bassiner copieusement vers le soir et le matin, si le temps est chaud et l'atmosphère sèche. Commencer à donner de l'air en ouvrant *un* ou *deux châssis du haut*, dès que la température extérieure atteint 18 à 20 deg., puis les fermer et en ouvrir d'autres.

« L'époque du repos arrivée, ce qui a lieu au commencement d'octobre, cesser complètement les arrosements qui doivent être progressivement diminués vers la fin de septembre ; exposer les plantes au soleil en tenant les châssis du haut ouverts jusque vers 3 heures environ, puis les refermer et faire du feu si la température l'exige.

« *S'abstenir rigoureusement de couper les feuilles* avant leur complet dessèchement, afin d'éviter la déperdition de la sève qui doit être refoulée dans le bulbe, dont elle assure la conservation. Tenir ensuite, pendant l'hiver, les pots à 0 m. 10 à peu près au-dessus ou au-dessous des tuyaux de chauffage. »

C. argyrites, Ch. Lem.* *Flles* petites, sagittées, à fond vert tendre, blanches au centre et sur les bords, parsemées sur tout le limbe de taches blanches, irrégulières. Para, 1858. — Une des plus petites et des plus élégantes espèces, très estimée pour les garnitures de tables. (I. H. 1858, 185; F. d. S. 13,1345.)

C. Baraquinii, — *Flles* de 45 à 75 cent. de long, à centre rouge foncé et bords vert foncé. Para, 1858. (I. H. 1850, 257; F. d. S. 13, 1377.)

C. bicolor, Vent.* *Fl.* à spadice plus court que la spathe, celle-ci cucullée et contractée au milieu. Juin. *Flles* peltées, cordiformes, colorées au centre. *Haut.* 30 cent. Brésil, 1773. (B. M. 820.)

C. Cannartii, — *Flles* vertes, à macules plus pâles ; nervures rouge foncé. Para, 1863.

C. Chantinii, Ch. Lem.* *Flles* entièrement carmin brillant, maculées de blanc et bordées de vert foncé. Para, 1858. (F. d. S. 1348-50; I. H. 1855, 185.)

C. Devosianum, — *Flles* anguleuses, maculées de blanc et de rose. Para, 1862.

C. esculentum, Vent. — V. *Colocasia esculenta*, Schott.

C. Hardyi, — * *Flles* teintées de rouge, légèrement maculées de blanc. Para, 1862.

C. Kochii, — * *Flles* maculées de blanc. Para, 1862.

C. Lemaireanum, Versch. *Flles* vertes, à nervures blanchâtres. Brésil, 1861. (I. H. 1862, 311.)

C. Leopoldi, — * *Flles* vertes, marbrées de rouge et maculées de rose. Para, 1864.

C. macrophyllum, — * *Flles* grandes, vert pâle, maculées de blanc verdâtre. Para, 1862.

C. maculatum, Lodd.* *Flles* oblongues, acuminées, cuspidées, cordiformes à la base, finement ponctuées de blanc clair. Plante dressée, caulescente. Amérique du Sud, 1820.

Fig. 539. — Caladium Chantinii.

C. marmoratum, — * *Flles* larges, peltées, de plus de 30 cent. de long, ovales-sagittées, aiguës ou courtement acuminées, les deux lobes de la base légèrement diver-

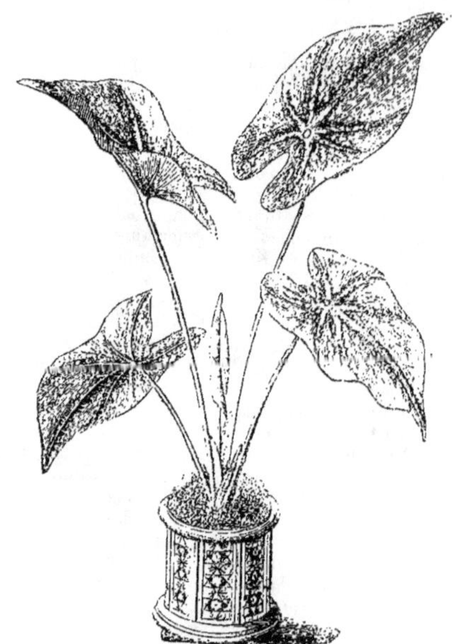

Fig. 540. — Caladium maculatum.

gents, vert bouteille foncé, à ponctuations et macules anguleuses, grisâtres ou argentées ; pétioles arrondis, verdâtres, bigarrés de pourpre. Guayaquil. Syn. *Alocasia*

Hœzlii. — La variété *costata* diffère du type par sa nervure médiane bordée d'une bande blanc grisâtre, graduellement rétrécie.

C. pedatum, Hook.* — V. *Philodendron laciniatum.*

C. petiolatum. — V. *Anchomanes Hookeri.*

C. Rougieri, — *Flles* vertes, à ponctuations blanches, centre vert pâle, à nervures rouges. Para, 1864.

C. rubronervium, — Syn. de *C. rubrovenium.*

C. rubrovenium, —* *Flles* à centre vert grisâtre et à nervures rouges. Para, 1862. Syn. *C. rubronervium.*

C. sanguinolentum, —* *Flles* à nervure médiane blanche et maculées de rouge. Amazone, 1872.

C. Schœlleri, — Syn. de *C. Schomburgkii.*

C. Schomburgkii, — * *Flles* vertes, à nervures blanches. Brésil, 1861. Syns. *C. Schœlleri* et *Alocasia argyroneura*, Hort.

C. S. Schmitzii, —* *Flles* à centre blanc, réticulées de vert, nervures médiane et secondaires rouges. 1861. Syn. *Alocasia erythræa.*

C. sub-rotundum, — *Flles* arrondies, maculées de rouge et de blanc. Brésil, 1858.

C. Verschaffeltii, — * *Flles* un peu cordiformes, vert brillant foncé, irrégulièrement maculées sur toute leur surface de rouge vif. Para. (I. H. 1858, 185 ; B. M. 5263.)

C. violaceum, Desf. *Flles* peltées, ovales-cordiformes, vert glauque en dessus, violet rougeâtre glaucescent en

Fig. 541. — CALADIUM VIOLACEUM.

dessous et sur le pétiole. *Haut.* 50 à 60 cent. Antilles. Culture et emploi du *Colocasia esculenta*, mais un peu plus délicat.

C. Wallisii, — *Flles* vert olive foncé, avec de grandes et irrégulières macules et ponctuations d'un blanc très pur et à nervures toutes blanc jaunâtre. Para, 1864.

C. zamiæfolium, Lodd. — V. *Zamioculcas Loddigesii.*

VARIÉTÉS. — La liste suivante comprend des variétés hybrides, choisies parmi les meilleures. On sait combien leur texture est délicate et combien leurs coloris excessivement variés sont élégants. Quoique étendu, ce choix ne comprend que les variétés méritantes, anciennes ou nouvelles ; c'est dire combien leur nombre est grand.

Albo-luteum, blanc, jaune et vert.

Adolphe Adam, fond vert, fortement lacheté de blanc, à nervure médiane rose pâle.

Adolphe Audrien, * belle variété à grand feuillage richement coloré.

Agrippine Dimitry, feuilles grandes, à fond blanc, nervures et bords verts, centre rose.

Alcibiade, * centre rayé de carmin, entouré de vert pâle et maculé de blanc pur, bords verts.

Alfred Bleu, fond d'un beau vert, maculé de blanc pur et à centre carné.

Alfred Mame, * rouge carmin, bordé de blanc, abondamment maculé de rose.

Alphand, vert, maculé de rouge et à centre carmin.

Alphonse Karr, centre carmin rosé et à macules rouges.

Anna de Condeixa, texture fine, nervures rouge foncé, centre rosé.

Aristide, vert tendre, à centre carmin.

Auguste Lemoinier, * belles et grandes feuilles à centre vert tendre, nervure médiane et secondaires rose carminé.

Auguste Carpentier, richement coloré, à centre rouge foncé.

Auguste Rivière, centre et raies blanches sur fond vert tendre, avec des macules carminées.

Barillet, * centre et nervures rose carminé vif sur fond vert, à large bordure d'un beau vert.

Baron de Rothschild, centre et macules d'un beau rouge sang, sur fond vert bigarré.

Baronne J. de Rothschild, * jeunes feuilles d'un beau rose vif, les adultes rose tendre, à nervures rouges.

Barral, vert brillant, beau centre rouge et larges macules roses.

Beethoven, * fond blanc, entremêlé et veiné de vert, centre à nervures d'un rose délicat.

Belleymei, * belles feuilles blanches, panachées.

Bellini, fond bigarré de vert pâle, à centre et macules roses.

Bellone, rouge rosé, à nervures foncées, les couleurs deviennent intenses quand les feuilles atteignent leur complet développement.

Blanquærti, vert foncé, à nervures grises et macules blanches.

Burel, gris bleuâtre foncé, veiné de rose brillant, marqué de violet rosé et maculé de rouge orangé.

Candidum, blanc, à nervures vert brillant, un des plus beaux.

Cardinal, cramoisi, maculé et marqué de vert et de jaune, distinct et gracieux.

Chantinii fulgens,* beau vert métallique foncé, centre d'un beau cramoisi et macules blanches.

Charlemagne, rougeâtre, macules rouge foncé, très beau.

Chelsoni, * vert brillant, suffusé de rouge brillant et taché de cramoisi.

Clio, fond rose foncé, ombré de blanc, nervures vertes et bords verts, étroits.

Comte de Germiny, rouge et jaune, marbré de blanc, forme gracieuse.

Comtesse de Condeixa, fond blanc, teinté de rouge, veiné rouge foncé, bordé vert.

De Candolle, * fond d'un vert maculé de rose superbe, et centre rayé de blanc crème.

D. Humboldt, belle variété ayant les feuilles d'un vert luisant, maculé d'écarlate.

Devinck, feuilles en cœur, nervures du centre rose délicat, parsemé de taches blanches.

Dr Boisduval, centre rayé de cramoisi, taches blanc de neige sur fond vert.

Dr Lindley, * centre cramoisi, fond vert, marqué de taches roses.

Duc de Cleveland, centre rouge foncé, entouré de vert pois, largement maculé de rouge.

Duc de Morny, * feuilles bordées vert foncé avec une large raie cramoisie au centre.

Duc de Nassau, * centre et nervures rouge brillant, bordé vert émeraude, macules blanches.

Duc de Ratibor, fond vert, le milieu des nervures rouge, marqué de taches blanches.

Duchartre, fond des feuilles blanc, rose brillant, nervures vertes et macules rouges.

Duchesse de Mortemart, blanc transparent, très distinct.

Edouard André, centre cramoisi et taches roses.

Edouard Moreau, fond vert bigarré, centre laqué.

Edouard Rodrigues, * carmin foncé, marginé de vert clair et maculé de rose.

E. G. Henderson, * vert, macules rose transparent, raies et centre cramoisi bigarré.

Elisa, rose pâle, taché et maculé de rouge, nervures et bords verts.

Elvina, gris brillant, taché de rouge, centre et nervures vertes.

Emilie Verdier, * feuilles d'un rose pâle, transparent, maculé de rouge.

Etoile d'argent, * vert brillant, le milieu des nervures médiane et latérales blanc crème, ombré de gris ;

Eucharis, centre rose, à reflets violets, marginé de vert brillant, très frais et d'un aspect brillant.

Félicien David, * centre des feuilles carmin foncé, entouré de blanc et superbement veiné de rouge sur un fond vert clair.

Ferdinand de Lesseps, rouge foncé, les nervures plus pâles et bords verts.

Gaspard Gayer, vert, nervures rouges.

Golden Queen, feuilles larges, jaune d'or pâle, uniforme.

Grétry, centre carmin, macules blanches sur un fond vert foncé.

Halevy, nervures blanches et taches cramoisies sur un fond vert.

Herold, * nervures carmin foncé, entourées de vert clair, taché de blanc pur et marginé de vert foncé.

Ibis rose, * magnifique variété, feuillage d'un rose superbe, extrêmement attrayant.

Isidore Leroy, beau vert métallique, les raies du centre rouge cramoisi.

Jules Duplessis, centre rose brillant, ombré de rouge et bordé de vert.

Jules Putzeys, vert, à nervures cramoisies ; centre gris, bigarré, et toute la surface tachée de rouge.

Laingii, * centre carmin rougeâtre, entouré de vert jaunâtre, toute la feuille parsemée de blanc.

Lamartine, centre cramoisi foncé, macules blanches et rouges.

La Perle du Brésil, * excessivement beau, feuilles grandes, blanches, délicatement teintées de rose, nervures vert foncé.

L'Automne, jaunâtre, macules bleuâtres.

Leplay, feuilles marquées de beau blanc et superbement veinées de violet rosé.

Le Titien, vert, nervures médiane et latérales rouge pourpre foncé.

Louise Duplessis, raies et veines rouges sur un fond blanc, bordure verte.

Luddemanni, nervures cramoisi foncé, taché de magenta et de blanc, bordure vert pois.

Madame Alfred Bleu, vert foncé, avec de grandes taches blanches et à larges nervures écarlate cramoisi.

Madame Alfred Mame, vert clair, couvert de larges taches blanches, centre carmin rosé.

Madame de la Devansaye, feuilles blanches, ombrées de rose et veinées de rouge et de vert.

Madame Dombrain, * centre et nervures vert jaunâtre pâle, ombré de rose, couvert de grandes macules blanches et roses.

Madame Fritz Kœchlin, * fond blanc, nervure rose violet et veines vertes, très belle variété naine.

Madame Heine, blanc argenté, taché et bordé de vert pâle, distinct.

Madame Hunnebelle, feuilles veinées de grenat pâle sur un fond blanc, et bordé de veines vertes.

Madame Imbert Kœchlin, vert, taché cramoisi.

Madame Jules Menoreau, belles et grandes feuilles à centre blanc teinté de rose, veiné de beau rose brillant, bordé vert.

Madame Laforge, centre et nervures cramoisi rougeâtre, bords verts.

Madame Lemoinier, rouge pâle ou rose, à nervures et veines rouges et à centre jaunâtre.

Madame Marjolin Scheffer, * superbe variété à feuillage blanc, élégamment veiné et réticulé de laque rosée pure.

Madame Mitzana, cramoisi, centre pourpre, texture mince.

Madame Willaume, charmante variété à feuilles transparentes, d'un rose saumoné délicat.

Marquis de Caux, centre et nervures rouges, taches roses sur les bords.

Materstygium, centre cramoisi et macules blanches.

Mercadante, centre et nervures couleur de cuivre pâle, bordé de vert.

Meyerbeer, * feuilles fond blanc, nervures vertes, la médiane rouge.

Minerve, * nervures médiane et latérales blanc argenté, entouré de blanc grisâtre, bords verts, avec des taches blanc de neige.

Minus erubescens, cramoisi, à bords verts ; petit.

Mithridate, fond laque cramoisi, nervures foncées et bords vert bronzé foncé.

Madame Laing, fond blanc, centre et nervures rose foncé, bords verts.

Monsieur A. Hardy, nervures carmin rougeâtre sur un fond blanc, teinté de rose et maculé de vert.

Monsieur Jean Linden, * belles et grandes feuilles blanchâtres, à reflets métalliques, nervures rose corail et bords vert réticulé.

Murillo, * centre et nervures rouge métallique, avec de grandes taches cramoisies, larges bords vert bronzé lustré.

Napoléon III, * centre flammé de cramoisi, raies fourchues et taches carmin sur fond vert.

Onslow, centre cramoisi rose foncé, larges bords verts et maculé de rose.

Ornatum, fond d'un beau vert, nervures cramoisies.

Paillet, centre cramoisi, larges bords verts, tachetés de cramoisi et pointillés de blanc.

Paul Véronèse, grandes feuilles à centre blanc rosé, nervures écarlate foncé et large bords verts.

Philippe Herbert, raies bigarrées cramoisi foncé et bords blanc clair, maculé de cramoisi.

Pictum, taché vert et maculé de blanc.

Prince Albert, * vert émeraude foncé, nervure médiane d'un beau cramoisi, radiant du centre vers les bords, les intervalles maculés de blanc.

Prince of Wales, * très gracieuse variété à grandes feuilles jaune d'or.

Princess Alexandra, * rose saumoné, nervure médiane verte, bordée de cramoisi magenta, bords verts avec une chaîne rose clair.

Princess of Teck, * fond jaune orangé brillant, nervures suffusées de rouge foncé.

Princesse Royale, fond doré, centre cramoisi.

Pyrrhus, centre et nervures cramoisi foncé, bords vert pois.

Quadricolor, centre des feuilles vert jaunâtre pâle, nervures blanches, bords cramoisi rosé, marge verte.

Ramsau, centre et nervures cramoisi rougeâtre foncé, limbe couvert de larges taches blanches, ombré de rouge.

Rawlinii, centre et nervures d'un beau rouge, finement maculé de blanc.

Raymond Lemoinier, rouge carmin, marqué de blanc crème.

Regale, centre gris argenté, nervures rouge rosé, maculé de rouge vermillon.

Reine Marie de Portugal, * centre rose violacé, nervures rouges, zone marron foncé et bordé vert, très beau.

Reine Victoria, * nervures et bords verts, tacheté ou marbré de blanc et de cramoisi.

Rossini, grandes feuilles à centre pâle, nervure médiane rose et taches rouges.

Rouillard, bords vert luisant, centre vert pâle, nervure médiane et raies d'un beau violet prune, toute la feuille maculée de cramoisi.

Rubrum metallicum, rougeâtre, suffusé bleuâtre, bordure rouge cuivré.

Sanchonianthon, centre cramoisi, nervures cramoisi foncé luisant, et bordure vert pois.

Sieboldii, beau vert, centre rouge feu rayé cramoisi, intervalles verts, maculés de rouge clair.

Souvenir du Dr Bleu, centre cramoisi, bordé vert; grand et élégant.

Souvenir de Madame Bernard, centre cramoisi, maculé de vert et de blanc, bordé vert.

Souvenir de Madame Ed. André,* grandes feuilles vert foncé, marbrées de blanc pur, nervures d'un beau cramoisi rosé.

Spontini, vert pois, macules blanches, nervures médiane et latérales rosées.

Thibautii, belles et grandes feuilles à nervures d'un beau rouge cramoisi sur un fond rouge.

Tricolor, bords des feuilles vert gris, entremêlé de vert foncé, centre laque rouge, nervure médiane carmin.

Triomphe de l'Exposition, * centre cramoisi, nervures rouges et bords verts.

Verdi, centre laque cramoisi, avec une petite zone verte et marginé de vert pomme.

Vesta, nervures blanc grisâtre, entourées de cramoisi, toute la feuille est maculée de rose brillant.

Vicomtesse de la Roque-Ordan, nervure médiane rouge et raies bordées de blanc, les bords sont d'un beau vert émeraude.

Ville de Mulhouse, très belle variété à feuilles blanc grisâtre, ombré de rose et à centre d'un beau vert.

Virginal, * blanc clair luisant, veiné de vert bleuâtre foncé, belle variété.

CALAIS, DC. — V. **Microseris**, Don.

CALAMAGROSTIS, Adans. (*de kalamos*, Roseau, et *agrostis*, Graminée). Fam. *Graminées*. — Grand genre comprenant environ cent trente-cinq espèces d'herbes presque toutes vivaces et rustiques, habitant les régions froides et tempérées du globe. Panicule plus ou moins étalée; épillets uniflores, comprimés, glumes deux, sub-égales, lancéolées, pointues, carénées, mutiques ou aristées; fleur sessile, entourée à sa base de très longs poils, quelquefois accompagnée d'une deuxième fleur rudimentaire. Les *Calamagrostis* sont fort peu employés dans les jardins, ils peuvent cependant trouver leur place dans les parties agrestes des parcs et jardins paysagers. Tout terrain leur convient; on les multiplie par graines ou par division des touffes.

C. lanceolata, Roth. *Fl.* en panicule rougeâtre, lâche, très rameuse, étalée. Juillet. Chaumes grêles, lisses, atteignant environ 1 m. de haut. France, Angleterre, etc.; bois et lieux humides, herbeux. (Sy. En. B. 1724.)

C. stricta, Spreng. *Fl.* en panicule brune, dressée, compacte. Juin. Chaumes d'environ 60 cent. de haut, très grêles, lisses. Allemagne, Angleterre (très rare), etc.; lieux humides, aquatiques. (Sy. En. B. 1725.)

CALAMENT. — V. **Calamintha**.

CALAMINTHA, Mœnch. (de *kalos*, beau, et *mintha*, Menthe). **Calament**. Fam. *Labiées*. — Genre comprenant environ dix espèces de plantes herbacées, rustiques, annuelles ou vivaces, dispersées dans toutes les régions tempérées de l'hémisphère boréal. Calice bilabié; corolle à tube droit; lèvre supérieure presque plane; étamines divergentes; grappes lâches. Les *Calamintha* sont des *Melissa* pour certains auteurs. Ils font assez bon effet dans les rocailles. Tout terrain leur convient; on les multiplie par boutures, par semis et par division des touffes au printemps.

C. Acinos, Clairv. Angl. Basil Thyme. — *Fl.* pourpre rougeâtre, panachées de blanc et de pourpre foncé, disposées en verticilles solitaires sur chaque rameau. Juillet-août. *Flles.* ovales, aiguës, dentées en scie. Tige ascendante, dressée, rameuse. *Haut.* 15 cent. France, Angleterre, etc. Annuel. Syns. *Acinos vulgaris*, Pers, et *Thymus Acinos*, Linn. (Sy. En. B. 1048.)

C. alpina, Lamk. *Fl.* purpurines, presque sessiles, verticillées par quatre à six. Juin-septembre. *Flles* pétiolées, arrondies, ovales, légèrement dentées en scie. *Haut.* 15 cent. France, etc.; lieux montueux. Plante touffue, très rameuse. Syn. *Thymus alpinus*, Linn.

C. grandiflora, Mœnch.* *Fl.* pourpre rosé, de 4 cent. de long, à gorge très dilatée, disposées en grappes lâches. Juin-août. *Flles* pétiolées, ovales, aiguës, grossièrement dentées, arrondies à la base, de 5 à 8 cent. de long. Tiges herbacées, rameuses à la base, décombantes. *Haut.* 30 cent. Europe méridionale; France, etc.

C. patavina, Host. *Fl.* roses ou rouge purpurin, assez grandes. Juin. *Flles* pétiolées, ovales, aiguës, pubescentes. *Haut.* 15 à 40 cent. Europe méridionale, 1776.

CALAMPELIS, Don. — V. **Eccremocarpus**, Ruiz. et Pav.

CALAMOSAGUS, Griff. — V. **Korthalsia**, Blume.

CALAMUS, Linn. (de *kalamos*, Roseau; ancien nom grec employé par Théophraste). Fam. *Palmiers*. — Les deux cents espèces que comprend ce genre sont toutes originaires des régions tropicales et tempérées, principalement de l'Asie orientale. Ce sont de jolis Palmiers de serre chaude. Fleurs polygames, petites, de couleur ordinairement rose ou verdâtre, réunies en glomérules sur des épis rameux, entourés de plusieurs spathes trop courtes pour les recouvrir. Le fruit est une baie monosperme, presque sèche, enveloppée d'écailles glabres et brillantes. Feuilles alternes, engainantes, pinnées. Tiges grêles, flexibles, très longues, ayant 2 1/2 à 5 cent. d'épaisseur, connues dans l'industrie sous les noms de *Rotang* et par corruption *Rotin*. Celles des *C. Rotang* et *C. viminalis* servent à une foule d'usage; on en fait des cannes, des liens, etc.; coupées en minces lanières, elles servent à canner les chaises.

Lorsqu'ils sont jeunes, les *Calamus* sont excellents pour orner les appartements; à l'état adulte, ils font le meilleur effet dans les grandes serres chaudes. On les cultive facilement dans un compost de terre franche et de terreau de feuilles, en parties égales. Il ne faut pas leur ménager les arrosements si on désire les voir prospérer. Leur multiplication a lieu par semis.

C. accedens, Blume. *Flles* pinnées, longues, arquées, vert foncé, à folioles longues, étroites, rapprochées; pétioles à épines grêles, noires. Indes. Espèce grêle, élégante, mais rare, ressemblant à un arbre en miniature.

C. adspersus, — *Flles* pinnées, à folioles de 15 à 20 cent. de long, étroites, vert foncé; pétioles d'environ 15 cent. de long, engainants à la base, couverts de longues épines grêles et noires. Tige pas beaucoup plus grosse qu'une forte paille de blé. *Haut.* 6 m. Java, 1866.

C. asperrimus, Blume.* *Flles* pinnées, de 1 à 4 m. de long; folioles de 30 à 60 cent. de long et 2 cent. 1/2 de large, pendantes, vert tendre, garnies sur la face supérieure de deux rangées d'épines sétacées; pétioles largement engainants à la base, fortement armés de longues et fortes épines noires. Java, 1877. Belle espèce atteignant une grande hauteur. (I. H. 275.)

C. ciliaris, Blume.* *Flles* pinnées, revêtues de nombreux poils capillaires; pétioles engainants à la base. Tige grêle, dressée. Inde, 1869. — Par ses feuilles en panache, cette plante convient particulièrement pour la décoration des tables, ainsi que pour fournir de beaux sujets d'exposition.

C. Draco, Willd. *Flles* de 1 m. 20 à 1 m. 80 de long, gracieusement recourbées, pinnées, à folioles de 30 à 45 cent. de long, étroites, légèrement pendantes, vert foncé; pétioles engainants à la base. couverts de longues épines plates et noires. *Haut.* 6 à 9 m. Indes. 1819. Très belle espèce robuste.

C. fissus, Blume. *Flles* ovales. pinnées. rouge cinabre tendre lorsqu'elles sont jeunes; folioles pendantes, vert foncé, portant à la partie supérieure quelques poils noirs, capillaires; pétioles munis de fortes épines brunes. Bornéo. Espèce très ornementale.

C. flagellum. Griff. *Flles* de 1 m. 80 à 2 m. 40 de long à leur complet développement. pinnées, à folioles pendantes, d'environ 30 cent. de long et 2 cent. 1/2 de large, vert foncé, pourvues sur le côté supérieur de deux rangées de longues épines capillaires, blanches; pétioles engainants, couverts d'épaisses épines blanches, très renflées à la base et noires au sommet. Tige grêle.

C. guineensis. — *Flles* pinnées, à segments étroits, lancéolés; pétioles épineux; jeunes feuilles d'abord brun roussâtre, passant ensuite au vert foncé. Sikkim. 1884.

C. Hystrix, Griff. *Flles* pinnées, à pétioles épineux. Espèce compacte, très gracieuse.

C. Jenkinsianus, Griff. *Flles* pinnées, gracieusement recourbées, de 60 cent. à 1 m. 80 de long; folioles de 15 à 30 cent. de long et 2 cent. 1/2 de large, d'un beau vert foncé; pétioles légèrement engainants à la base, munis de longues épines plates. Sikkim.

C. kentiæformis, — « Le port de la plante rappelle de suite la forme et les caractères du *Kentia Fosteriana* (*Howea Fosteriana*), ressemblance qui lui a fait donner ce nom. » (Catalogue de la Cie continentale d'Horticulture, 1884, p. 3.) Pas d'autre description.

C. leptospadix. Griff. *Flles* pinnées; folioles de 15 à 30 cent. de long et environ 8 mm. de large, subulées, acuminées, finement et régulièrement dentées sur les bords, avec de petits poils ascendants; munies de trois nervures velues sur la face supérieure, la nervure médiane porte quelques petits poils en dessous: pétioles canaliculés, tomenteux à la base, portant trois à quatre épines solitaires, aciculaires, d'environ 2 cent. 1/2 de long. Inde. Espèce rare, décrite comme l'une des plus belles.

C. Lewisianus, Griff. *Flles* à la fin divergentes, pinnées, de 50 cent. à 1 m. 80 de long; folioles équidistantes, de 35 à 40 cent. de long et 12 mm. de large; nervures de la face supérieure velues; celles de l'inférieure glabres; bords rudes, munis de poils apprimés; pétioles blancs, engainants, larges et brun-noir à la base, couverts de longues épines noires et plates. Inde. Belle espèce mais assez rare.

C. Lindeni, — *Flles* pinnatifides. à folioles inermes, planes, lancéolées, trinervées, acuminées, atténuées à la base, blanches-pruineuses en dessous; pétioles et gaines hérissés d'épines brunes, longues, droites, épaissies à la base. Stipe cylindrique, épais. Archipel indien, 1883. (I. H. 1883. 499.)

C. regis, — *Flles* vert brillant, à pétioles couverts d'une poudre blanchâtre. 1886. Palmier très élégant.

C. Rotang, Linn. *Flles* pinnées, de 1 m. à 1 m. 20 de long, très gracieusement arquées; folioles de 15 à 30 cent. de long et moins de 2 cent. 1/2 de large, vert foncé sur le côté supérieur qui est muni de deux rangées d'épines capillaires. Pétioles et tiges munis de rares épines épaisses, légèrement renversées. Tiges grêles. Inde. Belle plante, surtout lorsqu'elle est jeune.

C. Royleanus, Griff. *Flles* pinnées, arquées, à folioles très nombreuses, étroites, pendantes, vert foncé; pétioles vert foncé, munis de quelques épines. Nord-ouest de l'Himalaya.

C. spectabilis, Blume. *Flles* grêles, pinnées, portant environ cinq paires de folioles irrégulièrement espacées, oblongues, à cinq-sept nervures, convexes en dessus, très courtement pétiolées, 1886. — Petite espèce un peu épineuse, à port très gracieux, convenable pour les garnitures de table lorsqu'elle est jeune.

C. trinervis, — *Flles* pinnées, à folioles alternes, lancéolées, sessiles, acuminées, munies de trois nervures proéminentes, velues, avec deux marginales et deux intermédiaires, ces quatre dernières moins développées; nervures transversales apparentes; pétioles épineux, couverts d'un tomentum écailleux: gaines se terminant en une frange d'écailles brunes, pointues. Indes orientales, 1883.

C. verticillaris, Griff. *Flles* pinnées, formant un panache très ornemental; folioles longues, larges, pendantes; pétioles munis d'épines disposées en verticilles. Malacca. Belle espèce extrêmement rare.

C. viminalis, Willd. *Flles* de 30 à 60 cent. de long, pinnées, à folioles d'environ 15 cent. de long, étroites, vert tendre; pétioles engainants, couverts de longues épines plates et blanches. Cette espèce fleurit souvent quand elle a atteint la taille de 1 m. à 1 m. 20 et ses fleurs sont disposées en épis épineux filiforme. Tige grêle. *Haut.* 15 m. Java, 1847.

Les espèces suivantes sont beaucoup moins connues: *australis*, Mart.; *elegans*, —; *micranthus*, Blume; *niger*, —; *oblongus*, —; *tenuis*, Roxb.

CALAMUS aromaticus. — Ancien nom de l'**Acorus Calamus**. (V. ce nom.)

CALAMUS odoratus. — Ancien nom de l'**Andropogon Schœnanthus**. (V. ce nom.)

CALANCHOE, Pers. — V. **Kalanchoë**, Adans.

CALANDRE (*Calandra granaria*). — C'est un Charançon des plus nuisibles à l'agriculture par les dégâts qu'il cause au blé en tas dans les greniers. « Ce petit insecte se tient caché et engourdi dans les greniers jusqu'au moment où les céréales y sont emmagasinées; alors il s'accouple et la femelle pond des œufs d'où sortent de petites larves qui pénètrent dans le grain même; elles s'y creusent une cellule fermée pour dévorer la farine à leur aise et sans être troublées, ne laissant, au moment où l'insecte parfait sort du grain, que l'écorce au cultivateur » (Boisduval). Les moyens de diminuer leur nombre et d'en débarrasser les grains sont: la plus grande propreté possible des locaux affectés à la conservation des grains; de remuer fréquemment les tas et lorsque les grains sont atteints, de les passer au sulfure de carbone, comme il est dit pour les **Bruches**. (V. ce mot.) (S. M.)

CALANDRINIA, Humb., Bonpl. et Kunth. (dédié à J. L. Calandrini, botaniste italien, mort en 1758). Fam. *Portulacées*. — Genre comprenant environ soixante-cinq espèces originaires de l'Amérique australe, dont environ quinze espèces de l'Australie. Ce sont des plantes herbacées, glabres, charnues, annuelles ou vivaces, demi-rustiques. Fleurs ordinairement roses ou pourpres, solitaires, en ombelles ou en grappes terminales. Feuilles très entières, radicales ou alternes. On n'en cultive guère qu'une demi-douzaine d'espèces; sauf le *C. umbellata* qui est vivace lorsqu'on l'abrite des gelées, mais qu'il est préférable de traiter comme plante bisannuelle, les autres sont des plantes annuelles, demi-rustiques. Il faut les semer soit en pots, soit en place et très clair, afin d'éviter le repiquage qu'ils supportent fort mal, à moins qu'on ne prenne des précautions toutes particulières pour assurer leur reprise. Les *Ca-*

landrinia sont du plus bel effet dans les parterres et les rocailles exposés au soleil ; cette situation leur est nécessaire pour leur bonne végétation et pour leur floraison, car les fleurs ne s'épanouissent que pendant le plein soleil. Il leur faut une terre légère et siliceuse. Le *C. umbellata*, le plus répandu, peut être semé à l'automne, en pots, hiverné sous châssis et mis en place en mai avec toute la motte.

C. discolor, Schrad. *Fl.* rose violacé, avec une touffe d'étamines jaunes au centre, ayant 3 à 4 cent. de diamètre et disposées en grappe rameuse, à boutons pendants. Juillet-septembre. *Haut.* 30 à 45 cent. Chili, 1834. Annuel et vivace en serre. (B. M. 3357.) Syn. *C. elegans*, Hort.

Fig. 542. — Calandrinia discolor.

C. elegans, Hort. Syn. de *C. discolor*, Schrad.

C. grandiflora, Lindl.* *Fl.* roses, d'environ 5 cent. de diamètre, à divisions du calice maculées : grappes simples, lâches. Été. *Flles* charnues, rhomboïdes, aiguës, pétiolées. Tiges suffrutescentes. *Haut.* 30 cent. Chili, 1826. (B. R. 1194.)

C. Menziesii, Hook.* *Fl.* pourpre carminé foncé, de 1 1/2 à 2 cent. 1/2 de diamètre, longuement pédonculées, solitaires, axillaires et terminales. Juin-septembre. *Flles* allongées, spatulées, très atténuées à la base. Tiges très rameuses, couchées. Californie, 1831. Syn. *C. Lindleyana*, Hort. et *C. speciosa*, Lindl. (B. R. 1598.)

C. Lindleyana, Hort. Syn. de *C. Menziesii*.

C. nitida, DC. *Fl.* roses, d'environ 5 cent. de diamètre, en grappe multiflore, feuillue. Été. *Flles* oblongues, spatulées, sub-aiguës, atténuées à la base, glabres, de 2 1/2 à 5 cent. de long. *Haut.* 15 cent. Chili, 1837. Très jolie espèce annuelle, rustique, formant des touffes de 10 à 15 cent. de large.

C. speciosa, Lindl. — Syn. de *C. Menziesii*.

C. oppositifolia, S. Wats. *Fl.* blanches ou rose chair, de plus de 2 cent. 1/2 de diamètre, composées de neuf à onze pétales dentés au sommet, et peu nombreuses sur les tiges. *Flles* oblancéolées, charnues, de 5 à 8 cent. de long. *Haut.* 10 à 25 cent. Orégon, 1888. Plante vivace, herbacée, à racine tubéreuse. (G. C. 1888, p. 601, f. 83 ; B. M. 7051.)

C. umbellata, DC. *Fl.* rouge violet foncé, éclatant, réunies en grappes serrées, corymbiformes, au sommet des ramifications. Été. *Flles* radicales, lancéolées, linéaires, aiguës, couvertes de poils appliqués. *Haut.* 15 cent. Chili, Pérou, 1826. Charmante espèce annuelle et vivace, à tiges étalées, rougeâtres, suffrutescentes à la base. (P. M. B. 12, 271, A. V. F. 3.)

On rencontre encore quelquefois dans les jardins les *C. Burridgei*, *C. compressa*, *C. micrantha* et *C. procumbens*; ils ne sont cependant pas aussi décoratifs que les espèces décrites ci-dessus.

Fig. 543. — Calandrinia umbellata.

CALANTHE, R. Br. (de *kalos*, beau, et *anthos*, fleur). Syn. *Amblyglottis*, Blume ; *Centrosis*, D. P. Thou ; *Ghiesbreghtia*, A. Rich; *Preptanthe*, Rchb. f. et *Styloglossum*, Breda. Fam. *Orchidées*, section des *Vandées*. — Genre comprenant environ quarante espèces de belles Orchidées terrestres, presque toutes originaires de l'Asie tropicale. Ce sont des plantes vigoureuses, à grandes et larges feuilles plissées, persistantes, sauf chez deux espèces, et à longs épis portant de nombreuses fleurs, caractérisées par leur labelle éperonné, soudé à la colonne, et par leurs huit masses polliniques épaisses, de consistance circuse, adhérant quatre par quatre, à une glande bipartite.

Les *Calanthe* sont particulièrement recommandables pour les cultures d'amateurs, car elles produisent de nombreuses et belles fleurs dont la durée est très prolongée, et leur culture est des plus faciles. Pour leur rempotage, il est nécessaire d'abandonner le mode d'opération que l'on applique aux Orchidées en général : au lieu de placer la plante au sommet d'un cône de terre de bruyère et de sphagnum, au-dessus des bords du pot, il faut au contraire la placer en desous des bords, comme toutes les autres plantes. Pour remplacer le compost à Orchidées, on prépare un mélange de terre franche, de terreau de feuilles et de terre de bruyère grossièrement concassée, auquel on peut ajouter un peu de sable de rivière et du fumier de vache desséché. Pendant leur période de végétation, il leur faut de copieux arrosements et même pendant l'hiver, l'eau ne doit pas être ménagée aux espèces toujours vertes ; celles à feuilles caduques au contraire se trouvent bien d'un repos complet après leur floraison. Un bon drainage est essentiel pour toutes les espèces. Pendant l'été, les *Calanthe* aiment une forte chaleur et beaucoup d'humidité, mais lorsque leur végétation est terminée, il leur faut une température plus basse. Comme ils sont sujets aux attaques de plusieurs insectes, il est utile de les surveiller continuellement et de les détruire dès leur apparition, car, sans ce soin, leur beau feuillage est rapidement endommagé et rendu peu décoratif. Leur multiplication a lieu par rejets et par division des touffes.

C. anchorifera, — *Fl.* blanc ocreux ; sépales oblongs, apiculés ; pétales très petits, rhomboïdes, obtusément anguleux ; segments latéraux du labelle ligulés, rétus, introrses, l'antérieur bilobé et recourbé en forme d'ancre ; éperon filiforme ; bractées courtes, veloutées ; pédoncules velus. Polynésie, 1883.

C. aurora, — Hybride des *C. vestita Regnieri* et *C. rosea*.

C. barberiana, — Hybride des *C. vestita Turneri nivalis* et *C. vestita*.

C. bella, — *Fl.* disposées en longues grappes arquées, aussi grandes que celles du *C. vestita Turneri;* sépales blancs; pétales rouges; labelle rouge rosé, large, profondément quadrilobé, portant une macule cramoisi-carminé foncé, entourée de blanc; colonne cramoisi foncé; éperon jaune pâle. Pseudo-bulbes de même forme que ceux du *C. vestita.* Hybride entre les *C. Turneri* et *C. Veitchii*, 1881.

C. biloba, Lindl. *Fl.* à sépales et pétales oblongs, lancéolés, acuminés, teintés de jaune brun; labelle bilobé, pourpre, strié de blanc; grappe longuement pédonculée, multiflore. Tiges allongées, portant plusieurs grandes feuilles lancéolées, aiguës, persistantes. Sikkim, 1889. (W. O. A. 8, 378.)

C. bracteosa, — *Fl.* blanches, à sépales et pétales cunéiformes, oblongs, apiculés; labelle courtement onguiculé, à segments latéraux courts, linéaires, aigus; l'antérieur plus large; éperon filiforme; bractées très développées, dépassant quelquefois les fleurs. Samoa, 1882.

C. Ceciliæ, Hort. Low. *Fl.* jaune d'ocre clair, délicatement nuancées de pourpre; sépales et pétales obovales, aigus; labelle quadrifide; segments latéraux oblongs, ligulés, dilatés, le médian sub-sessile, bifide, callosités jaune très foncé; éperon grêle, filiforme. Péninsule Malaise, 1883.

C. colorans, — *Fl.* blanches; sépales et pétales oblongs, aigus, labelle passant au jaune d'ocre, à callosités jaunes; éperon généralement bidenté au sommet, plus court que l'ovaire; grappes assez denses, allongées, rachis velouté ainsi que les bractées, les sépales et l'ovaire. 1885. (W. O. A. 218.)

C. curculigoides, Lindl. *Fl.* d'un beau jaune orangé, disposées en épi dressé. Été et automne. *Flles* grandes, persistantes, plissées. *Haut.* 60 cent. Malacca, 1844. (B. R. 33, 8; B. M. 6104.)

C. Curtisii, — *Fl.* à pétales et sépales rosés extérieurement, blancs à l'intérieur; pétales et sépales latéraux bordés de rose; labelle jaune, portant de chaque côté de la base un lobe obtus, très court, presque triangulaire; segment médian cunéiforme, s'élargissant depuis la base étroite; callosités pourpres; colonne blanc et rose. *Flles* longuement pétiolées, cunéiformes, oblongues, aiguës. Iles de la Sonde, 1884.

C. Darblayana, Godef. Leb. Hybride horticole entre les *C. Regnieri* et *C. vestita grandiflora* (*gigantea*). 1889. (O. 1889, p. 178.)

C. dipterix, — *Fl.* suffusées de beau rouge pourpre; sépales, rachis, bractées, pédicelles et ovaires, pubérulents extérieurement; divisions de la base du labelle triangulaires, obtuses, courtes, atteignant à peine la moitié de la largeur des divisions antérieures; callosités pourpres, disposés sur trois rangs; onglet très court. Iles de la Sonde, 1884. Voisin du *C. pleiochroma.*

C. Dominii, Lindl. * *Fl.* à sépales et pétales lilas; labelle pourpre foncé. Ce bel hybride est le résultat d'un croisement entre le *C. Masuca* et le *C. veratrifolia.* (B. M. 5042.)

C. Fostermanni, Rchb. f. *Fl.* à sépales et pétales jaunes, oblongs, aigus; labelle jaune blanchâtre, réniforme, mucroné; éperon claviforme, de moitié moins long que l'ovaire stipité; bractées un peu minces, dépassant les fleurs; hampe accompagnée de bractées engainantes, espacées, portant au sommet une grappe dense. *Flles* pétiolées, oblongues, lancéolées, aiguës de 1 m. de long. Birma, 1883.

C. furcata, Batem. *Fl.* blanc crémeux, nombreuses; épis dressés, de 1 m. de long. Juin-août. Iles de Luzon, 1836. Belle plante.

C. Hallii, — Hybride des *C. vestita* et *C. Veitchii.*

C. Langei, — *Fl.* jaune foncé, nombreuses, serrées; sépale dorsal ovale, aigu, les latéraux lancéolés; pétales ovales, aigus; labelle spatulé, obovale, apiculé, pourvu de très petits lobes latéraux deltoïdes et de deux légères proéminences à la base; grappes de 8 à 10 cent. de long; hampe plus courte que les feuilles. *Flles* lancéolées, de 60 cent. de long. et 6 cent. de large. Nouvelle-Calédonie, 1885.

C. lentiginosa, Hort. *Fl.* blanches, à sépales velus extérieurement; labelle très développé, quadrilobé, fortement plissé, muni de trois carènes obtuses et de nombreuses macules pourpres; lobes de la base retournés au point de couvrir l'intérieur; éperon allongé, introrse, courbé, velu. Pseudo-bulbes ob-pyriformes. Hybride des *C. labrosa* et *C. Veitchii.* 1883.

C. Masuca, Lindl. * *Fl.* à sépales et pétales violet foncé; labelle violet pourpre intense; nombreuses et disposées en épis de 60 cent. de long. Juin-août. Indes, 1838. (B. R. 1844, 37; B. M. 4541; L. 198.) — La variété *grandiflora* diffère du type par les dimensions plus grandes des fleurs et des épis, ces derniers ont jusqu'à 1 m. à 1 m. 20 de long et fleurissent pendant près de trois mois.

C. Mylesii. Williams. *Fl.* blanc pur. Hybride horticole entre les *C. nivalis* et *C. Veitchii.* (W. O. A. 9, 402.)

C. natalensis, Rchb. f. *Fl.* de 2 1/2 à 4 cent. de diamètre, lilas pâle, à labelle plus foncé et plus rouge et à sépales et pétales blancs, suffusés de lilas seulement près des bords; sépales ovales, lancéolés, acuminés; pétales plus courts et plus larges; labelle égalant environ les sépales; grappes de 15 à 20 cent. de long; hampe plus longue que les feuilles, dressée. *Flles* toutes radicales, elliptiques, lancéolées, de 20 à 30 cent. de long et 8 à 12 cent. de large, au nombre de cinq à sept. Natal. (B. M. 6844.) Syn. *C. sylvatica,* Lindl.

C. Petri, — * *Fl.* jaune blanchâtre. Cette espèce passe pour être très voisine du *C. veratrifolia;* elle en diffère par ses feuilles un peu plus étroites, par cinq curieuses callosités jaunâtres, sillonnées, placées à la base du labelle et par l'absence de la simple lamelle et des dents qui sont particulières à cette dernière. Polynésie, 1880.

C. pleiochroma, Rchb. f. *Fl.* blanchâtre, pourpre, jaune d'ocre et orangé. Japon, 1871.

C. porphyrea, — *Fl.* en grappe, à rachis en zigzag; sépales et pétales pourpre éclatant, oblongs, aigus; labelle jaunâtre à la base et portant de petites macules pourpres, trilobé; lobes latéraux enroulés, l'antérieur pourpre, émarginé, proéminent; éperon jaune d'ocre, égalant presque l'ovaire stipité; hampe velue. Pseudo-bulbes contractés, fusiformes. Hybride des *C. labrosa* et *C. vestita rubra oculata.* 1884.

C. proboscidea, — *Fl.* blanches, devenant jaune d'ocre très clair et portant sur le labelle quelques macules vermillon; limbe du labelle à quatre divisions disposées à angle droit à l'extrémité d'un onglet court; partie antérieure de la colonne enroulée en dessous, comme la trompe de certains insectes. Iles de la Sonde, 1884. Espèce voisine du *C. furcata.*

C. Regnieri, Rchb. f. *Fl.* au nombre de huit à dix, d'environ 5 cent. de diamètre; sépales blancs, récurvés; pétales blancs, faiblement striés de rose au centre; labelle coudé ou infléchi près de la base et par suite projeté en avant, trilobé, d'un beau rose, maculé de cramoisi foncé au centre; éperon recourbé, d'environ 2 cent. 1/2 de long; hampe laineuse, de 45 à 60 cent. de haut, munie de grandes bractées; pseudo-bulbes dépourvus de feuilles, grands, contractés au sommet. Cochinchine, 1883. (L. 91.)

C. R. fausta, — Belle variété à colonne d'un rouge pourpre très foncé ainsi que la base du labelle. 1884.

C. rosea, Benth. *Fl.* rose pâle, nuancées de blanc sur le labelle qui est oblong, plat et rétus; éperon droit, obtus, horizontal; colonne tomenteuse; bractées récurvées, plus courtes que l'ovaire; hampe pluriflore, plus longue que les feuilles. *Flles* oblongues, lancéolées, plissées, glabres.

Pseudo-bulbes fusiformes. Moulmein, 1851. Syn. *Limatodes rosea*, Lindl. (B. M. 5312 ; P. F. G. III, 81 ; F. d. S. 2294.)

C. rubens, Ridley. Petite espèce voisine du *C. vestita*. « Elle fleurit bien et de bonne heure : ses fleurs sont nombreuses, jolies, et durent longtemps. » Les hampes ont environ 60 cent. de long et portent environ douze fleurs roses. Archipel Malais, 1891. (G. C. 1890, VII, p. 576.)

C. Sanderiana, — *Fl.* disposées en forts épis pluriflores ; sépales et pétales rosés ; labelle cramoisi rosé, semblable à celui du *C. Regnieri*. Printemps. Cochinchine. Voisin du *C. Veitchii*.

C. Sandhurstiana, — Charmant hybride des *C. rosea* et *C. vestiba rubra oculata*, semblable au *C. Veitchii*, mais à fleurs d'un coloris plus foncé. 1884.

C. sanguinaria. — *Fl.* rouge sang éclatant, à pétales acuminés et labelle plus clair, maculé de rouge sang et violet pâle à l'extérieur ; pétales plus larges que les sépales ; lobe médian du labelle cunéiforme, dilaté, bilobé ; grappe poilue. Pseudo-bulbes hexagones. Belle variété obtenue par semis. 1886.

C. Sedeni, — *Fl.* grandes ; sépales et pétales rose brillant ; labelle de même couleur, portant à la base une macule pourpre très foncé, entourée d'une zone blanche. Hybride entre les *C. rosea* et *C. vestita rubro-oculata*.

C. Sieboldii, Maxim. Variété du *C. striata*. R. Br.

C. Stevensii. — *Fl.* blanches, devenant chamois en vieillissant, portant une macule rose pourpre sur le labelle ; hampe dressée, velue, portant de huit à dix fleurs. Pseudo-bulbes grisâtres, à articulation épaisse. Cochinchine, 1883. Belle espèce.

C. striata. R. Br. *Fl.* de 4 cent. de diamètre, à sépales et pétales oblongs, aigus, jaunes à l'intérieur, bruns à l'extérieur ; labelle jaune clair, profondément trilobé ; lobe médian de nouveau bilobé et portant trois côtes se terminant en tubercule près de la base : grappe lâche-dressée, de 45 cent. de haut. *Flles* largement lancéolées, aiguës, plissées, de 15 à 25 cent. de long. Japon, 1837 ? (B. R. 578 ; B. M. 7026.) — Le *C. Sieboldii*. Maxim., est une variété à fleurs entièrement jaunes. R. H. 1855, 20 ; R. G. 635.)

C. sylvatica. Lindl. Syn. de *C. natalensis*. Rchb. f.

C. Textori. Miq. *Fl.* blanc crémeux, lavées de violet sur les pétales, sur la colonne ainsi qu'à la base du labelle où se trouvent des callosités rouge brique, devenant à la fin jaune d'ocre, à l'exception de la base des pétales, des sépales et de la colonne qui restent lilas blanchâtre ; labelle très étroit. Japon, 1877.

C. Turneri. — Syn. de *C. vestita Turneri*.

C. Veitchii, Lindl.' *Fl.* d'un beau rose vif, à gorge blanche ; épis atteignant souvent 1 m. de long et portant une grande quantité de fleurs. Hiver. *Flles* grandes, plissées, vert clair, caduques. Pseudo-bulbes en forme de poire à poudre. Bel hybride provenant du croisement du *C. vestita* avec le *C. rosea*. (B. M. 5375 ; R. G. 751 ; L. 217 ; W. O. A. 31 ; Gn 1887, part 2, 604.)

C. V. alba, Rolfe. — Variété à fleur blanc pur, obtenue par Sir C. Strikland. 1890.

C. veratrifolia, R. Br.' *Fl.* blanc pur à l'exception du sommet des sépales qui est vert et des papilles du disque du labelle qui sont jaune d'or ; épis de 50 cent. à 1 m., nombreux sur les plantes bien cultivées. Mai-juillet. *Flles* de 60 cent. ou plus de long, vert foncé, larges, plissées, ondulées sur les bords. Indes, 1819. (B. R. 720 ; B. M. 2615 ; L. B. C. 958 ; L. 252.)

C. v. macroloba. Rchb. f. *Fl.* blanc pur, plus grandes et plus étoffées que celles du type : lobe basilaire du labelle très large, callosités latérales très développées. Mai-juin. Iles de l'Océan Pacifique.

C. v. Regnieri, Rchb. f. *Fl.* blanc pur, à labelle jaune d'ocre d'ocre clair, divisions latérales du labelle divariquées, presque semi-lunaires. Cochinchine, 1887.

C. vestita, Wall. *Fl.* à sépales et pétales blanc pur, disposées en épis penchés, pluriflores. *Flles* caduques. Pseudo-bulbes grands, blanchâtres. *Haut.* 45 cent. Burmah. (F. d. S. 816 ; B. M. 4571 ; L. J. F. 333.) Syn. *Preptanthe vestita*, Rchb. f. — Les variétés de cette espèce sont très nombreuses.

Fig. 544. — Calanthe Veitchii.

C. v. igneo-oculata, Hort. Kew.' *Fl.* différant de celles du type par la colonne pourpre, qui présente des reflets couleur feu et par le labelle qui porte à sa base une macule de même teinte. Bornéo, 1876.

C. v. luteo-oculata. — *Fl.* blanches, maculées de jaune au milieu du labelle. Octobre à février. (F. d. S. 816 ; L. J. F. 333 ; P. M. B. XVI, p. 129 ; W. S. O. I, 29, fig. super.)

C. v. nivalis, — *Fl.* blanc pur, complètement dépourvues d'autre nuance sur le labelle. Java, 1868.

C. v. oculata-gigantea, — *Fl.* blanches, belles, d'environ 8 cent. de diamètre ; maculées de rouge vif à la base du labelle qui est orangé sur le côté inférieur de la base ; éperon fortement courbé, orangé ; grappe velue. Bornéo, 1886. (W. O. A. 211.)

C. v. rubro-oculata, — *Fl.* blanc tendre, maculées de cramoisi au centre, de plus de 5 cent. de diamètre ; épis allongés, pendants, couverts d'un duvet blanc et naissant à la base des pseudo-bulbes vert argenté, lorsque ces derniers sont encore dépourvus de feuilles. Octobre-février.

C. v. Turneri, —* *Fl.* blanc pur, à œil rose, plus grandes et disposées sur de plus longs épis que les autres variétés; fleurs moins ouvertes; pseudo-bulbes articulés. Java. — Cette plante est considérée par quelques auteurs comme une espèce distincte.

C. v. Williamsii, Moore. *Fl.* à sépales et pétales blancs, striés et bordés de cramoisi rosé; labelle cramoisi-magenta clair. 1884. Remarquable variété. (W. O. A. III, 134.)

C. viridi-fusca, Hook. — V. *Tainia latifolia.*

CALATHEA, G. F. Mey. (de *kalatos*, panier; allusion à la forme du stigmate ou à l'emploi de leurs feuilles qui servent à confectionner des paniers dans l'Amérique du Sud). Fam. *Scitaminées.* — Genre comprenant environ soixante espèces originaires de l'Afrique tropicale-occidentale et de l'Amérique tropicale. Ce sont des plantes herbacées, vivaces, cultivées en serre chaude pour leur beau feuillage ornemental. Elles ne diffèrent des *Maranta* que par des détails botaniques, ce qui fait que les deux genres sont souvent confondus; plusieurs auteurs les ont même réunis. Les fleurs sont disposées en épis terminaux et accompagnées de bractées; périanthe à six divisions, les extérieures lancéolées, les intérieures obtuses et irrégulières; étamines trois, pétaloïdes. Feuilles grandes, entières, plus ou moins ovales.

Les *Calathea* se plaisent dans une terre légère, poreuse et fertile, composée de terre de bruyère, de terre franche et de terreau de feuilles en proportions à peu près égales, et d'une certaine quantité de sable pour rendre le tout bien perméable. Ce mélange doit simplement être grossièrement concassé afin que les racines volumineuses puissent s'y enfoncer plus facilement. Presque toutes les espèces se propagent facilement par division; juillet est la meilleure époque pour faire cette opération, mais on peut aussi y procéder à n'importe quel moment entre cette époque et le printemps. Pour cela, on secoue d'abord toute la terre, puis, après avoir mis les racines à nu, on peut, sans danger de les meurtrir, les diviser en autant de parties qu'il y a de bourgeons. Il faut avoir soin de ménager un certain nombre de bonnes racines à chaque division, ce qui permettra à celles-ci d'entrer immédiatement en végétation. Qu'on les divise ou non, les *Calathea* doivent être rempotés tous les ans, et si on ne les réduit pas, ils deviennent trop touffus, à moins qu'on ne les place dans de plus grands pots, pour en obtenir de fortes plantes, chose facile si on le désire. Bien que ces plantes exigent beaucoup d'eau pendant leur végétation, l'humidité stagnante leur est très nuisible; un drainage parfait leur est en conséquence indispensable. Pour obtenir des plantes vigoureuses et garnies d'un beau feuillage, l'atmosphère doit toujours être très humide pendant leur végétation et les seringages doivent se faire avec de l'eau très propre; on évitera ainsi de ternir les feuilles. Il faut aussi avoir soin de les ombrer modérément, car ces plantes craignent le plein soleil; cette aptitude permet de les placer parmi les Fougères, sous de grandes plantes et autres endroits qui sont d'ordinaire inoccupés. Les *Calathea* ne sont pas susceptibles d'être attaqués par les insectes tant que l'atmosphère est suffisamment humide et que les arrosements sont copieux; mais, lorsque ces éléments viennent à manquer, la *Grise* ne tarde pas à apparaître et défigure rapidement le feuillage.

C. applicata, — *Fl.* blanches. Brésil, 1875. Syn. *Maranta pinnato-picta.* (B. H. 1875, 18.)

C. arrecta, —* *Flles* d'un beau vert satiné sur la face supérieure et couleur rubis foncé sur la face inférieure. Equateur, 1872. Belle espèce à feuillage très élégant. (I. H. 1871, 77.)

C. Bachemiana, — *Flles* argentées, portant des raies vertes et des macules. Brésil, 1875.

C. Baraquinii, Regel. *Flles* ovales-lancéolées, à fond vert tendre, rehaussé par de belles bandes blanc d'argent. Amazone, 1868.

C. bella, — *Flles* vert grisâtre, vert foncé sur les bords et portant au centre deux séries de macules de même nuance. Brésil, 1875. Syn. *Maranta tessellata Kegeljani.*

C. Chimboracensis. — V. *Maranta Chimboracensis.*

C. crocata, — *Fl.* orangées. Brésil, 1875.

C. colorata, — V. *Phrynium coloratum.*

C. eximia, Kncke. 1857. Syn. *Phrynium eximium.* (B. G. 686.)

C. fasciata, Regel et Kcrn. *Flles* de 20 à 30 cent. de long et 15 à 20 cent. de large, largement cordiformes, à fond vert foncé, largement rubanées de blanc depuis la nervure médiane jusqu'aux bords; face inférieure vert pâle, nuancée de pourpre. *Haut.* 30 cent. Brésil, 1859. (B. G. 255.)

C. hieroglyphica. — *Flles* largement obovales, obtuses, à fond vert foncé, velouté, se fondant en vert émeraude clair près de la nervure médiane; nervures principales obliques, ornées dans les intervalles de stries et de zébrures argentées; face inférieure d'un pourpre vineux foncé, uniforme. Colombie, 1873. Espèce naine, bien distincte. (I. H. 1873, 122.)

C. illustris, Linden. *Flles* un peu obovales; face supérieure vert pois tendre, rayé transversalement de vert plus foncé; nervure médiane rose, accompagnée de macules irrégulières, blanches, parcourant les feuilles depuis la base jusqu'au sommet, à égale distance entre les bords et la nervure médiane; face inférieure pourpre foncé. Equateur, 1866. (I. H. 515.)

C. Kerchoveana, —* *Flles* cordiformes, oblongues, obtuses, brusquement acuminées, vert grisâtre et portant de chaque côté de la nervure médiane une rangée de macules pourpres. *Haut.* 15 cent. Brésil, 1879. Syn. *Maranta leuconerva Kerchoveana.*

C. Legrelleana, — *Flles* vert très foncé, rehaussé par une bande striée, blanche, située entre les bords et la nervure médiane. Equateur, 1867.

C. Leitzei, — *Flles* oblongues, lancéolées, vert métallique foncé, luisantes sur la face supérieure et portant des macules striées, de nuance plus foncée; face inférieure violet pourpre. Brésil, 1875. (B. G. 935.)

C. Leopardina. — *Flles* oblongues, vert pâle ou jaunâtres, portant de chaque côté de la nervure médiane plusieurs macules oblongues, acuminées, vert foncé. *Haut.* 60 cent. Brésil, 1875. (B. G. 893.)

C. leuconeura, — Syn. de *Maranta leuconeura.*

C. leucostachys, — *Haut.* 30 cent. Belle espèce voisine du *C. Warscewiczii.* Costa-Rica, 1874. (B. M. 6205.)

C. Lindeni, Regel. Syn. de *C. roseo-picta Lindeni.*

C. Luciani, — *Flles* vert luisant; nervure médiane festonnée de blanc d'argent. Amérique tropicale, 1872.

C. majestica. — V. *Maranta ornata majestica.*

C. Makoyana, —* *Flles* oblongues, un peu inégales, de 15 à 20 cent. de long et de plus de 10 cent. de large; bord extérieur vert foncé, partie centrale demi-transparente, maculée de jaune crème et de blanc, et ornée entre les nervures transversales de macules oblongues, vert foncé; pétioles grêles, rouge pourpre. Amérique tropicale, 1872. Syn. *C. olivaris.* (G. C. 1872, p. 1589.)

C. Massangeana. —* *Flles* couvertes de belles macules les rendant analogues aux ailes de certains papillons;

partie extérieure vert olive, partie centrale de chaque côté de la nervure médiane d'un gris argenté tendre, dans lequel les nervures transversales, blanchâtres, ressortent d'une façon régulière et très apparente ; la partie de la feuille entourant le centre est ornée de grandes macules marron pourpre foncé, velouté, parfois nuancé de cramoisi brunâtre; la feuille entière présente des reflets soyeux et étincelants. Brésil, 1875. — La plante se tient bien : elle forme des touffes compactes, dont les larges feuilles inférieures couvrent la terre.

C. medio-picta, — *Flles* oblongues, aiguës, rétrécies à la base, vert foncé, avec une bande centrale striée, blanche. Brésil, 1878.

C. micans. Kncke. *Flles* oblongues, acuminées, de 5 à 8 cent. de long et un peu plus de 2 cent. 1/2 de large, vert foncé luisant, avec une bande centrale blanche, striée. Amérique tropicale. — Cette espèce est la plus petite du genre ; son port est étalé et elle forme rapidement de belles touffes denses. Il en existe une variété nommée *amabilis*. Brésil.

C. nitens. — *Flles* oblongues, vertes, lustrées et brillantes, portant de chaque côté de la nervure médiane une série de zébrures oblongues, aiguës, alternant avec de nombreuses rayures vert foncé, sur un fond vert pâle, brillant. Brésil, 1880. Petite espèce élégante.

C. olivaris, — Syn. de *C. Makoyana*.

C. ornata, Kncke'. *Flles* oblongues, acuminées, de 15 à 20 cent. de long et 8 cent. ou plus de large, vert jaunâtre, relevé de larges bandes transversales, vert olive foncé ; face inférieure nuancée de pourpre. *Haut.* 30 à 60 cent. Colombie. 1849.

C. o. albo-lineata, — Colombie, 1848. Syn. *Maranta albo-lineata.*

C. o. majestica, — Rio Purus, 1866. Syn. *Maranta majestica.*

C. o. regalis, — Pérou, 1856. Syns. *Maranta regalis* et *M. coriifolia.*

C. o. roseo-lineata, —' *Haut.* 30 cent. 1848. Syn. *Maranta roseo-lineata.*

C. pacifica, — *Flles* oblongues, ovales, vert foncé sur la face supérieure, brun olive sur l'inférieure. Pérou, 1871.

C. pardina, —' *Fl.* jaunes, grandes et belles, très abondantes. *Flles* de 25 à 45 cent. de long et 10 à 15 cent. de large, ovales, vert pâle, portant des macules brun foncé de chaque côté de la nervure médiane, régulièrement espacées sur toute la longueur de la feuille. Nouvelle-Grenade. (F. d. S. 2. 1101.)

C. prasina. — *Flles* portant au centre une bande vert jaunâtre. Brésil, 1875.

C. princeps, —' *Flles* de 30 à 45 cent. de long, d'un beau vert foncé au centre, largement marginées de vert jaunâtre et pourpres en dessous. *Haut.* 60 cent. à 1 m. Pérou, 1869. Belle espèce vigoureuse.

C. pulchella, — Syn. de *C. zebrina pulchella.*

C. roseo-picta, Regel. *Flles* un peu orbiculaires, d'un beau vert lustré ; nervure médiane rose ; entre celle-ci et les bords se trouvent deux bandes irrégulières, de même couleur, parcourant la longueur entière de la feuille. Amazone supérieur, 1866. (R. G. 610.)

C. r.-p. Lindeni, —' *Flles* oblongues, de 15 à 30 cent. de long, vert foncé, maculées de vert jaunâtre de chaque côté de la nervure médiane : face inférieure rose pourpre, sur laquelle on aperçoit par transparence les macules de la face supérieure. Pérou, 1866. Très belle espèce vigoureuse. Syn. *C. Lindeni*, Regel. (I. H. 1871, 82.)

C. Seemanni. — *Flles* d'environ 30 cent. de long et 15 cent. de large, vert émeraude satiné ; nervure médiane blanchâtre. Nicaragua, 1872.

C. Smaragdina. — V. *Maranta Smaragdina.*

C. splendida, Regel. *Flles* grandes, oblongues-lancéolées, défléchies, de 25 à 45 cent. de long, vert olive foncé, distinctement maculées de jaune verdâtre. Brésil, 1864. Syn. *Maranta splendida*, Lem. (I. H. 466.)

C. tubispatha. —' *Flles* un peu obovales, obtuses, de 15 à 30 cent. de long, jaune verdâtre pâle, rehaussées par une rangée de macules oblongues, brunes, disposées par paires de chaque côté de la nervure médiane, dans toute la longueur de la feuille. Amérique tropicale, 1865. Élégante espèce. (B. M. 5542.)

C. Van den Heckei, Regel. *Flles* vert foncé lustré, nuancées de bandes transversales d'un vert plus pâle ; nervure médiane largement marginée de blanc d'argent ; deux bandes de même nuance parcourent la feuille de la base au sommet, à égale distance des bords de la nervure médiane ; face inférieure d'un pourpre cramoisi uniforme. Brésil, 1865. Espèce très distincte et très belle.

C. Veitchiana. Hook. *Flles* grandes, ovales, elliptiques, de plus de 30 cent. de long, vert lustré, portant de chaque côté de la nervure médiane des macules jaunes, en croissant, nuancées de vert et de blanc ; face inférieure pourpre clair. *Haut.* 30 cent. Amérique tropicale, 1865. Sans doute la plus belle espèce du genre. (B. M. 5535.) Syn. *Maranta Veitchiana.*

Fig. 515. — CALATHEA VEITCHII.

C. virginalis. — *Flles* grandes, largement ovales, vert clair, nervure médiane blanche, accompagnée de chaque côté d'une bande blanche : face inférieure vert grisâtre. Amazone, 1857. Port nain et compact.

C. vittata, Kncke. *Flles* ovales, acuminées, de 20 cent. de long, vert très clair, striées de raies transversales blanches, de chaque côté de la nervure médiane. Brésil, 1857. Syn. *Maranta vittata.*

C. Wallisi, Regel. *Flles* assez grandes, d'un beau vert clair, rehaussées par une raie d'un beau vert foncé. Amérique du Sud, 1867. Belle espèce bien distincte, mais assez rare.

C. W. discolor, — *Flles* vert brillant velouté, grises au centre et sur les bords. Amérique du Sud, 1871.

C. Warscewiczii, — ' *Flles* de 60 cent. de long et environ 20 cent. de large, vert foncé velouté, rehaussées par une bande striée, vert jaunâtre, sur chaque côté de la nervure médiane et s'étendant de la base au sommet.

Haut. 1 m. Amérique tropicale, 1879. Belle espèce. (R. G. 615.)

C. Wioti, — *Flles* vert clair, présentant deux séries de macules vert olive. Brésil, 1875.

C. zebrina, — *Flles* de 60 cent. à 1 m. de long et 15 à 20 cent. de large, d'un beau vert clair, veloutées sur la face supérieure et zébrés de pourpre verdâtre ; face inférieure pourpre verdâtre terne. *Haut.* 60 cent. Brésil, 1815. Cette espèce, qui fait depuis longtemps l'ornement de nos serres, n'a pas de rivale pour les services qu'elle rend. (B. R. 385.) Syn. *Maranta zebrina.* (B. M. 1926.)

Fig. 546. — CALATHEA ZEBRINA.

C. z. pulchella, — *Flles* vert brillant, présentant deux séries de macules vert foncé, alternativement grandes et petites. Brésil, 1859. — Cette variété ressemble beaucoup au type par ses caractères extérieurs, mais elle n'est pas aussi vigoureuse et ses feuilles ne sont pas aussi foncées.

CALATHIDE. — Mot employé pour désigner les inflorescences des *Composées;* il est synonyme de **Capitule.** (V. ce mot.)

CALCAIRE. — V. **Amendements** et **Chaux.**

CALCARIFORME. — Qui a la forme d'un éperon.

CALCEOLARIA, Linn. (de *calceolus*, petit sabot ; allusion à la forme de la corolle, ou peut-être mieux en l'honneur de F. Calceolari, botaniste italien du XVIe siècle). **Calcéolaire,** ANGL. Slipperwort. Comprend les *Jovellana*, Benth. FAM. *Scrophularinées.* — Ce genre renferme près de cent vingt espèces originaires de l'Amérique australe et occidentale, dont deux de la Nouvelle-Zélande. Ce sont des plantes rustiques ou demi-rustiques, herbacées ou frutescentes, très cultivées pour l'ornement des jardins et des serres. Fleurs disposées en corymbe rameux ou en cyme plus ou moins contractée, solitaires ou agglomérées au sommet des rameaux ; calice très court, à cinq divisions ; corolle à tube très court et à limbe bilabié ; lèvre supérieure très petite ; l'inférieure grande, renflée en forme de poche arrondie. Feuilles opposées, entières, quelquefois verticillées et rarement alternes.

Il est à remarquer que l'attention des horticulteurs et des amateurs est presque entièrement bornée à la culture et au perfectionnement des races hybrides ; les C. LIGNEUSES descendant du *C. rugosa* et les C. HERBACÉES sont attribuées au croisement des *C. amplexicaulis, arachnoidea, corymbosa, crenatiflora, integrifolia, purpurea, thyrsiflora* et probablement de quelques autres. Les espèces pures sont très rares dans les cultures : plusieurs d'entre elles sont cependant bien dignes d'être cultivées.

VARIÉTÉS. — Les perfectionnements obtenus chaque année dans les Calcéolaires sont le résultat de fécondation et de sélection rigoureuse des porte-graines. Ces perfectionnements consistent : dans le port de la plante qui doit être relativement nain et trapu, dans leur plus grand nombre de fleurs, dans leur couleur plus vive et plus franche, dans leur plus grande dimension, enfin dans leur forme plus parfaite que celles de leurs devancières. Lorsqu'on a obtenu une ou plusieurs plantes présentant une amélioration sensible, on en récolte soigneusement les graines ; si les plantes ont été tenues à l'abri de l'influence d'un pollen étranger, les semis reproduiront assez exactement la variété sélectionnée. C'est ainsi qu'on en obtient des coloris distincts que la culture et la sélection ne font que fixer. Leur multiplication a lieu spécialement par semis pour la race dite *herbacée*, et par graines, boutures ou marcottes pour les espèces ou variétés *frutescentes* ou *ligneuses*.

C. ligneuses. — Les espèces ou variétés de cette section sont, comme on le sait, beaucoup employées pour la garniture des massifs, mais elles sont également méritantes pour la culture en pots, pour l'ornement des vérandas, des appartements, etc. ; on les voit très fréquemment sur les marchés aux fleurs. Pour ces derniers emplois, il est préférable de les cultiver sous châssis ou dans des bâches, elles sont ainsi moins susceptibles d'être attaquées par les insectes et y poussent plus vigoureusement qu'en serre ou en plein air. Pour en obtenir de belles plantes l'année suivante, on prépare, en août, des boutures que l'on plante dans des châssis ou sous cloches exposés au nord, en terre très légère ; lorsqu'elles sont bien enracinées, on les empote séparément dans des godets d'environ 8 cent. de diamètre. On les place ensuite dans un châssis abrité et exposé au midi où elles peuvent rester jusqu'en février-mars. On pince alors leur extrémité, et lorsqu'elles commencent à émettre de nouvelles pousses, on les rempote dans des pots de 12 cent. de diamètre. Si les plantes possèdent quatre à six rameaux, il est inutile de les pincer de nouveau ; dans le cas contraire, il faut répéter cette opération. Dès que les racines touchent les parois, on les rempote enfin dans des pots de 18 à 20 cent., dans lesquels ils fleuriront. Lorsque les tiges s'allongent, il faut avoir soin de les tuteurer convenablement. Il faut faire tout son possible pour les garantir des insectes et leur conserver un beau feuillage : dès que les Pucerons se montrent, on les fumige immédiatement. Lorsque les fleurs se développent, on peut leur administrer des arrosements à l'engrais liquide, deux ou trois fois par semaine, afin d'augmenter leur vigueur. Voici le meilleur compost à employer pour les différents rempotages : une moitié de bonne terre franche, fibreuse, un huitième de bon terreau gras, bien décomposé, le reste en terreau de feuilles, puis une quantité de sable suffisante pour rendre le mélange bien poreux. Pendant les froids, il est naturellement indispensable de couvrir les châssis avec des paillassons, et pendant cette période on devra modérer les arrosements afin d'éviter la fonte.

Les boutures destinées à l'ornement des massifs n'ont pas besoin d'être empotées une fois enracinées ; il suffit de les planter sous châssis froid, en terre très légère, à environ 8 cent. de distance, près du verre, et de les couvrir pour les garantir du froid. On les pince en mars, puis on les met en place et en motte en mai.

S'il venait à faire froid après leur mise en pleine terre, on pourrait les protéger pendant la nuit à l'aide de pots renversés en bouchant le trou avec un tesson. Le sol dans lequel on désire les cultiver doit être convenablement amendé avec du fumier décomposé.

Variétés. — Il en existe un assez grand nombre; les suivantes sont les plus recommandables : *Bijou*,

Fig. 547. — Calcéolaire vivace hybride.

rouge foncé, très florifère ; *Général Havelock*, écarlate carminé, très beau ; *La pluie d'or*, variété nouvelle, extrêmement rustique et florifère, produisant des bouquets serrés de fleurs jaune d'or; elle se reproduit franchement de semis (R. H. 1892, 276) ; *Triomphe de Versailles* (*Goldenregen?*) variété à fleurs d'un beau jaune se succédant pendant tout l'été ; c'est la plus florifère et la meilleure pour l'ornement des massifs ; *Victoria*, marron foncé, très distinct.

Sous le nom de *C. vivace hybride variée* (fig. 547), la maison Vilmorin a récemment mis au commerce une race obtenue dans ses cultures, par le croisement des *C. herbacées* avec la *C. ligneuse Triomphe de Versailles*, et possédant la multitude de coloris des premières, la rusticité, la longue floraison et le caractère ligneux des dernières ; les fleurs en sont moins grandes que celles des *C. herbacées*, mais excessivement variées de couleurs et présentant à peu près les mêmes panachures ; c'est une race très méritante, pouvant rendre des services pour l'ornement des *serres* et pour la garniture des massifs pendant la belle saison. A l'automne, on rempote les plantes et on les hiverne en serre ou sous châssis pour reservir aux garnitures l'année suivante. La variété *Madame Lemaître* est un hybride de même parenté, à fleurs blanc pur. On les multiplie facilement par semis et par boutures. (R. H. 1886, pp. 12, 204.)

C. herbacées. — Nous n'insisterons pas sur la beauté des fleurs de cette race, elle est trop connue ; on sait aussi tout le parti qu'on peut en tirer pour l'ornement des serres et des appartements. Les coloris en sont si variables qu'il est à peu près inutile de chercher à les fixer d'une façon absolue ; on les cultive ordinairement en mélange. Il existe deux formes, les *grandes* et les *naines* ; ces dernières sont recommandables par leur port trapu et leur rigidité qui les rendent moins fragiles. La variété *Le Vésuve* est remarquable par le coloris écarlate intense et éclatant de ses fleurs ; elle se reproduit franchement par le semis ; toutefois il faut avoir soin de bien choisir les porte-graines et les tenir éloignés des autres plantes.

La plus petite quantité de graines suffit pour obtenir un grand nombre de plantes, car elles sont excessivement fines ; l'essentiel est qu'elles proviennent de plantes de tout premier mérite. On les sème de juin en août, à différents intervalles, afin d'échelonner la floraison lorsqu'on en cultive une grande quantité, ou en juillet si on ne fait qu'un seul semis. On emploie des terrines bien drainées, remplies de terre de bruyère concassée, que l'on recouvre de même terre finement tamisée, puis nivelée avec le fond d'un pot ou une planchette. Après avoir bien trempé les terrines par imbibition et lorsqu'elles sont bien ressuyées, on répand les graines sur la surface, soit seules, soit de préférence mêlées à du sable, afin de les disperser le plus uniformément possible. Il est inutile de les recouvrir; une feuille de verre posée sur chaque terrine suffit pour concentrer l'humidité ; les terrines doivent être placées sous châssis ombré et aéré. Lorsque le besoin d'arroser se fait sentir, il vaut mieux plonger la base des terrines dans l'eau pendant un certain temps que d'arroser à la pomme ; si fine qu'elle puisse être, on risque toujours de déplacer les graines, ce qu'il faut éviter. Quand les plants commencent à développer leurs premières feuilles, on soulève graduellement la feuille de verre afin de les endurcir, puis, lorsqu'ils sont suffisamment forts, on les repique soit isolément, soit par trois ou quatre dans des pots de 10 cent. ou en terrines, à quelques centimètres de distance ; on les place ensuite dans un coffre ombré, dont le châssis est maintenu à quelques centimètres d'élévation, à l'aide de pots placés dans chaque angle. Dès que les plantes commencent à se gêner, on les empote séparément dans des pots de 8 ou 10 cent. de diamètre, puis successivement dans de plus grands pots au fur et à mesure des besoins. Il vaut mieux multiplier les rempotages que de les placer d'un seul coup dans des grands pots ; le drainage doit toujours être parfait. Le sol à employer pour ces Calcéolaires peut se composer de la moitié de bonne terre franche, d'un quart de fumier de mouton bien décomposé, d'un quart de terreau de feuilles et d'une quantité suffisante de sable grossier, pour rendre le mélange bien perméable ; toutefois, l'opinion des praticiens varie à ce sujet ; les uns emploient la terre franche, la terre de bruyère et le terreau de couche en quantités égales ; d'autres en augmentent ou en diminuent les proportions. A la fin d'octobre, les plantes doivent être placées en serre froide, très près du verre, ou mieux dans une bâche ou sous châssis non humide, pour y passer l'hiver. Pendant cette période, on doit arroser avec beaucoup de modération et sans mouiller les feuilles afin d'éviter la pourriture ; on épluche soigneusement les feuilles qui se gâtent ; on aère chaque fois que le temps le permet et on couvre de paillassons selon l'intensité du froid. Lorsque les Pucerons, qui attaquent fréquemment ces plantes, se montrent, on s'en débarrasse facilement à l'aide de fumigations. Au printemps suivant, on donne un rempotage définitif et on place cette fois les plantes en serre froide où elles fleuriront d'avril en mai-juin, selon leur état d'avancement. Il faut toujours tenir les plantes près du verre, aérer le

Fig. 548. — Calcéolaire hybride naine.

plus possible et les ombrer légèrement pendant le grand soleil. Sans être copieux, les arrosements ne doivent pas être négligés à cette époque ; il est nécessaire de tuteurer les tiges qui ne paraissent pas suffisamment fortes pour supporter leurs fleurs, car elles sont très cassantes. Si on désire récolter des graines soi-même, on choisit au commencement de la floraison, les plantes les plus parfaites sous tous les rapports et, à l'aide d'un petit pinceau de blaireau, on féconde les fleurs chaque jour afin de bien marier les coloris. (S. M.)

C. alba, Ruiz. et Pav. *Fl.* blanches, pédoncules allongés, dichotomes, formant de fausses grappes. Juin. *Flles* linéaires, à dents espacée s. Espèce suffrutescente, glanduleuse-résineuse. *Haut.* 30 cent. Chili, 1844. (B. M. 4157.)

C. amplexicaulis, Humb. et Bonpl.' *Fl.* jaunes, en cymes ombelliformes, formant un corymbe terminal; pédicelles velus. *Flles* embrassantes, ovales-oblongues, cordiformes, acuminées, crénelées, dentées en scie, velues. *Haut.* 45 cent. Pérou, 1845. Espèce herbacée, demi-rustique. (B. M. 4300.)

C. arachnoidea, Grah. ' *Fl.* purpurines; pédoncules terminaux, géminés, allongés, dichotomes. Juin-septembre. *Flles* allongées, oblongues, superficiellement dentées, rétrécies à la base en pétiole longuement ailé, connées, d'environ 12 cent. de long, crispées. Tiges herbacées, rameuses, étalées, couvertes d'une pubescence blanche, aranéeuses ainsi que les feuilles et autres parties, sauf la corolle. *Haut.* 30 cent. Chili. 1827. (B. M. 2874.)

C. bicolor, Ruiz. et Pav. ' *Fl.* grandes, en cymes terminales ; lèvre supérieure jaune, l'inférieure grande, béante, conchiforme, jaune clair sur la partie antérieure, blanche sur la postérieure. Juillet-novembre. *Flles* largement ovales, sub-aiguës, grossièrement dentées, crispées. *Haut.* 60 cent. à 1 m. Tiges très rameuses, ligneuses à la base. Pérou, 1829. Syn. *C. diffusa*, Lindl. (B. R. 1374.)

C. Burbidgei, Hort. ' *Fl.* d'un beau jaune, à lèvre inférieure grande. Automne et hiver. *Flles* ovales, distinctement bidentées en scie, à dents obtuses; limbe sub-aigu au sommet, étroitement prolongé en ailes sur le pétiole;

duveteux sur les deux faces. *Haut.* 60 cent. à 1 m. 30. C'est un bel hybride entre les *C. Pavonii* et *C. fuchsiæfolia*, obtenu par M. F. W. Burbidge de Dublin, en 1882.

C. chelidonioides, Humb. et Bonpl. *Fl.* jaunes. Juin. *Haut.* 30 cent. Pérou. 1852. Annuel.

C. corymbosa, Ruiz. et Pav. *Fl.* jaunes, marquées de lignes et de ponctuations purpurines, disposées en corymbe. Mai-octobre. *Flles* radicales ovales-cordiformes, pétiolées, bi-crénelées, blanches en dessous; les caulinaires peu nombreuses, cordiformes, semi-amplexicaules. Tiges herbacées, nues à la base, mais dichotomes et feuillees au sommet. Plante velue. *Haut.* 30 à 45 cent. Chili, 1822. (B. R. 723.)

C. crenatiflora, Cav. *Fl.* jaunes, disposées en corymbe lâche, corolle à lèvre supérieure plus courte que le calice; l'inférieure pendante, ample, obovale, marquée de trois sillons, présentant une ouverture très petite. Juin-septembre. *Flles* radicales pétiolées, amples, ovales, grossièrement crénelées; les caulinaires sessiles, ovales ou oblongues. Tiges herbacées, velues, peu feuillées. *Haut.* 50 à 70 cent. Chili, 1831. Syn. *C. pendula*, D. Don.

C. deflexa, — Syn. de *C. fuchsiæfolia*.

C. diffusa, Lindl. Syn. de *C. bicolor*.

C. flexuosa, Ruiz. et Pav. *Fl.* à corolle jaune; lèvre inférieure grande, ventrue; pédoncules axillaires et terminaux, multiflores; pédicelles disposés en ombelle. *Flles* cordiformes, inégalement et obtusément crénelées, pétiolées, espacées. Plante arbustive, rude, couverte de poils glanduleux. *Haut.* 1 m. Pérou, 1847. (B. M. 5154.)

C. Fothergillii, Ait. * *Fl.* à lèvre supérieure de la corolle jaunâtre; l'inférieure jaune soufre, maculée de rouge sur les bords, quatre ou cinq fois plus grande que la supérieure; pédoncules caulescents, uniflores. Mai-août. *Flles* spatulées, très entières, velues en dessus, d'environ 30 cent. de long. Tiges herbacées, un peu rameuses au collet. *Haut.* 8 à 15 cent. Iles Falkland, 1777. (B. M. 348.)

C. fuchsiæfolia, — * *Fl.* jaunes, disposées en panicule terminale; lèvre supérieure aussi grande que l'inférieure. Printemps. *Flles* lancéolées, non glanduleuses. *Haut.* 30 à 60 cent. Pérou. 1878. — C'est une belle espèce frutescente, à floraison hivernale, mais son feuillage est difficile à conserver en bon état. Syn. *C. deflexa*. (Gn., mars 1879.)

C. Henrici, — *Fl.* jaunes, disposées en cyme terminale, corymbiforme; les deux lèvres de la corolle très renflées et fermant presque entièrement la gorge. *Flles* assez grandes, allongées, lancéolées, duveteuses en dessous. *Haut.* 60 cent. Andes, à Cuenca, 1865. Espèce frutescente, toujours verte. (B. M. 5772.)

C. hyssopifolia, Humb. et Bonpl. * *Fl.* en cymes terminales; lèvre supérieure jaune clair, ayant environ la moitié du diamètre de l'inférieure et très rapprochée d'elle; celle-ci jaune canari clair en dessus, presque blanche en dessous. Mai-août. *Flles* sessiles, linéaires, lancéolées, sub-aiguës, entières. *Haut.* 30 à 60 cent. Chili. Espèce frutescente. (B. M. 5548.)

C. integrifolia, Linn. Syn. de *C. rugosa*, Ruiz. et Pav.

C. lobata, Cav. *Fl.* jaunes, disposées en cyme dressées, rameuses, lâches; lèvre inférieure curieusement repliée sur elle-même et ponctuée sur le côté intérieur. *Flles* palmatilobées. *Haut.* 20 cent. Pérou, 1877. Espèce herbacée. (B. M. 6330.)

C. Pavonii, — * *Fl.* d'un beau jaune et brun, en grands bouquets terminaux; lèvre supérieure petite; l'inférieure grande, largement béante. *Flles* perfoliées, à pétioles réunis par une aile large, se prolongeant sur toute leur longueur; limbe largement ovale, grossièrement denté en scie et couvert d'un duvet doux sur les deux faces. *Haut.* 60 cent. à 1 m. 20. Espèce herbacée. (B. M. 4525.)

C. pendula, D. Don. Syn. de *C. crenatiflora*, Cav.

C. pinnata, Linn. *Fl.* jaune soufre; pédoncules géminés ou ternés, formant une panicule. Juillet-septembre. *Flles* pinnées, à folioles ou segments dentés, les inférieures pinnatifides. *Haut.* 60 cent. à 1 m. Pérou, 1773. Espèce annuelle, couverte de poils visqueux. (B. M. 41.)

C. pisacomensis, — *Fl.* grandes, d'un beau rouge orangé, lèvre inférieure de la corolle tellement recourbée en dessus, qu'elle ferme la gorge; cymes naissant à l'aisselle des feuilles supérieures et formant par leur réunion une longue panicule feuillée. *Flles* ovales, obtuses, grossièrement crénelées. *Haut.* 1 m. Pérou, 1868. Espèce vivace, suffrutescente, dressée, vigoureuse.

C. plantaginea, Smith. * *Fl.* jaunes, à lèvre inférieure grande, hémisphérique; la supérieure petite, bifide; corymbes paniculées à pédicelles généralement bi- ou triflores, velus. Août. *Flles* radicales ovales, rhomboïdales, dentées en scie et disposées en rosette. Plante herbacée, acaule, pubescente. *Haut.* 30 cent. Chili, 1826. (B. M. 2805.)

Fig. 549. — CALCEOLARIA PLANTAGINEA.

C. purpurea, Grah. *Fl.* à corolle un peu petite, d'une teinte rouge violacée, uniforme; corymbes terminaux, multiflores. Juillet-septembre. *Flles* crispées, hispides; les radicales cunéiformes, spatulées, dentées en scie, très entières à la base, petiolées, presque aiguës; les caulinaires, cordiformes, décussées, portant quelques longs poils épars sur le limbe. Tiges herbacées, ramifiées au collet. *Haut.* 30 cent. Chili, 1826. — Il existe plusieurs hybrides entre cette espèce et quelques autres. (B. M. 2775.)

C. rugosa, Ruiz. et Pav. *Fl.* jaunes, disposées en bouquets terminaux, ombelliformes, à pédoncules dressés. Août. *Flles* ovales-lancéolés ou lancéolées, denticulées, crispées, opaques, rugueuses en dessous; pétioles ailés, connés. *Haut.* 30 à 45 cent. Chili, 1822. Espèce frutes-

Fig. 550. — CALCEOLARIA RUGOSA.

cente. Syn. *C. integrifolia*, Linn. — Les *C. angustifolia* et *C. viscosissima*, Lindl., sont deux variétés de cette espèce.

C. scabiosæfolia, Sims. * *Fl.* à corolle jaune pâle, lèvre inférieure grande, ventrue; pédoncules terminaux, formant un corymbe. Mai-août. *Flles* inférieures pinnées;

Fig. 551. — Calceolaria scabiosæfolia.

les supérieures pinnatifides, trilobées ou simples, à segment terminal toujours plus grand. Plante herbacée, velue, rameuse et très feuillée. *Haut.* 50 à 60 cent. Chili, 1823. (B. M. 2405.)

C. Sinclairii, — *Fl.* en bouquets lâches, sub-corymbiformes; corolle lilas pâle ou couleur de chair à l'extérieur, maculée de pourpre rougeâtre à l'intérieur, de 8 à 12 mm. de diamètre, intermédiaire entre la forme hémisphérique et celle campanulée. Juin. *Flles* membraneuses, longuement pétiolées, de 5 à 10 cent. de long, oblongues ou ovales-oblongues, dentées, crénelées ou lobulées. Nouvelle-Zélande, 1886. Espèce herbacée, traînante, demi-rustique. (B. M. 6597.)

C. tenella, — *Fl.* jaune d'or, ponctuées de rouge orangé sur la lèvre inférieure et disposées en corymbe pauciflore. *Flles* opposées, ovales, acuminées. *Haut.* 15 cent. Chili 1873. Espèce herbacée, rustique. (B. M. 6231.)

C. thyrsiflora, Grah. *Fl.* jaunes, duveteuses à l'intérieur; pédoncules rameux, formant de fausses ombelles réunies en thyrse terminal, compact. Juin. *Flles* linéaires, atténuées aux deux extrémités, sessiles, dentées en scie, de 5 cent. de long et 5 mm. de large. *Haut.* 30 à 60 cent. Chili, 1827. Espèce frutescente, visqueuse. (B. M. 2915.)

C. violacea, Cav. *Fl.* à corolle violet pâle, maculée en dessous de violet plus foncé; lèvres étalées-campanulées; pédoncules terminaux, ternés, corymbiformes; pédicelles uni- ou bi flores. Juin. *Flles* pétiolées, ovales-lancéolées, grossièrement dentées en scie, blanches en dessous. *Haut.* 60 cent. Chili, 1853. Espèce frutescente. (B. M. 4929.)

CALCÉOLÉ, Angl. Calceolate. — Qui forme une poche arrondie, une sorte de sabot, comme le labelle des *Cypripedium* ou la lèvre inférieure des *Calceolaria*.

CALCICOLE. — Se dit des plantes qui se plaisent, qui poussent principalement dans les terrains calcaires, telles que le *Tussilago farfara*, les *Sedum*, les *Digitalis*, les *Cynoglossum*, etc. (S. M.)

CALCIFUGE. — Plantes qui fuient la chaux, qui refusent de pousser dans les terrains calcaires, telles que les *Lupinus*, les *Castanea*, les *Erica*, les *Ulex*. Son opposé est *Calcicole*. (V. ce mot.) (S. M.)

CALDCLUVIA, Don. (dédié à Alexandre Caldcleugh, botaniste voyageur, qui récolta des plantes au Chili et les envoya en Angleterre). Syn. *Dieterica*, Ser. Fam. *Saxifragées*. — Genre monotypique dont l'espèce connue est un arbre toujours vert, de serre froide. Fleurs disposées en panicules terminales, à pédicelles non articulés. Feuilles opposées, simples, dentées en scie, glabres; stipules géminées, sub-falciformes, dentées, caduques. Le *C. paniculata* se plaît dans un mélange de terre franche et de terre de bruyère; on peut le multiplier par boutures de bois à moitié mûr, que l'on plante dans du sable, sous cloches et sur une chaleur de fond modérée.

C. paniculata, Don. *Fl.* blanches. Juin. Chili, 1831.

CALEA, Linn. (de *kalos*, beau; allusion à la beauté des fleurs). Fam. *Composées*. — Genre comprenant plus de soixante-dix espèces d'herbes ou de petits arbustes toujours verts, de serre chaude, originaires de l'Amérique tropicale. Capitules ordinairement jaunes, à fleurons de la circonférence ligulés, femelles; involucre à écailles imbriquées; réceptacle paléacé; akènes couronnés par une aigrette formée de paillettes scarieuses. Les *Calea* sont peu répandus dans les serres; ils se plaisent dans un compost de terre franche et de terre de bruyère. Leur multiplication a lieu par boutures de rameaux latéraux, que l'on plante dans du sable, sous cloches et à chaud, ainsi que par graines que l'on sème sur couche, au printemps.

C. aspera, Jacq. — V. *Melanthera deltoidea*, Michx.

C. cordifolia. Swartz. *Capitules* jaune pourpré, réunis par trois à huit en corymbes axillaires et terminaux. *Flles* pétiolées, cordiformes, acuminées, dentées, rudes, à trois nervures. Arbuste à rameaux opposés, étalés. Jamaïque, 1822.

C. pinnatifida, Banks. *Capitules* jaunes, pédonculés, disposés en corymbes terminaux. *Flles* brièvement pétiolées, ovales, acuminées, incisées, crénelées, un peu rudes en dessus, à trois nervures. Sous-arbrisseau glabre, grimpant, à rameaux à six angles. Brésil, 1816.

CALEA, Gærtn. — V. **Neurolæna**, R. Br.

CALEANA, R. Br. (dédié à G. Caley, directeur du jardin botanique de Saint-Vincent). Syn. *Caleya*, Endl. Fam. *Orchidées*. — Genre comprenant trois espèces d'Orchidées terrestres, de serre froide, originaires de l'Australie tempérée. Fleurs peu nombreuses, brun verdâtre: colonne large, mince, concave, sépales et pétales étroits, réfléchis; labelle pelté, onguiculé, très irritable. Lorsque le temps est beau et qu'on laisse la plante tranquille, le labelle se renverse en arrière et laisse la colonne à nu; mais lorsqu'il fait humide ou lorsqu'on secoue la plante, il se replie sur elle et y adhère fortement. Feuilles solitaires, radicales. Les *Caleana* se cultivent facilement dans un compost de terre de bruyère fibreuse, de terre franche concassée, et d'un peu de charbon de bois.

C. major, R. Br. *Fl.* vert brunâtre. Juin. Australie, 1810.

C. minor, R. Br. *Fl.* vert brunâtre. Juin. Australie, 1882.

C. nigrita, — *Fl.* noirâtres.

CALEBASSE. — Nom vulgaire, dans les pays chauds, des fruits de plusieurs espèces de Cucurbitacées et de quelques arbres ou lianes exotiques, rappelant une gourde ou calebasse par leur forme extérieure. V. aussi **Courges d'ornement**. (S. M.)

CALEBASSIER. — V. **Crescentia Cujete**, Linn.

CALECTASIA, R. Br. (de *kalos*, beau, et *ektasis*, extension ; allusion à la disposition étoilée du périanthe). Fam. *Liliacées*. — Genre monotypique dont l'espèce connue est un arbuste dressé, rameux, de serre froide. Fleurs solitaires, terminales, entourées de bractées longuement rétrécies en épine ; périanthe à six divisions étroites, étalées, scarieuses, persistantes. Il lui faut un compost de terre franche et de terre de bruyère ; on la multiplie par division.

C. cyanea, — *Fl.* bleu vif, solitaires sur de courts rameaux terminaux. Juin. *Flles* aciculaires, engainantes à la base. Australie, 1840 (B. M. 3834.)

CALENDULA, Linn. (de *calendæ*, calendes, premier jour de chaque mois ; allusion à la floraison presque perpétuelle de ces plantes). **Souci**. Angl. Marigold. Syn. *Caltha*, Mœnch. Fam. *Composées*. — Genre comprenant environ dix espèces originaires de l'Europe, de l'Afrique boréale et de l'Asie occidentale. Ce sont de jolies plantes herbacées, annuelles, rustiques ou demi-rustiques, dont quelques-unes frutescentes, de serre froide. Capitules à folioles de l'involucre acuminées, ordinairement scarieuses sur les bords, disposées sur deux rangs ; réceptacle plan, nu, tuberculeux ; fleurs de la circonférence ligulées, femelles ; celles du disque mâles, tuberculeuses ; achaines dépourvus d'aigrette, courbés en arc, plus ou moins épineux sur le dos. Les espèces frutescentes se multiplient par boutures et quelquefois par semis ; elles se plaisent dans un mélange de terre franche et de terre de bruyère. Quant aux espèces ou variétés annuelles, tout terrain leur convient ; elles poussent partout, même sans soins ; on peut les semer au printemps ou plus avant en été et même en automne, soit en place, soit en pépinière, et repiquer les plants où on le désire. Les Soucis comptent, en dépit de leur trivialité, parmi nos meilleures plantes annuelles pour orner les plates-bandes, les corbeilles, etc. ; on peut aussi en former de jolies bordures et les employer pour faire des contrastes.

C. arvensis, Linn. Souci commun, S. des champs. — *Capitules* jaune pâle, solitaires au sommet des rameaux. Été. *Fr.* obovales, arqués, les extérieurs muriqués sur le dos, les intérieurs plus petits, lisses. *Flles* oblongues, lancéolées, les inférieures atténuées en un court pétiole. *Haut.* 30 à 60 cent. Europe ; France, etc. Espèce rustique, annuelle, très commune dans les champs.

C. chrysanthemiflora. — V. *Dimorphotheca chrysanthemiflora*.

C. graminifolia, Linn. — V. *Dimorphotheca graminifolia*.

C. maderensis, DC. *Capitules* jaune orangé. *Fr.* naviculaires, arqués, muriqués : les extérieurs au nombre de cinq, ovales-lancéolés, membraneux, dentés sur les bords. *Haut.* 60 cent. Madère, 1795. Rustique. Syn. *C. stellata*, Lowe.

C. officinalis, Linn. Souci des jardins. Angl. Common Marigold. — *Capitules* jaune orangé, à disque plat, pourpre noir. Juin à septembre. *Fr.* tous naviculaires, incurvés, muriqués sur le dos. Europe méridionale : France, etc. — Espèce annuelle, rustique, de laquelle descendent les jolies variétés doubles que l'on cultive dans les jardins.

C. o. fl. pleno, Hort. Souci double, Mirliton, etc. — *Capitules* entièrement composés de fleurons ligulés, très nombreux et régulièrement disposés, formant ainsi une fleur parfaitement double, et ayant l'avantage de se reproduire franchement de semis. — Par la culture, on a obtenu plusieurs belles variétés dont les coloris varient du blanc jaunâtre au jaune orangé foncé ; voici les principales : *Souci à la Reine*, S. de Trianon, *fl.* très doubles et bien faites, jaune clair ou ocreux, brunâtres en boutons ; *Souci Le Proust*, *fl.* un peu bombées, très doubles et bien imbriquées, jaune serin rosé ou abricoté ; plante dressée, ramifiée, très remontante ; *Souci double panaché Météore*, *fl.* larges, aplaties, dont les ligules sont rayées d'orange et de saumon du plus joli effet ; la plante est un

Fig. 552. — Calendula officinalis flore-pleno. Var. Météore.

peu plus naine que les précédentes ; *Souci double blanc jaunâtre*, *fl.* un peu petites, mais bien doubles, d'un blanc crème un peu jaunâtre, dépourvues de toute teinte brune à l'extrémité des pétales ; *Souci double à grande fleur*, *fl.* très grandes, bien doubles, d'un coloris rouge orangé foncé, d'un grand effet.

C. o. prolifera, Hort. Souci à bouquet, S. mère de famille. — Forme remarquable par les petits capitules qui se

Fig. 553. — Calendula officinalis prolifera.

développent quelquefois en assez grand nombre, autour et à la base des capitules et en prolongent ainsi la floraison. Cette particularité le rend analogue à la Pâquerette mère de famille (*Bellis perennis prolifera*).

C. pluvialis, Linn. — V. *Dimorphotheca pluvialis*, Mœnch.

C. suffruticosa, Vahl. *Fl.* jaune vif, simples, à fleurons ligulés rayonnants ; très nombreuses, à pédoncules longs et grêles. Eté. *Flles* alternes, sessiles, lancéolées, un peu dentées. Plante annuelle, étalée, touffue, très rameuse, divariquée. Numidie, Lusitanie, 1889.

Fig. 554. — CALENDULA SUFFRUTICOSA.

C. stellata, Lowe. Syn. de *C. maderensis*, DC.

C. Tragus, Linn. — V. *Dimorphotheca Tragus*. (S. M.)

CALEYA, Endl. — V. **Caleana**, R. Br.

CALICE, ANGL. Calyx. — Le calice, dit A. Saint-Hilaire, « est l'enveloppe la plus extérieure des organes sexuels. Il se distingue des bractées par sa disposition verticillée et par l'absence de bourgeons à l'aisselle des feuilles qui le composent. Il diffère de la corolle par sa consistance moins délicate et par sa couleur ordinairement verte. »

C'est un organe ordinairement facile à distinguer, malgré les nombreuses formes qu'il affecte, mais il est quelquefois si profondément modifié qu'il devient très difficile saisir à première vue. Chez les Dicotylédones, il tient quelquefois lieu de corolle, celle-ci est alors remarquablement réduite (*Eranthis, Hydrangea*), ou nulle (*Anemone*); d'autres fois, les sépales qui le composent passent graduellement à l'état de pétales (*Nymphæa, Pæonia*), ou bien certains d'eux prennent un développement démesuré et deviennent la partie la plus importante de la fleur (*Aconitum*). On les dit alors pétaloïdes; leur ressemblance avec des pétales est d'autant plus grande, qu'ils sont d'ordinaire de même teinte ; chez certaines plantes, ils sont d'une couleur différente (*Fuchsia*).

L'aigrette qui surmonte les graines des *Composées* représente le calice. Tantôt il est caduc (*Papaver*), tantôt il est persistant (*Rosa*), et prend quelquefois un assez grand développement après la floraison (*Physalis*), ou s'indure et finit par former un corps ligneux autour du fruit (*Mirabilis*). Chez les Monocotylédones, le calice est à peu près indistinct de la corolle; c'est pour cette raison qu'on applique le nom de périanthe à l'enveloppe florale. En dehors des exceptions dont les exemples ci-dessus ne donnent qu'un léger aperçu des formes que le calice peut affecter, il est ordinairement composé d'un nombre variable (fréquemment cinq) de pièces nommées *sépales*, qui sont libres : le calice est alors dit *polysépale;* ou soudées sur une longueur variable, quelquefois jusqu'au sommet : on le nomme alors *monosépale*. (S. M.)

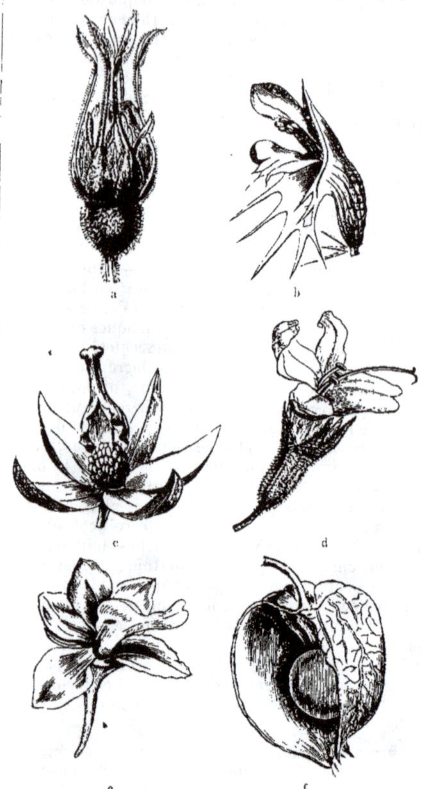

Fig. 555. — Calices.
a. *Rosa* ; b, *Ajuga* ; c, *Anagallis* ; d, *Thymus* ; e, *Delphinium* ; f, *Physalis*.

CALICIFLORES. — Nom d'une classe de végétaux de la méthode de De Candolle, de l'ordre des Dicotylédones, caractérisée par l'insertion de la corolle et des étamines sur le calice ; soit à la base et entourant l'ovaire, soit au sommet et surmontant ce dernier. La corolle peut être monopétale ou polypétale. (S. M.)

CALICIFORME. — Qui affecte la forme d'un calice.

CALICINAL. — Qui appartient au calice, qui en fait partie.

CALICULE. — On donne le nom de calicule à la réunion de bractées foliacées, en un verticille sur le pédoncule de la fleur et assez rapproché de la fleur pour paraître un périanthe accessoire. Cet appendice se présente chez la plupart des plantes de la famille des Malvacées (*Malva, Hibiscus*) ; on le voit encore sur plusieurs Renonculacées (*Anemone, Nigella*) et sur certaines Rosacées (*Fragaria*). En jardinage, on nomme souvent cet organe *Collerette*. (S. M.)

CALICULÉ, Angl. Calyculate. — Qui est pourvu d'un Calicule.

CALIMERIS, Cass. Réunis aux **Aster**, Linn.

CALISAYA. — V. **Cinchona Calisaya**.

CALLA, Linn. (de *kallos*, beau). Syn. *Provenzalia*, Adans. Fam. *Aroïdées*. — La seule espèce de ce genre est une plante herbacée, aquatique, vivace et rustique, habitant l'Europe centrale et septentrionale, et l'Amérique du Nord. Fleurs monoïques et hermaphrodites, réunies en un spadice entouré d'une spathe blanchâtre, étalée et persistante. Tiges rhizomateuses, rampantes ou flottantes, portant des feuilles entières, cordiformes, précédant les fleurs. C'est une jolie plante aquatique, convenable pour l'ornement des bords des pièces d'eau, où ses rhizomes allongés couvrent bientôt une grande surface; on peut aussi la cultiver dans des petits bassins peu profonds et même dans les pots non percés, tenus très humides.

C. palustris, Linn. *Fl.* supérieures du spadice femelles; les inférieures hermaphrodites, à étamines nombreuses, filiformes; spathe blanc pur à l'intérieur, jaunâtre à l'extérieur, étalée, presque plane. Mai-juin. *Flles* alternes, cordiformes, glabres, vert intense, à pétiole engainant. *Haut.* 15 cent. France, etc., naturalisé en Angleterre.

Fig. 556. — Calla palustris.

C. æthiopica, Linn. — V. **Richardia africana**, Kunth., son nom correct.

CALLEUX, Angl. Callose. — Couvert de **Callosités**. (V. ce mot.)

CALLIANASSA, Webb. — V. **Isoplexis**, Lindl.

CALLIANDRA, Benth. (de *kallos*, beau, et *andros*, étamine; allusion aux longues étamines soyeuses, blanches ou rouges). Syn. *Anneslea*, Salisb. Fam. *Légumineuses*. — Des quatre-vingts espèces appartenant à ce genre, une est originaire des Indes orientales et toutes les autres sont de l'Amérique tropicale ou tempérée. Ce sont de beaux arbustes toujours verts, de serre chaude, à fleurs réunies en bouquets globuleux, longuement pédonculés. Corolle petite, cachée par les nombreux filets des étamines. Feuilles bipinnées, à folioles de forme et de nombre variables. Tous se plaisent dans un compost de terre franche et de terre de bruyère. On les multiplie par boutures de bois jeune, mais aoûté, que l'on plante dans du sable, sous cloches et à chaud.

C. Harrisii, — *Fl.* roses, à pédoncules axillaires, fasciculés, couverts d'un duvet glanduleux. Février. *Flles* bipinnées, à folioles obovales, falciformes, duveteuses; stipules petites, arquées. Branches pubérulentes. *Haut.* 3 m. Mexique. 1838. (B. M. 4238.)

C. tergemina, — *Fl.* blanches, disposées en bouquets globuleux; filets rouges au sommet. Printemps. *Flles* pinnées, vert grisâtre. Branches tortueuses. Amérique tropicale, 1887.

C. Tweediei,— *Fl.* rouges; pédoncules plus longs que les pétioles; bractées linéaires. Mars-avril. *Flles* à trois ou quatre paires de pinnules portant chacune de nombreuses folioles oblongues, linéaires, sub-aiguës, ciliées, velues en dessous; stipules ovales, acuminées. Branches et pétioles poilus. *Haut.* 15 cent. Brésil, 1840. (B. M. 4188.)

CALLICARPA, Linn. (de *kallos*, beau, et *karpos*, fruit, allusion à l'élégance des baies). Syns. *Burchardia*, Duham.; *Porphyra*, Lour. et *Spondylococca*, Mitch. Fam. *Verbénacées*. — Genre comprenant environ trente espèces originaires de l'Asie tropicale et tempérée, de la Polynésie et de l'Amérique tropicale et septentrionale. Ce sont des arbustes toujours verts, de serre chaude ou tempérée, ou presque rustiques, voisins des *Petræa*. Fleurs peu apparentes, disposées en cymes axillaires; corolle à tube court et à limbe à quatre lobes. Le fruit est une baie ou drupe charnue, succulente, très ornementale. On recommande le mode de traite-

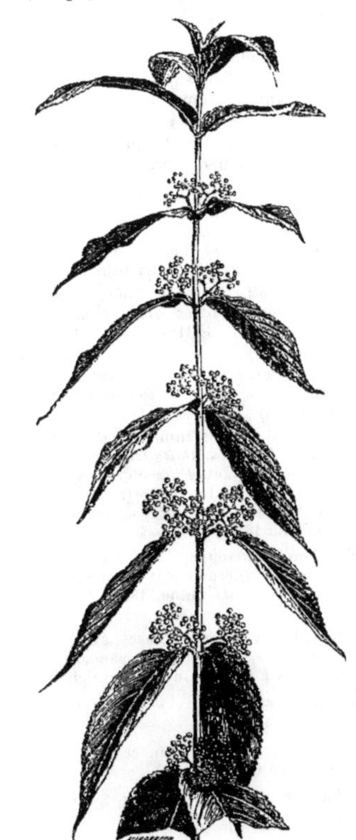

Fig. 557. — Callicarpa purpurea. (*Rev. Hort.*)

ment suivant : « Lorsque les vieilles plantes ont été rabattues au printemps et mises en végétation, les jeunes pousses dont on prépare des boutures s'enracinent aussi facilement que celles des *Fuchsia*, et exactement de la même manière. Afin d'obtenir de belles plantes, on choisit de bonnes boutures, aussi robustes que possible ; lorsqu'elles sont enracinées, on les empote dans des pots de 6 centimètres, dans un compost de terre franche et de terre de bruyère en parties égales ; on y ajoute un peu de débris de charbon de bois et de sable de rivière. Lorsqu'elles sont bien reprises, on les place dans une bâche ou dans une serre dont la température se maintient à 15 ou 18 deg. On pince l'extrémité des tiges dès qu'elles possèdent trois paires de feuilles, et, lorsque les rameaux latéraux en possèdent deux paires, on les pince également et on continue cette opération sur toutes les nouvelles pousses qui se développent jusqu'au commencement d'août, tout en enlevant en même temps les boutons à fleurs qui se montrent. Pour le rempotage suivant, on emploie des pots de 10 à 12 centimètres de diamètre. » On peut aussi les propager par semis. Il leur faut toujours beaucoup d'air et de lumière, spécialement après leur floraison.

C. americana, Linn. *Fl.* rouges, petites, en grappes axillaires. *Baies* rouge violacé. *Flles* ovales, oblongues, dentées en scie, argentées en dessous ; rameaux couverts d'un duvet cotonneux. *Haut.* 2 m. Amérique du Sud, 1724. Orangerie et pleine terre pendant la belle saison.

C. japonica, Thunb. *Fl.* roses. Août. *Flles* pétiolées, oblongues, acuminées, dentées. *Haut.* 1 m. Japon, 1850. Serre chaude. (L. et P. F. G. II, p. 165.)

C. lanata, Linn. *Fl.* purpurines. Juin. *Baies* pourpres. *Flles* sessiles, ovales, acuminées, dentées en scie, velues en dessous. *Haut.* 1 m. Indes, 1788. Serre chaude. (L. et P. F. G. 1861, p. 96.)

C. purpurea, Lindl. *Fl.* insignifiantes, disposées en bouquets axillaires, pédonculés. *Baies* très nombreuses, d'un beau violet foncé et brillant. *Flles* opposées, ovales, acuminées, dentées sur les bords, fortement couvertes de poils ainsi que les branches. *Haut.* 1 m. Indes, 1822. Serre tempérée. (Gn. Juin 1833.)

C. rubella, Lindl. *Fl.* rouges. Mai. *Flles* sessiles, obovales, acuminées, cordiformes à la base, velues sur les deux faces. *Haut.* 60 cent. Chine, 1822. Demi-rustique. (B. R. 883.)

C. tomentosa, Hook. *Fl.* nombreuses, axillaires, lie de vin. *Flles* persistantes, blanchâtres, répandant une odeur agréable lorsqu'on les froisse. Indes. Serre chaude.

CALLICHROA, Fisch. et Mey. — V. **Layia**, Hook. et Arnott.

CALLICHROA platyglossa, Fisch. et Mey. — V. **Layia platyglossa**, son nom correct.

CALLICOCCA, Schreb. — V. **Cephaelis**, Swartz.

CALLICOMA, R. Br. (de *kallos*, beau, et *kome*, poil ; allusion aux touffes de poils que portent les fleurs). Syn. *Calycomis*, R. Br. Fam. *Saxifragées*. — La seule espèce de ce genre est un arbuste toujours vert, de serre froide, originaire de l'Australie orientale. Fleurs réunies en bouquets globuleux, pédonculés, terminant les rameaux. Feuilles simples, pétiolées, grossièrement dentées en scie ; stipules membraneuses, bidentées, caduques. On cultive cette plante dans de la terre de bruyère siliceuse ; sa multiplication a lieu par boutures que l'on plante dans la même terre et sous cloches.

C. serratifolia, R. Br. Angl. Black Wattle. — *Fl.* jaunes. Mai-août. *Flles* lancéolées, acuminées, atténuées à la base, canescentes en dessous. *Haut.* 1 m. 30. Nouvelle-Galles du Sud, 1793. (B. M. 1811.)

CALLICORNIA, Burm. — V. **Leyssera**, Linn.

CALLICYSTUS, Endl. — V. **Vigna**, Savi.

CALLIGLOSSA, Hook. et Arnott. Réunis aux **Layia**, Hook. et Arnott.

CALLIGONUM, Linn. (de *kallos*, beau, et *gonu*, articulation ; allusion aux articulations aphylles). Comprend les *Calliphysa*, Fisch. et Mey. ; *Pallasia* Linn. f. et *Pterococcus*, Pall. Fam. *Polygonées*. — Genre renfermant environ vingt-deux espèces de très singuliers arbustes dressés, rameux, presque aphylles, croissant dans les endroits arides et siliceux du nord de l'Afrique et de l'Asie occidentale et méridionale. On les cultive en serre froide, en terre franche, bien drainée ; on les multiplie par boutures que l'on fait en automne ou au printemps, sous cloches.

C. Pallasia, Ait. *Fl.* blanchâtres, fasciculées, axillaires. Mai. *Fr.* tétragones, munis d'ailes membraneuses, enroulées et dentées, succulents, acides, comestibles. *Flles* petites, simples, alternes, dépourvues de stipules. Rameaux jonciformes, lisses, verts. *Haut.* 1 m. à 1 m. 30. Mer Caspienne, 1780.

CALLIOPSIS, Rchb. — V. **Coreopsis**, Linn.

CALLIPHRURIA, Herb. (de *kallos*, beau, et *phroura*, prison ; allusion à la beauté de la spathe qui enveloppe les fleurs). Fam. *Amaryllidées*. — Genre comprenant deux espèces de plantes bulbeuses, demi-rustiques, originaires du Pérou et de la Colombie. Tube du périanthe étroit, en entonnoir, presque droit ; limbe irrégulier, étoilé ; étamines à filet dilaté en membrane terminée par une dent sétacée de chaque côté de l'étamine. Ce genre ne diffère guère des *Eucharis* que par ce dernier caractère. L'espèce suivante, la seule introduite, se cultive dans un compost de terre franche siliceuse, d'un peu de terre de bruyère, de terreau de feuilles et de sable. Sa multiplication a lieu par séparation des caïeux. Après la floraison, il faut tenir les plantes dans un endroit légèrement chauffé et les rempoter lorsqu'elles entrent de nouveau en végétation.

C. Hartwegiana, Herb. * *Fl.* blanc verdâtre, réunies par six-huit, en ombelle portée par une hampe glauque, grêle, presque arrondie, de 30 cent. de haut. Mai. *Flles* pétiolées, déprimées, ovales, aiguës, de 10 à 12 cent. de long et 5 cent. de large, aiguës à la base, vert gai, plus fermes et plus fortement veinées que celles des *Eucharis*. *Haut.* 30 cent. Nouvelle-Grenade, 1843. (B. M. 6259.)

C. subedentata, Baker. — V. *Eucharis subedentata*, Benth.

CALLIPRORA, Lindl. Réunis aux **Brodiæa**, Smith, par Bentham et Hooker.

CALLIPRORA lutea, Lindl. — V. **Brodiæa ixioides**.

CALLIPSYCHE, Herb. (de *kallos*, beau, et *psyche*, papillon ; allusion à la beauté des fleurs). Fam. *Amaryllidées*. — Genre comprenant trois espèces de belles plantes bulbeuses, de serre tempérée, originaires de l'Equateur et du Pérou. Fleurs pédicellées, inclinées, réunies en une sorte d'ombelle au sommet d'une hampe arrondie, fistuleuse. Feuilles peu nombreuses, pétiolées, naissant d'un bulbe tuniqué. On les cultive à l'ombre, dans un compost de bonne terre franche, fertile et de terreau de feuilles, avec un bon drainage ; leur multiplication a lieu par semis et par séparation des caïeux. Il leur faut beaucoup d'eau pendant leur période de végétation et on doit les tenir presque secs pendant l'hiver, mais pas au point de laisser les bulbes se rider. On diminue les arrosements dès que les feuilles commencent à se faner.

C. aurantiaca, Baker. * *Fl.* jaune d'or foncé, en ombelles multiflores, étalées, très aplaties sur les côtés; étamines vertes, deux fois plus longues que le périanthe; hampe dressée, de près de 60 cent. de haut. *Flles* peu nombreuses, oblongues-aiguës, de 15 cent. de long, vert tendre, pétiolées, à nervures apparentes. Andes de l'Equateur, 1868. (Ref. B. 167; B. M. 6841.)

C. eucrosiodes, Herb. * *Fl.* écarlate et vert; étamines très longues, incurvées; hampe glauque, portant environ dix fleurs. Mars. *Flles* peu nombreuses, vertes, marbrées, alvéolées, de 10 cent. de large. *Haut.* 60 cent. Mexique, 1843. (B. R. 1845,45.)

C. mirabilis, Baker. * *Fl.* jaune verdâtre, petites, à étamines trois fois plus longues que le périanthe et étalées dans tous les sens; ombelle composée d'environ trente fleurs, au sommet d'une hampe de 1 m. de haut. Juillet-août. *Flles* ordinairement deux, oblongues, spatulées, vertes, d'environ 30 cent. de long. Pérou, 1868. Plante extrêmement curieuse. (Ref. B. 168.)

CALLIPTERIS, Bory. (de *kalos*, beau, et *pteris*, fougère). Fam. *Fougères*. — Genre de Fougères de serre chaude fondé sur le sous-genre *Diplazium*, Swartz, qui est maintenant réuni aux *Asplenium*, Linn.

CALLIRHOE, Nutt. (nom d'une Nymphe à laquelle était consacrée une fontaine d'Athènes; ou dédié à Callirhoe, fille d'Achéloüs, dieu du fleuve de ce nom). Syn. *Nuttallia*, Bert. Fam. *Malvacées*. — Genre comprenant sept espèces originaires de l'Amérique septentrionale, et qui ont quelquefois été réunies à tort aux *Nuttallia*, Torr. et Gray. et aux *Malva*, Linn. Ce sont de jolies plantes herbacées, annuelles ou vivaces. Calice à cinq lobes; pétales purpurins, roses ou blancs, cunéiformes, tronqués, souvent fimbriés, denticulés. Feuilles lobées, ou découpées. Les *Callirhoe* sont très faciles à cultiver; tout terrain léger et fertile leur convient. La multiplication des espèces vivaces peut avoir lieu par boutures et par semis; celle des espèces annuelles ne s'effectue que par semis. Les graines se sèment au printemps, sur couche, ou plus tard en terrines ou en pleine terre, sous châssis froid; on repique ensuite les plants en place, lorsqu'ils sont jeunes et avec soin pour faciliter leur reprise qui est assez difficile. Les boutures se font en été, avec des rameaux herbacées que l'on plante dans de la terre très légère et sous châssis froid.

C. digitata, Nutt. * *Fl.* pourpre rougeâtre; pédoncules axillaires, allongés, uniflores. Eté. *Flles* sub-peltées, à six ou sept lobes et à segments linéaires ou bipartites: les supérieures moins divisées. *Haut.* 60 cent. à 1 m. Amérique du Nord, 1824. Espèce vivace. (S. B. F. G. 129, sous le nom de *Nuttallia digitata*.)

C. involucrata, A. Gray.* *Fl.* violet purpurin satiné, de près de 5 cent. de diamètre, à pédoncules uniflores, lâchement paniculés; calicule formé de trois folioles linéaires, aiguës; calice cilié à la base. Eté. *Flles* divisées presque jusqu'à la base en trois-cinq lobes cunéiformes, plus ou moins profondément incisés, dentés; velues sur les deux faces; stipules très grandes, ovales. Tiges couchées, peu rameuses, velues, atteignant jusqu'à 80 cent. de long. *Haut.* 15 cent. Espèce vivace, presque rustique dans les terrains légers, à l'aide d'une couverture de litière. Texas. (G. W. F. A. 26.) Syn. *Malva involucrata*, Torr. et Gray. (B. M. 4681.)

Fig. 558. — Callirhoe involucrata.

C. i. lineariloba, — *Fl.* à pétales lilas au centre, marginés de blanc sur les côtés, grands, ob-cunéiformes. *Flles* pédatipartites, vert foncé, arrondies dans leur contour extérieur, découpées presque jusqu'à la base en segments bipinnatifides, de 8 mm. de large. Tiges nombreuses, traînantes. Texas, 1884.

C. Papaver, — * *Fl.* violet rougeâtre; calice à sépales ovales, aigus, ciliés. Eté. *Flles* radicales lobées ou pédalées: les caulinaires inférieures palmées, pédalées; les supérieures digitées ou entières. *Haut.* 1 m. Louisiane, 1833. Espèce vivace. Syn. *Nuttallia Papaver*, Grah. (B. M. 3287: Gn. 1891, 835.)

C. pedata, A. Gray. *Fl.* à pétales ovales, tronqués, fimbriés, rétrécis en onglet, violet purpurin, marqués de blanc; étamines formant au centre une houppe blanc jaunâtre; pédoncules axillaires, nus, ayant 15 à 20 cent. de long. Juillet-octobre. *Flles* alternes, palmées ou digitées, à cinq-sept lobes ovales-lancéolés, dentés. Tiges robustes, dressées, buissonnantes, glabres ou à peu près. *Haut.* 80 cent. à 1 m. Arkansas, 1824. — Espèce annuelle, recommandable pour l'ornement des massifs et des plates-bandes. Syns. *Nuttallia pedata*, Hook. et *Sida pedata*, Spreng. (R. H. 1857, 118.)

C. p. nana, Hort. Vilm. Variété plus florifère, plus trapue et plus naine que le type, préférable pour les garnitures de massifs.

Fig. 559. — Callirhoe pedata nana.

C. p. compacta, Hort. Variété horticole, compacte, à fleurs d'un joli rouge. 1887. (R. G. 1224.)

C. spicata, — V. *Sidalcea malvæflora*.

C. triangulata. — *Fl.* pourpre pâle. Août. Amérique septentrionale, 1836. Espèce vivace. Syn. *Nuttallia cordata*. (B. R. 1938.)

CALLISTA, Lour. — V. **Dendrobium**, Swartz.

CALLISTACHYS, Went. — V. **Oxylobium**, Andr.

CALLISTACHYS lanceolata, Vent. — V. **Oxylobium Callistachys.**

CALLISTEMMA, Cass. — V. **Callistephus**, Cass.

CALLISTEMON, R. Br. (de *kalos*, beau, et *stemon*, étamine; chez la plupart des espèces, les étamines sont d'un beau rouge écarlate). Comprend les *Metrosideros*, Banks. pro parte. Fam. *Myrtacées*. — Genre renfermant environ onze espèces de beaux arbres ou arbustes toujours verts, de serre froide, originaires de l'Australie et de la Nouvelle-Calédonie. Leurs fleurs, disposées en épis compacts, naissent sur les rameaux adultes comme celles des *Melaleuca*, mais leurs étamines sont libres comme celles des *Metrosideros*. Le bourgeon terminal de l'inflorescence s'allonge après la floraison et donne fréquemment naissance à un autre épi comme le montre la figure 560. Feuilles alternes, allongées, rigides, ordinairement lancéolées. Toutes les espèces de ce genre ont un port régulier et sont très ornementales; on les emploie pour la décoration des serres et des jardins d'hiver. Le *C. speciosus* est cultivé par les fleuristes pour la vente des plantes en pots sur les marchés. Le sol qui leur convient le mieux est un mélange de terre franche, de terre de bruyère et de sable. On les multiplie par boutures et par semis; les boutures s'enracinent rapidement dans du sable et sous cloches. Les graines, que produisent assez abondamment les fortes plantes, peuvent être employées pour obtenir une grande quantité de plantes, mais elles sont très longues à fleurir, tandis que les plantes faites de boutures fleurissent même lorsqu'elles sont toutes jeunes.

Fig. 560. — Callistemon speciosus.

C. linearis, DC. * *Fl.* écarlates; calice couvert d'une pubescence veloutée. Juin. *Flles* linéaires, aiguës, raides, carénées en dessous, canaliculées en dessus, velues lorsqu'elles sont jeunes. *Haut.* 1 m. 30 à 2 m. Nouvelle-Galles du Sud, 1788.

C. lophanthus, Sweet. Syn. de *C. salignus*, DC.

C. salignus, DC. *Fl.* jaune pâle, ornementales, en épis presque terminaux, pétales un peu pubescents, ciliés; calice poilu. Juin-août. *Flles* lancéolées, atténuées aux deux extrémités, mucronées, uninervées, velues lorsqu'elles sont jeunes ainsi que les branches. *Haut.* 1 m. 30 à 2 m. Australie, 1806. Syn. *C. lophanthus*, Sweet. (L. B. C. 1302.)

C. speciosus, DC. * *Fl.* à filet des étamines écarlates; anthères jaunâtres; calice et pétales velus. Mars-juillet. *Flles* alternes, lancéolées, mucronées, planes, fortement ponctuées, à nervure médiane un peu proéminente, couvertes lorsqu'elles sont jeunes de poils soyeux, apprimés, et ayant 5 à 8 cent. de long; rameaux rougeâtres. Australie occidentale, 1823. Syns. *C. crassifolia*, Hort.; *Metrosideros speciosa*, Sims. (B. M. 1761.)

C. lanceolatus, Smith. *Fl.* rouge foncé, réunies en épis naissant au sommet des rameaux. Juillet. *Flles* rapprochées, coriaces, ponctuées, lancéolées, rougeâtres lorsqu'elles sont jeunes. *Haut.* 2 à 3 m. en cultures. Australie. Syn. *Metrosideros lophantha*, Vent.

CALLITHAUMA, Herb. — Réunis aux **Stenomesson**, Herb.

CALLISTEPHUS. Cass. (de *kallistos*, très beau, et *stephos*, couronne; allusion à la beauté des fleurs). **Reine-Marguerite**. Angl. China-Aster. Syn. *Callistemma*, Cass. Fam. *Composées*. — Ce genre ne comprend

Fig. 561. — Callistephus sinensis, var. Lilliput.

qu'une espèce annuelle, rustique, originaire de l'Asie, de laquelle sont sorties les nombreuses variétés de Reines-Marguerites connues de tout le monde et cultivées

Fig. 562. — Callistephus sinensis, var. à fleur de Chrysanthème.

dans tous les jardins. Involucre à bractées courtes, disposées sur trois ou quatre rangs, les extérieures foliacées, les intérieures membraneuses, scarieuses; réceptacle nu, sub-convexe, alvéolé. Akènes portant une aigrette à deux rangées de soie. Pour la culture et la description des nombreuses races sorties de cette plante, V. **Reine-Marguerite**.

C. chinensis, Cass. * *Capitules* solitaires au sommet des rameaux, longuement pédonculés, à fleurons ligulés, rayonnants, disposés sur deux à quatre rangs, pourpres, bleus ou blancs; fleurons du centre tubuleux, jaunes. Juillet-septembre. *Flles* alternes, ovales, spatulées, grossièrement

Fig. 563. — Callistephus sinensis, var. couronnée.

dentées, pétiolées ; les caulinaires sessiles, cunéiformes à la base. Tiges hispides. *Haut.* 60 cent. Chine, 1731.

CALLITRIS, Vent. (altération probable de *kallistos*, très beau ; allusion à la beauté de toute la plante). Syn. *Frenela*, Mirb. Fam. *Conifères*.— Genre comprenant environ quinze espèces originaires de la région méditerranéenne, de l'Afrique, de Madagascar, de l'Australie et de la Nouvelle-Calédonie. Ce sont des arbrisseaux ou de petits arbres toujours verts, demi-rustiques, à rameaux allongés, très grêles, articulés, souvent garnis de petites feuilles persistantes, squammiformes. Fleurs monoïques ; chatons mâles sub-cylindriques, terminaux ; chatons femelles solitaires, terminaux. Strobile globuleux, composé de quatre à six, rarement huit écailles valvaires, ligneuses, inégales, portant chacune une ou deux graines à la base. Toutes les espèces sont médiocrement rustiques ; elles réclament, au moins sous le climat de Paris, l'hivernage en orangerie ou en serre froide. On les cultive dans une bonne terre franche légère ; leur multiplication s'opère par boutures que l'on fait à l'automne, sous cloches, dans un châssis froid, ainsi que par graines que l'on sème en terrines, dans de la terre de bruyère : on repique les plants en godets lorsqu'ils sont encore jeunes. L'espèce ci-dessous est la plus répandue ; la résine qu'elle exsude constitue la Sandaraque du commerce.

C. quadrivalvis, Vent. Angl. Arar-tree. — Chatons femelles tétragones, à quatre valves apiculées ; les deux extérieures plus grandes, biflores ; les deux intérieures plus petites, uniflores. Février-mai. *Flles* linéaires, opposées ou verticillées chez les jeunes sujets, devenant bientôt squamiformes, coriaces, décurrentes, souvent très petites à la base des articulations. Rameaux dichotomes, pennés, articulés. *Haut.* 5 à 6 m. Algérie, Maroc, etc., 1815. Syns. *Frenela Fontanesii*, Mirb. et *Thuia articulata*, Wahl.

CALLIXENE, Juss. — V. **Luzuriaga**, Ruiz. et Pav.

CALLIXENE polyphylla. — V. **Luzuriaga erecta.**

CALLOSITÉS. — Excroissances dures qui se développent à la surface de différentes parties des végétaux.

CALLUNA, Salisb. (de *kalluno*, balayer; allusion à l'usage des rameaux de l'espèce commune pour la fabrication des balais). **Bruyère commune** ; Angl. Common Ling, Heater. Fam. *Ericacées*. — La seule espèce de ce genre est aujourd'hui réunie aux *Erica* par Bentham et Hooker. C'est un petit arbrisseau étalé, rampant, très commun dans toute l'Europe centrale et septentrionale ; il abonde aux environs de Paris. Corolle campanulée, à quatre lobes plus courts que le calice ; étamines huit. Pour sa culture, V. **Erica**.

C. vulgaris. Salisb. * *Fl.* variant du rouge au blanc, disposées en longues grappes spiciformes, terminales. Juillet-septembre. *Flles* trigones, obtuses, très courtes, imbriquées sur quatre rangs, révolutées sur les bords et sagittées à la base. *Haut.* 30 cent. à 1 m. France, Angleterre, etc.

Il existe de nombreuses variétés de cette espèce ; elles sont très convenables pour former des touffes ou des bordures dans les parcs et les plates-bandes de terre de bruyère. Les variétés à fleurs blanches (*alba*, *Serlii* et *Hammondii*), roses (*carnea*), à fleurs doubles (*flore pleno*), à feuillage doré (*aurea*), ou argenté (*argentea*) sont très ornementales et des plus recommandables pour l'ornement des jardins. On ne saurait trop apprécier la valeur de l'espèce type pour tapisser les collines et lieux arides ; elle forme un excellent couvert pour le gibier et fournit une abondante pâture pour les abeilles.

CALOBOTRYA, Spach. — Réunis aux **Ribes**, Linn.

CALOCEPHALUS, R. Br. (de *kalos*, beau, et *kephale*, capitule ; allusion à l'inflorescence). Comprend les *Leucophyta*, R. Br. Fam. *Composées*. — Genre renfermant environ dix espèces de plantes annuelles ou vivaces, rarement des sous-arbrisseaux ou de petits arbustes de serre froide, tous originaires de l'Australie. Capitules nombreux, plus ou moins stipités, naissant sur un réceptacle globuleux, conique ou rameux, formant par leur réunion un bouquet dense, ovoïde, globuleux ou composé, sans involucre ou entouré par quelques bractées dépassant les fleurs; capitules individuels à deux ou plusieurs fleurs ; réceptacle sans écailles, fleurons à cinq dents. Feuilles alternes ou opposées (chez deux espèces), entières. Le *C. Brownii* est la seule espèce cultivée dans les jardins ; elle est encore peu connue en France. Elle se plaît dans presque tous les terrains, et est tout particulièrement recommandable pour la mosaïculture. On la multiplie par boutures que l'on plante sous cloches, dans une serre ou châssis froid ; on hiverne les plantes dans un endroit sec, éclairé et à l'abri du froid.

C. Brownii, F. Muel. * *Fl.* réunies en bouquets globuleux, de 10 à 15 mm. de large, entourés de quelques feuilles florales. *Flles* alternes, linéaires, tomenteuses, de 5 mm. ou moins de long. *Haut.* 30 cent. Sous-arbrisseau rigide, couvert d'un tomentum laineux, blanchâtre. Syn. *Leucophyta Brownii*, Cass.

CALOCHILUS, R. Br. (de *kalos*, beau, et *cheilos*, labelle ; allusion à la beauté du labelle). Fam. *Orchidées*. — Genre ne comprenant que quelques espèces d'intéressantes Orchidées terrestres, bulbeuses, voisines des *Epipactis*, à feuilles caulinaires peu nombreuses, et à fleurs disposées en épi rameux. Sépales vert jaunâtre ; labelle pourpre, couvert de poils d'un beau brun. Pour leur culture, V. **Bletia**.

C. campestris, R. Br. *Fl.* verdâtre et brun. Avril-juin. *Flles* étroites, oblongues, aiguës. Tige feuillée, grêle, arrondie. *Haut.* 20 cent. Australie, 1821. (B. M. 3187.)

C. paludosus, R. Br. * *Fl.* ressemblant beaucoup par leur couleur à celles du *C. campestris*, mais un peu plus grandes. Mai-juin. *Flles* également un peu plus larges. *Haut.* 20 cent. Australie, 1823. (F. A. O, part. 4.)

CALOCHORTUS, Pursh. (de *kalos*, beau, et *chortos*, Graminée; allusion aux fleurs et aux feuilles), Angl. Mariposa Lily. Syn. *Cyclobothra*, Don. Fam. *Liliacées*. — M. Baker énumère vingt et une espèces et S. Watson et Durand (*Index gen. phan.*) trente-deux espèces de ce genre; la plupart sont originaires de l'Amérique du nord-ouest, s'étendant jusqu'au Mexique. Ce sont de jolies plantes bulbeuses, demi-rustiques, portant de très belles fleurs, réunies en grappes ou en ombelles

Fig. 564. — Calochortus, variés.

pauciflores ou multiflores, au sommet de hampes dressées. Périanthe caduc, à six divisions; les trois extérieures verdâtres et imberbes; les trois intérieures beaucoup plus grandes et plus larges, barbues à l'intérieur, richement colorées. Feuilles engainantes, ensiformes. Bulbes tuniqués.

Les *Calochortus* ne sont malheureusement pas cultivables en plein air sous le climat de Paris, mais il est très probable que, dans la région méridionale, ils puissent s'accommoder de la pleine terre, à exposition chaude et ensoleillée. Malgré leur beauté, ils sont cependant peu connus chez nous.

Culture. — Un châssis placé dans un endroit sec et ensoleillé est ce qui convient le mieux pour tenter leur culture. Ils y profitent des moindres rayons de soleil, et pendant l'hiver, lorsque le temps est sec, on peut enlever les châssis. Le point essentiel est de les garantir de l'humidité; c'est à cette cause, plutôt qu'au froid, qu'il faut attribuer les insuccès, car ils sont parfaitement capables de résister à nos hivers ordinaires. En mai, on peut définitivement enlever les châssis; leur floraison aura alors lieu en juin-août. Si on désire récolter des graines, on aura soin de féconder les fleurs, et pour faciliter leur maturité, on replacera de nouveau les châssis en les faisant reposer sur des pots aux angles des coffres, afin de laisser l'air circuler librement. La plantation de nouveaux bulbes doit être faite au commencement de l'automne, car rien ne leur est plus nuisible que de les conserver à sec pendant une partie de l'hiver. La couche végétale doit avoir une assez grande profondeur, se composer de bonne terre franche, de terreau de feuilles et de sable en quantités égales, et reposer sur un bon drainage. Les bulbes doivent être placés à environ 8 cent. de profondeur et entourés d'un peu de sable; on peut ensuite les laisser plusieurs années sans les déranger.

Si on veut les cultiver en plein air, il faut choisir l'endroit le plus chaud et le plus ensoleillé et employer le compost ci-dessus. On peut aussi les cultiver facilement en pots, mais il est alors nécessaire de les rempoter à l'automne, de les tenir sous châssis et de ne pas les laisser souffrir de la soif tant que les feuilles ne sont pas fanées. On suspend les arrosements pendant leur période de repos.

Multiplication. — Elle peut avoir lieu par le semis ou par les bulbilles qui se développent fréquemment à la partie supérieure des tiges. Les graines se sèment dès leur maturité ou au commencement de l'année, dans des terrines que l'on place en serre froide ou sous châssis. Il faut avoir soin de tenir les plants très près du verre, car ils sont très sujets à fondre pendant la première année. On doit semer très clair, afin de permettre aux plantes de passer la deuxième année dans les terrines. Au printemps de la troisième année, on les rempote séparément et on les pousse le plus possible.

La multiplication par caïeux est le plus en usage. Bien traitées, la plupart des espèces se propagent rapidement; la séparation des caïeux se fait de préférence pendant la période de repos. On peut cultiver ces éclats en pots, en terrines ou en pleine terre, sous châssis, jusqu'à ce qu'ils soient de force à fleurir. Il est préférable de ne pas dépoter les bulbes pendant leur repos.

C. albus, Dougl. * *Fl.* blanc de neige, avec une belle macule, grandes, globuleuses, barbues et ciliées, pendantes, en ombelle multiflore, naissant au sommet d'une hampe de 30 à 45 cent. de haut. Californie, 1832. Cette belle espèce est rare. Syn. *Cyclobothra alba*. Benth. (B. R. 1661.)

C. Benthami, Baker. * *Fl.* d'un beau jaune; pétales obtus, fortement couverts de poils jaunes; hampe portant trois à six fleurs. Juillet-août. *Fles* linéaires, très allongées. *Haut.* 10 à 20 cent. Sierra-Nevada. Syn. *C. elegans lutea*, Benth.

C. cœruleus, S. Wats. * *Fl.* lilas, plus ou moins rayées et ponctuées de bleu foncé; pétales couverts et bordés de poils grêles; hampe portant trois à cinq fleurs. Juillet. *Fles* solitaires, linéaires. *Haut.* 8 à 15 cent. Sierra-Nevada.

C. elegans, Pursh. * *Fl.* blanc verdâtre, purpurines à la base; pétales non ciliés sur les bords ou alors très légèrement; hampe triflore. Juin. *Haut.* 20 cent. Californie, 1826. Cette espèce est rare.

C. e. luteus, Benth. Syn. de *C. Benthami*, Baker.

C. Gunnisoni, — * *Fl.* lilas tendre, vert jaunâtre en dessous du milieu, avec un cercle pourpre, entourant la base du périanthe, grandes, de 5 à 8 cent. de diamètre. Montagnes rocheuses.

C. Howellii, S. Wats. *Fl.* blanches, de 2 cent. 1/2 de large, barbues, brunes sur la moitié inférieure des trois segments internes. Été. Jolie espèce à belles fleurs. Orégon, 1890.

C. Leichtlinii, Hook. f. Syn. de *C. Nuttallii*, Torr. et Gray.

C. lilacinus, Kell. * *Fl.* rose pâle, velues au-dessous du milieu, de 4 cent. de diamètre: les trois segments externes beaucoup plus étroits que les autres; hampe grêle, feuillée, portant de une à cinq fleurs. *Flles* solitaires, étroites, lancéolées, radicales. *Haut.* 15 à 20 cent. Californie, 1868. Syns. *C. umbellatus*, Wood.; *C. uniflorus*, Hook. f. (B. M. 5804.)

C. longibarbatus, S. Wats. *Fl.* pourpre pâle, de 4 cent. de diamètre, avec une bande pourpre foncé en travers de la base de chaque segment, et barbues en dessus de cette bande; hampe de 30 cent. de haut, portant une à trois fleurs. Espèce intéressante. Orégon et Washington, 1890.

C. luteus, Dougl. * *Fl.* terminales, réunies par deux ou trois, à segments externes verdâtres, les internes jaunes, bordés de poils purpurins. Septembre. *Haut.* 30 cent. Californie. 1831. (B. R. 1567; F. d. S. 2, t. 104, fig. 2.)

C. l. oculatus, S. Wats. *Fl.* d'un beau jaune vif avec une large macule sur chaque pétale.

C. l. citrinus, S. Wats. *Fl.* d'un beau jaune citron, également maculées sur les pétales. (Gn. 1884, 437.)

C. macrocarpus, Dougl. *Fl.* très grandes, bleu lavande, à hampe de 30 cent. de haut. Août. Californie, 1826. (B. R. 1152.)

C. Madrensis, S. Wats. *Fl.* jaune orangé vif, couvertes de barbes brunes sur la moitié inférieure des segments internes. Septembre. *Flles* linéaires. Belle espèce très florifère. Amérique septentrionale, 1890. (G. C. 1890, v. 8, p. 391, f. 78.)

C. Maweanus, Leichtlin. *Fl.* à sépales purpurins, largement obovales, aigus; pétales blancs ou pourpre bleuâtre, plus longs que les sépales, plus ou moins couverts de longs poils purpurins. Juin-juillet. *Flles* glauques, linéaires. Hampe portant trois à six fleurs. *Haut.* 15 à 25 cent. San-Francisco, etc. (B. M. 5976, sous le nom de *C. elegans*, Hook. f.)

C. Nuttallii, Torr. et Gray. * *Fl.* grandes, de 6 cent. de diamètre; les trois segments externes petits, verdâtres, striés de rouge; les trois internes beaucoup plus grands, blanc pur, avec une macule purpurine à la base, sur la face supérieure; hampe portant deux ou trois fleurs. Juin. *Flles* linéaires, glauques. *Haut.* 15 cent. Californie. 1869. Syn. *C. Leichtlinii*, Hook. f. (B. M. 5862.)

C. obispoensis, Lemmon. *Fl.* à sépales orangés et pourpres sur fond jaune; pétales plus courts, brusquement terminés et ordinairement bifides au sommet, à fond jaune citron, orangés à la base, brun rougeâtre au sommet et couverts de longs poils déliés, d'une teinte plus foncée; anthères jaune orangé, à filets purpurins. *Flles* étroites, aiguës, convolutées. Hampes légèrement rameuses, de 30 à 60 cent. de haut. San-Luis Obispo; Californie, 1889. (G. et F. 1889, p. 161.) Espèce singulière, très distincte.

C. pulchellus, Dougl. * *Fl.* jaune vif, globuleuses, pendantes, en ombelle de trois à cinq fleurs, au sommet d'une hampe de 25 à 30 cent. de haut. Été. Californie, 1832. Magnifique espèce. (B. R. 1662.) Syn. *Cyclobothra pulchella*.

C. purpureus, —* *Fl.* à segments externes du périanthe verts et pourpres à l'extérieur, jaunes à l'intérieur; les internes pourpres à l'extérieur et jaunes à l'intérieur. Août. *Haut.* 1 m. Mexique, 1827. (S. B. F. ser. II, 20.)

C. splendens, Dougl. * *Fl.* grandes, lilas clair. Août. *Haut.* 45 cent. Californie. 1832. (B. R. 1676; F. d. S. 2, 104, fig. 2; Gn. 1884, 437.)

C. umbellatus, Wood. Syn. de *C. lilacinus*, Kellog.

C. venustus, Benth. * *Fl.* grandes, blanches, de près de 8 cent. de diamètre, jaunes à la base, fortement teintées de carmin et portant une macule carminée sur chaque segment. *Haut.* 45 cent. Californie, 1836. (B. R. 1669; F. d. S. 11, 104, fig. 3; R. G. 865.) — Il existe quatre variétés de cette espèce; en voici les noms: *C. v. brachysepalus*, *C. v. lilacinus*, *C. v. purpureus*, et *C. v. roseus*; cette dernière à fleurs blanches à l'intérieur, portant une macule rouge sur chaque segment et pourpre rosé à l'extérieur. *Flles* courtes, vert bleuâtre. 1886.

CALODENDRON, Thunb. (de *kalos*, beau, et *dendron*, arbre). Syn. *Pallasia*, Houtt. Fam. *Rutacées*. — Genre monotypique dont l'espèce connue est un bel arbre toujours vert, de serre tempérée, originaire de l'Afrique australe. Fleurs en panicules terminales. Feuilles grandes, opposées, simples, crénelées. Il lui faut un mélange de terre franche et de terre de bruyère. Multiplication par boutures de bois à moitié mûr, qui s'enracinent dans du sable, sous cloches et sur chaleur de fond modérée.

C. capensis, Thunb. *Fl.* couleur de chair, à pédicelles comprimés, dilatés sous la fleur; panicule à divisions trichotomes. Branches opposées ou verticillées par trois. *Haut.* 12 m. Cap, 1789. — C'est un des plus beaux arbres du Cap. (G. C. 1883, XIX, 217.)

CALODRACON, Planch. — V. **Cordyline**. Comm.

CALOMERIA, Vent. — V. **Humea**, Smith.

CALOPHACA, Fisch. (de *kalos*, beau, et *phake*, lentille; allusion à la beauté de la plante et à la famille des Légumineuses à laquelle elle appartient). Fam. *Légumineuses*. — Genre comprenant environ sept espèces d'herbes, d'arbustes ou d'arbrisseaux vivaces, rustiques ou de serre froide, originaires de la Russie d'Asie, de l'Orient et des provinces occidentales des Indes. Fleurs jaunes ou violettes, peu nombreuses, assez grandes, en grappes axillaires, pédonculées. Feuilles imparipennées, à folioles entières, dépourvues de stipules. Les *Calophaca* sont à peu près rustiques; ils sont propres à l'ornement du bord des massifs d'arbustes, mais relativement difficiles à multiplier, sauf par graines qu'ils produisent en abondance pendant les bonnes saisons. Greffés en tête sur le Cytise commun, ils ne tardent pas à former une touffe originale et très décorative, soit par ses fleurs, soit par ses belles gousses rougeâtres.

C. grandiflora, — *Fl.* à calice à cinq divisions; corolle jaune d'or, papilionacée, de 2 cent. 1/2 de long; pédoncules axillaires; grappe dépassant les feuilles. Juin-juillet. *Flles* de 6 à 20 cent. de long, à folioles ovales, pétiolulées, de 12 à près de 24 mm. de long, entières. 1886. (R. G. 1231.) Arbuste rameux, rustique.

C. wolgarica, Fisch.* *Fl.* jaunes. Mai-juin. *Flles* à six ou sept paires de folioles, orbiculaires, veloutées en dessous, ainsi que les calices. *Haut.* 60 cent. à 1 m. Sibérie, 1786. (W. D. B. 83.)

CALOPHANES, D. Don. (de *kalos*, beau, et *phaino*, paraître; allusion aux fleurs). Fam. *Acanthacées*.— Genre comprenant environ trente-cinq espèces largement dispersées, mais habitant principalement les tropiques des deux hémisphères. La meilleure espèce horticole est celle mentionnée ci-dessous; c'est une intéressante plante herbacée, vivace, rustique, excellente pour la garniture des plates-bandes. Il lui faut une terre franche, siliceuse, ou un mélange de terre franche et de terre de bruyère. On peut la propager par division des touffes, en mars.

C. oblongifolia, D. Don. * *Fl.* bleues; corolle en entonnoir, à gorge ventrue; limbe à deux lobes presque égaux; tube une fois et demie plus long que le calice; pédicelles axillaires. Août. *Flles* opposées, oblongues, spatulées, entières, acuminées. *Haut.* 30 cent. Floride, etc., 1832. (S. B. F. G., ser. II., 181.)

CALOPHYLLUM, Linn. (de *kalos*, beau, et *phyllon*, feuille; les feuilles sont grandes, d'un beau vert et élégamment veinées). Fam. *Guttiférées*. — Genre comprenant environ trente-cinq espèces répandues dans toutes les régions tropicales du globe. Ce sont de beaux arbres toujours verts, de serre chaude, riches en résines balsamiques. Fleurs hermaphrodites, en grappes axillaires. Le fruit est une drupe dont le noyau ligneux ne renferme qu'une seule graine. Feuilles à nombreuses nervures secondaires parallèles, transversales. Il leur faut un compost de terre franche, de terre de bruyère et de sable. Multiplication par boutures de bois à moitié mûr, que l'on plante dans du sable, sous cloches et à chaud.

C. Calaba, Jacq. Calaba, Angl. Calaba-tree. — *Fl.* blanches, odorantes, en grappes latérales, très courtes. *Fr.* verts. *Flles* opposées, pétiolées, obovales ou oblongues, obtuses ou émarginées. *Haut.* 10 cent. Indes occidentales, etc., 1780.

C. ionophyllum, Linn. *Fl.* blanc de neige, odorantes, en grappes lâches, axillaires; pédoncules uniflores, ordinairement opposées. *Fr.* rougeâtres, de la grosseur d'une noix. *Flles* oblongues ou obovales, obtuses, ordinairement émarginées. Branches arrondies. Tropiques de l'Ancien Monde, 1793. Arbre de taille moyenne.

CALOPOGON, R. Br. (de *kalos*, beau, et *pogon*, barbe; allusion aux franges du labelle). Syn. *Cathea*, Salisb. Fam. *Orchidées*. — Ce genre comprend quatre espèces fort voisines, d'Orchidées terrestres, rustiques, originaires de l'Amérique du Nord. Les *Calopogon* sont propres à l'ornement des rocailles et des fougeraies; il leur faut un endroit abrité et ombré. Leur multiplication a lieu par séparation des bulbes, mais ce procédé est très incertain.

C. multiflorus, — *Fl.* bleu améthyste; onglet du labelle auriculé à la base; limbe postérieur grand, irrégulièrement tétragone, rétus, émarginé; limbe antérieur portant à la base une touffe de papilles jaune d'or, velues, souvent purpurines à la base, et quelques callosités pourpres sur le devant; hampe à cinq fleurs. Amérique du Nord, 1884.

C. pulchellus, R. Br.* *Fl.* purpurines, à labelle portant une jolie touffe de papilles jaunes; hampe à deux ou trois fleurs. Fin de l'été. *Flles* radicales, graminiformes. *Haut.* 45 cent. Amérique du Nord, 1791. Syn. *Limodorum tuberosum*. (S. B. F. G., 115.)

CALORIFÈRES. — V. **Chauffage.**

CALOSACME, Wall. — V. **Chirita**, Hamilt.

CALOSANTHES indica, Blume. — V. **Oroxylum indicum.**

CALOSCORDUM nerinæflorum. — V. **Nothoscordum neriniflorum.**

CALOSTEMMA, R. Br. (de *kalos*, beau, et *stemma*, couronne). Fam. *Amaryllidées*. — Petit genre comprenant trois espèces de belles plantes bulbeuses, de serre froide, originaires de l'Australie. Fleurs réunies en ombelle multiflore; périanthe en entonnoir, à segments égaux, ascendants : étamines dressées, insérées à la gorge, à filets soudés et formant une coronule par leur base dilatée; anthères versatiles; ovaire uniloculaire par avortement et polysperme. Feuilles en lanière, linéaires, paraissant après les fleurs. Bulbe tuniqué.

C. album, R. Br. *Fl.* blanches. Mai. *Flles* ovales, aiguës, de 8 à 12 cent. de long et 5 à 8 cent. de large. *Haut.* 30 cent. Australie, 1824.

C. luteum, Ker. *Fl.* jaunes. Novembre. *Flles* en lanière, étroites. *Haut.* 30 cent. Australie, 1819. (B. M. 2101; B. R. 421; 1840, 49; F. d. S. 1135.)

C. purpureum, R. Br *Fl.* pourpre foncé. Novembre. *Flles* comme celles du *C. luteum*. *Haut.* 30 cent. Australie, 1819. (B. M. 2100; B. R. 422; F. d. S. 1135.) (S. M.)

CALOTHAMNUS, Labill. (de *kalos*, beau, et *thamnos*, arbuste; allusion à l'élégance des fleurs et des feuilles de ces arbustes). Syn. *Billotia*, Cola. Fam. *Myrtacées*. — Genre comprenant vingt-trois espèces d'arbustes de serre froide, originaires de l'Australie occidentale. Fleurs écarlates, souvent polygames, axillaires, solitaires, sessiles. Feuilles éparses, compactes, cylindriques, quelquefois planes, linéaires. Ils exigent un traitement analogue à celui des *Callistemon*. On peut les multiplier par boutures de bois jeune, mais ferme à la base, que l'on plante dans du sable et recouvre d'une cloche qu'il faut essuyer de temps à autre afin d'éviter l'excès d'humidité.

C. quadrifida, R. Br. *Fl.* écarlates, presque unilatérales; étamines égales, apparentes, réunies en quatre faisceaux. Juillet. *Flles* glabres, ainsi que les fleurs. *Haut.* 60 cent. à 1 m. 20. Australie occidentale, 1803. (B. M. 1506.)

C. villosa, R. Br. *Fl.* écarlates, quinquéfides; étamines apparentes, égales, réunies en faisceaux. Juillet-septembre. *Flles* velues, ainsi que les fruits. *Haut.* 60 cent. à 1 m. 30. Australie occidentale, 1823. (B. R. 1099.)

CALOTIS, R. Br. (de *kalos*, beau, et *ous*, *otos*, oreille; allusion aux aigrettes des graines). Fam. *Composées*. — Genre assez voisin des *Bellium*, comprenant seize espèces originaires de l'Australie. Ce sont des plantes vivaces ou rarement annuelles, demi-rustiques, de serre froide, cespiteuses. Capitules radiés, à fleurons ligulés femelles, sur un seul rang; ceux du centre tubuleux, hermaphrodites; réceptacle nu; involucre formé de bractées presque égales, disposées sur un ou deux rangs, sèches ou scarieuses sur les bords. Toute terre de jardin leur convient. Multiplication par division des touffes.

C. cuneifolia, R. B.* *Capitules* bleus, solitaires, terminaux. Juillet-août. *Flles* cunéiformes, pinnatifides, dentées au sommet. Plante vivace, herbacée, de serre froide. Australie. (B. R. 504.)

CALOTROPIS, R. Br. (de *kalos*, beau, et *tropios*, carène; allusion à la forme des lobes de la coronule. Fam. *Asclépiadées*. — Genre comprenant trois espèces d'arbustes ou de petits arbres de serre chaude, glabres ou couverts de poils laineux, originaires de l'Asie tempérée et de l'Afrique tropicale. Leurs fleurs sont grandes et belles, disposées en cymes ombelliformes, axillaires, interpétiolaires ou terminales. Feuilles grandes, opposées, presque sessiles. Il leur faut un mélange de terre franche, de terre de bruyère et de sable. Leur multiplication a lieu par boutures que l'on plante assez clair, dans des pots pleins de sable, sous cloches et à chaud. Il faut éviter l'excès d'humidité, car elles sont susceptibles de fondre.

C. gigantea, R. Br.* *Fl.* très belles, rose mêlé de pourpre; coronule plus courte que les étamines, à appendices obtus, enroulés en crosse à la base; ombelles rarement composées, entourées de plusieurs bractées involucrales. Juillet. *Flles* larges, décussées, cunéiformes, barbues sur la face supérieure; près de la base; velues, duveteuses sur la face inférieure, de 10 à 15 cent. de long et 5 à 8 cent. de large. *Haut.* 2 à 5 m. Indes, etc., 1690. (B. R. 1, 58; B. M. 6859.)

C. procera, R. Br. *Fl.* blanches, à pétales étalés, portant une tache pourpre au sommet. Juillet. *Flles* obovales, oblongues, courtement pétiolées, couvertes de poils laineux, blanchâtres. *Haut.* 2 m. Perse, 1714. (B. R. 1792; B. M. 6859.)

CALPICARPUM, Don. — V. **Kopsia**, Blume.

CALPIDIA, D. P. Thou. — V. **Pisonia**, Linn.

CALPURNIA, E. Mey. (dédié à Calpurne, botaniste). Fam. *Légumineuses.* — Genre comprenant six espèces originaires de l'Afrique tropicale. Ce sont des arbustes ou de petits arbres d'orangerie dont les fleurs jaunes, réunies en grappes, rappellent celles du Cytise commun. Feuilles composées, imparipennées. Leur traitement est celui des arbustes d'orangerie en général; ils sont très rares dans les jardins.

C. intrusa, E. Mey. *Fl.* jaunes, en grappes; calice campanulé, bilabié; corolle papilionacée, à étendard orbiculaire, carène arqué; ailes oblongues, falciformes; étamines dix, persistantes. *Gousse* membraneuse, indéhiscente, comprimée, cloisonnée. Mai-août. *Flles* imparipennées, à folioles ovales, obtuses, mucronées. Cap, 1790. Syn. *Virgilia intrusa*, R. Br.

C. lasiogyne, E. Mey. Petit arbre nouvellement introduit en Angleterre, ayant le port, les feuilles et les fleurs du *Cytisus Laburnum*. Natal, 1890. Syn. *Virgilia lasiogyne*, Dietr.

CALTHA, Linn. (dérivé de *kalathos*, gobelet; allusion à la forme du périanthe qui a quelque ressemblance avec une coupe d'or). **Souci d'eau.** Angl. Marsh Marigold. Fam. *Renonculacées.* — Genre comprenant environ neuf espèces habitant toutes les parties froides du monde, sauf l'Afrique. Ce sont des plantes vivaces, herbacées, rustiques, poussant dans les lieux inondés ou très humides. Fleurs régulières: calice à cinq-sept sépales pétaloïdes: corolle nulle; étamines nombreuses, jaunes. Le fruit est formé de follicules libres, étalés en étoile à la maturité. Feuilles entières, plus ou moins cordiformes, pétiolées ou sessiles. Tiges plus ou moins dressées, fistuleuses. Les *Caltha* sont propres à orner le bord des pièces d'eau, les bassins, les ruisseaux, etc.; ils y forment des touffes du plus bel effet; on peut aussi les planter dans les lieux humides, autour des bassins et des réservoirs à arrosages. Leur multiplication s'opère facilement par semis ou par division des touffes avant ou après la floraison.

C. ficarioides, Pursh. Syn. de *C. palustris parnassifolia*, Raf.

C. leptosepala, DC. * *Fl.* blanc pur, solitaires ou géminées au sommet des pédoncules. Mai-juin. *Flles* radicales cordiformes, presque entières ou quelquefois crénelées sur les bords. *Haut.* 30 cent. Amérique du nord-ouest. (H. F. B. A. 1, 10; Gn. 1886, part. 1, 565.)

C. palustris, Linn. * *Fl.* jaune d'or luisant, grandes, à pédoncules canaliculés. Printemps. *Flles* cordiformes, un peu orbiculaires, crénelées, à auricules arrondies. Tiges fistuleuses, dichotomes, dressées. *Haut.* 30 à 40 cent. France, Angleterre, etc. (Sy. En. B. 40.)

Fig. 565. — Caltha palustris.

Les variétés à fleurs doubles, *nana plena* et *monstruosa*, sont préférables au type pour l'ornementation, leurs fleurs sont de plus longue durée; bien que ces plantes préfèrent le bord des eaux, elles poussent volontiers dans les terrains humides et fertiles. On connaît aussi une variété *purpurascens*, originaire de l'Europe méridionale, très décorative; elle est plus dressée et plus rameuse, à tiges et pédicelles purpurins. Ces formes se propagent spécialement par divisions.

Fig. 566. — Caltha palustris flore-pleno.

C. p. biflora, DC. Variété à fleurs géminées. Amérique du Nord, 1827. Elle est moins haute et ses fleurs sont un peu plus grandes que celles du type.

C. p. parnassifolia, Raf. *Fl.* jaunes, à pédoncules pauciflores. Avril-mai. *Flles* ovales-cordiformes, crénelées. *Haut.* 8 à 12 cent. Amérique du Nord, 1815. Syn. *C. ficarioides*, Pursh.

C. radicans, Forst. * *Fl.* jaune vif, en petites cymes multiflores. Avril-mai. *Flles* cordées-réniformes, étalées, finement crénelées, dentées en scie. *Haut.* 15 cent. Écosse, etc. (Sy. En. B. 41.)

CALTHA, Mœnch. — V. **Calendula**, Linn.

CALUMBA (faux). — V. **Coscinium fenestratum.**

CALUMBA (racines de). — V. **Jateorrhiza Calumba.**

CALUMBA (bois de). — V. **Coscinium fenestratum.**

CALYCANTHÉES. — Petite famille composée de deux genres d'arbrisseaux à fleurs hermaphrodites, ayant un calice à sépales nombreux, soudés entre eux à la base, pétaloïdes, en lanière et colorés; corolle nulle; étamines nombreuses, persistantes, insérées sur un disque, à la gorge du calice, les intérieures stériles; style simple; ovaire uniloculaire; graines dépourvues d'albumen. Feuilles opposées, entières, dépourvues de stipules. Les deux genres connus sont : *Calycanthus* et *Chimonanthus*.

CALYCANTUS, Linn. (de *kalyx, kalykos,* calice, et *anthos*, fleur; allusion à la coloration du calice qui le fait ressembler à la corolle). **Calycanthe,** Angl. Allspice. Fam. *Calycanthées.* — Genre comprenant trois espèces d'arbustes rustiques, à feuilles caduques, originaires de l'Amérique du Nord. Fleurs pourpre rougeâtre, axillaires et terminales, pédonculées, odorantes,

Fig. 567. — Calycanthus lævigatus.

à étamines nombreuses. Feuilles opposées, ovales ou ovales-lancéolées, entières, généralement rudes sur les deux faces, odorantes, dépourvues de stipules. Toutes les espèces sont dignes d'être cultivées pour la garniture des massifs d'arbustes. Presque tous les terrains leur conviennent, mais elles préfèrent un compost léger, dans lequel il entre une certaine quantité de terre de bruyère. On les multiplie par marcottes que l'on fait en été, ainsi que par graines que l'on sème dès leur maturité ou au printemps, sous châssis froid.

C. fertilis, — Syn. de *C. glaucus*, Walt.

C. floridus, Linn. * Arbre aux Anémones, Angl. Carolina Allspice. — *Fl.* rouge brun, exhalant une odeur agréable de pomme, à divisions recourbées en dessous. Mai-juin. *Flles* ovales, duveteuses en dessus ainsi que les ramilles. Branches étalées. Bois et racines répandant une forte odeur de camphre. *Haut.* 2 m. à 2 m. 50. Caroline, 1726. (B. M. 503.) Il existe plusieurs variétés de cette espèce.

C. glaucus, Willd. * *Fl.* rouge brun, peu odorantes. Mai. *Flles* ovales-lancéolées, acuminées, glauques et pubescentes en dessous. *Haut.* 1 m. 30 à 2 m. Caroline, 1726. Syn. *C. fertilis*, Walt. (B. R. 404.) Le *C. oblongifolius*, Loud., est une variété à feuilles allongées, ovales-lancéolées.

C. lævigatus, Willd. * *Fl.* rouge brun. Mai. *Flles* oblongues, minces, obtuses ou graduellement rétrécies, vert tendre et glabres ou presque glabres sur les deux faces, ou plus pâles en dessous. Branches droites, dressées. *Haut.* 1 à 2 m. Montagnes de la Pensylvanie, etc., 1806. (B. R. 481.)

C. macrophyllus, Hort. Syn. de *C. occidentalis*, Hort.

C. occidentalis, Hook. * *Fl.* rouge brique, odorantes, de 8 à 10 cent. de diamètre, dont les pétales ont environ 5 cent. de long et 12 mm. de large. Juin-octobre. *Flles* oblongues ou ovales-cordiformes, acuminées, légèrement pubescentes sur les nervures de la face inférieure. *Haut.* 2 à 4 m. Californie, 1831. On le nomme « Sweet-scented shrub » en Californie. (B. M. 4808, F. d. S. 11, 1113.) Syn. *C. macrophyllus*, Hort. (R. H. 1854, 18.)

C. præcox, Linn. — V. *Chimonanthus fragrans*, Lindl.

CALYCÉRÉES. — Petite famille comprenant environ vingt-trois espèces réparties dans les genres *Boopis*, *Calicera* et *Acicarpha*. Ce sont des plantes herbacées, annuelles ou vivaces, à fleurs hermaphrodites ou rarement unisexuées, réunies sur un réceptacle commun, entourées de bractées et solitaires à l'extrémité d'une hampe. Calice à quatre-six divisions parfois inégales; corolle monopétale, tubuleuse, à divisions égales en nombre à celles du calice; étamines alternes avec les divisions de la corolle. Ovaire logé dans une cavité du réceptacle. Le fruit est un achaine surmonté du calice. Feuilles radicales ou caulinaires, alternes, dépourvues de stipules. (S. M.)

CALYCIUM, Ell. — V. **Heterotheca,** Cass.

CALYCOMIS, R. Brown. — V. **Callicoma,** Andr.

CALYCOMIS, Don. — V. **Acrophyllum,** Benth.

CALYCOPHYLLUM, DC. (de *kalyx*, calice, et *phyllon*, feuille; allusion à l'une des divisions du calice qui est développée en une grande feuille pétiolée et colorée). Fam. *Rubiacées.* — Genre comprenant deux ou trois espèces d'arbres ou d'arbustes de serre chaude, originaires de l'Amérique tropicale. Fleurs petites, en panicules terminales, corymbiformes, trichotomes, brièvement pédonculées. Feuilles opposées, ovales, lancéolées, à stipules interpétiolaires. Il leur faut un compost de terre franche et de terre de bruyère, auquel on ajoute un peu de sable et de charbon. On les multiplie par boutures de bois mûr qui s'enracinent sous cloches et à chaud.

C. candidissimum, DC. * *Fl.* blanches, à corolle campanulée, barbue à la gorge; réunies par trois, celle du milieu porte une feuille pétiolée, les latérales en sont dépourvues; corymbes terminaux. *Flles* ovales, obtusément acuminées, de 5 à 8 cent. de long. *Haut.* 10 m. Cuba. 1830.

CALYCOSTEMMA, Hanst. — Réunis aux **Isoloma,** Benth.

CALYCOTHRYX, Meisn. — V. **Calythrix,** Labill.

CALYCOTOME, Link. (de *kalyx*, *kalykos*, calice, et *tome*, section; les lèvres du calice sont déhiscentes). Fam. *Légumineuses.* — Petit genre comprenant trois ou quatre espèces demi-rustiques, originaires de la région méditerranéenne. Ce sont des arbustes épineux, rameux, divariqués, à fleurs disposées en petites grappes fasciculées. Feuilles digitées ou trifoliées, à stipules très petites. Pour leur culture V. **Cytisus.**

C. spinosa, Link. *Fl.* jaunes, pédonculées, réunies par deux à quatre en bouquets; pédicelles pubescents, deux ou trois fois plus longs que le calice, munis d'une bractée trifide, velue ainsi que le calice. Juin. *Flles* trifoliées, à folioles ovales, oblongues, parsemées en dessous de poils appliqués. Branches anguleuses, terminées par une épine en forme de croix. *Haut.* 1 à 2 m. France méridionale, Corse, etc. (B. R. 55.) Syn. *Cytisus spinosus*, DC.

CALYDERMOS, Ruiz. et Pav. — V. **Nicandra**, Adans.

CALYMENIA, Pers. — V. **Oxybaphus**, Vahl.

CALYMMODON — V. **Polypodium**, Linn.

CALYPLECTUS, Ruiz. et Pav. — V. **Lafoensia**, Vand.

CALYPSO, Salisb. (du nom de la belle Nymphe *Calypso* ou du grec *kalypto*, cacher; allusion aux endroits où la plante croît). Syns. *Cythera*, Salisb.; *Norma*, Wahlbg.; *Orchidium*, Swartz. Fam. *Orchidées*. — Genre monotypique dont l'espèce connue est une jolie Orchidée terrestre, demi-rustique, habitant les régions froides de l'hémisphère boréal. Elle se plaît dans les endroits un peu ombrés, sur le bord des rocailles humides ou dans des endroits presque inondés, dans une terre végétale composée de terre de bruyère, de terreau de feuilles et de sable, et recouverte pendant l'hiver de débris de fibres de coco ou d'autre matière légère. Multiplication par divisions.

C. borealis, Salisb. * *Fl.* solitaires, rappelant celles d'un *Cypripedium*, d'un beau rose et brun, avec une crête jaune sur le labelle qui est plus long que les sépales; lobes latéraux cohérents dans leur partie supérieure et recouvrant le lobe central qui est sacciforme et ordinairement bifide au sommet. Été. *Flles* solitaires, minces, multinervées, ovales ou cordiformes. Tiges ordinairement épaissies en pseudo-bulbe. *Haut.* 10 cent. Europe, Asie et Amérique septentrionale; régions élevées, 1820. (B. M. 2763; H. E. F. 1612.) Syns. *C. americana*, R. Br.; *Cypripedium bulbosum*, Linn.; *Orchidium boreale*, Swartz.

CALYPTRA. — Coiffe. S'applique à l'opercule qui recouvre les thèques des Mousses. Tournefort donnait aussi ce nom à l'**Arille**. (V. ce mot.)

CALYPTRANTES, Swartz. (de *kalyptra*, coiffe, et *anthos*, fleur; allusion à l'opercule des fleurs). Fam. *Myrtacées*. — On a décrit soixante-treize espèces de ce genre, toutes originaires de l'Amérique tropicale. Ce sont des arbustes ou de petits arbres de serre chaude, à végétation vigoureuse. Pédoncules axillaires, multiflores. Fruits bacciformes, aromatiques. Feuilles penniveinées. Leur culture est facile dans un compost de terre franche et de terre de bruyère; on les multiplie par marcottes ou par boutures que l'on fait à chaud.

C. Chytraculia, Swartz. *Fl.* blanches, petites, en glomérules; pédoncules axillaires et terminaux, trichotomes, paniculés, couverts d'un duvet veloute, roussâtre. Mars. *Flles* ovales, atténuées au sommet, raides, glabres ainsi que les fleurs. *Haut.* 3 m. Jamaïque, 1778. (N. S. 1,26.)

C. Syzygium. Swartz. *Fl.* blanches, courtement pédicellées; pédoncules axillaires, trichotomes, multiflores. Mai-juillet. *Flles* ovales, obtuses, raides. *Haut.* 3 à 4 m. Jamaïque, 1779.

CALYPTRARIA, Naud. — V. **Centronia**, Don.

CALYPTRÉ, CALYPTRIFORME, Angl. Calyptrate. — Qui a la forme d'un opercule ou coiffe.

CALYPTRION, Ging. — V. **Corynostylis**, Mart.

CALYPTROCALYX, Blume. (de *kalyptra*, opercule, et *calyx*, calice; allusion à la forme des divisions extérieures du périanthe). Fam. *Palmiers*. — Petit genre ne comprenant que deux espèces de serre chaude, originaires d'Amboine et de l'Australie tropicale. Fleurs polygames ou monoïques, réunies sur un même spadice enveloppé d'une spathe incomplète. Le fruit est une baie sèche, globuleuse et monosperme. Tronc lisse et annelé à l'état adulte. Feuilles terminales, pinnatiséquées. Pour la culture de l'espèce suivante, V. **Calamus**.

C. spicatus. Blume. *Fl.* réunies en spadice allongé, spiciforme, feuillé à la base; spathe ouverte longitudinalement. *Flles* terminales, pinnatiséquées, à folioles rédupliquées, linéaires, acuminées, bifides au sommet; pétioles fibreux à la base. Tronc à la fin lisse et annelé. *Haut.* 4 m. Iles Moluques. Syns. *Areca globosa*, et *Pinanga globosa*.

CALYPTROGYNE, Wendl. (de *calyptra*, opercule, et *gyne*, femelle; allusion à la forme du pistil). Comprend les *Calyptronoma*, Griseb. Fam. *Palmiers*. — Ce genre comprend six à huit espèces de beaux Palmiers de serre chaude, voisins des *Geonoma* et originaires de l'Amérique tropicale. Spadice simple ou rameux à la base, longuement pédonculé, entouré de deux spathes: l'inférieure beaucoup plus courte que le pédoncule, divisée au sommet; la supérieure caduque, allongée, fendue sur toute sa longueur. Feuilles terminales, inégalement pinnatiséquées, à segments réunis par paires peu nombreuses. Pour leur culture V. **Geonoma**.

C. Ghiesbreghtiana, — Spadice pédonculé, dressé, surmontant les feuilles, de 20 à 30 cent. de haut. *Flles* pinnées, de 60 cent. à 1 m. 50 de long, à folioles alternes ou opposées, sessiles, de largeur inégale; les plus étroites à une ou deux nervures, les plus larges à six ou sept nervures, portant six à douze folioles de chaque côté du rachis dont les intervalles varient de 2 1/2 à 5 cent.; pétiole largement engainant à la base, ayant de 10-15 à 45 cent. de long. Tige courte ou nulle. Mexique. Espèce naine, très élégante. Syns. *Geonoma Ghiesbreghtiana*; *G. magnifica* et *G. Verschaffeltii*. (B. M. 5782.)

C. spicigera, — *Flles* irrégulièrement pinnées, de 60 cent. à 1 m. de long et 30 cent. de large, profondément bifides au sommet, d'un beau vert gai; pétioles courts, engainants à la base, plans sur le côté supérieur et arrondis en dessous. Tronc fort. *Haut.* 1 m. 50. Guatemala. Espèce très élégante.

C. Swartzii, — *Flles* inégalement pinnatiséquées, à folioles profondément rédupliquées à la base, bifides au sommet. Tronc lisse. *Haut.* 15 à 18 m. Jamaïque, 1878. Très belle plante lorsqu'elle est jeune, utile pour les garnitures. Syn. *Calyptronoma Swartzii*.

C. teres, — *Flles* étalées ou pendantes, composées chez les jeunes plantes de deux paires de folioles linéaires, oblongues, rétrécies, d'environ 5 cent. de large, vert tendre, à nervures principales proéminentes; pétioles arrondis. Guyane anglaise. Serre chaude.

CALYPTRONOMA, Griseb. — V. **Calyptrogyne**, Wendl.

CALYPTRONOMA Swartzii. — V. **Calyptrogyne Swartzii**.

CALYSACCION, Wight. — V. **Ochrocarpus**, D. P. Thou.

CALYSTEGIA, R. Br. (de *kalyx*, calice, et *stege*, couvrir; allusion aux bractées persistantes qui enveloppent le calice). Angl. Bearbind. Fam. *Convolvulacées*. — Genre comprenant sept ou huit espèces répandues dans toutes les régions tempérées et sub-tropicales. Ce sont des plantes herbacées, vivaces, glabres, volubiles, grimpantes ou traînantes. Elles ne diffèrent guère des *Convolvulus*, auxquels elles étaient autrefois réunies, que par les deux grandes bractées qui se trouvent sous la fleur. Pédoncules solitaires, uniflores; corolle campanulée, à cinq plis. Feuilles alternes, oblongues, cordiformes ou lancéolées. Toutes les espèces sont très faciles à cultiver ; une bonne terre fertile leur convient. Leur multiplication s'opère facilement par fragments de racines et par graines que l'on sème au printemps. Tous les *Calystegia* sont propres à la garniture des treillages et des berceaux ; le *C. pubescens fl. pleno* est une des plantes les plus recommandables pour cet

Fig. 568. — CALYSTEGIA.

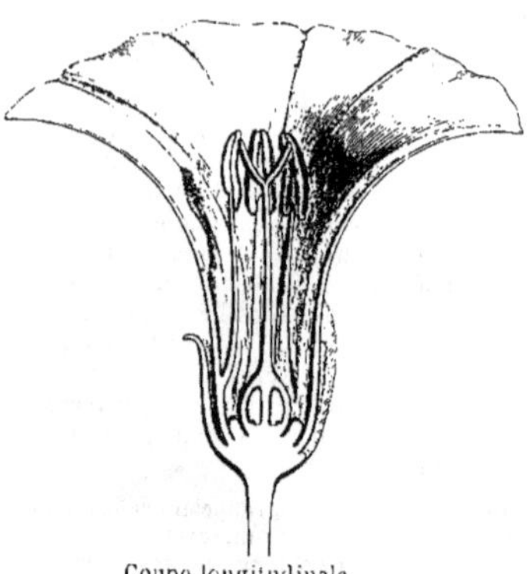

Coupe longitudinale.

usage, mais il ne s'élève pas très haut ; on peut aussi le cultiver en pots munis de trois tuteurs formant un cône autour duquel ses tiges s'enroulent.

C. dahurica, Choisy. *Fl.* à corolle foncée ; sépales lancéolés, aigus, les deux extérieurs plus grands, accompagnés de deux grandes bractées ovales, parfois ciliées, plus

Fig. 569. — CALYSTEGIA DAHURICA.

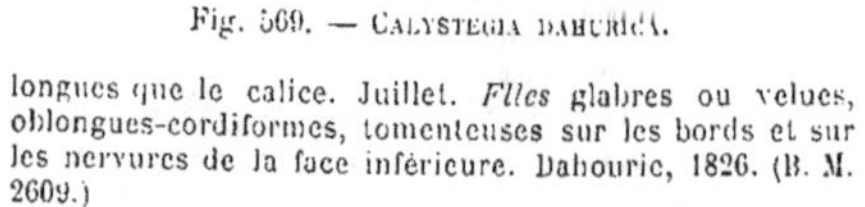

longues que le calice. Juillet. *Flles* glabres ou velues, oblongues-cordiformes, tomenteuses sur les bords et sur les nervures de la face inférieure. Dahourie, 1826. (B. M. 2609.)

C. inflata, Hort. Syn. de *C. sepium incarnata*.

C. pubescens, Lindl. **flore-pleno**, Hort. * *Fl.* d'un rose tendre passant à la fin au rose vif, de 5 à 6 cent. de diamètre, pleines, formées de pétales allongés, ovales, ondulés, réfléchis ; calice à bractées ovales, ciliées, réfléchies sur les bords ; pédoncules de 6 à 8 cent. Été et automne. *Flles* alternes, hastées, pubescentes. *Haut.* 1 à 2 m. Chine, 1844. (B. R. 32 ; F. d. S. 2, 172.)

C. sepium, R. Br. Liseron des haies, ANGL. Common Bindweed. — *Fl.* blanches, quelquefois teintées de rouge, solitaires, à pédoncules tétragones, plus longs que les pétioles ; bractées cordiformes, carénées, aiguës, plus longues que le calice, mais n'atteignant que le milieu de la corolle. Été. *Flles* sagittées, cordiformes, très aiguës, à oreillettes obtuses, tronquées ou obtuses. France, Angleterre, etc. ; commun dans les haies. (Sy. En. B. 924.)

Il existe une variété à fleurs roses, nommée *incarnata*. Amérique du Nord. (F. d. S. 8, 826.) Syn. *C. inflata*. (B. M. 732.)

C. Soldanella, Rœm. et Schult. * ANGL. Sea Bells. — *Fl.* rouge pâle, grandes, portant cinq plis longitudinaux, jaunâtres ; solitaires, à pédoncules anguleux, ailés ; bractées grandes, ovales, obtuses, mucronées, ordinairement plus courtes que le calice. Juin. *Flles* un peu charnues, petites, arrondies, réniformes, entières ou un peu anguleuses. France, Angleterre, etc., bord de l'Océan. Tiges

Fig. 570. — CALYSTEGIA PUBESCENS FLORE-PLENO.

courtes, non volubiles, traînantes. On ne peut guère cultiver cette espèce avec succès que dans une terre très siliceuse. (Sy. En. B. 925.)

CALYTHRIX, Labill. (de *kalyx*, calice, et *thrix*, poil ; allusion aux lobes du calice qui se terminent en une longue soie). SYN. *Calycothrix*, Meisn. On écrit aussi *Calytrix*. FAM. *Myrtacées*. — Genre comprenant trente-huit espèces de très jolis et intéressants arbrisseaux de serre froide, à port de Bruyère, originaires de l'Australie. Fleurs petites, réunies en corymbe à l'extrémité des rameaux et munies de deux bractéoles rapprochées du sommet du pédicelle, libres ou soudées à la base, ayant quelquefois la forme d'une opercule. Feuilles alternes ou opposées, presque sessiles, couvertes de glandes pellucides. Les *Calythrix* se plaisent dans un compost de terre franche et de terre de bruyère, bien drainé et convenablement foulé au moment du rempotage. On les multiplie en avril-mai, par boutures de jeunes rameaux que l'on plante dans du sable, sous cloches et en serre froide.

C ericoides, — Syn. de *C. tetragona.*

C. glabra, — Syn. de *tetragona.*

C. tetragona, — * *Fl.* blanches, longuement tubuleuses, à cinq divisions étalées ; bractées de moitié plus courtes que le tube du calice. *Flles* éparses, pétiolées, glabres, accompagnées de petites stipules caduques. *Haut.* 60 cent. Australie, 1825. Syns. *C. ericoides* et *C. tetragona.*

Les *C. angulata, C. aurea* et *C. brevisela* sont d'autres espèces également introduites, mais elles ne valent pas celle décrite ci-dessus pour l'ornement des serres.

CALYTRIX. — Autre orthographe de **Calythrix.**

CALYXHYMENIA, Ort. — V. **Oxybaphus,** Vahl.

CAMARIDIUM, Lindl. (de *kamara,* arqué au sommet ; allusion à la courbe que décrit l'extrémité de la colonne). Fam. *Orchidées.* — Genre comprenant environ douze espèces de jolies Orchidées de serre chaude, voisines des *Cymbidium* et originaires de l'Amérique tropicale. On les cultive dans des paniers plats ou au sommet d'un monticule formé de sphagnum et de tessons, dépassant les bords.

C. ochroleucum, Lindl. * *Fl.* blanc jaunâtre. Juillet. *Flles* en lanière. Pseudo-bulbes oblongs, comprimés, lisses. *Haut.* 30 cent. La Trinité, 1823. Syn. *Cymbidium ochroleucum,* Lindl. (B. M. 4141.)

CAMAROTIS, Lindl. — V. **Sarcochilus,** R. Br.

CAMARINE. — V. **Empetrum nigrum.**

CAMASSIA, Lindl. (de *quamash,* nom vulgaire que donnent à l'espèce commune, les Indiens de l'Amérique du Nord qui en mangent les bulbes). Syns. *Cyanotris,* Raf. et *Sitocodium,* Salisb. Fam. *Liliacées.* — Bentham et Hooker ne comptent que deux espèces ; ce sont de jolies plantes bulbeuses, rustiques, originaires de l'Amérique septentrionale. Périanthe à six divisions étalées horizontalement, légèrement et inégalement soudées à la base. Feuilles étroites, d'environ 30 cent. de long, canaliculées sur la face supérieure. Les *Camassia* préfèrent un endroit abrité, partiellement ombré, mais ils poussent néanmoins assez bien dans presque toutes les bonnes terres de jardin. Un compost de terre franche et de terreau de feuilles, assez fortement additionné de sable, forme la meilleure terre pour leur culture. On peut les laisser en place pendant plusieurs années et simplement leur appliquer tous les ans une bonne couche de fumier bien décomposé. On les multiplie par caïeux et par graines. Ils sont si rustiques qu'ils mûrissent leurs graines dans les endroits abrités ; on peut les semer dès leur maturité ou au printemps suivant, en plein air, à exposition chaude, ou en terrines ou caisses, sous châssis froid. Les plants poussent vigoureusement ; il faut les laisser au moins deux ans en pépinière de semis. L'époque préférable pour la transplantation est le mois de février. Les caïeux sont assez abondants, on peut les détacher pendant la période de repos ou avant le départ de la végétation ; on les repique en pépinière, en lignes ou en touffes, en les entourant d'un peu de sable.

C. Cusickii, S. Wats. *Fl.* bleu très pâle, en grappes allongées, assez denses ; périanthe de 4 cent. de diamètre, à segments ob-lancéolés, obtus ; hampe feuillée, de 60 cent. à 1 m. de haut. *Flles* glauques, légèrement ondulées, de 45 à 60 cent. de long et 4 cent. de large. Bulbes gros, en touffe. Belle espèce rustique. Orégon, 1888. (G. et F. v. 1, p. 174, f. 32.)

C. Engelmannii, Spreng. *Fl.* bleu vif, en grappes lâches ; divisions du périanthe moins visiblement nervées que chez les autres espèces. *Flles* de 20 à 30 cent. de long et 4 cent. de large, glauques en dessus. Bulbe beaucoup plus gros que ceux des autres espèces. Montagnes Rocheuses, 1889.

C. esculenta, Lindl.* Camash ou Quamash. — *Fl.* bleues, étoilées, d'environ 5 cent. de diamètre, en grappe lâche, portant dix à vingt fleurs sur une hampe forte, dressée ; périanthe à six divisions, dont cinq redressées, la

Fig. 571. — Camassia esculenta.

sixième séparée, réfléchie. Eté. *Flles* d'environ 30 cent. de long. Colombie, etc., 1837. — La teinte des fleurs varie depuis le bleu foncé jusqu'au blanc presque pur. (B. R. 1486 ; A. V. B. 20.) Sa variété *blanche* est figurée dans le B. M. 2774, sous le nom de *Scilla esculenta flore albo.*

C. e. Leichtlini, — * *Fl.* blanc crème, plus grandes que celles du type, à nervures plus nombreuses sur la carène des segments du périanthe ; grappes plus longues, quelquefois rameuses. Printemps. *Haut.* 60 cent. Colombie, 1853. — Cette plante diffère aussi du type par son port plus robuste et par ses feuilles plus larges. Syn. *Chlorogalum Leichtlini.* (B. M. 6287.)

C. Fraseri, — * *Fl.* bleu pâle, plus petites que celles du *C. esculenta,* à pédicelles et hampe beaucoup plus grêles. *Flles* étroites, aiguës. Capsule à angles plus prononcés. *Haut.* 30 cent. Amérique du nord-est. Plante plus petite et plus grêle. Syn. *Scilla esculenta,* Sims. (B. M. 1574.)

CAMBESSEDESIA, DC. (dédié à Jacques Cambessedes, coadjuteur de Auguste de Saint-Hilaire, pour son *Flora Brasiliæ Meridionalis* et auteur de plusieurs mémoires botaniques). Syn. *Acipetalum,* Turcz, pro parte. Fam. *Mélastomacées.* — Genre comprenant environ quinze espèces originaires du Brésil. Ce sont d'élégants arbustes ou des plantes herbacées, de serre chaude, dressées ou ascendantes, à rameaux dichotomes. Fleurs terminales et axillaires, en cymes paniculées ; pétales cinq, obovales ; calice campanulé. Feuilles sessiles, opposées ou verticillées, obovales, oblongues ou linéaires. Il leur faut un mélange de terre de bruyère et de sable. Multiplication par boutures de bois à moitié mûr qui s'enracinent facilement dans la même terre, à chaud et sous cloches. L'espèce décrite ci-dessous est probablement la seule cultivée.

C. paraguayensis, — *Fl.* rouge rosé, de 15 mm. de diamètre, en panicule terminale, velue, glanduleuse, corymbiforme. Juillet. *Fleurs* ayant presque 5 cent. de long, sessiles, ovales, aiguës, trinervées, vert pâle, à bords entiers et ciliés. Tige annuelle, herbacée, feuillée. *Haut.* 25 à 45 cent. Brésil, 1880. (B. M. 6604.)

CAMBIUM. — Nom donné à la sève élaborée, épaissie, gélatineuse, que l'on voit à la fin du printemps, entre l'aubier et l'écorce des arbres. Le cambium n'est autre que la matière servant à la formation de la couche ligneuse qui se développe chaque année sur la circonférence des arbres exogènes. (S. M.)

CAMBOGIA, Linn. — V. **Garcinia,** Linn.

CAMÉLÉE noir. — V. **Daphne Gnidium.**

CAMÉLÉE à trois coques. — V. **Cneorum tricoccum.**

CAMÉLÉON. — V. **Carlina acaulis.**

CAMELLIA, Linn. (en la mémoire de Georges Joseph Camellius ou Kamel, jésuite moravien qui a voyagé en Chine et dans le Japon, et écrit l'histoire des plantes de l'île de Luzon, insérée dans le troisième volume de l'*Historia Plantarum* de John Ray). **Camélia, Rose du Japon,** Angl. Japanese Rose. Comprend les *Thea*, Linn. Fam. *Ternstræmiacées.* — Genre renfermant environ seize espèces originaires de l'Asie tropicale et tempérée, de la Chine et du Japon. Ce sont de beaux arbustes ou des arbres presque rustiques, à feuilles persistantes. Fleurs grandes; sépales cinq ou six, passant graduellement de l'état de bractées à celui de pétales; ces derniers légèrement soudés à la base; étamines nombreuses, libres ou plus ou moins soudées inférieurement par leurs filets. Feuilles alternes, coriaces.

En observant soigneusement quelques points essentiels de la culture de ces belles plantes, on peut s'éviter de nombreux désappointements et obtenir une belle floraison pouvant se prolonger d'octobre en mai-juin. La chute prématurée et très fréquente des boutons est un inconvénient qui empêche beaucoup d'amateurs de les cultiver; c'est ordinairement au manque d'arrosements et à la sécheresse de l'atmosphère qu'il faut en attribuer la cause; le mal repose en conséquence sur la personne qui les soigne. Les racines sont susceptibles de s'enchevêtrer, de comprimer la terre qui les environne et de former une motte presque imperméable à l'eau des arrosements: il faut donc s'assurer que l'eau que l'on verse dans les pots pénètre bien la terre de part en part. Afin de leur donner une forme pyramidale régulière, on veille à la production et au développement d'une tige centrale; les branches latérales doivent être raccourcies à la longueur nécessaire. Soit en pleine terre, soit en serre, les Camélias ne doivent pas être placés trop près les uns des autres. Il faut toujours les arroser copieusement et plus particulièrement pendant l'époque de leur floraison; leur feuillage doit aussi être fréquemment seringué pendant l'été. Les plantes qui ont passé l'été en serre fleurissent en octobre; celles qui doivent leur succéder sont tenues en serre tempérée jusqu'au moment où les boutons commencent à s'épanouir; on les transporte alors en serre froide dans un endroit bien éclairé, afin de prolonger leur durée. En général, ce sont les premières plantes rentrées en serre qui y fleurissent les premières; on peut ainsi échelonner la floraison, surtout en ayant soin de passer les plantes successivement en serre tempérée quelque temps avant l'époque à laquelle on désire qu'elles fleurissent. La floraison terminée, on les reporte en serre froide où ils commenceront à développer de nouvelles pousses qui fleuriront nécessairement les premières l'année suivante.

On peut facilement cultiver les Camélias en pleine terre, dans les serres froides et les jardins d'hiver; beaucoup de personnes préfèrent cependant les tenir dans de grands pots et de préférence dans des bacs, qui permettent de les transporter où l'on veut, soit pour jouir de leurs fleurs, soit pour les mettre en plein air pendant la belle saison. Cependant, dans les grands châteaux où les serres sont nombreuses, une serre hollandaise, exposée au levant et entièrement affectée à leur culture, offre toujours un grand intérêt et un ornement peu commun au moment de la floraison. Pour cet usage, le vitrage doit être mobile, de façon à pouvoir être enlevé et remplacé par des claies pendant l'été; les plates-bandes doivent être creusées et garnies d'un compost propre à leur culture, et les murs garnis de treillages contre lesquels on palissera les Camélias plantés en bordure, tandis que ceux du milieu seront dressés en pyramide. Pour la culture en pleine terre comme pour celle en pots ou en caisses, on se sert ordinairement de terre de bruyère pure ou additionnée de terreau de feuilles, et de sable si elle est de nature tourbeuse. Cependant, ceci n'a rien d'absolu, car ils peuvent aussi bien se plaire dans des composts de nature bien différente. L'époque du rempotage donne également lieu à diverses opinions; pour les uns, le meilleur moment est l'époque de la rentrée, ou bien en janvier-février; pour les autres, c'est en avril ou mai; nous croyons pouvoir recommander de faire cette opération immédiatement après la floraison. On les replace ensuite en serre, où on les tient bien arrosés et seringués jusqu'à ce que la pousse et la formation des boutons soient terminées, ce qui a lieu à la fin de juin. On peut alors les mettre en plein air, dans un endroit bien aéré et à mi-ombre; il ne faut pas trop les serrer et il est bon d'enfoncer les pots en terre. On les rentre en serre froide dans la deuxième quinzaine de septembre et même plus tard si le temps est beau. Dans la plus grande partie de l'ouest de la France, les Camélias vivent parfaitement en pleine terre et y constituent d'admirables arbrisseaux.

Multiplication. — Certaines variétés vigoureuses, les Camélias rouges par exemple, peuvent se propager par boutures ou par marcottes, mais le plus souvent, on a recours à la greffe pour la multiplication des belles variétés horticoles. Le C. rouge simple, qui est très vigoureux et qui s'enracine facilement, sert ordinairement de porte-greffe. En août, on prépare des boutures avec les rameaux ligneux de la dernière pousse, on les coupe nettement au-dessous d'un nœud et on enlève les deux ou trois feuilles inférieures. On les plante ensuite dans des terrines remplies de terre de bruyère, en les fixant assez fortement. Quelques personnes préfèrent un mélange de terre franche, de terre de bruyère et de sable. On place les terrines dans un châssis froid, sans les recouvrir de cloches, mais on les ombre pendant le plein soleil. Au printemps suivant, celles qui sont enracinées commencent à pousser; on les place alors sur une légère chaleur de fond. Au mois de septembre ou octobre suivant, elles seront alors bonnes à mettre en pots, et au deuxième ou troisième printemps suivant, on peut les employer comme sujets. La greffe en approche peut être employée, mais elle est peu pratique. On a ordinairement recours à la greffe dite

« de côté », comme pour les Orangers, mais sans faire de languette, ce qui fatigue le sujet; la greffe en placage est aussi en usage.

La multiplication industrielle du Camélia se fait en grande partie dans les régions où le climat permet de le cultiver en pleine terre, le prix de revient est si différent de celui des plantes élevées en serre que les horticulteurs trouvent un avantage réel à s'approvisionner à ces sources. Aussi, la plupart des petits Camélias du commerce arrivent-ils tout boutonnés, quelques mois avant leur floraison.

Les engrais liquides ou solides ne sont pas profitables aux Camélias, ils causent même quelquefois leur perte. En général, ils ne sont pas sujets aux attaques des insectes, mais les Kermès font quelquefois leur apparition; il faut les écraser à la main et laver les branches au jus de tabac; quant aux Thrips que l'on voit aussi quelquefois, on s'en débarrasse à l'aide de fumigations.

C. euryoides, Lindl. *Fl.* blanches, à pédoncules latéraux, uniflores, écailleux. Mai-juillet. *Flles* ovales-lancéolées, acuminées, dentées en scie, soyeuses en dessous. Branches velues. *Haut.* 1 m. 30. Chine. 1822. (B. R. 983.)

C. japonica, Linn. * Camélia commun. — *Fl.* de différentes couleurs, axillaires, sessiles. *Flles* ovales, acuminées, à

Fig. 572. — CAMELLIA JAPONICA FLORE-PLENO.

dents aiguës. *Haut.* 6 m. Chine et Japon, 1739. — Les innombrables variétés que l'on cultive, descendent principalement de cette espèce.

C. j. anemonæflora, Hort. Dans cette variété, tous ou presque tous les organes reproducteurs sont transformés en petits pétales, et la fleur a tout l'aspect d'une Anémone double. (B. M. 1654.)

C. oleifera, Abel. * *Fl.* blanches, très nombreuses, odorantes, solitaires. Novembre. *Flles* elliptiques-oblongues, aiguës, dentées en scie, coriaces, brillantes. *Haut.* 2 m. à 2 m. 50. Chine, 1820. (B. R. 942.)

C. reticulata, Lindl. *Fl.* rose vif, grandes, semi-doubles. *Flles* oblongues, acuminées, dentées en scie, planes, réticulées. *Haut.* 3 m. Chine, 1824. (Gn. 1890, part. 1, 757.) — Il existe une forme de cette espèce à fleurs entièrement doubles.

Fig. 573. — CAMELLIA JAPONICA ANEMONÆFLORA. (*Rev. Hort.*)

C. theifera, Griff. *Fl.* blanches, axillaires, ouvertes, à cinq sépales et cinq pétales. Novembre jusqu'au printemps. *Flles* elliptiques-oblongues, obtuses, dentées en scie, plus

Fig. 574. — CAMELLIA THEIFERA.

de deux fois plus longues que larges, vert foncé. *Haut* 60 cent. à 2 m. Chine, Japon et Indes, 1780. — Cette espèce est très variable; par la culture elle s'est modifiée dans différents pays. Le thé vert et le thé noir, que l'on croyait autrefois produits par des espèces différentes, sont obtenus des mêmes arbustes à l'aide de procédés de préparation différents.

Les *C. drupifera*, Lour.; *lanceolata*, *rosæflora* et *Sasanqua*, Thunb, sont encore moins connus que les précédents et, en dehors du *C. japonica*, tous sont fort peu répandus dans les serres.

Variétés. — La liste suivante comprend un choix restreint des meilleures variétés horticoles ; quelques nouvelles variétés américaines, très méritantes y figurent ainsi que d'autres formes plus récentes d'origine italienne, bien dignes d'être cultivées.

Alba plena, * double blanc, un des meilleurs.

Archiduchesse Augusta, pétales rouge foncé, veinés de bleu avec une bande blanche.

Archiduchesse Marie, * *fl.* rouge brillant avec des bandes blanches, pétales imbriquées.

Auguste Delfosse, orange rougeâtre vif, strié jusqu'au centre des pétales. (R. H. B. 76, p. 245.)

Augustina Superba, * *fl.* rose clair ; très florifère.

Bealii Rosea, cramoisi foncé ; une des meilleures variétés.

Bicolor de la Reine, blanc et rose.

Bonomiana, * fond blanc, à bandes rouge foncé intense.

Carlotta Papudoff, superbement panaché sur fond rose ; belle forme.

Caryophylloides, * blanc, marbré de carmin rosé, très grandes fleurs.

Chandlerii elegans, * grandes fleurs rose clair.

Comte de Gomer, * pétales rose tendre, panaché de cramoisi, superbement imbriqué.

Comte de Paris, *fl.* grande, d'un beau rose et bien double.

Comte Nesselrode, rose pâle, ombré de blanc au bord ; grand et imbriqué.

Contessa Lavinia Maggi, blanc pur, largement flammé de cerise rosé. (J. H. 1862, 331.)

Contessa Lavinia Maggi rosea, *fl.* d'un beau rouge rosé ; belle forme, superbe variété.

Corradino, rose, veiné de saumon, centre rose rougeâtre tendre.

Countess of Derby, * blanc panaché de rose ; régulièrement imbriqué.

Countess of Ellesmere, * variant du blanc pur à couleur chair, strié de rouge.

Countess of Orkney, blanc pur, panaché de carmin, quelquefois rose, ombré de rose foncé.

Cup of Beauty, * blanc pur et rose ; belle fleur imbriquée.

David Boschi, rose clair, ombré de rose foncé.

De la Reine, pétales blancs, panachés de carmin.

Donckelaurii, * grandes fleurs semi-doubles, d'un beau cramoisi marbré de blanc.

Duchesse de Nassau, * *fl.* rose clair, très grandes et d'une belle forme.

Duchesse de Berry, blanc pur, en forme de coupe, superbement imbriqué ; un des plus beaux parmi les doubles blancs.

Empereur de Russie, grand, cramoisi.

Fanny Bolis, blanc, panaché et taché de cramoisi foncé.

Fimbriata alba, * semblable à l'*Alba plena*, à pétales frangés.

Général Cialdini, élégamment imbriqué, carmin brillant, panaché de rouge.

Giardino Franchetti, rose légèrement marbré ; grand et bien fait.

Giardino Santarelli, cramoisi, taché de blanc.

Giovanni Santarelli, rouge foncé, taché de blanc ; grand et bien imbriqué.

Henri Favre, *fl.* saumon rosé, finement imbriquée.

Hovey (C. H.), * cramoisi brillant, bien imbriqué.

Hovey (C. M.), * cramoisi foncé, velouté, ombré de noir ; très distinct.

Hovey (Mme), * rose tendre, très régulier et de grandeur moyenne.

Il Cygno, *fl.* blanc pur, à pétales de Renoncule et imbriqués.

Il 22 Marzo, rose clair, à pétales quelquefois rayés de blanc.

Imbricata, carmin foncé, souvent panaché.

Impératrice Eugénie, rose, teinté de blanc sur les bords ; forme parfaite.

Jardin d'hiver, *fl.* élégamment imbriquées, rose brillant ; belle variété.

Jeffersonii, beau cramoisi.

Jenny Lind, * *fl.* imbriquées au centre, larges et étoffées, blanc strié et marbré de rose.

Jubilé, * *fl.* très grandes, à pétales larges, arrondis et imbriqués, blanc marbré de rose, centre blanc pur.

Lady Humes Blush, * *fl.* couleur de chair, de forme parfaite.

La Maestosa, rose bigarré de blanc.

Leeana superba, *fl.* rouge saumoné, très belles.

Léon Leguay, beau rouge cramoisi.

Léopold I, cramoisi ; belle forme.

L'Insubria, rose, légèrement marqué de blanc, bien imbriqué, de grandeur moyenne.

Madame Ambroise Verschaffelt, * blanc ombré de rougeâtre et tacheté de rouge. (R. H. B. 1877, p. 265.)

Madame Cachet, blanc, maculé de rouge, belle forme.

Madame Lebois, rose brillant, finement imbriqué et de bonne forme.

Matholiana, * *fl.* rouge brillant, superbement imbriquées ; extra-beau.

Matholiana alba, *fl.* grandes, blanc pur, finement imbriquées au centre.

Monarch, *fl.* d'un beau rouge écarlate, grandes et de bonne forme.

Montironi, * *fl.* belles, blanc pur.

Madame Abbey Wilder, blanc ivoire, panaché de rose ; bien imbriqué.

Madame Cope, * blanc, délicatement ombré et panaché de rose.

Madame Dombrain, * beau rose tendre : forme et consistance excellente.

Napoléon III, *fl.* roses, superbement veinées de rose foncé et bordées de blanc pur.

Ochroleuca, couleur crème.

Prince Albert, blanc superbement panaché de carmin.

Princesse Bacciocchi, * riche carmin velouté.

Princess Frederick Wiliam, * *fl.* blanches, carmin clair à l'extrémité.

Queen of Roses, *fl.* d'un rose délicat.

Reine des Beautés, * rose clair, très délicat ; belle forme, extra-beau.

Reine des fleurs, * finement imbriqué, pétales étoffés et de forme parfaite, rouge vermillon, souvent tachés de blanc.

Reticulata, rose clair, grande fleur.

Reticulata flore pleno, rose foncé, grande fleur.

Rubens, rosé foncé, à bandes blanches.

Saccoiana, * *fl.* régulièrement imbriquées, de couleur très variable, souvent rose clair et d'autres fois maculées de blanc pur.

Sarah Frost, *fl.* rouge brillant.

Stroryi, pétales extérieurs rose brillant, centre presque blanc.

Targioni, *fl.* superbement imbriquées, blanc pur, rayées de rose cerise.

Teutonia, *fl.* tantôt rouges, tantôt blanches, mais souvent moitié rouges et moitié blanches.

Thomas Moore, * *fl.* de 12 cent. de diamètre, parfaitement rondes et bien imbriquées, à pétales également arrondis et garnissant bien le centre, d'un beau rouge carmin, ombré de cramoisi.

Tricolor, blanc, rayé de rouge foncé ; semi-double.

Tricolor imbricata plena, blanc rougeâtre, taché de carmin et de rose.

Triomphe de Loddi, rougeâtre, panaché de rose.

Triomphe de Wondelghem, rose foncé.

Vallevareda, rose brillant, souvent maculé de blanc de neige.

Vilderii, * rose tendre, de forme excellente.

CAMERARIA dubia. — V. **Wrightia dubia.**

CAMERISIER des bois. — V. **Lonicera Xylosteum.**

CAMOENSIA, Welw. (dédié à Louis Camoens, célèbre poète portugais). Fam. *Légumineuses.* — Petit genre ne comprenant que deux belles espèces originaires de l'Afrique tropicale occidentale. Le *C. maxima* présente les plus grandes fleurs que l'on connaisse parmi les Légumineuses; l'autre espèce, à fleurs plus petites, n'est pas introduite. Leurs fleurs sont papilionacées, l'étendard est large, orbiculaire, la carène et les ailes sont libres, ovales ou cunéiformes. L'espèce suivante se cultive dans un mélange de terre franche et de terreau de feuilles; on la multiplie par boutures que l'on plante dans du sable, à chaud et sous cloches.

C. maxima, Benth. * *Fl.* jaune crème, de 30 cent. de long, en grappes courtes, axillaires. Angola, 1878. (T. L. S. 25, 36; R. G. 1886, p. 400.)

CAMOMILLE jaune. — V. **Anthemis tinctoria.**

CAMOMILLE ordinaire. — V. **Matricaria Chamomilla.**

CAMOMILLE romaine, Angl. Chamomile (*Anthemis nobilis*, Linn.). — Plante vivace, herbacée, rustique, cultivée dans les jardins pour ses propriétés médici-

Fig. 575. — Camomille romaine.

nales. On l'emploie comme tonique, fébrifuge, vermifuge et autres; les capitules seuls sont utilisés. C'est un remède populaire, très employé en infusions. La plante se plaît dans les endroits fertiles, mais un peu secs. On peut la propager par semis; toutefois, la division des touffes est plus rapide. Cette opération se fait au printemps; on replante ensuite les éclats en lignes ou en touffes à environ 20 cent. de distance. Il faut les arroser et les désherber au besoin jusqu'à ce que les plantes soient bien établies. On récolte les fleurs dès qu'elles sont épanouies et on les fait sécher à l'ombre, en ayant soin de les remuer de temps à autre. La floraison étant assez prolongée, on peut faire plusieurs récoltes successives. Il existe deux variétés : la *simple* et la *double*; cette dernière est la plus cultivée. On substitue quelquefois dans le commerce de l'herboristerie, aux capitules de Camomille romaine, ceux de la Matricaire double qui leur ressemblent beaucoup, mais qui sont très inférieurs. Bien que beaucoup moins cultivée, les fleurs de la variété simple sont cependant plus actives.

CAMPANEA, Dcne. (de *campana*, cloche; allusion à la forme des fleurs). Syn. *Capanea*, Flore des Serres. Fam. *Gesnéracées.* — Genre comprenant six espèces d'arbrisseaux ou d'herbes grimpantes, vivaces, de serre chaude, originaires de l'Amérique tropicale. Fleurs réunies en fausses ombelles axillaires. Feuilles opposées, molles. L'espèce ci-dessous est seule introduite. Pour sa culture, V. **Gesnera.**

C. grandiflora, — *Fl.* réunies en bouquets insérés sur de longs pédoncules axillaires et terminaux; corolle blanche, striée et ponctuée de carmin. Juin. *Flles* opposées, ovales, acuminées, obliques, molles, crénelées, pétiolées. Plante velue. *Haut.* 60 cent. Santa-Fé, 1848. (R. H. 1849. 241.)

CAMPANIFORME. — Se dit des calices et des corolles monopétales, réguliers, évasés en forme de cloche.

CAMPANULA, Linn. (diminutif de *campana*, cloche; allusion à la forme des fleurs). **Campanule**, Angl. Bellflower, Slipperwort. Fam. *Campanulacées.* — On connaît environ deux cent trente espèces de ce genre : elles sont largement dispersées dans l'hémisphère boréal, et très abondantes dans la région méditerranéenne. Ce sont de jolies plantes herbacées, rustiques ou peu frileuses, la plupart vivaces, quelques-unes annuelles ou bisannuelles. Fleurs bleues, blanches ou purpurines, ordinairement pédonculées, disposées en panicules, en grappes ou même en glomérules. Tube du calice soudé à l'ovaire, divisé en cinq lobes plus ou moins profonds : corolle campanulée, plus rarement tubuleuse, infundibuliforme ou rotacée, plus ou moins profondément divisée en cinq lobes, rarement presque jusqu'à la base. Etamines cinq, à filets et anthères libres. Capsule turbinée, à trois-cinq loges, s'ouvrant par des pores. Feuilles radicales souvent bien différentes des caulinaires.

Presque toutes les espèces de ce genre sont fort jolies pendant leur floraison et un grand nombre sont cultivées dans les jardins. Les espèces naines sont excellentes pour la confection des bordures, pour l'ornement des rocailles et pour la culture en pots.

Le *C. pyramidalis* et ses variétés est à peu près rustique sous notre climat; il se plaît dans les endroits chauds et secs, dans les sols pierreux; il est très propre à l'ornement des rocailles, des vieux murs, des plates-bandes, etc.; les fleuristes le cultivent beaucoup comme plante à marché, car sa floraison de longue durée s'effectue très bien sur les balcons et dans les appartements; ses longs rameaux étant très flexibles, on les courbe le plus souvent en forme d'éventail.

Le *C. carpathica* s'emploie pour les garnitures de massifs où on l'associe ordinairement aux *Pelargonium*, aux *Begonia*, etc., parmi lesquels ses jolies corolles bleues, se succédant sans interruption pendant tout l'été, produisent un contraste des plus agréables.

Le *C. medium* est une de nos plus jolies plantes bisannuelles, spécialement recommandable pour l'ornement des plates-bandes et des parterres de plantes vivaces, où ses grandes fleurs, excessivement abondantes, produisent un effet incomparable.

Le *C. glomerata speciosa* est très employé par les

fleuristes pour la confection des bouquets ; c'est aussi une excellente plante pour les plates-bandes.

Culture générale. — Peu de plantes sont plus faciles à propager que les Campanules. Les espèces vigoureuses se cultivent en plein jardin, en terrain bien amendé, tandis que les espèces plus grêles ou traînantes ont leur place toute indiquée dans les rocailles. Très peu exigent l'hivernage sous châssis. Les graines de toutes celles qui en produisent se sèment au printemps lorsqu'elles sont annuelles, ou en juin-juillet lorsqu'il s'agit d'espèces bisannuelles ou vivaces ; ces dernières se sèment en pleine terre ou en terrine et en pépinière, on repique les plants directement en place ou en pépinière d'attente, puis on les met en place au printemps.

Les Campanules vivaces peuvent aussi se propager par boutures et par division des touffes ; ce dernier procédé est le plus employé. Les boutures se font au printemps, avec des rameaux herbacés que l'on plante sous cloches ; la division des touffes se fait avant le départ de la végétation. Des indications complémentaires sont données à la suite des espèces qui exigent un traitement spécial ; les espèces à rocailles, annuelles ou bisannuelles, sont signalées ; les autres, sans indications, sont vivaces.

C. abietina. — *Fl.* bleu clair, en épis allongés, rameux. Juillet-août. Tiges grêles, de 20 à 45 cent. de haut. Europe orientale. Plante touffue.

C. Adami, Willd. *Fl.* bleuâtres, presque dressées, solitaires au sommet des tiges ; corolle en entonnoir. Juillet. *Flles* légèrement ciliées ; les radicales longuement pétiolées, cunéiformes-spatulées, grossièrement dentées au sommet ; les caulinaires sessiles, obovales ou linéaires. *Haut.* 15 cent. Caucase, 1821. Rocailles.

C. Allionii, Vill. ' *Fl.* généralement bleues, rarement blanches, un peu inclinées, grandes, solitaires. Juillet-septembre. *Flles* radicales linéaires, lancéolées, presque entières, ciliées ; les inférieures en rosette. Tiges légèrement poilues. Racines traçantes. *Haut.* 8 à 10 cent. Alpes du Piémont, etc., 1820. — Jolie petite plante demandant une bonne terre franche siliceuse, bien drainée, graveleuse et beaucoup d'humidité pendant la végétation. Syn. *C. alpestris*, All. et *C. nana*, Lamk. (B. M. 6588.)

C. alpestris, All. Syn. *C. Allionii*, Vill.

C. alpina, Jacq. *Fl.* bleu foncé, plus ou moins nombreuses, disposées en sorte de pyramide tout le long de la tige. Juillet. *Flles* linéaires, lancéolées, crénelées, laineuses ; les radicales rapprochées, rétrécies à la base. Tiges glabres ou velues. *Haut.* 8 à 20 cent. Europe, 1779. Rocailles. (B. M. 957.)

C. americana, Linn. *Fl.* dressées, réunies par trois à l'aisselle de chaque bractée ; corolle bleue, un peu plus longue que les lobes du calice. Juillet. *Flles* radicales en rosette, ovales, pointues, un peu cordiformes, pétiolées, dentelées ; les caulinaires ovales-lancéolées, acuminées aux deux extrémités, serrulées. *Haut.* 1 m. à 2 m. Amérique du Nord, 1763. Plates-bandes.

C. aurea, Linn. f. — V. *Musschia aurea*, Dumort.

C. autumnalis, Hort. — V. *Platycodon autumnale*, Dene.

C. barbata, Linn. *Fl.* penchées, en grappe peu serrée, souvent unilatérale ; pédicelles uniflores, naissant à l'aisselle de bractées ; corolle bleu pâle ou blanche (dans la variété *alba*), glabre extérieurement, mais laineuse à la gorge. Juin. *Flles* velues, presque entières ; les radicales rapprochées, lancéolées ; les caulinaires peu nombreuses, en lanière. *Haut.* 15 à 45 cent. Alpes d'Europe, 1752. — Cette plante se plaît surtout dans les rocailles. La variété *blanche* est très belle. (B. M. 1258.)

C. Barrelierii, Presl. Syn. *C. fragilis*, Cyril.

C. betonicæfolia, Sibth. ' *Fl.* terminales et axillaires, ordinairement disposées par trois ; corolle tubuleuse, bleu purpurin, jaune pâle à la base. Mai. *Flles* elliptiques-oblongues ou ovales, aiguës, crénelées ; les radicales courtement pétiolées. Tiges très rameuses. Plante velue. *Haut.* 50 cent. Mont Olympe, en Bithynie, 1820. Plates-bandes. (S. F. G. 210.)

C. bononiensis, Linn. ' *Fl.* violet bleuâtre, un peu petites, nombreuses, disposées en longues grappes. Juillet. *Flles* serrulées, ovales, acuminées, vert foncé en dessus, pâles en dessous ; les radicales cordiformes, pétiolées ; les supérieures embrassant la tige. *Haut.* 60 cent. à 1 m. Europe, 1773. Plates-bandes. Il existe aussi une très belle variété à fleurs *blanches*.

C. cæspitosa, Scop. ' *Fl.* penchées, terminales, solitaires, quelquefois réunies par trois ou quatre au sommet de chaque tige ; corolle bleu foncé ou blanc pur (dans la variété *blanche*). Mai-août. *Flles* radicales rapprochées, courtement pétiolées, ovales, dentées, glanduleuses, luisantes. Tiges nombreuses, en touffe. Racines fibreuses, traçantes. *Haut.* 10 à 15 cent. Régions tempérées de l'Europe, 1813. — Rocailles. Se plaît dans un mélange de terre franche, fibreuse et de terreau de feuilles. Syns. *C. Bocconi*, Vill. : *C. pumila*, Curt. ; non *C. pusilla*, Haenck.

Fig. 576. — Campanula cæspitosa.

C. capensis, Linn. — V. *Wahlenbergia capensis*.

C. capillaris. Lodd. — V. *Wahlenbergia gracilis*.

C. carpatica. Jacq. ' *Fl.* bleues, largement campanulées, disposées en panicule lâche, pédoncules allongés, nus et terminés par une fleur dressée. Juin-août. *Flles* inférieures longuement pétiolées, ovales, arrondies, cordi-

Fig. 577. — Campanula carpatica.

formes, dentées; les supérieures courtement pétiolées, ovales, aiguës; tiges feuillues, rameuses. *Haut.* 20 à 30 cent. Transylvanie, 1774. Plates-bandes ou rocailles. (B. M. 117; A. V. F. 15.)

C. c. alba, Hort. * *Fl.* blanc pur, semblable au type par ses autres caractères.

C. c. pelviformis. Hort. * *Fl.* lilas, odorantes, d'environ 5 cent. de diamètre, en panicule lâche, multiflore; tiges très rameuses. Août. *Flles* ovales, cordiformes, dentées. *Haut.* 20 à 45 cent. — Variété distincte, obtenue d'un semis de *C. c. turbinata*.

C. c. turbinata, Hort. * *Fl.* d'environ 5 cent. de diamètre, dressées, corolle d'un beau bleu violet, en coupe évasée. Été. *Flles* ovales, rigides, vert grisâtre, dentées

Fig. 378. — CAMPANULA CARPATICA TURBINATA.

et pointues, cordiformes à la base, raides, en touffe. Rameaux courts, dressés. *Haut.* 15 à 30 cent. Transylvanie, 1868. Syns. *C. c. transylvanica*, Auct.: *C. turbinata*, Schott. (Gn. 1886, I, 559.) Plates-bandes ou rocailles. Il existe aussi une très belle variété nommée *pallida*, à fleurs bleu pâle.

C. c. t. Hendersoni, Hort. * *Fl.* d'un beau mauve, évasées, en grandes grappes pyramidales. Juillet-septembre. *Flles* inférieures cordiformes ou ovales-cordiformes, légèrement crénelées, longuement pétiolées; les supérieures, oblongues, sessiles. *Haut.* 35 cent. Très belle variété hybride convenable pour plates-bandes.

C. caucasica, Bieberst. *Fl.* bleu violacé, peu nombreuses, terminales et axillaires, penchées; corolles glabres en dehors, mais barbues en dedans. Juillet. *Flles* crénelées; les inférieures obovales, obtuses, pétiolées; les supérieures lancéolées, sessiles. Tiges dressées, rameuses, arrondies, scabres, poilues. *Haut.* 15 à 20 cent. Caucase, 1804. Très jolie espèce à rocailles.

C. celtidifolia, Boiss. Syn. *C. lactiflora*, Bieberst.

C. cenisia, Linn. * *Fl.* bleu foncé, solitaires, terminales, dressées. Juin. *Flles* entières; les radicales en rosette, obovales, obtuses; les caulinaires oblongues-ovales. Tiges nombreuses, glabres ou légèrement poilues. *Haut.* 8 cent. Italie, etc., 1775. — Bonne, mais rare petite plante pour rocailles, demandant à être plantée entre des pierres, dans un mélange de terre franche graveleuse et de terreau de feuilles. (A. F. P. 3, 6.)

C. Cervicaria, Linn. *Fl.* bleues, poilues en dehors, réunies en bouquets terminaux et munies de bractées; style exsert. Juillet. *Flles* crénelées; les radicales linéaires-lancéolées, sub-obtuses, courtement pétiolées; les caulinaires linéaires, acuminées. Tiges simples, rudes. *Haut.* 30 à 60 cent. Montagnes d'Europe; France, etc. 1768. Bisannuelle. Plates-bandes. (L. B. C. 452.)

C. collina, Bieberst. * *Fl.* bleu foncé, en entonnoir, peu nombreuses, disposées en une longue grappe unilatérale. Juillet. *Flles* radicales, longuement pétiolées, ovales-oblongues, crénelées; les caulinaires lancéolées; les supérieures linéaires-acuminées. Tiges simples, un peu poilues. *Haut.* 30 cent. Caucase, 1803. Plates-bandes. (B. M. 927.)

C. colorata, Wall. *Fl.* pourpres, corolle tubuleuse, veloutée, pédoncules allongés, terminaux et axillaires. Septembre. *Flles* éparses, lancéolées, aiguës, denticulées. Tiges rameuses, cotonneuses. Sikkim; Himalaya, 1849. — Cette variété demande l'abri d'un châssis pendant l'hiver. (B. M. 4555.)

C. dichotoma, Linn. *Fl.* pourpre bleuâtre, à tube plus pâle, penchées, terminales ou solitaires dans les bifurcations de la tige et des rameaux. Juillet. *Flles* caulinaires ovales, aiguës, faiblement crénelées. Tige dressée, à ramifications dichotomes. Plante couverte de poils rudes. *Haut.* 15 cent. Sud-ouest de l'Europe, 1820. Annuelle. Plates-bandes. (S. F. G. 211.)

C. drabæfolia, Sibth. *Fl.* pédonculées, opposées aux feuilles; corolle renflée, à tube blanc et à limbe bleu violacé. Juillet. *Flles* oblongues-elliptiques, dentées. Tige plusieurs fois bifurquée, sub-dressée. *Haut.* 8 cent. Iles de Samoa, 1823. Plante hispide, annuelle, à rocailles. (S. F. G. 215.)

C. elatinoides, Morett. * *Fl.* éparses dans la partie supérieure de la plante, tantôt en grappes, tantôt paniculées; corolle pourpre bleuâtre. Juin-août. *Flles* cordiformes, ovales, aiguës, à dents grossières et aiguës; les inférieures arrondies. Tige rameuse. Plante duveteuse. *Haut.* 8 à 15 cent. Piémont, 1823. Rocailles. (A. F. P. 3, 7.)

C. erinus, Linn. * *Fl.* terminales et axillaires, insérées à l'aisselle des bifurcations des branches: corolle rose bleuâtre ou blanche, poilue à la base, tubuleuse. Mai-août. *Flles* obovales ou ovales, dentées. Tige très rameuse. Plante hispide. *Haut.* 8 à 20 cent. Europe; France, etc. Annuelle. Rocailles. (S. F. G. 214.)

C. floribunda, Viviani. Syn. *C. isophylla*, Morett.

C. fragilis, Cyrill. * *Fl.* pourpre lilacé clair, blanches au centre, solitaires ou géminées, axillaires, dressées ou presque dressées sur des rameaux étalés. Juillet-août. *Flles* pétiolées, les radicales réniformes ou cordiformes, arrondies, assez profondément lobées; les caulinaires largement ovales, un peu cordiformes. *Haut.* 10 à 15 cent. Sud de l'Italie. Syn. *C. Barrelierii*, Presl. (B. M. 6504.) — Très convenable pour suspensions, etc.

C. garganica, Tenore. * *Fl.* axillaires, fasciculées; corolle bleu clair, rotacée, à cinq lobes profonds. Mai-septembre. *Flles* crénelées, dentées, duveteuses; les radicales réniformes, longuement pétiolées; les caulinaires cordiformes. *Haut.* 8 à 15 cent. Italie, 1832. — Espèce extrêmement variable. Rocailles, terre riche, sablonneuse. (B. R. 1768.)

C. g. hirsuta, Hort. *Fl.* très nombreuses; sépales un peu plus longs et un peu plus étroits que dans le type; corolle bleu purpurin, plus pâle vers la base, en coupe. *Flles* fortement couvertes de longs poils blancs et raides ainsi que les tiges. Branches florifères plus longues et plus grêles que celles du type. Plante naine, plus traînante, excellente pour garnir les suspensions, les caisses des balcons, etc.

C. glomerata, Linn. * *Fl.* sessiles, disposées en glomérules dont le principal est terminal, les autres plus petits, sessiles et axillaires; corolle bleu violet ou blanche, glabre, excepté les nervures extérieures, en forme d'entonnoir. Mai-septembre. *Flles* denticulées; les radicales ovales, aiguës; bractées ovales acuminées. Tiges simples ou rameuses. *Haut.* 30 à 60 cent. France, Angleterre, etc. Plates-bandes. (Sy. En. B. 866.) — Il existe deux formes *à fleurs doubles*, l'une *blanche*, l'autre *bleue*, qui sont très belles. On connaît aussi plusieurs variétés, fréquemment décrites comme espèces distinctes; les suivantes sont de ce nombre.

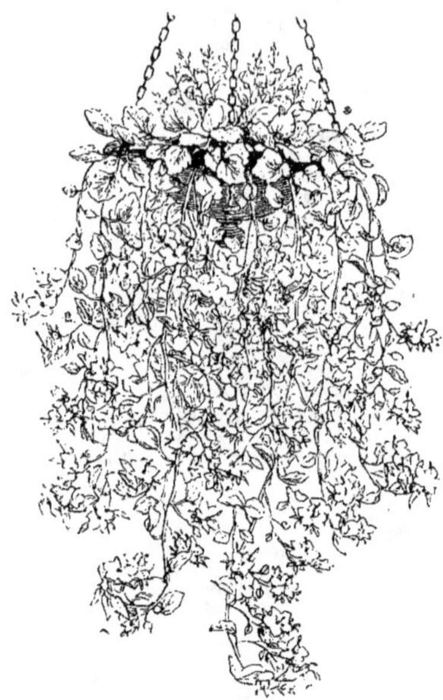

Fig. 579. — Campanula fragilis. (*Rec. Hort.*) Cultivée en suspension.

Fig. 580. — Campanula glomerata speciosa.

C. g. cervicarioides, Hort. *Fl.* violet bleuâtre, terminales et axillaires. *Flles* inférieures longuement pétiolées. Tige flexueuse, poilue.

C. g. elliptica, Hort. *Fl.* bleues, grandes, capitées. *Flles* longuement pétiolées, elliptiques; bractées grandes, souvent plus longues que les fleurs.

C. g. nicæensis, Hort. *Fl.* violet bleuâtre, disposées en épis courts et denses. *Flles* rapprochées, ovales, aiguës, sessiles.

C. g. pusilla, Hort. ' *Fl.* peu nombreuses, capitées. *Flles* arrondies, cordiformes. *Haut.* 2 1/2 à 5 cent.

C. g. speciosa, DC. *Fl.* grandes, d'un beau bleu violet, vernissées, réunies en gros bouquets serrés, terminaux. Mai-juin. Syns. *C. capitata*, Hort.; *C. dahurica*. — C'est une de nos plus jolies espèces vivaces pour l'ornement des plates-bandes ou des rocailles; elle est beaucoup employée pour la confection des bouquets. Il existe encore une variété nommée *aggregata*.

C. gracilis, Forst. — V. *Wahlenbergia gracilis*.

C. grandiflora, Jacq. — V. *Platycodon grandiflorum*.

C. grandis, Fisch. ' *Fl.* bleu violet pâle, largement campanulées, à divisions grandes, pointues; axillaires et alternes dans la partie supérieure de la tige. Juin. *Flles* sessiles, lancéolées, dentées en scie. Tige simple, canaliculée. *Haut.* 30 à 60 cent. Sibérie, 1842. Plates-bandes. Il existe aussi une très belle variété à fleurs *blanches*.

Fleur détachée, de grandeur naturelle.

Fig. 581. — Campanula grandis.

C. Grosseckii, Heuffel. *Fl.* violettes, grandes, campanulées, disposées en longues grappes. *Flles* grandes, cordiformes-lancéolées, acuminées, grossièrement dentées sur les bords. Tiges feuillues, rameuses à la base, de 45 cent. de haut. Europe orientale, 1886. Belle espèce. (R. G. 1886, p. 477, f. 55.)

C. haylodgensis, Hort. *Fl.* bleu clair, évasées, campanulées, peu nombreuses au sommet des tiges. Août. *Flles* radicales en touffe, cordiformes-arrondies, légèrement dentées sur les bords; les caulinaires cordiformes-ovales visiblement dentées, vert tendre. *Haut.* 15 à 20 cent. Rocailles. — Cette variété est un hybride obtenu par M. Anderson Henry, de Hay-Lodge, Édimbourg, probablement entre *C. carpatica* et *C. pusilla.*

C. hederacea, Linn. V. *Wahlenbergia hederacea.*

C. Hostii, Baumgart. Syn. *C. rotundifolia Hostii*, Hort.

C. isophylla, Morett. ' *Fl.* nombreuses, dressées, disposées en corymbe; corolle bleu lilacé, à centre gris, grande, en coupe, à cinq lobes profonds. Août. *Flles* largement ovales, cordiformes et dentées. Tiges fortes. Nord de l'Italie, 1868. Plates-bandes et rocailles. (Gn. 1887. part. 1, 577.) Syn. *C. floribunda*, Vivian. (B. M. 5745.)

C. i. alba, Hort. ' *Fl.* blanc pur; semblable au type par ses autres caractères. — C'est une charmante plante pour rocailles, à fleurs très abondantes.

C. Jacobæa, Smith. *Fl.* axillaires, à pédicelles récurvés, de 4 à 6 cent. de long; segments du calice étroits-lancéolés, de 12 à 15 mm. de long; corolle bleu foncé ou verdâtre pâle, campanulée, de 2 1/2 à 4 cent. de long. Mars. *Flles* de 4 à 6 cent. de long, sessiles ou à peu près oblongues-ovales ou obovales-oblongues, obtuses ou subaiguës, rétrécies à la base; les supérieures cordiformes, semi-amplexicaules. *Haut.* 60 cent. à 1 m. Cap Vert, 1882. Sous-arbrisseau demi-rustique. (B. M. 6703.)

C. laciniata, Linn. *Fl.* longuement pédonculées, en panicule lâche. Tige dressée, rameuse, un peu velue. *Haut.* 30 cent. Iles de l'Archipel grec, 1890. — Cette espèce est bisannuelle et craint beaucoup l'humidité pendant l'hiver; il faut pour cette raison l'hiverner sous châssis froid.

C. lactiflora, Bieberst. ' *Fl.* en panicule lâche; pédoncules dressés, courts, généralement à trois fleurs; corolle

Fig. 582. — Campanula lactiflora.

dressée, blanc de lait, nuancé de bleu ou tout à fait bleue, comme dans la variété *cærulea*. Juillet-septembre. *Flles* sessiles, ovales-lancéolées, à dents aiguës, décurrentes, garnies de poils sétacés, plus pâles en dessous. Tiges rameuses. *Haut.* 60 cent. à 2 m. Caucase, 1814. Vivace. Plates-bandes. Syn. *C. celtidifolia*, Boiss. (B. R. 241.)

C. lamiifolia, Bieb. *Fl.* blanc crème, en grappes unilatérales, très effilées; corolle de près de 1 cent. de long, à lobes aigus, réfléchis et poilus. Juin-juillet. *Flles* alternes, réniformes, crénelées, vert cendré, blanchâtres en dessous. Tiges peu rameuses. *Haut.* 50 à 60 cent. Caucase. Plante vivace.

C. Langsdorffiana, Fisch. *Fl.* bleues, solitaires ou en panicule pauciflore, semblables à celles du *C. rotundifolia*. *Flles* entières ou dentées. *Haut.* 8 à 20 cent. Montagnes du nord de l'Asie et de l'Amérique. Vivace.

C. latifolia, Linn. *Fl.* disposées en grappes spiciformes, pédoncules dressés, uniflores; corolle bleue, quelquefois blanche (dans la variété *alba*), grande, en forme dentonnoir, campanulée. Juillet. *Flles* grandes, doublement dentées; les radicales pétiolées, cordiformes, ovales oblongues; les caulinaires sessiles, ovales, acuminées.

Fig. 583. — Campanula lamiifolia.

Tiges simples, glabres. *Haut.* 30 à 60 cent. France, Angleterre, etc. (Sy. En. B. 868.)

Fig. 584. — Campanula latifolia.

C. l. eriocarpa, Hort. *Fl.* à tube du calice très hispide. *Flles* moins acuminées. Tiges et feuilles poilues et vert pâle. Caucase, 1823. Plates-bandes.

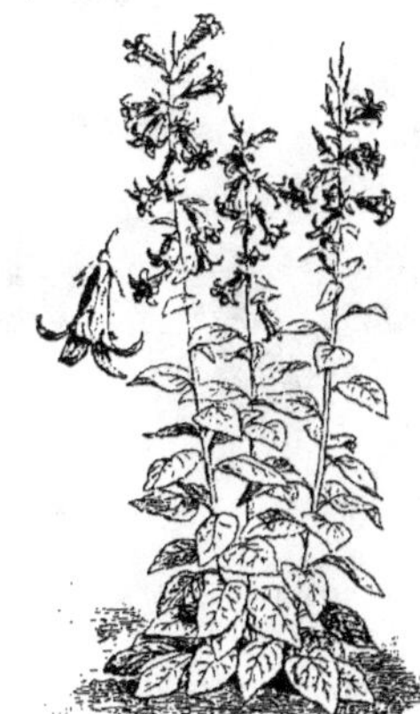

Fig. 585. — Campanula latifolia macrantha.

C. l. macrantha, Hort. ' *Fl.* à corolle bleu-violet, plus grande que dans le type, étalée ou dressée. Tiges et feuilles un peu velues, plus distinctement dentées. *Haut.* 75 à 80 cent. Caucase. Syn. *C. macrantha*. Fisch. Plates-bandes.

C. Lœfflingii, Brot. *Fl.* solitaires, penchées au sommet de rameaux nus, formant une panicule lâche; corolle bleue ou violacée, avec une zone plus foncée en dessous du milieu, blanche à la base intérieurement et extérieurement, en forme d'entonnoir. Juillet. *Flles* crénelées; les inférieures ovales-réniformes; les supérieures ovales, embrassant la tige. Tige très rameuse. Annuelle. *Haut.* 15 à 45 cent. Sud-ouest de l'Europe, 1818. (B. R. 29, 19.)

C. Loreyi, Pollin. Syn. *C. ramosissima*, Host.

C. lyrata, Lamk. *Fl.* disposées en longues grappes lâches, multiflores; corolle bleue, tubuleuse, à nervures un peu poilues. Juin. *Flles* inférieures pétiolées, cordiformes, ovales-aiguës, crénelées; les supérieures sessiles, ovales-lancéolées, dentées en scie. Tige rameuse. Europe orientale, Orient, etc. 1823. Plates-bandes.

C. macrantha, Fisch. Syn. de *C. latifolia macrantha*, Hort.

C. macrostyla, Boiss. *Fl.* lilas rougeâtre, réticulées de violet, solitaires sur de forts pédoncules, poilues à la base. Juillet. *Flles* inférieures ovales-oblongues, aiguës; les supérieures ovales-lancéolées, recourbées, petites pour la grandeur de la plante, hispides sur les deux faces et ciliées. *Haut.* 30 à 65 cent. Syrie: Mont Taurus. Plante annuelle, convenable pour les plates-bandes. — Le port rigide de cette plante couverte de poils rudes, presque piquants, les curieux appendices du calice, la corolle courte, très ouverte, et le stigmate extraordinairement développé, rendent cette Campanule la plus singulière que l'on ait introduite.

C. Medium, Linn. * Campanule à grosses fleurs, Carillon, Violette marine, etc.; Angl. Canterbury Bells. — *Fl.* nom-

Fig. 586. — Campanula medium flore-pleno.

breuses, grandes, disposées en grappes; corolle bleue, pourpre ou blanche, campanulée, renflée, simple ou double. Juillet. *Flles* sessiles, ovales-lancéolées, crénelées-dentées. Tige dressée, rameuse. *Haut.* 30 cent. à 1 m. 30. Sud de l'Europe; France, etc. Espèce bisannuelle, très connue et très belle, dont il existe de nombreuses variétés simples ou doubles, de couleurs très variées. (A. V. F. 18.)

C. m. calycanthema, Hort. Cette jolie race se distingue du type ordinaire par le grand développement du calice transformé en une collerette de même consistance et de même couleur que la corolle. On possède aujourd'hui plusieurs coloris qui se reproduisent franchement par semis. (A. V. F. 33, 34; R. H. 1889, 548.)

Fig. 587. — Campanula medium calycanthema.

C. muralis, Portenschl. Syn. *C. Portenschlagiana*, Rœm. et Schult.

C. nana, Lamk. Syn. *C. Allionii*, Vill.

C. nitida, Ait. * *Fl.* bleues ou blanches, disposées en grappes spiciformes; corolle rotacée, campanulée. Été. *Flles* en rosette, coriaces, vert très foncé et luisantes, oblongues, crénelées; les caulinaires, linéaires-lancéolées, presque entières. Tige simple. *Haut.* 8 à 20 cent. Amérique du Nord, 1731. Plates-bandes. Il existe une variété *à fleurs doubles bleues* et une *à fleurs blanches*. Syn. *C. planiflora*, Lamk.

C. nobilis, Lindl. * Campanule de la Chine. — *Fl.* penchées, réunies au sommet des rameaux; corolle violet

Fig. 588. — Campanula nobilis.

rougeâtre, blanche ou couleur de crème, maculée, de 7 cent. et plus de long. Juillet. *Flles* poilues; les inférieures pétiolées, ovales, dentées; les supérieures lancéolées, presque ou entièrement sessiles. *Haut.* 30 à 50 cent. Chine, 1844. Plates-bandes. (B. R. 32, 65.) Il existe aussi une variété à fleurs *blanches*.

C. olympica, Boiss. *Fl.* bleu pâle; corolle en entonnoir, trois fois plus longue que le calice; grappe lâche, simple ou rameuse inférieurement, terminale. Été. *Flles* radicales obovales, pétiolées, obtuses, légèrement crénelées;

les caulinaires linéaires-oblongues, sessiles ou un peu amplexicaules; les supérieures lancéolées-aiguës. Bisannuelle. Mont Olympe.

Fig. 589. — CAMPANULA OLYMPICA. (*Rev. Hort.*)

C. patula, Linn. *Fl.* en panicules terminales et axillaires, longuement pédicellées, grandes, dressées; corolle bleue ou blanche, en entonnoir. Juillet. *Flles* radicales rapprochées, obovales, crénelées; les caulinaires linéaires-lancéolées, sessiles, presque entières. Tige rameuse, à branches divergentes. Europe. Plates-bandes. (Sy. En. B. 873.)

C. pentagonia, Linn. — V. *Specularia pentagonia*.

C. peregrina, Linn. * *Fl.* disposées en grappe dense, sessile; corolle violet foncé à la base, moins foncé au milieu et plus pâle vers les bords, en entonnoir. Juillet. *Flles* crénelées; les inférieures obovales; les supérieures ovales, aiguës. Tige simple, anguleuse. *Haut.* 60 cent. Mont Liban, 1794. Plates-bandes. (B. M. 1257.)

C. persicæfolia, Linn. * *Fl.* en grappe lâche, simple ou rameuse; pédonculées, solitaires, inclinées; corolle variant du bleu au blanc, grande, largement campanulée. Juillet. *Flles* glabres, raides, crénelées; les radicales lancéolées-obovales; les caulinaires linéaires-lancéolées. Tiges presque simples. *Haut.* 30 cent. à 1 m. France, Angleterre, etc. (Sy. En. B. 871.) — Les formes du *C. persicæfolia* sont très nombreuses dans les jardins; les suivantes sont les plus dignes d'être cultivées : *alba*, blanc pur, simple; *alba coronata*, blanc pur, semi-double; *alba fl.-pleno*, *fl.* très doubles, en forme de Camélia, une des plus vigoureuses et des meilleures pour la fleur coupée; *cærulea coronata*, bleue, de même forme que la variété blanche; *cærulea fl.-pleno*, bleue, semi-double.

C. phrygia, — *Fl.* à corolle violet bleuâtre, évasée, à nervures plus foncées. Juillet. *Flles* ovales-lancéolées, crénelées; les inférieures obtuses; les supérieures aiguës. Tige rameuse, à branches très nues, divariquées, se terminant chacune par une seule fleur. *Haut.* 8 à 15 cent. Mont Olympe, 1820. Rocailles. Annuelle.

C. planiflora, Lamk. Syn. *C. nitida*, Ait.

C. Portenschlagiana, Rœm. et Schult. * *Fl.* pourpre bleu clair, dressées ou sub-dressées, campanulées, à larges segments; fasciculées à l'extrémité des tiges et réunies par une ou deux à l'aisselle des feuilles supérieures. Juin-juillet. *Flles* radicales largement réniformes, visiblement, mais irrégulièrement dentées, à pétioles longs et grêles; les caulinaires devenant graduellement ovales. *Haut.* 15 à 20 cent. Sud de l'Europe. Rocailles. Syn. *C. muralis*, Portenschl. (B. R. 1995.)

Fig. 590. — CAMPANULA PERSICÆFOLIA FLORE-PLENO.

C. primulæfolia, Brot. *Fl.* disposées en grappe spiciforme; corolle bleue ou pourpre blanchâtre, duveteuse dans le fond, rotacée-campanulée, presque glabre. Juillet. *Flles* inégales et doublement crénelées; les radicales lancéolées, sub-obtuses; les caulinaires ovales-oblongues, aiguës. Tige simple, hispide. *Haut.* 30 cent. à 1 m. Portugal. Plates-bandes. (B. M. 4879.)

C. pulla, Linn. * *Fl.* terminales, grandes pour la taille de la plante; corolle bleu violacé, campanulée. Juin. *Flles* glabres, crénelées-dentées; les inférieures courtement pétiolées, ovales-arrondies; les supérieures sessiles, ovale aiguës. Tiges rarement poilues à la base. *Haut.* 8 15 cent. Europe orientale, 1779. Rocailles. — Il lui faut u mélange de terre de bruyère sablonneuse et de terreau de feuilles. (L. B. C. 584; Gn. 1891, 831.)

C. pumila, Curt. Syn. *C. cæspitosa*, Scop.

C. punctata, Lamk. *Fl.* blanchâtres, maculées de rouge à l'intérieur, grandes, pendantes. *Flles* ovales, aiguës, superficiellement crénelées. Tige simple, dressée, pauciflore. *Haut.* 50 cent. Sibérie, Japon, etc. Plates-bandes. Vivace. (R. G. 1890, p. 591.)

C. pusilla, Hænck. *Fl.* axillaires et terminales, pendantes au sommet des tiges grêles, campanulées, variant du bleu foncé au blanc. Juillet-août. *Flles* radicales en touffe, largement ovales ou arrondies, légèrement cordiformes, obtusément dentées en scie, à pétiole plus long que le limbe; les caulinaires linéaires-lancéolées, distinctement dentées, sessiles. *Haut.* 10 à 15 cent. Sud de l'Europe. (B. M. 512?) — Il existe une variété à fleur plus pâle, nommée *pallida*; et une variété blanc pur nommée *alba*; celles-ci ainsi que le type sont très convenables pour la décoration des rocailles et pour former des bordures en terrain sablonneux.

C. pyramidalis, Linn., ANGL. Chimney Bell-flower. * *Fl.* très nombreuses, pédicellées, ordinairement réunies par trois à l'aisselle de chaque bractée, disposées en grandes grappes pyramidales, lâches à la base; corolle bleu pâle ou blanche, foncée à la base. Juillet. *Flles* dentées, glanduleuses; les inférieures pétiolées, ovales-oblongues, un peu cordiformes; les caulinaires sessiles, ovales-lancéolées. Tige centrale presque simple, mais portant à la base plusieurs rameaux florifères dressés. *Haut.* 1 m. 30 à 1 m. 60. Europe; France, etc. — Il existe plusieurs excellentes variétés, mais celles bleu clair, bleu foncé et blanches sont les meilleures. Plates-bandes, rocailles, vieux murs, et culture en pots; dans ce dernier cas on recourbe ordinairement ses longs rameaux; elle fleurit très bien en appartement et s'y conserve fort longtemps.

Fig. 591. — CAMPANULA PYRAMIDALIS.

C. Rainerii, Perpent. * *Fl.* bleues, dressées; corolle turbinée. Juin. *Flles* presque sessiles, ovales, tomenteuses, légèrement dentées; les inférieures plus petites, obovales. Tiges dressées, fermes, rameuses, à branches uniflores, feuillues. *Haut.* 5 cent. à 7 cent. Suisse, Italie, etc., 1826. — Belle petite plante alpine, demandant une exposition chaude et une terre graveleuse; on doit la protéger avec soin contre les limaces. (F. d. S. 1908.)

C. ramosissima, Host. *Fl.* à corolle blanche à la base, à lobes violet bleuâtre, bleu pâle au milieu ou à la base; pédoncules allongés, nus, glabres, portant chacun une fleur dressée. Juin. *Flles* sessiles, glauques; les inférieures obovales, crénelées; les caulinaires ovales-lancéolées; les supérieures linéaires, entières. Tige rameuse. *Haut.* 15 à 30 cent. Sud de l'Europe, 1824. Espèce annuelle. Syn. *C. Loreyi*, Pollin. (B. M. 2581.)

C. r. flore albo, Hort. Diffère simplement du type par la couleur blanche de ses fleurs.

C. rapunculoides, Linn. * *Fl.* pendantes, solitaires, disposées en grappe spiciforme, unilatérale, mais généralement dirigées en tous sens chez les fortes plantes cultivées; corolle violet bleuâtre, en entonnoir, un peu barbue en dedans. Juin. *Flles* scabres, ovales, acuminées; les radicales pétiolées, cordiformes, crénelées; les caulinaires denticulées. Tiges glabres ou rudes, ordinairement rameuses dans les jardins, mais presque simple à l'état spontané. *Haut.* 60 cent. à 1 m. 30. Europe; France, etc. Plates-bandes. (Sy. En. B. 869.)

C. r. trachelioides, Bieberst. Tige, feuilles et particulièrement le calice garnis de poils blancs et raides.

Fig. 592. — CAMPANULA RAPUNCULUS.
Fleur entière et coupe longitudinale.

C. Rapunculus, Linn. * Raiponce, ANGL. Rampion. — *Fl.* presque sessiles ou pédicellées, dressées, formant une longue grappe rameuse dès la base; corolle bleue ou blanche, en entonnoir. Juillet. *Flles* inférieures obovales, courtement pétiolées, presque entières; les caulinaires sessiles, linéaires-lancéolées, entières. Tige simple, mais quelquefois rameuse au sommet. Racine blanche, fusiforme. *Haut.* 60 cent. à 1 m. Europe; France, etc. Plates-bandes. (Sy. En. B. 872.) — On mange, comme salade d'hiver, la racine et les feuilles de cette espèce; elle est cultivée pour cet usage. V. **Raiponce.**

Fig. 593. — CAMPANULA RAPUNCULUS.
Plante feuillée avec sa racine pour la consommation.

C. rhomboidalis, Linn. *Fl.* généralement pendantes, peu nombreuses, pédonculées; disposées en grappes lâches; corolle bleue, campanulée. Juillet. *Flles* sessiles, ovales, aiguës, dentées en scie. Tiges glabres ou un peu poilues garnies de fleurs au sommet. *Haut.* 30 à 65 cent. Europe, 1775. Plates-bandes. Syn. *C. rhomboidea*, Auct. (L. B. C. 603.)

Fig. 594. — CAMPANULA RHOMBOIDALIS.

Ch. rhomboidea, Auct. Syn. *C. rhomboidalis*, Linn.

C. rotundifolia, Linn.* Blue or Hare bell. — *Fl.* pendantes, solitaires, pédonculées, peu nombreuses sur chaque tige; corolle bleu pâle ou foncé, campanulée. Juin-août. *Flles* radicales pétiolées, cordiformes, arrondies, crénelées-dentées; les caulinaires linéaires ou lancéolées. Tiges nombreuses. *Haut.* 15 à 30 cent. France, Angleterre, etc. (Sy. En. B. 870.)

C. r. alba, Hort. * *Fl.* blanches, aussi grandes que celles du type; tiges beaucoup plus feuillues.

C. r. Hostii, Hort. * *Fl.* d'un beau bleu, beaucoup plus grandes que celles du type, sur des tiges vigoureuses, très rameuses. Juillet-août. *Flles* radicales, arrondies seulement lorsque la plante est très jeune; les caulinaires linéaires, acuminées, atteignant parfois de 7 à 10 cent. de long. Syn. *C. Hostii*, Baumgart. — Il existe aussi une variété à fleurs *blanches* de même forme et aussi grandes que celle à fleurs bleues, mais moins vigoureuse.

C. r. soldanellæflora, Ker. * *Fl.* à corolle bleue, semi-double, turbinée, à divisions nombreuses, étroites, très aiguës. Juin. *Flles* longues, linéaires, aiguës, sessiles. Tige simple, grêle. *Haut.* 30 cent. 1870. (R. C. 473.) — Toutes les formes du *C. rotundifolia* sont jolies et convenables pour orner le devant des plates-bandes et les crevasses des rocailles; leurs tiges faibles, chargées de fleurs, sont du plus bel effet.

C. sarmatica, Ker. * *Fl.* penchées, généralement unilatérales, terminales et axillaires, formant une grappe lâche, éparse; corolle bleu pâle, veloutée en dehors. Juillet. *Flles* tomenteuses; les inférieures pétiolées, cordiformes, un peu hastées, crénelées-dentées; les supérieures sessiles, ovales-lancéolées, denticulées. Tiges simples, droites, duveteuses. *Haut.* 30 à 60 cent. Caucase, 1803. Plates-bandes. (B. R. 237.)

C. saxatilis, Linn. *Fl.* réunies par trois ou cinq et disposées en grappe lâche; corolle bleue, tubuleuse, penchée. Mai. *Flles* crénelées; les radicales en rosette, un peu spatulées; les caulinaires, ovales, aiguës. Tige dressée. *Haut.* 15 cent. Crète, 1768. Rocailles. Très rare.

C. Scheuchzeri, Lodd. * *Fl.* bleu foncé, pendantes, largement campanulées, sur des tiges grêles. Juillet-août. *Flles* inférieures semblables à celles du *C. pusilla*; les supérieures linéaires. *Haut.* 7 à 15 cent. Sud des Alpes d'Europe, 1813. (L. B. C. 485.)

C. Scouleri, A. DC. *Fl.* bleu pâle, campanulées, paniculées. Juillet-août. *Flles* inférieures ovales, longuement pétiolées, grossièrement dentées; les caulinaires ovales-lancéolées. *Haut.* 30 cent. Amérique du nord-ouest, 1876. Rocailles.

C. sibirica, Linn.* *Fl.* paniculées, nombreuses, pendantes; corolle violet bleuâtre, grande, tubuleuse. Juillet. *Flles* crénelées; les radicales rapprochées, pétiolées, obovales,

Fig. 595. — CAMPANULA SIBIRICA EXIMIA.

obtuses; les caulinaires sessiles, oblongues, lancéolées, ondulées, acuminées. Plante couverte de poils raides. Tige rameuse dès la base. *Haut.* 30 à 60 cent. Sibérie, 1783. Bisannuelle. Plates-bandes. (B. M. 659.)

C. s. divergens, Hort. * *Fl.* violacées, assez grandes, d'abord dressées, puis penchées lorsqu'elles sont épanouies; tiges multiflores, généralement trichotomes ainsi que la tige. Juin. *Flles* radicales sub-spatulées, crénelées, rétrécies à la base; les caulinaires sessiles, lancéolées, acuminées. Plante poilue, bisannuelle. *Haut.* 50 cent. Sibérie, 1811. Syn. *C. spathulata*, Kit. (S. B. F. G. II, 256.)

C. s. eximia, Hort. *Fl.* variant du bleu pâle au violet, étroitement campanulées; tiges très rameuses dès la base. *Flles* allongées, scabres. 1883. Plante naine, compacte, très élargie. (A. V. F., 32.)

C. spathulata, Kit. Syn. *C. sibirica divergens*, Hort.

C. Speculum, Linn. — V. *Specularia Speculum*.

C. speciosa, Pourr. * *Fl.* pédicellées, disposées en grappe pyramidale; corolle bleue, pourpre ou blanche, de 2 cent. 1/2 de long, glabre en dehors, mais souvent velue en dedans. Juin-juillet. *Flles* sessiles, crénelées; les radicales en rosette, linéaires-lancéolées; les caulinaires linéaires. Tige simple. *Haut.* 30 à 45 cent. Sud-ouest de l'Europe; France, etc., 1820. Plates-bandes (B. M. 2049.)

C. spicata, Linn. *Fl.* sessiles, de une à trois à l'aisselle de chaque bractée, et disposées en long épi interrompu à la base; corolle bleue, en entonnoir. Juillet. *Flles* sessiles, presque entières; les radicales rapprochées, linéaires-lancéolées; les caulinaires linéaires, acuminées. Tige simple. *Haut.* 30 à 60 cent. Europe, 1786. Bisannuelle. Plates-bandes. (A. F. P. 3, 46.)

C. stricta, Linn. *Fl.* presque sessiles, peu nombreuses, solitaires, en épi; corolle bleue, tubuleuse. Juillet. *Flles* ovales-lancéolées, aiguës, dentées en scie, poilues. Tige rameuse, poilue. *Haut.* 30 à 60 cent. Arménie, 1819. Bisannuelle. Plates-bandes.

C. strigosa, Vahl. *Fl.* rose violacé, penchées, solitaires à l'aisselle des rameaux, corolle longuement campanulée. Juillet-août. *Flles* lancéolées ou ovales lancéolées, sessiles, entières. Tiges rameuses, dichotomes, à ramifications étalées, puis dressées. *Haut.* 20 à 30 cent. Syrie. Plante annuelle.

C. stylosa, Lamk. V. *Adenophora stylosa*.

C. Tenorei, Morett. Plante naine, cespiteuse, ressemblant beaucoup au *C. pyramidalis* par ses fleurs et par son feuillage, mais ne dépassant pas 30 cent. de haut.

C. thyrsoidea, Linn. * *Fl.* sessiles, disposées en épi dense, pyramidal; corolle jaune soufre, oblongue. Juillet. *Flles* entières, poilues; les inférieures lancéolées, obtuses; les caulinaires linéaires-lancéolées, aiguës. Tige simple, couverte de feuilles et de fleurs. Plante poilue. *Haut.* 30 à 45 cent. Alpes d'Europe, 1785. Bisannuelle. Rocailles. (B. M. 1290.)

C. Tommasiniana, — * *Fl.* bleu pâle, tubuleuses, légèrement anguleuses, réunies en cymes axillaires, multiflores, compactes. Juillet-août. *Flles* sessiles ou à peu près, linéaires-lancéolées, acuminées, distinctement dentées, sans différence entre les inférieures et les supérieures. Tiges d'abord dressées, puis penchées sous le poids des fleurs. *Haut.* 20 à 30 cent. Italie. Très belle plante alpine. (B. M. 6590.)

C. Trachelium, Linn. * Gantelée, Gant de Notre-Dame, ANGL. Throat-Wort. — *Fl.* un peu penchées, en épis ter-

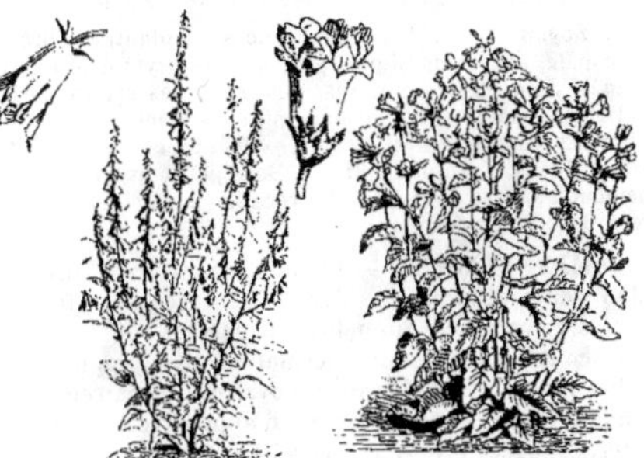

Fig. 596. — CAMPANULA TRACHELIUM. Fig. 597. — CAMPANULA TRACHELIUM FLORE-PLENO.

minaux pauciflores ou multiflores; corolle campanulée, barbue en dedans, de coloris variable. Juillet. *Flles* rudes, acuminées, grossièrement crénelées-dentées ; les radicales pétiolées, cordiformes. Tige anguleuse, simple ou rameuse. *Haut.* 60 cent. à 1 m. Europe ; France, etc. Plates-bandes. (Sy. En. B. 867.) Il existe des variétés à fleurs *doubles bleues, doubles blanches* et divers coloris à fleurs simples.

C. trichocalycina, Tenore. *Fl.* presque disposées en grappe simple, terminale, rapprochées du sommet, une à trois à chaque aisselle, dressées pendant la floraison, mais ensuite penchées ; corolle en entonnoir, à cinq divisions profondes. Juillet. *Flles* courtement pétiolées, ovales, aiguës, grossièrement dentées. Tige simple. *Haut.* de 30 à 60 cent. Europe, 1823. Plates-bandes.

C. turbinata, Schott. Syn. de *C. carpatica turbinata*, Hort.

C. Van Houttei, Hort. * *Fl.* bleu foncé, en cloche, pendantes, de 5 cent. de long, axillaires et terminales. Juillet-août. *Flles* inférieures arrondies-cordiformes, crénelées, longuement pétiolées ; les caulinaires oblongues-lancéolées, sessiles, dentées. *Haut.* 60 cent. — Très belle variété hybride entre les *C. latifolia macrantha* et *C. nobilis.* — Le *C. Burghalti* n'en diffère que par sa couleur et des détails peu importants ; c'est un autre hybride cultivé dans les jardins ; ses fleurs sont pourpre pâle, très grandes, pendantes. Ces deux Campanules sont des plus belles pour l'ornement des plates-bandes.

C. versicolor, Smith. et Sibth. — *Fl.* disposées en longues grappes spiciformes ; corolle campanulée-rotacée, violet foncé au fond, pâle au milieu, à lobes violet pâle. Juillet-septembre. *Flles* dentées en scie ; les radicales pétiolées, ovales, aiguës, un peu cordiformes ; les caulinaires courtement pétiolées, ovales-lancéolées, acuminées. Tiges dressées. *Haut.* 1 m. à 1 m. 30. Grèce, 1788. Plates-bandes. (S. E. G. 207.)

C. Vidalii, Wats. *Fl.* grandes, en grappe terminale, lâche ; corolle blanche, vernissée, sub-campanulée, pendante, à disque très large, entouré d'un anneau épais, orangé brillant. Juillet-août. *Flles* en rosette, épaisses et charnues, oblongues-spatulées, visqueuses, grossièrement dentées. *Haut.* 50 à 60 cent. Açores, 1851. Plante vivace, frutescente. Serre froide ou plates-bandes pendant l'été. (B. M. 4748 ; L. J. F. 271 ; F. d. S. 7, 729.)

C. vincæflora, Vent. — V. *Wahlenbergia gracilis.*

C. Waldsteiniana, Rœm. et Schult. * *Fl.* réunies par trois ou quatre au sommet de chaque tige, dont une est terminale et les autres insérées à l'aisselle des feuilles supérieures, toujours dressées ; corolle bleu violacé, campanulée. Juin. *Flles* grisâtres, sessiles, lancéolées, dentées ; les inférieures obtuses ; les supérieures longuement acuminées. Tiges dressées, flexueuses, raides, simples, nombreuses sur le même pied. *Haut.* 10 à 15 cent. Hongrie, 1824.

C. Wanneri, Rochel. Syn. de *Symphandra Wanneri.*

C. Zoysii, Wulf. * *Fl.* pédicellées, pendantes ; corolle bleu pâle, avec cinq lignes plus foncées, cylindrique, allongée. Juin. *Flles* entières ; les radicales rapprochées, pétiolées, ovales ou obovales, obtuses ; les caulinaires obovales, lancéolées et linéaires. Plante petite, touffue. *Haut.* 8 cent. Carniolie, 1813. — Rare petite espèce alpine, demandant une crevasse de rocaille ensoleillée et une terre légère, graveleuse.

CAMPANULACÉES. — Famille comprenant environ cinq cents espèces de plantes herbacées ou frutescentes, vivaces ou annuelles, dispersées sur toute la surface du globe. Fleurs hermaphrodites, régulières ; calice persistant, adhérant à l'ovaire, ordinairement à cinq divisions, parfois muni d'appendices réfléchis, alternes avec les lobes ; corolle insérée au sommet du tube du calice, tubuleuse ou campanulée, ordinairement à cinq lobes ; étamines cinq, libres ; style filiforme, couvert de poils collecteurs ; fruit capsulaire s'ouvrant par des fentes latérales ou par des pores au sommet. *Flles* alternes, quelquefois opposées, simples, sans stipules. Le genre *Campanula* est le plus connu dans les jardins ; les *Adenophora, Jasione, Phyteuma, Specularia, Trachelium* et *Wahlenbergia*, moins répandus, font également partie de cette famille. (S. M.)

CAMPANULÉ. — En forme de cloche.

CAMPANUMÆA, Blume. (dérivé de *Campanula*). Fam. *Campanulacées.* — Genre comprenant cinq ou six espèces de plantes vivaces, de serre froide, à racines tubéreuses, et à tiges herbacées, grimpantes, originaires de l'Asie orientale, de l'Himalaya et de la Malaisie. Fleurs solitaires, involucrées, axillaires ou terminales. Feuilles opposées, pétiolées, glaucescentes en dessous. Tige et branches arrondies, glabres. Ces plantes se plaisent dans une bonne terre franche siliceuse, additionnée d'un peu de terre de bruyère ; leur multiplication s'opère par semis et par divisions.

C. gracilis, — *Fl.* bleu pâle, à corolle membraneuse, tubuleuse à la base, dilatée et légèrement ouverte à la gorge, à limbe tronqué. *Flles* ovales, obtuses, longuement pétiolées. Himalaya. Syn. *Codonopsis gracilis.* (C. H. P. t. XVI, A.)

C. inflata. — *Fl.* jaunâtres, veinées de brunâtre, à corolle herbacée, ventrue ; pédoncules uniflores, opposés aux feuilles. *Flles* alternes, aiguës, ovales, cordiformes. Himalaya. (C. H. P., t. XVI, C.)

C. javanica. Blume. *Fl.* jaunâtres, veinées de brunâtre, à corolle herbacée, très largement campanulée, à cinq lobes étalés. *Flles* tantôt alternes, tantôt opposées, ovales, cordiformes, crénelées. Himalaya. (C. H. P. t. XVI, B.)

CAMPÊCHE (Bois de). — V. **Hæmatoxylon Campechianum.**

CAMPERNELLE. — V. **Narcissus odorus.**

CAMPHORA, Nees. — V. **Cinnamomum**, Blume.

CAMPHRIER de Bornéo. — V. **Dryobalanops aromatica.**

CAMPHRIER du Japon. — V. **Cinnamomum Camphora.**

CAMPSIDIUM, Seem. — V. **Tecoma**, Juss.

CAMPSIDIUM chilense. — V. **Tecoma valdiviana.**

CAMPTERIA, Presl. — V. **Pteris**, Linn.

CAMPTODIUM, Fée. — V. **Nephrodium**, L. C. Richard.

CAMPTOPUS, Hook. f. (de *kamptos*, courbé, et *pous*, pied ; les pédoncules sont récurvés). Fam. *Rubiacées.* — La seule espèce de ce genre est un curieux arbuste, à cultiver en serre chaude, humide ; Bentham et Hooker l'ont réuni au genre *Uragoga*, Linn. On le multiplie par boutures que l'on plante dans du sable, à chaud et sous cloches.

C. Mannii, — *Fl.* blanches, disposées en bouquets rameux, multiflores, sub-globuleux, pendants, sur de forts pédoncules écarlates, de 30 à 45 cent. de long. Été. *Flles* grandes, opposées, obovales ou obovales-lancéolées, glabres, coriaces ; nervure médiane épaisse, rouge sur la face inférieure. *Haut.* 5 m. Fernando-Po, 1863. (B. M. 5755.)

CAMPTOSORUS, Link. — V. **Scolopendrium**, Smith.

CAMPYLANTHERA, Hook. — V. **Pronaya**, Hügel.

CAMPYLANTHERA, Fraseri. — V. **Pronaya elegans**,

CAMPYLIA, Sweet. — Réunis aux **Pelargonium**, L'Her.

CAMPYLOBOTRYS, Less. — V. **Hoffmannia**, Swartz.

CAMPYLOCENTRUM, Benth. Syn. *Todaroa*, A. Rich.

Fam. *Orchidées*. — Genre comprenant environ quinze espèces d'Orchidées épiphytes, de serre chaude, originaires de l'Amérique tropicale. Fleurs petites, réunies en épis souvent distiques; sépales et pétales étroits, libres; labelle sessile à la base de la colonne et éperonné; colonne très courte. Feuilles distiques, souvent éparses, oblongues, linéaires ou arrondies. Tige quelquefois aphylle, dépourvue de pseudo-bulbe. Une seule espèce mérite d'être décrite dans cet ouvrage. Pour sa culture, V. **Angræcum**.

C. micranthum, — *Fl.* blanches, à sépales et pétales étalés au sommet; labelle bilobé, à éperon obtus, incurvé; épi unilatéral, multiflore, horizontal, plus court que les feuilles. Février. *Flles* de 4 cent. de long, oblongues, trinervées, obliques au sommet. Tige courte. Amérique tropicale, 1836. (B. R. 1772 sous le nom de *Angræcum micranthum*, Lindl.)

CAMPYLONEURON, Presl. — V. **Polypodium**, Linn.

CAMPYLONEURON rigidum. — V. **Polypodium lucidum**.

CANAL médullaire. — V. **Médullaire** (Système).

CANALA, Pohl. — V. **Spigelia**, Linn.

CANALICULÉ, Angl. Canaliculate, Channelled, Furrowed. — Qui est creusé longitudinalement en forme de gouttière. Se dit des feuilles, des pétioles, pédoncules, etc.

CANARIA, Linn. — V. **Canarina**, Linn.

CANARINA, Linn. (du nom du pays que ces plantes habitent). *Canaria* est une fausse orthographe de ce nom. Syn. *Pernettya*, Scop. Fam. *Campanulacées*. — Genre comprenant quelques espèces de belles plantes herbacées, vivaces, de serre froide. L'espèce ci-dessous se plaît dans un mélange de terre franche, de sable, de terreau de feuilles et terreau gras bien décomposé, en parties égales; les pots doivent être grands et le drainage parfait; lorsque la végétation commence, un peu plus de chaleur accélère considérablement le développement des fleurs. Les arrosements doivent être copieux pendant la période de végétation. Multiplication par divisions, en janvier, au moment du rempotage, ou par boutures que l'on plante en terre très légère et sur une chaleur de fond modérée.

C. campanula, Linn.* *Fl.* d'un jaune purpurin ou orangé, à nervures rouges; pendantes, solitaires au sommet des ramilles axillaires; corolle à six lobes, grande, campanulée. Janvier-mars. *Flles* opposées, sub-cordiformes, hastées, irrégulièrement dentées. *Haut.* 1 m. à 1 m. 30. Iles Canaries, 1696. (B. M. 444.)

CANARIUM, Linn. (de *Canari*, leur nom vulgaire en langue malaise). Syn. *Colophonia*, Comm. Fam. *Burséracées*. — Ce genre comprend environ cinquante espèces, presque toutes originaires de l'Asie tropicale; quelques-unes sont cependant indigènes en Afrique et dans les îles Mascareignes et une espèce habite l'Australie. Ce sont des arbres de serre chaude, à fleurs réunies en panicules axillaires; pétales ordinairement trois, valvaires ou légèrement imbriqués dans le bouton. Feuilles grandes, imparipennées. Pour leur culture, V. **Boswellia**.

C. commune, Linn. *Fl.* blanches, en glomérules presque sessiles, munis de bractées et réunis en panicule terminale. *Flles* à sept-neuf folioles longuement pétiolées, ovales, oblongues, courtement acuminées, entières. Indes. Le fruit est enveloppé d'une peau mince, vert olive; son noyau contient une amande comestible, analogue à la châtaigne et ne rancit pas; on l'emploie aussi à divers usages économiques. (B. M. 61.)

C. vitiense, A. Gray. *Fl.* blanc jaunâtre, petites, paniculées. *Fr.* noir bleuâtre. *Flles* pinnées, à cinq-sept folioles oblongues, elliptiques, obtuses. Iles Fiji, 1887. Petit arbre.

CANAUX résinifères, Angl. Turpentine vessels. — « Tubes qui se forment dans les interstices du tissu, et dans lesquels circulent la résine ou autres substances analogues; ces canaux sont fréquents dans les bois des Conifères. » (Lindley.)

CANAVALI. — V. **Canavalia**.

CANAVALIA, Adans. (de Canavali, nom d'une espèce au Malabar), s'écrit aussi *Canavali*. Fam. *Légumineuses*. — Genre comprenant environ douze espèces d'élégantes

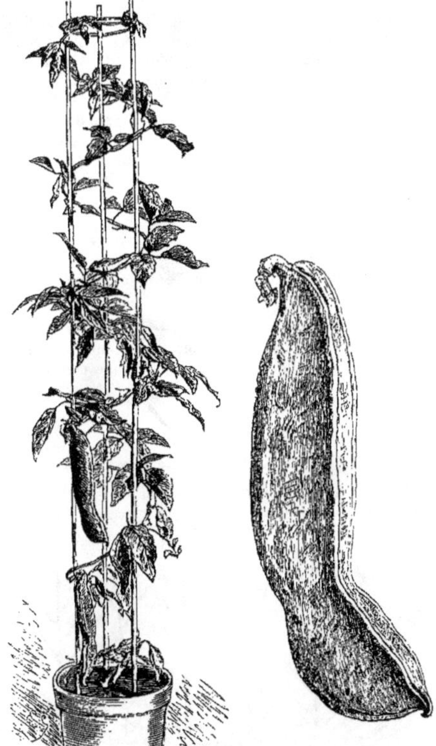

Fig. 598. — Canavalia Lunareti. (*Rev. Hort.*) Fruit.

plantes herbacées ou suffrutescentes, volubiles ou grimpantes, dispersées dans toutes les régions chaudes. Fleurs en grappes axillaires; calice campanulé, bilabié; corolle papilionacée. Feuilles trifoliées. Les *Canavalia* sont recommandables pour garnir les piliers et la charpente des serres chaudes ou tempérées; on les cultive parfois avec succès en plein air, pendant l'été, dans le midi de la France. Pour leur culture, V. **Dolichos**.

C. bonariensis, Lindl. *Fl.* purpurines, en grappes pendantes, plus longues que les feuilles. Juillet-août. *Flles* à folioles ovales, obtuses, coriaces, glabres. Buenos-Ayres. 1824. (B. R. 1199.)

C. ensiformis, DC. * *Fl.* blanc et rouge, en grappes pendantes, plus longues que les feuilles. Juin. *Flles* à folioles ovales, aiguës. Indes, 1790. Syn. *C. gladiata*, DC. (B. M. 4027.)

C. gladiata, DC. Syn. de *C. ensiformis*, Lour.

C. Lunareti, Carr. *Fl.* grandes, d'un beau rose carné. Eté. *Fr.* de 25 cent. de long, très épais, arqué, genouillé, fortement mucroné au sommet, caréné sur la suture; graines roses. *Flles* trifoliées, à folioles allongées, ovales, prolongées en pointe, glabres, de 12 à 15 cent. de long et 6 à 7 cent. de large. Japon. (R. H. 1881 f. 56-57).

C. obtusifolia, DC. *Fl.* purpurines. Juillet-août. *Flles* à folioles ovales, obtuses. Malabar, 1820.

CANBYA, Parry. (dédié à W. M. Canby, de Wilmington, Angleterre). Fam. *Papavéracées.*— Petit genre comprenant deux espèces originaires de l'Amérique septentrionale. Ce sont des herbes glabres, à fleurs composées d'un calice à trois sépales caducs et d'une corolle à six pétales persistants, à l'inverse de ceux de la plupart des Papavéracées; étamines six-neuf, à filets plus courts que les anthères. Le fruit est une capsule membraneuse, ovoïde, entourée des pétales devenus scarieux. Feuilles alternes, linéaires, très entières.

B. candida, — *Fl.* blanches, solitaires au sommet de pédoncules filiformes, axillaires. *Flles* alternes, linéaires, entières. *Haut.* 30 cent. environ. Terrains siliceux du sud-est de la Californie, 1876.

CANCELLÉ, Angl. Cancellate. — Se dit des parties d'une plante et notamment des feuilles dont le tissu est réduit aux nervures et paraît grillagé comme les feuilles de l'*Ouvirandra fenestralis*.

CANCHE. — V. **Aira.**

CANCHE bleuâtre. — V. **Molinia cærulea.**

CANCHE élégante. — V. **Aira pulchella.**

CANDÉLABRE (Forme en). — Méthode spéciale de dressage des arbres fruitiers en espaliers, notamment du Pêcher, dont la charpente se compose de deux branches principales, d'abord horizontales, puis dressées à angle droit. Elles donnent naissance sur leur longueur à d'autres branches secondaires, qui peuvent avoir une direction verticale, converger vers le centre ou s'entre-croiser; de là, les qualificatifs de candélabre à branches verticales, obliques, convergentes ou croisées. V. aussi **Forme** et **Dressage**. (S. M.)

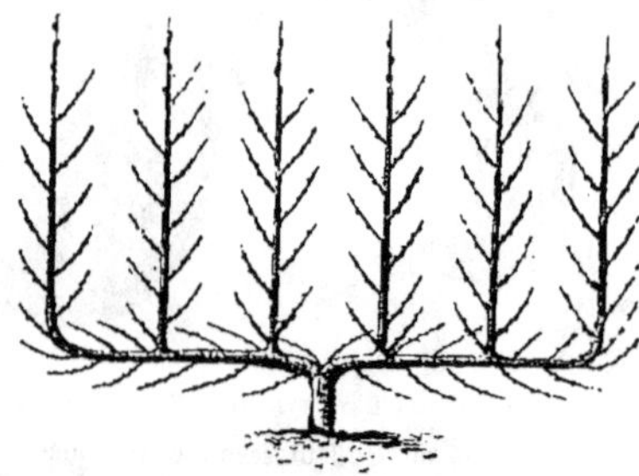

Fig. 599. — Pêcher en candélabre.

CANDOLLEA, Labill. pro parte (dédié à Augustin Pyramus de Candolle, professeur de botanique à Genève, auteur d'un grand nombre d'ouvrages de botanique). Syns. *Stylidium*, Swartz, et *Ventenatia*, Smith. Fam. *Dilléniacées*, tribu des *Candollées* que Bentham et Hooker ont élevée au rang de famille. — Genre comprenant quatre-vingt-sept espèces originaires de l'Australie, dont trois habitent l'Asie tropicale. Ce sont de jolis arbustes toujours verts, de serre froide. Fleurs jaunes, solitaires au sommet des rameaux; sépales cinq, mucronés, pétales cinq, libres, obovales ou obcordés; étamines réunies en cinq faisceaux de une à cinq chacun. Feuilles alternes, simples, entières, dépourvues de stipules. On cultive les *Candollea* dans un compost de terre franche et de terre de bruyère, en parties égales, et auquel on ajoute une quantité suffisante de sable, pour rendre le mélange bien poreux. Leur multiplication s'opère par boutures que l'on plante dans le même compost et sous cloches; on peut aussi les propager par graines, lorsqu'on peut s'en procurer.

C. cuneiformis, Labill. * *Fl.* jaunes. Juillet. *Flles* glabres, obovales, cunéiformes, entières, obtuses au sommet. Rameaux cendrés. *Haut.* 2. m. 30. Australie, 1824. (B. M. 2711.)

Fig. 600. — Candollea cuneiformis.

C. Huegelii, Benth. *Fl.* réunies au sommet des branches, parmi les feuilles, et courtement pédicellées; sépales acuminés, canescents à l'extérieur, plus longs que les pétales. Mai. *Flles* linéaires, très entières, velues lorsqu'elles sont jeunes. *Haut.* 2 m. Australie, 1837.

C. tetrandra, — *Fl.* jaunes, solitaires; pétales émarginés. Juin. *Flles* oblongues, cunéiformes, dentées. *Haut.* 2 m. 20. Australie, 1842. (B. R. 1843, 30.)

CANELLA, P. Browne. (diminutif de *canna*, roseau; allusion à l'écorce enroulée que l'on emploie comme parfum et condiment). **Cannellier.** Syn. *Winterana*, Linn. Fam. *Canellacées*. — Genre ne comprenant que deux espèces originaires des Antilles et du Brésil. L'espèce ci-dessous, la plus connue, est un bel arbre économique, de serre chaude, à feuilles persistantes et à fleurs réunies en panicules terminales. Il lui faut un mélange de terre franche et de sable. Multiplication en avril ou mai, par boutures bien aoûtées, que l'on coupe au-dessus d'un nœud et que l'on plante dans du sable, à chaud, sous cloches et sur une chaleur de fond; mais il ne faut supprimer aucune feuille. Sweet dit que les grosses boutures, faites avec du vieux bois sont les meilleures.

C. alba, Murr. ' *Fl.* violettes, petites, en bouquets terminaux, à pédoncules rameux. *Flles* alternes, obovales, cunéiformes à la base, blanches ou glauques en dessous, un peu coriaces, garnies de glandes pellucides. *Haut.* 5 m. Indes occidentales, 1735. (T. L. S. i. 8.) Syn. *Winterana*

Fig. 601. — CANELLA ALBA.

Canella. Linn. — L'arbre entier est très aromatique ; lorsqu'il est en fleurs, il parfume tout le voisinage. Son écorce constitue la Cannelle blanche du commerce. Ses fleurs séchées, puis infusées, dégagent un parfum approchant celui du musc. Ses feuilles ont une forte odeur de Laurier.

CANELLACÉES. — Petite famille comprenant quelques arbustes aromatiques, originaires des Indes occidentales et de l'Amérique tropicale. Ils sont voisins des Bixinées, dont ils ne diffèrent guère que par leurs graines à albumen plus ferme et à embryon plus petit. Les genres *Canella*, *Cinnamodendron* et *Cinnamosma*, constituent cette famille.

CANESCENT, ANGL. Hoary. — Se dit des surfaces rendues blanchâtres par la présence de poils soyeux plus ou moins appliqués.

CANICIDIA, Schreb. — V. **Rourea**. Aubl.

CANISTRUM, E. Morren. — Réunis aux **Æchmea**, Ruiz. et Pav.

CANNA, Linn. (de l'hébreu *canch*, nom générique du Roseau et de tout végétal à tige creuse. « E. Fournier »). **Balisier**; ANGL. Indian Shot. FAM. *Zingibéracées*. — Genre comprenant près de trente espèces toutes originaires de l'Amérique tropicale ou sub-tropicale. Ce sont des plantes vivaces, herbacées, de serre chaude ou demi-rustiques, rhizomateuses, très employées pour l'ornement estival des jardins. Leurs fleurs, très curieusement conformées, sont disposées en épi terminal, simple ou rameux, sessiles, solitaires ou géminées à l'aisselle de bractées. Elles se composent de trois expansions foliacées qui représentent un calice et de trois divisions internes, inégales, pétaloïdes et colorées, légèrement soudées à la base ; plus au centre, se trouvent d'autres organes pétaloïdes, au nombre de six ou plus, représentant les trois étamines transformées et dédoublées ; une de ces divisions porte sur le côté une anthère à une loge. Le fruit est une capsule globuleuse, couverte de tubercules papilleux et renfermant des graines rondes, noires, de la grosseur d'un petit pois et très dures. Les feuilles sont grandes, entières, alternes, engainantes, vertes ou purpurines.

Peu de plantes poussent avec plus de vigueur et se cultivent plus facilement que les Balisiers. On peut se procurer des graines de la plupart des belles variétés ornementales chez les bons marchands grainiers. Le semis doit en être fait en février-mars, sur couche

Fig. 602. — CANNA FLACCIDA. (*Rev. Hort.*)
Pétales détachés et coupe transversale du fruit.

chaude. Afin de hâter la germination, on peut les faire tremper pendant vingt-quatre heures dans de l'eau tiède. La meilleure terre est un compost de terreau de feuilles et de sable ; on emploie des terrines dans lesquelles on place les graines assez clair; 4 à 5 cent. de profondeur ne sont pas exagérés. Comme les racines des *Canna* sont fragiles lorsque les plants sont jeunes, il est préférable de semer les graines séparément dans des godets; par ce moyen, on conserve toutes leurs racines intactes et on évite ainsi la difficulté de reprise que l'arrachage et le rempotage leur font éprouver. Lorsqu'on n'opère pas ainsi, il faut les rempoter dans des pots de 8 cent. de diamètre, dès qu'ils ont développé leurs deux premières feuilles.

Un mélange en parties égales de terreau gras, de terre franche, de sable et d'un peu de terre de bruyère est un excellent compost pour leur culture, car la terre ne saurait être trop fertile et trop poreuse. Tant que les plants sont jeunes, on les tient sur couche ou sur une chaleur de fond dont la température se maintient à environ 16 deg., puis, on les rempote au fur et à mesure des besoins. Bien traités, leurs racines garniront des pots de 15 cent. vers le milieu ou la fin de mai. Leur mise en pleine terre ne doit avoir lieu que dans la première quinzaine de juin. On choisit autant que cela est possible un endroit chaud et abrité, qu'on laboure et fume convenablement ; on espace les pieds de 50 à 80 cent., selon la vigueur des espèces; on garnit ensuite le sol d'un bon paillis de fumier gras. Copieusement arrosés pendant les chaleurs, ils développent vigoureusement leur beau feuillage et fleurissent plus ou moins abondamment selon la nature des variétés, pendant la fin de l'été et tout l'automne.

Les Balisiers peuvent aussi être cultivés en pots, pour l'ornement des serres, des terrasses et des appartements. Pour cet usage, on les rempote dans des pots de 20 à 30 cent. garnis de terre très fertile, et on les tient en serre ou sur une vieille couche jusqu'au moment de leur emploi. De fréquents arrosements à l'engrais liquide augmentent considérablement leur vigueur.

On propage aussi fréquemment les *Canna* par division des touffes ; leurs rhizomes épais et charnus ont une certaine analogie avec ceux des Iris d'Allemagne ; chaque partie munie d'un bourgeon au sommet et de quelques racines, peut former une plante indépendante. La meilleure manière de procéder consiste à diviser les touffes au commencement du printemps, de planter de suite les éclats dans des pots de 10 cent., et de placer ceux-ci sur une couche dont la température est d'environ 15 deg. ; ils ne tardent pas alors à émettre des racines et forment rapidement de jeunes plantes. On peut cependant les propager par division sans le secours d'une couche ; il n'est pas non plus indispensable de les rempoter, lorsqu'on en cultive une grande quantité ; on divise les touffes en quelques éclats assez forts, qu'on place pendant quelques jours sous un châssis ou sur les tablettes d'une serre où ils se mettront en végétation, et on les met en place, comme il est dit ci-dessus.

A l'automne, lorsque les premières gelées blanches ont roussi le feuillage, mais le plus tard possible pour que les rhizomes soient bien mûrs, on coupe les tiges un peu au-dessus de terre, et on arrache les touffes sans les débarrasser entièrement de la terre qui adhère aux rhizomes. On les rentre ensuite dans un endroit sain et à l'abri des gelées, dans une orangerie, sous les gradins ou tablettes d'une serre froide, etc., où on les recouvre d'un peu de terre sèche. Dans les endroits abrités et dont le sol est très sain, on peut les laisser passer l'hiver en pleine terre, en ayant soin de les couvrir d'au moins 30 cent. de feuilles ou de litière sèche, par-dessus laquelle on place les tiges qu'on a coupées au préalable ; l'essentiel est que ni la gelée ni l'humidité n'atteignent les racines ; il convient aussi de tenir compte de la rusticité des espèces ou variétés. Toutefois, dans les localités exposées et dont le sol est humide, il faut les arracher et les hiverner comme il est dit ci-dessous, si on ne veut pas s'exposer à les perdre. Certaines plantes décrites ci-dessous ne sauraient être considérées comme espèces, ce sont simplement les types les plus anciens qui ont concouru à la production des hybrides ; quelques variétés dont la descendance est connue figurent également à côté de leurs parents.

C. Achiras variegata, Hort. * *Fl.* rouge foncé. Août. *Flles* vert tendre, striées de blanc et de jaune. Pousse mieux en serre qu'en plein air.

Fig. 603. — Canna Bihorelli.

C. Annæi, — * *Fl.* saumon, grandes, de belle forme. Juin. *Flles* grandes, vertes, glaucescentes, ovales, aiguës, de 60 cent. de long et 25 cent. de large. Tiges vigoureuses, raides, vert de mer. *Haut.* 2 m. (R. H. 1861, 470.) — Il existe plusieurs variétés de cette espèce ; les plus recommandables sont :

C. A. discolor, Hort. * *Fl.* jaune rosé, petites, peu nombreuses. Fin de l'été. *Flles* lancéolées, dressées, rouge clair, de 75 cent. de long et 25 cent. de large. Tige rouge foncé. *Haut.* 1 m. à 1 m. 50.

C. A. fulgida, — * *Fl.* rouge orangé, grandes, bien ouvertes. *Flles* de 50 cent. de long et 15 cent. de large, dressées, pourpre foncé. Tiges petites, rouge foncé. *Haut.* 1 m. à 1 m. 50.

C. A. rosea, — * *Fl.* rose carminé, petites, peu nombreuses. Fin de l'été. *Flles* de 60 cent. de long, très étroites, pointues, dressées. Tiges vert foncé, rougeâtres à la base, nombreuses. *Haut.* 1 m. 50.

C. aurantiaca, Rosc. *Fl.* à segments roses à l'extérieur, rougeâtres à l'intérieur ; division interne supérieure orange, l'inférieure jaune, pointillé d'orangé. *Flles* grandes, largement lancéolées, vert pâle, légèrement ondulées sur les bords. *Haut.* 2 m., Brésil, 1824.

C. Bihorelli — * *Fl.* cramoisi foncé, nombreuses sur de longs épis rameux. *Flles* rouges en se développant, devenant bronze foncé par la suite. *Haut.* 1 m. 80 à 2 m. Espèce des plus recommandables.

C. discolor, Lindl. * *Fl.* rouges. *Flles* très grandes, larges, ovales-oblongues ; les inférieures teintées de rouge sang ; les supérieures rayées de pourpre. Tiges épaisses, rougeâtres. *Haut.* 1 m. 80. Amérique du Sud, 1872. (B. R. 1231.)

C. edulis, Ker. Canna comestible. — *Fl.* grandes, à segments extérieurs pourpres, les intérieurs jaunâtres. *Flles* largement ovales, lancéolées, vertes, nuancées de marron. Tiges nuancées de pourpre foncé. *Haut.* 1 m. 80 à 2 m. 10. Pérou, 1820. (B. R. 775; B. M. 2498.)

C. expansa-rubra, — * *Fl.* grandes, à segments arrondis, pourpre tendre. *Flles* très grandes, dépassant quelquefois 1 m. 20 de long et 60 cent. de large, ovales, obtuses, divergentes horizontalement, rouge foncé. Tiges nombreuses, très épaisses. *Haut.* 1 m. 20 à 1 m. 80.

C. flaccida, Rosc. *Fl.* jaunes, très grandes, rappelant un peu celles de l'*Iris pseudo-acorus*. *Flles* ovales, lancéolées, dressées. *Haut.* 75 cent. Amérique du Sud, 1788. (L. B. C. 562.)

C. gigantea, Desf. * *Fl.* grandes, très ornementales, à segments extérieurs rouge orangé, les intérieurs rouge pourpre foncé. Été. *Flles* d'environ 60 cent. de long, à pétioles couverts d'un duvet velouté. *Haut.* 1 m. 80. Amérique du Sud, 1788. (B. R. 206; R. L. 6, 331; B. M. 2316.)

C. indica, Linn. * Canne d'Inde, Angl. Indian Reed. — *Fl.* assez grandes, irrégulières; épis dressés, à divisions jaune

Fig. 604. — Canna indica.

clair et rouge carmin. Été. *Flles* grandes, alternes, ovales-lancéolées. *Haut.* 1 m. à 1 m. 80. Antilles, 1570. (B. M. 454; R. L. 4, 201.)

C. i. Bertini, Carr. *Fl.* rouge cramoisi foncé, très grandes, en panicule spiciforme. *Flles* étroitement ovales, d'un beau vert pâle. *Haut.* 60 à 80 cent. Variété horticole. 1889.

C. insignis, — *Fl.* rouge orangé, petites, peu nombreuses. *Flles* ovales, étalées horizontalement, vertes, striées et marginées de pourpre rougeâtre. Tiges violettes, duveteuses. *Haut.* 1 m. à 1 m. 50.

C. iridiflora, Rinz. et Pav. *Fl.* carmin vif, maculées de jaune sur le pétale interne; épis légèrement pendants, sortant par groupes d'un même spathe. Été. *Flles* largement ovales, acuminées. — Espèce de serre tempérée, à souche dépourvue de rhizomes et demandant à être continuellement en végétation. *Haut.* 2 m. à 2 m. 50. Pérou, 1816. (B. R. 609; F. d. S. 1360. B. H. 7, 31; R. H. 1860, 111.)

C. i. hybrida, — *Fl.* rouge sang, très grandes, ne se développant convenablement qu'en serre. *Flles* vertes, très grandes. Tiges vertes, duveteuses, à peine rougeâtres. *Haut.* 2 m. à 2 m. 50.

C. liliiflora, Warscz. *Fl.* blanches, de 10 à 12 cent. de long, à odeur de Chèvrefeuille, en grappe courte, terminale; périanthe tubuleux; les trois lobes extérieurs pétaloïdes, linéaires, oblongs, convolutés, réfléchis, teintés de vert; les trois intérieurs droits, étendus, à la fin récurvés, teintés de vert jaunâtre. *Flles* analogues à celles des *Musa*, oblongues, acuminées. Tiges fortes, dressées. Souche dépourvue de rhizomes. *Haut.* 1 m. 50 à 3 m. (F. d. S. 1055-6; R. H. 1884, 132). — Magnifique plante de serre tempérée, mais difficile à conserver car elle a besoin d'être continuellement en végétation.

C. limbata, Rosc. * *Fl.* rouge jaunâtre, disposées en longs épis lâches; spathes glauques. *Flles* oblongues-lancéolées, aiguës. *Haut.* 1 m. Patrie incertaine, 1818. (B. R. 1871.)

C. l. major, — *Fl.* grandes, rouge orangé. *Flles* grandes, lancéolées, de 75 cent. de long et 20 cent. de large, étalées, vert foncé. Tiges duveteuses. *Haut.* 1 m. 50 à 2 m.

C. nigricans, — * *Flles* rouge cuivré, lancéolées, acuminées, dressées, de 75 cent. de long et 25 à 30 cent. de large. Tiges rouge pourpre. *Haut.* 1 m. 30 à 2 m. 40. Une des plus belles espèces. — Le *C. atro-nigricans*, a des feuilles d'un beau pourpre, devenant rouge foncé, plus accentué que dans le type.

C. Rendatleri, — *Fl.* rouge saumoné, nombreuses, grandes. *Flles* très aiguës, vert foncé, teintées de rouge foncé. Tiges rouge pourpre. *Haut.* 1 m. 80 à 2 m. 50.

C. speciosa, Rosc. * *Fl.* sessiles, disposées par paires; pétales deux, dressés, bifides; pétale interne maculé et révoluté. Août. *Flles* lancéolées. *Haut.* 1 m. Népaul, 1820. (B. M. 2317.)

C. Van Houttei, — * *Fl.* écarlate brillant, grandes, très abondantes. *Flles* lancéolées, de 60 à 75 cent. de long, acuminées, vertes, rayées et marginées de rouge pourpre.

C. Warscewiczii, Dietz. * *Fl.* à segments intérieurs écarlate tendre, les extérieurs purpurins. *Flles* ovales, elliptiques, rétrécies aux deux extrémités, fortement teintées de rouge pourpre foncé. *Haut.* 1 m. Costa-Rica. 1849. (B. H. 2, 48; B. M. 4854.) — Il existe plusieurs variétés de cette espèce; les plus recommandables sont : *Chatei*, *flles* très grandes, rouge foncé; *nobilis*, *flles* vert foncé, striées et marginées de rouge foncé.

C. zebrina, — * *Fl.* orangées, petites. *Flles* très grandes, ovales, dressées, vert foncé, devenant rouge foncé, striées de pourpre violacé. Tiges rouge violacé foncé. *Haut.* 2 m. à 2 m. 50.

« Comme pour la plupart des plantes les plus employées pour l'ornementation des jardins, les fleuristes ont obtenu par l'hybridation et par le semis, un grand nombre de variétés qui l'emportent sur les types par leur vigueur, l'ampleur et la belle coloration de leur feuillage et principalement par leurs fleurs beaucoup plus grandes et plus abondantes. Les perfectionnements ont été si sensibles en ce sens, pendant ces dernières années, que l'on possède aujourd'hui un certain nombre de variétés réellement florifères. Comme les fleurs des *Canna* sont à la fois curieusement conformées et excessivement élégantes, ces derniers gains sont des plus précieux; nous ne croyons pas exagérer en disant que d'ici quelques années, les plus anciennes variétés devront céder le pas à leurs cadettes, car elles unissent un beau feuillage à une abondante floraison et sont ainsi bien plus ornementales.

« Nous donnons ci-dessous une liste des meilleures variétés de *Canna* choisies dans l'importante collection de la maison Vilmorin-Andrieux et Cie. » (S. M.)

CANNAS A FEUILLAGE

Verts.

Antonin Crozy, *fl.* nombreuses, très grandes, rouge, carmin vif, très florifère; *haut.* 1 m. 50.

Auguste Ferrier, *fl.* rouge orangé, moyennes; *flles* striées et marginées de pourpre; *haut.* 2 m. 20.

Caprice, *fl.* grandes, capucine saumoné; très florifère; *haut.* 1 m. 60.

Capucine, *fl.* rouge capucine; florifère; *haut.* 1 m. 60.

Daniel Hooibrenk, *fl.* grandes, très abondantes, jaune orangé vif; *flles* bronzées sur les bords; *haut.* 2 m.

Député Hénon, *fl.* grandes, jaune canari pur, jaunâtres à la base; épis nombreux; *haut.* 1 m. 30.

Dominateur, *fl.* rouge, très grandes; extra-florifère; *haut.* 1 m.

Epis d'or, *fl.* très grandes, jaune d'or foncé, en épis longs et nombreux; florifère; *haut.* 1 m.

Grandiflora picta, *fl.* jaune grenade, piquetées et panachées de rouge capucine; *flles* glauques, pointues; très florifère; *haut.* 1 m. 50. (R. H. 1885, 396.)

Guillaume Coslou, *fl.* grandes, jaunes, fortement piquetées de rouge capucine; très florifère; *haut.* 1 m. (R. G. 1303.)

Jules Chrétien, *fl.* d'un beau pourpre, à longs pétales, en épis grands et serrés; *flles* vert foncé, glauques; plante très vigoureuse; *haut.* 80 cent.

Louis Thibaut, *fl.* rouge nuancé saumon, épis compacts; florifère; *haut.* 1 m. (Gn. 1889, 690).

Lutea splendens, *fl.* très grandes, jaune canari, tacheté de marron clair; *haut.* 1 m. 30.

Petite Jeanne, *fl.* rouge garance bordé jaune, grandes, en épis nombreux, très original; *haut.* 60 cent.

Prémices de Nice, *fl.* jaunes, très grandes; *flles* vertes.

Profusion, *fl.* grandes, jaune tigré; *haut.* 1 m.

Tom-Pouce, *fl.* moyennes, rouge cocciné; très florifère; *haut.* 80 cent.

C. rosæflora, *fl.* d'un beau rouge magenta, en épis compacts; florifère; *haut.* 1 m. 30. (R. H. 1885, p. 396.)

Pourpres et bronzés.

Abel Carrière, *fl.* très grandes, à pétales arrondis, d'un beau rouge brillant; *flles* pourpre foncé; *haut.* 1 m. 20.

Antoine Chantin, *fl.* grandes, à pétales arrondis, cerise saumoné, très multiflore; *haut.* 1 m.

Edouard André, *fl.* rouge éclatant, en épis compacts, dressés; *flles* bronzées; *haut.* 1 m.

Enfant de Cahors, *fl.* orangées; *flles* rouge brun; très florifère; *haut.* 1 m. 50.

Général Négrier, *fl.* grandes, pourpre grenat, en épis nombreux; *flles* pourpres; très florifère; *haut.* 1 m.

Geoffroy Saint-Hilaire, *fl.* très grandes, groupées, rouge capucine très vif, en énormes épis serrés; *flles* lancéolées, érigées, pourpre foncé; variété précieuse pour isoler; *haut.* 2 m.

Maréchal Vaillant, *fl.* saumon; *flles* vert violacé, florifère; *haut.* 1 m. 50.

Metallica, *flles* pourpre cuivré; excellente variété à feuillage; *haut.* 2 m. 30.

Paul Bert, *fl.* grandes, à pétales arrondis, rouge capucine saumoné, en épis compacts; *flles* pourpre foncé, à reflets violacés; plante vigoureuse, extra.; *haut.* 80 cent.

Président Faivre, *flles* pourpre très foncé, très abondantes; variété à feuillage le plus fourni de tous les Cannas; *haut.* 1 m. 50.

Princesse de Lusignan, *fl.* grandes, d'un beau coloris capucine très vif, en épis nombreux et grands; *flles* vert foncé; superbe variété; *haut.* 1 m. 30.

Purpurea spectabilis, *flles* pourpre violacé, zébrées; *haut.* 2 m.

Souvenir de Barillet Deschamps, *fl.* grandes, rouge vif; *flles* pourpre nuancé; florifère; *haut.* 1 m. 50.

Sabot nain, *flles* pourpres, le plus nain de tous les Cannas; excellente variété pour border les grands massifs; *haut.* 50 cent.

Warscewiczioides, *fl.* rouge vif; *flles* vert violacé, zébrées; très florifère; *haut.* 1 m. 60.

Victor Hugo, *fl.* grandes, à pétales arrondis, orangé foncé, en épis compacts; *flles* épaisses, vert sombre, violacées sur les bords. (R. G. 1889, 1903, f. 1; Gn. 1889, part. 1, 690.)

CANNAS FLORIFÈRES

Bonne Étoile, plante vigoureuse et compacte; *flles* vert foncé, amples; *fl.* très grandes, à larges divisions écarlates, finement bordées de jaune; *haut.* 80 cent.

Comte Horace de Choiseul, plante vigoureuse, tiges nombreuses; *fl.* grandes, larges, pétales arrondis, belle couleur cerise pourpre; *haut.* 80 cent.

Diomède, forte plante à port dressé, ferme; *flles* verte amples; *fl.* à divisions larges, d'un jaune d'or moucheté de carmin sur les divisions inférieures; *haut.* 1 m.

Duc de Mortemart, plante vigoureuse; *flles* arrondies, vert foncé, épis nombreux, compacts; *fl.* grandes, à larges pétales arrondis, beau jaune foncé, tout piqueté carmin; *haut.* 1 m.

Edouard Michel, *flles* vertes; *fl.* grandes, orange pur; plante vigoureuse; *haut.* 1 m.

François Corbin, *flles* lancéolées, vert foncé; épis forts, nombreux; *fl.* assez grandes, beau jaune canari, flammé et ponctué carmin vif; *haut.* 1 m. 20.

Françoise Crozy, *flles* vertes; épis nombreux; *fl.* grandes, à larges pétales arrondis, orange pur; plante vigoureuse; *haut.* 1 m.

Georges d'Harcourt, *flles* vertes, arrondies; épis forts et compacts; *fl.* grandes, rondes, beau jaune d'or, totalement piqueté de marron vif; plante vigoureuse; *haut.* 80 cent.

Gloire d'Empel, plante superbe; *flles* brunes bien colorées; *fl.* d'un rouge écarlate des plus intenses, grandes, larges et nombreuses; *haut.* 1 m. 10, variété hors ligne.

Ingénieur Alphand, plante vigoureuse; *flles* pourpres; épis nombreux; *fl.* grandes, pétales larges, arrondis, rouge carmin; *haut.* 1 m. 20.

Isaac Casati, *flles* érigées, pointues, pourpres; très forts épis, grands pétales longs, assez larges, garance pourpré, plus clair sur les bords; plante vigoureuse; *haut.* 80 cent.

Jacquemet Bonnefond, plante vigoureuse; *flles* pourprées; *fl.* très grandes, orange saumoné; *haut.* 1 m.

Lohengrin, plante touffue, à port érigé; *flles* vertes; forts épis de grande fleurs de couleur abricotée passant au rose saumoné; *haut.* 80 cent.

Louis de Mérode, plante très vigoureuse; *flles* vertes, bordées pourpre; tiges nombreuses; épis forts; *fl.* grandes, larges pétales arrondis, amarante clair; *haut.* 1 m. 20.

Maurice Rivoire, *flles* pourpres, dressées; *fl.* grandes, larges pétales arrondis, cerise foncé; plante vigoureuse; *haut.* 1 m. 20.

Mme Crozy, plante robuste; *flles* vertes, compactes, épis nombreux; *fl.* très grandes, écarlates, irrégulièrement marginées de jaune d'or, division interne tigrée d'or; plante unique; *haut.* 80 cent. (R. H. 1889, 420.)

Météore, *flles* vertes, très amples; épi très fourni; *fl.* grandes écarlate cuivré; *haut.* 1 m. 20.

M. Henry L. de Vilmorin, *flles* vertes, érigées; épis forts et nombreux; *fl.* grandes, riche coloris feu se fondant en jaune sur les bords, à grand centre feu; plante vigoureuse; *haut.* 80 cent.

M. Cleveland, plante vigoureuse, à beau feuillage, assez large, compact; épis nombreux; *fl.* grandes, pétales arrondis, cinabre clair; *haut.* 1 m.

M. Laforcade, *flles* pourpres à reflets; épis nombreux; *fl.* grandes, pétales arrondis, rouge groseille; plante vigoureuse; *haut.* 1 m.

M. Lefebvre, plante vigoureuse; *flles* érigées, pourpre veiné; épis forts et nombreux: *fl.* grandes, arrondies, cerise carminé, pointillées plus foncé; *haut.* 1 m.

Michel Coulouvrat, *flles* pourpre foncé; *fl.* grandes, larges pétales arrondis, riche coloris vermillon clair; plante vigoureuse; *haut.* 1 m.

Président Carnot, *flles* érigées, belle nuance pourpre foncé; épis nombreux; *fl.* grandes, larges pétales arrondis, riche nuance cinabre carminé, légèrement piqueté de carmin; plante vigoureuse; *haut.* 1 m.

Président Hardy, *flles* vert foncé; épis très allongés et beau jaune clair fortement pointillé et ligné de carmin; *haut.* 80 cent.

The Garden, plante vigoureuse; *flles* vertes, épis nombreux; *fl.* grandes, larges pétales jaune picté et ligné cerise, extra; *haut.* 1 m.

Trocadéro, plante vigoureuse; *flles* vertes, lancéolées; *fl.* grandes, pétales ronds, rouge coccinė, extra; *haut.* 1 m. 30.

Ulrich Brunner, plante dressée; *flles* vert glauque, ovales, aiguës; *fl.* très grandes, d'un beau rouge écarlate brillant, abondantes et en grands épis dressés; *haut.* 2 m. (R. H. 1887, 84.)

Fig. 605. — Cannas florifères.

compacts; *fl.* grandes, nombreuses, saumon clair plus foncé au centre; plante vigoureuse; *haut.* 1 m.

Princesse de Brancovan, plante vigoureuse; *flles* vertes; épis nombreux; *fl.* grandes, pétales ronds, belle couleur cinabre bordé jaune d'or: *haut.* 1 m.

Professeur David, feuillage vert foncé; épis forts et nombreux; *fl.* grandes, pétales arrondis, rouge minium lavé, mordoré, bordé et tacheté de jaune vieil or; plante vigoureuse, extra-florifère: *haut.* 1 m. 20.

Professeur Charguerand, plante vigoureuse; *flles* vertes, lancéolées; *fl.* grandes, larges pétales cramoisi vif; *haut.* 1 m.

Quasimodo, plante extrêmement trapue et vigoureuse: *flles* vertes; *fl.* très grandes, à larges divisions vermillon bordées jaune; *haut.* 80 cent

Secrétaire Nicolas, *flles* vertes, compactes; *fl.* grandes, larges pétales arrondis, rouge minium vif; plante vigoureuse; *haut.* 80 cent.

Souvenir de François Gaulin, plante vigoureuse: *flles* vertes, épis nombreux; *fl.* grandes, pétales larges, arrondis,

CANNABINÉES. — Cette famille, dont le *Chanvre* (*Cannabis*) est le type, est maintenant réunie aux **Urticées.**

CANNABIS, Linn. (Ce mot vient du sanscrit *cana*, Chanvre; en arabe, *ganeb.* « E. Fournier ».) **Chanvre**; Angl. Hemp. Fam. *Urticées.* — Ce genre ne comprend qu'une espèce originaire de l'Asie centrale, mais cultivée dans presque tous les pays, pour ses précieuses qualités textiles; ses graines, nommées chènevis, servent aussi d'aliment pour les oiseaux de cage. Fleurs dioïques; les mâles en grappes axillaires, au sommet des tiges; les femelles en glomérules courtement pédonculés, à l'aisselle des feuilles supérieures. Graine complètement entourée par deux bractées sub-ligneuses que l'on considère comme le calice ou deux stipules soudées. Feuilles digitées, à sept lobes lancéolés, dentés. Tout terrain frais convient à la culture du Chanvre; on le propage par graines que l'on sème au printemps.

C. sativa, Linn. Chanvre commun. — *Fl.* verdâtres. Juin. *Flles* longuement pétiolées, digitées, à cinq-sept lobes allongés, lancéolés, acuminés, dentés en scie. *Haut.* 1 m. 30 à

Pied mâle. Pied femelle.

Fig. 606. — CANNABIS SATIVA.

3 m. et même 6 m. Indes, etc. Il existe plusieurs variétés différant par la qualité de leurs fibres. Le chanvre peut trouver sa place dans les jardins pour former des rideaux servant à cacher les endroits peu agréables à la vue.

CANNE de Provence. — V. **Arundo Donax.**

CANNE à sucre. — V. **Saccharum officinarum.**

CANNEBERGE. — V. **Oxycoccos palustris.**

CANNELÉ. — Dont la surface est plus ou moins profondément sillonnée longitudinalement.

CANNELLIER. — V. **Canella alba.**

CANSCORA, Lamk. (de *Kansjan-Cora*, non malabar du *C. perfoliata*, non introduit dans les cultures). SYNS. *Cobamba*, Blanco. et *Pladera*, Soland. Comprend les *Phyllocyclus*, Kurz. FAM. *Gentianées*. — Genre comprenant environ quinze espèces originaires de l'Afrique tropicale, des Indes orientales, de l'Archipel malais et de l'Australie tropicale. Ce sont de petites plantes herbacées, annuelles, simples ou rameuses, de serre chaude ou tempérée. Fleurs pédonculées ou sub-sessiles; corolle infundibuliforme, à limbe irrégulier, à quatre divisions; les deux inférieures soudées sur une certaine longueur; les deux supérieures égales. Feuilles opposées, sessiles ou amplexicaules. Tiges tétragones. Le *C. Parishii* se cultive comme les **Balsamines**; il se plaît particulièrement dans un sol calcaire ou celui dans lequel on a ajouté des plâtras.

C. Parishii, *Fl.* blanches. *Flles* opposées et si parfaitement soudées qu'elles semblent n'être qu'une seule feuille orbiculaire, perfoliée. *Haut.* 60 cent. Moulmein, 1864. Serre froide. (B. M. 5420.)

CANTHARELLUS Cibarius. — **Chanterelle.**

CANTHARIDE (*Lyttavesicatoria*). — Genre de Coléoptère dont le corps est allongé, presque cylindrique, recouvert par deux élytres molles, vert doré brillant; le corselet est petit, de forme carrée; les antennes sont noires, plus longues que le corselet; la bouche est armée de deux mâchoires.

On rencontre assez fréquemment les Cantharides dans les parcs et les jardins,

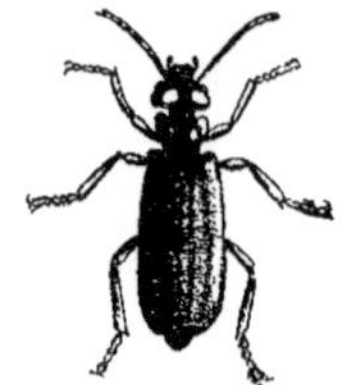

Fig. 607. — Cantharide.

sur les Frênes, les Lilas, les Troënes, etc., dont elles dévorent les feuilles; mais, dit Boisduval, « on les a vues, dans certaines années, se jeter sur les plantes basses et sur les céréales. Elles exhalent une très forte odeur de souris qu'il est imprudent de respirer ».

Lorsqu'elles sont abondantes au point de devenir nuisibles, on les chasse le matin, à la rosée, en étendant des toiles dans lesquelles on les fait tomber en secouant les branches; si on désire les conserver pour usage médical, on les plonge dans du vinaigre bouillant, et on les fait sécher. On sait que, réduites en poudre, elles constituent la poudre de Cantharides des officines, employée pour faire des vésicatoires. (S. M.)

CANTHIUM, Lamk. — V. **Plectronia**, Linn.

CANTUA, Juss. (de *Cantu*, nom péruvien d'une des espèces). SYN. *Periphragmos*, Ruiz. et Pav. FAM. *Polémoniacées*. — Genre comprenant six ou sept espèces originaires du Pérou et de la Bolivie. Ce sont de très jolis arbrisseaux dressés, rameux, toujours verts, de serre tempérée. Fleurs réunies en corymbes à l'extrémité des rameaux, ou plus rarement solitaires et axillaires; corolle tubuleuse, à limbe étalé; étamines et style exserts. Feuilles entières ou presque pinnatifides, alternes, pétiolées, elliptiques, acuminées ou oblongues-cunéiformes, glabres ou duveteuses sur les deux faces lorsqu'elles sont jeunes. Les *Cantua* sont faciles à cultiver dans un compost de terre franche fibreuse, de terreau de feuilles et de sable, avec un bon drainage. On les multiplie par boutures que l'on plante dans du sable, sous cloches et sur couche tiède. Les *C. buxifolia* et *C. pyrifolia* peuvent être livrés à la pleine terre pendant la belle saison, dans un endroit abrité; on les hiverne en serre.

C. bicolor, Lem. *Fl.* solitaires, terminales, pendantes; corolle à tube court, jaune; limbe écarlate. Mai. *Flles* de la tige découpées en un à trois lobes ovales ; celles des rameaux plus petites, entières, obovales. *Haut.* 1 m. 30. Pérou, 1846. (B. M. 4729.)

C. buxifolia, Lamk. * *Fl.* à corolle rouge pâle, droite, en entonnoir, à tube très long; disposées en corymbes terminaux, pauciflores, pendants; pédoncules tomenteux. Avril. *Flles* oblongues, cunéiformes, mucronulées, entières

Fig. 608. — Cantua buxifolia. (*Rev. Hort.*)

ou dentées. *Haut.* 1 m. 30. Andes du Pérou, 1849. — Plante très élégante, dont l'extrémité des rameaux, les calices et les jeunes feuilles sont duveteux. Syn. *C. dependens*, Pers. (B. M. 362 ; Gn. 1885, 509.)

C. dependens, Pers. Syn. de *C. buxifolia*, Lamk.

C. loxensis, Willd. Syn. de *C. pyrifolia*, Juss.

C. pyrifolia, Pers. * *Fl.* à corolle blanc jaunâtre, arquée ; étamines deux fois plus longues qu'elle ; corymbes terminaux, denses. Mars. *Flles* elliptiques ou obovales, aiguës, entières ou sinuées, dentées, *Haut.* 1 m. Pérou, 1846. (B. M. 4386.) Syn. *C. loxensis*, Willd.

CAOUTCHOUC. — Le produit de ce nom, si fréquemment employé dans l'industrie, est extrait de la sève concrétée et travaillée, de plusieurs arbres croissant dans les régions tropicales, notamment des *Castilloa elastica*, *Ficus elastica*, *Hevea guyanensis*, *Landolphia*, *Manihot*, etc.

CAOUTCHOUC des jardiniers. — V. **Ficus elastica.**

CAPANEA, Fl. d. Serres. — V. **Campanea**, Dcne.

CAPIA, Domb. — V. **Lapageria**, Ruiz. et Pav.

CAPILLAIRE, Angl. Capillary. — Se dit des organes, radicelles, pétioles, pédoncules, etc., fins comme des cheveux.

CAPILLAIRE. — Ce nom, suivi d'un qualificatif approprié, s'applique comme nom vulgaire à plusieurs espèces de Fougères principalement des genres *Adiantum* et *Asplenium* ; voici les principales :

C. blanc. — V. *Asplenium Ruta-muraria.*

C. commun. — V. *Adiantum Capillus-Veneris.*

C. du Canada. — V. *Adiantum pedatum.*

C. de Montpellier. — V. *Adiantum Capillus-Veneris.*

C. d'Ethiopie. — V. *Polypodium rhæticum.*

C. noir. — V. *Asplenium Adiantum nigrum.*

C. rouge. — V. *Asplenium trichomanes.*

CAPILLARITÉ. — Ce mot est ainsi défini dans *Les Fleurs de pleine de terre* : « Phénomène en vertu duquel les tubes ou vaisseaux capillaires et les substances poreuses jouissent de la propriété de provoquer l'ascension des liquides, et de les faire monter au-dessus de leur niveau. »

CAPITÉ, Angl. Capitate. — S'applique aux organes, fleurs, feuilles, etc., réunis en bouquets simulant un capitule, ou lorsqu'ils sont renflés au sommet, comme certains styles, poils, etc. (S. M.)

CAPITULE, Angl. Capitulum. — Réunion de fleurs sessiles sur un réceptacle commun, souvent entouré

Fig. 609. — Capitule de Centaurea Cyanus.

de bractées; les inflorescences des *Composées* et des *Dipsacées* sont des capitules. V. aussi **Composées.**

CAPITULÉ, Angl. Capitulate. — Réuni en capitule.

CAPNORCHIS, Planch. — V. **Dicentra**, Borkh.

CAPOT. — Sorte de petite couche sourde; pour le construire, on creuse une fosse dans laquelle on met quelques brouettées de fumier ou autre matière susceptible de produire de la chaleur; on les recouvre de 20 à 25 cent. de terre dans laquelle on plante des Courges, des Concombres, des Bananiers ou d'autres plantes ayant besoin de chaleur de fond pour pousser avec vigueur. (S. M.)

CAPPARIS, Linn. (de *kapparis*, ancien nom grec employé par Dioscorides, du mot perse *kabar*, câpre). **Câprier**; Angl. Caper-tree. Fam. *Capparidées*. — Genre

Fig. 610. — Capparis spinosa. (*Rev. Hort.*) — Rameau florifère, fruit, le même coupé transvers. et graines.

comprenant environ cent trente-cinq espèces de beaux arbustes toujours verts, de serre chaude ou tempérée, habitant toutes les régions tempérées et tropicales. Fleurs grandes, axillaires, solitaires ou fasciculées; calice à quatre ou très rarement cinq sépales égaux ou inégaux, valvaires ou imbriqués; pétales quatre; étamines nombreuses, à filets très longs. Fruit bacciforme. Feuilles alternes, parfois opposées, persistantes ou quelquefois caduques. Ces plantes se plaisent dans une bonne terre franche, bien drainée. Multiplication par boutures de rameaux aoûtés, que l'on plante dans

CAPPARIDÉES. — Famille comprenant environ trois cent cinquante espèces d'herbes ou d'arbustes répartis dans une trentaine de genres. Fleurs solitaires ou fasciculées; sépales quatre à huit, imbriqués ou valvaires; pétales quatre, cruciformes, quelquefois cinq ou huit, rarement absents. Feuilles alternes, très rarement opposées, munies ou dépourvues de stipules. Les Capparidées sont dispersées dans les régions tempérées, chaudes et tropicales des deux hémisphères; les espèces frutescentes sont abondantes en Amérique. Les genres les plus connus sont : *Capparis*, *Cleome*, *Cratæva*.

du sable, sous cloche et sur une chaleur de fond humide. Les boutons du *C. spinosa*, confits dans le vinaigre sont employés comme assaisonnement sous le nom de câpres. Ceux de quelques autres espèces servent. dans leur pays, au même usage. On ne connait guère dans les jardins que les espèces suivantes.

C. amygdalina, Lamk. * *Fl.* blanches, pédoncules axillaires, comprimés, disposés en corymbe. *Flles* elliptiques, oblongues, rétrécies aux deux extrémités et munies d'une callosité au sommet; face supérieure glabre; l'inférieure couverte, ainsi que les branches, de ponctuations argentées, écailleuses. *Haut.* 2 m. Indes occidentales, 1888. Serre chaude.

C. cynophallophora, Linn. *Fl.* blanches, grandes, odorantes; pédoncules pauciflores, plus courts que les feuilles. *Flles* glabres, coriaces, oblongues, courtement pétiolées. *Haut.* 2 m. 50 à 8 m. Indes occidentales, 1752. Serre chaude. (R. G. 1862, 351.)

C. heteroclita, Roxb. — V. *Mæxua oblongifolia*.

C. odoratissima, Jacq. *Fl.* violettes, odorantes, de la grandeur de celles du Myrte, à anthères jaunes; pédoncules racémifères au sommet. *Flles* oblongues, acuminées, longuement pétiolées, glabres sur la face supérieure, couvertes de petites écailles dures sur la face inférieure. *Haut.* 2 m. Caracas, 1814. Serre chaude.

C. spinosa, Linn. * Câprier commun. — *Fl.* blanches, grandes, teintées de rouge à l'extérieur; pédoncules solitaires, axillaires, uniflores. Juin. *Flles* ovales, arrondies, pétiolées, caduques, accompagnées de deux stipules épineuses. *Haut.* 1 m. Région méditerranéenne; France, etc. (B. M. 291.) — Excellent arbuste de serre froide, rustique, paraît-il, dans le sud de l'Angleterre; sous le climat parisien, il a besoin d'une épaisse couche de litière pour passer l'hiver en pleine terre, et encore faut-il qu'il soit planté au pied d'un mur ensoleillé. On connait une variété dépourvue d'épines (*inermis*), originaire des Baléares; son produit est moins estimé.

CAPRICORNE musqué, Angl. Musk-beetle. (*Aromia moschata*). Insecte d'assez grande taille, appartenant au groupe des Longicornes, dont le corps mesure de 20 à 30 mm. de longueur. Ses antennes ont onze articles et sont plus longues que le corps chez le mâle. On reconnait facilement ces scarabées à l'odeur de musc qu'ils dégagent (particularité qui leur a valu leur nom populaire), ainsi que par la couleur vert métallique de leur corps, passant au noir bleuâtre sur les antennes et sur les pattes. Ils peuvent produire un son en frottant l'écaille qui recouvre leur cou contre leur corselet.

Dans les localités où ces insectes sont communs, ils causent d'assez sérieux dommages aux vieux Saules, car leurs larves vivent pendant plusieurs années dans le tronc. Celles-ci peuvent atteindre plus de 2 cent. 1/2 de long et 8 mm. de diamètre; elles sont jaunâtres, avec des parties plus foncées, de forme un peu déprimée et élargie juste derrière la tête, d'où leur corps se rétrécit graduellement; les anneaux sont bien marqués par des rétrécissements. A l'aide de leurs puissantes mâchoires, ces larves rongent le bois et font souvent pourrir les arbres. Arrivées à leur complet développement, elles forment un cocon dans leurs galeries et s'y transforment en nymphes. L'insecte parfait éclôt en juillet-août; on le voit alors sur les branches des Saules, ou lorsqu'il fait beau, il vole autour des arbres.

Remèdes. — Il faut naturellement détruire l'insecte parfait chaque fois qu'on le trouve; quant aux larves, on peut en tuer un certain nombre en enfonçant un fil de fer pointu dans leurs galeries, ou en injectant celles-ci de pétrole ou d'autre insecticide à l'aide d'une seringue. Lorsque les arbres sont par trop fortement labourés, le mieux est de les abattre et de brûler le bois, afin de tout détruire.

CAPRIER. — V. **Capparis.**

CAPRIER commun. — V. **Capparis spinosa.**

CAPRIER (faux). — V. **Zygophyllum fabago.**

CAPRIFICATION — (de *Caprifiguier*, Figuier sauvage des anciens). — Procédé qui consiste à hâter la maturation des figues. La caprification naturelle est due à la piqûre des Cynips; c'est à la connaissance fort ancienne de cette particularité, qu'on doit d'avoir songé à la pratiquer artificiellement. Le procédé consiste à piquer ou à enduire d'une huile quelconque l'œil des figues; le résultat en est incontestable. Quant à l'action physiologique de cette opération, elle ne rentre pas dans le cadre de cet ouvrage, les lecteurs intéressés pourront consulter les travaux de Gasparini, insérés dans les comptes rendus de l'Académie de Naples, 1845 et 1848, et « Atti dell Academia Pontamiana », 1863. (S. M.)

CAPRIFOLIACÉES. — Famille renfermant environ deux cent vingt espèces réparties dans quatorze genres, dont la plupart habitent l'hémisphère boréal; quelques-unes seulement se rencontrent dans l'Amérique du Sud et en Australie. Ce sont des plantes herbacées, des arbrisseaux ou des arbustes dressés, sarmenteux ou volubiles. Fleurs hermaphrodites, en cymes axillaires ou terminales; calice à trois-cinq divisions égales ou inégales; corolle monopétale, tubuleuse, infundibuliforme ou campanulée, régulière ou irrégulière, à cinq lobes réguliers ou réunis en deux lèvres; étamines quatre à cinq, insérées sur le tube de la corolle; style allongé, capité ou divisé en deux ou trois branches. Le fruit est une baie ou drupe; il est rarement sec ou capsulaire. Branches arrondies, portant des feuilles alternes ou opposées, simples, lobées ou pinnées, munies ou dépourvues de stipules. Les genres les plus répandus dans les jardins sont : *Abelia*, *Diervilla*, *Lonicera*, *Sambucus*, *Viburnum* et *Symphoricarpos*. (S. M.)

CAPRIFOLIUM, Juss. — V. **Lonicera**, Linn.

CAPROXYLON, Juss. — V. **Hedwigia**, Swartz.

CAPSICUM, Linn. (de *kapto*, mordre; allusion à la

Fig. 611. — Capsicum annuum, var. du Chili.

saveur très forte et piquante des graines et du fruit entier). **Piment**, Angl. Pepper. Fam. *Solanacées*. — Plus de cinquante plantes de ce genre ont été décrites ; elles se réduisent à environ vingt espèces, dispersées dans toutes les régions chaudes du globe. Ce sont des

Fig. 612. — CAPSICUM BACCATUM, var. Aireile rouge.

arbustes, des sous-arbrisseaux ou rarement des herbes annuelles. Fleurs solitaires, géminées ou ternées, axillaires ou extra-axillaires ; calice quinquéfide ; corolle rotacée, à tube très court ; étamines cinq à six, insérées à la gorge de la corolle ; style simple. Le fruit est une baie de forme très variable, sèche à la

Fig. 613. — CAPSICUM GROSSUM, var. Cardinal.

maturité. Feuilles simples, alternes. Bien que plusieurs espèces soient fort belles, on ne les rencontre que très rarement dans les collections. Nous bornerons en conséquence nos descriptions aux types des variétés cultivées dans les jardins, pour leurs fruits que l'on consomme en salade ou comme condiment. Quelques variétés sont cependant employées pour l'ornement des massifs à cause de leurs petits fruits vivement colorés faisant le meilleur effet depuis la fin de l'été jusqu'aux gelées et plus longtemps encore, si on a soin de les rentrer en serre ; on peut même les cultiver en pots, spécialement pour cet usage. Les variétés les plus ornementales sont les *Piment du Chili*, *P. airelle*, *P. chinois* et *P. cerise*. Pour leur description et leur culture, V. **Piment**.

C. annuum, Linn. Piment commun ou Poivre long. — *Fl.* blanches, solitaires. Juin. *Fr.* oblongs, pendants ou dressés, rouges ou jaunes, de forme variable. *Flles* ovales, lancéolées, glabres, pétiolées. *Haut.* 30 à 60 cent. Amérique du Sud, 1548. — Un grand nombre de variétés de Piments sont sorties de cette espèce.

C. baccatum, Linn. Piment cerise, ANGL. Bird Pepper or Chili. *Fl.* verdâtres, à pédoncules géminés. Juin. *Fr.* petits, dressés, presque globuleux. *Flles* oblongues, glabres, pétiolées. Branches anguleuses, striées. *Haut.* 60 cent. à 1 m. 30. Amérique tropicale, 1731.

C. grossum, Willd. Piment à gros fruit. — *Fl.* blanches, solitaires. Juillet. *Fr.* rouges ou jaunes, presque globuleux, tronqués ou obtus au sommet, anguleux. *Flles* ovales, acuminées, glabres. *Haut.* 30 à 50 cent. Indes, 1759.

CAPSULAIRE. — En forme de capsule.

CAPSULE, ANGL. Capsule et Pod. — Fruit sec, déhiscent, renfermant plusieurs graines. La déhiscence a lieu

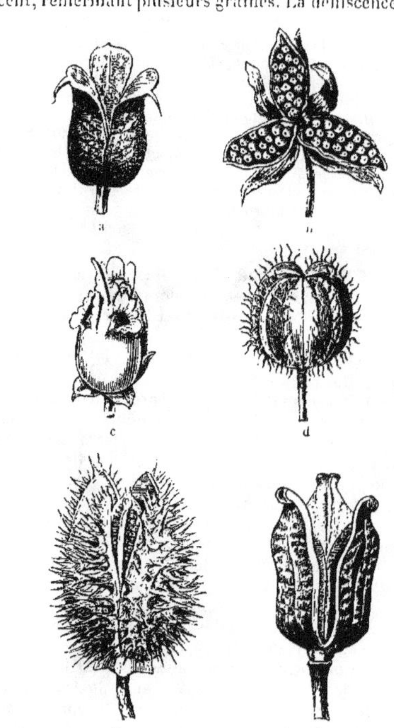

Fig. 614. — Capsules.

a, *Delphinium* ; b, *Viola* ; c, *Antirrhinum* ; d, *Ricinus* ; e, *Datura* ; f, *Tulipa*.

soit par séparation des valves, soit par des ouvertures particulières. Certaines formes bien caractérisées portent des noms spéciaux ; ainsi la *pyxide*, la *silique*, la *gousse*, etc., sont de nature capsulaire. Souvent, pour définir la forme de la capsule, on adjoint un qualificatif, car le mot lui-même n'indique, comme il est dit ci-dessus, qu'un fruit sec. s'ouvrant naturellement à la maturité d'une façon quelconque. (S. M.)

CAPUCHON. — D'une façon générale, on donne ce nom aux organes floraux (pétales ou sépales) fortement concaves, affectant la forme d'un casque ou capuchon. *Ex.* : le sépale postérieur des *Aconits*. (S. M.)

CAPUCINE, Angl. Nasturtium. (*Tropæolum*). — Plantes herbacées, grimpantes, annuelles ou vivaces, à racines fibreuses ou tuberculeuses, demi-rustiques, très cultivées comme plantes d'ornement.

Les Capucines comptent parmi nos meilleures plantes grimpantes pour la garniture des berceaux, treillages, balcons, etc., et en général pour tous les

Fig. 615. — Capucine naine Tom-Pouce.

endroits où l'on a besoin de plantes unissant à une végétation rapide, un beau feuillage et une floraison abondante et prolongée: les variétés naines sont recommandables pour la garniture des massifs et pour bordures ; leur taille n'excède pas 30 cent. Les nombreuses variétés de Capucines hybrides sont, pour la plupart, sorties des *Tropæolum majus* et *T. Lobbianum* : cependant, les descendantes de ces deux espèces se maintiennent suffisamment distinctes pour être cultivées et vendues séparément. On attribue les Capucines naines au *Tropæolum majus*. On peut en effet distinguer, au moins approximativement, les Capucines de Lobb, des Capucines grandes, par la villosité de leurs jeunes tiges et des feuilles, par la pubescence du calice, par leur mode de végétation et par leur taille qui peut atteindre 4 ou 5 mètres.

La culture de ces belles plantes est des plus faciles ; elles poussent à peu près partout, mais plus la terre est légère et fertile, et les arrosements copieux, plus elles poussent avec vigueur ; quoique venant assez bien à l'ombre, elles sont beaucoup plus florifères à une exposition ensoleillée. Les graines se sèment en pépinière ou en place, dès l'automne ou sur couche en mars, si on désire les avoir fleuries de bonne heure, ou plus fréquemment d'avril en juin, en pleine terre et en place. Lorsqu'on doit les repiquer, cette opération doit se faire quand les plants sont encore jeunes.

Le choix ci-dessous ne comprend que quelques-unes des meilleures variétés de chaque section.

Capucines grandes. — *Brun noir*, *fl.* et *flles* très foncées ; *Brune* (C. d'Alger). *fl.* d'un beau rouge cramoisi marron ; *Orange de Dunnett*, *fl.* grandes, jaune orangé clair; *flles* vert franc ; *Panachée*, *fl.* jaune orangé à macules pourpres, s'étendant quelquefois en stries ; *La Perle*, *fl.* blanc crème pur, très vigoureuse ; *Rose vif*, *fl.* rose vif brillant, coloris extrêmement beau et assez rare.

Capucines naines. — *Aurore*, *fl.* jaune nankin, panaché d'orangé vif ; *Impératrice des Indes*, *fl.* rouge cuivré foncé ; *flles* pourpre bronzé, très belle et recommandable ; *Jaune vif*, *fl.* jaune foncé très vif; *La Perle*, *fl.* jaune très clair ou beau jaunâtre très pur, belle variété ; *Panachée de Schilling*, *fl.* à calice jaune orangé clair, pétales supérieurs orange foncé, striés et maculés de pourpre : *Roi des Tom-Pouce*, *fl.* rouge écarlate intense, velouté, *flles* vert glauque un peu bronzé ; *Rose*, *fl.* semblables à celles de la variété grande ou un peu plus pâles ; *Rouge brun*, *fl.* rouge ou cramoisi marron, belle variété.

Capucines hybrides de Lobb. — *Blanc jaunâtre maculé pourpre*, coloris très distinct : *Jaune vif maculé pourpre*, nuance beaucoup plus intense que celle de la

Fig. 616. — Capucine hybride de Lobb Spit-fire.

précédente ; *Marron*, *fl.* rouge brun foncé ; *Rouge cardinal*, *fl.* rouge foncé éclatant, *flles* vertes, petites ; *Spit-fire*, *fl.* un peu petites, mais d'un rouge vermillon des plus éclatants, excessivement abondantes, se succédant sans interruption jusqu'aux gelées : *flles* petites, vert franc. C'est cette variété, ou au moins une forme bien voisine, que l'on cultive dans les serres, où elle fleurit pour ainsi dire perpétuellement; on l'y multiplie ordinairement par boutures.

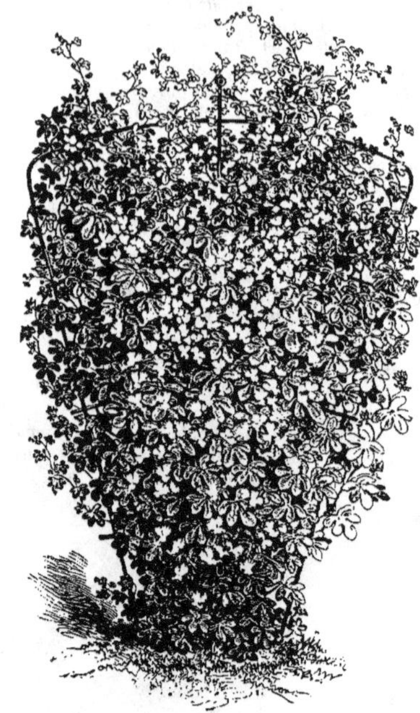

Fig. 617. — Capucine des Canaries.

La *Capucine petite* (*T. minus*) est une jolie petite espèce atteignant environ 60 cent. de hauteur, à fleurs orangées, striées de rouge, convenable pour la

Fig. 618. — Tubercules de Capucine tubéreuse.

garniture des petits treillages, les tiges des arbustes dénudés, etc. On en connait une variété à fleurs *rouge carminé*. Leur culture est celle des Capucines ordinaires.

La *Capucine des Canaries* (*T. peregrinum*) diffère entièrement des Capucines ordinaires par tous ses caractères, et surtout par la forme de ses fleurs; mais sa culture et son emploi sont les mêmes.

Quoique faisant allusion à la nature de la racine, le nom de *Capucine tubéreuse* s'applique plutôt à l'espèce (*T. tuberosum*) cultivée comme plante potagère; c'est un légume de fantaisie et de qualités très discutables; on la cultive en pleine terre, comme les autres légumes-racines; on la propage par ses tubercules.

Quant aux espèces de Capucines tubéreuses cultivées pour ornement, elles sont ordinairement nommées *Tropæolum* (V. ce mot); ce sont de fort jolies petites plantes à cultiver en pots, sur de petits treillages, pour l'ornement des serres, des vérandas, etc.; les plus vigoureuses (*T. pentaphyllum*) peuvent être livrées à la pleine terre pendant la belle saison.

En tant que légume, les fleurs de Capucines sont employées pour orner la salade et différents mets; les graines, récoltées un peu avant leur maturité et confites dans le vinaigre, sont consommées comme les Câpres. Pour la description et la culture générale de toutes les espèces, V. **Tropæolum**. (S. M.)

CAPULI. — V. **Physalis pubescens.**

CAQUILLIER. — V. **Cakile maritima.**

CARABE doré, Angl. Common Garden Beetle. (*Carabus auratus*). — On connait mieux sous le nom de *Couturière* ce joli coléoptère de forme allongée et d'une couleur mordorée, au corselet étroit, aux élytres dures, soudées et striées, à tête fine et cependant armée de puissantes mandibules et ornée de deux belles et longues antennes; ses pattes, longues et solides, an-

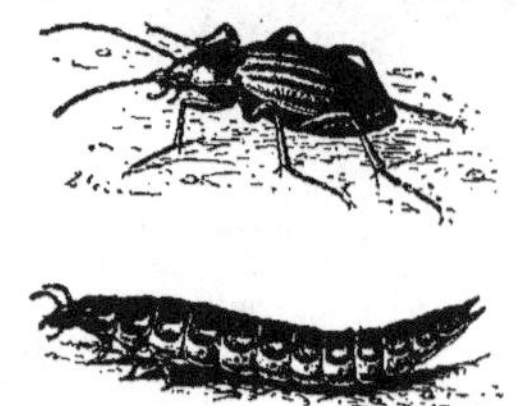

Fig. 619. — Carabe doré et sa larve.

noncent sa grande agilité. C'est assurément un des insectes les plus utiles que l'on connaisse; essentiellement carnassier, il ne touche à aucune plante, et sa vie est employée à chercher sans relâche et pour ainsi dire nuit et jour tous insectes qui peuvent servir à sa nourriture; lombrics, chenilles, limaces, papillons endormis, hannetons, etc., aucun ne trouve grâce devant son ardente rapacité. Qui possède un jardin connait le *Carabe doré;* on le voit courir sans cesse, traversant les allées, passant d'une plate-bande à une autre, visitant les châssis et les fumiers consommés, se livrant à une chasse continuelle. C'est donc un très précieux auxiliaire que l'on ne saurait trop protéger, et le jardinier doit comprendre tout l'intérêt que présente sa propagation partout où sa présence est utile, dans les jardins clos de murs, dans les châssis et jusque dans les serres. Comme ses élytres sont soudées et ne lui permettent par conséquent pas de s'envoler, il devient facile de le conserver chez soi et de le voir s'y multiplier. Il ne faut pas confondre la *Couturière*, ainsi que cela a lieu malheureusement quelquefois, avec la *Courtilière* (V. ce mot), autre genre d'insecte aussi nuisible et dévastateur que notre amie nous est utile et précieuse. (G. L.)

CARACOLLE. — V. **Phaseolus Caracalla.**

CARACTÈRE. — On entend par caractère, les signes particuliers auxquels on peut reconnaître une famille, un genre, une espèce, etc.; en un mot un être quelconque. Les caractères des végétaux sont loin de présenter tous la même valeur distinctive; ceux possédant la plus grande fixité sont naturellement les meilleurs. En botanique descriptive, ceux que fournissent les organes de la fleur et du fruit sont ceux auxquels on attache la plus grande importance; mais, les feuilles, la tige, la durée, le mode de végétation, etc., aident aussi à reconnaître les espèces et surtout leurs nombreuses formes. (S. M.)

CARACTÉRISTIQUE. — Les signes caractéristiques sont ceux qui permettent de reconnaître une plante avec certitude sur le simple examen de ce signe. Les termes caractéristiques sont ceux qui servent à désigner un caractère distinctif. (S. M.).

CARAFÉE. — V. **Giroflée jaune.**

CARAGANA, Lamk. (de *Caragan*, nom mongol du *C. arborescens*), Angl. Siberian Pea-tree. Fam. *Légumineuses*. — Genre comprenant quinze espèces d'arbres et d'arbustes à feuilles caduques, très ornementaux, originaires de la Russie d'Asie et de l'Himalaya. Fleurs ordinairement jaunes, axillaires, solitaires ou fasciculées, mais toujours solitaires au sommet de pédoncules grêles. Feuilles imparipennées, à rachis se terminant en une soie ou en une épine; folioles mucronées; stipules petites, herbacées ou spinescentes. Les *Caragana* sont des plus convenables pour la garniture des massifs d'arbustes et très faciles à cultiver en terrain léger. On peut les propager par boutures de racines, par semis et par marcottes pour les espèces naines; mais, on les multiplie ordinairement par greffe sur le *C. arborescens* que l'on obtient facilement par graines que l'on sème dès leur maturité ou au printemps suivant.

C. Altagana, Poir. *Fl.* jaunes, à pédoncules solitaires. Avril-juillet. *Flles* à quatre-huit paires de folioles ovales-oblongues, velues, à rachis inerme; stipules spinescentes. *Haut.* 60 cent. à 1 m. Dahourie, 1789. Arbuste.

C. arborescens, Lamk. ' *Fl.* jaune pâle ou vif, à pédoncules fasciculés. Avril à mai. *Flles* à quatre à six paires de folioles ovales, oblongues, velues, à rachis inerme, stipules spinescentes. *Haut.* 5 à 6 m. Sibérie, 1752. Arbre. (B. M. 1886.)

C. a. pendula, Hort. Diffère simplement du type par ses branches pendantes, 1887. Syn. *C. pendula*, Carr.

C. frutescens, DC. ' *Fl.* jaunes, résupinées, à pédoncules solitaires. Avril. *Flles* à deux paires de folioles obovales, cunéiformes, rapprochées au sommet du pétiole; stipules membraneuses; rachis muni d'une courte épine au sommet. *Haut.* 60 cent. à 1 m. Sibérie, 1752. Arbuste. (S. B. F. G. 227.) — Il en existe une ou deux variétés.

C. jubata, Poir. ' *Fl.* blanches, suffusées de rouge, peu nombreuses, à pédoncules solitaires, très courts. Avril. *Flles* à quatre ou cinq paires de folioles oblongues, lancéolées, laineuses, ciliées; stipules sétacées; pétioles un peu épineux. *Haut.* 30 à 60 cent. Sibérie, 1796. Arbuste, Syn. *Robinia jubata*. (L. B. C. 522.)

C. pendula, Carr. Syn. *C. arborescens pendula*, Hort.

C. pygmæa, DC. *Fl.* jaunes, à pédoncules solitaires. Avril. *Flles* à deux paires de folioles linéaires, glabres, rapprochées au sommet du rachis, celui-ci très court et épineux ainsi que les stipules. *Haut.* 30 cent. à 1 m. Sibérie, 1751. Arbuste. (B. R. 1021.)

C. spinosa, DC. ' *Fl.* jaunes, solitaires, presque sessiles. Avril-mai. *Flles* à deux à quatre paires de folioles linéaires, cunéiformes, glabres; stipules petites, épineuses; pétioles adultes persistants, forts et épineux. *Haut.* 1 m. 30 à 2 m. Sibérie, 1775. — Excellent arbuste pour former des haies que ses épines et ses longues branches rendent infranchissables.

CARAGUATA, Lindl. (leur nom indigène dans l'Amérique du sud). Comprend les *Massangea* et *Schlumbergia*. E. Morren. Fam. *Broméliacées*. — Ce genre renferme, selon M. Baker, environ trente-huit espèces de plantes épiphytes, de serre chaude, originaires des Indes occidentales, de l'Amérique centrale et de la Colombie. Fleurs fasciculées; sépales dressés, imbriqués, souvent brièvement soudés à la base; pétales longuement soudés en tube, étalés dans leur partie supérieure libre; anthères presque sessiles au sommet du tube staminal. Inflorescence dense, terminale. Feuilles entières. Pour leur culture, V. **Billbergia.**

C. Andreana, E. Morren. *Fl.* d'environ 2 cent. de long, nombreuses, calice et corolle jaune vif; panicule spiciforme, un peu lâche, plus longue que les feuilles; hampe et bractées rose carminé. *Flles* vertes, arquées, de 60 cent. de long et 5 cent. de large, formant une rosette un peu lâche. Andes de Pasto, 1884. (B. M. 7014; R. H. 1884, p. 247, f. 61; 1886, p. 276.)

C. angustifolia, Baker. *Fl.* grandes, en épi dense, pauciflore; calice blanchâtre, à segments oblongs, aigus; corolle jaune, à tube cylindrique, de 5 cent. de long; bractées rouges, grandes, oblongues, lancéolées; hampe courte, portant quelques feuilles réduites. *Flles* de 15 cent. de long, lancéolées, canaliculées, ovales à la base, atténuées au sommet, disposées en rosette dense. 1881. (B. M. 7137.) Syn. *Guzmannia Bulliana*, E. André. (R. H. 1886, 324.)

C. Beleana, Ed. André. *Fl.* en panicule composée de sept à huit épis divariqués, courtement pédonculés, à trois-cinq fleurs; calice à segments lancéolés, vert teinté de rougeâtre; corolle blanc terne, de 5 cent. de long, à tube étroit, caché par le calice; hampe cylindrique, dressée, de 50 cent. de haut, accompagnée de feuilles bractéales longuement aiguës, striées de rouge. *Flles* circinées, de 60 à 70 cent. de long et 3 cent. de large au milieu, dilatées à la base, canaliculées, très longuement acuminées, vert foncé, lisses et luisantes, finement lépidotes en dessous; celles du centre lavées de violet. Origine inconnue. 1891. (R. H. 1891, p. 114, f. 27.)

C. cardinalis, Ed. André. *Fl.* blanches, sessiles à l'aisselle des bractées; hampe de 30 à 45 cent. de haut, surmontée d'une couronne de bractées écarlate brillant, à pointe verte, les plus intérieures jaunes. *Flles* de 45 cent. de long, ligulées, récurvées. Colombie, 1880. — C'est une plante très décorative, qui conserve sa belle couleur pendant longtemps. (R. H. 1883, p. 12.) Syn. *C. lingulata cardinalis*, Ed. André. (I. H. 374.)

C. conifera, Ed. André. *Fl.* jaune pâle, dépassant légèrement les bractées, d'environ 6 cent. de long, réunies en épi simple, conique, très dense; bractées florales très imbriquées, deltoïdes, sillonnées, rouge vermillon vif, jaune d'or au sommet; hampe forte, droite, égalant environ les feuilles et garnie de feuilles bractéales lancéolées, aiguës. Avril. *Flles* lancéolées-aiguës, de 60 à 80 cent. de long et

6 à 8 cent. de large, vert foncé, lisses. Zamora; Equateur méridional, 1882. (B. A. XV.) — Notre planche a été faite d'après l'ouvrage cité et une aquarelle gracieusement prêtée par M. Ed. André, son introducteur.

C. Devansayana, E. Morren. *Fl.* blanches, réunies en épi dense, oblong, de 5 cent. de long et 3 cent. de diamètre et accompagnées de bractées largement ovales, aiguës, rouge écarlate vif; hampe beaucoup plus courte que les feuilles. *Flles* environ vingt, ensiformes, de 45 à 60 cent. de long et 2 cent. 1/2 de large au milieu, à base largement ovale et striées de brun sur le dos. Equateur, 1882. Syn. *Guzmania Devansayana*, E. Morren. (B. H. 1883, 8-9.)

C. Fuerstenbergiana, Kerch. et Wittm. *Fl.* blanchâtres; bractées ovales, rouge vif; hampe beaucoup plus courte que les feuilles, à bractées supérieures rouge vif. *Flles* environ quinze, lancéolées, de 30 à 45 cent. de long, sans macules ni stries. Andes de l'Equateur, 1883.

C. Lindeni, Baker. *Fl.* blanches, en épis formant une panicule lâche, étroite, accompagnée de bractées rayées comme les feuilles; hampe plus longue que celles-ci. *Flles* ligulées, oblongues, brusquement acuminées, grisâtres, rayées transversalement, étroites et ondulées, violet brun. Pérou. 1878. Syns. *Schlumbergia Lindeni*, E. Morren. (B. H. 1883, 10-12.) *Massangea Lindeni*, Ed. André. (I. H. 1878, 309.)

C. lingulata, Lindl. * *Fl.* blanc jaunâtre, à segments courts et obtus; bractées extérieures rouge vif, falciformes; épi dense, globuleux; hampe de 15 à 30 cent. de haut. *Flles* trente à quarante, minces, lancéolées, dilatées à la base, de 30 à 45 cent. de long et 2 1/2 à 4 cent. au milieu, ordinairement et longitudinalement striées de vert sur le dos. Indes occidentales, Guyane, Colombie, Equateur. (B. R. 1068.) — A cette espèce, M. Baker rapporte les *C. latifolia*, Beer.; *C. spendens*, Bouché (F. d. S. 1091); *C. cardinalis*, Ed. André; *C. virens*, Brongn.

C. lingulata cardinalis, Ed. André. Syn. de *C. cardinalis*.

C. magnifica, Hort. *Fl.* jaunes; bractées florales rouge orangé, ovales-lancéolées; panicule de 45 à 60 cent. de long, à ramifications étalées; hampe dépassant beaucoup les feuilles. *Flles* environ trente, lancéolées, souples, de 30 cent. de long et 4 à 5 cent. de large. Hybride entre le *C. Zahnii* et un *Tillandsia*, 1882. (R. H. 1883, 62.)

Fig. 620. — Caraguata Andreana. (*Rev. Hort.*)

C. Melinonis, E. Morren. *Fl.* jaunes; bractées oblongues, rouges, de 3 cent. de long, épi simple, oblong, de 8 cent. de long; hampe plus courte que les feuilles. *Flles* denses, loriformes, de 30 cent. de long et 4 à 5 cent. de large, minces, souples, vertes en dessus, teintées de brun en dessous. Guyane française, 1879.

C. Morreniana, Ed. André. *Fl.* jaunes, en gros bouquet compact, courtement pyramidal, à bractées rouge vif; hampe de 10 à 15 cent. de haut. *Flles* rosulantes, de 40 à 50 cent. de long et 5 cent. de large, acuminées, à pointe récurvée; les extérieures vert foncé lavé de rouge violacé, devenant graduellement violacées chez les feuilles florales. Rio-Cuiaquer; Nouvelle-Grenade, 1887. (R. H. 1887, 12.)

C. musaica, Ed. André * *Fl.* en bouquet terminal, compact, au sommet d'une hampe garnie de bractées écarlates; corolle blanc de neige; calice brunâtre, blanc d'ivoire au sommet. Printemps. *Flles* ligulées, récurvées au sommet, de 30 cent. de long et 5 cent. de large, vert jaunâtre, irrégulièrement marquées de taches vert foncé, formant une mosaïque. *Haut.* 30 cent. Colombie, 1873. (I. H. 1877, 268 ; B. M. 6675.) Syns. *Massangea musaica*, E. Morren, (B. H. 1877, 8-9); *Tillandsia musaica* et *Vriesea musaica*. Hort.

C. Osyana, E. Morren. *Fl.* axillaires, solitaires, plus courtes que les bractées; corolle jaune, deux fois plus longue que le calice, claviforme-tubuleuse, sub-arquée; tube allongé; lobes dressés; bractées saumon orangé, imbriquées, réfléchies; épis compact, un peu strobiliforme. *Flles* coriaces,

C. Schlumbergerii, Baker. *Fl.* jaune pâle, de 5 cent. de long; bractées ovales, rouge brun, de 2 à 2 cent. 1/2 de long; panicule composée d'environ cinq épis rapprochés, de 4 à 5 cent. de long; hampe de 60 cent. de haut. *Flles* environ trente, loriformes, d'environ 1 m. de long et 5 à 6 cent. de large au milieu, cuspidées, vert franc en dessus, transversalement rayées de brun rouge en dessous. Andes de l'Equateur et du Pérou, 1882. Syn. *Schlumbergia Morreniana*, E. Morren. (B. H. 1883, 4-6.)

C. serrata, Hort. Syn. de *Karatas Scheremetiewi*, Antoine.

Fig. 621. — Caraguata Beleana. (*Rev. Hort.*)

de 45 cent. de long, lancéolées, légèrement canaliculées. Tige courte, dressée, robuste. Equateur, 1885. (B. H. 1885, 16-17.)

C. Peacockii, E. Morren. *Fl.* blanches; hampe garnie de bractées pourpre vif, les supérieures enveloppant les fleurs. *Flles* pourpre bronzé en dessus, pourpre rosé en dessous, formant une rosette ample, 1879.

C. sanguinea, Ed. André. * *Fl.* en bouquet serré, subsessile au centre des feuilles, dont la hampe s'allonge après la floraison; corolle de 5 à 6 cent. de long, un peu renflée au sommet, à segments blancs, ovales. Novembre. *Flles* en rosette dense, lancéolées, aiguës, falciformes, minces, vertes dans leur partie inférieure, plus ou moins fortement teintées ou maculées de rouge dans leur moitié supérieure, surtout au moment de la floraison, mais cette teinte varie suivant les individus; les extérieures de 30 cent. ou plus de long. Plante acaule, de 30 à 40 cent. de haut. Andes méridionales de la Colombie, 1880. (B. M. 6765; R. H. 1883, p. 468; B. A. XVII, A.)

C. straminea, Baker. *Fl.* jaune paille; calice vert; bractées vertes, ovales; panicule composée de plusieurs épis denses; hampe de 60 cent. de haut. *Flles* denses, lancéolées, ovales à la base, de 45 cent. de long et environ 2 cent. 1/2 de large, graduellement rétrécies en pointe. Patrie inconnue, avant 1857. Syn. *Anoplophytum stramineum*, Beer.

C. van Volxemi, Ed. André. *Fl.* jaune pâle, en épis denses dressés, formant une panicule étroite, claviforme; bractées primaires ovales acuminées, rouge vif. *Flles* en rosette, dressées-étalées, de 50 à 70 cent. de long et 5 à 7 cent. de large, loriformes et aiguës au sommet, vert brillant sur les deux faces. Cordillères de la Colombie, 1879. (I. H. 1878, p. 139.)

C. virescens, Baker. *Fl.* blanches, à segments étalés; bractées florales vertes, ovales, plus courtes que le calice; panicule formée de deux-quatre épis pédonculés, de 15 à 20 cent. de long. *Flles* environ trente, loriformes, de 45 à 60 cent. de long et 4 cent. de large au milieu, deltoïdescuspidées, vert franc, non lépidotes et portant quelques macules à la base. Andes du Pérou, 1857 et 1878. Syns. *Schlumbergia virescens*, E. Morren (B. H. 1879, 19); *Puya virescens*, Hook. (B. M. 4991.)

Fig. 622. — CARAGUATA SANGUINEA. (*Rev. Hort.*)

C. Zahnii, Hook. f. * *Fl.* jaune pâle, en panicule dense, oblongue, comprimée, à bractées écarlates. Mai. *Flles* ligulées-linéaires, de 30 cent. de long, jaunes, striées de carmin, carmin vif dans leur partie supérieure, demi-transparentes. *Haut.* 30 cent. Chiriqui, 1870. (B. M. 6059.)

CARAIPI. — V. **Moquilea utilis.** (S. M.)

CARAJURA. — Matière colorante rouge, que l'on extrait du *Bignonia Chica*.

CARALLIA, Roxb. (de *Karalli*, le nom du *C. lucida*, dans le langage de Telingas). Syns. *Barraldeia*, D. P. Thou.; *Diatoma*, Lour.; *Petalotoma*, DC. et *Symmetria*, Blume. Fam. *Rhizophorées*. — Genre comprenant environ sept espèces d'arbres toujours verts, glabres, de serre chaude, originaires de Madagascar, de l'Asie tropicale et de l'Australie. Fleurs en cymes axillaires, trifides, multiflores, à pédicelles articulés et munis de deux bractéoles. Feuilles opposées, pétiolées, entières ou dentées, un peu coriaces, brillantes sur la face supérieure, munies de stipules caduques. Comme toutes les *Rhizophorées*, les espèces de ce genre sont difficiles à cultiver.

C. lanceæfolia, Roxb. *Fl.* à pétales jaunes, un peu ondulés. *Flles* ovales ou oblongues, régulièrement dentées en scie. *Haut.* 6 m. Indes, 1820.

C. lucida, Roxb. *Fl.* jaunes, au sommet de pédoncules trifides, axillaires. *Flles* ovales, acuminées, dentelées. *Haut.* 6 à 7 m. Indes orientales, 1826.

CARALLUMA, R. Br. (de *Car-allum*, le nom du *C. ascendens*, dans le langage de Telingas). Fam. *Asclépiadées*. — Genre comprenant quatre espèces de serre chaude, originaires des Indes orientales et de l'Arabie. Ce sont des plantes à tiges charnues, un peu plus grêles que celles des *Boucerosia*, à fleurs solitaires ou géminées, courtement pédonculées, naissant à l'aisselle des dents supérieures. Tiges tétragones, dentées sur les angles, pourvues de petites feuilles lorsqu'elles sont jeunes, puis aphylles à l'état adulte. Pour leur culture, V. **Stapelia**.

C. ascendens, R. Br. *Fl.* panachées de pourpre et de jaune, ordinairement pendantes; segments de la corolle à bords réfléchis, acuminés, glabres. Branches grêles, ascendantes, portant au sommet une fleur solitaire. *Haut.* 30 à 60 cent. Coromandel, 1804.

C. fimbriata, — *Fl.* axillaires, solitaires, sub-campanulées, pendantes; segments de la corolle falciformes au sommet, à bords frangés et repliés, marqués de plusieurs lignes transversales pourpres, jaune pâle en dessous, pourpres dans leur partie supérieure. Branches allongées, atténuées. *Haut.* 15 cent. Burma, 1829. (L. B. C. 1863.)

CARAMBOLIER. — V. **Averrhoa Carambola.**

CARANDA. — V. **Copernicia cerifera.**

CARANA. — Nom de la gomme-résine que l'on extrait d'une espèce d'*Icica*, employée en médecine pour faire des emplâtres.

CARAPA, Aubl. (nom du *C. guianensis* à la Guyane). Fam. *Méliacées*. — Genre comprenant six espèces d'arbres de serre chaude, répandues dans toutes les régions tropicales du globe. Fleurs disposées en panicules axillaires; calice ordinairement à quatre sépales distincts; corolle tordue, à quatre ou cinq pétales ovales-oblongs, étalés. Fruit gros, renfermant de nombreuses graines. Les différents produits de ces arbres sont employés à des usages économiques, notamment l'huile que l'on retire des graines et qui sert à la fabrication des savons. Le *C. guianensis* est probablement la seule espèce cultivée, mais les *C. guineensis* et *C. moluccensis* ont aussi été introduits en Angleterre. Il leur faut un mélange de terre franche et de sable. Multiplication par boutures de bois mûr que l'on plante dans du sable, sous cloches et dans une chaleur humide.

C. guianensis, Aubl. *Fl.* novembre. *Fr.* de la grosseur d'une pomme. *Flles* à huit ou dix paires de folioles alternes ou opposées, elliptiques, oblongues, acuminées, coriaces, brillantes. *Haut.* 20 m. Guyane, 1824. (A. C. 387.)

CARAPICHEA, Aubl. — V. **Cephaëlis.**

CARBENIA, Adans. **Chardon bénit**, Angl. Blessed Thistle. Syn. *Cnicus*, Gærtn. Fam. *Composées*. — Genre monotypique, créé pour le *Cnicus benedictus*, qui habite l'Europe méridionale et l'Afrique boréale. C'est une plante herbacée, annuelle, rustique, à fleurs jaunes, réunies en capitules entourés de bractées épineuses, dentées; achaines sub-arrondis, à aigrette bisériée; le rang extérieur formé de dix arêtes; l'intérieur de dix soies fines, fimbriées. Feuilles épineuses. Cette plante est quelquefois cultivée dans les jardins pour l'ornement des lieux agrestes, des rocailles, etc. Tout terrain un peu sec lui convient; ses graines se sèment au printemps.

C. benedicta, Adans. *Capitules* jaunes, assez gros, ovales, solitaires au sommet de rameaux étalés et divariqués; involucre formé d'écailles épineuses; les externes grandes et herbacées. Juin-juillet. *Flles* vert jaunâtre, minces, pubescentes, marbrées et à nervures blanches, saillantes en dessous; les radicales sinuées, pinnatifides, non épineuses; les caulinaires sessiles, dentées ou pinnatifides, faiblement décurrentes, un peu épineuses. Tige

Fig. 623. — CARBENIA (CNICUS) BENEDICTA.

dressée, anguleuse, rameuse, laineuse. *Haut.* 60 cent. à 1 m. France méridionale, etc. Syns. *Centaurea benedicta*, Linn. et *Cnicus benedictus*, Linn.

CARBONE. — V. **Charbon.**

CARDAMINE, Linn. (diminutif de *Kardamon*, nom grec d'une sorte de Cresson). **Cresson des prés**, ANGL. Lady's Smock. Comprend les *Dentaria*, Linn. et *Pteroneuron*, DC. FAM. *Crucifères*. — Ce genre renferme environ soixante-quinze espèces, habitant toutes les régions tempérées, alpines et arctiques du globe. Ce sont des plantes herbacées, vivaces ou annuelles, rustiques, ordinairement glabres. Fleurs en grappes terminales, dépourvues de bractées. Feuilles pétiolées, entières, lobées ou pinnées, souvent polymorphes sur la même plante. Seules les espèces vivaces sont dignes d'être cultivées; elles se plaisent dans les endroits humides, ombreux, en tous terrains. On les multiplie par semis ou par division des touffes après la floraison.

C. Asarifolia, Linn.' *Fl.* blanches, en grappe courte. Mai-juin. *Flles* glabres, pétiolées, cordiformes, orbiculaires, un peu sinuées, dentées. *Haut.* 30 à 45 cent. Montagnes du sud de la France et du nord de l'Italie, 1710. (B. M. 1735.)

C. bellidifolia, Linn. *Fl.* blanches. Avril. *Flles* glabres, un peu épaisses, les radicales pétiolées, ovales, entières; les caulinaires peu nombreuses, entières ou un peu trilobées, non auriculées. *Haut.* 10 cent. Hémisphère boréal. (F. D. 1, 20.)

C. Chelidonia, Linn. *Fl.* lilas, à pétales ovales. Mars. *Flles* pinnées, presque glabres, à segments pétiolés, ovales, dentés; les inférieurs divisés en trois ou quatre petits lobules. *Haut.* 30 cent. Sud-est de l'Europe, 1739.

C. glauca, Spreng. *Fl.* blanches, en grappes denses. Mai. *Flles* pétiolées, glabres, glauques, un peu charnues, pinnées, à huit ou neuf segments oblongs, le terminal trilobé. Tiges diffuses, très rameuses. *Haut.* 15 cent. Sud-est de l'Europe, 1824.

C. macrophylla, Willd. *Fl.* lilacées, de la grandeur de celles du *C. pratensis*. Juin. *Flles* pinnées, un peu pubescentes, à cinq segments ovales-lancéolés, pointus, inégalement dentés en scie. Rameaux inférieurs stoloniformes, rampants. *Haut.* 30 à 45 cent. Sibérie, 1824.

C. latifolia, Vahl. *Fl.* lilas, un peu plus grandes que celles du *C. pratensis*. Juin. *Flles* grandes, pinnées, glabres, à trois-sept segments presque orbiculaires, dentés-anguleux. *Haut.* 30 à 60 cent. Pyrénées, 1710.

C. pratensis, Linn. Cresson des prés, ANGL. Cuckoo Flower. — *Fl.* ordinairement lilacées, mais quelquefois blanches. Commencement du printemps. *Flles* pinnées, à seg-

Fig. 624. — CARDAMINE PRATENSIS.

ments des feuilles radicales arrondis; ceux des caulinaires linéaires ou lancéolés, entiers. Souche rampante, stolonifère. *Haut.* 30 à 45 cent. France, Angleterre, etc. — Il existe plusieurs variétés de cette espèce.

C. p. fl.-pleno, Hort. *Fl.* formées de plusieurs rangs de pétales blanc rosé, à odeur suave, réunies en grappe

Fig. 625. — CARDAMINE PRATENSIS FLORE-PLENO.

corymbiforme. Jolie variété propre à la formation des bordures, etc.; on la rencontre quelquefois à l'état spontané. On la multiplie par éclats, car elle ne produit pas de graines.

C. rhomboidea, DC. *Fl.* blanches, grandes. Printemps. *Flles* radicales arrondies, presque cordiformes ; les intermédiaires ovales ou rhomboïdes-oblongues, courtement pétiolées; les supérieures presque lancéolées, un peu anguleuses ou faiblement dentées. Tiges simples, dressées, tuberculeuses. Etats-Unis.

C. r. purpurea, Hort. * Très jolie variété à feuilles plus arrondies et à fleurs roses, s'épanouissant plus tôt que celles du type.

C. rotundifolia, Michx. *Fl.* blanches, un peu petites. Printemps. *Flles* presque coniformes, arrondies, faiblement anguleuses, souvent cordiformes à la base, pétiolées; les plus inférieures trilobées ou à trois folioles. Tiges rameuses, faibles ou décombantes. Pensylvanie.

C. trifolia, Linn. * *Fl.* blanches; pétales cunéiformes à l'onglet et à limbe large, étalé, obovale; tige nue. Mars à mai. *Flles* presque glabres, ternées, à segments sessiles, rhomboïdes-arrondis, dentés. Rameaux inférieurs stoloniformes, rampants. *Haut.* 15 cent. Europe méridionale, 1629. (B. M. 452.)

CARDAMOME du Malabar. — V. **Elettaria Cardamomum.**

CARDAMOMUM, Salisb. — V. **Elettaria**, Maton.

CARDÈRE. — V. **Dipsacus fullonum.**

CARDIANDRA, Sieb. et Zucc. (de *kardia*, cœur, et *aner, andros*, mâle; allusion aux anthères). Fam. *Saxifragées.* — Genre monotypique dont l'espèce connue est un arbuste toujours vert, demi-rustique, originaire du Japon. Fleurs en corymbe, celles de la circonférence stériles, rayonnantes. Pour sa culture, V. **Hydrangea.**

C. alternifolia, — *Fl.* blanc lilacé. Juillet. *Flles* alternes, pétiolées, oblongues, aiguës, dépourvues de stipules. *Haut.* 1 m. Japon, 1865. (S. Z. F. J. 65, 66.)

CARDINAL bleu. — V. **Lobelia syphilitica.**

CARDINAL rouge. — V. **Lobelia cardinalis.**

CARDIOSPERMUM, Linn. (de *kardia*, cœur, et *sperma*, graine; allusion à la forme d'un cœur dessiné sur la graine). **Corinde.** Fam. *Sapindacées.* — Genre comprenant dix espèces répandues dans toutes les régions tropicales et tempérées du globe. Ce sont des plantes herbacées, annuelles ou vivaces, demi-rustiques, sarmenteuses ou grimpantes. Fleurs en petites grappes ou en corymbes axillaires; calice à cinq sépales inégaux; corolle à quatre pétales; pédoncules munis de deux vrilles. Le fruit est une capsule globuleuse, renflée, triloculaire; graines arrondies, marquées d'une tache blanchâtre ayant la forme d'un cœur. Feuilles alternes, pétiolées, biternées. L'espèce ci-dessous, probablement seule cultivée, peut servir à la garniture des treillages et des berceaux; ses graines assez dures, sont employées, surtout par les Indiens, pour confectionner des colliers, des bracelets et autres ornements. On la multiplie par graines que l'on sème au printemps, sur couche; on repique le plant sur couche et on le met en place en juin, à exposition chaude.

Fig. 626. — Cardiospermum halicacabum.

C. halicacabum, Linn. Pois de cœur. — *Fl.* petites, verdâtres, insignifiantes, en petites grappes axillaires, longuement pédonculées, munies de deux vrilles au sommet du pédoncule. Juillet. *Flles* pétiolées, deux fois ternées, à folioles ovales, crénelées, dentées. *Haut.* 1 m. à 1 m. 50. Indes, 1594. Annuel. (S. M.)

CARDON, Angl. Cardoon. (*Cynara Cardunculus*, Linn.). — Ce légume, très estimé sur le continent, principalement en France, est peu répandu dans les potagers anglais; on ne l'y cultive guère que là où on emploie des cuisiniers français. Les côtes des feuilles, blanchies, et la racine même, convenablement apprêtées, forment, à l'automne et en hiver, un excellent mets.

Culture. — Le sol doit être à peu près le même et réclame la même préparation que pour les Céleris; mais les Cardons, étant beaucoup plus volumineux, doivent être plus espacés. On les plante en lignes distantes d'environ 1 m. 30 et à 80 cent. ou 1 m. sur la ligne, ou simplement à 1 m. en tous sens. Par la suite, et étant donné le temps qu'ils mettent à acquérir tout leur développement, on peut, jusque dans le courant d'août, faire, dans l'intervalle laissé libre entre eux, des cultures intercalaires : Salades, Radis, etc.

Ordinairement on sème, en mai, trois ou quatre graines par poquet, aux distances que nous venons d'indiquer et on éclaircit ensuite quand les sujets sont bien installés, en ne laissant que le plus fort, seul, à la place voulue. D'autres préfèrent semer vers la fin d'avril, trois ou quatre graines également, dans de petits pots qu'on place sous châssis froid, afin de hâter la germination. Les souris sont très friandes de la graine de Cardon et il faut, par conséquent, tenir les châssis clos, pour qu'elles ne puissent pas y entrer. Au bout de quelque temps, on choisit dans chaque pot le plant le plus robuste et on détruit les autres; puis, lorsque les racines commencent à tapisser le pot, on met ces plants en place, dans des planches convenablement préparées et fumées, en faisant descendre leur long pivot droit en terre; on plombe autour et on arrose copieusement, autant que cela est nécessaire. Du reste, le Cardon, étant une plante gourmande, ne doit jamais manquer d'eau. Quelques binages entre les plantes, pour aérer le sol à la surface et détruire les mauvaises herbes sont, en dehors des arrosages, les seuls soins que réclament les Cardons jusqu'en septembre ou octobre, époque à laquelle on s'occupe de les faire blanchir.

Pour procéder à cette opération, il faut réunir les feuilles et les attacher, puis entourer la plante de paille longue depuis le bas jusqu'au sommet, en la fixant également au moyen de quelques liens. On butte alors le pied jusqu'à ce qu'on atteigne le bas de la chemise de paille et on plaque un peu la terre avec la bêche. Il est indispensable de faire cette opération par un temps sec, quand le cœur de la plante ne contient pas d'eau du tout. Les plantes sont bonnes à consommer au bout d'environ trois semaines et il ne faut pas tarder alors à les enlever, autrement elles pourriraient; on ne doit donc les faire blanchir qu'au fur et à mesure des besoins prévus. Si on veut conserver les plantes pendant un certain temps l'hiver, il faut les enlever avec leur motte, sans qu'elles aient été blanchies et les rentrer, avant les gelées, dans la serre à légumes ou dans tout autre endroit à température basse, mais sèche, où il ne gèle pas et où on les garde le pied dans la terre ou dans le sable, sans avoir besoin de les recouvrir. On les visite de temps en temps pour enlever les feuilles qui viendraient à se gâter.

Variétés. — Le *Cardon de Tours* (A. V. P. t. 39-1), le moins haut de tous, est le plus épineux, mais, en revanche, il a les côtes plus épaisses et plus pleines

Fig. 627. — Cardon de Tours épineux.

que n'importe quel autre et est, par conséquent, de meilleure qualité. Le *Cardon plein inerme*, à peu près dépourvu d'épines, est une plante plus forte et à côtes plus larges, mais moins épaisses. Le *Cardon d'Espagne*, grande variété du Midi, et le *Cardon Puvis*, estimé dans le Lyonnais, ont aussi les côtes plus larges, mais moins pleines. Il existe quelques races à côtes rouges ou violettes à la base, sans autre intérêt. (G. A.)

CARDOUILLE. — V. **Scolymus hispanicus.**

CARDUACÉES. — Tribu de la famille des *Composées* dont les différentes espèces sont fréquemment nommées Chardons dans le langage familier.

CARDUNCELLUS, Adans. (diminutif de *Carduncullus*, Cardon, et de *Carduus*, Chardon). Syn. *Onobroma*, Gærtn. Fam. *Composées*. — Genre comprenant environ quatorze espèces originaires de la région méditerranéenne et des îles Canaries. Ce sont de jolies plantes vivaces, rustiques, voisines des *Carthamus*. Fleurs toutes tubuleuses, à aigrette sétacée ; bractées de l'involucre imbriquées sur plusieurs rangs ; réceptacle plan, paléacé ou fortement garni de soies. Tout terrain leur convient ; on les multiplie facilement par division des touffes. Ces plantes sont rarement cultivées en dehors des collections botaniques.

C. mitissimus, DC. *Capitule* bleu, terminal, assez gros, oblong, conique. Juin-juillet. *Flles* presque toutes radicales, en rosette; les radicales souvent indivises, oblongues, dentées; les supérieures profondément pinnatifides, terminées par une petite épine non piquante. Tige simple, presque nulle. *Haut.* 20 cent. France, Espagne, etc.

C. monspeliensium, All. *Capitule* bleu, terminal, oblong, conique, un peu moins gros que chez l'espèce précédente. Juin-juillet. *Flles* vert glauque, raides, presque glabres, à nervures saillantes, toutes profondément pinnatifides, à lobes étroits, lancéolés, terminés par une épine raide et piquante. France, etc.

CARDUUS, Linn. (du celtique *ard*, épine). **Chardon**, Angl. Thistle. Fam. *Composées*. — Plus de soixante plantes de ce genre ont été décrites : mais elles peuvent se réduire à environ trente espèces distinctes, habitant l'Europe, l'Asie, l'Afrique et les îles Canaries. Ce sont des plantes herbacées rustiques, annuelles, bisannuelles ou vivaces. Capitules entourés d'un involucre renflé à la base, formé de bractées imbriquées, épineuses ; réceptacle pailleté ; achaines surmontés d'une aigrette à poils rudes, réunis en anneau à la base et caducs ; fleurs toutes tubuleuses et généralement étalées de façon à former un capitule hémisphérique. Les Chardons se cultivent facilement en tous terrains, on les multiplie de semis. Aucune espèce n'est convenable pour les petits jardins d'agrément : mais, dans les grands parcs, on peut en former des groupes dans les endroits agrestes : ils y font assez bon effet. Les plus recommandables pour cet usage sont : *C. acicularis ; C. Candollei ; C. chrysacanthus ; C. nutans ; C. pycnocephalus*, etc. Les *Silybum Marianum* et *Carbenia* (*Cnicus*) *benedicta*, communs dans les jardins, sont fréquemment mentionnés dans les livres et dans les catalogues sous le nom générique de *Carduus*.

CARELIA, Adam. — V. **Ageratum**, Linn.

CARÈNE, Angl. Carina, Keel. — Arête saillante, formée par la proéminence de la nervure médiane ou par un pli à angle aigu et longitudinal, sur la face inférieure d'un organe : ce nom s'applique aussi au pétale inférieur des Papilionacées, par allusion à sa forme rappelant une nacelle ou la carène d'un navire.

CAREX, Linn. (de *keiro*, couper; allusion aux feuilles de plusieurs espèces finement dentées en scie sur les bords et qui coupent les mains lorsqu'on retire celles-ci trop vivement en les prenant). **Laiche**, Angl. Sedge. Fam. *Cyperacées*. — Plus de huit cents plantes de ce genre ont été décrites, mais cinq cents au plus sont suffisamment distinctes pour être considérées comme de bonnes espèces; elles sont abondamment dispersées dans les régions froides et tempérées, mais peu nombreuses dans les tropiques et encore habitent-elles les montagnes ; la France seule n'en compte pas moins de cent vingt. Ce sont des plantes herbacées, vivaces, traçantes ou cespiteuses, croissant pour la plupart dans les lieux humides ou aquatiques. Fleurs monoïques ou très rarement dioïques, réunies dans le même épi ou formant des épis distincts ; les mâles à trois étamines naissant à la base d'une bractée tenant lieu de périanthe ; les femelles à ovaire enfermé dans une utricule recouverte d'une bractée, dont le style exsert porte au sommet un stigmate à trois ou plus rarement deux branches plumeuses. Inflorescence terminale, en épis simples, solitaires, fasciculés ou espacés le long de la hampe et accompagnés chacun d'une bractée foliacée.

Feuilles radicales et caulinaires plus ou moins engainantes, longues et en lanière, entières ou finement dentées sur les bords. La plupart des *Carex* n'ont aucun mérite horticole ; ils sont même très nuisibles dans les prairies humides, car non seulement leur foin n'a aucune valeur, mais leur consommation peut amener des accidents chez quelques animaux ; cependant, quelques espèces peuvent servir, par leurs longs rhizomes traçants (*C. arenaria*), à retenir les sables mouvants ou les talus des fossés et des étangs. Un petit nombre peuvent être introduits dans les parcs, sur le bord des étangs, où leurs grosses touffes font assez bon effet. Quelques-uns sont cultivés en pots pour les garnitures d'appartement.

C. arenaria, Linn. Inflorescence oblongue, compacte ; épis inférieurs femelles ; les intermédiaires mâles au sommet ; les terminaux entièrement mâles ; stigmates deux. *Flles* linéaires, planes, acuminées, rudes sur les bords. Rhizomes longuement traçants et stolonifères. *Haut.* 10 à 30 cent. France, etc., sur le littoral surtout.

C. baccans, Nees. Inflorescence paniculée, entremêlée de bractées foliacées ; utricules de couleur variant à maturité du rouge corail au rouge pourpre lustré. *Haut.* 60 cent. à 1 m. 20. Espèce majestueuse. Himalaya tropical ou sub-tropical.

C. Drymeia, Ehrh. Syn. de *C. sylvatica*, Huds.

C. Grayi, — Epis femelles deux, rarement un, composés de quinze à trente fleurs, formant un bouquet globuleux ; utricules divariqués en tous sens à la maturité. Juillet. *Haut.* 1 m. Amérique du Nord, 1879.

C. gracilis, R. Br. *Fl.* réunies en épillets femelles à la base et mâles au sommet, irrégulièrement pédicellés, fasciculés à l'aisselle de bractées engainantes, bien plus longues qu'eux ; pédicelles de 5 à 20 mm. de long ; utricules ovales, rétrécis en bec court, bidenté, fortement striés et très finement scabres ; stigmates deux ; écailles ovales-lancéolées, aiguës, un peu plus courtes que les utricules. *Flles* très nombreuses, dressées, formant des rejets serrés, brun foncé à la base et entremêlées de bractées scarieuses de même teinte ; linéaires, très étroites, presque planes, vert foncé, de 3 mm. de large et 40 à 60 cent. de long, très finement scabres sur les bords. Australie, Ile Maurice, Himalaya, etc. — Jolie plante vivace, de serre froide, très utile pour les garnitures. (R. H. 1892, p. 383.) (S. M.)

C. japonica variegata, Hort. Epis femelles trois à quatre, étalés, à utricules surmontés d'un long bec étroit et bifide au sommet ; épi mâle solitaire. *Flles* étroites, linéaires, rubanées de blanc, en touffe compacte. *Haut.* 30 cent. Japon. — Espèce presque rustique, cultivée en pots pour les garnitures d'appartements.

C. intumescens, Rudge. Epis femelles à cinq ou huit fleurs ; utricules étalés et dressés à la maturité. Juin. *Haut.* 45 cent. Amérique du Nord.

C. maxima, Scop. Syn. de *C. pendula*, Good.

C. paludosa, Good. Inflorescence composée ; épillets inférieurs, espacés, femelles ; les supérieurs rapprochés, mâles, tous sessiles, dressés ; bractées foliacées, très longues, non engainantes. Mai-juin. *Flles* très larges, carénées, rudes sur les bords. Tige triquètre. *Haut.* 60 cent. à 1 m. France, Angleterre, etc. Aquatique.

C. pendula, Good. Epis femelles très allongés, cylindriques, à pédoncules arqués, pendants ; épi mâle terminal, solitaire. Mai-juin. *Flles* larges, engainantes, lisses sur les bords, égalant presque la tige, celle-ci triquètre, un peu scabre au sommet. *Haut.* 60 cent. à 1 m. France, Angleterre, etc. (Sy. En. B. 1668.) Syn. *C. maxima*, Scop.

C. pseudo-Cyperus, Linn. Epis femelles quatre à six, cylindriques, courts, vert tendre, longuement pédonculés, pendants ; épi mâle terminal, solitaire. Juin. *Flles* de 12 mm. de large, vert tendre ; bractées foliacées. Tige fortement triangulaire. *Haut.* 60 à 1 m. France, Angleterre, etc. (Sy. En. B. 1685.) — Espèce aquatique des plus belles pour l'ornement des pièces d'eau.

C. riparia, Curt. Epis femelles trois à quatre, cylindriques, aigus, presque sessiles, dressés ; les mâles trois à cinq, à écailles cuspidées. Mai. *Flles* larges ; bractées très longues, foliacées. Tige triquètre, scabre sur les angles. France, Angleterre, etc. Fossés, bords des eaux. — Il existe une variété à feuilles panachées, très ornementale.

C. scaposa, Clarke. *Fl.* brunâtres ; épillets de 4 à 6 mm. de long, réunis en plusieurs cymes de 2 1/2 à 5 cent. de large, sur chaque tige, celle-ci forte, dressée, plus longue ou plus courte que les feuilles. Hiver. *Flles* radicales de 30 cent. ou plus de long et 5 cent. de large, elliptiques, lancéolées, acuminées aux deux extrémités, à pétiole ayant de 8 à 10 cent. de long. Sud de la Chine, 1883. Serre froide. (B. M. 6940.)

C. sylvatica, Huds. Epis femelles quatre, un peu grêles, filiformes, longuement pédonculés, légèrement pendants ; bractées foliacées, engainant la moitié du pédoncule. Mai-juin. *Flles* étroites, presque linéaires, vert tendre. Tige grêle, lisse. *Haut.* 30 à 60 cent. France, Angleterre, etc. Bois ombreux. (Sy. En. B. 1665.) Syn. *C. Drymeia*, Ehrh.

CAREYA, Roxb. (dédié au Rev. William Carey de Serampore, botaniste et linguiste distingué). FAM. *Myrtacées*. — Genre comprenant quatre espèces originaires des Indes orientales et de l'Australie tropicale. Ce sont de beaux arbres ou quelquefois des arbustes de serre chaude, à fleurs grandes, disposées en grappes ou en épis interrompus, axillaires ou terminaux. Feuilles alternes, penniveinées, non ponctuées, glabres, réunies au sommet des rameaux. Il leur faut un mélange d'une partie de terre franche, siliceuse et deux de terre de bruyère fibreuse. Multiplication par boutures de bois mûr, qui s'enracinent facilement dans du sable, sous cloches et sur chaleur de fond humide. On peut aussi les propager par division des racines.

C. arborea, Roxb.* ANGL. Slow-match Tree. — *Fl.* sessiles, à pétales blancs ; étamines rougeâtres ; épis terminaux, pauciflores. *Flles* courtement pétiolées, obovales ou oblongues, crénelées-denticulées, d'environ 30 cent. de long. *Haut.* 10 à 20 m. Indes, 1823. Arbre. (B. F. S. 205.)

C. herbacea, Roxb. *Fl.* pédonculées ; pétales pourpre-verdâtre ; étamines rougeâtres ; grappes courtes. Juillet. *Flles* courtement pétiolées, obovales ou obovales-cunéiformes, serrulées, de 10 à 20 cent. de long. *Haut.* 15 à 30 cent. Bengale, 1808. Plante herbacée, à souche ligneuse.

CARICA, Linn. (de *Carie*, nom du pays d'où on les croyait originaires). **Papayer**, ANGL. Papaw-tree. Comprend les *Papaya*, Juss. et *Vasconcella*, Saint-Hil. FAM. *Passiflorées*, tribu des *Papayacées*. — Genre renfermant environ trente espèces originaires de l'Amérique tropicale. Ce sont des arbres de serre chaude, à tronc nu, semblable à celui d'un Palmier, produisant des fruits comestibles et renfermant un suc laiteux, âcre et vénéneux. Fleurs monoïques ; les mâles à dix étamines ; les femelles pentaphylles, à cinq stigmates. Le fruit, qui a la forme d'un melon ou d'un concombre, est consommé par les indigènes, de différentes manières. Feuilles alternes, palmatilobées, à pétioles allongés, arrondis. Les Papayers sont plutôt cultivés dans les serres comme curiosité ou pour étude scientifique que pour leur ornement ou pour leur utilité. Ils se plaisent dans une bonne terre franche, fertile. On les multiplie par boutures munies de toutes leurs feuilles, qui s'enracinent facilement dans du sable, sous cloches et sur chaleur de fond modérée.

C. candamarcensis, — Syn. de *C. cundinamarcensis*.

C. cauliflora, Jacq. *Fl.* jaunâtres. les mâles ordinairement réunies par cinq sur des pédoncules naissant sur des tubercules du tronc. *Flles* à cinq lobes, palmés, les intermédiaires sinués; segments lancéolés, acuminés. *Haut.* 3 à 6 m. Amérique du Sud, 1806.

C. cundinamarcensis, — *Fl.* vertes. *Fr.* jaunes, comestibles. *Haut.* 2 m. Equateur, 1874. Syn. *C. candamarcensis*. (B. M. 6198.)

C. Papaya, Linn. ' Papayer, Angl. Common Papaw. — *Fl.* verdâtres; les mâles en corymbe. *Fr.* comestibles, de la grosseur d'un melon. *Flles* palmées. à sept lobes; segments oblongs, aigus, profondément lobés. *Haut.* 3 à 6 m. Amérique du Sud. 1690. (B. M. 2898.)

CARICOGRAPHIE. — Etude spéciale des *Carex*.

CARIE. — Maladie des végétaux causée par le développement de Champignons inférieurs qui désorganisent leurs tissus. C'est principalement dans les graines que le parasite se développe; le blé surtout en est le plus fréquemment atteint. Bien qu'il n'y ait pas lieu de traiter ici cette question à fond, quelques mots à son sujet ne seront pourtant pas hors de propos.

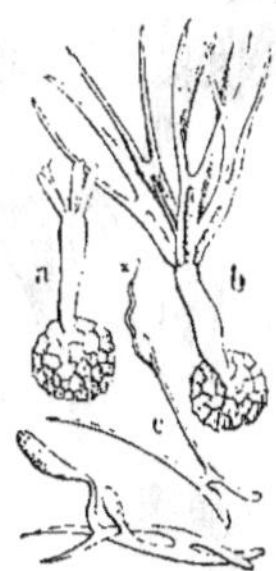

Fig. 628. — Carie. (*Tilletia Caries.*)
a, spores germant; *b*, formation de faisceaux de sporidies; *c*, sporidies géminées. (D'après Baillon.)

Le grain infesté par le *Tilletia Caries*, ne paraît pas altéré extérieurement, mais il renferme une substance grise, résultant de la désorganisation de l'albumen par ces filaments du cryptogame, devenant à la fin noire, grasse et répandant une odeur désagréable, analogue à celle de la marée. Ces caractères permettent déjà de distinguer nettement la Carie du Charbon; mais l'examen microscopique montre d'autres caractères encore plus différents. Le sulfatage de la semence, à 1/2 ou 1 p. 100 de sulfate de cuivre, remède simple et facile, prévient efficacement son apparition. V. aussi **Charbon** et **Tilletia**. (S. M.)

CARINÉ. — V. **Caréné**.

CARIOPSE. — V. **Caryopse**.

CARISSA, Linn. (probablement leur nom indien; en Mahratta, *Korinda*). Comprend les *Arduina*, Linn. Fam. *Apocynacées*. — Genre renfermant environ vingt-deux espèces originaires de l'Afrique, de l'Asie et de l'Australie tropicale. Ce sont des arbres ou des arbustes de serre chaude, très rameux, munis d'épines simples ou bifurquées. Fleurs blanches, disposées en cymes dichotomes, axillaires et terminales. Feuilles opposées, coriaces, à épines interpétiolaires. On les cultive de préférence dans un compost de terre franche et de terre de bruyère. Multiplication par boutures de bois mûr, que l'on plante dans du sable, sous cloches et sur chaleur de fond. Leurs produits sont employés à des usages économiques dans leur pays natal.

C. Arduina, Lamk. *Fl.* blanches, petites, odorantes, disposées en corymbes terminaux. Mars-août. *Baies* rouges. *Flles* ovales-cordiformes, mucronées, presque sessiles, vert foncé, plus grandes que celles du Buis. Epines géminées, mais ordinairement bifides; une pointe est alors dirigée en haut. l'autre en bas. *Haut.* 1 m. à 1 m. 50. Cap, 1760. Syn. *Arduina bispinosa*, Linn.

C. Carandas, Linn. Calac. — *Fl.* blanc de lait, semblables à celles du Jasmin, disposées en corymbes pauciflores, axillaires et terminaux. Juillet. *Flles* ovales, mucronées ou elliptiques, obtuses, glabres; épines souvent fourchues. *Haut.* 5 à 6 m. Indes, 1790. (L. B. C. 663.)

C. grandiflora, — ' *Fl.* blanches, odorantes, en coupe, de 5 cent. de diamètre. Mai. *Flles* vert foncé; épines axillaires, fourchues. Natal, 1862. (B. M. 6307.)

C. spinarum, Linn. *Fl.* blanches, à pétales lancéolés; pédoncules terminaux. portant quatre à cinq fleurs. Août-décembre. *Flles* petites, ovales, aiguës, veinées, brillantes. Branches dichotomes, munies de deux épines à chaque ramification, une au-dessus de la branche, l'autre au-dessous, rouges au sommet et brillantes. *Haut.* 6 m. Indes, 1809. (L. B. C. 162.)

C. Xylopicron, D.-P. Thou. Bois d'Absinthe. — *Fl.* blanches, à pétales aigus; pédoncules latéraux, épineux, uni- ou biflores. Juillet. *Flles* ovales, acuminées, glabres, à trois-cinq nervures. Branches formant une cyme pyramidale. *Haut.* 6 m. Bourbon, 1820.

CARLINA, Linn. (de *Carolus*, parce que l'armée de Charles-Quint fut, dit-on, guérie de la peste, en Barbarie, par cette plante). **Carline**. Fam. *Composées*. — Genre comprenant environ quatorze espèces habitant l'Europe, l'Afrique boréale et l'Asie tempérée. Ce sont des plantes herbacées, rustiques ou demi-rustiques, annuelles, bisannuelles ou vivaces. Fleurs en capitules entourés d'un involucre renflé à la base, formé de deux sortes de bractées; les extérieures foliacées, développées, imbriquées, épineuses; les intérieures réduites, scarieuses, colorées, étalées, rayonnantes; réceptacle paléacé; aigrette plumeuse. Feuilles entières ou profondément découpées, à dents épineuses. Les Carlines préfèrent les terrains secs, calcaires; on les multiplie par semis et par éclats. Quelques-unes seulement sont dignes d'être cultivées dans les jardins pour l'ornement des rocailles et des lieux agrestes.

Fig. 629. — Carlina acaulis.

C. acanthifolia, All. ' *Capitules* à bractées rayonnantes, blanches. Juin. *Flles* étalées en rosette, pinnatifides, duveteuses en dessous à segments dentés, anguleux, épineux. Plante acaule, uniflore, bisannuelle ou vivace, rustique. Europe méridionale; France, etc. (A. F. P. III, 51.)

C. acaulis, Linn. *Capitules* à bractées rayonnantes blanches. Juin. *Flles* glabres, pinnatifides, à segments anguleux, aigus, dentés. Plante uniflore, acaule ou courtement caulescente, vivace, rustique. *Haut.* 20 cent. Europe; France, etc. Syns. *C. Chamæleon*, Vill. et *C. subacaulis*, DC. (G. C. 1880, XIII, 1720.)

C. Biebersteiniana, Hornem. *Capitules* à bractées rayonnantes, purpurines. Août. *Haut.* 60 cent. Caucase, 1816. Espèce vivace, rustique.

C. Chamæleon, Vill. Syn. de *C. acaulis*, Linn.

C. subacaulis, DC. — Syn. de *C. acaulis*, Linn.

CARLUDOVICA, Ruiz. et Pav. (dédié à Charles IV, roi d'Espagne et à la reine Louise, sa femme). Syns. *Ludovia*, Pers., et *Salmia*, Willd. Fam. *Cyclanthacées*. — Genre comprenant environ trente-quatre espèces de l'Amérique tropicale et des Indes occidentales. Ce sont de

Fig. 630. — Carludovica humilis. (*Rev. Hort.*)

belles plantes vivaces, de serre chaude, à port de Palmier. Fleurs monoïques, réunies en glomérules insérés en spirale sur un spadice cylindrique, dressé, pédonculé, muni de plusieurs spathes caduques, blanches ou roses ; chaque glomérule se compose de quatre fleurs mâles et d'une fleur femelle centrale, portant quatre filaments (staminodes) très longs, réfléchis. Leurs feuilles sont alternes, rigides, flabelliformes, bi- tri- ou quinquépartites, nettement ou longuement atténuées en pétiole inerme. Tige courte, allongée ou quelquefois sarmenteuse et pourvue de racines aériennes. Les *Carludovica* sont très décoratifs, plusieurs espèces sont des plus propres à l'ornement des pelouses pendant l'été. C'est avec leurs feuilles coupées en minces lanières que l'on confectionne les chapeaux dits de Panama. Ces plantes se traitent comme la plupart des plantes de serre chaude ; elles se plaisent dans un compost de deux parties de terre de bruyère et une de terre franche siliceuse ; il leur faut beaucoup d'eau. Multiplication par bouturage des bourgeons qui se développent à la base des tiges.

C. atrovirens, Wendl. * *Flles* profondément bilobées, glabres, vert très foncé ainsi que les pétioles. Plante à beau feuillage ornemental.

C. Caput Medusæ, Hook. f. *Fl.* à filaments blancs. *Flles* larges, plissées, lobées, de 1 m. 50 à 2 m. de long. Belle plante de serre chaude. Origine douteuse, 1890. (B. M. 7118.)

C. Drudei, — * *Fl.* blanc d'ivoire, sur un spadice pédonculé, dressé, cylindrique. *Flles* en touffe, d'un beau vert foncé, transversalement oblongues, palmées, trilobées, à lobes plissés, profondément et irrégulièrement incisés sur les bords; de 40 cent. de long et 80 cent. de diamètre. *Haut.* 1 m. 20. Colombie, 1878. (G. C. n. s. 8, 715.)

C. elegans, Williams. *Flles* en éventail, divisées en quatre à cinq segments profondément découpés en lanières étroites; ayant 1 m. de diamètre. Origine inconnue, 1889.

Fig. 631. — Carludovica palmata.

C. ensiformis, — *Fl.* blanches, en épis compacts. *Flles* bipartites, ensiformes. *Haut.* 60 cent. Costa-Rica, 1875. (B. M. 6418.)

C. humilis, Pœpp. * *Flles* d'un beau vert foncé, rhomboïdes, profondément bifides au sommet, ayant 30 à 45 cent. de long et 20 à 30 cent. sur leur plus grand diamètre. Nouvelle-Grenade. Très belle espèce, mais rare. (R. H. 1869, 71.)

C. palmata, Ruiz et Pav. *Flles* d'un beau vert foncé, en éventail, de 60 cent. à 1 m. de diamètre, plissées, partagées jusqu'au pétiole en trois-cinq lobes divisés en segments étroits; pétioles de 1 m. 30 à 2 m. de long, arrondis, lisses. Pérou, 1818. (R. H. 1861, 10.)

C. Plumieri, — *Fl.* en spadices pendants, de 1 m. 30 de long, axillaires, pédonculés, couverts de filaments tordus. *Flles* alternes, bipartites, à divisions lancéolées, plissées, côtes proéminentes; vert tendre sur la face supérieure, plus pâle sur l'inférieure. Tige dressée, ondulée. Origine inconnue.

C. purpurata, — *Flles* vert foncé, de 60 cent. ou plus de long et 30 à 45 cent. de large, bifides au sommet, graduellement rétrécies à la base; pétioles de 60 cent. à 1 m. 30 de long, glabres, pourpre rougeâtre. Amérique tropicale.

C. rotundifolia, Wendl. * *Flles* flabelliformes, divisées jusqu'à la base en trois segments découpés en plusieurs lobes élégamment pendants. Costa Rica. — Espèce analogue au *C. palmata*, mais à spadice une fois plus grand. (B. M. 7083.)

C. Wallisii, — * *Fl.* blanches, très odorantes, en spadice oblong, arrondi. *Flles* ovales, bilobées, plissées; chaque division mesure environ 30 cent. de long et 15 à 25 cent. de large; pétioles dressés, semi-arrondis. Colombie, 1879. (R. G. 992.)

CARMICHÆLIA, R. Br. (dédié au capitaine Dugald Carmichael, célèbre botaniste écossais, auteur de *Flora of the Island of Tristan da Acunha*, insérée dans le douzième volume des *Transactions of the Linnean Society*). Fam. *Légumineuses*. — Genre comprenant neuf ou dix espèces originaires de l'Australie et de la Nouvelle-Zélande. Ce sont des arbustes très ornementaux, de serre froide, à rameaux jonciformes, souvent aphylles. Fleurs petites, munies de bractées et de bractéoles, réunies en grappes courtes, solitaires ou fasciculées, se succédant pendant fort longtemps. Feuilles imparipennées, à folioles petites, obcordées ou réduites à de petites écailles. On les cultive dans un compost de terre de bruyère, auquel on peut ajouter une toute petite quantité de terre de bruyère fibreuse ou de terreau de feuilles. Multiplication en avril-mai, par boutures de rameaux latéraux à moitié mûr, que l'on plante dans du sable, sous cloches et en serre froide.

C. australis, R. Br. * *Fl.* lilas, en grappes simples, naissant dans les denticulations des branches. Mai-septembre. *Flles* à trois-sept paires de folioles obcordées. Branches comprimées. *Haut.* 60 cent. à 1 m. 20. Nouvelle-Zélande, 1800. (B. R. 912.)

C. Mulleriana, Regel. *Fl.* blanchâtres, striées de pourpre, petites, solitaires ou géminées à l'aisselle des feuilles. *Flles* à une-trois folioles petites, obovales, émarginées, d'environ 6 mm. de long; pétioles un peu plus longs. Branches grêles, comprimées, à rameaux disposés comme des pinnules; ramilles filiformes, dichotomes. *Haut.* 30 cent. environ. Nouvelle-Zélande, 1887.

CARNIVORES. — Nom donné aux plantes qui, d'après certains auteurs, seraient susceptibles de digérer et de se nourrir de la chair des petits insectes qui viennent se faire prendre dans leurs feuilles. Les *Drosera* et le *Dionea muscipula* sont souvent cités comme exemples. (S. M.)

CARONCULE. — On désigne ainsi un petit corps

a.

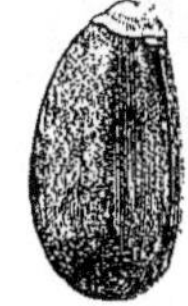

b.

Fig. 632. — Caroncules.
a, *Ricinus*; b, *Jatropha*.

charnu, de forme et de grosseur variable, situé autour du hile de certaines graines. Cet organe a beaucoup d'analogie avec l'arille; pour certains auteurs, il n'en est même qu'une forme particulière. Les graines du Ricin et de beaucoup d'autres Euphorbiacées, celles des Fèves, des Haricots, etc., sont munies d'un caroncule. V. aussi **Arille**. (S. M.)

CAROLINEA, Linn. f. — V. **Pachira**, Aubl.

CAROTTE, Angl. Carrot. (*Daucus Carota*, Linn.). — Plante rustique, bisannuelle, de culture annuelle pour son produit. La Carotte sauvage, d'où paraissent être sorties toutes les variétés cultivées, est très commune en Europe. La récolte ou plutôt la succession de récoltes qu'on peut obtenir de cette plante en font une précieuse ressource pour la table, mais il faut naturellement pour cela en faire plusieurs semis en saisons différentes; cela permet d'ailleurs d'avoir toujours des Carottes bien tendres et non à chair dure et fibreuse, comme en donnaient jadis certaines races qu'on laissait trop longtemps en terre.

Sol. — Les Carottes demandent une bonne terre franche et meuble ou bien ameublie, assez profonde et, de préférence, fraiche. Il est bon de ne pas fumer directement pour les Carottes, car on risquerait d'avoir des racines fourchues, ou alors il faut employer du fumier bien décomposé, qu'on enfouit à l'automne. Selon la profondeur du sol dans le potager, et selon l'époque du semis, on emploie les variétés courtes, demi-longues ou longues.

Culture. — On laboure le terrain, à l'automne de préférence, et pour les variétés à racines longues, on le défonce à la profondeur de 40 cent. — Au printemps, avant de semer, on ameublit le sol à la fourche et, avec le râteau, on nivelle bien la surface, puis l'on sème, soit à la volée, soit en lignes, en espaçant celles-ci de 12 à 25 cent., suivant la variété à semer. Aujourd'hui, on trouve généralement dans le commerce des graines persillées ou ébarbées; si l'on avait à semer des graines en barbes, il faudrait auparavant mêler à ces graines un peu de sable fin et les frotter dans les mains pour qu'elles se séparent l'une de l'autre et ne tombent pas par paquets sur le sol où elles pousseraient en touffes. Les graines semées, on les recouvre légèrement, on ratisse pour enlever les pierres ou les grosses mottes qui resteraient à la surface, puis on plombe ou on piétine un peu le semis et on se trouve bien de le recouvrir d'une légère couche de terreau bien divisé. — En pleine terre, on peut faire les premiers semis dès février, en côtière, près d'un mur au midi, avec la *Carotte grelot* ou la *C. courte hâtive*; quand les plants ont trois à quatre feuilles, on les éclaircit une première fois à 8 ou 10 cent., et on enlève les mauvaises herbes; on éclaircit ensuite une seconde et, au besoin, une troisième fois, en prenant pour la consommation les racines déjà à demi-formées. Les binages et arrosages doivent être assez fréquents.

Les semis qui se font ensuite successivement jusqu'à la fin d'avril, en planches ordinaires, comprennent soit la *Carotte courte hâtive*, soit les races demi-longues, soit les longues; de la fin d'avril à la fin de juin, on ne sème plus guère que ces deux dernières sortes qui fourniront la provision d'automne ou d'hiver; on sème généralement en lignes espacées de 15 à 25 cent., selon le volume des races employées, et on éclaircit à 12 ou 15 cent., en une ou deux fois. — Les Carottes pour l'arrière-saison sont récoltées par un temps sec, on coupe les feuilles au ras du collet et on conserve les racines soit en les entassant dans des caves saines ou des celliers, ou mieux en les y disposant par lits, séparés par une petite couche de sable sec, soit encore en les mettant en silos qu'on recouvre de litière et auxquels on donne de l'air quand le temps le permet.

Dans certaines contrées où cette plante est cultivée très en grand comme légume, on sème, à la fin de juillet ou au commencement d'août, des Carottes qu'on laisse en terre pendant l'hiver, pour être consommées au printemps. Elles s'y conservent très bien, moyennant une couche de feuilles, qu'on diminue en février, quand le temps commence à s'adoucir, pour qu'elles ne se mettent pas à pousser trop vite ; on se sert de préférence de feuilles de Chêne ou de feuilles de Hêtre que leur contexture solide empêche de pourrir facilement. La *Carotte rouge demi-longue nantaise* passe pour conserver mieux qu'aucune autre sa bonne qualité dans ces conditions.

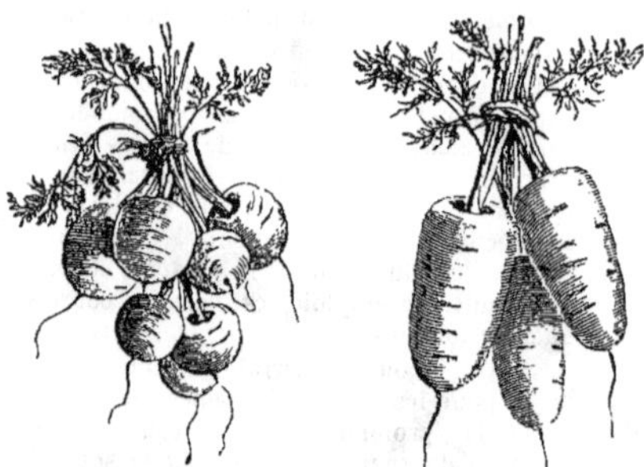

Fig. 633. — Carotte rouge très courte à châssis. Fig. 634. — Carotte rouge courte hâtive.

CULTURE FORCÉE. — Le forçage sur couche de la Carotte se fait à partir du 15 octobre jusqu'à la fin de février ; on ne se sert dans ce cas que de la *Carotte rouge très courte à châssis* ou *Carotte grelot* et de la *Carotte rouge à forcer parisienne.* Pour établir les couches, on enlève de la planche où elles seront faites, 12 ou 15 cent. de la terre ou du terreau qui forme la surface, de la largeur des coffres qu'on y installera, puis on porte sur cet emplacement du fumier neuf et du fumier vieux ou fait, en égales proportions, on les mélange intimement et on monte la couche d'une façon très régulière, jusqu'à ce qu'elle ait 50 à 60 cent. d'épaisseur. On piétine alors le fumier pour bien le tasser, on comble les creux existant à la surface, et on nivelle partout avec le dos de la fourche. Cela fait, on place les coffres destinés à recevoir les châssis et on charge le fumier d'une épaisseur de 12 à 15 cent. de terreau ; celui-ci est hersé à la fourche, on donne un coup de rateau pour enlever les mottes et égaliser la surface et on sème aussitôt la Carotte. On herse de nouveau légèrement pour recouvrir les graines, on plombe le terreau avec une batte, afin qu'il n'y ait pas de creux à l'intérieur et de manière que les bords de chaque côté soient un peu relevés. Ordinairement, les maraichers sèment en même temps sur ces couches des Radis à forcer et y contreplantent des Laitues, ou plus tard de jeunes pieds de Choux-fleurs préparés dans ce but.

Dès que les semis sont faits, on place les châssis sur les coffres et on les couvre de paillassons lorsque les froids l'exigent. — Il faut également, autant que le temps le permet, donner de l'air aux jeunes plants,

Fig. 635. — Carotte rouge demi-courte obtuse de Guérande.

les éclaircir, s'ils sont trop drus, avant qu'ils soient formés, sarcler et arroser suivant le besoin, même par les temps froids. Lorsqu'on éclaircit, ou qu'on enlève d'autres sortes contre-plantées, il faut avoir soin de regarnir avec un peu de terreau, pour que le collet des Carottes soit toujours enterré jusqu'au haut et ne verdisse pas.

Fig. 636. — Carotte rouge demi-longue nantaise.

VARIÉTÉS. — Parmi les meilleures nous citerons :

C. rouge très courte à châssis ou C. grelot, presque ronde, très hâtive, convient pour pleine terre et châssis. (A. V. P. t. 4-1.)

C. rouge courte à forcer parisienne, issue de la première, encore plus hâtive, généralement plus aplatie et convenant exclusivement pour la culture sur couche.

C. rouge courte hâtive, peut à la rigueur se forcer sous châssis, comme les précédentes, mais se fait le plus souvent en pleine terre. (A. V. P. t. 1-11.)

C. rouge demi-courte de Guérande, à peu près de même forme que la courte hâtive, mais beaucoup plus large. (A. V. P. t. 36-4.)

C. rouge demi-longue pointue, fusiforme, productive, demi-hâtive. (A. V. P. t. 4-2.)

C. demi-longue obtuse, très bonne race à bout un peu arrondi.

C. rouge demi-longue nantaise, presque cylindrique, à bout rond et collet fin, à chair bien rouge et généralement sans cœur, d'excellente qualité ; elle est presque

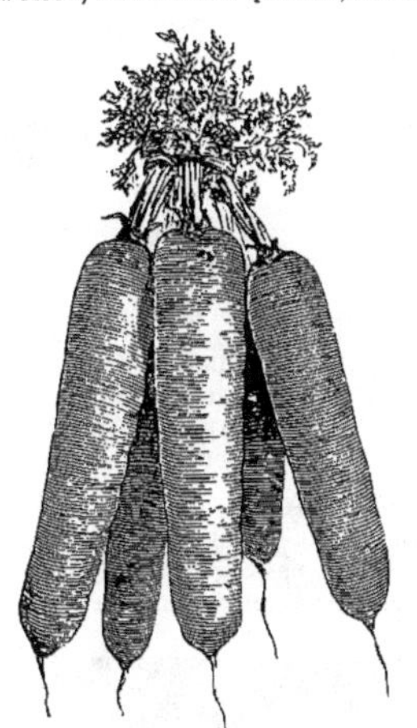

Fig. 637. — Carotte rouge longue lisse de Meaux.

aussi hâtive que la rouge courte hâtive et c'est aujourd'hui, à juste titre, la plus cultivée de toutes les Carottes potagères. (A. V. P. t. 20-5.)

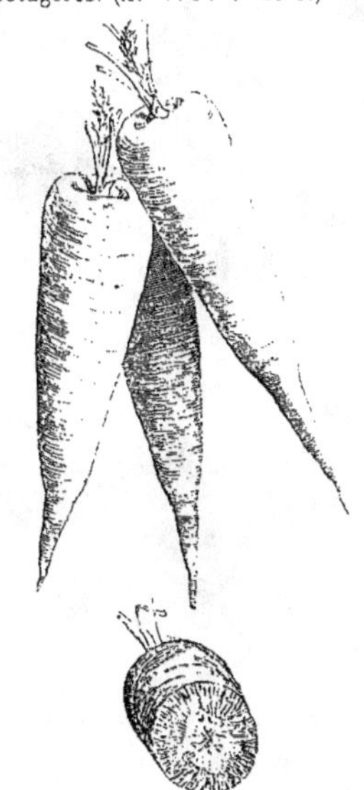

Fig. 638. — Carotte rouge longue de Saint-Valéry.

C. rouge demi-longue de Chantenay, sorte de C. de Guérande, mais plus allongée. (A. V. P. t. 42-4.)

C. rouge demi-longue de Luc, un peu plus forte que les précédentes.

C. rouge longue de Saint-Valéry, très belle race, à pivot lisse et bien régulier, à chair et peau très rouges, de très bonne qualité pour la cuisine et en même temps d'un rendement assez élevé pour être faite en grande culture. (A. V. P. t. 32-5.)

C. rouge longue obtuse sans cœur plus longue, plus productive et plus tardive que la Nantaise. (A. V. P. t. 28-1.)

Parmi les races fourragères :

Carotte rouge longue à collet vert, très rustique et d'un grand rendement. (A. V. P. t. 3-3.)

Carotte jaune longue, très ancienne variété, rustique et productive aujourd'hui employé pour la nourriture du bétail. (A. V. P. t. 1-10.)

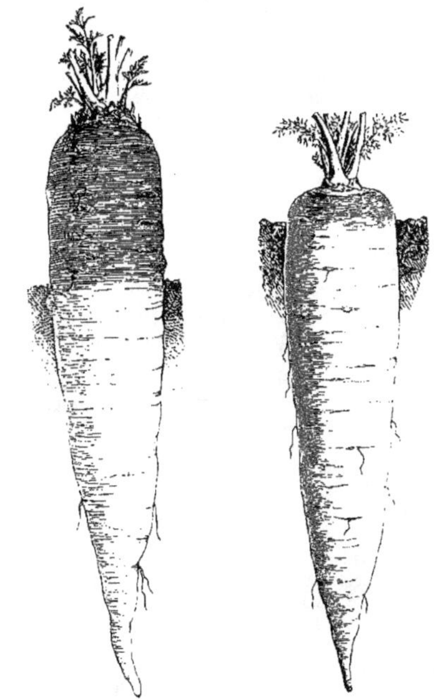

Fig. 639. — Carotte blanche à collet vert. Fig. 640. — Carotte blanche améliorée d'Orthe.

C. blanche à collet vert, donne un produit considérable, très cultivée partout. (A. V. P. t. 2-2.)

C. blanche améliorée d'Orthe, sous-variété de cette dernière, plus large et plus enterrée.

C. blanche des Vosges, à racine bien enterrée, large et courte et, par suite, convenant surtout aux terres qui ont peu de fond. (A. V. P. t. 4-3.)

Insectes nuisibles.

Teigne de la Carotte, Angl. Carrot-blossom Moth. (*Depressaria daucella*, *Tinea daucella*). — La chenille de ce papillon cause en été des dommages considérables dans les ombelles des Carottes qu'elle enveloppe de ses toiles et dont elle dévore soit les fleurs, soit les graines à peine formées. Cette chenille est d'un gris verdâtre ou d'un jaune sale, parsemée de veines noires et couverte de poils, avec de légères stries le long du dos ; la tête et la partie supérieure du premier anneau sont bruns ou noirs ; à son complet développement, elle est longue d'environ 1 cent. 1/2. Quelquefois, elle se change en chrysalide dans l'ombelle même de la Carotte, mais le plus souvent elle s'introduit dans la tige avant de se métamorphoser. Les ailes antérieures étendues, le petit papillon mesure à peine 2 cent. de large. La tête et le corselet sont d'un brun roux tacheté de noir ; les ailes antérieures sont de la même couleur, marquées de blanc, avec des stries noires ; les postérieures sont d'un gris clair.

D'autres espèces, appartenant au même genre **Depressaria** (V. ce nom), vivent également sur la Carotte, sur les Panais et autres Ombellifères cultivées pour leurs graines ; leurs mœurs et leurs ravages sont les mêmes, mais ceux-ci sont rarement sérieux.

Le seul moyen efficace, mais qui n'est guère pratique dans une grande culture, pour détruire cette peste, consiste à secouer les plantes infestées ; les chenilles descendent alors le long de leurs fils, puis on les écrase sur place, ou on les brûle. La poudre d'Hellébore, pourrait en ce cas être de quelque utilité, mais c'est un poison violent et son emploi demande des précautions. On pourrait encore essayer d'autres insecticides en poudre.

Mouche et ver de la Carotte, Angl. Carrot Grub. (*Psylomia Rosæ*). — Le ver de la Carotte occasionne de grands ravages dans les racines ; il est cylindrique et de couleur jaune pâle ; le corps est légèrement aminci vers la bouche, tandis que la partie postérieure est arrondie à l'extrémité ; sa peau est unie et luisante. Il porte à l'arrière du corps deux petits tubercules noirs. Quand la larve est complètement développée, elle creuse une galerie jusqu'au cœur de la Carotte et s'y change en chrysalide d'un brun clair et de forme ovale. La mouche à l'état parfait est d'un noir brillant, à reflets gris clair. Elle a les pattes jaunes, les ailes d'une transparence hyaline ; la tête est d'un jaune rougeâtre, les antennes et les palpes sont pointés de noir.

Ces vers sont probablement les plus redoutables de tous les insectes qui attaquent la Carotte. Ils creusent des galeries dans les racines, surtout dans celles qui sortent de terre ; le collet noircit, les feuilles se fanent ou jaunissent, et souvent la plante meurt. Il arrive que, dans certains jardins, les récoltes sont ainsi presque entièrement perdues. Dès qu'on s'aperçoit, par l'aspect languissant du feuillage, qu'il y a des plantes attaquées, il faut les arracher de suite, les brûler ou les détruire entièrement d'une façon quelconque, de façon à tuer sûrement la larve et l'empêcher de se transformer et se multiplier. Une bonne mesure préventive consiste à enfouir de la chaux dans le sol en labourant avant l'hiver, ou bien à répandre de la chaux ou de la suie dans les lignes, au moment du semis. On recommande aussi de ne pas faire deux récoltes successives de Carottes dans le même terrain, surtout si ces insectes ou d'autres analogues existent déjà dans le sol.

M. Fallou[1] a récemment signalé les ravages occasionnés en Seine-et-Oise par les larves d'un Charançon (*Molytes coronatus*) sur les racines des Carottes. La ponte a lieu au mois de mai ; les larves s'introduisent dans les racines, vers la base et y creusent, en remontant, des galeries qui s'arrêtent au-dessous du collet.

L'insecte restant toujours à 10 ou 20 cent. au-dessous du sol, on conseille de cultiver des Carottes courtes et naturellement de détruire à la main le plus d'insectes possible.

Araignée de terre. — Le Théridion de la Carotte, qu'on appelle vulgairement Araignée de terre, détruit parfois les jeunes semis de Carotte, quand ils viennent de lever. On les écarte facilement en arrosant les jeunes plantes avec une solution d'eau et de suie ou une infusion à froid de feuilles d'Absinthe, de Tabac ou de Noyer.

(G. A.)

[1] L. Moutillot, *Les insectes nuisibles*.

CAROTTE en arbre. — V. **Thapsia edulis.**

CAROUBIER. — V. **Ceratonia siliqua.**

CARPELLAIRE. — Qui a rapport au carpelle.

CARPELLE. — Nom donné aux fruits partiels provenant d'une seule fleur. Le carpelle est formé d'une feuille modifiée, dont les bords réunis et soudés, portent un ou plusieurs ovules sur leur côté interne.

CARPENTERIA, Torrey. (dédié au feu professeur Carpentier, de la Louisiane). Fam. *Saxifragées*. — Genre monotypique dont l'espèce connue est un grand arbuste d'ornement, relativement rustique sous notre climat ; il se plaît dans une bonne terre franche. On peut le multiplier par semis et par boutures ou par marcottes.

Fig. 641. — Carpenteria californica. (*Rev. Hort.*)

C. californica, Torrey.* *Fl.* blanches, à odeur suave ; étamines nombreuses, disposées en cymes terminales. *Flles* largement lancéolées, entières, de 5 à 8 cent. de long et

1/2 cent. de large, penniveinées, blanchâtres et finement pubescentes en dessous. Sierra Nevada, 1880. (B. M. 6911; Gn. 1887, part. 1, 581.)

CARPINUS, Linn. (nom latin employé par Pline). **Charme**, Angl. Hornbeam. Fam. *Cupulifères*. — Genre comprenant douze espèces d'arbres à feuilles caduques, de taille moyenne, habitant les régions tempérées de l'hémisphère boréal. Fleurs monoïques, très précoces, réunies en chatons. Chatons mâles plus tardifs que les femelles, cylindriques, sessiles, à bractées imbriquées,

Fig. 642. — Carpinus Betulus.

portant à l'intérieur de trois à vingt étamines; chatons femelles lâches, pendants, à bractée extérieure entière, portant deux écailles renfermant chacune une fleur; cette bractée est trilobée, persistante et s'accroît avec le fruit. Feuilles simples, alternes, caduques, dépourvues de stipules. Le *C. Betulus*, le plus cultivé, est assez répandu dans les bois comme essence forestière et très employé dans les parcs et jardins pour former des haies; il supporte très bien la taille et la tonte et se prête volontiers aux différentes formes que l'on désire lui donner. Cet arbre forme aussi un bon abri, car il résiste bien aux intempéries et ses feuilles persistent sur les branches assez longtemps après qu'elles sont mortes. Son bois dur et d'un grain fin est employé pour les ouvrages de tour et de charronnerie. Les graines mûrissent à la fin de l'automne; leur germination est un peu irrégulière, quelques-unes sortent la première année, les autres la seconde. Leur semis a lieu en pépinière, à la volée. Lorsque les plants sont trop serrés, on doit les transplanter la première année, mais lorsqu'ils sont suffisamment espacés, on peut attendre la seconde; à cet âge, ils sont aptes à la plantation des haies; plus âgés, ils sont allongés et impropres à cet usage. Il convient de raccourcir les racines en les plantant.

C. americana, Michx.' *Flles* ovales-oblongues, aiguës, finement et doublement dentées en scie, presque glabres à l'état adulte; bractée persistante trilobée, en forme de hallebarde, faiblement dentée sur un côté.

C. Betulus, Linn. Charme commun, Charmille (en haie), Angl. Common Hornbeam. — *Fl.* vert jaunâtre. Avril-mai. *Fr.* sec, renfermant une graine; bractée persistante plane, oblongue, dentée, munie de deux lobes latéraux rapprochés de la base et enveloppant imparfaitement le fruit; mûrit en octobre-novembre. *Haut.* 10 à 20 m. France, Angleterre, etc. — Il existe plusieurs variétés différant par la forme des feuilles; les principales sont: *aurea variegata, incisa, quercifolia variegata.*

C. japonica, Blume. *Fl.* mâles en chatons cylindriques, à bractées ovales, étalées; chatons femelles grands, ellipsoïdes, à bractées grandes, imbriquées, dentées. *Flles* lancéolées-ovales, longuement acuminées, doublement dentées en scie sur les bords. Arbre nain. Japon, 1889.

CARPOCAPSA. — V. **Pyrale**.

CARPOCAPSA pomonana. — V. **Pommier** (Pyrale du).

CARPODINUS, R. Br. (de *karpos*, fruit, et *dineo*, s'enrouler; signification obscure). Fam. *Apocynées*. — Genre comprenant trois ou quatre espèces d'arbustes grimpants, toujours verts, de serre chaude, originaires de l'Afrique tropicale occidentale. Fleurs disposées en cymes denses, pauciflores, sessiles à l'aisselle des feuilles. Fruit bacciforme, ovoïde, comestible. Feuilles entières, opposées, courtement pétiolées. Il leur faut un mélange de terre franche et terre de bruyère siliceuse; leur multiplication s'opère facilement par boutures de rameaux semi-aoûtés. L'espèce suivante est la plus répandue.

C. dulcis, G. Don. *Fl.* vertes, presque sessiles, géminées, axillaires. Juin. *Flles* ovales-lancéolées, glabres. *Haut.* 2 m. 50. Sierra Leone, 1822. Arbuste fruitier.

CARPODONTOS, Labill. — V. **Eucryphia**, Cav.

CARPOLITHES. — Nom donné par quelques botanistes aux concrétions pierreuses que l'on trouve à l'intérieur des fruits et notamment des poires. V. aussi **Carrière des fruits**.

CARPOLOGIE. — Partie de la botanique descriptive qui a pour objet l'étude des fruits.

CARPOLYZA, Salisb. (de *karpos*, fruit; et *lyssa*, rage; allusion au mode particulier de déhiscence). Syn. *Hessa*, Berg. Fam. *Amaryllidées*. — Genre monotypique dont l'espèce connue est une jolie petite plante bulbeuse, originaire du Cap. Pour sa culture, V. **Ixia**.

C. spiralis, Salisb.' *Fl.* blanches, rougeâtres à l'extérieur; hampes filiformes, de 10 à 15 cent. de haut, tordues en spirale depuis la base jusqu'au milieu, droites dans leur partie supérieure, portant une ombelle de deux à quatre fleurs; périanthe à tube court, élargi dans sa partie supérieure; spathe bivalve. Avril-mai. *Flles* filiformes, tordues en spirale. Cap, 1791. Syn. *Strumaria spiralis*. (B. M. 1383.)

CARPOPHORE. — Partie du réceptacle de la fleur, filiforme, plus ou moins allongé ou capité, qui porte les organes femelles et plus tard le ou les fruits. Cet organe forme tantôt une sorte de pédoncule du fruit (*Capparis, Phaca, Euphorbia*), tantôt un réceptacle portant les ovaires (*Fragaria, Potentilla*, etc.). Ce nom s'applique aussi à un organe particulier de la fructification des Mousses. (S. M.)

CARPOPOGON, Roxb. — V. **Mucuna**, Adans.

CARPUM, CARPE. — Suffixe employé dans les mots composés grecs, signifiant *fruit*.

CARRÉE (forme). — La forme carrée est une de celles que l'on applique particulièrement au Pêcher cultivé en espalier; elle est à symétrie bilatérale et se compose d'un tronc court, se ramifiant à 45 cent. du sol, en deux branches mères dirigées à droite et à gauche comme les branches d'un V ouvert à 90 deg. De dessous ces branches mères partent des branches *charpentières* dirigées presque horizontalement. Ce sont les charpentières inférieures. De dessus, il en part d'autres dont la direction est presque verticale,

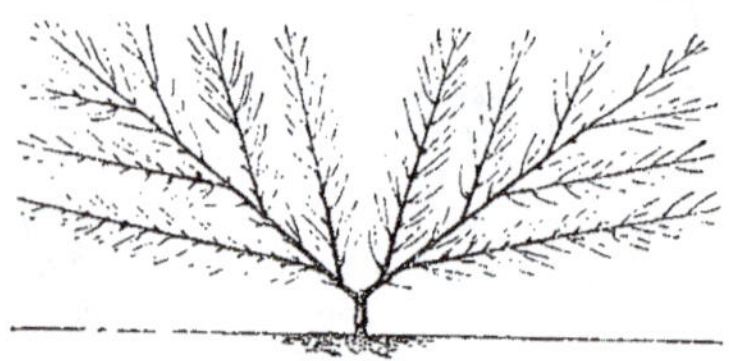

Fig. 643. — Espalier forme carrée. (*Rev. Hort.*)

ce sont les *charpentières supérieures*, à cause de leur position en dessus; elles tendent presque toujours à nuire aux autres situées en dessous; c'est pour cette raison, principalement, que cette forme difficile à créer et à maintenir bien équilibrée doit être rejetée par les arboriculteurs novices. Au contraire, les arboriculteurs de profession, comme jadis M. Lepère, fournissent la preuve de leur talent en élevant d'une manière parfaite ces irréprochables carrés de Pêcher qui sont la gloire de plusieurs Montreuillois. V. aussi **Forme.** (G. B.)

CARREGNOA, Boiss. — V. **Tapeinanthus**, Herb.

CARRIÈRE des fruits. — Nom donné à de petits corps durs que l'on observe à l'intérieur de certains fruits; on les nomme vulgairement pierres, par allusion à leur dureté; quelques botanistes leur ont aussi appliqué le nom de *carpolithes*. Ces concrétions sont surtout fréquentes dans les poires et dans les coings, mais plusieurs autres fruits en renferment également. C'est surtout au centre du fruit, autour des pépins et le long de l'axe jusqu'à l'ombilic, qu'elles sont plus grosses et réunies en plus grande abondance. (S. M.)

CARTHAMUS, Linn. (de l'arabe *qortom*, peindre; en hébreu, *quarthami;* allusion aux propriétés tinctoriales de ces plantes). **Carthame**, Angl. Safflower. Comprend les *Kentrophyllum*, Neck. Fam. *Composées.* — Genre comprenant environ vingt espèces de plantes herbacées, rustiques, annuelles ou rarement vivaces, originaires de la région méditerranéenne, de l'Europe et de l'Asie tempérée et des îles Canaries. Fleurs en capitules ovales, entourés d'un involucre formé de bractées polymorphes; les extérieures foliacées, étalées; les intérieures dressées, imbriquées, élargies au sommet, mutiques ou épineuses sur les bords; réceptacle paléacé, soyeux; achaines à quatre côtes; aigrette nulle ou paléacée. Feuilles glabres ou velues, allongées, simples, épineuses. Les Carthames réussissent à peu près dans tous les terrains, aux expositions chaudes. Leurs graines se sèment au printemps, en place, car le repiquage ne donne que des résultats médiocres. On les emploie à orner les plates-bandes et les endroits agrestes des grands jardins.

C. arborescens, Linn. *Capitules* jaunes. Août. *Flles* vert gai, allongées, lancéolées, amplexicaules, à bords sinués-dentés, épineux. *Haut.* 2 m. Espagne, 1731. (B. M. 3302.) Espèce vivace, frutescente, demi-rustique, ayant besoin de protection pendant l'hiver. Multiplication par boutures de rameaux, sous cloches, au printemps.

C. lanatus, Linn. Chardon jaune. — *Capitules* jaunes, achaines de la circonférence dépourvus d'aigrette. Juillet-août. Feuilles inférieures pinnatifides, dentées, les caulinaires amplexicaules, dentées. Tige laineuse. *Haut.* 60 cent. à 1 m. Europe centrale; France, etc. (B. M. 2142.) Syn. *Kentrophyllum lanatum*, DC.

C. oxyacanthus, Bieb. *Capitules* jaunes. Juillet. *Haut.* 60 cent. Caucase, 1818.

C. tinctorius, Linn. Safran bâtard, S. d'Allemagne, etc., Angl. Saffron Thistle. — *Capitules* jaune orangé foncé, terminaux. Août-septembre. *Flles* alternes, lancéolées, dentées,

Fig. 644. — Carthamus tinctorius.

épineuses, veinées de blanc. Tige glabre. *Haut.* 60 cent. à 1 m. Orient, 1551. (B. R. 170.) — Les fleurs fournissent un produit tinctorial employé à divers usages, entre autres pour falsifier le safran.

CARTILAGINEUX. — Se dit d'un tissu ou d'un organe de consistance coriace et raide.

CARUM, Linn. (de *karos*, nom grec employé par Dioscorides). **Carvi**, Angl. Caraway. Comprend les *Bunium*, Linn. et *Zizia*, Koch. Fam. *Ombellifères.* — Genre renfermant environ soixante espèces répandues dans toutes les régions tempérées et sub-tropicales du globe. Ce sont des plantes herbacées, annuelles ou vivaces, à fleurs blanches, réunies en ombelles composées, nues ou entourées d'involucres et d'involucelles. Feuilles pinnées, à segments multifides. Racine tubéreuse. Le Carvi est une plante bisannuelle, originaire de Carie, en Asie Mineure, naturalisée en Europe. Ses graines sont aromatiques et possèdent une saveur chaude; on les emploie comme condiment dans différents mets, en pâtisserie, pour la fabrication de certaines liqueurs, on en extrait une huile employée en médecine, etc. Les racines jaunâtres, fusiformes, de la grosseur du doigt, peuvent être consommées comme celles du Panais, mais elles sont de qualité médiocre et très peu usitées. Les graines se sèment, de préférence dès leur maturité, en automne ou en mars, en terrain sain, en lignes espacées de 30 cent. On éclaircit les plants à 15 ou 20 cent. sur les rangs, puis on bine de temps à autre pour tenir la terre meuble et pour détruire les mauvaises herbes. La floraison a lieu l'été suivant et les graines mûrissent vers le mois d'août.

C. Carvi, Linn. Anis des Vosges, Cumin des prés. — *Fl.* blanches, petites, en ombelles; involucre et involucelles nuls ou paucifoliés. Mai. *Flles* opposées, bipinnées,

Fig. 645. — Carum Carvi.

à folioles décussées, multifides. Racine fusiforme, odorante. Tiges sillonnées. *Haut.* 45 cent. Europe; France, etc. (Sy. En. B. 582.)

CARUMBIUM, Kurz. — V. **Sapium**, P. Browne.

CARUMBIUM, Reinw. — V. **Homalanthus**, A. Juss.

CARUNCULARIA, Haw. — Réunis aux **Stapelia**, Linn.

CARUNCULARIA pedunculata. — V. **Stapelia lævis.**

CARVI. — V. **Carum Carvi**, Linn.

CARYA, Nutt. (de *Karua*, Noyer ou *karyon*, noix). **Noyer d'Amérique**, Angl. Hickory. Syns. *Hicorius* et *Scorias*, Raf. Fam. *Juglandées*. — Genre comprenant douze espèces originaires de l'Amérique septentrionale et du Mexique. Ce sont de beaux arbres rustiques, trop peu répandus. Ils ne diffèrent des *Juglans* que par leurs chatons ternés et non solitaires, par leurs fleurs à trois-dix étamines et par leur fruit à enveloppe externe à la fin ligneuse, s'ouvrant et se détachant en quatre valves régulières. Noix à deux valves, de forme très variable, souvent à quatre angles. Feuilles caduques, alternes, dépourvues de stipules, imparipennées; à folioles latérales réunies par paires opposées ou à peu près, toutes étalées sur un même plan. Leur multiplication a lieu par semis, dans l'endroit même où l'arbre doit croître, car la plupart des espèces sont munies d'un long pivot et, à l'exception du *C. amara*, presque dépourvues de racines fibreuses.

C. alba, Nutt. * Noyer blanc d'Amérique, N. écailleux, Angl. Shell-bark Hickory. — *Fl.* verdâtres, en chatons glabres. Mai. *Fr.* globuleux ou déprimé. *Noix* blanche, comprimée, à peine mucronée, à coquille assez mince. *Flles* à cinq folioles finement dentées en scie, finement duveteuses lorsqu'elles sont jeunes; la paire inférieure oblongue-lancéolée, les trois supérieures obovales-lancéolées. *Haut.* 15 à 20 m. Est des Etats-Unis et Canada, 1629. (W. D. B. 148.) Syn. *Juglans alba*, Linn.

C. amara, Michx. * Noyer amer, Angl. Bitter Nut or Swamp Hickory. — *Fl.* verdâtres, en chatons géminés. Avril. *Fr.* globuleux, à six angles étroits. *Noix* globuleuse, courtement acuminée. *Flles* à sept-onze folioles lancéolées ou oblongues-lancéolées, pubescentes lorsqu'elles sont jeunes, plus tard presque glabres. *Haut.* 15 à 18 m. Est des Etats-Unis et Canada, 1800. (T. S. M. 226.) Syn. *Juglans amara*, Michx. f.

C. olivæformis, Nutt. Noyer Pacanier, Angl. Pecan Nut. — *Fl.* verdâtres. Avril-mai. *Noix* en forme d'olive. *Flles* à treize-quinze folioles oblongues, lancéolées, graduellement rétrécies en pointe fine, falciformes, dentées en scie. *Haut.* 10 m. Est des Etats-Unis, 1766. Syn. *Juglans olivæformis*, Michx.

C. porcina, Michx. Noyer des pourceaux, Angl. Pig-Nut or Broom Hickory. — *Fl.* verdâtres. Mai. *Noix* oblongue ou ovale, à coquille dure et épaisse. *Flles* à cinq-sept folioles oblongues ou obovales-lancéolées, graduellement rétrécies au sommet, dentées en scie, glabres ou presque glabres. *Haut.* 20 à 25 m. Amérique du nord-est, 1756. (T. S. M. 224.) Syn. *Juglans porcina*, Michx. f.

C. sulcata, Nutt. Espèce assez semblable au *C. alba*. *Fr.* plus gros, long de 6 cent. sur 10 à 12 cent. de circonférence. *Noix* deux fois plus grosse, à coquille jaunâtre, terminée par une pointe assez forte. *Flles* beaucoup moins grandes, à sept-neuf folioles presque cotonneuses, dont l'impaire est pétiolulée. Amérique du Nord. Syn. *Juglans sulcata*, Willd.

C. tomentosa, Nutt. * Noyer tomenteux. Mocker Nut; White-heart Hickory. — *Fl.* en chatons courts, velus. Mai. *Fr.* globuleux sur certains arbres, ovoïdes sur d'autres, à brou dur et épais. *Noix* globuleuse, non comprimée, à quatre angles et légèrement acuminée vers le sommet, brunâtre, à coquille très épaisse. *Flles* à sept-neuf folioles, obovales-lancéolées ou les inférieures oblongues-lancéolées, aiguës, tomenteuses en dessous lorsqu'elles sont jeunes et à odeur résineuse. *Haut.* 18 à 20 m. Amérique du nord-est, 1766. (T. S. M. 222.) Syn. *Juglans tomentosa*, Michx. f.

C. t. maxima, — *Fr.* globuleux, du double plus gros que ceux du type, égalant une pomme, à brou excessivement épais.

CARYOCAR, Linn. (de *karyon*, noix; les espèces de ce genre produisent de gros fruits dont les graines sont comestibles), Angl. Butter Nut. Syn. *Rhizobolus*, Gærtn. Fam. *Ternstrœmiacées*, tribu des *Rhizobolées*. — Genre comprenant environ onze espèces originaires de l'Amérique tropicale. Ce sont de grands arbres de serre chaude, à fleurs grandes ou pourprées, réunies en grappes terminales. Feuilles opposées, digitées, à trois-cinq folioles, accompagnées de stipules très caduques. Les fruits et les graines de plusieurs espèces fournissent une matière grasse, huileuse ou analogue au beurre et qui remplace ces substances dans les colonies. Les *Caryocar* sont faciles à cultiver dans une bonne terre franche. Multiplication par boutures que l'on plante dans du sable, sous cloches et à chaud. La seule espèce digne d'être citée ici est le *C. nuciferum*, qui produit le beurre de Souari.

C. nuciferum, Linn. Porte-noix. — *Fl.* en grappes; calice et corolle pourpres; étamines blanches, nombreuses; anthères jaunes. *Drupe* de 12 à 15 cent. de diamètre, à quatre loges contenant chacune une graine noyée dans la pulpe, arrondie, réniforme, comprimée sur un côté; coque très dure et tuberculeuse. L'Amande est la partie comestible; elle est recouverte d'une membrane rouge brun, blanc pur à l'intérieur, de consistance molle, charnue et huileuse, d'un goût très agréable. *Flles* trifoliées, à folioles elliptiques-lancéolées, glabres, obscurément dentées en scie. *Haut.* 30 m. Amérique du Sud, 1825. (B. M. 2727.)

CARYOPHYLLÉES. — Grande famille comprenant

environ onze cents espèces réparties dans trente-sept genres et dispersées sur toute la terre. Ce sont des plantes herbacées, annuelles, bisannuelles ou vivaces, rarement frutescentes, à tiges ordinairement renflées et articulées aux nœuds, portant des feuilles opposées, simples, entières, rarement accompagnées d'appendices analogues aux stipules. Fleurs axillaires ou terminales, solitaires ou plus souvent réunies en cymes, en corymbes ou en panicules. Calice à quatre-cinq sépales, tantôt libres, tantôt soudés; corolle à pétales en nombre égal à celui des sépales, plus ou moins longuement onguiculés, entiers ou plus ou moins profondément divisés, quelquefois munis, à la naissance du limbe, d'appendices formant une coronule (*Silene*, *Dianthus*, etc.); très rarement nuls; étamines en nombre égal ou double de celui des pétales; styles deux à cinq. Le fruit est une capsule, très rarement une baie (*Cucubalus*), s'ouvrant par des dents ou par des valves en nombre égal ou double à celui des styles. Les genres les plus répandus dans les jardins sont : *Arenaria*, *Cerastium*, *Dianthus*, *Gypsophila*, *Lychnis*, *Saponaria*, *Silene*, etc. (S. M.)

CARYOPHYLLUS, Linn. (de *karuophyllon*, Géroflier; de *karuon*, noix, et *phyllon*, feuille; littéralement noix-feuille. Les Arabes qui connaissaient cet arbre depuis la plus haute antiquité l'appelaient *Quarumfel*, dont les Grecs ont fait *Caryophyllon*). **Géroflier**, Angl. Clovetree. Fam. *Myrtacées*. — Les espèces de ce genre sont aujourd'hui réunies aux *Eugenia*. La plus importante est décrite ci-dessous; c'est un arbre de serre chaude, à feuilles persistantes, opposées, coriaces, ponctuées et à fleurs en cymes ou en faux corymbes, naissant à l'aisselle des ramifications. Les boutons constituent les clous de gérofle, plus familièrement clous de girofle, employés comme condiment. Il lui faut un mélange de terre franche et de terre de bruyère. Multiplication par boutures de rameaux aoûtés, munis de toutes leurs feuilles, que l'on plante dans du sable, sous cloches et sur une chaleur de fond humide. Cet arbre est difficile à conserver pendant l'hiver.

C. aromaticus, Linn. Bois de clou, Géroflier; Angl. Clovetree. — *Fl.* à pétales pourpres; calice pourpre foncé; cymes multiflores. *Flles* ovales-oblongues, acuminées aux deux extrémités. *Haut.* 6 à 12 m. Moluques, 1796. Syns. *Eugenia aromatica*, *E. Caryophyllata*, Thunb.; *Myrthus Caryophyllus*, Spreng.

CARYOPSE et **CARIOPSE**, Angl. Cariopsis. — Fruit supère, sec, indéhiscent et monosperme, dont le péricarpe membraneux est étroitement appliqué contre l'endocarpe. Les grains de Blé, de Maïs et ceux de la plupart des Graminées sont des cariopses. (S. M.)

CARYOPTERIS, Bunge. (de *karuon*, noix, et *pteron*, aile; les fruits sont ailés). Syns. *Barbula*, Lour. et *Mastacanthus*, Endl. Fam. *Verbénacées*. — Genre comprenant cinq espèces originaires de la Mongolie, de la Chine, du Japon et de l'Himalaya. Ce sont des plantes ornementales, rustiques, herbacées ou frutescentes, à port buissonnant. Fleurs en cymes terminales et axillaires. Feuilles simples, opposées, entières. Toute terre leur convient; on les multiplie par semis, par divisions et par boutures.

C. Mastacanthus, Schauer. * *Fl.* d'un beau violet bleuâtre, en petites cymes axillaires et terminales, pédonculées; étamines longuement exsertes. Automne. *Flles* ovales-oblongues, pétiolées, obtuses, grossièrement dentées en scie, duveteuses, canescentes en dessous. *Haut.* 60 cent. Chine, 1844. — Belle plante suffrutescente de serre froide ou demi-rustique, poussant vigoureusement en pleine terre, mais demandant beaucoup d'eau pendant l'été. Syn. *Mastacanthus sinensis*. (B. R. 1846, 2; B. M. 6799; R. H. 1892, 324.)

C. mongolica. Bunge. *Fl.* violet bleu, nombreuses, en petits corymbes axillaires, longuement pédonculés, formant un épi lâche, de près de 60 cent. de long. *Flles* opposées, lancéolées-elliptiques, vert grisâtre, canescentes en dessous. *Haut.* 1 m. Mongolie, 1869. (R. H. 1872, 451.)

CARYOTA, Linn. (du mot grec *karuotis*, employé par Dioscorides; les Grecs désignaient ainsi les dattes). Fam. *Palmiers*. — Genre comprenant environ une douzaine d'espèces originaires de l'Asie tropicale, de l'archipel Malais, de la Nouvelle-Guinée et de l'Australie tropicale.

Ce sont de beaux Palmiers de serre chaude, à grandes feuilles bipinnées, dont les folioles sont cunéiformes-flabelliformes, à bords émarginés, caractère qui permet de les distinguer facilement des autres Palmiers. Fleurs monoïques, réunies en grands spadices rameux, pendants et entourés de spathes incomplètes. Baie monosperme; graine tantôt plane, tantôt convexe sur le dos. Tronc élevé, nu, annelé. Les *Caryota* atteignent leur complet développement avant de commencer à fleurir; les premiers spadices se développent d'abord au sommet, puis successivement jusqu'à la base du tronc; lorsqu'ils ont poussé jusqu'au niveau du sol, la plante meurt, à moins qu'elle n'ait auparavant émis des drageons.

Deux espèces, les *C. sobolifera* et *C. urens* sont assez répandues dans les serres; on les emploie fréquemment pour les garnitures pittoresques, de juin à septembre; leur port majestueux les rend très propres à cet usage. En jeunes plantes, ces Palmiers sont très convenables pour les garnitures de tables et d'appartement en général. Il leur faut un compost de terre franche et de terreau végétal en parties égales, et auquel on ajoute un peu de sable. Un bon drainage et des arrosements copieux sont essentiels pendant leur période de végétation. On les multiplie facilement par semis et par drageons qu'ils produisent fréquemment.

C. Cumingii, — * *Flles* grandes, vert foncé, étalées, bipinnées, de 1 m. 30 à 2 m. de long et 1 m. de large; folioles de 20 à 25 cent. de long, sub-falciformes, obliquement cunéiformes à la base et dentées-érodées au sommet. Les spadices naissent à l'aisselle des feuilles et pendent en forme de gland touffu, et les baies rouge vif qui succèdent aux fleurs, augmentent encore l'effet décoratif de ce beau Palmier de serre chaude. Tige grêle, d'environ 3 m. de haut. Iles Philippines, 1841. (B. M. 5762.)

C. maxima, Blume. *Flles* bipinnées, à folioles coriaces, rigides, allongées, dimidiées-lancéolées, acuminées. Tige élevée. Java, 1849.

C. mitis, Lour. *Flles* réclinées, à folioles cunéiformes, obliques, mordillées sur les bords. *Haut.* 6 m. Chine, 1820.

C. propinqua, Blume. *Flles* bipinnées, à folioles coriaces, sessiles, dimidiées-rhomboïdes, obtuses ou acuminées, mordillées sur les bords. Tige élevée. Java, 1850.

C. plumosa, Hort. Espèce supposée de récente introduction, répandue par un établissement belge, sans description ni origine.

C. purpuracea, — *Flles* bipinnées, à folioles inégales dans leur forme et dans leur grandeur; pétioles couverts d'un tomentum roussâtre. *Haut.* 10 m. Java, 1848. — Cette espèce ressemble au *C. urens*, mais elle est plus compacte; les pétioles sont plus courts et les feuilles plus nombreuses.

C. Rumphiana, — *Flles* bipinnées, étalées, de 1 m. à 2 m. 50 de long; folioles sessiles, coriaces, obliquement cunéiformes et mordillées, de 10 à 15 cent. de long et de même largeur sur leur plus grand diamètre, très planes et lisses, d'un vert très foncé. Archipel indien. Très belle et distincte espèce.

C. sobolifera, Mart.* *Flles* bipinnées, à folioles vert tendre; pétioles couverts, lorsqu'ils sont jeunes, d'un tomentum court, noir et écailleux. Malacca, 1843. — Elégante

Fig. 646. — Caryota sobolifera.

espèce à tige grêle, assez naine, et semblable au *C. urens* par la forme de ses feuilles. Elle produit beaucoup plus de drageons que les autres espèces.

C. urens, Linn. *Flles* bipinnées, étalées, de 1 à 4 m. et même plus de long; folioles obliquement cunéiformes, sub-coriaces, érodées, en forme de queue de poisson, de 15 à 20 cent. de long et 10 cent de large, vert foncé. Tige forte. *Haut.* 15 m. Probablement la plus grande espèce. (I. H. 1857, 148.)

CASCADE, Angl. Cascade or Waterfall. — Une cascade, dit Loudon, est un des plus beaux ornements que l'on puisse introduire dans un jardin, lorsque celui-ci est parcouru par un cours d'eau. Pour sa construction, il faut tout d'abord créer à l'endroit désiré une différence de niveau pouvant déterminer une chute d'eau ou au moins un courant rapide. On maçonne et on cimente au besoin le canal en amont et en aval de la cascade, afin d'éviter la déperdition de l'eau et d'empêcher celle-ci d'emporter les terres par suite du courant. Près de la cascade, les bords doivent être sinueux et parsemés çà et là de roches semblant émerger de terre. La cascade elle-même peut être construite en roches naturelles ou artificielles; sa forme et sa disposition doivent toujours s'harmoniser avec le site, de façon à présenter un aspect aussi naturel que possible. Les parties avoisinantes ont aussi souvent besoin d'être modifiées et plantées d'arbres et de plantes appropriées, pour former un cadre à la fois naturel et agréable à l'œil. Dans les jardins dessinés à la française, c'est-à-dire de style géométrique, les cascades produisent aussi un excellent effet lorsqu'elles sont construites dans un style approprié; on leur donne alors la forme d'un croissant, d'un escalier, d'une pente ondulée, etc.; celle du parc de Saint-Cloud en est un excellent exemple.

CARYOTAXUS, Zucc. — V. **Torreya**, Arnott.

CASCARILLA grandiflora. — V. **Cosmibuena obtusifolia latifolia**.

CASCARILLE (Ecorce de). — V. **Croton Eluteria**.

CASEARIA, Jacq. (dédié à J. Casearius, qui aida Rheede à rédiger son *Hortus Malabricus*). Fam. *Samydacées*. — Ce genre comprend environ quatre-vingts espèces originaires des régions tropicales. Ce sont des plantes de serre chaude, douées de propriétés médicales, astringentes, mais sans aucun mérite ornemental.

CASQUE. — Nom donné aux organes floraux affectant la forme de cet objet, notamment au sépale postérieur des Aconits. V. aussi **Capuchon**.

CASQUE de Jupiter. — V. **Aconitum Napellus**.

CASIMIROA, Llav. et Lex. (dédié au cardinal Casimiro Gomez). Fam. *Rutacées*. — Genre comprenant deux espèces voisines des *Skimmia*, habitant le Mexique et le Nicaragua. Ce sont des arbres rameux, à feuilles digitées, ponctuées, et à fleurs réunies en grappes axillaires, rameuses. Le fruit est une grosse baie en forme de pomme, et contenant cinq noyaux. L'espèce ci-dessous, seule introduite, demande une bonne terre franche, meuble et parfaitement drainée. Plus connu, cet arbre pourrait sans doute être cultivé en France pour ses fruits comestibles, car il est susceptible de réussir en plein air dans l'Ouest ou au moins dans le Midi. On n'a pu jusqu'à présent le réussir de boutures ni trouver un sujet sur lequel on puisse le greffer, mais on peut facilement le propager par le semis.

C. edulis, — * *Fl.* vertes, petites. *Fr.* ayant environ la grosseur d'une orange, naissant sur le bois de deux ans, jaune verdâtre à la maturité, fondant et ayant un goût délicieux de pêche. *Flles* digitées. Mexique, 1866. (G. C. n. s. 8, 465.)

CASPARIA speciosa. — V. **Bauhinia petiolata**.

CASSANDRA, Don. (nom d'origine mythologique). Fam. *Ericacées*. — Genre ne comprenant qu'une espèce originaire de l'Europe, de l'Asie et de l'Amérique septentrionale. Le *C. angustifolia* n'est qu'une forme du *C. calyculata*. C'est un sous-arbrisseau toujours vert, à feuilles alternes, pétiolées, sub-coriaces, quelquefois réuni aux *Andromeda*. On les cultive en terre de bruyère ou en bonne terre franche, siliceuse. Multiplication par marcottes et par semis; les graines étant très fines, il ne faut les recouvrir que très légèrement.

C. angustifolia, Don. * *Fl.* blanc de neige; corolle oblongue, ovale, contractée à la gorge; pédicelles courts, axillaires et réunis au sommet des rameaux en sorte de grappe récurvée. Avril. *Flles* linéaires, lancéolées-aiguës, sub-ondulées sur les bords, roussâtres en dessous. *Haut.* 30 à 60 cent. Caroline, 1748. Syn. *C. crispa*.

C. calyculata, Don. * *Fl.* blanc de neige; corolle oblongue, cylindrique, pédicelles courts; grappes terminales, récurvées, feuillées. Avril. *Flles* elliptiques-oblongues, sub-obtuses, obscurément serrulées, roussâtres en dessous. *Haut.* 30 cent. à 1 m. Amérique du Nord, 1748. Il existe plusieurs variétés sans importance. (B. M. 1286.)

C. crispa, — Syn. de *C. angustifolia*.

CASSAREEP. — Suc concentré, extrait des racines du Manihot et dépouillé de ses propriétés vénéneuses par l'ébullition. Il sert comme sauce et conserve, dit-on, longtemps les viandes.

CASSAVE. — Fécule extraite du *Manihot utilissima*.

CASSE. — V. **Cassia.**

CASSEBEERA, Kaulf. (dérivation obscure). Fam. *Fougères*. — Genre comprenant deux ou trois espèces de serre chaude, originaires du Brésil. Sores placés deux à deux au sommet des nervilles; indusies insérées presque sur le bord de la fronde, de même forme que les sores et appliqués sur eux. Pour leur culture, etc., V. **Fougères.**

C. pinnata, — * *Pétioles* de 15 à 30 cent. de long, forts, dressés. *Frondes* d'environ 15 cent. en tous sens, à pinnules crénelées, linéaires-oblongues; bords des segments très incurvés chez les plantes adultes. *Sores* en ligne compacte sur les bords. Brésil.

C. triphylla, Kaulf. *Pétioles* de 5 à 8 cent. de long, grêles, rigides, noirs. *Frondes* à trois-cinq pinnules; folioles linéaires-oblongues, d'environ 3 cent. de long et à peine 6 mm. de large, crénelées, vert foncé brillant. *Sores* en ligne compacte sur les bords. *Haut.* 10 cent. Brésil, 1824. Syn. *Adiantum triphyllum*, Smith.

CASSELIA, Dumort. — V. **Mertensia**, Roth.

CASSEMENT. — Terme d'arboriculture fruitière exprimant l'action de casser, dans un certain but, un rameau ligneux ou demi-herbacé.

Le cassement est complet ou partiel. Il se fait à deux époques : en hiver, au moment de la taille, ou en automne.

Pendant l'hiver, on le pratique sur les rameaux trop longs, et en automne sur ceux qui n'ont pas été pincés ou qui l'ont été insuffisamment. Le but du cassement est d'affaiblir les rameaux qui le subissent. Il faut toujours conserver, suivant la position du rameau, quatre ou cinq yeux au-dessous de la partie pincée. Pour opérer, on pose le tranchant de la serpette sur le côté opposé à l'œil, et le pouce au-dessus de l'œil, puis, au moyen d'un prompt tour de main, le rameau est incliné et brisé.

D'après les partisans de cette opération, il est préférable de casser, plutôt que de couper, parce que la cicatrisation d'une cassure se faisant plus difficilement que celle d'une coupe nette, il en résulte une prédisposition plus accentuée à la fructification.

Sur des rameaux forts, mieux vaut faire le cassement partiel qui consiste à laisser pendre la partie à demi cassée. On opère ainsi pour qu'une portion de la sève passe dans la portion pendante et que les yeux conservés ne se développent que lentement.

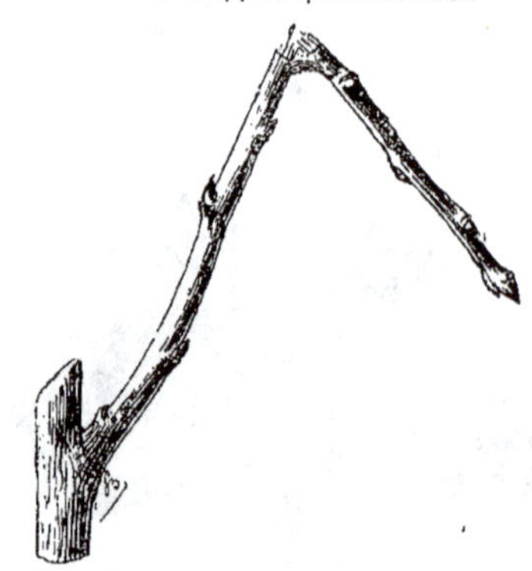

Fig. 647. — Cassement partiel d'un rameau de Poirier.

Le cassement partiel a été érigé en système de traitement de la branche à fruit, mais il est inutile d'y recourir si la taille d'avril est bien comprise et les opérations de la taille d'été scrupuleusement faites. (G. B.)

CASSE-PIERRE. — V. **Saxifraga granulata.**

CASSIA, Linn. (de *kasia*, nom grec que Dioscorides donnait à ces plantes; tiré de l'hébreu *quetsi'oth*). **Casse.** Fam. *Légumineuses*. — Plus de quatre cent soixante plantes de ce genre ont été décrites, mais il n'y a pas plus de deux cent soixante espèces suffisamment distinctes; elles sont largement dispersées dans toutes les régions chaudes du globe. De ce grand nombre, quelques-unes seulement sont cultivées dans les jardins

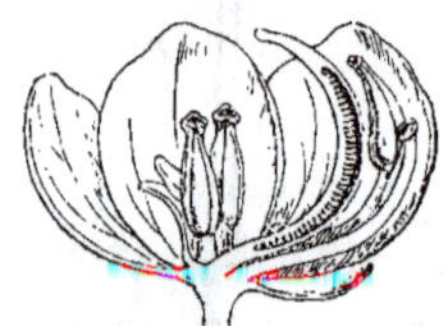

Fig. 648. — Cassia. Fleur coupée longitud.

d'ornement. Ce sont des arbustes ou des herbes demi-rustiques, à fleurs réunies en grappes simples ou composées, naissant à l'aisselle des feuilles du sommet des rameaux. Feuilles alternes, paripennées, stipulées; folioles opposées; pétioles ordinairement munis de glandes de formes très diverses.

Tous sont très faciles à cultiver. Les espèces de serre chaude et tempérée se plaisent dans un compost de terre franche neuve, de sable et d'un peu de terre de bruyère; les espèces annuelles et bisannuelles se propagent par graines que l'on sème en mars-avril, sur couche; et les espèces frutescentes se multiplient à la même époque, par boutures à demi aoûtées, que l'on fait à chaud.

Les *C. corymbosa* et *C. floribunda* sont très employés pour l'ornement des jardins; on peut les planter en pleine terre pendant la belle saison, dans les endroits chauds et abrités, où ils forment d'élégants massifs; mais, dès que les premiers froids roussissent leurs feuilles, il faut les rempoter, rabattre les pousses presque jusqu'au vieux bois et les hiverner en orangerie, en serre froide ou sous châssis. Le *C. marylandica* est une fort jolie espèce vivace, herbacée et rustique, convenable pour l'ornement des plates-bandes et pour border les massifs d'arbustes bien exposés.

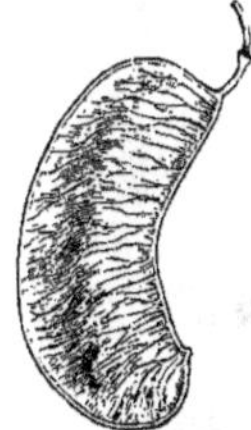

Fig. 649. — Cassia acutifolia. Fruit et foliole.

Le Sené, produit pharmaceutique connu et employé depuis fort longtemps comme purgatif, est fourni par quelques espèces de ce genre : *C. acutifolia*, Del. (Sené d'Alexandrie); *C. angustifolia*, Vahl. (Sené de la Mecque); *C. obovata*, Collad. (Sené d'Alep), à peu près inconnues dans les jardins, sauf la dernière. Les feuilles sont la partie la plus active. Sauf indications contraires les espèces ci-dessous sont des arbustes de serre chaude, à feuilles persistantes.

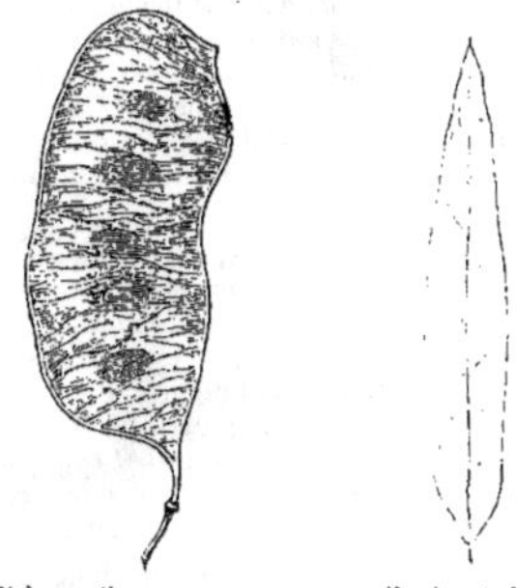

Fig. 650. — Cassia angustifolia. Fruit et foliole.

C. alata, Linn. * *Fl.* jaunes, grandes, bractéolées. *Flles* munies de huit à douze paires de folioles obovales, oblongues, glabres, sans glandes; les extérieures plus grandes; les inférieures rapprochées de la tige, stipulées. *Haut.* 1 m. 80. Antilles, 1730. Arbrisseau.

C. auriculata, Linn. *Fl.* jaunes, en grappes axillaires, pédonculées; bractées ovales, oblongues. Juin-juillet. *Flles* composées de huit à douze paires de folioles ovales, obtuses, presque mucronées, pubérulentes à l'état juvénile; pétioles glanduleux. *Haut.* 0 m. 20 à 0 m. 80. Indes, 1777. Arbrisseau.

C. australis, Sims. *Fl.* jaunes, disposées par trois-cinq, en grappes axillaires, plus courtes que les feuilles. *Flles* à neuf-douze paires de folioles oblongues, linéaires, obtuses ou mucronées, glabres et munies de glandes subulées entre chaque paire. *Haut.* 1 m. Australie, 1824.

C. baccillaris, Linn. f. *Fl.* jaunes; grappes axillaires, pédonculées. Juin-juillet. *Flles* composées de deux paires de folioles ovales, obtuses, obliques, et munies d'une glande sur le pétiole entre la paire inférieure. *Haut.* 4 à 5 m. Amérique du Sud, Antilles, etc. 1782.

C. Barclayana, Sweet. Syn. de *C. Sophora*, Linn.

C. biflora, Linn. *Fl.* jaunes; pédoncules plus courts que les feuilles, portant de deux à quatre fleurs. Avril-décembre. *Flles* composées de six à huit paires de folioles ovales-oblongues ou obovales, presque glabres, et portant une glande subulée sur le pétiole, entre les folioles inférieures. *Haut.* 1 m. 20 à 2 m. Amérique de Sud, 1766. Espèce de serre froide. (B. M. 810.)

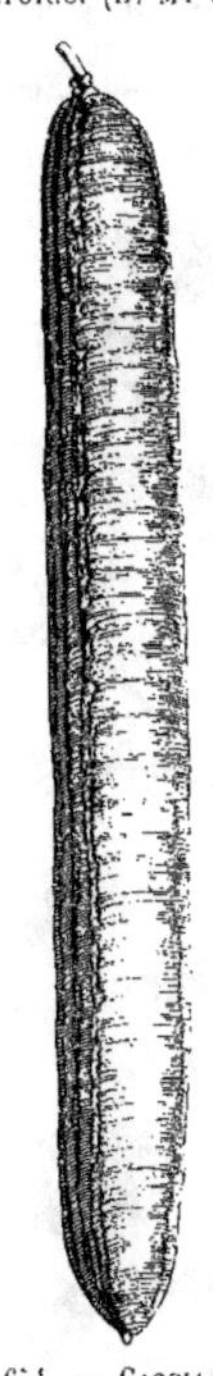

Fig. 651. — Cassia fistula. Fruit réduit et coupe longitudinale, partielle.

C. coquimbensis, Vogel. *Fl.* de 4 cent. de diamètre; sépales oblongs, obtus, atteignant environ le milieu des pétales, ceux-ci jaune orangé; pétale dorsal obcordé; les latéraux largement obovales; les antérieurs plus petits, obovales, oblongs; cymes axillaires, rameuses, sub-corymbiformes. Septembre. *Gousses* d'environ 10 cent. de long et plus de 12 mm. de large, stipitées, aplaties, aiguës à la base, mucronées au sommet. *Flles* de 5 à 10 cent. de long, portant quatre à six paires de folioles ayant 10 à 20 mm. de long, sessiles, elliptiques-oblongues ou presque arrondies, apiculées, vert pâle. Chili, 1886. Arbuste de serre froide. (B. M. 7002.)

C. corymbosa, Lamk. * *Fl.* jaunes, disposées en grappes ou en corymbes plus longs que les feuilles, axillaires et terminaux. Été. *Flles* composées de trois paires de folioles oblongues, lancéolées, presque falciformes, glabres ainsi que les branches, et munies d'une glande oblongue sur le pétiole, entre les folioles inférieures. *Haut.* 2 m. à 3 m. Buenos-Ayres, 1796. Espèce demi-rustique.

C. emarginata, Linn. *Fl.* jaunes; grappes axillaires, nombreuses. Mai-juin. *Flles* composées de quatre paires de folioles ovales-obtuses ou presque émarginées, couvertes en dessous d'une pubescence velue, ainsi que les branches; pétioles dépourvus de glande. *Haut.* 5 m. Antilles, etc., 1759. Arbre.

C. fistula, Linn. Canéficier. — *Fl.* jaunes, en grappes allongées, pendantes. *Gousse* cylindrique, sub-ligneuse, cloisonnée, de 20 à 50 cent. de long. *Flles* à quatre-huit paires de folioles ovales ou oblongues, entières, lisses. *Haut.* 7 à 10 m. Indes ou Ethiopie. — Cette espèce fournit la Casse en bâton des officines.

C. floribunda, Cav. * Casse élégante. — *Fl.* jaunes, en grappes axillaires, multiflores, formant, dans leur ensemble, une panicule terminale. Juillet-septembre. *Flles*

Fig. 652. — CASSIA FLORIBUNDA. (*Rev. Hort.*)

composées de trois à cinq paires de folioles oblongues, lancéolées, glabres et munies d'une glande sur le pétiole entre les folioles inférieures. *Haut.* 1 m. 20. Nouvelle-Espagne. Arbuste demi-rustique, très ornemental.

C. glauca, Lamk. *Fl.* jaune soufre; grappes axillaires, dressées, plus courtes que les feuilles. Juin. *Flles* composées de cinq à six paires de folioles ovales, oblongues, glauques en dessous, pubérulentes à l'état juvénile; pétioles glanduleux, portant une glande ovale entre les trois ou quatre paires de folioles inférieures. Indes, 1800. Grand arbre.

C. Herbertiana, Vogel. Syn. de *C. lævigata*, Villd.

C. humilis, Collad. Syn. de *C. Tora*, Linn.

C. lævigata, Willd. *Fl.* jaunes, en grappes axillaires, plus courtes que les feuilles. Juillet. *Flles* composées de trois à cinq paires de folioles ovales, lancéolées, acuminées, glabres et portant une glande ovale, sur le pétiole, aiguë, entre chaque paire de folioles. *Haut.* 1 m. Nouvelle-Espagne. Syn. *C. Herbertiana*. (B. R. 1422.)

C. marylandica, Linn. * *Fl.* jaunes, en grappes axillaires, multiflores, plus courtes que les feuilles. Août-octobre. *Flles* composées de huit à neuf paires de folioles ovales, oblongues, égales, mucronées, pourvues d'une glande

Fig. 653. — CASSIA MARYLANDICA.

ovale, épaisse, à la base du pétiole. *Haut.* 60 cent. à 1 m. Amérique du Nord, 1723. — Cette espèce est la seule qui soit rustique; néanmoins, on doit la planter à une exposition abritée. Elle se plaît dans toute terre de jardin ; on la multiplie, au printemps, par semis ou par éclats de racines. Elle pousse tardivement.

C. nicticans, Linn. *Fl.* jaunes ; pédicelles sub-axillaires, très courts. Juillet. *Flles* composées de huit à douze paires de folioles oblongues, linéaires, obtuses, mucronées ; pétioles velus, portant une glande un peu pédicellée, au-dessous de la paire inférieure de folioles. *Haut.* 30 cent. Amérique tropicale et sub-tropicale, 1800. Espèce annuelle, de de serre tempérée.

C. obovata, Collad. *Fl.* jaunes, en grappes axillaires, plus longues que les feuilles. *Gousse* membraneuse, réniforme, bosselée, portant sur les valves une série de crêtes correspondant aux graines. *Flles* à quatre-sept paires de folioles obovales, arrondies et mucronulées au sommet. *Haut.* 40 à 50 cent. Indes, Egypte, 1640. Syns. *C. Burmanni*, Wall. ; *C. obtusifolia*, Del. ; *C. Senna*, Lamk. — Espèce annuelle, des plus anciennement connues et cultivées ; elle fournit le séné d'Alep, d'Italie, etc.

C. occidentalis, Linn. *Fl.* jaunes ; pédoncules courts, portant de deux à quatre fleurs, les inférieures axillaires, les autres disposées en grappe terminale. Mai-août. *Flles* composées de quatre à six paires de folioles ovales-lancéolées, pubescentes sur les bords et pourvues d'une glande à la base du pétiole. *Haut.* 30 à 60 cent. Amérique du Sud, 1759. (B. R. 83.)

C. Senna, Lamk. Syn. de *C. obovata*, Collad.

C. Sophora, Linn. *Fl.* en grappes multiflores, axillaires et terminales, plus courtes que les feuilles. Juin. *Flles* composées de six à huit paires de folioles linéaires, lancéolées, aiguës, glabres et pourvues d'un faisceau de glandes situé entre chaque paire de folioles ; pétiole présentant à la base une grande glande déprimée. *Haut.* 2 m. 50 à 3 m. Australie, etc., 1824. Espèce de serre froide. Syn. *C. Barclayana*. (S. F. A. 32.)

C. tomentosa, Linn. * *Fl.* jaunes. Juillet-septembre. *Flles* composées de six à huit paires de folioles ovales, oblongues, obtuses, presque glabres en dessus, mais revêtues d'un tomentum blanchâtre en dessous, ainsi que les rameaux; pétioles munis de glandes cylindriques, généralement situées entre chaque paire de folioles. *Haut.* 1 m. 50 à 2 m. Asie tropicale, etc., 1822.

C. Tora, Linn. *Fl.* jaunes. Août. *Flles* composées de trois paires de folioles obovales, obtuses, et munies d'une glande oblongue entre chacune des deux paires inférieures de folioles; pétiole se terminant en une soie. *Haut.* 60 cent. à 1 m. 50. Tropiques, 1693. Espèce annuelle, de serre chaude. Syn. *C. humilis*, Collad.

CASSIDA, Mœnch. — V. **Scutellaria**, Linn.

CASSIE. — Nom vulgaire de l'*Acacia Farnesiana*.

CASSINE, Linn. (nom indigène donné par les indiens de la Floride). Syn. *Maurocenia*, Linn. Fam. *Célastrinées*. — Genre aujourd'hui monotypique. C'est un arbuste toujours vert, de serre froide, à feuilles opposées, glabres et coriaces et à rameaux tétragones. Fleurs petites, à pédoncules axillaires. Il se plaît dans un mélange de terre franche et de terre de bruyère; on le multiplie par boutures aoûtées, qui s'enracinent facilement dans des pots remplis de sable et recouverts de cloches.

C. concava, Lamk. — V. *Celastrus lucidus*.

C. Maurocenia, Linn., Angl. Hottentot Cherry. — *Fl.* d'abord vert jaunâtre, devenant à la fin blanches: pédicelles nombreux, très courts. Juillet-août. *Flles* sessiles, obovales, très entières, convexes. *Haut.* 2 m. Afrique du sud, 1690.

CASSINIA, R. Br. (dédié à Henri Cassini, éminent botaniste français; 1781-1832). Fam. *Composées*. — Genre comprenant dix-huit espèces originaires de l'Afrique australe, de l'Australie et de la Nouvelle-Zélande. Ce sont de beaux arbrisseaux ou des plantes herbacées, annuelles ou vivaces, presque tous de serre froide. Capitules très nombreux, petits, disposés en panicules ou en corymbes terminaux; fleurons tubuleux; réceptacle garni de paillettes linéaires. Feuilles alternes, petites, entières, révolutées. Ces plantes sont faciles à cultiver dans un compost de terre franche et de terre de bruyère. Les espèces annuelles se multiplient par graines que l'on sème en avril, dans une plate-bande abritée. Les espèces vivaces ou frutescentes se propagent par division des touffes ou par boutures à demi-aoûtées, faites dans du sable, en avril.

C. aurea, R. Br. *Capitules* jaunes. Juillet. *Haut.* 30 cent. Nouvelle-Galles du Sud, 1803. Arbuste de serre tempérée. (B. R. 764.)

C. denticulata, R. Br. * *Capitules* jaunes. Été. *Haut.* 2 m. à 2 m. 50. Nouvelle-Galles du Sud, 1826. Arbuste toujours vert, de serre tempérée.

C. spectabilis, R. Br. *Capitules* jaune très pâle. Juillet. *Flles* inférieures oblongues, courtement acuminées, embrassantes, de 10 à 15 cent. de long, laineuses. *Haut.* 15 cent. Australie, 1818. Espèce annuelle, rustique. (B. R. 678.)

CASSINIACÉES. — Réunies aux **Composées**.

CASSIOPE. — D. Don. (en la mémoire de Cassiopée, femme de Céphée, roi d'Éthiopie). Fam. *Ericacées*. — Petit genre comprenant dix espèces de petits arbrisseaux éricoïdes, presque rustiques, originaires des régions froides de l'hémisphère boréal, de l'Himalaya et du Japon, quelquefois réunis à tort aux *Andromeda*. Fleurs solitaires, pédonculées, pendantes, axillaires ou terminales; corolle campanulée, à cinq lobes; étamines dix, incluses. Feuilles petites, éparses, souvent imbriquées. Toutes les espèces sont de délicates petites plantes exigeant beaucoup de soins pour leur culture, à peu près rustique dans les régions où la température est douce et régulière, mais qu'il convient, sous le climat parisien, de rentrer en serre froide pendant l'hiver. Il leur faut la terre de bruyère siliceuse et une exposition mi-ombrée. Multiplication par marcottes.

C. fastigiata, Don. *Fl.* blanches ou rouge pâle, solitaires, pédonculées, naissant à l'extrémité des ramilles; corolle campanulée. Mai. *Flles* imbriquées sur quatre rangs, à bords révolutés; pétioles laineux. Himalaya. — Cet élégant petit sous-arbrisseau se plaît dans les rocailles, en terrain profond, frais, mais bien drainé, où il faut le préserver avec soin de la sécheresse qui lui est très funeste. (B. M. 4796.)

C. hypnoïdes, Don. * *Fl.* petites, solitaires, axillaires, pendantes, assez longuement pédicellées; calice rouge; corolle blanche, campanulée. Juin. *Flles* lâches, imbriquées, aciculaires. Laponie et Amérique du Nord, 1798. — Petit sous arbrisseau à port de mousse, formant une des meilleures et des plus intéressantes plantes à rocailles, mais sa culture est assez difficile. Il se plaît dans une terre de bruyère sablonneuse, humide mais bien drainée, dans un endroit aéré et ensoleillé. Pour l'établir dans l'endroit désiré, il faut avoir soin de fixer ses rameaux sur la terre, à l'aide de petits crochets; on peut aussi placer quelques pierres çà et là autour des plantes. La sécheresse est également funeste à sa culture. Syn. *Andromeda hypnoïdes*, Linn.

C. tetragona, Don. * *Fl.* blanches, à corolle campanulée, un peu contractée à la gorge; solitaires, assez nombreuses. Mars. *Flles* imbriquées sur quatre rangs, obtuses, non acuminées, finement ciliés, révolutées sur les bords. *Haut.* 15 à 20 cent. Laponie, 1810. — Elégant petit sous-arbrisseau toujours vert, exigeant la terre de bruyère ou le terreau de feuille et une exposition ombrée, humide ou presque

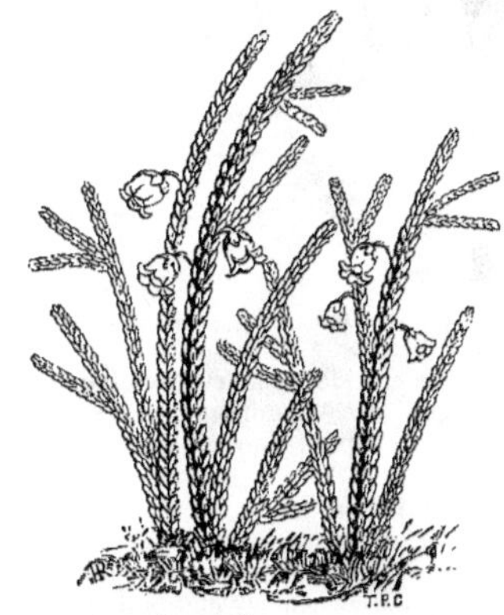

Fig. 654. — Cassiope tetragona.

marécageuse; on l'a cependant cultivé avec succès dans une bonne terre franche, jaune. (B. M. 3181.) Syn. *Andromeda tetragona*, Linn., nom sous lequel il est fréquemment connu dans les jardins.

CASSIPOURÉES. — Réunies aux **Rhizophorées**.

CASSIS. — V. **Groseillier Cassis** et **Ribes nigrum**.

CASSUVIUM, Lamk. — V. **Anacardium**, Rottb.

CASSYTHACÉES. — Réunies aux **Laurinées**.

CASTALIA, Salisb. — V. **Nymphæa**, Linn.

CASTANEA, Gærtn. (de *Castanea*, ville de Thessalie, ou autre ville du Pont, portant le même nom).

Châtaignier, Angl. Chestnut-tree. Fam. *Cupulifères*, tribu des *Quercinées*. — Genre comprenant deux espèces de grands et beaux arbres à feuilles caduques, habitant l'Europe, l'Asie tempérée et l'Amérique boréale. Fleurs monoïques ; les mâles en glomérules formant de longs chatons dressés ; périanthe à six divisions obtuses, renfermant six à vingt étamines ; fleurs femelles réunies par deux ou trois à la base des chatons mâles ou au sommet des rameaux, en glomérules sessiles, entourés d'un involucre fructifère épineux, coriace, accrescent, enveloppant à la fin de un à trois fruits. Ceux-ci ont un péricarpe coriace, mince, brun foncé,

Fig. 655. — Castanea. Rameau florifère et fleurs femelles.

renfermant une graine dépourvue d'albumen, mais ayant deux grands cotylédons plissés très farineux. Feuilles alternes, simples, stipulées, pétiolées, dentées, caduques.

Sous tous les points de vue, le Châtaignier est un des arbres les plus beaux et les plus utiles qui existent ; il serait trop long d'énumérer ici les qualités de ce précieux végétal également méritant comme arbre forestier, fruitier, ou comme arbre d'ornement pour les grands parcs. On sait qu'il atteint des proportions colossales et que sa durée est presque illimitée ; les plus forts spécimens connus existent au mont Etna. Son fruit, nommé châtaigne, est encore plus précieux que ses autres produits ; il constitue un aliment peu nourrissant, paraît-il, et difficile à digérer, mais d'un goût très agréable, et n'en forme pas moins la base de la nourriture des paysans du Limousin, de l'Auvergne et d'autres régions où le Blé est rare ; moulu et mêlé à la farine de Seigle, il forme un pain dur et très lourd.

Le Châtaignier ne vient que dans les terrains siliceux ou granitiques ; il redoute le calcaire ; les expositions les plus favorables sont les flancs des coteaux exposés à l'ouest ou au midi ; mais il croit parfaitement dans tous les endroits sains, pourvu qu'ils ne soient pas calcaires.

Multiplication. — Elle a lieu d'abord par semis, graines, puis par greffe pour les variétés.

Semis. — Après avoir convenablement ameubli, mais non fumé le terrain, on retire les châtaignes du lieu où elles ont été mises en stratification dès l'automne ; on les trempe dans un bain de suie pour les mettre à l'abri des attaques des insectes, et on les sème en lignes espacées de 30 à 50 cent., à 8 ou 10 cent. sur les rangs et environ autant de profondeur. On peut aussi faire le semis dès l'automne, mais il est préférable de stratifier les fruits et d'attendre l'époque indiquée pour cette opération. Dans la culture forestière, on sème assez fréquemment en place, dans le but d'éviter le repiquage, en lignes ou en poquets, dans lesquels on place deux à trois graines ; quelques personnes coupent, au moment du semis, la pointe du fruit qui correspond à la radicule, dans le but de rendre l'arbre plus nain et de le faire fructifier plus jeune. Lorsque le semis a poussé vigoureusement, on peut repiquer le plant en pépinière dès l'automne suivant, surtout s'il est trop épais ; on supprime les pousses latérales pour leur former une tige bien droite. Vers la troisième ou la quatrième année, ils auront environ 2 m. de haut et seront assez forts pour être plantés à demeure.

Greffe. — La greffe est pratiquée pour la propagation des meilleures variétés ; cependant, bien qu'assez nombreuses, elles sont si peu distinctes les unes des autres que, lorsqu'on a soin de choisir les plus beaux fruits des meilleures variétés, on peut espérer que les arbres qui en résulteront donneront des produits de belle qualité. Pourtant, lorsqu'on tient à multiplier exactement certaines variétés, c'est à la greffe qu'il faut avoir recours. Pour cela, on rabat, au printemps, les sujets à environ 2 m. 50 de hauteur ; on ne conserve que quatre à six des plus beaux rameaux, sur lesquels on pose des écussons en août, ou bien on les greffe, au printemps suivant, en fente anglaise ou en flûte. Cette dernière greffe est la plus usitée, sa reprise est à peu près assurée et elle est moins susceptible d'être dérangée lorsqu'elle est pratiquée dans les champs.

Plantation. — Le Châtaignier est souvent cultivé dans les parcs, en bordure d'avenue ou en groupes ; sa belle tête large et feuillue le rend très pittoresque ; la distance à observer est de 12 à 15 m. ; en groupes, on peut les planter plus rapprochés, au nombre de trois à douze, selon l'emplacement. Pour former des taillis ou des futaies, on les espace d'environ 2 m. ; dans le premier cas, on les recèpe tous les quatre ou cinq ans ; dans le second, on attend dix à quinze ans pour cette opération.

Variétés. — Le nombre est relativement grand ; plusieurs ne sont guère cultivées en dehors de certaines régions ; les suivantes sont des meilleures et des plus répandues. *Ordinaire, fr.* de grosseur et de qualité médiocre, mais arbre vigoureux et rustique ; *Verte, fr.* de bonne qualité, se conservant longtemps ; *Egalade* ou *Exalade, fr.* gros, d'excellente qualité, une des meilleures ; *Dauphinoise, fr.* gros, d'excellente qualité ; *Marron de Lyon* ou *de Luc, fr.* très gros, arrondis, très savoureux ; ils se distinguent des autres variétés collectivement nommées châtaignes, par leur grosseur et par leur pellicule intérieure très mince et ne pénétrant pas dans la chair ; on le cultive dans le Dauphiné, le Vivarais et la Provence; le Lyonnais n'en produit, au contraire, qu'une très petite quantité; *Osillarde*, très bonne variété: *Printanière*, *Hâtive noire*, *fr.* médiocres, mais très précoces.

C. americana, Sweet. Type américain du *C. sativa* mais plus rustique; il possède aussi quelques caractères légèrement différents, qui l'ont fait considérer comme espèce par certains auteurs.

C. pumila, Michx. Chinquapin. *Fl.* vert jaunâtre. Juillet. *Fr.* solitaires, globuleux, non acuminés, à involucre s'ouvrant en deux valves. *Flles* oblongues, aiguës, à dents en scie et aiguës, blanchâtres et duveteuses en dessous. *Haut.* 4 m. Amérique du Nord, 1699.

C. sativa, Mill. * Châtaignier commun, Angl. Sweet or Spanish Chestnut. — *Fl.* jaunâtres. Juin-juillet. *Fr.* à involucre fructifère vert, épineux, s'ouvrant en deux-quatre valves; renfermant une-deux, quelquefois trois graines, et alors aplaties sur une ou deux faces, mûrissant en octobre. *Flles* oblongues, lancéolées, acuminées, mucronées, dentées en scie, glabres sur les deux faces. Asie Mineure.

Fig. 656. — Castanea sativa. Rameau fructifère.

Haut. 15 à 25 m. Syns. *C. vesca*, Gærtn.; *C. vulgaris*, Lamk. — Il existe plusieurs variétés ornementales; les deux meilleures sont: *C. s. aureo-marginatis*, *flles* bordées de jaune; *C. s. heterophylla dissecta*, *flles* découpées en segments filiformes.

C. vesca, Gærtn. Syn. de *C. vulgaris*, Lamk.

C. vulgaris, Lamk. Syn. de *C. sativa*, Mill.

CASTANÉACÉES. — Réunies aux **Cupulifères.**

CASTANOSPERMUM, A. Cunn. (de *kastanon*, Châtaignier, et *sperma*, graine; allusion aux graines dont la saveur est analogue à celle des châtaignes), Angl. Moreton Bay Chestnut. Fam. *Légumineuses*. — Ce genre ne comprend qu'une espèce d'arbre australien, toujours vert, de serre froide, à fleurs en grappes courtes, et à feuilles imparipennées. Pour sa culture, V. **Ceratonia.**

C. australe, A. Cunn. *Fl.* jaune safran; calice coloré, à dents courtes, obtuses; corolle papilionacée; grappes axillaires ou latérales, un peu lâches. *Flles* imparipennées, à folioles larges, coriaces, glabres et entières. *Haut.* 12 à 15 m. Australie, 1828.

CASTILLEJA, Linn. f. (dédié à D. Castillejo, botaniste de Cadix). Fam. *Scrophularinées*. — Genre comprenant trente-cinq espèces de l'Amérique septentrionale et australe, et du nord de l'Asie. Ce sont des plantes herbacées ou rarement frutescentes, rustiques ou demi-rustiques. Fleurs axillaires, solitaires ou réunies en épis terminaux; corolle tubuleuse, comprimée, bilabiée. Feuilles alternes, entières, trifides ou multifides, se transformant parfois en grandes bractées colorées. Ces plantes sont très ornementales, mais, sauf une ou deux espèces, on les rencontre très rarement dans les jardins. Toutes sont probablement plus ou moins parasites, ce qui explique la difficulté qu'on éprouve à les conserver. Elles se plaisent dans une terre de bruyère additionnée de terreau de feuilles et de sable; quelques-unes poussent cependant mieux en bonne terre franche. Les espèces rustiques ou demi-rustiques peuvent se multiplier par semis.

C. coccinea, Spreng.* *Fl.* jaunes, à bractées écarlates. Juillet. *Flles*, ainsi que les bractées, divariquées, trifides. *Haut.* 30 cent. Amérique du Nord, 1787. Espèce herbacée, vivace, rustique. (B. R. 1136.)

C. indivisa, — * *Fl.* jaune verdâtre, à bractées entièrement rouge carmin. *Flles* sessiles, ascendantes, oblongues, les supérieures marginées de rouge. *Haut.* 15 à 30 cent. Texas, 1878. Plante vivace, rustique à exposition abritée, à ressemer de préférence tous les ans. (B. M. 6376.)

C. lithospermoides, Humb. et Bonpl. *Fl.* écarlates. Août. *Haut.* 30 cent. Mexique, 1848. Demi-rustique. (F. d. S. 4, 371.)

C. miniata, — * *Fl.* jaunes, à bractée rouge vermillon. *Flles* lancéolées ou linéaires, entières. *Haut.* 30 à 60 cent. Californie, 1874. Rustique.

C. pallida, Spreng.* *Fl.* en épis simples, à bractées pâles, presque blanches ou jaunâtres. Juin. *Flles* radicales linéaires, acuminées, entières; les supérieures alternes, ovales-lancéolées, dentées. Plante tomenteuse. Sibérie et région arctique de l'Amérique du nord-ouest. Espèce herbacée, vivace, rustique.

CASTILLOA, Cervant. (probablement dédié à Castillejo, botaniste espagnol). Fam. *Urticées*. — Genre comprenant deux espèces habitant l'Amérique centrale

Fig. 657. — Castilloa elastica.

et Cuba. Ce sont des arbres à suc laiteux, à inflorescences axillaires, unisexuées; alternativement mâles et femelles sur les mêmes rameaux. Feuilles simples, alternes, entières. L'espèce la plus intéressante est le *C. elastica*, Cervant., dont la sève très abondante, laiteuse, coagulée et travaillée, constitue le caoutchouc. Cet arbre n'est connu que dans les collections botaniques.

CASTRA, Vell. — V. Trixis, P. Browne.

CASTRATION. — Opération que l'on fait subir aux fleurs des plantes que l'on désire féconder pour l'obtention d'hybrides et dans le but d'empêcher la dissémination de leur propre pollen. La suppression des étamines doit toujours se faire avant leur ouverture; c'est souvent lorsque la fleur est encore à l'état de bouton, que cette opération doit être pratiquée avec habileté, à l'aide de ciseaux fins. (S. M.)

CASUARINA, Forst. (ce nom semble leur avoir été donné par allusion à la ressemblance de leurs longues branches rameuses, aphylles et pendantes, avec les

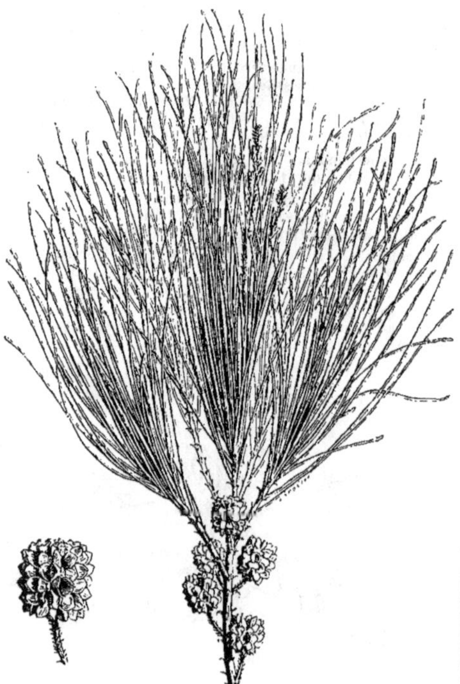

Fig. 658. — CASUARINA AFRICANA. (*Rev. Hort.*)

plumes pendantes des Casoars (tiré de *Casuarius*), qui vivent en effet dans le pays où croissent la plus grande partie des *Casuarina*). **Filao**, ANGL. Beefwood. FAM. *Casuarinées*. — Genre comprenant environ vingt-trois espèces originaires de l'Australie, de la Nouvelle-Calédonie, de l'Asie tropicale, des Iles Mascareignes et de l'Océan Pacifique, de Sumatra, de Bornéo et d'Amboine. Ce sont de curieux arbres ou arbustes de serre froide, remarquables par leurs longs rameaux filiformes, articulés et entièrement dépourvus de feuilles. Fleurs monoïques ou dioïques, les mâles en chatons cylindriques, verticillées, à périanthe formé de une ou deux divisions cucullées; fleurs femelles en chatons ou cônes globuleux ou ovoïdes, à périanthe nul. On cultive les *Casuarina* dans un compost de terre franche et de terre de bruyère; les espèces les plus vigoureuses se

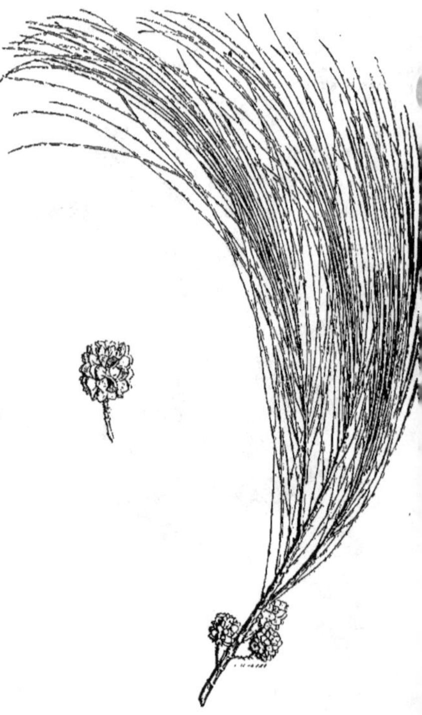

Fig. 659. — CASUARINA NODIFLORA. (*Rev. Hort.*)

contentent d'une bonne terre franche. Multiplication par boutures de rameaux à demi aoûtés, que l'on fait en avril, dans du sable et sous cloches; on peut aussi les propager par le semis. On cultive ces arbres avec succès en plein air, en Algérie et sur la côte méditerranéenne.

C. africana, Lour. *Cônes* allongés, oblongs, à pédoncule moyen. Rameaux grêles, assez rapprochés, fasciculés, de 12 à 15 cent. de long, vert glauque, à articulations blanches. Branches étalées-dressées, distantes, à écorce gris brunâtre. Arbrisseau rappelant par son aspect général le *C. stricta*. Afrique, La Réunion. Syn. *C. indica*, Pers.

C. distyla, Vent. *Fl.* dioïques. *Cônes* presque sessiles, ovales, très obtus, noirâtres, à valves glabres, presque tronquées, à protubérance dorsale large, entière. Rameaux pubescents, à gaines tubuleuses, divisées sur leurs bords en six à huit dents ciliées, aiguës. *Haut.* 60 cent. à 1 m. et quelquefois 3 à 5 m. Australie, 1862. (H. F. T. 1, 318.) Syn. *C. stricta*, Miq.

C. equisetifolia, Forst. *Fl.* dioïques. *Cônes* très courtement pédonculés, globuleux, d'environ 12 mm. de diamètre, à valves proéminentes, largement ovales, obtuses, pubescentes à l'extérieur. Octobre. Rameaux grêles, légèrement pendants, glabres ou pubescents lorsqu'ils sont jeunes, légèrement striés, à gaines divisées en six à huit dents courtes. *Haut.* 5 m. Australie, Iles de l'Océan Pacifique, Moluques, 1793. — M. Spach fait remarquer qu'on applique fréquemment par erreur le nom de cette espèce à la plupart de ses congénères qui lui ressemblent par leurs rameaux et par leur port.

C. indica, Pers. Syn. de *C. africana*, Lour.

C. nodiflora, Forst. *Cônes* petits, sub-sphériques, pédonculés. Rameaux très tenus, presque capillaires, de 20 à 25 cent. de long. Branches dressées, à écorce gris-roux, écailleuse, crevassée. Nouvelles Hébrides.

C. quadrivalvis, Labill. Syn. de *C. stricta*, Ait.

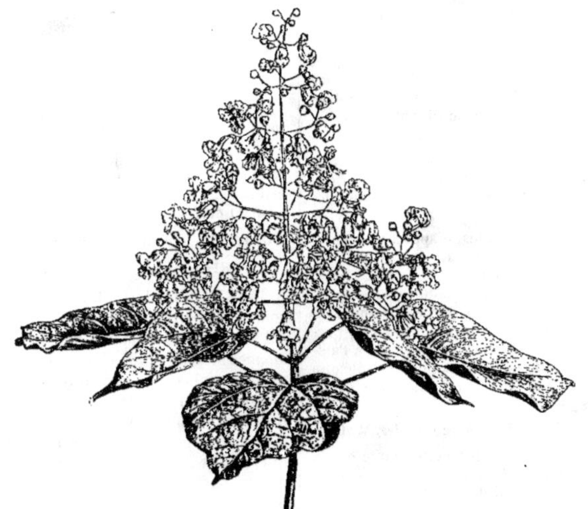

Fig. 660. — Catalpa bignonioides.

C. sumatrana, Jungh. Arbuste excessivement ramifié, à rameaux et ramilles très tenues, triquètres, aphylles arqués, pendants, formant par leur réunion des sortes de « queues de Renard » vert foncé (Carrière). 1889.

C. stricta, Ait. non Miq. *Fl.* dioïques ; chatons mâles terminaux et axillaires, denses à l'état juvénile, à gaines se recouvrant à peine à leur complet développement. *Cônes* globuleux ou ovoïdes, à valves très proéminentes, ovales-triangulaires, carénées. Petit arbre presque toujours pendant, à gaines divisées en six dents ovales, mucronées. *Haut.* 6 m. Australie, 1775. Syn. *C. quadrivalvis*, Labill. (B. F. T. 1, 347.)

C. stricta, Miq. Syn. de *C. distyla*, Ait.

CASUARINÉES. — Petite famille créée pour le seul genre *Casuarina*, qui renferme des arbres ou arbustes très singuliers par leurs rameaux aphylles, articulés et striés. Fleurs unisexuées ; les mâles en verticilles formant un épi cylindrique, naissant à l'intérieur d'une gaine ; périanthe composé d'une ou de deux bractées qu'entraîne ordinairement l'étamine unique au moment de l'élongation du filet. Les fleurs femelles sont groupées en chatons ovoïdes ou oblongs, plus courts et plus gros que les mâles, composés de bractées recouvrant chacune une fleur accompagnée de deux bractéoles persistantes ; cette fleur se réduit à un pistil nu, à style très court. Cônes ou strobiles ovoïdes, coriaces, formés des bractées et bractéoles devenues coriaces, enveloppant des cariopses comprimés, ailés au sommet. (S. M.)

CATACHÆTUM, Hoffmg. — V. **Catasetum**, Rich.

CATAKIDOZAMIA, T. Hill.—Réunis aux **Macrozamia**, Miq.

CATALPA, Scop. (nom indien de la première espèce introduite). — Genre comprenant environ une demi-douzaine d'espèces habitant la Chine, le Japon, l'Amérique du Nord et les Indes occidentales. Ce sont de beaux arbres rustiques ou de serre tempérée, à feuilles simples, pétiolées, opposées ou verticillées par trois. Fleurs disposées en panicules terminales ; corolle campanulée, à tube ventru, divisé en cinq lobes inégaux ; étamines cinq, dont deux stériles. Capsule siliquiforme, à deux valves, renfermant de nombreuses graines. Il est difficile de trouver un meilleur arbre que le *C. bignonioides*, pour isoler sur les pelouses, pour planter en avenue ou pour former des salles d'ombrage devant les habitations. Il pousse dans presque tous les terrains, mais sa végétation est d'autant plus vigoureuse que le sol est léger, fertile et frais. On le multiplie par graines que l'on sème au printemps, par marcottes ou par boutures aoûtées que l'on fait à l'automne. Le même traitement s'applique aux autres espèces, sauf les *C. longissima* et *C. microphylla* qui sont de serre chaude, mais faciles à cultiver, leur multiplication a lieu par boutures aoûtées, que l'on fait à chaud et sous cloches.

C. bignonioides, Walt. * *Fl.* à corolle blanche, ponctuée de pourpre et de jaune ; disposées en grandes panicules rameuses, terminales. Juillet. *Flles* grandes, pétiolées, caduques, cordiformes, planes, verticillées par trois. *Haut.* 6 à 12 m. Amérique du Nord, 1726. Syns. *C. syringæfolia*, Sims. ; *Bignonia Catalpa*, Linn.

On possède aujourd'hui plusieurs variétés de ce bel arbre, à feuilles de différentes couleurs ; ce sont : *aurea*, feuilles vert jaunâtre ; *argentea*, feuilles argentées ; *argenteis variegatis*, feuilles panachées de blanc ; *purpurea*, feuilles purpurines, d'origine américaine ; une variété *grandiflora* a été récemment signalée.

C. Bungei, — *Fl.* vert jaunâtre, ponctuées de rouge, grandes, disposées en bouquets ou grappes simples. *Flles* ovales, acuminées, glabres, entières ou lobées. *Haut.* 2 m. 50 à 3 m. Nord de la Chine.

C. cassinioides, Hort. Forme à feuilles intermédiaires entre les *C. speciosa* et *C. Bungei*.

C. Kæmpferi, Sieb. et Zucc. * *Fl.* petites, odorantes, disposées en panicule rameuse ; corolle jaune clair, ponctuée de rouge brun, à lobes dentés. Juillet. *Flles* ovales, cordiformes à la base, brusquement acuminées et souvent munies d'un ou plusieurs lobes aigus sur chaque côté du limbe. Japon, 1862. (Arbor. Segrez. t. X.)

C. longissima, Sims. * *Fl.* à corolle blanchâtre, ondulée, crénelée, à segment supérieur émarginé. *Flles* oblongues ou ovales, lancéolées, acuminées, ondulées, verticillées par trois. *Haut.* 10 à 12 m. Indes occidentales, 1777. Serre chaude.

C. microphylla, Spreng. *Fl.* grandes, blanches, à limbe ondulé ; pédoncules terminaux, triflores. *Flles* opposées, obovales, obtuses. *Haut.* 3 à 6 m. Saint-Domingue, 1820.

C. speciosa, * *Fl.* blanches, grandes, disposées en panicule assez grande ; lèvre supérieure de la corolle plus longue que l'inférieure, cette dernière bilobée. Juin. Etats-Unis, 1879. — Cette espèce est voisine du *C. bignonioïdes*, mais on peut l'en distinguer par son tomentum velouté ; par ses feuilles grêles, acuminées, inodores, portant des glandes semblables sur le côté inférieur, à l'aisselle des principales nervures ; par ses panicules beaucoup moins compactes ; enfin par ses fleurs, ses fruits et ses graines beaucoup plus gros.

C. syringæfolia, Sims. Syn. de *C. bignonioides*, Walt.

C. Wallichiana, Hort. On croit que cette plante est la forme chinoise et naine du *C. Kæmpferi*. On le nomme quelquefois *C. Kæmpferi nana*, Hort.

CATANANCHE, Linn. (de *katananke*, contrainte ; allusion à l'usage que les sorcières grecques faisaient de cette plante pour la composition des philtres amoureux). **Cupidone**. Fam. *Composées*. — Genre comprenant quatre espèces originaires de la région méditerranéenne. Ce sont de jolies plantes herbacées, annuelles ou vivaces, à rameaux grêles, filiformes, terminés chacun par un capitule. Involucre formé de bractées scarieuses, nacrées, lâches ; réceptacle hérissé de longues soies ; fleurons tous ligulés ; achaines à aigrette formée de paillettes lancéolées. Ces plantes craignent l'humidité ; on est souvent obligé de semer annuellement le *C. annua*, car ses souches fondent pendant l'hiver ; ce sont donc les endroits les plus sains et les plus chauds qu'il faut leur réserver. On les multiplie par semis : 1° en mars-avril, sur couche ou en pépinière bien abritée, on met le plant en place lorsqu'il est suffisamment fort ; 2° en juin-juillet, on repique en pépinière bien abritée ou sous châssis froid, et on met en place au printemps suivant. Leurs fleurs servent à la confection des bouquets perpétuels.

C. cærulea, Linn. *Fl.* bleues ou blanches, en capitules légers, longuement pédonculés. Juin-août. *Flles* presque toutes radicales, en rosette, lancéolées, entières ou pinnatifides, velues ; les caulinaires étroites, lancéolées, avec une ou deux petites dents de chaque côté, velues, grisâtres ainsi que les tiges. *Haut.* 60 à 70 cent. Europe méridionale ; France, etc. Plante rustique, vivace ou bisannuelle. La forme produisant des fleurs bleues et blanches est connue

Fig. 661. — Catananche cærulea.

dans les jardins sous le nom de *C. bicolor*, Hort. (B. M. 293.)

C. lutea, Linn. *Fl.* jaunes, en capitules cylindriques, à pédoncules très inégaux. Juin. *Haut.* 30 cent. *Flles* semblables à celles du *C. cærulea*. Europe méridionale, France, etc. Plante vivace, rustique. (S. F. G. 821.)

CATAPPA, Gærtn. — Réunis aux **Terminalia**, Linn.

CATARIA, Mœnch. — V. **Nepeta**, Linn.

CATASETUM, L. C. Rich. (de *kata*, en bas, et *seta*, soie ; allusion à la position des deux cornes de la colonne). Syn. *Catachætum*, Hoffmg. Comprend les *Monachanthus*, Lindl. Fam. *Orchidées*. — Genre renfermant plus de quarante espèces originaires de l'Amérique tropicale, s'étendant depuis le Brésil jusqu'au Mexique. Ce sont de grandes et vigoureuses Orchidées épiphytes, de serre chaude, plus curieuses que belles. Leurs fleurs, généralement vertes ou jaunâtres, sont disposées en grappe dressée ou pendante, naissant à la base de la tige ; les sépales et les pétales sont de consistance ferme et coriace. Feuilles membraneuses, plissées.

Si les espèces de ce genre, ainsi que celles de ses voisins, les *Cynoches* et *Mormodes* étaient mieux connues, il est probable qu'elles seraient plus cultivées qu'elles ne le sont d'une façon générale, car la singulière structure de leurs fleurs les rend très intéressantes ; les deux masses polliniques en particulier sont très curieusement conformées ; elles sont bilobées, sillonnées en arrière, supportées par un caudicule très développé, nu, se contractant avec élasticité à la maturité. Un autre point caractéristique des *Catasetum* et des *Cycnoches* est la production accidentelle de deux ou trois sortes de fleurs sur la même plante et quelquefois sur la même hampe. Ces fleurs sont si différemment conformées que lorsqu'on les observa pour la première fois, on créa à leurs dépens les genres *Catasetum*, *Monachanthus* et *Myanthus*. Le premier nom fut assigné aux grandes fleurs charnues, munies de longues cornes et que l'on considère aujourd'hui comme les fleurs fertiles c'est-à-dire produisant des graines ; le second aux fleurs dépourvues d'appendices et stériles ; le troisième fut donné aux fleurs dépourvues de ces sortes d'antennes ou à celles chez lesquelles elles se développent à la base et non au sommet de la colonne.

Pendant leur période de végétation, les arrosements ne sauraient être trop copieux, pourvu que le drainage soit parfait; mais pendant leur repos, on peut les laisser se sécher autant que les *Dendrobium* à feuilles caduques ; cette dernière période doit s'étendre depuis l'époque où les nouvelles pousses sont terminées jusqu'au moment où les plantes entrent de nouveau en végétation; peu importe sa durée, à moins que les hampes ne se montrent; dans ce cas, il faut les arroser jusqu'à ce que les fleurs soient fanées. On peut cultiver les *Catasetum* en pots, mais les paniers donnent de bien meilleurs résultats.

C. barbatum, Lindl. *Fl.* à sépales et pétales étroits, verts et maculés de pourpre : labelle vert et rose, frangé sur les bords extérieurs et muni de fibres délicates, d'un blanc terne, formant une sorte de barbe. Mai. Demerara, 1836. (B. R. 1778.)

C. Bungerothi, N.E. Br. * *Fl.* blanches, très remarquables ; sépales et pétales lancéolés, très aigus, divergents ; labelle grand, transversalement oblong ; profondément concave, brièvement et obtusément éperonné, bidenté au sommet ; grappes pluriflores. *Flles* lancéolées, très aiguës, de 20 à 25 cent. de long et 4 à 5 cent. de large. Pseudo-bulbes fusiformes, de 12 à 20 cent. de long. Amérique équatoriale, 1887. (B. M. 6998 ; G. C. ser. III, part. I, p. 142 ; I. H. ser. V, 10 ; L. 56 ; Gn. 1888, 646.)

C. B. album, Linden. Variété à fleurs blanc pur, portant une macule rose tendre sur le labelle. 1889.

C. B. aureum, Linden. *Fl.* jaune clair. Venezuela. Variété distincte. (L. 116.)

C. B. Pottsianum, Linden. *Fl.* à pétales élégamment maculés de pourpre ; labelle portant au centre quelques macules. 1887. (L. 104.)

C. B. Randi, Rodigas. Jolie forme à fleurs jaunes, avec une macule jaune abricot foncé sur l'éperon. 1890. (I. H. ser. V, 37, 117.)

C. callosum, — * *Fl.* jaune brunâtre ; pétales linéaires-lancéolés, de même forme que le sépale dorsal ; labelle ovale, oblong, obtus, sacciforme à la base, crénelé et muni au-dessus du sac d'une forte callosité d'un rouge orangé ; colonne acuminée. Juin. *Haut.* 30 cent. La Guayra, 1840. (B. M. 4219.)

C. Christyanum, — *Fl.* grandes, divergentes, portant chacune à la base une bractée étroite ; sépales rouge foncé ou brun chocolat, le dorsal dressé, les latéraux divergents ; pétales d'un brun plus clair, portant quelques macules pâles à la base ; labelle vert et pourpre, court, muni d'une poche sacciforme, obtusément conique et d'un limbe trilobé, à lobes latéraux portant de longues franges pourpres ; grappe dressée, portant six fleurs. Automne. *Flles* lancéolées, loriformes, acuminées, plissées. Tiges fusiformes, articulées, de 15 à 20 cent. de long. Amazone (W. O. A. 83.)

C. C. obscurum, — *Fl.* à sépales et pétales pourpre noirâtre ; lobes latéraux du labelle pourpre foncé, le médian vert olive brunâtre et jaune d'ocre clair, marqué de rouge dans la partie avoisinant la gorge. 1885.

C. costatum, Rchb. f. — *Fl.* à sépales et pétales jaunâtres ; lobes latéraux du labelle dressés, triangulaires, ciliés sur le bord supérieur ; « le lobe médian se prolonge en un petit triangle, bas, obtus, surplombant le conus ? long et aigu, si remarquable par la présence de quelques côtes plus claires situées de chaque côté, mais qui ne sont pas très visibles tant que le labelle est frais » (Reichenbach). 1887.

C. cristatum, Lindl. *Fl.* verdâtres ; périanthe étalé ; labelle ouvert, sacciforme, pourvu d'une crête. Août. *Haut.* 60 cent. Brésil, 1823. (B. R. 966.)

C. c. stenosepalum, Rchb. f. *Fl.* à sépales étroits, brun pourpre ; pétales entiers, pourpres, striés de pourpre foncé. 1887. (I. H. ser. V, 71.)

C. decipiens, Rchb. f. *Fl.* d'environ 4 cent. de diamètre ; sépales et pétales lancéolés, aigus, brun rougeâtre, avec des macules plus foncées ; labelle sacciforme, hémisphérique, révoluté sur les bords, jaune à l'extérieur, brun rougeâtre à l'intérieur ; grappe lâche. *Flles* lancéolées, aiguës. Pseudo-bulbes robustes, fusiformes, de 8 à 10 cent. de long. Venezuela, 1888. (L. 144.)

C. fimbriatum, Lindl. *Fl.* vert jaunâtre ; sépales linéaires, apiculés ; pétales à peine plus longs, charnus ; labelle charnu, trilobé, à lobes frangés par de longues fibres bifides ; hampe portant environ neuf fleurs. *Flles* lancéolées, acuminées, légèrement plissées. Pseudo-bulbes d'environ 15 cent. de long, portant six à huit feuilles. Pernambuco. (B. M. 3708, 7158.)

C. f. platypterum, Rchb. f. Variété à grandes fleurs blanc verdâtre, striées et ponctuées de brun pourpre ; labelle vert. 1889.

C. f. viridulum, Rchb. f. *Fl.* à sépales et pétales verts, maculés de pourpre rougeâtre ; colonne blanc verdâtre, maculée de pourpre. 1886.

C. galeritum, Rchb. f. *Fl.* assez grandes ; sépales et pétales vert pâle, maculés de brun, oblongs, aigus ; labelle vert pâle, sacciforme, oblong, conique au sommet, ocreux sur le devant ou maculé de vert pâle autour de la gorge et maculé de brun sur fond jaune à l'intérieur ; grappe lâche, pluriflore. Colombie ? 1886. (L. v. II, 67.)

C. g. pachyglossum, Rchb. f. Se distingue du type par son labelle épais, obtus, anguleux, presque rectangulaire. 1889.

C. Garnettianum, Rolfe. *Fl.* d'environ 4 cent. de diamètre ; sépales et pétales lancéolés, linéaires, de 2 cent. 1/2 de long, aigus, vert tendre, fortement maculés de brun chocolat ; labelle blanc, de 13 mm. de long, linéaire, divisé en franges au sommet, ainsi que sur les bords, au-dessous du milieu ; hampe dressée, multiflore, aussi longue que les feuilles. *Flles* lancéolées ; de 10 cent. de long et 12 à 18 mm. de large. Pseudo-bulbes comprimés-ovales ou coniques, de 2 1/2 à 5 cent. de long. Espèce voisine du *C. barbatum*, mais plus petite. 1888. Origine inconnue.

C. glaucoglossum, — *Fl.* grandes, à sépales bruns, ligulés, aigus ; pétales glauques, maculés de brun, plus grands que les sépales, oblongs, aigus ; labelle glauque, maculé de brun à l'intérieur et muni d'une poche déprimée et arrondie, et à gorge triangulaire ; grappe forte, défléchie, portant plusieurs fleurs. Mexique, 1885. Curieuse espèce.

C. Lehmanni, Regel. *Fl.* disposées en grappes lâches et pendantes ; sépales et pétales verts, ovales, égaux, aigus, connivents et formant la boule ; labelle d'un jaune carné, semi-orbiculaire, sacciforme, trilobé. *Flles* étroites, lancéolées. Andes de Colombie, 1886. Espèce plus curieuse que belle. (R. G. 1223 a-g.)

C. maculatum, Lindl. * *Fl.* vertes, maculées de pourpre, les deux segments calicinaux internes également maculés ; labelle cilié. Septembre. *Haut.* 1 m. Mexique. (B. R. 26, 62.)

C. Naso, Lindl. *Fl.* blanc et pourpre ; sépales oblongs, lancéolés, repliés (complicate), égaux aux pétales, lancéolés, ascendants ; labelle hémisphérique, lacéré à la base, muni au sommet d'un appendice charnu, obtus, ovale ; épi court, dressé. Août. *Haut.* 60 cent. Mexique, 1843.

C. ochraceum, — *Fl.* jaunes, unilatérales ; sépales et pétales ovales ; labelle cuculé, entier, glabre, contracté au sommet en un bec charnu, court, large et obtus. Brésil, 1844.

C. pileatum, Rchb. f. *Fl.* blanches, assez grandes ; sépales étroits, oblongs, aigus ; pétales largement oblongs, aigus ; labelle grand, largement triangulaire et muni d'un éperon obtusément conique ; colonne munie d'un très long bec. 1886. (R. 1890.)

C. pulchrum, N. E. Br. *Fl.* vert tendre, rayées de brun chocolat ; sépales et pétales elliptiques, aigus ; labelle jaune foncé, oblong, sacciforme, obscurément tridenté au sommet ; grappe courte, à cinq ou six fleurs, naissant à la base des pseudo-bulbes ; ceux-ci robustes, fusiformes, de 10 à 15 cent. de long et 2 cent. d'épaisseur. Brésil, 1888. (L. 120.)

C. Rodigasianum, Rolfe. *Fl.* assez grandes ; sépales verts, maculés de brun à l'extérieur et presque entièrement bruns à l'intérieur ; pétales verts, maculés de brun ; labelle jaune, maculé de pourpre brun, concave, trilobé au sommet. Intéressante espèce à fleurs disposées en longues grappes. Santa-Catharina ; Brésil, 1890. (L. 259.)

C. Russellianum, Hook.* *Fl.* verdâtres ; labelle membraneux, renflé sur le devant, contracté à la gorge, à bord intérieur allongé, ondulé, à disque frangé et pourvu d'une crête. Juillet. *Flles* larges, lancéolées. *Haut.* 1 m. Guatemala, 1838. (B. M. 3777.)

C. saccatum, Lindl.* *Fl.* très grandes et très remarquables, à sépales et pétales maculés de beau pourpre ; labelle jaune tendre, fortement couvert de macules cramoisies, pourvu au milieu d'une petite ouverture conduisant à un réduit ou sac profond qu'on ne remarque que lorsque le labelle est retourné. Mars. Demerara, 1840. (L. S. O. 41 ; L. 269.)

C. sanguineum, — *Fl.* verdâtres, mouchetées de brun ou de rouge terne et disposées en grappes serrées, de peu d'effet ; sépales et pétales tournés vers le haut ; labelle lacinié, excepté à la base. Octobre-novembre. *Flles* vert tendre, glauques. Pseudo-bulbes de 15 à 20 cent. de long. Amérique centrale, 1850.

C. s. integrale, Rchb. f. *Fl.* à lobe antérieur ou labelle entier. 1887.

C. scurra, *Fl.* jaune paille clair ou blanc de cire, odorantes. *Flles* d'un vert gai, d'environ 15 cent. de long ; pseudo-bulbes d'environ 1 cent. de long. Demerara, 1872. Espèce compacte, très curieuse. (G. C. n. s. VII, p. 301.)

C. tabulare. Lindl. *Fl.* vert pâle. Guatemala, 1843.

C. t. serrulata, Rchb. f. *Fl.* vert, blanc jaunâtre et blanc rougeâtre ; labelle dentelé sur les bords. 1886. (R. G. 1223. h-m.)

C. tapiriceps, Rchb. f. *Fl.* nombreuses ; sépales verts ; pétales bruns ; labelle orangé, trigone-sacciforme, dentelé sur les bords libres ; lobes latéraux enroulées, le médian portant une carène transversale émarginée, rapprochée du bord ; colonne ressemblant au museau arqué d'un Tapir. Brésil, 1888.

C. tridentatum, Hook. *Fl.* brun jaunâtre ; sépales internes maculés ; labelle éperonné, tridenté. Avril. La Trinité, 1822. (H. E. F. 90-91 ; B. M. 2259.) Syn. *C. macrocarpum*, Rich. (B. M. 3329 ; I. H. 1886, 619.)

C. t. bellum, — Variété à sépales brun pourpre ; labelle portant de chaque côté une macule brun pourpre. Brésil, 1886.

C. Trulla, Lindl. *Fl.* vert et brun ; sépales et pétales divergents, ovales, plans ; labelle en forme de truelle, non creusé en sac, mais simplement concave, comme une cuillère, à bords frangés ; colonne courte, munie de cornes. Amérique du Sud, 1840. (B. R. XXVII, 31.) — Dans la variété *sub-imberbe*, le labelle est dépourvu de franges.

C. T. maculatissimum, Rchb. f. *Fl.* à sépales, pétales et partie antérieure des côtés de la colonne couverts de taches brunes ; côté antérieur des lobes latéraux du labelle pourvu de franges bien développées. 1888.

CATESBÆA, Linn. (dédié par Linné à son contemporain Mark Catesby, auteur de *Natural History of Carolina* ; 1680-1750). Angl. Lily Thorn. Fam. *Rubiacées*. — Ce genre comprend six espèces d'arbres ou d'arbustes glabres et toujours verts, épineux, de serre chaude, habitant les Antilles. Fleurs axillaires, solitaires ; corolle infundibuliforme, à tube très long, graduellement évasé et dilaté à la gorge, à limbe quadripartite. Feuilles petites, ovales, ordinairement fasciculées. Epines simples, sub-axillaires. Les *Catesbæa* sont très ornementaux pendant leur période de floraison ; ils se plaisent dans un mélange de terre franche légère et de terre de bruyère. Leur multiplication s'opère par boutures que l'on fait en avril ; on les plante dans du sable, sur chaleur de fond et sous cloches. Les insectes rongent souvent ces plantes et les rendent peu décoratives, il est donc nécessaire de prendre les précautions nécessaires pour les garantir de leurs ravages.

C. latifolia, Lindl. * *Fl.* pendantes ; corolle à tube très long, ob-conique au sommet ; pédicelles uniflores. Juin. *Flles* obovales, brillantes, convexes, un peu plus courtes que les épines. *Haut.* 1 m. 30 à 1 m. 50. Indes occidentales, 1823. (B. R. 858.)

C. parviflora. Swartz. *Fl.* dressées, sessiles parmi les feuilles ; corolle à tube tétragone, d'environ 1 cent. de long. Juin. *Flles* ovales, raides, révolutées sur les bords et mucronées au sommet. *Haut.* 1 m. 30 à 1 m. 50. Jamaïque, 1810.

C. spinosa. Linn. *Fl.* pendantes, corolle jaune pâle, de 8 à 15 mm. de long. Mai. *Flles* ovales, sus-aiguës aux deux extrémités, un peu plus longues que les épines. *Haut.* 3 à 4 m. Bahama, 1726. (B. M. 131.) — Dans son pays natal, on mange les fruits qui ont une acidité agréable.

CATHA, Forsk. (nom d'origine arabe). Syn. *Methyscophyllum*, Eckl. et Zey. Fam. *Célastrinées*. — Genre monotypique, dont l'espèce connue est un arbrisseau glabre, habitant l'Arabie. Fleurs petites, analogues à celles des *Evonymus*, en cymes courtes, axillaires, à ramifications dichotomes. Feuilles opposées, pétiolées, lancéolées, coriaces, dentées en scie. Pour sa culture V. **Celastrus**.

C. edulis, Forsk. Cafta ou Khât. *Fl.* blanches. *Haut.* 3 m. Yemen ; Arabie. — Les feuilles fournissent un produit analogue au thé ou plutôt à la coca ; les arabes en mâchent, dit-on, les feuilles vertes pour supporter la fatigue et le sommeil. Serre froide ou tempérée. Syn. *Celastrus edulis*, Vahl.

CATHARANTHUS roseus, G. Don. — V. **Vinca rosea**, Linn.

CATHARTIQUE. — V. **Purgatif**.

CATHCARTHIA, Hook. f. (dédié à J. F. Cathcart), juge à Tirhoots). Fam. *Papavéracées*. — Petit genre ne comprenant que trois espèces de plantes herbacées, bisannuelles, voisines des *Argemone* et originaires de l'Himalaya et de la Chine. Elles se plaisent en tout terrain léger et fertile, à exposition chaude et abritée. On les multiplie par graines qu'elles produisent abondamment. L'espèce ci-dessous est sans doute la seule introduite.

C. villosa, Hook. f. *Fl.* d'un beau jaune, d'environ 5 cent. de diamètre, à anthères nombreuses. Juin. *Flles* semblables à celles des Vignes, de 8 cent. de diamètre, fortement velues. *Haut.* 30 cent. Sikkim ; Himalaya, 1850. (B. M. 4596.)

CATHEA, Salisb. — V. **Calopogon**, R. Br.

CATIMBIUM, Juss. — V. **Alpinia**, Linn.

CATOBLASTUS, Wendl. (de *kato*, en dessous, et *blastos*, pousse ; allusion aux racines aériennes). FAM. *Palmiers*. — Genre comprenant trois espèces originaires de la Nouvelle-Grenade, du Venezuela et du nord du Brésil. Ce sont des Palmiers de serre chaude, très voisins des *Iriartea* dont ils diffèrent par leurs fleurs monoïques, sur des spadices distincts ; les mâles ont, indépendamment de leurs neuf ou quinze étamines, un ovaire rudimentaire, tandis que les femelles ne portent que quelques étamines également rudimentaires. Leur tronc, mesurant à l'état sauvage de 10 à 15 m. de haut, est soulevé au-dessus du sol par une touffe de racines aériennes ; il est marqué de cicatrices circulaires et porte au sommet un bouquet de feuilles pinnées. L'espèce ci-dessous est seule connue dans les serres. Pour sa culture, V. **Iriartea**.

C. præmorsus, * *Flles* imparipennées, à folioles simples. Venezuela, 1850. Syn. *Iriartea præmorsa*.

CATOPSIS, Griseb. (de *kato*, en dessous, et *opsis*, apparence). SYNS. *Pogospermum*, Brongn. et *Tussacia*, Klotz. FAM. *Broméliacées*. — Petit genre comprenant quinze espèces originaires des Indes occidentales, du Mexique et des Andes de l'Amérique australe, autrefois réunies aux **Tillandsia**. (V. ce nom pour leur culture.)

C. nitida, Baker. *Fl.* blanches, espacées sur des épis grêles, allongés ; corolle profondément tripartite ; hampe cylindrique. *Flles* peu nombreuses, linguléés, convolutées, vert foncé, brillantes, formant dans leur partie inférieure un tube renflé ou ventru. Jamaïque, 1823. Syns. *Tillandsia nitida*, Hook. (B. E. F. 218) et *Tussacia nitida*, Beer.

CATTLEYA, Lindl. (dédié à William Cattley, de Herts, Angleterre ; patron de la botanique et un des plus ardents collecteurs de plantes rares). FAM. *Orchidées*. — Les espèces de ce genre sont toutes originaires de l'Amérique tropicale, depuis le Brésil jusqu'au Mexique. Bentham et Hooker n'ont admis qu'une vingtaine d'espèces, mais ce nombre peut facilement être aujourd'hui doublé, sans compter le grand nombre de variétés de formes ou d'hybrides connus. C'est un des plus beaux genres, sans doute le plus estimé des Orchidophiles, tant par la grandeur des fleurs, qui atteignent souvent 15 à 20 cent. de large, que par les riches couleurs dont elles sont parées. A ces qualités, on peut encore ajouter une grande facilité de culture. Ce genre a beaucoup d'affinités avec le genre *Lælia*, dont il ne diffère, au point de vue botanique, que par ses quatre masses polliniques ; les *Lælia* en possèdent huit. La hampe, enfermée dans une gaine, se développe au sommet des pseudo-bulbes et porte un épi dressé, arqué ou pendant, composé de une à neuf fleurs parfaites et quelquefois plus. Les dimensions des *Cattleya* sont très variables ; tandis que quelques espèces forment des pseudo-bulbes n'ayant que 5 à 8 cent. de hauteur, chez d'autres espèces ils atteignent plusieurs pieds et forment, à l'état sauvage, de grosses touffes de plusieurs mètres de diamètre. Tous sont pourvus de pseudo-bulbes plus ou moins gros, portant ordinairement à leur sommet une feuille solitaire, coriace et vert foncé ; les espèces d'une division du genre en portent deux, mais elles en émettent rarement trois sur chaque pseudo-bulbe. En général, les espèces à grandes fleurs se rencontrent parmi celles qui n'ont qu'une seule feuille. On possède aujourd'hui plusieurs *Cattleya* issus d'hybridations ; ces plantes peuvent soutenir la comparaison avec les plus belles espèces dues aux introductions. Plusieurs espèces poussent plus vigoureusement lorsqu'elles sont fixées sur des bûches, avec un peu de sphagnum et suspendues à la charpente des serres ; cependant, il est préférable de cultiver en pots ou en paniers celles qui atteignent de grandes dimensions ; elles produisent ainsi de plus grandes fleurs et demandent moins d'attention et de soins. Pour leur rempotage, on emploie de préférence de la terre de bruyère fibreuse, bien débarrassée de toute la terre qu'elle contient et à laquelle on ajoute un peu de sphagnum haché et du bon sable blanc, bien pur. Un parfait drainage est essentiel, et, pendant le rempotage, la plante doit être placée au-dessus des bords du pot, au sommet d'un cône formé du mélange ci-dessus, afin de permettre à l'eau des arrosements de s'écouler avec rapidité.

Les *Cattleya* aiment une atmosphère douce et humide et de copieux arrosements pendant leur période de végétation ; il est préférable d'arroser au goulot les plantes cultivées en pots, car on a fréquemment remarqué qu'elles poussaient et fleurissaient moins bien lorsqu'on les seringuait régulièrement. Pour les espèces cultivées sur des bûches suspendues à la charpente, il n'y a rien à craindre des seringages, car l'eau a peu de chances de se loger dans les grandes gaines qui enveloppent les jeunes pousses. Cet accident arrive quelquefois chez les espèces cultivées en pots et cause beaucoup de tort aux pseudo-bulbes en formation. On ne doit pas se contenter de seringuer les plantes sur des bûches ; il faut les descendre, surtout en été, deux ou trois fois par semaine, les visiter avec soin et les plonger dans un baquet ou dans une terrine pleine d'eau dont la température doit au moins être égale à celle de la serre. Après la formation des pseudo-bulbes, les arrosements doivent être suspendus et les plantes mises graduellement au repos, mais il faut éviter avec soin de les laisser se sécher outre mesure, car il peut en résulter des conséquences les plus fâcheuses. La prolongation de la période de repos rend en outre la plante plus vigoureuse et plus florifère.

La liste suivante comprend toutes les meilleures espèces et les plus nouvelles variétés ou hybrides ; nous avons puisé de nombreux renseignements dans les ouvrages de Lindley, Warner et Williams, etc., et dans la récente monographie du genre publié par MM. Veitch and Sons, dans le volume II, de leur *Manual of Orchidaceous Plants*, la synonymie et l'admission des espèces, variétés ou hybrides sont, en grande partie, basés sur cet ouvrage.

C. Acklandiæ, Lindl.* *Fl.* géminées ; sépales et pétales généralement brun chocolat, irrégulièrement zébrés de bandes transversales et de stries jaunes ; labelle grand, étalé, variant du rose tendre au pourpre foncé, trop étroit et trop étalé à la base pour couvrir la colonne. Juillet. *Flles* ovales, coriaces, vert foncé. Pseudo-bulbes grêles, de 12 à 15 cent. de haut. Brésil, 1839. (B. M. 5039 ; F. d. S. 674 ; I. H. 565 ; W. O. A. II, 69.)

C. alba, Hort. Forme du *C. Luddemanniana*.

C. Alberti, Hort. Perrenoud. *Fl.* rose très clair, lavé de lignes plus foncées ; labelle trilobé, à lobes latéraux couvrant la colonne ; disque rouge pourpre, teinte de cramoisi, bords sinués et profondément émarginés. Hybride horticole du *C. intermedia* et *C. superba*.

C. Alexandræ, L. Lind. et Rolfe.* *Fl.* réunies par sixdix sur un même pédoncule de 40 à 45 cent. de long, dressé au sommet des pseudo-bulbes; bractées ovales-triangulaires, étalées, de 5 à 8 cent. de long; sépales et pétales étalés, linéaires-oblongs, sub-aigus, de 4 à 5 cent. de long et 12 à 15 mm. de large, de la couleur du *Lælia grandis tenebrosa* et teintés de violet sur les bords; labelle trilobé, de 4 cent. de long et 3 cent. de large, à lobes latéraux semi-ovales, obtus, le médian flabello-réniforme, rétus, de 3 cent. de large, à peine verruqueux. *Flles* très charnues, rigides, étroitement elliptiques-oblongues, obtuses, de 8 à 12 cent. de long et 4 à 5 cent. de large. Pseudo-bulbes cylindriques, de 30 à 50 cent. de haut et 12 à 18 mm. de diamètre, couverts de gaines blanches. Brésil, 1892. Très belle espèce tout nouvellement introduite.

C. amabilis, Hort. Syn. de *C. intermedia*.

C. Amesiana, — Syn. de *Lælia Amesiana*.

C. amethystoglossa, Lind. et Rchb. f.* *Fl.* d'environ 12 cent. de diamètre; sépales et pétales lilas rosé, tachetés et maculés de pourpre; labelle entièrement pourpre foncé ou d'une teinte améthyste; hampe dressée, pluriflore. Mars à mai. *Flles* vert foncé, coriaces, naissant au sommet des pseudo-bulbes. *Haut.* 60 cent. à 1 m. Brésil, 1862. (B. M. 5683; I. H. 1866, 538; R. H. 1869, 212.) Syn. *C. guttata Prinzii*, Rchb. f. — La variété *sulphurea* est très jolie; la fleur est à fond jaune pur, tacheté comme dans l'espèce type; labelle grand, d'un beau blanc crémeux, 1866. (G. C. 1866, 315.)

C. amœa, Hort. Bleu. Hybride du *C. Loddigesii* et *Lælia Perrinii*. Intermédiaire en ses deux parents.

C. aurea, L. Lind. Syn. de *C. Dowiana*.

C. autumnalis, Hort. Syn. de *C. Bowringiana*, Veitch.

C. Ballantiniana, Rchb. f. Hybride horticole entre les *C. labiata Trianæ* et *C. labiata Warscewiczii*. 1890. (R. 2, 91.)

C. bicolor, Lindl.* *Fl.* à sépales et pétales d'une teinte vert brunâtre particulière; labelle long, étroit, d'un pourpre rosé plus pâle sur les bords; épis composés de huit à dix fleurs. Septembre. *Haut.* 45 à 60 cent. Brésil, 1837. — Parmi les variétés les plus recommandables, on en cite une à fond magenta et à bords blancs frangés; les fleurs ont une odeur rappelant celles de l'Œillet. (B. R. 1919; B. M. 4909; W. O. A. 318; L. 292; O. 1891, 17.)

C. b. Measuresiana, Warn. et Will. Belle variété à labelle bordé de blanc. Brésil, 1888. (W. O. A. 357.)

C. b. Wringleyiana, — *Fl.* à sépales et pétales vert grisâtre; labelle pourpre foncé. 1886.

C. Bluntii, Hort. *Fl.* se rapprochant par leur forme de celles du *C. labiata Mendelii*; sépales et pétales blancs; labelle blanc, maculé de jaune à la gorge. Été. *Flles* semblables à celles du *C. labiata Mendelii*. Colombie.

C. Boissieri, — *Fl.* à sépales et pétales lilas rosé tendre; labelle large, pourvu d'une belle macule jaune, arquée, occupant moitié de la longueur et presque aussi large que le labelle. *Flles* oblongues, courtes et larges. Nouvelle-Grenade.

C. Bowringiana, Veitch. *Fl.* pourpre rosé tendre, d'environ 5 cent. de diamètre; labelle pourpre foncé devant, coupé transversalement par une bande marron, située un peu en avant du tube qui est blanchâtre; grappe corymbiforme, composée de cinq à dix fleurs. Automne. Amérique centrale, 1886. Charmante espèce voisine du *C. Skinneri*. (W. O. A. 323; R. ser. 2, 2; R. X. O. 245, sous le nom de *C. Skinneri Bowringiana*, Kranz.) Syn. *C. autumnalis*, Hort. Il existe une variété à fleurs *violacées*. (R. H. 1890, 300.)

C. Brabantiæ, Hort. Veitch. *Fl.* assez grandes; sépales et pétales roses, maculés de pourpre noir; lobes latéraux du labelle blancs, recourbés sur la colonne, celle-ci rose et large; lobe antérieur pourpre magenta, obtusément réniforme. *Flles* oblongues, ligulées. Tiges arrondies. Hybride entre les *C. Acklandiæ* et *C. Loddigesii*. (F. M. 360.)

C. brilliantissima, Hort. Syn. de *C. Luddemanniana brilliantissima*.

C. Brymeriana, Rchb. f. *Fl.* à sépales et pétales pourpre rosé; labelle extraordinairement large, à divisions latérales anguleuses-obtuses; la médiane saillante, obcordiforme; toutes orangées sur la partie centrale, puis rose passant graduellement au blanc entre le centre et les bords, lesquels sont mauve pourpre; colonne blanche. 1883. Cette espèce passe pour être un hybride naturel entre les *C. superba* et *C. Eldorado*. (W. O. A. 184.)

C. Brysiana, Lem. Syn. de *Lælia purpurata Brysiana*.

C. bulbosa, Lindl. Syn. de *C. Walkeriana*.

C. Bullieri, Carr. Simple forme du *C. Trianæ*. (R. H. 1886, p. 444.)

C. calummata, Ed. André. *Fl.* se rapprochant par leur forme de celles du *C. Acklandiæ*; sépales et pétales blanchâtres, teintés de rose et maculés de violet; labelle cunéiforme sur la partie centrale, d'un beau rouge violacé ou rose magenta ainsi que la colonne; lobes latéraux grands, blancs. *Flles* oblongues, émarginées, vert foncé, quelquefois tachées de violet. Pseudo-bulbes de 8 à 10 cent. de long. Bel hybride entre les *C. intermedia* et *C. Acklandiæ*, 1884. (R. H. 1883, 564; W. O. A., IV, 166.)

C. candida, Williams. *Fl.* à sépales et pétales blancs, nuancés de rose; labelle de même couleur, teinté de jaune au centre; épis composés de trois à quatre fleurs. Juillet-novembre. *Haut.* 30 cent. Brésil. Espèce voisine du *C. intermedia*.

C. Cassandra, Rolfe. *Fl.* rose tendre, de 10 cent. de diamètre, à sépales aigus; pétales deux fois plus larges et plus obtus; labelle à lobes latéraux très larges, presque blancs; le médian comprimé à la base en un onglet large et court, arrondi et très crispé au sommet, pourpre-améthyste brillant; colonne blanche. *Flles* ovales-oblongues, étalées, de 12 à 15 cent. de long; pseudo-bulbes presque cylindriques, claviformes. Bel hybride horticole des *C. Loddigesii* et *Lælia elegans*, obtenu par M. Veitch. 1888.

C. Chamberlainiana, Rchb. f. *Fl.* de 12 cent. de diamètre; sépales pourpre brunâtre; pétales pourpres; labelle d'un beau pourpre magenta; hampe portant de cinq à sept fleurs ou plus. Hybride entre les *C. guttata Leopoldii* et *C. Dowiana*, et ressemblant beaucoup au premier.

C. chocoensis, Lind. et Andr. Syn. de *C. labiata Trianæ chocoensis*.

C. citrina, Lindl.* *Fl.* d'un jaune citron tendre, uniforme, délicieusement parfumées, solitaires, pendantes, se développant sur les pseudo-bulbes récemment formés et d'une consistance épaisse et céracée. Mai-août. *Flles* de 15 à 25 cent. de long et d'environ 2 cent. 1/2 de large, pâles, glauques. Pseudo-bulbes petits, ovales, couverts à l'état juvénile d'une membrane argentée; chacun d'eux porte de deux à trois feuilles. Mexique, 1838. — On cultive généralement cette belle espèce sur des bûches, avec un peu de sphagnum et où elle devient alors entièrement pendante, mais on peut la cultiver aussi en corbeilles, comme n'importe quel autre *Cattleya*; l'atmosphère doit être peu humide et la température très fraîche. (B. M. 3742; R. 20; R. C. 931; F. d. S. 1689; R. 20; W. S. O. 18.)

C. citrino-intermedia, Rolfe. *Fl.* à sépales et pétales blanc crémeux terne, tendant à tourner au blanc carné; pétales un peu plus larges que les sépales; lobes latéraux du labelle couleur chair, devenant pourpre pâle au sommet, grands, arrondis, obtus, lobe antérieur pourpre rosé, presque tronqué, finement apiculé, crispé sur les bords; colonne blanc carné, jaune sur le devant à la base; pédoncule de 6 cent. de long. *Flles* au nombre de trois, de 17 cent. de long et 3 cent. 1/2 de large.

C. coccinea, Lindl. Syn. de *Sophronitis grandiflora*.

C. crispa, Lindl. Syn. de *Lælia crispa*.

C. crocata, Rchb. f. Forme du *C. labiata Eldorado*.

C. Dawsonii, Warner. Syn. de *C. Luddemanniana*.

C. Devoniana, — **Fl.* de plus de 12 cent. de diamètre; sépales et pétales blancs, teintés de rose plus foncé vers le sommet ; labelle pourpre rosé foncé. Septembre. *Flles* géminées, de 15 à 20 cent. de long. Bel hybride des *C. crispa* et *C. guttata*.

C. dolosa, Rchb. f. Variété du *C. Walkeriana*.

Fig. 662. — CATTLEYA CITRINA. Port naturellement pendant.

C. Dominyana, Rchb. f. * *Fl.* de 15 cent. de diamètre; sépales et pétales blancs, délicatement nuancés de rose; labelle pourpre rosé, bordé de blanc, rouge orangé à la gorge. Très bel hybride des *C. amethystina* et *C. maxima*. 1809. — Il existe une variété *alba*, à fleurs blanc pur et à labelle maculé de lilas au centre, et une *lutea*, à fleurs d'un rose tendre et à labelle blanc sur le devant, suffusé de jaune, avec un disque jaune, strié de rose (F. M. 367.)

C. Dowiana, Batem. Syn. du *C. labiata Dowiana*.

C. Dukeana, Rchb. f. *Fl.* à sépales jaune d'ocre clair extérieurement, le médian lavé de pourpre mauve terne intérieurement, les latéraux mauve pourpre et brunâtres à l'intérieur; pétales mauve pourpre sur le disque, plus petits que les sépales ; divisions latérales du labelle blanches et pourpre clair, dolabriformes, ne couvrant pas entièrement la colonne; division médiane pourpre tendre étroitement bordée de blanc ; colonne blanche, bordée de pourpre. 1887. Probablement un hybride naturel.

C. Edithiana — *Fl.* de 15 à 20 cent. de diamètre, sépales et pétales mauve clair ; labelle blanc, strié de mauve, à disque chamois. *Flles* vert foncé. *Haut*. 30 cent. Brésil. Port du *C. labiata Mossiæ*.

C. Eldorado, L. Lind. Variété du *C. labiata*.

C. Empress Frederic, Hort. Hybride horticole entre les *C. labiata Mossiæ* et *C. l. Dowiana*. 1890.

C. exoniensis, Veitch. Syn. de *Lælia exoniensis*.

C. fausta, Rchb. f. *Fl.* à sépales et pétales lilas rosé ; labelle blanc, pourvu d'un large disque jaune, égalant la largeur entière de la gorge et cramoisi au sommet. Novembre. Hybride entre les *C. Loddigesii* et *Lælia exoniensis*. (F. M. n. s. 189; G.C. 1873, p. 289.) — La variété *radians* porte de nombreuses stries ou barres rayonnant du centre du labelle sur la partie antérieure.

C. felix, Rchb. f. Syn. de *Lælia felix*.

C. fimbriata, Hort. Bleu. *Fl.* de même grandeur que celles du *C. amethystina*, à sépales et pétales blanc verdâtre au moment de l'épanouissement, passant ensuite au blanc rosé : labelle lilas clair, strié plus foncé, finement ondulé et en forme de capuchon. Hybride horticole des *C. amethystina* et *C. Acklandiæ*.

C. flaveola, Rchb. f. Hybride horticole. 1888.

C. Forbesii, Lindl. *Fl.* de 8 à 10 cent. de diamètre; sépales et pétales vert jaunâtre pâle, presque égaux ; labelle trilobé, à lobes latéraux jaunes, quelquefois striés de rouge, enroulés au-dessus de la colonne, le médian jaune pâle, portant au centre une large bande jaune tendre ; colonne jaune, tachetée et maculée de rouge ; pédoncules dressés, portant de deux à cinq fleurs. *Flles* ovales-oblongues, coriaces. Tiges d'environ 30 cent. de haut, portant deux feuilles, Rio-de-Janeiro, 1823. (B. M. 953 ; L. B. C. 1152.)

C. Gaskelliana, Hort. Sander. Variété du *C. labiata*.

C. Gibeziæ, Lind. et Rod. Syn. de *C. intermedia Gibeziæ*.

C. gigas, Lind. Syn. de *C. labiata gigas*.

C. granulosa, Lindl. *Fl.* vert olive, grandes, maculées de brun ; labelle blanchâtre, maculé de cramoisi. Août-septembre. Guatemala ou Brésil, 1841. (B. R. 28, 1 ; R. ser. 2, 36.)

C. g. asperata, Rchb. f. *Fl.* à sépales et pétales brunâtres, maculés de pourpre foncé : labelle rude, jaunâtre à la base, pourpre clair et largement bordé de blanc sur le devant. 1886.

C. g. Buyssoniana, O. Brien. Variété à sépales et pétales blanc d'ivoire. 1890. (L. 270.)

C. g. Russelliana, Lindl. *Fl.* plus grandes que celles de l'espèce type et à segments plus larges ; face intérieure des lobes latéraux du labelle jaune orangé, ainsi que l'onglet du lobe médian ; limbe blanc, maculé de pourpre cramoisi. (B. R. 1845, 59 ; B. M. 5048, sous le nom de *C. granulosa*.)

C. g. Schofieldiana, Hort. Veitch. *Fl.* à sépales et pétales jaune verdâtre, maculés de cramoisi ; pétales étroits à la base, très larges et obtus au sommet ; labelle d'un beau pourpre, à lobes latéraux blanchâtres ; le médian couvert de lamelles et de papilles. *Flles* larges, au nombre de deux par pseudo-bulbe : ceux-ci de 45 cent. de haut. Syn. *C. Schofieldiana*, Rchb. f. (W. O. A. 11, 93.)

C. guatemalensis, T. Moore. * *Fl.* disposées en fortes grappes ; sépales et pétales pourpre rosé et chamois ; labelle pourpre rougeâtre et orangé, strié de cramoisi. Guatemala, 1861. Jolie espèce tout à fait distincte.

C. g. Wischhuseniana, Rchb. f. *Fl.* à sépales pourpre rougeâtre clair ; pétales pourpre rosé ; labelle brun, à disque jaune avec une macule blanche à la base. Panama, 1888.

C. guttata, Lindl. * *Fl.* à sépales et pétales verts, teintés de jaune et pointillés de cramoisi ; labelle blanc, taché de pourpre ; hampe dressée, portant de cinq à dix fleurs. Octobre-novembre. *Flles* géminées, coriaces, vert foncé, naissant au sommet des pseudo-bulbes. *Haut.* 45 à 60 cent. Brésil, 1827. (B. R. 1831, 1406; L. B. C. 1715.)

C. g. immaculata. — *Fl.* à sépales et pétales mauve brun, sans macules ; labelle blanc, à lobe postérieur pourpre. 1886.

C. g. Keteleeri, Houllet. Syn. de *C. g. lilacina*, Rchb. f. (R. H. 1875, 350.)

C. g. Leopardina, Red. *Fl.* nombreuses et belles; sépales et pétales fortement maculés de brun foncé ; lobes latéraux du labelle blancs, le postérieur rouge pourpre, bilobé, large; grappes grandes. Pseudo-bulbes allongés. 1886. (L. 19.)

C. g. Leopoldii, Lind. et Rchb. f. * *Fl.* très odorantes et plus nombreuses que dans l'espèce type: sépales et pétales chocolat foncé, maculés de rouge; labelle entièrement rouge pourpre. Brésil. (F. d. S. 14, 1471; W. O. A. 16; R. 77.)

C. g. L. odoratissima, Rchb. f. Variété à odeur d'Héliotrope ; sépales et pétales jaunes sur les deux faces; labelle à disque et lobe antérieur pourpre ; lobes latéraux blancs. 1888.

C. g. lilacina, Rchb. f. *Fl.* à sépales et pétales blanc rougeâtre, maculés de magenta ; labelle cramoisi magenta tendre, grand et bien frangé. Juin. Brésil. Syn. *C. g. Keteleeri*, Houllet. (R. H. 1875, 30.)

C. g. munda, Rchb. f. Variété à sépales verdâtres, passant au jaune et dépourvus de macules. 1888.

C. g. phœnicoptera, Rchb. f. *Fl.* à sépales et pétales pourpre foncé ; labelle blanchâtre. 1883.

C. g. Prinzii, Rchb. f. Syn. *C. amethystoglossa*, Lind. et Rchb. f.

C. g. punctulata, Rchb. f. *Fl.* à sépales et pétales vert jaunâtre pâle, portant quelques macules; labelle comme dans le *C. g. Leopoldii.*

C. g. Russelliana, Hook. Belle variété originaire des montagnes de l'Orégon, plus grande, plus haute et à fleurs plus belles et plus foncées, 1838. Très rare. (B. M. 3693.)

C. g. Williamsiana, Rchb. f. Variété à pétales et sépales pourpres, non maculés; labelle blanc, à lobe postérieur pourpre. 1884. (W. O. A. V. 212.)

C. Hardyana, Williams. *Fl.* de 15 à 20 cent. de large; sépales et pétales mauve rosé tendre, les premiers lancéolés, les seconds elliptiques et ondulés; labelle magenta cramoisi foncé, veiné de jaune sur le disque et portant une grande macule jaune de chaque côté, très grand, profondément bilobé et tuyauté. Colombie, 1885. Magnifique plante passant pour être un hybride naturel. (W. O. A. V. 231.)

C. H. Laversinensis, L. Lind. *Fl.* à sépales marbrés de rose pourpre; pétales plus foncés; labelle richement coloré. 1891.

C. Harrisii, Rchb. f. *Fl.* à sépales et pétales bleu améthyste, portant de nombreuses macules pourpres ; lobes latéraux du labelle plus pâles que les sépales et les pétales, et largement maculé de bleu améthyste au sommet, celui-ci aigu ; lobe médian pourpre améthyste, denté en scie, ondulé sur les bords et bifide au sommet. *Flles* de 18 cent. de long et 2 1/2 à 6 cent. de large. Pseudo-bulbes presque plats, de 2 cent. 1/2 à 15 cent. de long. 1887. Hybride entre les *C. guttata Leopoldii* et *C. labiata Mendelii.*

C. Harrisoniæ, Paxt. Syn. de *C. Loddigesii Harrisoniana.*

C. Holfordi, Hort. Syn. de *C. luteola.*

C. hybrida Burberryana, Hort. Sander. *Fl.* ayant la forme de celles du *C. superba*, à sépales et pétales rose très pâle: labelle portant une large tache cramoisi pourpre. Hybride des *C. intricata* et *C. superba.*

C. hybrida picta. Hort. *Fl.* au nombre de six à sept sur chaque hampe; sépales vert olive pâle, un peu maculés de pourpre; pétales de même nuance que les sépales, largement marginés de mauve rosé pâle; lobes latéraux du labelle blanc extérieurement, le médian pourpre, plus pâle sur les bords et à disque jaunâtre. Hybride horticole entre les *C. guttata* et *C. intermedia.* (F. M. 1881, 473.)

C. intermedia. Lindl. * *Fl.* à sépales et pétales rose tendre ou pourpre rosé ; labelle de même nuance, maculé sur le devant de violet pourpre foncé. Mai-juillet. *Haut.* 30 cent. Brésil, 1824. (B. M. 2851; M. B. 4, 195.) — Il existe plusieurs variétés de cette très utile espèce dont les plus recommandables sont :

C. i. candida splendida, Regel. Variété à fleurs blanc pur, sauf le lobe postérieur qui est rouge carminé. Rio de Janeiro, 1890. (R. G. 1890, 1313.)

C. i. Gibeziæ, Lind. et Rod. Variété à fleurs marquées de trois lignes orangées sur le disque du labelle. 1888. Syn. *C. Gibeziæ*, Lind. et Rod. (L. 3, 133.)

C. i. partheniana, Rchb. f. Variété à fleurs blanches et à pseudo-bulbes allongés. 1888.

C. i. prolifera, Mast. Curieuse forme prolifère. (G. C. ser. 3, part. II, p. 13, f. 3.)

C. i. punctatissima, Hort. Sand. *Fl.* à sépales blanc rosé pâle: pétales ponctués de proupre rosé; labelle à lobe médian pourpre foncé. (R. ser. 2, 24.)

C. i. superba, — * *Fl.* au nombre de quatre à six par épi ; sépales et pétales d'un rose tendre; labelle large, d'un beau pourpre. Brésil.

C. i. violacea. — *Fl.* souvent au nombre de neuf par épi ; sépales et pétales d'un rose tendre; labelle maculé de pourpre au centre. Mai-juin. Brésil.

C. intricata. Rchb. f. *Fl.* à sépales et pétales étroits, rose blanchâtre tendre; labelle semblable à celui du *Lælia elegans picta*, sauf les lobes latéraux qui sont blancs et finement anguleux et le limbe du lobe médian, brièvement stipité qui est d'un pourpre foncé vif; colonne rose tendre. 1884. Hybride.

C. i. maculata, Rolfe. Variété à fleurs d'un rose chair tendre, tacheté de pourpre. Brésil, 1890.

C. iricolor, Rchb. f. *Fl.* blanc laiteux, maculées de pourpre sur le labelle, de 8 à 10 cent. de diamètre; pétales plus étroits que les sépales; labelle obscurément trilobé, les deux lobes latéraux enroulés au-dessus de la colonne; pédoncules portant deux ou trois fleurs. *Flles* de 30 cent. de long, en lanière, pliées à la base, émarginées au sommet. Tiges de 10 à 12 cent. de long, portant une seule feuille. Patrie inconnue.

C. Kimballiana, Lind. et Rod. *Fl.* grandes; sépales et pétales blanc rosé tendre, les premiers lancéolés, aigus, les seconds très larges, elliptiques, ondulés, tube du labelle blanc extérieurement, jaunâtre près des bords sur le devant ; l'intérieur jaune rayé d'orangé; lobe postérieur du labelle ondulé, pourpre tendre sur le devant. Venezuela, 1881. Belle espèce. (L. 89.)

C. Krameriana, Rchb. f. *Fl.* à sépales et pétales rose pâle, un peu étroits; labelle blanc, avec deux taches pourpre mauve foncé; lobes latéraux pourpre clair, bordés de rose et portant cinq carènes rudes, d'une teinte rougeâtre. On le croit un hybride, obtenu au Brésil, entre les *C. intermedia* et *C. Forbesii.* 1888.

C. labiata, Lindl. *Fl.* grandes, de 15 à 20 cent. de diamètre, au nombre de trois à quatre sur chaque hampe; sépales et pétales rose foncé, ces derniers très larges et gracieusement ondulés; labelle grand un peu incurvé, cramoisi velouté foncé sur le devant. Automne. *Flles* solitaires. larges, coriaces. vert foncé. *Haut.* 45 à 50 cent. Brésil, 1818. (B. R. 1859; B. M. 3998; L. B. C. 1956; B. H.

1860, 13; W. O. A. 88; F. d. S. 1895, sous le nom d'*Epidendrum labiatum*, Rchb. f.) Syn. *C. Lemoniana*. (B. R. 32, 35.)

C. l. alba, Veitch. Syn. de *C. l. Luddemaniana alba*.

C. l. autumnalis, Hort. Belle variété à grandes et belles fleurs, variant du rouge au blanc ; fleurissant de novembre à décembre. C'est, dit-on, le *C. labiata* original, de Lindley, découvert par Swainson en 1817, que l'on croyait exterminé et que M. Sander a réintroduit en 1891 en très grande quantité. (L. 112.)

C. l. brilliantissima, Veitch. Syn. de *C. l. Luddemaniana brillantissima*.

C. l. chocoensis, Veitch. Syn. de *C. l. Trianæ chocoensis*.

C. l. crocata, Veitch. Syn. de *C. l. Eldorado crocata*.

C. l. delicata, Veitch. Syn. de *C. l. Trianæ delicata*.

C. l. Dowiana, Veitch. *Fl.* très grandes, à sépales et pétales couleur nankin tendre; labelle grand et étalé, gracieusement tuyauté sur les bords et entièrement rouge pourpre intense, nuancé de rose violacé et strié de jaune d'or; hampe portant de cinq à six fleurs. Automne. Cette espèce produit des speudo-bulbes volumineux et ses feuilles atteignent près de 30 cent. de haut. Costa-Rica, 1866. — On la cultive de préférence en corbeilles que l'on place le plus près possible de la lumière ; elle demande aussi plus de chaleur que les autres. (B. M. 5618; I. H. 525; R. H. 1869, 460; F. d. S. 1709; Gn. 99.)

C. l. D. aurea, T. Moore. *Fl.* très grandes; sépales et pétales jaune pâle; labelle pourpre foncé, veiné de jaune. Colombie, 1883. Superbe variété. (W. O. A. 84.) Syn. *C. aurea*, Linden. (I. H. 493: L. 28 ; R. 5.)

C. l. D. chrysotaxa, Hort. Sander. Belle variété à sépales et pétales jaune vif; labelle teinté de pourpre carminé foncé, portant une large tache dorée sur chaque côté du disque. Colombie, 1889. (R. 2, 80; R. H. 1892, 112.)

C. l. D. marmorata, — Magnifique variété à sépales jaunes et à pétales marbrés de rose ; labelle violet carminé sur le devant, jaune veiné de pourpre dans sa moitié inférieure. 1888. Syn. *C. aurea marmorata*, O'Brien.

C. l. Eldorado, Veitch. *Fl.* grandes ; sépales et pétales rose pâle; labelle de même couleur extérieurement, pourpre cramoisi sur le devant, maculé d'orangé à la gorge, denté en scie sur les bords. Août-septembre. Cette belle et rare espèce ne porte qu'une seule feuille grande et vert foncé au sommet des pseudo-bulbes. Amérique centrale, 1869. (F. d. S. 1826 ; L. 262.)

C. l. E. crocata, Rchb. f. *Fl.* larges, blanches, présentant une ligne orangé foncé, s'étendant depuis la base du labelle jusque sur le disque antérieur où elle s'élargit en une macule pentagonale, dentée sur le devant. 1885. (R. 93.) Syn. *C. crocata*, Rchb. f.

C. l. E. ornata, Rchb. f. Belle variété nuancée de pourpre foncé au sommet des pétales. 1884.

C. l. E. splendens, Lind. *Fl.* à sépales et pétales rose tendre; ces derniers plus larges et dentés en scie sur les bords; labelle grand, d'un beau violet pourpre, finement denté sur les bords, à gorge orangé foncé, entourée d'un cercle blanc, Rio Negro, 1870. (I. H. 1870, 7; W. O. A. 310.)

C. l. E. virginalis, Warn. et Will. *Fl.* odorantes, à sépales et pétales blanc de neige, les premiers lancéolés, aigus, les seconds larges, elliptiques, obtus; labelle blanc, entier, à lobe postérieur tuyauté, disque et tube jaunes. Août-septembre. Rives de l'Amazone. Syn. *C. virginalis*, Lind. et André. (I. H. ser. III, 257; L. 101.) — La variété *rosea* porte une macule distincte, pourpre rosé sur le devant de la partie antérieure du labelle.

C. l. E. Wallisii, Lind. *Fl.* à segments blancs; disque du labelle jaune orangé, de dimensions réduites. Il existe une forme à fleurs *blanches*.

C. l. Gaskelliana. Hort. Sander. *Fl.* de 18 cent. de diamètre, ressemblant à celles du *C. l. Mossiæ*, mais plus pâles; lobes du labelle confluents, crispés, jaunes à l'intérieur. Automne. Venezuela, 1883. Magnifique plante. (R. 75; I. H. 1886, 613, sous le nom de *C. Gaskelliana*, Rchb. f.)

C. l. G. alba, Rchb. f. Variété à fleurs blanches, à gorge du labelle jaune. Venezuela. 1888. (W. O. A. 8, 353.)

C. l. G. albens, Rchb. f. Variété à fleurs blanches, délicatement teintées de lilas ; labelle à disque jaune, veiné de brun orangé à la gorge. (R. G. 1888, 1274.)

C. l. G. picta, Rolfe. Variété à sépales et pétales distinctement panachés. 1890.

C. l. G. speciosa, Hort. *Fl.* blanches, à bords crispés et à labelle portant une macule d'un beau rose pourpre. 1891.

C. l. gigas, — *Fl.* très grandes; sépales et pétales rose pâle; labelle grand et large, d'un beau pourpre foncé ou cramoisi violacé sur le devant, et portant à la base deux macules jaunes, remarquables, en forme d'œil; hampe portant de quatre à cinq fleurs. Avril-mai. Nouvelle-Grenade, 1873? (G. C. n. s. 17, p. 313; L. 63; Gn. XXI, 37, sous le nom de *C. gigas*, Lind.)

C. l. g. albo-striata, *Fl.* plus petites que celles de l'espèce type ; sépales et pétales à fond rouge, striés de blanc au centre. 1882.

C. l. g. burfordiensis, — O'Brien. *Fl.* plus grandes et plus richement colorées que celles du type; sépales et pétales pourpre rosé; labelle de 8 cent. de diamètre, d'un bleu améthyste intense, plus clair et crispé vers les bords. 1882.

C. l. g. grandiflora, — *Fl.* remarquablement grandes, à sépales et pétales roses; labelle richement coloré, blanc, bordé de magenta sur la partie supérieure.

C. l. g. Sanderiana, Rchb. f. Très belle variété remarquable par son grand labelle étalé, d'un beau bleu améthyste et ponctué de blanc. 1883. (O. 1886, p. 16.)

C. l. leucophæa, — Belle variété à sépales et pétales blanc rosé : labelle teinté de lilas, strié de jaune à la gorge et crispé sur les bords.

C. l. Luddemanniana, Rchb. f. *Fl.* à sépales et pétales d'un rose pourpre tendre, suffusés de blanc ; pétales près de trois fois plus larges que les sépales et gracieusement ondulés, principalement dans leur moitié supérieure ; lobes latéraux du labelle enroulés, de même couleur extérieurement que les sépales et les pétales; lobe antérieur d'un beau pourpre améthyste, crispé, émarginé, portant deux macules blanches ou jaunes à l'orifice du tube et entre lesquelles se trouvent des raies pourpre améthyste, divergeant depuis la base du labelle. Septembre-octobre. (R. ser. 2,34.) Syns. *C. Dawsonii*, Warn. (W. S. O. I, 16.) *C. speciosissima Buchananiana*, Williams et Moore. (W. O. A. VI. 261.)

C. l. L. alba, Hort. *Fl.* grandes, blanc pur, maculées de jaune sur le disque du labelle. Syns. *C. labiata alba* Veitch.

C. l. L. brilliantissima, Hort. *Fl.* à sépales et pétales rose brillant, ces derniers munis, près du sommet, d'une macule pourpre améthyste, plumeuse ; lobe antérieur du labelle pourpre marron, maculé de jaune pâle en dessous. Syn. *C. brilliantissima*, Hort.

C. l. L. regina, Rchb. f. *Fl.* à sépales et pétales pourpre foncé ; labelle pourpre foncé, muni de macules jaunes comme dans le type.

C. l. magnifica, Regel. *Fl.* pourpre rose clair ; labelle à gorge jaune et à lobe postérieur pourpre foncé. 1888. (R. G. 1888, 1281.)

C. l. Mendelii, Rchb. f. *Fl.* à sépales et pétales variant du blanc au rose tendre, grands et larges ; labelle grand d'un beau rouge magenta. Avril-mai. Amérique du Sud. Belle espèce d'introduction récente. (R. 15 ; L. 55 ; Gn. XX, 304 ; F. M. 32.)

C. l. M. **bella**, Williams et T. Moore. Charmante variété à pétales mauve lilacé, blanchâtre ; labelle d'un mauve lilacé plus foncé sur la partie antérieure. 1882. (W. O. A. 225.)

C. l. M. **grandiflora**, T. Moore. *Fl.* de 20 cent. de diamètre ; sépales et pétales blancs, très larges ; labelle rose magenta, blanc et tuyauté sur les bords, frangé, large, à gorge jaune citron, bordée de rose magenta pâle. Mai-juin. Colombie. (W. O. A. I. 3.)

Fig. 663. — Cattleya labiata Mossiæ. (*Rev. Hort.*)

C. l. M. **Jamesiana**, Williams. *Fl.* d'environ 12 cent. de diamètre à sépales et pétales rosés, larges, pourpres au sommet, labelle rose pourpre velouté sur la moitié antérieure, à disque jaune d'or ; gorge blanchâtre, striée de cramoisi. 1882. (W. O. A. IV. 178.)

C. l. M. **Morganæ**, — *Fl.* nombreuses, à sépales et pétales blanc de neige ; labelle blanc, gracieusement frangé, portant une macule distincte, magenta brillant vers le sommet ; gorge orange, à stries plus foncées. Mai-juin. Colombie. Port du *C. l. Mendelii*. Syn. *C. Morganæ*, T. Moore. (W. O. A. I. 6.)

C. l. M. **Selbornensis**, Hort. Splendide variété à grandes fleurs ; labelle très richement coloré ; pétales et sépales d'un beau pourpre rosé.

C. l. M. **superbissima**. — *Fl.* très grandes ; sépales et pétales rose pâle, larges ; labelle très crispé et tuyauté sur les bords, bleu améthyste brillant ; gorge jaune. Colombie.

C. l. **Mossiæ**, Lindl.* *Fl.* de 12 à 15 cent. de diamètre, quelquefois plus ; bien que variant beaucoup, les sépales et les pétales sont généralement rose plus ou moins foncé ; labelle grand, de même nuance, frangé et ondulé sur les bords dans beaucoup de cas ; hampe portant de trois à cinq fleurs. Mai-juin. *Flles* solitaires, vert luisant foncé, naissant au sommet des pseudo bulbes. *Haut.* 30 cent. Venezuela. 1836. Syn. *C. Mossiæ*, Lindl. (B. R, 26, B. M. 3989 ; W. O. A. 216.) — Cette espèce peut être rangée sans exagération parmi les plus belles Orchidées cultivées. Les variétés en sont extrêmement nombreuses et très distinctes dans beaucoup de cas. Toutefois un grand nombre de ces variétés sont très rares et quelques-unes même sont uniques. Le choix suivant comprend les principales et les plus récentes :

C. l. M. **Alexandræ**. — *Fl.* à sépales et pétales rouge pâle ; labelle blanc maculé et veiné de magenta brillant ; gorge orangée, marquée de pourpre cramoisi.

C. l. M. **aurantiaca**, — Belle variété remarquable par la teinte orange foncé du centre du labelle. Venezuela.

C. l. M. **aurea**, T. Moore. *Fl.* petites, à sépales et pétales rouge pâle, moins étalés que dans la plupart des autres variétés ; labelle petit, fortement marqué de chamois orangé à la base, et portant au centre des lignes violet rosé, interrompues et entourées par une large bordure pâle, presque blanc à l'intérieur, et teinté de rouge sur les bords.

C. l. M. **aureo-grandiflora**, T. Moore.* *Fl.* grandes ; sépales et pétales rouge pâle ; labelle marqué d'une barre et de quelques lignes brisées rose violacé, fortement maculé d'orangé à la base et vers le bord de la partie supérieure.

C. l. M. **aureo-marginata**, T. Moore. *Fl.* grandes ; sépales et pétales rouge foncé ; labelle rose violacé foncé au centre, jaune à la base ; la couleur jaune se prolonge de façon à former une large bordure à la partie supérieure et dilatée du labelle.

C. l. M. **Blakei**, T. Moore. *Fl.* à sépales et pétales rouge pâle ; ces derniers tuyautés vers le sommet ; labelle chamois orangé à la base, bigarré de rose violacé sur le devant ; les panachures disparaissant presque sur les bords.

C. l. M. **Bousiesiana**, Lindl. Belle forme à fleurs marbrées de pourpre rosé. (L. 4, 185.)

C. l. M. **candida**, — *Fl.* atteignant quelquefois 18 cent. de diamètre, mais peu abondantes et souvent déformées ; sépales et pétales blancs ; labelle cramoisi, frangé. Juin-juillet. *Flles* vert clair. *Haut.* 30 cent. Brésil. (F. d. S. 66, sous le nom de *C. labiata candida*, Lindl. et Paxt.)

C. l. M. **complanata**, T. Moore. *Fl.* grandes, remarquables par l'absence totale de tuyautage ; sépales et pétales rouge foncé ; labelle large et étalé au sommet, maculé d'orange à la base, faiblement panaché et veiné de pourpre au-dessus du centre, laissant de la sorte une large bordure rouge pâle.

C. l. M. **conspicua**, Hort. *Fl.* grandes ; sépales et pétales rouges, labelle marqué de rose violacé, flammé d'orange à la base et ayant une bordure pâle et irrégulière.

C. l. M. **decora**, Williams. Variété à gorge et lobes latéraux du labelle veinés de pourpre magenta. La Guayra, 1891. (W. O. A. 19. 421.)

C. l. M. **grandiflora**, T. Moore.* *Fl.* grandes ; sépales et pétales rouges, ces derniers moins tuyautés que chez les autres variétés ; labelle rose pourpre foncé, légèrement maculé d'orange à la base et étroitement bordé de rouge pâle.

C. l. M. **grandis**, T. Moore. *Fl.* à sépales et pétales rouge pâle ; labelle plus grand que celui des autres variétés, bigarré de rose violacé, irrégulièrement bordé de rouge, maculé de chamois orangé à la base. Splendide plante.

C. l. M. **Hardyana**, Williams et T. Moore. *Fl.* à sépales et pétales pourpre pâle, irrégulièrement maculés de pourpre magenta ; labelle jaune et blanc, irrégulièrement marqué de pourpre magenta plus foncé que celui des sépales et des pétales. 1884. Variété distincte, remarquablement belle. (W. O. A. III, 125.)

C. l. M. Lawrenceana, T. Moore. * *Fl.* grandes, à sépales et pétales rouges, ces derniers très larges et fortement tuyautés ; labelle grand, rose violacé foncé, légèrement maculé d'orange à l'intérieur, veiné, bigarré et étroitement tuyauté sur le devant.

C. l. M. majestica, Hort.* *Fl.* très belles, à sépales et pétales larges, ces derniers rose foncé, mesurant plus de 20 cent. de bout à bout ; labelle grand et étalé, gracieusement frangé sur les bords, fond rose foncé, maculé à la base d'orangé tendre et diversement maculé et strié de pourpre violacé sur le devant. Pseudo-bulbes de 8 cent. de haut, portant une large feuille solitaire, d'environ 15 cent. de long.

C. l. M. Marianæ, T. Moore.* *Fl.* petites, mais très distinctes et pures ; sépales et pétales blancs; labelle maculé de jaune brillant à la base, gracieusement bigarré de rose violacé au centre, largement et également marginé de blanc. Belle variété très rare.

C. l. M. Nalderiana, Rchb. f. *Fl.* pourpre rosé, présentant une légère teinte grisâtre, macules et bordure plus foncées. Venezuela.

C. l. M. Reineckiana, O' Brien. *Fl.* à sépales et pétales blanc pur ; labelle à disque orangé, à stries et ponctuations violettes vers les bords. 1884. (W. G. Z. 1882, p. 159.)

C. l. M. Roezlii, Bleu. *Fl.* très grandes et de forme parfaite ; labelle à disque d'un rouge vif, très remarquable, avec une bande transversale jaune d'or. Venezuela, 1888. (R. H., 1888, 572.)

C. l. M. splendens, T. Moore. *Fl.* grandes, à sépales et pétales rouge pâle ; labelle pourpre rosé, orangé à la base, rouge sur les bords et très tuyauté.

C. l. M. superba, T. Moore. *Fl.* à sépales et pétales rouge foncé, ces derniers étroits et très légèrement tuyautés ; labelle grand, fortement maculé d'orange à la base, plus brillant sur le devant, veiné au centre, un peu pommelé de rose violacé, irrégulièrement et largement marginé de rouge pâle.

C. l. M. variabilis, Cherv. Forme intéressante dont les fleurs sont, dit-on, bleues lorsqu'elles s'ouvrent, passant ensuite au mauve, puis au rose. 1888.

C. l. M. Wageneri, O' Brien * *Fl.* blanc de neige, sauf le centre du labelle qui est maculé de jaune, bords gracieusement divisés ainsi que ceux des pétales. Juin. Caracas, 1851. Syn. *C. Wageneri*, Rchb. f. (R. X. O. 13.)

C. l. M. Williamsii, T. Moore. *Fl.* grandes, à sépales et pétales blanc rosé ; labelle finement pommelé de rose, maculé d'orange à la base et ayant une large bordure pâle.

C. l. ornata, Veitch. Syn. de *C. l. Eldorado ornata.*

C. l. pallida, Williams. *Fl.* à sépales et pétales rose tendre; labelle cramoisi, gracieusement frangé. Août. *Flles* droites, d'un vert plus clair que celles de l'espèce type. Brésil. (W. O. A. 121.)

C. l. Percivaliana, Rchb. f. *Fl.* plus petites que celles du *C. labiata Mossiæ*, mais plus foncées et de coloris plus riche ; sépales et pétales rouge foncé ; labelle cramoisi magenta intense, très frangé et marginé de rouge rosé ; gorge striée de jaune et de cramoisi. Janvier-février. Colombie, 1882. Forme distincte du *C. labiata.* Syn. *C. Percivaliana*, O' Brien. (G. C. n. s. XXI, p. 178; W. O. A. III, 144 ; R. 2 ; Gn. 1889, 704.)

C. l. P. alba, Hort. *Fl.* à sépales et pétales blanc pur ; labelle blanc, maculé d'orange à la gorge. Brésil, 1884.

C. l. P. bella, Rchb. f. *Fl.* pourpre brillant ; sépales, pétales et partie antérieure du labelle maculé de pourpre foncé ; pétales ondulés.

C. l. P. Reichenbachi, Lindl. et Rod. *Fl.* à sépales et pétales d'un beau pourpre mauve; lobe antérieur du labelle pourpre foncé, prolongé en pointe en arrière et jaune foncé veiné de rouge sur chaque côté de cette pointe. 1886. (L. 39.)

C. l. Pescatorei, — *Fl.* à sépales et pétales rose tendre, labelle cramoisi. Belle variété à feuillage vert clair et à floraison abondante.

C. l. picta, — *Fl.* grandes, très belles une fois bien épanouies et atteignant souvent 18 cent. de diamètre ; sépales et pétales blanc pur ; labelle cramoisi, gracieusement frangé. Juin-juillet. *Haut.* 30 cent. Les fleurs de cette variété sont peu nombreuses et souvent déformées.

C. l. Regina, Veitch. *Fl.* à sépales, pétales, ovaire et colonne pourpres ; labelle pourpre mauve foncé, présentant les deux macules jaunes latérales ordinaires. Venezuela. Syn. *C. speciosissima Reginæ*, Rchb. f.

C. l. Trianæ, Veitch. *Fl.* très grandes, à sépales et pétales ordinairement rouge pâle; labelle rouge ou rose pâle extérieurement, à gorge orangée ou jaune, pourpre plus ou moins intense sur le devant ; hampe pluriflore. Hiver. Cordillères de Quindin, 1856. — Cette espèce est très variable et, par suite, les variétés en sont extrêmement nombreuses. Syn. *C. Trianæ*, Duchartre. (J. S. N. H.) 1860, p. 369, 13 ; W. O. A. 45 ; Gn. XXII, 346 ; O. 1891, 81.

C. l. T. alba, Hort. *Fl.* blanches ; disque du labelle jaune, portant sur le devant une macule variant du pourpre rosé au lilas pâle. (R. 81 ; L. 29.)

C. l. T. Annæ, Hort. *Fl.* à sépales et pétales pourpre rosé brillant ; labelle pourpre foncé, blanchâtre à l'intérieur du tube et pourvu sur le devant d'une macule jaune, bilobée. (L. 31.)

C. l. T. Atalanta, Hort. *Fl.* blanches, nuancées de rose; pétales plus larges et plus pointus que les sépales, labelle d'environ 8 cent. de long, rose pâle, largement rubané et orangé à la gorge.

C. l. T. Backhousiana, Hort. *Fl.* très grandes, à sépales et pétales rose rougeâtre; labelle grand, maculé de magenta brillant sur la partie antérieure et marqué de jaune pâle à la gorge.

C. l. T. chocoensis, Hort. *Fl.* grandes, ne s'étalant pas complètement comme celles de la majorité des espèces du genre, de forme un peu campanulée; sépales et pétales blanc pur, larges, plus ou moins frangés sur les bords; labelle jaune, maculé de beau pourpre sur le devant. Pseudo-bulbes portant une feuille solitaire, oblongue, épaisse. Choco ; Nouvelle-Grenade, 1873. (I. H. n. s. 120; L. 168, var. *Miss Nelson.*) Syn. *C. chocoensis*, Lind. et André.

C. l. T. Colemanii, Hort. * *Fl.* de 20 cent. de diamètre ; sépales et pétales nuancés de rose au sommet : gorge élégamment striée de diverses nuances de jaune ; labelle rose foncé, bien fimbrié. 1875. (F. M. n. s. 176.)

C. l. T. Corningii, Hort. *Fl.* grandes, disposées en épi pluriflore; sépales et pétales blancs, légèrement teintés de rose pâle ; labelle blanc, légèrement maculé d'orange sur la partie antérieure.

C. l. T. delicata, Hort. *Fl.* de 15 cent. de diamètre; sépales et pétales blancs; labelle grand, jaune au centre et teinté de rose, blanc extérieurement. Décembre-janvier. *Haut.* 30 cent. Brésil, 1861. Syns. *C. Rollissonii*, T. Moore (F. M. 1861, 8); *C. Warscewiczii delicata*, T. Moore. (W. S. O. I. 4.) — Il en existe une belle variété, *superba*, à labelle très large.

C. l. T. Dodgsonii, Williams. *Fl.* blanches, de 20 à 25 cent. de diamètre ; labelle cramoisi foncé, à gorge jaune orangé.

C. l. T. Ernesti, Sander. *Fl.* à sépales et pétales couleur de chair, maculés de pourpre au sommet; labelle à disque pourpre plus foncé; tube blanc, avec une large tache sur le devant. (R. 1, 43.)

C. l. T. formosa, Williams. *Fl.* à sépales et pétales mauves; labelle d'un beau magenta, à disque jaune, portant des stries rayonnantes d'un jaune plus foncé. Colombie, 1884. (W. O. A. III, 108.)

gorge striée d'orange, très large et ouverte. Syn. *C. Leeana*, Hort. Sander.

C. l. T. Mme Martin Cahuzac, Lind. *Fl.* d'une belle teinte rosée pâle, sauf le devant du labelle qui est pourpre, le disque jaune et les bords blancs. Magnifique variété. (L. 5, 230.)

C. l. T. marginata, Hort. *Fl.* d'environ 15 cent. de

Fig. 664. — Cattleya labiata Trianæ. (*Rev. Hort.*)

C. l. T. fulgens, Hort. Variété à fleurs bien faites, dont le labelle est d'un beau rouge carmin. 1890.

C. l. T. Hilli, Hort. *Fl.* blanc pur, grandes, très distinctes; labelle d'un beau rouge magenta, à gorge jaunâtre.

C. l. T. Hooleana, Williams. *Fl.* à labelle entier, d'un beau pourpre magenta, rehaussé à la gorge de deux macules jaunes, claviformes, arquées. Nouvelle-Grenade. (W. O. A. VI, 265.)

C. l. T. Io, Hort. * *Fl.* aussi grandes que celles de la variété *Hilli*; sépales et pétales rose tendre; les premiers finement dentés en scie sur les bords; labelle grand, d'un beau pourpre foncé, nuancé de violet, marginé de pourpre rosé; gorge orangée; bords finement crispés.

C. l. T. Leeana, Hort. *Fl.* d'environ 18 cent. de diamètre; sépales et pétales lilas rosé, de 8 cent. de long; labelle mauve magenta foncé, faiblement marginé de rose lilacé, de 5 cent. de diamètre sur la partie antérieure;

diamètre, délicieusement odorantes; sépales et pétales blanc rosé; labelle pourpre magenta brillant sur la partie antérieure, largement marginé de blanc, gracieusement frangé; gorge orangée.

C. l. T. Massangeana, Rchb. f. *Fl.* blanches, striées de mauve pourpre; pétales mauve pourpre au-dessous du centre, maculés de taches blanches et pourvus de lignes mauve pourpre, obliques, se dirigeant vers les bords; labelle muni d'une ligne médiane blanche, bordée de pourpre et accompagnée extérieurement de lignes rayonnantes; sommet pourpre foncé, bordé de blanc. 1883. (W. O. A. VI, 212.)

C. l. T. Osmanni, Hort. *Fl.* de 20 cent. de diamètre; sépales et pétales magenta rosé, les premiers de 2 cent. 1/2 de large; labelle de 6 cent. de diamètre, cramoisi magenta intense, étroitement marginé de magenta rosé; gorge légèrement marquée de jaune. Splendide variété. (F. M. ser. II, 51.)

C. l. T. pallida, Lind. *Fl.* entièrement blanc rosé, à disque du labelle jaune. (L. 5, 231.)

C. l. T. purpurata, Lind. *Fl.* à sépales et pétales mauve clair; labelle rouge magenta, à gorge jaune. (L. 5, 229.)

C. l. T. quadricolor, Lindl. *Fl.* à sépales et pétales magenta rosé, larges; labelle cramoisi magenta sur la partie antérieure, magenta rosé sur la partie supérieure, clair, d'un parfum exquis, très distinctes de celles du type par la frisure extraordinaire des pétales et du labelle et par la partie orangée du labelle s'étendant presque jusqu'au sommet. 1887. (Gn. Juillet 1891, 813.)

C. l. T. Schrœderiana, Rchb. f. *Fl.* grandes, blanches labelle marqué de lignes brisées, mauve pourpre et d'une ligne médiane orangée. 1886. Belle variété. (R. 46.)

C. l. T. splendidissima, Williams et Moore. Belle variété plus foncé que sur les pétales et sépales. (B. M. 5504; I. H. 514.)

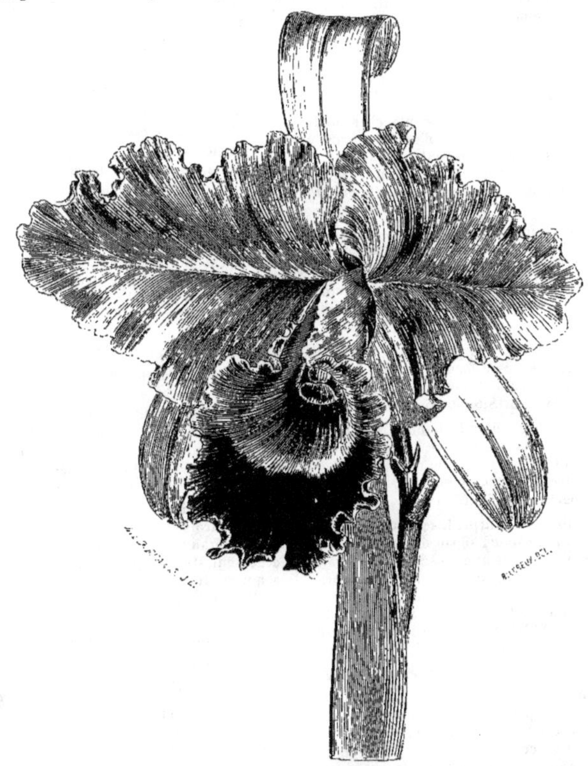

Fig. 665. — Fleur détachée. Cattleya labiata Trianæ. (*Rev. Hort.*)

C. l. T. reginæ, Hort. *Fl.* de 15 cent. de diamètre; sépales et pétales blanc pur, faiblement colorés vers le centre, les premiers de 18 mm., les seconds de 6 cent. de large; labelle pourpre magenta brillant, largement marginé de blanc; gorge jaune pâle.

C. l. T. rosea, Hort. *Fl.* à sépales et pétales roses; labelle rose lilacé brillant, maculé de jaune à l'orifice de la gorge.

C. l. T. Russelliana, Hort. *Fl.* à sépales de 8 cent. de de long et plus de 2 cent. 1/2 de large; pétales blancs, teintés de rose, de plus de 5 cent. de large, ondulés et récurvés sur les bords; labelle de 8 cent. de long, rosé à la base, pourpre rosé nuancé de violet sur la partie antérieure, orangé brillant au centre et finement frisé sur les bords; gorge orangé brillant. (W. O. A. 219.)

C. l. T. Schrœderæ, Rchb. f. *Fl.* généralement pourpre à sépales et pétales blancs et à labelle magenta pourpre foncé. 1884. (W. O. A. IV, 150.)

C. l. T. striata, Lind. Variété remarquable par ses sépales et pétales pourpre rosé, marqués d'une large bande centrale carmin; labelle rose carminé, à disque jaune. (L. 5, 232.)

C. l. T. Vanneriana, Hort. *Fl.* à sépales latéraux largement striés de rose au centre; labelle pourpre au sommet, à disque orangé et à lobes latéraux rose tendre. 1886.

C. l. T. Williamsii, — *Fl.* à sépales et pétales blanc rosé, larges; pétales veinés de magenta rosé; labelle pourpre cramoisi intense, délicatement frangé et légèrement maculé de jaune à la gorge. *Flles* souvent nuancées de bronze.

C. l. virginalis, Veitch. Syn. de *C. l. Eldorado virginalis*, Warn. et Will.

C. l. Warneri, O' Brien. *Fl.* d'environ 15 cent. de diamètre, à sépales et pétales larges, rose foncé ; labelle grand, à lobe médian très dilaté, d'un beau cramoisi foncé et orné sur le devant d'une élégante frange ; hampe pluriflore. Brésil, 1862. (W. S. O. 8 ; F. M. 516 ; R. 95.)

C. l. W. delicata, Hort. *Fl.* blanches, de 15 cent. de diamètre ; labelle grand, jaune, teinté de rose au centre, blanc extérieurement. (W. S. O. 4.)

C. l. W. d. superba, Hort. Splendide variété à labelle très grand et finement dilaté et à sépales et pétales blanc pur.

C. l. W. sudburyensis, Hort. Magnifique variété à labelle extraordinairement grand, d'un beau pourpre améthyste, bordé d'une frange blanche ; gorge blanche. 1883.

C. l. warocqueana, Rolfe. *Fl.* grandes, blanches, délicatement teintées de rose, à labelle d'un beau rouge orangé à la gorge, strié de carmin magenta sur le devant. 1889. (L. 8. 4, 192 ; R. H. B. 1892, 97.) — Pour certains auteurs, cette variété est une des formes du *C. labiata autumnalis.*

C. l. W. amethystina, Linden. *Fl.* à sépales et pétales pourpre rosé foncé ; labelle d'un beau pourpre marron, à gorge jaune orangé. 1891. (L. 6, 268.)

C. l. W. rochellensis, Rchb. f. *Fl.* blanches ; labelle teinté sur le disque et légèrement purpurin sur le lobe postérieur. 1888. (R. 85.) Syn. *C. rochellensis,* Rchb. f.

C. l. Warscewiczii, Rchb. f.* *Fl.* grandes, à sépales et pétales blanc rosé ; labelle d'un beau cramoisi. Hiver. *Flles* vert clair. *Haut.* 30 cent. Nouvelle-Grenade, 1867. (R. X. O. 1, 31 ; R. 72.) Syn. *C. Sanderiana,* Hort.

C. l. Wilsoniana, Rchb. f. *Fl.* d'un beau bleu améthyste ; sépales assez larges et obtus ; pétales très larges et très obtus ; labelle portant un pli accentué de chaque côté, un peu en avant du centre, crénelé, émarginé, maculé de pourpre foncé sur la partie antérieure. 1887.

C. Lawrenceana, Rchb. f. *Fl.* pourpre lilacé, aussi grandes que celles d'un beau *C. l. Trianæ;* sépales extraordinairement larges ; pétales plus larges que les sépales, généralement obtus ; labelle panduré, émarginé, plutôt plus large sur le devant qu'à la base, pourpre vif, ainsi que sur les lobes latéraux, jaune au centre. Guyane anglaise, 1885. Belle espèce. (G C. n. s. XXIII, p. 374, f. 68-69 ; L. 44 ; R. 12 ; B. M. 7133.)

C. L. concolor, Rchb. f. *Fl.* entièrement pourpre tendre.

C. L. rosea superba, Veitch. *Fl.* grandes, pourpre rosé tendre, striées de blanc ; sépales plus pâles que les pétales et le labelle, ce dernier à disque blanc. — La variété *oculata* a un labelle jaune au centre.

C. Leeana, Sander. Syn. de *C. labiata Trianæ Leeana.*

C. Lemoniana, Lindl. Syn. de *C. labiata.*

C. Lindeni, Hort. *Fl.* à sépales et pétales roses, veinés de blanc ; labelle magenta carminé, jaune vif, à bords ondulés. 1890. « Probablement une variété du *C. labiata gigas* (Kew Bull.). »

C. Lindleyana, Rchb. f. Syn de *Lælia Lindleyana.*

C. lobata, Lindl. Syn. de *Lælia lobata.*

C. Loddigesii, Lindl. *Fl.* au nombre de trois ou quatre par épi ; sépales et pétales rose pâle, teintés de lilas ; labelle rose tendre, maculé de jaune. Août-septembre. *Haut.* 30 cent. Brésil. 1815. (L. B. C. 37 ; H. E. F. 186 ; B. M. 4085 sous le nom de *C. intermedia variegata.*)

C. L. candida, Veitch. *Fl.* blanches, à labelle à disque jaune.

C. L. Harrisoniana, Batem.' *Fl.* d'un beau rose ; labelle légèrement teinté de jaune. Juillet-octobre. *Haut.* environ 60 cent. Brésil. — Variété remarquable, à floraison abondante. Il en existe une variété *violacea,* à fleurs d'un beau violet ; labelle de même couleur, nuancé de jaune au centre. (B. R. 1919 ; J. S. N. H. 1875, p. 725.) Syn. *C. Harrisoniæ,* Paxt. (P. M. B. 4, 247 ; O. 1888, p. 15.)

C. L. H. Regnieriana. Rchb. f. *Fl.* à sépales et pétales presque courts, d'un rouge pourpre clair ; labelle à lobes latéraux pourpre clair à l'extérieur, jaune clair à l'intérieur, bordés de pourpre clair ; lobe antérieur fortement plissé et finement crénelé, dressé, cachant la colonne ; celle-ci blanc jaunâtre, avec un disque basilaire calleux, orangé, teintée de pourpre à l'extérieur. 1888.

C. L. maculata. Veitch. *Fl.* couvertes de petites macules pourpres. Brésil.

C. L. violacea. Veitch. *Fl.* d'un coloris beaucoup plus foncé que celles de l'espèce type.

C. Lowryana, Hort. Supposé hybride horticole des *C. intermedia, C. Forbesii.* 1891.

C. Lucieniana, Rchb. f. *Fl.* à sépales et pétales bruns, lavés de pourpre ; labelle d'un beau pourpre, trifide, à lobes latéraux jaune pâle, veines et carène rouges. 1885 Belle plante que l'on suppose être un hybride naturel.

C. luteola, Lindl. *Fl.* jaunes, de 5 cent. de diamètre ; sépales étroits, ovales, obtus ; labelle blanc, à disque jaune, cucullé, arrondi, crénelé, velouté à l'intérieur. Pseudo-bulbes ovales, à deux angles, pourvus d'une seule feuille. Brésil. (B. M. 50 32 ; F. d. S. 2479 ; R. X. O. 1, 83.) Syn. *C. Holfordi,* Hort. — Dans la variété *fastuosa,* le labelle porte une grande macule pourpre ; dans la variété *lepida,* le labelle est veiné de pourpre.

C. Luddemanniana, Rchb. f. Syn. de *C. labiata Luddemanniana.*

C. Manglesii, Rchb. f. *Fl.* plus brillantes et plus grandes que celles du *C. Loddigesii ;* labelle blanc, rayé de jaune sur le disque, pourvu de petites macules pourpre pâle, pourpre tendre, ondulé et denté sur les bords. Hybride entre les *C. labiata Luddemanniana* et *C. Loddigesii.*

C. Mardelli, Seden. *Fl.* à sépales et pétales magenta ; labelle à trois lobes s'écartant dès la base de la colonne ; lobes latéraux magenta pâle, le médian pourpre magenta, largement strié de jaune brillant au-dessous du centre de la gorge. Juin. Tiges d'environ 12 cent. de long, à deux feuilles. Hybride entre les *C. labiata Luddemanniana* et *Lælia elegans.* (F. M. ser. II, 137.)

C. marginata, Paxt. Syn. de *Lælia pumila.*

C. Marstersoniæ, Seden. *Fl.* bleu améthyste, intermédiaires entre celles des *C. Loddigesii* et *C. labiata ;* lobes latéraux du labelle blanc jaunâtre, bordés d'améthyste, le médian pourpre intense. Tiges d'environ 20 cent. de long, à deux feuilles. Hybride horticole entre les *C. Loddigesii* et *C. labiata vera.*

C. Massaiana, Warn. et Will. *Fl.* de forme analogue à celles du *C. Dowiana,* à sépales et pétales mauve rosé et à labelle d'un beau magenta carminé, avec une large tache jaune de chaque côté de la gorge, celle-ci veinée de jaune. Antioquie, 1889. (W. O. A. 8, 362.)

C. maxima, Lindl.* *Fl.* roses, d'une teinte pâle au début et devenant graduellement plus foncée ; labelle très grand, presque blanc, gracieusement orné de veines cramoisi pourpre foncé et strié d'orange au centre ; épis pluriflores. Hiver. — Les principaux caractères de cette espèce résident dans ses pseudo-bulbes canaliculés et dans ses pétales très convexes et céracés. *Haut.* 30 à 45 cent. Colombie, 1844. (B. M. 4902 ; F. d. S. 2136 ; I. H. n. s. 29 ; R. X. O. 95.)

C. m. alba, Veitch. *Fl.* blanches, veinées et striées de pourpre et de jaune comme dans l'espèce type.

C. m. aphlebia, Rchb. f. Dans cette variété, les veines pourpres réticulées ont disparu du labelle dont le disque est jaune, entouré de pourpre tendre. 1884.

C. m. Backhousei, Rchb. f. *Fl.* d'une nuance plus accentuée que dans l'espèce type. *Flles* raides, droites.

Pseudo-bulbes courts et gros. Colombie. (W. O. A. 193.)

C. m. doctoris, Rchb. f. Variété à fleurs rose pâle, à pseudo-bulbes grêles et à feuilles plus minces. 1883.

C. m. Hrubyana, Lind. *Fl.* teintées de rose pâle; labelle gracieusement veiné de rouge et strié de jaune au centre. 1885. Belle variété. (L. 12.)

C. m. malouana, Lind. Belle forme à fleurs foncées et à pseudo-bulbes courts. 1890. (L. 5, 211.)

C. m. Marchetiana, Williams. *Fl.* pourpre rosé foncé, fortement ponctuées et veinées de pourpre magenta, à gorge et ligne médiane du labelle jaune. Magnifique variété. Equateur, Pérou, 1890. (W. O. A. 9, 404.)

C. Mc. Morlandi, — *Fl.* d'environ 15 cent. de diamètre; sépales et pétales d'un beau rose tendre: labelle jaune et frangé. Juin-juillet. *Flles* vert foncé. *Haut.* 30 cent. Brésil.

C. Measuresii, Rchb. f. *Fl.* à sépales et pétales brun rougeâtre, ligulés, aigus; pétales légèrement ondulés; labelle rose blanchâtre: lobes latéraux formant un angle obtus, munis d'une petite pointe dans le milieu, enroulés à la partie supérieure; onglet presque nul, partie antérieure cordiforme; colonne pourpre au sommet, rose à la base. Pseudo-bulbes portant ordinairement deux feuilles. 1886. Hybride entre les *C. Acklandiæ* et *C. Walkeriana*.

C. Mendelii, Hort. Syn. de *C. labiata Mendelii.*

C. Miss Harris, *Fl.* à sépales et pétales pourpre rosé uniforme; labelle à lobe antérieur large, gaufré, magenta pourpré, veiné plus foncé ainsi que les lobes latéraux. Hybride des *C. labiata* et *C. Schilleriana*.

C. Mitchelli, — *Fl.* à sépales et pétales violet pourpre; lobe antérieur du labelle magenta pourpre foncé, les latéraux pourpre tendre, pointillés de magenta pourpre; disque orange, bordé de blanc. *Flles* vert foncé. Tiges à deux feuilles, d'environ 30 cent. de long. Hybride entre les *C. guttata Leopoldii* et *C. labiata Trianæ quadricolor*. (F. M. ser. II, 337.)

C. Morganæ, T. Moore. Variété du *C. labiata Mendelii*.

C. Mossiæ, Hook. Syn. de *C. labiata Mossiæ*.

C. Nilsoni, Sander. *Fl.* semblables à celles du *Lælia elegans*. Pseudo-bulbes et feuilles semblables à ceux des *C. guttata* et *C. velutina*. Brésil, 1889.

C. nobilior, Rchb. f. Syn. de *C. Walkeriana nobilior*.

C. O' brieniana, Hort. Variété du *C. intermedia*, à fleurs roses. 1890. (R. ser. 2, 40.)

C. Parthenia, Hort. Bleu. *Fl.* à sépales de 7 cent. de long et 1 cent 1/2 de large, blanc très pur; pétales de même longueur et 3 cent. de large, blanc nacré, ondulés et nuancés de rose; labelle fimbrié, blanc porcelaine à l'extérieur, jaune soufre à l'intérieur et à la base, marqué au milieu de quatre lignes carminées, rose violacé vers les bords et complètement strié de carmin. *Flles* solitaires ou plus souvent géminées, de 15 à 18 cent. de long et 4 cent. de large, lancéolées-elliptiques. Pseudo-bulbes fusiformes, déprimés, d'environ 20 cent. de long. Bel hybride des *C. fimbriata* et *C. labiata Mossiæ*.

C. Percivaliana, Hort. Variété du *C. labiata*.

C. Perrinii, Lindl. Syn. de *Lælia Perrinii*.

C. Philo, Hort. Veitch. Hybride des *C. iricolor* et *C. labiata Mossiæ*, intermédiaire entre les deux parents.

C. porphyroglossa, Lind. et Rchb. f. *Fl.* à sépales et pétales d'un brun marron clair: labelle très beau, onglet de la division antérieure crénelé ou dentelé sur les bords: division centrale fortement carénée; colonne blanche sur le dos, jaune strié de pourpre sur le devant. Brésil, 1887. Cette espèce ressemble au *C. guttata*, mais ses fleurs sont plus grandes. (R. X. O. 171.)

C. p. punctulata, Rchb. f. *Fl.* parsemées de macules cramoisies à l'intérieur des pétales, ainsi que sur les sépales, mais en nombre moindre; colonne jaune, richement ornée de cramoisi. 1887.

C. p. sulphurea, Rchb. f. *Fl.* à sépales et pétales jaune soufre. 1887.

C. porphyrophlebia, Rchb. f. *Fl.* de 10 cent. de diamètre; sépales et pétales mauve pâle, les premiers étroits, oblongs, pétales elliptiques, falciformes, de 2 cent. 1/2 de large; labelle mauve pâle à la base, plus foncé et veiné de mauve foncé sur le lobe antérieur et dont les veines se continuent depuis le milieu du disque jusqu'à la base; lobes latéraux jaune pâle sur la partie antérieure, bordés de mauve clair et ondulés sur les bords. 1885. Bel hybride entre les *C. intermedia* et *C. superba*.

C. pumila, Hook. Syn. de *Lælia pumila*.

C. quadricolor, Lindl. Syn. du *C. labiata quadricolor*.

C. quinquecolor, Hort. Veitch. *Fl.* à sépales et pétales vert olive clair, maculés de brun et de chocolat foncé; labelle blanc, maculé de jaune et veiné de rose. Bel hybride des *C. Acklandiæ* et *C. Forbesii*.

C. Regnelli, Warn. Syn. de *C. Schilleriana*.

C. Reineckiana, Rchb. f. Variété du *C. labiata Mossiæ*.

C. resplendens, Rchb. f. *Fl.* à sépales et pétales brun olive terne, maculés de taches pourpres, éparses; labelle blanc, à carène et verrues bleu améthyste, lobes latéraux très développés et très acuminés. 1886. Probablement un hybride naturel entre les *C. guttata* et *C. Schilleriana*.

C. Rex, O'Brien. *Fl.* réunies jusqu'à six sur la même hampe; sépales de 9 cent. de long, 2 cent. de large, lancéolés, blancs ainsi que les pétales, ceux-ci ovales, de même longueur et 5 cent. 1/2 de large, ondulés et érodés sur les bords; labelle semblable à celui du *C. labiata Mossiæ*, et frangé comme lui, pourpre vineux sur le devant et bordé de blanc pur, l'intérieur du tube et la gorge sont richement veinés de jaune d'or; colonne blanc pur. *Flles* oblongues, solitaires au sommet de chaque pseudo-bulbe, ceux-ci minces et mesurant souvent 30 cent. de long. Amérique du Sud? 1890. Une des plus belles espèces du groupe des *C. labiata*, très proche du *C. aurea imschootiana*. (G. C. 1891, part 1, f. 61, I. H. 1891, p. 72.)

C. Rollissonii, T. Moore. Syn. de *C. labiata Trianæ delicata*.

C. rochellensis, Rchb. f. Syn. de *C. labiata warocqueana rochellensis*, Rchb. f.

C. Sanderiana, — Syn. de *C. labiata Warscewiczii*.

C. Schilleriana, Rchb. f. * *Fl.* grandes, de 8 à 10 cent. de diamètre; sépales et pétales vert pâle, teintés de vert olive et plus ou moins maculés de pourpre rosé; labelle grand, étalé, à fond bleu améthyste, nuancé de pourpre rosé et entouré d'une bordure blanche, très nette; gorge maculée de jaune; hampe dressée, à trois ou quatre fleurs. Juillet-septembre. *Flles* géminées, quelquefois ternées, épaisses, charnues, vert foncé. Pseudo-bulbes ayant ordinairement 10 à 12 cent. de haut. Brésil, 1857. (F. d. S. 2286; R. G. 1290.) Syn. *C. Regnelli*, Warner. (W. S. O. ser. II, 22.)

C. S. Amaliana, Lind. *Fl.* à labelle fortement veiné de pourpre brillant sur fond blanc, disque jaune, lobe antérieur très grand et large. Brésil, 1887. (L. 87.)

C. Schofieldiana, Rchb. f. Variété du *C. granulosa*.

C. Schrœderæ, Rchb. f. Syn. de *C. labiata Trianæ Schrœderæ*.

C. Schrœderiana, Rchb. f. Variété du *C. Walkeriana*.

C. Scita, Rchb. f. *Fl.* à pétales jaune d'ocre pâle, maculés et nuancés de pourpre tendre ainsi que les pétales, ces derniers larges et ondulés; labelle pourpre, à lobes latéraux jaune soufre pâle, marginés de pourpre;

disque blanc, rayé de pourpre. 1885. — Belle plante voisine du *C. guttata* dont elle passe pour être un hybride avec le *C. intermedia*.

C. Sedeniana, Hort.* *Fl.* grandes; sépales et pétales rose tendre, nuancés de vert; labelle pourpre au centre et veiné de pourpre plus foncé, blanc et frangé sur les bords. Très bel hybride.

C. Sidneana, Veitch. *Fl.* à sépales et pétales rose pâle; labelle blanc, à centre pourpre clair, veiné plus foncé. Hybride des *C. crispa* et *C. granulosa*.

C. Skinneri, Lindl. *Fl.* pourpre rosé, très légèrement nuancé de pourpre; labelle blanc à la base; colonne plus courte que dans la plupart des autres espèces. Avril-mai. *Flles* géminées, charnues, vert clair. Pseudo-bulbes de 30 à 45 cent. de haut. Guatemala, 1836. — Espèce déjà ancienne, mais encore très cultivée. (B. M. 4270.)

C. S. alba, Rchb. f. Belle variété à fleurs blanches. (W. O. A. 112.)

C. S. parviflora, Lindl. *Fl.* de moitié moins grandes que celles de l'espèce type; labelle entièrement coloré et n'offrant pas de nuance pâle sur la partie inférieure (B. M. 4916.) — Il existe les quelques sous-variétés suivantes : *alba*, *fl.* blanc de neige, maculées de jaune Primevère sur le labelle et parfois marquées de pourpre mauve à la base (W. O. A. III. 112.); *oculata*, labelle portant une grande macule pourpre marron.

C. Sororia, Rchb. f. *Fl.* ressemblant « à une très belle fleur de *C. Harrisoniæ* (Reichenbach) »; sépales jaune verdâtre au sommet; pétales portant de petites macules foncées, plus nombreuses à l'intérieur qu'à l'extérieur; labelle blanc, marginé du pourpre le plus tendre et rayé de pourpre foncé à la base, 1887. Reichenbach suppose que cette plante est un hybride entre le *C. Walkeriana* et *C. guttata*. (W. O. A. 307.)

C. speciosissima, Hort.* *Fl.* grandes, atteignant souvent 20 cent. de diamètre; sépales et pétales larges, d'une nuance carnée tendre, ces derniers plus larges, à bords émarginés; labelle circulaire, entourant la colonne, bleu améthyste intense sur la partie antérieure, maculé de blanc et de jaune vers le centre où l'on voit également plusieurs stries améthyste brillant; épi assez court, composé de trois à quatre fleurs. *Flles* ovales, luisantes. Pseudo-bulbes oblongs, profondément canaliculés. Venezuela, 1868.

C. s. Buchananiana, Williams et Moore. Syn. de *C. labiata Luddemanniana*.

C. s. reginæ, Rchb. f. Syn. de *C. labiata reginæ* Veitch.

C. suavior, Rchb. f. *Fl.* à sépales et pétales rose lilacé, suffusés de blanc; lobes latéraux du labelle blancs, teintés de lilas pâle vers les bords, lobe médian pourpre améthyste, crispé sur les bords et portant une fente ou sinus profond sur le bord antérieur; disque blanc crémeux, au-dessous duquel se trouve une bande pourpre qui s'étend jusqu'à la base. Hybride entre les *C. intermedia* et *C. Mendelii*.

C. superba, Schomb. *Fl.* rose foncé; labelle d'un beau rouge cramoisi; épis composés de trois à quatre fleurs. Juin. *Haut.* 25 cent. Guyane, 1838. Belle espèce à végétation lente. (B. M. 4083; F. d. S. 926; W. S. O. 21.)

C. s. alba, Rolfe. *Fl.* blanc pur. Brésil, 1890.

C. s. splendens, Lem. *Fl.* au nombre de trois à sept par épi; sépales et pétales pourpre rosé foncé; labelle violet rosé, flammé de marron sur le devant. Rio-Negro, 1883. Belle variété. (I. H. 605; W. O. A. 33; R. 32.)

C. Trianæ, Duchartre. Syn. de *C. labiata Trianæ*.

C. tricolor, — *Fl.* à sépales et pétales blanc crémeux; labelle de même couleur, jaune à la gorge et rubané de carmin près des bords. 1883. — Espèce très distincte dont les fleurs atteignent presque les dimensions de celles du *C. Skinneri*.

C. triophthalma, Rchb. f. Syn. de *Lælia triophthalma*.

C. tuberosa, — Syn. de *C. Walkeriana*.

C. Vedasti, Hort. Perrenoud. Hybride des *C. Loddigesi* et *C. Pinelli marginata*.

C. Veitchiana, Hort. *Fl.* à sépales rose brillant; pétales d'un rose plus pâle; labelle cramoisi pourpre foncé, jaune au centre. Printemps. Hybride entre les *C. crispa* et *C. labiata*.

C. velutina, Rchb. f. *Fl.* très odorantes; sépales et pétales orange pâle, maculés et striés de pourpre; labelle orange à la base, blanc veiné de violet devant où la surface est veloutée. Brésil. — Cette plante, qu'on suppose être un hybride, se rapproche beaucoup du *C. bicolor*. (G. C. 1872, p. 1259; W. O. A. I, 26.)

C. veriflora, — *Fl.* à sépales et pétales violet rosé; labelle magenta foncé, marginé de rose; gorge orangée. Hiver. *Flles* vert clair, d'environ 20 cent. de long. Tiges épaisses, de 15 cent. de long. Hybride dont les *C. labiata* et *C. labiata Trianæ* sont probablement les parents.

C. v. Lietzei, Regel. *Fl.* à sépales lancéolés, aigus, orange sombre, avec quelques taches pourpres; pétales plus larges, lancéolés, ondulés, jaune d'ocre, ponctués de pourpre; labelle arrondi, flabelliforme, blanc veiné de pourpre. Brésil, 1888. (R. G. 1888, 1265.)

C. v. punctata, Regel. *Fl.* grandes, ponctuées de pourpre sur les divisions, à lobe postérieur du labelle marginé de jaune. 1888.

C. Victoria Regina, O'Brien. *Fl.* cramoisi rosé tendre, réunies au nombre de six à vingt sur un pédoncule de 8 à 20 cent. de long; sépales oblongs, lancéolés, obtus; pétales semblables, mais plus larges et ondulés sur les bords; labelle blanc à la base, trilobé, à lobes latéraux ovales-oblongs, le médian largement réniforme, violet, teinté de cramoisi. *Flles* deux à trois sur chaque pseudo-bulbe, dures, charnues, de 8 à 15 cent. de long et 5 à 8 cent. de large, un peu concaves. Pseudo-bulbes de 30 à 45 cent. de haut, légèrement comprimés. Origine inconnue. 1892. Nouvelle espèce très distincte. (G. C. 1892, part. I, f. 115-116.)

C. virginalis, Lind. et Rod. Variété du *C. labiata Eldorado*.

C. Wageneri, Rchb. f. Syn. de *C. labiata Mossiæ Wageneri*.

C. Walkeriana, Gardn.* *Fl.* roses, de 12 cent. de diamètre, très odorantes; labelle d'un rose plus riche, légèrement nuancé de jaune; hampe généralement biflore. *Haut.* 10 cent. Brésil, 1844. — Élégante espèce naine, qui demande à être cultivée sur une bûche suspendue au toit de la serre aux Orchidées, de façon à être bien exposée à la lumière; toutefois, elle craint le trop grand soleil. (W. O. A. 154; B. H. 1880, 17; R. G. 1299; L. P. F. G. 3.) Syn. *C. bulbosa*, Lindl. (B. R. 33, 42; P. M. B. 15, p. 49.)

C. W. dolosa, Veitch. *Fl.* d'un beau rose; labelle à disque jaune. *Flles* géminées, de 10 cent. de long et 6 cent. de large, ovales. Pseudo-bulbes de 12 à 15 cent. de long. (G. C. n. s. V, 430.)

C. W. nobilior, Veitch. *Fl.* de 12 cent. de diamètre, d'un beau rose foncé; labelle remarquablement maculé de blanc crémeux sur le lobe antérieur. *Flles* géminées, ovales, épaisses, coriaces. Pseudo-bulbes de 10 à 15 cent. de long, cylindriques. Brésil, 1883. (G. C. n. s., XIX, 728; I. H. 30, 485.)

C. W. n. Huguenеyi, Lind. *Fl.* pourpres, striées de rouge et pourvues sur le disque du labelle d'une macule jaune, veiné de rouge. Matto-Grosso; Brésil, 1885. (L. 5.)

C. W. n. maxima, Hort. *Fl.* richement colorées, grandes, à sépales et pétales d'un beau pourpre lilacé; labelle pourvu d'une macule jaune, veiné de pourpre. 1885.

C. W. Schrœderiana, Veitch. *Fl.* pourpres, nuancées de mauve; labelle pourvu de petites oreillettes basales et à limbe transversalement oblong, apiculé; pédoncules biflores. Pseudo-bulbes de 10 cent. de haut, portant deux feuilles oblongues, très épaisses. 1883. Belle plante. Syn. *C. Schrœderiana*, Rchb. f.

C. Wallisii, Lind. Syn. de *C. labiata Eldorado Wallisii.*

C. Warneri, T. Moore. Syn. de *C. labiata Warneri.*

C. warocqueana, Lind. Syn. de *C. labiata warocqueana.*

C. Warscewiczii, Rchb. f. Syn. de *C. labiata Warscewiczii.*

C. W. delicata, Moore. Syn. de *C. labiata Trianæ delicata.*

C. Whitei, Rchb. f. *Fl.* odorantes, à sépales rose foncé, flammés de vert olive; pétales beaucoup plus larges et ondulés, d'un rose magenta plus foncé et plus brillant; lobes latéraux du labelle anguleux, rouges vers la base, réfléchis sur les bords et rose pourpre au sommet; gorge orangée; tube bordé de pourpre; lobe antérieur rose magenta, veiné de magenta cramoisi foncé, arrondi, réniforme, ondulé et denticulé. Brésil. Probablement un hybride naturel entre les *C. labiata* et *C. Schilleriana.* (R. G. 1159; W. O. A. III, 115.)

C. Zenobia, Rolfe. *Fl.* de 10 cent. de diamètre, de forme intermédiaire entre celles des parents: sépales et pétales roses; lobes latéraux du labelle roses à l'extérieur, plus pâles à l'intérieur, nuancés de jaune clair sur le devant; lobe antérieur fortement veiné de pourpre carmin sur fond plus pâle, et étroitement marginé de pourpre plus pâle, disque jaune clair, avec deux côtes passant au chamois. 1887. Hybride entre les *C. Loddigesii* et *Lælia elegans Turneri.*

CAUDÉ, Angl. Caudate. — En forme de queue, muni d'un appendice affectant cette forme.

CAUDEX. — Axe ou tige d'une plante. Ce mot est quelquefois employé pour désigner le tronc ou stipe des Palmiers et des Fougères.

CAUDICULE. — Pédicelle qui unit au stigmate les masses polliniques des Orchidées.

CAULESCENT. — Se dit des plantes qui ont ou semblent avoir une tige.

CAULINAIRE; Angl. Cauline. — Qui appartient, qui naît sur la tige, fréquemment employé pour désigner les feuilles de la tige, par opposition aux feuilles radicales.

CAULOPHYLLUM, Michx. (de *kaulon*, tige, et *phyllon*, feuille; la tige semble constituer le pétiole de la feuille unique, qui est grande et composée). Fam. *Berbéridées.* — Genre monotypique dont l'espèce connue est une intéressante plante rustique, vivace, tuberculeuse, très voisine des *Leontice*, et habitant l'Amérique septentrionale, le Japon et la Mandschourie. Elle se plaît dans toute bonne terre légère. On la multiplie par éclats des tubercules, au commencement du printemps ou peu après la floraison.

C. thalictroides, Michx. *Fl.* jaunes, disposées en grappe lâche. Avril. *Baies* globuleuses, contractées en dessous en une longue base stipitée. *Flle* à pétiole solitaire, divisé à la base en trois pédicelles portant chacun trois folioles ovales ou obovales, acuminées, profondément découpées. *Haut.* 30 cent. Amérique du Nord, 1755.

CAUTLEYA, Royle, (dédié au major-général Sir P. Cautley, 1802-1871; auteur, avec le Dr. Falconer, du *Fauna antiqua sivalensis*). Fam. *Scitaminées.* — Genre monotypique, réuni par certains auteurs aux *Roscoea.* L'espèce connue est une plante vivace, herbacée, de serre chaude, exigeant le traitement des **Alpinia.** (V. ce nom.)

C. lutea, Royle. *Fl.* de 4 à 5 cent. de long; calice rouge pourpre, tubuleux, bilobé à la gorge; sépales linéaires-oblongs, obtus, concaves; sépale dorsal dressé; les latéraux réfléchis; corolle jaune d'or, à tube exserte; staminode latéral dressé, semblable au sépale dorsal; extrémités recurvées; épis de 10 à 20 cent. de long. Août. *Flles* de 12 à 25 cent. de long, étroites-lancéolées, à pointe grêle, vert gai en dessus, plus pâles, suffusées ou striées de rouge brun en dessous. Tiges de 20 à 45 cent. de haut, en touffe, dressées, feuillues. Himalaya, 1887. (B. M. 6991.)

CAVENDISHIA, Lindl. (dédié à Cavendish, savant physicien et chimiste anglais, né à Nice; 1731-1810). Syns. *Polybæa* et *Proclesia*, Klotz. Fam. *Vacciniacées.* — Genre comprenant environ trente espèces originaires des montagnes de l'Amérique tropicale. Ce sont des arbrisseaux ou de petits arbres glabres et toujours verts. Fleurs décoratives, rouge écarlate, blanches ou carnées, en grappes ou en fausses ombelles axillaires et terminales, pédicellées; calice à tube hémisphérique ou courtement campanulé, à limbe court, dilaté, à cinq lobes ou à cinq dents; corolle tubuleuse, à cinq dents valvaires; étamines dix. Feuilles alternes, persistantes, coriaces, entières, courtement pétiolées. Les espèces ci-dessous décrites sont des arbustes. Pour leur culture, V. **Thibaudia.**

C. acuminata, — *Fl.* en grappes courtes, couvertes, dans le bouton, par de grandes bractées écarlates; corolle rouge vif, à sommet des lobes verts, de 15 mm. de long. Novembre. *Flles* sub-distiques, à pétioles forts et très courts, de 5 à 8 cent. de long, ovales ou oblongues-lancéolées, arrondies à la base, à pointe longuement acuminée. Branches pendantes, légèrement glabres ou pubescentes. Andes de la Colombie et de l'Equateur, 1868. Syns. *Proclesia acuminata* et *Thibaudia acuminata.* (B. M. 5752.)

C. cordifolia, — *Fl.* à corolle rouge vif, blanche à la gorge, tubuleuse, ventrue, de près de 2 cent. 1/2 de long; grappes raccourcies en un bouquet compact. Décembre. *Flles* de 4 à 8 cent. de long, ovales-oblongues, obtuses, très entières, cordiformes à la base; pétioles très courts, pubescents. Branches arrondies, pubescentes. Nouvelle-Grenade et Equateur, 1865. Syns. *Proclesia cordifolia* et *Thibaudia cordifolia.* (B. M. 5559.)

C. spectabilis, Hort. Bull. *Fl.* blanches, teintées de rose, tubuleuses, renflées à la base, couvertes de bractées rose carminé, lorsqu'elles sont en boutons, et disposées en courtes grappes comprimées. *Flles* oblongues, acuminées, rouge bronzé lorsqu'elles sont jeunes, passant ensuite au vert tendre. Arbuste sarmenteux, de serre tempérée. Colombie, 1890.

CAYEUX. — V. Caïeux.

CEANOTHUS, Linn. (de *keanothus*, nom employé par Théophraste pour désigner une plante épineuse; de *keo*, se fendre; toutefois, la plante qui porte actuellement ce nom, n'a aucun rapport avec celle de Théophraste). **Céanothe.** Fam. *Rhamnés.* — Ce genre comprend environ quarante espèces d'arbustes ou d'arbrisseaux rustiques ou demi-rustiques, glabres ou pubescents, tous originaires de l'Amérique septentrionale. Fleurs bleues, roses ou blanches, très petites, disposées en panicules ou corymbes plus ou moins rameux, terminaux ou axillaires. Feuilles alternes ou opposées, simples, entières ou dentées, trinervées. Branches dressées.

Les Céanothes réussissent presque partout, mais ils préfèrent les terres légères et les expositions bien éclairées. La plupart sont de jolis arbrisseaux, précieux

Fig. 666. — CEANOTHUS AXILLARIS. (*Rev. Hort.*)

pour la garniture des massifs d'arbustes ; on peut aussi les employer pour tapisser les murs où ils font fort bon effet. Leurs fleurs sont convenables pour la confection des bouquets. Quelques espèces, peu répandues, ont besoin d'être recouvertes de feuilles sèches pendant l'hiver ou mieux rentrés en orangerie. Leur multiplication s'opère soit par boutures que l'on fait à l'automne et que l'on plante en terre légère, dans un endroit abrité ou mieux sous châssis froid ; soit par cépées ou par marcottes; ce dernier procédé fournit rapidement de fortes plantes. Un grand nombre d'espèces ont été introduites à différentes époques, mais peu relativement sont répandues dans les jardins ; toutes sont pourtant dignes d'être cultivées.

Il existe dans les jardins plusieurs variétés fort ornementales, sans doute issues de différentes espèces ; en voici quelques-unes des meilleures : *americanus variegatus*, *flles* bordées de jaune ; *Arnoldi*, *fl.* bleu ciel ; *Bertini*, *fl.* d'un beau bleu clair ; *corymbosus*, *fl.* bleues ; *Ether*, *fl.* bleu d'outremer foncé, en grands thyrses ; *Gloire de Versailles*, *fl.* d'un beau bleu tendre, en grands thyrses très abondants ; variété vigoureuse, très cultivée, des plus recommandables ; *le Géant*, *fl.* rose pâle, thyrses très longs, taille élevée ; *Léon Simon*, *fl.* bleu d'azur, très florifère ; *Marie Simon*, *fl.* rose carné, très beau et florifère ; *Président Réveil*, *fl.* rose carné ; *roseus*, *fl.* roses ; *Sceptre d'azur*, *fl.* d'un beau bleu de ciel ; *Théodore Frœbel*, *fl.* d'un beau rouge clair, variété précoce, à feuillage foncé.

C. americanus, Linn. * ANGL. New Jersey Tea. — *Fl.* blanches, petites, en thyrses allongés, axillaires, à rachis pubescent. Juin-juillet. *Flles* ovales, acuminées, dentées, pubescentes en dessous. Amérique du Nord, 1713. Rustique. (B. M. 1479.) Il existe une jolie forme *variegatus* à feuilles panachées.

C. axillaris, Carr. *Fl.* petites, lilas pâle légèrement rosé, réunies en petits thyrses axillaires et terminaux. Été. *Flles* ovales-lancéolées, arrondies-obtuses, vert foncé en dessus, blanches-tomenteuses en dessous. Arbuste ramifié, très vigoureux, issu du *C. azureus grandiflorus*, Hort. (R. H. 1876, f. 14.)

C. azureus, Desf. * *Fl.* bleu pâle, à pédicelles glabres ; thyrses allongés, axillaires, à rachis duveteux. Mai-juin. *Flles* ovales-oblongues, obtuses, à dents aiguës, glabres en dessus, pubescentes, blanchâtres en dessous. *Haut.* 3 m. Mexique, 1818. Rustique presque partout. (B. R. 291.) Syns. *C. bicolor*, Willd. et *C. cæruleus*, Lag. (L. B. C. 110.) — Il existe des formes à fleurs plus foncées ou plus grandes ; le *C. Gloire de Versailles* est sorti de cette espèce.

C. Baumannianus, Spach. Syn. de *C. microphyllus*, Michx.

C. bicolor, Willd. Syn. de *C. azureus*, Desf.

C. cæruleus, Lag. Syn. de *C. azureus*, Desf.

C. collinus, Dougl. *Fl.* blanches, nombreuses. Juin-juillet. *Flles* ovales ou elliptiques, un peu visqueuses. *Haut.* 30 cent. Amérique du Nord, 1827. Rustique.

C. cuneatus, Nutt. * *Fl.* bleu pâle, quelquefois blanches, en corymbes terminaux. Mai. *Flles* obovales, cunéiformes ou oblongues, ordinairement entières. *Haut.* 1 m. 30. Nord de la Californie. Syn. *C. verrucosus*. Demi-rustique. (B. M. 4660.)

C. Delilianus, Spach. Diffère du *C. azureus* par ses fleurs d'un bleu plus pâle et par ses feuilles plus larges, légèrement pubescentes en dessous. Origine inconnue. Syn. *C. pulchellus*, Del.

C. dentatus, Torr. et Gray. * *Fl.* bleues, en petits bouquets arrondis, à pédoncules nus, de 2 cent. 1/2 de long. Mai-juin. *Flles* fasciculées, obovales ou oblongues-elliptiques, aiguës, fortement ondulées ou révolutées. *Haut.* 1 m. 30 à 2 m. Californie, 1848. Arbuste dressé, ordinairement presque glabre. Rustique. Syn. *C. Lobbianus*, Hook. (B. M. 4810.)

C. divaricatus, Nutt. *Fl.* presque blanches ou bleu très pâle, en grappes allongées, ordinairement presque simples. Juin-juillet. *Flles* oblongues ou oblongues-ovales, arrondies à la base, obtuses ou aiguës au sommet, glabres sur les deux faces. Branches divariquées et épineuses. *Haut.* 1 m. à 1 m. 30. Californie et Orégon, 1848. Rustique.

C. floribundus, Hook. *Fl.* d'un beau bleu cobalt, en corymbes globuleux, très compacts, naissant au sommet des rameaux. Juin. *Flles* moyennes ou petites, rapprochées, réfléchies, oblongues, aiguës, serrulées, brillantes. Californie. Espèce rustique, des plus remarquables. (B. M. 4806.)

C. Fontanesianus, Spach. *Fl.* petites, blanches, en panicule simple ou rameuse. *Flles* oblongues, ovales, pointues, dentelées, glabres, luisantes sur les deux faces. Amérique septentrionale. Syn. *C. ovatus*, Desf. Il existe des variétés à fleurs *roses* et à fleurs *rose bleuâtre*.

C. integerrimus, Hook. et Arnot. * *Fl.* ordinairement blanches, disposées en larges panicules étalées, au sommet des rameaux grêles, ou sur de courts pédoncules axillaires. Juin-juillet. *Flles* ovales ou ovales-oblongues, entières, ou rarement serrulées-glanduleuses. Branches grêles, très glabres. *Haut.* 1 à 2 m. Californie, 1846. Demi-rustique.

C. laniger, — V. *Pomaderris lanigera.*

C. Lobbianus, Hook. Syn. de *C. dentatus,* Torr. et Gray.

C. microphyllus, Michx. *Fl.* blanches, en corymbes lâches, pédonculés, terminaux. Mai-juin. *Flles* oblongues, obtuses, entières, petites, sub-fasciculées, glabres. Branches droites, un peu étalées. *Haut.* 60 cent. Amérique du Nord, 1806. Rustique. Syn. *C. Baumannianus,* Spach.

C. ovalis, Bigel. *Fl.* blanches, en corymbes ombelliformes, denses. *Flles* étroites, elliptiques, obtuses ou aiguës, crénelées. *Haut.* 60 cent. à 1 m. Arbuste compact. Texas, 1888.

C. ovatus, Desf. Syn. de *C. Fontanesianus,* Spach.

C. papillosus, Torr. et Gray. *Fl.* bleues, en glomérules denses, formant des grappes courtes, à pédoncules grêles, nus. Juin. *Flles* étroitement oblongues, obtuses aux deux extrémités, serrulées, à dents et face supérieure glanduleuses, et tomenteuses sur l'inférieure. *Haut.* 60 cent. à 1 m. Californie, 1848. Demi rustique. (B. M. 4815.)

C. prostratus, Benth. *Fl.* bleues, en corymbes axillaires. *Flles* petites, opposées, elliptiques ou obovales, entières ou dentées. Petit arbrisseau. Orégon, 1889.

C. pulchellus, Del. Syn. de *C. Delilianus,* Spach.

C. rigidus, Nutt. *Fl.* d'un beau bleu pourpré, en longs épis terminaux. Mai. *Flles* largement cunéiformes ou obovales, souvent émarginées, légèrement dentées. *Haut.* 1 m. 50 à 2 m. Californie, 1848. Demi-rustique. (B. M. 4664.)

C. Veitchianus, Hook. *Fl.* d'un bleu vif, en bouquets denses. *Flles* épaisses, petites, oblongues-ovales ou ovales, serrulées-glanduleuses. Californie. Rustique. (B. M. 5127.)

C. verrucosus, — Syn. de *C. cuneatus,* Nutt.

CÉCIDOMYE, Angl. Red Maggot. (*Cecidomyia*). — Nom donné aux petits vers jaunes ou orangés que l'on trouve entre les glumes des inflorescences des Graminées. Réunis plusieurs dans chaque fleur, ils se nourrissent de la sève accumulée dans l'ovaire et empêchent conséquemment la formation du grain. Ces vers sont souvent très abondants sur les céréales, notamment sur le Blé et font beaucoup de tort aux récoltes. Ils sont ridés transversalement, dépourvus de pattes, mais rampent assez facilement ; leur longueur n'excède pas 2 mm. Arrivés au terme de leur développement, ils se transforment en nymphe orangée, soit dans l'épillet, soit dans la terre où la larve se laisse tomber, et où elle s'enfonce avant sa transformation pour passer l'hiver. De ces nymphes, sortent en juin-juillet, de petites mouches à deux ailes, nommées *Cecidomyia Tritici* et *Lasioptera obfuscata* par les entomologistes. La première est orangée ou jaune sombre, avec des yeux noirs, et la plus longue veine de chaque aile n'est pas ramifiée. La dernière a le corps noir et la plus longue veine de chaque aile est bifurquée. La femelle dépose ses œufs dans les jeunes épillets des céréales, à l'aide d'un long tube ou ovipositeur.

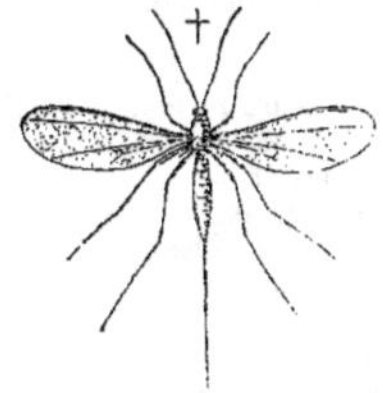

Fig. 667. — Cecidomyia Tritici. — Cécidomye du Froment.

Une autre espèce, la Cécidomye noire du Poirier (*C. nigra*), vit dans les poires; celles qui en sont affectées deviennent globuleuses et tombent avant leur maturité ; on les nomme familièrement *calebasses.* La femelle dépose ses œufs dans les boutons à fleurs ; les jeunes larves qui éclosent peu après, s'enfoncent dans le fruit dont elles rongent le cœur. Leur forme et leur couleur ne diffèrent guère de celles des espèces précédentes, mais la petite mouche est noire et ne mesure qu'environ 1 mm. 1/2 de long. Les larves s'enfoncent également en terre pour se métamorphoser et reparaissent au printemps suivant.

Remèdes. — A l'égard des Cécidomyes des céréales, les remèdes ne sont utiles qu'en agriculture, car ces insectes sont rarement nuisibles dans les jardins. On a tiré de bons résultats des labours profonds, enterrant le chaume à 15 ou 18 cent. de profondeur; il peut aussi y avoir avantage à semer ou à choisir des variétés de céréales qui épient à une époque ne correspondant pas à la ponte de ces insectes. On se trouvera toujours bien de brûler les chaumes.

Pour détruire la Cécidomye du Poirier, il faut récolter, soigneusement et de bonne heure, les fruits calebassés, les écraser ou les faire manger crus ou cuits par les animaux. (S. M.)

CÉDRATIER. — V. **Citrus medica vulgaris,** Risso.

CEBATHA, Forsk. — V. **Cocculus,** DC.

CECROPIA, Lœffl. (nom classique de Cécrops, fondateur d'Athènes, que l'on nommait autrefois Cecropia). Angl. Snake Wood. Fam. *Urticées.* — Près de quarante espèces ont été rapportées à ce genre, mais, selon les auteurs du *Genera plantarum,* ce nombre peut être réduit ; elles habitent l'Amérique tropicale, depuis le Brésil jusqu'au Mexique. Ce sont des arbres de serre chaude, à bois tendre et à suc laiteux. Fleurs dioïques, en épis très denses. Feuilles alternes, palmatilobées. Rameaux noueux, fistuleux dans les entrenœuds. Il leur faut un mélange de terre franche et de terre de bruyère grossièrement concassées, et auquel on ajoute un peu de sable. Multiplication par boutures de rameaux aoûtés, que l'on fait en avril, dans de la terre de bruyère siliceuse, sur chaleur de fond humide et sous cloches.

C. dealbata, Williams. *Flles* grandes, douces, pubescentes, palmées, vert tendre en dessus, glauques en dessous. Nouvelle-Grenade, 1887. Belle plante ornementale

C. peltata, Linn. *Fl.* mâles nombreuses, disposées en épis cylindriques; réceptacle stipité, calice turbiné, à quatre dents. *Fl.* femelles moins nombreuses, à réceptacle sessile et plus mince. *Flles* grandes, peltées, à sept-neuf lobes oblongs, presque obtus, hispides et rudes en dessus, blanches et duveteuses en dessous. *Haut.* 10 m. Jamaïque, 1778. — Les fruits réunis par quatre-cinq ou plus au sommet d'un pédoncule commun, sont des baies cylindriques, oblongues, composées de grains juteux, disposés en plusieurs rangées; ils sont analogues aux framboises et leur ressemblent encore par leur goût.

CÈDRE. — Les vrais *Cèdres* appartiennent au genre **Cedrus** (V. ce nom), mais on applique fréquemment ce nom, dans le langage familier, à un certain nombre d'arbres appartenant en grande partie à la famille des Conifères, dont le port et la stature rappellent les Cèdres ; voici les principaux :

C. Acajou. — V. *Cedrela odorata.*

C. des Antilles. — V. *Swietenia Mahagoni.*

C. de l'Atlas. — V. *Cedrus atlantica.*

C. des Barbades. — V. *Juniperus bermudiana.*

C. bâtard. — V. *Sequoia sempervirens* et les *Cedrela.*

Fig. 668. — Cedrela sinensis. — Rameau florifère, portion d'inflorescence et fleurs détachées. (*Rev. Hort.*)

C. des Bermudes. — V. *Juniperus bermudiana.*

C. blanc. — V. *Libocedrus decurrens* et *Thuya occidentalis.*

C. (bois de). — V. *Cedrela brasiliensis.*

C. de Goa. — V. *Cupressus lusitanica.*

C. de la Jamaïque. — V. *Guazuma ulmifolia.*

C. du Liban. — V. *Cedrus libani.*

C. Lycien. — V. *Juniperus Phœnicea lycia.*

C. de la Martinique. — V. *Cedrela odorata.*

C. petit. — V. *Juniperus Oxycedrus.*

C. puant. — V. *Torreya taxifolia.*

C. rouge. — V. *Juniperus virginiana.*

C. de Sibérie. — V. *Pinus Cembra.*

C. de Virginie. — V. *Juniperus virginiana.* (S. M.)

CEDRELA, Linn. (diminutif de *Cedrus*, Cèdre ; le bois dégage une odeur aromatique, analogue à celle du Cèdre). **Cèdre bâtard**, Angl. Bastard Cedar. Fam. *Méliacées.* — Genre comprenant environ vingt espèces originaires de l'Asie, de l'Amérique tropicale et de l'Australie. Ce sont de grands et beaux arbres rustiques, demi-rustiques ou de serre tempérée. Fleurs régulières, hermaphrodites, en grappe paniculée ; calice monopétale, à cinq dents imbriquées ; corolle à cinq pétales libres, dressés ; étamines cinq, insérées sur un disque glanduleux, plus ou moins développé ; style court, à stigmate discoïde. Le fruit est une capsule septifrage, à graines comprimées, ailées. Feuilles alternes, imparipennées, à folioles pétiolulées, souvent entières.

Les *Cedrela* produisent tous un beau bois coloré et odorant, employé dans l'ébénisterie, etc. Le « bois de Cèdre » dont sont faites les boîtes à cigares est fourni par le *C. odorata*. Le *C. sinensis*, introduit en France depuis trente ans, s'est montré entièrement rustique et convenable pour l'ornement des parcs et des avenues. Les autres espèces se cultivent en serre. Tous se plaisent dans une bonne terre franche. Leur multiplication peut se faire par boutures ou par tronçons de racines que l'on plante dans du sable, sous cloches et à chaud.

C. odorata, Linn. Cèdre acajou, C. des Barbades, Acajou femelle. — *Fl.* petites, blanchâtres ou carnées, ressemblant à celles des Jacinthes et disposées en grappes rameuses. Juin-août. *Fr.* de la grosseur d'un œuf de perdrix. *Flles* à sept ou huit paires de folioles ovales-lancéolées, entières, pétiolulées, luisantes, munies en dessous de bourrelets à l'aisselle des nervures. L'écorce, les capsules et les feuilles ont, lorsqu'elles sont fraîches, une odeur analogue à celle de l'*Assa fœtida*. *Haut.* 15 à 20 m. Amérique méridionale, 1739.

C. sinensis, A. Juss. *Fl.* blanches, odorantes, en panicules rameuses, terminales ; corolle en grelot, à cinq pétales libres. *Flles* imparipennées, glabres, à neuf ou dix paires de folioles ovales-oblongues, acuminées, brièvement pétiolulées. Arbre grand et vigoureux, pouvant atteindre 15 à 20 m., rappelant un Ailante par son port et surtout par ses feuilles, mais n'ayant pas l'odeur désagréable de ce dernier. Chine, Japon, 1862. (R. H. 1891, p. 571, f. 151, 152, 153.) Syn. *Ailantus flavescens*, Carr. (R. H. 1865, p. 366 ; 1875, p. 87.)

C. Toona, Roxb. *Fl.* blanches ou roses, petites, à odeur de miel. Février-mai. *Flles* à folioles lancéolées, acuminées, entières, vert glauque en dessous, caduques. *Haut.* 20 m. Indes, 1823. Serre chaude.

C. velutina, DC. *Fl.* blanchâtres. *Flles* à folioles ovales, lancéolées, entières, glabres; pétioles et branches couvertes d'un duvet velouté, très court. *Haut.* 15 m. Indes, 1793. Serre chaude. (S. M.)

Fig. 669. — CEDRELA SINENSIS. — Port. (*Rev. Hort.*)

CÉDRELÉES. — Groupe de plantes formant autrefois une famille et dont les botanistes modernes ont fait une tribu des *Méliacées*. Leurs fleurs hermaphrodites, sont réunies en panicules; elles ont un calice monosépale, à cinq dents, une corolle à quatre ou cinq pétales, des étamines libres, en nombre égal ou double à celui des pétales. Le fruit est une capsule loculicide ou septifrage. Les feuilles sont alternes, pinnées, dépourvues de stipules. Le genre le plus connu est celui des *Cedrela*; les *Chloroxylon* et les et les *Flindersia* appartiennent aussi à cette tribu.

CEDRON. — V. Simaba Cedron.

CEDRONELLA, Mœnch. (probablement un diminutif de *kedros*, Cèdre; allusion à l'odeur agréable du *C. triphylla*). FAM. *Labiées*. — Genre comprenant quatre espèces de plantes herbacées, rustiques ou demi-rustiques, originaires des îles Canaries, de l'Amérique septentrionale et du Mexique. Fleurs en verticilles rapprochés en épis terminaux : corolle à tube exsert, nu et dilaté à la gorge; limbe bilabié. Feuilles florales bractéiformes; bractées petites, sétacées. Les *Cedronella* ne diffèrent guère des *Dracocephalum* que par leurs anthères à loges parallèles, non divariquées. Ils se plaisent dans un compost de terre franche siliceuse, de terreau de feuilles et d'un peu de terre de bruyère. Les espèces herbacées se multiplient par division des touffes ou par boutures herbacées; le *C. triphylla* se propage par boutures.

C. cana, Hook. *Fl.* purpurines ou carminées, en nombreux et élégants épis. Juillet. *Flles* ovales, oblongues, dentées, odorantes, *Haut.* 60 cent. à 1 m. Nouveau-Mexique, 1851. Jolie espèce rustique, dressée, toujours verte. (B. M. 4618.)

C. cordata, Benth. *Fl.* pourpre clair, en épis munis de bractées; corolle deux fois plus longue que les segments du calice. Mai-juin. *Flles* ovales, cordiforme à la base, crénelées, presque sessiles. Tiges couchées, traînantes. *Haut.* 10 à 15 cent. Nord des États-Unis, 1880. Rustique. Syn. *Dracocephalum cordatum*, Nutt.

C. mexicana, Benth. *Fl.* à corolle purpurine, trois fois plus longue que le calice; verticilles multiflores, rapproché en épi arrondi, interrompu. *Flles* ovales-lancéolées,

Fig. 670. — CEDRONELLA MEXICANA. — Port et verticille de fleurs.

cordiformes à la base, dentées. *Haut.* 60 cent. à 1 m. Demi-rustique. Mexique, 1832. Syns. *Dracocephalum mexicanum*, Kunth; *Gardoquia betonicoides*, Lindl. (B. M. 3860.)

C. triphylla, Mœnch. Beaume de Gilead; ANGL. Balm. of Gilead. — *Fl.* blanches ou pourpre pâle, environ deux fois plus longues que le calice, réunies en verticilles lâches, formant un épi oblong, arrondi. Juillet. *Flles* trifoliées, à

Fig. 671. — CEDRONELLA TRIPHYLLA.

folioles oblongues, lancéolées, exhalant une odeur agréable lorsqu'on les froisse. *Haut.* 1 m. à 1 m. 30. Iles Canaries, 1697. Sous-arbrisseau demi-rustique. Syn. *Dracocephalum canariense*, Linn.

CEDRUS, Loud. (du latin *cedrus*; en grec *kedros*;

nom d'une Conifère du temps de Homère). **Cèdre.** Fam. *Conifères.* — Genre comprenant trois espèces originaires de l'Himalaya, de l'Orient et de l'Afrique boréale ; certains auteurs n'admettent que le *C. libani* comme espèce, les *C. atlantica* et *C. Deodara* ne sont pour eux que des variétés. Ce sont de grands et beaux arbres majestueux, à branches fortes, rameuses, étalées horizontalement à l'état adulte. Cônes dressés, oblongs ou ovales, arrondis au

Fig. 672. — Cedrus atlantica. (*Rev. Hort.*)

sommet ; écailles larges, minces, coriaces, entières, fortement appliquées les unes sur les autres, à la fin caduques, bractées incluses. Feuilles persistantes, aciculaires ou sub-tétragones, solitaires sur les rameaux vigoureux, mais fasciculées sur les ramilles. Chatons mâles solitaires au sommet de très courts rameaux.

Les Cèdres sont peu difficiles sur la nature du terrain ; cependant, une bonne terre franche et un peu forte est celle qui leur convient le mieux ; mais il est essentiel que le sous-sol soit poreux, ainsi que l'on peut s'en rendre compte par leur vigueur et par les dimensions qu'ils atteignent lorsqu'on les plante dans les régions montagneuses.

Ni leur ramure, ni leurs racines ne supportent facilement la taille, mais si l'on supprime la flèche, l'arbre s'étale et forme alors un immense parasol d'un aspect pittoresque. Lorsqu'ils se développent normalement, ils affectent la forme d'un large cône, jusqu'à ce qu'ils aient atteint toute leur hauteur ; les branches commencent à s'étaler horizontalement et le sommet devient plat et très élargi. Sur le Cèdre du Liban, les cônes n'apparaissent guère avant que l'arbre ait une quarantaine d'années ; on en connaît qui n'ont commencé à en produire que lorsqu'ils ont atteint cent ans. Les chatons se développent à l'automne et les cônes ne mûrissent qu'à la deuxième année ; ils persistent sur l'arbre, même pendant plusieurs années, sans que l'influence des agents atmosphériques fassent tomber leurs graines. Leur récolte se fait en avril ; quoique très durs, on parvient assez facilement à les désagréger pour en extraire les graines, en les faisant tremper pendant un certain temps dans l'eau, ou mieux en les entremêlant de mousse humide dans un tonneau, puis en les exposant à l'air.

Leur multiplication s'effectue par semis pour les types et par greffe pour les variétés horticoles. Les graines doivent être semées en mars-avril, en terrines ou en planches, selon l'importance du semis ; on repique les jeunes plants en pépinière au printemps suivant, puis successivement tous les deux ou trois ans jusqu'à ce qu'ils aient atteint une force suffisante pour être plantés à demeure. Comme la plupart des Conifères, les Cèdres sont susceptibles de pivoter ; la transplantation les oblige à développer du chevelu qui rend leur reprise plus facile. Si, comme nous l'avons dit, les trois espèces ne sont, pour certains botanistes, que des variétés d'un même type, elles possèdent néanmoins des caractères suffisamment distincts pour justifier leur admission spécifique au point de vue horticole.

C. atlantica, Manet.* Cèdre de l'Atlas. — Cette espèce est très voisine du *C. libani*, elle en diffère principalement par ses feuilles plus courtes, de moins de 2 cent. 1/2 de long et par sa teinte cendrée à reflets glauques. A l'état adulte, la différence est très sensible, car, au lieu d'être aplati au sommet, l'arbre est droit, ses branches sont plus courtes, étalées et forment la pyramide. *Haut.* 25 à 35 m. Monts Atlas ; Algérie, vers 1842.

C. Deodara, Loudon. Déodar, Cèdre de l'Himalaya ; Angl. Deodar ou Indian Cedar. — *Flles* les unes fasciculées, les autres éparses sur les jeunes ramilles, aiguës, triquètres, plus longues et plus fortes que celles du *C. libani*, ayant 4 à 5 cent. d'un vert glauque très prononcé, à reflets bleuâtres. *Cônes* courtement pédonculés, solitaires ou géminés, ovales, obtus, de 10 à 12 cent de long et 5 à 8 cent. de large, brun glauque à maturité. C'est un de nos plus beaux arbres verts, formant un cône ou une pyramide allongée, à branches pendantes. *Haut.* 40 à 50 m. Himalaya occidental, 1822. — On connaît plusieurs variétés; les plus répandues sont : *C. D. crassifolia*, *flles* plus courtes et plus épaisses que celles du type ; *C. D. robusta*, *flles* plus longues et plus grosses, atteignant jusqu'à 6 cent. de long, branches plus grosses et plus vigoureuses ; *C. D. viridis*, ou *tenuifolia*, *flles* plus fines que chez les variétés précédentes, d'un vert clair très prononcé, l'arbre est aussi plus grêle. On trouve encore dans les catalogues horticoles les formes suivantes : *argentea*, *albo-spica*, *cinerescens*, *erecta*, *verticillata*, *glauca* et *variegata*.

C. libani, Barrel.* Cèdre du Liban, Angl. Cedar of Lebanon. — *Flles* fasciculées, courtes, rigides, vert, foncé. *Cônes* dressés, ovales, oblongs, de 8 à 12 cent. de long et 5 à 6 cent. de large, courtement pédonculés, d'abord purpurins, puis brun clair à la maturité, à écailles minces, un peu membraneuses sur les bords. Branches étalées, horizontales, rigides, arrondies, distinctement verticillées, à ramifications nombreuses, compactes, formant l'éventail. *Haut.* 20 à 30 m. Monts Liban et Taurus, en Syrie, 1683. — Le Cèdre du Liban peut compter parmi les géants du règne végétal, son tronc atteint jusqu'à 12 à 13 m. de

Fig. 673. — Cedrus Deodara.

circonférence, celui qui a été planté par Jussieu dans le labyrinthe du *Museum*, peut être cité comme exemple. — Il en existe plusieurs variétés; les principales sont : *C. l. brevifolia*, Angl. The Cypress Cedar, variété distincte,

Fig. 674. — Cedrus libani. — Rameau avec cône. (*Rev. Hort.*)

différant principalement du type par ses feuilles beaucoup plus courtes ; *C. l. fastigiata*, Carr., variété pyramidale, à branches ascendantes; *C. l. glauca*, *flles* glauques, argentées, Syn. *C. l. argentea; C. l. nana*, remarquable par sa petite taille; *C. l. pendula*, branches nettement pendantes; *C. l. pyramidalis*, branches dressées, à rameaux légèrement étalés.

CÉLASTRINÉES. — Famille renfermant environ trois cents espèces réparties dans trente-huit genres et dispersées sur toute la terre. Ce sont des arbres, des arbustes ou rarement des herbes à fleurs ordinairement hermaphrodites petites, vertes, blanches ou purpurines, solitaires ou le plus souvent disposées en cymes ou en grappes simples ou rameuses, axillaires ou terminales ; sépales et pétales quatre ou cinq, libres, imbriqués. Le fruit est capsulaire, sec, bacciforme ou drupacé, à deux-cinq loges. Feuilles opposées ou alternes, simples, munies de stipules. Les genres les plus connus sont : *Celastrus*, *Elæodendron* et *Evonymus*.

CELASTRUS, Linn. (de *kelastros*, ancien nom grec donné au Troène par Théophraste). **Célastre**, Angl. Staff-tree. Fam. *Célastrinées*. — Genre comprenant environ soixante-quinze espèces habitant l'Espagne, l'Afrique, Madagascar, l'Amérique septentrionale et l'Australie. Ce sont de jolis arbustes ou des arbrisseaux glabres, en grande partie toujours verts, quelquefois épineux, plus ou moins sarmenteux, rustiques, ou de serre froide ou chaude. Fleurs petites, vertes ou blanches, en grappes ou en panicules axillaires ou terminales. Feuilles alternes, simples, entières ou dentées, quelquefois épineuses. Les espèces de serre chaude ou tempérée se plaisent dans un mélange de terre franche, de terre de bruyère et de sable, leurs boutures s'enracinent facilement dans le même compost et recouvertes de cloches ; celles des espèces de serre chaude doivent être faites à chaud. Les espèces rustiques sont propres à l'ornement des petits massifs d'arbustes; toute bonne terre leur convient et leur multiplication s'opère facilement par marcottes de jeunes pousses, que l'on fait à l'automne. Le *C. scandens* est une excellente plante grimpante pour garnir les berceaux et les treillages.

C. cassinoides, L'Her. *Fl.* blanches, à pédicelles réunis par deux ou trois, axillaires, très courts. Août. *Flles* ovales, aiguës aux deux extrémités, dentées, persistantes. Plante glabre, dressée. *Haut.* 1 m. 30. Iles Canaries, 1779. Serre froide.

C. edulis, Wall. Syn. de *Catha edulis*, Forsk.

C. lucidus, Linn.' *Fl.* blanches, à pédicelles fasciculés, axillaires, très courts. Avril-septembre. *Fr.* nus, à trois valves. *Flles* ovales ou arrondies, acuminées, luisantes, émarginées. *Haut.* 30 cent. à 1 m. Cap. 1722. Plante dressée, lisse, toujours verte, de serre froide. Syn. *Cassine concava*.

C. Orixa, Sieb. et Zucc. *Fl.* vertes, petites ; les mâles en grappes, les femelles généralement solitaires, longuement pédonculées. Eté. *Flles* elliptiques ou obovales, à bords entiers, vert luisant sur la face supérieure. *Haut.* 2 à 3 m. Japon, 1886. Syn. *Orixa japonica*, Thunb. (R. G. 1232.)

C. scandens, Linn, Bourreau des arbres. — *Fl.* jaune pâle, en grappes axillaires et terminales, Mai-juin. *Flles* caduques, ovales, acuminées, dentées, de 8 cent. de long et 5 cent. de large. *Drupes* orangées, à trois angles, renfermant trois graines. Amérique du Nord. Plante rustique, à tiges sarmenteuses, glabres, enlaçant fortement les arbres ou les objets voisins.

CÉLERI, Angl. Celery (*Apium graveolens*, Linn.). — Plante bisannuelle, de culture annuelle comme légume. On trouve le Céleri à l'état sauvage dans les fossés humides et les endroits marécageux du Midi de la France. La culture a développé chez les uns les pétioles des feuilles, chez les autres la racine, d'où le nom de Céleri-rave donné à ces derniers.

Céleri à côtes. — Cet excellent et très populaire

légume demande une bonne culture et des soins spéciaux dont on est d'ailleurs bien payé par la beauté et la qualité du produit obtenu. Il lui faut une terre franche, riche et meuble, bien fumée à l'avance, et, si possible, naturellement fraîche, ce qui n'empêchera pas d'arroser abondamment pendant toute la période de croissance, jusqu'au moment où on procédera au buttage. Si en effet, on négligeait d'arroser régulièrement, les plantes tendraient à s'étioler et à monter à graine.

Fig. 675. — Céleri plein blanc doré. C. Chemin.

Culture. — Le premier semis, assez restreint, se fait en février-mars, sur couche, pour avoir des Céleris de bonne heure ; puis on sème plus largement, d'abord vers la fin de mars, sur couche également, et surtout fin avril en pleine terre, pour la récolte principale. Les graines sont assez lentes à germer.

Dès que les plants des premiers semis ont quelques feuilles, on les repique en pépinière, également sur couche. On mouille régulièrement et on habitue graduellement les plants à l'air, avant de les mettre en place, ce qui a lieu ordinairement à la fin de mai, en enlevant soigneusement les pieds avec leur motte. Pour les semis suivants, la mise en place se fait généralement en juin, souvent sans que les plants aient été repiqués en pépinière. Les plants de moyenne taille, plutôt trapus, sont généralement plus robustes, plus fermes que les autres et se creusent moins facilement ; c'est donc ceux qu'il faut choisir de préférence au moment de la plantation.

On met en place soit en lignes, en planches, de façon que les plants soient espacés de 25 à 30 cent. en tous sens, soit dans des fosses où on les fera blanchir plus tard, sans avoir besoin de les déplanter. Dans le premier cas, on les butte sur place comme il est dit plus loin, ou pour les premiers semés, en les entourant de paille ; ou bien, au moment de les faire blanchir, on enlève les pieds en mottes et on les place, à côté l'un de l'autre, dans une tranchée profonde de 35 à 40 cent. ; on les arrose alors pour les faire reprendre, puis, dix à quinze jours après, on les couvre avec de la terre meuble et légère, d'abord jusqu'à moitié de leur hauteur, puis presque en entier une dizaine de jours après, en laissant seulement à l'air le haut du feuillage. Le second mode de culture, en fosses, est surtout avantageux quand on a à faire à un terrain sec ou léger. Ces fosses sont ordinairement larges de 40 cent. et profondes de 25 à 30. On garnit le fond d'une couche de terreau bien

Fig. 676. — Céleri Pascal.

fait, épaisse de 8 à 10 cent., qu'on incorpore au sol au moyen d'un coup de bêche peu profond, on donne un bon arrosage par-dessus et, un ou deux jours après, on plante le Céleri à la même distance que ci-dessus et on arrose de nouveau. On doit, comme nous l'avons dit, enlever et replanter chaque pied avec une bonne motte autour des racines. — L'intervalle, large de 50 à 60 cent., qui existe entre les fosses et qui est surélevé par la terre qu'on a rejeté de chaque côté, peut être occupé par d'autres plantes à prompte croissance, des Laitues par exemple, qu'on enlève lorsqu'on a besoin de la terre pour le buttage.

Les soins ultérieurs à donner après la plantation consistent à sarcler de temps en temps pour tenir le terrain propre et à donner régulièrement de copieux arrosages.

Quand les plantes ont 30 à 35 cent. de haut, on commence à butter le pied, pour recouvrir d'abord le haut des racines qui pourrait être à découvert, puis, sauf dans le cas des premiers semis où les plantes ont été forcées et avancées, on attend, pour continuer, jusqu'en août ou au commencement de septembre et, au début, on peut ne butter que successivement, en vue des besoins. On enlève alors du pied les rejets et on butte à un moment où les plantes sont sèches, en ayant soin qu'il ne passe pas de terre entre les feuilles et au cœur de la plante ; pour cela, on a eu soin auparavant de lier les Céleris avec un brin de paille. Le buttage complet, qui s'arrête à la couronne des feuilles, se fait en deux ou trois fois, à une semaine d'intervalle, en élevant successivement la terre autour des plantes.

Dès que les froids arrivent, on couvre le sommet des plantes avec de la litière ou de vieux paillassons et on peut même appliquer par là-dessus deux planches d'environ 30 cent. de large qui se joignent en haut et empêchent la pluie glacée de pénétrer dans l'intérieur. — Quand le Céleri est atteint par le froid,

Fig. 677. — Céleri à couper.

on peut essayer d'y remédier en mettant les plantes tremper dans l'eau froide pour qu'elles y dégèlent lentement ; il faut alors les consommer de suite après ; mais, ordinairement, les parties gelées ne sont pas utilisables.

On peut également faire blanchir le Céleri en cave, enterré dans du sable ou de la terre sableuse.

Dans la Sarthe, on se sert, pour blanchir le Céleri, de tuyaux en terre cuite, ayant 45 cent. de haut et un diamètre de 15 cent. à la base et de 12 dans le haut. Par une journée bien sèche, on rassemble les côtes et les feuilles des plantes avec une ficelle enroulée en spirale, on fait descendre un tuyau, le gros bout en bas, autour de chaque plante et on enlève la ficelle, pour laisser les tiges s'écarter le long du tuyau et l'air arriver au cœur de la plante [1].

Variétés. — Les principales variétés de Céleri sont :

Céleri plein blanc, qui ne prend réellement une teinte blanche que par le buttage.

C. plein blanc d'Amérique, qui blanchit naturellement à l'automne.

C. plein blanc court hâtif, plus trapu, à côtes larges et pleines, à feuillage abondant. (A. V. P. t. 19.)

C. plein blanc court à grosses côtes, forme améliorée du précédent, à côtes pleines, larges et nombreuses. (A. V. P. 43.)

Céleri plein blanc doré ou *C. Chemin*, du nom de celui qui l'a amélioré, M. Chemin, maraîcher à Issy, à côtes larges et épaisses, pleines et tendres, d'un beau blanc jaunâtre. (A. V. P. t. 36.)

Céleri Pascal, plein, blanc, plus ramassé et plus étoffé, à côtes charnues, larges et serrées, se conservant bien. (A. V. P. 41.)

C. plein blanc frisé, à feuillage abondant, frisé, de saveur plus douce que dans les autres races. (A. V. P. t. 32 4.)

C. violet de Tours, à pétioles fermes, teintés de violet brun, surtout vers la base. (A. V. P. t. 37.)

On cultive encore, sous le nom de *Céleri à couper*, une variété à tiges creuses, assez voisine du Céleri sauvage et dont on emploie les feuilles comme assaisonnement dans les ragoûts et dans les potages. Elle drageonne

Fig. 678. — Céleri-rave ou Céleri-navet.

et repousse facilement et on peut cueillir longtemps sur le même pied.

Céleri-rave, Angl. Celeriac or Turnip-rooted Celery (*Apium graveolens rapaceum*). — Le Céleri-rave ou Céleri-navet est une variété du Céleri ordinaire, dans laquelle on est arrivé à augmenter le volume de la racine qui est la seule partie comestible de la plante ; les côtes en sont creuses. On mange les racines crues, en salade ou cuites au roux, dans les ragoûts, les viandes au jus, etc.

Culture. — La culture du Céleri-rave ne diffère pas sensiblement de celle du Céleri à côtes ; les mêmes terres meubles, fraîches et riches lui conviennent. On le sème à la même époque et de la même façon, en pépinière, en mars. — Lorsque les plants ont deux ou trois feuilles, on les repique à 8 ou 10 cent. en tous sens, sous châssis ou sur une vieille couche, on arrose fréquemment et, au bout de quelques jours, on donne de l'air pour endurcir le plant. En mai, on met les plants en place, en pleine terre, à 30 ou 35 cent. en tous sens et on arrose copieusement et régulièrement pendant tout l'été. Comme c'est la racine seule qu'on consomme, il n'y a lieu ni de faire la culture en fosses, ni de butter. Les jardiniers sont assez dans l'habitude de retrancher en été les rejets et seulement les racines latérales qui auraient pu se développer, afin d'avoir des pommes plus belles et plus régulières. Les racines sont bonnes à récolter à partir du commencement de

[1] *Revue horticole*. 1892, p. 465.

l'automne. On les conserve facilement, après avoir coupé les feuilles, soit en jauge, dehors, en les abritant d'un épais paillis, soit de préférence, en cellier ou en cave, en les couvrant de sable.

Variétés. — *Céleri-rave ordinaire*, à racine arrondie supérieurement, aplatie en dessous et garnie de nombreuses radicelles. (A. V. P. t. 1-11.)

Céleri-rave gros lisse de Paris, dont le nom indique suffisamment les mérites.

Fig. 679. — Céleri-rave géant de Prague.

Céleri-rave d'Erfurt et sa sous-variété.

Céleri-rave pomme à petite feuille, à pommes lisses, petites et précoces.

Céleri-rave géant de Prague, à belles racines arrondies, nettes et très grosses.

Céleri-rave à feuille panachée, remarquable par ses côtes roses et son feuillage panaché de vert et de jaune. (G. A.)

CÉLERI (Mouche du), Angl. Celery Fly. (*Tephritis Onopordinis*). Les larves de cet insecte qui ont la forme de petits vers d'un blanc verdâtre, ont, dans ces dernières années, causé de grands ravages dans les cultures de Céleri. Elles apparaissent quelquefois quand les plantes sont encore toutes jeunes et elles dévorent le parenchyme des feuilles, creusant leurs galeries aussi avant qu'elles peuvent et arrêtant ainsi la croissance des sujets attaqués qui jaunissent, s'étiolent et parfois finissent par périr. Pour les détruire, on seringue le feuillage avec du jus de tabac dilué dans l'eau et on nettoie ensuite les plantes à l'eau claire; mais, le moyen le plus sûr consiste encore à surveiller attentivement la plantation et, aussitôt qu'on remarque la présence des petits vers, on pince la partie des feuilles où ils se trouvent et on brûle celle-ci, ou bien on écrase les larves entre l'index et le pouce. Si on suit cette méthode dès le commencement et qu'en même temps on soigne bien les plantes, en arrosant abondamment, pour les maintenir vigoureuses, les larves ne pourront pas causer beaucoup de tort. — Cet insecte fait également des ravages dans les feuilles de plusieurs autres Ombellifères, notamment du Panais. (G. A.)

CELMISIA, Cass. (dédié à Celmisius, que l'on dit fils de la nymphe Alciope, dont le nom d'un genre voisin dérive). Fam. *Composées*. — Genre comprenant environ vingt-cinq espèces d'herbes vivaces, rustiques ou de serre froide, plus ou moins soyeuses, argentées, dont une habite l'Auckland et les îles Campbell et les autres la Nouvelle-Zélande; une espèce se retrouve aussi en Australie. Capitules hétérogames, radiés; involucre largement campanulé ou hémisphérique, à bractées multisériées, imbriquées; pédoncules caulescents, uniflores. Feuilles entières. Deux espèces ont été introduites. Pour leur culture, V. **Olearia**.

C. coriacea, — *Capitules* de 4 à 8 cent. de diamètre, à rayons blancs, excessivement nombreux; disque jaune; pédoncules très forts, couverts d'une villosité aranéeuse. *Flles* de 25 à 45 cent. de long et 1 1/2 à 6 cent. de large, lancéolées, coriaces, rétrécies en une large gaine laineuse; face supérieure velue, cotonneuse; l'inférieure, couverte d'un tomentum blanc, soyeux, très dense. Nouvelle-Zélande. Rustique. Syn. *Aster coriacea*.

C. spectabilis, — *Capitules* de 5 cent. de diamètre, à rayons blancs ou lilas pâle, très nombreux, révolutés; disque jaune; pédoncules nombreux, forts, rigides, dressés, plus longs que les feuilles. Mai. *Flles* nombreuses, dressées, raides, épaisses et coriaces, ensiformes, elliptiques-lancéolées ou linéaires-oblongues, rétrécies à la base, puis dilatées en large gaine renflée, de 5 à 10 cent. de long. Souche ligneuse. Montagnes de la Nouvelle-Zélande, 1882. Rustique. (B. M. 6653.)

C. Lindsayi, Hook. f. *Capitules* de 3 à 5 cent. de diamètre, à trente-quarante rayons tridentés au sommet; disque jaune. *Flles* oblongues, lancéolées, obtuses, très coriaces, de 8 à 15 cent. de long, vert foncé, luisantes en dessus, blanches en dessous. Tiges en touffe compacte, feuillées au sommet. *Haut.* 15 cent. Nouvelle-Zélande, 1890. (B. M. 7134.) Rustique, mais a besoin d'être protégé contre l'humidité.

CELOSIA, Linn. (de *kelos*, brûlé; allusion à l'apparence roussie des pièces composant les inflorescences de certaines espèces). **Célosie** et **Amarante Crête de coq**, Angl. Cockscomb, Syns. *Lophoxera* et *Sukana*, Raff. Fam. *Amarantacées*. — Genre comprenant trente-cinq espèces de plantes annuelles, herbacées, glabres ou velues, demi-rustiques, habitant l'Asie et l'Afrique tropicales et l'Australie. Fleurs petites, blanches ou colorées, accompagnées de bractées et de bractéoles scarieuses, luisantes et de même teinte que les fleurs, disposées en panicules ou en épis rameux, compacts, dressés ou penchés; périanthe à cinq segments égaux, étalés, glabres, luisants. Étamines cinq, soudées inférieurement en cupule. Le fruit est une capsule renfermant plusieurs graines, s'ouvrant par une fente circulaire. Feuilles alternes, simples, pétiolées.

La disposition en crête des inflorescences du *C. cristata* constitue la race cultivée dans les jardins sous le nom de *Crête de coq*; elle est le résultat de la soudure des rameaux composant l'inflorescence du type primitif, en une tige plate, très élargie en éventail, dont le sommet est formé d'un épais tissu velouté, irrégulièrement contourné et tourmenté. Les fleurs, tout à fait insignifiantes, recouvrent presque entièrement les côtés de la crête. Cette forme de montruosité est nommée fasciation; elle se reproduit si fidèlement par le semis que le type est inconnu de beaucoup de jardiniers.

Chez les *Célosies*, l'inflorescence a gardé sa forme normale, mais la culture l'a beaucoup amplifiée et enrichie de plusieurs beaux coloris qui rendent ces panaches d'une rare élégance. Il est intéressant de remarquer qu'il y a là deux plantes absolument différentes par leur fascies, sorties d'un même type spécifique.

Les Crêtes de coq et les Célosies à panaches sont des plantes fort estimées pour l'ornement des jardins, soit en massifs, soit dans les plates-bandes : on les cultive aussi fréquemment en pots, pour garnir les fenêtres, les

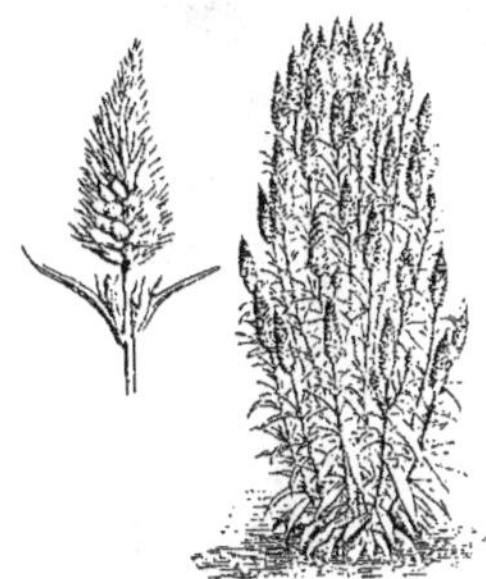

Fig. 680. — Celosia argentea.

balcons, etc., ainsi que pour la vente sur les marchés aux fleurs ; mais, on ne peut guère les employer à ces différents usages que lorsqu'elles commencent à fleurir, car il est difficile, du moins sous le climat parisien, de faire de belles plantes sans le secours de couches chaudes. La culture de ces deux plantes, ainsi que celle des autres espèces étant très semblable, nous la résumons ci-dessous :

On sème les graines en mars-avril, sur couche, on repique les plants également sur couche, et lorsqu'ils commencent à se gêner, on les transplante en motte.

Fig. 681. — Celosia cristata, var. Crête de coq naine.

sur une autre couche, où on les laisse jusqu'à ce que les fleurs se montrent. Il faut les tenir le plus près possible du verre et aérer chaque fois que le temps le permet ; des bassinages appliqués de temps à autre, maintiennent le feuillage en état de propreté et empêchent l'apparition de la Grise et des Thrips. Les crêtes ou panaches commencent à se montrer, selon l'époque du semis, de juin en juillet ; on peut alors, selon l'emploi auquel on les destine, les transplanter en mottes, dans les plates-bandes dont la terre aura été bien défoncée et fumée au préalable, ou les rempoter dans un compost très fertile. Il ne faut pas ménager les arrosements, surtout pour les plantes en pots ; quelques doses d'engrais liquides, appliquées de temps à autre à ces dernières, feront augmenter le volume des inflorescences.

Bien que la couche soit le meilleur procédé pour la

Fig. 682. — Celosia cristata, var. Crête de coq panachée.

culture des Crêtes de coq, on peut encore, lorsque celles-ci font défaut, obtenir d'assez belles plantes en serre tempérée ; pour cela, on sème en terrines, on repique les plants en godets, dès qu'ils sont suffisamment

Fig. 683. — Celosia cristata, var. panachée du Japon.

forts, puis on les rempote successivement dans de plus grands pots, chaque fois que les racines commencent à tapisser l'intérieur, jusqu'à ce que les fleurs apparaissent. On emploie un mélange de bon terreau gras, bien décomposé et de terre franche ou, à défaut, de terre de dépotages. Il est essentiel de tenir les plantes le plus près possible du verre, afin d'éviter l'étiolement et on doit aérer chaque fois que la température le permet. Les plantes profiteront beaucoup lorsqu'on pourra enterrer les pots dans la tannée ou dans la sciure, car la chaleur de fond est un des points les plus importants de leur culture.

C. argentea, Linn. * *Fl.* blanches, en épis terminaux, spiciformes, denses, de 6 à 8 cent. de long. Juin-août. *Flles* alternes, lancéolées, rétrécies aux deux extrémités, sessiles ou courtement pétiolées. Tiges dressées, rameuses, formant une pyramide. *Haut.* 40 à 50 cent. Indes orientales. Annuelle.

C. a. linearis, Sweet. *Fl.* rose satiné, en épis coniques, de 10 à 12 cent. Juin-août. *Flles* étroitement linéaires. Indes, etc. (A. V. F. 7.)

C. cernua, Andr. Syn. de *C. cristata comosa*, Retz.

Fig. 684. — CELOSIA CRISTATA PYRAMIDALIS, var. Triomphe de l'Exposition.

C. cristata, Linn. Amarante crête de coq, Crête de coq, Passe-velours, ANGL. Common Cockscomb. — *Fl.* rouges, en épi dense, ovale ou allongé, quelquefois comprimé ou fascié, à hampe striée. Juin-août. *Flles* alternes, souvent rapprochées, ovales-lancéolées, acuminées, plus ou moins gaufrées, pétiolées, vert tendre et à nervures saillantes. Tige herbacée, simple ou peu rameuse, glabre et striée. *Haut.* 50 à 60 cent. Indes orientales, 1570.

Cette description est celle du type ; les variétés cultivées dans les jardins affectent une forme bien différente, due à la fasciation de la tige, encore amplifiée par la culture. Il existe un grand nombre de coloris, variant du rose au rouge pourpre foncé ou violacé, passant par le chamois pour arriver au jaune vif ; certaines variétés sont franchement naines, c'est-à-dire ne dépassant pas 20 à 30 cent. ; elles sont particulièrement recommandables pour la culture en pots et leurs crêtes sont aussi plus fortes.

C. c. coccinea, Linn. Diffère de la Crête de coq par la disposition pyramidale et compacte de son inflorescence, par ses feuilles plus étroites et par ses étamines plus courtes. Elle demande aussi moins de chaleur que le type. (B. R. 1834.)

C. c. comosa, Retz. *Fl.* écarlates ou purpurines ; épis disposés en panicule pyramidale, pendante. *Flles* pétiolées, ovales. *Haut.* 30 à 60 cent. Indes, etc. 1810. Syn. *C. cernua*, Andr. (A. B. R. 10, 635.)

C. c. pyramidalis, Hort. * Célosie à panache, ANGL. Feathered Cocskomb. — Inflorescence à ramifications nombreuses, lâches, allongées, flexueuses, formant un beau panache dressé, plumeux, d'une grande élégance. *Flles* ovales-lancéolées, étalées, pétiolées, glabres. Plante dressée, rameuse dès la base, à ramifications un peu obliques, portant chacune une grande panicule terminale et quelques épis en dessous du sommet. *Haut.* 45 à 60 cent. Indes, etc., 1820, (A. V. F. 7, 17.)

Toutes les couleurs principales des Crêtes de coq se retrouvent dans cette race, mais les variétés sont moins nombreuses ; une des plus recommandables est la var. *Triomphe de l'Exposition* (*C. Thompson*), *fl.* rouge cramoisi brillant, en grands panaches excessivement abondants, plante forte et très vigoureuse.

La *Crête de coq panachée du Japon* (fig. 683) tient le milieu entre les Célosies et les Crêtes de coq par ses

Fig. 685. — CELOSIA HUTTONII.

inflorescences formées de petites crêtes rameuses, curieusement panachées de rouge et de jaune, et réunies en panicule compacte.

C. variegata, Hort. Ne diffère du *C. cristata* (type) que par la panachure de ses feuilles.

C. c. Huttonii, — * *Fl.* rouges, en épis ovales. *Flles* carminées ou vineuses. *Haut.* 30 à 60. Java, 1871. — Belle plante à feuillage, de serre chaude, à port touffu, pyramidal. (Cette plante semble être un *Amarantus*.)

C. margaritacea, Linn. Espèce voisine du *C. argentea linearis*, dont elle diffère par ses épis plus gros, moins brillants et par ses feuilles largement ovales. Indes.

(S. M.)

CELSIA, Linn. (dédié à Olaus Celsius, 1670-1756, professeur à l'Université d'Upsal, auteur de *Hierobotanicon*, ouvrage de botanique biblique). Comprend les *Ianthe*, Benth. FAM. *Scrophularinées*. — Genre renfermant environ trente espèces habitant l'Europe australe, l'Afrique boréale, l'Abyssinie et l'Asie. Ce sont des plantes herbacées, annuelles, bisannuelles ou vivaces, rustiques ou demi-rustiques, très voisines des *Verbascum*, dont elles ne diffèrent que par l'absence de la cinquième étamine. Fleurs disposées en grappes ou panicules terminales, lâches. Feuilles crénelées, sinuées, dentées ou pinnatifides. Les graines peuvent être semées en plein air, en juin, en place ou en pépinière. Le *C. Arcturus* se multiplie par boutures herbacées, qui s'enracinent facilement en serre ou sous châssis.

C. Arcturus, Linn. * *Fl.* jaunes, grandes, à filaments garnis de poils purpurins. Juillet-septembre. *Flles* radicales lyrées; les caulinaires oblongues. *Haut.* 1. m. 30 Candie, 1780. Espèce frutescente, demi-rustique. C'est une jolie plante à cultiver en pots, pour l'ornement des serres froides. (B. M. 1962.)

C. betonicæfolia, Desf. *Fl.* jaunes, dont les deux segments supérieurs portent une macule pourpre. Juillet. *Flles* ovales, oblongues, ridées, crénelées. Plante velue. *Haut.* 60 cent. Algérie, 1824. Espèce bisannuelle, demi-rustique. (B. M. 6066.)

C. bugulifolia, Jaub. *Fl.* jaunâtres, curieusement marquées de brun. *Flles* pétiolées, ovales, crénelées. *Haut.* 30 cent. Sud-est de l'Europe, 1877. Rustique. Syn. *Ianthe bugulifolia* Griseb.

C. cretica, Linn. * *Fl.* jaunes, marquées de deux taches roussâtres à la base des segments supérieurs, de 4 cent. de diamètre, presque sessiles. Juin. *Flles* velues, lyrées-oblongues; les supérieures oblongues. *Haut.* 1 m. 30 à 2 m. Crète, 1752. Espèce bisannuelle, rustique. (B. M. 964.)

C. orientalis, Linn. *Fl.* jaunes, plus courtes que les bractées. Juin-juillet. *Flles* inférieures découpées ; les caulinaires bipinnées, à segments étroits. *Haut.* 60 cent. Orient, 1713. Espèce annuelle. (S. F. G. 605.)

CELTIDÉES. — Tribu des Urticées.

CELTIS, Linn. (nom donné par Pline au Lotus). **Micocoulier.** Fam. *Urticées.* — On a décrit plus de soixante-dix espèces, mais ce nombre peut, selon Bentham et Hooker, être réduit à environ cinquante espèces distinctes, dispersées dans toutes les régions tempérées et tropicales du globe. Ce sont des arbres ou des arbustes rustiques, demi-rustiques ou de serre tempérée, inermes ou épineux, à feuilles simples, alternes, trinervées, caduques ou sub-persistantes. Fleurs polygames, petites, verdâtres, solitaires, fasciculées ou en fausses grappes. Le fruit est une drupe pédonculée, renfermant un noyau osseux.

Les Micocouliers sont peu répandus dans le nord de la France où ils dépassent rarement la taille d'un arbuste; dans le Midi, ils forment au contraire de grands arbres dont le bois est très estimé ; ils préfèrent les terrains légers, chauds et rocailleux, mais poussent néanmoins volontiers en toute terre saine et légère. Les *C. australis* et *C. occidentalis* sont les plus répandus et les plus rustiques, et encore, sous le climat parisien, il est prudent de les envelopper de paille tant qu'ils sont jeunes. On les multiplie par graines que l'on sème dès leur maturité, par drageons, par marcottes et par boutures aoûtées, que l'on fait à l'automne.

C. australis, Linn. Micocoulier de Provence. — *Fl.* verdâtres, solitaires. Mai. *Fr.* longuement pédonculés, de la grosseur d'un pois, noirs à maturité. Septembre-octobre. *Flles* ovales-lancéolées, acuminées-cuspidées, dentées en scie, à dents arquées, mucronées; face supérieure rude, l'inférieure mollement pubescente. *Haut.* 15 à 20 m. Europe méridionale ; France, etc. (W. D. B. 105.)

C. cordata, Desf. Syn. de *C. crassifolia*, Lamk.

C. crassifolia, Lamk. Angl. American Hackberry. — *Fl* verdâtres, à pédoncules solitaires ou géminés. Mai. *Fr.* obovés ou presque globuleux, du volume d'un gros pois. *Flles* grandes, un peu coriaces, cordiformes, auriculées, à côtés inégaux à la base, cuspidées-acuminées, de 15 cent. de long et 8 à 12 cent. de large, dentées en scie, rudes sur les deux faces ou glauques et duveteuses sur l'inférieure. Leur forme et leur vestiture est si variable que M. Spach a distingué trois formes. *Haut.* 6 à 10 m. Amérique du nord, 1812. Syn. *C. cordata*, Desf.

C. Davidiana, — *Flles* elliptiques, rétrécies aux deux extrémités, irrégulièrement dentées, épaisses, glabres, coriaces, vert glauque foncé en dessus, vert clair en dessous. Chine, 1864. Arbre très rameux, à rameaux pendants.

C. occidentalis, Linn. Micocoulier de Virginie, Angl. North American Nettle-tree. — *Fl.* verdâtres, petites. Avril-mai. *Fr.* de la grosseur d'un petit pois, rouge orangé, globuleux. *Flles* ovales-lancéolées, cuspidées-acuminées, souvent en cœur et inégales à la base, à dents n'allant pas jusqu'à la base, un peu rudes sur la face supérieure, réticulées, velues, vert pâle ou glauques sur l'inférieure. *Haut.* 10 à 15 m. Canada, 1656. (W. D. B. 147.)

C. o. pumila, Hort. Forme naine, dépassant rarement 3 m. de haut, à feuilles plus membraneuses, devenant à la fin glabres.

C. reticulata, Torr. *Flles* ovales-cordiformes, plus ou moins obliques à la base, très rudes en dessus et très fortement réticulées en dessous. Texas, 1890.

C. orientalis, Mill. Syn. de *C. Tournefortii*, Lamk.

C. Tournefortii, Lamk. *Fl.* verdâtres. *Fr.* jaune brunâtre, un peu ovoïdes, du volume d'un gros pois. *Flles* plus courtes que celles des autres espèces, ovales, aiguës, inégales à la base, dentées ou crénelées, sub-cordiformes à l'état juvénile, rugueuses sur la face supérieure, glabres ou à peu près à l'état adulte. *Haut.* 3 à 4 m. Caucase, Arménie, 1738.

CENDRES, Angl. Ashes. — Résidu terreux ou minéral, résultant de la combustion des substances végétales ou organiques. Les cendres constituent de bons engrais, peu coûteux et précieux pour rendre les terres argileuses plus perméables et plus légères.

Cendres de bois, Angl. Wood Ashes. — Les cendres de bois sont riches en potasse et contiennent aussi d'autres substances minérales qui existaient dans le bois dont elles sont issues. Les éléments qu'elles renferment existent sous une forme assimilable par la plupart des plantes. Elles sont particulièrement utiles aux mêmes espèces de plantes ayant produit le bois dont elles constituent le résidu, car elles possèdent les éléments nécessaires à leur nutrition et, dans la plupart des cas, en quantité voulue. Les cendres résultant de la combustion des mauvaises herbes peuvent être employées au même usage que les cendres de bois, car leur composition est analogue ; mais il est plus avantageux de transformer en engrais les herbes ou autres débris végétaux, en les faisant décomposer par la fermentation et par des arrosements au purin. On peut employer les cendres de bois pures ou mêlées à des engrais organiques tels que le guano. On s'en sert aussi quelquefois pour mettre les plantes à l'abri des attaques des insectes, soit en recouvrant le sol, soit en saupoudrant les plantes elles-mêmes. Pour cet usage, on les additionne parfois de poudre de Pyrèthre ou d'autre insecticide pulvérulent.

Cendres de charbon, Angl. Coal Ashes. — Leur qualité est bien inférieure à celles des cendres de bois, mais elles sont néanmoins fertilisantes et surtout profitables aux terres lourdes et compactes, qu'elles désagrègent et rendent plus poreuses. Elles peuvent aussi être employées pour mettre les jeunes plantes, notamment les Pois et les Haricots à l'abri des ravages des Mulots et autres insectes. On peut encore en recouvrir la surface des allées ; leur nature très poreuse maintient celles-ci dans un état de siccité très appréciable. C'est du reste un moyen de se débarrasser d'un résidu devenant parfois gênant dans les établissements où les chauffages sont nombreux.

CENIA, Juss. (de *kenos*, vide ; allusion à la cavité du réceptacle). SYN. *Lancisia*, Gærtn. FAM. *Composées*. — Genre comprenant environ huit espèces de petites plantes herbacées, annuelles, toutes originaires du Cap. Capitule renflé, conique, creux, entouré d'un

Fig. 686. — CENIA TURBINATA. (*Rev. Hort.*)

involucre à deux rangées de larges écailles ; fleurs de la circonférence ligulées, femelles ; celles du disque tubuleuses ; réceptacle convexe, nu. Feuilles bipinnatipartites, à lobes linéaires. L'espèce suivante, sans doute seule existante actuellement dans les cultures et encore peu répandue, est propre à former des tapis de verdure. On la multiplie par graines que l'on sème en place, en avril-mai.

C. turbinata, Pers. *Capitules* solitaires, terminant la tige et les rameaux, longuement pédonculés ; ligules blanches, plus longues que l'involucre ; fleurons du centre jaunes. *Flles* velues, découpées en lanières étroites. *Haut.* 10 cent. Cap. 1713. Annuel. (R. H. 1892, f. 36.)

CENTAUREA, Linn. (de *kentaurion*, nom donné par Dioscorides à la Petite Centaurée (*Erythræa Centaurium*), qui guérit, dit-on, la blessure du pied du centaure Chiron, qu'une des flèches d'Hercule lui avait faite). **Centaurée**, ANGL. Centaury. Comprend les *Cyanus*, Mœnch. et *Plectocephalus*, Don. FAM. *Composées*. — Plus de quatre cents espèces de ce genre ont été décrites, mais on n'en distingue guère que trois cent cinquante environ ; elles habitent toutes les régions tempérées du globe, mais c'est dans la région méditerranéenne qu'elles sont le plus abondantes. Ce sont des plantes herbacées, annuelles, bisannuelles ou vivaces, rustiques, à tiges ramifiées, glabres ou couvertes d'un tomentum canescent. Capitules globuleux ou oblongs, à involucre formé d'écailles imbriquées, scarieuses, aiguës, mutiques, épineuses, dentées ou frangées ; réceptacle paléacé ; fleurons tous tubuleux, les extérieurs quelquefois plus grands et neutres. Achaines à aigrette soyeuse, paléacée ou rarement nulle. Feuilles alternes, radicales et caulinaires, sub-entières, pinnatifides ou pinnatiséquées, plus ou moins fortement tomenteuses ou velues.

Du grand nombre d'espèces connues, relativement peu sont cultivées pour l'ornement des jardins ; mais leur culture est des plus faciles en toute bonne terre fertile et saine. On peut semer les graines des espèces annuelles d'avril en mai, en pleine terre, en place, soit en lignes, soit en touffes, et on éclaircit le plant lorsqu'il est trop épais ; certaines espèces supportent cependant assez bien le repiquage. Les graines des espèces bisannuelles ou vivaces se sèment : 1° en septembre, en pépinière, et on repique les plants sous châssis ou à exposition abritée ; 2° de février en avril, sur couche ou en pleine terre, et on met le plant en place lorsqu'il est suffisamment fort. Les *C. Cineraria*, *C. Ragusina*, *C. Clementei* et *C. gymnocarpa* sont très employées à l'état de jeunes plantes non fleuries, pour les garnitures de massifs, principalement en bordure ; leur feuillage couvert d'un duvet blanc argenté, surtout chez le *C. Cineraria*, les rend précieux pour cet usage. Leur mode de multiplication le plus pratique est celui par semis, qui se fait à l'automne en hivernant le plant en godets sous châssis, ou au printemps, dès février-mars, sur couche, on repique également à même la couche ou en godets, et on met en place en motte, au moment de la plantation des massifs ; mais les plantes ne sont pas aussi fortes ni aussi robustes que celles obtenues de semis faits à l'automne précédent. Si on désire les propager de boutures, celles-ci doivent être faites au commencement de septembre, avec des pousses latérales suffisamment développées. On enlève les feuilles inférieures sur environ 2 cent. de long, et on les plante dans des pots remplis d'un mélange de terre franche, de terreau et de sable en quantités égales ; on place ensuite les pots sous châssis froids, que l'on tient fermés pendant environ quatre semaines, au bout desquelles elles seront enracinées. Les arrosements devront être faits avec beaucoup de modération ; on évitera ainsi la pourriture. Lorsque les plantes commencent à se gêner, on les empote séparément dans des godets, où elles restent jusqu'au moment de leur emploi. Quoique plus long, ce dernier procédé offre la facilité de ne propager que les plantes d'une blancheur parfaite.

C. alpina, Linn. * *Capitules* jaunes ; bractées de l'involucre ovales, obtuses. Juillet. *Flles* décurrentes, épineuses, duveteuses en dessous. *Haut.* 1 m. Europe méridionale et orientale, 1640. Plante herbacée, rustique.

C. Amberboï, Lamk. Syn. de *C. suaveolens*, Willd.

C. americana, Nutt. *Capitules* rouges; bractées extérieures de l'involucre trois fois plus courtes que leur appendice; pédoncules renflés au sommet. *Flles* oblon-

Fig. 687. — CENTAUREA AMERICANA.

gues, membraneuses, entières. *Haut.* 1 m. Amérique du Nord, 1824. Espèce annuelle, rustique. Syn. *Plectrocephalus americanus*, Don.

C. atropurpurea, Hort. * *Capitules* pourpre foncé; bractées de l'involucre ovales-lancéolées, dentées en scie, ciliées. Juin-août. *Flles* bipinnatifides, à segments lancéolés. *Haut.* 1 m. Europe orientale, etc., 1802. Plante vivace, rustique.

C. aurea, Hort. * *Capitules* jaune d'or; involucre simplement épineux; épines étalées; fleurons égaux. Juillet-septembre. *Flles* velues, les inférieures pinnatifides. *Haut.* 60 cent. Europe méridionale, 1758. Espèce vivace, rustique. (B. M. 421.)

C. babylonica, Linn. * *Capitules* jaunes, petits, nombreux, brièvement pédicellés, naissant à l'aisselle de petites feuilles, sur la partie supérieure de la tige. Juillet. *Flles* radicales ovales-lancéolées, pétiolées, dentées ou lyrées; les

Fig. 688. — CENTAUREA BABYLONICA.

caulinaires entières plus étroites, lancéolées, décurrentes, couvertes ainsi que les tiges d'un duvet blanc cotonneux. *Haut.* 2 à 3 m. Plante à grand effet, propre à isoler sur les pelouses ou dans les endroits accidentés, le long des massifs d'arbustes. Orient, 1710. Espèce vivace, rustique.

C. candidissima, Hort. Variété du *C. Cineraria*.

C. Cineraria, Linn. * *Capitules* jaune doré, parfois purpurins, involucre arrondi, à écailles scarieuses, bordées de cils noirâtres. Juillet-août. *Flles* pinnées, à segments irréguliers, lancéolés, obtus, le terminal plus grand; les caulinaires plus étroites, toutes duveteuses, très blanches. Tiges peu rameuses, cachées par les feuilles, portant quelques capitules terminaux. *Haut.* 30 à 60 cent. Italie, etc., 1710. — Espèce herbacée, vivace, demi-rustique. La plante très employée dans les jardins, sous le nom de *C. candidissima*, est une forme améliorée de cette espèce

Fig. 689. — CENTAUREA CINERARIA.

son feuillage est plus ample, plus touffu et d'un blanc argenté excessivement voyant. On la voit rarement en fleurs dans les jardins, car c'est à l'état de jeune plante qu'elle produit tout son effet.

C. Clementei, Boiss. * *Capitules* jaunes, insignifiants. Eté. *Flles* radicales en rosette, de 15 à 20 cent. de long, tout à fait blanches lorsqu'elles sont jeunes, pinnatifides,

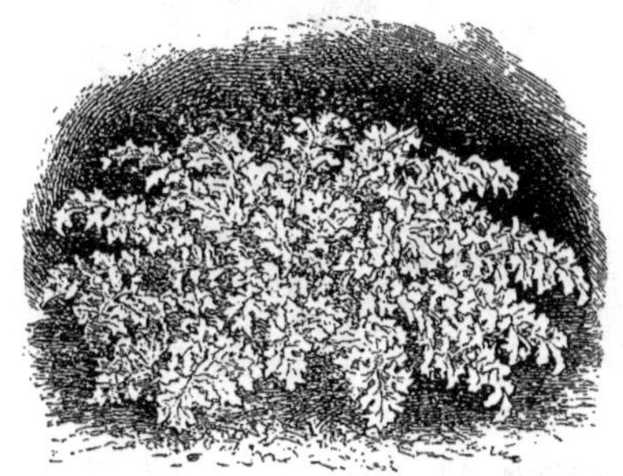

Fig. 690. — CENTAUREA CLEMENTEI.

à trois ou quatre lobes à dents anguleuses, plus ou moins redressés, ce qui donne à la plante un aspect un peu frisé. Plante vivace, des meilleures pour bordures de massifs. Europe méridionale.

C. Cyanus, Linn. Bleuet, Barbeau bleu, etc., ANGL. Blue Bottle, Bleuet, Cornflower. — *Capitules* terminaux, longue-

Fig. 691. — CENTAUREA CYANUS. Bleuet.

ment pédonculés; involucre ovoïde, formé d'écailles pubescentes, ciliées, noirâtres; fleurons d'un beau bleu, les extérieurs plus grands, étalés, à sept ou neuf divisions irrégulières. Juillet. *Flles* linéaires, entières, les inférieures quelquefois pinnatifides. Tiges rameuses, diffuses. Plante annuelle, couverte d'un duvet mou, blanchâtre. *Haut.* 60 à 1 m. France, Angleterre, etc. — En culture, ses fleurs présentent toutes les teintes du bleu au blanc et au rose foncé; on a nouvellement obtenu une variété à *fleurs doubles.*

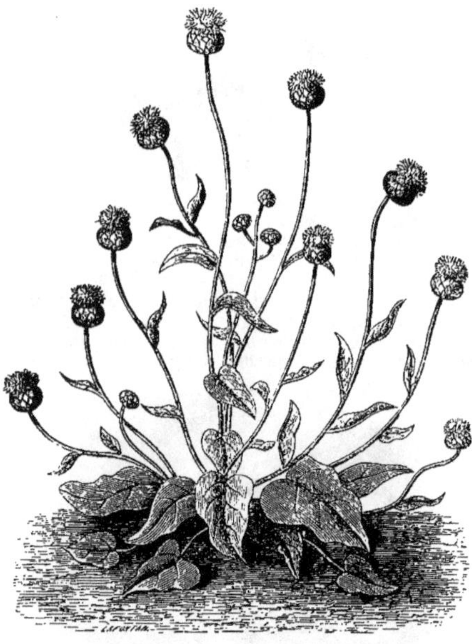

Fig. 692. — Centaurea Fenzlii. (*Rev. Hort.*)

C. dealbata, Willd.* *Capitules* roses. Été. *Flles* glabres en dessus, couvertes en dessous d'un duvet blanc; les radicales pétiolées, pinnées, à lobes obovales, grossièrement dentés, souvent auriculées à la base; feuilles caulinaires pinnées, à segments oblongs, lancéolés. *Haut.* 30 à 45 cent. Caucase, 1804. Espèce vivace, herbacée.

Fig. 693. — Centaurea gymnocarpa.

C. depressa, Bieb. *Capitules* bleu intense, rougeâtres au centre. Été. *Flles* alternes, ovales-oblongues, duveteuses, argentées. Tiges rameuses dès la base, souvent couchées, puis redressées. *Haut.* 40 à 50 cent. Orient, 1818. (A. V. F. 2.) — Espèce annuelle, rustique, voisine du *C. Cyanus*, mais plus naine et à fleurs plus grandes et plus vivement colorées. Le *C. stricta* se rapproche beaucoup de cette espèce, il ne paraît en être qu'une forme naine.

C. Fenzlii, — * *Capitules* jaune canari, grands, terminaux, tige dressée, rameuse dès la base. *Flles* grandes, décoratives, ovales-cordiformes, vert glauque, radicales. *Haut.* 1 m. 30. Arménie, 1868. Espèce rustique, bisannuelle. (B. M. 6392.)

C. gymnocarpa, Moris. *Capitules* roses ou purpurins, en panicules courtes. Été. *Flles* pétiolées bipinnatifides, à divisions linéaires aiguës, couvertes d'un duvet blanchâtre. Tiges sub-ligneuses. *Haut.* 50 cent. Europe méridionale. Plante vivace.

C. Jacea, Linn. Jacée. Tête d'Alouette. — Capitules purpurins, globuleux, solitaires ou géminés au sommet des rameaux; bractées de l'involucre terminées par un appen-

Fig. 694. — Centaurea Jacea.

dice orbiculaire, lacinié, brun. Été. *Flles* inférieures lancéolées, sub-entières; les caulinaires sessiles. Tiges solitaires, rameuses supérieurement. Haut. 40 à 60 cent. Europe; France, etc. Plante vivace, commune dans les prés, parfois cultivée comme fourrage.

C. macrocephala, Willd.* *Capitules* jaunes, solitaires, volumineux, d'environ 9 cent. de diamètre, à involucre formé d'écailles appliquées, scarieuses, fauves, inégalement incisées-pectinées. Juillet. *Flles* oblongues-lancéolées, courtement décurrentes, entières, rudes, un peu dentées, terminées en pointe aiguë et garnies de longs poils. Tiges

Fig. 695. — Centaurea macrocephala.

simples, creuses, épaissies sous le capitule. *Haut.* 1 m. Orient, Sibérie, 1805. Espèce vivace, rustique. (B. M. 1248.)

C. montana, Linn. ' Bleuet ou Barbeau vivace. — *Capitules* bleus, grands, à fleurons profondément découpés en quatre ou cinq segments; involucre ovoïde, formé de quatre ou cinq rangs d'écailles bordées de cils noirs. Mai-

Fig. 696. — Centaurea montana.

juin. *Flles* alternes, cotonneuses, argentées dans le jeune âge, ovales-lancéolées, décurrentes. Tiges ordinairement simples ou peu rameuses, souvent uniflores. *Haut.* 30 à 50 cent. Plante vivace, rustique. (B. M. 77.) Il existe des variétés à fleurs *roses*, à fleurs *lilas* et à fleurs *blanches*, toutes très décoratives.

C. moschata. Linn.' Centaurée Ambrette, Barbeau musqué, Angl. Sweet Sultan. — *Capitules* violet purpurin ou blancs, ovoïdes, à odeur suave; écailles de l'involucre lisses, appliquées. Juillet. *Flles* alternes, lyrées, dentées. *Haut.* 60 cent. Perse, 1629. Espèce annuelle, rustique. Syn. *Amberboa moschata*, DC.

C. orientalis, Linn. *Capitules* jaune paille, solitaires; involucre conique, à écailles coriaces, ovales, aiguës, brunâtres, visiblement pectinées-ciliées. Eté. *Flles* inférieures pétiolées, pinnatipartites, à segments linéaires, lancéolés; les caulinaires graduellement réduites. *Haut.* 1 m. Tauride. Plante vivace, très florifère.

C. phrygia, Linn. *Capitules* rouge violet, à écailles de l'involucre noires, scarieuses, bordées de cils plumeux et arqués. Juillet-août. *Flles* alternes; les inférieures sinuées; les supérieures entières. *Haut.* 40 à 50 cent. Europe. Plante vivace.

Fig. 697. — Centaurea Ragusina.

C. pulchra, — *Capitules* pourpre vif, globuleux, à involucre formé d'écailles portant un appendice étalé, scabre, pectiné-cilié; soie médiane plus longue, plus raide et luisante. Août. *Flles* sessiles, glabres, pinnées, à lobes linéaires, aigus, entiers ou un peu dentés. Tige rameuse, canaliculée. *Haut.* 30 cent. Cashmire, 1838. Demi-rustique. (B. R. 26, 28.)

C. Ragusina, Linn. ' *Capitules* jaune purpurin ou mordorés, assez gros, à involucre cotonneux, formé d'écailles aiguës, scarieuses et ciliées. Juillet-août. *Flles* nombreuses, pétiolées, pinnées, à divisions ovales, obtuses, couvertes d'un duvet feutré, presque argenté. Tiges suffrutescentes, courtes et épaisses. *Haut.* 40 à 50 cent. Candie, Dalmatie, 1710. Espèce vivace, demi-rustique. (B. M. 494.)

C. rutifolia, Sibth. et Smith. *Capitules* petits, en corymbe, blanc carné, puis roux. Eté. *Flles* radicales en rosette, longues de 18 à 20 cent., tomenteuses, gris

Fig. 698. — Centaurea rutifolia.

argenté, à lobes sinueux, atteignant presque la nervure médiane. Bulgarie. Espèce analogue au *C. Cineraria*, mais inférieure par sa couleur moins tranchée.

C. ruthenica, Lamk. *Capitules* jaune pâle, à involucre formé d'écailles ovales, obtuses. Juillet. *Flles* pinnées, glabres, à folioles épaisses, à dents aiguës; la terminale oblongue, ovoïde. *Haut.* 1 m. Orient, 1806. Espèce rustique, vivace.

C. suaveolens, Willd.' Ambrette ou Barbeau jaune, Angl. Yellow Sultan. — *Capitules* jaune citron, odorants,

Fig. 699. — Centaurea suaveolens. Ambrette.

longuement pédonculés, à involucre ovoïde, formé d'écailles lisses, appliquées. Juillet. *Flles* inférieures grandes, un peu spatulées, dentées; les supérieures lyrées-dentées. *Haut.* 30 à 60 cent. Orient, 1686. Espèce rustique, annuelle. (S. B. F. G. 1, 51 ; A. V. F. 25.) Syns. *C. Amberboï*, Lamk. ; *Amberboa odorata*, DC.

C. uniflora, Linn. *Capitules* rose purpurin, gros, presque sessiles à l'aisselle des feuilles supérieures. Été. *Flles* petites, duveteuses, blanches; les inférieures oblongues-lancéolées, dentées ; les supérieures lancéolées, entières. *Haut.* 20 à 45 cent. Europe méridionale, 1824. Espèce vivace, rustique.

CENTAURÉE. — V. **Centaurea.**

CENTAURÉE (petite). — V. **Erythræa Centaurium.**

CENTAURIDIUM, Torr. et Gray. — V. **Xanthisma**, DC.

CENTOTHECA, Desv. (de *kentein*, piquer, et *theke*, capsule ; allusion aux poils sétacés des glumelles). Fam. *Graminées.* — Genre comprenant trois espèces voisines des *Melica*, originaires de l'Asie et de l'Afrique tropicale et des îles de l'Océan Pacifique. Fleurs en grappe paniculée, à épillets contenant trois fleurs, l'inférieure mâle, la moyenne hermaphrodite, pédicellée, la supérieure très étroite, stérile. L'espèce suivante se plaît dans un compost de terre franche et de terreau de feuille, bien drainé. On la multiplie par graines que l'on sème au printemps.

C. lappacea, P. Beauv. Inflorescence paniculée, à épillets nombreux ; pédicelles hispides. *Flles* sessiles, lancéolées, aiguës, glabres, de 12 à 15 cent. de long et environ 2 cent. de large. *Haut.* 60 cent. Indes, Java, etc. Serre froide.

CENTRADENIA, G. Don. (de *kentron*, éperon, et *aden*, glande ; allusion au connectif glanduleux, se prolongeant en éperon). Syn. *Plagiophyllum*, Schlecht. Fam. *Mélastomacées.* — Genre comprenant quatre espèces habitant l'Amérique centrale. Ce sont des plantes herbacées ou suffrutescentes, de serre chaude, à rameaux tétragones. Fleurs blanches ou roses, en grappes axillaires, pauciflores. Feuilles ovales, inégales, opposées, entières, membraneuses, trinervées. Les *Centradenia* se plaisent dans un compost d'une partie de terre franche et deux parties de terre de bruyère grossièrement concassée. Multiplication par boutures que l'on fait en février, avec des rameaux latéraux. Le *C. grandifolia* est une bonne plante pour les garnitures de table ; ses rameaux coupés se conservent très longtemps frais.

C. divaricata, — *Fl.* blanches, peu nombreuses, terminales. Amérique centrale, 1881.

C. floribunda, Planch. *Fl.* rose lilacé, en panicules terminales. *Flles* ovales, entières, un peu obliques, à nervures rougeâtres en dessous. Tiges rouges. Guatemala.

C. grandifolia, Endl. * *Fl.* rose tendre, en corymbes. Novembre à janvier. *Flles* falciformes, de 15 cent. de long, vert foncé noirâtre en dessus, pourpre vif en dessous. Arbuste touffu. *Haut.* 60 cent. Mexique, 1856. (B. M. 5228.) Syn. *Plagiophyllum grandifolium*, Schlecht.

C. rosea, Lindl. * *Fl.* roses, en grappes axillaires, pauciflores. Juin. *Flles* opposées, inégales, ovales-lancéolées, aiguës, ciliées, vert rougeâtre en dessus, pourpre cramoisi en dessous. *Haut.* 30 cent. Mexique, 1840. (B. R. 29, 20.)

CENTRANTHERA, Scheidw. — Réunis aux **Pleurothallis**, R. Br.

CENTRANTHUS, DC. (de *kentron*, éperon, et *anthos*, fleur ; allusion à l'éperon que porte la corolle à sa base). **Valeriane** (en partie). Syn. *Kentranthus*, Neck. Fam. *Valérianées.* — Genre comprenant environ huit espèces de plantes herbacées, rustiques, annuelles, bisannuelles ou vivaces, originaires de la région méditerranéenne. Les *Centranthus* sont classés dans la nomenclature horticole parmi les *Valeriana* dont ils ne diffèrent guère que par leur corolle très irrégulière, à tube prolongé à la base en un long éperon et divisé

Fig. 700. — Centranthus macrosiphon.

longitudinalement en deux compartiments. Leurs fleurs rouges ou blanches sont réunies en cymes rameuses, ombelliformes, axillaires et terminales. Feuilles opposées, entières ou pinnées. Toutes les espèces sont propres à l'ornement des jardins, soit dans les plates-bandes et dans les rocailles, soit sur les vieux murs où le *C. ruber* croît fréquemment à l'état sub-spontané. Toute terre leur convient. On les multiplie facilement par semis que l'on fait au printemps, sous châssis ou en pleine terre, puis on repique le plant en place lorsqu'il est suffisamment fort.

C. angustifolius, DC. *Fl.* rose clair, odorantes, de 12 mm. de long, à éperon de moitié plus court que le tube de la corolle. Mai-juillet. *Flles* linéaires, lancéolées, très entières. Tiges fistuleuses. *Haut.* 40 à 60 cent. Europe méridionale, France, etc. Plante vivace, rustique. Syn. *Valeriana angustifolia*, Cav. (S. F. G. 29.)

Fig. 701. — Centranthus ruber.

C. Calcitrapa, Duf. *Fl.* blanches, teintées de rouge, presque paniculées. Mai-juillet. *Flles* radicales ovales, entières ou lyrées ; les supérieures pinnatifides. *Haut.* 15 à 30 cent. Europe méridionale ; France, etc. Syn. *Valeriana Calcitrapa.* (S. F. G. 30.)

C. macrosiphon, Boiss.* Valériane à grosses tiges. *Fl.* rose intense, un peu plus grandes que celles du *C. ruber*, en grappes dichotomes, formant un vaste corymbe. Juillet. *Flles* inférieures largement ovales, dentées, brièvement pétiolées; les caulinaires sessiles, pinnatifides, à segments linéaires. Plante annuelle, glauque, entièrement glabre. *Haut.* 30 à 50 cent. Espagne. (P. F. G. 67; A. V. F. 1.) — Il existe des variétés à fleurs *blanches* et *carnées*, ainsi qu'une forme *naine rose*, ne dépassant pas 25 cent.

C. ruber, DC.* Valériane des jardins, V. rouge, etc., Angl. Red Valerian. *Fl.* rouges, à éperon de moitié plus court que le tube, légèrement odorantes, en grandes cymes corymbiformes, terminales et axillaires. Été. *Flles* opposées, ovales, lancéolées; les radicales pétiolées, en touffe; les caulinaires étroites, sessiles, légèrement dentées ou entières. Plante vivace, glabre. *Haut.* 60 cent. à 1 m. Europe; Angleterre, France, etc. On cultive des variétés à fleurs *rouge foncé* et *blanches*.

CENTRIFUGE. — On donne ce nom aux inflorescences dont l'épanouissement des fleurs commence, selon leur forme, au centre ou au sommet. Ex. : les *Sedum*, *Drosera*, etc. Lorsque le contraire a lieu, l'inflorescence est dite *centripète*. Ex. : les *Composées*. Ces noms ont aussi été employés pour désigner la direction de la radicule des graines ; lorsqu'elle est interne, elle est dite *centrifuge*, et *centripète* lorsqu'elle est externe. (S. M.)

CENTRIPÈTE. — V. **Centrifuge.**

CENTROCARPHA, Don. — Réunis aux **Rudbeckia**, Linn.

CENTROCLINIUM, Don. — Réunis aux **Onoseris**, DC.

CENTRONIA, D. Don. (de *kentron*, éperon ; allusion aux prolongements des anthères). Syn. *Calyptraria*, Ndn. Fam. *Mélastomacées*. — Genre comprenant environ douze espèces d'arbres ou d'arbrisseaux ornementaux, habitant l'Amérique tropicale, depuis le Brésil jusqu'au Pérou et la Guyane. L'espèce décrite ci-dessous est probablement seule cultivée. Il lui faut un compost de terre de bruyère siliceuse et de terreau de feuilles. Multiplication par boutures de bois à moitié mûr, que l'on plante en terre très légère et sous cloches.

C. hæmantha, — *Fl.* rouge pourpre foncé, beaucoup plus teintées de violet que le nom spécifique semble l'indiquer, disposées en grandes panicules. *Flles* courtement pétiolées, elliptiques-obovales, à cinq nervures, brun rougeâtre en dessous, vert foncé en dessus. *Haut.* 2 m. 50. Ocaña, 1852. Serre tempérée. Syn. *Calyptraria hæmantha*.

CENTROPETALUM, Lindl. (de *kentron*, éperon, et *petalon*, pétale ; allusion à l'appendice situé à la base du labelle, imitant un éperon). Comprend les *Nasonia*, Lindl. Fam. *Orchidées*. — Petit genre renfermant cinq ou six espèces d'Orchidées naines, rampantes, de serre froide, originaires des Andes de la Colombie. Fleurs médiocres, solitaires à l'aisselle des feuilles supérieures; sépales sub-égaux, étalés, libres ou les latéraux plus ou moins soudés ; pétales semblables ou plus larges ; labelle soudé à la base avec la colonne, à la fin dressé, à lobes latéraux à peine proéminents ou plus larges et embrassant la colonne ; limbe étalé, ovale ou largement arrondi, entier. Feuilles courtes, distiques. Ces plantes croissent à des altitudes élevées, parmi les Mousses et les Sphagnums; il faut les traiter comme les **Masdevallia**. L'espèce suivante est la plus répandue.

C. punctatum, — *Fl.* à sépales et pétales rouge orangé brillant, d'environ 6 mm. de long ; labelle d'un beau jaune d'or ; pédicelles grêles. Avril. *Flles* épaisses, charnues, de 12 mm. de long, un peu triquètres. Tige dressée, n'ayant que 2 1/2 à 5 cent. de haut. Pérou, 1867. Syns. *Nasonia cinnabarina*. (B. M. 5718) et *N. punctata*.

CENTROPOGON, Presl. (de *kentron*, éperon, et *pogon*, barbe; allusion aux franges qui entourent le stigmate). Fam. *Campanulacées*. — Genre comprenant environ quatre-vingt-dix espèces de plantes ornementales, herbacées, vivaces, de serre chaude, habitant les régions chaudes et tropicales de l'Amérique. Fleurs axillaires ; calice à tube globuleux ; corolle tubuleuse, incurvée, à lobes supérieurs plus grands. Le fruit est une baie globuleuse.

L'espèce la plus répandue est un hybride entre le *C. fastuosus* et le *Syphocampylos betulæfolius*, connu sous le nom de *C. Lucyanus*. La floraison de cette plante, s'effectuant au milieu de l'hiver, la rend particulièrement méritante; les indications suivantes s'appliquent plus particulièrement à sa culture en vue de sa floraison hivernale; sa multiplication facile et rapide la fait encore estimer des amateurs.

Les jeunes pousses de 8 à 10 cent. de long forment d'excellentes boutures; lorsqu'on peut les enlever avec talon, leur reprise est plus certaine. Cependant, les boutures simples manquent rarement lorsqu'on les plante dans de la terre très sableuse, sur les bords des pots et sous cloches ou dans un châssis à multiplication dont la température se maintient entre 15 et 20 deg. Les jeunes plantes se plaisent dans une terre légère, meuble, formée de terreau, de terre de bruyère et de terre franche en proportions égales. Il est nécessaire d'établir un bon drainage et d'ajouter une quantité suffisante de sable au compost pour le rendre bien poreux, car pendant la période de végétation, les arrosements ne doivent jamais leur faire défaut. La serre froide leur convient particulièrement au printemps, mais pendant l'été une bâche ou un châssis froid sont préférables. Les pots doivent être enterrés dans une couche de tannée, de feuilles sèches ou d'autres matières susceptibles de développer de la chaleur, et les plantes doivent être ombrées pendant une heure ou deux durant le moment le plus chaud de la journée. Il faut aussi leur appliquer journellement un bon seringage, de bonne heure dans l'après-midi et fermer ensuite les portes et les vasistas. Dans ces conditions, les plantes poussent avec vigueur et se maintiennent propres. Pour faciliter l'aoûtement des rameaux, on peut retirer, au commencement de septembre, les châssis pendant l'après-midi ; à la fin de ce mois, on les rentre alors en serre froide ou tempérée. Lorsque les fleurs commencent à se montrer, on peut alors les placer dans les jardins d'hiver, les vérandas et autres endroits où on désire les voir fleurir, mais dont la température ne descend pas au-dessous de 10 deg. Il faut les tenir aussi secs que possible, sans toutefois les laisser se faner, car comme beaucoup d'autres plantes, les *Centropogon* supportent bien mieux une température basse lorsque la terre est sèche que lorsqu'elle est saturée d'eau ; condition dans laquelle ils deviennent bientôt laids et meurent même fréquemment. Les vieilles plantes rabattues, débarrassées de la vieille terre et rempotées, forment de beaux spécimens ; mais pour les garnitures courantes, les jeunes plantes sont mieux faites et plus faciles à employer.

Ses rameaux étant presque retombants, le *C. Lucyanus* est également recommandable pour la garniture des suspensions où il fait le meilleur effet. Pour cet emploi, on doit naturellement laisser ses rameaux retomber, mais en pots, il faut les tuteurer avec soin, et, si possible, employer des tuteurs peints en vert, afin qu'ils soient le moins apparent possible. Le traitement des autres espèces est analogue à celui qui vient d'être décrit.

C. cordifolius, Benth. *Fl.* d'un très beau rouge, axillaires et terminales, pédonculées. Novembre. *Flles* amples, ovales, cordiformes, à dents espacées, irrégulières. Tige herbacée, glabre. *Haut.* 60 cent. Guatemala, 1839. Serre tempérée. (F. d. S. 4, 362.)

C. fastuosus, Hort. *Fl.* rose satiné, tubuleuses, axillaires, très abondantes. Novembre et printemps. *Flles* largement

Fig. 702. — Centropogon fastuosus.

lancéolées, crénelées, dentées. *Haut.* 60 cent. Serre tempérée.

C. tovarensis, Planch. et Lindl. *Fl.* carmin vif, à style très long, disposées en bouquet terminal. Hiver. *Flles* ovales, lancéolées. Tiges dressées, semi-ligneuses. Vénézuela.

C. Lucyanus, Hort. * *Fl.* d'un beau rose carminé, tubuleuses, très abondantes, naissant à l'extrémité de courtes ramilles latérales. Hiver. *Flles* oblongues-lancéolées. Serre chaude ou tempérée.— C'est un bel hybride, des plus recommandables, obtenu du croisement des *C. fastuosus* et *Siphocampylos betulæfolius*, par M. Desponds, de Marseille, en 1856. (R. H. 1868, 291; R. H. B. 1880, p. 217.)

S. surinamensis, — Syn. de *Siphocampylos surinamensis.*

CENTROSIS, D. P. Thou. — V. **Calanthe**, R. Br.

CENTROSOLENIA, Benth. (de *kentron*, pointe, et *solen*, tube ; allusion à la forme de la corolle). Fam. *Gesnéracées.* — Ce genre ne forme, pour les auteurs du *Genera plantarum*, qu'une section des *Episcia*, Mart. Ce sont des plantes vivaces, herbacées, de serre chaude. Corolle tubuleuse, munie à la base d'un éperon sur le côté antérieur, élargie à la gorge ; limbe court, à cinq lobes étalés ; calice à cinq divisions denticulées ; pédoncules solitaires, axillaires, portant quelquefois plusieurs pédicelles. Feuilles sub-cordiformes, pétiolées. Il leur faut un compost de terre de bruyère, de terreau de feuilles et de sable en parties égales. Un bon drainage est essentiel, et pendant l'hiver les arrosements doivent être presque nuls. Multiplication par boutures que l'on plante dans du sable, à chaud et sous cloches.

C. bractescens, — *Fl.* agrégées, accompagnées de bractées ; corolle grande, ouverte à la gorge ; limbe blanc ; tube teinté de jaune ; calice un peu plus court que la corolle rouge pourpurin dans sa partie supérieure et blanche à la base ; pédoncules courts, axillaires, multiflores. Juin. *Flles* presque égales, grandes, ovales, acuminées, grossièrement et inégalement dentées en scie, perfoliées à la base. Tige succulente. *Haut.* 60 cent. Nouvelle-Grenade. 1852. (B. M. 4675.)

C. bullata, — * *Fl.* jaune paille, très nombreuses. *Flles* très rudes, opposées et inégales, d'un beau vert olive, à reflets bronzés en dessus et rouge vineux en dessous. Est du Pérou. Syn. *Episcia tessellata.* (I. H. 607.)

C. glabra, — *Fl.* à corolle tubuleuse, très large, de 4 cent. de long ; limbe de 2 cent. 1/2 de large, blanc ; tube jaune soufre. Juin. *Flles* opposées et inégales ; la plus grande ovale-oblongue, dentée en scie, poilue sur les nervures de la face inférieure ; la plus petite lancéolée. *Haut.* 30 cent. La Guayra, Venezuela, 1846. (B. M. 4552.)

C. picta, — * *Fl.* à corolle presque blanche, tubuleuse, d'environ 5 cent. de long, velue. Juin. *Flles* presque égales, ovales ou obovales, veloutées, striées, dentées en scie, longuement pétiolées. *Haut.* 30 cent. Rives de l'Amazone, 1845. (B. M. 4611.)

CENTROSTEMMA multiflorum. — V. **Cyrtoceras multiflorum.**

CEODES, Forst. — V. **Pisonia**, Linn.

CEP. — Nom familier des pieds de Vigne.

CÉPAGE. — Se dit de l'ensemble des pieds de Vigne composant un vignoble.

CÈPE. — Nom vulgaire de plusieurs espèces de Bolet. Le Cèpe blanc est le *Boletus edulis ;* le faux Cèpe le *B. aureus.* V. aussi **Boletus.**

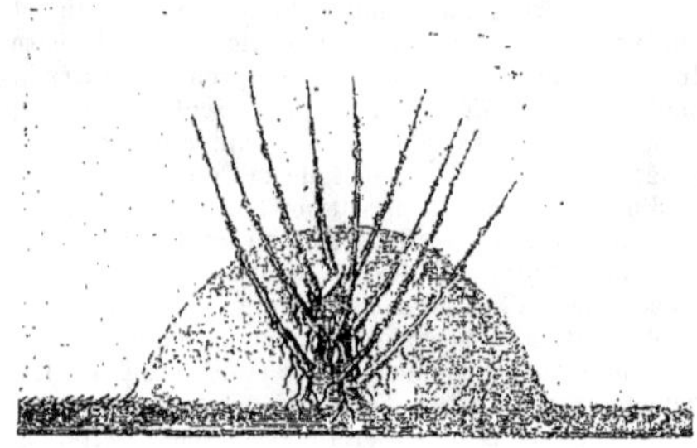

Fig. 703. — Cepée butée pour l'enracinement.

CÉPÉE. — Lorsqu'un arbre ou un arbuste a été coupé rez terre, la souche émet ordinairement un grand nombre de rameaux formant une touffe que l'on nomme *cépée*.

CÉPER. — Action de couper les arbres ou arbustes rez terre ; ce mot est très peu usité ; on dit plus fréquemment *recéper*, bien que ce dernier indique plutôt l'opération que l'on fait pour la deuxième fois. (S. M.)

CEPHAELIS, Swartz. (de *kephale*, tête, bouquet ; allusion à la forme de l'inflorescence). Syns. *Callicocca*, Schreb. ; *Carapichea*, Aubl. ; *Cephaleis*, Vahl. ; *Eurhotia*, Neck. ; *Evea*, Aubl. ; *Ipecacuanha*, Arrud. ; *Tapogomea*, Aubl. et *Uragoga*, Linn. Fam. *Rubiacées*. — Genre comprenant environ cent vingt espèces de plantes frutescentes, suffrutescentes ou rarement des herbes vivaces, de serre chaude, répandues dans toutes les régions tropicales du globe. Fleurs réunies en capitules terminaux ou axillaires, sessiles ou pédonculés, entourés d'un involucre formé de deux à huit bractées disposées en croix ; corolle infundibuliforme, à gorge glabre ou velue et terminée par quatre ou cinq lobes. Feuilles opposées, pétiolées, ovales, aiguës, à stipules libres ou soudées. Ces plantes demandent un compost de terre de bruyère fibreuse, de terreau de feuilles et de terre franche concassée, ainsi qu'un drainage parfait. Multiplication par boutures de bois jeune, mais aoûté, que l'on plante dans une terre légère et que l'on place en serre chaude, humide et sous cloches.

Fig. 704. — Cephaelis Ipecacuanha. (*Rev. Hort.*)
Plante entière, inflorescence détachée, rhizomes, fleurs détachées et coupées longitudinalement.

C. Ipecacuanha, A. St-Hill. * *Fl.* blanches, duveteuses à l'extérieur, en capitules terminaux, pédonculés, d'abord dressés, puis devenant à la fin pendants. Janvier. *Flles* oblongues, ovales, scabres en dessus et couvertes d'un fin duvet en dessous. Tiges d'abord ascendantes, puis à la fin dressées, un peu duveteuses au sommet. *Haut.* 15 cent. Brésil, 1839. Plante herbacée, de serre chaude. — Ses racines constituent l'ipécacuanha annelé du commerce, employé depuis fort longtemps comme hémétique. (B. M. 4063.)

C. tomentosa, — * *Fl.* brunâtres, en capitules longuement pédonculés; bractées composant l'involucre rouge écarlate, grandes, larges, ovales-cordiformes, velues. *Haut.* 1 m. 30. Amérique tropicale, 1882. Arbuste de serre chaude. (B. M. 6696.)

Plusieurs autres espèces seraient également dignes d'être cultivées, mais elles sont ou perdues ou non encore introduites en Europe.

CEPHALANTHERA, L. C. Rich. (de *kephale*, tête, et *anthera*, anthère). Fam. *Orchidées*. — Genre comprenant environ dix espèces de jolies Orchidées terrestres, habitant l'Europe, l'Afrique boréale, l'Asie tempérée et montagneuse et l'Amérique septentrionale et occidentale. Fleurs composées de trois segments externes ovales, égaux, connivents, de deux divisions internes, ovales, dressées, aussi longues que les externes, et d'un labelle à peine éperonné, sacciforme à la base, contracté au milieu, entier et récurvé au sommet. Tige dressée, feuillée, à feuilles presque alternes, ovales ou lancéolées, sessiles, portant au sommet un épi de fleurs lâches. Racines fibreuses.

A l'état spontané, ces plantes croissent de préférence dans les bois montueux, à sol calcaire ; c'est donc une exposition et un sol s'en rapprochant le plus possible qu'il faut leur donner lorsqu'on désire les cultiver. Leur multiplication peut avoir lieu par division, mais il est douteux qu'on ait à mettre ce moyen en pratique, car leur culture est bien incertaine ; on peut récolter les espèces ci-dessous dans les bois de presque toute la France ; elles sont rares aux environs de Paris.

C. ensifolia, Rich. *Fl.* blanc pur, à divisions plus étroites et plus aiguës que celles du *C. grandiflora*, accompagnées de bractées bien plus courtes que l'ovaire, au moins les supérieures, peu nombreuses, en épi lâche. Mai-juin. *Flles* inférieures largement oblongues, les supérieures étroites-lancéolées. Tiges souvent solitaires. *Haut.* 20 à 40 cent. France, Angleterre, etc. Espèce fort voisine du *C. grandiflora*, mais cependant bien distincte. (Sy. En. B. 1485.)

C. grandiflora, Bab. * *Fl.* blanc jaunâtre, à divisions ovales-oblongues, obtuses ; labelle rayé de jaune ; disposées en épi lâche, plus grandes et moins nombreuses que celles du *C. ensifolia*, accompagnées de bractées plus longues que l'ovaire. Mai-juin. *Flles* ovales-blongues, lancéolées, embrassantes, de 8 à 15 cent. de long, les supérieures plus étroites. Tiges quelquefois en touffe, flexueuses, un peu plus fortes que celles de la précédente. *Haut.* 30 à 50 cent. France, Angleterre, etc. (Sy. En. B. 1485.)

C. rubra, Rich. *Fl.* d'un rose plus ou moins foncé, à divisions acuminées; labelle blanc; disposées en épi lâche, peu nombreuses et accompagnées de bractées vertes plus

Fig. 705. — Cephalanthera grandiflora. (*Rev. Hort.*)

longues que l'ovaire; celui-ci très pubescent ainsi que le sommet de la tige. Juin-juillet. *Flles* lancéolées ou linéaires, acuminées. Tige grêle, flexueuse. *Haut.* 20 à 50 cent. France, Angleterre, etc. (Sy. En. B. 1483.)

(S. M.)

CEPHALANTHUS, Linn. (de *kephale*, tête, et *anthos*, fleur; allusion à la forme des inflorescences). **Bois-bouton,** Angl. Button-wood. Fam. *Rubiacées.* — Genre comprenant six espèces d'arbustes ornementaux, rustiques ou demi-rustiques, à feuilles caduques, habitant l'Asie, l'Afrique et l'Amérique tropicale et tempérée. Fleurs petites, en bouquets arrondis, pédonculés; corolle tubuleuse, à quatre divisions; étamines quatre; stigmate capité. Fruit sec, renfermant deux carpelles. Feuilles simples, opposées ou ternées. L'espèce ci-dessous, seule introduite dans les jardins, est rustique; elle se plait en terrain léger ou dans la terre de bruyère. Sa multiplication n'a lieu que par marcottes que l'on fait de préférence au commencement de l'automne.

C. occidentalis, Linn. Bois bouton. *Fl.* blanc jaunâtre, à pédoncules un peu plus courts que les feuilles, réunis ordinairement par trois au sommet des rameaux. Juillet-août. Feuilles opposées ou ternées, ovales, lancéolées, acuminées. *Haut.* 2 à 3 m. Amérique du Nord, 1735. (T. S. M. 394.)

C. o. angustifolia, Ed. André. Se distingue du type par ses capitules plus petits et par ses feuilles ternées, longuement lancéolées, aiguës. (R. H. 1889, p. 281, f. 71.)

CEPHALARIA, Schrad. (de *kephale*, tête; les fleurs sont réunies en capitules arrondis). Syns. *Lepicephalus*, Lag. et *Succisa*, Wallr. Fam. *Composées.* — Genre comprenant environ vingt-six espèces originaires de l'Eu-

Fig. 706. — Cephalanthus occidentalis. (*Rev. Hort.*)

rope, de l'Afrique et de l'Asie occidentale. Ce sont des plantes herbacées, annuelles ou vivaces, glabres ou velues, voisines des *Dipsacus.* Capitules terminaux ou sessiles à l'aisselle des bifurcations, globuleux, entourés d'un involucre formé de bractées imbriquées, rigides, aiguës, linéaires ou sétacées, semblables aux paillettes du réceptacle. Feuilles entières, dentées ou pinnatifides. La plupart des espèces de ce genre sont de fortes plantes, trop peu décoratives pour être cultivées dans les plates-bandes, mais pouvant être employées pour garnir les parties agrestes des parcs et jardins paysagers. Pour leur culture, V. **Dipsacus.**

C. alpina, Schrad. *Capitules* jaune pâle, arrondis, naissant au sommet des ramifications. Juin-juillet. *Flles* opposées, pubescentes, vert cendré; les radicales oblongues entières; les caulinaires pinnatiséquées, à divisions lancéolées. Tiges sillonnées, un peu poilues, peu rameuses. *Haut.* 2 m. 50. Alpes, etc. Vivace. Syn. *Scabiosa alpina*, Linn.

C. tartarica, Schrad. *Capitules* blanc jaunâtre, grands; bractées de l'involucre vertes, les internes blanches, ciliées. Eté. *Flles* pinnées, à folioles décurrentes, ovales-lancéolées, dentées en scie. Tiges striées, couvertes à la base et sur les pétioles de poils rebroussés. *Haut.* 1 m. 50 à 2 m. Sibérie, 1759. Espèce vivace. Syn. *Scabiosa tartarica*, Gmel.

Plusieurs autres espèces sont mentionnées dans les catalogues horticoles; cependant les précédentes sont les plus recommandables.

CEPHALEIS, Vahl. — V. Cephaelis, Swartz.

CEPHALINA, Thonn. — V. Sarcocephalus, Afz.

CEPHALOTAXUS, Sieb. et Zucc. (de *kephale*, tête, et *Taxus*, If; allusion à leur ressemblance aux Ifs), ANGL. Cluster-flowered Yew. FAM. *Conifères*. — Petit genre comprenant quatre espèces de Conifères, à feuillage analogue à celui des Ifs, ou peut-être même une seule espèce habitant la Chine et le Japon. Fleurs dioïques; les mâles en chatons capitulés, axillaires : les femelles en chatons également axillaires, agrégés au sommet d'un pédoncule nu. Fruits ou cônes peu nombreux dans chaque capitule, drupacés, charnus, ayant un peu l'aspect d'une prune, à graine unique, dressée, osseuse. Feuilles linéaires, distiques, aiguës. Branches verticillées sur la tige. Les *Cephalotaxus* sont rustiques et poussent dans presque tous les terrains, mais ils réussissent mieux dans les endroits abrités. On les multiplie par semis et par boutures. Ces dernières se font en août-septembre, en terre légère, sous cloches et dans un châssis froid que l'on ombre pendant le grand soleil.

C. coriacea, Hort. Syn. de *C. drupacea*, Sieb. et Zucc.

C. drupacea, Sieb. et Zucc. * *Flles* distiques, linéaires, droites ou légèrement falciformes, de 2 1/2 à 3 cent. 1/2 de long, vert très foncé en dessus, glauques en dessous. *Fr.* charnus, arrondis aux deux bouts, pourpres, d'environ 2 cent. 1/2 de long. *Haut.* 2 à 3 m. Chine, Japon, 1848. (S. Z. F. J. 130-131.) Syns. *C. coriacea*, Hort.; *C. fœminea*, Hort.; *Podocarpus drupacea*, Hort.

C. filiformis, Knight. Syn. de *C. Fortunei*, Hook.

C. fœminea, Hort. Syn. de *C. drupacea*, Sieb. et Zucc.

C. Fortunei, Hook. *Flles* distiques chez les sujets adultes, vert foncé en dessus, glauques en dessous, épaissies au milieu, de 8 cent. ou plus de long, atténuées en pointe très aiguë. *Fr.* drupacés, charnus, brunâtres, arrondis aux deux extrémités, de 2 1/2 à 3 cent. de long. Branches verticillées, allongées, grêles, étalées ou un peu pendantes. *Haut.* 2 à 3 m. Chine, 1848. Très rustique, mais craint le grand soleil; fructifie en France. (B. M. 4449.) Syns. *C. filiformis*, Knight.; *C. mascula*, Carr., et *C. pendula*, Carr.

C. mascula, Carr. Syn. de *C. Fortunei*, Hook.

C. pedunculata, Sieb. et Zucc. *, ANGL. Lord Harrington's Yew. *Flles* distiques, réfléchies, arquées, de 3 à 5 cent. de long et 4 à 5 mm. de large, vert foncé en dessus et portant deux larges lignes glauques en dessous, mucronées au sommet. *Fr.* gros, drupacés, longuement pédonculés. *Haut.* 2 à 3 m. Japon, 1837. (S. Z. F. G. 113.) Syns. *Taxus Harringtoniana*, Forb.; *T. sinensis*, Knight. (G. C. n. s. XXI, 113.)

Fig. 707. — CEPHALOTAXUS FORTUNEI. (*Rev. Hort.*)

C. p. fastigiata, Carr. Variété distincte, très rameuse, à branches strictement dressées, longuement effilées, presque aussi droites que la tige et à feuilles très rapprochées, alternes ou en spirale. Corée, Japon? Syns. *Taxus Fortunei*, *T. japonica*, Lodd.; *Podocarpus Koraiana*.

C. p. sphæralis, Hort. Diffère principalement par ses fruits drupacés, globuleux. (G. C. n. s. XXI, 117.)

C. pendula, Carr. Syn. de *C. Fortunei*, Hook.

C. tardiva. — V. *Taxus baccata adpressa*.

C. umbraculifera. — V. *Torreya grandis*.

CEPHALOTUS, Labill. (de *kephalotes*, capité; allusion au connectif globuleux des anthères). FAM. *Saxifragées*. — Genre monotypique, dont l'espèce connue est une curieuse plante vivace, herbacée, de serre froide, habitant les marécages de l'Australie austro-occidentale. Fleurs petites, en glomérules formant une grappe dressée, compacte au sommet. Feuilles toutes radicales, de deux formes; les plus inférieures en forme d'urne pédonculée, munie d'un opercule; les autres ovales-lancéolées, entières. On cultive cette plante dans un compost de sphagnum et de terre de bruyère siliceuse et très fibreuse, avec un bon drainage. Il est très important que le compost soit très poreux, afin de laisser l'eau des arrosements s'écouler librement. Pendant l'été, l'atmosphère doit être continuellement humide; ce résultat s'obtient à l'aide d'une cloche dont on tient la plante recouverte. Pendant l'hiver, il lui faut moins d'humidité et les arrosements doivent être moins fréquents. Multiplication par division des touffes, avant le départ de la végétation, ainsi que par semis.

C. follicularis, Labill. ', Angl. New Holland Pitcher-plant. *Fl.* blanches, petites, en grappe dressée. *Flles* toutes

Fig. 708. — Cephalotus follicularis.

radicales et pétiolées; les unes planes, elliptiques, les autres dilatées en urnes operculées, semblables aux ascidies des *Nepenthes*. Ces urnes, dont la taille varie entre 2 1/2 à 8 cent. de longueur, sont vert foncé, teintées de pourpre, et l'opercule est veinée-réticulée de rose vif. Plante presque acaule. *Haut.* 5 à 8 cent. Australie occidentale, 1822.

CÉRACÉ, Angl. Ceraceous. — Qui a la consistance ou l'apparence de la cire; se dit de certaines fleurs, notamment de celles des *Hoya*, et surtout des masses polliniques de beaucoup d'Orchidées. (S. M.)

CERANTHERA, P. Beauv. — Petit genre d'arbustes ou d'arbres africains, aujourd'hui réunis aux **Alsodeia**, D. P. Thou.

CERAIA, Lour. — V. **Dendrobium**. Swartz.

CERASEIDOS, Sieb. et Zucc. — Réunis aux **Prunus**. Linn.

CERASTIUM, Linn. (de *keras*, corne; allusion à la forme très allongée des capsules de plusieurs espèces, rappelant celle d'une corne de bœuf). **Céraiste**, Angl. Mouse-ear Chickweed. Fam. *Caryophyllées*. — Plus de cent quinze espèces de ce genre ont été décrites, mais, selon Bentham et Hooker, ce nombre peut être réduit à environ quarante-cinq; elles sont dispersées dans toutes régions du globe. Ce sont des plantes herbacées, dressées ou couchées, annuelles ou vivaces, plus ou moins velues. La plupart n'ont aucun intérêt horticole; quelques-unes sont cependant utiles dans les jardins pour former des bordures, des mosaïques ou pour tapisser les talus. Fleurs blanches, en cymes dichotomes. Calice à cinq ou plus rarement quatre sépales; corolle à pétales en nombre égal aux sépales, profondément bifides, rarement entiers; étamines dix ou rarement quatre-cinq; styles quatre-cinq; capsule cylindro-conique, s'ouvrant au sommet par dix ou rarement huit dents. Feuilles opposées, entières, plus ou moins spatulées, étroites. Les Céraistes sont des plus faciles à cultiver : tout terrain léger et sain leur convient. On les propage facilement par boutures, par division et par semis; les boutures se font après la floraison, dans un endroit un peu abrité et ombré. La division des touffes est le moyen le plus pratique pour leur multiplication; cette opération se fait à la fin de l'été. Toutes les espèces suivantes sont vivaces.

Fig. 709. — Cerastium tomentosum.

C. alpinum, Linn. *Fl.* blanches, en panicules pauciflores, un peu velues. Juin-juillet. *Flles* ovales, elliptiques ou oblongues, parsemées de longs poils soyeux ou presque glabres. *Haut.* 5 à 10 cent. France, Angleterre, etc. (Sy. En. B. 223.)

C. argenteum, Bieb. Syn. de *C. tomentosum*, Linn.

C. Biebersteinii, DC. ' *Fl.* blanches; pédoncules plusieurs fois dichotomes; calice à sépales très velus. Commencement de l'été. *Flles* ovales-lancéolées, très laineuses, blanc argenté. Tiges diffuses, rameuses. *Haut.* 15 cent. Tauride, 1820. — Espèce à tiges persistantes, voisine du *C. tomentosum*, mais à feuilles et à fleurs plus grandes. (B. M. 2782.)

C. Boissieri, Gren. ' *Fl.* blanches, grandes, en cymes régulièrement dichotomes. Mai-juin. *Flles* sessiles, linéaires ou lancéolées, aiguës, velues-laineuses, d'un gris cendré. *Haut.* 10 à 30 cent. Espagne.

C. grandiflorum, Waldst et Kit. *Fl.* blanches, grandes, très apparentes, en cymes très nombreuses, composées de sept à quinze fleurs, penchées avant l'épanouissement; calice soyeux, à cinq divisions. Été. *Flles* étroites, aiguës, velues-laineuses, argentées, un peu révolutées sur les bords. *Haut.* 15 cent. Hongrie, Caucase. Espèce vigoureuse, à tiges non persistantes, à cultiver dans les endroits où elle peut s'étendre à son aise.

C. latifolium, Linn. *Fl.* blanches, plus grandes que celles des autres espèces, solitaires, à pédoncules faiblement rameux. Juillet. *Flles* ovales, obscurément pétiolées, vert pâle ou presque glauques. *Haut.* 8 à 15 cent. Nord de l'Europe (Alpes), France, Angleterre. Tiges non persistantes.

C. tomentosum, Linn.* *Fl.* blanches, en cymes paniculées, dichotomes, dressées. Commencement de l'été. *Flles* oblongues-spatulées, les supérieures lancéolées, couvertes d'une pubescence molle, blanc grisâtre. *Haut.* 15 cent. Europe méridionale, 1648. — Cette espèce à tige persistante est beaucoup employée dans les jardins pour former des bordures, pour la mosaïculture, etc. (S. F. G. 455.)

CERASUS, Juss. (nom d'une ville du Pont, en Asie, d'où le type fut, dit-on, importé). **Cerisier**, Angl. Cherry. Comprend les *Laurocerasus*, Tourn. Fam. *Rosacées*. — Les espèces de ce genre sont réunies aux *Prunus* par Bentham et Hooker, mais nous les maintenons séparées au point de vue horticole. Ce sont des arbres ou arbustes à peu près rustiques, à feuilles caduques ou persistantes. Fleurs blanches, à pédicelles uniflores, naissant avant les feuilles, réunies en ombelles fasciculées, sessiles, sortant de boutons écailleux, ou formant quelquefois des grappes axillaires et terminales, paraissant après les feuilles. Le fruit est une drupe globuleuse ou ombiliquée à la base, charnue, très glabre, dépourvue de pruine ou poussière blanchâtre, contenant un noyau lisse, presque globuleux, un peu comprimé.

La plupart des espèces sont à feuilles caduques; mais quelques-unes sont à feuilles persistantes; les plus importantes de ces dernières sont : le Laurier-Cerise (*C. Lauro-Cerasus*) et ses nombreuses variétés et le Laurier de Portugal (*C. lusitanica*). Ces différentes espèces se multiplient par le semis, par boutures, par marcottes ou par greffes. Les graines se sèment dès l'automne, en planches, à la volée ou en lignes; ou bien on les stratifie dès cette époque pour ne les semer qu'au printemps; certaines espèces peuvent même être semées à cette dernière saison en graines sèches. Les boutures se font à l'automne ou au plus tard avant février, dans un endroit à demi ombré et dans une terre rendue très légère par l'addition d'une quantité suffisante de sable. Pour la culture et la description des variétés fruitières, V. **Cerisier**.

C. Avium, Mœnch. Mérisier commun, M. des bois, Angl. Wild Cherry or Gean. — *Fl.* blanches, paraissant avec les feuilles; boutons oblongs, aigus, dépourvus d'écailles foliacées. Avril-mai. *Fr.* ovale-arrondis, déprimés, noirs; chair adhérente au noyau, très succulente et sucrée, à jus ordinairement coloré. *Flles* caduques, ovales-lancéolées, pointues, dentées, un peu réfléchies, légèrement pubescentes sur la face inférieure et munies de deux glandes à la base. *Haut.* 6 à 12 m. France, Angleterre. (F. D. 1617.) — On attribue à cette espèce l'origine des Guignes et des Bigarreaux : on en cultive aussi plusieurs variétés pour l'ornement des jardins; les plus connues sont : *pendula*, à rameaux réfléchis à leur extrémité; *salicifolia* (*longifolia*), *flles* allongées, étroites; *multiplex*, *fles* plus petites que celles du type, portant deux ou trois glandes à la base; *flore pleno*, *fl.* bien doubles, rosées au centre; superbe arbrisseau.

C. Caproniana, DC.* Cerisier nain, C. acide, Griottier, Angl. Common Cherry. — *Fl.* paraissant avec les feuilles; calice large, campanulé; pédoncules assez épais, un peu raides, courts. Printemps. *Fr.* globuleux, déprimés, à suture peu marquée; chair tendre, plus ou moins acide et styptique. *Flles* caduques, ovales-lancéolées, dentées, glabres. *Haut.* 5 à 6 m. Europe, France, etc. Petit arbre à branches étalées. Syn. *Cerasus vulgaris*, Mill.

Fig. 710. — Cerasus Caproniana.

C. C. acida, Dum. — Cerisier de Montmorency, Angl. Montmorency Cherry. — *Fl.* blanches, en ombelles agrégées, éparses, sessiles. Avril-mai. *Fr.* rouges ou pourpre foncé, à jus incolore. *Flles* planes, glabres, brillantes, sub-coriaces, elliptiques, toutes acuminées, à pétioles dépourvus de glandes. Orient, etc.

C. C. a. pyramidalis, Carr. et André. Variété horticole à branches dressées, formant une tête pyramidale, comme celle du Peuplier de Lombardie. 1886.

De cette espèce sont sorties un grand nombre de variétés fruitières, les meilleures sont décrites à l'article **Cerisier**. (V. ce nom.) — On possède aussi plusieurs variétés ornementales, à feuilles découpées (*laciniata*), ou très étroites (*salicifolia*); les variétés à *fleurs doubles* sont excessivement ornementales pendant leur floraison et convenables pour isoler ou pour garnir les massifs d'arbustes; les meilleures sont : *persicæflora*, *fl.* doubles, rosées; *ranunculæflora*, *fl.* très doubles, précoces et de longue durée; supporte bien le forçage. (F. d. S. 1805.) Syns. *C. multiplex*. *C. Rhesii*. Hort.: *C. polygna*, DC. Griottier à bouquet.

C. Capuli, DC. *Fl.* blanches, courtement pédicellées, en grappes simples, dressées, rappelant celles du *C. Padus*. Commencement du printemps. *Fr.* sub-sphériques, d'environ 2 cent. de diamètre, rouge très foncé; chair pulpeuse, verte, très adhérente au noyau, sucrée, fade; noyau sub-sphérique, à carène légèrement saillante et à surface unie. Août. *Flles* ovales ou obovales, plus ou moins acuminées, luisantes en dessus, très glauques en dessous, finement dentées. Arbuste ramifié, buissonnant. Mexique. Syn. *Prunus Capuli*, Seringe; *P. Capollin*, Zucc. (R. H. 1891, f. 19-20; Aboret. Segrez. XXXIV.)

C. caroliniana, Michx. f. *Fl.* assez grandes, en grappes axillaires, denses, plus courtes que les feuilles. Mai. *Fr.* presque globuleux, mucronés, noirs, non comestibles. *Flles* persistantes, courtement pétiolées, oblongues-lancéolées, mucronées, glabres, un peu coriaces, presque entières. Amérique du Nord, 1759.

C. Chamæcerasus, Lois. Chamécerisier, Cerisier nain; Angl. Ground Cherry. — *Fl.* blanches, en ombelles ordinairement sessiles, à pédicelles plus longs que les feuilles à la maturité des fruits. Mai. *Fr.* arrondis, très petits, rouge purpurin, très acides. *Flles* caduques, obovales, crénelées, sub-obtuses, très glabres, luisantes, un peu coriaces, à peine pourvues de glandes. *Haut.* 60 cent à 1 m. Europe, Allemagne, etc., 1597. — Il existe une forme *pendula*, à rameaux pendants et une autre à *feuilles panachées.*

C. depressa, — V. *Prunus pumila.*

C. duracina, DC.* Bigarreautier; ANGL. Bigarreau and Heart Cherry. — *Fl.* blanches, paraissant avec les feuilles,

C. Juliana, DC. Guignier, Heaumier. — *Fl.* blanches, paraissant avec les feuilles. *Fr.* ovales, déprimés ou globuleux, rouges ou noirs, à chair tendre et douce. Branches ascendantes, un peu étalées à l'état adulte. *Haut.* 6 à 12 m. Europe méridionale, France, etc. — Les variétés de cette espèce sont fréquemment et probablement correctement classées parmi les formes du *C. Avium.*

Fig. 711. — CERASUS CAPULI. (*Rev. Hort.*) Rameau florifère et grappe de fruits.

à pédoncules longs et grêles. Avril. *Fr.* arrondi-cordiformes, à suture profonde, rarement presque invisible, rouges ou noirs; chair dure, croquante. Branches ascendantes, un peu étalées à l'état adulte. *Haut.* 3 à 6 m. Origine inconnue. Syn. *Prunus Cerasus Bigarella.* Linn. — Gros et bel arbre à feuilles caduques. Les nombreuses variétés de Bigarreaux sont sans doute le résultat d'un croisement de cette espèce avec le *C. Avium.*

C. ilicifolia, Nutt. Cerisier à feuilles de Houx. — *Fl.* blanches, petites, en grappes axillaires, de 2 à 5 cent. de long. Mars à mai. *Fr.* gros, de 12 mm. ou plus de diamètre, ordinairement rouges, mais quelquefois pourpre foncé ou noirs, très amers. *Flles* persistantes, ovales, glabres, coriaces, fortement dentées, épineuses sur les bords. Californie. — Excellent petit arbuste à feuillage vert foncé, persistant, convenable pour l'ornement des serres froides, des corridors, etc. En plein air, il convient de le planter au pied des murs et de l'abriter pendant l'hiver. Syn. *Prunus ilicifolia.*

C. japonica, Lois. V. *Prunus sinensis.*

C. Lauro-Cerasus, Linn. Laurier Cerise, Laurier Amandier, etc.; ANGL. Common Laurel. — *Fl.* blanches, en grappes axillaires, plus courtes que les feuilles. Avril-mai. *Fr.* ovales, aigus, non comestibles. *Flles* persistantes, coriaces, ovales-lancéolées, à dents espacées, pourvues de deux ou trois glandes en dessous. *Haut.* 2 à 3 m. Orient, 1629. Arbuste vénéneux, toujours vert. Syn. *Prunus Lauro-Cerasus,* Linn.

On en cultive plusieurs variétés toutes très utiles pour former des haies, pour border les massifs d'arbustes, les allées des parcs, etc.; les plus connues sont : *angustifolia, flles* étroites; *camelliæfolia*; *caucasica*, une des meilleures variétés; *colchica*, bonne variété; *latifolia Bertini; macrophylla*, (Laurier de Versailles); *rotundifolia* et *variegata.*

C. lusitanica, Lois.* Azaréro, Laurier de Portugal; ANGL. Portugal Laurel. — *Fl.* blanches, en grappes dressées, axillaires, plus longues que les feuilles. Juin. *Fr.* ovales, rouges à la maturité. *Flles* persistantes, ovales-lancéolées, dentelées, non glanduleuses. *Haut.* 3 à 6 m. Portugal, 1648. — C'est un des meilleurs arbustes toujours verts. Il existe une variété nommée *myrtifolia*, à *flles* plus petites et d'un port plus compact, et une autre *variegata* à feuilles panachées de blanc, assez délicate.

Fig. 712. — CERASUS ILICIFOLIA.

C. Mahaleb, Mill. Bois de Sainte-Lucie. — *Fl.* blanches, en grappes un peu corymbiformes, naissant avant les feuilles. Mai. *Fr.* arrondis, de la grosseur d'un pois, noirâtres, à saveur acerbe; jus pourpre, tachant. Août. *Flles* caduques, ovales-arrondies, sub-cordiformes à la base, denticulées, glanduleuses, luisantes, un peu coriace. Bois rouge, très dur et odorant. *Haut.* 3 m. Europe, France, etc. (J. F. A. 287.) Syn. *Prunus Mahaleb*, Linn.

C. occidentalis, — * *Fl.* blanches, en grappes axillaires. *Flles* persistantes, non glanduleuses, oblongues, acuminées, glabres sur les deux faces. *Haut.* 6 m. Indes occidentales. 1784. Arbre toujours vert, de serre chaude.

C. Padus, DC. Cerisier et Merisier à grappes. Putiet, etc.; ANGL. Common Padus, Bird Cherry or Hagberry. — *Fl.* blanches, odorantes, en grappes terminales, allongées, pendantes. Avril et mai. *Fr.* arrondis, noirs, d'un goût désagréable, servant à améliorer la qualité des liqueurs alcooliques anglaises (Gin, Whiskey). *Flles* caduques, ovales, acuminées, dentées. *Haut.* 3 à 10 m. France, Angleterre, etc. Syn. *Prunus Padus*, Linn. (F. D. 205.) — Il existe plusieurs variétés de cette espèce; les principales sont : *argentea; aucubæfolia, flles* panachées; *bracteosa; heterophylla, flles* souvent laciniées; *parviflora* et *rubra*.

C. pendula. — V. *Prunus subhirtella.*

C. pseudo-Cerasus, Lindl. * ANGL. Bastard Cherry. — *Fl.* blanches, d'abord en ombelles, puis en longues grappes pendantes. Avril-mai. *Fr.* rouge pâle, petits, d'une saveur agréable, un peu acides, à noyau très petit. *Flles* caduques, obovales, acuminées, planes, dentelées. Rameaux et pédoncules pubescents. *Haut.* 2 à 3 m. Chine, 1819. (B. R. 800; *Arboret. Segrez.* XXXVI.) Syns. *C. Lannesiana*, Carr.; *C. Sieboldii*, Carr. (R. H. 1866, 34 F. d. S. 2238); *Prunus paniculata.* Cette espèce supporte assez bien le forçage. Il existe une variété à *fleurs semi-doubles.* (Gn. 1890, part. 2, 171.)

Fig. 713. — CERASUS LAURO-CERASUS.

C. ranunculæflora, Hort. Variété semi-double du *C. Caproniana*, DC.

C. salicina, — *Fl.* blanches, petites, ordinairement solitaires, à pédoncules plus courts que les feuilles. Avril. *Fr.* à peu près aussi gros qu'une prune de Myrobolan. *Flles* caduques, obovales, acuminées, à dents glanduleuses, glabres; stipules subulées, glanduleuses, de la longueur du pétiole. *Haut.* 1 m. 30 à 2 m. Chine, 1822. Espèce demi-rustique.

Fig. 714. — CERASUS PADUS

C. semperflorens, DC. Cerisier de la Toussaint; ANGL. All Saints' Ever-flowering or Weeping Cherry. — *Fl.* blanches, axillaires, solitaires. Mai. *Fr.* rouges, petits, arrondis, mangeables, mais acides, mûrissant successivement jusqu'aux gelées. *Flles* ovales, dentées en scie. Branches pendantes. *Haut.* 3 à 6 m. Europe? 1822. (W. D. B. 131; R. H. 1877, 50.) La variété *aurea variegata* est très décorative.

C. serotina, Lois. *Fl.* blanches, en grappes terminales. *Fr.* pourpre noir. *Flles* lancéolées, oblongues, acuminées, à dents courtes, incurvées, calleuses au sommet. Est des Etats-Unis. Grand arbre à feuilles caduques, dont le tronc constitue un bon bois.

C. s. cartilaginea, Hort. Forme à longues feuilles glabres, un peu coriaces, dans le genre de celles du Laurier-Cerise. 1889.

C. serrulata, Lindl. * Cerisier de la Chine à fleurs doubles, Angl. Double Chinese Cherry. — *Fl.* blanches ou rosées, doubles, fasciculées. Avril. *Flles* caduques, obovales, acuminées, à dents sétacées, très glabres; pétioles glanduleux, *Haut.* 5 m. Chine, 1822. Arbre remarquable pendant la durée de sa floraison malheureusement trop éphémère.

C. Sieboldii, Carr. — Syn. de *C. pseudo-Cerasus*, Lindl.

C. sphærocarpa, — *Fl.* blanches, en grappes axillaires, petites, plus courtes que les feuilles. Juin-juillet. *Fr.* presque globuleux, pourpres à la maturité. *Flles* non glanduleuses, luisantes, de 5 cent. de long et 3 cent. 1/2 de large. *Haut.* 3 à 4 m. Jamaïque, 1820. Serre chaude.

C. virginiana, Lois. Cerisier ou Prunier de Virginie, Angl. Choke Cherry. — *Fl.* blanches, en grappes dressées, allongées. Mai-juin. *Fr.* globuleux, rouge noirâtre. *Flles* caduques, oblongues, acuminées, doublement dentées, glabres, devenant rougeâtres à l'automne, portant ordinairement quatre glandes. *Haut.* 6 à 25 m. Est des Etats-Unis, 1724.

C. vulgaris, Mill. Syn. de *C. Caproniana*, DC.

CERATIOLA, Michx. (de *keration*, diminutif de *keras*, corne; allusion aux stigmates divergents en quatre divisions semblables à de petites cornes, comme chez les Œillets). Fam. *Empétracées.* — Genre monotypique dont l'espèce connue est un arbrisseau demi-rustique, dressé, très rameux, semblable à un *Erica*, habitant le sud-ouest de l'Amérique du nord. Ses fleurs, sessiles à l'aisselle des feuilles, possèdent toute l'organisation des *Empetrum.* Bien cultivée, c'est une jolie petite plante; elle se plaît dans la terre de bruyère siliceuse à laquelle on peut ajouter un peu de terre franche très fibreuse. Elle serait probablement rustique dans les régions dont le climat est plus régulier que celui de Paris; chez nous, il sera prudent de la protéger pendant l'hiver ou mieux de la rentrer en orangerie. Multiplication par boutures que l'on plante en terre sableuse et sous cloches.

C. ericoides, Michx. * *Fl.* brunâtres, sessiles à l'aisselle des feuilles supérieures, rarement solitaires, quelquefois verticillées. Juin. *Baies* globuleuses, jaunes. *Flles* simples, alternes, dépourvues de stipules, étalées, aciculaires, obtuses, glabres et brillantes, ayant environ 12 mm. de long, quelquefois sub-verticillées. Floride, Caroline, 1826. (B. M. 2758.)

CERATOCAULOS, Bernh. — Réunis aux **Datura**, Linn.

CERATOCAULOS daturoides. — V. **Datura Ceratocaula.**

CERATOCEPHALUS, Mœnch. — Réunis aux **Ranunculus**, Linn.

CERATOCHILUS, Blume. — Réunis aux **Saccolabium**, Blume.

CERATOCHILUS, Lindley. — V. **Stanhopea**, Forst.

CERATODACTYLIS, J. Smith. — V. **Llavea.**

CERATODACTYLIS osmundioides. — V. **Llavea cordifolia.**

CERATOGYNUM, Wight. — V. **Sauropus**, Blume.

CERATOLOBUS, Blume, pro parte. (de *keras*, corne, et *lobos*, gousse; allusion à la forme de la spathe). Fam. *Palmiers.* — Genre comprenant deux espèces de Palmiers de serre chaude, à tige grêle, sarmenteuse ou grimpante, originaires de Java et de Sumatra. Fleurs polygames, réunies en spadices paniculés, portant, les uns des fleurs toutes mâles, les autres des fleurs mâles et femelles. Spathe unique, complète. Calice à trois dents; corolle à trois divisions profondes; étamines six; stigmates trois. Le fruit est une baie monosperme, à écailles recourbées. Feuilles pinnées, à rachis souvent terminé en pointe; folioles vertes ou blanchâtres en dessous; gaines plus ou moins épineuses. Pour leur culture V. **Calamus.**

C. concolor. — *Flles* à gaines sub-épineuses et à folioles vertes en dessous. *Fr.* sub-globuleux. Sumatra.

C. glaucescens, — * *Flles* pinnées, de 30 à 60 cent. de long, à folioles un peu cunéiformes, rétrécies en longue pointe en forme de queue, érodées sur les bords, vert foncé sur la face supérieure, grisâtres en dessous; pétioles engainants, armés d'épines grêles, denses. Java. Excellent petit Palmier pour les garnitures de table.

CERATOLOBUS, Blume, pro parte. — V. **Korthalsia**, Blume.

CERATONIA, Linn. (de *keration*, corne; allusion à la forme des gousses). **Caroubier**, Angl. **Algaroba Bean or Carob.** *Keronia*, de Théophraste et *Keratcia*, de Dioscorides. Fam. *Légumineuses.* — La seule espèce de ce genre est un arbre de la région méditerranéenne, à tronc court, épais, à ramure étalée, portant des feuilles pinnées, coriaces, persistantes. Fleurs dioïques, en grappes courtes, solitaires ou fasciculées, naissant sur les anciens rameaux, accompagnées de bractées et de bractéoles; calice à cinq sépales courts; corolle nulle, remplacée par un disque très charnu; étamines cinq. Le fruit est une gousse dont la pulpe sucrée est consommée par les arabes; on en prépare aussi des sirops et une sorte de vin. Les graines ont, dit-on, les premières servi de carats pour peser les pierres fines. Cet arbre est rustique dans le midi de la France, mais dans le nord il faut le planter au pied des murs ou dans les endroits chauds et abrités et le protéger pendant l'hiver, ou mieux le rentrer en orangerie. On le multiplie par graines que l'on sème sur couche, ou par boutures aoûtées que l'on fait dans du sable et sous cloches.

C. Siliqua, Linn. Caroubier à siliques, Angl. Bean-tree, Carob-tree or Locust-tree. — *Fl.* rougeâtres, petites, en grappes. Septembre. *Gousse* indéhiscente, droite ou arquée, de 10 cent. ou plus de long, comestible, d'un brun ferrugineux ainsi que les graines. *Haut.* 10 à 15 m. Europe méridionale, 1570. (A. B. R. 567.)

CERATOPETALUM, Smith. (de *keras*, corne, et *petalon*, pétale; allusion aux découpures des pétales). Fam. *Saxifragées.* — Genre comprenant deux espèces originaires de la Nouvelle Galles du Sud. Ce sont des arbres de serre froide, à fleurs petites, réunies en cymes trichotomes ou en corymbes paniculés, axillaires ou terminaux. Fleurs opposées, simples ou trifoliées, à folioles articulées, glabres; stipules très petites, caduques. Pour leur culture V. **Callicoma.**

C. apetalum. — *Fl.* vert jaunâtre. *Flles* à folioles ordinairement solitaires ou quelquefois ternées sur des rameaux très vigoureux ou sur de jeunes arbres. *Haut.* 15 à 18 m. Australie.

C. gummiferum. — *Fl.* jaunes, en panicules terminales. Juin. *Flles* ternées, à folioles lancéolées, denticulées, coriaces et glabres. *Haut.* 10 à 12 m. Australie, 1823.

CERATOPTERIS, Brongn. (de *keras*, corne, et *Pteris*, Fougère). Fam. *Fougères.* — Genre monotypique dont l'espèce qui le caractérise est une curieuse plante annuelle, aquatique, de serre chaude. Frondes herbacées, molles, souvent prolifères, à pinnules stériles lancéolées ou oblongues; les fertiles plus étroites, linéaires, souvent fourchues comme un bois de cerf. Sores placées sur deux ou trois veines longitudinales des frondes et presque parallèles avec les bords et la nervure médiane. Capsules ou sporanges éparses, isolées, grosses, globuleuses, entourées d'un anneau complet, plus ou moins partiel ou même nul. Involucre formé des bords récurvés de la fronde, dont les deux côtés se rejoignent contre la nervure médiane. Les beaux spécimens, cultivés dans l'eau, sont très décoratifs et justifient assez leur nom anglais de « Floating Stag's horn Fern » (Fougère aquatique corne de cerf). Les spores doivent être recoltées à leur maturité, puis semées en février, dans des pots remplis de terre franche, humide, que l'on plonge dans l'eau ; elles germent très rapidement. On peut aussi la propager par ses gemmes prolifères, en couchant les frondes à l'aide de petits crochets sur de la terre humide. Les meilleurs résultats s'obtiennent en plongeant les pots dans l'eau jusqu'au bord.

C. thalictroides, — * Pétioles en touffe, épais, renflés. *Frondes* charnues; les stériles flottantes, simples ou légèrement divisées lorsqu'elles sont jeunes, bi- ou tripinnées, à segments étroits linéaires à l'état adulte ; frondes fertiles bi- ou tripinnées, fourchues, à derniers segments semblables à des siliques. Tropiques, dans les eaux tranquilles. Syn. *Barkeria pteroides*.

CERATOSTEMMA, Juss. (de *keras*, corne, et *stemon*, étamine ; allusion aux étamines obtusément éperonnées à la base). Fam. *Vacciniacées*. — Genre comprenant environ vingt-deux espèces originaires des Andes de l'Amérique australe. Ce sont de jolis arbrisseaux toujours verts, de serre froide. Fleurs presque sessiles, en épis axillaires et terminaux, pédonculés ; corolle grande, tubuleuse, campanulée, d'un beau rouge ainsi que les baies. Feuilles oblongues, courtement pétiolées, obscurément nervées, coriaces, arrondies et sub-cordiformes à la base. Il leur faut un compost de terre franche siliceuse et de terre de bruyère ; multiplication facile par boutures que l'on plante dans du sable et sous cloches.

C. longiflorum, — *Fl.* carminées. Andes du Pérou, à 4,000 m. d'altitude, 1846. (B. M. 4779.)

C. speciosum, — * *Fl.* d'un beau rouge orangé, d'environ 4 cent. de long, en épis courts, axillaires, unilatéraux, pendants. *Flles* coriaces, ovales-lancéolées, à pétioles courts et tordus. Equateur, 1870.

CERATOSTIGMA, Bunge. (de *keras*, *keratos*, corne, et *stigma*, stigmate ; allusion aux petites excroissances cornues que porte le stigmate). Syn. *Valoradia*, Hoscht. Fam. *Plumbaginées*. — Petit genre ne comprenant que deux ou trois espèces d'herbes ou d'arbrisseaux rustiques ou de serre froide, dont une habite la Chine, une autre l'Himalaya et le reste l'Abyssinie. Fleurs en capitules spiciformes, denses, naissant à l'extrémité des rameaux ; calice tubuleux, non glanduleux, à cinq lobes étroits et profonds : corolle à tube long et grêle, limbe en coupe, à cinq lobes obtus ou rétus, étalés. Feuilles alternes, obovales ou lancéolées, plus ou moins soyeuses-ciliées. Une seule espèce est digne d'être citée ici. Toute terre de jardin lui convient ; sa multiplication peut s'effectuer par division.

C. plumbaginoides, — * *Fl.* d'abord bleu cobalt, passant ensuite au violet, disposées en bouquets terminaux, compacts ; sépales et pétales non glanduleux. Octobre. *Flles* obovales, aiguës, rétrécies à la base, finement écailleuses, régulièrement marginées et denticulées sur les bords. Tiges grêles, rameuses, couchées, puis dressées, écailleuses, velues. *Haut.* 30 cent. Shanghaï, 1846. Plante vivace, rustique. Syn. *Plumbago Larpentæ*, Lindl. (G. C. 1847, 732 ; F. d. S. 307) ; *Valoradia Larpentæ* vel *plumbaginoides*, Boiss. (B. M. 4487.)

CERATOTHECA, Endl. (de *keras*, *keratos*, corne, et *theke*, capsule ; allusion à la forme du fruit). Syn. *Sporledera*, Bernh. Fam. *Pédalinées*. — Petit genre comprenant deux ou trois espèces de plantes herbacées, annuelles (toujours ?), dressées, pubescentes, de serre chaude ou tempérée, habitant l'Afrique tropicale et australe. Fleurs solitaires, axillaires, courtement pédonculées ; calice à cinq lobes plus ou moins profonds ; corolle à tube élargi dans sa partie supérieure, limbe sub-bilabié, à lobes étalés ; étamines quatre, didynames. Feuilles opposées ou les supérieures alternes, ovales, dentées. Le *C. triloba*, la seule espèce cultivée, est probablement bisannuel. Les graines doivent être semées sur couche et lorsque les plants sont suffisamment forts, il faut les repiquer et les placer en serre tempérée. Une bonne terre franche, fertile, une exposition ensoleillée et beaucoup d'eau pendant la période de végétation sont les points essentiels de sa culture.

C. triloba, E. Mey. *Fl.* opposées par paires, courtement pédonculés, accompagnées chacune à la base d'une fleur imparfaite ; calice dressé ; corolle pourpre-violacé pâle, à stries plus foncées, de 8 cent. de long, poilue. Septembre. *Flles* polymorphes ; les inférieures longuement pétiolées, de forme variable, tantôt largement ovales-cordiformes, tantôt largement triangulaires et trilobées, crénelées ; les plus larges de 20 cent. de diamètre ; les florales étroitement ovales, plus courtes que les fleurs. Tiges de 1 m. 50 de haut. Natal, 1886. (B. M. 6974.)

CERATOZAMIA, Brongn. (de *keras*, corne, et *Zamia*, autre genre de Cycadées auxquelles ces plantes ressemblent, et allusion aux écailles des cônes, munies de cornes). Syn. *Dipsacozamia*, Lehm. Fam. *Cycadées*. — Genre comprenant six espèces originaires du Mexique. Elles se distinguent des *Zamia* par les écailles des cônes mâles et femelles portant deux cornes au sommet, tandis qu'elles sont mutiques chez ce premier genre. Feuilles pinnées, raides, à folioles épaisses, coriaces, articulées. Tronc court, très épais. Ces plantes demandent la serre tempérée et humide et un compost de terre franche, fertile et de terreau de feuilles. Multiplication par graines et quelquefois par drageons, mais les plantes importées donnent les meilleurs résultats.

C. fusco-viridis, — * *Flles* de 1 m. à 1 m. 30 de long, pinnées, élégamment arquées ; folioles espacées, vert foncé, de 15 à 18 cent. de long, sessiles, lancéolées, rétrécies en longue pointe. Tronc garni d'écailles élargies, entourant chaque pétiole, ceux-ci presque arrondis en dessus et chargés d'aspérités sur les bords. Jeunes feuilles d'un beau brun chocolat, passant graduellement au vert olive et finalement au vert foncé. Mexique, 1879.

C. Kusteriana, — *Flles* de 60 cent. à 1 m. 30 de long, pinnées, étalées ; folioles hémisphériques, rétrécies en pointe aiguë, coriaces, de 15 à 25 cent. de long et environ 12 mm. de large, vert foncé. Mexique.

C. mexicana, Brongn. * *Cônes mâles* très allongés ; les *femelles* à pédoncules courts et velus. *Flles* des plantes *mâles* pinnées, d'environ 2 m. de long, à folioles coriaces, sessiles cordiformes, lancéolées, rétrécies en pointe aiguë, de 20 à 30 cent. de long et 4 cent. de large, vert foncé ; pétioles épineux sur environ la moitié de longueur, très forts à la base.

Flles des plantes *femelles* de 1 m. à 1 m. 30 de long, pendantes, à folioles de 15 à 25 cent. de long, rétrécies en pointe, d'un beau vert foncé sur les deux faces ; pétioles armés vers la base de courtes épines blanches. Tronc court et épais. Fructifie dans les serres à l'aide de fécondations artificielles. Mexique, vers 1845.

Fig. 715. — CERATOZAMIA MEXICANA. (*Rev. Hort.*)

C. Miqueliana, Wendl. *Flles* des plantes *femelles* de 2 à 3 m. de long, étalées, à folioles coriaces, décurrentes, oblongues, arquées, rétrécies en pointe, de 25 à 30 cent. de long et 4 à 5 cent. de large, vert glauque ; pétioles glaucescents, cotonneux à la base, garnis de petites épines rares. *Flles* des plantes *mâles* à folioles d'un vert clair et à pétioles garnis de nombreuses et longues épines. Tronc un peu grêle. Mexique.

On rencontre encore dans les serres les *C. furfuracea, C. fusca, C. Ghiesberghtii, C. muricata*, etc.

CERBERA, Linn. (allusion mythologique à Cerbère, à cause de leurs propriétés vénéneuses). Comprend les *Tanghinia*, D. P. Thou. FAM. *Apocynées*. — Genre renfermant environ quatre espèces d'arbres ou d'arbustes toujours verts, de serre chaude, originaires des Iles de l'Océan Pacifique et de Madagascar. Fleurs à corolle en entonnoir, à tube velu à la gorge ; pédoncules axillaires, réunis au sommet des rameaux. Feuilles éparses, très entières. On les cultive dans une bonne terre franche fibreuse, et on peut les multiplier par boutures de jeunes rameaux, suffisamment aoûtés, que l'on fait en avril, dans du sable et à chaud.

C. Ahouai. — V. *Thevetia Ahouai.*

C. dichotoma. — V. *Tabernæmontana dichotoma.*

C. fruticosa, Ker. — V. *Kopsia fruticosa.*

C. Manghas, — *Fl.* blanches, à centre rose ; pétales ovales, à sommet incurvé, sub-rétus ; disposées en grande panicule corymbiforme, étalée, terminale. Juillet-septembre. *Flles* oblongues-lancéolées, aiguës, rétrécies à la base, luisantes, rapprochées. *Haut.* 6 m. Serre chaude. (B. M. 1845.)

C. Tanghina, D. P. Thou. Tanguin, ANGL. Ordeal-tree. — *Fl.* en grandes, cymes terminales, accompagnées chacune d'une paire de bractées ; corolle à tube en entonnoir, velu à l'intérieur ; limbe en coupe, à lobes rose et vert. Mai. *Fr.* purpurins, teintés de vert, ellipsoïdes, de 5 à 8 cent. de long, renfermant un noyau dur. *Flles* glabres, alternes, lancéolées, un peu épaisses, d'environ 15 cent. de long, rapprochées au sommet des rameaux et dressées. *Haut.* 6 m. Madagascar, 1826. (B. M. 2698.) Syn. *Tanghina venenifera.*

Le fruit, connu en anglais sous le nom de « Ordeal nut of Madagascar », produit un poison violent, que les rois de Madagascar employaient autrefois comme épreuve judiciaire, sur les personnes accusées de crime. On trouvera, à la suite de la description accompagnant la figure du *Botanical Magazine*, une lettre de M. Telfair donnant l'historique complet et très intéressant de cet arbre.

C. Thevetia. — V. *Thevetia neriifolia.*

CERCIS, Linn. (de *kerkis*, navette ; allusion à la forme des gousses ; nom donné à cette plante par Théophraste). **Gainier,** ANGL. Judas-tree. FAM. *Légumineuses.* — Genre comprenant trois ou quatre espèces de beaux arbres rustiques, à feuilles caduques, habitant l'Europe, l'Asie et l'Amérique tempérée. Calice urcéolé, à cinq dents ; corolle papilionacée, à étendard plus court que les ailes ; étamines dix, libres. Gousse comprimée, polysperme, à suture supérieure un peu ailée ; graines noires, ovoïdes. Les Gainiers méritent une place dans tous les jardins ; on les emploie avec avantage à la formation des bosquets et des arbusteries. Lorsqu'ils atteignent une assez forte taille, les fleurs qui se développent sur le vieux bois sont si abondantes qu'elles cachent presque entièrement la ramure et sont d'autant plus décoratives qu'elles paraissent avant les feuilles. Celles-ci sont alternes, ovales, arrondies, un peu coriaces, d'un beau vert luisant et persistent pendant toute la belle saison. Les Gainiers aiment un sol profond, sain et siliceux. Leurs racines pivotantes, peu rameuses, les empêchent de supporter la transplantation lorsqu'ils sont âgés. On les multiplie par semis que l'on fait au printemps, en pépinière abritée, puis on les transplante lorsqu'ils sont encore jeunes. Ils commencent à fleurir vers la troisième ou la quatrième année. On peut aussi les propager par marcottes, mais le semis donne de meilleurs résultats. La greffe s'emploie pour les espèces rares.

C. canadensis, Linn. *' Fl.* rose pâle, à pédicelles solitaires, naissant en fascicules sur le tronc et les branches.

Mai-juin. *Flles* cordiformes, acuminées, velues à l'aisselle des nervures, sur la face inférieure. *Haut.* 4 à 6 m. Canada, 1730.

C. chinensis, Bunge. * Cette espèce ressemble beaucoup au *C. canadensis* par son feuillage, mais ses fleurs sont roses, striées de blanc. Le *C. japonica* est une variété à fleurs rose vif.

C. Siliquastrum, Linn. * Arbre de Judée, Gainier, Angl. Common Judas-tree, Love-tree. *Fl.* — rouge purpurin, à pédicelles uniflores, naissant en fascicules sur le tronc et sur les branches. Mai-juin. *Flles* simples, cordiformes, ar-

Fig. 716. — Cercis Siliquastrum.

rondies, très obtuses, émarginées, très glabres. *Haut.* 6 à 8 m. Europe méridionale; France, etc. — Dans le nord de l'Europe, cet arbre exige l'abri des murs. Son bois, élégamment veiné de noir, prend un beau poli et est employé dans l'industrie. (B. M 1138.) Il existe des variétés à fleurs *carnées* et à fleurs *blanches*.

CERCOCARPUS, Humb., Bonpl. et Kunth. (de *kerkis*, navette, et *karpos*, fruit; allusion à la forme de ce dernier). Fam. *Rosacées*. — Genre comprenant cinq espèces d'arbustes ou de petits arbres toujours verts, de serre tempérée ou demi-rustiques, originaires de la Californie et du Mexique. Fleurs apétales, solitaires ou en épis courts, axillaires ou terminales; calice longuement tubuleux, à limbe en coupe, à cinq divisions; étamines nombreuses, insérées à la gorge du calice; style long, simple, plumeux, accrescent. Le fruit est un achaine monosperme. Feuilles alternes, simples, entières ou dentées, munies de stipules soudées au pétiole. On les cultive dans un mélange de terre franche et de terre de bruyère. Multiplication par boutures que l'on plante dans des pots remplis de sable et recouverts de cloches.

C. fothergilloides, —* *Fl.* en fascicules ombelliformes, axillaires; calice purpurin, à tube persistant. Mai. *Flles* alternes, entières, presque elliptiques, coriaces, glabres, accompagnées de deux stipules. *Haut.* 4 m. Mexique, 1828.

CEREUS, Haw. (du grec *keros*, cierge; allusion à la tige dressée, ayant l'aspect d'un cierge). **Cierge**, Angl. Torch Thistle. Comprend les *Echinopsis*, Zucc. et *Pilocereus*, Linn. Fam. *Cactées*. — Genre renfermant environ deux cent vingt espèces habitant l'Amérique tropicale et sub-tropicale, les Indes occidentales et les îles Galapagos. Ce sont des plantes charnues, de port variable, à tige souvent simple, dont le centre est ligneux et pourvu d'un canal médullaire; la périphérie est formée de côtes longitudinales dont le nombre et l'épaisseur sont très variables. Ces côtes portent sur leurs crêtes des aréoles velues ou garnies de fascicules d'épines de consistance variable et desquelles émergent aussi les fleurs. Celles-ci sont grandes, souvent éphémères, s'épanouissant quelquefois la nuit, à périanthe longuement tubuleux au-dessus de l'ovaire, composé d'un grand nombre de segments étroits et étalés au sommet; les plus extérieurs sont courts, verdâtres, écailleux; les médians plus longs, souvent munis de soies ou d'épines aux aisselles; les plus internes nombreux, pétaloïdes, simulant une corolle plus ou moins campanulée; étamines très nombreuses, insérées, en

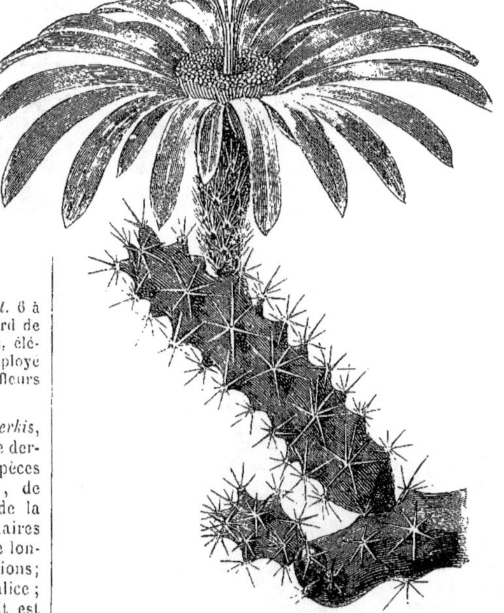

Fig. 717. — Cereus Berlandieri.

plusieurs séries, sur le réceptacle et à la base du tube, dépassant rarement le limbe, colorées; style simple, filiforme, multifide. Le fruit est une baie aréolée, tuberculeuse ou pourvue d'écailles représentant les segments extérieurs ou portant encore des cicatrices résultant de la chute de ces écailles. Pour leur culture V. **Cactées**.

Plusieurs auteurs, notamment Labouret, et Bentham et Hooker, ont réuni les *Echinopsis* et *Pilocereus* aux *Cereus*; ces genres ne forment aujourd'hui que de simples sections; ils ne diffèrent en effet entre eux que par leur aspect extérieur et par quelques caractères secondaires. Cependant, pour ne pas réunir en une seule liste alphabétique les espèces connues dans les cultures sous ces noms génériques, nous maintiendrons, dans le genre *Cereus*, les sections admises par les auteurs et donnerons leurs caractères distinctifs.

(S. M.)

Fig. 718. — Cereus Blankii.

1re Section. — CEREUS

Tige charnue, durcissant avec l'âge, courte ou allongée, céréiforme, jamais laineuse au sommet, côtelée ou anguleuse, dressée ou rampante, continue ou articulée, simple ou rameuse. Fleurs latérales, éphémères ou s'ouvrant pendant plusieurs jours; tube du périanthe très long; limbe infundibuliforme, formé de nombreuses divisions; étamines soudées à la base du tube, toutes égales et plus courtes que le limbe. Baie écailleuse ou tuberculeuse.

C. Berlandieri. — * *Fl.* de 10 cent. de diamètre, naissant sur les jeunes tiges dressées; pétales pourpre vif, en lanière, étalés en rayons irréguliers; étamines roses, en bouquet. Été. Tiges retombantes, n'ayant pas plus de 15 cent. de long et 2 cent. d'épaisseur, portant sur les côtes de petits tubercules couronnés par de courtes épines. Sud du Texas et Mexique. Plante naine, rampante, tendre et aqueuse.

C. Blankii. — Diffère simplement du *C. Berlandieri*, par ses fleurs rose foncé, suffusées de carmin et par ses pétales plus longs, plus larges et moins étalés. Été. Mexique, à une grande altitude.

C. cæspitosus. — *Fl.* rose foncé, à trente-quarante pétales oblongs, aigus, obtus ou mucronés; tube portant de quatre-vingts à cent aréoles garnies d'une longue laine grisâtre, de laquelle émergent six à seize épines brunes ou noirâtres. Tiges de 10 à 15 cent. de haut et 8 à 10 cent. de diamètre, solitaires ou fasciculées, cylindriques, ovoïdes, grisâtres ou blanchâtres, portant douze à dix-huit côtes de 12 à 18 mm. de large à la base, garnies d'aréoles très rapprochées, grisâtres ou blanchâtres, à vingt-trente épines droites, de 6 mm. ou plus de long. Nouveau-Mexique et Texas. (B. M. 6669.)

Fig. 719. — Cereus cæspitosus.

C. coccineus, Pfeiff. * *Fl.* écarlates, grandes, nombreuses. Septembre. Tiges vert foncé, triangulaires, à articulations espacées; côtes comprimées; aréoles garnies d'un tomentum jaune, duquel émergent quelques épines blanches, velues et quatre épines centrales raides, fauves et un peu arquées. Brésil, 1828.

C. crenatus, Salm. Dyck. Plante simple, dressée, vert grisâtre, portant huit côtes obtuses, tuberculeuses, à sinus étroits; aréoles convexes et veloutées lorsqu'elles sont jeunes, garnies de quatorze épines blanches, raides, sétacées, les dix extérieures rayonnantes, les quatre centrales divergentes et plus longues que les autres. Tige de 15 cent. de haut et 5 cent. de diamètre. Mexique, 1822.

C. ctenoides, —* *Fl.* de 8 à 10 cent. de diamètre, naissant sur les côtes, près du sommet de la tige; pétales jaune vif, ressemblant dans leur ensemble à une fleur de *Convolvulus;* étamines jaunes; pistil blanc. Juin-juillet. Tige de 8 à 10 cent. de haut et environ 8 cent. de diamètre, oviforme, produisant des rejets à la base, portant quinze à seize côtes en spirale, garnies d'aréoles rapprochées, à épines blanchâtres, de 6 mm. de long. Texas. Cette espèce est rare dans les cultures.

C. Engelmanni, — *Fl.* carmin pourpré, à quinze-vingt sépales ovales-lancéolés, épineux; pétales aigus; stigmates douze, verts, dressés. *Fr.* rouge, ovale. Tige ovale-cylindrique, à onze-treize côtes portant les fleurs latéralement près du sommet; épines au nombre d'environ treize dans chaque aréole, rayonnantes, blanchâtres. Californie, 1885. (R. G. 1171 « 1175 dans le texte ».)

C. enneacanthus, Engelm. *Fl.* nombreuses, naissant sur les côtes, près du sommet de la tige; pétales pourpre foncé, étalés; tube épineux; pistil et étamines jaunes. Tiges dépassant rarement 15 cent. de haut et ayant moins de 5 cent. de diamètre, cylindrique, vert gai, fasciculées chez

Fig. 720. — Cereus ctenoides.

les vieux pieds; sillons peu profonds, larges, irréguliers au sommet, portant des aréoles épineuses sur les côtes; épines fréquemment au nombre de douze (bien que le nom spécifique n'en indique que neuf) dans chaque aréole. Texas. Plante rare dans les cultures.

Fig. 721. — Cereus enneacanthus.

C. Fendleri, — *Fl.* pourpres, sub-dressées, de 8 cent. de diamètre, à tube du calice et ovaire portant des aréoles garnies de courtes épines; sépales internes au nombre de douze à quinze; pétales seize à vingt-quatre. Juin. Tige ovoïde ou sub-cylindrique, de 12 à 18 cent. de haut et 8 à 10 cent. de diamètre, vert pâle, simple ou rarement rameuse à la base; portant neuf à douze sillons de 12 mm. de profondeur; épines rayonnantes sept à dix, la centrale de 4 cent. de long. Nouveau-Mexique, 1880. (B. M. 6533.)

C. fimbriatus, — * *Fl.* roses, campanulées, à pétales peu nombreux et frangés; tube court; étamines très nombreuses. *Fr.* globuleux, rouge, de la grosseur d'une orange, couvert de tubercules épineux. Plante élevée, dressée, à huit angles obtus; épines sétacées, blanches. *Haut.* 6 à 8 m. Saint-Domingue, 1826.

C. flagelliformis, Haw. * *Fl.* rouges ou roses, très belles: style un peu plus court que les étamines. Mars. Tiges couchées, rampantes ou pendantes, grêles, d'environ la grosseur du doigt, très longues et flexibles, à environ huit angles; tubercules très rapprochés; aréoles à peine tomenteuses, à huit-douze épines étoilées. Pérou, 1690. (B. M. 17.) — Espèce très répandue, fréquemment cultivée en suspension, ses tiges sont alors entièrement pendantes et acquièrent parfois 1 m. et plus de long; elle vit très bien en appartement.

C. fulgidus, — * *Fl.* écarlate orangé, à pétales intérieurs rouge sang, lustrés et à reflet métallique, de 15 à 18 cent. de diamètre. Tige élevée, à trois ou quatre angles, munis d'aréoles épineuses. Amérique tropicale, 1870. Très belle espèce. (B. M. 5856.)

C. grandiflorus, Haw. *Fl.* très grandes. Juin-août. Tiges émettant des racines, diffuses, sarmenteuses, à cinq ou six angles; épines au nombre de cinq à six dans chaque aréole, à peine plus longues que le duvet duquel elles émergent. Iles des Indes occidentales, 1700.

Les fleurs ne restent bien ouvertes que peu de temps, six heures environ; elles s'épanouissent le soir, vers huit

Fig. 722. — Cereus grandiflorus.

heures, sont entièrement ouvertes vers onze heures, et fanées le lendemain matin. Mais, pour être très éphémère, il n'existe peut-être pas de plus belle fleur, offrant à la fois autant d'ampleur et de richesse de coloris. Elles mesurent, lorsqu'elles sont entièrement ouvertes, près de 30 cent. de diamètre; l'intérieur, d'un beau jaune, ressemble aux rayons lumineux d'une étoile, l'extérieur est brun foncé. Les pétales sont blanc pur, et les étamines très nombreuses et récurvées rehaussent encore l'ensemble des divisions. Qu'on ajoute à cela le parfum pénétrant et agréable qu'elles exhalent, et on conviendra qu'il y a peu de plantes méritant mieux une place dans les serres, où on peut la dresser contre les murs sans qu'elle occupe beaucoup de place. (B. M. 3381.)

Tiges cylindriques, grêles, rameuses, rampantes. Honduras. Magnifique espèce.

C. monstruosus, Hort. Syn. de *C. peruvianus monstruosus.*

C. multiplex, Pfeiff. Syn. *C. (Echinopsis) multiplex*, Zucc.

C. nycticalus, Link. *Fl.* blanches, s'épanouissant pendant la nuit, inodores, semblables par leur forme, mais plus grandes que celles du *C. grandiflorus*. Tiges allongées, sarmenteuses, articulées, sub-dressées, quelques-unes cylindriques, à quatre ou cinq côtes épineuses,

Fig. 723. — Cereus leptacanthus.

C. hypogæus, — *Fl.* de 5 cent. de long, à tube court, garni de quelques touffes d'épines; pétales purpurins, marginés de jaune, oblongs et mucronés. Tiges aériennes cylindriques ou claviformes, à sept ou huit angles; aréoles composées de cinq (ou plus) épines sétacées et trois à cinq épines centrales plus longues. Tige souterraine petite, inerme, Patrie? 1883. (R. G. 1085.)

C. latifrons, Pfeiff. — V. *Phyllocactus latifrons.*

C. leptacanthus, DC.* *Fl.*, plusieurs sur chaque branche, à pétales lilas purpurin foncé dans leur moitié supérieure, blanc dans l'inférieure, formant par leur réunion une coupe peu profonde et dentée sur les bords; filets des étamines blancs; anthères et stigmates orangés. Mai-juin. Port du *C. Berlandieri*. Mexique, 1860.

C. lividus, Pfeiff. *Fl.* blanches, teintées de jaune verdâtre à l'extérieur, ayant 25 cent. de diamètre. Juin. Plante dressée, très peu rameuse; tiges à cinq ou six angles, étranglée ou articulée de distance en distance; côtes épaisses, plates, droites, arrondies, à sillons de 2 cent. 1/2 ou plus de profondeur. Brésil, 1868.

C. Macdonaldiæ, Hook.* *Fl.* s'épanouissant pendant la nuit, ayant 30 à 35 cent. de diamètre lorsqu'elles sont entièrement ouvertes; sépales rouge vif et orangés, rayonnants et très nombreux; pétales blancs, délicats. Juillet. d'autres à cinq ou six côtes; épines petites, très rigides, au nombre d'environ trois dans chaque aréole, entremêlées de soies blanches, souvent caduques. Mexique. Plante convenable pour garnir les murs des serres tempérées.

C. paucispinus, — *Fl.* naissant vers le sommet de la tige, ayant 8 cent. de diamètre; calice sub-cylindrique, portant dix à quinze fascicules d'épines courtes et pâles; pétales environ trente, rouge foncé, teintés de brun, allongés-spatulés, concaves au sommet. Mai. Tiges de 12 à 20 cent. de haut et 5 à 10 cent. de diamètre, munies de côtes de forme irrégulière, ayant 12 à 18 mm. de diamètre, à tubercules variables; épines trois à sept, fortes, rouge brun pâle. Nouveau-Mexique, 1883. (B. M. 6774.)

C. pectinatus, Engelm. *Fl.* rose très gai, de 8 à 10 cent. de long et autant de diamètre, à pétales dentelés, mucronés. Tige ovale, cylindrique, à vingt-trois côtes; aréoles saillantes, linéaires, rapprochées, blanches-tomenteuses, pourvues de seize-vingt épines rayonnantes, sub-recourbées, blanches, à pointe rose; celles du centre, deux-cinq, très courtes, verticales. *Haut.* 18 à 20 cent. Mexique, près Chihuahua. Syn. *C. pectiniferus*, Lem.; *Echinocereus pectinatus*, Engelm.

C. p. robustus, Bauer. *Fl.* rose vif, blanches sur les segments inférieurs. Épines rougeâtres. Variété vigoureuse, atteignant 30 cent. de haut. Mexique, 1890. (R. G. 1331.)

C. pectiniferus, Lem. Syn. de *C. pectinatus*, Engelm.

C. peruvianus, Tabern. * *Fl.* blanches, s'ouvrant pendant la nuit, de 15 cent. de long et 13 à 14 cent. de large, à tube vert et glabre ; divisions extérieures rouge brun ; les intérieures tout à fait blanches ; étamines blanches, à anthères jaunes. Juillet-octobre. Tige dressée, épaisse, très élevée, vert foncé, à cinq-huit côtes verticales, convexes ou droites ; aréoles rapprochées, à tomentum gris,

C. Philippii, — Syn. de *C.* (*Echinopsis*) *Philippii.*

C. Pringlei, S. Wats. *Fl.* petites, blanches, teintées de pourpre. Cactée gigantesque, à tige multi-anguleuse, atteignant 10 m. de haut. Mexique, 1889. (G. et F. 1889, vol. 2, p. 364, f. 92.)

C. Phyllanthus, Hook. — V. *Phyllocactus Phyllanthus*, Link.

C. procumbens, — * *Fl.* de 8 cent. de long et de large, naissant à l'extrémité des branches ; pétales pourpre rosé vif, étalés et récurvés ; anthères formant une

Fig. 724. — Cereus procumbens.

court ; épines brunes, rigides, au nombre de sept à onze. *Haut.* 10 à 15 m. Amérique tropicale, 1690.

C. p. monstruosus, DC. Cierge rocher. — Tige de forme très monstrueuse, à côtes irrégulières tuberculeuses. Variété assez répandue, mais fleurissant très rarement. Syn. *C. monstruosus*, Hort.

C. pentagonus, Haw. * *Fl.* blanches, grandes. Juillet. Plante dressée, grêle, articulée, vert pâle ; tiges à cinq angles ; côtes ondulées ; épines nues à la base, presque égales, grêles, jaune paille, cinq ou six rayonnantes et une centrale dressée dans chaque fascicule. Tiges à trois, quatre ou cinq angles. *Haut.* 1 m. Amérique du Sud, 1779.

C. pleiogonus, Labouret. *Fl.* rouge purpurin. Plante dressée, cylindrique, vert olive, à environ treize côtes très petites ; aréoles légèrement renflées au sommet, puis formant de petits tubercules de plus en plus distincts à la base et recouvrant presque complètement la côte ; épines au nombre d'environ treize dans chaque aréole, les extérieures assez régulièrement rayonnantes ; les intérieures plus courtes, plus ou moins dressées. *Haut.* 15 cent. Origine inconnue.

couronne entourant le stigmate rayonnant. Mai-juin. Tiges étalées, couchées, émettant des branches dressées, de 8 à 12 cent. de haut. et 1 cent. 1/2 d'épaisseur, le plus souvent simplement quadrangulaires, portant de petites touffes d'épines sur les angles. Mexique. Jolie petite plante grasse.

C. repandus, Haw. *Fl.* à tube vert, inerme ; calice à lobes étroits et très acuminés, dépassant presque les pétales ; ceux-ci blancs. Plante à tiges allongées, dressées, à huit ou neuf angles obtus, un peu ondulés ; épines plus longues que la laine d'où elles émergent. *Haut.* 3 à 6 m. Iles Caraïbes, 1728. (B. R. 336.)

C. Royeni, — Syn. de *C.* (*Pilocereus*) *Curtisii*, Otto.

C. serpentinus, Lagasc. * *Fl.* grandes, très belles, à lobes sub-obtus, les extérieurs verdâtres, les médians purpurins et les intérieurs blancs ; tube très épineux à la base. Plante rampante, flexueuse, un peu grimpante, à tiges munies de onze à douze angles très obtus ; épines sétacées, fasciculées, beaucoup plus longues que la laine d'où elles émergent, laquelle finit par tomber. *Haut.* 1 m. à 1 m. 30. Amérique du Sud, 1817. (B. M. 3566.)

C. speciosissimus, Desf. * *Fl.* grandes, d'un beau rouge écarlate, quelquefois violacées à l'intérieur ; pétales étalés ; étamines blanches. Juillet-août. Plante dressée, à tiges tri- ou quadrangulaires, à angles dentés ; épines subulées, droites, sortant d'un tomentum blanc. *Haut.* 1 à 2 m. Mexique, 1816. (B. M. 3822.)

C. triangularis, Haw. *Fl.* verdâtres à l'extérieur et blanches à l'intérieur, plus grandes que celles de la plupart des autres espèces. Juillet. Plante rampante, à tiges trigones ; épines courtes, quelquefois décussées, au nombre de quatre dans chaque fascicule. *Haut.* 30 à 60 cent. Mexique, 1690. (B. M. 1834 ; B. R. 1807.)

C. variabilis, Pfeiff. * *Fl.* blanches, s'ouvrant la nuit, belles et agréablement parfumées. Plante rampante, à tiges tri- ou quadrangulaires, à peine cannaliculées ; épines réunies par cinq à sept dans chaque fascicule, à peine étoilées. Indes occidentales, 1809.

2e Section. — PILOCEREUS

Tige droite, céréiforme, parfois très haute, à côtes nombreuses ; aréoles rapprochées, à aiguillons plus ou moins forts, celles du sommet produisant ordinairement une touffe de longues soies imitant une perruque blanche. Fleurs naissant tantôt sur les côtés, tantôt au sommet de la tige ; tube un peu court ; limbe campanulé ; étamines nombreuses, graduellement soudées au tube, puis libres, toutes égales et plus courtes que le limbe. Baie écailleuse ou peu velue.

C. Brunnowii, — (*sub. Pilocereus*) *Fl.* inconnues. Tige dressée, cylindrique, vert gai, fortement couverte de taches blanches, portant neuf à douze côtes verticales, arrondies, inégales lorsqu'elles sont jeunes ; ensuite plus régulières ; épines environ trente, la centrale beaucoup plus longue que les autres, entourées de longs poils blancs sur la partie jeune de la plante. Bolivie, 1870.

C. Curtisii, Otto. *Fl.* à tube vert olive, de 5 cent. de long et 2 cent. d'épaisseur, garni dans sa partie supérieure de plusieurs segments larges et imbriqués ; divisions intérieures pétaloïdes, ovales, rose pâle ; style rose foncé, stigmate à huit ou dix rayons. Printemps et été. Plante de 1 m. ou plus de haut et 4 à 5 cent. de diamètre, dressée, droite ou un peu flexueuse, à huit ou dix angles garnis de petites touffes de laine, d'où émergent les fleurs et un faisceau de douze à quatorze épines droites, aciculaires, brunes. Nouvelle-Grenade et Colombie. Syns. *Pilocereus Curtisii*, Salm, Dyck., et *Cereus Royeni*. (B. M. 3125.)

C. Dautwitzii, — (*sub. Pilocereus*). * Tige oblongue ou fusiforme, vert gai, sillonnée depuis la base jusqu'au sommet par vingt et une côtes peu proéminentes ; aréoles rapprochées, portant un faisceau de petites épines blanches, étalées et revêtues sur toute la plante, mais plus particulièrement au sommet, d'une villosité compacte, formée de longs poils blancs, cotonneux. Nord du Pérou, 1870.

C. fossulatus, — (*sub. Pilocereus*). Tige dressée, en massue, à dix ou douze angles obtus : sutures ondulées, avec une dépression au-dessus de chaque aréole ; épines brun pâle, la centrale très forte, de 2 cent. 1/2 de long ; les extérieures dix à douze, déprimées, entourées de poils blancs, très gros, formant une touffe au sommet de la plante. *Haut.* problablement 6 m. Pérou (?) (G. C. 1873, 197.)

C. Houlletii, — (*sub. Pilocereus*). * *Fl.* violacées, avec une légère teinte de jaune et de rose, à segments très petits, nombreux, lancéolés, récurvés ; tube court, lisse, garni de quelques écailles pointues, vert rougeâtre. Tige forte, vert grisâtre, à sept ou huit côtes, portant des faisceaux composés de neuf épines, la centrale plus longue ; couverte au sommet d'une touffe de longs poils blancs. (B. H. 1862, 427.)

C. senilis, DC. Cierge à tête de vieillard, Angl. The Old Man Cactus. — *Fl.* d'environ 3 cent. de long, rouge violacé, à tube garni de quelques écailles ; pétales étalés,

Fig. 725. — Cereus (*Pilocereus*) Houlletii. (*Rev. Hort.*)

courts, étroitement lancéolés ; étamines nombreuses, recourbées, à filets violets, anthères jaunes. *Fr.* gros, violet, ovoïde, squammeux à la base, nu et tronqué au sommet. — « Plante à tige cylindrique, de 30 cent.

ou plus de haut, mais au Mexique, son pays natal, elle atteint 6 à 8 m. avec un diamètre de 20 à 25 cent., et sa forme cylindrique lui donne l'aspect d'une colonne architecturale. Cette tige est munie de trente à quarante sillons auxquels correspondent autant de côtes portant des touffes d'épines très rapprochées, garnies de nombreux poils blancs, longs et flexibles, ressemblant à la barbe d'un vieillard. Lorsqu'elle est jeune, la tige est charnue et succulente, mais avec l'âge son tissu se remplit d'une quantité extraordinaire de petits grains analogues à du sable, composés d'oxalate de chaux ; on en a trouvé jusqu'à 50 et 60 p. 100 dans certaines tiges. (*Treasury of Botany*.) » Mexique et Guatemala. Syn. *Pilocereus senilis*. Lem.

Fig. 726. — Cereus (*Pilocereus*) Houlletii. (*Rev. Hort.*) — Sommité portant un bouton et un fruit de grandeur naturelle.

3e Section. — ECHINOPSIS

Tige charnue, déprimée, globuleuse ou cylindrique, jamais laineuse au sommet, à côtes plus ou moins nombreuses, continues ou interrompues ; aiguillons variables. Fleurs toujours latérales, s'ouvrant pendant le jour et se refermant pendant la nuit ; ovaire et tube souvent couverts de poils sétiformes, ce dernier très long ; limbe presque campanulé ; étamines bisériées, les unes insérées au fond du tube, les autres soudées au tube lui-même et comme insérées à l'orifice, à filets conséquemment plus longs ; style à peine plus long que les étamines.

C. campylacanthus, Pfeiff. (*sub. Echinopsis*). *Fl.* d'environ 15 cent. de long, naissant près du centre de la plante ; calice à tube en entonnoir, vert olive ; segments du limbe graduellement transformés en pétales étalés, aigus, rose pâle. Plante d'environ 30 cent. de haut, ovale-globuleuse ; aréoles rapprochées, grandes, laineuses, portant huit à dix épines un peu grêles. Andes, 1827. Belle et distincte espèce. (B. M. 4567.)

C. cristatus, Salm. Dyck. (*sub. Echinopsis*). * Cette plante se rapproche beaucoup de la variété suivante, mais ses fleurs sont plus grandes et de couleur différente ; les pétales sont plus larges proportionnellement à leur longueur, blanc crème, passant graduellement au pourpre verdâtre chez les sépales extérieurs ; les épines sont aussi plus grêles, moins arquées, d'un jaune plus pâle et à pointe brun plus foncé. Fleurit en juillet. Bolivie, 1846. (B. M. 4687.)

C. c. purpureus, — *Fl.* très grandes, infundibuliformes, deux à quatre sur la même plante, naissant près du sommet ; tube de 15 cent. de long, vert, portant de nombreuses écailles acuminées, frangées par des poils laineux, assez abondants ; bractées supérieures passant graduellement à l'état de pétales ; ceux-ci roses, nombreux, oblongs, étalés, denticulés et mucronés au sommet. Juillet. Plante globuleuse, mais déprimée et presque ombiliquée au sommet, vert franc (non glauque), un peu luisant, profondément canaliculée, à environ dix-sept ou dix-huit côtes presque droites, fortement comprimées, entaillées à intervalles réguliers, paraissant ainsi divisées en lobes très obtus, arrondis ; aréoles velues, portant dix à douze épines grandes et fortes, légèrement arquées, inégales, les supérieures plus longues et plus fortes. *Haut.* 30 cent. Bolivie, 1844. — Très belle plante, remarquable par la grande taille de ses fleurs et de sa tige profondément sillonnée. (B. M. 452.)

C. Decaisneanus, Lem. (*sub. Echinopsis*). *Fl.* blanches. Été. Tige globuleuse lorsqu'elle est jeune, un peu en colonne à l'état adulte, vert légèrement glauque, à environ quatorze côtes comprimées, aiguës ; aréoles garnies d'un tomentum blanc, portant des épines grisâtres, dont les intérieures sont très petites. *Haut.* 15 à 35 cent. Patrie inconnue.

C. Eyriesii, Pfeiff. * *Fl.* grandes en proportion de la taille de la plante, délicieusement parfumées, naissant sur un des angles ; tube de 20 cent. de long, en entonnoir, vert grisâtre à l'extérieur, laineux et portant de nombreuses touffes oblongues de poils bruns et verts à l'intérieur ; pétales nombreux, lancéolés, très acuminés, blancs, étalés, souvent réfléchis ; étamines nombreuses, naissant un peu au-dessus du tube de la fleur, plus nombreuses sur un côté ; anthères jaunes. Janvier. Plante sub-globuleuse, déprimée ou même ombiliquée au sommet, de la grosseur d'une orange moyenne, à douze-quatorze côtes

Fig. 727. — Cereus (*Echinopsis*). Eyriesii flore-pleno.

aiguës, proéminentes, portant plusieurs aréoles blanches, arrondies, laineuses, munies de plusieurs épines courtes, peu apparentes. Mexique, 1830. Syn. *Echinopsis Eyriesii*, Zucc. (B. M. 3411, sous le nom d'*Echinocactus Eyriesii*.)

C. E. flore-pleno, Hort. Forme à plusieurs rangs de pétales donnant à la fleur l'apparence de la duplicature.

C. E. glaucus, — *Fl.* odorantes. Juillet. Cette plante est très semblable au type, elle n'en diffère guère que par ses angles beaucoup plus aigus et moins ondulés ; par ses épines plus longues, plus grêles et un peu plus brunes, ainsi que par le tube de la fleur qui est plus court, vert et dépourvu de ces longues et grossières découpures grises qui caractérisent le type. Patrie inconnue. (B. R. 1831, sous le nom d'*Echinocactus Eyriesii glaucus*.)

C. E. formosus, Jacobi. (*sub. Echinopsis*). Tige sub-globuleuse ou allongée, vert pâle, à environ seize côtes arrondies, obtuses, verticales ; aréoles distantes, ovales, sub-laineuses, grises ; épines aciculaires, rigides, les intérieures deux à quatre, brunes ; les extérieures huit à seize, fauves ou blanchâtres. *Haut.* 30 cent. Mendoza.

C. multiplex, Pfeiff. * *Fl.* de 15 à 20 cent. de long et presque autant de large lorsqu'elles sont entièrement ouvertes, exhalant une odeur de Jasmin et s'ouvrant pendant deux ou trois jours de suite ; tube de 20 cent. de long,

Fig. 728. — Cereus multiplex.

claviforme, fortement couvert à la base de touffes de poils blancs et denses, tandis que ceux du reste du tube sont plus longs et plus foncés ; pétales nombreux, les extérieurs étroits-lancéolés, devenant graduellement plus

Fig. 729. — Cereus multiplex cristatus.

courts et plus larges en s'approchant du centre, en sorte que les plus internes sont presque ovales et acuminés ; tous d'un beau rose tendre, plus foncés au sommet ; anthères jaunes, arrondies. Plante ovoïde, verte, très prolifère, ombiliquée au sommet, portant environ treize côtes saillantes, aiguës, verticales, un peu sinuées au sommet, munies d'aréoles ovales, fortement duveteuses, garnies de dix à douze épines, la centrale plus grande et plus forte que les autres, spécialement dans les aréoles supérieures où elles sont toutes d'un brun uniforme, tandis que celles des aréoles latérales sont de taille plus régulière et panachées de brun et de blanc. *Haut.* 15 cent. Sud du Brésil (selon Pfeiffer). Plante très recommandable par la beauté et le coloris délicat de ses fleurs. (B. M. 3789.) Syn. *Echinopsis multiplex*, Zucc.

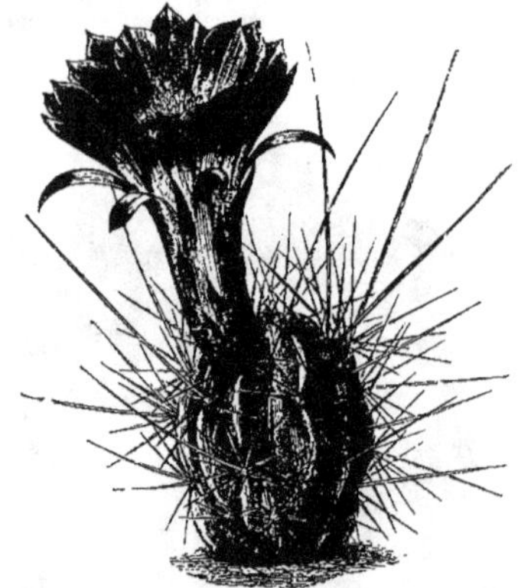

Fig. 730. — Cereus (*Echinopsis*) Pentlandi longispinus. (*Rev. Hort.*)

C. m. cristatus, Pfeiff. * Tiges fasciculées et divisées en nombreux rameaux raccourcis, très irréguliers, aplatis, en forme de crête de coq. Plante remarquable par sa monstruosité. Syn. *Echinopsis cristatus*, Salm, Dyck.

Fig. 731. — Cereus (*Echinopsis*) Pentlandi Scheerii. (*Rev. Hort.*)

C. oxygonus, Link. et Otto. *Fl.* très nombreuses sur la même plante, naissant dans les sillons, latéralement et près de la base, ayant près de 30 cent. de long et en forme de cône renversé; tube un peu arqué, couvert de bractées à l'extérieur; les inférieures petites, puis se transformant graduellement en pétales; ceux-ci larges, lancéolés, roses. Été. Plante presque globuleuse, d'un vert bleuâtre, portant quatorze côtes larges à la base et aiguës au sommet; sillons prononcés, aigus surtout au sommet; aréoles espacées, garnies d'un tomentum jaunâtre, devenant gris par la suite et d'où émergent environ quatorze épines de longueur variable, les extérieures généralement plus grandes que les intérieures, toutes brunes, coniques, non plates, les plus jeunes entourées d'un tomentum qui manque plus ou moins chez les adultes. Brésil, 1827. Syn. *Echinopsis oxygonus*, Zucc. (B. R. 1711, sous le nom d'*Echinocactus oxygonus*, Link.)

C. Pentlandii, Salm, Dyck. (*sub. Echinopsis*). *Fl.* rose carminé vif. Été. Plante globuleuse ou sub-globuleuse, à douze ou treize côtes (rarement plus) aiguës, en spirale, interrompues, vert un peu glauque; aréoles plus ou moins rapprochées, laineuses, garnies d'épines généralement égales. Pérou, 1843. (B. M. 4124, sous le nom d'*Echinocactus Pentlandii.*)

C. P. longispinus, Hort. *Fl.* carmin. Tige sub-globuleuse, à épines très longues, brun foncé.

C. P. Scheerii, Hort. *Fl.* à pétales jaunes à la base, rose vif en dessus. Tige presque globuleuse, à longues épines. Syn. *Echinopsis Scheerii*, Salm.

C. Philippii, — *Fl.* jaunes, campanulées, à segments teintés de rougeâtre, d'environ 4 cent. de long; étamines groupées en deux verticilles distincts, l'extérieur naissant à la base des pétales, l'intérieur soudé en tube autour du style. Tige cylindrique, à huit ou dix angles tuberculeux; aréoles composées d'environ huit épines courtes et quatre à cinq longues. Chili, 1883. (R. G. 1070, f. 1.)

Les listes précédentes ne comprennent que les espèces les plus intéressantes, mais un grand nombre d'autres, plus ou moins distinctes, ont également été introduites et se trouvent décrites dans les diverses publications horticoles; toutefois, la synonymie de ces genres étant fort grande, la nomenclature en est très embrouillée. (S. M.)

CERF-VOLANT. — V. **Lucanus cervus.**

CERFEUIL commun, Angl. Common or Garden Chervil. (*Anthriscus Cerefolium*, Hoffm.). — Plante annuelle, originaire de diverses parties de l'Europe. On la cultive pour ses feuilles, qui sont journellement employées comme assaisonnement, dans les sauces et surtout dans la salade. On en sème toute l'année, de temps en temps et pas de trop à la fois, les jeunes plantes donnant toujours un meilleur produit et la plante d'ailleurs montant vite en graine, surtout dans la saison chaude. Le semis se fait le plus souvent à la volée, assez clair; quelquefois en lignes, à 20 cent., et on éclaircit à peu près à la même distance. Pendant l'été, il faut semer à l'ombre ou en bordure exposée au nord et arroser d'autant plus que le sol est plus léger et le temps plus chaud, pour que le Cerfeuil ne monte pas trop vite à graine. Il va de soi qu'à l'approche ou au sortir de la saison froide, il faut préférer l'exposition au midi. — Il est bon d'en garder l'hiver quelques plants sous châssis, afin de pouvoir avoir des feuilles de temps en temps, pendant les fortes gelées.

Le *Cerfeuil frisé* est une variété du Cerfeuil commun, à feuilles complètement frisées ou crispées, que son aspect gracieux fait rechercher pour la garniture des plats, outre son emploi ordinaire comme condiment. Il est, en effet, aussi aromatique et aussi rustique que la variété commune. — Pour conserver la race bien franche, il faut ne récolter des graines que sur les pieds dont les feuilles sont les plus frisées. V. aussi **Anthriscus**. (G. A.)

CERFEUIL tubéreux, Angl. Tuberous-rooted Chervil. (*Chærophyllum bulbosum*, Linn.). — Plante bisannuelle, originaire de l'Europe méridionale. Les racines du Cerfeuil tubéreux ont à peu près le volume et la forme d'une Carotte courte hâtive ; elles sont de couleur gris jaunâtre foncé et ont une chair farineuse, un peu sucrée, avec une saveur spéciale, rappelant assez le goût des feuilles du Cerfeuil ordinaire. Les graines, laissées à

Fig. 732. — Cerfeuil frisé.

l'air, ne gardent que peu de temps leur faculté germinative ; il faut donc les semer aussitôt mûres, à l'automne, pour les voir lever au printemps, ou mieux les garder, stratifiées dans du sable, pendant l'hiver, hors des atteintes du froid et de la sécheresse. On trouve chez les marchands-grainiers des pots contenant des graines stratifiées, c'est-à-dire où les couches de sable alternent avec les couches de graines. Pour que

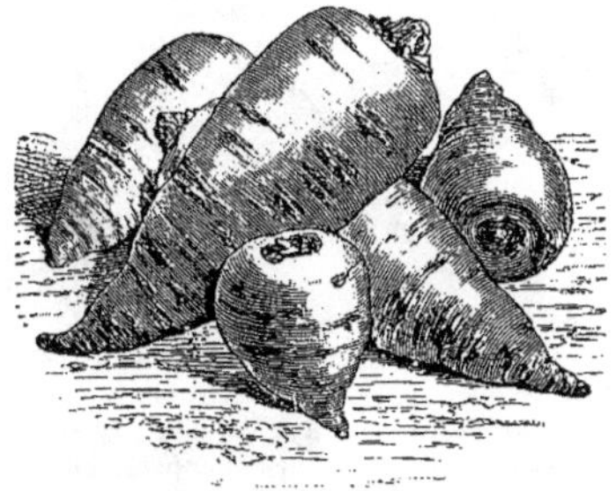

Fig. 733. — Cerfeuil tubéreux. Racines.

le sable et, par suite, les graines ne sèchent pas, il faut, dès qu'on reçoit ces pots, les enterrer en pleine terre, à environ 30 centimètres de profondeur, jusqu'au moment où l'on sèmera. Le semis se fait en février-mars, en bonne terre meuble de jardin, soit à la volée, assez clair, soit en lignes espacées de 30 centimètres ; ainsi préparée, la graine lève de suite. Il n'y a plus après cela qu'à tenir le terrain propre et à arroser fréquemment. Les feuilles se flétrissent vers le mois de juillet et c'est alors que les racines sont bonnes à enlever ; une fois récoltées, on les met en réserve, comme les Pommes de terre, dans un endroit sain et abrité, où elles se conservent bien pendant longtemps, à la condition d'avoir été récoltées mûres. (A. V. P. 9.)

Les racines du Cerfeuil tubéreux se mangent cuites, soit dans les ragoûts, soit en purée, soit frites. Il est préférable, paraît-il, de ne pas les éplucher ; on peut simplement les faire tremper dans l'eau quelque temps avant de les faire cuire, puis les frotter avec une brosse dure et enlever les germes s'il s'en est développé. Leur goût fin et aromatique les fait considérer comme un met de luxe. V. aussi **Chærophyllum.** (G. A.)

CERFEUIL musqué ou anisé. Angl. Sweet Cicely. (*Myrrhis odorata*, Spreng). — Plante vivace, rustique aromatique, originaire de l'Europe méridionale, quelquefois cultivée dans les jardins pour ses feuilles que l'on emploie comme condiment, dans les salades, etc. Elle pousse dans presque tous les terrains et peut se multiplier par ses graines que l'on sème à l'automne ainsi que par division des touffes. Ses feuilles exhalent une odeur forte et anisée. V. aussi **Myrrhis odorata.**

CÉRIFÈRE, Angl. Ceriferous. — Qui porte, qui produit de la cire.

CERINTHE. Linn. (de *keros*, cire, et *anthos*, fleur ; les abeilles récoltent, dit-on, beaucoup de cire sur leurs fleurs). **Mélinet.** Angl. Honeywort. Fam. *Borraginées.* — Genre comprenant dix espèces, que l'on pourrait probablement réduire à quatre, habitant l'Europe australe, l'Afrique boréale et l'Asie occidentale et centrale. Ce sont des plantes herbacées, glauques et glabres, annuelles ou vivaces, à fleurs réunies en grappes terminales, feuillées. Calice à cinq lobes profonds ; corolle tubuleuse, sub-cylindrique, pendante, à cinq dents, à gorge nue. Toutes les espèces se cultivent facilement en tout terrain léger et sain de préférence. Leurs graines se sèment au printemps, à exposition abritée. Le *C. maculata*, étant vivace, doit être planté dans un endroit chaud et sec si on ne veut pas s'exposer à voir ses racines charnues fondre pendant l'hiver.

C. aspera, Roth. *Fl.* à corolle jaune et à tube pourpre brunâtre, cylindrique, à cinq dents, deux fois plus longue que le calice ; pendantes et disposées en grappes courtes, courbées au sommet. Juillet. *Flles* oblongues, denticulées, ciliées, parsemées en dessus de petits tubercules blancs. *Haut.* 30 à 40 cent. Europe méridionale, France, etc. Espèce annuelle. (S. F. G. 170.)

C. glabra, — *Fl.* à corolle jaune à la base, violacée au sommet, à cinq dents. Juin. *Flles* ovales-lancéolées, très entières. *Haut.* 30 cent. Alpes d'Europe, 1827. Espèce annuelle.

C. maculata, Linn. * *Fl.* à corolle jaune, marquée de cinq taches pourpres sur le tube ; ventrue, découpée jusqu'au milieu en cinq lobes. Juin. *Flles* ovales-cordiformes, très entières, glabres. *Haut.* 30 à 45 cent. Europe méridionale et orientale, France, etc. Espèce vivace.

C. major, Lamk. * *Fl.* à corolle jaune à la base, pourpre et ventrue au sommet, à cinq dents. Juillet. *Flles* ovales-cordiformes, denticulées, ciliées, toutes charnues, embrassantes, glabres en dessus, fortement couvertes de petits tubercules, rudes en dessous. *Haut.* 30 cent. Espèce annuelle. (B. M. 333.)

C. minor, Linn.* *Fl.* à corolle jaune, portant quelquefois cinq taches brunâtres, découpée en cinq dents connivente. Juin. *Flles* ovales-cordiformes, très entières, glabres, fortement couvertes sur la face supérieure de petits tubercules blancs. *Haut.* 30 à 45 cent. Europe centrale et méridionale ; France, etc. Espèce annuelle. (J. F. A. 2, 124 ; B. M. 6890.)

C. retorta, Sibth. et Sm. * *Fl.* à tube de la corolle jaune, cylindrique, claviforme, rétrécie à la gorge, à cinq dents.

violacées, réfléchies. Juillet. *Flles* embrassantes, un peu spatulées, émarginées et courtement mucronées au sommet, couvertes sur les deux faces de tubercules blancs. *Haut.* 45 cent. Grèce, etc., 1828. Espèce annuelle. (S. F. G. 171.)

CERISCUS, Nees. — V. **Webera**, Schreb.

CERISE. — Fruit du Cerisier; ce nom a en outre été donné aux fruits de plusieurs arbres, plus ou moins semblables aux Cerises. Voici les principaux :

C. des Antilles. — *Malpighia punicifolia.*

C. de Capitaine. — *Malpighia urens.*

C. de Cayenne. — *Myrtus Michelii.*

C. de Cytère. — *Averrhoa acida.*

C. de Juif. — *Physalis Alkekengi.*

C. du Sénégal. — *Sapindus senegalensis*

C. d'Ours. — *Arctostaphylos Uva-ursi.*

C. gommeuse. — *Sapindus Saponaria.*

CERISETTE. — Fruits du *Solanum pseudo-capsicum.*

CERISIER, Angl. Cherry-tree. (*Cerasus*, Juss.). — On attribue l'origine des nombreuses variétés de Cerisiers à deux espèces croissant aujourd'hui à l'état spontané sur divers points de l'Europe. La première, le Cerisier ou Merisier commun (*Cerasus avium*, Mœnch.), franchement indigène, à fourni les *Guignes* et les *Bigarreaux;* la deuxième, le Cerisier proprement dit ou C. nain (*Cerasus Caproniana*, DC.) qui, d'après certains auteurs, aurait été introduit de l'Orient à Rome vers l'an 680, a produit les Cerises acides plus connues sous les noms de *Montmorency*, *C. Anglaises* et *Griottes*. Toutefois, plusieurs bons auteurs anciens et modernes nient cette introduction, affirment l'indigénat de l'espèce en Europe et pour eux, au contraire, nos Cerisiers seraient le résultat de croisements et d'améliorations des différentes espèces qui poussent spontanément sur notre sol.

Quoi qu'il en soit, le Cerisier est un de nos arbres fruitiers les plus estimés et les plus utiles. Ses fruits sont les premiers de la saison, ils sont d'un goût très agréable, rafraîchissants et très digestes; aussi leur consommation est-elle très grande. Ceux de certaines variétés, trop acides pour être consommées crus, sont employés pour faire des confitures, des tartes, des conserves à l'eau-de-vie ; c'est le cas des *Montmorency* et des *Griottes* du Midi.

Multiplication. — Le Cerisier se multiplie ordinairement par greffe en fente ou en écusson et aussi par semis quand on a en vue l'obtention de nouvelles variétés. On emploie généralement comme porte-greffe des plants du Merisier commun, que l'on obtient en semant des noyaux en pépinière, en replantant ensuite les jeunes sujets, à la fin de la seconde année et en les cultivant jusqu'à ce qu'ils soient suffisamment forts pour cet usage. Le C. Mahaleb ou Sainte-Lucie est aussi très employé dans ce but en France, mais son emploi est plus restreint en Angleterre où une assez grande partie du sol ne lui convient pas. La petite taille de cette espèce la rend utile pour multiplier les variétés à basse tige ainsi que les Montmorency et autres sortes à petites feuilles.

L'écussonnage se fait généralement en été, quand l'écorce se soulève facilement, de préférence par un temps couvert et en choisissant soigneusement les écussons. Lorsque ceux-ci ne reprennent pas, on greffe alors les sujets en fente, au printemps suivant. Pour la greffe en fente, les scions doivent être coupés de bonne heure au printemps, et enterrés jusqu'à ce que les sujets aient commencé à végéter, ce qui arrive généralement en mars; on obtient ainsi une plus grande chance de succès. Le choix des greffons est un point important. Chez quelques variétés ils ne contiennent dans toute leur longueur que des boutons à fleurs, excepté celui du sommet; dans ce cas, il ne faut nécessairement pas le supprimer.

Sol et exposition. — Une terre trop compacte, de même qu'une terre très légère, à sous-sol sec, ne con-

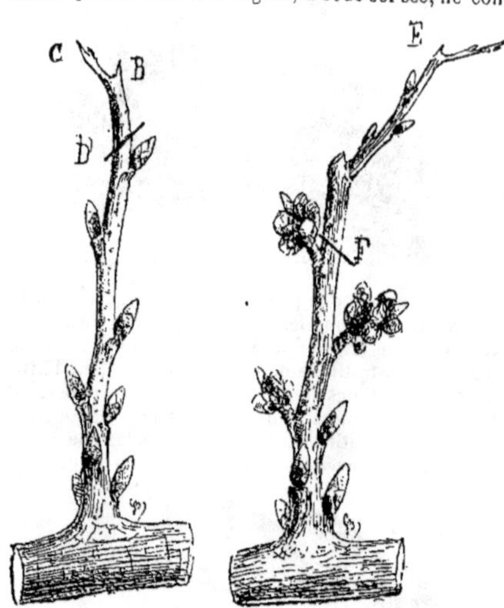

Fig. 734. — Cerisier. Branche fructifère d'un an. D, ligne de taille.

Fig. 735. — Cerisier. Branche fructifère de deux ans. F, ligne de taille.

vient pas à ces arbres. Autant que possible, on doit les cultiver dans une bonne terre franche, passablement riche et bien drainée. On n'incorpore généralement pas d'engrais en préparant le sol pour la plantation, mais dans les terrains un peu compacts on se trouvera bien d'ajouter du terreau de feuilles consommé, de la terre de fournaise ou des plâtras, afin de la rendre plus perméable. Quand les Cerisiers sont plantés contre les murs, il importe de disposer les plates-bandes en pente afin d'assurer le drainage, et dans les vergers, il faut, pour la même raison, choisir autant que possible un emplacement ondulé. Dans le nord, on plante assez souvent les Cerisiers en espalier, contre les murs. Les variétés les plus hâtives doivent être exposées au midi. Dans les vergers, on plante de préférence des variétés de plein vent, en laissant entre les arbres une distance de 6 à 9 mètres. Quand il s'agit de garnir des murs élevés, on dispose alternativement des sujets à haute tige et d'autres plus petits que l'on dresse en éventail. Si l'on désire former une grande collection, il est préférable de réunir les arbres sur un même point, en employant le système des cordons, ou tout autre mode de dressage, mais, dans ce cas, il va sans dire que le nombre de sujets de chaque variété est alors très restreint. Le palissage horizontal est également employé, en laissant environ 30 cent. entre chaque branche pour les bigarreaux et autres sortes à croissance vigoureuse, et environ 20 cent. pour les cerises anglaises.

Protection. — Le Cerisier est un arbre à floraison hâtive, et, par conséquent, sujet à souffrir des gelées printanières. Les arbres adossés contre les murs peuvent être protégés à l'aide de toiles-abri, de doubles filets, etc., mais, quel que soit le mode de protection employé, il importe qu'il n'intercepte pas la lumière sous peine d'être nuisible. Il est également nécessaire de protéger les Cerisiers contre les oiseaux, dès que les fruits commencent à mûrir, car la plus grande partie de la récolte risque fort d'être perdue. On emploie souvent avec succès des fils de laine blanche que l'on tend en différents sens et en grand nombre de branche en branche; mais, le moyen le plus pratique à employer, consiste à couvrir les arbres avec des filets qu'on attache soigneusement dans le bas. Il faut naturellement veiller à ce que le filet ne présente aucune ouverture d'un diamètre suffisant pour permettre à un oiseau d'y passer aisément.

Taille. — Les arbres de plein vent ne demandent à être taillés que lorsqu'ils se déforment et que les branches s'allongent démesurément. Pour les arbres en espalier, on peut raccourcir les pousses en été, à environ 8 cent. de longueur, de façon à laisser la lumière parvenir librement jusqu'aux fruits et permettre à l'arbre de former ses boutons à fleurs pour l'année suivante. Si on a soin de faire cette opération convenablement, à l'époque de la maturité, et d'enlever tous les rameaux inutiles, la taille hivernale devient à peu près inutile. Les griottiers en espalier demandent un traitement particulier, car les fruits au lieu de se développer sur des cousonnes, naissent sur le bois de l'année précédente. Il faut conserver et palisser les plus forts rameaux, à environ 8 cent. de distance les uns des autres, les dégager le plus possible en enlevant les rameaux les plus faibles, ainsi qu'une partie du vieux bois. Les fruits de ces variétés peuvent être laissés sur les arbres jusqu'à une époque assez avancée, à à la condition, toutefois, d'être protégés. L'élagage et le palissage doivent être faits au printemps, avant que les boutons ne commencent à gonfler. Il y a cependant avantage à supprimer en été les rameaux inutiles, afin de faire passer toute la sève dans les pousses fructifères.

Culture sous verre. — La culture sous verre du Cerisier peut être entreprise avec succès, à la condition de ne pas pousser la végétation dès le début du forçage. On peut les cultiver soit en pleine terre, soit en pots, mais dans ce dernier cas, il est important de veiller soigneusement aux arrosements. Quand on dispose d'une serre à Pêchers, par exemple, on peut avec avantage cultiver sur le devant, des Cerisiers en cordons horizontaux ou même dans n'importe quelle autre partie de la serre qui n'est pas utilisée aux forçages de première saison, en ayant soin de choisir des variétés précoces. Il est important que les arbres ne souffrent pas du manque d'eau, ni de l'excès de chaleur. Une température de 5 à 8 est suffisante pour la mise en végétation. Il faut aérer toutes les fois que le temps le permet, principalement pendant la floraison. Mais, si l'aération est nécessaire, on doit éviter les courants d'air froid avec le plus grand soin. En mettant les arbres en végétation en janvier, et en forçant doucement jusqu'à la maturité, on pourra obtenir des fruits dans le courant d'avril. Ceux-ci sont sujets à tomber en grand nombre, avant la maturité, quand la serre est surchauffée ou lorsque les arbres sont tenus dans une atmosphère trop confinée ; il faut donc éviter ces excès. Le froid vif ou une température continuellement basse produisent les mêmes effets sur les arbres de plein vent. Aussitôt après la cueillette des fruits, les sujets cultivés sous verre devront être exposés à l'air libre, afin de permettre au bois de mûrir convenablement. Pour cela, on ouvre entièrement les châssis quand les arbres sont plantés à demeure, mais lorsqu'ils sont en pots, il est préférable de les sortir. Pendant tout l'été, on devra veiller attentivement aux arrosages, de façon à faire mûrir le bois et à préparer les arbres pour la récolte suivante.

Insectes et maladies. — Les Cerisiers sont très sujets à la gomme, dans toutes les parties des branches soumises à la taille ou celles endommagées par un choc quelconque. Cette maladie n'est pas grave, excepté dans de très rares cas. Ils ont également à souffrir des attaques de certains insectes parmi lesquels le Puceron est un des plus redoutables. V. **Cerisier** (puceron du).

La Pyrale du Cerisier (*Tortrix cerasana*) est un petit papillon jaune, réticulé de brun, qui vit également sur les feuilles de ces arbres; sa chenille cause peu de dégâts.

Plus sérieux sont ceux qu'occasionne l'Ortalide ou mouche du Cerisier (*Ortalis cerasana*), sur les Bigarreautiers et les Guigniers. La femelle dépose un œuf sur chaque fruit; l'éclosion ayant lieu de suite, la jeune larve s'enfonce dans la chair du fruit et y devient le petit asticot blanc, connu de tout le monde. Lorsque le fruit tombe, cette larve sort, se transforme en terre où elle reste endormie jusqu'au printemps suivant. Cet insecte est un des plus grands inconvénients à la culture des Bigarreaux, car les vers sont quelquefois si abondants que la consommation des fruits est impossible. On ne connait malheureusement pas de remèdes. (S. M.)

Variétés. — Les variétés de Cerises sont excessivement nombreuses; le choix suivant ne comprend qu'un certain nombre des meilleures. Nous les classons chacune dans leur section respective.

ANGLAISES ou CERISES (vraies), Angl. Dukes ou May Dukes. — Arbre peu élevé, arrondi ou ovale, à branches courtes, étalées. Fruits doux, ou un peu acidulés, à jus incolore.

Anglaise hâtive (May Duke). — *Fr.* gros, arrondis, cordiformes, à peau rouge intense ; attachés par deux à quatre ; clair tendre, rouge grenat, à jus sucré, agréablement acidulé; mûrit depuis le commencement de juin. Syns. *Royale hâtive*, *Royale d'Angleterre*, *Duc de mai*, etc. Une des plus précieuses variétés, beaucoup cultivée et très estimée sur les marchés.

Anglaise tardive (Late Duke). — *Fr.* volumineux, en cœur, attachés par deux ; peau rouge brunâtre ; chair blanc rosé, assez tendre, à jus presque incolore, sucré, agréablement acidulé ; mûrit à fin juillet. Syn. *Holman's Duke*.

Belle de Chatenay. — *Fr.* gros, solitaires ou plus souvent attachés par deux; peau rouge brun; chair rouge jaunâtre, à jus coloré, sucré, aigrelet; mûrit fin juillet. Syns. *Belle de Sceaux*, *Belle de Magnifique*, *Belle de Spa*, etc.

Belle de Choisy. — *Fr.* moyens, globuleux, ordinairement attachés par deux; peau transparente, jaune d'ambre nuancée de rouge clair du côté du soleil; chair jaunâtre tendre, à jus incolore, acidulé, sucré; mûrit à fin juin. Syns. *Grosse Ambrée*, *Doucette Ambrée*, *Royale Ambrée*, etc.

Impératrice Eugénie. — *Fr.* gros, globuleux, comprimés, sillonnés, ordinairement solitaires; peau mince, rouge pourpre à maturité; chair tendre, blanc carné, à jus abondant, rosé, acidulé et sucré; mûrit à la mi-juin.

Lemercier. — *Fr.* gros, en cœur, très obtus, à longue queue, attachés par deux; peau rouge intense, nuancée de brun à maturité; chair mi-tendre, à jus abondant, coloré, acidulé et sucré. Mûrit en juillet. Syns. *Belle audigeoise*, *Duchesse de Palluau*.

Nouvelle Royale. — Hybride entre la *Royale* et la *Montmorency*, à fruit plus gros et plus réguliers que les Royales et possédant plusieurs qualités des parents.

Fig. 736. — Cerise Reine Hortense. (*Rev. Hort.*)

Reine Hortense. — *Fr.* très gros, ovoïdes, à sillon bien marqué, à ombilic profond; peau rouge clair, quelquefois rose jaunâtre; chair tendre, jaunâtre, à jus savoureux, sucré, acidulé, mûrit à fin juin. Syns. *Belle suprême*, *d'Aremberg*, *Monstrueuse de Jodoigne*, *Monstrueuse de Bavay*, etc.

Royale (Royal Duke). — *Fr.* globuleux, réguliers, moyens, attachés par deux, à pédoncules souvent grêles; peau d'un beau rouge, nuancée du côté du soleil; chair mi-tendre, rosée, à jus abondant, légèrement coloré, acidulé, mais bien sucré; mûrit en juin-juillet. Syn. *Anglaise royale*, etc.

Toupie. — *Fr.* cordiformes, très allongées en pointe obtuse, d'environ 2 cent. dans leur plus grand diamètre; peau luisante, rouge brillant, presque noire sur le côté ensoleillé; chair juteuse, sucrée, vineuse, un peu aigrelette; noyau atténué en pointe obtuse; mûrit au commencement de juillet. Petit arbre à branches dressées-étalées. Bonne variété d'origine belge. (F. d. S. plch. 8.)

Fig. 737. — Cerise toupie. (*Rev. Hort.*)

Transparente grosse. — *Fr.* gros, globuleux, obtus, légèrement sillonnés, ordinairement attachés par deux; peau mince, rouge clair, finement ponctuée de gris; chair tendre, assez transparente, jaunâtre au centre, à jus abondant, acidulé, sucré, agréable; mûrit à fin juin. Syns. *Duchesse d'Angoulême*, *Grosse rouge pâle*, etc.

MONTMORENCY, Angl. Kentish or Flemish. — Arbre peu élevé, à rameaux touffus, étalés. Fruits arrondis, déprimés, à jus incolore, abondant, aigrelet; noyau fortement adhérent au pédoncule.

De Bourgueil. — *Fr.* comprimés, à sillon étroit et profond, courtement pédonculés, solitaires ou attachés par deux; peau transparente, rouge vif; chair blanchâtre, à jus abondant, incolore, acidulé; mûrit au commencement de juillet.

A courte queue. — *Fr.* volumineux, déprimés, fortement sillonnés, pédoncules très gros et excessivement courts, insérés dans une profonde cavité; peau mince, lisse, transparente, rouge foncé; chair tendre, fine, à jus abondant, incolore, acidulé; mûrit au commencement de juillet. Syn. *Gros-Gobet; Courte queue de Provence*; *Belle de Soissons, Griotte de Montmorency*, etc. Excellente variété, très répandue.

GRIOTTES, Angl. Morello. — Arbre peu élevé, touffu. Fruits pourpre foncé, à chair tendre; jus coloré, acidulé, aigre; servant aux préparations culinaires et à la fabrication du ratafia.

Noire (Morello). — *Fr.* moyens, globuleux, à sillon à peine marqué, attachés par deux ou trois, longuement pédonculés; peau épaisse, rouge vif, puis pourpre noirâtre à maturité; chair rouge, à jus rouge, peu sucré, à saveur légèrement amère; mûrit en août et jusqu'en septembre. Syns. *G. du nord, G. à ratafia, Cerise Morello, C. de septembre*, etc.

De Portugal (Archduke). — *Fr.* globuleux, un peu comprimés, souvent attachés par trois; peau dure, épaisse, rouge noirâtre; chair mi-tendre, rouge grenat foncé, à jus abondant, coloré, peu sucré et acide, mais agréable; mûrit fin juillet. Syns. *G. royale, G. Archiduc, G. Dauphine, Cerise portugaise, C. royale de Hollande*, etc.

D'Ostheim. — *Fr.* moyens, sphériques, ordinairement solitaires, à pédoncules grêles; peau brillante, devenant noir intense à maturité; chair noirâtre, à jus rouge sang, très acidulé; mûrit à la mi-juillet.

De la Toussaint (Weeping or Pendulous Morello). — Arbre à rameaux étalés, souvent réfléchis. *Fr.* en longues grappes, moyens ou petits, globuleux; peau rouge vif, chair jaunâtre, à jus abondant, incolore, acide et sucré, non amer; mûrit depuis août jusqu'à la fin octobre et parfois novembre. Syns. *Cerisier de la Saint-Martin, C. pleureur, C. tardif à grappes*, etc. — Cette variété est très ornementale par son port pendant, par ses fleurs se succédant pendant longtemps et par ses fruits très tardifs, à maturité successive.

BIGARREAUX, Angl. d°. — Arbre vigoureux, élancé, à rameaux longs et forts, dressés. Fruits plus ou moins cordiformes, gros et à chair ferme ou croquante, à jus peu abondant, doux et très faiblement acidulé.

Ambré (Graffion or Ambré). — *Fr.* moyens, ovoïdes-cordiformes, à sillon parcouru par une ligne rouge; attachés par trois; peau rose jaunâtre, rouge du côté du soleil; chair jaune blanchâtre, ferme, à jus incolore, parfumé; mûrit à la mi-juillet. Syn. *Cerise suisse*.

Blanc gros. — *Fr.* cordiformes, allongés, sillonnés; peau blanchâtre, luisante, rouge clair au soleil; chair blanchâtre et ferme, à jus incolore et sucré; mûrit à fin juin. Syn. *B. blanc, B. Harrison, B. de Hollande, B. Royal*, etc.

Elton. — *Fr.* cordiformes, allongés, peu sillonnés; peau jaunâtre, marbrée de rose; chair blanchâtre, ferme, à jus sucré; mûrit à la mi-juin. Espèce vigoureuse et productive.

De Florence. — *Fr.* gros, en cœur et sillonnés; peau jaune blanchâtre, marbrée de rouge; chair jaunâtre, très ferme, à jus acidulé, sucré; mûrit au commencement de juillet. Un peu délicat, mais vigoureux.

D'Italie (Black Bohemian). — *Fr.* moyens, globuleux, comprimés, à sillon large, ordinairement attachés par deux; peau dure, pourpre foncé; chair rouge terne, ferme, à jus très abondant, rouge, doux; mûrit à fin juin. Arbre vigoureux.

Gros-cœuret (Monstrous Heart). — *Fr.* gros, en cœur régulier, solitaires ou attachés par deux; peau jaune d'ambre et rouge clair; chair jaune, croquante, à jus doux et parfumé; mûrit à fin juin et au commencement de juillet. Arbre très vigoureux. Syns. *B. cœur de poulet, B. Monstrueux, B. Marcelin*, etc.

Jaboulay. — *Fr.* arrondis, ovoïdes; peau épaisse, rouge vif; chair rouge brunâtre, ferme, à jus rouge intense, doux; mûrit au commencement de juin.

Jaune de Buttner (Buttner's Yellow). — *Fr.* en cœur, aplatis sur le côté du sillon; peau épaisse, dure, jaune pur, luisante; chair jaunâtre, croquante, à jus assez abondant, acidulé, sucré; mûrit en juin-juillet.

Napoléon. — *Fr.* volumineux, en cœur ou ovoïdes, assez irréguliers, légèrement sillonnés, ordinairement attachés par deux; peau rouge clair, plus intense au soleil; chair blanchâtre, très ferme, à jus abondant, presque incolore, doux et sucré, des plus savoureux; mûrit à fin juin. Syn. *B. Napoléon Ier, B. Lauermann*. Une des meilleures variétés et très répandue.

Noir de Buttner. — *Fr.* en cœur, très obtus, à sillon peu marqué; peau rouge noirâtre intense; chair rouge, très ferme, à jus peu abondant, très coloré, sucré et non acide; mûrit à la mi-juin.

Noir gros (Tradescant's Black-heart). — *Fr.* gros, irréguliers, globuleux ou cordiformes; peau rouge pourpre foncé, devenant presque noire à la maturité; chair rouge violacé, ferme, à jus pourpre, acidulé, sucré, très agréable; mûrit à fin juin. Syns. *B. cœur noir, B. de Saint-Laud, B. de Sainte-Marguerite, B. Noir de Parmentier, Guigne noire tardive*, etc.

Noir tardif (Late Black). — *Fr.* moyens, en cœur, obtus; peau rouge grenat foncé, devenant presque noire à la maturité; chair rouge, très ferme, à jus coloré, acidulé, sucré; mûrit en août. Syn. *B. noir tardif d'Espagne*.

Noir de Tartarie. — *Fr.* en cœur ou globuleux, obtus, à sillon peu visible; peau rouge noirâtre; chair rouge grenat foncé, à jus abondant, très sucré, acidulé et savoureux; mûrit à la mi-juin. Syns. *B. circassien, Guigne circassienne, Cerise de Fraser*, etc.

Rouge gros. — *Fr.* souvent très gros, en cœur, arrondis, légèrement sillonnés; peau épaisse et luisante, rouge vif, striée et marbrée de rose; chair blanc terne, à jus abondant, acidulé, sucré et parfumé; mûrit à fin juin. *B. Royal, Cerise Albanes, C. Lyonnaise*, etc.

GUIGNES, Angl. Geans. — Les Guigniers ont le même port et le même mode de végétation que les Bigarreautiers; ils n'en diffèrent que par leurs fruits à chair tendre et flasque et se rapprochent par cela des Cerisiers.

A courte queue. — *Fr.* ovoïdes, cordiformes, à pédoncules courts ou très courts; peau épaisse, brillante, rouge nuancé de noir; chair rouge tendre, à jus abondant, rougeâtre, accidulé, sucré; mûrit vers la mi-juin.

Adams'crown. — *Fr.* arrondis-cordiformes, irréguliers, attachés par deux; peau rouge clair au soleil, rosée à l'ombre et tachetée; chair blanchâtre, tendre, à jus abondant, sucré, incolore; mûrit au commencement de juin.

Aigle noir (Black Eagle). — *Fr.* gros, cordiformes, à pédoncules gros et courts, attachés par trois; peau épaisse, dure, rouge violacé; chair tendre, pourpre foncé, à jus abondant, très coloré, bien sucré; mûrit à la mi-juin.

Beauté de l'Ohio. — *Fr.* moyen ou gros, blanc nacré, teintés de rouge rubis; chair douce, de très bonne qualité; mûrit au commencement de juin. Arbre fertile, à fleurs très grandes.

Belle d'Orléans. — *Fr.* globuleux, irréguliers, sillonnés; peau blanchâtre, lavée de rose tendre; chair rosée, fine, à jus abondant, incolore, sucré et savonneux; mûrit à fin mai.

Downton. — *Fr.* globuleux, à sillon bien marqué, attachés par deux; peau brillante, jaune d'ambre, striée de carmin du côté du soleil; chair jaunâtre, mi-tendre, à jus abondant, doux et savoureux; mûrit à la mi-juin.

De Gascogne très hâtive (Gascogne's Heart or Hertfordshire Bleeding Heart). — *Fr.* gros, en cœur, légèrement sillonnés, attachés par deux; peau fond jaune, fortement lavée de rouge clair; chair blanchâtre, mi-tendre, à jus peu abondant et doux; mûrit au commencement de juin. Syns. *G. rouge hâtive*, *Bigarreau de Gascogne*, etc.

Noire hâtive — *Fr.* arrondis ou en cœur, irréguliers, attachés par trois; peau rouge noirâtre à la maturité: chair grenat foncé, mi-tendre, à jus abondant, violacé, acidulé et sucré; mûrit à la fin mai. Syn. *Cerise Guindoux*.

Pourpre hâtive (Early purple). — *Fr.* en cœur, irréguliers, attachés par deux; peau pourpre noirâtre, faiblement ponctuée; chair rouge grenat, tendre, à jus abondant, rouge bleu, acidulé-sucré, à saveur particulière: mûrit en mai-juin.

Rose de Lyon. — *Fr.* jaune clair, de saveur délicieuse. Variété hâtive, des meilleures.

CERISIER (Puceron du), Angl. Black Fly. (*Aphis cerasi*). Ce Puceron infeste parfois les Cerisiers ainsi que d'autres plantes ligneuses. Dès que l'on constate sa présence, il faut chercher à le détruire. Son extermination est chose fort difficile, cependant, les remèdes suivants donnent de bons résultats.

Jus de tabac. — Cet ingrédient employé comme il est dit pour les **Pucerons** (V. ce nom), est un bon remède, mais son emploi est encore plus efficace lorsqu'on le prépare avec de l'eau de savon au lieu d'eau claire.

Nous passons sous silence le vert de Paris (Arseniate de cuivre) puisque son emploi est prohibé à cause de sa grande toxicité.

Lorsqu'on peut se procurer des eaux d'usine à gaz, (Gas-liquor), on les additionne de deux fois leur volume d'eau claire et on en seringue les arbres. On seringue ensuite à l'eau claire, quelques heures après l'opération. Deux ou trois traitements consécutifs produisent un effet certain; de plus, la solution n'est pas bien dangereuse.

Quand le nombre de plantes est restreint, on parvient quelquefois exterminer les Pucerons en les écrasant à l'aide du pouce ou d'une brosse, surtout si l'opération est faite dès leur apparition. Les divers insecticides que l'on vend dans le commerce, notamment l'insecticide Fichet, donnent d'excellents résultats. Toutefois, ce Puceron est un des plus difficile à détruire, surtout si on le laisse se propager. Dans tous les cas, il faut toujours seringuer les plantes à l'eau claire après chaque application insecticide. Une autre espèce voisine (*Aphis rumicis*) s'attaque à plusieurs plantes herbacées, les Fèves entre autres; son traitement est exactement le même.

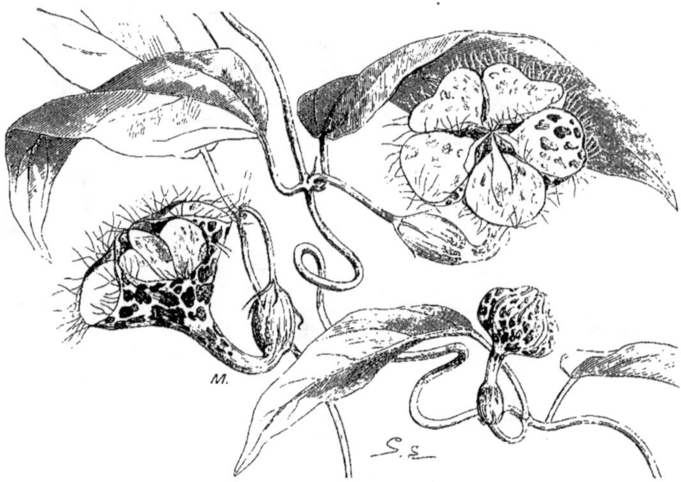

Fig. 738. — Ceropegia Gardneri. (*Rev. Hort.*)

CERISIER des Antilles. — V. *Malpighia punicifolia.*

CERISIER capitaine. — V. *Malpighia urens.*

CERISIER de la Chine. — V. *Nephelium Lit-chi.*

CERISIER des juifs. — V. *Physalis Alkekengi.*

CERISIER à grappes. — V. *Cerasus Padus.*

CERISIER à feuilles de Houx. — V. *Cerasus ilicifolia.*

CERISIER de Sainte-Lucie. — V. *Cerasus Mahaleb.*

CERISIER de la Toussaint. — V. *Cerasus semperflorens.*

CERISIER de la Virginie. — V. *Cerasus virginiana.*

CERNUUS. — Mot latin qui signifie penché, pendant.

CEROPEGIA. Linn. (de *keros*, cire, et *pege*, fontaine; allusion à la forme et à l'apparence céracée des fleurs). Syn. *Systrephia*, Burch. Fam. *Asclépiadées*. — Genre comprenant environ cinquante-six espèces d'herbes ou de sous-arbrisseaux ordinairement grimpants ou quelquefois dressés, à racine souvent tubéreuse, habitant l'Afrique tropicale et australe, les Indes orientales, l'Archipel Malais et l'Australie tropicale. Corolle infundibuliforme, à tube plus ou moins dilaté et globuleux à la base ; limbe à cinq segments quelquefois cohérents au sommet ; la couronne est fixée au tube staminal et se compose d'un verticille de cinq-dix lobes opposés aux étamines et alternes avec les lobes de la corolle. Feuilles opposées, ovales, lancéolées ou linéaires, pétiolées, peu nombreuses. Les *Ceropegia* sont de curieuses et intéressantes plantes de serre chaude ou tempérée, auxquelles il faut un mélange de terre de bruyère, de terreau de feuilles et de sable. Les boutures que l'on fait en avril, avec de petites pousses latérales, s'enracinent dans du sable, à chaud, sous cloches ou à l'air libre. Pendant leur période de repos, les arrosements doivent être très modérés ou même nuls, surtout pour les espèces tubéreuses.

C. acuminata, — *Fl.* grandes, dressées, à tube verdâtre et à limbe pourpre : segments réunis par leur sommet ; corolle ventrue à la base, à tube sub-claviforme ; pédoncules multiflores. Juin. *Flles* linéaires-lancéolées, de 5 à 10 cent. de long et à peine 1 cent. 1/2 de large, atténuées au sommet. Coromandel, 1820. Serre chaude.

C. Barklyi, — *Fl.* ayant à peine 5 cent. de long, à tube étroit, rosé, dilaté, globuleux à la base ; limbe en entonnoir, divisé en cinq longs segments filiformes, incurvés et cohérents au sommet. Mai. *Flles* opposées, lancéolées, veinées de blanc. Racine tubéreuse. Sud de l'Afrique, 1877. Serre tempérée. (B. M. 6315.)

C. Bowkeri, — *Fl.* solitaires, courtement pédonculées : sépales verts, maculés de brun ; corolle vert jaunâtre pâle, de 4 cent. de long y compris le limbe réfléchi. *Flles* linéaires, sub-aiguës, sessiles. Racine tubéreuse. *Haut.* 30 cent. Caffrerie, 1862. Serre tempérée. (B. M. 5407.)

C. bulbosa, — *Fl.* grandes, dressées, à tube verdâtre, subclaviforme ; limbe pourpre, à segments soudés au sommet ; pédoncules multiflores, plus courts que les feuilles. Avril. *Flles* variant de la forme presque orbiculaire à celle lancéolée, acuminée. Racine tubéreuse. Coromandel, 1821. Serre chaude.

C. elegans, — * *Fl.* pourpres, à tube claviforme ; limbe hémisphérique, à segments larges et en lanière, plus courts que le tube et couverts de longs cils ; pédoncules portant une à six fleurs, plus courts que les feuilles. Racines fibreuses. Indes, 1828. Serre chaude. (B. M. 3015.)

C. Gardnerii, —* *Fl.* blanc crème, maculées de pourpre et garnies de longs cils. *Flles* lancéolées, acuminées, glabres. Ceylan, 1860. Élégante espèce grimpante, de serre tempérée. (B. M. 5306.)

C. juncea, — *Fl.* grandes, jaune, verdâtre, élégamment panachées de pourpre ; corolle claviforme, incurvée, ventrue à la base ; pédoncules pauciflores. *Flles* petites, sessiles, lancéolées, aiguës. Indes, 1822. Serre chaude.

C. Monteiroæ, Hook. f. *Fl.* réunies par deux ou trois au sommet de courts pédoncules axillaires ; sépales petits, aigus ; corolle verte, de 5 à 8 cent. de long, à limbe en forme de trompette, à cinq lobes claviformes, blancs, maculés de pourpre brun. Juillet. *Flles* opposées, de 5 à 8 cent. de long, oblongues-ovales, sub-aiguës ou obtuses, succulentes, vert pâle, purpurines et ondulées sur les bords. Branches blanches, marbrées de brun. Baie de Delagoa, 1884. Serre chaude. (B. M. 6927.)

C. Sandersoni, — * *Fl.* vert pâle, bigarrées et veinées de vert foncé, d'une apparence translucide, particulière, grandes et très belles ; les cinq pétales réunis au sommet en forme d'ombrelle, ciliés sur les bords ; appendices blancs, capillaires, plans ; pédoncules axillaires, portant trois à quatre fleurs. Été. *Flles* ovales-cordiformes, épaisses, charnues, courtement pétiolées. Natal, 1868. Serre tempérée. (G. C. 1870, 173.)

C. stapeliæformis, — *Fl.* purpurines, sessiles à l'aisselle des feuilles. Juillet. *Flles* très petites, presque invisibles, ternées, cordiformes, cuspidées. Cap, 1824. Serre froide.

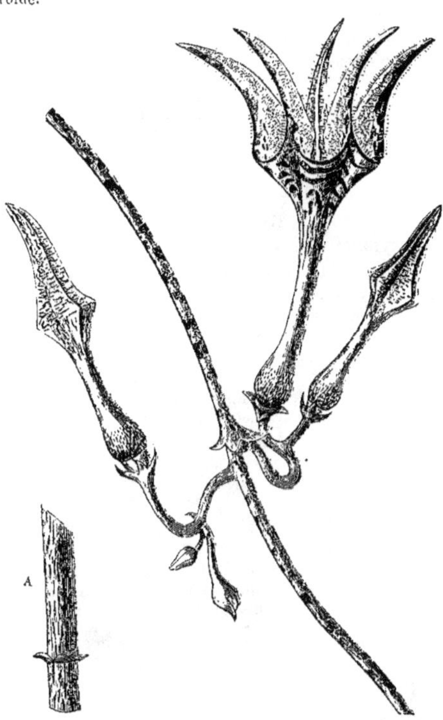

Fig. 739. — Ceropegia stapeliæformis. (*Rev. Hort.*)

C. Thwaitesii. — * *Fl.* à tube en entonnoir, de 4 cent. de long, très étroit à la base, fortement élargi dans sa partie supérieure et presque globuleux au sommet ; tube jaune ; partie supérieure de la corolle élégamment parsemée de taches rouge sang foncé ; grappes axillaires, à trois-cinq fleurs. Ceylan, 1851. Serre chaude. (B. M. 4758.)

C. Wightii. — *Fl.* vert et pourpre, à corolle sphérique, ventrue à la base ; tube grêle ; segments du limbe duveteux. Août. *Flles* ovales, aiguës, charnues. Plante grimpante. *Haut.* 1 m. 50. Indes, 1832. Serre chaude.

CEROXYLON, Humb. et Bonpl. (de *keros*, cire, et *xylon*, bois ; allusion au tronc couvert de cire). Syn. *Beethovenia*, Engelm. et *Klopstockia*, Humb., Bonpl. et Kunth. Fam. *Palmiers.* — Genre comprenant cinq espèces originaires de la Nouvelle-Grenade et du Vénézuela. Ces Palmiers sont remarquables par leur tronc élevé, qui exsude ainsi que leurs feuilles une cire végétale, connue sous le nom de *cire de Palmier ;* le *C. andicola* en fournit le plus. Fleurs monoïques ou dioïques, réunies en spadice rameux ; calice tripartit ; corolle à trois pétales ; étamines, six à quinze. Le fruit est une baie monosperme. L'espèce ci-dessous est un très beau Palmier de serre tempérée, que l'on peut employer pour les garnitures pittoresques, mais dans un endroit chaud, abrité et à demi ombré. On le cultive dans un mélange de terre franche et de terre de bruyère en quantités égales. Multiplication par semis de graines importées.

C. andicola, — * *Fl.* tantôt hermaphrodites, tantôt unisexuées ; sépales et pétales trois ; spathe entière, enveloppant complètement le spadice. *Flles* pinnées, de 60 cent. à 1 m. 20 de long ; pétioles dressés, un peu ferrugineux à la base, arqués au sommet ; folioles acuminées, de 60 cent. de long et 4 cent. de diamètre, étalées, vert foncé, luisantes sur la face supérieure ; blanc argenté sur l'inférieure. *Haut.* 15 m. Nouvelle-Grenade, 1845.

C. niveum. — V. *Diplothemium niveum*.

CÉROPÉGIÉES. — Tribu des **Asclépiadées**.

CERVICINA, Del. — Réunis au **Wahlenbergia**, Schrad.

CESPEDESIA, Goudot. (dédié à Juan Maria Cespedes, prêtre à Santa-Fé de Bogota). Fam. *Ochnacées*. — Genre comprenant quatre espèces originaires du Pérou, de la Nouvelle-Grenade et de Panama. Ce sont des arbres à rameaux annelés, portant des feuilles alternes, simples, crénelées, coriaces, à nervures transversales, et accompagnées de stipules squammiformes, placés plus haut que le pétiole. Leurs fleurs sont belles, disposées en panicules terminales. Pour leur culture, V. **Ochna**.

C. Bonplandii, — * *Fl.* jaune orangé. *Flles* très grandes, obovales, bi-crénelées sur les bords, à nervures transversales très apparentes sur la face supérieure. Amérique tropicale, 1878.

CESPITEUX ou **GAZONNANT**. — Ces mots s'appliquent aux plantes qui s'étalent et, de proche en proche, forment des touffes compactes, analogues au gazon, sans émettre de coulants ou stolons. (S. M.)

CESTRUM, Linn. (de *kestron*, ancien nom grec d'une plante). Comprend les *Habrothamnus*, Endl. et *Meyenia*, Schlecht. Fam. *Solanées*. — Plus de cent soixante plantes de ce genre ont été décrites, mais ce nombre peut-être réduit à environ cent espèces distinctes ; toutes habitent les régions chaudes de l'Amérique. Ce sont des arbrisseaux de serre chaude ou tempérée, ou demi-rustiques. Fleurs odorantes, en cymes ou en fascicules corymbiformes ou paniculés ; corolle à tube allongé, graduellement élargi dans sa partie supérieure, à limbe à cinq lobes sub-plissés, étalés ou révolutés, réguliers, condupliqués dans le bouton ; étamines cinq, insérées vers le milieu du tube. Feuilles alternes, entières, solitaires ou géminées.

Certaines espèces de ce genre sont douées de propriétés fébrifuges ou résolutives qui les font quelquefois employer en médecine ; d'autres sont vireuses et quelques-unes éminemment vénéneuses.

Au point de vue ornemental, les *Cestrum* sont de fort belles plantes que l'on peut employer pour garnir les treillages, les piliers, etc., ou dresser en arbuste. Les pots doivent être grands et remplis de terre douce et fertile. On les multiplie par boutures que l'on fait en août, sur couche tiède, avec des rameaux aoûtés ; on les rempote chaque fois que les racines touchent les bords du pot. Il ne faut pas craindre de les tailler, puis de les pincer, pour leur donner une forme régulière, compacte, et les obliger à développer des bourgeons vigoureux. Leur traitement est analogue à celui des *Fuschsia*. Pendant l'été, on peut les livrer à la pleine terre, en terrain riche en humus et à exposition abritée ; on les relève à l'automne et on les place en serre tempérée si on désire prolonger leur floraison, ou dans une serre dont la température se maintient entre 5 et 10 degrés lorsqu'on veut simplement les hiverner. Pour la garniture des treillages, des piliers, etc., il convient de les planter dans pleine terre de la serre, dans un compost léger et fertile, et de laisser leurs rameaux s'allonger librement.

C. alaternoides. — *Fl.* blanches, en grappes presque sessiles. Juillet-août. *Flles* alternes, ovales, ondulées, coriaces, luisantes. *Haut.* 1 m. La Trinité, 1840. Arbuste toujours vert, de serre chaude.

C. aurantiacum, Lindl. *Fl.* jaune orangé pâle, à odeur suave, sessiles, réunies en panicules terminales. Août.

Fig. 740. — Cestrum aurantiacum. (*Rev. Hort.*)

Flles amples, ovales, aiguës, ondulées. *Haut.* 1 m. 30. Guatemala, 1843. Excellent arbuste buissonneux, toujours vert, de serre froide. (B. R. 1845, 22.)

C. corymbosum, — *Fl.* rouges, en corymbes terminaux, formant par leur réunion une panicule dense et feuillue. Mai-juin. *Flles* ovales-lancéolées, entières. *Haut.* 1 m. 50. Mexique, 1843. Bel arbuste toujours vert, de serre tempérée. Syn. *Habrothamnus corymbosus*, Endl. (B. M. 4201.)

C. elegans, Schlecht. * *Fl.* rouge purpurin ou groseille, à pétales ciliés, disposées en cymes terminales, très nombreuses. Été. *Flles* ovales-lancéolées, acuminées, duveteuses sur la face inférieure ainsi que les branches. *Haut.* 2 à 4 m. Mexique, 1844. — Arbuste sarmenteux, toujours vert, de serre froide et plein air en été, très répandu dans les serres. Syn. *Habrothamnus elegans*, Scheidw. (B. R. 1844, 43.) — La variété nommée *argentea* est une des meilleures plantes grimpantes ; ses feuilles sont panachées de blanc crème, faiblement teintées de rose et relevées de macules irrégulières, vert tendre.

C. fasciculatum, Miers. * *Fl.* rouge purpurin, en bouquets serrés, involucrés, terminaux ; corolle urcéolée, à segments ciliés. Commencement du printemps et été. *Flles* ovales, entières, pétiolées, de 9 à 10 cent. de long et 5 à 6 cent. de large. Plante duveteuse. *Haut.* 1 m. 50. Mexique, 1843. Arbuste toujours vert, de serre froide. Syn. *Habrothamnus fasciculatus*, Endl. (B. M. 4183 et 5659 ; Gn, 8188, part. II, 660.)

C. Newelli, Hort. * *Fl.* carmin vif, grandes, en bouquets denses, terminaux. *Flles* glabres. *Haut.* 2 m. — On dit cette espèce vigoureuse, très ornementale et de serre tempérée. Syn. *Habrothamnus Newelli*. (Gn, 1888, part. II, 660.)

C. Parqui, L'Her. *Fl.* blanc jaunâtre, disposées en panicules très odorantes pendant la nuit. Juin-juillet. *Flles* lancéolées, de 8 à 12 cent. de long, atténuées aux deux

Fig. 741. — CESTRUM PARQUI.

extrémités, sub-ondulées. *Haut.* 1 m. 60. Chili, 1787. — Cet arbuste toujours vert résiste en plein air, à l'abri des murs et à l'aide d'une couverture pendant l'hiver. (B. M. 1770.)

C. roseum, — * *Fl.* roses, sessiles, en bouquets involucrés ; pédoncules terminaux et axillaires, portant trois à six fleurs. Juillet. *Flles* oblongues, sub-obtuses, duveteuses. *Haut.* 1 m. 30. Mexique, 1850. Arbuste toujours vert, de serre froide. Syn. *Habrothamnus roseus*.

CETERACH, C. Bauh. — Ce genre est maintenant réuni aux **Asplenium**, Linn. et aux **Gymnogramma**, Desv.

CETERACH officinarum, Willd. — V. **Asplenium Ceterach**.

CÉTOINE dorée, ANGL. Rosechafer. (*Cetonia aurata*). — C'est un de nos plus jolis Coléoptères, facile à reconnaître par sa taille (20 à 25 mm. de long) et par la belle couleur vert doré de ses élytres ; celles-ci sont ondulées, parcourues chacune par trois lignes saillantes et portent quelques taches blanches près du sommet ; on en rencontre quelquefois de noir foncé. Leur corps, d'apparence un peu massive, est bronzé luisant sur la face inférieure. A l'état parfait, les Cétoines vivent sur les roses, les pivoines, etc., dont elles rongent les organes sexuels. Leurs larves vivent dans le bois mort et dans la terre où elles restent inaperçues jusqu'à la troisième année, époque de leur transformation. Elles ne causent aucun dégât sérieux, aussi les laisse-t-on ordinairement vivre en paix. Lorsqu'elles sont par trop abondantes, il n'y a pas de moyen plus pratique que de les récolter sur les fleurs, le matin à la rosée, puis de les détruire par le feu, l'eau bouillante ou tout autre moyen.

CETONIA aurata. — V. **Cétoine dorée.**

CEUTORRHYNCHUS sulcicollis. — V. **Chou** (GALLES DU).

CEVADILLE. — V. **Schœnocaulon officinale.**

CHADARA, Forsk. — V. **Grewia**, Linn.

CHADEC. — V. **Citrus decumana.**

CHÆNACTIS, Hort. — V. **Hymenopappus**, L'Her.

CHÆNESTES, Miers. — V. **Iochroma**, Benth.

CHÆNOMELES, Lindl. — V. **Cydonia**, Tourn.

CHÆNOSTOMA, Benth. (de *chaino*, bâiller, et *stoma*, bouche ; allusion à la corolle largement ouverte). FAM. *Scrophularinées*. — Genre comprenant vingt-six espèces de jolies plantes herbacées ou frutescentes, de serre froide, originaires de l'Afrique australe. Fleurs axillaires ou en grappes, à pédicelles allongés ; calice à cinq segments linéaires-lancéolés ; corolle caduque, à limbe presque régulier, à cinq lobes. Feuilles presque toutes opposées, dentées ou rarement entières. Les *Chænostoma* sont faciles à cultiver en toute bonne terre de jardin. Leurs graines se sèment en mars, sur couche, et lorsque les plants sont suffisamment forts on les repique en pleine terre. On peut aussi les semer en automne ou en faire des boutures, mais il faut alors les hiverner en serre ou sous châssis.

C. cordata, — *Fl.* blanches, axillaires, pédicellées. Juin. *Flles* pétiolées, ovales arrondies, dentées. Branches herbacées, couchées, un peu radicantes, velues. *Haut.* 15 cent. Sud de l'Afrique, 1816.

C. fastigiata, Benth. *Fl.* petites, roses ou rougeâtres, en grappes serrées, longues de 15 à 25 cent. Juillet-octobre.

Fig. 742. — CHÆNOSTOMA FASTIGIATA.

Flles opposées, ovales-lancéolées, dentées. Tige très rameuse. *Haut.* 20 à 30 cent. Espèce annuelle, vivace en serre. Il existe une variété à *fleurs blanches*. Cap. Syn. *Manulea fastigiata*, Hort.

C. hispida, Benth. *Fl.* blanches, axillaires, pédicellées ; les supérieures formant une grappe lâche. Juin-août. *Flles* ovales ou oblongues, grossièrement dentées. Branches sub-ligneuses, retombantes ou divariquées, velues. *Haut.* 30 cent. Cap, 1816. (B. G. 448.) Syn. *Manulea oppositifolia*, Vent.

C. linifolia, — * *Fl.* blanc et jaune, en grappes. Novembre. *Flles* oblongues-lancéolées ou linéaires, très entières. *Haut.* 30 cent. Cap, 1820. Espèce frutescente. (L. et P. F. G. III, p. 7.)

C. polyantha, Benth. *Fl.* blanc rosé, en grappes lâches, nombreuses, de 15 à 20 cent. de long; corolle infundibuliforme. Juin-septembre. *Flles* ovales, dentées, cunéiformes à la base; les supérieures oblongues. Espèce herbacée, annuelle, mais vivace en serre, très rameuse dès la base. *Haut.* 20 à 30 cent. Cap, 1844. (B. R. 33, 32.)

CHÆROPHYLLUM, Linn. (de *chairo*, réjouir, et *phyllon*, feuille; allusion à l'odeur des feuilles). Fam. *Ombellifères.* — Genre comprenant environ trente-six espèces de plantes vivaces, herbacées, habitant l'Europe, l'Asie, l'Afrique et l'Amérique septentrionale. La plupart des *Chærophyllum* sont dépourvus d'intérêt horticole. Leurs fleurs sont blanches ou roses, réunies en ombelles à involucres nuls ou paucifoliés et à involucelles multifoliolés. Feuilles décomposées, à folioles dentées ou multifides. Toutes les espèces de ce genre sont des plus faciles à cultiver; elles poussent dans tous les terrains. Multiplication par graines que l'on sème en place, au printemps.

C. bulbosum, Linn. Cerfeuil tubéreux, Angl. Tuberous-rooted Chervil. — *Fl.* blanches. Juin. *Flles* plusieurs fois décomposées, à segments multifides, linéaires; les inférieures velues sur les pétioles; les supérieures glabres. Tige garnie à la base de poils réfléchis. Racine tubéreuse. *Haut.* 1 à 2 m. Europe, France, etc. Pour sa culture, V. **Cerfeuil bulbeux.**

C. sativum, Lamk. V. *Anthriscus Cerefolium*, Hoffm.

CHÆTACHLÆNA, D. Don. Réunis aux **Onoseris**, DC.

CHÆTANTHERA, Ruiz. et Pav. (de *chaite*, soie, et *anther*, anthère; les anthères portent des touffes de soies). Comprend les *Proselia*, Don. Fam. *Composées.* — Genre renfermant environ vingt-six espèces de jolies plantes herbacées, annuelles ou vivaces, demi-rustiques, voisines des *Ainsliæa* et habitant l'Amérique australe. Capitules radiés, à involucre formé de nombreuses bractées ciliées; les extérieures foliacées; fleurons radiés linéaires, tridentés, à segment médian bifide, à divisions très ténues, spiralées; réceptacle plan, nu; aigrette velue. Ces plantes se plaisent dans un compost de terre de bruyère et de terre franche. Leur multiplication s'opère par division des touffes, en mars-avril, ainsi que par graines que l'on sème au printemps, à chaud.

C. ciliata, — Capitules jaunes. Juillet. *Haut.* 60 cent. Chili, 1822. Espèce annuelle.

C. serrata, — Capitules jaune d'or, solitaires, terminaux. *Flles* étroites, canaliculées, à dents armées de courtes épines. *Haut.* 15 cent. Chili, 1832. Espèce vivace. (S. B. F. G. II, 214.)

CHÆTOCALYX, DC. (de *chaite*, soie, et *kalyx*, calice; allusion aux soies épineuses qui couvrent le calice). Syn. *Rhadinocarpus*, Vog. Fam. *Légumineuses.* — Genre comprenant environ huit espèces d'herbes volubiles, de serre chaude, originaires de l'Amérique tropicale et sub-tropicale. Fleurs en grappes axillaires ou terminales; corolle papilionacée, à étendard émarginé, sub-orbiculaire ou ovale. Gousse linéaire. Feuilles alternes, imparipennées, à stipules linéaires, lancéolées. Pour leur culture. V. **Clitoria.**

C. vincentinus, — *Fl.* jaunes, à pédicelles filiformes, uniflores, fasciculés à l'aisselle des feuilles. Mai-août. *Flles* imparipennées, portant deux paires de folioles ovales, mucronées, non stipellées; stipules lancéolées-linéaires, étalées-réfléchies. Indes occidentales, 1823. Syn. *Glycine vincentina.* (B. R. 799.)

CHÆTOCHILUS, Vahl. — V. **Schwenkia**, Linn.

CHÆTOCLADUS, Senil. — V. **Ephedra**, Linn.

CHÆTODISCUS, Steud. — V. **Eriocaulon**, Linn.

CHÆTOGASTRA, DC. — Réunis aux **Pleroma**, D. Don.

CHAIR. — On donne ce nom aux parties des végétaux formées de tissus en grande partie cellulaire, de consistance plus ou moins ferme, sec comme celui des Champignons ou aqueux comme la pulpe des poires et de beaucoup d'autres fruits, la tige des Cactées, etc. (S. M.)

CHALAZE, Angl. Chalaza. — Nom donné au point de l'ovule par lequel le cordon funiculaire pénètre dans l'intérieur de cet organe et se disperse dans ses tissus. La chalaze peut être cupulaire, proéminente, tuberculeuse ou colorée. Ce n'est autre qu'un ombilic interne, analogue au hile. Selon la position de l'ovule, elle est tantôt très rapprochée de l'ombilic, tantôt fort éloignée; le funicule forme dans ce dernier cas une saillie longitudinale nommée *raphé.* (S. M.)

CHÆTOSPORA, R. Br. — Réunis aux **Schœnus**, Linn.

CHAIMITIER. — V. **Chrysophyllum Cainito.**

CHAIXIA, Lapeyr. — V. **Ramondia**, Linn.

CHAKIATELLA, Cass. — V. **Wulffia**, Neck.

CHALCAS, Lour. — V. **Murraya**, Linn.

CHALEF. — V. **Eleagnus.**

CHALEF argenté. — V. **Eleagnus reflexa.**

CHALEUR DE FOND, Angl. Bottom heat. — On désigne ainsi une source de chaleur plus ou moins vive, mais continue, que l'on crée sous les tablettes qui supportent les plantes. Cette chaleur est ordinairement produite par des tuyaux de thermosiphon, passant dans une chambre à air ou même dans l'eau d'un bassin aménagé au-dessous des tablettes. Ces dernières sont garnies de matériaux légers, dans lesquels on enfonce les pots. Le plancher des tablettes doit de préférence être formé d'ardoises peu sensibles aux effets de la chaleur humide. Le degré de température varie selon les plantes que l'on cultive; lorsque le chauffage est bien organisé, on le règle à volonté à l'aide des vannes. Un thermomètre placé dans la chambre à air ou dans le bassin, facilite le maintien d'une température régulière. Le même résultat s'obtient à l'aide des couches de fumier et autres matières fermentescibles; on les préfère même fréquemment. La chaleur de fond est indispensable, surtout au printemps, pour la culture de certaines plantes, pour les semis, les boutures, etc. V. aussi **Chauffage et Couche.**

CHAMÆBATIA, Benth. (de *chamai*, sur terre, nain, et *batos*, Ronce; allusion au port de la plante). Fam. *Rosacées.* — Genre monotypique, dont l'espèce connue est un très joli petit arbrisseau demi-rustique, toujours vert, habitant la Californie. On le cultive sous châssis ou en serre froide, dans de la terre franche, à laquelle on peut ajouter un peu de terre de bruyère. Multiplication par bouture que l'on fait dans du sable et sous châssis froid.

C. foliolosa, — * *Fl.* blanches, d'environ 2 cent. de large, réunies par quatre-cinq en cymes terminales. *Flles* alternes, largement ovales, tripinnatiséquées, à segments terminés par une glande, et accompagnées de deux stipules latérales. Jeunes branches couvertes de poils glanduleux, exhalant une odeur résineuse. *Haut.* 60 cent. à 1 m. Sierra Nevada, 1859. (B. M. 5171.) Syn. *Spiræa Millefolium.*

CHAMÆBUXUS, Spach. Réunis aux **Polygala**, Linn.

CHAMÆCERASUS Alberti, Späth. — V. **Lonicera Alberti.**

CHAMÆCERASUS alpigena nana, Carr. — V. **Lonicera alpigena nana,** Hort.

CHAMÆCISTUS. — V. **Rhodothamnus Chamæcistus.**

CHAMÆCISTUS, S. F. Gray. — V. **Loiseleuria,** Desv.

CHAMÆCLADON, Schott. (de *chamai*, nain, et *kladon*, branche ; allusion au port de ces plantes). FAM. *Aroïdées.* — Genre comprenant environ douze espèces de plantes herbacées, de serre chaude, habitant l'Asie tropicale et l'archipel Malais. Fleurs monoïques, toutes parfaites ; spathe petite, sub-cylindrique, convolutée à la base, ouverte au sommet, persistante ; spadice non appendiculé, inclus, stipité, sub-cylindrique, à inflorescence mâle beaucoup plus longue que l'inflorescence femelle. Feuilles variant depuis la forme elliptique ovale jusqu'à celle lancéolée, rarement cordiformes à la base, à nervures atteignant presque les bords ; pétioles allongés, longuement engainants. Tige courte ou presque nulle. Pour leur culture, V. **Schismatoglottis.**

C. metallicum, — *Fl.* à spathe pourpre fauve, de 5 cent. de long, mucronée ; hampe purpurine, grêle, de 2 1/2 à 4 cent. de long. *Flles* de 9 à 12 cent. de long et 6 à 9 cent. de large, elliptiques, sub-aiguës, courtement mucronées, arrondies ou légèrement cordiformes à la base, d'un vert métallique en dessus, purpurines en dessous, pourvues, sur chaque côté de la nervure médiane, de huit à neuf nervures arquées, ascendantes ; pétioles de 6 à 8 cent. de long et presque 6 mm. d'épaisseur, canaliculés, purpurins. *Haut.* environ 18 cent. Bornéo, 1884. (I. H. 1884, 539.)

CHAMÆCYPARIS, Spach. (de *chamai*, sur terre ; par extension, nain ; et *Kuparisso*, Cyprès ; Faux Cyprès), ANGL. Withe Cedar. Comprend les *Retinospora*, Sieb. et Zucc. FAM. *Conifères.* — Les espèces de ce genre sont originaires de l'Amérique septentrionale et du Japon ; Bentham et Hooker les ont réunies aux *Thuya* ; elles ont en effet de nombreuses affinités avec ce genre ainsi qu'avec les *Cupressus*, entre lesquels elles forment un lien intermédiaire[1] ; toutefois, leur taille, leur aspect extérieur, etc., les rendent suffisamment distincts pour motiver le maintien du genre au point de vue horticole. On ne les distingue guère des *Cupressus* que par leurs écailles fertiles, ne portant chacune que deux à trois ovules. Les *Chamæcyparis* sont des arbres, des arbrisseaux ou des arbustes touffus, dont les ramilles sont comprimées, planes, souvent en éventail et garnies de feuilles courtes, rapprochées, appliquées chez les *vrais Chamæcyparis* ; tandis qu'elles sont grêles, cylindriques, éparses et garnies de feuilles distantes, aciculaires, plus ou moins étroites et étalées chez les espèces du groupe des *Retinospora* ; les premiers habitent l'Amérique et les derniers le Japon. Les fruits, nommés strobiles, sont arrondis, composés d'écailles ligneuses, orbiculaires ou anguleuses ; leur maturation est annuelle.

[1] Le Dr Masters, dans sa récente *List of Conifers and Taxads*, les répartit du reste dans ces deux genres.

Ces jolies Conifères sont très utiles pour l'ornement des jardins, soit en touffes isolées de trois ou plusieurs sujets, soit sur le devant des grands massifs de Conifères, etc., ils sont rustiques et peu difficiles sur la nature du terrain ; cependant ils préfèrent un sol consistant, frais, mais non humide. On les multiplie facilement par graines, par boutures et par greffe. Les graines se sèment au printemps, en terrines, ou bien en plein air si on en dispose d'une grande quantité, et on repique les plants en pots ou en planches, selon leur quantité ou selon leur rareté. Les boutures se font en octobre, avec de jeunes pousses munies d'un talon ; on les repique en pots remplis de terre très légère, et autant que possible on les place sous châssis froid où on les entretient assez humides pendant l'hiver. Au printemps suivant, elles ont formé un bourrelet ; on les place alors sur couche où elles ne tardent pas à émettre des racines. Pour la greffe, on emploie le *Tuya orientalis* ou, de préférence, le *C. Lawsoniana.* Ce genre, comme beaucoup d'autres de la même famille, possède une synonymie trop nombreuse ; de simples variétés sont souvent érigées en espèces, tantôt sous le nom de *Retinospora*, tantôt sous celui de *Cupressus.* (S. M.)

C. Boursierii, Dcne, Syn. de *C. Lawsoniana*, Parlat.

C. decussata, Hort. Syn. de *C. ericoides*, Hort.

C. ericoides, Hort. * *Flles* linéaires, étalées, densément disposées en quatre rangées sur les rameaux grêles, un peu rigides et aiguës, vert tendre en dessus, glauques en dessous, prenant une teinte ferrugineuse pendant l'hiver. Branches très nombreuses, portant des rameaux courts. *Haut.* 1 m. à 1 m. 30. Plante naine, compacte, formant un buisson conique, très répandue et d'origine horticole. SYNS. *C. decussata*, Hort. ; *Retinospora decussata*, Hort. ; *R. juniperoides*, Carr.

C. filicoides aurea, Hort. Syn. de *C. obtusa tetragona aurea*, Hort.

C. filifera, Hort. * *Flles* subulées, pointues, espacées, réunies par paires alternes, d'un vert glauque. Branches étalées ; les secondaires alternes, allongées, espacées, garnies, principalement sur un côté, de nombreuses ramilles filiformes, de longueur inégale ; les terminales plus longues. Japon, 1867. Petit arbre à port irrégulier. (G. C. 1876, p. 236.) Syn. *C. pisifera filifera.*

C. Keteleeri, Hort. Syn. de *C. obtusa*, Endl.

C. Lawsoniana, Parlat. * *Chatons* mâles terminaux, carmin vif, nombreux, paraissant lorsque l'arbre est encore jeune. *Flles* vert luisant foncé, à reflet plus ou moins glauque, très petites et fortement imbriquées, obtuses ou aiguës, ordinairement pourvues d'un petit tubercule au sommet. *Cônes* de la grosseur d'un gros pois, excessivement abondants. Branches courtes et étalées, à ramilles compactes, pendantes, formant de petites frondes ou disposées comme les barbes d'une plume. Tronc relativement grêle. *Haut.* 20 à 25 m. Nord de la Californie, 1853. (B. M. 5581 ; J. H. 1863, 367.) — Magnifique arbre vert, rustique, plus connu dans les jardins sous le nom de *Cupressus Lawsoniana.* On le multiplie facilement par semis ; il sert ordinairement de sujet pour la greffe des différentes variétés. Syns. *C. Boursierii*, Dcne ; *Cupressus Lawsoniana*, Murr. Les variétés de cette espèce sont excessivement nombreuses, les suivantes sont recommandées par MM. Veitch dans leur *Manual of Coniferæ.*

C. L. albo-spica, Hort. * Pousse terminale et extrémité des ramilles blanc crème. Variété vigoureuse, mais à port moins dense que celui du type.

C. L. albo-variegata, Hort. * Ramilles et feuillage vert très foncé, abondamment ponctué et maculé de blanc. Plante naine, compacte, conique.

C. L. argentea, Hort. * Branches plus grêles et plus longues que celles du type; feuillage presque blanc d'argent.

C. L. argenteo-variegata, Hort. * Plusieurs ramilles et feuilles blanc crème, dispersées parmi le feuillage vert foncé.

C. L. aureo-variegata, Hort. * Cette variété diffère du type par ses nombreuses ramilles jaune vif.

C. L. erecta-alba, Hort. Variété compacte, à pousses grêles, allongées, raides, plumeuses à l'extrémité, d'une belle teinte vert glauque, grisâtre ou argenté. 1882.

C. L. erecta viridis. Hort. * Plante dressée-fastigiée, conique, à feuillage d'un vert plus clair et plus gai que celui du type. Variété très ornementale et distincte.

C. L. filiformis, Hort. Branches excessivement allongées, presque pendantes.

C. L. gracilis pendula, Hort. * Branches longues, élégamment pendantes. Belle plante vigoureuse, à isoler sur les pelouses.

Fig. 743. — CHAMÆCYPARIS NUTKAENSIS. (*Rev. Hort.*)

C. L. intertexta, Hort. * Variété plus robuste dans toutes ses parties, et dont les dernières ramifications sont plus divariquées que celles du type. Feuillage d'une teinte glauque, particulière.

C. L. lutea, Hort. * Jeunes pousses entièrement jaune clair. Taille moyenne et port compact.

C. L. nana, Hort. * Plante petite, à végétation lente, globuleuse, compacte, d'un vert foncé.

C. L. nana alba, Hort. Toutes les jeunes pousses sont blanc jaunâtre, puis vert clair à l'état adulte.

C. L. nana glauca. Hort. * Analogue par sa forme à la var. *nana*, mais en diffère par sa teinte très glauque.

C. L. Rosenthalii. Hort. Variété horticole différant du type par sa forme pyramidale et par toutes ses ramilles non pendantes.

C. leptoclada, Hænk. et Hochst. — Syn. de *C. sphæroidea leptoclada*.

C. nutkaensis. Spach. * *Flles* petites, fortement imbriquées, très aiguës, dépourvues de tubercules, d'un beau vert foncé, légèrement glauques sur la face inférieure ou sur le côté des branches placé à l'ombre. Branches subdressées, à ramilles distiques, élégamment arquées à leur extrémité. *Haut.* 12 à 18 m. Colombie anglaise, 1850. — Très belle espèce rustique, affectant une forme presque cylindrique. Syns. *Cupressus nutkaensis*, Hook.: *Thuyopsis borealis*, Fish. — On connait les variétés suivantes; leurs noms indiquent suffisamment leurs caractères : *argenteo-variegata*; *aureo-variegata*; *compacta*, *glauca*; *pendula*; *variegata* et *viridis*

C. obtusa, Endl. * *Flles* presque toutes verticillées par quatre, ovales, rhomboïdes, obtuses, rarement pointues, décussées, toutes en forme d'écailles, fortement apprimées sur les ramilles et adhérentes presque jusqu'au sommet; la partie inférieure est seule visible. Branches étalées, les latérales disposées sur deux rangs, très denses, étalées en éventail et d'un vert clair. *Haut.* 20 à 25 m. Japon. Arbre élevé, toujours vert. Syns. *C. Keteleeri*, Hort.; *Cupressus obtusa*, Koch. et *Retinospora obtusa*, Sieb. et Zucc.

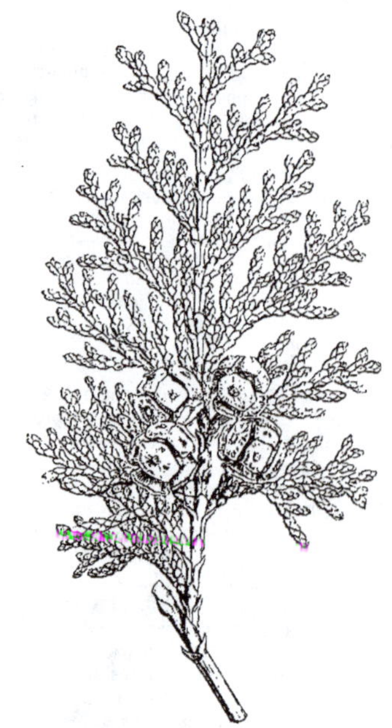

Fig. 744. — CHAMÆCYPARIS OBTUSA. (*Rev. Hort.*)

C. o. albo-picta, Hort. Beaucoup de jeunes rameaux sont d'un blanc crème, donnant ainsi à l'arbre un aspect maculé.

C. o. aurea, Hort. * Diffère du type par certains rameaux et certaines feuilles partiellement colorés de jaune d'or et entremêlés avec les pousses normales vertes. Japon. Petite plante entièrement rustique, recommandable pour les petits jardins.

C. o. compacta, Hort. Tige très rameuse dès la base, à branches resserrées, plus compactes que celles du type.

C. o. filicoides, Hort. * *Flles* petites, ovales, arquées, de texture épaisse, à pointes un peu obtuses, carénées sur le dos, denses et presque disposées sur quatre rangs, d'un beau vert foncé luisant. Branches allongées, étroites, planes, régulièrement et densément garnies de courtes ramilles d'un vert foncé sur la face supérieure, plus ou moins glauques sur l'inférieure. Japon. Arbre vigoureux, entièrement rustique. Syn. *Retinospora filicoides*.

C. o. gracilis aurea, Hort. * Forme très élégante, à branches étalées, allongées à leur extrémité en rameau grêle, un peu pendantes, garnies de courtes ramilles; feuillage jaune clair à l'état juvénile, devenant à la fin vert clair. Port pyramidal.

C. o. lycopodioides, Carr. * *Flles* de formes diverses, éparses autour des rameaux, celles des parties supérieures des principaux rameaux plus ou moins arrondies, pointues ou obtusément aciculaires; celles de la base des rameaux et celles des ramilles plus ou moins en forme d'écailles, apprimées, opposées par paires, carénées sur le dos, ovales, fortement imbriquées, toutes d'un beau vert foncé et luisant. Branches étalées, un peu grêles, à ramilles nombreuses, un peu courtes. Japon, 1861. Bel arbre vert. Syn. *Retinospora lycopodioides*.

C. o. nana, Hort. Singulière variété formant un buisson nain, atteignant rarement plus de 30 à 60 cent. de haut, mais s'étalant horizontalement à plus de deux fois cette distance. Japon. Plante entièrement rustique, très convenable pour garnir les rocailles et les petits jardins. Syns. *C. o. pygmæa*, Hort.; *Retinospora obtusa pygmæa*, Gord.

C. o. plumosa, Hort. * *Flles* subulées ou aciculaires, sub-dressées ou étalées, aiguës. Branches nombreuses, sub-dressées, fortement garnies de rameaux latéraux. *Haut.* 3 à 5 m. Japon. Espèce compacte, conique. — Les formes de cette variété sont de bien beaux arbrisseaux, à rameaux flexibles, plumeux.

C. o. p. picta, Hort. * Certaines ramilles sont blanc pur et donnent un aspect panaché à la plante.

C. o. p. argentea, Hort. * Presque toutes les jeunes pousses sont blanc crème, puis deviennent vertes à l'état adulte.

C. o. p. aurea, Hort. * Les jeunes pousses et le feuillage sont jaune doré, puis deviennent vert foncé lorsque la saison avance. Plante distincte et ornementale.

C. o. pygmæa, Hort. Syn. de *C. obtusa nana*, Hort.

C. o. tetragona aurea, Hort. * *Flles* courtes, en forme d'écailles, se maintenant jaune d'or jusqu'à la deuxième année, et devenant alors vert foncé. Branches horizontales, à ramilles courtes, non rameuses, tétragones et groupées à l'extrémité des rameaux. Variété horticole. Syn. *C. filicoides aurea*.

C. o. variegata, Hort. Cette forme ne diffère du *C. obtusa* type, que par ses ramilles plus ou moins teintées de jaune.

Les variétés citées ci-dessus ne représentent nullement la série complète. On peut sélectionner un certain nombre de formes dans les semis; cependant, les précédentes sont les meilleures et les plus distinctes.

C. pisifera, Endl. * *Flles* disposées sur quatre rangs, décussées, toutes en forme d'écailles sur les plantes adultes; les supérieures et les inférieures ovales-lancéolées, rétrécies en pointe dure, carénées et lisses sur le dos; les latérales un peu ensiformes, également longues, aiguës, marquées sur la face inférieure de deux bandes glauques. Branches nombreuses, fortement garnies de rameaux. Japon, vers 1862. Syns. *Retinospora pisifera*, Sieb. et Zucc. (S. Z. F. J. 122); *Cupressus pisifera*, Koch. Arbre beaucoup plus nain et plus grêle que le *C. obtusa*.

C. p. argenteo-variegata, Hort. Variétés à ramilles panachées de blanc.

C. p. aurea, Hort. * Extrémité des rameaux d'une teinte dorée. Japon, 1861.

C. p. filifera, — Syn. de *C. filifera*, Hort.

C. sphæroidea. * Spach. Angl. White Cedar. — *Flles* très petites, fortement imbriquées, portant un petit tubercule vers leur milieu, vert tendre, ne persistant pas sur les

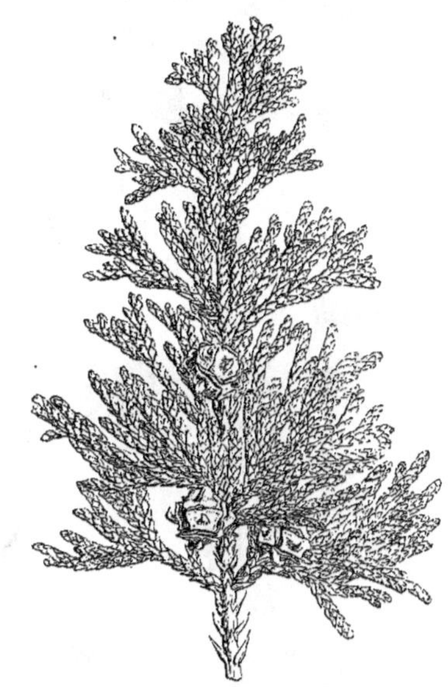

Fig. 745. — Chamæcyparis sphæroidea. (*Rev. Hort.*)

branches adultes. *Cônes* petits, globuleux, et de la grosseur d'un pois. Branches étalées, très rameuses, à ramilles grêles, non disposées en éventail. Tronc grêle, conique. *Haut.* 12 à 20 m. Amérique du Nord, 1736. Syn. *Cupressus Thyoides*, Linn.

C. s. glauca, Endl. Syn. de *C. s. kewensis*, Knight.

C. s. kewensis, Knight. Diffère du type par son port plus dense, plus compact et par ses ramilles et ses feuilles d'une teinte glauque, argentée. Très belle variété. Syn. *C. s. glauca*, Hort.

C. s. leptoclada, — * *Flles* de deux formes; les primaires linéaires, aciculaires, récurvées, d'un vert glauque clair; les adultes squammiformes, fortement apprimées, plus foncées. Branches rapprochées, courtes, sub-dressées, très divisées; ramilles aplaties, disposées comme les barbes d'une plume, réunies à l'extrémité de branches et de leurs subdivisions nombreuses. *Haut.* 2 m. 50 à 3 m. Japon, vers 1861. Port pyramidal. Syns. *C. leptoclada*, Hænk. et Hochst. *Retinospora leptoclada*, Zucc.

C. s. variegata, Endl. * Bel arbre de taille moyenne ou peu élevée; plus de la moitié des ramilles et de leur feuillage est d'une belle teinte jaune d'or. Il lui faut un endroit frais.

C. squarrosa, Endl. * *Flles* disposées en spirale ou en verticilles, étalées, linéaires, très aiguës, décurrentes, denses, lisses, fréquemment arquées ou renversées, un peu en forme d'écailles; celles des jeunes branches plus grandes, linéaires, aiguës, étalées, réfléchies, d'un vert

Fig. 746. — CHAMÆCYPARIS (*Retinospora*) SPHÆROIDEA LEPTOCLADA. (*Rev. Hort.*)

glauque clair en dessus, marquées de deux lignes glauques sur la face inférieure. Branches grêles, élégamment arquées au sommet; ramilles nombreuses, étalées dans toutes les directions et fortement garnies de feuilles allongées. *Haut.* 1 m. 20 à 2 m. Japon vers 1843. — Espèce un peu sensible, formant un grand buisson ou un petit arbre. Syn. *Retinospora squarrosa*, Sieb. et Zucc.

CHAMÆDOREA, Willd. (de *chamai*, nain, et *dorea*, présent; les fruits de ces Palmiers sont faciles à atteindre). SYNS. *Nunnezharia*, Ruiz. et Pav. et *Nunnezia*. Willd. Comprend les *Morenia*, Ruiz. et Pav. FAM. *Palmiers*. — Ce genre renferme plus de soixante espèces de jolis Palmiers de serre chaude, très cultivés, habitant l'Amérique tropicale occidentale. Fleurs dioïques, en spadices naissant au-dessous de la couronne de feuilles. Le fruit est une baie ordinairement un peu plus grosse qu'un pois, très lisse et de couleur vive. Feuilles ordinairement pinnatiséquées ou entières chez quelques espèces. Tronc annelé, poli, à peine plus gros que le doigt. Plante inerme. Les *Chamædorea* croissent toujours à l'état spontané à l'ombre des grands arbres et jamais dans les endroits découverts; il est donc essentiel, pour les cultiver avec succès, de les placer dans les endroits ombrés et humides des serres chaudes. Ils se plaisent dans un compost de deux parties de terre de bruyère spongieuse, une de terre franche et une de sable, le tout bien mêlé. Multiplication par semis.

C. Arenbergiana, Wendl. * *Flles* pinnées, de 60 cent. à 1 m. de long, à folioles de 30 cent. de long et 10 cent. de large, pendantes, rétrécies en pointe étroite, vert gai. Tige grêle. Guatemala. (B. M. 6838.) Syns. *C. latifrons*, *C. latifolia*.

C. atrovirens, — Syn. de *C. Martiana*.

C. brevifrons, — *Flles* pinnées, arquées, de 30 à 45 cent de long, à folioles sessiles, de 2 1/2 à 5 cent. de large, rétrécies en pointe, vert foncé. Tige grêle. Nouvelle-Grenade. Espèce très distincte.

C. desmoncoides, Wendl. * *Flles* pinnées, de 60 cent. à 1 m. de long, à folioles de 30 cent. de long et 2 1/2 à 4 cent. de large, pendantes, vert foncé. Tige grêle, glauque ainsi que les pétioles. Mexique, 1846. Espèce élégante, devenant sarmenteuse-grimpante lorsqu'elle a atteint environ 2 m. Syn. *C. scandens*.

C. eburnea, — *Flles* pinnées, larges, d'un vert très gai, formant un agréable contraste avec le blanc d'ivoire de la nervure médiane qui parcourt toute la longueur du limbe et visible sur les deux faces. Tiges et pétioles parfaitement lisses et un peu glauques. Colombie, 1876.

C. elatior, Mart. *Flles* vert gai, pinnées, à folioles larges. Sud du Mexique. — Cette espèce est sans doute la plus élevée de toutes; elle convient pour garnir les piliers et pour faire filer le long de la charpente des grandes serres chaudes.

C. elegans, Mart. *Flles* pinnées, de 60 cent. à 1 m. 20 de long, élégamment pendantes, à folioles de 15 à 20 cent. de long et 2 cent. 1/2 de large au milieu, graduellement rétrécies depuis ce point jusqu'aux deux extrémités, vert luisant foncé; pétioles un peu carénés, engainants à la base. Tige forte. *Haut.* 1 m. 30. Mexique. Syns. *C. Helleriana*, et *Kunthia Deppeana*. (G. C. 1873, 508.)

C. Ernesti-Augusti, Wendl. * *Flles* en spadices écarlate orangé vif, très décoratifs pendant leur durée. *Flles* simples, d'un beau vert foncé, ayant 60 cent. de long et 30 cent. de large, profondément bifides au sommet. Nouvelle-Grenade. Syn. *C. simplicifrons*. (B. M. 4831, 4837.)

C. formosa, Hort. * *Flles* pinnées, à folioles très nombreuses, alternes, linéaires-lancéolées, de 45 cent. de long et environ 8 cent. de large, allongées en pointe filiforme: pétioles lisses, portant deux sillons sur la face supérieure. Tolima; Amérique du Sud, 1876. (G. C. 1876, 724.)

C. fragrans, H. J. *Flles* en épis formant une panicule allongée, pendante. *Flles* vert gai, pinnées, gracieusement arquées, à folioles nombreuses, étroites, acuminées. Mexique, 1850. Syn. *Morenia fragrans*. (B. M. 5492.)

C. geonomæformis, Wendl. * *Flles* entières, bifides au sommet, de 15 à 30 cent. de long et 10 à 12 cent. de large, vert foncé. Tige grêle. *Haut.* 1 m. 30. Guatemala, 1856. Très belle espèce naine. Syn. *Nunnezharia geonomiformis*. (B. M. 6088.)

C. Ghiesbreghtii. — V. *Gaussia Ghiesbreghtii*.

C. glaucifolia, Wendl. * *Flles* allongées, pinnées, à folioles étroites, allongées, grêles, vert foncé, à reflet glauque. *Haut.* 6 m. Guatemala. Élégante espèce à port grêle, des meilleures pour les garnitures.

C. graminifolia, Wendl. * *Flles* pinnées, de 60 cent. à 1 m. 30 de long, d'un beau vert glauque, élégamment arquées, à folioles de plus de 30 cent. de long sur environ 12 mm. de large. Tige semblable à un roseau. Costa-Rica. — Cette espèce est, dit-on, la plus élégante du genre; ses feuilles ressemblent à de grandes plumes

C. Helleriana, — Syn. de *C. elegans*, Mart.

C. Karwinskiana, Herm. Inflorescence mâle paniculée, grêle, à fleurs petites, orangées. *Flles* vert gai, de 80 cent. à 1 m. de long, portant seize à vingt-deux pinnules lancéolées-acuminées, couvertes d'une pulvérulence blan-

Fig. 717. — CHAMÆDOREA KARWINSKIANA. (*Rev. Hort.*)

châtre lorsqu'elles sont jeunes. Tiges nombreuses, simples, portant au sommet cinq à six feuilles. *Haut.* 2 à 3 m. (R. H. 2853, f. 54.)

C. latifolia, — Syn. de *C. Arenbergiana*, Wendl.

C. latifrons, — Syn. de *C. Arenbergiana*, Wendl.

C. Lindeniana, Wendl. *Flles* pinnées, étalées, à folioles largement oblongues ou oblongues-lancéolées, falciformes, longuement acuminées ; nervures primaires et secondaires onze à trente. Mexique.

C. lunata, — Syn. de *C. oblongata*, Mart.

C. macrospadix, — *Flles* pinnées, de plus de 1 m. 20 de long, élégamment arquées, à folioles de 30 à 45 cent. de long sur 5 cent. de large, vert foncé. Tige un peu forte. Costa-Rica. Très belle espèce, des plus grandes du genre.

C. Martiana, Wendl. *Flles* pinnées, étalées, à folioles pendantes, de 15 à 20 cent. de long sur à peine 2 cent. 1/2 de large, vert foncé. Chipias. — Espèce naine, très utile, produisant plusieurs petites tiges dichotomes. Syn. *C. atrovirens*.

C. mexicana, — Syn. de *C. Sartori*.

C. microphylla, Wendl. * *Flles* pinnées, de 15 à 25 cent. de long, élégamment arquées, à folioles ovales-cordiformes, d'environ 10 cent. de long et 3 cent. de large, vert très foncé. Tige grêle, vert foncé, bigarrée de taches blanches. Amérique tropicale. — Petit Palmier en miniature, développant ses spadices au-dessous de la couronne de feuilles, lorsque la tige a à peine 5 cent. de haut.

C. oblongata, Mart. *Flles* pinnées, allongées, vert foncé, à folioles un peu lunées. Tige assez forte. Amérique tropicale. — Elégante espèce, très convenable pour les garnitures. Syn. *C. lunata*.

C. polita, — *Flles* bifides lorsqu'elles sont jeunes, formant à l'état adulte deux paires de pinnules avec une grande foliole terminale ; pétioles et tige lisse. Mexique, 1884.

C. pulchella, Lieb. *Flles* très nombreuses, élégamment arquées, pinnées, à folioles linéaires, très nombreuses, 1885. Espèce très ornementale, convenable pour les garnitures de table.

C. Sartorii, — * *Spadices* rouge vif. *Flles* plus longues, plus nombreuses et à pinnules plus larges que chez le

Fig. 718. — CHAMÆDOREA SARTORII.

C. elegans, auquel cette espèce ressemble par ses autres caractères. Mexique. Très belle espèce. Syns. *C. mexicana*, et *Morenia oblongata conferta*.

C. scandens, — Syn. de *C. desmoncoides*.

C. simplicifrons, — Syn. de *C. Ernesti-Augusti*.

C. tenella, Wendl. *Flles* jaunes, en épis dépourvus de bractées et bractéoles ; les mâles de 2 mm. de long. Spadices aussi longs que la plante, pendants, grêles, non rameux, les mâles les plus longs et dont les fleurs sont de beaucoup les plus nombreuses et les plus petites ; rachis grêle, mais plus fort que le pédoncule, celui-ci très grêle ; spathes membraneuses. *Flles* courtement pétiolées, de 10 à 12 cent. de long et 8 cent. de large, étalées, convexes, à dents obtuses, espacées, bifides sur un tiers de leur longueur, portant huit à neuf paires de nervures. Un des plus petits Palmiers. Mexique. (B. M. 6584.)

C. Tepejilote, — *Flles* pinnées, à folioles d'un beau vert foncé, pendantes. Tige grêle. *Haut.* 3 m. Mexique, 1860.

Espèce très élégante, mais assez rare dans les cultures. (B. M. 6030.)

C. Warscewiczii, — *Flles* allongées, élégamment arquées, pinnées, à folioles larges, sessiles, rétrécies en pointe ; la terminale large, bifide. Guatemala.

C. Wendlandi, — * *Flles* pinnées, à folioles de 30 cent. de long et plus de 5 cent. de large, sessiles, acuminées au sommet, d'un beau vert luisant. Tige grêle. Mexique. Une des meilleures espèces pour les garnitures.

C. Wobstiana, — Élégante espèce très semblable au *C. Sartorii*, mais plus robuste et à feuilles plus nombreuses. 1885.

CHAMÆLAUCIÈES. — Tribu des **Myrtacées**.

CHAMÆLAUCIUM, Desf. (de *chamaileuke*, petit Peuplier; les pousses vigoureuses rappellent un Peuplier en miniature ; cette signification n'est pourtant pas très claire). Fam. *Myrtacées*. — Genre comprenant environ dix espèces de jolis petits arbrisseaux toujours verts, de serre froide, habitant l'Australie austro-occidentale. Fleurs blanches, accompagnées de deux bractées concaves qui les enveloppent avant la floraison, axillaires à l'aisselle des feuilles du sommet des rameaux et simulant un épi ou un capitule. Feuilles opposées, rapprochées, linéaires, triquètres. Pour leur culture et leur multiplication, V. **Calythrix**.

C. ciliatum. — *Fl.* à tube du calice strié, glabre, à lobes arrondis et ciliés. Mai. *Haut.* 60 cent. Australie occidentale, 1825.

C. plumosum, Desf. — V. *Verticordia Fontanesii*.

CHAMÆLEDON procumbens. — V. **Loiseleuria**.

CHAMÆLEO. — Nom ancien du **Carlina acaulis**. (V. ce nom.)

CHAMÆLUM, Phil. (de *chamelos*, humble, bas; allusion au port de ces plantes). Fam. *Iridées*. — Petit genre comprenant deux espèces d'herbes vivaces, demi-rustiques, originaires du Chili. Fleurs réunies par deux ou plus dans chaque spathe, très courtement pédicellées ; périanthe jaune, à tube un peu en entonnoir; lobes sub-égaux, dressés, puis étalés; étamines insérées à la gorge, à filaments soudés en tube cylindrique ; spathes terminales, solitaires, ou nombreuses et agrégées. Feuilles peu nombreuses, linéaires, élargies ou sub-arrondies. Il n'existe dans les cultures que le *C. luteum*. Il se plaît dans une terre franche siliceuse, bien drainée, et on peut le multiplier par division des touffes. Cette plante serait sans doute rustique sur plusieurs points de la France.

C. luteum, Phil. *Fl.* à périanthe de 5 cent. de long, très glabre, à segments lancéolés-linéaires ; spathes deux ou trois, dressées, de 4 cent. de long, glabres, striées et pubescentes seulement au sommet, finement mucronées. Hampe arrondie, de 2 cent. de long, biflore. *Flles* linéaires, filiformes, dressées, récurvées, de 6 cent. de long et à peine 1 mm. 1/2 de large, à pubescence courte, blanchâtre. Chili, 1884. (R. G. 1129, f. 6-9.)

CHAMÆPEUCE, DC. (de *chamai*, nain, et *peuke*, Ananas; allusion à leur ressemblance avec les Ananas). Fam. *Composées*. — Les espèces de ce genre sont maintenant réunies par divers auteurs au genre *Cnicus*. Ce sont des plantes herbacées, rustiques, différant des *Cnicus* vrais par leurs achaines à enveloppe dure, non membraneuse, et des *Carduus* par leurs aigrettes à soies plumeuses et non scabres. Capitules de 2 1/2 à 5 cent. de diamètre, ordinairement disposés en corymbe ou en longue grappe feuillue. Feuilles ordinairement lancéolées, plus ou moins profondément dentées et très épineuses sur les bords. Parmi les espèces appartenant à ce genre, les *C. Casabonæ* et *C. diacantha* sont seuls dignes d'attention. Ces deux plantes sont convenables pour les garnitures pittoresques, pour orner les rocailles pour planter au centre des mosaïques; elles forment une rosette compacte de feuilles et ne développent leur hampe florifère que la deuxième année. Il leur faut peu d'eau et une terre légère et sèche. On les multiplie par graines que l'on sème en février, sur couche, ainsi qu'en septembre à froid ; dans ce cas, on repique les plants en pots et on les hiverne en orangerie ou sous châssis froid.

C. Casabonæ, DC. Angl. Fish-bone Thistle. — *Capitules* pourpre pâle. Été. *Flle* vert foncé, épineuses, veinées de blanc. *Haut.* 60 cent. à 1 m. Europe méridionale, 1714.

C. diacantha, DC. *Capitules* purpurins, brièvement pédonculés, en grappes spiciformes. Juin-juillet. *Flles* coriaces, glabres, vert clair et à nervures blanches sur la face su-

Fig. 719. — Chamæpeuce diacantha.

périeure, tomenteuses et blanches en dessous, lancéolées, linéaires, à nervure médiane, terminée par une seule épine; les latérales ordinairement à deux pointes; épines blanc d'ivoire. Tige dressée, simple ou un peu rameuse au sommet. *Haut.* 60 à 80 cent. Syrie, 1800. Espèce bisannuelle.

C. Sprengeri, Hort. *Capitules* blancs, odorants, à bractées de l'involucre glabres. *Flles* linéaires-lancéolées, vert foncé, à nervures blanches; les latérales se terminant en deux ou trois épines marginales. 1883. — Hybride horticole, vivace, rustique, convenable pour les rocailles et pour la mosaïculture.

C. stricta, DC. *Capitules* purpurins. Été. *Flles* veinées de blanc. *Haut.* 60 cent. Europe méridionale, 1820. — Plante naine, élégante, que l'on rencontre quelquefois dans les jardins.

CHAMÆPITHYS, Tourn. — Réunis aux **Ajuga**, Linn.

CHAMÆRANTHEMUM, Nees. (de *chamai*, nain, et *anthos*, fleur). Fam. *Acanthacées*. — Genre comprenant deux ou trois espèces de plantes herbacées ou suffrutescentes, de serre chaude, originaires du Brésil. Leur port rappelle celui des *Eranthemum*. Ils se plaisent dans un mélange de terre franche et de terre de bruyère, bien drainé. Multiplication par boutures de jeunes rameaux, que l'on fait au printemps, dans du sable et à chaud.

C. Beyrichii variegatum, — *Fl.* blanches. *Flles* assez grandes, ovales, marquées d'une large bande à bords irréguliers, parcourant le milieu du limbe. Brésil, 1866. (B. M. 5557.)

C. igneum. — V. *Stenandrium igneum.*

C. nitidum. — V. *Ebermaiera nitida.*

C. pictum, — *Flles* sessiles, obovales-oblongues, rétrécies à la base et courtement acuminées au sommet, vertes, orangées sur les bords et portant au milieu une large tache blanche, irrégulière; jeunes feuilles couvertes de poils courts, raides, apprimés et orangés. Brésil, 1878.

longs que le calice. Juin. *Flles* pubescentes, divisées en nombreux segments linéaires. Tiges nombreuses, dressées, feuillues. *Haut.* 15 cent. Dahourie, 1828.

CHAMÆRIPHES, Ponted. — V. Chamærops, Linn.

CHAMÆROPS, Linn. (de *chamai*, sur terre, nain, et *rhops*, buisson ; allusion à la taille et au port de ces plantes). Syn. *Chamæriphes*, Ponted. Fam. *Palmiers.* — Genre comprenant deux espèces de Palmiers ornemen-

Fig. 750. — Chamærops humilis. (*Rev. Hort.*)

CHAMÆRHODOS, Bunge. (de *chamai*, sur terre, nain, et *rodon*, rose). Fam. *Rosacées.* — Genre comprenant quatre ou cinq espèces habitant l'Asie centrale et boréale et l'Amérique septentrionale. Ce sont des plantes herbacées, vivaces, voisines des *Potentilla*, mais difficiles à conserver pendant l'hiver à cause de l'excès d'humidité du sol. Fleurs blanches ou purpurines, petites, dressées, solitaires ou paniculées. Feuilles alternes, tripartites, à divisions découpées en segments linéaires. Il faut les cultiver dans un endroit bien drainé du bord des rocailles ou en pots, dans un mélange de terre franche, de terre de bruyère et de sable, et dans ce cas, les hiverner sous châssis froid, en modérant les arrosements. Multiplication par graines qu'il faut semer dès leur maturité, en pots et sous châssis froid.

C. erecta, Bunge. *Fl.* blanches, à pétales environ aussi longs que le calice. Juillet-août. *Flles* multifides, à segments linéaires. Tige dressée, couverte de poils glanduleux, à rameaux paniculés. *Haut.* 15 cent. Montagnes Rocheuses, etc., 1821.

C. grandiflora, — *Fl.* blanches, à pétales deux fois plus

taux, de serre froide, habitant la région méditerranéenne. Fleurs polygames-dioïques, réunies en spadices axillaires, accompagnés de spathes incomplètes. Le fruit est composé de une à trois baies monospermes, semblables à des olives. Feuilles à limbe en éventail, assez profondément découpé en lanières ; pétioles armés d'épines. Le *C. humilis*, le seul Palmier habitant l'Europe, est beaucoup cultivé pour l'ornement des serres et les garnitures temporaires, où il se montre des plus rustiques. En pleine terre, il supporte cependant moins bien les hivers parisiens que le *Trachycarpus* (*Chamærops*) *excelsus*, la somme de chaleur lui faisant défaut ; mais, dans tout le Midi et notamment en Provence, il prospère à merveille; il croissait autrefois à l'état spontané dans la région niçoise. Si on le livre à la pleine terre, il sera bon de lui choisir un endroit chaud et abrité, d'entourer son tronc et son cœur de paille et de recouvrir la terre d'une épaisse couche de litière ou, de préférence, l'enfermer pendant l'hiver, dans une guérite en planches.

Les *Chamærops* sont très faciles à cultiver, une

bonne terre franche à laquelle on ajoute un peu de terreau de feuilles et de sable; un drainage parfait et de copieux arrosements pendant l'été sont les points essentiels de leur culture. On peut les multiplier par la séparation des drageons qu'ils produisent en grande abondance, et plus pratiquement par semis. V. aussi **Rhapidophyllum**, **Sabal** et **Trachycarpus**.

C. excelsa, Thunb. — V. *Trachycarpus excelsus*.

C. Fortunei, Hook. — V. *Trachycarpus excelsus*.

C. humilis, Linn. * Palmier nain. — *Flles* coriaces, glauques sur les deux faces, flabelliformes, divisées sur environ un tiers de leur diamètre en segments étroits, dressés; pétioles glauques, de 80 cent. à 1 m. 20 de long, armés sur les bords de fortes épines. *Haut.* 1 à 2 m. à l'état spontané et chez la plupart des plantes cultivées; mais, avec l'âge et lorsque son tronc est soutenu, il peut atteindre 5 à 6 m.: les spécimens du *Muséum* de Paris en fournissent un exemple. Europe méridionale et nord de l'Afrique. (B. M. 2154; A. B. R. 599; R. H. 1892, 84.) — En Algérie, cette espèce est très résistante et fort difficile à extirper des terres que l'on défriche. Pour l'ornement, c'est un Palmier précieux par sa rusticité et par la facilité de sa culture.

C. h. arborescens, Pers. Variété à tronc plus élevé, droit, ne produisant pas de rejets et portant des feuilles plus souples, longuement pétiolées, à limbe atteignant jusqu'à 1 m. de diamètre. Algérie.

C. h. macrocarpa, — Forme vigoureuse, à tronc fort et à fruits plus gros que ceux du type. C'est une plante robuste, excellente pour les garnitures. Nord de l'Afrique.

C. Hystrix, Fraser. — V. *Rapidophyllum Hystrix*.

C. khasyanus. — V. *Trachycarpus khasyanus*.

C. Martianus. — V. *Trachycarpus Martianus*.

C. Palmetto. — V. *Sabal Palmetto*.

C. Stauracantha. — V. *Acanthorhiza aculeata*.

CHAMÆSTEPHANUM, Willd. — Réunis aux **Schkuhria**, Roth.

CHAMISSOA, Humb., Bonpl. et Kunth. (en la mémoire du naturaliste, L.-C. Albert von Chamisso, né de famille française à Boncourt, en Champagne, qui vécut et mourut à Berlin en 1838). Fam. *Amarantacées*. — Genre comprenant six à huit espèces originaires de l'Amérique australe, tropicale et sub-tropicale. Ce sont des herbes ou des sous-arbrisseaux dressés ou retombants, à fleurs réunies en capitules ou en panicules axillaires et terminales. Feuilles simples, alternes. Certaines espèces, placées autrefois dans les *Achyranthes*, sont aujourd'hui réunies à ce genre. Les *Chamissoa* aiment un mélange de terre franche et de terreau. On les multiplie facilement par semis ou par boutures que l'on fait dans du sable et à chaud. L'espèce suivante mérite seule d'être citée.

C. altissima, — *Fl.* blanchâtres, en panicules axillaires et terminales. *Flles* pétiolées, ovales-lancéolées, acuminées, velues en dessous. Plante haute et herbacée, de serre chaude ou tempérée.

CHAMOMILLA, Godr. pro parte. — Réunis aux **Anthemis**, Linn.

CHAMPIGNONS. — Grande classe de végétaux Cryptogames, qui se distinguent plus des Algues par leur forme et leur habitat que par leur organisation générale. « Ils sont polymorphes, souvent éphémères, annuels ou vivaces, jamais verts, composés de filaments ou d'un tissu lâche, pulpeux ou charnu, rarement ligneux, quelquefois munis de vaisseaux spéciaux, renfermant un suc jaune ou orangé, laiteux. Leur végétation a lieu sur terre ou dans le sol, sur les matières végétales ou animales en décomposition, ou bien ils vivent en parasite sur un grand nombre de végétaux phanérogames et même sur d'autres Champignons. On ne peut nullement les comparer aux phanérogames, car aucun de leurs organes n'a d'analogie avec les fleurs et les feuilles. Parmi les Cryptogames, ils se rapprochent des Algues par leur mode de reproduction, mais ils sont dépourvus de frondes.

« Les Champignons ont à peu près la même distribution géographique que les Lichens ; on les rencontre dans les tropiques et dans les régions les plus froides des deux hémisphères, au sommet des plus hautes montagnes, au delà de toute végétation phanérogamique. » (Leveillé.)

Dans un sens large, ce nom s'applique en français à tous les végétaux cryptogames cellulaires, tandis qu'en anglais, le nom de *Fungus* (pluriel *Fungi*) est donné aux *Champignons inférieurs* et celui de *Mushroom* aux *Champignons supérieurs*. Comme il convient de bien séparer ces deux grandes divisions, tant pour leur grande différence d'aspect que pour l'intérêt horticole et alimentaire qu'elles comportent, chacune d'elles sera traitée successivement.

Champignons supérieurs, Angl. Mushrooms. — Cette qualification s'applique aux espèces connues vulgairement sous le simple nom de Champignon. Leur taille, toujours assez grande pour permettre de voir à l'œil nu au moins leur forme extérieure, les distingue des Champignons inférieurs. Les espèces en sont excessivement nombreuses ; elles sont réparties dans plusieurs genres, dont le nombre et l'importance varient suivant l'opinion des auteurs. Les plus connus sont : *Agaricus*, *Boletus*, *Cantharellus*, *Hydnum*, *Morchella*, *Polyporus*, etc. Le genre *Agaricus* renferme à lui seul un si grand nombre d'espèces, que les cryptogamistes modernes l'ont divisé en plusieurs sous-genres ; les *Polyporus*, aussi nombreux en espèces, ont également été fractionnés.

Le Champignon, tel que le vulgaire le connait, ne constitue que la partie fructifère de la plante ; cet organe nait d'un réseau de filaments entrelacés, cachés dans le sol et vivant en parasite sur les matières en décomposition, dans ou sur le bois mort, etc. Le Champignon proprement dit affecte le plus fréquemment la forme d'un parasol. La tige, nommée *pilier*, est quelquefois fixée sur le côté, celle-ci porte assez fréquemment, un peu en dessous du sommet, un anneau ou sorte de collerette formée du restant du voile qui l'unissait au bord du chapeau, et à sa base, une sorte de bourse (*volva*) déchirée, qui enveloppait le Champignon entier, avant son développement. La partie supérieure, nommée *chapeau*, varie de 1 à 30 cent. de diamètre ; la longueur et l'épaisseur du pilier sont également très variables. Sur la face inférieure du chapeau, se trouve l'*hymenium* ou organe sur lequel naissent les spores. Celles-ci sont fixées par un court pédicelle au nombre de quatre à l'extrémité libre de certaines grandes cellules (*basides*) éparses sur l'hymenium. Ce dernier varie beaucoup dans son mode d'adhérence au chapeau et dans la forme qu'il affecte. Chez les *Agaricus* et autres genres voisins, l'hymenium se détache facilement du tissu du chapeau, mais chez les *Polyporus* et genres voisins, il y adhère au contraire fortement. La surface que recouvre l'hymenium est très grande chez la plupart des genres, par suite de plissements ou d'enroulements en différents sens du tissu qui le supporte.

Chez les *Agaricus*, genre qui, comme nous l'avons dit plus haut, renferme le plus grand nombre d'espèces, la face inférieure du chapeau est garnie de nombreuses lames placées verticalement et radiant du pédoncule

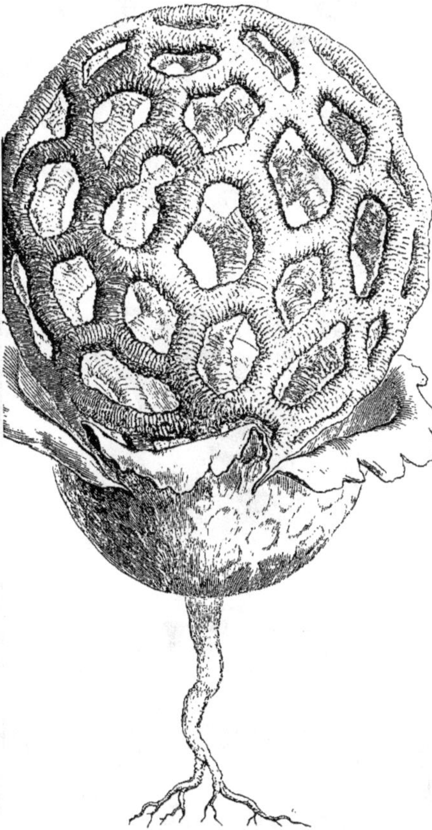

Fig. 751. — Clathrus cancellatus.

à la circonférence; ces lames portent l'hymenium. Elles peuvent se prolonger sur le pilier ou en être séparées par un espace étroit. La différence de forme des lames, la couleur des spores et la présence ou l'absence d'un voile (membrane qui réunit, chez les jeunes Champignons, la circonférence du chapeau au pilier et recouvre ainsi les lames) sont d'excellents caractères pour distinguer les genres et les espèces.

Chez les *Hydnum*, l'hymenium est formé de dents ou de pointes charnues, cylindriques ou coniques, naissant sur la face inférieure du chapeau.

Chez les *Boletus*, cet organe est composé de tubes droits, sinueux, tandis que chez les *Polyporus*, ce sont des lames anastomosées en réseau ; lisses ou simplement ridées chez les *Craterella*.

La forme des Champignons est excessivement variable et des plus curieuses chez quelques genres ; à ce dernier titre, le *Clathrus cancellatus* vient en première ligne ; c'est une espèce méridionale, rare et vénéneuse. La belle figure ci-jointe et plusieurs de celles qui illustrent cet article nous dispensent de nous étendre plus longuement sur ce sujet.

Leur couleur est aussi très variable ; la face supérieure du chapeau est ordinairement plus vivement teintée que le pilier; beaucoup de Champignons sont blancs. d'autres jaunes ou rouges de différentes teintes, enfin un certain nombre d'entre eux présentent une teinte grise ou brune passant quelquefois au noir. Un petit nombre sont bleutés ou d'un vert métallique, mais aucun n'offre le vert végétal pur, couleur due à la présence de la chlorophylle, qui fait complètement défaut chez ces végétaux. La surface du chapeau est ordinairement lisse, mais elle est gluante ou visqueuse, excoriée, velue ou verruqueuse chez quelques espèces.

La chair de certains Champignons change graduellement ou brusquement de couleur lorsqu'on la casse, par suite de l'influence atmosphérique. Ce fait est particulièrement remarquable chez certains *Boletus* qui, lorsqu'on les froisse et que l'on met leur chair à vif, deviennent d'un bleu terne sur les parties lésées. Ce changement de couleur est souvent un indice que l'espèce chez laquelle il s'opère est vénéneuse ou au moins suspecte.

L'odeur des Champignons est aussi toute particulière et facile à distinguer, celle que l'on respire dans les caves ou sous les voûtes fermées n'est pas déterminée par la bâtisse, mais bien par des Champignons inférieurs ou moisissures qui en tapissent les parois. Lorsqu'ils se décomposent, la plupart ont une forte odeur de nitre, d'autres sont excessivement fétides, mais quelques-uns sentent le foin frais.

La lumière qu'émettent certaines espèces est une des particularités les plus curieuses des Champignons; chez certains d'entre eux, cette phosphorescence est si grande que, dans les endroits obscurs, on peut l'apercevoir à une assez grande distance. Ce phénomène se manifeste chez des espèces appartenant à différents genres, mais les exemples les plus frappants se rencontrent parmi les *Agaricus*, dont plusieurs espèces ont été reconnues lumineuses, au moins tant qu'elles sont vivantes et intactes. Chez certains d'entre eux, le chapeau et le pilier sont phosphorescents, mais plus fréquemment, c'est le mycelium vivant sur le bois mort qui produit la lumière.

Un autre point caractéristique de quelques espèces, notamment des *Lactariées* et plusieurs *Agaricus*, est l'écoulement d'un suc laiteux, qui se produit lorsqu'on les casse ou qu'on les coupe, par l'orifice de longues cellules traversant le tissu. Cette sève est blanche, jaune ou orangée et change quelquefois de couleur lorsqu'elle a séjourné à l'air pendant un certain temps ; elle est tantôt d'un goût agréable, tantôt très âcre.

Les Champignons les plus connus se propagent par leurs spores qui, comme nous l'avons dit, naissent sur de grandes cellules (*basides*) produites par l'hymenium ; cependant, un certain nombre d'autres, notamment la Truffe, se reproduisent également par des spores, mais qui sont enfermées à l'intérieur de cellules spéciales nommées *asques*. On peut facilement se procurer des spores, en posant dans leur sens naturel, sur une feuille de papier, des Champignons suffisamment avancés et, afin de rendre leur examen plus facile, on emploie du papier de couleur différente de celle des spores. Par leur chute, elles dessinent la forme des lames et leur teinte en masse est ainsi facile à reconnaître. La couleur des spores a servi à diviser le grand genre *Agaricus* en sous-genres plus faciles à embrasser.

Quelques mots sur la distribution géographique des Champignons ne seront pas hors de propos. Plusieurs espèces sont presque cosmopolites, c'est-à-dire qu'elles se montrent dans des pays très éloignées les uns des autres; d'autres, au contraire, n'existent que dans des régions très limitées, probablement parce que les renseignements ont été laissés incomplets par les cryptogamistes. Les espèces du genre *Agaricus* sont plus nombreuses et plus charnues dans les régions tempérées que dans les tropiques. Dans la zone tempérée, les Champignons sont surtout abondants à l'automne ; mais, dans les régions tropicales, ils se montrent pendant toute l'année.

Quant à leur habitat, les Champignons se rencontrent dans tous les endroits où il existe des plantes malades et des matières végétales en décomposition ou dans les terrains riches en matières organiques. C'est pourquoi ces végétaux sont si abondants dans les forêts, sur le sol contenant des végétaux en décomposition, sur le bois mort ou sur les arbres mourants, etc.; quelques espèces habitent spécialement les bois composés de certaines essences. Les forêts de Sapins et autres Conifères sont particulièrement riches en Champignons. Les *Agaricus* fournissent des exemples de préférences diverses ; quelques-uns croissent même sur d'autres espèces de Champignons morts, appartenant à ce genre ; d'autres se plaisent dans des endroits découverts, mais la plupart habitent les bois. Les sous-genres montrent généralement une préférence spéciale, un habitat particulier ; ainsi, les *Amanita* et *Collybia* vivent dans les bois; les *Lepiota* et *Psalliota* croissent dans les lieux découverts ; les *Omphalia* dans les marais, etc. Les *Cantharellus* préfèrent les endroits herbeux des bois; les *Coprinus* le voisinage des habitations; les *Hygrophorus* les prés et les jachères, même assez élevés ; les *Hydnum* l'ombre des bois ; les *Russula* les clairières des bois; quant aux *Polyporus*, ils sont presque confinés dans les bois et sur les troncs des arbres.

Les Champignons se conservent très mal comme fossiles ; on ne possède que des renseignements incomplets sur leur histoire ancienne ; cependant, quelques espèces, notamment le *Polyporus lucidus*, ont été trouvées à l'état demi-fossile dans les terrains de formations récentes.

Usages culinaires. — Les Champignons comestibles sont recherchés, tant pour leurs qualités nutritives que pour l'arome agréable qu'ils communiquent aux mets, lorsqu'on les emploie comme assaisonnement. Mais, sauf le Champignon de couche, facile à distinguer, il est fort difficile de reconnaître, parmi les espèces croissant à l'état spontané, celles qui sont comestibles et celles qui sont vénéneuses. L'espèce la plus estimée est le Champignon blanc ou Ch. de couche (*Agaricus campestris*) ; il est si connu que sa description détaillée est à peu près inutile; la figure ci-jointe en montre du reste exactement la forme. Il est très cultivé, mais on le rencontre aussi fréquemment dans les prairies et les pâturages naturels. Les lames sont d'abord rose pâle ou saumonées, puis elles prennent avec l'âge une teinte brun noirâtre, particulière. La face supérieure du chapeau est aussi de couleur et de consistance variables, tantôt elle est lisse et blanche, tantôt elle est plus ou moins écailleuse et brune. Le pilier porte un anneau persistant, un peu au-dessous du chapeau. Il est surtout apprécié lorsqu'il est jeune, à l'état de bouton, avant la déchirure du voile ; quand les lames sont devenues noires, il a perdu beaucoup de ses qualités ; on dit même qu'il est suspect à cet état, cependant, la vente n'en est pas empêchée aux Halles de Paris. (S. M.)

Fig. 752. — Champignon de couche, C. comestible. (Agaricus campestris.)

Une espèce fort voisine, l'*A. arvensis*, croît dans les mêmes localités ; elle est beaucoup plus grande, son chapeau est blanc pur au sommet lorsqu'elle est jeune, et ses lames sont plus pâles. En Angleterre, où il est connu sous le nom de « Meadow or Horse Mushroom », on le récolte en grande quantité pour la vente, mais sa chair est moins délicate que celle du Ch. de couche.

Le Mousseron vrai, Angl. Saint George's Mushroom (*A. gambosus*), est de même récolté pour la vente ; sa taille, son goût délicat et surtout le mérite qu'il a de pousser au printemps, le font rechercher et vendre quelquefois fort cher. Son chapeau est presque blanc, ses lames sont jaune pâle et son pilier est dépourvu d'anneau ; on peut le faire sécher ; il exhale une forte odeur de farine fraîche.

Beaucoup d'autres espèces du genre *Agaricus* sont reconnues comestibles. Parmi leur nombre, plusieurs sont plus abondantes dans les bois que dans les endroits découverts, contrairement à l'opinion émise, que les espèces croissant sous bois sont souvent suspectes. Parmi les Agarics comestibles, on peut citer les suivants qui sont, en général, moins connus que les précédents, mais leur consommation présente quelques dangers, en raison de leur ressemblance avec certaines espèces vénéneuses, poussant dans les mêmes localités :

l'*A. fragrans* et l'*A. odorus* sentent tous deux l'Anis; l'*A. maximus* est blanc et son chapeau peut atteindre 35 cent. de diamètre; l'*A. ostreatus* et l'*A. ulmarius*

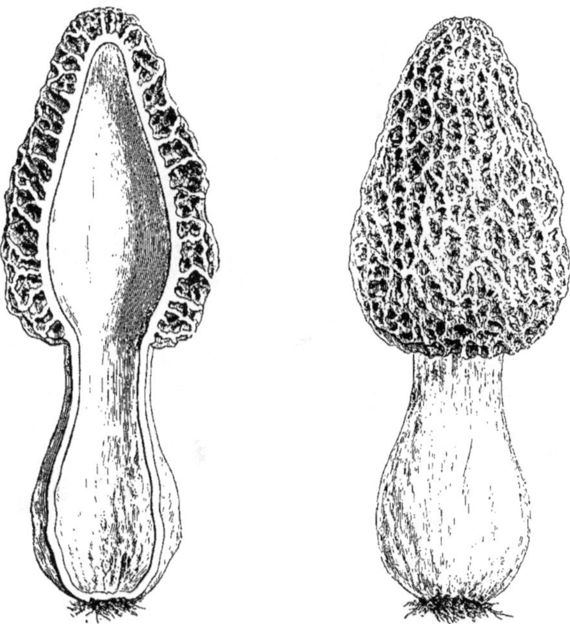

Fig. 753. — Morille (MORCHELLA ESCULENTA), entière et coupée longitudinalement. — Comestible. (D'après Baillon.)

vivent sur le tronc des Ormes, leur pilier est placé sur le côté du chapeau; l'*A. prunulus*, Champignon blanc, à odeur de farine, pousse dans les bois. V. aussi **Agaricus**.

Berkeley, dans sa *Cryptogamic Botany*, page 367, dit

Fig. 754. — MARASMIUS OREADES. — Comestible.

qu'un dixième au moins des espèces d'*Agaricus* sont comestibles.

D'autres Champignons appartenant à des genres voisins sont à peine ou même nullement inférieurs en qualités nutritives aux *Agaricus*; leurs différences génériques avec ce dernier genre n'ont rien de frappant pour celui qui n'est pas cryptogamiste. Les plus méritants sont: le *Marasmius oreades* (V. **Marasmius**) et le *Coprinus comatus*; ce dernier est estimé lorsque les lames sont encore blanchâtres ou rougeâtres, mais il devient bientôt mou et se fond en liquide noirâtre;

Fig. 755. — CRATERELLA CORNUCOPIA et coupe longitudinale. Trompette des morts. Comestible. (D'après Baillon.)

il est commun dans les pâturages et autres endroits.

Dans le genre *Lactarius*, remarquable par le suc laiteux que les différentes espèces renferment, plusieurs sont âcres et dangereuses, tandis que d'autres sont comestibles; leur suc est alors doux et d'un goût agréable. La qualité du *L. deliciosus* est suffisamment indiquée par son nom spécifique. Ce Champignon constitue une exception à la règle émise, que le changement de couleur des parties cassées est un indice de vénénosité; car son suc est jaune safran lorsqu'il s'écoule, mais il devient bientôt vert sombre, sous l'influence de l'air.

Le genre *Russula* renferme aussi des espèces comestibles et d'autres vénéneuses; notamment le *R. emetica* (fig. 766), mais il est inutile d'en parler ici, car on ne les consomme que très rarement.

Le genre *Craterella* renferme une espèce également comestible, le *C. Cornucopiæ* (fig. 755), remarquable par sa forme en corne d'abondance qui le rend facile à distinguer et lui a valu plusieurs surnoms, notamment celui de Trompette des morts.

La Chanterelle (*Cantharellus cibarius*) (V. ce nom, fig. 775, p. 615), encore nommée Girole ou Jaunette, est une des meilleures espèces de Champignons comestibles.

La Morille (*Morchella esculenta*) (V. ce nom, fig. 753), si curieuse par la forme en éponge de son chapeau, est encore plus fine et plus recherchée que la Chanterelle.

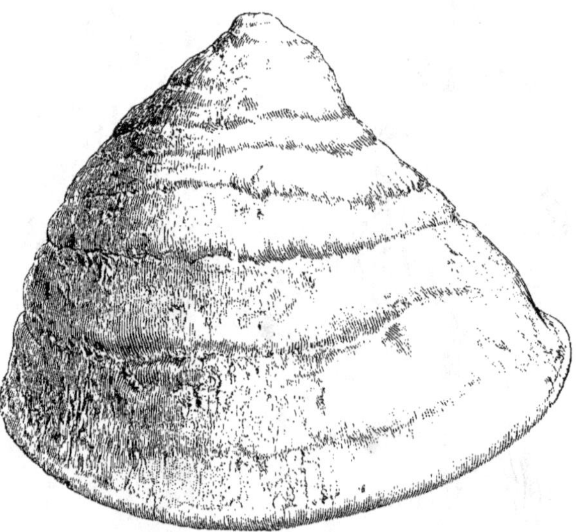

Fig. 756. — Polyporus officinalis. Officinal. (D'après Baillon.)

Plusieurs espèces de Champignons ont beaucoup de ressemblance avec le groupe des Agarics, mais les lames sporifères qui caractérisent ces derniers sont remplacées par des dents comme chez les **Hydnum** (V. ce nom) ou soudées de façon à former des tubes ou pores comme chez les *Boletus*, *Fistulina*, etc.

Fig. 757. — Peziza aurantia.

Fig. 758. — Peziza œnotica.

Le genre **Boletus** (V. ce nom) renferme de nombreuses espèces rappelant beaucoup les Agarics par leur forme extérieure, mais la face inférieure du chapeau est perforée d'une multitude de petits trous qui représentent l'ouverture des tubes sporifères. Le *Boletus edulis* (fig. 455, p. 384) se vend sur plusieurs points du Continent, frais ou coupé en minces tranches sèches.

en vrac ou enfilées. Il est connu à Paris sous le nom de Cèpe de Bordeaux et peu estimé en Angleterre. Le *B. æstivalis*, qui apparaît au commencement de l'été est, dit-on, d'excellente qualité. Plusieurs autres espèces, notamment les *B. aureus*, *B. aurantiacus*, etc., ont également été indiqués comme étant de bonne qualité ; d'autres sont au contraire dangereuses.

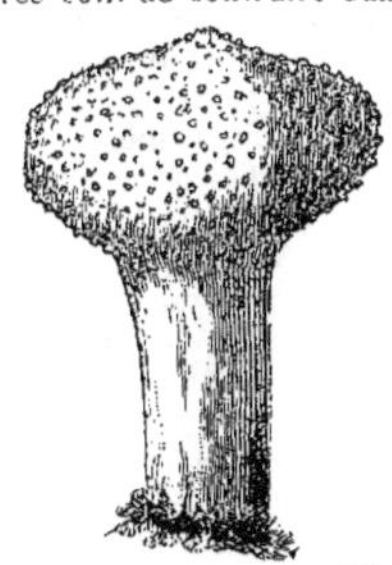

Fig. 759. — LYCOPERDON GEMMATUM. (D'après Baillon.)

Les *Lycoperdon*, connus sous le nom de *Vesseloup*, sont pour la plupart mangeables lorsqu'ils sont jeunes, mais avec l'âge, ils se transforment intérieurement en poussière noirâtre et suspecte. Le *L. gemmatum* est un des plus communs ; le *L. giganteum* est un champignon des plus remarquables par ses dimensions énormes et sa forme sphérique ; il atteint jusqu'à 50 cent. de diamètre et sa peau est blanc jaunâtre.

Les **Polyporus** (V. ce nom) constituent un grand genre ; presque toutes les espèces croissent sur le bois mort ; leur chapeau est fixé par le côté sur le pédoncule, ou parfois sessile. L'hymenium est ordinairement situé sur la face inférieure. La texture des différentes espèces est très variable ; tantôt elle est charnue, tantôt elle est ligneuse. Plusieurs espèces sont mangeables, mais leur qualité les rend peu recommandables.

Les *Peziza* sont aussi très souvent comestibles, mais leurs petites dimensions les fait ordinairement délaisser ; elles affectent ordinairement la forme d'une coupe, comme le *P. œnotica* (fig. 758), ou d'un cornet et sont parfois vivement colorées, comme l'est le *P. aurantia* (fig. 757).

Le *Fistulina hepatica*, vulgairement nommé Langue de bœuf, L. de Chêne, L. de Châtaignier, etc., ANGL. Beafsteak Fungus, pousse également sur les arbres, ordinairement sur les Chênes et sur les Châtaigniers ; sa structure est analogue à celle des *Polyporus*, mais sa chair est juteuse. Les différents noms vulgaires qu'il porte lui ont été donnés par allusion à sa ressemblance à un morceau de chair ; son poids peut quelquefois dépasser 9 kilos. On le mange, dit-on, avec la salade ou comme les vrais Champignons ; il est, paraît-il, très estimé comme aliment. Le produit nommé *Catsup* ou *Ketchup* est préparé avec le jus de plusieurs espèces ; c'est un bon produit de ce groupe.

Les **Truffes** (*Tuber*) (V. ce nom) sont des Champignons souterrains, arrondis, rugueux et noirâtres, très connus et recherchés pour leur parfum pénétrant qui les fait employer comme condiment. Le *Tuber cibarium* est une des Truffes les plus connues, elle croit au pied des Chênes, des Châtaigniers, Hêtres, etc., et fait avec les autres espèces, l'objet d'un commerce assez important, car leur prix est toujours élevé. Les essais de culture que l'on a souvent tentés sont restés jusqu'à ce jour infructueux.

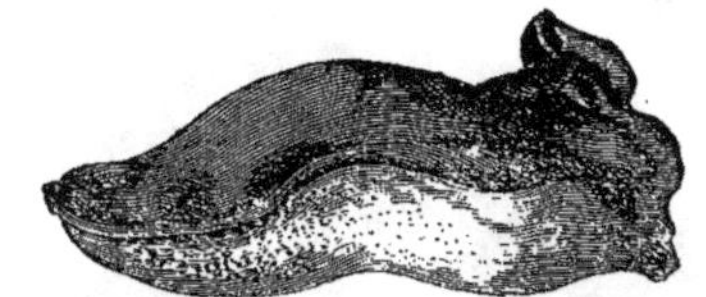

Fig. 760. — FISTULINA HEPATICA. — Langue de bœuf. Comestible. (D'après Baillon.)

PROPRIÉTÉS VÉNÉNEUSES. — Il est utile de mentionner ici les dangers que présente la consommation des Champignons, par suite de l'empoisonnement qui peut résulter de l'emploi de certaines espèces ; le degré d'intensité varie, selon la nature de l'espèce absorbée, depuis de simples nausées jusqu'à des symptômes d'empoisonnement très sérieux et même trop souvent jusqu'à la mort. Plusieurs espèces vénéneuses sont si semblables aux espèces comestibles qu'il est indispensable de ne laisser subsister aucun doute lorsqu'on les envoie à la cuisine, car les plus fâcheuses conséquences peuvent en résulter ; mieux vaut ne consommer que les espèces dont on est absolument certain, que de courir d'aussi grands risques. Malgré les avertissements répétés de tous côtés, ne signale-t-on pas encore tous les ans des empoisonnements causés par la consommation de Champignons vénéneux, que l'ignorance des gens fait confondre avec les espèces comestibles.

On a fréquemment indiqué des moyens de distinguer les espèces vénéneuses des comestibles ; on dit, par exemple, qu'il faut éviter de manger les Champignons qui poussent sur le bois, ceux qui ont une odeur forte et désagréable ou un goût âcre, ceux encore qui sont

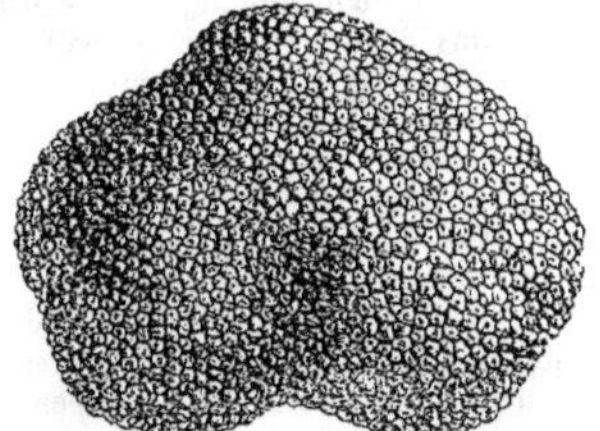

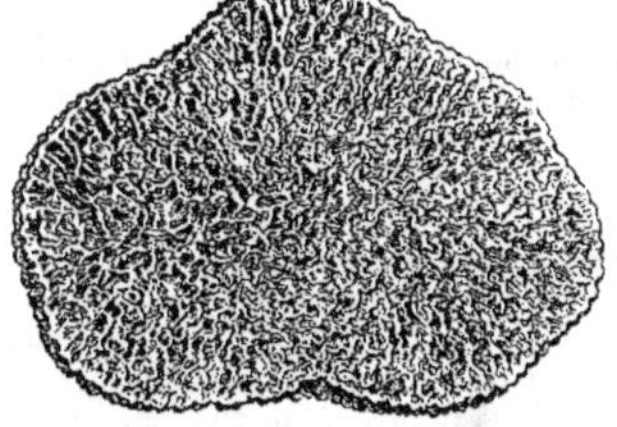

Fig. 761. — Truffe (TUBER CIBARIUM) entière et coupée transversalement. (D'après Baillon.)

rouges ou ayant des spores roses, ceux qui deviennent bleus lorsqu'on les casse ou qui noircissent une pièce d'argent à la cuisson, etc., etc.; mais toutes ces règles sont fausses ou bien incertaines, et on risque fort en s'y conformant de consommer des espèces toxiques. La ressemblance des bons avec les mauvais Champignons est quelquefois si grande que les méprises sont presque fatales pour les personnes qui ne possèdent pas une connaissance parfaite de ces végétaux ; aussi est-il plus prudent de s'en abstenir totalement. Il n'existe aucun moyen artificiel de les distinguer ; seule, l'étude scientifique et une longue pratique permettent de les connaître d'une façon certaine[1].

Fig. 762. — Boletus satanas. Vénéneux. (D'après Baillon.)

Les Champignons comestibles peuvent même devenir nuisibles quand on les consomme lorsqu'ils sont trop âgés; on ne doit, en conséquence, les employer que lorsqu'ils sont frais, sauf dans le cas de quelques espèces, telles que le *Marasmius oreades*, que l'on peut faire sécher pour un usage ultérieur. Lorsqu'on a le moindre doute sur la qualité de certains Champignons, il faut les couper et les faire cuire pendant longtemps, avec beaucoup de sel et de vinaigre et jeter l'eau ; ces produits ayant la propriété de dissoudre en partie les principes toxiques; mais leurs qualités nutritives son d'autant plus diminuées que la cuisson a été plus longue et la dose de sel et de vinaigre plus forte. « Dans cet état, dit le Dr Léveillé, je pense que l'on peut considérer tous ces végétaux comme comestibles. Mais quelles peuvent être alors leur qualité et leurs propriétés nutritives lorsqu'on les a ainsi dépouillés de tous leurs principes ? »

Parmi les Champignons nuisibles les plus communs, il faut d'abord citer la Fausse-Oronge ou Oronge vénéneuse mouchetée, Angl. Fly Agaric (*Agaricus « Amanita » muscaria*) (fig. 74, p. 76), forte plante à chapeau rouge, irrégulièrement moucheté de blanc; elle est très commune, excessivement vénéneuse et peut donner lieu à des méprises par sa ressemblance avec l'Oronge vraie (*Agaricus « Amanita » aurantiaca*). Consommée même en petite quantité, la Fausse-Oronge produit des maux de tête, des nausées et souvent des convulsions suivies de stupeur; l'urine des personnes qui en ont absorbé, produit les mêmes effets. On l'emploie quelquefois comme tue-mouche, usage qui lui a valu un de ses noms vulgaires. Citons encore l'*Agaricus* (*Volvaria*) *speciosus;* l'*Agaricus* (*Lactarius*) *pyrogalus;* l'Oronge printanière (*Agaricus « Amanita » verna*), et plusieurs autres indiquées et figurées à l'art. **Agaricus** (V. ce nom).

Le *Russula emetica*, dont le chapeau est rouge et les lames blanches, habite également les bois; il est aussi très vénéneux, son absorption amène des vomissements et produit l'effet d'une purgation.

Le *Boletus satanas* est l'espèce la plus vénéneuse de son genre.

Beaucoup d'autres espèces plus ou moins virulentes pourraient encore être citées, si nous n'étions pas limités par l'espace.

Remèdes contre les empoisonnements. — Les remèdes à ordonner lorsqu'une personne éprouve des symptômes d'empoisonnement, varient selon le degré de virulence de l'espèce et selon la quantité absorbée. Mais, en attendant le médecin que l'on doit envoyer chercher sans retard, il faut de suite provoquer le vomissement par une potion émétique active, et plus tard administrer un bon purgatif. On ne doit jamais employer le sel ni le vinaigre, puisqu'ils dissolvent le principe toxique et le rendent plus assimilable au sang.

Champignons nuisibles par leur végétation. — Outre les effets plus ou moins toxiques que certains Champignons produisent directement sur l'homme, beaucoup d'autres sont presque aussi nuisibles indirectement, par le mal qu'ils font aux arbres et à d'autres plantes, à moins d'admettre que le Champignon soit l'effet et non la cause de la maladie; mais on sait que certaines espèces s'attaquent directement aux arbres sains. A ce point de vue, l'**Agaricus melleus** (V. ce nom) est sans doute le plus nuisible de tous les Agarics. Il est particulièrement nuisible aux Conifères et parait être presque cosmopolite dans les zones tempérées. Nous n'avons pas à traiter son mode de déprédation qui a fait l'objet d'un article spécial. Ses ravages parasitaires sont un peu compensés par ses qualités comestibles; il est cependant peu estimé à cause de son goût âcre et désagréable.

La série des Champignons à tube renferme encore plus d'espèces nuisibles aux arbres que le groupe des Agarics ou porte-lames. Plusieurs espèces de *Polyporus* peuvent être citées comme éminemment nuisibles aux arbres. Les observations sur l'intensité de leurs dégâts ont été beaucoup plus complètes en Allemagne que dans nos forêts ou dans celles de l'Angleterre. L'importance de ces espèces nous oblige à nous étendre un peu au delà d'une simple énumération des plus nuisibles.

Le *Polyporus sulphureus* vit sur les Chênes, les Saules, les Mélèzes, etc.; le *P. officinalis* sur les Mélèzes; le *P. dryacus* sur les Chênes; le *P. betulinus*, sur les Bouleaux; le *P. igniarius* sur les Peupliers, les Saules, les Frênes, les Cerisiers, etc., et le *P. vaporius* sur les Conifères.

Les *Trametes Pini* et *T. radiciperda*, espèces assez voisines des *Polyporus*, sont quelquefois très nuisibles aux Pins de nos forêts; le *Fistulina hepatica* cause la pourriture des Chênes. V. aussi **Chêne** (Champignons du) et **Polyporus**.

[1] En prévision des accidents qui pourraient en résulter, l'administration n'autorise, aux Halles de Paris, que la vente de cinq espèces de Champignons; ce sont : le Champignon de couche (*Agaricus campestris*), la Truffe, la Morille, le Bolet ou Cèpe de Bordeaux (*Boletus edulis*) et la Chanterelle ou Girole (*Cantharellus cibarius*). (S. M.)

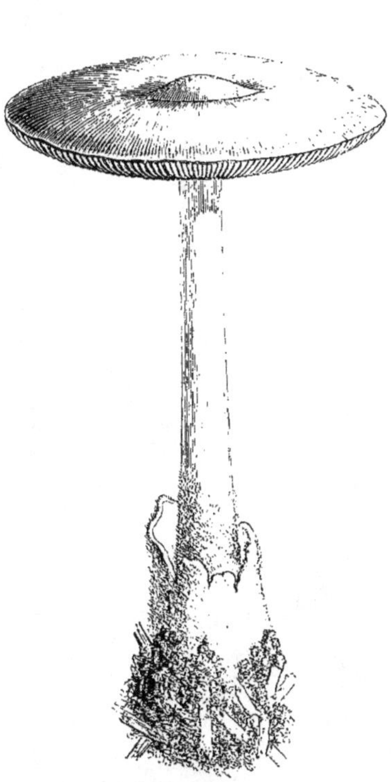

Fig. 763. — Agaricus (*Volvaria*) speciosus. — Vénéneux. (D'après Baillon.)

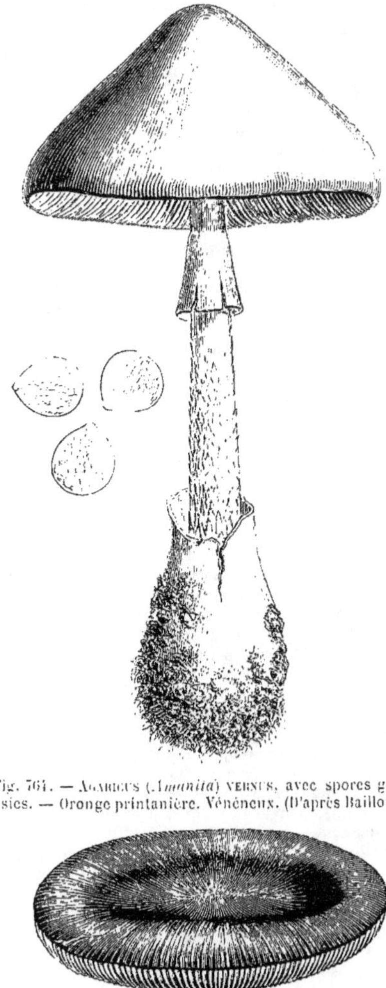

Fig. 764. — Agaricus (*Amanita*) vernus, avec spores grossies. — Oronge printanière. Vénéneux. (D'après Baillon.)

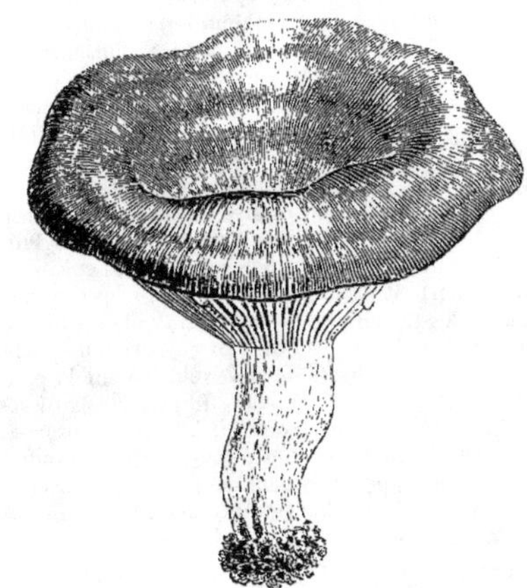

Fig. 765. — Agaricus (*Lactarius*) pyrogalus. — Vénéneux. (D'après Baillon.)

Fig. 766. — Russula emetica. — Vénéneux. (D'après Baillon.)

Les bois employés dans l'industrie pour la construction des charpentes, des navires, etc., sont également exposés aux attaques des Champignons, à moins qu'ils ne soient entièrement goudronnés, peints ou placés dans des endroits secs. Les dégâts causés par le mycelium des *Merulius lacrymans*, *Polyporus hybridus* et *P. vaporarius*, sont connus en anglais sous le nom de *Dry-rot;* leurs filaments réduisent rapidement le bois à l'état de pourriture sèche et poudreuse ; on connaît encore d'autres espèces nuisibles en ce sens.

Moyens de destruction. — Il est à peu près impossible de sauver les arbres attaqués par des Champignons aussi redoutables que l'*Agaricus melleus* et le *Polyporus squammosus*, car leur bois est alors rempli de leur mycelium. En général, et à moins qu'il ne s'agisse d'arbres précieux, il vaut mieux les abattre immédiatement que de chercher à les sauver, car pendant ce temps, le mycelium est susceptible d'atteindre les arbres voisins. Il vaut bien mieux protéger ceux qui sont sains que de chercher à conserver ceux qui sont attaqués. Il n'est pas prudent de replanter de jeunes arbres dans les endroits où les arbres ont péri des attaques des Champignons, surtout de la même essence, car après leur arrachage, il reste toujours quelques fragments de racines qui contiennent des filaments. Pour le traitement du Dry-rot, V. **Merulius lacrymans.**

Champignons inférieurs, Angl. Fungi. — Encore fréquemment nommés Cryptogames dans un sens vague et indéfini, les Champignons inférieurs sont très petits, de proportions microscopiques ; leur mycelium et même leurs organes fructifères sont invisibles à l'œil nu ; on ne peut les voir nettement qu'à l'aide de forts grossissements. Ils se développent souvent dans le tissu même des végétaux vivants, qu'ils désorganisent et conduisent rapidement à la mort. Bien qu'artificielles, ces différences et surtout les grands ravages que certaines espèces causent parmi les plantes cultivées, obligent de les séparer des Champignons supérieurs. Il suffit de rappeler les noms de Carie, Charbon, Mildiou, Rouille, pour comprendre combien ces petits végétaux sont redoutables pour les cultures.

Leur organisation n'est pas sensiblement différente de celles des Champignons supérieurs; sauf leurs proportions considérablement réduites, ils se composent également d'un mycelium filamenteux ou organe végétatif ; ce mycelium ne produit pas de réceptacles ou Champignons, tels qu'on les connaît, mais des pédicelles isolés, simples ou rameux, portant à leur sommet des spores solitaires ou groupées, nues ou enfermées dans des thèques ou sortes de capsules. Il est aujourd'hui reconnu que beaucoup de Champignons inférieurs possèdent la remarquable faculté de développer des organes reproducteurs de forme différente, même sur des réceptacles distincts, et de parcourir les phases de leur existence sur des végétaux différents ; ces phénomènes, d'un grand intérêt scientifique et utiles à connaître pour en permettre la destruction, ont reçu les noms de Polymorphisme, Génération alternante, Hétérécie, etc.

Nous ne croyons pas devoir nous étendre ici plus longuement sur l'étude anatomique de ces Champignons, car les genres et les espèces les plus utiles à connaître ont été décrits dans le corps de l'ouvrage, chacun à leur titre respectif, avec beaucoup plus de compétence que nous ne pourrions le faire nous-même; les renvois ci-dessous indiquent plusieurs de ces articles.

Le nombre de ces espèces composant la série de ces végétaux infiniment petits est si grand, et leur étude présente souvent de telles difficultés et complications, que, malgré les remarquables travaux de cryptogamistes distingués, elles sont loin d'être toutes exactement décrites. Cependant, celles présentant par leurs ravages un intérêt direct pour l'agronome et l'horticulteur sont aujourd'hui connues sous toutes leurs phases.

Fig. 767. — Claviceps purpurea. Ergot du Seigle. Vénéneux. (D'après Baillon.) Un ergot ou sclérote est surtout saillant sur le côté de l'épi.

Les plus nuisibles sont : le *Tilletia caries*, qui produit la Carie du Blé (V. **Carie** et **Tilletia**); les *Ustilago* dont plusieurs espèces causent le Charbon des Céréales et autres Graminées (V. **Charbon** et **Ustilago**) et de plusieurs plantes appartenant surtout aux Liliacées, Caryophyllées, Chicoracées, etc.; l'*Oïdium Tuckeri* produit une maladie trop connue des vignerons sous son nom scientifique ainsi que sous celui d'Erysiphe ou Blanc-Meunier qui est un de ses états (V. **Oïdium**); le *Peronospora viticola*, plus connu sous le nom de **Mildiou** (V. ce nom), est d'introduction récente et un des plus redoutables ennemis de la Vigne; plusieurs autres espèces de Champignons inférieurs également nuisibles vivent aussi sur la Vigne (**Vigne** — Champignons de la); certains *Æcidium* (V. **Peridermium**) vivent sur les Pins et les Sapins; le *Phytophtora infestans* (V. **Phytophtora**) a menacé pendant longtemps la culture de la Pomme de terre; plusieurs espèces du même groupe (V. **Peronospora**) produisent des maladies cryptogamiques sur différents arbres et plantes herbacées; le **Plasmodiophora brassicæ** (V. ce nom) cause la hernie des Crucifères ; un grand nombre de **Puccinia** (V. ce nom) sont nuisibles aux plantes cultivées; le plus important est le *Puccinia graminis*, qui produit la Rouille des Graminées (V. **Rouille**); celle du Blé est une des plus redoutables; on sait aujourd'hui qu'elle parcourt une des phases de son évolution sur l'Epinevinette; le *Rhytisma acerinum* (V. **Rhytisma**) cause les larges taches noires que l'on voit à l'automne sur les feuilles des Erables; le *Claviceps purpurea* produit l'Ergot du seigle, poison violent employé en médecine, un des rares produits pharmaceutiques que fournissent les Champignons.

Beaucoup d'autres Champignons inférieurs sont également nuisibles aux plantes cultivées ; la plupart ont été mentionnés ou décrits à la suite de la description des plantes sur lesquelles ils exercent leurs ravages; on y trouvera aussi les remèdes à employer pour leur destruction. V. aussi **Moisissures.** (S. M.)

CHAMPIGNON DE COUCHE (Culture du). — Le Champignon blanc ou Champignon de couche (*Agaricus campestris*) est le seul qui se prête à la culture, mais, par contre, il peut être produit facilement, presque partout et en toutes saisons, moyennant quelques soins que nous allons nous efforcer d'indiquer brièvement et aussi clairement que possible.

Locaux. — En France et surtout aux environs de Paris, la culture industrielle des Champignons est faite dans des carrières abandonnées, car ces endroits sont peu exposés aux variations de la température extérieure; cette condition est essentielle pour leur réussite. Mais tout autre endroit renfermé, voûte, cave, cellier, écurie, grotte, souterrain, etc., sont propres à cet usage, pourvu que la température n'y monte pas au delà de 30 deg. centigrades et descende le moins possible au-dessous de 10. On obtient aussi fréquemment de bons résultats, surtout à l'automne, en construisant les couches en plein air, dans un endroit ombré et abrité des vents; mais il faut alors les recouvrir d'une forte couche de litière. Toutefois, le mieux est de construire les couches dans un local quelconque, clos et obscur, et que l'on peut chauffer au besoin pour maintenir en hiver une température suffisamment élevée. En Angleterre, où les carrières font le plus souvent défaut, on construit des sortes de serres ou plutôt des hangars couverts et obscurs, pourvus d'un système de chauffage, et dans lesquels on construit quelquefois deux ou trois couches superposées selon la hauteur du local. (S. M.)

Préparation du blanc. — Le blanc ou semence de Champignon (Angl. Spawn) n'est autre que le mycélium ou partie végétative de la plante. Il se compose d'un amas de filaments blancs, enchevêtrés dans la matière où il s'est développé. On en trouve fréquemment dans les vieilles couches, sous les tas de fumier, dans les écuries, etc., où il se forme naturellement, c'est-à-dire sans ensemencement artificiel; c'est ce qu'on nomme le *blanc vierge*. Le blanc possède la remarquable faculté de conserver ses facultés vitales pendant fort longtemps, après avoir été entièrement desséché; cet avantage rend son transport et sa conservation des plus faciles.

Il existe plusieurs procédés pour sa production industrielle, différant par la nature des matériaux employés et par le mode d'opération. En France, le blanc est fabriqué en galettes ou plaques de forme irrégulière, ayant quelques centimètres d'épaisseur, composées de fumier un peu pailleux, peu compactes et traversées dans toutes leurs parties par des filaments qui constituent la semence du Champignon. Pour obtenir ces galettes, on ouvre une tranchée dans laquelle on monte une couche, comme pour la confection des meules, mais dont le fumier est moins pailleux et plus riche en crottin; on la recouvre ensuite de 15 cent. de terre. Au bout de quatre mois environ, on regarde si le fumier est bien garni de filaments; si tel est le cas, on le divise en fragments que l'on fait sécher sous des hangars; dans le cas contraire, on attend que les filaments soient suffisamment abondants. Ce blanc est vierge, car il a été produit par le développement des spores qui existent dans le fumier.

Lorsqu'au contraire on larde cette même couche avec du blanc employé pour l'ensemencement des meules, la production des filaments est bien plus rapide; c'est ordinairement au bout d'environ deux mois que le blanc est prêt à enlever. On peut reconnaître sa préparation parfaite lorsque les galettes sont bien garnies de filament, qu'elles exhalent une odeur caractéristique de Champignon, ou encore quand de jeunes Champignons commencent à se montrer sur les côtés de la couche. Mais, ce blanc n'a pas la vigueur du blanc vierge, car il résulte de la végétation des lardons qui y ont été incorporés. La différence est à peu près analogue à celle qui existe entre les plantes

Fig. 768. — Blanc de Champignon en galettes.

obtenues de semis et celles faites par boutures. Toutefois, les champignonnistes procèdent plus simplement encore, ils démontent simplement une meule qui est sur le point de commencer à produire et choisissent les galettes les mieux garnies de filaments; cependant, ils sont néanmoins obligés de renouveler leur semence de temps à autre.

En Angleterre, plusieurs procédés sont également mis en usage, mais le plus suivi, celui qui du reste est indiqué dans l'ouvrage original, est la fabrication du blanc en briques comprimées, de forme plus ou moins rectangulaire. Voici comment ils procèdent: « On récolte du crottin frais de cheval que l'on mélange en quantité égale ou moindre à de la bouse de vache; on y ajoute un peu d'argile pour rendre le mélange adhésif. Le tout est ensuite brassé et arrosé avec du purin, et, lorsque le compost a la consistance du mortier, on l'étale sous un hangar où on le laisse jusqu'à ce qu'il soit suffisamment épais pour être mis en briques, de la forme et de la grosseur que l'on désire. Lorsqu'elles sont confectionnées, on les place alors sur le côté et on les retourne fréquemment, jusqu'à ce qu'elles soient à moitié sèches. Arrivées au point de siccité convenable, on perce un trou d'environ 2 cent. 1/2 carré, sur le côté et près du centre, on remplit ce trou avec du bon blanc et on le rebouche avec la même composition. On monte alors une couche chaude, d'environ 20 cent. d'épaisseur, sur laquelle on place les briques en pile, en laissant un espace de deux en deux; on recouvre ensuite le tout de litière, afin de maintenir une température intérieure s'approchant autant que possible de 15 deg. Dans ces conditions, le blanc se propage dans l'intérieur des briques; il faut alors les examiner fréquemment et les retirer lorsqu'elles sont bien imprégnées d'une substance blanche, nuageuse, non assez avancée pour montrer de petits filaments. Il ne reste plus qu'à faire sécher les briques et à les conserver dans un endroit sain. »

Les autres systèmes diffèrent principalement dans la proportion des substances employées pour la préparation des briques. (S. M.)

Culture. — La première chose dont on doit s'occuper après le choix d'un emplacement convenable, c'est l'établissement de la couche qui doit servir à la production des Champignons. « Bien qu'en pratique l'élément ordinaire en soit le fumier de cheval, il n'en est pas moins vrai que tous les fumiers chauds sont propres à cet emploi : ceux des lapins, des moutons, des chèvres et des volailles, aussi bien que ceux des chevaux et des mulets. On doit observer, toutefois, que si le fumier ne doit pas être trop pailleux, il ne faut pas non plus qu'il soit trop compact ni trop chargé d'ammoniaque. Si celui dont on dispose péchait par un de ces derniers défauts, on devrait le mélanger avec du fumier moins fait et plus pailleux, tel que celui des chevaux de luxe.

Le fumier, quel qu'il soit, ne peut être employé à la confection des couches, sans avoir subi une préparation qui en modère la fermentation et la rend plus durable en même temps que plus égale. Au sortir de l'écurie ou très peu de jours après avoir été retiré de dessous les animaux, le fumier est transporté sur l'emplacement où il doit être préparé. Là, on en forme un tas carré, d'un mètre de hauteur environ, qu'on monte par couches successives, en ayant soin de retirer tous les corps étrangers qui pourraient se trouver dans le fumier, et d'en mélanger les différentes parties en les secouant bien avec la fourche, pour que l'ensemble soit aussi homogène que possible. On mouille les parties qui paraîtraient trop sèches, puis on dresse proprement les côtés du tas et on le foule fortement. On le laisse en cet état jusqu'à ce que la chaleur développée par la fermentation menace de devenir excessive, ce qui se reconnaît à la couleur blanche que commencent à prendre les parties les plus échauffées. Cet effet se produit d'ordinaire de six à dix jours après la mise en tas. Il faut alors abattre le tas en secouant fortement le fumier, puis le remonter, en ayant soin de placer dans l'intérieur le fumier qui se trouvait à l'extérieur en premier lieu et dont la fermentation est par suite moins avancée.

En général, quelques jours après que le tas de fumier a été retourné, la fermentation reprend assez de force pour qu'il soit nécessaire d'abattre de nouveau le tas et de le refaire une troisième fois.

Quelquefois, après la seconde opération, le fumier est déjà suffisamment fait et peut être mis en meules. On reconnaît qu'il peut être employé sans danger quand il est devenu brun sans être pourri, que la paille dont il est composé a presque entièrement perdu sa consistance, et que son odeur rappelle celle du Champignon plutôt que celle du fumier frais. Il est difficile d'obtenir une bonne préparation du fumier si l'on n'opère pas sur une certaine quantité à la fois ; on ne peut guère traiter convenablement un tas de moins d'un mètre cube ; c'est là une cause fréquente d'insuccès dans les cultures bourgeoises. On doit tâcher de l'éviter, et si les meules à monter en demandent une moindre quantité, il faut néanmoins en préparer au moins un mètre : ce qui ne servira pas aux Champignons conserve sa valeur comme engrais pour les autres cultures potagères.

Le fumier est alors porté à l'endroit où doivent être faites les meules et mis en place immédiatement.

On peut donner aux meules la forme et les dimensions que l'on veut, mais l'expérience a montré que la

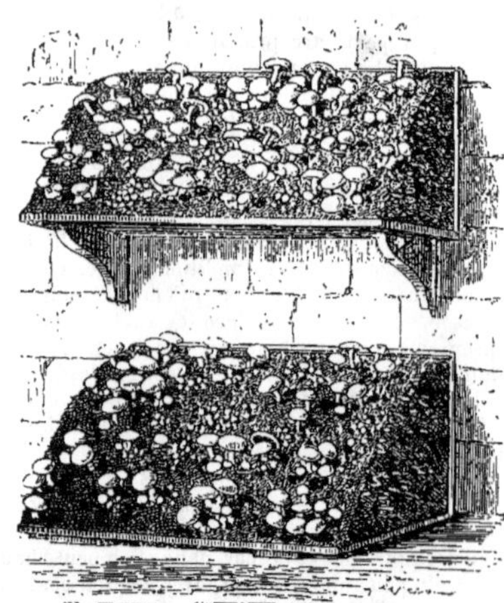

Fig. 769. — Meules à Champignon sur plateaux mobiles, adossées, et sur étagère.

meilleure manière d'utiliser complètement le fumier et l'espace dont on dispose, consiste à donner aux meules une hauteur de 50 à 60 cent. avec une largeur à peu près égale à la base. Une élévation excessive de la température par suite de la reprise de la fermentation est ainsi moins à craindre que si les

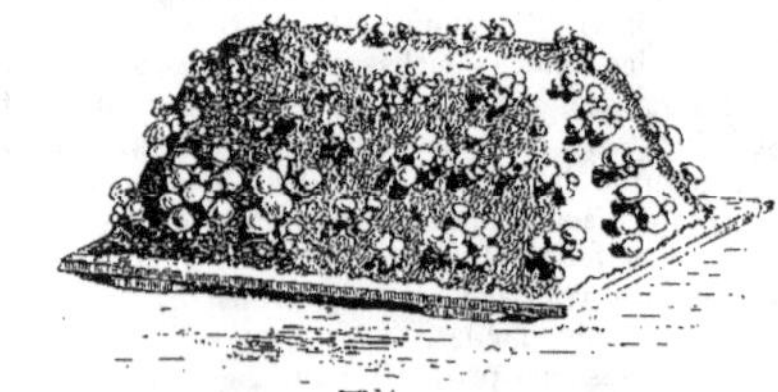

Fig. 770. — Meule à Champignon sur plateau mobile.

meules étaient plus grandes. Lorsqu'on dispose d'un espace assez étendu, on préfère les meules à deux pentes ou en dos d'âne, auxquelles on peut donner une longueur illimitée en leur conservant la hauteur et la largeur indiquées plus haut. La largeur, au contraire, doit être moindre que la hauteur lorsque les meules doivent être appuyées d'un côté et par conséquent ne présenter qu'une pente. On peut encore monter les meules soit dans de vieux baquets, soit dans des tonneaux sciés en deux, soit sur de simples planchettes ou même dans des pots. On leur donne alors la forme d'un cône ou bien celle des tas de cailloux qu'on voit sur les routes. De cette façon, il devient possible d'introduire ces meules dans des caves ou des parties d'habitation où l'on n'aimerait pas à faire entrer du fumier en nature et à faire le travail du montage des couches.

Ce travail se fait à la main : le fumier doit être bien meuble et bien divisé : il faut, en le mettant en place, écraser les parties qui formeraient motte, mélanger les portions compactes avec les portions pailleuses et bien brasser le tout ensemble. On piétine fortement le fumier à trois ou quatre reprises, puis on peigne avec la main les brins qui pourraient dépasser afin de rendre la surface de la meule bien ferme et bien unie.

Les meules ainsi établies, il convient d'attendre quelques jours avant d'y placer le *blanc*, pour voir si la fermentation ne recommence pas d'une façon excessive. On peut, en général, juger approximativement au simple toucher s'il en est ainsi ; mais il est plus sûr d'employer un thermomètre. Tant que la température

Fig. 771. — Meule à Champignon construite dans un bac et commençant à produire.

est supérieure à 30 deg., la couche est trop chaude et il faut attendre qu'elle se tempère, ou mieux, l'aérer en y pratiquant au moyen d'un bâton quelques ouvertures par où s'échappe la chaleur, ou bien encore en soulevant le fumier avec la fourche. Dès que l'excès de chaleur a disparu, il faut de nouveau bien tasser la couche.

Quand la température se maintient assez uniformément aux environs de 25 deg., il est temps de mettre le blanc en place. On peut se servir de blanc frais ou de blanc sec : celui-ci a l'avantage de se trouver en toutes saisons dans le commerce et de se conserver très facilement d'une année sur l'autre. Quelques jours avant d'introduire le blanc sec dans la culture, il est bon de l'exposer à l'influence d'une humidité tiède et modérée, soit sur la couche elle-même, soit entre des couches, sur le sol humecté : c'est ce qu'on appelle le faire *revenir*. Quand on a observé cette précaution, la reprise est généralement plus prompte et plus certaine.

Pour garnir les meules, on opère de la manière suivante : On divise les morceaux ou galettes de blanc en fragments à peu près carrés, ayant de 10 à 12 centimètres de côté et 2 à 3 cent. d'épaisseur, et on les introduit sur les faces de la meule en les espaçant de 25 à 30 cent. en tous sens. Sur les meules de 50 à 60 cent. de haut, qui sont les plus ordinaires, on a l'habitude de placer deux rangs de ces fragments qu'on appelle *lardons* ou *mises*, en ayant soin de placer les lardons du rang supérieur au-dessus de l'intervalle qui sépare ceux de l'autre rangée, c'est-à-dire en quinconce. Les lardons doivent être entrés dans la couche de toute leur longueur ; on les introduit avec la main droite, tandis que de la gauche on soulève et écarte le fumier pour leur faire place ; on doit les enfoncer jusqu'à ce que leur bord extérieur affleure la surface de la meule, puis on presse fortement le fumier pour les faire bien adhérer à la masse. Si la meule est montée dans un endroit à température constante et suffisamment élevée, il n'y a plus qu'à attendre la reprise du blanc. Si, au contraire, elle est placée au dehors ou exposée à des changements de température, il faut la recouvrir d'une enveloppe de paille de fumier long, ayant un peu vieilli en tas, qu'on appelle *chemise*, et qui qui sert à confiner autour de la meule une certaine quantité d'air participant de sa température chaude et uniforme.

Si le travail a été bien fait et si les conditions sont favorables, le blanc doit commencer à végéter sept ou

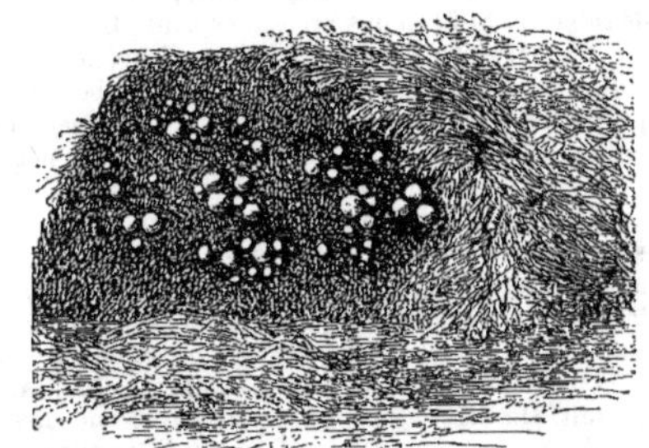

Fig. 772. — Meule à deux pentes en production, en partie découverte et en partie garnie de sa chemise.

huit jours après le lardage des meules ; il est bon de s'en assurer à ce moment et de remplacer les lardons qui n'auraient pas pris, ce qui se reconnait à l'absence de filaments blancs dans le fumier qui les entoure. Au bout de quinze jours à trois semaines après le lardage, le blanc doit avoir envahi toute la meule et commencer à se montrer à la surface ; il faut alors retirer les mises, qui ne servent plus à rien, tasser avec soin la surface de la meule pour faire disparaître les vides que laissent leur enlèvement, et nettoyer parfaitement les alentours de la meule de toute ordure qui pourrait nuire à la réussite des Champignons.

On procède ensuite à l'opération qu'on appelle *goptage* ou *gobetage*, et qui consiste à recouvrir le dessus et les côtés de la meule avec de la terre. Cette terre, dont le choix importe extrêmement au bon succès de la culture, doit autant que possible n'avoir jamais été cultivée. Il faut qu'elle soit riche en salpêtre, légère et fraîche, et qu'elle contienne du calcaire : les plâtras broyés et passés à la claie conviennent pour cet usage, ainsi que les sables calcaires qu'on peut arroser à l'avance avec une dissolution de salpêtre. Avant d'employer cette terre, on mouille légèrement la meule, puis, avec une pelle, on applique la terre sur le dessus et sur les côtés en en formant une couche de 1 cent. 1/2 environ d'épaisseur, qu'on presse fortement contre le fumier et qu'on rend aussi lisse et aussi unie que possible. Après ce travail, il ne reste rien à faire que de bassiner de temps en temps et de remettre la chemise en place, s'il s'agit d'une meule ainsi recouverte.

Il est important que la surface de la meule reste fraîche et humide sans être trop mouillée. Si les bassinages, qui doivent toujours être légers, ne suffisaient pas à amener ce résultat, on arroserait le sol au pourtour de la meule qui absorberait alors par imbibition l'humidité nécessaire.

Quelques semaines après l'opération du goptage, et plus ou moins rapidement suivant la température, les Champignons commencent à paraître. Il est à remarquer que les meules qui donnent le plus promptement sont aussi celles dont la production se prolonge le moins. On doit avoir soin, à mesure qu'on cueille les Champignons, de remplir les vides qu'ils laissent avec la même terre qui a servi à recouvrir la meule. La production livrée à elle-même se prolonge en général pendant deux à quatre mois, mais on peut entretenir plus longtemps la fertilité des meules au moyen d'arrosages légers, faits avec de l'eau additionnée de purin, de guano ou de salpêtre. Si l'eau des arrosages peut être donnée à une température de 20 à 30 deg., le résultat est d'autant meilleur ; mais il faut arroser avec beaucoup de précautions pour ne pas endommager ou salir les Champignons en voie de développement. En les négligeant, on s'expose à voir la culture envahie par des maladies, probablement de nature cryptogamique, connues sous le nom de *rouille* et de *pourriture* ou de *molle*. L'humidité excessive paraît être la cause de la première ; l'origine de la seconde n'est pas connue. On y remédie en enlevant à la main les Champignons malades, qui sont mous et jaunâtres, et en jetant aussi la terre qui les portait. On arrose ensuite la place avec une dissolution de 50 gr. de sel de nitre par litre d'eau et on remplit le vide avec de la terre à gopter. Quelquefois de petits granules blancs se développent au bas de la meule et autour des lardons : c'est encore une maladie, qu'on arrête en enlevant les parties atteintes et en les remplaçant par de la terre neuve.

Soit par suite de l'invasion de ces maladies, soit pour une autre cause, les emplacements les mieux appropriés ne se prêtent pas indéfiniment à la production du Champignon de couche, aussi faut-il, autant que possible, varier le local où se fait la culture, en la portant successivement, dans les diverses parties du bâtiment ou de la carrière où on l'a installée. Si l'on ne peut changer l'emplacement, on doit tâcher de le rajeunir, en enlevant le sol sur une profondeur de 10 cent. environ et en le remplaçant par de la terre nouvelle, en grattant et lessivant les murs ou les parois du local, puis en les saupoudrant de plâtre. Ces précautions prises, on peut recommencer la culture au même endroit.

D'après les procédés que nous avons indiqués, et en montant à couvert trois ou quatre couches par an, on peut s'assurer une production continue. En outre, pendant toute la belle saison, on peut monter des couches au dehors et obtenir à peu de frais des meules d'une production abondante. Les couches qui servent aux autres cultures forcées peuvent aussi être lardées sur leurs côtés de blanc de Champignon ; elles donneront souvent de bons produits, pourvu que la température soit convenable et qu'on ait soin de protéger les jeunes Champignons par une légère couverture de terre au moment où ils commencent à se développer. » (V. A. C.)

CHANCRE, Angl. Canker. — Ce sont principalement les Pommiers et les Poiriers qui ont le plus à souffrir des atteintes de cette grave maladie. Arbres et fruits sont parfois si fortement attaqués, surtout chez certaines variétés, que leur culture devient pour ainsi dire impossible. On ne sait pas toujours à quoi attribuer la présence de cette maladie, et si les causes en étaient mieux connues et mieux comprises, les remèdes seraient naturellement plus faciles à trouver. Quelques-uns des agents principaux qui concourent à sa production sont : les terrains froids et non drainés, la taille faite sans soins et trop courte, les grandes variations de température, la pousse excessive s'opérant à la fin de la saison, alors que les rameaux n'ont plus le temps de s'arrêter convenablement, etc.

Les arbres fortement atteints de chancres peuvent souvent être sauvés si on les transplante dans un terrain fertile et bien drainé. Dès que l'on constate la maladie chez de jeunes arbres, ce dont on s'aperçoit au craquement de l'écorce ou de la peau des fruits, il faut tâcher d'en trouver la cause et d'enrayer les progrès du mal. Certains Poiriers produisent toujours en plein vent des fruits chancreux, et cela dans différentes localités, tandis que leurs fruits sont sains lorsqu'ils sont en espalier, et, comme le cas peut se présenter pour les meilleures variétés, celles-ci doivent spécialement être cultivées en espalier. Quelquefois, la suppression d'une grosse branche, à la fin du printemps, produit un chancre à l'endroit où a eu lieu la coupe ; quelquefois aussi la taille trop courte occasionne la production de pousses faibles, qui risquent fort d'être atteintes par les froids. La différence d'humidité des saisons est encore une cause, mais contre laquelle on ne peut lutter. Certains printemps favorisent la végétation à l'excès, puis, l'été étant très mauvais, le courant naturel de la sève est alors interrompu jusqu'à la fin de cette dernière saison où la végétation reprend son cours avec une trop grande activité. De telles interruptions produisent invariablement des chancres. Dans certains cas, la maladie semble être causée par la piqûre et la ponction des insectes, lorsque l'arbre ou la branche étaient jeunes ; dans ce cas, un bon nettoyage complet de l'écorce, suivi d'un badigeonnage au lait de chaux, produit souvent d'excellents résultats. Le jus de tabac en solution forte détruit les insectes, et l'acide sulfurique est fatale aux Mousses et aux Lichens ; on ne doit jamais laisser ces parasites envahir les arbres. En résumé, les meilleurs moyens de prévention sont : de planter dans des terrains naturellement sains, bien drainés, d'éviter l'emploi de mauvais engrais ou d'en mettre une quantité capable de produire une végétation excessive, de renouveler la terre ou d'en ajouter de nouvelle au pied des vieux arbres atteints, de pratiquer la taille avec soin et de faciliter le départ précoce de la végétation afin de permettre aux pousses de bien s'aoûter.

CHANTERELLE (*Cantharellus cibarius*). — Ce Champignon, connu sous une multitude de noms, et notamment sous ceux de Girole, Jaunette, Oreille de lièvre, Chevrette, etc., est une de nos meilleures espèces et des plus faciles à reconnaître. La Chanterelle pousse presque toujours dans les bois, solitaire ou en bouquets, et se montre depuis la fin d'août jusqu'en octobre ou au commencement de novembre. Le pilier est court, épais, graduellement élargi et développé en sorte d'entonnoir ondulé et irrégulièrement étalé sur les bords. Les lames situées sur la face extérieure sont épaisses, rameuses, et semblent, par la forme du chapeau, se prolonger sur le pilier.

La Chanterelle est d'un jaune orangé foncé et exhale une odeur particulière, mais assez agréable ; elle est abondante dans les bois sur plusieurs points de la France, et n'est pas rare aux environs de Paris. Ses qualités et ses usages sont trop connus pour en parler ici ; la vente en est autorisée aux Halles. On la fait quelquefois sécher ou on la conserve dans du vinaigre, avec les condiments nécessaires.

Fig. 773. — Chanterelle. CANTHARELLUS CIBARIUS. Comestible.

CHANVRE. — V. **Cannabis sativa.**

CHANVRE aquatique. — V. **Bidens tripartita.**

CHANVRE de Manille. — Produit textile du *Musa textilis.*

CHAPEAU. — Nom donné à la partie supérieure du réceptacle de beaucoup de Champignons.

CHAPEAU d'évêque. — Fruits du *Paliurus aculeatus.*

CHAPTALIA, Vent. (dédié à Chaptal, chimiste distingué né à Nogaret, Lozère ; 1756-1832). FAM. *Composées.* — Genre comprenant environ dix-huit espèces habitant l'Amérique australe. Celle décrite ci-dessous est sans doute seule connue dans les cultures. C'est une jolie plante herbacée, vivace et rustique, facile à cultiver en terrain siliceux, léger ; on la multiplie au commencement du printemps, par division des touffes.

C. tomentosa, — * *Capitules* blancs, solitaires et penchés au sommet de tige nues ; réceptacle nu ; fleurons ligulés bisériés, les intérieurs filiformes ; aigrette formée de soies capillaires. Mai. *Flles* ovales-oblongues, entières, argentées en dessous. *Haut.* 15 cent. Amérique du Nord, 1806. (B. M. 2257.)

CHAR de Vénus. — V. **Aconit Napel.**

CHARANÇON, ANGL. Weevils. — Nom populaire d'une grande division de la famille des Coléoptères. Ce sont des insectes qui préoccupent à juste titre le jardinier et l'agriculteur, par les dommages qu'ils causent dans les cultures. Nous aurons, dans le cours de cet ouvrage, de fréquentes occasions de signaler les ravages dont souffrent les plantes cultivées. Nous mentionnons plus loin les noms des végétaux qui sont le plus sujets à leurs attaques. Le nom scientifique des Charançons est *Rhynchophora* (du grec *rhynchos,* museau, et *phero,* je porte). Ce nom fait allusion à un des organes les plus caractéristiques de ces insectes. La tête est en effet rétrécie en avant et prolongée en un museau sur lequel sont placées les antennes. Ce museau ou bec est court et aplati chez plusieurs espèces, mais, chez quelques autres (Ch. ou Balanin des Noisettes), il est très long, grêle et recourbé au sommet. Les antennes sont généralement coudées, c'est-à-dire que l'article inférieur est grêle et allongé, tandis que les articles supérieurs sont courts, enchaînés et forment un angle au sommet de l'article inférieur. La plupart des Charançons des régions tempérées sont petits ; peu atteignent des proportions remarquables. Leur corps est souvent court, arrondi et très dur ; il est plus rarement grêle, allongé, déprimé ou aplati. Comme les autres Coléoptères, ils parcourent une métamorphose complète ; leurs larves sont ordinairement des vers blancs, charnus, apodes, à tête foncée, pourvue d'antennes et de puissantes mâchoires. Beaucoup vivent dans l'intérieur des fruits ou des graines ; d'autres se cachent dans les feuilles, dans des galles ou s'enfoncent dans le bois ou dans la moelle des branches. Les insectes parfaits sont eux-mêmes souvent nuisibles en ce qu'ils rongent les feuilles, l'écorce ou les fruits des végétaux.

Les mœurs des larves et des insectes parfaits sont si variés et les dommages qu'ils causent sont si nombreux que des détails complets dépasseraient de beaucoup l'espace qu'il est possible de leur consacrer ; cependant, on trouvera des renseignements sur les espèces les plus importantes, aux articles suivants : **Bruche, Chou** (Charançon du), **Fève** (Bruche des), **Framboisier** (Insectes), **Navet** (Charançon du), **Noisetier** (Balanin du), **Orchestes, Otiorhynchus, Pin** (Tomiques et Hylesines du), **Pois** (Insectes), **Pommier** (Anthonome du), **Prunier** (Insectes), **Rhynchites, Scolytidées** et **Sitona**.

CHARBON. — Le charbon est le principal élément solidifiant des objets de nature organique ; il existe en grande quantité dans tous les corps composés. C'est une forme pure du carbone. On sait que le charbon de bois possède la remarquable faculté d'absorber les gaz et on l'emploie depuis longtemps à la fabrication des filtres pour débarrasser les eaux des impuretés qu'elles contiennent. En tant qu'amendement, le charbon de bois a un certain mérite, on peut le faire entrer dans les composts, brisé ou concassé, dans la proportion de un seizième. Tout en rendant le sol poreux et en facilitant le drainage, il absorbe l'acide carbonique et autres gaz, et les conserve à la portée des racines des végétaux. On peut l'employer sans danger pour les plantes les plus délicates ; on en ajoute souvent un morceau de la grosseur d'une noix dans les carafes à Jacinthes pour empêcher la décomposition de l'eau ainsi que dans les bouteilles dans lesquelles on plonge le sarment des grappes de raisin que l'on désire conserver ; cependant, l'eau se maintient naturellement pure tant que le sarment y demeure. Il est aussi très précieux pour la culture des Orchidées, car leurs racines rampent souvent plus volontiers sur le charbon de bois que sur les autres objets. V. aussi **Combustible.**

CHARBON (Maladie). Angl. Smut. — Nom donné à une maladie cryptogamique des végétaux, à cause de la poussière noire, semblable à du charbon ou à de la suie, dont sont remplis les organes affectés. Le Charbon est produit par un groupe de Champignons inférieurs qui vivent dans le tissu des étamines, des ovaires et des feuilles de beaucoup de plantes, mais qui infestent spécialement les Céréales et d'autres Graminées, notamment l'Orge, l'Avoine et le Maïs.

Le nom scientifique de ce groupe est *Ustilaginées*, (de *ustus*, brûlé), et fait allusion à l'apparence brûlée que prennent les épis et autres parties des végétaux attaqués par ces Cryptogames. Tout d'abord, le Charbon consiste en une masse de filaments entrelacés, composant le mycelium ; sur ces filaments, naissent de nombreuses spores, réunies au sommet de chaque pédicelle ou solitaires sur leurs côtés et près du sommet. Les spores varient beaucoup chez les différents genres, les unes sont unicellulaires, d'autres sont formées de plusieurs cellules réunies en masse arrondie ; chaque cellule peut produire une spore, quelquefois la cellule centrale est seule fertile. Chez la plupart des espèces, les spores sont de couleur plus ou moins foncée, et chez le Charbon typique elles sont individuellement brun foncé et noir de suie lorsqu'on les voit en masse.

Le tissu extérieur d'un grand nombre de plantes est ordinairement déchiré par la pression des spores arrivant à maturité et qui s'épanchent alors sous forme de masse noire, poudreuse, très visible. Il n'appartient pas au texte de cet ouvrage de traiter les Charbons qui vivent sur les Graminées, bien que leurs ravages soient souvent fort importants.

Un certain nombre de plantes florifères sont exposées à de sérieuses attaques des Champignons de ce groupe ; l'*Ustilago violacea* détruit les anthères de plusieurs espèces de *Caryophyllées*, notamment celles des *Dianthus Carthusianorum*, *D. superbus*, *Saponaria officinalis*, de plusieurs espèces de *Silene*, etc. ; les spores sont unicellulaires, arrondies, violet pâle.

Les *Sorosporium* ont leurs spores formées de plusieurs cellules égales et agglomérées ; le *S. Saponariæ* déforme les anthères des mêmes espèces de *Caryophyllées* que l'*Ustilago violacea* ; le *S. hyalinum* ronge les graines de l'*Astragalus glycyphyllos*, de quelques autres *Légumineuses* et du *Calystegia sepium* : le *S. primulinum* vit dans les jeunes graines des *Primula elatior*, *P. farinosa* et *P. vulgaris*, qu'il désorganise sans que le mal paraisse à l'extérieur de l'ovaire.

Fig. 774. — Épi de Maïs atteint par le Charbon.

Les *Urocystis* ont des spores semblables à celles des *Sorosporium*, sauf toutefois les cellules extérieures qui sont plus petites et stériles, la cellule interne est grande et fertile ; l'*U. Violæ* produit de gros renflements sur les pétioles et le limbe des feuilles ainsi que sur les stolons du *Viola odorata* ; l'*U. anemones* forme de semblables ampoules sur plusieurs espèces d'*Anemone* et sur d'autres *Renonculacées* ; l'*U. sorosporoides* couvre les feuilles du *Thalictrum minus* de larges plaques de spores.

Ces Champignons vivant dans l'intérieur du tissu des végétaux, on ne connait pas encore de traitement pour en débarrasser les plantes qui en sont atteintes, mais il est toujours prudent de brûler les parties malades, afin d'empêcher la dissémination des spores. Comme moyen préventif, on pourrait appliquer aux plantes se reproduisant par le semis, le traitement que l'on fait subir aux graines des Céréales, et qui consiste à faire macérer les graines pendant quelques heures dans une solution à 1/2 p. 100 de sulfate de cuivre.

CHARDON. — Ce nom s'applique à plusieurs plantes herbacées, épineuses, presque toutes du groupe des *Carduacées*. Voici les principales :

C.-Acanthe. — *Onopordon Acanthium.*

C. aux ânes. — *Onopordon Acanthium.*

C. argenté. — *Silybum Marianum.*

C. bénit. — *Carbenia (Cnicus) Benedictus.*

C. bleu. — *Eryngium amethystinum.*

C. jaune. — *Scolymus hispanicus.*

C. doré. — *Carlina vulgaris.*

C. à foulon. — *Dipsacus fullonum.*

C.-Marie. — *Silybum Marianum.*

C. roulant ou Roland. — *Eryngium campestre.*

CHARIEIS, Cass. (de *charieis*, élégant ; allusion à la beauté des fleurs). **Charieide.** Syn. *Kaulfussia.* Nees. Fam. *Composées.* — Genre monotypique, dont l'espèce connue est une plante herbacée, rameuse, rustique et

Fig. 775. — Charieis (*Kaulfussia*) heterophylla.

annuelle, originaire de l'Afrique australe. Capitules axillaires, longuement pédonculés, entourés d'un involucre formé de deux rangs d'écailles, les inférieures bossuées, toutes poilues, glanduleuses, comme l'est, du reste, toute la plante ; réceptacle nu, convexe. Le *Charieis heterophylla* est une belle plante, plus connue sous le nom de *Kaulfussia*, recommandable par sa floraison abondante et ses jolies fleurs bleues, pour l'ornement des plates-bandes et des massifs ainsi que pour la confection des bouquets. On peut semer les graines : 1° en automne et hiverner les plantes sous châssis ; 2° au printemps, sur couche, ou en avril-mai, en plein air ; on repique en pépinière et on met les plants en place lorsqu'ils sont suffisamment forts.

C. heterophylla, Cass. * *Capitules* à fleurons ligulés, bleu intense, lancéolés, plus ou moins enroulés ; disque bleu ou jaune ; pédoncules allongés, uniflores, glanduleux. Juin-août. *Flles* inférieures opposées ; les supérieures alternes, oblongues-lancéolées. *Haut.* 30 cent. Sud de l'Afrique, 1819. Syn. *Kaulfussia amelloides*, Nees. (B. R. 490.) Il existe des variétés à fleurs *bleu foncé*, *pourpres*, *carminées* et *roses*. (A. V. F. 3.)

CHASCANUM, E. Mey. (de *chaino* ou *chaskaino*, bâiller ; allusion à la forme du calice). Fam. *Verbénacées.* — Toutes les espèces autrefois comprises dans ce genre sont maintenant réunies aux **Bouchea** (V. ce nom), Cham.

CHARME. — V. **Carpinus Betulus.**

CHARMILLE. — Nom vulgaire du *Carpinus Betulus*, planté en haie ou en berceau.

CHARNU, Angl. Carnose. — Se dit des tissus végétaux épais, fermes et gorgés de sucs, comme le péricarpe de beaucoup de fruits et la tige des plantes grasses.

CHARPENTE. — Nom donné à l'ensemble des grosses ramifications d'un arbre ; ce mot est d'un usage fréquent en arboriculture, pour désigner les branches principales, celles qui portent les rameaux à fruits et constituent, par la direction que la taille et le dressage leur ont donnée, la forme extérieure de l'arbre. (S. M.)

CHASSE-BOSSE. — V. **Lysimachia vulgaris.**

CHASSE-PUNAISE. — V. **Actea spicata.**

CHASSIS, Angl. Frames (garden). — Sous ce nom, on entend en jardinage l'ensemble d'un système d'abri composé d'un coffre en bois et de cadres vitrés ou *châssis* qui le recouvrent. Ces constructions mobiles sont de la plus grande utilité, et nous dirons même indispensables dans tous les jardins pour le semis, la culture, le forçage ou l'hivernage d'une foule de plantes potagères ou ornementales. C'est à l'aide de châssis placés sur des couches que l'on obtient en général les meilleurs résultats pour le forçage des légumes, et pour la multiplication et la culture rapide des plantes molles ou herbacées, surtout de celles qu'il faut produire en grande quantité et dans les meilleures conditions possibles de bon marché. Aussi, les châssis sont-ils excessivement employés par les horticulteurs et comptent-ils pour une part importante de leur matériel. Chez les maraîchers, surtout aux environs de Paris, les châssis et les cloches constituent tout le matériel nécessaire à la culture des primeurs et aux semis hâtifs. En général, les plantes molles se portent mieux, sont plus trapues et plus robustes sous châssis que lorsqu'elles sont cultivées en serre. Placées très près du verre, elles y reçoivent la lumière directe sur toutes leurs faces et ne s'étiolent pas ; la chaleur solaire ou celle dégagée par la couche ainsi que l'humidité, sont aussi plus concentrées que dans les serres, et, de plus, il est bien plus facile de soigner et de visiter les plantes de près.

Ces différentes raisons ont rendu le châssis un des accessoires les plus utiles, surtout si on en considère la modicité du prix d'achat. On a fabriqué bien des formes de coffres et créé des châssis de grandeurs diverses, mais une seule l'a emporté de beaucoup sur toutes les autres, au moins dans la culture industrielle.

Pour le coffre, c'est un simple cadre rectangulaire, souvent en bois blanc, nu, goudronné ou peint, ayant 3 m. 90 de longueur, 1 m. 35 de largeur, 20 à 30 cent. de hauteur sur le devant et 40 à 60 cent. sur le derrière, muni de deux traverses enchâssées en queue d'aronde, destinées à maintenir l'écartement, et recouvert de trois châssis. On en construit de démontables; les quatre panneaux sont reliés deux à deux à l'aide de chevilles; ces sortes de coffres ont l'avantage, lorsqu'ils sont démontés, de tenir peu de place, et par suite, de pouvoir être placés sous des hangars, à l'abri des pluies. Le devant des coffres doit être muni de deux taquets pour chaque châssis, destinés à empêcher celui-ci de glisser lorsqu'on le soulève du côté opposé. Les maraîchers font ces taquets en bois et les fixent par des clous, mais on trouve dans le commerce des taquets en fer, se plaçant à cheval sur le bord du coffre, et qui ont l'avantage d'être d'une solidité à toute épreuve.

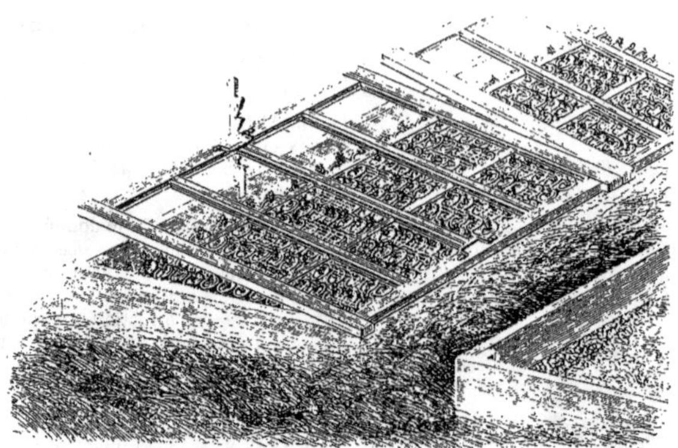

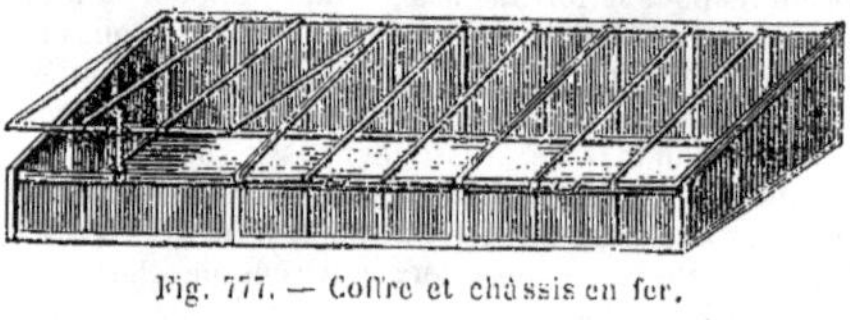

Fig. 776. — Coffre avec ses châssis, placé sur une couche et garni de godets ; les châssis sont soulevés et maintenus chacun par une crémaillère.

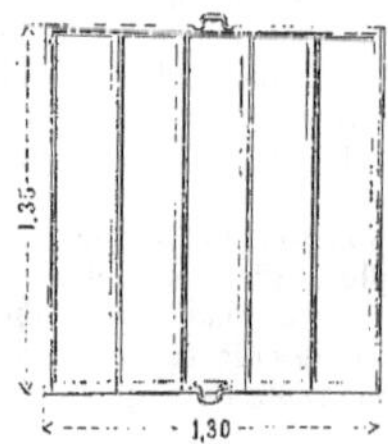

Fig. 777. — Coffre et châssis en fer.

Pour les châssis, le bois et le fer sont également employés pour leur construction, souvent même simultanément. La dimension courante est 1 m. 35 de longueur et 1 m. 30 de largeur. Dans les châssis en bois, on emploie presque toujours le Chêne pour la construction du cadre ; quant aux traverses, ordinairement au nombre de trois, elles sont tantôt en bois,

Fig. 778. — Châssis en fer.

tantôt en fer; ces dernières sont préférables, car elles rendent le châssis plus léger, évitent de mortaiser le cadre et donnent moins d'ombre sur les plantes. Il est bon de garnir les angles d'équerres en fer, rendant le cadre plus solide et prolongeant ainsi sa durée. Il y a peu à dire des châssis en fer, si ce n'est qu'ils conservent moins bien la chaleur que les châssis en bois et qu'ils produisent, surtout lorsqu'ils sont mal peints, des gouttes d'eau rouillée qui tachent les plantes ; mais, par contre, leur durée est très longue et probablement plus économique ; cependant, le châssis en bois et fer paraît plus généralement estimé, car il combine les avantages des deux. Le cadre doit toujours être muni d'une poignée pliante à chacune de ses extrémités ; elles permettent de soulever, de transporter et de mettre les châssis en pile sans gêne ni fatigue. Quant au vitrage, il y a tout avantage à employer du verre demi-double, car le verre simple est trop fragile et nécessite des réparations qui deviennent à la longue fort coûteuses. Tous les ans, pendant l'été, on doit examiner les châssis, les repeindre s'ils en ont besoin et les réparer : remplacer les verres

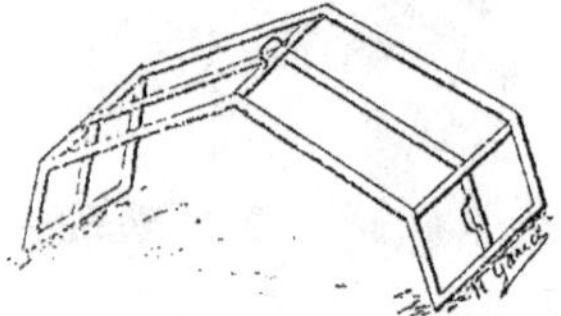

Fig. 779. — Châssis-cloche.

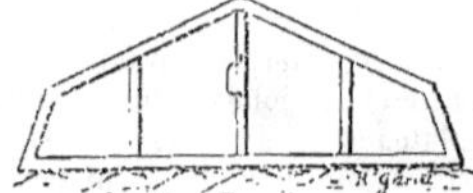

Fig. 780. — Une extrémité du même.

cassés, les remastiquer, etc. ; ces soins prolongent de beaucoup leur durée.

Pendant l'hiver, on garnit les coffres de réchauds et on recouvre les châssis avec des paillassons ; lorsque les plantes sont plus hautes que le coffre, ce qui arrive fréquemment dans la culture des Palmiers, et autres grandes plantes, on place deux et même trois coffres sans pieds les uns au-dessus des autres.

CHATAIGNE du Brésil. — Graines du **Bertholletia excelsa.** (V. ce nom.)

CHATAIGNE d'eau. — V. **Trapa natans.**

CHATAIGNERAIE. — Lieu planté de Châtaigniers.

CHATAIGNIER. — V. **Castanea.**

CHATAIGNIER d'Amérique. — V. **Cupania americana.**

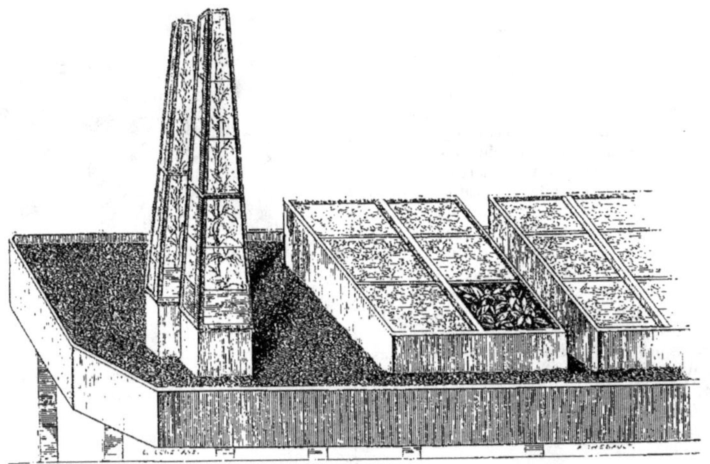

Fig. 781. — Châssis à multiplication et cloche pour la reprise des grandes boutures et des greffes. (*Rev. Hort.*)

Dans les cultures bourgeoises, où l'aisance se fait sentir jusque dans le jardin, le matériel abri est souvent plus confortable, mais sans être pour cela plus pratique. Les châssis restent à peu près les mêmes, mais leurs dimensions varient, ainsi que le nombre des travées de verre. Les coffres sont souvent en Chêne peint et de dimensions appropriées aux endroits auxquels on les destine.

On se sert aussi fréquemment de *châssis-cloches*, dont la figure précédente nous dispense de faire la description. Sauf leur susceptibilité à se fausser, ces sortes d'abris présentent d'incontestables avantages au point de vue de la facilité de leur placement sur les planches et de la quantité de lumière dont jouissent les plantes qu'ils recouvrent.

Chassis a multiplication. — Ces châssis, y compris leur coffre, ne diffèrent des châssis ordinaires que par leurs dimensions subordonnées à celle de la banquette de la serre où on désire les placer. Ils sont destinés à remplacer les cloches, dans les établissements où on propage une grande quantité de végétaux, ainsi qu'à loger les boutures, greffes, etc., trop hautes pour être placées sous des cloches. Les nombreux avantages qu'ils présentent sur ces dernières rendent leur emploi très commun et très recommandable pour étouffer toutes espèces de végétaux qui exigent momentanément une atmosphère plus confinée que celle de la serre. (S. M.)

CHATAIGNE. — Fruit du Châtaignier.

CHATON, Angl. Catkin. — Nom de l'inflorescence des arbres du groupe des *Cupulifères.* Le chaton affecte la forme d'un épi glabre ou laineux, ordinairement

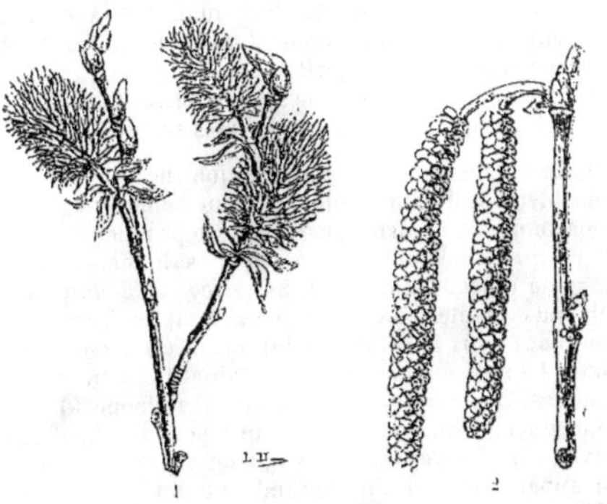

Fig. 782. — Chatons.
1, Salix ; 2, Corylus.

pendant ; il diffère de l'épi par ses fleurs unisexuées et par l'articulation de son point d'attache qui le rend caduc, lorsque ses fonctions sont terminées. (S. M.)

CHAUDIÈRES. — V. **Chauffage.**

CHAUDRON de sorcière. — V. **Balai de sorcière.**

CHAUFFAGE, Angl. Heating. — En ce qui concerne l'installation des serres, le chauffage est un facteur indispensable pour obtenir et pour régler la température artificielle nécessaire aux plantes tropicales, et pour la production des fleurs, des fruits et des légumes en dehors de leur saison naturelle. On obtient cette température par deux procédés entièrement distincts : 1° à l'aide de matériaux en fermentation placés à l'intérieur des serres, des bâches ou des châssis ; 2° par le feu dont la chaleur est transmise au moyen de l'eau, de la vapeur ou de l'air, dans l'endroit où elle est nécessaire. Ces deux sources de chaleur, employées séparément ou combinées, fournissent la température nécessaire aux différentes plantes, en réglant leur admission dans les serres, selon le besoin. Les matériaux en fermentation, très employés sous le nom de **Couche** (V. ce nom), développent une quantité considérable de chaleur, mais sa production est beaucoup plus lente que celle produite par le feu. Elle est aussi plus douce et plus humide que cette dernière, mais beaucoup moins facile à régler et se ralentit au fur et à mesure du refroidissement des matériaux. Les couches sont très favorables aux semis, à la culture des jeunes plantes ainsi qu'au forçage des légumes et fruits de primeur. Il est cependant bon, pour ces derniers usages, de pouvoir, en cas de besoin, adjoindre la chaleur d'un feu à celle qu'elles produisent.

Les différents procédés de chauffage peuvent se classer dans quatre systèmes : les *Fourneaux* ou chauffage à feu direct, les *Calorifères* ou chauffage à air chaud, les *Thermosiphons* ou chauffage à eau chaude, et le *Chauffage à la vapeur;* nous allons les traiter successivement.

Fourneaux. — Ce système est le plus ancien et le plus imparfait ; il est aujourd'hui à peu près entièrement abandonné. L'appareil se composait d'un foyer ordinairement en brique, construit dans la serre et dont le tuyau, presque toujours en poterie, se prolongeait sous les banquettes pour sortir à l'extrémité opposée. On y brûlait du bois ou du charbon, mais le tirage était souvent ou à certain moment très défectueux. La chaleur qui s'en dégageait était irrégulière et nuisible aux plantes par suite de sa sécheresse et de l'oxyde de carbone qui se répandait dans les serres.

Calorifères. — Leur construction ne diffère pas sensiblement de ceux employés pour le chauffage des appartements. Le principe, celui de la production d'air chaud qui se répand dans la serre, est le même, mais cet air a l'inconvénient d'être très sec et de nuire par cela aux plantes. Les récipients remplis d'eau que l'on place dans le calorifère lui-même et sur les conduites ne sont qu'un bien faible palliatif. Aussi, ce système est-il presque entièrement abandonné. Il ne peut guère avoir son utilité que pour le chauffage mixte, c'est-à-dire lorsqu'il s'agit de chauffer à la fois un appartement et une véranda ou un petit jardin d'hiver y attenant. On pourra atténuer les effets de la sécheresse de l'air en bassinant fréquemment les allées, les murs et même les plantes lorsqu'elles peuvent le supporter.

Thermosiphons. — Le système de chauffage à l'eau chaude est aujourd'hui le plus employé de tous ; les nombreux avantages qu'il présente ont beaucoup contribué au succès de la culture des plantes tropicales, au forçage des fruits, etc. ; c'est, après la serre elle-même, l'auxiliaire le plus important du jardinier. Aussi, nous en ferons ici l'objet d'une étude toute spéciale. Avant de parler des différentes formes de chaudières, il est bon de donner quelques explications sur les principes du chauffage, car, de leur connaissance parfaite dépend la bonne construction des appareils et conséquemment leur bon fonctionnement.

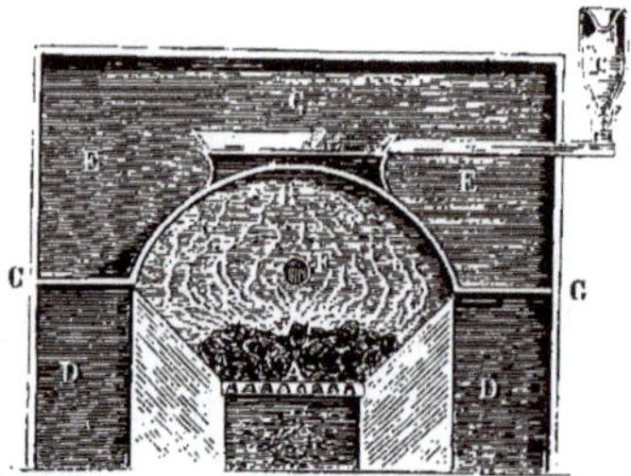

Fig. 783. — Calorifère à cloche, vu de face. (*Rev. Hort.*)

A, foyer ; B, cloche qui supporte un vase rempli d'eau et alimenté par la bouteille C ; F, tuyau de fumée ; D, prise d'air ; E, chambre à air chaud.

La chaleur a toujours une tendance à se disperser et à se transmettre aux objets voisins, jusqu'à ce qu'ils aient atteint une température égale ou en rapport avec leurs causes de refroidissement. Si elle est produite

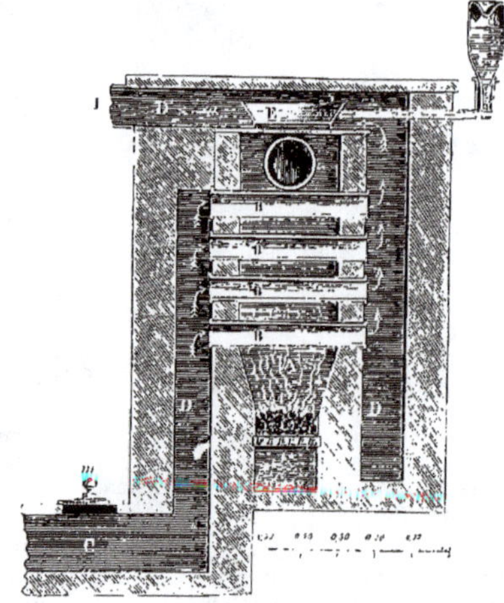

Fig. 784. — Calorifère à tuyaux, vu de profil. (*Rev. Hort.*)

A, foyer ; B, tuyaux ; C, prise d'air ; D, chambre à air chaud ; D, son tuyau de départ ; E, cuvette remplie d'eau pour humidifier l'air chaud et alimentée par la bouteille extérieure *e* ; *m*, ouverture supplémentaire pour l'admission d'air froid.

par le feu, dans une chaudière, elle peut être conduite, au moyen de l'eau ou de la vapeur, à une grande distance, mais plus le point extrême est éloigné, moins grande est la quantité qui l'atteint. L'eau et l'air chauds sont plus légers que lorsqu'ils sont froids et ont en conséquence une tendance naturelle à monter. On peut les conduire dans une direction verticale, inclinée ou horizontale, mais toujours supérieure à celle du point de départ.

La transmission de la chaleur la plus pratique est celle obtenue au moyen de l'eau circulant dans des tuyaux; elle exige une bonne disposition des tuyaux, afin de permettre sa libre circulation. C'est un des points les plus importants des principes du chauffage, mais malheureusement pas toujours aussi bien compris qu'il devrait l'être.

La chaudière doit être placée en contre-bas des conduits de circulation d'eau, dont les tuyaux de départ doivent prendre naissance dans la partie supérieure de la chaudière. Le tuyau de retour, ramenant l'eau froide, doit entrer à la base de la chaudière, dans une partie à l'abri du feu. Les courbes vers le sol, telles que les siphons, doivent être évitées le plus possible, car elles ralentissent toujours un peu la circulation de l'eau, on ne doit donc les employer que lorsque les dispositions des serres ou de châssis à chauffer les imposent. Les serres construites pour différents usages doivent être munies de tuyaux en quantité proportionnée à la chaleur à obtenir, et ces tuyaux peuvent être en communication avec les conduites principales partant de la chaudière, même si une partie des serres doit avoir une température plus élevée que les autres.

En ce qui concerne la quantité de tuyaux nécessaire au chauffage d'une serre, il n'y a pas de règle formelle applicable à tous les cas; leur nombre dépend beaucoup de la disposition de la serre, de sa hauteur, de la quantité de portes et vasistas et de son exposition. Il vaut mieux que leur quantité soit un peu plus grande que celle nécessaire, afin de pouvoir parer aux éventualités, et on peut toujours, avec des vannes, régler à volonté l'admission de la chaleur. Il est important que le jardinier chef connaisse parfaitement, non seulement l'organisation et le fonctionnement de ses chauffages, mais aussi tous les petits détails ou particularités spéciaux à chaque appareil. Lorsque plusieurs serres doivent être chauffées à différentes températures, par une ou plusieurs chaudières en communication, il est très important que l'organisation des tuyaux et la disposition des vannes ne laisse rien à désirer. Les conduites principales d'aller et de retour doivent être plus basses que les tuyaux qu'elles alimentent et si possible près du centre de la surface à chauffer, afin que l'on puisse placer des embranchements sur n'importe quel côté. Toutes les serres ou les bâches doivent être munies de vannes près du point de jonction avec la conduite principale. Comme ce sont les points les plus élevés qui sont le plus rapidement chauffés, on doit placer les serres les plus chaudes à l'endroit le plus haut, mais toujours près des chaudières, si cela se peut. Les tuyaux de 10 cent. de diamètre sont les plus employés pour les serres et les jardins d'hiver, ceux de 7 et 8 cent. sont convenables pour les châssis ou pour les bâches. Dans les serres spécialement affectées à la culture des plantes exigeant une atmosphère sèche pendant l'hiver, telles que les *Pelargonium*, les *Cactées*, etc., on place quelquefois un tuyau de 8 cent. en dessous de la charpente de la serre, dans le but de sécher l'air. Ce procédé donne d'excellents résultats pour la production de grandes et belles fleurs, exemptes de taches d'humidité.

Chaudières. — Il existe un si grand nombre de formes de chaudières qu'il serait inutile et sans intérêt de les décrire toutes; nous nous bornerons donc à faire connaître les points essentiels de leur forme, les conditions qu'elles doivent réunir pour un fonctionnement économique et régulier, ainsi que quelques-uns des systèmes les plus recommandables.

La plupart des fabricants de chauffage cherchent à créer des chaudières à bon marché et ayant la plus grande surface de chauffe possible, par rapport à la surface de la grille. Cela ne suffit pas, il faut encore que ces appareils soient solides, facilement démontables, réparables à peu de frais si un accident quelconque survient, et enfin qu'ils soient construits avec le métal offrant les plus grandes garanties.

Or, le fer et la tôle d'acier n'assurent pas un assez long service, l'usure produite par l'oxydation est trop rapide, surtout dans la saison où les appareils ne fonctionnent pas; le cuivre est non seulement d'un prix élevé, mais sa qualité aujourd'hui si variable et souvent mauvaise, fait qu'il ne présente aucune garantie sérieuse; nous connaissons des chaudières en cuivre de 3 mm. d'épaisseur, qui se sont trouvées criblées de petits trous après quelques années de service.

La fonte de fer, s'oxydant bien moins vite que la tôle de fer ou même que la tôle d'acier doux, assure aux chaudières une durée trois ou quatre fois plus grande et n'a pas les inconvénients du cuivre.

Les chaudières construites en fonte chauffent peut-être un peu moins vite que celles en cuivre, mais la différence est si minime, qu'il n'y a pas lieu de s'en préoccuper. On reproche aux chaudières en fonte de se casser en plein service; ces accidents proviennent de ce que les constructeurs cherchent à obtenir des chaudières fondues d'une seule pièce, les différences de dilatation qui se produisent pendant le chauffage occasionnent des fissures généralement irréparables, qui obligent à changer les chaudières et causent de grands frais.

Pour rendre les chaudières en fonte pratiques et durables, il faut les composer d'un certain nombre d'éléments assemblés et joints entre eux, leur assurant une dilatation libre, et permettant un démontage facile pour pouvoir, en cas d'accident, changer à peu de frais un ou plusieurs de ces éléments.

Il faut aussi que ces chaudières soient peu compliquées, qu'elles réunissent bien la surface de chauffe autour et au-dessus du foyer, que cette surface de chauffe soit bien proportionnée à celle de la grille, afin d'obtenir le plus grand rendement calorifique possible, qu'elles assurent, d'une manière parfaite, leur circulation d'eau intérieure, sans fausse direction ni partie perdue, qu'elles soient munies de départ et rentrée d'eau en nombre et dimensions suffisantes pour correspondre avec la quantité de tuyaux formant la circulation de l'eau dans les serres.

Les chaudières sont horizontales ou verticales; à plateaux, à cloisons, avec ou sans retour de flamme, ou tubulaires. Ces dernières sont sujettes à être obstruées par le charbon ou la suie et, si on ne les nettoie pas souvent, il en résulte une grande perte de calorique. Les chaudières tubulaires comportent généralement une série de tubes placés verticalement ou horizontalement et dans lesquels passent les gaz de la combustion. Quelques-unes sont fondues d'une seule pièce; elles sont peu recommandables, car la moindre imperfection dans la fonte ou un léger accident, peut causer une fuite qui, si elle est importante, cause la perte totale de l'appareil. Enfin, les chaudières de construction compliquée sont coûteuses et fonctionnent rarement aussi bien que celles dont la disposition est plus simple. Une des formes les plus anciennes

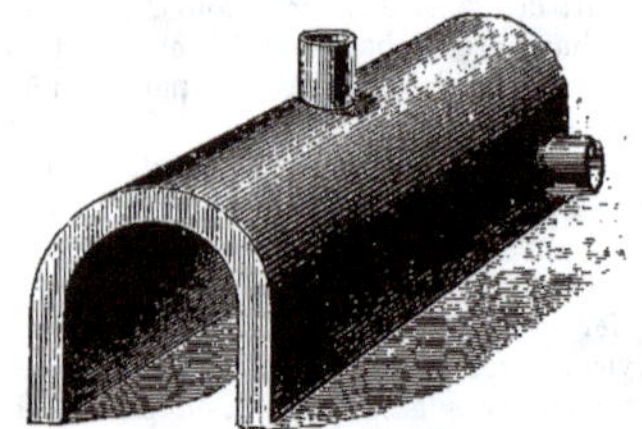

Fig. 785. — Chaudière en forme de fer à cheval, à un retour de flamme.

et encore bien employée est la chaudière dite *fer à cheval;* le type primitif est à un seul retour de flamme. Pour leur donner une plus grande surface de chauffe et en augmenter la puissance, M. B. Mathian, en 1847, l'a surmontée d'un cylindre-bouilleur, formant deux retours de flamme. Depuis, nombre de constructeurs l'ont encore modifiée, en y ajoutant des tubes, des plateaux, etc., etc. Certaines combinaisons sont même trop fantaisistes et contraires à la bonne construction. Parmi les chaudières verticales en tôle de fer ou d'acier ou en cuivre, la chaudière

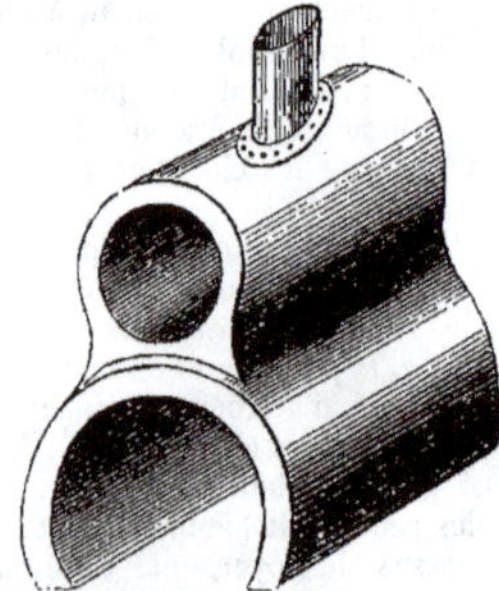

Fig. 786. — Chaudière en forme de fer à cheval, à deux retours de flamme.

Gervais type, dite à crinoline, est une de celle qui paraissent le mieux réunir toutes les qualités désirables pour obtenir un bon chauffage.

Comme chaudières tout en fonte, réunissant toutes les conditions de durée, de solidité et de bon chauffage, nous citerons les chaudières dites : *la Sans Rivale* et *la Réverbérante*, créées et construites par la Maison C. Mathian, de Paris.

La chaudière *Sans Rivale* est de forme verticale, en fonte de première qualité; elle est composée (fig. 787) d'un foyer C, sur lequel viennent s'emboîter un certain nombre de tranches creuses TT, variant suivant le numéro des chaudières et se réunissant par leur sommet au plateau récepteur supérieur N. L'assemblage est fait au moyen de boulons traversant la chaudière dans sa hauteur.

Cette heureuse disposition concentre immédiatement au-dessus et autour du foyer une surface de chauffe considérable, les gaz de la combustion divisés, par chaque tranche, passent entre elles pour sortir sous le plateau, et chauffent ensuite l'extérieur de la chaudière en circulant dans la galerie K, pour ne s'échapper par la cheminée M, qu'à la température minimum nécessaire au bon tirage.

L'utilisation de calorique produit est donc aussi complète que possible; par suite, on obtient avec les Sans Rivales un chauffage rapide, régulier, continu, tout en dépensant une quantité minime de combustible.

Les chaudières Sans Rivales, étant à réservoirs de combustible, fonctionnent sans surveillance de nuit. Elles se montent de deux manières différentes : *fixes*, c'est-à-dire entourées à demeure d'une enveloppe en maçonnerie de briques, comme le montre la figure 787, ou *portatives;* en ce cas, elles sont montées sur un cendrier en fonte et entourées d'une enveloppe en terre réfractaire, maintenue par un ou plusieurs cercles, ce qui rend leur montage très simple (fig. 788). Le nettoyage des Sans Rivales est des plus faciles et elles brûlent tous les combustibles.

La chaudière *Réverbérante* (fig. 789) est de forme horizontale, également en bonne fonte et composée de pièces appelées *éléments;* elle peut fonctionner avec ou sans enveloppe en maçonnerie.

On peut la placer à l'intérieur des serres, tout en laissant en dehors ses portes de chargement et de service du foyer, afin de n'avoir ni fumée ni poussière, ni oxyde de carbone; elle est à flamme renversée, chauffe très rapidement et brûle, en général, n'importe quel combustible.

La force que doit avoir une chaudière pour chauffer une surface donnée dépend de la longueur et du diamètre des tuyaux qui circuleront dans la ou les serres et du degré de température exigé ; mais il est toujours prudent de prendre une chaudière capable de fournir 20 ou même 30 p. 100 de chaleur en plus de celle qui est nécessaire, car, par suite de l'encrassement intérieur et extérieur, sa force diminue au bout d'un an ou deux, et il est dangereux de chauffer à outrance. Il convient aussi de tenir compte de la qualité du charbon, de la force du tirage et de la façon d'entretenir le feu.

En général, il n'y a pas avantage à employer de trop grandes chaudières, il vaut bien mieux avoir deux ou trois chaudières moyennes, accouplées ou fonctionnant séparément, mais en tout cas permettant, lorsqu'il survient un accident à l'une d'elles, de pouvoir continuer à chauffer avec les autres.

Toutes les chaudières doivent être munies d'un robinet placé près de la base, pour les vider lors des nettoyages ou des réparations nécessaires, et lorsque la quantité de tuyau est grande, deux vannes étanches, placées au départ et à la rentrée, permettent de faire ces opérations sans écouler le liquide contenu dans les tuyaux. Des purgeurs ou tuyaux d'échappement de vapeur doivent être placés aux endroits nécessaires. Il faut aussi ne pas oublier qu'en chauffant, l'eau augmente de volume; à cet effet, on place un récipient ou réservoir pour la recevoir, tout en assurant l'alimentation. On place en outre un niveau d'eau; procédé simple et pratique, permettant de s'assurer d'un coup d'œil que la chaudière ne manque jamais d'eau.

Les tuyaux de thermosiphons se font en cuivre et en fonte, les premiers sont bien plus légers. chauffent davantage et plus rapidement, mais leur prix de revient fort élevé leur fait souvent préférer les tuyaux en fonte. Leur diamètre varie généralement de 7 à 12 cent.

Les tuyaux doivent reposer sur des murettes ou de bons supports, afin qu'ils ne se dérangent pas, ce qui pourrait occasionner l'arrêt de la circulation du chauffage. Ils seront suffisamment espacés pour assurer la libre circulation de l'air.

L'accès aux vannes doit être facile; on doit les manœuvrer de temps en temps, même sans nécessité, pour qu'au moment de s'en servir elles ne soient pas encrassées et grippées; les meilleures vannes sont celles à clapet, créées par M. V. Mathian, pour être placées dans un joint des tuyaux.

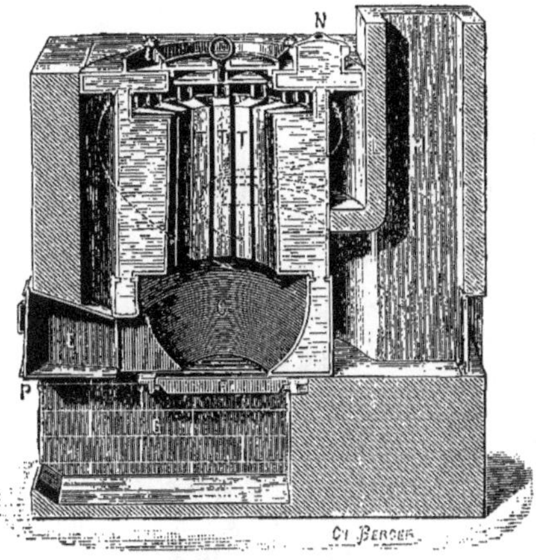

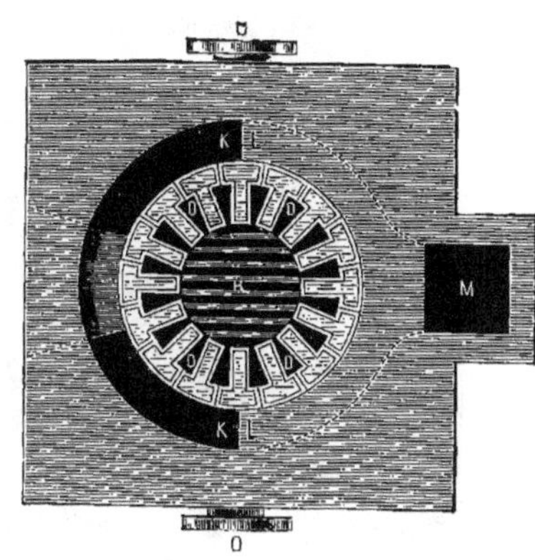

Fig. 787. — Chaudière verticale dite : *la Sans Rivale fixe*.
Coupe verticale. Coupe horizontale.

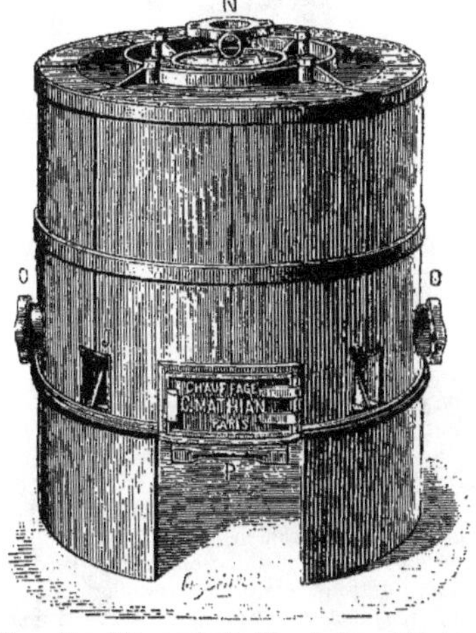

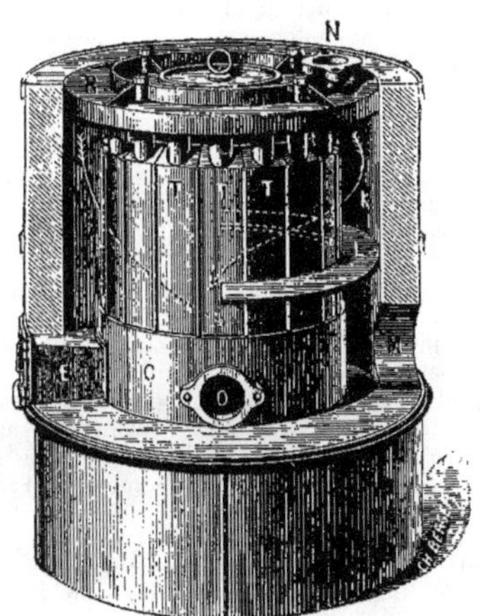

Fig. 788. — Chaudière verticale dite : *la Sans Rivale portative*.
Coupe verticale partielle.

Ils s'assemblent soit avec des joints en caoutchouc et des boulons, soit avec des colliers et une garniture de minium (système Martre), soit avec des rondelles de caoutchouc et des serreurs (système Mathian).

Pour les tuyaux en fonte et ceux en cuivre, on fait encore les joints avec du mastic de fer, mais il est ensuite très difficile de les démonter.

Pour le chauffage des petites serres d'amateurs ou lorsqu'il s'agit de chauffer à la fois un appartement et une véranda ou un petit jardin d'hiver attenant, les chaudières mobiles, verticales et cylindriques, nommés poêles-thermosiphon, créées par M. E. Leau, à Lyon, sont des plus convenables. Elles n'exigent aucune bâtisse, on peut les placer soit en dehors, soit dans la pièce adjacente ou même dans la serre et conduire le tuyau de fumée dans une cheminée ou à l'extérieur du vitrage. Certains modèles, et notamment ceux que construisent MM. Blanquier, P. Lebeuf, Martre, Mathian, etc., fonctionnent comme un poêle Choubersky; ils sont munis d'une grille mobile et la partie supérieure peut contenir une provision de charbon suffisante pour le chauffage sans surveillance de nuit. Ils peuvent chauffer jusqu'à 100 m. de tuyaux environ.

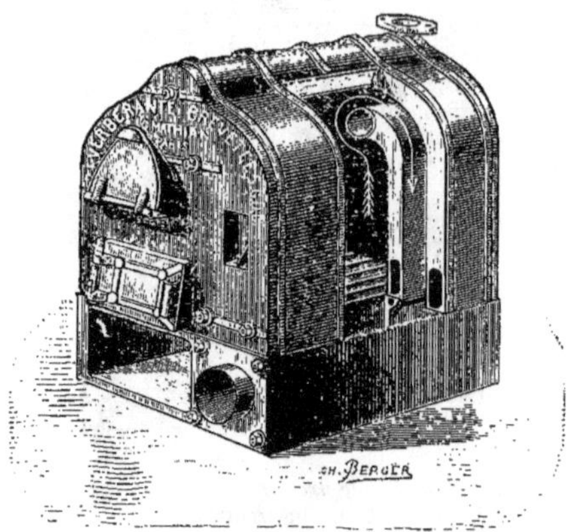

Fig. 789. — Chaudière horizontale dite : *la Réverbérante*.

Un autre appareil créé par C. Mathian, à Paris, sert également au chauffage des petites serres; c'est le *Thermostat-siphon*, réunissant sous la forme d'un véritable poêle-thermosiphon, facilement transportable, tous les éléments du calorifère à eau chaude.

Cet appareil a, sur tous les poêles à air, l'avantage de ne pas brûler les plantes, même celles le plus près de lui; il donne une chaleur douce, régulière, sans dégager d'oxyde de carbone; il brûle les houilles sèches, l'anthracite et le coke, et fonctionne sans aucune surveillance de nuit.

On peut encore chauffer au gaz les chaudières des petites serres, mais bien que fort commode sous le rapport de la régularité et des soins à peu près nuls, ce procédé est très peu employé, du moins en France, par rapport au prix élevé du gaz.

On emploie en Angleterre et même en France plusieurs appareils spécialement construits pour le chauffage au gaz, et fonctionnant sans tuyau d'échappement; la combustion s'opère avec des becs Bunsen ou autres, permettant de mélanger une quantité suffisante d'oxygène au gaz pour assurer sa combustion parfaite.

Mentionnons encore, en passant, des fourneaux à pétrole, construits *ad hoc*, et qui, malgré l'odeur désagréable qu'ils dégagent, sont susceptibles de rendre des services lorsqu'on ne peut employer aucun autre système.

Chauffage a la vapeur. — Dans ce système, c'est la vapeur d'eau qui circule dans les tuyaux, avec échappement direct ou retour à la chaudière de l'eau condensée. Pour cet usage, on emploie un générateur de vapeur, comme dans les usines de force motrice; la vapeur qu'il produit est ensuite distribuée en quantité voulue dans les conduites de circulation, dont les surfaces doivent être en rapport avec les températures à obtenir.

Fig. 790. — Thermostat-siphon.

Ce système employé autrefois a été à peu près entièrement abandonné en faveur des thermosiphons. Cependant, le Jardin d'Acclimatation de Paris vient de faire monter un important chauffage mixte, à eau chaude et à vapeur; ce n'est après tout qu'un simple thermosiphon dont l'eau est chauffée par de la vapeur au lieu de l'être par l'action directe d'un foyer.

Cette combinaison a peut-être l'avantage de pouvoir porter la chaleur à des distances un peu plus grandes; mais, en revanche, ce mode de chauffage doit revenir plus cher d'installation que le thermosiphon ordinaire; de plus, il doit occasionner des pertes de chaleur sensibles et, par suite, nécessiter une plus grande dépense en combustible.

CHAULER, CHAULAGE. — Comme son nom l'indique, cette opération consiste à répandre de la chaux sur les terrains pauvres en calcaire. Le chaulage est connu depuis fort longtemps et surtout pratiqué en agriculture. Dans les jardins, la chaux peut rendre des services pour modifier et rendre fertiles les terres argileuses, siliceuses ou granitiques dans lesquelles cet élément fait souvent défaut; d'après M. Heuzé, la quantité nécessaire varie ordinairement de 6 à 12 hectolitres de chaux délitée à l'hectare. V. aussi **Chaux** et **Amendements**.

Ce nom s'applique également à la préparation que l'on fait subir aux graines des plantes sujettes à la **Carie** et au **Charbon** (V. ces noms). Par le fait, c'est plutôt un sulfatage qu'un chaulage, car la chaux n'est plus guère employée pour cet usage ; le sulfate de cuivre est le vrai principe préservateur. Bien des procédés et bien des doses ont été proposées ; voici une des plus courantes : pour l'immersion des graines, on met 1 kil. de sulfate de cuivre par hectolitre d'eau ; pour leur aspersion, on en emploie 150 gr. par hectolitre de grain, dissous dans 8 litres d'eau.

Pour le chaulage des arbres fruitiers ou plus correctement pour le badigeonnage que l'on applique à leur charpente, voici la formule donnée par le *Journal des Campagnes* : 5 kil. Chaux éteinte, — 1 kil. 500 Fleur de soufre, — 1/2 litre de Nicotine, — 500 gr. Colle de peau — et 50 gr. Potasse, le tout étendu d'eau pour faire environ 25 litres de matière, que l'on emploie au pinceau, au printemps, après la taille. (S. M.)

CHAUME, Angl. Culm. — Nom donné aux tiges des *Graminées, Cypéracées* et autres plantes ayant le même port.

CHAUX, Angl. Lime. — La chaux est un élément des plus indispensables à la végétation. Indépendamment du rôle qu'elle joue dans l'alimentation des plantes, elle en a un autre d'une importance plus grande, qui consiste à donner à la terre des propriétés physiques spéciales et à favoriser les réactions chimiques qui influent sur la fertilité du sol. Mais, avant d'entrer plus avant en matière, disons quelques mots de l'origine de cette substance. La chaux se trouve dans la nature à l'état de carbonate (*craie, marbre*), à l'état de sulfate (*gypse, pierre à plâtre*). enfin à l'état de phosphate et de silicate. On prépare la chaux dans l'industrie en décomposant par la cuisson, le carbonate de chaux, dans des fours spéciaux. Sous l'action de la chaleur, l'acide carbonique se dégage et il reste un produit qui n'est autre que la chaux vive. Cette substance est très caustique et a une grande affinité pour l'eau qu'elle absorbe rapidement, aussitôt qu'elle est en contact avec elle ; la chaux qui a subi l'action de l'eau se fendille au bout de peu de temps et tombe en poussière, on la nomme alors *chaux éteinte* ou *délitée*. Soumise à l'action de l'air, la chaux vive absorbe peu à peu la vapeur d'eau et l'acide carbonique ; elle se change alors en hydrate et en carbonate de chaux, et tombe ensuite en poussière ou, en d'autres termes, elle se *délite*.

Ainsi qu'il est dit plus haut, la chaux agit sur les terres, soit physiquement, soit chimiquement. Son incorporation dans le sol le modifie en diminuant sa compacité et en augmentant sa perméabilité : au point de vue chimique, elle agit en fournissant la base nécessaire aux doubles réactions des différents sels et en facilitant l'absorption des principes minéraux. La chaux, sous forme de chaux vive, agit également sur la matière organique végétale ou animale. Soumise à son contact, elle lui fait d'abord subir une désagrégation en quelque sorte mécanique, qui l'amène à un plus grand état de division, et ensuite une véritable décomposition chimique ; il se produit en outre de véritables combinaisons entre la matière brune acide et la chaux, combinaisons qui donnent naissance à l'humate de chaux, élément essentiel du terreau.

L'incorporation de la chaux dans un sol qui en est pauvre ou totalement privé, produit en général d'heureux effets sur les récoltes, mais, si à première vue cette pratique augmente la fertilité du sol, on peut admettre que le chaulage est épuisant puisqu'il n'apporte à la terre qu'un seul élément : la chaux, et qu'il provoque l'exportation d'autres éléments, l'azote, l'acide phosphorique et la potasse. Si les principes ainsi enlevés au sol sous l'influence du chaulage ne sont pas restitués par des fumures suffisantes, on marche donc vers un épuisement, qui est d'autant plus rapide que la terre est moins riche et que la quantité de chaux ajoutée est plus considérable. Aussi doit-on être très prudent dans cette opération, et la pratique a démontré qu'en général, il était préférable d'employer la chaux à doses assez faibles, mais fréquemment répétées.

Par conséquent, dans les terres légères telles que les sables granitiques ou les grès, on se bornera à employer 10 à 12 hectolitres à l'hectare en renouvelant l'opération tous les trois ans. Cette dose sera portée jusqu'à 15 hectolitres dans les terres de consistance moyenne et jusqu'à 20 hectolitres dans les terres très fortes, pour le même laps de temps. Enfin, dans les terres tourbeuses, il n'y a pas d'inconvénient à employer de 25 à 30 hectolitres, car il s'agit de saturer de grandes quantités de terreau acide, et la terre n'acquiert les propriétés des sols arables que si la saturation est complète.

Le chaulage ne donne pas de bons résultats sur toutes les terres. D'une manière générale, on peut dire que celles sur lesquelles il ne se produit pas d'effervescence lorsqu'on verse dessus de l'acide chlorhydrique ou du vinaigre, sont pauvres en calcaires et se trouveront bien de l'application de la chaux. Quand au contraire, des terres produisent une effervescence, même très légère, on doit s'abstenir de les chauler. En tout cas, ces indications ne doivent être considérées que comme des bases servant à guider le cultivateur, et il sera toujours bon, avant de pratiquer le chaulage en grand, de soumettre la question au contrôle de l'expérience, en faisant des essais partiels.

Si la chaux est nécessaire à l'existence de la plupart des plantes, il en est cependant un certain nombre qui se refusent absolument à croître ou végètent mal dans des sols qui n'en contiennent même qu'une faible proportion. Nous citerons parmi les espèces décrites dans le cours de cet ouvrage : les Lupins, les Ajoncs, les Genêts, un certain nombre de Conifères, notamment le Pin maritime, les Rhododendrons et autres espèces à bois dur de même nature, ainsi que la plupart des plantes ligneuses, originaires du Cap et de l'Australie, qu'on cultive pour cette raison en terre de bruyère ou au moins en terre siliceuse. Ces plantes sont dites **Calcifuges** ; celles qui, au contraire, recherchent les terres calcaires, telles que le Pas-d'Ane, le Paturin comprimé, certaines Coronilles, l'*Hippocrepis comosa*, plusieurs Orchidées, etc., sont dites **Calcicoles**. (V. ces mots).

La chaux étant en partie soluble dans l'eau, il faut éviter d'employer, pour l'arrosement de ces premières plantes, celle que l'on sait en contenir une quantité appréciable. L'eau de pluie en contenant moins que celle provenant des puits, des sources et des rivières, on doit toujours lui accorder la préférence [1]. V. aussi **Amendements**. (H. D.)

CHAUX (Chlorure de). — V. **Chlorure de chaux.**

CHAYOTA. — V. **Sechium.**

CHAYOTE. — V. **Sechium edule.**

CHEILANTHES, Swartz. (de *cheilos*, lèvre, et *anthos*, fleur ; allusion à la forme de l'indusie). Comprend les *Adiantopsis*, Fée ; *Aleuritopteris*, Fée ; *Myriopteris*, Fée ; *Physapteris*, Presl. ; *Plecosorus*, et *Schizopteris*, —. FAM. *Fougères*. — Plus de soixante espèces, dont plusieurs s'étendent au delà des tropiques, sont comprises dans ce genre. Ce sont de jolies Fougères demi-rustiques, de serre froide, tempérée ou chaude. Frondes dressées, pinnées, très divisées, à lobules irréguliers. Sores placés sur les nervilles, au sommet ou presque au sommet des lobules, d'abord petits, sub-globuleux, puis à la fin plus ou moins confluents; indusies formées des bords modifiés, arrondies et distinctes, plus ou moins confluentes, mais non entièrement continues. Pour leur culture générale, V. **Fougères.**

C. argentea, Hook. * *Pétioles* en touffe dense, de 8 à 15 cent. de long, ligneux. *Frondes* de 8 à 10 cent. de long et 5 cent. de large, deltoïdes, bi- ou tripinnatifides ; pinnules inférieures beaucoup plus grandes que les supérieures, découpées presque jusqu'au rachis ; les plus inférieures atteignant quelquefois 1 cent. 1/2 de long ; face inférieure fortement couverte d'une poudre blanche, céracée. *Sores* nombreux, très petits, marginaux. Sibérie, jusqu'aux Indes, etc. Serre froide.

C. Bradburii, Hook. Syn. de *C. tomentosa*, Link.

C. californica, — Syn. de *Hypolepis californica*, Hook.

C. capensis, Swartz. * *Pétioles* en touffe, dressés, de 10 à 15 cent. de long. *Frondes* de 10 à 15 cent. de long et 8 à 10 cent. de large, bipinnatifides ; pinnules inférieures beaucoup plus grandes que les supérieures ; segments inférieurs plus grands que les supérieurs, ovales, sub-obtus, découpés jusqu'au rachis en lobules obtus, presque entiers. *Sores* petits, placés tout autour du bord des lobules. Cap. (H. S. F. II, 77.)

C. chlorophylla, Swartz. *Rhizome* fort, paléacé. *Pétioles* contigus, de 30 à 45 cent. de long, dressés, nus, luisants, brun marron foncé. *Frondes* de 30 à 45 cent. de long et 10 à 20 cent. de large, ovales-lancéolées, tripinnatifides ; pinnules de 8 à 12 cent. de long et 2 à 4 cent. de large, espacées, lancéolées, à segments lancéolés, découpés jusqu'au rachis en nombreux lobules entiers, linéaires-oblongs. *Sores* nombreux, petits, arrondis, placés sur les deux bords. Amérique du Sud, 1883. Serre tempérée. Syn. *Hypolepis spectabilis*. (H. S. F. II, 88, B.)

C. Clevelandi, — * *Pétioles* en touffe, dressés, écailleux. *Frondes* de 10 à 30 cent. de long, ovales-lancéolées, tri- ou rarement quadripinnées ; dernières divisions des pinnules presque rondes, sub-lenticulaires, petites, vert foncé en dessus, couvertes de fines écailles blanches en dessous. Amérique du nord-ouest. Rustique ou à peu près.

C. Eatoni, Baker. * *Pétioles* en touffe, de 8 à 15 cent. de long, ligneux, fortement écailleux. *Frondes* de 8 à 20 cent. de long et 4 à 5 cent. de large, ovales-lancéolées, tripinnatifides ; pinnules inférieures espacées, alternes ou opposées, deltoïdes, à segments linéaires-oblongs, pinnatifides ; face supérieure fortement couverte d'un tomentum blanc, laineux ; l'inférieure également feutrée ; bords des segments incurvés. Serre froide. Ouest des Etats-Unis, etc.

C. elegans, Desv. Syn. de *C. myriophylla elegans*.

C. farinosa, Kaulf. * *Pétioles* en touffe dense, de 8 à 15 cent. de long. *Frondes* de 8 à 30 cent. de long et 8 à 15 cent. de large, lancéolées ou deltoïdes, bi- ou tripinnatifides ; pinnules nombreuses, opposées, les inférieures presque toutes plus grandes ; la paire inférieure plus grande que les autres ; profondément sinuées-pinnatifides ; face supérieure fortement couverte d'une poudre blanc pur. *Sores* petits, bruns, placés sur les bords en une ligne continue. Tropiques des deux hémisphères. Serre chaude. (B. M. 4765.)

Fig. 791. — CHEILANTHES CLEVELANDI

C. Fendleri, Hook. *Pétioles* épars, de 5 à 10 cent. de long, ligneux. *Frondes* de 8 à 10 cent. de long et 2 1/2 à 4 cent. de large, ovales-lancéolées, tripinnatifides ; pinnules lancéolées-deltoïdes, d'environ 2 cent. de long, à lobes linéaires-oblongs, découpés en nombreux petits segments oblongs ; rachis fortement écailleux. *Sores* marginaux, nombreux. Montagnes Rocheuses. Serre froide. (H. S. F. II, 107.)

C. flexuosa, Kunze. *Pétioles* en touffe, de 5 à 10 cent. de long. *Frondes* de 10 à 15 cent. de long, deltoïdes, tripinnées ; pinnules et segments lancéolés, courtement pétiolulés, les inférieurs plus grands, à lobes aplanis, ovales-oblongs, obtus, sessiles, de 2 à 4 mm. de large. Amérique tropicale. Serre chaude.

C. fragrans, Webb. et Bert. * *Pétioles* cespiteux, ligneux, de 2 1/2 à 8 cent. de long, fortement écailleux. *Frondes* de 5 à 8 cent. de long et environ 2 cent. 1/2 de large, ovales-acuminées, bi- ou tripinnatifides ; pinnules opposées, deltoïdes, découpées en dessous jusqu'au rachis, en plusieurs lobes linéaires-oblongs, sinués-pinnatifides. *Sores* petits, nombreux. Europe méridionale, France, etc., 1778. Espèce demi-rustique. Syn. *C. odora* et *C. suaveolens*, Swartz.

C. frigida, Lind. et Moore. Syn. de *C. lendigera*, Swartz.

C. gracilis, Riehl. Syn. de *C. lanuginosa*, Nutt.

C. gracillima, Eaton. * *Pétioles* en touffe dense, de 5 à 15 cent. de long, grêles et ligneux. *Frondes* de 8 à 10 cent. de long et 2 cent. 1/2 de large, étroitement ovales-lancéolées, bi- ou tripinnatifides ; pinnules inférieures opposées, lancéolées-deltoïdes, découpées de chaque côté et jusqu'au

[1] La plupart des renseignements contenus dans cet article ont été puisés dans l'excellent livre de MM. Muntz et Girard, *Les Engrais*.

rachis en plusieurs segments linéaires-oblongs; face inférieure fortement couverte d'un tomentum laineux, brun pâle; bords des segments très incurvés. *Sores* nombreux, marginaux. Californie, etc. Serre froide ou châssis.

C. hirta, Swartz. * *Pétioles* en touffe, de 5 à 10 cent. de long, forts, dressés, fortement velus. *Frondes* de 10 à 30 cent. de long et 5 à 12 cent. de large, ovales-lancéolées, bipinnatifides; pinnules opposées, étalées, formant un angle droit avec le rachis principal, lancéolées et découpées jusqu'au rachis en nombreux segments d'environ 6 mm. de long, à bords très incurvés. *Sores* nombreux. Cap, 1806. Serre froide. (H. S. F. II, 101 b.)

C. lanuginosa, Nutt. * *Pétioles* en touffe dense, dressés, ligneux. *Frondes* de 10 à 20 cent. de long et 2 1/2 à 4 cent. de large, ovales-lancéolées, bipinnatifides; pinnules opposées, les inférieures deltoïdes, à segments linéaires-oblongs, portant de nombreux lobes petits et arrondis, très incurvés sur les bords; face inférieure fortement tomenteuse. Amérique du Nord. Rustique. Syn. *C. gracilis*, Rich.

C. lendigera, Swartz. * *Pétioles* de 8 à 30 cent. de long, forts, dressés et tomenteux. *Frondes* de 10 à 30 cent de long et 5 à 10 cent. de large, lancéolées, tri-quadripinnatifides, à pinnules nombreuses, linéaires-oblongues, découpées jusqu'au rachis en nombreux segments distincts et convexes, de 1 mm. 1/2 en tous sens. *Sores* en ligne sub-continue. Mexique, etc. Serre chaude. (H. S. F. II, 104.) Syn. *C. frigida*, Lind. et Moore.

C. Lindheimeri, Hook. * *Pétioles* épars, de 8 à 15 cent. de long, ligneux. *Frondes* de 8 à 15 cent. de long et 4 à 5 cent. de large, ovales-lancéolées, tripinnatifides; pinnules nombreuses, contiguës, les plus inférieures d'environ 2 cent. 1/2 de long et 1 cent. de large, à segments nombreux, linéaires-oblongs; rachis fortement écailleux en dessus; face supérieure du limbe laineuse; l'inférieure fortement écailleuse; bords des segments très incurvés. *Sores* nombreux, marginaux. Texas et Nouveau-Mexique. Serre froide. (H. S. F. II, 107, A.)

C. microphylla, Swartz. * *Pétioles* de 5 à 15 cent. de long, ligneux. *Frondes* de 8 à 20 cent. de long et 5 à 8 cent. de large, ovales-lancéolées, bi- ou tripinnatifides; pinnules nombreuses, presque opposées, les inférieures de 2 1/2 à 5 cent. de long, à segments linéaires-oblongs, entiers ou sub-deltoïdes et découpés jusqu'au rachis sur le côté inférieur. *Sores* arrondis ou allongés. Amérique tropicale. Serre chaude. — Il existe de nombreuses variétés et formes de cette espèce, dont l'une est le *C. micromeura*, à nombreuses pinnules étalées, garnies de segments ovales-oblongs, entiers ou presque entiers. (H. S. F. II, 99, B.)

C. multifida, Swartz. *Pétioles* en touffe, de 8 à 20 cent. de long, forts, dressés. *Frondes* de 8 à 30 cent. de long et 5 à 20 cent. de large, ovales-lancéolées ou deltoïdes, tri- ou quadripinnatifides; pinnules inférieures opposées, espacées, deltoïdes, de 5 à 15 cent. de long; dernières divisions linéaires-oblongues, profondément lobées, à bords très récurvés chez les frondes fertiles. *Sores* placés au sommet des lobes, petits, arrondis, légèrement confluents. Cap, etc. Serre froide. (H. S. F. 100; H. G. F. 39.)

C. myriophylla, Desv. *Pétioles* en touffe dense, ligneux, dressés, couverts d'un tomentum laineux et pâle. *Frondes* de 10 à 15 cent. de long et 4 à 5 cent. de large, ovales-lancéolées dans leur contour, tri- ou quadripinnatifides; pinnules lancéolées-deltoïdes, à segments oblongs-linéaires sur les deux côtés; dernières divisions très petites, arrondies, en chapelet, d'un vert gai en dessus, fortement feutrées en dessous et de texture sub-coriace. Amérique chaude et tropicale. Serre chaude ou tempérée. (H. S. F., 105, A.) — La variété *elegans* (Syn. *C. elegans*, Desv.) a des segments obovales, pyriformes, ordinairement rétrécis en pétiolules distincts. Même origine. (H. S. F. 105, B.)

C. mysurensis, Wallich. * *Pétioles* en touffe dense, très courts, ligneux. *Frondes* de 8 à 30 cent. de long et 4 à 8 cent. de large, ovales-lancéolées, tripinnatifides; pinnules nombreuses, les plus inférieures opposées, d'environ 2 cent. 1/2 de long, lancéolées-deltoïdes, découpées jusqu'au rachis en nombreux segments linéaires-oblongs, pinnatifides. *Sores* petits, arrondis, distincts ou légèrement confluents. Hindoustan tropical. Serre chaude. (H. S. F. II, 100.) — Le *C. fragilis* ne se distingue probablement de cette espèce que par ses plus grandes proportions.

C. odora, Swartz. Syn. de *C. fragrans*, Webb. et Berth.

C. Preissiana, Kunze. Syn. de *C. Sieberi*, Kunze.

C. pteroides, Swartz. *Pétioles* de 15 à 30 cent. de long, forts, dressés. *Frondes* de 30 à 45 cent. de long et 15 à 20 cent. de large, deltoïdes, tripinnées, simplement pinnées dans leur partie supérieure; pinnules inférieures ligneuses, demi-étalées, graduellement plus petites à mesure qu'elles s'approchent du sommet, à segments oblongs, entiers. *Sores* petits, arrondis, distincts mais contigus. Cap, etc., 1775. Serre froide. (H. S. F. II, 101.)

C. pulveracea, Hook. — V. *Nothochlæna sulphurea*, J. Smith.

C. radiata, R. Br. * *Pétioles* en touffe, de 30 à 45 cent. de long, forts, dressés, ligneux, portant six à neuf pinnules, partant toutes d'un même point central, avec un verticille de segments bractéiformes à l'aisselle, les plus longues de 15 à 20 cent. de long et environ 2 cent. 1/2 de large; segments nombreux, rapprochés, de 12 mm. de long, à côtés inégaux, tronqués à la base. *Sores* petits, très nombreux, placés sur le bord des segments entiers. Amérique tropicale. Serre chaude. (H. S. F. II, 91, A.)

C. rufa, Desv. * *Pétioles* en touffe, de 2 1/2 à 5 cent. de long, fortement tomenteux. *Frondes* de 15 à 20 cent. de long et 5 à 8 cent. de large, ovales-lancéolées, bipinnatifides; pinnules opposées, les inférieures oblongues, espacées de 2 1/2 à 5 cent.; segments du côté inférieur plus grands, de 6 à 12 mm. de long, linéaires-oblongs; face inférieure couverte d'une poudre blanche. *Sores* nombreux, marginaux, arrondis, petits. Nord de l'Hindoustan. Serre chaude. (H. S. F. II, 99.)

C. Sieberi, Kunze. * *Pétioles* en touffe dense, de 8 à 15 cent. de long, ligneux. *Frondes* de 8 à 15 cent. de long et 4 cent. de large, oblongs-acuminés, tripinnatifides; pinnules opposées, les plus inférieures espacées, deltoïdes, portant plusieurs segments opposés, oblongs-deltoïdes, découpés jusqu'au rachis sur le côté inférieur. Sores petits, étroits, brun pâle, arrondis, séparés ou soudés. Australie, etc. Serre froide. Syn. *C. Preissiana*, Kunze. (H. S. F. II, 97.)

C. suaveolens, Swartz. Syn. de *C. fragrans*, Webb. et Berth.

C. tenuifolia, Swartz. *Pétioles* de 10 à 15 cent. de long, ligneux, flexueux. *Frondes* de 10 à 20 cent. de long et 8 à 10 cent. de large, deltoïdes, tripinnatifides; pinnules nombreuses, opposées, deltoïdes, à segments du côté inférieur plus grands, les plus inférieurs de 2 cent. 1/2 de long, découpés en lobes sinués-pinnatifides. *Sores* arrondis ou sub-continus. Tropiques de l'hémisphère austral. Serre chaude. (H. S. F. II, 97, C.)

C. tomentosa, Link. * *Pétioles* en touffe, de 10 à 15 cent. de long, forts, dressés, très tomenteux. *Frondes* de 15 à 30 cent. de long et 5 à 8 cent. de large, ovales-lancéolées, tripinnatifides; pinnules inférieures espacées, opposées, de 2 1/2 à 4 cent. de long, deltoïdes, à segments linéaires, oblongs, découpés en nombreux petits lobes; rachis fortement velu; face supérieure vert grisâtre, pubescente; l'inférieure fortement feutrée. Serre froide. Syn. *C. Bradburii*, Hook. (H. S. F. II, 109, B.)

C. vestita, Swartz. * *Pétioles* en touffe, de 5 à 10 cent. de long, ligneux, légèrement tomenteux. *Frondes* de 10 à 20 cent. de long et 4 à 5 cent. de large, ovales-lancéolées, tripinnatifides; pinnules inférieures espacées, opposées, d'environ 12 mm. de long, découpées sur chaque côté et jusqu'au rachis en plusieurs segments oblongs. *Sores* nombreux. Amérique du Nord, 1812. Presque rustique.

C. **viscosa**, Kaulf. * *Pétioles* en touffe, de 10 à 15 cent. de long, forts, dressés, pubescents. *Frondes* de 10 à 15 cent. en tous sens, deltoïdes, tri- ou quadripinnatifides; pinnules opposées, les inférieures beaucoup plus grandes; segments du côté inférieur plus grands que les supérieurs, lancéolés, à lobes étroits, linéaires-oblongs, de nouveau découpés jusqu'au rachis. *Sores* plus ou moins confluents. Nouveau-Mexique, etc., 1841. Serre chaude ou tempérée. (H. S. F. II, 93. B.)

C. **Wrightii**, Hook. * *Pétioles* de 5 à 10 cent. de long, forts, ligneux. *Frondes* de 5 à 8 cent. de long et 2 1/2 à 4 cent. de large, ovales-lancéolées tripinnatifides; pinnules nombreuses, opposées, les inférieures d'environ 2 cent. 1/2 de long, à lobes découpés presque jusqu'au milieu. *Sores* nombreux; bords des frondes fertiles très incurvés. Texas. Serre froide. (H. S. F. II, 90, A.)

CHEIMATOBIA brumata. — V. **Phalène hyémale.**

CHEILOPLECTRON, Féc. — Réunis aux **Pellæa.**

CHEILOSANDRA, Griff. — V. **Rhynchotechum**, Blume.

CHEIRANTHODENDRON, Larreat. — V. **Cheirostemon**, Humb. et Bonpl.

CHEIRANTHUS, Linn. (de *cheiri* ou *kheyry*, nom arabe d'une plante à fleurs rouges et odorantes, et *anthos*, fleur; ou peut-être de *cheir*, la main, et *anthos*, fleur; fleur pour la main). **Giroflée jaune**, Angl. Wallflower. Fam. *Crucifères*. — Genre comprenant environ douze espèces

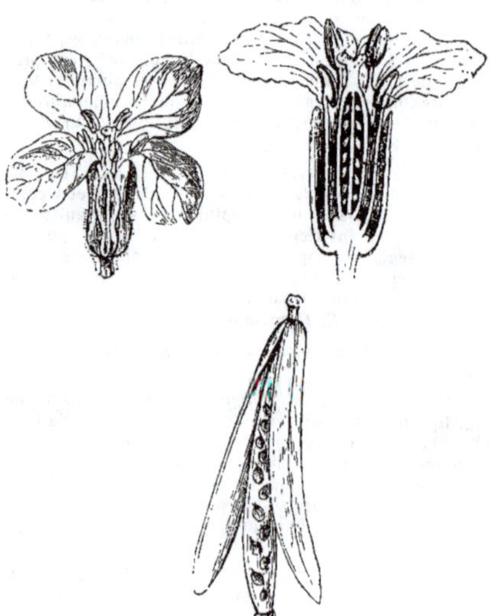

Fig. 792. — Cheiranthus. — Fleur détachée, coupe longitud. et silique déhiscente.

de plantes herbacées ou suffrutescentes, bisannuelles ou vivaces, habitant l'Europe, l'Asie, l'Afrique et l'Amérique septentrionale. Fleurs en grappes allongées, terminales; calice à quatre sépales libres; corolle à quatre pétales libres, onguiculés, imbriqués dans le bouton; étamines six, tétradynames. Pédicelles filiformes, dépourvus de bractées. Le fruit est une silique allongée, droite, un peu tétragone, à deux valves à une seule nervure et séparées par une fausse cloison membraneuse, renfermant plusieurs graines disposées sur un seul rang. Feuilles oblongues ou lancéolées, spatulées entières ou dentées.

Les *Cheiranthus* sont de jolies plantes propres à l'ornementation des massifs, des plates-bandes et des rocailles, que l'on peut multiplier par le semis pour celles qui produisent des graines, et par boutures pour les espèces stériles; celles des plantes rustiques se font en plein air, à exposition abritée et sous cloches;

Fig. 793. — Cheiranthus Cheiri.

celles des espèces demi-rustiques se font sous châssis ou en serre froide, où il convient de les laisser passer l'hiver. Le *C. Cheiri* est l'espèce qui a produit toute la série des *Giroflées jaunes*, employées pour l'ornement des jardins, la confection des bouquets; les différentes races, leur culture, leur emploi, etc., sont décrites à l'article **Giroflée.**

Les autres espèces de Giroflées, connues dans les jardins sous les noms de *G. quarantaine*, *G. grosse espèce*, *G. cocardeau*, *G. Empereur*, etc., sont, croit-on, toutes sorties du *Matthiola incana*. Pour leur description, etc., V. aussi **Giroflée.**

C. **asper**, Cham. et Schlecht. *Fl.* jaunes, assez grandes, en corymbes denses. Juin. *Flles* linéaires-lancéolées, plus ou moins entières ou dentées, fortement rétrécies à la base, couvertes ainsi que les tiges de poils bipartites, fortement apprimés. Tiges rameuses. *Haut.* 30 cent. Californie, etc. 1826. Demi-rustique. Syn. *C. capitatus.*

C. **alpinus**, Lamk. — V. *Erysimum alpinum.*

C. **capitatus**, — Syn. de *A. asper.*

C. **Cheiri**, Linn. * Giroflée jaune, Carafée, Ravenelle, Violier, etc., Angl. Common Wallflower. — *Fl.* jaune brunâtre chez le type, mais variant du jaune canari au brun foncé et au rouge violacé chez les variétés cultivées; toutes à odeur de girofle, réunies en grappes plus ou moins lâches, au sommet des rameaux. Commencement du printemps jusqu'en été. *Flles* lancéolées, très entières, glabres ou couvertes de poils bipartites, apprimés. *Haut.* 30 à 60 cent. Europe ; France, etc. — On cultive dans les jardins plusieurs races simples ou doubles, comprenant chacune un certain nombre de coloris distincts.

C. Marshalli, Hort. * *Fl.* jaune orangé clair, de près de 2 cent. de diamètre, très abondantes. Printemps. *Flles* inférieures plus ou moins spatulées ; les supérieures étroites-lancéolées. *Haut.* 30 à 45 cent. Probablement un hybride.

C. Menziesii, Benth. et Hook. *Fl.* rouge pourpre vif. Printemps. *Flles* radicales oblongues-lancéolées, de 5 à 10 cent. de long, fortement couvertes d'une pubescence courte et étoilée. *Haut.* 15 à 20 cent. Californie. Espèce vivace, demi-rustique, à souche allongée, rameuse et ersistante.

Fig. 794. — Cheiranthus Cheiri flore-pleno, vars.

C. mutabilis, — * *Fl.* d'abord jaune crème, devenant ensuite purpurines ou striées. Mars. *Flles* linéaires, lancéolées, pointues, finement dentées en scie, un peu duveteuses et portant des poils bipartites. Tige frutescente, rameuse. *Haut.* 60 cent. à 1 m. Madère, 1777. Arbrisseau demi-rustique. (B. M. 195.)

C. ochroleucus. — V. *Erysimum ochroleucum.*

C. scoparius, — *Fl.* d'abord blanches, puis purpurines. Mai. *Flles* linéaires-lancéolées, acuminées, entières, un peu pubescentes, garnies de poils bipartites et apprimés. Tige frutescente, rameuse. *Haut.* 60 cent. à 1 m. Ténériffe, 1812. Demi-rustique. (B. R. 219.)

C. semperflorens, — *Fl.* jaunes ou blanches, à pédicelles de moitié plus courts que le calice. Janvier-décembre. *Flles* linéaires-lancéolées, très entières, un peu rudes. Tige frutescente, rameuse. *Haut.* 30 à 45 cent. Maroc, 1815. Demi-rustique.

CHEIROGLOSSA, Presl. — Réunis aux **Ophioglossum**, Linn.

CHEIROSTEMON, Humb. et Bonpl. (de *cheir*, la main, et *stemon*, étamines; les cinq étamines ont leurs filets soudés à la base et écartés au sommet, ressemblent ainsi à une main). Syn. *Cheiranthodendron*, Larreat. Fam. *Sterculiacées.* — Genre monotypique, dont l'espèce connue est un bel arbre de serre froide, originaire du Mexique. Il se plaît dans un mélange de terre franche fibreuse et de terre de bruyère, ou dans tout autre sol léger. Multiplication par boutures de rameaux assez fermes, que l'on plante dans de la terre de bruyère siliceuse, sous cloches et à chaud.

C. platanoides, — *Fl.* solitaires, tomenteuses, blanchâtres ; pétales nuls ; calice un peu campanulé, muni à la base de trois bractéoles. *Flles* cinq à six lobes, palmatinervées. *Haut.* 20 m. Mexique, 1820. (B. M. 5135.)

CHEIROSTYLIS, Blume. (de *cheir*, la main, et *stylos*, style ou colonne ; la colonne est proéminente, sillonnée sur le dos et rappelle les doigts de la main). Fam. *Orchidées.* — Genre comprenant huit espèces originaires des Indes orientales, de l'archipel Malais et de l'Afrique tropicale. Ce sont de petites Orchidées de serre chaude, intéressantes mais de peu d'effet, rappelant par leur port un petit *Goodyera ;* elles en diffèrent cependant par plusieurs caractères. Il leur faut une chaleur humide et un mélange de trois parties de sphagnum haché et une de terreau de feuilles bien décomposé. Multiplication par séparation de leurs rejets traçants.

C. marmorata, Flore. — V. *Dossinia marmorata*, Ed. Morr.

C. parviflora, — *Fl.* blanches. Septembre. *Haut.* 8 cent. Ceylan, 1837.

CHÉLIDOINE. — V. **Chelidonium.**

CHÉLIDOINE (petite). — V. **Ranunculus Ficaria.**

CHELIDONIUM, Linn. (de *Chelidonion*, nom grec employé par Dioscorides; de *chelidon*, Hirondelle ; la plante fleurit, dit-on, à l'arrivée des Hirondelles et se dessèche à leur départ). **Chélidoine, Eclaire**, Angl. Celandine, Swallow-wort. Fam. *Papavéracées.* — Genre

Fig. 795. — Chelidonium majus.

monotypique dont l'espèce connue est une plante herbacée, vivace, à suc jaune et âcre, habitant l'Europe, l'Asie tempérée et l'Amérique septentrionale. Calice à deux sépales caducs; corolle à quatre pétales ; étamines nombreuses. Capsule en forme de silique, bivalve. La Chélidoine est peu cultivée comme ornement, mais elle peut néanmoins être plantée dans les parties agrestes des parcs et des grands jardins. Elle se plait dans les endroits ombreux et humides, au pied des vieux murs, etc. Multiplication par semis et par division des touffes.

C. japonicum. — V. *Stylophorum japonicum.*

C. majus, Linn. *Fl.* jaunes, réunies par trois à six en cyme lâche ; pédoncules velus. *Flles* pinnées, molles, à folioles arrondies, grossièrement dentées. *Haut.* 30 à 60 cent. France, Angleterre, etc. (Sy. En. B. 67.) — Il existe une jolie variété *laciniatum*, à lobes des feuilles découpés en segments linéaires, aigus et à pétales laciniés ; on connaît aussi une forme à *fl. doubles.*

CHELONANTHERA, Blume. — V. **Cœlogyne,** Lindl.

CHELONE, Linn. (de *chelone*, Tortue ; allusion à la forme de la lèvre supérieure de la fleur). **Galane,** Angl. Turtle-Head. Fam. *Scrophularinées.* — Genre comprenant quatre espèces de jolies plantes herbacées, voisines des *Pentstemon* et originaires de l'Amérique septentrionale. Fleurs en épis terminaux ; corolle béante, ventrue, à lèvre inférieure barbue à l'intérieur ; étamines stériles plus courtes que les fertiles. Graines ailées. Feuilles simples, opposées. Les Galanes sont peu exigeantes, car elles poussent à peu près partout ; cependant, une bonne terre franche fertile et légère leur convient de préférence. On les multiplie par division des touffes, que l'on fait après la floraison, en août-septembre ; faite au printemps, cette opération ne donne pas toujours des résultats satisfaisants. On peut aussi les propager par semis et par boutures herbacées, que l'on plante sous châssis, dans de la terre légère.

C. barbata, Cav. — V. *Pentstemon barbatus,* Nutt.

C. centranthifolia. — V. *Pentstemon centranthifolius.*

C. Digitalis. — V. *Pentstemon lævigatus Digitalis.*

C. glabra, Linn. Variété glabre du *C. obliqua,* Linn.

C. Lyoni, — * *Fl.* pourpres, en épis terminaux, courts et compacts. Juillet-septembre. *Flles* pétiolées, ovales-cordiformes, dentées en scie. Plante glabre, rameuse. *Haut.* 1 m. à 1 m. 20. Nord de la Caroline, 1812. Syn. *C. major.* (B. M. 1864.)

C. major, — Syn. de *C. Lyoni.*

C. nemorosa, — * *Fl.* pourpre rosé, à corolle ventrue ; anthères jaunes, laineuses ; pédoncules triflores, duveteux. Juillet. *Flles* ovales, acuminées, dentées en scie. Plante rameuse, glabre. *Haut.* 30 cent. Amérique du nord-ouest, 1827. Cette plante est intermédiaire entre les *Pentstemon* et les *Chelone.*

C. obliqua, Linn. * *Fl.* blanc rosé ou purpurines, en épis terminaux, compacts, bractéolés. Août-septembre.

Fig. 796. — Chelone obliqua.

Flles opposées, presque sessiles, ovales-lancéolées, dentées, très glabres. *Haut.* 40 à 60 cent. Espèce moins vigoureuse que le *C. Lyoni.* Amérique du Nord, 1752. Syn. *C. purpurea,* Mill. (B. R. 175.) La variété *alba* est très décorative.

C. purpurea, Mill. Syn. de *C. obliqua,* Linn.

C. ruelloides. — V. *Pentstemon barbatus,* Nutt.

CHEMIN, Angl. Alley. — Passage de largeur variable, ordinairement de 45 à 60 cent., formé en droite ligne et parallèle à l'allée principale ou aux plates-bandes, quelquefois couvert d'une mince couche de sable, de gravier, de mâchefer ou de pavés. Les passages étroits séparant les planches sont généralement nommés *sentiers.*

CHÊNE, Angl. Oak. — Nom indistinctement donné à tous les représentants du grand genre *Quercus,* qui contient plus de trois cents espèces habitant principalement les régions tempérées de l'hémisphère boréal. Dans les tropiques et en Amérique, les Chênes croissent sur les montagnes ; ils s'étendent au sud jusque dans la Colombie, et en Asie jusqu'à l'archipel Malais. Ils sont totalement absents de l'Afrique (sauf la région méditerranéenne), de Madagascar, de l'Australie, des îles de la mer du Sud et aucune espèce n'a été signalée dans la Nouvelle-Guinée. Au double point de vue du nombre d'espèces, de la valeur industrielle et commerciale de beaucoup d'entre elles, le genre *Quercus* est de beaucoup le plus important de la famille des *Cupulifères.* Comme arbre forestier, le Chêne tient, au moins dans la partie occidentale de l'Europe, sans doute la première place. Au point de vue pittoresque, le tronc massif, rugueux, les branches tordues, la taille, etc., fournissent un élément décoratif unique dans son genre. Plusieurs espèces exotiques surpassent cependant nos espèces indigènes par les belles teintes que prennent leur feuillage, à l'approche de leur chute automnale, ainsi que par la rapidité de leur croissance et quelques-unes à feuilles persistantes ou sub-persistantes comptent aussi parmi les plus beaux arbres rustiques. Le Chêne commun (*Q. robur*), encore nommé Ch. Rouvre, se rencontre en Europe et en Asie, presque jusqu'à la région arctique; autant qu'une aire géographique aussi étendue permet de le supposer, il existe plusieurs formes, dont quelques-unes diffèrent nettement de celles de nos pays. Les deux principales variétés sont : le *Q. pedunculata,* nommé Chêne blanc, Ch. femelle, etc., à feuilles sessiles et à fruits longuement pédonculés, et le *Q. sessiliflora,* appelé Ch. à grappes, Ch. mâle, Ch. Rouvre, etc., à feuilles pétiolées et à fruits très courtement pédonculés. Pour faciliter les recherches, ces deux formes ont été considérées comme espèces à l'article **Quercus** (V. ce nom), et leurs principales formes horticoles sont décrites à la suite.

La longévité du Chêne est proverbiale ; l'âge de quelques-uns des plus renommés est estimé à environ deux mille ans ; il existe encore sur quelques points de la France quelques arbres patriarcaux, derniers vestiges des forêts qui couvraient jadis les Gaules. La forêt de Fontainebleau en renferme plusieurs de taille remarquable. Celui d'Allouville a souvent été décrit et figuré ; le Chêne de Déport (Seine-Inférieure) mesure à hauteur d'homme plus de 7 m. de diamètre et sa ramure a plus de 40 m. de large. Près de Saintes, dans la cour d'un château, existe un Chêne dont le diamètre est de 8 à 9 m. et la hauteur de 20 m. Dans les Vosges, non loin des stations balnéaires de Contrexéville, Vittel et Martigny, existent plusieurs de ces colosses du règne végétal ; le plus remarquable, le Chêne des Partisans, ainsi nommé parce qu'il a plusieurs fois servi d'abri à des troupes irrégulières, mesure, d'après la *Revue horticole* (1887, p. 175)[1] qui

[1] Ce même journal a récemment publié (1892, p. 440) un article excessivement intéressant, sur les plus gros Chênes connus, dû à la plume de M. Ed. André, son rédacteur en chef.

a fait l'historique de ces arbres, 18 m. de circonférence au niveau des racines, 9 m. 80 à 2 m. 30 du sol et sa hauteur totale est de 32 m.

« Plusieurs spécimens non moins remarquables existent en Angleterre; un des plus gros est celui de Wetherby, dans le Yorkshire, dont il ne reste aujourd'hui que des ruines. Le *Gardeners'Chronicle* (n. s. vol. XVI, p. 134) donne les renseignements suivants sur cet arbre : sa circonférence à 1 m. au-dessus du sol était de 16 m. en 1776. La hauteur de l'arbre sur son déclin était de 28 m. en 1880, époque à laquelle il avait encore quelques feuilles vertes. Le Chêne de fleuve ; la base était, paraît-il, recouverte de 10 m. de sable et de gravier. Il a fallu cinq mois d'efforts continus pour le dégager. Son tronc dépouillé de ses grosses branches et de son écorce mesure 31 m. de longueur, 9 m. de circonférence à la naissance des racines et 6 m. au niveau du sol, son poids est de 55,000 kilog. Son âge a été évalué à environ 450 ans et ses propriétaires le disent antédiluvien ; son bois est parfaitement sain.

« Dans le Muséum n° 1 de Kew, se trouve un block provenant d'un arbre trouvé au-dessous des « Roman (Hadrian's) Wall », en creusant le canal de Carlisle à

Fig. 797. — Chêne géant de la Balme. (*Rev. Hort.*)

Greendale fut creusé il y a près de 150 ans, sur le désir excentrique de son propriétaire de faire un tunnel de son tronc ; le travail fut effectué sans dommage apparent à l'extérieur, et dans cette cavité, le duc de Portland passa dans un carrosse attelé de six chevaux ; trois cavaliers pouvaient y marcher de front. Cette arche, qu'on a conservée, a 3 m. 10 de hauteur et 1 m. 90 de large. Le Chêne Thoresby couvre de sa ramure étalée plus de 180 pieds de surface et peut servir d'abri à 1,000 cavaliers. Dans la cavité du « Major Oak » sept personnes ont dîné sans gêne. Cet arbre est de forme remarquablement parfaite, le type d'un Chêne robuste, encore prêt à braver les ouragans et les tempêtes. »

Il serait hors de propos d'entrer dans de plus longs détails sur la taille et sur la longévité du Chêne ; cependant, en ce qui concerne la durée de son bois, les renseignements suivants ont un certain intérêt. En 1886, les Parisiens ont pu voir dans un bateau spécialement construit pour son transport, le fameux Chêne de la Balme, dont la *Revue horticole* (1886, p. 376) a fait l'historique. Cet arbre a été découvert dans le lit du Rhône, à la Balme (Ain), enfoui dans le fond du Solway, en 1323. Une portion d'une pile du vieux pont de Londres, enlevée en 1827, fut, après avoir servi environ 650 ans, trouvée presque aussi saine que le jour où on l'avait placée. Parmi d'autres pièces intéressantes, il existe dans la tour blanche de la Tour de Londres, une poutre que l'on suppose dater de la construction du bâtiment, par William Rufus ; les traces de la doloire des charpentiers de cette époque y sont encore distinctement visibles. »

Les produits que l'industrie tire des différentes espèces de Chênes sont assez nombreux et variés pour être cités brièvement. L'écorce de la plupart des espèces est très riche en tannin ; réduite en miettes, elle constitue le tan, employé pour la préparation des peaux. Les glands ou fruits du Chêne sont riches en fécule, on les donne comme nourriture à certains animaux. Le *Q. Ilex*, *Q. Ballota*, *Q. Suber* et quelques autres espèces fournissent des glands doux, sucrés et comestibles. Le liège est fourni par le *Q. Suber*, espèce très répandue en Algérie et en Tunisie. Dans la région méditerranéenne croît le Chêne au Kermès (*Q. coccifera*), sur lequel vit l'insecte de ce nom avec lequel on prépare une teinture rouge, analogue à la cochenille.

Sur une autre espèce de la même région (*Q. infectoria*), se forment les noix de galle, occasionnées par la piqûre du *Diplolepis gallæ tinctoriæ*, et que l'on nomme pour cette raison Chêne à galles ; d'autres espèces en fournissent d'analogues, mais leur qualité est inférieure. (V. aussi GALLES, ci-dessous.) Ces galles servent à une foule d'usages : à la préparation de médicaments, à la

Fig. 798. — Rameau de QUERCUS INFECTORIA, portant des galles, dont une détachée, de grandeur naturelle.

fabrication de l'encre et des teintures, au tannage des peaux, à l'extraction du tannin, etc. Les cupules du *Q. Ægilops* sont importées de l'Orient pour des usages analogues. L'écorce du Chêne Quercitron (*Q. tinctoria*) est employée pour teindre en jaune. Citons encore la Manne de Chêne, substance sucrée que produisent les *Q. Ægilops* et *Q. coccifera*. Enfin, et pour terminer, les Truffes sont, dit-on, plus abondantes au pied des *Q. Ilex* et *Q. Cerris* que sous les autres Chênes ; cette particularité leur a valu le nom de *Chênes truffiers*. (S. M.)

Fig. 799. — DIPLOLEPIS GALLÆ TINCTORIÆ et sa tarière, grossis.

INSECTES. — Leur nombre fait légion ; dans *Kaltenbach's Pflanzenfeinde*, 530 espèces sont mentionnées comme vivant plus ou moins sur les Chênes en Allemagne, et ce nombre pourrait encore être augmenté si les investigations avaient été continuées jusqu'à présent. Un grand nombre, il est vrai, vivent habituellement sur d'autres arbres ou arbustes, n'attaquent qu'occasionnellement les Chênes et ne causent que rarement des dégâts appréciables. Cependant, les chenilles des *Hybernia*, *Bombyx livrée*, *Liparis*, *Orgia antiqua*, les *processionnaires*, etc., rongent souvent les feuilles, les larves des *Hannetons*, les *Courtillières*, etc., rongent les racines, et les *Charançons* (*Balaninus nucum*, etc.) piquent les glands. En vérité, aucune partie de l'arbre n'est exempte d'ennemis, et il serait trop long de les décrire tous ; on peut cependant en citer quelques-uns des plus importants.

Plusieurs Coléoptères (V. **Tomicidées**), notamment les *Platypus cylindrus*, *Xyleborus dryographus*, etc., et les chenilles de quelques Lépidoptères (V. **Cossus ronge-bois**), creusent des galeries dans le bois et le rendent ainsi presque inutilisable pour l'industrie ; heureusement, ces rongeurs n'attaquent que rarement les arbres sains et bien portants. Pour empêcher leur propagation, il est bon d'enlever le tronc des arbres morts, de couper les grosses branches mortes et de les brûler.

Les chenilles des espèces mentionnées ci-dessus rongent les feuilles des Chênes, des Hêtres et de plusieurs autres arbres, mais, entre toutes, la Pirale verte (*Tortrix viridana*) est la plus redoutable, car elle ne vit pour ainsi dire que sur le Chêne. Les ailes supérieures de son papillon atteignent environ 2 cent. d'envergure, elles sont vert uni, avec le bord de la côte blanchâtre ; les inférieures sont gris pâle. La chenille vit pendant quelque temps dans les boutons, puis sur les feuilles et s'y métamorphose en les enveloppant de filaments. Dans certaines localités, cette chenille dévore quelquefois entièrement toutes les feuilles des Chênes. Il n'y a guère d'autre moyen, pour la détruire, que de secouer les branches ; on recueille les chenilles sur des toiles étendues en dessous, au préalable. Ce moyen peut aussi être employé pour capturer différents insectes, presque tous des Coléoptères, qui vivent sur les Chênes, et notamment les Hannetons qui sont quelquefois très nuisibles.

« Les chenilles processionnaires (*Bombyx* « *Cnethocampa* » *processionnea*) sont sans doute celles dont les

Fig. 800. — Chenille processionnaire.
Papillon mâle en haut, femelle sur l'Arbre, le nid en bas

auteurs se sont le plus occupés, surtout à cause de leurs mœurs singulières : ces chenilles ne sortent qu'*en procession*, c'est bien le mot, et elles vont dans cet ordre chercher leur nourriture, sur l'arbre où elles se trouvent ou d'un arbre à l'autre pour établir un nouveau domicile ; ces voyages coïncident toujours avec un changement de peau. Elles sont communes dans les bois plantés de Chênes, surtout aux environs de Paris. La ponte a lieu au mois d'août, sur l'écorce, et l'éclosion au printemps suivant. Aussitôt écloses, elles se réunissent et forment un nid commun, où elles rentrent après s'être repues de feuilles pendant la nuit. La chenille est noirâtre sur le dos et marquée sur chaque anneau de petits tubercules rougeâtres, desquels émergent une touffe de petits poils blancs et crochus. Ce sont ces poils, doués de propriétés très irritantes, qui s'implantent dans la peau, y déterminent une vive démangeaison et une inflammation que l'on ressent aussi lorsqu'on a remué leur nid ou l'arbre lui-même. Les papillons sont gris blanchâtre ; le mâle est plus petit et ses ailes supérieures sont marquées de trois raies transversales sinueuses et d'un arc central brun noirâtre; les ailes de la femelle sont plus grandes et ont une raie transversale et ombrée à la base. Leur destruction doit naturellement être tentée lorsque toutes sont entrées dans le nid et de préférence par un temps pluvieux ; on évite ainsi les démangeaisons. On peut brûler les nids sur l'arbre, à l'aide d'une torche ou les détacher avec un outil approprié et les jeter ensuite

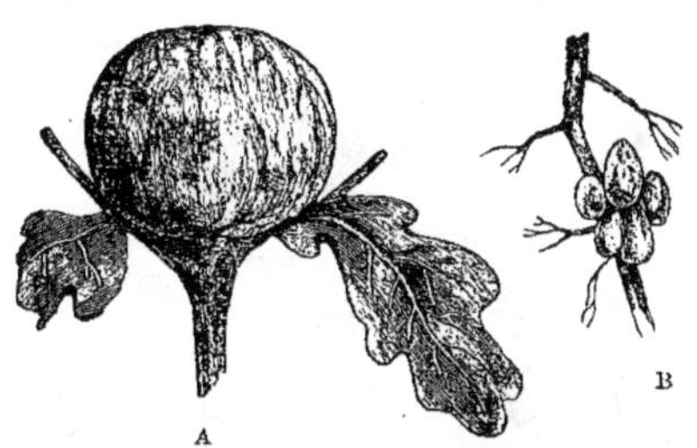

Fig. 801. — Galles de Chêne.

A. galle du *Dryoteras terminalis*, environ deux tiers de grandeur naturelle.
B. jeunes racines portant des galles de *Biorhiza aptera*, environ deux tiers de grandeur naturelle. Ces galles varient beaucoup dans leurs dimensions, sont souvent réunies en masse et soudées ou fondues ensemble. Lorsqu'elles sont jeunes, elles sont rouges et un peu charnues, mais en se séchant, elles deviennent brunes et dures. On croit qu'elles constituent la forme automnale du cycle auquel appartient le *Dryoteras terminalis* qui, lui, constitue la forme estivale. Les insectes qui en sortent sont tous aptères et femelles.

dans le feu. On conseille aussi de les badigeonner avec une solution contenant un dixième d'huile lourde de gaz. Les feuilles des Chênes sont encore fréquemment rongées par les larves de petits Lépidoptères et Coléoptères, mais ils causent si peu de dommages qu'on peut les passer ici sous silence, de même que ceux qui vivent dans les bourgeons. » (S. M.)

Parmi les insectes qui attaquent les glands, le plus commun est le *Balanius nucum* (V. **Noisetier** (Balanin du). De nombreuses espèces de Pucerons vivent aussi sur les feuilles et affaiblissent l'arbre par la concrétion sucrée que détermine leur piqûre ; celle-ci amène ensuite la production d'un Champignon parasite, le *Capnodium quercinum* (V. Champignons, ci-dessous), qui, dans certains cas, devient nuisible. Mais, de tous les insectes qui attaquent les Chênes, les plus intéressants sont ceux qui occasionnent le développement des galles, si fréquentes sur ces arbres.

Galles. — Ces productions sont faciles à reconnaître, même pour ceux qui ne les ont pas étudiées, soit par leur abondance à l'automne, soit par leur forme, leur couleur ou les distorsions et altérations qu'elles produisent sur les feuilles et sur les rameaux.

Le développement des galles et des insectes qu'elles renferment est tout à fait spécial chez la plupart des espèces ; quelques-unes seulement ont été choisies comme exemple. Ce sont des corps particuliers, formés aux dépens des rameaux, des feuilles, des bourgeons et autres parties des plantes, sous l'influence d'une liqueur stimulante appliquée par des Champignons inférieurs ou plus ordinairement par des insectes, soit pour la protection de leurs jeunes larves, soit pour la leur pendant leur état de larve. Les insectes qui produisent les galles appartiennent presque tous à la famille des *Hyménoptères*, et forment la section des *Cynipidées ;* quelques Moucherons qui plissent ou cloquent les feuilles ou les rendent charnues font seuls exception.

Les *Cynips* sont tous de petite taille, ils dépassent rarement 3 mm. de long, et leurs ailes étendues sont à peine plus larges. Leur couleur varie du rouge brun au noir et ils ont fréquemment des reflets métalliques. Les ailes sont parcourues par quelques nervures. La femelle porte à l'extrémité de l'abdomen un tube ou

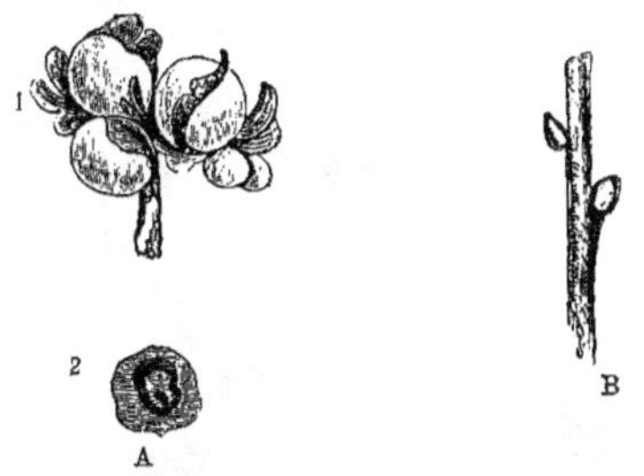

Fig. 802. — Galles de Chêne.

A. 1. groupe de galles d'*Andricus curvator* sur les feuilles, environ de grandeur naturelle ; 2, section transversale montrant une petite galle interne.
B. rameau portant deux galles d'*Aphilotrix collaris*, de grandeur naturelle.

ovipositeur souvent très long, à l'aide duquel elle perce le tissu des végétaux et y dépose un œuf; cette piqûre donne par la suite naissance à une galle, au centre de laquelle se développe la larve.

Les galles se développent sur toutes les parties des Chênes, depuis les racines, les branches, les feuilles, jusqu'aux étamines et aux ovaires ou fruits ; étant donné cette diversité de situation, elles varient beaucoup en apparence extérieure, en consistance et jusque dans leur structure interne. Cependant, toutes les *Cynipidées* ou Mouches à galles ont, dans un sens strict, ceci de commun.

Les cellules tapissant la paroi interne de la cavité centrale de la galle contiennent ordinairement de l'amidon, la paroi externe est formée d'une couche de cellules compactes et épaissies, servant de protection. Dans la cavité centrale est logée une seule larve blanchâtre et apode ; cette larve étant parfois dévorée par un autre insecte, on peut alors observer plusieurs larves de ce dernier, mais elles sont généralement enfermées dans des loges séparées. Dans beaucoup de galles arrondies, il existe aussi entre les deux parois une couche épaisse de grandes cellules élégamment disposées et formant un tissu spongieux.

Les Galles des racines nécessitent des recherches spéciales pour constater leur présence, car elles sont, on le comprend, cachées sous terre. Celle du *Biorhiza aptera* (fig. 801, B) est une des plus communes, les autres n'ont pas un intérêt suffisant pour être mentionnées ici.

Les galles des branches principales ne sont pas très nombreuses ; celles qui se forment sur les rameaux sont bien plus visibles et plus importantes; plusieurs résultent de bourgeons transformés, beaucoup d'autres bien apparentes se développent sur les feuilles, ordinairement sur la face inférieure et quelques autres proviennent des étamines ou des ovaires modifiés par la piqûre de l'insecte mère. On a trouvé environ cent formes différentes de galles sur les Chênes de l'Europe; en Angleterre, leur nombre atteint environ quarante.

Une des plus communes est la galle pomme, que représente la figure 801, A; on la trouve en mai-juin, sur les ramilles : c'est une masse arrondie ou oblongue, revêtue d'une écorce lisse, verte et rouge, ayant 2 1/2 à 5 cent. de long. L'intérieur est formé d'un tissu spongieux, dans lequel sont enfoncées plusieurs larves, chacune dans une loge à parois épaisses, au centre de la galle.

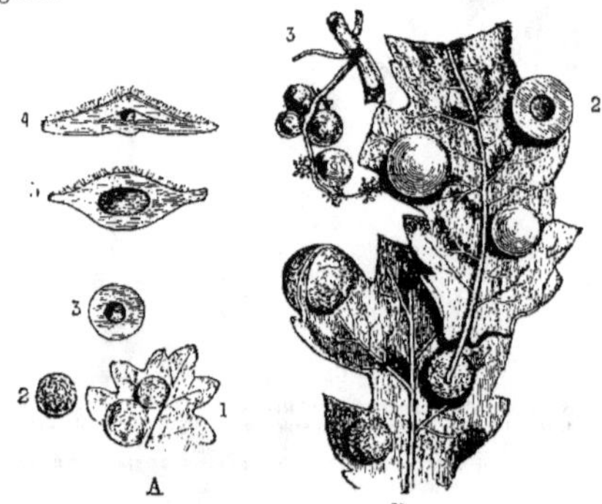

Fig. 803. — Galles de Chêne.

A, galles de *Neuroterus lenticularis*. — 1, sur la face inférieure d'une feuille; 2, détachée; 3, coupe horizontale montrant une cavité arrondie où se tient la larve; 4, section transversale, faite à l'automne et montrant sa forme lorsque la galle est encore sur la feuille et ne possédant qu'une très petite cavité; 5. section transversale, faite au printemps suivant, montrant une nouvelle forme et une cavité bien plus grande.

B, galles de *Spathegaster baccarum*. — 1, face supérieure d'une feuille montrant les galles qui passent à travers; 2, face inférieure portant trois galles dont la supérieure est coupée transversalement pour montrer la cavité occupée par la larve; 4, chaton mâle portant des galles. (Ces figures sont légèrement réduites.)

La galle cotonneuse ressemble à une boule de coton, entourant plusieurs loges à parois minces et renfermant chacune une petite larve. La galle ronde est très facile à reconnaître par sa taille et sa forme semblable à celle d'une bille à jouer; elle est verte et tendre à l'état juvénile, puis brune et dure à la maturité.

Plusieurs galles se soudent quelquefois pendant le cours de leur végétation et forment une masse irrégulière; la petite cavité centrale est occupée par les larves. Cette galle a, dit-on, été importée du Continent en Angleterre; quelle que soit son origine, elle est, paraît-il, abondante sur plusieurs points. Mises à l'étude, ces galles n'ont produit que l'insecte femelle, mais on a trouvé en revanche plus de soixante-dix sortes d'insectes qui vivent dans ces galles, soit comme hôtes, soit comme vrais parasites. L'insecte qui les produit se nomme *Cynips Kollari*.

La galle Artichaut, formée par l'*Aphilothrix gemmæ*, est l'image d'un Artichaut en miniature, ayant 2 cent. 1/2 de long; elle est composée d'écailles entourant une loge analogue à un petit gland. Beaucoup d'autres galles des bourgeons nécessitent des recherches attentives pour les trouver, plusieurs sont intéressantes par la relation qui existe entre elles et d'autres formes plus volumineuses qui défigurent les jeunes Chênes plantés dans les jardins d'agrément.

Les feuilles portent plusieurs galles de formes curieuses; quelques-unes sont si grosses qu'elles ne peuvent manquer d'attirer l'attention des gens les plus indifférents. Une des plus nuisibles est celle de l'*Andricus curvator* (fig. 802, A); elle se développe sur la nervure médiane ou sur le pédoncule et fait arquer ou tordre la feuille; c'est un renflement vert, ayant à peu près la grosseur d'un pois. A l'intérieur, se trouve une petite galle brune, réniforme qui, à la maturité, est entièrement libre de toute adhérence aux parois de la loge qui l'enferme.

Fig. 804. — Galles de Chêne.

A, 1, galles de *Dryophanta folii* sur la face inférieure d'une feuille, légèrement réduites; 2, section transversale montrant la cavité occupée par la larve.

B, 1, galles de *Spathegaster Taschenbergi* sur un jeune rameau; 2, une galle grossie. Ces galles sont violettes, veloutées, molles, et les larves en mangent le tissu jusqu'à ce que les parois deviennent excessivement minces. Elles se montrent en mai-juin et on croit qu'elles terminent le cycle d'évolution du *Dryophanta folii*.

Les galles groseille ressemblent à des groseilles pâles, transparentes marbrées de pourpre ou de rouge et très juteuses; elles sont communes en mai-juin, sur la face inférieure des feuilles et sur les chatons où elles rappellent, par leur forme et leur disposition, les grappes de groseilles (fig. 803, B). On peut facilement obtenir l'insecte qui les produit (*Spathegaster baccarum*), en récoltant ces galles à leur complet développement et en les conservant dans un endroit ni trop sec ni trop humide. Le *Dryophanta folii* produit une galle globuleuse sur la face inférieure des feuilles; elle peut atteindre 18 mm. de diamètre, mais la cavité centrale est petite, le tissu est mou et spongieux, les parois sont ligneuses et l'extérieur devient jaune et rouge (fig. 804, A). Le *Dryophanta divisa* forme également une galle sur la face inférieure des feuilles, mais elle est généralement ovale, aplatie et beaucoup plus petite que les précédentes et à parois plus dures et plus minces; elle est aussi fréquemment plus abondante.

Les renflements couverts de poils que l'on peut observer, presque toujours sur la face inférieure des feuilles des Chênes, sont une des plus curieuses formes de galles; trois sortes ont été signalées en Angleterre. Toutes trois sont globuleuses, d'environ 5 mm. de diamètre et minces, bien qu'un peu proéminentes au milieu, tant qu'elles adhèrent à la feuille. La plus commune est garnie de poils brun roussâtre, elle couvre souvent presque entièrement les feuilles. Une des deux autres est garnie de poils semblables et ses bords sont redressés ; la troisième est verte ou rouge pourpre et glabre. Toutes sont le travail d'insectes appartenant au groupe des *Neuroterus* et produites par les *N. lenticularis*, *N. læviusculus*, *N. fumipennis*. Une autre espèce, le *N. numismatis*, forme des galles semblables à de très petits boutons aplatis et couverts de filaments bruns, soyeux (fig. 805, A). Ces galles se voient souvent par myriades sur la face inférieure des feuilles, qu'elles recouvrent presque totalement.

Une autre espèce encore très commune, mais si petite qu'elle passe facilement inaperçue, est produite par le *Spathegaster vesicatrix;* elle se montre en juin, sous forme de petites ampoules peu élevées, d'environ 3 mm. de diamètre (fig. 805, B).

On trouve quelquefois des galles dans le tissu des glands, sans qu'aucun signe extérieur ne dénote leur présence. L'intérieur est alors pourvu de petites cavités, dans chacune desquelles vit une petite larve de l'*Andricus glandium*.

Nous venons de signaler les formes de galles les plus communes ; il est temps de diriger maintenant notre étude sur les points les plus intéressants de la vie des insectes qui les occasionnent. Pendant longtemps, leurs mœurs sont restées inconnues et semblaient défier toute les investigations, mais, grâce aux recherches et aux expériences très soigneuses d'entomologistes éminents, parmi lesquels on peut citer le Dr Adler, leur évolution est aujourd'hui bien connue.

Les deux cas suivants, très particuliers, se présentent chez plusieurs galles des Chênes : 1° Certaines galles, notamment celles produites par les *Cynips Kollari* et les *Neuroterus*, n'ont quelquefois produit que des insectes femelles (par milliers), d'autres ont facilement fourni les deux sexes. Lorsque les femelles seules émergent des galles, celles-ci, quoique non fécondées, pondent néanmoins des œufs qui produisent des larves; toutefois, nous doutons fort que ce mode de reproduction puisse se prolonger longtemps sans l'influence du mâle.

Certaines sortes de galles se montrent seulement au commencement de l'été, entre autres celles causées par les *Dryoteras terminalis*, *Spathegaster baccarum* et *Spathegaster vesicatrix*. Ces insectes émergent en juin-juillet, et on peut les voir déposer immédiatement leurs œufs sur les ramilles, sur les bourgeons ou sur les feuilles; cependant, on ne peut constater la présence de leurs galles avant le printemps suivant. De même, plusieurs sortes de galles ne se voient qu'à l'automne, entre autres celles des *Neuroterus*, l'insecte n'en sort qu'au printemps, pond ses œufs sur le Chêne et disparaît, mais les galles ne se montrent qu'à l'automne.

Les insectes obtenus de chaque forme de galle sont reconnaissables entre eux, pour un praticien ; les différences résident dans la forme et dans la taille de l'ovipositeur, des ailes et d'autres organes importants, ainsi que dans quelques caractères secondaires, tels que la couleur. Autrefois, il était très difficile d'expliquer la production constante d'insectes femelles de certaines galles ainsi que l'espace de temps qui s'écoulait entre la piqûre de la plante par la mère et la formation de la galle qui n'a lieu qu'au bout de quelques mois. L'explication de ces deux points obscurs semble maintenant fournie par les découvertes de M. Walsh, des Etats-Unis, en 1870, confirmées et encore éclaircies par leur application à l'histoire naturelle des Mouches à galles (*Cynipidées*), par le Dr Adler. Il résulte de ces recherches que la plupart de ces insectes naissent de deux pontes annuelles, que chaque ponte diffère de l'autre par la forme de ses galles ainsi que par la structure de l'insecte parfait. En un mot, ces insectes et leurs galles sont dimorphes. Une première ponte unisexuée éclôt en hiver ou au printemps, pond ses œufs quoique non fécondée, et produit ses galles au commencement de l'été. Au bout d'un mois ou deux, il en sort des insectes différant tellement de leur parents (ceux qui ont produit les galles) qu'on a dû les classer dans des genres autres que ceux de ces derniers. La deuxième ponte produit des mâles et des femelles ; l'accouplement terminé, la femelle produit des galles semblables à celles qui ont

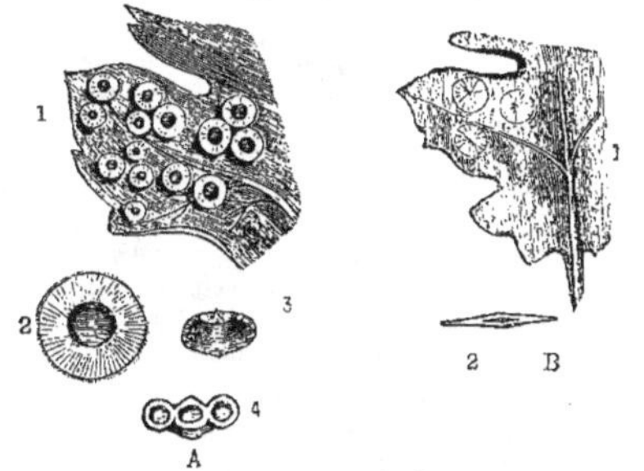

Fig. 805. — Galles de Chêne.

A, galles de *Neuroterus numismatis*. — 1, face inférieure d'une feuille portant plusieurs galles légèrement réduites ; 2, galle grossie, montrant la dépression centrale ; 3, la même vue latéralement ; 4, galles coupées tranversalement, montrant les cavités occupées par les larves, une bordure concave coupée de chaque côté et un court pédoncule.

B, 1, trois galles de *Spathegaster vesicatrix*, sur un fragment de feuille ; 2, section transversale de la feuille et de la galle, montrant une très petite cavité centrale.

commencé le cycle d'évolution. Ce cycle est maintenant connu pour beaucoup de galles indigènes. Nous donnons ci-dessous l'évolution de cinq espèces, toutes décrites précédemment ; on en connaît un plus grand nombre, mais leur citation dépasserait l'espace disponible dans cet ouvrage. Les deux formes de galles sont placées sur la même ligne.

Forme vernale ou estivale	Forme automnale
Andricus curvator.	*Aphilothrix collaris.*
Dryoteras terminalis.	*Biorhiza aptera.*
Spathegaster baccarum.	*Neuroterus lenticularis.*
Spathegaster Taschenbergi.	*Dryophanta folii.*
Spathegaster vesicatrix.	*Neuroterus numismatis.*

Si cette théorie de l'existence du dimorphisme chez les Mouches à galles est exacte, il est évident qu'elle explique suffisamment pourquoi on n'a fréquemment obtenu qu'un seul sexe des galles mises en observation ; elle explique aussi l'intervalle supposé qui s'écoule entre la piqûre ou ponte et la formation des galles.

Remèdes. — Il est rarement nécessaire d'avoir recours à des moyens actifs pour diminuer le nombre des galles des Chênes, bien que quelquefois la face inférieure des feuilles porte, sur chaque 1/2 cent. carré, plus d'une galle, telles que celles du *Neuroterus lenticularis* et d'autres espèces minuscules. Leur présence ne semble pas affecter l'arbre d'une façon évidente, circonstance fort heureuse, car il serait presque impossible d'appliquer des remèdes à de gros arbres et même à ceux de moindre taille. La seule galle digne d'être mentionnée en raison des contorsions qu'elle inflige aux rameaux et aux feuilles, est produite par l'*Andricus curvator*. Le second état supposé de cette galle est une toute petite excroissance oviforme, à moitié cachée dans les écailles des bourgeons; l'insecte qu'on a obtenu a été nommé *Aphilothrix collaris*. Lorsque leur nombre devient nombreux au point de déformer les branches des arbres, le meilleur moyen est de récolter ces galles à la main et de les brûler.

Une autre galle qui déforme aussi quelquefois les branches, quoique bien moins souvent que celle que nous venons de citer, est celle de l'*Andricus inflator*. C'est encore un renflement placé au sommet des ramilles; au centre, se trouve une cavité en forme de coupe, recouverte au sommet par une membrane mince; à la base de la cavité, se trouve une petite galle interne, très mince, ovale et brune. Les insectes émergent en juillet et comprennent les deux sexes. La galle que l'on croit alterne avec elle est globuleuse, verte et glabre, et n'a guère plus de 3 mm. de diamètre; elle se forme à l'automne et reste cachée dans les écailles des bourgeons. Les insectes en sortent au commencement du printemps, ils sont tous femelles et on leur a donné le nom de *Aphilothrix globuli*.

Champignons. — Les Champignons vivant sur les Chênes sont nombreux; heureusement le plus grand nombre est relativement peu nuisible ou ne vit que sur les parties mortes des arbres, soit sur l'écorce ou le bois des branches mortes, soit sur les feuilles ou sur les glands. Beaucoup d'espèces sont très petites; nous ne parlerons ici que des plus nuisibles.

Les Champignons les plus importants appartiennent aux *Hyménomycètes;* la plupart au genre *Polyporus*. Les suivants sont les plus utiles à connaître, car leur mycelium traverse le bois vivant et se forme aux dépens des cellules qui s'atrophient et finissent par se corrompre. Elles atteignent parfois des dimensions remarquables. (V. aussi **Champignons supérieurs**.)

Parmi les *Polyporus* qui se développent sur les Chênes vivants, on peut citer les *P. dryadeus*, *P. sulphureus*, *P. ignarius*, *P. intybaceus*, *P. officinalis*, ainsi que leur voisin, le *Fistulina hepatica* ou Langue de bœuf. Le mycelium s'introduit toujours dans le bois par l'extrémité d'une branche mise à nu par une blessure ou une coupe; il s'étend ensuite dans le tissu ligneux. La taille des branches faite avec soin et le badigeonnage de la coupe avec du goudron sont les meilleurs moyens de prévenir la pénétration du mycelium et d'empêcher ses ravages désastreux. Les meilleures méthodes de taille et les meilleurs procédés pour recouvrir les plaies ne peuvent être traités ici; on les trouvera décrits dans cet ouvrage sous des titres appropriés. (V. aussi **Polyporus**.)

Ces arbres souffrent souvent des Champignons qui vivent sur leur racines; le mycelium qui envahit les racines des arbres morts s'étend et gagne fréquemment celles des arbres sains qui les entourent ; il est en conséquence nécessaire d'enlever autant que possible les souches des arbres morts, surtout lorsqu'elles se trouvent dans le voisinage d'autres Chênes bien portants. Lorsque certains arbres sont fortement attaqués par les Champignons, il est préférable de les arracher, afin d'éviter que les arbres voisins ne soient attaqués à leur tour.

Les feuilles des Chênes, comme celles de beaucoup d'autres arbres ou arbustes, sont fréquemment recouvertes d'une matière ayant l'aspect de la suie. L'examen microscopique montre que cet enduit est formé de cellules et de filaments cryptogamiques, appartenant au groupe des *Fumago*, on le nomme *Capnodium*, lorsqu'il est entièrement développé.

Chez les *Capnodium*, les spores se développent à l'intérieur de grandes cellules (*asques*), dont plusieurs sont renfermées dans une capsule (*périthécie*) globuleuse ou ovale, de proportions microscopiques; cependant, cet état de développement se rencontre peu souvent.

Ce Champignon est bien plus commun à l'état de *Fumago;* sous cette forme, les cellules reproductrices sont séparées, chacune au sommet des filaments exposés à l'air, ou produites par de petites périthécies en forme de poire, mais non dans des asques. Les taches que forment ces Champignons ont, comme il vient d'être dit, toute l'apparence de la suie simplement déposée sur la face supérieure des feuilles. Fréquemment même, on en a attribué la cause à la fumée des cheminées voisines et plus d'une fois on a vu, en Angleterre, les tribunaux intervenir à la suite de dommages causés par cette prétendue fumée. Vues au microscope, les cellules de l'épiderme sont brun foncé.

On enlève facilement ce Champignon par une simple friction sur la feuille ; il ne semble pas vivre aux dépens du tissu, du moins d'une façon évidente, mais il tire probablement une grande partie de sa nourriture de la miellée qu'excrètent en abondance différentes espèces de Pucerons. Ces insectes vivant sur la face inférieure des feuilles, leurs excrétions tombent nécessairement sur la face supérieure des feuilles placées en dessous, ce qui explique la position du Cryptogame. Lorsque ces taches ne sont pas abondantes, elles ne causent pas grand mal à l'arbre, mais lorsqu'elles sont épaisses et très nombreuses, elles empêchent presque entièrement les fonctions naturelles, et la sève nécessaire au développement de l'arbre se trouve difficilement élaborée. Heureusement, ce Champignon ne se montre guère qu'à l'automne, alors que la végétation est à peu près terminée; ce fait est un bonheur, car il n'existe aucun moyen pratique d'en débarrasser les gros arbres, tels que les Chênes. Les espèces vivant sur ces arbres ont reçu différents noms, notamment celui de *Capnodium quercinum*.

Pour faciliter les recherches nous donnons ci-dessous la plupart des noms français des différentes espèces de Chênes, que l'on trouvera décrites sous leur nom latin, au genre **Quercus** :

C. aquatique. — *Quercus aquatica.*

C. Angoumois. — *Q. Cerris.*

C. Ballote. — *Q. Ballota.*

C. de Banistère. — *Q. ilicifolia.*

C. blanc. — *Q. pedunculata.*

C. blanc d'Amérique. — *Q. alba.*

C. brosse. — *Q. Toza*.
C. cendré. — *Q. cinerea*.
C. Châtaignier. — *Q. Prinus*.
C. chétif des Landes. — *Q. Catesbæi*.
C. chevelu. — *Q. Cerris*.
C. doucier. — *Q. Cerris*.
C. écarlate. — *Q. coccinea*.
C. d'Espagne. — *Q. Ballota*.
C. en faux. — *Q. falcata*.
C. faux-liége. — *Q. pseudo-suber*.
C. femelle. — *Q. pedunculata*.
C. à feuilles de Saule. — *Q. Phellos*.
C. à galles. — *Q. infectoria*.
C. à glands doux. — *Q. Ballota*.
C. à grappes. — *Q. sessiliflora*.
C. à gros glands. — *Q. macrocarpa*.
C. Laurier. — *Q. imbricaria*.
C. liége. — *Q. suber*.
C. lyré. — *Q. lyrata*.
C. mâle. — *Q. sessiliflora*.
C. des marais. — *Q. palustris*.
C. noir. — *Q. tinctoria*.
C. noir d'Amérique. — *Q. nigra*.
C. pédonculé. — *Q. pedunculata*.
C. pleureur. — *Q. pedunculata pendula*.
C. Prin. — *Q. Prinus*.
C. pyramidal. — *Q. pedunculata fastigiata*.
C. Quercitron. — *Q. tinctoria*.
C. rouge. — *Q. sessiliflora*.
C. rouge d'Amérique. — *Q. rubra*.
C. Rouvre ou Roure. — *Q. sessiliflora*.
C. sessile. — *Q. sessiliflora*.
C. Tauzin. — *Q. Toza*.
C. truffier. — *Q. Ilex et Q. Cerris*.
C. Velani. — *Q. Ægilops*.
C. verdoyant. — *Q. virens*.
C. vert. — *Q. Ilex*.
C. Yeuse. — *Q. Ilex*.

CHÊNE (petit). — V. **Teucrium Chamædrys**.

CHÊNE à siliques. — V. **Catalpa longissima**. (S. M.)

CHÈNEVIS. — Nom familier des graines du Chanvre (*Cannabis sativa*), employées pour la nourriture des oiseaux.

CHENILLE, Angl. Caterpillar. — Les chenilles sont des larves qui, toutes, donnent naissance comme insecte parfait à un papillon.

Issues d'un œuf, elles subissent, avant d'atteindre leur taille maximum, un certain nombre de mues; phénomène par lequel elles se débarrassent de leur couche externe (cuticule) qui, étant inextensible, empêcherait leur développement.

Les chenilles sont facilement reconnaissables par leur forme annelée et la présence de huit à seize paires de pattes; les trois premières, nommées *vraies pattes*, sont écailleuses et servent principalement à soutenir et fixer la partie antérieure du corps; elles correspondent aux pattes du papillon; les postérieures, nommées *pattes membraneuses* ou fausses pattes, servent à la locomotion et ne sont que des pattes larvaires n'existant pas chez l'imago ou insecte parfait.

Glabre ou velu, leur corps présente souvent de brillantes couleurs, quelquefois en rapport avec celles qui orneront les ailes de l'adulte.

Le point le plus important de leur organisation est la présence de deux glandes volumineuses, situées latéralement et débouchant à la partie antérieure, près de la bouche, elles sécrètent un liquide se solidifiant immédiatement au contact de l'air et formant la *soie*.

A ce point de vue, la tribu des Bombycinées est très intéressante, surtout le Bombyx du Mûrier ou **Ver à soie** (V. ce nom), dont l'élevage, dans le but de la production de la soie, constitue une industrie très importante appelée *sériciculture*. On a souvent cherché à remplacer le Bombyx du Mûrier par d'autres Bombyx résistant mieux aux maladies cryptogamiques, qui souvent en détruisent des quantités énormes.

La plupart des chenilles sont nuisibles aux végétaux en ce qu'elles rongent leurs tissus et plus particulièrement les feuilles. De nombreux articles consacrés à la description et aux moyens de destruction des genres et espèces les plus importants, se trouvent répartis dans cet ouvrage, à leurs noms respectifs et à la suite des genres de plantes qu'elles affectent plus particulièrement.

Souvent on prend pour des chenilles des larves qui, au premier abord, rappellent la forme de celles-ci. Mais on les distingue facilement à leur plus grand nombre de pattes, toujours plus de seize; de plus, parvenues à l'état adulte, elles donnent naissance à des mouches à quatre ailes (Hyménoptères); on les nomme Fausses Chenilles. V. aussi **Papillon**. (N.)

CHENILLE (fausse). — V. **Tenthrède**.

CHENILLE processionnaire. — V. **Chêne** (Insectes).

CHENILLE végétale. — On nomme ainsi les fruits de plusieurs espèces de *Scorpiurus*. Leur forme enroulée en spirale, les sillons qui les parcourent longitudinalement ou les petits aiguillons qui les recouvrent, leur donnent en effet une ressemblance frappante avec certaines véritables chenilles et les font parfois mettre, alors qu'ils sont encore verts, dans les salades, pour créer une attrape aussi inoffensive qu'amusante. V. aussi **Scorpiurus**. (S. M.)

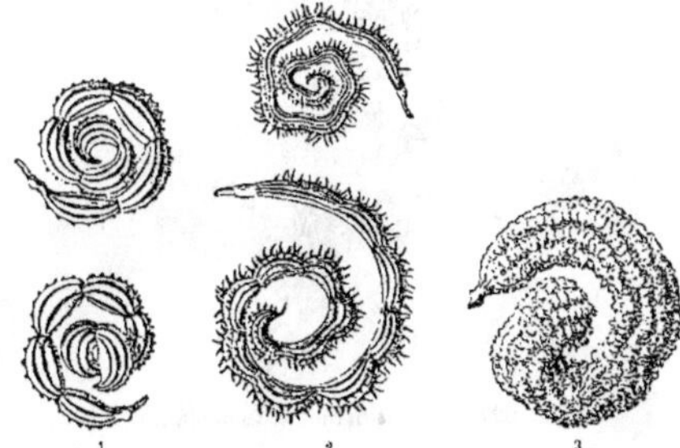

Fig. 806. — Chenilles végétales. (*Scorpiurus.*)
1, Ch. rayée; 2, Ch. velue; 3, Ch. grosse.

CHENOPODIACÉES. — Famille renfermant environ cinq cent vingt espèces d'herbes annuelles ou vivaces, ou parfois des arbrisseaux, réparties dans quatre-vingt-trois genres et dispersées sur toute la terre. Fleurs hermaphrodites, polygames ou dioïques, petites, nombreuses, verdâtres ou rougeâtres, réunies en glomérules, en cymes ou en panicules. Périanthe persistant, herbacé, tantôt charnu, à trois-cinq divisions libres ou connées, tantôt nul et remplacé par deux bractées en forme de valves. Etamines cinq ou moins par avortement. Fruit monosperme, indéhiscent, à péricarpe membraneux ou coriace. Feuilles alternes ou rarement opposées, entières ou plus ou moins profondément dentées, dépourvues de stipules. Les Chénopodiacées ne sont pas ornementales, la plupart sont même dépourvues d'intérêt; cependant, les genres *Atriplex*, *Beta*, *Chenopodium* et *Spinacia* nous fournissent des plantes potagères, notamment la Betterave, qui joue un rôle si important en agriculture. (S. M.)

CHENOPODIUM, Linn. (de *chen*, Oie, et *pous*, patte; allusion à la forme des feuilles). **Ansérine**. FAM. *Chénopodiacées*. — Genre comprenant cinquante espèces de plantes herbacées ou frutescentes, dispersées sur toute la terre. Calice à cinq ou plus rarement trois divisions, libres ou plus ou moins soudées à la base, persistantes, recouvrant ou enveloppant quelquefois entièrement le fruit; corolle nulle. Graines solitaires, lenticulaires. La plupart des *Chenopodium* ne sont pas décoratifs, mais on cultive quelques espèces dans les jardins pour divers usages. Les feuilles du *C. Bonus Henricus* sont employées comme succédané des Epinards, ses jeunes pousses se mangent aussi à la façon des Asperges. Les *C. Botrys* et *C. ambrosioides* se prennent en infusions théiformes, le premier comme pectoral, le second comme tonique et stomachique. Pour leur culture, V. **Arroche**.

C. ambrosioides, Linn. Ambroisie ou Thé du Mexique, ANGL. Mexican Tea. — *Fl.* verdâtres. *Flles* courtement pétiolées, vert tendre, oblongues-lancéolées, irrégulièrement

Fig. 807. — CHENOPODIUM AMBROSIOIDES.

dentées ou presque entières, les supérieures plus petites, rétrécies aux deux extrémités; épis axillaires et terminaux, très multiflores, plus ou moins munis de folioles. — Plante annuelle, exhalant une odeur forte et agréable, originaire de l'Amérique tropicale, mais maintenant naturalisée dans la plupart des régions tempérées.

C. atriplicis, Linn. *Fl.* pourpre rougeâtre vif, fasciculées. *Flles* nombreuses, pétiolées, presque spatulées. Tige anguleuse, dressée, rougeâtre, peu rameuse; feuilles et jeunes pousses couvertes d'une pruine rose violacé. *Haut.* 1 m. Chine. — Espèce annuelle, vigoureuse, demi-rustique, propre à former des touffes dans les plates-bandes. Syn. *C. purpurascens*, Jacq.

Fig. 808. — CHENOPODIUM ATTRIPLICIS.

C. Bonus-Henricus, Linn. Arroche Bon-Henri, ANGL. All Good, Good King Henry. — *Fl.* à périanthe campanulé, disposées en épis rameux, terminaux et axillaires, dépour-

Fig. 809. — CHENOPODIUM BONUS-HENRICUS.

vus de feuilles. Août. *Flles* triangulaires, hastées, grandes, presque toutes entières, vert foncé; tige striée. *Haut.* 30 cent. France, Angleterre, etc. Plante vivace. (Sy. En. B. 1199.)

C. Botrys, Linn. Botrys. — *Fl.* vert jaunâtre, en panicules spiciformes, terminales, feuillées à la base. Juillet-septembre. *Flles* pétiolées, vert clair, sinuées, pinnatifides, pubescentes et glanduleuses, à nervures saillantes et glanduleuses. Plante annuelle, à odeur forte et agréable, dressée, rameuse, un peu visqueuse. *Haut.* 30 à 60 cent. France, etc.

C. purpurascens, Jacq. Syn. de *C. atriplicis*, Linn.

C. Quinoa, Willd. Quinoa blanc. — *Fl.* petites, verdâtres, en corymbe compact; graines blanches, petites, discoïdes. *Flles* sagittées, légèrement pinnatifides, glabres, pruineuses, minces. *Haut.* 1 m. 30 à 1 m. 80. Pérou. Annuel. — On emploie les feuilles en guise d'Epinards; les graines sont consommées au Pérou dans les potages et les gâteaux.

Fig. 810. — Chenopodium Botrys.

C. scoparium, Linn. Ansérine belvédère, A. à balais. — *Fl.* vertes, à peine visibles, en grappes allongées, feuillées, un peu velues. *Flles* alternes, lancéolées-linéaires, vert pâle. Tige rameuse, dressée, à ramifications flexibles, rap-

Fig. 811. — Chenopodium scoparium.

prochées de la tige et donnant à la plante un port pyramidal. *Haut.* 1 m. à 1 m. 50. Europe méridionale. — Plante annuelle, que l'on peut employer en groupes, sur les pelouses ou dans les plates-bandes. Syn. *Kochia scoparia*, Schrad.

CHERIMOLIER. — V. **Anona Cherimolia.**

CHERLERIA, Linn. — Maintenant réunis aux **Arenaria**, Linn., par Bentham et Hooker

CHERMÈS. — V. **Kermès.**

CHERVIS ou **CHIROUIS**, Angl. Skirret. (*Sium Sisarum*, Linn.). — Plante vivace, originaire de la Chine, cultivée dans les jardins, mais peu répandue, pour l'usage culinaire de ses racines tuberculeuses, assez grosses, charnues, fasciculées et dont la figure ci-contre montre la forme et la disposition. Feuilles pinnatiséquées, à segments oblongs, aigus et dentés en scie; ombelles entourées d'un involucre à cinq folioles réfléchies. Ses racines sont blanches sucrées et se préparent comme les Salsifis. (A. V. P. 40.)

Le Chervis peut se multiplier, avant le départ de la végétation, par éclats des tubercules, que l'on repique en bonne terre de jardin, mais le semis est plus généralement employé. Les graines se sèment au commencement d'avril, en lignes espacées d'environ 30 cent.,

Fig. 812. — Chervis ou Chirouis.

on éclaircit ensuite le plant de façon à laisser 15 à 20 cent. d'espacement entre les plantes. Une terre légère, non fumée récemment, est celle qui lui convient le mieux. On peut arracher les racines dès la fin de septembre et pendant tout l'hiver. Au printemps, on peut enlever les racines qui restent et les enterrer dans du sable, afin de prolonger la durée de leur consommation.

CHEVALLIERA, Gaud. (dédié à F. F. Chevallier, auteur d'une *Flore générale des environs de Paris*). Fam. *Broméliacées*. — Ce genre, admis par Bentham et Hooker et d'autres auteurs, est réuni par Baker aux *Æchmea*, dont il forme un sous-genre. Il comprend aujourd'hui huit ou neuf espèces habitant le Brésil et la Nouvelle-Grenade. Leur inflorescence est un épi simple, dense et strobiliforme; chaque fleur est accompagnée d'une grande bractée coriace, ovale; l'ovaire est aplati sur les côtés. Leurs feuilles sont tantôt ensiformes, tantôt dressées et imbriquées. Ces plantes, quoique presque toutes introduites, sont en général assez rares dans les collections; le *C. Veitchii* est une des plus répandues. Pour leur culture, **V. Æchmea.**

C. crocophylla, E. Morren. *Fl.* vertes, petites, en bouquet sphérique, compact; bractées épineuses sur les bords. *Flles* vert tendre, maculées et marbrées de vert foncé; les extérieures prennent, à l'époque de la floraison, une magnifique teinte rose, tandis que les intérieures conservent leur couleur habituelle. Tige de 1 m. de haut. Brésil, 1885. Syn. *Ananas crocophylla*, Hort.

C. Fernandæ, Hort. *Fl.* blanc jaunâtre, en capitule globuleux, de 8 à 10 cent. de diamètre, entouré de bractées rigides, ovales, aiguës, dentées, scabres, rouge vif. *Flles* rigides, de 1 m. 20 à 1 m. 50 de long, ensiformes, vert gai sur la face supérieure, finement blanches-lépidotes sur le dos, armées sur les bords d'épines moyennes, crochues. Amazone, 1870. Syns. *Bromelia Fernandæ*, E. Morren (I. H. n. s. 65); *Ananas Mensdorfianus*, Hort.; *Æchmea Mensdorfianus*, Hort.

Fig. 813. — Chevalliera Germinyana. (*Rev. Hort.*)

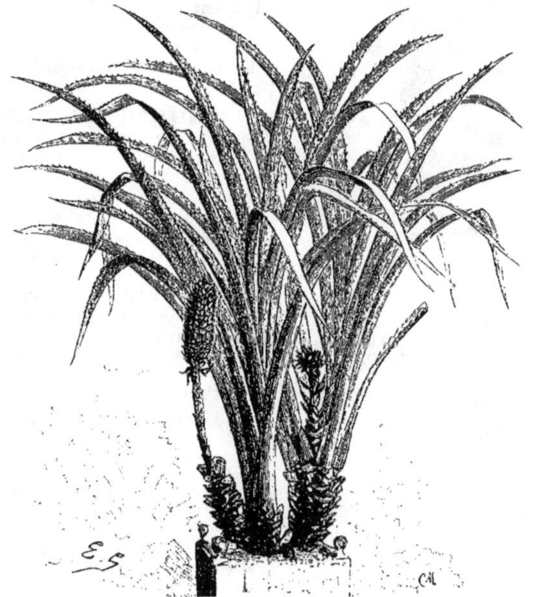

Fig. 814. — Chevalliera gigantea. (*Rev. Hort.*)

C. Germinyana, Carr. * *Fl.* blanc rougeâtre, en épi dense, de 15 à 20 cent. de long, garni de bractées ovales, scabres, visiblement dentées en scie, rouge vif. *Flles* disposées en rosette courte, ayant 60 à 75 cent. de long et 18 cent. de large, faibles, loriformes, courbées vers leur milieu, cuspidées, d'un vert gai et à épines marginales énues. Nouvelle-Grenade. Plante très voisine de l'*Æchmea Veitchii*. (R. H. 1881, p. 230.) Syn. *Æchmea Germinyana*, Baker.

C. gigantea, Maury. *Fl.* bleu rougeâtre, en épi dense, de 10 à 12 cent. de diamètre, d'abord globuleux, puis oblong et atteignant 45 à 60 cent. de long; bractées florales vertes, plus courtes que les fleurs; hampe forte, dressée, raide, ayant environ 60 cent. de haut. *Flles* ensiformes, de 2 m. à 2 m. 50 de long et 15 à 20 cent. de large à la base, fermes, graduellement rétrécies et garnies de fortes épines marginales noires. Sud du Brésil, 1888? (J. 1888, p. 8.) Syn. *Æchmea gigantea*, Baker.

C. Veitchii, E. Morren. *Fl.* jaune pâle, en épi oblong, dense, de 8 à 10 cent. de long et 5 cent. de diamètre; bractées florales ovales, rigides, rouge vif, scabres, dentées en scie; bractées foliacées, vertes, apprimées, imbriquées; hampe dressée, de plus de 30 cent. de haut. *Flles* douze à quinze, loriformes, de 45 à 60 cent. de long et 4 à 5 cent. de large, assez fermes, sub-dressées, vertes sur la face supérieure, obscurément lépidotes sur le dos, deltoïdes au sommet; épines marginales très ténues. Nouvelle-Grenade, 1877. (B. H. 1878. p. 177, 5; R. H. 1880, p. 450.) Syn. *Æchmea Veitchii*, Baker. (B. M. 6329.)

CHEVELÉE. — Ce terme s'applique aux couchages, ceux de la Vigne en particulier, lorsqu'ils sont garnis d'une grande quantité de racines, rappelant une sorte de chevelure.

CHEVELU. — Ensemble des dernières ramifications des racines; on les nomme aussi radicelles. Le chevelu remplit une des fonctions les plus importantes de la végétation, celle de l'absorption des éléments nutritifs pour plante, il est donc nécessaire de lui faire prendre la plus grande extension possible; le repiquage, la transplantation fréquente, le pincement du pivot et des plus grosses racines latérales favorisent son développement. (S. M.)

CHEVEUX du Diable. — Nom vulgaire de la Cuscute. V. **Cuscuta.**

CHEVEUX du Roi. — V. **Tillandsia usneoides.**

CHEVEUX de Vénus. — V. **Adiantum Capillus-Veneris, Nigella Damascena.**

CHÈVREFEUILLE. — V. **Lonicera.**

CHÈVREFEUILLE des jardins. — V. **Lonicera Caprifolium.**

CHIAZOSPERMUM, Bernh. — Réunis aux **Hypecoum**, Linn.

CHICA. — Nom vulgaire du *Bignonia Chica* et du produit tinctorial qu'il fournit.

CHICORACÉES. — Tribu des **Composées.**

CHICON. — V. **Laitue-Romaine.**

CHICORÉE frisée ou Chicorée endive, Angl. Endive (*Cichorium Endivia*, Linn.). — Plante annuelle, cultivée en Angleterre depuis environ trois siècles, plus répandue sur le continent et depuis plus longtemps. Elle comprend deux races bien distinctes, toutes deux à feuilles en rosette et ayant besoin d'être blanchies avant d'être consommées : la *Chicorée frisée* proprement dite, à feuilles plus ou moins finement découpées et frisées, et la *Scarole*, à feuilles plus larges, presque entières, ondulées ou enroulées et dentées sur les bords. Cette dernière est surtout une salade d'arrière-saison. La Chicorée frisée, qui se fait à peu près toute l'année, se mange en salade ou cuite.

Culture. — La *Chicorée frisée*, dont la végétation est assez rapide, ne peut se faire de bonne heure que forcée et si les diverses opérations du forçage, semis, repiquage et plantation sur couche chaude, sont menées rapidement, à la chaleur et à l'eau. On sème très dru, en décembre ou janvier, sur couche très

Fig. 815. — Chicorée frisée de Meaux.

chaude, le châssis couvert de paillassons, et la chicorée doit lever dans les vingt-quatre heures. Quinze jours après, on repique en pépinière, également sur couche chaude préparée à l'avance et chargée de 10 cent. de terreau, et on aère, en évitant cependant les coups d'air froids qui arrêteraient le plant et le feraient alors monter. A la fin de février ou au commencement de mars, les plants sont assez forts pour être plantés à demeure, sur couche.

En culture maraîchère, on plante ordinairement

Fig. 816. — Chicorée frisée de Picpus.

dans des couches qui portent déjà des Laitues gottes arrivées à peu près à point.

On emploie, surtout en culture *forcée*, la *Chicorée fine d'été race parisienne* et la *Chicorée fine de Louviers* qui, faites ainsi, se récoltent fin avril ou au commencement de mai.

Jusqu'en mai, toutes les Chicorées et Scaroles doivent être semées et repiquées sur couche, mais la plantation peut alors se faire en pleine terre, après qu'on a aéré pour habituer graduellement les plants à l'air; à la fin, on enlève même entièrement les châssis.

A partir de mai-juin et jusqu'à la fin d'août, on sème

en pleine terre, assez clair si on ne veut pas repiquer. La mise en place a lieu quand les plants sont déjà forts, en les espaçant de 25 à 40 cent. en tous sens, suivant la variété. On est dans l'habitude de couper, avant la plantation, l'extrémité des racines et le haut des feuilles des jeunes plants et on n'enterre ceux-ci que jusqu'au collet de la racine, exclusivement. On doit en tout temps arroser abondamment.

Les Scaroles ne sont généralement cultivées que comme salades d'été et d'automne ; on les sème en juin-juillet.

Quand les pieds des Chicorées et des Scaroles sont arrivés à leur pleine croissance, on s'occupe de les blanchir. Pour cela, on les attache avec un lien ou

Fig. 817.
Chicorée frisée fine de Rouen ou Corne de Cerf.

deux, en réunissant bien les feuilles ensemble, surtout par le haut, de manière que la lumière ne pénètre pas dans l'intérieur de la plante. Cette opération, pour laquelle on se sert d'un brin de paille ou de raphia, doit avoir lieu par un temps sec, et il faut avoir soin ensuite, en arrosant, de ne pas introduire d'eau dans l'intérieur. Il est bon de ne lier la récolte que successivement. La durée du blanchiment est ordinairement de huit à douze jours.

Vers la fin d'octobre, les Chicorées et Scaroles sont relevées en mottes ; si elles ne sont pas encore liées, on les lie à ce moment-là ; puis on les transporte dans la serre à légumes ou dans tout autre endroit sec et à l'abri de la gelée : sous-sol, orangerie, châssis, etc., on enfonce le pied dans le sable et on les recouvre au besoin de paillassons ou de feuilles.

Graines. — Pour obtenir des graines, on conserve l'hiver, sans les lier, des plants choisis, ayant bien tous les caractères de la variété qu'on veut propager, ou mieux, on sème en février, sur couche, on repique sous châssis et on met en place en avril.

A tort ou à raison, beaucoup de jardiniers préfèrent la graine de deux ou trois ans à la graine nouvelle, prétendant qu'elle donne une levée plus régulière, que les plantes se forment mieux et ont moins de tendance à monter à graine.

Variétés. — Les principales variétés de Chicorée frisée sont :

Ch. fine d'été, fine, serrée, bien régulière, à feuilles très découpées, comprenant la *Race de Paris* ou ancienne race et la *Race d'Anjou*, plus épaisse, à découpures très nombreuses et très fines ; toutes deux convenant pour la culture forcée et la culture d'été en pleine terre.

Ch. frisée de Meaux, à rosette large, moins serrée, rustique, convenant bien pour l'arrière-saison.

Ch. de Picpus, aussi développée que celle de Meaux, plus finement frisée, rustique, pour la pleine terre.

Ch. fine de Rouen, très pleine, à côtes étroites, à découpures très nombreuses sans être très fines, de pleine terre, convient pour l'automne.

Ch. frisée fine de Louviers, à rosette plus trapue et très pleine ; c'est avec la Chicorée fine d'été, la race

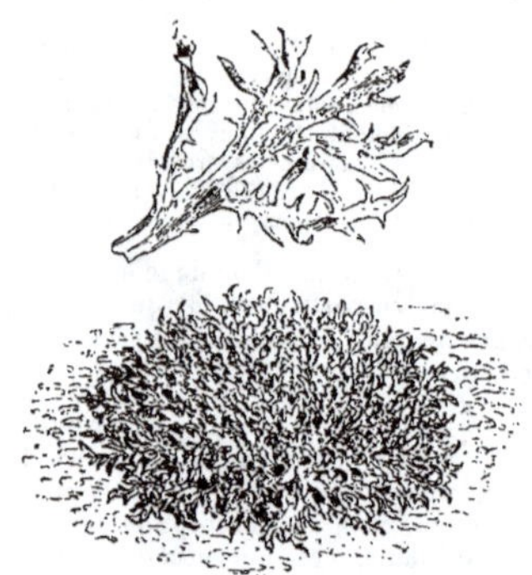

Fig. 818. — Chicorée frisée fine de Louviers.

que préfèrent les maraîchers de Paris pour la culture forcée ; ils la font également en pleine terre et disent que, dans les terrains légers, sablonneux, elle réussit mieux que la Chicorée de Rouen, elle y reste bien compacte. (A. V. P. t. 37.)

Ch. mousse, petite, à côtes très étroites, à feuillage vert foncé, extrêmement découpé et frisé.

Ch. frisée de Ruffec ou *Béglaise de Bordeaux*, large et pleine, bien rustique, très estimée dans le sud-ouest.

Ch. toujours blanche, appelée *Endivette* en Belgique, avantageuse par la couleur très pâle de son feuillage qui fait croire qu'on l'a blanchie.

Ch. Reine d'hiver, à larges feuilles, ayant presque l'aspect d'une Scarole ; c'est celle des Chicorées frisées qui supporte mieux le froid.

Dans les Scaroles on distingue :

S. ronde ou verte, à pomme large, à feuilles repliées au cœur, préférée par les maraîchers de Paris.

S. blonde ou *à feuille de laitue*, plus volumineuse, mais moins pleine et moins rustique.

S. en cornet, ainsi nommée de la forme de ses feuilles repliées à la base, puis s'évasant, très estimée dans les Charentes sous le nom de *Chicorée turque*, la plus rustique des Scaroles, supporte en pleine terre nos hivers ordinaires, à condition d'être un peu protégée.

CHICORÉE sauvage, Angl. Chicory (*Cichorium Intybus*, Linn.). — Cette Chicorée, qui croît en Europe à l'état spontané, a été successivement modifiée par la culture, soit au point de vue du feuillage, soit au point de vue des racines. — Les Chicorées cultivées pour leur racine sont les *Chicorées à café*, *de Brunswick* et *de Mag-*

debourg, dont les racines torréfiées donnent le produit si connu sous ce même nom de « Chicorée ». — Les feuilles des autres, c'est-à-dire de la *Chicorée sauvage ordinaire*, de sa race *améliorée* et même celles des précédentes se mangent en salade, en vert ou blanchies artificiellement. La pomme du *Witloof* se mange cuite ou en salade.

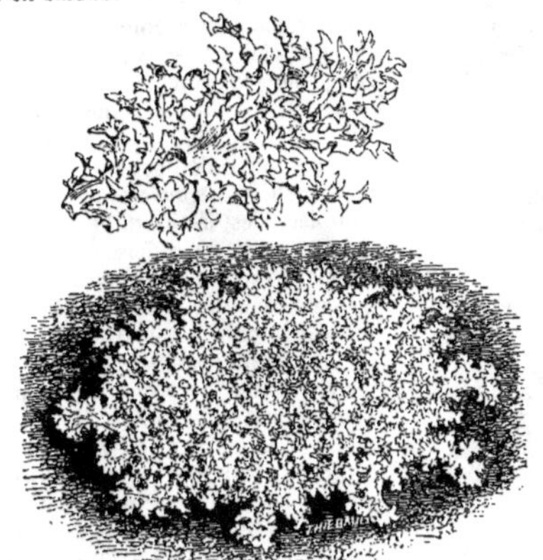

Fig. 819. — Chicorée frisée toujours blanche.

Culture. — Lorsqu'on ne cherche que la cueille en vert, le semis se fait en place, en lignes ou en bordures, vers la fin d'avril, assez dru s'il s'agit de la *Chicorée sauvage ordinaire*, qui peut se couper jeune plusieurs fois; plus clair, si l'on fait la *Chicorée sauvage améliorée* qui a besoin de plus de place pour étaler ses belles feuilles larges, formant une sorte de rosette lâche.

Fig. 820. — Chicorée Reine d'hiver.

Une bonne terre de jardin, meuble et profonde, convient particulièrement à ces plantes. Il vaut mieux semer chaque année pour avoir un meilleur produit.

Barbe de capucin. — Toutes les variétés de Chicorée sauvage peuvent être employées pour produire la Barbe de capucin; autrefois, on employait surtout la Chicorée sauvage dite : *race de Paris;* maintenant, certains spécialistes paraissent préférer la Chicorée à café qu'ils prennent avant qu'elle soit à toute venue.

On sème clair, en avril-mai, en lignes espacées de 25 à 30 cent.; on arrose et on donne les binages nécessaires; il vaut mieux ne pas couper les feuilles pour ne pas nuire au développement des racines. A partir de septembre-octobre, on peut commencer à arracher successivement.

Aussitôt les racines enlevées, on coupe les feuilles à environ 1 cent. du collet et on les rentre, pour les blanchir, dans un lieu tout à fait obscur et à température pas trop basse. Cette opération peut se faire facilement en plaçant des lits alternatifs de terre

Fig. 821. — Scarole ronde ou verte de Paris.

meuble, légère et de racines de Chicorée, placées horizontalement, les collets au même niveau, de façon que les feuilles se développent librement en dehors. On arrose d'abord un peu pour donner de la fraîcheur et on laisse faire.

Les maraîchers des environs de Paris (Montreuil, Bobigny, etc.), qui se livrent en grand à la production de la Barbe de capucin, procèdent autrement. Ils coupent les feuilles un peu avant l'arrachage; puis, celui-ci fait, ils épluchent les racines et les lient fortement par bottes de 40 à 50 cent. de diamètre, les collets étant tous au même niveau. Ils établissent

Fig. 822. — Scarole en cornet ou S. Béglaise.

alors, dans une cave ou un cellier parfaitement clos et obscur, une couche de fumier neuf, fortement tassée, épaisse de 20 à 30 cent., puis ils disposent dessus les bottes toutes droites, au même niveau et bien serrées l'une contre l'autre, en bouchant les interstices avec du fumier neuf; il n'y a plus ensuite qu'à arroser une fois le matin et une fois le soir, avec de l'eau très propre. Quand les feuilles ont de 35 à 40 cent. de long, ce qui demande environ quinze jours, on enlève les bottes pour la vente et on établit de la même façon un nouveau lit, en ajoutant du fumier frais à l'ancien. Les racines à forcer sont naturellement gardées en jauge. (A. V. P. t. 17.)

Les grosses bottes dont nous venons de parler sont fractionnées, pour la vente, en bottillons formant un peu l'éventail et munis d'une boule de terre glaise, destinée à maintenir les racines fraîches et à leur donner plus de poids, c'est en cet état qu'on les vend chez les fruitiers et dans les rues de Paris.

CHICOTIN. — Quelques maraîchers font, sur couche, avec la Chicorée sauvage de Paris, ce qu'ils appellent du « chicotin ».

En novembre et décembre, ils sèment assez dru, sur couche chaude, chargée de 10 à 12 cent. de terreau et couverte de châssis; la graine est recouverte d'environ 1 cent. de terreau. La levée se fait assez vite. — Comme on ne lui donne que peu de lumière et pas d'air du tout, la Chicorée sauvage devient très blonde et très tendre à manger. On peut faire successivement jusqu'à trois coupes avant de détruire les racines. On fait également cette culture, de la même façon, sous châssis froid.

Fig. 823. — Chicorée sauvage. — Barbe de capucin.

WITLOOF. — C'est le nom flamand de la pomme blanchie, fournie par a *Chicorée à grosse racine de Bruxelles*, race spéciale, qu'il est nécessaire d'avoir bien franche, si l'on veut obtenir le produit en question. Cette pomme, allongée, compacte, serrée et bien blanche, se consomme soit en salade, soit cuite à l'eau, avec un peu de beurre au moment de servir; elle forme alors un excellent plat, plus fin et plus délicat que la Chicorée ordinaire cuite de la même façon. (A. V. P. 27.)

On sème ordinairement en juin, en place, en bonne terre de potager, profonde et meuble, en lignes distantes de 20 à 30 cent. et on éclaircit à 15 cent. sur la ligne. En octobre, on arrache les racines, on choisit exclusivement celles qui sont à toute venue et les mieux faites, on coupe les feuilles à environ 3 ou 4 cent. du collet; on nettoie celui-ci en enlevant les petites pousses latérales et finalement on coupe les racines par le bas, de façon qu'elles soient toutes à la même longueur, soit 15, 20 ou 25 cent. Il faut alors les mettre de suite en place pour les forcer.

On a, pour cela, creusé dans une partie saine du potager, une tranchée de la largeur à peu près d'une planche de jardin et profonde de 40 cent., dont le fond est ameubli ou garni d'une faible couche de terreau, de façon que le bas des racines puisse s'y enfoncer un peu. Dès que celles-ci sont prêtes, on les range dans la tranchée, debout, presque côte à côte, à peine séparées sur leur longueur par 3 à 4 cent. de terre fine qu'on coule entre elles. La tranchée se trouve alors à moitié comblée, c'est-à-dire qu'il y a à peu près 20 cent. de différence entre le haut des racines et le niveau du sol qui environne la tranchée. On remplit cet intervalle, sur toute la longueur de la tranchée, avec de la terre meuble et sèche et on peut alors commencer à forcer. — On monte à ce moment au-dessus de la tranchée, sur une étendue déterminée, un tas de fumier neuf, du fumier de cheval en train de fermenter, épais de 40 à 60 cent. Au bout d'une quinzaine, on transporte le fumier sur une place à côté, en y mêlant du fumier frais et on couvre la première place chauffée avec de la litière, pour que le sol garde encore quelque temps sa chaleur. Les pommes de Witloof s'obtiennent ainsi en 20 ou 25 jours; après les avoir découvertes, on les détache avec une petite tranche du collet pour qu'elles se maintiennent bien fermées.

Fig. 824. Chicorée à grosse racine de Bruxelles. Witloof.

VARIÉTÉS. — *Ch. sauvage ou amère*, vigoureuse, à feuilles vert foncé, plus ou moins dentées et à pétioles velus, de saveur amère.

Ch. sauvage à feuille rouge ou *Ch. rouge de Lombardie*, à feuilles panachées de rouge brun.

Fig. 825. — Chicorée sauvage améliorée.

Ch. sauvage améliorée, excellente variété à manger en vert, à longues et larges feuilles ondulées, dans le genre d'une laitue, plus tendres et de saveur plus douce que celles de la Chicorée sauvage ordinaire; mérite d'être beaucoup plus cultivée qu'elle ne l'est.

Ch. sauvage à grosse racine ou *Ch. à café*. Deux variétés sont employées à cet usage : celle *de Brunswick*, à feuilles très découpées et étalées, à racine large et courte; celle *de Maydebourg*, à feuilles dressées et entières, à racine un peu moins grosse et plus allongée, est aujourd'hui presque partout préférée à la première.

Ch. sauvage à grosse racine de Bruxelles, race distincte, ayant quelque analogie avec la Chicorée de Magdebourg, mais à pomme beaucoup plus compacte, tout à fait pleine ; sert exclusivement à la production du Witloof. (A. V. P. t. 27-3.) (G. A.)

Fig. 826. — Chicorée à grosse racine de Magdebourg.

CHICOT. — Lorsqu'on coupe une branche trop au-dessus d'un nœud ou lorsqu'elle vient à être cassée, le cambium ne peut pas recouvrir la section; cette partie restante se dessèche et forme alors ce qu'on nomme en jardinage un *chicot*. Par la suite, ce bois se décompose et peut occasionner un chancre ; il imprime de plus une direction oblique au rameau de prolongation. Qu'il s'agisse d'un rameau ou d'une branche charpentière, la coupe doit toujours être faite à quelques millimètres au-dessus d'un œil ou au-dessus de l'empâtement, afin que le bois nouveau puisse recouvrir la plaie. (S. M.)

CHICOT du Canada. — V. **Gymnocladus canadensis.**

CHIENDENT. — Nom vulgaire de plusieurs Graminées à tiges souterraines épaisses et traçantes, notamment des *Agropyrum*, *Cynodon dactylon* (Ch. pied de poule) et *Triticum repens* (Ch. vrai).

CHIENDENT citronnelle. — V. **Andropogon citratus.**

CHIENDENT panaché. V. — **Phalaris arundinacea picta.**

CHIFFONNÉS. — Se dit de différents organes lorsqu'ils sont froissés, repliés sur eux-mêmes, sans symétrie avant leur épanouissement. Les cotylédons de certaines graines, les pétales des Pavots surtout, fournissent des exemples d'organes chiffonnés.

CHIFFONNE (branche). — V. **Branche.**

CHILIANDRA, Griff. — V. **Rhynchotechum,** Blume.

CHILIOPHYLLUM, DC. — Réunis aux **Zaluzania,** Pers.

CHILOCALYX, Tucz. — V. **Atalantia,** Corr.

CHILODIA, R. Br. — Réunis aux **Prosanthera,** Labill.

CHILOPSIS, Don. (de *cheilos*, lèvre, et *opsis*, ressemblance; allusion à la lèvre distincte du calice). FAM. *Bignoniacées*. — La seule espèce que comprend ce genre est un arbuste toujours vert, de serre froide, à fleurs en grappes rameuses, terminales, et à feuilles éparses, entières, linéaires. Il habite l'Amérique septentrionale et occidentale. On le cultive dans un compost de terre de bruyère et de terre franche fibreuse; sa multiplication peut s'effectuer par boutures de rameaux aoûtés, que l'on plante dans du sable, sous cloches et sur une bonne chaleur de fond.

C. linearis, — *Fl.* à corolle pourpre foncé, tubuleuse à la base et dilatée-campanulée à la gorge ; lobes ovales-arrondis, à bords crénelés et enroulés ; grappes terminales, courtes, denses, tomenteuses. Mai. *Flles* alternes, linéaires, planes, allongées, de 8 à 12 cent. de long, glabres, coriaces, atténuées aux deux extrémités. *Haut.* 3 m. Amérique du nord-ouest. Arbuste dressé, rameux.

CHILOSTIGMA, Hochst. — V. **Aptosemum,** Burch.

CHIMAPHILA, Micrs. (de *chiema*, hiver, et *phileo*, aimer ; ces plantes sont vertes pendant l'hiver). FAM. *Ericacées*. — Genre comprenant quatre espèces de plantes suffrutescentes, toujours vertes, à racines rampantes, habitant l'Europe, l'Amérique septentrionale, le Mexique, le Japon et la Corée. Fleurs en corymbes terminaux, de forme analogue à celles des *Pyrola*, mais à filets des étamines courts et dilatés au milieu; hampe nue. Feuilles pétiolées, lancéolées, persistantes, épaisses, dentées, éparses ou verticillées. Pour leur culture, V. **Pyrola.**

C. corymbosa, — *Fl.* blanc verdâtre, teintées de rouge, en corymbes, pendantes, à la fin presque dressées. Juin. *Flles* cunéiformes-lancéolées, dentées en scie, verticillées par quatre à cinq. *Haut.* 8 à 15 cent. Hémisphère boréal; France, etc. Syns. *C. umbellata*, Nutt., *Pyrola umbellata*, Linn. (F. D. 1366 ; B. M. 778.)

C. maculata, — * *Fl.* blanches, pendantes, à pédoncules duveteux, portant deux ou trois fleurs au sommet. Juin. *Flles* lancéolées, aiguës, marquées sur la face supérieure de bandes blanches le long des nervures, et rouges sur la face inférieure; opposées ou verticillées par quatre. Tiges couchées à la base, ascendantes au sommet. Amérique du Nord, 1752. Syn. *Pyrola maculata*. (B. M. 897.)

C. umbellata, Nutt. Syn. de *C. corymbosa*.

CHIMONANTHUS, Lindl. (de *cheimon*, l'hiver, et *anthos*, fleur; allusion à la floraison qui a lieu en décembre-janvier). SYN. *Meratia*, Nees. FAM. *Calycanthacées*. — Genre comprenant deux espèces d'arbustes rustiques, originaires de la Chine et du Japon. Fleurs blanchâtres ou jaunes, purpurines à l'intérieur, très odorantes, naissant avant les feuilles, sur le bois de deux ans ; leur organisation est analogue à celle des *Calycanthus*, dont ce genre est très voisin, mais les étamines fertiles (cinq-six) sont moins nombreuses et les stériles ferment l'ouverture du réceptacle. Feuilles caduques, simples, opposées, inodores ainsi que l'écorce.

Lorsqu'on recherche des plantes à fleurs hivernales et odorantes, le délicieux parfum aromatique de celles du *C. fragans* rend cet arbuste des plus recommandables. Il est propre à la garniture des murs exposés au sud et au sud-ouest, et demande une terre profonde, saine et fertile ; les branches doivent être convenablement palissées et taillées tous les ans, afin de faire naître de jeunes et nombreux rameaux, car les fleurs ne se développent que sur le bois de l'année précédente. Cette opération doit se faire après la floraison ; on supprime toutes les branches qui ont fleuri, sauf celles qui doivent prolonger les branches charpentières, que l'on peut raccourcir à la moitié de leur longueur. Par ce traitement, on obtient de nombreuses pousses qui fleuriront l'année suivante. On multiplie cet arbuste par marcottes que l'on fait à l'automne, ainsi que par semis.

C. fragrans, Lindl. * *Fl.* blanc jaunâtre, rougeâtres en dedans, à odeur de Jacinthe et paraissant avant les feuilles. Décembre-février. *Flles* lancéolées, acuminées, luisantes en dessus, scabres et légèrement velues en dessous. *Haut.* 1 m. 50 à 3 m. Japon, 1766. Arbuste grêle et rameux. Syns. *Calycanthus præcox*, Linn. (B. M. 466.) *Meratia fragrans*, Lois. — Des deux variétés connues, le *C. f. grandiflorus* est de beaucoup la meilleure ; ses fleurs sont beaucoup plus grandes et plus ouvertes. (B. R. 451.

CHINA-GRASS. — V. **Bœhmeria nivea.**

CHINCAPIN. — V. **Castanea pumila.**

CHIOCOCCA, Linn. (de *chion*, neige, et *kokkos*, baie ; allusion à la couleur des fruits du *C. racemosa*). Syn. *Siphonandra*, Turcz. Angl. Snowberry. Fam. *Rubiacées*. — Genre comprenant six à huit espèces d'arbustes toujours verts, plus ou moins sarmenteux-grimpants, originaires de l'Amérique tropicale. Fleurs réunies en grappes axillaires, simples ou rameuses ; corolle infundibuliforme ou campanulée, à cinq divisions valvaires ; étamines cinq, à filets barbus. Le fruit est une drupe à deux noyaux monospermes. Feuilles opposées, ovales ou oblongues, aiguës, glabres. Ces arbustes se plaisent dans un mélange de terre franche, de terre de bruyère et de sable. Multiplication par boutures qui s'enracinent facilement dans du sable, sous cloches et à chaud.

C. anguifuga, — *Fl.* blanches, en grappes paniculées. Juin. *Flles* ovales, acuminées ; stipules très courtes, larges et mucronées. *Haut.* 1 m. à 1 m. 30. Brésil, 1824.

C. racemosa, — * *Fl.* à corolle d'abord blanche et inodore, puis devenant jaunâtre et odorante ; grappes multiflores. Février. *Flles* ovales, lancéolées, glabres, à stipules mucronées. *Haut.* 1 m. 30 à 2 m. Indes occidentales, 1729.

CHIONANTHUS, Linn. (de *chion*, neige, et *anthos*, fleur ; allusion à la couleur des fleurs), Angl. Fringetree. Fam. *Oléacées*. — Genre comprenant deux espèces d'arbustes ou petits arbres presque rustiques, originaires de l'Amérique septentrionale et de la Chine. Fleurs en panicules trichotomes, pendantes, axillaires, naissant sur les rameaux de l'année précédente et avant leur foliaison. Ramilles comprimées au sommet. Feuilles opposées, simples, entières. Ce genre diffère principalement des *Olea* par les segments de la corolle à peine soudés à la base. Le *C. virginica* est un bel et grand arbuste ornemental, rustique ; il lui faut un sol humide, composé de terre de bruyère ou de terre franche, siliceuse et une exposition abritée. On le multiplie par boutures ou par marcottes. Ses graines, que l'on peut obtenir facilement d'Amérique, se sèment sous châssis froid, et, comme les boutures ne s'enracinent pas facilement, le semis est le mode de multiplication le plus pratique. Greffé en fente ou en écusson sur le Frêne commun, il pousse vigoureusement.

C. retusus, Paxt. *Fl.* blanches, odorantes. Mai. *Flles* longuement pétiolées, obovales, rétuses, velues en dessous. Chine, 1850. Arbuste nain. (L. P. F. G. III, 85.)

C. virginica, Linn. *Fl.* blanches, pédicellées, en grappes terminales. Mai. *Flles* ovales, oblongues ou obovales-lancéolées, glabres. *Haut.* 3 à 10 m. Amérique du Nord, 1793. Rustique. — Ses fleurs blanches, en nombreuses grappes longues et pendantes, lui ont valu le nom d'*Arbre de neige* et celui de « Fringe-tree » en anglais, par allusion aux segments étroits de la corolle. On en connaît deux ou trois formes.

CHINODOXA, Boiss. (de *chion*, neige, et *doxa*, gloire ; ces plantes fleurissent au milieu des neiges fondantes de leur pays natal). Fam. *Liliacées*. — Genre comprenant quatre espèces de jolies plantes bulbeuses, rustiques, originaires de l'Orient. Il se rapproche beaucoup des *Puschkinia*, avec lequel on le confond quelquefois. Périanthe rotacé, campanulé ou infundibuliforme, à segments égaux, étalés, deux ou trois fois plus longs que le tube lorsque la fleur est entièrement ouverte. Le *C. Luciliæ* est une charmante plante, analogue aux *Scilla amœna* et *S. bifolia*, et qui supporte bien le forçage. Si on a soin de laisser les bulbes former de bonnes racines, on peut ensuite le traiter comme les Jacinthes ; il faut le tenir très près du verre. Bien qu'il réussisse très bien en pleine terre, on obtient encore de plus

Fig. 827. — Chionodoxa Luciliæ.

belles potées en le cultivant sous châssis froid ou sous cloches. Toutes les espèces de ce genre se plaisent très bien dans un compost de terre franche, de terre de bruyère et de sable en parties égales. On les multiplie par la séparation des bulbilles et par les graines qu'elles produisent facilement. Il faut semer ces dernières dès leur maturité, en plein air et en lignes. Les jeunes bulbes ne doivent pas être dérangés pendant trois ans.

C. cretica, — *Fl.* blanches ou bleu pâle ; hampe grêle, de 15 à 25 cent. de long, portant rarement plus de une à deux fleurs ; périanthe quelquefois plus large que celui du *C. nana*, auquel cette espèce ressemble par plusieurs caractères. Montagnes de Crète.

C. Forbesii, — Syn. de *C. Luciliæ*, Boiss.

C. Luciliæ, Boiss. * *Fl.* à périanthe étalé, d'un beau bleu à l'extrémité des divisions et se dégradant jusqu'au blanc au centre, ayant plus de 1 cent. de diamètre, à pédicelles grêles, disposées en épi dressé, composé trois-six fleurs et quelquefois près de vingt sur les plantes cultivées. Printemps. *Flles* petites, vertes, lisses, dressées, canaliculées, aiguës, aussi longues que la hampe. *Haut.* 15 cent. Asie Mineure et Crète, 1877. — C'est une excellente plante préférable au *Scilla bifolia*, et une des meilleures introductions récentes. (A. V. H. 23.) Syn. *C. Forbesii*. (B. M. 6433.) Il existe une variété de fleurs *blanches* et une *naine*.

C. nana, — *Fl.* blanc et lilas, de 12 mm. de diamètre, en ombelles multiflores. Printemps. *Flles* linéaires, plus courtes que la hampe. *Haut.* 10 cent. Crète, 1879. (B. M. 6433.)

C. sardensis, — *Fl.* de même couleur que celles du *C. Luciliæ*, mais non blanches au centre; périanthe étoilé, infundibuliforme, à limbe deux fois plus long que le tube; hampe portant deux à six fleurs réfléchies. *Flles* enroulées, canaliculées. 1887. (Gn. XXXIII, p. 178; R. G. 1255. b-c.)

CHIONOGRAPHIS, Maxim. (de *chion*, neige, et *graphis*, crayon, pinceau; les épis ressemblent à un pinceau blanc). Fam. *Liliacées*. — Genre comprenant deux espèces de plantes vivaces, très remarquables et ornementales, originaires du Japon. Périanthe variable, à quatre-six segments allongés, linéaires; étamines six. Le *C. japonica* peut se cultiver en plein air, dans un mélange de terre de bruyère, de terre franche et de sable, mais il faut le protéger pendant l'hiver. Multiplication par semis et par division des touffes.

C. japonica, — * *Fl.* blanc pur, en épi compact, de 10 à 15 cent. de long. Printemps. *Flles* glabres, fasciculées à la base de la hampe, celle-ci garnie de longues bractées foliacées. *Haut.* 15 à 30 cent. Japon, 1880. (B. M. 6510.)

CHIRITA, Ham. (de *Cheryta*, nom hindou de la Gentiane). Syn. *Calosacme*, Wall. Comprend les *Liebigia*, Clarke. Fam. *Gesnéracées*. — Genre renfermant trente-six espèces d'arbrisseaux ou de plantes herbacées, de serre chaude ou tempérée, originaires de l'Asie tropicale. Calice à cinq divisions valvaires; corolle tubuleuse, bilabiée; étamines fertiles deux. Feuilles opposées. Pour leur culture, V. **Gloxinia.**

C. lilacina, — * *Fl.* très belles et très nombreuses; corolle bleu pâle, à gorge et tube blancs, ce dernier orné à la base de grandes macules jaunes. Chiriqui, 1870. Belle plante très décorative.

C. Moonii, — *Fl.* pourpre pâle; corolle grande, duveteuse, à pédoncules axillaires, solitaires ou géminés. Juillet. *Flles* courtement pétiolées, verticillées par trois à quatre, ovales-lancéolées, sub-aiguës, obscurément dentées-glanduleuses. Branches sub-tétragones, suffrutescentes, velues. *Haut.* 60 cent. Ceylan, 1847. Serre chaude. (B. M. 4405.)

C. sinensis, — * *Fl.* lilas, en corymbes multiflores, munis de deux bractées à la base. Juillet. *Flles* opposées, elliptiques-ovales, crénelées, à pétioles trigones. Plante acaule, toujours verte. *Haut.* 15 cent. Chine, 1843. Serre tempérée. (B. M. 4284.)

Fig. 828. — Chirita sinensis. (*Rev. Hort.*)

C. zeylanica, — *Fl.* d'un beau pourpre, rougeâtres et plus pâles dans le tube, grandes et belles. *Flles* pétiolées, ovales, aiguës, entières, couvertes de poils soyeux, brunâtres, presque apprimés. *Haut.* 30 cent. Ceylan, 1840. Serre chaude. (B. M. 4182.)

CHIROUIS. — V. **Chervis.**

CHIRONIA, Linn. (du nom mythologique du centaure Chiron, fils de Phillyra et de Saturne). Fam. *Gentianées*. — Genre comprenant seize espèces de plantes vivaces, herbacées, ou d'arbrisseaux de serre froide, très décoratifs, tous originaires de l'Afrique australe. Fleurs rouges ou pourprées, solitaires ou disposées en cymes; corolle à tube court et étroit, à limbe étalé, à cinq segments plus longs que le tube. Feuilles opposées, sessiles ou amplexicaules. Tiges simples ou rameuses, dressées ou décombantes. Il faut aux *Chironia* un compost grossier, de trois parties de terre de bruyère et une de terre franche, additionné d'une assez grande quantité de sable. De petits pots, un drainage parfait et des arrosements pratiqués avec soin, surtout pendant l'hiver, sont les points essentiels de leur culture. On les multiplie facilement au printemps, par boutures que l'on plante dans du sable, sur une douce chaleur de fond.

C. baccifera, — *Fl.* rose foncé, terminales, solitaires. Juin. *Flles* opposées, décussées, glabres, linéaires-lancéolées, sessiles, décurrentes, réfléchies sur les bords, plus longues que les entre-nœuds. Branches sub-tétragones. Cap, 1759. (B. M. 233.)

C. floribunda, — * *Fl.* roses, à pédoncules solitaires, uniflores ; pétales obovales. Juin. *Flles* linéaires ou oblongues-ovales, aiguës. Plante glabre, très rameuse. *Haut.* 60 cent. Cap, 1843. (P. M. B. XII, 123.)

C. glutinosa, — *Fl.* rose foncé ; corolle grande, à limbe étalé, à cinq divisions. Eté. *Flles* à trois-cinq nervures, ovales-lancéolées. Plante glabre, vert foncé. *Haut.* 60 cent. Cap, 1843. (P. M. B. XV, 245.)

C. jasminoides, — * *Fl.* rouges ou purpurines, en panicules dichotomes, solitaires à l'extrémité des rameaux. Avril. *Flles* lancéolées, linéaires. Tiges tétragones. Plante glabre. *Haut.* 30 à 60 cent. Cap, 1812. (B. R. 197.)

C. linoides, — * *Fl.* à corolle rouge, à segments ovales-oblongs, obtus ; pédoncules terminaux, allongés. Juillet. *Flles* linéaires, dressées, charnues, aiguës. Tige rameuse, à branches arrondies, fastigiées. *Haut.* 30 à 60 cent. Cap. 1787. (B. M. 511.)

CHITONIA, Don. — V. **Miconia**, Ruiz. et Pav.

CHLAMYDOSTYLIS, Baker. — V. **Nemastylis**, Nutt.

CHLAMYSPORUM, Salisb. — **Thysanotus**, R. Br.

CHLIDANTHUS, Herb. (de *clidcios*, délicat, et *anthos*, fleur ; allusion à la texture délicate des fleurs). Syn. *Cleophyllum*, Klotz. Fam. *Amaryllidées*. — D'après Baker, ce genre est monotypique. L'espèce connue est une jolie plante bulbeuse, demi-rustique, originaire de l'Amérique méridionale. Périanthe régulier, longuement tubuleux; limbe infundibuliforme, à segments oblongs, sub-égaux ; étamines six, insérées sur la gorge, à filaments courts. *Flles* étroites, linéaires, paraissant avec les fleurs. On peut cultiver le *C. fragrans* en plein air pendant l'été, en pots bien drainés et dans un compost de terre de bruyère, de terreau de feuilles et de terre franche en parties égales, et auquel on ajoute un peu de sable. A l'automne, on rentre les plantes en serre froide où on les tient au sec jusqu'en avril, époque à laquelle on les rempote, puis on les arrose et on leur donne un peu de chaleur, pour les mettre de nouveau en végétation. Multiplication facile par caïeux que l'on sépare au printemps, au moment du rempotage.

C. fragrans, Herb. *Fl.* jaune vif, à odeur d'encens, sub-sessiles et réunies par deux-quatre en ombelle entourée de deux grandes spathes lancéolées, et rappelant celles des *Hemerocallis;* hampe forte, à deux angles, ayant 30 à 40 cent. de haut. Juin-juillet. *Flles* environ six, linéaires, obtuses, glauques et dressées. Bulbe de la grosseur d'une noix, courtement ovoïde, tuniqué. Andes du Pérou, 1820. (B. M. 640 ; F. d. S. 326.) Syn. *Pancratium luteum*, Pav. — Le *C. Ehrenbergii*, Kunth., n'est qu'une forme mexicaine.

CHLOANTHES, R. Br. (de *chloos*, jaune verdâtre, et *anthos*, fleur; allusion à la couleur des fleurs). Fam. *Verbénacées*. — Genre voisin des *Lantana*, comprenant cinq espèces originaires de l'Australie. Ce sont des plantes frutescentes, à rameaux arrondis, portant des fleurs solitaires et axillaires, courtement pédonculées, accompagnées de deux bractées; corolle infundibuliforme, à tube garni au-dessus de l'ovaire d'un épais anneau de poils. Feuilles opposées ou ternées, simples, linéaires et décurrentes. Ces plantes se plaisent dans un mélange de terre franche et de terre de bruyère fibreuse et siliceuse. On les multiplie par boutures herbacées qui s'enracinent facilement en terre légère et sous cloches.

C. coccinea, — *Fl.* écarlates, presque sessiles et axillaires, mais formant de courts épis feuillés, terminaux ou sub-terminaux. *Flles* opposées ou verticillées par trois, presque cylindriques par suite des bords fortement révolutés, obtuses, de 1 1/2 à 2 cent. 1/2 de long, bullées, rugueuses. Tiges ordinairement couvertes d'un duvet blanc, cotonneux. *Haut.* 30 à 60 cent. Australie occidentale.

C. glandulosa, — *Fl.* jaunâtres, de 4 cent. de long, axillaires, à pédoncules de 8 à 10 cent. de long. Juillet. *Flles* lancéolées ou linéaires-lancéolées, bullées, rugueuses et décurrentes, de 4 à 8 cent. de long. Nouvelle-Galles du Sud, 1824.

C. stœchadis, — * *Fl.* jaune verdâtre. Juin-août. Tige dressée. *Haut.* 60 cent. Nouvelle-Galles du Sud, 1822.

CHLOOPSIS, Blume. — V. **Ophiopogon**, Ker.

CHLORA, Linn. (de *chloros*, pâle ; allusion à la teinte glauque des feuilles). Syn. *Blackstonia*, Huds. Fam. *Gentianées*. — Genre comprenant, selon l'opinion des auteurs, deux ou quatre espèces de jolies plantes rustiques, annuelles ou bisannuelles, originaires de l'Europe, de l'Afrique boréale et de l'Asie occidentale. Fleurs jaunes, en cymes dichotomes, terminales, corymbiformes ; corolle hypocratériforme, à tube plus court que le calice et à limbe profondément divisé en six-huit segments. Feuilles opposées, entières, sessiles ou souvent connées-perfoliées. Les *Chlora* se cultivent en pleine terre ou en pots, dans toute bonne terre légère de jardin. On les multiplie facilement par semis que l'on fait à l'automne ou au printemps, en pots et sous châssis, puis on met les plants en place en mai.

C. grandiflora, Griseb. * *Fl.* jaune d'or très vif, beaucoup plus grandes que celles des autres espèces, en cymes dichotomes. Juillet-août. *Flles* opposées, oblongues, elliptiques, les supérieures connées et triangulaires, glauques. *Haut.* 20 à 30 cent. Afrique boréale. Annuel ou bisannuel. (R. G. 469.)

Fig. 829. — Chlora grandiflora.

C. imperfoliata, Linn. *Fl.* jaune foncé, corolle à six divisions. Juin. *Flles* sessiles, un peu embrassantes, ovales-aiguës, non connées. Tiges simples, tétragones. *Haut.* 30 cent. Sud-ouest de l'Europe; France, etc.

C. perfoliata, Linn. * *Fl.* jaunes, en corymbes dichotomes, solitaires et pédonculées à l'aisselle de chaque bifurcation. Juillet-août. *Flles* radicales ovales-lancéolées; les caulinaires ovales-triangulaires; toutes connées-perfoliées. Tiges cylindriques, dichotomes. *Haut.* 30 cent.

Europe; France, etc., pâturages et terrains calcaires ou argileux humides. (Sy. En. B. 913.)

C. serotina, Koch. *Fl.* jaunes, à divisions aiguës. Août-octobre. *Flles* de la base arrondies et connées; les caulinaires ovales ou ovales-lancéolées. Europe; France, etc.

CHLORANTHACÉES. — Petite famille voisine des *Piperacées*, comprenant environ vingt-cinq espèces d'arbres, d'arbustes ou rarement d'herbes habitant les régions tropicales. Fleurs petites, en épis terminaux, simples ou rameux, souvent articulés. Le fruit est une petite drupe. Feuilles opposées, simples, munies de stipules latérales, adhérentes au pétiole. Des trois genres que renferme cette famille, le genre *Chloranthus* est le plus connu; les petites fleurs du *C. inconspicuus* sont, dit-on, employées par les Chinois pour parfumer le thé.

CHLORANTHIE. — On désigne ainsi une monstruosité florale, assez commune chez les plantes cultivées et même spontanées, dans laquelle les parties foliacées, au lieu de revêtir la couleur habituelle de l'espèce, deviennent vertes et alors analogues aux feuilles. Lorsqu'il y a duplicature, la fleur se trouve ainsi formée d'un bouquet de feuilles vertes. La Rose verte, le Dahlia vert, etc., sont des exemples bien connus. Cet accident tératologique est une confirmation sérieuse de l'origine foliaire des différentes pièces qui composent les fleurs. (S. M.)

CHLORE. — V. **Chlorure de chaux.**

CHLORIS, Swartz. (de *chloros*, vert). Fam. *Graminées.* — Genre comprenant environ quarante espèces répandues dans toutes les régions chaudes du globe. Ce sont de jolies herbes annuelles, rustiques ou demi-rustiques. Fleurs en épis simples, solitaires, géminés ou plus souvent digités au sommet d'un chaume commun. Epillets disposés en deux rangées sur le rachis articulé, renfermant deux ou plusieurs fleurs, les supérieures stériles; glumelle inférieure trigone, carénée, aristée ou mucronée. Les *Chloris* sont très peu cultivés en dehors des jardins botaniques; on rencontre plus souvent leurs épis parmi les Graminées servant à la confection des bouquets perpétuels. Ils poussent facilement en plein air pendant la belle saison, en terre légère. Leur multiplication s'effectue par graines que l'on sème en mai, à exposition chaude.

C. barbata, — * *Fl.* en épis de 4 à 5 cent. de long, digités; glumes ventrues, aristées; glumelles aristées, ciliées. Eté. *Flles* planes, à gaine lâche. *Haut.* 30 cent. Indes, 1777.

C. elegans, — *Fl.* en épis nombreux, digités; glumelles carénées, lancéolées, scabres sur le dos. Eté. *Flles* linéaires, planes, striées, glabres sur la face inférieure, scabres sur la supérieure. *Haut.* 30 cent. Mexique.

C. radiata, — *Fl.* en épis nombreux, dressés, digités; glumelles glabres, subulées. Eté. *Flles* étroites. *Haut.* 15 cent. Indes occidentales, 1739.

CHLOROGALUM, Kunth. (de *chloros*, vert, et *gala*, lait; allusion au suc vert de ces plantes), Angl. Soap-plant. Fam. *Liliacées.* — Genre comprenant trois espèces de plantes rustiques, très voisines des *Bulbine*, originaires de la Californie. Périanthe à six divisions étalées; étamines six. Fruit capsulaire. Feuilles radicales, linéaires, canaliculées, carénées. Bulbe tuniqué, employé par les indigènes aux mêmes usages que le savon. L'espèce ci-dessous est seule connue dans les cultures. Pour sa culture, V. **Ornithogalum.**

C. Leichtlini, — V. *Camassia esculenta Lechtlini.*

C. pomeridianum, — * *Fl.* blanches, veinées de pourpre, ne s'ouvrant qu'au milieu du jour, en grappe composée, naissant au sommet de la hampe, Juin. *Flles* flasques, glauques, rudes sur les nervures et sur les bords. *Haut.* 60 cent. Californie, 1819. Syns. *Antherium pomeridianum* (B. L. 421; B. R. 564); *Ornithogalum divaricatum* (B. R. 1842, 28), et *Phalangium pomeridianum.*

CHLOROPHORA, Gaud. (de *chloros*, vert, et *phoreo*, porter; allusion aux propriétés économiques du *C. tinctoria*). Fam. *Urticées.* — Genre ne comprenant que deux espèces d'arbres de serre chaude, dont l'un est originaire de l'Amérique tropicale et l'autre de l'Afrique tropicale. Fleurs dioïques; les mâles en épis cylindriques, les femelles en glomérules arrondis ou oblongs; inflorescences des deux sexes courtement pédonculées, solitaires à l'aisselle des feuilles. Feuilles alternes, pétiolées, entières ou dentées, penniveinées, à stipules latérales, caduques. Ces plantes poussent presque en toute terre et se multiplient facilement par boutures à demi aoûtées.

Fig. 830. — Corpuscules chlorophylliens à divers états.

C. tinctoria, — Angl. Fustic-tree. — Inflorescences mâles de 3 cent. de long; les femelles de 6 à 8 mm., à pédoncules pubescents ou pubérulents. *Flles* distiques, de 5 à 15 cent. de long et 4 à 6 cent. de large, ovales ou ovales-elliptiques, entières ou dentées, rarement lobées, pétiolées de 6 à 12 mm. de long. *Haut.* 6 m. Amérique tropicale, 1739. On extrait de son bois des teintures jaune, brune, olive et verte. Syn. *Maclura tinctoria.*

CHLOROPHYLLE. — Substance chimique, résineuse, granuleuse, qui donne aux tissus végétaux leur couleur verte. Il n'appartient point à cet ouvrage d'étudier la composition chimique de la chlorophylle; disons cependant que les expériences de M. Frémy semblent prouver qu'elle est formée de l'association de deux matières colorantes, l'une jaune, l'autre bleue. La lumière et la chaleur concourent à sa formation; ce fait est connu de tout le monde, les exemples en sont nombreux, même dans la culture pratique. Le buttage et la culture de certains légumes dans l'obscurité n'ont d'autre but que d'empêcher la formation de la chlorophylle. Elle joue un rôle des plus importants dans la nutrition des végétaux; elle absorbe l'acide carbonique de l'atmosphère et dégage l'oxygène qui se produit à la surface des parties vertes. Le plus grand nombre des végétaux phanérogames sont pourvus de chlorophylle; cependant, elle manque totalement chez certaines plantes, notamment les *Orobanche*, les *Monotropa*, quelques *Orchidées*, etc. Tous les Cryptogames cellulaires en sont totalement dépourvus, et, ne pouvant élaborer par leurs propres organes les éléments nécessaires à leur nutrition et à leur développement, ils sont forcés de les emprunter aux végétaux chlorophyllés sur lesquels ils vivent ainsi en parasites. (S. M.)

CHLOROPHYTUM, Ker. (de *chloros*, vert, et *phyton*, plante). SYNS. *Asphodelopsis*, Steud; *Hartwegia*, Nees, et *Schidospermum*, Griseb. FAM. *Liliacées*. — Genre comprenant environ cinquante espèces originaires de l'Asie tropicale, de l'Afrique australe, de l'Amérique australe et de la Tasmanie. Ce sont des plantes vivaces, herbacées, de serre froide ou tempérée, très voisines des *Anthericum*, dont elles diffèrent principalement par leur périanthe persistant et par leur capsule à trois lobes profonds, comprimés et veinés. On peut les cultiver sans difficultés dans une bonne terre franche ; leur multiplication s'effectue par semis, par divisions que l'on fait au printemps et par le bouturage des rosettes vivipares. Tous sont à fleurs blanches et, sauf l'espèce ci-dessous décrite, les *Chlorophytum* présentent peu d'intérêt pour l'horticulture ; les suivants sont ou ont été cultivés : *C. affine*, *C. Bowkerii* et *C. falcatum*.

C. elatum variegatum, Hort. *Fl.* blanches, d'environ 2 cent. 1/2 de diamètre, disposées en grappes lâches; segments portant une ligne médiane légèrement verdâtre; hampes vivipares. Eté. *Flles* vert tendre, carénées, largement rubanées et maculées de blanc jaunâtre, en lanière réfléchies dans leur moitié supérieure et graduellement rétrécies en pointe aiguë. Syns. *C. Sternbergianum* Hort.; *Anthericum variegatum*, Hort. et *Phalangium argenteolineare*, Hort.

CHLOROSE. — Maladie des végétaux due au manque de chlorophylle dans leurs tissus. Les plantes qui en sont atteintes deviennent entièrement ou partiellement jaunâtres, pâles, flasques, languissantes, et, lorsque le mal est intense, elles finissent par succomber. Le manque d'air, de lumière et d'éléments ferrugineux dans le sol en sont les causes habituelles. Les remèdes sont en conséquence tout indiqués : le sulfate de fer a sur elle une action des plus marquées ; on l'emploie sous forme de dissolution légère en arrosements et en bassinages. Par ce dernier procédé, les parties mouillées reprennent seules leur teinte verte ; on rapporte que E. Gris, put ainsi écrire le mot *fer*, sur une feuille atteinte de chlorose. La panachure des feuilles est due à un état partiellement chlorotique, permanent, et se reproduisant même quelquefois par le semis.

La lumière étant, comme on le sait, indispensable à la formation de la chlorophylle, les végétaux qui en sont artificiellement privés ne tardent pas à devenir blanchâtres et à s'allonger démesurément si l'obscurité persiste un temps suffisamment long. Les jardiniers mettent très fréquemment ce phénomène à profit pour rendre beaucoup de légumes plus tendres, plus succulents et même certaines fleurs plus blanches. V. aussi **Blanchiment** et **Etiolement**. (S. M.)

CHLOROSPATHA, Endl. (de *chloros*, vert, et *spathe*, spathe ; allusion à la teinte de cet organe). FAM. *Aroïdées*. — Genre monotypique, dont l'espèce connue est voisine des **Xanthosoma** (V. ce nom) et se cultive comme eux.

C. Kolbii, — Plante vivace, tuberculeuse, de serre chaude, à feuilles pédalées et à pétiole maculé. Spathes cylindriques, enroulées. Aroïdée d'intérêt botanique. Nouvelle-Grenade, 1878. (R. G. 933.)

CHLOROXYLON, DC. (de *chloros*, vert, et *xylon*, bois ; allusion à la couleur du bois). FAM. *Méliacées*. — La seule espèce de ce genre est un bel arbre de serre chaude, originaire des Indes orientales. Ses fleurs petites, blanchâtres et rappellent par leur organisation celles des *Cedrela* ; elles sont disposées en panicules terminales. Ses feuilles sont paripennées. Il se plaît dans un compost de terre franche et de terre de bruyère. On le multiplie par boutures aoûtées, munies de toutes leurs feuilles et que l'on plante dans du sable, sous cloches et sur une chaleur humide.

C. Swietenia, DC. Bois satiné de l'Inde ; Angl. Satinwood-tree. — *Flles* à folioles inégales, disposées par paires nombreuses, ovales, un peu rhomboïdes, obtuses. *Haut.* 15 m. Indes, 1820. Son bois, d'un vert jaunâtre, est lourd, durable, d'un grain très fin et très estimé. Syn. *Swietenia Chloroxylon*. (B. F. S. 11.)

CHLORURE de chaux, ANG. Chloride of Lime. — C'est un composé de chlore et de chaux. Exposé à l'air, le chlore ne tarde pas à s'évaporer en grande partie et le produit devient alors du chlorhydrate de chaux. Ce composé absorbe rapidement l'humidité atmosphérique. C'est à cause de cette propriété qu'on l'emploie pour détruire les miasmes délétères et les vapeurs ammoniacales. On s'en est servi avec un succès médiocre pour hâter la germination des graines de Navets et d'autres Crucifères du même groupe, dans la proportion de 1 kilog. pour soixante litres d'eau, dans laquelle on plonge les graines pendant trente-six heures. Mais, on doit procéder à cette opération avec de grands soins, afin de ne pas détruire totalement les qualités germinatives d'un grand nombre de graines. Ce moyen n'est même pas un de ceux que nous recommanderons. Comme désinfectant, on dissout le chlorure de chaux dans la proportion de 1 kilog. pour vingt litres d'eau. Il sert aussi au blanchiment des tissus et autres produits végétaux employés dans l'industrie. Les feuilles et les fruits, réduits à l'état de squelette par leur séjour dans l'eau pendant un temps plus ou moins long, selon leur texture, peuvent être blanchis dans une faible solution de chlorure de chaux ; on les y laisse pendant un jour ou deux.

CHLORURE de sodium. — V. Sel.

CHOISYA, Kunth. (dédié à J. D. Choisy, botaniste genevois, auteur de plusieurs monographies dans le *Prodromus* de De Candolle, et d'autres ouvrages ; 1799-1859). SYN. *Juliana*, Llav. et Lex. FAM. *Rutacées*. — La seule espèce de ce genre est un bel arbuste demi-rustique, originaire du Mexique. Fleurs blanches, à cinq sépales et cinq pétales libres et imbriqués ; étamines dix. On cultive cet arbuste en serre froide ou au pied d'un mur et abrité pendant l'hiver, dans un mélange de terre franche et de terreau additionné d'un peu de sable, ou même dans un sol naturellement sain et léger. Multiplication facile au printemps ou au commencement de l'été, par boutures aoûtées que l'on plante dans du sable et sur une douce chaleur.

C. ternata, Kunth. * *Fl.* blanches, odorantes, en cymes terminales et axillaires, à l'extrémité des rameaux ; pédicelles canaliculés en dessous et munis de bractées. Juillet. *Flles* opposées, ternées, pétiolées, vert gai, couvertes de glandes translucides et odorantes. *Haut.* 2 m. Mexique, 1866. (R. H. 1869, 322 ; R. H. B. 1879, p. 145.)

CHOMELIA, Jacq. (dédié à P. J. B. Chomel, médecin de Louis XV, auteur de « *Abrégé de l'histoire des plantes usuelles*, Paris, 1712 », ouvrage plusieurs fois réimprimé ; 1671-1740). Syn. *Anisomeris*, Presl. Fam. *Rubiacées*. — Genre comprenant environ trente espèces d'arbustes toujours verts, de serre chaude, originaires de l'Amérique tropicale. Corolle en coupe ou en entonnoir, à tube allongé et à quatre lobes valvaires ; étamines quatre. Cymes axillaires et bifides, longuement pédonculées. Feuilles opposées, simples, sessiles ou pétiolées, munies de stipules interpétiolaires. Pour leur culture V. **Ixora**, dont les *Chomelia* sont voisins.

C. fasciculata, — *Fl.* blanches, à pédicelles uniflores, axillaires et fasciculés par deux à trois. *Flles* ovales, aiguës, glabres, courtement pétiolées. *Haut.* 1 m. 50. Grenade, 1825.

C. spinosa, — * *Fl.* blanches, de 3 cent. de long, odorantes pendant la nuit, à pédoncules axillaires, ordinairement triflores. *Flles* ovales, acuminées, presque sessiles et glabres. *Haut.* 2 m. 50 à 4 m. Carthagène, 1793.

CHOMELIA, Linn. — V. **Webera**, Schreb.

CHONDRODENDRON tomentosum. — V. **Pareira brava.**

CHONDRORHYNCHA, Lindl. (de *chondros*, cartilage, et *rhynchos*, bec ; allusion à la forme du rostellum). Fam. *Orchidées*. — Genre comprenant trois espèces d'Orchidées épiphytes, de serre chaude, voisines des *Lycaste* et originaires de la Colombie. Sépales subégaux, étroits-oblongs ; pétales beaucoup plus larges ; labelle articulé à la base de la colonne, sessile, large, dressé, concave, entier ; masses polliniques quatre. Pour leur culture, V. **Lycaste.**

C. Chestertoni. — * *Fl.* jaunes ; sépales latéraux prolongés en pointe très longue et aiguë ; pétales fortement frangés ; labelle également pourvu de très longues franges. Colombie, 1879. Espèce très curieuse.

C. fimbriata. — V. *Stenia fimbriata.*

C. Lendyana, —. *Fl.* à sépales et pétales blanc jaunâtre, sépales latéraux renversés et tordus ; pétales très larges ; labelle plus foncé que les sépales et les pétales, grand, elliptique, portant au centre une callosité bidentée. Colombie, 1886.

CHORETIS, Herb. — Réunis aux **Hymenocallis**, Salisb.

CHORISIA, Humb. Bonpl. et Kunth. Fam. *Malvacées*. — Genre comprenant trois espèces originaires de l'Amérique tropicale. Ce sont des arbres décoratifs, de serre chaude, voisins des *Eriodendron* et des *Bombax*, à fleurs roses ou purpurines, solitaires au sommet d'un long pédoncule axillaire ou réunies en grappes courtes, et accompagnées chacune de deux ou trois bractéoles. Le fruit est une capsule ligneuse, contenant un grand nombre de graines enveloppées dans un duvet très abondant. Feuilles alternes, longuement pétiolées, à cinq-sept folioles digitées et articulées. Pour leur culture, V. **Bombax.**

C. speciosa, A. Saint-Hil. *Fl.* axillaires, solitaires, pédonculées, de 8 cent. de diamètre ; calice à deux-quatre lobes irréguliers, glabre et luisant à l'extérieur, soyeux à l'intérieur ; pétales oblongs, obtus, étalés, jaunâtres et striés de brun foncé à la base, fortement pubescents sur le dos. *Flles* longuement pétiolées, à cinq-sept folioles digitées, pétiolulées, lancéolées, acuminées, dentées. Brésil, 1888. (J. 1888, p. 270.)

CHORISPORA, DC. (de *choris*, séparé, et *spora*, graine ; chaque graine est enfermée dans une cavité distincte de la gousse). Fam. *Crucifères*. — Genre comprenant environ neuf espèces originaires de l'Asie occidentale et centrale, et des Indes boréales. Ce sont des plantes herbacées, annuelles ou bisannuelles, rameuses, grêles ; glabres ou velues, voisines des *Cakile*. Fleurs en grappes opposées aux feuilles, dressées et allongées. Feuilles pinnatifides ou entières. Ces plantes se cultivent facilement en toute terre de jardin. On les multiplie par leurs graines que l'on sème au printemps, en plein air.

C. Greigii, — *Fl.* violet rougeâtre, d'environ 18 mm. de diamètre. *Flles* allongées, étroites, pinnatifides, disposées en rosette. *Haut.* 30 à 45 cent. Turkestan, 1879. Plante bisannuelle. (R. G. 984.)

C. tenella, — *Fl.* pourpres. Juillet. *Flles* glabres ; les inférieures pinnatifides ; les supérieures lancéolées, dentées. *Haut.* 10 à 15 cent. Sud de la Russie, 1780. Plante annuelle.

CHORISTES, Benth. — V. **Deppea**, Cham. et Schlecht.

CHORIZEMA, Labill. (de *choros*, danse, et *zema*, boisson ; en souvenir du plaisir que Labillardière éprouva de trouver une source dans le voisinage du lieu où croissait la première espèce connue ; ou bien de *chorizo*, je sépare, la gousse se sépare en deux parties distinctes). Syn. *Othrotropis*, Benth. Fam. *Papilionacées*. — Genre comprenant environ quinze espèces toutes originaires de l'Australie. Ce sont des sous-arbrisseaux toujours verts, de serre froide, à feuilles alternes, simples, entières ou sinuées-dentées. Fleurs solitaires, géminées, ou réunies en grappes axillaires ou terminales ; carène beaucoup plus courte que les ailes ; étamines libres.

On peut faire filer les *Chorizema* sur de petits treillages en forme de ballon ou autre, en garnir les colonnes ou les piliers, tapisser les petits murs, etc., ils forment aussi de jolis buissons lorsqu'on les laisse se développer à volonté, les rameaux extérieurs se renversent et cachent en partie le pot. Il leur faut un mélange de terre franche et de terre de bruyère fibreuse, mais pas trop grossier et auquel on ajoute une assez forte quantité de sable ; un bon drainage et des pots très propres. Comme pour la plupart des plantes ligneuses, la terre doit être foulée assez fortement au moment du rempotage. La meilleure époque pour faire cette opération est lorsque les nouvelles pousses commencent à se montrer. On les tient ensuite dans une serre froide ou légèrement chauffée tant que leur végétation n'est pas terminée. A la fin de l'été, on peut les sortir et les placer en plein air dans un endroit abrité, sur un fond de gravier ou de mâchefer, afin que les vers ne viennent pas se loger dans les pots. On les rentre ensuite à la fin de l'automne, avant que les pluies ne les inondent.

Les *Chorizema* supportent facilement la taille ; le meilleur moment de l'exécuter est celui où les plantes ont fini de fleurir ; soit à la fin de mai pour les variétés hâtives. Lorsqu'on dispose d'un emplacement spacieux, cette opération est presque inutile ; livrés à eux-mêmes, ils ne tardent pas à couvrir plus d'un mètre de treillage et à atteindre 1 m. 30 ou plus de hauteur. Cependant, ils sont mieux dans des pots de 20 à 25 cent. de diamètre et font meilleur effet sur un treillage construit en forme de ballon. Les arrosements doivent être copieux pendant leur période de végétation, surtout si on les emploie à la garniture des suspensions. Lorsqu'ils sont plantés en pleine terre, il faut éviter avec soin l'excès d'humidité, car il occasionne souvent le développement de Champignons parasites; ce sont à peu près les seuls ennemis que les *Chorizema* aient à craindre ; le soufrage des feuilles est le meilleur remède. Leur multiplication s'opère par boutures et plus facilement par graines que l'on sème au printemps, sur couche tiède.

C. angustifolium, — * *Fl.* rouge orangé, en grappes multiflores, axillaires et terminales. Avril-mai. *Flles* linéaires-lancéolées, entières, à bords révolutés. *Haut.* 45 cent. Australie, 1830. Syn. *Dillwynia glycinifolia*. (B. R. 1514.)

C. cordatum, Lindl. * *Fl.* rouges ou jaunes, en grappes pendantes. Avril. *Flles* sessiles, cordiformes, obtuses, dentées-épineuses. *Haut.* 30 cent. Australie.

C. Dicksoni, — *Fl.* jaune orangé foncé, axillaires, solitaires ou géminées, longuement pédonculées ; étendard grand. Mai-septembre. *Flles* sessiles, ovales-lancéolées, mucronulées. *Haut.* 1 m. Australie, 1836. (P. M. B. VIII, 173.)

C. diversifolium, — * *Fl.* rouge orangé, en grappes multiflores, axillaires et terminales. Mai-juillet. *Flles* éparses, elliptiques-lancéolées, obovales ou cunéiformes, mucronées. *Haut.* 60 cent. Australie, 1840. Syn. *C. spectabile*. (B. R. 1841, 45.)

C. Henchmannii, R. Br. * *Fl.* pourpre cramoisi avec une tache jaune à la base de l'étendard, très nombreuses, axillaires et terminales. Avril-juin. *Flles* petites, presque verticillées, aciculaires. Plante canescente, rameuse. *Haut.* 60 cent. Australie, 1824. (B. R. 986.)

C. illicifolium, — *Fl.* jaunes, en grappes, à étendard lavé et strié de rouge. Mai-septembre. *Flles* oblongues, lancéolées, dentées-pinnatifides, épineuses, à pointe entière, plus longue que les dents. *Haut.* 1 m. Australie, 1803.

C. i. nanum, — *Fl.* en grappes semblables à celles du type, munies de bractées à la base du pédoncule. *Flles* oblongues, obtuses, sinuées-dentées, épineuses. *Haut.* 20 à 30 cent. Australie, 1803. (B. M. 1032.)

C. rhombeum, — *Fl.* jaunes. Avril-mai. *Flles* entières, planes, mucronées ; les inférieures rhomboïdes-orbiculaires ; les supérieures elliptiques-lancéolées. *Haut.* 60 cent. Australie, 1803.

C. spartioides. — V. *Isotropis striata*.

C. spectabile, — Syn. de *C. diversifolium*.

C. varium, Benth. *Fl.* à étendard orangé ; ailes et carène pourpre ; grappes dressées, multiflores, un peu plus longues que les feuilles. Juin. *Flles* presque sessiles, arrondies-cordiformes, dentées-épineuses et entières, duveteuses. *Haut.* 1 m. 30. Australie, 1837. (B. R. 1839, 49.) — Il existe une forme horticole nommée *C. Chandleri*, également méritante.

CHOU, Angl. Cabbage (*Brassica oleracea*, Linn.). — Très ancienne plante cultivée, dont la forme sauvage se rencontre encore en France, dans les régions maritimes et qui a été modifiée, accidentellement d'abord, puis peu à peu par la sélection, dans des sens très différents. Les races les plus nombreuses sont celles qui sont cultivées pour leurs *feuilles*, soit que celles-ci se réunissent et se recouvrent en pommes plus ou moins serrées, comme dans les Choux cabus blancs et les Choux de Milan, soit qu'elles restent libres, étalées autour de la tige, comme dans les Choux verts. Dans les Choux de Bruxelles, on consomme les *jets* ou *bourgeons* qui se forment en petites pommes dures, le long de la tige, à l'aisselle des feuilles. Dans les Choux-fleurs et les Brocolis, c'est l'*inflorescence* qui s'est développée en largeur et en épaisseur et qui constitue un légume savoureux. Ailleurs, ce sont les *tiges* qui se sont renflées sur toute la longueur, comme dans le Chou moëllier, ou bien au point de former une masse globuleuse au-dessus de terre, comme dans les Choux-raves. Ou encore, la *racine* s'est arrondie en bulbe volumineux et à demi enterré, comme dans les Choux-navets et les Rutabagas.

Les Choux proprement dits sont utilisés en cuisine, de très nombreuses façons, soit seuls, en plats spéciaux, soit dans les potages ou avec les viandes ; certaines races à grosse pomme servent à faire la choucroute ; d'autres, comme les Choux rouges, sont hachés en lanières et mangés de suite en salade, ou confits.

Choux pommés.

Culture. — D'une manière générale, les Choux préfèrent les terres fortes, argileuses, profondes et naturellement fraîches et les climats qui leur plaisent le mieux sont les climats maritimes, à température humide et brumeuse, où les froids ne sont pas trop rudes en hiver, ni les chaleurs trop fortes en été ; ce qui ne les empêche pas, du reste, de réussir, moyennant certains soins, dans des régions où les saisons sont beaucoup plus accentuées. Ils aiment les sols gras, fertiles et riches en engrais azotés : on peut leur donner directement d'abondantes fumures de fumier de ferme.

Les *premiers Choux* apportés, comme primeurs, sur les marchés, en avril-mai, sont les *Choux d'York* et les diverses variétés de *Cœur de bœuf*, tous très savoureux et très appréciés par tout le monde. Dans le nord et le centre-nord de la France, le semis s'en fait vers la fin d'août ou dans les premiers jours de septembre, à exposition chaude et abritée. On sème clair, en planches, à la volée, en bonne terre meuble ; on repique le jeune plant à deux ou trois feuilles, à 10 cent. en tous sens; puis on plante à demeure à la fin de novembre, en terrain sain, dans une situation abritée, en côtière, si possible, en espaçant les Choux d'environ 40 cent. Les pieds, enlevés en mottes et avec précaution, sont plantés au fond de rayons un peu creux, tracés à l'avance. — On commence à récolter dès avril, les pommes à demi formées, et on continue jusqu'en mai-juin. Les variétés précoces peuvent également se semer à la fin de l'hiver, en février-mars ou même en avril-mai.

Pour la production d'été, qui suit, on sème en février-mars, sous châssis ou sur couche et on repique une fois, en pépinière, avant la mise en place, le *Saint-Denis*, le *Bacalan*, les *Jonnets*, les *petits Milan hâtifs*, qui donneront en juin-juillet.

Puis, de la fin de mars jusqu'en mai, *pour les avoir à l'automne et en hiver*, on sème soit sous cloches, soit en pleine terre, et toujours en pépinière, les Choux de *Schweinfurth*, *pointu de Winnigstadt*, *de Hollande tardif* et de *Hollande pied court*, de *Brunswick ordinaire* et de *Brunswick pied court*, *Quintal*, *rouge petit d'Utrecht*, *rouge gros*, *marbré de Bourgogne*, et les *Milan*, *très hâtif de la Saint-Jean*, *petit de Limay*, *court hâtif*, *gros des Vertus*, *hâtif d'Aubervilliers*, *de Pontoise*, *de Norvège*, *Bricoli de la Halle*, *Chou blond à couper ou Chou beurre*. Les Choux *à grosse côte* et de *Vaugirard*, qu'on fait plus spécialement *pour l'hiver*, se sèment de mai au commencement de juillet. Généralement, tous ces Choux se sèment en pépinière, assez clair, et on les met directement en place, sans les repiquer, environ six semaines après le semis. On les espace de 50 à 70 ou même

80 cent., suivant la grosseur de la variété et, selon la variété également, on les consomme depuis la fin de l'été jusqu'au commencement et dans le courant même de l'hiver.

Les gros Choux tardifs qu'on fait en *grande culture*, comme le *Quintal*, le *Hollande tardif*, le *Brunswick à pied court*, le *Milan des Vertus* se sèment habituellement de bonne heure, dès le mois de mars ou au commencement d'avril. Ils ne peuvent pas se faire d'une année sur l'autre, comme les Choux hâtifs : ils monteraient à graine sans pommer.

Pour conserver les Choux en pleine terre pendant l'hiver, on peut, sans les déplanter, creuser au bas de chaque pied, du côté du nord, une tranchée dans laquelle on couche la tige, de façon que le haut de la pomme regarde complètement le nord ; puis on ramène de chaque côté, autour du collet, la terre enlevée sur le devant, de façon à former une sorte de petit monticule, en arrière et sur les côtés de la pomme. — Ou bien encore, dans un endroit bien sain et devant un mur exposé au nord, on creuse parallèlement au mur une petite tranchée, profonde de 10 cent. environ, et on y transporte les Choux, en les couchant côte à côte, la pomme inclinée vers le nord ; après quoi, on recouvre la tige et le haut du collet avec la terre qu'on enlève à a jauge qui suit et qui est garnie de la même façon. Au moment des grands froids, on met des paillassons sur les Choux pour mieux les abriter.

Variétés. — Les Choux pommés ou Choux cabus se divisent en deux séries : les *Choux à feuilles lisses* auxquels le nom de *Choux cabus* est plus souvent appliqué et les *Choux à feuilles frisées* ou *Choux de Milan*. Nous ne citerons que les principales variétés.

Choux pommés a feuilles lisses ou Choux cabus, Angl. White Cabbages (*Brassica oleracea capitata*, Linn.).

Chou express, le plus hâtif de tous, appartient à la

Fig. 831. — Chou express.

série des Choux cœur de bœuf, c'est le plus petit et le plus précoce. (A. V. P. 42-5.)

Fig. 832. — Chou Cœur de bœuf moyen de la Halle.

Chou très hâtif d'Etampes, aussi hâtif et volumineux que les Choux *d'York* et *cœur de bœuf petits*. (A. V. P. 33-5.)

Le *Chou Cœur de bœuf moyen de la Halle*, qui a remplacé le *Cœur de bœuf petit*, et le *Cœur de bœuf gros*, que nous citons dans leur ordre de précocité, appartiennent au même groupe.

Chou d'York petit hâtif, un des plus connus et des plus cultivés pour donner dès la sortie de l'hiver. (A. V. P. 11-4.)

Fig. 833. — Chou d'York gros.

Chou d'York gros, également remarquable par sa précocité et sa qualité excellente, a, comme la précédente, la pomme serrée, allongée, d'un vert glauque ; se fait aussi beaucoup comme primeur.

Chou précoce de Tourlaville, à pomme un peu pointue, au milieu de larges feuilles extérieures, réussit très

Fig. 834. — Chou précoce de Tourlaville.

bien comme Chou de première saison dans les climats maritimes; se fait en Normandie et en Bretagne.

Fig. 835. — Chou de Schweinfurt.

Les *Choux Bacalan hâtif* et *Bacalan gros* se font surtout dans le sud-ouest.

Chou de Schweinfurt, le plus gros des cabus, mais à pomme lâche, d'un vert blond, un peu teinté de rouge sur le dessus, précoce, de bonne qualité, convient bien pour les semis de printemps.

Chou de Brunswick pied court, connu depuis longtemps des maraîchers sous le nom de *Chou tabouret*, à

Fig. 836. — Chou de Brunswick à pied court.

cause de sa pomme large et plate, serrée, bien verte, presque sans feuilles extérieures ; c'est un des meilleurs pour la grande culture.

Chou Quintal, à peu près de même forme et un peu plus volumineux que le précédent, reconnaissable aux nervures blanches de ses feuilles, très nombreuses et

Fig. 837. — Chou Quintal.

très régulièrement disposées. C'est une race rustique et tardive, cultivée très en grand dans l'est et celle dont on se sert le plus pour faire la choucroute.

Les *Choux pointu de Winnigstadt et conique de Poméranie*, tous deux à pomme extrêmement serrée, se cultivent surtout en Allemagne.

Chou de Saint-Denis, à pomme ronde, un peu aplatie sur le dessus, d'un vert glauque, teinté de rose violacé

Fig. 838. — Chou de Saint-Denis ou de Bonneuil.

à la surface ; se fait en plein champ, en grande culture, aux environs de Paris, pour la production de l'automne.

Chou de Vaugirard, très voisin du précédent, plus fortement teinté de rouge sur le dessus, encore plus rustique, passe mieux l'hiver lorsqu'il n'est pas encore à tout son développement, ce qui fait qu'on ne le sème qu'en juin.

Fig. 839. — Chou de Vaugirard.

Chou Amager, originaire du Danemark, le plus tardif et le plus rustique des Choux d'hiver.

Le *Chou vert glacé d'Amérique*, à larges feuilles, dures et vernissées, pommant à peine, plus curieux qu'utile, est à peine cultivé.

Les *Choux rouges*, qu'on emploie cuits, surtout dans les pays du nord, où on apprécie leur saveur douceâtre et un peu forte en même temps, sont ordinairement consommés chez nous à l'état cru, soit comme salade, soit confits dans le vinaigre, après avoir été découpés en minces lanières. On cultive :

Fig. 840. — Chou rouge foncé hâtif d'Erfurt.

Chou rouge foncé hâtif d'Erfurt, petit, très rouge extérieurement, bonne variété à faire de printemps.

Chou rouge conique.

Chou rouge petit d'Utrecht. (A. V. P. 19-6.)

Chou rouge gros, le plus cultivé de tous, le plus productif aussi, à pomme ronde, assez forte, ayant les

Fig. 841. — Chou rouge gros.

feuilles extérieures d'un rouge violacé, couvertes de poussière glauque, et les intérieures d'un rouge foncé.

Chou marbré de Bourgogne, d'un vert glauque assez pâle, marbré de rouge, se fait dans le sud-est où il passe pour très rustique.

Chou cabus panaché, remarquable par les panachures

de ses feuilles fortement lavées et marbrées de blanc, de rose, de rouge et de lilas sur fond vert foncé ; très

Fig. 842. — Chou rouge conique.

ornemental et en même temps d'excellente qualité comme chou potager.

Fig. 843. — Chou marbré de Bourgogne.

CHOUX POMMÉS FRISÉS OU CHOUX DE MILAN, ANGL. Savoys. (*Brassica oleracea bullata*, DC.)

Chou de Milan très hâtif de la Saint-Jean (A. V. P. 38-6) et *Chou de Milan très hâtif de Paris*, qui le suit de près, deux sortes de petits Choux cœur de bœuf à feuilles

Fig. 844. — Chou de Milan très hâtif de la Saint-Jean.

cloquées, tenant très peu de place et d'excellente qualité ; semés au printemps, de mars en mai, ils poussent aussi promptement que les plus précoces des Choux à feuilles lisses.

Chou de Milan petit hâtif d'Ulm, à petite pomme ronde, ayant seulement quelques feuilles autour. (A. V.P. 21-6.)

Chou de Milan court hâtif, à pied très court, pomme bien verte, entourée de larges feuilles étalées, assez nombreuses.

Chou de Milan pomealier de Touraine, petite pomme peu serrée, feuilles extérieures étalées et nombreuses.

Fig. 845. Chou de Milan court hâtif.

Chou de Milan à tête longue, suffisamment caractérisé par son nom.

Fig. 846. — Chou de Milan à tête longue.

Chou de Milan doré, à pomme allongée, qui ne prend sa couleur blonde qu'après les premiers froids.

Fig. 847. — Chou de Milan doré.

Fig. 848. — Chou de Milan très frisé de Limay.

Chou de Milan petit très frisé de Limay, à feuilles épaisses, vert foncé, très peu pommé, tardif et extrêmement résistant au froid.

Chou de Milan Victoria, remarquable par les très fines et très nombreuses cloqûres fortement accentuées de

Fig. 849. — Chou de Milan Victoria.

ses feuilles, d'un vert franc un peu pâle, feuillage abondant entourant bien la pomme de grosseur moyenne et assez serrée.

Chou de Milan du Cap, ne se distingue du précédent que par la teinte vert bleuâtre de ses feuilles.

Chou de Milan gros des Vertus, à large pomme serrée, feuilles nombreuses et peu cloquées, se fait très

Fig. 850. — Chou de Milan gros des Vertus.

en grand aux environs de Paris, pour la fin de l'automne. (A. V. P. 7-1.)

Chou de Milan de Pontoise, race tardive, à feuilles extérieures dressées, peu cloquées, plus développées que celle du Chou de Milan des Vertus, mais à pomme serrée, un peu moins forte.

Chou de Milan de Norvège, à peine cloqué, très rus-

Fig. 851. — Chou de Milan de Norvège.

tique, tardif, un des meilleurs pour l'hiver, se colorant de violet rougeâtre sous l'atteinte du froid.

Les *Choux à grosses côtes, lisses* ou *frangés*, pommant à peine et le *Chou bricoli de la Halle*, à feuilles très ondulées et frisées, très résistants au froid, offrent, pendant tout l'hiver, une ressource d'autant plus précieuse que la gelée ne fait que les attendrir et les rendre encore de meilleure qualité. Les deux derniers sont, pour ainsi dire, intermédiaires entre les Choux de Milan et les Choux verts frisés. Nous ne citons que pour mémoire le *Chou de Russie*, à feuilles d'un vert

Fig. 852. — Chou à grosse côte.

gris, profondément laciniées, les nervures n'étant bordées que par une bande de limbe plus ou moins étroite, découpée en lobes ou dents; il forme cependant une sorte de petite pomme.

Fig. 853. — Chou frisé d'hiver. — Bricoli de la Halle.

Choux verts, Angl. Borecole or Kale. (*Brassica oleracea acephala*, DC.). — Sans pomme, nains, ou à tige élevée, avec les feuilles étagées vers le haut, remarquables par les cloqûres très nombreuses, très serrées et plus ou moins fines de leurs feuilles qui sont généralement allongées, étalées et recourbées vers l'extrémité. Ces feuilles constituent un bon légume quand les gelées les ont attendries, mais, c'est surtout comme plantes ornementales pendant l'hiver, que les Choux verts sont cultivés, soit qu'on en fasse des corbeilles en bonne terre saine, soit qu'on détache ou qu'on utilise leur joli feuillage dans des décorations de divers genres. Le semis s'en fait en mai-juin, en pépinière, on repique en pépinière et on met les plants en place, en bonne terre saine et substantielle, en les espaçant de 50 à 60 cent. Les principales variétés de Choux verts diffèrent entre elles soit par leur taille, soit par leur coloris, soit par la forme de leurs feuilles, frisées, à bords tuyautés ou déchiquetés, soit encore par leurs panachures; ce sont :

Chou frisé vert grand.
Chou frisé vert à pied court.
Chou frisé rouge grand.
Chou frisé rouge à pied court.

Chou frisé panaché rouge.
Chou frisé panaché blanc.
Chou frisé prolifère, dont les nervures se garnissent, surtout par le haut, d'excroissances foliacées, frisées et déchiquetées et qui est curieusement panaché de rouge et de blanc.

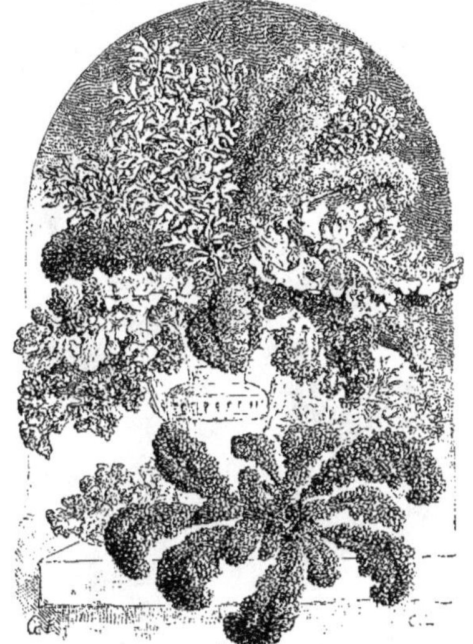

Fig. 854. — Choux frisés et panachés variés.

Chou frisé de Naples, dont les tiges longuement renflées peuvent se consommer comme celles du Chou-rave.

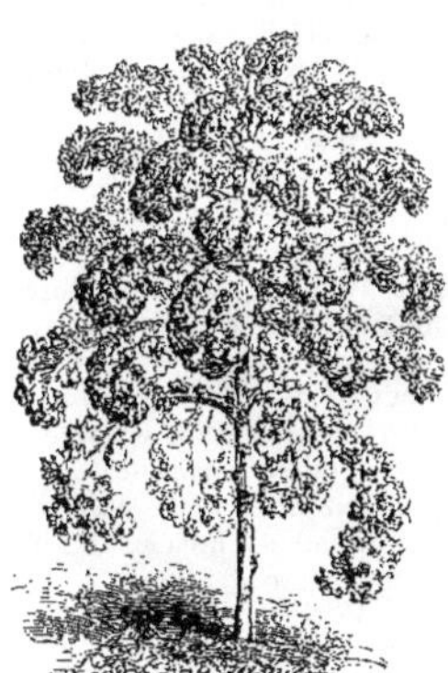

Fig. 855. — Chou frisé grand.

Chou palmier, à feuilles d'un vert noirâtre, réunies en bouquet et se recourbant au sommet de la tige.

C'est encore dans cette section que se rangent une série de Choux à grand développement, intéressant surtout l'agriculture par leur feuillage ample et abondant, employé pour l'alimentation des animaux. Les principaux sont :

Chou Cavalier ou *Chou à vache*, dont la tige dépasse

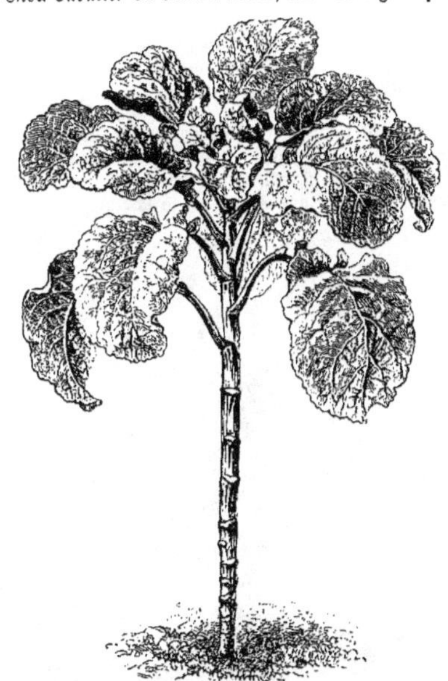

Fig. 856. — Chou cavalier.

souvent 2 m. de hauteur, à feuilles amples ; très rustique.

Fig. 857. — Chou moellier.

Chou fourrager de la Sarthe, race très vigoureuse,

portant des feuilles cloquées, atteignant souvent plus de 1 m. de longueur.

Chou branchu du Poitou, dont la tête est ramifiée, garnie de feuilles très nombreuses ; il souffre parfois des hivers rigoureux.

Chou moellier, à tige simple, atteignant 1 m. 50 de haut, fortement renflée, remplie d'une moelle succulente et garnie de feuilles larges et étalées.

Choux de Bruxelles, Angl. Brussels-sprouts. (*Brassica oleracea bullata gemmifera*). — On consomme les petits rejets ou bourgeons qui se forment en pommes, à l'aisselle des feuilles étagées autour de la tige.

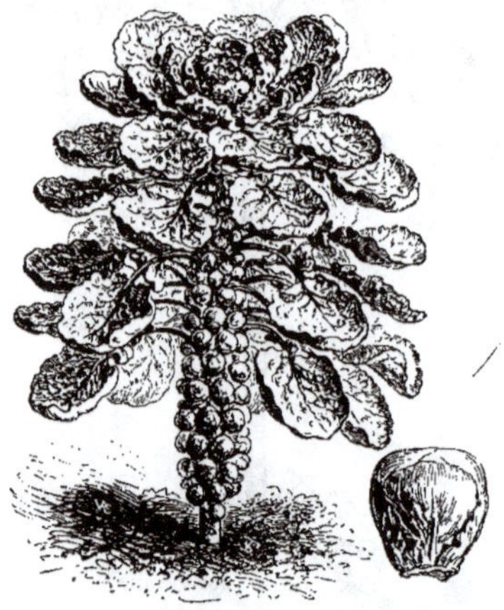

Fig. 858. — Chou de Bruxelles demi-nain de la Halle.

Culture. — Une terre de fertilité moyenne et surtout qui n'a pas reçu de fumier frais est celle qui convient le mieux au Chou de Bruxelles. C'est une race extrêmement rustique, qui ne craint pas la gelée.

On peut en faire plusieurs semis successifs, depuis le commencement de mars jusqu'à la fin de mai, pour avoir une production échelonnée depuis octobre jusque dans le courant de l'hiver. Le semis se fait en pépinière, assez clair, et quand le plant est bon à prendre, c'est-à-dire au bout d'environ un mois, on le met en place, en pleine terre, à 50 cent. en tous sens. Si les plantes s'emportent trop, il est bon de les pincer au sommet, quand elles sont à bonne hauteur, et on peut aussi couper, à quelque distance de la tige, plusieurs feuilles du bas. Les bourgeons commencent à se former aux feuilles les plus basses et la récolte continue, en montant, jusqu'à ce qu'on arrive à la tête.

Variétés.

Chou de Bruxelles grand, très vigoureux et très rustique, à pommes dures et nettes ; c'est le plus communément employé et celui qu'on fait le plus dans la culture en plein champ. (A. V. P. 15-4.)

Dans le *Chou de Bruxelles nain*, qui a les feuilles frisées et qui est un peu plus hâtif, les pommes sont plus rapprochées l'une de l'autre et plus grosses que dans le précédent, mais elles sont aussi plus lâches et généralement un peu moins estimées.

Le *Chou de Bruxelles demi-nain de la Halle*, plus trapu et plus étoffé que le grand, a de petites pommes compactes comme celui-ci, mais plus serrées sur la tige ; c'est aujourd'hui le plus apprécié par les cultivateurs des environs de Paris.

Choux-fleurs, Angl. Cauliflower. (*Brassica oleracea Botrytis*, DC.). Le Chou-fleur est une variation du Chou cultivé chez lequel les organes floraux, réunis au bout de courtes et nombreuses ramifications, forment, avant leur épanouissement, une pomme épaisse, blanche, arrondie, à surface ondulée et granuleuse ; c'est cette pomme qu'on utilise, cuite à l'eau et apprêtée de diverses façons ; on en fait aussi des pickles.

Il faut au Chou-fleur une bonne terre franche,

Fig. 859. — Chou-fleur nain hâtif Alleaume.

meuble ou bien ameublie, saine et fumée avec du terreau bien consommé.

Culture forcée. — Les maraichers de Paris font principalement, en culture forcée, le *Chou-fleur tendre de Paris* (Petit Salomon) et le *Chou-fleur demi-dur de Paris* (Gros Salomon). Ils les sèment en septembre, en plein air, sur une planche de terreau ; 15 à 20 jours après ils repiquent en pépinière, également sur terreau, mais dans des planches entourées de coffres prêts à recevoir les châssis. Il faut noter que le plant de Chou-fleur fait à cette saison doit reprendre à l'air libre et qu'on ne le couvre avec les châssis que quand il fait un temps humide et froid, ou plutôt quand il commence à geler.

Six semaines après le premier repiquage, on lève le plant et on le repique une seconde fois en l'enfonçant jusqu'aux feuilles, à raison de trois cents plants par châssis. Ce « renfonçage », comme disent les maraichers, a pour but d'empêcher les plants d'avoir le collet endommagé par le froid.

En janvier et février, on peut planter le Chou-fleur à demeure, sur couche à châssis et sur couche à cloches. — Les maraichers plantent six Choux-fleurs par châssis, dans des panneaux garnis de Carotte rouge très courte à châssis. Quelques-uns plantent dans des panneaux libres (sans Carottes) et ils mettent alors huit plants par châssis, au lieu de six. On donne de l'air quand il ne gèle pas et on couvre de paillassons quand les gelées sont très fortes. Dans les conditions ci-dessus, les Choux-fleurs sont bons à cueillir du commencement au milieu de mai, successivement.

On plante également en janvier février, sous châssis froid, le plant élevé comme nous avons dit plus

Fig. 860. — Chou-fleur demi-dur de Paris.

haut et, naturellement, on récolte alors un peu plus tardivement.

Culture ordinaire. — Pour la *saison d'été*, on sème en février, sur couche et sous châssis, les races hâ-

deux feuilles du bas et on les étale sur les pommes pour les empêcher de jaunir et de durcir à l'air; plus tard, on les recouvre avec les feuilles intérieures qu'on couche en les cassant à peu près au ras de celles-ci; il ne faut pas laisser pourrir ces feuilles sur la pomme,

Fig. 861. — Chou-fleur Lenormand à pied court.

mais les remplacer selon le besoin. La récolte a lieu en juin-juillet.

En *troisième saison*, afin d'avoir des Choux-fleurs à la fin de l'été et en automne, on sème clair, en mai-juin. en pépinière, en planche abritée; on ne repique pas les plants, on les prend tout jeunes, à deux feuilles,

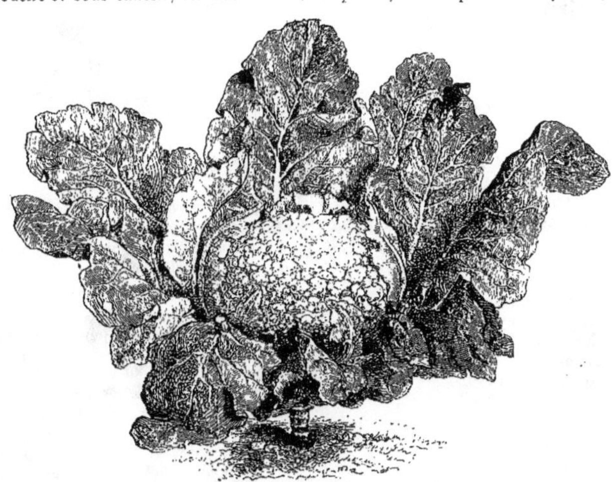

Fig. 862. — Chou-fleur géant d'automne.

tives; on repique le plant à deux feuilles, en pépinière, à 8 cent. en tous sens, sur couche, ou bien sous châssis froid ou sous cloche et quand le plant, qu'on habitue graduellement à l'air. est assez fort, c'est-à-dire vers la fin de mars ou au commencement d'avril, on le met en place, en pleine terre, en quinconces, en l'espaçant de 70 cent. en tous sens. Dès que les pommes commencent à se montrer, on casse une ou

pour les mettre en place. On sème, au commencement, des *Choux-fleurs demi-durs* et après, des *durs*, pour produire à l'arrière-saison; les plants doivent être espacés à 80 cent. en tous sens, lors de la plantation. Par le fait même que la végétation de ces Choux-fleurs s'effectue dans la période la plus chaude de l'année, on ne réussit bien dans cette culture, qui paraît la plus facile de toutes, que si on a affaire à un terrain assez profond et gardant naturellement une certaine fraîcheur. Dans les petites plantations, on peut, en paillant le sol, aider à lui conserver cette fraîcheur qu'il faut d'ailleurs entretenir au moyen d'arrosages fréquents. On se trouve bien aussi de l'emploi des engrais liquides, après que les Choux-fleurs ont marqué, c'est-à-dire quand la pomme a commencé à se montrer. Selon les variétés et suivant la date du semis, la récolte se fait de septembre en novembre.

On peut, à l'approche des gelées, déplanter les Choux-fleurs et les mettre dans un cellier, avec leur motte, dans du sable ou de la terre légère, mais on ne doit pas espérer les garder bien longtemps de cette façon : trois ou quatre semaines au plus. Le meilleur moyen pour les conserver en très bon état le plus longtemps possible consiste, après avoir coupé la tige tout au

Fig. 863. — Chou-fleur noir de Sicile.

bas, à enlever toutes les feuilles extérieures, à tailler celles qui entourent la pomme à longueur de celle-ci, à faire la toilette des Choux-fleurs pour qu'il n'y reste rien qui puisse les gâter, puis à les pendre, la tête en bas, par une ficelle passée dans le bout de la tige, au plafond d'un sous-sol éclairé et qu'il soit possible d'aérer, lorsqu'il ne gèle pas ou qu'il n'y a pas de brouillard, afin de chasser l'excès d'humidité. Il faut naturellement visiter les Choux-fleurs de temps à autre, pour voir si la pourriture ne s'y met pas et enlever ce qui se gâterait. Les Choux-fleurs diminuent de volume, mais reviennent quand on les met la tige dans l'eau, après avoir rafraîchi le bas.

Variétés. — Les principales sont :

Ch. Alleaume, nain, très hâtif, bon surtout pour forcer, au moins aussi précoce et à pomme plus grosse que le *nain hâtif d'Erfurt*.

Ch. tendre de Paris ou *petit Salomon*, dont nous avons parlé plus haut.

Ch. Impérial.

Ch. demi-dur de Paris. (A. V. P. 9-1.)

Ch. Lemaître à pied court.

Ch. Lenormand pied court, excellente variété du demi-dur de Paris, remarquable par sa rusticité et le volume de sa pomme.

Ch. demi-dur de Saint-Brieuc, préféré dans les Côtes-du-Nord, pour la pleine terre.

Ch. dur de Paris, tardif et, comme tous les Choux-fleurs durs, à pomme plus ferme que les précédents.

Ch. d'Alger, bon pour la pleine terre, surtout dans les pays chauds.

Ch. dur de Hollande, réussit surtout bien dans son pays d'origine.

Ch. dur de Walcheren, le plus rustique de tous et l'un des plus tardifs; à semer en mars-avril.

Ch. géant d'automne, belle variété convenant bien pour les semis de printemps (de la fin février à la fin d'avril) et la culture en pleine terre.

Ch. géant de Naples, à belle et grosse pomme; il en existe une race hâtive et une très tardive, moins rustique que le Walcheren.

Ch. noir de Sicile, demi-tardif, de pleine terre comme les précédents, s'en distingue par la couleur violette de sa pomme à grain assez gros.

Choux-brocolis, Angl. Broccoli. (*Brassica oleracea Botrytis asparagoides*). — Les Brocolis ou *Choux-fleurs d'hiver* ne diffèrent, au feuillage, des Choux-fleurs ordinaires que par quelques caractères plus ou moins accentués, que les praticiens peuvent arriver à distinguer assez facilement. Leur pomme est en outre, généralement un peu moins forte et à grain un peu moins serré ; mais ce qui les différencie surtout des

Fig. 864. — Chou-brocoli de Pâques.

premiers, c'est qu'ils sont plus rustiques et que leur végétation s'accomplit sur deux années, puisque, semés au printemps, ils donnent leur pomme vers la fin de l'hiver ou au printemps suivant.

Culture. — On sème les Brocolis depuis la fin d'avril jusqu'au commencement de juillet, mais le plus souvent en juin, en pépinière, en paillant le semis et on met les plants en place, à quatre ou cinq feuilles, en les espaçant à 80 cent. en tous sens. Comme, malgré leur rusticité, les Brocolis pourraient souffrir des froids intenses et surtout des alternatives de gels et de dégels, on creuse devant chaque plant, comme nous l'avons dit pour les Choux, une tranchée du côté du nord et on y couche la plante qui a ainsi le cœur tourné vers le nord; puis on recouvre la tige jusqu'aux feuilles, avec la terre enlevée par devant. Ou bien, on enlève les plants avec leur motte et on les met en jauge, en place saine, dans une tranchée, inclinés côte à côte et la tête tournée vers le nord, après quoi on les recouvre de terre jusqu'aux feuilles; il est bon de les couvrir de paillassons pendant les grands froids. A la fin de février ou au commencement de mars, on les relève ou on les replante et, dès le mois de mars, les pommes se montrent. On peut en récolter jusqu'en juin, avec des semis successifs.

Variétés. — Nous citons par ordre de précocité :

Ch.-brocoli blanc extra-hâtif, le plus hâtif de tous.

Ch.-brocoli blanc hâtif, un des plus généralement cultivés.

Ch.-brocoli de Roscoff, très cultivé dans la localité dont il porte le nom.

Ch.-brocoli de Pâques, à feuillage très distinct ; précoce et peu exigeant.

Ch.-brocoli blanc Mammouth, tardif, à très grosse et belle pomme, d'excellente qualité.

Fig. 865. — Chou-brocoli blanc Mammouth.

Ch.-brocoli violet, très rustique et tardif, à pomme de couleur violette.

Sous le nom de *Chou-brocoli branchu* ou *branchu violet*

Fig. 866. — Chou-brocoli branchu violet.

(Angl. Purple sprouting Broccoli.), on cultive une plante à feuilles et tiges d'un violet rouge, qui produit, à son centre et à l'aisselle de toutes les feuilles, des ramifications portant à l'extrémité un bouquet de boutons à fleur, régulièrement formés, qu'on prend avant leur épanouissement. Ces bouquets, cuits à l'eau, se mangent comme les asperges. — Les Anglais en cultivent une variété à feuilles vertes et à bouquets d'un jaune verdâtre.

Choux-raves, Angl. Kohl-rabi. (*Brassica oleracea Caulo-rapa*, DC.). — Plante très distincte, dont la tige se renfle un peu *au-dessus* de terre en une boule charnue et moelleuse qui, prise à moitié ou, au plus, aux deux tiers de sa grosseur, forme un excellent légume dont la saveur est suffisamment caractérisée par son nom.

On sème les Choux-raves de mars en juin, en pépinière, et on les met en place au bout d'un mois environ, en bonne terre, en les espaçant de 30 à 35 cent. en tous sens. Il faut les mouiller régulièrement pendant l'été. Quelques-uns les plantent en rayons profonds d'environ 15 cent., afin de pouvoir les butter lorsqu'ils sont à peu près gros comme un œuf, ce qui

Fig. 867. — Chou-rave blanc.

les conserve tendres, même arrivés à toute leur grosseur. Environ deux mois et demi après la levée, on peut commencer à en couper ; ils sont alors à demi-grosseur.

Il en existe plusieurs variétés à pomme verte ou violette, toutes à chair blanche ; ce sont :

Chou-rave blanc. (A. V. P. 4-7.)

Chou-rave blanc hâtif de Vienne, à pomme plus ronde, beaucoup plus précoce. (A. V. P. 20-2.)

Chou-rave violet.

Chou-rave violet hâtif de Vienne, également plus précoce que le type, mais peut-être un peu moins que le blanc viennois. (A. V. P. 14-1.)

Choux-navets et Rutabagas, Angl. Sweedish Turnip. Turnip-rooted Cabbage. (*Brassica campestris Napobrassica*, DC.). — Ces deux races voisines, qui ont la racine, à demi enterrée, grosse et de forme sphérique ou légèrement ovoïde, se distinguent entre elles par la couleur de la peau et de la chair : celles-ci sont blanches dans les Choux-navets et jaunes dans les Rutabagas. Les Choux-navets et les Rutabagas ont tous deux des variétés à collet vert ou violacé ; ils remplacent avantageusement les Navets pendant l'hiver. Leur chair est un peu moins fine, un peu moins moelleuse que celle du Chou-rave pris jeune ; le Rutabaga a un goût un peu plus fort que le Chou-navet. Ces deux derniers se font également en grande culture.

On les sème en mai-juin, soit en pépinière, comme les Choux-raves, soit, le plus souvent, directement en place, en lignes espacées de 35 à 40 cent. et on les

Fig. 868. — Chou-navet blanc lisse à courte feuille.

éclaircit à même distance sur la ligne. Ils aiment les bonnes terres franches et fortes, naturellement fraîches. Les Choux-navets et les Rutabagas sont extrêmement rustiques, mais on a l'habitude de les récolter avant les grands froids et de les rentrer en cave. Récoltés à maturité et le collet tranché de ma-

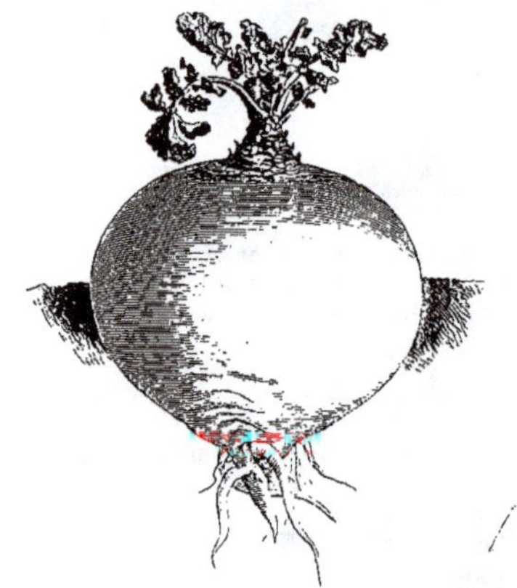

Fig. 869. — Rutabaga à collet vert.

nière à ne pas garder de feuilles, on les conserve très bien en cave, sur des tablettes, jusqu'en mai et même plus tard.

Choux-navets.

Ch.-navet blanc, en forme de toupie, à collet teinté de vert. (A. V. P. 20-1.)

Ch.-navet blanc à collet rouge.

Ch.-navet blanc lisse à courtes feuilles, à racine un peu aplatie, très estimé comme légume.

Rutabagas.

R. jaune plat hâtif, surtout estimé comme variété potagère.

R. à collet vert, à racine bien arrondie. (A. V. P. 3-4.)

R. de Skirving à collet rouge, très volumineux, presque sphérique. (A. V. P. 13-5.)

R. Champion à collet rouge, à très belle pomme, grosse et nette, très justement apprécié pour la beauté et la régularité de son produit

R. de Laing à collet violet, à feuilles entières.

Rutabaga ovale, à collet rouge, de forme bien distincte, très régulier et très productif.

INSECTES ET MALADIES

Piéride du Chou, Angl. Large white Cabbage Butterfly. (*Pieris brassicæ*). — De mai en juin et plus tard, en septembre-octobre, on voit voler dans les jardins ce papillon qui est peut-être le plus commun de ceux que nous connaissons et qu'on appelle ordinairement le *grand papillon du Chou*. Le mâle a le corps noir, les ailes inférieures blanches avec une tache noire dans le haut de celles-ci et le bord supérieur des ailes de devant marqué d'une bande noire. En dessous, celles-ci sont blanches, pointillées de jaune et portent deux taches noires, tandis que les ailes de derrière sont jaunes et marquées de petites taches noirâtres. Les antennes sont alternativement cerclées de noir et de jaune. La femelle diffère du mâle en ce qu'elle a de plus, sur les ailes antérieures trois taches noires : une allongée, en dessous et suivant le bord inférieur, au milieu de celui-ci, et deux rondes au-dessus de celle-là.

Elle dépose ses œufs jaunes sur le dessous des feuilles où ils restent collés par une sorte de glu qui les recouvre ; ce sont eux qui donnent naissance aux voraces chenilles vertes. Peu après leur naissance, celles-ci sont complètement vertes à l'avant et jaunes à l'arrière ; elles sont alors velues et marquées de points noirs. Elles ont huit paires de pattes dont les trois premières à l'avant, sont seules de vraies pattes et deviendront plus tard, en se développant, celles du papillon. Ces chenilles changent plusieurs fois de peau et à chaque fois leur taille augmente. A l'état adulte, elles ont de 4 à 5 cent. de long ; leur couleur est vert glauque en dessus et jaunâtre en dessous ; elles portent sur le dos une belle ligne jaune bordée de chaque côté de points noirs.

On rencontre communément la chrysalide sur les rebords des fenêtres, sur les palissades, entre les pierres des murailles ou en d'autres endroits analogues ; mais on la trouve aussi souvent attachée à la plante même. Elle est grise, de forme curieuse, avec de jolis dessins en relief. Elle est fixée à la plante par le derrière et vers le milieu, au moyen de fils soyeux.

Piéride de la Rave ou **petit papillon du Chou,** Angl. Small white Cabbage Butterfly. (*Pieris rapæ*). — Ressemble énormément au précédent papillon, mais est environ d'un tiers plus petit. La Piéride de la Rave exerce ses ravages non seulement sur le Chou, mais encore sur le Navet, la Rave et certaines fleurs, notamment la Capucine. Elle donne deux générations par an : la première ponte a lieu vers avril et la seconde en juillet. Les œufs sont toujours placés sur le dessous de la feuille et l'éclosion a lieu de dix à jours après la ponte; les chenilles atteignent leur complet développement dans l'espace d'environ trois semaines; elles ont alors 2 cent. 1/2 de long. Elles sont d'un vert franc, avec une fine raie jaune sur le dos et, un peu plus bas, de chaque côté, une rangée de taches jaunes. La chrysalide, de couleur variable, est ordinairement d'un brun pâle ou grisâtre, parsemée de points noirs.

On ne connaît pas d'autres moyens de combattre ces deux Piérides que de prendre les papillons au filet et de faire la chasse aux chenilles pour les prendre à la main.

Fig. 870. — Piéride du Chou.

Noctuelle du chou, Angl. Cabbage Moth. (*Noctua brassicæ*, *Hadena brassicæ*, *Mamestra brassicæ*). Newmann dans ses *British Moths* décrit ainsi ce papillon : « Les antennes sont assez longues, minces et à peine ciliées dans chaque sexe. Les ailes de devant sont d'un brun roux fumeux, confusément marbré de teintes tantôt plus sombres et tantôt plus pâles ; la tache du bord extérieur est à peine accusée et on remarque près de la côte un stigmate réniforme, délicatement esquissé, nuancé de blanc et de blanc grisâtre, dans lequel se dessine un disque pâle où le même blanc gris domine. Les ailes inférieures sont blanchâtres près du corps, avec une teinte gris fumeux plus accentuée vers les bords, marquées d'une tache en croissant et de nervures plus sombres. La tête, le corselet et le corps ont les mêmes couleurs brunes, rousses ou grises que les ailes. »

Le papillon apparaît en mai et dépose sur les Choux ses œufs qui éclosent en peu de jours. Les chenilles qui en sortent sont très voraces, mangent jour et nuit et, ce qui est pire, salissent encore plus de feuilles, par leurs excréments qu'elles n'en dévorent. Elles sont de couleur sombre, d'un gris tantôt verdâtre et tantôt noirâtre, avec une sorte de marque triangulaire sur les anneaux, contenant deux ou trois points et plus accentuée à l'arrière. Les pattes et le dessous du corps sont plus pâles, de couleur verdâtre. Quand on dérange ces chenilles, elles se roulent sur elles-mêmes et restent ainsi jusqu'à ce qu'elles supposent que le danger est passé. Elles descendent dans la terre pour se changer en chrysalides unies, d'un brun roux, qui demeurent là jusqu'au printemps suivant.

Détruire cette peste est d'autant plus difficile que le papillon ne vole que le soir (d'où le nom de Noctuelle), pendant les mois de mai et de juin, et que la chenille qui se tient d'ailleurs le plus souvent sur le dessous des feuilles, s'enfonce dans les Choux, en perçant les feuilles, et pénètre souvent jusqu'au cœur. Elle pénètre de même dans les têtes de Chou-fleurs. La méthode la plus sûre consiste à les chercher et à les prendre à la main. On peut encore les détruire en répandant sur les Choux de la chaux en poudre, délitée à l'air, qu'on fait disparaître en arrosant au bout de quelques heures, ou bien on bassine les plantes avec de l'eau dans laquelle on émulsione du sulfure de carbone, dans la proportion de 10 p. 100, et qu'on doit employer immédiatement. On a également recommandé contre les diverses chenilles, les mixtures suivantes : 100 litres d'eau, 2 kilos de savon noir et 1 litre de pétrole ou de benzine, — ou 100 litres d'eau, 2 kilos de savon noir, 1 litre de jus de tabac et 500 gram. d'essence de térébenthine ou de pétrole, — ou encore dix parties d'huile lourde de gaz avec cent parties d'eau, ou simplement les arrosages au jus de tabac dilué et marquant seulement un demi à un degré au maximum. On opère le soir et on lave les plantes le lendemain, en les arrosant avec de l'eau pure. Mais il est évident qu'il ne faut recourir à ces divers procédés que si on a encore un mois devant soi avant de récolter les Choux, pour que l'odeur ait le temps de se dissiper.

En Angleterre, on emploie dans le même but les déchets et la poussière qui tombent dans l'aire au battage du chanvre et qui se composent des feuilles séchées et brisées et surtout des bractées qui enveloppent les graines.

Mouche ou Anthomyie du Chou, Angl. Cabbage Fly. (*Antomya brassicæ*). — De tous les insectes qui attaquent le Chou, aucun ne cause plus de dommages à la tige et aux racines que le ver de la Mouche du Chou, vulgairement appelé *guillot* par les maraîchers. Il est blanc, cylindrique, sans pattes, aminci vers la tête et renflé à l'arrière; arrivé à toute sa croissance, il a environ 1 cent. de long. Il quitte alors la plante et s'enfonce dans la terre pour s'y changer en chrysalide portant quelques taches noires à la tête. La Mouche éclôt au bout de quinze jours à trois semaines ; elle est de couleur gris cendré et plus petite que la Mouche de l'Ognon, à laquelle elle ressemble beaucoup. Le mâle est d'un gris plus foncé et porte une étroite bande noire sur le corps, entre les ailes, une autre recourbée de chaque côté et une autre, en long également, sur l'abdomen. Cette mouche pond ses œufs au collet des racines du Chou, du Navet et du Radis.

On s'aperçoit aisément de la présence des larves au changement des feuilles qui jaunissent et se fanent. Il est bon d'enlever de suite les Choux attaqués et de brûler le collet, la tige et les racines. On recommande aussi l'emploi de la chaux délitée, comme nous avons dit plus haut.

Charançon ou **Lisette du Chou**, Angl. Cabbage Gall-weevil. (*Ceuthorrynchus sulcicollis*). — C'est un joli petit insecte, long d'environ 1 mm., de couleur gris foncé avec des teintes cuivrées ; la tête et le corselet sont assez largement déprimés ; la couleur des élytres varie du vert au vert bleuâtre ou même au vert sombre et, sur toute sa longueur, s'étendent de fines lignes parallèles à peine visibles. Dès qu'elle a été fécondée, la femelle descend vers la terre, pique les Choux (ou les Navets) vers le collet et dépose un œuf dans la piqûre. Ce sont ces piqûres des tissus qui déterminent la formation de ces protubérances auxquelles on a donné le nom de *galles* ou *bosses du Chou*, et qui, selon leur grosseur et leur nombre, entravent ou arrêtent même la végétation. Les meilleurs moyens d'empêcher la Lisette du Chou de le piquer consistent : à tremper les jeunes plants dans la bouse de vache, avant de les repiquer ou à faire un mélange de poussière de chaux avec de la terre légère, très sèche et finement pulvérisée, puis à mettre, à la plantation, une poignée de ce mélange dans chaque trou, de façon qu'il soit bien en contact avec le collet, ou encore à saupoudrer les planches de Choux, peu après leur levée, c'est-à-dire quand les plants ont deux ou trois feuilles, de poudre de « rouge de plomb » mêlée à de l'argile sèche. — On recommande également l'emploi des tourteaux de Ricin. Les petites larves qui éclosent quelques jours après la ponte, acquièrent leur complet développement vers la fin d'octobre ; elles percent alors les galles, descendent en terre où elles se construisent de petites cellules, y passent l'hiver et se changent en nymphes à la fin du printemps.

Puceron du Chou, Angl. Cabbage powdered-wing. (*Aphis brassicæ, Aleyrodes brassicæ*). — C'est un petit puceron à quatre ailes poudrées d'une pruine bleuâtre, très voisin des *Aphis* et qui attaque les diverses sortes de Choux ; on ne le remarque pas seulement dans les jardins, mais il vit sur diverses Crucifères des champs, sauvages ou cultivées. La tête et le corselet sont noirs, avec des bigarrures jaunes ; l'abdomen est jaune et rosé ; les ailes sont d'un blanc verdâtre pruineux, les supérieures marquées d'une tache plus sombre vers le centre. Comme tous les autres Pucerons, celui-ci est armé d'une trompe en suçoir avec laquelle il pompe le suc des feuilles ; on s'aperçoit facilement de sa présence à la décoloration de celles-ci. C'est principalement à l'automne qu'il se montre et exerce ses ravages. V. aussi **Aleyrodes**.

On recommande d'enlever les feuilles, où il se tient à la face inférieure et de les brûler. Si on s'aperçoit de bonne heure de sa présence, on peut employer contre lui le jus de tabac dilué au 30e, ou une solution d'eau de savon noir.

Altise (*Altica brassicæ*). — Il existe un certain nombre de variétés de ce petit Coléoptère, voisin des Chrysomèles, qui dévore les semis et fait le plus grand tort à beaucoup de plantes adultes : Chou, Chou-fleur, Radis, Pomme de terre, Capucine, Réséda, Myosotis, Julienne, etc. — Les Altises, qu'on désigne le plus souvent sous les noms de *Tiquets* et de *Puces de terre*, sont de très petits insectes à tête fine, ayant les pattes postérieures et les cuisses très renflées ; le corps est ovale, plus ou moins arrondi ; les élytres unies, brillent de teintes métalliques, ordinairement bleues ou vertes. Les larves linéaires, blanchâtres ou jaunâtres, font des galeries dans l'intérieur des feuilles ou des fleurs. Mais, c'est l'insecte parfait qui cause le plus de ravages : il produit deux générations par an.

Comme il s'avance par courtes et rapides envolées, dévorant en très peu de temps les feuilles sur lesquelles il s'abat, il est assez difficile de s'en préserver ; aussi cherche-t-on plutôt à l'éloigner qu'à le détruire. Cependant, à de certaines heures de la journée, notamment le matin, à la rosée, où il reste comme engourdi sur les plantes, on peut en détruire beaucoup en secouant celles-ci au-dessus de planchettes goudronnées, placées à terre et sur lesquelles les Altises tombent et restent collées. On emploie aussi contre l'Altise : les cendres de bois ; — les bassinages avec une solution de savon noir, ou même simplement à l'eau claire, trois ou quatre fois par jour ; — le jus de tabac au 30e, à plusieurs reprises ; — le crottin de cheval, répandu frais ; — ou mieux, on mélange 50 kilos de naphtaline blanche (qu'on trouve à très bon compte dans toutes les usines à gaz) avec 500 kilos de sable fin ou de terre sableuse sèche et on répand cela à la volée sur la plantation ; les quantités ci-dessus suffisent pour un hectare.

Certains cultivateurs réussissent à débarrasser des Altises leurs champs de Colza, Lin, Navette, Rutabaga, etc., quand les plantes sont encore jeunes, en y faisant passer le rouleau de grand matin, à la rosée et quand le temps est sec.

Enfin, on a recommandé dans ces derniers temps l'emploi de la chaux hydraulique ou du superphosphate minéral, dont on soupoudre les plantes et le sol ; s'il pleut par-dessus, on doit recommencer l'opération.

Tipule du Chou, Angl. Crane Fly. (*Tipula oleracea*).

Fig. 871. — Tipule du Chou. Larve, nymphe et insecte parfait.

— « Ce *Diptère*, dit Boisduval, est très reconnaissable à ses grandes ailes étroites et à ses longues pattes qui le font ressembler à un énorme cousin. Il est long de 25 millimètres, d'un gris cendré, un peu pulvérulent, avec le museau, les antennes et les pattes d'un jaune ferrugineux ; le corselet est brunâtre, rayé de noir. L'abdomen est d'un gris bleuâtre, très allongé et terminé en massue ; les ailes plus longues que le corps sont étendues dans le repos et d'une couleur enfumée. »

La femelle pond ses œufs, très nombreux, en les projetant brusquement au dehors. Les larves qui en sortent sont cylindriques, d'un gris terreux, longues d'environ 2 cent. 1/2, ont la tête noire et cornée, et la peau très dure. Ce sont ces larves qui causent des dégâts dans les jardins, depuis mai jusqu'au commencement d'août, en coupant les racines des Choux, des Laitues, des Betteraves, des Dahlias, etc. Elles se déplacent surtout pendant la nuit pour chercher leur nourriture. Les nymphes sont de même taille et de même couleur que les larves, avec deux petites cornes sur la tête et quelques excroissances épineuses sur le corps.

Blanc ou Meunier. — Le *Cystopus candidus* qui attaque les Crucifères est un Champignon différent de celui qui attaque les Laitues, les Fraisiers, les Rosiers, les Verveines, etc., et produit la maladie également connue sous le nom de Blanc. Il se montre quelquefois sur les Choux et plus encore sur les Choux-fleurs et les Brocolis, surtout à l'époque où ils montent à graine. On peut essayer, dès le premier moment, du sulfure de calcium mêlé à 50 fois son volume d'eau, et qu'on répand au moyen de fins seringages, au nombre de trois, à deux jours de distance chacun.

Hernie, Angl. Club-root. (*Plasmodiophora Brassicæ*). — C'est un Champignon de l'ordre des *Myxomycètes*, qui produit sur la tige du Chou, sur la racine du Colza et du Navet, et sur la pomme du Chou-navet, des excroissances à surface raboteuse et de forme irrégulière, analogues à celles qui résultent de la piqûre de la Lisette du Chou. Les radicelles portent aussi des renflements analogues. C'est surtout dans les sols humides que ce Champignon exerce ses ravages. On recommande donc, pour s'en préserver, de drainer le sol et de détruire les végétaux sur lesquels les spores peuvent s'hiverner, notamment la Moutarde blanche ou noire, la Moutarde sauvage, le Radis sauvage, etc., qu'on doit arracher soigneusement avec leurs racines. Tous les Choux et les Navets malades doivent être arrachés dès qu'on s'aperçoit de la présence du mal et brûlés si possible. La terre qui a produit des Choux ou des Navets attaqués n'en doit plus porter pendant deux ans. Pour de plus longs détails, V. **Plasmodiophora.** (G. A.)

CHOU. — Etant donné la popularité de ce précieux légume, la synonymie des Choux se trouve assez étendue ; ce nom de *Chou* a en outre été appliqué à un assez grand nombre de végétaux rappelant cette plante par leur port, leur usage, etc. Nous donnons ci-dessous les principaux synonymes :

C. en arbre. — *Chou Cavalier.*

C. caraïbe. — V. *Colocasia esculenta.*

C. cabus. — V. *Choux pommés à feuilles lisses.*

C. fraise de veau. — V. *Chou (Milan) à grosses côtes.*

C. de Chine. — V. *Pe-tsai.*

C. à jets. — V. *Choux-de-Bruxelles.*

C. à choucroute. — V. *Choux pommés.*

C. de Milan. — V. *Choux pommés frisés.*

C. marin. — V. *Crambe.*

C. palmier. — V. *Choux verts.*

C. palmiste. — V. *Euterpe oleracea.*

C. poivre. — V. *Arum maculatum.*

C. de Siam. — *Choux-raves.*

C. à vaches. — *Chou cavalier.*

CHOU-FLEUR d'hiver. — V. *Choux-Brocolis.*

CHOU-RAVE en terre. — V. *Choux-navets.*

CHRYSALIDE ou NYMPHE ; Angl. Pupa. — Troisième état de développement d'un insecte. Prenons comme exemple le grand papillon blanc ou Piéride du Chou, espèce familière à tout le monde, commune dans les jardins, en été et en automne, même dans les villes. La femelle pond ses œufs sur les feuilles des Choux. De ce premier état, éclôt, au bout d'un certain temps, la larve ou chenille (deuxième état) ; celle-ci, dont la forme rappelle celle d'un ver, est comme lui formée d'un certain nombre d'anneaux, d'une tête bien distincte et de puissantes mâchoires qui lui servent à couper les parties de végétaux dont elle se nourrit. Chacun des trois segments placés immédiatement derrière la tête est muni d'une paire de vraies pattes articulées, quoique courtes, et correspondant aux trois paires que possèdent la plupart des insectes. Depuis le sixième jusqu'au neuvième segment, ainsi que le dernier, chacun porte une paire de fausses pattes (prolegs) ou pattes membraneuses, à l'aide desquelles la chenille s'attache ou grimpe aux différents objets, tandis que les vraies pattes sont employées pour tenir les aliments et pour la marche. Ces fausses pattes ne sont pas articulées, elles doivent leur origine au prolongement de la peau, et manquent à l'état parfait de l'insecte.

Lorsque la chenille ou larve est arrivée à son complet développement, elle cherche un endroit abrité, où elle tisse un fil principal dans son milieu et en fixe les deux extrémités au support. La queue de l'insecte est également fixée au support par un faisceau de fils soyeux. La chenille se dépouille alors de sa peau et en sort à l'état de chrysalide (troisième état), comme le montre la figure ci-contre, où l'on voit l'enveloppe

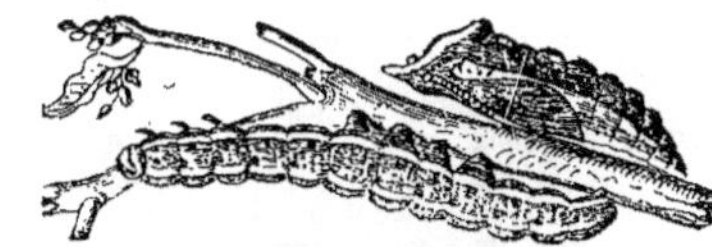

Fig. 872. — Chenille et chrysalide de la Piéride du Chou.

protectrice des futures ailes ainsi que la gaine protégeant les antennes qui ont persisté. Tous les membres de l'insecte parfait sont marqués sur l'enveloppe extérieure de la nymphe, mais ils sont immobiles et lui sont inutiles. Pendant la durée de l'état de chrysalide, l'insecte ne peut absorber aucun aliment.

Le nom de *Chrysalide* vient du grec *chrysos*, jaune ; par allusion aux taches jaune brunâtre que l'on peut observer sur les nymphes de certains papillons communs, notamment sur celles de la Grande Tortue (*Vanessa polychloros*).

L'insecte parfait sort de la chrysalide ordinairement après l'hiver, en déchirant l'enveloppe dans la moitié antérieure du dos et sur la ligne médiane. Les ailes ne sont d'abord que de la dimension de celles de l'enveloppe de la nymphe, mais, au bout d'environ une heure, elles ont atteint toute leur grandeur, sont devenues fermes, raides et aptes au vol.

La chrysalide de cette Piéride a été choisie comme exemple, parce qu'elle diffère beaucoup dans son apparence, sa faculté de mouvement et plusieurs autres points, de la chenille d'un côté et du papillon de l'autre. Mais chez plusieurs groupes d'insectes, la différence est bien moins grande ; ainsi, les membres de la chrysalide de la Guêpe ne sont pas emprisonnés, elle les remue peu, il est vrai, et ne peut absorber aucun aliment. La chrysalide des *Coléoptères* ressemble à celle des Guêpes sous ce rapport. Chez certains ordres d'insectes, la métamorphose est incomplète et la nymphe ressemble alors presque en tous points à l'insecte parfait ; elle est mobile et mange avec autant de voracité que la larve, quant aux ailes, ce ne sont que des organes rudimentaires, inutiles pour le vol ; la larve ne diffère de la nymphe que par sa plus petite taille et l'absence complète de rudiments d'ailes. On peut citer les Pucerons, les Sauterelles et les Courtilières comme exemples de cette condition.

Les nymphes immobiles que l'on rencontre parmi les *Coléoptères*, les *Diptères*, les *Hyménoptères* et les *Lépidoptères*, sont habituellement protégées par un cocon que file la larve autour de la retraite qu'elle a choisie, lorsqu'elle est arrivée à son complet développement ; cependant, quelques espèces, comme la Piéride du Chou, ne forment pas de cocon. Très souvent leur retraite est souterraine, plusieurs espèces de larves s'enfoncent et forment leur cocon dans le sol, avec des grains de terre, enveloppés d'un tissu soyeux ou agglomérés à l'aide d'un liquide particulier qu'elles ont excrété la bouche.

CHRYSALIDOCARPUS, Wendl. (de *chrysos*, or, et *karpos*, fruit ; allusion à la couleur des fruits). FAM. *Palmiers*. — L'espèce unique de ce genre est une plante de serre chaude ou tempérée. Pour sa culture, V. **Areca**.

C. lutescens, H. Wendl. * *Fl.* dioïques, sur des spadices distincts ; naissant à l'aisselle des feuilles, rameux, courtement triangulaires, de 30 cent. ou plus de long, entourés d'une spathe solitaire ; pédoncules comprimés, à deux angles, flexueux. *Baies* monospermes, de la forme et de la couleur d'une olive. *Flles* très longues, pinnées, arquées, portant près de cent folioles à peine opposées, lancéolées, de près de 5 cent. de large, aiguës, d'un beau vert sur les deux faces. Tronc ou stipe de 10 à 15 cent. de diamètre et 10 m. ou plus de hauteur, cylindrique, lisse, annelé, renflé à la base. Iles Maurice et Bourbon. Plante élégante, mais excessivement rare. Syns. *Areca lutescens*, Bory, non Hort., *Hyophorbe Commersoniana*, Mart. ; *H. indica*, Gærtn.

CHRYSANTHÈME. — Tel que le genre *Chrysanthemum* est aujourd'hui délimité, il comprend des plantes qui, quoique possédant les mêmes caractères botaniques, ne sont pas moins très différentes par leur port, leur mode de végétation et surtout leur emploi horticole. On peut les réunir en quelques groupes distincts quant à leur aspect extérieur et leur mode de traitement. 1° les C. ANNUELS (*C. coronarium*, *C. carinatum*, etc.) ; 2° les C. LEUCANTHÈMES ou Grandes Marguerites (*C. Leucanthemum*, *C. maximum*, etc.) ; 3° les C. DE L'INDE ou C. vivaces (*C. indicum*, *C. japonicum*, etc.) ; 4° les PYRÈTHRES (*P. roseum*, *P. Tchihatchewii*, etc.), qui sont traités séparément ; 5° enfin les ANTHEMIS (*C. frutescens*).

Fig. 873. — Chrysanthème des jardins à fleur double.

Nous décrirons ici les principales variétés des espèces des trois premiers groupes et donnerons aussi brièvement que possible leur mode de culture. Pour celui des deux derniers, V. **Pyrethrum** et **Chrysanthemum**

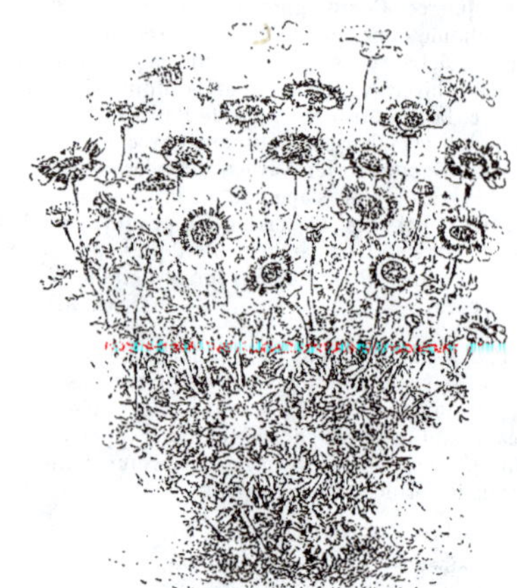

Fig. 874. — Chrysanthème à carène de Burridge.

frutescens. Les **Matricaria** (V. ce nom), quoique excessivement voisins, sont admis comme genre distinct par Bentham et Hooker.

C. annuels. — Les principales espèces horticoles de ce groupe sont :

C. DES JARDINS (*C. coronarium*), dont on ne cultive que les variétés *doubles blanches* ou *jaunes*.

C. à carène (*C. carinatum*), qui, par la culture, a produit un certain nombre de jolies variétés (A. V. F. 7); parmi les simples il existe les coloris *blanc*, *brun*, *jaune* ou *rouge violacé* (A. V. F. 38), et la race dite de *Burridge*, dont les couleurs excessivement variables sont tantôt à fond blanc, tantôt à fond jaune, avec une ou plusieurs zones lilacées, purpurines ou violacées, dont une est surtout très vive (A. V. F. 10); la var. *Eclipse* est une des plus méritantes. Cette race a encore produit une variété à *fleurs doubles*, qui possède les riches et nombreux coloris du type. (A. V. F. 34.)

Toutes ces plantes sont du plus joli effet, dispersées dans les plates-bandes ou réunies en massifs. Leur culture est des plus faciles. On sème les graines au printemps, sous châssis, ou un peu plus tard en plein air, on repique les plants en pépinière ou on attend qu'ils soient suffisamment forts pour les mettre directement en place.

Fig. 875. — Chrysanthème Leucanthème. *Rev. Hort.*
CHRYSANTHEMUM LACUSTRE

C. Leucanthèmes. — Les Leucanthèmes, plus connus sous le nom de *Marguerites des prés*, sont cultivés dans les jardins pour leurs jolies fleurs blanches, si élégantes en bouquets. On peut les cultiver en planches, spécialement en vue de la fleur coupée, ou les planter dans les parterres et parmi les plantes vivaces, en groupes ou en touffes isolées pour l'ornement du jardin. Les *C. lacustre* et *C. maximum* sont remarquables par leur taille et surtout par les grandes dimensions de leurs fleurs. Il leur faut une terre fraîche, profonde et fertile. Leur multiplication peut s'effectuer par le semis, ou au printemps, par division des touffes. Les graines se sèment d'avril en juin, en pépinière; on repique en pépinière un peu ombragée, puis on plante à demeure à l'automne. Pendant les grands froids, il est bon de couvrir de litière les touffes des deux espèces précitées. Le *C. Leucanthemum* doit, de préférence, être cultivé comme plante bisannuelle.

Les autres espèces de Chrysanthème non citées ci-dessus sont bien moins répandues dans les jardins. Selon qu'elles sont annuelles ou vivaces, on pourra leur appliquer l'un ou l'autre des traitements indiqués.

Chrysanthèmes de l'Inde ou **C. vivaces.** — Les variétés de ce groupe ont pris, dans ces dix dernières années, un développement qui n'a d'égal que celui des Orchidées; leur nombre est aujourd'hui presque illimité et chaque saison en voit encore naître de nouvelles. Elles occupent actuellement une place des plus importantes parmi les plantes horticoles.

Fig. 876. — Chrysanthème de l'Inde à fleur double.

Le Chrysanthème vivace est en effet la plante du fleuriste par excellence: jouant ou s'hybridant avec la plus grande facilité, se soumettant sans difficultés à toutes sortes de formes et aux traitements les plus divers. Sa rusticité, sa culture si facile et sa floraison excessivement tardive le rendent éminemment précieux pour l'ornementation des jardins, des serres froides et des appartements. Ses tiges longues et fortes, ses capitules aux formes parfois si bizarres et aux couleurs si variées, le font apprécier des fleuristes, qui l'emploient sous toutes les formes : bouquets montés, surtouts de tables, couronnes, et plus spécialement encore de grandes gerbes du plus bel effet.

Classification. — Le nombre toujours croissant des variétés nouvelles a nécessité leur groupement méthodique : on a considéré tantôt leur origine, tantôt leur port ou leur époque de floraison; mais généralement, c'est au capitule qu'on a emprunté les caractères des classes. Quelquefois la classification est mixte, c'est-à-dire simultanément basée sur la forme, la dimension et la couleur des fleurs, ainsi que sur l'époque de floraison. Actuellement, on admet environ une demi-douzaine de classes, mais on ne peut s'empêcher de reconnaître que ce nombre est insuffisant pour que ces classes ne contiennent que des fleurs ayant toutes la même forme. Les croisements entre variétés de classes différentes ont produit beaucoup de formes intermédiaires, dont le classement devient très embarrassant. Nous avons publié dans la *Revue Horticole*, 1890, p. 213, un essai de classification qui, nous l'espérons du moins, pourvoit à ce besoin; nous le reproduisons ici, laissant aux lecteurs le soin de l'adopter s'il leur semble pratique [1].

Les deux premières classes n'offrent aucune difficulté à être séparées; l'une contient les FLEURS SIMPLES (fig. 877), dont les pétales sont plats et régulièrement disposés, et qui ont l'aspect d'une Marguerite des prés; — l'autre renferme celles dont les pétales sont plus ou moins allongés et enroulés, quelquefois la fleur est penchée de manière à ressembler à un gland.

La troisième comprend les fleurs qui sont tubuleuses au centre et ayant un ou plusieurs rangs de pétales ligulés à la circonférence. Elles sont souvent grandes et d'un bel effet, mais moins appréciées que les formes Pivoines ou les récurvés. (FLEURS D'ANÉMONE, fig. 878.) Ex. : *Mme Cabrol*, *Fleur de Marie*, *Ruche Toulousaine*, etc.

La quatrième est une des plus distinctes : ses fleurons sont très longs, tous tubuleux, étroits, soudés, très droits, la fleur est penchée ou dressée et a l'aspect d'un gland.

		CLASSES
Fleurons *tubuleux* au *centre*, *ligulés* à la *circonférence*.		
Fleur *simple* ou semi-double, à centre toujours jaune.		
Ligules *planes*, régulièrement disposées.	SIMPLES A GRANDE FLEUR.	1
Ligules plus ou moins *enroulées* et irrégulièrement disposées. . .	SIMPLES JAPONAIS.	2
Fleur *double*, à fleurons du *centre* tous *tubuleux*, souvent de même couleur que ceux de la *circonférence*, ces *derniers ligulés*.	FLEURS D'ANÉMONE.	3
Fleurons *allongés*, *soudés* sur toute leur *longueur*, *droits*, ressemblant à un bout de ficelle; *fleur* affectant parfois la forme d'un *gland*	TUBULIFLORES.	4
Fleurons *tous* entièrement *ligulés*, *ou tubuleux* seulement dans leur *moitié inférieure*.		
Ligules *très* allongées, *irrégulièrement* disposées ou fleurs *ébouriffées*. (Japonais).		
Ligules *fortement enroulées*, quelquefois tordues en hélice ou *irrégulièrement disposées*, rarement soudées.	JAPONAIS VRAIS.	5
Ligules *planes* ou *légèrement enroulées* en *dehors*	CHINOIS.	6
Ligules allongées, *retournées* vers le *centre* de la *fleur*. (Incurvés).		
Ligules *planes*, *non soudées*, courbées en *capuchon* au sommet. . . .	PIVOINES VRAIS.	7
Ligules *soudées* dans leur *moitié* inférieure.	INCURVÉS.	8
Ligules allongées, *renversées* en dehors de la fleur. (Récurvés.)		
Ligules *planes* ou à bords légèrement relevés en *dessus*. . . .	CHRYSANTHÈMES VRAIS.	9
Ligules plus ou moins *enroulées* en *dessous*	CHRYSANTHÈMES HYBRIDES.	10
Ligules *soudées* dans leur *moitié* inférieure.	CHRYSANTHÈMES TUYAUTÉS.	11
Ligules moyennes. (Imbriqués ou à fleur de Zinnia).		
Fleur de taille moyenne, à *ligules coquillées* et *régulièrement* disposées.	IMBRIQUÉS.	12
Fleur de taille moyenne, à *ligules planes*, horizontales, à sommet *entier* ou *lacinié*.	FLEUR DE ZINNIA.	13
Fleurons moyens, *soudés*, à *gorge évasée*, à *plusieurs dents*.	ALVÉOLÉS.	14
Ligules courtes. (Pompons vrais ou matricariformes).		
Fleurs petites, plus ou moins *bombées*, à *ligules coquillées*.	MATRICARIFORMES.	15
Fleurs petites, à ligules *récurvées*, à sommet *entier* ou *lacinié*. . . .	POMPONS VRAIS.	16

Bien qu'à première vue seize classes puissent paraître une exagération, celui qui examinera de près les nombreuses formes de fleurs, verra que ce nombre est nécessaire si on ne veut voir réunies dans un même groupe que des fleurs ne différant autrement que par la couleur et peut-être aussi par la dimension.

Si on ne tenait pas à une classification aussi minutieuse, on pourrait sans trop détruire l'harmonie de la classification, réunir quelques-unes des divisions tertiaires à leur plus voisine. Par exemple : pour les simples, réunir la classe 1 à 2; pour les doubles, les classes 6 à 5, 8 à 7, 9 à 10, 13 à 12, 16 à 15.

Par contre, on pourrait ajouter deux autres classes en dédoublant les nos 13 et 16 pour en faire des classes à pétales entiers au sommet ou laciniés, et le no 7 en pétales glabres et pétales duveteux.

[1] Nous regrettons de ne pouvoir classer d'après notre méthode les variétés mentionnées plus loin ; l'époque à laquelle nous préparons cet article (février) ne nous le permet pas ; il faudrait en outre que nous eussions ces variétés sous les yeux. — Depuis la rédaction de notre tableau sont en outre apparues un certain nombre de variétés, telles que *Alpheus Hardy*, *Louis Bœhmer*, etc., à fleurons très *duveteux*, qui rentrent évidemment dans les classes 7-8 et en forment une subdivision.

(TUBULIFLORES, fig. 879.) Ex. : *Gland d'or*, *La nuit*, *Henry Drake*, *Botaniste Roux*, *Gloire rayonnante*, etc.

La cinquième contient les vrais japonais, ceux dont les fleurs sont les plus grandes et les plus irrégulières; les pétales sont plus ou moins enroulés, tordus ou non; elles sont les plus originales et les plus recherchées des amateurs. (JAPONAIS VRAIS, fig. 880.) Ex. : *Mme de Vilmorin*, *l'Ebouriffé*, etc.

La sixième renferme ceux dont les fleurs tiennent le milieu entre les japonais et les récurvés; les pétales sont moins longs, moins enroulés et disposés avec plus de symétrie. Ce sont des variétés de choix (CHINOIS). Ex. : *Fair Maid of Guernesey*, *Source d'or*, *Souvenir de Haarlem*, *Triomphe de l'Exposition de Paris*, *Grand ruban rouge*, etc.

A la septième appartiennent les fleurs les plus régulières; les pétales sont plans, incurvés, courbés en capuchon au sommet; la fleur a l'apparence d'une boule. (PIVOINES VRAIS, fig. 881.) Ex. pétales glabres : *Empress of India*, *Golden Beverley*, *La surprise*, *Mme Frédéric Mistral*, etc.; pétales duveteux : *Alpheus Hardy*, *Enfant des Deux-Mondes*, *Louis Bœhmer*, etc.

La huitième est une variation de la précédente; elle en

diffère par les fleurons qui sont tubuleux presque jusqu'au milieu; les fleurs sont peut-être un peu plus petites, mais conservent néanmoins la forme incurvée. (INCURVÉS.) Ex.: *Alphonse Karr*, *Mme Mimbelli.*

Fig. 877. — Chrysanthèmes de l'Inde simples et semi-doubles, de semis.

La neuvième comprend les variétés à fleur de Chrysanthème proprement dites; les ligules sont planes ou à bords légèrement relevés en *dessus*, horizontales ou récurvées. Toutes sont des plantes de premier mérite. (CHRYSANTHÈMES VRAIS.) Ex. : *Soleil d'Austerlitz*, *Lucrèce*, *Grand-Duc Vladimir.*

Fig. 878. — Chrysanthème à fleur d'Anémone.

La dixième est formée aux dépens de la précédente; elle n'en diffère que par les bords des ligules qui se roulent en *dessous*, ce qui est cependant suffisant pour changer l'aspect de la fleur. (CHRYSANTHÈMES HYBRIDES.) Ex. : *Le jour*, *Cléopâtre*, *Guy-Franks*, etc.

La onzième dépend également de la neuvième; elle s'en éloigne par ses fleurons qui sont soudés dans leur moitié inférieure au lieu d'être plans. (CHRYSANTHÈMES TUYAUTÉS.) Ex. : *Hogartii*, etc.

La douzième contient des fleurs de taille moyenne, très régulières, dont les pétales sont retournés en *dessus*, le

Fig. 879. — Chrysanthème tubuliflore.

sommet légèrement *incurvé*. (IMBRIQUÉS.) Ex. : *Eclipse*, *Dupont de l'Eure*, etc.

Dans la treizième, les fleurs sont à peu près de même taille, mais les pétales sont *récurvés*. On pourrait les

Fig. 880. — Chrysanthème japonais.

diviser en deux autres sections, selon que le sommet est entier ou lacinié. (FLEUR DE ZINNIA, fig. 881.) Ex. : pétales entiers; *Inès*, *Julia Lagravère*, pétales laciniés; *Marabout*, *Van Hulle.*

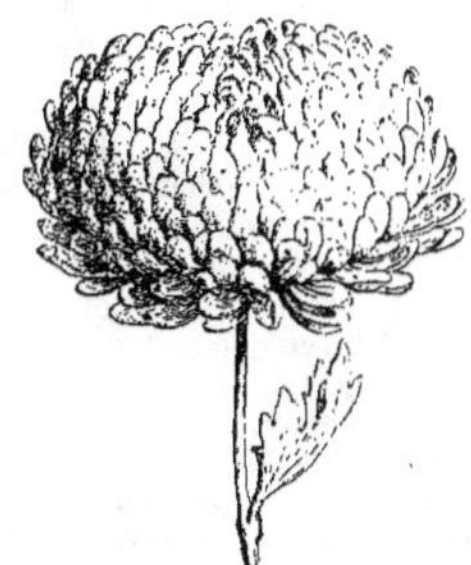

Fig. 881. — Chrysanthème à fleur de Pivoine.

La quatorzième embrasse un petit nombre de variétés difficiles à classer, parce qu'elles sont tubuleuses, à gorge très ouverte, fortement dentée; leur taille est moyenne et leur aspect général se rapproche des imbriqués. (ALVÉOLÉS.) Ex. : *Laciniata rosea*, *Fimbriatum*, *Anaïs*, etc.

La quinzième et la seizième sont deux classes peu différentes, elles pourraient être réunies sans grand inconvénient; ce sont toutes des *pompons*, mais dans la classe 15 les fleurs ont les ligules plus ou moins obliques et les bords un peu relevés; tandis que dans la suivante, les

Fig. 882. — Chrysanthème à fleur de Zinnia.

ligules sont récurvées et ont le sommet entier ou lacinié. C'est une des races les plus anciennes, appréciée pour la vente des marchés et la confection des bouquets. Les fleurs sont très résistantes. (MATRICARIFORMES et POMPONS VRAIS, fig. 883.) Ex. : *Snowdrop*, *Marguerite Vincent*, etc.

Fig. 883. — Chrysanthème pompon.

Avec un peu d'attention, on pourra sans doute placer assez facilement les nombreuses variétés de Chrysanthèmes dans leur classe respective, et former ainsi une série beaucoup plus facile à parcourir pour l'étude et les recherches. (S. M.)

MULTIPLICATION. — Elle peut se faire par semis, par boutures par dragcons ou par division des touffes.

Semis. — Les graines se sèment de février en avril (de bonne heure pour obtenir la floraison la première année), sur couche ou en terrines et en serre. Lorsque les plants sont suffisamment forts pour permettre de les manipuler, on les repique soit en godets ou terrines, soit en pleine terre et sur couche; vers le 15 mai, on les plante en pleine terre, à demeure, et on recouvre la terre d'un bon paillis. Bien soignés, presque tous fleuriront la première année. Quoique la multiplication par boutures ou par drageons soit excessivement facile, il ne faut pas oublier que, par le semis, on peut obtenir rapidement et à peu de frais un grand nombre de plantes, dont une partie pourra faire d'excellentes variétés de collection, surtout si les graines dont elles sont issues proviennent de variétés d'élite. C'est du reste par le semis qu'ont été obtenues toutes les variétés nommées des plus belles collections.

Boutures. — On peut les faire depuis octobre jusqu'en mars, mais de préférence en décembre-janvier; on les prend sur des pieds mères rentrés en serre à l'automne. Les jeunes pousses qui se développent à la base sont les meilleures; après les avoir coupées net au-dessous d'un œil, on supprime les deux ou trois premières feuilles et on les repique, de préférence séparément, dans des godets ou en terrines. On les place ensuite sur une petite couche, ou à défaut, sous châssis froid, près du verre, et on les étouffe jusqu'à leur reprise; dans ce dernier cas, leur enracinement est plus lent. Lorsque celui-ci est complet, on les empote séparément et on les tient sous châssis froid, en aérant chaque fois que le temps le permet. Quand elles commencent à s'allonger, on pince leur extrémité pour les faire ramifier.

Dragcons. — Ils diffèrent des boutures par leur origine souterraine et par les racines dont ils sont munis. Leur traitement est le même que celui des boutures enracinées. Certains spécialistes les préfèrent aux boutures pour faire des hautes tiges, parce qu'ils sont généralement plus forts et plus aptes à former une bonne tige. Si on désire en faire des buissons, on les pince comme les boutures.

Division des touffes. — C'est le moyen le plus rapide et le plus simple pour propager les plantes simplement destinées à l'ornement des jardins; on l'emploie fréquemment. Les mois de février et mars sont les plus propices pour cette opération. On peut couper chaque touffe en autant de fragments qu'on le désire; plus ils sont petits, moins la plante est forte l'année suivante.

On a reconnu que la multiplication continuelle par division des touffes contribuait beaucoup à l'amoindrissement des dimensions et de la duplicature de la fleur; il faut donc avoir, de temps en temps, recours à la bouture pour régénérer les variétés nommées, et au semis lorsqu'on ne cultive pas les Chrysanthèmes en collection.

CULTURE EN PLEIN AIR. — L'époque très tardive à laquelle a lieu la floraison des Chrysanthèmes est certainement un grand avantage, mais elle n'est pas sans inconvénient, car il s'en faut que l'automne soit toujours bien favorable, surtout sous le climat parisien où il est rarement donné de pouvoir profiter longtemps de leurs belles fleurs. Même lorsque les gelées ne se sont pas encore fait sentir, l'humidité et les brouillards les ternissent trop rapidement.

Aussi, dans les jardins où ces plantes occupent une place importante, on recouvre les plates-bandes plantées de Chrysanthèmes à l'aide de toiles-abris, reposant en permanence sur une charpente légère, faite de pieux et de lattes.

L'emplacement où on les cultive doit être aéré et ensoleillé, le sol perméable, fortement fumé et recouvert de bon paillis après la plantation. On espace les jeunes plantes de 80 cent. à 1 m.; on les pince à plusieurs reprises pour les rendre touffues, et, lorsqu'elles commencent à devenir fortes, on les munit chacune d'un bon tuteur, destiné à les maintenir droites et à les protéger des grands vents. Pendant les chaleurs, les arrosements doivent également être copieux; on peut aussi leur donner de l'engrais liquide de temps à autre. (S. M.)

CULTURE INTENSIVE. — Chaque spécialiste a son époque

préférée pour la préparation des boutures ; le plus souvent, c'est novembre et décembre. Dès qu'elles sont enracinées, il faut les rempoter et veiller à ce que leur végétation ne subisse aucun arrêt. C'est, on peut le dire, le point essentiel de la culture intensive des tard que la mi-juillet, car, quoiqu'il soit très important d'entretenir les racines dans toute leur vigueur pendant que les plantes sont jeunes, il est au moins aussi nécessaire que les pots soient bien garnis de racines avant l'époque de la floraison.

Fig. 884. — Chrysanthème de l'Inde en arbuste formé. (*Rev. Hort.*)

Chrysanthèmes. Pour leur éviter toute fatigue, certains spécialistes les plantent séparément en godets ; ce procédé est à recommander, car leur reprise est à peu près assurée, et cette pratique évite de briser des racines lors du rempotage. Quelle que soit la méthode adoptée, les plantes doivent être tenues très près du verre, aérées le plus possible et rempotées successivement, chaque fois que les racines touchent les parois des pots. Le dernier rempotage ne doit pas être fait plus

Dans les endroits chauds et secs, l'exposition de l'ouest ou de l'est doit être préférée ; mais, dans les localités froides, il est préférable de les placer au midi. Il est bon de les ombrer légèrement aux heures où le soleil est le plus ardent. Les pots doivent être enterrés jusqu'au bord, mais il faut autant que possible rendre le sol bien perméable, pour assurer l'écoulement de l'eau des arrosages et, si on peut les placer sur un fond de gravier ou de mâchefer, on empêchera les vers de pénétrer dans la motte ; sinon, on fera les trous de façon à ce qu'il reste une cavité en dessous des pots.

Les Chrysanthèmes exigent des arrosages excessivement copieux et abondants ; toutefois, lorsque l'eau séjourne dans les pots, les plantes ne tardent pas à jaunir. On se trouvera bien de couvrir la surface des pots d'une couche de bon paillis gras ; ce paillis abrite les racines des ardeurs du soleil, maintient l'humidité et fournit un supplément d'engrais. Pendant les chaleurs, les plantes ont quelquefois besoin d'être arrosées deux et même trois fois par jour ; on ne doit jamais attendre qu'elles se fanent ni même les laisser manquer d'une certaine humidité. Si on les plante dans un bon compost, les arrosements à l'engrais liquide ne sont guère nécessaires avant le commencement de juillet, et cet engrais doit, de préférence, être préparé avec du fumier de vache ou de mouton.

Sol. — La terre ne saurait être trop fertile lorsque l'on pratique le dernier rempotage. Elle peut être composée de bonne terre franche, plutôt consistante que trop légère, de bon terreau en quantité égale et additionnée d'un peu de fumier de vache. Une petite quantité de suie ajoutée au mélange donne aux feuilles une teinte vert foncé et contribue aussi à la nutrition de la plante ; quelques personnes y incorporent encore de la poudre d'os ou des déchets de corne ; d'autres se servent d'os concassés qu'ils placent dans le fond du pot comme drainage, leur durée est alors très longue ; à défaut de ces os, on les remplace par des tessons concassés.

Pour obtenir de fortes plantes, des pots de 25 cent. sont suffisamment grands, pourvu que les arrosages soient copieux, régulièrement donnés, et que l'engrais liquide soit administré à propos, c'est-à-dire lorsque les boutons sont formés. Il vaut mieux adopter ce système que d'employer de grands pots, sans engrais liquide, car la terre se trouve épuisée au moment où la plante a précisément le plus besoin de nourriture.

On peut obtenir de jolies touffes en plantant, au commencement d'août, cinq ou six boutures dans des pots de 8 cent. de diamètre. Ces boutures ne doivent être ni pincées, ni rempotées après leur reprise. On emploie pour cet usage un compost grossier, que l'on foule fortement à l'aide d'un bâton. En général, on doit restreindre la quantité d'engrais tant les plantes sont jeunes et dans de petits pots.

Forme, dressage et pincement. — La forme à donner aux Chrysanthèmes dépend naturellement de l'emploi auquel on les destine, et le mode de traitement varie selon le but visé. Pour les hautes tiges, on ne pince l'extrémité que lorsque ces tiges, ordinairement simples et droites, ont atteint la hauteur désirée ; tandis que, pour former des plantes en buisson, on doit pincer d'abord la tige centrale, puis plusieurs fois les pousses latérales, afin de les faire ramifier. Mais, on doit cesser les pincements après la mi-juillet, car, à cette époque, les boutons font leur apparition. Afin d'augmenter la dimension des fleurs, on éclaircit les boutons plus ou moins fortement.

Ceux qui cultivent des Chrysanthèmes en vue de l'obtention de très grosses fleurs, ne pincent pas la tige centrale et ne conservent que le bouton terminal ; ou plus fréquemment, ils suppriment l'extrémité de la tige à la fin mai, à une hauteur variable, et ne conservent que trois pousses sur lesquelles ils ne laissent que la fleur terminale. En concentrant ainsi toute la force végétative sur une à trois fleurs et, les engrais aidant, on obtient des fleurs énormes, dont le diamètre atteint de 15 à 25 cent. ; mais, les plantes ainsi traitées sont, à notre avis, fort laides et ne servent jamais aux garnitures.

Les Chrysanthèmes se soumettent facilement à toutes les formes qu'on veut leur donner ; pincés à plusieurs reprises, ils forment de grands buissons, et, si l'on supprime quelques ramilles ainsi qu'un certain nombre de boutons, on en obtient des touffes bien faites et garnies de fleurs suffisamment grandes (fig. 883) ; c'est la forme la plus décorative et la plus rationnelle. Pour les tiges, on pince la bouture à la hauteur désirée, entre 1 et 2 m., et on forme ensuite la tête à l'aide de pincements. Les rameaux, quoique cassants, sont cependant suffisamment flexibles pour permettre de les palisser au gré de l'amateur ; les *pompons* sont très faciles à conduire, tandis que les *japonais* se prêtent au contraire très mal au palissage. Dans les expositions, on voit des plantes dressées en buissons, tuteurées avec un soin excessif et affectant une forme parfaitement sphérique, de telle sorte que toutes les fleurs sont régulièrement étagées (fig. 884). Toutefois, ce procédé n'est pas à recommander, car, outre qu'il est très long et prétentieux, il fait disparaître le port et la grâce naturelle de la plante. En tout cas, le tuteurage même partiel, doit être fait avant que les fleurs ne s'épanouissent ; celles-ci se présentent alors bien de face.

Rentrée en serre et floraison. — Tous les Chrysanthèmes destinés à fleurir en serre doivent être rentrés à l'automne, avant les premières gelées. Lorsque le temps est doux, il faut les aérer le plus possible, mais on doit éviter avec soin les transitions subites qui font jaunir les feuilles et affaiblissent les plantes. Quoique les arrosements ne doivent jamais leur faire défaut, ils peuvent être ralentis à l'approche de la floraison. Lorsque les fleurs sont épanouies, on peut les transporter dans les jardins d'hiver, les vérandas, les appartements, etc., partout en un mot où ils peuvent contribuer à rehausser l'effet décoratif.

La floraison terminée, on rabat les plantes à environ 15 cent. au-dessus du sol et on les hiverne sous châssis froid ou dans un endroit à l'abri des gelées. Cependant, quelques spécialistes se contentent de prendre des boutures et jettent ensuite le pied mère ; d'autres conservent les meilleurs pour en obtenir de plus fortes plantes l'année suivante ; d'autres encore les plantent dans les plates-bandes, le long des palissades ou au pied des murs, où ils fleurissent l'année suivante.

Insectes nuisibles. — Les Escargots et les Limaces sont très friands des jeunes pousses ; le remède le plus sûr est de leur faire la chasse à la lanterne. Les Cloportes et les Perce-oreilles vivent aussi dans les bourgeons dont ils rongent le cœur pendant la nuit ; on doit, pour s'en garantir, inspecter attentivement les plantes de choix et placer çà et là des objets creux, renversés, sous lesquels ils se réfugient pendant le jour et où il est alors facile de les détruire. Les Pucerons infestent encore fréquemment les plantes, surtout celles qui ont souffert d'une façon quelconque ; on les en débarrasse, dès que leur présence est constatée, à l'aide de seringages au jus de tabac ou au savon noir, ou encore en plongeant entièrement dans le liquide, les plantes en pots quand elles sont jeunes. Les chenilles de certaines Noctuelles vivent aussi sur les Chrysanthèmes et en dévorent les feuilles et les boutons; des visites attentives permettent seules de les découvrir et de les écraser. Enfin, les larves du *Phytomiza geniculata* creusent, dans le parenchyme des feuilles, des galeries que l'on aperçoit à la surface sous forme de lignes blanches, en zigzag. On ne connaît guère

Fig. 885. — Chrysanthème de l'Inde à haute tige. (*Rev. Hort.*)

d'autre moyen curatif que de couper ces feuilles et de les brûler.

CHAMPIGNONS. — Une espèce d'*Oïdium* produit sur les feuilles des ravages analogues à ceux que l'*O. Tuckeri* cause sur la Vigne. M. Molyneux recommande des seringages à base de soufre et de chaux en dissolution et préparés comme suit : dans 12 litres d'eau, on fait bouillir 1 kilo de soufre et 1 kilo de chaux pendant vingt minutes ; on emploie un verre à boire de ce liquide par 10 litres d'eau. Une autre maladie, le *noir des feuilles*, se montre assez souvent à l'automne, sur certaines plantes ; elle est également causée par un Cryptogame que nous ne connaissons pas; nous ignorons aussi son traitement. M. Bellair dit qu'elle se montre plus fréquemment sur les plantes croissant dans les terres compactes que sur les autres. On remarque encore sur les pétales certaines ponctuations auxquelles les Champignons pourraient bien ne pas être étrangers; ce même auteur les attribue à l'excès d'engrais ; l'aération et le chauffage peuvent arrêter le mal. (S. M.)

VARIÉTÉS. — Il est impossible de citer toutes les variétés existantes ; beaucoup d'entre elles ont déjà cédé leur place à des gains plus récents. Ceux-ci ont été particulièrement nombreux dans ces dernières années, surtout dans la section des japonais. Les variétés à fleurs simples ont été elles-mêmes l'objet d'une certaine attention, et quelques-unes à fleurs très grandes sont dignes d'être cultivées, même parmi les collections de choix.

Fleur simple.

Crushed Strawberry, rose rougeâtre.
Helianthus, beau jaune.
Jane, blanc.
Lady Churchill, chamois jaunâtre.
Mme John Wills, blanc teinté rose.
Marie Thérèse Bergman, blanc, à cœur jaune, ressemblant beaucoup à une Marguerite des prés ; magnifique nouveauté.
Marigold, cramoisi brun.
Mary Anderson, rose, un des plus beaux.
Miss Cannell, blanc pur, très beau.
Miss Ellen Terry, magenta.
Miss Rose, rougeâtre.
Oceana, rougeâtre.
Oriflamme, brun.
Queen of the yellows.
Scarlet Gem.
Sims Reeves, rouge marron.
W. A. Harris, bronze.
(*Vars*. Gn. 1889, part. I, 689 ; 1890, part. I, 756, R. H. 1890, 276.)

Fleur d'Anémone.

GRANDES FLEURS.
Emperor, rougeâtre, à centre jaune soufre.
Empress, lilas.
Fleur de Marie, blanc.
Glück, beau jaune, belle variété.
King of Anemones, pourpre cramoisi, très beau.
Lady Margaret, blanc, très beau.
Mme Godereaux, blanc crème, belle variété.
M. Chaté, belle couleur de pêche, à centre blanc.
Mme Pethers, lilas rosé.
Princess Louise, lilas rosé tendre.
Ruche Toulousaine, rouge magenta, très beau. (R. H. 1890, 564.)
Sunflower, jaune soufre.
(*Vars* Gn. 1886, part. I, 564 ; 1887, part. I, 601.)

PETITES FLEURS.
Antonius, jaune canari.
Astrea, lilas.
Calliope, beau rouge rubis.
Firefly, écarlate brillant.
Jean Hachette, blanc, à centre jaune.
Mme Montel, blanc, à centre jaune, très beau.
Marie Stuart, lilas rougeâtre, à centre soufre.
Miss Nightingale, rougeâtre, à centre blanc.
M. Astie, jaune d'or.
Perle Marguerite, beau rose.
Regulus, jaune cannelle, florifère.

Fleur d'Anémone japonais.

Nouvelle section, dont les fleurs diffèrent des vrais japonais par leur centre tuyauté. Les fleurons du pourtour sont généralement tortillés et ont la vraie forme des japonais.
Bacchus, cramoisi.

Duchesse d'Edimbourg, rougeâtre.
Fabian de Médiana, lilas.
Mme Clos, rose purpurin.
Mme Thérèse Clos, blanc teinté rose.
Mlle Cabrol, rougeâtre rosé.
Ratapoil, brun, pointes dorées.
Sœur Dorothée Souillé, rose lilas.
Souvenir de l'Ardenne, pourpre pâle.

Incurvés ou à fleur de Pivoine.

Alfred Salter, rose tendre, très beau.
Alpheus Hardy, blanc pur, un peu creux ; fleurons larges, couverts à l'extérieur d'excroissances poilues. (C. M. O. 1892, 6.)
Angelina, beau jaune d'ambre, ombré de saumon.
Barbara, beau jaune d'or.
Bendigo, jaune.
Beverley, blanc crème, très larges fleurons.
Bronze Queen, bronze (variation de *Queen of England*).
Dr Brock, rouge orangé.
Duchesse de Manchester, presque blanc, extérieur panaché de carmin rosé.
Impératrice Eugénie, lilas rosé tendre.
Empress of India, blanc pur, très beau.
Enfant des Deux-Mondes, blanc crème, à pétales duveteux (analogue à *Alpheus Hardy*).
Eve, jaune soufre pâle, une des plus belles teintes.
Faust, pourpre cramoisi.
Général Bainbridge, jaune orangé, à centre doré.
Golden Beverly, jaune vif, très beau.
Golden Empress, jaune primevère.
Golden Queen of England, beau jaune canari.
Guernesey Nugget, jaune primevère, belle variété.
Her Majesty, blanc d'argent, teinté de violet.
Jardin des Plantes, jaune d'or, très beau.
Jeanne d'Arc, blanchâtre, à pointes rosées.
John Salter, rouge orangé.
Lady Hardinge, rose vif.
Lady Slade, rose lilacé, à centre rougeâtre, très beau.
Lilian B. Bird, mauve pâle, à fleurons tubuleux, très longs.
Lord Alcester, jaune primevère (variation de l'*Empress of India*).
Lord Derby, pourpre foncé.
Lord Eversey, blanc (variation de *Princess of Teck*).
Lord Wolseley, bronze (variation de *Prince Alfred*).
Louis Bœhmer, rose pourpré brillant, un peu creux, à fleurons larges, incurvés, couverts d'excroissances poilues (analogue à *Alpheus Hardy*).
Louise Chantrier, blanc, très beau.
Mme Dixon, beau jaune, très belle variété.
Mme G. Rundle, blanc pur, un des plus beaux.
Mme Heale, blanc pur.
Mme Norman Davis, jaune.
Mme Shipman, brun (variation de *Lady Hardinge*.)
Mme W. Haliburton, blanc crème.
M. Brunlees, rouge, à pointes jaunes.
M. George Glenny, jaune pâle, superbe variété.
Pink Perfection, rose délicat, très beau.
Prince Alfred, cramoisi rosé, grande fleur.
Queen of England, rougeâtre, très beau.
White Venus, blanc pur, très beau.
Yellow globe (variation de *White globe*).

Récurvés et imbriqués.

Amiral Sir T. Symonds, jaune d'or, fleurons longs et larges, semi-double. (I. H. 1889, 73.)
Alma, rose cramoisi.
Amy Furze, lilas.
Beauté du nord, violet carmin.
Christine, couleur de pêche, très beau.
Cullingfordii, écarlate cramoisi.
Dr Sharpe, cramoisi magenta, un des plus beaux.
Empereur de Chine, blanc argenté, à pointes saumon.
Etoile de Lyon, fond blanc nuancé violet clair, énorme.
Garibaldi, rouge brillant, très recommandable.
Gazelle, cramoisi brillant, à pointes jaunes.
George Stevens, cramoisi brun.
Golden Christine, chamois doré, très beau.
Julia Lagravère, cramoisi velouté, très beau.
King of crimsons, beau rouge cramoisi.
Mlle Madeleine Tézier, blanc rougeâtre.
Mme Forsyth, blanc pur.
Ondine, lilas, à pointes rougeâtres.
Prince Victor, rouge foncé.
Progne, amarante.
Putney George, cramoisi. (I. H. 1891, 120.)

Japonais.

Abd-El-Kader, cramoisi marron foncé.
Album plenum, blanc, à centre crème.
Album striatum, grand, blanc panaché de rose.
Arlequin, jaune nankin.
Avalanche, grand, blanc pur.
Baron de Prailly, rose lilacé, maculé de blanc.
Beau rêve, blanc argenté, lavé de rose.
Beauté toulousaine, rouge pourpre foncé, à revers doré, semi-double.
Beaumont, jaune d'or, taché de rose à l'extérieur.
Belle Paule, bords blancs, teinté de rose.
Bertha Flight, rougeâtre.
Bicolor, grand, rouge et orangé.
Boule d'or, jaune foncé, bronzé.
Bronze Dragon, jaune bronzé, belle variété.
Buttercup, jaune.
Carew Underwood, variété bronzée du *Baron de Prailly*.
Cérès, blanc, quelquefois teinté pourpre.
Chang, rouge orangé foncé, extérieur jaune, très bel effet.
Charles Dickens, rose purpurin tendre.
Chinaman, pourpre violet brillant, avec des lignes argentées au centre.
Comte Saint-Lurani, rose pâle, glacé blanc, plante naine.
Commandant Maraignon, pourpre velouté brillant, éclairé feu.
Comtesse de Beauregard, rose clair, très beau.
Coquette de Castille, rouge rosé.
Cry-Kang, magenta rosé, très beau.
Diamond, bronze et orangé.
Dr Audiguier, cramoisi amarante, marbré de blanc.
Dr Masters, jaune et rouge, à pointes dorées.
Duchess of Albany, rouge orangé.
Edouard Audiguier, pourpre marron.
Edwin Molyneux, marron rougeâtre, à revers des pétales jaunes. (I. H. 1887, 31.)
Elaine, blanc pur.
Elsie, lilas.
Ethel, blanc pur.
Fair Maid of Guernsey, blanc pur, très beau.
Félix Cassagneau, jaune orangé brillant, flammé rouge, extra.
Fernand Féral, rose, ombré de mauve.
Flambeau, cramoisi orangé, à revers, jaune.
Flamme de Punch, rouge et jaune.
Fulgore, jaune nankin.
Georges Gordon, cramoisi vif.
Gloire de Toulouse, magenta, à centre blanc.
Gloire rayonnante, rose violacé, à très longs fleurons tubuleux. (R. H. B. 1886, 265.)
Gloriosum, beau jaune pur.
Gorgeous, jaune d'or.
Grandiflorum, grand et d'un beau jaune.
Great Eastern, rouge brique, strié jaune d'or, grande fleur.

Hiver-Fleur, chamois pâle, teinté de rose.
James Salter, lilas clair, ombré au centre, très beau.
Jeanne Salter, blanc, bordé de rose lilacé.
Jeanne Delaux, beau cramoisi foncé.
Jules Toussaint, rose carmin brillant.
Jupiter, cramoisi rougeâtre.
Japonais, jaune foncé brillant.
La Charmeuse, beau rouge pourpre, à bouts blancs.
Lady Selborne, blanc pur.
Lady Trevor Lawrence, blanc pur, grande fleur, à larges pétales.
La France, carmin, blanchâtre au centre.
Lakmé, saumon et jaune.
L'Amphitrite, blanc, bordé violet.
La Nymphe, couleur de pêche, ombré de blanc.
L'Infante d'Espagne, jaune pâle, fleur immense.
L'Or du Japon, jaune bronzé, à grands fleurons.
Macaulay, lilas et jaune, pétales curieusement laciniés.
Mme *Bié* (Syn. *Etoile de la Pape*), blanc jaunâtre, à fleurons tubuleux, très fins.
Mme *Calvat*, blanc carné, fleur immense.
Mme *Castex Desgranges*, blanc à centre jaune.
Mme *C. Audiguier*, rose lilas.
Mrs *John Laing*, blanc crème, parsemé de rose.
Mme *B. Wynne*, blanc, ombré de rose.
Mme *Douglas*, blanc crème, pétales récurvés.
Mme *Goldring*, fond jaune orangé.
Mme *H. Cannell*, blanc pur, grande et forte fleur. (I. H. 1887, 31.)
Mme *H. de Vilmorin*, rose lilacé, à reflets argentés, extra.
Mme *M. de Vilmorin*, jaune d'or, ombré carmin, très grande fleur.
Mme *Jeanne Gayon*, blanc argenté, lavé rose mauve.
Mme *Mathilde Cassayneau*, nankin, lavé de violet rose, vieil or au centre.
Mme *J. Wright*, blanc pur, superbe variété.
Margot, teinte rosée, centre crème.
Mlle *Blanche Collin*, blanc, à pétales très longs.
Mlle *Lacroix* (Syn. *La Pureté*), blanc crème, très grand.
Meg Merrilees, blanc soufré, grand.
Mistress Harman Payne, mauve, à revers argenté; très grosse fleur.
M. Astorg, blanc argenté et violet rosé.
M. Brunet, lilas mauve.
M. F. Korby, fond blanc flammé rose violet, pointes jaune d'or.
M. F. L. Ulsmayer, jaune foncé, à pétales bordés marron, fleur énorme.
M. Gustave Brunerwald, rose frais lavé argent.
M. Max de la Rocheterie, jaune d'or nuancé rouge, pétales longs et contournés.
M. H. Cannell, grand, jaune foncé. (I. H. 1887, 36.)
M. H. Wellam, blanc crème, parsemé de pourpre.
M. John Laing, rouge brun, marqué de jaune. (I. H. 1888, 37, 4.)
M. Richard Larios, rose foncé et violet.
M. Ulrich Brunner, carmin, nuancé violet.
Nuit d'Hiver, bronzé, à pointes dorées.
Oracle, rouge cramoisi foncé.
Papa G. Sautel, carmin velouté, plus foncé au centre.
Pélican, blanc, à larges fleurons.
Peter the Great, citron clair, grand.
Phœbus, beau jaune clair.
Pietro Diaz, rouge foncé, à reflet jaune.
Ralph Brocklebank, jaune (variation de *Meg Merrilees*).
Raphaël Collin, blanc carné.
Red Dragon, cramoisi vif, à pointes dorées.
Red Gauntlet, cramoisi foncé.
Roi des japonais, rouge marron, larges fleurons, centre incurvé.
Rosa Bonheur, beau violet, ombré cramoisi.
Roseum superbum, rose lilas, à pointes jaune brun.
Rubra Striata, beau jaune, taché de violet et de cramoisi. (R. H. B. 1887, 13.)
Souvenir du Japon, lilas et pourpre, centre jaunâtre.
The Sultan, rose pourpré.
Secrétaire Bleu, jaune brillant, flammé rouge, fleur immense.
Sénateur Bocher, rouge grenat violacé, ponctué de blanc, remarquable nouveauté. (C. M. O. 1891.)
Thibet, blanc jaunâtre; fleurons tubuleux, excessivement fins.
Uranus, blanc pur, à pétales laciniés.
Val d'Andorre, rouge brun, ombré orange.
William A. Manda, jaune d'or, plante vigoureuse.
William Robinson, orange saumoné.
William Stevens, rouge orange.

Pompons.

Récurvés.

Adonis, rose et pourpre.
Anaïs, lilas à pointes dorées.
Aurore Boréale, brun orangé.
Black Douglas, marron.
Blushing Bride, rougeâtre.
Bob, cramoisi brun foncé.
Boule de neige, blanc.
Captain Nemo, amarante, à pointes blanches.
Chardonneret, jaune, teinté de carmin.
Crimson perfection, cramoisi brillant.
Dupont de l'Eure, beau jaune d'or.
Eléonore, cramoisi, à pointes dorées.
Elise Dordan, rose, très beau.
Eynsford Gem, pourpre magenta.
Fanny, rouge marron.
Fiberta, jaune.
Flambeau toulousain, violet rosé.
Florence, rose brillant.
Général Canrobert, jaune pur.
Golden Cedo Nulli, jaune canari.
Golden Mlle *Marthe*, jaune clair.
Golden Saint-Thais, jaune.
Golden Trevenna, jaune.
La Pureté, blanc pur.
Mme *Hutt*, brun orangé.
Mme *Mardlin*, rose pâle (variation de *Président*).
Mlle *D'Arnaud*, pourpre rosé, à pointes jaunes.
Mlle *Marthe*, blanc pur, un des plus beaux.
Model of perfection, beau lilas, bordé de rose.
Nelly Rainford, chamois (variation de *Rossinante*).
Osiris, violet, à pointes jaunes.
Pomponium, jaune.
Président, rose carminé.
Snowdrop, blanc pur.
Sœur Mélanie, blanc.
Saint-Michaël, beau jaune.
White Cedo Nulli, blanc, à pointes brunes.

Frangés ou Dentés.

Fimbriatum, rose lilacé, mélangé de jaune.
Innocence, blanc.
Marabout, blanc pur.
M. Camille, amarante, ombré de rose.
M. Hoste, couleur chair foncé.
Sir Richard Wallace, rose, ombré de blanc.
Souvenir de Jersey, rose foncé.

A floraison précoce ou C. d'Eté.

Alice Butcher, rouge.
Blushing Bride, rose.
Chromatella, jaune orangé.
Delphine Caboche, mauve rougeâtre.
Flora, jaune.
Fred. Pelé, rouge cramoisi.
Gentilesse, soufre, teinté de rose.
Golden Mme *Desgrange*, jaune.
Hermine, blanc, nain.

Illustration, blanc, ombré de rose.
Jardin des Plantes, jaune riche ; il en existe une forme blanche.
La petite Marie, blanc pur.
La Vierge, beau blanc.
Little Bob, rouge marron.
Mme C. Desgrange, blanc, à centre jaune.
Mme Picoul, rose pourpre.
Mme Burrell, jaune primevère.
Mme Cullingford, blanc.
Nanum, rougeâtre.
Pierre Verfiedl, orange et rouge.
Précocité, jaune brillant.
Salter's Early Blush, rose pâle.
Souvenir d'un ami, blanc pur, très beau.

CHRYSANTHEMUM, Linn. (de *chrysos*, or, et *anthemon*, fleur ; allusion à la couleur des fleurs de plusieurs espèces). **Chrysanthème**. Comprend les *Argyranthemum*, Webb. ; *Ismelia*, Cass. ; *Leucanthemum*, DC. et *Pyrethrum*, Gærtn. ; toutefois, ce dernier genre est maintenu séparé au point de vue horticole. FAM. *Composées*. — Près de cent trente plantes de ce genre ont été décrites, mais pas plus de quatre-vingt-dix peuvent être considérées comme de vraies espèces ; elles habitent l'Europe, l'Asie (la plupart le nord et le centre), l'Amérique (la plupart le nord), l'Afrique boréale et australe et les îles Canaries. Ce sont des plantes herbacées, rarement frutescentes, glabres ou velues, annuelles ou vivaces, presque toutes rustiques ou quelques-unes d'orangerie. Fleurs en capitules solitaires au sommet de longs pédoncules, ou réunies en corymbes, blancs, jaunes, rouges ou présentant des teintes intermédiaires, hétérogames, c'est-à-dire à fleurons de la circonférence ligulés, femelles, ceux du centre tubuleux, hermaphrodites, biailés ou quinquédentés ; réceptacle nu, plan, ou plus ou moins convexe. Achaines sub-cylindriques, anguleux, à cinq-dix côtes ou ceux de la circonférence triailés, dépourvus d'aigrette ou munis d'une courte coronule ou de paillettes. Feuilles alternes, entières, dentées ou plus ou moins profondément découpées. Pour leur culture, emploi, etc., V. **Chrysanthème**.

C. argenteum, — * *Capitules* blancs. Juillet. *Flles* bipinnées, velues, grisâtres, à folioles aiguës, entières. Tige simple, uniflore. *Haut.* 30 cent. Orient, 1731. Plante herbacée, vivace.

C. carinatum, Schousb. * C. à carène.— *Capitules* blancs, lavés de jaunâtre à la base ; disque, purpurin ; bractées de l'involucre carénées. Juillet-août. *Flles* bipinnatifides, succulentes, glabres et un peu glauques. Plante annuelle, rameuse, dressée. *Haut.* 50 à 60 cent. Afrique boréale ; Barbarie, etc., 1796. — Cette espèce très cultivée a produit plusieurs jolies variétés. (A. V. F. 7. 10.) Syn. *C. tricolor*, Hort. ; *Ismelia versicolor*, Cass. V. aussi **Chrysanthème**.

C. Catananche, — *Capitules* solitaires, de 4 à 5 cent. de diamètre, jaune pâle, à ligules pourprées à l'extérieur vers le sommet, et rouge sang à l'intérieur sur l'onglet ; disque jaune foncé. Printemps. *Flles* en touffe, pétiolées, irrégulièrement découpées en lobes aigus. Souche forte, rameuse. *Haut.* 10 à 15 cent. Monts Atlas, 1871. — Magnifique espèce à cultiver dans les endroits bien drainés des rocailles. (B. M. 6107.)

C. cinerariæfolium, Bocc. * Pyrèthre du Caucase. — *Capitules* de 4 cent. de diamètre ; bractées de l'involucre arrondies et blanchâtres au sommet ; fleurons ligulés blancs, tridentés ; disque jaune. Juillet-août. *Flles* pinnatiséquées, à segments allongés, étroits, paucilobés, pinnatifides ou pinnatiséqués, étalés. Tige dressée, grêle, uniflore. Dalmatie, 1824. Syn. *Pyrethrum cinerariæfolium*, Trev. ; *P. Willemotii* ; *P. rigidum*. — Cette plante fournit la poudre de Pyrèthre, produit très employé comme insecticide domestique.

Fig. 886. — CHRYSANTHEMUM CARINATUM FLORE-PLENO.

C. coronarium, Linn. * C. des jardins. — *Capitules* jaune foncé, à disque jaune verdâtre, solitaires, pédonculés ; bractées de l'involucre irrégulières, scarieuses sur les bords.

Fig. 887. — CHRYSANTHEMUM CORONARIUM FLORE-PLENO.

Juillet-septembre. *Flles* bipinnatifides, à rachis lobé-denté. Plante annuelle, rameuse dressée, buissonnante. *Haut.* 1 m. 20. Europe méridionale ; France, etc. — Par la culture, cette espèce a produit plusieurs variétés *doubles* de couleurs différentes. V. aussi **Chrysanthème**.

C. Decaisneanum, N. E. Br. *Capitules* jaune pâle, radiés, plus grands que ceux du *C. marginatum*. Automne. *Flles* obovales, pinnatifides. *Haut.* 30 à 45 cent. Japon, 1887. Syn. *Pyrethrum Decaisneanum*, Maxim.

C. frutescens, Linn. * Vulg. Anthemis, ANGL. Paris Daisy. — *Capitules* blancs, à disque jaune, longuement pédonculés, très nombreux. Toute l'année (en cultures). *Flles* un peu charnues, pinnatiséquées, à segments tri- ou multifides. Plante arbustive, glabre, très rameuse, buissonnante. *Haut.* 50 cent. à 1 m. Iles Canaries, 1699. Syns. *Pyrethrum frutescens*, Willd. ; *Argyranthemum frutescens*, Hort.

Cette espèce est très cultivée par les fleuristes pour l'approvisionnement des marchés ; ses fleurs rappellent celles des Marguerites des prés (*C. Leucanthemum*). On en distingue plusieurs variétés, toutes simples, différant par la découpure des feuilles et par leur teinte. L'*Anthemis Etoile d'Or* est une variété de cette espèce à fleurs d'un

Fig. 888. — CHRYSANTHEMUM FRUTESCENS.

beau jaune citron, très cultivée pour l'ornement des parterres et dans le midi pour la fleur coupée. Obtenue au Golfe-Juan il y a près de vingt ans, elle a déjà produit quelques formes. Certains botanistes supposent que cette plante est un hybride des *C. frutescens* et *C. coronarium;*

Fig. 889. — CHRYSANTHEMUM FRUTESCENS, var. Etoile d'or.

la rareté de ses graines semble le confirmer.— Le *C. frutescens* et ses variétés ne sont pas rustiques, on doit les hiverner en orangerie; placés en serre tempérée, ils y fleurissent presque sans interruption. Leur multiplication se fait par boutures herbacées, qui s'enracinent avec la plus grande facilité, ainsi que par graines que l'on sème au printemps, sur couche.

C. hæmatomma, Lowe. *Capitules* de 5 à 7 cent. de diamètre, solitaires au sommet de longs pédoncules ; fleurons ligulés blancs ou rosés; disque rouge sang. *Flles* de 5 à 8 cent. de long et 2 à 2 cent. 1/2 de large, pinnatiséquées, portant cinq à sept lobes oblongs, obtus, dentés. Plante vivace, suffrutescente, demi-rustique. Madère, 1888.

C. indicum, Linn. * C. de l'Inde, de la Chine, du Japon, C. d'automne, etc. — *Capitules* de diverses couleurs (jaunes, croit-on, chez le type), à ligules de forme et de longueur très variables; disque jaunâtre; involucre formé de bractées obtuses, scarieuses sur les bords. Corymbes multiflores. Octobre-décembre. *Flles* un peu épaisses, les inférieures pétiolées, ovales, diversement incisées-pinnatifides, les supérieures presque sessiles, dentées ; toutes plus ou moins blanchâtres, cotonneuses ainsi que les rameaux. Tiges dressées, rameuses, sub-ligneuses à la

Fig. 890. — CHRYSANTHEMUM INDICUM FLORE-PLENO.

base. *Haut.* 60 cent. à 1 m. et plus. Chine, 1764; Indes, 1819. Syns. *C. japonicum*, Thunb. ; *C. sinense*, Sab. ; *C. tripartitum*, Sweet. — Faute de pouvoir les séparer par des caractères distincts, nous avons réuni dans cette description les plantes qui ont concouru à la production des innombrables variétés de Chrysanthèmes que l'on possède aujourd'hui ; plusieurs botanistes partagent du reste l'opinion qu'elles descendent toutes d'un même type spécifique. Pour leur culture, choix des variétés, etc., V. **Chrysanthème.**

C. inodorum, Linn. — V. *Matricaria inodora*, Linn.

C. japonicum, Thunb. Syn. de *C. indicum*, Linn.

C. lacustre, Brot.* C. des lacs.— *Capitules* à fleurons ligulés blanc pur, linéaires-lancéolés, bi- ou tridentés au sommet, d'environ 2 cent. 1/2 de long; disque jaune; involucre évasé, formé de bractées scarieuses, blanches sur les bords ; pédoncules solitaires, renflés sous le capitule. Août-septembre. *Flles* alternes, succulentes, d'un vert gai, ovales-lancéolées, les caulinaires embrassantes, alternes, irrégulièrement dentées. Plante vivace, robuste, à tiges dressées, peu rameuses. *Haut.* 60 à 75 cent. Portugal. — Espèce rappelant par ses fleurs et son port le *C. Leucanthemum*, mais bien plus forte dans toutes ses parties. Elle aime les sols frais et profonds. (G. C. 1889, part. 1, p. 589.)

Fig. 891. — CHRYSANTHEMUM LACUSTRE.

C. Leucanthemum, Linn. C. ou Grande Marguerite des prés, ANGL. Ox-eye-Daisy. — *Capitules* à fleurons ligulés blancs, longuement pédonculés, terminaux et axillaires ; disque jaune. Juin-juillet. *Flles* radicales obovales, spatulées; les caulinaires amplexicaules, oblongues, irrégulièrement dentées. Tiges dressées, peu rameuses. *Haut.* 40 à 60 cent. Plante vivace, commune dans les prés de toute l'Europe. (Sy. En. B. III, 714.) Syn. *Leucanthemum vulgare*, Lamk.

Fig. 892. — CHRYSANTHEMUM LEUCANTHEMUM.

C. marginatum, N. E. Br. *Capitules* jaune foncé, petits, disposés en corymbe arrondi, Automne. *Flles* cunéiformes-oblongues, pinnatifides dans leur tiers supérieur, tomenteuses en dessous et sur les bords. Tiges tomenteuses. Japon, 1881. Syn. *Pyrethrum marginatum*, Miq.

C. maximum, — *Capitules* blancs ; à fleurons ligulés, d'environ 5 cent. de long ; bractées de l'involucre oblongues, marginées de blanc au sommet. *Flles* inférieures pétiolées, cunéiformes à la base, lancéolées-dentées depuis

Fig. 893. — CHRYSANTHEMUM MAXIMUM.

le milieu jusqu'au sommet ; les caulinaires sessiles, largement linéaires, lancéolées, dentées en scie. Tiges ascendantes, dressées. *Haut.* 1 m. 50, quelquefois 3 m. Pyrénées. (G.C. n. s. XXVI, p. 273 ; 1889, 1, p. 585.) *Leucanthemum maximum*. D. C. Plante vivace, voisine du *C. lacustre*.

C. multicaule, Desf. *Capitules* jaune d'or, solitaires au sommet des tiges ou des rameaux, de 4 à 6 cent. de diamètre ; fleurons ligulés, dix à douze, largement oblongs, obscurément crénelés au sommet. Juillet-août. *Flles* succulentes, très variables, linéaires-spatulées, triséquées ou pinnatifides. Tiges nombreuses, arrondies, simples ou rameuses, de 15 à 30 cent. de haut. Algérie. Charmante espèce rustique, glauque, annuelle. (B. M. 6930.)

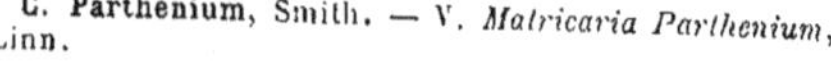

C. Parthenium, Smith. — V. *Matricaria Parthenium*, Linn.

C. segetum, Linn. ' C. des moissons. — *Capitules* entièrement jaune d'or, solitaires au sommet des rameaux ; bractées de l'involucre obtuses, largement scarieuses au sommet. Juin-août. *Flles* toutes amplexicaules, glauques, les unes grossièrement dentées, les autres plus ou moins profondément laciniées. Plante annuelle, glabre, rameuse. *Haut.* 30 à 60 cent. France, etc. (Sy. En. B. III, 713.) Il existe une variété *grandiflorum*, à fleurs plus larges.

Fig. 893. — CHRYSANTHEMUM MULTICAULE.

C. serotinum, Linn. — V. *Pyrethrum uliginosum*.

C. sinense, Sab. Syn. de *C. indicum*, Linn.

C. tricolor, Hort. Syn. de *C. carinatum*, Schousb.

C. tripartitum, Sweet. Syn. de *C. indicum*, Linn.

CHRISTE marine. — V. **Crithmum maritimum.**

CHRYSANTHUS. — A fleur jaune.

CHRYSO. — Dans les noms composés de grec, ce mot veut dire jaune d'or.

CHRYSOBACTRON, Hook. f. — Leur nom correct est **Bulbinella**, Kunth. (V. ce mot.)

CHRYSEIS, Lindl. — V. **Eschscholtzia**, Cham.

CHRYSIPHIALA, Ker. — Réunis aux **Stenomesson**, Herb.

CHRYSOBALANÉES. — Tribu des *Rosacées*.

CHRYSOBALANUS, Linn. (de *chrysos*, or, et *balanos*, gland ; allusion à la forme et à la couleur des fruits de quelques espèces). FAM. *Rosacées*. TRIBU des *Chrysobalanées*. — Genre comprenant deux ou cinq espèces d'arbres ou d'arbrisseaux de serre chaude ou tempérée, originaires de l'Amérique et de l'Afrique tropicale. Fleurs en cymes axillaires ou terminales, insignifiantes. Fruit drupacé, charnu, comestible. Feuilles simples, alternes, à stipules caduques. Le meilleur mode de propagation est le semis, lorsqu'on peut se procurer des graines ; cependant, de grandes boutures coupées au-dessous d'un nœud, sans raccourcir les feuilles, s'enracinent facilement, plantées assez clair, dans des pots remplis de sable, placés dans une chaleur humide et recouverts de cloches.

C. Icaco, — Prune coton, ANGL. Cocoa Plum. *Fl.* blanches, en panicules axillaires, dichotomes. *Fr.* ayant à peu près la grosseur d'une prune, ovale, arrondi, de couleur très variable, mais fréquemment pourpre et couvert de pruine ; la peau est mince, la pulpe blanche, fortement adhérente au noyau, douce, mais avec un arrière-goût d'amertume non désagréable. *Flles* presque orbiculaires ou obovales, émarginées. *Haut.* 1 à 2 m. Floride, etc. 1752. Serre chaude. (G. C. 1871, 586.)

C. oblongifolius, — *Fl.* blanches, en panicules terminales. Mai-juin. *Fr.* en forme d'olive, presque sec. *Flles* oblongues ou ob-lancéolées, légèrement crénelées, quelquefois tomenteuses en dessous. *Haut.* 30 cent. Floride, etc., 1812. Serre tempérée.

CHRYSOBAPHUS, Wall. — V. **Anœctochilus**, Blume.

CHRYSOBOTRYA, Spach. — Réunis aux **Ribes**, Linn.

CHRYSOCEPHALUM, Walp. — V. **Helichrysum**, Gærtn.

CHRYSOCOMA. Linn. pr. p. (de *chrysos*, or, et *kome*, chevelure; allusion à la couleur des fleurons). Angl. Goldy-locks. Fam. *Composées.* — Genre comprenant huit espèces originaires de l'Afrique australe. Ce sont des plantes frutescentes, rustiques, à fleurs jaunes, en capitules axillaires et terminaux, longuement pédonculés; involucre hémisphérique ou campanulé, formé de bractées étroites et imbriquées; réceptacle nu; aigrette composée d'un rang de poils simples. Feuilles alternes, linéaires, très entières. Le *C. Coma-aurea* est estimé dans les jardins pour ses fleurs qui se succèdent pendant une partie de l'été et pour le beau vert de son feuillage. Toute terre lui convient. On le multiplie par semis que l'on fait en août et que l'on hiverne sous châssis, ainsi que par boutures à demi-aoûtées, qui s'enracinent facilement dans du sable et sous cloches.

C. Coma-aurea, Linn. *Capitules* jaune d'or, sans rayons. Juin-juillet. *Flles* linéaires, entières, glabres, décurrentes.

Fig. 895. — Chrysocoma Coma-aurea.

Haut. 60 cent. Cap, 1731. Plante frutescente, demi-rustique. (B. M. 1972.)

C. Linosyris, Linn. *Capitules* jaunes, nombreux, disposées en corymbe plat et serré. Juin-juillet. *Flles* alternes, linéaires, aiguës. Tiges fortes, droites, raides. *Haut.* 30 à 60 cent. Hémisphère boréal; France, Angleterre, etc. Plante glabre, rustique. Syn. *Lynosyris vulgaris*, Cass.

CHRYSODIUM, Fée. — V. **Acrostichum**, Linn.

CHRYSOGONUM, Linn. (de *chrysos*, or, et *gonu*, articulation; les fleurs naissent dans les aisselles des tiges). Fam. *Composées.* — Genre renfermant environ six espèces originaires des Indes, de l'Amérique australe et de l'Australie. L'espèce typique, décrite ci-dessous, est probablement seule cultivée; c'est une jolie plante vivace, herbacée et rustique, qui se plait dans une bonne terre franche, additionnée de terre de bruyère. On la multiplie au printemps, par division des touffes.

C. virginianum, — * *Capitules* jaunes, involucre formé d'environ cinq bractées; réceptacle paléacé; l'aigrette est une petite couronne écailleuse, tridentée. Mai. *Flles* un peu ovales, obtusément dentées, à pétiole plus long que le limbe. *Haut.* 15 cent. Etats-Unis.

CHRYSOMÈLE. — Genre de Coléoptères de taille moyenne, dont le corps ovale est recouvert par des élytres coriaces. La tête est assez petite, un peu rentrée sous le corselet, et les antennes sont formées d'un certain nombre d'articles.

Les Chrysomèles vivent des feuilles des arbres; celle du Peuplier (*Chrysomela populi*) est la plus com-

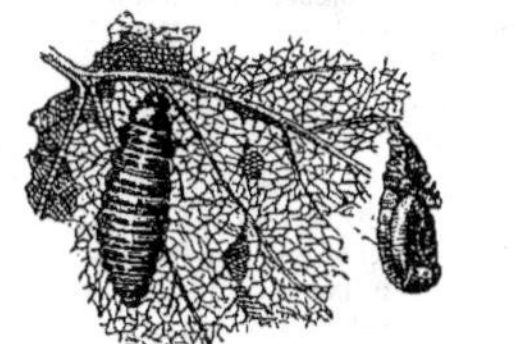

Fig. 896. — Chrysomèle du Peuplier. Larve, nymphe et insecte parfait.

mune et la plus destructrice; sa larve surtout réduit quelquefois les feuilles de ces arbres, particulièrement ceux du Tremble, à l'état de dentelle. Celles-ci éclosent au printemps, sont allongées et munies de petits tubercules qui laissent suinter une humeur à odeur forte; elles se métamorphosent sur la feuille où elles adhèrent au moyen de cet humeur visqueuse; puis, l'insecte parfait éclôt au bout de quelques jours. On ne connait guère d'autre remède que de récolter l'insecte parfait en battant les branches au-dessus d'un parapluie renversé ou d'une toile, puis de les brûler.

(S. M.)

CHRYSOMÈLE de l'Oseille. — V. **Oseille** (puce de l').

CHRYSOPHYLLUM, Linn. (de *chrysos*, or, et *phylon*, feuille; allusion à la couleur de la face inférieure des feuilles). Syns. *Cainito*, Tuss., et *Nycterisition*, Ruiz. et Pav. Fam. *Sapotacées.* — Genre comprenant environ soixante espèces, la plupart originaires de l'Amérique tropicale; quelques-unes habitent l'Afrique, l'Asie tropicale, l'Australie et les îles Sandwich. Ce sont des arbres de serre chaude, à suc laiteux. Fleurs réunies en ombelles axillaires; corolle campanulée, rotacée, à limbe découpé en cinq divisions étalées. Le fruit est une baie pluriloculaire ou uniloculaire par avortement. Feuilles alternes, très entières.

Les *Chrysophyllum* sont principalement cultivés pour leur beau feuillage ornemental, car ils ne fructifient que lorsqu'ils ont atteint une taille considérable. Il leur faut un compost formé de deux parties de terre franche et une de terre de bruyère. Les arrosements doivent être très copieux pendant leur période de végétation, mais moindres pendant l'hiver; toutefois, on ne doit jamais les laisser souffrir de la soif, car ils ne tardent pas alors à perdre plusieurs feuilles et deviennent ainsi peu décoratifs. On peut les multiplier par boutures de tiges aoûtées, soumises à une température chaude et humide, ainsi que par graines lorsqu'on peut s'en procurer.

C. argenteum, — Cette espèce ne diffère du *C. Cainito* que par la teinte argentée du revers de ses feuilles. Indes occidentales, etc.

C. Cainito, Linn. Cainitier, Cahimitier. — *Fl.* blanchâtres, petites. Mai. *Fr.* gros, un peu déprimé, rose mêlé de vert et de jaune, à peau lisse et glabre ; chair molle, douce et gluante. *Flles* oblongues, aiguës aux deux extrémités, ayant 9 à 12 cent. de long, très glabres en dessus, mais soyeuses et roussâtres en dessous. Branches couvertes d'un duvet de même teinte. *Haut.* 10 à 15 m. Indes occidentales, 1737. (I. H. 1885, 567.)

C. imperiale, Benth. *Fl.* vert jaunâtre, pédicellées et réunies en faisceaux sur un pédoncule aussi gros que le doigt; corolle sub-rotacée, à cinq lobes. Avril. *Fr.* de la grosseur d'une petite pomme, à cinq angles obtus. *Flles* de 1 m. de long et 25 cent. de large, pétiolées, ovales-oblongues ou oblongues-lancéolées, aiguës ou obtuses, profondément dentées en scie. Brésil. (B. M. 6823.) Syn. *Theophrasta imperialis.* (I. H. XXI, 184 ; R. G. 1864, 453.)

C. macrophyllum, — * *Flles* oblongues, lancéolées, de 15 à 20 cent. de long et 5 à 8 cent. de large, vert foncé en dessus, fortement couvertes en dessous et lorsqu'elles sont jeunes de poils soyeux, qui passent graduellement au rouge brun. *Haut.* 15 m. Sierra Leone, 1824. — Plante rare, mais magnifique; son feuillage atteint tout son développement lorsque la plante est encore jeune.

C. monopyrenum, — *Fl.* blanchâtres, petites. *Fr.* pourpre noir brillant, ayant la forme d'une petite datte. *Flles* alternes, ovales, de 10 à 12 cent. de long et 5 cent. de large. *Haut.* 10 m. Indes occidentales, 1812. (B. M. 3303.)

CHRYSOPSIS, Nutt. (de *chrysos*, or, et *opsis*, aspect; allusion à la couleur des capitules). Fam. *Composées.* — Genre comprenant environ dix-huit espèces de plantes herbacées, vivaces et rustiques, originaires de l'Amérique septentrionale et du Mexique. Capitules radiés ; achaines comprimés, surmontés d'une aigrette à deux rangs de soies dissemblables, les intérieures courtes, fines, ou nombreuses et paléacées ; les extérieures longues et capillaires. Quelques espèces de ce genre conviennent pour garnir le bord des massifs d'arbustes ou les plates-bandes de plantes vivaces. Leur culture est facile en toute terre de jardin, et on les multiplie au printemps, par division des touffes.

C. falcata, — *Capitules* jaunes, petits, en corymbes. Août. *Flles* fasciculées, linéaires, rigides, entières, récurvées ou en faucille, sessiles. *Haut.* 10 à 25 cent. New-Jersey.

C. mariana, — *Capitules* jaunes, en corymbes à pédoncules glanduleux. Août-octobre. *Flles* oblongues. Plante couverte de longs poils mous et soyeux ou presque glabre à l'état adulte. *Haut.* 45 à 60 cent. New-York.

C. trichophylla, — *Capitules* jaunes. Juin. *Flles* étroite, oblongues, sub-aiguës, velues. Tige grêle. *Haut.* 30 cent. à 1 m. Sud des Etats-Unis, 1827.

C. villosa, — *Capitules* jaunes. Juillet-septembre. *Flles* étroitement oblongues, couvertes, ainsi que l'involucre, d'une pubescence rude, blanchâtre, ciliées à la base. Tiges rameuses, corymbiformes, à rameaux terminés par un seul capitule courtement pédonculé. Amérique du Nord.

CHRYSORRHOE, Lindl. — Réunis aux **Verticordia,** DC.

CHRYSOSPLENIUM, Linn. (de *chrysos*, or, et *spleen*, mal d'ennui ; allusion à la couleur des fleurs ainsi qu'aux propriétés supposées qu'ont ces plantes de guérir le spleen). **Dorine**; Angl. Golden Saxifrage. Fam. *Saxifragées.* — Genre comprenant environ quarante-cinq espèces d'herbes vivaces, rustiques, originaires de l'Europe, de l'Asie et de l'Amérique tempérée. Fleurs jaunes, à corolle nulle, réunies en petits corymbes. Feuilles simples, un peu épaisses, pétiolées, dentées. Les deux espèces indigènes, *C. alternifolium* et *C. oppositifolium*, sont peu décoratives, mais peuvent cependant être employées pour garnir les endroits humides et marécageux ; elles atteignent environ 15 cent. et se multiplient très facilement par division des touffes.

CHRYSOSTEMMA, Less. — V. **Coreopsis,** Linn.

CHRYSOTEMIS, Dcne. — V. **Tussacia,** Rchb.

CHRYSOXYLON, Wedd. — V. **Pogonopus,** Klotz.

CHRYSURUS, Pers. — V. **Lamarkia.** Mœnch.

CHTHAMALIA, Dcne. — V. **Lachnostoma,** Humb., Bonpl., Kunth.

CHUSQUEA, Kunth. (probablement du nom vulgaire de quelque espèce aux Indes occidentales). Syns. *Dendragrostis*, Nees, et *Rettbergia*, Raddi. Fam. *Graminées.* — Genre comprenant environ trente espèces de Graminées suffrutescentes, arborescentes et quelquefois grimpantes, originaires de l'Amérique. Fleurs en panicules terminales, épillets uniflores, disposés de différentes façons. Le *C. abietifolia*, la seule espèce introduite, est un élégant Bambou de serre chaude. Il se plaît dans une bonne terre franche, bien drainée, et se multiplie par graines importées ou par division des touffes.

C. abietifolia, Griseb. *Fl.* en grappes terminant les branches feuillues ; épillets vert et pourpre, de 6 à 8 mm. de long. Décembre. *Flles* de 12 à 18 mm. de long et 2 mm. de large, raides, dressées, sessiles sur leurs gaines, linéaires-lancéolées, acuminées. Tiges ligneuses, lisses, arrondies. Jamaïque, 1885. (B. M. 6811.)

CHYLODIA, Cass. — V. **Wulffia,** Neck.

CHYMOCARPUS pentaphyllus, Don. — V. **Tropæolum pentaphyllum,** Lamk.

CHYSIS, Lindl. (de *chysis*, fondant; allusion à l'apparence des masses polliniques). Fam. *Orchidées.* —

Fig. 897. — Chysis bractescens.

Genre comprenant six ou huit espèces originaires du Mexique et de la Colombie. Ce sont de très jolies Orchidées de serre chaude, épiphytes et à feuilles caduques. Fleurs en grappes latérales, multiflores; périanthe vivement coloré, à divisions fermes, céracées; les extérieures légèrement soudées à la base; les intérieures adhérentes au pied de la colonne; labelle étalé, trilobé, élégamment maculé; colonne mutique, canaliculée; anthère formée de huit masses polliniques. Pseudo-bulbes épais, charnus, cassants, ayant environ 30 cent. de long, produisant les hampes florales avec les jeunes pousses. Pour leur culture, V. **Vanda.**

C. aurea, Lindl. * *Fl.* jaunes, à labelle maculé de carmin, disposées en épis courts, naissant à différentes époques. Vénézuela, 1834. (B. R. 1937; B. M. 4576; L. 260.)

C. a. Lemminghei, — * Charmante variété à fleurs rose tendre, très abondantes. Mai-juin. Guatemala. (W. S. O. 34.)

C. bractescens, Lindl * *Fl.* de 5 à 8 cent. de diamètre, disposées en grappes courtes; sépales et pétales blancs, labelle trilobé, en forme de selle, avec une macule jaune au centre. Avril-mai. *Flles* oblongues, aiguës. Guatemala, 1840. (B. M. 5186; R. 18.)

C. Chelsoni, — *Fl.* à divisions jaune nankin, avec une large macule rose vif au sommet; labelle jaune vif, rayé et maculé de rouge. Bel hybride entre les *C. bractescens* et *C. aurea*.

C. lævis, — * *Fl.* disposées par huit ou plus en grappes pendantes; sépales et pétales de couleur jaune et orange; labelle maculé de rouge écarlate ou de carmin, et frangé sur les bords. Juin. Pseudo-bulbes de 35 cent. de long. Guatemala. (I. H. 1863, 365.)

C. undulata, — *Fl.* en grappes de dix à douze; sépales et pétales jaune orangé vif; labelle jaune crème, marqué de nombreuses lignes roses. Pseudo-bulbes de 45 cent. de long. Origine inconnue. Espèce rare, mais fort belle.

CIBOTIUM, Kaulf. — V. **Dicksonia,** L'Her.

CIBOULE, Angl. Welsh Onion. (*Allium fistulosum*, Linn.). — Plante herbacée, à tiges allongées et fibreuses,

Fig. 898. — Ciboule commune.

vivace, mais qu'on a intérêt à faire et qu'on fait habituellement par le semis, en culture annuelle ou bisannuelle. La Ciboule ne forme pas de bulbes, mais le bas des pousses est légèrement renflé. On peut la multiplier par la division des pieds, mais on a ordinairement recours au semis qui donne des plantes plus vigoureuses, et on n'a pas, en ce cas, à compter avec l'hiver qui fait parfois périr cette espèce. — On sème en place, en mars-avril, en bonne terre, comme pour l'Ognon. Il n'y a pas d'autres soins à donner que de tenir le terrain propre et d'arroser.

On consomme toute la plante, mais surtout la tige proprement dite, c'est-à-dire la partie comprise entre le collet de la racine et les feuilles. On utilise la Ciboule comme assaisonnement dans la salade; sa saveur, assez voisine de celle de l'Ognon et d'odeur aussi persistante, est cependant un peu moins âcre.

On en possède deux variétés : la *Ciboule commune*, la plus généralement cultivée, qui est à tiges rougeâtres, et la *Ciboule blanche hâtive*, plus brièvement renflée à la base et à tiges d'un blanc un peu grisâtre.

La *Ciboule vivace* ou *Ciboule de Saint-Jacques*, produit des bulbes allongés ou plutôt des tiges plus fortement renflées que celles de la variété précédente et d'un rouge brun. On la multiplie par la division des pieds.

(G. A.)

CIBOULETTE ou **CIVETTE,** Angl. Chives ou Cives. (*Allium Schœnoprasum*, Linn.). — C'est, comme son nom l'indique, une espèce de petite Ciboule franchement vivace, à tiges et feuilles beaucoup plus fines et aussi beaucoup plus nombreuses. Sa saveur est également plus douce et plus fine que celle de la Ciboule.

Fig. 899. — Ciboulette ou Civette.

La plante, qui est presque toute en feuilles, sert d'assaisonnement dans la salade. On peut couper sur les plantes à plusieurs reprises; les tiges recommencent à pousser aussitôt.

On multiplie la Civette par semis et plus fréquemment par la division des pieds, que l'on fait au printemps; elle se plante le plus souvent en bordure. On renouvelle la plantation tous les trois ou quatre ans.

(G. A.)

CICCA, Linn. — V. **Phyllanthus,** Linn.

CICADELLE. — V. **Aphrophore écumeux.**

CICATRICE, Angl. Scar. — Marque plus ou moins apparente que laisse un organe : fleur, feuille, inflorescence, etc., après sa chute, sur le point articulé où il adhérait à la tige.

CICER, Linn. (de *kikos*, force; allusion aux propriétés que les anciens attribuaient aux graines). **Pois-chiche.** Fam. *Légumineuses.* — Genre comprenant environ sept espèces de plantes herbacées, annuelles ou vivaces, de la région méditerranéenne et de l'Asie occidentale. Leurs caractères sont ceux des *Vicia;* on les en distingue surtout par leur gousse vésiculeuse, renflée, ne contenant qu'une graine ou rarement plusieurs. La seule espèce intéressant l'horticulture est le *C. arietinum*, ci-dessous décrit, cultivé comme plante potagère, surtout dans le Midi. Ses grains sont consommés à l'état sec, mais ils constituent un aliment lourd très indigeste et peu apprécié; ils servent encore à la nourriture des animaux, surtout en Orient. Pour sa culture, V. **Pois**.

C. arietinum, Linn. Pois tête de bélier, P. pointu. — *Fl.* petites, solitaires, blanches, ou purpurines chez la variété à grain coloré. *Gousses* velues, dures, renflées, ne contenant ordinairement qu'un seul grain. *Flles* imparipennées, à folioles petites, arrondies, dentées, velues ainsi que toute la plante. *Haut.* 50 à 60 cent. Europe méridionale; France, etc. (S. M.)

CICHORIUM, Linn. (ancien nom égyptien). **Chicorée**; Angl. Chicory or Succory. Fam. *Composées*. — Genre comprenant trois espèces de plantes herbacées, annuelles, bisannuelles ou vivaces, habitant les régions tempérées du globe, et cultivées presque dans tous les pays. Capitules radiés, éphémères, entourés d'un involucre formé de deux rangs de bractées; les extérieures au nombre de cinq, foliacées; les intérieures huit plus, courtes, soudées à la base; réceptacle nu ou légèrement velu; achaines surmontés d'une aigrette courte, en forme de coronule. Pour leur culture et emploi, V. **Chicorée**.

Fig. 900. — Cichorium Intybus. — Sommité florifère et graine.

C. Endivia, Linn. Chicorée frisée, Endive, Angl. Endive. — *Capitules* bleu pâle, de 2 1/2 à 4 cent. de diamètre, axillaires, géminés, sessiles ou courtement pédonculés. Juillet-août. *Flles* grandes, sinuées, dentées, glabres. *Haut.* 60 cent. Indes, Chine, etc. Bisannuel.

C. Intybus, Linn. Chicorée sauvage, Angl. Chicory. — *Capitules* bleu vif, axillaires, sessiles, de 2 1/2 à 4 cent. de diamètre, géminés ou réunis par trois sur les rameaux de la panicule. Juillet. *Flles* inférieures ob-lancéolées, roncinées-pinnatifides ou dentées, les supérieures lancéolées, demi-embrassantes, entières ou largement dentées; toutes plus ou moins ciliées-glanduleuses. *Haut.* 60 cent. à 1 m. 50. Europe; France, Angleterre, etc. Vivace. (Sy. En. B. 786.)

C. spinosum, — *Capitules* bleus; bractées de l'involucre ovales, imbriquées; réceptacle nu; pédoncules rigides, glabres. *Flles* vertes, un peu charnues, glabres, lyrées-roncinées, à lobe terminal oblong, obtus. Tige rameuse, à rameaux divariqués, terminées en épine. Grèce. Bisannuel. (S. F. G. 823.)

CICONIUM, Sweet. — Réunis aux **Pelargonium**, L'Her.

CIENFUEGIA, Willd. — V. **Fugosia**, Juss.

CIENFUGOSIA, Cav. — V. **Fugosia**, Juss.

CIENKOWSKIA, Solms. — Réunis aux **Kæmpferia**, Linn.

CIERGE. — Nom vulgaire des espèces du genre **Cereus** (V. ce nom), et en particulier de ceux qui affectent une forme très allongée.

CIERGE de Notre-Dame. — V. **Verbascum thapsus**.

CIERGE queue de souris. — V. **Cereus serpentinus**.

CIERGE Lézard. — V. **Cereus triangularis**.

CIGUË. — Nom vulgaire de diverses plantes de la famille des *Ombellifères*. La C. vireuse ou Cicutaire est le *Cicuta virosa*, Linn.; la C. aquatique est l'*Œnanthe Phellandrium*, Lamk.; la C. petite ou C. des jardins est l'*Æthusa cynapium*, Linn. et la C. grande ou C. maculée est le *Conium maculatum*, Linn. Toutes ces plantes sont vénéneuses à différents degrés, la C. vireuse est la plus toxique, mais la C. petite est celle qui peut le plus donner lieu à des méprises, car elle croît dans les jardins et dans les terres cultivées. (S. M.)

CILIARIA, Haw. — Réunis aux **Saxifraga**, Linn.

CILIÉ. — Garni de cils.

CILS. — Poils raides et assez longs placés sur les bords d'un organe.

CIMICIFUGA, Linn. (de *cimex*, Punaise, et *fugo*, chasser; allusion aux propriétés de ces plantes, notamment celles du *C. elata*), Angl. Bugwort. Fam. *Renonculacées*. — Genre comprenant environ dix espèces de plantes herbacées, vivaces et rustiques, habitant l'Europe, l'Asie et l'Amérique septentrionale. Les *Cimicifuga* diffèrent principalement des *Actæa* par leurs fruits secs, polyspermes et déhiscents. Toute terre leur convient, mais ils recherchent les endroits frais et ombrés. On les multiplie facilement au printemps par division des touffes ou par graines que l'on sème sous châssis froid, dès leur maturité.

C. americana, Michx. *Fl.* blanchâtres, en grappes paniculées. Août-septembre. *Flles* tripinnées. *Haut.* 60 cent. à 1 m. Caroline, 1824.

C. cordifolia, Pursh. *Fl.* blanchâtres, en grappes paniculées. Juillet-août. *Flles* bi-ternées, à folioles à quatre-cinq lobes dentés en scie et cordiformes à la base. *Haut.* 60 cent. à 1 m. Amérique du Nord, 1812.

C. elata, — *Fl.* blanchâtres, en grappes paniculées. Juin-juillet. *Flles* ternées ou bi-ternées, à folioles ovales-oblongues, profondément dentées, cordiformes à la base. *Haut.* 60 cent. Sibérie orientale, Amérique du Nord, etc., 1777. — Plante fétide, employée en Sibérie pour chasser les Punaises. Syns. *C. fœtida*, Desf.; *Actæa Cimicifuga*, Linn.

C. fœtida, Desf. Syn. de *C. elata*.

C. japonica, — *Fl.* blanches, sessiles, en épis très longs. *Flles* grandes, ternées; segments cordiformes à cinq-sept lobes. *Haut.* 1 m. Japon, 1879.

C. racemosa, Linn. *Fl.* petites, blanches, en grappes rameuses, très longues. Juillet-août. *Flles* tri-ternées, à segments oblongs, dentés en scie, aigus. *Haut.* 1 m. à 1 m. 50. Amérique du Nord, 1732. — Ses racines passent, en Amérique, pour guérir la morsure des Serpents. Syns. *C. serpentaria*, Pursh.; *Actæa racemosa*, Linn.; *Macrotys racemosa*, Raf.

C. serpentaria, Pursh. Syn. de *C. racemosa*, Linn.

CINCHONA, Linn. (dédié à la comtesse de Cinchon, femme d'un gouverneur du Pérou, qui fut guérie d'une fièvre rebelle par l'écorce de ces plantes et qui en envoya en Europe, en 1639). **Quinquina**, Angl. Peruvian Bark. SYN. *Kinkina*, Adans. FAM. *Rubiacées*. — Genre comprenant environ trente espèces d'arbres toujours verts, de serre tempérée, originaires des Andes de l'Amérique tropicale. Fleurs blanches ou rosées, réunies en panicules terminales. Feuilles opposées, ovales, persistantes, planes, pétiolées, accompagnées de stipules oblongues, foliacées, libres et caduques.

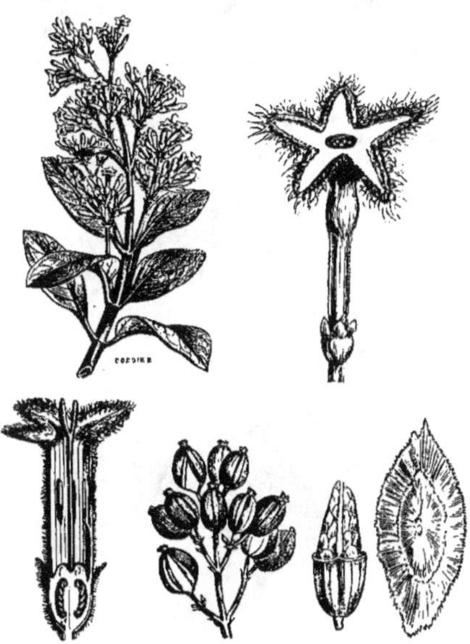

Fig. 901. — CINCHONA OFFICINALIS.
Rameau fleuri, fleurs détachées, entière et coupée longitud., grappe de fruits, un fruit ouvert et une graine, grossie.

Les précieuses qualités fébrifuges de ces arbres les ont rendus depuis longtemps très populaires. Le principe actif, le *quinine*, que renferme leur écorce est journellement employé sous forme de teinture ou d'alcaloïde, pour combattre les fièvres, comme fortifiant, etc.; c'est un des plus puissants agents de la médecine moderne. Leur culture occupe une place importante dans les Indes et autres régions tropicales; il existe un assez grand nombre de variétés industrielles différant principalement par la richesse de leur écorce. On ne les cultive guère dans les serres que pour collection, car ils sont peu décoratifs. Il leur faut un compost de terre franche fibreuse et de terre de bruyère tourbeuse, additionné d'un peu de sable et de charbon de bois. Multiplication par boutures aoûtées que l'on repique en pots, dans du sable, sous cloches et sur une chaleur de fond ou sur couche; on peut aussi les propager par semis que l'on fait sur couche ou en serre chaude.

C. Calisaya, Wedd. Quin-Kina, ANGL. Calisaya-bark.* *Fl.* rosées. *Fr.* ovoïdes, non striés. *Flles* oblongues, atténuées à la base, obtuses, entières, glabres, à stipules plus longues que les pétioles. *Haut.* 3 à 15 m. Andes du Pérou et de la Bolivie.

C. Condaminea, H. Bn. Syn. de *C. officinalis*, Linn.

C. officinalis, Linn.* *Fl.* rose très pâle; corolle à tube pubescent à l'extérieur, limbe velu et bordé de blanc; panicules rameuses, bractéolées; pédicelles soyeux, pulvérulents. *Fr.* ovoïdes, oblongs, striés longitudinalement. *Flles* ovales-lancéolées, aiguës, luisantes et glabres sur les deux faces; stipules membraneuses, acuminées. *Haut.* 10 à 15 m. Pérou, Equateur. Syn. *C. Condaminea*, H. Bn.

Cette espèce est celle dont l'écorce fut la première introduite en Europe.

Parmi les autres espèces fournissant la précieuse écorce, citons les : *C. succirubra*, Pav.; *C. lancifolia*, Mut.; *C. pitayensis*, Wedd.; *C. micrantha*, Ruiz. et Pav.; *C. nitida*, Ruiz. et Pav.; *C. ovata*, Ruiz. et Pav.; *C. elliptica*, Wedd.; *C. cordifolia*, Mut., comme les plus importantes; chacune compte du reste un certain nombre de variétés.

CINCHONACÉES. — Réunis aux **Rubiacées.**

CINCINALIS, Desv. — V. **Nothochlæna**, R. Br.

CINÉRAIRE. — V. **Cineraria.**

CINERARIA, Linn. pr. p. (de *cineres*, cendres; allusion au duvet blanc cendré qui recouvre les feuilles). **Cinéraire.** SYN. *Xenocarpus*, Cass. FAM. *Composées*. — Genre comprenant environ vingt-cinq espèces de plantes herbacées, annuelles, bisannuelles ou vivaces, rustiques ou de serre froide, originaires de l'Afrique tropicale et de l'Australie. Capitules radiés, disposés en panicule ou en corymbe rameux, terminal. Involucre formé d'un seul rang de bractées soudées à la base; réceptacle nu, plan ou convexe, alvéolé, achaines cylindriques, munis de côtes et couronnés par une aigrette soyeuse. L'absence de calicule en dessous de l'involucre permet de distinguer ce genre des *Senecio*, dont il rappelle autrement la plupart des caractères.

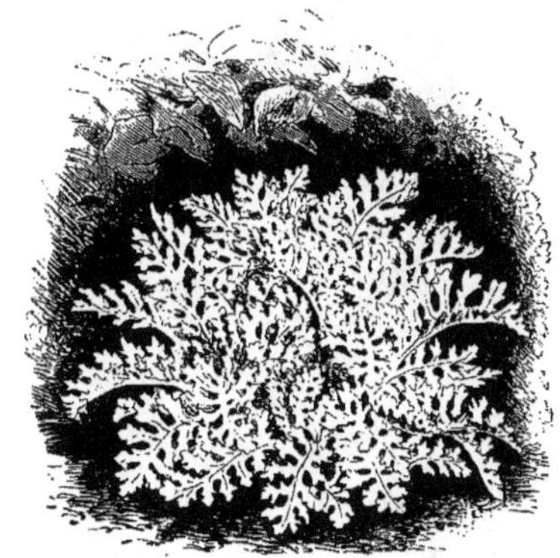

Fig. 902. — CINERARIA MARITIMA, Var. CANDIDISSIMA.

Les Cinéraires sont des plantes en général faciles à cultiver et des plus utiles pour l'ornementation des plates-bandes, des massifs et des serres. Les espèces rustiques se plaisent en toute bonne terre de jardin; on peut les multiplier par division des touffes, ainsi que par boutures; mais le semis est plus rapide, forme de plus belles plantes, et, pour cette raison, est presque exclusivement employé. Ces remarques s'appliquent surtout au *C. maritima* (fig. 901), dont les feuilles très blanches forment des touffes compactes qui sont très employées pour la formation des bordures, pour les mosaïques et pour la composition des corbeilles multicolores. Pour ces différents usages, on emploie toujours de jeunes plantes, provenant de semis de l'automne ou du printemps précédent, car, lorsque les fleurs apparaissent, la plante se déforme et devient peu décorative. On peut semer les graines : 1° à l'automne, à froid, et hiverner les plantes sous châssis ; on en obtient ainsi de fortes plantes de bonne heure ; 2° au printemps, sur couche, pour obtenir de jeunes plantes bonnes à être mises en place à la fin mai.

Fig. 903. — Cinéraire hybride pyramidale.

Le *C. cruenta* a produit par la culture et la sélection les jolies *Cinéraires hybrides*, aux fleurs grandes, arrondies et parées de coloris aussi brillants que variés. On possède aujourd'hui quelques races différant par leur taille et par la forme de leur inflorescence, ainsi que plusieurs coloris distincts et bien fixés, qui se reproduisent assez franchement par le semis. En Angleterre, un certain nombre de variétés de choix ont reçu des noms, mais la multiplication de ces variétés ne peut s'effectuer que par les rejets. Etant donné la facilité de multiplication par semis, la perfection des races actuelles et la diversité des coloris, les variétés nommées ne sont pas cultivées en France ; il est donc inutile de les mentionner ; qu'il suffise de citer ici les principaux coloris.

La gamme des Cinéraires hybrides comprend toutes les nuances possibles, sauf le jaune, qui fait totalement défaut ; par contre, le *blanc* et le *bleu* y sont d'une remarquable pureté ; ce dernier surtout est, dans la variété fixée, d'une douceur et d'une fraîcheur incomparables ; rien n'est plus joli qu'un groupe de Cinéraires *bleu d'azur ;* on a encore pu fixer le *rouge vif* et le *rose carminé*. Il est très fréquent de voir parmi les coloris en mélange des fleurs multicolores, c'est-à-dire présentant deux et même trois couleurs disposées en zones concentriques et d'un fort bel effet. (A. V. F. 25 ; R. H. 1889, 180.)

La race *pyramidale* (fig. 902) est caractérisée par son inflorescence dont les rameaux s'étagent graduellement les uns au-dessus des autres et forment une panicule plus ou moins régulière.

La race *naine* (fig. 904) renferme des plantes trapues, ayant de 20 à 30 cent. de hauteur, à corymbe court étalé, très multiflore, dont les nuances sont aussi nombreuses que dans les races précédentes ; elle est très recommandable pour la culture en pots.

Les *C. hybrides doubles* (fig. 903), obtenus en Allemagne vers 1868, ont pendant longtemps laissé beaucoup à désirer, par suite de leurs petites dimensions et d'un excès de duplicature ; cependant, cette race.

Fig. 904. — Cinéraire hybride double.

encore en voie de perfectionnements, comprend aujourd'hui des fleurs plus larges, à pétales plus allongés et moins crépus, dont les coloris sont déjà bien variés ; toutefois, ils laissent encore place à de sérieuses améliorations. Les graines, qu'ils produisent en petite quantité, ne reproduisent qu'une certaine proportion de plantes parfaites. Lorsqu'une forme méritante aura été obtenue, il sera bon de la multiplier par boutures, afin d'assurer sa conservation. Un des mérites spéciaux des C. doubles est la longue durée de leurs fleurs et la possibilité de leur emploi pour la confection des bouquets. (I. H. 1885, 556.)

Semis. — Les graines peuvent être semées : 1° en mai-juin, lorsqu'on désire obtenir la floraison pendant l'hiver ; 2° en juillet-août, pour les avoir en fleur au printemps. Le semis se fait en terrines bien drainées, dans un mélange de bonne terre franche, de terre de bruyère et de terreau (de feuilles de préférence). On les recouvre légèrement, on les arrose à la pomme très fine, puis on place les terrines dans un endroit ombragé, en plein air ou sous châssis froid. Afin de maintenir une humidité constante, il est bon de couvrir les terrines d'une feuille de verre, mais il faut la soulever aussitôt après la germination des graines et l'enlever complètement peu de temps après. Lorsque les plants sont suffisamment forts, on les repique séparément dans des godets, dans le même compost, et on les place ensuite sous châssis froid, exposé au nord, ou bien ombré et très près du verre. Il faut maintenir une humidité constante et aérer le plus possible.

CULTURE. — Lorsque les racines des jeunes plantes commencent à garnir la motte, on les rempote dans des pots un peu plus grands, puis on leur donne un deuxième et même un troisième rempotage durant l'hiver, en augmentant graduellement la grandeur des pots.

Lorsque l'atmosphère est maintenue trop sèche, les plantes jaunissent et ne tardent pas à être envahies par les Pucerons et autres maladies ; le chauffage des plantes destinées à la floraison hivernale doit en conséquence être très modéré. En général, les semis de juillet produisent les plus belles plantes. (S. M.)

Fig. 905. — Cinéraire hybride naine.

On peut alors employer un mélange plus grossier et plus riche en terreau. On les tient en serre froide ou sous châssis que l'on recouvre de paillassons, selon l'intensité du froid, et on aère le plus possible, afin d'éviter l'étiolement et la pourriture. Le dernier rempotage a lieu au printemps ou avant la formation des boutons, dans des pots de 18 à 20 cent. de diamètre; les plantes y acquièrent beaucoup de force, mais elles fleurissent cependant bien dans des pots de 12 à 15 cent., sans toutefois atteindre un aussi grand développement. On les place enfin sur les banquettes d'une serre froide, que l'on aère le plus possible en évitant les courants d'air. Il est nécessaire de les ombrer un peu lorsque le soleil est vif, les arroser copieusement et les seringuer fréquemment pendant les chaleurs; quelques arrosages à l'engrais liquide augmentent encore leur vigueur.

INSECTES, etc. — Les Cinéraires sont particulièrement sujettes aux attaques des Pucerons; on les en débarrasse assez facilement à l'aide de fumigations de tabac ; comme ils se tiennent ordinairement en dessous des feuilles, on ne constate pas toujours leur présence dès leur apparition, et pour cette raison, il est bon d'administrer de temps à autre quelques fumigations préventives. La Grise se montre aussi assez fréquemment ; sa présence est un indice que l'humidité est insuffisante et le remède est en conséquence tout indiqué.

Les Champignons (Mildew) font aussi quelquefois leur apparition ; ils sont souvent occasionnés par la sécheresse ou par une atmosphère trop confinée; la fleur de soufre, pulvérisée sur les feuilles atteintes, est le meilleur remède.

C. alpestris, Hoppe. *Capitules* jaunes, en corymbe simple, terminal. Juin. *Flles* ovales ou sub-cordiformes, crénelées, dentées, rétrécies en pétiole ailé ; les supérieures sessiles, lancéolées-linéaires, toutes plus ou moins velues-laineuses. Plante vivace, rustique. *Haut.* 60 cent. Alpes d'Europe ; Tyrol, etc., 1683. Syn. *Senecio alpestris*, DC.

C. aurantiaca, Hoppe. * *Capitules* rouge orangé, en corymbe simple, terminal. Mai-juillet. *Flles* radicales ovales, rétrécies en pétiole, entières ou sub-crénelées, les caulinaires lancéolées, les supérieures linéaires. Tige simple, nue au sommet, un peu velue-laineuse ainsi que les feuilles. Plante vivace, rustique. Europe centrale ; France, etc. (S. B. F. G. III, 256.) *Senecio aurantiacus*, DC.

C. aurita, Hort. Syn. de *C. lanata*, Curtis.

C. cruenta, L'Her. * *Capitules* rouge purpurin, en corymbe terminal ; disque jaune. Printemps et été. *Flles* radicales cordiformes, lobées, pétiolées, purpurines en dessous ; les caulinaires sessiles, ovales-auriculées à la base, plus ou moins velues. Plante vivace, bisannuelle en culture, de serre froide. *Haut.* 50 à 60 cent. Iles Canaries, 1777. (B. M. 406.) — C'est le type de nos Cinéraires hybrides.

C. c. Webberiana, Hort. C'est un hybride horticole à fleurs bleu vif, obtenu en 1842. Actuellement, cette plante est inférieure, au point de vue ornemental, aux races cultivées par les fleuristes ; ses fleurons sont beaucoup trop étroits.

C. geifolia, — *Capitules* jaunes, en corymbe rameux. Avril-août. *Flles* longuement pétiolées, réniformes, sub-lobées, duveteuses, rétrécies en pétiole ailé, auriculé. *Haut.* 60 cent. Cap. 1710. Sous-arbrisseau toujours vert, de serre froide.

C. gigantea. — V. *Senecio Smithii.*

C. lanata, Curtis. *Capitules* pourpre vif, en grands et élégants corymbes terminaux. Printemps. *Flles* argentées. Iles Canaries. (B. M. 53 ; Gn. 1890, part. II, 770.) Syn. *C. aurita*, Hort.

C. longifolia, Jacq. *Capitules* jaunes, en corymbe ombelliforme, terminal. Juin-juillet. *Flles* radicales ovales-oblongues, spatulées, crénelées ou sub-entières ; les caulinaires lancéolées, atténuées à la base ; les supérieures sessiles, sub-linéaires. Tige simple. Plante vivace, rustique. *Haut.* 60 cent. Europe centrale ; Tyrol, etc. 1792.

C. lobata, — *Capitules* jaunes, en faux corymbe ; involucre caliculé. Juin. *Flles* arrondies, multilobées, glabres, à pétioles auriculés. Arbuste de serre froide. *Haut.* 1 m. Cap, 1774.

Fig. 906. — Cineraria maritima.

C. maritima, Linn. * Cineraire maritime. — *Capitules* jaune vif, globuleux, en panicules compactes, arrondies ; involucre duveteux. Juillet-septembre. *Flles* pinnatifides, à segments oblongs, obtus, souvent trilobés. Plante couverte, surtout sur les tiges et le dessous des feuilles, d'un duvet laineux, blanc argenté. *Haut.* 60 cent. à 1 m. Europe méridionale ; France, etc. Vivace, demi-rustique. (S. F. G. 871.) Syn. *Senecio Cineraria*, DC.

C. m. candidissima, Hort. Variété à feuillage remarquablement blanc et compact (fig. 901).

CINEREUS. — Gris cendré.

CINNAMODENDRON, Endl. (de *kinnamon*, cannelle, et *dendron*, arbre). Fam. *Cannellacées*. — Petit genre ne comprenant que deux espèces d'arbustes de serre chaude, originaires de l'Amérique tropicale. Ils ne diffèrent guère des *Canella* que par leurs fleurs en grappes courtes et axillaires, et par leur corolle munie à l'intérieur de quatre à cinq languettes pétaloïdes. Leurs feuilles sont alternes, garnies de glandes pellucides. Pour leur culture, V. **Canella**.

C. corticosum, Miers. *Fl.* rouges. *Haut.* 15 m. Indes occidentales, 1860. (B. M. 6120.) — L'écorce de cet arbre est, dit-on, employée comme stimulant aromatique, purgatif et tonique. (S. M.)

CINNAMOMUM, Blume. (de *Kinnamomum*, nom grec employé par Théophraste, de l'arabe *kinamon*, cannelle). Comprend les *Camphora*, Nees. Fam. *Laurinées*. — Environ cent trente espèces de ce genre ont été décrites, mais ce nombre peut être considérablement réduit. Ce sont des arbres ou des arbrisseaux toujours verts, de serre chaude, originaires de l'Asie tropicale et subtropicale, de l'Afrique tropicale, et cultivés dans beaucoup d'autres régions. Leurs fleurs, urcéolées à la base, ont un périanthe à six divisions libres, à préfloraison valvaire ; leurs étamines, au nombre de douze, sont groupées en deux verticilles et ont quatre loges déhiscentes par des pores latéraux ; ces fleurs sont disposées en grappes rameuses, axillaires et terminales. Leurs feuilles, opposées ou alternes, sont dépourvues de stipules et leur limbe est parcouru par trois-cinq nervures apparentes.

Fig. 907. — Cinnamomum. Fleur détachée, coupée longitud.

Les *Cinnamomum* sont des arbres aromatiques, doués de précieuses propriétés économiques. Le Camphre et la Cannelle sont des produits fournis par certaines espèces de ce genre. Le vrai Camphrier est le *C. Camphora* et les principaux Cannelliers sont les *C. Cassia* et *C. Zeylanicum* ; les usages de ces deux produits sont bien connus. Par contre, ces arbres sont peu décoratifs et, partant, peu répandus dans les serres ; on ne les cultive guère que comme collection. Il leur faut un mélange de terre franche et de terre de bruyère. On peut les multiplier par jeunes boutures que l'on fait en avril, dans du sable, sous cloches et sur une chaleur de fond humide.

C. Camphora, Nees et Eberm. * Camphrier vrai, Angl. Camphor-tree. — *Fl.* petites, blanc verdâtre, en grappes axillaires et terminales. Mars-juin. *Flles* alternes, lon-

Fig. 908. — Cinnamomum Camphora.

guement pétiolées, simples, ovales-lancéolées, coriaces, vert brillant, à trois nervures saillantes. *Haut.* 6 m. Chine et Japon, 1727. Syns. *Camphora officinalis*, Nees; *Laurus Camphora*, Linn.; *Persea Camphora*, Kæmpf.

Fig. 909. — Cinnamomum zeylanicum.

C. zeylanicum, Breyn. * Cannellier de Ceylan, Angl. Cinnamon-tree. — *Fl.* petites, blanc jaunâtre, en grappes terminales. *Fr.* bacciformes. *Flles* opposées, pétiolées, ovales-oblongues, entières, coriaces, glabres et luisantes, ayant 15 à 20 cent. de long, à trois-cinq nervures longitudinales, apparentes. *Haut.* très variable. Ceylan. — On cultive dans les colonies plusieurs variétés fournissant la cannelle. Syn. *Laurus Cinnamomum*, Linn.

CIONIDIUM. Moore. — V. **Deparia**, Hook, et Grev.

CIPURA, Aubl. (dérivation obscure). Syn. *Marica*, Schreb. Fam. *Iridées*. — Petit genre comprenant quatre espèces de plantes bulbeuses, de serre tempérée, originaires des Indes occidentales, du Mexique et de l'Amérique australe. Fleurs en bouquets terminaux, enveloppées de bractées engainantes ; périanthe à tube très court ; limbe à six divisions, les trois intérieures plus courtes. Feuilles ensiformes ou linéaires. On cultive ces plantes dans un mélange de terre franche siliceuse et de terreau de feuilles ; il convient de les maintenir modérément sèches pendant l'hiver et de les rempoter au printemps. Multiplication : 1° par graines que l'on sème au printemps sur une petite couche ; 2° par drageons, qu'ils produisent en abondance.

C. martinicensis, Humb. et Bonpl. — V. *Trimezia martinicensis*.

C. paludosa, Aubl. *Fl.* blanches, en épi court, fortement imbriqué, terminal. *Flles* radicales, linéaires-lancéolées, plissées, de 8 à 12 cent. de long, dépassant la hampe. Bulbe globuleux, conique. *Haut.* 30 cent. Guyane, 1752. Syn. *Marica paludosa*, Willd. (B. M. 646.)

CIRCÆA, Linn. (dédié à Circée, célèbre magicienne de la Fable). **Herbe aux Sorciers**, Angl. Enchanter's Nightshade. — Fam. *Onagrariées*. — Genre comprenant six espèces de plantes herbacées, vivaces, habitant les régions froides et tempérées de l'Europe, de l'Asie et

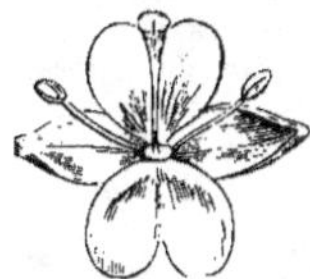

Fig. 910. — Circæa. Fleur détachée.

de l'Amérique septentrionale. Fleurs en grappes terminales et axillaires, à ovaire garni de poils crochus. Feuilles opposées, pétiolées, dentées. Rhizomes traçants. Ces plantes, quoique peu décoratives, sont propres à garnir les sous-bois ; toute terre un peu fraîche leur convient ; on peut les multiplier par drageons.

C. alpina, Linn. *Fl.* rouge pâle. Juillet. *Flles* cordiformes, dentées, luisantes, à pétioles ailés, membraneux. Tiges ascendantes, glabrescentes. *Haut.* 10 à 15 cent. Hémisphère boréal ; France, Angleterre, etc. (Sy. En. B. 512.) Le *C. intermedia*, Ehrb., est une forme de cette espèce.

C. lutetiana, Linn. *Fl.* rouge pâle. Juin. *Flles* ovales, acuminées, dentées, opaques et duveteuses, à limbe plus long que le pétiole. Tiges dressées, pubescentes. *Haut.* 30 à 45 cent. Hémisphère boréal ; France, Angleterre, etc. (Syn. En. B. 511.)

CIRCINÉ. — Enroulé en crosse, comme un Serpent endormi. Ex. : les frondes des Fougères ; les inflorescences de beaucoup de Borraginées, l'embryon de certaines graines, etc. (S. M.)

CIRCONCIS. — Se dit quelquefois des fruits marqués d'une suture circulaire, résultant de l'articulation de la partie supérieure. Ces fruits sont en général des pyxides. Ex. : ceux des *Portulaca*, des *Anagallis*, etc. (S. M.)

CIRE à greffer. — Composition imperméable et adhésive dont on se sert en horticulture pour mettre les greffes à l'abri de l'eau et de l'air, et pour recouvrir les plaies des arbres. La préparation en est variable; selon sa composition, elle s'emploie à froid ou à chaud.

La cire ou mastic à greffer *à froid* est de beaucoup la plus pratique, car elle ne nécessite l'emploi d'aucun accessoire et se conserve fort longtemps lorsqu'elle est enfermée dans des vases clos. Toutefois, sa composition n'est pas encore passée dans le domaine public et reste la propriété de quelques fabricants; aussi, lorsqu'il s'agit de grandes quantités, son emploi est-il assez coûteux.

La cire ou mastic à greffer *à chaud* est à peu près ainsi composée : 40 p. 100 poix noire, 30 p. 100 résine, 10 p. 100 cire jaune, 20 p. 100 suif et une petite quantité de cendres ou de briques pulvérisées et tamisées; le tout fondu ensemble et bien mélangé. En refroidissant, la composition se solidifie. Ces quantités peuvent être modifiées lorsqu'on vise à l'économie; l'essentiel est que le mélange ne se fendille pas en durcissant et ne coule pas au soleil. Son emploi nécessite l'usage continuel d'un réchaud pour maintenir le degré de liquéfaction voulu; c'est là son grand inconvénient. Néanmoins, les pépiniéristes qui greffent de grandes quantités d'arbres s'en servent encore.

L'*Onguent de saint Fiacre* est une sorte de mastic à greffer, fait d'argile et de bouse de vache, réduits à l'état de mortier; on ne peut guère l'employer que pour les travaux grossiers, et encore convient-il de le recouvrir d'un morceau de chiffon pour éviter que les pluies ne le désagrègent. C'est de l'aspect de l'arbre ainsi enveloppé qu'est venu le nom de *greffe en poupée*, procédé encore usité dans les campagnes. (S. M.)

CIRIER. — V. **Myrica.**

CIRIER de la Louisiane. — V. **Myrica cerifera.**

CIRRHÆA, Lindl. (allusion au rostre de la colonne, prolongé en forme de cirrhe ou vrille). Syn. *Scleropteris*, Scheidw. Fam. *Orchidées.* — Genre comprenant cinq espèces d'Orchidées épiphytes, de serre chaude, originaires du Brésil. Fleurs en longues grappes pendantes, naissant à la base des pseudo-bulbes; périanthe à divisions libres, étalées, les intérieures étroites, linéaires; labelle longuement onguiculé, à trois divisions; colonne claviforme, à rostre cirrhiforme; masses polliniques deux. Feuilles plissées. Leurs fleurs n'ayant rien de particulièrement remarquable, ces plantes se rencontrent rarement dans les serres; cependant, cultivées en pots, leurs grappes pendent tout autour et, lorsque les spécimens sont vigoureux, leur aspect est assez décoratif. Pour leur culture, V. **Cymbidium.**

C. Loddigesii, —' *Fl.* à sépales jaune verdâtre, striés transversalement et ponctués de rouge foncé; pétales de même teinte, sans stries; labelle de couleur semblable et très curieusement conformé. Mai. Brésil, 1827. (B. R. 1538.)

C. tristis, — *Fl.* très odorantes, à sépales et pétales foncés, presque pourpres, teintés de rouge sang et de jaune verdâtre; labelle pourpre. Juin. *Haut.* 20 cent. Mexique, 1834. (B. R. 1889.)

CIRRHES. — V. **Vrilles.**

CIRRHIFÈRE. — Qui porte des cirrhes ou vrilles.

CIRRHIFORME. — En forme de vrille. Les pétioles de certaines plantes grimpantes, notamment ceux de plusieurs espèces de Clématites, s'enroulent autour des objets qui leur servent de soutien. (S. M.)

CIRRHOPETALUM, Lindl. (de *cirrhus*, vrille, et *petalon*, pétale; allusion à la forme des pétales). Syns. *Ephippium*, Blume; *Hippoglossum*, Breda; *Zygoglossum*, Reinw. Fam. *Orchidées.* — Genre comprenant environ trente espèces d'Orchidées épiphytes, de serre chaude, originaires pour la plupart des Indes orientales et de l'Archipel Malais; une habite les îles Mascareignes, une autre la Chine et une troisième l'Australie. Ce sont des plantes à la fois belles et curieuses, très voisines des *Bulbophyllum*, dont on peut cependant les distinguer par leurs fleurs en ombelles, à sépales latéraux très allongés, et qui leur donnent un aspect distinct. Leurs pseudo-bulbes sont arrondis et ne portent qu'une seule feuille charnue. Les *Cirrhopetalum* demandent à être cultivés en paniers ou sur des bûches, que l'on suspend dans un endroit où ils peuvent recevoir les rayons du soleil, de l'air et de la lumière en quantité suffisante. Pendant l'été et même pendant l'hiver, il ne faut pas leur ménager les arrosements. Bien que la quantité nécessaire soit moins grande à cette dernière époque, on ne doit pas les laisser se sécher. Les seringages sont aussi bienfaisants, mais il faut éviter de mouiller les fleurs et, pendant la floraison, on se trouvera bien de les ombrer afin d'en prolonger la durée.

C. amesianum; Rolfe. *Fl.* assez grandes, jaunes, à sépales blanc jaunâtres teintés de pourpre rosé à la base, réunies en ombelles. *Flles* larges. Pseudo-bulbes à quatre angles. Indes hollandaises, 1892. (L. 314.)

C. auratum, Lindl. ' *Fl.* jaune paille, teintées et striées de carmin et de jaune d'or; hampe très grêle, naissant à la base des pseudo-bulbes, portant une ombelle arrondie, très élégante. Printemps. *Flles* solitaires, oblongues, convexes, coriaces, vert foncé en dessus, mais entièrement purpurines sur la face inférieure. Pseudo-bulbes petits, ovales. Manille, 1840. Rare et élégante espèce. (B. R. 29, 61.)

C. chinense, Lindl. *Fl.* grandes, à sépale et pétale supérieur pourpres et à sépales latéraux jaunâtres, disposées en ombelle arrondie. Chine, 1840. Curieuse espèce. (B. R. 29, 49.)

C. Collettii, Hemsley. *Fl.* pourpre foncé et jaune, d'environ 12 cent. de long, en ombelle composée de six fleurs. Pseudo-bulbes ne portant qu'une seule feuille coriace. C'est la plus belle et la plus grande espèce du genre. Burma, Indes orientales, 1891. (B. M. 7198.)

C. Cumingii, Lindl. ' *Fl.* d'un beau rouge pourpre, très abondantes, paraissant à diverses époques et disposées en grande et régulière ombelle arrondie; sépales latéraux de 2 cent. 1/2 de long, linéaires, oblongs-acuminés, projetés en avant et dont une torsion à la base ramène la face extérieure sur un même plan, les bords intérieurs se touchent et rappellent les élytres de certains insectes du groupe des Buprestes. Iles Philippines, 1839. Charmante espèce, mais encore rare. (B. M. 4996.)

C. elegantulum, Rolfe. « Petite espèce de peu d'effet; ses fleurs assez élégantes sont striées de pourpre marron sur fond pâle. » Madras, 1891.

C. flagelliforme, — Syn. de *C. Pahudii.*

C. Lendyanum, Rchb. f. ' *Fl.* blanchâtres, à reflet jaune verdâtre; sépales latéraux libres, deux fois plus longs que le supérieur, celui-ci ligulé, acuminé ; pétales ligulés, acuminés ; labelle comprimé, étroit, bicaréné sur la face supérieure; grappes ombelliformes. *Flles* oblongues, cunéiformes, aiguës, finement bilobées, purpurines en dessous. Pseudo-bulbes pyriformes, tétragones, rougeâtres. 1887.

C. Mastersianum, Rolfe. *Fl.* d'environ 4 cent. de long, jaune foncé ; sépales latéraux bruns dans leur moitié supérieure ; labelle pourpre brunâtre ; hampe purpurine, inclinée, portant une ombelle de six à huit fleurs. Pseudo-bulbes ovoïdes, quadrangulaires, portant une seule feuille de 10 à 12 cent. de long et 2 cent. 1/2 de large. Indes allemandes, 1890. (L. 255.)

C. Medusæ, Lindl. ' *Fl.* jaune paille, ponctuées de rose, en ombelle dense, au sommet d'une hampe dressée ; sépales latéraux prolongés en pointe filiforme et ayant 10 à 12 cent. de long. Eté. *Flles* solitaires, oblongues, émarginées, coriaces, vert foncé. Pseudo-bulbes ovales, subquadrangulaires. Singapour, 1830. (B. R. 1842, 12 ; B. M. 4977.)

C. Pahudii. — *Fl.* brun rougeâtre, ponctuées de rouge et disposées en grandes ombelles ; sépales et pétales récurvés. *Flles* vert foncé. Java, 1866. Intéressante espèce. Syns. *C. flagelliforme ; Bulbophyllum Pahudii.* (F. d. S. 2268.)

C. picturatum. — *Fl.* de 5 cent. ou plus de long ; sépale supérieur de 8 mm. de long, portant au sommet un filament purpurin de même longueur ; sépales latéraux connivents et formant une lame convexe, d'un vert sale ; pétales très petits ; hampe verte, maculée de pourpre, de 20 à 25 cent. de long, portant une ombelle composée de huit à dix fleurs ; gaines maculées de rouge. *Flles* solitaires, de 8 à 15 cent. de long et 4 cent. de large, linéaires-oblongues. Pseudo-bulbes en touffe. Moulmein, 1885. (B. M. 6802.)

C. pulchrum, N. E. Brown. *Fl.* à sépale dorsal pourpre, ponctué de pourpre fauve ; les latéraux soudés et formant une lame jaune, maculée de pourpre, linéaire-oblongue, obtuse ; pétales pourpres, falciformes ; labelle de même teinte, linéaire-oblong, récurvé ; pédicelles de 12 mm. de long ; hampe dressée, de 10 à 12 cent. de long, portant une ombelle d'environ sept fleurs. *Flles* oblongues, obtuses et émarginées au sommet, rétrécies à la base, épaisses. Halmahera, 1886. (I. H. 1886, 608 ; L. 165.)

C. Thouarsii, Lindl.' *Fl.* jaunes, ponctuées de rouge, à sépales latéraux allongés, en lanière, d'un rouge orangé fauve ; ombelle à hampe grêle. Eté. *Flles* solitaires, oblongues, obtuses, vert foncé, coriaces. Pseudo-bulbes glabres, naissant sur un rhizome rampant. Java, Manille, etc., largement dispersé. (B. R. 1838, 11 ; B. M. 4237, 7214.)

C. stragularium, Rchb. f. *Fl.* à sépales médian ponctué de pourpre et unicolore au sommet, elliptique, cucullé ; les latéraux jaune soufre, macules et ponctués de pourpre ; pétales jaunâtres, ponctués de pourpre, brunâtres au sommet ; labelle fortement ponctué de pourpre brunâtre, arqué, convoluté, avec deux angles divariqués près de la base. *Flles* pétiolées, cunéiformes-oblongues, obtuses, de 15 à 18 cent. de long. 1887. « Cette plante est peut-être la même que le *C. pulchrum*. (H. G. Reichenbach.) »

C. tripudians, Parish et Rchb. ' *Fl.* blanc purpurin et brun, disposées en grappe inclinée, portant neuf à dix fleurs. Burmah, 1887. Plante de peu d'effet, mais néanmoins intéressante.

C. Wendlandianum, Kranzlin. *Fl.* en ombelles, pourpre vineux, à sépales garnis de cils claviformes ; sépales latéraux atteignant 15 à 18 cent. de long, Burma ; Indes orientales, 1891. (R. X. O. 243.)

CIRSIUM, Cass. — V. **Cnicus**, Linn.

CISEAUX, Angl. Scissors. — Les jardiniers se servent des ciseaux pour éclaircir les grains de raisins ; de cet usage est venu le nom de *ciseler*. Les fleuristes en font aussi usage pour couper les tiges des fleurs et des bouquets qu'ils confectionnent. Pour ce travail, les ciseaux doivent être suffisamment forts et à lames pointues, tandis que ceux employés pour le cisellement des grappes de raisins doivent être formés de lames minces et arrondies à l'extrémité, afin d'éviter de piquer les grains qui doivent rester sur la grappe. On en fabrique de toutes les grandeurs, mais en général, il est préférable de choisir ceux de dimensions moyennes.

CISAILLES, Angl. Hand Shears. — Sorte de grands ciseaux munis de deux solides poignées, employés dans les jardins pour tondre les haies, les bordures de Buis, le gazon, etc. On en fabrique de différentes forces et de longueurs variables ; celles de moyenne grandeur sont, comme pour la plupart des instruments, les plus commodes ; l'essentiel est qu'elles soient en bon acier et munies d'une vis à la fois facilement démontable, immobile et permettant de les serrer à volonté. Il est à peine besoin de dire qu'on doit toujours les entretenir dans un parfait état de propreté, les manier avec précaution afin d'éviter de les fausser ou de les ébrécher, et lorsqu'elles ont besoin d'être repassées, il vaut mieux les confier à un aiguiseur que de s'exposer à les détériorer en voulant le faire soi-même sur une meule ou d'une autre manière.

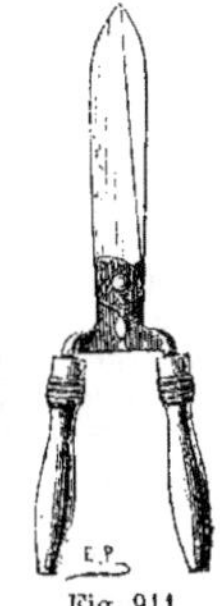
Fig. 911. Cisailles.

On emploie en Angleterre, pour tondre les bordures des pelouses, des cisailles munies de deux longues poignées ou manches permettant à l'ouvrier de travailler debout. La forme des lames ne diffère pas sensiblement de celle des cisailles ordinaires, mais au lieu de reposer à plat sur le sol, elles s'appuient sur l'arête de l'une d'elles tandis que l'autre lame pince et coupe l'herbe, les poignées sont recourbées presque à angle droit pour arriver à la hauteur de la taille, avec un espacement convenable. Cet instrument qui, croyons-nous, n'est pas employé en France, pourrait cependant rendre des services pour découper nettement les bordures de pelouse à arête vive. (S. M.)

CISELLEMENT. — Opération consistant à enlever sur les grappes de raisin, à l'aide de ciseaux spéciaux, tous les grains petits, mal conformés, puis d'autres encore, au profit d'un petit nombre qui prennent, par suite, un développement considérable. V. **Vigne**. (G. B.)

CISSAMPELOS, Linn. (de *kissos*, nom grec du Lierre, et *ampelos*, Vigne ; allusion au port grimpant et aux fruits en grappes des plantes de ce genre). Angl. Pareira Brava-root. Fam. *Menispermacées*. — Genre comprenant environ trente espèces d'arbustes sarmenteux, de serre chaude, originaires de l'Amérique, de l'Asie et de l'Afrique tropicale. Fleurs dioïques, les mâles en cymes axillaires, très rameuses, souvent trichotomes, un peu corymbiformes, solitaires, géminées ou ternées à pédicelles multiflores : fleurs femelles en grappes simples, allongées, fasciculées à l'aisselle de larges bractées alternes. Feuilles simples, pétiolées, orbiculaires, ovales, cordiformes ou peltées, mucronulées au sommet. Ces plantes croissent volontiers en bonne terre franche fibreuse. On les multiplie par boutures qui s'enracinent facilement à chaud et sous cloches. La plupart des espèces ne commencent à fleurir que lorsqu'elles ont atteint d'assez fortes proportions et exigent en conséquence beaucoup d'espace.

C. mauritiana, — *Fl.* jaune et vert ; grappes mâles axillaires, géminées ou nombreuses. *Flles* cordiformes, orbiculaires, velues, celles des plantes mâles peltées.

C. Pareira, — Caapeba. — *Fl.* verdâtres ; les femelles en faisceaux plus longs que les feuilles. Juillet. *Flles* peltées, un peu cordiformes, ovales-orbiculaires, pubescentes et soyeuses sur la face inférieure. Branches glabres. Martinique, Jamaïque, etc., 1733. (B. M. 15.)

CISSUS, Linn. (de *kissos*, nom grec du Lierre ; allusion au port de ces plantes). FAM. *Ampélidées.* — Ce sont des arbustes ou des arbres sarmenteux, grimpants, munis de vrilles, à fleurs en cymes ou corymbes, petites, verdâtres, jaunes ou purpurines. Feuilles simples, trifoliées ou palmées[1].

Le *C. discolor* est certainement une de nos plus belles lianes grimpantes, de serre chaude. Il lui faut un compost de deux parties de terre de bruyère tourbeuse, une de terre franche, une de terreau de feuilles, et additionné d'une certaine quantité de sable. On peut le cultiver en pots ou en paniers, ou, si l'on désire de fortes plantes dont on tapisserait les murs ou dont on formerait des guirlandes le long de la charpente des serres, on les mettra de préférence en pleine terre. Une chaleur de fond de 25 deg., ainsi qu'une température atmosphérique d'environ 20 degr. lui sont très favorables. Ainsi cultivée, la plante déploie toute sa vigueur, ses feuilles atteignent leur grandeur maximum et se parent de nuances phosphorescentes d'une richesse incomparable ; cependant, elle pousse et se colore bien en serre chaude, sans chaleur de fond. La multiplication s'effectue facilement par boutures, au printemps plutôt qu'à toute autre saison. Il y a deux méthodes de bouturage : l'une consiste à prendre les petits rameaux, peu avant le départ de la végétation ; l'autre, qui est préférable, à laisser les jeunes pousses atteindre environ 5 cent. de longueur, puis les couper avec une partie du vieux bois, ou même laisser ensemble les pousses qui se sont développées sur le même rameau. On les plante ensuite dans des pots remplis de terre très siliceuse, ou encore dans du sable pur, puis on les place dans un châssis à multiplication et sur une vive chaleur de fond ; recouvertes de cloches, elles ne s'enracinent que plus rapidement. Dès qu'elles ont émis des racines, on les empote séparément et on les enfonce de nouveau dans une couche dont la chaleur de fond se maintient entre 20 et 25 degr. Quand les pots sont garnis de racines, on donne un deuxième rempotage et on place trois tuteurs formant un triangle conique, ou un ballon en fil de fer, et sur lesquels on attache les pousses avec soin. Puis, lorsque la végétation est en pleine activité, on peut donner un peu d'engrais liquide, mais en solution très faible, si on ne veut pas s'exposer à faire plus de mal que de bien.

C. albo-nitens. — V. **Vitis albo-nitens.**

C. amazonica. — V. **Vitis amazonica.**

C. antartica. — V. **Vitis antartica.**

C. chontalensis. — V. **Vitis chontalensis.**

C. Davidiana. — V. **Vitis Davidiana.**

C. discolor, — * *Fl.* jaune verdâtre, en cymes sub-quinquéfides, plus longues que les feuilles. Août. *Flles* cordiformes, oblongues, acuminées, finement denticulées sur les bords ; face supérieure d'un beau vert gai et velouté, marbré et maculé de blanc ; l'inférieure rouge pourpre foncé ; branches anguleuses, glabres ainsi que les deux faces des feuilles. Java, 1851. (B. M. 4763.)

C. japonica. — V. **Vitis japonica.**

C. javalensis. — V. **Vitis javalensis.**

C. Lindeni. — V. **Vitis Lindeni.**

C. platanifolia. — V. **Vitis Davidiana.**

C. porphyrophyllus. — V. **Piper porphyrophyllum.**

C. rubricaulis. — V. **Vitis Davidiana.**

C. viticifolia. — V. **Ampelopsis serjaniæfolia.**

CISTELLA, Blume. — V. **Geodorum,** Jack.

CISTINÉES. — Petite famille de plantes Dicotylédones, ne comprenant guère que soixante-dix espèces bien distinctes, réparties dans quatre genres ; elles habitent les régions tempérées de l'hémisphère boréal. Leurs tiges sont herbacées ou suffrutescentes ; leurs fleurs hermaphrodites, disposées en grappe simple, se composent d'un calice à cinq divisions libres, persistantes, d'une corolle à cinq pétales le plus souvent jaunes, très fugaces, et d'étamines en nombre indéfini. Le fruit est une capsule polysperme, à trois-cinq loges, déhiscente par des valves. Leurs feuilles sont simples, souvent opposées et munies de stipules. Les espèces les plus répandues dans les jardins appartiennent aux genres *Cistus* et *Helianthemum.* (S. M.)

CISTUS, Linn. (de *kiste*, capsule ; allusion à la forme remarquable des fruits). **Ciste,** ANGL. Gum Cistus, Rock Rose. Comprend les *Halimium*, Spach. FAM. *Cistinées.* — Environ cinquante plantes de ce genre ont été décrites, mais ce nombre peut être réduit à vingt-cinq espèces distinctes ; elles habitent l'Europe, l'Afrique boréale et orientale. Ce sont des plantes herbacées ou suffrutescentes, quelquefois des arbrisseaux dressés, à fleurs axillaires ou terminales, solitaires ou réunies en cymes, grandes et belles, ressemblant à une rose simple, mais de courte durée. Calice à cinq sépales, les deux extérieurs souvent inégaux, plus petits ; corolle à cinq pétales libres, caducs ; étamines en nombre indéfini. Le fruit est une capsule à cinq-dix valves, déhiscente par des fentes longitudinales. Feuilles opposées, entières, pétiolées, ordinairement dépourvues de stipules. Toute la plante est plus ou moins fortement couverte de poils glanduleux, qui excrètent une substance résineuse, balsamique, autrefois employée en médecine sous le nom de *Ladanum.*

Toutes les espèces de ce genre sont très décoratives et dignes de figurer dans tous les jardins, mais malheureusement elles ne vivent qu'aux expositions chaudes

[1] Ce genre, réuni aux *Vitis* par beaucoup d'auteurs modernes, a été reconstitué, avec une grande extension, par Planchon, dans sa récente monographie des Ampélidées. Toutefois, nous respecterons l'opinion de l'auteur de cet ouvrage qui a réuni tous les *Cissus* aux *Vitis* et n'a maintenu ici que le *C. discolor*, en raison de son emploi horticole. (S. M.)

et abritées, dans un sol léger et sec; il faut en conséquence les planter de préférence au pied des murs. Leurs fleurs, très délicates et parées de belles couleurs, se développent en grande abondance pendant tout l'été.

On les multiplie par semis ou par boutures que l'on fait sous cloches, en plein air ou en serre, sur une douce chaleur de fond, mais le semis produit toujours de plus belles plantes. On sème les graines de bonne heure au printemps, dans des terrines ou dans des caisses, sous châssis, et on les recouvre légèrement de terre sableuse, tamisée. Les jeunes plantes commencent à sortir au bout d'environ six semaines, sans chaleur artificielle. Quand les plants sont déjà forts, on doit commencer à les endurcir graduellement. Toutefois, il est important de les préserver soigneusement des coups de soleil et de les arroser régulièrement. Lorsqu'ils ont atteint environ 3 cent. de hauteur, on les repique dans de petits pots, puis on les place quelque temps sous châssis pour faciliter leur reprise. Quelques espèces demandent à être hivernées sous châssis, mais en général une légère protection contre la gelée sera suffisante, dans la plupart des cas, pour préserver les plantes de tout dommage pendant les hivers rigoureux. Les boutures se font au printemps ou à l'automne, avec des rameaux de 8 à 10 cent. de longueur, que l'on plante sous châssis, dans de la terre de bruyère siliceuse, en ayant soin d'ombrer et d'arroser jusqu'à ce que les racines soient formées. On rempote ensuite les sujets séparément dans un compost de terre franche et de terreau de feuilles et on les plante à demeure lorsqu'ils sont suffisamment développés. En tout cas, il sera toujours prudent de conserver sous abri en hiver, un ou plusieurs exemplaires de chacune des espèces multipliées, de façon à parer aux pertes qui pourraient se produire

Plusieurs des noms qui figurent ci-après ne représentent que de simples formes de quelques espèces. Cependant, comme ces variétés sont suffisamment distinctes pour les usages horticoles, elles sont mentionnées dans la nomenclature qui suit sous les noms qui servent à les désigner en horticulture.

C. albidus, Linn. * *Fl.* au nombre de trois à huit, terminales, un peu en ombelle; pétales pourpre pâle, jaunes à la base, imbriqués. Juin. *Flles* sessiles, oblongues, elliptiques, tomenteuses, canescentes, sub-trinervées. *Haut.* 60 cent. Sud-ouest de l'Europe; France, etc. (S. C. 31.)

C. candidissimus, — *Fl.* rose pâle; pédoncules plus courts que les feuilles, portant une à huit fleurs. Juin. *Flles* ovales, elliptiques, aiguës, fortement revêtues d'un tomentum blanchâtre, trinervées; pétioles courts et engainants à la base, poilus sur les bords. *Haut.* 1 m. 20. Iles Canaries, 1817. Syn. *Rhodocistus Berthelotianus.* (S. C. 3.)

C. Clusii, Dun. *Fl.* blanches, un peu capitées. Juillet. *Flles* legèrement trinervées, linéaires, enroulées sur les bords, canescentes sur la face inférieure; bractées poilues, largement ovales, acuminées, ciliées, caduques, à peine plus longues que les pédoncules. *Haut.* 60 cent. Espagne et Portugal, 1810. (S C. 32.)

C. creticus, — *Fl.* à pétales pourpres, jaunes à la base, imbriqués; sépales velus, pédoncules uniflores. Juin. *Flles* spatulées, ovales, tomenteuses, velues, ridées, ondulées sur les bords et courtement pédonculées. *Haut.* 60 cent. Crète, 1731. (S. F. G. 495.) — Cette espèce, ainsi que quelques autres originaires du Levant, exsude, sous forme de gouttelettes, le *Ladanum*, produit résineux à odeur forte, balsamique, autrefois très employé comme remède contre la peste. On l'obtient en promenant sur les plantes une sorte de martinet dont on retire ensuite la résine qui s'est fixée après les lanières. Actuellement, le Ladanum n'est guère employé que comme parfum.

C. crispus, Linn. * *Fl.* presque sessiles, réunies par groupes de trois à quatre en fausses ombelles; pétales rouge-pourpre. Juin. *Flles* sessiles, linéaires, lancéolées, ondulées, crispées, trinervées, ridées et pubescentes. *Haut.* 60 cent. Sud-Ouest de l'Europe; France, etc. 1656. (S. C. 22; Gn. 1888, part. II, 666.)

C. Cupanianus, — *Fl.* blanches, maculées de jaune à la base de chaque pétale; pédoncules poilus, portant de deux à trois fleurs; pétales imbriqués; sépales velus. Juin. *Flles* pétiolées, cordiformes, ovales, ridées, réticulées, frangées sur les bords, scabres sur la face supérieure; l'inférieure couverte de poils fasciculés. Tige dressée. *Haut.* 60 cent. Sicile. (S. C. 70.)

Fig. 912. — CISTUS LADANIFERUS.

C. Cyprius, — *Fl.* à pétales blancs, imbriqués, portant à la base une macule foncée; pédoncules généralement pluriflores. Juin. *Flles* pétiolées, oblongues, lancéolées, glabres sur la face supérieure, l'inférieure revêtue d'un tomentum blanchâtre. *Haut.* 1 m. 20. Chypre, 1800. (S. C. 39.)

C. formosus. — V. *Helianthemum formosum.*

C. guttatus. — V. *Helianthemum guttatum.*

C. heterophyllus, — *Fl.* à corolle rouge, grande, jaune à la base, à pétales imbriqués; pédoncules velus, feuillus, uniflores, solitaires ou réunis par deux ou trois. Juin. *Flles* ovales, lancéolées, enroulées sur les bords, portées sur de courts pétioles engainants à la base. *Haut.* 60 cent. Algérie. (S. C. 6.)

C. hirsutus, Lamk. *Fl.* à pétales blancs, maculés de jaune à la base, imbriqués; pédoncules courts, uniflores ou portant une cyme pluriflore. Juin. *Flles* sessiles, oblongues, obtuses et velues. *Haut.* 60 cent. Sud-ouest de l'Europe; France, etc. (S. C. 19.)

C. incanus, Linn. Syn. de *C. villosus*, Linn.

C. ladaniferus, Linn. *, ANGL. Gum Cistus. — *Fl.* blanches, grandes, terminales, solitaires, à pétales imbriqués. Juin. *Flles* presque sessiles, soudées à la base, linéaires-lancéolées, trinervées, glabres sur la face supérieure, tomenteuses sur l'inférieure. *Haut.* 1 m. 20. France, Espagne, etc. (S. C. 84 ; Gn. 1886, part. 1, 552, var. *maculatus.*) — On a cru longtemps que cette espèce fournissait le *Ladanum* du commerce.

C. l. maculatus, — *Fl.* à pétales blancs, maculés de rouge foncé à la base. (S. C. 1.)

C. latifolius, — * *Fl.* à pétales blancs, maculés de jaune à la base, imbriqués ; sépales velus ; pédoncules munis de bractées, longs, velus, un peu en cyme. Mai. *Flles* pétiolées, larges, cordiformes, aiguës, crispées, ondulées, denticulées et ciliées sur les bords. *Haut.* 1 m. Barbarie, 1656. (S. C. 15.)

C. laurifolius, Linn. *Fl.* blanches, maculées de jaune à la base de chaque pétale, grandes, disposées en ombelle. Juin. *Flles* pétiolées, ovales-lancéolées, trinervées ; glabres sur la face supérieure, tomenteuses sur l'inférieure ; pétioles dilatés et connés à la base. *Haut.* 1 m. 20. Sud-ouest de l'Europe ; France, etc. (S. C. 52.)

C. laxus, — *Fl.* blanches, disposées en cymes ; pétales maculés de jaune à la base ; pédoncules et calices velus. Juillet. *Flles* courtement pétiolées, ovales-lancéolées, acuminées, ondulées et un peu dentées sur les bords, glabres ; les supérieures velues. *Haut.* 1 m. Europe méridionale, 1656. (S. C. 12.)

C. longifolius, Linn. *Fl.* blanches, maculées de jaune à la base de chaque pétale ; pédoncules en cymes. Juin. *Flles* portées sur de courts pétioles, oblongues, lancéolées, ondulées et pubescentes sur les bords, veinées sur la face inférieure. Espagne et France méridionale.

C. monspeliensis, Linn. * *Fl.* blanches, moyennes ; pétales imbriqués, crénelés ; pédoncules velus ; cymes presque unilatérales. Juillet. *Flles* linéaires-lancéolées, sessiles, trinervées, visqueuses, velues sur les deux faces. *Haut.* 1 m. 20. Europe méridionale ; France, etc. (S. C. 27.)

C. m. florentinus, — * *Fl.* à pétales blancs, jaunes à la base, imbriqués ; pédoncules velus, généralement triflores. Juin. *Flles* étroites, lancéolées, ridées, réticulées sur la face inférieure et presque sessiles. *Haut.* 1 m. Italie, 1825. Hybride entre les *C. monspeliensis* et *C. salvifolius.* (S. C. 59.)

C. oblongifolius, — * *Fl.* blanches ; pétales concaves, imbriqués, maculés de jaune à la base ; pédoncules en cyme. Juin. *Flles* courtement pétiolées, oblongues-lancéolées, obtuses, pubescentes et ondulées sur les bords, veinées sur la face inférieure. Branches velues, hispides. *Haut.* 1 m. 20. Espagne. (S. C. 67.)

C. obtusifolius, — * *Fl.* à pétales blancs, imbriqués, maculés de jaune à la base ; pédoncules terminaux, en cyme pluriflore. Juin. *Flles* presque sessiles, graduellement retrécies à la base, ovales, oblongues, obtuses, ridées, couvertes de poils pubescents, étoilés, et un peu denticulées sur les bords. *Haut.* 30 à 45 cent. Crète. (S. C. 42.)

C. populifolius, Linn. *Fl.* blanches, disposées en cymes, à sépales visqueux ; pédoncules pourvus de bractées oblongues. Mai-juin. *Flles* pétiolées, cordiformes, acuminées, ridées, glabres. *Haut.* 1 m. Sud-ouest de l'Europe, France, etc. (S. C. 23.)

C. psilosepalus, — * *Fl.* presque disposées en cyme, pédoncules velus-tomenteux ; sépales glabres, luisants, ciliés sur les bords et longuement acuminés ; pétales larges, cunéiformes, imbriqués, blancs, maculés de jaune à la base. Juin-août. *Flles* courtement pétiolées, oblongues-lancéolées, trinervées, aiguës, ondulées, un peu denticulées et ciliées sur les bords, légèrement velues. *Haut.* 60 cent. à 1 m. Patrie inconnue. (S. C. 33.)

C. purpureus, — * *Fl.* à pétales rouge pourpre, maculés de pourpre foncé à la base, imbriqués : pédoncules solitaires ou ternés. Juin. *Flles* oblongues-lancéolées, acuminées aux deux extrémités, ridées ; pétioles courts, velus, engainants. *Haut.* 60 cent. Orient. (S. C. 17 ; Gn. 1887, 11, 591.)

C. rotundifolius, — * *Fl.* à pétales pourpres, tachés de jaune à la base, imbriqués ; sépales cordiformes, velus ; pédoncules très velus, presque en cyme. Juin-septembre. *Flles* arrondies, ovales, obtuses, planes, ridées, réticulées, revêtues sur les deux faces de poils fasciculés, pétioles canaliculés un peu engainants à la base. *Haut.* 30 cent. Europe méridionale, 1640. (S. C. 75.)

C. salviæfolius, Linn. *Fl.* blanches, moyennes ; pédoncules allongés, couverts d'un tomentum blanchâtre, uniflores, articulés, solitaires ou ternés. Juin-août. *Flles* pétiolées, ovales, obtuses, ridées, tomenteuses sur la face inférieure. *Haut.* 60 cent. Europe méridionale, 1548. (S. C. 54.) Il existe plusieurs variétés de cette espèce.

C. s. Corbariensis, Pour. * *Fl.* à pétales blancs, imbriqués ; pédoncules allongés, portant une à cinq fleurs. Mai. *Flles* pétiolées, un peu cordiformes, ovales, acuminées, frangées sur les bords, ridées sur les deux faces et très glutineuses. *Haut.* 60 cent. France méridionale. Hybride entre les *C. salviæfolius* et *populifolius.* (S. C. 8.)

C. tauricus, — Variété du *C. creticus,* Linn.

C. undulatus, — Syn. *C. villosus.*

C. vaginatus, — * *Fl.* d'un beau rose ; pétales imbriqués ; pédoncules triflores, axillaires ou terminaux, longs, pourvus de bractées à la base. Avril-juin. *Flles* lancéolées, aiguës, trinervées, velues, réticulées sur la face inférieure ; pétioles canaliculés, dilatés et engainants à la base, velus sur les bords. *Haut.* 60 cent. Ténériffe, 1779. (S. C. 9.)

C. villosus, Linn. * *Fl.* à pétales grands, pourpre rougeâtre, étalés, imbriqués à la base ; pédoncules uniflores, solitaires ou ternés. Juin. *Flles* arrondies-ovales, ridées, velues-tomenteuses, pétiolées ; pétioles canaliculés, connés à la base. *Haut.* 1 m. Europe méridionale ; France, etc. Syns. *C. incanus,* Linn. et *C. undulatus.* (S. C. 35.)

C. v. canescens, — * *Fl.* à pétales crénelés, rouge foncé, teintés de bleu, avec une macule jaune à la base ; sépales revêtus d'une pubescence étoilée ; pédoncules terminaux, uniflores ou un peu en cyme. Mai. *Flles* oblongues-linéaires, obtuses, tomenteuses, canescentes, ondulées, presque trinervées, sessiles et un peu soudées à la base. *Haut.* 60 cent. Europe méridionale. (S. C. 45.)

CITERNE. — La citerne est un bassin ordinairement construit sous terre et recouvert, destiné à emmaganiser les eaux des pluies pour des usages différents. Les parois doivent être solidement bâties et cimentées, de façon à éviter les fuites, et on doit de préférence la construire dans l'endroit le plus élevé de la propriété, pour assurer l'écoulement naturel de l'eau sur tous les points ; elle doit aussi être munie d'un tuyau permettant l'écoulement total du contenu et d'une ouverture suffisamment grande pour permettre de la nettoyer.

On n'apprécie ordinairement pas assez les qualités de l'eau de pluie pour la culture générale des plantes ; elle est préférable aux eaux de toute autre provenance. On ne saurait donc trop recommander l'emploi de gouttières autour des serres et des bâtiments, pour la capter et la conduire dans un récipient quelconque. Etant donné la position des citernes, l'eau qu'elles renferment devra, lorsque la chose est possible, être exposée à l'air avant son emploi afin de la ramener à la température de l'atmosphère. V. aussi **Réservoir** et **Bassin.** (S. M.)

CITHAREXYLUM, Linn. (de *kithara*, lyre, et *xylon*, bois; allusion aux qualités du bois, propre à la fabrication des instruments de musique), Angl. Fiddlewood. Fam. *Verbénacées*. — Genre comprenant environ vingt espèces d'arbres de serre chaude, assez décoratifs, originaires de l'Amérique tropicale et subtropicale. Leurs branches sont tétragones et portent des feuilles opposées ou verticillées, entières, souvent glanduleuses; leurs fleurs sont généralement blanches, réunies en épis simples ou rarement solitaires. Ils atteignent, selon les espèces, de 2 à 15 m. Il n'en existe probablement qu'un très petit nombre dans les serres. Les espèces qui ont été introduites sur notre Continent sont: *C. caudatum*, *C. cyanocarpum*, *C. dentatum*, *C. quadrangulare*, *C. subserratum* et *C. villosum*.

CITRONELLA, D. Don. — V. **Villaresia**, Ruiz. et Pav.

CITRONNELLE. — Nom vulgaire de diverses plantes à odeur de citron, notamment des *Lippia citriodora*, *Artemisia Abrotanum* et *Melissa officinalis*.

CITRONNELLE (**Petite**). — *Santolina Chamæcyparissus*.

CITRONNIER. — V. **Citrus Limonum** et **C. medica**.

CITROUILLE. — V. **Courge Citrouille**.

CITRULLUS, Schrad. (de *Citrus*, allusion à la forme

Fig. 913. — Citrullus Colocynthis.
Rameau florifère, fleur coupée longitudinalement et fruit coupé transversalement.

du fruit qui rappelle celle d'une orange). Syn. *Colocynthis*, Tourn. Fam. *Cucurbitacées*. — Ce genre comprend trois espèces de plantes herbacées, très voisines des *Cucumis* et originaires de l'Afrique et de l'Asie tropicales. Fleurs monoïques; calice et corolle persistants, à cinq divisions. Feuilles pinnatifides. Le fruit est une gourde plus ou moins volumineuse, coriace ou charnue, renfermant de nombreuses graines. Le fruit du *C. Colocynthis* constitue la vraie Coloquinte des officines; celui du *C. vulgaris* est le Melon d'eau ou Pastèque des Provençaux, estimé pour sa chair aqueuse et très rafraîchissante; il en existe plusieurs variétés. Pour leur description, culture, etc., V. **Melon**.

C. Colocynthis, Schrad. Coloquinte officinale, Angl. Bitter Apple, Bitter Cucumber. — *Fl.* jaune clair, solitaires. *Fr.* globuleux, atteignant rarement 8 cent. de diamètre, très amer, lisse, panaché de vert et de blanc. *Flles* profondément divisées, ayant 6 cent. de long et à peine 5 cent. de large, ovales, à segment médian pinnatifide. Plante scabre, grimpante, vivace. Indes. (B. M. 114.) Syn. *Cucumis Colocynthis*.

Fig. 914. — Citrullus vulgaris. — Pastèque.

C. vulgaris, Schrad. * Melon d'eau, Pastèque, Angl. Water Melon. — *Fl.* jaunes, *Fr.* atteignant souvent 25 cent. de diamètre, quelquefois beaucoup plus petit, globuleux, doux ou amer. *Flles.* profondément divisées ou médiocrement lobées, glabres ou un peu velues, à peine scabres. Indes. « On dit cette plante annuelle, tandis que le *C. Colocynthis* est vivace; mais la différence entre les formes cultivées de cette espèce et les formes à feuilles divisées de la Pastèque sont très légères. » Syns *Cucumis Citrullus*, Ser.; *Cucurbita Citrullus*, Linn.

CITRUS, Linn. (du mot grec *kitron;* citron). **Oranger**, **Citronnier**; Angl. Orange-tree. Fam. *Rutacées*. — Ce genre comprend plus de trente espèces; toutefois ce nombre est réduit à environ cinq par certains auteurs. Ce sont des arbres ou arbustes de serre froide ou tempérée, originaires des Indes orientales et de l'Australie, mais cultivés dans toutes les régions chaudes du globe. Fleurs blanches; calice urcéolé, à trois-cinq divisions; pétales cinq-huit, libres, oblongs; étamines à filets plus ou moins soudés. Le fruit est une grosse baie globuleuse ou plus ou moins ovale, pulpeuse, à six-douze loges renfermant ordinairement chacune deux graines. Feuilles simples ou rarement trifoliées, alternes, persistantes ou rarement caduques, coriaces, glabres et lisses, à pétiole plus ou moins largement ailé.

Les Orangers et Citronniers sont des arbres très

connus et estimés pour leur port décoratif; leurs fleurs, emblème de la virginité, sont délicieusement parfumées et employées pour la confection des bouquets et la fabrication de l'eau de fleur d'Oranger. Les fruits, Orange ou Citron, d'un usage très répandu, sont doués de propriétés rafraîchissantes qui les font apprécier partout; aussi sont-ils cultivés dans tous les pays chauds et le commerce auquel ils donnent lieu est-il des plus importants. L'écorce sert à la préparation de certaines liqueurs, celle du *C. Bergamia* fournit l'essence de Bergamotte; les feuilles d'Oranger sont employées en infusion comme calmant.

Les Orangers furent, au siècle dernier, un des ornements indispensables des résidences princières et des châteaux; aujourd'hui, ils ont à peu près perdu cette faveur. Quelques établissements publics et privés possèdent encore des collections remarquables, tant par

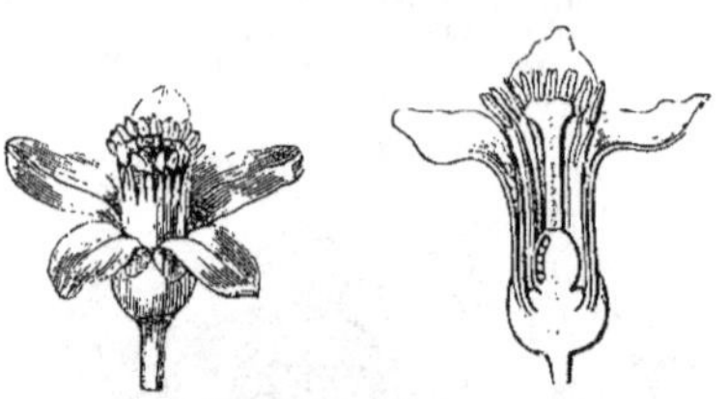

Fig. 915. — CITRUS.
Fleurs, entière et coupée longitudinalement.

la grandeur et la beauté des spécimens que par leur grand âge. Parmi les plus célèbres, on peut citer les Orangeries des Tuileries, de Fontainebleau et de Versailles; cette dernière renferme encore le Grand Connétable, qui est, dit-on, le premier Oranger introduit en France; il fut semé en 1421 à Pampelune, d'où il vint à Chantilly, puis à Fontainebleau et enfin à Versailles, en 1684. C'est un Bigaradier (*C. Bigaradia*), de même que beaucoup d'Orangers cultivés comme ornement.

En tant que plantes ornementales, seul objet actuel de leur culture dans le Nord, les Orangers sont tenus en pots ou en caisses, selon leurs dimensions. On emploie une bonne terre franche à laquelle on ajoute un peu de sable lorsqu'elle est trop compacte et du terreau. Pendant leur période de végétation, on peut leur administrer un peu d'engrais liquide en solution faible, mais on doit le supprimer lorsque la pousse est terminée. Il faut aussi en même temps maintenir l'atmosphère suffisamment humide, à l'aide de seringages. Les rempotages peuvent n'avoir lieu que tous les ans, et tous les deux à cinq ans pour les fortes plantes; toutefois, il convient d'établir un bon drainage dans le fond des pots ou des caisses, et de fouler la terre assez fortement. Si on les tient en serre, la température ne doit pas descendre au-dessous de 10 deg., surtout pour de jeunes plantes; on doit leur donner beaucoup de lumière et aérer le plus possible. Pendant l'été, on peut les placer en plein air, dans les endroits chauds et abrités des vents.

La multiplication peut s'effectuer par semis, par boutures, par marcottes et par greffe. Le semis est employé pour l'obtention de sujets destinés à la greffe. Les graines peuvent être semées au printemps, sur couche; leur germination étant rapide, les jeunes plants seront, au bout de cinq à six semaines, suffisamment forts pour être empotés séparément dans des godets: après cette opération, on les replace de nouveau sur couche et on les ombre légèrement, puis on les aère graduellement afin de les endurcir. En août de l'année suivante, les plantes sont suffisamment fortes pour être greffées en écusson; celle-ci faite, on les recouvre de cloches. Au bout d'un mois, on examine si les greffes sont soudées; dans ce cas, on coupe l'attache, et on place les plantes dans une serre tempérée où on les tient tout l'hiver. Au printemps suivant, on coupe le sujet au-dessus de la greffe et on place de nouveau les plantes sur couche; à la fin de juillet, les greffes auront environ 10 cent. de hauteur: on les endurcit alors graduellement avant les froids. Pour la culture industrielle et en vue de l'obtention des fruits, V. **Oranger**.

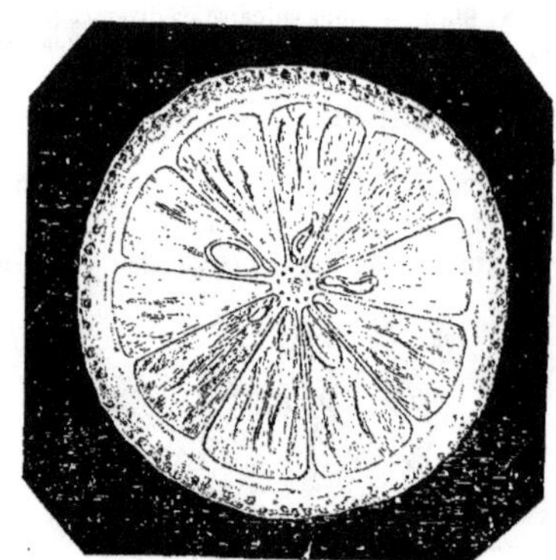

Fig. 916. — CITRUS.
Coupe transversale du fruit.

Plusieurs des espèces ci-dessous décrites ne sont, pour certains auteurs, que des variétés d'un même type spécifique; elles comptent néanmoins de nombreuses formes plus ou moins distinctes.

C. aurantium. Linn.* Oranger doux. Angl., Sweet Orange. — *Fr.* globuleux, jaune rougeâtre plus ou moins foncé, à peau mince; pulpe et jus doux. *Flles* ovales-oblongues, acuminées, à pétiole à peine ailé. *Haut.* 3 à 10 m. Asie, 1595. (B. M. 51.) — Cette espèce est cultivée depuis fort longtemps et répandue dans presque tous les pays où la température minima n'atteint qu'exceptionnellement 1 à 6 deg. au-dessous de zéro; elle a fourni un nombre considérable de variétés.

C. Bergamia. Risso. Bergamottier. — *Fl.* petites, blanches, à odeur très suave. *Fr.* pyriforme ou déprimé, jaune pâle, lisse ou rugueux, très acide, mais excessivement parfumé. *Flles* oblongues, aiguës ou obtuses, denticulées, à pétiole ailé ou nu. — La valeur spécifique de cet arbre est douteuse. Son fruit n'est pas comestible, mais on extrait de son écorce les essences de Bergamotte et de Mélarose. (B. M. 7191, sous le nom de *C. aurantium Bergamia*, Wight et Arnot.)

C. Bigaradia. Risso.* Bigaradier; Angl., Common Seville or Bitter Orange. — *Fl.* très blanches, en bouquets. *Fr.* globuleux, de moyenne grosseur, lisse ou un peu rude, rouge orangé foncé, à écorce amère; pulpe et suc acide. *Flles* elliptiques, aiguës, crénelées, à pétiole ailé, cordiforme. Branches épineuses. *Haut.* 6 à 15 m. Asie, 1595. Cette espèce est un peu moins élevée que le *C. aurantium*, dont elle est voisine, mais ses fruits ne sont pas comestibles ; comme elle est aussi un peu plus rustique, c'est elle

Fig. 917. — CITRUS AURANTIUM. — Oranger. Branches florifère et fructifère.

qui est cultivée comme Oranger ornemental et pour sa fleur dont on fabrique l'eau de fleur d'Oranger. Syn. *C. vulgaris*, Desf.

C. decumana, Linn. Chadec, Pompoléon, Pamplemoussier ; ANGL. Shaddoc. — *Fl.* blanches, grandes, à quatre pétales. *Fr.* très gros, arrondi ou déprimé, souvent de la grosseur d'un melon, pesant jusqu'à 6 kilos ; peau presque lisse, vert jaunâtre, épaisse ; pulpe spongieuse, verdâtre, peu aqueuse, acidulée. *Flles* ovales, obtuses ou émarginées, pubescentes en dessous ; pétioles à ailes larges et cordiformes ; branches épineuses. *Haut:* 6 m. Supposé originaire de la Polynésie, mais maintenant naturalisé dans bien des pays tropicaux où son fruit est très estimé. Peu rustique.

C. japonica, Thunb. Citronnier du Japon ; ANGL. Kumquat. — *Fr.* globuleux ou courtement ellipsoïde, jaune orangé vif et à quatre-six loges ; peau épaisse, finement tuberculeuse ; pulpe aqueuse, douce, acidulée. *Haut.* 1 m. 30 à 2 m. (G. C. 1899, I, 58.) Variété culturale, de la Chine et du Japon. — Fortune, qui l'a introduite, donne les conseils suivants pour sa culture : — Il lui faut beaucoup d'eau pendant l'été et une température très élevée, atteignant 30 ou 35 deg. et soutenue jusqu'à l'automne, tandis qu'en hiver on peut le tenir dans un endroit froid et sec ; il est alors capable de supporter plusieurs deg. de froid. Greffé sur l'*Ægle sepiaria* (*C. triptera*, Hort.), il pousse vigoureusement. Son fruit est consommé par les Chinois.

C. Limetta, Risso. * Limettier ; ANGL. Sweet Lime or Lemon Bergamotte. — *Fl.* blanches, petites. *Fr.* ovale ou globuleux, terminé au sommet par un mamelon obtus ; peau ferme, jaune pâle ; pulpe fade, un peu amère. *Flles* ovales, arrondies, denticulées, à pétiole nu, subulé. *Haut.* 2 à 5 m. Asie, 1648. On nomme quelquefois son fruit Pomme d'Adam (ANGL. Adams'Apple).

C. Limonum, Risso. * Citronnier ou Limonier ; ANGL. Lemon. — *Fl.* moyennes, blanc lavé de rouge à l'extérieur. *Fr.* oblong, rarement arrondi, mamelonné au sommet ; peau lisse ou rugueuse, jaune clair, très mince et adhérente à la pulpe ; celle-ci abondante, à suc acide, agréable. *Flles* ovales, oblongues, crénelées, à pétiole étroitement ailé. *Haut.* 2 à 3 m. Asie, 1648. (B. M. 51.) — Les fruits de cette espèce, connus sous le nom de *Citron*, ne sont employés que comme condiment des mets, mais d'une façon très générale ; leur écorce produit des essences ; il s'en importe de très grandes quantités.

Fig. 918. — CITRUS DECUMANA. — Pamplemoussier.

C. Lumia, Poit. et Risso. Lumier, Poire du commandeur. On ne distingue guère cet arbre du *C. Limonum* que par sa pulpe douce, plus ou moins sucrée, mais jamais acide. Il en existe plusieurs variétés.

d'origine.) — *Fl.* blanches, rougeâtres à l'extérieur. *Fr.* ovale, gros, ayant souvent 15 cent. de long et mamelonné

Fig. 919. — CITRUS JAPONICA. — Citronnier du Japon, Kumquat. (*Rev. Hort.*)

C. medica, Linn. * Cédratier; ANGL. Citron or Cedrat. —

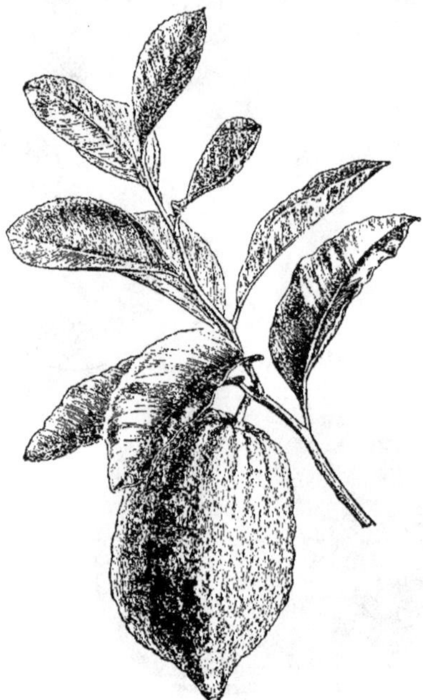

Fig. 920. — CITRUS MEDICA. — Cedratier.

(Les fruits des Cédratiers étaient nommés *Mala medica* ou *Mala persica* par les Romains du nom de leur pays

au sommet; peau jaune, épaisse, assez dure, rugueuse, odorante; pulpe blanche, divisée en neuf loges, médiocrement acide et comestible cru ou confit. *Flles* oblongues, obtuses, à pétiole ordinairement non ailé. Branches courtes, plus ou moins épineuses. *Haut.* 2 m. 50 à 5 m.

Fig. 921. — CITRUS NOBILIS. — Mandarinier.

Asie, 1648. — Cet arbre n'est, pour certains auteurs, qu'une forme du *C. Limonum*, mais il en diffère à bien des égards; il est aussi plus délicat et sa culture demande des soins particuliers.

C. m. acida, Desf., ANGL. The cultivated West Indian Lime. — C'est une variété du *C. medica*, à fruit globuleux, plus petit. On en extrait la plus grande partie de l'acide citrique; on le cultive en grand dans les Indes occidentales, et particulièrement à Monserrat et à la Dominique. (B. M. 6745.)

C. m. Riversii, Hort. Angl. Bijou Lemon. *Fl.* blanchâtres, petites. *Fr.* petit, globuleux. *Flles* elliptiques, denticulées, à pétiole court, non ailé. 1885. (B. M. 6807.)

C. nobilis, Lour. ' Mandarinier; Angl. Mandarin Orange. *Fl.* très blanches, petites. *Fr.* petit, déprimé, à neuf-douze loges; peau rougeâtre, fine et mince; pulpe juteuse, douce, à odeur et goût un peu plus fort que celui des oranges. *Flles* un peu ovales, linéaires, à pétioles non ailés. *Haut.* 5 m. Chine, 1805. (A. B. R. 608.) — Cette espèce est un peu plus rustique que l'Oranger, elle est très cultivée en Algérie, d'où on expédie ses fruits à Paris, en grande quantité.

C. sinensis, Risso. Oranger chinois. — *Fl.* très blanches. *Fr.* de la grosseur d'une prune, un peu déprimé; pulpe acidulée, amère. Ses fruits non comestibles crus servent à la confection des conserves; on les cueille alors avant leur maturité. On cultive comme arbuste d'ornement une variété à *feuilles de Myrte* (*C. myrtifolium*, Risso), facile à reconnaître par ses petites feuilles vert sombre, rapprochées et presque sessiles.

C. trifoliata, Linn. — V. *Ægle sepiaria*, DC.

C. triptera, Hort. — V. *Ægle sepiaria*, DC.

C. vulgaris, DC. Syn. de *C. Bigaradia*, Risso.

CIVETTE. — V. **Ciboulette.**

CIVIÈRE. — C'est un brancard, ordinairement dépourvu de pieds ou n'en ayant que de très courts, et dont le fond est plein ou à claire-voie. Cet instrument est employé dans les jardins pour le transport du fumier, des châssis et des plantes elles-mêmes, dans les endroits où la brouette ne peut passer, ou encore lorsque son usage présente une économie de temps. (S. M.)

CLADANTHUS, Cass. (du grec *klados*, massue, et *anthos*, fleur; les fleurs du centre sont élargies au sommet). Fam. *Composées.* — Genre ne comprenant

Fig. 922. — Cladanthus proliferus

qu'une seule plante annuelle, herbacée, originaire de l'Arabie et de l'Afrique boréale. Fleurs en capitules radiés, entourés d'un involucre formé de plusieurs rangs de folioles ovales, scarieuses au sommet. Les autres caractères sont ceux des *Anthemis.* Cette plante, cultivée dans les jardins sous le nom d'*Anthemis d'Arabie*, se sème au printemps, en pépinière ou en place. La floraison très prolongée et la curieuse disposition de ses fleurs jaunes, la rendent propre à la décoration des plates-bandes ou pour former des bordures autour des grands massifs. Elle n'exige que peu de soins.

C. proliferus, DC. Anthemis d'Arabie. — *Capitules* jaunes, odorants, sessiles à l'aisselle des bifurcations des rameaux. Juillet-septembre. *Flles* alternes, pinnatifides, à divisions linéaires, d'un vert sombre. Tige très rameuse, dichotome dès la base. *Haut.* 50 à 60 cent. Arabie, Afrique. Syn. *Anthemis arabica*, Linn. (S. M.)

CLADODE. — Rameau aplati, rappelant une feuille par sa forme extérieure, mais dont il diffère visiblement par son origine, par la présence de feuilles réduites à l'état de bractées et surtout par les fleurs qui se développent à la surface ou sur ses bords. Les *Ruscus*, les *Phyllanthus* les *Xylophylla*, etc., fournissent des exemples de cladodes évidents; les feuilles de

Fig. 923. — Cladodes.
a, *Ruscus aculeatus*; b, *Phyllanthus*.

l'Asperge sont également des cladodes, car les vraies feuilles sont réduites à l'état de bractées minuscules; quelques *Légumineuses* en portent aussi.

Il ne faut pas confondre ces organes avec les **Phyllodes** (V. ce mot) qui ne sont autres que des feuilles dont le rachis s'est élargi par suite de l'absence du limbe. Beaucoup d'espèces d'*Acacia* ne portent que des phyllodes, et certaines présentent à la fois des feuilles normales et des phyllodes. (S. M.)

CLADOBIUM, Lindl. — V. **Scaphyglottis**, Pœpp.

CLAIE. — Ce nom s'applique en jardinage à deux objets entièrement différents :

1° La claie à passer la terre, — sorte de grand crible monté sur pieds, que la figure ci-contre nous dispense de décrire. Cet instrument est très utile, indispensable même lorsqu'il s'agit de tamiser de grandes quantités de terres, de gravier, etc.

2° La claie à ombrer, — formée minces de lamelles de bois, réunies par une ou deux mailles de chaîne, placées sur trois à cinq rangs, selon la largeur des claies. La figure ci-contre rend les autres détails inutiles.

Ces claies sont aujourd'hui d'un usage général pour ombrer les serres de toutes formes, car leur emploi

Fig. 924. — Claie à passer la terre

présente de nombreux avantages sur tous les autres systèmes d'ombrage. Un des principaux est la facilité avec laquelle on peut les enrouler et les dérouler à volonté, à l'aide d'une simple corde. Lorsqu'on les répare tous les ans et qu'on les repeint quand le besoin s'en fait sentir, leur durée devient très longue.

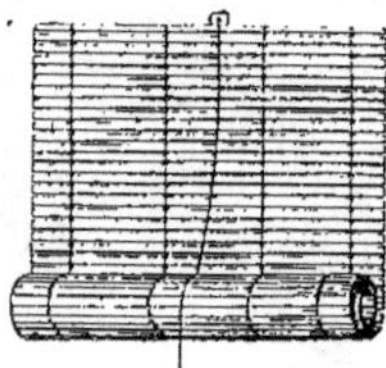

Fig. 925. — Claie à ombrer.

On donne encore le nom de *claie*, à des cadres légers, garnis de baguettes ou de tiges de Roseau et servant également à ombrer les serres et les châssis. (S. M.)

CLADRASTIS, Raf. (dérivation obscure). Fam. *Légumineuses*. — Petit genre ne comprenant que deux espèces d'arbres rustiques, à feuilles caduques, originaires de l'Amérique boréale et de la Mandschourie. Fleurs en grappes dressées ou pendantes, axillaires ou terminales. Calice campanulé, à cinq dents; corolle papilionacée, à étendard large, arrondi; ailes oblongues, bi-auriculées à la base; carène à pétales distincts, presque droite et très obtuse; étamines dix, distinctes. Le fruit est une gousse linéaire, comprimée, renfermant quatre à six graines. Feuilles composées, imparipennées, à folioles ovales, glabres.

Le *C. lutea*, plus connu dans les jardins sous le nom de *Virgilia lutea*, est un arbre rustique, très décoratif; il aime les sols fertiles et profonds. On le multiplie par ses graines qui mûrissent assez fréquemment en France; le semis se fait dès leur récolte, dans une plate-bande abritée; on transplante ensuite les jeunes plantes en pépinière, en attendant qu'elles soient suffisamment fortes pour pouvoir être mises en place. On peut aussi le propager par marcottes ainsi que par greffe sur le *Sophora*, mais il y vit peu d'années.

C. amurensis, — * *Fl.* blanc verdâtre, petites, en grappes allongées, denses et dressées. *Flles* inégalement pinnées, à trois-quatre paires de folioles ovales, oblongues. *Haut.* 2 m. Vallée de l'Amour, 1880. — Arbuste rustique, très ornemental. Syn. *Maackia amurensis*, Rupr. et Maxim. (B. M. 6551.)

C. tinctoria, Raf.* Virgilier à bois jaune. — *Fl.* blanches, en grandes grappes rameuses, terminales et pendantes. Juin-juillet. *Flles* presque glabres, pinnées, à neuf-onze folioles ovales, alternes. Écorce lisse, blanc jaunâtre. Amérique du Nord, vers 1812. Syn. *Virgilia lutea*, Michx.

CLANDESTINE. — V **Lathræa Clandestina.**

CLANDESTINE (fleur). — V. **Cleistogame.**

CLAPPERTONIA, Meisn. — V. **Honckenya**, Willd.

CLARCKIA, — Orthographe vicieuse de **Clarkia**.

CLARKIA, Pursh. (dédié au capitaine Clarke, compagnon du capitaine Lewis, pendant son voyage dans les Montagnes Rocheuses). Comprend les *Phæostoma*, Spach. Fam. *Onagrariées*. — Genre renfermant cinq espèces de jolies plantes herbacées, annuelles, originaires de l'Amérique boréale-occidentale. Fleurs axillaires, solitaires et sessiles à l'aisselle des feuilles;

Fig. 926. — Clarkia elegans.

pétales quatre, disposés en croix, tri- ou multilobés, enroulés dans le bouton; étamines huit, dont quatre stériles; style allongé, à quatre stigmates. Feuilles alternes, lancéolées ou linéaires, entières.

Les *Clarkia* sont des plantes à la fois décoratives, très florifères et faciles à cultiver; aussi sont-elles très employées pour l'ornement des plates-bandes et pour la garniture des massifs. Les *C. elegans* et *C. pulchella* ont fourni, par la culture, un grand nombre de coloris et quelques variétés; les plus remarquables sont: les *C. pulchella integripetala* dont le nom indique déjà la forme entière des pétales; puis, la jolie série de formes à *fleurs doubles* comptant de nombreux coloris qui se reproduisent assez franchement par le semis. Celui-ci peut se faire à l'automne ou au printemps; dans le premier cas, on repique en pépinière abritée et on met en place au printemps ; dans le second, on peut

Fig. 927. — Clarkia elegans flore-pleno.

Fig. 928. — Clarkia pulchella.

semer en pépinière, sous châssis, pour obtenir une floraison précoce, ou en avril, en pépinière ou en place et très clair. Les plantes doivent être espacées de 30 à 40 cent. au moment de la floraison.

C. elegans, Dougl.* *Fl.* d'un beau rose violacé, à pétales entiers, courtement unguiculés. Été. *Flles* ovales-lancéolées, dentées, vert glauque. Tiges rameuses, cassantes. *Haut.* 50 à 60 cent. Californie, 1832. — On possède des variétés à *fleurs blanches, roses* et *violettes, simples* ou *doubles* : ces dernières sont préférées pour l'ornement. (B. R. 1575 ; Gn. 1889, 1, 705.) Syn. *C. neriifolia*, Hort.

C. gauroides, Dougl. Syn. de *C. rhomboidea*, Dougl.

C. neriifolia, Hort. Syn. de *C. elegans*. Dougl.

C. pulchella, Pursh.* *Fl.* grandes, roses ou pourprées ; pétales de 2 cent. 1/2 de long, profondément trilobés, munis sur l'onglet de deux petites dents opposées. Été. *Flles* alternes, lancéolées-linéaires, glabrescentes. *Haut.*

Fig. 929. — Clarkia pulchella integripetala limbata.

45 à 60 cent. Amérique du Nord. Californie, etc., 1826. (B. R. 1100.) — Les variétés de cette espèce sont relativement nombreuses et les coloris en sont très variés ; la var. *integripetala limbata* et celles à *fleurs doubles* sont des plus ornementales.

C. rhomboidea. Dougl. Espèce à fleurs plus petites que celles des précédentes ; elle est très peu connue. Syn. *C. gauroides*, Dougl. (S. B. F. G. 379.)

CLARIONEA, Cass. — V. **Perezia**, Lag.

CLASSE. — On donne le nom de classe à certaines divisions établies dans la classification des végétaux ; leur importance varie selon l'opinion des auteurs. Elles renferment un certain nombre de familles dont les individus possèdent tous certains caractères communs. De Candolle leur a donné le nom de *cohorte*, qui indique bien un groupe d'êtres appartenant tous à la même lignée. Ainsi, les huit premières familles de la classification de cet auteur (depuis les *Renonculacées* jusqu'aux *Nymphéacées*) constituent la première classe. Toutes les espèces renfermées dans ces familles ont en effet, les diverses parties de leurs fleurs insérées de la même manière, c'est-à-dire sur un pédoncule central, auquel les botanistes donnent le nom de *thalamus*. Les autres classes ont de même un caractère principal, commun à toutes les plantes qu'elles renferment. (S. M.)

CLASSIFICATION. — Disposition méthodique des êtres en groupes de diverse importance, d'après les caractères qui établissent entre eux des liens de parenté plus ou moins intimes.

Il n'appartient guère à cet ouvrage de faire une étude générale des différentes classifications proposées ou suivies par les auteurs ; aussi, serons-nous le plus bref possible.

Parmi les diverses méthodes proposées, quatre surtout ont successivement été suivies. Les deux premières ; celle de Tournefort, puis celle de Linné, sont nommées systèmes artificiels, parce qu'elles n'envisagent qu'un certain nombre de caractères. La classification de Linné a encore reçu le nom système sexuel, parce qu'elle est presque exclusivement fondée sur les organes de la génération.

Les deux dernières : celle de A. L. de Jussieu, puis celle de De Candolle actuellement suivie, sont au contraire des méthodes naturelles, car l'ensemble des caractères ont été considérés dans leur disposition, comme une sorte de série linéaire, allant du végétal le plus parfait au plus rudimentaire, et dont chaque plante possède le plus grand nombre possible de caractères communs à ses voisines.

C'est à A. L. de Jussieu que revient la gloire d'avoir posé, en 1789, les bases fondamentales de la classification naturelle. Sa méthode eut un grand retentissement et a été presque partout admise ; elle est encore suivie de nos jours par certains auteurs.

Vers le commencement de ce siècle, A. P. De Candolle, savant botaniste genevois, a modifié la classification de Jussieu. Tout en admettant les mêmes principes, il a suivi une marche différente. Sa méthode, que nous résumons dans le tableau ci-dessous, est un chef-d'œuvre de simplicité et de clarté ; elle est aujourd'hui suivie d'une façon générale ; presque toutes les flores, les ouvrages de botanique générale et notamment le *Genera plantarum* de Bentham et Hooker, qui a servi pour la délimitation des genres décrits dans cet ouvrage, sont classés, avec quelques légères modifications, d'après cette méthode.

Le plus grand nombre des végétaux intéressant l'horticulture appartient, comme on le voit, au groupe des *Cotylédonées*. Pour aider à se faire une plus juste idée des principales classes, nous donnerons maintenant quelques exemples.

Les Thalamiflores comprennent un grand nombre de familles ; les plus importantes sont : les *Renonculacées*, les *Crucifères*, les *Caryophyllées*, etc. Les fleurs des Renoncules des Pavots, des Nénuphars, etc., peuvent servir d'exemples.

Les Caliciflores renferment aussi de nombreuses familles, notamment les *Légumineuses*, les *Rosacées*, les *Ombellifères*, les *Composées*, les *Campanulacées*, etc. Les Roses, les fleurs des Pois, du Seringat, celles des Campanules, etc., sont faciles à examiner.

Les Corolliflores comptent un moins grand nombre de familles ; les *Gentianées*, les *Borraginées*, les *Scrophularinées*, les *Labiées*, etc., appartiennent à cet ordre. La fleur des Gentianes, des Volubilis, de la Pomme de terre, etc., peut servir d'exemple.

Aux Monochlamydées, appartiennent encore plusieurs familles importantes, notamment les *Amarantacées*, les *Protéacées*, les *Aristolochiées*, les *Amentacées* ou *Cupulifères* et les *Conifères*. Les fleurs sont le plus souvent petites et ne produisent de l'effet que par leur ensemble, car elles sont ordinairement dépourvues de périanthe ; celles des Aristoloches font exception.

Chez les Monocotylédones, deux groupes distincts se présentent : celui des *pétaloïdes* comprend les *Liliacées*, les *Amaryllidées*, les *Iridées*, etc. dont les fleurs sont en général d'une grande beauté ; celui des *Glumacées* renferme les *Graminées*, les *Cypéracées*, plantes fort utiles en tant qu'alimentation, mais dont les fleurs sont à peu près insignifiantes.

Enfin les Cryptogames, renferment les *Fougères* qui, comme on le sait, jouent un rôle important dans les cultures d'ornement.

Les Mousses n'ont aucun intérêt horticole et les Champignons sont bien plus nuisibles qu'utiles, sauf une seule espèce cultivée. (S. M.)

TABLEAU DE LA MÉTHODE NATURELLE DE DE CANDOLLE

Plantes vasculaires ou cotylédonées, c'est-à-dire dont la tige est pourvue de cellules et de vaisseaux, et dont l'embryon est muni d'un ou plusieurs cotylédons.

Exogènes ou dicotylédones ; le tissu se forme par couches concentriques, les plus jeunes en dehors, et l'embryon a deux cotylédons.

Périanthe double, c'est-à-dire dont le calice et la corolle sont distincts.

Pétales *libres*, *insérés* avec les étamines *sur un réceptacle* . . . . *Thalamiflores.*

Pétales plus ou moins *soudés*, portant les étamines, et *insérés sur le calice*. . . . *Caliciflores.*

Pétales *soudés en tube*, portant les étamines, et *insérés sous l'ovaire* . . . . . . *Corolliflores.*

Périanthe simple, c'est-à-dire dont le calice et la corolle ne forment qu'une seule enveloppe . . . . *Monochlamydées.*

Endogènes ou monocotylédones ; le tissu le plus jeune se forme au centre de la tige, et l'embryon n'a qu'un seul cotylédon.

Phanérogames ou dont la fructification est visible et régulière.

Fleurs à périanthe *pétaloïde, coloré*. . . . . *Pétaloïdes.*

Feurs à périanthe remplacé par une *enveloppe écailleuse* . . . . *Glumacées.*

Cryptogames ou dont la fructification est cachée et irrégulière . . . . *Cryptogames.*

Plantes cellulaires ou acotylédonées, c'est-à-dire dont la tige est dépourvue de vaisseaux et dont l'embryon n'a pas de cotylédons.

Foliacées ou pourvues d'expansions ayant l'apparence de feuilles. . . . . *Mousses.*

Aphylles ou n'ayant pas d'expansions foliacées . . . . *Champignons.*

CLAUDINETTE. — V. **Narcissus poeticus.**

CLAUSENA, Linn. (dédié à P. Clauson, botaniste danois du XVIIe siècle). Comprend les *Cookia*, Sonnerat. FAM. *Rutacées.* — Genre renfermant quinze espèces d'arbres ou d'arbustes odorants, toujours verts, habitant principalement les Indes ; quelques-uns sont originaires de l'Afrique et de l'Australie tropicale. Fleurs petites, disposées en panicule lâche. Feuilles imparipennées, à folioles pétiolées, pubescentes. Ils se plaisent en bonne terre franche ; on les multiplie par boutures de rameaux aoûtés à la base, et coupés au-dessous d'un nœud ; elles s'enracinent dans du sable, sous cloches et à chaud.

C. corymbiflora, *Fl.* blanches. Iles de la Loyauté, 1878.

C. pentaphylla, DC. *Fl.* blanches. Juin-août. *Flles* à cinq ou sept paires de folioles. *Haut.* 6 m. Indes, 1800.

C. Wampi, *Fl.* blanches, petites, disposées en grappes paniculées. *Fr.* comestible, de la grosseur d'un œuf de pigeon, jaune à l'extérieur, à pulpe blanche, un peu âcre, mais sucrée. Juin-juillet. *Flles* imparipennées, à folioles ovales-lancéolées, acuminées, à peine inégales à la base. *Haut.* 6 m. Probablement originaire de la Chine, 1795. Arbre de taille moyenne, cultivé et presque naturalisé dans plusieurs contrées tropicales. Syn. *Cookia punctata.*

CLAVALIER jaune, C. à feuilles de Frêne. — V. **Zanthoxylum fraxineum.**

CLAVALIER à massue. — V. **Zanthoxyllum Clava-Herculis.**

CLAVIFORME, ANGL. Clavate. — En forme de massue ou javelot, c'est-à-dire dont l'extrémité est plus épaisse que la base.

CLAVIJA, Ruiz, et Pav. (dédié à J. Clavijo Faxardo, naturaliste espagnol, qui traduisit les ouvrages de Buffon dans sa langue). SYN. *Theophrasta*, de Linn. non Juss. ; *Horta* et *Zacintha*, Vell. FAM. *Myrsinées.* — Ce genre comprend environ vingt-cinq espèces de petits arbres ou arbustes toujours verts et de serre chaude, tous originaires de l'Amérique tropicale. Tige simple, non rameuse, portant au sommet une touffe de longues feuilles alternes, oblongues-lancéolées, coriaces, entières ou dentées, épineuses rappelant un peu celles de certains Palmiers. Fleurs en grappes axillaires, pendantes, souvent unilatérales.

Ces plantes se plaisent dans un compost de terre franche et de terre de bruyère. Multiplication par bouture de rameaux à demi aoûtés, que l'on plante dans de la terre franche siliceuse, recouverte de sable pur et que l'on place sous cloches et sur une bonne chaleur de fond.

C. Ernstii, Hook. * *Fl.* pendantes, de 18 mm. de long ; corolle charnue, à disque jaune abricot, grappes de 5 à 10 cent. de long, pendantes, multiflores. Juillet. *Flles* rapprochées à l'extrémité des branches, longuement pétiolées, coriaces, de 30 à 40 cent. de long et 10 à 15 cent. de large, pâles en dessous, elliptiques-oblongues, oblongues-lancéolées ou ob-lancéolées, aiguës ou sub-aiguës, entières. Tronc (chez les arbres indigènes) de 1 m. 30 à 1 m. 50 de haut. Caracas, 1879. (B. M. 6928.)

C. fulgens, * *Fl.* rouge orangé foncé, très belles ; grappes courtes, axillaires. *Flles* spatulées, ob-cunéiformes, de 30 cent. ou plus de long. Tige simple, portant une couronne de feuilles au sommet. Pérou, 1867. (B. M. 5626.)

C. macrocarpa, Don. *Fl.* assez grandes, en grappes de 8 à 30 cent. de long, pendantes. *Flles* oblongues-spatulées, aiguës, raides, ponctuées en dessous, à pétioles ayant à peine 30 cent. de long. *Haut.* 3 à 4 m. Pérou, 1816.

C. macrophylla, Syn. de *C. Reideliana.*

C. ornata, Don. * *Fl.* jaune orangé, en grappes pendantes, de 8 à 12 cent de long. *Flles* allongées, lancéolées, aiguës, dentées, épineuses, à pétioles de 6 cent. de long. *Haut.* 3 à 4 m. Caraccas, 1828. Syn. *Theophrasta longifolia.* (B. M. 4922.)

C. Reideliana, — * *Fl.* orangées, en grappes axillaires, naissant dans l'aisselle des feuilles ou en dessous de la couronne. Juillet. *Flles* sessiles, obovales-lancéolées, dentées en scie, épineuses, les plus grandes de 30 à 50 cent. de long. Brésil, Syns. *C. macrophylla* et *Theophrasta macrophylla.* (B. M. 5826.)

On rencontre encore quelquefois dans les cultures les *C. Rodeckiana* et *C. umbrosa.*

CLAYTONIA, Linn. (dédié à John Clayton, qui récolta des plantes dans la Virginie et les envoya à Gronovius, qui les a publiées dans son *Flora virginica*). FAM. *Portulacées.* — Genre comprenant vingt espèces habitant l'Amérique et l'Asie boréale, et la Nouvelle-Zélande. Ce sont de petites plantes herbacées, glabres, un peu charnues, rustiques, annuelles ou vivaces. Fleurs blanches ou rouges, solitaires ou disposées en cymes ; calice à deux sépales entiers ; corolle à cinq pétales quelquefois soudés à la base. Feuilles très entières, les radicales pétiolées, les caulinaires ordinairement opposées, sessiles et quelquefois soudées deux à deux.

Fig. 930. — CLAYTONIA PERFOLIATA.

Les *Claytonia* sont faciles à cultiver et convenables pour garnir certaines parties des rocailles ou les endroits un peu agrestes des jardins. Les espèces tubéreuses préfèrent la terre de bruyère tourbeuse et humide ; comme elles sont vivaces, on peut les multiplier par rejets, que l'on sépare à l'automne ou au printemps, ainsi que par graines qui mûrissent quelquefois en abondance. Les espèces à racines fibreuses sont annuelles et ne se multiplient que par graines ; celles-ci peuvent être semées au printemps, en plein air, dans un terrain frais. Les feuilles du *C. perfoliata* se mangent quelquefois en salade ou cuites à la façon des Epinards.

C. alsinoides, Sims. *Fl.* blanches, pédicellées, en grappes ou quelquefois solitaires ; pétales à deux dents aiguës. Mars-juin. *Flles* radicales pétiolées, ovales, acuminées ; les supérieures opposées, mucronées, ovales. Plante annuelle. Colombie, 1794. (B. M. 1309.)

C. caroliniana, Michx. *Flles* spatulées-oblongues ou ovales-lancéolées Amérique du nord. (S. B. F. G. 208.)

C. grandiflora, Sweet. Syn. de *C. virginica*, Linn.

C. perfoliata, Don ' Claytone de Cuba. — *Fl.* blanches, petites, en courtes grappes et à pédicelles inférieurs fasciculés. Mai-août. *Flles* radicales pétiolées, ovales, rhomboïdes, sans nervures ; les caulinaires opposées, soudées en un cornet évasé, entourant les fleurs. Plante annuelle, à racines fibreuses. *Haut.* 8 à 15 cent. Amérique du nord-ouest, jusqu'au Mexique et Cuba, 1794. — Cette espèce est naturalisée sur plusieurs points de la France et de l'Angleterre. (B. M. 1336.)

C. sibirica, Linn. *Fl.* roses, à pétales bifides, disposées en grappe unilatérale. Mars. *Flles* ovales; les radicales

Fig. 931. — CLAYTONIA SIBIRICA.

pétiolées; les caulinaires deux, opposées, sessiles. *Haut.* 8 à 15 cent. Sibérie 1768. Plante vivace, à racine tubéreuse, fusiforme. (B. M. 2243.)

C. virginica, Linn.' *Fl.* blanches, à pétales émarginés ; pédicelles allongés ; grappe solitaire, penchée. Mars. *Flles* linéaires-lancéolées, allongées ; les radicales très peu nombreuses. *Haut.* 8 cent. Amérique du nord, 1768. Plante vivace, à racine tubéreuse. (B. M. 941 ; S. B. F. G. II, 163.) Syn. *C. grandiflora*, Sweet.

CLEF de montre. — V. **Lunaria annua.**

CLEISOSTOMA, Blume. (de *kleio*, fermer, et *stoma*, bouche ; la gorge de l'éperon est fermée par un appendice). Fam. *Orchidées*. — Genre comprenant environ vingt-cinq espèces d'Orchidées épiphytes, de serre chaude, toutes originaires de l'Amérique tropicale. Fleurs petites, charnues, en épis opposés aux feuilles, peu rameux, à labelle soudé à la colonne, bipartite et à limbe tridenté; éperon sacciforme, à orifice fermé par une grande dent proéminente. Ce caractère permet de distinguer ces plantes des *Saccolabium*. Feuilles distiques, étroites, rigides. Tige radicante, caulescente, à racines très longues et coriaces. Il n'existe guère dans les serres que les espèces suivantes, et encore y sont-elles peu répandues. Pour leur culture, **V. Aerides.**

C. crassifolium, Lindl. *Fl.* vert d'eau ; labellé rose, petit ; panicules penchées, naissant à l'aisselle des feuilles. *Flles* rapprochées, épaisses, coriaces, fortement recurvées, ressemblant à celles d'un *Vanda*. Indes, 1850. (L. J. F. ; P. F. G. III, 28 ; L. 139.)

C. Dawsoniana, — ' *Fl.* jaune soufre à l'extérieur, plus foncées à l'intérieur, élégamment striées de brun en travers ; étoilées, de consistance épaisse ; labelle quinquéfide, jaune orangé, avec quelques macules et stries brunes ; disque muni de nombreux poils jaune d'or ; colonne petite, portant deux appendices penicillés et falciformes. Le rachis de l'inflorescence est ensiforme, les rameaux ont deux angles et les fleurs sont alternes ; les bractées sont très scarieuses, triangulaires, carénées et brun luisant. *Flles* distiques, vert tendre, d'environ 15 cent. de long. Moulmein, 1868. Elégante espèce.

C. ringens, Rchb. f. *Fl.* jaune d'ocre, en grappe pauciflore ; sepales oblongs, obtus ; pétales plus étroits ; labelle à lobe médian pourpre, oblong, faiblement verruqueux ; les latéraux tachés de jaune orangé ; éperon très grand, large, cylindrique et émarginé au sommet ; colonne portant en dessous un grand tubercule. *Flles* oblongues, émarginées, de 8 à 10 cent. de long et 4 cent. de large. Iles Philippines, 1888.

C. striatum, *Fl.* jaune et rouge. Darjeeling, 1870. Syn. *Echioglossum striatum*.

CLEISTES, Rich. Réunis aux **Pogonia**, Juss.

CLEISTOGAME. — Se dit des fleurs dont la fécondation a lieu sans qu'elles s'ouvrent. Elles sont en conséquence forcément fécondées par leur propre pollen, acte que l'on nomme alors *autofécondation* par opposition à *fécondation croisée*. Ce sujet a été traité à fond par le célèbre Darwin dans un de ses plus beaux ouvrages dont la traduction française porte le titre : « Des différentes formes de fleurs chez les plantes de la même espèce. » Les fleurs cléistogames étaient anciennement nommées *clandestines*. Certaines espèces de *Viola*, notamment le *V. odorata*, le *Leersia oryzoides*, et d'autres *Graminées*, quelques *Légumineuses*, etc., en fournissent des exemples. (S. M.)

CLEITRIA, Schrad. — V. **Venidium**, Less.

CLEMATIS, Linn. (de *klema*, sarment de Vigne ; allusion aux tiges grimpantes de la plupart des espèces). **Clématite**, Angl. Virgin Bower. Comprend les *Viorna*, Spach. et les *Viticella*, Mœnch ; les *Atragene*, Linn., réunis à ce genre par Bentham et Hooker, sont ici séparés au point de vue horticole. Fam. *Renonculacées*. — Plus de deux cents plantes de ce genre ont été décrites, mais ce nombre peut être réduit à environ cent espèces distinctes ; presque toutes habitent les régions tempérées du globe, quelques-unes seulement sont dispersées dans les tropiques. Ce sont des plantes vivaces, ligneuses, sarmenteuses, grimpantes ou rarement arbustives. Calice formé de quatre et rarement huit-dix sépales pétaloïdes, colorés, libres ou connés ; pétales nuls ; étamines en nombre indéfini ; carpelles nombreux, agrégés, devenant à maturité un achaine surmonté d'un long style souvent plumeux, droit ou enroulé. Feuilles opposées, simples, ternées ou pinnées, souvent terminées en vrille.

Les Clématites se prêtent à de nombreux usages au point de vue de l'ornementation : pour la garniture des troncs d'arbres, pour tapisser les murs ou pour faire ramper dans les rocailles et faire retomber du sommet des ruines, peu de plantes sont plus décoratives que les nombreuses espèces ou variétés à grandes fleurs. On peut encore en former des colonnades dans les plates-bandes, en garnir les massifs, soit seules, soit associées à diverses plantes à feuillage décoratif, tels que le *Negundo fraxinifolium variegatum;* leurs tiges alors traînantes produisent un effet charmant.

Culture. — Pour en obtenir une floraison abondante et prolongée, les Clématites demandent un sol profond, léger, fertile et bien drainé. Lorsque la terre ne réunit pas ces conditions, on prépare un compost de bonne terre franche, de terreau et de terre de bruyère ou de sable, dont on remplit un trou suffisamment grand que l'on creuse à l'endroit où on désire les planter. Il est bon de recouvrir la surface d'une couche de fumier gras, et pendant la floraison, quelques arrosements à l'engrais liquide augmente leur vigueur ; à cette époque, l'eau ne doit jamais leur manquer. On les cultive aussi facilement en pots ; c'est du reste ainsi que les pépiniéristes les élèvent ; cet avantage permet leur emploi dans les endroits où le sol naturel fait défaut, et leur transplantation à toute époque de l'année.

Pour former des colonnades dans les plates-bandes, la meilleure méthode est de creuser, lorsque la terre n'est pas propice, un trou d'environ 1 m. de diamètre et 60 cent. de profondeur, que l'on remplit avec le compost ci-dessus, au milieu duquel on plante une ou plusieurs plantes. Puis, on enfonce solidement trois longues perches dans le sol, à environ 60 cent. d'écartement, et on les réunit au sommet à l'aide d'un fil de fer, on obtient ainsi un cône triangulaire, autour duquel les tiges s'enroulent d'elles-mêmes après avoir été attachées quelquefois au début de la végétation, et produisent ainsi un effet des plus décoratifs ; on peut aussi les faire filer sur des ballons ou parasols faits de gros fils de fer.

Les robustes variétés du groupe *Jackmanni* et *Viticella* sont les plus convenables pour la garniture des treillages, des vérandas, etc. ; livrées à elles-mêmes, elles ne tardent pas, surtout lorsqu'on ne leur ménage ni les engrais, ni l'eau, à couvrir une grande superficie et à produire une innombrable quantité de fleurs.

Taille. — La taille varie beaucoup selon les différents groupes. Quelques personnes, coupent pendant l'hiver presque toutes les pousses de l'année, afin d'obliger la plante à émettre de nouveaux rameaux à la base. Cette méthode donne d'assez bons résultats pour les *C. Jackmanni, C. Viticella* et leurs variétés, qui fleurissent sur le bois de l'année et sont très vigoureuses; mais pour le *C. lanuginosa* et les formes qui en sont issues, qui sont toutes remontantes, la taille doit se borner à la suppression des parties qui se sont desséchées pendant l'hiver; après la première floraison, on pourra de même supprimer les rameaux trop faibles et surtout les graines qui épuisent inutilement la plante. Les *C. patens, C. florida* et leurs descendants fleurissent sur le bois de l'année précédente, celui-ci devra également être conservé presque intact ; après la floraison, on peut aussi supprimer les rameaux qui ont fleuri ainsi que les graines. Les plantes de cette série remontent peu.

Multiplication. — La multiplication des Clématites à grandes fleurs s'effectue principalement au printemps, par la greffe en fente sur les racines d'espèces vigoureuses de plein air ; celle des *C. Vitalba, C. Viticella cærulea* et même *C. Jackmanni* et autres espèces, sont propres à cet usage. On les coupe en tronçons, que l'on greffe en fente ; on recouvre ensuite la plaie avec du mastic à greffer, puis on les empote dans des godets. Placées dans un châssis à multiplication, dans une température chaude et humide, elles ne tardent pas à se souder. Lorsqu'elles commencent à pousser, on les place dans une serre plus froide et on les met ensuite en plein air.

La plupart des variétés peuvent aussi être propagées par boutures de jeunes rameaux, munies de deux yeux, que l'on plante dans des godets, à chaud et sous un châssis à multiplication. Le marcottage est aussi un procédé facile et sûr. Pour faciliter l'émission des racines, on conseille de gratter légèrement la tige avant de la coucher en terre ; bien soignées, ces marcottes s'enracinent généralement la première année, et leur séparation peut avoir lieu au printemps suivant, au départ de la végétation.

Le semis est aussi très employé ; toutes les espèces qui produisent des graines peuvent être propagées ainsi. Celle-ci perdent vite leurs qualités germinatives ; on peut les semer dès l'automne, à froid, ou au printemps, en terre légère, en terrines ou dans la pleine terre d'une petite couche ; leur germination est assez lente, surtout lorsqu'elles sont semées longtemps après leur maturité. Quand les plants sont suffisamment forts, on les repique en godets, puis on les met en pleine terre dans le courant de l'année, en terrain fertile et on les soigne convenablement.

Pour l'ornement des serres et des jardins d'hiver, les espèces ou variétés demi-rustiques sont des plus recommandables ; 5 ou 10 deg. leur suffisent, on peut les tenir en pots, mais elles sont plus vigoureuses en pleine terre ; celle-ci doit être composée comme il a été dit précédemment ; les soins de culture, leur multiplication, etc., ne diffèrent pas sensiblement de ceux des espèces de plein air.

Classification. — Le mode de traitement différant selon que les variétés descendent de tel ou tel type, il est nécessaire de se faire une idée générale des groupes auxquels appartiennent les Clématites les plus répandues dans les jardins. Nous empruntons au catalogue spécial de M. Boucher, l'excellente classification ci-dessous, rédigée d'après *Les Clématites à grandes fleurs*, par A. Lavallée, magnifique ouvrage iconographique auquel les lecteurs feront toujours bien de recourir en cas de doute, tant pour les planches que pour le texte fort complet et très précis.

1er *Groupe.* C. PATENS

« Au groupe des *Clematis patens* appartiennent trois types botaniques d'une haute valeur ornementale : les *C. lanuginosa, C. patens* et *C. hakonensis.*

C. lanuginosa. — La moins vigoureuse espèce du groupe. Les tiges peu sarmenteuses n'atteignent qu'une faible hauteur ; les feuilles de la tige sont toujours simples, glabres, d'un beau vert sur la face supérieure et tapissées inférieurement d'une couche laineuse, d'un gris presque blanc. Les fleurs sont toujours terminales et les plus grandes du genre, leur couleur est lilas clair, à reflets soyeux.

Le *C. lanuginosa* épanouit ses fleurs de mai à l'automne ; sa végétation active n'est arrêtée que par les grands froids. Cette charmante espèce a été découverte par

M. Fortune, en 1850, aux environs de Ningpo (Chine septentrionale), et ne paraît pas encore avoir été rencontrée ailleurs, jusqu'à ce jour. Elle n'a donné naissance à aucune variété véritablement distincte, et les hybrides qu'elle a produits doivent être fort restreints, si même il en existe.

C. patens. — Quoique fort voisine de la précédente, cette espèce s'en distingue par des caractères certains. Les fleurs varient de coloris, depuis le bleu azuré jusqu'au mauve ou au blanc violacé, elles s'épanouissent en mai et juin.

Cultivée depuis longtemps au Japon, cette Clématite a été introduite par von Siebold, sous plusieurs formes (*Helena*, *Louisa*, *Sophia*, *Cærulea grandiflora*). Ce n'est que depuis peu qu'on l'a recueillie à l'état sauvage en quelques points du Japon.

C. hakonensis. — Remarquable par sa vigoureuse végétation et son abondante floraison, qui s'effectue de juillet à octobre. La couleur des fleurs varie du violet rouge au violet bleuâtre, et les étamines sont moins nombreuses que dans les deux espèces précédentes.

L'histoire de cette plante est des plus intéressantes : elle parut dans les jardins vers 1860, comme un hybride des *C. lanuginosa*, *C. Hendersoni* et *C. Viticella*, sous le nom de *C. Jackmanni*. Les prétendus parents sont tellement distincts que leur intervention dans le croisement ne paraît pas justifiée, leur origine botanique étant toute différente. Le *C. hakonensis* a de plus été introduit directement, il y a quelques années, par le docteur Savatier, qui recueillit la plante à l'état sauvage dans l'île de Nipon, au Japon.

Le *C. hakonensis* a donné naissance à des hybrides certains, par croisement avec le *C. patens*, notamment les *C. thunbridgensis*, *patens purpurea*, *nigricans*, *Renaulti*, *Lady Bovill*, *Madame Grangé*, etc... Les caractères de ces formes sont assez exactement intermédiaires entre ceux des parents.

2e *Groupe*. C. FLORIDA

Au groupe des *Clematis florida*, appartient une seule espèce qui ne paraît connue dans les cultures que par un petit nombre de variétés : *C. florida flore-pleno*, *Sieboldi*, etc., la couleur des fleurs varie du blanc au rouge violacé.

3e *Groupe*. C. VITICELLA

Le *Clematis Viticella* est parfaitement caractérisé par ses feuilles composées, souvent trilobées. Les fleurs sont réunies par trois-sept à l'extrémité de rameaux terminaux, ou solitaires quand elles naissent directement sur l'axe de la tige. Leur couleur varie du bleu au rouge carminé.

Les variétés du *C. Viticella* sont nombreuses, toutes très vigoureuses et fleurissent abondamment de juin jusqu'aux gelées.

4e *Groupe*. C. ERIOSTEMON

Dans ce groupe, les fleurs sont penchées, portées sur de larges pédoncules cylindriques et à sépales plus ou moins réunis à la base. Le type du groupe, le *C. eriostemon*, est plus connu sous le nom de *C. Hendersoni*. Les fleurs sont d'un violet bleuâtre, et les étamines sont plus larges que dans aucune autre espèce.

Dans les autres groupes, les espèces les plus cultivées sont : le *C. texensis*, auquel on donne plus souvent le nom de *C. coccinea*, caractérisé par ses fleurs d'un rouge coccine très vif ; le *C. orientalis*, à fleurs jaunes, nombreuses, et qui peut résister à nos grands hivers ; le *C. montana*, à fleurs blanches, moyennes, rappelant celles des Anémones, et le *C. integrifolia*, plante peu sarmenteuse. »

The Clematis as a Garden Flower (Les Clématites des jardins), par Thos. Moore et George Jackman, contient la classification suivante, principalement basée sur le mode de floraison :

PLANTES GRIMPANTES

Fleurissant sur le bois de l'année précédente.

Fleurs de moyenne grandeur ; floraison printanière et estivale.	1. type *montana*.
Fleurs grandes.	
Floraison printanière. .	2. type *patens*.
Floraison estivale . . .	3. type *florida*.

Fleurissant sur les jeunes pousses de l'année.

Fleurs petites ; floraison estivale, tardive.	4. type *graveolens*.
Fleurs grandes ; floraison estivale et automnale.	
Fleurs éparses ; floraison successive. . . .	5. type *lanuginosa*.
Fleurs fasciculées ; floraison successive. . .	6. type *Viticella*.
Fleurs profusément fasciculées ; floraison continue	7. type *Jackmanni*.

PLANTES NON GRIMPANTES

Tiges suffrutescentes. . . .	8. type *aromatica*.
Tiges herbacées	9. type *recta*.

Cette classification montre combien les espèces grimpantes varient dans leur port, la dimension de leurs fleurs et l'époque de leur floraison. Cette floraison, du moins en ce qui concerne les types 1-2-3, est subordonnée à un point extrêmement important : la manière de tailler ; il est facile de comprendre que si on supprime les rameaux de l'année précédente de ces mêmes types, la floraison sera nulle ; au contraire, les types 4-5-6-7, fleurissant sur les pousses de l'année, la suppression des ramilles faibles au printemps et même en été, ne peut que rendre les fortes pousses plus vigoureuses. Plusieurs variétés de ces quatre derniers types sont généralement plus délicates que celles des trois précédents ; leurs pousses gèlent assez fréquemment, sur une assez grande longueur. Les types 8-9 sont, comme on le voit, très distincts par leur port buissonnant, non grimpant.

C. æthusifolia, Turcz. *Fl.* blanches, de 12 à 18 mm. de long, sub-campanulées. *Flles* petites, bi- ou tripinnatiséquées et à lobes linéaires, étroits. *Haut.* 1 m. à 1 m. 50. Rustique.

C. æ. latisecta, — Cette variété diffère de l'espèce type par les segments de ses feuilles qui sont plus grands, aussi larges que longs et irrégulièrement dentés. Rives de l'Amour et nord de la Chine. Plante grimpante et rustique, très élégante. (B. M. 6542.)

C. aristata, R. Br. *Fl.* jaune verdâtre, dioïques, paniculées, à quatre sépales. Mai-août. *Flles* ternées, à folioles ovales, un peu cordiformes, aiguës, grossièrement dentées. Australie, 1812. Espèce de serre froide. (B. R. 238.)

C. aromatica, Lenné et C. Koch. *Fl.* bleu violacé foncé, odeur d'Oranger et d'Héliotrope, terminales, solitaires; sépales oblongs, lancéolés, trinervés, réfléchis après l'épanouissement complet. Été. *Flles* à cinq folioles brièvement pétiolulées ou presque sessiles, entières, largement ovales ou oblongues-ovales, vert foncé en dessus, plus pâles en dessous. *Haut.* 1 m. 20 à 1 m. 80. Patrie inconnue, 1855. Sous-arbrisseau vivace. (L. C. IX.) Syn. *C. cærulea odorata*, Hort.

C. azurea grandiflora, Hort. Syn. de *C. patens*, Dcne.

Fig. 932. — Clematis æthusifolia. (*Rev. Hort.*)

C. balearica, Rich. *Fl.* pâles, d'environ 5 cent. de diamètre, pubescentes extérieurement et marquées intérieurement de macules rouges; pédoncules uniflores, munis d'un involucre sous la fleur. Février-mars. *Flles* ternées, à folioles pétiolulées, trilobées, profondément dentées. Minorque, France, etc. Syn. *C. calycina*. (B. M. 959.)

C. cærulea, Lindl. Syn. *C. patens*, Dcne.

C. c. odorata, Hort. Syn. de *C. aromatica*, Lenné et C. Koch.

C. calycina, Rich. Syn. de *C. balearica*, Rich.

C. campaniflora, Brot. *Fl.* blanc purpurin, grandes, demi-ouvertes, à sépales sub-étalés, dilatés au sommet, ondulés; pédoncules uniflores, un peu plus longs que les feuilles. Juin. *Flles* composées, biternées, à folioles entières ou trilobées, au nombre d'environ vingt-quatre. Portugal, 1810. Rustique. (L. B. C. 987.)

C. caripensis, Humb. et Bonpl. * *Fl.* blanches, odorantes, paniculées, dioïques; pédicelles et bractées pubescentes. Août. *Flles* pinnées, à folioles ovales, acuminées, quintinervées, entières, glabres. Cumana, près Caripa, 1820. Espèce de serre chaude.

Fig. 933. — Clematis aromatica. (*Rev. Hort.*)

C. chlorantha, Hort. Syn. de *C. grandiflora*, DC.

C. cirrhosa, Linn. * *Fl.* blanc pâle ou crémeux, duveteuses extérieurement, mais glabres à l'intérieur: pédoncules uniflores, munis d'un involucre. Mars. *Flles* ovales, un peu cordiformes, dentées, fasciculées. Europe méridionale; Corse. Espèce rustique, à feuilles persistantes. (B. M. 1070.)

Fig. 934. — Clematis cirrhosa. (*Rev. Hort.*)

C. crispa, Linn. *Fl.* lilas pâle ou pourpres, penchées: sépales fermes, contractés au-dessus du milieu, étalés et récurvés au sommet, ondulés sur les bords; pédoncules uniflores, plus courts que les feuilles. Juillet-septembre.

Flles entières, trilobées ou ternées, très aiguës. Amérique du Nord, 1726. Espèce rustique, à feuilles persistantes. Syn. *C. cylindrica*. (B. R. 32, 60 ; L. C. XIV.)

C. cylindrica, — Syn. de *C. crispa*, Linn.

C. Davidiana, Dcne. Clématite du Mongol. — *Fl.* bleu porcelaine, tubuleuses-cylindriques, réunies en bouquets compacts, axillaires, et à pédicelles très courts. Septembre.

Fig. 935. — Clematis Davidiana.

Flles trifoliées, longuement pétiolées, à folioles vert grisâtre, fortement crénelées. Chine 1863. Espèce rustique, voisine du *C. tubulosa*. Syn. *C. mongolica*, Hort. (R. H. 1867, 90.)

C. erecta, Hort. Syn. de *C. recta*, Linn.

pur, odorantes; pédoncules simples ou rameux. Juillet-octobre. *Flles* pinnées, glabres, à folioles orbiculaires, ovales, oblongues ou linéaires, entières ou trilobées, aiguës. Europe méridionale; France, etc. — Vigoureuse espèce grimpante, cultivée depuis longtemps. Il en existe plusieurs variétés qui diffèrent légèrement du type.

C. florida, Thunb. * *Fl.* blanc crémeux, grandes, étalées; sépales au nombre de six à huit, ovales, lancéolés, très aigus; pédoncules uniflores, plus longs que les feuilles. Avril-septembre. *Flles* composées, ternées, à folioles ovales, aiguës, entières. Japon. 1776. Espèce rustique. (B. M. 834; A. B. R. 402; L. C. V., et VI var. *venosa*.) — Il en existe une variété à fleur *pourpre-violet*, que M. Lavallée considère comme l'espèce sauvage et une autre variété *double*, beaucoup plus commune dans les jardins que le type.

C. Fortunei, — * *Fl.* blanches, odorantes, d'environ 2 cent. 1/2 de diamètre et composées d'environ une centaine de feuilles florales oblongues, lancéolées, onguiculées. *Flles* coriaces, généralement trifoliées, à folioles cordiformes, arrondies au sommet. Japon, 1863. Splendide espèce rustique, dont il existe deux ou trois variétés. (G. C. 1863, 673.)

C. grandiflora, DC. * *Fl.* jaune verdâtre, companulées très grandes; pédoncules uni- ou triflores, plus courts que les feuilles. Février-mai. *Flles* pinnées, glabres, à folioles au nombre de cinq, ovales, cordiformes, acuminées, grossièrement dentées en scie. Sierra Leone, 1823. Espèce de serre chaude ou tempérée. Syn. *C. chlorantha*, Hort. (B. R. 1234.)

C. graveolens, Lindl. * *Fl.* jaune pâle, moyennes, solitaires. Eté. *Flles* pinnées, à trois-cinq folioles étroites,

Fig. 936. — Clematis Flammula. (*Rev. Hort.*)

C. eriostemon, Dcne. *Fl.* violet bleuâtre, à sépales oblongs-deltoïdes, acuminés et révolutés au sommet, entiers, ondulés sur les bords; pédoncules triflores. Eté. *Flles* caulinaires le plus souvent pinnées, à deux ou trois paires de segments épais, vert foncé, ovales, entiers; le terminal souvent irrégulièrement trilobé. Vrilles nulles. *Haut.* 3 à 4 m. Probablement Amérique du Nord. (R. H. 1852, p. 341 ; L. C. XII.) Syn. *C. divaricata* (R. H. 1856, p. 341), non Jack; *C. Hendersoni*, Hort.

C. Flammula, Linn. * Clématite odorante. — *Fl.* blanc

trilobées. Chine, Tartarie, 1844. Petite espèce grimpante, rustique. (B. M. 4495.)

C. grewiæflora, DC. *Fl.* jaune brunâtre, d'environ 3 cent. de long, campanulées. *Flles* ovales, couvertes d'un duvet roussâtre. Himalaya, 1868. Espèce de serre froide, distincte. (B. M. 6369.)

C. hakonensis, Franch. et Savat. * *Fl.* violacées ou violet purpurin, étalées, de 12 à 18 cent. de diamètre, formées de quatre-six sépales elliptiques ou ovales-elliptiques, atténués ou arrondis et mucronés au sommet. Juillet-octobre. *Flles* pinnées, à cinq ou rarement sept folioles ovales, acuminées et arrondies à la base, très

Fig. 937. — CLEMATIS INTEGRIFOLIA.

rarement trilobées, vert foncé terne et glabres sur la face supérieure ; couvertes d'une épaisse villosité sur l'inférieure; les florifères ordinairement simples et cour-

Fig. 938. — CLEMATIS LANUGINOSA. (*Rev. Hort.*)

tement pétiolés. Plante vigoureuse très volubile. Japon, vers 1860. (L. C. IV.) — Le *C. Jackmanni*, Hort., est une des variétés de cette espèce les plus répandues dans les jardins. (I. H. 1864.)

C. Hendersoni, Hort. Syn. de *C. eriostemon*, Dcne.

C. Hookeri, Dcne. Syn. de *C. tubulosa Hookeri*, Hook.

C. indivisa, Willd. * *Fl.* blanc crémeux, paniculées. Avril. *Flles* ternées, à folioles ovales, entières, mucronées, coriaces, glabres. Nouvelle-Zélande, 1847. Espèce demi-rustique. — La variété *lobata* ne diffère du type que par ses folioles lobées. (B. M. 4398.)

Fig. 939. — CLEMATIS ORIENTALIS GLAUCA. (*Rev. Hort.*)

C. integrifolia, Linn. *Fl.* solitaires, penchées, à quatre sépales bleu foncé, veloutés, blanchâtres à l'extérieur, ondulés sur les bords, coriaces, d'environ 3 cent. de long : pédoncules axillaires, uniflores, de 15 à 20 cent. de long. Juin-août. *Flles* entières, ovales, lancéolées, glabres ; les deux supérieures concaves et conniventes avant la floraison, de façon à entourer la fleur qui paraît alors comme renfermée dans un involucre. *Haut.* 60 cent. Europe, Pyrénées, Autriche, etc., 1596. (B. M. 65.) Espèce rustique, arbustive, dont il existe quelques variétés.

C. Jackmanni, Hort. Variété du *C. hakonensis*, Franch. et Savat

C. lanuginosa, Lindl. * *Fl.* bleu lavande, solitaires, très grandes, de 15 à 20 cent. de diamètre, composées de six à huit sépales étalés. Commencement de l'été. *Flles* ordinairement simples, largement cordiformes, aiguës, glabres en dessus, velues en dessous. Chine, 1851. Espèce rustique. (F. d. S. 8, 811 et 11, 1776-1777 ; I. H. 1854, 14 ; L. C. 1.) — La variété *pallida* a des fleurs de 20 à 25 cent. de diamètre.

C. mongolica, Hort. Syn. de *C. Davidiana*, Dcne.

C. montana, Buchan. * *Fl.* blanches, ressemblant par leur forme et leurs dimensions à celles de l'*Anemone sylvestris;* pédoncules ordinairement uniflores. Commencement de l'été. *Flles* ternées ou trifides, glabres, à folioles oblongues, acuminées, sub-dentées à la base, les latérales presque sessiles. *Haut.* 6 m. Népaul, 1831. Espèce rustique. (G. C. 1872, p. 1424 ; B. R. 1840, 53 ; R. H. 1856, 43 ; L. C. XXII.) La var. *grandiflora* (B. M. 4061) est bien plus ornementale que le type.

C. ochroleuca, Ait. *Fl.* dressées ou un peu penchées, blanc crémeux et jaunes extérieurement ; pédoncules uniflores. Juillet. *Flles* entières, ovales ; les plus jeunes soyeuses. Tiges dressées. *Haut.* 30 à 60 cent. Est des États-Unis, 1767. Espèce vivace, rustique. (L. B. C. 661.)

C. orientalis, Linn. *Fl.* jaune verdâtre, nuancées de roux à l'extérieur et au sommet ; odorantes, paniculées. Août. *Flles* pinnées, à folioles glabres, cunéiformes, pourvues de trois lobes dentés et aigus. *Haut.* 2 m. 50. Orient, 1771. Demi-rustique. (L. C. XXI.) — Il existe une variété nommée *glauca*.

C. paniculata, Thunb.* *Fl.* blanches, odorantes, ressemblant à celles du *C. Flammula ;* pédicelles paniculés, pluriflores. Juillet-août. *Flles* pinnées, à folioles ovales, cordiformes, aiguës, entières. Japon, 1796. Espèce rustique.

C. patens, Dcne.* *Fl.* grandes, solitaires, variant du mauve au bleu azuré et jusqu'au blanc lilacé ; étamines

Fig. 940. — Clematis patens.

pourpre foncé ; sépales au nombre de six à huit, oblongs, lancéolés, aigus, membraneux. Juin-juillet. *Flles* étalées, velues, ternées ; folioles ovales, aiguës, entières. Japon, 1836. Espèce rustique. (B. H. 1856, 44 ; F. d. S. 1050, 1117 ; I. H. 1864, 91 ; B. G. II et III.) Syns. *C. azurea grandiflora*, Hort. ; *C. cærulea*, Lindl. (B. R. 1835, 1955.) ; var. *grandiflora*. (B. M. 3983.) — Il existe plusieurs variétés de cette espèce parmi lesquelles nous citerons : *Amalia*, violet pâle ; *Helena*, blanc verdâtre devenant pur, à étamines jaunes ; *Louisa*, blanc jaunâtre, à anthères brunes ; *monstrosa*, remarquable par ses fleurs semi-doubles, verdâtres ; *Sophia*, à sépales très grands et remarquablement larges, violet foncé, rayés longitudinalement de vert au centre. (F. d. S. 852.)

C. Pieroti, Miq. *Fl.* petites, blanches. *Flles* à folioles profondément et finement dentées en scie, à nervures proéminentes, et couvertes de poils apprimés. Japon.

C. Pitcheri, Torr. et Gray. *Fl.* pourpre terne, campanulées, à sépales étroitement et légèrement marginés et récurvés au sommet. *Fr.* à style filiforme et à peine pubescent. Juillet-août. *Flles* composées de trois à neuf folioles ovales, cordiformes, entières ou trilobées ; les supérieures souvent simples. États-Unis. Espèce grimpante, rustique. (L. C. XV.)

C. Pitcheri, Sargent. Syn. de *C. Sargenti*, Laval.

C. Pitcheri, Carr. Syn. de *C. texensis*, Buchan.

C. recta, Linn. *Fl.* blanches, odorantes, à sépales ovales et réunies en corymbes denses. Juin-août. *Flles* à une-trois paires de folioles pétiolulées, ovales, acuminées, entières. Tiges dressées. *Haut.* 60 cent. à 1 m. Europe

Fig. 941. — Clematis recta.

méridionale ; France, etc. Espèce vivace, herbacée, dont il existe une variété à fleurs *doubles*. Syn. *C. erecta*, All. et Hort.

C. reticulata, Walt. *Fl.* jaune pâle à l'intérieur, rose vineux et lavé à l'extérieur, solitaires, pendantes, longuement pédonculées ; sépales connivents, récurvés au sommet. Septembre. *Flles* coriaces, à réticulations proéminentes ; les supérieures simples, elliptiques ; les inférieures pinnées, à sept-neuf folioles de forme variable. Sud des États-Unis, 1880. Plante divariquée, grimpante, rustique ou à peu près. (B. M. 6574 ; L. C. XVI.)

C. rhodochlora, Ed. André. *Fl.* ayant environ les mêmes dimensions que celles du *C. Viticella ;* les deux petits sépales rouge vineux en dessus, plus pâles à la base, blanchâtres, lavés de rouge en dessous ; grands sépales presque du double plus grands que les petits, verts, nettement foliacés. *Flles* simples, largement ovales ou sub-cordiformes, courtement pétiolées. 1887. Variété horticole.

C. Sargenti, Laval. *Fl.* petites, presque cylindriques, violet souvent teinté de vert, solitaires ou disposées par trois et très nombreuses ; sépales ovales-oblongs, épais dans toute leur longueur et terminés en pointe aiguë. *Flles* de grandeur variable, à deux-quatre paires de segments ovales, oblongs ou cordiformes et mucronés au sommet, couvertes de poils courts sur la face inférieure ; pétioles constamment terminés en vrilles. Plante rameuse, buissonnante, divariquée. *Haut.* 2 à 3 m. États-Unis, vers 1880. (L. C. XVIII.) Syn. *C. Pitcheri*, Sargent, non Torr. et Gray.

C. smilacifolia, Wall. *Fl.* à quatre sépales linéaires, oblongs, couverts extérieurement d'un tomentum roussâtre, glabres et pourpres à l'intérieur ; panicules axillaires, pauciflores, à peine plus courtes que les feuilles. *Flles* ovales, cordiformes, glabres, entières. Népaul, 1823. Espèce de serre froide. (B. M. 1259.)

C. Stanleyi, Hook. *Fl.* variant du rose au pourpre, axillaires, étalées, de 6 cent. de diamètre, charnues. *Flles* bipinnées, argentées. Arbuste de 1 m. de haut. Sud de l'Afrique, 1899. (G. C. 1890, VIII, f. 66 ; G. et F. III, f. 65 ; B. M. 7166 ; Gn. 1891, 789.)

C. stans, Sieb. et Zucc. *Fl.* bleu opale, sub-verticillées, fasciculées, pendantes, à verticilles disposés en panicule terminale, contractée ; sépales linéaires, acuminés, récurvés. Septembre. *Flles* trifoliées, à folioles obliquement arrondies ovales, aiguës, profondément dentées ou sub-lobées, ridées, les supérieures plus étroites. Tige dressée, herbacée, mollement pubescente. *Haut.* 60 cent. à 1 m. Japon, vers 1860. Espèce rustique. (B. M. 6810.)

C. texensis, Buck. *Fl.* solitaires, axillaires ou sub-terminales, sur de longs pédoncules colorés; sépales quatre, très épais et charnus, d'environ 4 cent. de long, campanulés à la base, réfléchis au sommet; jaunes à l'intérieur, rouge vermillon intense à l'extérieur. Texas, 1868. (L. C. XIX.) Syns. *C. Pitcheri*, Carr., non Torr. et Gray; *C. coccinea*, Engelm. (B. M. 6954; G. C. 1881, p. 45; R. H. 1888, 346); *C. Viorna coccinea*, James. — Espèce grêle, mais très élégante, atteignant environ 1 m. 50 à 2 m. de haut. Probablement rustique. — On connait deux formes de cette plante: l'une, *luteola*, Ed. André, à fleurs jaunes à l'intérieur (R. H. 1888, p. 348); l'autre, *parviflora*, Lavallée, à fleurs plus petites, rougeâtres à l'intérieur.

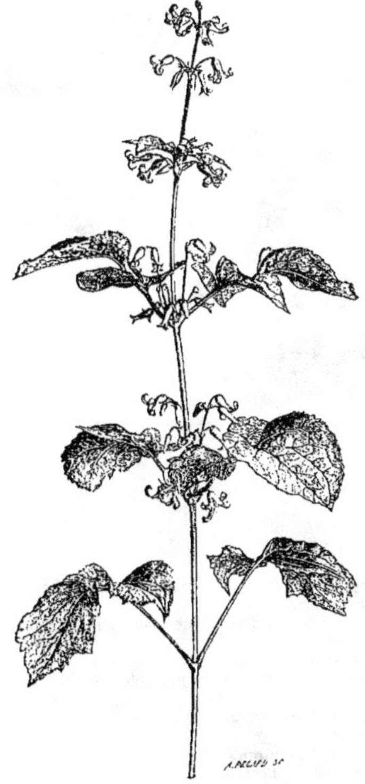

Fig. 942. — Clematis tubulosa. (*Rev. Hort.*)

C. tubulosa, Turcz. * *Fl.* bleues, à long tube grêle, plus foncée que le limbe, celui-ci étalé, ressemblant beaucoup comme forme à une fleur de Jacinthe. Automne. *Flles* larges, munies de trois folioles largement ovales, arrondies. Tige dressée, presque ligneuse. *Haut.* 60 cent. à 1 m. Chine, 1845. Rustique. (B. M. 4269.) — Le *C. Davidiana*, Dcne., espèce à fleur bleu porcelaine, originaire du même pays, est voisine de cette espèce.

C. t. Hookeri, Hook. *Fl.* lilas, tubuleuses, de 18 mm. de long, pédicellées, disposées en grappes axillaires. *Flles* grandes, trifoliées, à folioles elliptiques, aiguës, dentées. Nord de la Chine, 1885. Sous-arbrisseau ornemental, rustique. (B. M. 6801.) Syn. *C. Hookeri*, Dcne.

C. verticillaris, DC. — V. *Atragene americana.*

C. Viorna, Linn., Angl. Leather-flower. — *Fl.* pourpres, jaunes à l'intérieur, grandes, pendantes; sépales connivents, épais, acuminés, réfléchis au sommet; pédoncules

Fig. 943. — Clematis Viorna.

uniflores. Juin. *Flles* glabres, pinnées, à folioles entières, trilobées ou ternées, ovales-aiguës; les florales entières. *Haut.* 3 à 4 m. Amérique du Nord, 1730. (B. R. 32, 60; L. C. XVII.) Espèce rustique.

C. V. coccinea, James. Syn. de *C. texensis*, Buck.

C. virginiana, Thunb. *Fl.* blanches, odorantes, petites, paniculées, dioïques. Juin-août. *Flles* ternées, à folioles cordiformes, aiguës, grossièrement dentées ou lobées. *Haut.* 5 à 6 m. Amérique du Nord, 1767. Espèce rustique. (W. D. B. 74.)

C. Vitalba, Linn. * Clématite brûlante, Herbe aux Gueux, Berceau de la Vierge, etc. Angl. Old Man's Beard; Traveller's Joy. — *Fl.* blanches, à odeur d'amande, en panicules dichotomes, axillaires, plus courtes que les feuilles. Juillet-septembre. *Fr.* munis d'une longue aigrette plumeuse. *Flles* pinnées, à folioles ovales, lancéolées, acuminées, cordiformes à la base, longuement pétiolulées. Europe; France, etc., et Asie occidentale. Espèce rustique, sarmenteuse, très grimpante.

C. Viticella, Linn. * Clématite bleue. Angl. Vine Bower. — *Fl.* bleues, pourpres ou roses, grandes, pendantes; sépales obovales, étalés; pédoncules uniflores, plus longs que les feuilles. Juin-septembre. *Fr.* à arête non plumeuse. *Flles* entières ou plusieurs fois ternées, à folioles entières. Europe méridionale; France, etc., et Asie occidentale. Espèce rustique. (B. M. 565; L. C. VII; S. F. G. 516; Gn. 1891, 787.) Il en existe plusieurs variétés dont une à fleurs *doubles*.

Variétés. — Par suite d'hybridations heureuses, le nombre et surtout le mérite des variétés obtenues dans ces années ont apporté un grand perfectionnement à ce beau genre. Les premières hybridations ont (d'après T. Moore et G. Jackmann) été pratiquées par Isaac Anderson Henry, d'Edimbourg, bientôt suivi par G. Jackmann, de Woking (Angleterre). Le *C. Jackmanni* est un des premiers hybrides de ce dernier semeur, qui fleurit pour la première fois vers 1862; c'est encore actuellement une des meilleures variétés.

Beaucoup d'autres semeurs européens pratiquèrent ensuite des croisements entre différentes espèces, d'où sont sorties les belles variétés à grandes fleurs que l'on possède aujourd'hui, et dont le nombre va toujours grandissant. Nous donnons ci-dessous un choix des meilleures variétés actuelles : le nom des types auxquels elles appartiennent est abrégé comme suit :

PAT. Patens.	FLOR. Florida.	ORIENT. Orientalis.
LAN. Lanuginosa.	VIT. Viticella.	HEND. Henderson.
JACK. Jackmanni.	TEX. Texensis.	

Albert Victor, PAT. Lavande foncé, à bande médiane brune.

Docteur Blanchet, LAN. Fleur large, violet teinté de rose satiné.

Duchess of Teck, LAN. Large fleur blanc pur, à bande médiane mauve.

Duke of Norfolk, LAN. Grande fleur blanche.

Edouard Desfossé, PAT. Grande fleur mauve foncé, anthères rouges.

Elaine, PAT. Fleur double, violet clair.

Excelsior, PAT. Grande fleur bleue, semi-double.

Eugène Delatre, LAN. Large fleur bleu lavande, de forme parfaite.

Earl of Beaconsfield, JACK. Fleur pourpre velouté foncé.

Erecta flore pleno, FLOR. Fleur petite, double, blanche.

Fig. 944. — CLEMATIS VITICELLA. (*Rev. Hort.*)

Azurea grandiflora, PAT. Grande fleur, bleu azuré.

Aurora, FLOR. Double, rougeâtre, ombré mauve.

Alba Magna, LAN. Grande fleur, du plus beau blanc.

Alfred Grondard, LAN. Grande fleur, mauve foncé.

Aureliana, LAN. Grande fleur, bleu azuré.

Alexandra, JACK. Fleur violet clair, étamines blanches.

Atropurpurea, JACK. Violet foncé.

André Leroy, VIT. Grande fleur bleue.

Baronne de Rothschild, FLOR. Fleur double blanche.

Barillet-Deschamps, FLOR. Large fleur double, d'un beau mauve luisant.

Bicolor Sieboldii, FLOR. Fleur blanche, étamines violettes.

Bélisaire, LAN. Grande fleur lilas tendre, très belle.

Belle Nantaise, LAN. Très large fleur bleu lavande.

Candidissima plena, PAT. Fleur double, blanc azuré.

Countess of Lovelace, FLOR. Fleur double, lilas bleuâtre.

Coloradensis, TEX. Violet foncé à l'extérieur et pourpre à l'intérieur (tiges annuelles).

Colensoi, ORIENT. Petite fleur jaune, très vigoureuse.

Cylindrica, HEND. Fleur petite, à pétales blancs et bleus au centre.

Duchesse d'Edimbourg, FLOR. Fleur double, imbriquée, blanc pur, très belle.

Duchesse de Cambacérès, LAN. Fleur très grande, bien faite, d'un beau bleu ciel.

Fairy Queen, PAT. Très large fleur blanche, à bande médiane rosée.

Fair Rosamond, PAT. Fleur blanc pur, à bande médiane rosée.

Faust, JACK. Fleur moyenne, gros bleu.

Fulgens, JACK. Fleur moyenne, bleu pourpré.

François Morel, JACK. Fleur moyenne, rouge clair.

Gloire de Saint-Julien. LAN. Très large fleur blanche, à reflet mauve.

Gigantea, LAN. Grande fleur blanche.

Georges Elliot, FLOR. Fleur double blanche.

Gipsy Queen, JACK. Fleur grande, violet foncé velouté.

Helena, PAT. Fleur blanche, étamines jaunes.

Henrii, LAN. Large fleur blanc pur.

Hybrida perfecta, LAN. Belle fleur blanc pur.

Impératrice Eugénie, LAN. Grande fleur blanc crème.

Integrifolia Durandii, INT. Fleur moyenne, bleu violacé.

John Gould Veitch, FLOR. Fleur très grande, double, bleu tendre.

Jeanne d'Arc, LAN. Très grande fleur, blanc pur.

Jackmanni, LAN. Beau coloris violet foncé, la plus florifère de toutes les Cl. à grandes fleurs.

Jackmanni alba, JACK. Fleur blanche, plante très florifère.

Jackmanni superba, JACK. Violet foncé nuancé pourpre.

Juliette Dodu, VIT. Coloris violet teinté de rose.

Louisa, Pat. Fleur blanche, anthères brunes.
Lucie Lemoine, Flor. Fleur blanche, double, anthères jaune pâle ; très belle.
Lanuginosa candida, Lan. Grande fleur, blanc à reflet bleu.
Lanuginosa nivea, Lan. Grande fleur, blanc nuancé.
Lanuginosa violacea. Lan. Belle fleur, violet luisant.
La France. Lan. Très large fleur, violet foncé, nuancé, très florifère.
La Gaule, Lan. Grande fleur double, blanche. à anthères violettes.
La Neige, Lan. Fleur assez grande, blanc pur.
Lady Caroline Newill, Lan. Très large fleur, bleu pâle, à nervures plus foncées; superbe.
Lawsoniana, Lan. Grande fleur bleu lavande veiné ; extra.
Lord Newill, Lan. Fleur large, bleue ; étamines foncées.
Louis Van Houtte, Lan. Blanc rosé, anthères brunes.
Lady Bovill. Jack. Fleur grande, bleu grisâtre.
Mademoiselle Torriana, Jack. Rose brillant.
Margaret Dunbar, Jack. Bleu porcelaine.
Madame Ed. André, Pat. Très grande et belle fleur rouge carmin foncé, nuancé de vermillon et suffusé de violet. (R. H. 1893, 180.)
Madame Méline, Flor. Très large fleur pleine, d'un blanc pur. (R. H. 1885, 132.)
Madame G. Innès, Flor. Grande fleur double, bleu pâle.
Madame Briol, Lan. Grande fleur, violet clair.
Madame Van Houtte, Lan. Blanc pur, très belle.
Marie Boisselot, Lan. Très grande fleur blanche.
Marie Desfossé, Lan. Grande fleur blanche, extra.
Madame baron Veillard, Jack. Coloris rose vineux ; floraison tardive; plante très vigoureuse.
Madame Georges Boucher, Jack. Grande fleur double, imbriquée, d'un coloris pourpre. à revers des pétales verdâtre; remontante et simple à l'automne.
Madame Grangé, Jack. Grande fleur pourpre velouté foncé, extra.
Madame Thibaut, Jack. Fleur grande, coloris violet.
Mademoiselle Elisa Schenck, Jack. Très belle fleur, coloris violet.
Madame Furtado Heine. Vit. Grande fleur, d'un beau rouge vineux, à reflet cramoisi. (R. H. 1889, 108.)
Modesta, Vit. Bleu clair, veiné plus foncé, très belle.
Monsieur Grandeau, Vit. Fleur moyenne, violet rougeâtre.
Otto Frœbel, Lan. Fleur atteignant 0 m. 20 à 0 m. 22 cent. de diamètre, lilas clair, très belle.
Othello, Vit. Fleur pourpre velouté foncé.
Odorata cærulea, Vit. Petites fleurs bleu violacé, très odorantes.
Proteus, Flor. Fleur grande, double, rose pourpré, centre rosé.
Paul Avenel, Lan. Grande fleur, bleu clair.
Président Grévy, Lan. Très large fleur, lilas foncé.
Perle d'Azur, Jack. Bleu de ciel.
Purpurea elegans, Jack. Grande fleur, violet brillant.
Prince of Wales, Jack. Bleu foncé violacé.
Regina, Lan. Fleur très grande, bleu lavande.
Reine des bleues, Lan. Grande fleur, d'un beau bleu foncé.
Reine Blanche, Lan. Belle fleur blanche.
Renaultii grandiflora, Jack. Grande fleur, bleu foncé.
Rubella, Jack. Fleur violet pourpre, de belle forme.
Rubens, Vit. Fleur pourpre bleuâtre.
Sir Garnet Wolseley, Pat. Fleur d'un très beau bleu ardoisé.
Sophia flore-pleno, Pat. Fleur semi-double, blanc bordé lilas.
Standishii, Pat. Fleur bleu azuré, odorante.
Sensation, Lan. Grande fleur, mauve foncé.
Symeyana, Lan. Coloris mauve pâle.
Splendida, Jack. Fleur moyenne, violet foncé.
Star of India, Jack. Grande fleur, violet bleuâtre foncé, veiné noir.
The Queen, Pat. Bleu lavande, fleur bien faite.
The Gem, Lan. Fleur bleu lavande, très remontante.
The President, Lan. Pourpre violacé, très belle.
Thomas Tennant, Lan Belle fleur blanche.
Thunbridgensis, Jack. Grande fleur, violet pâle.
Thomas Moore, Vit. Fleur grande, violet rougeâtre, très belle.
Uranus, Pat. Beau coloris, violet pourpre, à bande médiane mauve.
Undine, Flor. Fleur double, bleu foncé, teinté de pourpre.
Victor Cérésole. Lan. Large fleur, bleu clair teinté de rose.
Ville de Paris, Lan. Fleur blanche, à bande médiane rose.
William Kennett, Lan. Fleur bleu lavande foncé, à bande médiane claire.
Viticella flore pleno. Fleur double, de couleur bleue.
Viticella kermesina. Fleur moyenne, rouge cramoisi foncé, à reflets feu.
Viticella rubra grandiflora. Fleur moyenne, rouge cramoisi brillant.
Viticella venosa. Fleur violette veinée ; variété très vigoureuse et florifère.
Velutina purpurea, Vit. Fleur velouté foncé.

CLÉMATITE bleue. — V. **Clematis Viticella.**

CLÉMATITE brûlante. — V. **Clematis Vitalba.**

CLÉMATITE du Japon, C. à grandes fleurs. — V. **Clematis patens, C. lanuginosa, C. hakonensis**, etc., et leurs nombreux hybrides.

CLÉMATITE odorante. — V. **Clematis Flammula.**

CLEMATITIS. — V. **Aristolochia Clematitis.**

CLEOME, Linn. (nom emprunté à Théodosius par Linné; peut-être du grec *kleio*, je clos ; de la disposition des parties de la fleur). **Mozambé.** Fam. *Capparidées*. — Grand genre comprenant environ quatre-vingt-dix espèces de plantes annuelles, herbacées ou rarement frutescentes, originaires de toutes les régions chaudes, quelques-unes seulement habitent les bords de la Méditerranée. Fleurs blanches, jaunes ou purpurines, décoratives, solitaires ou en grappes. Sépales et pétales quatre, libres ou les sépales légèrement soudés; étamines ordinairement six, parfois quatre à douze. Ovaire sessile ou quelquefois très longuement stipité. Feuilles simples, ou digitées et alors à trois-sept folioles.

Les *Cleome* se plaisent dans une terre légère et sèche, à exposition chaude et demandent beaucoup d'espace pour s'étendre à leur aise. Leur beau port et leurs longs rameaux fleuris les rendent propres à l'ornement des plates-bandes et des massifs d'arbustes. Les espèces demi-rustiques se sèment au printemps, sur une petite couche, mais leurs graines germent quelquefois assez lentement; on repique les plants séparément dans des godets que l'on replace sous châssis, puis on les endurcit graduellement pour les mettre en place en mai. Les espèces frutescentes exigent également une terre fertile et légère ; on peut facilement les multiplier par boutures aoûtées, que l'on fait sous cloche et sur chaleur de fond, mais comme elles produisent également des graines, ce procédé est à peu près inutile. Les espèces de serre chaude ne demandent pas de soins spéciaux.

C. arborea, Humb. et Bonpl. *Fl.* pourpre violacé. Juin. *Flles* à sept folioles portant chacune environ vingt nervures. *Haut.* 2 m. à 2 m. 50. Carccas, 1817. Arbuste de serre chaude, pubescent-glanduleux, un peu visqueux.

C. gigantea, Linn. * *Fl.* blanc verdâtre, à filaments roses et à anthères jaunes. Juin. *Flles* à sept folioles portant chacune trente à quarante nervures. Plante frutescente, pubescente, glanduleuse, un peu visqueuse. *Haut.* 2 à 4 m. Amérique du Sud, 1774. C'est un bel arbuste de serre chaude, mais à odeur forte et désagréable, et à saveur brûlante. (B. M. 3137.)

C. lutea, Hook. — V. *Peritoma aurea.*

C. pungens, Willd. * C. piquant. — *Fl.* blanches, carnées ou roses, à filaments purpurins et à anthères brunes. Juillet. *Flles* à cinq-sept folioles ovales-lancéolées, aiguës; les florales ou bractées simples, cordiformes ou ovales.

Fig. 945. — CLEOME PUNGENS.

Plante pubescente-glanduleuse, visqueuse, couverte d'aiguillons. *Haut.* 60 cent. à 1 m. 20. Indes occidentales, etc. 1817. Demi-rustique. Syn. *C. spinosa*, Sims, non Jacq. (B. M. 1640.)

C. rosea, Vahl. * *Fl.* d'un beau rose. Juin. *Flles* à cinq folioles; les inférieures et les supérieures ternées; les florales et terminales simples, ovales et sessiles. Tige dressée, rameuse. *Haut.* 45 cent. Rio-de-Janeiro. 1824. Plante glabre, inerme, demi-rustique et bisannuelle. (B. R. 960.)

C. speciosissima, Depp. *Fl.* d'un beau rose. Juillet. *Flles* à cinq-sept folioles lancéolées, acuminées, velues. *Haut.* 45 cent. Mexique, 1829. Plante inerme, annuelle, demi-rustique. (B. R. 1312.)

C. spinosa, Jacq. C. épineux. — *Fl.* blanc et rose, en épis terminaux; étamines à filets purpurins. Juin-juillet. *Flles* alternes, glabres, à cinq-sept folioles; les supérieures trifoliées; les florales simples, ovales ou cordiformes. Rameaux velus. Plante annuelle, vivace en serre, demi-rustique. *Haut.* 1 m. Indes occidentales, 1731.

C. spinosa, Sims. Syn. de *C. pungens*, Willd.

CLEOPHORA, Gærtn. — V. **Latania**, Commers.

CLERODENDRON, Linn. (de *kleros*, hasard, et *dendron*, arbre; allusion probable aux douteuses propriétés médicales de ces arbres). Syns. *Ovidea*, *Siphonantha*, *Volkameria*, Linn. et *Volkmannia*, Jacq. Fam. *Verbenacées.* — Genre comprenant environ soixante-dix espèces dispersées dans toutes les régions chaudes. Ce sont pour la plupart des plantes ornementales, de serre chaude ou tempérée, frutescentes ou sarmenteuses. Fleurs en cymes, en panicules terminales ou axillaires; calice monosépale, persistant, à cinq divisions; corolle tubuleuse, hypocratériforme, à cinq divisions inégales; étamines quatre, didynames, exsertes, inégales; style filiforme, également exsert. Le fruit est une drupe entourée à la base par le calice persistant et devenu charnu. Feuilles opposées ou verticillées, simples.

Une espèce au moins, le *C. fœtidum*, est presque rustique; les autres comptent parmi nos plus belles plantes de serre chaude ou tempérée; certaines espèces sont arbustives, tandis que d'autres sont au contraire sarmenteuses et grimpantes. Un mélange de terre franche et de terre de bruyère en parties égales, additionné d'un peu de terreau et de charbon de bois, convient parfaitement aux espèces grimpantes. Les espèces frutescentes ont un feuillage plus volumineux et exigent un compost plus fertile, afin que leurs grandes panicules de fleurs soient vivement colorées. Il faut les tailler après leur floraison et les tenir presque secs pendant l'hiver, dans une température d'environ 12 deg. La multiplication des espèces de ce groupe est facile et peut s'effectuer de plusieurs manières : 1° par boutures que l'on fait au moment de la taille; 2° par fragments de la tige ou des branches latérales, ayant 8 à 15 cent. de longueur, que l'on plante en terre très légère et que l'on enfonce ensuite dans une couche dont la chaleur de fond est d'environ 20 degr.; 3° par graines que l'on sème dès leur maturité ou au printemps suivant. Cultivés à chaud, ces semis fleurissent l'année suivante.

La multiplication des espèces grimpantes s'opère de la même manière, mais leurs boutures s'enracinent plus difficilement; il faut choisir, au moment de la taille, des pousses aoûtées, les planter dans de la terre siliceuse, à chaud et les recouvrir de cloches.

Culture. — Comme leurs feuilles sont caduques, les arrosements doivent être restreints ou même supprimés pendant l'hiver, mais les plantes ne doivent pas être hivernées dans un endroit dont la température est trop basse. En janvier-février, on expose les plantes cultivées en pots à une chaleur relativement forte pour les mettre en végétation. Lorsque les pousses ont atteint quelques centimètres, on leur donne un bon rempotage. Si on peut les replacer, au moins pour quelque temps, sur une bonne chaleur de fond, ils n'en poussent que plus vigoureusement. Les *Clerodendron* grimpants plantés en pleine terre, ne peuvent naturellement pas être transplantés, mais s'il est possible d'abaisser la température de la serre à environ 15 deg., leur bois s'aoûtera plus parfaitement et la floraison suivante en sera d'autant plus belle.

Le *C. Thomsonæ* est une des meilleures espèces grimpantes de serre chaude et le *C. fallax* est le plus beau des espèces arbustives.

Ces plantes souffrent quelquefois des attaques de la Cochenille, sans cependant en être plus fréquemment atteints que la majorité des plantes de serre chaude. Les meilleurs remèdes consistent à visiter fréquemment et attentivement les plantes, à écraser tous les insectes que l'on aperçoit et à laver les plantes avec de l'eau de savon, du jus de tabac ou autre insecticide. Les Pucerons se montrent aussi sur les jeunes pousses; on les détruit à l'aide de fumigations légères, pratiquées deux jours de suite, dans la soirée.

C. Balfourianum, — Variété du *C. Thomsonæ.*

C. Bethuneanum, — * *Fl.* rouge carmin, portant une macule blanche sur le pétale supérieur et une macule pourpre sur chacun des pétales latéraux; panicules grandes, pyramidales; bractées, pédicelles et calices colorés. *Flles* grandes, cordiformes, acuminées, glabres en dessus. *Haut.* 3 m. Bornéo, 1847. Arbuste de serre chaude. (B. M. 4485.)

C. Bungei, Steud. Syn. de *C. fœtidum*. D. Don.

C. calamitosum, Linn. *Fl.* blanches. Août. *Haut.* 1 m. 20. Indes, 1823. Espèce de serre chaude. (B. M. 5294.)

C. cephalanthum, Oliver. *Fl.* blanc crème, en bouquets terminaux, compacts; calice grand, purpurin, à cinq lobes; corolle à tube étroit, de 8 à 10 cent. de long, à segments étalés. *Flles* grandes, ovales, vert foncé, à pétoiles devenant ligneux et crochus. Magnifique plante à tiges brunes. Zanzibar, 1888.

C. delectum, — *Fl.* décoratives, abondantes, disposées en grandes cymes dichotomes; calice blanc pur; corolle d'un beau rose magenta foncé. 1885. — Belle variété horticole, issue des *C. Thomsonæ* et *C. Balfourianum*.

C. fallax, — *Fl.* écarlate brillant; disposées en panicules terminales, dressées, pluriflores. Août-septembre. *Flles* grandes, ovales-cordiformes, légèrement lobées, vert foncé. Java. Arbrisseau dressé, de serre chaude.

C. fœtidum, D. Don. * *Fl.* rose lilacé, disposées en corymbes terminaux, Août. *Flles* grandes, pubescentes, cordiformes, acuminées, dentées, à pétioles grêles. *Haut.* 1 m. 50. Chine, 1820. — Bel arbrisseau de serre froide ou même presque rustique, armé de courtes épines rigides. Syn. *C. Bungei*, Steud. (B. M. 4880.)

C. fragrans, Willd. * *Fl.* blanches, disposées en corymbes terminaux, compacts, hémisphériques. Août-décembre. *Flles* presque cordiformes, dentées en scie, pubescentes, munies de deux glandes à la base. *Haut.* 1 m. 80. Chine, 1790. Espèce de serre froide. (B. M. 1834.)

C. f. flore-pleno, Hort. * *Fl.* blanches, suffusées de rose, très odorantes, disposées en bouquets compacts. Octobre. *Flles* arrondies, ovales ou obovales, entières. *Haut.* 1 m. 80. Chine, 1790. Arbrisseau de serre froide.

C. hastatum, Wall. *Fl.* blanches, très odorantes, disposées en grande panicule. Juin. *Flles* grandes, hastées. *Haut.* 1 m. 80. Indes, 1825. Arbrisseau de serre chaude. (B. M. 3398.)

C. illustre, — *Fl.* à calice rouge écarlate, presque globuleux; corolle écarlate vif, à tube de 18 mm. de long; limbe de 16 à 18 mm. de diamètre; rameaux des panicules et pédicelles rouges. *Flles* cordiformes, aiguës, de 18 à 20 cent. de long et 15 à 16 cent. de large, sinuées, dentées, glabres ou à peu près en dessus, écailleuses en dessous. Célèbes. — Plante remarquable, émettant ses grandes panicules de fleurs dès qu'elle a atteint environ 45 cent. de haut.

C. infortunatum, Linn. *Fl.* écarlate vif, grandes, disposées en panicules à rameaux colorés. *Flles* arrondies, cordiformes, luisantes, vert foncé. *Haut.* 1 m. 80. Ceylan. Arbuste de serre chaude, très ornemental à l'époque de la floraison. (B. R. 30, 19.)

C. macrosiphon, — *Fl.* formant une petite cyme terminale, réduite, presque sessile; calice de 6 mm. de long; corolle blanche, à tube de 10 à 11 cent. de long et 2 mm. de diamètre, velu, dressé, légèrement courbé; limbe unilatéral, de 4 cent. de diamètre, divisé jusqu'au milieu en cinq lobes. Mai. *Flles* de 5 à 8 cent de long, ob-lancéolées ou elliptiques-lancéolées, acuminées, grossièrement et irrégulièrement dentées ou presque lobulées, graduellement rétrécies en pétiole à la base. Zanzibar, 1881. Arbrisseau grêle, dressé. (B. M. 6695.) Syn. *Cyclonema macrosiphon*.

C. Minahassæ, — *Fl.* blanc jaunâtre, disposées en larges cymes terminales, paniculées; anthères pourpres, exsertes. *Fr.* très ornemental; le calice se développe au point de ressembler à une fleur rouge, de 8 cent. de diamètre, portant au centre une baie arrondie, bleue. *Flles* obovales, opposées, dentées en scie. Tiges tétragones. Célèbes, 1886. Arbuste ornemental.

C. myricoides, R. Br. *Fl.* blanc et bleu, disposées en cymes axillaires, fasciculées. Printemps. *Flles* oblongues, lancéolées ou obovales, dentées. Afrique tropicale. Arbuste nain, de serre chaude Syn. *Cyclonema myricoides*.

C. nutans, Wall. *Fl.* blanches, inodores, légèrement ascendentes, ternées; calice pourpre rougeâtre; corolle à lobes obovales, obtus, presque égaux, plans; étamines plus longues que la corolle; panicules oblongues, pendantes. Décembre. *Flles* ternées ou opposées, longuement acuminées, entières, atténuées à la base, très brièvement pétiolées. *Haut.* 60 cent. à 1 m. 20. Sylhet, etc. 1830. Arbuste. (B. M. 3049; Gn. 1888, part. I, 647.)

C. paniculatum, Linn. *Fl.* écarlates, disposées en grandes panicules terminales, pyramidales. Août. *Flles* grandes, longuement pétiolées, cordiformes, hastées, lobées sur les bords et légèrement luisantes en dessus. *Haut.* 2 m. Java, 1809. Très bel arbuste de serre chaude. (B. R. 406; B. M. 7141.)

C. Rumphianum, — *Fl.* d'abord couleur chair, devenant rouge et cramoisi, longuement tubuleuses et disposées en panicules terminales; étamines rouges, exsertes. *Flles* grandes, ovales, arrondies, vert foncé. Java, 1887. Bel arbrisseau.

C. scandens, P. Beauv. * *Fl.* blanches; corymbes nombreux, axillaires et terminaux. Août. *Flles* cordiformes, ovales, acuminées, entières. Plante duveteuse; tiges tétragones, grimpantes. Guinée, 1822. Espèce de serre chaude. (B. M. 1354.)

Fig. 946. — CLERODENDRON SEROTINUM. (*Rev. Hort.*)

C. serotinum, — *Fl.* blanc pur, odorantes, disposées en grandes panicules corymbiformes, de 30 cent. ou plus de diamètre; calice rose, anguleux. *Flles* cordiformes,

CLET

décussées. *Haut.* 3 m. Chine, 1867. Arbrisseau très rameux, de serre froide ou presque rustique. (R. H. 1857, 351.)

C. Siphonanthus, R. Br. *Fl.* blanches. *Haut.* 1 m. 80. Indes, 1796. Espèce de serre chaude. Syn. *Siphonanthus indica.*

C. speciosum, — *Fl.* d'un beau rose foncé ; calice grand, suffusé de rouge. *Flles* oblongues, ovales, glabres. Hybride grimpant, très ornemental. (I. H. 593.)

C. splendens, — * *Fl.* écarlates, disposées en panicules terminales, corymbiformes. Juin-juillet. *Flles* oblongues, ondulées, acuminées, presque cordiformes à la base. Sierra-Leone, 1839. Espèce grimpante, de serre chaude. (B. R. 28. 7.)

C. s. speciosissima, — * *Fl.* écarlate brillant, disposées en panicules. Été. *Flles* un peu oblongues, d'un vert foncé luisant. Très belle variété de l'espèce précédente ; c'est une des plus belles plantes grimpantes cultivées.

C. squamatum, Vahl. *Fl.* écarlate brillant, disposées en grandes panicules à ramifications colorées. Été. *Flles* arrondies, cordiformes. *Haut.* 3 m. Chine, 1790. Très bel arbrisseau de serre chaude. (B. R. 8, 649.)

C. Thomsonæ, — *Fl.* cramoisi vif, disposées en grandes panicules ; calice blanc pur. *Flles* ovales, acuminées, glabres, vert foncé, opposées. *Haut.* 4 m. Calabar ; Afrique occidentale, 1861. — Espèce grimpante, de serre chaude, la plus cultivée du genre en raison de la beauté de ses fleurs et de l'abondance de sa floraison ; en pleine terre, elle acquiert un développement considérable. (B. M. 5313.)

C. T. Balfourianum, — *Fl.* cramoisi tendre : calice à peine plus grand que dans le type. 1885.

C. trichotomum, Thunb. *Fl.* à calice rouge, renflé ; corolle blanche ; cymes lâches, terminales, longuement pédonculées, rameuses, trichotomes. Septembre. *Flles* pétiolées, ovales, rétrécies aux deux extrémités, dentées en scie. *Haut.* 2 m. Japon, 1800. Très bel arbuste rustique. (B. M. 6561.)

C. viscosum, Vent. *Fl.* blanches, carnées au centre : calice grand, à cinq angles, visqueux ; segments de la corolle presque égaux, le supérieur un peu plus grand, irrégulièrement disposés, tous dressés, mais formant deux lèvres. Mai-août. *Flles* cordiformes, dentées. Plante un peu duveteuse. *Haut.* 2 m. Indes, 1796. (B. M. 1805.)

CLETHRA, Linn. (de *Klethra*, nom grec de l'Aulne ; allusion à la ressemblance des feuilles). Fam. *Éricacées.* — Genre comprenant environ vingt-six espèces d'arbres ou d'arbustes très décoratifs, à feuilles caduques, de serre froide ou rustiques, originaires de l'Amérique tempérée, de Madère, du Japon et de la Malaisie. Fleurs en grappes terminales, simples ou paniculées. Calice à cinq divisions ; corolle à cinq lobes si profondément découpés qu'ils paraissent libres ; étamines dix. Feuilles simples, alternes, entières ou dentées.

Le port régulier et la taille peu élevée des *Clethra* les rendent propres à l'ornement du bord des massifs d'arbustes, ainsi qu'à la culture en pots. On les multiplie fréquemment par marcottes que l'on fait à l'automne, mais les boutures faites à la même époque, en terre légère et sous cloches, s'enracinent facilement. Les espèces de serre, et notamment le *C. arborea*, conviennent surtout pour la garniture des grandes serres et des jardins d'hiver ; elles se plaisent dans une terre légère et on peut les propager par boutures à demi aoûtées, faites à chaud. Toutes peuvent cependant être multipliées par graines, que la plupart produisent abondamment.

C. acuminata, Michx. * *Fl.* blanches, odorantes, en grappes spiciformes, presque solitaires, munies de bractées et couvertes d'un tomentum blanc. Juillet-octobre. *Flles* ovales, acuminées, sub-obtuses à la base, un peu glauques en dessous. *Haut.* 3 à 5 m. Caroline, 1806. Arbuste rustique.

C. alnifolia, Linn. * *Fl.* blanches, en grappes spiciformes, munies de bractées et couvertes d'un tomentum canescent. Juillet-septembre. *Flles* obovales, cunéiformes, aiguës, grossièrement dentées en scie dans leur partie supérieure, glabres et de même teinte sur les deux faces. *Haut.* 1 m. à 1 m. 20. États-Unis, 1731. Arbuste rustique. (G. W. F. A. 22.)

Fig. 947. — Clethra tomentosa. (*Rev. Hort.*)

C. arborea, Ait. *Fl.* blanches, en grappes spiciformes, paniculées au sommet des branches. Août-octobre. *Flles* oblongues, atténuées, lancéolées, glabres sur les deux faces, dentées en scie. *Haut.* 2 m. 50 à 3 m. Madère, 1784. Arbuste de serre froide. (B. M. 1057). On connaît deux variétés de cette espèce, une *plus petite* que le type, l'autre à *feuilles panachées*

C. paniculata, Ait. * *Fl.* blanches, odorantes, en panicule terminale, allongée, composée de grappes couvertes d'un tomentum blanc. Juillet-octobre. *Flles* étroites, lancéolées, cunéiformes, acuminées, aiguës, dentées en scie et glabres sur les deux faces. *Haut.* 1 m. à 1 m. 20. Caroline, 1770. Arbuste rustique.

C. scabra, Juss. *Fl.* blanches, en grappes spiciformes, sub-paniculées, munies de bractées et finement tomenteuses. Juillet-octobre. *Flles* larges, obovales, cunéiformes, aiguës, scabres sur les deux faces, grossièrement dentées en scie et à dents crochues. *Haut.* 1 m, à 1 m. 20. Georgie, 1806. Arbuste rustique.

C. tinifolia, Swartz. *Fl.* blanches, en grappes spiciformes, paniculées au sommet des branches et tomenteuses. Été. *Flles* oblongues, lancéolées, très entières, canescentes en dessous. *Haut.* 4 à 5 m. Jamaïque, 1825. Arbre de serre froide.

C. tomentosa, Lamk. * *Fl.* blanches, en grappes spiciformes, simples, munies de bractées, velues, tomenteuses. Juillet-octobre. *Flles* obovales-cunéiformes, aiguës, finement dentées en scie au sommet, couvertes en dessous d'un tomentum blanc. *Haut.* 1 m. à 1 m. 20. Virginie. 1731, Arbuste rustique. (W. D. B. 39.)

CLETHROPSIS nepalensis, Spach. — V. **Alnus nepalensis**, Don.

CLEYERA, DC. (dédié à Andreas Cleyer, médecin hollandais du XVIIe siècle, autrefois résident à Batavia). Syns. *Hoferia*, Scop. et *Tristylium*, Turcz. Fam. *Ternstrœmiacées.* — Genre comprenant sept espèces originaires de l'Asie et de l'Amérique tropicale. Ce sont des arbustes toujours verts, de serre tempérée, ayant le port des *Ternstrœmia.* Fleurs petites, axillaires, pédonculées, quelquefois odorantes. Feuilles alternes, entières, coriaces, rappelant celles des *Camellia.* Pour leur culture, etc., V. **Ternstrœmia.**

C. japonica, Thunb. *Fl.* blanc jaunâtre, odorantes, axillaires et solitaires. *Flles* oblongues, lancéolées, à nervures non apparentes, serrulées au sommet. *Haut.* 2 m. Japon, 1820. (S. Z. F. J. 81.)

C. j. tricolor, Hort. *Flles* vert foncé, traversées par des bandes obliques, vert grisâtre ; les bords sont blanc crème et teintés de rose vif très apparent chez les jeunes feuilles. Belle plante de serre tempérée, à feuilles panachées.

C. j. theoides, — *Fl.* blanc crème, pendantes, de 12 mm. de diamètre, solitaires au sommet de pédoncules axillaires. Septembre. *Flles* alternes, courtement pétiolées, coriaces, elliptiques, lancéolées, aiguës et dentées en scie. *Haut.* 1 m. 20 à 1 m. 50. Jamaïque, 1850. Syn. *Freziera theoides.* (B. M. 4516.)

CLIANTHUS, Soland. (de *kleios*, gloire, et *anthos*, fleur ; allusion à la beauté des fleurs). Angl. Glory Pea, Parrot Beak. Syn. *Donia*, G. Don. Fam. *Légumineuses.* — Genre comprenant deux espèces originaires de l'Australie et de la Nouvelle-Zélande. L'une est un très élégant arbrisseau élevé, sarmenteux et demi-rustique ; l'autre est une plante herbacée, vivace en serre. Fleurs grandes, brillamment colorées, munies de bractées et de bractéoles, et disposées en grappes ou en fausses ombelles axillaires ; corolle papilionacée, grande, d'environ 5 cent. de long ; pétales acuminés ; étendard dressé ou réfléchi. Feuilles imparipennées, à folioles petites, nombreuses, oblongues ; stipules foliacées, soudées au pétiole et persistantes.

Ces plantes, aux fleurs singulières et parées du plus riche coloris, étaient autrefois fréquemment cultivées dans les serres froides, mais la facilité avec laquelle la *Grise* les envahit et la difficulté que présente leur culture, surtout celle du *C. Dampieri*, les ont peu à peu fait abandonner.

On peut prévenir l'extension de la Grise en seringuant les plantes chaque jour, pendant leur période de végétation, avec de l'eau claire. Les Kermès se montrent aussi quelquefois, mais en les écrasant avec soin et en lavant les plantes avec un liquide insecticide, on peut les empêcher de faire beaucoup de mal.

Le *C. puniceus* se plait dans une bonne terre franche, additionnée d'un peu de terreau de feuilles et de charbon de bois. Ce compost ne doit pas être criblé, mais concassé à la main et foulé assez fortement. Après le rempotage, on place les plantes dans une bâche, parmi les autres plantes ligneuses, où on les tient enfermées pendant quelque temps, et seringuées tous les jours. Il

Fig. 948. — Clianthus Dampieri. Inflorescence de grandeur naturelle.

faut avoir soin de palisser les tiges au fur et à mesure de leur développement, afin de maintenir bien garnie la base des plantes, car lorsque les rameaux deviennent ligneux, ils se cassent facilement. Lorsqu'on désire tenir les plantes en pots, on palisse leurs rameaux sur de simples tuteurs ou de préférence sur un petit treillage de fil de fer, ou bien encore le long des colonnes des serres, si la plante doit être immobile.

Si l'on veut mettre les plantes en pleine terre, il faut établir un drainage parfait et employer le compost ci-dessus, auquel on donne une profondeur d'environ 50 cent. On arrose copieusement et on seringue très fréquemment. En mars-avril, on rabat de près toutes les pousses latérales et on raccourcit également l'extrémité des branches principales. Après cette opération, on rempote les plantes cultivées en pots.

Le *C. puniceus* se multiplie facilement par boutures que l'on fait à chaud et dans du sable; on peut aussi le propager par semis. Lorsqu'elle est bien établie, cette espèce pousse avec vigueur et orne admirablement les colonnes et treillages des serres ; on en forme aussi de jolies plantes en pots.

Cette espèce résiste, paraît-il, assez bien en pleine terre au pied d'un mur dans le sud de l'Angleterre, à l'aide d'une bonne couverture de litière ou autre pendant l'hiver. Sa rusticité nous paraît cependant douteuse sous le climat parisien, très probable sur plusieurs points de la France et certaine dans le midi.

Le *C. Dampieri* est une plante dont la culture est très capricieuse ; il redoute surtout l'humidité du sol et de l'atmosphère, particulièrement lorsqu'il est jeune. On le multiplie de préférence par graines, que l'on peut semer dans des pots d'au moins 12 cent. de diamètre, ce qui dispense de les rempoter. Semé en mai-juin, il fleurit la même année. On peut encore semer à la fin de l'été, hiverner les plantes en serre et les rempoter au printemps suivant, en prenant bien soin de ne pas briser la motte ; la floraison a alors lieu dans le courant de l'été. On peut employer le compost indiqué ci-dessus ; toutefois, des essais faits en différents sols ont quelquefois donné des resultats satisfaisants; celui qui paraît le mieux lui convenir est une terre argilo-calcaire et très sèche. On a fréquemment obtenu une magnifique floraison en cultivant cette plante en plein air, dans un endroit chaud, très sec et ensoleillé, sans lui donner aucun arrosement.

C. carneus. — V. *Streblorhiza carnea.*

C. Dampieri, A. Cunn.' Angl. Glory Pea. — *Fl.* rouge écarlate intense, avec une très grosse tache ou œil noir

Fig. 949. — Clianthus Dampieri.

brillant, à la base de l'étendard ; étroites, ayant 8 à 10 cent. de long et disposées par quatre-six en couronne au sommet d'un pédoncule axillaire, dressé. Été. *Flles* imparipennées, à folioles opposées, velues, grisâtres. *Haut.* 60 cent. Nord et sud de l'Australie et Nouvelle-Galles du Sud, 1852. Plante herbacée, vivace, demi-rustique. (B. M. 5051; A. V. F. 33.) — Le *C. D. marginatus* est la plus jolie des quelques variétés cultivées de cette espèce; la carène est blanche, simplement bordée de rouge et la macule est noire. (Gn. 1890, 746.)

C. puniceus, Soland. Angl. Parrot's Bill. — *Fl.* rouge écarlate, très abondantes; carène grande, naviculaire, longuement apiculée. Mai-juin. *Flles* à douze paires de folioles alternes, oblongues, rétuses, coriaces. Plante rameuse, frutescente-sarmenteuse, couverte de poils soyeux-apprimés. *Haut.* 1 m. Nouvelle-Zélande, 1832. Presque rustique. Cette espèce n'a, paraît-il, pas encore été découverte à l'état vraiment spontané, mais elle est commune chez les Maoris qui la plantent près de leurs habitations. (B. M. 3584.) — Le *C. magnificus* est une vigoureuse variété de cette espèce.

CLIDEMIA, D. Don. (en la mémoire de Cleidemus, ancien botaniste grec). Syn. *Staphidium*, Ndn. Fam. *Mélastomacées.* — Genre comprenant environ quatre-vingt-dix espèces d'arbustes hispides ou velus, originaires de l'Amérique tropicale. Fleurs blanches, roses ou purpurines, en panicules ou fascicules axillaires, rarement terminaux. Feuilles à trois-cinq nervures longitudinales, ordinairement crénelées. Ces plantes sont peu intéressantes pour l'horticulture.

CLIFTONIA, Banks. (dédié à Clifton). Syn. *Mylocaryum*, Will. Fam. *Cyrillées.* — Genre monotypique dont l'espèce connue est un arbuste toujours vert, demi-rustique, qui pousse dans un compost de terre franche, siliceuse et de terreau de feuilles. On peut le planter dans un endroit chaud et abrité, mais il est préférable de le traiter comme plante d'orangerie. On le multiplie par boutures à demi aoûtées, que l'on plante dans du sable et sous cloches.

C. ligustrina, Sims. *Fl.* petites, blanches, odorantes, en grappes spiciformes, terminales et unilatérales. Mai. *Flles* lancéolées, cunéiformes, très aiguës, presque sessiles. *Haut.* 2 m. 50. Sud des Etats-Unis. Syn. *Mylocaryum ligustrinum*, Willd. (B. M. 1625.)

CLIMAT, Angl. Climate. — Manière d'être ou constitution particulière de l'atmosphère d'un pays ou d'une région, considérée dans ses rapports avec la température, l'humidité ou la sécheresse, le vent, etc., et en général avec tous les phénomènes météorologiques. L'influence du climat sur les végétaux est très marquée. Pour acclimater une plante, il convient de la placer, autant qu'il est possible, dans des conditions de sol, de température, etc., analogues à celles où elle croît à l'état spontané, et l'attention doit en particulier porter sur la constitution du sol et sur le drainage. Pour estimer le degré de température nécessaire à une plante, il faut naturellement connaître d'une façon exacte le degré de latitude et d'altitude sous lesquels elle vit. En observant ces points plus généralement qu'on ne le fait, on éviterait ainsi bien des désappointements. L'étude du climat de la contrée qu'ils habitent, doit faire l'objet d'observations minutieuses de la part des jardiniers. V. aussi **Acclimatation**.

CLINANDRE. — Fossettes ou cavités situées au sommet du gynostème ou colonne des Orchidées, et dans lesquelles se logent les anthères. Ce mot s'applique quelquefois aux parties de certaines fleurs dont la construction est analogue. (S. M.)

CLINANTHE. — Nom donné au réceptacle des *Composées*, des *Dipsacées*, du *Dorstenia*, etc.

CLINTONIA, Raf. (dédié à de Witt Clinton, autrefois gouverneur de l'Etat de New-York). Syn. *Xeniastrum*, Salisb. Fam. *Liliacées.* — Genre comprenant six espèces de jolies et intéressantes plantes vivaces, herbacées, originaires de l'Amérique septentrionale, de l'Himalaya, de la Sibérie et du Japon. Ces plantes, des plus convenables pour l'ornement des plates-bandes, méritent d'être beaucoup plus cultivées qu'elles ne le sont. Les *Clintonia* se plaisent dans un endroit humide et ombré, et plantés dans la terre de bruyère. On les multiplie au printemps, par division des touffes.

Les plantes cultivées dans les jardins sous le nom de *Clintonia* et appartenant à la famille des *Lobéliacées* sont décrites sous le nom de **Downingia**, leur nom correct, car les *Clintonia* de Rafinesque ont la priorité sur ceux de Douglas.

C. Andrewsiana, Torr.* *Fl.* rose foncé, campanulées, ayant 18 à 25 mm. de long et disposées en ombelle multiflore et terminale. *Fr.* bacciformes, bleus. *Flles* largement oblongues ou ob-lancéolées, aiguës ou acuminées. *Haut.* 30 à 60 cent. Californie. (B. M. 7092.)

C. ciliota, Raf. *Fl.* vert jaunâtre, en petite ombelle terminale. Mai. *Flles* radicales, elliptiques, ciliées. *Haut.* 30 cent. Amérique du Nord, 1778. Syn. *Smilacina borealis*, Sims. (B. M. 1403.)

C. pulchella, Lindl. et Hort. — V. *Downingia pulchella.*

C. umbellata, — *Fl.* blanchâtres, disposées en ombelle capitée, au sommet d'une hampe nue. Mai. *Flles* radicales, oblongues, ovales, vert foncé. *Haut.* 15 cent. Amérique du Nord. Syns. *Smilacina borealis*, var. Gawl. (B. M. 1155); *S. umbellata*, Desf.

C. uniflora, — * *Fl.* blanches, ordinairement solitaires, rarement géminées, ayant près de 2 cent 1/2 de long, pubescentes. Juillet. *Flles* lancéolées, aiguës, atténuées à la base, beaucoup plus longues que la hampe. *Haut.* 15 cent. Amérique du Nord. Syn. *Smilacina uniflora.* (H. F. B. A. 2., 190.)

CLITANTHES, Herb. — Réunis aux **Stenomesson**, Herb.

CLITORIA, Linn. (de *clitoris*, organe anatomique; allusion à la fleur, dans laquelle on a cru voir une ressemblance à cet organe). Syn. *Nauchea*, Descourt. Comprend les *Ternatea*, Humb., Bonpl. et Kunth. Fam. *Légumineuses.* — Genre renfermant environ vingt-sept espèces de jolies plantes frutescentes et volubiles, de serre chaude, répandues dans toutes les régions chaudes du globe. Fleurs grandes et élégantes, axillaires, solitaires ou réunies sur des pédicelles souvent géminés. Corolle papilionacée, à pétales très inégaux; étendard grand, dressé; carène aiguë, recourbée, souvent beaucoup plus courte que les ailes; étamines diadelphes. Le fruit est une gousse bivalve, stipitée, linéaire et comprimée. Feuilles imparipennées, à deux ou plusieurs paires de folioles, mais fréquemment trifoliées, munies de stipules et de stipelles.

Les *Clitoria* se plaisent dans un compost de terre franche, de terre de bruyère et de sable. On peut les multiplier par boutures d'extrémités de rameaux, que l'on fait à chaud et sous cloches, mais la méthode la plus pratique est le semis; ils mûrissent quelquefois leurs graines dans les serres.

C. brasiliana, Linn. *Fl.* roses, grandes, à pédicelles géminés, uniflores; bractées ovales, cachant le calice et plus longues que lui. Juillet. *Flles* trifoliées, à folioles ovales-oblongues, glabres. Brésil, 1759.

C. heterophylla, Lamk.* *Fl.* bleues, à pédicelles solitaires, uniflores, bractéoles petites, aiguës. Juillet. *Flles* imparipennées, à deux ou quatre paires de folioles arrondies, ovales ou linéaires. Tous les tropiques, 1812. (B. M. 2111.)

C. mariana, Linn. *Fl.* bleu pâle et rose chair, à pédicelles solitaires, uni-, bi- ou triflores; bractéoles lancéolées, glabres. Août. *Flles* trifoliées, à folioles ovales-lancéolées. Etats-Unis, etc., 1759.

C. multiflora, Swartz. — V. *Vilmorinia multiflora.*

C. polyphylla, Poir. — V. *Barbiera polyphylla.*

C. Ternatea, Linn.* *Fl.* très curieuses et fort belles; d'un beau bleu d'azur clair, rehaussé par un cercle blanc pur, en forme de fer à cheval; pédicelles solitaires, uniflores; bractéoles grandes, arrondies. Juillet. *Flles* imparipennées, à deux-quatre paires de folioles ovales ou ovées. Indes, 1739. (Gn. 1890, 765.) Syn. *Ternatea vulgaris.* (B. M. 1542.) — Il existe des variétés à *fleurs bleues* ou *blanches* et une autre variété *panachée* de ces couleurs.

CLIVIA, Lindl. (dédié à la duchesse de Northumberland, membre de la famille Clive). Syns. *Himantophyllum*, Spreng. et *Imatophyllum*, Hook. pour *Imantophyllum*. Fam. *Amaryllidées.* — Genre comprenant trois espèces de plantes vivaces, toujours vertes, non bulbeuses, originaires du Cap. Fleurs orangées, disposées en ombelle longuement pédonculée. Périanthe à tube court; segments oblongs, sub-égaux; étamines six, insérées à la gorge, à segments filiformes, égalant les divisions du périanthe. Fruit bacciforme, rouge vif; graines grosses, globuleuses, blanches, ayant l'aspect de bulbilles. Bulbe imparfait, consistant en de grosses racines simples, charnues. Feuilles en lanière, coriaces, persistantes.

Les *Clivia*, plus connus sous le nom d'*Imantophyllum*, sont des plantes de serre tempérée, très ornementales, de culture facile et dont le succès a été tel dans ces dernières années qu'ils sont devenus fréquents sur les marchés aux fleurs. On peut les multiplier par semis, mais comme la production des graines affaiblit beaucoup les plantes, cette méthode n'est pas adoptée d'une façon générale. On les propage ordinairement par divisions ou éclats, que l'on sépare au moment du rempotage des pieds mères. A moins que les éclats ne soient très petits, on les empote de suite dans des pots de 12 cent. de diamètre, afin de pouvoir les laisser un an sans les déranger. Leurs racines sont grosses, charnues et s'enlacent si fortement qu'il est quelquefois difficile de diviser les plantes établies. Ces plantes se plaisent dans une bonne terre franche fibreuse, à laquelle on ajoute un peu de terreau de feuilles et de charbon de bois. Une petite quantité de poudre d'os donne aussi de bons résultats, car les plantes n'ont guère besoin d'être rempotées lorsqu'elles sont bien établies. On les cultive dans des pots dont le diamètre varie de 12 à 25 cent. de diamètre, selon la force des sujets. Pendant leur période de végétation, les arrosements et les seringages ne sauraient être trop copieux, et la température doit être maintenue entre 10 et 15 deg., tout en aérant convenablement pendant le printemps et l'été. En hiver, les arrosements doivent être considérablement réduits et la température abaissée, afin de les laisser en repos. Lorsqu'on les rempote, il faut établir un bon drainage, et il est préférable de rechausser les vieilles plantes avec de la bonne terre neuve que de déranger leurs racines. En les transportant dans une serre froide, au commencement de leur floraison, on prolonge considérablement la durée de celle-ci.

C. nobilis, Lindl.* *Fl.* rouge ponceau, à pointes vertes disposées en ombelle d'environ cinquante fleurs, entourée de plusieurs spathes inégales, verdâtres ; périanthe arqué, à tube étroit, en entonnoir; segments ob-lancéolés, obtus, les extérieurs un peu plus courts que les intérieurs. Mai. *Flles* distiques, coriaces, en lanière, très obtuses et obliques au sommet, vert gai, scabres sur les bords. Cap, 1828. (B. R. 1182.) Syn. *Imantophyllum Aitoni*, Hook. (B. M. 2856.)

C. blandfordiæflora striata, Hort. Bull. *Fl.* de forme analogue à celles des *Blandfordia*, cramoisi-carmin, à segments saumonés sur les bords. *Flles* striées de jaune. 1889. Belle plante.

C. cyrtanthiflora, — *Fl.* pendantes et disposées en grandes ombelles ; périanthe ample, en coupe, d'un beau rouge saumoné ou flammé, plus clair au centre. Hiver et printemps. *Flles* vert foncé. Supposé hybride entre les *C. nobilis* et *C. miniata*. (F. d. S. 1877.)

Fig. 950. — Clivia cyrtanthiflora. (*Rev. Hort.*)

Fig. 951. — Clivia miniata.

C. Gardeni, Hook. * *Fl.* rouge orangé ou jaunes; périanthe de 5 à 8 cent. de long, récurvé; segments connivents, oblancéolés; hampe aussi longue que les feuilles, portant une ombelle de dix à quinze fleurs. Hiver. *Flles* étroites, de 30 à 60 cent. de long, distiques, arquées, vert foncé. Natal et Transvaal, 1855. (B. M. 4895.) Syn. *Imantophyllum Gardeni*.

C. miniata, Regel. * *Fl.* d'un beau rouge orangé, chamois à la base, à anthères et style jaune vif; périanthe d'environ 5 cent. de long, en entonnoir évasé; ombelle grande, composée de dix à vingt fleurs. Printemps et été. *Flles* distiques, vert foncé, en lanière, aiguës, de 30 à 60 cent. de long, largement engainantes à la base. Natal, 1854. (B. M. 4783.) Syn. *Imantophyllum miniatum*, Hook. — Il existe plusieurs jolis hybrides et un certain nombre de belles variétés horticoles; notamment les *C. m. atrosanguinea* à *fl.* très foncées ; *C. m. aurantiaca*, à *fl.* très grandes, saumonées, 1886 ; *C. m. cruenta*, à *fl.* écarlate orangé ; *C. m. splendens*, à *fl.* plus grandes et plus vivement colorées que celles du type, etc.

CLOCHE, Angl. Bell glasse. — Objet en verre coulé d'une pièce et dont la forme justifie le nom. Les cloches sont d'un emploi général chez tous les maraîchers des environs de Paris pour les cultures de primeur ; dans les jardins, leurs usages sont multiples, tantôt elles servent à la multiplication des plantes, soit en serre, soit en plein air, tantôt on les emploie pour mettre les plantes délicates à l'abri des grandes pluies ou pour les protéger du froid. Elles sont aussi très utiles pour protéger les premiers semis faits en plein air, et pour recouvrir certaines plantes de serre très délicates, telles que les *Cephalotus*, les *Dionæa*, certaines Fougères, etc. Posées sens dessus dessous, elles constituent d'excellents petits aquariums, peut-être un peu fragiles, mais peu coûteux et utiles pour la culture des petites plantes aquatiques. Les cloches maraîchères ont environ 30 cent. de hauteur et 35 à 40 cent. de diamètre; elles sont dépourvues de bouton ou poignée à la partie supérieure. Lorsqu'un accident survient, et si les morceaux n'en sont pas trop brisés, les jardiniers les raccommodent à l'aide d'une pâte faite de mastic, de blanc de céruse et d'huile, dont ils enduisent les morceaux ainsi que des bandelettes de toile à l'aide desquelles ils recouvrent les cassures; ils emploient même tout simplement de petits carrés de verre enduits de composition, qu'ils placent de distance en distance sur les fentes. Ainsi raccommodées, ces cloches sont d'un long usage.

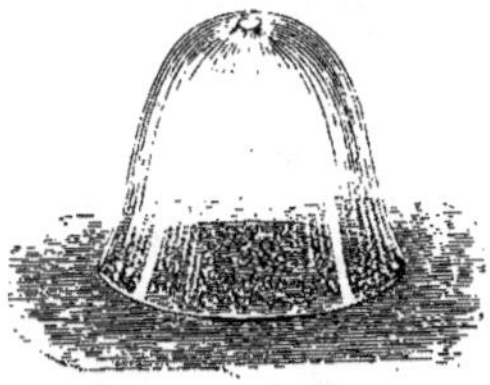

Fig. 952. — Cloches maraîchères, dont une est soulevée à l'aide d'une crémaillère.

Fig. 953. — Crémaillère pour cloches.

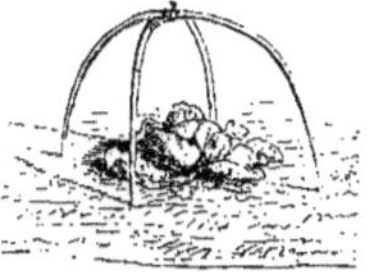

Fig. 954. — Cloche économique en papier huilé ou en calicot gommé. (*Rev. Hort.*)

Lorsqu'il est nécessaire de donner de l'air, on les soulève sur le côté nord et on les maintient en position à l'aide d'une sorte de pieu à encoches, nommé crémaillère.

Les deux figures ci-jointes montrent le moyen de confectionner des sortes d'abris économiques en papier huilé ou en calicot, ne remplaçant pas les cloches, mais susceptibles de rendre, au moins temporairement, des services pour abriter certains semis ou des plantes délicates, des froids tardifs ou des grandes pluies.

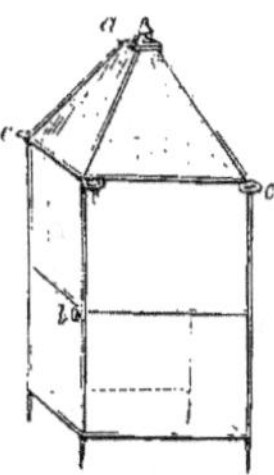

Fig. 955. — Cage vitrée. (*Rev. Hort.*)

On se sert aussi dans les jardins, de cloches à facettes ou *verrines* composées de carreaux de verre assemblés avec des lamelles de plomb, à la façon des vitraux; elles sont quelquefois munies d'une facette mobile permettant de donner de l'air. Leur forme est tantôt circulaire, tantôt octogone ou même quadrangulaire. Leur emploi est naturellement le même que celui des cloches en verre coulé. Quoique moins fragiles, leur prix élevé rend leur emploi plus restreint.

Il existe encore des sortes de grandes cloches, nommées **Cages** (V. ce nom), dont la forme et la hauteur sont subordonnées à l'usage auquel elles sont destinées. Elles sont construites comme les verrines, c'est-à-dire composées de plusieurs faces, mais la charpente est formée de petits fers à T. On les emploie pour protéger les arbustes délicats ou pour étouffer les boutures volumineuses de certaines plantes. (S. M.)

CLOCHETTE. — V. **Digitalis purpurea.**

CLOCHETTE des blés. — V. **Convolvulus arvensis.**

CLOISON. — Membrane qui divise l'intérieur des fruits en plusieurs loges. Les vraies cloisons sont formées par le limbe des feuilles carpellaires, pliées longitudinalement et soudées latéralement avec leurs voisines. Lorsque les cloisons n'atteignent pas le centre du fruit, on les dit incomplètes. Les *fausses cloisons* sont dues à une expansion membraneuse du tissu cellulaire de l'endocarpe; beaucoup de *Légumineuses* et de *Crucifères* en fournissent des exemples. (S. M.)

CLOISONNÉ. — Divisé par des cloisons.

CLOMENOCOMA, Cass. — V. **Dysodia**, Cav.

CLOPORTE, Angl. Wood Louse. (*Oniscus Asellus*). — Insectes aptères de l'ordre des *Crustacées*, très communs dans les lieux humides, les caves, les jardins, etc. On en distingue plusieurs espèces, et notamment une que l'on reconnait facilement à ce qu'elle se roule en boule lorsqu'on la touche. A peu près inoffensifs, les Cloportes deviennent véritablement nuisibles lorsqu'ils s'introduisent dans les serres ou dans les châssis, où ils coupent les jeunes plantes ou en dévorent le cœur. Comme ces insectes redoutent la lumière, c'est toujours pendant la nuit ou lorsqu'il fait très sombre qu'ils exercent leurs ravages. Dans le jour, ils se tiennent blottis sous tous les objets qui peuvent les mettre à l'abri de la lumière et des regards. C'est donc pendant la nuit et à la lanterne qu'il faut leur faire la chasse directe. On peut cependant en prendre de très grandes quantités en plaçant çà et là des pièges formés de tiges creuses, de sabots de moutons, ou encore de pommes de terre coupées en deux et creusées; ils viennent ordinairement s'y réfugier en grand nombre pendant le jour. Il ne reste qu'à visiter ces pièges chaque jour et faire tomber les prisonniers dans un seau d'eau où ils se noient. (S. M.)

CLOQUE. — V. **Pêcher** (Cloque du).

CLOQUÉ. — V. **Bullé.**

CLOU de gérofle ou **Clou de girofle**. — Les boutons à fleurs du *Caryophyllus aromaticus*. (V. ce nom.)

CLOUS, Angl. Nails. — Les clous sont employés dans les jardins en grande quantité pour palisser *à la loque* les arbres fruitiers et les plantes ornementales plantés au pied des murs. Pour cet usage, on emploie ordinairement des clous fondus, fabriqués *ad hoc*, car les clous ordinaires sont généralement trop faibles pour pénétrer dans la brique ou dans la pierre tendre et y adhérer fortement. On peut, dit-on, les préserver de la rouille en les faisant presque rougir et en les plongeant ensuite dans de l'huile de lin.

Les jardiniers appliquent le nom de *clou* au stigmate des Primevères lorsqu'il est apparent au sommet du tube de la corolle; ils savent parfaitement que chez ces plantes la longueur du style et la position des étamines sont relatives; c'est-à-dire que lorsque le stigmate affleure la gorge du tube, les étamines sont insérées à la base de celui-ci et alors incluses; lorsque au contraire le stigmate est inclus, ce sont les étamines qui se montrent à la gorge. Les botanistes qualifient le premier cas de *dolichostylée* et le second de *brachystylée*. (S. M.)

CLUBBING (Angl.). — V. **Chou** (Galles des tiges du) et **Plasmodiophora brassicæ.**

CLOWESIA, Lindl. (dédié au feu Rev. J. Clowes, grand cultivateur d'Orchidées, chez qui ce genre fleurit pour la première fois). Fam. *Orchidées*. — La seule espèce de ce genre est une jolie petite plante épiphyte, de serre chaude, voisine des **Catasetum** et exigeant le même traitement.

C. rosea, — *Fl.* délicates, blanches, teintées de pourpre; hampe radicale, multiflore, dressée, plus courte que les feuilles. Mars. Pseudo-bulbes charnus et feuillés. *Haut.* 8 cent. Brésil, 1842. (B. R. 29, 39.)

CLUSIA, Linn. (dédié à Charles de l'Ecluse, plus connu sous le nom de Clusius, célèbre botaniste flamand, auteur de *Historia plantarum* et de plusieurs autres ouvrages; ex-directeur du jardin impérial de Vienne et professeur de botanique à Leyde; 1526-1609). Fam. *Guttiférées*. — Genre comprenant environ soixante-cinq espèces d'arbres ou d'arbustes quelquefois épiphytes, de serre chaude, habitant les régions tropicales de l'hémisphère austral. Fleurs polygames; calice à quatre-huit sépales colorés, imbriqués; pétales en même nombre; étamines en nombre indéfini. Le fruit est une capsule coriace, à plusieurs loges. Feuilles grandes, opposées, coriaces. Tiges ordinairement tétragones, à suc visqueux, abondant. Ces plantes se plaisent en terre légère, siliceuse et bien drainée. On les multiplie par boutures de rameaux latéraux, à demi aoûtés, que l'on plante dans du sable, sous cloches et sur une forte chaleur de fond.

C. alba, Linn. *Fl.* blanches, hermaphrodites. *Fr.* rouge écarlate. *Flles* obovales, obtuses, non échancrées. *Haut.* 10 m. Arbre parasite. Indes occidentales, 1752.

C. flava, Linn. *Fl.* jaunes, terminales. Juillet-septembre. *Fr.* gros, arrondi, à douze valves. *Flles* grandes, ovales, arrondies, charnues. *Haut.* 10 m. Arbre parasite sur les plus grands arbres et sur les rochers. Jamaïque, etc., 1759.

C. rosea, Linn. Figuier maudit. — *Fl.* d'un beau rose, grandes; calice de même teinte, à cinq-six divisions; extrémité des nectaires terminée en pointe aciculaire. Juillet. *Fr.* vert, de la grosseur d'une petite pomme, laissant voir à la maturité les graines écarlates. *Flles* obovales, obtuses, non veinées, quelquefois émarginées; pétioles courts, striés. *Haut.* 3 à 6 m. Arbre parasite sur les plus grands arbres et sur les rochers. Caroline, etc., 1692.

C. venosa, Linn. Palétuvier. — *Fl.* blanches ou purpurines, géminées, terminales; sépales et pétales quatre. *Fr.* bacciforme, rougeâtre, ovoïde, à pulpe résineuse. *Flles* obovales, obtuses, veinées. Arbre à écorce épaisse, résineuse et à rameaux allongés. *Haut.* 7 m. Indes occidentales, 1733.

CLUSIÉES. — Tribu des **Guttiférées.**

CLUTELLE. — V. **Cluytia.**

CLUTIA, Boerh. — V. **Cluytia**, Linn.

CLUYTIA, Linn. (dédié à Outgers Cluyt, botaniste hollandais, professeur de botanique à Leyde; 1590-1650). **Clutelle.** Syns. *Clutia*, Boerh.; *Altora*, Adans. Fam. *Euphorbiacées*. — Genre comprenant environ trente espèces d'arbustes toujours verts, de serre froide, originaires de l'Afrique australe et tropicale. Fleurs blanches, dioïques, solitaires ou fasciculées à l'aisselle des feuilles. Les espèces de ce genre sont peu ornementales, et celles qui ont été introduites se rencontrent très rarement en dehors des jardins botaniques. Ces plantes se plaisent dans un compost de terre franche siliceuse et de terre de bruyère fibreuse. Multiplication par fragments de rameaux, plantés dans la terre de bruyère siliceuse recouverte de sable et placés ensuite sous cloches; quand les branches font défaut, les extrémités de rameaux peuvent, lorsqu'elles sont encore herbacées, servir de boutures.

C. alaternoides, Linn. *Fl.* petites, verdâtres, solitaires à l'aisselle des feuilles. Juin-août. *Flles* sessiles, linéaires, lancéolées, aiguës. Arbrisseau toujours vert. Cap, 1692. (B. M. 1321.)

C. pulchella, Linn. *Fl.* blanc verdâtre, petites, fasciculées par deux-cinq à l'aisselle des feuilles. Janvier-juin. *Flles* pétiolées, ovales, entières, un peu aiguës, glabres. *Haut.* 2 à 3 m. Cap, 1739. (B. M. 1915.)

CLYNOSTYLIS, Hochst. — V. **Gloriosa**, Linn.

CLYPEA, Blume. — V. **Stephania**, Lour.

CLYPEATUS. — Mot latin qui signifie en forme de bouclier.

CNEMIDIA, Lindl. — V. **Tropidia**, Lindl.

CNEORUM, Linn. (de *Cneoron*, nom donné par Hippocrate et par Théophraste à un arbuste ressemblant à l'Olivier). **Camélée, Garoupe**, Angl. Widow-wail. Fam. *Simarubées*. — Genre ne comprenant que deux espèces d'arbrisseaux toujours verts, demi-rustiques ou d'orangerie, habitant la région méditerranéenne et les îles Canaries. Fleurs hermaphrodites; calice petit, à trois-quatre dents; pétales trois à quatre, hypogynes; étamines trois à quatre. Fruit drupacé, à trois-quatre coques, renfermant chacune un noyau à deux graines. Feuilles simples, alternes, linéaires-oblongues, entières. Dans le nord, les Camélées ne résistent guère en pleine terre que lorsqu'ils sont plantés au pied des murs ou recouverts de litière. Pour leur culture en pots, on emploie un compost de terre franche et de terre de bruyère siliceuse, additionné d'un peu de sable. On peut les multiplier par semis, ainsi que par boutures aoûtées que l'on fait en avril, dans du sable et sous cloches.

C. pulverulentum, Vent.* *Fl.* jaunes, axillaires, à pédicelles soudés à la base des bractées. Avril-septembre. *Flles* linéaires, entières. *Haut.* 30 cent. à 1 m. Ténériffe, 1882. Plante couverte d'une pruine glauque.

C. tricoccum, Linn. Camélée à trois coques. — *Fl.* jaunes, axillaires, à pédicelles non soudés aux bractées. *Flles* coriaces, oblongues, obtuses, entières, rétrécies à la base, glabres. *Haut.* 1 m. à 1 m. 50. Europe méridionale; France, etc. Fruits et feuilles purgatifs.

CNESTIS, Juss. (de *kneo*, écorcher; allusion aux poils piquants qui recouvrent les capsules). Fam. *Connaracées*. — Genre comprenant environ dix espèces, toutes originaires de l'Afrique australe et tropicale, de Madagascar et de l'Archipel indien. Ce sont des arbustes ou de petits arbres ornementaux, de serre chaude, à fleurs en grappes ou rarement en panicules axillaires et à feuilles imparipennées. Il leur faut un compost de terre franche et de terre de bruyère fibreuses, additionné d'un peu de sable. On les multiplie par boutures herbacées, que l'on plante dans du sable, sous cloches et sur une bonne chaleur de fond. Ces arbustes sont fort rares, sinon disparus aujourd'hui des cultures.

CNICUS, Linn. (de *chnizein*, faire mal; allusion aux épines dont ces plantes sont armées). **Chardon.** Syn. *Cirsium*, DC. Fam. *Composées*. — Grand genre dont environ deux cent dix espèces ont été décrites; toutefois ce nombre peut être réduit à environ cent soixante; elles habitent l'Europe, l'Asie, l'Afrique et les deux Amériques extra-tropicales. Ce sont des plantes herbacées, annuelles, bisannelles ou vivaces, dont fort peu sont dignes d'être cultivées et que l'on ne rencontre que rarement dans les jardins. Capitules renflés à la base, à involucre formé d'écailles épineuses; réceptacle hérissé de soies; achaines surmontés d'une aigrette à barbes plumeuses. Leur culture est extrêmement facile en tous terrains, et on les multiplie par graines que l'on sème au printemps.

C. altissimus, Willd.* *Capitules* purpurins; involucre formé de bractées ovales. Août. *Flles* sessiles, oblongues-lancéolées, scabres, duveteuses en dessous, dentées, ciliées; les radicales pinnatifides. *Haut.* 1 à 3 m. Etats-Unis, 1726. Plante vivace, rustique. (G. C. n. s. XI, 437.)

C. ambiguus, Lois. *Capitules* purpurins. Juillet-août. *Flles* ciliées, épineuses, duveteuses en dessous; les inférieures pétiolées, oblongues, acuminées, sub-sinuées; les supérieures pinnatifides, auriculées. *Haut.* 60 cent. Tyrol, etc., 1820. Plante vivace, rustique.

C. benedictus, Linn. V. *Carbenia benedicta*, Adams.

C. ciliatus, Willd. *Capitules* pourpres; involucre ovale. Août. *Flles* amplexicaules, hispides, pinnatifides, à segments bilobés, étalés, épineux, duveteux en dessous. *Haut.* 1 m. Sibérie, 1787. Plante vivace, rustique.

C. conspicuus, — * *Capitules* écarlates, grands et très beaux, terminaux; involucre allongé, conique. *Flles* alternes, sessiles; les inférieures de 15 à 20 cent. de long, profondément pinnatifides ou même bipinnatifides, à bords ondulés, sinués et armés de fines épines pourpres. Tige dressée, très rameuse, anguleuse et canaliculée. *Haut.* 1 à 2 m. Mexique. Bisannuel. Syn. *Erythrolæna conspicua*, Swett (B. M. 2909); *Carduus pyrochroos*, Less.

C. discolor, Willd. *Capitules* pourpre pâle, rarement blancs; involucre globuleux, couvert d'un duvet aranéeux. Juillet-août. *Flles* sessiles, pinnatifides, poilues, duveteuses sur la face inférieure; segments bilobés, étalés, épineux. *Haut.* 60 cent. Etats-Unis, 1803. Bisannuel.

C. Douglasii, — Syn. de *C. undulatus*.

C. eriophorus, Juss. *Capitules* purpurins, rarement blancs, très gros, à involucre sphérique, fortement aranéeux. Juillet-août. *Flles* sessiles, pinnatipartites, à segments allongés, terminés par une forte épine et dont un sur deux est redressé; face supérieure hérissée spinuleuse. *Haut.* 60 cent. à 1 m. Europe; France, Angleterre, etc. Bisannuel. (Sy. En. B. 687.) Syn. *Cirsium eriophorum*, Scop.

C. Grahami, — * *Capitules* grands, d'un beau rouge carmin. *Flles* lancéolées, sinuées, dentées-épineuses, blanches en dessous. *Haut.* 1 m. à 1 m. 50. Nouveau-Mexique, 1871. — Belle espèce bisannuelle à tiges grêles, rameuses, d'un blanc de neige.

C. oleraceus, Linn. *Capitules* jaunâtres ou vert pâle, presque sessiles, agglomérés au sommet des rameaux et entourés de grandes bractées épineuses, jaunâtres. *Flles* radicales, grandes, sub-entières ou pinnatifides et épineuses;

Fig. 956. — Cnicus oleraceus.

les caulinaires sessiles-embrassantes, auriculées. Souche pivotante, renflée. France, etc. Vivace. Syn. *Cirsium oleraceum*, Scop. — On consommait autrefois comme légume, la souche charnue de cette plante.

C. spinosissimus, Linn. *Capitules* jaune pâle, terminaux, fasciculés. Juin-août. *Flles* amplexicaules, pinnatifides, dentées, épineuses, pubescentes. Tige simple. *Haut.* 1 m. Europe; France, etc. Plante vivace, rustique. (B. M. 1366.)

C. undulatus, —* *Capitules* purpurins, disposés en corymbe dépassant à peine les feuilles; écailles de l'involucre glabres, purpurines, épineuses au sommet. Eté. *Flles* pinnatifides, à lobes latéraux allongés, plus ou moins épineux. *Haut.* 30 cent. Californie. Plante vivace. Syn. *C. Douglasii*.

CNIDIUM, Cusson. — V. **Selinum**, Linn.

CNIQUIER. — V. **Guilandina Bonduc**.

COARCTATUS. — Mot latin qui signifie resserré, contracté, rétréci.

COBÆA, Cav. (dédié à *B. Cobo*, botaniste espagnol, **Cobée**. Fam. *Polémoniacées*. — Genre comprenant cinq espèces de plantes herbacées, vivaces ou ligneuses, très ornementales, demi-rustiques ou de serre froide, originaires de l'Amérique tropicale occidentale et du Mexique. Fleurs grandes, campanulées, solitaires et axillaires; calice foliacé, à cinq lobes persistants. Fruit gros, ovoïde, pendant. Feuilles pinnées, à deux ou trois paires de folioles et terminées en vrilles. Les Cobées sont de jolies plantes grimpantes, utiles pour la garniture des berceaux, des treillages, le dessus des portails, etc., soit en plein air, soit dans les serres. On les multiplie facilement par graines que l'on sème au printemps, sur couche ; leur durée de germination est fort courte, aussi faut-il n'employer que des graines fraîches. Ces plantes aiment une terre à la fois fertile et fraîche. Plantées en pleine terre et au pied d'un mur exposé au midi, elles poussent avec une grande vigueur, mais leur mise en plein air ne peut avoir lieu avant la mi-mai ; cultivées en pots ou caisses, elles poussent avec d'autant plus de vigueur que la quantité de terre est plus grande et les arrosements plus copieux. Les *Cobæa* peuvent vivre plusieurs années, mais ils se dégarnissent en vieillissant, de sorte qu'il est préférable de les cultiver comme plantes annuelles. En rabattant les tiges à l'automne, on oblige la plante à émettre de nouvelles pousses au printemps suivant, ce qui remédie à l'inconvénient ci-dessus. La variété à feuilles panachées du *C. scandens* se multiplie par boutures herbacées, que l'on fait au printemps, sur couche et sous cloches.

C. penduliflora, — * *Fl.* à pédoncules pendants ; corolle verte, campanulée, à tube de 2 cent. 1/2 de long, divisée en cinq segments en forme de lanière, pendants, ondulés, ayant 10 cent. de long et donnant à la fleur une apparence particulière. Décembre. *Flles* à deux paires de petites folioles oblongues, aiguës. Caracas, 1868. Jolie plante grimpante, de serre tempérée. (B. M. 5757.)

Fig. 957. — COBÆA SCANDENS.

C. scandens, Cav. * *Fl.* grandes, campanulées, d'abord vertes, puis violet bleuâtre, tubuleuses, à lobes étalés, courts, arrondis, imbriqués et ciliés. Mai-octobre. *Flles* à trois paires de folioles elliptiques, mucronées, marginées et légèrement ciliées ; les inférieures rapprochées de la tige, sub-auriculées sur un côté et simulant une paire de grandes stipules. Vrilles rameuses. Mexique, 1792. (B. M. 851 ; A. V. F. 21.) — Il existe une variété très ornementale à *feuilles panachées* et une forme à *fleurs blanches*.

Les *C. macrostema* et *C. stipularis*, sont deux espèces intéressantes, à fleurs jaune verdâtre, mais bien moins répandues.

COBAMBA, Blanco. — V. **Canscora, Lamk.**

COBURGIA, Sweet. — Réunis au genre **Stenomesson**, Herb.

COBURGIA Josephinæ, Herb. — V. **Crunsvigia Josephinæ.**

COCARDEAU. — V. **Giroflée quarantaine gocardeau.**

COCA du Pérou. — V. **Erythroxylon Coca.**

COCCINÉ. — De couleur rouge carmin mêlé d'orangé.

COCCINELLE, ANGL. Ladybird (*Coccinella*). — Ces insectes, plus connus sous le nom de *Bêtes à Bon Dieu*, forment un groupe de Coléoptères très utiles à l'horticulture en ce qu'ils vivent de Pucerons et contribuent beaucoup à limiter leurs ravages. Les *Coccinellidées* n'ont jamais plus de trois articulations distinctes aux tarses et leurs antennes sont plus courtes que le thorax ; leur corps affecte ordinairement une forme hémisphérique. Les pattes sont courtes et se voient rarement en dehors du corselet. Les espèces de ce genre sont nombreuses et forment un groupe très naturel en ce qui concerne leur structure ; toutefois, les espèces sont individuellement si variables dans leur couleur qu'on les a souvent décrites sous plusieurs noms génériques. Les Coccinelles excrètent par les articulations de leurs pattes, des gouttes d'un liquide jaunâtre, à odeur désagréable. On les voit quelquefois apparaître en nombreux essaims, surtout lorsque les Houblons et d'autres plantes ont fortement été attaqués par les Pucerons. Ces insectes sont ordinairement rouges, avec des points noirs, mais ils varient considérablement dans la grandeur et le nombre des ponctuations ; ils peuvent être noirs avec des points rouges ou non ponctués et entièrement rouges ou noirs, ou encore plus ou moins marqués de jaune. Parmi les espèces les plus communes, on peut citer les *C. septempunctata* (C. à sept points), *C. bipunctata* (C. à deux points), *C. undecimpunctata* (C. à onze points), et *C. variabilis*. Les Coccinelles étaient autrefois des insectes sacrés ; de là est venu leur nom de Bêtes à Bon Dieu. Ce sont les larves des Coccinelles qui sont utiles en se nourrissant de Pucerons qu'elles sucent et dessèchent.

COCCOCIPSILUM. — Orthographe vicieuse de **Coccosypselum.**

COCCOSYPSELUM, P. Browne. (de *kokkos*, fruit, et *kypsele*, vase ; allusion à la forme du fruit). SYNS. *Condalia*, Ruiz. et Pav ; *Lipostoma*, Don. ; *Sicelium*, P. Browne ; *Tontanea*, Aubl. FAM. *Rubiacées.* — Genre comprenant environ seize espèces de plantes herbacées, rampantes, de serre chaude, originaires de l'Amérique tropicale. Fleurs en bouquets entourés d'un involucre court, solitaires, axillaires et alternes à l'aisselle des feuilles. Feuilles opposées, courtement pétiolées, à stipules subulées, solitaires de chaque côté. Ces plantes se cultivent facilement dans un mélange de terre de bruyère et de sable. On les multiplie sans peine par la séparation des tiges rampantes.

C. campanuliflorum, Chamss. *Fl.* d'un beau bleu pâle, à gorge jaune, en bouquets axillaires ou terminaux. *Flles* arrondies, ovales, velues, pétiolées Brésil. 1827. Syn. *Hedyotis campanuliflora*. (B. M. 2840.)

C. cordifolium, Nees et Mart. *Fl.* blanches, pubescentes, réunies en bouquets presque globuleux, à pédoncules égalant à la fin les pétioles. *Flles* cordiformes, obtuses, velues. Brésil.

C. metallicum, — *Fl.* blanches. *Flles* à reflet métallique. Guyane, 1886.

C. repens, Swartz. * *Fl.* bleues, en glomérules presque sessiles à l'aisselle des feuilles; pédoncules très courts, puis s'allongeant après la floraison. Mai. *Flles* ovales, pubescentes sur les deux faces. Iles des Indes occidentales, 1793. Plante annuelle.

COCCOLOBA, Linn. (de *kokkos*, baie, et *lobos*, gousse; allusion au fruit). **Raisinier.** Fam. *Polygonées.* — Grand genre comprenant plus de quatre-vingts espèces d'arbres toujours verts, de serre chaude, originaires de l'Amérique tropicale, du Mexique et de la Floride, et dont quelques-uns sont ornementaux. Fleurs hermaphrodites, en grappes spiciformes; calice accrescent, à cinq lobes; corolle nulle; étamines huit, incluses ou exsertes. Feuilles éparses. Les *Coccoloba* aiment une bonne terre franche. La plupart des espèces se propagent par boutures aoûtées, munies de toutes leurs feuilles et coupées au-dessous d'un nœud; elles s'enracinent facilement dans du sable et sous cloches. Les espèces les plus ornementales sont décrites ci-dessous.

C. macrophylla, Hook. *Fl.* d'un beau rouge, très nombreuses. *Fr.* ovales, rouge groseille. *Flles* grandes, ovales, en cœur, coriaces, très fortement nervées. *Haut.* 6 à 7 m. Arbuste grêle. Antilles.

C. obovata Humb. et Bonpl. *Fl.* blanc verdâtre. *Haut.* 15 m. Nouvelle-Grenade, 1824.

C. platyclada. — V. *Muehlenbeckia platyclada.*

C. pubescens, Linn. *Fl.* petites, en grappes terminales; calice épais, peu profondément divisé. *Flles* très grandes, arrondies, en cœur à la base, entières, sessiles, fortement nervées et couvertes en dessous d'un duvet ferrugineux. *Haut.* 20 à 25 m. Jamaïque, 1690; a fleuri pour la première fois en 1832. (B. M. 3166.)

C. uvifera, Linn. * Raisinier à grappes, Peuplier d'Amérique, Angl. Seaside Grape. — *Fl.* blanchâtres, odorantes, disposées en épi de 30 cent. de long. *Fr.* purpurins, de la grosseur d'un pois, à saveur sucrée et un peu acide. *Flles* orbiculaires, arrondies, coriaces, sessiles, de 15 cent. de large, d'un beau vert brillant. *Haut.* 6 m. Indes occidentales, etc., 1690. (B. M. 3130.)

COCCULIDIUM, Spach. — V. **Cocculus**, DC.

COCCULUS, DC. (de *Coccus*, Cochenille; allusion aux fruits écarlates de la plupart des espèces). Syns. *Cebatha*, Forsk.; *Cocculidium*, Spach.: *Epibaterium*, Forst.; *Leæba*, Forsk.; *Wendlandia*, Willd. Fam. *Menispermacées.* — Genre comprenant environ dix espèces d'arbustes toujours verts, sarmenteux ou grimpants, de serre chaude, tempérée ou rustiques, et originaires des régions chaudes de l'Amérique septentrionale, de l'Afrique et de l'Asie tropicales et tempérées, et de l'Australie. Fleurs dioïques, en cymes ou panicules axillaires; les mâles multiflores, à six sépales et autant de pétales libres; étamines six ou rarement plus, stériles dans les fleurs femelles; celles-ci en cymes pauciflores. Le fruit est une drupe arrondie ou ovale. Feuilles ovales ou oblongues, entières, rarement lobées. Ces plantes se plaisent dans un mélange de terre franche et de terre de bruyère. On les multiplie par boutures de rameaux à demi aoûtés, qui s'enracinent facilement au printemps ou à l'automne, plantées dans du sable, à chaud et sous cloches.

C. carolinus, Linn. *Fl.* verdâtres, en grappes ou panicules axillaires. Juillet. Feuilles ovales ou cordiformes, entières ou sinuées-lobées, duveteuses en dessous. *Haut.* 6 m. Etats-Unis. Plante finement pubescente. Rustique.

C. laurifolius, DC. *Fl.* blanc et vert, petites, en panicules axillaires, rameuses au sommet, à pédoncules un peu plus courts que les pétioles. Janvier. *Flles* oblongues. acuminées, glabres, luisantes et persistantes. Himalaya sub-tropical, 1820. Syn. *Menispermum laurifolium*, Orangerie, rustique dans le Midi. — Arbuste ornemental par son beau feuillage et remarquable par son port arbustif, alors que tous les autres sont grimpants.

C. Thunbergii, DC. *Fl.* axillaires, paniculées. *Flles* ovales, obtuses, mucronées, velues en dessous; les inférieures quelquefois triangulaires; les supérieures orbiculaires. Japon. Rustique.

COCCUS. — V. **Kermès** et **Cochenille.**

COCCUS adonidum. — V. **Cochenille.**

COCCUS vitis. — V. **Vigne** (Kermès de la).

COCHENILLE; Angl. Mealy Bug. (*Coccus adonidum*). — Cet insecte, bien connu des jardiniers, est très nuisible aux plantes cultivées; il appartient à l'ordre des *Hémiptères* et est très voisin des Kermès, non moins nuisibles, et des *Aphis* ou Pucerons avec lesquels il forme le sous-ordre des *Coccidées*. Il diffère de ces

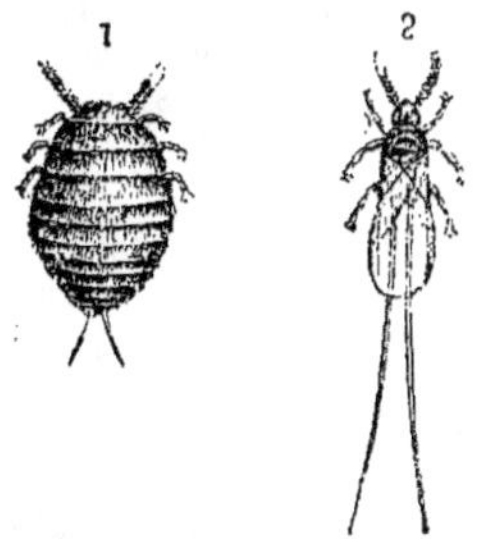

Fig. 958. — Cochenille. — *Coccus adonidum*.
1, femelle; 2, mâle.

derniers par sa forme plus large et plus aplatie, par deux filaments situés à l'extrémité de l'abdomen, par l'absence de tubes mellifères et par les mâles qui ne possèdent que deux ailes. Les Cochenilles et les Kermès constituent deux groupes voisins, renfermant chacun plusieurs espèces et formant par leur réunion la famille des *Coccidées*, dont les mâles sont petits, conformés comme il est dit plus haut, mais dépourvus de rostre. Les femelles sont ordinairement beaucoup plus grosses que les mâles, aptères et munies d'un rostre.

Chez les Kermès, la femelle devient à la fin tout à fait inerte, reste après sa mort fixée à la branche et son corps devient alors une carapace membraneuse recouvrant sa progéniture.

Chez les Cochenilles, la femelle conserve toujours sa mobilité et son corps est recouvert de touffes de poils blancs, cotonneux; les anneaux sont toujours distincts lorsqu'on enlève les poils. L'insecte sécrète une substance visqueuse, dont il forme un cocon cotonneux et dans lequel la femelle s'abrite pour déposer ses œufs.

On a décrit un grand nombre de *Coccus*, mais le plus commun et le plus nuisible dans les serres est le *C. adonidum*. Cet insecte vit sur la plupart des plantes de serre chaude et tempérée, la Vigne, etc.; il attaque particulièrement les *Dracæna* et les genres voisins, les Asclépiadées et plusieurs autres genres appartenant à diverses familles.

Le mâle est petit, rouge pâle et couvert de poudre blanche; ses ailes sont également blanches et ponctuées de rouge sur les bords antérieurs; les antennes sont de longueur moyenne et les filaments postérieurs blancs.

La femelle est oblongue, aptère, rouge, mais couverte d'une poudre blanche; ses antennes sont plus courtes que celles du mâle. Elle se meut librement à l'époque de la ponte et son corps forme un abri à ses œufs, recouvert qu'il est de cette substance cotonneuse dont nous avons parlé plus haut.

On a proposé de nombreux remèdes pour la destruction de la Cochenille; un des plus efficaces est de laver et de frotter les branches et les feuilles infestées avec de l'eau de savon ou du jus de tabac dilué. L'alcool à 35 p. 100, appliqué avec une brosse, détruit, dit-on, cet insecte sans endommager les plantes. L'huile et plusieurs autres insecticides ont aussi été recommandés, mais ils sont susceptibles de détériorer les plantes lorsque la dose est tant soit peu forte. Les fumigations, telles qu'on les pratique pour les Pucerons, ne semblent pas affecter les œufs de la Cochenille; il faut donc les répéter à quelques jours d'intervalle, afin de détruire les jeunes insectes éclos depuis la dernière opération. Lorsqu'une serre est fortement infestée de Cochenille, le moyen plus rapide est de jeter les plantes malades, sauf les plus rares qu'on lave entièrement et avec soin à l'éponge, et de nettoyer la serre à fond. V. aussi **Insecticides** et **Kermès**.

COCHLEARIA, Linn. (de *cochlear*, cuiller; allusion à la forme des feuilles de certaines espèces). Comprend les *Armoracia*, Fl. Wett. Fam. *Crucifères*. — Genre comprenant environ vingt-six espèces de plantes herbacées, rustiques, annuelles ou vivaces et habitant les régions tempérées et froides de l'hémisphère boréal. Fleurs en grappes simples ou rameuses, terminales, à pédicelles étalés, dépourvus de bractées, filiformes ou un peu anguleux. Silicule oblongue ou globuleuse, rarement comprimée latéralement, à graines uni- ou bisériées. Feuilles alternes, de forme très variable, entières ou pinnatipartites; les radicales ordinairement pétiolées; les caulinaires souvent auriculées-sagittées. Les *Cochlearia* ne sont pas ornementaux; on cultive les deux espèces suivantes pour leurs propriétés antiscorbutiques bien connues. Leur suc est âcre, piquant et caustique. Les racines du *C. Armoracia* sont consommées comme condiment et servent à la préparation du sirop qui porte son nom; les feuilles du *C. officinalis* constituent le plus actif et le plus usité des antiscorbutiques connus; il faut employer la plante fraîche. Tous deux sont de culture très facile; le premier se multiplie ordinairement par éclats des racines; le dernier se propage par ses graines qu'il mûrit en abondance et que l'on sème au printemps, en plein air et en place.

C. Armoracia, Linn. Raifort sauvage. Cranson, Cran de Bretagne, etc., Angl. Horse Radish. — *Fl.* blanches, à calice étalé. Mai. *Flles* radicales grandes, oblongues, crénelées; les caulinaires allongées, lancéolées, dentées ou découpées. Racines longues, pivotantes, épaisses et charnues. *Haut.* 60 cent. Europe orientale tempérée; France; naturalisé en Angleterre. Pour sa culture potagère, V. **Raifort**.

Fig. 959. — Cochlearia Armoracia. — Raifort. (Racines.)

C. officinalis, Linn. Cochléaria, Herbe au scorbut, Herbe aux cuillers, etc., Angl. Common Scurvy Grass. — *Fl.* blanches. Printemps. *Silicules* ovales, réticulées. *Flles* radicales pétiolées, orbiculaires-cordiformes, un peu creusées en cuiller; les supérieures ovales ou oblongues, sessiles, embrassantes. *Haut.* 5 à 30 cent. Régions froides de l'hémisphère boréal. — C'est une assez jolie plante bisannuelle, dont les feuilles fraîches sont un des meilleurs remèdes contre le scorbut.

Fig. 960. — Cochlearia officinalis.

COCHLÉÉ, COCHLEATUS, Angl. Cochleate. — Contourné en spirale comme la coquille d'un Escargot. Ex.: la gousse de certains *Medicago*.

COCHLÉIFORME. — En forme de coquille.

COCHLIODA, Lindl. (de *kochlion*, spirale; allusion à la forme curieuse du callus du labelle). Fam. *Orchidées*. — Genre comprenant environ six espèces d'Orchidées toujours vertes, épiphytes, de serre chaude, originaires des Andes de l'Amérique du Sud. Fleurs souvent rouges, pédicellées, en grappes lâches; sépales égaux, étalés, libres, ou les latéraux plus ou moins connés; pétales presque semblables aux sépales; labelle à éperon dressé, limbe étalé, à lobes arrondis et souvent réfléchis, le médian étroit, entier et émarginé, ne dépassant pas les sépales; hampes une ou deux, naissant sous les pseudo-bulbes. Feuilles oblongues ou étroites, coriaces, rétrécies en pétioles. Pseudo-bulbes portant une ou deux feuilles. Les trois espèces ci-dessous décrites doivent être cultivées dans des paniers suspendus à la charpente des serres froides. La terre de bruyère et le sphagnum constituent le meilleur compost; pendant leur période de végétation, des arrosements copieux leur sont indispensables. On peut les multiplier par séparation des pseudo-bulbes.

maculés de brun. Pérou et Equateur. Syn. *Mesopinidium sanguineum.* (B. M. 5627.)

C. vulcanica, — *Fl.* d'environ 5 cent. de diamètre; sépales et pétales rose foncé; labelle rose vif sur le devant, disque plus pâle, portant quatre callosités; lobes latéraux arrondis, le médian émarginé; grappes unilatérales, dressées, portant douze à vingt fleurs; hampe grêle, dressée. *Flles* oblongues, carénées, de 8 à 12 cent. de long. Pseudo-bulbes ovides, comprimés, plus ou moins fortement bi-anguleux. Est du Pérou. Syn. *Mesopinidium vulcanicum.* (B. M. 6001.)

COCHLIOSTEMA, Linn. (de *kochlion*, spirale, et *stema*, étamines; allusion aux étamines enroulées en spirale). Fam. *Commélinacées.* — Ce genre ne comprend

Fig. 961. — Cochliostema Jacobianum. (*Rev. Hort.*)

C. Nœtzliana, Rolfe. *Fl.* rose vif, moyennes, en grappes multiflores, arquées, un peu grêles; disque du labelle jaune. Mars-mai. Plante voisine du *C. vulcanicum*, mais à pétales plus larges. Syn. *Odontoglossum Nœtzlianum*, Hort. Andes de l'Amérique du Sud, 1891. (L. 6, 266. O. 1892; R. H. B. 1892, 49.)

C. rosea, — *Fl.* entièrement rose carminé, sauf l'extrémité de la colonne qui est blanche, ayant environ 2 cent. 1/2 de diamètre; sépales et pétales oblongs-elliptiques; labelle cunéiforme à la base, à lobes latéraux petits et entourant le disque, celui-ci portant une callosité à quatre lobes; lobe médian plus long, linéaire, dilaté à l'extrémité; grappes pendantes, portant douze à vingt fleurs. Hiver. *Flles* ligulées, oblongues. Pseudo-bulbes verts, teintés de violet, ovales, à deux angles. Pérou, 1851. Syns. *Mesopinidium roseum* et *Odontoglossum roseum.* (B. M. 6084; I. H. ser. III, 66.)

C. sanguinea, — *Fl.* nombreuses, rose vif, d'apparence céracée; grappes grêles, pendantes, légèrement rameuses. Été et automne. *Flles* deux, ligulées, cunéiformes. Pseudo-bulbes ovales, comprimés, rayés et

qu'une seule et jolie espèce vivace, de serre chaude, originaire des Andes de l'Equateur; le *C. odoratissimum* n'est qu'une forme du type. Ces deux plantes se plaisent dans un compost de terre de bruyère, de terreau de feuilles et de terre franche en quantités égales et additionné d'un peu de sable. Un drainage parfait, des arrosements copieux et des seringages fréquents sont les points essentiels de leur culture. Multiplication par graines que l'on peut obtenir en abondance, en fécondant artificiellement les fleurs. Les anthères sont logées à l'intérieur des staminodes qui se trouvent au centre de la fleur. Les graines doivent être semées dès leur maturité, en terre légère, dans des pots bien drainés et placés sur couche.

C. Jacobianum, — *Fl.* bleues, agréablement parfumées, nombreuses, pédicellées et réunies au sommet de pédoncules en cymes scorpioides, simples et assez courtes; périanthe à segments externes inégaux, oblongs, obtus, cucullés au sommet; les internes égaux, obovales, garnis sur les bords de longs poils délicats, d'un beau rouge pourpre. Septembre. *Flles* d'un beau vert foncé, étroitement bordées de pourpre, oblongues-lancéolées, de 30 cent. à 1 m. de long et 15 à 20 cent. de large, engainantes à la base. Andes de l'Equateur, 1867. — C'est une des plus belles introductions, à la fois méritante au point de vue horticole et intéressante par sa structure particulière. (B. M. 5705; G. C. 1868, 265.)

C. **odoratissimum,** — *Fl.* à divisions externes vert jaunâtre à la base, rougeâtres au sommet; les internes grandes, bleu foncé, avec un grand onglet blanc. *Flles* vert pâle en dessus, allongées, engainantes, gracieusement récurvées, bordées de rouge; face inférieure rouge, marquée de lignes rouge violacé foncé. Le parfum de cette plante est beaucoup plus fort que celui du *C. Jacobianum.*

Fig. 962. — Cochliostema odoratissimum. (*Rev. Hort.*)

COCHLOSPERMÉES. — Réunies aux **Bixinées.**

COCHLOSPERMUM, Kunth. (de *cochlo,* tordre, et *sperma,* graine; allusion à la forme des graines). Syns. *Azeredia,* Arrud. *Maximiliana* et *Witelsbachia,* Mart. Fam. *Bixinées.* — Genre comprenant environ quinze espèces de magnifiques arbres ou arbustes de serre chaude, originaires des régions intertropicales. Fleurs grandes, jaunes, en grappes simples ou paniculées, terminales ou situées près du sommet des rameaux et à pédoncule articulé à la base; calice à cinq sépales imbriqués et caducs; corolle à cinq pétales grands, tordus ou imbriqués; étamines en nombre indéfini. Le fruit est une capsule à trois-cinq valves, renfermant un grand nombre de graines. Feuilles alternes, stipulées, palmatifides ou digitées, à pétioles articulés à la base. Les *Cochlospermum* se plaisent dans un compost de terre franche et de terre de bruyère. Les boutures faites en avril avec des rameaux aoûtés, s'enracinent dans du sable, sur chaleur de fond et sous cloches; mais les plantes obtenues de semis forment de plus beaux arbres.

C. **Gossypium,** DC. *Fl.* jaunes, grandes. Mai. *Flles* à trois-cinq lobes aigus, entiers, tomenteux en dessous. *Haut.* 15 m. Indes, 1822. Syn. *Bombax Gossypium.* (B. F. S. 171.)

Les *C. orinocence,* Steud. et *C. vitifolium,* Spreng. ont été, dit-on, introduits en Angleterre.

COCO de mer, C. des Maldives, etc. — Fruit du **Lodoicea seychellarum.** (V. ce nom.)

COCO commun ou **Noix de coco.** — Fruit du **Cocos nucifera.** (V. ce nom.)

COCOS, Linn. (de *coco,* nom portugais du singe; de la ressemblance de l'extrémité de la Noix du Cocotier à la tête d'un singe). **Cocotier,** Angl. Cocoa-nut Tree. Fam. *Palmiers.* — Genre comprenant environ trente-cinq espèces habitant l'Amérique tropicale et subtropicale, l'Asie tropicale et une l'Australie boréale. Ce sont des arbres à tige (stipe) élevée ou de taille moyenne, inerme, lisse, annelée. Spadices naissant à l'aisselle des feuilles inférieures. Fleurs unisexuées sur le même spadice, celui-ci entouré d'une spathe double. Le fruit est une drupe plus ou moins volumineuse, entourée

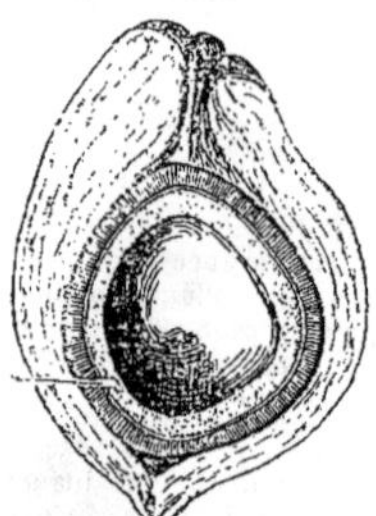

Fig. 963. — Noix de *Cocos nucifera,* coupée longitud.

d'un mésocarpe fibreux et renfermant une graine solitaire, osseuse, pourvue de trois pores vers sa base. Feuilles terminales, amplexicaules, pinnatiséqués, à segments linéaires.

Les *Cocos* sont d'utiles Palmiers pour l'ornement des serres et les garnitures de toutes sortes, même en plein air pendant l'été. Le *C. Weddeliana* est une des espèces les plus cultivées et les plus précieuses pour l'ornement des appartements, la confection des surtouts de table, la garniture des jardinières de petites dimensions, etc. ; même très jeune, ses petites feuilles sont nettemement découpées et d'une rare élégance.

Le *C. nucifera* est cultivé dans toutes les colonies pour son fruit volumineux, dont l'amande blanche constitue, à l'état jeune, un aliment sain et recherché par les indigènes ; la cavité centrale renferme un liquide sucré, rafraîchissant, connu sous le nom de lait de Coco. A l'état mûr, l'amande fournit encore, par extraction, de l'huile employée à divers usages. Le noyau sert à confectionner des vases et autres ustensiles. L'épaisse enveloppe de son fruit fournit une fibre qui sert à fabriquer divers objets de brosserie grossière, et les déchets qui en résultent constituent le « Cocoa-nut fibre refuse » des Anglais, employé chez eux dans les serres à peu près comme l'est le tan chez nous. Les feuilles sont employées par les indigènes pour couvrir leurs cases, pour fabriquer des nattes, des paniers, etc. Le bourgeon central, cru ou cuit est, paraît-il, encore un met délicat, comparable au meilleur Chou-palmiste. Comme on le voit, cette espèce, quoique moins notable pour l'horticulture, est un des Palmiers les plus utiles dans les pays chauds.

Dans les serres, on cultive les Cocotiers dans un compost de deux parties de terre franche fertile, une de terre de bruyère et une de sable. Pendant leur végétation il faut leur administrer de copieux arrosements, mais on doit les diminuer graduellement lorsque l'hiver approche. Leur multiplication a lieu par graines importées que l'on sème en terrines, sur couche ou en serre et sur une douce chaleur de fond.

C. australis, Mart. *Flles* pinnées, à segments très nombreux, linéaires, glauques. Tige dressée, en forme de colonne et pouvant atteindre 6 à 10 m. chez les spécimens âgés. Buenos-Ayres et Paraguay. Espèce très ornementale, à végétation lente.

C. flexuosa, Mart. *Fr.* oblong, prolongé en bec. *Flles* de 2 m. ou moins de long, à pinnules lâches, étalées, linéaires, crispées, vert gai, un peu glauques en dessous. Tronc un peu flexueux, chargé d'écailles. *Haut.* 3 à 5 m. Brésil.

C. nucifera, Linn. Cocotier commun, Angl. Cocoa-nut Palm. — *Fl.* en spadices très longs, rameux, pendants à maturité et portant douze à vingt fruits triangulaires, de la grosseur de la tête d'un homme. *Flles* pinnées, ayant de 2 à 6 m. de long; pinnules allongées, étroites, pendantes, de 1 m. ou plus de long et d'un beau vert luisant. *Haut.* 15 m. Indes orientales, 1690. Espèce répandue dans tous les tropiques, mais relativement difficile à cultiver dans les serres. (J. B. 1879, 202.)

C. Normanbyi, — V. *Ptychosperma Normanbyi*.

C. oleracea, Mart. *Spadices* dressés, puis étalés, à spathe sillonnée et couverte dans sa jeunesse de poils cotonneux, brunâtres. *Flles* nombreuses, de 2 à 3 m. de long, dressées, à pinnules linéaires, aiguës, arquées, d'un vert glauque en dessous. Tronc annelé, épaissi à la base. *Haut.* jusqu'à 25 m. Brésil.

Fig. 964. — Cocos australis. (*Rev. Hort.*)

C. plumosa, — * *Flles* pinnées, de 1 à 5 m. de long, à folioles réunies en faisceaux, ayant 30 à 60 cent. de long et environ 2 cent. 1/2 de large, sub-obtuses, vert foncé en dessus, glauques en dessous. Tige forte, droite. *Haut.* 12 à 15 m. Brésil, 1825. — Espèce très ornementale, à longues feuilles et à fleurs pendantes, d'apparence céracée, auxquelles succèdent des fruits rouge orangé, entourés d'une pulpe comestible et ayant à peu près la grosseur d'un gland. (B. M. 5180.)

C. Romanzoffiana, Chamss. * *Flles* allongées, élégamment arquées, à longues folioles pendantes, vert foncé. Brésil. Belle et décorative espèce.

C. schizophylla, Mart. * *Flles* pinnées, étalées, vert foncé, élégamment arquées, ayant 2 m. ou plus de long, à folioles de 60 cent. de long et 2 cent. 1/2 de large ; lobe terminal de 15 à 20 cent. de large, profondément bifide ; pétioles bordés de rouge et armés de fortes épines de même teinte. *Haut.* 2 m. 50. Brésil, 1846.

C. Weddeliana, — * *Flles* de 30 cent. à 1 m. 20 ou plus de long, gracieusement arquées ; folioles garnissant presque toute la longueur des pétioles, allongées, étroites, pendantes, vert foncé sur la face supérieure, glauques en dessous. Tige grêle, couverte d'un réseau de fibres noires, entrelacées. Amérique du Sud. — C'est un de nos plus jolis et

Fig. 965. — Cocos Weddeliana. (*Rev. Hort.*)

des plus utiles Palmiers de petites dimensions. Syn. *Leopoldinia pulchra* et *Glaziova elegantissima.*

Parmi les autres espèces appartenant à ce genre, on peut citer les *C. capitata*, *C. comosa*, etc.

COCOTIER. — V. **Cocos.**

COCOTIER Commun. — V. **Cocos nucifera.**

COCOTIER des Seychelles, C. des Maldives, C. de l'Ile Praslin, C. de Salomon, etc. — V. **Lodoicea seychellarum.**

CODIÆUM, Rumph. (de *Codebo*, nom malais d'une espèce). **Croton.** Syn. *Phyllaurea*, Lour. Fam. *Euphorbiacées.* — Selon les auteurs du *Genera plantarum*, ce genre ne comprend que quatre espèces bien distinctes, habitant les îles de l'Océan pacifique, l'Australie et l'Archipel Malais. Les variétés exotiques et horticoles sont cependant excessivement nombreuses. Ce sont de beaux arbustes de serre chaude, à feuilles persistantes, entières ou lobulées, plus ou moins polymorphes, et souvent parées de riches coloris. Fleurs monoïques, en grappes terminales ou axillaires, quelquefois ombelliformes ; les *mâles* ont un calice membraneux, à trois-six (rarement cinq) divisions réfléchies, imbriquées ; pétales cinq, écailleux, plus courts que le calice et alternant avec le même nombre de glandes ; étamines en nombre indéfini ; les fleurs *femelles* ont un calice à cinq divisions ; pétales nuls ; styles en nombre égal aux loges. Ovaire entouré à la base par cinq écailles hypogynes et à trois loges uniovulées. Le fruit est une capsule plus ou moins charnue.

Les *Codiæum*, plus connus sous le nom erroné de *Croton*, comptent parmi les plus belles et les plus utiles plantes à feuillage ornemental, aussi remarquables par les brillantes panachures de leurs feuilles que par la forme souvent singulière qu'elles affectent. Sauf les *Dracæna*, aucun genre de plante analogue n'est plus facile à cultiver ; de plus, la possibilité de leur emploi pendant toute l'année pour les garnitures, rend leur présence presque indispensable dans toutes les serres chaudes, quelles que soient leurs dimensions. Pour les garnitures d'appartement, les jeunes plantes à tige simple sont les plus utiles. Pour les obtenir, la meilleure méthode consiste à bouturer des extrémités de rameaux vigoureux, pris sur des pieds mères cultivés pour cet usage. On rempote ces boutures séparément dans des godets, puis on les place sur une bonne chaleur de fond humide et sous cloches ; elles ne tardent pas alors à s'enraciner, même sans perdre leurs feuilles. Lorsqu'elles sont bien reprises, on soulève d'abord graduellement les cloches, puis on les enlève enfin définitivement.

Les plantes les plus utiles pour les garnitures d'appartement et particulièrement pour les surtouts de table, sont celles ayant de 30 à 50 cent. de hauteur ; mais, comme cet usage fait souvent tomber leurs feuilles inférieures, on peut, lorsqu'ils dépassent cette taille ou lorsqu'ils sont trop dégarnis, faire de nouvelles boutures avec leur extrémité.

Le meilleur sol pour leur culture est une bonne terre franche fibreuse, additionnée de sable pour la rendre bien poreuse. Il leur faut une atmosphère chaude, très humide, et les arrosements et les seringages ne doivent jamais leur faire défaut ou bien on est presque sûr de les voir envahis par la *Grise.* Cette peste et les *Thrips* sont les deux ennemis les plus redoutables des *Codiæum*, ceux contre lesquels il faut lutter sans cesse et n'épargner aucune peine pour les détruire, dès que l'on constate leur présence, où ils ne tardent pas à commettre des dégâts irréparables. Le meilleur remède pour la destruction des Thrips consiste à plonger la plante entière dans une forte solution de jus de tabac, qui détruit à la fois l'insecte et ses œufs. Quant à la Grise, rien ne vaut les lavages à l'éponge avec de l'eau de savon. Ces insectes se propagent rapidement lorsque l'air intérieur de la serre est tenu trop sec et lorsque les plantes souffrent de la soif ; les préventifs sont en conséquence tout indiqués.

En outre de leur emploi pour les garnitures temporaires, ces plantes sont au moins aussi précieuses pour l'ornement des serres et des jardins d'hiver, surtout pendant l'été et l'automne, époques auxquelles les serres sont quelque peu dégarnies. Mais, avant de les employer à cet usage, il est indispensable de les endurcir graduellement, car elles sont très sensibles au froid et surtout aux brusques changements de température qui font tomber leurs feuilles.

Lorsqu'on désire obtenir de fortes plantes, soit pour des garnitures spéciales, soit pour expositions, il faut les pousser à la végétation pour les faire ramifier ; on peut au besoin pincer la tige principale, mais cette opération est rarement nécessaire, car leur port est naturellement touffu et régulier. Un des grands avantages des *Codiæum* réside dans la possibilité de les cultiver dans des petits pots et de restreindre leur taille, si on le désire, pendant très longtemps. La température hivernale la plus propice pour leur culture varie, selon le temps, de 15 à 20 deg.

C. aucubæfolium, — * *Flles* vert luisant, maculées de jaune ou de cramoisi, oblongues, acuminées, rétrécies à la base, de 15 à 20 cent. de long et 5 à 6 cent. de large, trois ou quatre fois plus longues que le pétiole ; nervure médiane et veines vertes ou légèrement nuancées de rose. Polynésie, 1868.

C. aureo-marmoratum, Hort. *Flles* de 30 cent. de long et 8 cent. de large, vert olive foncé, marbré de jaune. 1884.

C. aureo-punctatum, Hort. *Flles* linéaires, obtuses, vert tendre, pointillées et maculées de jaune. 1883. Petite variété.

Fig. 966. — Codiæum Baron Franck Seillière. (*Rev. Hort.*)

Les innombrables formes cultivées dans les serres peuvent être considérées, en grande partie, comme des semis ou de simples variations des trois ou quatre espèces reconnues comme telles et en particulier du *C. pictum*. Ces plantes sont plus connues sous le nom *Croton* que sous celui de *Codiæum ;* cependant, elles n'en sont pas seulement bien distinctes, mais elles appartiennent même à une section différente des *Euphorbiacées*.

C. albicans, Hort. * *Flles* larges, lancéolées, de 30 à 45 cent. de long et 5 à 8 cent. de large ; fond vert foncé luisant, gracieusement panachées de blanc ivoire ; face supérieure légèrement teintée de cramoisi. Variété à végétation compacte.

C. angustifolium, Hort. Syn. de *C. angustissimum*, Hort.

C. angustissimum, Hort. * *Flles* pendantes, linéaires, de 30 à 45 cent. de long et 3 à 6 mm. de large, canaliculées, obtuses au sommet, s'amincissant à la base ; face supérieure vert foncé luisant, jaune d'or sur les bords et sur la nervure médiane ; face inférieure de même couleur, mais plus pâle. Polynésie. Syn. *C. angustifolium*, Hort.

C. austinianum, Hort. *Flles* dressées, de 15 à 20 cent. de long et 5 cent. de large, maculées et marginées de blanc crémeux, suffusées de rose et ondulées sur les bords. 1883. — Variété naine, rameuse et compacte.

C. Baron Franck Seillière, Hort. * *Flles* très rapprochées, épaisses et coriaces, de 25 à 40 cent. de long et 5 à 8 cent. de large, gracieusement recourbées au sommet, d'un vert brillant, rose pâle en dessous à l'état adulte ; nervures grandes, d'un jaune pâle, devenant bientôt blanc ivoire ainsi que le pétiole. Tige robuste, verte. — Plante extrêmement vigoureuse ; chez les jeunes spécimens, la nervure médiane, d'ailleurs très large, est très souvent irrégulière, mais chez les adultes elle est invariablement droite ; les nervures latérales sont d'un très beau blanc et produisent un effet remarquable par leur contraste sur le fond vert de la feuille. (R. H. 1880, p. 193.)

C. Beauty, Hort. *Flles* lancéolées, vertes, panachées de jaune d'or. Le fond vert de la feuille devient parfois bronzé foncé pendant que les panachures jaunes passent au cramoisi rosé. Iles du sud du Pacifique, 1887.

C. Brageanum, Hort. *Flles* pendantes, linéaires-lancéolées, de 45 à 55 cent. de long, les plus jaunes presque entièrement jaune pâle marbré et pommelé de vert clair, les autres vertes, maculées de jaune d'or; feuilles adultes vert olive foncé, maculé et moucheté de jaune vif; nervure médiane cramoisie. 1882.

C. Broomfieldii, Hort. *Flles* de 20 à 25 cent. de long et 5 à 7 cent. de large, vert foncé, bordées, maculées, tachetées et marginées de jaune, et pourvues au centre d'une bande de même couleur; nervure médiane teintée de rouge, 1887.

C. Bruce Findlay, Hort. *Flles* grandes, oblongues, obovales, copieusement panachées de jaune sur les bords de la nervure médiane et des principales veines. 1882. Belle et forte plante.

C. Burtonii, Hort. *Flles* lancéolées, de 30 à 35 cent. de long et d'environ 8 cent. de large sur la partie la plus dilatée, rapprochées et arquées, vert foncé luisant, rubanées et marbrées de jaune d'or.

C. caudatum-tortile, Hort. *Flles* pendantes, tordues, les unes vert olive foncé, rubanées de jaune au centre et à nervure médiane cramoisie; les autres presque entièrement jaunes, suffusées de cramoisi par la suite, ou diversement maculées et tachetées. 1883. Elégante variété.

C. Chelsoni, Hort. *Flles* étroites, pendantes, quelquefois planes, parfois tordues en spirale; dans ce dernier état, les panachures, qui sont d'une nuance saumon vif teinté de cramoisi, sont beaucoup plus distinctes. Nouvelle Guinée, 1879.

C. chrysophyllum, — *Flles* petites, jaunâtres. Polynésie, 1875.

C. contortum, Hort. *Flles* ovales, acuminées, recourbées, de 15 à 20 cent. de long, vert olive foncé, jaune soufre sur les bords ainsi que sur les nervures transversales. 1884. Cette plante ressemble au *C. volutum*.

C. Cooperi, — *Flles* à nervures et macules jaunes, devenant rouges en vieillissant. Polynésie, 1874.

C. cornutum, — * *Flles* huit ou dix fois plus longues que les pétioles, d'environ 2 cent. 1/2 de large, oblongues, obtuses, irrégulièrement lobées; lobes oblongs, lancéolés, aigus ou obtus, arrondis à la base, sinueux sur les bords; face supérieure vert foncé luisant, irrégulièrement pommelée de jaune; nervure médiane jaune d'or, formant au sommet un appendice filiforme, dépassant le limbe d'environ 1 cent. 1/2. Polynésie, 1874.

C. Cræsus, Hort. *Flles* oblongues, lancéolées, vert foncé maculé de jaune. 1883.

C. Crondstatii, Hort. *Flles* moyennes, lancéolées, tordues, crispées et frisées, rétrécies en pointe aiguë, d'un vert foncé lustré et panachées de jaune d'or clair. Plante intéressante.

C. Crown-Prince, Hort. *Flles* lancéolées, acuminées, de 30 à 35 cent. de long et 5 cent. de large, vert clair luisant; nervure médiane et veines principales jaune d'or vif. Plante dressée, à feuilles quelquefois entièrement marbrées.

C. Dayspring, Hort. *Flles* oblongues, elliptiques, jaune orangé, bordées de vert foncé; les parties jaunes deviennent légèrement nuancées de rouge sur les feuilles adultes. 1882.

C. Delight, Hort. *Flles* oblongues, aiguës, de 15 à 20 cent. de long et 4 à 5 cent. de large, jaunes à l'état juvénile, marginées de vert; nervure médiane et veines principales blanc crème; panachure centrale devenant blanc ivoire clair à l'état adulte; bords parsemés de ponctuations de même teinte. Antipodes, 1888.

C. Disraëli, Hort. * *Flles* d'environ 30 cent. de long, à nervures et veines jaunes, ressortant bien sur le fond vert, larges à la base et munies de deux lobes latéraux modérément développés, le médian, contracté dans sa partie inférieure et plus large au-dessus, est beaucoup plus long que les autres, ce qui donne à la feuille l'apparence d'une hallebarde plus ou moins bien formée. Polynésie, 1875.

C. Dodgsonæ, Hort. *Flles* linéaires, lancéolées, de 20 à 30 cent. de long et 1 à 2 cent. de large, quelquefois contournées en spirale, vert clair, richement striées de jaune au centre; bords de même teinte. Port gracieux.

C. Earl of Derby, Hort. *Flles* suffusées de rouge vif, trilobées; tiges, pétioles et nervure médiane jaune très vif.

C. eburneum, Hort. *Flles* elliptiques, lancéolées, légèrement recourbées, de 15 cent. de long et 4 cent. de large, vert foncé, pourvues au centre d'une bande blanc d'ivoire ou blanc crème, de 6 à 12 mm. de large, se prolongeant jusqu'au milieu en pointes aiguës et naissant à la base des principales veines.

C. elegans, — * *Flles* de 15 cent. de long et 6 mm. de large, dix ou douze fois plus longues que le pétiole, linéaires-lancéolées, presque obtuses au sommet, vert foncé sur la face supérieure, légèrement roses sur les bords et à nervure médiane jaunâtre ou cramoisie; face inférieure vert terne, pommelée de pourpre. Indes, 1861. Syn. *C. parvifolium*.

C. eminens, Hort. *Flles* largement lancéolées, acuminées, vert luisant; nervure médiane blanche ainsi qu'une partie des veines latérales. 1883. Plante compacte.

C. Evansianum, — * *Flles* vert olive vif, trilobées; nervure médiane et veines principales jaunes; intervalles maculés de même couleur; avec l'âge, les parties vertes brunissent et deviennent cramoisi bronzé tandis que la nervure médiane, les veines et les macules passent à l'écarlate orangé. Polynésie, 1879.

C. excurrens, Hort. *Flles* oblongues, pétiolées; nervure médiane se prolongeant en une petite corne près du sommet; limbe panaché de jaune verdâtre, 1884.

C. Exquisite, Hort. *Flles* de 15 à 20 cent. de long et 5 cent. de large, obovales, acuminées, arquées, vert pâle, marbrées et marginées de jaune primevère et de jaune vif.

C. Eyrei, Hort. *Flles* longues et étroites, tordues, recourbées, copieusement panachées de jaune; pétioles et jeunes branches rouges. 1883.

C. formosum, Hort. *Flles* vertes, maculées de jaune devenant cramoisi par la suite; centre et nervures principales jaunes, devenant ensuite pourpre magenta vif ainsi que les bords; pétioles cramoisis. Hybride.

C. fucatum, — *Flles* obovales, elliptiques, portant quelquefois, dans leur moitié inférieure, des macules irrégulières sur un des côtés de la nervure médiane, ou bien ayant seulement la nervure jaune ainsi que les réticulations; pétioles roses. Polynésie.

C. gloriosum, — * *Flles* longues, étroites, pendantes, fond vert, à panachures jaune crème, très variables. Certains spécimens ont la nervure médiane jaune crème, accompagnée d'une bande de même teinte de chaque côté, tandis que chez d'autres la nervure médiane est vert clair; le limbe porte çà et là de larges macules jaune crémeux et de nombreuses petites ponctuations ou taches presque confluentes. Quelquefois le contraire se présente; on observe alors des macules allongées, reposant sur un fond crémeux, relevé par quelques ponctuations vertes. Nouvelles Hébrides, 1878.

C. Golden Queen, Hort. *Flles* de 20 à 25 cent. de long et 8 cent. de large, ovales, acuminées, vert foncé, maculées de jaune d'or, à centre entièrement jaune; pétioles roses.

C. Goldiei, Hort. * *Flles* larges, pandurées et trilobées, de 20 à 25 cent. de long et 8 cent. de large sur la partie la plus large, vert olive foncé; nervure médiane, veines principales et bords jaune d'or foncé.

de 20 cent. de long et 8 cent. de large, vert foncé, suffusées et pommelées de jaune d'or; dans quelques cas, la feuille est distinctement rubanée.

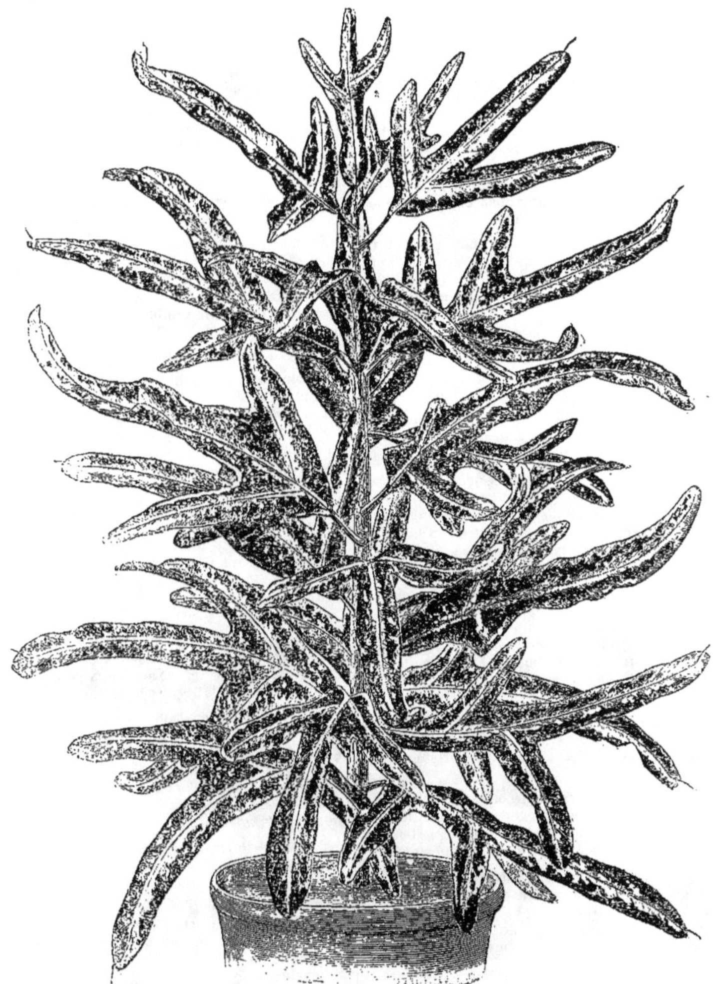

Fig. 967. — CODIÆUM ILLUSTRIS. (D'après W. Bull.)

C. grande, Hort. *Flles* vert foncé, munies de quelques macules jaunes, éparses; nervure médiane jaune. Polynésie.

C. Hanburyanum, Hort. *Flles* de 40 cent. de long et 6 cent. de large, vert olive, finement marquées de jaune d'or et de cramoisi rosé.

C. Hawkeri, — * *Flles* largement lancéolées, d'environ 15 cent. de long, la plupart jaune crème ainsi que les pétioles, vert clair sur les bords. Polynésie, 1879.

C. Henryanum, Hort. *Flles* oblongues-ovales, acuminées, de 20 cent. de long et 8 cent. de large, vert foncé, suffusées et pommelées de jaune d'or; dans quelques cas, la feuille est distinctement rubanée.

C. heroicum, Hort. *Flles* vertes, copieusement maculées de jaune foncé et à veines jaunes; quelquefois les feuilles sont à moitié ou entièrement jaunes et parfois bordées ou flammées de cramoisi rosé. Hybride.

C. Hilleanum, — * *Flles* de 16 cent. de long et 6 cent. de large, six ou sept fois plus longues que les pétioles, oblongues, sub-spatulées, acuminées, s'amincissant à la base, sinueuses sur les bords, vert pourpré sur la face supérieure; nervure médiane et veines secondaires cramoisi vif; face inférieure pourpre terne, à veines cramoisies. Polynésie, 1868.

C. Hookerianum, — * *Flles* largement ovales-lancéolées, brusquement rétrécies ou arrondies à la base ; face supérieure d'un beau vert foncé luisant, interrompue à la base par une large macule jaune d'or et des projections irrégulières de même couleur, partant de la nervure médiane vers les bords ; nervure médiane, jeune tige et pétioles jaune d'or. Erromango, 1869.

C. illustris, Hort. *Flles* vertes, richement maculées de jaune d'or ; bande centrale jaune et panachures irrégulièrement distribuées. L'extrémité des feuilles est quelquefois presque entièrement jaune d'or ; la plupart sont trilobées et portées sur des pétioles pourpres, la base est oblongue et accompagnée de deux lobes alternes, paraissant tordus ou arqués ainsi que le sommet, ce qui donne à l'ensemble de la feuille une apparence fourchue. Plante distincte, des plus remarquables.

C. imperator, Hort. * *Flles* de 30 à 45 cent. de long et 8 cent. de large sur la partie la plus large, arquées, vert pâle, fortement suffusées et pommelées de blanc crème ; pétioles, nervure médiane et bords distinctement nuancés de blanc crème.

C. imperiale, — *Flles* tordues, à bords et macules jaunes, passant au cramoisi. Nouvelles Hébrides, 1875.

C. insigne, Hort. * *Flles* linéaires, oblongues, vert foncé ; nervure médiane et veines d'un beau jaune d'or ; bords cramoisi rosé. Chez les feuilles adultes, les panachures partent des bords et viennent se fondre sur la bande médiane, ce qui rend le feuillage du plus joli effet.

C. interruptum, — *Flles* linéaires-lancéolées, rétrécies à la base, aiguës ou obtuses au sommet, quelquefois contournées en spirale au-dessous du milieu et sinueuses sur les bords ; face supérieure vert pourpre foncé, à nervure médiane cramoisie ; face inférieure pourpre. Polynésie, 1868.

C. irregulare, — * *Flles* oblongues, rétrécies tout à fait à la base, dilatées au-dessus et de nouveau contractées au-dessous du milieu, aiguës au sommet ; face supérieure vert foncé luisant, portant quelques macules jaune d'or, nervure médiane de même nuance que les macules ; bords sinueux ; face inférieure vert terne, nervure médiane jaune pâle. Polynésie.

C. Jamesii, Hort. * *Flles* ovales, de 12 à 20 cent. de long et 8 cent. de large, vert sauge foncé, marbrées de blanc crème et diversement nuancées de vert et de jaune. Variété naine, rameuse et très distincte.

C. Johannis, — * *Flles* linéaires, lancéolées, aiguës, rétrécies à la base ; face supérieure légèrement canaliculée, vert luisant, jaune orangé au centre et sur les bords ; face inférieure semblable mais plus pâle. Polynésie, 1871.

C. Jubilee, Hort. *Flles* de 25 à 35 cent. de long et 5 cent. de large, lancéolées, acuminées, largement striées de jaune d'or au centre et étroitement bordées de même couleur ; nervures transversales jaune d'or. La teinte jaune d'or passe au cramoisi feu à la maturité. 1887.

C. Junius, Hort. *Flles* longues, étroites, de forme variable, jaune citron, devenant avec l'âge suffusées de cramoisi dans leur moitié inférieure, le reste de la feuille vert bronzé ; pétioles et tige écarlate orangé brillant, 1888.

C. Katharina, Hort. *Flles* de 20 à 30 cent. de long et 5 cent. de large, rapprochées et disposées en spirale, éclaboussées et marbrées de cramoisi et d'écarlate.

C. lacteum, — *Flles* oblongues, spatulées, obtusément acuminées, rétrécies à la base, sinueuses et blanchâtres sur les bords, face supérieure vert foncé luisant ; nervures médiane et secondaires blanc de lait ou blanc jaunâtre ; face inférieure vert terne. Polynésie.

C. lancifolium, Hort. *Flles* étroites, lancéolées, de 20 à 40 cent. de long et 4 cent. de large sur la partie la plus large, vert foncé ; nervure médiane, bords et veines primaires jaune pâle, devenant parfois réticulés de rose brillant. Plante dressée, distincte.

C. limbatum, — *Flles* maculées et marginées de jaune. Indes, 1873.

C. lineare, Hort. *Flles* de 10 à 15 cent. de long, linéaires, généralement obtuses, mais quelquefois rétrécies au sommet, vert foncé, à nervure médiane jaune et portant quelques macules de même teinte ; quelquefois presque entièrement jaunes.

C. Macfarlanei, Hort. *Flles* linéaires, lancéolées, pendantes, arquées, de 20 à 30 cent. de long et 2 cent. 1/2 de large, cramoisi feu foncé à la maturité ; jeunes feuilles jaunes, irrégulièrement maculées de vert foncé.

C. maculatum, Hort. *Flles* lancéolées, presque acuminées, rétrécies à la base, de 25 à 30 cent. de long ; face supérieure vert foncé luisant, irrégulièrement mouchetée de jaune ; nervures médiane et secondaires et bords jaunes ; face inférieure semblable, mais plus pâle.

C. m. Katonii, Hort. *Flles* vert brillant, portant des macules jaunes, arrondies. Polynésie, 1878.

C. Magnifique, Hort. *Flles* ovales, lancéolées, de 15 à 20 cent. de long et 6 cent. de large, panachées de jaune au centre lorsqu'elles sont jeunes : à la maturité, les bords deviennent vert olive foncé, tandis que les nervures médiane et primaires passent au carmin brillant, ainsi qu'une bande étroite située de chaque côté de la nervure médiane.

C. majesticum, — * *Flles* assez étroites, de 30 à 45 cent. de long, vert foncé, rubanées de jaune à l'état juvénile ; avec l'âge, la nuance verte des jeunes feuilles passe au vert olive, tandis que le jaune se change en cramoisi. Polynésie, 1876. — Variété très élégante, à rameaux pendants.

C. maximum, — *Flles* oblongues, aiguës, arrondies à la base, de 25 à 30 cent. de long, sinueuses sur les bords, vert luisant, maculées de jaune sur la face supérieure ; nervures médiane et secondaires jaune d'or ; face inférieure jaune verdâtre terne. Polynésie, 1868.

C. medium-variegatum, — * *Flles* oblongues, obtuses, acuminées, rétrécies à la base, de 8 à 11 cent. de long et 2 à 4 cent. de large ; jaune d'or et sinueuses sur les bords ; face supérieure vert foncé luisant ; nervures médiane et secondaires jaune d'or ; face inférieure vert pâle terne. Indes. — Cette espèce est communément cultivée sous le nom de *C. variegatum*.

C. Mme Dorman, Hort. * *Flles* linéaires-lancéolées, arquées, lisses et régulières, de 30 à 40 cent. de long et 12 mm. de large, remarquablement et irrégulièrement striées d'écarlate orangé au centre et vertes sur les bords.

C. Mme Swan, Hort. *Flles* de 15 à 20 cent. de long et 3 cent. de large, lancéolées, acuminées, arquées, irrégulièrement marquées de jaune d'or au centre, vert foncé et maculées de jaune d'or sur les bords ; pétioles et tiges cramoisies.

C. Monarque, Hort. *Flles* oblongues, aiguës, de 30 cent. de long et 6 cent. de large, vert foncé, maculées de jaune brillant. Antipodes, 1888.

C. multicolor, — *Flles* de forme un peu irrégulière, se rapprochant assez de celles du *C. irregulare* ; vert clair avec des stries jaunes à l'état juvénile, vert foncé à l'état adulte, maculées de jaune, d'orangé foncé et de cramoisi ; nervure médiane rouge ; nervures secondaires jaunâtres. Polynésie, 1871.

C. musaicum, Hort. *Flles* oblongues, lancéolées, acuminées, ondulées, cramoisies, portant de chaque côté de la nervure médiane deux séries de macules vertes, irrégulières ;

chez les jeunes feuilles, la nuance cramoisie est remplacée par une teinte blanc crème, produisant une belle panachure. 1883. Syn. *Croton musaicus*. (R. H. 1882, 240.)

C. ornatum, Hort. *Flles* vertes, maculées de jaune et portant une bande centrale étroite et de longues veines parallèles jaune crème; par la suite, les parties jaunes

Fig. 968. — Codiæum recurvifolium. (D'après Veitch.)

C. mutabile, — Syn. de *C. princeps*.

C. Nevillæ, —* *Flles* oblongues, lancéolées, vert olive à l'état juvénile, striées et marquées de jaune; à la maturité, le jaune devient cramoisi nuancé d'orangé, le vert devient plus foncé et est alors suffusé d'une teinte métallique. Polynésie, 1880.

C. Nestor, Hort. *Flles* lancéolées, vert brillant, panaché de jaune et de blanc; la panachure forme une large strie centrale; nervure médiane cramoisi magenta brillant. Polynésie, 1887. Variété du *C. medium variegatum*.

passent au cramoisi; parfois les lignes et les macules sont roses et la nervure médiane d'un cramoisi rosé plus foncé.

C. parvifolium. — Syn. de *C. elegans*.

C. Phillipsii, Hort. *Flles* linéaires-lancéolées, de 20 à 25 cent. de long et 18 mm. de large, la base est d'une belle couleur jaune d'or qui s'étend jusqu'au milieu du limbe et se continue le long de la nervure médiane presque jusqu'à l'extrémité, 1886.

C. pictum, Hook. *Fl.* en longues grappes terminales.

Juillet. *Flles* oblongues, acuminées, de 15 à 20 cent. de long; fond cramoisi, irrégulièrement maculé et tacheté de vert brillant et de noir. Indes, Moluques, 1733. (B. M. 3051; L. B. C. 870.)— Cette espèce est un des principaux types des nombreuses variétés horticoles.

C. Pilgrimii, Hort.' *Flles* ovales, acuminées, de 15 à 20 cent. de long et 8 cent. de large, vert pâle, maculées de jaune d'or foncé et fortement suffusées de rose.

C. Prince Henry, Hort. *Flles* de 30 à 45 cent. de long et 8 cent. de large, recurvées, nervure médiane canaliculée, cramoisie et jaune d'or avec une bande étroite; limbe vert bronzé foncé, quelquefois maculé; les macules deviennent alors rouge sang foncé à la maturité.

C. Prince of Wales, Hort. *Flles* pendantes, arquées, légèrement tordues, presque entièrement jaune pâle, marginées et pommelées de carmin brillant, gracieusement ondulées sur les bords; nervure médiane et pétioles magenta brillant.

C. princeps, — *Flles* largement linéaires, d'abord vertes avec les nervures, les bords et les macules jaunes; à la maturité, ces couleurs changent complètement; les parties vertes prennent une teinte bronzée et toutes les macules jaunes ainsi que la nervure médiane, deviennent du plus beau cramoisi rosé. Nouvelles Hébrides, 1878. Syn. *C. mutabile*.

C. Princess of Waldeck, Hort. *Flles* largement lancéolées, d'environ 10 cent. de long, jaune clair brillant au centre, largement et distinctement marginées de vert foncé, 1882. Belle variété.

C. Queen Victoria, Hort.' *Flles* oblongues-lancéolées, de 20 à 30 cent. de long et 5 cent. de large, jaune d'or, finement pommelées de vert; nervures médiane et primaires d'un beau rouge magenta, devenant cramoisi vif avec l'âge; bords inégalement rubanés de carmin, s'étendant souvent jusqu'à la nervure médiane. Plante rameuse, de taille moyenne.

C. recurvatum, Hort. *Flles* récurvées, lancéolées, acuminées, maculées de jaune le long des nervures médiane et latérales. 1883.

C. recurvifolium, Hort. Très belle variété distincte, compacte, à feuilles larges et recourbées, bien supérieure au *C. volutum*, bien connu. Les nervures médiane et latérales sont cramoisi bordé de jaune et très concaves, ce qui donne au limbe une apparence rigide et et ondulée. Les panachures sont bien marquées et le contraste des différentes teintes sur le fond vert olive foncé produit un effet charmant.

C. ruberrimum, Hort. Variété à feuilles étroites et pendantes, panachées de cramoisi et de jaune. 1884.

C. rubro-lineatum, Hort. *Flles* étalées, oblongues-lancéolées, de 2 1/2 à 3 cent. de long, jaune pâle et vert, souvent teintées de rose au début, jaune d'or et vert olive par la suite, tandis que les nervures médiane, latérales et dans beaucoup de cas les bords, deviennent cramoisis. 1882. Plante remarquable.

C. sceptre, Hort. *Flles* rubanées, vert bouteille foncé, maculées d'orangé feu et de jaune; nervure médiane cramoisie, 1884.

C. spirale, — ' *Flles* enroulées en spirale, de 20 à 30 cent. de long et environ 2 cent. 1/2 de large, pendantes, vert foncé, portant, lorsqu'elles sont jeunes, une large bande jaune au-dessus du centre, puis devenant vert bronzé foncé à l'état adulte; nervure médiane cramoisi foncé. Iles de la Mer du Sud, 1873.

C. Stewartii, — *Flles* obovales, arrondies à la base, brièvement pétiolées, vert olive foncé, irrégulièrement rubanées et marginées d'orangé; nervure médiane et pétioles magenta brillant. Nouvelle-Guinée, 1880.

C. Sunshine, Hort. *Flles* de 20 à 25 cent. de long et environ 5 cent. de large, vert bronzé foncé, maculées à l'état juvénile, de jaune passant graduellement au cramoisi rosé et devenant parfois rouge sang. Iles de la Mer du Sud, 1887.

C. superbiens, — ' *Flles* oblongues, aiguës, arrondies à la base, d'un coloris remarquablement beau et unique. Elles sont d'abord vertes et parsemées de macules jaunâtre terne, puis, à l'état adulte, le vert devient plus foncé, le jaune s'éclaire, et la nervation rouge cuivré ainsi que les bords ressortent tout à fait distinctement; avec l'âge, le vert passe encore au bronzé noirâtre, tandis que toutes les parties pâles deviennent cuivrées et les nervures médiane et latérales cramoisies. Nouvelle-Guinée, 1878.

C. Torrigianianum, Hort. *Flles* entières, d'environ 2 cent. 1/2 de large, d'abord rubanées et veinées de jaune, devenant ensuite cramoisies le long de la nervure médiane, sur les bords et sur les nervures transversales; les parties intermédiaires restent vertes; pétioles et tige rouges. 1884. Belle plante dans le genre du *C. Queen Victoria*.

C. tricolor, — ' *Flles* oblongues, spatulées, très aiguës, graduellement rétrécies depuis leur tiers supérieur jusqu'à la base; bords sinueux; face supérieure vert foncé luisante, jaune au centre et sur la nervure médiane; nervures secondaires unicolores; face inférieure vert rougeâtre terne. Polynésie, 1868.

C. trilobum, — *Flles* trilobées, maculées de jaune. Polynésie, 1875.

C. triumphans, Hort. ' *Flles* oblongues, vert foncé, portant une ligne jaune d'or de chaque côté de la nervure médiane, nervures primaires également dorées, se fondant vers le sommet en une réticulation de même couleur; nervure médiane cramoisi brillant; à l'état adulte, les feuilles prennent une belle teinte bronzée, verdâtre, et la nervure médiane passe au cramoisi rosé intense. Nouvelles-Hébrides, 1878.

C. t. Harwoodianum, Hort. *Flles* vert foncé, portant une ligne jaune d'or de chaque côté de la nervure médiane; nervures principales jaune d'or également fondu vers le sommet en une réticulation de même couleur; nervure médiane cramoisi brillant, formant un joli contraste avec la teinte des deux faces; à l'état adulte, les feuilles deviennent vert bronzé et la nervure médiane cramoisi rosé intense très brillant et remarquable. Belle variété originaire des Nouvelles-Hébrides.

C. undulatum, — ' *Flles* oblongues, acuminées, de 20 à 22 cent. de long et 4 à 5 cent. de large, rétrécies à la base, crispées ou ondulées sur les bords; face supérieure d'un beau rouge vineux, maculée de cramoisi; nervure médiane pourpre; face inférieure rouge vineux, maculée de cramoisi; nervures secondaires vertes. Polynésie.

C. Van Oosterzeei, Hort. *Flles* étroites, linéaires, lancéolées, acuminées, vertes, maculées de jaune. 1883. Arbrisseau de petite taille, mais distinct et ornemental. (I. H. 1883, 502.)

C. Veitchii, — ' *Flles* oblongues, lancéolées, arrondies à la base, d'environ 30 cent. de long; bords roses; face supérieure vert foncé brillant: nervures médiane et secondaires rose brillant; face inférieure rouge vineux. Polynésie, 1868.

C. Victory, Hort. *Flles* de 30 cent. de long et 7 cent. de large, vert olive foncé, à veines et nervure médiane cramoisies; de cette dernière, partent des bandes arquées, cramoisi rougeâtre, qui se montrent également sur les parties vertes situées entre les nervures primaires, et les coupent d'une façon irrégulière; jeunes feuilles jaune orangé, suffusé de cramoisi. 1888.

C. vittatum, Hort. *Flles* vertes, largement rubanées de jaune crème, qui s'étend le long de la base des nervures primaires espacées ; pétioles rouge rubis brillant ainsi que la nervure médiane des feuilles adultes. 1887.

C. volutum, — *Flles* enroulées au sommet et veinées de jaune d'or. Polynésie, 1874.

C. Warrenii, Hort. * *Flles* en spirale, linéaires-lancéolées, de 60 à 75 cent. de long et 2 1/2 à 4 cent. de large, pendantes, arquées, vert foncé, irrégulièrement pommelées et suffusées de jaune orangé et de carmin, devenant cramoisies à l'état adulte. Polynésie, 1880. — C'est sans doute la plus gracieuse et la plus recommandable des variétés à feuilles étroites.

C. Weismanni, Hort. *Flles* linéaires, lancéolées, de 25 à 28 cent. de long, rétrécies à la base, très aiguës au sommet ; bords sinueux ; face supérieure vert foncé luisant, portant quelques petites macules jaune d'or ; nervure médiane et bords jaune d'or ; face inférieure semblable, mais d'un vert plus pâle. Polynésie, 1868.

C. Wigmannii, Hort. *Flles* de 20 à 25 cent. de long et 12 mm. de large, de forme irrégulière, vertes, maculées de jaune. 1886. — Bonne plante pour la décoration des tables.

C. Williamsii, Hort. * *Flles* obovales, oblongues, de 30 à 40 cent. de long et 8 à 10 cent. de large, finement ondulées sur les bords ; à l'état juvénile, elles sont irrégulièrement rubanées de jaune, les nervures médiane et primaires sont d'un magenta brillant ; par la suite, la nuance magenta devient cramoisi violacé ; face inférieure cramoisie. Une des plus belles variétés horticoles.

C. Wilsonii, Hort. *Flles* linéaires, lancéolées, de 45 à 50 cent. de long et 2 1/2 à 4 cent. de large, pendantes, arquées, vert brillant, irrégulièrement suffusées de jaune. Nouvelle-Guinée, 1880.

C. Youngii, — * *Flles* de 25 à 50 cent. de long et près de 2 cent. 1/2 de large ; face supérieure vert foncé, irrégulièrement maculée et tachetée de jaune pâle et rouge rosé ; face inférieure d'un rouge foncé uniforme. Polynésie, 1873.

CODONIUM, Vahl. — V. Schœpfia, Schreb.

CODONOPHORA, Lindl. — V. Paliavana, Vand.

CODONOPSIS, Vahl. (de *kodon*, cloche, et *opsis*, ressemblance ; allusion à la forme des fleurs). Syn. *Glossocomia*. Don. Fam. *Campanulacées*. — Genre comprenant douze espèces de plantes herbacées, glabres, demi-rustiques, originaires de l'Himalaya, de la Mandshourie, du Yu-Nan et du Japon. Fleurs blanchâtres, jaunâtres ou pourpre foncé, terminales ou axillaires et pédonculées ; calice soudé à l'ovaire ; corolle à cinq lobes ; étamines cinq, à filets élargis ; stigmates cinq, linéaires et révolutés. Feuilles alternes ou presque opposées, ovales, acuminées, plus ou moins dentées ou découpées, courtement pétiolées, glauques et rarement canescentes en dessous. Branches ordinairement opposées, plus ou moins articulées à leur insertion.

C. clematida, — *Fl.* blanches, teintées de bleu. *Flles* pétiolées, ovales, acuminées. *Haut.* 60 cent. à 1 m. Montagnes de l'Asie. Plante vivace, rustique. Syn. *Glossocomia clematidea*. (B. G. 167.)

C. cordata, — Syn. de *Campanumœa javanica*.

C. gracilis. — V. *Campanumœa gracilis*.

C. rotundifolia, Benth. *Fl.* grandes, vert jaunâtre, veinées de pourpre foncé ; corolle globuleuse-urcéolée, campanulée, à tube renflé ; pédoncules terminaux, grêles, uniflores. *Flles* pétiolées, opposées ou rarement alternes, ovales, presque obtuses. Himalaya. (B. M. 4942.)

C. r. grandiflora, — Très jolie variété à corolle plus fortement panachée que celle du type et rappelant beaucoup celles de la Belladone. Himalaya. (B. M. 5018.)

CŒLESTINA, Cass. — Réunis aux Ageratum, Linn.

CŒLIA, Lindl. (de *koilos*, creux ; allusion à la forme des pollinies qui sont convexes à l'extérieur et convaves à l'intérieur). Syn. *Bothriochilus*, Lem. Fam. *Orchidées*. — Ce genre comprend quatre ou cinq espèces de curieuses et jolies Orchidées épiphytes, de serre chaude, originaires des Indes occidentales, de l'Amérique centrale et du Mexique. Sépales et pétales libres et étalés, ces derniers un peu plus courts ; labelle très entier, onguiculé, continu avec la base de la colonne ; celle-ci courte et légèrement prolongée à la base ; anthère biloculaire, à quatre pollinies. Pour leur culture, etc., V. **Epidendrum**.

C. Baueriana, Lindl. * *Fl.* blanches, odorantes, en grappes multiflores ; bractées allongées. Juin. *Flles* ensiformes. Pseudo-bulbes ovales. *Haut.* 30 cent. Indes occidentales, etc. 1790. (B. R. 28, 36.)

C. bella, Rchb. f. *Fl.* trois à quatre, dressées, de 5 cent. de long ; périanthe tubuleux à la base, en entonnoir dans sa partie supérieure, blanc jaunâtre, à segments pourpre rosé au sommet ; lobe médian du labelle orangé ; hampe de 5 à 10 cent. de long, garnie de gaines brunes. Automne — décembre. *Flles* nombreuses, de 15 à 25 cent. de long, allongées, ensiformes, acuminées. Pseudo-bulbes de 4 à 5 cent. de long, globuleux, ovoïdes. Ile Sainte-Catherine, 1882. (B. M. 6628 ; W. O. A. II, 51.) Syn. *Bifrenaria bella*, Lem. (L. J. F. III, 325.)

C. macrostachya, Lindl. * *Fl.* rouges, en grappes multiflores ; bractées linéaires-lancéolées, aiguës, scabres ;

Fig. 969. — Cœlia macrostachya. (*Rev. Hort.*)

labelle lancéolé, bi-sacciforme à la base. Avril. *Flles* ensiformes, plissées. Pseudo-bulbes grands, presque globuleux. *Haut.* 45 cent. Guatemala, 1840. (B. M. 4712 ; F. D. S. 900 ; R. H. 1878, 210.)

CŒLIOPSIS, Rchb. f. (de *Cœlia*, et *opsis*, ressemblance ; qui ressemble aux *Cœlia*). Fam. *Orchidées*. — Genre monotypique dont l'espèce connue est une Orchidée épiphyte, de serre chaude, à cultiver comme les **Epidendrum**. (V. ce nom.)

C. hyacinthosma, — * *Fl.* blanches, à pointes du sépale supérieur et des pétales orangées ; labelle blanc, orangé à la base et au sommet, avec une macule carmin foncé au milieu ; base de la colonne pourpre carminé ; grappes denses, composées de cinq à six fleurs exhalant un délicieux parfum de Jacinthe; hampe naissant à la base des pseudo-bulbes. *Flles* plissées, oblongues, cunéiformes. Pseudo-bulbes pyriformes. Panama, 1871.

CŒLOGLOSSUM, Lindl. — Réunis aux **Habenaria,** Willd.

CŒLOGYNE, Lindl. (de *koilos*, creux, et *gyne*, femelle; allusion au pistil). Syns. *Chelonanthera* Blume, pr. p.; *Acanthoglossum*, Blume. Comprend les *Neogyne*, Rchb. f. et *Pleione*, Don. Fam. *Orchidées*. — Genre renfermant environ soixante espèces largement dispersées dans les Indes orientales, l'Archipel Malais et dont une s'étend jusqu'au sud de la Chine. Ce sont de très jolies Orchidées épiphytes, de serre chaude. Fleurs élégantes, souvent grandes et odorantes, blanches, roses, jaunes ou tachées de brun, disposées en grappes terminales ou solitaires; sépales convergents ou légèrement étalés, libres, égaux; pétales conformes, mais plus étroits; labelle grand, conné avec la base de la colonne, souvent cuculé, entier ou trilobé et ordinairement frangé sur les nervures; colonne grande, libre, dressée, ailée; anthère à quatre pollinies. Feuilles coriaces, dilatées à la base en pseudo-bulbes.

La majorité des espèces sont, on peut le dire, des plantes de serre froide ou tout au plus de serre tempérée, car, bien qu'elles exigent une température un peu plus élevée pendant leur période de végétation, elles se portent mieux et deviennent plus florifères lorsqu'on les tient en serre tout à fait froide pendant leur saison de repos et pendant la durée de leur floraison. Ainsi traitées lorsqu'elles sont jeunes, elles sont moins susceptibles de fondre. Bien que l'on puisse au besoin les cultiver sur des bûches, il est préférable de les mettre en pots. Tandis qu'on prépare les pots ou les terrines, il faut organiser un bon drainage, car si les *Cœlogyne* aiment les copieux arrosements pendant leur période de végétation, on ne doit jamais laisser séjourner l'eau en excès autour de leurs racines, pas plus d'ailleurs que dans le centre des feuilles. On peut former un bon compost pour ces plantes, en employant du sphagnum vivant et de la terre de bruyère fibreuse en quantités à peu près égales et en y ajoutant un peu de sable blanc. L'époque la plus favorable pour pratiquer les rempotages est lorsque la floraison est terminée, et comme celle-ci a lieu en hiver, cette opération doit se faire vers la mi-février. Lorsque leur pousse est entièrement terminée, il suffit d'entretenir une humidité juste suffisante pour empêcher les pseudo-bulbes de se rider.

C. asperata, Lindl.* *Fl.* d'environ 8 cent. de diamètre; sépales et pétales couleur crème; labelle à fond crème, maculé de chocolat, strié et veiné de jaune, les veines partent d'une belle crête centrale d'un beau rouge orangé; grappes pendantes, multiflores, d'environ 30 cent. de long. Été. *Haut.* 60 cent. Bornéo. — Espèce à végétation luxuriante, demandant un grand pot et la serre chaude pour atteindre tout son développement. (P. M. B. XVI, pp. 225-226.)

C. barbata, Griff.* *Fl.* blanc de neige, grandes; labelle trifide, à division médiane triangulaire, aiguë, saillante, portant sur le disque trois rangées de papilles étroites et bordée de cils; les papilles, les cils et le sommet du labelle sont d'un brun noirâtre, qui forme un contraste excessivement net avec les autres parties blanches du labelle; épis dressés. Assam, 1837. — Cette belle espèce est de serre chaude et demande des arrosements abondants pendant toute sa période de végétation. (O. 1888, p. 154; W. O. A. III, 143.)

C. biflora, Parish. *Fl.* blanc et brun. Moulmein, 1866.

C. birmanica, — *Fl.* à labelle muni sur le devant d'une bordure brièvement dentée; anthère entouré d'une bordure presque entière; on remarque près des crêtes, des macules brunes qui ressortent sur le fond blanc. Birma, 1883. Probablement une variété de peu d'importance du *C. præcox*.

C. ciliata, — *Fl.* jaune et blanc, portant quelques macules brunes. Automne. Espèce compacte, à feuilles vert clair, produisant des pseudo-bulbes d'environ 10 cent. de haut.

C. concolor, — *Fl.* à sépales et pétales rose foncé; labelle rose foncé, portant quelques macules jaunes, dans lesquelles on voit plusieurs taches cramoisi brunâtre, élégamment frangé; crêtes jaune pâle. *Flles* et pseudo-bulbes comme dans le *C. præcox*. Indes. Syn. *Pleione concolor*.

C. coronaria, — V. *Trichosma suavis*.

C. corrugata, Lindl.* *Fl.* à sépales et pétales blanc pur; labelle blanc, avec une tache jaune sur le devant et veiné d'orangé; grappes dressées, plus courtes que les feuilles. Automne. *Flles* géminées, d'environ 15 cent. de long, coriaces; pseudo-bulbes fortement ridés et de couleur vert pomme. Indes, 1866. Belle espèce de serre froide. (B. M. 5601.)

C. corymbosa, Lindl.* *Fl.* blanc pur. Février. Dans la plupart des cas, les épis se tiennent au-dessus des feuilles arquées et d'un beau vert clair, tandis que parfois ils se trouvent au milieu de ses grands pseudo-bulbes. Indes, 1876. (B. M. 6955.)

C. cristata, Lindl. *Fl.* odorantes, de 8 à 10 cent. de diamètre; sépales et pétales blanc de neige; labelle blanc, largement maculé de jaune au centre, à veines ornées d'une frange en forme de crête; grappes multiflores, un peu pendantes, d'environ 20 cent. de long. Décembre à mars. *Flles* géminées, étroites, coriaces, vert foncé. Pseudo-bulbes un peu oblongs, glabres, luisants, vert pomme. Népaul. 1837. (B. R. 27, 57; R. G. 245; F. d. S. 1807; W. S. O. 35.)

Pendant la période de végétation de cette belle espèce, la température de l'extrémité de la serre aux *Cattleya* est celle qui lui convient le mieux, mais pendant l'hiver il est nécessaire de la tenir en serre froide. Cette plante est si peu délicate qu'on peut, même quand elle est en pleine fleur, la tenir dans un salon ou dans une salle à manger, sans crainte de lui nuire. Toutefois, il est nécessaire de la rentrer en serre chaude avant que les pousses ne commencent à paraître, car la sécheresse de l'atmosphère les ferait périr. Sa culture est des plus faciles. Un des nombreux admirateurs de cette plante dit : « Prenez un fragment de cette belle Orchidée et suspendez-le à la hauteur du nez et à l'aide d'un fil de cuivre, dans une bibliothèque où la chaleur est tempérée; l'odorat et les yeux seront charmés pendant plus de trois semaines aussi bien le dernier jour que le premier, à la condition de mouiller chaque jour les bulbes avec une pleine bouche d'eau pure, sans humecter les feuilles. »

C. alba, Hort. *Fl.* entièrement blanches. Hiver et printemps. (L. 173; W. O. A. II, 51.) Syn. *C. c. hololeuca*, Hort.

C. c. citrina, Hort. *Fl.* délicatement maculée de jaune citron au centre du labelle. Népaul. Syn. *C. c. Lemoniana*, Hort. (O. 1888, p. 200.)

C. c. hololeuca, Hort. Syn. de *C. c. alba*, Hort.

C. c. Lemoniana, Hort. Syn de *C. c. citrina*, Hort.

C. c. major, Hort. *Fl.* plus grandes que celles de l'espèce type, à pétales et sépales plus larges et plus épais. Indes.

C. c. maxima, Rchb. f. Variété à grandes fleurs, à sépales et pétales extraordinairement larges; lobes latéraux du labelle concaves, 1886. (Gn. 1887, part. 1, 585; R. G.)

C. Cumingii, Lindl. * *Fl.* à sépales et pétales blancs; labelle jaune brillant, maculé de blanc au-dessous du centre. *Haut.* 60 cent. Singapour, 1840. — Belle espèce conservant sa fraîcheur pendant un temps considérable. (B. R. 1841, 29; B. M. 4645; L. J. F. 337; F. d. S. 764.)

C. cuprea, Kränzlin. *Fl.* pendantes, petites, analogues à celles de *C. speciosa;* hampe portant cinq à huit bractées. *Flles* oblongues. Pseudo-bulbes en forme d'Ognon. 1892.

C. Dayana, — *Fl.* jaune d'ocre clair; sépales et pétales ligulés, aigus; labelle large, trilobé: lobes latéraux striés de brun foncé, ondulés; le médian réniforme, crénelé, portant un croissant brun foncé; deux carènes partent de la base du labelle jusqu'à celle du lobe médian où elles se divisent en six; inflorescence allongée, lâche, pluriflore. *Flles* pétiolées, oblongues, acuminées. Pseudo-bulbes longs, étroits, fusiformes. Bornéo, 1884. (G. C. n. s. XXVI, p. 44; W. O. A. VI, 247.)

C. elata, Lindl. * *Fl.* moyennes; sépales et pétales blancs, étroits; labelle blanc, portant au centre une bande jaune, fourchue, et sur le disque deux crêtes striées d'orangé; grappes dressées, naissant ainsi que les feuilles, au sommet des pseudo-bulbes. *Flles* ensiformes, striées, pseudo-bulbes grands, oblongs, anguleux. Tongoo, Darjeeling (à 2400 à 2700 m. d'alt.). 1837. (B. M. 5001.)

C. flaccida, Lindl. * *Fl.* à odeur un peu forte; sépales et pétales blancs; labelle blanc, maculé de jaune pâle sur le devant et strié de cramoisi vers la base; grappes longues, pendantes, pluriflores. Hiver et printemps. *Flles* géminées, vert foncé, coriaces. Pseudo-bulbes oblongs. *Haut.* 30 cent. Népaul. Espèce dressée, fleurissant abondamment. (B. M. 3318; B. R. 1843, 31.)

C. Foerstermanni, — *Fl.* blanches, portant quelques macules brun jaunâtre sur le disque du labelle; sépales et pétales ligulés, aigus; labelle trifide, à divisions latérales arrondies, la médiane arrondie et apiculée; hampes portant quelquefois jusqu'à quarante fleurs. *Flles* cartilagineuses, nervées, de 45 cent. de long et 8 cent. ou plus de large, courtement pétiolées. 1887.

C. fuscescens, Lindl. *Fl.* grandes; sépales et pétales d'un brun jaunâtre pâle, pointillés de blanc; labelle bordé de blanc, strié de jaune orangé et ayant de chaque côté de la base deux macules brun cinabre; grappes légèrement pendantes, pauciflores. Hiver. *Flles* d'environ 20 cent. de long, larges, vert foncé. Pseudo-bulbes d'environ 10 à 12 cent. de haut. Moulmein. (G. C. 1848, 71.) Il en existe une variété, *brunnea*, à fleurs brun pur.

C. Gardneriana, Lindl. * *Fl.* grandes, blanc pur sauf à la base du labelle où elles sont maculées de jaune citron; chaque fleur porte à la base une bractée charnue, blanche; grappes longues, penchées, pluriflores. Hiver. *Flles* géminées, lancéolées, minces, vert brillant, de 30 à 45 cent. de long et 8 cent. de large. Pseudo-bulbes longs, étroits, rétrécis depuis la base jusqu'au sommet et ressemblant à de longues bouteilles. *Haut.* 30 cent. Khasia, 1837. Espèce de serre chaude. (P. M. B. 6, 73; W. O. A. IV, 153.)

C. glandulosa, — *Fl.* blanc pur, de 4 cent. de diamètre, disposées en grappes penchées; lobe antérieur du labelle ovale, marqué de lignes jaunes sur le disque. *Flles* oblongues-lancéolées. Pseudo-bulbes ovales, sillonnés. Neilgherries, 1882.

C. Gowerii, Rchb. f. * *Fl.* à sépales et pétales blanc de neige; labelle également blanc, portant trois lignes parallèles, proéminentes et une macule jaune citron sur le disque; grappes pendantes, pluriflores. Hiver et printemps. *Flles* lancéolées, d'environ 15 cent. de long, vert brillant. Pseudo-bulbes ovales, vert luisant, Assam, 1889. Espèce naine, rare mais charmante, se prêtant à la culture sur bûches; elle demande la serre froide.

C. graminifolia, Parish. et Rchb. f. * *Fl.* de près de 5 cent. de diamètre; sépales blancs, étroitement oblongs, lancéolés, aigus; pétales semblables mais un peu plus étroits; labelle trilobé, à lobes latéraux blancs, striés de pourpre, oblongs; le médian jaune orangé, pourpre sur les bords; grappes composées de deux à quatre fleurs; hampe de 2 à 5 cent. de long. Janvier. *Flles* deux, graminiformes, de 30 à 45 cent. de long. Pseudo-bulbes de 2 1/2 à 4 cent. de long. Moulmein, 1888. (B. M. 7006.)

C. Hookeriana, Lindl. * *Fl.* pourpre rosé, blanc, brun et jaune. Mai. *Haut.* 8 cent. Sikkim, 1878. — Jolie petite espèce de la section des *Pleione;* elle diffère de la plupart de ses congénères en ce qu'elle produit ses feuilles et ses fleurs simultanément. (B. M. 6388.) Syn. *Pleione Hookeriana.*

C. H. brachyglossa, Rchb. f. *Fl.* à labelle blanc, jaune soufre sur le disque et portant plusieurs macules brun rougeâtre; ouvert, non convoluté, à lobes latéraux dressés, lobulés. 1887.

C. humilis, Lindl. * *Fl.* solitaires, de 8 cent. de diamètre; sépales et pétales blancs, faiblement ou assez fortement nuancés de rose; labelle blanc, maculé et strié de cramoisi et de brun et traversé par six veines parallèles, frangées ainsi que les bords. Fin de l'automne. *Flles* plissées, vert foncé. Pseudo-bulbes ovales, vert foncé. Népaul, 1866. (B. M. 5674.) Syn. *Pleione humilis*, Don. — Il en existe une variété maculée et tachetée de jaune sur le labelle.

C. h. albata, Rchb. f. Dans cette variété, les sépales et pétales sont blanc de neige ainsi que le labelle; ce dernier porte plusieurs lignes rayonnantes de petites macules confluentes, pourpre-mauve et une macule jaune orangé de chaque côté de la partie antérieure.

C. lactea, — *Fl.* à sépales et pétales blanc crème, faiblement nuancés de jaune; lobes latéraux du labelle jaune d'ocre clair, veinés de brun; le médian jaune brillant à la base. *Flles* de 18 à 20 cent. de long, très épaisses, cunéiformes, oblongues, aiguës, pétiolées. Pseudo-bulbes vert clair, gros, courts, ridés. Birma, 1883.

C. lagenaria, Lindl. *Fl.* solitaires, à sépales et pétales lilas ou roses; labelle grand, blanc, strié et barré de cramoisi et de jaune, ondulé et crispé sur les bords; hampe naissant à la base même des pseudo-bulbes. *Flles* solitaires, minces, plissées, d'environ 15 cent. de long. Pseudo-bulbes en forme de bouteille, aplatis au-dessous du col conique, puis s'élargissant au-dessus et faisant saillie comme le couvercle d'une boîte, vert foncé, pommelés de brun, ridés. Khasia, nord des Indes, 1856. (B. M. 5370; F. d. S. 2386.) Syn. *Pleione lagenaria*, Lindl. (L. et P. F. G. II, 39; L. J. F. 93.)

C. Lowei, Paxt. Syn. de *C. asperata*, Lindl.

C. maculata, Lindl. * *Fl.* à sépales et pétales blancs; labelle blanc, gracieusement rayé de cramoisi; bractées vert pâle, renflées. Octobre-novembre. *Flles* de 15 cent. de long. Pseudo-bulbes déprimés au sommet, formant une sorte de bague autour d'un bec court et épais, d'où les feuilles ont tombé, et revêtus en partie d'écailles brunes. Khasia, Assam, etc. 1837. (B. M. 4691; F. d. S. 1470.) Syns. *Gomphostylis candida* et *Pleione maculata*, Lindl.

C. m. virginea, Rchb. f. *Fl.* à labelle teinté de jaune soufre clair, avec des lignes médianes jaunes, peu nombreuses, presque éteintes. 1887.

C. Massangeana, Rchb. * *Fl.* à sépales et pétales jaune d'ocre clair; labelle trifide, d'un beau brun marron, veiné de jaune d'ocre; grappe pendante, lâche et multiflore, Pseudo-bulbes pyriformes, portant deux feuilles semblables à celles d'un *Stanhopea*, 1879. Espèce de serre chaude, voisine du *C. asperata*. (F. M. n. s. 372; B. M. 6979; W. O. A. 29.)

C. media, Hort. * *Fl.* disposées en épis de 25 cent. de long; sépales et pétales blanc crème; labelle jaune et brun. Khasia, 1837. — Jolie petite espèce à floraison hivernale, ayant des pseudo-bulbes courts, arrondis et des feuilles de 18 cent. de long.

C. ocellata, Lindl. * *Fl.* à sépales et pétales blanc pur; labelle curieusement frangé ou en crête, blanc, strié et maculé de jaune et de brun à la base; lobes latéraux portant chacun deux macules jaune brillant; colonne bordée d'orangé brillant; grappes dressées. Mars-avril. *Flles* longues, étroites, vert brillant, dépassant les grappes. Pseudo-bulbes ovales. Indes, 1822. — Très belle espèce convenant particulièrement à la culture sur bûches. (B. M. 3767.)

C. o. maxima, Rchb. f. *Fl.* étoilées, disposées en grappes d'environ huit fleurs; segments lancéolés; labelle en forme de selle, à lobe terminal maculé de jaune. 1879. (L. 243.)

C. ochracea, Lindl. *Fl.* blanches, très odorantes, disposées au nombre de sept ou huit en grappes dressées; labelle portant sur le disque deux macules jaune d'ocre vif, en forme de fer à cheval et bordées d'orangé. *Flles* lancéolées, au nombre de deux à trois. Pseudo-bulbes petits, oblongs. Nord-est des Indes, 1844. (B. M. 4661; B. R. 1846; L. J. F. 342.)

C. odoratissima, Lindl. * *Fl.* blanc pur, excepté au centre du labelle qui est maculé de jaune, odorantes, en grappes grêles, pendantes. Hiver. *Flles* géminées, vert pâle, lancéolées, d'environ 10 cent. de long. Pseudo-bulbes fortement groupés, d'environ 2 cent. 1/2 de haut. Indes. 1864. — Cette espèce pousse d'une façon luxuriante quand on ne la tient pas trop à la chaleur; elle réussirait probablement en serre froide. (B. M. 5462.) Syn. *C. angustifolia* A. Rich. (A. S. N, ser. 2, XV, 6.)

C. pandurata, Lindl. * *Fl.* de plus de 8 cent. de diamètre, très odorantes; sépales et pétales d'un très beau vert; labelle de même couleur, portant plusieurs ondulations ou crêtes d'un noir velouté, courant parallèlement sur la surface, oblong mais curieusement recourbé sur les côtés, ce qui lui donne quelque peu la forme d'un violon; grappes pendantes, multiflores, plus longues que les feuilles. Juin-juillet. *Flles* vert brillant, de 40 à 45 cent. de long. Pseudo-bulbes grands, largement ovales, comprimés sur les bords. *Haut.* 45 cent. Bornéo, 1853. Espèce de serre chaude, à fleurs curieuses et distinctes. (B. M. 5084; L. 86; W. O. A. II, 63; F. d. S. 2139.)

C. Parishii, Hort. *Fl.* jaune et brun. Moulmein, 1862. (B. M. 5323.)

C. plantaginea, Lindl. * *Fl.* jaune verdâtre; labelle blanc, strié de brun. *Haut.* 45 cent. Indes, 1852. Espèce distincte et très jolie.

C. præcox, Lindl. * *Fl.* d'environ 8 cent. de diamètre, odorantes, généralement solitaires; sépales et pétales grands, rose vif; labelle de même nuance, mais portant au centre des bandes blanc pur. Khasia, nord des Indes, 1837. Très belle espèce naine. (B. M. 4496.)

C. p. Wallichiana, Lindl. *Fl.* plus foncées et à labelle presque denté. (B. R. 26, 24.)

C. p. tenera, Hort. *Fl.* lilas pâle et jaune, portant quelques macules mauve pourpre sur le labelle. 1883.

C. Reichenbachiana, Moore. *Fl.* grandes, géminées, à sépales et pétales roses; labelle rose, nuancé de pourpre et frangé de cramoisi sur le devant. Automne. Pseudo-bulbes plus grands que ceux des autres espèces connues et réticulés d'une façon particulière. Moulmein, 1868. Espèce très distincte et très rare. Syn. *Pleione Reichenbachiana*. (B. M. 5753.)

C. Rhodeana, Rchb. f. *Fl.* blanches, odorantes; labelle brun. Moluques, 1867.

C. Rossiana, Rchb. f. *Fl.* à sépales et pétales blanc crème, ligulés, aigus; labelle le plus souvent jaune d'ocre, à disque blanc ainsi que le sommet du lobe médian et le large onglet; colonne blanche, portant une ligne médiane sur le devant; bractées linéaires, acuminées. *Flles* géminées, longuement pétiolées, cunéiformes, oblongues-lancéolées, aiguës, de plus de 30 cent. de long et 4 cent. de large. Pseudo-bulbes presque ob-pyriformes. Birma, 1884. (B. M. 7176.)

C. salmonicolor, — *Fl.* saumon, solitaires; labelle trilobé, un peu maculé de brun en damier. *Flles* solitaires, cunéiformes, oblongues, acuminées, ondulées, vertes à la base, cuivrées ailleurs. Pseudo-bulbes pyriformes, tétragones. Java ou Sumatra, 1883. Voisin du *C. speciosa*, mais plus petit.

C. Sanderiana, — * *Fl.* blanc de neige, grandes et remarquables; sépales ligulés, aigus; pétales lancéolés, aigus, dilatés au-dessus; lobes latéraux du labelle marqués de trois stries brunes; l'antérieur jaune, avec quelques macules blanches et des crêtes jaunes; hampe portant quelquefois jusqu'à neuf fleurs. *Flles* pétiolées, cunéiformes, oblongues, aiguës. Pseudo-bulbes fusiformes, cylindriques, portant deux feuilles. Ile de la Sonde, 1887.

C. Schilleriana, Rchb. f., *Fl.* solitaires, de 8 cent. de long; sépales et pétales jaunes, lancéolés; labelle oblong, contracté au milieu, puis se dilatant en un limbe à deux lobes arrondis, marqués de macules régulières, pourpres. Juin. *Flles* oblongues, lancéolées, rétrécies en pétiole. Pseudo-bulbes petits. *Haut.* 15 cent. Moulmein, 1858. (B. M. 5072. F. d. S. 2302.)

C. sparsa, Rchb. f. *Fl.* blanches; labelle trilobé, portant une macule brune sur le devant des carènes et quelques taches plus petites sur les lobes latéraux, ainsi qu'une macule jaune à la base; hampe à trois ou quatre fleurs. *Flles* oblongues, cunéiformes, aiguës, glauques, de 8 à 10 cent. de long et 2 cent. 1/2 de large. Pseudo-bulbes fusiformes, glauques. Iles Philippines, 1883. (R. X. O. 235, II. 7-12.)

C. speciosa, Lindl. *. *Fl.* de plus de 8 cent. de diamètre, généralement disposées par paires à l'extrémité d'un pédoncule grêle; sépales et pétales brunâtres ou vert olive, ces derniers très longs et plus étroits que les sépales; labelle très beau, à fond jaune, diversement veiné de rouge foncé, brun foncé à la base, blanc pur au sommet, frangé sur les bords ainsi que sur les crêtes. Sir Hooker décrit comme suit le labelle tout à fait particulier de cette espèce: « Il est oblong, trilobé, à lobes latéraux petits, ressemblant à des oreilles, ces derniers frangés ainsi que le lobe médian, qui est lui-même bilobé; deux longues crêtes parcourent toute la longueur du labelle, elles sont très frangées et portent des poils étoilés, pédonculés, qui fournissent un sujet intéressant aux études microscopiques. » *Flles* solitaires, oblongues, lancéolées, minces, vert foncé. Pseudo-bulbes légèrement oblongs. *Haut.* 45 cent. Java, 1845. Cette espèce est presque continuellement en fleur. (B. M. 4889; B. R. 1847, 23.)

C. stellaris, — *Fl.* à sépales et pétales verts; labelle blanc, marqué de lignes brunes sur les lobes latéraux. Pseudo-bulbes tétragones. Bornéo, 1886.

C. sulphurea, Rchb. f. * *Fl.* vert jaunâtre; labelle blanc, strié de jaune; colonne maculée de jaune à la base; grappes pauciflores. Java, 1871.

C. viscosa, Rchb. f. * *Fl.* à pétales et sépales blancs; labelle blanc, à lobes latéraux largement striés de brun. Été. *Flles* vert foncé, rétrécies vers la base. Pseudo-bulbes fusiformes. Indes, 1870. Espèce rare, peu éloignée du *C. flaccida*.

C. Wallichiana, Lindl. Variété du *C. præcox*, Lindl.

CŒLOSTYLIS, Torr. et Gray. — V. **Spigelia**, Linn.

CŒSPITEUX. — V. **Cespiteux**.

CŒRULESCENT. — De couleur bleuâtre.

CŒUR-DE-MARIE. — V. **Dielytra spectabilis.**

CŒUR(bois de). — Partie interne d'un tronc d'arbre ; bois adulte situé entre la moelle et l'aubier et dans lequel la sève ne circule plus. On le nomme encore *Duramen.*

COFFEA, Linn. (de *Coffee*, province de Narea, en Afrique, où le Caféier croît spontanément et en abondance). **Caféier,** ANGL. Coffee-tree. FAM. *Rubiacées.* — Genre

Fig. 970. — COFFEA ARABICA. — Rameau florifère et fructifère, fleur coupée longitudinalement, fruits coupés transversalement et longitudinalement.

comprenant environ trente espèces d'arbres et d'arbustes toujours verts, de serre chaude, originaires de l'Asie et de l'Afrique tropicale et des îles Mascareignes. Fleurs disposées en bouquets axillaires ; calice court, à quatre-cinq dents ; corolle longuement tubuleuse, à quatre-cinq lobes étalés. Fruit charnu, contenant deux graines appliquées et marquées d'un profond sillon sur le côté interne. Feuilles opposées, simples, coriaces, pétiolées et munies de stipules interpétiolaires.

Les Caféiers se cultivent dans un mélange de terre franche fibreuse et de sable ; il leur faut de grands pots et des arrosements copieux. On peut les multiplier par semis ou par boutures ; ces dernières se font avec du bois mûr, dans du sable, sous cloches et dans une chaleur humide ; les plantes ainsi obtenues fleurissent et fructifient plus rapidement que celles obtenues de semis. Il est à peu près inutile de parler ici des propriétés et de l'usage alimentaire du café ; ils sont connus de tout le monde, et le commerce auquel il donne lieu est des plus importants.

C. arabica, Linn. * Caféier commun. — *Fl.* blanches, odorantes, disposées par quatre-cinq en bouquets axillaires Septembre. *Flles* ovales, oblongues, acuminées, ondulées, vert foncé et luisantes en dessus, plus pâles en dessous. *Haut.* 1 m. 50 à 5 m. Réellement originaire des régions montagneuses du sud-ouest de l'Abyssinie, 1696. (B. M. 1203.)

C. bengalensis, Heyne. *Fl.* blanches, solitaires ou géminées à l'extrémité des rameaux ; corolle hypocratériforme, à tube court. *Flles* opposées, ovales, acuminées, entières, étalées et espacées, presque sessiles. Branches dichotomes. Assam. (B. M. 4917.)

C. liberica, Hook. *Fl.* blanches, odorantes. *Flles* semblables par leur contour à celles du *C. arabica*, mais beaucoup plus grandes. La plante est bien plus vigoureuse et peut être cultivée dans les régions chaudes, où le Caféier commun ne peut prospérer. Libérie, 1875. (G. C. n. s. 6, 105.)

C. travancorensis, Hrbr. *Fl.* blanches, odorantes, dressées, courtement pédicellées, solitaires ou réunies par trois-quatre à l'aisselle des feuilles. *Flles* de forme variable, largement ovales, lancéolées, obtuses ou rétrécies en une longue pointe obtuse ou aiguë. Branches grêles, obscurément tétragones. *Haut.* 1 à 2 m. Indes méridionales, 1844. (B. M. 6749.)

COFFRE. — V. **Châssis** et **Couche.**

COGNASSIER, ANGL. Quince. (*Cydonia vulgaris*, Linn.). — Le Cognassier est originaire de la Perse, mais naturalisé dans la région méditerranéenne, d'où on l'a depuis longtemps introduit dans le nord de l'Europe. C'est un petit arbre étalé, à feuilles caduques et à rameaux ordinairement très contournés. Les fruits, nommés Coings, répandent à la maturité un parfum assez fort et particulier ; crus, ils sont excessivement acides et astringents. On ne les consomme guère que cuits, en marmelades, confitures, gelées ou encore mêlés en petite quantité aux Pommes à cuire.

Cependant, l'emploi principal du Cognassier dans les jardins est de servir de sujet pour la greffe des nombreuses variétés de Poirier ; il montre une tendance naturelle à émettre des racines à fleur de terre et ses racines sont beaucoup plus fibreuses que celles du Poirier que l'on emploie aussi comme porte-greffe. Le Cognassier possède, dans la plupart des cas, les remarquables facultés de réduire la taille du Poirier, de le rendre plus fructifère et de le mettre à fruit plus jeune que lorsqu'il est greffé *sur franc*. (V. aussi **Poirier**.)

On le rencontre en petit nombre dans la plupart des vergers ; il mûrit assez bien ses fruits dans le nord de la France, mais plus au nord ceux-ci atteignent rarement leur état parfait avant l'arrivée des froids.

Sa multiplication s'opère ordinairement par boutures ou par marcottes, mais ses graines, lorsqu'on en possède, peuvent également servir à cet usage. Les boutures se font à l'automne, avec ou sans talon, et on les plante immédiatement en pleine terre, en pépinière ou en place ; elles s'enracinent facilement et rapidement, et sont aptes à être greffées en écusson dès la deuxième ou la troisième année. On peut obtenir un grand nombre de marcottes sur vieilles souches cultivées pour cet usage ; après avoir été abattues au printemps précédent, on couche les nouvelles pousses dès l'automne ou on butte simplement la souche pour en faire une cépée. On sèvre les marcottes à l'automne suivant et on les plante en pépinière, en lignes, et on peut les greffer dès la première année. L'année suivante, la touffe émet de nouvelles pousses que l'on traite à leur tour de la même manière.

Le Cognassier montre peu d'aptitudes à pousser droit; il faut, lorsqu'on désire en former un arbre, lui

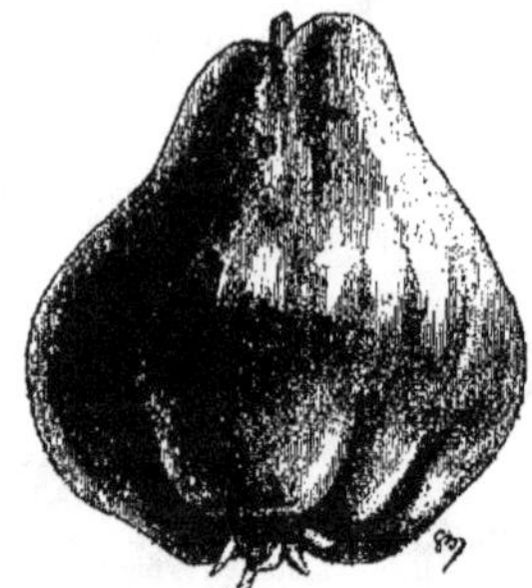

Fig. 971. — Fruit du Cognassier commun.

donner toute la vigueur possible, choisir dès le début une pousse bien droite et surveiller attentivement sa végétation. En tant que sujet, cet arbre est peu employé pour former des hautes tiges; on obtient plus facilement une tige droite en ayant recours à la double-greffe décrite à l'article **Poirier**. Le Cognassier aime les terres fraîches, riches et plutôt légères que

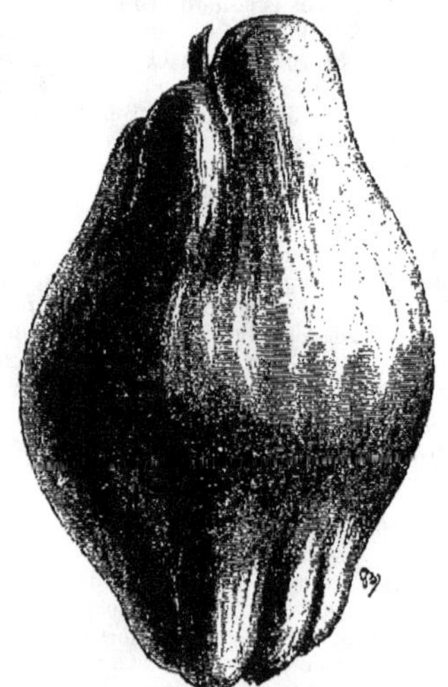

Fig. 972. — Fruit du Cognassier de Portugal.

lourdes ou argileuses; pour en obtenir de beaux fruits, une exposition ensoleillée et bien dégagée est nécessaire. On peut laisser les fruits sur l'arbre jusqu'à l'approche des froids, car ils sont rarement mûrs avant la fin d'octobre. Après leur récolte, on les place sur de la paille propre, sur les tablettes d'un fruitier et à l'écart des autres fruits; on les y laisse jusqu'à ce qu'ils aient pris une teinte jaune bien accentuée, qui indique qu'ils sont alors bons à consommer.

VARIÉTÉS. — Les quelques variétés de Cognassiers, cultivées pour l'usage de leurs fruits, peuvent être rapportées aux trois suivantes :

C. Commun ou Poire. — *Fr.* gros, un peu tardif, jaune et à peau laineuse. C'est la variété la plus répandue. Les *C. de Bourgeaut*, *de Constantinople*, *Champion*, *Meech prolific*, etc., sont des formes plus ou moins méritantes de cette variété.

C. Mammouth ou Pomme. — *Fr.* arrondi, rappelant la forme d'une pomme ou d'une orange et d'un beau jaune à la maturité. Très productif.

C. Portugal (de). — *Fr.* très gros, atteignant quelquefois 10 cent. de long et 8 cent. dans son plus grand diamètre, allongé, souvent côtelé et de forme plus ou moins irrégulière; peau jaune foncé, fortement couverte d'un duvet laineux. Le fruit de cette variété est le plus parfumé, mais l'arbre est moins productif; c'est en revanche un des plus vigoureux.

COGNASSIER du Bengale. — V. **Ægle**.

COGNÉE. — Instrument tranchant, analogue à la hache et employé pour l'arrachage des arbres.

COHÉRENT, ANGL. Cohering. — Se dit des organes très rapprochés les uns des autres, sans être réellement soudés.

COIFFE. — Pellicule de consistance variable qui recouvre les fructifications ou urnes des Mousses. On applique aussi ce nom à la couche de cellules spéciales qui enveloppe l'extrémité des racines; certains auteurs ont encore nommé cet organe *piléorhize*. Dans un sens plus vague, on donne le nom de coiffe à tout objet qui en recouvre un autre. On dit aussi que certains légumes, et notamment les Romaines, se coiffent, lorsque les extrémités de leurs feuilles se couvrent les unes les autres. (S. M.)

COING. — Fruit du Cognassier.

COIGNASSIER. — Synonyme de **Cognassier**.

COIGNER. — Ancien nom du Cognassier.

COIX, Linn. (nom appliqué par Théophraste à une espèce de Graminée). **Larmes-de-Job**, ANGL. Job's Tears.

Fig. 973. — COIX LACHYMA.

SYN. *Lithagrostis*, Gærtn. FAM. *Graminées*. — Genre comprenant trois ou quatre espèces de plantes annuelles, herbacées, de serre chaude ou demi-rustiques, habitant toutes les régions chaudes du globe. Leurs fleurs et surtout leurs fruits sont très curieusement organisés. Les premières sont monoïques, réunies en un épi à trois épillets, entouré d'une feuille

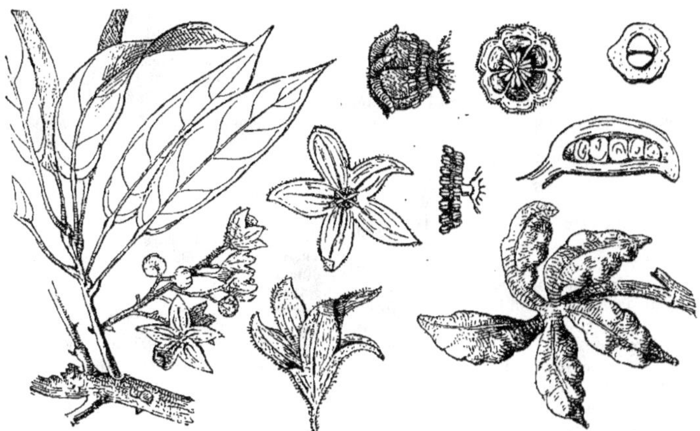

Fig. 974. — COLA ACUMINATA. — Rameau florifère, fleurs, fruits et coupes.

engainante, les deux épillets latéraux sont neutres et pédicellés, le médian sessile et femelle; tous sont enfermés dans un involucre ovoïde, corné, très dur; c'est par son sommet ouvert que passent les pédicelles des épillets neutres. Les fruits, analogues à de grosses perles par leur brillant, leur dureté et leur couleur grise, servent à faire des colliers et des bracelets. C'est à peu près pour ce seul usage que l'on cultive les *Coix*. Le *C. Lacryma*, Linn. est le plus répandu, tant pour la facilité de sa culture que pour la beauté de ses graines qui mûrissent en plein air sous le climat de Paris. Celles-ci doivent être semées en février-mars, sur couche, ou en avril en pleine terre, à exposition chaude; on repique ensuite les plants en place, en terrain meuble, fertile et bien exposé.

COLA, Schott. (leur nom indigène). SYNS. *Lunanea*, DC. et *Siphoniopsis*, Karst. FAM. *Sterculiacées*. — Genre comprenant onze espèces d'arbres de serre chaude, originaires de l'Afrique tropicale. Leur port, leur feuillage et leurs caractères généraux sont ceux des *Sterculia*. L'espèce la plus importante du genre est le *C. acuminata*, dont la graine constitue la Noix de *Kola*, douée de propriétés fortifiantes, toniques, analogues à celles de la Coca, et plus puissantes que celles du Café; elles sont employées comme masticatoire par les nègres et possèdent la remarquable faculté de rendre potable les eaux les plus saumâtres. La médecine emploie la Kola pour les maladies du cœur. Dans les serres, cet arbre n'est guère cultivé que pour collection. Il lui faut une terre légère et fertile, et on le multiplie par semis ou par boutures aoûtées que l'on fait à chaud, dans du sable et sous cloches.

C. acuminata, R. Br. Kola, Gouron, ANGL. Cola or Goora Nut. — *Fl.* monoïques, jaunâtres, légèrement odorantes, disposées en grappes corymbiformes, axillaires et terminales; périanthe gamophylle, cupuliforme, à cinq-six divisions étalées, cunéiformes, couvertes de poils étoilés. Janvier. *Fr.* jaune brunâtre à maturité, folliculaires, renfermant cinq à quinze graines oblongues, sub-tétragones. *Flles* alternes, simples, oblongues-ovales, acuminées, coriaces, pétiolées. Afrique tropicale, 1868. (B. M. 5699.) Syn. *Sterculia acuminata*, P. Beauv.; *Siphoniopsis monoica*, Karst.

COLBERTIA, Salisb. — V. **Dillenia**, Linn.

COLBERTIA coromandelina. — V. **Dillenia pentagyna.**

COLAX, Lindl. — V. **Lycaste**, Lindl.

COLAX Harrisoniæ. — V. **Bifrenaria Harrisoniæ.**

COLCHICACÉES. — Petite famille formant aujourd'hui une tribu des *Liliacées*, dont le type est le genre *Colchicum*; les trois autres genres composant cette tribu sont : *Bulbocodium*, *Merendera* et *Synsiphon*.

COLCHICUM, Linn. (de la Colchide, pays où, d'après Dioscorides, la plante croissait abondamment). **Colchique**, ANGL. Meadow Saffron. FAM. *Liliacées*, tribu des *Colchicacées*. — Genre comprenant environ trente espèces originaires de l'Europe, du nord et du centre de l'Asie et du nord de l'Afrique. Ce sont des plantes bulbeuses, rustiques ou demi-rustiques, à floraison automnale ou rarement vernale, voisines des *Bulbocodium*, mais à feuilles plus larges et ne se montrant qu'au printemps. Périanthe longuement tubuleux, à six divisions libres et égales; étamines six; styles trois, libres, filiformes, très allongés; ovaire à trois loges. Fruit ne sortant ordinairement de terre qu'au printemps, avec les feuilles.

Les Colchiques sont de jolies plantes bulbeuses, excessivement faciles à cultiver. Quelques personnes arrachent les bulbes chaque année, mais cette opération ne peut se faire que lorsque les feuilles sont entièrement sèches, ce qui n'arrive qu'en juin-juillet et la plantation doit avoir lieu un mois ou six semaines après. Toutefois, cette pratique ne nous paraît pas devoir être recommandée, car les Colchiques n'ont pour ainsi dire pas besoin d'être divisés. Ces plantes aiment un sol frais ou même un peu humide, de nature légère et fortement amendé avec du fumier bien décomposé. Dans les terrains secs, les Colchiques souffrent quelquefois beaucoup pendant l'été et leur floraison est alors d'autant moins abondante.

Leur multiplication peut s'effectuer par séparation des bulbes, ainsi que par leurs graines qu'ils produisent facilement ; celles-ci mûrissent en juin-juillet. Il est préférable de les semer dès qu'elles sont mûres ou au plus tard en septembre, en plein air, dans un endroit abrité et en les recouvrant d'environ 3 mm. de terre. Elles germent quelquefois pendant l'hiver ou seulement au printemps suivant. On peut semer les graines des variétés les plus rares en terrines et hiverner celles-ci sous châssis froid. Il ne faut pas semer trop épais, afin de pouvoir laisser les plants pendant deux ans dans les terrines. Les arrosements doivent être faits avec soin pendant l'été, jusqu'à la fin de juillet, époque à laquelle les jeunes plantes commencent à entrer en repos. Après la deuxième année, on plante les bulbes en pépinière, à environ 10 cent. de distance, et on les laisse ainsi jusqu'à ce qu'ils soient de force à fleurir, ce qui arrive entre la troisième et la cinquième année à dater du semis. Le *Colchique commun*, (*C. autumnale*) et ses variétés sont les plus répandus ; on peut les naturaliser dans les pelouses, en former des bordures, des touffes dans les parterres ou parmi les plates-bandes de plantes vivaces. Toutefois, il convient de se rappeler que tous les Colchiques, et surtout ce dernier, sont excessivement vénéneux ; il faut donc éviter d'en laisser les bulbes à l'abandon et d'empêcher les enfants de toucher aux fleurs.

C. alpinum, DC. non Linn. *Fl.* rose foncé, campanulées. Automne. *Flles* linéaires, dressées, de 5 à 6 cent. de long, rétrécies à la base, paraissant en février-mars. Bulbe petit, uni — ou rarement biflore. *Haut.* 2 1/2 à 5 cent. Alpes ; France, Suisse, etc. Syn. *C. montanum*, All. (A. F. P. 1,74.)

C. arenarium umbrosum, — Syn. de *C. umbrosum*, Stev.

C. autumnale, Linn. * Colchique, Tue-chien, Safran des

Fig. 975. — Colchicum autumnale. — Fleur détachée et coupe transversale du fruit.

Prés, Veilleuse, etc. — *Fl.* nombreuses, rose lilacé, longuement tubuleuses ; étamines six, dont trois plus longues et insérées plus haut. Automne. *Capsule* grosse, obovale. *Flles* dressées, lancéolées, vert foncé, de 15 à 30 cent. de long et souvent plus de 2 cent. 1/2 de large, paraissant au printemps, avec les fruits. Bulbe gros, oviforme. *Haut.* 10 cent. Europe ; France, Angleterre, etc. (Sy. En. B. 1544 ; R. L. 228 ; F. d. S. II, 1153.) — Il existe plusieurs variétés de cette espèce, les principales sont : *album, atropurpureum, double pourpre, double blanc* et *striatum*.

B. Bornmuelleri, Haussk. Espèce voisine du *C. speciosum* dont elle n'est peut-être qu'une variété géographique. Orient, 1892.

C. Bivonæ, Guss. * *Fl.* élégamment panachées en damier de blanc et de pourpre ; segments du périanthe elliptiques-oblongs. Automne. *Flles* linéaires, canaliculées. Europe méridionale ; Italie, Grèce, Portugal. Syn. *C. variegatum*, Bivon. (R. L. 238.)

C. byzantinum, Gawl. * Colchique d'Orient. — *Fl.* rose pâle, au nombre de dix à douze sur chaque bulbe, à divisions elliptiques ; étamines six, dont trois plus longues. Automne. *Flles* larges, ondulées, plissées, vert foncé, au nombre de quatre à cinq. Bulbe gros, arrondi-déprimé, à tuniques fauves. Orient, 1629. (B. M. 1122 ; A. V. F. 10.)

C. chionense, Hort. Syn. de *C. variegatum*, Linn.

C. Decaisnei, Boiss. *Fl.* grandes, pourpre rose. Plante voisine du *C. latum*. Mont Liban, 1892.

C. luteum, — * *Fl.* jaunes, de 8 à 10 cent. de long, à segments ovales. Printemps. *Flles* étroites, linéaires, ligulées, obtuses, concaves, d'un vert gai. Kashmir et Afganistan, 1874. (B. M. 6153.)

C. latifolium, Sibth. et Smith. Syn. de *C. Sibthorpii*, Baker.

C. montanum, Linn. * *Fl.* lilacées ou presque blanches, Février-mars. *Flles* courtes, étroites, lancéolées ou

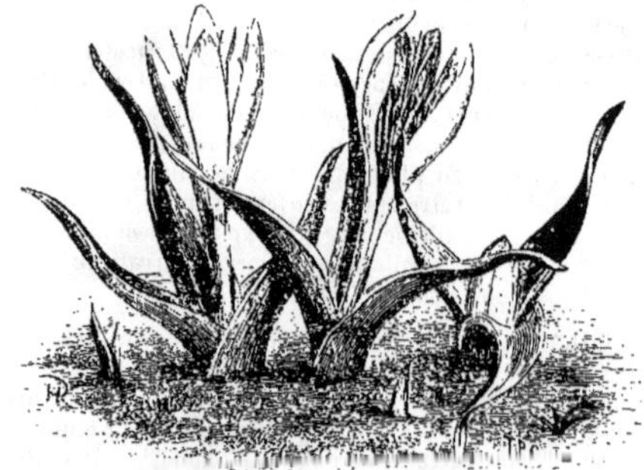

Fig. 976. — Colchicum montanum.

linéaires, falciformes, se développant en même temps que les fleurs et atteignant à peu près la même hauteur. *Haut.* 8 à 10 cent. Région méditerranéenne.

C. montanum, Gawl. — V. *Merendera Bulbocodium*.

C. montanum, All. Syn. de *C. alpinum*, DC.

C. Parkinsoni, — * *Fl.* panachées en damier de blanc et de pourpre. Automne. *Flles* ovales, lancéolées, ondulées. Archipel de la Grèce, 1874. (B. M. 6090.)

C. procurrens, Baker. *Fl.* rose lilacé vif. Automne. *Flles* linéaires, paraissant en février. Bulbe semblable à celui d'un *Merendera*. Smyrne, 1890. Syn. *Merendera sobolifera*, Hort.

C. Sibthorpii, Baker. *Fl.* grandes, au nombre de trois à quatre, panachées en damier de blanc et de pourpre, aussi grandes que celles du *C. speciosum*. Octobre. *Flles* largement ligulées, paraissant au printemps. Arménie, 1890.

Syn. *C. latifolium*, Sibth. et Smith. (S. F. G. IV, 350 ; B. M. 7181.)

C. speciosum, Stev. *Fl.* rouge pourpre clair, variant jusqu'au pourpre cramoisi, à gorge blanche ; tube allongé ; divisions du périanthe ovales. Septembre-octobre. *Flles* de 30 cent. de long et 5 à 10 cent. de large, elliptiques, sub-dressées, rétrécies en pointe obtuse. Caucase. C'est la plus grande espèce du genre. (B. M. 6,078.)

C. Troodii, Kotschy. *Fl.* nombreuses ; périanthe blanc, de 4 cent. de diamètre, à segments étroits, oblongs. Automne. *Flles* paraissant au printemps, de 15 à 30 cent. de long et 16 à 24 mm. de large, en lanière, obtuses, vert foncé. Bulbe globuleux, déprimé. Chypre, 1886. (B. M., 6911.)

C. umbrosum, Stev. *Fl.* pourpre violacé, longuement tubuleuses. Automne. *Flles* trois ou plus, lancéolées, ligulées, charnues, alternes, paraissant un peu après la floraison. Capsule membraneuse, oblongue, acuminée. *Haut.* 10 cent. Crimée. Syn. *C. arenarium umbrosum*. (B. R. 541.)

C. variegatum, Linn. * Colchique à damier. — *Fl.* panachées en damier de pourpre sur fond rose ; segments

Fig. 977. — COLCHICUM VARIEGATUM

lancéolés, aigus. Automne. *Flles* oblongues, lancéolées, canaliculées, ondulées sur les bords. Bulbe gros, oviforme. *Haut.* 8 cent. Orient, Grèce, 1629. (B. M. 1028 ; R. L. 238.) Syn. *C. chionense*, Hort. — On connaît deux ou trois formes de cette espèce.

COLCHIQUE. — V. Colchicum.

COLCHIQUE commun. — V. Colchicum autumnale.

COLCHIQUE à damier. — V. Colchicum variegatum.

COLCHIQUE d'Orient. — V. Colchicum byzantinum.

COLDENIA, Linn. (dédié à Conwallader Colden, botaniste écossais, qui a découvert un grand nombre de plantes nouvelles dans la Pensylvanie qu'il habitait, et qui sont décrites dans les *Actæ Academiæ Upsaliensis*, 1743). FAM. *Borraginées*. — Genre comprenant environ dix espèces de plantes herbacées, couchées, rameuses, originaires des régions chaudes de l'Amérique occidentale, septentrionale et australe. La seule espèce cultivée est sans doute le *C. procumbens*, espèce sarmenteuse, annuelle, de serre chaude. Les graines doivent être semées en mars, sur couche chaude et les jeunes plants repiqués séparément en pots, lorsqu'ils sont suffisamment forts. Il leur faut une terre légère et fertile.

C. procumbens, Linn. *Fl.* blanches, axillaires, ordinairement solitaires, sessiles ; corolle infundibuliforme, à gorge large et nue, et à limbe plan. Juillet. *Flles* alternes, cunéiformes en scie, formes, pétiolées, inéquilatérales, grossièrement dentées plissées, couvertes en dessus de poils apprimés. Indes, 1699.

COLEA, Bojer. (dédié au général sir G. Lowry Cole, gouverneur de l'île Maurice). FAM. *Bignoniacées*. — Genre comprenant neuf ou dix espèces d'arbustes de serre chaude, originaires des îles Mascareignes. Calice sub-campanulé, à cinq dents ; corolle infundibuliforme, à cinq lobes étalés ; étamines quatre, didynames, insérées sur le tube. Fruit oblong, charnu, indéhiscent, biloculaire. Feuilles imparipennées, à deux ou plusieurs paires de folioles. Les *Colea* se plaisent dans un compost de terre franche et de terre de bruyère fibreuses, additionné d'un peu de sable et de charbon de bois. Multiplication par boutures aoûtées qui s'enracinent dans du sable, sur chaleur de fond et sous cloches.

C. Commersonii, DC. Syn. de *C. undulata*.

C. floribunda, Bojer. *Fl.* blanc jaunâtre, réunies en fascicules presque sessiles, naissant sur le vieux bois. Été. *Flles* verticillées par trois-cinq, composées de huit paires de folioles oblongues-lancéolées, acuminées. *Haut.* 3 m. Ile Maurice, 1839. (B. R. 27, 19.)

C. mauritiana, Hook. *Fl.* rose foncé, courtement pédicellées et fasciculées sur les tiges ; corolle glabre. *Fr.* oblong, verruqueux. *Flles* verticillées par trois, composées de cinq folioles presque sessiles, elliptiques-lancéolées, acuminées. Ile Maurice.

C. undulata. — *Fl.* jaune et lilas, en grappes naissant sur le vieux bois. Été. *Flles*. verticillées, pinnées, ayant 60 cent. à 1 m. 20 de long. Tige simple. Madagascar, 1870. *C. Commersonii*, DC. (R. G. 669.)

COLEBROOKIA. Smith. (dédié à Henry Thomas Colebrook, botaniste distingué). FAM. *Labiées*. — Ce genre ne comprend que les deux plantes décrites ci-après et dont une est probablement une forme de l'autre ; elles habitent l'Himalaya. Ce sont des arbustes toujours verts, de serre froide, fortement couverts d'un tomentum laineux, blanchâtre ou roussâtre. Fleurs blanches, petites ; corolle tubuleuse, rétrécie au milieu ; glomérules distincts, denses, sessiles, capitulés et entourés de bractées ; épis de 2 1/2 à 8 cent. de long, pédonculés et paniculés. Feuilles pétiolées, elliptiques, oblongues, crénelées. Ces plantes se plaisent dans un compost de une partie de terre de bruyère, deux de terre franche et une petite quantité de sable. Multiplication par boutures à demi aoûtées que l'on fait en avril-mai, dans du sable et sous cloches.

C. oppositifolia, Smith. Branches, feuilles et épis opposés. *Haut.* 1 m. à 1 m. 20. Népaul, 1820. (S. E. B. 115.)

C. ternifolia, — Branches, feuilles et épis verticillés par trois. *Flles* plus tomenteuses et plus courtement pétiolées que chez l'espèce précédente ; glomérules plus denses. Indes, 1823.

COLENSOA. Hook. f. (dédié au Rev. W. Colenso, qui aida Hooker dans ses explorations botaniques de la Nouvelle-Zélande). FAM. *Campanulacées*. — Genre monotypique dont l'espèce connue est une plante herbacée, suffrutescente à la base, glabre et dressée. Il lui faut une terre légère, siliceuse, et elle réussirait probablement en pleine terre, à exposition chaude et abritée. On la multiplie par semis ou par boutures.

C. physaloides, A. Cunn. *Fl.* bleuâtres, très pâles, de 4 cent. de long, bilabiées, à lèvre supérieure divisée en deux lobes linéaires ; étamines non adhérentes au tube de la corolle, à filaments à peine connés ; grappes courtes, terminales, pauciflores, non feuillées. Été. *Fr.* violets, baciformes, globuleux, couronné par les dents linéaires et vertes du calice. *Flles* alternes, pétiolées, elliptiques, ovales-aiguës, doublement dentées en scie, de 10 à 12 cent. de long. *Haut.* 60 cent. à 1 m. Nouvelle-Zélande, 1886. (B. M. 6864.)

COLEONEMA, Bartl. et Wendl. (de *koleos*, gaine, et *nema*, filament ; les filaments sont logés dans un repli des pétales). Fam. *Rutacées*. — Genre comprenant quatre espèces d'arbustes éricoïdes, très décoratifs et de serre froide, originaires du sud de l'Afrique. Fleurs blanches, solitaires et axillaires à l'extrémité des branches, courtement pédonculées. Feuilles linéaires, courtes, éparses, très aiguës, couvertes de ponctuations glanduleuses. Pour leur culture, V. **Diosma**.

C. album, Bart. et Wendl. *Fl.* blanches, petites. Automne et hiver. *Flles* sub-dressées, lancéolées, linéaires, canaliculées en dessus, terminées par un mucron droit et vulnérant. *Haut.* 30 à 60 cent. Petit arbrisseau presque glabre, dressé.

C. aspalathoides, —*Fl.* blanches. Automne. *Flles* linéaires, carénées et sub-triangulaires, terminées par un mucron récurvé. *Haut.* 15 cent. à 1 m.

C. juniperinum, Bartl. *Fl.* blanches ; calices et bractées ciliées. Automne. *Flles* étroites, linéaires, concaves en dessus, convexes en dessous, luisantes et terminées par un mucron court et droit. *Haut.* 30 à 60 cent.

C. pulchrum, Hook. *Fl.* grandes, roses, un peu odorantes ; bractées jaunâtres, subulées. Automne. *Flles* étalées, récurvées, linéaires, diaphanes et serrulées sur les bords, terminées par un mucron droit et vulnérant. *Haut.* 60 cent. à 1 m. 20. (B. M. 3340.)

COLEOPHYLLUM, Klotz. — V. **Chlidanthus**, Herb.

COLÉOPTÈRES, Angl. Coleoptera or Beetles. — Les Coléoptères forment un des plus grands groupes des insectes; on connait plus de trois mille espèces. Leur conformation est excessivement variable, cependant, on les reconnait aux caractères suivants : deux paires d'ailes dissemblables, les supérieures ou élytres coriaces et en forme d'étuis, recouvrant au repos la paire postérieure qui est membraneuse ; une bouche organisée pour la mastication ; des métamorphoses complètes, semblables à celles de la plupart des autres insectes ; leurs larves sont vermiformes, pourvues de pattes rudimentaires, d'une tête bien distincte, avec une bouche conformée comme celle de l'adulte. La période qui s'écoule depuis la naissance d'un Coléoptère jusqu'à ce qu'il atteigne l'état parfait est ordinairement beaucoup plus longue que chez les Lépidoptères ou Hyménoptères ; ainsi, le Hanneton vit trois ans à l'état de larve.

Ces Coléoptères présentent, en général, un grand intérêt pour tout ce qui a trait à la culture des plantes, car dans toutes les régions et dans toutes sortes de cultures horticoles ou agricoles, les dégâts de ces insectes se font sentir d'une façon plus ou moins sérieuse.

Le Coléoptère le plus redoutable est certainement le Hanneton, dont les ravages causent annuellement plusieurs millions de perte à l'agriculture, mais l'horticulture paie aussi un tribu à ce redoutable rongeur. L'Eumolpe (*Eumolpus vitis*), le Doryphore du Colorado (*Doryphora decemlineata*), l'*Otiorrhynchus sulcatus* et *O. picipes*, l'Anthonome (*Anthonomus pomorum*), les Charançons, les Bruches, etc., infligent encore aux plantes des dégâts parfois très importants. Leur nombre est si grand et leurs mœurs sont si variées que toutes les parties des végétaux sont susceptibles d'être attaquées par quelque Coléoptère. Tantôt ils vivent sur une seule espèce de plante, tantôt ils s'attaquent indifféremment à plusieurs ; les uns rongent les racines, d'autres la tige, les feuilles, les fleurs, les fruits et même les graines.

Toutefois, il est juste de reconnaître que quelques espèces de Coléoptères sont d'utiles auxiliaires pour la destruction d'autres insectes ; ceux-ci étant carnivores, ils ne touchent pas aux plantes, on doit donc

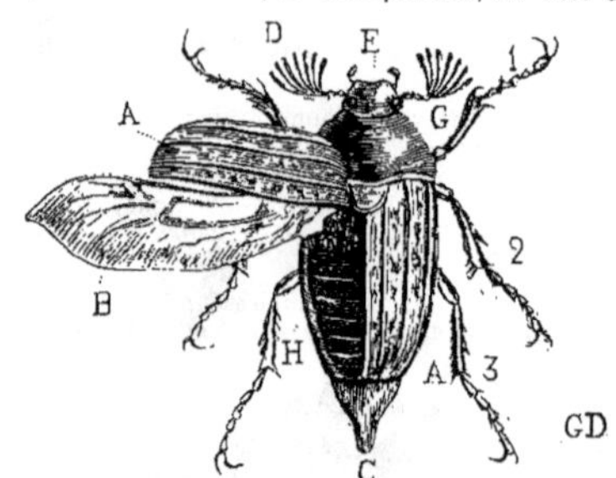

Fig. 978. — Coléoptère. — Hanneton.

A. élytre ; B, aile membraneuse ; D, antennes ; E, tête ; C, pygidium ; G, thorax ; H, abdomen ; 1, 2, 3, les trois paires de pattes (d'après Lanessan).

apprendre à les connaître afin de les protéger. Nous citerons, comme exemple, le **Carabe doré** ou Couturière (*Carabus auratus*), (V. ce nom), le **Staphylin odorant** (*Ocypus olens*) (V. ce nom) qui font une guerre acharnée aux autres insectes et aux Limaces, et les **Coccinelles** ou Bêtes à Bon Dieu (V. ce nom), qui vivent de Pucerons.

On trouvera la description des espèces les plus nuisibles, leurs ravages et les moyens de les détruire à leurs noms respectifs ou à la suite de celui des plantes sur lesquelles ils exercent leurs méfaits et notamment aux articles : **Asperge** (Criocère de l'), **Betterave** (Silphe de la). **Bruches. Cétoine, Charançons, Hanneton, Otiorrhynchus, Pommier** (Anthonome du), **Pomme de terre** (Doryphore de la), **Rhynchites, Taupin**, etc.

(S. M.)

COLÉORHIZE. — Petit appendice en forme de coiffe qui recouvre l'extrémité des racines. V. aussi **Coiffe.**

COLEOSPORIUM. — Réunis au Peridermium.

COLEUS. Lour. (de *koleos*, gaine ; allusion aux filaments soudés en tube à la base et entourant le style). Fam. *Labiées*. — Genre comprenant environ soixante espèces originaires de l'Afrique tropicale, des Indes orientales, de l'Archipel Malais et de l'Australie. Ce sont des plantes de serre chaude ou tempérée, annuelles ou vivaces, herbacées ou rarement suffrutescentes. Fleurs réunies par six ou souvent plus en verticilles, tantôt très denses, tantôt lâches et formant une longue grappe. Les étamines, soudées en tube monadelphe, distinguent ce genre de ceux de la même famille ; calice ovale, campanulé, à cinq dents ; corolle bilabiée, à tube exsert, lèvre supérieure courte, l'inférieure grande, présentant une concavité renfermant les étamines. Feuilles opposées, simples, pétiolées. Tige et rameaux tétragones.

Les *Coleus* ont fourni par voie d'hybridation, un nombre infini de variétés à feuillage multicolore, d'une richesse incomparable. Ces plantes sont aujourd'hui très cultivées pour l'ornement des serres, quelques variétés sont même suffisamment rustiques pour vivre en pleine terre pendant les mois les plus chauds de l'année ; on les emploie pour la garniture des massifs, la plantation des mosaïques, etc.

Leur culture est très simple pendant l'été, mais pendant l'hiver on ne peut guère les hiverner que dans une serre saine, bien éclairée et dont la température peut être maintenue au moins à douze degrés. Dans le cas contraire, il est préférable de se débarrasser des plantes à l'automne et de s'en procurer d'autres au printemps suivant. Cependant, lorsqu'on ne recherche pas certaines variétés pour faire des contrastes, on peut, au moyen de couches et de châssis, obtenir par semis faits au commencement du printemps, de bonnes plantes pour l'ornement ou la garniture des massifs.

Culture. — La terre destinée à la culture des *Coleus* peut être composée de divers éléments, l'essentiel est qu'elle soit légère et fertile ; la terre de bruyère, le terreau de couches ou le terreau de feuilles, additionnés de terre de dépotage peuvent être employés pour cet usage ; on peut encore préparer un excellent compost avec une moitié de terre de gazon décomposée, un quart de fumier de vache bien consommé et le reste en terreau de feuilles. La terre doit être modérément foulée et les arrosements copieux pendant leur végétation ; on peut leur administrer quelques doses d'engrais liquide, surtout lorsqu'il fait très chaud et qu'ils poussent avec une grande vigueur. Il faut leur donner beaucoup d'air et de lumière, afin d'obtenir des plantes trapues et bien colorées, puis éviter de les laisser souffrir de la soif, car les feuilles inférieures ne tarderaient pas à tomber. Un *Coleus* de forme parfaite doit être pyramidal et bien garni de feuilles cachant la tige et les bords du pot. Pour l'ornement des serres et les garnitures, on peut obtenir de jolies plantes dans des pots relativement petits, car les feuilles se colorent ainsi plus parfaitement : des pots de 12 à 15 cent. de diamètre sont suffisants pour des plantes de force moyenne.

La végétation des Coleus étant très rapide et leur multiplication facile, la perte d'une plante a peu d'importance, en comparaison de la majeure partie des plantes ornementales. Les fleurs des variétés à feuillages sont insignifiantes et les épis doivent même être enlevés dès leur apparition. Le même traitement peut être appliqué aux *espèces* à feuilles vertes, mais, après avoir pratiqué quelques pincements pour former les plantes, on peut les laisser développer leurs fleurs, car quelques-unes sont assez ornementales.

Multiplication. — On peut multiplier les Coleus par boutures, avec la plus grande facilité pendant toute l'année, cependant, c'est au printemps, dès les mois de janvier-février, que cette opération se pratique le plus généralement. Après avoir rentré au préalable un certain nombre de pieds mères en serre chaude, on coupe les extrémités dont on fait des boutures, que l'on plante, de préférence séparément, dans des godets ou par groupes de cinq à huit dans des pots de 10 à 12 cent. de diamètre. On place ensuite ces pots dans une serre à multiplication, sous châssis ou sous cloches, ou à défaut sur une bonne couche chaude dont les châssis ferment hermétiquement. Il faut arroser légèrement et éviter de mouiller les feuilles, afin de ne pas augmenter l'humidité, qui se concentre déjà parfois trop abondamment sous les châssis ou sous les cloches. Lorsqu'elles sont bien reprises, ce qui a lieu assez rapidement, on les empote séparément dans des petits pots. Pendant ce temps, les pieds mères auront développé de nouvelles pousses dont on fera une deuxième série de boutures, et cette opération pourra être répétée successivement plusieurs fois. Les extrémités que l'on pince sur les jeunes plantes, pourront encore servir à augmenter le nombre des boutures. Les graines se sèment au printemps, en terrines que l'on place également sur couche ; lorsque les plants sont suffisamment forts, on les repique en godets et on les traite ensuite comme les boutures.

Fig. 979. — Coleus hybride.

Variétés. — La grande variabilité des *Coleus hybrides* rend le nombre des variétés à peu près infini et diminue d'autant le mérite de celles existantes ; d'autre part, ces plantes font l'objet de perfectionnements incessants, et les variétés anciennes cèdent rapidement le pas à celles que les spécialistes mettent chaque année au commerce. Nous nous abstiendrons en conséquence d'en donner un choix. Tout au plus, pouvons-nous citer quelques variétés pour la garniture des corbeilles, que l'on multiplie en quantité tant pour leur coloris bien distinct que pour leur rusticité bien plus grande que celle des *Coleus* à grand feuillage. Ce sont : *Verschaffeltii*, variété du *C. Blumei* à feuillage denté, d'un riche coloris pourpre velouté, inégalement bordé de vert, c'est une des plus anciennes et des plus employées ; *Triomphe du Luxembourg*, feuilles amples, rouge brun au centre, largement bordées de jaune pâle ; *Niger cærulealus*, tiges et feuilles noir bleuâtre, celles-ci sont assez fortement dentées ; *Marie Bocher*, feuillage jaune verdâtre pur, d'un grand effet ; citons encore le *Nègre*, *Arlequin*, *Othello*, *Marie Guillot*, etc.

C. barbatus, Benth. *Fl.* brunâtres, à lèvre inférieure presque ovale, comprimée et velue ; grappes terminales. Novembre. *Flles* ovales, dentelées, duveteuses et gaufrées, graduellement rétrécies en pétiole. Tige tétragone. *Haut.* 60 cent. Abyssinie. Vivace. Toutes les parties de la plante sont fortement odorantes. (A. B. R. 594.) Syn. *Plectranthus barbatus*.

C. Blumei, Benth. *Fl.* blanc et pourpre, disposées en

épis terminaux, allongés et verticillés. *Flles* rhomboïdes, ovales, membraneuses, profondément et grossièrement incisées-dentées sur les bords, acuminées au sommet et entières aux deux extrémités, d'un vert jaunâtre, dont tout le centre est pourpre foncé ou sanguin, finissant en ponctuations sur les bords. *Haut.* 30 à 45 cent. Java. Vivace. (B. M. 5236.) — C'est de cette espèce que sont sorties les innombrables variétés de *Coleus* cultivées pour l'ornement, et notamment le *C. Verschaffeltii.*

C. Colvillei, — Syn. de *Plectranthus coleoides.*

C. inflatus, Benth. *Fl.* lilas, disposées en épis rameux. Décembre. *Flles* longuement pétiolées, opposées, ovales, finement acuminées, très grossièrement dentées. Tige et rameaux tétragones, la première à peine ligneuse à la base, souvent teintée d'orange et maculée de rouge. *Haut.* 1 m. Ceylan. Plante vivace. (B. M. 5236.)

C. Macraei, Benth. *Fl.* panachées de blanc et de pourpre foncé, disposées en grande panicule terminale; corolle très curieuse par la brusque géniculation près du milieu de son tube, par sa gorge ample et comprimée. et particulièrement par sa grande lèvre inférieure naviculaire. Été. *Flles* ovales, acuminées, dentées en scie, vert foncé en dessus, pourpre foncé en dessous ainsi que les pétioles. Tige tétragone, pourpre foncé, rameuse, à ramifications opposées. *Haut.* 60 cent. à 1 m. Ceylan, 1852. Plante vivace. (B. M. 4690.)

C. Penzigii, Hort. Damm. *Fl.* bleues, en longs épis. *Flles* grandes, épaisses et charnues, vert émeraude. Plante buissonnante. Abyssinie, 1892.

C. scutellarioides, Benth. *Fl.* bleues, à lèvre inférieure blanche, quadrifide; disposées en épis verticillés. *Flles* ovales-lancéolées, dentées en scie, vert clair en dessus, brunâtres en dessous ainsi que la tige. Indes orientales, nord de l'Australie, etc. — C'est une grande plante herbacée ou même un sous-arbrisseau. Syn. *Ocimum scutellarioides.* (B. M. 1446.)

COLIMAÇON. — V. **Escargot.**

COLLADONIA, Spreng. — V. **Palicourea,** Aubl.

COLLANIA, Herb. — Réunis aux **Bomarea,** Mirb.

COLLANIA, Schult. — V. **Urceolina,** Rchb.

COLLANIA urceolata. — V. **Urceolina pendula**

COLLECTEURS (Poils). — On nomme ainsi les poils formant une sorte de houpe au-dessous du stigmate, et dont le rôle paraît être de ramasser le pollen qui s'échappe des anthères. On peut observer ces poils chez plusieurs *Composées, Campanulacées,* etc. (S. M.)

COLLERETTE. — V. **Calicule.**

COLLET. — On nomme collet ou *nœud vital,* le point où commencent la tige et la racine; c'est, comme l'a dit M. Carrière « le centre de deux forces tout à fait opposées; l'une *ascendante,* l'autre *descendante* ». La place exacte du collet n'est pas toujours nettement marquée; chez les jeunes plantes issues de graines, on observe parfois un léger renflement. L'examen anatomique du tissu montre aussi quelques différences dans la nature et la disposition des vaisseaux des deux parties du végétal; la plus saillante est l'absence presque totale de moelle dans les racines. Chaque fragment de végétal, tige, feuille, racine, etc., forment un collet à l'endroit où se développent les racines ou le bourgeon qui doit constituer la tige. La pratique a démontré que le collet doit toujours être placé au niveau du sol, c'est une règle à observer pour la plantation de toutes sortes de végétaux.

On donne aussi ce nom à la partie supérieure de certains tubercules, la seule qui soit apte à émettre des bourgeons; ceux des Dahlias sont dans ce cas. (S. M.)

COLLETIA, Comm. (dédié à Philibert Collet, écrivain-botaniste français; 1643-1718). Fam. *Rhamnées.* — Genre comprenant treize espèces d'arbustes très rameux, de serre froide ou presque rustiques, originaires de l'Amérique méridionale. Fleurs hermaphrodites, solitaires ou disposées en cymes pauciflores; pétales nuls ou très courts; calice pétaloïde, coloré, campanulé, à quatre-cinq lobes valvaires; étamines quatre-cinq, à filets libres. Branches divariquées, opposées, décussées, à rameaux épineux. Feuilles opposées, squamiformes ou nulles. Ces arbustes se plaisent dans une bonne terre franche. On les multiplie par boutures de 15 à 20 cent. de long, à demi-aoûtées; elles s'enracinent facilement dans des pots bien drainés et remplis de terre siliceuse, que l'on place ensuite dans un châssis froid et bien fermé jusqu'à ce qu'elles soient bien reprises.

C. armata, — Syn. de *C. spinosa,* Lamk.

C. Bictonensis, Lindl. Syn. de *C. cruciata,* Gill. et Hook.

C. cruciata, Gill. et Hook. *Fl.* solitaires. *Flles* très peu nombreuses, elliptiques, entières. Tige très épineuse, à épines décussées, comprimées latéralement, larges, ovales, aiguës, décurrentes. *Haut.* 1 m. 20. Rio de la Plata, 1824. Syn. *C. Bictonensis,* Lindl. (B. M. 5033; F. d. S. 14, 1451.)

C. ferox, Gill. et Hook. Syn. de *C. spinosa,* Lamk.

C. horrida, Willd. Syn. de *C. spinosa,* Lamk.

C. polyacantha, Vent. Syn. de *C. spinosa,* Lamk.

C. serratifolia, Vent. — V. *Discaria serratifolia.*

C. spinosa, Lamk. ' *Fl.* blanc rosé, en glomérules épars; calice urcéolé; filaments allongés, exserts. Mai-juillet. *Flles* petites, elliptiques, très entières; épines très fortes, aciculaires. *Haut.* 1 à 3 m. Chili, 1823. (G. C. n. s. VIII, p. 616.) Syns. *C. armata, C. ferox,* Gill. et Hook.; *C. horrida,* Brong. (B. M. 3644; A. S. N. 10, 14); *C. polyacantha,* Vent. et *C. valdiviana.*

C. ulicina, Gill. et Hook. *Fl.* en glomérules réunis au sommet des branches; calice allongé, cylindrique. Épines grêles, très nombreuses. *Haut.* 60 cent. à 1 m. 20. Chili.

C. valdiviana, — Syn. de *C. spinosa,* Linn.

COLLIER. — Anneau de paille ou de jonc doublé de fil de fer, que l'on emploie pour attacher les arbres à leur tuteur, afin d'éviter les écorchures et l'étranglement. On peut les confectionner soi-même, mais il est plus avantageux de se les procurer tout faits, dans les quincailleries horticoles. On applique aussi ce nom à la collerette qui persiste sur le pilier de certains Champignons, notamment des Agarics, après la déchirure du voile. (S. M.)

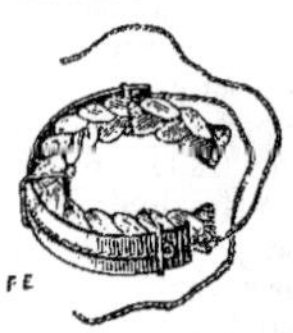

Fig. 980.
Collier pour arbres.

COLLINSIA, Nutt. (dédié à Zaccheus Collins, ex-vice-président de l'Académie des sciences de Philadelphie). Fam. *Scrophularinées.* — Genre comprenant environ douze espèces de jolies plantes herbacées, annuelles, rustiques, originaires de l'Amérique septentrionale. Fleurs vivement colorées, disposées en glomérules verticillés; calice à cinq dents; corolle à tube ventru à la base, sur le côté supérieur et à limbe bilabié; lèvre inférieure à trois lobes, le médian plissé. Feuilles entières, opposées, rarement verticillées.

Les *Collinsia* peuvent servir à l'ornement des plates-bandes, à former des corbeilles, des touffes, des bordures, etc.; on peut aussi les cultiver en pots pour les garnitures temporaires. Leur culture est des plus faciles; toute bonne terre de jardin leur convient. On peut les semer en mars-avril, en pépinière et repiquer les plants à environ 15 cent. de distance, ou en place et alors très clair. Pour obtenir leur floraison au printemps, on les sème à la fin de septembre et on repique les plants en pépinière abritée; lorsque les froids sont rigoureux, on les couvre de litière ou de paillassons; on les met ensuite en place en motte, au commencement du printemps.

C. bicolor, Benth.* *Fl.* grandes, en épis verticillés; lèvre supérieure et tube de la corolle blancs, lèvre inférieure rose violacé; pédicelle plus court que le calice,

Fig. 981. — Collinsia bicolor.

celui-ci poilu. Juin-août. *Flles* inférieures pétiolées; les caulinaires opposées, presque sessiles, ovales-lancéolées, sub-cordiformes; les florales lancéolées. Tiges dressées, diffuses, légèrement pubescentes. *Haut.* 30 cent. Californie, 1833. (A. V. F. 14.)

C. corymbosa, — *Fl.* nombreuses, réunies en une sorte d'ombelle; lèvre inférieure de la corolle blanche; la supérieure gris-bleu, très courte. *Flles* ovales, pétiolées; les supérieures sessiles. Plante naine, très rameuse. Mexique, 1868. (R. G. 1868, 586.)

C. grandiflora, Dougl.* *Fl.* bleu rosé, en nombreux verticilles; corolle dilatée, rétuse, deux ou trois fois plus longue que le calice. Mai-juillet. *Flles* inférieures spatulées; les supérieures oblongues-linéaires. *Haut.* 30 cent. Colombie, 1826. (B. R. 1107.) — Il existe une variété à fleurs *blanches*.

C. parviflora, Dougl. *Fl.* bleu pâle ou violacées, verticillées par deux-six; corolle petite, un peu plus longue que le calice. Juin-juillet. *Flles* inférieures pétiolées, ovales, oblongues, lancéolées, sub-entières. Plante étalée. *Haut.* 15 à 30 cent. Californie, etc., 1826. — Le *C. sparsiflora*, Fish. et Mey., est une variété à fleurs toutes opposées ou solitaires.

C. tinctoria, — *Fl.* rose pâle. Mai. *Haut.* 30 cent. Californie, 1848.

C. verna, Nutt.* *Fl.* en glomérules verticillés, formant un épis assez allongé; corolle à lèvre supérieure blanchâtre; l'inférieure bleu d'azur; calice à divisions lancéolées, très étroites. Mars-avril. *Flles* radicales pétiolées, arrondies ou ovales, dentées; les supérieures lancéolées; les florales linéaires, entières. *Haut.* 15 à 25 cent. Etats-Unis, Kentucky, 1826. (B. M. 4927.)

C. violacea, — *Fl.* d'un beau violet, à lèvre supérieure plus pâle. *Flles* ovales, lancéolées, à dents espacées. *Haut.* 10 à 30 cent Arkansas, etc., 1871.

Fig. 982. — Collinsia verna.

COLLINSONIA, Linn. (dédié à Peter Collinson, protecteur bien connu des sciences et correspondant de Linné; il introduisit les espèces de ce genre et un grand nombre d'autres plantes en Europe). Fam. *Labiées*. — Genre comprenant quatre espèces originaires de l'Amérique septentrionale occidentale. Ce sont de fortes plantes herbacées ou des arbrisseaux rustiques, à odeur forte, voisins des *Perilla*. Fleurs solitaires, pédicellées, opposées et réunies en épis simples ou paniculés; corolle exserte, sub-campanulée. Feuilles larges, dentées, se transformant graduellement en bractées. Ces plantes poussent dans presque tous les terrains, mais elles préfèrent la terre de bruyère siliceuse et un endroit humide.

C. anisata, Sims.* *Fl.* jaune pâle, en panicule dense. Septembre. *Flles* largement ovales, légèrement dentées, arrondies-tronquées à la base, ridées, pubescentes sur les nervures de la face inférieure. Tige également pubescente, peu rameuse. *Haut.* 60 cent. à 1 m. Sud des Etats-Unis, 1806. — Cette plante a besoin d'être protégée contre les grands froids. (B. M. 1213.)

C. canadensis, Linn. *Fl.* jaunes, à corolle quatre fois plus longue que le calice; panicules lâches, allongées, multiflores. Août. *Flles* largement ovales, acuminées, arrondies à la base, sub-cordiformes, glabres ou légèrement velues. *Haut.* 30 à 60 cent. Amérique du Nord, 1734. Plante vivace, rustique, à odeur très forte, particulière, mais néanmoins agréable.

COLLOMIA, Nutt. (de *kolla*, colle; allusion à la substance mucilagineuse qui enveloppe les graines). Fam. *Polémoniacées*. — Ce genre, voisin des *Gilia*, comprend environ onze espèces de jolies plantes herbacées, annuelles et rustiques, originaires de l'Amérique septentrionale occidentale et des Andes du Chili. Fleurs réunies en bouquets denses et terminaux, accompagnées de bractées entières; corolle tubuleuse, à limbe étalé, divisé en cinq lobes oblongs; étamines cinq. Feuilles glutineuses, alternes ou les inférieures rarement opposées, quelquefois incisées dentées. Ces plantes sont faciles à cultiver; leur traitement et leur emploi sont les mêmes que ceux des **Collinsia**. (V. ce nom.)

C. Cavanillesii, Hook. Syn. de *C. coccinea*, Lehm.

C. coccinea, Lehm.* *Fl.* rouge cocciné, à tube grêle, de 12 mm. de long; limbe de 5 à 6 mm. de large. Juin-septembre. *Flles* lancéolées, linéaires, les supérieures ovales-lancéolées, entières ou profondément bi- ou quadridentées au sommet. *Haut.* 30 à 50 cent. Plante dres-

Fig. 983. — Collomia coccinea.

sée, rameuse, couverte d'un duvet glanduleux. Chili, 1831. (A. V. F. 16.) Syn. *C. Cavanillesii*, Hook. (B. R. 1622.)

C. grandiflora, Dougl. * *Fl.* d'un rouge saumoné peu commun, disposées en bouquets hémisphériques, pruineux-visqueux; corolle ventrue. Juin-septembre. *Flles* oblongues-lancéolées, entières, luisantes, ciliées-glanduleuses. Plante dressée, rameuse, un peu duveteuse au sommet. *Haut.* 50 à 60 cent. Amérique du nord-ouest, 1826. (B. R. 1174.)

C. heterophylla, Hook. *Fl.* purpurines, en glomérules sessiles, pauciflores. Été. *Flles* alternes, pétiolées, profondément bipinnatifides, à segments lancéolés, sub-aigus, pubescents. *Haut.* 30 à 50 cent. Amérique du nord-ouest, 1828. (B. M. 2895.)

C. linearis, Nutt. *Fl.* brun jaunâtre, en glomérules sessiles, denses, terminaux, entourés par les feuilles supérieures formant un involucre. Mai-juillet. *Flles* linéaires-lancéolées ou largement lancéolées, les plus courtes presque ovales, alternes, étalées, sessiles, ondulées, entières. *Haut.* 30 à 50 cent. Amérique du nord-ouest, 1828. Plante dressée, très rameuse. (B. M. 2893.)

COLOCASIA, Schott. (de *kolokasia*, nom grec de la racine d'une plante d'Egypte). Fam. *Aroïdées.* — Genre comprenant six espèces de plantes herbacées, de serre chaude, à rhizome vivace, tubéreux ou rampant, originaires de l'Amérique tropicale, de la Cochinchine et des Indes orientales, et dont une est cultivée dans toutes les régions chaudes. — Fleurs unisexuées, odorantes, réunies en spadice entouré d'une spathe convolutée et persistante à la base, à limbe jaune, allongé-lancéolé, caduc; plus court que le spadice; fleurs femelles situées à la base du spadice et séparées des mâles par des organes neutres. Feuilles radicales, à limbe souvent très large, cordiforme ou pelté, entier. Les *C. antiquorum* et *C. esculenta* sont cultivés dans les tropiques sous le nom de *Taro;* leurs tubercules constituent la principale nourriture des indigènes.

Cette dernière espèce est aujourd'hui très employée dans les jardins pour les garnitures pittoresques, pendant la belle saison. Pour cet usage, les tubercules doivent être mis en végétation, en pots et sur couche, dès le commencement du printemps, puis mis en pleine terre à la fin mai, à exposition chaude et abritée, dans une terre rendue légère et fertile par l'addition d'une certaine quantité de terreau.

Il convient d'espacer les plantes d'environ 1 m. ou plus et, pour cacher le sol, on peut y planter des Verveines ou autres plantes basses et traînantes.

Pour obtenir de grandes feuilles, il faut supprimer tous les œilletons latéraux, au moment de la mise en végétation, puis arroser copieusement et donner de temps à autre quelques doses d'engrais liquide.

A l'automne, on coupe les feuilles à quelques centimètres au-dessus du sol, en ne conservant que les plus jeunes, puis, après avoir mis les bulbes à nu et les avoir bien laissés se ressuyer, on les rentre dans un endroit sain et à l'abri des gelées.

Quant aux autres espèces, leur traitement ne diffère pas sensiblement de celui des **Caladium** (V. ce nom); elles exigent cependant moins de chaleur et peuvent même être employées pour les garnitures estivales, comme le *C. esculentum*, elles sont toutefois moins décoratives et par cela moins répandues. Ces plantes se multiplient par la division des tubercules.

C. antiquorum, Schott. Taro. — *Spathe* verte, à limbe de 15 cent. ou plus de long, dépassant beaucoup le spadice; prolongement stérile du spadice égal à la partie fertile; hampe plus courte que les pétioles voisins. *Flles* ovales, plus ou moins peltées et cordiformes, ayant souvent plus de 30 cent. de long et de large, vert violacé. *Haut.* 60 cent. Indes orientales, 1851, et cultivé dans les tropiques.

C. Devansayana, — *Flles* amples, dressées, peltées, ovales, aiguës, très glabres, vertes, à sinus basal grand, et triangulaire; nervures primaires trois ou quatre sur chaque côté, proéminentes sur la face inférieure, brunes; pétioles allongés, engainants à la base, brun cuivré. Tige courte et épaisse. Nouvelle Guinée, 1886. (I. H. 1886, 601.)

C. esculenta, Schott. * Colocasie, Chou caraïbe, Gouet comestible, Taro, etc. — *Fl.* blanchâtres; spadice plus court

Fig. 984. — Colocassia (*Caladium*) esculenta.

que la spathe, celle-ci droite, verdâtre, glauque. *Flles* à pétiole atteignant 1 m. ou plus de long, canaliculé, légèrement infléchi en dehors; limbe largement ovale, aigu, pelté, cordiforme à la base, ondulé, vert glauque, d'abord dressé, puis étalé et enfin vertical, de 60 à 80 cent. de long et environ 50 cent. de large. *Rhiz.* tubéreux, volumineux, plus ou moins ovoïde, à écorce rugueuse, noirâtre et à chair blanche. *Haut.* 1 m. et plus. Nouvelle-Zelande, îles Sandwich, 1739. Syn. *Arum esculentum*, Linn.; *Caladium esculentum*, Vent.

C. indica, Kunth. * *Spathe* linéaire, presque cylindrique de 20 à 30 cent. de long, aussi longue que le spadice; celui-ci violacé; pédoncules axillaires, ordinairement géminés. *Flles* ovales, cordiformes, fendues à la base en deux lobes arrondis et terminées au sommet par une forte pointe. Plante caulescente, à tige simple, sub-dressée. *Haut.* 2 m. Iles Sandwich, etc., 1824. Syn. *Arum indicum*, Lour.

C. nymphæifolia, Kunth. *Spathe* blanche, cylindrique, sagittée à l'extrémité, plus longue que le spadice. *Flles* peltées-cordiformes, sagittées, vert tendre, à pétiole blanc mat. Plante acaule. Indes, 1800. Syn. *Caladium nymphæifolium*, Vent.

C. odora, Brong. * *Fl.* très odorantes; spathe vert pâle, renflée dans sa partie inférieure, naviculaire dans sa

Fig. 985. — COLOCASIA ODORA.

portion supérieure; spadice aussi long que la spathe, renflé au-dessus des étamines; pédoncules axillaires, géminés, un peu plus courts que les pétioles. *Flles* cordiformes, obtuses, fendues à la base en deux lobes arrondis, ayant environ 1 m. de long; pétioles d'environ la même longueur. Tige simple, dressée. *Haut.* 70 cent. Pérou, 1818. Syns. *Caladium odorum*, Roxb. (B. R. 8, 641.) *Arum odorum*, Roxb. (L. B. C. 416.)

COLOGANIA, Kunth. (dédié à la famille Cologan, qui résidait autrefois à Port Orotava, dans l'île Ténériffe, et qui accueillit avec hospitalité les savants qui visitèrent cette île). FAM. *Légumineuses*. — Genre comprenant environ dix espèces d'arbustes couchés ou sarmenteux, de serre chaude ou tempérée, originaires de l'Amérique tropicale. Fleurs solitaires, axillaires, pédonculées ou disposées en courtes grappes pourvues de bractées et bractéoles. Feuilles pinnées, trifoliées ou rarement à une-cinq folioles accompagnées de stipules et de stipelles. Pour leur culture, V. **Clitoria**.

C. biloba, — *Fl.* violettes, en grappes. Été et automne. *Flles* ternées, couvertes de poils apprimés. *Haut.* 6 m. Mexique. Syn. *Glycine biloba*. (B. R. 1418.)

C. Broussonettii, DC. *Fl.* violettes, géminées, courtement pédicellées; calice velu, à cinq dents. *Flles* à folioles ovales, oblongues, mucronées, scabres sur les deux faces et plus pâles en dessous. Mexique, 1827.

Les *C. angustifolia*, Kunth. et *C. pulchella*, Humb. et Bompl., sont encore cités comme existant dans les cultures.

COLOMBINE. — Les déjections d'oiseaux de basse-cour constituent un engrais analogue au guano et que l'on nomme *Colombine*. Cet engrais est *azoto-phosphaté*.

La colombine est moins riche que le guano en matières fertilisantes; cela tient à ce que les volailles se nourrissent seulement d'herbes et de grains, alors que les oiseaux producteurs de guano sont essentiellement carnivores.

Comparés entre eux, les excréments de Pigeons sont plus fertiles que les excréments de Poule et les excréments de Poules plus riches que les excréments de Canards et d'Oies.

Quand on dispose de quantités assez considérables de colombine, il faut réserver cet engrais pour les plantes fleurissantes ou cultivées pour leurs graines, c'est-à-dire pour celles auxquelles il faut imprimer l'action simultanée de l'azote et de l'acide phosphorique. Dans ce cas, la colombine est répandue à la surface du sol, au printemps, et incorporée par une légère façon, un hersage par exemple. La dose peut être portée de 7 à 8 kilos par are. Beaucoup de jardiniers emploient aussi en arrosages, appliqués particulièrement à la culture des plantes en pots, des eaux dans lesquelles ils ont laissé macérer une certaine dose de colombine. (G. B.)

COLOMBINE. — V. **Aquilegia**.

COLOPHONIA, Commers. — V. **Canarium**, Linn.

COLOMNAIRE, ANGL. Columnar. — En forme de colonne; se dit de la tige de certaines *Cactées*, etc.

COLONNE, ANGL. Column or Columna. — Nom donné à l'ensemble des organes sexuels des Orchidées, réunis en un corps solide, ordinairement cylindrique, et que l'on nomme plus correctement **Gynostème**. (V. aussi ce nom.)

COLOMBO. — La racine connue et employée sous ce nom, en médecine, est fournie par le *Jateorhiza Columba*, Miers.

COLOQUINTE, ANGL. Gourds. (*Cucurbita Pepo*, DC.)

vars.) — Nom donné à certaines variétés de Courges d'ornement à petits fruits. Il convient de remarquer que les variétés de Courges bouteilles, connues aussi sous le nom de *Gourdes*, sont des formes du *Lagenaria vulgaris*. (V. **Courge d'ornement**.) Quant à la *Coloquinte officinale* vraie, c'est le fruit du **Citrullus Colocynthis**. (V. ce nom.)

Fig. 986. — Coloquinte poire rayée.

Fig. 987. — Coloquinte poire à anneau vert.

On cultive au moins une douzaine de variétés de Coloquintes, principalement pour leurs jolis petits fruits de formes bizarres ou bariolés de diverses couleurs.

Fig. 988. — Coloquinte plate rayée.

Les plantes ne diffèrent guère entre elles que par leurs fruits; on les emploie, comme la plupart des plantes annuelles, à garnir pendant l'été les treillages, les berceaux, les piliers, le tronc des arbres, etc.; toutefois il faut, surtout dans le nord, les placer à exposition chaude pour que leurs fruits puissent se colorer convenablement et atteindre la dureté nécessaire à leur longue conservation. Ils servent ensuite à orner les habitations, les meubles, etc. Les formes les plus curieuses sont :

Fig. 989. — Coloquinte miniature.

C. poire rayée, fr. petit, en poire, à bandes longitudinales alternativement jaune et vert.

C. poire bicolore à anneau vert, fr. allongé en forme de poire, dont toute la base est verte tandis que la partie supérieure est jaune vif; quelquefois on observe en outre un anneau vert situé sur la partie ventrue.

Fig. 990. — Coloquinte miniature (grosseur naturelle).

C. poire blanche, fr. pyriforme, blanc crémeux.

C. oviforme, fr. en forme d'œuf, blanc crémeux.

C. pomme, fr. jaune, diversement marbré, ayant la forme d'une pomme.

C. pomme hâtive, fr. plus petit que le précédent, plus hâtif, blanc crémeux; parcouru par des veines plus foncées.

C. orange, fr. lisse, rappelant une orange par sa forme et par sa teinte.

C. plate rayée, fr. arrondi, aplati, rayé de jaune et de vert.

C. miniature, fr. très petit, arrondi, strié de diverses teintes de jaune et de vert.

C. galeuse, fr. assez gros, arrondi, blanc jaunâtre ou rougeâtre, fortement couvert d'excroissances verruqueuses, de même teinte.

Les Coloquintes sont très faciles à cultiver; on les sème en mars-avril, en pépinière, ou mieux sur couche et en godets, puis on les met en place à la fin mai; on peut aussi les semer directement en place, en avril-

Fig. 991. — Coloquinte galeuse.

mai, à environ 1 m. de distance. Comme du reste toutes les Cucurbitacées, ces plantes montrent une grande tendance à varier et, lorsqu'on récolte des graines sur des plantes mélangées, elles ne tardent pas à dégénérer et à produire des fruits de toutes sortes de formes et couleurs. (S. M.)

COLOQUINTE vivace — V. **Cucurbita perennis.**

COLQUHOUNIA, Wall. (dédié à Sir Robert Colquhoun, résidant autrefois à Kumaon). FAM. *Labiées.* — Genre comprenant trois ou quatre espèces originaires de l'Himalaya et de Burma. Ce sont d'élégants et curieux arbustes sarmenteux ou grimpants, ordinairement tomenteux, mais non poilus, très propres à la garniture de la charpente des serres. Fleurs en verticilles lâches ou rapprochés en épi terminal; bractées petites; corolle bilabiée, à tube exsert, incurvé et à gorge dilatée, nue. Feuilles assez grandes, crénelées; celles du sommet des rameaux et près de l'inflorescence réduites à l'état de petites bractées. Il leur faut une terre légère et fertile que l'on peut composer de terre franche, de terreau de feuilles et de sable en quantités égales. Multiplication par boutures qui s'enracinent facilement dans le même compost, sous cloches et pendant l'été.

C. coccinea, Wall.* *Fl.* écarlates; corolle deux fois plus longue que le calice; verticilles pauciflores, rapprochés en épi feuillé à la base. Septembre. *Flles* presque glabres, un peu rudes, ovales, acuminées, de 8 à 10 cent. de long. Népaul. (B. M. 4514.)

C. tomentosa, — * *Fl.* rouge orangé brillant, en verticilles fasciculés. *Flles* fortement couvertes d'un tomentum grisâtre. Népaul. Arbuste élevé, rameux. On peut le cultiver en plein air, pendant l'été, à exposition chaude. (R. H. 1873, 131.)

COLUBRINA, L. C. Rich. (de *coluber*, serpent; allusion aux filets tordus des étamines). FAM. *Rhamnées.* — Genre comprenant environ dix espèces d'arbustes dressés ou sarmenteux, de serre chaude ou tempérée, originaires de l'Amérique tropicale et boréale. Fleurs en cymes axillaires, courtes, denses, plus ou moins rameuses ou fasciculées. Feuilles alternes ou très rarement opposées, entières ou crénelées, pétiolées, ordinairement pubescentes. Les espèces de ce genre ne possèdent pas un grand mérite et sont en conséquence fort rares dans les serres.

COLUMELLA, Vell. — V. **Pisonia**, Linn.

COLUMELLA, Ruiz. et Pav. (dédié à L. Junius Moderatus Collumella, né à Cadix, au commencement de l'ère chrétienne et auteur d'un des meilleurs ouvrages sur l'agriculture romaine). SYN. *Uluxia*, Juss. FAM. *Columellacées.* — Ce genre, le seul de cette famille, ne comprend que deux espèces originaires des Andes de l'Amérique australe. Le *C. oblonga*, seule espèce introduite, est un arbuste de serre froide que l'on peut cultiver dans un mélange de terre franche, de terre de bruyère, de terreau de feuilles et de sable. On le multiplie par boutures à demi aoûtées, qui s'enracinent facilement dans du sable, sur une douce chaleur de fond et sous cloches.

C. oblonga, Ruiz. et Pav. *Fl.* jaunes, terminales, courtement pédonculées, réunies en corymbes feuillés; corolle rotacée, à limbe concave, divisés en cinq lobes égaux. *Flles* oblongues, veinées, dentées au sommet, atténuées à la base, soyeuses et glauques en dessous, ayant 2 1/2 à 5 cent. de long. Ramilles couvertes d'un duvet soyeux et comprimées dans les entre-nœuds. Andes du Pérou et de l'Equateur, 1875. (B. M. 6183.)

COLUMELLE. — Prolongement de l'axe de la fleur, qui persiste fréquemment après la chute des autres parties, comme chez beaucoup de Géraniacées. (S. M.)

COLUMELLIACÉES. — Très petite famille, voisine des Gesnéracées, ne comprenant qu'un seul genre et deux espèces d'arbustes ou petits arbres toujours verts, dont un est décrit ci-dessus. Le limbe de la corolle est étalé, à cinq lobes, le tube est court et ne porte que deux étamines. Les feuilles sont opposées, dentées, dépourvues de stipules.

COLUMNEA, Plum. (dédié à Fabius Columna ou plus correctement Fabio Colonna, noble italien, auteur de *Minus Cognitarum Stirpum Ephrasis*, Rome, 1616, et *Phytobasanos*, vol. in-4°, Naples, 1592). FAM. *Gesnéracées.* — Genre comprenant environ soixante espèces d'arbrisseaux toujours verts, dressés ou grimpants, de serre chaude, originaires de l'Amérique tropicale, depuis le Brésil jusqu'aux Indes occidentales et à l'Amérique centrale. Fleurs axillaires, solitaires ou fasciculées; calice libre, quinquépartite; corolle tubuleuse, presque droite, gibbeuse à la base et en arrière, à gorge ouverte; lèvre supérieure dressée, concave; l'inférieure trifide, étalée; étamines quatre, didynames, avec le rudiment d'une cinquième. Feuilles opposées-décussées, à peine pétiolées, un peu épaisses, velues ou pubescentes, denticulées. Tiges flexibles, dressées ou sarmenteuses. Pour leur culture et emploi, V. **Æschynanthus.**

C. aurantiaca, — * *Fl.* du plus beau rouge orangé foncé; calice jaune verdâtre pâle. Juin. Nouvelle-Grenade, 1851. Cette belle mais rare espèce est une excellente plante à suspensions; elle pousse volontiers sur une bûche de bois à demi pourri, qui puisse absorber beaucoup d'eau et la conserver à la disposition des racines. (F. d. S. 552.)

C. aureo-nitens, Hook. * *Fl.* d'un beau rouge orangé foncé, réunies par deux-trois à l'aisselle des feuilles, accompagnées de bractées lancéolées. Septembre. *Flles* inégales, obovales-oblongues ou lancéolées, acuminées, opposées, dont une plus petite que l'autre, couvertes, ainsi que toute la plante, d'un duvet soyeux, jaune d'or. Colombie, 1843. Plante très distincte et singulière. (B. M. 4294.)

C. erythrophæa, — * *Fl.* solitaires, axillaires; corolle grande, rouge vif; calice grand, ouvert, maculé de rouge à l'intérieur. Novembre. *Flles* lancéolées, rétrécies en pointe, obliques à la base, d'un beau vert foncé. *Haut.* 60 cent. Mexique, 1858. Espèce arbustive. (R. H. 1867, 170.)

C. hirsuta, Swartz. *Fl.* ordinairement géminées; corolle purpurine ou rouge pâle, velue; segments du calice denticulés, velus. Août-novembre. *Flles* opposées, ovales, acuminées, dentées en scie, velues en dessus, pétiolées. *Haut.* 70 cent. Jamaïque, 1780. Arbuste grimpant. (B. M. 3081.)

C. Kalbreyeriana, — * *Fl.* en grappes courtes; corolle jaune, plus longue que le calice, marquée de stries rouges à l'intérieur; calice jaune, de 4 à 5 cent. de long. Février. *Flles* opposées, lancéolées, récurvées en tous sens sur la tige, vert foncé en dessus, légèrement ponctuées de jaune; face inférieure rouge vineux foncé. Une des deux feuilles de chaque paire est plus petite que l'autre, et cette inégalité se présente alternativement. 1882. Plante frutescente, à tiges épaisses, charnues, un peu volubiles. (B. M. 6633.)

C. rutilans, Swartz. *Fl.* solitaires ou réunies par trois; corolle jaune rougeâtre; calice à lobes laciniés, obtus, velus. Août-novembre. *Flles* ovales, aiguës, denticulées, un peu rudes, poilues et colorées en dessous, assez longuement pétiolées. Jamaïque, 1823. Arbuste grimpant.

C. scandens, Linn. *Fl.* solitaires; corolle écarlate, mellifère, velue; calice à lobes denticulés, pubescents. Août-septembre. *Flles* ovales, aiguës, denticulées, un peu velues, pétiolées. Arbuste grimpant. Guyane, 1759. (B. M. 1614.)

C. Schiedeana, Schlecht. * *Fl.* panachées de jaune et de brun; corolle de 5 cent. de long, couverte de poils glanduleux; calice à lobes entiers, maculés et velus. Juin-septembre. *Flles* oblongues-lancéolées, très entières, d'environ 12 cent. de long et 4 cent. de large, couvertes de poils soyeux. Tiges noueuses, presque glabres à la base, mais couvertes de poils purpurins au sommet. Mexique, 1840. Plante herbacée, grimpante. (B. M. 4045.)

COLURIA, R. Br. (de *kolouros*, privé de queue; les graines sont dépourvues du style plumeux, si apparent chez celles de plusieurs genres voisins). Syn. *Laxmannia*, Fisch. Fam. *Rosacées*. — Genre dont la seule espèce connue est une plante herbacée, vivace et rustique, décrite ci-dessous. Les styles articulés à la base tombent à la maturité, caractère qui permet de distinguer cette plante des *Geum* dont elle est très voisine. Pour sa culture, V. **Geum**.

C. potentilloides, R. Br. *Fl.* orangées; tige uni — ou triflore. Juin. *Flles* pinnées-interrompues, à foliole terminale grande; les latérales de forme et de grandeur inégales; toutes canescentes en dessous; feuilles caulinaires trifides ou entières. *Haut.* 15 à 30 cent. Sibérie, 1780. — Cette plante a été placée dans les genres *Dryas*, *Geum* et *Sieversia* par différents auteurs.

COLUTEA, Linn. (probablement de *koluo*, amputer; on prétendait que l'arbre périssait lorsqu'on en coupait les rameaux; *Kolouteu* est aussi le nom donné à une plante par Théophraste). **Baguenaudier**, Angl. Bladder Senna. Fam. *Légumineuses*. — Genre ne comprenant probablement que trois espèces d'arbustes ou d'arbrisseaux rustiques, originaires de l'Europe et de l'Asie tempérée et sub-tropicale. Fleurs jaunâtres, en grappes axillaires; calice urcéolé, à cinq dents; corolle papilionacée, à étendard grand, étalé, orbiculaire, muni de deux glandes à la base; carène obtuse, ascendante; étamines diadelphes. Gousse stipitée, renflée-vésiculeuse, polysperme. Feuilles imparipennées, accompagnées de courtes stipules. Les Baguenaudiers sont de jolis arbustes employés dans les jardins pour la composition des arbusteries. Ils sont peu délicats, vigoureux et viennent à peu près dans tous les terrains, pourvu qu'ils ne soient pas trop humides. On les multiplie sans peine par leurs graines, qu'ils mûrissent en abondance, ou par boutures que l'on fait à l'automne.

C. arborescens, Linn. * Faux Sené, Baguenaudier commun. — *Fl.* jaunes, ordinairement réunies par six en petites grappes pédonculées. Juin-août. *Flles* à folioles ovales, elliptiques, émarginées, mucronées. *Haut.* 2 à 3 m. Europe centrale et méridionale, France, etc. — Cet arbuste pousse, dit-on, sur le cratère du Vésuve, où peu d'autres plantes existent. (B. M. 81.)

C. a. crispa, Hort. Syn. de *C. a. pygmea*, Hort.

C. a. pygmea, Hort. * Forme naine, à feuilles crispées. Syn. *C. a. crispa*, Hort.

C. cruenta, Ait. * *Fl.* rouge pourpré, veinées et marquées de deux taches jaunes à la base de l'étendard, et réunies par trois-cinq en grappes axillaires. Été. *Flles* à sept-neuf folioles glauques. *Haut.* 1 m. 20 à 2 m. Sud-est de l'Europe et Orient, 1710.

C. melanocalyx, Boiss. Espèce voisine du *C. arborescens*, dont elle diffère principalement par ses calices et pédicelles couverts de poils bruns et courts. Asie Mineur, 1892.

C. frutescens, Linn. — V. *Sutherlandia frutescens*, R. Br.

C. halepica, Lamk. *Fl.* jaunes, plus grandes que celles des autres espèces et réunies par trois. *Gousses* rougeâtres. *Flles* glauques, à folioles plus petites et plus nombreuses, pubescentes en dessous. *Haut.* 1 à 2 m. Orient, 1752.

C. media, Willd. *Fl.* jaunes, lavées de rouge, réunies par six. Juin-août. *Flles* presque glauques. *Haut.* 2 m. Cet arbuste rappelle, par son aspect général, le *C. cruenta*, mais il en diffère par la couleur de ses fleurs; on le cite comme hybride entre cette dernière espèce et le *C. halepica*. (W. D. B. II, 140.)

COLVILLEA, Bojer. (dédié à Ch. Colville, ex-gouverneur de l'île Maurice). **Flamboyant**. Fam. *Légumineuses*. — Genre dont la seule espèce connue est un bien bel arbre de serre chaude, très voisin des *Poinciana* et dont il possède les caractères généraux; on peut cependant l'en distinguer « par son calice coriace, épais et sacciforme, divisé au sommet en quatre-cinq dents et se détachant circulairement à la base » (Tison). Cet arbre, nommé Flamboyant pour l'abondance et la richesse de ses fleurs dans son pays natal, est la plus belle Légumineuse connue; malheureusement il ne fleurit presque jamais dans nos serres; sans doute parce qu'on n'a pas encore trouvé le mode de culture qui lui convient; peut-être pourrait-on essayer de le greffer sur les *Poinciana*. Sa multiplication peut s'effectuer par boutures.

C. racemosa, Boyer. *Fl.* pourpres, bordées de jaune, en grappes simples ou plus souvent rameuses, munies de bractées membraneuses, colorées, caduques; calice coloré, caduc; corolle sub-papilionacée; pétale supérieur petit, enroulé sur les bords; étamines dix, dressées, longue-exsertes. *Flles* bipinnées, à folioles nombreuses, opposées, glabres, linéaires, brièvement pétiolées. Arbre inerme. *Haut.* 6 à 15 m. Madagascar. (B. M. 3325-26.) (S. M.)

COLZA. — V. **Chou-Colza**.

COLYSIS, Presl. — V. **Polypodium**, Linn.

COLYSIS membranacea. — V. **Polypodium hemionitideum**.

COMA. — Mot qui signifie chevelure. S'applique aux touffes de feuilles qui surmontent certaines inflorescences, telles que celles du *Fritillaria imperialis* de l'Ananas sativa, etc.; aux bouquets de poils qui couronnent les fruits de beaucoup de *Composées*, *d'Asclépiadées*, etc., et quelquefois aux racines ténues et nombreuses de certaines plantes, rappelant une sorte de chevelure. (S. M.)

COMACLINIUM, Scheidw. et Planch. — V. **Dysodia**, Cav.

COMACLINIUM aurantiacum. — V. **Dysodia grandiflora.**

COMAROPSIS, Rich. (de *Comarum*, et *opsis*, ressemblance). Fam. *Rosacées*. — Des cinq espèces de ce genre, mentionnées dans le *Prodromus* de De Candolle, trois appartiennent aux *Waldsteinia*, Willd. et les deux autres aux *Rubus*, Linn.

COMAROPSIS fragarioides, DC. — V. **Waldsteinia fragarioides**, Tratt.

COMAROSTAPHYLIS, Zucc. — Réunis aux **Arctostaphylos**, Adans.

COMARUM, Linn. — Réunis aux **Potentilla**, Linn.

COMATOGLOSSUM, Karst. et Triana. — V. **Talisia**, Aubl.

COMBRÉTACÉES. — Famille comprenant environ deux cent quatre-vingts espèces réparties dans dix-huit genres et habitant principalement les régions tropicales. Ce sont des arbres ou des arbustes souvent volubiles, inermes ou très rarement épineux. Leurs fleurs, ordinairement hermaphrodites, sont disposées en épis ou en grappes axillaires ou terminales; calice soudé à l'ovaire, à quatre ou cinq lobes caducs; corolle quelquefois nulle ou à quatre-cinq pétales insérés au sommet du tube du calice; étamines en nombre égal ou double de celui des pièces du périanthe et insérées au niveau des pétales. Fruit drupacé ou bacciforme, uniloculaire, monosperme et indéhiscent. Les feuilles sont alternes, opposées ou rarement verticillées, entières et dépourvues de stipules. Les genres les plus connus sont : *Combretum*, *Quisqualis* et *Terminalia*. (S. M.)

COMBRETUM, Linn. (nom donné par Pline à une plante grimpante, dont le nom est aujourd'hui inconnu). **Chigommier.** Syns. *Bureava*, H. Bn.; *Calopyxis*, Tusl.; *Chrysostachys*, Pohl.; *Forsgardia*, Well. Fam. *Combrétacées*. — Genre comprenant environ cent quarante espèces d'arbustes ou rarement d'herbes volubiles ou dressées, de serre chaude et originaires des régions tropicales du globe. Fleurs presque sessiles, rarement pédicellées, munies de bractées et réunies en épis solitaires ou géminés, axillaires et terminaux, opposés ou rarement verticillés par trois-quatre, et ordinairement disposés en panicule terminale. Feuilles entières, opposées ou ternées, rarement alternes.

Plusieurs *Combretum* sont de fort jolies plantes. La meilleure manière de les cultiver consiste à les planter en pleine terre, dans les serres chaudes, au pied des piliers et des colonnes où on les fait grimper, et d'étendre ensuite leurs rameaux le long de la charpente, ou sur des fils de fer d'où on peut ensuite les laisser retomber en élégants festons. Un compost de trois parties de terre de bruyère, une de terre franche et une de terreau de feuilles leur convient parfaitement. Le point essentiel de leur culture est de leur donner, pendant les chaleurs, une quantité d'eau suffisante pour bien tremper la terre autour de leurs racines; au commencement de la saison et avant leur floraison, on peut leur donner de fréquents seringages. Lorsque leur floraison est terminée, on raccourcit et on éclaircit fortement les branches, et on lave en même temps à l'éponge celles que l'on conserve; on les palisse ensuite définitivement et ils n'exigent guère d'autres soins jusqu'au printemps suivant. On peut les multiplier par boutures herbacées ou sub-ligneuses que l'on enlève avec talon; on les plante ensuite dans du sable, sous cloches et à chaud.

C. Afzelii, Don. Syn. de *C. grandiflorum*, Don.

C. coccineum, Lamk. — V. *Poivrea coccinea*, DC.

C. comosum, Don. *Fl.* pourpre foncé, en panicules dichotomes, munies de bractées lancéolées-aiguës. Mai-août. *Flles* opposées, oblongues-aiguës, entières, glabres, courtement pétiolées. *Haut.* 6 à 7 m. Arbrisseau grimpant, non épineux. Sierra Leone, 1822.

C. elegans, Humb. et Bonpl. * *Fl.* jaunes, à pétales lancéolés, aigus, velus ; épis simples, courtement pédonculés. Mai. *Flles* elliptiques, aiguës, acuminées, pubérulentes en dessus et couvertes en dessous d'un tomentum jaunâtre. Brésil, 1820.

C. farinosum, Humb. et Bonpl. *Fl.* orangées, sub-unilatérales ; pétales bractéiformes ; épis multiflores, ordinairement géminés. Avril-juillet. *Flles* elliptiques-oblongues, obtuses, un peu coriaces, arrondies à la base, farineuses en dessous. Mexique, 1825.

C. grandiflorum, Don * *Fl.* écarlates, grandes, unilatérales ; pétales obovales, obtus ; épis courts, axillaires et terminaux. Mai-juillet. *Flles* oblongues. Plante velue. Sierra Leone, 1824. Syns. *C. Afzelii*, Don. (B. M. 2944); *Poivrea grandiflora*.

C. laxum, Linn. * *Fl.* rouges ou jaunes, grandes, unilatérales ; pétales petits, elliptiques, glabres ; étamines écarlates, d'environ 2 cent. 1/2 de long ; épis axillaires et terminaux. Mai. *Flles* ovales-lancéolées. Branches subtétragones. La Trinité, 1818.

C. micropetalum, DC. *Fl.* jaunes, à pétales obovales-lancéolés ; étamines très longues, jaune vif ; épis simples, denses, courtement pédonculés, égalant environ les feuilles. Août. *Flles* elliptiques-oblongues, accuminées, presque glabres en dessus, lépidotes en dessous. Brésil, 1867. (B. M. 5617.)

C. nanum, Hamilt. *Fl.* blanches, disposées en épis ; calice pubescent, à divisions ovales, aiguës. *Flles* pétiolées, ovales, obtuses. Arbrisseau glabre et rude. *Haut.* 60 à 70 cent. Népaul, 1825.

C. purpureum, Wahl. — V. *Poivrea coccinea*, DC.

C. racemosum, P. Beauv. * *Fl.* blanches, courtement pédicellées ; pétales lancéolés, obtus ; panicules formées de plusieurs épis ; ceux-ci allongés, touffus au sommet. Février-juillet. *Flles* ovales-oblongues, aiguës, luisantes. Côtes ouest de l'Afrique, 1826.

COMBUSTIBLE, Angl. Fuel. — Nom des divers matériaux employés pour le chauffage en général. Le combustible entre, on le sait, pour une part importante dans les frais d'entretien des serres; chercher à l'économiser et à l'utiliser le plus avantageusement possible est donc une chose que l'on ne doit jamais perdre de vue. Les anciens fourneaux et calorifères, absorbaient, il est vrai, toutes espèces de combustibles, bois, charbon, tourbe, etc., mais ils le consumaient très mal et occasionnaient ainsi une perte assez importante. Toutefois, depuis l'adoption générale du thermosiphon ou chauffage à l'eau chaude, et les foyers perfectionnés dont on dispose actuellement, le maximum de calorique se trouve utilisé et, on peut le dire, c'est grâce à la perfection de ces modes de chauffages que les cultures sous verre sont aujourd'hui si parfaites. Le charbon et le coke sont les seuls combustibles employés, ce dernier doit même être préféré lorsqu'on peut se le procurer, car le charbon a le grand inconvénient d'encombrer rapidement de suie les appareils; en outre, les deux tiers de carbone que contient ce coke le rendent le plus puissant de tous les chauffages. Les gros morceaux et ceux de moyennes dimensions sont les meilleurs, les débris sont de beaucoup inférieurs.

Pour conduire économiquement un chauffage, on doit toujours chercher à utiliser le plus possible la chaleur qui se dégage du foyer, et cela en évitant de la laisser s'échapper dans la cheminée où elle est complètement perdue. En ouvrant à la fois le registre et la porte du cendrier, on active fortement le tirage et on augmente ainsi la quantité d'oxygène qui se consume en passant sur le feu, mais en même temps on livre passage à la chaleur qui tend toujours à monter. Il faut en conséquence éviter d'ouvrir entièrement le registre, sauf lorsqu'il s'agit d'aviver le feu, afin d'utiliser la plus grande quantité possible de calorique, tout en économisant le combustible.

COMESPERMA, Labill. (de *kome*, poil, et *sperma*, graine; allusion aux touffes de poils qui surmontent les graines). Fam. *Polygalées*. — Genre comprenant environ vingt-cinq espèces d'herbes, de sous-arbrisseaux ou d'arbustes de serre froide, ordinairement volubiles, tous originaires de l'Australie. Fleurs petites, disposées en panicules rameuses ou en grappes simples, munies de deux ou trois bractées à la base des fleurs, sépales cinq, les deux intérieurs en forme d'ailes; pétales soudés, à trois lobes; étamines huit, monadelphes. Ces plantes, quoique bien dignes d'être cultivées, se rencontrent rarement dans les jardins. Il leur faut un mélange de terre franche siliceuse et de terre de bruyère, avec un drainage parfait; on les multiplie par boutures qui s'enracinent facilement dans du sable et sous cloches.

C. gracilis, Baxt. Syn. de *C. volubilis*, Labill.

C. volubilis, Labill. *Fl.* très nombreuses, à ailes bleu vif; carène purpurine; grappes axillaires, multiflores. Avril. *Flles* peu nombreuses, linéaires-lancéolées, sub-obtuses, légèrement ondulées sur les bords. Tiges nombreuses, très grêles. Australie, 1831. — Jolie plante suffrutescente, sarmenteuse, à végétation très lente. Syn. *C. gracilis*, Baxt. (P. M. B. 5, 145.)

COMMELINA, Linn. (dédié à Kaspar (1667-1731) et Johann (1629-1698) Commelin, botanistes hollandais). Syns. *Ananthopus*, Raf.; *Erxlebia* et *Hedwigia*, Medik. Fam. *Commélinacées*. — Genre comprenant quatre-vingt-huit espèces dispersées dans toutes les régions chaudes, sauf l'Europe. Ce sont de très jolies plantes herbacées, vivaces, rustiques ou de serre tempérée, peu répandues dans les jardins. Elles sont voisines des *Tradescantia*, dont elles diffèrent principalement par leurs six étamines dont trois seulement sont parfaites. Leurs fleurs sont réunies en cymes rameuses, accompagnées de bractées en forme de spathe; périanthe à six segments, les trois externes persistants, les trois internes pétaloïdes, délicats, onguiculés, caducs, dont un est plus petit. Feuilles entières, sessiles, munies de gaines membraneuses, que fendent ordinairement les pédoncules des inflorescences. Les espèces de serre chaude ou tempérée se cultivent dans une terre légère et fertile, et se multiplient par boutures faites à chaud, dans du sable. Les espèces tubéreuses et demi-rustiques peuvent se multiplier : 1° par semis que l'on fait au printemps, sur couche; en mars, on repique les plants sur couche, puis on les met en place en mai; 2° par division des touffes au printemps. On peut traiter les espèces tubéreuses comme les *Dahlia*, c'est-à-dire hiverner les touffes en orangerie, en ayant soin toutefois de ne pas trop les laisser se dessécher. Lorsque le terrain est sain et abrité, on peut les laisser passer l'hiver en place, à l'aide d'une couverture de litière. Au printemps, on les met en végétation sur couche, puis on les plante en place en mai. Les plantes ainsi traitées fleurissent bien mieux que celles obtenues de semis.

C. africana, Linn. *Fl.* jaune brunâtre, rappelant par leur aspect celles de certaines *Papilionacées;* spathes en cœur, acuminées, embrassant chacune deux pédoncules dont l'un est biflore, l'autre plus long et uniflore. Mai-octobre. *Flles* lancéolées, aiguës, pliées, arquées; gaines ciliées sur les bords. Tiges couchées, grêles, arrondies, rameuses. *Haut.* 30 cent. à 1 m. Cap, 1759. Plante vivace, de serre froide. (B. L. 207; B. M. 1431.) Syn. *C. lutea*, Mœnch.

C. benghalensis, Linn. *Fl.* bleues, petites. Juin. *Flles* vertes, ovales. Bengale, 1794. Plante traînante, toujours verte, de serre chaude. Syn. *C. prostrata*. (R. G. 1868, 592.)

C. cœlestis, Willd. * *Fl.* bleu ciel ainsi que les filets des étamines; pédoncules pubescents; spathes longuement stipitées, cordiformes-acuminées, un peu ventrues, légèrement hérissées, pliées en deux et renfermant un pédoncule pluriflore et un autre stérile. Juin. *Flles* ovales-lancéolées, oblongues, aiguës pliées en deux et à gaines ciliées. Tiges dressées, rameuses, duveteuses, hérissées sur un des côtés. Haut. 45 cent. Mexique, 1813. Plante herbacée, vivace, demi-rustique. (S. B. F. G. 3; B. L. 108 et B. M. 1695, sous le nom de *C. tuberosa*.) — Il existe une variété à fleurs *blanches* et une à fleurs *panachées* de blanc et de bleu.

C. deficiens variegata, Hort. *Fl.* bleues, petites, naissant au sommet des rameaux. *Flles* ovales-lancéolées, fortement et élégamment striées de bandes blanches, longitudinales. Tiges arrondies, rameuses. Brésil. Plante basse, diffuse, de serre chaude. (Le type est figuré dans le B. M. 2644.)

C. elliptica, Humb. et Bonpl. * *Fl.* blanches; calice glabre; pédoncules droits, ayant 5 cent. de long et portant une ligne de poils réfléchis sur le côté interne. Juillet. *Flles* lancéolées, acuminées, planes, glabres sur les deux faces; vertes, luisantes et canaliculées sur la supérieure; blanchâtres, à sept nervures proéminentes sur l'inférieure. Tiges ascendantes, émettant des racines; branches rouges, surtout au-dessus des nœuds, velues. *Haut.* 45 à 60 cent. Lima. Jolie petite espèce de serre froide. (B. M. 3047, sous le nom de *C. gracilis*.)

C. erecta, Linn. *Fl.* bleuâtres, assez grandes; spathes rapprochées, presque sessiles, capuchonnées, puis turbinées à la fructification. Été. *Flles* grandes, de 8 à 15 cent. de long et 2 1/2 à 5 cent. de large, oblongues-lancéolées; la face supérieure et les bords sont rudes lorsqu'on les touche à rebours. Tiges dressées, assez fortes. *Haut.* 60 cent. à 1 m. 20. Pensylvanie. — Une des plus grandes espèces et rustique. Il existe une forme velue nommée *C. hirtella*.

C. lutea, Mœnch. Syn. de *C. africana*, Linn.

C. pallida, Willd. *Fl.* bleues, réunies par quatre sur le pédoncule fertile; spathes oblongues, acuminées, pliées en deux pubescentes. *Flles* presque pétiolées, oblongues, aiguës, pubescentes sur les deux faces; gaines violacées, ciliées. Tige dressée, rameuse, pubescente. Mexique. (R. L. 367, sous le nom de *C. rubens.*)

C. prostata, — Syn. de *C. benghalensis*, Linn.

C. scabra, — *Fl.* brun purpurin, terminales, ayant 2 cent. 1/2 de diamètre, réunies par huit-neuf. Juillet. *Haut.* 30 cent. Mexique, 1852.

C. tuberosa, Linn. * *Fl.* bleu ciel ainsi que les filets, réunies au sommet d'un seul pédoncule; le second est réduit à un filet stérile; sépales velus; spathes ovales.

Fig. 992. — Commelina tuberosa.

cordiformes, longuement acuminées, condupliquées et un peu ventrues, ciliées. Juin-juillet *Flles* oblongues-lancéolées aiguës, à gaines pubescentes et ciliées à leur orifice. Mexique, 1732. Vivace, rustique, à racines tubéreuses, renflées. (A. B. R. 379.)

C. virginica, Linn. * Ephémère de Virginie. — *Fl.* bleues, réunies par trois au sommet d'un seul pédoncule, le deuxième stérile; sépales ponctués-glanduleux ; spathes

Fig. 993. — Commelina virginica.

la plupart non opposées aux feuilles, stipitées, condupliquées, arrondies-cordiformes lorsqu'elles sont ouvertes, aiguës et un peu capuchonnées à la fructification. Été. *Flles* oblongues ou linéaires-lancéolées, à gaines longuement ciliées. Tiges grêles, dressées ou courbées, s'enracinant à la base. Sud des États-Unis, etc., 1779. Il existe une variété à feuilles étroites, nommée *angustifolia*.

COMMÉLINACÉES. — Famille de plantes Monocotylédones, herbacées, habitant principalement les régions chaudes du globe. Elle comprend plus de trois cents espèces réparties dans vingt-six genres. Leurs fleurs, souvent bleues ou violacées, sont réunies en cymes ou en grappes accompagnées de bractées et de spathes cucullées ou condupliquées. Le périanthe est à six divisions, les trois extérieures calicinales, les trois intérieures pétaloïdes, colorées, sessiles ou onguiculées, libres ou quelquefois connées, égales ou une parfois plus courte. Étamines six, à filets libres, glabres ou barbus, toutes fertiles ou une ou plusieurs réduites à des staminodes. Ovaire à trois ou rarement deux loges, surmonté d'un style simple. Le fruit est une capsule déhiscente par trois fentes loculicides, renfermant un nombre variable de graines. Leurs feuilles sont alternes, simples, planes ou canaliculées et engainantes à la base. Racines fibreuses, rhizomateuses ou tubéreuses. Les Commélinacées sont, en général, peu répandues dans les jardins, les genres les plus connus sont les *Commelina* et les *Tradescantia*. (S. M.)

COMNIANTHUS, Benth. — V. **Retiniphyllum**, Humb. et Bonpl.

COMNIPHORA, Jacq. — V. **Balsamodendron**, Kunth.

COMMISSURE. — Ligne de jonction de deux organes. S'emploie fréquemment en parlant du fruit des Ombellifères.

COMMUNS, Angl. Bothy. — Habitation des jardiniers, fréquemment construite derrière les serres ou au pied de quelque grand mur. C'est malheureusement trop souvent un réduit biscornu, mal aéré et quelquefois malsain. Une habitation convenable pour les jardiniers doit former un bâtiment indépendant, construit dans le style moderne et comporter les perfectionnements que l'industrie du bâtiment met aujourd'hui à notre disposition. Il est juste de reconnaître que dans beaucoup de maisons bourgeoises, l'habitation du jardinier est quelquefois très confortable ; mais il n'en est pas de même dans certains établissements horticoles où, le personnel se composant ordinairement de jeunes ouvriers peu sédentaires, le logement qu'on leur donne est des plus défectueux. Il serait à souhaiter que les patrons fissent une question de conscience du logement de leurs jardiniers, car chacun sait apprécier le bien-être du logis, et les bons effets s'en font toujours sentir. Quelques ouvrages et un bon journal horticole devraient aussi être mis à la disposition des jardiniers. (S. M.)

COMOCLADIA, P. Browne. (de *kome* poil, et *klados*, branche ; allusion aux feuilles réunies au sommet des branches). Angl. Maiden Plum. Syn. *Dodonæa*, Plum. Fam. *Anacardiacées*. — Genre comprenant neuf espèces originaires de l'Amérique centrale et des Indes occidentales. Ce sont des arbres toujours verts, de serre chaude, à suc très abondant, noirâtre, très âcre et fortement vénéneux. Fleurs purpurines, petites, courtement pédicellées, disposées en panicules lâches et rameuses ; pétales trois ou quatre, imbriqués. Feuilles imparipennées, à folioles opposées. Les *Comocladia* se cultivent dans un mélange de terre franche et de terre de bruyère ou dans tout autre sol léger et fertile; on les multiplie par boutures que l'on plante dans du sable, sous cloches et à chaud.

C. dentata, Linn. *Fl.* purpurines, en grappes axillaires. Juillet-septempre. *Flles* réunies en rosettes terminales, ayant 50 cent. de long et composées de quinze à vingt et une folioles presque sessiles, oblongues, acuminées, bordées de dents épineuses, glabres en dessus et cotonneuses en dessous. *Haut.* 10 m. Cuba, 1790.

C. ilicifolia, Swartz. *Flles* à vingt et une folioles ovales ou arrondies, sessiles, glabres, épineuses sur les angles et portant trois ou quatre épines sur chaque côté. *Haut.* 6 m. Antilles, 1789.

C. integrifolia, Linn. Faux Brésillet. — *Fl.* rougeâtres, petites, très nombreuses, en panicules axillaires. Juillet-septembre. *Fr.* rouges, luisants. *Flles* d'environ 60 cent. de long, réunies en touffe, à onze-quinze folioles pétiolulées, ovales-lancéolées, entières, nervées, glabres. *Haut.* 3 à 10 m. Jamaïque, 1778.

COMPACT. — Rapproché, serré. Se dit des fleurs, des feuilles, des rameaux, etc., lorsqu'ils sont rapprochés ou pressés les uns contre les autres.

COMPAGNON blanc. — V. **Lychnis dioica**.

COMPAGNON rouge. — V. **Lychnis diurna**.

COMPARETTIA, Pœpp. et Endl. (dédié à Andrea Comparetti, professeur à Padoue et écrivain sur la physiologie végétale ; 1746-1811). Fam. *Orchidées*. — Genre comprenant trois ou cinq espèces originaires des Andes de l'Amérique australe. Ce sont d'élégantes mais très rares Orchidées épiphytes, de serre chaude, portant de belles grappes pendantes de fleurs petites, mais vivement colorées et se conservant fraîches pendant fort longtemps. Périanthe à divisions dressées, puis étalées; sépale dorsal libre; les latéraux connés en une seule pièce prolongée en éperon long et grêle; pétales libres; labelle onguiculé, continu avec la base colonne, muni à la base de deux cornes enfoncées dans l'éperon, lobe latéraux assez larges, dressés, le médian très large, étalé ; anthère à deux pollinies. Feuilles oblongues, obtuses, nervées. Pseudo-bulbes peu développés. On cultive ces Orchidées sur de petites bûches entourées de sphagnum vivant et suspendues dans une serre modérément chaude, à l'abri des rayons directs du soleil. Ils exigent des arrosements copieux pendant leur période de végétation et ne doivent jamais souffrir de la soif. Multiplication par division des touffes.

C. coccinea, — * *Fl.* à sépales et à pétales rouge écarlate brillant; labelle de même couleur, mais teinté de blanc à la base; grappes portant trois à sept fleurs. Novembre. *Flles* d'un beau vert sur la face supérieure, pourpres sur l'inférieure. Brésil, 1838. (B. R. 24,68.)

C. falcata, Pœpp. et Endl. * *Fl.* à sépales et pétales d'un beau pourpre rosé ; labelle de même teinte, mais fortement veiné de pourpre plus foncé. Colombie, 1836. Espèce assez semblable au *C. coccinea*, mais fleurs de forme à différente et à feuilles plus larges. Très rare. (L. 163.)

C. macroplectron, Rchb. f. et Triana. * *Fl.* rose pâle, ponctuées de rouge, distiques, mesurant près de 5 cent. depuis le sommet du sépale dorsal jusqu'à l'extrémité du labelle ; grappes pendantes. *Flles* deux ou trois, ayant 10 à 12 cent. de long et 12 à 30 mm. de large, coriaces, vertes en dessus, pâles et obscurément striées de jaune roussâtre en dessous. Nouvelle-Grenade. (B. M. 6679; W. O. A. 11, 65.)

C. rosea, — * Très petite, mais jolie plante à fleurs en grappes plus courtes et plus compactes que celles du *C. falcata*. Maine espagnol, 1843. Rare. (P. M. B. 10, 1.)

C. speciosa, — *Fl.* grandes et nombreuses ; sépales et pétales orangés, à reflet cinabre ; labelle cinabre, orangé à la base, à lobe antérieur sub-quadrangulaire et émarginé, d'environ 3 cent. de diamètre, avec un onglet très court et portant une petite carène entre les oreillettes basales; éperon finement poilu, de plus de 4 cent. de long; grappe lâche. Equateur. Magnifique espèce.

COMPLIQUÉ, Angl. Complicate, Complicated. — Replié sur lui-même.

COMPOSÉ. — S'emploie par opposition à simple, en parlant des feuilles, des fruits, des inflorescences et en général des organes formés de plusieurs parties similaires.

Fig. 994. — Feuilles composées.
a, palmatipartite ; *b*, pinnée.

Les *feuilles composées* sont formées de plusieurs folioles articulées sur un pétiole commun ; les *fruits composés* sont formés d'un certain nombre de carpelles libres entre eux comme ceux des Renoncules ; les *inflorescences composées* sont ramifiées et également formées de parties distinctes, telles qu'ombellules, épillets, etc. (S. M.)

FIN DU PREMIER VOLUME

DICTIONNAIRE PRATIQUE D'HORTICULTURE ET DE JARDINAGE

Illustré de plus de 3,500 Figures dans le texte

ET DE 80 PLANCHES CHROMOLITHOGRAPHIQUES HORS TEXTE

COMPRENANT :

La description succincte des plantes connues et cultivées dans les jardins de l'Europe ;
La culture potagère, l'arboriculture, la description et la culture de toutes les Orchidées, Broméliacées, Palmiers, Fougères,
Plantes de serre, plantes annuelles, vivaces, etc. ;
Le tracé des jardins ; Le choix et l'emploi des espèces propres à la décoration des parcs et jardins ;
L'Entomologie, la Cryptogamie, la Chimie horticole ;
Des éléments d'anatomie et de physiologie végétale ; la Glossologie botanique et horticole ;
La description des outils, serres et accessoires employés en horticulture : etc., etc.

PAR

G. NICHOLSON

Conservateur des Jardins royaux de Kew à Londres.

TRADUIT, MIS A JOUR ET ADAPTÉ A NOTRE CLIMAT, A NOS USAGES, ETC., ETC.

PAR

S. MOTTET

AVEC LA COLLABORATION DE MM.

VILMORIN-ANDRIEUX et Cie

G. ALLUARD, E. ANDRÉ, G. BELLAIR, G. LEGROS ETC.

° LIVRAISON

PARIS

OCTAVE DOIN
ÉDITEUR
8, place de l'Odéon, 8

LIBRAIRIE AGRICOLE
DE LA MAISON RUSTIQUE
26, rue Jacob, 26

VILMORIN-ANDRIEUX et Cie
MARCHANDS GRAINIERS
4, Quai de la Mégisserie, 4

L'Ouvrage sera complet en 80 livraisons. — Il paraitra *TRÈS RÉGULIÈREMENT* une livraison par mois.
Prix de chaque livraison de 48 pages, avec planche chromolithographique. . . 1 fr. 50
On peut souscrire dès maintenant, à l'ouvrage complet, MAIS EN PAYANT D'AVANCE
Pour 90 Francs.

LE JARDIN

JOURNAL D'HORTICULTURE GÉNÉRALE

(BI-MENSUEL)

Publié par la Maison **GODEFROY-LEBEUF**

5, rue d'Edimbourg, Paris

RÉDACTEUR EN CHEF : M. MARTINET

AVEC LA COLLABORATION DE

M. le Marquis DE CHERVILLE

M. Ch. DE FRANCIOSI, Président de la Société d'Horticulture du Nord

ASSISTÉS DE

MM. BELLAIR; BERGMAN, de Ferrières; CHATENAY (Abel), pépiniériste; CORREVON, du Jardin Alpin; DAVEAU, jardinier chef du Jardin Botanique de Lisbonne; DYBOWSKI; DUVAL, horticulteur; HARIOT, du Muséum; LEVÊQUE, rosiériste; MANSION, négociant; MORLET, entrepreneur de jardins; MOTTET; QUENAT, architecte de jardins; NARDY, horticulteur; Sallier, SCHNEIDER, VALLERAND, LECLERC, etc., etc.

CET ORGANE A 16 PAGES DE TEXTE GRAND CAVALIER SUR TROIS COLONNES

Il paraît régulièrement le 5 et le 20 de chaque mois

ÉVREUX, IMPRIMERIE CHARLES HÉRISSEY

DICTIONNAIRE PRATIQUE

D'HORTICULTURE

ET

DE JARDINAGE

Illustré de plus de 3,500 Figures dans le texte

ET DE 80 PLANCHES CHROMOLITHOGRAPHIQUES HORS TEXTE

COMPRENANT :

La description succincte des plantes connues et cultivées dans les jardins de l'Europe ;
La culture potagère, l'arboriculture, la description et la culture de toutes les Orchidées,
Broméliacées, Palmiers, Fougères,
Plantes de serre, plantes annuelles, vivaces, etc.;
Le tracé des jardins; Le choix et l'emploi des espèces propres à la décoration des parcs et jardins;
L'Entomologie, la Cryptogamie, la Chimie horticole;
Des éléments d'anatomie et de physiologie végétale; la Glossologie botanique et horticole;
La description des outils, serres et accessoires employés en horticulture; etc., etc.

PAR

G. NICHOLSON

Conservateur des Jardins royaux de Kew à Londres.

TRADUIT, MIS A JOUR ET ADAPTÉ A NOTRE CLIMAT, A NOS USAGES, ETC., ETC.

PAR

S. MOTTET

AVEC LA COLLABORATION DE MM.

VILMORIN-ANDRIEUX et Cie

G. ALLUARD, E. ANDRÉ, G. BELLAIR, G. LEGROS ETC.

3e LIVRAISON

PARIS

OCTAVE DOIN	LIBRAIRIE AGRICOLE	VILMORIN-ANDRIEUX et Cie
ÉDITEUR	DE LA MAISON RUSTIQUE	MARCHANDS GRAINIERS
8, place de l'Odéon, 8	26, rue Jacob, 26	4, Quai de la Mégisserie, 4

L'Ouvrage sera complet en 80 livraisons. — Il paraîtra *TRÈS RÉGULIÈREMENT* une livraison par mois.
Prix de chaque livraison de 48 pages, avec planche chromolithographique. . . 1 fr. 50
On peut souscrire dès maintenant, à l'ouvrage complet, MAIS EN PAYANT D'AVANCE
Pour 90 Francs.

ÉVREUX, IMPRIMERIE CHARLES HÉRISSEY

DICTIONNAIRE PRATIQUE
D'HORTICULTURE
ET
DE JARDINAGE

Illustré de plus de 3,500 Figures dans le texte

ET DE 80 PLANCHES CHROMOLITHOGRAPHIQUES HORS TEXTE

COMPRENANT :

La description succincte des plantes connues et cultivées dans les jardins de l'Europe :
La culture potagère, l'arboriculture, la description et la culture de toutes les Orchidées,
Broméliacées, Palmiers, Fougères,
Plantes de serre, plantes annuelles, vivaces, etc. ;
Le tracé des jardins ; Le choix et l'emploi des espèces propres à la décoration des parcs et jardins ;
L'Entomologie, la Cryptogamie, la Chimie horticole ;
Des éléments d'anatomie et de physiologie végétale ; la Glossologie botanique et horticole ;
La description des outils, serres et accessoires employés en horticulture ; etc., etc.

PAR

G. NICHOLSON
Conservateur des Jardins royaux de Kew à Londres.

TRADUIT, MIS A JOUR ET ADAPTÉ A NOTRE CLIMAT, A NOS USAGES, ETC., ETC.

PAR

S. MOTTET

AVEC LA COLLABORATION DE MM.

VILMORIN-ANDRIEUX et Cie
G. ALLUARD, E. ANDRÉ, G. BELLAIR, G. LEGROS ETC.

4e LIVRAISON

PARIS

OCTAVE DOIN	LIBRAIRIE AGRICOLE	VILMORIN-ANDRIEUX et Cie
ÉDITEUR	DE LA MAISON RUSTIQUE	MARCHANDS GRAINIERS
8, place de l'Odéon, 8	26, rue Jacob, 26	4, Quai de la Mégisserie, 4

L'Ouvrage sera complet en 80 livraisons. — Il paraîtra *TRÈS RÉGULIÈREMENT* une livraison par mois.
Prix de chaque livraison de 48 pages, avec planche chromolithographique. . . 1 fr. 50
On peut souscrire dès maintenant, à l'ouvrage complet, MAIS EN PAYANT D'AVANCE
Pour 90 Francs.

LE JARDIN

JOURNAL D'HORTICULTURE GÉNÉRALE

(BI-MENSUEL)

Publié par la Maison **GODEFROY-LEBEUF**

5, rue d'Edimbourg, Paris

RÉDACTEUR EN CHEF : M. MARTINET

AVEC LA COLLABORATION DE

M. le Marquis DE CHERVILLE

M. Ch. DE FRANCIOSI, Président de la Société d'Horticulture du Nord

ASSISTÉS DE

MM. BELLAIR; BERGMAN, de Ferrières; CHATENAY (Abel), pépiniériste; CORREVON, du Jardin Alpin; DAVEAU, jardinier chef du Jardin Botanique de Lisbonne; DYBOWSKI; DUVAL, horticulteur; HARIOT, du Muséum; LEVÊQUE, rosiériste; MANSION, négociant; MORLET, entrepreneur de jardins; MOTTET; QUENAT, architecte de jardins; NARDY, horticulteur; Sallier, SCHNEIDER, VALLERAND, LECLERC, etc., etc.

CET ORGANE A 16 PAGES DE TEXTE GRAND CAVALIER SUR TROIS COLONNES

Il paraît régulièrement le 5 et le 20 de chaque mois

ABONNEMENTS : Un An, 12 fr. — Six mois, 7 fr.

Adresser tout ce qui concerne la Rédaction, Abonnements, Annonces, etc.

A M. L'ADMINISTRATEUR DU *JARDIN*

5, RUE D'ÉDIMBOURG, PARIS

ÉVREUX, IMPRIMERIE CHARLES HÉRISSEY

DICTIONNAIRE PRATIQUE D'HORTICULTURE ET DE JARDINAGE

Illustré de plus de 3,500 Figures dans le texte

ET DE 80 PLANCHES CHROMOLITHOGRAPHIQUES HORS TEXTE

COMPRENANT :

La description succincte des plantes connues et cultivées dans les jardins de l'Europe ;
La culture potagère, l'arboriculture, la description et la culture de toutes les Orchidées,
Broméliacées, Palmiers, Fougères,
Plantes de serre, plantes annuelles, vivaces, etc. ;
Le tracé des jardins ; Le choix et l'emploi des espèces propres à la décoration des parcs et jardins ;
L'Entomologie, la Cryptogamie, la Chimie horticole ;
Des éléments d'anatomie et de physiologie végétale ; la Glossologie botanique et horticole ;
La description des outils, serres et accessoires employés en horticulture ; etc., etc.

PAR

G. NICHOLSON
Conservateur des Jardins royaux de Kew à Londres.

TRADUIT, MIS A JOUR ET ADAPTÉ A NOTRE CLIMAT, A NOS USAGES, ETC., ETC.

PAR

S. MOTTET

AVEC LA COLLABORATION DE MM.

VILMORIN-ANDRIEUX et Cie
G. ALLUARD, E. ANDRÉ, G. BELLAIR, G. LEGROS ETC.

5e LIVRAISON

PARIS

OCTAVE DOIN
ÉDITEUR
8, place de l'Odéon, 8

LIBRAIRIE AGRICOLE
DE LA MAISON RUSTIQUE
26, rue Jacob, 26

VILMORIN-ANDRIEUX et Cie
MARCHANDS GRAINIERS
4, Quai de la Mégisserie, 4

L'Ouvrage sera complet en 80 livraisons. — Il paraîtra *TRÈS RÉGULIÈREMENT* une livraison par mois.
Prix de chaque livraison de 48 pages, avec planche chromolithographique. . . **1 fr. 50**
On peut souscrire dès maintenant, à l'ouvrage complet, MAIS EN PAYANT D'AVANCE
Pour 90 Francs.

LE JARDIN

JOURNAL D'HORTICULTURE GÉNÉRALE

(BI-MENSUEL)

Publié par la Maison **GODEFROY-LEBEUF**

5, rue d'Edimbourg, Paris

RÉDACTEUR EN CHEF : M. MARTINET

AVEC LA COLLABORATION DE

M. le Marquis DE CHERVILLE

M. Ch. DE FRANCIOSI, Président de la Société d'Horticulture du Nord

ASSISTÉS DE

MM. BELLAIR; BERGMAN, de Ferrières; CHATENAY (Abel), pépiniériste; CORREVON, du Jardin Alpin; DAVEAU, jardinier chef du Jardin Botanique de Lisbonne; DYBOWSKI; DUVAL, horticulteur; HARIOT, du Muséum; LEVÊQUE, rosiériste; MANSION, négociant; MORLET, entrepreneur de jardins; MOTTET; QUENAT, architecte de jardins; NARDY, horticulteur; Sallier, SCHNEIDER, VALLERAND, LECLERC, etc., etc.

CET ORGANE A 16 PAGES DE TEXTE GRAND CAVALIER SUR TROIS COLONNES

Il paraît régulièrement le 5 et le 20 de chaque mois

ABONNEMENTS : Un An, 12 fr. — Six mois, 7 fr.

Adresser tout ce qui concerne la Rédaction, Abonnements, Annonces, etc.

A M. L'ADMINISTRATEUR DU *JARDIN*

5, RUE D'ÉDIMBOURG, PARIS

ÉVREUX, IMPRIMERIE CHARLES HÉRISSEY

DICTIONNAIRE PRATIQUE
D'HORTICULTURE
ET
DE JARDINAGE

Illustré de plus de 3,500 Figures dans le texte

ET DE 80 PLANCHES CHROMOLITHOGRAPHIQUES HORS TEXTE

COMPRENANT :

La description succincte des plantes connues et cultivées dans les jardins de l'Europe ;
La culture potagère, l'arboriculture, la description et la culture de toutes les Orchidées,
Broméliacées, Palmiers, Fougères,
Plantes de serre, plantes annuelles, vivaces, etc. ;
Le tracé des jardins ; Le choix et l'emploi des espèces propres à la décoration des parcs et jardins ;
L'Entomologie, la Cryptogamie, la Chimie horticole ;
Des éléments d'anatomie et de physiologie végétale ; la Glossologie botanique et horticole ;
La description des outils, serres et accessoires employés en horticulture ; etc., etc.

PAR

G. NICHOLSON

Conservateur des Jardins royaux de Kew à Londres.

TRADUIT, MIS A JOUR ET ADAPTÉ A NOTRE CLIMAT, A NOS USAGES, ETC., ETC.

PAR

S. MOTTET

AVEC LA COLLABORATION DE MM.

VILMORIN-ANDRIEUX et Cie

G. ALLUARD, E. ANDRÉ, G. BELLAIR, G. LEGROS ETC.

6e LIVRAISON

PARIS

OCTAVE DOIN	LIBRAIRIE AGRICOLE	VILMORIN-ANDRIEUX et Cie
ÉDITEUR	DE LA MAISON RUSTIQUE	MARCHANDS GRAINIERS
8, place de l'Odéon, 8	26, rue Jacob, 26	4, Quai de la Mégisserie, 4

L'Ouvrage sera complet en 80 livraisons. — Il paraîtra *TRÈS RÉGULIÈREMENT* une livraison par mois.
Prix de chaque livraison de 48 pages, avec planche chromolithographique. . . 1 fr. 50
On peut souscrire dès maintenant, à l'ouvrage complet, MAIS EN PAYANT D'AVANCE
Pour 90 Francs.

LE JARDIN

JOURNAL D'HORTICULTURE GÉNÉRALE

(BI-MENSUEL)

Publié par la Maison GODEFROY-LEBEUF

5, rue d'Edimbourg, Paris

RÉDACTEUR EN CHEF : M. MARTINET

AVEC LA COLLABORATION DE

M. le Marquis DE CHERVILLE

M. Ch. DE FRANCIOSI, Président de la Société d'Horticulture du Nord

ASSISTÉS DE

MM. BELLAIR; BERGMAN, de Ferrières; CHATENAY (Abel), pépiniériste; CORREVON, du Jardin Alpin; DAVEAU, jardinier chef du Jardin Botanique de Lisbonne; DYBOWSKI; DUVAL, horticulteur; HARIOT, du Muséum; LEVÊQUE, rosiériste; MANSION, négociant; MORLET, entrepreneur de jardins; MOTTET; QUENAT, architecte de jardins; NARDY, horticulteur; Sallier, SCHNEIDER, VALLERAND, LECLERC, etc., etc.

CET ORGANE A 16 PAGES DE TEXTE GRAND CAVALIER SUR TROIS COLONNES

Il paraît régulièrement le 5 et le 20 de chaque mois

ABONNEMENTS : Un An, 12 fr. — Six mois, 7 fr.

Adresser tout ce qui concerne la Rédaction, Abonnements, Annonces, etc.

A M. L'ADMINISTRATEUR DU *JARDIN*

5, RUE D'ÉDIMBOURG, PARIS

ÉVREUX, IMPRIMERIE CHARLES HÉRISSEY

DICTIONNAIRE PRATIQUE
D'HORTICULTURE
ET
DE JARDINAGE

Illustré de plus de 3,500 Figures dans le texte

ET DE 80 PLANCHES CHROMOLITHOGRAPHIQUES HORS TEXTE

COMPRENANT :

La description succincte des plantes connues et cultivées dans les jardins de l'Europe ;
La culture potagère, l'arboriculture, la description et la culture de toutes les Orchidées,
Broméliacées, Palmiers, Fougères,
Plantes de serre, plantes annuelles, vivaces, etc. ;
Le tracé des jardins ; Le choix et l'emploi des espèces propres à la décoration des parcs et jardins ;
L'Entomologie, la Cryptogamie, la Chimie horticole ;
Des éléments d'anatomie et de physiologie végétale ; la Glossologie botanique et horticole ;
La description des outils, serres et accessoires employés en horticulture ; etc., etc.

PAR

G. NICHOLSON

Conservateur des Jardins royaux de Kew à Londres.

TRADUIT, MIS A JOUR ET ADAPTÉ A NOTRE CLIMAT, A NOS USAGES, ETC., ETC.

PAR

S. MOTTET

AVEC LA COLLABORATION DE MM.

VILMORIN-ANDRIEUX et Cie

G. ALLUARD, E. ANDRÉ, G. BELLAIR, G. LEGROS ETC.

---

e LIVRAISON

PARIS

OCTAVE DOIN	LIBRAIRIE AGRICOLE	VILMORIN-ANDRIEUX et Cie
ÉDITEUR	DE LA MAISON RUSTIQUE	MARCHANDS GRAINIERS
8, place de l'Odéon, 8	26, rue Jacob, 26	4, Quai de la Mégisserie, 4

L'Ouvrage sera complet en 80 livraisons. — Il paraîtra *TRÈS RÉGULIÈREMENT* une livraison par mois.
Prix de chaque livraison de 48 pages, avec planche chromolithographique. . . **1 fr. 50**
On peut souscrire dès maintenant, à l'ouvrage complet, MAIS EN PAYANT D'AVANCE
Pour 90 Francs.

LE JARDIN

JOURNAL D'HORTICULTURE GÉNÉRALE

(BI-MENSUEL)

Publié par la Maison **GODEFROY-LEBEUF**

5, rue d'Edimbourg, Paris

RÉDACTEUR EN CHEF : M. MARTINET

AVEC LA COLLABORATION DE

M. le Marquis ***DE CHERVILLE***

M. Ch. ***DE FRANCIOSI****, Président de la Société d'Horticulture du Nord*

ASSISTÉS DE

MM. BELLAIR; BERGMAN, de Ferrières; CHATENAY (Abel), pépiniériste; CORREVON, du Jardin Alpin; DAVEAU, jardinier chef du Jardin Botanique de Lisbonne; DYBOWSKI; DUVAL, horticulteur; HARIOT, du Muséum; LEVÊQUE, rosiériste; MANSION, négociant; MORLET, entrepreneur de jardins; MOTTET; QUENAT, architecte de jardins; NARDY, horticulteur; SALLIER, SCHNEIDER, VALLERAND, LECLERC, etc., etc.

CET ORGANE A 16 PAGES DE TEXTE GRAND CAVALIER SUR TROIS COLONNES

Il paraît régulièrement le 5 et le 20 de chaque mois

ABONNEMENTS : Un An, 12 fr. — Six mois, 7 fr.

Adresser tout ce qui concerne la Rédaction, Abonnements, Annonces, etc.

A M. L'ADMINISTRATEUR DU *JARDIN*

5, RUE D'ÉDIMBOURG, PARIS

ÉVREUX, IMPRIMERIE CHARLES HÉRISSEY

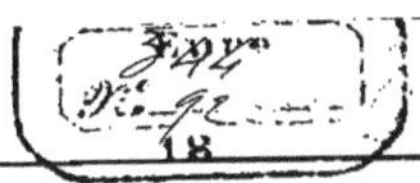

DICTIONNAIRE PRATIQUE

D'HORTICULTURE

ET

DE JARDINAGE

Illustré de plus de 3,500 Figures dans le texte

ET DE 80 PLANCHES CHROMOLITHOGRAPHIQUES HORS TEXTE

COMPRENANT :

La description succincte des plantes connues et cultivées dans les jardins de l'Europe :
La culture potagère, l'arboriculture, la description et la culture de toutes les Orchidées,
Broméliacées, Palmiers, Fougères,
Plantes de serre, plantes annuelles, vivaces, etc.;
Le tracé des jardins; Le choix et l'emploi des espèces propres à la décoration des parcs et jardins;
L'Entomologie, la Cryptogamie, la Chimie horticole;
Des éléments d'anatomie et de physiologie végétale; la Glossologie botanique et horticole;
La description des outils, serres et accessoires employés en horticulture; etc., etc.

PAR

G. NICHOLSON

Conservateur des Jardins royaux de Kew à Londres.

TRADUIT, MIS A JOUR ET ADAPTÉ A NOTRE CLIMAT, A NOS USAGES, ETC., ETC.

PAR

S. MOTTET

AVEC LA COLLABORATION DE MM.

VILMORIN-ANDRIEUX et Cie

G. ALLUARD, E. ANDRÉ, G. BELLAIR, G. LEGROS ETC.

e LIVRAISON

PARIS

OCTAVE DOIN
ÉDITEUR
8, place de l'Odéon, 8

LIBRAIRIE AGRICOLE
DE LA MAISON RUSTIQUE
26, rue Jacob, 26

VILMORIN-ANDRIEUX et Cie
MARCHANDS GRAINIERS
4, Quai de la Mégisserie, 4

L'Ouvrage sera complet en 80 livraisons. — Il paraîtra *TRÈS RÉGULIÈREMENT* une livraison par mois.
Prix de chaque livraison de 48 pages, avec planche chromolithographique. . . **1 fr. 50**
On peut souscrire dès maintenant, à l'ouvrage complet, MAIS EN PAYANT D'AVANCE
Pour 90 Francs.

L'ORCHIDOPHILE

JOURNAL DES AMATEURS D'ORCHIDÉES

PUBLIÉ AVEC LA COLLABORATION

DE

M. le comte **DU BUYSSON**

PAR LA MAISON

A. GODEFROY-LEBEUF

AVEC FIGURES NOIRES ET EN COULEURS

Prix de l'Abonnement : UN AN, 20 francs

Adresser tout ce qui concerne la Rédaction, Renseignements, Annonces, Abonnements, Réclamations, à

M. A. GODEFROY-LEBEUF

5, Rue d'Édimbourg, 5, PARIS

MAISON A. GODEFROY-LEBEUF

5, RUE D'ÉDIMBOURG, 5, PARIS

AVIS AUX AMATEURS DE PLANTES

M. GODEFROY-LEBEUF se charge, pour le compte des amateurs, de l'acquisition de toutes les espèces désirées.

Il est répondu à toutes demandes de renseignements.

Les personnes possédant des plantes nouvelles, rares, de semis ou d'introduction, sont instamment priées de me les offrir.

La salle du *Jardin*, 5, rue d'Édimbourg est à la disposition de toutes les personnes qui désirent se défaire de leurs plantes.

Toutes les demandes de renseignements, doivent être adressées à M. GODEFROY-LEBEUF.

5, RUE D'ÉDIMBOURG, PARIS

ÉVREUX, IMPRIMERIE CHARLES HÉRISSEY

DICTIONNAIRE PRATIQUE
D'HORTICULTURE
ET
DE JARDINAGE

Illustré de plus de 3,500 Figures dans le texte

ET DE 80 PLANCHES CHROMOLITHOGRAPHIQUES HORS TEXTE

COMPRENANT :

La description succincte des plantes connues et cultivées dans les jardins de l'Europe ;
La culture potagère, l'arboriculture, la description et la culture de toutes les Orchidées,
Broméliacées, Palmiers, Fougères,
Plantes de serre, plantes annuelles, vivaces, etc. ;
Le tracé des jardins ; Le choix et l'emploi des espèces propres à la décoration des parcs et jardins ;
L'Entomologie, la Cryptogamie, la Chimie horticole ;
Des éléments d'anatomie et de physiologie végétale ; la Glossologie botanique et horticole ;
La description des outils, serres et accessoires employés en horticulture ; etc., etc.

PAR

G. NICHOLSON

Conservateur des Jardins royaux de Kew à Londres.

TRADUIT, MIS A JOUR ET ADAPTÉ A NOTRE CLIMAT, A NOS USAGES, ETC., ETC.

PAR

S. MOTTET

AVEC LA COLLABORATION DE MM.

VILMORIN-ANDRIEUX et Cie

G. ALLUARD, E. ANDRÉ, G. BELLAIR, G. LEGROS ETC.

---

e LIVRAISON

PARIS

OCTAVE DOIN	LIBRAIRIE AGRICOLE	VILMORIN-ANDRIEUX et Cie
ÉDITEUR	DE LA MAISON RUSTIQUE	MARCHANDS GRAINIERS
8, place de l'Odéon, 8	26, rue Jacob, 26	4, Quai de la Mégisserie, 4

L'Ouvrage sera complet en 80 livraisons. — Il paraîtra ***TRÈS RÉGULIÈREMENT*** **une livraison par mois.**
Prix de chaque livraison de 48 pages, avec planche chromolithographique. . . **1 fr. 50**
On peut souscrire dès maintenant, à l'ouvrage complet, MAIS EN PAYANT D'AVANCE
Pour 90 Francs.

LE JARDIN

JOURNAL D'HORTICULTURE GÉNÉRALE

(BI-MENSUEL)

Publié par la Maison **GODEFROY-LEBEUF**

5, rue d'Edimbourg, Paris

RÉDACTEUR EN CHEF : M. MARTINET

AVEC LA COLLABORATION DE

M. le Marquis DE CHERVILLE

M. Ch. DE FRANCIOSI, Président de la Société d'Horticulture du Nord

ASSISTÉS DE

MM. BELLAIR; BERGMAN, de Ferrières; CHATENAY (Abel), pépiniériste; CORREVON, du Jardin Alpin; DAVEAU, jardinier chef du Jardin Botanique de Lisbonne; DYBOWSKI; DUVAL, horticulteur; HARIOT, du Muséum; LEVÊQUE, rosiériste; MANSION, négociant; MORLET, entrepreneur de jardins; MOTTET; QUENAT, architecte de jardins; NARDY, horticulteur; SALLIER, SCHNEIDER, VALLERAND, LECLERC, etc., etc.

CET ORGANE A 16 PAGES DE TEXTE GRAND CAVALIER SUR TROIS COLONNES

Il paraît régulièrement le 5 et le 20 de chaque mois

ABONNEMENTS : Un An, 12 fr. — Six mois, 7 fr.

Adresser tout ce qui concerne la Rédaction, Abonnements, Annonces, etc.

A M. L'ADMINISTRATEUR DU *JARDIN*

5, RUE D'ÉDIMBOURG, PARIS

ÉVREUX, IMPRIMERIE CHARLES HÉRISSEY

DICTIONNAIRE PRATIQUE
D'HORTICULTURE
ET
DE JARDINAGE

Illustré de plus de 3,500 Figures dans le texte

ET DE 80 PLANCHES CHROMOLITHOGRAPHIQUES HORS TEXTE

COMPRENANT :

La description succincte des plantes connues et cultivées dans les jardins de l'Europe ;
La culture potagère, l'arboriculture, la description et la culture de toutes les Orchidées,
Broméliacées, Palmiers, Fougères,
Plantes de serre, plantes annuelles, vivaces, etc. ;
Le tracé des jardins ; Le choix et l'emploi des espèces propres à la décoration des parcs et jardins ;
L'Entomologie, la Cryptogamie, la Chimie horticole ;
Des éléments d'anatomie et de physiologie végétale ; la Glossologie botanique et horticole ;
La description des outils, serres et accessoires employés en horticulture ; etc., etc.

PAR

G. NICHOLSON

Conservateur des Jardins royaux de Kew à Londres.

TRADUIT, MIS A JOUR ET ADAPTÉ A NOTRE CLIMAT, A NOS USAGES, ETC., ETC.

PAR

S. MOTTET

AVEC LA COLLABORATION DE MM.

VILMORIN-ANDRIEUX et Cie

G. ALLUARD, E. ANDRÉ, G. BELLAIR, G. LEGROS ETC.

---

e LIVRAISON

PARIS

OCTAVE DOIN
ÉDITEUR
8, place de l'Odéon, 8

LIBRAIRIE AGRICOLE
DE LA MAISON RUSTIQUE
26, rue Jacob, 26

VILMORIN-ANDRIEUX et Cie
MARCHANDS GRAINIERS
4, Quai de la Mégisserie, 4

L'Ouvrage sera complet en 80 livraisons. — Il paraîtra *TRÈS RÉGULIÈREMENT* une livraison par mois.
Prix de chaque livraison de 48 pages, avec planche chromolithographique. . . **1 fr. 50**
On peut souscrire dès maintenant, à l'ouvrage complet, MAIS EN PAYANT D'AVANCE
Pour 90 Francs.

LE JARDIN

JOURNAL D'HORTICULTURE GÉNÉRALE

(BI-MENSUEL)

Publié par la Maison **GODEFROY-LEBEUF**

5, rue d'Edimbourg, Paris

RÉDACTEUR EN CHEF : M. MARTINET

AVEC LA COLLABORATION DE

M. le Marquis ***DE CHERVILLE***

***M. Ch. DE FRANCIOSI**, Président de la Société d'Horticulture du Nord*

ASSISTÉS DE

MM. BELLAIR; BERGMAN, de Ferrières; CHATENAY (Abel), pépiniériste; CORREVON, du Jardin Alpin; DAVEAU, jardinier chef du Jardin Botanique de Lisbonne; DYBOWSKI; DUVAL, horticulteur; HARIOT, du Muséum; LEVÈQUE, rosiériste; MANSION, négociant; MORLET, entrepreneur de jardins; MOTTET; QUENAT, architecte de jardins; NARDY, horticulteur; Sallier, SCHNEIDER, VALLERAND, LECLERC, etc., etc.

CET ORGANE A 16 PAGES DE TEXTE GRAND CAVALIER SUR TROIS COLONNES

Il paraît régulièrement le 5 et le 20 de chaque mois

ABONNEMENTS : Un An, 12 fr. — Six mois, 7 fr.

Adresser tout ce qui concerne la Rédaction, Abonnements, Annonces, etc.

A M. L'ADMINISTRATEUR DU *JARDIN*

5, RUE D'ÉDIMBOURG, PARIS

ÉVREUX, IMPRIMERIE CHARLES HÉRISSEY

DICTIONNAIRE PRATIQUE

D'HORTICULTURE

ET

DE JARDINAGE

Illustré de plus de 3,500 Figures dans le texte

ET DE 80 PLANCHES CHROMOLITHOGRAPHIÉES HORS TEXTE

COMPRENANT :

La description succincte des plantes connues et cultivées dans les jardins de l'Europe ;
La culture potagère, l'arboriculture, la description et la culture de toutes les Orchidées,
Broméliacées, Palmiers, Fougères,
Plantes de serre, plantes annuelles, vivaces, etc. ;
Le tracé des jardins ; Le choix et l'emploi des espèces propres à la décoration des parcs et jardins ;
L'Entomologie, la Cryptogamie, la Chimie horticole ;
Des éléments d'anatomie et de physiologie végétale ; la Glossologie botanique et horticole ;
La description des outils, serres et accessoires employés en horticulture ; etc., etc.

PAR

G. NICHOLSON

Conservateur des Jardins royaux de Kew à Londres.

TRADUIT, MIS A JOUR ET ADAPTÉ A NOTRE CLIMAT, A NOS USAGES, ETC., ETC.

PAR

S. MOTTET

Membre de la Société Nationale d'Horticulture de France.

AVEC LA COLLABORATION DE MM.

VILMORIN-ANDRIEUX et Cie

G. ALLUARD, E. ANDRÉ, G. BELLAR, G. LEGROS ETC.

---

e LIVRAISON

PARIS

OCTAVE DOIN	LIBRAIRIE AGRICOLE	VILMORIN-ANDRIEUX et Cie
ÉDITEUR	DE LA MAISON RUSTIQUE	MARCHANDS GRAINIERS
8, place de l'Odéon, 8	26, rue Jacob, 26	4, Quai de la Mégisserie, 4

L'Ouvrage sera complet en 80 livraisons. — Il paraitra *TRÈS RÉGULIÈREMENT* une livraison par mois.
Prix de chaque livraison de 48 pages, avec planche chromolithographique. . . **1 fr. 50**
On peut souscrire dès maintenant, à l'ouvrage complet, MAIS EN PAYANT D'AVANCE
Pour 90 Francs.

LE JARDIN

JOURNAL D'HORTICULTURE GÉNÉRALE

(BI-MENSUEL)

Publié par la Maison **GODEFROY-LEBEUF**

5, rue d'Edimbourg, Paris

RÉDACTEUR EN CHEF : M. MARTINET

AVEC LA COLLABORATION DE

M. le Marquis DE CHERVILLE

M. Ch. DE FRANCIOSI, Président de la Société d'Horticulture du Nord

ASSISTÉS DE

MM. BELLAIR; BERGMAN, de Ferrières; CHATENAY (Abel), pépiniériste; CORREVON, du Jardin Alpin; DAVEAU, jardinier chef du Jardin Botanique de Lisbonne; DYBOWSKI; DUVAL, horticulteur; HARIOT, du Muséum; LEVÊQUE, rosiériste; MANSION, négociant; MORLET, entrepreneur de jardins; MOTTET; QUENAT, architecte de jardins; NARDY, horticulteur; SALLIER, SCHNEIDER, VALLERAND, LECLERC, etc., etc.

CET ORGANE A 16 PAGES DE TEXTE GRAND CAVALIER SUR TROIS COLONNES

Il paraît régulièrement le 5 et le 20 de chaque mois

ABONNEMENTS : Un An, 12 fr. — Six mois, 7 fr.

Adresser tout ce qui concerne la Rédaction, Abonnements, Annonces, etc.

A M. L'ADMINISTRATEUR DU *JARDIN*

5, RUE D'EDIMBOURG, PARIS

ÉVREUX, IMPRIMERIE CHARLES HÉRISSEY

DICTIONNAIRE PRATIQUE
D'HORTICULTURE
ET
DE JARDINAGE

Illustré de plus de 3,500 Figures dans le texte

ET DE 80 PLANCHES CHROMOLITHOGRAPHIÉES HORS TEXTE

COMPRENANT :

La description succincte des plantes connues et cultivées dans les jardins de l'Europe ;
La culture potagère, l'arboriculture, la description et la culture de toutes les Orchidées,
Broméliacées, Palmiers, Fougères,
Plantes de serre, plantes annuelles, vivaces, etc. ;
Le tracé des jardins ; Le choix et l'emploi des espèces propres à la décoration des parcs et jardins ;
L'Entomologie, la Cryptogamie, la Chimie horticole ;
Des éléments d'anatomie et de physiologie végétale ; la Glossologie botanique et horticole ;
La description des outils, serres et accessoires employés en horticulture ; etc., etc.

PAR

G. NICHOLSON

Conservateur des Jardins royaux de Kew à Londres.

TRADUIT, MIS A JOUR ET ADAPTÉ A NOTRE CLIMAT, A NOS USAGES, ETC., ETC.

PAR

S. MOTTET

Membre de la Société Nationale d'Horticulture de France.

AVEC LA COLLABORATION DE MM.

VILMORIN-ANDRIEUX et Cie

G. ALLUARD, E. ANDRÉ, G. BELLAR, G. LEGROS ETC.

---

e LIVRAISON

PARIS

OCTAVE DOIN	LIBRAIRIE AGRICOLE	VILMORIN-ANDRIEUX et Cie
ÉDITEUR	DE LA MAISON RUSTIQUE	MARCHANDS GRAINIERS
8, place de l'Odéon, 8	26, rue Jacob, 26	4, Quai de la Mégisserie, 4

L'Ouvrage sera complet en 80 livraisons. — Il paraitra *TRÈS RÉGULIÈREMENT* une livraison par mois.
Prix de chaque livraison de 48 pages, avec planche chromolithographique. . . **1 fr. 50**
On peut souscrire dès maintenant, à l'ouvrage complet, MAIS EN PAYANT D'AVANCE
Pour 90 Francs.

LE JARDIN

JOURNAL D'HORTICULTURE GÉNÉRALE

(BI-MENSUEL)

Publié par la Maison GODEFROY-LEBEUF

5, rue d'Edimbourg, Paris

RÉDACTEUR EN CHEF : M. MARTINET

AVEC LA COLLABORATION DE

M. le Marquis DE CHERVILLE

M. Ch. DE FRANCIOSI, Président de la Société d'Horticulture du Nord

ASSISTÉS DE

MM. BELLAIR; BERGMAN, de Ferrières; CHATENAY (Abel), pépiniériste; CORREVON, du Jardin Alpin; DAVEAU, jardinier chef du Jardin Botanique de Lisbonne; DYBOWSKI; DUVAL, horticulteur; HARIOT, du Muséum; LEVÊQUE, rosiériste; MANSION, négociant; MORLET, entrepreneur de jardins; MOTTET; QUENAT, architecte de jardins; NARDY, horticulteur; SALLIER, SCHNEIDER, VALLERAND, LECLERC, etc., etc.

CET ORGANE A 16 PAGES DE TEXTE GRAND CAVALIER SUR TROIS COLONNES

Il paraît régulièrement le 5 et le 20 de chaque mois

ABONNEMENTS : Un An, 12 fr. — Six mois, 7 fr.

Adresser tout ce qui concerne la Rédaction, Abonnements, Annonces, etc.

A M. L'ADMINISTRATEUR DU *JARDIN*

5, RUE D'ÉDIMBOURG, PARIS

ÉVREUX, IMPRIMERIE CHARLES HÉRISSEY

DICTIONNAIRE PRATIQUE D'HORTICULTURE ET DE JARDINAGE

Illustré de plus de 3,500 Figures dans le texte

ET DE 80 PLANCHES CHROMOLITHOGRAPHIÉES HORS TEXTE

COMPRENANT :

La description succincte des plantes connues et cultivées dans les jardins de l'Europe ;
La culture potagère, l'arboriculture, la description et la culture de toutes les Orchidées, Broméliacées, Palmiers, Fougères,
Plantes de serre, plantes annuelles, vivaces, etc. ;
Le tracé des jardins ; Le choix et l'emploi des espèces propres à la décoration des parcs et jardins ;
L'Entomologie, la Cryptogamie, la Chimie horticole ;
Des éléments d'anatomie et de physiologie végétale ; la Glossologie botanique et horticole ;
La description des outils, serres et accessoires employés en horticulture ; etc., etc.

PAR

G. NICHOLSON

Conservateur des Jardins royaux de Kew à Londres.

TRADUIT, MIS A JOUR ET ADAPTÉ A NOTRE CLIMAT, A NOS USAGES, ETC., ETC.

PAR

S. MOTTET

Membre de la Société Nationale d'Horticulture de France.

AVEC LA COLLABORATION DE MM.

VILMORIN-ANDRIEUX et Cie

G. ALLUARD, E. ANDRÉ, G. BELLAR, G. LEGROS ETC.

---

e **LIVRAISON**

PARIS

OCTAVE DOIN	LIBRAIRIE AGRICOLE	VILMORIN-ANDRIEUX et Cie
ÉDITEUR	DE LA MAISON RUSTIQUE	MARCHANDS GRAINIERS
8, place de l'Odéon, 8	26, rue Jacob, 26	4, Quai de la Mégisserie, 4

LE JARDIN

JOURNAL D'HORTICULTURE GÉNÉRALE

(BI-MENSUEL)

Publié par la Maison GODEFROY-LEBEUF

5, rue d'Edimbourg, Paris

RÉDACTEUR EN CHEF : M. MARTINET

AVEC LA COLLABORATION DE

M. le Marquis DE CHERVILLE

M. Ch. DE FRANCIOSI, Président de la Société d'Horticulture du Nord

ASSISTÉS DE

MM. BELLAIR; BERGMAN, de Ferrières; CHATENAY (Abel), pépiniériste; CORREVON, du Jardin Alpin; DAVEAU, jardinier chef du Jardin Botanique de Lisbonne; DYBOWSKI; DUVAL, horticulteur; HARIOT, du Muséum; LEVÊQUE, rosiériste; MANSION, négociant; MORLET, entrepreneur de jardins; MOTTET; QUENAT, architecte de jardins; NARDY, horticulteur; SALLIER, SCHNEIDER, VALLERAND, LECLERC, etc., etc.

CET ORGANE A 16 PAGES DE TEXTE GRAND CAVALIER SUR TROIS COLONNES

Il paraît régulièrement le 5 et le 20 de chaque mois

ABONNEMENTS : Un An, 12 fr. — Six mois, 7 fr.

Adresser tout ce qui concerne la Rédaction, Abonnements, Annonces, etc.

A M. L'ADMINISTRATEUR DU *JARDIN*

5, RUE D'ÉDIMBOURG, PARIS

ÉVREUX, IMPRIMERIE CHARLES HÉRISSEY

DICTIONNAIRE PRATIQUE

D'HORTICULTURE

ET

DE JARDINAGE

Illustré de plus de 4,000 Figures dans le texte

ET DE 80 PLANCHES CHROMOLITHOGRAPHIÉES HORS TEXTE

COMPRENANT :

La description succincte des plantes connues et cultivées dans les jardins de l'Europe ;
La culture potagère, l'arboriculture, la description et la culture de toutes les Orchidées,
Broméliacées, Palmiers, Fougères,
Plantes de serre, plantes annuelles, vivaces, etc. ;
Le tracé des jardins ; le choix et l'emploi des espèces propres à la décoration des parcs et jardins ;
L'Entomologie, la Cryptogamie, la Chimie horticole ;
Des éléments d'Anatomie et de Physiologie végétale ; la Glossologie botanique et horticole ;
La description des outils, serres et accessoires employés en horticulture ; etc., etc.

PAR

G. NICHOLSON

Conservateur des Jardins royaux de Kew à Londres.

TRADUIT, MIS A JOUR ET ADAPTÉ A NOTRE CLIMAT, A NOS USAGES, ETC., ETC.

PAR

S. MOTTET

Membre de la Société Nationale d'Horticulture de France.

AVEC LA COLLABORATION DE MM.

VILMORIN-ANDRIEUX et Cie

G. ALLUARD, E. ANDRÉ, G. BELLAR, G. LEGROS, ETC.

---

e LIVRAISON

PARIS

OCTAVE DOIN
ÉDITEUR
8, place de l'Odéon, 8

LIBRAIRIE AGRICOLE
DE LA MAISON RUSTIQUE
26, rue Jacob, 26

VILMORIN-ANDRIEUX et Cie
MARCHANDS GRAINIERS
4, Quai de la Mégisserie, 4

L'Ouvrage sera complet en 80 livraisons. — Il paraîtra *TRÈS RÉGULIÈREMENT* une livraison par mois.
Prix de chaque livraison de 48 pages, avec planche chromolithographique. . . **1 fr. 50**
On peut souscrire dès maintenant, à l'ouvrage complet, MAIS EN PAYANT D'AVANCE
Pour 90 Francs.

L'ORCHIDOPHILE

JOURNAL DES AMATEURS D'ORCHIDÉES

PUBLIÉ AVEC LA COLLABORATION

DE

M. le comte DU BUYSSON

PAR LA MAISON

A. GODEFROY-LEBEUF

AVEC FIGURES NOIRES ET EN COULEURS

Prix de l'Abonnement : UN AN, 20 francs

Adresser tout ce qui concerne la Rédaction, Renseignements, Annonces, Abonnements, Réclamations, à

M. A. GODEFROY-LEBEUF

5, Rue d'Édimbourg, 5, PARIS

NOUVEAUTÉS ET PLANTES INTÉRESSANTES

MISES AU COMMERCE PAR LA MAISON GODEFROY-LEBEUF

Chrysanthème Mme Ferdinand Cayeux (de Reydelet)

Nous avons acheté à M. de Reydelet, au prix de 500 francs, la plante unique de cette superbe variété qui a été figurée dans le n° du 5 janvier du Journal *Le Jardin*. C'est un nouveau type à pétales duveteux, ses fleurs énormes sont d'un ton acajou brillant à centre vert. C'est une plante appelée à faire sensation.

La pièce 25 »
Livrables en mai par ordres d'inscription.

Chrysanthème Marie Thérèse Bergman

Variété à fleurs simples, à odeur de miel, très agréable, ressemblant à s'y méprendre à une grande marguerite. Cette variété sera cultivée par millions pour la fleur coupée à l'automne et malgré la concurrence des milliers de variétés à grandes fleurs doubles, elle a fait sensation à l'exposition des Chrysanthèmes, c'est une fleur de prix qui a sa place marquée dans tous les jardins.

La pièce 2 »; Les 12 15 »; Le cent 80 »
Livrables en mai.

Pyrethrum Serotinum

Plante que nous avons répandue aux environs de Paris pour la fleur coupée et confection des gerbes. Absolument rustique en plein air, elle épanouit au mois de septembre ses fleurs semblables aux grandes marguerites des prés.

La pièce 0 50; Le cent 30 fr.
Livrables de suite en drageons.

Achillea Ptarmica la Perle (God Leb)

Nous avons vendu d'un seul coup 25,000 plants de cette espèce à la maison Pitcher et Manda de New-York, qui a écoulé cet énorme stock à plus de 2 fr. 50 pièce. Ce chiffre est la meilleure des recommandations. Cette variété est cultivée à l'heure actuelle sur une grande échelle pour les halles de Paris. Voisine de l'Achillea flore pleno, elle surpasse cette variété par la dimension de ses fleurs et par leur couleur d'un blanc d'argent remarquable ne tournant pas au noir quand la plante est avancée.

La pièce 1 »; Les 12 6 »; Le cent 30 »
Livrables de suite en drageons.

Topinambour blanc

Plante nouvelle introduite de l'Amérique du sud, à tubercules alimentaires blancs, ronds et presque sans renflements. Comme toutes les plantes d'introduction récente, elle est très vigoureuse et très productive. Le nombre des tubercules étant limité, les amateurs auront intérêt à les multiplier par boutures qui reprennent avec facilité.

Le tubercule 1 »

Melon monstrueux de Maron

Nous avons acquis de M. Maron, un de nos plus habiles semeurs, cette variété absolument monstrueuse. Un fruit à l'exposition d'horticulture de Blois dépassait 30 kilos. Il est de bonne qualité et la plante ne demande pas de soins extraordinaires.

Les 20 graines 2 50

LE JARDIN

JOURNAL D'HORTICULTURE GÉNÉRALE

(BI-MENSUEL)

Publié par la Maison **GODEFROY-LEBEUF**

5, rue d'Edimbourg, Paris

RÉDACTEUR EN CHEF : M. MARTINET

AVEC LA COLLABORATION DE

M. le Marquis DE CHERVILLE

M. Ch. DE FRANCIOSI, Président de la Société d'Horticulture du Nord

ASSISTÉS DE

MM. BELLAIR; BERGMAN, de Ferrières; CHATENAY (Abel), pépiniériste; CORREVON, du Jardin Alpin; DAVEAU, jardinier chef du Jardin Botanique de Lisbonne; DYBOWSKI; DUVAL, horticulteur; HARIOT, du Muséum; LEVÊQUE, rosiériste; MANSION, négociant; MORLET, entrepreneur de jardins; MOTTET; QUENAT, architecte de jardins; NARDY, horticulteur; SALLIER, SCHNEIDER, VALLERAND, LECLERC, etc., etc.

CET ORGANE A 16 PAGES DE TEXTE GRAND CAVALIER SUR TROIS COLONNES

Il paraît régulièrement le 5 et le 20 de chaque mois

ABONNEMENTS : Un An, 12 fr. — Six mois, 7 fr.

Adresser tout ce qui concerne la Rédaction, Abonnements, Annonces, etc.

A M. L'ADMINISTRATEUR DU *JARDIN*

5, RUE D'ÉDIMBOURG, PARIS

ÉVREUX, IMPRIMERIE CHARLES HÉRISSEY

DICTIONNAIRE PRATIQUE D'HORTICULTURE ET DE JARDINAGE

Illustré de plus de 4,000 Figures dans le texte

ET DE 80 PLANCHES CHROMOLITHOGRAPHIÉES HORS TEXTE

COMPRENANT :

La description succincte des plantes connues et cultivées dans les jardins de l'Europe ;
La culture potagère, l'arboriculture, la description et la culture de toutes les Orchidées,
Broméliacées, Palmiers, Fougères,
Plantes de serre, plantes annuelles, vivaces, etc. ;
Le tracé des jardins ; le choix et l'emploi des espèces propres à la décoration des parcs et jardins ;
L'Entomologie, la Cryptogamie, la Chimie horticole ;
Des éléments d'Anatomie et de Physiologie végétale ; la Glossologie botanique et horticole ;
La description des outils, serres et accessoires employés en horticulture ; etc., etc.

PAR

G. NICHOLSON

Conservateur des Jardins royaux de Kew à Londres.

TRADUIT, MIS A JOUR ET ADAPTÉ A NOTRE CLIMAT, A NOS USAGES, ETC., ETC.

PAR

S. MOTTET

Membre de la Société Nationale d'Horticulture de France.

AVEC LA COLLABORATION DE MM.

VILMORIN-ANDRIEUX et Cie

G. ALLUARD, E. ANDRÉ, G. BELLAR, G. LEGROS. ETC.

---

e LIVRAISON

PARIS

OCTAVE DOIN	LIBRAIRIE AGRICOLE	VILMORIN-ANDRIEUX et Cie
ÉDITEUR	DE LA MAISON RUSTIQUE	MARCHANDS GRAINIERS
8, place de l'Odéon, 8	26, rue Jacob, 26	4, Quai de la Mégisserie, 4

L'Ouvrage sera complet en 80 livraisons. — Il paraitra *TRÈS RÉGULIÈREMENT* une livraison par mois.

Prix de chaque livraison de 48 pages, avec planche chromolithographique. . . **1 fr. 50**

On peut souscrire dès maintenant, à l'ouvrage complet. MAIS EN PAYANT D'AVANCE

Pour 90 Francs.

GRAINIER, FLEURISTE

OTTO Aîné, THIEBAUT, Aîné ✠, succr, 30, place de la Madeleine, PARIS

Graines potagères de fleurs et fourragères

Gazons composés pour pelouses et prairies

Oignons à fleurs de toutes sortes

MÉDAILLE D'OR, EXPOSITION UNIVERSELLE DE 1889

CONCOURS DE GAZONS : 1er PRIX

Catalogues adressés sur demande

THIBAUT & KETELEER

J. SALLIER FILS, SUCCESSEUR

(ci-devant à SCEAUX)

NEUILLY-SUR-SEINE

RUE DELAIZEMENT, N° 9

Plantes nouvelles, Plantes rares, Plantes anciennes. A MM. les Amateurs qui consultent le *Dictionnaire* de Nicholson nous recommandons nos collections de serre.

CATALOGUES FRANCO

G. MATHIAN

PARIS

25, Rue Damesne

1ers PRIX

1889 & 1891

DEMANDER

L'ALBUM TARIF N° 31

PLANS. — DEVIS. — FORFAITS

MORT aux Courtillières

MORT aux Vers blancs

CAPSULES Paul JAMAIN

Recommandées par le JARDIN

DIJON — COTE-D'OR

CONSTRUCTION PERFECTIONNÉE

DES SERRES EN PITCH-PIN

à double vitrage mobile

BREVETÉ S.G.D.G.)

Exposition horticole de Paris, 1888

1er Prix MÉDAILLE D'OR

Exposition Universelle, 1889

Médaille d'or

Serres en bois et fer, et serres et fer

Châssis de couches

BACHES, COFFRES FIXES & DÉMONTABLES

Eugène COCHU, Inventeur-Constructeur

19, rue d'Aubervilliers, à SAINT-DENIS (Seine).

Envoi du prix courant sur demande.

SOUFRE PRÉCIPITÉ SCHLŒSING

Contre l'*oïdium*, le *mildew*, la *chlorose*, l'*antrachnose*, les *pucerons* et les *chenilles*.

INSECTICIDE anticryptogamique

ENVOI DE LA BROCHURE EXPLICATIVE

Et du Catalogue contre demande affranchie adressée à

MM. SCHLŒSING, à Marseille.

Plus de Paillassons

Plus de Paillassons

Plus de Paillassons

Plus de Paillassons

BACHES GOUDRONNÉES, VERTES

Pour couvrir

SERRES, HANGARS ET CHASSIS

MICHELET

73, rue Dareau, Paris

Economie, Propreté, Chaleur

MAISON A. GODEFROY-LEBEUF

5, RUE D'ÉDIMBOURG, 5, PARIS

Cultures, impasse Girardon, 4, à Paris

A COTÉ DU SACRÉ-CŒUR

ORCHIDÉES. — Plantes d'introduction et établies, listes périodiques sur demande.

ORCHIDÉES. — Collections pour débutants, 12 espèces de serre froide pour . . . . 60 francs.

ORCHIDÉES. — 12 espèces de serre tempérée . . . . . 60 —

ORCHIDÉES. — 12 espèces de serre chaude . . . . . . 60 —

Terre de Polypode spéciale pour la culture des Orchidées, Sphagnum, paniers en Pitch-Pin, Outils, Toiles à ombrer; etc., etc.

ÉVREUX, IMPRIMERIE CHARLES HÉRISSEY

DICTIONNAIRE PRATIQUE

D'HORTICULTURE

ET

DE JARDINAGE

Illustré de plus de 4,000 Figures dans le texte

ET DE 80 PLANCHES CHROMOLITHOGRAPHIÉES HORS TEXTE

COMPRENANT :

La description succincte des plantes connues et cultivées dans les jardins de l'Europe :
La culture potagère, l'arboriculture, la description et la culture de toutes les Orchidées,
Broméliacées, Palmiers, Fougères,
Plantes de serre, plantes annuelles, vivaces, etc.;
Le tracé des jardins; le choix et l'emploi des espèces propres à la décoration des parcs et jardins;
L'Entomologie, la Cryptogamie, la Chimie horticole;
Des éléments d'Anatomie et de Physiologie végétale; la Glossologie botanique et horticole;
La description des outils, serres et accessoires employés en horticulture; etc., etc.

PAR

G. NICHOLSON

Conservateur des Jardins royaux de Kew à Londres.

TRADUIT, MIS A JOUR ET ADAPTÉ A NOTRE CLIMAT, A NOS USAGES, ETC., ETC.

PAR

S. MOTTET

Membre de la Société Nationale d'Horticulture de France.

AVEC LA COLLABORATION DE MM.

VILMORIN-ANDRIEUX et Cie

G. ALLUARD, E. ANDRÉ, G. BELLAR, G. LEGROS ETC.

---

e LIVRAISON

PARIS

OCTAVE DOIN
ÉDITEUR
8, place de l'Odéon, 8

LIBRAIRIE AGRICOLE
DE LA MAISON RUSTIQUE
26, rue Jacob, 26

VILMORIN-ANDRIEUX et Cie
MARCHANDS GRAINIERS
4, Quai de la Mégisserie, 4

L'Ouvrage sera complet en 80 livraisons. — Il paraitra *TRÈS RÉGULIÈREMENT* une livraison par mois.
Prix de chaque livraison de 48 pages, avec planche chromolithographique. . . **1 fr. 50**
On peut souscrire dès maintenant, à l'ouvrage complet, MAIS EN PAYANT D'AVANCE
Pour 90 Francs.

L'ORCHIDOPHILE

JOURNAL DES AMATEURS D'ORCHIDÉES

PUBLIÉ AVEC LA COLLABORATION

DE

M. le comte DU BUYSSON

PAR LA MAISON

A. GODEFROY-LEBEUF

AVEC FIGURES NOIRES ET EN COULEURS

Prix de l'Abonnement : UN AN, 20 francs

Adresser tout ce qui concerne la Rédaction, Renseignements, Annonces, Abonnements, Réclamations, à

M. A. GODEFROY-LEBEUF

5, Rue d'Édimbourg, 5, PARIS

NOUVEAUTÉS ET PLANTES INTÉRESSANTES

MISES AU COMMERCE PAR LA MAISON GODEFROY-LEBEUF

Chrysanthème Mme Ferdinand Cayeux (de Reydelet)

Nous avons acheté à M. de Reydelet, au prix de 500 francs, la plante unique de cette superbe variété qui a été figurée dans le n° du 5 janvier du Journal *Le Jardin*. C'est un nouveau type à pétales duveteux, ses fleurs énormes sont d'un ton acajou brillant à centre vert. C'est une plante appelée à faire sensation.

La pièce 25 »
Livrables en mai par ordres d'inscription.

Chrysanthème Marie Thérèse Bergman

Variété à fleurs simples, à odeur de miel, très agréable, ressemblant à s'y méprendre à une grande marguerite. Cette variété sera cultivée par millions pour la fleur coupée à l'automne et malgré la concurrence des milliers de variétés à grandes fleurs doubles, elle a fait sensation à l'exposition des Chrysanthèmes, c'est une fleur de prix qui a sa place marquée dans tous les jardins.

La pièce 2 »; Les 12 15 »; Le cent 80 »
Livrables en mai.

Pyrethrum Serotinum

Plante que nous avons répandue aux environs de Paris pour la fleur coupée et confection des gerbes. Absolument rustique en plein air, elle épanouit au mois de septembre ses fleurs semblables aux grandes marguerites des prés.

La pièce 0 50; Le cent 30 fr.
Livrables de suite en drageons.

Achillea Ptarmica la Perle (God Leb)

Nous avons vendu d'un seul coup 25,000 plants de cette espèce à la maison Pitcher et Manda de New-York, qui a écoulé cet énorme stock à plus de 2 fr. 50 pièce. Ce chiffre est la meilleure des recommandations. Cette variété est cultivée à l'heure actuelle sur une grande échelle pour les halles de Paris. Voisine de l'Achilica flore pleno, elle surpasse cette variété par la dimension de ses fleurs et par leur couleur d'un blanc d'argent remarquable ne tournant pas au noir quand la plante est avancée.

La pièce 1 »; Les 12 6 »; Le cent 30 »
Livrables de suite en drageons.

Topinambour blanc

Plante nouvelle introduite de l'Amérique du sud, à tubercules alimentaires blancs, ronds et presque sans renflements. Comme toutes les plantes d'introduction récente, elle est très vigoureuse et très productive. Le nombre des tubercules étant limité, les amateurs auront intérêt à les multiplier par boutures qui reprennent avec facilité.

Le tubercule 1 »

Melon monstrueux de Maron

Nous avons acquis de M. Maron, un de nos plus habiles semeurs, cette variété absolument monstrueuse. Un fruit à l'exposition d'horticulture de Blois dépassait 30 kilos. Il est de bonne qualité et la plante ne demande pas de soins extraordinaires.

Les 20 graines 2 50

ÉVREUX, IMPRIMERIE CHARLES HÉRISSEY

BIBLIOTHEQUE NATIONALE DE FRANCE
3 7531 03287433 2